杂，焊接工作量及焊口可靠性的要求很高。以 12CrMo、12Cr2Mo（德国的 10CrMo910 等）、12Cr1MoV 等低合金热强钢，调质状态，使用温度 545℃以下。为了使工作温度能提高到 600℃以上，曾采用 9Cr－1Mo（瑞典的 HT7 等）和 12Cr－1Mo 钢（德国的 F12、F11 等），焊接性很差，近年来已广泛为改良型 9Cr－1Mo 所替代，如 T91/P91，钢中添加了 Nb 和 V，600℃持久强度比 F11 及 F12 提高 70%。最近还出现了以 W 代 Mo，并配合 Nb、V 沉淀强化的 T23/P23 钢以及 T122/P122 钢，进一步大幅提高 600℃及 650℃的持久强度，可用于超临界机组。

另外，随着机组容量和参数的增加，钢管的直径及壁厚也增加。如 500MW 超临界机组的主蒸汽管道，使用 15Cr1Mo1V 钢，规格 ϕ426 mm×80 mm；600 MW 机组的主蒸汽管道使用 P91 钢，规格 ϕ609 mm×70 mm。

为适应能源结构调整的需要，我国核电建设正进入一个新的发展时期。江苏田湾核电站今年即将投入运营，广东岭澳核电站二期工程及浙江三门核电站一期工程即将开工建设。以田湾核电站主岛安装工程为例，每个核岛涉及主管道 36 个焊口，辅助管道 15 余万米，焊接条件复杂，焊接及无损检测工作量十分巨大。图 1.2-3 为秦山第二核电厂 2 号机组核反应堆厂房，2004 年 5 月已投入商业运行。至此，我国自主设计、自主建造、自主管理和自主运营的第一座大型商用核电站全面建成投产，实现了由自主建设小型原型堆核电站到自主建设大型商用核电站的重大跨越。

图 1.2-3　秦山第二核电厂 2 号机组厂房

除了以上两大工程外，正在建设的青藏铁路是世界上最高的铁路，2003 的铁路建设已进入西藏境内。城市铁路及铁路提速，要求采用耐候钢、不锈钢、铝合金等结构材料，推动铁路专用焊接设备与焊接技术的发展。现已启动的南水北调工程是世界上最大的水利工程，是优化我国水资源配制的重大战略性基础实施，事关中华民族兴旺发达的长远利益，焊接工程量同样十分巨大。图 1.2-4 南水北调工程的丹江口水库。

图 1.2-4　丹江口水库

此外，近年来我国在道桥建设、交通工具、大型钢结构建设等领域也取得了重大进展，焊接技术进步很快，举以下几个领域简要说明。

3　钢桥建设

随着我国铁路与公路建设的需要，钢桥建设得到了飞速的发展，设计与制造技术已接近世界先进水平。钢桥形式很多，大跨度公路桥主要是悬索桥和斜拉桥；铁路桥多为梁桥和拱桥。就公路桥来说，已建成的江阴长江大桥主跨 1 385 m，为全焊钢箱梁悬索桥，居世界第 4 位，采用全焊钢箱梁斜拉桥的南京长江二桥主跨 628 m，居世界第 3 位。世界全部斜拉桥排名前 10 位的焊接钢桥中，我国就占有 6 座。铁路桥的发展也很快，铁路钢桥的跨度将达到 500 m，钢桥的制造将从栓焊向全焊过渡，即从节点栓接过渡到全焊整体节点。

钢桥用材料由 16Mnq 发展到 14MnNbq，钢板厚度发展到 50 mm。14MnNbq 有较低的碳含量，加入 Nb 等微量元素，降低杂质含量，控温控轧，正火细化晶粒，降低了 16Mn 的板厚效应，保证了桥梁的焊接性能和抗断性能。以芜湖长江大桥为例，采用了先进的钢材生产技术，实际 14MnNbq 钢板供货的冲击吸收功可达 234 J，远高于冲击吸收功的要求值 －40℃大于 120 J。

钢桥的制造先在工厂分段进行，再运到工地现场组装。在公路斜拉桥和悬索桥钢箱梁的制造中，高效的 CO_2 自动焊和半自动焊得到了广泛应用，据润扬长江大桥建设统计，CO_2 焊已用到焊接工作量的 75%，埋弧焊约占 15%，其余为焊条手工焊；对于桁梁式铁路桥或公路铁路两用桥，主要采用埋弧焊，如芜湖长江大桥，埋弧焊占 60%。CO_2 焊约占 15%。为了根部焊透和背面成形，广泛应用陶瓷衬垫。图 1.2-5 为世界上最长的杭州湾跨海大桥，全长 36 km，为全封闭六车道公路桥，将于 2008 年建成，届时将把嘉兴到宁波原长 200 km 的路程缩短到 80 km，成为上海、杭州、苏州、宁波四大城市的交通枢纽。

图 1.2-5　杭州湾跨海大桥

4　船舶制造

按吨位计算，目前世界上 80% 的船舶在东亚地区制造，特别是日本、韩国及中国的各造船厂，这里已是世界的造船基地。预计 15 年后中国将成为世界第一造船大国。目前沪东中华造船公司还正在建造液化天然气运输船和豪华邮轮，外高桥船厂已能承造 30 万吨级大型油轮、23 万吨级好望角型散货船，以及海上浮式生产储油装置等超大型、高附加值船舶。2002 年还建成了用于越海铁路的大型轮渡船。图 1.2-6 为我国建造的 30 万吨大型油轮，长 333 m，宽 58 m。图 1.2-7 是导弹驱逐舰“哈尔滨号”。

图 1.2-6 我国建造的 30 万吨大型油轮

图 1.2-7 导弹驱逐舰“哈尔滨号”

焊接技术在船舶制造中占有举足轻重的位置，是最主要的工艺技术。目前在下料工序中普遍采用数控火焰切割及数控水下等离子切割；在大拼板工序中采用多丝埋弧焊，单面焊双面成形，焊接的板厚为 5 ~ 35 mm；对船体的分段构件装焊采用自动及半自动气体保护焊。船厂已普遍采用药芯焊丝 CO_2 气体保护焊。造船厂是我国药芯焊丝的主要用户，目前我国船厂 CO_2 气体保护焊的应用比例已达 65%。

应该说，我国船厂的劳动生产率及企业效益仍与发达国家有差距，必须加大企业技术改造。自动化焊接生产系统及大型龙门式机器人已在日本及欧洲船厂得到广泛应用，机器人完成的焊缝已达到 20% 以上。出于对生产环境的考虑，还在致力于低尘、低污染焊接材料的开发。

5 建筑钢结构

建筑钢结构包括：工业厂房、商用办公楼、民用住宅及其他大型公共设施等。近年完成的重要建筑钢结构有浦东的中华第一高楼上海金茂大厦、深圳地王大厦、北京世纪坛等。其中上海金茂大厦高度 421 m，居世界第 3 位，总建筑面积 289 500 m^2；深圳地王大厦高度 325 m；正在建设的北京国贸三期，高度 300 m。自 20 世纪 80 年代以来，我国高层钢结构的发展迅速，在一些大城市已形成了楼宇经济。2003 年北京全面启动了奥运场馆建设。

大型建筑钢结构广泛采用 H 形及箱形截面构件，由厚钢板焊接而成。常用材料为低碳结构钢 Q235、低合金结构钢 Q345、Q390 等牌号。广泛采用高效埋弧焊及气体保护焊。焊接构件的尺寸大、焊接工作量大是高层钢结构制造安装的突出问题，一般焊接梁柱的截面厚度都在 30 mm 以上，如深圳发展中心大厦的箱型柱最大壁厚达 130 mm，焊接工作量达 35 万延长米；深圳地王大厦的焊接工作量达 60 万延长米。在制造安装过程中，对装配、焊接应力和变形的控制要求也十分严格。

图 1.2-8 为建设中的国家大剧院。国家大剧院是中国在 21 世纪第一个投资、兴建的大型现代文化设施项目。椭球形穹顶东西向长轴跨度 212.2 m，南北向短轴跨度 143.64 m，高度为 46.285 m。穹顶采用金属钛板饰面。壳体钢结构总重 6 750 t，网壳面积 3.5 万平方米，没有立柱，全靠 148 根弧型钢梁承重，主桁架由 60 mm 厚钢板组焊而成。

图 1.2-8 建设中的国家大剧院

由于 1995 年日本阪神大地震的教训，为了防止发生钢结构的脆断，新型抗震钢结构十分注意梁柱节点设计，采用韧性良好的焊接材料及焊垫、合理设计焊缝金属与母材的强度匹配、采用合理的焊接工艺及无损检测制度。高层建筑等重要钢结构大都采用刚性连接，梁翼缘与柱现场焊接，梁腹板与柱用高强度螺栓连接或角焊缝焊接，注意熔透、焊接缺陷及应力集中。911 事件之后，对高层建筑钢结构又提出了耐火问题，这些无不对重要钢结构的设计与焊接施工带来影响。

6 汽车制造

随着汽车销售在中国市场的日益红火，汽车制造业对中国工业生产的拉动作用日益凸现。2002 年 8 月份，以汽车制造业为主的交通运输设备制造业首次跃升为中国 40 个工业行业之首，成为对工业增长拉动作用最大的行业。2003 年我国年产汽车突破 400 万辆。图 1.2-9 为北京现代生产的索纳塔轿车。

图 1.2-9 北京现代生产的索纳塔轿车

焊接技术广泛用于车身制造。目前我国广泛采用的车身材料是汽车专用薄钢板，包括涂层钢板，焊接生产以熔化极气体保护电弧焊、电阻点焊及点焊胶接、激光焊为主。为了减少油耗，又发展了汽车用高强度钢板、铝合金、镁合金、复合材料等多种新型车身材料。车身结构的不同部位，采用不同厚度或不同级别的钢板，焊接后整体冲压成形，还采用了铝钢混合结构等设计方法。目前的汽车车身结构正朝着减轻质量，增加刚度和抗冲击能力，提高疲劳寿命，降低成本的方向发展。

由于铝合金焊接性能不好，同时由于异种材料的混合应用，又开发了多种自铆等机械连接方法。汽车的粘接技术也变得更为重要。以奔驰 CL Coupe 铝钢混合结构车身为例，各种机械连接及胶接连接缝的总长度已达到 71 m，结构静刚度增加 15%。为了提高焊接质量、车身整体尺寸的制造精度和生产率，除了电阻焊机器人外，熔化焊机器人焊接也得到广泛应用，并配合各种高效焊接方法。开发的激光 - MIG 复合焊，即可以减少激光器的功率，又能降低结构装配误差的要求，同时保持了激光焊的深熔和快速、高效、低热输入的优点。

编写：史耀武（北京工业大学）

世界的制造强国而努力。

当前我国的焊接技术虽已取得了重大发展，能基本满足当前工业生产的需求，但仍存在很多需要迫切解决的问题，如焊接技术仍过分依赖经验和试验，还需要科学的理论和方法的指导；焊工的劳动条件仍较差，就是在工业发达国家也是如此，应大力推进焊接机器人的应用，开发灵巧并有智能的焊接机械或自动化焊接设备，使工人脱离艰苦的工作岗位。为了实现清洁生产及可持续发展战略，需要开发节能、无污染的焊接生产装备和焊接材料。在新能源、太空及海洋的开发中，焊接技术仍面临巨大的挑战，需焊接工作者更大的努力。

编写：史耀武（北京工业大学）

第 2 篇

材料焊接加工技术基础

■ 主　编　史耀武

■ 编　写　雷永平　杜则裕　栗卓新

李午申　李晓延　牛济泰

赵海燕　关　桥

式中，q 为电弧功率，即电弧在单位时间内所放出的能量，W或J/s；U 为电弧的电压，V；I 为焊接电流，A。若能量不是全部用于加热焊件，则加热焊件获得的有效热功率为

$$q_e = \eta UI \tag{2.1-2}$$

式中，η 为加热过程中的功率有效系数或称热效率。在一定条件下 η 为常数，主要取决于焊接方法、焊接规范、焊接材料和保护方式等。不同焊接方法的电弧热效率如表 2.1-2 所示。需要指出的是有效热功率 q_e 仅仅反映焊件所吸收的热量的大小，而不能反映热量在焊缝和热影响区上的分配，即热能分配的合理性。焊件所吸收的热量可分为两部分：一部分用于熔化金属而形成焊缝；另一部分使母材近缝区的温度升高以致发生组织变化从而形成组织和性能都有别于母材的热影响区。实际上，用于熔化金属形成焊缝的热量才是真正的热效率。若从保证焊接质量的角度看，形成热影响区的热量越小越好。

表 2.1-2 不同焊接方法的电弧热效率 η

焊接方法	碳弧焊	厚皮焊条手工电弧焊	自动埋弧焊	电渣焊	电子束及激光束焊	钨极氩弧焊		熔化氩弧焊	
						交流	直流	钢	铝
η	0.5～0.65	0.77～0.87	0.77～0.90	0.83	>0.9	0.68～0.85	0.78～0.85	0.66～0.69	0.7～0.85

(2) 电渣焊的热效率

电渣焊时，由于渣池处于厚大焊件的中间，热能主要损失于焊缝成形的冷却滑块，所以热量向外散失较少。实践表明，焊件越厚，滑块带走热量的比例越小，这说明焊件的厚度越大，电渣焊的热效率越高。例如，90 mm厚钢板电渣焊时，其热效率可达到80%以上。另外，电渣焊时的速度越慢，在金属熔化的同时，大量的热量传向焊缝周围的母材，易使焊接热影响区过宽，晶粒粗大，焊接接头的力学性能下降。

(3) 电子束焊热效率

电子束焊时因功率密度大，能量集中，穿透力强，因此焊接时，能量的损失较少，其热效率可达90%以上。

(4) 激光焊接热效率

激光焊的热效率取决于工件对激光束能量的吸收程度，与焊接表面状态有关。光亮的金属表面在室温下对激光具有很强的反射作用，其吸收率在20%以下。随着温度的提高，反射率降低，吸收率提高。在金属熔点以上吸收率急剧提高。

1.2 焊接方法的分类

焊接方法分类繁多，而且新的方法仍在不断涌现，因此如何对焊接方法进行科学的分类是一个十分重要的问题。本书主要介绍以下三种分类方法：族系法，如表 2.1-3，一元坐标法，如表 2.1-7，二元坐标法，如表 2.1-8。根据能量来源，热量来源，保护性气体还可把熔化焊、固相焊、钎焊进一步细分如表 2.1-4，表 2.1-5，表 2.1-6。

(1) 族系法

本分类方法基本上是根据焊接工艺中某几个特征将焊接方法分为若干大类，然后进一步根据其他特征细分为若干小类，如此等等，形成族系。在此分类法中，首先将焊接方法划分为三大类，即熔化焊、固相焊和钎焊。其次，将每一大类方法，例如溶化焊，按能源种类细分为电弧焊、气焊、铝热焊、电渣焊等类；电弧焊，又分为熔化极和非熔化极。

按焊接工艺特征分类时，分类的层次可多可少，比较灵活，其主次关系也比较明确。这是优点。但是，这种分类法往往没有明确的、一致的分类原则，例如图 2.1-3 中，分大类时与后面几层分类时根据的原则是不一致的。三大类特征之间也没有一定的、一致的分类原则。例如熔化焊是以焊接过程中是否熔化和结晶为准则；钎焊则以钎料为划分的主要根据。因此，对于某一种焊接方法，可能因强调的特点不同而有不同的分类，例如点焊、闪光焊、熔化气压焊。

表 2.1-3 族系法对焊接方法分类

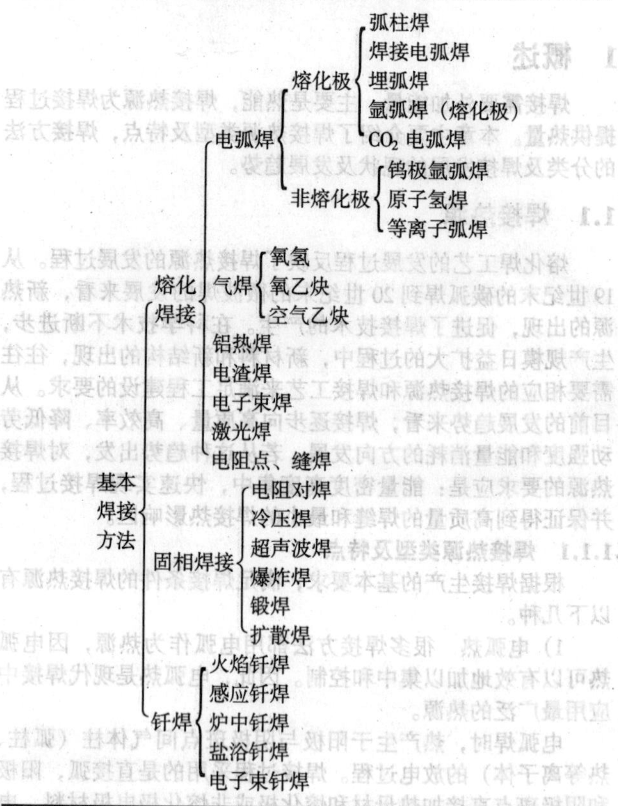

表 2.1-4 熔化焊的分类

<table>
<tr><td rowspan="14">熔化焊</td><td rowspan="12">电能</td><td rowspan="6">电弧</td><td rowspan="2">气体保护</td><td>钨电极惰性气体保护焊</td><td>气保护金属极电弧焊</td><td>等离子弧焊</td><td>气电焊</td></tr>
<tr><td>氢原子焊</td><td></td><td></td><td></td></tr>
<tr><td>碳弧焊</td><td>裸焊条电弧焊</td><td></td><td></td><td></td></tr>
<tr><td>焊剂保护</td><td>金属电极保护弧焊</td><td>潜弧焊</td><td>药芯焊丝气体保护焊</td><td>气电焊</td></tr>
<tr><td>压力成型</td><td>闪光焊</td><td>螺柱焊</td><td></td><td></td></tr>
<tr><td>加压</td><td>锻接</td><td></td><td></td><td></td></tr>
<tr><td rowspan="2">电阻</td><td>溶剂</td><td>电渣焊</td><td></td><td></td><td></td></tr>
<tr><td>加压</td><td>电阻点焊</td><td>缝焊</td><td>凸焊</td><td></td></tr>
<tr><td rowspan="2">放射能</td><td>真空</td><td>电子束焊</td><td></td><td></td><td></td></tr>
<tr><td></td><td>激光焊</td><td></td><td></td><td></td></tr>
<tr><td>传导</td><td></td><td>塑性变形</td><td></td><td></td><td></td></tr>
<tr><td>感应</td><td></td><td>感应焊</td><td></td><td></td><td></td></tr>
<tr><td rowspan="2">化学能</td><td>火焰反射</td><td>火焰</td><td>氧乙炔</td><td>氧氢</td><td>空气乙炔</td><td></td></tr>
<tr><td>固体反应</td><td>熔剂</td><td>铝热焊</td><td></td><td></td><td></td></tr>
</table>

(2) 一元坐标法

在本坐标法中以焊接工艺中的某两个特征作为归类准

则。以某一特征作为横坐标，以另一个特征作为纵坐标，列出表格。然后将各种焊接方法按其所具有的两个特征列入表中的某一坐标位置，如表 2.1-7 所示。这种分类方法具有以

表 2.1-5　固相焊的分类

固相焊接	电能	辐射能	压力成形	气体	热压焊		
				真空	热压焊		
					锻焊	热辊压焊	混合挤压焊
			加压	气体	扩散焊		
				真空	扩散焊		
		感应	压力	气体	感应焊		
				真空	感应焊		
		电阻	压力成形		电阻对焊		
			加压		电阻点、缝焊		
	化学能	火焰	压力成形		气压焊		
		辐射能	加压	气体保护	扩散焊		
			压力成形		锻焊	热辊压焊	混合挤压焊
		爆炸能	成形		爆炸焊		
	机械能	摩擦	压力成形		摩擦焊		
			加压		超声波焊		
			压力成形		冷压焊		

表 2.1-6　钎焊的分类

钎焊	电能	电弧		熔剂	间接碳弧钎焊	
				气体	间接碳弧钎焊	
		电阻	加压	熔剂	电阻硬、软钎焊	
		传导		熔剂		
		感应		气体	感应硬钎焊	
				熔剂	感应硬、软钎焊	
				真空	感应硬钎焊	
			加压	气体	扩散钎焊	
				真空	扩散钎焊	
		放射能		气体	炉铜焊	红外线硬钎焊
				熔剂	炉铜焊	红外线硬钎焊
				真空	炉铜焊	红外线硬钎焊
			加压	气体	扩散钎焊	
				真空	扩散钎焊	
	化学能	火焰反射		熔剂		
		放射能		熔剂	炉铜焊	
				气体	炉铜焊	
		传导		熔剂	块钎焊	铸钎焊

表 2.1-7　一元坐标法

热源		焊接方法分类：保护方法					
		真空	惰气	气体	焊剂	无保护	机械排除
不加热或无传导热		冷压焊	热压结合				热压焊、冷压焊
机械能		爆炸焊				爆炸焊	摩擦焊、超声波焊
化学热	火焰、等离子体		等离子焊	原子氢焊		锻焊	压力对接焊
	放热反应				热剂焊		
电阻热	感应电阻热					感应高频焊	感应对接焊
	直接电阻热				电渣焊	闪光焊、高频电阻焊、凸焊	点焊、缝焊、对焊
电弧热	熔化极		熔化极惰性气体焊	熔化极 CO_2 电弧焊熔化极气电焊	涂料焊条电弧焊、埋弧焊	光焊丝电弧焊、柱电弧焊、火花放电焊、冲击电弧焊	
	非熔化极		钨极惰性气体焊			碳弧焊	
放射能	电磁					激光焊	
	粒子	电子束焊					

下优点：可以根据焊接分类图直接了解焊接方法的某个特征；也可以根据这两种特征将某一焊接方法归入图中某一位置。这是一种“开放型”分类法，适应性较强，无论今后出现什么新的焊接方法，均可在现有表格中直接纳入一定位置，或在纵坐标或横坐标上增加新的特征项目后纳入一定位置。

但是本分类方法有两个重大缺点。一是统一以固定的两个特征（此处为热源和保护方法）作为所有焊接方法归类的准则，这就未必都能确切地反映某个特定的焊接方法的主要特征。更严重的是，没有反映两种金属在什么状态下形成结合的最本质的特征，例如固相结合，液相结合等。这种单纯以工艺的外部特征为分类准则的分类法称为一元坐标法。

(3) 二元坐标法

为了使读者既可从焊接方法的分类中看出某种焊接工艺主要特征，还可以了解该方法在焊接过程中和产生结合时的本质特征，本卷除介绍了前述两种分类方法的优点外，还采用二元坐标分类法，如表 2.1-8 所示。即以焊接工艺特征为一元，在横坐标上分层列出其主次特征，类似于族系法，同时又以焊接时物理冶金过程特征为另一元，在纵坐标上分层列出其主次特征。在纵坐标中，首先以两材料发生结合时的物理状态为焊接过程最主要的特征。其次，在纵坐标中以焊接过程中材料是否熔化，是否加压力或其他特征作为第二特征。在横坐标中，对于热能类型宜按其强度大小，依次分为高能束、电弧热、电阻热、化学反应热、机械能、间接加热等六大类。

这种分类法不仅具备上述两种分类方法的优点，而且由于抓住了焊接工艺和焊接冶金过程这两类关键的特征作为坐标参数，达到了比较科学的分类目的。

表 2.1-8　二元坐标法

两材料结合时状态	焊接过程中手段	焊接方法类型	高能束		电弧热								电阻热									化学反应热			机械能			间接加热		
			电子束	激光束	涂料（焊剂）保护					气体保护			熔渣电阻	固体电阻														传热介质		
														工频				高频				火焰	热剂	炸药						
														接触式			感应式	接触式		感应式								气体	液体	固体
液相	熔化不加压力	基本型	电子束焊	激光焊	焊条电弧焊	埋弧焊				钨极氩弧焊	等离子弧焊	熔化极气体保护焊	电渣焊									气焊气割	热剂焊							
液相	熔化不加压力	变型应用			堆焊手弧堆焊	埋弧堆焊	水下电弧焊	电弧点焊	碳弧气割	钨极氩弧堆焊	等离子弧堆焊	管状焊丝电弧堆焊										火焰堆焊								
液相	熔化加压力	基本型												点焊	缝焊	凸焊	感应电阻焊													
液相	熔化加压力	变型应用					电能储能焊	电弧螺柱焊																						
固相	加压不熔化													电阻对焊		电阻扩散焊		接触高频对焊	电阻对焊	感应高频对焊	电阻对焊	气压焊		爆炸焊	摩擦焊	超声波焊	冷压焊	扩散焊		
固相	加压力熔化													闪光对焊					闪光对焊		闪光对焊									
固相兼液相		基本型钎焊	电子束钎焊											电阻钎焊						高频感应钎焊		火焰钎焊						炉中钎焊	浸沾钎焊	
固相兼液相		变型热喷涂									等离子喷涂											钎接焊火焰喷涂						扩散钎焊		

1.3　焊接方法介绍

1.3.1　电弧焊

电弧焊是目前应用最广泛的焊接方法。它包括：焊条电弧焊、埋弧焊、钨极气体保护电弧焊、等离子弧焊、熔化极气体保护焊等。

绝大部分电弧焊是以电极与工件之间燃烧的电弧作热源。在形成接头时，可以采用也可以不采用填充金属。所用的电极是在焊接过程中熔化的焊丝时，叫作熔化极电弧焊，诸如焊条电弧焊、埋弧焊、气体保护电弧焊、管状焊丝电弧焊等；所用的电极是在焊接过程中不熔化的碳棒或钨棒时，叫作不熔化极电弧焊，诸如钨极氩弧焊、等离子弧焊等。

下面分别介绍一下各种焊接方法的特点、原理及其适用范围。

(1) 焊条电弧焊

焊条电弧焊最早是由前苏联在 1888 年发明的，是各种电弧焊方法中发展最早、目前仍然应用最广的一种焊接方法。它是以外部涂有涂料的焊条作电极和填充金属，电弧是在焊条的端部和被焊工件表面之间燃烧（如图 2.1-1）。涂料在电弧热作用下一方面可以产生气体以保护电弧，另一方面可以产生熔渣覆盖在熔池表面，防止熔化金属与周围气体的相互作用。熔渣的更重要作用是与熔化金属产生物理化学反应或添加合金元素，改善焊缝金属性能。

焊条电弧焊设备简单、轻便，操作灵活。可以应用于维修及装配中的短缝的焊接，特别是可以用于难以达到的部位的焊接。但是，劳动强度大，焊接质量受工人技术水平影响，不稳定。焊条电弧焊配用相应的焊条可适用于大多数工业用碳钢、不锈钢、铸铁、铜、铝、镍及其合金。

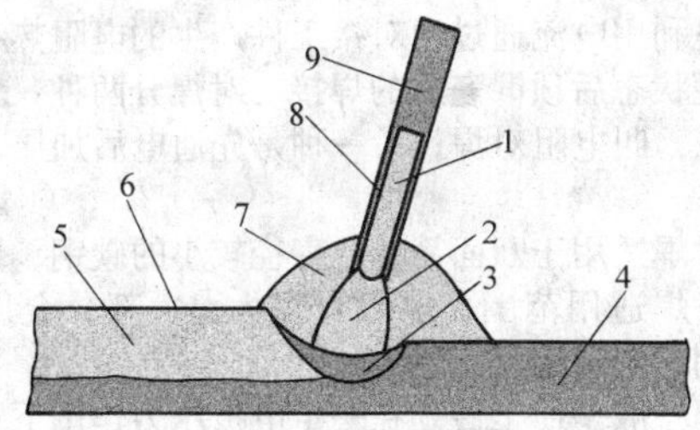

图 2.1-1　焊条电弧焊原理示意图

1—焊心；2—电弧；3—熔池；4—母材；5—焊缝金属；6—熔渣；7—气体保护罩；8—药皮；9—熔化极

（2）埋弧焊

和 MIG 焊相似，埋弧焊的电弧也是在焊丝和工件之间形成的。埋弧焊是以连续送进的焊丝作为电极和填充金属。焊接时，在焊接区的上面覆盖一层颗粒状焊剂，电弧在焊剂层下燃烧，将焊丝端部和局部母材熔化，形成焊缝，如图 2.1-2 所示。

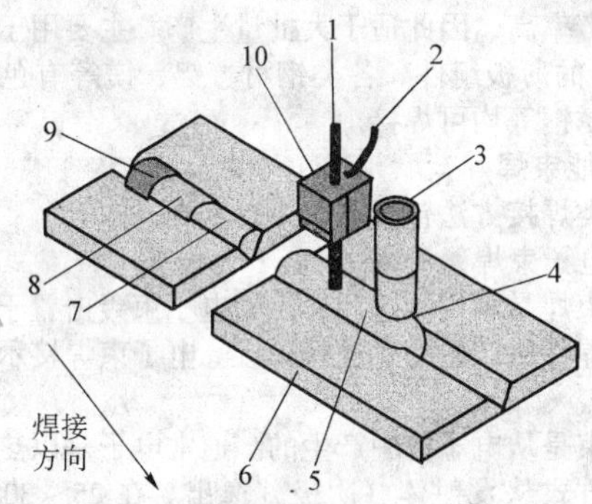

图 2.1-2　埋弧焊接基本原理

1—焊丝；2—直流或交流电源；3—焊剂入口；4—焊剂出口；5—焊剂；6—接地线；7—熔渣；8—渣壳；9—残留焊剂；10—焊接漏斗

在电弧热的作用下，上部分焊剂熔化熔渣并与液态金属发生冶金反应。熔渣浮在金属熔池的表面，一方面可以保护焊缝金属，防止空气的污染，并与熔化金属产生物理化学反应，改善焊缝金属的成分和性能；另一方面还可以使焊缝金属缓慢冷却。

埋弧焊通常可以完全的机械化和自动化操作，但一般是半自动化。与焊条电弧焊相比，其最大的优点是焊缝质量好，焊接速度高。焊接参数：电流，电弧电压，渗透厚度，速度等。由于看不到熔池，操作者在很大程度上要依靠设置的参数。

埋弧焊已广泛用于碳钢、低合金结构钢和不锈钢的焊接。由于熔渣可降低接头冷却速度，故某些高强度结构钢、高碳钢等也可采用埋弧焊焊接。

（3）钨极气体保护电弧焊

钨极气体保护电弧焊是在成功地连接镁和铝金属后才迅速发展起来的，用惰性气体代替熔渣来保护熔池，这是一大进步。在铝的高质量焊接和建筑应用方面，TIG 焊扮演着重要的角色。

这是一种不熔化极气体保护电弧焊，是利用钨极和工件之间的电弧使金属熔化而形成焊缝的。焊接过程中钨极不熔化，只起电极的作用。同时由焊炬的喷嘴送进氩气或氦气作保护，还可根据需要另外添加金属，在国际上通称为 TIG 焊。图 2.1-3 是 TIG 焊原理示意图。

钨极气体保护电弧焊由于能很好地控制热输入，所以它是连接薄板金属和打底焊的一种极好方法。这种方法几乎可以用于所有金属的连接，尤其适用于焊接铝、镁这些能形成难熔氧化物的金属以及像钛和锆这些活泼金属。这种焊接方法的焊缝质量高，但与其他电弧焊相比，其焊接速度较慢。

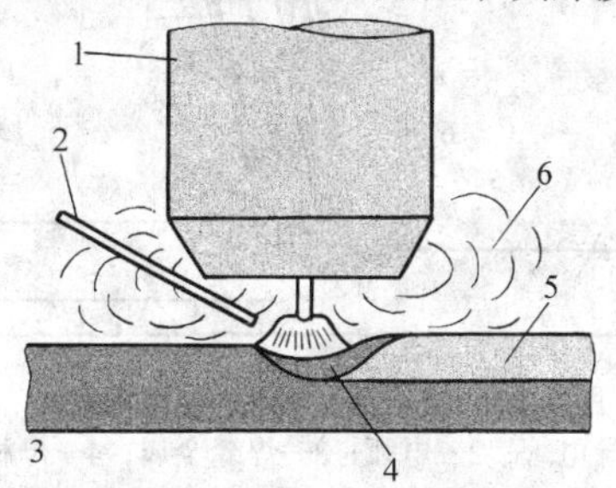

图 2.1-3　TIG 焊原理示意图

1—喷嘴；2—焊丝；3—母材；4—熔池；5—焊缝；6—保护气体

（4）等离子弧焊

等离子弧焊时电弧也是在钨极和工件之间形成的，这一点和 TIG 焊类似。但是，由于电极被布置在内部，电弧就可以和保护罩分离，等离子气就被迫从一铜制喷嘴的孔道通过，这个孔道起压缩电弧的作用。等离子弧焊也是一种不熔化极电弧焊。它是利用电极和工件之间的压缩电弧（叫转移电弧）实现焊接的。所用的电极通常是钨极。产生等离子弧的等离子气可用氩气、氮气、氦气或其中二者之混合气。同时还通过喷嘴用惰性气体保护。焊接时可以外加填充金属，也可以不加填充金属。图 2.1-4 是等离子弧焊的原理示意图。

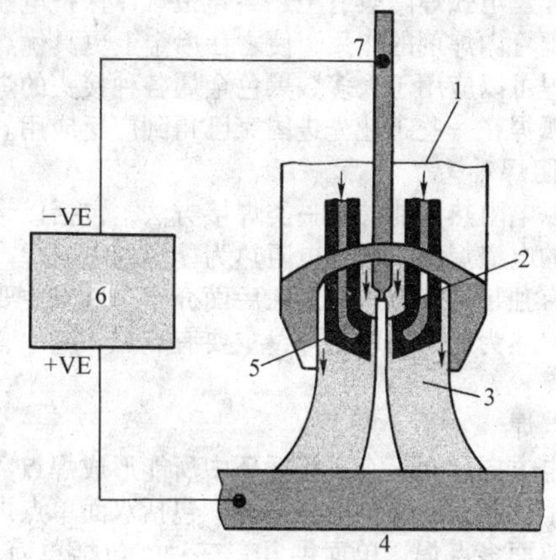

图 2.1-4　等离子弧的形成

1—水；2—等离子气体；3—保护气体；4—母材；5—喷嘴；6—电源；7—钨极

等离子弧焊焊接时，由于其电弧挺直、能量密度大、因而电弧穿透能力强。等离子弧焊焊接时产生的小孔效应，对于一定厚度范围内的大多数金属可以进行不开坡口对接，并能保证熔透和焊缝均匀一致。因此，等离子弧焊的生产率高、焊缝质量好。但等离子弧焊设备（包括喷嘴）比较复杂，对焊接工艺参数的控制要求较高。

钨极气体保护电弧焊可焊接的绝大多数金属，均可采用等离子弧焊接。

（5）熔化极气体保护电弧焊

这种焊接方法是利用连续送进的焊丝与工件之间燃烧的电弧作热源，由焊炬喷嘴喷出的气体保护电弧来进行焊接的。其焊接过程如图 2.1-5 所示。

熔化极气体保护电弧焊通常用的保护气体有：氩气、氦气、CO_2 气或这些气体的混合气。以氩气或氦气为保护气时称为熔化极惰性气体保护电弧焊（在国际上简称为 MIG 焊）；以惰性气体与氧化性气体（O_2，CO_2）混合气为保护气体时，或以 CO_2 气体或 $CO_2 + O_2$ 混合气为保护气时，统称为熔化极活性气体保护电弧焊（在国际上简称为MAG焊）。

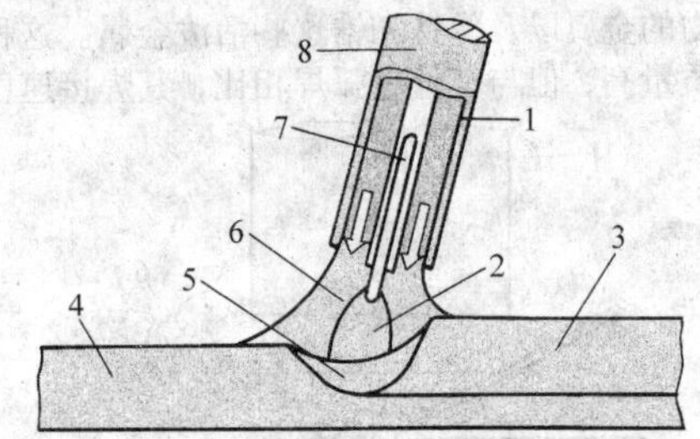

图 2.1-5 熔化极气体保护电弧示意图

1—导电管；2—电弧；3—焊缝金属；4—母材；
5—熔池；6—保护气体；7—熔化极；8—喷嘴

熔化极气体保护电弧焊的主要优点是可以方便地进行各种位置的焊接，同时也具有焊接速度较快、熔敷率高等优点。熔化极活性气体保护电弧焊可适用于大部分主要金属，包括碳钢、合金钢。熔化极惰性气体保护焊适用于不锈钢、铝、镁、铜、钛、锆及镍合金。利用这种焊接方法还可以进行电弧点焊。

(6) 管状焊丝电弧焊

管状焊丝电弧焊也是利用连续送进的焊丝与工件之间燃烧的电弧为热源来进行焊接的，可以认为是熔化极气体保护焊的一种类型。所使用的焊丝是管状焊丝，管内装有各种组分的焊剂。焊接时，外加保护气体。焊剂受热分解或熔化，起着造渣保护溶池、渗合金及稳弧等作用。

管状焊丝电弧焊除具有上述熔化极气体保护电弧焊的优点外，由于管内焊剂的作用，使之在冶金上更具优点。管状焊丝电弧焊可以应用于大多数黑色金属各种接头的焊接。管状焊丝电弧焊在一些工业先进国家已得到广泛应用。

1.3.2 电阻焊

这是以电阻热为能源的一类焊接方法，包括以熔渣电阻热为能源的电渣焊和以固体电阻热为能源的电阻焊。由于电渣焊更具有独特的特点，故放在后面介绍。这里主要介绍几种固体电阻热为能源的电阻焊，主要有点焊、缝焊、凸焊及对焊等。

(1) 点焊

按供电方向和在一个焊接循环中所能形成焊点数，点焊可分为以下几类：双面供电有三种，包括双面单点焊、双面双点焊、双面多点焊；单面供电有三种，包括单面单点焊、单面双点焊、单面多点焊。

点焊最适用于焊接低碳钢制的薄壁冲压结构，钢筋、钢网等，也可焊铝、镁及其合金。适于大批量生产。

(2) 缝焊

利用电流通过工件所产生的电阻热并施加压力形成连续焊缝的方法叫缝焊。缝焊可分为连续缝焊、断续缝焊、步进缝焊。

缝焊的优点有可获得气密或液密的焊接接头；搭边宽度较小。缺点是焊接电流的分流比点焊大；一般需在一条直线上或在曲面的曲线上进行焊接等。

(3) 凸焊

凸焊是在一焊件的接合面上预先加工出一个或多个凸起点，然后与另一焊件表面相接触、加压、加热，凸起点压溃后，这些接触点可形成焊点。

优点主要有在焊机的一个焊接循环内可同时焊接多个焊点；可以采用较小的搭接量和较小的点距；焊点的尺寸比点焊焊点小；凸焊可以有效地克服熔核偏移，因而可焊厚度比大的零件。缺点是有时为了预定一个或多个凸点，需要额外工序；在用同一电极同时焊数个焊点时，工件的对准和凸点的尺寸必须保持高精度公差。

(4) 对焊

对焊是利用电流通过两对接工件产生的电阻热，使接触面达到塑性状态后顶锻完成的焊接。对焊分两种：一种是先加压后通电，叫电阻对焊；另一种是先通电后加压，叫闪光对焊。

电阻对焊适用于断面简单，直径较小的碳钢、铜、铝对接；闪光对焊适用范围比电阻对焊大，大部分金属均可焊接，如碳钢、合金钢、有色金属等。

电阻焊一般是使工件处在一定电极压力作用下并利用电流通过工件时所产生的电阻热将两工件之间的接触表面熔化而实现连接的焊接方法。通常使用较大的电流。为了防止在接触面上发生电弧并且为了锻压焊缝金属，焊接过程中始终要施加压力。

进行这一类电阻焊时，被焊工件的表面对于获得稳定的焊接质量是头等重要的。因此，焊前必须将电极与工件以及工件与工件间的接触表面进行清理。

点焊、缝焊和凸焊的特点在于焊接电流（单相）大（几千至几万安培），通电时间短（几周波至几秒），设备昂贵、复杂，生产率高，因此适于大批量生产。主要用于焊接厚度小于3 mm的薄板组件。各类钢材、铝、镁等有色金属及其合金、不锈钢等均可焊接。

1.3.3 高能束焊

这一类焊接方法包括电子束焊和激光焊。

(1) 电子束焊

电子束焊是利用加速和聚焦的电子束轰击置于真空中或非真空中焊件所产生的热进行焊接。电子束焊接示意图如图2.1-6所示。

电子束是从电子枪中产生的。通常电子是以热发射或场致发射的方式从发射体（阴极）逸出。在25～300 kV的加速电压的作用下，电子被加速到0.3～0.7倍的光速，具有一定的动能，经电子枪中静电透镜和电磁透镜的作用，电子会聚成功率密度很高的电子束。

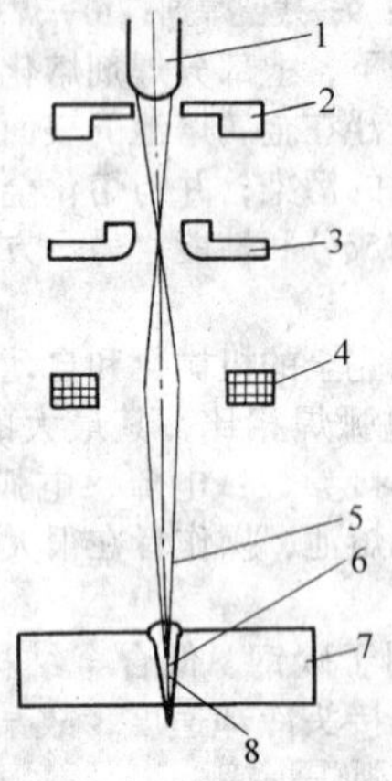

图 2.1-6 电子束焊接工作原理

1—阴极；2—控制极；3—阳极
4—电磁透镜（磁聚焦线圈）；5—电子束；
6—焦点；7—焊件；8—焊缝

常用的电子束焊有：高真空电子束焊、低真空电子束焊和非真空电子束焊。前两种方法都是在真空室内进行。焊接准备时间（主要是抽真空时间）较长，工件尺寸受真空室大小限制。电子束焊与电弧焊相比，主要的特点是热能集中，焊缝熔深大、熔宽小、焊后几乎不变形，焊缝金属纯度高。它既可以用在很薄材料的精密焊接，又可以用在很厚的（最厚达300 mm）构件焊接。所有用其他焊接方法能进行熔化焊的金属及合金都可以用电子束焊接。主要用于要求高质量的产品的焊接。还能解决异种金属、易氧化金属及难熔金属的焊接。

（2）激光焊

激光焊是利用大功率相干单色光子流聚焦而成的激光束为热源进行的焊接。这种焊接方法通常有连续功率激光焊和脉冲功率激光焊。

激光焊优点是不需要在真空中进行，缺点则是穿透力不如电子束焊强。激光焊时能进行精确的能量控制，因而可以实现精密微型器件的焊接。它能应用于很多金属，特别是能解决一些难焊金属及异种金属的焊接。

1.3.4　钎焊

钎焊技术是一门古老的技术，我国可追溯到秦始皇时期的在西安兵马俑出土的铜马车的制造上。钎焊是利用熔点比被焊材料的熔点低的金属作钎料，经过加热使钎料熔化，靠毛细管作用将钎料及入到接头接触面的间隙内，润湿被焊金属表面，使液相与固相之间互扩散而形成钎焊接头，如图 2.1-7 所示。因此，钎焊是一种固相兼液相的焊接方法。钎焊的能源可以是化学反应热，也可以是间接热能。

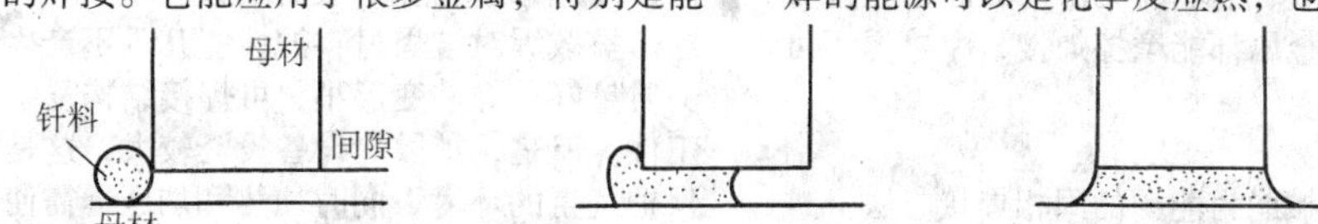

(a) 放置钎料，并对钎料和母材加热 (b) 钎料熔化，并开始流入接头间隙 (c) 钎料填满间隙，凝固后形成钎焊接头

图 2.1-7　钎焊过程示意图

钎焊工艺及设备的发展包括：①电弧钎焊；②瞬态液相钎焊；③红外钎焊；④真空钎焊；⑤直流电阻钎焊；⑥扩散钎焊；⑦高频钎焊；⑧微电子钎焊（激光软钎焊、再流焊和波峰焊）；⑨钎焊自动化。

钎料的液相线温度高于 450℃而低于母材金属的熔点时，称为硬钎焊；低于 450℃时，称为软钎焊。

钎焊时由于加热温度比较低，故对工件材料的性能影响较小，焊件的应力变形也较小。但钎焊接头的强度一般比较低，耐热能力较差。焊前必须采取一定的措施清除被焊工件表面的油污、灰尘、氧化膜等。这是使工件润湿性好、确保接头质量的重要保证。

钎焊可以用于焊接碳钢、不锈钢、高温合金、铝、铜等金属材料，还可以连接异种金属、金属与非金属。适于焊接受载不大或常温下工作的接头，对于精密的、微型的以及复杂的多钎缝的焊件尤其适用。

1.3.5　其他焊接方法

这些焊接方法属于不同程度的专门化的焊接方法，其适用范围较窄。主要包括以电阻热为能源的电渣焊、高频焊；以化学能为焊接能源的气焊、气压焊、爆炸焊；以机械能为焊接能源的摩擦焊、冷压焊、超声波焊、扩散焊。

（1）电渣焊

电渣焊是以熔渣的电阻热为能源的焊接方法。焊接过程是在立焊位置、在由两工件端面与两侧水冷铜滑块形成的装配间隙内进行。焊接时利用电流通过熔渣产生的电阻热将工件端部熔化。

根据焊接时所用的电极形状，电渣焊分为丝极电渣焊、板极电渣焊和熔嘴电渣焊。

电渣焊的优点是：可焊的工件厚度大（从 30 mm 到大于 1 000 mm），生产率高；工件不需要开坡口，可节约大量填充金属和加工时间；一般不产生气孔和夹渣等缺陷。缺点是焊缝区和近缝区在高温停留时间长，容易引起晶粒粗大，产生过热，造成接头冲击韧性降低。

电渣焊可用于各种钢结构的焊接，主要用于断面对接接头及丁字接头的焊接，也可用于铸件的组焊；可焊接的金属主要是钢材或铁基合金。

（2）高频焊

高频焊是以固体电阻热为能源，焊接时利用高频电流在工件内产生的电阻热使工件焊接区表层加热到熔化或接近的塑性状态，随即施加（或不施加）顶锻力而实现金属的结合。因此它是一种固相电阻焊方法。

高频焊根据高频电流在工件中产生热的方式可分为接触高频焊和感应高频焊。接触高频焊时，高频电流通过与工件机械接触而传入工件。感应高频焊时，高频电流通过工件外部感应圈的耦合作用而在工件内产生感应电流。

高频焊的优点有焊接速度高，热影响区小，对工件可以不清理；能焊接的金属广，合金钢、碳钢、不锈钢、铜、铝等，异种金属也可高频焊。缺点是焊接时对接头装配质量要求高；电源回路中高压部分对人和设备的安全有威胁，要有特殊的保护措施。

目前，高频焊主要用在管材制造方面，还可生产各种截面的型材，双金属板和一些机械产品。

（3）气焊

气焊是用气体火焰为热源的一种焊接方法。应用最多的是以乙炔气作燃料的氧 – 乙炔火焰。氧 – 乙炔火焰的种类有碳化焰、轻微碳化焰、中性焰和氧化焰。

优点是设备简单使操作方便；焊接熔池温度易控制，可以全位置焊接；不需电源，可在野外施工。但气焊加热速度及生产率较低，热影响区较大，且容易引起较大的变形。

气焊可用于很多黑色金属、有色金属及合金的焊接，一般适用于维修及单件薄板焊接，最适于焊接薄板或薄壁管子。

（4）气压焊

气压焊和气焊一样，气压焊也是以气体火焰为热源。焊接时将两对接工件的端部加热到一定温度，后再施加足够的压力以获得牢固的接头，是一种固相焊接。

气压焊时不加填充金属，常用于铁轨焊接和钢筋焊接。

（5）爆炸焊

爆炸焊也是以化学反应热为能源的另一种固相焊接方法。但它是利用炸药爆炸所产生的能量来实现金属连接的。在爆炸波作用下，两件金属在不到一秒的时间内即可被加速撞击形成金属的结合。

爆炸焊的优缺点：可在异种金属之间形成高强度的冶金结合焊缝；可焊接尺寸范围很宽的各种零件；工艺简单，设备不复杂，投资少；不需填充材料。缺点有只适于板与板、管与管、管与板焊接；需在野外露天进行，劳动条件差；爆炸时，对周围影响较大。

爆炸焊被广泛用于石油、化工、造船、原子能、宇航、冶金、机械制造等工业部门。在各种焊接方法中，爆炸焊可以焊接异种金属组合的范围最广。可以用爆炸焊将冶金上不相容的两种金属焊成为各种过渡接头。爆炸焊多用于表面积相当大的平板包覆，是制造复合板的高效方法。

（6）摩擦焊

摩擦焊是在轴向压力与扭矩作用下，利用焊接接触端面之间的相对运动及塑性流动所产生的摩擦热及塑性变形热使接触面及其近区达到黏塑性状态并产生适当的宏观塑性变形，然后迅速顶锻而完成焊接的一种压焊方法，主要由连续驱动摩擦焊、惯性摩擦焊、搅拌摩擦焊、线性摩擦焊、三体摩擦焊和摩擦堆焊等。

摩擦焊的优点主要是对接合表面的清洁度要求不高，因为焊接过程中能破坏和清除表面层；受热集中，故焊接接头热影响区很窄；接头强度高，质量稳定。缺点主要有工件的形状和尺寸受限制，要求其中一个工件必须有对称轴；由于受摩擦焊机主轴电动机功率和压力不足的限制，最大焊接截面受到限制；而且摩擦焊投资大。

摩擦焊是一种优质、高效、节能、无污染的固相连接方法。几乎所有能进行热锻的金属都能摩擦焊接，摩擦焊还可以用于异种金属的焊接。

(7) 超声波焊

超声波焊也是一种以机械能为能源的固相焊接方法。进行超声波焊时，焊接工件在较低的静压力下，由声极发出的高频振动能使接合面产生强裂摩擦并加热到焊接温度而形成结合。

按接头焊缝的形式超声波焊可分为点焊、缝焊、环焊和线焊。焊接工艺参数有振动频率、振动功率、振幅、静压力和焊接时间等。

超声波焊接的优点主要是可实现同种金属、异种金属、金属与非金属以及塑料之间的焊接，特别适用于金属箔片、细丝以及微型器件的焊接。与电阻焊比较，耗用电功率小，接头强度高、稳定性好。缺点是接头形式目前只限于搭接接头，焊点表面容易因高频振动而引起边缘的疲劳破坏，对焊接硬而脆的材料不利。因而主要应用在电子工业、电器工业、包装工业、塑料工业等。

(8) 扩散焊

扩散焊一般是以间接热能为能源的固相焊接方法。通常是在真空或保护气氛下进行。焊接时使两被焊工件的表面在高温和较大压力下接触并保温一定时间，以达到原子间距离，经过原子相互扩散而结合。

扩散焊对被焊材料的性能几乎不产生有害作用，焊接接头质量好，焊件变形小，可焊接结构复杂、接头不易接近的工件。但是，扩散焊设备投资较大，这是因为需要在真空或保护气氛的环境下同时加热和加压，需使用专门的设备。而且，扩散焊接时热循环时间长，对有些金属可能会引起晶粒的长大。焊前不仅需要清洗工件表面的氧化物等杂质，而且表面粗糙度要低于一定值才能保证焊接质量。

扩散焊可以焊接很多同种和异种金属以及一些非金属材料，如陶瓷等。扩散焊可以焊接复杂的结构及厚度相差很大的工件。例如可焊接在飞机、导弹、卫星等飞行器的结构中被大量采用的钛合金，焊接铝及其铝合金，可制成太阳能热水器、铝热交换器等。用扩散焊可将石墨、石英、玻璃等非金属与金属材料焊接。

编写：雷永平（北京工业大学）

第2章　焊接热循环与焊接温度场

1　焊接热循环

1.1　焊接热循环及其特征参数

对于各种局部加热的焊接方法，焊缝附近的母材金属都要经历温度随时间由低而高达到最大值后又由高而低的变化。这种焊接上某点温度随时间的变化过程称之为热循环。图2.2-1是低合金钢手工电弧焊时实测的焊件上不同点的热循环曲线，它描述了焊接热源对母材金属各点热的作用历程。由此可见，焊件上不同部位在焊接过程中经历了一个非均匀的加热和冷却过程，这不仅会使焊接母材的组织和性能产生不均匀变化，同时还会使焊接区域产生扭曲、残余应力和变形等。认识焊接区域热循环对于控制和提高焊接质量具有重要意义。

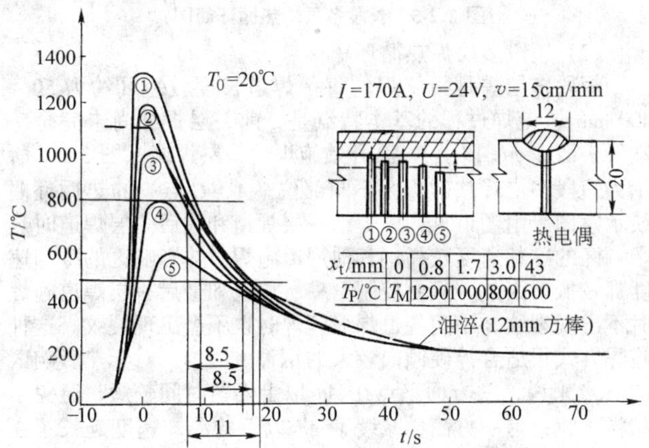

图2.2-1　低碳钢手工电弧焊距焊缝中心不同部位点的热循环曲线

由图2.2-1中的热循环曲线可以看出：

1）距离焊缝中心不同部位的点所经历的最高温度（峰值温度）不同，距离越远，所经历最高温度越低，且最高温度的降低速率越小（图中虚线所示）；

2）距离焊缝中心不同部位的点到达最高温度所需时间不同，距焊缝越近，到达最高温度所需时间越短；

3）距离焊缝中心不同部位点加热速度和冷却速度都不同，距离焊缝中心越远，其加热速率和冷却速率越小。

1.2　焊接热循环的特征参数

为了确定焊接热循环的特征参数，可以选取图2.2-1所示曲线族中的一条来加以描述（图2.2-2）。在实践中人们总是用最能说明热循环本质（对组织和性能评价至关重要）的4个主要参数来表征热循环曲线。加热速度 ω_H，加热最高温度 T_m，高温持续时间 t_H，在某一温度 T_C 的瞬时冷却速度 ω_c 或某一温度区间的冷却时间 t_A 等。

（1）加热速度 ω_H

焊接过程的加热速度一般比常规金属热处理加热速度快的多，因此其相变过程有其自身的特殊性。加热速度快的部位，其加热相变温度随之提高。

对于钢铁材料而言，加热速度快，意味着发生奥氏体转变的温度提高，奥氏体的均质化和碳化物的溶解过程就越不充分，因此必然会影响到其后冷却过程组织和性能。

不同的焊接方法、焊接材料、焊接工艺参数、接头形式

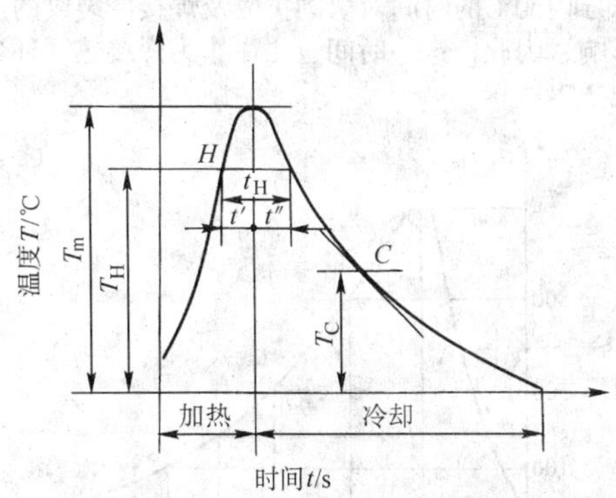

图2.2-2　示意说明焊接热循环特征参数图

和几何尺寸以及板厚等都会影响加热速度。表2.2-1给出了低合金钢对接单道焊的热循环参数。

表2.2-1　低合金钢对接单道焊的热循环参数
（焊缝旁的过热粗晶区）

焊接方法	δ/mm	E/J·cm^{-1}	ω_H/℃·s^{-1}	t_H/s		ω_C/℃·s^{-1}	
				t′	t″	900	500
TIG焊，不开坡口	2	1 670	1 200	0.6	1.8	120	38
埋弧焊。60°V形坡口	10	19 170	200	4	13	22	5
	25	104 170	60	25	75	5	1
电渣焊，双丝	50	500 000	4	162	336	1	0.3
	220	958 333	3	144	396	0.8	0.25

注：ω_H 及 t_H 均指在900℃以上；t' 为加热过程；t'' 为冷却过程；δ为板厚；E为热输入。

（2）加热最高温度 T_m

焊接过程的最高温度即为峰值温度。它对焊后母材热影响区组织和性能有很大影响。接头上熔合线附近，由于温度高，引起晶粒严重长大，致使其韧性降低。对于低碳钢和低合金钢，熔合线附近的最高温度可达1 300～1 350℃。

（3）高温持续时间 t_H

高温持续时间是指相变温度以上的总的停留时间。该时间的长短对于金属相的溶解、组分的扩散均质化、析出以及晶粒大小都会产生很大影响。对于低碳钢和低合金钢，高温持续时间是指相变温度 A_{c3} 以上停留时间，这时间越长，越有利于奥氏体均质化过程和奥氏体晶粒的长大。高温停留时间 t_H 由加热过程持续时间 t' 和冷却过程持续时间 t'' 两部分组成。即 $t_H = t' + t''$。对于一般的焊接热循环有 $t' < t''$。

（4）时冷却速度 ω_c 或冷却时间 t_A

冷却速度或冷却时间是决定热影响区组织和性能的主要参量，也是热过程研究的主要内容。在热循环曲线上，某一时刻的冷却速度（瞬时冷却速度）是由焊接热循环曲线上冷却阶段该时刻切点的斜率表示的，温度不同其冷却速度也不相同。

对于低碳钢和低合金钢来说，在连续冷却条件下，540℃左右组织转变最快，因此，人们最关注的是熔合线附近冷却到450℃左右的瞬时冷却速度。但由于实际条件下瞬时冷却速度测定较为麻烦，近年来国内外常用某一温度范围的冷却时间来研究热影响区的组织和性能变化。同样对于合

金钢，温度由800℃冷却到500℃的时间 $t_{8/5}$，对给定成分材料的组织性能有决定性作用，因此，常用这一时间作为热循环特征参数；对于易淬火钢，则常用800～300℃的冷却时间 $t_{8/3}$ 和从峰值温度冷却到100℃的冷却时间 t_{100}；而温度由400℃冷却到150℃的时间对氢的扩散及焊接冷裂纹的产生具有重要影响，因此，这一时间也往往作为焊接热循环参数之一，见图2.2-3。

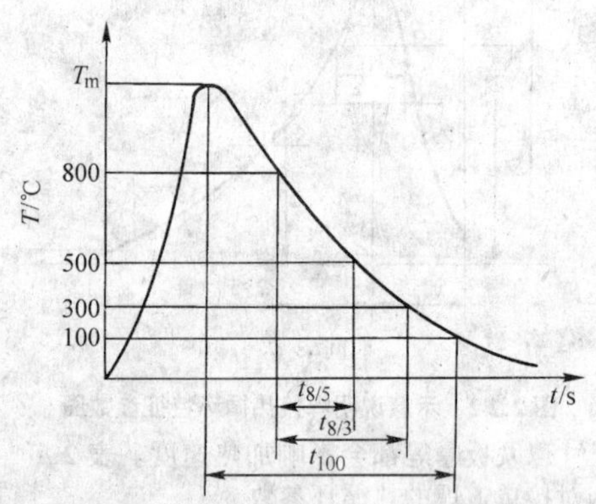

图2.2-3　热循环曲线上一定温度范围内冷却时间示意图

焊接热循环特征参数是对焊接接头热循环的定量描述，它反映了接头组织和性能的变化本质，因此，研究焊接热循环参数，对于了解和改善接头的组织和性能具有重要意义。对于某一特定的接头焊接条件，知道这些参量后，就可以根据材料特性预测热影响区的组织、性能和焊接裂纹倾向；反之，根据对热影响区组织和性能的要求，可以合理选择热循环特征参量，进而指导制定合适的焊接工艺参数。

实际上，并不是所有的焊接方法都具有图2.2-1所示的热循环曲线形式，不同的焊接方法，热循环曲线会有较大差异，图2.2-4为连续驱动摩擦焊固定端热影响区热循环曲线示意图。

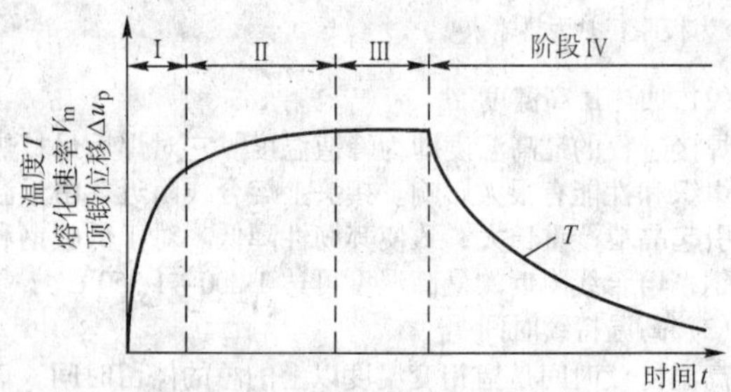

图2.2-4　连续驱动摩擦焊固定端热影响区热循环曲线示意图

1.3　多层焊接热循环

在实际焊接生产中，厚板电弧焊一般采用的是多层多道焊。采用这种施焊方式，后面的焊道对前面的焊道起着类似于变温热处理的作用；而前面焊道对后面施焊的焊道起着预热作用。这种层间焊道的相互热作用对于提高接头性能往往是有益的。

多层焊时，由于施焊层数的增多，热影响区的热循环比单道焊时复杂的多，而且与施焊的具体情况有关。为便于研究，人们把多层焊分为'长段多层焊'和'短段多层焊'，二者的热循环特征也有很大差异。

（1）长段多层焊接热循环

长段多层焊是指施焊的每一焊道长度较长，其长度一般大于1 m。具体操作是，焊完前一道焊缝后再焊后一道焊缝，此时，前一道焊缝已基本冷却到较低温度，一般在100～200℃之间。图2.2-5所示为长段多道焊的热影响区不同部位点的热循环曲线，可见，不同焊道之间具有依次的热处理作用。采用多层多道焊时，由于焊道较长，焊缝和热影响区的冷却速度都较快。对于淬硬倾向较大的钢种，当焊下一层之前，焊缝和热影响区就有产生裂纹的可能，因此，焊接这类钢时，应注意焊前预热和控制层间温度。同时，为防止最后一层发生淬火，可采用焊后缓冷或多加一层回火焊道，以改善接头质量。

长段多层焊时第一层和最后一层是保证焊接质量的关键，如果第一层和最后一层不会产生淬火组织，则其间的各层也将不会产生淬火组织。因此，第一层和最后一层的热循环特征参数具有更为重要的意义。关于第一层和最后一层焊接热循环冷却速度或冷却时间的计算可参考有关文献。

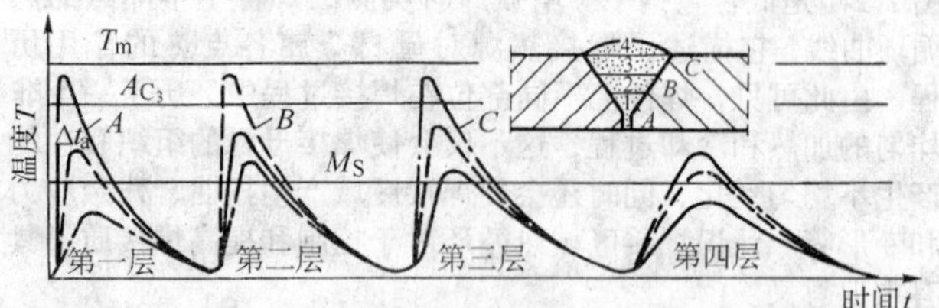

图2.2-5　长段多层焊热循环简图

（2）短段多层焊热循环

短段多层焊是指施焊的每一焊道长度较短（约为50～400 mm）。施焊过程的基本特点是，前一层焊缝尚未完全冷却（一般在 M_S 以上），就开始施焊后一层焊缝。图2.2-6所示为短段多层焊热影响区不同部位（A、C点）的热循环曲线示意图，由图可见，施焊第一层焊道和最后一层焊道时热影响区的冷却速度较高，其他焊道施焊时热影响区的冷却速度都较低，因此，只要控制第一层焊道和最后一层焊道施焊时不出现裂纹，中间各道焊缝施焊时也不会出现裂纹。这种施焊方式很适合淬硬倾向较大的钢种。因为，对于热影响区的A点来说，一方面该点在 Ac_3 以上停留时间较短，避免了晶粒长大；另一方面，减缓了 Ac_3 以下的冷却速度延长了在 M_S 点以上的停留时间，可避免淬硬组织的产生。对于C点来说，它的施焊是在前道焊接的预热基础上进行的，只要控制合适，Ac_3 以上停留时间亦可很短，晶粒也不会长大。

另外，为防止最后一道出现淬火组织，可加一层回火焊道，亦可增加奥氏体的分解时间，即由 t_B 增至 t'_B。

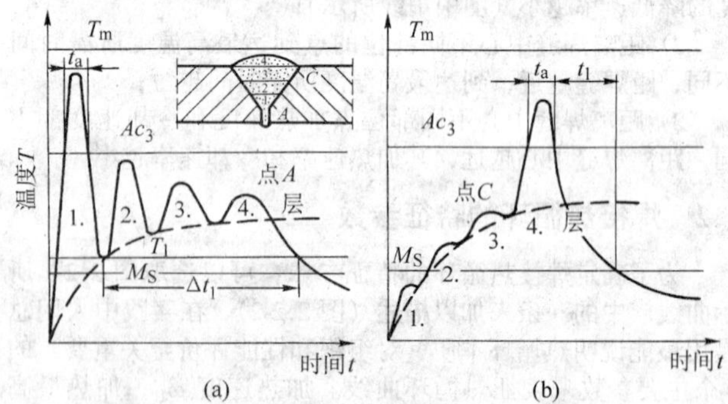

图2.2-6　短段多层焊热循环简图

（3）多层焊热循环测试实例

测试材料为低碳钢和304不锈钢，接头形式为V形缺口板材对接，间隙为2.5 mm，两快对接板长、宽的尺寸为150 mm×140 mm，厚度为6、8、12 mm，焊道层数分别为2、3、6。焊条电电弧焊焊接，根部焊道用焊条直径为2.5 mm，其他焊道用焊条直径为4 mm，低碳钢焊接用焊条为AWS E 6013，不锈钢焊接用焊条为AWS 308，连续焊道间隔时间为2 min，用以清理焊渣。热电耦测温，并用 $X-Y$ 记录仪记录测定温度。图2.2-7所示为焊板尺寸和热电耦布点；图2.2-8

为不同板厚焊道层数示意。焊接时记录每道焊接所用时间，并根据焊道长度计算焊接时间。表 2.2-2 和表 2.2-3 分别为焊接低碳钢和不锈钢所用的焊接参数，焊接热输入计算中取电弧热效率 0.75。图 2.2-9 和图 2.2-10 分布为低碳钢和不锈钢多道焊温度测试结果。

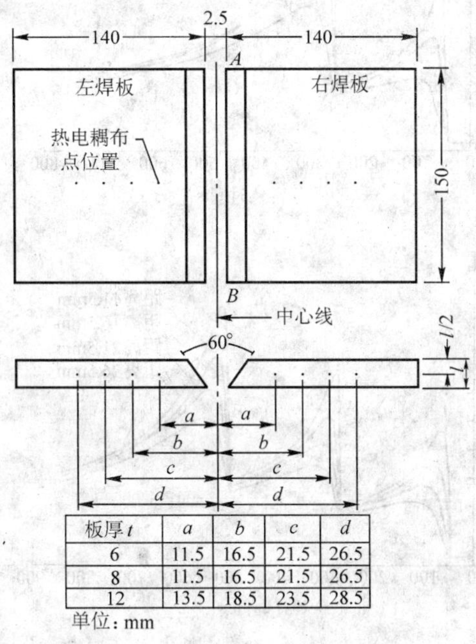

板厚 t	a	b	c	d
6	11.5	16.5	21.5	26.5
8	11.5	16.5	21.5	26.5
12	13.5	18.5	23.5	28.5

单位：mm

图 2.2-7　焊板尺寸和热电耦布点

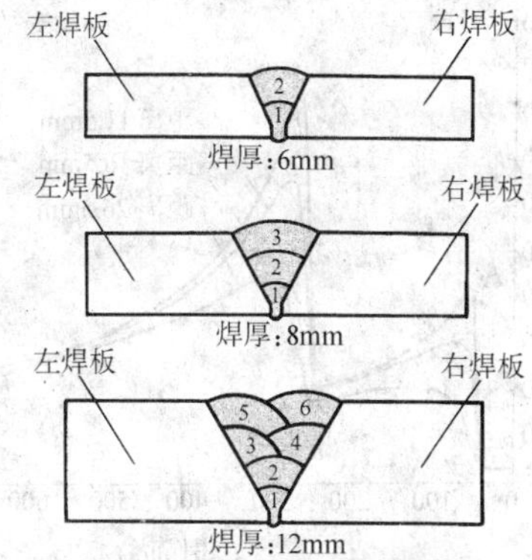

图 2.2-8　不同板厚焊道层数示意

表 2.2-2　焊接低碳钢用焊接参数

板厚 /mm	焊道层数	焊条直径 /mm	电压 /V	电流 /A	速度 /mm·s^{-1}	热输入 /kJ·mm^{-1}
6	1	2.5	20	60～65	2.50	0.375
	2	4	22	135～145	1.66	1.392
8	1	2.5	21	65～75	1.68	0.656
	2	4	24	170～180	2.88	1.094
	3	4	22	175～185	2.08	1.427
12	1	2.5	20	60～65	2.27	0.412
	2	4	20	145～150	2.68	0.826
	3	4	20	140～150	3.00	0.725
	4	4	20	140～150	2.31	0.942
	5	4	20	140～150	2.27	0.958
	6	4	20	140～150	2.14	1.016

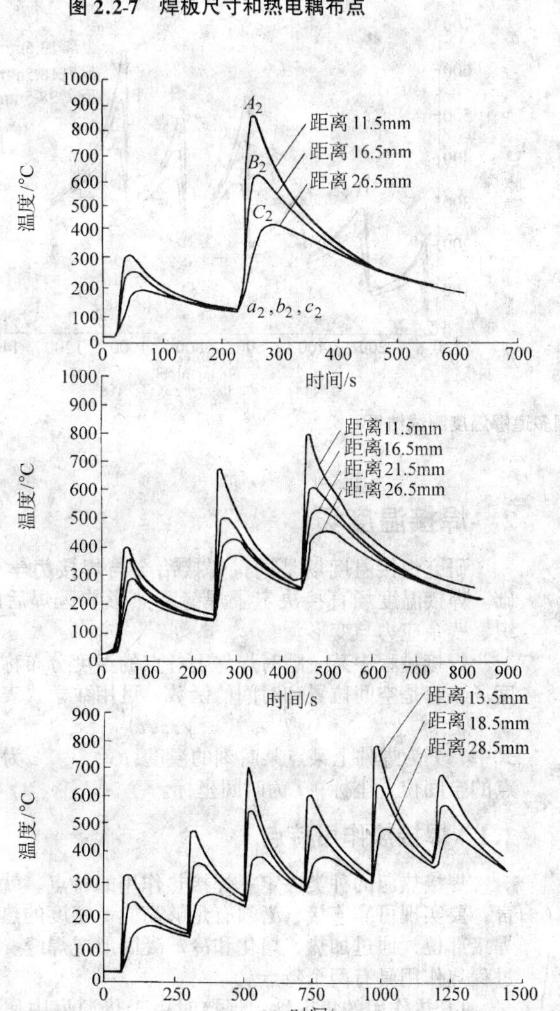

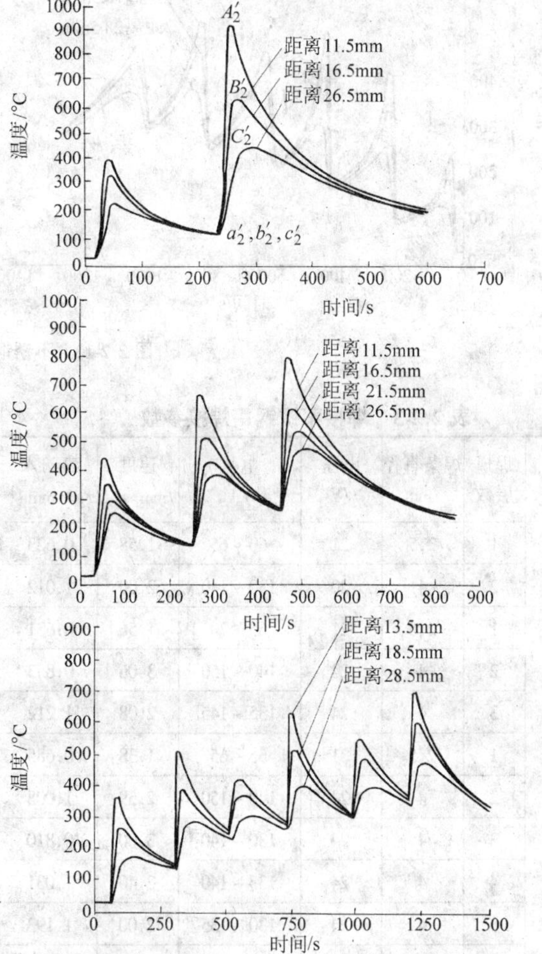

图 2.2-9　低碳钢多道焊温度测试结果

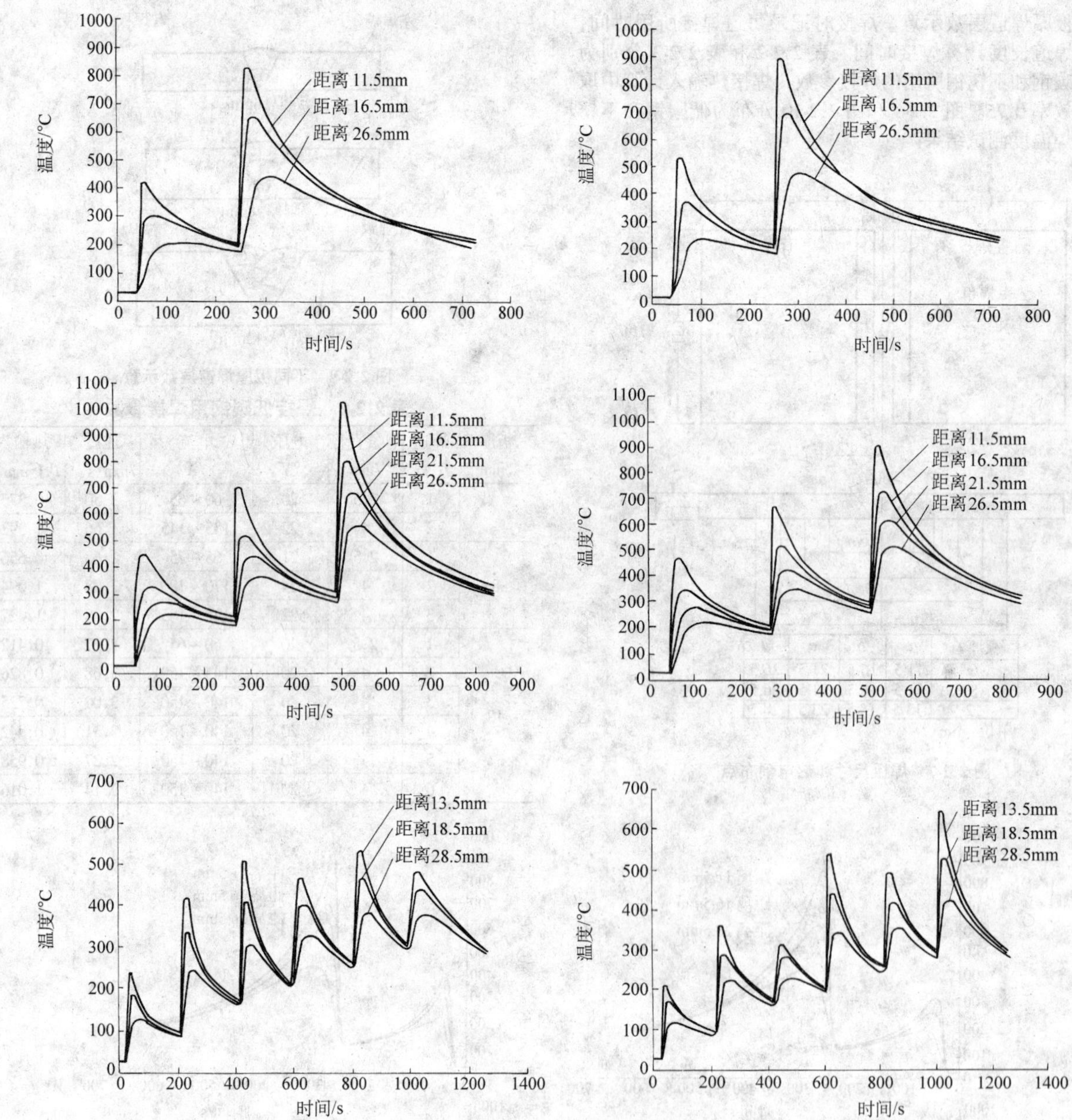

图 2.2-10 不锈钢多道焊温度测试结果

表 2.2-3 焊接不锈钢用焊接参数

板厚/mm	焊道层数	焊条直径/mm	电压/V	电流/A	速度/mm·s⁻¹	热输入/kJ·mm⁻¹
6	1	2.5	21	60~65	1.58	0.623
	2	4	20	130~140	2.00	1.012
8	1	2.5	21	65~70	1.56	0.681
	2	4	24	140~150	3.06	0.853
	3	4	24	135~145	2.08	1.212
12	1	2.5	21	55~65	1.38	0.685
	2	4	24	140~150	2.59	1.008
	3	4	24	130~140	3.00	0.810
	4	4	24	135~140	2.40	1.031
	5	4	24	130~135	2.00	1.193
	6	4	24	125~135	1.97	1.188

2 焊接温度场

研究焊接温度场是进行焊接冶金与焊接力学分析的基础。焊接温度场直接决定了焊缝和热影响区焊后的显微组织、残余应力与变形。

焊接过程中某一瞬时焊件上各点的温度分布称为焊接温度场，它是空间位置和时间的函数，可用数学式表示为：

$$T = f(x, y, z, t) \tag{2.2-1}$$

式中，T 为焊件上某点某时刻的温度；x，y，z 为焊件上某点的空间位置坐标；t 为时间坐标。

2.1 焊接热作用特点

焊接热源的种类决定了焊接热作用的特点。就熔化焊而言，要实现可靠连接，必须有足够高能量密度的热源作用于焊接部位，通过加热、熔化和冷却凝固形成焊缝。这种焊接过程热作用具有两个特点。

1）热作用的集中性：焊接时由于热源集中作用于焊件焊口部位，在热传导的作用下，焊件上必然会存在温度梯度，形成不均匀的温度场，进而引发组织和性能的不均匀性、应力应变场的不均匀性、以及焊件变形等。

2）热作用的瞬时性：对于移动热源的焊接来说，焊接上任何一点所经历的热作用可由热循环曲线描述。对于热影响区的各点来说，当热源接近该点时，热作用使该点迅速加热升温；随着热源的逐渐远离，导热作用又使该点冷却降温，表现出焊接热作用的短暂性。这种条件下发生的各种焊接物理冶金变化也很难达到平衡状态。

2.2 热传播的基本定律

（1）传导传热定律

热总是从物体的高温部位流向低温部位。在导热现象中，单位时间内通过给定截面的热量正比于该面法线方向的温度变化率和截面面积。Fourier 定律是传导传热的基本定律，数学形式表示为：

$$Q = -\lambda F \frac{\partial T}{\partial n} \tag{2.2-2}$$

式中，Q 表示热量；F 表示面积；λ 为热导率，J/（mm·s·K）；$\partial T/\partial n$ 为温度梯度。

单位时间内通过单位面积上的热量定义为热流密度 q [(J/（mm²·s))]，Fourier 定律的热流密度形式为：

$$q = -\lambda \frac{\partial T}{\partial n} \tag{2.2-3}$$

热导率的定义可由 Founer 定律的数学表达式给出，由式 (2.2-3) 可得：

$$\lambda = \frac{|q|}{\partial T/\partial n} \tag{2.2-4}$$

其物理意义是：过物体中某点 P 有任意平面 A，在 A 平面的法线方向上，当单位长度的温度差为一个单位时，单位时间内通过每单位面积的热量。它在数值上等于单位温度梯度作用下物体内所产生的热流密度。λ 是物质的重要热物理参量，它决定于材料性质，且因温度而异。

（2）对流传热定律

根据牛顿定律，对于某一与流动的气体或液体接触的固体表面微元，其热流密度 q_c 通过对流换热系数 α_c [(J/（mm²·s·K)]与固体表面温度 T 和气体或液体温度 T_0 之差成反比：

$$q_c = \alpha_c (T - T_0) \tag{2.2-5}$$

对流换热系数 α_c 的值取决于表面流动条件（特别是边界层结构）、表面性质、流动介质的性质和温差（$T - T_0$）。

（3）辐射传热定律

加热体的辐射传热是一种空间的电磁波辐射过程，可穿过透明体，被不透光的物体吸收后转变成热能。

根据斯蒂芬-玻尔兹曼定律，受热物体单位面积、单位时间辐射的热量 q_r，通过辐射系数 εC_0（J/mm²·s·K⁴）与其表面温度 T（K）的 4 次方成比例：

$$q_r = \varepsilon C_0 T^4 \tag{2.2-6}$$

式中 ε 为黑度系数，对于“绝对黑体”，$\varepsilon = 1$；对于“灰体”，$\varepsilon < 1$；对于抛光的金属表面，$\varepsilon = 0.2 \sim 0.4$；对于粗糙、被氧化的钢材表面 $\varepsilon = 0.6 \sim 0.9$。黑度系数值随温度升高而增大，在熔化温度范围，$\varepsilon = 0.9 \sim 0.95$。比例系数 C_0 决定与物体的表面情况，对于绝对黑体，即能够吸收全部表面辐射能的物体，$C_0 = 5.67 \times 10^{-14}$（J/mm²·s·K⁴）。

（4）传导传热微分方程

Fourier 定律只给出了物体内某点的温度梯度与热流密度的关系，并未能描述某点的温度与其临近点温度的关系，更未给出某点温度随时间的变化规律。为了揭示普遍条件下温度场在空间和时间领域的内在联系，根据导热基本定律和能量守恒原理，选取物体内微元体的热平衡为研究对象，并考虑有内热源时，三维热传导方程为：

$$\rho c \frac{\partial T}{\partial t} = \frac{\partial}{\partial x}\left[\lambda_x(T)\frac{\partial T}{\partial x}\right] + \frac{\partial}{\partial y}\left[\lambda_y(T)\frac{\partial T}{\partial y}\right] + \frac{\partial}{\partial z}\left[\lambda_z(T)\frac{\partial T}{\partial z}\right] + Q \tag{2.2-7}$$

式中，c 为质量热容（J/kg·K）；ρ 为密度（kg/mm³）；λ_x（T）、λ_y（T）、λ_z（T）分别为 x、y、z 方向上随温度变化的热导率，对于各向同性材料，三者相等；Q 为单位时间内产生或消耗的热量。

对于各项同性材料，且无内热源时，式（2.2-7）可写为：

$$\frac{\partial T}{\partial t} = a\left(\frac{\partial^2 T}{\partial x^2} + \frac{\partial^2 T}{\partial y^2} + \frac{\partial^2 T}{\partial z^2}\right) = a\nabla^2 T \tag{2.2-8}$$

式中，$a = \lambda/\rho c$，为热扩散系数，也称导温系数；∇^2为拉普拉斯运算符号。

求解导热问题就是对热传导微分方程进行求解。在特定条件下，可以获得解析通解，但对于实际的工程问题，必须给出定解条件。

非稳态导热问题的定解条件有，初始时刻温度分布的初始条件和物体边界上的温度分布或换热情况的边界条件。

1）初始条件　是指求解对象在开始导热时刻（$t = 0$）的温度分布。对于焊接实际，初始温度就是周围介质温度或预热温度。对于特殊情况，也可以是某种确定的温度分布，如多道焊时，前一焊道的温度场。

2）边界条件　是指结构表面边界的热交换条件。在实际情况分析时，通常有三种类型的边界条件。第一种为表面有确定的温度，即给定了边界上的温度值，最简单的情况为恒定温度；第二种为表面有确定的热流密度，即给定了边界上的热流密度值，最简单的情况是边界热流密度趋近于零(绝热边界条件)；第三种为表面向周围介质换热，即给定边界与周围介质的换热系数（对流换热和辐射换热）及周围介质的温度。

对于焊接问题的分析，只要考虑两类边界条件，即表面热输入条件和表面热损失条件。表面热输入为单位面积上的热流密度，表示焊接热源的作用强度；表面热损失条件要考虑焊件向周围环境的对流和辐射。一般厚大焊件，可认为它的表面积与体积相比相对很小，热的传播主要在焊接内部进行，因此在解析求解中，可视为半无限大体。而对于薄板和杆件的焊接，表面换热不可忽视，求解时就要考虑边界换热问题。

2.3 焊接温度场的计算

（1）影响焊接温度场的因素

焊接时，焊件上的温度分布受许多因素的影响，主要有有以下几种因素。

1）焊接热源种类及热源能量密度　焊接热源种类繁多，就熔化焊而言就有，电弧、气体火焰、电渣、电子束、激光、电阻热等，它们的功率密度都不相同。对于同种材料的焊件，如果施焊时采用的焊接热源不同，则温度场会有明显差异。气焊时，热源较为分散，加热温度范围较大，温度场也较大；而对于激光焊或电子束焊，热量集中程度很高，温度场的范围就小。

同一焊接方法施焊同种材料时，采用不同的焊接工艺参数，其热输入量也不同，因此温度分布也不同，温度场的形状和大小也不同。

2）被焊材料的热物理性质　反映材料热物理性质的是材料的各种热力学物理量。表 2.2-4 是焊接工程中常用金属材料的热物理参量，可见，不同金属材料的热物理性质有很大差异，因此，即是在同样热输入条件下，温度场也会有明显不同。图 2.2-11 为用碳钢、镍铬不锈钢。铝和纯铜四种材料做出厚度为 10 mm 的试板，用同样的热输入焊接时，测出的焊接温度场。

表 2.2-4　焊接中常用金属材料的热物理常数平均值

物理量名称	符号	单位	物理意义	焊接条件下选取的平均值			
				低碳钢、低合金钢	不锈钢	铝	铜
热导率	λ	W/(cm·K)	沿法线方向，在单位时间内，单位距离相差1℃时，经过单位面积所传输的热量	0.378～0.504	0.168～0.336	2.65	3.78
比热容	c	J/(g·K)	一克物质每升高1℃时，所需热量	0.652～0.756	0.42～0.50	1.0	1.22
容积比热容	$c\rho$	J/(cm^3·K)	单位体积的物质升高 1℃时，所需热量	4.83～5.46	3.36～4.2	2.63	3.99
热扩散率	$a=\dfrac{\lambda}{c\rho}$	cm^2/s	传热过程中，温度传播速度	0.07～0.10	0.05～0.07	1.00	0.95
热焓	H	J/g	在某一温度1 g物质所含热量	(在0～1 500℃) 1 331.4	—	—	—
表面传热系数	h	J/(cm^2·s·K)	传热体表面与周围介质每相差1℃时，通过单位面积在单位时间内所散失的热量	(在0～1 500℃) (0.63～37.8) $\times10^{-3}$	—	—	—

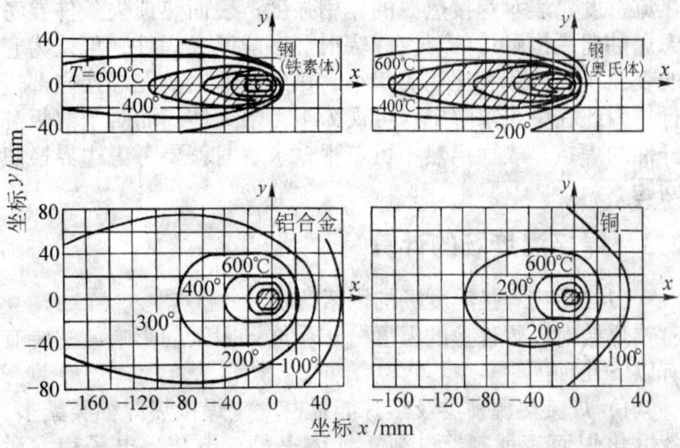

图 2.2-11　在相同热功率 q 和热源移动速度v 条件下，不同材料板上移动热源周围的温度场

($q=4.19$ kJ/s；$v=2$ mm/s；$\delta=10$ mm；$T_0=0$℃)

从图中可以看出，焊接奥氏体不锈钢 600℃等温线的温度范围比碳钢的为大，这是因为奥氏体的导热性较差，热量不易传走。所以焊接奥氏体不锈钢和耐热钢时，选用的热输入应比焊接碳钢时要小。而焊接导热性好的铝和纯铜时，应选用比焊接碳钢时更大的热输入才能保证焊接质量。

实际上，材料的热物理量是随温度而变化的，并不为常数。表 2.2-4 中所列数值是一定温度范围内的平均值。图 2.2-12～图 2.2-14 为几种钢材的热物理量随温度的变化范围。

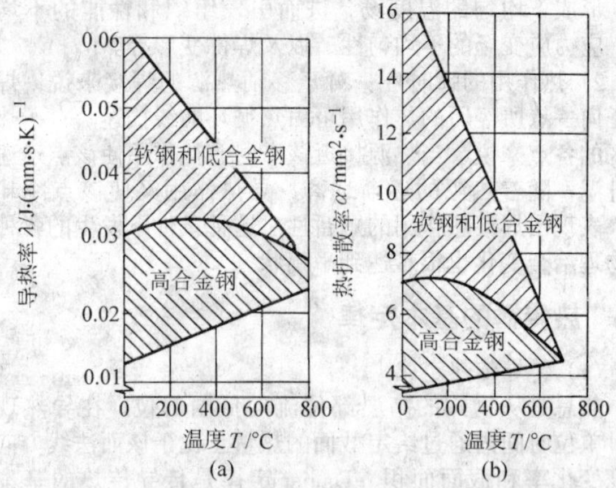

图 2.2-12　钢的导热率 λ 和热扩散率 a 与温度的关系

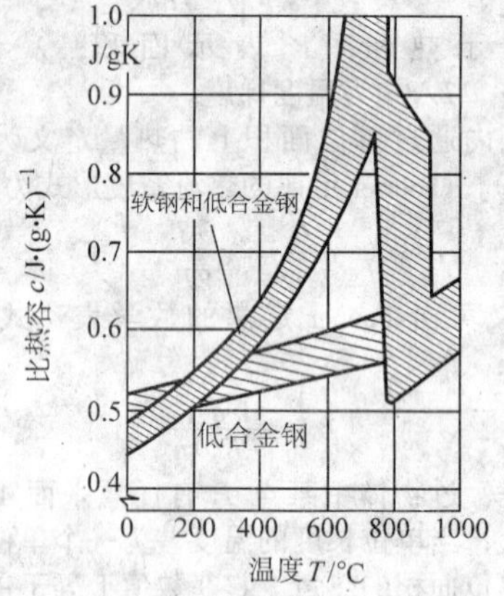

图 2.2-13　钢的质量比热容 c 与温度的关系

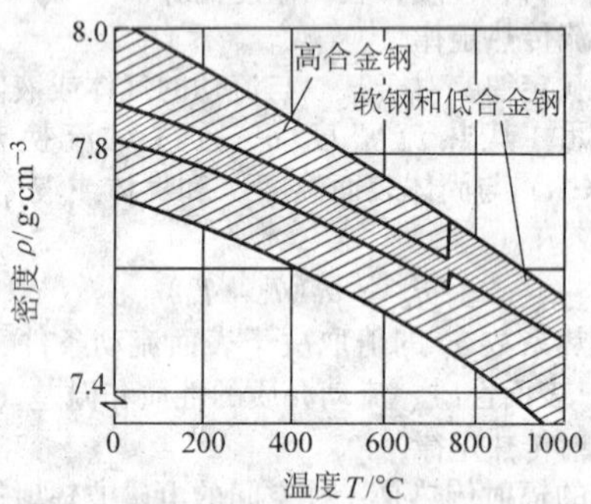

图 2.2-14　钢的密度 ρ 与温度的关系

3）焊件形态及接头形式　焊件的几何形态、尺寸大小及所处的状态（如环境温度、预热条件等）对焊接传热过程有很多影响，因而，也就必然影响焊接温度场。而接头形式的不同，造成传热条件的差异，同样会影响温度的分布，即对温度场造成影响。

(2) 焊接温度场的解析求解

关于焊接热过程的解析分析，早在 1941 年 D. Rosenthal 就曾做了非常有意义的研究工作。他在假设焊接热源集中作用于一个点或一条线段，且温度场已达到极限准稳定状态的基础上，分析了移动热源在固体中的热传导。前苏联科学家 H. H. 雷卡林在 D. Rosonthal 研究的基础上，针对焊接过程的特点运用数学解析方法对导热微分方程进行求解，得出了一整套用函数形式表示的焊接温度场计算公式，他的著作是焊接过程热分析的基础和经典理论，至今仍是基本的参考书。这些计算公式在推导过程中采用了必要的假设和简化，因此，应用这些公式求解实际问题时，必须搞清楚公式的适用范围。

1）基本假设和简化　焊接热过程十分复杂，受许多因素的影响。为了能够解析求解焊接温度场，必须结合焊接实际情况对求解条件作必要的假设和简化。

假设被焊金属是均质、且各向同性的；材料的热物理量均为常数，与温度无关；不考虑焊接熔化与凝固过程，即认为被焊工件始终处于固态，并且不考虑固态相变的作用。

对焊接的几何形状简化成三类，即：半无限体，相当于厚大焊件，热源作用于立方体中心，三维传热，热呈半球形传播；无限大板，即焊件在长度和宽度方向无限伸展而厚度很小，沿板厚方向认为温度是相同的，二维传热，相当于薄板对焊；无限长杆，即杆的截面与杆的长度比很小，在杆截面上的温度分布是均匀的，一维传热，相当于细杆对接。

焊接热源均简化为集中热源，并根据作用的焊件几何形状，分别划分为：点状热源，即相当于在厚大板上对焊，热在空间三个方向传导；线状热源，即相当于薄板全熔透电弧对接，热源在板厚方向上热流密度为常数，热向长、宽两个方向传播；面状热源，即相当于细杆的对焊，热源在杆的横截面上是均匀的，热只沿杆的长度方向传播。表 2.2-5 给出三类焊件几何形状和相应的热源类型简化情况。

表 2.2-5　焊接几何形状和热源类型简化说明

温度场类别		三维温度场	二维温度场	一维温度场
特征	传热方向	空间传热（x，y，z 方向）	平面传热（x，y 方向）	单向传热（x 方向）
	热源性质	点状热源	线状热源	面状热源
	类似焊件	厚大件表面堆焊	一次熔透的薄板焊	细棒对接焊
	示意图	x y z	x δ y z	x y

热源作用时间分为瞬时作用和连续作用两类。瞬时作用是以热量 Q（J）在 $t=0$ 的瞬间导入焊件，相当于定位焊或小缺陷的定位补焊的简化；连续作用是以恒定的热流密度 q（J/s）长时间地导入焊件，相当于连续施焊情况。

热源运动状态可分为固定不动热源、正常速度移动热源、高速移动热源三种。定位焊和缺陷补焊用的热源可视为固定热源；手工电弧焊用的热源可视为正常速度移动热源；快速自动弧焊可视为高速热源。

2）作用于半无限大体的瞬时点热源　这种情况下，假设热量为 Q 的热源瞬时作用在厚大焊件的某点上，则距热源为 R 的任何一点，经 t 时间后，该点的温度增量 $T-T_0$ 的数学表达式为：

$$T-T_0=\frac{2Q}{\rho c(4\pi at)^{3/2}}\exp\left(-\frac{R^2}{4at}\right) \qquad (2.2\text{-}9)$$

由此式可知，如果热源提供的热能是固定的，则任一时刻，温度场的特征是以 R 为半径的等温球面；焊件上某点的温度是随时间变化的，同一时刻，距离热源越远的点，温度越低；过程开始时刻（$t=0$），在 $R=0$ 处的温度无限高，此后随 $1/t^{3/2}$ 呈双曲线下降。事实上，焊接时不会出现无限高温度的情况，这是作为点热源简化的结果。图 2.2-15 为半无限体瞬时热源温度场分布情况。

3）作用于无限板的瞬时线热源　这种情况下，假设热量 Q 的热源瞬时作用在厚度为 h 的无限大薄板上，并设 Q 在厚度 h 内均匀分布，形成与厚度有关的热流密度 Q/h，则距线热源 r 处的任何一点，经时间 t 后，该点的温度增量 $T-T_0$ 的数学表达式为：

$$T-T_0=\frac{Q}{\rho ch(4\pi at)}\exp\left(-\frac{r^2}{4at}-bt\right) \qquad (2.2\text{-}10)$$

式中，$b=2(\alpha_c+\alpha_r)/\rho ch$，称为传热系数；$r^2=x^2+y^2$。

由此可见，温度场分布是以 r 为半径的圆环；热量的传播被局限在板平面的两个方向。$r=0$ 处，温度以 $1/t$ 双曲线下降，比半无限体缓和。

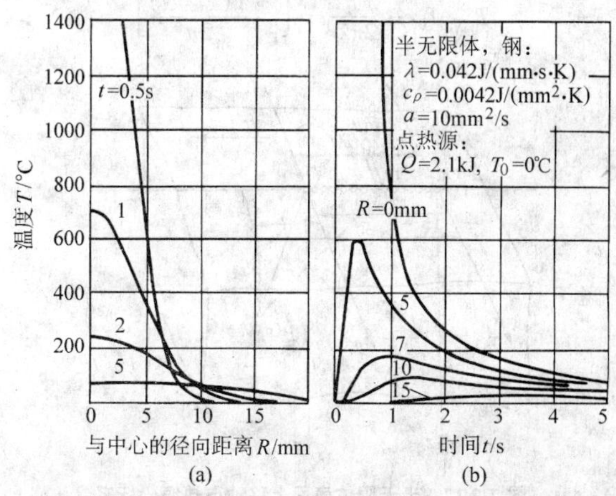

图 2.2-15　半无限体瞬时点热源温度场分布情况

4）作用于无限长杆的瞬时面热源　这种情况下，假设热量 Q 的热源瞬时作用于具有横截面积为 A 的无限长杆的 $x=0$ 的处，并设 Q 均布于 A 上，形成与面积有关的热流密度 Q/A，则距线热源 x 处的温度增量 $T-T_0$ 的数学表达式为：

$$T-T_0=\frac{Q}{\rho cA(4\pi at)^{1/2}}\exp\left(-\frac{x^2}{4at}-b^*t\right) \qquad (2.2\text{-}11)$$

式中，$b^*=(\alpha_c+\alpha_r)P/\rho cA$，$P$ 和 A 分别为杆的横截面的周长和面积。

由此可见，温度场分布是以 x 为距离的平面；热量的传播被局限在杆内的一个方向。$x=0$ 处，温度以 $1/t^{1/2}$ 双曲线下降，比无限扩展板的降温缓和。

上述情况说明，厚大焊件的传热最快，其次是薄板，而传热最慢的是细杆件。图 2.2-16 给出了体、板、杆的中心温度随时间的变化，说明了这种变化趋势。

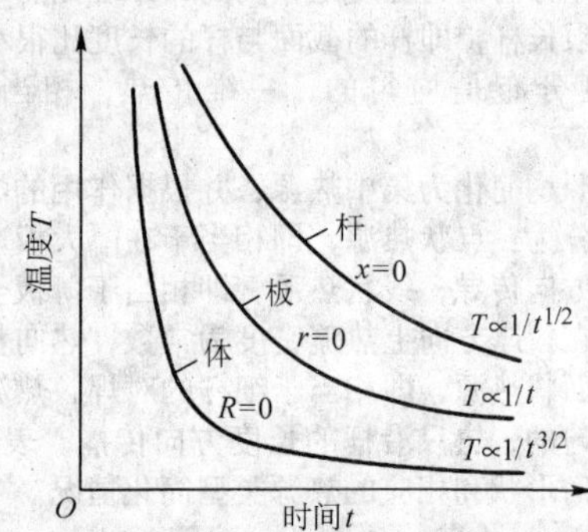

图 2.2-16　瞬时点热源、线热源、面热源作用处的温度变化曲线，体上作用点热源（三维热传播），**板上作用线热源**（二维热传播，$b=0$）**和杆上作用面热源**（一维热传播，$b^*=0$）

5）作用于半无限体的移动点热源　连续移动热源作用下的温度场可用叠加原理来获得。应用叠加原理的前提条件是求解的微分方程是线性的，这就要求材料的热物理量与温度无关。叠加原理认为连续移动热源的热作用效果可视为相继瞬时作用于各不同点上的无数集中热源作用的总和，而多个瞬时热源作用互不影响。

图 2.2-17 是说明半无限体上移动点热源作用情况的坐标系，设半无限体表面匀速直线移动热源的移动方向与 x 轴的正方向一致，移动速度为 v，功率为 q，O_0 为热源开始作用点，当热源经 t 运动到 O 点时，如以热源当前所在点 O 为动坐标原点，并设焊件上的传热过程已达到极限饱和状态，温度场为准稳定温度场，则焊件上任意一点 P 的温度增量 $T-T_0$ 可表示为：

$$T - T_0 = \frac{q}{2\pi\lambda r}\exp\left[-\frac{V(r+x)}{2a}\right] \tag{2.2-12}$$

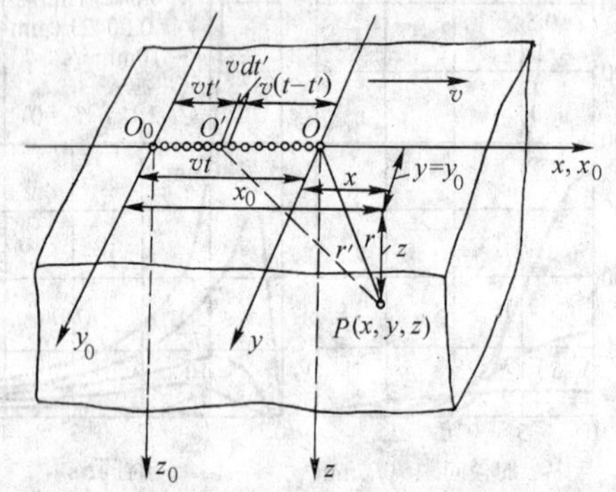

图 2.2-17　半无限体表面上移动点热源坐标系

利用式（2.2-12），可计算出“厚板”堆焊时的温度场情况（如图 2.2-18）。图中的虚线为 $z=0$ 表面上各等温线的平行于 x 轴的切线的切点连线，也就是热源移动到 O 点瞬间，处在加热峰值温度的各点的连接曲线。它表明，位于虚线后方的区域已处于降温阶段，位曲线前方区域则处于升温阶段，且升温区域的温度梯度大于降温区域的温度梯度；在热源移动线旁边的各点达到其局部最高温度的时间与热源通过该点所在的横截面的时间相比有些滞后，离热源移动线越远，滞后时间越长，最高温度越低。表面的等温线为封闭的椭圆形，等温线的长短由参数 v_r/a 决定，热源移动越快，等温线长度越长。热源作用点的温度为无限大。

6）作用于无限板的移动线热源　设匀速运动的线状热源（速度 v，厚度方向的热功率为 q/h）作用于无限扩展板上时，并且温度场已达到准稳定状态，则距移动热源 r 处的温度增量 $T-T_0$ 可表示为：

$$T - T_0 = \frac{q}{2\pi\lambda h}\exp\left(-\frac{vx}{2a}\right)K_0\left[r\sqrt{\left(\frac{v^q}{4a^2}+\frac{b}{a}\right)}\right] \tag{2.2-13}$$

式中，K_0 为第二类、零阶修正贝塞尔函数；$b=2(\alpha_c+\alpha_r)/\rho ch$，为传热系数。

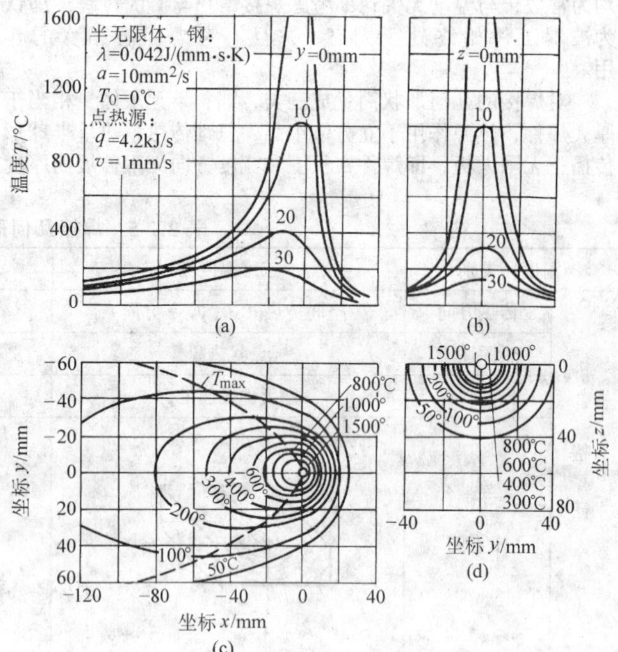

图 2.2-18　半无限体上移动点热源的温度场，在运动坐标系 x、y、z 上呈准稳定极限状态

（a），（b）x、y 轴线上的温度分布，

（c），（d）表面和横截面上等温线

利用式（2.2-13）计算的温度场示于图 2.2-19（相当于对接焊缝模型），这种条件下，板厚方向各点温度相等，等温线为非圆形柱状截面。椭圆封闭的等温线于半无限体上的等温线相似，但由于在板中的热扩散比半无限体中慢，所以同样温度的等温线包围的面积较大。

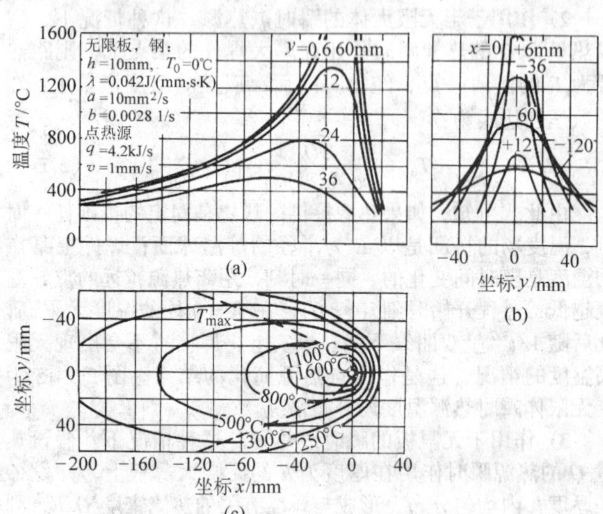

图 2.2-19　作用于无限板上移动线热源的温度场，在运动坐标系 x、y 上呈准稳定极限状态

（a），（b）x、y 轴线上的温度分布，

（c）板面上的等温线

7）作用于半无限体的快速移动大功率热源　快速移动大功率热源以高功率 q 和高速度 v 为特征，工艺参数 q 和 v

成比例增加，以保持单位长度焊缝的热输入，$q_w = q/v$，为常数。快速移动大功率热源使焊接时间减少，极限情况下意味着以整个焊缝同时作用有大功率热源，而单位长度焊缝上的热输入为 q_w 为常数。在紧靠热源附近，这种极限假设造成的误差相对很小，因此，具有重要的实际意义。可以想像，当热源移动速度极高时，热传播主要在垂直于热源运动的方向上进行，在热源运动方向上热的传播很小，可以忽略不计。此时，半无限体或无限板即可划分为大量的垂直于热源运动方向的平面薄层，当热源通过这一薄层时，输入的热量仅仅在此薄层内传播，而与相邻薄层的状态无关。

对于半无限体上作用的快速移动点热源，则距热源移动线垂直距离 r 处的温度增量 $T-T_0$ 可表示为：

$$T - T_0 = \frac{q}{2\pi\lambda vt}\exp\left(-\frac{r^2}{4at}\right) \tag{2.2-14}$$

8）作用于无限板的快速移动大功率热源　与上述作用于半无限体的快速移动大功率热源一样的简化指导思想，对作用于板上的快速移动大功率线热源，距热源运动方向垂直距离 y 处的温度增量 $T-T_0$ 可表示为：

$$T - T_0 = \frac{q}{vh(4\pi\lambda\rho ct)^{1/2}}\exp\left(-\frac{y^2}{4at} - bt\right) \tag{2.2-15}$$

以上关于焊接温度场的解析分析是在特定的简化和假设条件下对传导传热问题的解，其中所作的假设包括无限大体、无限扩展板，无限长细杆，点热源、线热源、面热源等。这种分析问题的优点是，物理概念和逻辑推理清楚，所得解能清楚表明各种因素，如材料热物理量、焊接时间、焊接工艺参数等对温度场的影响。但是实际焊接问题与上述这些简化和假设有较大出入，因此，计算结果与实际情况必然也存在较大差异，而距离热源较近部位的温度偏差较大，而这里恰恰是最关心的部位。另外，对于更接近于焊接实际的分布热源，对于几何形状或边界不规则的焊件，对于焊接材料的热物理量随温度变化的情况，对于焊接材料发生熔化与凝固以及固态相变引起的热问题等，用解析求解几乎无法完成。

9）焊接温度场解析求解研究进展　关于用解析法求解焊接温度场的，至今仍有不少报道。日本研究工作者在应用数学分析法求解非平衡热流引起的实际问题上也做了很大的努力。P.S.Wei 等用解析法建立了电子束焊接三维温度场分析模型。我国学者关桥等应用解析法求解了局部预热焊接法中薄板上的温度分布，汪建华等根据薄板、厚板、有限厚板以及高速热源、低速热源等多种情况下的基本解析式，讨论了板厚、坡口、接头形式和焊缝位置等因素的影响，导出了各种情况下的热流修正系数，建立了不同接头形状下的焊接传热计算机系统，是对解析方法一个较全面的应用。Kasuya 等对分布于工件内部的热源、有限尺寸的表面线状热源以及局部预热等情况进行了解析分析，提高了解析方法的精度。

10）焊接温度场解析求解算例

Nd：YAG CW 激光焊热传导温度场的三维解析计算

基本假设如下。

① 热传导在热的传播过程中占主导地位，忽略辐射和对流作用。

② 不考虑熔池中相变潜热的释放。

③ 材料热物理参数与温度和状态无关。

④ 有限厚度无限大平板。

设在 $t=\tau$ 时刻，在半无限大的焊接工件表面（x_0，y_0，0）点作用一条能量密度为 q 的瞬时光线，工件对光的吸收率为 A。以 $t=0$ 时刻为坐标原点，以焊接速度 v 的方向为 x 轴的正方向，建立直角静坐标系（X_S，Y_S，Z_S），则在工件中某一点（X_p，Y_p，Z_p）在 t 时刻的温度升高为

$$T(X_P, Y_P, Z_P, t) - T_0 = \frac{2Aq}{\rho c[4\pi a(t-\tau)]^{3/2}} \exp\left[-\frac{(X_P - x_0)^2 + (Y_P - y_0)^2 + Z_P^2}{4a(t-\tau)}\right] \tag{2.2-16}$$

式中，A 为材料对激光的吸收率；c 为比热容；a 为热扩散率；ρ 为激光功率密度；T_0 为工件初始温度。

但在实际的焊接生产中，板材都是有限厚度的，因此利用镜像法可以得到厚度为 h 的无限大平板中在一条功率为 q 的激光光线作用下某一点（X_p，Y_p，Z_p）在 t 时刻的温度升高为：

$$T(X_P, Y_P, Z_P, t) - T_0 = \sum_{n=-\infty}^{+\infty}\frac{2Aq}{\rho c[4\pi a(t-\tau)]^{3/2}}\exp\left[-\frac{(X_P - x_0)^2 + (Y_P - y_0)^2 + (Z_P - 2nh)^2}{4a(t-\tau)}\right] \tag{2.2-17}$$

式中，n 值可以根据所允许的误差计算确定。

在实际上作用在工件表面上的激光束也并不是一条光线形成的一个点，而是一束光线形成的能量分布接近 Gauss 分布的光斑。在 Nd：YAG 激光焊接中，对激光束在焦点附近光斑上的能量分布按 Gauss 分布处理是合适的。

$$q(x, y) = \frac{Q}{2\pi\sigma^2}\exp\left(-\frac{x^2 + y^2}{2\sigma^2}\right) \tag{2.2-18}$$

式中，σ 为 Gauss 分布参数；Q 和 q（x，y）为激光功率和功率密度分布。

利用叠加原理可以求得在光斑作用下工件中任意一点的温度。以激光光斑中心（X_D，Y_D，0）为原点，x 轴和静坐标系中 X_S 轴重合，建立随激光束以速度 v 移动的动坐标系（X_D，Y_D，Z_D）。在实际的焊接过程中，功率为 Q 激光束照射在工件表面上的是一个半径为 R 的光斑，因此可以用累积原理将光斑中不同的点（ζ，η）对所求得点（X_p，Y_p，Z_p）的影响叠加起来，即对热分布范围内各点积分。这样，在 $t=\tau$ 时刻，在 Gauss 光束的作用下，厚度为 h 无限大平板中某一点（X_p，Y_p，Z_p）在 t 时刻的温度升高为

$$T(X_P, Y_P, Z_P, t) - T_0 = \sum_{n=-\infty}^{+\infty}\int_{-\infty}^{+\infty}\int_{-\infty}^{+\infty}\frac{2Aq}{\rho c[4\pi a(t-\tau)]^{3/2}} \exp\left\{-\frac{[X_P - (X_D + \xi)]^2 + [Y_P - (Y_D + \eta)]^2 + (Z_P - 2nh^2)}{4a(t-\tau)}\right\}d\xi d\eta \tag{2.2-19}$$

将公式右边进行积分、整理得到：

$$T(X_P, Y_P, Z_P, t) - T_0 = \sum_{n=-\infty}^{+\infty}\frac{AQ}{\rho c[4\pi a(t-\tau)]^{1/2}} \times \frac{1}{\sigma^2 + 2a(t-\tau)}\exp\left[-\frac{(Z_P - 2nh)^2}{4a(t-\tau)}\right] \exp\left[-\frac{(X_P - X_D)^2 + (Y_P - Y_D)^2 + (Z_p - 2nh)^2}{2\sigma^2 + 4a(t-\tau)}\right] \tag{2.2-20}$$

激光束在工件上以 v 的速度连续作用，可以看成是无数个瞬时激光束的连续作用，对时间积分可得到静坐标系下运动的激光束作用下的有限厚度为 h 的无限大平板中点（X_p，Y_p，Z_p）的温度为：

$$T(X_P, Y_P, Z_P, t) - T_0 = \sum_{n=-\infty}^{+\infty}\frac{AQ}{2\rho c\sqrt{\pi a}}\int_0^t\frac{1}{\sqrt{t-\tau}} \times \frac{1}{\sigma^2 + 2a(t-\tau)}\exp\left[-\frac{(Z_P - 2nh)^2}{4a(t-\tau)}\right] \exp\left[-\frac{(X_P - X_D)^2 + (Y_P - Y_D)^2}{2\sigma^2 + 4a(t-\tau)}\right]d\tau \tag{2.2-21}$$

将 $X_P = x + vt$、$Y_P = y$、$Z_P = z$、$X_D = v\cdot\tau$、$Y_D = 0$ 代入上式，则将坐标系转换为动坐标系。在动坐标系下，整理得

到工件中任意一点（x，y，z）经 t 时间后的温度为

$$T(x,y,z,t)-T_0=\frac{AQ}{2\rho c\sqrt{\pi a}}\times\int_0^t\frac{1}{\sigma^2\sqrt{t-\tau}+2a(t-\tau)^{3/2}}\times \exp\left[-\frac{(z-2nh)^2}{4a(t-\tau)}\right]\exp\left[-\frac{[x+v(t-\tau)]^2+y^2}{2\sigma^2+4a(t-\tau)}\right]\mathrm{d}\tau \quad (2.2\text{-}22)$$

熔合线是焊缝中液态金属和固态金属的分界线，因此在分界线上的温度为材料的熔化温度。则在一定的焊接规范参数条件下，激光热导焊焊缝任一横截面焊缝熔合线由下面方程给出，即

$$T(0,y,z,t)=T_m \quad (2.2\text{-}23)$$

则有：

$$\frac{AQ}{2\rho c\sqrt{\pi a}}\times\sum_{n=-\infty}^{+\infty}\int_0^t\frac{1}{\sigma^2\sqrt{t-\tau}+2a(t-\tau)^{3/2}}\times \exp\left[-\frac{(z-2nh)^2}{4a(t-\tau)}\right]\exp\left\{\frac{[x+v(t-\tau)]^2+y^2}{2\sigma^2+4a(t-\tau)}\right\}\mathrm{d}\tau+T_0=T_m \quad (2.2\text{-}24)$$

在一定的焊接参数和给定时间 t 的条件下，解关于 y、z 的方程可以得到在给定焊接规范参数下焊缝的熔合线（焊缝横截面形状），熔合线的位置可由时间 t 决定，不同的时间，熔合线的位置也不同。

图2.2-20是不同焊接规范下计算和试验所得焊缝熔合线的比较。试验条件为Nd：YAG激光功率为200～500 W，焊接速度为10～50 mm/s，离焦量为－2～2 mm。试验材料为Q235钢，试板尺寸为300 mm×100 mm×2 mm。图2.2-20a、b是离焦量为0的情况下，不同激光功率和焊接速度的焊缝熔合线。图2.2-20c为离焦量为－1 mm的情况下焊缝的熔合线。

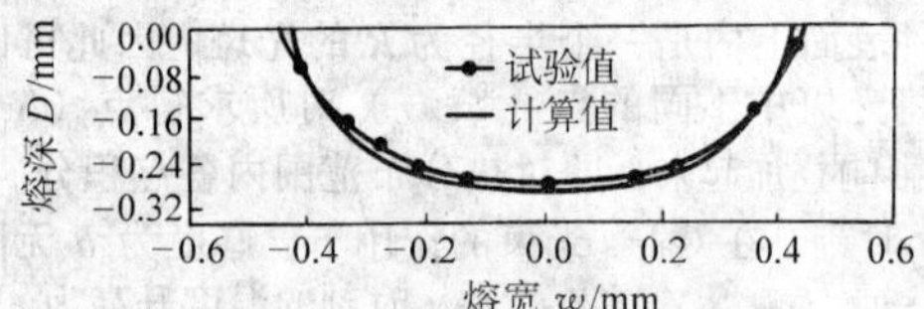

(a) 焊接参数 Q=300W, v=20mm/s, ΔZ=0mm

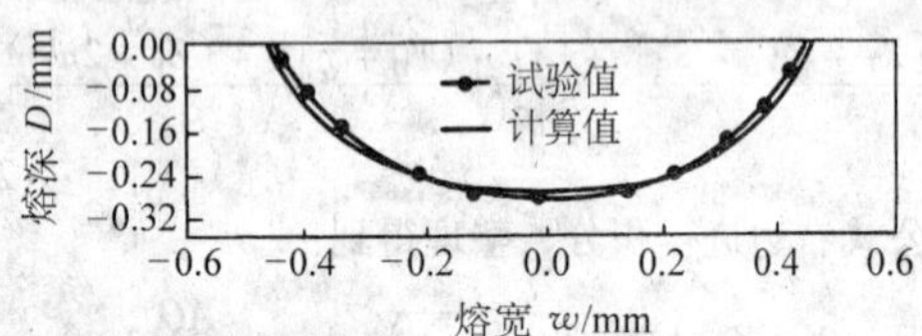

(b) 焊接参数 Q=500W, v=30mm/s, ΔZ=0mm

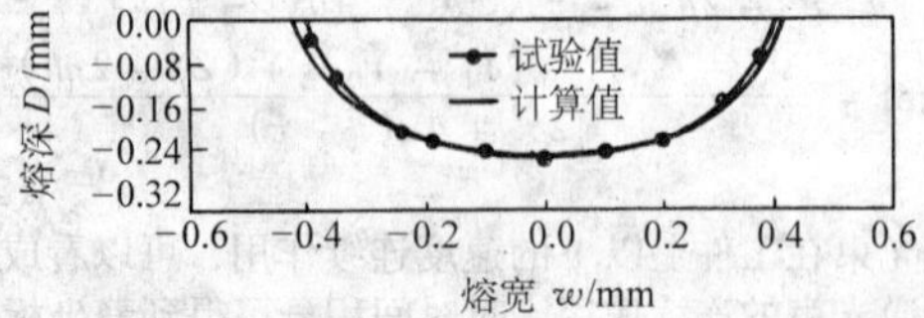

(c) 焊接参数 Q=300W, v=30mm/s, ΔZ=−1mm

图2.2-20　是不同焊接参数下计算和试验所得焊缝熔合线的比较

(3) 焊接温度场的数值求解

焊接热过程的数值模拟主要涉及以下几个方面：

① 焊接热传导过程分析；

② 焊接熔化与凝固过程的数值分析；

③ 焊接电弧热物理场的数值分析；

④ 各种特殊焊接方法热过程分析，如激光焊和电子束焊、电阻焊、摩擦焊和瞬态过渡液相焊等。

1) 焊接热源的其他模型

① Pavelic正态高斯分布热源模型　受集中热源分析的局限，邻近焊接热源的区域温度的计算误差很大，特别是在热源中心，温度将会升高至无限大。实践已证明，在电弧、束流和火焰焊接时，更有效地方法是采用热源密度呈高斯正态分布的表面热源，可获得更满意的结果，其热流分布如图2.2-21所示。

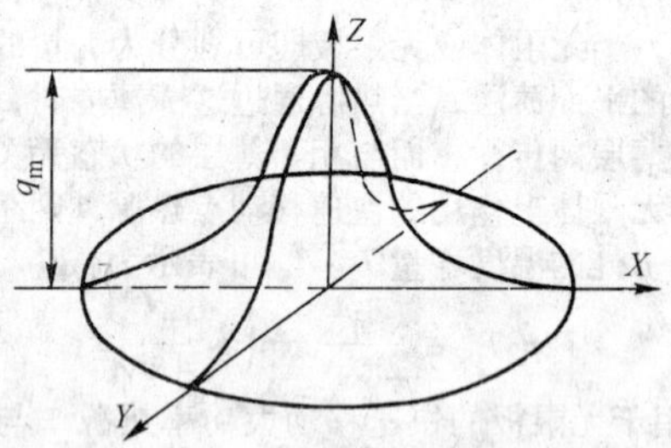

图2.2-21　高斯正态分布热源模型

正态高斯分布热源的功率密度一般形式为：

$$q(r)=q_m e^{-Cr^2} \quad (2.2\text{-}25)$$

式中，$q(r)$ 为半径 r 处的表面热流密度（W/m²）；q_m 为热源中心的最大热流密度（W/m²）；C 为热流集中系数（1/m²）；r 为一点到热源中心的径向距离。

设在距热源中 r_0 的位置，热流密度降为最大热流密度的5%，此时：

$$e^{-Cr_0^2}=0.05 \quad (2.2\text{-}26)$$

由此可求得 C 值：

$$C=\frac{\ln 20}{r_0^2}\approx\frac{3}{r_0^2} \quad (2.2\text{-}27)$$

上式对应的最大热流值为：

$$q_m=\frac{CP}{\pi}\approx\frac{3P}{\pi r_0^2} \quad (2.2\text{-}28)$$

式中，P 为热源有效功率。

将式（2.2-26）、式（2.2-27）与式（2.2-28）代入式（2.2-25）得：

$$q(r)=\frac{3P}{\pi r_0^2}\exp\left(-\frac{3r^2}{r_0^2}\right) \quad (2.2\text{-}29)$$

Friedman建立了移动热源作用下的高斯热源模型，该热源形式较好地描述了弧焊过程的热输入方式。为方便起见，将固定坐标系（x，y，z）引入，而且定义热源位置滞后的时间因素 τ。动坐标系与静坐标系的关系可写成：

$$\xi=x+v(\tau-t) \quad (2.2\text{-}30)$$

式中，v 为焊接热源移动速度。

在（x，y，z）坐标系中式（2.2-29）可为如下形式

$$q(x,y,t)=\frac{3P}{\pi r_0^2}\exp\left\{\frac{3[x+(\tau-t)^2+y^2]}{r_0^2}\right\} \quad (2.2\text{-}31)$$

② 修正高斯热源模型　修正高斯热源模型有时也称带状高斯热源。带状高斯热源一般用于研究具有快速移动热源的温度场模拟。这种热源在焊接方向上呈带状，而在与热源运动方向垂直的横向按高斯分布，如图2.2-22所示。进行热分析时一般按某一单位长度进行分段逐步加热，使用带状热源可以显著地减少热分析的子步数。

设焊缝总长度为 L，则完成焊接所需的时间 t_1 为：

$$t_1=L/v \quad (2.2\text{-}32)$$

焊接过程的总热输入 Q 为：

$$Q=t_1P=\frac{L}{v}P \quad (2.2\text{-}33)$$

修正高斯热源模型的一般形式为：

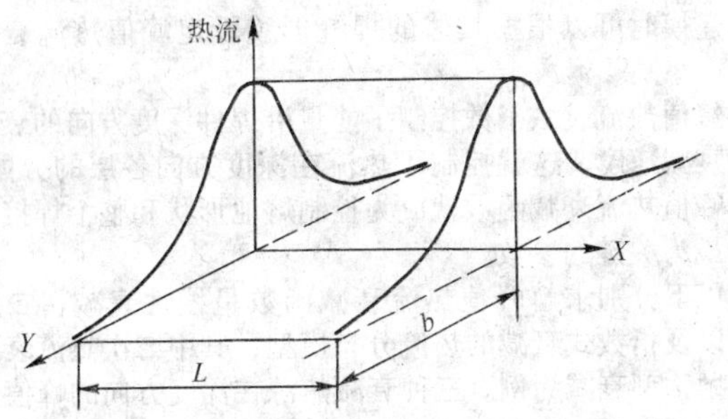

图 2.2-22　修正高斯分布热源模型

$$q(y) = q_M \exp(-Cy^2) \tag{2.2-34}$$

式中，q_M 为峰值热流强度；C 为热流集中程度系数。

设在坐标 $\pm y_0$ 处热流密度降为最大值的 5%，同式（2.2-27），取 $C=3/y_0^2$，两种热源模型在焊缝上具有相等的热输入，则有以下热平衡方程：

$$2\int_0^L\int_0^\infty q_M \exp(-3y^2)\mathrm{d}x\mathrm{d}y = \frac{L}{v}P \tag{2.2-35}$$

积分式（2.2-35），并求解得：

$$q_M = \frac{P}{v}\sqrt{\frac{C}{\pi}} = \frac{P\sqrt{3\pi}}{v\pi y_0} \tag{2.2-36}$$

将式（2.2-36）代入式（2.2-34）并取 C 值得：

$$q(y) = \frac{P\sqrt{3\pi}}{v\pi y_0}\exp\left(\frac{-3y^2}{y_0^2}\right) \tag{2.2-37}$$

取 y_0 为焊缝的半宽 b，式（2.2-36）q_M 项分子与分母同乘以焊接时间 t 可得：

$$q(y) = \frac{Q}{bL}\sqrt{\frac{3}{\pi}}\exp\left(\frac{3y^2}{b^2}\right) \tag{2.2-38}$$

③ 半球型分布热源模型　对于焊接模拟，当穿透深度较小时，使用高斯分布热源模型可以较好地模拟焊接温度场。然而对于高功率密度热源，如激光与电子束深熔焊接，高斯分布热源模型忽略了电弧和束流对表面以下熔池的挖掘作用，在这种情况下，半球状热源分布函数的提出是更为实际的一种模式，其函数为：

$$q(\xi,y,z) = q(0)\exp\left(\frac{-3\xi^2}{c^2}\right)\exp\left(\frac{-3y^2}{c^2}\right)\exp\left(\frac{-3z^2}{c^2}\right) \tag{2.2-39}$$

式中，q（0）为热流分布的最大值（W/m³）；c 为球半径。

根据能量守恒方程得：

$$2P = 8\int_0^\infty\int_0^\infty\int_0^\infty q(0)\exp\left(\frac{-3\xi^2}{c^2}\right)\exp\left(\frac{-3y^2}{c^2}\right)\times \exp\left(\frac{-3z^2}{c^2}\right)\mathrm{d}\xi\mathrm{d}y\mathrm{d}z \tag{2.2-40}$$

由于上式中的不同变量可分离，典型的三重积分变为单重积分，求得：

$$\int_0^\infty \exp\left(\frac{-3\xi^2}{c^2}\right)\mathrm{d}\xi = \frac{c}{6}\sqrt{3\pi} \tag{2.2-41}$$

同理可求得另外两项积分，求解式（2.2-40）积分方程得：

$$q(0) = \frac{6\sqrt{3}P}{c^3\pi\sqrt{\pi}} \tag{2.2-42}$$

将式（2.2-30）与式（2.2-42）代入式（2.2-39）得：

$$q(x,y,z,t) = \frac{6\sqrt{3}P}{c^3\pi\sqrt{\pi}}\exp\left\{-\frac{3[x+v(\tau-t)]^2}{c^2}\right\}\times \exp\left(\frac{-3y^2}{c^2}\right)\exp\left(\frac{-3z^2}{c^2}\right) \tag{2.2-43}$$

尽管半球状功率密度分布热源模型较表面圆形热源精确，但它仍然有一定得局限性。事实上，在许多焊接情况下熔池的形状并不呈球形分布，如深穿透激光焊接和电子束焊接就是如此，此时使用椭球形热源模型具有更高的精确性。

④ 椭球型热源分布模型　以椭球中心点为（O，O，O），设平行于坐标轴（ζ，y，z）的半径为 a，b，c 的椭球内热量密度是高斯分布的函数：

$$q(\xi,y,z) = q(0)\exp\left(\frac{-3\xi^2}{a^2}\right)\exp\left(\frac{-3y^2}{b^2}\right)\exp\left(\frac{-3z^2}{c^2}\right) \tag{2.2-44}$$

式中，q（0）为椭球心部最大的热流密度值。

根据能量守恒有：

$$2P = 8\int_0^\infty\int_0^\infty\int_0^\infty q(0)\exp\left(\frac{-3\xi^2}{a^2}\right)\exp\left(\frac{-3y^2}{b^2}\right)\times \exp\left(\frac{-3z^2}{c^2}\right)\mathrm{d}\xi\mathrm{d}y\mathrm{d}z \tag{2.2-45}$$

定义半轴 a，b，c 为在 x，y，z 上椭球表面处热源密度降为 0.05q（0）的点。与式（2.2-41）相同，可求得：

$$\int_0^\infty \exp\left(\frac{-3\xi^2}{a^2}\right)\mathrm{d}\xi = \frac{a}{6}\sqrt{3\pi},\ \int_0^\infty \exp\left(\frac{-3y^2}{b^2}\right)\mathrm{d}y = \frac{b}{6}\sqrt{3\pi},\ \int_0^\infty \exp\left(\frac{-3z^2}{c^2}\right)\mathrm{d}z = \frac{c}{6}\sqrt{3\pi} \tag{2.2-46}$$

根据以上积分结果，求解方程式（2.2-45）得：

$$q(0) = \frac{6\sqrt{3}P}{abc\pi\sqrt{\pi}} \tag{2.2-47}$$

将坐标变换式（2.2-30）与式（2.2-47）带入式（2.2-44）可以得出在固定坐标轴下椭球型热源分布函数为：

$$q(x,y,z,t) = \frac{6\sqrt{3}P}{abc\pi\sqrt{\pi}}\exp\left\{-\frac{3[x+v(\tau-t)]^2}{a^2}\right\}\times \exp\left(\frac{-3y^2}{b^2}\right)\exp\left(\frac{-3z^2}{c^2}\right) \tag{2.2-48}$$

⑤ 双椭球型热源分布模型　计算过程中发现，以椭球形热源密度函数模型模拟的焊接温度场不能完全反映实际焊接温度场的特征，热源中心前面的区域温度梯度不像实际中那样陡变，而热源中心后面的区域温度梯度分布较缓。为克服这个缺点，J.Goldak 提出了双椭球功率密度分布热源模型，该模型设定热源的前半部分为 1/4 椭球，而后半部分为另 1/4 椭球，双椭球功率密度分布热源模型如图 2.2-23 所示。

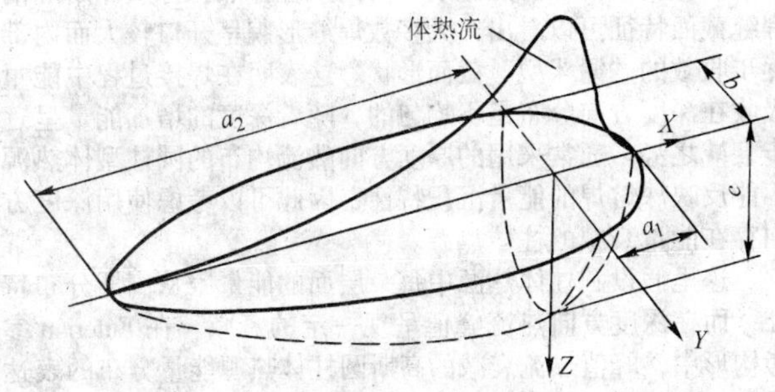

图 2.2-23　双椭球型热源功率密度分布模型

设前 1/4 椭球的 x、y、z 方向的半轴长度分别为 a，a、c，后 1/4 椭球的 x、y、z 方向的半轴长度分别为 $2a$、a、c，根据能量平衡方程：

$$2P = 4\int_0^\infty\int_0^\infty\int_0^\infty q(0)\mathrm{e}^{\left(\frac{-3\xi^2}{a^2}\right)}\mathrm{e}^{\left(\frac{-3y^2}{a^2}\right)}\mathrm{e}^{\left(\frac{-3z^2}{c^2}\right)}\mathrm{d}\xi\mathrm{d}y\mathrm{d}z + 4\int_0^\infty\int_0^\infty\int_0^\infty q(0)\mathrm{e}^{\left(\frac{-3\xi^2}{(2a)^2}\right)}\mathrm{e}^{\left(\frac{-3y^2}{a^2}\right)}\mathrm{e}^{\left(\frac{-3z^2}{c^2}\right)}\mathrm{d}\xi\mathrm{d}y\mathrm{d}z \tag{2.2-49}$$

求解以上方程得：

$$q(0) = \frac{4\sqrt{3}P}{\pi^{3/2}a^2c} \tag{2.2-50}$$

由此得，前1/4椭球的功率密度函数为：

$$q(x,y,z,t) = \frac{6\sqrt{3}f_f P}{\pi^{3/2}a^2c}\exp\left\{-\frac{3[x+v(\tau-t)]^2}{a^2}\right\}\times \exp\left(\frac{-3y^2}{a^2}\right)\exp\left(\frac{-3z^2}{c^2}\right) \tag{2.2-51}$$

后1/4椭球的功率密度函数为：

$$q(x,y,z,t) = \frac{6\sqrt{3}f_r P}{\pi^{3/2}2a^2c}\exp\left\{-\frac{3[x+v(\tau-t)]^2}{a^2}\right\}\times \exp\left(\frac{-3y^2}{a^2}\right)\exp\left(\frac{-3z^2}{c^2}\right) \tag{2.2-52}$$

式中，$f_f + f_r = 2$，其中：$f_f = 2/3$，$f_r = 4/3$。

根据以上公式可知，热源中心前面的热分布比后面的热流分布要陡得多，而后面的热量分布要较前面多。

椭球的两个特征参数 a 与 c 可以改变热流强度以及控制体积中的热流分布，从而决定了焊接热模拟的熔池形状，他们的取值应当使模拟的熔池形状和实验测定的熔池形状相吻合。研究表面，椭球特征参数对焊缝宽度和焊缝深度有影响。对于埋弧焊形成的焊接温度场，椭球特征参数 a 与 c 可以分别表示为：

$$a \approx 1.3W_{\text{windth}} \tag{2.2-53}$$

$$c \approx 0.8W_{\text{depth}} \tag{2.2-54}$$

式中，W_{width} 为焊缝宽度；W_{depth} 为焊缝深度。

⑥ 均匀分布高斯柱体热源　均匀分布高斯柱体热源模型设定柱体热源的径向热流呈高斯分布，而在柱体的深度方向上均布，热源为一内嵌的圆柱体。高斯柱体热源可以表示为：

$$q(r,z) = \frac{3P}{\pi r_0^2 h}\exp\left(-\frac{3r^2}{r_0^2}\right)u(z) \tag{2.2-55}$$

式中，r_0 为热源有效作用半径，该处的峰值热流密度降为最大峰值热流密度的5%；h 为柱体热源的作用深度；$u(z)$ 为单位阶跃函数，其定义为：

$$u(z) = \begin{cases}1, & 0 \leqslant z \leqslant h \\ 0, & h \leqslant z \leqslant H\end{cases} \tag{2.2-56}$$

式中，H 为焊件厚度。

⑦ 峰值热流沿深度衰减的高斯柱体热源　衰减热源是表示在深度方向峰值热流衰减的高斯柱体热源。从深熔焊的焊缝截面特征可以看出，大多数焊缝形貌呈开口较大而内部逐步收敛的“漏斗型”截面形状。这表明在焊接过程中能量吸收在深度方向分布是不均匀的，随着深度的增加能量呈逐步衰减之势。通常采用的厚度方向热流均布的圆柱型体热源不能反映深熔焊的能量沉积特性，因此可以考虑使用深度方向存在能量衰减的柱体热源。

这里假设圆柱体热源中每一层面的能量服从高斯分布特征，而在深度方向热流峰值呈现一定的衰减。在 Eulerian 参考构形中，峰值热流衰减的高斯圆柱体热源能量分布的表达式为：

$$q(r,z) = q_m D(z)\exp\left(-\frac{3r^2}{r_0^2}\right)u(z) \tag{2.2-57}$$

式中，q_m 为体热源的最大热流密度；$D(z)$ 为峰值热流衰减函数，表示峰值热流在深度方向衰减的快慢程度；r_0 为柱体热源的有效作用半径，该处的热流密度降为峰值热流密度的5%。$u(z)$ 为单位阶跃函数，其定义与式（2.2-56）式相同。

峰值热流衰减函数 $D(z)$ 可以有各种函数形式，包括线性函数、二次函数、指数函数等。峰值热流衰减函数的具体表达式取决于焊接过程使用的焊接方法及具体的焊接参数等，建模时可以根据具体的焊缝形貌设定峰值热流衰减函数。

峰值热流衰减函数控制了能量沿焊件深度方向的衰减方式及衰减速度，这就控制了热流在深度方向各层的分配量，这样峰值热流衰减函数就成为控制熔池形状和整个焊接温度场的最为关键的参数。

以下分别求解峰值热流衰减函数呈线性衰减、二次衰减，以及指数式衰减的热流分布模型，其中二次热流衰减模型以抛物型衰减为例。三种衰减热源在深度方向的峰值热流分布如图2.2-24所示。

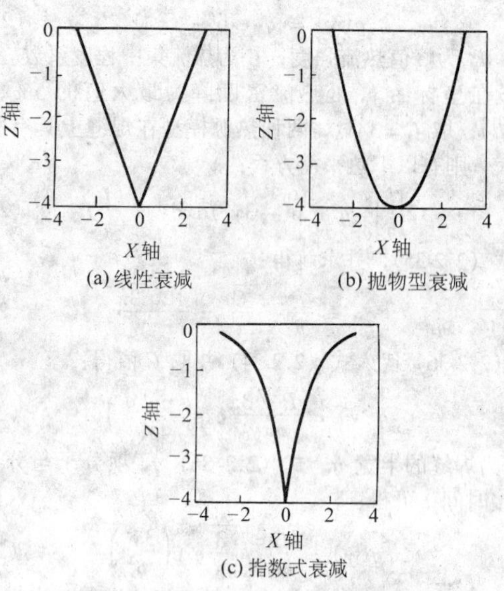

图2.2-24　三种不同衰减热源在深度方向的峰值热流分布示意图

Ⅰ）线性衰减模型　首先求解峰值热流线性衰减的高斯柱体热源热流分布方程，设表面热流的最大作用半径为 r_0，热流有效作用深度为 h。设线性峰值热流衰减函数为：

$$D(z) = \frac{z+h}{h} \tag{2.2-58}$$

这样，高斯圆柱热源的总功率平衡方程为：

$$P = \int q(r,z)\mathrm{d}V = \int_0^{2\pi}\int_0^{\infty}\int_{-h}^{0} q_m\frac{z+h}{h}\exp\left(\frac{-3r^2}{r_0^2}\right) u(z)r\mathrm{d}z\mathrm{d}r\mathrm{d}\theta \tag{2.2-59}$$

求解积分方程得：

$$q_m = \frac{6P}{\pi h r_0^2} \tag{2.2-60}$$

将式（2.2-58）与式（2.2-60）代入式（2.2-57），这样，深度方向存在峰值热流线性衰减的柱体热源热流模型可以表示为：

$$q(r,z) = \frac{6P(z+h)}{\pi h^2 r_0^2}\exp\left(-\frac{3r^2}{r_0^2}\right)u(z) \tag{2.2-61}$$

上式中参数 r_0、h 为衰减热源模型的关键特征参数。只要能够合理控制这两个关键特征参数，就可以模拟出较为精确的熔池边界。

Ⅱ）抛物型热流衰减模型　抛物型热流衰减模型是一种典型的二次衰减模型，在焊接温度场模拟中具有很好的适用性。设热流衰减函数按以下抛物函数衰减：

$$z + h = \frac{h}{r_0^2}r^2 \tag{2.2-62}$$

上式表示在工件表面峰值热流无衰减，而在表面以下深度 $z = -h$ 时，峰值热流衰减为0，此时衰减函数为：

$$D(z) = \sqrt{\frac{z+h}{h}} \quad (2.2\text{-}63)$$

将上式代入式（2.2-57），根据功率平衡方程

$$P = \int q(r,z)\mathrm{d}V = \int_0^{2\pi}\int_0^{\infty}\int_{-h}^{0} q_m\sqrt{\frac{z+h}{h}}\exp\left(\frac{-3r^2}{r_0^2}\right) u(z) r\mathrm{d}z\mathrm{d}r\mathrm{d}\theta \quad (2.2\text{-}64)$$

求解以上积分方程得：

$$q_m = \frac{9P}{2\pi h r_0^2} \quad (2.2\text{-}65)$$

将式（2.2-65）与式（2.2-63）代入式（2.2-57），这样抛物型衰减的高斯柱体热流方程可以表示为：

$$q(r,z) = \frac{9P\sqrt{z+h}}{2\pi h^{3/2} r_0^2}\exp\left(-\frac{3r^2}{r_0^2}\right)u(z) \quad (2.2\text{-}66)$$

Ⅲ）指数式热流衰减模型　指数式热流衰减模型是指在各层的径向热流呈高斯分布，而在深度方向峰值热流呈指数式衰减，Sonti 和 Amateau 在激光焊接模拟时使用了指数式衰减热源。

设指数式衰减热源模型的衰减函数为：

$$D(z) = \exp\left(-\frac{3z}{h}\right) \quad (2.2\text{-}67)$$

式中，h 为热源有效作用深度，该处的热流峰值强度降为最大峰值强度的 5%。

将式（2.2-67）代入式（2.2-57），根据功率平衡方程得：

$$P = \int q(r,z)\mathrm{d}V = \int_0^{2\pi}\int_0^{\infty}\int_{-h}^{0} q_m\exp\left(\frac{3z}{h}\right)\exp\left(\frac{-3r^2}{r_0^2}\right) u(z) r\cdot\mathrm{d}z\mathrm{d}r\mathrm{d}\theta \quad (2.2\text{-}68)$$

求解积分方程得：

$$q_m = \frac{9P}{\pi h r_0^2} \quad (2.2\text{-}69)$$

将式（2.2-69）与式（2.2-67）代入式（2.2-57），指数式衰减的高斯柱体热流方程为：

$$q(r,z) = \frac{9P}{\pi h r_0^2}\cdot\exp\left(-\frac{3r^2}{r_0^2}-\frac{3z}{h}\right)u(z) \quad (2.2\text{-}70)$$

⑧ 热源作用半径沿深度变化的旋转体热源　利用衰减热源模型求解温度场时，会出现熔池外的内热源，这是峰值热流衰减的高斯柱体热源本身的不足之处。距离表面越远的位置熔池内的生热区域越小，而熔池外的生热区域越大，这种情况与实际严重不符。因此，考虑建立一种只有熔池内的质点生热模型，即热流作用半径在深度方向呈一定衰减的旋转体热源更符合实际焊接过程的特点。

旋转体热源表示峰值热流在深度方向无衰减，而其作用半径沿深度方向呈一定变化的一种热源形式。简单地说，就是热源作用半径在深度方向呈一定变化趋势。将体热源的作用半径 r_1 表示为深度 z 的函数，即：

$$r_1 = r_1(z) \quad (2.2\text{-}71)$$

式中，z 的取值范围为 $-h\leqslant z\leqslant 0$，以下各式中 z 均有相同的取值范围。

旋转体热源的一般形式为：

$$q(r,z) = q_m\exp\left\{\frac{-3r^2}{[r_1(z)]^2}\right\} \quad (2.2\text{-}72)$$

Ⅰ）锥体热源模型　首先求解锥体热源模型。设锥体的上表面热源作用半径为 r_0，且在有效作用深度 h 时热流作用半径减小为零，则在深度为 z 处，热流作用半径为 r_1 可以表示为：

$$r_1 = \frac{h+z}{h}r_0 \quad (2.2\text{-}73)$$

根据功率平衡方程：

$$P = \int_0^{2\pi}\int_{-h}^{0}\int_0^{\infty} q_m\exp\left(\frac{-3r^2}{r_1^2}\right) r\mathrm{d}z\mathrm{d}r\mathrm{d}\theta \quad (2.2\text{-}74)$$

将式（2.2-73）代入式（2.2-74）求解得锥体得峰值热流为：

$$q_m = \frac{9P}{\pi h r_0^2} \quad (2.2\text{-}75)$$

将式（2.2-73）与式（2.2-75）代入式（2.2-72）可得到锥体热源模型的表达式为：

$$q(r,z) = \frac{9P}{\pi h r_0^2}\exp\left[-\frac{h^2}{(h+z)^2}\times\frac{3r^2}{r_0^2}\right] \quad (2.2\text{-}76)$$

Ⅱ）高斯型旋转体热源　高斯型旋转体热源表示旋转体热源的半径在深度方向呈高斯衰减，即 r_1 满足高斯函数：

$$z = -h\exp\left(-\frac{3r_1^2}{r_0^2}\right) \quad (2.2\text{-}77)$$

式中，h 为热流有效作用深度。

由式（2.2-77）得：

$$r_1^2 = -\frac{r_0^2}{3}\ln\left(-\frac{z}{h}\right) \quad (2.2\text{-}78)$$

将式（2.2-78）代入式（2.2-74）得高斯型旋转体的峰值热流为：

$$q_m = \frac{9P}{\pi h r_0^2} \quad (2.2\text{-}79)$$

将式（2.2-78）与式（2.2-79）代入式（2.2-72）得高斯型旋转体的热流表达式为：

$$q(r,z) = \frac{9P}{\pi h r_0^2}\exp\left[-\frac{3}{\ln(-z/h)}\times\frac{3r^2}{r_0^2}\right] \quad (2.2\text{-}80)$$

Ⅲ）峰值热流递增型旋转体热源　事实上，在电子束和激光焊接的温度场模拟中，使用相似于熔池区域的恒定峰值生热率高斯旋转体热源模型仍然难以模拟出合适的熔池形貌。特别是对于具有大钉头小钉身的激光焊缝，钉身部分体积极小，散热极快，难以模拟出钉身部分的液态熔池。峰值热流沿深度递增的旋转体热源模型不仅考虑了深度方向热流作用半径的衰减，将生热质点限定在熔池区域范围，而且将深度方向生热质点消耗功率的增长进行了有效的补偿，是一种比较符合深熔焊实际传热过程的焊接热源模型。

峰值热流递增型旋转体热源的一般形式可以表示为：

$$q(r,z) = q_m I(z)\exp\left\{\frac{-3r^2}{[r_1(z)]^2}\right\} \quad (2.2\text{-}81)$$

式中，I（z）为峰值热流递增函数，将该递增函数与 q_m 合并考虑，就可以表示峰值热流沿深度方向的递增关系。

峰值热流递增函数以及旋转体的半径衰减函数形式的选择较为灵活，这两个函数的选取大体上取决于焊缝的形貌特征。一旦设定了这两个函数，就可以利用功率平衡方程求解相应的峰值热流递增型旋转体热源模型。

⑨ 熔化极气体保护电弧焊（GMAW）后向偏移双峰分布模式。对于 GMAW，由于熔滴冲击力和电弧压力的作用，焊接熔池表面产生较大的变形，电弧正下方熔池表面有较大的下凹变形，而在电弧后方熔池表面隆起，电弧自身的行为受到变形后熔池表面形状的影响。对此应建立更为合适的热流分布模式。

设焊接电弧以恒定速度 u_0 沿 x 方向运动，焊丝以一定的速度熔化填入焊接熔池形成焊缝余高。图 2.2-25 表示 GMAW 焊接试件在 $y=0$ 截面上热流密度的分布示意图。根据最小电压原理，弧柱中的电流将沿最短路径流入熔池。设 L_1、L_2 分别为焊丝端部 W 至焊丝中心线两侧熔池表面曲线（$y=0$ 截面与熔池上表面的交线）的最短距离，即 $O_1W=L_1$、$O_2W=L_2$。假设热流密度在两条曲线上分别以 O_1、O_2 为原点按高斯函数分布：

$$q_1(s) = q_{1m}\exp\left(-\frac{s^2}{2\sigma_{q1}^2}\right) \quad O_1 \text{点} \qquad (2.2\text{-}82)$$

$$q_2(s) = q_{2m}\exp\left(-\frac{s^2}{2\sigma_{q2}^2}\right) \quad O_2 \text{点} \qquad (2.2\text{-}83)$$

式中，q_{1m}、q_{2m}为O_1、O_2点的最大比热流，σ_{q1}、σ_{q2}为热源分布参数，s为从原点O_1或O_2开始的曲线弧长。

因焊丝端部W至熔池表面的距离L越大，其q_m越小，σ_q越大，假定：

$$q_{1m}L_1 = q_{2m}L_2 \qquad (2.2\text{-}84)$$

$$L_2/\sigma_{q2} = L_1/\sigma_{q1} \qquad (2.2\text{-}85)$$

$$r_1 + r_2 = 2\sqrt{6}\sigma_q \qquad (2.2\text{-}86)$$

式中，σ_q根据试验和计算结果确定，其他各符号的意义见图2.2-25。

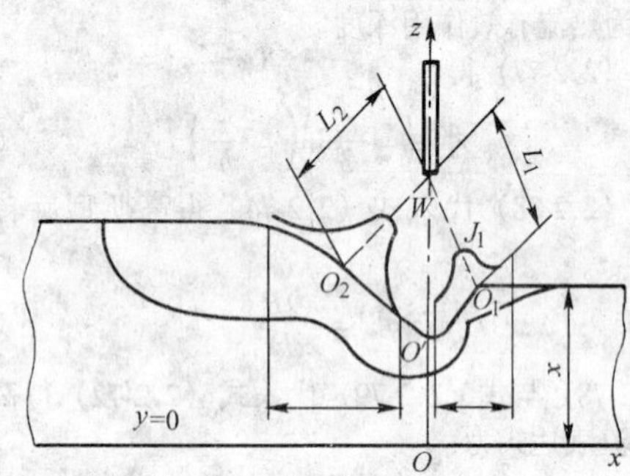

图2.2-25　GMAW焊接试件在$y=0$截面上热流密度的分布示意图

通过求解熔池的表面变形方程可得熔池表面的形状函数$\Phi(x, y)$，根据熔池表面上点的坐标和焊丝端部点W的坐标(O, O, z_0)，可确定O_1、O_2点，同样也可确定出$x=0$截面所得熔池上表面曲线上的O_3、O_4点。

根据图2.2-25的几何关系，式(2.2-86)可近似写为：

$$\frac{2\sqrt{6}x_1\sigma_{q1}}{\sqrt{x_1^2 + [\Phi(x_1,0) - \Phi(0,0)]^2}} + \frac{2\sqrt{6}\,|x_2|\,\sigma_{q2}}{\sqrt{x_2^2 + [\Phi(x_2,0) - \Phi(0,0)]^2}} = 2\sqrt{6}\sigma_q \qquad (2.2\text{-}87)$$

式(2.2-85)、式(2.2-87)联立，可求出σ_{q1}、σ_{q2}。

如图2.2-26所示，当O_1、O_2、O_3、O_4点不在一个水平面上时，取4点z坐标的平均值z^*作为热流密度分布原点的z坐标值，即：

$$z^* = H - \frac{\Phi(x_1,0) + \Phi(x_2,0) + \Phi(0,y_1) + \Phi(0,y_2)}{4} \qquad (2.2\text{-}88)$$

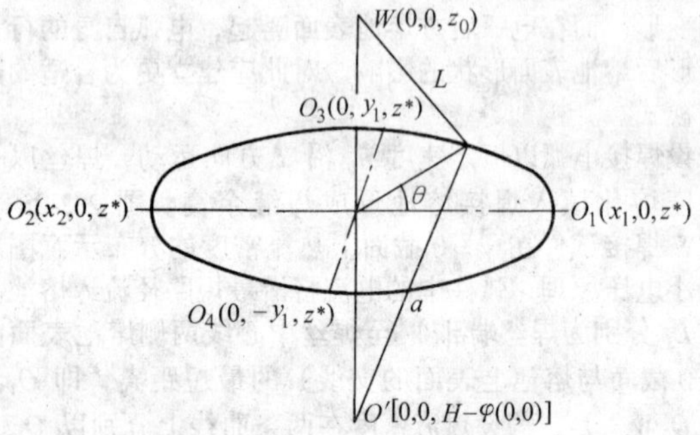

图2.2-26　GMAW焊接热流分布原点之间的几何关系

热流密度的分布与焊丝端部W到熔池表面的距离L有关，非$y=0$截面所确定的熔池表面曲线上q_m及σ_q由q_{1m}、q_{2m}、σ_{q1}、σ_{q2}线性插值求出，根据图2.2-26的几何关系可得出：

当$\theta = 0° \sim 90°$

$$q_m(\theta) = q_{2m} + \frac{q_{1m} - q_{2m}}{L_1 - L_2}\left[\sqrt{x_1^2\cos^2\theta + y_1^2\sin^2\theta + (z_0 - z^*)^2} - L_2\right] \qquad (2.2\text{-}89)$$

$$\sigma_q(\theta) = \sigma_{q1} + \frac{\sigma_{q2} - \sigma_{q1}}{L_2 - L_1}\left[\sqrt{x_1^2\cos^2\theta + y_1^2\sin^2\theta + (z_0 - z^*)^2} - L_1\right] \qquad (2.2\text{-}90)$$

$$a(\theta) = \sqrt{x_1^2\cos^2\theta + y_1^2\sin^2\theta + [z^* - H + \Phi(0,0)]^2} \qquad (2.2\text{-}91)$$

当$\theta = 90° \sim 180°$

$$q_m(\theta) = q_{2m} + \frac{q_{1m} - q_{2m}}{L_1 - L_2}\left[\sqrt{x_2^2\cos^2\theta + y_1^2\sin^2\theta + (z_0 - z^*)^2} - L_2\right] \qquad (2.2\text{-}92)$$

$$\sigma_q(\theta) = \sigma_{q1} + \frac{\sigma_{q2} - \sigma_{q1}}{L_2 - L_1}\left[\sqrt{x_2^2\cos^2\theta + y_1^2\sin^2\theta + (z_0 - z^*)^2} - L_1\right] \qquad (2.2\text{-}93)$$

$$a(\theta) = \sqrt{x_2^2\cos^2\theta + y_1^2\sin^2\theta + [z^* - H + \Phi(0,0)]^2} \qquad (2.2\text{-}94)$$

将热流密度在其作用区域积分有：

$$\int_0^{\pi}\int_{-\infty}^{+\infty} q_m(\theta)\exp\left[-\frac{s^2}{2\sigma_q^2(\theta)}\right][s - a(\theta)]\,\mathrm{d}s\,\mathrm{d}\theta = \frac{\eta IV}{2} \qquad (2.2\text{-}95)$$

式中，η为电弧热效率，将式(2.2-89)～式(2.2-94)代入式(2.2-95)，并同式(2.2-84)联立得到一个关于q_{1m}、q_{2m}的二元一次方程组，可求出q_{1m}、q_{2m}。已知q_{1m}和q_{2m}，根据式(2.2-89)～式(2.2-95)可以求出任一θ角的$q_m(\theta)$、$\sigma_q(\theta)$，这样就确定了热流密度的分布：

$$q(\theta, s) = q_m(\theta)\exp\left[-\frac{s^2}{2\sigma_q^2(\theta)}\right] \qquad (2.2\text{-}96)$$

图2.2-27所示为低碳钢板一定焊接条件下数值模拟计算的电流对熔池形状的影响。图2.2-28为根据熔池表面变形情况而计算的热流分布。

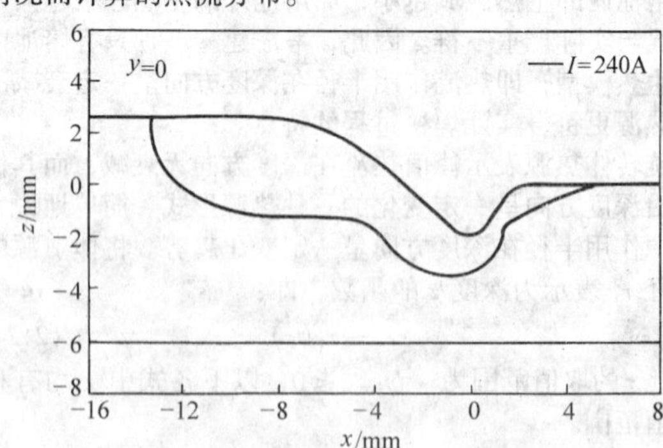

图2.2-27　焊接电流对焊接熔池几何形状的影响

⑩ 组合热源模型　很多文献中一般都使用单一的面热源或体热源进行焊接热过程模拟，然而使用单一类型热源所模拟的焊接熔池形状与实际的焊缝熔合线往往难以吻合。当热源类型只有面热源时，所模拟的焊缝熔宽较大，熔深较小，熔池呈浅碟型，这是由于焊接温度场模拟结果是由固体金属的热传导方程决定的。当热源类型为单一体热源时，由于考虑了熔滴过渡形成的内热源形式，这样模拟的熔池形状与实际的焊缝熔合线在金属内部较为吻合，但是在熔池表面

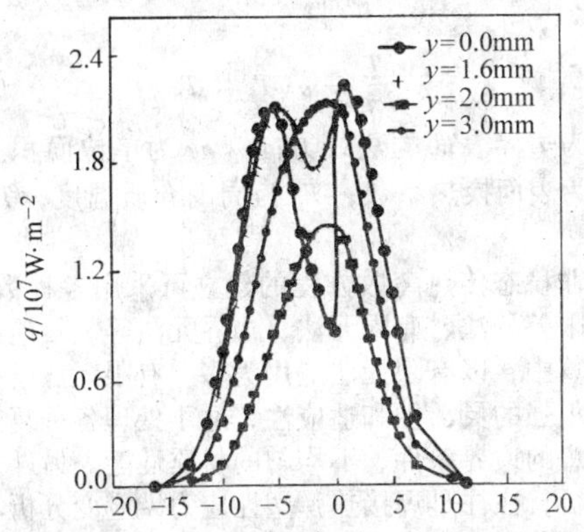

(a) 不同纵向截面热流分布

(b) 电弧空间热流密度分布的三维图

图 2.2-28 电弧热流分布的计算结果

附近的烧蚀前沿仍旧无法模拟，该烧蚀前沿形成焊缝截面的“钉头”部分。使用单一体热源模型模拟的结果与实际焊缝形貌并不相符，而这种焊缝形貌在激光焊和电子束焊等深熔焊中是极为普遍的。

使用面热源和体热源两种类型热源相结合的模型模拟的熔池形状具有更高的精度。使用组合热源模型模拟的熔池形状与实际的焊缝熔合线基本吻合。将总的输入功率按一定比例分配，此时总热流等于表面热流与体积热流两者之和。

在组合热源中，表面热源一般取高斯型热流分布面热源模型，而体热源一般取峰值热流递增的旋转体热源。组合热源模式如图 2.2-29 所示。其中面热源控制表面熔池和钉形焊缝的钉头部分，体热源反映匙孔效应导致的深层液体薄层和钉身焊缝。

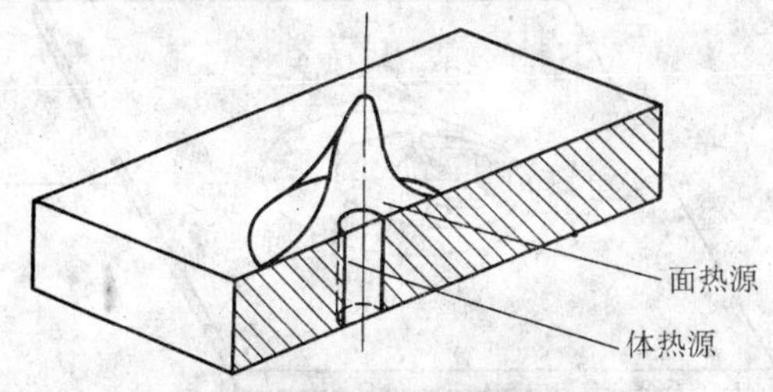

图 2.2-29 组合热源模型示意图

面热源与体热源得总功率之和与焊接得有效功率 P 相当，即

$$P_S + P_V = P \tag{2.2-97}$$

式中，P_S、P_V 分别为面热源和体热源的功率。

将面热源功率所占总有效输入功率的比例系数称为功率分配系数，用 γ 表示，则有：

$$P_S = \gamma P, P_V = (1-\gamma)P \tag{2.2-98}$$

能量分配系数表征了焊缝横截面上沿深度方向能量沉积的分布规律，它直接决定了焊缝的深宽比，这样也就基本决定了焊缝截面形貌特征。能量分配系数的取值主要取决于离焦量、热扩散系数以及焊接速度等，这三个参数为深熔焊接中小孔与熔池形状的主要特征参数。

将给定的面热源功率及体热源功率代入相应的高斯面热源功率密度分布模型和旋转体热源功率密度分布模型，就可以得到相应的组合热源模型。

⑪ 变强度热源模型　变强度热源是一种热流幅值呈线性变化的热源形式，它体现了焊缝中各材料质点从热源接近到通过再到热源离开的逐渐变化的全部过程。适应温度场有限元模型求解的需要，这种变强度热源模型避免了熔池及其附近区域温度值瞬间增大时带来的数值收敛问题。

变强度热源使用一种简单的线性斜坡函数表示，如图 2.2-30 所示。这种斜坡函数热源模型表示了面外热流接近、穿过到离开待研究平面的过程，因此变强度热源可以模拟二维平面内的移动电弧效应。图中斜坡函数曲线与横坐标轴所包围的面积等于该时间内总的热输入。

图 2.2-30 变强度热源形式

设电弧穿过模型单位厚度所用的时间为 $t_1 + t_2$，此时

$$t_1 + t_2 = 1/v \tag{2.2-99}$$

焊接热作用过程中，各阶段所占的时间百分比对焊接温度场有显著影响。根据文献中气体钨极氩弧焊的实验数据，第一时间段，取总作用时间的 20% 较为合适。

2）焊接热传导温度场的数值模拟

① 数值模拟进展　自 1965 年始，美国的一些大学及实验室分别展开了计算机辅助分析焊件中温度场的工作。1966 年，Wilson 把有限元法用于固体传热。Mayers 和 Stoeckinger 别分析了焊接情况下的温度场，K. Masubuchi 给出了水下焊接时温度场分析的计算机程序。1975 年加拿大的 Paley 和 Hibbert 用有限差分法编制了可以分析非矩形截面以及常见的单层、双层 U、V 形坡口的焊接热传导的计算机程序，研究中考虑了材料热物理性能随温度的变化关系，并将熔化区内的单元作为加热的热源来处理，但忽略了向周围环境的热损失，并假设工件为无限长。

Pavelic 建立了适于薄板钨极氩弧焊的二维正态高斯分布热源模型。为了模拟移动电弧热输入的热流形式。美国的 Krutz 于 1976 年用有限元法建立了二维焊接温度场的计算模型并考虑了相变潜热问题。该模型将热导率和比热容作为温度的函数，采用的边界条件中考虑了辐射与对流向环境的散热，但没有说明焊接热源的处理方法，忽略了在电弧运动方向上的传热。俄亥俄州立大学的 Shim 提出了一种变强度热源函数。变强度热源使用一种简单的线性函数表示热流强度随时间线性变化的过程，这种变强度函数热源模型表示了面外热流接近、穿过到离开待研究平面的过程，因此变强度热源可以模拟二维平面内的移动电弧效应。

三维体热源是进行三维焊接温度场模拟的有效的热源形式，能够较为准确地模拟出焊接熔池边界。体热源模型可以有各种形式，较为常见的有柱体、锥体、半球体等各种旋转体热源。Kou 用有限差分法模拟了厚板钨极氩弧焊或等离子弧堆焊的准稳态温度场，解决了热源分布、材料热物理性能的非线性和工件表面热损失等问题。20世纪80年代，Goldak提出了适于电弧焊模拟的经典双椭球热源模型，该热源模型使用沿轴线具有两个不同半轴的1/4椭球来考虑热输入相对于热源中心点的滞后性。后来有不少学者在进行焊接温度场三维模拟时均采用了该热源模型。该模型不仅适用于手工焊条焊接，而且还可以用于埋弧焊。但模型中忽略辐射传热，使得该模型仍然存在一些不足。对于激光和电子束等深熔焊，由于这些焊接过程形成的焊缝横截面通常呈“钉字形”，具有钉头和钉身的形貌特征，使用单一的面热源或体热源难以模拟出这种钉形焊接熔池边界。最近，人们开始使用面热源和体热源相叠加的组合热源模型求解深熔焊的温度场。

在国内，1981年西安交通大学唐慕尧等首先用有限元法计算了薄板准稳态焊接温度场，计算中未考虑材料热物理性能参数的非线性和工件表面与环境的换热。之后，上海交通大学陈楚、汪建华等对非线性热传导问题进行了有限元分析，考虑了材料热物理性能随温度的变化以及表面的散热情况，建立了焊接温度场有限元计算模型，编制了二维温度场的有限元分析程序，并成功地分析了脉冲TIG焊接温度场，局部干法水下焊接温度场等问题。随着计算机容量的扩大和速度的增长，到20世纪90年代，已经开始了三维焊接温度场的分析。目前，焊接热过程的数值分析工作广泛而深入。哈尔滨工业大学对固定电弧等离子弧焊接过程建立了二维稳态热传导模型，对工件中的温度场和电流密度的分布进行了计算。魏艳红等对不锈钢焊接凝固裂纹温度场进行了数值模拟，分析中将电弧作为高斯分布热流作用于工件表面；增大热导率考虑熔池内流体流动对温度场的影响；建立了有限元二维焊接凝固裂纹温度场计算模型。西北工业大学对GH4169超耐热合金棒的搅拌摩擦焊的瞬态温度场进行了二维轴对称分析。山东工业大学采用轴对称模型对白口铸铁焊补温度场和热循环进行了数值模拟。

关于焊接热传导的数值分析，目前尚存在一些问题：材料的高温热物理性能参数数据不足；热源分布参数如何确定，电弧功率有效利用系数如何正确选取；焊接熔池的流体动力学状态如何考虑。因此，还需不断地丰富和完善焊接热过程理论及丰富材料数据库。

② 数学模型　焊接是一个局部快速加热熔化，而后冷却结晶，形成永久性连接的过程，期间伴随着许多物理化学变化，焊接材料的物理性能也会随着温度的变化而变化，因此，焊接温度场分析属于典型的非线性热传导问题。传热控制方程的一般形式为：

$$\rho c \frac{\partial T}{\partial t} = \frac{\partial}{\partial x}\left(\lambda \frac{\partial T}{\partial x}\right) + \frac{\partial}{\partial y}\left(\lambda \frac{\partial T}{\partial y}\right) + \frac{\partial}{\partial z}\left(\lambda \frac{\partial T}{\partial z}\right) + \dot{Q} \tag{2.2-100}$$

式中，ρ、c、λ 分别为材料的密度、比热容和热导率；$\dot{Q}$ 为内热源或热沉。

对于焊接准稳态温度场的计算，由于温度与时间无关，因此，有$\partial T/\partial t = 0$。

导热问题的边界：

第一类边界条件，已知边界温度，其数学形式为：

$$T_S = T_S(x, y, z, t) \tag{2.2-101}$$

第二类边界条件，已知边界上的热流密度分布，其一般的数学形式为：

$$\lambda \frac{\partial T}{\partial n} = q_S(x, y, z, t) \tag{2.2-102}$$

绝热边界属于特殊的第二类边界，边界上的热流密度为零，即：

$$\frac{\partial T}{\partial n} = 0 \tag{2.2-103}$$

第三类边界条件，已知边界上的换热情况，其一般的数学形式为：

$$\lambda \frac{\partial T}{\partial n} = \alpha(T_a - T_S) \tag{2.2-104}$$

式中，n 为边界表面的法线方向；q_S 为单位面积上的热流密度；α 为表面换热系数；T_a 为周围介质温度；T_S 为表面温度。

关于非稳态传热离散方程的建立可采用各种数值方法，主要有有限差分法、有限元法、边界元法等。目前在焊接温度场的计算中，以有限元法应用为多。有限元法的主要优点是：具有很强的灵活性和适应性，适于处理各种复杂的几何形状和任意的边界条件、不均匀的材质性能。另外，焊接热过程的分析，往往是焊接热弹塑性应力－应变分析、焊接结构断裂问题分析、焊接裂纹预测等的基础。采用有限元法可以方便的实现不同模型间数据传输与转换，实现多场耦合求解。关于离散方程的建立可参考相关文献。

③ 计算实例

(a) 考虑Stefan问题的运动金属薄板激光焊温度场求解

设有一厚度为 h 薄板金属，以 u 速度运动，上表面受功率为W的激光加热。当激光功率达到某一临界值 W_{cr}时，局部会发生熔化。对于不锈钢来说，熔化过程材料密度变化很小，因此，可认为整个焊接金属板以恒定的速度 v 和密度 ρ 运动。对于微连接来说，熔化区域非常小（$L_m \approx 100 \sim 300\ \mu m$），意味着熔化金属在表面张力作用下处于一薄层状态。

焊接过程如图2.2-31所示，固体金属在小孔轮廓线 K 的左半部分被熔化，而后以液态连续流向右侧的熔化边界，在此，金属由液态凝固成固态。金属在经过轮廓线 K 时，隐性潜热 γ 被释放（凝固过程）或吸收（熔化过程）。材料的热物理性能在跨越固液边界 K 时是不连续的，热通量是连续的。以焓 H（J/kg）和热通量 q（W/m^2）表示的能量守恒方程为：

$$\rho \frac{\partial H}{\partial t} + u \frac{\partial H}{\partial x} = -(\nabla_3 q) \tag{2.2-105}$$

式中，∇_3为梯度的三维运算符号；q 为热流密度：

$$q = -\lambda \nabla_3 T \tag{2.2-106}$$

式中，λ 热导率；T 为温度。

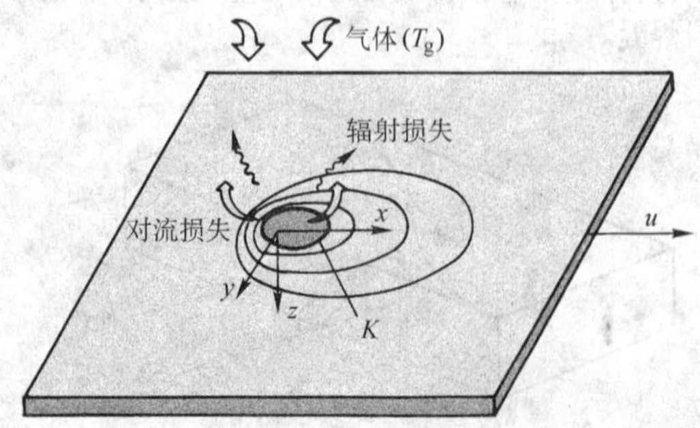

图2.2-31　激光焊接加热与熔化情况示意图

在Stenfan问题时，熔化轮廓线 K 是不知道的，且必须被确定。对于金属材料，熔化轮廓线 K 应该是熔化温度 T_m（对于不锈钢 $T_m = 1\ 460℃$）。热导率和焓与温度的关系如图2.2-32所示。在熔点 T_m 液态的焓值 H_L 比固态的焓值 H_S 大 γ。这种焓值的跳变可用 δ 函数来表示：

$$\frac{\partial H}{\partial T} = C(T) + \gamma\delta(T - T_m) \qquad (2.2\text{-}107)$$

式中，$C(T)$ 为比热容：

$$C(T) = \begin{cases} C_S(T) & T < T_m \\ C_L(L) & T > T_m \end{cases} \qquad (2.2\text{-}108)$$

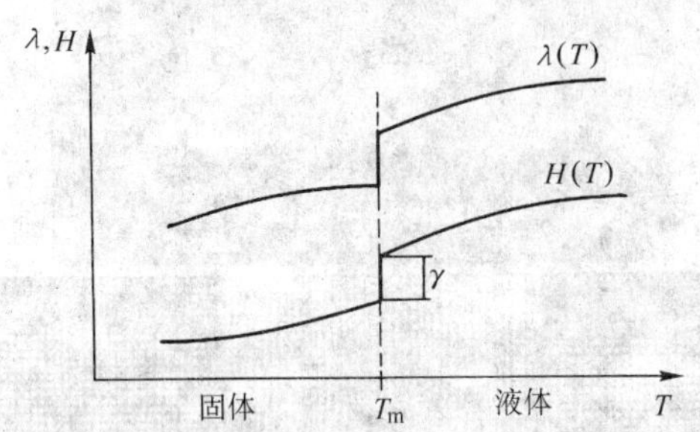

图 2.2-32 计算材料热导率和焓与温度的关系示意图

Stenfan 问题数值求解的有效算法是发生在相变温度的阶跃热物理量的光滑处理，即将 δ 函数用有限宽和有限大的光滑函数代替，因此，$C(T)$ 和 $\gamma(T)$ 可写成：

$$C = C_L\eta(T - T_m) + C_S[1 - \eta(T - T_m)]$$

$$\lambda = \lambda_L\eta(T - T_m) + \lambda_S[1 - \eta(T - T_m)]$$

$$\delta(T - T_m) = \frac{1}{\sqrt{\pi}\Delta T}\exp\left[-\left(\frac{T - T_m}{\Delta T}\right)^2\right] \qquad (2.2\text{-}109)$$

其中：

$$\eta = \frac{1}{2}\left[1 + \mathrm{erf}\left(\frac{T - T_m}{\Delta T}\right)\right] \qquad (2.2\text{-}110)$$

ΔT 用以说明相变特征温度。为了避免计算过程的不稳定性，ΔT 既不能取的过小，又不能取的过大。在不锈钢激光焊时 $\Delta T = 50 \sim 100$℃。

如果板厚 h 小于激光束半径 r_b，则厚度方向的温度变化很小，三维问题可简化为二维问题，设激光束功率密度服从高斯分布，则能量守恒方程可写为：

$$\rho[C(T) + \gamma\delta(T - T_m)]\left(\frac{\partial T}{\partial t} + u\frac{\partial T}{\partial x}\right) = \nabla_2[\lambda(T)\nabla_2 T] + \frac{1}{h}[q_0 e^{-(r/r_b)^2}] - \alpha(T - T_g) \qquad (2.2\text{-}111)$$

式中，q_0 为激光束的最大热流密度；α 为考虑了环境对流换热和辐射换热作用的换热系数；T_g 为环境温度；∇_2 为 x 方向和 y 方向的二维梯度运算符号。

将上述方程转换为无因次形式，并用有限差分法求解。图 2.2-33 为计算模型示意图。

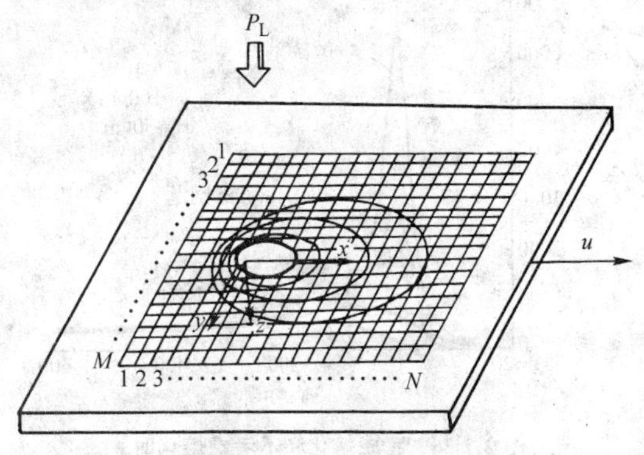

图 2.2-33 计算模型示意图

取焊接材料为不锈钢，

$C_S = 465$ J/kg，$C_L = 550$ J/kg，$\lambda_S = 20$ W/（K·m²），$\lambda_L = 40$ W/（K·m²）；

$\rho = 7.8\times10^3$ kg/m³，$\gamma = 277\times10^3$ J/kg，$T_m = 1\,460$℃。

板厚 $h = 25\times10^{-6}$ m，板的移动速度 $u = 0.1$ m/s；激光功率为 $W_L = 10$ W，激光束半径 $r_b = 50\times10^{-6}$ m，环境温度 $T_g = 25$℃；换热系数 $\alpha = 10^3$ W/（K·m²）。

图 2.2-34 为考虑熔化和不考虑熔化时，计算所得温度在 $y = 0$ 线上的分布。图 2.2-35 为考虑熔化和不考虑熔化时，计算所得温度场分布。

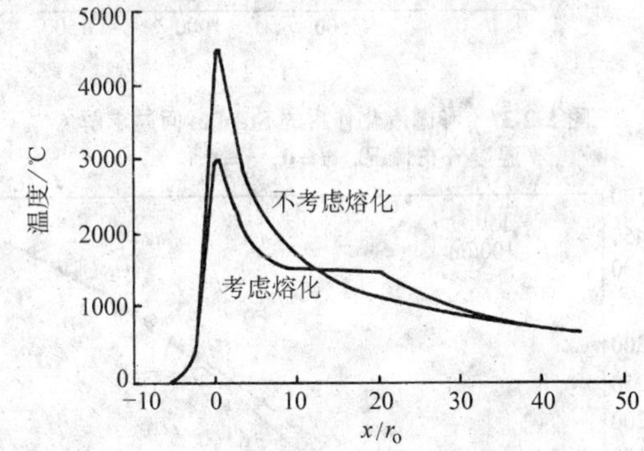

图 2.2-34 为考虑熔化和不考虑熔化时，计算所得温度在 y = 0 线上的分布

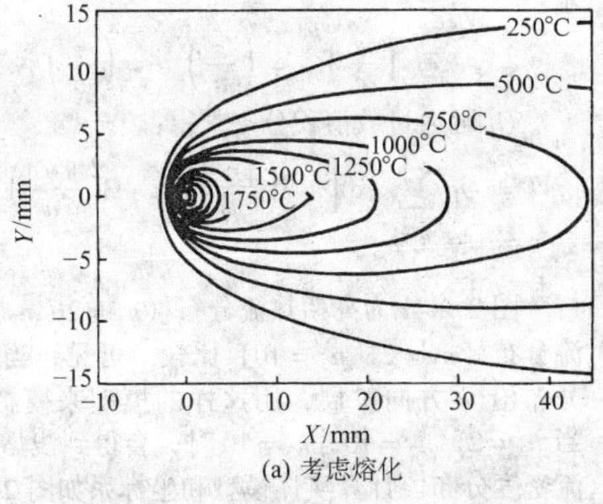

(a) 考虑熔化

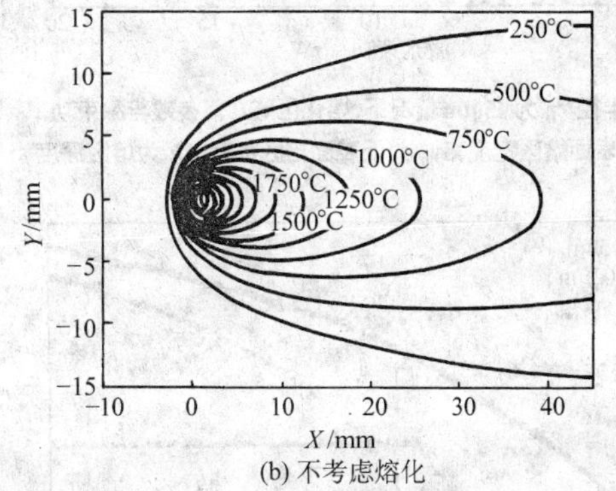

(b) 不考虑熔化

图 2.2-35 考虑熔化和不考虑熔化时，计算所得温度场分布

三维情况下的计算参数如下：

$C_S = 465$ J/kg，$C_L = 550$ J/kg，$\lambda_S = 20$ W/（K·m²），$\lambda_L = 70$ W/（K·m²）；

$\rho = 7.8\times10^3$ kg/m³，$\gamma = 277\times10^3$ J/kg，$T_m = 1\,460$℃，$h = 100\times10^{-6}$ m，$r_b = 50\times10^{-6}$ m，$W_L = 10$ W，$u = 0.1$ m/s。

为了考虑热表面张力作用，将液态的热导率取值更大。图 2.2-36 为考虑熔化和不考虑熔化时，计算所得板厚上下表面 $y = 0$ 线上的温度分布。可见即使在考虑熔化情况下，上表面最高温度也达 3 000℃，大大超过了材料的汽化温度。为了表明汽化情况，计算中取最高温度为汽化温度 $T_m = T_e = 2\,725$℃，图 2.2-37 为考虑汽化作用的 Stenfan 问题求解温度分布；图 2.2-38 和图 2.2-39 为计算所得熔化区域几何参数随激光输入功率的变化情况；图 2.2-40 为计算的焊道截面尺寸与实际焊道尺寸比较。

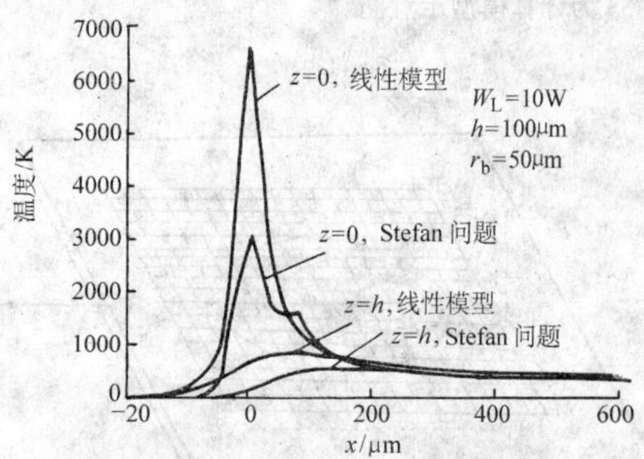

图 2.2-36　考虑熔化和不考虑熔化时，计算所得温度在 $y=0$，和 $z=0$ 和 h 时上的分布

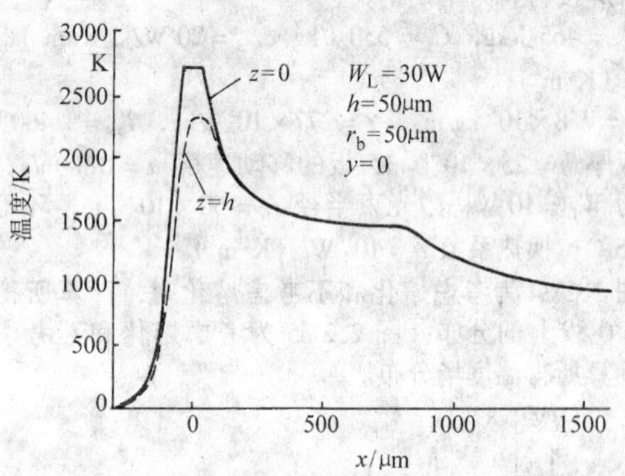

图 2.2-37　考虑汽化作用的 Stenfan 问题求解温度分布情况，$y=0$，$z=0$ 和 h

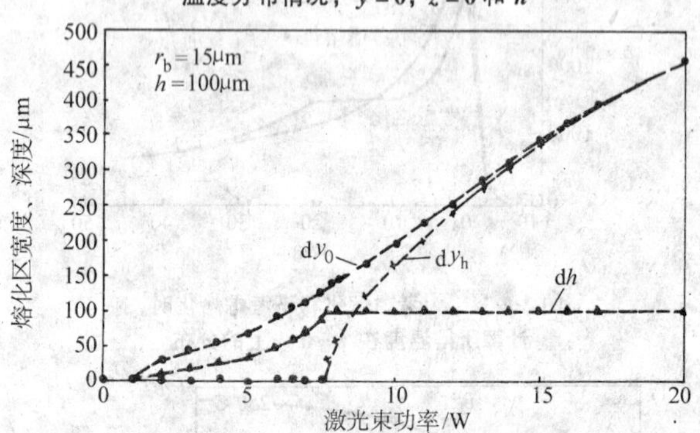

图 2.2-38　光束半径 r_b 为 15 μm 情况下，熔化区域几何参数与激束功率的关系，dy_0 为上表面熔区宽度，dy_h 为低表面熔区宽度，dh 为熔区深度

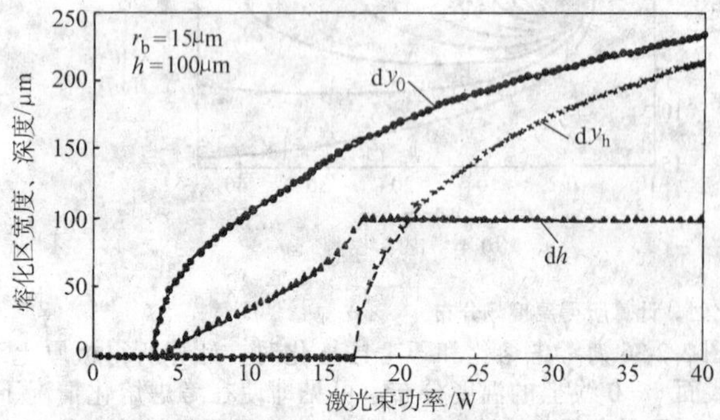

图 2.2-39　光束半径 r_b 为 50 μm 情况下，熔化区域几何参数与激束功率的关系，dy_0 为上表面熔区宽度，dy_h 为低表面熔区宽度，dh 为熔区深度

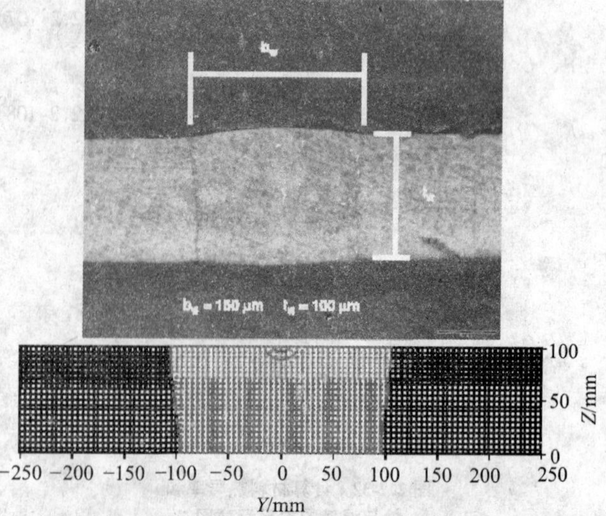

图 2.2-40　计算的焊道截面尺寸与实际焊道尺寸比较

(b) 管道在役熔透焊接温度场计算　管道在役焊接存在两个主要问题，一是管内流动气体的冷却效应导致碳当量高的钢焊接时焊接区域硬度增加和 HAZ 裂纹倾向增加，二是焊接过程局部加热会使材料的强度降低。如果材料强度损失过大，则会引起管道爆裂。通过增加热输入可以减小冷却速度，但又会增大熔透的可能。另外，管线用钢屈服强度不断增加，而设计准则规定的管壁许可厚度与屈服强度成反比，因此使用高强度管线钢会获得直接的经济效益。如使用 X80（$\sigma_y=551$ MPa）管线钢会比使用 X60（$\sigma_y=413$ MPa）管线钢壁厚减小 25%。然而，对于薄壁高强度管线钢来说，在役焊接会更为困难。壁厚的减小会使焊接过程强度损失增大，熔透的可能性增加。因此，非常有必要通过数值计算来预测管线在役焊安全焊接条件。

实际管线钢的在役焊接采用“摆动”手工电弧焊，这种焊接技术可以获得较浅的熔化深度，因此热源强度分布较高斯分布的更为平坦，这种效应可通过改变双椭圆型高斯热源分布来获得，数学表示如下：

$$q(x,y,z)=Q_f\exp\left[-3\left(\frac{|x|^{n_1}}{c_f}\right)-3\left(\frac{|y|^{n_2}}{a}\right)-3\left(\frac{|z|^{n_3}}{b}\right)\right] \tag{2.2-112}$$

此时，热流密度分布不再是椭圆型，可用如下的方程表示：

$$\left(\frac{x}{c}\right)^{n_1}+\left(\frac{y}{a}\right)^{n_2}+\left(\frac{z}{b}\right)^{n_3}=1 \tag{2.2-113}$$

Q_f 可通过数值积分来求得：

$$\eta VI=Q_f\sum_{\text{热源体积}}\exp\left[-3\left(\frac{|x|}{c_f}\right)^{n_1}-3\left(\frac{|y|}{a}\right)^{n_2}-3\left(\frac{|z|}{b}\right)^{n_3}\right] \tag{2.2-114}$$

图 2.2-41 为高斯热流分布（$n_1=2$，$n_2=2$）与非高斯热流分布（$n_1=2$，$n_2=10$）比较。可见，当 $n_2>2$ 时，热流分布沿 y 方向扩展，用这样的模型来模拟摆动焊接效果。当 $n_1=2$，$n_2=10$，$n_3=10$ 时，会得到浅熔化的“饼型”热流密度分布。计算实体模型和坐标系如图 2.2-42 所示。

计算采用三维有限元方法。除管道内表面外，模拟实体其他表面对流换热系数取 $h_c=0.12\times10^{-4}$ [W/(m²·K)]，辐射热损失忽略不计。材料热物理参数与温度有关，但与微观组织无关。焊接工艺参数，管体几何参数和流动条件由爱迪生焊接实验室的试验给出，模拟计算用来给出焊缝 $t_{8/5}$ 冷却时间。图 2.2-43 和图 2.2-44 为计算的瞬态温度场和 $t_{8/5}$ 冷却时间。

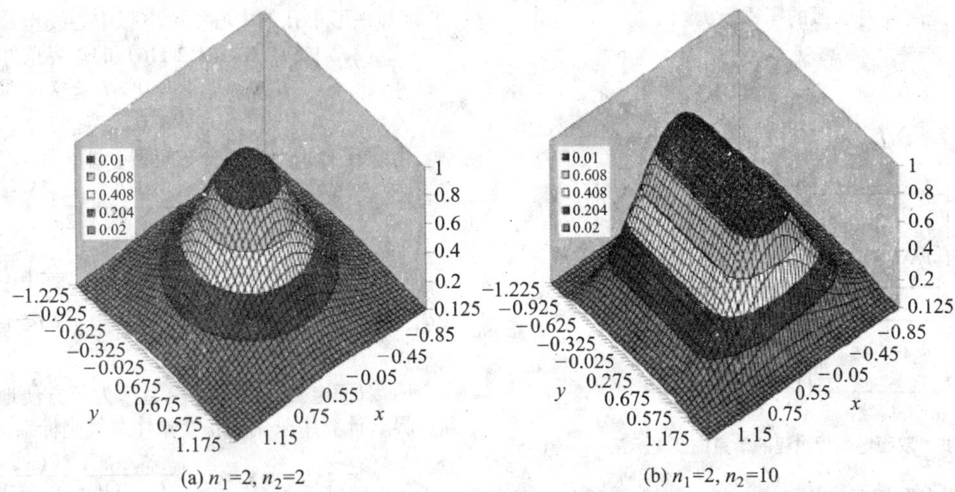

图 2.2-41 $z=0$ 平面的热流密度分布

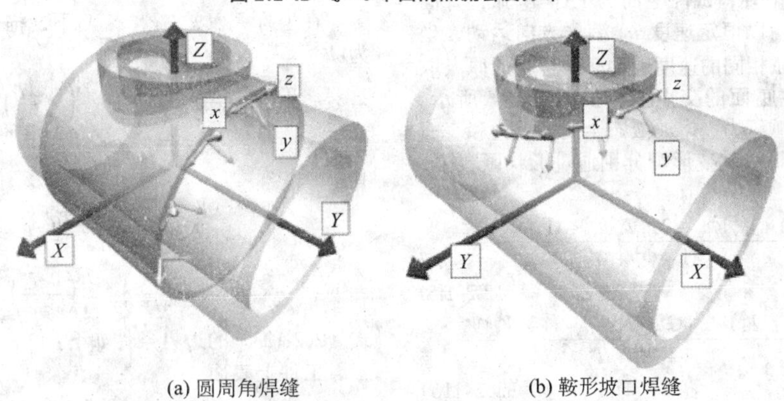

图 2.2-42 计算实体模型和坐标系

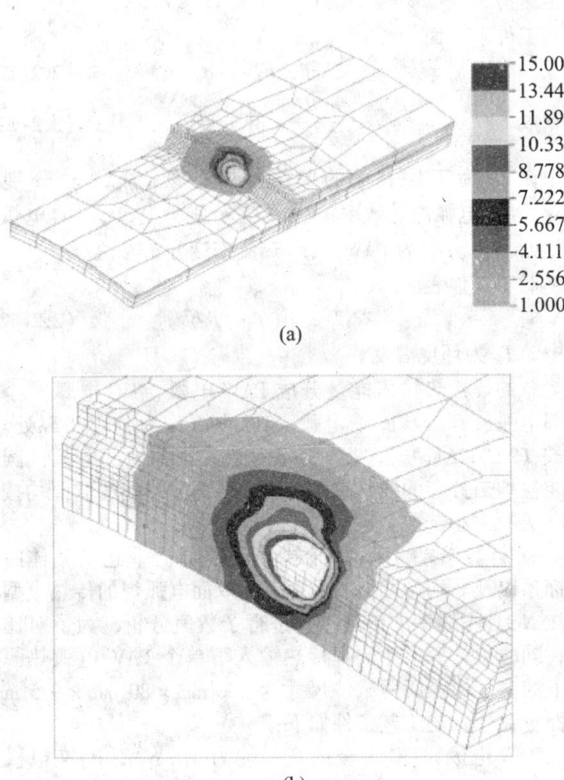

图 2.2-43 计算所得 $t=4$ s 时的瞬态温度场分布

(b) 为 (a) 的局部放大图

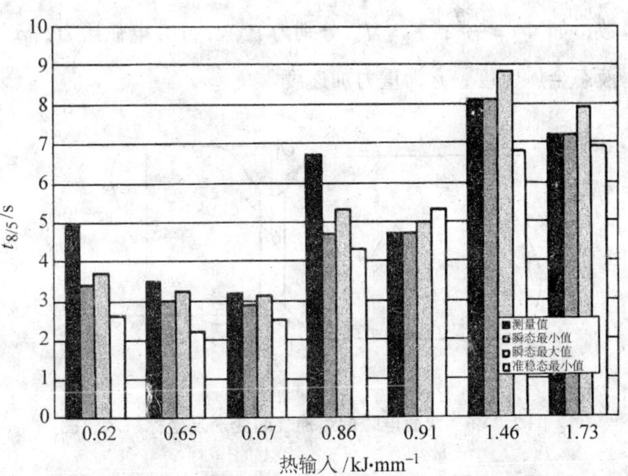

图 2.2-44 3 维瞬态模型计算、3 维准稳态模型计算和试验测定的 $t_{8/5}$冷却时间比较

穿孔型等离子弧焊接（PAW）由于其电弧的收缩效应，等离子流力较大。与其他电弧焊方法相比，更容易获得较大的熔深，然而焊接时 PAW 的电流多数通过母材表面上的接地流走了。等离子流在穿透工件时，消耗其在电弧区获得的能量，又得不到补偿，使其所能焊接工件的厚度大大降低。如果在等离子流穿透工件的过程中，补偿其消耗的能量，获得的熔深无疑将显著增加。

将等离子焊接（PAW）电弧和钨极氩弧焊（TIG）电弧串接，相对作用于工件的正反面形成双面电弧焊接（DSAW）系统，可以引导焊接电流在工件的厚度方向流过，即流过小孔，将焊接电弧引入小孔，从而补偿等离子流穿透工件时的能量消耗，大大提高等离子弧的穿透能力。

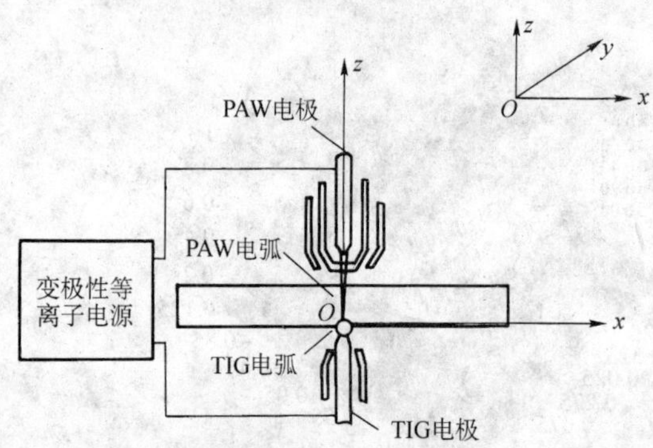

图 2.2-45　双面电弧焊过程的示意图及坐标系

a) 熔池表面变形模型　图 2.2-45 为双面电弧焊过程的示意图，试件处于平焊位置，试件上面为 PAW 电弧，背面为 TIG 电弧。两个电弧均以恒定速度 u_0 沿 x 方向运动，坐标系 $-x$，y，z 以与电弧相同的速度运动，并且它的原点取在电极的中心线与试件底面的交点上，如图 2.2-46 所示。熔池的上、下表面在电弧压力、熔池液态金属的重力和表面张力 γ 作用下将产生变形，其变形可分别通过形状函数 Φ，Ψ 由下式描述：

$$P_{\mathrm{P}} - \rho g\Phi + \lambda_{\mathrm{P}} = -\gamma \frac{(1+\Phi_y^2)\Phi_{xx} - 2\Phi_x\Phi_y\Phi_{xy} + (1+\Phi_x^2)\Phi_{yy}}{(1+\Phi_x^2+\Phi_y^2)^{3/2}} \tag{2.2-115}$$

$$P_{\mathrm{g}} - \rho g\Psi + \lambda_{\mathrm{g}} = -\gamma \frac{(1+\Psi_y^2)\Psi_{xx} - 2\Psi_x\Psi_y\Psi_{xy} + (1+\Psi_x^2)\Psi_{yy}}{(1+\Psi_x^2+T_y^2)^{3/2}} \tag{2.2-116}$$

式中，带角标变量的 Φ，Ψ 表示 Φ，Ψ 对角标变量的偏导数，如 $\Phi_x = \dfrac{\partial \Phi}{\partial x}$；$P_{\mathrm{P}}$、$P_{\mathrm{g}}$ 分别为 PAW，TIG 电弧压力，ρ 为液态金属密度，g 为重力加速度。

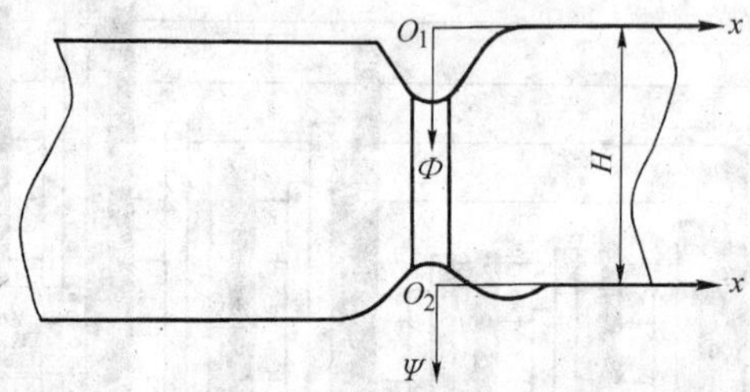

图 2.2-46　双面电弧焊熔池表面变形及坐标系示意图

双面电弧焊的小孔稳定建立起来之后，由于正面 PAW 电弧压力较大，PAW 熔池的液态金属会通过小孔流入背面 TIG 焊接熔池，使 PAW 熔池凝固后沿焊接方向产生一个沟槽，而 TIG 熔池凝固后形成余高。余高部分的横截面积 A_{g} 为：

$$A_{\mathrm{g}} = \frac{\iint -\Phi(x,y)\mathrm{d}x\mathrm{d}y}{u_0} \tag{2.2-117}$$

式中，$\iint -\Phi(x,y)\mathrm{d}x\mathrm{d}y$ 为 PAW 熔池流入 TIG 熔池液态金属的体积。余高部分的几何形状由变形方程(2.2-116) 确定的形状函数 $\Psi(x,y)$ 描述。变形因子 λ_{P}，λ_{g} 根据熔池变形前后总体积不变的原则确定。

等离子体小孔的模拟采用预置固定直径圆柱形小孔的方法，该圆柱形小孔的中心线为电弧中心线。

式 (2.2-115)、式 (2.2-116) 的边界条件为

$$\Phi(x,y) = 0 \quad T \leqslant T_{\mathrm{m}} \tag{2.2-118}$$

$$\Psi(x,y) = 0 \quad T \leqslant T_{\mathrm{m}} \tag{2.2-119}$$

电弧压力采用高斯分布模型，即

$$P_{\mathrm{p}}(r) = \frac{\mu_{\mathrm{m}} I^2}{8\pi^2\sigma_{\mathrm{p}}^2}\exp\left(\frac{-r^2}{2\sigma_{\mathrm{p}}^2}\right) \tag{2.2-120}$$

$$P_{\mathrm{g}}(r) = \frac{\mu_{\mathrm{m}} I^2}{8\pi^2\sigma_{\mathrm{g}}^2}\exp\left(\frac{-r^2}{2\sigma_{\mathrm{g}}^2}\right) \tag{2.2-121}$$

式中，电弧压力分布参数 σ_{p}；σ_{g} 根据的实验选取；I 为焊接电流。

b) 双面电弧焊的传热模型　为了方便地处理熔池的曲面边界，计算中采用非正交帖体曲线坐标系，即令

$$x = x, y = y, z^* = \frac{z + \Psi(x,y)}{H - \Phi(x,y) + \Psi(x,y)} \tag{2.2-122}$$

在坐标系（x，y，z^*）下，描述焊接传热的能量方程为：

$$-\rho c u_0 \frac{\partial T}{\partial t} = \frac{\partial}{\partial x}\left(\lambda\frac{\partial T}{\partial x}\right) + \frac{\partial}{\partial y}\left(\lambda\frac{\partial T}{\partial y}\right) + S\frac{\partial}{\partial z^*}\left(\lambda\frac{\partial T}{\partial z^*}\right) + C_{\mathrm{t}}\lambda \tag{2.2-123}$$

其中

$$C_{\mathrm{t}} = 2\left(\frac{\partial z^*}{\partial x}\frac{\partial^2 T}{\partial x\partial z^*} + \frac{\partial z^*}{\partial y}\frac{\partial^2 T}{\partial y\partial z^*}\right)$$

$$S' = \left(\frac{\partial z^*}{\partial x}\right)^2 + \left(\frac{\partial z^*}{\partial y}\right)^2 + \left(\frac{\partial z^*}{\partial z}\right)^2$$

式 (2.2-123) 的边界条件如下：

工件上表面

$$-\lambda\nabla T\cdot \boldsymbol{n}_{\mathrm{b}} = q_{\mathrm{p}} \tag{2.2-124}$$

$$q_{\mathrm{p}} = \frac{\eta_{\mathrm{p}} I U_{\mathrm{p}}}{2\sigma_{\mathrm{pq}}^2}\exp\left(-\frac{r^2}{2\sigma_{\mathrm{pq}}^2}\right) \tag{2.2-125}$$

工件下表面

$$-\lambda\nabla T\cdot \boldsymbol{n}_{\mathrm{b}} = q_{\mathrm{g}} \tag{2.2-126}$$

$$q_{\mathrm{g}} = \frac{\eta_{\mathrm{g}} I U_{\mathrm{g}}}{2\sigma_{\mathrm{gq}}^2}\exp\left(-\frac{r^2}{2\sigma_{\mathrm{gq}}^2}\right) \tag{2.2-127}$$

式中，$\vec{n}_{\mathrm{b}}$ 为工件表面的单位法向矢量；η_{p}，η_{g} 分别为 PAW，TIG 电弧的热效率；U_{p}，U_{g} 分别为 PAW，TIG 电弧电压；σ_{p}，σ_{g} 分别为 PAW，TIG 热流密度分布参数。

对于其他表面

$$\lambda\Delta T = \alpha(T - T_{\mathrm{a}}) \tag{2.2-128}$$

式中，T_{a} 为环境温度。

总的焊接热输入能量分成 PAW 电弧、TIG 电弧及小孔内部电弧三部分。PAW 电弧、TIG 电弧作为分布热源处理，按式 (2.2-125)，式 (2.2-127) 计算，小孔内部电弧按圆柱状能量均匀分布的线状热源处理。各部分热能的取值均按电弧电压的大小选取。

c) 计算结果　采用有限差分法技术、非正交帖体曲线坐标系以及非均匀网格，利用上述双面电弧焊的传热模型对 1Cr18Ni9Ti 不锈钢的传热过程进行了数值分析，为了对比分析，同时也计算了相同焊接热输入下单个 PAW 电弧热源作用下的温度场。所用试件尺寸为 150 mm × 80 mm × 9.5 mm。双面电弧焊接的工艺条件如下：

PAW 电极、TIG 电极的直径均为 4.8 mm，PAW 电极距离工件 6 mm，TIG 电极距离工件 10 mm，焊接热输入为 23.19 kJ/cm。1Cr18Ni9Ti 的热物理性能参数见表 2.2-6 和式 (2.2-129) ~式 (2.2-131)。

表 2.2-6　不锈钢的热物理性能参数

$\rho/\mathrm{g\cdot cm^{-3}}$	T_m/K	$\Gamma/\mathrm{N\cdot m^{-1}}$	μ_m
7.2	1 732	1	1.66×10^{-6}

$$c_P=\begin{cases}0.438\,95+1.98\times10^{-4}T & T\leqslant 773\ \mathrm{K}\\ 0.137\,93+5.9\times10^{-4}T & 773\leqslant T\leqslant 1\,672\ \mathrm{K}\\ 0.871\,25-2.5\times10^{-4}T & 1\,672\leqslant T\leqslant 1\,727\ \mathrm{K}\\ 0.552+7.75\times10^{-5}T & 1\,727\leqslant T\end{cases}\ (\mathrm{kJ/kg\cdot K})\tag{2.2-129}$$

$$K=\begin{cases}10.717+0.014\,955\,T & T\leqslant 780\ \mathrm{K}\\ 12.076+0.013\,213T & 780\leqslant T\leqslant 1\,672\ \mathrm{K}\\ 217.12-0.109\,4T & 1\,672\leqslant T\leqslant 1\,727\ \mathrm{K}\\ 8.278+0.011\,5T & 1\,727\leqslant T\end{cases}\ (\mathrm{W/m\cdot K})\tag{2.2-130}$$

$$\alpha=\begin{cases}10.0+0.119T & T<1\,073\ \mathrm{K}\\ 105+0.363(T-800) & T\geqslant 1\,073\ \mathrm{K}\end{cases}\ (\mathrm{J/m^2\cdot s\cdot K})\tag{2.2-131}$$

图2.2-47 为小孔稳定建立后，焊件纵向截面（$y=0$）和横向截面（$x=0$）温度分布的计算结果。可以看出，小孔形成之后，焊件的高温区域集中在电弧中心线附近，好像是以电弧中心线为线热源形成的温度场，焊接方向之后（x 的负方向）的凹陷是由于 PAW 电弧压力较大，PAW 熔池的液态金属通过小孔流到 TIG 熔池造成的。

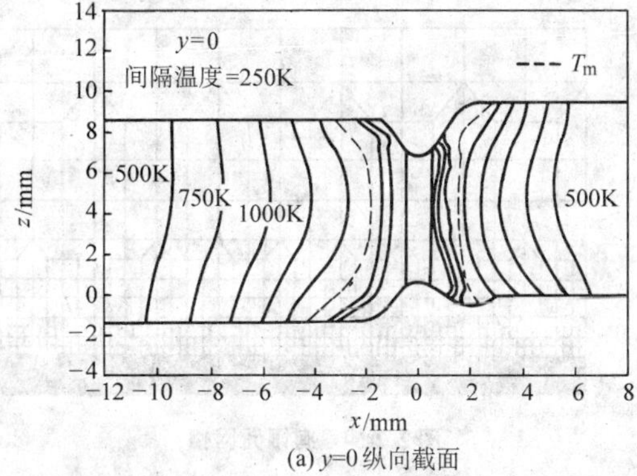

(a) y=0 纵向截面

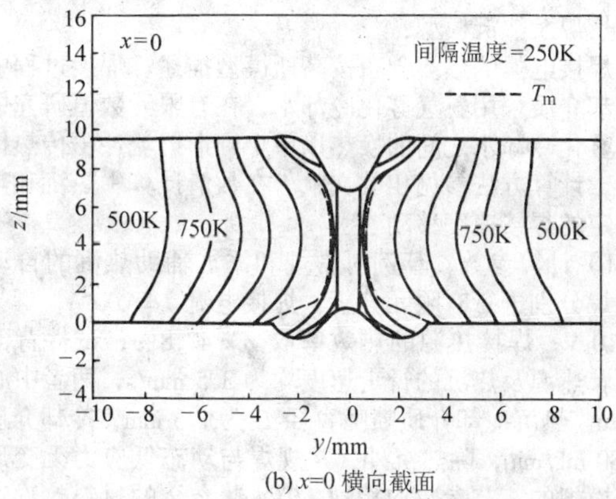

(b) x=0 横向截面

图 2.2-47　DSAW 焊接焊件内温度分布的计算结果

图 2.2-48 为单个 PAW 焊接电弧作用时焊件温度场的计算结果，采用的焊接热输入 DSAW 的相同。可见，同样热输入的单个 PAW 电弧作用时，焊件并未焊透，熔深仅为 4.5 mm，熔池表面的最大凹陷为 3.86 mm。温度分布与 DSAW 的也有显著差异。

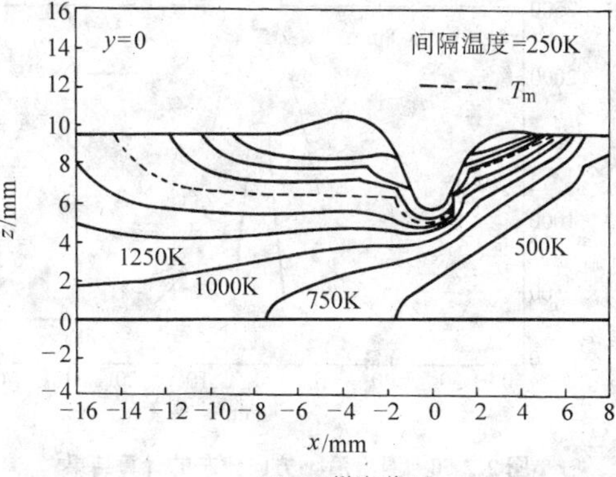

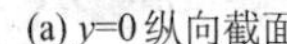
(a) y=0 纵向截面

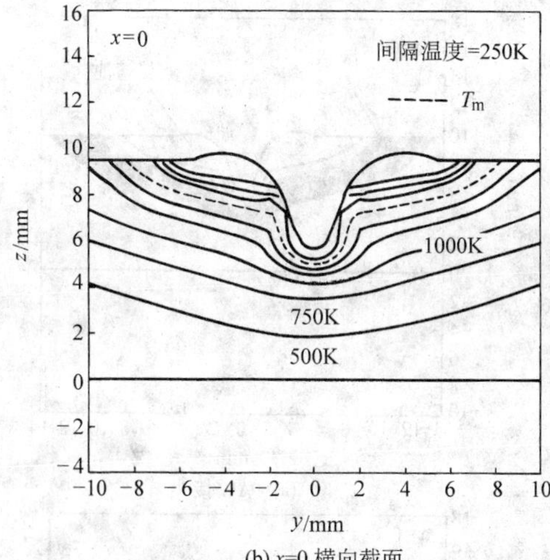

(b) x=0 横向截面

图 2.2-48　PAW 焊接焊件内温度分布的计算结果

图 2.2-49、图 2.2-50 分别表示沿 x，y 方向温度分布的计算结果。可以看出，在同样热输入下，DSAW 焊接焊件沿 x 方向和 y 方向的温度梯度均大于 PAW 的焊件，即随着离开电弧中心线距离的增大，DSAW 焊件的温度急速下降，而 PAW 焊件的温度则下降缓慢。这说明 DSAW 焊接的输入能量集中于电弧中心线附近，有利于形成窄而深的熔深，而 PAW 的热输入比较分散，对形成较大的熔深不利。

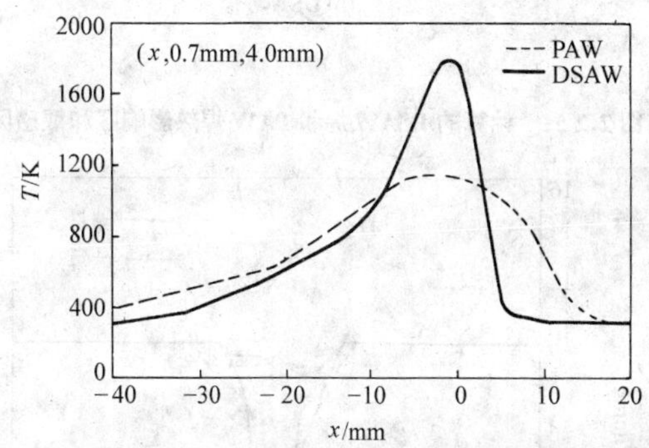

图 2.2-49　温度沿 x 方向分布的计算结果

图 2.2-51 是计算的 DSAW 焊和 PAW 焊接头横截面（$x=0$）1 323～873℃之间的所谓不锈钢晶间腐蚀敏感区。可见，当热输入功率为 23.19 kJ/cm 时，AW 焊敏感区的面积是 48.8 mm²，而 SDAW 焊敏感区的面积仅为 26.17 mm²。如图 2.2-52 所示为计算所得焊缝横截面几何形状和实验测定结果。

（c）钛合金薄板带热沉的 TIG 焊温度场　为了探究动态

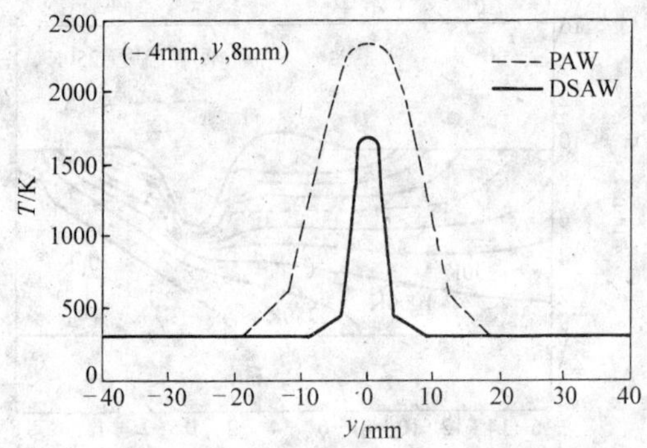

图 2.2-50　温度沿 y 方向分布的计算结果

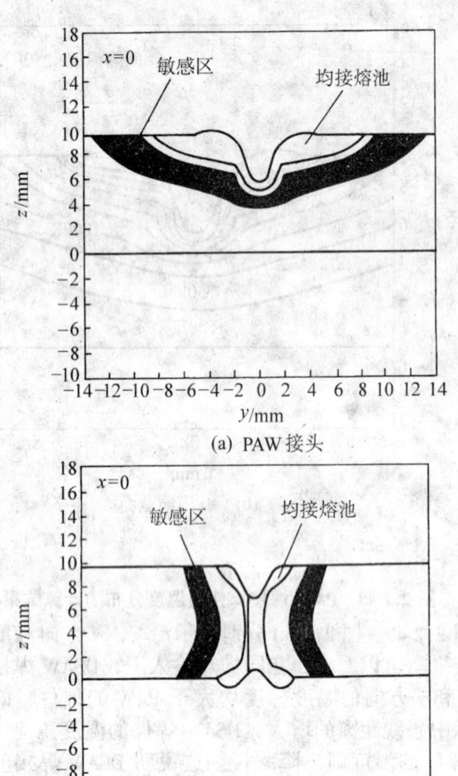

图 2.2-51　计算的 DSAW 焊和 PAW 焊热影响区和敏感区

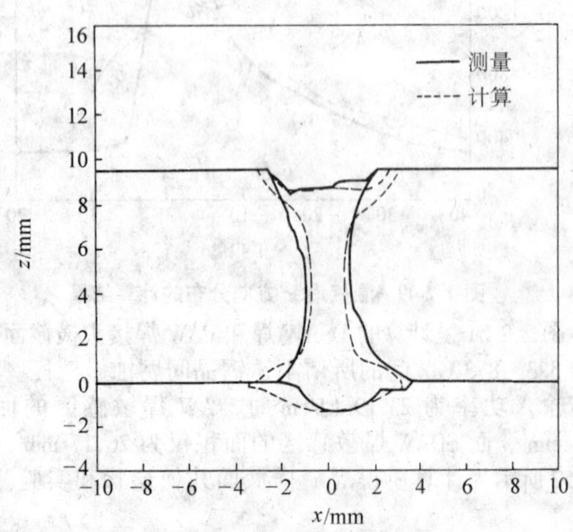

图 2.2-52　焊缝横截面几何形状的计算和实测结果

控制低应力无变形（DC－LSND）焊接新技术的控制机理，算例采用三维有限元数值模拟和实验相结合的方法对在实际生产中得到广泛应用的钛合金 TC4 焊接过程中的温度场进行分析。

动态控制低应力无变形焊接法即是在电弧后适当部位，设置一个能跟随电弧移动并对焊缝产生急冷作用的热沉，与焊接电弧形成一个多源系统，该系统装置示意简图如图 2.2-53 所示。

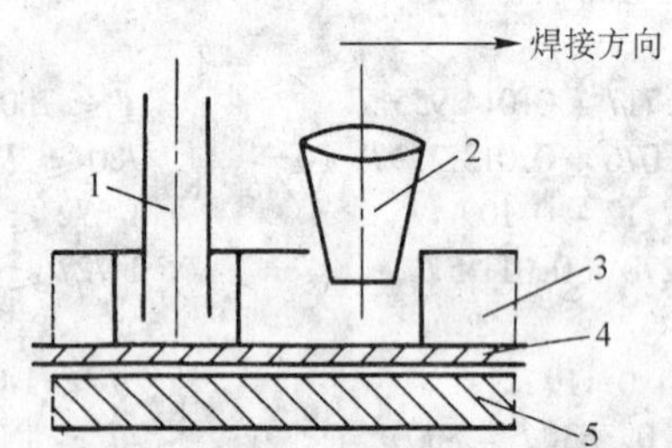

图 2.2-53　动态控制低应力无变形焊接装置示意图

1—冷却喷嘴；2—焊矩；3—夹具；4—工件；5—垫板

a）计算模型　TC4 钛合金平板试件的尺寸为 320 mm × 300 mm × 2 mm，考虑到结构的对称性，取其一半进行三维数值模拟。有限元网格如图 2.2-54 所示，其中最小单元尺寸为 1 mm × 1 mm × 2 mm，共有 3 460 个单元，7 292 个节点。

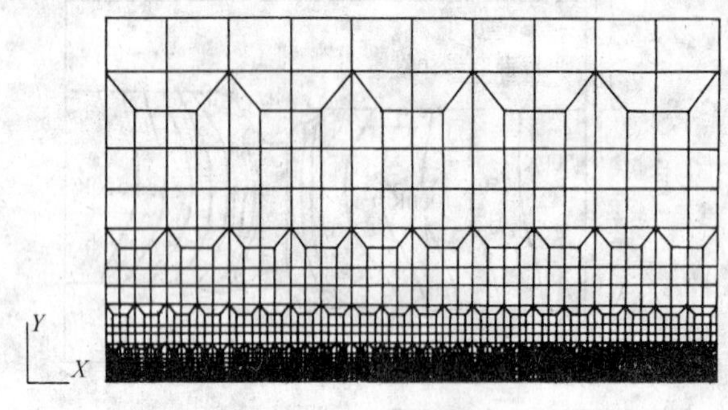

图 2.2-54　有限元网格

热源及热沉模型：

焊接电弧的热流分布按高斯模型描述。焊接过程中热沉的冷却介质采用氩气雾化冷却水，在有限元数值研究中，试件与雾化冷却水之间的换热以单个圆形射流冲击传热模型来模拟，计算方法参见相关文献。在数值计算中热沉和热源都以一定的焊接速度移动。

b）计算参数　算例对常规和添加辅助热沉的自动钨极氩弧焊分别进行有限元分析。焊接电流 $I = 200$ A，焊接电压 $U = 10$ V，焊接热源的热效率取 $\eta = 47.8\%$，试件背面无铜垫板。热源及热沉的行走速度均为 3.5 mm/s，两者中心相距 25 mm。热沉冷却介质喷嘴直径 D 为 1.3 mm，冷却介质流量为 280 mL/min，除热沉外，常规焊与动态低应力无变形焊接数值模拟的工艺参数均相同。TC4 钛合金的材料热物性参数由有关文献获得，它们都是温度的函数。

c）计算结果及分析　温度场整体分布及等温线图　为了获得对试件温度场的总体认识，对常规焊和 DC－LSND 焊焊接过程中达到准稳态后某一时刻温度场进行分析。焊接进行至 62.5 s，电弧中心行走至 $x = 219$ mm 时的温度场上表面的温度场分布如图 2.2-55 所示。

由图 2.2-55 可以看出常规焊和 DC－LSND 焊温度场有着显著的不同，与常规焊相比，DC－LSND 焊温度场呈马鞍形，

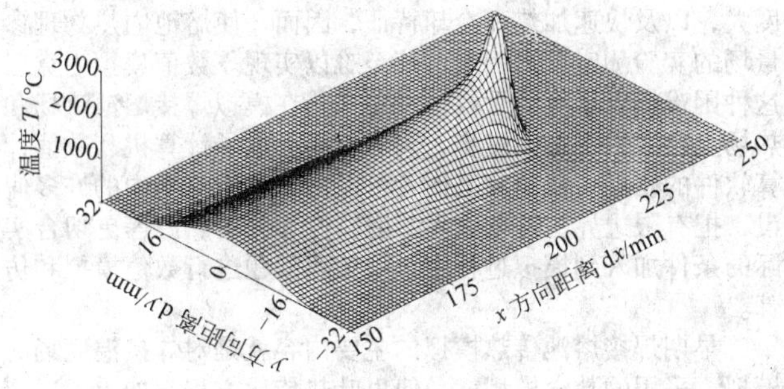

(a) 常规焊上表面温度分布

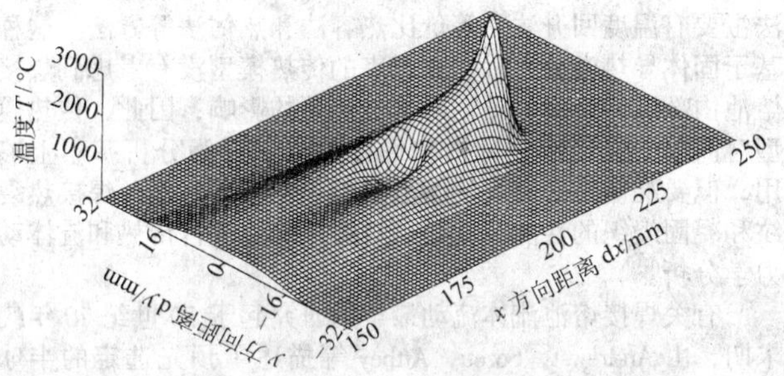

(b) DC–LSND 焊上表面温度分布

图 2.2-55　常规焊和 DC – LSND 焊温度场

在热沉处温度陡降，形成温度低谷。

常规焊及 DC – LSND 焊进行至 62.5s 时的等温线示于图 2.2-56 中，由于结构的对称性，仅给出试件一半的等温线。

由图 2.2-56a 可见，常规焊熔池前沿等温线高度密集。

与常规焊相比，DC – LSND 焊同一温度的等温线的范围小于常规焊的相应值。表明热沉的使用大大降低了试件上的温度。在热源与热沉之间，等温线高度集中，并在热沉前方回缩，产生畸变。在板长方向上，热沉处温度最低，其后，由于周围高温金属的作用，温度又有所升高，但仍远低于常规焊的相应值。沿热沉作用部位的板宽方向上，常规焊焊缝中心温度最高，随着与焊缝中心线距离的增加，温度逐渐降低；DC – LSND 焊中，在近缝处温度最大，焊缝中心温度小于近缝区温度。由此可见，DC – LSND 焊中热沉的存在，使试件上整体温度场发生畸变。

距焊缝中心线不同距离处点的温度循环

常规焊和 DC – LSND 焊接过程中位于 $x = 192$ mm 的横向截面上，距焊缝中心线的距离分别为 0 mm，3 mm，5 mm，10 mm，16 mm 点的热循环见图 2.2-57。

由图 2.2-57a 可见，常规焊中各点温度历史趋势相同，热源未到时温度基本不变。随着热源的临近与到来，温度迅速升高并达到最高；而后随着电弧远去及冷却过程的进行，温度逐渐降低。焊缝中心温度最高，温度上升和冷却速度最大。随着远离焊缝的距离的增加，各点所能达到的温度最高值降低，温度上升速度和冷却速度均下降。

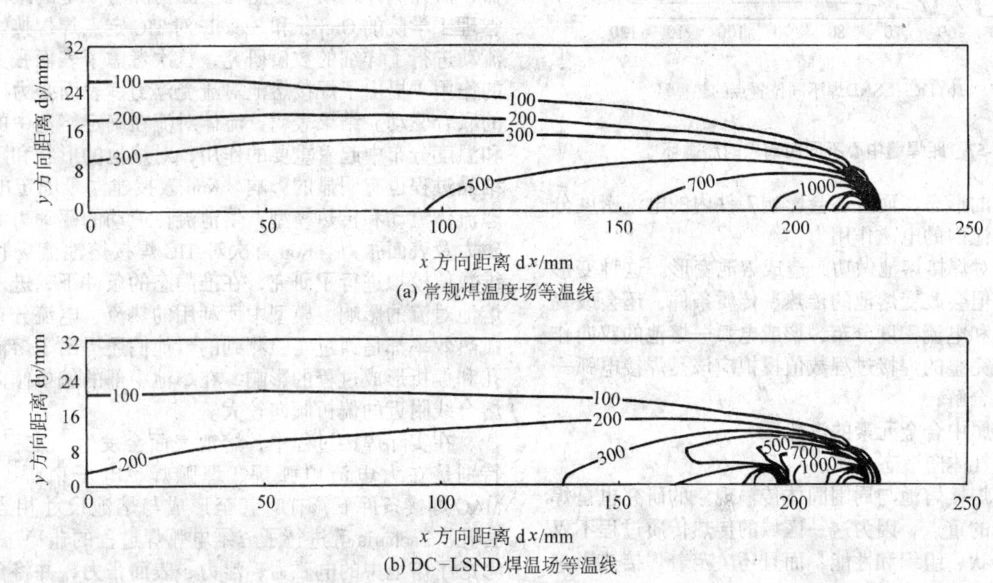

(a) 常规焊温度场等温线

(b) DC–LSND 焊温场等温线

图 2.2-56　常规焊和 DC – LSND 焊温度场等温线

从图 2.2-57b 中可以看出：DC – LSND 焊中，距焊缝中心较远的三点（$y = 5$ mm，10 mm，16 mm）温度历史与常规焊相似。但焊缝中心及距焊缝中心线较近的点（$y = 0$ mm，3 mm），温度循环与常规焊相应点有所不同。DC – LSND 焊中由于有热沉作用，热沉作用时刻，热沉作用区温度急剧下降，在热源与热沉相继经过的较短的时间内产生极大的温度梯度。在热沉经过之后，该部位温度重新升高，在温度历史曲线上形成低谷。由此可见，两种焊接方法中焊缝所承受的热循环不同，由此而产生的热应力热应变循环也不同。DC – LSND 焊中，正是热沉造成的急冷收缩，使焊缝及附近区域受到较大的拉伸作用，减小了焊缝的不协调应变，从而达到消除变形，降低应力的效果。

马鞍形的温度场将会对应力应变场产生影响，降温收缩使热源与热沉之间的高温金属受到较大的拉伸作用，可减小焊缝的不协调应变，并达到消除变形，降低应力的效果。

3）焊接熔池流体流动和传热过程数值模拟

① 数值模拟进展　焊接熔池的传热和流体流动模拟是焊接模拟的一个重要领域，同时也是焊接物理冶金模拟中最为复杂的方向之一。因为焊接过程中大部分非平衡的物理、化学反应都在短时间内集中发生在焊接熔池这一局部高温区域内。

在焊接电弧和焊接熔池的数值模拟中，电弧与熔池的边界是作为一个确定的热边界和电流边界来处理的。在某种意义上说，该边界能量、动量和质量的传输决定着电弧模型和熔池模型数值计算的成败。其间的传输过程主要有：

(a) 电弧以辐射、对流、传导的形式将热能传于被焊工件；

(b) 焊接电流经该区域进入被焊工件，形成电流回路，这

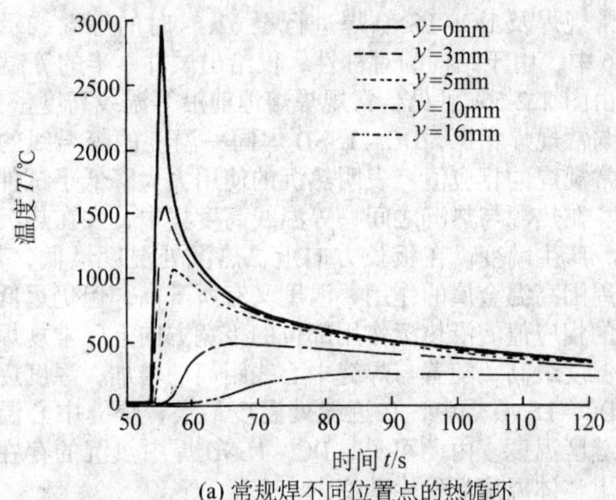

(a) 常规焊不同位置点的热循环

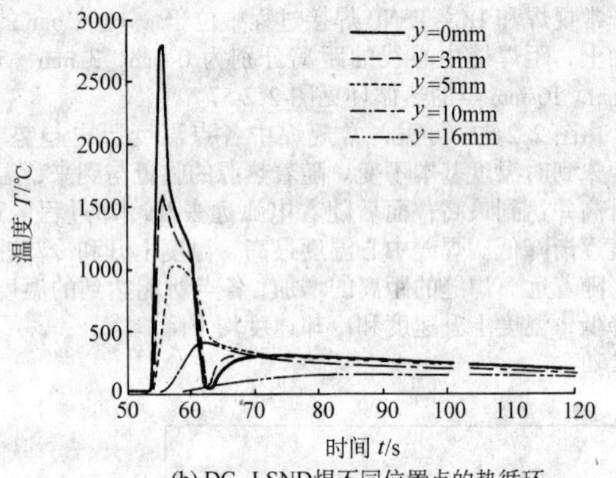

(b) DC-LSND焊不同位置点的热循环

图 2.2-57　距焊缝中心不同距离点的热循环

不但影响着电弧的形态，而且还会影响工件内的电流密度分布，从而改变熔池内的电磁作用力；

(c) 电弧力对焊接熔池做功，造成熔池变形。这种变形的自由表面，不但会改变熔池的传热、传质条件，还会改变电弧的热流密度和电流密度分布，形成电弧—熔池的双向作用。所以，一个完整的焊接过程数值模拟应该是焊接电弧—焊接熔池的全耦合解；

(d) 被焊金属中合金元素的汽化；

(e) 高温下气体向液态金属的溶解。

除此之外，焊接熔池与周围固体传输现象的研究也是焊接过程数值模拟的重点，因为这一区域的传热传质过程不仅决定着焊缝的形状、组织和性能，而且还决定着焊接热影响区的组织和性能、焊接接头中的残余应力和变形，以及焊接缺陷的产生等。这一区域发生的主要传输过程有：

(a) 纯固体中的传导：发生于熔池周围的固体金属和冷却凝固后的焊缝金属中；

(b) 熔池内的对流传输：焊接熔池在表面张力、电磁力、浮力和电弧力的作用下，熔池内的液态金属不但有热和溶质的传导，而且存在着强烈的对流旋涡运动；

(c) 固—液相变传热传质：伴随着金属的熔化和凝固，固-液界面处存在潜热的吸收与释放，并发生着溶质的再分配；

(d) 金属-蒸气相变传热传质：液态金属中的合金元素和微量表面活性元素在电弧热的作用下发生汽化，并伴有汽化潜热的吸收和物质的扩散对流。

在模拟焊接熔池传热与流体流动中，除了一些简单的模拟焊接熔池传热外，一般焊接熔池传热和流体流动的模拟都没有解析解。另外，由于焊接熔池体积小、温度高、温度梯度大，以及快速加热和冷却特征，因而，使熔池内热物理参量场的实验测定相当困难，甚至难以实现。数值模拟为克服这种困难提供了有效手段。近年来，在模拟焊接熔池流场和热场上已取得了很大进步，同时，高速电子计算机和数值计算软件的发展，使研究工作者可以抛弃解析分析中的许多假设，把有限边界、复杂边界、变物性和分布热源等更切合实际的条件加入到模拟过程中，对工程问题进行数值模拟和仿真。

早期焊接熔池传热模拟的主要内容就是对焊接温度场的模拟，采用的数学模型就是傅里叶热传导方程。如果考虑液体金属冷却凝固，则在计算中要对凝固潜热进行处理，其办法主要有温度回升法、等价比热容法和热估法等方法。这种基于固体导热微分方程建立起来的传热模型没有考虑到焊接熔池内部液体金属的流动对熔池传热的影响，因此，传热模型对简单的焊接冶金分析和焊接热力学行为分析基本上够用，但要准确地研究焊接熔池的传热与传质，以及焊接热裂纹和凝固组织的性能，就必须对焊接熔池进行传热和流体动力学分析。

有关焊接熔池流体流动最早的研究起于 20 世纪 70 年代末期，由 Andrewst，Sozou，Atthey 等描述了预先选定的半球形熔池中的稳态和电磁力流场，用解析法求解了半球形容器内流体流动状态的动量方程。结果表明，半球形熔池中流体流动的 Pedet 数（对流与导热的强度之比）在 10～70 范围之间，说明了流体对流是主要的传热过程。采用固定形状的容器，研究流体运动，显然与实际情况有一定的距离。美国麻省理工学院的 Oreper 和 Szekely 对 TIG 定点焊焊接熔池的流体流动进行了详细的数值研究，首次考虑了表面张力在对流中的作用。提出了焊接熔池对流受浮力、表面张力、和电磁力的联合驱动。结果表明，流体对流在确定熔池中的传热过程和温度分布中起着重要的作用，对熔池的形状和随后的焊缝结晶过程也有明显的影响。Kou 教授建立了固定电弧二维稳态流体流动和传热模型，熔池流体流动的驱动力为浮力、电磁力及表面张力。Kou 首次对 TIG 焊接熔池流场和热场的三维数值模拟进行了研究，在准静态的条件下，进一步分析了熔池对流的影响。模型中所利用的热流、电流分布参数及电弧热效率都是通过实验测到的。他们还提出了熔池对流对气孔和偏析形成过程的影响，在熔池中部的偏析倾向较小，而熔合线附近的偏析倾向较大。

在实际焊接过程中，熔池表面会发生一定程度的变形，特别是在大电流电弧焊、埋弧焊、电子束焊、激光焊和 MAG 焊接条件下，有时甚至形成与熔池尺寸相当的凹坑和盲孔。Zacharia 等进行了三维电弧焊过程的非稳态数值模拟，考虑了熔池中的电磁力、浮力、表面张力，并将自由表面视为可变形表面，其形状是控制方程求解的一部分，用离散元（discrete element analysis）技术研究了熔池中的流体流动和传热。由于在直角坐标系下的计算不能很好地拟合变形的自由表面，以及处理表面张力诱导的正应力和剪应力，因此 Tsai 采用正交曲线坐标变换法研究了 GTA 二维定点焊的表面张力和电磁力分别作用下的熔池自由表面变形。Kim 采用适体坐标和流函数法，研究了定点焊条件下的可变形自由表面问题。Thompson 也进行了这方面的模拟研究。所有这种采用坐标变换计算法模拟焊接对流/扩散固液相变问题时，对相变界面的跟踪都是以“分明”界面为前提的，即不存在糊状区。

国内首先考虑流体流动的是武传松教授，他们建立了三维 TIG 焊熔池的流体流动及传热模型，同时考虑了熔池内部液态金属对流的影响。提出了 MIG/MAG 焊接电流在变形熔池表面上的分布模型，并以此为基础建立了电弧热流密度在变形熔池表面上的分布模式，模拟了 MIG/MAG 焊接熔池的流场和温度场。之后他们又对双面电弧焊接热分析的传热模型、电弧热流分布、熔滴过渡冲击效应以及熔池表面控制方程等方面作了很多深入的研究。在计算中他们也采用表面坐标变换法，并将熔透情况下熔池上下表面变形的计算与熔池流场与热场的计算相结合，不仅较好地计算出了熔池的流场与热场，同时也求得了焊接熔池的上下表面变形。南昌航空工业学院开展了等离子弧穿孔焊接熔池温度场的三维数值分析工作，分析中考虑了熔池表面变形、电弧力、重力、表面张力等物理现象。西安交通大学和北京工业大学也开展了焊接熔化与凝固过程的数值模拟，并建立了 TIG 焊熔池与电弧的双向耦合模型，实现了焊接熔池与电弧统一场数值分析。

在电弧焊条件下，熔池液态金属主要受四种不同性质力的作用，即电磁力，浮力，表面张力，电弧力。前两种属于体积力，后两种属于表面力。在数值计算中，表面力是以边界条件的形式加入的，而体积力是以动量方程的源项形式加入的。浮力的产生是由于熔池内的温度梯度和密度梯度引起的；电磁力是由于熔池中发散的电流与自感应磁场之间的相互作用而产生的。表面张力是由熔池自由表面温度梯度引起的；电弧力来源于电弧等离子流对熔池表面产生的压力及气流对自由表面的剪切力。数值分析使人们不仅有可能确定上述四种力共同作用下熔池内流体流动行为，而且有可能确定各种力作用的相对大小。研究表明，焊接熔池的表面张力是熔池流体流动的主要驱动力。Zackaria 和 Choo 将表面张力的温度系数取为温度和表面活性元素硫的函数，使得表面张力温度系数在焊接熔池表面温度范围内有正负两种符号，形成表面张力驱动流的双涡现象。近年来越来越多的研究表明表面张力温度系数的变化对熔池的流动方式和熔池的形状有很大的影响。

众所周知，焊接接头的力学行为取决于整个接头的宏观和微观组织，而接头各区域的组织又与焊接过程该区域所经历的热循环历史密切相关。在熔化焊过程中热源与金属材料的相互作用，导致焊缝区快速加热、熔化和其后冷却凝固，形成具有铸造组织特征的微结构形态，而热影响区（HAZ）不同部位则经历了不同的再热循环，使同种材料经历了不同的热处理，形成具有不同的组织组成物、相组成物和晶粒的特征组织形态。

在焊接过程中，熔池内存在着强烈的对流运动，而这种传热和流体流动会直接影响整个焊接接头的温度场和热循环，进而影响焊缝凝固后的宏观和微观组织，影响 HAZ 内的相转变、晶粒生长以及恢复和再结晶等。焊缝中凝固组织的形核和生长动力学与熔池内的温度场和流场直接相关；而热影响区内的相变和晶粒生长动力学又是加热与冷却速率以及该部位所能达到的最高温度和高温停留时间的函数，因此，获得焊接熔池和热影响区内不同时刻流场和温度场的分布信息对于焊接接头组织预测、焊接热裂纹预测，进而实现对整个接头强度、塑性和韧性的控制具有重要意义。从传输现象控制方程出发，通过对焊接熔池流体流动，传热和传质过程的分析，进一步与焊接接头微观组织发展与演化过程动力学方程相结合，建立描述不同区域组织形态、组织组成物的定量模型研究才刚刚开始。

② 数学模型

（a）控制方程　不同焊接方法的模拟可以构建出不同的数学模型，即使同一焊接方法由于所考虑问题的重点不同，也可构建不同的数学模型。而不同的数学模型就有相应的控制方程和辅助方程。

为建立数学模型，基本假设如下：熔池中高温金属的流动为层流、不可压缩牛顿流体；除表面张力、比热容和热导率外，其余热物理常数与温度无关；熔池中液态金属流动的驱动力有表面张力、浮力和电磁力，而不考虑电弧等离子体流动的拖拽力，这是由平表面假设决定的；Boussinesq 假设成立，即除浮力项外所有其他项中的密度认为是常数；来源于焊接电弧的热流密度分布和电流密度分布服从高斯（Gaussian）分布。

现以 TIG 焊熔池流体流动和传热过程的作为研究对象。在电弧热源的作用下，被焊金属局部发生熔化，形成熔池。熔池内的液态金属流体流动，影响着熔池内的温度分布和熔池形状，进而影响着凝固结晶和缺陷产生等物理冶金过程。

设有一热流密度为 q_0 的电弧热源以恒定速度 U_t 沿固定坐标系（ζ，y，z）中的 ζ 轴移动，根据固定坐标系与动坐标系（x，y，z）的关系，$x=\zeta+U_t t$，以及上述基本假设，可得以电弧热源中心为坐标原点的移动坐标系下熔池中流体流动和传热的控制方程组。

连续方程

$$\frac{\partial\rho}{\partial t}+\frac{\partial(\rho u)}{\partial x}+\frac{\partial(\rho v)}{\partial y}+\frac{\partial(\rho w)}{\partial z}=0 \tag{2.2-132}$$

X 方向动量守恒方程

$$\left[\frac{\partial(\rho u)}{\partial t}-\frac{\partial(\rho U_t u)}{\partial x}\right]+\frac{\partial(\rho uu)}{\partial x}+\frac{\partial(vu)}{\partial y}+\frac{\partial(\rho wu)}{\partial z}=-\frac{\partial P}{\partial x}+\frac{\partial}{\partial x}\left(\mu\frac{\partial u}{\partial x}\right)+\frac{\partial}{\partial y}\left(\mu\frac{\partial u}{\partial y}\right)+\frac{\partial}{\partial z}\left(\mu\frac{\partial u}{\partial z}\right)+S_x \tag{2.2-133}$$

Y 方向动量守恒方程

$$\left[\frac{\partial(\rho v)}{\partial t}-\frac{\partial(\rho U_t v)}{\partial x}\right]+\frac{\partial(\rho uv)}{\partial x}+\frac{\partial(\rho vv)}{\partial y}+\frac{\partial(\rho wv)}{\partial z}=-\frac{\partial P}{\partial y}+\frac{\partial}{\partial x}\left(\mu\frac{\partial v}{\partial x}\right)+\frac{\partial}{\partial y}\left(\mu\frac{\partial v}{\partial y}\right)+\frac{\partial}{\partial z}\left(\mu\frac{\partial v}{\partial z}\right)+S_y \tag{2.2-134}$$

Z 方向动量守恒方程

$$\left[\frac{\partial(\rho w)}{\partial t}-\frac{\partial(\rho U_t w)}{\partial x}\right]+\frac{\partial(\rho uw)}{\partial x}+\frac{\partial(\rho vw)}{\partial y}+\frac{\partial(\rho ww)}{\partial z}=-\frac{\partial p}{\partial z}+\frac{\partial}{\partial x}\left(\mu\frac{\partial w}{\partial x}\right)+\frac{\partial}{\partial y}\left(\mu\frac{\partial w}{\partial y}\right)+\frac{\partial}{\partial z}\left(\mu\frac{\partial w}{\partial z}\right)+S_z \tag{2.2-135}$$

能量守恒方程

$$\left[\frac{\partial(\rho h)}{\partial t}-\frac{\partial(\rho U_t h)}{\partial x}\right]+\frac{\partial(\rho uh)}{\partial x}+\frac{\partial(\rho vh)}{\partial y}+\frac{\partial(\rho wh)}{\partial z}=\frac{\partial}{\partial x}\left(\lambda\frac{\partial T}{\partial x}\right)+\frac{\partial}{\partial y}\left(\lambda\frac{\partial T}{\partial y}\right)+\frac{\partial}{\partial z}\left(\lambda\frac{\partial T}{\partial z}\right)+S_h \tag{2.2-136}$$

式中，u，v 和 w 分别为 x，y 和 z 方向的速度；ρ 为密度；μ 为黏度；λ 为热导率；p 为压力；h 为热焓；S 为源项。

相变问题的处理采用焓 – 孔隙率方法，则上述动量方程的源项取如下形式：

$$S_x=-\left(\frac{\mu\rho}{K}\right)u+(J\times B)_x \tag{2.2-137}$$

$$S_y=-\left(\frac{\mu\rho}{K}\right)v+(J\times B)_y+\rho g\beta(T-T_m) \tag{2.2-138}$$

$$S_z=-\left(\frac{\mu\rho}{K}\right)w+(J\times B)_z \tag{2.2-139}$$

方程（2.2-137）– 方程（2.2-139）右边第一项是描述固/液两相区流体流动的多孔介质模型，称之为 Darcy 阻力。K 为渗透率，它与枝晶形貌有关。假设渗透率仅是液相分数的函数，并且遵循 Kozeny – Carman 方程：

$$K=K_0\left[\frac{f_l^3}{(1-f_l)^2}\right] \tag{2.2-140}$$

且假设渗透率各向同性。K_0 是与枝晶形貌有关的常数，f_1 为液相体积分数，它与温度的关系按线性化处理：

$$f_1=\begin{cases}1 & T>T_1\\(T-T_s)/(T_1-T_s) & T_s\leqslant T\leqslant T_1\\0 & T<T_s\end{cases}\tag{2.2-141}$$

能量方程（2.2-136）写成了焓的形式，它由下式确定：

$$h=(1-f_1)c_sT+f_1c_1T+\Delta H\tag{2.2-142}$$

式中，c_s 和 c_1 分别为固相和液相比热容，ΔH 为焓的潜热构成部分，它与温度的关系为：

$$\Delta H=\begin{cases}L & T>T_1\\f_1L & T_s\leqslant T\leqslant T_1\\0 & T<T_s\end{cases}\tag{2.2-143}$$

式中，L 为潜热，T_1 和 T_s 分别为固相线和液相线温度。

当取 $c_s=c_1=c$ 时，能量方程可用温度作为变量：

$$\left[\frac{\partial(\rho cT)}{\partial t}-\frac{\partial(\rho U_1cT)}{\partial x}\right]+\frac{\partial(\rho ucT)}{\partial x}+\frac{\partial(\rho vcT)}{\partial y}+\frac{\partial(\rho wcT)}{\partial z}=\frac{\partial}{\partial x}\left(\lambda\frac{\partial T}{\partial x}\right)+\frac{\partial}{\partial y}\left(\lambda\frac{\partial T}{\partial y}\right)+\frac{\partial}{\partial z}\left(\frac{\partial T}{\partial z}\right)+S_h\tag{2.2-144}$$

源项则有如下形式：

$$S_h=-\frac{\partial(\rho\Delta H)}{\partial t}-\frac{\partial(\rho u\Delta H)}{\partial x}-\frac{\partial(\rho v\Delta H)}{\partial y}-\frac{\partial(\rho w\Delta H)}{\partial z}\tag{2.2-145}$$

（b）电磁力的计算　方程（2.2-137）~方程（2.2-139）中的电磁力的计算需要求解一组稳态的 Maxwell 方程：

$$\begin{aligned}\nabla\cdot\boldsymbol{J}&=0\\\boldsymbol{J}&=-\sigma\nabla\varphi\\\nabla^2\varphi&=0\\\nabla\times\boldsymbol{B}&=\mu_0\boldsymbol{J}\end{aligned}\tag{2.2-146}$$

式中，J 为电流密度矢量；σ 为电导率；φ 为电势；B 为磁通量密度矢量；μ_0 为磁导率。电磁力是通过 $\boldsymbol{J}\times\boldsymbol{B}$ 在 x，y，z 三个方向上的分量而加入到动量方程源项中的。

（c）边界条件　对于计算区域来说，(u,v,w,T) 变量的边界取值如下：

上表面：

$$-q(r)-\alpha(T-T_a)-\sigma_R\varepsilon_R[(T+273.16)^4-(T_a+273.16)^4]=-\lambda\frac{\partial T}{\partial z}\tag{2.2-147}$$

式中，α 为表面换热系数；ε_R 为发射率；σ_R 为 Stefan－Boltzmann 常数；T_a 为环境温度。热流密度服从 Gaussian 分布

$$q(r)=\frac{3\eta IV}{\pi r_b^2}\exp\left(-\frac{3r^2}{r_b^2}\right)\tag{2.2-148}$$

上式中 r_b 为有效加热半径。

电流密度也服从 Gaussian 分布

$$J(r)=\frac{3I}{\pi r_j^2}\exp\left(-\frac{3r^2}{r_j^2}\right)\tag{2.2-149}$$

上式中 r_j 为电流密度分布半径。

在平表面假设条件下，表面张力按下式计算

$$-\mu\frac{\partial u}{\partial z}=\sigma_s\frac{\partial T}{\partial x}\quad -\mu\frac{\partial v}{\partial z}=\sigma_s\frac{\partial T}{\partial y}\tag{2.2-150}$$

式中，μ 为粘度，σ_s 为表面张力温度系数。上表面 $w=0$

侧表面和底表面：对流热损失条件成立

$$\alpha(T-T_a)=-\lambda\frac{\partial T}{\partial n}\tag{2.2-151}$$

n 为散热面的法向单位向量。速度条件满足，$u=v=w=0$

（d）数值模拟程序的实现　在对控制方程组的求解中，Patanker 和 Spalding 提出了一种 SIMPLE（semi－implicit method for pressure－linked equation）的有限差分算法。这种方法对于解速度压力耦合场非常有效。

根据稳态电流假设，电流和流体流动是相互独立的，因此，首先计算电磁力，然后将其作为体积力加到动量方程中，而后耦合求解连续性方程、动量方程和能量方程。

SIMPLE 算法的基本运算步骤为：

a）给出或承接上一时间步长的速度场、温度场和压力场；

b）计算动量方程的系数，暂时在动量方程中略去压力梯度项后求解动量方程，求得一组近似的速度场；

c）将近似的速度场代入压力方程，求解后得近似的压力场；

d）将近似的压力场代入动量方程求解得速度场 u^*，v^*，w^*；

e）将速度 u^*，v^*，w^* 代入压力修正方程，求得 p'，将 p' 代入速度修正方程修正速度场；

f）返回步骤 b)，重复上述过程直至收敛；

g）时间增量一个时间步长；

h）返回步骤 a)，直至达到预定时间。

（e）与焊接熔池流体流动有关的几个现象

a）在焊接熔池中，熔池的表面张力直接影响熔池内液态金属的温度和流体流动。研究表明增加电源能量，减小电极直径，表面张力引起的流体流动增强，其原因在于熔池的表面张力是温度的函数，因而熔池表面的表面张力大小取决于熔池表面上的温度分布。熔池内温度场与焊接热源性质有关。改变激光束能量和直径相当于改变输入熔池的能量密度。

通常在纯金属情况下，随着温度的升高，表面张力下降，即 $\frac{\partial\sigma}{\partial T}<0$。但当有表面活性元素存在时，如 S、O、Se 和 Te 等，表面张力不但与温度有关，还与活性元素含量有关，表面张力会在一定范围内随温度的升高而增加，即 $\frac{\partial\sigma}{\partial T}>0$。

熔池表面张力是影响熔池内液体金属的流动方式的主要因素之一，由于流动方式的改变从而导致熔池内的温度场也随之而改变。当表面张力随温度升高而升高时，即 $\frac{\partial\sigma}{\partial T}>0$，熔池内金属的流动方向如图 2.2-58c 和 2.2-58d 所示，在焊接熔池的中心液体金属沿着径向的方向向下运动，而后沿着边缘升到熔池表面，再由熔池边缘向熔池中心运动。这种液体金属运动方式具有很强的穿透性。相反当熔池的表面张力随着温度升高而降低时，即 $\frac{\partial\sigma}{\partial T}<0$，熔池的形状就会如图 2.2-58a，2.2-58b 所示，熔池内液体金属的运动方向与图 2.2-58c，2.2-58d 的运动方向相反，这种熔池的熔深较浅。

b）焊接电流进入熔池后会产生电流线发散现象，熔池内部电流同其自身的磁场相互作用产生了电磁力。焊接熔池中的电磁力推动焊接熔池内的金属在熔池中心向下运动，然后沿熔合线返回熔池表面，在熔池表面沿径向由边缘向中心流动。

c）熔池中的浮力是由于焊接熔池内存在着温度梯度和成分梯度使得熔池内部液体金属的密度发生了变化而产生的，温度高的部位密度小。在浮力的作用下熔池中过热的金属被推到熔池表面，而较冷的金属被推至熔池底部。溶质密度较溶剂密度大的时候，含溶质浓度高的将被推至焊接熔池底部，相反就会被推至熔池上表面。一般来讲，浮力是引起自然对流的一个主要原因，但同电磁力和表张力相比，浮力的作用较小。

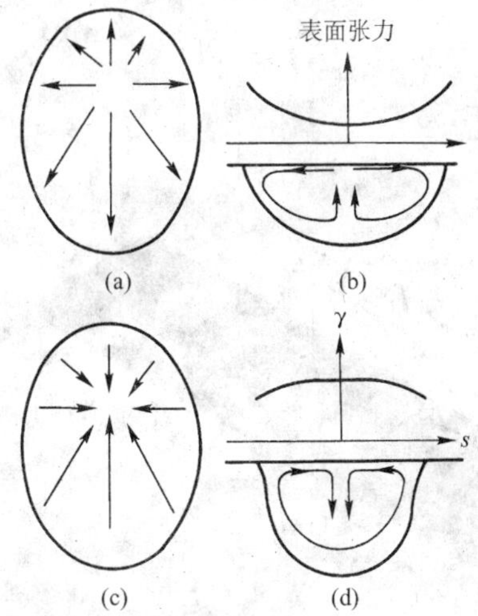

图 2.2-58　焊接熔池表面张力与熔池内部液体金属的流动方式示意图

d）熔化极电弧焊存在着熔滴过渡问题，熔滴中热量和质量会对熔池的形状产生很大影响。熔滴对熔池的冲击力使焊接熔池产生凹陷变形和波纹，并会造成熔池中心产生气孔。

e）由于在弧柱区下的部分熔池表面温度会超过液体金属的沸点，因而部分金属就会蒸发，这部分蒸发的气体会带走一部分熔池内部的能量，从而使熔池表面温度下降。在激光焊接时，人们发现，熔池表面的金属蒸发速率对熔池上表面的峰值温度影响很大，而在研究 GTA 焊时发现焊接熔池自由表面的温度是由表面张力决定，而不是由金属气体蒸发而带走的热量所控制的。产生以上这两种观点的原因在于焊接热源的性质不同。在高能束焊接时，能量密度高，熔池内最高温度较普通焊接方法高很多，此时熔池表面金属蒸发带走的热量成为影响熔池表面温度分布的主要原因。而常用焊接方法时，焊接熔池表面温度高于液体金属沸点时较少，此时表面张力引起的对流成为影响温度的主要原因。

③ 计算实例

(a) 三维 TIG 焊熔池流体流动和传热过程

a) 分析模型　图 2.2-59 为移动热源 TIG 焊接过程示意图。焊接电弧的一部分热能作用于被焊工件并形成熔池，而另一部分通过对流和辐射的形式损失于周围环境。因此，作用于工件上的焊接热源模型要求能正确描述来源于焊接电弧的热能分布以及合理考虑净热量输入。在实际焊接中，电源的总能量耗散可通过直接测量焊接电流和电压来获得，而真正用于加热工件的那部分能量可通过电弧有效系数 η 来确定。

$$Q = \eta VI \tag{2.2-152}$$

式中，V 为焊接电压；I 为焊接电流。

作用与工件表面的热输入确定后，试图对焊接过程进行

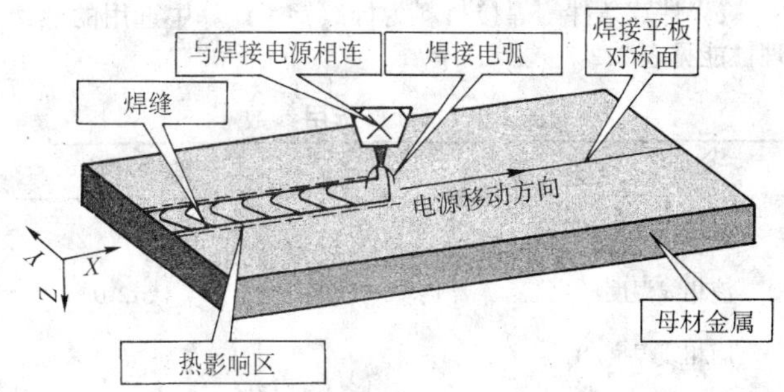

图 2.2-59　移动热源作用下 TIG 焊接过程示意图

计算模拟的就由以下几部分确定。描述熔池内流体流动和熔池周围传热过程的控制方程组、边界条件和初始条件；描述固/液界面溶化与凝固过程的数学模型；描述工件内电流密度分布和磁通量密度分布的控制方程和边界条件，以及作用于熔池内流体中的电磁力，这几部分内容已在前面叙述。

b) 数值模拟程序的实现　耦合的连续性方程、动量方程和能量方程采用有限容积全隐式法求解。整个计算程序是在计算传热和流体流动的 Phoenics 软件上二次开发完成的。计算域几何形状的确定、网格划分、简单边界条件和初始条件的输入以及求解方法的选择是通过填写软件包中的 Q1 控制卡完成的。源项和复杂边界条件的实现是通过在接口模块 Ground 中建立用户子程序而完成的。计算流程如图 2.2-60 所示。

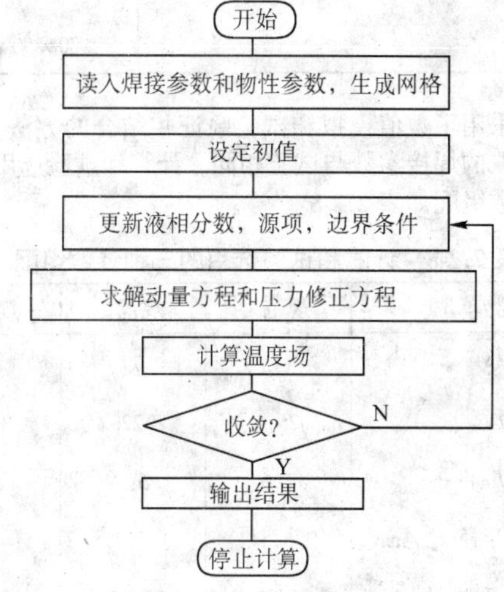

图 2.2-60　计算流程简图

计算模型是建立在准稳态焊接条件基础上的，即控制方程中所有对时间的导数项取零。由于试样的对称性，计算域取其 1/2，即以电弧移动中心面为对称面，取试样的一半进行数值计算。图 2.2-61 为计算域的网格剖分。

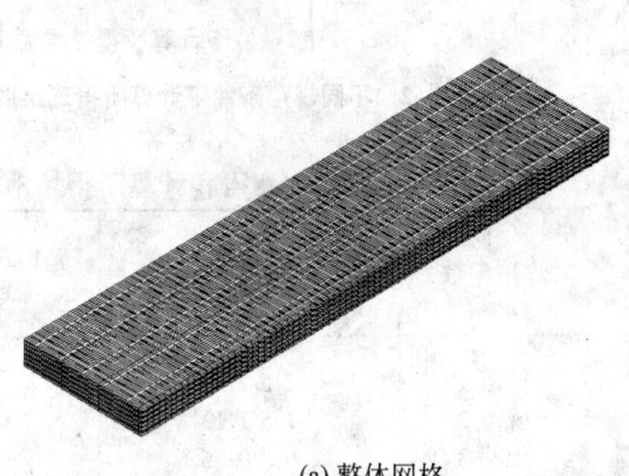

(a) 整体网格

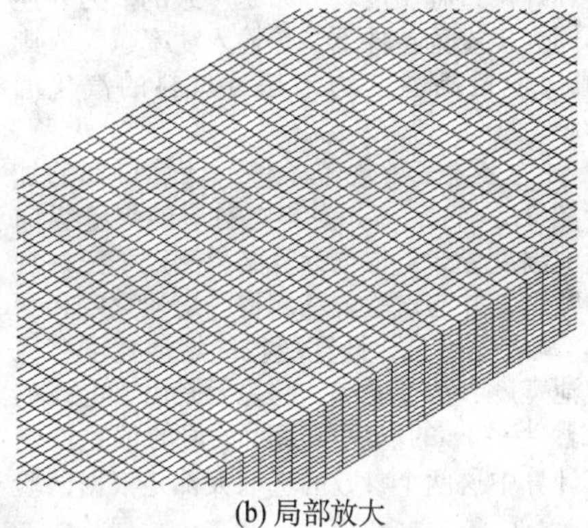

(b) 局部放大

图 2.2-61　计算域的网格剖分

c）计算条件 焊接材料为低碳钢，计算中选用的热物理性能见表2.2-7

表2.2-7 计算选用参数

物理量	取值
密度/g·cm^{-3}	7.20
液相线温度/℃	1 512.0
固相线温度/℃	1 472.0
黏度/Pa·s	0.06
固体热导率/W·(m·K)$^{-1}$	25.1
液体热导率/W·(m·K)$^{-1}$	83.6
固体比热容/J·(kg·K)$^{-1}$	702.0
液体比热容/J·(kg·K)$^{-1}$	806.74
熔化潜热/J·kg^{-1}	267.5×10^3
表面张力温度系数/N·(m·K)$^{-1}$	-3.0×10^{-3}
试样板厚/mm	2.8
计算域宽度/mm	15.0
试样长/mm	60
网格数	80×50×15

研究采用了数值模拟和试验验证相结合的方法，因此，计算中所取的焊接参数与试验相同。计算和试验选用了三种规范，参数组配如表2.2-8。

表2.2-8 计算和试验选用的三种参数组配

参数/单位	规范1	规范2	规范3
焊接电流/A	115	79	52
焊接电压/V	25.4	22	19.6
焊接速度/mm·s^{-1}	5.6	5.6	5.6
有效加热半径 r_a^*/mm	6.5	5.5	4.5
有效加热系数 η^*	70.0%	80.5%	90.0%

d）计算结果 图2.2-62a、b、c为上述三种规范条件下计算所得的三维温度场分布。可见，热源输入功率越大，熔池深度和宽度也越大。在运动热源作用下，温度场分布出现后拖现象，这与实际焊接过程温度场分布是一致的。另外还可以看出，三种不同焊接规范条件下，热输入功率越大，则熔池表面温度越高。但最高温度均未超过材料的汽化温度。

图2.2-63a、b、c为上述三种规范条件下计算得到的加热表面温度分布，图2.2-64a、b、c为与之对应的焊缝纵向并沿焊缝中心剖面的温度分布。根据计算结果测定了三种规范下的熔池深度和宽度，并与试验解剖测得的熔池宽度和深度列于表2.2-9中。从表中可见，计算所得的熔池宽度和深度比试验测定的熔池宽度和深度要小，这主要是由于电弧的热效率 η 和有效加热半径 r_a 的取值与实际数值的偏差而引起的。目前在数值计算中这两个参数的选取大都是根据试验和经验而定的。

(a) 规范1条件下计算所得三维温度场分布

(b) 规范2条件下计算所得三维温度场分布

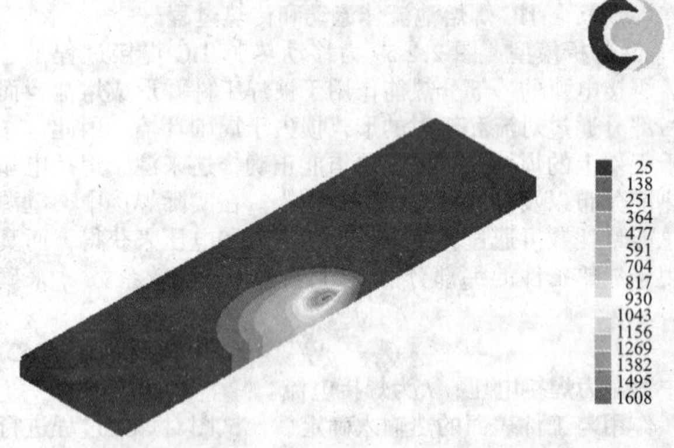

(c) 规范3条件下计算所得三维温度场分布

图2.2-62 不同规范条件下计算所得三维温度场分布

表2.2-9 试验解剖测得和计算所得熔池宽度和深度

焊接参数	熔池深度/mm 试验测定/计算	熔池宽度/mm 试验测定/计算
规范1	2.5/2.34	8.7/7.1
规范2	1.5/1.12	6.5/5.0
规范3	0.5/0.26	4.7/2.1

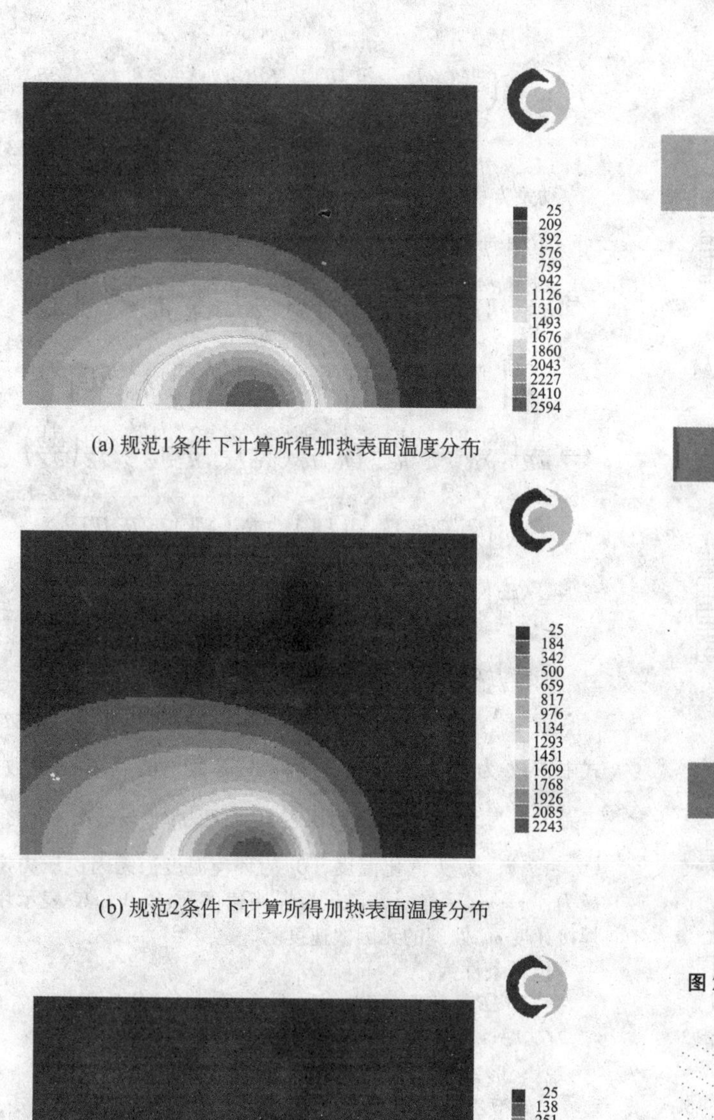

(a) 规范1条件下计算所得加热表面温度分布

(b) 规范2条件下计算所得加热表面温度分布

(c) 规范3条件下计算所得加热表面温度分布

图 2.2-63　不同规范条件下计算所得加热表面温度分布

(a) 规范1条件下计算所得沿焊缝纵剖面温度分布

(b) 规范2条件下计算所得沿焊缝纵剖面温度分布

(c) 规范3条件下计算所得沿焊缝纵剖面温度分布

图 2.2-64　不同规范条件下计算所得沿焊缝纵剖面温度分布

(a)

(b)

图 2.2-65　不同规范条件下计算所得熔池内流体流动情况

图 2.2-65a、b 为规范 1 和规范 2 计算所得熔池内流体流动情况。图 2.2-66a、b、c 为计算所得不同位置各点的热循环曲线。从热循环曲线可以看出，相同空间位置的各点在不同的焊接规范下，具有不同的最高温度、不同的高温停留时间，以及不同的冷却速率。

(b) 深孔激光焊熔区的流体流动与传热

a) 分析模型　近年来，有关激光深熔焊的计算机模拟显有报道，其中的主要问题是处理小孔形成的气化通道以及与此相关的激光束与材料之间的相互作用和熔区流体流动和传热。由于熔区流体流动会明显的影响其温度分布和熔区形状和尺寸。小孔周围溶化金属的复杂流动主要由表面张力、浮力，以及气化金属逃逸小孔时产生的摩擦力所驱动（见图 2.2-67）。为了系统的模拟这些现象，该模型中计算变量以无因次形式表示，以减少求解变量和独立分析无因次参量对熔区的影响。

设焊接熔池表面为平面，与激光束中心和气化通道相关联的坐标系用极坐标（R、φ、Z）表示，计算区域包括焊接熔池和周围区域，见图 2.2-68。在溶化区域温度与速度场耦合，而在熔池以外，速度即为焊接速度。则在熔池区域，需求解能量守恒、动量守恒和质量守恒方程，以获得温度和速度分布。

控制方程与边界条件

用无因次形式表示的控制方程组如下：

能量方程：

$$\rho^* c^* P_e\left(\frac{\partial(UR\theta)}{\partial R}+\frac{\partial(V\theta)}{\partial\varphi}+\frac{R\partial(W\theta)}{\partial Z}\right)=\frac{\partial}{\partial R}\left(R\lambda^*\frac{\partial\theta}{\partial R}\right)+\frac{1}{R}\frac{\partial}{\partial\varphi}\left(\lambda^*\frac{\partial\theta}{\partial\varphi}\right)+\frac{R\partial}{\partial Z}\left(\lambda^*\frac{\partial\theta}{\partial Z}\right)\quad(2.2\text{-}153)$$

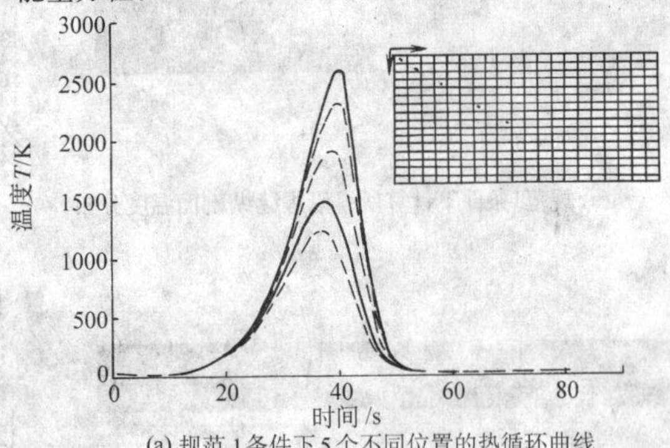

(a) 规范1条件下5个不同位置的热循环曲线

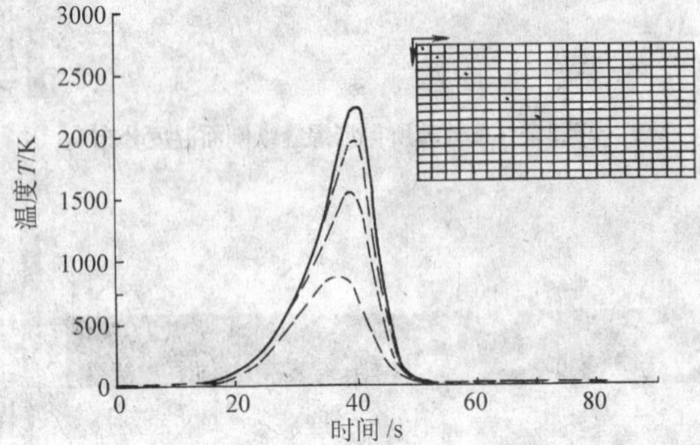

(b) 规范2条件下5个不同位置的热循环曲线

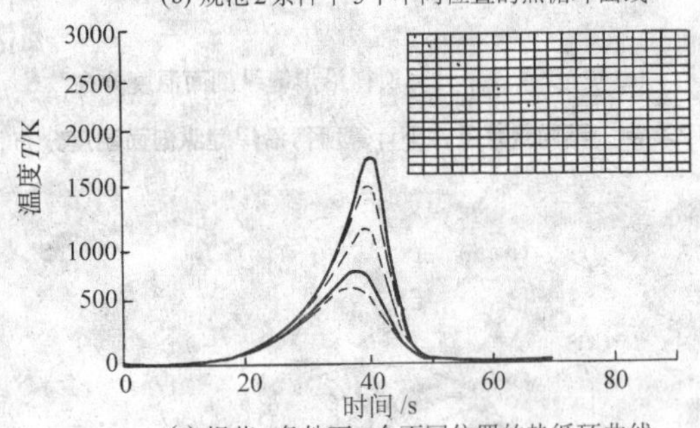

(c) 规范3条件下5个不同位置的热循环曲线

图2.2-66　三种规范条件下计算所得5个不同位置的热循环曲线

动量方程

$$R_e\left[\frac{\partial(URU)}{\partial R}+\frac{\partial(VU)}{\partial\varphi}-V^2+\frac{R\partial(WU)}{\partial Z}+\frac{R\partial\Pi}{\partial R}\right]=\frac{\partial}{\partial R}\left(\frac{R\partial U}{\partial R}\right)-\frac{U}{R}+\frac{1}{R}\frac{\partial}{\partial\varphi}\left(\frac{\partial U}{\partial\varphi}\right)-\frac{2}{R}\frac{\partial V}{\partial\varphi}+\frac{R\partial}{\partial Z}\left(\frac{\partial U}{\partial Z}\right)\quad(2.2\text{-}154)$$

$$R_e\left[\frac{\partial(URV)}{\partial R}+\frac{\partial(VV)}{\partial\varphi}-UV+\frac{R\partial(WV)}{\partial Z}+\frac{\partial\Pi}{\partial\varphi}\right]=\frac{\partial}{\partial R}\left(\frac{R\partial V}{\partial R}\right)-\frac{V}{R}+\frac{1}{R}\frac{\partial}{\partial\varphi}\left(\frac{\partial V}{\partial\varphi}\right)+\frac{2}{R}\frac{\partial U}{\partial\varphi}+\frac{R\partial}{\partial Z}\left(\frac{\partial V}{\partial Z}\right)\quad(2.2\text{-}155)$$

$$R_e\left[\frac{\partial(URW)}{\partial R}+\frac{\partial(VW)}{\partial\varphi}+\frac{R\partial(WW)}{\partial Z}+\frac{R\partial\Pi}{\partial Z}\right]=\frac{\partial}{\partial R}\left(\frac{R\partial W}{\partial R}\right)+\frac{1}{R}\frac{\partial}{\partial\varphi}\left(\frac{\partial W}{\partial\varphi}\right)+\frac{R\partial}{\partial Z}\left(\frac{\partial W}{\partial Z}\right)+\frac{RGr\theta}{R_e}\quad(2.2\text{-}156)$$

连续方程

$$\frac{\partial(RU)}{\partial R}+\frac{\partial V}{\partial\varphi}+\frac{R\partial W}{\partial Z}=0\quad(2.2\text{-}157)$$

式中，P_e 为 Peclet 数；Re 为 Reynolds 数，Gr 为 Grashof 数，三者关系为 $R_e=\frac{P_e}{P_r}$；无因次温度定义为：$\theta=(\vartheta-\vartheta_u)/(\vartheta_v-\vartheta_u)$，$\vartheta_v$ 为汽化温度，ϑ_u 为环境温度；无因次压力定义为：$\pi=p/(\rho_0 w_0^2)$，w_0 为焊接速度；U，V，W 表示用焊接速度 w_0 处理的无因次速度。

边界条件为：

$$\partial V/\partial R=\partial W/\partial R=U=0\cup\theta=1\,\forall P\in\Gamma_{key};$$
$$\partial U/\partial\varphi=\partial W/\partial\varphi=V=0\cup\partial\theta/\partial\varphi=0\,\forall P\in\Gamma_{sym};$$
$$W=0\cup\partial\theta/\partial Z=0\quad\forall P\in\Gamma_{top}\cup\Gamma_{bot};$$
$$\partial U/\partial Z=-M_a/P_e\cdot\partial\theta/\partial R\quad\forall P\in\Gamma_{top}\cup\Gamma_{bot};$$
$$\partial V/\partial Z=-M_a/P_e\cdot\partial\theta/R\partial\varphi\quad\forall P\in\Gamma_{top}\cup\Gamma_{bot}$$
$$U=\cos(\varphi)\cup V=-\sin(\varphi)\cup W=0\cup\theta=0\quad P\in\Gamma_{out}$$
$$U=\cos(\varphi)\cup V=-\sin(\varphi)\cup W=0\cup\partial\theta/\partial R=0\quad P\in\Gamma_{out}$$

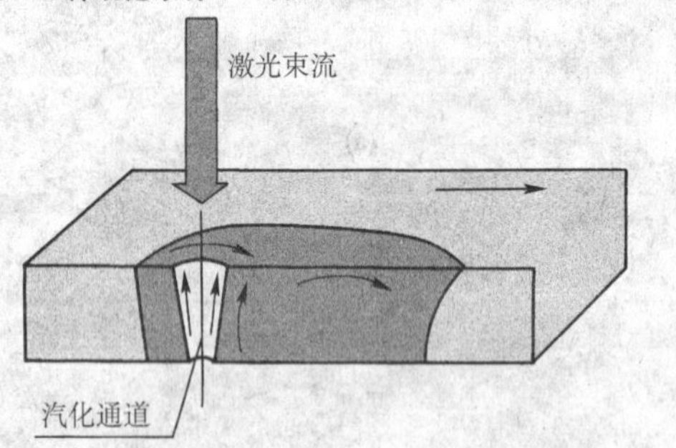

图2.2-67　激光深熔焊和熔区相关现象示意图

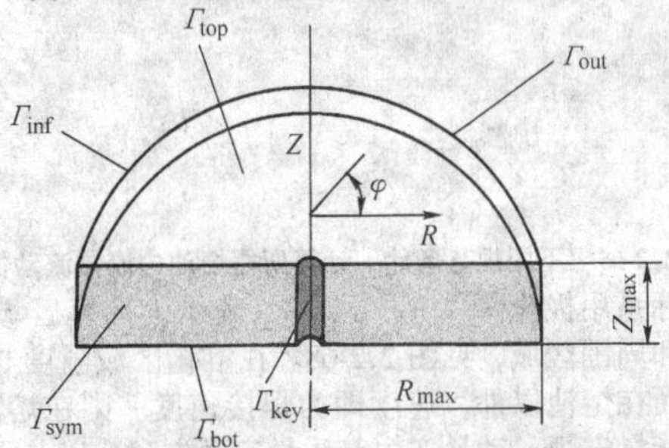

图2.2-68　激光深熔焊时温度场计算区域示意图

溶化区以外的速度等于焊件的运动速度；小孔表面温度等于气化温度；熔化区材料热物理参量，密度 ρ^*，比热容 c^*，热导率 λ^* 取平均值，而与温度无关，只考虑它们在固态下为与温度的关系；溶化潜热 h_m 的影响通过增加比热容来考虑：

$$c_{eff}^*=c^*+\frac{h_m}{c_0(\vartheta_v-\vartheta_u)(\theta_{liq}-\theta_{sol})}=c^*+\frac{Ph}{\theta_{liq}-\theta_{sol}}\quad(2.2\text{-}158)$$

当活性元素存在时，表面张力温度系数是活性元素含量和温度的函数。

对于二元合金系，表面张力与温度和活性元素含量的关系可表示为：

$$\gamma(T)=\gamma_m-A(T-T_m)-RT\Gamma_s\ln(1+K_{seg}a_i)$$
$$K_{seg}=k_1\exp\left(\frac{-\Delta H^{\ominus}-\Delta\overline{H}_i^M}{RT}\right)\quad(2.2\text{-}159)$$

式中，A 为常数；R 为气体常数；γ_m 为纯金属在熔点 T_m 时的表面张力；k_1 为与偏聚熵有关的常数；$-\Delta H^{\ominus}$ 为标准吸附热；a_i 为表面活性元素的活度（质量分数）；$\Delta\overline{H}_i^M$ 为 i 活性元素的局部摩尔能；Γ_s 为饱和表面过剩；K_{seg} 为活性元素元素平衡吸附系数。

表面张力温度系数的公式可以由式（2.2-159）求导得到：

$$\frac{\partial\gamma}{\partial\vartheta}=-A-R\Gamma_{S}\ln(1+K_{seg}a_{i})-\frac{K_{seg}a_{i}}{(1+K_{seg}a_{i})}\frac{\Gamma_{s}(\Delta H^{\ominus}-\Delta\overline{H}_{i}^{M})}{T} \tag{2.2-160}$$

$\partial\gamma/\partial\vartheta$ 是温度和活性元素含量的函数。纯金属时，$\partial r/\partial\vartheta$为负值。含有表面活性元素的合金体系中，$\partial\gamma/\partial\vartheta$ 与温度 T，平衡偏聚常数 K_{seg}，表面活性元素的含量 a_i 有关。

该算例中只考虑活性元素硫的影响，图 2.2-69 为不同硫含量情况下，Fe－S 系中表面张力温度系数与温度的关系。

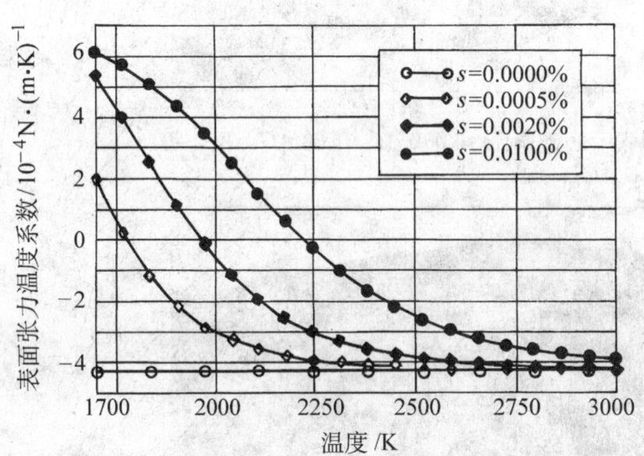

图 2.2-69　Fe－S 系中不同硫含量情况下，表面张力温度系数与温度的关系

控制方程组和边界条件用有限差分法求解，图 2.2-70 为小孔附近非均匀网格划分情况。

b) 计算结果　对于一个确定的材料，密度 ρ，比热容 c，热导率 λ，熔点温度 θ_m 和相变数 P_h 为已知，则无因次温度 θ (R，φ，Z) 仅是特征参量 P_e，P_r，G_r，M_a，W_{key} 和 Z_{max}的函数。无因次变量的定义如下：

$$G_r=[g\beta l_{ch}^3(\vartheta_v-\vartheta_u)]/v_0^2$$

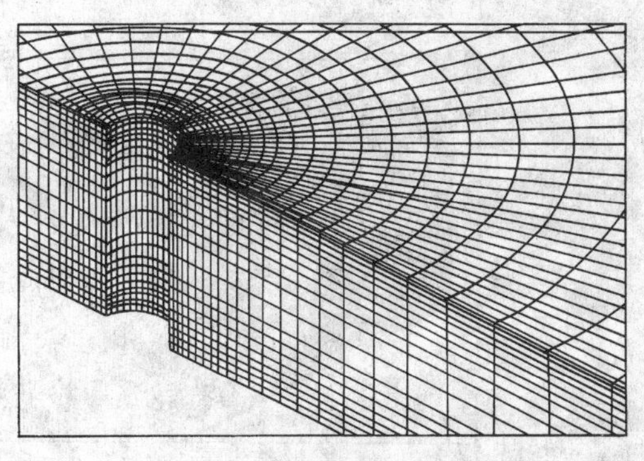

图 2.2-70　小孔周围的网格划分

$$M_a=[l_{ch}\partial\gamma/\partial\vartheta(\vartheta_v-\vartheta_u)]/(\rho_0 v_0 a_0)$$
$$P_e=(w_{ch}l_{ch})/a_0$$
$$P_h=h_m/[c_p(\vartheta_v-\vartheta_u)]$$
$$P_r=v_0/a_0$$
$$R_e=w_{ch}l_{ch}/v_0$$
$$W_{key}=w_{key}/w_{ch}$$
$$Z_{max}=h/l_{ch}$$

为了考察不同变量对熔区的影响，计算中将其他参量保持不变，而仅改变一个参量。首先，设 $Ma=Gr=W_{key}=0$，则意味着忽略表面张力、浮力摩擦力。这种情况下，无因次温度是二维的，无因次温度仅是与 Peclet 数有关。图 2.2-71 为 $Pe=1$ 和 $Pe=4$，熔点温度 $\theta_m=0.5$ 和 $Pr=0.1$ 情况下计算的无因次温度场和速度场。

对于钢的焊接，二维条件下的特征参量变化范围计算的熔区尺寸与实验测定值存在较大偏差，特别是计算的熔区宽度较小，这主要在于没有考虑浮力、表面张力和摩擦力的影响，图 2.2-72 所示为单独考虑这些因素影响的计算结果。

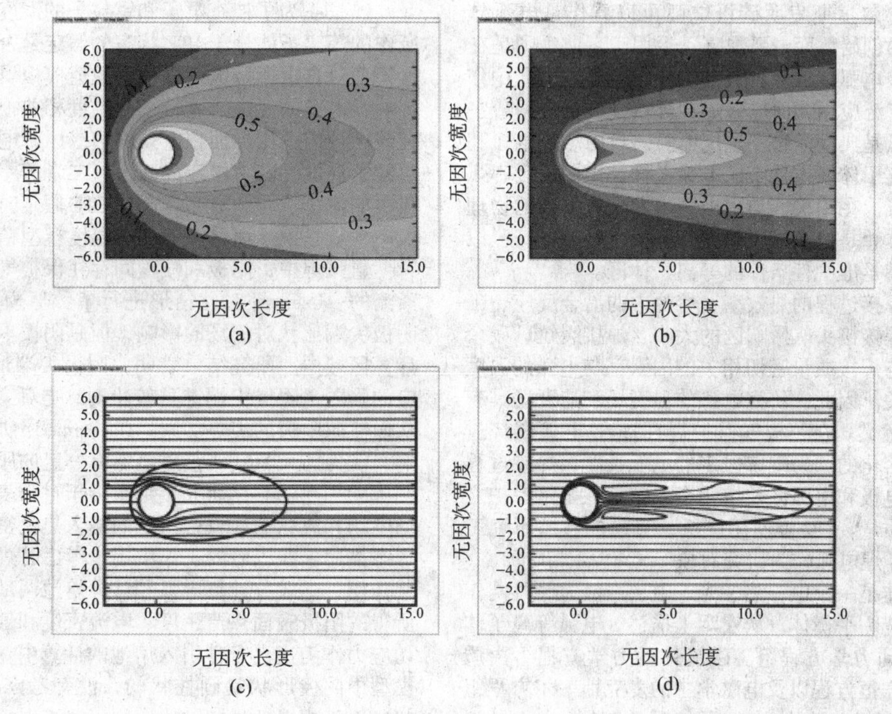

图 2.2-71　$\theta_m=0.5$ 和 $P_r=0.1$ 情况下计算的无因次温度场和速度场

$P_e=1$ (a，c) 和 $P_e=4$ (b，d)

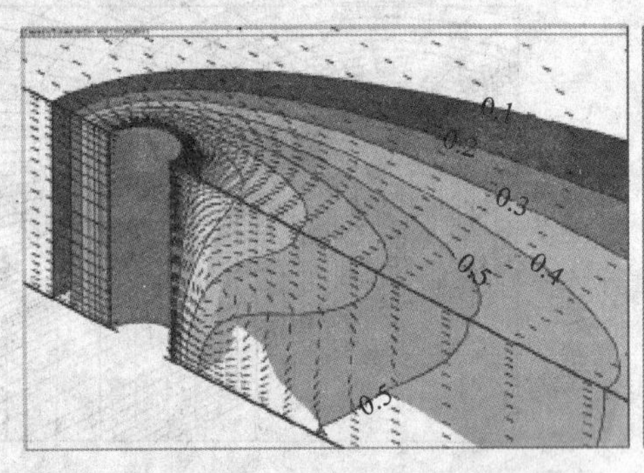

(a) 浮力的影响：$G_r=1\,000, M_a=W_{key}=0$

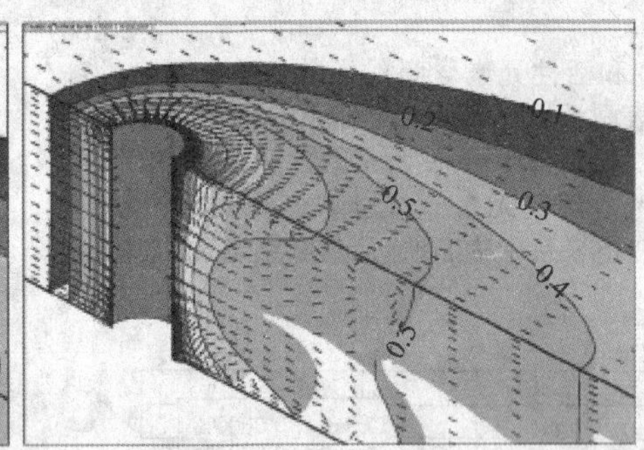

(b) 表面张力的影响：$a=0.000, M_a=1\,000, G_r=W_{key}=0$

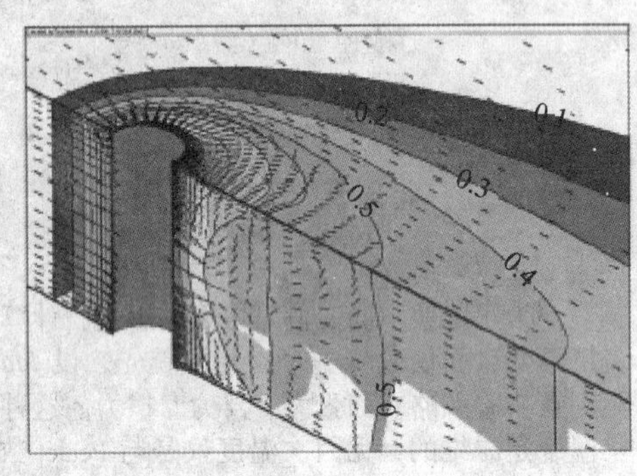

(c) 表面张力的影响：$a=0.004, M_a=1\,000, G_r=W_{key}=0$

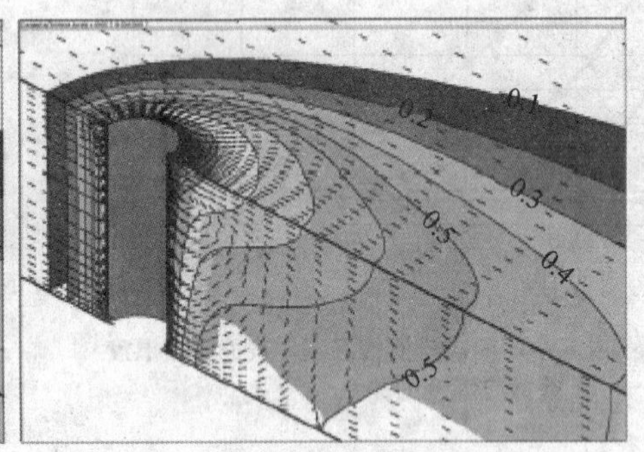

(d) 摩擦力的影响：$W_{key}=10, G_r=M_a=0$

图 2.2-72 在 $P_e=0.1$，$P_r=0.1$，$\theta_m=0.5$，$Z_{max}=5.0$ 条件下，改变其他参数计算的温度场和速度场分布

4）焊接电弧物理参量场的数值模拟

① 数值模拟进展 电弧是几种自持放电型式中电压最小、电流最大、温度最高、发光最强的一种气体放电现象，1885年俄国人别那尔道斯发明碳极电弧可以看作是电弧作为工业热源应用的创始，而电弧焊真正运用于工业，则是在1892年发现金属极电弧以后。到目前为止，电弧在工业中作为热源和光源被广泛应用，而电弧焊在焊接领域仍占据着主要地位。焊接电弧是典型的自由燃烧电弧。自由燃烧电弧和各种直流电弧等离子体发生器中的电弧一样，由阴极区、弧柱区及阳极区构成。在阳极区与阴极区内发生着复杂的物理过程，其中的气体总是偏离局域热力学平衡状态，电极区以外的弧柱区才是满足准中性条件的等离子体区。

研究表明，焊接过程的热效率、熔池中的冶金反应、工件的熔透能力、焊接接头热影响区的大小、焊接裂纹、残余应力及其变形等与焊接质量密切相关的因素都与电弧的温度场及其速度场有关。因此，研究电弧的温度场和速度场具有极为重要的实际意义。在钨极气保护焊（TIG）电弧燃烧过程中，电极是不熔化的，易维持恒定的电弧长度，焊接过程稳定。焊接时，电极和电弧区及熔化金属都处在氩气保护之中，易保证焊接质量。TIG焊使用广泛，目前的数值研究工作大多数是以TIG焊电弧作为研究对象。

电弧等离子体是一个电、热、光、磁、声、力等共同作用、相互制约的统一平衡体。从宏观上描述，电弧等离子体满足一组磁流体动力学方程组。磁流体动力学方程组由质量、动量和能量守恒方程以及电磁学中的麦克斯韦尔方程组成。

Hsu对自由燃烧电弧进行了数值模拟，并与相应的实验数据进行了对比。由于作了局域热力学平衡（LTE）假定，计算域不包括阴极和阳极附近的极薄的不满足LTE假定的鞘层区。因而沿阳极边界的温度不是取水冷铜阳极的实际表面温度，而是取测量得出的阳极边界层外的气体温度作为边界条件。

Pfender为了检查电子和重粒子的温度接近程度，即探讨所作的等离子体处于LTE状态的假定是否合适，采用了双温度模型对自由燃烧电弧进行了数值模拟研究。在电弧的中心区域，电子的温度与重粒子的温度相差很小，说明LTE假定在该区域内适用；而在电弧的边缘区，电子温度明显地高于重粒子温度，随着电流的减小，二者的差异加大。但是，电弧中的流场、压力分布等和作LTE假定时所得的结果差别不大。也就是说，通常采用的单温度模型精度是足够的。

氩弧焊中，阴极和喷嘴间存在保护气，并且气流可能是紊流的。Ushio等对此情形进行了数值模拟，并着重研究了阴极尖端形状对流场的影响，但是阴极本身并没有被包括在计算区域内。研究结果表明，阴极尖端形状影响Maecker效应的强弱，阴极尖端锥角较小时，电弧等离子体流速较大，从而使向阳极的传热加大。Ducharme还研究了氩气流量的影响，认为加大氩气流量对电弧有一定的压缩作用。

MIT的Szekely研究小组致力于自由表面下TIG焊接熔池温度场和流场的计算，熔池的输入热流密度早先以高斯分布形态描述，在以后的工作中逐步考虑了焊接电弧和熔池的相互作用，一般分计算电弧和计算熔池两部分，电弧数值计算所得的阳极表面热流密度、电流密度和气体对熔池表面的剪切应力作为边界条件引入熔池的计算中。Szekely建立的电弧模型中阴极形状是圆柱状的，没有考虑阴极尖端的几何形状。由于边界条件中除给定阴极斑点电流密度和阳极表面的电流密度外，令其他所有边界面上电流密度为零，所以其电势场分布的计算区域同于温度场、速度场，即由阳极表面、阴极表面、圆柱体外表面以及上端开口边界所围成的区域。

阴极斑点电流密度实际上被取作一个随机值，选取标准是使最后的计算值与实验值吻合良好，在一个较宽的电流范围内Szekely 取之为 65 A/mm^2。大电流情况下，阳极表面不可能再是刚性表面，不可避免地要发生变形。焊接熔池形状会影响电弧参量分布情况，Szekely 根据 Lin 的实验结果预先设置熔池下陷值，计算了自由表面情况下电弧温度场、速度场分布情况。结果表明，下陷的阳极表面会使输入阳极表面的热流密度和电流密度出现双峰分布特征，从而影响熔池内的热传输。

Szekely 总结其电弧模型主要有三方面不足：(a) 计算时阴极形状是圆柱体，前端没有锥角，不符合实际使用情况；(b) 模型中假定阴极斑点电流密度在一定电流范围内为常数；(c) 模型中没有考虑从阴极和阳极中蒸发出的金属蒸气对电弧弧柱区输运系数和电弧参量的影响。

Lowke 和合作者们研究了电弧电极鞘层理论，建立了电弧电极鞘层的一维模型，建立了包括电弧弧柱区、阴极鞘层和阴极的数学模型，在随后的研究中他们认为由于阴极鞘层很薄（约 0.02 mm），即使不考虑电极鞘层，弧柱温度场的计算值也可以和实测值相符合（虽然鞘层包括与否对弧柱区温度场分布影响不大，但鞘层对电极温度分布具有较大的影响），他们在计算温度场、速度场时仍把阴极排除在外。Tsai 采用正交化曲线坐标模拟了把尖端阴极排除在外的不规则计算区域，讨论了尖端阴极和平头阴极电弧参量分布的异同。Ushio 和武传松等对此问题也进行了数值分析。他们认为在直流正极性焊接时，电弧等离子体与工件表面之间存在一个很薄的过渡区，称之为阳极边界层。在该层内，温度梯度极大，存在着各种传输现象，如能量、动量和质量的传输。这些传输过程直接决定了焊接电弧作用于工件表面的电流密度和热流密度的大小和分布，因而又直接影响到焊接热输入、熔池内部流体流动及传热过程。他们根据等离子体是否为连续介质和电中性是否维持两个条件，将阳极区进一步划分为阳极边界层（boundary layer）、近鞘层（presheath）和鞘层（sheath）三个子域，其各层厚度分别处于 10^{-1} mm、10^{-3} mm 和 10^{-5} mm 的数量级。在阳极边界层内，电子温度远远高于重离子（正离子和原子）的温度。据此，分别推导出电子和重离子的质量守恒方程和能量守恒方程。四个主要的控制方程对应于四个主要变量：n_e（电子密度）、T_e（电子温度）、T_h（重离子温度）和 E（电场强度）。这四个主要变量确定之后，其他的电弧等离子体性能参数也就随之确定。根据电弧弧柱区分析结果确立边界条件，建立起了电弧阳极边界层的数值分析模型，并用 Runge - Kutta 法求解控制方程组，得出了各种电弧等离子体性能参数。

当自由燃烧电弧的阳极在高热流的作用下发生蒸发时，蒸发出来的阳极材料的蒸气将进入等离子体，改变等离子体的热物理性质和电导率，从而影响自由燃烧电弧本身的特性。Etemadi 和 Dunn 分别对氩自由燃烧电弧情形下，阳极（铜）蒸发对电弧的影响进行了实验研究，并把结果和表面无蒸发、其他条件相同时的实验结果进行了比较。Gonzalez 则采用数值模拟的方法研究该问题，建立了有金属蒸气存在时自由燃烧电弧的数学模型，计算区域中包括了弧柱区和阳极区，并且假定电弧弧柱和阳极交界的界面为刚性表面。实验与数值模拟结果表明，阳极蒸发产生的金属蒸气由于受到等离子流的抑制集中在自由燃烧弧的近阳极区域和电弧的边缘区域。由于汽化潜热的吸收，阳极金属蒸气对近阳极区电弧有冷却作用，而电弧阴极区和电弧核心区几乎不受铜蒸气的影响。

综上所述，比较理想的电弧模型是计算区域包括阴极、阳极、弧柱的统一模型，需要输入的参数应尽可能原始，如焊接电流、阴极形状和大小等。同时，应该和焊接熔池计算相结合，考虑焊接熔池和电弧的相互作用，如焊接熔池表面形状、阳极金属蒸气等对电弧特性的影响。为了建立这样的统一数值模型，需要对电极附近的物理过程及其数值模拟方法进行深入的研究。

由于较冷的阴极和阳极附近热边界层的存在，又由于必须维持电弧电流，阴极与阳极区内气体必然偏离热力学平衡状态，在等离子体鞘层内电中性条件也不存在。阴极或阳极附近的过程十分复杂，所遇到的困难与其说是数值分析方法不完善，还不如说是物理现象不清楚。目前阴极区和阳极区往往单独孤立出来进行研究。Minnesota 大学高温实验室多年来对阳极传热及近阳极区的流动与传热进行了实验与理论研究，包括测量阳极压降和阳极传热量，建立阳极附近收缩区基于 LTE 和双温度的数学模型等，但阳极区的复杂物理现象尚不能完美地加以模拟。阴极区有电子发射，场致电离，离子轰击阴极表面等复杂过程，至今研究得还很不够，Cram 建立的关于钨极氩弧焊热阴极的数学模型，考虑了阴极内的热传导和焦耳产热、热电子发射、鞘层内的离子流以及阴极和电弧等离子体之间的辐射热交换。

以上都是以直流 TIG 电弧作为研究背景的。国内外许多学者针对脉冲 TIG 电弧也做了许多工作，在低频脉冲焊时，由于电流变化缓慢，电弧气流形态能够随着电流作周期性的变化。当脉冲频率增加到一定值后，由于电弧的热惯性的作用，电弧形态的变化滞后于电流的变化，电弧处于一种介于脉冲基值电流和峰值电流之间某个电流时的形态，电弧周围的气流形态也处于与其相应的状态。赵家瑞教授研究表明脉冲电弧对阶跃电流的响应符合惯性系统，他们采用微机图像法证明了 10 kHz 以上的高频脉冲 TIG 电弧在实验条件下满足局部热平衡条件，从而可以用诊断直流电弧的方法来诊断高频电弧，高频脉冲电弧较直流电弧具有：导电截面小，轴向温度梯度小、径向温度梯度大以及阳极附近温度高的特点。Saedi 研究表明脉冲电弧频率增加到一定值后，电弧好像“凝固”一般，与时间没有关系，在平均电流相等的情况下，高频脉冲电弧力大于直流电弧。Yamato 讨论了 TIG 焊阳极电弧压力同高频脉冲电弧频率的关系，结果表明，电弧中心压力开始随着脉冲频率的增加而增加，达到 5 kHz 以上后电弧压力基本不变。Yamato 给出了电弧压力计算的经验公式，实际上把电弧压力看作是衡量高频脉冲电弧挺度的一个尺度。范红刚等以脉冲 TIG 焊电弧为研究对象，建立了相应的数学模型，并对低频调制高频方波群焊相应的电弧行为进行了数值分析。

② 计算实例

(a) 脉冲 TIG 焊电弧温度场的数值模拟　脉冲 TIG 焊具有电弧稳定，热输入小，良好的熔透控制和熔池内细小组织结构等优点，等到了很好的应用，本算例以此为对象，模拟脉冲 TIG 焊的电弧温度场以及在脉冲之间电弧的变化。

a) 计算模型　采用直流正极性接法，电极直径3.2 mm。基本假设如下：

i) 纯氩气氛条件下的电弧处于热力学平衡态；

ii) 电弧是轴对称的，流体流动为层流；

iii) 粘度耗散忽略不计；

iv) 电流波形为理想的直流方波脉冲。

在此假设条件下，可得计算的控制方程与边界条件。

连续方程

$$\frac{\partial \rho}{\partial t}+\frac{1}{r}\frac{\partial(\rho r v)}{\partial r}+\frac{\partial(\rho u)}{\partial z}=0 \qquad (2.2\text{-}161)$$

径向动量守恒方程

$$\frac{\partial(\rho v)}{\partial t}+\frac{1}{r}\frac{\partial}{\partial r}\left(\rho r v v-\mu r\frac{\partial v}{\partial r}\right)+\frac{\partial}{\partial z}\left(\rho u v-\mu\frac{\partial v}{\partial z}\right)$$

γ_m	熔点表面张力，$N\cdot m^{-1}$
Γ_S	表面饱和过剩，$J\cdot kg^{-1}\cdot mol^{-1}\cdot m^{-2}$
Γ_Φ	广义扩散系数
K_B	Boltzman 常数，$1.3\times10^{-23} J\cdot K^{-1}$
k	热导率，$W\cdot m^{-1}\cdot K^{-1}$
k_1	表面偏聚熵常数，3.18×10^{-3}
P	压力，Pa
P_{arc}	电弧压力，Pa
R	气体常数
r，z	径向和轴向坐标，m
S_R	辐射热损失，$W\cdot m^{-3}$
S_Φ	变量 Φ 的广义源项
T	温度，K
T_L，T_S	液相线和固相线温度，K
T_m	熔点温度，K
ε	体表面发射率
λ_L	Lagrange 乘子
μ	电弧等离子体动力黏度，$kg\cdot m^{-1}\cdot s^{-1}$
μ_l	液态金属动力黏度，$kg\cdot m^{-1}\cdot s^{-1}$
μ_0	空间磁导率，$H\cdot m^{-1}$
ξ，ζ	变换后的坐标系
ρ	密度，$kg\cdot m^{-3}$
σ	电导率，$\Omega^{-1}\cdot m^{-1}$
ϕ	电势，V

在电弧焊中，焊缝的形成始终伴随着电弧与熔池的双向作用。在电弧作用下，工件发生熔化，形成熔池。而一旦形成熔池后其表面发生的许多物理化学过程（合金元素的汽化、表面活性元素的偏聚、自由表面变形、表面张力诱导的流体流动与传热、表面辐射与对流等）又对电弧的热、电、力作用行为产生影响。因此，从本质上看，电弧和熔池构成一个相互作用的统一体。Lowke 等曾将 TIG 焊接电弧与试样热传导过程作为一个统一体系，实现了焊接电弧与被焊试样温度场的整体求解，但他们并没有考虑试样熔池形成引起的流体流动和熔池自由表面的变形。

本算例将以 TIG 定点焊接电弧与熔池作为研究整体，建立了电弧/熔池系统的统一数学模型，通过动态交互边界条件的不断更新，实现了电弧-熔池系统双向耦合求解。为了使读者对整个模拟过程有个全面了解，这里将控制方程、辅助方程，以及求解方法和策略一起给出。

a）基本假设　基本模型如图 2.2-78 所示。

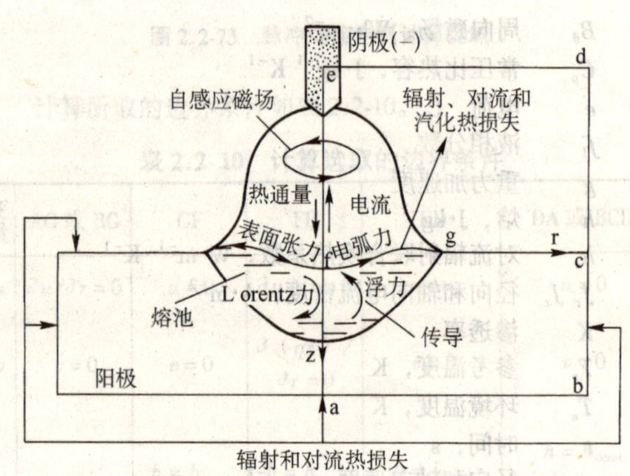

图 2.2-78　定点 TIG 焊接示意图，abcdefa 为计算区域形状

对于焊接电弧的主要假设为：

i）电弧是轴对称的，且处于层流状态；

ii）电弧等离子体处于局部热平衡状态；

iii）等离子体具有光学薄层特性，即辐射的重新吸收和总辐射相比可忽略不计；

iv）浮力和粘性热耗散忽略不计。

对于焊接熔池的主要假设为：

i）流体流动和传热是轴对称的，熔池内的流体为不可压层流体；

ii）除表面张力温度系数、比热和热导率外，其余热物理常数与温度无关。Boussinesq 假设成立；

iii）电弧压力只与熔池表面的下凹有关。

b）控制方程　根据以上假设，在圆柱坐标下，用以描述 TIG 焊接电弧和熔池系统的统一模型控制方程组通用形式与式（2.2-170）相同。

公式中的广义扩散系数 Γ_Φ 和广义源项和 S_Φ 具体表达式见表 2.2-11 和表 2.2-12。

表 2.2-11　TIG 焊接电弧控制方程中的广义扩散系数和广义源项

	Γ_Φ	S_Φ
连续性方程	0	0
径向动量守恒方程	μ	$-\frac{\partial P}{\partial r}+\frac{1}{r}\frac{\partial}{\partial r}\left(r\mu\frac{\partial u}{\partial r}\right)-\mu\frac{2u}{r^2}+\frac{\partial}{\partial z}\left(\mu\frac{\partial v}{\partial r}\right)-J_zB_\theta$
轴向动量守恒方程	μ	$-\frac{\partial P}{\partial z}+\frac{1}{r}\frac{\partial}{\partial r}\left(r\mu\frac{\partial u}{\partial z}\right)+\frac{\partial}{\partial z}\left(\mu\frac{\partial v}{\partial z}\right)+J_rB_\theta$
能量守恒方程	$\frac{k}{c_p}$	$\frac{J_z^2+J_r^2}{\sigma}-S_R+\frac{5}{2}\frac{K_b}{e}\left(J_z\frac{1}{C_p}\frac{\partial h}{\partial z}+J_r\frac{1}{C_p}\frac{\partial h}{\partial r}\right)$

表 2.2-12　熔池熔化过程控制方程中的广义扩散系数和广义源项

	Γ_Φ	S_Φ
连续性方程	0	0
径向动量守恒方程	μ_l	$-\frac{\partial P}{\partial r}+\frac{1}{r}\frac{\partial}{\partial r}\left(r\mu_l\frac{\partial u}{\partial r}\right)-\mu_l\frac{2\mu}{r^2}+\frac{\partial}{\partial z}\left(\mu_l\frac{\partial v}{\partial r}\right)-J_zB_\theta-Ku$
轴向动量守恒方程	μ_l	$-\frac{\partial P}{\partial r}+\frac{1}{r}\frac{\partial}{\partial r}\left(r\mu_l\frac{\partial u}{\partial z}\right)+\frac{\partial}{\partial z}\left(\mu_l\frac{\partial v}{\partial z}\right)+J_rB_\theta-Kv+\rho g\beta\ (T-Ta)$
能量守恒方程	$\frac{k}{C_p}$	$-\Delta H\frac{\partial f_1}{\partial t}$

c）电磁力、电弧控制方程的焦耳热和电子运动引起的能量输送项　电弧和熔池控制方程中的电磁力是以 $-J_zB_\theta$ 和 J_rB_θ 的形式分别加入到径向和轴向动量方程中的，电弧能量控制方程中焦尔热和电子运动引起的能量输送项也包含了 J_z 和 J_r。因此，需要求解相应的电磁场方程。

电流连续方程：

$$\frac{\partial}{\partial z}\left(\sigma\frac{\partial\varphi}{\partial z}\right)+\frac{1}{r}\frac{\partial}{\partial r}\left(\sigma r\frac{\partial\varphi}{\partial r}\right)=0 \tag{2.2-172}$$

Ohm 定律： $J_r = -\left(\sigma \dfrac{\partial \varphi}{\partial r}\right) \quad J_z = -\left(\sigma \dfrac{\partial \varphi}{\partial z}\right)$ (2.2-173)

Ampere 定律： $B_\theta = \dfrac{\mu_0}{r}\int_0^r J_z r\mathrm{d}r$ (2.2-174)

d) 糊状区内流体流动 液/固混合区的流体流动按多孔介质处理，在径向和轴向动量方程中分别引入一个与温度有关的 Darcy 项 $-Ku$，$-Kv$。渗透率 K 按下式计算：

$$K = \begin{cases} 0 & T > T_l \\ K_{max}(T_l - T)/(T_l - T_s) & T_s \leqslant T \leqslant T_l \\ \infty & T < T_s \end{cases} \tag{2.2-175}$$

在液相区，$K=0$，动量方程中的速度即为实际流速；在固相区，$K=\to\infty$，动量方程中的瞬态项、对流项、扩散项相对于 Darcy 阻力项其值很小，整个方程由 Darcy 项控制，迫使速度趋于零。在糊状区，Darcy 项的作用取决于液相分数的大小，因此，速度随液相分数变化。

e) 液相分数 在计算焊接熔池的能量方程中，源项中液相分数 f_l 按下式计算：

$$f_l = \begin{cases} 1 & T > T_l \\ (T - T_s)/(T_l - T_s) & T_s \leqslant T \leqslant T_l \\ 0 & T < T_s \end{cases} \tag{2.2-176}$$

f) 表面张力 在熔池加热表面上，表面张力沿表面的变化与流体内的剪切应力相平衡：

$$\mu_l\left(\frac{\partial u}{\partial n}\right) = -\left(\frac{\partial \sigma}{\partial T}\right) \times \left(\frac{\partial T}{\partial s}\right) \tag{2.2-177}$$

本研究中表面张力 γ 与温度 T 和表面活性元素活度之间的关系按下式计算：

$$\gamma = \gamma_m - A_\gamma(T - T_m) - RT\Gamma_s \ln[1 + K_{seg}a_i] \tag{2.2-178}$$

其中：

$$K_{seg} = k_1 \exp\left(-\frac{\Delta H^\ominus}{RT}\right) \tag{2.2-179}$$

液态金属表面张力温度系数可通过式（2.2-179）对温度求导获得：

$$\frac{\partial \gamma}{\partial T} = -A_\gamma - R\Gamma_s \ln(1 + K_{seg}a_i) - \frac{K_{seg}a_i}{1 + K_{seg}a_i}\frac{\Gamma_s \Delta H^\ominus}{T} - \frac{RT\Gamma_s K_{seg}a'_i}{1 + K_{seg}} \tag{2.2-180}$$

在稀释的液态 Fe 基合金中，Cr 和 Ni 对硫（S）活度系数 f_S 的影响可用相互作用系数来表示

$$\log_{10} f_S = e_S^{Cr}[w_{Cr}\%] + r_S^{Cr}[w_{Cr}\%]^2 + e_S^{Ni}[w_{Ni}\%] + r_S^{Ni}[w_{Ni}\%]^2 \tag{2.2-181}$$

AISI 304 不锈钢中 Cr 和 Ni 与 S 的一阶和二阶相互作用系数分别为：

$$e_S^{Cr} = -94.2/T + 0.0396 \quad r_S^{Cr} = 0$$
$$e_S^{Ni} = 0 \quad r_S^{Ni} = 0 \tag{2.2-182}$$

如果仅考虑表面活性元素（S）的作用，则方程（2.2-181）中 S 的活度和活度的导数可表示为：

$$a_S = [w_s\%] \cdot 10^{[e_S^{Cr}(w_{Cr}\%)]} \tag{2.2-183}$$

$$a'_S = [w_S\%] \cdot [w_{Cr}\%] \cdot 10^{[e_S^{Cr}(w_{Cr}\%)]} \cdot \frac{216.9}{T^2} \tag{2.2-184}$$

g) 熔池表面变形 焊接熔池的上表面在电弧压力、重力和表面张力作用下达到动态平衡。表面形状可用力平衡方程确定：

$$\gamma\left(\frac{rz_{rr} + z_r(1 + z_r^2)}{r(1 + z_r^2)^{3/2}}\right) = \rho g z - P_{arc} + \lambda_L \tag{2.2-185}$$

式中，$z_r = \dfrac{\partial z}{\partial r}$，$z_{rr} = \dfrac{\partial^2 z}{\partial r^2}$。

在计算过程中，非线性微分方程式（2.2-185）的差分格式用迭代法求解。通过不断更新 Lagrange 乘子 λ_L 以使计算结果满足这一约束方程。

h) 边界条件 由于模型的对称性，计算区域取整个模型的一半。在熔池与电弧的中心线上按对称边界条件计算；在计算试样的加热表面、侧表面和底表面上的热损失为

$$q_{loss} = h_c(T - T_a) \tag{2.2-186}$$

其中：h_c 按下式计算；

$$h_c = 24.1 \times 10^{-4}\varepsilon T^{1.61} \tag{2.2-187}$$

i) 数值求解 在电弧/熔池双向耦合模型中，熔池自由表面的形状是由式（2.2-185）确定的。由于熔池体积的变化，电弧压力、重力和表面张力也在不断变化。因此，熔池自由表面形状是一个待确定的量。在数值求解过程中，需要用迭代法对这一非线性微分方程进行计算，并不断更新 Lagrange 算子，直至满足力平衡条件。这一过程表明，电弧和熔池的计算区域是不断变化的。为了跟踪熔池表面形状，本研究采用适体坐标变换法将物理平面（r，z）的控制方程转换为计算平面（ξ，ζ）的控制方程，而后进行离散求解。关于物理平面与计算平面之间的微分关系式与式（2.2-171）相同。

转换形式的统一模型方程组用控制容积积分法进行有限差分离散。扩散项用二阶中心差分离散，对流项用混合格式离散。在每一时间步长内，首先根据熔池自由表面形状，对电弧模型的求解区域和试样模型的求解区域进行网格剖分。而后求解电弧的控制方程组，计算电弧子系统的电流密度场、电磁力、温度场和流场，进而计算试样加热表面的电弧压力、热流密度、电流密度和电弧拖拽力，并将此作为熔池计算的输入条件，转入焊接熔池控制方程组的求解，计算电流密度场、电磁力、试样的温度场、确定熔池形状、计算熔池内的流体流动等，再迭代求解方程（2.2-185）来更新熔池自由表面形状，确定新的电弧计算区域和熔池计算区域形状，如此反复，直至电弧/熔池系统的循环迭代求解满足式（2.2-185）的约束方程和控制方程变量的迭代收敛条件后进入下一时间步长的计算。焊接熔池固液边界的确定采用了以下求解步骤，即焊接试样模型温度场和流场的计算采用了两套网格体系。首先根据温度场的计算结果，插值确定固液边界，再对熔池区进行网格剖分，并将温度场的计算结果插值到熔池计算区域网格结点上，而后求解动量方程以获得熔池内的速度场。

在数值计算中相互耦合的 u，v，h，p 代数方程组分两层迭代求解。外层为不同变量方程组系数的耦合迭代，内层是同一变量方程组的迭代求解。在外层迭代中，要对各变量离散方程的源项和系数用求解的变量之值不断更新。内层迭代采用 ADI 线扫 + 双块修正。速度压力耦合采用 SIMPLE 算法。收敛判据为：

$$\frac{\sum_{i=1}^{L}\sum_{j=1}^{N}\left|\Phi_{i,j}^m - \Phi_{i,j}^{m-1}\right|}{\Phi_{max}} < 0.01 \tag{2.2-188}$$

式中，L 和 N 分别为 r 和 z 方向的结点总数，m 为迭代次数。

j) 计算结果 由于 AISI 304 不锈钢材料具有较完整的热物理参数，并且有较多的计算分析和试验结果，所以本例以 AISI 304 不锈钢为研究对象，氩气作为保护气体。计算选用的焊接参数为：弧长 5 mm，电弧电流 200 A，电弧电压 18 V，电极锥角 60°，电极直径 3.2 mm，电极尖角半径 0.2 mm，保护气体流量 10.0 L/min，试样半径 10 mm，试样厚度 7.0 mm，计算材料硫含量 0.003 W_S%。

图 2.2-79 为不同加热时刻电弧温度场、熔池内流场和

熔池形状计算结果。可见，随着加热时间的延长，熔池体积不断增大，但电弧的温度分布变化并不大，这说明当焊接电流较小时，熔池自由表面形状的变化对焊接电弧温度场的影响很小，这与其他研究者给出的结果是一致的。

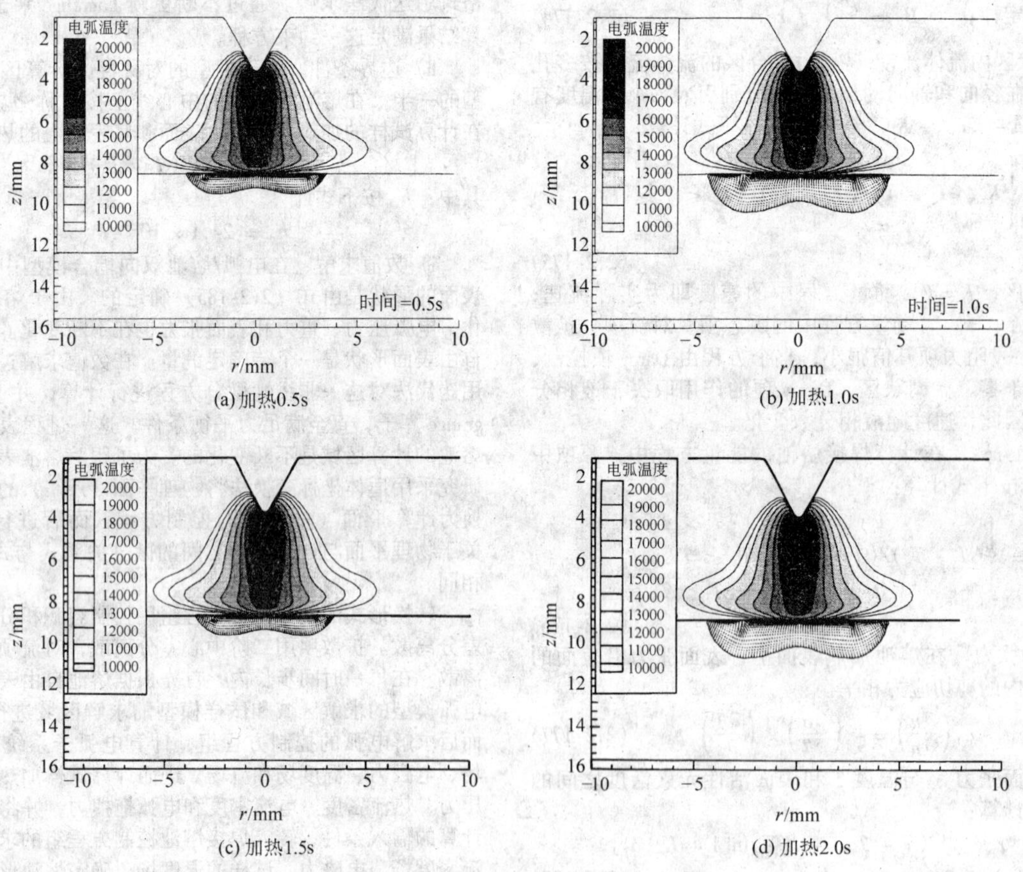

(a) 加热0.5s　(b) 加热1.0s　(c) 加热1.5s　(d) 加热2.0s

图 2.2-79　计算所得不同加热时刻焊接电弧温度场和熔池形状与尺寸

5）焊接温度场数值模拟软件　许多大型商用软件都可以用来计算焊接温度场，目前，国内用的较多通用的有限元分析软件主要有 ANSYS、MARC 和 ABAQUS 等，这些软件不但可以计算焊接温度场，还可以计算焊接应力应变场、焊接接头的疲劳与断裂，可以进行多场耦合求解等。用户还可以根据自己的研究对象要求，编制相应的计算子程序，解决特殊问题。但是由于这些软件的通用性特点，对于复杂的焊接问题，如存在熔池流体流动、焊接电弧等离子体、相变动力学、蠕变以及粘弹塑性相结合的整个焊接过程的模拟仍有很大局限。因此，有很多学者专门致力于焊接模拟专用软件的研究与开发，国际上较有影响的有 SYSWELD，MAGSIM 等。无论是通用性很高的商用软件还是针对焊接而开发的专用软件，都具有多功能模块，可用以计算和分析许多焊接问题。

Sudnik 等开发的 MAGSIM 是焊接热分析软件之一。该软件多次参加国际展览，符合俄罗斯国家标准（GOST 14771－76）和欧盟标准（EN25817）。MAGSIM 软件可以对 MAG 焊接过程进行详细分析，能够优化焊接参数、预测焊接质量以及诊断焊接缺陷等。分析模块的模型采用三维、非线性、准静态的热传输方程，考虑焊接电弧的伏安特性和热能分布，能够模拟焊接温度场、焊接变形和焊接缺陷等。优化模块使用一定的优化准则如最大生产率或最可靠的焊接质量对焊接参数及焊接结构进行优化。诊断模块中各离散点的状态参数用蒙特卡洛的统计分析得到。

SYSWELD 是焊接模拟方面较为完整的分析软件，该软件是由法国 FRAMASOFT ＋ CSI 公司开发成功的，软件包括热冶金分析、力学分析和氢扩散分析。热冶金分析考虑材料非线性，热与冶金的计算完全耦合，所有相变符合相变动力学，可以模拟晶粒的生长过程。硬度的计算考虑化学组成、冶金组织中各相的比例关系、冷却速度和热处理过程等。力学分析包括焊接结构的应力应变计算与变形预测，它全面考虑热弹效应、硬化效应、相变塑性和粘塑性效应等的影响。氢扩散分析考虑溶解的不均匀性、积聚效应等。用该软件对平板对接多道焊的三维模拟表明，软件模型具有很高的精度。

近年来，焊接数值模拟技术不断向深度、广度发展，研究工作已由建立在温度场、电场、应力应变场基础上的旨在预测宏观尺度的模拟进入到以预测组织、结构、性能为目的的中观尺度及微观尺度的模拟阶段；由单一的温度场、电场、流场、应力应变场、组织模拟进入到耦合集成阶段；由共性通用问题转向难度更大的专用特性问题，包括解决特种焊接模拟及工艺优化问题，解决焊接缺陷消除等问题。

在计算技术上，并行有限元（parallel finite element）得到了长足发展，它是现代数学与计算数学的最新研究领域，具有严格的数学理论基础，可以求解不同区域的、高维的、形态各异的非线性问题，完全符合焊接过程的特点，是解决焊接模拟的一种新方法。目前，对于实际大型焊接结构的模拟，即使经过一定的简化和假设，焊接过程多场耦合模拟的主要问题仍是冗长的计算时间。因此，只有解决了计算时间问题，才可能实现真正的焊接过程仿真。为提高有限元计算的效率，除进行可行的结构简化与采用合适的单元技术外，可以考虑使用动态区域分解算法（domain decomposition method）。这种方法在并行算法上属于任务级的并行算法，其优点如下：①这个算法是高度并行的，特别适用于分布式并行计算。②它将大区域化解为若干个可以分别求解的小区域，减小了计算规模，提高了计算效率。③可以在不同区域使用不同的计算模型，能够在各自区域建立更接近实际的模型。④允许使用局部拟一致的网格，区域的边界网格可以不相互匹配，甚至各个子区域可以用不同的方法离散。鹿安理、赵海燕等在并行有限元焊接模拟方面作了较为深入的研究。

编写：雷永平（北京工业大学）

第3章 焊缝成形

1 焊接材料的熔化与焊缝形成

1.1 填充金属的熔化与熔池的形成

电弧焊时，在电弧热的作用下填充金属（焊丝或焊条）熔化的同时，母材也发生局部熔化。母材局部熔化所需热量主要依靠电弧中阳极区（正接时）或阴极区（反接时）析出的那一部分，大约占电弧总热量的50%以上。图2.3-1示意地给出了焊条电弧焊和埋弧焊时热量的大致分配及其有效利用率。

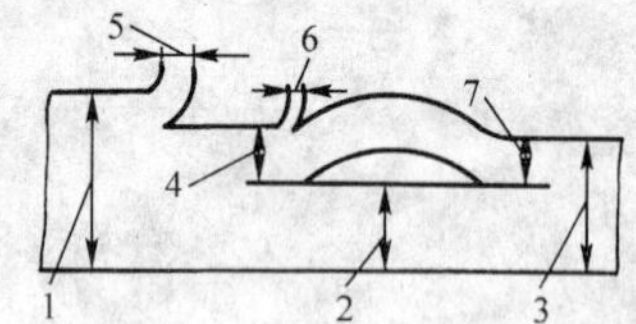

(a) 焊条电弧焊(I=150A～250A，U=35V)
1—电弧全部热功率≈100%；2—母材吸收≈50%；
3—电弧有效热功率≈75%；4—焊条金属吸收≈30%；
5—损失于周围介质≈20%；6—飞溅损失≈5%；
7—用于熔滴过渡≈25%

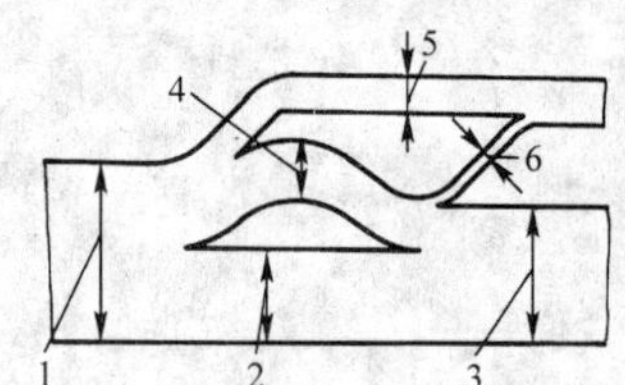

(b) 埋弧焊(I=1000A，U=36V，v=36m/h)
1—电弧全部热功率≈100%；2—母材吸收≈50%；
3—电弧有效热功率≈75%；4—用于熔滴过渡≈28%；
5—熔化焊剂≈18%；6—飞溅损失≈1%；

图2.3-1 电弧焊的热量分配

焊接母材上由熔化的填充金属和局部熔化的母材金属共同组成的一个具有一定几何形状的液态金属区称之为熔池。对于非熔化极氩弧焊或等离子弧焊等不加填充金属焊接，熔池则仅由局部熔化的母材组成。

焊接过程中，母材金属被加热的同时也伴随着散热。整个母材金属的温度场是不均匀的，只有达到其熔点温度以上那一部分金属才发生熔化。因此，焊接过程中母材金属熔点所构成的等温面便是熔池与固体母材的界面。该等温面的空间形状和尺寸，也就是熔池的轮廓形状和尺寸。另一方面熔池除受到电磁收缩力、等离子流力等电弧力的作用外，还受到熔滴过渡的冲击力、液体金属的重力和表面张力等的作用，这些力都在不同程度上改变着熔池的形状和尺寸。所以，影响焊接温度场和各种作用力的因素，都会对熔池的形成及其形状和尺寸产生影响。

1.2 熔池的形状与焊缝的形成

（1）熔池的形状

熔池的形状、尺寸、温度、存在时间及池内液体金属的流动状态，对熔池中的冶金反应、结晶方向、晶体结构、夹杂物的数量和分布，以至于焊接缺陷的产生均有重要影响。它直接决定着焊缝的成形，焊缝外观和内在质量。

平焊情况下当焊接热源固定时，如电弧点焊，其熔池一般呈半球形；当热源做直线移动时，其熔池多呈半椭球形。图2.3-2是半椭球形熔池的示意图，熔池的宽度 W 和深度 H 沿 x 轴是变化的。熔池底部的曲面正好就是母材上温度等于其熔点的等温面，它可以通过热计算或实测等手段进行确定。

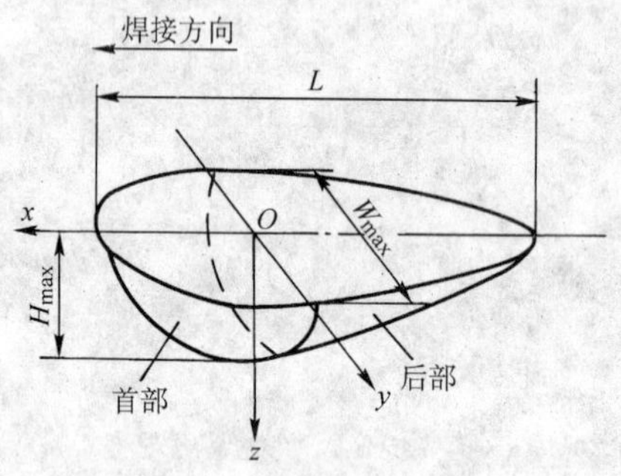

图2.3-2 熔池的一般几何形状

L—熔池长度；W_{max}—熔宽；H_{max}—熔深

焊接过程中熔池的温度分布是不均匀的，因此，可以根据温度分布把熔池分成前部和后部，前部为升温区，后部为降温区（见图2.3-3）。当温度场处于准稳态时，随着电弧的移动，电弧下方母材不断熔化，整个熔池随同电弧同步地前移。由于熔池后部受电弧加热作用减弱，输入热量小于散失热量，于是降温。当温度降至熔点 T_m 以下，熔化金属便开始凝固，形成焊缝。焊缝的横截面形状和尺寸与熔池具有最大熔化宽度 W_{map} 的横截面形状和尺寸基本一致，见图2.3-2的yoz截面。

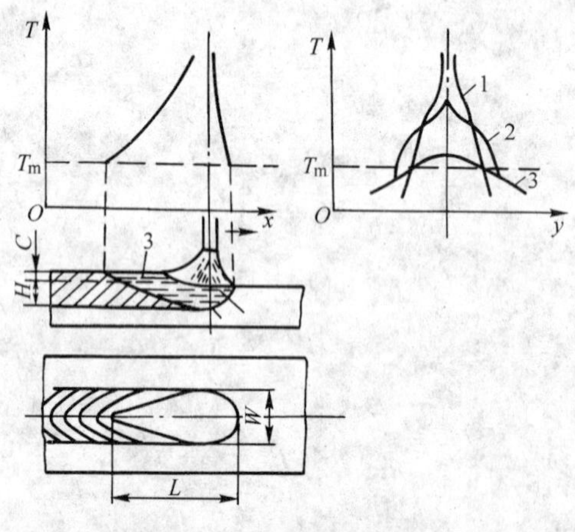

图2.3-3 熔池的温度分布

1—熔池中部；2—前部；3—后部；
L—熔池长度；H—熔深；W—熔宽；C—余高

（2）熔池形状对焊缝的影响

熔池形状对焊缝的影响主要表现在对焊缝成形、焊缝金属化学成分和焊缝结晶组织的影响。

1）对焊缝成形的影响 熔池液态金属冷凝后便形成了焊缝的外形。焊缝横截面的形状和尺寸，反映了熔池的最大横截面的轮廓形状和尺寸。通常用熔宽 W、熔深 H 和余高

C三个基本参数及它们之间的比例表示焊缝横截面（也是熔池最大横截面的特征），见图2.3-2和图2.3-3。

① 焊缝成形系数 φ　单道焊缝横截面上熔宽 W 与熔深 H 之比值称焊缝成形系数，即：

$$\varphi = \frac{W}{H} \tag{2.3-1}$$

φ 愈小，表示熔池窄而深，热影响区域小。这种熔池形状有利于熔透，提高焊接热效率。但要获得窄而深的焊缝，需提高热源功率密度，这并不是所有焊接方法都能做到。对于普通电弧焊，φ 一般都大于1；等离子弧焊 φ 接近于1；电子束焊和激光焊因功率密度高，φ 远小于1。另一方面，窄而深的焊缝易出现裂纹和气孔等缺陷。因此，从冶金角度，φ 不宜过小。对于埋弧焊，一般要求 φ 大于1.3。

② 增高系数 ϕ　焊缝的余高 C 与宽度 W 的比值（即 $\phi = C/W$）称增高系数，它反映焊缝外表面凸出的程度。余高是由液体金属在熔池中的质量和流动情况决定，一般是通过改进工艺参数、操作工艺、施焊位置等来控制。无余高而又不内凹的对接焊缝最为理想，但一般在工艺上难以做到，故余高实际上是一种工艺允差，而得以保留。

余高在静载下有一定加强作用，但过大的余高会使焊趾处的应力集中系数增加，对承受动载荷的结构不利，所以，一般控制在 $\phi = 1/4$ 以内。对于特别重要的结构，焊后需把焊缝表面磨平。角焊缝也不希望有余高，在动载结构上的角焊缝呈凹形最理想，这样在焊趾处焊缝向母材能平滑过渡。

2) 对焊缝金属化学成分的影响　熔化焊时，从填充金属过渡到母材上的熔化金属称熔敷金属。熔敷金属合金元素的含量是由填充金属的合金元素含量考虑了合金过渡系数后决定的。熔敷金属与母材上熔化的金属混合并凝固后，便形成焊缝。焊缝金属的合金元素含量就取决于两者之间的混合比例，这个比例与熔池的形状尺寸密切相关。

① 熔合比 γ　单道焊时（见图2.3-4），把被熔化的母材部分在焊道金属中所占的比例称为熔合比。即

$$\gamma = \frac{F_B}{F_B + F_D} = \frac{F_B}{F_W} \tag{2.3-2}$$

式中，F_B 为母材熔化部分的横截面积；F_D 为熔敷金属在焊缝横截面上所占面积；$F_W = F_B + F_D$ 为焊缝总横截面积。

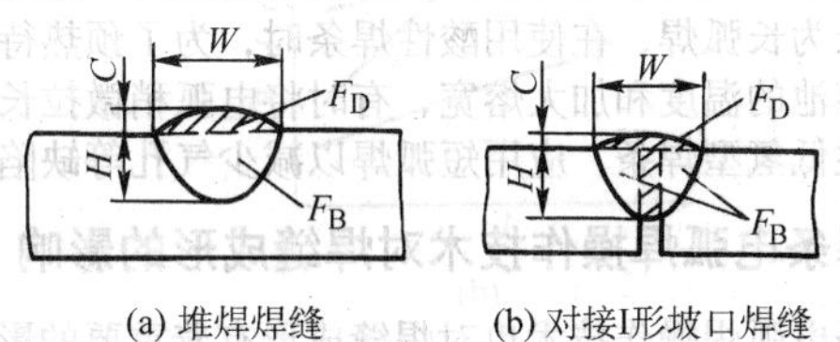

(a) 堆焊焊缝　(b) 对接I形坡口焊缝

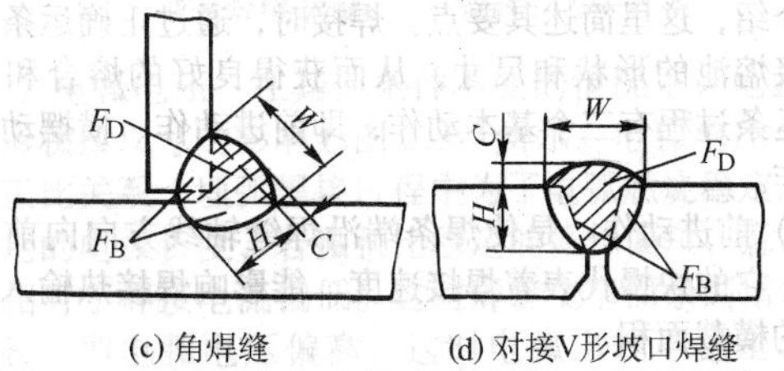

(c) 角焊缝　(d) 对接V形坡口焊缝

图2.3-4　焊缝形状与尺寸

从图2.3-4中看出，对于不同的接头形式，改变焊接工艺参数或采用不同的坡口形状等，都能引起熔合比 γ 的变化。当母材与填充材料选定后，通过改变熔合比就可以达到调节焊缝金属化学成分与性能的目的。

② 稀释与稀释率　焊接时，熔敷金属受母材或先前焊道的熔入而引起化学成分含量降低的现象称稀释。常用稀释率的大小来表示熔敷金属被稀释的程度，而稀释率可用母材金属或先前焊道的焊缝金属在整个焊道中所占质量比来确定，一般用熔合比来表达。也就是说，随着母材金属熔入到焊缝中所占的比例增大（即熔合比 γ 增大）熔敷金属的稀释率也增大。显然，在表面上进行堆焊时，熔深越大，熔敷金属被稀释得越严重。凡是开坡口的焊缝，其稀释率都较低，约20%。Ⅰ形坡口（见图2.3-4b）对接或薄板焊接，因所需熔敷金属量少，故稀释率高。多层堆焊时，最末层稀释率最小，甚至为零。

必须指出，熔合比是说明母材在焊缝金属中所占的比例，而稀释率是说明熔敷金属的合金元素含量被母材稀释的程度，两者概念不同。当母材和焊缝金属密度没明显差别时，在数值上稀释率可用熔合比来表达。若两者合金元素含量已知，就可以用熔合比 γ 来计算焊缝金属合金元素的含量，即：

$$w(C_W) = \gamma w(C_B)(1-\gamma)w(C_d) \tag{2.3-3}$$

式中，$w(C_W)$ 为焊缝金属中某合金元素的质量分数；$w(C_B)$ 为母材金属中某合金元素的质量分数；$w(C_d)$ 为熔敷金属中某合金元素的质量分数。

3) 对焊缝结晶过程的影响　熔池金属的冷凝结晶是从熔池与固体母材的交界面（即母材熔点等温面）开始的，晶粒生长的方向与熔池散热方向相反，基本上是垂直该交界面的方向生长。因此，熔池的形状对焊缝金属的结晶方向发生影响。图2.3-5表示熔深不同的焊缝，其横截面上的结晶方向。窄而深（即 $\varphi<1$ 时）的焊缝晶粒生长到最后在焊缝中线处汇交，低熔点夹杂物聚集在汇交面上，就容易产生裂纹、气孔和夹杂物等缺陷。在相同条件下，改变焊接速度也会引起熔池平面形状变化。高速焊时，熔池变长，这时焊缝金属结晶的方向几乎垂直地向焊缝中心线生长，冷凝后，最容易在该处产生纵向裂纹。

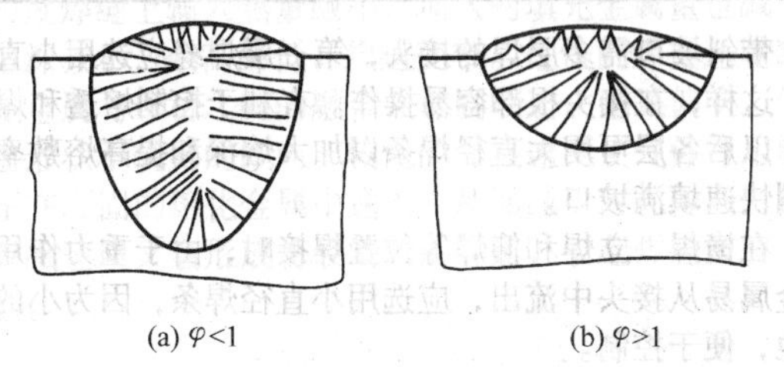

(a) $\varphi<1$　(b) $\varphi>1$

图2.3-5　熔池横截面形状与结晶方向

上述内容讲述了焊缝形成的机理和过程，同时人们在研究和实践中发现，在焊接中许多因素影响焊缝的成型。这些因素可归结为以下两点：

① 焊接工艺参数对焊缝成形的影响；

② 操作技术对焊缝成形的影响。

而不同的焊接方法中焊接工艺参数对焊缝成型的影响也是各不相同的。

下面讲具体焊接方法中焊接工艺蚕数对焊缝成形的影响。

2　焊条电弧焊焊接工艺和操作技术对焊缝成形的影响

2.1　工艺参数对焊缝成形的影响

焊接时，为保证焊接质量而选定的诸物理量的总称，叫焊接工艺参数。焊条电弧焊的工艺参数主要包括：焊条直

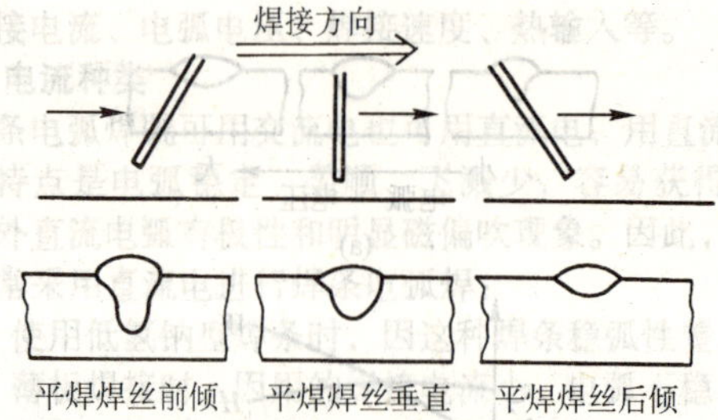

图 2.3-10　埋弧焊焊丝倾角对焊缝形状及尺寸的影响

实际生产中为了提高生产率，在提高焊接速度的同时必须加大电弧的功率（即同时加大焊接电流和电弧电压保持恒定的热输入量），才能保证稳定的熔深和熔宽。

（2）工艺因素

主要指焊丝倾角、焊件斜度和焊剂层的宽度与厚度等。

1）焊丝倾角　通常认为焊丝垂直水平面的焊接为正常状态，若焊丝在前进方向上偏离垂线，如产生前倾或后倾，其焊缝形状是不同的，后倾焊熔深减小，熔宽增加，余高减少，前倾恰相反，见图 2.3-10。

2）焊件倾斜　指焊件倾斜后使焊缝轴线不处在水平线上，出现了俗称的上坡焊或下坡焊（见图 2.3-11）。上坡焊随着斜角 β 增加重力引起熔池内液态金属向后流动，熔池边缘的母材熔化后流向中间，熔深和熔宽减小，余高加大。当倾斜度角 $\beta>6°\sim12°$，则余高过大，两边出现咬边，成形明显恶化。因此，应避免上坡焊，或限制倾角小于 6°（约 1:10）。下坡焊效果与上坡焊相反，若 β 角过大，焊缝中间表面下凹，熔深减小，熔宽加大，会出现未焊透、未熔合和焊瘤等缺陷。在焊接圆筒状工件的内、外环缝时，一般都采用下坡焊，以减少烧穿的可能性，并改善焊缝成形。厚 1.3 mm薄板高速焊接，$\beta=15°\sim18°$下坡焊效果好。随着板厚增加，下坡焊斜角相应减少，以加大熔深。侧面倾斜也对焊缝形状造成影响，见图 2.3-12。一般侧向倾斜度应限制在 3°（或 1:20）内。

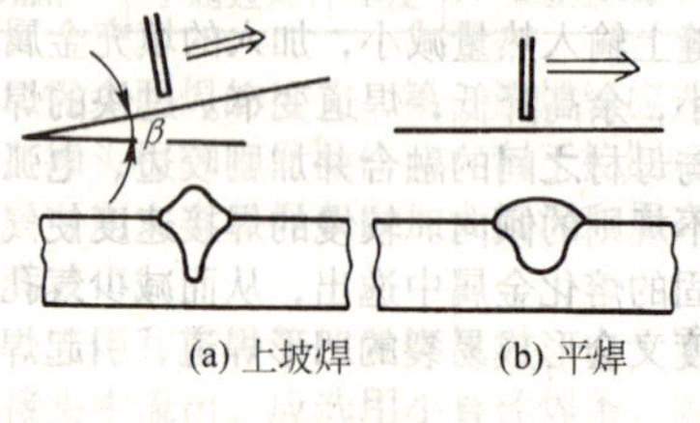

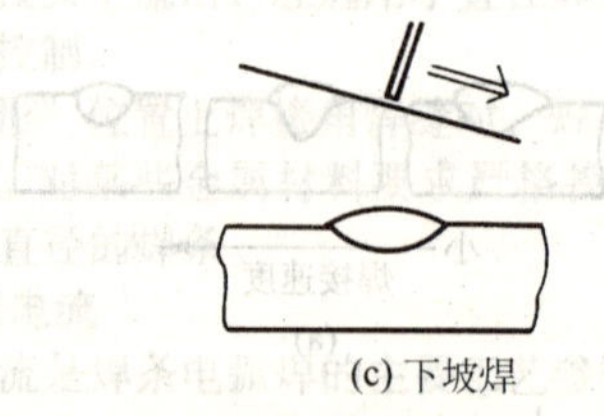

图 2.3-11　埋弧焊焊件倾斜对焊缝形状及尺寸的影响

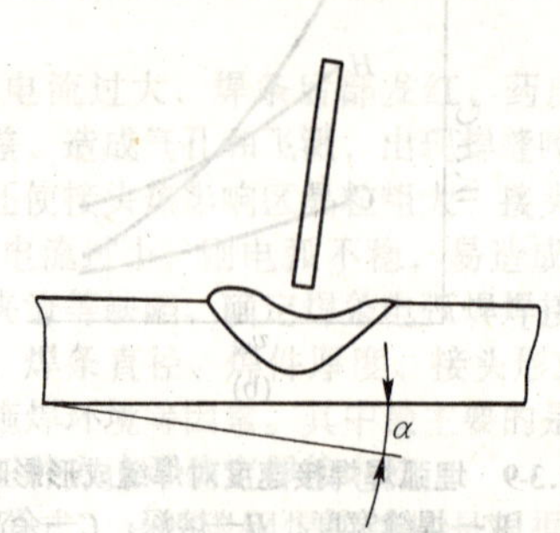

图 2.3-12　侧面倾斜对焊缝形状的影响

3）焊剂层厚度　在正常焊接条件下，被熔化焊剂的重量约与被熔化焊丝的重量相等。焊剂层的厚度对焊缝外形与熔深的影响见图 2.3-13。焊剂层太薄时，则电弧露出，保护不良，焊缝熔深浅，易产生气孔和裂纹等缺陷。焊剂层过厚则熔深大于正常值，且出现峰形焊道。

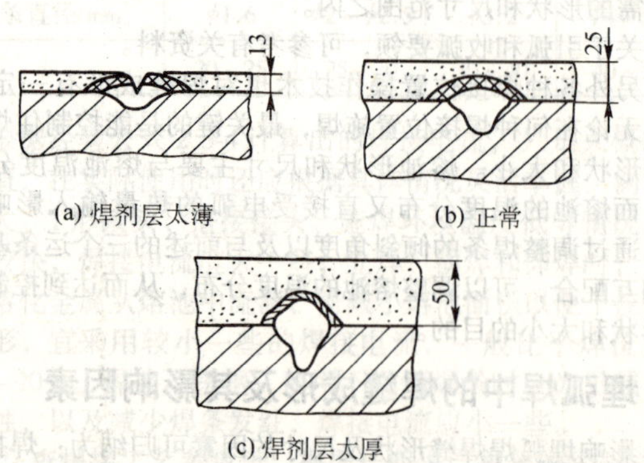

图 2.3-13　埋弧焊焊剂层厚度对焊缝形状的影响

在同样条件下用烧结焊剂焊的熔深浅，熔宽大，其熔深仅为熔炼焊剂的 70%～80%。

4）焊剂粗细　焊剂粒度增大时，熔深和余高略减，而熔宽略增，即焊缝成形系数和余高系数增大，而熔合比稍减。

5）焊丝直径　在其他工艺参数不变的情况下，减小焊丝直径，意味着焊接电流密度增加，因而焊缝熔深增加，宽深比减小，见图 2.3-14。

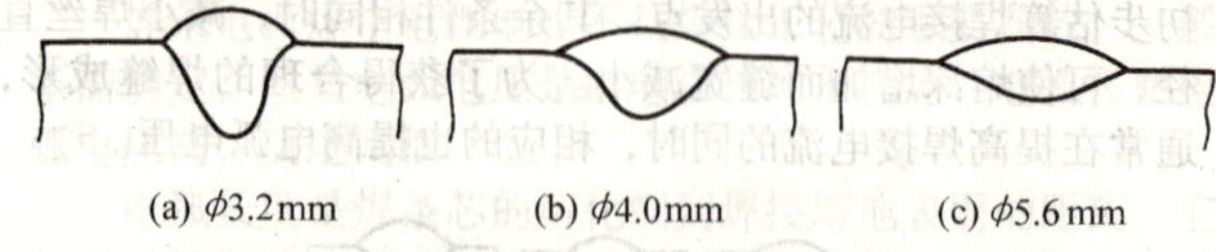

图 2.3-14　焊丝直径对堆焊焊缝形状及尺寸的影响

（碳钢埋弧焊　$U=30$ V，$I=600$ A，$v=76$ cm/min）

6）极性　直流正极性（焊件接正极）焊缝的熔深和熔宽比直流反接的小，而交流电介乎两者之间。

综合上述各焊接工艺参数对焊缝形状的影响见表 2.3-3。

表 2.3-3　埋弧焊工艺参数对焊缝形状和焊缝组成比例的影响（交流电焊接）

焊缝特征	下列各项值增大时焊缝特征的变化										
	焊接电流 ≤1 500 A	焊丝直径	电弧电压		焊接速度		焊丝后倾角度	焊件倾斜角		间隙和坡口	焊剂粒度
			自 22～24 至 32～34 V	自 34～36 至 50～60 V	自 10～40 m/h	自 40～100 m/h		下坡焊	上坡焊		
熔深 H	剧增	减	稍增	稍减	几乎不变	减	剧减	减	稍增	几乎不变	稍减
熔宽 W	稍增	增	增	剧增（但直流正接时例外）	减		增	增	稍减	几乎不变	稍增
余高 C	剧增	减	减		稍增		减	减	增	减	稍减
成形系数 W/H	剧减	增	增	剧增	减	稍减	剧减	增	减	几乎不变	增

续表 2.3-3

焊缝特征	下列各项值增大时焊缝特征的变化										
	焊接电流 ≤ 1 500 A	焊丝直径	电弧电压		焊接速度		焊丝后倾角度	焊件倾斜角		间隙和坡口	焊剂粒度
			自 22 ~ 24 至 32 ~ 34 V	自 34 ~ 36 至 50 ~ 60 V	自 10 ~ 40 m/h	自 40 ~ 100m/h		下坡焊	上坡焊		
余高系数 C/W	剧减	增	增	剧增	减		剧增	增	减	增	增
母材熔合比 γ	剧增	减	稍增	几乎不变	剧增	增	减	减	稍增	减	稍减

注：1. 坡口深度和宽度都不超过在板上堆焊时的深度和宽度。
2. 当其他条件相同时，在浮石状焊剂下焊成的焊缝与在玻璃状焊剂下焊成的焊缝比较，具有较小的熔深和较大的熔宽。熔剂中含易电离的物质越多，熔深越大。
3. 用直流电源反接施焊时，焊缝尺寸和形状的变化特征与用交流电焊接时相同，但直流反接与直流正接相比，反接的熔深比正接的大。

（3）结构因素

主要指接头形式、坡口形状、装配间隙和工件厚度等。

对T形接头和搭接接头的角焊缝，若处在船形位置平焊，其焊缝形状就相当于开90°角的V形坡口对接焊缝的形状。若水平横焊，角焊缝的形状还要受到运丝角度、速度和方式的影响。

通常是增大坡口深度或宽度时，或增大装配间隙时，则相当于焊缝位置下沉，其熔深略增，熔宽略减，余高和熔合比则明显减小。因此，可以通过改变坡口的形状、尺寸和装配间隙来调整焊缝金属成分和控制焊缝余高。留或不留间隙与开坡口相比，两者的散热条件有些不同，一般开坡口的结晶条件较为有利。

工件厚度 t 和散热条件对焊缝形状也有影响，当熔深 $H \leqslant (0.7 \sim 0.8)\ t$ 时，则板厚与工件散热条件对熔深影响很小，但散热条件对熔宽及余高有明显影响。用同样的工艺参数在冷态厚板上施焊时，所得的焊缝比在中等厚度板上施焊时的熔宽小而余高大。当熔深接近板厚时，底部散热条件及板厚的变化对熔深的影响明显，焊缝根部出现热饱和现象而使熔深增大。

4 钨极氩弧焊（TIG）的焊缝成形及影响因素

TIG焊工艺参数：主要有焊接电流、钨极直径、喷嘴大小和保护气体流量、电弧电压（弧长）和焊接速度。此外，还有钨极伸出长度、喷嘴与工件之间相对位置等。

确定各焊接工艺参数的程序可以是：先选定焊接电流大小，然后选定钨极种类和直径大小，再选定喷嘴直径和保护气体流量，最后确定焊接速度。在施焊过程中，适当调整钨极外伸长度和喷嘴与工件相对位置。在专业手册和有关文献中，一般都提供各工艺参数，但都是在一定条件下的经验数据，使用时须根据实际情况作适当调整，必要时，通过工艺评定来确定。

1）焊接电流　是决定焊缝熔深的最主要参数，一般是按焊件材料、厚度、接头形式、焊接位置等因素来选定，先确定电流类型和极性，然后确定电流的大小。

2）钨极直径　按所选定的焊接电流类型与大小从有关表格中选定钨极种类和直径大小，并参照钨极末端的形状与使用的电流范围确定钨极末端的形状。

3）喷嘴直径与保护气体流量　在一定条件下气体流量与喷嘴直径有一个最佳配合范围，此时的保护效果最好，有效保护区最大。一般手工TIG焊的喷嘴内径范围为5 ~ 20 mm，流量范围为5 ~ 25 L/min，以排走焊接部位的空气为准。若气体流量过低，则气流挺度不足，排除空气能力弱，影响保护效果；若流量太大，则易形成紊流，使空气卷入，也降低保护效果。当气体流量一定时，喷嘴过大，气流速度过低，挺度小，保护不好，而且影响焊工视野。

通常气流速度都不高，约以3 L/s从喷嘴中喷出，比较容易受通风和流动空气所扰动。虽然加大气体流量可防止这种扰动，但成本增大，而且在低电流焊接时，电弧不稳，故最好是采用挡风装置。

4）电弧电压　电弧电压主要影响缝宽，它由电弧长度决定。增加弧长会降低气体保护效果，一般控制弧长在1 ~ 5 mm为宜，应视钨极直径与末端形状及填充焊丝粗细灵活掌握。

5）焊接速度　当焊接电流确定后，焊接速度决定着单位长度焊缝所输入的能量（即热输入）。提高焊接速度则熔深和熔宽均减小。反之，则增大。因此，若要保持一定的焊缝形状系数，焊接电流和焊接速度应同时提高或减小。

6）电极伸出长度　是指钨极从喷嘴孔伸出的距离，见图2.3-15。通常电极伸出长度主要取决于焊接接头的外形。内角焊缝要求电极伸出长度最长，这样电极才能达到该接头根部，并能看到较多焊接熔池。卷边焊缝只需很短的电极伸出长度，甚至可以不伸出。常规的电极伸出长度一般在1 ~ 2倍钨极直径。要求短弧焊时，其伸出长度宜比常规的大些。以给焊工提供更好的视野，并有助于控制弧长。但是，外伸过长，势必加大保护气体流量，才能维持良好的保护状态。

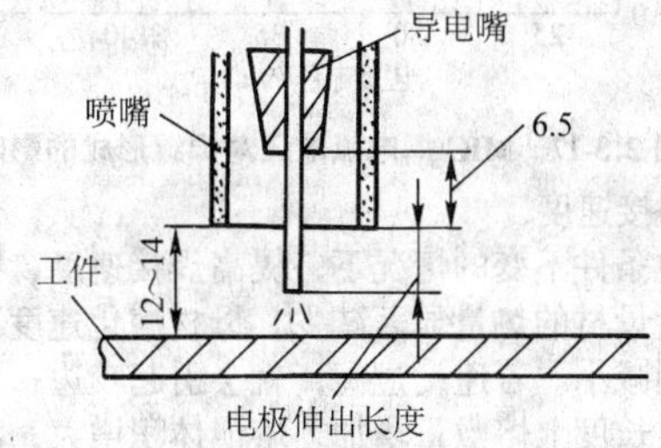

图 2.3-15　TIG焊电极伸出长度

5 熔化极气体保护焊的焊缝成形及影响因素

5.1 熔化极惰性气体保护焊接（MIG）工艺参数对焊缝成形的影响

MIG焊接的工艺参数有焊接电流、电弧电压、焊接速度、焊丝直径、焊丝伸出长度、焊丝倾角、焊接位置和极性等。此外。还有保护气体及其流量大小等，它们都影响着焊接工艺性能、熔滴过渡形式、焊缝的几何形状和焊接质量。

（1）焊接电流

通常是根据焊件厚度确定焊丝直径，然后按所需的熔滴过渡形式确定焊接电流。MIG焊的焊丝直径≤1.6 mm时属细焊丝，大于1.6 mm时属粗丝。焊丝直径不同，熔滴过渡形式和使用焊接电流范围也不同，主要根据具体工艺要求而定。

在稳定焊接过程和其他条件不变情况下，焊接电流的增加，焊丝熔化速度增加，焊缝熔深和余高明显增加，而熔宽略有增加，图2.3-16表示了这种趋势。

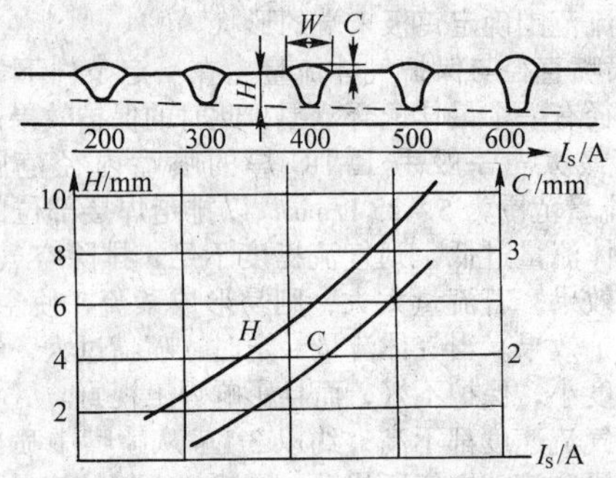

图 2.3-16　MIG 焊焊接电流对焊缝形状的影响

(2) 电弧电压

焊丝直径一定时，要获得稳定的熔滴过渡，除了要选用与之相适应的焊接电流外，同时还需匹配合适的电弧电压(即弧长)。

在稳定焊接过程和其他条件不变下，随着电弧电压的增加，熔深和余高减小，而缝宽增大，图 2.3-17 表示了这种趋势。

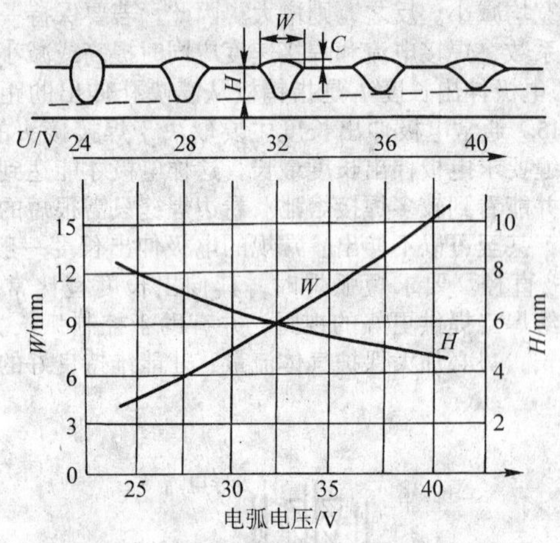

图 2.3-17　MIG 焊电弧电压对焊缝形成的影响

(3) 焊接速度

在其他条件不变的情况下，提高焊接速度，则单位长度上电弧传给母材的热量显著减少，母材熔化速度减慢，其熔深和熔宽则减小。若速度过高，就会引起咬边；若焊接速度过慢，单位长度上熔敷量增加，熔池体积增大，溶深反而减小而熔宽增加，其变化规律见图 2.3-18。

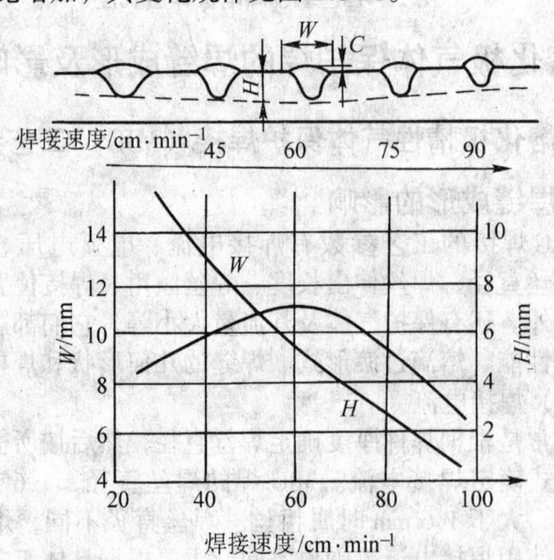

图 2.3-18　MIG 焊焊接速度对焊缝成形的影响

(4) 焊丝伸出长度

焊丝伸出长度是指导电嘴端部到焊丝端头的距离。焊丝伸出长度愈长，焊丝的电阻热愈大、其熔化速度愈快。若伸出过长，则导致电弧电压下降，熔敷金属过多，焊缝成形不良，熔深减小，电弧不稳定。若伸出过短，则电弧易烧导电嘴，且金属飞溅，易堵塞喷嘴。一般对于短路过渡焊丝伸出长度以 6.4～13 mm 较合适。而其他形式的熔滴过渡，推荐伸出长度在 13～25 mm 范围。

(5) 焊丝的位置

焊丝轴线相对于焊缝轴线的角度和位置会影响焊缝的形状和熔深。

当焊丝轴线和焊缝轴线在一个平面内，则它们相互之间的夹角称为行走角（图 2.3-19）。焊丝向前进方向倾斜焊接时，称前倾焊法；焊丝向前进相反方向倾斜焊接时，称后倾焊法；焊丝轴线与焊缝轴线垂直称正直焊法。这三种焊接方法对焊缝形状和熔深的影响如图 2.3-20 所示。当其他条件不变时，焊丝从垂直位置变为前倾焊时熔深增加，而焊道变窄，余高增大。拖角在 15°～20°之间熔深最大，这时一般不推荐大于 25°拖角。

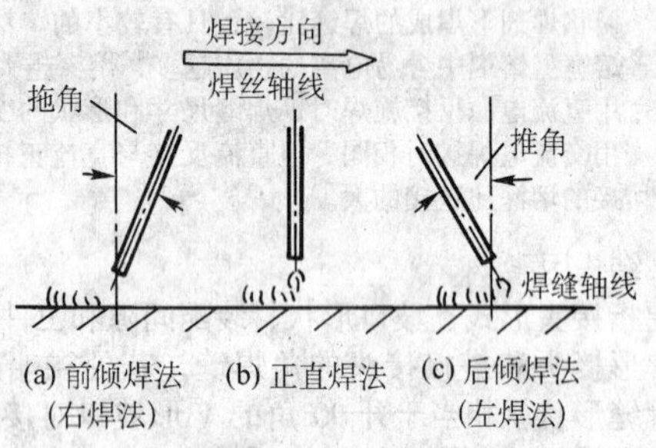

图 2.3-19　MIG 焊焊接位置示意图

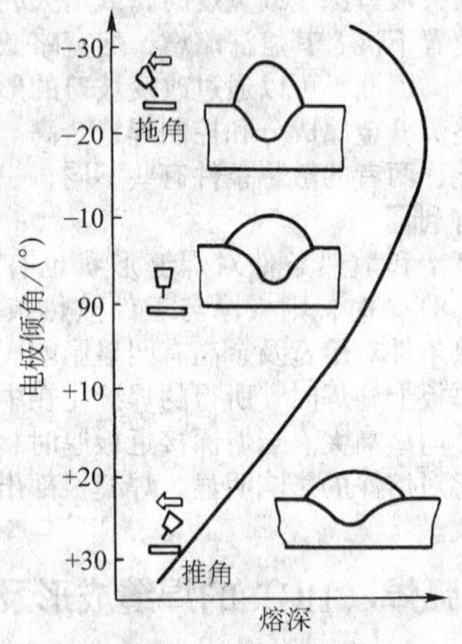

图 2.3-20　MIG 焊焊枪倾角对熔深的影响

(6) 焊接位置

喷射过渡的焊接可适用于平焊、立焊和仰焊位置。平焊时，工件相对于水平面的斜度对焊缝成形，熔深和焊接速度有影响。图 2.3-21 表示上坡焊和下坡焊的两种情况。若用下坡焊（夹角≤15°），焊缝余高和熔深减小，焊接速度可以提高，有利于焊接薄板。若用上坡焊，重力会使液态金属后流，使熔深和余高增加，而熔宽减小。

短路过渡的焊接可用于薄板的平焊和全位置焊接。

圆柱形筒体内外环缝平焊时（工件旋转），为了获得良好焊缝成形，焊丝应逆旋转方向偏一距离，见图 2.3-22a；若偏移量过大，则熔深变浅而熔宽增加（见图 2.3-22b）；若偏反方向（图 2.3-22c）则熔深和余高增加而熔宽变窄。

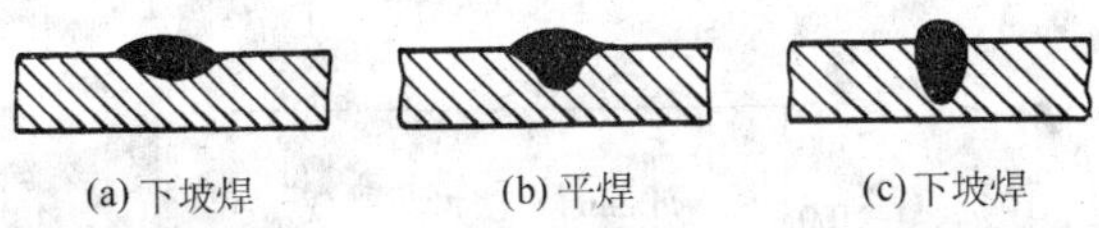

图 2.3-21　MIG 焊焊接位置对焊缝形状的影响

图 2.3-22　MIG 焊接筒体外环缝时焊丝偏移位置对焊缝成型的影响

(7) 极性

采用直流电源焊接时，极性对焊缝熔深有影响。直流反接（焊丝接正极）时熔深大于直流正接（焊丝接负极）。而交流电焊接时是介乎两者之间，见图 2.3-23。

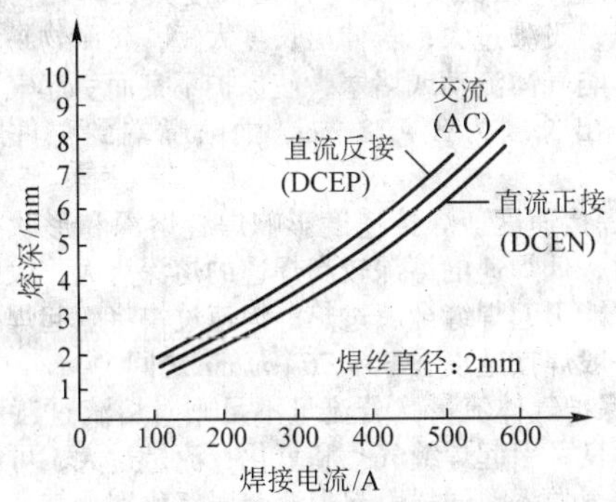

图 2.3-23　MIG 焊时电极极性对熔深的影响

综合上述各焊接工艺参数对焊缝形状尺寸及焊接生产率的影响，表 2.3-4 给出了调整焊缝几何形状及熔敷速度的方法。

表 2.3-4　MIG 焊时调整焊缝几何形状等的方法

要求		电弧电压	焊接电流	焊接速度	焊丝倾角	焊丝伸出长度	焊丝直径	说明
熔深	深些		①**增加		③拖角最大25°	②减小	④小*	*假定调整送丝速度而焊接电流恒定 **①表示第一选择②表示第二选择，依此类推
	浅些		①减少		③推角	②增加	④大*	
余高	大些		①增大	②减小	③增大*			
	小些		①减少	②增大	③减少*			
熔宽	凸且窄	①减小			②拖角	③增大		
	平且窄	①增大			②90°	③减少		
熔敷速度	快些		①增大			②增大*	③小	
	慢些		①减小			②减小*	③大	

5.2　CO_2 气体保护焊焊接工艺参数对焊缝成形的影响

CO_2 焊的工艺参数与 MIG 焊基本相同，只是用短路过渡时，在直流焊接回路中多了短路电流峰值 I_{max} 和短路电流增长速度 di/dt 两个动态参数。而这两个参数可通过调节附加在直流回路上的电感来实现。自由过渡时，则无此要求。

(1) 短路过渡焊接　在 CO_2 焊中，短路过渡焊接应用最广泛，主要在焊接薄板及全位置焊接时用。焊接的工艺参数有电弧电压、焊接电流、焊接回路电感、焊接速度、气体流量和焊丝伸出长度等。

1) 电弧电压及焊接电流　对一定焊丝直径及焊接电流（亦即送丝速度），必须匹配合适的电弧电压才能获得稳定的飞溅最小的短路过渡过程，图 2.3-24 给出了 4 种直径焊丝适用的电弧电压和焊接电流范围。

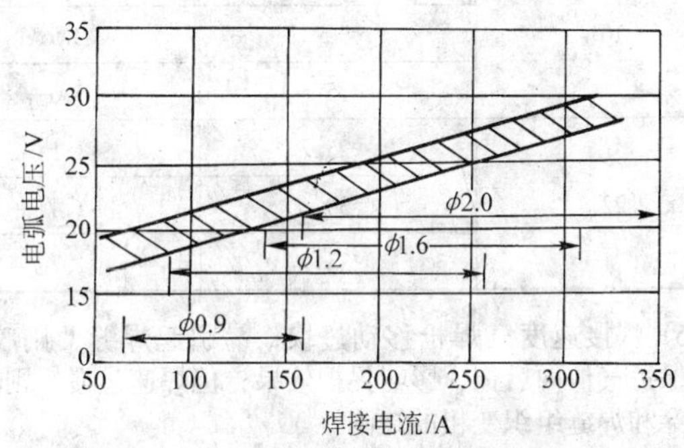

图 2.3-24　CO_2 焊短路过渡时适用的电流和电压范围

2) 焊接回路的电感　短路过渡焊接要求焊接回路中有合适的电感量，用以调节短路电流增长速度 di/dt，使焊接过程的飞溅最小。通常细丝 CO_2 焊，焊丝熔化速度快，熔滴过渡周期短，需要较大的 di/dt。反之，粗丝要求 di/dt 小些。表 2.3-5 给出了不同直径焊丝的焊接回路电感参考值。此外，通过调节电感，还可以调节电弧燃烧时间，进而控制母材的熔深。增大电感则过渡频率降低，燃弧时间增加，熔深将增大。

表 2.3-5　CO_2 焊短路过渡焊接回路电感参考值

焊丝直径/mm	焊接电流/A	电弧电压/V	电感/mH
ϕ0.8	100	18	0.01～0.08
ϕ1.2	130	19	0.02～0.20
ϕ1.6	150	20	0.30～0.70

3) 焊丝伸出长度　短路过渡焊接所用的焊丝较细，若焊丝伸出过长，该段焊丝的电阻热大，易引起成段熔断，且喷嘴至工件距离增大，气体保护效果差，飞溅严重，焊接过程不稳定，熔深浅和气孔增多；若焊丝伸出过小，则喷嘴至工件距离减小，喷嘴挡着视线，看不见坡口和熔池状态，飞溅的金属易引起喷嘴堵塞，从而增加导电嘴和喷嘴的消耗。故一般焊丝伸出长度，约在 10～20 mm 范围内。

4) 气体流量　细丝（≤1.6 mm）短路过渡焊接时的气体流量一般 5～15 L/min，粗丝（>1.6 mm）焊接时在 10～20 L/min。如果焊接电流较大，焊接速度较快，焊丝伸出长度较长或在室外作业，气体流量应适当加大，以保证气流有足够挺度，加强保护效果，表 2.3-6 的数据可供参考。但是，气流量过大，会引起外界空气卷入焊接区，反而降低保护效果。在室外作业时，风速一般不应超过 15～2.0 m/s。风速的界限与喷嘴及流量大小有关，见表 2.3-7。

表 2.3-6　CO_2 焊喷嘴距离与气体流量

焊丝直径/mm	焊接电流/A	喷嘴距离/mm	气体流量/L·min^{-1}
1.2	100	10~15	15~20
	200	15	20
	300	20~25	20
1.6	300	20	20
	350	20	20
	400	20~25	20~25

表 2.3-7　CO_2 焊气体流量与风速界限

喷嘴直径/mm	CO_2 流量/L·min^{-1}	风速界限/m·s^{-1}
16	25	2.1
	30	2.5
	35	3.0
22	25	1.1
	30	1.4
	35	1.7

5）焊接速度　焊枪移动过快，易引起焊缝两则咬边，而且保护气体向后拖，影响保护效果；但焊速过慢，则易产生烧穿和焊缝组织变粗的缺陷。

6）电源极性　CO_2 焊一般都应采用直流反接，可以获得飞溅小，电弧稳定，母材熔深大，焊缝成形好的接头，并且焊缝金属含氢量低。

（2）颗粒过渡焊接

CO_2 保护的细颗粒过渡焊接，又称 CO_2 长弧焊接。对于一定直径焊丝，当增大焊接电流并配以较高电弧电压时，焊丝熔化以颗粒状态而非短路形式过渡到熔池中。这种颗粒过渡的电弧穿透力强，熔深大，适合于中厚板或大厚板焊接。

5.3　药芯焊丝气体保护焊工艺参数对焊缝成形的影响

药芯焊丝气体保护电弧焊的工艺参数主要有：焊接电流、电弧电压、焊接速度，焊丝伸出长度、保护气体流量和焊丝位置等。

由于药芯焊丝气体保护电弧焊使用的焊剂成分改变了电弧的特性，因此，可以按药芯熔渣的性质在交流或直流电源，平外特性或下降外特性电源中选用。现以采用直流平特性电源的药芯焊丝 CO_2 焊工艺为例，介绍焊接工艺参数的选定。

1）焊接电流　当其他条件不变时，焊接电流与送丝速度成正比，图 2.3-25 是药芯焊丝 CO_2 焊低碳钢的送丝速度与焊接电流的关系。不同直径的药芯焊丝都有一使用电流范围，可以根据不同的焊接位置，参照有关手册进行选定。当焊丝直径给定，焊接电流的增减有如下影响：

电流增大，焊丝的熔敷速度提高，熔深加大；若电流过大，则产生凸形焊道，焊缝外观变坏；若电流过小，则产生颗粒熔滴过渡，且飞溅严重。

2）电弧电压　为了获得良好的焊缝成形，当通过改变送丝速度来提高或减小焊接电流时，电源的输出电压也应随之改变，以保持电弧电压与电流的最佳关系。但是在焊接过程中电弧电压与弧长密切相关，如果电弧电压太高，即弧长过长，会造成大的飞溅，焊道变宽，成形不规则；若电弧电压太低（弧长过短），则产生窄的凸状焊道，飞溅也变大，熔深变浅。

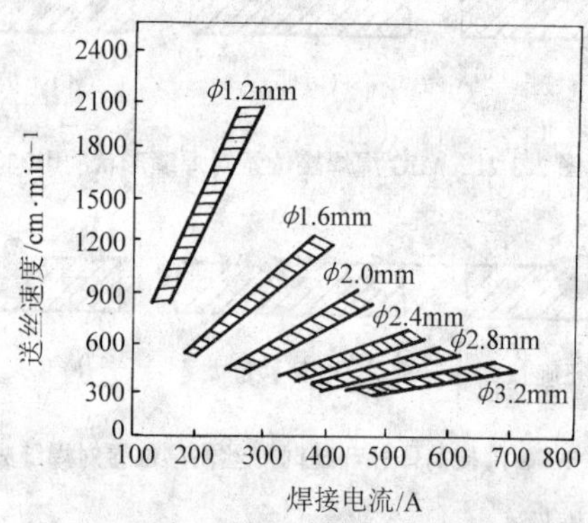

图 2.3-25　采用 CO_2 气体保护焊时低碳钢药芯焊丝的送丝速度与焊接电流的关系

3）焊丝伸出长度　焊丝伸出长度太长时，会产生不稳定的电弧，飞溅过大；若伸出长度太短，飞溅物易堆积在喷嘴上，影响气体流动或堵塞，使保护不良而引起气孔等。通常焊丝伸出长度为19~38 mm，而喷嘴端到工件距约19~25 mm。

4）焊接速度　焊接速度影响焊缝熔深和形状。其他因素不变时，低焊速的熔深较高焊速的熔深为大，大电流焊低焊速时可能引起焊缝金属过热；焊速过快将引起焊缝外观不规则。一般焊接速度在 30~76 cm/min 之间。

5）保护气体流量　若流量不足则对熔滴过渡和焊接熔池保护不良，引起焊缝气孔和氧化；流量过大，可能造成紊流、把空气卷入，同样引起焊缝金属氧化和生气孔。正确的流量由焊枪喷嘴形式和直径、喷嘴到工件的距离以及焊接环境决定。通常在静止空气中焊接时流量约在 16~21 L/min 范围，若在流动空气环境中或喷嘴到工件距离较长时流量应加大，可能达26 L/min。

6　气电立焊的焊缝成形及影响因素

气电立焊是利用熔化极气体保护焊自动地对厚板对接焊缝进行立焊的一种方法。它是从普通熔化极气体保护焊和电渣焊发展而来的。在机械系统上和操作应用上与电渣焊方法相似，但焊接的热源是电弧热而不是电渣的电阻热。起保护作用的主要是气体。

气电立焊的工艺参数与电渣焊类似，每个参数对焊缝形状的影响亦和电渣焊相同。但注意，在普通电弧焊的焊缝熔深与焊丝轴线方向为同一方向，所以熔深随焊接电流的增加而增加，而气电立焊焊缝的熔深是在接头的两个侧面，它与焊丝轴线成直角。熔深随着焊接电流的增加（或送丝速度的增加）而减小，即焊缝的宽度减小。

当焊接电流提高时，送丝速度、熔敷率和接头的填充（即焊接速度）将提高。对于给定的焊接条件，过高的焊接电流或送丝速度，会引起焊缝宽度或熔深减小；过低的焊接电流或送丝速度，会引起熔宽增加，降低生产率，使焊缝组织粗大。通常焊接电流在 750~1 000 A 范围。

随着电弧电压增高，熔深增大，即焊缝宽度增加，通常电弧电压在 30~55 V 之间。

焊丝伸出长度约 40 mm，较普通熔化极气体保护焊为长，由于受电阻加热，故焊丝熔化速度较高。

板厚大于 30 mm 的焊件一般要作横向摆动，摆动速度约 7~8 mm/s，导电嘴在距每一冷却滑块约 10 mm 处停下，并稍为停留 1~3 s，以抵消水冷滑块的激冷作用，使焊缝表面完全熔合。

7 等离子弧焊焊缝成形及影响因素

等离子弧焊是在钨极氩弧焊的基础上发展起来的一种焊接方法。钨极氩弧焊使用的热源是常压状态下的自由电弧，简称自由钨弧。等离子弧焊用的热源则是将自由钨弧压缩强化之后获得电离度更高的电弧等离子体，称等离子弧，又称压缩电弧。两者在物理本质上没有区别，仅是弧柱中电离程度上的不同。经压缩的电弧其能量密度更为集中，温度更高。

7.1 等离子弧焊的工艺特点

1）等离子弧弧柱温度高，能量密度大，因而对焊件加热集中，熔透能力强，一次可焊透的厚度如表2.3-8所示，在同样熔深下其焊接速度比TIG焊高，故可提高焊接生产率。

表2.3-8 等离子弧焊（小孔技术）一次焊透的厚度

mm

材料	不锈钢	钛及其合金	镍及其合金	低合金钢	低碳钢	铜及其合金
焊接厚度范围	≤8	≤12	≤6	≤8	≤8	≈2.5

此外，等离子弧对焊件的热输入较小，焊缝截面形状较窄，深宽比大，呈“酒杯”状，见图2.3-26。热影响区窄，其焊接变形也小。

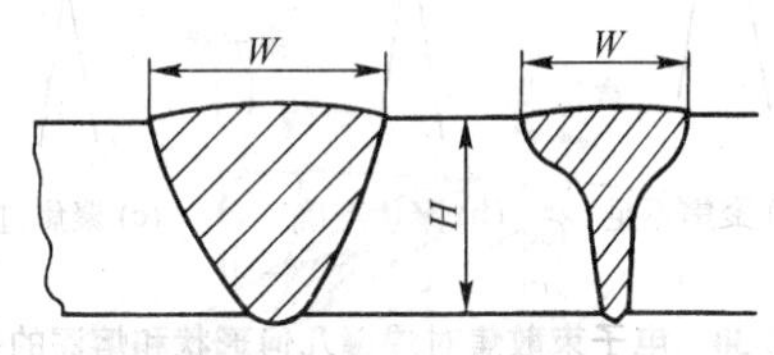

图2.3-26 等离子弧焊缝截面形状与TIG焊缝截面形状比较

2）由于等离子弧呈圆柱形，扩散角小，挺直度好，所以焊接熔池形状和尺寸受弧长波动的影响小，因而容易获得均匀的焊缝成形，而TIG焊随着弧长的增加，其熔宽增大，而熔深减小。

7.2 等离子弧焊焊接工艺参数对焊缝成形的影响

大电流等离子弧焊接通常采用小孔法焊接技术，它是利用等离子弧对一定厚度范围内的金属进行单面焊背面成形的焊接技术，又叫小孔法焊接技术，如图2.3-27所示。获得优良焊缝成形的前提是确保在焊接过程中熔池上形成稳定的穿透小孔，影响小孔形成与稳定的工艺参数主要有喷嘴孔径、焊接电流、离子气流量和焊接速度。此外，还有喷嘴到工件距离和保护气体成分等。

（1）喷嘴孔径

喷嘴孔径是选择与其他焊接工艺参数匹配的前提，应首先选定。在焊接生产中总是根据焊件厚度初步确定焊接电流的大致范围，然后按此范围参照表2.3-9确定喷嘴孔径，同时也按表2.3-10确定钨极的直径大小。实际使用的焊接电流，待与其他工艺参数进行匹配与调试才最后确定。

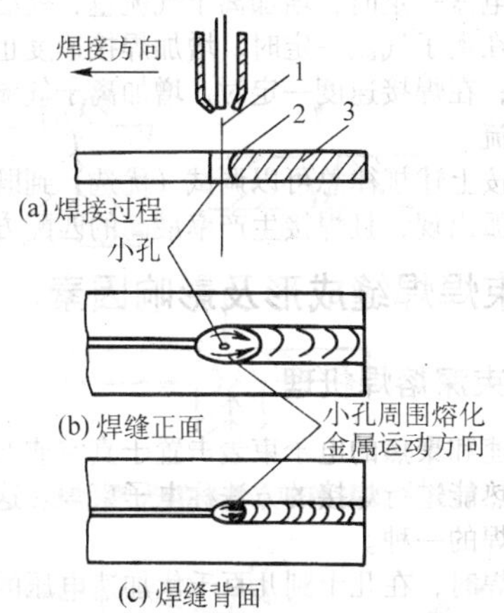

图2.3-27 小孔法等离子弧焊接

1—等离子弧；2—熔池；3—焊缝金属

表2.3-9 等离子弧电流与压缩喷嘴孔径之间的关系

喷嘴孔径 d_0/mm	等离子弧电流/A	离子气(Ar)流量/L·min^{-1}
0.8	1~25	0.24
1.6	20~75	0.47
2.1	40~100	0.92
2.5	100~200	1.89
3.2	150~300	2.36
4.8	200~500	2.83

表2.3-10 等离子弧焊钨极许用电流

电极直径/mm	0.25	0.5	1.0	1.6	2.4	3.2	4.0
电流范围/A	≤15	5~20	15~80	70~150	150~250	250~400	400~500

（2）焊接电流、离子气流量和焊接速度

在喷嘴结构形状和尺寸确定后，焊接电流、离子气流量和焊接速度三个工艺参数之间需合理匹配，才能获得最佳效果。当它们单独变化时会产生如下影响。

当其他焊接条件不变时，增加离子气流量，可提高离子流的吹力和穿透能力。因此，需有足够的离子气流量才能使熔池形成小孔。但若流量过大，则小直径扩大，焊缝难以成形，甚至熔化金属被吹走而变成切割。

当其他条件不变，焊接电流增加时，则电流密度增加，等离子弧的穿透能力也随之增大。因此，生产中总是按焊件厚度或熔透的要求来选定焊接电流。随着焊件厚度的增加，焊接电流需相应增大。若电流不足，则小孔不能形成，难以保证焊透。若电流过大，电弧柱变粗，熔池的小孔直径变大，液态金属下漏，焊缝不能成形，并且易发生双弧。

当其他焊接条件不变，焊接速度增加时，则焊接热输入减小，熔池的小孔直径也随之减小，甚至消失。反之若焊速太低，则母材过热，熔池金属下坠，焊缝成形不好。

研究表明，在一定喷嘴结构和尺寸及其它条件不变情况下，焊接电流、离子气流量和焊接速度三者在一定范围内可采用多种匹配组合，即改变某一工艺参数，另一参数作相应调整，也能使焊接熔池中出现小孔效应，获得满意的焊缝成形。它们相互之间有如下匹配的规律：

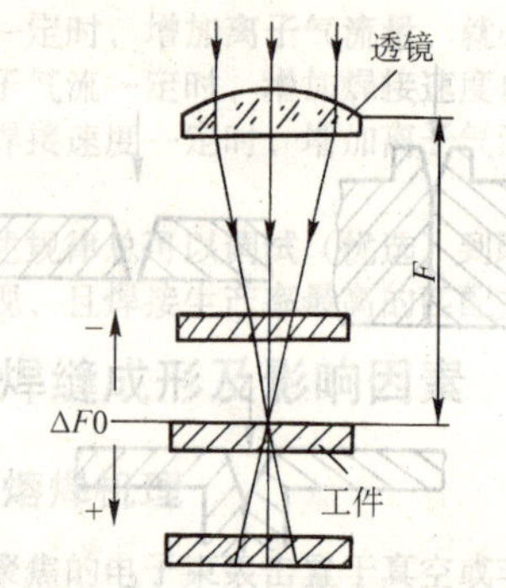

图 2.3-36　离焦量 ΔF 示意图

节这两个参数，使被焊材料熔化即可达到焊接目的。某些典型的脉冲激光焊接工艺参数可参考有关资料。

（2）功率密度　脉冲激光焊接时的功率密度由式 2.3-10 确定。焊点直径和熔深完全由热传导决定。当功率密度达到 10^6 W/cm^2 时，将产生小孔效应，形成深宽比大于 1 的焊点，金属略有气化。功率密度过大，金属气化激烈，在焊点中就会形成不能被液态金属填满的小孔，而不能形成牢固焊点。通常板厚一定时，焊接所需功率密度也一定，它随着焊件厚度增加而增加。

9.3　连续 CO_2 激光焊工艺参数及对焊缝成形的影响

1）激光功率　连续工作的低功率激光器可在薄板上以低速产生普通的有限传热焊缝。高功率激光器则可用小孔法（即熔孔型加热）在薄板上以高速产生窄的焊缝。也可用小孔法在中厚板上以低速（但不能低于 0.6 m/s）产生深宽比大的焊缝，图 2.3-37 是激光功率对熔深的影响。

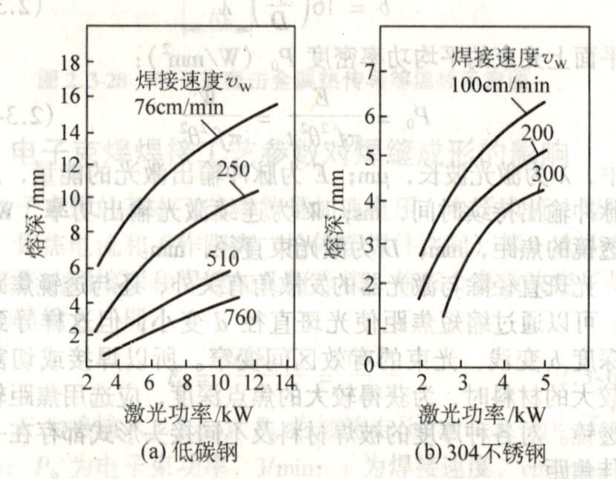

图 2.3-37　CO_2 激光焊激光功率对熔深的影响

2）焊接速度　从图 2.3-37 可以看出，当功率和其他参数保持不变时，焊缝熔深随着焊接速度加快而减小。

3）光斑直径　为了进行熔孔型加热（即小孔焊），焊接时激光焦点上的功率密度必须大于 10^6 W/cm^2。提高功率密度的途径，一是提高激光功率；二是减小光斑直径。由于功率密度与前者是线性关系，与后者的平方成反比，故通过减小光斑直径比增加功率更有效。

4）离焦量　激光束焦点处光斑最小，能最密度最大。通过调节离焦量 ΔF 可以在光束的某一截面选择一光斑直径使其能量密度适合于焊接。图 2.3-38 为离焦量对熔深与缝宽的影响，当 $|\Delta F|$ 很大时，熔深很小，属传热塑焊。$|\Delta F|$ 小到某一值后，熔深突然增加，属熔孔型焊接。

5）保护气体

深熔型焊（小孔焊）时，高功率激光束使金属蒸发并形成等离子体，它对激光束起着阻隔作用，影响激光束被焊件

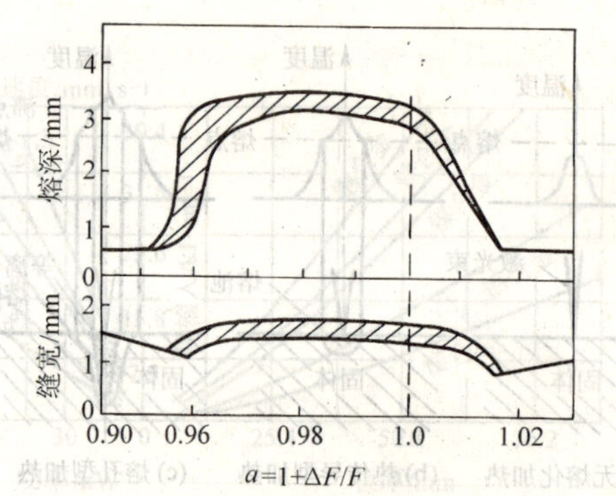

图 2.3-38　离焦量 ΔF 对熔深与缝宽的影响

吸收。为了排除等离子体，通常用高速喷嘴向焊接区喷送惰性气体，迫使等离子体偏移，同时又对熔化金属起到隔绝大气的保护作用。保护气体多用氩（Ar）或氦（He）。He 具有优良保护和抑制等离子体的效果，焊接时熔深较大。若在 He 里加入少量 Ar 或 O_2，可进一步提高熔深，故国外广泛使用 He 作保护气体。国内因 He 价格贵，故用 Ar 作保护气体。但由于 Ar 电离能太低易离解，故其熔深较小。

10　新型焊接工艺及焊缝成形

随着科学技术的进步，焊接技术作为材料热加工学科的一个分支，也在不断创新，出现了许多新型焊接技术和工艺，而且仍在不断产生与完善之中。本节将主要介绍铝合金穿孔型等离子弧立焊、活性助焊剂 – TIG 焊（Activating-TIG or A – TIG）等几种新的较为成熟的焊接技术。

10.1　铝合金穿孔型等离子弧立焊及焊缝成形

10.1.1　概述

受常规焊接方法的思维惯性影响，早期穿孔型等离子弧焊是以平焊形式出现的。人们在长期的实践过程中逐渐发现，立焊方式不仅可以使焊件可焊厚度增加，更重要的是使焊缝成形稳定性有显著提高。因此，立焊位置焊接工艺的采用（图 2.3-39），使铝合金穿孔型等离子弧焊迈出了坚实的一大步。

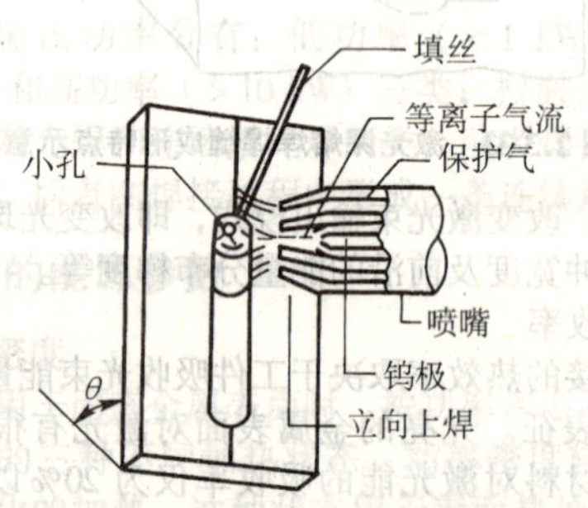

图 2.3-39　穿孔型等离子弧立焊示意图

由于穿孔型等离子弧立焊可实现中厚板的单面一次焊双面同时自由成形，并且气孔和夹渣少，焊接变形小，生产率高，成本低，因而成为航天工业中重大铝合金焊接产品的首选焊接方法。但是，铝合金穿孔型等离子弧焊在拥有能量密度高、加热范围小和穿透力大等优点的同时，也存在焊缝成形稳定性（或再现性）差的缺陷，主要原因如下。

1）要保证铝合金熔池金属的良好流动性，就必须采用在焊件为负的反极性期间内去除氧化膜的交流焊方法，但却会使钨极烧损严重，造成电弧燃烧不稳定。

2）必须对交流等离子弧采取稳弧措施，这不仅增加设备的复杂程度，且易产生双弧。

3）由于等离子弧对焊件背面的氧化膜几乎没有清理作用，因此，穿孔熔池背面液态金属的流动会受到焊件背面氧化膜的影响。

4）由于铝合金的比热容、热导率和熔解热大，使得为提高焊缝成形稳定性而在焊接钢材时所采用的“一脉一孔”的低频脉冲穿孔型等离子弧焊不能很好地应用于铝合金焊接。

从焊接工艺角度看，铝合金穿孔型等离子弧焊焊缝成形的稳定性主要取决于4个方面：①由焊接电源和焊枪以及铝合金材料所决定的等离子弧性能；②穿孔熔池金属的流动性；③反映穿孔熔池行为特征信号的提取；④焊缝成形稳定性的控制。

10.1.2 等离子弧行为

等离子弧是一种部分电离了的气体射流。在各焊接参数配合适当时，等离子弧射流可冲透熔池形成中间具有小孔的穿孔熔池。随着焊接的进行，穿孔熔池前方母材金属不断熔化，并沿着穿孔两侧流向穿孔的后方，然后汇聚，形成焊件正、背面皆具有焊缝的穿孔型等离子弧焊接过程。

1）穿孔熔池的可靠建立　起始焊接过程中穿孔熔池的可靠建立是保证焊缝成形稳定性的重要环节。一般而言，穿孔熔池可靠建立的判据是：①穿孔过程平静，双弧现象较少；②熔池及其邻近区域无氧化，形成的穿孔圆滑，孔径大小合适（既不会造成穿孔消失，也不会造成起始处塌漏或形成切割），可顺利过渡到主焊接过程；③起始焊缝正、背面凸起较小。

穿孔熔池实际上是作用于焊件上的电弧热和作用于熔池上的力交互作用的结果。不但热量的多少和力的大小、而且热量和力的变化速度也影响熔池穿孔的好坏。穿孔熔池可分为图2.3-40所示的热传导型、强力型和热力型三种。

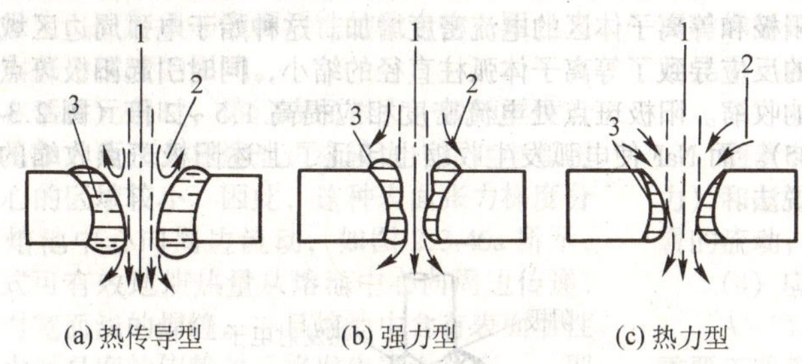

(a) 热传导型　(b) 强力型　(c) 热力型

图2.3-40　起始焊接时不同穿孔熔池类型示意图
1—等离子弧；2—补充气体；3—熔化金属

热传导型穿孔熔池是在焊接电流、离子气流量较小时，电弧分散且挖掘力较小，必须较长时间加热使焊件熔透而形成的。穿孔过程比较平稳，穿孔后焊件背面的焊瘤较大，熔池易塌漏，甚至形成切割，难以过渡到主焊接过程。强力型穿孔熔池是在焊接电流较小、离子气流量较大时，弧柱细小，挺度大，短时间内强大集中的电弧挖掘力穿透焊件而形成的。熔池穿孔前，喷嘴与上翻的熔池金属间易产生双弧和短路，甚至使起始焊过程中断。而在熔池穿孔后，因孔径小，熔化金属量少，熔池金属不易被吹向焊件背面而形成焊瘤。热力型穿孔熔池是在适度的焊接电流、适度的离子气流量经过适度的时间作用下形成的。穿孔时，由于焊件背面高温固态金属仍具有一定刚度，限制了电弧的扩展和孔径的扩大。穿孔孔径大小和液态金属量比较合适，易于过渡到主焊接过程。只在焊件正面或背面起始点形成焊瘤，也可能没有焊瘤。

采用焊接电流和离子气流量按一定规律联合递增的方法，或电流递增、或离子气流量递增，均可实现穿孔熔池的可靠建立。但以电流和离子气流量联合递增的效果最佳，它可建立最佳的热力型穿孔熔池和顺利转入随后的主焊接过程。

2）方波交流等离子弧焊主弧与直流维弧间的干涉现象　为保证电流过零时等离子主电弧燃烧的稳定性，方波交流等离子弧焊工艺采用一个加在电极和喷嘴之间的直流电源作为维弧电源。这种联合型等离子弧可较好地保证电弧稳定和焊缝良好成形。但是在焊接过程中维弧引燃后引燃主弧时，有时却造成维弧熄灭，使主弧不能顺利引燃；更严重的是，焊接过程中发生电弧不稳定放电，有时甚至造成主弧熄灭。这种主、维弧间的相互干涉现象，其根本原因在于喷嘴电位不适应主电弧弧柱电场。

3）正、反极性电弧的作用　电弧交替地变为反极性和正极性的作用是：反极性电弧分散地作用于熔池前沿固态母材金属表面的半圆环区域内，以清理掉阻碍液态金属良好熔化、流动和熔合的氧化膜，更主要的作用是加热焊件，为正极性电弧的到来做好热量的储备；而正极性电弧加热作用较小，主要是形成一定的电磁力集中作用于该半圆环区域的中心，实现焊件深而窄的熔化和穿透。

此外，大电流等离子弧焊时，在不增加电源总输出电流的条件下，对正极性辅助电流进行高频调制可显著增强等离子弧的电磁压缩效果，增大等离子弧的挺度，更好地满足焊件深而窄的力、热、熔化和穿透要求。

4）等离子弧理论计算的研究　通过对等离子弧有关热、射流速度、力的计算，认识到焊接等离子弧既具有电弧的特点又具有等离子射流的特点，并得出以下一些结论。

① 用于焊件熔化和形成焊缝的热量只占电弧总功率的50%。电极区的直接加热主要作用于穿孔熔池前方半圆环区域内的固态母材金属，而等离子射流通过对流方式的间接加热则主要作用于穿孔周围的液态熔池金属。

② 建立了等离子射流喷嘴出口速度的数学模型。进一步计算可知，焊件穿透主要靠高速等离子射流所产生的压力，而由于从喷嘴出口处到焊件正面表面区域的电弧截面积不同所产生的指向焊件的电磁压缩力所起作用很小。

③ 等离子弧射流是高温磁流体紊流射流，其紊流度和紊流范围是决定焊缝成形稳定性的关键因素之一。为减少其对焊缝成形稳定性的影响，可以采取两种措施：一是尽量降低喷嘴高度（图2.3-41）并在焊接过程中保持恒定；二是对正极性电流进行高频调制。

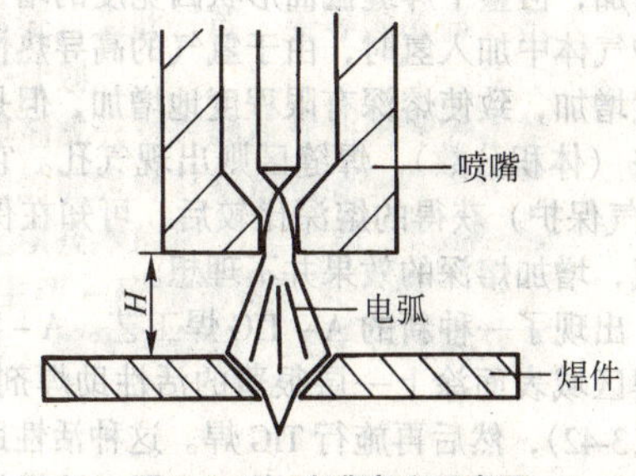

图2.3-41　喷嘴高度示意图

上述研究成果为穿孔型等离子弧焊焊缝成形的稳定性研究打下了坚实的理论基础，同时也可能是促使穿孔型等离子弧焊由方波交流焊接工艺向变极性等离子弧焊工艺转变的直接原因。

10.1.3　焊接参数对焊缝成形的影响

焊接参数不同，将导致熔池液态金属受力状况发生变化，从而改变了液态金属的流动状态，影响焊缝成形。

1）焊接电流　焊接电流增加（减小）时，热输入增加（减小），等离子流力增大（减小），表面张力梯度减小（增

第 4 章　焊接冶金与材料焊接性

熔焊过程中，焊接区的填充材料及母材，在焊接热源的作用下，从固态熔化为液态的熔滴及熔池。当焊接热源继续向前方运动而离开这个加热部位时，熔池又从液态经过冷却，凝固转变成为固态的焊缝。这一系列的物理化学变化过程就称为焊接冶金过程。这个过程，大致可划分为：液相冶金（化学冶金）、凝固冶金（金属结晶）及固相冶金（物理冶金）等三个阶段。每一个阶段所发生的物理化学反应，对于焊接质量都有重要的影响。

由于焊接热源及焊接温度场、焊接熔池及焊缝成型、焊接热影响区及焊接缺陷等有关焊接凝固冶金、固相冶金的内容，本书都有专章论述，所以本章重点介绍焊接化学冶金、焊接材料及材料焊接性等三个部分。

1　焊接化学冶金

熔焊过程中，熔滴和熔池的表面充满大量气体，有时还覆盖着熔渣。这些气体和熔渣在焊接高温条件下与液体金属发生着一系列复杂的物理化学反应。例如元素的氧化与还原，气体的溶解与析出，有害杂质的去除等。在高温条件下，焊接区内液体金属与各种物质之间互相作用的过程，称为焊接化学冶金过程。

焊接化学冶金过程对于焊接工艺性以及焊缝金属的成分及性能、焊接质量都有重要的影响。深入研究在各种工艺条件下，焊接化学冶金反应与焊缝金属成分、性能之间的关系及其变化规律，对于合理选择及研制焊接材料、正确控制及调整焊缝金属的成分与性能、提高焊接质量具有重要的意义。

1.1　焊接化学冶金过程特点

熔焊过程与钢铁冶炼过程相比较，在原材料及冶炼条件等方面都有很大不同。焊接化学冶金过程的主要特点如下。

1）不同的焊接方法对焊接区金属采用不同的方式进行保护。例如，气体保护、熔渣保护、气-渣联合保护、真空保护等。

2）焊接冶金反应是在具有保护的条件下分区域（或分阶段）、连续地进行的。例如，焊条电弧焊时可分为药皮反应区、熔滴反应区和熔池反应区等。

3）焊接冶金反应区温度高。液态金属与气相、熔渣接触面积大，反应时间短。其冶金反应的物理条件见表 2.4-1。所以，焊接化学冶金反应速度快而强烈，并且增加了合金元素的烧损与蒸发。

表 2.4-1　焊接及炼钢液相冶金反应的物理条件

类别、区域		比表面积 /m²·kg⁻¹	温度 /℃	相间接触 时间/s
电弧焊	熔滴	$(1\sim10)\times10^{-3}$	1 800 ~ 2 400	0.01 ~ 1.0
	熔池	$(0.25\sim1.1)\times10^{-3}$	1 700 ± 10	6 ~ 40
炼 钢		$(1\sim10)\times10^{-6}$	1 600 ~ 1 700	$(1.8\sim9)\times10^{3}$

4）熔池尺寸小。焊条电弧焊时熔池质量通常为0.6 ~ 16 g，低碳钢埋弧焊时也不超过 100 g。熔池内液体在各种力的作用下发生强烈运动。熔池运动状态受焊接方法、工艺参数、焊接材料成分、电极直径及其倾斜角度等因素的影响。

5）焊接区的不等温条件，使焊接化学冶金反应多数没达到平衡，但趋近于平衡。

6）化学冶金反应受焊接工艺条件的影响。当焊接方法或工艺参数改变时，必然引起冶金反应的条件（如反应物的数量、浓度、温度、反应时间等）发生变化。

1.2　焊接时对金属的保护

（1）保护的必要性

在空气中无任何保护的情况下，采用光焊丝对低碳钢进行电弧焊接，其结果在焊缝金属中氮含量可达 0.105% ~ 0.218%，比焊丝高 20 ~ 45 倍；氧含量为 0.14% ~ 0.72%，比焊丝高 7 ~ 35 倍。同时，锰、碳等有益合金元素因烧损和蒸发而减少。焊缝金属的强度变化不大，但其塑性和韧性却急剧下降，见表 2.4-2。这样的劣质焊缝，在工程上是没有实用价值的。

表 2.4-2　无保护焊接低碳钢时焊缝与母材性能比较

部 位	性 能 指 标			
	σ_b/MPa	δ/%	α/（°）	a_K/J·cm⁻²
母材	390 ~ 440	25 ~ 30	180	> 147
焊缝	334 ~ 390	5 ~ 10	20 ~ 40	4.9 ~ 24.5

为了避免焊接过程中焊缝金属被空气污染及有益合金元素的烧损，焊接冶金的首要任务就是对焊接区内的金属加强保护，以防止空气的有害作用。

（2）保护方式及效果

每一种熔焊方法都是为了加强对焊接区保护而发展和完善起来的。表 2.4-3 列出了目前熔焊过程中采用的几种主要保护方式。保护效果决定于隔离有害气体的程度，它和焊接方法的工艺特点及焊接条件有关。

表 2.4-3　熔焊过程中的保护方式

保 护 方 式	焊 接 方 法
气体保护	气焊、TIG、MAG、MIG、等离子弧焊
熔渣保护	埋弧焊、电渣焊
气-渣联合保护	具有造气剂的焊条或药芯焊丝的电弧焊
真空保护	真空电子束焊
自保护	焊丝中含有脱氧、脱氮剂的自保护电弧焊

焊条电弧焊和药芯焊丝电弧焊多用气 – 渣联合保护，可进行全位置焊接。但保护效果受到较多因素影响，其中最主要是受到焊工操作技术的影响，如果弧长、焊接速度、焊条倾角、运条等因素不正常或不稳定都会降低保护效果。

电渣焊和埋弧焊均用熔渣保护。从隔离空气的作用来看，熔渣的保护效果很好。影响电渣焊保护效果的主要因素是渣池的深度，而埋弧焊的保护效果则受到焊剂的粒度、结构和堆高等诸多因素影响，故不及电渣焊。由于焊剂、熔渣及熔池受重力作用，这两种焊接方法的应用范围受到焊接位置限制。电渣焊只适于厚件、直缝的立焊位置焊接，埋弧焊主要用于平焊和横角焊缝。

气体保护焊的保护效果取决于保护气体的性质及纯度、

焊炬结构、气流特性以及焊工操作技术等。惰性气体（氩、氦等）的保护效果较好，常用于合金钢及活性金属的焊接。自保护焊是采用特制的实心或药芯焊丝在空气中焊接的一种方法。它不是采用机械地隔开空气的办法来保护焊接区的金属，而是在焊丝或药芯中加入脱氧和脱氮剂，通过冶金反应来减少进入熔池金属中的氧和氮含量的方法。因此，称为自保护焊。目前实心自保护焊丝的保护效果欠佳，焊缝金属的塑性和韧性还不令人满意，所以生产上应用还不广泛。

真空电子束焊的保护效果最理想。因为焊件是在真空室内焊接，熔化金属既不与空气也不与熔渣接触，故可焊出很纯净的焊缝金属。这种焊接方法常用于重要焊件或活性金属的焊接。影响其保护效果的主要因素是真空室的真空度。真空度越高，其保护效果就越好。但是，大型焊接真空室，要实现高真空在技术和经济上将比较困难。

1.3　焊接冶金反应区及其反应条件

焊接冶金过程是分区域（或分阶段）、连续进行的。并且各区的反应条件，例如，反应物的性质、浓度、温度、反应时间、两相接触面积、对流及搅拌运动等，也有较大的差异。因此，就影响到各区域反应进行的可能性、方向、速度及限度。不同的焊接方法有不同的反应区。焊条电弧焊有三个反应区。药皮反应区、熔滴反应区和熔池反应区，见图 2.4-1。熔化极气体保护焊只有熔滴和熔池两个反应区；无填充金属的气焊、钨极氩弧焊和电子束焊只有一个熔池反应区。

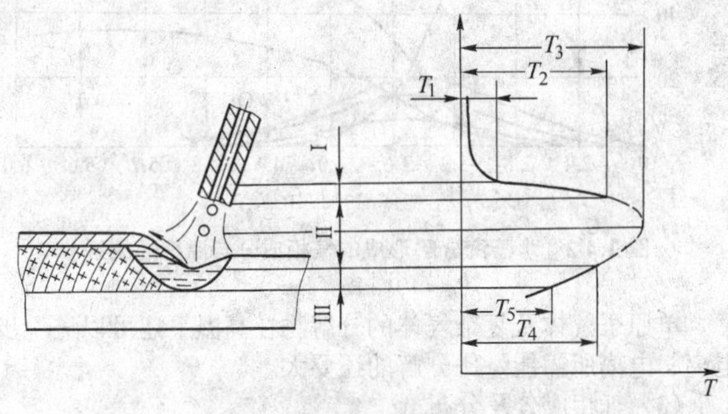

图 2.4-1　焊条电弧焊冶金反应区及其温度分布

Ⅰ—药皮反应区；Ⅱ—熔滴反应区；Ⅲ—熔池反应区；
T_1—药皮开始返应温度；T_2—焊条端部熔滴温度；
T_3—弧柱间熔滴温度；T_4—熔池最高温度；T_5—熔池凝固温度

（1）药皮反应区

药皮反应区的温度范围从 100 ℃至药皮的熔点（对于钢焊条约为 1 200℃）。该区内的主要物化反应是：水分蒸发、某些物质分解和铁合金的氧化。当加热温度超过 100℃，药皮中的吸附水分全部蒸发。加热温度超过 200～400℃，药皮中的白泥、白云母等组成物的结晶水将被排除。而化合水则需在更高温度下才可能析出。再升高到一定温度，药皮中的有机物（木粉、纤维素、淀粉等）、碳酸盐（大理石 $CaCO_3$、菱苦土 $MgCO_3$ 等）和高价氧化物（赤铁矿 Fe_2O_3、锰矿 MnO_2 等）逐步发生分解，形成 CO_2、O_2、H_2 等气体。这些气体既对焊接区金属有机械保护作用，又对被焊金属和药皮中的铁合金（如锰铁、硅铁、钛铁等）有很大氧化作用。当温度高于 600℃时，就会发生铁合金的明显氧化。其结果使气相的氧化性大大下降，这就是先期脱氧过程。

（2）熔滴反应区

熔滴反应区包括熔滴形成、长大及过渡到熔池中去的全过程。其反应条件有如下特点。

1）熔滴温度高　电弧焊接钢材时熔滴最高温度约 2 800℃，平均温度在 1 800～2 400℃范围内。熔滴的过热度很大，可达 300～900℃。

2）熔滴与气体和熔渣接触面积大　因熔滴尺寸小，在正常情况下其比表面积可达 10^3～10^4 cm^2/kg，比炼钢时约大 1 000倍，见表 2.4-1。

3）各相之间的反应时间短　熔滴在焊条末端停留时间约 0.01～0.1 s，向熔池过渡的速度高达 2.5～10 m/s，经弧柱区时间只有 0.000 1～0.001 5 s。在这个区内各相接触的平均时间约为 0.01～1.0 s。熔滴阶段反应主要是在焊条末端进行。

4）熔滴与熔渣发生强烈混合　熔滴在形成、长大和过渡过程中受到电磁力、气体吹力等外界因素作用，便与熔渣发生强烈的混合，既增加彼此接触面积，也加速冶金反应进行。所以熔滴反应区是冶金反应最激烈的部位，许多反应可达到接近终了的程度，因而对焊缝的成分及性能影响最大。在此区进行的物化反应主要有：气体的分解与溶解、金属的蒸发、金属及其合金成分的氧化与还原，以及焊缝金属的合金化等。

（3）熔池反应区

熔滴与熔渣落入熔池后就开始熔池区的冶金反应，直至金属凝固形成焊缝为止。在这个区域内熔滴、熔渣与熔化的母材相互混合与接触，继续各相之间的物理化学反应。该区的反应条件有如下特点。

1）熔池的温度分布极不均匀。它的前部温度高，处于升温阶段，进行着金属熔化、气体吸收，有利于吸热反应；它的后部温度低，处于降温阶段，发生气体逸出、金属凝固，有利于放热反应。因此，同一个反应在熔池的前部和后部可以向相反的方向进行。

2）熔池的平均温度约为 1 600～1 900℃，比熔滴温度低，反应时间稍长，焊条电弧焊时熔池存在时间为 3～8 s，埋弧焊为 6～25 s。

3）由于受电弧力、气流和等离子流等因素作用，熔池发生搅动。熔池温度分布不均匀，也造成熔池的对流运动。这有助于熔池成分的均匀化和加大冶金反应速度，有利于气体或非金属夹杂物从熔池中逸出。

4）熔池反应阶段中，反应物的含量与平衡含量之差比熔滴阶段小。所以，在相同条件下，熔池中的反应速度比熔滴阶段中的要小。

5）当药皮的质量系数 K_b（单位长度焊条的药皮与焊芯质量之比）较大时，由于部分熔渣不与熔滴作用而直接流入熔池中，因而与熔池金属作用的熔渣数量大于与熔滴金属作用的熔渣数量。所以增加焊条药皮厚度能够加强熔池阶段的冶金反应。

6）熔池反应区的反应物质是不断更新的。新熔化的母材、焊芯和药皮不断进入熔池的头部，而凝固的焊缝金属和熔渣不断从尾部退出。在焊接工艺参数恒定的情况下，这种物质的更替过程可以达到稳定状态，从而获得成分均匀的焊缝金属。

从上述特点看出，熔池阶段的反应速度、合金元素被氧化的程度均比熔滴阶段小，采用大厚度药皮焊条进行焊接时，熔池中的反应可获得加强。

总之，焊接化学冶金过程是分区域连续进行的。在熔滴阶段进行的反应多数在熔池阶段继续进行，但也有的反应停止甚至改变反应方向。各阶段冶金反应的综合结果，就决定了焊缝金属的最终化学成分。

1.4　气相对金属的作用

1.4.1　焊接区内的气体

焊接区内气相成分主要有 CO、CO_2、H_2O、N_2、H_2、

O_2、金属和熔渣的蒸气及其分解和电离的产物等。其中对焊接质量影响最大的是 N_2、H_2、O_2、CO_2 和 H_2O 气等。

（1）气体来源

①焊接材料，例如焊条药皮、焊剂和药芯中的造气剂、高价氧化物和水分等；②电弧区周围的空气；③焊丝和焊件表面存在的铁皮、铁锈、油污和吸附水等；④母材和填充金属自身残留的气体。

焊接区内的气体除了外界侵入或人为直接输入的保护气体外，一般是通过物化反应产生。

1）有机物的分解和燃烧　焊条药皮中常用的淀粉、纤维素、糊精等有机物作为造气剂和增塑剂，受热后将发生热氧化分解反应，产生 CO、CO_2、H_2 和水气等气体。

2）碳酸盐和高价氧化物的分解　在焊接冶金中常使用碳酸盐，如 $CaCO_3$、$MgCO_3$ 等，用来造气和造渣，也有利于稳定电弧。当加热超过一定温度时，这些物质就开始发生分解，产生 CO_2 气体。例如：

$$CaCO_3 = CaO + CO_2$$

高价氧化物主要有 Fe_2O_3 和 MnO_2 等，在焊接过程中将发生分解，生成大量氧气和低价氧化物。例如：

$$6Fe_2O_3 = 4Fe_3O_4 + O_2$$

$$2Fe_3O_4 = 6FeO + O_2$$

3）材料的蒸发　焊接过程中，除焊材中水分蒸发外，金属元素和熔渣中各种成分在电弧高温下也会蒸发成为蒸气。沸点越低的物质越容易蒸发，从表2.4-4看出金属元素Zn、Mg、Pb、Mn的沸点较低。因此，在熔滴形成和过渡过程中最易蒸发。氟化物也因沸点低而易于蒸发。有用元素蒸发不仅造成合金元素损失，影响焊接质量，而且还会增加焊接烟尘，污染环境，影响焊工健康。

表2.4-4　合金元素和氧化物的沸点　℃

物　质	沸　点	物　质	沸　点
Zn	907	Ti	3 127
Mg	1 126	C	4 502
Pb	1 740	Mo	4 804
Mn	2 097	AlF_3	1 260
Cr	2 222	KF	1 500
Al	2 327	LiF	1 670
Ni	2 459	NaF	1 700
Si	2 467	BaF_2	2 137
Cu	2 547	MgF_2	2 239
Fe	2 753	CaF_2	2 500

（2）气体分解

焊接区内的气体是以分子、原子及离子等状态存在。一般以分子状态存在的气体须先分解成原子或离子后才能溶解到金属中。在焊接冶金中常见的气体有简单气体和复杂气体两类，前者是由同种原子组成分子的气体，如 N_2、H_2 和 O_2 等，多为双原子气体；后者是由不同原子组成分子的气体，如 CO_2 和 H_2O 等。气体受热，其原子获得足够高的能量后就会分解为单个原子或离子及电子。表2.4-5列出一些常见气体分解的反应式，它们均为吸热反应。从表中的数字（在标准状态下的热效应 $\Delta H_{298}^{\ominus}$ 反映出各种气体分解的难易程度在焊接温度（5 000 K）下，H_2 和 O_2 的分解大都以原子状态存在，而氮分解度很小，基本上以分子状态存在。CO_2 气体的分解随温度升高而增加，在焊接温度下几乎完全分解。水蒸气分解比较复杂，在不同温度下可按表2.4-5中编号7～10的反应式进行分解成 H_2、O_2、H、O 等，图2.4-2给出了水蒸气分解形成气相成分与温度的关系。

表2.4-5　气体分解反应式

编号	反　应　式	$\Delta H_{298}^{\ominus}$/kJ·mol^{-1}
1	$F_2 = F + F$	－270
2	$H_2 = H + H$	－433.9
3	$H_2 = H + H^+ + e$	－174.5
4	$O_2 = O + O$	－489.9
5	$N_2 = N + N$	－711.4
6	$CO_2 = CO + \frac{1}{2}O_2$	－282.8
7	$H_2O = H_2 + \frac{1}{2}O_2$	－483.2
8	$H_2O = OH + \frac{1}{2}H_2$	－532.8
9	$H_2O = H_2 + O$	－977.3
10	$H_2O = 2H + O$	－1 808.3

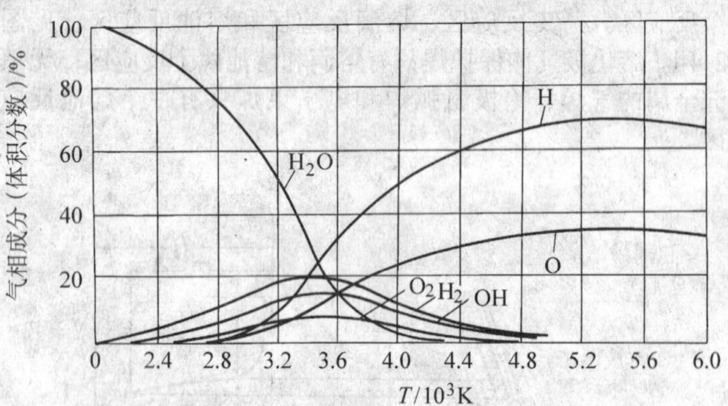

图2.4-2　水蒸汽分解形成的气相成分与温度的关系
P_0 = 101 kPa（1atm）

单原子气体及复杂气体的分解物在高温下还可以进一步电离，电离所需能量比分解的还要大。

（3）气相成分及分布

焊接区内气相的成分和数量与焊接方法、工艺参数、焊接材料种类有关。焊条电弧焊时，气相的氧化性较大。用碱性焊条焊接，由于气相中 H_2 和 H_2O 的含量很少，所以称为低氢型焊条；埋弧焊和中性焰气焊时，气相中 CO_2 和 H_2O 含量很少，因而气相的氧化性也很小。各种气体的分子、原子和离子在焊接区内的分布与温度有关。由于电弧的温度无论是轴向或径向分布都不均匀，所以气相在电弧中的分布也是不均匀的。焊接过程中，测定气相的成分是很困难的，目前的测试技术，尚不成熟。通常的方法是将焊接区的气体抽出来，冷至室温再进行分析。显然，其结果对于分析气相对金属的作用，具有一定的参考价值。

1.4.2　氮对金属的作用及其控制

（1）氮对金属的作用

氮的主要来源是空气，焊接区一旦受到空气侵入，便会发生氮与金属作用。有些金属如铜、镍、银等与氮不发生作用，即使在高温熔化状态也不溶解氮或生成氮化物。因此焊接这类金属时，可用氮作为保护气体。铁、锰、钛、铬等金属既能溶解氮，又能形成稳定的氮化物。因此，焊接这类金属及其合金时，必须防止焊缝金属的氮化。

氮在金属中的溶解反应为：

$$N_2 = 2[N]$$

氮在金属中的溶解度与平衡时该气体分压的平方根成比

例。在气相中氮的分压越大，其溶解度越大。因此，降低气相中的分压可有效地减少氮在金属中的含量。

氮在纯铁中的溶解度与温度的关系如图 2.4-3 所示。从图中看出，氮在液态铁中的溶解度随温度升高而增大，因这种溶解属吸热反应。在 2 200℃ 时溶解度最大，达 47 mL/100 g。升至铁的沸点附近则溶解度急剧降低，直至为零。这是因为金属大量蒸发，使气相中氮的分压显著下降所致。铁从液态转变为固态时，氮溶解度突然下降 70% ~ 80%，析出的氮是形成焊缝中气孔的重要原因之一。

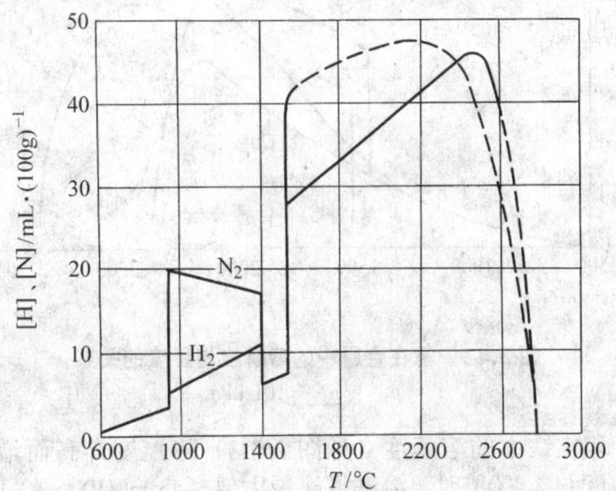

图 2.4-3　氮和氢在铁中的溶解度与温度的关系

$p_{N_2} + p_{金} = 101$ kPa（latm）

在液态铁中，加入 C、Si、Ni 会减少氮的溶解度；当加入 V、Mn、Cr 会增加氮的溶解度，见图 2.4-4。

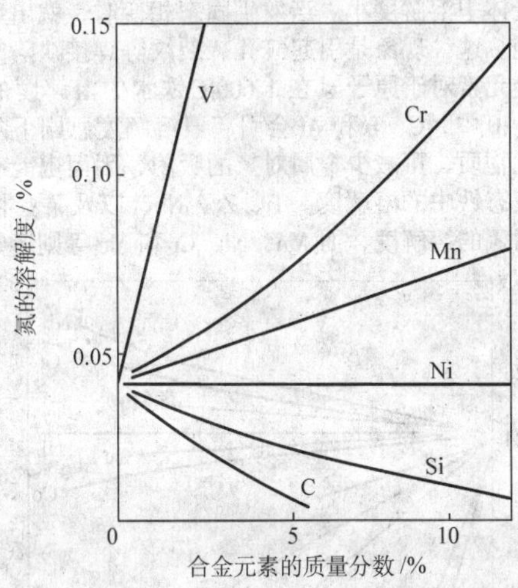

图 2.4-4　各种元素对 1 600℃时，氮在铁中的溶解度的影响

（2）氮对焊接质量的影响

1）形成气孔　由于液态金属在高温时可溶解大量的氮，而凝固结晶时氮的溶解度突然下降，致使过饱和的氮以气泡形式从熔池中逸出。如果焊缝金属结晶速度大于氮逸出的速度时，就形成气孔。

2）使焊缝金属时效脆化　焊缝金属中过饱和的氮处于不稳定状态。随着时间的延长，过饱和的氮逐渐析出，形成稳定的针状氮化物 Fe_4N，因而使焊缝金属的强度增高，塑性和韧性下降，特别是低温韧性急剧下降，见图 2.4-5 和图 2.4-6。

（3）氮的控制

1）加强焊接区的保护　由于氮来源于空气，所以控制氮的主要措施是加强对焊接区的保护，防止空气与液态金属发生作用。目前对焊接区通常的保护措施有：气体保护、熔渣保护、气渣联合保护及真空保护等。表 2.4-6 为采用不同焊接方法焊接低碳钢时的焊缝含氮量。

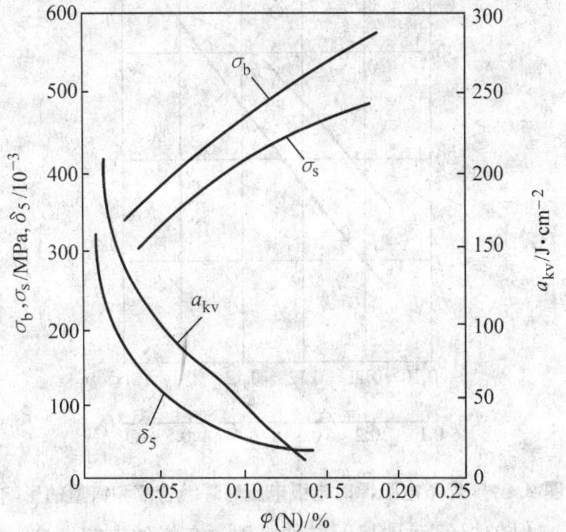

图 2.4-5　氮对焊缝金属常温力学性能的影响

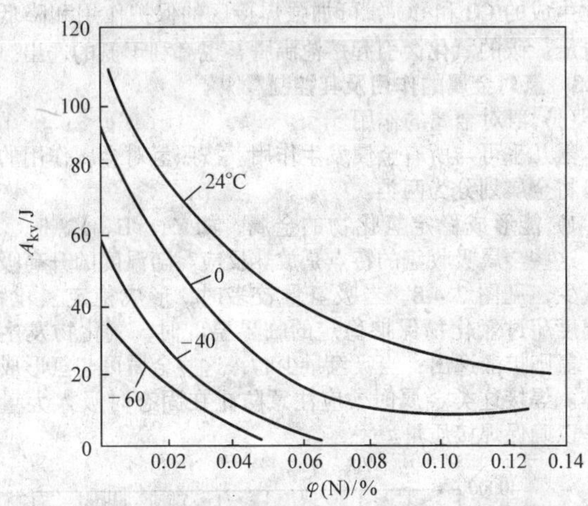

图 2.4-6　氮对低碳钢焊缝低温冲击吸收功的影响

表 2.4-6　焊接低碳钢时，焊缝金属中的含氮量

焊接方法		φ（N）/%	焊接方法	φ（N）/%
焊条电弧焊	光焊丝	0.08 ~ 0.228	埋弧焊	0.002 ~ 0.007
	钛型焊条	0.015	CO_2 气体保护焊	0.008 ~ 0.015
	钛铁矿型焊条	0.014	MIG 焊	0.006 8
	低氢型焊条	0.010	药芯焊丝明弧焊	0.015 ~ 0.040
气焊		0.015 ~ 0.020	实心焊丝自保护焊	<0.12

2）控制焊接工艺参数　焊条电弧焊时，增大焊接电流，可增加熔滴过渡频率，缩短了熔滴与空气作用时间，因而焊缝中含氮量可减少。采用直流反接时，可减少焊缝含氮量，这与减少氮离子的溶解有关。在相同工艺条件下，增大焊丝直径可使焊缝含氮量减少，这和熔滴变粗与空气接触面减少有关。

电弧电压增大，即电弧被拉长，空气侵入焊接区并与熔滴的作用时间加长，从而使焊缝金属含氮量增加，见图 2.4-7。因此，采用短弧焊对减少氮含量有利。

3）冶金处理　对于已经入侵焊缝中的氮，若能使其转化为稳定的氮化物，就可以降低其有害作用。Ti、Al、Zr 和稀土元素对氮有较大的亲和力，易形成稳定的氮化物，而且这些氮化物不溶于铁水而进入熔渣中。

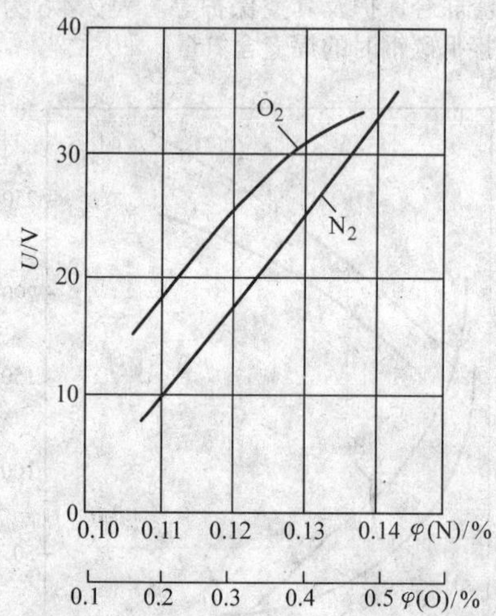

图 2.4-7　焊条电弧焊时电弧电压对焊缝含氧和氮量的影响

自保护焊丝就是基于这种原理，在焊丝中加入这一类合金元素进行脱氧的。此外，碳可降低氮在铁中的溶解度，碳氧化生成的 CO 和 CO_2，可加强焊接区的保护作用和降低氮的分压。碳的氧化会引起熔池沸腾，也有利于氮的逸出。

1.4.3　氢对金属的作用及其控制

(1) 氢对金属的作用

氢几乎可与所有金属发生作用。按照氢对金属作用的特点可将金属划分为两类。

1) 能形成稳定氢化物的金属，如 Zn、Ti、V、Ta、Nb 等。这些金属吸收氢的特点是放热反应，随温度的升高吸氢量减少，见图 2.4-8。当吸氢量较多时，形成稳定氢化物。当温度超过氢化物保持稳定的临界温度时，氢化物发生分解，氢则扩散逸出；当吸氢量少时，这些金属可与氢形成固溶体。焊接这类金属时，应注意防止在固态时吸入大量的氢，以确保焊接质量。

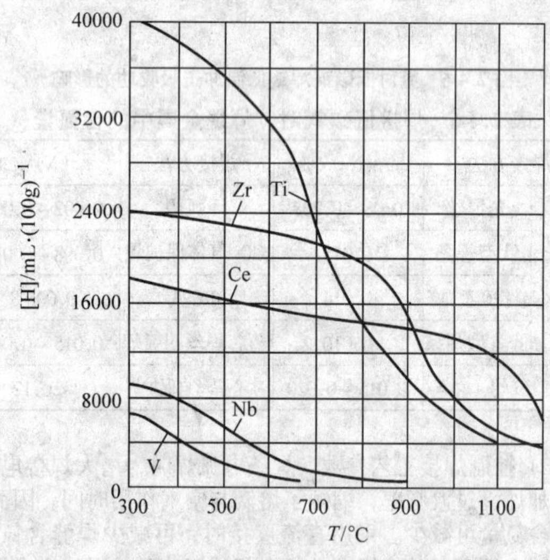

图 2.4-8　部分金属吸收氢的含量与温度的关系

p_{H_2} = 101 kPa

2) 不能形成稳定氢化物的金属，如 Al、Fe、Ni、Cu、Cr、Mo 等。但氢能溶于这类金属及其合金中，其溶解反应属吸热反应，故溶解量随温度的升高而增大。氢在铁中的溶解度与温度的关系见图 2.4-3。图 2.4-9 为氢在 Al、Cu 和 Ni 中的溶解度与温度的关系，它们的溶解度曲线具有相类似的特征。

氢可通过气相和熔渣向金属中溶解。当氢通过气相向金属中溶解时，分子状态的氢必须分解为原子或离子状态（主要是 H^+）才能向金属中溶解；当通过熔渣向金属中溶解时，氢或水蒸气首先溶于熔渣中，主要以 OH^- 离子形式存在，其溶解度取决于气相中水蒸气的分压、熔渣的碱度、氟化物的含量和金属中的含氧量等。

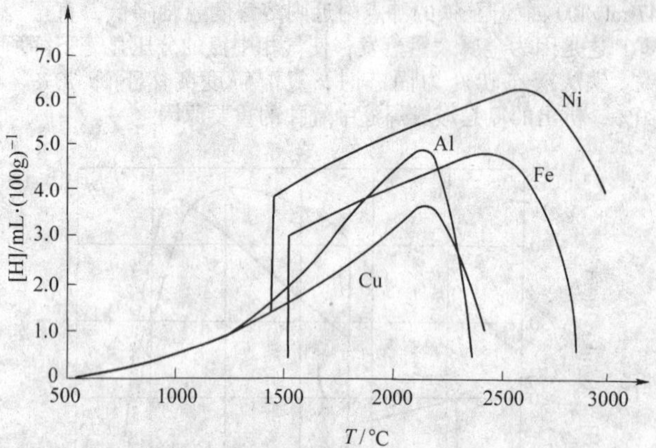

图 2.4-9　氢在金属中的溶解度与温度的关系

$p_{H_2} + p_{金} = 101$ kPa

氢在铁中的溶解度（见图 2.4-3）随温度升高而增大，当温度约 2 400℃时，溶解度达最大值（43 mL/100 g）。说明在熔滴阶段吸收的氢比熔池阶段多。继续升温，金属的蒸气压急剧增加，使氢溶解度迅速下降。在金属沸点温度时，氢的溶解度为零。从图中可知，在钢的变态点，氢的溶解度发生突变。这是因为氢在固态钢中的溶解度和组织结构有关。氢在面心立方晶格的奥氏体钢中溶解度大，而在体心立方晶格的珠光体中溶解度小。当发生固态相变时，就出现了溶解度的突变。这种现象是引起气孔、裂纹等焊接缺陷的重要原因。合金元素对于原子氢在 1 600℃铁水中溶解度的影响示于图 2.4-10 中，C、B 和 Al 会引起氢溶解度急剧下降。氧是表面活性物质，可减少金属对氢的吸附，因而也能有效地降低氢在液态铁中的溶解度。Ti、Zr、Nb、以及某些稀土元素可以提高氢的溶解度，而 Mn、Ni、Cr 和 Mo 等则影响不大。

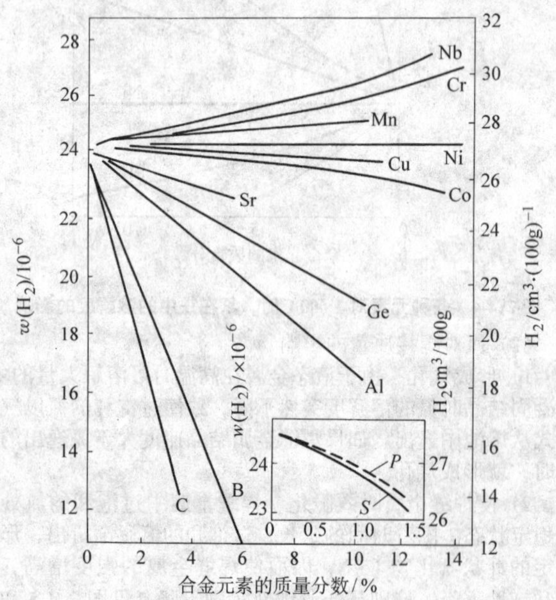

图 2.4-10　合金元素对原子氢在 1 600℃铁液中溶解度的影响

(2) 焊缝金属中的氢

焊接熔池在液态时吸收的氢，由于凝固结晶速度很快，如果来不及逸出就被保留在固态的焊缝金属中。在钢焊缝中的氢是以 H、H^+ 的形式存在，它们与焊缝金属形成间隙固溶体。由于氢原子及离子的半径很小，它们可以在焊缝金属的晶格中自由扩散，这一部分氢被称为扩散氢。如果氢扩散到金属的晶格缺陷、显微裂纹或非金属夹杂物边缘的微小空隙中时，可以结合成氢分子。由于氢分子的半径大而不能自由扩散，故称这部分氢为残余氢。因铁与氢不形成稳定氢化物，所以铁内扩散氢约占总氢量的 80%～90%，它对接头性能的影响比残余氢大。焊缝金属的含氢量是随焊后放置时间而变化的。其规律是：焊后放置时间越长，扩散氢越少，残余氢越多，而焊缝中总氢量在下降。这是因为氢的扩散运动，使一部分扩散氢从焊缝中逸出，而另一部分转变为残余氢。如图 2.4-11 所示。

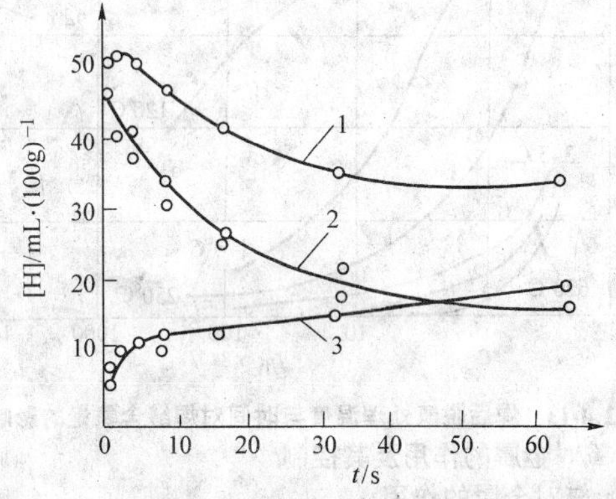

图 2.4-11　焊缝中的含氢量与焊后放置时间的关系
1—总氢量；2—扩散氢；3—残余氢

熔敷金属中的扩散氢可以用甘油法、气相色谱法、水银法和排液法测定。我国国标 GB/T 3965—1995《熔敷金属中扩散氢测定方法》中规定使用前三种方法。

不同焊接方法熔敷金属的含氢量并不相同。表 2.4-7 为焊接碳钢时熔敷金属中的含氢量。从表中看出，所有焊接方法都使熔敷金属增氢。焊条电弧焊时只有用低氢型焊条的扩散氢含量最少。CO_2 保护焊的扩散氢含量极少，是一种超低氢的焊接方法。

氢在焊接接头中的扩散和分布很复杂。从图 2.4-12 中氢在接头横断面上的分布特点看出，它与母材成分，组织和焊缝金属的类型等因素有关。值得注意的是，氢向热影响区扩散，并且扩散深度较大，这是热影响区产生延迟裂纹的主要原因之一。

(3) 氢对焊接质量的影响

氢对许多金属及其合金的焊接质量是有害的。对结构钢焊接的有害作用是：

1) 形成气孔　熔池在高温时吸收了大量的氢，结晶时氢的溶解度突然下降，使氢在焊缝中处于过饱和状态，并发生如下的反应：

$$2[H] \rightarrow H_2$$

反应生成的分子氢不溶于金属，于是在金属中形成气泡。当氢气泡的逸出速度小于金属凝固速度时，残留在焊缝金属中而形成气孔。

2) 形成冷裂纹　冷裂纹是焊接接头冷却到较低温度下（在 Ms 以下）产生的一种裂纹。氢是促使产生冷裂纹的主要原因之一。

表 2.4-7　焊接碳钢时熔敷金属中的含氢量

焊接方法		扩散氢量/mL·(100 g)$^{-1}$	残余氢量/mL·(100 g)$^{-1}$	总氢量/mL·(100 g)$^{-1}$	备　注
焊条电弧焊	纤维素型	36.8	6.3	42.1	在 40～50℃停留48～72 h 测定扩散氢，真空加热测定残余氢
	钛型	39.1	7.1	46.2	
	钛铁扩型	30.1	6.7	36.8	
	氧化铁型	32.3	6.5	38.8	
	低氢型	4.2	2.6	6.8	
埋弧焊		4.40	1～1.5	5.90	
CO_2 保护焊		0.04	1～1.5	1.54	
氧－乙炔气焊		5.00	1～1.5	6.50	

3) 形成氢脆　氢在室温附近使钢的塑性发生严重下降的现象称为氢脆。一般认为是原子氢扩散聚集在金属晶格缺陷内（如位错、空位等），结合成分子氢，造成局部高压区，阻碍塑性变形而造成氢脆。在较高温度时，氢扩散速度大，氢可以迅速逸出；在很低温度时，氢的扩散速度小，氢聚集不起来，这两种情况下都不会引起氢脆。只有在室温或稍低于室温的情况下才发生氢脆。金属中晶格缺陷越多，氢脆倾向越大。

4) 形成白点　在碳钢和低合金钢焊缝中，如含有较多的氢，在焊后不久进行力学性能试验时，试件断口上常出现光亮圆形的白点，其直径约 0.5～3 mm。由于白点中心含有微细气孔或夹杂物，按照其形状，故又称“鱼眼”。白点产生于金属塑性变形过程，其成因是氢的存在及其扩散运动。当外力作用下金属产生塑性变形时，促使氢扩散并聚集于微小气孔或夹杂等缺陷处。白点对焊缝强度影响不大，但对塑性、韧性有较大的影响。碳钢及用 Cr、Ni、Mo 合金化的焊缝，较容易出现白点。

(4) 氢的控制

氢对焊缝金属有不利影响，必须加以消除和控制。首先要减少氢的来源，其次在焊接过程中利用冶金措施加以去除，然后根据需要作焊后消氢处理。

1) 限制氢的来源，其主要措施有以下几点。

① 限制焊接材料中的含氢量。制造焊条、焊剂及药芯焊丝所使用的各种原材料都在不同程度上含有吸附水、结晶水、化合水或溶解氢等，设计配方时应尽量选用不含或少含氢的原材料。制造焊接材料时，应按技术要求进行烘焙以降低成品的含水量。焊条、焊剂成品长期存放会吸潮。因此，用前应进行烘干。一般酸性焊条其烘干温度为 150～200℃；低氢型焊条为 350～450℃，烘干时间不小于2 h。烘干后应立即使用，或放在保温筒内随用随取。

② 清除气体介质中的水分。采用气体保护电弧焊时，保护气体 Ar、CO_2 中常含水分，使用前应当采取去水或干燥等措施。

③ 清除焊件及焊丝表面上的油污、杂质。焊件待焊面和焊丝表面的铁锈、油污、吸附水分及其含氢物质都是使焊缝增氢的主要原因之一，焊前应认真清除。

2）冶金处理　通过焊接材料的冶金作用，使气相中的氢转化为稳定的氢化物、降低氢的分压，以达到减少氢在焊缝金属中的溶解。HF 和 OH 都是高温下较稳定的氢化物，而且不溶于钢中。因此，只须适当调整焊接材料成分，促使气相中的氢转变成 HF 和 OH，即可减少焊缝中的含氢量。在药皮或焊剂中加入氟化物，焊接时在气相中能使氢转变成 HF。最常用的氟化物是 CaF_2，其去氢作用为：

$$CaF_2(气) + H_2O(气) = CaO(气) + 2HF$$

$$CaF_2(气) + 2H = Ca(气) + 2HF$$

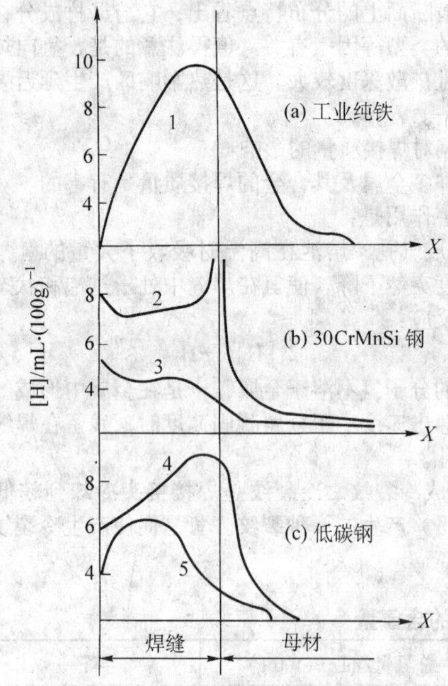

图 2.4-12　氢在焊接接头横断面上的分布
1—纤维素焊条焊接；
2—奥氏体焊缝；3—铁素体焊缝；
4—钛型焊条焊接；5—碱性焊条焊接

在高硅高锰焊剂中加入适当的 CaF_2 就可以显著降低焊缝的含氢量。如果能增强气相中的氧化性或增加熔池中氧含量，都能使氢转变成 OH，达到减少焊缝金属中氢溶解的目的。由于 CO_2 气体具有氧化性，能减少焊缝中的含氢量；焊条电弧焊时低氢型焊条药皮中碳酸盐受热分解出的 CO_2 也起同样的作用，其去氢反应为：

$$CO_2 + H = CO + OH$$

氩弧焊时，为了防止气孔产生，常在氩气中加入体积分数5%左右的氧气，增加气相中的氧化性，降低氢的分压，使之进行脱氢反应如下：

$$O + H = OH$$

$$O_2 + H_2 = 2OH$$

此外，在药皮或焊丝中加入微量的稀土元素如钇、碲、硒等，也可以降低扩散氢含量。

3）控制焊接工艺参数　焊条电弧焊时，焊接电流增加使熔滴变细，增大了氢向熔滴金属溶解的可能性。由于电流增大，电弧和熔滴温度升高，引起氢和水蒸气分解度增大，使熔滴吸氢量增加。气体保护焊时，当电流超过临界值，熔滴转变为射流过渡，这时熔滴温度接近金属沸点，金属蒸汽急剧增大而氢分压显著降低，同时熔滴过渡频率高，速度快，与空气接触时间短，因而可减少熔滴的含氢量。

电源性质和极性对氢在焊缝中含量也有影响。直流正接时，因 H^+ 向阴极运动，有利于向高温熔滴溶解，故氢在焊缝中含量比直流反接时高；用交流电焊接时，因弧柱温度周期性变化，引起周围气氛的体积也相应发生周期性胀与缩的变化，增加了熔滴与气氛接触机会，故焊缝含氢量比直流焊接时多。

4）焊后脱氢处理　焊件焊后经过特定的热处理可以使氢扩散外逸，减少接头中的含氢量。图 2.4-13 说明加热温度越高，脱氢所需时间越短。对于普通钢一般用 350℃，保温 1 h，就可去除大部分氢。对于奥氏体钢接头进行脱氢处理效果不大，这是因为氢在奥氏体组织中的溶解度大，而扩散速度小。

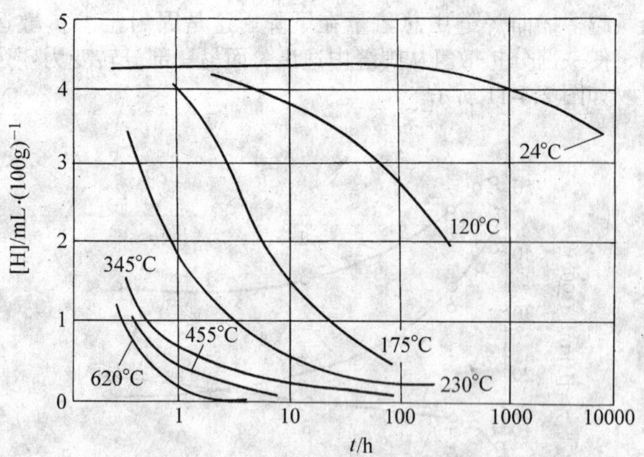

图 2.4-13　焊后脱氢处理温度与时间对焊缝含氢量的影响

1.4.4　氧对金属的作用及其控制

（1）氧对金属的作用

焊接区的氧来源于周围的空气以及焊接材料或焊件中的高价氧化物、水分、铁锈等的分解物。氧的化学性质很活泼，在焊接高温下可与许多金属元素作用。它不仅使焊缝金属中有益合金元素被烧损，而且所形成的氧化物又夹杂在焊缝中，使焊缝金属的力学性能严重下降。

根据氧与金属作用的特点，可把金属分为两类：一类是不能溶解氧，但焊接时发生激烈氧化的金属，如 Mg、Al 等；另一类是能有限地溶解氧，并且焊接时也发生氧化的金属，如 Fe、Ni、Cu、Ti 等。这类金属氧化后生成的氧化物能溶解于相应的金属中。

1）氧在金属中的溶解　氧是以原子氧和氧化亚铁 FeO 两种形式溶解在液态铁中。这种溶解为吸热过程，其溶解度随温度升高而增大，见图 2.4-14。当液态铁凝固时氧的溶解度急剧下降，当 2 000℃变到 1 520℃，其溶解度由 0.8%下降到 0.16%；当 δ 铁转变为 γ 铁时下降到 0.05%以下；室温的 α 铁中几乎不溶解（<0.001%）。因此，焊缝金属中的氧几乎全部以氧化物（例如 FeO、SiO、MnO、Al_2O_3）和硅酸盐夹杂物的形式存在。通常所说的焊缝含氧量是指总含氧量，既包括溶解氧也包括非金属夹杂物中的氧。

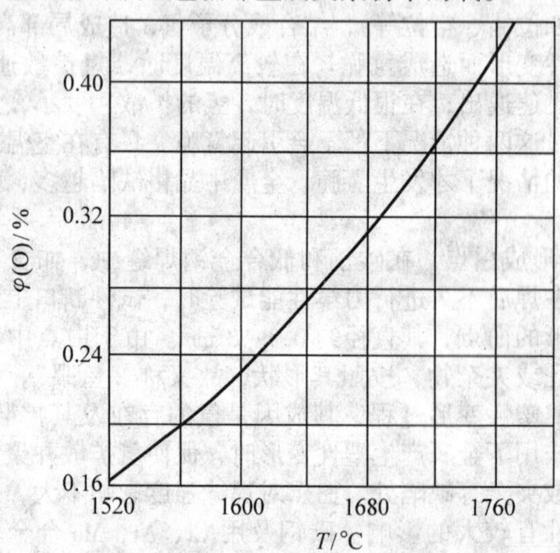

图 2.4-14　液态铁中氧的溶解度与温度的关系

在液态铁中，随着合金元素含量的增加，氧的溶解度下降，见图 2.4-15。元素与氧的亲和力愈强，氧的溶解度愈小。氧在焊缝金属中，无论是单独存在还是以氧化物存在都是有害的，使焊缝金属强度、塑性和韧性明显下降。

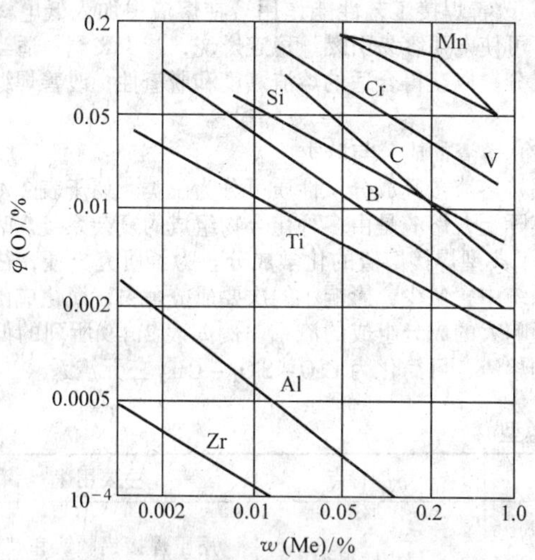

图 2.4-15　合金元素的含量 w（Me）对液态铁中氧的溶解度影响（1 600℃）

2）氧对金属的氧化　焊接时对金属的氧化除自由氧直接与金属发生作用外，其余都是在各个反应区内通过氧化性气体，如 CO_2，H_2O，或活性熔渣与金属相互作用实现的。

① 自由氧对金属的氧化　电弧焊时，空气中的氧总是有可能侵入电弧中，焊接材料中的高价氧化物等也因受热而分解产生氧气。这样使气相中自由氧的分压大于氧化物的分解压，金属就被氧化。其氧化反应为：

$$[Fe]+\frac{1}{2}O_2 = FeO+26.97\ kJ/mol$$

$$[Fe]+O = FeO+515.76\ kJ/mol$$

从反应的热效应看，原子氧对铁的氧化比分子氧更为激烈。

此外，除铁发生氧化外，铁水中其他对氧亲和力比铁大的合金元素也发生氧化，例如：

$$[C]+\frac{1}{2}O_2 = CO\uparrow$$

$$[Si]+O_2 = (SiO_2)$$

$$[Mn]+\frac{1}{2}O_2 = (MnO)$$

② CO_2 对金属的氧化　在高温下 CO_2 对液态铁和其他许多金属来说是活泼的氧化剂。当温度高于 3 000 K 时，CO_2 的氧化性超过了空气。所以在焊接高温条件下，用 CO_2 作保护气体只能防止空气中的氮，而不能防止金属的氧化。焊接时，铁被氧化，其他合金元素也将被烧损。所以，采用 CO_2 气体保护焊时，必须采用含硅、锰高的焊丝（如 H08Mn2Si）或药芯焊丝，以利于脱氧。同理，在含碳酸盐的药皮中也需加入脱氧剂。

③ H_2O 气对金属的氧化　气相中的水蒸气不仅使焊缝增氢，而且使铁和其他合金元素氧化，其反应如下：

$$H_2O+[Fe] = [FeO]+H_2$$

温度越高，H_2O 气的氧化性越强。因此，为了保证焊接质量，当气相中含有较多水分时，在去氢的同时，也需进行脱氧。

④ 混合气体对金属的氧化。焊条电弧焊时，气相不是单一的气体；而是多种气体的混合物。高温下它们对铁是氧化性的。因此，在焊条的药皮中须加入脱氧剂。

(2) 氧对焊接质量的影响

氧在焊缝中无论是以溶解状态还是氧化物夹杂形式存在，对焊缝的性能都有很大影响。随着焊缝含氧量的增加，其强度、塑性和韧性显著下降，如图 2.4-16。特别是焊缝金属的低温冲击韧度急剧下降，如图 2.4-17 所示。此外，氧还会引起材料的热脆、冷脆和时效硬化。

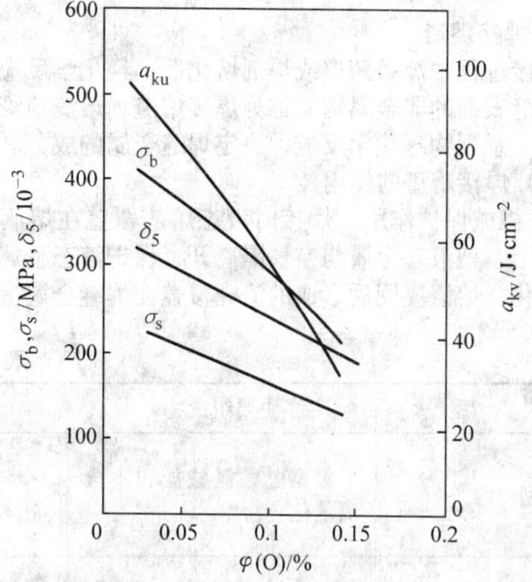

图 2.4-16　氧（以 FeO 形式存在）对低碳钢常温力学性能的影响

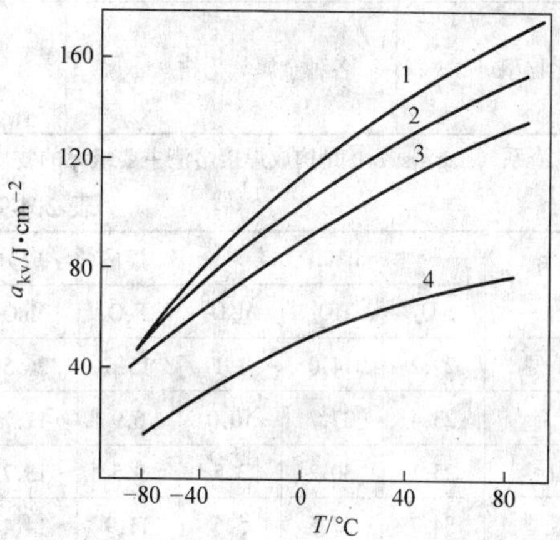

图 2.4-17　低碳钢埋弧焊时硅酸盐夹杂物对焊缝冲击韧度的影响含夹杂物（质量分数）

1—0.028%～0.030%；2—0.034%～0.053%；3—0.104%～0.110%；4—0.196%

熔滴中含氧和碳较多时相互作用生成的 CO 受热膨胀，使熔滴爆炸，造成飞溅，影响焊接过程的稳定性。溶解在熔池中的氧和碳发生反应，生成不溶于金属的 CO。熔池疑固时，CO 气体来不及逸出就会引形成气孔。

在焊接过程中氧能烧损钢中的有益合金元素，从而使焊缝金属性能变坏。以上是氧的有害影响，但在某些情况下使焊接材料具有氧化性是有利的。例如，为了减少焊缝含氢量，改进电流的特性，获得必要的熔渣物理化学性能，有时在焊接材料中故意加入一定量的氧化剂；铸铁冷焊时，为了烧去多余的碳，常在焊条药皮中加入氧化剂。

(3) 氧的控制

1）采用纯度高的焊接材料，尽量减少氧的来源。在焊接活泼金属及其合金时，应尽量采用不含氧或少含氧的焊接材料。

2）控制焊接工艺参数。增加电弧电压，即拉长电弧，使空气易于侵入电弧，并且与熔滴接触时间变长，致使焊缝含氧量增大。因此，宜采用短弧焊接。此外，焊接方法、电流种类和极性以及熔滴过渡形式等都有一定影响。

3）采用冶金处理进行脱氧。通过向焊条药皮或焊丝中加入某些合金元素，使这些合金元素在焊接过程中被氧化，从而保护被焊金属及其合金元素不被氧化。

1.5　熔渣及其对金属的作用

1.5.1　焊接熔渣

焊接过程中焊条药皮或焊剂熔化后，经化学反应形成覆盖于焊缝表面的非金属物质称为焊接熔渣。熔渣与液体金属发生的一系列物理化学反应，决定焊缝金属的成分和性能。

(1) 焊接熔渣的作用

1）机械保护作用　焊接时液态熔渣覆盖在熔滴和熔池的表面上，把液态金属与空气隔离开，保护液态金属不被氧化和氮化。熔渣凝固后形成的渣壳覆盖在焊缝金属上，可以使高温的焊缝金属不受空气侵害。

2）冶金处理作用　熔渣可以去除焊缝中的有害杂质，如脱氧、脱氢、脱硫、脱磷等。还可通过熔渣向焊缝金属过渡有益的合金元素。

3）改善焊接工艺性能作用　在熔渣中加入低电离电位物质，可使电弧容易引燃、稳定燃烧，减少飞溅；适当调整熔渣成分，以获得合适的熔渣黏度和脱渣性；改善焊缝成形等。

(2) 熔渣的成分与分类

焊接熔渣按其成分及性质可分为三类。列于表2.4-8。

实际上，熔渣是由多种化合物组成的复杂系统。表2.4-9列出了典型焊接熔渣的化学成分。为了研究方便，往往把复杂系统中含量少，影响小的次要成分舍去，简化成由含量多、影响大的成分组成的渣系。例如表2.4-9所列的低氢型焊条的熔渣，可简化为 $CaO-SiO_2-CaF_2$ 三元渣系。

表2.4-8　焊接熔渣类型

类　型	主要组成物	渣系①举例	熔渣特点	主要用途
盐型	氟酸盐、氯酸盐和不含氧的化合物	CaF_2-NaF_2 $CaF_2-BaCl_2-NaF_2$ $KCl-NaCl-NaAlF_6$	氧化性很小	用于焊接铝、钛和其他活性金属及其合金
盐-氧化物型	氟化物和强金属氧化物	$CaF_2-CaO-Al_2O_3$ $CaF_2-CaO-SiO_2$ $CaF_2-MgO-Al_2O_3$	氧化性较小	用于焊接高合金钢及高温合金
氧化物型	各种金属氧化物	$MnO-SiO_2$ $FeO-MnO-SiO_2$ $CaO-TiO_2-SiO_2$	氧化性较强	低碳钢和低合金钢的焊接用

①　渣系（slag system）是构成焊接熔渣主要组元的物质系统。

表2.4-9　典型焊接熔渣的化学成分

焊条和焊剂类型	熔渣化学成分（质量分数）/%										熔渣碱度		熔渣类型
	SiO_2	TiO_2	Al_2O_3	FeO	MnO	CaO	MgO	Na_2O	K_2O	CaF_2	B_1	B_2	
钛铁矿型	29.2	14.0	1.1	15.6	26.5	8.7	1.3	1.4	1.1	—	0.88	-0.1	氧化物型
钛型	23.4	37.7	10.0	6.9	11.7	3.7	0.5	2.2	2.9	—	0.43	-2.0	氧化物型
钛钙型	25.1	30.2	3.5	9.5	13.7	8.8	5.2	1.7	2.3	—	0.76	-0.9	氧化物型
纤维素型	34.7	17.5	5.5	11.9	14.4	2.1	5.8	3.8	4.3	—	0.60	-1.3	氧化物型
氧化铁型	40.4	1.3	4.5	22.7	19.3	1.3	4.6	1.8	1.5	—	0.60	-0.7	氧化物型
低氢型	24.1	7.0	1.5	4.0	3.5	35.8	—	0.8	0.8	20.3	1.86	+0.9	盐-氧化物型
HJ430	38.5	—	1.3	4.7	43.0	1.7	0.45	—	—	6.0	0.62	-0.33	氧化物型
HJ251	18.2~22.0	—	18.0~23.0	≤1.0	7.0~10.0	3.0~6.0	14.0~17.0	—	—	23.0~30.0	1.15~1.44	+0.048~0.49	盐-氧化物型

(3) 熔渣的结构

熔渣的物理化学性质及与金属的作用等，都和液态熔渣内部结构有关。目前有两种熔渣结构理论，简述如下。

1）分子理论　该理论以对凝固熔渣的相分析和化学成分分析的结果为依据，其要点如下。

① 液态熔渣由不带电的分子组成。例如氧化物分子 CaO_2、SiO_2 等；复合物分子 $CaO\cdot SiO_2$、$MnO\cdot SiO_2$ 等以及氟化物、硫化物分子等。

② 氧化物及其复合物处于平衡状态。升温时的反应使氧化物含量增加，熔渣活性增大。降温时则相反，其复合物含量增加。复合物的稳定性用它们自身的生成热效应来衡量，生成热效应的值越大，这种复合物就越稳定。

③ 只有自由氧化物才能参与和液态金属的反应。复合物中的氧化物不能参与反应。

由于分子理论能简明、定性地解释熔渣与金属的冶金反应，至今仍被广泛应用。但该理论所假定的熔渣结构与实际结构不符，有些重要的现象，如熔渣的导电性无法解释。

2）离子理论　是在研究熔渣电化学性质的基础上提出来的，其要点如下。

① 液态熔渣是由阳离子和阴离子组成的电中性溶液。熔渣中离子的种类和存在形式取决于熔渣的成分和温度。负电性大的元素以阴离子形式存在，如 F^-、O^{2-}、S^{2-} 等；负电性小的元素形成阳离子，如 K^+、Na^+、Ca^{2+}、Mg^{2+}、Fe^{2+}、Mn^{2+} 等；而负电性比较大的元素，如Si、Al、B等，其阳离子往往不能独立存在，而是与氧离子形成复杂的阴离子，如 SiO_4^{4-}，$Al_3O_7^{5-}$ 等。

② 离子的分布、聚集和相互作用取决于它的综合矩。离子的综合矩 $=\frac{Z}{r}$，Z 为离子的电荷（静电单位），r 为离子的半径（10^{-1}nm）。离子综合矩越大，与其他离子的作用力也越大。阳离子中 Si^{4+} 的综合矩最大，而阴离子中 O^{2-} 的综合矩最大，所以它们能很牢固地结合为 SiO_4^{4-} 或更为复杂的离子。互相作用力大的异号离子彼此接近而形成集团，其他相互作用力小的异号离子也形成集团，这样造成熔渣化学成分微观上的不均匀。综合矩与温度有关，当温度升高时，离子半径增大，综合矩则减小。

③ 熔渣与金属的作用是熔渣中的离子与金属原子交换电荷的过程。例如，硅还原（铁氧化）的过程就是硅离子与铁原子在熔渣与金属的两相界面上交换电荷的过程，即：

$$(Si^{4+}) + 2[Fe] \Longrightarrow 2(Fe^{2+}) + [Si]$$

反应的结果是硅进入液态金属，铁变成离子进入熔渣中。

总之，离子理论比分子理论更为合理，但是目前还不够完善。因此，分子理论仍在应用。

(4) 熔渣的性质

1) 熔渣的碱度　熔渣的碱度是熔渣冶金性能的重要指标。它与熔渣的活性、粘度和表面张力等性能有密切的关系。不同的熔渣结构理论，对碱度的定义和计算方法是不同的。

① 分子理论关于碱度的定义与计算　熔渣分子理论将焊接熔渣中的氧化物按其性质分为三类：

酸性氧化物　按其酸性由强至弱的顺序为：SiO_2、TiO_2、P_2O_5 等；

碱性氧化物　按其碱性由强至弱的顺序为：K_2O、Na_2O、CaO、MgO、BaO、MnO、FeO 等；

中性氧化物　主要有：Al_2O_3，Fe_2O_3、Cr_2O_3 等，这些氧化物在强酸性熔渣中常呈弱碱性，在强碱性熔渣中常呈弱酸性。

分子理论对熔渣碱度 B 的定义为：

$$B=\frac{\sum \text{碱性氧化物摩尔分数}}{\sum \text{酸性氧化物摩尔分数}} \tag{2.4-1}$$

碱度 B 的倒数为酸度。理论上，当 $B>1$ 时为碱性渣；$B<1$ 时为酸性渣；$B=1$ 时为中性渣。实际上按式（2.4-1）计算并不准确，根据经验 $B>1.3$ 时，熔渣才是碱性的。这是因为式中没有考虑各氧化物酸、碱性的强弱程度，也没有考虑酸、碱性氧化物的复合情况，因此，只能用作粗略计算。式（2.4-1）经过修正后，得到比较精确的计算公式：

$$B_1=\frac{0.018CaO+0.015MgO+0.006CaF_2+0.014(Na_2O+K_2O)+0.007(MnO+FeO)}{0.017SiO_2+0.005(Al_2O_3+TiO_2+ZrO)} \tag{2.4-2}$$

式中各成分均以质量分数计，当 $B_1>1$ 时为碱性渣；$B_1=1$ 为中性渣；$B<1$ 为酸性渣。表 2.4-9 中的 B_1 就是用的此式计算的。

② 离子理论关于碱度的定义与计算　离子理论把熔渣中自由氧离子（即游离状态的氧离子）的浓度（或氧离子的活度）定义为碱度。渣中自由氧离子的含量越大，则碱度越大。最常用的碱度表达式为：

$$B_2=\sum_{i=1}^{n} a_i M_i \tag{2.4-3}$$

式中，B_2 为熔渣碱度；a_i 为渣中第 i 种氧化物的碱度系数，见表 2.4-10。M_i 为渣中第 i 种氧比物的摩尔分数。

一般 $B_2>0$ 为碱性渣；$B_2=0$ 为中性渣；$B_2<0$ 为酸性渣。

表 2.4-10　氧化物的碱度系数 a_i 及相对分子质量

氧化物	K_2O	Na_2O	CaO	MnO	MgO	FeO	Fe_2O_3	Al_2O_3	ZrO	TiO_2	SiO_2
碱度系数 a_i	9.0	8.5	6.05	4.8	4.0	3.4	0	−0.2	−0.2	−4.97	−6.31
相对分子质量	94.2	62	56	71	40.3	72	159.7	102	123	80	60
分类	碱性						中性			酸性	

从表 2.4-9 中所列熔渣的 B_1 和 B_2 值看出，熔渣的碱度因焊条和焊剂类型不同而异。其中只有低氢型焊条和焊剂 HJ251 的熔渣是碱性，其他均为酸性。因此，可把熔渣归纳为两大类，即酸性渣和碱性渣，与之相应的焊条和焊剂也分为酸性和碱性两大类。这两大类焊接材料由于熔渣的酸、碱性不同，其冶金性能，工艺性能和焊缝金属的化学成分与性能也有显著的不同。

2) 熔渣的黏度　黏度是液体内部发生相对运动时所产生的摩擦力。它反映了质点在液体内部移动的难易程度。焊接熔渣的黏度对焊接工艺性能、熔渣的保护作用、化学冶金反应等具有显著的影响。

① 温度对熔渣黏度的影响　温度升高，熔渣的黏度下降，见图 2.4-18。但碱性渣和酸性渣下降的趋势不同。从图 2.4-18 看出，当两种渣的黏度都变化 $\Delta\eta$ 时，含 SiO_2 多的酸性渣对应的温度变化 ΔT_2 大，即凝固时间长，故称长渣。这种渣不适于仰焊。而碱性渣对应的 ΔT_1 小，即凝固时间短，故称短渣。这种渣适于全位置焊接。焊接钢材用的熔渣黏度，在 1 500℃左右时，为 0.1～0.2 Pa·s 比较合适。

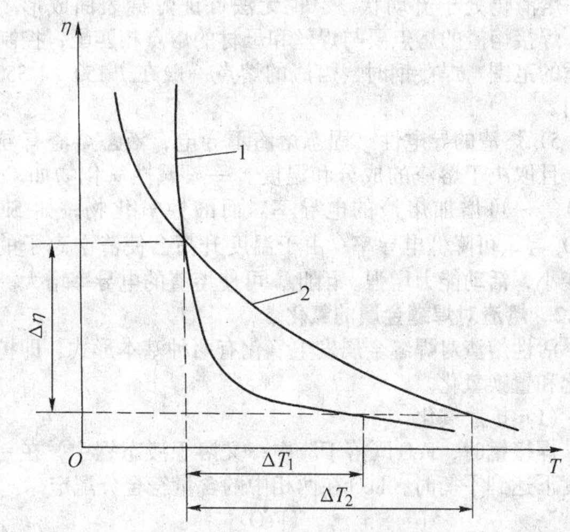

图 2.4-18　熔渣黏度与温度的关系

1—碱性渣；2—含 SiO_2 多的酸性渣

② 熔渣成分对黏度的影响　在熔渣中加入能促使形成粗大阴离子的物质，可使黏度增大；加入阻碍形成粗大阴离子的物质可以降低熔渣的黏度。

SiO_2 易与 O^{2-} 结合形成粗大阴离子，故在酸性渣中加入 SiO_2 会迅速提高熔渣黏度。若加入能产生 O^{2-} 的碱性氧化物，如 CaO、MgO、MnO、FeO 等，就能破坏 Si－O 离子链，使阴离子尺寸变小，因而可降低黏度。在碱性渣中若加入高熔点的碱性氧化物，如 CaO 则因出现未熔化的固体质点而使渣的流动阻力增大，使熔渣黏度升高。这时若加入 SiO_2，它与 CaO 形成低熔点的硅酸盐，又可使渣的黏度下降。

CaF_2 能促使 CaO 的熔化，而降低碱性渣的黏度；此外，它所产生的 F^- 又能起到破坏 Si－O 键的作用，使聚合离子尺寸变小，所以把它加到酸性渣或碱性渣中都可降低黏度。

3）熔渣的表面张力　焊接熔渣的表面张力指的是气相与熔渣之间的界面张力，它对熔滴过渡、焊缝成形、脱渣性以及冶金反应都有重要影响。

熔渣的表面张力主要取决于熔渣组元质点间化学键的性质和温度。键能越大，其表面张力也越大。金属键的键能最大，故液体金属的表面张力最大；具有离子键的物质，如 CaO、MaO、FeO、MnO 等键能比较大，它们的表面张力也较大；具有共价键的物质，如 TiO_2、SiO_2、P_2O_5 等，由于键能小，其表面张力也小。

在熔渣中加入酸性氧化物，如 TiO_2、SiO_2 等，能使表面张力减小；加入碱性氧化物如 CaO、MgO、MnO 等，可增加表面张力。此外，CaF_2也能降低熔渣的表面张力。

温度升高可使熔渣表面张力下降，因为高温使离子半径增大，综合矩减小，同时也增大了离子之间的距离，从而减弱了离子之间的相互作用力。

4）熔渣的熔点　焊接时，焊条药皮或焊剂被加热到开始熔化并形成熔渣的温度称焊条药皮或焊剂的熔点，又称为造渣温度。通常把固态熔渣开始熔化的温度称为熔渣的熔点，药皮或焊剂的熔点越高，其熔渣的熔点也越高。

熔渣的熔点取决于组成物的种类、数量和颗粒度。当熔渣中低熔点组成物含量高时，其熔点就低。高熔点组成物含量多、颗粒度越大时，其熔点也越高。调整熔渣成分的种类和配比，使之形成低熔点共晶或化合物，可降低其熔点。

焊接熔渣的熔点对焊接工艺性能和焊接质量有很大影响，当熔渣的熔点过高时，它会比熔池金属过早开始凝固而不能均匀覆盖于熔池金属表面，导致保护效果不良，焊缝成形差，甚至形成夹杂。若熔渣熔点过低，熔池金属开始凝固时，熔渣仍处于流动状态，也无法保证焊缝表面成形。因此，焊接熔渣的熔点要与焊丝和母材的熔点相匹配，控制在合适的范围。焊接钢时，熔渣的熔点一般在 1 150～1 350℃之间。

5）熔渣的导电性　固态熔渣不导电，液态熔渣有导电性，且取决于熔渣的成分和温度。一般碱性氧化物如 CaO、MgO 等，可增加熔渣的电导率。而酸性氧化物，如 SiO_2、Al_2O_3 等，可降低电导率；由于温度升高会使渣中离子的尺寸变小，活动能力增强。因此，可使熔渣的电导率增大。

1.5.2 熔渣对焊缝金属的氧化

活性熔渣对焊缝金属发生氧化有两种基本形式，即扩散氧化和置换氧化。

（1）扩散氧化

焊接钢时，FeO 既溶于渣中，又溶于液态钢中，在一定温度下达到平衡时，FeO 在两相中的含量符合分配定律：

$$L=\frac{(FeO)}{[FeO]} \tag{2.4-4}$$

式中，L 为一分配常数；FeO 为 FeO 在熔渣中的含量；[FeO] 为 FeO 在液态钢中的含量。

分配定律是指各个物质在两个溶媒中的分配一定要使得它在溶媒中含量的比值保持不变。若温度不变，当熔渣中的 FeO 增多时，它将向液态钢中扩散，从而使焊缝金属含氧量增加。焊接低碳钢试验证明，焊缝中的含氧量随着熔渣中 FeO 含量的增加成直线增加。

FeO 的分配常数 L 与熔渣的性质和温度有关。无论是酸性渣还是碱性渣，温度升高时，L 减小，即在高温时 FeO 向液态钢中分配，所以扩散氧化主要在熔滴阶段和熔池的头部（高温区）进行。

在同样温度下，FeO 在碱性渣中比在酸性渣中更容易向焊缝金属中分配，也就是当熔渣中含 FeO 量相同时，碱性渣的焊缝金属含氧量比酸性渣时多。因此，在碱性焊条药皮中一般不加入含 FeO 的物质，并要求焊前清除焊件表面的氧化皮及铁锈，否则会使焊缝金属增氧。

（2）置换氧化

当熔渣中含有较多的易分解的氧化物时，它可能与液态钢发生置换反应，使铁氧化，而该氧化物中的元素被还原。例如，低碳钢焊丝配用高硅高锰焊剂（HJ431）进行埋弧焊钢时，由于熔渣中含有高温下容易分解的 SiO_2 和 MnO，发生如下反应：

$$(SiO_2)+2[Fe]\Longleftrightarrow[Si]+2FeO \quad (\text{FeO}\uparrow(FeO),\ \downarrow[FeO])$$

$$(MnO)+[Fe]\Longleftrightarrow[Mn]+FeO \quad (\text{FeO}\uparrow(FeO),\ \downarrow[FeO])$$

结果是焊缝增硅、增锰，同时铁被氧化。生成的 FeO 大部分进入熔渣，小部分溶于液态钢中，使焊缝增氧。

上述反应的方向和限度取决于温度及反应物的活度和含量等。通常升高温度，反应向右进行，说明置换氧化主要发生在熔滴阶段和熔池前部高温区。在熔池后部，因温度下降，上述反应向左进行，已还原的硅和锰有一部分又被氧化，生成的 SiO_2 和 MnO 往往在焊缝金属中形成非金属夹杂物。

采用 SiO_2 和 MnO 含量高的焊接材料进行焊接时，上述置换氧化会使焊缝的含氧量增加。但在焊接低碳钢或低合金钢时，因焊缝中硅和锰的含量也同时增加，对接头性能不仅不受影响，反而得到局部改善，所以高硅高锰焊剂配合低碳钢焊丝焊接低碳钢及低合金钢得到了广泛应用。但这种配合关系不能用于中、高合金钢的焊接，因为氧和硅会显著降低焊缝金属抗裂性能和力学性能，尤其是低温冲击韧度。

1.5.3 焊缝金属的脱氧

焊接时防止金属的氧化以及去除或减少焊缝金属中的含氧量，是保证焊接质量的重要课题。防止金属氧化的有效措施是减少氧的来源，而对已进入焊缝金属的氧，则必须通过脱氧来解决。所以脱氧的目的就是要减少焊缝中的含氧量。

脱氧就是通过在焊丝、焊剂或焊条药皮中加入某些对氧亲和力较大的合金元素，使它在焊接过程中夺取气相或氧化物中的氧而自身被氧化，从而减少焊缝金属的氧化及焊缝含氧量。用于脱氧的元素或铁合金称为脱氧剂。

（1）脱氧剂的选择原则

1）在焊接温度下脱氧剂对氧的亲和力应比被焊金属对氧的亲和力大。焊接铁基合金时，Al、Ti、Si、Mn 等均可作为脱氧剂。在生产中常用它们的铁合金或金属粉末，如锰铁、硅铁、钛铁、铝粉等。元素对氧的亲和力越大，脱氧能力就越强。

2）脱氧的产物应不溶于液态金属，其密度也应小于液态金属的密度。这样可加快脱氧产物上浮到渣中去，减少焊缝金属中的夹杂物。

3）必须综合考虑脱氧剂对焊缝成分、性能及焊接工艺性能的影响。

4）在满足技术要求的条件下，注意降低成本。

（2）先期脱氧

焊条电弧焊时，在焊条药皮加热阶段，固体药皮中进行的脱氧反应叫先期脱氧，其特点是脱氧过程和脱氧产物与熔滴不发生直接关系。先期脱氧反应主要发生在焊条端部反应区，如图2.4-1的Ⅰ区。

含有脱氧剂的药皮被加热时，药皮中的高价氧化物或碳酸盐分解出的氧和二氧化碳，便和脱氧剂发生反应。例如：

$$Fe_2O_3 + Mn = MnO + 2FeO$$

$$FeO + Mn = MnO + Fe$$

$$2CaCO_3 + Si = 2CaO + SiO_2 + 2CO$$

$$2CaCO_3 + Ti = 2CaO + TiO_2 + 2CO$$

$$CaCO_3 + Mn = CaO + MnO + CO$$

反应的结果使气相的氧化性减弱。

先期脱氧的效果取决于脱氧剂对氧的亲和力、它的粒度、脱氧剂和氧化剂的比例、焊接工艺参数等因素。由于药皮加热阶段温度低，先期脱氧并不完全，尚需进一步脱氧。

(3) 沉淀脱氧

沉淀脱氧是在熔滴和熔池内进行的。其原理是脱氧剂与[FeO]直接反应，把铁还原，使脱氧产物转入熔渣而被清除，这对于减少焊缝含氧量具有重要的作用。最常用的是锰、硅或硅锰联合进行沉淀脱氧。

1) 锰的脱氧反应　在药皮中加入适量的锰铁或在焊丝中含有较多的锰作为脱氧剂，其反应如下：

$$[Mn] + [FeO] = [Fe] + (MnO)$$

沉淀脱氧的效果不仅与锰在金属中的含量有关，而且与脱氧产物MnO在渣中的活性有关，而渣中MnO的活性与熔渣的性质有关。增加锰在金属中的含量可提高脱氧效果。在含有SiO_2和TiO_2较多的酸性渣中因脱氧产物可转变成$MnO \cdot SiO_2$和$MnO \cdot TiO_2$复合物，减小了MnO活度，所以脱氧效果较好。而碱性渣中SiO_2、TiO_2含量少，因而MnO的活度大。不利于锰的脱氧。故酸性焊条多用锰脱氧。但要注意，加入过多的锰会形成固态产物，易造成焊缝夹杂。

2) 硅的脱氧反应　硅对氧的亲和力比锰大，其脱氧反应为：

$$[Si] + 2[FeO] = 2[Fe] + (SiO_2)$$

提高金属的含硅量和熔渣的碱度，可提高硅的脱氧效果。但生成的SiO_2熔点高、黏度大，不易从液态钢中分离，易造成夹杂，故一般不单独用硅脱氧。

3) 硅锰联合脱氧　硅和锰均能脱氧，而且脱氧产物能结合成熔点较低，密度不大的复合物进入熔渣。因此，把硅和锰按适当比例加入金属中进行联合脱氧，可以得到较好的脱氧效果。实践证明，当$[Mn]/[Si] = 3 \sim 7$时，脱氧产物可形成硅酸盐$MnO \cdot SiO_2$浮到熔渣中去，减少焊缝中的夹杂物，降低焊缝中的含氧量。在CO_2气体保护焊时，就是根据硅锰联合脱氧原理，在焊丝中加入了适当比例的锰和硅。

其他焊接材料也可利用硅锰联合脱氧，如碱性焊条药皮中加入锰铁和硅铁进行联合脱氧，效果较好。

(4) 扩散脱氧

扩散脱氧是在液态金属与熔渣界面上进行的。利用氧化物能溶解于熔渣的特性，通过扩散使它从液态金属中进入熔渣，从而降低焊缝含氧量。

扩散脱氧是以分配定律为基础（见式2.4-4），当温度下降时，FeO在渣中的分配常数L增大，液态钢中FeO向熔渣扩散。从而使熔池中的FeO含量减小，说明扩散脱氧是在熔池的后部低温区进行的，即处在熔池疑固阶段。

除温度外，扩散脱氧还取决于FeO在熔渣中的活度。在温度不变的条件下，FeO在渣中的活度越低，脱氧效果越好。当渣中含有较多的强酸氧化物SiO_2、TiO_2时，因易与FeO形成复合物，而使渣中FeO的活度减小，为了保持分配常数，液态金属中的FeO便不断向渣中扩散。所以酸性渣有利于扩散脱氧，相比之下，碱性渣扩散脱氧能力较差。

1.5.4 焊缝金属的硫、磷控制

(1) 焊缝金属中硫、磷的危害性

硫和磷是钢中有害杂质。通常母材和焊丝（芯）的含硫、磷量都很低，对焊缝金属不会带来危害。但是焊条药皮或焊剂的某些原材料中常含有相当数量的硫和磷，在焊接过程中过渡到焊缝金属中就会造成危害。

1) 硫的危害　硫在钢中主要以FeS和MnS形式存在，其中FeS的危害性最大。因为它与液态铁几乎无限互溶，室温时在固态铁中的溶解度很小，仅为0.015%～0.02%。熔池凝固时硫容易偏析，以低熔点共晶Fe+FeS（熔点为985℃）或FeS+FeO（熔点为940℃）的形式呈片状或链状分布于晶界。因此增加了焊缝金属结晶裂纹的倾向，同时还会降低冲击韧度和抗腐蚀性。钢中含有镍时，硫的有害作用严重，因硫与镍形成NiS，而NiS又与Ni形成熔点更低（644℃）的共晶NiS+Ni，产生结晶裂纹的倾向更大。当钢焊缝中含碳量增加时，会促进硫的偏析，增加了硫的危害性。

2) 磷的危害　磷在液态铁中溶解度很大，并以Fe_2P和Fe_3P的形式存在。然而，磷在固态铁中的溶解度只有千分之几。磷与铁和镍可形成低熔点共晶，如Fe_3P+Fe（熔点1 050℃），Ni_3P+Fe（熔点880℃）。当熔池快速凝固时，磷容易发生偏析。磷化铁常分布于晶界，减弱了晶粒间的结合力，而且它本身既硬又脆。增加了焊缝金属的冷脆性，即冲击韧度降低，脆性转变温度升高。

(2) 硫的控制

首先是采用工艺措施限制硫的来源，然后采取冶金措施把焊缝金属中的硫通过熔渣排出去。

1) 限制焊接材料中的含硫量　焊缝中的硫来自母材、焊丝、药皮和焊剂。母材含硫量一般较低，所以必须限制焊丝、药皮或焊剂中的含硫量。

低碳钢及低合金钢焊丝的w(S)应小于0.03%～0.04%；合金钢焊丝小于0.025%～0.03%；不锈钢焊丝应小于0.02%。药皮、药芯或焊剂用的原材料，如锰矿、赤铁矿、钛铁矿、锰铁等均含有一定量的硫。尽量选用含硫量低的原材料，必须使用含硫量过高的材料时，应预先进行处理，如采用焙烧的办法，使其降低到要求范围内。

2) 用冶金方法脱硫　选择对硫亲和力比铁大的元素进行脱硫。最常用的脱硫剂是锰，其脱硫反应为：

$$[FeS] + [Mn] = (MnS) + [Fe]$$

反应产物MnS不溶于钢液，故大部分进入熔渣，少量残留在焊缝中，以点状弥散分布、危害较小。熔池温度降低、平衡常数K增大，有利于脱硫。但温度低的熔池后部，冷却快，反应时间短，不利于去硫。因此，增加熔池中的含锰量才能取得较好的去硫效果。

熔渣中的碱性氧化物，如MnO、CaO等也能脱硫，其反应：

$$[FeS] + (MnO) = (MnS) + [FeO]$$

$$[FeS] + (CaO) = (CaS) + [FeO]$$

生成的CaS和MnS不溶于钢液而进入熔渣，增加渣中的MnO和CaO的含量，减少FeO的含量，有利于脱硫。渣中加入由CaF能降低渣的粘度，有利于S^{2-}扩散，同时形成易挥发物SF_6，也有利于脱硫。

增加熔渣的碱度可提高脱硫能力，目前常用焊条药皮和焊剂的碱度都不高（一般$B<2$），其脱硫能力有限，焊接普通钢能满足要求，用于焊接w(S)$<0.014\%$的精炼钢，则需提高药皮或焊剂的碱性。

(3) 磷的控制

首先限制磷的来源，然后再用冶金方法去磷。母材和焊丝（芯）经过冶炼一般磷含量都较低，都在有关标准规定范

围内，所以关键在于限制用于制造焊条药皮、药芯或焊剂中所用原材料的含磷量。锰矿是焊缝增磷的主要来源，通常 $w(p)=0.22\%$，其存在形式为 $(MnO)_3\cdot P_2O_5$。

磷一旦进入液态金属，应采用冶金方法脱磷，第一步 FeO 将磷氧化生成 P_2O_5，第二步使之与渣中的碱性氧化物生成稳定的磷酸盐，其反应如下：

$$2[Fe_3P]+5(FeO)=\!=\!=P_2O_5+11[Fe]$$

$$P_2O_5+3(CaO)=\!=\!=[(CaO)_3\cdot P_2O_5]$$

$$P_2O_5+4(CaO)=\!=\!=[(CaO)_4\cdot P_2O_5]$$

增加熔渣的碱度可减少焊缝的含磷量，但当碱度 $B>2.5$ 时，则影响很小，在碱性渣中加入 CaF_2 有利于脱磷，因 CaF_2 在渣中形成 Ca^{2+}，使渣中 P_2O_5 的活度下降。此外，CaF_2，降低渣的黏度，有利于物质扩散。但是，由于焊接熔渣的碱度受焊接工艺性能制约而不能过分增大，同时碱性渣不允许含有较多的 FeO，否则使焊缝增氧，不利于脱硫，所以碱性渣脱磷效果并不理想。酸性渣虽含有较多的 FeO，有利于磷的氧化，但因碱度低，其脱磷能力更不如碱性渣。总之，焊接时脱磷比脱硫更难，要控制焊缝的含磷量，应当严格限制焊接材料中的含磷量。

1.5.5　合金过渡

合金过渡是把所需要的合金元素通过焊接材料过渡到焊缝金属或堆焊金属中去的过程，又称焊缝金属合金化。

(1) 合金过渡的目的

1) 补偿焊接过程中由于蒸发、氧化等原因造成焊缝中合金元素的损失。

2) 消除焊接缺陷，改善焊缝组织与性能。如提高焊缝金属的抗裂性能和细化晶粒等。

3) 获得具有特殊性能的堆焊金属。例如，切削刀具，热锻模、轧辊、阀门等工具或机件，要求表面具有耐磨、热硬、耐热和耐蚀等性能，用堆焊方法，过渡 Cr、Mo、W、Mn 等合金元素，在零件表面上获得具有特定性能的堆焊层。

(2) 合金过渡的方法

又称焊缝金属合金化的方式。

1) 通过填充金属过渡　在冶炼填充金属时就把所需的合金元素加入；然后根据焊接工艺要求轧制成实心丝状、管状或带（板）状，配合使用碱性药皮或用低氧或无氧焊剂，或在惰性气体保护下进行焊接或堆焊，从而把合金元素过渡到焊缝或堆焊层中去。焊缝成分均匀、稳定，合金损失少。但是，填充金属炼制工艺复杂，成本高，对于脆硬材料，因轧制和拉丝困难，不宜采用。

2) 通过药皮、药芯或焊剂过渡　把所需要的合金元素以铁合金或纯金属粉末，通常称为合金剂，加入到药皮、药芯或焊剂中。这种方法的优点是合金成分的配比可以任意调整，因此可以获得任意成分的焊缝或堆焊金属。但这种过渡方法的合金元素氧化损失较大，并有一部分残留在渣中，合金利用率较低。并且焊缝合金成分不够稳定和均匀。

3) 直接用合金粉末涂敷过渡　把需要的合金元素按比例配制成一定粒度的合金粉末，焊接时把它输送到焊接区，或直接涂敷在焊件表面或坡口内，在热源作用下与母材熔合后即可形成合金化的堆焊金属。此法的优点是合金成分的比例调配方便、合金损失小。但制粉工艺较复杂，堆焊金属的合金成分均匀性较差。

(3) 合金过渡系数

当合金元素向焊缝金属或堆焊金属中过渡时，常因蒸发和氧化而损失一部分、以及在熔渣中可能残留一部分，因而没有全部过渡到熔敷金属中去。这里引入合金过渡系数概念去反映会金元素的利用率。合金元素的过渡系数 η 等于它在熔敷金属中的实际含量与它原始含量之比，即

$$\eta=\frac{C_d}{C_e} \tag{2.4-5}$$

式中，C_d 为某合金元素在熔敷金属中的含量；C_e 为某合金元素的原始含量。

焊条电弧焊时，须考虑药皮质量系数 K_b 的影响。这时，C_e 为：

$$C_e=C_{ew}+K_bC_{eo} \tag{2.4-6}$$

式中，C_{ew} 为某合金元素在焊芯中的含量；C_{eo} 为某合金元素在药皮中的含量。

将式 (2.4-6) 代入式 (2.4-5) 得

$$\eta=\frac{C_d}{C_{ew}+K_bC_{eo}} \tag{2.4-7}$$

若是通过焊剂或药芯焊丝过渡，式 (2.4-7) 也适用，但前者需用焊剂熔化率 K_f 取代 K_b，而后者用焊芯与药皮的质量比代入 K_b。式 (2.4-7) 是总的合金过渡系数，它不能说明合金元素从焊丝及从药皮各自过渡的情况。实际上这两种过渡形式的过渡系数并不相等，由于药皮的氧化性较强，而且还有残留在熔渣中的损失，一般情况下通过药皮过渡的过渡系数较小。为了简化，常采用总的合金过渡系数。

(4) 合金过渡系数的影响因素

焊接过程中合金元素主要损失于蒸发、氧化和残留在熔渣中。只要减少这方面的损失，就能提高其过渡系数。

1) 合金元素的物理化学性质　合金元素的沸点越低，焊接时的蒸发损失就越大，其过渡系数就越小。例如 锰的沸点 2 027℃。在焊接高温下极易蒸发，所以它的过渡系数小。

合金元素对氧的亲和力越大，则越易氧化而损失，过渡系数就越小。在 1 600℃时，各种合金元素对氧亲和力由小到大排列顺序如下：

Cu、Ni、Co、Fe、W、Mo、Cr、Mn、V、Si、Ti、Zr、Al

焊接钢时，位于铁左面的元素几乎无氧化损失，只有残留损失，故过渡系数大；位于铁右面，靠近铁的元素，其氧化损失较小，而远离铁的元素，如 Ti、Zr、Al，因对氧的亲和力很大，氧化损失严重。除非采用无氧焊剂或惰性气体保护焊，一般很难过渡到焊缝中去。

2) 合金元素的含量　随着药皮或焊剂中合金元素含量的增加，其过渡系数逐渐增加，最后趋于一个定值。

3) 合金元素的粒度　粒度越小，表面积越大，与氧作用的机会越多，合金损失就越大。因此，适当提高合金元素的粒度，可减少因氧化而造成的损失，使过渡系数增大。但是，合金元素粒度过大，又会因不易熔化而使残留损失增大，过渡系数反而减小。

4) 药皮或焊剂的成分　氧化损失是导致合金过渡系数下降的主要原因之一。如果在药皮及焊剂中增加高价氧化物和碳酸盐等，不但使气相的氧化性增大，而且也使熔渣的氧化性增大，其结果导致过渡系数减小。

当其他条件相同时，如果合金元素的氧化物与熔渣的酸碱性相同时，则有利于提高过渡系数。如果性质相反，则降低其过渡系数。例如 SiO_2 是酸性的，会随着熔渣碱度的增加，硅的过渡系数减小；MnO 是碱性的，会随着熔渣碱度的增加，锰的过渡系数增大。

5) 药皮的质量系数 K_b　在焊条药皮中合金剂含量相同的情况下，K_b 增加，过渡系数减小。

6) 焊接方法　不同焊接方法因对焊接区保护的方式以及所用保护介质也不相同，即使用含有同样合金元素的填充金属，其过渡系数也各不同，见表 2.4-11。

表 2.4-11 合金元素的过渡系数 η

焊接方法	焊接材料		过渡系数 η								
	焊丝	药皮或焊剂	C	Si	Mn	Cr	W	V	Nb	Mo	Ti
空气中无保护焊	H70W 10Cr3Mn2V	—	0.54	0.75	0.67	0.99	0.94	0.85	—	—	—
氩弧焊			0.80	0.79	0.88	0.99	0.99	0.98	—	—	—
CO_2 气体保护焊			0.29	0.72	0.60	0.94	0.96	0.68	—	—	—
埋弧焊		HJ251	0.53	2.03	0.59	0.83	0.83	0.78	—	—	—
		HJ431	0.33	2.25	1.13	0.80	0.70	0.77			
焊条电弧焊	H08A	钛钙型	—	0.71	0.38	0.77	—	0.52	0.80	0.60	0.125
		氧化铁型	—	0.14~0.27	0.08~0.12	0.64	—	—	—	0.71	—
		低氢型	—	0.14~0.27	0.45~0.55	0.72~0.82	—	0.59~0.64	—	0.83~0.86	—

2 焊接材料

焊接材料是焊接时所消耗材料的通称，它包括焊条、焊丝、焊剂、气体等。焊条电弧焊的焊接材料是焊条。埋弧焊及电渣焊的焊接材料是焊丝（或板状电极）与焊剂。而气体保护焊的焊接材料则是焊丝与保护气体。

焊条、焊丝是焊接回路中的一个组成部分。在焊接过程中，它不仅可以传导电流，而且作为与焊件产生电弧的一个电极。同时，焊条和焊丝还起着填充金属的作用。在焊接热源的作用下，焊条或焊丝受热熔化，以熔滴的形式进入熔池，并与熔化了的母材共同组成焊缝。焊条药皮、焊剂以及保护气体，是进行冶金反应和保证焊接质量所必需的重要材料。因此，焊接材料不仅影响焊接过程的稳定性、焊接接头的性能及质量，同时也影响着焊接生产率。

目前工业发达国家焊接生产发展很快，焊接结构用钢量已达钢产量的 50% 左右，生产中每吨钢材所需的焊接材料大体为 3~5 kg；在焊接材料中，焊条所占的比例约为 50%。随着焊接过程机械化与自动化的发展，焊丝及保护气体在焊接材料中所占的比例迅速提高，而焊条所占的比例则不断降低。例如，1997 年日本的焊接材料总产量为 36 万 t，其中实心焊丝占 41%，药芯焊丝占 27%，焊条只占 20%。然而 1980 年日本焊条产量占焊接材料总产量的 58%。这就反映出焊接生产中机械化、自动化，水平的迅速提高。

我国焊接材料产品的构成比例，目前还不尽合理。从 1997 年的生产情况来分析，焊条产量为 63.2 万吨，占焊接材料总产量的 79%。而焊丝产量只有 7.26 万吨，占焊接材料总产量的 9%。目前我国焊接材料的品种和数量均不能满足生产建设的需要，所以在今后的焊接技术发展中应当重视焊接材料的生产与科学研究；对于电弧焊用的焊条应当不断提高产品质量、增加焊条品种；同时还应当迅速提高焊接机械化与自动化水平，大力发展自动与半自动焊接用的焊接材料，逐步调整我国焊接材料的构成比例。

2.1 焊条

2.1.1 焊条的分类

（1）按焊条的用途分

1）结构钢焊条　主要用于焊接碳钢和低合金高强钢。

2）铬和铬钼耐热钢焊条　主要用于焊接珠光体耐热钢和马氏体耐热钢。

3）不锈钢焊条　主要用于焊接不锈钢和热强钢，可分为铬不锈钢焊条和铬镍不锈钢焊条两类。

4）堆焊焊条　主要用于堆焊，以获得具有热硬性、耐磨性及耐蚀性的堆焊层。

5）低温钢焊条　主要用于焊接在低温下工作的结构，其熔敷金属具有不同的低温工作性能。

6）铸铁焊条　主要用于焊补铸铁构件。

7）镍及镍合金焊条　主要用于焊接镍及高镍合金，也可用于异种金属的焊接及堆焊。

8）铜及铜合金焊条　主要用于焊接铜及铜合金，其中包括纯铜焊条和青铜焊条两类。

9）铝及铝合金焊条　主要用于焊接铝及铝合金。

10）特殊用途焊条　例如用于水下焊接、水下切割等特殊工作的需要。

在以上各类焊条中，还可按主要性能的不同，细分为若干小类。

（2）按焊接熔渣的碱度分

1）酸性焊条　它是药皮中含有多量酸性氧化物的焊条。这类焊条的工艺性能好，其焊缝外表成形美观、波纹细密。由于药皮中含有较多的 FeO、TiO_2、SiO_2 等成分，所以熔渣的氧化性强。酸性焊条一般均可采用交、直流电源施焊。典型的酸性焊条为 E4303（J422）。

2）碱性焊条　它是药皮中含有多量碱性氧化物的焊条。由于焊条药皮中含有较多的大理石、萤石等成分，它们在焊接冶金反应中生成 CO_2 和 HF，因此降低了焊缝中的含氢量。所以碱性焊条又称为低氢焊条。碱性焊条的焊缝具有较高的塑性和冲击韧度值，一般承受动载的焊件或刚性较大的重要结构均采用碱性焊条施工。典型的碱性焊条为 E5015（J507）。

（3）按焊条药皮的类型

可分为：氧化钛型焊条、钛钙型焊条、铁铁矿型焊条、氧化铁型焊条、纤维素型焊条和低氢型焊条等。

2.1.2 焊条的型号和牌号

（1）焊条的型号

焊条型号是在国家标准及权威性国际组织（如 ISO）的有关法规中，根据焊条特性指标明确划分规定的，是焊条生产、使用、管理及研究等有关单位必须遵照执行的。

我国现行有关焊条的主要标准如下：

GB/T 5117—1995　碳钢焊条

GB/T 5118—1995　低合金钢焊条

GB/T 983—1985　不锈钢焊条

GB/T 984—1985　堆焊焊条

GB/T 3669—1983　铝及铝合金焊条

GB/T 3670—1983　铜及铜合金焊条

GB/T 10044—1988　铸铁焊条及焊丝

GB/T 13814—1992　镍及镍合金焊条

GB/T 3731—1983　涂料焊条效率、金属回收率和熔敷系数的测定

GB/T 3965—1995　熔敷金属中扩散氢测定方法

GB/T 5117—1995《碳钢焊条》国家标准中，包括熔敷金属抗拉强度 $\sigma_b \geqslant 420$、490 MPa（43、50 kgf/mm²）的 E43 及 E50 系列的碳钢焊条。GB/T 5118—1995《低合金钢焊条》国家标准中，包括熔敷金属抗拉强度 $\sigma_b \geqslant 490$、540、590、690、740、780、830、880、980 MPa（50、55、60、70、75、80、85、90、100 kgf/mm²）的 E50、E55、E60、E70、E80、E75、E85、E90、E100 系列的低合金钢焊条。

国家标准所规定的焊条型号是根据熔敷金属的力学性能、化学成分、药皮类型、焊接位置及焊接电流种类等进行划分的。各类焊条型号的表示方法列于表 2.4-12、表 2.4-13、表 2.4-14。

（2）焊条的牌号

焊条牌号是对于焊条产品的具体命名，是由焊条生产厂家制定的。但是，各厂自定的牌号对于焊条的选用有许多不便之处。因此，自 1968 年起我国焊条行业开始采用统一牌号。即属于同一药皮类型、符合相同的焊条型号、性能的产品统一命名为同一个牌号，并同时标注“符合 GBXX 型”或“相当 GB XX 型”，以便于用户根据所需焊条的技术要求按照标准进行选用。例如，通常所使用的“J507”就是焊条牌号（符合 GB/T 5117—1995 E5015 型）。

焊条牌号的编制方法是：牌号最前面的字母表示焊条各大类。第一、二位数字表示各大类焊条中的若干小类，例如对于结构钢焊条则表示焊缝金属的不同强度级别。第三位数字表示焊条药皮类型和焊接电源种类。

各类焊条牌号的编制方法列于表 2.4-15 及表 2.4-16。

表 2.4-12　各类焊条型号的表示方法

焊条类别	执行国标	字母	第一位数字	第二位数字	第三位数字	第四位数字	附加部分	焊条型号举例
碳钢焊条	GB/T 5117—1995	E	表示熔敷金属抗拉强度的最小值（以 kgf/mm² 为单位，1 kgf/mm² = 9.81 MPa）		0 及 1 表示焊条适用于全位置焊接（平、立、仰、横） 2 表示焊条适用于平焊及平角焊 4 表示焊条适用于向下立焊 第三位和第四位数字组合时，表示焊接电流种类及药皮类型（见表 2.4-14）		R 表示耐吸潮焊条 M 表示耐吸潮和力学性能有特殊规定 —1 表示冲击性能有特殊规定	E4315 其中，E 表示焊条 43 表示熔敷金属抗拉强度的最小值 1 表示焊条适用于全位置焊接 15 表示焊条药皮为低氢钠型，采用直流反接焊接
低合金钢焊条	GB/T 5118—1995 — —	E	表示熔敷金属抗拉强度的最小值（以 kgf/mm² 为单位，1 kgf/mm² = 9.81 MPa）		0 及 1 表示焊条适用于全位置焊接（平、立、仰、横） 2 表示焊条适用于平焊及平角焊 第三位和第四位数字组合时，表示焊接电流种类及药皮类型（见表 2.4-14）		为熔敷金属的化学成分分类代号，并以“—”与前面数字分开，若还具有附加化学成分时，直接用元素符号表示，并以“—”与前面后缀字母分开。对于低氢焊条，最后面加“R”时，表示耐吸潮焊条	E5515 - B3 - VWB 其中，E 表示焊条 55 表示熔敷金属抗拉强度的最小值 1 表示焊条适用于全位置焊接 15 表示焊条药皮为低氢钠型，可采用直流反接焊接 B3 表示熔敷金属化学成分分类代号 V 表示熔敷金属含有钒元素 W 表示熔敷金属中含有钨元素 B 表示熔敷金属中含有硼元素
不锈钢焊条	— GB/T 983—1995	E	表示熔敷金属化学成分分类代号，如有特殊要求的化学成分，该化学成分用元素符号放在数字的后面				“—”后面的两位数字表示药皮类型、焊接位置及焊接电流种类（见表 2.4-15）	E410NiMo - 26 其中，E 表示焊条 410 表示熔敷金属化学成分分类代号 NiMo 表示熔敷金属中 Ni 和 Mo 的含量有特殊要求 26 表示焊条为碱性或其他类型药皮，适用于平焊和横焊位置，采用交流或直流反极性焊接

续表 2.4-12

焊条类别	执行国标	字母	第一位数字	第二位数字	第三位数字	第四位数字	附加部分	焊条型号举例
堆焊焊条	GB/T 984—2001	ED	型号中第三字至倒数第三字表示焊条特点，用字母或化学元素符号表示堆焊焊条的型号分类： EDP 表示普通低中合金钢，EDD 表示高速钢 EDR 表示热强合金钢，EDZ 表示合金铸铁 EDCr 表示高铬钢，EDZCr 表示高铬铸铁 EDMn 表示高锰钢，EDCoCr 表示钴基合金 EDCr Mn 表示高铬锰钢，EDW 表示碳化钨 EDCrNi 表示高铬镍钢，EDT 表示特殊型 在同一基本型号内有几个分型时，可用字母 A、B、C、…标志，如再细分可加注下角数字 1、2、3、…，如 A_1、A_2、A_3 等。此时再用短划"—"与前面符号分开				"—"后的两个数字表示药皮类型和焊接电源： 00 表示特殊型、交流或直流 03 表示钛钙型，交流或直流 15 表示低氢钙型，直流 16 表示低氢钾型、交流或直流 D8 表示石墨型、交流或直流	EDPCrMo－A_1－03 其中，E 表示焊条 D 表示堆焊焊条 P 表示型号分类 CrMo 表示含铬钼合金元素 A_1 表示细分的型号 03 表示药皮类型，为钛钙型，可采用交流或直流
铸铁焊条	GB/T 10044—1988	EZ	用熔敷金属主要化学元素符号或金属类型代号涵义： EZC 表示铁基类，灰铸铁焊条 EZCQ 表示铁基类，球墨铸铁焊条 EZNi 表示镍基类，纯镍铸铁焊条 EZNiFe 表示镍基类，镍铁铸铁焊条 EZNiCu 表示镍基类，镍铜铸铁焊条 EZNiFeCu 表示镍基类，镍铁铜铸铁焊条				再细分时，用数字表示（以"—"隔开）	EZNiFe－1 其中，E 表示焊条 Z 表示焊条用于铸铁焊接 NiFe 表示熔敷金属中主要元素为镍、铁 1 表示细类编号为 1
铝及铝合金焊条	GB/T 3669—2001	T	TAl 表示焊芯化学组成类型为：Al ≥99.5% TAlSi 表示焊芯化学组成类型为：Si 约 5% 的铝硅合金 TAlMn 表示焊芯化学组成类型为：Mn 约 1.0%～1.5% 的铝锰合金					TAlSi 表示含 Si 约 5% 的铝硅合金焊芯的铝及铝合金焊条
铜及铜合金焊条	GB/T 3670—1995	E	按熔敷金属化学成分分类，E 后面的字母直接用元素符号表示型号分类，例如： ECu、ECuSi、ECuSn、ECuAl、ECuNi、ECuAlNi、ECuMnAlNi 等				同一分类中，有不同化学成分要求时，用字母或数字表示，并以短划"—"与前面元素符号分开	ECuAl－A2 表示熔敷金属化学成分以 Cu、Al 为主的铜及铜合金焊条，在该类型焊条中的细类编号为 A2

表 2.4-13　碳钢焊条型号中第三位、第四位数字的含义

第三位、第四位数字	药皮类型	焊接电流种类
00	特殊型	交流或直流反接
01	钛铁矿型	
03	钛钙型	
10	高纤维素钠型	直流反接
11	高纤维素钾型	交流或直流反接
12	高钛钠型	交流或直流正接
13	高钛钾型	交流或直流正、反接
14	铁粉钛型	
15	低氢钠型	直流反接
16	低氢钾型	交流或直流反接
18	铁粉低氢型	

续表 2.4-13

第三位、第四位数字	药皮类型	焊接电流种类
20	氧化铁型	交流或直流正接
22		交流或直流正、反接
23	铁粉钛钙型	
24	铁粉钛型	
27	铁粉氧化铁型	交流或直流正接
28	铁粉低氢型	交流或直流反接
48		

表 2.4-14　不锈钢焊条型号尾部两位数字含义

型号	药皮类型	焊接位置	焊接电流种类
E×××（×）-15	碱性低氢型	全位置焊	直流反接
E×××（×）-25		平焊、横焊	
E×××（×）-16	低氢型、钛型或钛钙型	全位置焊	交流或直流反接
E×××（×）-17			
E×××（×）-26		平焊、横焊	

表 2.4-15　各类焊条牌号的编制方法

焊条类别	字母	第一位数字	第二位数字	焊条牌号举例
结构钢焊条	J	表示焊缝金属抗拉强度等级，其系列为： 42 ——420 MPa 50 ——490 MPa 55 ——540 MPa 60 ——590 MPa 70 ——690 MPa 75 ——740 MPa 80 ——780 MPa 85 ——830 MPa 100 ——980 MPa		J507CuP 其中，J 表示结构钢焊条 50 表示焊缝金属抗拉强度低于 490 MPa 7 表示低氢钠型药皮，直流 CuP 表示用于焊接铜磷钢，有抗大气、耐海水腐蚀的特殊用途
铬和铬钼耐热钢焊条	R	表示焊缝金属主要化学成分等级 1 ——含 Mo≈0.5% 2 ——含 Cr≈0.5%，Mo≈0.5% 3 ——Cr≈1%~2%，Mo≈0.5%~1% 4 ——Cr≈2.5%，Mo≈1% 5 ——Cr≈5%，Mo≈0.5% 6 ——Cr≈7%，Mo≈1% 7 ——Cr≈9%，Mo≈1% 8 ——Cr≈11%，Mo≈1%	表示同一焊缝金属主要化学成分组成等级中的不同牌号。对于同一药皮类型焊条，可有十个牌号，由 0、1、2、…9 顺序排列	R347 其中，R 表示耐热钢焊条 3 表示焊缝金属主要化学成分组成等级为含 Cr≈1%~2%，Mo≈0.5%~1% 4 表示牌号编号为 4 7 表示低氢钠型药皮，直流
低温钢焊条	W	表示低温钢焊条工作温度等级： 70 —— -70℃ 90 —— -90℃ 10 —— -100℃ 19 —— -196℃ 25 —— -253℃		W707 其中，W 表示低温钢焊条 70 表示低温温度等级为 -70℃ 7 表示低氢钠型药皮，直流

续表 2.4-15

焊条类别	字母	第一位数字	第二位数字	焊条牌号举例
不锈钢焊条	G	表示焊缝金属主要化学成分等级 2 ——含 Cr≈13% 3 ——含 Cr≈17%	表示同一焊缝金属主要化学成分组成等级中的不同牌号。对于同一药皮类型焊条，可有十个牌号，按 0、1、2…9 顺序排列	G202 其中，G 表示铬不锈钢焊条 2 表示焊缝金属主要化学成分组成等级为含 Cr≈13% 0 表示牌号编号为 0 2 表示钛钙型药皮，交直流两用
	A	0 ——C≤0.04%（超低碳） 1 ——Cr≈18%，Ni≈8% 2 ——Cr≈18%，Ni≈12% 3 ——Cr≈25%，Ni≈13% 4 ——Cr≈25%，Ni≈20% 5 ——Cr≈16%，Ni≈25% 6 ——Cr≈15%，Ni≈35% 7 ——Cr－Mn－N 不锈钢 8 ——Cr≈18%，Ni≈18%		A022 其中：A 表示奥氏体不锈钢焊条 0 表示焊缝金属主要化学成分等级为含 C≤0.04%（超低碳） 2 表示牌号编号为 2 2 表示钛钙型药皮，交直流两用
堆焊焊条	D	表示堆焊焊条的用途、组织或焊缝金属主要成分： 0 ——不规定 1 ——普通常温用 2 ——普通常温用及常温高锰钢型 3 ——刀具及工具用 4 ——刀具及工具用 5 ——阀门用 6 ——合金铸铁型 7 ——碳化钨型 8 ——钴基合金型	表示同一用途组织或焊缝金属主要成分中的不同牌号。对同一药皮类型的堆焊焊条，按 0、1、2…9 顺序排列	D127 其中，D 表示堆焊焊条 1 表示普通常温用 2 表示牌号编号为 2 7 表示低氢钠型药皮、直流
铸铁焊条	Z	表示焊缝金属主要化学成分组成类型： 1 ——碳钢或高钒钢 2 ——铸铁（包括球墨铸铁） 3 ——纯镍 4 ——镍铁 5 ——镍铜 6 ——铜铁	表示同一焊缝金属主要化学成分组成类型中的不同牌号。对同一药皮类型焊条，可有十个牌号，按 0、1、2…9 顺序排列	Z408 其中，Z 为铸铁焊条 4 表示焊缝金属主要化学成分组成类型为镍铁合金 0——牌号编号为 0 8——石墨型药皮，交直流两用
镍及镍合金焊条	Ni	表示焊缝金属化学成分组成类型： 1 表示纯镍 2 表示镍铜 3 表示因康镍合金	表示同一焊缝金属主要化学成组成分类型中的不同牌号。对同一药皮类型焊条，可有十个牌号，按 0、1、2…9 顺序排列	Ni112 其中，Ni 表示镍及镍合金焊条 1 表示焊缝金属化学成分组成类型为纯镍 1 表示牌号编号为 1 2 表示钛钙型药皮，交直流
铜及铜合金焊条	T	表示焊缝金属化学成分组成类型： 1 ——纯铜 2 ——青铜 3 ——白铜	表示同一焊缝金属化学成组成分类型中的不同牌号。对同一药皮类型焊条，可有十个牌号，按 0、1、2…9 顺序排列	T227 其中，T 表示铜及铜合金焊条 2 表示焊缝金属化学成分组成类型为青铜 2 表示牌号编号为 2 7 表示低氢型药皮，直流
铝及铝合金焊条	L	表示焊缝金属化学成分组成类型： 1 ——纯铝 2 ——铝硅合金 3 ——铝锰合金		L209 其中，L 表示铝及铝合金焊条 2 表示焊缝金属化学成分组成类型为铝硅合金 0 表示牌号编号为 0 9 表示盐基型药皮，直流

续表 2.4-15

焊条类别	字母	第一位数字	第二位数字	焊条牌号举例
特殊用途焊条	TS	表示焊条的用途： 2——水下焊接用 3——水下切割用 4——铸铁件焊补前开坡口用 5——电渣焊用管状焊条 6——铁锰铝焊条 7——高硫堆焊焊条	表示同一用途中的不同牌号。对同一药皮类型焊条，可有十个牌号，按0、1、2…9顺序排列	TS202 其中，TS表示特殊用途焊条 2表示水下焊接用 0表示牌号编号为0 2表示钛钙型药皮，交直流两用

注：第三位数字表示各种焊条牌号的药皮类型及焊接电源（见表2.4-16）。

表 2.4-16　焊条牌号中第三位数字的含义

数　字	药皮类型	焊接电源类型	数　字	药皮类型	焊接电源类型
0	不属已规定的类型	不规定	5	纤维素型	直流或交流
1	氧化钛型	直流或交流	6	低氢钾型	直流或交流
2	氧化钛钙型	直流或交流	7	低氢钠型	直流
3	钛铁矿型	直流或交流	8	石墨型	直流或交流
4	氧化铁型	直流或交流	9	盐基型	直流

2.1.3 焊条的组成

焊条是涂有药皮的供焊条电弧焊用的熔化电极，它由药皮和焊芯两部分组成。焊条药皮是压涂在焊芯表面上的涂料层。焊芯是焊条中被药皮包覆的金属芯。根据焊条药皮与焊芯的质量比即药皮质量系数 K_b，可以分为厚皮焊条（K_b = 30%～50%）和薄皮焊条（K_b = 1%～2%）两大类。由于目前工业生产中广泛使用的是厚皮焊条，所以通常所说的焊条就是指这一类焊条。

(1) 焊芯

进行焊条电弧焊时，焊芯受热熔化并作为焊缝的填充金属。因此，焊芯的化学成分和性能对于焊缝金属的质量有着直接的影响。依据被焊材料的性能，根据国家标准 GB 3429—1982《碳素焊条钢盘条》、GB 4241—1984《焊接用不锈钢盘条》等选择相应牌号的焊丝作为焊芯。焊接碳钢和低合金钢时，通常选用低碳钢焊丝作为焊芯，其牌号为“H08A”或“H08E”。其中，“H”表示焊条用钢丝；“08”表示焊芯的平均含碳量为0.08%；“A”表示优质钢，“E”表示特级钢，即对于硫、磷等杂质的限量更加严格。表2.4-17列出了制造电焊条用的焊芯牌号及化学成分。

表 2.4-17　制造电焊条用焊芯（摘自 GB 3429—1982、GB 4241—1984）

类别	牌　号	化学成分（质量分数）/%								
		C	Si	Mn	P	S	Ni	Cr	Mo	其他
碳素钢	H08A	<0.10	<0.030	0.30～0.55	≤0.030	≤0.30	≤0.30	≤0.20	—	Cu<0.20
	H08E	<0.10	<0.030	0.30～0.55	≤0.020	≤0.020	≤0.30	≤0.20	—	Cu<0.20
奥氏体	H0Cr21Ni10	≤0.06	≤0.60	1.00～2.50	≤0.030	≤0.020	9.00～11.00	19.50～22.00	—	—
	H00Cr21Ni10	≤0.03	≤0.60	1.00～2.50	≤0.030	≤0.020	9.00～11.00	19.50～22.00	—	—
	H1Cr24Ni13	≤0.12	≤0.60	1.00～2.50	≤0.030	≤0.020	12.00～14.00	23.00～25.00	—	—
	H1Cr24Ni13Mo2	≤0.12	≤0.60	1.00～2.50	≤0.030	≤0.020	12.00～14.00	23.00～25.00	2.00～3.00	—
	H1Cr26Ni21	≤0.15	0.2～0.59	1.00～2.50	≤0.030	≤0.020	20.00～22.30	25.00～28.00	—	—
	H0Cr26Ni21	≤0.08	≤0.60	1.00～2.50	≤0.030	≤0.020	20.00～22.00	25.00～28.00	—	—
	H0Cr19Ni12Mo2	≤0.08	≤0.60	1.00～2.50	≤0.030	≤0.020	11.00～14.00	18.00～20.00	2.00～3.00	—
	H00Cr19Ni12Mo2	≤0.03	≤0.60	1.00～2.50	≤0.030	≤0.020	11.00～14.00	18.00～20.00	2.00～3.00	—
	H00Cr19Ni12Mo2Cu2	≤0.03	≤0.60	1.00～2.50	≤0.030	≤0.020	11.00～14.00	18.00～20.00	2.00～3.00	Cu1.00～2.50
	H0Cr20Ni14Mo3	≤0.06	≤0.60	1.00～2.50	≤0.030	≤0.020	13.00～15.00	18.50～20.50	3.00～4.00	—
	H0Cr20Ni10Ti	≤0.06	≤0.60	1.00～2.50	≤0.030	≤0.020	9.00～10.50	18.50～20.50	—	Ti9×C%～1.00
	H0Cr20Ni10Nb	≤0.08	≤0.60	1.00～2.50	≤0.030	≤0.020	9.00～11.00	19.00～21.50	—	Nb10×C%～1.00
	H1Cr21Ni10Mn6	≤0.10	0.20～0.60	5.00～7.00	≤0.030	≤0.020	9.00～11.00	20.00～22.00	—	—
铁素体型	H0Cr14	<0.06	0.30～0.70	0.30～0.70	<0.030	≤0.030	≤0.60	13.00～15.00	—	—
	H1Cr17	≤0.10	≤0.50	≤0.60	<0.030	≤0.030	—	15.50～17.00	—	—
马氏体型	H1Cr13	≤0.12	≤0.50	≤0.60	≤0.030	≤0.030	—	11.50～13.50	—	—
	H1Cr5Mo	≤0.12	0.15～0.35	0.40～0.70	≤0.030	≤0.030	≤0.30	4.00～6.00	0.40～0.60	—

低碳钢焊芯中的含碳量，应在保证与母材基本等强度的条件下含碳量越少越好。因为焊芯中含碳量的增高会增大气孔和裂纹的倾向，同时也会增大飞溅，使焊接过程不稳定。所以，低碳钢焊芯碳的质量分数应当低于0.10%。

锰是焊芯中的有益元素。它又能脱氧，又能控制硫的有害作用。对于低碳钢焊芯，20（Mn）以0.30%～0.55%为宜。

硅在焊接过程中极易氧化形成 SiO_2，而使焊缝中含有多量的夹杂物。严重时会引起热裂纹。因此希望焊芯中的含硅量越少越好。

镍、铬对于低碳钢焊芯是作为杂质混入的，其含量控制在国家标准所规定的范围以内，对于焊接冶金过程不会有重大影响。

硫、磷是有害元素，可引起裂纹和气孔。因此应当对它们的含量严格控制。

此外，焊芯的电阻率和焊芯中的夹杂物（如 SiO_2、Al_2O_3 等）对于焊条性能都有一定的影响。电阻率大的焊芯在焊接时因电阻热过大易使焊条药皮发红，失去应起的冶金及保护作用，并且容易产生气孔。当焊芯中含有较多的夹杂物时，能引起飞溅，并影响焊接电弧的稳定性。

(2) 焊条药皮

1) 焊条药皮的作用

① 保护作用　由于电弧的热作用使药皮熔化形成熔渣，在焊接冶金过程中又会产生某些气体。熔渣和电弧气氛起着保护熔滴、熔池和焊接区、隔离空气的作用，防止氮气等有害气体侵入焊缝。

② 冶金作用　在焊接过程中，由于药皮的组成物质进行冶金反应，其作用是去除有害杂质（例如 O、N、H、S、P 等），并保护或添加有益合金元素，使焊缝的抗气孔性及抗裂性能良好，使焊缝金属满足各种性能要求。

③ 使焊条具有良好的工艺性能　焊条药皮的作用可以使电弧容易引燃，并能稳定地连续燃烧；焊接飞溅小；焊缝成形美观；易于脱渣以及可适用于各种空间位置的施焊。

2) 焊条药皮的类型　根据焊条药皮组成的不同，可以分为以下 8 种类型。

① 氧化钛型　简称钛型。焊条药皮中加入 35% 以上的二氧化钛和相当数量的硅酸盐、锰、铁及少量有机物。

② 氧化钛钙型　简称钛钙型。药皮中加入 30% 以上的二氧化钛和 20% 以下的碳酸盐，以及相当数量的硅酸盐和锰铁，一般不加或少加有机物。

③ 钛铁矿型　药皮中加入 30% 以上的钛铁矿和一定数量的硅酸盐、锰铁以及少量有机物，不加或加少量的碳酸盐。

④ 氧化铁型　药皮中加入大量铁矿石和一定数量的硅酸盐、钙铁及少量有机物。

⑤ 纤维素型　药皮中加入 15% 以上的有机物、一定数量的造渣物质及锰铁等。

⑥ 低氢型　药皮中加入大量碳酸盐、萤石、铁合金以及二氧化钛等。

⑦ 石墨型　药皮中加入多量石墨，以保证焊缝金属的石墨化作用。配以低碳钢芯或铸铁焊芯可用于铸铁焊条。

⑧ 盐基型　药皮由氟盐和氯盐组成，如氯化钠、氟化钾、氯化钠、氯化锂、冰晶石等，主要用于铝及铝合金焊条。

3) 药皮原材料的种类　结构钢典型焊条的药皮配方见表 2.4-18。从表中可以看出，焊条药皮是由多种原材料组成的。药皮原材料按其来源可分为 4 大类。

表 2.4-18　结构钢焊条药皮配方　%

焊条型号（GB）	E4300	E4313	E4313	E4303	E4314	E4301	E4320	E5011	E5016	E5015
焊条牌号	J420G	J421X	J421	J422	J422Fe	J423	J424	J505	J506	J507
人造金红石	30	24	40	28					5	
钛白粉	10	32	6	9	11	8		8	4	2
菱苦土	7			2						
白云石			7	10		12				
大理石	13			8	6			8	48	44
萤石									18	24
钛铁矿				6	17	28		10		
长石	5		9	5		14				
白泥	12		10	14	7	14				
云母	8		7	10	4	6			5	
锰铁	15	2	12	14	10	17	27.5	5.5		4
钛铁									5	13
45 硅铁					7				10	
淀粉			4				5			
钼铁		1						4	铝铁 3	
木粉		26			1	2		23		纯碱 1
其他		二氧化锰 16	纤维素 5		铁粉 39	矽砂 3	花岗石 33 赤铁矿 35		矽砂 3 NaF2	石英 7 低度硅铁 2.5

① 矿物类　主要是各种矿石、矿砂等。如钛铁矿、赤铁矿、金红石、大理石、白云石、萤石、长石、白泥、云母等。

② 金属及铁合金类　如金属铬、金属镍、锰铁、硅铁、钛铁、钼铁、钒铁等。

③ 化工产品类　如钛白粉、纯碱、碳酸钾、碳酸钡，以及起黏结剂作用的水玻璃等。

④ 有机物类　如淀粉、木粉、纤维素、酚醛树脂等。

4) 药皮原材料的作用　当前制造电焊条所使用的原材料近百种，而常用的约 30 余种。药皮原材料的作用，有以下7项。

① 稳弧 一般含低电离电位元素的物质都有稳弧作用。主要作是改善焊条的引弧性能和提高电弧燃烧的稳定性。这种药皮原材料，通常称为稳弧剂。常用的稳弧剂有碳酸钾、大理石、水玻璃、长石、金红石等。

② 造渣 药皮中某些原材料受焊接热源的作用而熔化，形成具有一定物理、化学性能的熔渣，从而保护熔滴金属和焊接熔池，并能改善焊缝成形。这种原材料被称为造渣剂。它们是焊条药皮中最基本的组成物。常用的造渣剂有：钛铁矿、金红石、大理石、石英砂、长石、云母、萤石等。

③ 造气 药皮中的有机物和碳酸盐在焊接时产生气体，从而起到隔离空气、保护焊接区的作用。这类物质被称为造气剂。如木粉、淀粉、大理石、菱苦土等。

④ 脱氧 降低药皮或熔渣的氧化性和脱除金属中的氧、该原材料称为脱氧剂。在焊接钢时，对氧亲和力比铁大的金属及其合金都可作为脱氧剂。常用的有锰铁、硅铁、钛铁、铝粉等。

⑤ 合金化 其作用就是补偿焊缝金属中有益元素的烧损和获得必要的合金成分。合金剂通常采用铁合金或金属粉，如锰铁、硅铁、钼铁等。

⑥ 黏结 为了把药皮材料涂敷到焊芯上，并使焊条药皮具有一定的强度，必须在药皮中加入黏结力强的物质。常用的黏结剂是钠水玻璃、钾钠水玻璃等。

⑦ 成形 加入某些物质使药皮具有一定的塑性、弹性及流动性。以便于焊条的压制，使焊条表面光滑而不开裂。常用的成形剂有白泥、云母、钛白粉、糊精等。

焊条药皮原材料的作用，见表2.4-19。应当指出，每种材料在焊条药皮中会同时有几种作用。所以在设计焊条药皮配方，必须注意其主要作用，兼顾次要作用。并且还要考虑是否有氧化、增氢、增硫、增磷等冶金方面的作用。

表2.4-19 药皮材料的作用

材料	主要成分	造气	造渣	脱氧	合金化	稳弧	黏结	成形	增氢	增硫	增磷	氧化
金红石	TiO_2		A			B						
钛白粉	TiO_2		A			B		A				
钛铁矿	TiO_2，FeO		A			B						B
赤铁矿	Fe_2O_3					B				B	B	B
锰矿	MnO_2		A								B	B
大理石	$CaCO_3$	A	A			B						B
菱苦土	$MgCO_3$	A	A			B						B
白云石	$CaCO_3+MgCO_3$	A	A			B						B
石英砂	SiO_2		A									
长石	SiO_2，Al_2O_3，K_2O+Na_2O		A			B						
白泥	SiO_2，Al_2O_3，H_2O		A					A	B			
云母	SiO_2，Al_2O_3，H_2O，K_3O		A			B		A	B			
滑石	SiO_2，Al_2O_3，MgO		A					B				
萤石	CaF_2		A									
碳酸钠	Na_2CO_3		B			B		A				
碳酸钾	K_2CO_3		B			A						
锰铁	Mn－Fe		B	A	A						B	
硅铁	Si－Fe		B	A	A							
钛铁	Ti－Fe		B	A	B							
铝粉	Al		B	A								
钼铁	Mo－Fe		B	B	A							
木粉		A		B		B		B	B			
淀粉		A		B		B		B	B			
糊精		A		B		B		B	B			
水玻璃	K_2O，Na_2O，SiO_2		B			A	A					

注：A—主要作用；B—附带作用。

2.1.4 焊条的工艺性能

焊条的工艺性能是指焊条在焊接操作中的性能，它是衡量焊条质量的重要指标之一。焊条的工艺性能主要包括以下几点。

(1) 焊接电弧的稳定性

电弧稳定性就是指电弧容易引燃，并且保持稳定燃烧（不产生断弧、飘移和磁偏吹等）的程度。电弧稳定性直接影响着焊接过程的连续性及焊接质量。焊接电源的特性、焊接工艺参数、焊条药皮类型及组成物等许多因素都影响着电弧的稳定性。焊条药皮中加入电离电位低的物质，可以降低电弧气氛的电离电位，因而就能提高电弧稳定性，由于造渣及压涂工艺的需要，一般在焊条药皮中都含有云母、长石、钛白粉或金红石等成分，所以，电弧稳定性都比较好。然而，低氢焊条由于药皮中萤石的反电离作用，在用交流电源焊接时电弧不能稳定燃烧，只有采用直流电源才能维持电弧连续稳定地燃烧。在低氢型焊条药皮中加入稳弧剂（例如碳酸钾等）时，也可以在采用交流电源焊接时保持电弧的稳定性。当药皮的熔点过高或药皮太厚时，就容易在焊条端部形成较长的套筒，致使电弧易于熄灭。

（2）焊缝成形

良好的焊缝成形要求表面光滑，波纹细密美观，焊缝的几何形状及尺寸正确。焊缝应圆滑地向母材过渡，余高符合标准，无咬边等缺陷。焊缝表面成形不仅影响美观，更重要的是影响焊接接头的力学性能。成形不好的焊缝会造成应力集中，引起焊接部件的早期破坏。

焊缝成形的影响因素除操作原因以外，主要是熔渣凝固温度，高温熔渣的黏度、表面张力以及密度等。熔渣凝固温度是指由焊条药皮熔化所形成的液态熔渣转变为固态时的温度。如果熔渣的凝固温度过高，就会产生压铁水的现象，严重影响焊缝成形，甚至产生气孔。凝固温度过低致使熔渣不能均匀地覆盖在焊缝表面，也会造成表面成形很差。

高温时熔渣的黏度过大，将使焊接冶金反应缓慢，焊缝表面成形不良，并易产生气孔、夹杂等缺陷。如果熔渣黏度过小，将会造成熔渣对焊缝覆盖不均匀，失去应有的保护作用。图 2.4-19 为 1 500℃时 SiO_2 – MnO – FeO 渣系的熔渣黏度与熔渣成分之间的关系。图中 A 区黏度小、流动性大；B 区成分的熔渣具有中等黏度，适于焊接；C 区成分的熔渣黏度最大。从黏度图可以看出，当温度一定时，随着熔渣组成物比例的变化，熔渣黏度也相应地变化。

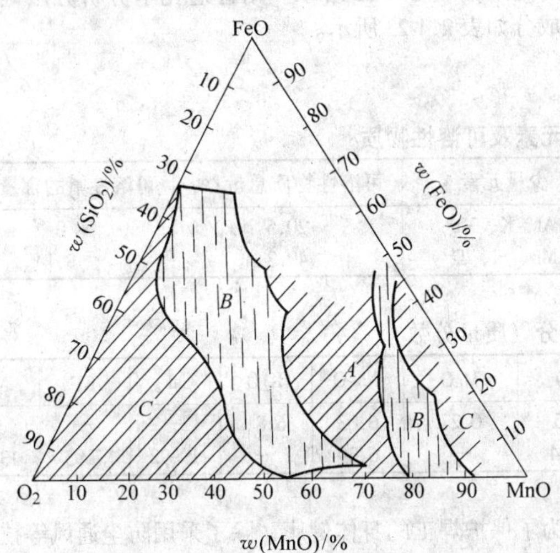

图 2.4-19　SiO_2 – MnO – FeO 渣系的熔渣黏度图

A 区—黏度小；B 区—黏度适中；C 区—黏度大

液态熔渣的表面张力对于焊缝成形也有很大的影响。焊接时熔渣的表面张力要适当，一般约为：0.3 ~ 0.4 N/m 即可使熔化状态的熔渣均匀覆盖在焊缝表面上。当熔池结晶时，表面张力急剧增加，使焊缝具有良好的成形。

（3）各种位置焊接的适应性

工艺性能良好的焊条能适应空间全位置焊接。不同类型的焊条在各种位置上焊接的适应性是不同的。几乎所有的焊条都能进行平焊，而横焊、立焊、仰焊就不是所有焊条都能胜任的。横焊、立焊、仰焊时的主要困难是：在重力的作用下熔滴不易向熔池过渡；熔池金属和熔渣向下淌以致不能形成正常的焊缝。因此，适当增加电弧和气流吹力、以便把熔滴送向熔池并阻止金属和熔渣下淌。调节熔渣的熔点，黏度及表面张力也是解决焊条全位置焊接的技术措施。因为这不仅可以阻止熔渣及铁水的下淌，而且还能使高温熔渣尽快地凝固。

（4）飞溅

焊接过程中由熔滴或熔池中飞出的金属颗粒称为飞溅、飞溅不仅弄脏焊缝及其附近的部位，增加清理工作量，而且过多的飞溅还会破坏正常的焊接过程，降低焊条的熔敷效率。熔渣的黏度较大或焊条含水量过多、焊条偏心率过大等均会造成较大飞溅。增大焊接电流及电弧长度，飞溅也随之增加。此外，电源类型、熔滴过渡形态对于飞溅也有一定的影响。一般钛钙型焊条电弧燃烧稳定，熔滴为细颗粒过渡。飞溅较小。低氢型焊条的电弧稳定性较差，熔滴多为大颗粒短路过渡，飞溅较大。

（5）脱渣性

脱渣性是指焊后从焊缝表面清除渣壳的难易程度。脱渣困难会降低焊接生产率，而且在多层焊施工时，还会产生夹渣的缺陷。脱渣性的影响因素有以下几方面。

1）熔渣的线膨胀系数　熔渣与焊缝金属的线膨胀系数相差越大，冷却时熔渣越容易与焊缝金属脱离。不同类型焊条的熔渣具有不同的线膨胀系数，如图 2.4-20 所示。由于钛型焊条 E4313（J421）熔渣与低碳钢的线膨胀系数相差最大，所以脱渣性最好。低氢型焊条 E4315（J427）熔渣与低碳钢的线膨胀系数相差较小，它的脱渣性较差。

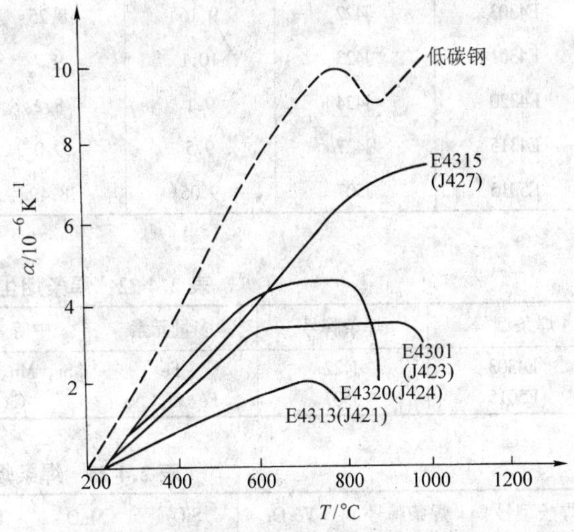

图 2.4-20　几种焊条熔渣和低碳钢的线胀系数与温度的关系

2）熔渣的氧化性　在焊缝金属冷却结晶的开始阶段，尚未凝固的液体熔渣与处于高温状态的焊缝金属间，仍会发生一定的冶金反应。如果熔渣的氧化性很强就会使焊缝表面氧化，生成一层氧化膜，其主要成分是氧化铁（FeO），它的晶格结构是体心立方晶格。FeO 晶格搭建在焊缝金属的 α – Fe 体心立方晶格上。因此，这层氧化膜牢固地粘在焊缝金属表面上，导致脱渣困难。

如果熔渣中含有能形成尖晶石型化合物的二价和三价金属氧化物（如 Al_2O_3，V_2O_3，Cr_2O_3 等），可以与渣中的 FeO，MnO，CaO，MgO 等形成体心立方晶格的尖晶石型化合物 $MeO \cdot Me_2O_3$。由于尖晶石晶格常数与 FeO 的晶格常数相差不大，所以它们可以互相联成共同晶格。这样，熔渣与焊缝金属通过 FeO 薄膜的中介而牢固地联系起来，于是脱渣性恶化，焊缝金属表面出现粘渣现象。因此，含 V，Al，Cr 的合金钢焊接时脱渣性不好的原因就是这些合金元素在焊接过程中形成了氧化物。加强焊条的脱氧能力就可以明显地改善脱渣性。

3）熔渣的松脆性　熔渣越松脆就越容易清除。在平板表面堆焊时，一般脱渣都比较容易。然而，在角焊缝和深坡口底层焊接时，由于熔渣夹在钢板之间而使脱渣造成困难。钛型焊条熔渣的结构比较密实坚硬，在坡口中的脱渣性较差。低氢型焊条的脱渣性最不理想。

（6）焊条熔化速度

焊条熔化速度反映着焊接生产率的高低，它可以用焊条的熔化系数 α_P 来表示。考虑到飞溅造成的损失，真正反映焊接生产的指标是焊条的熔敷系数 α_H，即单位时间内单位电流所能熔敷在焊件上的金属质量。α_P 与 α_H 的关系是：

$$\alpha_H = \alpha_P\ (1-\Psi)$$

式中，Ψ 为损失系数。

表2.4-20是几种焊条熔化系数与熔敷系数的实测数据。不同类型焊条的熔化系数是不同的，造成这个差别的主要原因是它们的药皮组成不同。药皮成分影响电弧电压，电弧气氛的电离电位越低，电弧电压就越低，电弧的热量也就越少。因此焊条的熔化系数就越小。药皮成分影响熔滴过渡形态，调整药皮成分可以使熔滴由短路过渡变为颗粒过渡，从而提高了焊条的熔化系数；药皮中含有进行放热反应的物质时，由于化学反应热加速焊条熔化，也提高了焊条的熔化系数。此外，药皮中加入铁粉，可以提高焊条的熔化系数。

表2.4-20　几种焊条的 α_P 与 α_H

焊条型号	焊条牌号	α_P/g·(A·h)$^{-1}$	α_H/g·(A·h)$^{-1}$
E4303	J422	9.16	8.25
E4301	J423	10.1	9.7
E4320	J424	9.1	8.2
E4315	J427	9.5	9.0
E5015	J507	9.06	8.49

（7）焊条药皮发红

药皮发红是指焊条在使用到后半段时，由于药皮温升过高而发红、开裂或药皮脱落的现象。显然，这时药皮就失去保护作用及冶金作用。药皮发红引起焊接工艺性能恶化，严重影响焊接质量，同时也造成了材料的浪费。解决药皮发红的技术关键就是调整焊条药皮配方，改善熔滴过渡形态、提高焊条的熔化系数、减少电阻热以降低焊条的表面温升。

（8）焊接烟尘

在焊接电弧的高温作用下，焊条端部的液态金属和熔渣激烈蒸发。同时，在熔滴和熔池的表面上也发生蒸发。由于蒸发而产生的高温蒸气从电弧区被吹出后迅速被氧化和冷凝，变为细小的固态粒子。这些微小的颗粒分散飘浮于空气中，弥散于电弧周围，就形成了焊接烟尘。

低碳钢和低合金钢焊条一般均采用低碳钢焊芯，因此焊接烟尘主要取决于药皮成分。不同药皮类型焊条的发尘速度及发尘量范围如表2.4-21所示。低氢型焊条的发尘速度和发尘量均高于其他类型的焊条。由于烟尘中常含有各种致毒物质，因而污染工作环境，危害焊工健康。

表2.4-21　不同类型焊条的发尘速度及发尘量

焊条类别	发尘速度/mg·min^{-1}	发尘量/g·kg^{-1}
钛钙型焊条	200～280	6～8
高钛型焊条	280～320	7～9
钛铁矿型焊条	300～360	8～10
低氢型焊条	360～450	10～20

以E4303（J422）和E5015（J507）焊条为例，分析低氢型与非低氢型焊条的烟尘成分及危害情况。采用X射线萤光分析仪及光谱分析仪测定焊接烟尘中的化学元素及可溶性物质的结果如表2.4-22所示。用普通化学分析方法确定的烟尘成分如表2.4-23所示。

表2.4-22　焊条烟尘中所含化学元素及可溶性物质

焊条型号	焊条牌号	多量元素	中等量元素	少量元素	可溶性物质总量/%	可溶性氟的含量/%
E4303	J422	Fe	Si、Mn、Na、Ca	Al、K、Mg	20.5	0
E5015	J507	Fe、F、Na	Ca、K	Mn、Si、Ti	49.3	9.1

表2.4-23　焊条烟尘的化学成分（质量分数）　%

焊条型号	焊条牌号	Fe_2O_3	SiO_2	MnO	TiO_2	CaO	MgO	Na_2O	K_2O	CaF_2	KF	NaF
E4303	J422	48.12	17.93	7.18	2.61	0.95	0.27	6.03	6.81	—	—	—
E5015	J507	24.93	5.62	6.30	1.22	10.34	—	6.39	—	19.92	7.95	13.71

研究结果表明：非低氢型焊条烟尘中不含氟，烟尘的主要成分为氧化铁，约占50%左右；低氢型焊条烟尘中含氟10%以上，以CaF_2、NaF、$KCaF_3$等晶体状态存在，F与K、Na的化合物均为可溶性物质。E5015（J507）焊条烟尘中氧化铁大约在25%左右，并且K、Na成分含量较高。

为了改善焊接作业环境的卫生状况，许多国家制定了工业卫生的有关标准。1960年国际焊接学会提出低氢型焊条焊接烟尘的容许浓度为10 mg/m^3，非低氢型焊条为20 mg/m^3。1974年美国政府工业卫生医师会议统一规定为5 mg/m^3，随后日本、瑞典等国也采用了这个数值。我国的国家标准《焊接与切割安全》GB 9448—1988中规定：锰及其他合物（换算成MnO_2）的最高容许浓度为0.2 mg/m^3，氟化氢及氟化物（换算成F）的最高容许浓度为1 mg/m^3 其他粉尘最高容许浓度为10 mg/m^3。并且还规定了焊接作业场所通风的有关措施。

为了保护焊工的身体健康，除了采用防尘通风等技术措施之外，还应从根本上尽量减少焊条的发尘量、降低烟尘的毒性，所以目前国内外均对于低尘低毒焊条的研制工作极为重视。综上所述，焊条的工艺性能主要决定于焊条药皮的组成。

因此，为了获得工艺性能优良的焊条，必须合理地确定焊条药皮配方。

为了便于分析比较，现将各种药皮类型的结构钢焊条工艺性能归纳于表2.4-24。

2.1.5　焊条的冶金性能

焊条的冶金性能最终反映在焊缝金属化学成分、力学性能以及抗气孔、抗裂纹的能力等各个方面。为了获得优质的焊缝，就必须要求选用的焊条具有优良的冶金性能。

各种药皮类型的结构钢焊条冶金性能见表2.4-25。分析表中的数据可以了解各类焊条的性能及特点。

2.1.6 焊条的选用

(1) 焊条的选用原则

1) 根据被焊工件母材的物理、力学性能及化学成分选用焊条 对于低、中碳钢及低合金结构钢，按照要求母材与焊缝金属强度一致的“等强度”观点，选取相匹配的焊条。这种观点在实践中应用较广，而且安全可靠。

此外，当焊件在焊后需要热处理时，选用焊条时还应考虑焊缝与母材化学成分不同而引起的力学性能的变化。当母材碳、硫、磷等杂质含量较高时，应选用抗裂性、抗气孔性能好的焊条施焊。当要求焊缝金属具有高塑性、高韧性时，应选用碱性低氢型焊条。酸性焊条与碱性焊条性能对比列于表2.4-26。

对于不等强的异种材料的焊接，应按照强度等级低的材料来选用焊条、以保证焊缝具有相应的塑性、韧性和抗裂性。合金结构钢与不锈钢的异种材料焊接，应选用适于异种材料焊接的焊条。

2) 根据焊件的结构特点来选取焊条 如果焊件的几何形状复杂，或刚性比较大，应选用抗裂性能较好的焊条施焊。对于立焊、仰焊工作量大的焊件，选用立向下等专用焊条比较合适。

3) 根据产品的工作条件和使用要求选用焊条 对于工作环境特殊的焊接结构，应选用与方相匹配的特殊用途焊条。如低温钢焊条、水下焊条等。对于在腐蚀介质中工作或在磨损情况下工作的结构件，应根据具体的工况条件综合考虑，选用适当的焊条。

4) 根据劳动条件与生产效益选用焊条 当酸性焊条能够满足设计要求时，就不选用碱性低氢型焊条。这是从酸性焊条的发尘量少来考虑的。当工程中必须要采用碱性焊条时，也应采取通风及相应的劳动保护措施，保证焊工的身心健康。

此外，在选用焊条时还应考虑施工场地的设备条件。例如，根据电焊机的类型、有无热处理设备等综合加以考虑。同种钢材焊接时的焊条选用要点列于表2.4-27。异种钢材焊接时的焊条选用要点列于表2.4-28。

(2) 焊条的使用

1) 施工时，应当严格按照图纸和焊接工艺规程等技术文件的要求检查焊条型号（牌号）、规格及焊条质量。尤其对于焊前烘干的情况等是否与要求相符，应认真检查。各类焊条焊前烘干工艺参数列于表2.4-29。

2) 严格按照焊条产品说明书和焊接工艺规程等技术文件的规定选用电焊机，确定极性接法以及焊接电流参数。

3) 不允许使用已掉在施工场地上的受潮焊条。在焊接过程中，如发现异常现象，应及时停焊并报告有关施工管理人员进行处理。

表2.4-24 各种药皮类型的结构钢焊条工艺性能一览表

焊条牌号	J××1	J××2	J××3	J××4	J××5	J××6	J××7
药皮主要成分	TiO_2 45%～60%、硅酸盐、锰铁、有机物	TiO_2 30%～45%、硅酸盐、锰铁	钛铁矿>30%、硅酸盐、锰铁、有机物	氧化铁>30%、硅酸盐、锰铁、有机物	有机物>15%、TiO_2、硅酸盐	碳酸盐>30%、萤石、铁合金、稳弧剂	碳酸盐>30%、萤石、铁合金，不加稳弧剂
熔渣特性	酸性、短渣	酸性、短渣	酸性、较短渣	酸性、长渣	酸性、短渣	碱性、短渣	碱性、短渣
电弧稳定性	柔和、稳定	稳定	稳定	稳定	稳定	较差、交、直	较差、直流
电弧吹力	大	大	稍大	稍大	很大	稍大	稍大
飞溅	少	少	中	中	多	较多	较多
焊缝外观	纹细、美观	美观	美观	美观	粗	稍粗	稍粗
熔深	小	中	中	稍大	大	中	中
咬边	小	小	中	小	大	小	小
焊脚形状	凸	平	平、稍凸	平	平	平或凹	平或凹
脱渣性	好	好	好	好	好	较差	较差
熔化系数	中	中	稍大	大	大	中	中
尘	少	少	稍多	多	少	多	多
平焊	易	易	易	易	易	易	易
立向上焊	易	易	易	不可	极易	易	易
立向下焊	易	易	困难	不可	易	易	易
仰焊	稍易	稍易	易	不可	极易	稍难	稍难

表 2.4-25 各种药皮类型结构钢焊条的冶金性能

焊条类型	焊条牌号	所属渣系	熔渣碱度 B_1	焊缝金属化学成分（质量分数）/%					焊缝中气体			焊缝金属力学性能				Mn/S	Mn/Si	氧化物-硅酸盐夹杂总含量/%	抗热裂性	抗气孔性	备注
				C	Si	Mn	S	P	φ（N）/%	φ（O）/%	[H] /mL·(100) g^{-1}	σ_b/MPa	δ/%	ψ/%	A_{kv}/J						
E4313	J421	钛型 $TiO_2-SiO_2-CaO-Al_2O_3$	0.40～0.50	0.07～0.10	0.15～0.20	0.25～0.35	0.018～0.030	0.02～0.032	0.025～0.03	0.06～0.08	25～30	430～490	20～28	60～65	常温 50～75 0℃ ≥47	8～12	1.5～1.8	0.109～0.131	一般	大电流或焊接含硫、含硅较高的钢时，气孔敏感性强。对铁锈、水分不太敏感	以 Mn 脱氧为主
E4303	J422	钛钙型 $TiO_2-CaO-SiO_2$	0.65～0.76	0.07～0.08	0.10～0.15	0.35～0.5	0.015～0.025	0.02～0.030	0.024～0.030	0.06～0.1	25～30	430～490	22～30	60～70	0℃ 70～115 -20℃ ≥47	13～16	2.5～3.0		尚好	同上，药皮氧化性强，易出现CO气孔，脱氧性增强，易出现氢气孔	
E4301	J423	钛铁矿型 $TiO_2-FeO-MnO-SiO_2$	1.06～1.30	0.07～0.10	<0.10	0.4～0.50	0.016～0.028	0.022～0.035	0.025～0.030	0.08～0.11	24～30	420～480	20～30	60～68	0℃ 60～110	12～18	4～5	0.134～0.203	尚好	一般，与E4303差不多	氧化性较强、合金过渡系数较低
E4320	J424	氧化铁型 $FeO-MnO-SiO_2$	1.02～1.40	0.08～0.10	～0.10	0.52～0.8	0.018～0.025	0.030～0.05	0.02～0.025	0.10～0.12	26～30	430～470	25～30	60～68	常温 60～110	14～28	6～8		较好	较好，对铁锈、水分不敏感	
E4311	J425	纤维素型 $FeO-MnO-SiO_2$	1.10～1.34	0.08～0.10	0.06～0.10	0.25～0.40	0.016～0.022	0.025～0.035	0.01～0.020	0.06～0.09	30～40	430～490	20～28	60～65	-30℃ 100～130	8～14	3.5～4.0	～0.10	一般	氢白点敏感性强，对铁锈、水分等不太敏感	属于造气保护
E4316	J426	低氢碱性 $CaO-CaF_2-SiO_2$	1.60～1.80	0.07～0.10	0.35～0.45	0.70～1.10	0.015～0.025	0.025～0.028	0.01～0.022	0.025～0.035	8～10	470～540	22～30	68～72	-30℃ 80～180	30～38	2～2.5	0.028～0.090	良好	对铁锈、水分很敏感有铁锈时易产生CO气孔；有水锈时易出现氢气孔。长弧焊时易出现气孔	正接或交流电源时易出现气孔
E4315	J427	低氢碱性 $CaO-CaF_2-SiO_2$	1.60～1.80	0.07～0.10	0.35～0.45	0.70～1.1	0.012～0.025	0.020～0.025	0.007～0.020	0.025～0.035	6～8	470～540	24～35	70～75	-20℃ 80～230 -30℃ 80～180	30～38	2～2.5				正接时易出现气孔

表 2.4-26 酸性焊条与碱性焊条性能对比

酸性焊条	碱性焊条
药皮成分氧化性强	药皮成分还原性强
对水、锈产生气孔的敏感性不大，焊条在使用前经 150~200℃烘培 1 h，若不受潮，也可不烘	对水、锈产生气孔的敏感性较大，要求焊条使用前经 300~400℃烘焙 1~2 h
电弧稳定，可用交流或直流焊接	由于药皮中含有氟化物使电弧稳定性变坏，须采用直流焊接，只有当药皮中加稳弧剂后才可交直流两用
焊接电流较大	焊接电流较小，较同规格的酸性焊条小10%左右
可长弧操作	须短弧操作，否则容易引起气孔
合金元素过渡效果差	合金元素过渡效果好
焊缝成形较好，除氧化铁型外，熔深较小	焊缝成形尚好，容易堆高，熔深较大
熔渣结构呈玻璃状	焊渣结构呈结晶状
脱渣较容易	坡口内第一层脱渣较困难，以后各层脱渣较容易
焊缝常、低温冲击性能一般	焊缝常、低温冲击韧度较高
除氧化铁型外，抗裂性能较差	抗裂性能好
熔敷金属中的含氢量高，容易产生白点，影响塑性	熔敷金属中含氢量低
焊接时烟尘较少	焊接时烟尘较多

表 2.4-27 同种钢材焊接时焊条选用要点

选用依据	选用要点
力学性能和化学成分要求	1）对于普通结构钢，通常要求焊缝金属与母材等强度，应选用熔敷金属抗拉强度等于或稍高于母材的焊条 2）对于合金结构钢，要求焊缝金属力学性能与母材匹配，有时还要求合金成分与母材相同或接近 3）在被焊结构刚性大、接头应力较大、焊缝容易产生裂纹的情况下，可考虑选用比母材强度低一级的焊条 4）当母材中碳及硫、磷等元素的含量偏高时，焊缝容易产生裂纹，应选用抗裂性能好的低氢焊条
焊件的使用性能和工作条件要求	1）对承受动载荷和冲击载荷的焊件，除满足强度要求外，主要应保证焊缝金属具有较高的冲击韧度和塑性，可选用塑性和韧性指标较高的低氢焊条 2）接触腐蚀介质的焊件，应根据介质的性质及腐蚀特征选用不锈钢类焊条或其他耐腐蚀焊条 3）在高温或低温条件下工作的焊件，应选用相应的耐热钢或低温钢焊条
焊件的结构特点和受力状态	1）对结构形状复杂，刚性大及大厚度焊件，由于焊接过程中产生很大的应力，容易使焊缝产生裂纹，应选用抗裂性能好的低氢焊条 2）对焊接部位难以清理干净的焊件，应选用氧化性强、对铁锈、氧化皮、油污不敏感的酸性焊条 3）对受条件限制不能翻转的焊件，有些焊缝处于非平焊位置，应选用全位置焊接的焊条
施工条件及设备	1）有没有直流电源，而焊接结构又要求必须使用低氢焊条的场合，应选用交直流两用低氢焊条 2）在狭小或通风条件差的场合，选用酸性焊条或低尘低毒焊条
操作工艺性能	在满足产品性能要求的条件下，尽量选用工艺性能好的酸性焊条
经济效益	在满足使用性能和操作工艺性的条件下，尽量选用成本低、效率高的焊条

表 2.4-28 异种钢材焊接时焊条选用要点

异种金属	选用要点
强度级别不同的碳钢和低合金钢，低合金钢和低合金钢	1）一般要求焊缝金属及接头的强度不低于两种被焊金属中的最低强度，因此选用焊条应能保证焊缝及接头的强度不低于强度较低钢材的强度，同时焊缝的塑性和冲击韧度应不低于强度较高而塑性较差的钢材的性能 2）为了防止裂纹，应按焊接性较差的钢种确定焊接工艺，包括工艺参数、预热温度及焊后处理等
低合金钢和奥氏体不锈钢	1）通常按照对熔敷金属化学成分限定的数值来选用焊条，建议使用铬镍含量高于母材的，塑性、抗裂性较好的不锈钢焊条 2）对于非重要结构的焊接，可选用与不锈钢成分相应的焊条
不锈钢复合钢板	为了防止基体碳素钢对不锈钢熔敷金属产生的稀释作用，建议对基层、过渡层、覆层的焊接选用三种不同性能的焊条： 1）对基层（碳钢或低合金钢）的焊接，选用相应强度等级的结构钢焊条 2）对过渡层（即覆层和基体交界面）的焊接，选用铬、镍含量比不锈钢板高的塑性、抗裂性较好的奥氏体不锈钢焊条 3）覆层直接与腐蚀介质接触，应选用相应成分的奥氏体不锈钢焊条

表 2.4-29 各类焊条焊前烘干工艺参数

焊条类别	焊条药皮类型	焊前烘干工艺参数			
		温度/℃	时间/min	烘干后允许存放时间/h	允许重复烘干次数
碳钢焊条	纤维素型	50~70	30~40	6	3
	钛型	75~150	30~60	8	5
	钛钙型				
	钛铁矿型				
	低氢型	300~350	30~60	4	3
低合金钢焊条（含高强度钢、耐热钢、低温钢）	非低氢型	75~150	30~60	4	3
	低氢型	350~400	60~90	E50×× 4 E55×× 2 E60×× 1	3
				E70××~100×× 0.5	2
铬不锈钢焊条	低氢型	300~350	30~60	4	3
	钛钙型	200~250			
奥氏体不锈钢焊条	低氢型	250~300			
	钛型、钛钙型	150~250			
堆焊焊条	钛钙型	150~250	30~60	4	3
	低氢型（碳钢芯）	300~350			
	低氢型（合金钢芯）	150~250			
	石墨型	75~150			
铸铁焊条	低氢型	300~350	30~60	4	3
	石墨型	70~120			
铜、镍及其合金焊条	钛钙型	200~250	30~60	4	3
	低氢型	300~350			
铝及铝合金焊条	盐基型	150	30~60	4	3

2.2 焊剂

焊剂是焊接时能够熔化形成熔渣和气体，对熔化金属起保护和冶金处理作用的一种物质。用于埋弧焊的为埋弧焊剂。用于钎焊时有：硬钎焊钎剂和软钎焊钎剂。本节仅就埋弧焊及电渣焊用焊剂，重点介绍焊剂的种类、组成、性能及用途。

埋弧焊及电渣焊所使用的焊接材料是焊剂和焊丝（或板极、带极）。焊丝的作用相当于焊条中的焊芯，焊剂的作用相当于焊条的药皮。在焊接过程中焊剂的作用是，隔离空气、保护焊接区金属使其不受空气的侵害，以及进行冶金处理作用。因此，焊剂与焊丝的正确配合使用是决定焊缝金属化学成分和力学性能的重要因素。

2.2.1 焊剂的分类

焊剂有许多分类方法。如按焊剂的用途和制造方法分类；按焊剂的化学成分、化学性质、颗粒结构等进行分类。焊剂的分类方法如图 2.4-21 所示。

(1) 按焊剂用途分类

1) 根据被焊材料　可分为钢用焊剂和有色金属用焊剂。钢用焊剂又可分为碳钢、合金结构钢及高合金钢用焊剂。

2) 根据焊接工艺方法　可分为埋弧焊焊剂和电渣焊焊剂。

(2) 按焊剂制造方法分类

1) 熔炼焊剂　将一定比例的各种配料放在炉内熔炼，然后经过水冷粒化、烘干、筛选而制成的一种焊剂。

2) 非熔炼焊剂　根据焊剂烘焙温度不同，又分为黏结焊剂与烧结焊剂。

① 黏结焊剂　将一定比例的各种粉料加入适量黏结剂，经混合搅拌、粒化和低温（一般在 400℃以下）烘干而制成的一种焊剂，旧称陶质焊剂。

② 烧结焊剂　将一定比例的各种粉状配料加入适量黏结剂，混合搅拌后经高温（400~1 000℃）烧结成块，然后粉碎、筛选而制成的一种焊剂。

(3) 按焊剂化学成分分类

1) 根据所含主要氧化物性质可分为：酸性焊剂、中性焊剂和碱性焊剂。

2) 根据 SiO_2 含量可分为：高硅焊剂、中硅焊剂和低硅焊剂。

3) 根据 MnO 含量可分为：高锰焊剂、中锰焊剂、低锰焊剂和无锰焊剂。无锰焊剂中的 MnO 是混入的杂质，一般应小于 2%。

4) 根据 CaF_2 含量可分为：高氟焊剂、中氟焊剂和低氟焊剂。

(4) 按焊剂化学性质分类

1) 氧化性焊剂　焊剂对被焊金属有较强的氧化作用。可分为两种类型：一种是含有大量 SiO_2、MnO 的焊剂；另一种是含有较多 FeO 的焊剂。

2) 弱氧化性焊剂　焊剂中含 SiO_2、MnO、FeO 等活性氧化物较少，因此对金属有较弱的氧化作用。这种情况下的焊缝金属含氧量比较低。

3）惰性焊剂　焊剂中基本不含 SiO_2、MnO、FeO 等氧化物，所以对于被焊金属没有氧化作用。此类焊剂的成分是由 Al_2O_3、CaO、MgO、CaF_2 等组成。

（5）按焊剂颗粒结构分类

可以分为三种：玻璃状焊剂呈透明状颗粒；结晶状焊剂的颗粒具有结晶体的特点；浮石状焊剂是泡沫状颗粒。玻璃状焊剂和结晶状焊剂的结构比较致密，其松装密度为 1.1～1.8 g/cm³；浮石状焊剂的结构比较疏松，松装密度为 0.7～1.0 g/cm³。

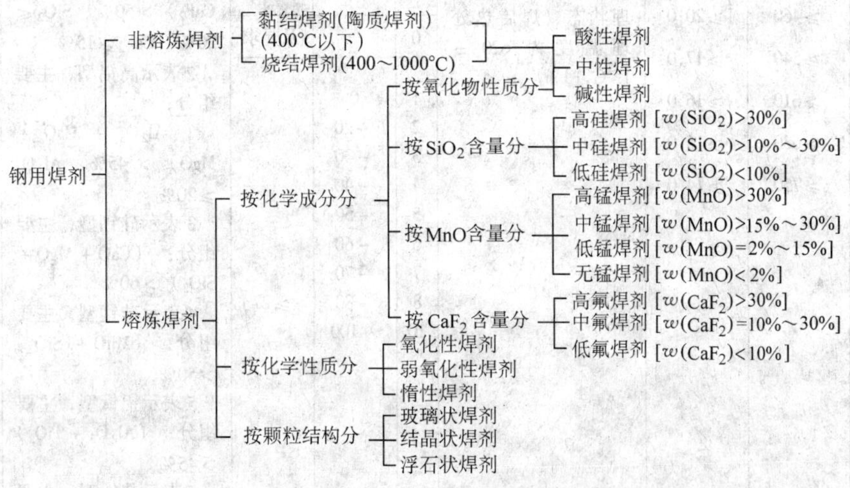

图 2.4-21　焊剂的分类

2.2.2　焊剂的型号和牌号

（1）焊剂的型号

焊剂的型号是根据国家标准进行划分的。我国有关焊剂的现行国家标准有：

GB/T 5293—1999　埋弧焊用碳钢焊丝和焊剂

GB/T 12470—1990　低合金钢埋弧焊用焊剂

GB/T 17854—1999　埋弧焊用不锈钢焊丝和焊剂

国家标准规定的碳钢、低合金钢、不锈钢的埋弧焊用焊剂型号列于表 2.4-30～表 2.4-33。

碳钢埋弧焊用焊剂的型号分类是根据焊丝－焊剂组合的熔敷金属力学性能、热处理状态进行划分。

低合金钢埋弧焊用焊剂的型号是根据焊缝金属力学性能、焊剂渣系划分的。

不锈钢埋弧焊用焊剂的型号分类是根据焊丝－焊剂组合的熔敷金属化学成分、力学性能进行划分的。

（2）焊剂的牌号

埋弧焊及电渣焊用焊剂的牌号编制方法：

1）熔炼焊剂

① 牌号前“HJ”表示埋弧焊及电渣焊用熔炼焊剂。

② 牌号的第一位数字：表示焊剂中氧化锰的含量，如表 2.4-34 所示。

③ 牌号的第二位数字：表示焊剂中二氧化硅、氟化钙的含量，如表 2.4-35 所示。

④ 牌号的第三位数字：表示同一类型焊剂的不同牌号，按 0、1、2……9 顺序排列。

对于同一牌号焊剂生产两种颗粒度时，在细颗粒焊剂牌号后面加“X”字母。

熔炼焊剂牌号举例：HJ431X

其中，HJ 表示埋弧焊及电渣焊用熔炼焊剂；4 表示焊剂为高锰型；3 表示焊剂为高硅低氟型；1 表示牌号编号为 1；X 表示是细颗粒焊剂，焊剂粒度为 0.28～1.25mm（60～14 目）。

表 2.4-30　埋弧焊用碳的钢焊剂型号表示方法（摘自 GB/T 5293—1999）

字 母	第一位数字	第二位字母	第三位数字	附加部分
F	表示焊丝－焊剂组合的熔敷金属抗拉强度的最小值： 4 ——σ_b = 415～550 MPa σ_s ≥330 MPa δ_5 ≥22% 5 ——σ_b = 480～650 MPa σ_s ≥330 MPa δ_5 ≥22%	表示试件的热处理状态： A ——在焊态下测试的力学性能 P ——在热处理后测试的力学性能（620 ± 15℃，1 h）	表示熔敷金属冲击吸收功不小于 27 J 时的最低试验温度（℃） 0 —— 0 2 —— －20 3 —— －30 4 —— －40 5 —— －50 6 —— －60	“—”后面表示焊丝的牌号，焊丝牌号按照下列标准执行： GB/T 14957—1994 熔化焊用钢丝
焊剂型号举例	F4A2－H08A 其中，F 表示焊剂；4 表示熔敷金属抗拉强度最小值为 415 MPa；A 表示试件为焊态； 2 表示熔敷金属冲击吸收功不小于 27 J 时的试验温度为－20℃ H08A 表示焊丝牌号			

表 2.4-31 低合金钢埋弧焊用焊剂型号表示方法（摘自 GB/T 12470—1990）

字母	X_1				X_2	X_3			X_4	附加部分
F	X_1 是熔敷金属拉伸性能代号				X_2 是试样状态代号 0 ——焊态 1 ——焊后热处理状态（焊后热处理温度为 620 ± 15℃，1 h）	X_3 是熔敷金属冲击吸收功分级代号：			X_4 是焊剂渣系代号： 1 表示氟碱型，主要组分：（$CaO + MgO + CaF_2$）> 50%、SiO_2 ≤ 20%、CaF_2 ≥ 15% 2 表示高铝型，主要组分：（Al_2O_3 + CaO + MgO）> 45%、Al_2O_3 ≥ 20% 3 表示硅钙型，主要组分：（$CaO + MgO + SiO_2$）> 60% 4 表示硅锰型，主要组分：（$MnO + SiO_2$）> 50% 5 表示铝钛型，主要组分：（$Al_2O_3 + TiO_2$）> 45% 6 表示其他型；主要组分：不作规定	“—”后面表示焊丝的牌号，焊丝牌号按照下列标准执行： GB/T 1300 熔化焊用钢丝
	X_1	σ_b/MPa	$\sigma_{0.2}$/MPa	δ_5/%		X_3	试验温度/℃	吸收功/J		
	5	480 ~ 650	≥380	≥22.0		0	—	无要求		
	6	550 ~ 690	≥460	≥20.0		1	0	≥27		
	7	620 ~ 760	≥540	≥17.0		2	− 20			
	8	690 ~ 820	≥610	≥16.0		3	− 30			
	9	760 ~ 900	≥680	≥15.0		4	− 40			
	10	820 ~ 970	≥750	≥14.0		5	− 50			
						6	− 60			
						7	− 70			
						8	− 80			
						10	− 100			
焊剂型号举例	F5121 − H08MnMoA 表示：这种焊剂采用 H08MnMoA 焊丝，按照 GB/T 12470—1990 所规定的焊接工艺参数（见表 2.4-33）焊接试件，其试样经焊后热处理后，熔敷金属的抗拉强度为 480 ~ 650 MPa，屈服强度不低于 380 MPa，伸长率不低于 22.0%，在 − 20℃时 V 形缺口冲击吸收功大于或等于 27 J，焊剂渣系为氟碱型									

表 2.4-32 GB/T 12470—1990 规定的焊接工艺参数

焊丝直径/mm	干伸长/mm	电流种类及极性	焊接电流[①]/A	电弧电压[②]/V	焊接速度[③]/$m\cdot h^{-1}$	预热及层间温度[④]/℃	焊后热处理温度/℃
2.0	13 ~ 19	交流、直流正极性或直流反极性	350	30	20	150 ± 15	620 ± 15
2.5	19 ~ 32		400		21		
3.2	25 ~ 38		450	32	23		
4.0			550		25		
5.0			600	34	26		
6.0			650		27		
> 6.0	不作规定						

① 电流可为规定值 ± 20 A。
② 电压可为规定值 ± 1 V。
③ 焊接速度可为规定值 ± 1.5 m/h。
④ 预热温度及层间温度仅是焊剂交货的试验温度。制造者应自己确定他们所需的温度。

熔敷金属含 Cr1.75% ~ 2.25%；Mo0.40% ~ 0.65%；Cr2.00% ~ 2.50%；Mo0.90% ~ 1.20%时，预热及层温为（200 ± 15℃）时，焊后热处理温度为 690 ± 15℃，保温 1 h。熔敷金属含 Cr4.50% ~ 6.00%，Mo0.40% ~ 0.65%时，预热及层间温为（300 ± 15℃），焊后热处理温度为（730 ± 15℃），保温 1 h。

表 2.4-33 埋弧焊用不锈钢焊剂型号表示方法（摘自 GB/T 17854—1999）

字 母	数字部分	附加部分	焊剂型号举例
F	表示熔敷金属种类代号，如有特殊要求的化学成分，该化学成分用元素符号表示，放在数字的后面	在“—”后面，表示焊丝的牌号，焊丝的牌号按 YB/T 5092 − 1996	F308L − H00Cr21Ni10 其中：F 表示焊剂 308 表示熔敷金属种类代号 L 表示熔敷金属中碳含量较低 H00Cr21Ni10 表示焊丝牌号

表 2.4-34 焊剂牌号中第一位数字含义

焊剂牌号	焊剂类型	氧化锰含量（质量分数）/%
HJ1 × ×	无 锰	MnO < 2
HJ2 × ×	低 锰	MnO 2 ~ 15
HJ3 × ×	中 锰	MnO 15 ~ 30
HJ4 × ×	高 锰	MnO > 30

表 2.4-35　焊剂牌号中第二位数字含义

焊剂牌号	焊剂类型	二氧化硅及氟化钙含量(质量分数)/%
HJ×1×	低硅低氟	$SiO_2<10$、$CaF_2<10$
HJ×2×	中硅低氟	SiO_2 10~30、$CaF_2<10$
HJ×3×	高硅低氟	$SiO_2>30$、$CaF_2<10$
HJ×4×	低硅中氟	$SiO_2<10$、CaF_2 10~30
HJ×5×	中硅中氟	SiO_2 10~30、CaF_2 10~30
HJ×6×	高硅中氟	$SiO_2>30$、CaF_2 10~30
HJ×7×	低硅高氟	$SiO_2<10$、$CaF_2>30$
HJ×8×	中硅高氟	SiO_2 10~30、$CaF_2>30$
HJ×9×	其他	

2）烧结焊剂

① 牌号前"SJ"表示埋弧焊及电渣焊用烧结焊剂。

② 牌号第一位数字表示焊剂熔渣的渣系，如表 2.4-36 所示。

③ 牌号第二位、第三位数字表示同一渣系类型的焊剂中，不同牌号的焊剂。按 01、02、…、09 顺序编排。

烧结焊剂牌号举例：SJ501

其中，SJ 表示埋弧焊及电渣焊用烧结焊剂；5 表示焊剂熔渣渣系为铝钛型；01 表示牌号编号为 01。

表 2.4-36　烧结焊剂牌号中第一位数字含义

焊剂牌号	熔渣渣系类型	焊剂主要组分范围(质量分数)/%
SJ1××	氟碱型	$CaF_2\geqslant15$、$(CaO+MgO+MnO+CaF_2)>50$、$SiO_2\leqslant20$
SJ2××	高铝型	$Al_2O_3\geqslant20$、$(Al_2O_3+CaO+MgO)>45$
SJ3××	硅钙型	$(CaO+MgO+SiO_2)>60$
SJ4××	硅锰型	$(MnO+SiO_2)>50$
SJ5××	铝钛型	$(Al_2O_3+TiO_2)>45$
SJ6××	其他型	

2.2.3　对于焊剂的质量要求

1）焊剂应具有良好的冶金性能。在焊接时配合适当的焊丝及合理的焊接工艺，焊缝金属应能得到适宜的化学成分及良好的力学性能，以及较强的抗气孔、抗裂纹的能力。

2）焊剂应具有良好的工艺性能。焊接过程中电弧燃烧稳定，熔渣具有适宜的熔点、粘度和表面张力。焊缝表面成形良好、脱渣容易以及产生的有毒气体少。

3）焊剂颗粒度应符合要求。普通颗粒度的焊剂，粒度为 0.45~2.5 mm（40~8 目）。0.45 mm 以下的细粒不得大于 5%。2.5 mm 以上的粗粒不得大于 2%。细颗粒度的焊剂，粒度为 0.28~1.25 mm（60~14 目）。0.28 mm 以下的细粒不得大于 5%。1.25 mm 以上的粗粒不得大于 2%。

4）焊剂含水量不得大于 0.10%。

5）焊剂中机械夹杂物的含量不得大于 0.30%。

6）焊剂的含硫量不得大于 0.060%；含磷量不得大于 0.080%。

2.2.4　焊剂的性能及用途

(1) 熔炼焊剂

熔炼焊剂的化学成分见表 2.4-37。熔炼焊剂可以分为以下三类：

1）高硅焊剂　是以硅酸盐为主的焊剂，焊剂中 $w(SiO)_2>30\%$。由于 SiO_2 含量高，焊剂有向焊缝中过渡硅的作用。

根据焊剂含 MnO 数量的不同，高硅焊剂又可分为：高硅高锰焊剂、高硅中锰焊剂、高硅低锰焊剂和高硅无锰焊剂等四种。使用高硅焊剂焊接，由于通过焊剂向焊缝中过渡硅，所以焊丝就不必再特意加硅。高硅焊剂应按下列配合方式焊接低碳钢或某些合金钢：

① 高硅无锰或低锰焊剂应配合高锰焊丝［$w(Mn)=1.5\%\sim2.9\%$］。

② 高硅中锰焊剂应配合含锰焊丝［$w(Mn)=0.8\%\sim1.1\%$］。

③ 高硅高锰焊剂应配合低碳钢焊丝或含锰焊丝。这是国内目前应用最广泛的一种配合方式，多用于焊接低碳钢或某些低合金钢。由于采用高硅高锰焊剂的焊缝金属含氧量及含磷量较高，韧脆转变温度高，不宜用于焊接对于低温韧性要求较高的结构。

2）中硅焊剂　由于焊剂中含 SiO_2 的数量较少，碱性氧化物 CaO 或 MgO 的含量较多，所以焊剂的碱度较高。大多数中硅焊剂属于弱氧化性焊剂，焊缝金属含氧量较低，所以焊缝的韧性更高一些。因此，这类焊剂配合适当的焊丝可用于焊接合金结构钢。但是中硅焊剂的焊缝金属含氢量较高，对于提高焊缝金属抗冷裂纹的能力是很不利的。在中硅焊剂中，如加入相当数量的 FeO，由于提高了焊剂的氧化性就能减少焊缝金属的含氢量。这种焊剂属于中硅氧化性焊剂，是焊接高强度钢的一种新型焊剂。

3）低硅焊剂　这类焊剂是由 CaO、Al_2O_3、MgO、CaF_2 等组成。焊剂对于金属基本上没有氧化作用。HJ172 属于这种类型的焊剂，配合相应焊丝可用来焊接高合金钢，如不锈钢、热强钢等。

熔炼焊剂的配用焊丝及用途列于表 2.4-38，可供选用埋弧焊焊接材料时参考。

(2) 烧结焊剂

烧结焊剂是继熔炼焊剂之后发展起来的新型焊剂。国外已广泛采用烧结焊剂焊接碳钢、高强度钢和高合金钢。

黏结焊剂与烧结焊剂都属于非熔炼焊剂。黏结焊剂又称为低温烧结焊剂，烧结焊剂又称为高温烧结焊剂。由于黏结焊剂与烧结焊剂并无本质不同，因此可以将它们归为一类。

烧结焊剂的主要优点是可以灵活地调整焊剂的合金成分。其特点如下。

1）可以连续生产，劳动条件较好。成本低，一般为熔炼焊剂的 1/3~1/2。

2）焊剂碱度可在较大范围内调节。熔炼焊剂的碱度最高为 2.5 左右。烧结焊剂当其碱度高达 3.5 时，仍具有良好的稳弧性及脱渣性，并可交直流两用，烟尘量也很小。目前各国研究与开发的窄间隙埋弧焊接都是采用高碱度烧结焊剂。

3）由于烧结焊剂碱度高，冶金效果好，所以能获得较好的强度、塑性和韧性的配合。

4）焊剂中可加入脱氧剂及其他合金成分，具有比熔炼焊剂更好的抗锈能力。

5）焊剂的松装密度较小，一般为 0.9~1.2 g/cm³，焊接时焊剂的消耗量较少。可以采用大的焊接电流值（可达 2 000 A），焊接速度可高达 150 m/h，适用于多丝大电流高速自动埋弧焊工艺。

6）烧结焊剂颗粒圆滑，在管道中输送和回收焊剂时阻力较小。

7）缺点是吸潮性较大。焊缝成分易随焊接工艺参数变化而波动。

国产的烧结焊剂有以下几种：

1）SJ101　是氟碱型烧结焊剂，属于碱性焊剂。为灰色圆形颗粒状。焊剂成分为：$w(SiO_2+TiO_2)=25\%$，w

(CaO + MgO) = 30%，w(Al₂O₃ + MnO) = 25%，wCaF₂ = 20%。配合 H08MnA、H08MnMoA、H08Mn2MoA、H10Mn2 等焊丝可焊接多种低合金结构钢。焊接产品为锅炉、压力容器以及管道等重要结构，其焊缝金属具有较高的低温冲击韧度。它可用于多丝埋弧焊，特别适用于大直径容器的双面单道焊。

2) SJ301　是硅钙型烧结焊剂，属于中性焊剂，呈黑色圆形颗粒状。焊剂成分（质量分数）为：(SiO_2 + TiO_2) = 40%，(CaO + MgO) = 25%，(Al_2O_3 + MnO) = 25%，CaF_2 = 10%。配合 H08MnA、H08MnMoA、H10Mn2 等焊丝可焊接普通结构钢、锅炉钢及管线钢等。这种焊丝可用于多丝快速焊接，特别适用于双面单道焊。由于它属于短渣，可以焊接小直径的管线。

3) SJ401　是硅锰型烧结焊剂，属于酸性焊剂，为灰褐色到黑色圆形颗粒状。焊剂成分（质量分数）为：(SiO_2 + TiO_2) = 25%，(CaO + MgO) = 10%，(Al_2O_3 + MnO) = 40%。配合 H08A 焊丝可以焊接低碳钢及某些低合金钢，多应用于矿山机械及机车车辆等金属结构的焊接。其焊接工艺性能良好，具有较高的抗气孔性能。

4) SJ501　是铝钛型烧结焊剂，属于酸性焊剂，为深褐色圆形颗粒。焊剂成分（质量分数）为：(SiO_2 + TiO_2) = 30%，(Al_2O_3 + MnO) = 55%，CaF_2 = 5%。配合 H08A、H08MnA 等焊丝可焊接低碳钢及 Q345（16Mn）、Q390（15MnV）等低合金钢，多应用于船舶、锅炉、压力容器的焊接施工中。该焊剂具有较强的抗气孔能力，对少量铁锈及高温氧化膜不敏感。

5) SJ502　是铝钛型烧结焊剂，属于酸性焊剂，为灰褐色圆形颗粒状。焊剂成分（质量分数）为：(MnO + Al_2O_3) = 30%，(TiO_2 + SiO_2) = 45%，(CaO + MgO) = 10%，CaF_2 = 5%。配合 H08A 焊丝可以焊接重要的低碳钢及某些低合金钢的重要结构，例如锅炉、压力容器等。当焊接锅炉膜式水冷壁时，焊接速度可达 70 m/h 以上，焊接质量良好。

总之，烧结焊剂由于具有松装密度比较小，熔点比较高等特点，适用于大热输入焊接。此外，烧结焊剂较容易向焊缝中过渡合金元素。因此，在焊接特殊钢种时宜选用烧结焊剂。熔炼焊剂与烧结焊剂的比较列于表 2.4-39 中，可供选择焊剂时参考。

表 2.4-37　熔炼焊剂的化学成分（质量分数）　%

焊剂类型	焊剂牌号	SiO_2	Al_2O_3	MnO	CaO	MgO	TiO_2	CaF_2	NaF	ZrO_2	FeO	S	P	R_2O
无锰高硅低氟	HJ130	35 ~ 40	12 ~ 16	—	10 ~ 18	14 ~ 19	7 ~ 11	4 ~ 7	—	—	2	≤0.05	≤0.05	—
无锰高硅低氟	HJ131	34 ~ 38	6 ~ 9	—	48 ~ 55	—	—	2 ~ 5	—	—	≤1	≤0.05	≤0.8	≤3
无锰中硅低氟	HJ150	21 ~ 23	28 ~ 32	—	3 ~ 7	9 ~ 13	—	25 ~ 33	—	—	≤1	≤0.8	≤0.08	≤3
无锰低硅高氟	HJ172	3 ~ 6	28 ~ 35	1 ~ 2	2 ~ 5	—	—	45 ~ 55	2 ~ 3	2 ~ 4	≤0.8	≤0.05	≤0.05	≤3
低锰高硅低氟	HJ230	40 ~ 46	10 ~ 17	5 ~ 10	8 ~ 14	10 ~ 14	—	7 ~ 11	—	—	≤1.5	≤0.05	≤0.05	—
低锰中硅中氟	HJ250	18 ~ 22	18 ~ 23	5 ~ 8	4 ~ 8	12 ~ 16	—	23 ~ 30	—	—	≤1.5	≤0.05	≤0.05	≤3
低锰中硅中氟	HJ251	18 ~ 22	18 ~ 23	7 ~ 10	3 ~ 6	14 ~ 17	—	23 ~ 30	—	—	≤1.0	≤0.08	≤0.05	—
低锰高硅中氟	HJ260	29 ~ 34	19 ~ 24	2 ~ 4	4 ~ 7	15 ~ 18	—	20 ~ 25	—	—	≤10	≤0.07	≤0.07	—
中锰高硅低氟	HJ330	44 ~ 48	≤4	22 ~ 26	≤3	16 ~ 20	—	3 ~ 6	—	—	≤1.5	≤0.08	≤0.08	≤1
中锰中硅中氟	HJ350	30 ~ 35	13 ~ 18	14 ~ 19	10 ~ 18	—	—	14 ~ 20	—	—	—	≤0.06	≤0.07	—
中锰高硅中氟	HJ360	33 ~ 37	11 ~ 15	20 ~ 26	4 ~ 7	5 ~ 9	—	10 ~ 19	—	—	≤1.5	≤0.10	≤0.10	—
高锰高硅低氟	HJ430	38 ~ 45	≤5	38 ~ 47	≤6	—	—	5 ~ 9	—	—	≤1.8	≤0.10	≤0.10	—
高锰高硅低氟	HJ431	40 ~ 44	≤4	34 ~ 38	≤6	5 ~ 8	—	3 ~ 7	—	—	≤1.8	≤0.10	≤0.10	—
高锰高硅低氟	HJ433	42 ~ 45	≤3	44 ~ 47	≤4	—	—	2 ~ 4	—	—	≤1.8	≤0.15	≤0.10	≤0.5

表 2.4-38　国产焊剂用途及配用焊丝

焊剂牌号	焊剂类型	配用焊丝	焊剂用途
HJ130	无锰高硅低氟	H10Mn2	低碳结构钢、低合金钢，如 16Mn 等
HJ131	无锰高硅低氟	配 Ni 基焊丝	焊接镍基合金薄板结构
HJ230	低锰高硅低氟	H08MnA，H10Mn2	焊低碳结构钢及低合金结构钢
HJ260	低锰高硅中氟	Cr19Ni9 型焊丝	焊接不锈钢及轧辊堆焊
HJ330	中锰高硅低氟	H08MnA，H08Mn2，H08MnSi	焊接重要的低碳钢结构和低合金钢，如 Q235A、15 g、20 g、16Mn、15MnVTi 等
HJ430	高锰高硅低氟	H08A、H10Mn2A、H10MnSiA	焊接低碳结构钢及低合金钢
HJ431	高锰高硅低氟	H08A、H08MnA、H10MnSiA	焊低碳结构钢及低合金钢
HJ433	高锰高硅低氟	H08A	焊低碳结构钢
HJ150	无锰中硅中氟	配 2Cr13 或 3Cr2W8、配铜焊丝	堆焊轧辊，焊铜
HJ250	低锰中硅中氟	H08MnMoA、H08Mn2MoA、H08Mn2MoVA	焊接 15MnV、14MnMoV、18MnMoNb 等
HJ350	中锰中硅中氟	配相应焊丝	焊接锰钼、锰硅及含镍低合金高强钢
HJ172	无锰低硅高氟	配相应焊丝	焊接高铬铁素体热强钢（15Cr11CuNiWV）或其他高合金钢

表 2.4-39　熔炼焊剂与烧结焊剂比较

比较项目		熔炼焊剂	烧结焊剂
焊接工艺性能	高速焊接性能	焊道均匀，不易产生气孔和夹渣	焊道无光泽，易产生气孔、夹渣
	大电流焊接性能	焊道凸凹显著、易粘渣	焊道均匀，易脱渣
	吸潮性能	比较小，可不必再烘干	比较大，必须再烘干
	抗锈性能	比较敏感	不敏感
焊缝性能	韧性	受焊丝成分和焊剂碱度影响大	比较容易得到较好的韧性
	成分波动	焊接工艺参数变化时成分波动小，均匀	成分波动大，不容易均匀
	多层焊性能	焊缝金属的成分变动小	焊缝金属成分波动比较大
	合金剂的添加	几乎不可能	容易

2.3　焊丝

焊丝是焊接时作为填充金属或同时作为导电的金属丝，它是埋弧焊、气体保护焊、自保护焊、电渣焊和气电立焊等各种工艺方法的焊接材料。随着焊接工艺方法的迅速发展，焊丝的生产增长很快。本节重点介绍埋弧焊、气体保护焊焊丝和药芯焊丝。

2.3.1　焊丝的分类

焊丝的分类方法很多，通常有以下几种。

1）按照适用的焊接方法可分为埋弧焊焊丝、CO_2 气体保护焊焊丝、钨极氩弧焊焊丝、熔化极氩弧焊焊丝、自保护焊焊丝及电渣焊焊丝等。

2）按照焊丝的形状结构可分为实心焊丝、药芯焊丝及活性焊丝等。

3）按照适用的金属材料可分为低碳钢、低合金钢用焊丝、硬质合金堆焊焊丝，以及铝、铜、铸铁焊丝等。

2.3.2　焊丝的型号和牌号

（1）焊丝的型号

焊丝的型号是根根国家标准为依据进行划分的。有关焊丝的现行国家标准有：

GB/T 3429—1994　焊接用钢盘条
GB/T 4241—1984　焊接用不锈钢盘条
GB/T 4242—1984　焊接用不锈钢丝
GB/T 5293—1999　埋弧焊用碳钢焊丝和焊剂
GB/T 8110—1995　气体保护电弧焊用碳钢、低合金钢焊丝
GB/T 9460—1988　铜及铜合金焊丝
GB/T 10044—1988　铸铁焊条及焊丝
GB/T 10858—1989　铝及铝合金焊丝 GB/T 10045—1988 碳钢药芯焊丝
GB/T 14957—1994　熔化焊用钢丝
GB/T 14958—1994　气体保护焊用钢丝
GB/T 15620—1995　镍及镍合金焊丝
GB/T 17493—1998　低合金钢药芯焊丝
GB/T 17853—1999　不锈钢药芯焊丝
GB/T 17854—1999　埋弧焊用不锈钢焊丝和焊剂

（2）实心焊丝的型号

1）GB/T 8110—1995　《气体保护电弧焊用碳钢、低合金钢焊丝》国家标准，适用于碳钢、低合金钢熔化极气体保护电弧焊用的实心焊丝，推荐用于钨极气体保护电弧焊和等离子弧焊的填充焊丝。其型号分类为：

① 焊丝按化学成分和采用熔化极气体保护电弧焊时熔敷金属的力学性能分类。

② 型号的表示方法：ER－表法焊丝，ER 后面的两位数字表示熔敷金属的最低抗拉强度，短划“—”后面的字母或数字表示焊丝化学成分分类代号。如还附加其他化学成分时，直接用元素符号表示，并以短划“—”与前面数字分开。碳钢、低合金钢

焊丝型号举例如下：

ER55－B2－Mn

其中，ER 表示焊丝；55 表示熔敷金属抗拉强度最低值为 550 MPa；B2 表示焊丝化学成分分类代号；Mn 表示焊丝中含有锰元素；

钢焊丝的型号及化学成分列于表 2.4-40。不同型号的钢焊丝拉伸试验结果应符合表 2.4-41 的规定。

表 2.4-40　实心焊丝的型号及化学成分（摘自 GB/T 8110—1995）

焊丝型号	化学成分（质量分数）/%												
	C	Mn	Si	P	S	Ni	Cr	Mo	V	Ti	Zr	Al	Cu	其他元素总量
碳钢焊丝														
ER49－1	≤0.11	1.80～2.10	0.65～0.95	≤0.30	≤0.30	≤0.30	≤0.20	—	—	—	—	—	≤0.50	—
ER50－2	≤0.07	0.90～1.40	0.40～0.70	≤0.025	≤0.035	—	—	—	—	0.05～0.15	0.02～0.12	0.05～0.15	≤0.50	≤0.50
ER50－3	0.06～0.15	0.90～1.40	0.45～0.75									—		
ER50－4	0.07～0.15	1.00～1.50	0.65～0.85											
ER50－5	0.07～0.19	0.09～1.40	0.30～0.60	≤0.025	≤0.035	—	—	—	—	—	—	0.50～0.90	≤0.50	≤0.50
ER50－6	0.06～0.15	1.40～1.85	0.80～1.15											
ER50－7	0.07～0.15	1.50～2.00	0.50～0.80											

续表 2.4-40

焊丝型号	化学成分（质量分数）/%													
	C	Mn	Si	P	S	Ni	Cr	Mo	V	Ti	Zr	Al	Cu	其他元素总量
铬　钼　钢　焊　丝														
ER55-B2	0.07~0.12	0.40~0.70	0.04~0.70	≤0.025		≤0.20	1.20~1.50	0.40~0.65	—	—	—	—	≤0.35	≤0.50
ER55-B2L	≤0.05	0.40~0.70	0.04~0.70	≤0.025		≤0.20	1.20~1.50	0.40~0.65	—	—	—	—	≤0.35	≤0.50
ER55-B2-MnV	0.06~0.10	1.20~1.60	0.60~0.90	≤0.030		≤0.25	1.00~1.30	0.50~0.70	0.20~0.40	—	—	—	≤0.35	≤0.50
ER55-B2-Mn	0.06~0.10	1.20~1.70	0.60~0.90	≤0.030		≤0.25	0.90~1.20	0.45~0.65	—	—	—	—	≤0.35	≤0.50
ER62-B3	0.07~0.12	0.40~0.70	0.40~0.70	≤0.025		≤0.20	2.30~2.70	0.90~1.20	—	—	—	—	≤0.35	≤0.50
ER62-B3L	≤0.50	0.40~0.70	0.40~0.70	≤0.025		≤0.20	2.30~2.70	0.90~1.20	—	—	—	—	≤0.35	≤0.50
镍　钢　焊　丝														
ER55-C1	≤0.12	≤1.25	0.40~0.80	≤0.025	≤0.025	0.80~1.10	≤0.15	≤0.35	≤0.05	—	—	—	≤0.35	≤0.50
ER55-C2	≤0.12	≤1.25	0.40~0.80	≤0.025	≤0.025	2.00~2.75	—	—	—	—	—	—	≤0.35	≤0.50
ER55-C3	≤0.12	≤1.25	0.40~0.80	≤0.025	≤0.025	3.00~3.75	—	—	—	—	—	—	≤0.35	≤0.50
锰　钼　钢　焊　丝														
ER55-D2-Ti	≤0.12	1.20~1.90	0.40~0.80	≤0.025	≤0.025	—	—	0.20~0.50	—	≤0.20	—	—	≤0.50	≤0.50
ER55-D2	0.07~0.12	1.60~2.10	0.50~0.80	≤0.025	≤0.025	≤0.15	—	0.40~0.60	—	—	—	—	≤0.50	≤0.50
其　他　低　合　金　钢　焊　丝														
ER69-1	≤0.08	1.25~1.80	0.20~0.50	≤0.010	≤0.010	1.40~2.10	≤0.30	0.25~0.55	≤0.05	≤0.10	≤0.10	≤0.10	≤0.25	≤0.50
ER69-2	≤0.12	1.25~1.80	0.20~0.60	≤0.010	≤0.010	0.80~1.25	≤0.30	0.20~0.55	≤0.05	≤0.10	≤0.10	≤0.10	0.35~0.65	≤0.50
ER69-3	≤0.12	1.25~1.80	0.40~0.80	≤0.020	≤0.020	0.50~1.00	—	0.20~0.55	—	≤0.20	—	≤0.10	≤0.35	≤0.50
ER76-1	≤0.09	1.40~1.80	0.20~0.55	≤0.010	≤0.010	1.90~2.60	≤0.50	0.25~0.55	≤0.04	≤0.01	≤0.10	≤0.10	≤0.25	≤0.50
ER83-1	≤0.10	1.40~1.80	0.25~0.60	≤0.010	≤0.010	2.00~2.80	≤0.60	0.30~0.65	≤0.03	≤0.01	≤0.10	≤0.10	≤0.25	≤0.50
ERXX-G	供　需　双　方　协　商													

注：1. 焊丝中铜含量包括镀铜层。
2. 型号中字母“L”表示含碳量低的焊丝。

表 2.4-41　焊丝的熔敷金属拉伸试验数据

焊丝型号	保护气体	抗拉强度 σ_b/ MPa	屈服强度 $\sigma_{0.2}$/ MPa	伸长率 δ_5/ %
ER49-1	CO_2	≥490	≥372	≥20
ER50-2	CO_2	≥500	≥420	≥22
ER50-3	CO_2	≥500	≥420	≥22
ER50-4	CO_2	≥500	≥420	≥22
ER50-5	CO_2	≥500	≥420	≥22
ER50-6	CO_2	≥500	≥420	≥22
ER50-7	CO_2	≥500	≥420	≥22
ER 55-D2-Ti	CO_2	≥550	≥470	≥17
ER 55-D2	CO_2	≥550	≥470	≥17
ER 55-B2	Ar+1%~5%O_2	≥550	≥470	≥19
ER 55-B2L	Ar+1%~5%O_2	≥550	≥470	≥19
ER 55-B2-MnV	Ar+20%O_2	≥550	≥440	≥19
ER 55-B2-Mn	Ar+20%O_2	≥550	≥440	≥20
ER 55-C1	Ar+1%~5%O_2	≥550	≥470	≥24
ER 55-C2	Ar+1%~5%O_2	≥550	≥470	≥24
ER 55-C3	Ar+1%~5%O_2	≥550	≥470	≥24
ER 62-B3	Ar+1%~5%O_2	≥620	≥540	≥17
ER 62-B3L	Ar+1%~5%O_2	≥620	≥540	≥17
ER 69-1	Ar+2%O_2	≥690	610~700	≥16
ER 69-2	Ar+2%O_2	≥690	610~700	≥16
ER 69-3	CO_2	≥690	610~700	≥16
ER 76-1	Ar+2%O_2	≥760	660~740	≥15
ER 83-1	Ar+2%O_2	≥830	730~840	≥14

续表 2.4-41

焊丝型号	保护气体	抗拉强度 σ_b/ MPa	屈服强度 $\sigma_{0.2}$/ MPa	伸长率 δ_5/ %
ER XX－G	供需双方协商			

注：ER 50－2、ER 50－3、ER 50－4、ER 50－5、ER 50－6、ER 50－7 型焊丝，当伸长率超过最低值时，每增加 1%，屈服强度和抗拉强度可减少 10 MPa，但抗拉强度最低值不得小于 480 MPa，屈服强度不得小于 400 MPa。

2）铸铁气焊焊丝　铸铁气焊焊丝型号中的字母“R”表示焊丝；字母“Z”表示焊丝用于铸铁焊接；在 RZ 字母后用焊丝主要化学元素符号或金属类型代号表示，见表 2.4-42；再细分时用数字表示。

表 2.4-42　铸铁焊丝的分类及型号（摘自 GB/T 10044—1988）

类　别	名　称	型　号
铁基焊丝	灰铸铁焊丝	RZC
	合金铸铁焊丝	RZCH
	球墨铸铁焊丝	RZCQ

铸铁焊丝型号举例如下：

RZCH

其中，R 表示焊丝；Z 表示焊丝用于铸铁焊接；C 表示熔敷金属类型为铸铁；H 表示熔敷金属中含有合金化元素

3）铝及铝合金焊丝　焊丝型号以字母“S”表示，S 后面用化学元素符号表示焊丝的主要合金组成，化学元素符号后的数字表示同类焊丝的不同品种。

铝及铝合金焊丝的分类及型号见表 2.4-43。

表 2.4-43　铝及铝合金焊丝的分类及型号
（摘自 GB/T 10858—1989）

类　别	焊 丝 型 号
纯铝	SAl－1
	SAl－2
	SAl－3
铝镁合金	SAlMg－1
	SAlMg－2
	SAlMg－3
	SAlMg－5
铝铜合金	SAlCu
铝锰合金	SAlMn
铝硅合金	SAlSi－1
	SAlSi－2

4）镍及镍合金焊丝　镍及镍合金焊丝型号的表示方法为 ERNi××－×，字母“ER”表示焊丝，“ER”后面的化学符号 Ni 表示为镍及镍合金焊丝，焊丝中的其他主要合金元素用化学符号表示，放在符号 Ni 的后面，短划“—”后面的数字表示焊丝化学成分分类代号。

镍及镍合金焊丝型号举例如下：

ERNiCrFe－5

其中，ER 表示焊丝；Ni 表示镍及镍合金焊丝；CrFe 表示焊丝中主要化学成分为铬和铁；－5 表示焊丝化学成分分类代号。

（2）实心焊丝的牌号

1）GB/T 14957—1994　《熔化焊用钢丝》国家标准适用于电弧焊、自动埋弧焊和半自动焊、电渣焊和气焊等用途的冷拉钢丝。该标准指出：制造钢丝用盘条应符合 GB/T 3429《焊接用钢盘条》的规定。并且列出了碳素结构钢及合金结构钢钢丝的牌号及化学成分（表 2.4-44）。

2）GB/T 14958—1994　《气体保护焊用钢丝》国家标准，适用于低碳钢、低合金钢和合金钢用气体保护焊（CO_2、CO_2+O_2、CO_2+Ar）冷拉钢丝。钢丝的牌号及化学成分应符合表 2.4-45 的规定。根据需方要求，经供需双方协议，可进行熔敷金属力学性能试验，其结果应符合表 2.4-46 的规定。

3）碳钢、低合金钢焊丝牌号的首位字母“H”表示焊接用实心焊丝，后面的一位或二位数字表示含碳量，其他合金元素含量的表示方法与钢材的表示方法大致相同。牌号尾部标有“A”或“E”时，表示硫、磷含量要求低的优质钢焊丝，“E”表示硫、磷含量要求特别低的特优质钢焊丝。

焊丝牌号举例如下：

H08Mn2SiA

其中，H 表示焊接用实心焊丝；08 表示 w（C）≈0.08%；Mn2 表示 w（Mn）≈2%；Si 表示 w（Si）≤1%；A 表示高级优质钢，w（S）、w（P）≤0.030%

表 2.4-44　实心焊丝的牌号及化学成分（摘自 GB/T 14957—1994）

钢种	序号	牌　号	化学成分（质量分数）/%										
			C	Mn	Si	Cr	Ni	Mo	V	Cu	其他	S≤	P≤
碳素结构钢	1	H08A	≤0.10	0.30～0.55	≤0.03	≤0.20	≤0.30			≤0.20		0.030	0.030
	2	H08E	≤0.10	0.30～0.55	≤0.03	≤0.20	≤0.30			≤0.20		0.020	0.020
	3	H08C	≤0.10	0.30～0.55	≤0.03	≤0.10	≤0.10			≤0.20		0.015	0.015
	4	H08MnA	≤0.10	0.80～1.10	≤0.07	≤0.20	≤0.30			≤0.20		0.030	0.030
	5	H15A	0.11～0.18	0.35～0.65	≤0.03	≤0.20	≤0.30			≤0.20		0.030	0.030
	6	H15Mn	0.11～0.18	0.80～1.10	≤0.30	≤0.20	≤0.30			≤0.20		0.035	0.035
合金结构钢	7	H10Mn2	≤0.12	1.50～1.90	≤0.07	≤0.20	≤0.30			≤0.20		0.035	0.035
	8	H08Mn2Si	≤0.11	1.70～2.10	0.65～0.95	≤0.20	≤0.30			≤0.20		0.035	0.035
	9	H08Mn2SiA	≤0.11	1.80～2.10	0.65～0.95	≤0.20	≤0.30			≤0.20		0.030	0.030

续表 2.4-44

钢种	序号	牌号	化学成分（质量分数）/%										
			C	Mn	Si	Cr	Ni	Mo	V	Cu	其他	S≤	P≤
合金结构钢	10	H10MnSi	≤0.14	0.80~1.10	0.60~0.90	≤0.20	≤0.30			≤0.20		0.035	0.035
	11	H10MnSiMo	≤0.14	0.90~1.20	0.70~1.10	≤0.20	≤0.30	0.15~0.25		≤0.20		0.035	0.035
	12	H10MnSiMoTiA	0.08~0.12	1.00~1.30	0.40~0.70	≤0.20	≤0.30	0.20~0.40		≤0.20	Ti0.05~0.15	0.025	0.030
	13	H08MnMoA	≤0.10	1.20~1.60	≤0.25	≤0.20	≤0.30	0.30~0.50		≤0.20	Ti0.15*	0.030	0.030
	14	H08Mn2MoA	0.06~0.11	1.60~1.90	≤0.25	≤0.20	≤0.30	0.50~0.70		≤0.20	Ti0.15*	0.030	0.030
	15	H10Mn2MoA	0.08~0.13	1.70~2.00	≤0.40	≤0.20	≤0.30	0.60~0.80		≤0.20	Ti0.15*	0.030	0.030
	16	H08Mn2MoVA	0.06~0.11	1.60~1.90	≤0.25	≤0.20	≤0.30	0.50~0.70	0.06~0.12	≤0.20	Ti0.15*	0.030	0.030
	17	H10Mn2MoVA	0.08~0.13	1.70~2.00	≤0.40	≤0.20	≤0.30	0.60~0.80	0.06~0.12	≤0.20	Ti0.15*	0.030	0.030
	18	H08CrMoA	≤0.10	0.40~0.70	0.15~0.35	0.80~1.10	≤0.30	0.40~0.60		≤0.20		0.030	0.030
	19	H13CrMoA	0.11~0.16	0.40~0.70	0.15~0.35	0.80~1.10	≤0.30	0.40~0.60		≤0.20		0.030	0.030
	20	H18CrMoA	0.15~0.22	0.40~0.70	0.15~0.35	0.80~1.10	≤0.30	0.15~0.25		≤0.20		0.025	0.030
	21	H08CrMoVA	≤0.10	0.40~0.70	0.15~0.35	1.00~1.30	≤0.30	0.50~0.70	0.15~0.35	≤0.20		0.030	0.030
	22	H08CrNi2MoA	0.05~0.11	0.50~0.85	0.10~0.30	0.70~1.00	1.40~1.80	0.20~0.40		≤0.20		0.025	0.030
	23	H30CrMnSiA	0.25~0.35	0.80~1.10	0.90~1.20	0.80~1.10	≤0.30			≤0.20		0.025	0.025
	24	H10MoCrA	≤0.12	0.40~0.70	0.15~0.35	0.45~0.65	≤0.30	0.40~0.60		≤0.20		0.030	0.030

注：*为加入量。

表 2.4-45　钢焊丝牌号及化学成分（摘自 GB/T 14958—1994）

序号	牌号	化学成分（质量分数）/%									
		C	Mn	Si	P	S	Cr	Ni	Cu	Mo	V
1	H08MnSi	≤0.11	1.20~1.50	0.40~0.70	≤0.035	≤0.035	≤0.20	≤0.30	≤0.20		
2	H08Mn2Si	≤0.11	1.70~2.10	0.65~0.95	≤0.035	≤0.035	≤0.20	≤0.30	≤0.20		
3	H08Mn2SiA	≤0.11	1.80~2.10	0.65~0.95	≤0.030	≤0.030	≤0.20	≤0.30	≤0.20		
4	H11MnSi	0.07~0.15	1.00~1.50	0.65~0.95	≤0.025	≤0.035		≤0.15		≤0.15	≤0.05
5	H11Mn2SiA	0.07~0.15	1.40~1.85	0.85~1.15	≤0.025	≤0.035		≤0.15		≤0.15	≤0.05

表 2.4-46　钢丝的熔敷金属力学性能（摘自 GB/T 14958—1994）

牌号	抗拉强度 σ_b/MPa	屈服强度 $\sigma_{0.2}$/MPa	伸长率 δ_5/%	室温冲击吸收功 A_{KV}/J
H08MnSi	420~520	≥320	≥22	≥27
H08Mn2Si	≥500	≥420	≥22	≥27
H08Mn2SiA	≥500	≥420	≥22	≥47
H11MnSi	≥500	≥420	≥22	—
H11Mn2SiA	≥500	≥420	≥22	≥27

国产实心焊丝的型号、牌号对照见表 2.4-47。

4）GB/T 17854—1999“埋弧焊用不锈钢焊丝和焊剂”国家标准，适用于埋弧焊用不锈钢焊丝和焊剂。此类焊丝和焊剂的熔敷金属中 w（Cr）应大于 11%，w（Ni）应小于 38%。并且指出：该类焊丝的牌号按 YB/T 5092—1996“焊接用不锈钢丝”的规定。不锈钢焊丝化学成分列于表 2.4-48。

（3）药芯焊丝的型号

1）碳钢药芯焊丝的型号

① 碳钢药芯焊丝的型号根据药芯类型、是否采用外部保护气体、焊接电流种类以及单道焊和多道焊的适用性进行分类。根据 GB/T 10045—1988 的规定，碳钢药芯焊丝类型如表 2.4-49 所示。

表 2.4-47　国产实心焊丝的型号、牌号对照

类型	牌号	符合（相当）标准的焊丝型号		
		GB	AWS	JIS
CO_2气体保护焊丝	MG49-1	ER49-1		
	MG49-Ni			
	MG49-G	ER49-G	ER70S-G	YGW-16
	MG50-3	ER50-3	ER70S-3	
	MG50-4	ER50-4	ER70S-4	
	MG50-6	ER50-6	ER70S-6	
	MG50-G	ER50-G	ER70S-G	YGW-16
	MG59-G			
氩弧焊填充焊丝	TG50Re	ER50-4	ER70S-4	
	TG50			
	TGR50M			
	TGR50ML			
	TGR55CM	ER55-B2		
	TGR55CML	ER55-B2L		
	TGR55V	ER55B2MnV		
	TGR55VL			
	TGR55WB			
	TGR55WBL			
	TGR59C2M	ER62-B3		
	TGR59C2ML	ER62-B3L		

续表 2.4-47

类型	牌　号	符合（相当）标准的焊丝型号		
		GB	AWS	JIS
埋弧焊丝	H08A、H08E	H08A、H08E	EL8	W11
	H08MnA	H08MnA	EM12	W21
	H08Mn2	H08Mn2	EH14	W41
	H08MnSi	H08MnSi	EM13K	

表 2.4-48　不锈钢焊丝化学成分（质量分数）（摘自 GB/T 17854—1999）　%

牌　号	化学成分								
	C	Si	Mn	P	S	Cr	Ni	Mo	其他
H0Cr21Ni10	0.08	0.60	1.00~2.50	0.030	0.030	19.50~22.00	9.00~11.00	—	—
H00Cr21Ni10	0.03				0.020				
H1Cr24Ni13	0.12				0.030	23.00~25.00	12.00~14.00		
H1Cr24Ni13Mo2								2.00~3.00	
H0Cr26Ni21	0.15					25.00~28.00	20.00~22.00	—	
H0Cr19Ni12Mo2	0.08					18.00~20.00	11.00~14.00	2.00~3.00	
H00Cr19Ni12Mo2	0.03				0.020				
H00Cr19Ni12Mo2Cu2									Cu：1.00~2.50
H0Cr19Ni14Mo3	0.08				0.030	18.50~20.50	13.00~15.00	3.00~4.00	—
H0Cr20Ni10Nb						19.00~21.50	9.00~11.00	—	Nb：10×C%~1.00
H1Cr13	0.12	0.50	0.60			11.50~13.50	0.60		—
H1Cr17	0.10					15.50~17.00			

注：1. 表中单值均为最大值。
2. 根据供需双方协议，也可生产表中牌号以外的焊丝。

表 2.4-49　药芯焊丝分类

焊丝类型	药芯类型	保护气体	电流种类	适用性
EF×1	氧化钛型	二氧化碳	直流，反接	单道焊和多道焊
EF×2	氧化钛型	二氧化碳	直流，反接	单道焊
EF×3	氧化钙-氟化物型	二氧化碳	直流，反接	单道焊和多道焊
EF×4	—	自保护	直流，反接	单道焊和多道焊
EF×5	—	自保护	直流，正接	单道焊和多道焊
EF×G	—	—	—	单道焊和多道焊
EF×GS	—	—	—	单道焊

第二部分在短横线后用四位数字表示焊缝金属的力学性能。前面两位数字表示最小抗拉强度值（见表 2.4-50）。后面两位数字表示夏比（V 形缺口）冲击吸收功，其中第一位数为夏比冲击吸收功不小于 27 J 所对应的试验温度代号，第二位数为夏比冲击吸收功不小于 47 J 所对应的试验温度代号，如表 2.4-51 所示。

表 2.4-50　焊缝金属强度系列

强度系列	抗拉强度/MPa	屈服强度/MPa	伸长率/%
43	430	340	22
50	500	410	22

碳钢药芯焊丝的型号举例如下：

EF03—5042

其中，EF 表示药芯焊丝；0 表示适用于平焊和横焊；3

② 碳钢药芯焊丝型号由焊丝类型代号和焊缝金属的力学性能两部分组成。

第一部分以英文字母“EF”表示药芯焊丝代号，代号后面的第一位数字表示主要适用的焊接位置：“0”表示用于平焊和横焊；“1”表示用于全位置焊。代号后面的第二位数字或英文字母为分类代号（表 2.4-49）。

表示焊丝药芯为氧化钙—氟化物型，采用二氧化碳保护气体，采用直流，焊丝接正，用于单道及多道焊；50 表示抗拉强度最小值为 500 MPa；4 表示夏比冲击吸收功在 -30℃不小于 27 J；2 表示夏比冲击吸收功在 0℃不小于 47 J。

表 2.4-51　焊缝金属夏比（V 形缺口）冲击吸收功

第一位数	冲击吸收功		第二位数	冲击吸收功	
	温度/℃	冲击吸收功/J		温度/℃	冲击吸收功/J
0	没有规定		0	没有规定	
1	+20	≥27	1	+20	≥47
2	0		2	0	
3	-20		3	-20	
4	-30		4	-30	
5	-40		5	-40	

2）低合金钢药芯焊丝的型号

① 根据 GB/T 17493—1998“低合钢药芯焊丝”国家标准的规定，药芯焊丝型号的表示方法为：E×××TX-X，字母“E”表示焊丝，字母“T”表示药芯焊丝。“E”后面的前两个符号××，表示焊丝熔敷金属的力学性能（见表 2.4-52）。

“E”后面的第 3 个符号“×”，表示推荐的焊接位置：“0”为平焊和横焊位置；“1”为全位置。

“T”与其后的符号“×”表示焊丝在渣系、保护类型及电流类型等方面的不同（见表 2.4-53）。

表 2.4-52 焊丝熔敷金属拉伸性能（摘自 GB/T 17493—1988）

型 号	抗拉强度 σ_b/MPa	屈服强度 $\sigma_{0.2}$/MPa	伸长率 δ/%
E43×T×－×	410～550	340	22
E50×T×－×	490～620	400	20
E55×T×－×	550～690	470	19
E60×T×－×	620～760	540	17
E70×T×－×	690～830	610	16
E75×T×－×	760～900	680	15
E85×T×－×	830～970	750	14
E×××T×－G	由供需双方协商		

注：表中所列单个值均为最小值。

表 2.4-53 焊丝类别特点的符号说明
（摘自 GB/T 17493—1988）

型 号	焊丝渣系特点	保护类型	电流类型
E×××T1－×	渣系以金红石为主体，熔滴成喷射或细滴过渡	气保护	直流、焊丝接正极
E×××T4－×	渣系具有强脱硫作用，熔滴成粗滴过渡	自保护	直流、焊丝接正极
E×××T5－×	氧化钙－氟化物碱性渣系熔滴成粗滴过渡	气保护	直流、焊丝接正极
E×××T8－×	渣系具有强脱硫作用	自保护	直流、焊丝接负极
E×××T×－G	渣系、电弧特性、焊缝成形及极性不作规定		

② 低合金钢药芯焊丝的型号举例如下。

E601T1－B3

其中，E 表示焊丝；60 表示熔敷金属抗拉强度范围为 620～760 MPa，最小屈服强度为 540 MPa，最小伸长率为 17%；1 表示推荐用于全位置焊接；T1 表示药芯焊丝类别特点，渣系以金红石为主体，外加 CO_2 保护气、直流、焊丝接正极；B3 表示焊丝化学成分分类代号。

3）不锈钢药芯焊丝的型号

① GB/T 17853—1999“不锈钢药芯焊丝”国家标准，适用于电弧焊不锈钢药芯烛丝及钨极惰性气体保护焊不锈钢药芯填充焊丝（以下简称焊丝）。这类焊丝芯部所含非金属组分应不小于焊丝总质量的 5%，熔敷金属中铬含量应不小于 10.50%，铁含量应大于其他任一元素含量。

② 焊丝根据熔敷金属化学成分、焊接位置、保护气体及焊接电流类型划分型号。

③ 焊丝型号的表示方法：用“E”表示焊丝，“R”表示填充焊丝；后面用三位或四位数字表示焊丝熔敷金属化学成分分类代号；如有特殊要求的化学成分，将其元素符号附加在数字后面，或用“L”表示碳含量较低、“H”表示碳含量较高、“K”表示焊丝应用于低温环境；最后用“T”表示药芯焊丝，之后用一位数字表示焊接位置，“0”表示焊丝适用于平焊或横焊位置，“1”表示焊丝适用于全位置焊接；“—”后面的数字表示保护气体及焊接电流类型，见表 2.4-54。

④ 不锈钢药芯焊丝型号举例如下。

E308MoT0－3

其中，E 表示焊丝；308 表示熔敷金属化学成分分类代号；Mo 表示对熔敷金属中钼含量有特殊要求；T 表示药芯焊丝；0 表示焊丝适用于平焊或横焊位置焊接；－3 表示自保护型，采用直流反接焊接。

R347T1－5

其中，R 表示填充焊丝；347 表示熔敷金属化学成分分类代号；T 表示药芯焊丝；1 表示焊丝适用于全位置焊接；－5 表示保护气体是 100%Ar，采用直流正接焊接。

表 2.4-54 保护气体、电流类型及焊接方法
（摘自 GB/T 17853—1999）

型 号	保护气体	电流类型	焊接方法
E×××T×－1	CO_2	直流反接	FCAW
E×××T×－3	无（自保护）		
E×××T×－4	75%～80%Ar＋CO_2		
R×××T×－5	100%Ar	直流正接	GTAW
E×××T×－G	不规定	不规定	FCAW
R×××T×－G			GTAW

注：FCAW 为药芯焊丝电弧焊，GTAW 为钨极惰性气体保护焊。

（4）药芯焊丝的牌号

1）牌号的第一个字母“Y”表示药芯焊丝。第二个字母及随后的三位数字与焊条牌号的编制方法相同。

2）牌号中短横线后的数字，表示焊接时的保护方法：“1”为气体保护；“2”为自保护；“3”为气保护、自保护两用；“4”为其他保护形式。

3）药芯焊丝有特殊性能和用途时，则在牌号后面加注起主要作用的元素和主要用途的字母，一般不超过两个字。

药芯焊丝的牌号，举例如下：

YJ422－1

其中，Y 表示药芯焊丝；J 表示结构钢；42 表示焊缝金属抗拉强度不低于 420 MPa；2 表示钛钙型、交直流两用；1 表示气保护。

国产药芯焊丝的型号、牌号对照见表 2.4-55。

表 2.4-55 国产药芯焊丝的型号与牌号对照

牌 号	符合（相当）标准的焊丝型号			牌 号	符合（相当）标准的焊丝型号		
	GB	AWS	JIS		GB	AWS	JIS
YJ501－1		E71T－1	YFW24	YJ502R－2	EF01－5005		
YJ501Ni－1		E71T－5	YFW24	YJ507－1	EF03－5040	E70T－5	
YJ502－1	EF01－5020	ET70－1		YJ507Ni－1	EF03－5004		
YJ502R－1	EF01－5005			YJ507TiB－1	EF03－5005	E70T－5	
YJ507－2	EF04－5020	E70T－4	YFW13	YD176Mn－2	H08A、H08E		
YJ507G－2	EF04－5042	E70T－8		YD212－1	H08MnA		
YJ507R－2		E71T－8	YFW14	YD247－1	H10Mn2		
YJ507D－2	EF0GS－5000	E70T－GS		YD256Ni－2	H10MnSi		
YJ707－1		E80T5－NiT		YD337－1	H10MnSi		
YR307－1		E80T5－B2		YD386－2			
YG207－2				YD397－1			
YG317－1				YD502－2			
YA002－2		E308LT－3		YD507－2			
YA102－1		E308T－1		YD517－2			
YA107－1	ER62－B3	E308T－1		YD616－2			
YA132－1	ER62－B3L	E347T－1		YD646Mo－2			

2.3.3　焊丝的性能和用途

(1) 实心焊丝

实心焊丝是目前最常用的焊丝，由热轧线材经拉拔加工而成。为了防止焊丝生锈，须对其表面进行特殊处理（不锈钢焊丝除外）。目前主要采用镀铜处理，包括电镀、浸铜及化学镀铜处理等。实心焊丝包括埋弧焊、电渣焊、CO_2 气体保护焊、氩弧焊、气焊以及堆焊用的焊丝。不同的焊接方法须采用不同直径的焊丝。埋弧焊时电流大，要采用粗焊丝，焊丝直径为 2.4 ~ 6.4 mm；CO_2 气体保护焊时，为了获得良好的保护效果，采用相对较细的焊丝，直径一般为 0.8 ~ 1.6 mm。国产实心焊丝的力学性能、特点及用途列于表 2.4-56 及表 2.4-57。

表 2.4-56　国产 CO_2 及氩弧焊实心焊丝力学性能、特点和用途

焊丝牌号	直径/mm	特点和用途	熔敷金属力学性能			
			σ_b/MPa	σ_s/MPa	δ_5/%	A_{kV}/J
MG49 - 1	0.8 ~ 3.2	采用 H08Mn2SiA 盘条钢丝拉拔和表面镀铜处理而制成，用作 CO_2 气体保护焊丝，飞溅较少，具有良好的抗气孔性能；用于焊接低碳钢及某些低合金结构钢	≥490	≥372	≥20	≥47（室温）
MG49 - Ni	1.0 ~ 1.6	可用于抗拉强度 500 MPa 级高强钢、耐热钢的焊接。用 CO_2 气体保护，可全位置施焊，电弧稳定。使用的焊接工艺参数较宽，熔敷金属具有良好的低温冲击韧度和耐大气腐蚀性能。用于焊接耐热钢和某些低合金钢	≥490	≥372	≥20	≥47（室温） ≥27(−20℃)
MG49 - G	1.2、1.6	CO_2 气体保护焊丝，含有适量的 Ti，具有细化熔滴、稳弧作用，同时可细化晶粒、提高熔敷金属的低温冲击韧度。适用于大电流厚板焊接，如船舶、桥梁等钢结构的焊接	≥490	≥390	≥22	≥27（0℃）
MG50 - 3	0.8 ~ 1.6	CO_2 气体保护焊丝，具有优良的焊接工艺性能，适用于碳素钢和低合金钢的焊接	≥500	≥420	≥22	≥18(−18℃)
MG50 - 4	0.8 ~ 1.6	采用 CO_2 或 Ar + 5% ~ 20% CO_2 作为保护气体，焊接时电弧稳定，飞溅较少，可用于薄板的高速焊接。在小电流参数下，电流仍很稳定，并可进行向下立焊，采用混合气体保护焊，焊缝金属强度略有提高。适用于碳素钢的焊接，也可用于薄板、钢管的高速焊接	≥500	≥420	≥22	—
MG50 - 6	—	焊丝熔化速度快，熔敷效率高，电弧稳定，焊接飞溅极小，焊缝成形美观，并且抗氧化锈蚀能力强，焊缝金属气孔敏感性小，全位置施焊工艺性好，保护气体采用 CO_2 或 Ar + 5% ~ 20% CO_2。适用于碳钢及抗拉强度 500 MPa 级高强钢的车辆、建筑、船舶、桥梁等结构钢的焊接，也可用于薄板、管的高速焊接	≥500	≥420	≥22	≥27(−30℃)
MG50 - G	0.8 ~ 1.6	Ar + CO_2 气体保护焊丝焊接时，熔敷金属流动性及抗裂性优异，飞溅小，熔渣少且易剥落；用于高速焊接，尤其适用于薄板焊接	≥490	≥345	≥22	≥27(−30℃)
MG59 - G	0.8 ~ 1.6	采用 H05MnSiNiMo 盘条经拉拔加工和表面镀铜除锈处理而制成，用作 CO_2 气体保护焊焊丝，成形良好，飞溅小，送丝稳定，适用于抗拉强度 590MPa 级低合金高强调钢，如 HQ60、HQ60H 等焊接结构，如大型液压起重机、工程机械和桥梁的焊接	≥590	≥450	≥16	≥47(−20℃)
TG50Re	1.0 ~ 2.5	碳钢钨极氩弧焊丝，塑性、韧性和抗裂性好，用于各种位置的管子手工钨极氩弧焊打底焊，除了焊接 Q235、20 g 之外，还可焊接某些低合金钢，如 09Mn2Si、16Mn、09Mn2V 等	≥490	≥410	≥22	≥27(−30℃)
TGR50M	1.0 ~ 2.5	含 w (Mo) 0.5%的珠光体耐热钢钨极氩弧焊丝，用于焊接工作温度为 510℃以下的锅炉受热面管子及 450℃以下的蒸汽管道（如 15CrMo3）也可用来焊接一般的低合金高强度钢	≥490	≥390	≥22	≥47（20℃）
TGR55CM	1.0 ~ 2.5	含 w (Cr) 1.2% - w (Mo) 0.5%的珠光体耐热钢钨极氩弧焊丝，全位置操作性能良好，用于焊接工作温度为 550℃以下的锅炉受热面管子及 520℃以下的蒸汽管道、高压容器、石油精炼设备（如 15CrMo、13CrMo44 等），也可用于 30CrMnSi 铸钢件的修补和打底焊	≥540	≥440	≥17	≥47（20℃）
TGR55V	1.0 ~ 2.5	含 w (Cr) 1.2% - w (Mo) 0.5% - V 的珠光体耐热钢钨极氩弧焊丝，用于焊接工作温度为 580℃以下的锅炉受热面管子及 540℃以下的蒸汽管道、石油裂化设备、高温合成化工机械的打底焊（如 12Cr1MoV 等）	≥540	≥440	≥17	≥47（20℃）
TGR55WB	1.0 ~ 2.5	含 CrMoVWB 的耐热钢钨极氩弧焊丝，全位置操作性能良好，用于焊接工作温度为 620℃以下的 12Cr2MoWVB（钢 102）耐热钢结构，如高温高压锅炉中的蒸汽管道，过热器管的手工钨极氩弧焊打底焊	≥540	≥440	≥17	≥47（20℃）
TGR59C2M	1.0 ~ 2.5	含 w (Cr) 2.25% - w (Mo) 1%的珠光体耐热钢钨极氩弧焊丝，全位置操作性能良好，用于焊接 w (Cr) 2.5 - w (Mo) 5 类（如 10CrMo910）珠光体耐热钢结构，如工作温度为 580℃以下的锅炉受热面管子及 550℃以下的蒸汽管道、石油裂化设备、高温合成化工机械等	≥540	≥490	≥15	≥47（20℃）

表 2.4-57　国产埋弧焊实心焊丝的力学性能、特点和用途

焊丝牌号	直径/mm	特点和用途	熔敷金属力学性能			
			σ_b/MPa	σ_s/MPa	δ_5/%	A_{kV}/J
H08A	2.0~5.0	低碳结构钢焊丝，在埋弧焊中用量最大，配合焊剂 HJ430、HJ431、HJ433 等焊接低碳钢及某些低合金钢（如 16Mn）结构	410~550	≥330	≥22	≥27（0℃）
H08MnA	2.0~5.8	碳素钢焊丝，配合焊剂进行埋弧焊，焊缝金属具有优良的力学性能。用于碳钢和相应强度级别的低合金钢（如 16Mn 等）锅炉、压力容器的埋弧焊	410~550	≥330	≥22	≥27（0℃）
H10Mn2	2.0~5.8	镀铜的埋弧焊丝，配合焊剂 HJ130、HJ330、HJ350 焊接，焊缝金属具有优良的力学性能。用于碳钢及低合金钢（如 16Mn、14MnNb 等）焊接结构的埋弧焊	410~550	≥330	≥22	—
H10MnSi	2.0~5.0	镀铜焊丝，配用相应的焊剂可获得力学性能良好的焊缝金属，焊接效率高，焊接质量稳定可靠。用于焊接重要的低碳钢和低合金钢结构	410~550	≥330	≥22	≥27（0℃）
HYD047	3.0~5.0	配用焊剂 HJ107 的堆焊焊丝，熔敷金属具有良好的抗挤压磨粒磨损能力，抗裂性能优良，冷焊无裂纹。焊丝表面无缝，可镀铜处理，焊接操作简单，电弧稳定，抗网压波动能力、工艺性能良好，常用于辊压机挤压辊表面的堆焊	—	—	—	—

（2）药芯焊丝

药芯焊丝是将药粉包在薄钢带内卷成不同的截面形状，经轧拔加工制成的焊丝。药芯焊丝也称为粉芯焊丝、管状焊丝或折叠焊丝，用于气体保护焊、埋弧焊和自保护焊，是一种很有发展前途的焊接材料。药芯焊丝粉剂的作用与焊条药皮相似，区别在于焊条的药皮涂敷在焊芯的外层，而药芯焊丝的粉剂被钢带包裹在芯部。药芯焊丝可以制成盘状供应，易于实现机械化焊接。

药芯焊丝具有工艺性好、飞溅小、焊缝成形美观、可采用大电流进行全位置焊接和熔敷效率高等优点。近年来，全位置焊接用细直径药芯焊丝的用量急剧增加。这类焊丝多为钛型渣系，具有十分优异的焊接工艺性能。几种国产合金结构钢药芯焊丝的牌号、化学成分、力学性能及特征用途见表 2.4-58。

表 2.4-58　几种国产合金结构钢药芯焊丝

牌号	直径/mm	特征与用途	熔敷金属化学成分（质量分数）/%							熔敷金属力学性能			
			C	Si	Mn	Ni	Cr	Mo	其他	σ_b/MPa	σ_s/MPa	δ/%	A_{kV}/J
YJ502	1.6~3.8	CO_2 气体保护焊用，钛钙型渣系，可焊接较重要的低碳钢和普低钢结构，如船舶、压力容器等	≤0.1	0.5	1.2	—	—	—	—	≥490	—	≥22	80(0℃) 47(－20℃)
YJ507	1.6~3.8	CO_2 气体保护焊用，低氢型渣系，可焊接较重要的低碳钢和普低钢结构，如船舶、压力容器等	≤0.1	0.5	1.2	—	—	—	—	≥490	—	≥22	80(－30℃) 47(－40℃)
YJ607	1.6 2.0	CO_2 气体保护焊用，低氢型渣系，可焊接低合金钢、中碳钢等，如 15MnV、15MnVN 钢结构	≤0.12	≤0.6	1.2~1.75	—	—	0.25~0.45	—	≥590	≥530	≥15	≥27 (－50℃)
YJ707	1.6 2.0	CO_2 气体保护焊用，低氢型渣系，可焊接低合金高强钢结构，如大型起重机、推土机等	≤0.15	0.6	1.5	1.0	—	0.3	—	≥690	≥590	≥15	≥27 (－30℃)
YJ502CuCr	1.6 2.0	CO_2 气体保护焊用，钛钙型渣系，用于焊接耐大气腐蚀的低合金结构钢，如铁道、车辆、集装箱等	≤0.12	≤0.6	0.5~0.12	—	0.25~0.60	—	Cu 0.2~0.5	≥490	≥350	≥20	≥47（0℃）
YR307	1.6 2.0	CO_2 气体保护焊用，低氢型渣系，用于焊接 Cr1%－Mo0.5%耐热钢，如锅炉管道、石油精练设备	0.05~0.12	≤0.12	≤0.9	—	1.0~1.5	0.4~0.65	—	≥540	≥440	≥17	—

续表 2.4-58

牌 号	直径/mm	特征与用途	熔敷金属化学成分（质量分数）/%							熔敷金属力学性能			
			C	Si	Mn	Ni	Cr	Mo	其他	σ_b/MPa	σ_s/MPa	δ/%	A_{kv}/J
YZ－J502	1.6 2.0	CO_2气体保护焊用，低氢型渣系，用于焊接低碳钢及普低钢结构，如油罐、冶金炉等	—	—	—	—	—	—	—	428	—	—	—
YZ－J506	1.6 2.0 2.8	自保护焊用，低氢型渣系，用于自动焊或半自动焊的野外施工，焊接低碳钢、普低钢等	0.2	≤0.9	≤1.75	—	—	—	—	≥490	—	≥16	27（0℃）

2.3.4　焊丝的选用

（1）埋弧焊焊丝

埋弧焊时焊剂对焊缝金属起保护和冶金处理作用，焊丝主要作为填充金属，同时向焊缝添加合金元素，并参与冶金反应。

1）低碳钢和低合金钢用焊丝　低碳钢和低合金钢埋弧焊常用焊丝有如下三类。

① 低锰焊丝（如H08A）：常配合高锰焊剂用于低碳钢及强度较低的低合金钢焊接。

② 中锰焊丝（如H08MnA、H10MnSi）：主要用于低合金钢焊接，也可配合低锰焊剂用于低碳钢焊接。

③ 高锰焊丝（如H10Mn2、H08Mn2Si）：用于低合金钢焊接。

2）高强钢焊丝　这类焊丝含 w（Mn）1%以上，含 w（Mo）0.3%～0.8%。例如H08MnMoA、H08Mn2MoA，用于强度较高的低合金高强钢焊接。此外，根据高强钢的成分及使用性能要求，还可在焊丝中加入Ni、Cr、V及Re等元素，提高焊缝性能。抗拉强度590 MPa级的焊缝金属多采用Mn－Mo系列焊丝。例如H08MnMoA、H08Mn2MoA、H10Mn2Mo等；690～780 MPa级的焊缝金属多采用Mn－Cr－Mo系、Mn－Ni－Mo系或Mn－Ni－Cr－Mo系焊丝；当对焊缝韧性要求较高时，可采用含Ni的焊丝，如H08CrNi2MoA等。焊接690 MPa级以下的钢种时，可采用熔炼焊剂和烧结焊剂；焊接780 MPa级高强钢时，为了得到高韧性，最好采用烧结焊剂。

3）不锈钢用焊丝　这类焊丝的选用原则是：选用焊丝的成分要与被焊接的不锈钢成分基本一致。焊接铬不锈钢时，采用H0Cr14、H1Cr13、HCr17等焊丝；焊接铬－镍不锈钢时，采用H0Cr19Ni9、H0Cr19Ni9Ti等焊丝；焊接超低碳不锈钢时，应采用相应的超低碳焊丝，如H00Cr19Ni9等。焊剂可采用熔炼型或烧结型，要求焊剂的氧化性小，以减少合金元素的烧损。目前国外主要采用烧结焊剂不锈钢，我国仍以熔炼焊剂为主，目前正在研制和推广使用烧结焊剂。

（2）气体保护焊用焊丝

气体保护焊分为惰性气体保护焊（TIG焊和MIG焊）、活性气体保护焊（MAG焊）以及自保护焊。TIG焊时采用纯Ar，MIG焊时一般采用Ar＋2%O_2或Ar＋5%CO_2；MAG焊时主要采用CO_2气体。为了改善CO_2焊接的工艺性能，也可采用CO_2＋Ar或O_2＋Ar＋O_2混合气体或采用药芯焊丝。

1）TIG焊丝　由于保护气体为纯Ar，无氧化性，焊丝熔化后成分基本不发生变化，所以焊丝成分即为焊缝成分。也有的采用母材成分作为焊丝成分，使焊缝成分与母材一致。TIG焊时焊接热输入小，焊缝强度和塑、韧性良好，容易满足使用性能要求。

2）MIG和MAG焊丝　MIG方法主要用于焊接不锈钢等高合金钢。为了改善电弧特性，在Ar气中加入适量O_2和CO_2，即成为MAG方法。焊接低合金钢时，采用Ar＋5%CO_2可提高焊缝的抗气孔能力。焊接超低碳不锈钢时，只可采用Ar＋2%O_2混合气体，以防止焊缝增碳。目前低合金钢的MIG焊接正在逐步被Ar＋20%CO_2的MAG焊接所取代。MAG焊接是由于保护气体有一定的氧化性，应适当提高焊丝中Si、Mn等脱氧元素的含量。焊接高强钢时，焊缝中C的含量通常低于母材，Mn的含量则应高于母材，这不仅为了脱氧，也是焊缝的合金成分要求。为了改善低温韧性，焊缝中Si的含量不宜过高。

3）CO_2焊焊丝　CO_2焊通常采用C－Mn－Si系焊丝，如H08MnSiA、H08Mn2SiA、H08Mn2SiTiA等。CO_2焊焊丝直径一般是0.8、1.0、1.2、1.6、2.0 mm等。焊丝直径≤1.2 mm属于细丝CO_2焊，焊丝直径≥1.6 mm属于粗丝CO_2焊。

H08Mn2SiA焊丝是一种广泛应用的CO_2焊焊丝，它有较好的工艺性能，适合于焊接500 MPa级以下的低合金钢。焊接强度级别要求更高的钢种，应采用焊丝成分中含有Mo元素的H10MnSiMo等牌号的焊丝。

（3）电渣焊焊丝

电渣焊适用于中板和厚板的焊接。电渣焊焊丝主要起填充金属和合金化的作用，低碳钢和低合金高强钢电渣焊常用焊丝牌号见表2.4-59。

表 2.4-59　低碳钢和低合金高强钢电渣焊常用焊丝

母材钢号	常用焊丝牌号
Q235，Q255	H08MnA
15，20，25	H08MnA，H10Mn2
16Mn，09Mn2	H08Mn2Si，H10Mn2，H10MnSi，H08MnMoA
15MnV，15MnVCu	H08MnMoA，H08Mn2MoVA
15MnVN，14MnMoV，18MnMoNb	H10Mn2MoVA，H10Mn2Mo

（4）药芯焊丝的选用

1）药芯焊丝的种类与特征　根据焊丝的结构，药芯焊丝可分为有缝焊丝和无缝焊丝两种。无缝焊丝可以镀铜，性能好、成本低，已成为今后发展的方向。

药芯焊丝可分为气体保护焊丝和自保护焊丝；根据药芯焊丝粉剂中有无造渣剂，可分为“药粉型”（有造渣剂）焊丝和“金属粉型”（无造渣剂）焊丝；按照渣的的碱度，可分为钛型（酸性渣）、钛钙型（中性或弱碱性渣）和钙型（碱性渣）焊丝。

钛型渣系药芯焊丝的焊缝成形美观，全位置焊接时工艺性能好、电弧稳定、飞溅小，但焊缝金属的韧性和抗裂性能较差。钙型渣系药芯焊丝的焊缝韧性和抗裂性能优良，焊缝成形和焊接工艺性能稍差。钛钙型渣系介于上述二者之间。

"金属粉型"药芯焊丝的焊接工艺性能类似于实心焊丝，其熔敷效率和抗裂性能优于"药粉型"焊丝。粉芯中大部分是金属粉（铁粉、脱氧剂等），还加入了特殊的稳弧剂，可保证焊接时造渣量少、效率高、飞溅小、电弧稳定，而且焊缝扩散氢含量低，抗裂性能得到改善。

药芯焊丝的截面形状对焊接工艺性能与冶金性能都有很大影响。根据药芯焊丝的截面形状可分为简单断面的O形和复杂断面的折叠形两类。折叠形又可分为梅花形、T形、E形和中间填丝形等。药芯焊丝的截面形状越复杂、越对称，电弧越稳定，药芯的冶金反应和保护作用越充分。但是随着焊丝直径的减小，这种差别逐渐缩小，当焊丝直径小于2 mm时，截面形状的影响已不明显了。目前，小直径（≤2.0 mm）药芯焊丝一般采用O形截面，大直径（≥2.4 mm）药芯焊丝多采用E形、T形等折叠形复杂截面。

药芯焊丝的焊接工艺性能好、焊缝质量好、对钢材的适应性强，可用于焊接各种类型的钢结构，包括低碳钢、低合金高强钢、低温钢、耐热钢、不锈钢及耐磨堆焊等。所采用的保护气体有CO_2和$Ar+CO_2$两种。药芯焊丝适用于自动或半自动焊接，直流或交流电源均可。

① 低碳钢及高强钢用药芯焊丝　这类焊丝大多数为钛型渣系，焊接工艺性好，焊接生产率高，主要用于造船、桥梁、建筑、车辆制造等。低碳钢及高强钢用药芯焊丝品种较多，从焊缝强度级别上看，抗拉强度490 MPa级和590 MPa级的药芯焊件丝已普遍使用；从性能上看，有的侧重于工艺性能，有的侧重于焊缝力学性能和抗裂性能，有的适用于包括向下立焊在内的全位置焊，也有的专用于角焊缝。

② 不锈钢用药芯焊丝　不锈钢药芯焊丝的品种已有20余种，除铬镍系不锈钢药芯焊丝外，还有铬系不锈钢药芯焊丝。焊丝直径有0.8 mm、1.2 mm、1.6 mm等，可满足不锈钢薄板、中板及厚板的焊接需要。所采用的保护气体多数为CO_2，也可以采用Ar+（20%～50%）CO_2的混合气体。

③ 耐磨堆焊用药芯焊丝　为了增加耐磨性或使金属表面获得某些特殊性能，需要从焊丝中过渡一定量的合金元素，但是焊丝因含碳量和合金元素较多，难于加工制造。随着药芯焊丝的出现，这些合金元素可加入药芯中，且加工制造方便。所以，采用药芯焊丝进行埋弧堆焊耐磨表面是一种常用的方法，并已得到广泛应用。此外，在烧结焊剂中加入合金元素，堆焊后也能得到相应成分的堆焊层，它与实心或药芯焊丝相配合，可满足不同的堆焊要求。

2）自保护药芯焊丝　自保护药芯焊丝是指不需要保护气体或焊剂，就可进行电弧焊，从而获得合格焊缝的焊丝。自保护药芯焊丝是把作为造渣、造气、脱氧作用粉剂和金属粉置于钢皮之内或涂在焊丝表面，焊接时粉剂在电弧作用下变成熔渣和气体，起到造渣和造气保护作用，不用另加气体保护。

自保护药芯焊丝的熔敷效率明显比焊条高，野外施焊的灵活性和抗风能力优于气体保护焊，通常可在四级风力下施焊。因为不需要保护气体，适于野外或高空作业，故多用于安装现场和建筑工地。

自保护焊丝的焊缝金属塑、韧性一般低于采用气体保护的药芯焊丝所得到的焊缝指标。自保护焊丝目前主要用于低碳钢焊接结构，不宜用于焊接高强度钢等重要结构。此外，自保护焊丝施焊时烟尘较大，在狭窄空间作业时要注意加强通风换气。

3　材料焊接性

3.1　材料焊接性概述

焊接性的定义是材料在限定的施工条件下焊接成按规定设计要求的构件，并满足预定服役要求的能力。焊接性受材料、焊接方法、构件类型及使用要求四个因素的影响。

焊接性是说明材料对于焊接加工的适应性，用以衡量材料在一定的焊接工艺条件下获得优质接头的难易程度和该接头能否在使用条件下安全可靠地运行。因此，它包含工艺焊接性和使用焊接性两个方面的内容。

工艺焊接性是指一定的焊接工艺条件下，能否获得优良、致密、无缺陷的焊接接头的能力。它不是金属本身所固有的性能，而是根据某种焊接方法和所采用的具体工艺措施来进行评定的。所以金属材料的工艺焊接性与具体的焊接过程密切相关。对于熔焊工艺，被焊材料一般都要经历焊接热过程和焊接冶金过程。因此，工艺焊接性又可分为"热焊接性"和"冶金焊接性"。热焊接性是指焊接热循环对母材及焊接热影响区组织性能及产生缺陷的影响程度。用以评定被焊金属对热的敏感性，如晶粒长大，组织性能变化等。它与金属的材质及具体的焊接工艺有关。冶金焊接性是指在一定冶金过程的条件下，物理化学变化对焊缝性能的影响及产生缺陷的程度。它包括合金元素的氧化、还原、氢、氧、氮的溶解等对形成气孔、夹杂、裂纹等缺陷的影响，用以评定被焊材料对冶金缺陷的敏感性。

使用焊接性是指整个结构或焊接接头满足产品技术条件规定的使用性能的程度。使用性能取决于焊接结构的工作条件和设计上提出的技术要求。通常包括常规力学性能、低温韧性、抗脆断性能、高温蠕变、疲劳性能、持久强度、耐蚀性能和耐磨性能等。

理论分析可知，凡是在熔化状态下相互能形成固溶体或共晶的两种金属或合金，原则上都可以实现焊接，即具有所谓原则焊接性，又叫物理焊接性。然而，这种原则焊接性仅仅为材料实现焊接提供理论依据，并不等于该材料用任何焊接方法，都能获得满足使用性能要求的优质焊接接头。同种金属或合金之间是具有原则焊接性的。但是，在不同的焊接工艺条件下，焊接性却表现出很大的差异。

因此，金属材料的焊接性不仅与材料本身的固有性能有关，同时也与许多焊接工艺条件有关。在不同的焊接工艺条件下，同一材料具有不同的焊接性。而且随着新的焊接方法、焊接材料或焊接工艺的开发和完善，一些原来焊接性差的金属材料，也会变成焊接性好的材料。

3.2　材料焊接性的影响因素

(1) 材料因素

材料包括母材和焊接材料。在相同的焊接条件下，决定母材焊接性的主要因素是它本身的物理化学性能。

物理性能方面，如金属的密度、熔点、热导率、线膨胀系数、热容量等因素，都对热循环、熔化、结晶、相变等产生影响，从而影响焊接性。纯铜热导率高，焊接时热量散失迅速，升温的范围很宽，坡口不易熔化，焊接时需要较强烈地加热。如果热源功率不足，就会产生熔透不足的缺陷。热导率高的材料熔池结晶迅速，容易产生气孔等缺陷。热导率低的材料，焊接时温度梯度大，残余应力大，变形大。并且由于高温停留时间长，热影响区晶粒长大。由于铝及铝合金密度小，熔池中的气泡和非金属夹杂物不易上浮逸出，就容易在焊缝中残留，形成气孔和夹渣等。

化学性能方面，主要考虑金属与氧亲和力的大小。化学活泼性强的金属，在高温焊接下极易氧化。焊接时，就必须进行可靠的保护，例如采用惰性气体保护焊或在真空中进行焊接。

对于钢材的焊接，影响其焊接性的主要因素是它的化学成分。其中影响最大的元素有碳、硫、磷、氢、氧和氮等，它们容易引起焊接工艺缺陷和降低接头的使用性能。其他合金元素，如锰、硅、铬、镍、钼、钛、钒、铌、铜、硼等都在不同程度上增加焊接接头的淬硬倾向和裂纹敏感性。所以，钢材的焊接性总是随着含碳量和合金元素含量的增加而恶化。

此外，钢材的冶炼及轧制状态、热处理状态、组织状态等，在不同程度上都对焊接性发生影响。所以近年来研制和发展了各种 CF 钢（抗裂钢）、Z 向钢（抗层状撕裂钢）、TM-CP 钢（控轧钢）等，就是通过精炼提纯、或细化晶粒和控轧工艺等手段，来改善钢材的焊接性。

焊接材料直接参与焊接过程一系列化学冶金反应，决定着焊缝金属的成分、组织、性能及缺陷的形成。因此，正确选用焊接材料也是保证获得优质焊接接头的重要条件之一。

(2) 焊接方法

焊接方法的种类，焊接工艺参数、装焊顺序、预热、后热及焊后热处理等方面对于焊接性的影响很大，主要表现在热源特性和保护条件两个方面。

不同的焊接方法其热源在功率、能量密度、最高加热温度等方面有很大差别。金属在不同热源下焊接，将显示出不同的焊接性。例如电渣焊功率很大，但能量密度很低，最高加热温度也不高，焊接时加热缓慢，高温停留时间长，使得热影响区晶粒粗大，冲击韧度显著降低，必须经正火处理才能改善。

焊接工艺参数，采取预热、多层焊和控制层间温度等其他工艺措施，可以调节和控制焊接热循环，从而可改变金属的焊接性。

(3) 焊接结构类型

焊接结构和焊接接头的设计形式，如结构形状、尺寸、厚度、坡口形式、焊缝布置及其截面形状等因素等都对焊接性有重要的影响。其主要影响是热的传递和力的状态方面。不同板厚、不同接头形式或坡口形状其传热方向和传热速度不一样，从而对熔池结晶方向和晶粒成长发生影响。结构的形状、板厚和焊缝的布置等，决定接头的刚度和拘束度，对于接头的应力状态产生影响。设计中减少接头的刚度、避免交叉焊缝以及焊缝过于密集，减少应力集中等，都是改善焊接性的重要措施。

(4) 使用要求

焊接结构服役期间的工作温度、负载条件和工作介质等工作环境和运行条件，都要求焊接结构具有相应的使用性能。在低温下工作的焊接结构，必须具备抗脆性断裂性能；在高温下工作的结构应具有抗蠕变性能；在交变载荷下工作的结构应具有良好的抗疲劳性能；在酸、碱或盐类介质工作的焊接容器应具有高的耐蚀性能等。总之，使用条件越苛刻，对焊接接头的质量要求就越高，材料的焊接性就越难于保证。

3.3　金属焊接性的研究方法

一些新材料、新结构或新的工艺方法在正式投产之前，必须进行焊接性研究工作，以确保能获得优质的焊接接头。研究的基本方法是先分析后试验，即在焊接性理论分析的基础上再作必要的焊接性试验。焊接性分析可以避免试验的盲目性，焊接性试验可以验证理论分析的结果。

(1) 焊接性分析

运用焊接科学技术的理论知识和实践经验，对金属材料焊接的难易程度作出判断或预测。

进行工艺焊接性方面的分析，主要是考察金属材料在给定的工艺条件下，产生焊接缺陷的倾向性和严重性。首先，从影响焊接性的材料因素、工艺因素和结构因素等方面入手，分析和估计焊接过程中可能会产生什么缺陷，对材料的工艺焊接性作出科学的预测。焊接工艺缺陷很多，分析的重点通常是材料的抗裂性能。按材料中合金元素及其含量间接地评估合金结构钢的焊接性是最常用的分析方法，如“碳当量法”和“裂纹敏感指数法”等。此外，也可利用合金相图判断热裂倾向，利用焊接 CCT 图估计有无冷裂的危险和焊后接头的的硬度等大致性能。

使用焊接性方面的分析，主要是考察金属材料在给定的焊接工艺条件下，焊成的接头或整个焊接结构是否满足设计的使用要求，如强度、韧度、塑性、疲劳、蠕变、耐蚀或耐磨等性能要求。对于以等性能原则设计的焊接接头，则以母材性能为依据，分别考察焊缝金属和焊接热影响区在焊接热过程的作用下可能引起不利于使用性能的变化。

进行焊接性分析时，要有重点和针对性，表 2.4-60 列出不同金属材料焊接性的重点内容。

(2) 焊接性试验

焊接性分析是以理论知识和生产经验为依据进行的，一般应在理论分析的基础上有针对性地进行焊接性试验加以验证。特别对于一些新的金属材料、新的产品结构或新的工艺方法，更应进行较为全面的焊接性试验。从而对材料的焊接性作出更为准确和全面的评价，同时也为制订焊接工艺提供可靠的依据。

总之，焊接性的分析与试验是焊接性研究中的两个重要方面。

表 2.4-60　不同金属材料焊接性重点分析内容

金属材料		焊接性重点分析内容
低碳钢		1）厚板的刚性拘束裂纹，2）热裂纹
中、高碳钢		1）冷裂纹，2）焊接 HAZ 淬硬
低合金钢	热轧及正火钢	1）冷裂纹，2）热裂纹，3）再热裂纹，4）层状撕裂（厚大件），5）HAZ 脆化（正火钢）
	低碳调质钢	1）冷裂纹、根部裂纹，2）热裂纹（含 Ni 钢），3）HAZ 脆化，4）HAZ 软化
	中碳调质钢	1）热裂纹，2）冷裂纹，3）HAZ 脆化，4）HAZ 回火软化
	珠光体耐热钢	1）冷裂纹，2）HAZ 硬化，3）再热裂纹，4）持久强度
	低温钢	1）低温缺口韧性，2）冷裂纹
不锈钢	奥氏体不锈钢	1）晶间腐蚀，2）应力腐蚀开裂，3）热裂纹
	铁素体不锈钢	1）475℃脆化，2）σ 相脆化，3）热裂纹
	马氏体不锈钢	1）冷裂纹，2）HAZ 硬化
P-A 异种钢		1）焊缝成分的控制（稀释率），2）熔合区过渡层，3）熔合区扩散层，4）残余应力
铸铁		1）焊缝及熔合区“白口”，2）热裂纹，3）热应力裂纹，4）冷裂纹
铝及铝合金		1）氧化，2）气孔，3）热裂纹，4）HAZ 软化

式中，[H] 为熔敷金属的扩散氢含量，mL/(100 g)；P_{cm} 为裂纹敏感指数（同表 2.4-64）；σ_b 为被焊金属抗拉强度，MPa；δ 为被焊金属板厚，mm。

(3) 热裂纹敏感指数法

考虑化学成分对焊接热裂纹敏感性的影响，在试验研究的基础上提出可预测或评估金属材料热裂纹倾向的指数方法。

1）热裂纹敏感系数（HCS）法其计算公式为：

$$HCS=\frac{w(C)\left[w(S)+w(P)+\frac{w(Si)}{25}+\frac{w(Ni)}{100}\right]}{3w(Mn)+w(Cr)+w(Mo)+w(V)}\times 10^3$$

当 HCS≤2 时，不会产生热裂纹。HCS 愈大的金属材料，其热裂纹敏感性也愈高。

2）临界应变增长率（CST）法用下式计算：

$$CST=(-19.2w(C)-97.2w(S)-0.8w(Cu)-1.0w(Ni)+3.9w(Mn)+65.7(Nb)-618.5w(B)+7.0)\times 10^{-4}$$

当 $CST\geqslant 6.5\times 10^{-4}$ 时，可以防止裂纹。

(4) 再热裂纹敏感性指数法

预测钢材焊接性时，根据合金元素对再热裂纹敏感性的影响，可采用再热裂纹敏感性指数进行评定。通常采用两种方法：

1）ΔG 法

$$\Delta G=w(Cr)+3.3w(Mo)+8.1w(V)-2$$

当 $\Delta G<0$ 时不产生再热裂纹；$\Delta G\geqslant 0$ 对再热裂纹敏感。

对于 w（C）>0.1% 的钢，上式修正为：2)

$$\Delta G'=\Delta G+10w(C)=w(Cr)+3.3w(Mo)+8.1w(V)-2+10w(C)$$

当 $\Delta G'\geqslant 2$ 对再热裂纹敏感；$1.5\leqslant\Delta G'<2$ 敏感性中等；$\Delta G'<1.5$ 对再热裂纹不敏感。

2）P_{SR} 法　此法全面地考虑 Cu、Nb、Ti 等对再热裂的影响，计算式为：

$$P_{SR}=w(Cr)+w(Cu)+2w(Mo)+5w(Ti)+7w(Nb)+10w(V)-2$$

此式仅适用于：w（Cr）≤1.5%；w（Mo）≤2.0%；w（Cu）≤1.0%；w（C）≤0.25；w（V+Nb+Ti）≤0.15%。当 $P_{SR}\geqslant 0$，对再热裂纹敏感。

(5) 层状撕裂敏感性指数法

在对 500～800 MPa 级低合金高强度钢的插销试验（沿板厚方向截取试棒）和窗形拘束裂纹试验的基础上提出下列层状撕裂敏感性指数公式：

$$P_L=P_{cm}+\frac{[H]}{60}+6w(S)$$

$$P_{cm}=w(C)+\frac{w(Si)}{30}+\frac{w(Mn+Cu+Cr)}{20}+\frac{w(Ni)}{60}+\frac{w(Mo)}{15}+\frac{w(V)}{10}+5w(B)(\%)$$

式中，[H] 为熔敷金属中的扩散氢（日本 JIS 法），mL/(100 g)。

根据 P_L 值可以在图 2.4-24 上查出插销试验 Z 向不产生层状撕裂的临界应力 $(\sigma_z)_{cr}$ 值。

上式仅适用于焊接热影响区附近产生的层状撕裂。

(6) 焊接连续冷却组织转变图法（SHCCT 图法）

焊接条件下连续冷却组织转变图是利用快速膨胀仪或热模拟试验装置在模拟焊接热循环条件下建立起来的。它可以比较方便地预测焊接热影响区的组织、性能和硬度，从而可以预测某钢种在一定焊接条件下的淬硬倾向和产生冷裂纹的可能性。同时也可作为调节焊接热输入，改进焊接工艺（如预热，后热及焊后热处理）的依据。

(7) 焊接影响区（HAZ）最高硬度法

焊接热影响区的最高硬度可以相对地评价被焊钢材的淬硬倾向和冷裂纹的敏感性。由于硬度测定的方法简单易行，已被国际焊接学会（IIW）采用，我国也已制定了适用于焊条电弧焊的国家标准：GB/T 4675.5—1984《焊接性试验　焊接热影响区最高硬度试验方法》。

表 2.4-65 为常用低合金高强钢的碳当量及允许的最高硬度值。

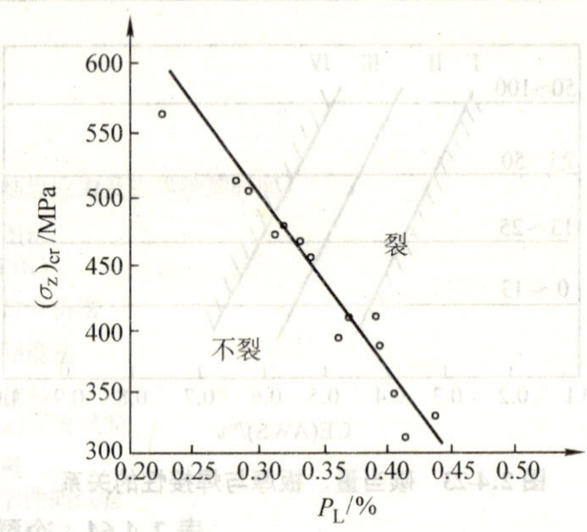

图 2.4-24　层状撕裂敏感性指数 P_L 与 $(\sigma_z)_{cr}$ 的关系

表 2.4-65　常用低合金高强钢的碳当量及允许的最大硬度

国产钢种	σ_s/MPa	σ_b/MPa	P_{cm}		CE（IIW）		HV_{max}	
			非调质	调质	非调质	调质	非调质	调质
Q345（16Mn）	353	520～673	0.248 5	—	0.415 0	—	390	—
Q390（15MnV）	392	559～676	0.241 3	—	0.399 3	—	400	—
Q420（15MnVN）	441	588～706	0.309 1	—	0.494 3	—	410	380（正火）
14MnMoV	490	608～725	0.285	—	0.511 7	—	420	390（正火）
18MnMoNb	549	668～804	0.335 6	—	0.578 2	—	—	420（正火）
12Ni3CrMoV	617	706～843	—	0.278 7	—	0.669 3	—	435
14MnMoNbB	686	784～931	—	0.265 8	—	0.459 3	—	450
14Ni2CrMnMo－VCuB	784	862～1 030	—	0.334 6	—	0.679 4	—	470
14Ni2CrMnMo－VCuN	882	961～1 127	—	0.324 6	—	0.679 4	—	480

3.5.2 工艺焊接性的直接试验法

1）焊接冷裂纹试验 常用的焊接冷裂纹试验方法列于表2.4-66。

2）焊接热裂纹试验 常用的焊接热裂纹及试验方法列于表2.4-67。

3）再热裂纹试验。

3.5.3 使用焊接性的试验方法

（1）焊接接头常规力学性能试验

焊接接头常规力学性能试验方法列于表2.4-68。

（2）焊接接头脆性断裂试验

焊接接头脆性断裂试验的评定方法与评定一般金属材料脆性断裂试验方法的原理是一样的。可以分为：转变温度法和断裂力学法两种。

转变温度法：主要有V形缺口系列冲击试验法、落锤试验法、宽板拉伸试验法；

断裂力学法：主要有K_{IC}试验法、COD试验法、J_{IC}试验法等。

（3）焊接接头疲劳试验

1）焊缝金属和焊接接头的疲劳试验法（GB/T 2656—1989）：该标准采用旋转弯曲疲劳试验。

2）焊接接头脉动拉伸疲劳试验方法（GB/T 13816—1992）：该试验为轴向疲劳试验。适用于钢材电弧焊对接及角接接头的脉动拉伸疲劳试验。

3）焊接接头疲劳裂纹扩展速率试验方法（GB/T 9447—1988）：该试验是建立在断裂力学理论基础上，对于焊接接头疲劳寿命进行评估而制订的。是对于传统疲劳试验及分析的补充与发展。

（4）焊接接头的高温性能试验

评定焊接接头高温性能指标的试验是：

1）高温短时拉伸试验：按GB/T 2652—1989“焊缝及熔敷金属拉伸试验方法”及GB/T 4338—1995“金属材料高温拉伸试验”的规定进行。可测得不同温度下的短时抗拉强度、屈服点、伸长率、断面收缩率等

2）焊接接头的高温持久强度试验：按GB/T 2039—1997“金属拉伸蠕变及持久试验方法”的规定进行。

表2.4-66 常用的焊接冷裂纹试验方法

编号	试验方法名称	适用材料	焊接方法	焊接层数	裂纹部位	拘束形式	特点
1	Y形坡口对接裂纹试验（GB/T 4675.1—1984）	低合金高强度钢	M[①]，CO_2焊	单	焊缝、HAZ	拉伸自拘束	用于评定高强度钢第一层焊缝及HAZ的裂纹倾向，试验方法简便，是国际上采用较多的抗裂性试验方法之一，亦称“小铁研”试验
2	刚性固定对接裂纹试验		M，SAW，CO_2焊	单、多	焊缝、HAZ		此法拘束度很大，容易产生裂纹，往往在试验中发生裂纹而在实际生产中并不出现裂纹，多用于厚大焊接件
3	窗形拘束裂纹试验		M，CO_2焊	单、多	焊缝		主要用于考察多层焊时焊缝的横向裂纹敏感性
4	十字接头裂纹试验		M，MIG	单	HAZ	自拘束	主要用于测定HZA裂纹敏感性
5	沟槽拘束对接裂纹试验		M	单、多	焊缝、HAZ		类似于“小铁研”试验，试板不易加工，用于评定单层或多层焊焊缝及HAZ的冷裂倾向
6	插销试验（GB/T 9446—1988）		M，CO_2焊	单	HAZ	可变拘束	需专用设备，评定高强钢HAZ冷裂倾向，简便、省材
7	刚性拘束裂纹试验（RRC试验）		M，CO_2焊	单	焊缝、HAZ		需专用设备，可用于研究冷裂机理，临界拘束应力、热输入、扩散氢含量、预热温度等对冷裂倾向的影响
8	拉伸拘束裂纹试验（TRC试验）		M，CO_2焊	单	焊缝、HAZ		需专用设备、可定量分析产生冷裂的各种因素，如成分、含氢量、拘束应力等

① M为焊条电弧焊。

表2.4-67 常用的焊接热裂纹试验方法

编号	试验方法名称	用途	焊接方法	拘束形式	备注
1	可变刚性裂纹试验	测定低合金钢对接焊缝产生裂纹的倾向性	M[②]，CO_2焊	可变拘束	
2	T形接头焊接裂纹试验	评定低合金钢填角焊缝的热裂纹倾向	M	自拘束	GB/T 4675.3—1984
3[①]	压板对接（FISCO）焊接裂纹试验	评定奥氏体不锈钢、低合金钢的热裂纹敏感性	M	固定拘束	GB/T 4675.4—1984
4	横向可变拘束裂纹试验	测定低合金钢的热裂纹敏感性	M，CO_2焊	可变拘束	
5	鱼骨状裂纹试验	测定厚1～3 mm铝合金、镁合金、钛合金薄板焊缝及HAZ裂纹倾向	TIG	可变拘束	
6	十字搭接裂纹试验	测定厚度1～3 mm结构钢、不锈钢、高温合金、铝、镁、钛合金薄板的裂纹倾向	M，TIG	自拘束	
7	指状裂纹试验	测定耐热钢、高合金钢焊缝金属的横向裂纹敏感性	M	可变拘束	
8	铸环试验	测定铝合金焊缝结晶时的热裂纹倾向	熔铸	自拘束	

① 也适于冷裂纹研究。
② M——表示焊条电弧焊。

表2.4-68　焊接接头常规力学性能试验方法

标准名称	标准代号	主要内容	适用范围
焊接接头力学性能试验取样方法	GB/T 2649—1989	规定了金属材料焊接接头的拉伸、冲击、弯曲、压扁、硬度及点焊剪切等试验的取样方法	熔焊及压焊的焊接接头
焊接接头冲击试验方法	GB/T 2650—1989	规定了金属材料焊接接头的夏比冲击试验方法，以测定试样的冲击吸收功	熔焊及压焊的对接接头
焊接接头拉伸试验方法	GB/T 2651—1989	规定了金属材料焊接接头横向拉伸试验和点焊接头的剪切试验方法，以分别测定接头的抗拉强度和抗剪负荷	熔焊及压焊对接接头
焊缝及熔敷金属拉伸试验方法	GB/T 2652—1989	规定了金属材料焊缝及熔敷金属的拉伸试验方法，以测定其拉伸强度和塑性	采用焊条或填充焊丝的熔化焊接
焊接接头弯曲及压扁试验方法	GB/T 2653—1989	规定了金属材料焊接接头的横向正弯及背弯试验，横向侧弯试验，纵向正弯及背弯试验，管材压扁试验方法，以检验接头拉伸面上的塑性及显示缺陷	熔焊及压焊对接接头
焊接接头及堆焊金属硬度试验方法	GB/T 2654—1989	规定了金属材料焊接接头和堆焊金属的硬度试验方法，用以测定洛氏、布氏、维氏硬度	熔焊和压焊焊接接头和堆焊金属
焊接接头应变时效敏感性试验方法	GB/T 2655—1989	规定了用夏比冲击试验测定金属材料焊接接头的应变时效敏感性的试验方法	熔焊对接接头

3）焊接接头的蠕变试验，也是按GB/T 2039—1997“金属拉伸蠕变及持久试验方法”的规定进行。通过试验得出“应力－伸长率”或“应力－稳态蠕变速度”关系曲线，用来确定蠕变极限。

（4）焊接接头耐腐蚀试验

1）焊接接头晶间腐蚀试验法：

① 硫酸－硫酸铁试验方法　此法用于奥氏体不锈钢晶间腐蚀倾向性试验。应当按照GB/T 4334.2—2000“不锈钢硫酸－硫酸铁腐蚀试验方法”的规定进行。用腐蚀率（失重法）进行评定。

② 硫酸－硫酸铜腐蚀试验方法　此法应按GB/T 4334.5—2000“不锈钢硫酸－硫酸铜腐蚀试验方法”的规定进行。适用于奥氏体、奥氏体＋铁素体不锈钢晶间腐蚀倾向性能试验，用弯曲法进行评定。

2）应力腐蚀裂纹试验方法　按GB/T 17898—1999“不锈钢在沸腾氯化镁溶液中应力腐蚀试验方法”的规定进行。其加载方式有两种：恒载拉伸及U形弯曲法。

编写：杜则裕（天津大学）

第 5 章　焊缝与热影响区的组织与性能

焊接接头的形成，一般都要经历加热、熔化、冶金、凝固结晶、固态相变，直至形成焊接接头。焊接接头如图 2.5-1 所示。由此可见，焊接接头由焊缝和热影响区两部分组成，其间有过渡区，称为熔合区或熔合线。

实践表明，焊接质量不仅取决于焊缝组织和性能，有时还决定于熔合区和焊接热影响区的组织和性能。在一些情况下，熔合区和焊接热影响区存在的问题比焊缝还要复杂，这一点在焊接合金钢时特别明显。

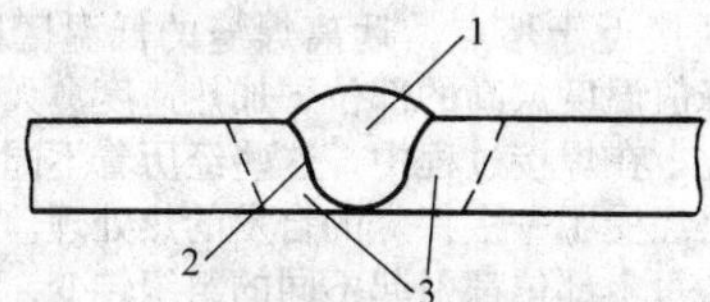

图 2.5-1　焊接接头示意图

1—焊缝；2—熔合区；3—热影响区

1　焊缝和热影响区的形成

1.1　熔池的形成

熔焊时，在热源的作用下焊条或焊丝熔化的同时被焊金属也发生局部熔化。母材上由熔化的焊条或焊丝金属与母材所组成的具有一定几何形状的液体金属叫熔池。如焊接时不填充金属，则熔池仅由局部熔化的母材组成。

焊接过程中大部分非平衡的物理、化学反应都在短时间内集中在焊接熔池这一局部高温区域内，因而这部分区域存在着很大程度上的成分、组织和性能的不均匀性。

熔池的形成需要一定的时间，就进入准稳定时期，这时熔池的形状、尺寸和质量不再变化，只取决于母材的种类和焊接工艺条件，并随热源作同步运动。在电弧焊的条件下，准稳定时期熔池的形状如图 2.5-2 所示，其轮廓为温度等于母材熔点的等温面。由图可以看出，熔池的宽度和深度是沿 X 轴连续变化的。在一般情况下，随着电流的增加，熔池的熔宽（如图中 B_{max}）减少，而熔深（如图中 H_{max}）增大；随着电弧电压的增加，熔宽增大，熔深减小。增大电弧能量（增大电流或电弧电压），熔池长度 L 也随之增大。

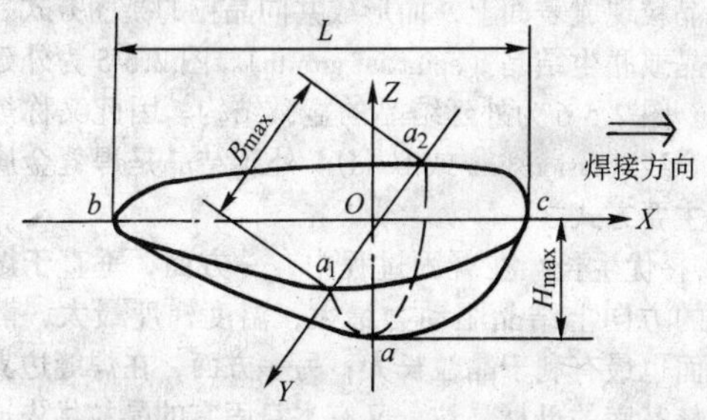

图 2.5-2　焊接熔池形状示意图

实际测量表明，熔池的温度分布是不均匀的。熔池的平均温度主要取决于母材的性质和散热的条件。对低碳钢来讲，熔池的平均温度约为 1 770℃ ± 100℃。

由于焊接熔池处在运动状态之中，其中的液态金属也必然处于运动状态。焊接熔池中，液态金属一般趋向于从熔池头部向熔池尾部流动，如图 2.5-3 所示。在成长中的树状晶前沿（固液相界面）向上运动的液态金属，显然要受到一定阻力，而熔池表面的液态金属其运动的阻力就要小一些；但在热源移动过程中，处在熔池尾部表面的液态金属在重力作用下，又会有向熔池中心降落的趋势。所以，熔池中液态金属之间也会存在相对运动，而可出现对流和搅拌等现象。应当指出的是，在小体积熔池中，易于在尾部形成涡流。

熔池中液态金属的强烈运动，使熔化的母材和填充金属能够很好的混合，形成成分均匀的焊缝金属；其次，熔池的运动有利于气体和非金属夹杂物的外逸，还可加速冶金反应，消除焊接缺陷（如气孔等），提高焊接质量。

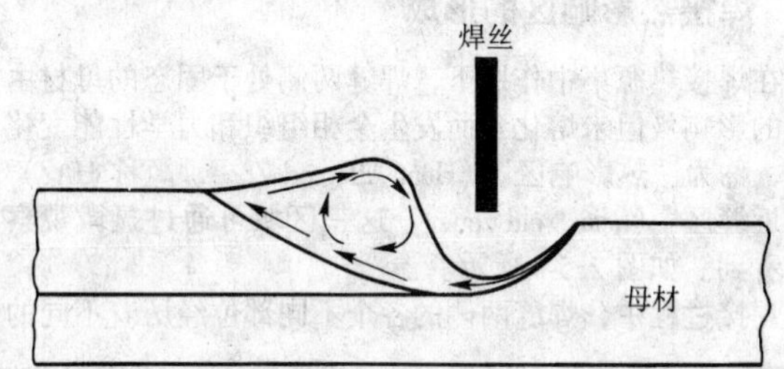

图 2.5-3　埋弧焊焊接熔池中液态金属的运动

但应指出，在液态金属与母材交界处，液态金属的运动受到限制，因此在该处常出现化学成分的不均匀性。

焊接熔池周围的母材金属对于熔池金属好似“模壁”，其尺寸决定于温度场特性，因而受焊接工艺条件的影响很大，但又与真正的铸模不同，在“模壁”与熔池金属之间并不存在空气隙，因此存在更好的导热条件和更有利的结晶生核条件。另外，母材金属对小体积溶池具有很大的“质量效应”。所以，焊接熔池界面的导热条件十分有利。熔池边界或凝固过程中的固液相界面的温度梯度可比铸件高 $10^3 \sim 10^4$ 倍。

1.2　焊缝的形成

经历了加热、熔化和冶金反应以后，随着热源的离开，熔池温度逐渐下降，开始凝固并发生固态相变，成为焊缝金属。

焊缝金属在其形成过程中，伴随着化学冶金和物理冶金问题，焊缝的成分和组织往往会与母材有很大的区别。焊接时，有益的合金元素被烧损，有害的杂质元素则可能会增高，焊缝金属成分一般难以同填充金属或母材完全相同。实际上，即使焊缝的主要成分含量与母材相同，也难以保证焊缝与母材的组织和性能相同。这是因为母材可通过多种加工手段来改善性能，而焊缝金属在焊后一般不进行再加工（如形变、热处理等，这种焊缝金属称为焊态），只能依靠合金化和调整焊接工艺来控制焊缝的组织和性能。

（1）熔合比的影响

在熔焊条件下，除了自熔焊接（autogenous welding），即不给送填充焊丝或焊条的焊接方法（例如钨极气体保护电弧焊）外，焊缝金属均是由母材金属和填充金属所组合而成的，其组成比例取决于焊接工艺条件。

一般熔焊时，焊缝金属是由填充金属和局部熔化的母材组成的。在焊缝金属中局部熔化的母材所占的比例称为熔合比。熔合比与焊接方法、焊接工艺参数、接头尺寸形状、坡口形状、焊道数目以及母材热物理性质都有关系。例如，焊接工艺条件对熔合比的影响如表 2.5-1 所示。

由于熔合比不同，即使采用同一焊接材料，焊缝的化学组成也不会相同，因而在性能上便有差异。通常，填充金属的成分同母材成分往往不同，特别是异质金属相焊或合金堆焊时尤为明显。当堆焊金属的合金成分主要来自填充金属，局部熔化了的母材在焊缝中的效果可以认为是稀释。因此，熔合比又常称为稀释率。

表 2.5-1　焊接工艺条件对熔合比的影响（低碳钢）

焊接方法	焊条电弧焊							埋弧焊
接头形式	不开坡口对接	V形坡口对接			角接或搭接			对接
板厚/mm	2～14	4	6	10～20	2～4	5～20	—	10～30
熔合比	0.4～0.6	0.25～0.5	0.2～0.4	0.2～0.3	0.3～0.4	0.2～0.3	0.1～0.4	0.45～0.75

可见通过改变熔合比可以改变焊缝金属的化学成分。这个结论在焊接生产中具有重要的实用价值。

1.3　焊接热影响区的形成

在焊接热源集中作用下，焊缝两侧处于固态的母材由于受热的影响（但未熔化）而发生金相组织和力学性能变化的区域，称为“热影响区”（Heat Affected Zone，简称 HAZ）或称“近缝区”（near weld zone）。这一区域可通过显微观察清晰地看到。如图 2.5-4 所示。

焊接过程中，焊缝两侧的各个不同部位经历着不同的焊接热循环，离焊缝愈近，母材加热到的峰值温度愈高，紧靠焊缝的高温区接近于熔点，远离焊缝的低温区则接近于室温。而且，峰值温度愈高的部位，加热速度愈大，冷却速度也愈大。因此，在焊接过程中，这些经历着不同热循环的部位，实质上是经受了一次特殊的自发的热处理。和一般金属热处理一样，每个部位都引起不同的组织转变，于是就形成了一个在组织和性能上不均匀的焊接热影响区。在这个区中，有些部位的组织和性能优于母材焊前的组织和性能，有些部位的组织和性能则劣于母材焊前的组织和性能。显然，劣于母材的部位便成为焊接接头中薄弱的环节。

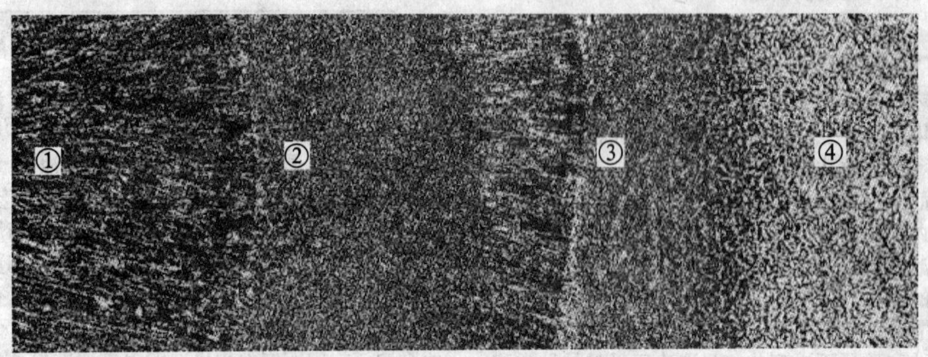

图 2.5-4　Q235 钢多层埋弧焊焊接底部组织[4]

①—未受热影响的焊缝区；②—受热影响的层间金属区；③—经两次过热作用的热影响区；④—母材区

应当注意的是，这种特殊的热处理往往带给接头不利的效果，而且对于不同金属的 HAZ 又会有不同的作用机理，从而在 HAZ 不同部位引起不同的组织性能变化，导致 HAZ 局部性能下降，最终使焊接结构的综合性能下降。

由于焊接热影响区是焊缝附近母材受到焊接热循环作用后形成的一个组织和性能不同于母材的特殊热处理区，因此它的组织和性能取决于材料本身的特性和工艺两个方面。受被焊金属自身的冶金特性、母材焊前的原始状态、焊接工艺方法与参数的影响。

2　焊缝的组织与性能

2.1　焊缝金属一次结晶的结构形态

（1）焊接熔池的一次结晶过程

1）外延结晶（联生结晶）　从一般的金属凝固理论可知，现成固相界面往往最易于促使晶核的形成，这就是非自发成核或非均匀成核。研究证明，焊接熔池液态金属凝固时，非均匀形核起主要作用。非均匀形核的现成表面为：一是熔池底部未熔化的被焊母材金属的晶粒表面；二是熔池液态金属中未熔化的悬浮质点。前一种表面，可以通过焊接材料加入一定的高熔点元素（如钼、钒、钛、铌等）而得到，它们或以溶质质点形式存在，或为熔池中的未熔化的母材金属颗粒或形成氧化物、碳化物、氮化物并促使焊缝形成等轴晶。

实验表明，焊接熔池的凝固过程是从熔池边界开始的。焊缝金属呈柱状晶形式与母材基底相联系，好似母材晶粒外延而长合，在两者之间看不出某种晶界面。通常，这种依附于母材晶粒现成表面上，而形成共同晶粒的凝固方式，称为外延结晶或联生结晶（epitaxial growth）。图 2.5-5 为外延结晶示意图。图 2.5-6 为外延结晶的显微结构。因此又称焊缝边界为熔合线（fusion line 或 bond）。外延结晶是焊缝金属凝固的形核主要方式之一。

2）择优生长　在凝固过程中，一方面，垂直于熔池液固界面的方向上结晶驱动力最大，温度梯度最大，散热最快，因而也最有利于晶粒长大；另一方面，在焊缝边界作为现成晶核基底的母材晶粒，又有本身固有的晶粒优先成长方向，例如 对于体心和面心的立方晶体来说，最有利于晶体成长的晶体学取向或结晶位向为 < 100 >。因此，当晶体本身最易长大方向与温度梯度方向一致时，自然最有利于晶体的成长，晶粒可以一直长至熔池中心，形成粗大的柱状晶体，而有的晶体由于取向不利于成长，与散热最快的方向又不一致，只能长大到很短距离就被抑制而停止成长，甚至有的刚起步就停止了，如图 2.5-5 所示，这就是焊缝中的择优生长。

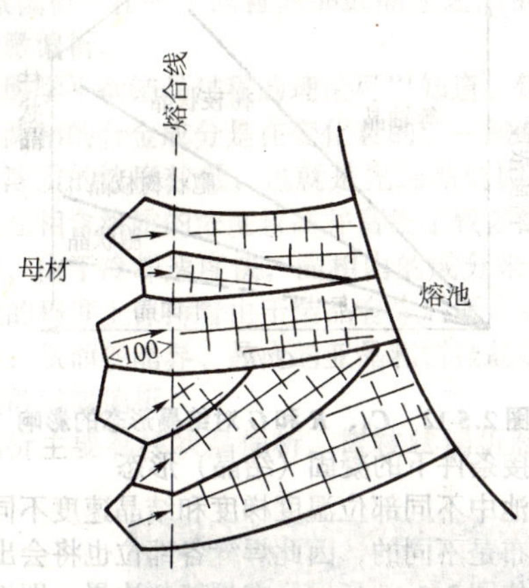

图 2.5-5　外延结晶及择优生长示意图

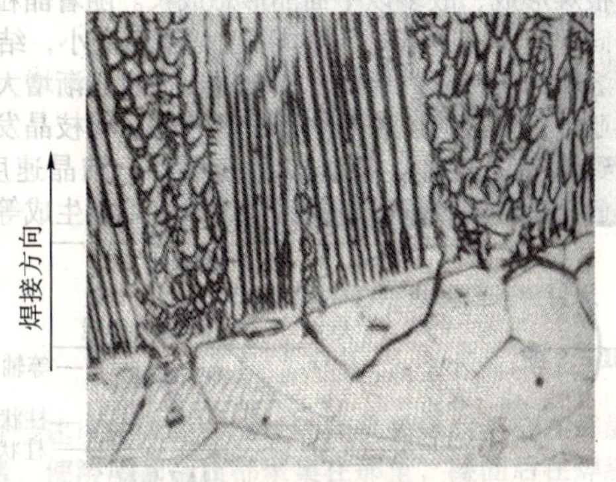

图 2.5-6　18－Ni－250 马氏体时效钢熔合区边界的外延生长（×250）

(2) 焊缝金属一次结晶组织

一般情况下，在焊接过程中，被焊母材和焊缝金属均为合金。在焊缝金属凝固时，除了由于实际温度造成的过冷（温度过冷）之外，还存在由于固液界面处成分起伏而造成的过冷，称为成分过冷（constitutional supercooling）。所以焊缝结晶时不必很大的过冷就可以进行结晶，而且随过冷的不同，晶体成长亦呈现不同的结晶形态，对焊缝性能及裂纹缺陷有很大影响。而焊缝凝固组织形态又和焊接工艺和母材金属性质有密切联系。

在焊接凝固组织中，成分过冷的大小决定了凝固组织的形态，使其具有柱状晶及其内部生成的多种亚结构：平面晶、胞状晶、胞状树枝晶、树枝状晶和等轴晶等多种形态。

1）平面晶　当液相的正温度梯度 G 很大时，不与实际结晶温度线 T 相交，因此不出现成分过冷现象，如图 2.5-7 所示，此时凝固所释放的热量全部向界面后方的固体散去，使结晶界面缓慢地向前推移，结晶呈平面形态，界面平齐，称为平面结晶。这类凝固组织多见于高纯金属焊缝、溶质质量分数低的液态合金和在熔合线附近温度梯度很高而结晶速度很小的边界层中，如铌板氩弧焊时，就是以平面结晶的形态长大的。

2）胞状晶　液相中温度梯度 G 变小，与实际结晶温度有少量的正交，形成少量成分过冷区，如图 2.5-8 所示。此时因平面结晶界面处于不稳定状态，凝固界面长出许多平行束状的芽胞，凸入前方过冷的液相，并继续向前生长，凸起的芽胞向侧面亚晶界排出溶质，使亚晶界的液相温度线下降，于是在晶粒内部形成一束相互平行的棱柱体元，其横截面为近似六角形的亚结构，如同细胞或蜂窝状，其主轴方向同成长方向一致，每一棱柱体前沿中心都有稍微突前的现象，这种组织形态称为胞状晶。

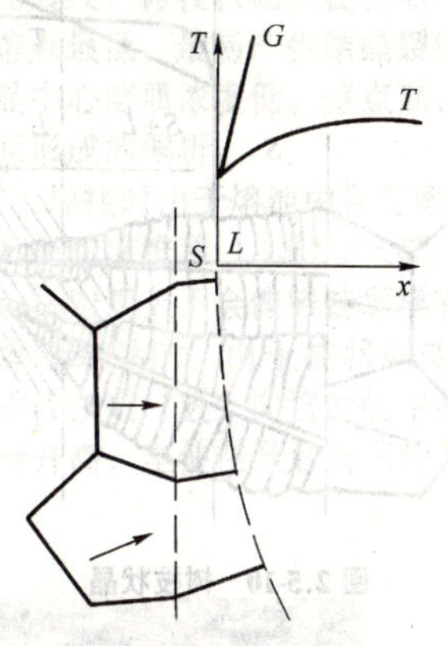

图 2.5-7　平面晶

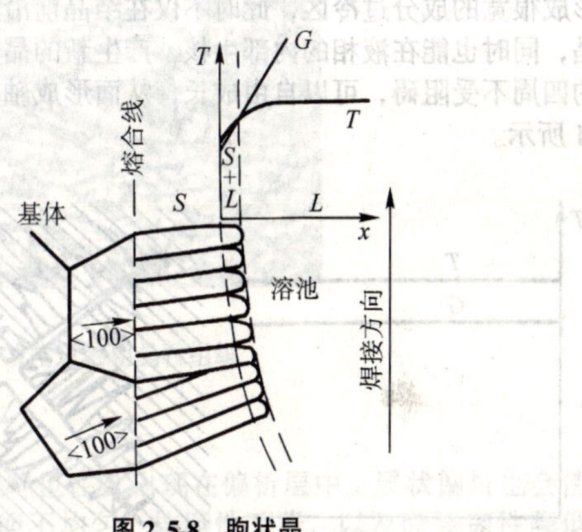

图 2.5-8　胞状晶

3）胞状树枝晶　温度梯度 G 进一步减小，成分过冷区增大（见图 2.5-9），晶体成长加快，胞状晶前沿更向液相中突出，并能够深入液相内部较长的距离，凸起部分也向周围排出溶质，而在横向上也产生成分过冷，并从主干上横向长出短小二次枝，在晶粒内部形成较多十字棱柱亚结构，但由于主干的间距较小，所以二次横枝也较短，这样就形成了特殊的胞状枝晶。这种组织形态多在钢铁焊缝中见到。

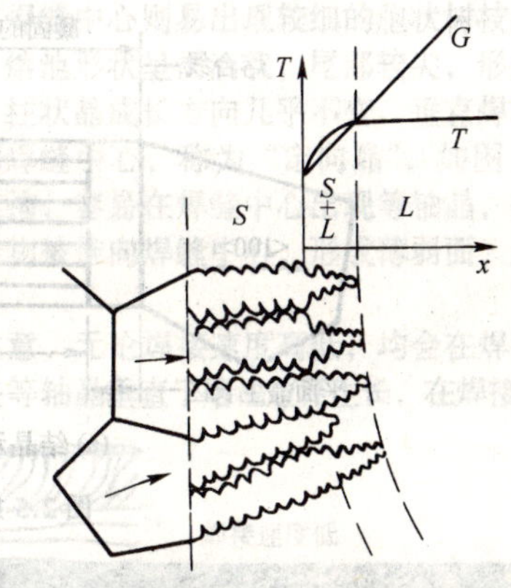

图 2.5-9　胞状树枝晶

4）树枝状晶　温度梯度进一步减小，产生的成分过冷进一步增大（如图 2.5-10 所示），晶体的成长速度更快，在一个晶粒内，只产生一个很长的主干，其周围界面会突入过冷的液相中而形成二次枝晶，成为典型的树枝状“枝晶”，称为树枝状晶。枝晶的枝干间的间隙是在随后的凝固中被填满的。二次枝晶与邻近枝晶接触时即停止生长。二次枝晶的接触面就是两个晶体的晶界。凝固速度越大，枝晶的间距越小。

轴带较宽，而焊接速度高时，等轴带则较窄。如图5-17b，d所示。

2）焊接电流的影响　当焊接速度一定时，随着焊接电流的增大，结晶组织由胞状晶→胞状树枝晶→树枝状晶→粗大树枝晶顺序变化。例如焊接电流较小（如150 A）时，焊缝得到胞状组织；电流增加（如300 A），得到胞状树枝晶；电流继续增大（如450 A），则出现更为粗大的胞状树枝晶。

焊接速度和焊接电流对一次结晶组织的影响如表2.5-2所示。

表2.5-2　焊接速度和焊接电流对HY80钢一次结晶组织的影响

焊接速度 /mm·s^{-1}	焊接电流 I/A		
	150	300	450
0.85	柱状晶	胞状树枝晶	粗晶粒胞状树枝晶
1.7	柱状晶	细晶粒胞状树枝晶	粗晶粒胞状树枝晶
3.4	细晶粒柱状晶	胞状晶,有轻微咬边现象	有严重咬边现象
6.8	极细晶粒柱状晶	胞状晶，有咬边现象	有严重咬边现象

由表2.5-2可以看出，在焊接电流不变（例如150 A）的情况下，随着焊接速度的提高，晶粒逐渐变细。这是由于焊接速度提高，冷却速度加快，晶粒不易长大。

3）热输入的影响　实践表明，在同样的焊接速度下，热输入越大，温度梯度越小，成分过冷区增大，容易得到树枝状晶。在热输入较小的情况下，温度梯度增大，成分过冷区减小，容易得到柱状晶。

表2.5-3是不同热输入下由统计分析所测得的柱状晶所占焊缝面积的比例及其平均宽度。

表2.5-3　不同热输入下的柱状晶平均宽度

样品编号	热输入 E/J·mm^{-1}	柱状晶组织比例 /%	柱状晶粒平均宽度 B/μm
21	1 456	100	18.33
22	1 587	95	21.67
23	2 022	83	29.73
24	2 505	38	35.67

由表2.5-3可知，随着热输入的增加，柱状晶所占的比例减小。当热输入为1 456 J/mm（试件21）时，焊缝得到100%的柱状晶组织。而当热输入为2 505 J/mm（试件24）时，柱状晶所占的比例已不到40%。此外，随着热输入的增加，焊缝柱状晶宽度增大。结果分析认为，一方面，随着热输入的增加，熔池中液态金属高温停留时间延长，过热度增大，不利于柱状晶组织的形核与长大，而有利于等轴晶的形核和长大。同时，柱状晶在长大过程中所释放的结晶潜热又会抑制其近邻刚形成的柱状晶晶核的长大，甚至使其消失，使得柱状晶进一步减少。因此，随着热输入的增加，柱状晶所占的比例减小，等轴晶比例增加。另一方面，热输入增加，焊缝冷却速度减小，已经生成的柱状晶沿长度方向线生长速度变小，使其向焊缝中心推移缓慢。但是，宽度方向基本上不存在温度梯度，柱状晶因冷却速度小而容易长大，得到较宽的柱状晶组织。因此，随着焊接热输入的增加，焊缝柱状晶宽度增加。

4）微量合金元素的影响　一般低合金钢焊缝通过填充材料（焊丝、焊条、焊剂）加入熔池微量的合金元素，如V、Ti、Nb、Mo、Al、N等，这些合金元素形成碳化物或氮化物，在熔池中构成核心，促使柱状晶细化，使焊缝的等轴晶区加宽。微量合金元素越多，越易生成等轴树枝晶，一次组织也越细。此外，弥散的高熔点化合物质点在熔池中形成大量的结晶核心，借助于这些结晶核心形成更多的晶核，也可导致一次晶粒的细化，从而提高焊缝的性能。

但是，随着合金元素含量的增加，焊缝的偏析程度也会增大，不适当的加入合金元素甚至会引起焊缝性能恶化，故应控制合金元素在焊缝中的含量，而不是愈多愈好。例如，Si在焊缝中含量增加，化学成分不均匀性增大，焊缝强度提高，但塑性和冲击韧性，尤其是低温韧性会下降。此外，含Si量增加甚至会导致树枝状结晶形状的改变。

（6）改善焊缝金属一次结晶形态的措施

1）调节焊接工艺参数　改善焊缝金属凝固组织，通常采用调节焊接工艺参数，如调节焊接电流、电弧电压、焊接速度、预热温度、送丝速度等方法。

调节焊接工艺参数可以控制母材半熔化区晶粒大小、熔池的温度梯度、冷却速度和几何尺寸，最终控制晶粒尺寸和成长方向。例如，在不预热情况下，提高焊接速度，降低焊接热输入，可达到细化18-8镍铬不锈钢和低合金钢焊缝金属凝固组织的目的，在消除镍基合金微裂纹中也可起重要作用。

2）变质剂处理　通过焊条、焊丝或焊剂加入变质剂可在焊接凝固结晶过程中细化焊缝金属晶粒。变质剂主要是Ti、B、Ce、Zr等元素，作为表面活性物质促使形核，阻止微小晶体的生长和聚集以达到细化的目的，加入的质量分数在0.03%～0.5%之间。由于焊缝晶粒是在母材晶粒上外延生长的，变质剂处理的效果不很显著。

3）熔池搅拌效应　搅拌熔池的方法有机械振荡、超声波振荡和电磁搅拌等，它们均能破坏正在成长的晶粒从而获得细晶组织。目前，实际应用于铝合金焊接的是利用强磁场使得焊接熔池发生搅拌，从而改善凝固组织。

4）高能束扫描　在电子束焊时，可利用电子束本身的扫描，使焊缝金属晶粒细化。细化原理是利用高能束周期性横向扫动，以一定距离熔切生长的晶体。用此方法成功地控制了4Al14R铝合金焊缝金属晶粒的细化程度。电子束扫描不仅可以控制焊缝金属晶粒的大小，还可消除结晶裂纹、根部气孔、钉尖缺陷和偏析等。

2.2　焊缝金属的二次结晶及其组织

焊接熔池凝固以后，随着连续冷却过程的进行，大多数焊缝金属将发生固态相变，其相变产生的显微组织决定于焊缝金属的化学成分和冷却条件。

（1）低碳钢焊缝的固态相变组织

由于低碳钢焊缝的含碳量较低，故固态相变后的结晶组织主要是铁素体加少量珠光体。铁素体一般都是首先沿原奥氏体边界析出，呈柱状晶，其晶粒十分粗大，甚至一部分铁素体还具有魏氏体组织的形态。魏氏组织的特征是铁素体在奥氏体晶界呈网状析出，也可从奥氏体晶粒内部沿一定方向析出，具有长短不一的针状或片状。可直接插入珠光体晶粒之中。魏氏体组织主要出现在晶粒粗大的过热的焊缝之中。

承受多层焊或热处理的焊缝金属将会得到改善，使焊缝获得细小的珠光体，并使柱状晶组织遭到破坏。一般使钢中柱状晶消失的临界温度约在A_3点以上20～30℃，图2.5-18为低碳钢焊缝消失柱状晶的临界温度与加热温度和加热时间的关系。由图看出，约在900℃以上短时间加热，即可使柱状组织消失。但应指出，在多层焊时由于受热的温度和时间不同，故柱状晶的细化程度不同，因而具有不同的冲击韧度。由图看出，在900℃附近的再加热效果最好，超过1 100℃时则发生晶粒粗化，而在500～600℃加热时，由于焊缝金属中的碳，氮元素发生时效而使冲击韧度下降。

相同化学成分的焊缝金属，由于冷却速度不同，也会使焊缝的组织有明显的不同，冷却速度越大，焊缝金属中的珠光体越多，而且组织细化，与此同时，硬度增高，如表 2.5-4 所示。

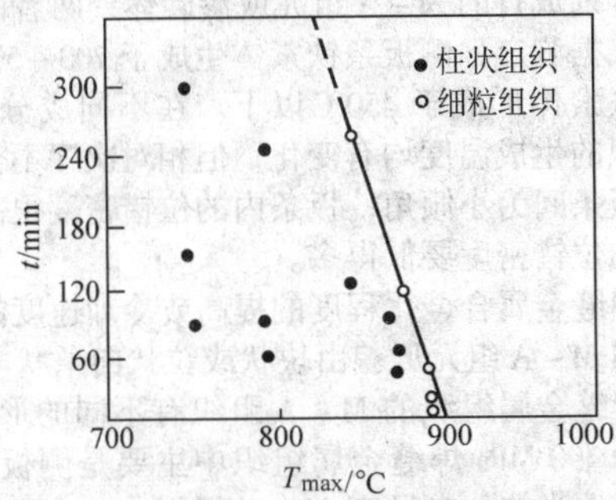

图 2.5-18 低碳钢单层焊缝柱状晶与细晶的临界转变温度

表 2.5-4 低碳钢焊缝冷速对组织和硬度的影响

冷却速度 /℃·s^{-1}	焊缝金属/%		焊缝硬度 HV
	铁素体	珠光体	
1	82	18	165
5	79	21	167
10	65	35	185
35	61	39	195
50	40	60	205
110	38	62	228

(2) 低合金钢焊缝的固态相变组织

低合金钢焊缝固态相变后的组织比低碳钢焊缝组织要复杂的多，随匹配焊接材料的比例、与母材混合后的化学成分和冷却条件的不同，可出现不同的组织。除铁素体和珠光体之外，还会出现多种形态的贝氏体和马氏体，它们对焊缝金属的性能具有十分重要的影响。应当指出，低合金钢焊缝中的铁素体、珠光体、与低碳钢焊缝中的铁素体、珠光体虽然在组织结构上相同，但在形态上有很大的差别，因此也会反映出不同的性能。

根据低合金钢焊缝化学成分和冷却条件的不同，可能出现以下几种固态转变组织。

1) 铁素体组织 目前虽然对低合金钢焊缝的组织作了许多研究，但对金相组织的分类及它们本质的认识尚未完全统一，主要原因是中温和低温转变产物较为复杂。因此，在名词术语上也有分歧。根据多数研究者的惯用，低合金钢焊缝中铁素体大体分为以下几类：

① 先共析铁素体（Proeutectoid Ferrite，简称 PF） 先共析铁素体是焊缝冷却到较高温度下，沿原奥氏体晶界首先析出（转变温度约在 770～680℃）的铁素体，因此也称粒界铁素体、晶界铁素体（Grain Bourdary Ferrite，简称 GBF）。一般在高温区发生 $\gamma\rightarrow\alpha$ 相变时，优先生成先共析铁素体，因晶界能量较高而易于形成新相核心。在奥氏体晶界析出的 PF 量多少，与焊接热循环的冷却条件有关。高温停留时间长，冷却速度慢，PF 就越多。PF 在晶界析出的形态是变化的（与合金成分和冷却条件有关），一般情况下，呈细条状分布在奥氏体晶界，有时也呈块状，如图 2.5-19 所示。

先共析铁素体的特点是铁素体内位错密度较低，大致为 $5\times10^{9}/cm^{2}$ 左右，且位错在晶内分布较均匀，其扭曲也不严重，生成晶界铁素体量的多少，与晶体中氧含量有关，若晶体中氧含量大于 5×10^{-4}，晶界铁素体长的很大。

② 侧板条铁素体（Ferrite Side Plate，简称 FSP） 侧板条铁素体是由晶界向晶内扩展的板条状或锯齿状铁素体，其实质是魏氏组织。它的形成温度比先共析铁素体形成温度稍低，约为 700～500℃，转变的温度较宽，它是从奥氏体晶界 PF 的侧面以板条状向晶体成长，板条的长宽比约为 20∶1，其形成过程也是长大过程，从形态上看有些象镐牙状，与母相奥氏体保持共格关系，位相关系符合 K－S 关系。由于它的转变温度偏低，而使低合金钢焊缝珠光体的转变受到抑制，扩大了贝氏体的转变领域，故有人把这种组织称为无碳贝氏体（carbon free binete）。侧板条铁素体的形态如图 5-20 所示。侧板条铁素体在低合金钢焊缝中不一定总是存在，但出现的机会比母材多。当先析铁素体和侧板条铁素体长大时，其 γ/α 界面上 γ 一侧的碳浓度增加，极为接近共析成分，故 γ 易分解为珠光体而出现于侧板条铁素体的间隙之中。侧板条铁素体晶内位错密度大致和先共析铁素体相当或稍高一些。当焊缝氧含量在 $(300\sim500)\times10^{-6}$ 时，有利于侧板条铁素体的生成。

图 2.5-19 09MnNb 钢中的先共析铁素体（×320）

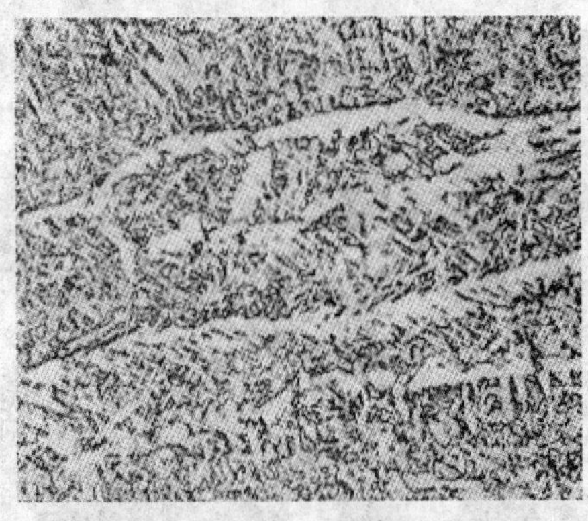

图 2.5-20 15MnVN 钢焊缝中的侧板条铁素体（×600）

③ 针状铁素体（Acicular Ferrite，简称 AF） 针状铁素体（AF）是中温转变产物，其本质是贝氏体（B）中的铁素体。

针状铁素体是出现于原奥氏晶体内的有方向性的细小铁素体，宽约 2 μm 左右，长宽比多在 3∶1 至 10∶1 的范围内。AF 的形成温度比 FSP 更低些，约在 500℃附近形成。它在原奥氏体晶内呈针状分布，常以某些现存的直径大于 0.2 μm 的质点，主要是氧化物或氮化物弥散夹杂，如 TiO 或 TiN 等为基点，呈放射性成长，如图 2.5-21 所示。相邻 AF 间的方位差为大倾角，一般在 20°以上。形成的针状铁素体互相限制，因而不能任意成长，既非板条状，也不是长针片状，而呈细小的针状。

受焊缝金属合金化程度和冷却速度的影响，两个相邻针状铁素体之间为渗碳体或马氏体（主要是 M－A 组元）。它应属中温区 $\gamma\rightarrow\alpha$ 转变的产物，可称为贝氏体铁素体。但与已知贝氏体并不相同，两者的唯一区别就在于贝氏体形核于奥氏体晶界部位，而针状铁素体往往形核于奥氏体晶粒内部的非金属夹杂物表面上。

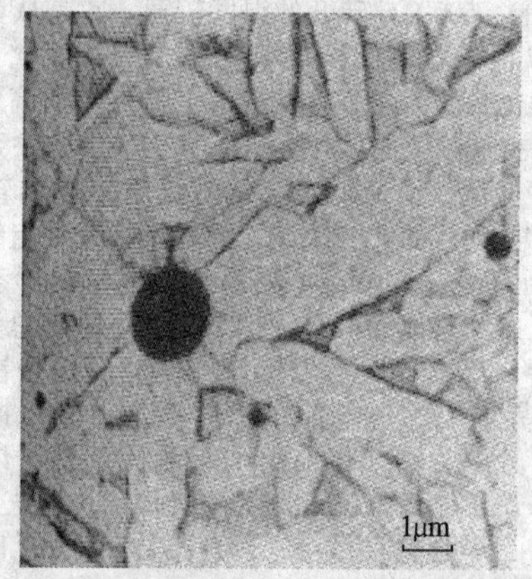

图 2.5-21　针状铁素体的形核

针状铁素体晶内的位错密度很高，约为 $1.2\times10^{10}/cm^2$ 左右，是各类铁素体中最高的，位错之间也互相缠结，分布也不均匀，但又不同于经受剧烈塑性形变后出现的位错形态。典型的 AF 组织如图 2.5-22 所示。

④ 细晶铁素体（Fine grain Ferrite，简称 FGF）　细晶铁素体是在奥氏体晶粒内形成，一般来讲都有细化晶粒的元素（如 Ti、B 等）存在，在细晶之间有珠光体和碳化物（Fe_3C）析出。FGF 从本质来讲，它是介于铁素体与贝氏体之间的转变产物，故又称为贝氏铁素体（Binetic Ferrite）。细晶铁素体转变温度一般在 500℃以下，如果在更低的温度转变时（约 450℃），可转变为上贝氏体（Bu）。细晶铁素体组织如图 2.5-23 所示。

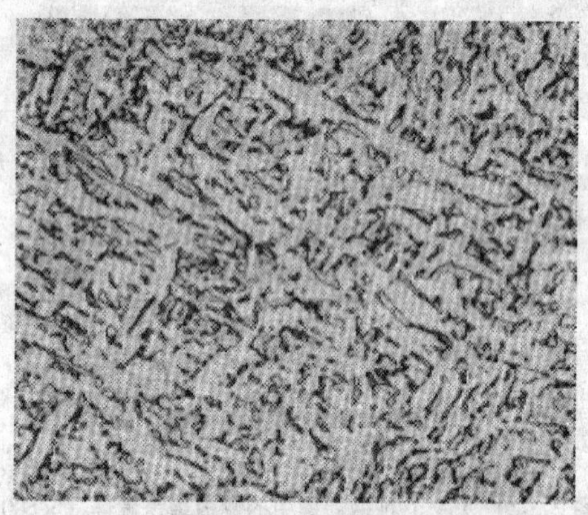

图 2.5-22　15MnVN 钢焊缝晶内的 AF（×800）

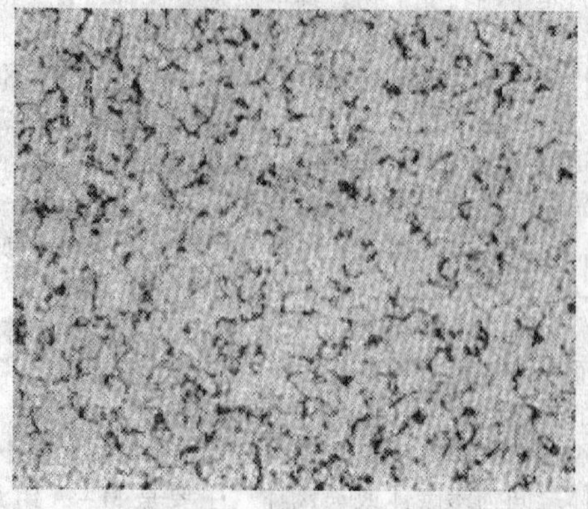

图 2.5-23　16Mn 钢焊缝中的 FGF（×400）

⑤ 条状铁素体　条状铁素体与侧板条铁素体很相似，属于上贝氏体，只是叫法不同。条状铁素体与侧板条铁素体不同点在于：侧板条铁素体的板条间为珠光体，条状铁素体板条间为排列成行的 M－A 组元或渗碳体；两者的生成温度也不相同，据测定，侧板条铁素体生成于 700～500℃温度范围，条状铁素体形成于 450℃以下。在不同成分的焊缝中，这两种组织的生成温度均有变化，但相对次序不会改变；条状铁素体板条间为小倾角，板条内的位错密度很高，而侧板条铁素体的位错密度要低得多。

随着焊缝金属合金化程度的提高或冷却速度的加快，条状铁素体间 M－A 组元形貌由块状或粒状向条状转变。不同强度级别焊缝金属组织的 M－A 组织有不同的形态。例如，抗拉强度为 490 MPa 焊缝金属组织中主要是侧板条铁素体，其间分布着珠光体，未见有 M－A 组元；790 MPa 焊缝金属中的 M－A 组元呈块状或粒状分布；980 MPa 焊缝金属中的 M－A 组元大多呈条状。

以上几种铁素体是低合金钢焊缝中铁素体类型的基本形态。应当指出，焊接条件下影响因素比较复杂，往往是多种组织同时存在。还应指出，上述几种铁素体也不是低合金钢焊缝所独有，即使低碳钢焊缝也会出现，只是所占比例不同而已。

2）珠光体组织　焊接条件属于非平衡的介稳状态，所以一般情况下，因冷却速度较快，低合金钢焊缝的组织固态转变很少能得到珠光体组织，大部分都是伪珠光体组织。除非在很缓慢的冷却条件下（预热、缓冷和后热等），才有少量珠光体组织存在。在接近平衡状态下（如热处理时的连续冷却），珠光体转变大约发生在 Ar_1～550℃之间，碳和铁原子的扩散都比较容易进行，属于典型的扩散型相变。然而在焊接条件下，珠光体转变将受到抑制（来不及扩散），扩大了铁素体和贝氏体的转变领域。当焊缝中含有硼、钛等细化晶粒的元素时，珠光体转变可全部被抑制。从金属学知道，珠光体是铁素体和渗碳体的层状混合物，领先相为 Fe_3C，但随转变温度的降低，珠光体的层状结构越来越薄而密，在一般光学显微镜下须放大 1 000 倍以上方能观察到细层片的结构。根据细密程度的不同，珠光体又分为层状珠光体（lamellar pearite）、粒状珠光体（grain pearite），又称托氏体（tyusite），及细珠光体（fine pearite），又称索氏体。低碳低合金钢焊缝中的珠光体组织经常存在于晶界铁素体附近或侧板条铁素体的板条层间。由于焊缝中含碳量较低，所以珠光体组织呈灰色或灰黑色，如图 2.5-24 所示。

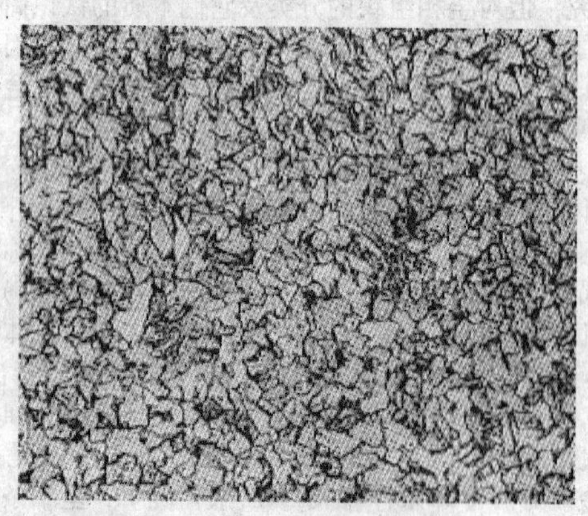

图 2.5-24　16Mn 钢焊缝组织（×200）

（图中白色为铁素体，黑色为珠光体）

3）贝氏体组织　贝氏体（Bainite，简称 B）转变属于中温转变，此时合金元素已不能扩散，它的转变温度约在 550℃～M_s 之间。在焊接条件下，低合金钢焊缝金属的贝氏体转变十分复杂，出现许多非平衡条件下的过渡组织。

① 粒状贝氏体（Grain Bainite，简称 GB） 粒状贝氏体是高强钢焊缝组织中较常见的组织，多出现在一定冷却速度、连续冷却条件下的低碳、低合金钢中。其形成温度高于上贝氏体转变温度。

光学显微镜下，粒状贝氏体的岛状物呈有边界的白亮组织，也有的是灰黑色岛状。在电子显微镜下，粒状贝氏体是由块状铁素体和富碳奥氏体组成，富碳奥氏体常以小岛或小河状分布在块状的铁素体基体上，既能分布于铁素体晶界上，也能分布于铁素体的晶粒内，形状很不规则，可以呈块状、板条状、哑铃状、粒状等。富碳奥氏体岛还可能进一步发生转变，在随后的冷却过程中，由于其成分和冷却速度条件不同，富碳奥氏体可能转变成马氏体—奥氏体组元或珠光体组织。低合金钢中粒状贝氏体组织如图 2.5-25 所示。

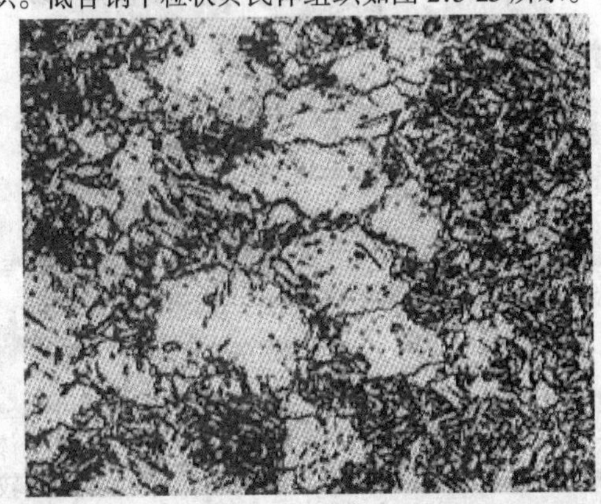

图 2.5-25 19Mn5 钢焊缝中的粒状贝氏体（×300）
（白色为粒状贝氏体，其余为针状铁素体）

② 上贝氏体 上贝氏体的特征，在光学显微镜下呈羽毛状，一般沿奥氏体晶界析出。在电镜下可以看出，相邻条状晶的位向接近于平行，且在平行的条状铁素体间分布有渗碳体，由于这些碳化物断续平行地分布于铁素体条间，因而裂纹易于沿铁素体条间扩展，在各类贝氏体中以上贝氏体的韧性最差。

根据碳化物的析出及存在形态，上贝氏体又可分为三种形态：

$B_{Ⅰ}$ 贝氏体 $B_{Ⅰ}$ 贝氏体是在 600～500℃的高温下形成的，并不伴随产生渗碳体。由于板条铁素体成长很快，在贝氏体成长中碳的扩散较慢，使 γ 相中碳的浓度升高。由于相变温度较高，碳还有一定的扩散能力，因而 α/γ 界面 γ 一侧的浓度不是太高，不能析出渗碳体。因此，$B_{Ⅰ}$ 没有渗碳体析出，故又叫无碳化物贝氏体。它区别于一般意义上的上贝氏体，是针状铁素体后期的产物，常与 M－A 组织伴生。

$B_{Ⅱ}$ 贝氏体 $B_{Ⅱ}$ 贝氏体形成温度较低（500～450℃），冷却速度也快，比高温相变（$B_{Ⅰ}$ 相变）的驱动力更大。结果铁素体量增加很快，碳扩散很慢。因此在 α/γ 相界面 γ 一侧碳浓度急剧增高，以至在 γ 界面上碳浓度大致超过渗碳体的浓度，于是就在铁素体板条间析出沿板条方向的长条状渗碳体。由于渗碳体的析出，使得未相变 γ 相的碳浓度降低。$B_{Ⅱ}$ 贝氏体就是一般意义上的上贝氏体。

$B_{Ⅲ}$ 贝氏体 $B_{Ⅲ}$ 贝氏体在 450℃以下的温度区间形成，相变驱动力比 $B_{Ⅱ}$ 更大，相变速度也大，碳的扩散更慢，在铁素体长大方向的 γ 侧碳积累了更高的浓度。就在 γ 侧的特定部位上形成与铁素体板条成一定角度的渗碳体。这种贝氏体从碳化物分布状况看，应属下贝氏体。

$B_{Ⅰ}$、$B_{Ⅱ}$、$B_{Ⅲ}$ 三种贝氏体的形成的示意图见图 2.5-26a、b、c。

③ 下贝氏体 在光学显微镜下观察时，下贝氏体的特征有些与回火针状马氏体相似。在电镜下可以看到许多针状铁素体和针状渗碳体机械混合，针与针之间呈一定的角度。由于下贝氏体的转变温度较低，碳的扩散也较为困难，故在铁素体内分布有碳化物颗粒。由于下贝氏体中铁素体针呈一定交角，且碳化物弥散析出于铁素体内，裂纹不易穿过，因此具有强度和韧性均良好的综合性能。

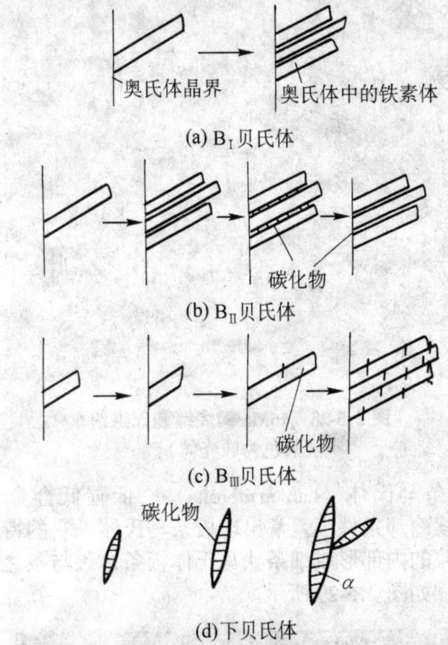

图 2.5-26 各种贝氏体形态的形成示意图

下贝氏体的形成温度区间约在 450℃～M_s 之间。上贝氏体和下贝氏体的组织形态如图 2.5-27 所示。

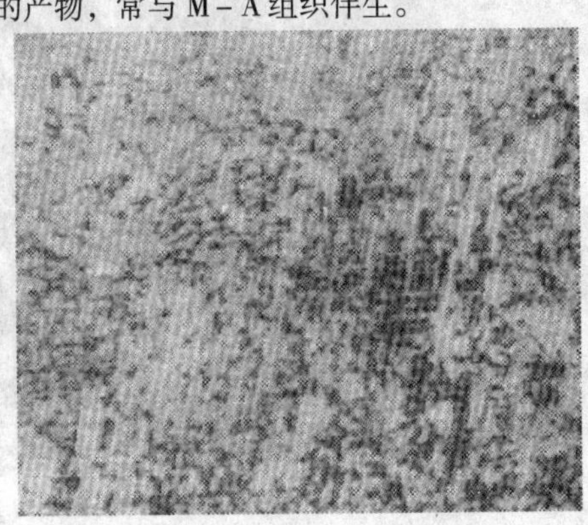

(a) 上贝氏体(×500)

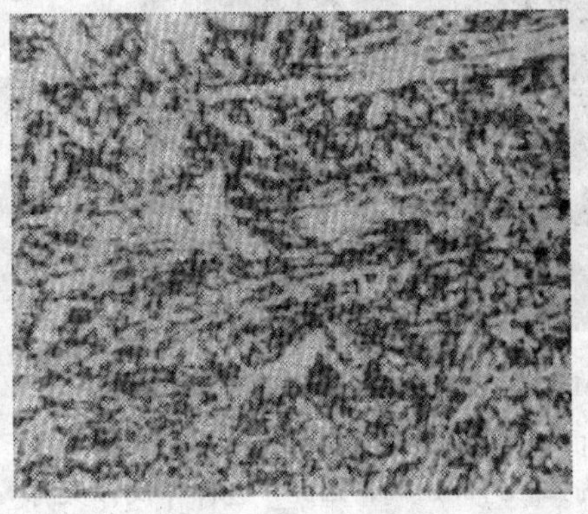

(b) 下贝氏体(×300)

图 2.5-27 低合金钢焊缝中的贝氏体

④ 魏氏组织（WF） 贝氏体转变可有多种形态，通常所遇到的“魏氏组织”，本质上也属于贝氏体的范畴。魏氏组织的出现，主要是由于过热而引起，使奥氏体晶粒严重长大，冷却时首先沿奥氏体晶界析出粗大的铁素体针，然后富碳的奥氏体转变为珠光体。铁素体沿奥氏体晶界析出后，还顺奥氏体晶粒内某惯习面上不断长大，形成具有一定位向的针片状先共析相，在铁素体片间看不到碳化物的析出，这种粗大的组织就是魏氏组织。低合金钢中的魏氏组织如图2.5-28所示。

对于低碳低合金钢来说，魏氏组织的形成有三个条件：粗大的奥氏体晶粒；含碳量在0.1%～0.5%之间；较快的冷却速度（过缓或过快的冷却速度都会抑制魏氏组织的产生）。焊接时，在低碳低合金钢接头的过热区易满足上述条件，故常出现魏氏组织。有时焊缝的某些区域也满足形成魏氏组织的条件，从而形成魏氏组织。

4）马氏体组织 马氏体是碳在α-Fe中的过饱和固溶体，在M_S～M_F温度区间形成。当焊缝金属的含碳量偏高或合金元素较多时，在快速冷却条件下，奥氏体过冷到M_s温度以下就将发生马氏体转变。根据含碳量的不同，可形成不同形态的马氏体。

图2.5-28 16Mn钢焊缝魏氏组织
（黑色为珠光体）

① 板条马氏体（lath martensite） 低碳低合金焊缝金属，在连续冷却条件下，常出现板条马氏体。它的特征是在奥氏体晶粒的内部形成细条状马氏体板条，条与条之间有一定的交角，如图2.5-29所示。

图2.5-29 35SiMnCrMoV钢焊缝中的板条马氏体（×500）

根据透射电镜的观察表明，马氏体板条内存在许多位错［经测量其密度约为$(3\sim9)\times10^{11}$］，因此，这种马氏体又称位错型马氏体（dislocation martensite）。由于这种马氏体的含碳量低，故也称低碳马氏体（low carbon martensite）。根据研究，低碳马氏体不仅具有较高的强度，同时具有良好的韧性。一般低碳低合金钢焊缝中出现的马氏体主要是低碳马氏体。

② 片状马氏体（plate martensite） 当焊缝中含碳量较高［w（C）≥0.4%］，将会出现片状马氏体，它与低碳板条体在形态上的主要区别是：马氏体片不相互平行，初始形成的马氏体较粗大，往往贯穿整个奥氏体晶粒，使以后形成的马氏体片受到阻碍。片状马氏体的大致形态如图2.5-30所示。

图2.5-30 堆397焊条堆焊层孪晶马氏体（×500）

透射电镜观察薄膜试样表明，片状马氏体内部的亚结构存在许多细小平行的带纹，称为孪晶带，故片状马氏体又称孪晶马氏体（twins martensite）。这种马氏体的含碳量较高故又称为高碳马氏体（high carbon martensite）。它的硬度很高而且很脆，通常不希望焊缝中出现这种组织。正因如此，一般焊接时都尽可能降低焊缝中的碳含量。对于某些中、高碳低合金钢焊接时，甚至采用奥氏体焊条，所以焊缝中一般不会出现孪晶马氏体。只有含碳较高的焊接热影响区，在预热温度不足的情况下才会出现孪晶马氏体。

5）马氏体-奥氏体组元（M-A组元） 马氏体－奥氏体组元是焊接低合金高强钢时在一定冷却速度条件下形成的，它不仅出现在焊缝，也出现在HAZ。M－A组元的形成是某些低合金钢的焊接HAZ处于中温上贝氏体的转变区间，先析出含碳量很低的铁素体，并且逐渐扩大，而使碳大部分富集到被铁素体包围的岛状残余奥氏体中去。当连续冷却到400～350℃时，残余奥氏体的碳浓度可达0.5%～0.8%（质量分数），随后这些高碳奥氏体可转变为高碳马氏体与残余奥氏体的混合物，即M－A组元。低合金钢中的M－A组元如图2.5-31所示。

图2.5-31 SM－53C钢焊接接头的M－A组元
（×600）（图中白块为M－A组元）

M－A组元的形成与合金元素和冷却速度有关。

首先取决于奥氏体的合金化程度。合金化程度较低时，奥氏体稳定性较小，600℃以上的高温就开始扩散相变，因而易于分解为铁素体＋渗碳体，并不形成 M－A 组元；合金化程度较高时，奥氏体稳定性较大，因而不易分解，只有贝氏体相变温度 Bs 降到 600℃以下才能形成 M－A 组元，并且使被板条铁素体体包围的未发生相变的奥氏体在 M_s 点以下稳定存在才行。合金元素对贝氏体相变温度 Bs（℃）的影响可用下式表示：

$$Bs = 830 - 270w(C) - 90w(Mn) - 37w(Ni) - 70w(Cr) - 83w(Mn)$$

由此式可知，含有 Cr、Mo 的高 Mn 钢才易产生 M－A 组织。

其次，M－A 组元只在中等的冷却速度范围内最易形成。冷却速度大时，将主要形成马氏体及下贝氏体或 B_{II} 型贝氏体；冷却速度很小时，构成岛状组织的铁素体及碳化物将得以分解，主要形成 B_I 或 B_{II} 型贝氏体。$t_{8/5}$ 对 M－A 组织含量的影响如图 2.5-32 所示。如前所述，M－A 组元在块状铁素体上以粒状分布时，即为“粒状贝氏体”，如以条状分布时，则为“条状贝氏体”（Lath Bainite，简称 Be）。

综上所述，低合金钢焊缝的组织比较复杂，随化学成分和强度级别的不同，可出现不同的组织，一般情况下都是几种组织混合存在。实际低碳低合金钢焊缝组织主要是晶界铁素体、针状铁素体和侧板条铁素体。含合金元素较多的高强钢焊缝金属中出现马氏体和粒状贝氏体组织。

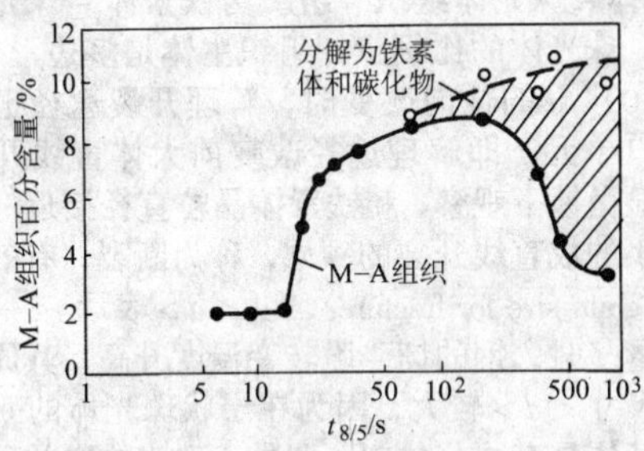

图 2.5-32　$t_{8/5}$ 对 M－A 组织含量的影响

2.3　焊缝金属的性能及其控制

（1）焊缝金属的强化方式

对于低合金结构钢焊缝金属来说，主要是通过加入不同种类和数量的合金元素及微量元素来提高强度。具体的强化机制介绍如下。

1）固溶强化　固溶强化是指由于晶格内溶入异类原子而使金属强化的现象。其强化机理可归纳为：溶质原子引起晶格畸变，增加位错密度；溶质原子与位错交互作用，使位错处于稳定状态。

固溶强化使金属强度、硬度增加，塑性、韧性下降。若要保持较好的塑性、韧性，应适当控制溶质元素的加入量。

焊缝金属的性能，特别是强度，通常采用固溶强化方式，在低合金结构钢焊缝加入的大多数合金元素（如碳、锰、硅、铬、镍、钼等）均具有产生固溶强化的效果，但也会有一些微细质点强化效应。由于大多数焊缝金属的凝固组织比较细小，即使凝固组织比较粗大，但由于在柱状枝晶主干间的细小分枝可形成微细的显微组织，因而会产生有利的强化作用。例如，通常用的普通低合金钢焊丝都属于固溶强化合金，如 Mn－Si 系，其抗拉强度可从 500 MPa 到 850 MPa。常用的不锈钢焊丝以及高温合金焊丝也都是固溶强化合金，如 H0Cr19Ni9，H1Cr23Ni3 不锈钢焊丝。

2）沉淀强化　沉淀强化是指第二相粒子自固溶体沉淀（或脱溶）而引起的强化效应，又称析出强化或时效强化。其物理本质是沉淀相粒子及其应力场与位错发生交互作用，阻碍位错运动。造成沉淀强化的条件是第二相粒子能在高温下溶解，并且其溶解度随温度降低而下降。

可形成碳、氮化合物的元素，如钒、铌、钛、铬、钨等，可以在焊缝金属相变过程中，以碳化物、氮化物或碳氮复合化合物的形式析出沉淀相。这些沉淀相可使焊缝金属基体产生沉淀硬化效果，从而可提高焊缝的强度。铌（Nb）和钒（V）有时也被加入到某些低合金钢焊接材料中，它们中的一部分固溶于焊缝金属中，通过固溶强化提高焊缝金属的强度，另一部分可以与氮反应生成氮化物（NbN，VN），并且氮化物以共格沉淀相存在，通过沉淀硬化和共格强化机制，可大幅度提高焊缝金属的强度。

沉淀强化是高强铝合金以及镍基高温合金等材料的主要强化方式，是利用从过饱和固溶体脱溶沉淀出第二相的微细而均匀分布的质点，引起合金晶格畸变，来实现强化。如硬铝（Al－Cu－Mn）脱溶沉淀 θ 相（$CuAl_2$），Ni 基合金沉淀相 γ'［Ni_3（Al，Ti）］或 γ'' 相（Ni_3Nb）。热强钢中的碳化物相（如 V_4C_3，VC，NbC，TiC 等）也属于此类。

3）相变强化　相变强化主要是指能进行重结晶转变马氏体而实现的强化效应。例如高强钢就是用此种方式进行强化的。

当焊缝金属中加入的合金元素如碳、铬、镍、钼、钒等超过一定量后，可通过改变奥氏体的相变温度来影响焊缝金属相变的种类。例如，碳、铬、镍均抑制奥氏体高温时向铁素体的相变，而促进奥氏体在中温和低温向针状铁素体、贝氏体或马氏体的相变。同样成分下，形成 AF、B、M 组织，比 PF、FSP 的强度高。此时，这些合金元素就起到相变强化的作用。

在某些有限的情况下，实际的焊缝熔敷工艺足可使焊缝金属淬火产生相变强化效果。特别是在合金化程度较高的条件下，用足够小的线能量就会出现这种情况。这时，为保证焊缝金属综合性能要求，焊后必须进行适当的回火处理。

应当说明的是，对于焊缝金属，通常不希望采用沉淀硬化或相变强化，因为焊后必须进行适当的热处理。如果焊后有条件进行热处理，并且为保证热影响区性能或为消除焊接残余应力，而要求必须进行某种热处理时，则焊缝金属的化学成分就应尽可能与母材接近，以便在同一热处理规范下能获得与母材相当的性能水平。这时的焊缝金属就自然不再属于单纯的固溶强化。例如中碳调质钢焊缝金属焊态下一般均为马氏体或马氏体＋贝氏体组织，因此，焊后必须进行热处理，或者单一回火，或者淬火＋回火。对耐热钢接头，焊后均须经高温回火。

4）晶界强化　用细化晶粒增加晶界提高强度的方法称为晶界强化。细化晶粒能提高金属的塑性和韧性。这是因为晶粒越细，一定体积内的晶体粒数目愈多，同样的变形量由较多的晶粒来承担，变形比较均匀，不致造成应力集中，因而金属能产生较大的塑性变形而不断裂，表现出具有良好的塑性。由于细晶粒的晶界曲折多弯，有利于阻碍裂纹的传播，若裂纹要穿越晶界需要消耗较多的能量，故韧性提高。

用于细化低合金结构钢焊缝金属的元素有钛、铌、硼、铝、镍、铬、稀土等。这些元素主要是通过在熔池中形成高熔点的碳化物、氧化物、氮化物等，作为熔池液态金属的形核剂，促进凝固形成的奥氏体晶粒细化。在固态相变时，这些碳、氧、氮化合物，又作为铁素体、珠光体、贝氏体等组织的形核位置，提高其形核率，进一步细化了焊缝金属组织。从而提高了强度。

珠光体焊缝金属中的氧，通过与其他元素形成氧化物，也可细化凝固后的奥氏体晶粒，起到细晶强化效果。同样，加入的稀土元素，优先被氧化，形成的高熔点氧化物，作为焊缝金属凝固和相变的形核剂，促进焊缝金属组织的晶粒细化。

（2）焊缝金属组织形态对其性能的影响（焊缝金属的强韧性）

焊缝的强度和韧性决定结构的性能。一般情况下，只要选材得当，化学成分合理，焊缝金属都能取得充分的强度保证。但焊缝金属的韧性并不这么容易控制，它受焊接工艺的影响更大，改善焊缝金属韧性的关键是控制其微观组织。

焊缝金属组织十分复杂，种类繁多。组织对韧性的影响也受多种因素所控制，如组织不同，则韧性不同。即使组织相同，随着其组织尺寸（包括原奥氏体尺寸及冷却组织尺寸）数量、形态、化学成分的不同，韧性也不同。

对于低碳低合金高强度焊缝金属来说，实际低碳低合金钢焊缝组织主要是晶界铁素体、侧板条铁素体和针状铁素体。含合金元素较多的高强钢焊缝金属中出现贝氏体和马氏体组织。它们对韧性的影响阐述如下。

1）铁素体组织

① 晶界铁素体　晶界铁素体比针状铁素体软，位错密度小，因此塑性变形将首先在晶界铁素体中发生，位错将在非金属夹杂物处塞积，使裂纹在此处萌生，于是，在裂纹尖端受位错塞积及应力场的作用下，当达到临界应力时，这些微裂纹就扩展而导致断裂。晶界铁素体中，裂纹易于萌生，也易于扩展。这是因为晶界铁素体晶粒大，裂纹扩展时改变方向的次数少，阻力小，因此消耗能量小，容易扩展，韧性低。晶界铁素体增多时，韧性下降，断口转变温度上升。如图2.5-33所示。

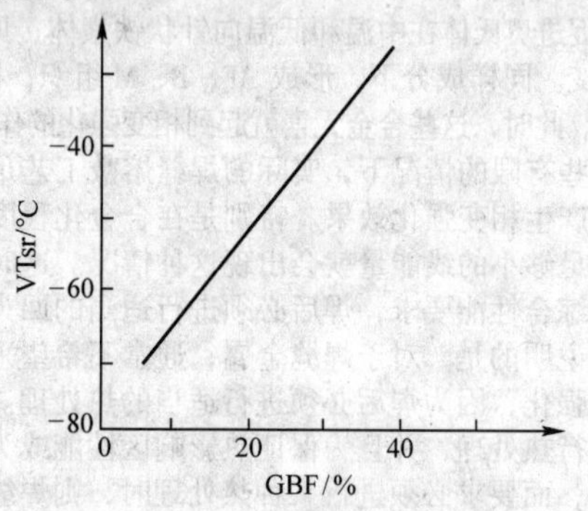

图2.5-33　GBF比例与VTrs的关系

② 针状铁素体　针状铁素体组织因其晶粒细而均匀，可以同时改善焊缝的强度和韧性，对于提高焊缝的综合性能具有重要意义，是较为理想的组织。

研究焊缝金属组织时发现，以针状素体为主的组织，其屈强比（即 σ_s/σ_b）多大于0.8，而以束状铁素体为主的组织，其屈强比多在0.8以下，若有上贝氏体存在时，都在0.7以下。可见以针状铁素体为主的组织，其塑性较好。

此外，针状铁素体晶粒细小，且晶粒边界交界大，对裂纹的扩展起阻碍作用。这是因为裂纹扩展时必须改变方向，或产生新的裂纹才能前进，这就要吸收更多的能量。焊缝金属中针状铁素体增多时，韧性提高，断口转变温度下降，如图2.5-34所示。

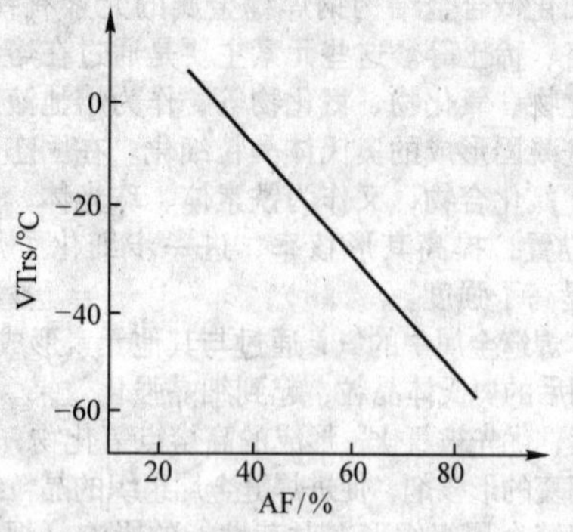

图2.5-34　AF比例与VTrs的关系

针状铁素体对焊缝硬度和韧性的影响如表2.5-5所示。

表2.5-5　针状铁素体对焊缝硬度和韧性的影响

试样编号	组织成分比例/%				韧性（V形缺口）			HV
	GBF	FSP	B	AF	a_k	VT50	VTrs	
FE1	26	7	24	43	140	-54	-38	250
FE2	26	0.5	66.5	7	210	-32	-23	195
FE3	64	1	30	5	210	-22	-12	185

比较FE1和FE2，它们的GBF含量相当，B和AF增减相当，但硬度和韧性都是FE2较低，这说明AF比B还硬。

比较FE1和FE3，其贝氏体含量相差不多，随AF含量减少，GBF含量增多，硬度下降很大，转变温度提高，韧性下降。这说明针状铁素体是一种硬度较高，韧性较好的组织。

综上所述，各种铁素体组织对焊缝金属强度和韧性的影响是：随着焊缝中针状铁素体含量的增高，先共析铁素体含量随之减少，强度提高，同时韧性也有所改善；但当继续合金化以后，针状铁素体的强化作用超过韧化作用，韧性将有所下降。随着合金化程度的加强，除了针状铁素组织之外，焊缝中还会出现条状铁素体或马氏体组织，韧性显著降低。

2）铁素体－珠光体组织　组织为铁素体－珠光体且含碳量较少时，珠光体的比例少，组织主体是多边形铁素体，其解理面｛100｝α的位向改变时，解理开裂途径也随之改变。解理断口单元，即解理途径改变前大体直线开裂的领域，在光学显微镜下观察，和铁素体晶粒直径接近一致。通常把这种最小的成直线开裂的领域，称为断裂“有效晶粒尺寸”（effetive grain size for fracture），以 < d > 表示。

珠光体量多时，钢的韧－脆转变温度升高，其原因就在于有效晶粒尺寸 < d > 较大，因为在层状珠光体的一定领域内，铁素体基体具有同一位向。此外，珠光体中的碳化物成层状且比较粗大，也不利于韧性。所以，钢焊缝中不希望出现珠光体。低温韧性优异的非调质钢，含碳量限制在0.1%以下，就是为了减少珠光体数量。

3）贝氏体组织　贝氏体的力学性能主要取决于其组织形态。贝氏体是铁素体和碳化物组成的复相组织，其各相的形态，大小和分布都影响贝氏体的性能。贝氏体组织形态与形成温度有关。一般地说，随着贝氏体形成温度的降低，贝氏体中铁素体晶粒变细，含碳量变高；而贝氏体中渗碳体尺寸减小，数量增多，其形态也由断续杆状或层状向细片状变化。因此，贝氏体强度和硬度增加。

在不同相变温度形成的贝氏体，对韧－脆转变温度有不同的影响，并且与原奥氏体（γ）晶粒度有关，如图2.5-35a所示。而与图2.5-35b对比可见，VTrs与 < d > 的变化特性完全对应，说明贝氏体的性能与其有效晶粒尺寸 < d > 有关。

在较高温时形成的板条状上贝氏体（Bu），一方面，相邻条状晶的位向接近平行，碳化物断续地平行分布于铁素体条之间，意味着“有效晶粒尺寸”较大，在这情况下裂纹易沿铁素体条间产生脆断，铁素体本身也可能成为裂纹扩展的路径。如图2.5-35所示，在400～450℃温度区间形成的上贝氏体不但晶粒尺寸较大，而且韧性也不好。

在较低温度下形成的下贝氏体，相邻针状晶的位向呈大角度交角，且碳化物弥散分布于铁素体内部，意味着有效晶粒尺寸较小，脆性裂纹不易扩展。因此，下贝氏体不但强度高，而且韧性也很好，即具有良好的综合性能。

粒状贝氏体组织中，在颗粒状或针状铁素体中分布着许多小岛。这些小岛无论是残余奥氏体、马氏体，还是奥氏体的分解产物都可起到复相强化作用。因此，粒状贝氏体中第二相小岛的颗粒越细小，越有利有改善韧性，如果颗粒粗大，则不利于韧性。

魏氏组织使焊缝的力学性能，特别是冲击韧度和塑性显著降低，并提高焊缝的脆性转变温度，因而使焊缝容易发生脆性断裂。但是，一些研究指出，只有当奥氏体晶粒粗化，出现粗大魏氏组织铁素体或渗碳体时，才使钢的强度和冲击韧性显著降低。而当奥氏体晶粒比较细小时，即使存在少量针状的魏氏组织铁素体并不显著影响焊缝的力学性能。

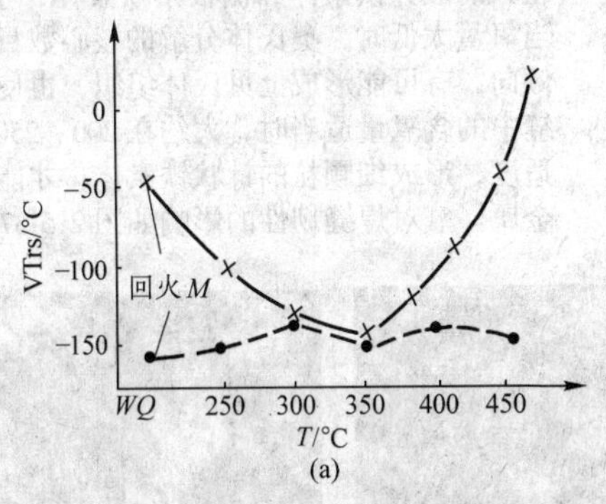

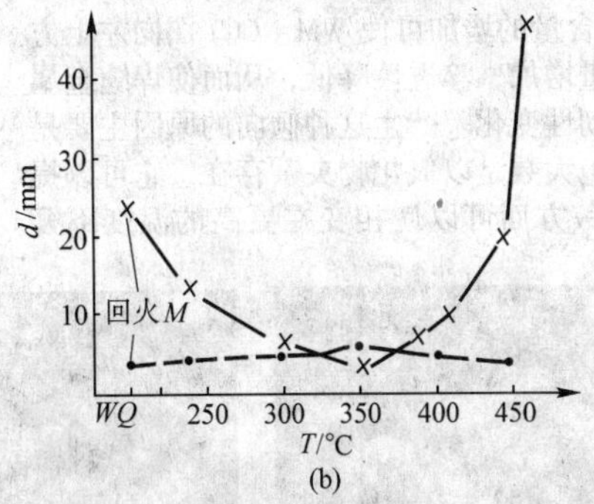

图2.5-35　贝氏体形成温度 T 与VTrs及有效晶粒尺寸 d 的关系

4）马氏体组织　马氏体力学性能的显著特点是具有高硬高和高强度。马氏体组织的硬度和韧性高低与含碳量有密切联系。含碳量越高，硬度越高，韧性也越差。

低碳马氏体对韧性的有害作用较小。但由于低碳马氏体呈板条状，十个以上的相邻条状晶几乎是同一位向，即有效晶粒尺寸要比下贝氏体大一些，所以在奥氏体晶粒度相同的条件下，低碳马氏体的韧性不如下贝氏体，如图2.5-35所示。钢的含碳量较高时，相变温度越低，形成的下贝氏体的形态越接近马氏体，所以，韧性也要逐步下降。若为低碳低合金钢，形成的组织为 B_{II} 型贝氏体时，仍可具的较好的韧性。

5）M-A组元　M-A组织的硬度可达700 HV，在金属中是一种脆性的第二相。因此，M-A组织对韧性有显著的影响。它的数量、尺寸、形态、分布及碳含量等都对韧性有影响。

焊缝中一旦出现M-A组元，VTrs即显著升高，如图2.5-36所示。低碳低合金高强钢在上贝氏体转变的同时易于出现M-A组元，岛状马氏体的碳浓度可富集到0.55%～0.75%。所以，M-A组元的数量越多，VTrs的升高值越大。

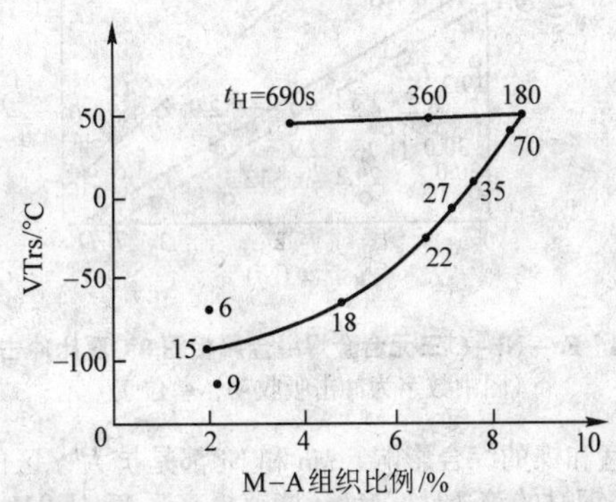

图2.5-36　M-A组织含量与VTrs之间的关系

6）残余奥氏体组织　当组织中存在稳定的残余奥氏体时，奥氏体作为韧性相，可使钢的韧性提高。这里所谈的稳定奥氏体，指的是在室温下或试验温度下，甚至即使受到冲击变形也不再发生相转变的奥氏体。稳定奥氏体的存在，可以显著提高钢的韧性，一般认为有下列三点有利作用：①能吸收有害杂质（如C、N）而防止晶界脆弱；②吸收冲击能量和钝化裂纹，有利于阻止裂纹扩展；③晶粒得以超细化。

（3）焊缝韧性的控制

在结构钢焊缝中，随奥氏体化学成分和冷却速度的不同，相变产物的顺序是：先共析铁素体或先共析碳化物、珠光体、上贝氏体、下贝氏体，马氏体和残余奥氏体。先共析产物和珠光体是高温转变产物，贝氏体是中温转变产物，马氏体是低温转变产物。组织对韧性的影响，则按下列顺序降低：下贝氏体、低碳马氏体、上贝氏体，珠光体加铁素体。因此，提高钢材韧性的主导思想应该是：保持有一定的淬透性，并使其在中低温区发生相变。这就要有足够的合金元素，并减少碳含量。金属组织的晶粒大小对韧性有较大影响，晶粒越细，VTrs越低，韧性越高。因此，对低碳低合金钢来说，细化奥氏体晶粒，避免先共析铁素体及珠光体的形成，可提高其韧性。

控制焊缝性能是控制焊接质量的主要目标，根据前面的讨论可知，具有相同化学成分的焊缝金属，由于结晶形态和组织不同，在性能上会有很大的差异。

影响焊缝韧性的因素很多，主要有以下几点。

1）焊缝化学成分的影响

① 碳的影响　碳是低碳低合金钢的最重要的化学成分和合金元素，是扩大γ相区的元素。碳对焊缝的结晶组织和性能都有巨大的影响。Evans认为：碳实质上是影响焊缝凝固时的一次结晶组织。首先，它决定了焊缝金属的结晶形态。碳的含量降低，增大了焊缝金属形成平面晶和胞状晶的可能性，而且有着抑制包晶反应，减少S的偏析，提高韧性的作用。当 w（C）$<0.1\%$时，Fe-C合金在平衡结晶状态下就不再发生包晶反应。因此，为防止焊缝金属产生包晶反应，w（C）应比0.1%低得多。在有多种合金元素共存时，C含量应更低，方能有效地防止包晶反应。

此外，C的另一个重要作用就是能够提高钢的淬透性，从而提高焊缝金属的硬度和强度，降低塑性。因而提高焊缝金属含碳量，可使脆性增加，韧性降低。即使同为针状铁素体，含碳量高，韧性也低。因此，不希望焊缝金属含碳量 w（C）大于0.1%。

② 氮的影响　氮一般认为是作为一种有害杂质而存在于金属中，但我国有用N作为合金元素的钢种，如15MnVN、15MnMoVN、15MnMoVNRE等。这些含N和V的钢经调质或正火处理后可析出细小的VN颗粒而提高强度，又不降低塑性和韧性。但是这种效果对焊缝金属来说是无效的。通过对15MnVN钢焊缝金属的研究发现，N与V共存并不能改善焊缝金属的韧性。这一点与钢板不同，这是由于焊缝金

属过于强化的结果。

一般说来，N虽然会降低焊缝金属的韧性，但当N含量很少时，则可改善韧性。根据钢种不同，焊缝金属有一个最佳含N量范围，即 w（N）$=50\sim100\times10^{-6}$之间。焊缝金属含S、P高，N的最佳含量低些；含S、P低的焊缝金属，N的最佳含量高些。

③ 氧的影响　氧含量的增加可使WM-CCT图向左上方移动。这说明，氧含量增加，淬透性降低，从而使焊缝金属组织发生变化，导致韧性变化。产生这种倾向的原因主要是由于焊缝金属中的氧绝大数是以氧化物夹杂存在，它可以提供组织转变的核心，一方面可以使相变在更高的温度下开始；另一方面也可以使相变更早地完成，从而降低奥氏体的稳定性。

氧的这种作用，对焊缝金属的组织和性能带来很大影响。当含氧量过高时，焊缝中夹杂物增多，从而使焊缝韧性下降，同时由于氧有利于过冷奥氏体的分解，可以形成晶粒粗大的晶界铁素体和侧板条铁素体，也使焊缝的韧性下降。当氧量太低时，奥氏体分解的核心数目减少，增加金属淬火倾向，有可能形成上贝氏体组织，也使韧性下降。只有当焊缝中的含氧量适当时，大约在 $200\sim250\times10^{-6}$之间，淬火性适度，形成细颗粒的针状铁素体，才能得到韧性较高的焊缝金属。氧对焊缝韧性的影响如图2.5-37所示。

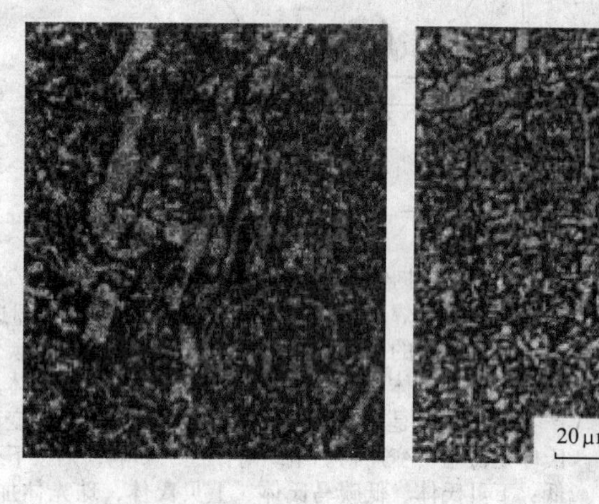

(a) 350×10^{-6}

(b) 260×10^{-6}

(c) 107×10^{-6}

图2.5-37　含氧量对焊缝韧性的影响

④ 锰的影响　锰是钢中的重要合金元素，也是重要的淬透性元素，它对焊缝金属的韧性有很大影响。当Mn含量小 $w_{Mn}<0.05\%$时，焊缝金属的韧性很高，室温下可达300 J/cm^3 以上，$w_{Mn}>3\%$后又很脆，实际上钢中的含Mn量一般说来都不在这个范围内。当 $w_{Mn}=0.6\%\sim0.8\%$时，焊缝金属有较高的强度和韧性。当 $w_{Mn}=1.5\%$时韧性最好，脆性转变温度最低。这是因为锰含量在上述范围内变化，随Mn含量增加，焊缝金属中的针状铁素体增加，先共析铁素体减少，组织进一步细化，这一过程无疑是提高韧性的，但Mn含量提高，铁素体被强化，屈服强度增大，这一过程是使韧性下降的。上述过程的结果，使得Mn含量在 $w_{Mn}=1.5\%$附近时焊缝金属有最好的韧性。

⑤ 镍的影响　镍的影响与锰相似，只是较锰的作用弱，是弱合金元素。在焊缝中镍的最高含量可达3.5%（若超过3.5%时，在针状铁素体板条间会出现马氏体）。有研究工作表明：在焊缝金属的整个冷却速度范围内，镍都可以使相变温度降低，并且使侧板条铁素体开始转变温度降低程度明显大于针状铁素体开始转变温度的降低。若有锰存在时，镍的这种效果有利于针状铁素体形成。

在低碳低硫含量的条件下，Ni对提高金属韧性的影响是有利的。Ni对焊缝金属的影响之一是发生包晶反应，导致硫的偏析，使晶界弱化，降低韧性。Ni对韧性的降低作用随S含量的增大而加剧。当 w_s 低达 $0.008\%\sim0.012\%$，且C含量也很低时，Ni含量增加，S的偏析也增加。Ni的偏析一般不变。因此，低C（0.04%～0.05%），低S（0.008%～0.012%）时，Ni含量超过2.51%才看到晶界，即出现包晶反应。而当S量为0.034%～0.038%时，Ni含量大于2.18%就可清晰地看到晶界，这是S的偏析，而不是包晶反应所致。但是，若含C为0.1%时，S含量为0.011%，Ni为0.06%，就可以看到晶界，发生了包晶反应。这说明C、S、Ni任一元素含量的增加，都促使包晶反应，增加S的偏析。因此，为使不发生包晶反应，保证焊缝金属的韧性，就应该使C、Ni含量的关系限制在图2.5-38中ABCD的左下方。

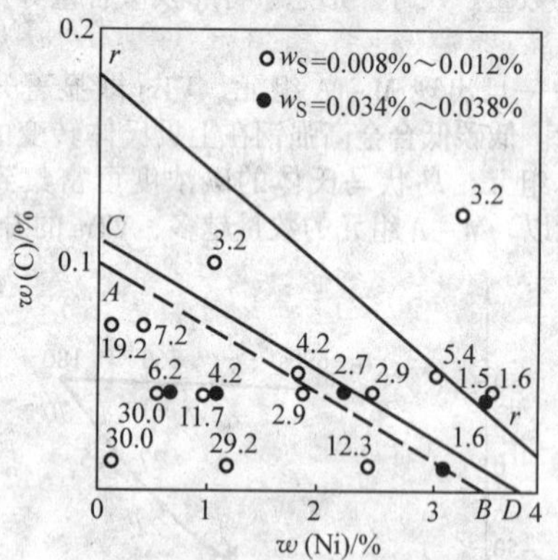

图2.5-38　Fe-Ni-C三元合金焊缝金属相图0℃夏比冲击吸收功

（图中数字为冲击吸收功，单位J）

⑥ 锰和镍的综合影响　Mn和Ni都是扩大γ区的元素，都能提高钢材的淬透性，Mn还能够提高强度。随Mn、Ni含量的增加，强度、硬度都增加；Mn含量在1.5%左右，Ni含量在1.3%左右韧性最好，见图2.5-39。

Mn、Ni含量的增加，还导致Mn、Ni在M-A及针状铁素体等基体组织中的含量提高，使金属脆化，M-A组织也更脆。Mn的影响比Ni更大。所以有一个最佳期的Mn、Ni含量范围。如图2.5-39所示。

⑦ 硅的影响　硅是缩小γ相区元素，对马氏体转变点（M_s）点几乎没有影响，但显著提高珠光体相变温度，在较高温度下形成较粗大的碳化物。不同的学者对硅的影响有不

同的看法。Evans 认为：焊缝中硅含量在 0.2%～0.4%内，随硅含量的增加会促进针状铁素体的形成。特别是当焊缝中锰含量小于 1.0%时，随硅含量增加，硅的影响明显减弱。而有研究认为：硅含量在 0.35%～0.8%内，对焊缝组织没有明显影响。必须强调指出，锰硅同时存在时，可作为脱氧剂，对焊缝组织和性能都有重大影响：随 Mn、Si 元素含量增加，可使连续冷却时的相变温度逐渐降低、组织细化。从焊缝性能角度考虑，为了获得最佳韧性，在硅含量为 0.1%～0.25%和锰含量为 0.8%～1.0%范围内，获得中等粒度的先共析铁素体和晶内细针状铁素体是期望获得的良好的焊缝组织。

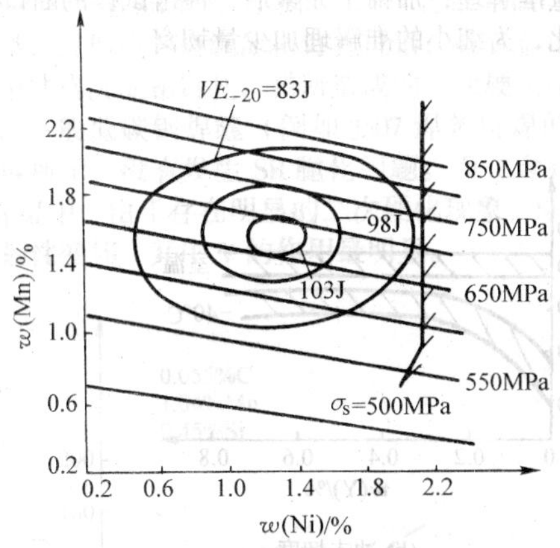

图 2.5-39 Mn 及 Ni 对焊缝金属强度及 -20℃夏比冲击吸收功影响的回归曲线

⑧ 钛的影响　钛对低合金高强钢埋弧焊焊缝金属组织和性能有很大影响。随锰含量不同，钛对焊缝晶界铁素体数量影响不同。当锰含量高时，钛对铁素体网的影响不显著，但锰含量低时，随钛含量增加，晶界铁素体网状组织增加。同时加入钼、钛会降低奥氏体→铁素体相变温度，并使相变温度区间缩短。但钼含量超过 0.5%时会形成上贝氏体组织反而降低焊缝的韧性。研究认为：当钼含量为 0.1%～0.35%，钛含量为 0.03%～0.05%时，在焊缝金属中生成稳定均匀的针状铁素体组织，此时焊缝冲击韧性最高。

⑨ 锆的影响　锆在室温下在 α-Fe 中几乎不溶解，无论是对 α-Fe 的显微硬度还是对焊缝金属的硬度都没有明显的影响。

焊缝金属中的 Zr 主要是形成碳的化合物 ZrC，ZrC 可以使奥氏体晶粒细化，其细化作用比 Ti 还强。ZrC 的这种作用，在 w_{Zr}=0.04%左右很强，如图 2.5-40 所示。它可使熔合线附近的胞状晶从 28 μm 降到 17 μm。在 Zr 含量超过 0.04%时已无进一步细化晶粒的作用。但在另外的试验中，表明 Zr 对焊缝金属韧性的影响与它对奥氏体晶粒的细化作用，恰在 Zr 含量为 0.04%时出现最佳值，如图 2.5-41 所示。因此认为 Zr 对韧性的作用主要是晶粒细化作用。

Zr 对焊缝金属的这种影响主要是在熔池中形成 ZrC 引起的。随 Zr 的增加，ZrC 也增加，ZrC 可以作为晶核，晶核增加，就细化了晶粒。但当 ZrC 含量大于 0.04%之后，由于 ZrC 的增加，使液态金属中的 C 含量减少，降低了过冷度，提高了晶核半径，反而使晶粒变粗，韧性下降。

从断口形态来看，也是随 Zr 含量的增加，解理断口所占的比例减少，Zr 含量超过 0.04%后，解理断口又出现上升趋势。应该指出加 Zr 还易于形成魏氏组织。

⑩ 铝的影响　铝对焊缝组织的影响十分复杂。钛-铝之间存在着复杂的相互作用。铝能够减少焊剂中钛的过渡系数和减少焊缝中钛-氧化物的形成，并且发现在完全碱性体系条件下，随着铝含量的增加，焊缝中针状铁素体数量将减少，侧板条铁素体数量增加。而在半碱性体系条件下，随着铝含量的增加，铝的这种影响作用变得很小。这主要是由于焊缝中氧含量不同的缘故。韧性试验发现，当［Al%］：［O%］2≈28 时，焊缝中可获得最大针状铁素体量。

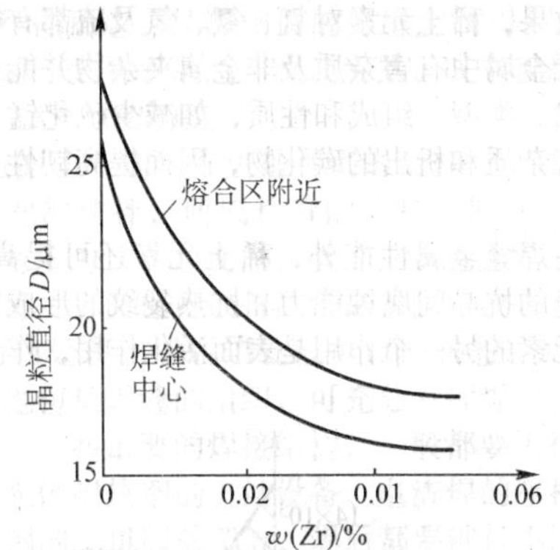

图 2.5-40 Zr 含量对熔合线附近及焊缝中央晶粒尺寸的影响

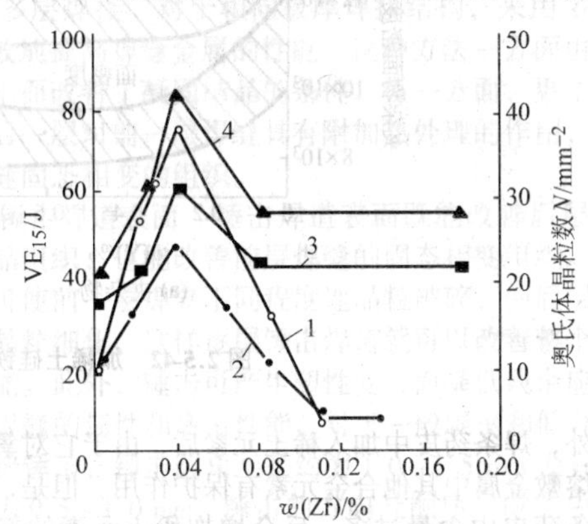

图 2.5-41 Zr 含量对奥氏体晶粒数及 VE_{15} 的影响

1—电渣焊；2—CO_2 保护护；3—埋弧焊（δ = 8 mm）；4—埋弧焊（δ = 15 mm）

金属中加入微量的铝可以起到细化晶粒和提高韧性的作用。但当铝含量过多会给金属的力学性能特别是韧性带来不良的影响，如表 2.5-6 所示。

表 2.5-6 铝含量对熔敷金属性能的影响

序号	铝的质量的分数 /%	屈服强度 σ_s/MPa	抗拉强度 σ_b/MPa	伸长率 δ_5/%	冲击吸收功 A_{kv}(0℃)/J		
					1	2	3
1	1.69	541	640	25.7	20	9	12
2	1.51	478	598	24.7	23	17	18
3	1.19	478	580	25.3	47	55	43
4	1.18	453	573	30	55	54	52

⑪ 铌的影响　铌是强碳化物形成元素，在固态相变中因为与碳作用而降低碳在奥氏体中的扩散系数，从而显著推迟晶界铁素体的析出与长大。铌对焊缝组织的影响，学者们的看法不尽相同，有时甚至是相互矛盾的。通过研究统一了认识：铌的作用取决于焊缝金属淬硬性。当淬硬性较高时，铌将促进针状铁素体的形成，而当焊缝金属淬硬性较低时，铌将促进侧板条铁素体形成。

⑫ 钼的影响　钼是中强碳化物形成元素。其主要作用是推迟晶界铁素体转变而有利于形成全贝氏体结构。有人认为：当钼含量增加时可增加焊缝中针状铁素体含量；在锰含量为 1.2%时，加入 0.15% w（Mo）会使焊缝中针状铁素体

缝金属 CCT 图进行分析。

如图 2.5-45 所示，当已知实际采用的焊接方法、焊接线能量和板厚时，首先利用冷却时间 $t_{8/5}$ 计算公式或线算图（焊缝和焊接 HAZ 熔合线的 $t_{8/5}$ 大体相等）求出该条件下的冷却条件 $t_{8/5}$。例如，当计算出的 $t_{8/5}$ 为 10 s 时，从焊缝金属 CCT 图可以查得焊缝能得到铁素体、中间组织体和马氏体组织，其维氏硬度在 277～292 之间。

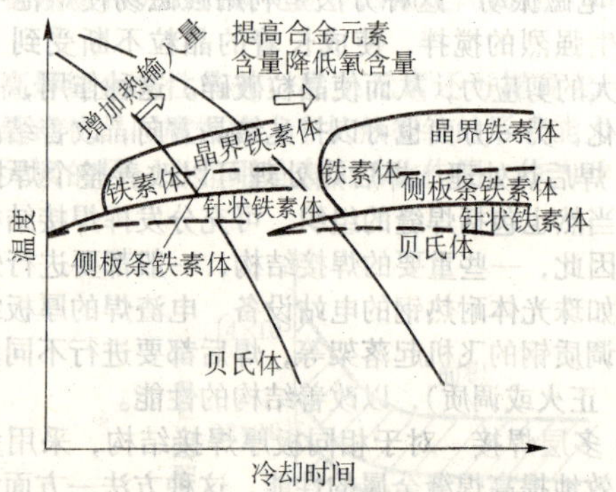

图 2.5-45 WM－CCT 图的示意图

对于多道焊，先焊的焊缝由于受到后续焊缝复杂的多重热循环作用而产生再热部位，再热部位不同的金属经历不同的热过程，因而其组织也不相同。此时，可以利用热模拟不同峰值温度的焊缝金属 CCT 图推断焊缝金属不同部位的微观组织和硬度，例如，对于再热温度为 1 000℃左右的细晶部位（化学成分：C 0.09%，Si 0.31%，Mn 0.95%，Ni 1.72%），可以用最高加热温度为 1 000℃的焊缝金属 CCT 图；对于再热温度为 1 350℃左右的粗晶部位，可用最高加热温度为 1 350℃的焊缝金属 CCT 图。

2）分析焊缝金属的韧性　焊缝金属韧性也是决定焊接接头质量的重要方面，在一些情况下，焊缝韧性问题尤为突出。不仅单道焊缝在大线能量输入时存在脆化问题，对于某些钢，多道焊也会引起脆化。一般来说，对于低碳钢焊缝，多道焊或多层焊的重复加热，可使晶粒细化，韧性提高。但是，在高强度钢特别是 800 N/mm^2 以上的高强度低合金钢的焊缝区中，由于再热，焊缝区反而可能出现脆化。因此，提高焊缝金属的韧性是焊接工程中非常重要的一个问题。

图 2.5-46 是氧含量较高的 WM－CCT 图，在图中粗实线为实际焊接条件的冷却过程，将此焊缝再次奥氏体化，并以不同速度连续冷却后就得到不同的显微组织。如冷却速度很慢，在 $t_{8/5}>500$ s 时，则全部成为晶界铁素体、晶内多角形铁素体及珠光体。冷却速度增大，如 $t_{8/5}\approx 250$ s 时，铁素体晶粒变小，珠光体含量减少。当冷却速度进一步提高（相当于实际焊接条件），如 $t_{8/5}\approx 25$ s 左右时，沿奥氏体晶界析出的晶界铁素体同晶内组织已变得能够区别。在冷却速度很大，$t_{8/5}\leqslant 10$ s 后，不仅能看到晶界铁素体和侧板状铁素体，还能看到针状铁素体。这样，即使是化学成分相同的焊缝金属，由于冷却速度不同，也会得出有很大区别的显微组织。

3）合理地制定焊接工艺和规范　利用焊缝金属 CCT 图，根据对焊缝金属组织和硬度的要求，可以很容易地确定实际焊接时所需要的焊接工艺规范。如图 2.5-46 所示，欲求获得冷却时间为 C_p' 时的组织所需要的焊接线能量，可以先从焊缝金属 CCT 图上查出 $C_p'=19$ s，然后将其代到冷却时间 $t_{8/5}$ 计算公式中反算，即可求出所需要的线能量，计算结果大约为 27.8 kJ/cm。

（6）焊缝金属与母材的强韧匹配

焊缝金属强度与母材金属强度之比大于 1 时，称为超强组配，两者之比等于 1，称为等匹配；两者强度小于 1，则称为低强匹配。按传统观念，焊缝强度一般均要求超过母材的强度，即超强匹配原则。但实践表明，“超强”未必有利。因为就焊缝金属而言，强度越高，可达到的韧性水平也往往越低，甚至低于母材的韧性水平。即使低强度钢，在采用大线能量的焊接工艺方法（如埋弧焊、电渣焊）时，焊缝金属的韧性也常常容易低于母材，要保持焊缝金属与母材等韧性，有时是比较困难的。随着高强度钢和超高强度钢的发展，焊缝韧性与母材的适应匹配越来越显得突出。对于低强度钢，无论是母材或焊缝都有较高的韧性储备，如图 2.5-47 所示，所以，按等强度原则选用焊接材料，既可保证具有较高的强度，也不会损害焊缝的韧性。但对于高强钢（特别是超高强钢），如要求焊缝与母材等强，从图 2.5-47 可出看出，焊缝的韧性储备不高，若为超强的情况下，韧性储备就会更为低下，甚至可能低到安全限以下。此时，如少许牺牲焊缝强度而使韧储备有所提高，可能更有利些。因而，超强未必有利。实际上，即使是低强度钢，尽可能提高焊缝韧性储备总比过分提高其强度更有利些。实践表明，不管焊接接头部位的韧性水平如何，假如产生裂纹，它必首先发生在某些缺口部位，即使这个缺口位于韧性最好的部位，但裂纹随后扩展则是常常沿着缺口韧性最差的部位中进行。当然，局部应力状态对裂纹扩展所选择的途径也是有影响的。从这一点考虑，总希望焊接接头薄弱的部位也具有足够的韧性储备。

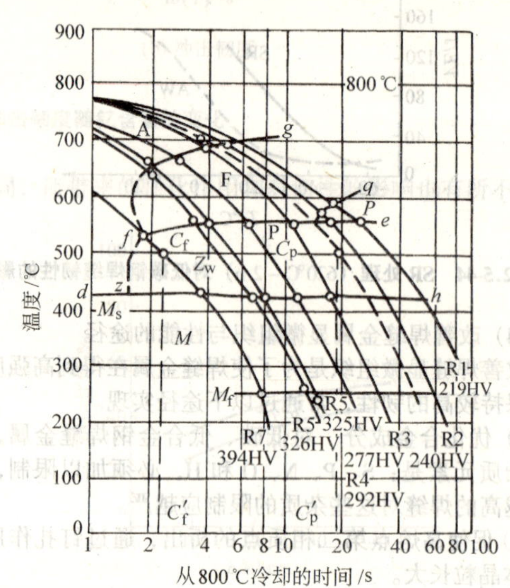

图 2.5-46 用“$T-t$”坐标表达的焊缝金属 CCT 图

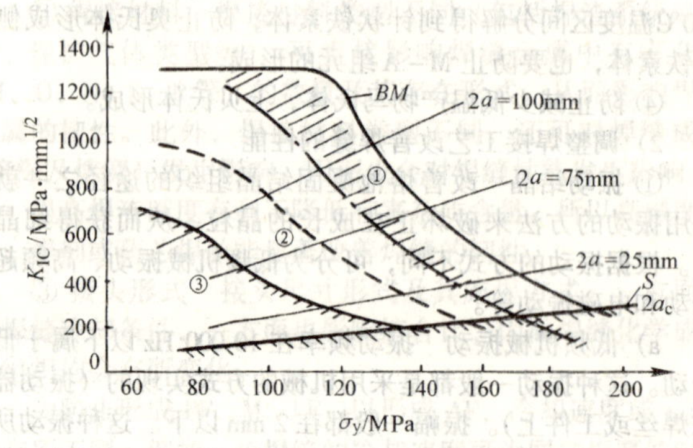

图 2.5-47 焊缝与母材的强韧性匹配

B—母材韧性水平；S—安全工作限；

①—TIG 焊缝韧性水平；②—MIG 焊缝韧性水平；

③—SMAW 焊缝韧性水平

实验表明，低强焊缝，即焊缝强度低于母材强度，若焊缝有足够的韧性，其低应力脆性破坏的上限温度反比超强焊缝要低一些；但如低强焊缝的韧性不够高时，就没有什么优越性，参见表 2.5-7。由表可见，等强焊缝 A 的脆性破坏上限温度 T_L 远远低于母材；韧性高（VTrs 值低）的焊缝 B，其 T_L 值仅比母材低一些；要比强度高的焊缝 A 好得多；强度低的焊缝 C，由于韧性不高，其 T_L 值也很低。

表 2.5-7　焊缝强度与韧性对脆性破坏的影响

试样	NTS/MPa	σ_b/MPa	σ_s/MPa	VTrs/℃	T_L/℃
母材	—	804.58	737.94	-88	-100
焊缝 A	784	796.74	578.2	-43	-25
焊缝 B	588	693.84	551.74	-75	-65
焊缝 C	490	631.12	484.12	-53	-25

采用低强焊缝并不意味着焊接接头的强度一定低于母材。实践证明，只要焊缝金属的强度不低于母材强度的 80%，仍可保证接头与母材等强，不过低强焊缝的接头其整体伸长率则要低一些。

综上所述，必须根据焊缝金属的实际强度水平来分析焊接接头的“超强”、“等强”或“低强”。选用焊接材料时，不能过分强调强度，而应更多地着眼于保证韧性的要求。必须掌握实际焊缝金属的数据，不能停留在熔敷金属的数据上。同时，所选的焊接材料还必须适应所选定的焊接工艺条件。

3　焊接热影响区的组织与性能

3.1　熔合区结晶组织特征

焊接熔合区是指基体金属与焊缝之间的交界区域，包括熔合边界两侧具有结晶层和扩散层特征的过渡区段。这个区段的微观行为十分复杂，焊缝与母材的不规则结合，形成了参差不齐的分界面。在焊接接头横截面低倍组织图中可以看到焊缝的轮廓线，这就是通常所说的熔合线，如图 2.5-48 所示。

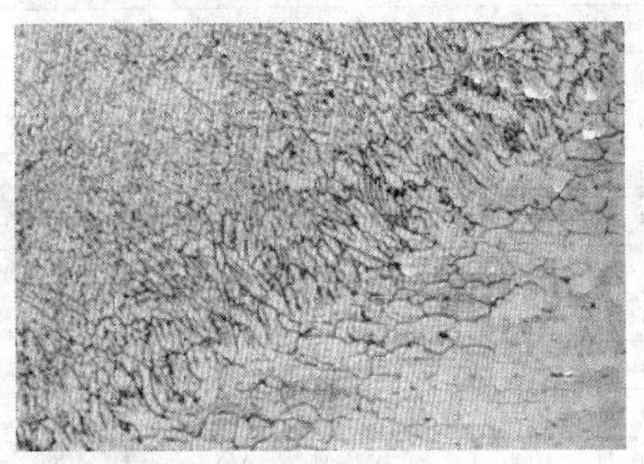

图 2.5-48　铝合金的熔合区微观形貌（×100）

熔合区的范围虽然很窄，但由于在化学成分和组织性能上都有较大的不均匀性，所以对焊接接头的强度、韧性都有很大的影响。在许多情况下，熔合区是产生裂纹、脆性破坏的发源地，很多焊接结构失效的起源往往就在熔合区。

(1) 熔合区的构成

美国伦塞莱尔理工大学 W.F.Savage 等采用特殊显示技术对低合金钢熔合区组织进行了研究，认为焊缝与母材之间不是一条简单的熔合线，而是由一个区域构成的。根据 W.F.Savages 教授对焊接接区域的划分，熔合区包括半熔化区（partially - melted zone）和未混合区（unmixed zone）两部分。

在焊接条件下，熔化过程是很复杂的，即使焊接规范十分稳定，不仅由于电弧熔滴的过渡特性或电弧吹力的作用会带来熔化的不均匀性，而且由于母材晶粒最有利的导热方向有差异，也会带来熔化的不均匀性。此外，由于母材各点的溶质分布并不均匀，其有效熔化温度也就各不相同，与理论上的熔化温度有一定偏差，其结果必然是同时存在局部熔化部位和局部不熔化部位，这种固液两相共存的部位称为半熔化区。

在半熔化的基体金属上，晶粒的导热方向彼此不同，有些晶粒的主轴方向有利于热的传导，所以该处就受热较快，熔化的就多，相反，有些晶粒的主轴方向不利于热的传导，该处熔化的就少。如图 2.5-49 所示。可见，半熔化区的特征是焊缝与母材未熔化晶粒相互渗透交错存在。

未混合区指的是焊缝中紧邻焊缝边界的部位，由熔化后再凝固的母材组成，但并未与填充金属完全相混合的区域。这个区域的位置是在焊缝中，但化学成分却与母材相同，具有过渡的性质。未混合区的形成是由于填充金属与母材混合时，熔池边缘的金属温度较低，对流与扩散难以进行，因而未能达到与填充金属混合的结果。未混合区也称为不完全混合区或未混合区，其实质是富集母材成分的焊缝区。

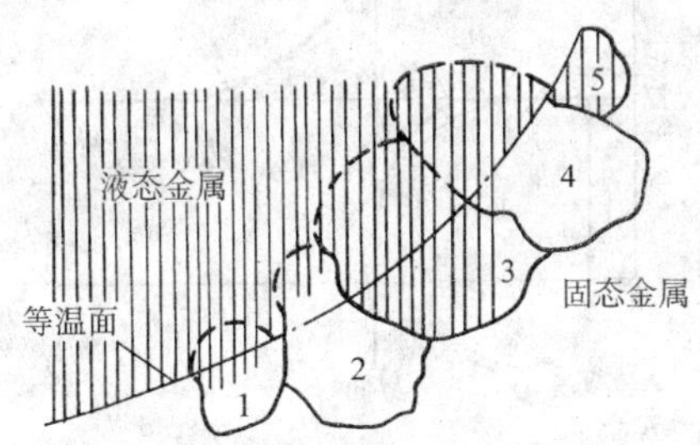

图 2.5-49　熔合区晶粒熔化的情况

熔合区的构成及各区的相对位置见图 2.5-50。

熔合区所包括的半熔化区与未混合区都具有过渡性。焊缝的成分与母材差别越大，未混合区就越明显。若焊缝与母材的成分完全相同，则不会出现未混合区。一般在焊缝与母材成分相差不大的情况下，可以不考虑未混合区。

(2) 熔合区的化学不均匀性

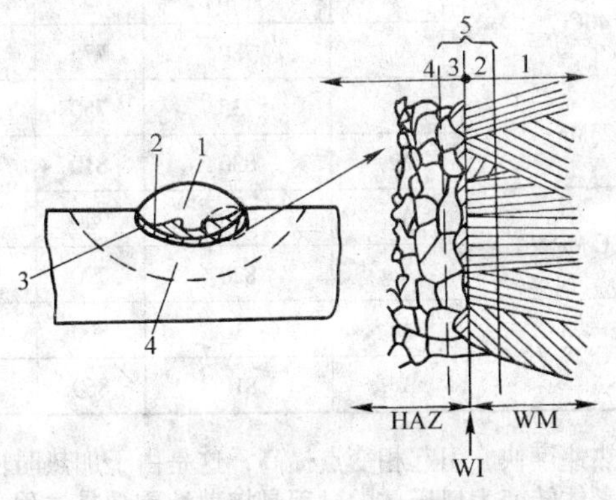

图 2.5-50　熔合区构成示意图

1—焊缝区（富填充金属成分）；2—焊缝区（富母材成分）；3—半熔化区；4—真实 HAZ；5—熔合区；WI—实际熔合线（焊缝边界）

熔合区最重要的特征就是具有明显的化学不均匀性。造成此化学不均匀性的主要原因首先是不平衡的凝固过程，其次是焊缝与母材在化学成分上的差异。

焊缝凝固过程的不平衡程度受很多因素的影响，如冷却条件、溶质元素的性质及浓度等。一般来说，钢中常用的合金元素和某些杂质在液相中的溶解度都大于固相中的溶解度。而在凝固过程中溶解度要发生突变。熔合区是固液两相交界的地方，随着固相的增长，溶解度突然降低，溶质原子必然要大量地从固相向液相扩散。此外，熔合区又是焊缝开始凝固的部位，开始结晶出的固相金属中溶质原子的实际浓度还达不到溶解度，因而扩散就更加激烈。在凝固过程中界面两侧的浓度差比较明显。如图2.5-51所示。扩散到液相中的溶质原子在焊接快速冷却的条件下，来不及向熔池内部扩散，而保留在熔合区。凝固后熔合区溶质原子分布的状态如图2.5-51中虚线所示。

由不平衡凝固过程所造成的这种化学不均匀的程度，与溶质原子的性质有关，如硫、磷、碳等元素则表现明显。在凝固后的冷却过程中，有些元素还可能在浓度差的推动下进一步由焊缝向母材扩散，结果将使化学不均匀性有所缓和，而最终结果则取决于溶质原子的扩散能力，如在焊接同种钢时，碳是扩散能力较强的元素，在凝固后可通过扩散而均匀化，完全冷却后没有明显的偏析。而硫、磷等扩散能力弱的元素，凝固后浓度的变化很小，保留了较严重的偏析。

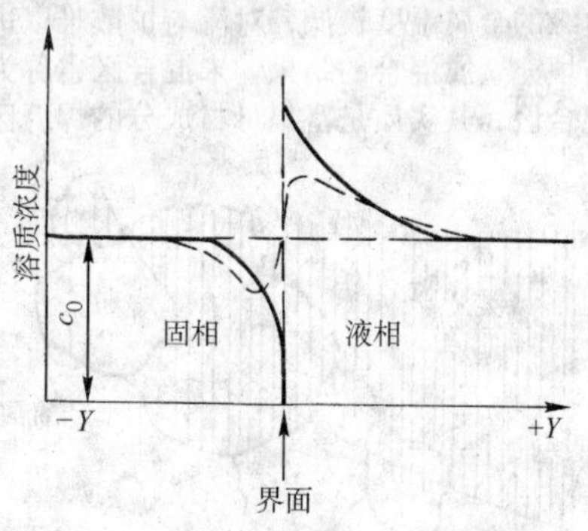

图2.5-51　固液界面溶质浓度的分布

当焊缝与母材成分不同时，熔合区的化学成分还具有过渡的性质。严格地讲，即使是用低碳钢焊丝（条）焊接低碳钢母材，焊缝与母材的成分也不完全相同。

(3) 熔合区的物理不均匀性

熔合区的物理不均匀性，主要表现为不均匀加热所导致的显微缺陷－空位或位错的聚集或重新分布。焊接时的高温加热，使原子热振动加强，削弱了原子间的链合力，而使空位的浓度增加，不平衡冷却时，空位必处于过饱和状态，超平衡浓度的空位则要向高温部位发生运动，而半熔化区本身就易于形成较多空位，因此熔合线附近将是空位密度最大的部位。这种空位的聚合可能是熔合区延迟断裂的原因之一。

此外，塑性变形也促使形成空位。塑性形变量越大，越易于形成空位，而且空位往往趋向于应力集中部位扩散运动。

综上所述，熔合区内存在着严重的化学和物理的不均匀性，因而组织与性能也是不均匀的，所以熔合区是整个接头中最薄弱的环节。

3.2　焊接热影响区的转变

焊接过程中，在形成焊缝的同时，在其附近的母材经受了一次焊接热循环的特殊热处理，从而形成了一个组织和性能都不同于母材的焊接热影响区。在焊接热影响区内各部位所受的热循环不同，必然导致焊接热影响区内各部分的组织变化和性能变化也不同。由此可见，焊接热影响区本身是一个组织和性能极不均匀的区域。其中一些组织和性能变坏了的部位往往成为焊接接头中的薄弱环节。

(1) 焊接加热时的组织转变

焊接时，加热温度高，加热速度快，必然会对金属的相变温度和高温奥氏体的均质化过程带来显著影响。

大量试验结果表明，加热速度越快，被焊金属的相变点 Ac_1 和 Ac_3 的温度越高，而且 Ac_1 和 Ac_3 之间的温差越大。如表2.5-8所示。

表2.5-8　加热速度对相变点与温差的影响

钢　种	相变点	平衡状态/℃	加热速度/℃·s^{-1}				Ac_1 与 Ac_3 的温差/℃		
			6~8	40~50	250~300	1 400~1 700	40~50	250~300	1 400~1 700
45钢	Ac_1	730	770	775	790	840	45	60	110
	Ac_3	770	820	835	860	950	65	90	180
40Cr	Ac_1	740	735	750	770	840	15	35	105
	Ac_3	780	775	800	850	940	25	75	165
23Mn	Ac_1	735	750	770	785	830	35	50	95
	Ac_3	830	810	850	890	940	40	80	130
30CrMnSi	Ac_1	740	740	775	825	920	35	85	180
	Ac_3	820	790	835	890	980	45	100	190
18Cr2WV	Ac_1	710	800	860	930	1 000	60	130	200
	Ac_3	810	860	930	1 020	1 120	70	160	260

加热速度快，引起相变点提高，这是由于加热时由珠光体、铁素体转变为奥氏体的过程是扩散性重结晶过程，需要有孕育期。在快速加热的条件下，来不及完成扩散过程所需的孕育期，必然会引起相变温度的提高。

由表2.5-8可以看出，当钢中含有较多的碳化物形成元素（Cr、W、Mo、V、Nb、Ti）时，随着加热速度的提高，相变点 Ac_1 和 Ac_3 提高得更多。这是由于碳化物合金元素的扩散速度小（比碳小1 000~10 000倍），同时它们本身还阻碍碳的扩散，因而大大地减慢了奥氏体的转变过程。

加热速度除对相变温度有影响之外，对已形成的奥氏体的均质化也具有重要影响。由于奥氏体的均质化过程属于扩散过程，因此加热快和相变温度以上停留时间短，都不利于扩散过程的进行，从而均质化的程度很差。这一过程也必然会影响到冷却过程的组织转变。

(2) 焊接冷却时的组织转变

由于加热和冷却速度较快，焊接过程属于不平衡的热力学过程。在这种情况下，随冷却速度增加，平衡状态图上各相变点和温度线均发生偏移。如图2.5-52所示的Fe－C合金，随冷却速度 ω_c 增加，Ar_1、Ar_3、Ac_m 等均向更低的温度移动，同时共析成分已经不是一个点（0.8%C），而是一个成分范围。例如，当冷却速度 $\omega_c = 30$℃/s 时，共析成分范围为 0.4%～0.8%C，也就是说在快速冷条件下，0.4%C 的钢就可以得到全部为珠光体的组织（伪共析）。当冷却速度提高一定程度之后，珠光体转变将被抑制，发生贝氏体或马氏体转变。

焊接热影响区的金属经加热相变之后，在随后的冷却过程中，奥氏体将发生分解或转变，形成各种各样的组织（转变产物或分解产物），如铁素体、珠光体、屈氏体、贝氏体、马氏体等。不同的组织具有不同的性能，直接决定热影响区的组织和性能。因此，研究焊接条件下冷却时的相变规律，对于正确判断 HAZ 的组织和性能，合理制订焊接工艺参数，保证接头质量具有重要意义。

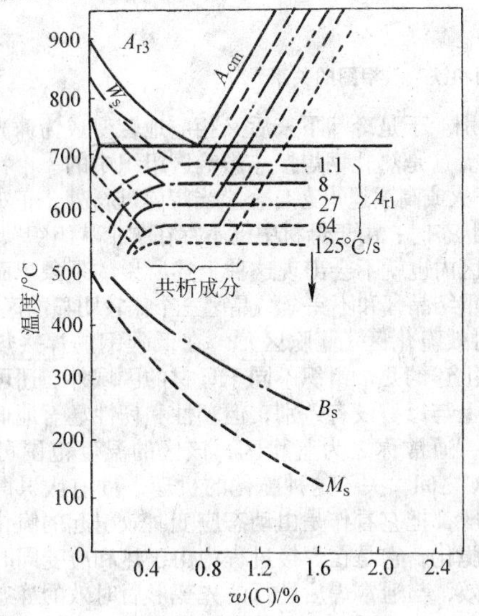

图 2.5-52　冷却速度 Fe－C 平衡状态的影响

A_{r1}—珠光体开始形成温度；B_s—贝氏体开始形成温度；

M_s—马氏体开始形成温度温度；W_s—魏氏体开始形成温度温度

3.3　焊接热影响区的组织及其对性能的影响

焊接时，母材热影响区距焊缝远近不同的各点，由于所经历的焊接热循环不同，其组织和性能也不同。

焊接热影响区的组织和性能不仅取决于所经历的热循环，而且还取决于母材的成分和原始状态。对于焊接结构用钢，按其热处理特性可分不易淬火钢和易淬火钢两类。这两类钢材淬火倾向不同，因而焊接热影响区组织变化也不同。如图 2.5-53 所示。

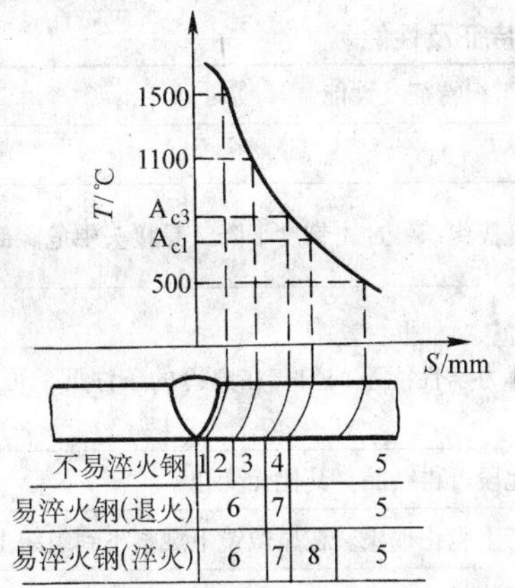

图 2.5-53　焊接热影响区的分布特征

（1）不易淬火钢热影响区组织分布及性能

不易淬火钢是指在焊接条件下淬火倾向很小，在焊后空冷条件下不易形成马氏体的钢材。如低碳钢和含合金元素很少而强度级别较低的低合金钢（如 16Mn、15MnTi、15MnV 等）。对于这类钢，按照热影响区中不同部位加热的最高温度和组织特征的不同，可分为以下几个区域。如图 2.5-54 所示。

1）过热区（又称粗晶区）

① 组织特点　该区紧邻焊缝，它的温度范围包括了从晶粒急剧长大的温度开始一直到固相线温度，对普通的低碳钢来说，大约在 1 100～1 490℃之间，由于加热温度很高，特别是在固相线附近处，一些难溶质点（如碳化物和氮化物等）也都溶入奥氏体，因此奥氏体晶粒长得非常粗大。这种粗大的奥氏体在较快的冷却速度下形成一种特殊的过热组织—魏氏组织。奥氏体晶粒愈粗大，愈容易生成魏氏组织。

② 性能特点　这一区域存在的魏氏组织是由结晶位向相近的铁素体片形成的粗大组织单元，它严重地降低了热影响区的韧性，使这一区域成为不易淬火钢材焊接接头变脆的一个主要原因。

③ 改进措施　一般焊条电弧焊时的高温停留时间最短，晶粒长大并不严重，而电渣焊时的高温停留时间长，晶粒长大严重。因此，电渣焊时就比电弧焊接时容易出现粗大的魏氏组织，而且对同一种焊接方法来说，热输入越大，越容易得到魏氏组织，焊接接头的性能就越差。因此，电渣焊时，为了改善焊接接头的性能，消除严重的过热组织，必须要采用焊后正火处理来消除晶粒粗化。

2）重结晶区（又称正火区或细晶区）　该区加热到的峰值温度范围在 A_3 到晶粒开始急长大以前的温度区间，对于普通的低碳钢来说大约在 900～1 100℃之间。该区的组织特征是由于在加热和冷却过程中经受了两次重结晶相变的作用，使晶粒得到显著的细化。对于不易淬火钢来说，该区冷却下来后的组织为均匀而细小的铁素体和珠光体，相当于低碳钢正火处理后的细晶粒组织。因此，该区具有较高的综合力学性能，一般情况下比母材还好，是热影响区中组织和性能最好的区域。

3）不完全重结晶区（又称不完全正火区或部分相变区）

① 组织特点　该区加热到的峰值温度在 Ac_1 到 Ac_3 之间，普通低碳钢约为 750～900℃。该区特点为，只有部分金属经受了重结晶相变，剩余部分为未经重结晶的原始铁素体晶粒。因此，它是一个粗晶粒和细晶粒的混合区。

不易淬火钢该区的组织为在未经重结晶的粗大铁素体之间分布有经重结晶后的细小铁素体和粒状珠光体的群体，形成这种组织的原因是由于焊接时，升温速度快，当加热到 Ac_1～Ac_3 之间时，原来的珠光体全部转变为细小的奥氏体，而铁素体仅部分溶入奥氏体，剩余部分继续长大，成为粗大的铁素体。冷却时奥氏体转变为细小的铁素体和珠光体，粗大的铁素体依然保留下来。

此外，珠光体转变为奥氏体是一个扩散过程，因此在焊接条件下，珠光体的转变温度有升高的趋势，加热速度愈快，温度升高越明显。这一现象在有碳化物形成元素的合金钢中表现得更为严重。另外，在加热速度很快时，由珠光体转变而来的奥氏体中碳的分布很不均匀，甚至还可能存在大量未溶解的碳化物质点，或少量的珠光体。因此，在随后的冷却过程中，当冷却到共析转变温度（Ar_1）时，碳化物极易呈粒状析出，形成细的粒状珠光体。这是该区内珠光体的特点。

② 性能特点　由于这一区域内除了细的粒状珠光体外，还存在有部分未经重结晶的粗大的铁素体，因此该区的特点是组织不均匀，晶粒大小不一，力学性能也不均匀。

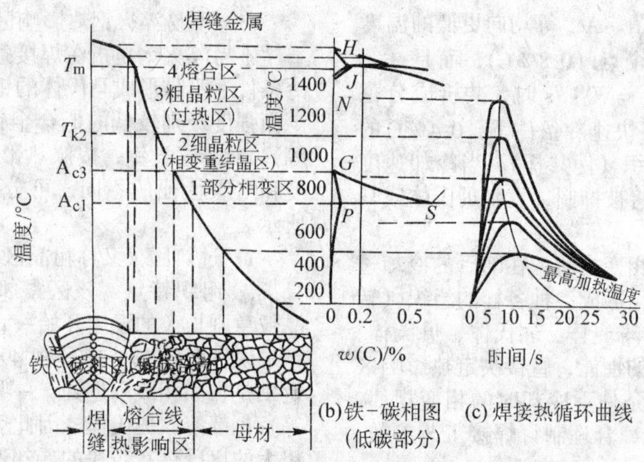

图 2.5-54　焊接热影响区各部分加热的温度范围和铁-碳相图的关系

4) 再结晶区　再结晶与重结晶不同，其发生温度低于相变点，重结晶时金属的内部晶体结构要发生变化，即指的是同素异构转变时金属由一种晶体结构转变为另一种晶体结构。而在再结晶时只有晶体外形的变化，并没有内部晶体结构的变化。可以根据焊前母材的状态分为以下几种情况进行分析。

① 冷作变形强化的合金　当母材在焊接前经过冷作变形，并沿着冷作变形方向形成明显拉长的晶粒及其碎片时，则在加热到相变点以下，500℃以上的热影响区内会出现一个明显的再结晶区。低碳钢再结晶区的组织为等轴铁素体晶粒，明显不同于材料冷作变形后的纤维状组织。再结晶区的强度和硬度都低于冷作变形状态的母材，但塑性和冲击韧度都得到改善。因此，再结晶区在整个焊接接头中是一个软化区。

② 热轧或退火态的合金　当焊前母材为未经受过冷作塑性变形的热轧制板或退火状态下的钢板，那么在热影响区内就不会出现这种再结晶现象。所以在焊接通常的热轧低碳钢板和低合金钢板时，有明显组织变化的热影响区只有三部分。即过热区、重结晶区和不完全结晶区。但在这种合金的焊接热影响区经常还能看到一种热轧钢的典型组织，即珠光体和铁素体沿轧向呈带状或层状分布的"带状组织"。这种组织是由于枝晶偏析和夹杂物在轧制过程中被拉长所造成的。因此，当夹杂物严重时，会引起钢板垂直于轧向的塑性和冲击韧度明显下降。这种"带状组织"在焊接热影响区内可保留到不完全重结晶区。当母材中的"带状组织"严重时，甚至在正火区〈重结晶区〉内还不能完全消除。这是因为焊接过程中热影响区的高温停留时间很短，奥氏体之间的碳来不及扩散均匀。因此在高温下仍然存在富碳奥氏体带(由原珠光体带转变成）和贫碳奥氏体带（由原铁素体带转变成）的差别。于是冷却下来后又相应地转变成为珠光体带和铁素体带。这是热轧钢焊接热影响区组织中的一个特点。

③ 正火或高温退火态合金　当焊前母材处于正火状态或高温退火状态时，由于母材中已不存在"带状组织"，因此焊接热影响区内也就不会出现这种上述所说的现象。而只形成过热区、重结晶区和不完全结晶区三个比较明显的区域。

5) 时效脆化区（蓝脆区）　在低碳钢的焊接热影响区内，除了上述的几个组织不同于母材的区域外。还可能存在一个组织上与母材没有差别，但塑性和韧性显著地低于母材的脆化区，通常称之为蓝脆区，该区的温度范围可扩大到200～750℃之间。关于这种脆化的机理，目前认识得尚不够清楚，一般都把它看作是由动态应变时效引起的脆化，即所谓热应变脆化，它是在焊接过程中由于热和应变同时作用下引起的时效，与通常焊后进行的先变形后时效的静态应变时效有类似之处。时效脆化与固溶于铁中自由氮含量有密切关系。一般来说，低碳钢和强度级别不高的低合金钢（$\sigma_b <$ 490 MPa）中，自由氮原子较多，因此它们的热应变脆化倾向也较大。当钢中含有足够量的固氮合金元素（如 Al、Ti、V 等）时就能降低这种脆化倾向，所以铝镇静的低碳钢和一些含有固氮元素的合金钢对这种热应变脆化的倾向较低，而在低碳沸腾钢的热影响区中这种脆化就比较严重。因此，在焊接这类强度级别不高的低碳钢和低合金钢时不仅要注意有组织变化的热影响区，而且还要重视这一"看不见的热影响区"。

以低碳钢为例，按照热影响区各点经历的热循环，对照铁碳合金状态图，各区段的划分如图 2.5-54 所示。各区的特征见表 2.5-9。

表 2.5-9　低碳钢热影响区的组织分布特征及性能

部　位	加热温度范围/℃	组织特征及性能
焊缝	>1 500	铸造组织柱状树枝晶
熔合区及过热区	1 400～1 250 1 250～1 100	晶粒粗大，有时脱碳，快冷易产生魏氏组织，冲击韧度下降，是接头中危险部位
相变重结晶区	1 100～900	晶粒细化，力学性能良好
不完全重结晶区	900～730	粗大铁素体和细小的珠光体。铁素体力学性能不均匀，在急冷的条件下，可能出现高碳马氏体
再结晶区	730～500	如焊前有塑性变形或有晶格扭曲，此段可再结晶，其他无变化
时效脆化区	730～300	由于热应力及脆化析出，经时效会产生脆化现象。在显微镜下观察不到组织上的变化
母材	300～室温	没有受到热影响的母材部分组织无变化

焊接热影响区的大小与焊接方法、线能量、板厚及不同的焊接工艺有关。用不同的焊接方法焊接低碳钢时热影响区的平均尺寸见表 2.5-10。

表 2.5-10　不同焊接方法热影响区的平均尺寸

焊接方法	各区的平均尺寸/mm			总宽/mm
	过热	相变重结晶	不完全重结晶	
焊条电弧焊	2.2~3.0	1.5~2.5	2.2~3.0	6.0~8.5
埋弧焊	0.8~1.2	0.8~1.7	0.7~1.0	2.3~3.0
电渣焊	18~20	5.0~7.0	2.0~3.0	25~30
真空电子束焊	—	—	—	0.05~0.75

对于低碳钢和一些淬硬倾向较小的钢种（16Mn、15MnV 等），除了过热区外，其他各区的组织基本相同，主要是铁素体和珠光体，其次有少量贝氏体和马氏体。低碳钢的过热区主要是魏氏组织，而 16Mn 钢由于有锰的加入，过热区出现少量粒状贝氏体。在快速冷却条件下（如厚板焊条电弧焊），有可能出现马氏体组织。

(2) 易淬火钢的组织分布及其性能

易淬火钢是指在焊接空冷条件下容易淬火形成马氏体的钢种。由于焊接时的冷却速度很大，因此一些通常认为淬火倾向并不大的钢材，在焊接条件下也会形成淬火组织。所以这类钢材的范围实际上是很广的，从低合金高强度钢中的热轧钢、正火钢、低碳调质钢，一直到含碳较高的中碳调质钢和高碳钢等。

易淬火钢焊接热影响区的组织分布与母材焊前的热处理状态有关。如果母材焊前是正火或退火状态，则焊后热影响区的组织分布可分为以下几个区。

1) 完全淬火区　从理论上讲，焊接热影响区中凡是加热到 Ac_3 以上，达到了完全奥氏体化的区域都应属于淬火区。因此，它包括了相当于低碳钢焊接热影响区中的过热区（1 100~1 490℃）和正火区（重结晶区）（900~1 100℃）两部分，如图 2.5-53 所示。过热区和正火区虽然在易淬火钢中都属于淬火区，但由于加热到的峰值温度不同，由此引起的晶粒度、合金碳化物和氮化物的溶入以及奥氏体成分的均匀化程度等都不同，因此，奥氏体的稳定性不同。过热区加热的峰值温度最高，接近熔点，所以该区内晶粒长得很粗大，一些难熔的合金碳化物和氮化物质点都溶入奥氏体。因此，奥氏体成分的均匀化程度高，提高了过热区奥氏体的稳定性。另外，该区的冷却速度最大，所以过热区淬火倾向大于正火区，冷却后的组织为粗大马氏体。峰值温度处于正火区的部分则得到细小马氏体，根据冷却速度和线能量的不同，还可能出现贝氏体，形成了马氏体和贝氏体混合组织。这两个区的组织同属马氏体类型，只是粗细不同，因此，统称为完全淬火区。

由上述分析可知，焊接热影响区中过热区的晶粒最为粗大，也最容易淬火，因此，冷却下来后得到的粗大马氏体组织或粗大的其他混合组织，其性能特点为硬度较高、塑性较低和韧性较差，这些组织对接头性能有很大的影响，成为焊接接头的薄弱环节。而正火区则不同，此区的晶粒比较细小，相当于热处理的正火过程，其性能没有大的改变。

此外，应当注意的是在调节奥氏体分解时的冷却速度时，采用预热比加大热输入的效果要好。因为预热基本上不影响焊接时热影响区的高温停留时间，只改变奥氏体分解时的冷却速度。例如将焊接热输入由 19.7 kJ/cm 提高到 39.4 kJ/cm 时，650℃的冷却速度由 14℃ /s 降低到 4.4℃/s，但高温停留时间相应地由 5 s 增加到 16.5 s。这会引起晶粒长大和奥氏体稳定性的增加，使淬硬倾向加大和性能变坏。而当焊接线能量保持 19.7 kJ/cm 不变，采用 260℃预热同样可以将 650℃时的冷却速度降到 4.5℃/s，但高温停留时间仍保持在 5 s，这样显然对减少淬硬倾向和改善性能是最有利的。

2) 不完全淬火区　相当于不易淬火钢材焊接热影响区内的不完全重结晶区（750~900℃）。母材被加热到 Ac_1 ~ Ac_3 之间，在快速加热条件下，铁素体很少溶入奥氏体，而珠光体、贝氏体、索氏体等转变为奥氏体。在随后的快冷过程中只有奥氏体能转变为马氏体，而原来的铁素体则保持不变，并有不同程度的长大，最终冷却下来后的组织为马氏体 - 铁素体混合组织，故称为不完全淬火区。如含碳量和合金元素不高或冷却速度较小时，也可能出现索氏体和珠光体组织。

这一区与过热区和正火区相比，具有加热温度较低，冷却速度也较低的特点，因此奥氏体的均匀化程度和过冷度都较低，但由于这一区内的奥氏体是直接由珠光体转变而来的，故其含碳量很高，相当于共析成分，这就大大提高了奥氏体的稳定性。一般情况下，由于加热温度较低，冷却速度也较低，该区不易淬火，冷却下来后的组织为珠光体 + 铁素体组织。但当冷却速度足够快时也能得到马氏体组织。而由于此时奥氏体的含碳量高（接近于共析成分），因此所得马氏体与上述淬火区中的马氏体不同，为非常硬脆的高碳马氏体，形态一般为隐晶马氏体，该区淬火后的组织是一种复杂的混合组织，其脆性也较大，仅次于过热区。

3) 回火区　焊接热影响区内是否存在这一区域以及这一区域的范围与焊前母材所处的状态有着密切的关系。如果焊前母材的原始组织已经是铁素体 + 珠光体，则在低于 Ac_1 的区域内加热时根本不会再发生任何组织变化。因此，对于热轧钢、正火钢以及退火状态的淬火钢来说，它们的焊接热影响区内都不存在回火区。如果焊前母材处于淬火 + 回火状态，则该区的范围与焊前的回火温度有关。凡是加热峰值温度超过母材回火温度，一直到 Ac_1 之间的区域，即为焊接热影响区中的回火区。假如母材是淬火后经 200℃低温回火时，则热影响区中的回火区范围为 200℃ ~ Ac_1。假如母材处于调质状态，即经 600℃的高温回火时，则热影响区中的回火区缩小到 600℃ ~ Ac_1。因此母材原来的回火温度越高，则焊接热影响区中的回火区越小，至于回火区中的组织状态也取决于加热的峰值温度。因此，回火区中不同部位的组织还不完全一样，随着回火区中温度的提高，碳化物的析出越来越充分，其弥散程度越来越小，碳化物粒子逐渐变粗，使这部分的性能变差。例如，在焊接调质钢时，在 Ac_1 附近的热影响区回火区内有一强度最低的软化区。这一软化区如果不经焊后重新调质处理，就无法再消除，而且随着钢材级别的提高，这种软化现象更为突出。

另外，当合金元素含量较少，而且自由氮原子较多时，这类钢的回火区内也可能出现蓝脆现象。

综上所述，金属在焊接热循环作用下，热影响区组织分布是不均匀的，熔合区和过热区晶粒严重长大，是整个焊接接头的薄弱地带。对于含碳量高，合金元素较多，淬硬倾向较大的钢种，还出现淬火组织马氏体，降低塑性和韧性，容易产生裂纹。

(3) 焊接热影响区组织

在焊接热循环作用下，热影响区的组织转变属非平衡转变，往往会得到多种混合组织。热影响区常见的组织有铁素体、珠光体、魏氏组织、上贝氏体、下贝氏体、粒状贝氏体、高碳马氏体及 M - A 组元等。在一定条件下，热影响区出现哪几种组织主要与母材的化学成分和焊接工艺条件有关。

1) 母材的化学成分和原始状态　母材的化学成分是决

定热影响区组织的主要因素。一般来讲，母材含碳量及合金元素越多，淬硬倾向越大，所以低碳钢及低合金钢(16Mn)，其热影响区主要是铁素体、珠光体和魏氏体组织，并可能有少量贝氏体或马氏体。对于淬硬倾向较大的钢种，其热影响区主要是马氏体，并依冷却速度的不同，可能出现贝氏体、索氏体等组织。

对于不含碳化物元素的钢，其奥氏体的稳定性（即淬硬倾向）主要取决于奥氏体晶粒长大的倾向，奥氏体晶粒越大，越容易产生淬硬组织。

对含碳化物形成元素的钢，如18MnMoNb、40Cr等，只有当碳化物溶解于高温奥氏体时，才增加淬硬倾向，否则，会降低淬硬倾向。

对于易淬火钢，其马氏体类型主要取决于含碳量。含碳量不同，会得到不同的马氏体类型组织，如低碳马氏体、高碳马氏体等。

钢中存在较严重的偏析时，会出现反常现象，在正常成分范围内出现一些预料不到的硬化和裂纹，如高锰钢的偏析倾向较大。焊接热影响区中奥氏体成分较均匀，在含Mn量比较高的部位，有可能形成硬脆的马氏体，导致裂纹产生。

母材的原始组织状态也对热影响区组织有重要的影响。焊前原始状态不同，也可得到不同的组织。例如，经冷却变形强化的低碳钢再结晶区的组织为等轴铁素体晶粒，明显不同于母材冷作变形后的纤维状组织。

2）焊接工艺条件　焊接工艺条件主要指焊接方法、焊接线能量、预热等。它们主要影响焊接温度场、焊接热循环、峰值温度、加热速度、高温停留时间和冷却速度，从而决定了奥氏体晶粒的倾向、均质化程度和冷却时的转变。

对于一定的钢种，高温停留时间越长，冷却速度越快，得到的淬硬组织越多。即使低碳钢，加热温度在$Ac_1 \sim Ac_3$的不完全重结晶区，也可能出现高碳马氏体。这是因为快速加热时，原珠光体转变为高碳奥氏体［w（C）0.8%］，并且来不及扩散均匀化。当冷却速度很快时，这部分高碳奥氏体转变为高碳马氏体，而铁素体始终未发生变化，最后得到马氏体和铁素体的混合组织。

3.4　焊接热影响区晶粒粗化现象

焊接条件下，热影响区由于强烈地过热而使晶粒发生严重的长大，这不仅影响焊接接头的性能，同时也增大了产生裂纹的危险性。

（1）晶粒长大的一般特点

1）晶粒长大的特性　随着加热温度的升高或保温时间的延长，晶粒之间相互吞并而长大的现象称之为晶粒长大。根据晶粒长大过程的特征，可将晶粒长大分为正常长大和反常长大。

正常长大是未变形的金属或合金在足够高的温度下加热时，晶界发生缓慢迁移，晶粒均匀长大的现象。正常晶粒长大的驱动力是晶粒长大前后总的界面能差。晶界总是趋向平直化，弯曲半径小的要趋向于弯曲半径大的，以至于变为平面的晶界。表面能驱使晶界迁移的方向是曲率半径中心。因而，在晶粒长大时，晶界总面积应减小，也就是多边的大晶粒会吞并少边的小晶粒，如图2.5-55所示，正常晶粒长大，伴随温度升高表现为一条连续曲线（图2.5-56曲线1）。

异常长大实质上是二次再结晶现象。其特点是在一次再结晶完成之后，在继续提高温度时，绝大多数晶粒长大速度很慢，只有少数晶粒长大的异常迅速，以至到后来造成晶粒大小越来越悬殊，从而就更加有利于晶粒吞食周围的小晶粒，直至这些迅速长大的晶粒相互接触为止。在一般情况下，这种异常粗大的晶粒只在局部区域出现。异常长大与存在的弥散的夹杂物或第二相质点有关，这将在随后进行讨论。

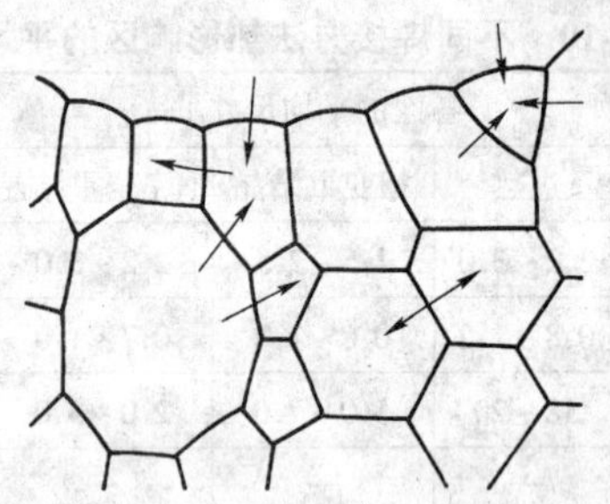

图2.5-55　晶粒长大时的晶界移动示意图

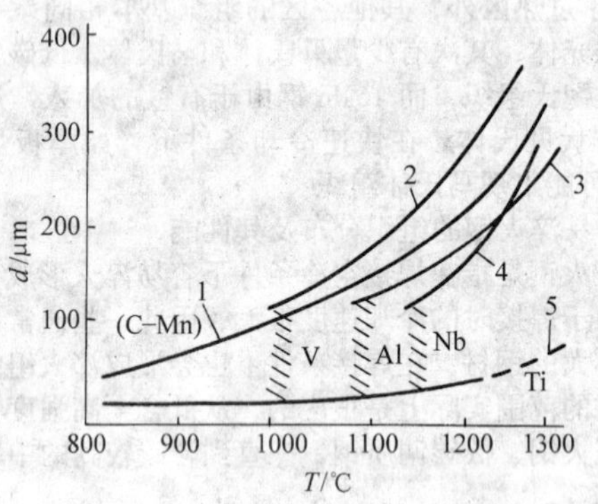

图2.5-56　HSLA钢中γ晶粒长大的曲线

晶粒的异常长大表现为不连续的性质，如图2.5-56中的曲线2，3和4。晶粒异常长大是微合金化控轧HSLA钢中最为曲型的晶粒长大特性。在异常长大的过程中存在一个晶粒急剧粗化的温度区间，在此温度区间以前，晶粒长大倾向极小，超过此温度区间后原始细小晶粒急剧粗化，甚至超过正常长大程度。

2）晶粒长大动力学

① 恒温加热过程中的晶粒长大　恒温加热时的晶粒长大与加热温度，保温时间有关，可由下式给出

$$D^{1/n} - D_0^{1/n} = K_0 t \exp\left[-Q/(RT)\right] \tag{2.5-1}$$

式中，D为奥氏体的平均晶粒尺寸，mm；D_0为初始奥氏体尺寸晶粒直径，mm；t为保温时间，s；T为加热温度，K；n为时间常数，取值一般为0.1～0.4，其极限值为0.5；K_0为与温度无关的常数；Q为激活能，J/mol；R为气体常数。

② 焊接条件下，温度是与时间有关的函数，可将式(2.5-1)修正为

$$D^{1/n} - D_0^{1/n} = K\int_0^{\infty} \exp[-Q/(RT(t))]\,dt \tag{2.5-2}$$

式中，K为奥氏体晶粒长大的动力学常数；$T(t)$为焊接热循环的曲线方程。

③ 热循环条件下晶粒长大　把热循环曲线分成若干小段，可认为在每个阶段的加热温度是不变的，即将热循环曲线分为若干个加热温度不同的恒温加热过程。于是，把热循环过程就分为许多恒温过程，式（2.5-1）就适用于每个加热阶段，然后用叠加方法便可得出热循环过程的晶粒直径公式如下：

$$D_j^{1/n} - D_0^{1/n} = K_0 \sum_{i=1}^{j} t_i \exp\left(-\frac{Q}{RT_i}\right) \tag{2.5-3}$$

式中，D_j 为第 j 个加热阶段终了的晶粒直径，mm；t_i 为第 i 个加热阶段的加热时间，s；T_i 为第 i 个加热阶段的加热，K。

④ 弥散第二相颗粒对晶粒长大的影响　利用析出物使奥氏体晶粒细化在实际生产中已得到广泛应用。迄今为止，对 NbC，AlN 及 TiN 的析出物的利用已进行了研究。析出物的数量，特别是颗粒大小对奥氏体晶粒尺寸有很大影响。这种影响可用下式给出：

$$R = K\ (r/\phi_v) \tag{2.5-4}$$

式中，R 为奥氏体晶粒半径，μm；$r = (ab)^{1/2}/2$ 为析出物颗粒半径，μm；a 为析出物长度，b 为析出物宽度；ϕ_v 为析出物体积分数，%；K 为常数。对 TiN 约为 1.5，NbC 及 AlN 为 1.7。

而 r 则为：

$$r = C\ (D/T)^{1/3} t^{1/3} \tag{2.5-5}$$

式中，T 为加热温度；C 为与时间、温度无关的常数；D 为扩散系数；T 为加热保温时间。

由式（2.5-4）及式（2.5-5）可知，一定的奥氏体尺寸与析出物体积百分数及加热－保温时间有关，但主要由百分数决定。

3）焊接 HAZ 中的晶粒长大　因为焊接热影响区中的温度分布不同，距焊缝边界（WI）各点的焊接热循环不同，各不同点的晶粒尺寸也会有不同的变化。如不计相变带来的影响，距焊缝边界越近，晶粒粗化程度越显著，如图 2.5-57 所示。由该图也可以看出，显著粗化的粗晶区并非紧邻焊缝边界，而是离开一小段距离。在这个区内，晶粒并非无限制长大，这是因为一方面，紧邻焊缝边界的小段区域已实际处于固液两相共存的状态，属于“半熔化区”，晶界局部熔化而限制了晶粒的长大；另一方面，α↔γ 为相变重结晶，在 Ac_3 以上可产生“正火”效果从而使晶粒细化。

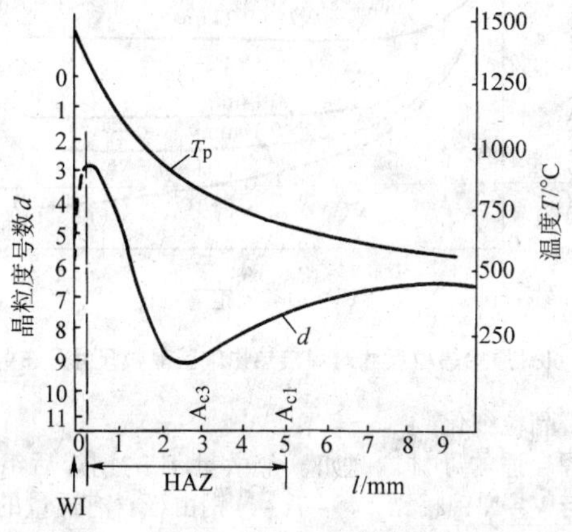

图 2.5-57　C－Mn 钢 HAZ 中晶粒尺寸 d 的分布

这个晶粒度最大的部位距离焊缝边界最近，处于过热区。因而过热区也可称粗晶区。

对于图 2.5-57 中 C－Mn 钢的焊接热影响区来说，属于正常长大的情况，原始晶粒度为 7 级，晶粒度正常长大后最大达 3 级。但在一些情况下，焊接热影响区晶粒也会异常长大，如 15MnVN 钢正火态时晶粒度为 11～12 级，粗晶区晶粒度达 2～3 级（埋弧焊，E = 23 kJ/cm），晶粒度变化十分显著。这是因为 15MnVN 所含 VN 或 V（CN）相不够稳定，易于固溶的缘故。

(2) 影响焊接 HAZ 晶粒粗化的因素

1）沉淀相的影响　对于大多数实用钢种来说，总有第二相颗粒存在。弥散第二相颗粒在晶粒长大时，对晶界迁移有明显的阻碍作用。设想，弥散颗粒的阻力与晶粒长大的驱动力平衡，则一般晶粒长大的抑制机理可用 Zener 公式表示：

$$d = \frac{4r}{3V_f} \tag{2.5-6}$$

式中，d 为晶粒最大极限直径；r 为沉淀相颗粒半径；V_f 为沉淀相的体积分数。

由此可见，沉淀相颗粒尺寸越细小，且体积分数 V_f 越大，即沉淀相颗粒越细小分散，则晶粒直径就越细小，沉淀相抑制晶粒长大的效果越显著。例如，含 Ti 微合金钢中具有大量尺寸细小的 TiN 粒子，这些粒子非常稳定，可有效地阻止奥氏体晶粒的长大，抑制粗大贝氏体形成，促进针状铁素体析出及 M－A 组元分解。

应当注意的是，作为第二相的沉淀析出颗粒，其尺寸并非固定不变，它也是受扩散制约，并伴随着加热温度和时间的增加而逐步粗化。钢中 γ 晶粒的粗化可能主要与沉淀相颗粒的固溶有关，但也与其本身颗粒的粗化有一定的联系。例如，对于含 TiN 的钢，晶粒粗化并非取决于 TiN 的固溶，而是由于 TiN 颗粒聚合长大成粗大颗粒，致使 γ 晶粒发生长大。

在微合金化 HSLA 钢中可以见到的沉淀相如表 2.5-11 所示，主要是碳化物，氮化物或碳氮化物。

表 2.5-11　微合金化钢中的沉淀相

沉淀相	尺寸/nm	沉淀部位
TiN，ZrN	10^4（粗大）	凝固组织中
TiN	10^1（细小）	γ 相内
NbC，TiC，BN	10^2（中等大小）	γ 晶界及亚结构
Nbc，TiC	10^2（中等大小）	形变诱发沉淀
NbC，TiC，V（C，N）	10^1（列状细小）	γ/α 相间
NbC，TiC，V（C，N）	$< 10^1$（极细小，半共格）	α 相

2）焊接热循环影响

① 加热速度影响　焊接热影响区的晶粒长大受加热速度的影响很大，如图 2.5-58a 所示。随加热速度的提高，晶粒开始长大的温度上升，且最后得到的晶粒也比较小。

② 冷却速度的影响　图 2.5-58b 是将工业纯镍以 5 s 时间从室温加热到 1 400℃后，再以不同的冷却速度直线冷却到室温的晶粒尺寸的计算和测试的结果，数值是一致的。图中表明：冷却速度越大，晶粒越细，对晶粒尺寸的影响越小，冷却速度越小，晶粒越粗，对晶粒尺寸的影响也越大。

③ 最高加热温度与 $t_{8/5}$ 的影响　晶粒长大受最高加热温度的影响非常敏感，随最高加热温度的提高，晶粒尺寸急剧增大。在最高加热温度下保温也使晶粒长大加剧，但随保温时间的增长，晶粒长大的速度降低，如图 2.5-59 所示。

最高加热温度 T_m 和 $t_{8/5}$ 同时对碳化物，氮化物在奥氏体中完全溶解有影响，碳化物在奥氏体中溶解会促使晶粒异常长大，图 2.5-59 示出了碳化物，氮化物在奥氏体中完全溶解的溶解度线及相应的 T_m 和 $t_{8/5}$ 温度。由图可见 T_m 越高，完全溶解所需 $t_{8/5}$ 越短。在 T_m 一定时，为减小晶粒尺寸，应尽可能减小 $t_{8/5}$，也就是要尽可能减小焊接线能量 E。

④ 多次热循环的影响　多次热循环时，若各次热循环过程相同，晶粒将随热循环次数的增多而稍有长大，但热循环次数越多，这种长大的趋势越小。

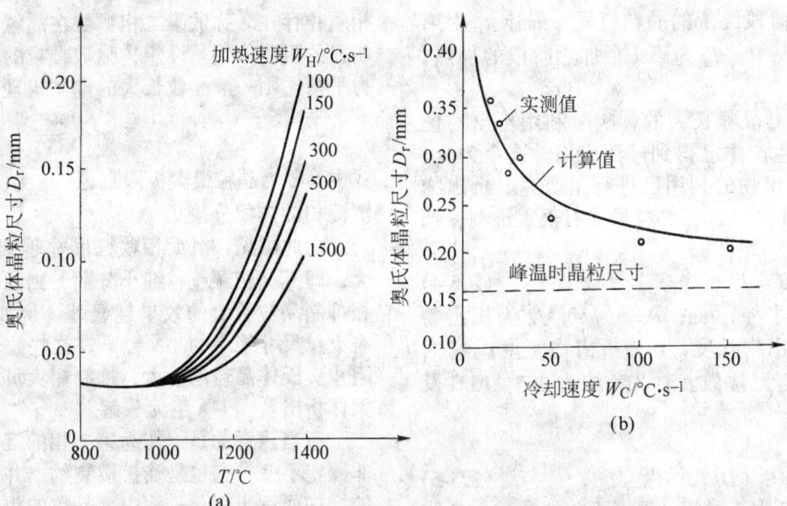

图 2.5-58　加热和冷却速度对奥氏体晶粒长大的影响

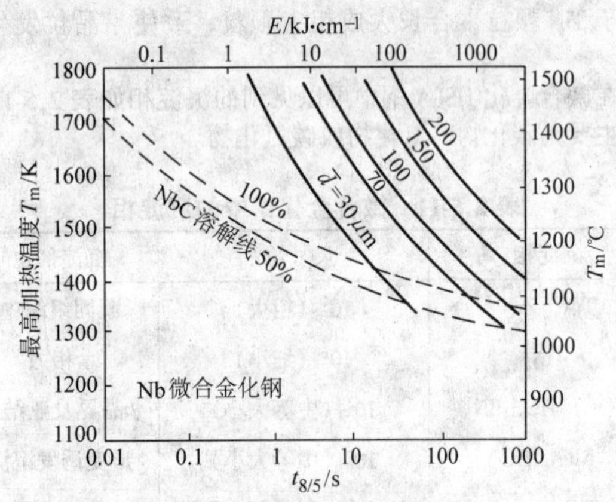

图 2.5-59　含 Nb 钢 HAZ 晶粒尺寸与 T_m、E、$t_{8/5}$的关系（埋弧焊，20℃）

⑤ 焊接线能量影响　焊接线能量对晶粒长大有明显的影响。它不仅影响焊接热影响区奥氏体晶粒的大小，而且影响晶粒的分布。根据晶粒长大方程（式 2.5-2）和焊接热传导公式的组合，将焊接热循环过程引入晶粒长大过程，就可得出焊接线能量影响奥氏体晶粒直径的关系，用下式表示：

$$\lg(D^4-D_0^4)=-92.64+2\lg\eta'E'+\frac{1.291\times10^{-1}}{(y'/\eta'E')+1.587\times10^{-3}} \tag{2.5-7}$$

式中，E'为单位板厚的焊接线能量，J/cm；y'为至熔合线的距离，mm；η'为换算系数。

η'相当于所谓热效率值，引入 η'后，使焊接热影响区高温加热范围的峰值温度最接近于实测结果，使这个高温加热范围的晶粒度也接近实际情况，它实际上是一个以晶粒尺寸为基准的经验数据。对 HT80 的 TIG 焊来说，η'取 0.65，埋弧焊时 V 取 0.85。而 HT100 的电子束焊接 η'取 0.80。这时，晶粒的实验值和计算值基本上是一致的。晶粒最大处是在 $y'=0$ 的熔合线上，此处加热温度已接近熔点，原始组织及其晶粒尺寸 D_0 的影响很小，并可认为 $D_0=0$。故在数值上，可用式（2.5-6）来求得焊接热影响区最大的奥氏体晶粒直径为：

$$D_m=1.487\times10^{-3}\ (\eta'E')^{1/2} \tag{2.5-8}$$

可见熔合线的奥氏体晶粒直径与焊接线能量的平方根成正比。随焊接线能量的增大，不仅熔合线奥氏体晶粒直径增大，而且晶粒长大的范围也增大。因此，可通过调节焊接线能量以限制焊接影响区晶粒长大。对 HT100 来说，晶粒尺寸在 0.05 mm 以下可改善韧性。

⑥ 原始晶粒尺寸的影响　图 2.5-60 为原始晶粒尺寸对工业纯镍焊接热影响区晶粒尺寸分布的影响。尽管是原始晶粒尺寸越小，焊接热影响区的晶粒越细，但在熔合区附近原始晶粒度对焊后的晶粒尺寸却几乎没有影响。这种情况是由于原始晶粒细小，晶粒长大的驱动力大，因而晶粒开始长大的温度低，晶粒长大的速度也大，此外，熔合线附近加热温度高，晶粒长大速度大。这两个因素作用的结果，使溶合线附近的晶粒长大几乎不受原始晶粒大小的影响。

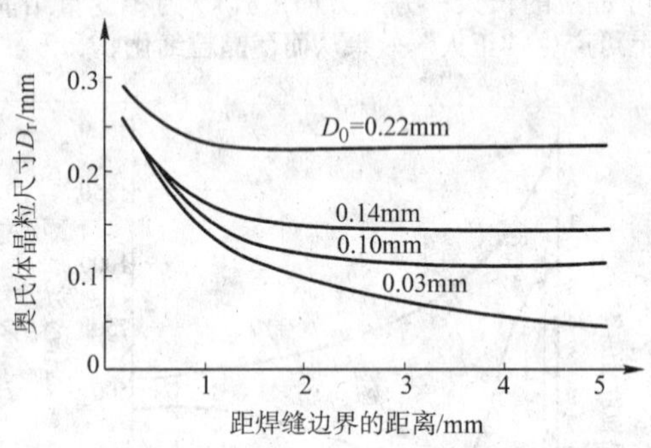

图 2.5-60　原始晶粒尺寸对焊接热影响区晶粒尺寸分布的影响

（3）晶粒细化

选择合适的母材，例如，含微量 Ti 的钢焊后组织易于细化。与 V－N 钢相比，V－Ti－N 钢由于含有适量的钛，使奥氏体晶粒及其转变产物显著细化，并且奥氏体转变产物的形态和分布也得到改善。

晶粒长大受最高加热温度 T_P 的影响非常敏感，因此在峰值 T_P 一定时，为减小晶粒尺寸应尽可能减小 $t_{8/5}$ 也就是要尽可能限制焊接线能量 E。

在一次热循环条件下，当最高加热温度刚刚超过 Ac_3 时，晶粒最细。若相变温度 Ac_1 与最高加热温度之差为 ΔT（℃），则晶粒数决定 Ac_1 以上的保留时间 t 及 ΔT，即决定于 ΔTt 之值，如图 2.5-61a 所示，由此可得下式：

$$N=K_0-K_1\lg(\Delta Tt) \tag{2.5-9}$$

式中，N 为晶粒数；K_0、K_1 为常数。

可见，N 与 ΔTt 值的对数呈直线关系减少。因此，降低 ΔTt 可细化晶粒。

在多次热功当量循环时，重复加热将使晶粒逐渐细化，

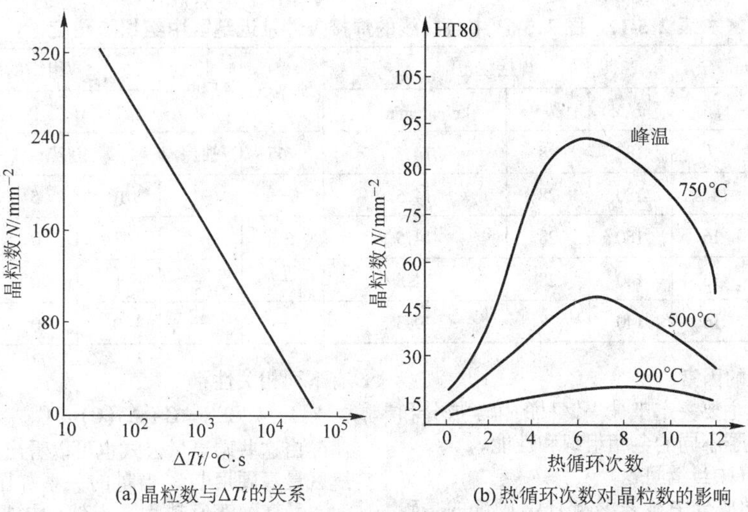

(a) 晶粒数与ΔTt的关系 (b) 热循环次数对晶粒数的影响

图 2.5-61 热循环对晶粒大小的影响

但循环6次之后，晶粒就会变大，如图 2.5-61b。这不是细化了的晶粒重新长大，而是未相变晶粒的直径变大了。

(4) 焊接热影响区粗晶区组织与韧性的影响

一般来说，最高加热温度在 1 300℃以上的粗晶区韧性最差，因此这个区域是研究的主要对象。它的韧性与组织有关，当然，其组织又决定于钢材的化学成分及线能量。图 2.5-62 为焊接线能量对焊接热影响区影响的示意图。从图中可知，得到下贝氏体（B_L）组织的焊接线能量，可有良好的韧性，即有较低的 VTrs 值。而得到上贝氏体组织，容易伴生 M－A 组织，这种组织的 M 相碳含量较高，韧性较差，转变温度升高。当得到铁素体加珠光体时，由于铁素体较软，因而，与上贝氏体相比，韧性有所改善，但因其焊接线能量较大，晶粒粗大，所以韧性较低，但若得马氏体，韧性比下贝氏体低。

上述的组织与韧性的关系还与碳含量有关，碳含量增大，同样组织，韧性下降。

3.5 焊接热影响区的硬化现象

焊接热影响区的硬化是指焊后热影响区的硬度已超出母材的水平。硬度是金相组织与性能的综合反映，热影响组织和性能的变化，必然表现在硬度变化上。一般来说，随着金属硬度的增加，其强度也增加，塑性和韧性下降，其冷裂倾向也增大。

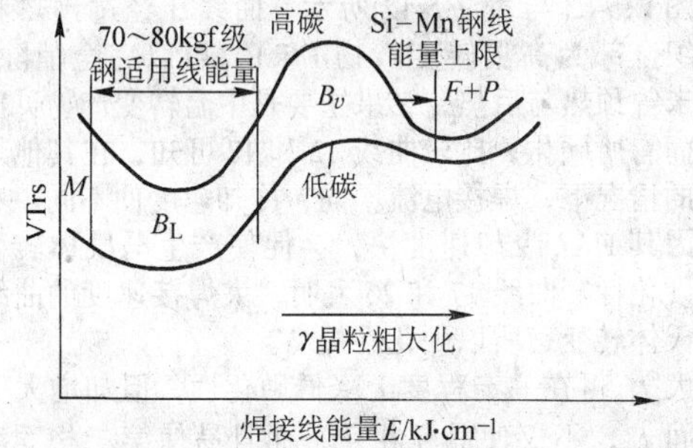

图 2.5-62 焊接线能量对焊接热影响区粗晶区组织和韧性影响示意图

(1) 硬化机理

焊接 HAZ 的热循环的不均匀性导致焊接 HAZ 的硬度分布也具有不均匀性。图 2.5-63 为 16Mn 钢 HAZ 的硬化分布示例。由图可见，硬度最高值出现在稍稍离开焊缝边界的部位。

焊接 HAZ 的硬化倾向与其组织变化相关，因而与母材成分，焊前状态及焊接热循环均有关系。图 2.5-63 与各条硬度曲线相应的焊接条件及组织情况列于表 2.5-12 中。显然，近缝区中马氏体数量越多，硬度值也相应越高。

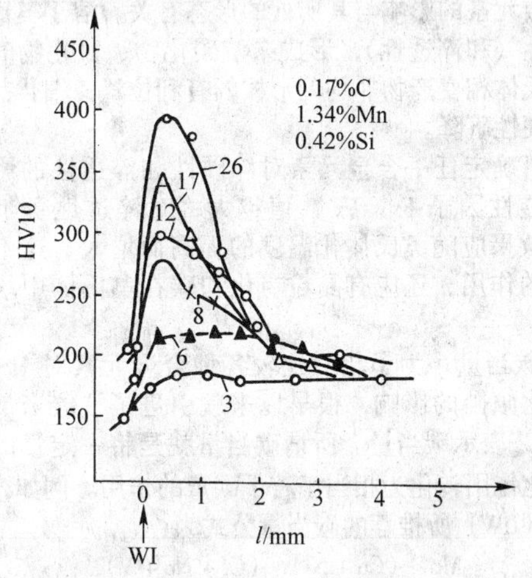

图 2.5-63 16Mn 钢 HAZ 硬度的分布

马氏体高强度，高硬度的原因是多方面的，其中主要包括碳原子的固溶强化，相变强化及时效强化。

马氏体是碳在 α－Fe 中过饱和的间隙固溶体。在平衡状态下，碳在 α－Fe 中的溶解度在 20℃时不超过 w_C = 0.002%。快速冷却条件下，由于铁，碳原子失去扩散能力，马氏体的含碳量可与原奥氏体含碳量相同，最大可达到 w_C = 2.11%，间隙原子碳在 α 相晶格中造成晶格的正方畸变，形成一个强烈的应力场。该应力场与位错发生强烈的交互作用，从而提高马氏体的强度。这就是碳对马氏体晶格的固溶强化。

马氏体转变时在晶体内造成晶格缺陷密度很高的亚结构，板条状马氏体的高密度位错网，片状马氏体的微细孪晶都将阻碍位错运动，从而使马氏体强化，这就是马氏体的相变强化。

时效强化也是一个重要的强化因素。马氏体形成以后，碳及合金元素的原子向位错或其他晶体缺陷处扩散偏聚或析出，钉扎位错，使位错难以运动，从而造成马氏体强化。

此外，马氏体束或马氏体片尺寸越小，则马氏体强度越高。这是由于马氏体相界面阻碍位错运动而造成的。原始奥氏体晶粒越细，则马氏体强度越高。

表 2.5-12 图 2.5-63 中各曲线的焊接条件及近缝区中组织和硬度

试样号	试板尺寸/mm			焊接规范			预热/℃	后热	组织的面积比率				HV10
	长	宽	厚	I/A	U/V	v/cm·min^{-1}			F	P	B	M	
(3)	120	150	7	180	28	14.5	465	石棉保温	100		0	0	185
(6)	120	150	14.4	180	28	14.5	—	—	10	5	85	0	228
(8)	120	150	16	180	28	14.5	—	—	3	0	94	3	277
(12)	120	150	16	140	28	14.5	—	—	1	0	70	29	298
(17)	120	150	16	140	28	29.3	—	—	0	0	35	65	346

(2) 影响马氏体硬化的因素

焊接热影响区的硬度主要决定于被焊钢材的化学成分和冷却条件，其实质是反映了不同的金相组织和性能。

1) 化学成分的影响（碳当量问题）

① 淬硬性 母材化学成分中显著影响 HAZ 硬度的是碳的含量，同是 CrMnSi 系统，合金元素含量基本一定，只改变含碳量，CCT 曲线便有差别，在同样冷却条件下所得组织就不相同。含碳量越高，淬硬性越大，越容易得到马氏体组织。但马氏体数量增多，并不意味着硬度一定大。马氏体的硬度随含碳量的增高而增大。

合金元素的影响与其所处的形态有关。溶于奥氏体时提高淬硬性（和淬透性），形成未溶碳化物、氮化物时，可提供非马氏体相变产物非均匀形核的有利位置，细化晶粒，而导致淬硬性下降。

为了确定任一合金元素对淬硬性和淬透性的影响，常引入淬透性因子 Fx。Fx 数值越大，对淬透性贡献大。不过淬硬效果应随奥氏体化温度的提高而增大，这不仅有合金元素的作用，还应有晶粒粗化和碳在奥氏体中均匀化的作用。

② 碳当量 为了相对比较各种合金元素对 HSLA 钢的 HAZ 硬化倾向的影响，很早以来就引进了“碳当量”的概念，以 C_{eq} 表示碳当量。所谓碳当量就是将一定量的某一元素的硬化作用转化为相当于若干碳量的作用。例如，国际焊接学会（IIW）所推荐的碳当量公式为：

$$C_{eq(\mathrm{IIW})}=C+\frac{Mn}{6}+\frac{(Cu+Ni)}{15}+\frac{(Cr+No+V)}{5} \quad w(C)\leqslant 0.2\% \tag{2.5-10}$$

此式只适用于低碳低合金同强钢焊接接头。式中每个元素的系数即为碳当量系数。例如，Mn 的碳当量系数为 1/6 表示一个 Mn（质量分数）的作用相当于 1/6 个碳（质量分数）的作用。还可以见另外一些碳当量公式，如：

$$C_{eq(\mathrm{WES})}=C+\frac{Mn}{6}+\frac{Si}{24}+\frac{Ni}{40}+\frac{Cr}{5}+\frac{Mo}{4}+\frac{V}{14} \tag{2.5-11}$$

$$C_{eq}=C+\frac{Mn}{4}+\frac{Ni}{20}+\frac{Cr}{10}+\frac{Cu}{40}-\frac{V}{10}-\frac{Mo}{50} \tag{2.5-12}$$

前一式为日本 WES 推荐的公式，后一式为美国 AWS 的所谓 Witerton 公式。这些也只适用于非调质低碳低合金高强钢。对于屈服强度较高的调质低碳低合金高强钢，有一个碳当量公式：

$$C_{eq}=C+\frac{Mn}{9}+\frac{Ni}{40}+\frac{Cr}{20}+\frac{Mo}{8}+\frac{Mo}{8}+\frac{V}{10} \tag{2.5-13}$$

对于含 C＝0.034%～0.254%钢的碳当量公式为：

$$CEN=C+A(C)\left[\frac{Mn}{6}+\frac{Si}{24}+\frac{Cu}{15}+\frac{Ni}{20}+\frac{(Cr+Mo+V+Nb)}{5}+5B\right] \tag{2.5-14}$$

$$A（C）=0.75+0.25th\ [20（C-12）] \tag{2.5-15}$$

当 w（C）$\geqslant 0.18\%$，CEN 近似 IIW 的 C_{eq}，当 w（C）$\leqslant 0.16\%$，CEN 则近似于称为冷裂敏感指数的碳当量 P_{cm}。有下列相关性：

$$CEN=C+A（C）[C_{eq(\mathrm{IIW})}-C+0.012] \tag{2.5-16}$$

由这些碳当量公式也可以看出，碳的影响最大。HAZ 近缝区最高硬度与碳当量的关系如图 2.5-64 所示。碳当量越大，最高硬度值越大。当然，并非始终存在线性关系。显然，为了降低硬化倾向首先应降低钢中含碳量。

2) 冷却速度的影响 近缝区的硬化与焊接工艺的关系很大，特别是冷却速度的影响。如图 2.5-64 所示。冷却速度越大，淬硬倾向越大，因而硬化倾向也越大。

(3) 硬化的控制

改变焊接条件可明显改变近缝区硬化性。主要通过调节焊接线能量，焊接电流，焊接速度，并通过预热和后热保证来消除硬化。

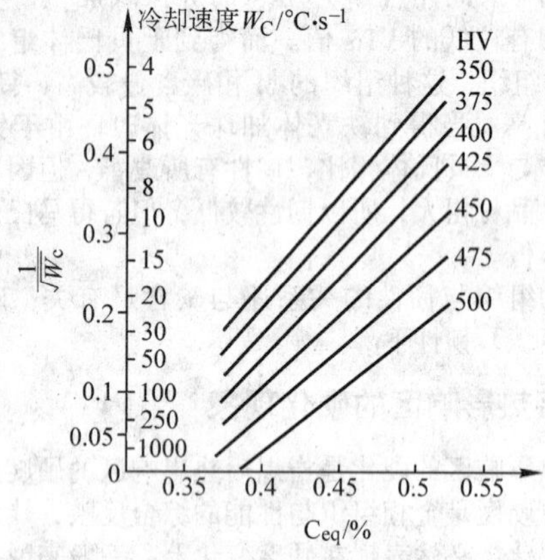

图 2.5-64 近缝区最高硬度与碳当量和冷却速度的关系

如图 2.5-63 与表 2.5-12 所示，曲线 3 经过预热和后热后，组织全部为高温转变产物 F＋P，可以完全消除硬化。曲线 6 未曾预热与后热，结果主要是中温转变产物贝氏体组织，因而有所硬化；比较曲线 12 和 17 可知，在其他焊接参数相同的情况下，焊接电流不同，冷却速度便不同。小的焊接电流因其 HAZ 冷却速度快，会促使产生马氏体转变，从而提高硬化性。曲线 17 和 26 表明，大焊接速度的曲线更易产生马氏体转变，所以硬化性提高。

增大 $t_{5/8}$ 可在一定程度上降低硬化性，但却增大了高温持续时间 t_H，不仅使晶粒粗化，而且易使第二相固溶，且使奥氏体中碳的均匀化程度增高，所有这些又都促使硬化。

在同一冷却条件下，晶粒越粗大，越易于获得马氏体组织。从这一点考虑，应尽量控制高温持续时间 t_H 越小越好。为此，必须减小焊接线能量，并适当降低预热温度。

然而，由图 2.5-65 的实验数据可见，减小焊接线能量 E 时，晶粒直径确实减小，但硬度值并未因晶粒尺寸减小而降低，相反，硬度值随线能量减小而增大。焊接线能量对 HAZ 近缝区硬度的影响效果，与 $t_{8/5}$ 带来的效果完全相同。这说明，增大线能量时，晶粒虽然在粗化，并相应增大奥氏体稳定性，但由于 $t_{8/5}$ 增大起了主要作用，最终并未增大硬化性，硬度值反而随 E 增大而降低。事实上，过热区晶粒总在粗化，但只要能将 $t_{8/5}$ 适当降低，就可能降低其硬化性。所以，为了减小硬化倾向，即要尽可能降低 t_H 值，以减小晶粒粗化，又必须保证适当缓慢的冷却条件。

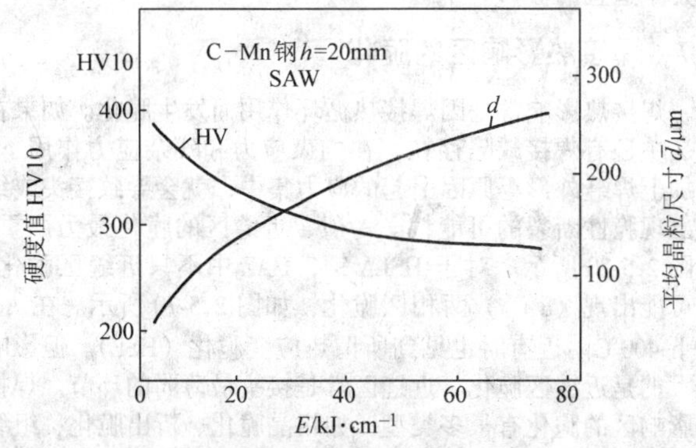

图 2.5-65　焊接线能量对过热粗晶区晶粒直径 d 和硬度 HV 的影响

显然，理想的焊接热循环应能保证 t_H 适当小而 $t_{8/5}$ 又足够大，如图 2.5-66 中曲线 2 所示。曲线 1 为仅靠调整线能量获得的，减小 t_H 的同时 $t_{8/5}$ 也随之减小。适当降低线能量的同时采用预热时，基本不会影响 t_H，而可使曲线 1 移至曲线 2。为防止硬化，$t_{8/5}$ 应有下限值的限制，这对焊接过程来说，极为重要。

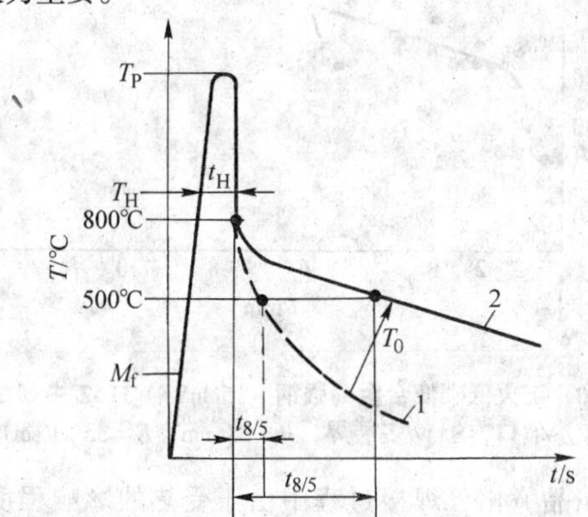

图 2.5-66　理想焊接热循环

1—不预热；2—预热

3.6　焊接热影响区的软化现象

(1) 软化的原因

冷作强化或热处理强化的金属或合金，在焊接热影响区或多或少都能见到强化效果的损失现象，一般称软化或失强。最典型的热影响区软化现象，应当说是调质高强钢或QT 钢的回火软化和沉淀强化合金的过时效软化。冷作强化金属或合金的软化，则是起因于再结晶。

1）调质高强钢焊接 HAZ 的软化。调质钢焊接时热影响区的软化程度与母材焊前的热处理状态有关，如图 2.5-67 所示。母材焊前为退火状态，焊后无软化问题；若母材焊前为淬火 + 高温回火，则软化程度较低；若焊前为淬火 + 低温回火，则软化程度最大。

研究表明，HAZ 软化或失强最严重的部位是在峰值温度 Ac_1 附近，最明显的部位大都在 A_1 ~ A_3 之间，这与此温度内不完全淬火过程有密切关系。因为在该区内铁素体和碳化物并未完全溶解，形成的奥氏体远未达到饱和浓度，冷却后得到粗大铁素体、粗大碳化物和低碳奥氏体的分解产物。这些组织抗塑性变形能力很小，因而强度和硬度都较低。

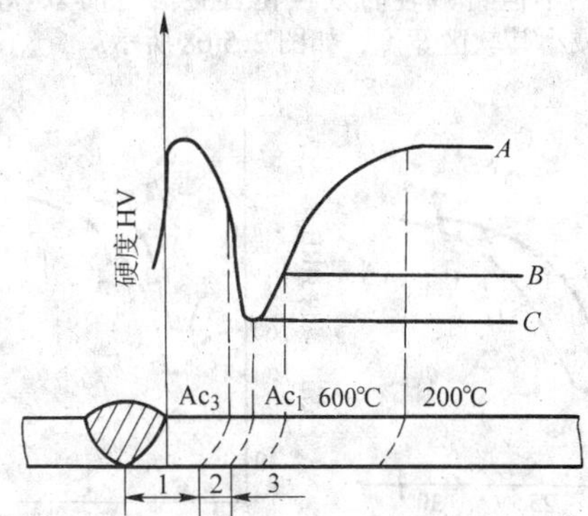

图 2.5-67　调质钢焊接 HAZ 的硬度分布

A—焊前淬火 + 低温回火；B—焊前淬火 + 高温回火；C—焊前退火；1—淬火区；2—部分淬火区；3—回火区

焊前母材强化程度越大，焊后的软化程度也越大，或者说失强率越大。失强率 S_d 大体上可用下式表达：

$$S_d = \frac{\sigma_t^B - \sigma_t^J}{\sigma_t^B} \times 100\% \qquad (2.5\text{-}17)$$

式中，σ_t^B 为母材强度；σ_t^J 为接头强度。

一般来说，母材原始组织中碳化物弥散度越大，则促使软化的临界温度便要提高，软化程度也可有所减小。

2）热处理强化合金焊接 HAZ 软化。经过固溶和时效处理的合金（铝合金，镍合金）焊接接头常有过时效软化现象，其软化程度决定于合金强化相的性质及焊接热循环特性。强化相对时效反应越敏感，越易于沉淀和聚合长大，即越易于过时效。

HAZ 软化是这类合金在焊接时的主要问题之一。例如铝合金，可以说有较明显的过时效软化倾向，其中只有 AlZnMg 合金的过时效软化倾向最小。即对于 AlZnMg 合金，若经人工时效（焊前或焊后），在 200 ~ 300℃的 HAZ 部位也会看到软化现象，且这种软化经过自然时效后也不易回复。但如果焊前只经自然时效，焊时 HAZ 中峰温 T_p 超过 150 ~ 200℃的区域也可见到软化现象，不过这种软化焊后经过 30 天自然时效以后，其硬度明显回升，到 180 天后几乎可回升到母材的原始水平。产生这种区别的原因主要和强化相（共格过渡 M′）的性质有关。M′的成分与平衡相 M（$MgZn_2$）相同，只是 M′呈板状密排六方点阵。其特点是由 G.P. 向 M′变化的时效过程非常缓慢，自然时效时并无沉淀，时效两个月后只有极其细小的 G.P.，且很难观察到；在 120℃ × 24 h 人工时效时，才可能见到 G.P. 和 M′，其尺寸也很小。出现细小 G.P. 和 M′时，得到强化效果。由于小的 G.P. 在 135℃以上是不稳定的，短时加热即趋向“回归”。如果 M′再发生粗化，于是就出现强化效应下降的现象，即过时效。在焊后自然时效时，发生过 G.P.，回归的部位还可重新时效而强化，且不致使 M′粗化，所以 HAZ 硬度分布比较均匀，看不到明显的软化现象。而当经人工时效时，由于可能使 M′粗化，甚至可能引起 M′向平衡相 M 转变，过时效现象就比较明显，主要发生在 200 ~ 300℃的 HAZ 部位。由于超过 350℃的 HAZ，不论什么时效方式，均会产生固溶效果，焊后再时效可重新强化。

可见，强化相的性质及时效方式（自然时效或人工时效），对过时效软化影响很大。

(2) 软化的控制

既然软化现象主要取决于材料性质，在 HAZ 中产生软化就不可避免。焊接工艺只能影响到软化区的尺寸及其软化程度。

采用小焊接线能量的多层焊，并保持一定的层间温度（如70℃），不但可减轻时效强化合金的过时效软化程度，而且还可减小其软区宽度，如图2.5-68所示。

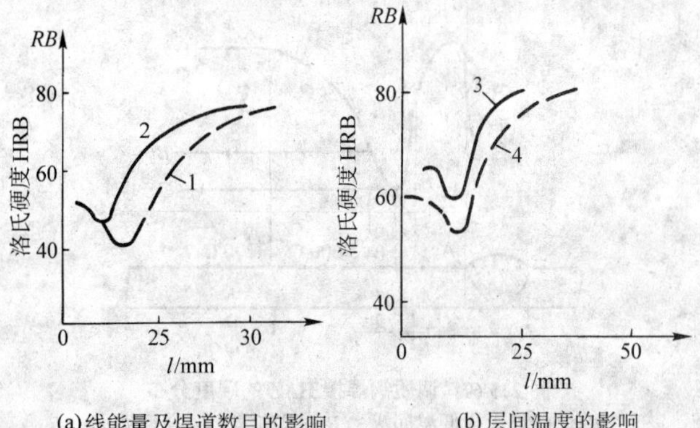

图2.5-68　焊接工艺条件对过时效软化的影响

（Al－4%Zn－2.5Mg；l为焊缝中心距离）

1—E＝34.65 kJ/cm；2—E＝17.5 kJ/cm；

3—层间温度70℃；4—连续施焊

焊接方法不同，加热的峰值温度不同，因而软化区的宽度也不同。如图2.5-69所示，高能密度电子束焊比TIG焊软化区的宽度要小。

研究证明，软化区宽度b与接头厚h之比m，对失强率影响很大。因为软化区是一种硬夹软的情况，在软夹层小到一定程度后，可产生“约束强化”或“接触强化”效应，即软夹层的塑性应变受相邻强硬部分所约束，可产生应变强化效果。软夹层越窄，约束强化越显著，则失强率也就越小。带软化区的接头屈服强度可以下式表达：

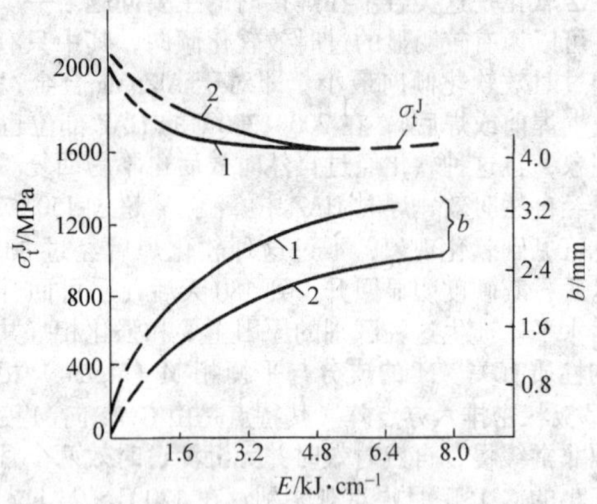

图2.5-69　线能量对软化区宽度b及σ_t^J的影响

1—TIG；2—电子束焊

$$\sigma_y^J = K\sigma_y^0\left(\frac{1}{m}+\pi\right) \tag{2.5-18}$$

式中，σ_y^0为软化区屈服强度；m为相对宽度，$m=b/n$；K为常数。

由式（2.5-17）可知，相对宽度m减小，即软化区宽度b减小，接头强度则可提高一些。

如软化区位于HAZ中加热峰温为T_1至T_2之间，则T_1至T_2之间的宽度b可利用焊接传热学公式推导得到。设$T_2>T_1$，对于薄板可得：

$$b=\frac{E/h}{\sqrt{2\pi e}c\rho}\left[\frac{1}{(T_1-T_0)}-\frac{1}{(T_2-T_0)}\right] \tag{2.5-19}$$

代入式（2.5-17）即

$$\sigma_y^J = K\sigma_y^0\left[\frac{h^2c\rho\sqrt{2\pi e}(T_2-T_0)(T_1-T_0)}{E(T_2-T_1)}+\pi\right] \tag{2.5-20}$$

可见，软化区强度一定时，板厚h越大，线能量E越小，板的初始温度T_0越小，则接头的强度σ_y^J就可以越大一些，也就是失强率越小。这说明，调质钢或沉淀强化合金焊接时，特别是薄板，采用大线能量焊接，或预热温度过高，都是不适宜的。

3.7　焊接热影响区的脆化

焊接热影响常是因焊接热循环作用而发生脆化。如果在HAZ中还有焊接缺陷存在，在拘束应力和残余应力作用下，再加上焊缝外形等原因引起的应力集中，就会导致接头或结构出现脆性断裂的可能性。一般，近缝区的脆化最为严重，如图2.5-70所示。对于HSLA钢，HAZ中不只近缝区脆化，还可能出现（α＋γ）两相区脆化，如图2.5-70所示。在Ac_1以下400℃附近有时也见到所谓热应变脆化（HSE）。但影响最大的是近缝区脆化，近缝区常是接头最薄弱的环节。焊接热影响区的脆化有很多类型，如粗晶脆化、析出脆化、组织脆化、热应变时效脆化、氢脆化及石墨脆化等。产生脆化的原因有：①晶粒粗化；②组织硬化；③析出相脆化；④晶界偏析脆化等。

（1）脆化的类型及其原因

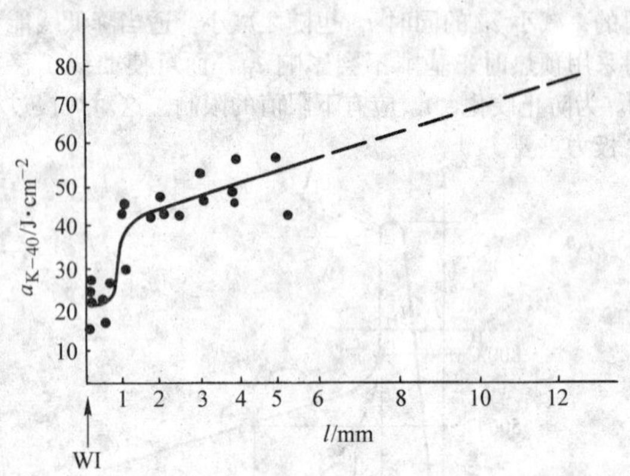

图2.5-70　正火低碳低合金高强钢（15MnVN）HAZ中韧性分布

（X形坡口，SAW多层焊，h＝38 mm，E＝33 kJ/cm）

1）粗晶脆化　焊接过程中由于受热的影响程度不同，在HAZ靠近熔合线附近的过热区将发生严重的晶粒粗化，同时导致韧性恶化，即粗晶脆化。晶粒脆化是最重要的脆化原因之一。

一般来讲，晶粒越粗，则脆性转变温度越高，也就是脆性增加。晶粒直径与脆性转变温度VTrs的关系如图2.5-71所示。

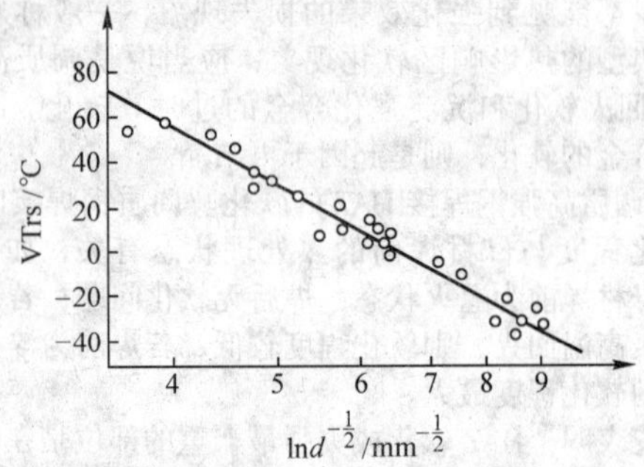

图2.5-71　晶粒直径d对VTrs的影响

晶粒长大受多种因素的影响，如焊接线能量，焊接热循环等。凡含不稳定第二相（沉淀相）的HSLA钢，在过热区很易重新固溶，晶粒粗化严重。即使含稳定TiN相的HSLA钢，由于在过热条件下，TiN本身可聚合长大，也会见到晶粒粗化现象。此外，对于TiN，如果Ti与N并非最佳组成，仍可见到晶粒粗化现象。

应当指出，HAZ的粗晶脆化与一般单纯晶粒长大所造成的脆化不同，它是在化学成分、组织状态不均匀的非平衡态条件下形成的，故而脆化的程度更为严重。它常常与组织脆化混在一起，是两种脆化的叠加。对于不同的钢种，粗晶脆化的机制也不同。例如对于淬硬倾向较小的钢，粗晶脆化主要是晶粒长大所致，而对于易淬火钢，则主要是由于产生脆性组织造成的。

2）组织脆化 由于焊接热循环的作用，焊接HAZ出现一些脆硬组织（如孪晶马氏体、非平衡态的粒状贝氏体、以及组织遗传等），使焊接HAZ发生脆化的现象，称之为组织脆化。常见的组织脆化有以下几种：

① 淬硬脆化 焊接含碳量和合金元素较多的易淬火钢（如45钢、30CrMnSi钢等）时，在热影响区的过热区内因形成了脆硬的孪晶马氏体而导致的脆化，叫淬硬脆化。

一般来说，含碳量越高，马氏体越硬脆。高碳马氏体呈片状，具有孪晶亚结构，滑移系少，因而容易导致脆化。对于低碳低合金钢，焊接热影响区若出现低碳马氏体或下贝氏体，反而有改善HAZ韧性的作用，从而可提高其抗脆能力。但对含碳量高的钢（一般C%＞0.2%），焊接HAZ可能出现孪晶马氏体，从而使脆性增大。

为了避免脆硬的马氏体组织，通常是降低冷却速度。例如焊接时采用较大的焊接热输入，必要时还可用预热，后热等措施配合。出现后可以通过高温回火等热处理方法来改善其韧性。

② M－A组织脆化 一般形成M－A组织的区域有两个，其一是热影响区的过热区，在此处形成的M－A组织称为第Ⅰ类M－A组织；另一区域是在亚临界区，即加热温度在Ac_1-Ac_3的温度，特别是加热略高于Ac_1的温度也可形成M－A组织，称为第Ⅱ类M－A组织，这类组织所造成的脆化，也叫作"Ac_1脆化"。这两类M－A组织形成的机理相同，但由于条件不同，其数量、形态、分布、大小就有所不同。通常所说的M－A组织实际上就是第Ⅰ类M－A组织。第Ⅱ类M－A组织由于在铁素体＋奥氏体的双相区加热范围内，其奥氏体相的含碳量较高，冷却速度较慢，加热生成的奥氏体相易在原奥氏体相晶界分布。因此第Ⅱ类M－A组织数量多、尺寸大，沿原奥氏体相晶界呈链状分布，其含碳量较高。

M－A组织的硬度可达700HV，在金属中是一种脆性的第二相。因此，M－A组织对韧性有显著的影响。它的数量、尺寸、形态、分布及碳含量等都对韧性有影响。普通低碳低合金钢HAZ中的M－A组元，碳可浓化到0.7%左右。所以，M－A组元数量越多，脆化越严重。

根据研究，M－A组元脆化的原因，在于残余奥氏体增碳后在焊接冷却条件下易于形成孪晶马氏体，并在界面上产生显微裂纹，沿M－A组元的边界扩展。因此，有M－A组元存在时，常常成为潜在的裂源，并起到吸氢和应力集中的作用。

③ 析出脆化。某些金属或合金的焊接区是处于非平衡态的组织，物理上和化学上都有很明显的不均匀性。在时效或回火过程中，非稳态固溶体沿晶界析出碳化物、氮化物、金属间化合物及其他亚稳定的中间相等，对于一般低合金钢来讲主要是析出碳（氮）化物。由于这些新相的析出，而使金属或合金的强度和脆性提高的现象称为析出脆化。低合金钢中常见的沉淀如表2.5-16所示。

焊接HAZ的熔合部位（包括粗晶区）在化学成分和组织上的不均匀比焊接区的其他部位更为严重，故极易产生析出脆化。

在焊接碳化物或氮化物形成元素的钢时，在过热区母材中原有第二相（各类碳、氮化物的沉淀相）经一定温度和一定时间后沿晶界不均匀析出，或发生聚集，或沿晶界以薄膜状分布，阻碍位错运动，从而使金属的强度和硬度提高，造成脆化。若析出物以细小弥散的质点均匀地分布在晶内和晶界时，不但不发生脆化，还将有利于改善韧性。此外，杂质元素（如S、P、Sn、Sb等）在晶界的偏析也会严重损害韧性。钢中杂质元素越多，脆性越严重，因为这些杂质元素将降低金属的结合能。因此，母材纯度越低，近缝区的韧性越难控制。

应指出，强度和硬度提高并不一定发生脆化（如时效马氏体钢等）但发生脆化必然伴随强度和硬度的提高。

④ 遗传脆化（embrittlement of heredity） 厚板结构多层焊时，若第一焊道的HAZ粗晶区位于第二道正火区（相变重结晶区），按一般的规律，粗晶区的组织将得到细化，从而改善了第一焊道粗晶区的性能。但对某些钢种（主要是有淬硬倾向的调质钢）实际上并未得到改善，仍保留粗晶组织（甚至还可更大一些）和结晶学的位向关系，这种现象称为"组织遗传"（包括粗晶及组织），由这种遗传而引起的脆化称为"遗传脆化"。不同原始组织遗传的示意图如图2.5-72所示。

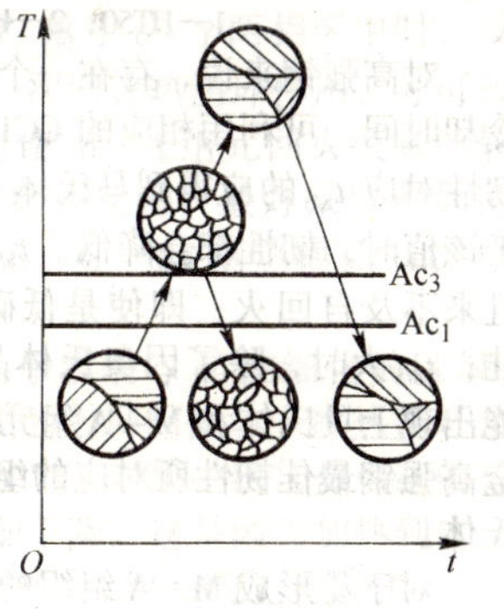

(a)原始平衡组织(不出现组织遗传)

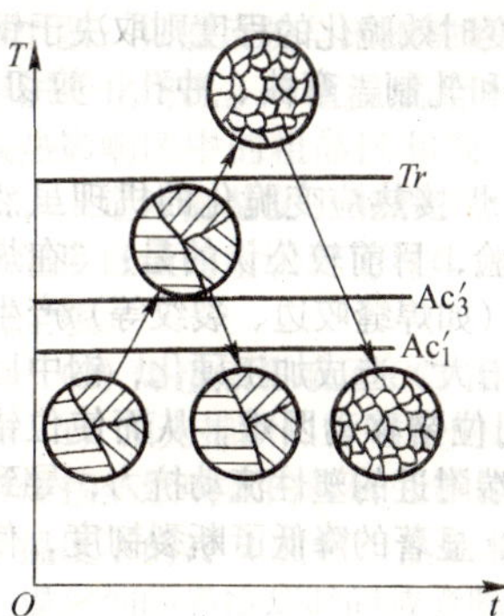

(b)原始非平衡组织(出现组织遗传)

图2.5-72 不同原始组织出现组织遗传示意图

由图2.5-72可知，对于原始平衡组织加热到Ac_3以上不高的温度，冷却后可得到正火细晶组织，只有加热更高的温度才能使奥氏体粗化（见图2.5-72a）。对于原始非平衡组织，快速加热到Ac_3'以上时，并没有发生通常的重结晶细化

$p=\phi(T)$。在固相线 T_s 附近，焊缝的塑性 p_{min} 最小。

根据焊缝金属应变曲线 $e=f(t)$ 和塑性曲线 $p=\phi(T)$ 的相对关系，可以有如下三种情况：

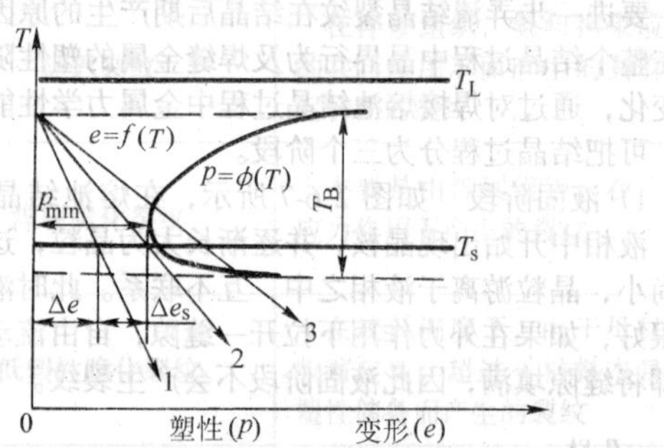

图 2.6-8　焊接时裂纹的条件

T_L—液相线温度；T_s—固相线温度

1）应变按曲线 1 变化　在固相线 T_s 附近的应变为 Δe，此时焊缝的塑性储备量 $\Delta e_s=p_{min}-\Delta e>0$，此时不会产生结晶裂纹。

2）应变按曲线 2 变化　在固相线 T_s 附近，焊缝的塑性储备量 $\Delta e_s=p_{min}-\Delta e=0$，应变 Δe 恰好与焊缝金属的最低塑性值 p_{min} 相等，此时处于临界状态。

3）应变按曲线 3 变化　在固相线 T_s 附近，焊缝的塑性储备量 $\Delta e_s=p_{min}-\Delta e<0$ 焊缝应变值 Δe 已超过焊缝金属的最低塑性值 p_{min}，此时必然产生裂纹。

由上可得出产生结晶裂纹的条件为：焊缝的塑性储备 $\Delta e_s=p_{min}-\Delta e<0$。

1.2.4　影响结晶裂纹的因素及防止措施

综上所述，是否产生结晶裂纹取决于焊缝金属的脆性温度区间 T_B 的大小；脆性温度区内的最小塑性 p_{min}；脆性温度区内应变增长率，以及它们之间的相互关系。因此，从本质上看，影响结晶裂纹的因素主要可归纳为两方面，即冶金因素和力的因素。

(1) 冶金因素对结晶裂纹的影响

1）结晶温度区间的影响　试验研究表明，合金状态图中结晶温度区间越大，脆性温度区间也越大，结晶裂纹倾向越大。由图 2.6-9 看出，随第二组元质量分数的提高，结晶温度区间及脆性温度区间增大（有阴影部分），因此结晶裂纹的倾向增大。一直到 S 点，此时结晶温度区间最大，裂纹的倾向最大。当合金元素进一步增加时，结晶温度区间和脆性温度区反而减小，所以裂纹的倾向也反而降低了。

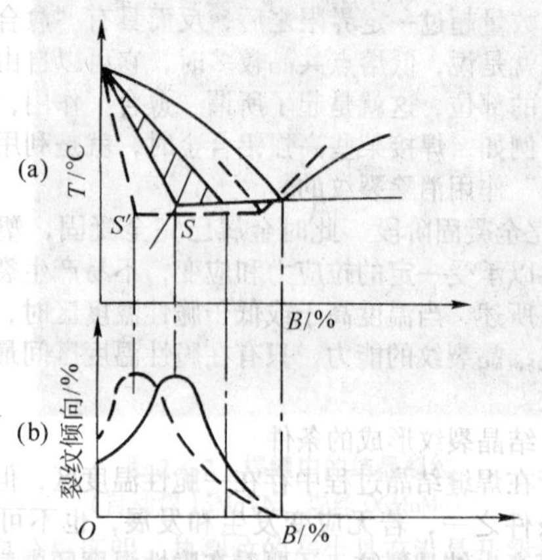

图 2.6-9　结晶温度区间与裂纹倾向的关系

以上仅是根据平衡条件下的状态图分析，实际上焊接时属于快冷条件下的非平衡结晶，故实际固相线要比平衡条件下的固相线向左下方移动（见图 2.6-9a 中的虚线）。它的最大固溶由 S 点移至 S'。与此同时，裂纹倾向的变化曲线也随之左移（见图 2.6-9b 中的虚线）。如铝镁合金中，平衡条件下，镁的最大溶解度 $X_s=15.36\%$Mg，但在 T 形角接头的情况下，结晶裂纹倾向最大的点 $X_s'=2\%$Mg，其他铝合金也有同样的规律。

2）硫、磷的影响　硫、磷等杂质是极易引起结晶裂纹的有害元素。首先硫、磷极易偏析，会增大结晶温度区间（见图 2.6-10），其次，硫、磷在钢中能与多种元素形成低熔点共晶（见表 2.6-3），在结晶过程中极易形成液态薄膜，严重降低脆性温度区间的塑性而诱发裂纹。因此，焊接用结构钢和相应的焊接材料都要对硫、磷进行严格控制。近年来国外低合金钢要求 w（S）$\leqslant 0.020\%$，w（P）$\leqslant 0.017\%$。日本的 HT80 钢，焊缝中硫与磷的含量限制极严：w（S）$=0.011\%\sim0.005\%$，w（P）$=0.015\%\sim0.007\%$，HCS $=1.6\sim2.0\ll4$，热裂纹倾向极小。对于新出现的细晶钢和控轧控冷钢，硫、磷、碳的质量分数都很低，都具有较高的抗裂性。对于目前正在研制中的新一代超细晶粒超均匀性超纯洁度钢种，其硫、磷质量分数可控制在 0.005% 以下，几乎不存在结晶裂纹倾向。

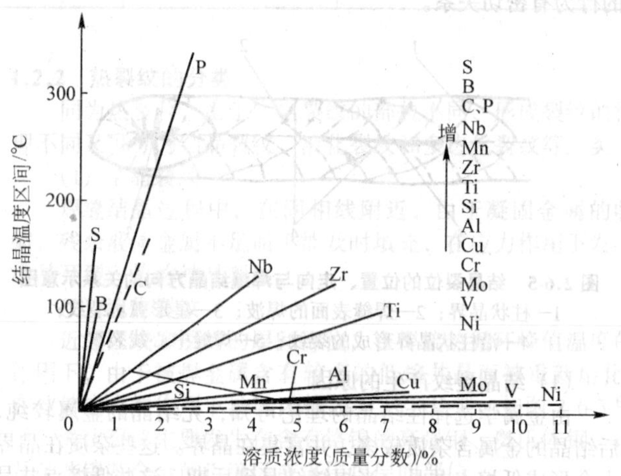

图 2.6-10　合金元素对铁结晶温度区间的影响

3）碳的影响　碳不仅本身会显著增大结晶温度区间（见图 2.6-11），而且还会加剧硫、磷的偏析进一步促进结晶裂纹的产生。由 Fe-C 平衡状态图可知（见图 2.6-11），随着含碳量的增加，初生相可由 δ 相转变为 γ 相。而硫、磷在 δ 相中的溶解度比在 γ 相中的溶解度高得多（见表 2.6-2），因而，随着碳的质量分数的增加，硫、磷偏析加大，结晶裂纹倾向增大。

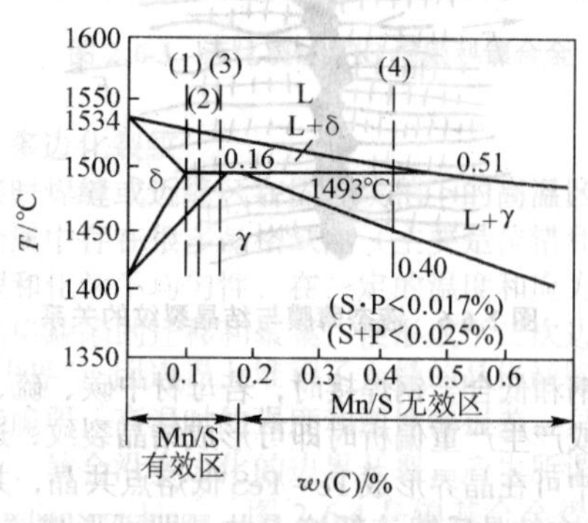

图 2.6-11　铁碳平衡图的高温部分

表 2.6-2　硫和磷在δ相和γ相中的溶解度

元素	最大溶解度/%	
	δ相	γ相
S	0.18	0.05
P	2.8	0.25

表 2.6-3　铁二元和镍二元共晶成分和共晶温度

项目	合金系	共晶成分（质量分数/%，摩尔分数/%）	共晶温度/℃
铁二元共晶	Fe－S	Fe，FeS（S31，44）	988
	Fe－P	Fe，Fe_3P（P10.5，17.5） F_3P，FeP（P27，40）	1 050 1 260
	Fe－Si	F_3Si，FeSi（Si20.5，34）	1 200
	Fe－Sn	Fe，FeSn（Fe_2Sn_2）（FeSn48.9，9.31）	1 120
	Fe－Ti	Fe，$TiFe_2$（Ti16，14）	1 340
镍二元共晶	Ni－S	Ni Ni_3S_2（S21.5，33.4）	645
	Ni－P	Ni，N_3P（P11，19） Ni_3P，Ni_2P（P20，32.2）	880 1 106
	Ni－B	Ni，Ni_2B（B4，18.5） Ni_3B_2，NiB（B12，14）	1 140 990
	Ni－Al	γNi，Ni_3Al（Ni89，78）	1 385
	Ni－Zr	Zr，Zr_2Ni（Ni17，24）	961
	Ni－Mg	Ni，Ni_2Mg（Ni11，23）	1 095

4）其他合金元素的影响

① 锰的影响　锰具有脱硫作用，同时也能改善硫化物的分布形态，使薄膜状 FeS 改变为球状分布的 MnS，从而提高了焊缝的抗裂性。为了防止硫引起的结晶裂纹，并随含碳量的增加，则 Mn/S 的比值也应随之增加（见图 2.6-12）：

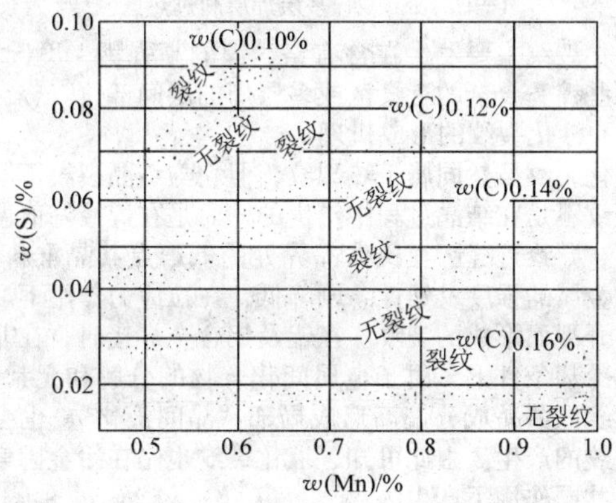

图 2.6-12　Mn、C、S 同时存在时对结晶裂纹的影响

w（C）≥0.1%时，Mn/S≥22；

w（C）＝0.11%～0.125%时，w（Mn）/w（S）≥30；

w（C）＝0.126%～0.155%时，w（Mn）/w（S）≥59。

当含碳量超过包晶点［即 w（C）＝0.16%］时，磷对产生结晶裂纹的作用就超过了硫，这时再增加 w（Mn）/w（S)的比值也是无意义的，所以必须严格控制磷在焊缝中的质量分数。例如 w（C）＝0.4%的中碳钢，硫和磷的质量分数都应小于 0.017%，而硫、磷的总和要小于 0.025%。锰、碳、硫在焊缝和母材中经常是同时存在，它们在低碳钢焊缝中对产生结晶裂纹的共同影响如图 2.6-12 所示。

② 硅的影响　硅是δ相形成元素，应有利于消除结晶裂纹，但硅质量分数超过 0.4%时，容易形成硅酸盐夹杂，从而增加了裂纹倾向。

③ 钛、锆和稀土　近年来发现，钛、锆和镧、铈等稀土元素能形成高熔点的硫化物。例如，TiS 的熔点约为 2 000～2 100℃、ZrS 熔点为 2 100℃、La_2S_3 熔点在 2 000℃以上、CeS 熔点 2 450℃。因此，采用钛、锆和镧、铈等稀土元素的脱硫效果比锰还好（MnS 熔点 1 610℃），故对消除结晶裂纹有良好作用。

④ 镍　镍在低合金钢中易于与硫形成低熔共晶（Ni 与 Ni_3S_2 的共晶熔点仅 645℃），因此会引起结晶裂纹。但加入锰、钛等合金元素后，可以抑制硫的有害作用。

综上所述，合金元素对结晶裂纹的影响是很复杂的，但经试验研究认为碳、硫、磷对结晶裂纹影响最大，其次是铜、镍、硅、铬等。为了判断多种化学成份共存时对结晶裂纹的影响，建立了一些定量的判据，如临界应变增长率（CST）、热裂纹的敏感系数（HCS）等。例如，日本 JWS 用 HT100 低合金钢得出临界应变增长率 CST 公式为：

$$\mathrm{CST}=[-19.2w(\mathrm{C})-97.2w(\mathrm{S})-0.8w(\mathrm{Cu})-1.0w(\mathrm{Ni})+3.9w(\mathrm{Mn})+65.7w(\mathrm{Nb})-618.5w(\mathrm{B})+7.0]\times10^{-4} \quad (2.6\text{-}1)$$

当 CST≥6.5×10^{-4}时，可以防止结晶裂纹。

对于一般低合金高强钢，热裂敏感系数：

$$\mathrm{HCS}=\frac{w(\mathrm{C})\times[w(\mathrm{S})+w(\mathrm{P})+(w(\mathrm{Si})/25+w(\mathrm{Ni})/100)]}{3w(\mathrm{Mn})+w(\mathrm{Cr})++w(\mathrm{Mo})+w(\mathrm{V})} \quad (2.6\text{-}2)$$

当 HCS＜4 时，可以防止裂纹。

$$\mathrm{UCS}=230w(\mathrm{C})+190w(\mathrm{S})+75w(\mathrm{P})+45w(\mathrm{Nb})-12.3w(\mathrm{Si})-5.4w(\mathrm{Mn})-1 \quad (2.6\text{-}3)$$

并希望 UCS≤25（对接）或 UCS≤19（T 形角接）

对于美国 HY-130 一类的钢，HCS 公式：

$$\mathrm{HCS}=36w(\mathrm{C})+12w(\mathrm{Mn})+8w(\mathrm{Si})+540w(\mathrm{S})+812w(\mathrm{P})+5w(\mathrm{Ni})+3.5w(\mathrm{Co})-20w(\mathrm{V})-13 \quad (2.6\text{-}4)$$

当 HCS≤2 时，可以防止裂纹。

应当指出，这些判据仅仅考虑了化学成分的影响，并未考虑焊件刚度、施工工艺等多方面的因素，因而只能进行裂纹倾向的相对判断。

5）一次结晶组织形态的影响　焊缝在结晶后，晶粒大小、形态和方向，以及析出的初生相等对抗裂性都有很大的影响。晶粒越粗大，柱状晶的方向越明显，则产生结晶裂纹的倾向就越大。为此，常在焊缝及母材中加入一些细化晶粒的合金元素（如钛、钼、钒、铌、铝和稀土等），一方面可以破坏液态薄膜的连续性，另一方面也可以打乱柱状晶的方向。对于焊接 18－8 型不锈钢时，希望得到γ＋δ双相焊缝组织，因焊缝中有少量δ相可以细化晶粒，打乱奥氏体粗大柱状晶的方向性，同时，δ相还具有比γ相溶解更多 S、P 的有利作用，因此可以提高焊缝的抗裂能力。

（2）工艺因素的影响及防治措施

由上可知，调整冶金因素是防止结晶裂纹的根本措施，但生产经验证明，当采用的焊接工艺及参数不当时，同样也会产生结晶裂纹，因此，必须重视焊接工艺及其参数的设置。

1）冷却速度的影响　一般而言，接头的冷却速度越大，所产生的应变率也越大，因而结晶裂纹倾向越大。根据传热学理论，应变率可用下式表示：

$$\alpha\omega_c=\frac{\Delta e}{\Delta t}=\frac{\partial e\ (t)}{\partial t} \quad (2.6\text{-}5)$$

对于厚大件焊接

$$\frac{\partial e\ (t)}{\partial t}=\alpha\ \frac{2\pi\lambda\ (T_c-T_0)^2}{E} \qquad (2.6\text{-}6)$$

对于薄板焊接

$$\frac{\partial e\ (t)}{\partial t}=\alpha\ \frac{2\pi\lambda C\rho\ (T_c-T_0)^3}{E/\delta} \qquad (2.6\text{-}7)$$

由式（2.6-6）、式（2.6-7）可以看出，提高线能量 E 和预热温度 T_0 可减少焊缝金属的应变率从而可降低结晶裂纹的倾向。应当指出，虽然增加线能量 E 会降低应变率，然而会促使晶粒长大，增大偏析倾向，反而会使裂纹倾向增大（见图2.6-13）。提高预热温度会恶化劳动条件，也应适度使用。

2）焊接速度的影响　焊接速度对结晶裂纹具有重要影响，当焊接速度提高到足够大时，熔池形状将由椭圆形过渡到水滴形，焊缝中的柱状晶也将由弯曲状长大改变为呈近似垂直于焊缝中心线长大。这种结晶方式将促使杂质向焊缝中心线偏析而严重增大结晶裂纹的倾向（见图2.6-13）。

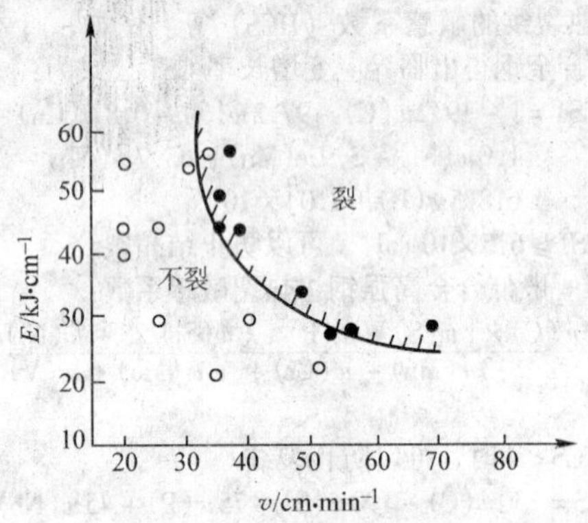

图2.6-13　焊接速度 v 与焊接线能量 E 对焊缝结晶裂纹的影响（HT680钢）

3）焊缝形状的影响　焊接接头形式不同，接头的受力状态、结晶条件和热的分布不同，因而结晶裂纹的倾向也不同，这一点在设计和施工时应特别注意。如图2.6-14所示，表面堆焊和熔深较浅的对接焊缝，杂质倾向于聚集在靠近焊缝表层，与焊缝的收缩拉应力成一定角度，所以结晶裂纹倾向较小（见图2.6-14a、b），而熔深较大的对接和各种角接、搭接、T形接头，因焊缝的收缩拉应力正好与杂质聚集的结晶交界面垂直，所以结晶裂纹的倾向较大（见图2.6-14c、d、e、f）。为了控制焊缝形状，必须合理地调整焊接工艺参数，控制焊缝宽度（B）与焊缝实际厚度（H）的比值，即成形系数 $\varphi=\frac{B}{H}$，它对结晶裂纹的影响很大。一般 ϕ 值提高，结晶裂纹倾向降低。但当 $\varphi>7$ 后，由于焊缝截面过薄，抗裂性下降；若 φ 过小，由于晶粒的相对生长会使杂质向焊缝中心偏析而增大结晶裂纹倾向。

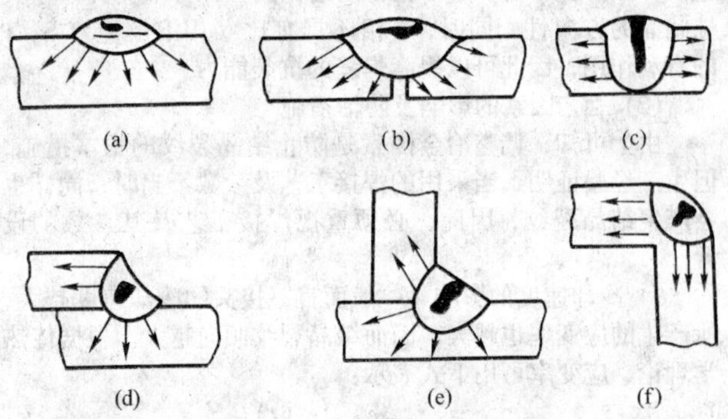

图2.6-14　接头形式对裂纹倾向的影响

4）焊接次序的影响　焊接次序会影响焊缝的受力状态，因此，即使采用同样的焊接方法和焊接材料，也会引起不同的结晶裂纹倾向。为了防止结晶裂纹，合理的安排焊接次序是十分重要的。安排焊接次序总的原则是尽可能使大多数焊缝比较自由的收缩，使焊缝的受力减小。

5）减小熔合比　通常焊丝中碳、硫、磷等杂质的含量比母材低，因此，为了减小结晶裂纹倾向，应采用较小的熔合比，尽量减少母材中的杂质向焊缝中过渡，这是防止结晶裂纹十分行之有效的措施。可通过选择焊接方法、坡口形式、坡口角度、焊接工艺参数确定合适的熔合比。

6）采用适当的运条手法　适当的运条手法可减少焊缝中杂质的偏析，有利于减小结晶裂纹倾向。收弧时应注意填满弧坑，避免弧坑裂纹的产生。

综上所述，影响结晶裂纹的因素是复杂的多方面的，焊接时需根据实际情况采取必要的冶金措施和工艺措施，即可有效地防止结晶裂纹的产生。

1.2.5　液化裂纹

（1）液化裂纹的特征

液化裂纹是在高温下近缝区的奥氏体晶界出现的一种微裂纹，它的尺寸很小，一般在0.5 mm以下，个别裂纹可达1 mm，属于显微裂纹，多出现在焊缝熔合线的凹陷区（具表面约3～7 mm）和多层焊的层间过热区，如图2.6-15所示。裂纹本身的直接危害尚不清楚，但它可以作为冷裂纹、再热裂纹、层状撕裂、疲劳断裂和脆性断裂的发源地。因此，应给以足够的重视。

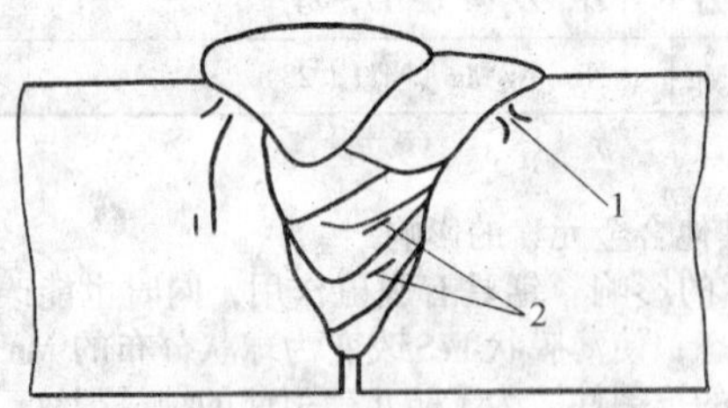

图2.6-15　出现液化裂纹的部位

1—凹陷区；2—多层焊层间过热区

液化裂纹主要发生在含有铬、镍的高强钢，奥氏体钢，以及某些镍基合金的近缝区或多层焊的层间部位。

（2）液化裂纹的形成机理

液化裂纹虽然同属于热裂纹，但它与结晶裂纹不同的是液化裂纹不是在结晶过程中产生的，而是在焊接峰值温度的作用下，导致近缝区奥氏体晶界处的低熔点共晶重新液化，该部位金属的强度及塑性急剧降低，在拉应力作用下沿奥氏体晶界开裂而形成的裂纹。在铝及铝合金焊接时，在非平衡的加热冷却条件下，由于金属间化合物的分解和元素偏析，引起近缝区共晶成分偏高形成局部“晶间液化”，也会导致液化裂纹的产生。由此可知，液化裂纹也是在冶金因素和力的因素共同作用下产生的。

（3）影响液化裂纹的因素及防治措施

液化裂纹与结晶裂纹一样，同属于热裂纹，其主要影响因素依然是冶金因素和工艺因素。需要进一步说明的有以下几方面。

1）化学成分的影响　液化裂纹主要出现在含铬、镍、硼等元素的高强钢、不锈钢基耐热合金的焊接中，以下重点介绍铬、镍、硼等元素对产生液化裂纹的影响。其中硼在铁和镍中的溶解度很小，只要有微量硼［w（B）＝0.003%～0.005%］就能产生明显的晶界偏析，形成硼化物和硼碳化物，与铁和镍形成低熔点共晶，共晶温度：Fe－B为1 149℃，Ni－B为1 140℃或990℃，所以微量硼即可引起液化裂纹。镍也是液化裂纹的敏感元素，一方面因为它是强烈奥氏体形成元素，可显著降低硫和磷的溶解度，另一方面，镍与许多元素形成低熔共晶（见表2.6-2）。铬的含量较高时，由于不平衡的加热及冷却，晶界可能产生偏析产物，如Ni－Cr共晶，熔点1 340℃，也会增加液化裂纹倾向。

2）工艺因素的影响　工艺因素的影响主要体现在线能量和焊缝形状上。焊接线能量越大，晶界低熔点共晶熔化越严重，晶界在液态存在的时间越长，液化裂纹倾向就越大。多层焊时，热输入增大，焊层变厚，焊缝应力增加，液化裂纹倾向增大。

液化裂纹与熔池的形状有关，如焊缝断面呈明显的蘑菇形，则熔合线凹陷处母材金属过热严重，该处容易产生液化裂纹。凹度越大，液化裂纹倾向越大。因此，焊接时应注意调节工艺参数和焊丝角度，避免蘑菇形焊缝的出现。

1.2.6 高温失延裂纹的形成

在热影响区（包括多层焊时前一焊道的热影响区）温度低于固相线的部位，不存在液态薄膜，也会产生晶间断裂而形成高温失延裂纹。在多层焊的焊缝中，有时会出现由于结晶裂纹向前一焊道的热影响区扩展而形成高温失延裂纹。在高温不均匀应力场的作用下，塑性变形亦不均匀。在微观上，不仅各个晶粒的变形不均匀，而且晶内和晶界的变形也不均匀。高温下，晶界比晶内强度低，变形大，在应力作用下将在晶界发生滑移变形，这种变形越显著，则晶界处的原子排列越不规则，位错和空位扩散的速度越快，甚至可能失去原子间的相邻关系。随着扩散变形在晶界的集中，位错或空位运动集聚的结果常可导致在晶间形成裂纹，即在晶间产生高温失延裂纹。高温失延裂纹与液化裂纹形成部位的比较见图2.6-16。

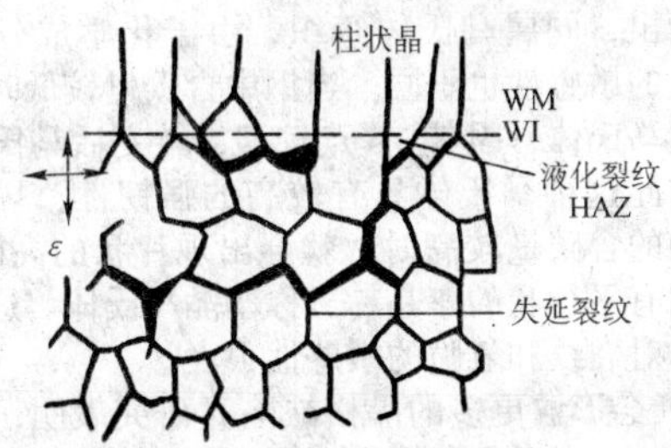

图2.6-16　高温失延裂纹与液化裂纹的产生位置

高温失延裂纹由于主要出现在热影响区，这与母材的高温塑性有关，不同母材的高温塑性是不同的，比如，0Cr18Ni9Ti在加热冷却过程中无明显塑性降落现象，而1Cr14Ni18W2NbB钢加热到1 250℃即开始失去塑性，到1 330℃后开始冷却，冷至1240℃后又开始恢复塑性。显然失延温度越低，脆性温度区间越大，高温失延裂纹倾向越大。研究表明，失塑温度除与化学成分有关外，还与母材的原始晶粒度有关。原始晶粒度越小的钢种，失塑温度越高，失延裂纹倾向越小。如对于原始晶粒度不同的1Cr15Ni35W3Ti钢，粗晶钢的失塑温度为1 000℃，而细晶钢的失塑温度为1 300℃。对于焊接工作者而言，无法改变母材的成分，只有通过调整工艺参数，避免晶粒长大来提高抗高温失延裂纹的能力。

1.2.7 多边化裂纹的形成

结晶裂纹是在结晶过程中的固液阶段产生的，多变化裂纹是一种发生在固相线以下且与液膜无关的一种热裂纹。其产生机理与高温失延裂纹类似，不同之处在于多变化裂纹多产生在纯金属或单相奥氏体焊缝中。

由于焊缝结晶前后已凝固的固相晶粒中萌生出大量的晶格缺陷（空穴和位错等），在高温和应力作用下极易运动，不同平面上的刃型位错可以攀移而形成位错壁，从而形成所谓"多变化边界"。多变化过程是位错和空位等晶格缺陷由高能部位向低能部位转化，转化过程中伴随着位错或空位的扩散迁移，向低能部位发生集聚。晶格缺陷密度越大的部位，越容易发生位错或空位的扩散集聚，从而形成稳定而整齐的小角度晶界，即二次边界。因此，"多变化边界"的实质就是亚晶界，如图2.6-17所示。由于空位和位错的集聚，可能会在某些多变化边界形成超微观裂纹，特别是在多变化边界和富集杂质的部位重合时，产生超微观裂纹的可能性就更大。在拉应力和应力集中的作用下，这种超微观裂纹可能发展为微裂纹，并延伸到结晶前缘，如图2.6-17a所示。进而在毛细现象的作用下，可以从未凝固的熔池金属中渗入表面活性物质，促使微裂纹的进一步扩展，如图2.6-17b所示，于是形成多变化裂纹。多变化裂纹也呈现出高温低延性开裂特征。

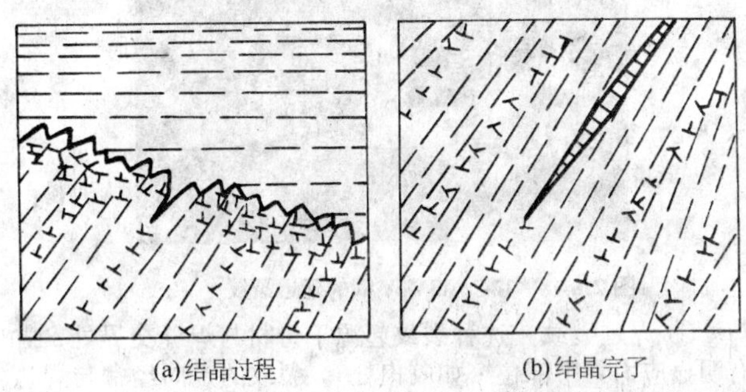

图2.6-17　多变化边界形成过程示意图

影响多变化裂纹的因素主要有合金成分、应力状态和温度。它们的影响可由形成多变化过程所需的时间 t 来说明。t 值越小，裂纹倾向于大。

$$t = t_0 e^{\frac{u}{RT}} \tag{2.6-8}$$

式中，t 为完成多变化过程所需的时间；t_0 为常数；u 为多变化过程所需的激活能（决定于合金成分和应力状态）；R 为气体常数；T 为热力学温度。

1）合金成分的影响　由式（2.6-8）可以看出，多变化过程所需的激活能越高，多变化过程所需时间越长，在Ni－Cr系单相合金中，向焊缝中加入Mo、W、Ti、Ta等提高多边化激活能的元素，可有效地阻止多变化过程的进行。

2）组织的影响　高温δ相的存在，可有效地组织位错的移动，因此具有γ+δ双相组织的金属具有良好的抗多变化裂纹的能力。

3）温度的影响　由式（2.6-8）可以看出，温度提高，多变化过程的时间缩短。因此，焊接多变化裂纹倾向比较大的金属或合金是，应采用小线能量，尽量加快冷却速度，减小高温停留时间。

1.3 焊接冷裂纹

焊接冷裂纹是最为严重的焊接缺陷之一，冷裂纹的存在往往会导致恶性事故的发生，尤其是高压容器、船舶、桥梁等焊接结构运行过程中，一旦发生事故，不仅会造成重大的经济损失，而且还会严重威胁人民的生命安全。因此，深入探讨形成冷裂纹的起因，防止冷裂纹的产生是焊接领域中的一项十分重要任务。

1.3.1 冷裂纹的分类

冷裂纹（cold cracking）是焊接生产中较为普遍的一种裂纹，它是焊后冷至较低温度下产生的。根据被焊钢种和结构的不同，冷裂纹也有不同的类别，大致可分以下三类：

1）延迟裂纹　这种裂纹是冷裂纹中一种普遍形态，它的主要特点是不在焊后立即出现，而是有一定孕育期，具有延迟现象，故称延迟裂纹（见图2.6-18）。在延迟裂纹中，根据冷裂纹所产生的部位不同，又分为三类。

图 2.6-18　12CrNi3MoV钢的延迟裂纹（×125）

① 焊趾裂纹　这种裂纹起源于母材与焊缝交界处，并有明显应力集中部位（如咬肉处）。裂纹的走向经常与焊道平行，一般由焊趾表面开始向HAZ的深处扩展。

② 焊道下裂纹　这种裂纹经常发生在淬硬倾向较大、含氢量较高的焊接热影响粗晶区，是一种内部裂纹。一般情况下裂纹走向与熔合线平行，但也有的与熔合线垂直。

③ 根部裂纹　这种裂纹是延迟裂纹中比较常见的一种形态，主要发生在含氢量较高、预热温度不足的情况下。这种裂纹与焊趾裂纹相似，起源于焊缝根部应力集中最大的部位。然后向HAZ的粗晶区扩展，也可能向焊缝金属扩展，这决定于母材和焊缝的强韧程度，以及根部的形状。从焊根表面观察，裂纹走向与熔合线平行。

2）淬硬脆化裂纹（或称淬火裂纹）　一些淬硬倾向很大的钢种，即使没有氢的诱发，仅在拘束应力的作用下也能导致开裂。焊接含碳较高的Ni－Cr－Mo钢、马氏体不锈钢、工具钢，以及异种钢时均有可能出现这种裂纹。它完全是由冷却时马氏体相变而产生的脆性造成的。这种裂纹基本上没有延迟现象，焊后可以立即发现，有时出现在热影响区，有时出现在焊缝上。一般来讲，采用较高的预热温度和使用高韧性的焊条，基本上可以防止这种裂纹。

3）低塑性脆化裂纹　某些塑性较低的材料，冷至低温时，由于收缩力而引起的应变超过了材质本身所具有的塑性储备而产生的裂纹，称为低塑性脆化裂纹。例如铸铁补焊、堆焊硬质合金和焊接高铬合金时，就会出现这种裂纹。由于是在较低的温度下产生的，所以也是属于冷裂纹的另一形态，但无延迟现象。

在上述三类裂纹中，延迟裂纹出现的最为普遍，且危害最大，因此是本书的研究的重点。在本书中所讲的冷裂纹即指延迟裂纹。

1.3.2　冷裂纹的特征

冷裂纹具有以下特征：

1）容易出现冷裂纹的钢种　冷裂纹常产生在中、高碳钢，低合金高强钢和钛合金等金属材料焊接接头中。这与钢种的淬硬倾向有关。淬硬倾向越大的钢种，冷裂纹倾向越大。

2）形成冷裂纹的温度　顾名思义，冷裂纹是在低温下产生的。由于冷裂纹的产生与钢材的淬硬形成马氏体有关，因此，冷裂纹产生的温度区间在是在材料的马氏体转变点（M_s）以下。

3）冷裂纹的延迟特征　冷裂纹可以在焊后立即出现，也有时要经过一段时间（几小时，几天甚至更长）才出现。且随时间延长逐渐增多并扩展。对于这类不是在焊后立即出现的冷裂纹，称为“延迟裂纹”，它是焊接冷裂纹中最为普遍的形态。由于冷裂纹的这种延迟特征，使得这种裂纹极易造成焊后漏检，甚至在使用过程中才出现，所以它的危害性就更为严重。

4）冷裂纹的开裂形式　冷裂纹多出现在焊接热影响区，有时也出现在焊缝。通过扫描电镜对断口的观察发现，冷裂纹的断裂与热裂纹不同，它是既有沿晶、又有穿晶开裂的复杂断口，这种复杂的断裂形式是由焊接接头的金相组织、应力状态和氢含量的综合作用决定的。

1.3.3　焊接冷裂纹的形成机理

大量的生产实践和理论研究证明，钢种的淬硬倾向、焊接接头氢含量及其分布，以及接头所承受的拘束应力状态是高强钢焊接时产生冷裂纹的三大主要因素。这三个因素在一定条件下是相互联系和相互促进的。

（1）钢中的淬硬倾向

钢种的淬硬倾向主要决定于化学成分、板厚、焊接工艺和冷却条件等。焊接时，钢种的淬硬倾向越大，产生裂纹的倾向越大。其原因可归纳为以下两方面。

1）形成脆硬的马氏体组织　马氏体是碳在铁中的过饱和固溶体，由于晶格的强烈畸变，致使组织处于硬化状态。特别是在焊接条件下，近缝区的加热温度很高（达1 350～1 400℃），使奥氏体晶粒发生严重长大，当快速冷却时，粗大的奥氏体将转变为粗大的马氏体。从金属的强度理论可知，马氏体是一种脆硬组织，发生断裂时将消耗较低的能量，因此，焊接接头有马氏体存在时，裂纹易于形成和扩展。

应当指出，同属马氏体组织，由于化学成分和形态不同，对裂纹的敏感性也不同。当钢中含碳量较低时会形成板条状的低碳马氏体，因其Ms点较高，转变后马氏体有自回火作用，因此这种马氏体具有较高的强韧性，裂纹倾向较低。当钢中的含碳量较高时，就会出现片状的高碳马氏体，而且在片内有平行状的孪晶，又称孪晶马氏体。这种马氏体既硬又脆，对裂纹和氢脆的敏感性很大。

2）淬硬会形成更多的晶格缺陷　研究表明，随焊接热影响区的热应变量增加，位错密度也随之增加，对于HT80钢，每1%的应变量位错密度增加$5\times10^9/cm^2$。在应力和热力不平衡的条件下，空位和位错都会发生移动和聚集，当它们的浓度达到一定的临界值后，就会形成裂纹源。在应力的继续作用下，将会不断地发生扩展而形成宏观裂纹。

钢种的淬硬倾向越大，组织的硬脆性越大，位错密度越大，裂纹倾向也越大。因此，常用热影响区的最高硬度作为评定某些高强钢淬硬倾向和抗裂性的度量。

（2）氢的作用

氢是引起高强钢焊接冷裂纹重要因素之一，并具有延迟特征，因此，在许多文献上把氢引起的延迟裂纹称为“氢致裂纹”（hgdrogen induced crack）。试验研究证明，高强钢焊接接头的含氢量越高，则裂纹的敏感性越大，当局部地区的含氢量达到某一临界值时，便开始出现裂纹，此值称为产生冷裂纹的临界含氢量$[H]_{cr}$。

研究表明，产生冷裂纹的$[H]_{cr}$并不是一定植，它与钢种的化学成分、结构刚度、预热温度及冷却条件等有关。图2.6-19是钢种碳当量P_{cm}和CE与临界含氢量$[H]_{cr}$的关系。

应当指出，钢中引起冷裂纹的氢含量是指钢中的扩散氢含量，尤其是当冷却到100℃以下时，焊缝中的扩散氢已不易向外扩散逸出，而是向某个部位扩散集聚而引起裂纹。

1）焊缝中氢的溶解与扩散　一般情况下焊丝和母材中的氢含量很低（约0.1 mL/100 g），焊接时焊接材料、坡口表面的铁锈、油污、空气中水分中的氢会熔入焊缝金属。氢在焊缝中的溶解度和扩散速度随温度和组织的变化规律如图2.6-20所示。在焊接高温下，液态熔池金属会溶解大量的氢，在随后的冷却和结晶过程中，溶解度急剧下降，氢极力逸出，但因冷却过快，氢来不及逸出而残留在焊缝金属中，使焊缝中的氢处于过饱和状态，处于过饱和状态的氢要极力进行扩散。由图2.6-20可以看出，在固态焊缝中，氢在铁素体中的溶解度小，扩散速度大；相反，氢在奥氏体中溶解度大，扩散速度小。氢的这种溶解与扩散特点就决定了氢在焊缝中的集聚状态及其对产生延迟裂纹的促进作用。

2）氢在焊接接头中的扩散集聚　焊接低合金高强钢时，为了改善焊接性，焊缝的含碳量总是低于母材，因此，焊缝的相变点也总是高于母材（见图2.6-21）。在焊接冷却时，焊缝可领先母材在较高温度（T_{AF}）下发生奥氏体向铁素体、珠光体、贝氏体或低碳马氏体的分解转变。其转变组织要根据焊缝的化学成分和冷却速度而定。此时母材热影响区金属因含碳较高尚未开始奥氏体分解。在这种情况下，当焊缝由奥氏体转变为铁素体、珠光体等类组织时，氢的溶解度突然下降，而氢在铁素体、珠光体中的扩散速度很快，因此氢就很快地从焊缝越过熔合线 *ab* 向尚未发生分解的奥氏体热影响区扩散。由于氢在奥氏体中的扩散速度较小，不能很快把氢扩散到距熔合线较远的母材中去，因而在熔合线附近就形成了富氢地带。当滞后相变的热影响区由奥氏体向马氏体转变时（T_{AM}），氢便以过饱和状态残留在马氏体中，促使这个地区进一步脆化，为延迟裂纹的产生创造了条件。

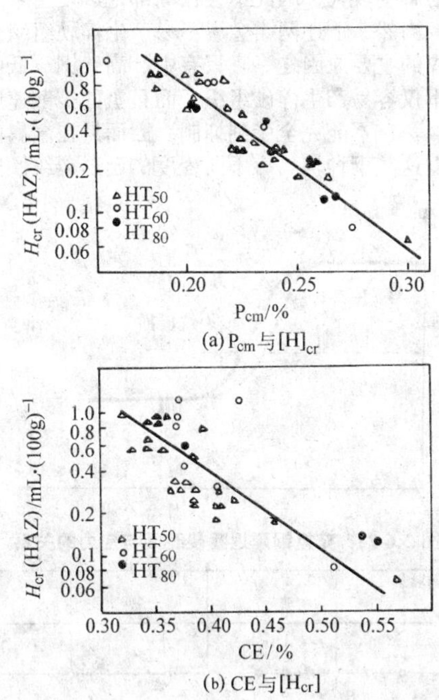

图 2.6-19　碳当量与临界含氢量的关系

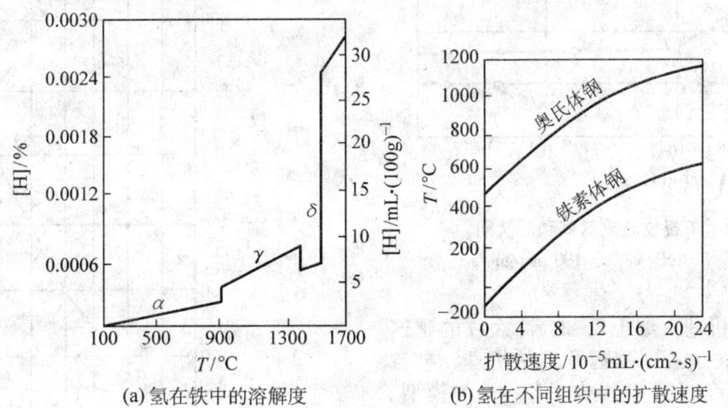

图 2.6-20　氢在铁中的溶解度与扩散速度

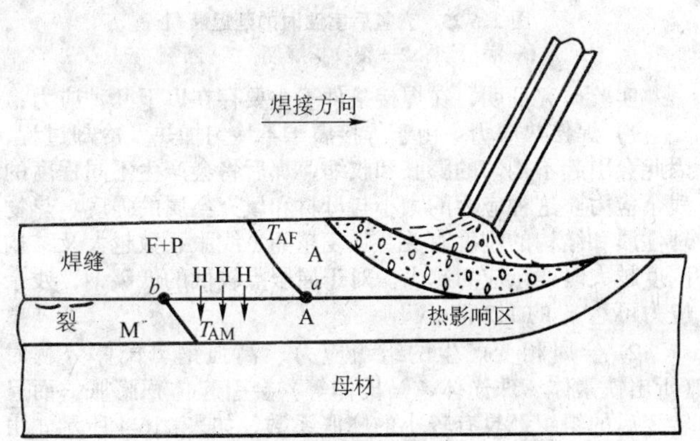

图 2.6-21　高强钢 HAZ 延迟裂纹的形成过程

当焊接某些超高强钢时，由于焊缝的合金成分复杂，热影响区的转变可能先于焊缝，此时氢就相反地从热影响区向焊缝扩散，延迟裂纹就可能在焊缝上产生。

3）延迟裂纹的开裂机理　延迟裂纹的开裂机理可以用充氢钢的拉伸断裂实验进行研究，如图2.6-22所示。由该图可以看出，充氢钢拉伸断裂时，存在一个“上临界应力 σ_{uc}”和“下临界应力 σ_{Lc}”。超过 σ_{uc} 时，试件立即断裂，不产生延迟现象。低于 σ_{Lc} 时，氢是无害的，不论恒载多久，试件将不会断裂。当应力在 σ_{uc} 和 σ_{Lc} 之间时，就会出现由氢引起的延迟断裂，由加载到发生裂纹之前要经一段潜伏期，然后是裂纹的扩展期，最后发生断裂。高强钢焊接时延迟裂纹的形成过程与充氢钢恒载拉伸试验表现出的延迟断裂现象是一致的。

研究表明，钢延迟裂纹只是在一定的温度区间（-100～+100℃）发生，温度太高则氢易逸出，温度太低则氢的扩散受到抑制，因此都不会产生延迟现象的断裂，采用HT80钢进行焊道下裂纹试验，产生延迟裂纹的温度区间为-70～+60℃（见图2.6-23），这一试验结果与充氢钢的延迟破坏也是一致的。

延迟裂纹的产生还与钢的组织具有密切的关系。低碳钢具有铁素体组织，氢在铁素体中的溶解度小，扩散速度大（见图2.6-20），焊接时大部分氢可以逸出金属，因此低碳钢焊接时不会产生延迟裂纹。在奥氏体不锈钢中，氢的扩散速度很小，溶解度较大，因此不会在局部地区发生聚集而产生延迟裂纹。当然，上述两类金属不易产生淬硬组织也是不产生延迟裂纹的主要原因之一。只有中、高碳钢、低中合金钢焊接时，不仅容易产生淬硬组织，而且氢的扩散速度既来不及逸出金属，也不能完全受到抑制，因而易在金属内部发生聚集，所以这些钢种均具有不同程度的延迟裂纹倾向。

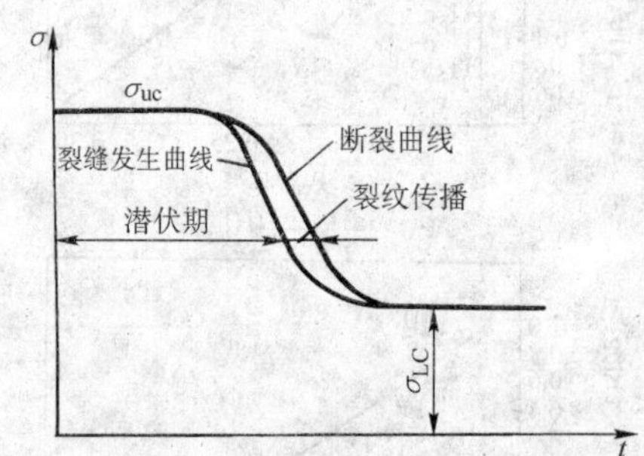

图 2.6-22　充氢钢延迟断裂时间与应力的关系

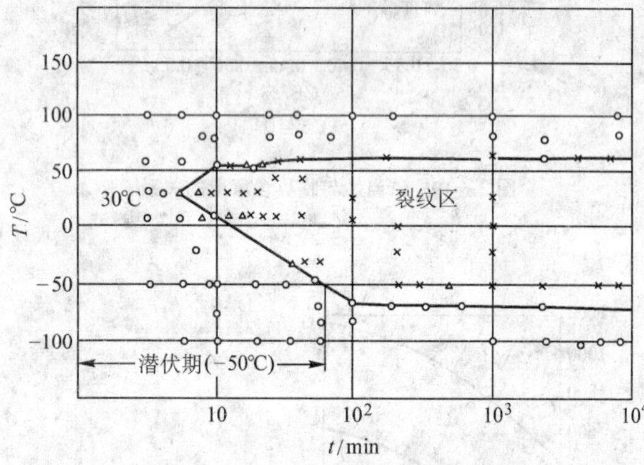

图 2.6-23　HT80 钢焊道下裂纹温度区间和潜伏期

（焊条 D4301，ϕ4 mm，I = 160 A，v = 100 mm/min，［H］ = 22 mL/（100 g）○—不裂；△—微裂；×—裂

4）冷裂纹的延迟开裂机理　综上可知，冷裂纹的延迟行为主要是由氢引起的。关于氢致延迟开裂的机理，早自40年代以来就有许多人进行研究，并提出了各种开裂模型。但是对于焊接延迟裂纹的机理，目前被公认的还是氢的应力诱导扩散理论。这一理论的主要观点认为，金属内部的缺陷（包括微孔、微夹杂和晶格缺陷等）提供了潜在裂源，在应力的作用下，这些微观缺陷的前沿形成了三向应力区（见图2.6-24），诱使氢向该处扩散聚集。当氢的浓度达到一定程度时，一方面阻碍位错移动而使该处变脆，另一方面由于氢向裂纹源尖端的集聚，由原子氢转变为分子氢，使体积增大，会产生局部高压区，形成较大的应力，进一步加剧裂纹源前端的应力集中。当应力大到一定程度时，将引起裂纹源前端扩展，穿过富氢区而形成微裂纹。而后在微裂纹的前端又形成了新的三向应力区，在新的三向应力区内通过氢的进一步扩散集聚达到一定程度时又会引起新的裂纹扩展，这样周而复始直至形成宏观裂纹。利用电解渗氢的钢丝进行加载试验，通过观察微电阻变化测量裂纹的产生和扩展过程，验证了上述的理论。试验发现，在室温条件下加载，钢丝先经过一段潜伏期，然后出现断续裂纹扩展，直到最后发生断裂，如图2.6-25所示。这种现象在低温时更为明显。由此可见，氢所诱发的裂纹，从潜伏、萌生、扩展，以至开裂是具有延迟特征的。

（3）焊接接头的应力状态

高强钢焊接时产生延迟裂纹不仅决定于钢的淬硬倾向和氢的有害作用，而且还决定于焊接接头所处的应力状态，甚至在某些情况下，应力状态还起决定性的作用。

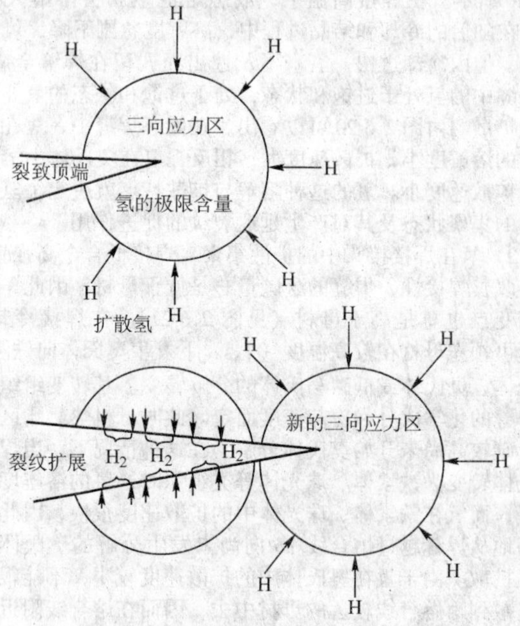

图 2.6-24　延迟裂纹的扩展过程示意图

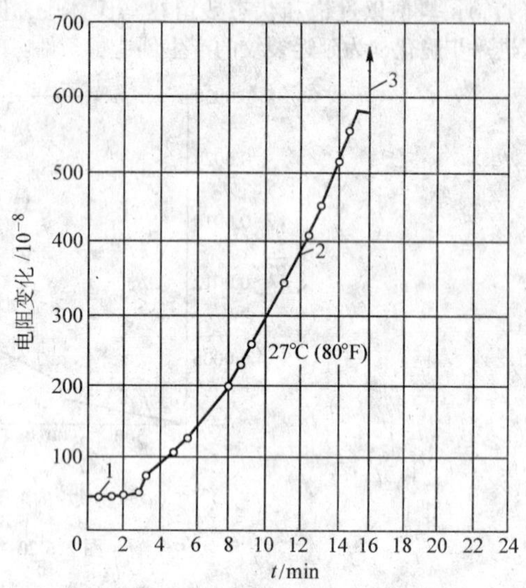

图 2.6-25　充氢后室温时的延迟断裂

1—潜伏期；2—裂纹扩展期；3—断裂

实验研究证明，在焊接条件下主要存在以下几种应力；

1）焊接热应力　由于焊接属于不均匀加热及冷却过程，因此会引起不均匀的膨胀和收缩，焊后将会产生不同程度的残余应力。这种应力的大小与母材和填充金属的强度、热物理性质和结构的刚度有关。强度越高、线胀系数越大及结构刚度越大时残余应力越大。对于屈服点较低的低碳钢，残余应力可达 σ_s 的 1.2 倍。

2）金属相变产生的组织应力　高强钢奥氏体分解时（析出铁素体、珠光体、马氏体等）会引起体积膨胀，而且转变后的组织都具有较小的膨胀系数，如表 2.6-4 所示。由于相变时的体积膨胀，将会降低焊后收缩时产生的拉伸应力，从这点出发，相变应力将会降低裂纹倾向，这已被近年来的试验研究所证实。

3）结构自拘束条件所造成的应力　这种应力包括结构的刚度、焊缝位置、焊接顺序、构件的自重、负载情况，以及其他受热部位冷却过程中的收缩等均会使焊接接头承受不同的应力。因这方面涉及的因素很多，而且很难找出规律性，因此目前还处于经验阶段。

表 2.6-4 钢中不同组织的物理性能

物理性质＼组织	组织类别				
	奥氏体	铁素体	珠光体	马氏体	渗碳体
比容/$cm^3 \cdot g^{-1}$	0.123～0.125	0.127	0.129	0.127～0.131	0.130
线胀系数/$10^{-6}K^{-1}$	23.0	14.5	—	11.5	12.5
体胀系数/$10^{-6}K^{-1}$	70.0	43.5	—	35.0	37.5

以上焊接接头所承受的三种应力，都是钢结构焊接时不可避免的，但它们都受到各种条件的拘束，因此把上述三种应力的综合作用统称为拘束应力。为了便于分析研究，有人把拘束应力又分为“内拘束应力”（即热应力和相变应力）和“外拘束应力”（结构刚度、焊接顺序、受载情况等所造成的应力）。

在不同具体条件下焊接，究竟需要多大的拘束力会产生裂纹，这个定量数据对生产和理论研究都是有意义的。为此，近年来国内外在测定和计算焊接接头的拘束应力方面作了大量的试验和研究。

焊接拘束应力的大小决定于受拘束的程度，可以采用拘束度 R 来表示。拘束度分为拉伸拘束度和弯曲拘束度，通常所谓拘束度常指拉伸拘束度。其定义为：焊接接头根部间隙产生单位长度的弹性位移时，单位长度焊缝上所需要的力。

以图 2.6-26 所示的对接接头说明拘束度 R 的含义。假如两端固定，沿长度方向焊接，焊缝厚度 δ_w 远小于板厚 δ，因此，焊后冷却时，焊缝收缩会引起母材产生拉伸弹性变形。假定冷却到终了时根部间隙收缩了单位长度，则母材的应变为：

$$\varepsilon = \frac{1}{L} \qquad (2.6\text{-}9)$$

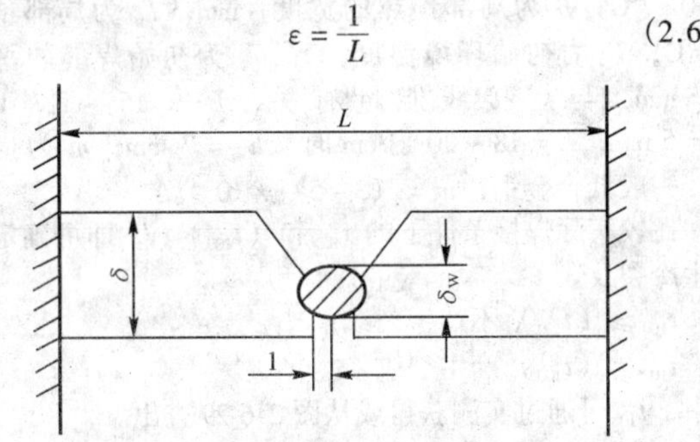

图 2.6-26 对接接头拘束度模型

则焊缝对母材产生的拉伸应力为：

$$F = E\varepsilon = E/L \qquad (2.6\text{-}10)$$

式中，F 为拉伸应力，MPa；E 为母材的弹性模量，MPa；L 为拘束距离，mm。

则单位长度的母材上所承受的拉伸拘束力恰好等于单位焊缝长度上拉伸拘束力，即拘束度 R［MPa］，可用下式表达：

$$R = F\delta = E\frac{\delta}{L} \qquad (2.6\text{-}11)$$

由式（2.6-11）可以看出，拘束度与板厚 δ 成正比，而与拘束距离 L 成反比。因此，调节 δ 和 L 的数值可改变拘束度的大小。当 L 越小，δ 增大时，则拘束度增大。当 R 值大到一定程度时就产生裂纹，这时的 R 值称为临界拘束度（R_{cr}）。若接头的临界拘束度 R_{cr} 值越大，就表示该接头的抗裂性越强。

对于钢铁材料，弹性模量 E 为常数，在斜 y 型坡口抗裂试验条件下，拘束距离 L 也取定值，在该种条件下，拘束度 R 与板厚成正比，取：

$$R \approx 700\delta \qquad (2.6\text{-}12)$$

实际结构定位焊时的拘束度 R 与斜 y 型坡口抗裂试验条件相当，因此可用式（2.6-12）计算。实际结构正常焊缝的 R 值，在板厚小于 50 mm 时，其拘束度一般比式（2.6-12）的估计值要小，可用式（2.6-13）表示。

$$R \approx 400\delta \qquad (2.6\text{-}13)$$

通过对船体、球罐、建筑和桥梁等实际结构拘束度的测量统计认为，采用式（2.6-13）计算实际结构的拘束度是可行的。

实际上拘束度就是反映了不同焊接条件下，焊接接头所承受拘束应力的程度。由于在实际工程中预测焊接接头的拘束应力难以实现，而采用拘束度作为预测拘束应力的桥梁就比较方便，不同钢种焊接时，冷却到室温所形成的拘束度与拘束应力的关系如图 2.6-27 所示。其关系式如下：

$$\sigma = mR \qquad (2.6\text{-}14)$$

式中，m 为拘束应力转换系数，它与钢的线胀系数、力学熔点、比热容、以及接头的坡口角度有关。对于低合金高强钢焊条电弧焊时，m =（3～5）$\times 10^{-2}$。

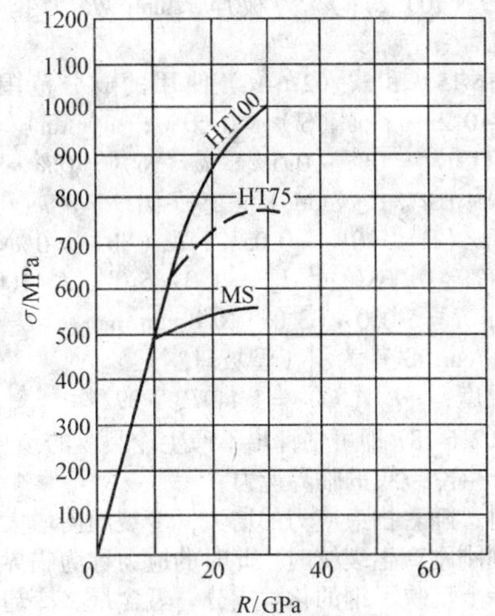

图 2.6-27 拘束度与拘束应力的关系

同样钢种和同样板厚，由于接头的坡口形式不同，即使拘束度相同，也会产生不同的拘束应力，如图 2.6-28 所示。当拘束度 R = 20 000 N/（mm·mm）时，拘束应力按下列顺序增加：正 Y 形、X 形、斜 Y 形、K 形、半 V 形。这说明不同坡口形式具有不同的 m 值，这需根据经验或计算确定。

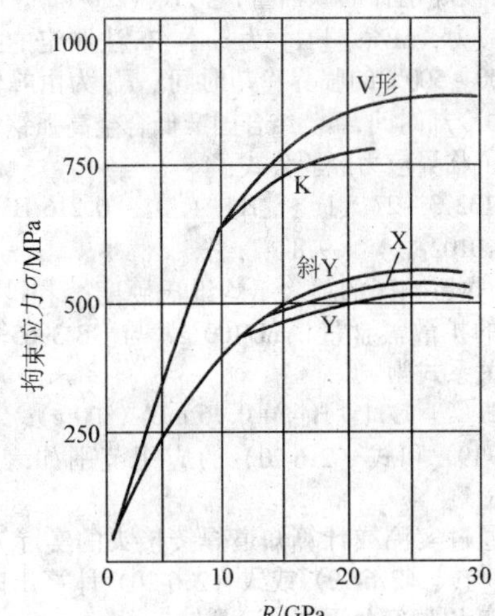

图 2.6-28 不同坡口形式 R 与 σ 的关系

1.3.4 产生延迟裂纹的判据

由于冷裂纹的危害极大，因此国内外研究出多种判断产生冷裂纹的判据，既有单因素判据，又有综合判据。其中单因素判据有碳当量法、最高硬度法、临界拘束度法、临界氢含量法、临界冷却速度法等多种判据，由于碳当量法和最高硬度法应用最为方便，参考价值较高，应用最为普遍。由于冷裂纹的产生与多种因素有关，仅凭单一因素很难判断焊接接头是否产生冷裂纹，因此本章只着重介绍综合因素判据。

(1) 根部裂纹敏感指数

裂纹敏感指数是综合考虑钢种的化学成分、氢含量和接头的拘束度而建立的一种冷裂纹判据公式。

$$P_c = P_{cm} + \frac{[H]}{60} + \frac{\delta}{600} \quad (2.6\text{-}15)$$

$$P_w = P_{cm} + \frac{[H]}{60} + \frac{R}{400\,000} \quad (2.6\text{-}16)$$

$$P_{cm} = \frac{Si}{30} + \frac{Mn + Cu + Cr}{20} + \frac{Ni}{60} + \frac{Mo}{15} + \frac{V}{10} + 5B \quad (2.6\text{-}17)$$

式中，P_{cm}为钢中合金元素的碳当量,%；[H] 为熔敷金属中的扩散氢含量（日本 JIS 甘油法，与 GB 3965—83 测氢法等效），mL/（100 g）；δ 为板厚，mm；R 为拘束度，N/(mm.mm)。

式（2.6-15）和式（2.6-16）使用的成分范围：w（C）= 0.07%～0.22%；w（Si）= 0.60%；w（Mn）= 0.4%～1.4%；w（Cu）= 0%～0.5%；w（Ni）= 0%～1.2%；w（Cr）= 0%～1.2%；w（Mo）= 0%～0.7%；w（V）= 0%～0.12%；w（Ti）= 0%～0.05%；w（Nb）= 0%～0.04%；w（B）= 0%～0.005%；[H] = 1.0～5.0 mL/（100 g）；δ = 19～50 mm，R = 5 000～33 000 N/（mm·mm）；E（线能量）= 17～30 kJ/cm；试件为斜 y 型坡口。

预热温度： T_0（℃）= 1 440P_w − 392 (2.6-18)

由式（2.6-18）即可估计出不产生冷裂纹的预热温度。

(2) 产生冷裂纹的临界应力

焊接时，随着拘束应力的增大，冷裂倾向增大，当拘束应力增大到刚刚产生裂纹时，此时的应力称为临界拘束应力 σ_{cr}。它实际上反映了钢的化学成分、氢含量、冷却速度和应力状态等多种因素的影响。σ_{cr}可利用 TRC、RRC 和插销试验等方法定量的确定产生冷裂纹的临界应力，并建立了各种形式的经验公式。日本 IL 委员会利用插销试验建立了如下的经验公式。

$$\sigma_{cr} = [86.3 - 211P_{cm} - 28.21\lg([H] + 1) + 2.73\,t_{8/5} + 9.7\times10^{-3}\,t_{100}] \times 9.8 \quad (2.6\text{-}19)$$

式中，P_{cm}为被焊钢种的碳当量，见式（2.6-17）；σ_{cr}为插销试验的临界应力，MPa；[H] 为日本 JIS 法测定的扩散氢含量；$t_{8/5}$为 800～500℃的临界冷却时间；t_{100}为由峰值温度冷却至 100℃的冷却时间，s。结合国产低合金高强钢进行插销试验，建立了临界应力经验公式：

$$\sigma_{cr} = (132.3 - 27.5\lg([H] + 1) - 0.216\,\text{HV} + 0.0102t_{100}) \times 9.8 \quad (2.6\text{-}20)$$

式中，HV 为热影响区的最大平均维氏硬度；[H] 为按 GB 1225 法测定的扩散氢含量，mL/100 g，与 GB 3965—83 测氢方法的线性关系式为

$$[H]_{83} = 1.11\,[H]_{76} + 0.16\ \text{mL/(100 g)};$$

式（2.6-19）和式（2.6-20）的应用范围如表 2.6-5 所示。

如果能通过实测或计算知道焊接接头的实际残余应力 σ，则可通过与式（2.6-19）或式（2.6-20）计算出的临界应力 σ_{cr}进行比较以确定是否产生冷裂纹。

$\sigma_{cr} \geqslant \sigma$ 不产生裂纹，反之

$\sigma_{cr} \leqslant \sigma$ 产生裂纹。

(3) 冷至 100℃时的临界冷却时间（t_{100}）cr

表 2.6-5 式（2.6-19）和式（2.6-20）的应用范围

参数 \ 公式	(2.6-16)	(2.6-17)
[H] /mL·（100 g）$^{-1}$	1～5	0.55～11.0
P_{cm}/%	0.16～0.28	0.238～0.336
硬度 HV	—	300～475
t_{100}/s	—	40～1 420
相关系数 R	0.91	0.97

（t_{100}）cr 是从峰值温度冷却至 100℃时刚刚不产生冷裂纹的临界冷却时间。它反映了被焊钢种的化学成分、含氢量、焊接线能量和焊接拘束条件等诸多因素综合作用的影响，其判断结果具有较高的可靠性。

$$(t_{100})_{cr} = 370.84P_{cm} + 73.22\lg([H] + 1) + 1.46E + 0.012(R + \Delta R) - 43.59 \quad (2.6\text{-}21)$$

式中，P_{cm}为被焊钢中的碳当量，见式（2.6-14）；[H] 为按 GB 3965 测定的扩散氢含量，mL/（100g）。E 为焊接线能量，kJ/cm；R 为拉伸拘束度，N/（mm·mm）；ΔR 为局部预热引起的附加拘束度，N/（mm·mm）；

$$\Delta R = \frac{R\alpha B(T_p - T_0)}{h_w m} \quad (2.6\text{-}22)$$

式中，α 为被焊钢的线胀系数，℃$^{-1}$，一般低合金钢 $\alpha = 1.45\times10^{-5}$/℃；$B$ 为局部预热的宽度，mm；T_p 为局部预热温度，℃；T_0 为初始环境温度，℃；h_w 为初始焊缝的平均厚度，mm，与焊接线能量有关，E = 15～17 kJ/cm，h_w = 5 mm；E = 18～20 kJ/cm 时，h_w = 7 mm；m 为拘束系数，一般低合金钢，m =（3～5）×10^{-2}。

比较实际焊接条件下的 t_{100}和（t_{100}）cr，即可确定是否产生冷裂纹。

$t_{100} \geqslant (t_{100})_{cr}$不产生裂纹；

$t_{100} \leqslant (t_{100})_{cr}$产生裂纹。

式中，t_{100}可通过实测获得或从图 2.6-29 查出。

1.3.5 防止冷裂纹的措施

(1) 控制母材化学成分

母材化学成分影响钢材的淬硬倾向，对裂纹的产生具有决定性的作用。为了根据钢种的化学成分评定冷裂倾向，各国建立了一系列的碳当量公式。在传统的合金结构钢中，随着强度级别的提高，含碳及合金元素增多，碳当量增大，裂纹倾向增大，焊接性变差。在各种合金元素中尤其碳的影响最大。

近年来，为了改善钢的焊接性，冶金行业从冶金方面出发，采用低碳多种微量元素合金化，使硫、磷、氧、氮等元素控制在极低的水平，并配合控轧控冷等措施，在大幅度提高强度的同时，仍保持有足够高的塑性、韧性，显著的提高了钢材的品质，使这种钢具有良好的抗裂性，改善了焊接性。如 X70、X80、X100 管线钢，以及近年来研制成功的国产 CF 钢（σ_b = 600 MPa），碳的质量分数只有 0.06%，P_{cm} = 0.16%，采用相应的低氢焊条，焊前不预热焊后不热处理，即使板厚达到 50 mm 也不产生裂纹。

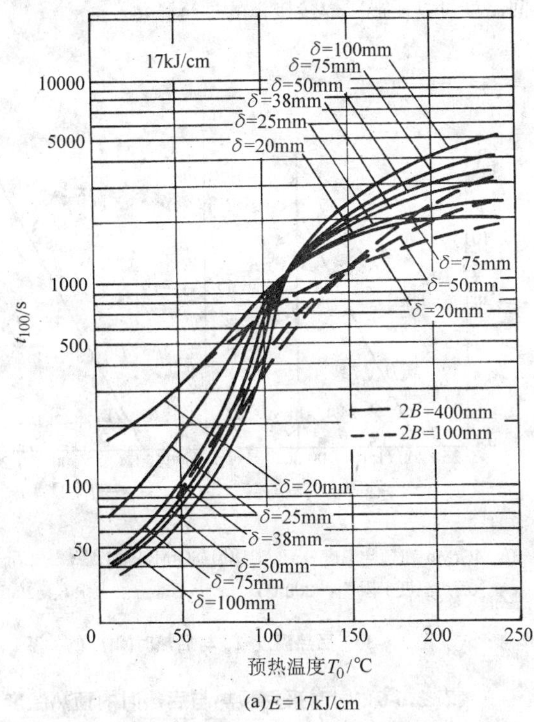

(a) E=17kJ/cm

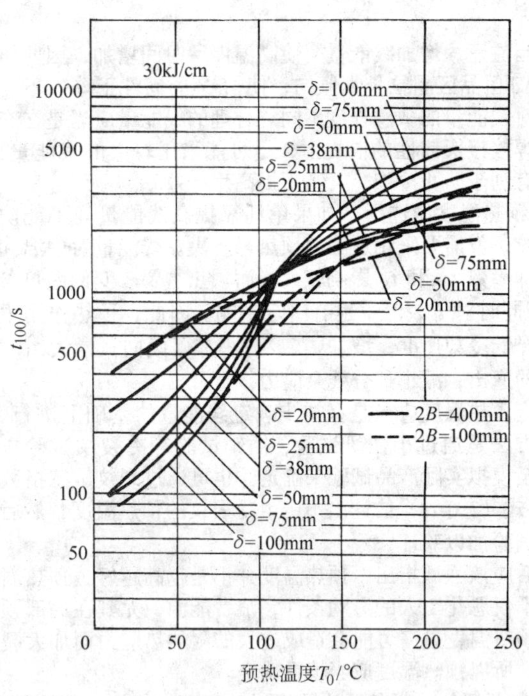

(b) E=30kJ/cm（B为预热宽度）

图 2.6-29　冷却时间 t_{100}与 E、δ、T_0 的关系

(2) 合理选择焊接材料

1) 选用低氢和超低氢焊接材料及焊接方法 碱性焊条每100 g熔敷金属中的扩散氢含量仅几毫升，而酸性焊条可高达几十毫升，所以碱性焊条的抗冷裂性能大大优于酸性焊条。对于重要的低合金高强度钢结构的焊接，原则上都应选用碱性焊条。

由于焊条扩散氢含量指标对焊条质量影响重大，世界各国焊接材料生产厂商都在努力降低自己产品的扩散氢含量。日本神户制钢所规定，按 20℃，相对湿度 65%时测得的扩散氢含量（甘油法）将焊条划分为如下档次：

3.5 mL/100 g ~ 5 mL/100 g　　低氢焊条

1.0 mL/100 g ~ 2.5 mL/100 g　　极低氢焊条

0.3 mL/100 g ~ 1.2 mL/100 g　　超低氢焊条

日铁溶接工业株式会社则规定扩散氢含量（甘油法）小于2 mL/100 g为超低氢或极低氢焊条。

近年来我国的焊条工业有了很大的进步，已研制出一些扩散氢含量为 1mL/100 g左右的超低氢焊条。但也应指出，由于目前各厂家的生产水平相差很多，市售的某些碱性焊条扩散氢含量可高达 10 mL/100 g以上。为此，施工部门应严把进货关，对于重要的焊接结构应尽量选用扩散氢含量小于2 mL/100 g的超低氢（极低氢）焊条。

2) 严格烘干焊条、焊剂　因为焊条药皮中含有大量的吸附水和结晶水，所以即便使用碱性焊条也应在焊前按规定严格烘干。普通低氢焊条应在 350℃，超低氢焊条应在 400 ~450℃烘干 2 h。应当特别指出，焊条烘干后还会重新吸湿。对于正常烘干 400℃ × 2 h 的 E5015（J507）焊条，在30℃，相对湿度为 90%的条件下吸湿仅 4 h时，即可使扩散氢含量从 2 mL/100 g上升到 8 mL/100 g。因此，焊条烘干后应妥善保存，最好在保温箱（筒）内保存，随用随取，以防吸潮。对于熔炼焊剂，因经过高温熔炼，故含水分甚少，焊前一般 250℃烘干保温 2 h 即可。烧结焊剂，特别是黏结焊剂，应制造之后密封存放，开封之后应立即使用，不能存放过久，否则会吸潮。严格控制氢的来源也是降氢的重要途径，除按规定烘干焊条、焊剂外，还应注意环境湿度，对焊丝与钢板坡口附近的铁锈、油污等应仔细清理。

采用超低氢的焊接方法，如 CO_2 气体保护焊，由于具有一定的氧化性，故而也可获得超低氢焊缝［扩散氢含量（甘油法）仅为 0.04 ~ 1.0 mL/100 g］。用碱性药芯焊丝并配合 CO_2 气体保护，同样也可得到超低氢焊缝。

3) 选用低匹配焊条　选择强度级别比母材略低的焊条有利于防止冷裂纹。因为强度较低的焊缝不仅本身的冷裂倾向较小，而且由于它较易塑性变形，使焊趾、焊根等部位的应力集中效应相对减小，所以使 HAZ 的冷裂倾向也有所改善。据文献报导，在焊接厚 30 mm 的 HT80 钢（σ_s > 850 MPa）高压水管时采用低匹配的 AWS E9016—G 焊条（相当国标 E6016），比采用等匹配的 AWS E11016—G 焊条（相当国标 E8016），可使预热温度下降 50 ~ 75℃。一般认为当焊缝强度为母材强度的 85%左右时可使焊接接头与母材达到等强匹配。

4) 奥氏体焊条　传统观点认为，奥氏体焊缝可溶解较多的氢，且塑性又好，可减缓拘束应力，所以在焊接拘束度较大且淬硬倾向较大的低、中合金高强度钢焊接接头时，可采用奥氏体焊条来防止产生冷裂纹。近年来的一些新观点认为，奥氏体焊缝的线胀系数大，在冷却时热影响区在相变前会承受较大的拉应力，具有提高 Ms 点的作用，从而使马氏体自回火得到发展，使抗裂性得到提高。但是应当注意，奥氏体焊缝的强度较低，只有当接头的强度允许时才可以使用奥氏体焊条。另外，由于焊缝和母材的成分相差很大，相当于进行异种钢的焊接，存在焊缝的稀释和母材一侧的碳扩散等特殊问题，应当采用小线能量焊接。

5) 合理的制定焊接工艺　选择合理的焊接线能量、预热及层间温度、后热温度和后热时间，以及焊后热处理等是防止冷裂纹的重要手段。

① 焊接线能量　适当增加焊接线能量，一方面使冷却时间 $t_{8/5}$增加，减少 HAZ 的淬硬倾向；同时也增加了冷却参

数 t_{100}，有利于氢的扩散逸出，从而降低了焊接接头的冷裂倾向。

应当注意，增加线能量会使高温停留时间增加，因此增加了 HAZ 粗晶区晶粒长大倾向，使 HAZ 的韧性下降。不同的钢种对线能量的敏感程度不同。合理的线能量应当是在充分保证焊接接头韧性的前提下，尽可能采用较大的线能量，这样既有利于防止冷裂，又利于提高生产效率。

② 预热温度的选择　如果单纯靠提高线能量尚不能防止冷裂纹，就需要采用适当的预热来解决。线能量对中温和高温冷却参数 $t_{8/5}$ 和 t_H 影响较大，而预热主要改变低温热参数 t_{100}，同时对 $t_{8/5}$ 和 t_H 也有一定影响。因此，预热作用主要有：降低冷却速度，增加 $t_{8/5}$，减小淬硬倾向；增大 t_{100}，加速氢的逸出；减小部分残余应力。

确定预热温度应当是在初步确定线能量的基础上进行。可靠的方法是通过小铁研试验、插销试验等冷裂纹试验方法，甚至模拟实际产品试验来确定。也可通过裂纹敏感指数 P_w 利用式（2.6-18）估计出不产生冷裂纹的预热温度，然后再通过试验加以验证。

最后应该强调指出，预热温度并不是越高越好，预热温度过高不仅恶化工人的劳动条件，浪费能源，尤其在局部预热时，预热温度过高可能会造成过大的附加热应力而加大裂纹倾向。所以预热温度应当慎重确定。

③ 紧急后热　紧急后热是指焊后不等 HAZ 冷却到产生冷裂纹的上限温度 T_{uc} 时（一般在 100℃左右），便立即加热保温，使之在一定的温度下维持一段时间。后热的作用是使扩散氢能在 T_{uc} 温度以上更充分地逸出，这样当焊接接头冷却到 T_{uc} 以下时，HAZ 和焊缝中的氢都低于产生冷裂纹的临界含氢量，所以就可以防止产生冷裂纹。

采用紧急后热工艺的关键首先是必须及时，一定要在 HAZ 完全冷却到 T_{uc} 之前迅速加热。如间隔时间较长，则有可能在进行后热处理前就已产生裂纹；其次是后热的温度应在 T_{uc} 之上；最后还应当有一定的保温时间。

最低后热温度可参考下列公式确定：

$$T_p = 455.5\,[\mathrm{Ceq}]_p - 114 \qquad (2.6\text{-}23)$$

式中，T_p 为后热的下限温度，℃；$[\mathrm{Ceq}]_p$ 为确定后热下限温度的碳当量，%。

$$[\mathrm{Ceq}]_p = w(\mathrm{C}) + 0.2033w(\mathrm{Mn}) + 0.0473w(\mathrm{Cr}) + 0.1228w(\mathrm{Mo}) + 0.0292w(\mathrm{Ni}) - 0.0792w(\mathrm{Si}) + 0.0359w(\mathrm{Cu}) - 1.595w(\mathrm{P}) + 1.692w(\mathrm{S}) + 0.844w(\mathrm{V}) \qquad (2.6\text{-}24)$$

后热温度 T_p 的倒数与后热时间 t_p 的对数具有很好的线性关系。图 2.6-30 为两种钢材为防止冷裂纹所需后热温度和后热时间的关系。

采用紧急后热比采用预热可大大改善工人的劳动条件，而且不会产生不利的附加热应力，但是单独采用紧急后热有时比较困难，因为在不预热条件下焊接时，HAZ 一般在数十秒内就降到 100℃左右，常常来不及进行紧急后热。通常焊接冷裂倾向较大的钢种时要预热和紧急后热并用，利用后热降低预热的温度，同时预热也缩短了紧急后热所需的时间。表 2.6-6 为同时采用预热及后热时的预热温度。

6）多层焊与层间温度　采用多层焊可使次一层焊道对前一层焊道进行一次回火处理，改善前一层焊道的淬硬组织，并对前一层焊道起消氢作用；而前一层焊道的余热又相当对后一层焊道预热，所以多层焊比单道焊有利于防止冷裂纹。但应指出只有在短段多层焊时，前一层焊道对后一层焊道的预热作用才明显；所以在条件允许时，应尽量采用短段多层焊。每一焊道的间隔时间如能在几分钟内，就可能使层间温度不低于预热温度，这样就能取消或部分取消预热工序。当然对于补焊等情况，也要防止层间间隔时间过短，层间温度过高，造成焊接接头的过热脆化。

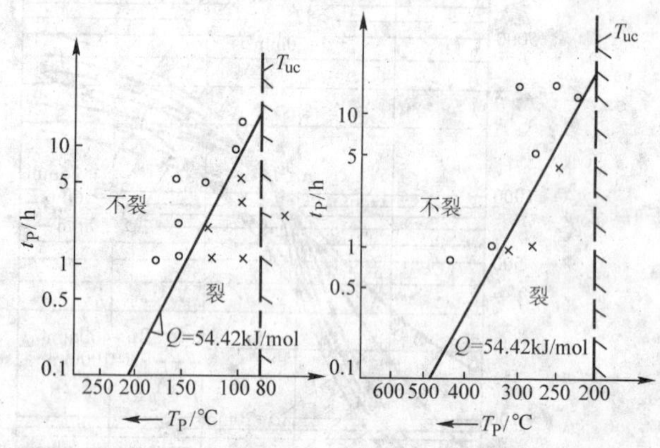

(a) 14GrMo 钢(预热温度 T_0=80℃，后热温度上限 T_{uc}=200℃)　(b) 18GrMoV 钢(预热温度 T_0=200℃，后热温度上限 T_{us}=200℃)

图 2.6-30　后热温度 T_p 与后热时间 t_p 的关系

表 2.6-6　同时采用预热与后热时的预热温度
（HT80 钢，E = 17 kJ/cm）

方式	在下列板厚时预热温度/℃		
	<25 mm	25～38 mm	38～50 mm
不进行后热	165	180	200
进行后热	75	85	90

7）加强施工质量管理　大量的生产实践证明，许多焊接裂纹事故往往不是母材、焊接材料不合格或结构设计、工艺设计不合理，而常常是由于施工质量差所造成的。为了防止产生焊接冷裂纹，在施工中应特别注意以下几点：

① 仔细清理焊接坡口　对坡口及其两侧约 10 mm 的范围应用砂轮仔细清理，去除各种锈迹和油污，并且防止已清理过的坡口被再次污染，以减少带人焊缝的氢和其他杂质。

② 提高装配质量　结构的装配质量直接影响到焊接质量。不仅装配时不允许出现过大的错边和过大的坡口间隙，以免造成未焊透、夹渣和焊缝成形不良；而且不应使用各类夹具进行强行装配，以防造成过大的装配应力，增加冷裂倾向。

③ 提高焊接质量　对于重要结构的焊接，特别是压力容器的焊接，一定要严格焊工培训制度。在焊接操作过程中一定要严格执行有关的焊接工艺参数，防止气孔、夹渣、未焊透，咬边等焊接缺陷，这样可有效地减少局部应力集中现象，从而减少冷裂倾向。

④ 注意气象因素的影响　避免在阴雨的天气中施工。重要的焊接结构在冬季施工时，应当采用防风措施，必要时要建临时施工用大棚，这样可以降低焊接区的冷却速度，增加焊接接头的抗冷裂能力。

⑥ 不能在焊缝以外的地方随意引弧或焊接临时卡具　通过对球形贮罐等结构冷裂纹的分析发现，许多裂纹起源于焊接时随意在焊道外的引弧处和焊接的一些临时卡具的位置，因为往往在这些非正式焊接场合，未按正式焊接工艺参

数要求焊接，所以这些地方特别容易出现问题。为此要求重要结构的焊接只准在坡口内引弧；所有必要的安装卡具均应按正式焊缝的焊接工艺参数焊接。

1.4 特殊条件下的裂纹

除热裂纹、冷裂纹以外，在特定条件下还可能出现再热裂纹、层状撕裂和应力腐蚀裂纹，这些裂纹一旦出现，也会给焊接结构安全运行的可靠性带来严重的危害，因此有必要对这些裂纹的特征、形成机理及其防治措施进行研究。

1.4.1 再热裂纹

对于重要的厚壁压力容器，焊后一般都要进行回火处理，以消除残余应力，防止在运行过程中造成脆性破坏事故。然而，对于某些含有沉淀强化元素的钢种，往往焊后并未发现裂纹，可是在消应处理之后，却产生了所谓的“消除应力处理裂纹”（stress relief cracking），简称SR裂纹。也有一些焊接结构，焊后没有裂纹，可是由于在500~600℃的高温下长期工作，结果也出现了裂纹。这两种情况下产生的裂纹统称为“再热裂纹”（reheat crack）。

20世纪60年代各国相继发生了多起再热裂纹事故，从此人们开始引起重视。国内首次发现再热裂纹是在20世纪70年代初，当时采用德国BHW38钢制造大型发电锅炉汽包，结果在焊后检测未发现裂纹，热处理之后再行监测，发现在汽包的管接头处出现了再热裂纹。以后又在15MnNiMoV、14MoWVTi等钢的焊接中发生过类似的再热裂纹事故。为此，国内许多研究和生产部门对国产和部分进口压力容器用钢进行了系统的研究，取得了一系列的成果。

（1）再热裂纹的主要特征

1）再热裂纹敏感的钢种　再热裂纹只产生在含有一定数量Cr、Mo、V等沉淀强化元素的钢中。如在石油化工行业经常应用的Cr-Mo系耐热钢，低碳及中碳调质钢等也有一定的再热裂纹倾向。而一般的低碳钢和固溶强化类的低合金高强度钢，如16Mn钢均无再热裂纹倾向。

2）再热裂纹敏感的温度区间　再热裂纹的产生有一个敏感温度区间。对于一般的低合金钢，再热温度敏感区间约为500~700℃，它随钢种的不同而变化。由图2.6-31可以看出，随着再热温度的提高，裂纹率C_R上升，临界COD值下降，对该试验材料在600℃左右裂纹率达到极值，再继续增加再热温度，反而使裂纹率下降，韧性提高。图2.6-32为再热温度与应力松弛断裂时间的关系。从图2.6-32可以看出，几种试验钢材在600~650℃的敏感温度区间断裂时间最短，降低和提高再热温度都使断裂时间大大延长，断裂时间和再热温度的关系呈“C”曲线状。

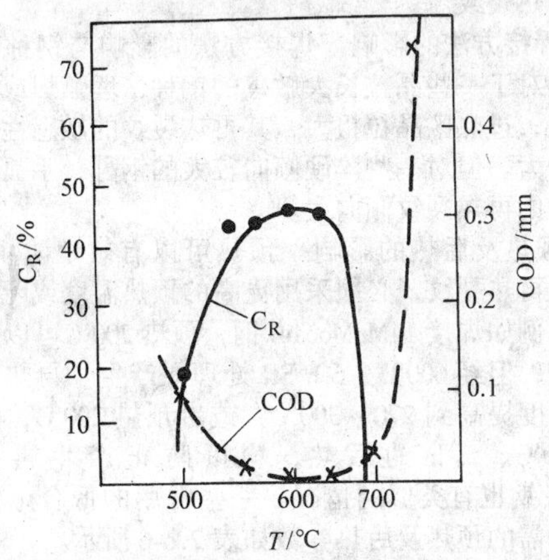

图2.6-31　再热温度T与再热裂纹率及C_R及临界COD的关系

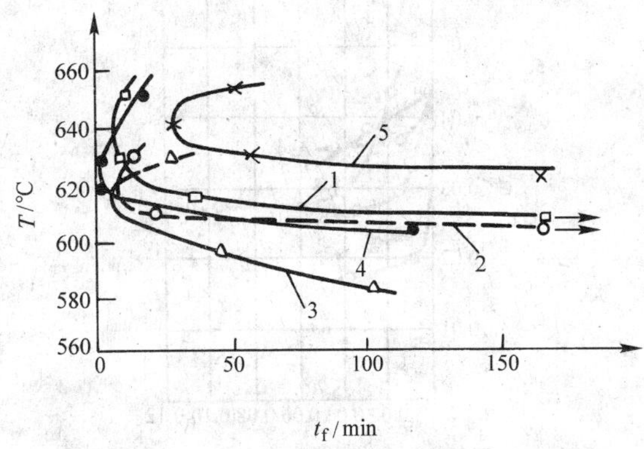

图2.6-32　再热温度T与应力松弛断裂时间t_f的关系

1—22Cr2NiMo；2—25CrNi3MoV；3—25Ni3MoV；4—20CrNi3MoVNbB；5—25Cr2NiMoMnV

3）再热裂纹产生的部位　再热裂纹产生在HAZ的粗晶区，具有典型的晶间开裂特征。有时裂纹并不连续，呈断续状，遇到细晶区就停止发展。

4）再热裂纹产生的应力条件　在消除应力处理之前，焊接区存在有较大的残余应力，并有不同程度的应力集中，二者必须同时存在，否则不会产生再热裂纹。对17CrMoV钢进行应力松弛试验发现，在焊接接头的粗晶区只要有0.25%的残余应变，即可促使产生再热裂纹。如图2.6-33所示，应力集中系数越大，产生再热裂纹所需的临界应力越小。

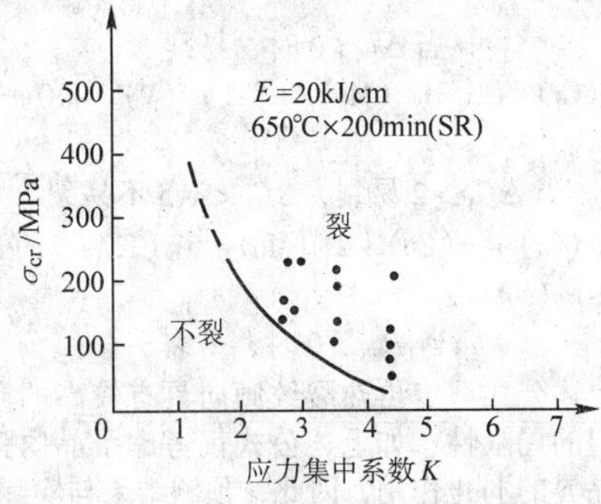

图2.6-33　应力集中系数K与临界应力σ_{cr}的关系（0.5Mo钢）

（2）再热裂纹的形成机理

大量试验研究表明，再热裂纹的形成与焊后再热处理过程中应力松弛集中在粗晶区晶界，并在该区的滑移量超过了该部位的塑性变形能力时就会产生再热裂纹。产生再热裂纹的条件可用下式表示：

$$E > E_c \tag{2.6-25}$$

式中，E为粗晶区局部晶界的实际变形量；E_c为粗晶区局部晶界的塑性变形能力，即再热裂纹的临界塑性变形量。

上述过程的发生与再热过程中发生的晶界弱化和晶界强化有关。

1）晶间杂质析集对晶界弱化的作用　在500~600℃的再热过程中，钢中的P、S、Sb、Sn、As等元素都会向晶界析集，因而大大降低了晶界的塑性变形能力。图2.6-34为杂质的含量对产生再热裂纹的临界塑性变形量E_c的影响。由图2.6-34可以看出，随着杂质的增加，E_c剧烈下降，使再热裂纹倾向加大。我国在研究Mn-Mo-Nb-B钢再热裂纹时，发现硼化物也有沿晶析出的现象，使再热裂纹敏感性增加。

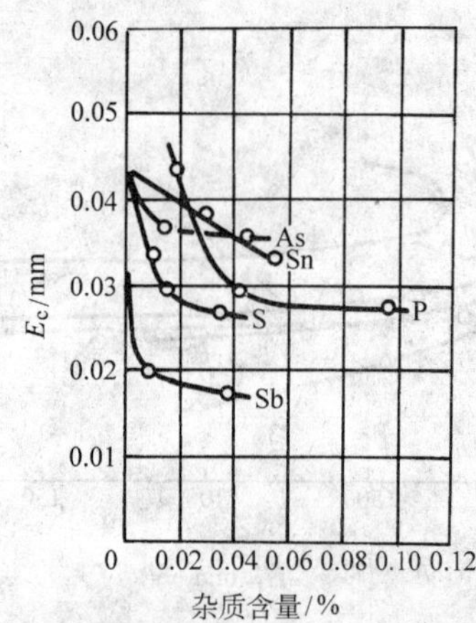

图 2.6-34　杂质含量对临界塑性变形量 E_c 的影响

（试验钢材：HT80 钢，再热温度：600℃）

2）晶内沉淀强化作用　沉淀强化元素 Cr、Mo、V、Ti、Nb等的碳、氮化物在一次焊接热作用下，因受热（高于 1 100℃时）而固溶在高温奥氏体中，在焊后冷却时来不及充分析出，在二次再热时，这些元素的碳、氮化物在晶内沉淀析出，使晶内强化。由于晶内强度提高，变形困难，使应力松弛的塑性变形更集中到晶界，当晶界的塑性储备不足时就产生了再热裂纹。

根据晶内强化的观点，人们建立了一些根据合金元素定量评定某些低合金钢再热裂纹倾向的经验公式，例如：

$$\Delta G = w(\mathrm{Cr}) + 3.3w(\mathrm{Mo}) + 8.1w(\mathrm{V}) - 2 \tag{2.6-26}$$

当 $\Delta G > 0$ 时，易裂

$$\Delta G_1 = w(\mathrm{Cr}) + 3.3w(\mathrm{Mo}) + 8.1w(\mathrm{V}) + 10w(\mathrm{C}) - 2 \tag{2.6-27}$$

当 $\Delta G_1 > 2$ 易裂，$\Delta G_1 < 1.5$ 不易裂

$$P_{SR} = w(\mathrm{Cr}) + w(\mathrm{Cu}) + 2w(\mathrm{Mo}) + 5w(\mathrm{Ti}) + 7w(\mathrm{Nb}) + 10w(\mathrm{V}) - 2 \tag{2.6-28}$$

当 $P_{SR} > 0$ 时，易裂

利用上述公式评定再热裂纹倾向具有较高的参考价值，但也有一定的局限性，如上述公式仅考虑了晶内强化作用，并未考虑晶界的弱化作用，因此，预测结果与实际的再热裂纹倾向有一定差距，还有待进一步完善。

（3）再热裂纹的影响因素及防治措施

1）化学成分的影响　化学成分对再热裂纹的影响随钢种的不同而异，对于珠光体耐热钢，钢中 Cr、Mo 的质量分数对再热裂纹的影响如图 2.6-35 所示。由图看出，钢中的 w（Mo）增多，则 Cr 的影响越大，但当达到一定含量时［如 w（Mo）=1%，w（Cr）=0.5%时］，随 Cr 的增多，SR 裂纹率反而下降。如在此钢中含有 V 时，SR 裂纹率显著增加。

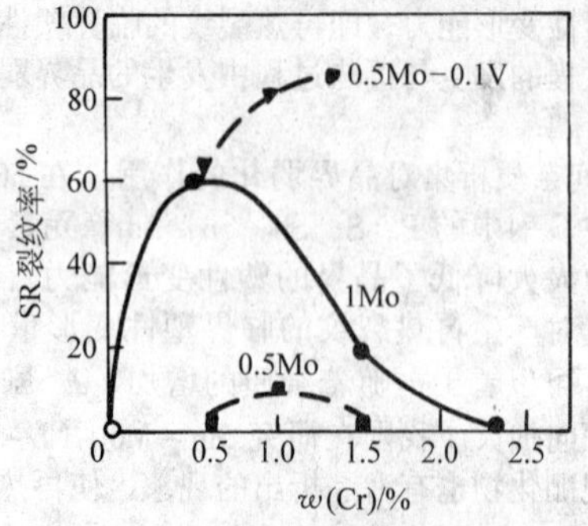

图 2.6-35　钢中 Cr、Mo 含量对 SR 裂纹的影响（620℃，2 h）

碳在 1Cr－25Mo 钢中对再热裂纹的影响如图 2.6-36 所示，随钢中含钒量的增多，碳的影响增大。图 2.6-37 是 V、Nb、Ti 对再热裂纹的影响，其中 V 的影响最大。

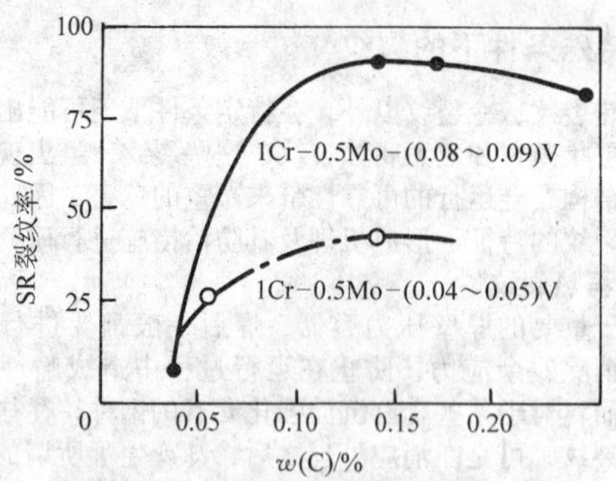

图 2.6-36　碳对 SR 裂纹的影响

（600℃，2 h 炉冷）

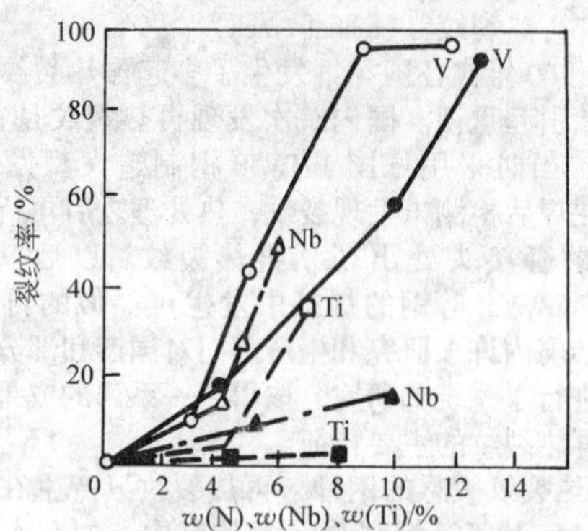

图 2.6-37　V、Nb、Ti 对 SR 裂纹的影响

（600℃，2h 炉冷）

●▲■ 0.6Cr－0.5Mo－V、Nb、Ti

○△□ 1Cr－0.5Mo－V、Nb、Ti

关于化学成分对再热裂纹的影响，亦可根据前面介绍的再热裂纹敏感性判据式（2.6-26）、式（2.6-27）和式（2.6-28）进行评价。

2）钢的晶粒度对再热裂纹的影响　试验研究表明，钢的晶粒度越大，则晶界开裂所需的应力越小，也就越容易产生再热裂纹。

3）焊接接头不同部位和缺口效应对再热裂纹的影响也有不同。一般缺口位于粗晶区和有余高又有咬肉的情况下易于产生再热裂纹。

4）焊接方法的影响　焊接方法的影响与钢种的热特性有关，如对于一些晶粒长大敏感的钢种，埋弧焊或电渣焊时线能量大，过热区晶粒粗大，其再热裂纹的敏感性比手工电弧焊时为大。但对一些淬硬倾向较大的钢种，手弧焊反而比埋弧焊时的再热裂纹倾向大。

5）预热及后热的影响　预热可以有效地防止冷裂纹，但对防止再热裂纹，必须采用更高的预热温度或配合后热才能有效。例如焊接 14MnMoNbB 钢，预热 200℃可以有效地防止冷裂纹，但经 600℃、6 h SR 处理便产生了再热裂纹。如果预热温度提高到 270～300℃，或者预热 200℃，焊后立即进行 270℃、5 h 的后热，均可防止产生再热裂纹。18MnMoNb钢也有类似的情况。一些常用的低合金钢防止再热裂纹所需的预热及后热参数如表 2.6-6 所示。

由表 2.6-6 看出，防止再热纹比防止冷裂纹需要更高的预热温度。可见，对于某些钢结构来讲，防止再热裂纹比防止冷裂纹更为困难。

表 2.6-6　某些压力容器用钢防止再热裂纹的预热温度与后热温度

试验钢种	板厚/mm	防止冷裂的预热温度/℃	防止 SR 裂纹预热温度/℃	防止 SR 裂纹的后热参数
14MnMoNbB	50	200	300	270℃，5 h
14MnMoNbB	28	180	300	250℃，2 h
18MnMoNb	32	180	220	180℃，2 h
18MnMoNbNi	50	180	220	180℃，2 h
$2\frac{1}{4}$Cr－1Mo	50	180	200	—

6) 选用低匹配的焊接材料　近年来的研究表明，适当降低在 SR 温度区间焊缝金属的强度，提高它的塑性和韧性，对降低再热裂纹的敏感性是有益的。如前面所提 BHW38 钢制造大型发电锅炉汽包发生再热裂纹问题，就专门研制了 SG－2 焊条（上锅专用焊条），这种焊条 350℃以下至室温与母材等强（相当于 E6015），而在 SR 处理时强度下降，而塑性、韧性保持原来的水平，因此缓和了母材热影响区粗晶部位的应力状态，从而提高了抗再热裂纹的能力。

7) 改进接头设计　改进接头设计，合理安排焊接顺序，降低残余应力和避免应力集中可有效地防止再热裂纹的产生。

此外，焊缝咬边、未焊透及焊缝表面的余高，都会使 HAZ 粗晶区产生应力集中，不同程度地增大了再热裂纹的敏感性。

1.4.2　层状撕裂

(1) 层状撕裂的特征

1) 产生层状撕裂（lamellar tear）的接头形式　大型厚壁结构的 T 形接头、十字接头和角接头焊接时会沿板的厚度方向出现较大的拉伸应力，常称为 Z 向应力，这是产生层状撕裂的应力源。其他接头，如对接接头没有此种应力，因此，一般不会产生层状撕裂。

2) 层状撕裂的产生与夹杂物的层状分布状态有关　层状撕裂与冷裂纹不同，它的产生与钢的强度级别无关，主要与钢中的夹杂物的数量及层状分布形态有关，一般沿轧制方向分布有不同种类的层状非金属夹杂物（如 MnS、硅酸盐和铝酸盐等）时，在 Z 向应力的作用下，容易产生层状撕裂。

3) 层状撕裂的形态　层状撕裂的典型形态为阶梯状，它是由基本平行于轧制方向的平台裂纹和大体垂直于平台的剪切壁（shear walls）（直壁裂纹）所组成。

4) 层状撕裂产生的位置　这种裂纹在钢表面上难以发现，一般多出现在热影响区或是母材深处。如图 2.6-38 所示。

① 在焊接热影响区焊趾或焊根处由冷裂纹而诱发形成的层状撕裂；这种裂纹的形成往往与氢含量有关。

② 在焊接热影响区沿夹杂开裂，是工程上最常见的层状撕裂；

③ 远离热影响区的母材中沿夹杂开裂，这种情况多出现在有较多 MnS 的片状夹杂的厚板结构中。

层状撕裂的形态也并不完全都呈梯形分布，这与夹杂的种类、形状、分布等情况有关。当沿轧制方向有较多的片状 MnS 时，则层状撕裂多以阶梯状出现（见图 2.6-38a），当以硅酸盐夹杂为主时常呈近似直线状（见图 2.6-38b）；如以 Al_2O_3 夹杂为主时呈不规则的阶梯状（图 2.6-38c）。

层状撕裂主要发生在低合金高强钢的厚板焊接结构中，多用于海洋采油平台、核反应堆压力容器及潜艇外壳等重要结构。一旦产生层状撕裂，也难以修复，往往会造成巨大的经挤损失或灾难性事故，因此，研究层状撕裂的形成机理，防止层状撕裂的发生是一项十分重要的任务。

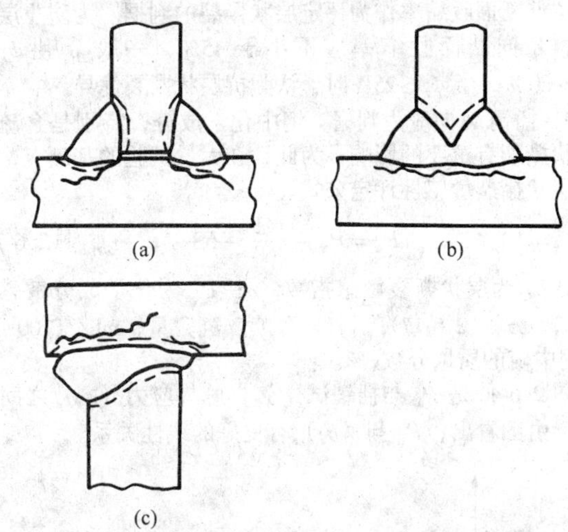

图 2.6-38　各种接头的层状撕裂及其形态

(2) 层状撕裂的形成机理

厚板结构的 T 形和角接接头焊接时，焊缝收缩时会沿母材厚度方向产生很大的拉伸应力和应变，当应变超过母材金属沿板厚方向的塑性变形能力时，夹杂物与金属基体之间就会发生分离而产生微裂，在应力的继续作用下，裂纹尖端沿着夹杂所在平面进行扩展，就形成了所谓“平台裂纹”。这种平台裂纹可能在多处产生，并在相邻两个平台之间，由于不在一个平面上而发生剪切应力，造成了剪切断裂，形成所谓“剪切壁”，即直壁裂纹。平台裂纹＋直壁裂纹，就构成了层状撕裂所特有的阶梯形态。层状撕裂的形成过程如图 2.6-39 所示。

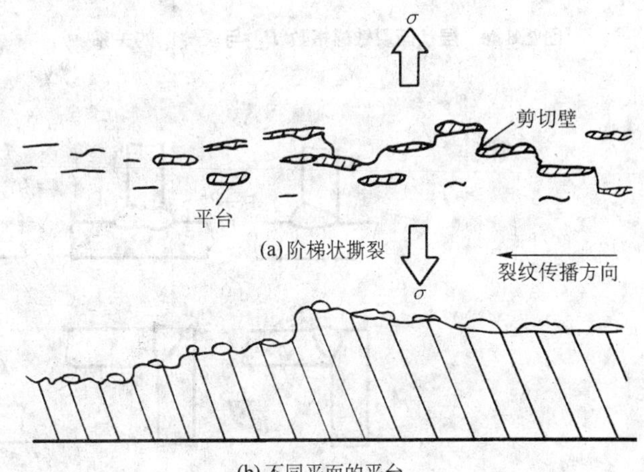

图 2.6-39　层状撕裂的破裂情况

由形成机理可知，除 Z 向应力外，非金属夹杂物的种类、数量和分布形态是产生层状撕裂的基本原因。

钢中夹杂物一般常见的有硫化物、各种硅酸盐和铝酸盐等，其中铝酸盐夹杂物呈球形分布，对层状撕裂的敏感性稍差，而硫化物和硅酸盐都是呈不规则的条形分布，对层状撕裂的敏感性稍大。

由于夹杂物造成钢的各向异性、使得钢板的纵横向力学性能差异较大，特别是 Z 向断面收缩率 ψ_z 是随夹杂物的增多和累计长度的增加而显著下降。

(3) 层状撕裂的判据

评定层状撕裂常用的判据有 Z 向拉伸断面收缩率和插销 Z 向临界应力。前者多用于无氢条件下母材的评定，后者多用于有氢条件下的焊接热影响区评定。

1）Z 向拉伸断面收缩率判据　世界上许多国家都采用 Z 向拉伸断面收缩率作为评定层状撕裂的判据。为防止层状撕裂，Z 向断面收缩率应不小于 15%，一般希望 ψ_z = 15%～20%，当 $\psi_z \geqslant 25\%$ 时，认为抗层状撕裂优异。

2）插销 Z 向应力判据　钢中化学成分，特别是含硫量对层状撕裂有重要的影响；为此，在大量试验的基础上，提出了层状撕裂敏感性评定公式。

$$P_L = P_{cm} + \frac{[H]}{60} + 6S \qquad (2.6\text{-}29)$$

式中，P_L 为层状撕裂敏感指数，%；P_{cm} 为化学成分敏感指数，%，见式（2.6-17）；［H］为扩散氢含量，mL/（100 g）；S 为钢中硫的质量分数，%。

图 2.6-40 是 P_L 与插销试样 Z 向临界应力 $(\sigma_z)_{cr}$ 之间的关系。由图看出，P_L 与 $(\sigma_z)_{cr}$ 有良好的线性关系。

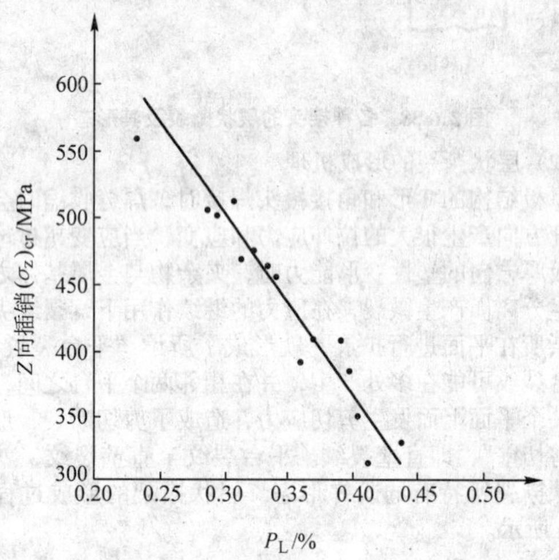

图 2.6-40　层状撕裂敏感指数 P_L 与 $(\sigma_z)_{cr}$ 的关系

应当指出，式（2.6-29）是根据插销试验的结果建立的，所以这种判据只能适于焊接热影响区附近所发生的层状撕裂。另外，此公式仅考虑了硫的作用，而对硅酸盐、铝酸盐等氧化物夹杂的影响并未考虑，因此具有局限性。

（4）防止层状撕裂的措施

根据以上讨论，防止层状撕裂应主要从以下两方面采取措施。

1）选用抗层状撕裂的钢材　降低钢中夹杂物的含量和控制夹杂物的形态，对于提高 Z 向断面收缩率具有显著效果。近年来已研制出多种抗层状撕裂的新钢种。

① 精炼钢　采用铁水先期脱硫和真空脱气（主要是氧和氮）相结合的办法，可以冶炼出 w（S）= 0.003%～0.005%的超低硫钢，它的 Z 向断面收缩率可达23%～45%。采用其他精炼的方法还可以冶炼出含氧、硫极低的钢材（w（S）= 0.001%～0.003%），Z 向断面收缩率可达 60%～75%。选用这类钢材制造大型重要的焊接结构，可以完全解决层状撕裂问题。

② 控制硫化物夹杂的形态　是把钢中 MnS 变成其他元素的硫化物，使在热轧时难以伸长，从而减轻各向异性。目前广泛使用的添加元素是钙和稀土元素，经过上述处理的钢，Z 向断面收缩率可达 50%～70%，足以抗层状撕裂。

2）设计和工艺上的措施　从防止层状撕裂的角度出发，在设计和施工工艺上主要是避免 Z 向应力和应力集中，具体措施如下。

① 应尽量避免单侧焊缝，改用双侧焊缝，这样可以缓和焊缝根部的应力状态，并防止应力集中（见图 2.6-41a）。

② 在强度允许的情况下，尽量采用焊接量少的对称角焊缝来代替焊接量大的全焊透焊缝，以避免产生过大的应力（见图 2.6-41b）。

③ 应在承受 Z 向应力的一侧开坡口（见图 2.6-41c）。

④ 对于T形接头，可在横板上预先堆焊一层低强的熔敷金属，以防止焊根出现裂纹，同时亦可缓和横板的 Z 向应力（见图 2.6-41d）。

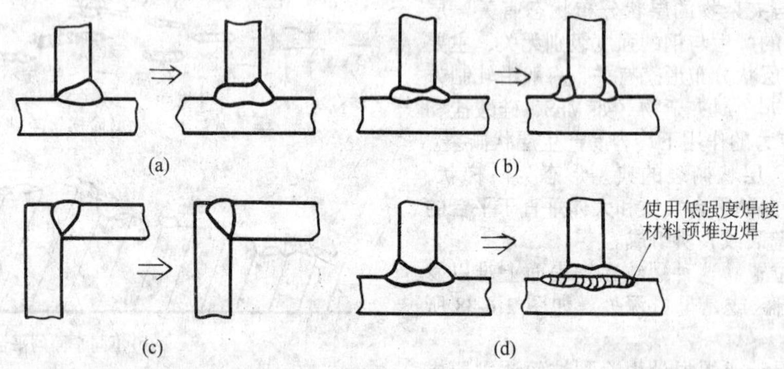

图 2.6-41　防止层状撕裂的接头形式

⑤ 为防止由冷裂引起的层状撕裂，应尽量采用一些防止冷裂的措施，如降低氢含量、适当提高预热温度、控制层间温度等。

1.4.3　应力腐蚀裂纹

应力腐蚀裂纹（Stress Corrosion Cracking，简称 SCC）是在拉应力和腐蚀介质的共同作用下产生的一种裂纹，它并不是焊接接头所特有的裂纹，即便是不经过焊接的母材，在特定条件下同样会产生应力腐蚀裂纹。只不过焊接残余应力的存在加大了这种裂纹在焊接接头中的开裂倾向，因此本章将对应力腐蚀裂纹进行简单介绍。

在石油、化工、冶金、电力及海洋工程结构中工作的焊接结构，由于存在焊接残余应力，在有腐蚀介质存在的情况下，即可产生应力腐蚀裂纹。据统计，在化工设备中所发生的破坏事故中，有近一半是由 SCC 引起的。可见 SCC 所造成的危害甚大。

（1）应力腐蚀裂纹形成的特征及产生条件

1）应力腐蚀裂纹的形态特征　母材上的应力腐蚀裂纹多以疏松的网状或龟裂状分布（见图 2.6-42a）；在焊缝表面上多以横向裂纹出现（见图 2.6-42b）。从金属内部看，SCC 的形态如同树根一样（见图 2.6-43）。从断口的形态看，SCC 属于典型的脆性断口。

依金属和介质不同，SCC 既有沿晶开裂，又有穿晶开裂，还有沿晶与穿晶的混晶开裂，如表 2.6-7 所示。

2）合金与介质的组配。一般纯金属不产生 SCC，但凡是合金，即使含微量合金，在特定环境中都有一定的 SCC 倾向。但不是在任何环境中都产生 SCC。研究表明，合金材料与介质有一定的匹配性，即某一合金只在某些特定介质中产生 SCC。

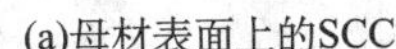
(a)母材表面上的SCC

(b)焊缝表面上的SCC

图 2.6-42 SCC 在金属表面的分布形态

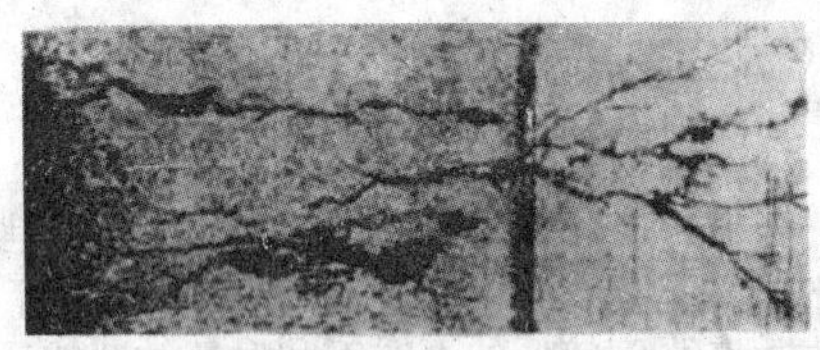

图 2.6-43 金属内部的 SCC
（18－8 钢，10%草酸，×100）

表 2.6-7 奥氏体不锈钢不同介质中的 SCC 开裂

10	腐蚀介质	裂纹的行径
1	氢化物介质	穿晶或穿晶＋沿晶
2	海水、河水、高温纯水	穿晶或穿晶＋沿晶
3	碱溶液	穿晶或穿晶＋沿晶
4	氟氢酸或氟硅酸	穿晶或穿晶＋沿晶
5	硫酸、亚硫酸	穿晶＋沿晶
6	$HCl+HNO_3+HF$	穿晶＋沿晶
7	硫化氢水溶液	穿晶
8	硝酸和硝酸盐	沿晶

3）应力腐蚀裂纹的形成条件　SCC 的产生必须具备如下三个条件，即：合金、介质、拉应力。只有当合金与介质的组配具有 SCC 倾向时，在拉应力的作用下才会产生应力腐蚀裂纹。最易产生 SCC 的合金与介质的组配见表 2.6-8。

表 2.6-8 最易产生 SCC 的合金与介质的组配

合　金	腐 蚀 介 质
碳钢与低合金钢	苛性碱（NaOH）水溶液（沸腾）；硝酸盐水溶液（沸腾）；氨溶液；海水；湿的 $CO-CO_2-$空气；含 H_2S 水溶液；海洋大气和工业大气；$H_2SO_4-HNO_3$ 混合水溶液；HCN 水溶液；碳酸盐和重碳酸溶液；NH_4Cl 水溶液：$NaOH+Na_2SiO_3$ 水溶液（沸腾）；$NaCl+H_2O$ 水溶液；CH_3COOH 水溶液等
奥氏体不锈钢	氯化物水溶液；海洋气氛；海水；NaOH 高温水溶液；H_2S 水溶液；水蒸气（260℃）；高温高压含氧高纯水：浓缩锅炉水；260℃ H_2SO_4；$H_2SO_4+CuSO_4$ 水溶液；$Na_2CO_3+0.1\%\ NaCl$；$NaCl+H_2O$ 水溶液等
铁素体不锈钢	高温高压水；H_2S 水溶液；NH_3 水溶液；海水；海洋气氛；高温碱溶液：$NaOH+H_2S$ 水溶液等

续表 2.6-8

合　金	腐 蚀 介 质
铝合金	NaCl 水溶液；海洋气氛；海水等
黄铜	NH_3；NH_3+CO_2；水蒸气；$FeCl_2$ 等
钛合金	HNO_3；HF；海水，氟里昂；甲醇、甲醇蒸气；HCl（10%，35℃）；CCl_4；N_2O_4 等
镍合金	HF；NaOH；氟硅酸等

注：表中的百分数皆指质量分数。

（2）应力腐蚀裂纹的形成机理

1）电化学应力腐蚀开裂机理　根据近年来电化学方面的研究，应力腐蚀开裂分为以下两个方面：

① 阳极溶解腐蚀开裂（Active Path Corrosion，简称 APC）。

② 阴极氢脆开裂（Hydrogen Embrittlement Cracking，简称 HEC）。

这两类的腐蚀开裂过程如图 2.6-44 所示。

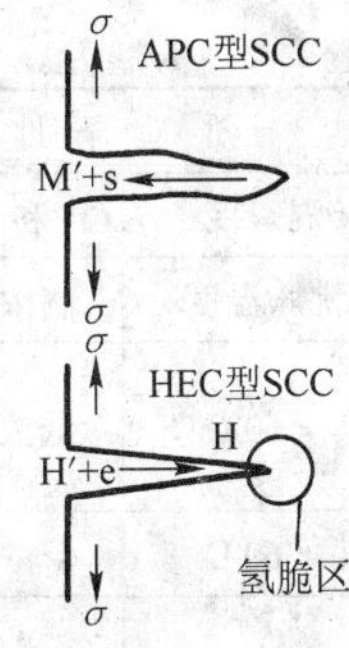

图 2.6-44 APC 和 HEC 应力腐蚀过程

由图 2.6-44 看出，在应力作用下，阳极发生的溶解，即金属以离子状态溶入介质：

$$M \longrightarrow M^{+} + e$$

这便是发生 APC 型的 SCC 过程，与此同时，电子在金属内部直接从阳极流向阴极（即金属表面）。如果金属表面与含有 H^+ 的介质接触时，那么电子 e 与 H^+（质子）便结合成氢原子 H，即

$$H^{+} + e \longrightarrow H$$

这种氢原于将向金属中扩散，造成脆化，即所谓 HEC 型的 SCC。

通常情况下 APC 和 HEC 是同时进行的，金属在某种条件下，究竟属于那种 SCC，是 APC 型为主还是 HEC 型为主，要作具体分析。

根据大量的试验研究，一般奥氏体不锈钢的 SCC 属于

APC型。而低碳钢、低合金高强钢和超高强钢的SCC多属HEC型，也称氢致开裂（氢脆），实际上苛性脆化也属此类。

2）机械破裂应力腐蚀开裂机理　焊接构件在应力作用下（包括残余应力、承载和冷作加工等）将会产生不同程度的塑性变形，当塑性变形大到一定的程度时就会产生“滑移台阶”(Slip Steps)。如图2.6-45所示，当滑移台阶的高度大于氧化膜的厚度时，就会使氧化膜破裂，从而使金属露出表面。在腐蚀介质作用下，金属就会被快速溶解，从而发生SCC。显然，这种腐蚀开裂是以APC为主，并且与滑移台阶的大小有关。粗大晶粒区的滑移，可出现大的台阶，容易使保护膜破裂。

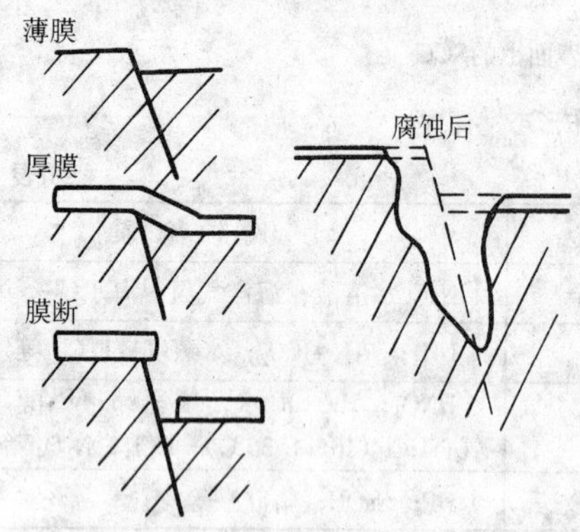

图2.6-45　塑性变形引起的滑移台阶

焊接接头由于各个部位的组织和晶粒大小不同，故对SCC的敏感性不同，其中热影响区的粗晶部位对SCC最为敏感。

3）SCC的扩展　在工程上由于结构的材质、服役环境，以及所承受的应力状态不同，SCC的扩展途径大体上分为以下三类，如图2.6-46所示。

A类：由起裂点开始，一直向纵深扩展，只有少量分枝。这种SCC主要以穿晶形式开裂，多发生在强度较低的不锈钢和$\sigma_s = 800 \sim 1\,000$ MPa的高强钢。

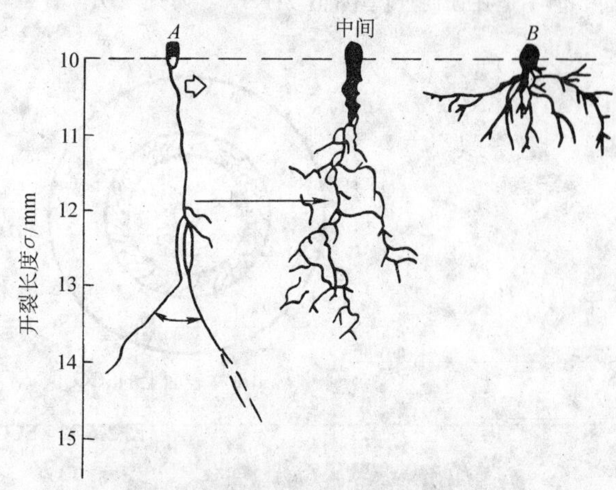

图2.6-46　三类SCC的扩展形态

B类：由起裂点开始，不是向深处发展，而是沿横向扩展，形成树根状的密集分枝。这种SCC也是以穿晶形式开裂，主要发生在强度较低的不锈钢和对氢敏感的超高强钢。

中间类：这类SCC的扩展介于A类和B类之间，即由起裂点开始，既向深处发展，也向横向扩展，其行径具有沿晶特征。这种SCC主要发生在不锈钢构件。

(3) 应力腐蚀裂纹的影响因素及其防治

影响SCC的因素很多，这里只重点讨论与焊接施工有关的影响因素及防治措施。

1）选择合适的母材　对于应力腐蚀裂纹的产生，由于一定的腐蚀介质对母材具有选择性，因此，在特定腐蚀条件下，应选择没有或应力腐蚀倾向小的母材制作焊接结构。表2.6-9给出了不锈钢母材的选择表。应当指出，表中给出的双相不锈钢具有优良的耐应力腐蚀及晶间腐蚀的能力，是近年来发展起来的一种新型不锈钢系列。

表2.6-9　不锈钢和合金的选择表

序号	介质条件				可考虑选用的不锈钢和合金类型
	种　类	温　度	Cl^-和OH^-情况	浓缩或富集条件	
1	高浓氯化物	沸腾温度	高浓度Cl^-	无	高硅Cr－Ni不锈钢，铁素体不锈钢，高镍不锈钢和合金
2	含Cl^-水溶液	<60℃	低浓度Cl^-	无	普通18－8、18－12－Mo2不锈钢、Crl8Mo2铁素体不锈钢、18－5－Mo等双相不锈钢
		<60℃	低浓度Cl^-	有	Cr18Mo2等铁素体不锈钢、18－5－Mo等双相不锈钢
		<60℃	高浓度Cl^-	有	Cr26Mo1等铁素体不锈钢、含w_{Cr}22%～25%的含Mo双相不锈钢高、Cr、Mo的高镍不锈钢，如Cr20Ni25Mo4.5Cu
		60—150℃	低浓度Cl^-	有	Cr18Mo2、Cr26Mo1等铁素体不锈钢、18－5和22－5、25－5型双相含Mo不锈钢，高Cr、Mo的高镍不锈钢，如Cr20Ni25－Mo4.5Cu
		150—200℃	低浓度Cl^-	有	同上、Cr20Ni32Fe等铁—镍基合金
		200—350℃	低浓度Cl^-	有	Cr20Ni32Fe等铁—镍基合金、Cr30Ni60Fe10等镍基合金
3	H_2SxO_4	室温	无Cl^-	无	含Tl、Nb的18－8不锈钢并经稳定化处理
		室温	有Cl^-	有	Cr26Ni32Fe等铁—镍基合金
4	含H_2S水溶液	>60℃	无	无	18－12－Mo型Cr－Ni不锈钢
		>60℃	低浓度Cl^-	有	18－5－Mo和22－5－Mo－N、25－5－Mo－N型双相不锈钢
		>60℃	高浓度Cl^-	有	Cr20Ni25Mo4.5Cu等高镍不锈钢
		<60℃	高浓度Cl^-	无	Cr20Ni25Mo4.5Cu等高镍不锈钢

续表 2.6-9

序号	介质条件				可考虑选用的不锈钢和合金类型
	种 类	温 度	Cl^-和OH^-情况	浓缩或富集条件	
5	含 NaOH 水溶液	<120℃	NaOH<20%、无Cl^-	无	18-8或18-12Mo Cr-Ni不锈钢
		85℃	NaOH 50%、NaCl 2.5%		超低碳18—8、Cr26Mo1、Cr25Ni20不锈钢
		85℃	NaOH 15%~25% NaCl 10%~15%		超低碳18-8、Cr26Mo1、Cr25Ni20不锈钢
		140℃	NaOH 45% NaCl 5%		Cr26Mo1、Cr30Mo2、1Crl5Ni75Fe
		300~350℃	NaOH<10%，无Cl^-		Cr20Ni32Fe等铁—镍基合金
		300~350℃	NaOH>10%、无Cl^-	有	1Crl5Ni75Fe、Cr30Ni60Fe10等合金

2）焊接材料的选用　尽管母材的抗SCC的能力很强，但选用的焊接材料不当，同样会使构件产生SCC。因此，正确选择焊接材料是十分重要的。一般来讲；根据腐蚀介质的不同，焊缝的化学成分和组织应尽可能与母材一致。表2.6-10是母材为00Crl8Ni5Mo3Si2超低碳双相不锈钢，采用三种不同焊条焊成的焊缝，抗SCC性能的比较[41]。由表2.6-10可以看出，与母材成分相当的焊条3RS61和P5具有较好的抗SCC性能，而E1-23-13-16焊条抗SCC性能较差。

表2.6-10　三种焊条的SCC敏感性（NaCl25%+$K_2Cr_3O_7$1%中试验）

焊 条	熔敷金属成分（质量分数）/%				SCC情况
	C	Cr	Ni	Mo	
3RS61⁻	0.033	21.21	10.90	2.77	200 h无裂
P5	0.035	22.23	14.70	1.90	200 h无裂
E1-23-13-16（A302）	0.050	22.70	10.90		77 h熔合线开裂

3）采用合理的组装工艺　组装对产品质量的影响很大，强制组装会产生很大的残余应力，从而引起SCC，因此，必须严格控制组装的质量。施工时应保证下料的精度，如有较大的错边，应采用整形的办法，而不能用千斤顶强制组装。另外，在组装过程中更应避免各种伤痕以及打弧时的烧痕，都应用砂轮磨去，否则就可能是SCC的起源。

4）焊接工艺　从焊接工艺角度防止SCC主要是防止焊接热影响区硬化和晶粒粗大和防止产生过大的残余应力和应力集中等。

热影响区硬度增高，HEC型的SCC倾向增大，产生SCC的临界应力越低。如液化石油气（LPG）球罐产生SCC与罐中H_2S的质量分数与热影响区的最高硬度有一定的关系，如图2.6-47所示，当热影响区的最高硬度在300HV以下时，随着硬度的提高允许的H_2S的质量分数迅速下降，当硬度≥300HV时，LPG罐中H_2S的质量分数应控制在0.005%以下。

对于奥氏体不锈钢，因无淬硬问题，主要是防止晶粒长大（适于采用小的焊接线能量）。

关于采用合理的焊接顺序，降低焊接结构的残余应力和应力集中，在生产中已有许多经验，这方面可参见有关文献。

5）焊后消除应力处理　焊后消除应力处理是防止应力腐蚀裂纹的重要措施。焊后消除应力处理的方法很多，一般有整体热处理、局部热处理、水压试验、机械拉伸、温差拉伸、锤击，以及爆炸法等。在生产上整体热处理和局部热处理两种方法应用比较广泛。

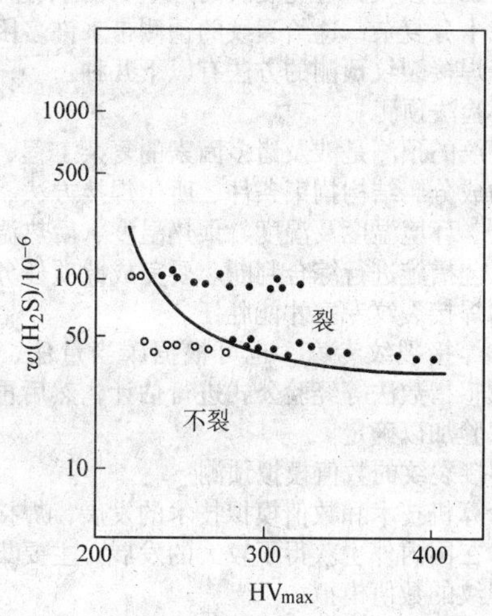

图2.6-47　LPG球罐中H_2S与高强钢HAZ最高硬度对SCC的影响

① 整体消除应力处理　消除应力的程度，主要决定于

加热温度和保温时间等。低碳钢及部分低合金钢焊接构件的加热温度和保温时间与消除应力的效果如图2.6-48所示。由图2.6-48看出，加热650℃，保温20~40 h，基本上可消除全部残余应力。

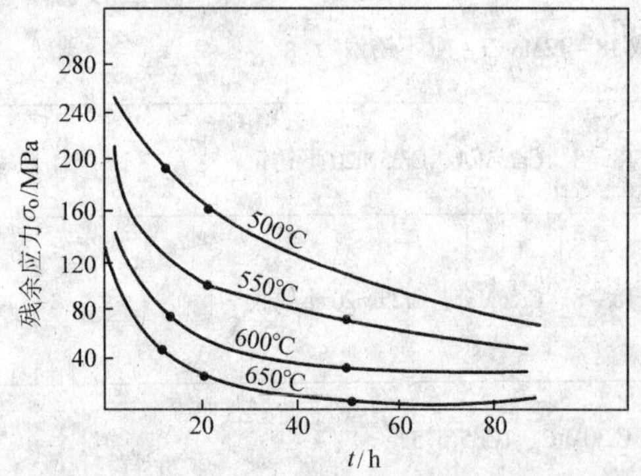

图2.6-48　加热温度与保温时间与消除应力的关系

② 局部消除应力处理　对于一些重要而又不能整体处理的大型焊接结构（如管道），可采用局部热处理部分地消除残余应力，对于降低SCC的敏感性也是有效的。局部热处理可以采用火焰、电阻、红外、感应等加热方式，应保持加热均匀，并保证合适的加热宽度，对低合金钢，加热宽度一般为焊缝两侧各100~200 mm。对于管结构，加热宽度可按下式选取：

$$B=5\sqrt{R\delta} \tag{2.6-30}$$

式中，R为管子半径，mm；δ为板厚，mm。

6）表面改质　在与腐蚀介质接触的一侧，采用喷涂耐蚀金属层、塑料涂层、表面堆焊不锈钢等，可以大大提高抗SCC的能力。例如，在HT80钢的表面喷涂铝，在含有13 500 $\times 10^{-6}$ H_2S介质中放置三周，母材和焊缝均未发生SCC。

1.5　焊接裂纹的预测及诊断

焊接裂纹是危害最大的焊接缺陷之一，它的存在不仅会造成泄漏、降低承载强度，而且会引起焊接结构的破坏，对于压力容器还可能发生爆炸事故，给国家和人民会带来不可估量的损失。因此焊接裂纹的预测及诊断就显得十分重要。

1.5.1　焊接裂纹的预测

为了解决焊接裂纹问题，人们希望能在焊前预测产生某种裂纹的可能性，以便正确选择焊接方法和焊接材料，采用合理的焊接工艺参数，避免裂纹的产生。由于各种裂纹的成因及其形态十分复杂，这给裂纹的预测带来许多困难。目前国内外用于焊接裂纹预测的方法有以下几种：

（1）经验法预测

焊接裂纹的预测是涉及诸多因素的复杂工程，需要根据所焊钢材的成分、结构拘束条件、所用焊接方法、焊材、焊接工艺参数、环境温度及湿度、预热温度、后热温度及焊后热处理等工艺措施进行综合判断。要完成此项任务需要具有丰富经验的焊接裂纹专家才能胜任。

对于非焊接裂纹专家，也可根据碳当量法、最高硬度法、裂纹敏感指数法等经验公式进行估计，然后再根据估计结果通过试验加以确定。

（2）焊接裂纹的数值模拟预测

随着计算机技术和数值模拟技术的发展，焊接裂纹的数值模拟技术在国内外也获得了较大的发展。主要集中在结晶裂纹和冷裂纹的数值模拟。

1）焊接热裂纹的数值模拟　有关文献系统介绍了结晶裂纹的数值模拟技术。已如前述，结晶裂纹的形成主要取决于两方面的条件，一是脆性温度区内金属所具有的塑性 $p=\phi(T)$，即结晶裂纹的阻力。$P_{\min}$为脆性温度区 TB 内焊缝金属的最小塑性；二是在脆性温度区间内金属应变 $e=f(T)$，即结晶裂纹的驱动力。驱动力与阻力的关系及结晶裂纹的形成条件如图2.6-8所示。

由图2.6-8可知，在TB内当焊缝金属的应变按曲线3变化时，则会产生结晶裂纹。产生结晶裂纹的条件为：焊缝的塑性储备 $\Delta e_s=P_{\min}-\Delta e<0$。

可见，要通过数值法预测结晶裂纹的开裂倾向应获得两方面的数据：焊缝金属在TB内的结晶裂纹阻力曲线 $p=\phi(T)$和该温度区间的驱动力曲线 $e=f(T)$。结晶裂纹阻力曲线（在脆性温度区内的塑性曲线）$p=\phi(T)$是应变随温度的变化函数，它可通过可调拘束实验测试得到。而结晶裂纹的驱动力 $e=f(T)$ 曲线目前主要采用数值模拟的方法获得。有关文献通过进行应力、应变场的计算，确定结晶裂纹的驱动力。然后通过比较结晶裂纹形成的阻力与驱动力之间的对抗结果，即可判断出在具体条件下是否产生裂纹。

由于这方面的工作刚刚开始研究，还没有发展到成熟的实用阶段，通过数值模拟方法定量的判断结晶裂纹的产生倾向是具有很大发展前途的研究方法，通过今后的不断开发研究，相信这方面的工作将会不断的走向成熟，推向应用。

2）焊接冷裂纹的数值模拟预测　由于冷裂纹的危害极大，各国对焊接冷裂纹的预测工作都极为重视，并通过试验总结出了多种经验公式，如裂纹敏感指数 P_w、最低临界应力 σ_{cr}和冷却到100℃的临界冷却时间 $(t_{100})_{cr}$等。但这些公式都是在一定条件下作出的，用于工程实践存在一定差距，而且公式的使用范围也受实验条件的限制。因此，利用上述公式对冷裂纹进行预测具有一定的局限性。为了解决这一问题，各国都努力试图采用数值模拟的方法结合工程实际条件对冷裂纹的产生进行预测。如奥地利开发的HAZ－CALCULATOR、法国ESI集团开发的SYSWELD、瑞士的WELDY和俄罗斯莫斯科Bauman工业大学研制的合金钢焊接性分析的计算机程序（ACP）都采用数值分析法结合实际条件通过对热场、应力应变场、组织转变场和扩散氢含量的计算预测产生冷裂纹的可能性。其中莫斯科Bauman工业大学研制的合金钢焊接性分析的计算机程序（ACP）综合考虑了影响冷裂纹的诸种因素的影响，包括焊缝及热影响区的组织、奥氏体的实际晶粒尺寸、扩散氢含量和焊接残余应力水平等因素，采用热力学、金属物理和力学原理，利用冷裂纹形成时的金属开裂物理模型和统计模型，采用数值分析的方法定量预测冷裂纹形成的可能性。简称组织－氢－应力条件模型。该模型的核心是通过对焊接应力与产生冷裂纹的临界应力的比较来判断是否产生冷裂纹。产生冷裂纹的临界应力公式如式(2.6-28)：

$$R_c=R_e\left[2.68-5.46w(\mathrm{C})-0.5H_d-0.004\mathrm{Sr}-4.02D_g^{\ 2}+\cdots\right] \tag{2.6-31}$$

式中，R_c为产生冷裂纹的临界应力，MPa；w（C）为碳在钢中的质量分数，%；Sr为显微组织组成，%，多道焊时焊后最终组织比例取决于回火焊道的回火温度、回火时间和回火区域。其回火后的组织比例按回火动力学的差分方程的仿真模型计算；H_d为扩散氢含量，mL/（100 g）。

$$H_d=(0.42-0.01T_0)H_o+0.07H_m+0.006D+0.026h-0.002hq/V+\cdots \tag{2.6-32}$$

式中，H_o为氢在焊缝金属中的初始浓度，mL/（100 g）（色谱法或IIW法）；H_m为钢中的残留氢，ml/100g；D为焊件厚度，mm；h为焊道厚度，mm；q/V为热输入，kJ/cm；T_0为预热温度，℃；D_g为奥氏体晶粒尺寸，mm，奥氏体的平均直径按下列金属物理方程计算：

$$\left(\frac{D_g}{2}\right)^2=\left(\frac{D_o}{2}\right)^2+2A\int_{t_2}^{t_1}\exp\left(-\frac{Q}{kT}\right)\mathrm{d}t \tag{2.6-33}$$

式中，D_e 为加热到1 000℃时的初始晶粒尺寸；T 为当时的焊件热循环（WTC）温度，K；t_2，t_1 为加热和冷却到1 000℃时所对应的时间；D_0、A、Q 为与钢的成分有关的常数；R_e 分析区域的屈服应力，MPa。

通过应力场解析计算出分析区域的残余应力，然后再通过与临界应力的对比即可确定是否成生冷裂纹。

冷裂纹产生条件 $\sigma_w > Rc$ 产生冷裂纹

σ_w 为实际焊接残余应力大小，MPa

其预测流程图如图2.6-49所示。

图2.6-49 合金钢焊接性的ACP分析流程图

(3) 焊接裂纹的预测专家系统

采用数值模拟的方法预测裂纹产生的可能性具有很大的发展前途，但是由于焊接结构及其材料的复杂性，工艺条件的多变性、边界条件的不确定性以及定量实验数据的匮乏，使得数值模拟的结果往往与实际结果存在相当的误差。这说明采用数值模拟的方法进行裂纹预测还未达到成熟阶段，需要进一步的发展和完善。

为了克服经验法的局限性和数值模拟法的不完善性，近年来采用专家系统预测裂纹的方法获得了发展。并开发出了一些裂纹预测专家系统，如天津大学、西安交大、哈尔滨工业大学都作了相应的尝试。

焊接裂纹预测专家系统拥有人类专家的经验及宝贵知识，能模拟人类专家的思维方式去分析解决问题。并特别适用于不确定性知识的推理判断。它能使人类专家的经验知识成为广大焊接工作者的共享资源，同时还能增强人类专家的彼此联系，避免个别专家的经验局限性。并在使用过程中不断学习新知识，提高系统的预测能力，使其逐步走向完善。

有关文献介绍了“焊接裂纹预测及诊断专家系统（WCPDES）”的结构、功能、预测及诊断知识库和系统的使用。该系统的裂纹预测功能有：能预测手工电弧焊焊接碳钢、合金结构钢时产生冷裂纹、热裂纹、再热裂纹、层状撕裂的可能性；能提供防止产生裂纹的焊接工艺方案咨询报告，包括焊条牌号、规格、烘干制度，焊接电流、预热及层间温度，后热规范及焊后热处理制度；能够解释决策过程和决策结果，以提高系统运行的透明度，增加用户的信任程度；系统具有一定的学习能力，即能半自动地完成对数据库和知识库的阅读、修改、删除、增写等操作；系统具有友好的界面，操作简便。

焊接裂纹预测的精度主要取决于预测知识库的质量，预测知识库的知识越丰富、越完善预测的精度越高。结合焊接工艺条件综合利用试验数据、判据公式和专家经验通过逻辑推理进行智能判断，给出产生裂纹的可能性。

1.5.2 焊接裂纹的诊断

焊接裂纹一旦产生，需要对裂纹的性质、种类及成因作出准确的判断，并能提出解决裂纹的措施及修复工艺方案。由于各种焊接裂纹的形成原因错综复杂，其形态特征虽各有一定的典型性，但其特征又相互交错，具有一定的模糊性，这就为裂纹的诊断带来了困难。即使是有经验的专家，有时也需要进行必要的检测才能准确的诊断出裂纹的性质及成因。

(1) 焊接裂纹的经验诊断法

1) 宏观诊断 宏观诊断一般是根据裂纹所处的位置、母材及焊材的成分、施工工艺条件等进行综合分析。

① 裂纹位置 一般裂纹如出现在焊缝上及弧坑处，则多为热裂纹；若裂纹出现在HAZ，则出现冷裂纹、再热裂纹及层状撕裂的可能性都存在。

② 母材及焊缝成分 碳当量较高，则淬硬倾向较大，产生冷裂纹的可能性增大；若焊缝中C、S、P偏高或存在严重偏析，则可能出现热裂纹。若 w（C）、w（S）、w（P）、w（O）偏高，并具有较多的层状夹杂物时易于出现层状撕裂。若母材存在沉淀强化元素Cr、V、Nb、Ti等，则可能出现再热裂纹。

③ 焊接工艺参数及施工条件 如预热温度及线能量偏低则热裂纹、冷裂纹、再热裂纹及层状撕裂都可能出现。如焊接质量失控，强型组装、焊缝成形不良、咬边严重、焊接接头的位置和焊接顺序不当均会造成开裂。

④ 裂纹排除法 如再热裂纹仅出现在含有沉淀强化元素的钢中，且必须经历焊后500～700℃的再热过程，并具有较大的残余应力及应力集中的的条件下才能产生，否则不会产生再热裂纹；层状撕裂仅出现在T形、角接及十字接头的焊接结构中，如不是上述接头形式一般也不会产生层状撕裂；结晶裂纹仅出现在焊缝中，如在HAZ出现宏观裂纹，则不属于结晶裂纹。至于冷裂纹产生的条件比较复杂，多出现在HAZ，但对于高强钢焊接时，焊缝也可能产生冷裂纹。

2) 微观分析及诊断 当采用宏观分析不能最终确定裂纹的性质时，可借助于显微镜、电子显微镜、扫描电镜、电子探针等来观察和分析裂纹的特征以确定裂纹的性质。最常用的方法是光学显微组织观察和利用扫描电镜进行断口分析。

在显微分析中，热裂纹的特点是沿晶开裂，且表面多具有氧化色彩，裂纹尖端圆钝；再热裂纹属于沿晶开裂，但无氧化色彩，且裂纹尖端尖锐；层状撕裂呈阶梯状形态，比较容易辨认；冷裂纹仅在产生马氏体的情况下才有可能出现，如果接头中没有马氏体组织出现，一般不会产生冷裂纹。冷裂纹既可呈现沿晶开裂，也可呈现穿晶开裂，同时还可呈沿晶+穿晶的混合开裂，裂纹尖端尖锐；

综合上述特征进行分析，即可诊断出裂纹的性质。

(2) 焊接裂纹的诊断专家系统

由上述分析可知，焊接裂纹的诊断是一项复杂的工作，只有具有丰富经验的专家才能准确的判断和甄别。为了使非焊接专家也能向焊接裂纹专家那样准确的诊断出裂纹的性质及种类，将焊接裂纹专家诊断裂纹的丰富经验和知识编制成专家系统是十分必要的。英国焊接研究所开发了一个商业化的焊接裂纹诊断专家系统，有关文献介绍了天津大学开发的焊接裂纹预测及诊断专家系统，其中裂纹诊断参见图 2.6-50 的裂纹诊断决策树进行。诊断程序可分三步进行。

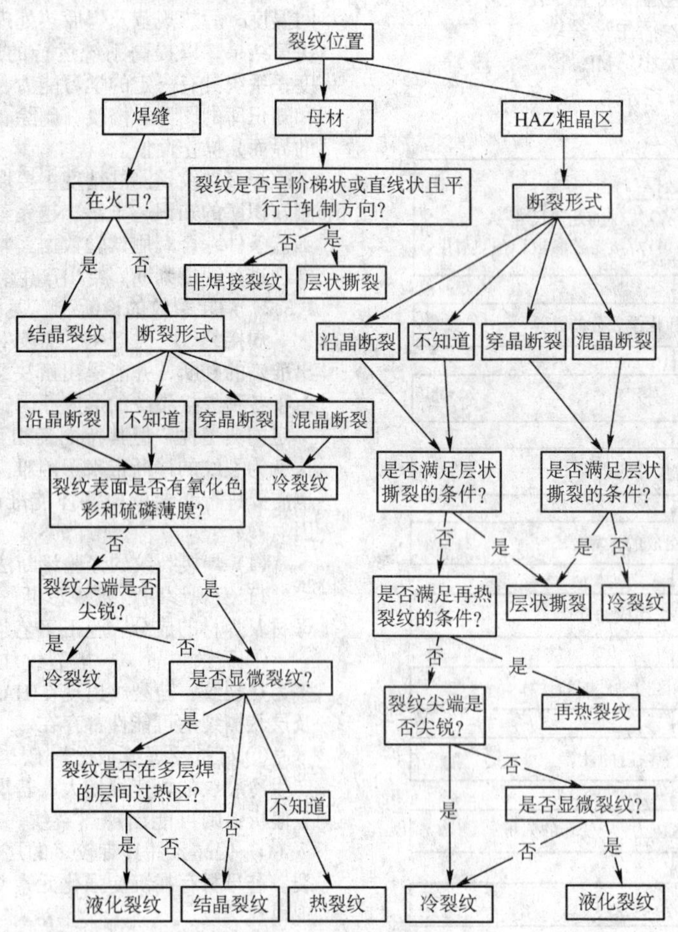

图 2.6-50　焊接裂纹诊断决策树

1) 按照裂纹的启裂位置进行初步诊断。

2) 按照裂纹的断裂形式（沿晶断裂、穿晶断裂和混晶断裂）进一步诊断。

3) 按照每种裂纹的典型特征和产生条件进行综合细致的诊断，最后诊断出裂纹的性质。

在诊断推理过程中，系统对用户难以确定的知识进行了处理。例如，若用户对裂纹的断裂形式、是否为显微裂纹等能够准确回答，则会加快诊断进程并提高诊断结果的可靠度；若用户回答“不知道”，则系统也能通过其他途径加以诊断。

为提高用户对系统预测和诊断结果的信任程度，系统能够对预测和诊断过程中所用到的规则、阶段性结论和最终结论进行综合解释。系统还能根据用户的要求正确选择焊条，制定合理的工艺参数，并输出一份完整的工艺报告及咨询解释报告。

2　焊缝中的气孔

气孔是焊缝中常见的焊接缺陷。它不仅影响焊缝的致密性，而且会削弱焊缝的有效工作断面，并造成应力集中，显著降低焊缝的强度、塑性和韧性。特别对动载强度和疲劳强度更为不利。在一定条件下，气孔还会引起裂纹。因此，研究气孔的形成原因及防止措施，对于提高焊缝质量具有重要的意义。

本章着重讨论焊接低碳钢及低合金钢时的气孔问题。关于焊接其他金属时的气孔问题将在第4篇中进行讨论。

2.1　气孔的类型及形成

在焊接生产过程中产生气孔的问题相当普遍。不论是低碳钢、低合金钢，还是高合金钢及有色金属，焊接时只要稍不注意就有产生气孔的可能。例如，焊条或焊剂受潮或烘干不足，坡口表面有铁锈或油污，焊接材料选择不当，焊接工艺参数不合适（如电弧电压偏高，焊接速度太大，焊接电流过大或过小等），以及对焊接区保护不良等都会使焊缝产生气孔。

从表面现象看，焊接生产中遇到的气孔类型非常繁杂。气孔有时以单个形式分布，有时以成堆密集的形式分布在某个地方。在焊缝纵断面上，气孔可以呈链状沿焊缝长度分布，也可以呈条虫状沿结晶方向分布。气孔有时在焊缝的表面，有时在焊缝的内部，甚至贯穿整个焊缝厚度。有时还以弥散状态分布在整个焊缝中。气孔的数量、尺寸、大小及分布形式的不同是由于产生气孔的原因不同所致。按气孔形成的原因，可把气孔的分布类型分为两大类，即表面气孔和内部气孔。

2.1.1 表面气孔

从统计的观点看，表面气孔主要是由于高温下液态金属溶解了过多的气体（如氢和氮），熔池结晶时由于气体溶解度的突然下降，当气泡来不及逸出时便残留在焊缝中形成气孔，主要表现为氢气孔，在对焊接区保护不好时也可能出现氮气孔。

在焊接低碳钢及低合金钢时，大多数情况下，氢气孔出现在焊缝表面上，呈圆喇叭口形，气孔断面内壁光滑，形如螺钉状（见图2.6-51）。

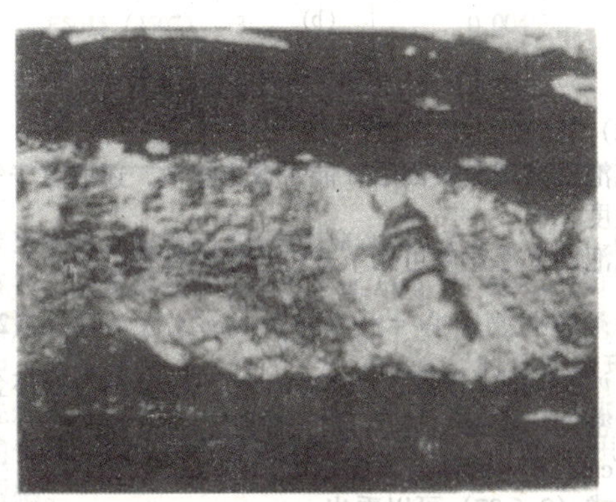

图2.6-51　氢气孔的特征

但当焊缝中含氢量过高时，氢气孔有时也出现在焊缝内部，并以小圆球状存在。对于有色金属，如焊接铝及其合金时，氢气孔也出现在焊缝内部。

氢气孔的形成是由于液态熔滴和熔池在高温下吸收了大量的氢，在随后的冷却过程中，由于温度的降低，氢的溶解度下降。特别是在熔池结晶时氢在液态中的溶解度是固态下溶解度的4倍，溶解度发生陡降（见图2.6-20a），这会使过饱和的氢快速向结晶晶前沿析集，尤其在相临树枝状晶粒之间的液态金属中氢的浓度显著增大，使结晶前沿液相中的氢处于过饱和状态。随着熔池结晶过程的进行，结晶前沿的氢浓度越来越高，当氢浓度达到一定值后，就会形成气泡。特别是在相临树枝晶间的凹陷处，不仅氢浓度最高，而且还存在现成表面，最容易形成气泡。当熔池的结晶速度很大时，如气泡来不及上浮逸出就会残存在焊缝中形成气孔。

氢气泡在树枝晶间的凹陷处形成以后，由于氢在熔池中的扩散速度很大，气泡迅速长大，并力图挣脱现成表面上浮逸出。另一方面，在树枝晶凹陷处的底部温度较低，液体粘度大，加之现成表面对气泡的吸附作用，又使气泡不易上浮逸出。在结晶速度较大时，二者综合作用的结果，往往形成喇叭口形的表面气孔。

关于氮气孔的形成，主要与焊接时的保护有关。当保护不好时，空气侵入电弧空间，也会在液态下溶入过多的氮，其溶解特点及气孔的形成与氢的作用相似。氮气孔也多出现在焊缝表面，多数情况下是成堆出现，与蜂窝相似。在焊接保护效果较好的条件下，很少产生氮气孔。只有在保护条件不好，特别是在用碱性焊条电弧焊时，在引弧和灭弧处才容易产生氮气孔。

2.1.2 内部气孔

内部气孔是由于熔池中的冶金反应产生了较多的不溶于液态金属的气体（如CO，H_2O）而形成的，多表现为CO气孔。CO气孔呈条虫状，沿结晶方向分布，如图2.6-52所示。当熔池中的氢和氧较多时，也会形成H_2O气孔。

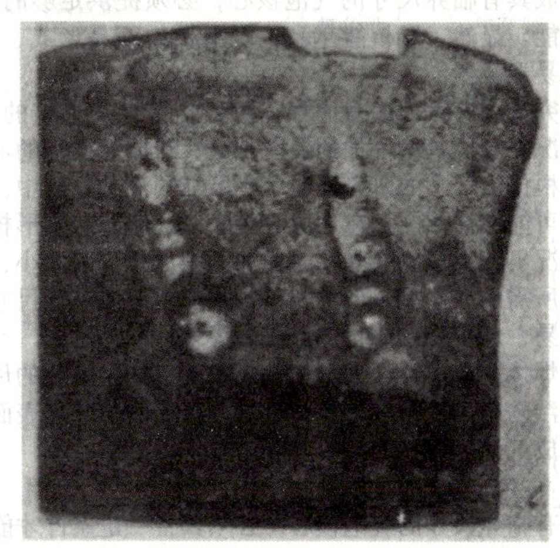

图2.6-52　CO气孔的特征

CO气孔主要是由于熔池内部的冶金反应形成的，在焊接碳钢时，若熔池中含氧量较高，则会形成大量的CO：

$$[C] + [O] = CO$$
$$[FeO] + [C] = [Fe] + CO$$
$$[MnO] + [C] = [Mn] + CO$$
$$[SiO_2] + 2[C] = [Si] + 2CO$$

反应生成的CO不溶于液态金属。如上述反应发生在熔池的高温区，则反应生成的CO来得及形成气泡从熔池中高速逸出，不会形成气孔。但是，在熔池的后半部，由于温度降低，液态金属开始结晶。根据选择性结晶的原理，先结晶的金属较纯，后结晶的金属含杂质较多，因此，在枝晶间的剩余液相中，碳、氧浓度增高。有利于生成CO，这时产生的CO将在枝晶间的现成表面上析集形成气泡，并逐渐长大。如气泡长大较快，结晶速度较慢时，气泡来得及脱离现成表面的吸附从熔池中逸出，不致形成气孔。但由于结晶时温度低，液体黏度大，因而在树枝状晶凹陷处形成的气泡，很容易被“包围”在晶粒之间，当气泡不能逸出时，就会产生沿结晶方向的条虫形气孔（见图2.6-52）。由于上述原因，CO气孔在正常情况下为内部气孔，但在特殊条件下也会出现表面气孔。例如，在二氧化碳气体保护焊时，随着焊丝脱氧能力的降低，CO气孔将由内部气孔转为表面气孔。

应当指出，在多数情况下，形成气孔的气体并非单一气体，而是以某种气体为主，其他一些气体也将通过扩散进入气泡，促使气泡的长大，最终形成气孔。

2.2 气孔形成的机理

气孔的形成是由气泡形核、气泡长大、气泡上浮等环节组成的。各环节之间既有相互联系又有区别，各环节有其自身的规律及其影响因素。

2.2.1 气泡的形核

形成气泡首先要形成气泡核心。气泡的形核必须具备两个条件：一是液体金属中有过饱和的气体；二是具有形核所需要的能量。

液体金属中，过饱和气体的存在是形成气泡的物质基础。由前述可知，随着液态金属温度的降低，气体的溶解度下降。特别是在结晶前沿，气体在溶液中的过饱和度较大。过饱和度越大越不稳定，气体就越容易析出形成气泡。因此，焊接时熔池中具有形成气泡所需要的过饱和条件。

与金属结晶过程一样，气泡形核也有自发形核和非自发形核两种方式。

若形成一个气泡核心，则气泡要克服液体压力做膨胀

性焊条的氧化性比较大，对氢的敏感性也比较小。因此，酸性焊条对铁锈及水分的敏感性相对比较低。但当铁锈较多时也会出现气孔。

碱性焊条对铁锈及水分都比较敏感，这主要是因为碱性渣中 FeO 的活度较大，熔渣中 FeO 的浓度略有增加，将引起熔池中氧含量的显著增加，使氧化性增大，从而增加产生 CO 气孔的倾向。另一方面，由于碱性焊条加强了脱氧，因此，氧的去氢能力较低。当药皮中 CaF_2 的含量不足于消除 H_2O 的危害时，便会产生氢气孔。因此，碱性焊条对铁锈比较敏感，焊接时要求对工件表面进行严格的清理。

由于碱性焊条药皮中不含有机物，而且所含的结晶水也比较少，因此，焊缝中的扩散氢含量很低。通常称这种焊条为低氢焊条。但这并不意味着这类焊条具有较强的脱氢能力。相反，如果弧柱中氢的分压增大，则氢气孔倾向明显增大。为了防止由水分而引起的气孔，这类焊条对烘干温度要求严格，一般规定在 350～400℃下烘干 2 h，并放在保温筒内，随用随取。

焊条、焊剂受潮或烘干不足，空气湿度过大，同样会引起气孔，因此，焊条、焊剂要按规定烘干、保存并使用。

(4) 焊剂粒度及碱度对产生气孔的影响

焊剂粒度对产生气孔也有较大的影响。当焊剂粒度小时，透气性不好，使产生的气体不易逸出。当粒度过大时，透气性太好，保护效果变坏，容易使空气侵入熔池，也易形成气孔。粒度在 0.6～1.2 mm 时，抗气孔性最好。

对于熔炼焊剂，当碱度增加时，氧化性减小，焊缝中的含氢量升高，由表 2.6-12 中的数据可以看出，采用酸性焊剂焊接时，焊缝金属的扩散氢含量仅为 1.9 mL/100 g，而碱性焊剂的扩散氢含量高达 15.6 mL/100 g，是酸性焊剂扩散氢含量的 8.2 倍，因此，气孔倾向明显增大。由此可知，在采用碱性焊剂焊接时应严格烘干焊剂，才能防止气孔的产生。

表 2.6-12　焊剂成分对焊缝中扩散氢含量的影响

焊　剂	焊　丝	扩散氢/mL·(100 g)$^{-1}$
酸性	日本 HT80 钢用实芯焊丝	1.9
中性		1.39
碱性		15.6

2.3.2　工艺因素对气孔的影响

(1) 焊接线能量的影响

焊接线能量主要影响熔池存在的时间；增加线能量，熔池的存在时间增长，有利于消除气孔。比如横焊时，为防止咬边和金属下淌，常采用快速直线形运条，使熔池的存在时间很短，这样极易产生气孔。如果适当地降低焊接速度，稍作摆动，增加熔池的存在时间，可有效地防止气孔的产生。

应当指出，线能量的增大，主要靠降低焊接速度，不应过分地增大焊接电流和电弧电压。因为焊接电流增大，会使电弧温度升高，氢的分解度增大；另一方面熔滴变细、比表面积增大，有利于氢的吸收，反而加大了气孔倾向。特别是当焊接电流过大时，药皮发红，造气剂提前分解，气孔倾向更大。因此常用加大焊接电流的方法考察焊条的抗气孔能力。在采用奥氏体不锈钢焊条焊接时，由于焊芯的电阻率高，气孔倾向对焊接电流的敏感性更大，因此应采用较小的焊接电流焊接。

埋弧焊时，随着焊接电流的增大，焊缝的熔深增大，形成的气泡不易逸出，所以气孔倾向比手工电弧焊时更大。

手工电弧焊时，电弧电压过大时，由于空气大量侵入电弧空间，氧化性增大，溶氢量降低，氢气孔倾向减小，但产生氮气孔的倾向增大。

线能量的选择，还与所用的焊接方法及所焊金属的性质有关。如采用氩弧焊焊接铝及其合金时，TIG 焊时气孔倾向对坡口表面氧化膜中吸附的水分比较敏感，为防止气孔的产生应采用大电流、快焊速，即小线能量焊接。大电流有利于保证焊透，快焊速有利于减小线能量，缩短熔池存在时间，防止氢的熔入和气泡的形成。而 MIG 焊时，由于气孔倾向对焊丝表面的氧化膜更为敏感，所以应采用大电流、慢焊速焊接，增加熔池存在时间，使气泡有足够的时间逸出，从而减小气孔倾向。

由上可知，电流、电压、焊速的选择有一最佳的匹配，应根据情况进行合适的选择。

(2) 电流种类和极性的影响

在焊接生产中发现，使用交流电源时焊缝最容易出现气孔；直流正接时，气孔倾向较小；直流反接时，气孔倾向最小。这可能与氢质子在电弧中的运动状态及溶解方式有关。

(3) 加强焊接时的保护

目的是防止空气侵入电弧空间引起氮气孔。手工电弧焊采用气渣联合保护，埋弧焊采用渣保护，气体保护焊采用气保护。在工艺参数得当，并操作正确的情况下，一般不会产生气孔。但对于碱性焊条刚起弧时，由于药皮中的 $CaCO_3$ 尚未及时分解出足够的 CO_2 对电弧空间进行保护，往往引起气孔。焊接过程中如药皮脱落、焊剂或保护气中断，都将破坏正常的保护而引起气孔。

气体保护焊时必须注意防风。如果风速超过了焊枪嘴前端保护气体的流速时，保护气流就会发生紊流状态而失去保护作用。野外施工时，为防止气孔的产生，必要时应搭建防风篷。

3　焊缝中的偏析与夹杂

3.1　焊缝金属的偏析

在熔池结晶过程中，由于冷却速度很快，焊缝金属中的化学成分来不及扩散均匀化，使得合金元素的分布是不均匀的，出现所谓偏析现象。这种现象将影响到焊缝的各种性能，甚至会引起焊接裂纹。根据焊接过程的特点，一般焊缝中的偏析主要有以下三种。

3.1.1　显微偏析

根据金属选择性结晶的原理，焊缝在结晶时，先结晶的固相比较纯，后结晶的固相含溶质较多，由于焊接过程冷却较快，固相内的成分来不及扩散均匀化，而在很大程度上保持着结晶过程中产生的化学不均匀性。焊缝结晶时通常表现为柱状晶，则在柱状晶中心，溶质的含量比较低，在柱状晶的晶界，溶质的含量最高，并富集了较多的杂质。

焊缝中的组织由于结晶形态不同，也会具有不同的偏析程度。例如，低碳钢焊缝中［w(C)＝0.19%，w(Mn)＝0.50%］，不同结晶形态时，锰的偏析如表 2.6-13 所示。从表 2.6-13 上的数据可知，树枝晶界的偏析较胞状晶界的偏析严重。

表 2.6-13　不同结晶形态的偏析

位　置	w(Mn)/%
树枝晶界	0.59
胞状晶界	0.57
胞状晶中心	0.47

此外，细晶粒的焊缝金属，由于晶界的增多，偏析分散，偏析的程度将会减弱。因此，就焊缝金属中的偏析而言，希望得到细晶粒的胞状晶。

碳、硫、磷是最易偏析的元素，碳与硫、磷的交互作用会促使硫、磷的偏析加剧。当钢中 w（C）由 0.1%增加到 0.47%时，可使硫的偏析增加 65%～70%。这是焊缝中产生结晶裂纹的重要原因之一，焊接时应该严加控制。

3.1.2 区域偏析

区域偏析是指焊缝中的宏观偏析，分以下三种。

(1) 焊缝中心线偏析

焊缝结晶时，由于属于联生结晶，柱状晶将由熔合线向焊缝中心生长。由于先结晶的金属含溶质较少，后结晶的金属含溶质较多，随着结晶过程的不断进行，在结晶前沿将会富集较多的溶质，并被推向焊缝中心，使焊缝中心的溶质及杂质（如碳、硫、磷）含量增高。尤其在快速焊时这种现象更为严重，这是造成中心线裂纹的主要原因。

(2) 火口偏析

与上面同样的原因，随着焊缝结晶过程的进行，在熔池中的结晶前沿总是富集比较多的杂质，并随着熔池向前移动不断的集聚，在焊接结束时，由于这些杂质再无处移动，只好随着火口的结晶而富集在火口处。当碳、硫、磷偏析较严重时，就会形成火口裂纹。

(3) 层状偏析

焊缝断面经浸蚀之后，可以明显地看出层状结构。如图 2.6-55 所示。实验证明，这些层状结构是由于晶粒成长线速度的周期性变化引起化学成分分布不均匀造成的，因此称为层状偏析。

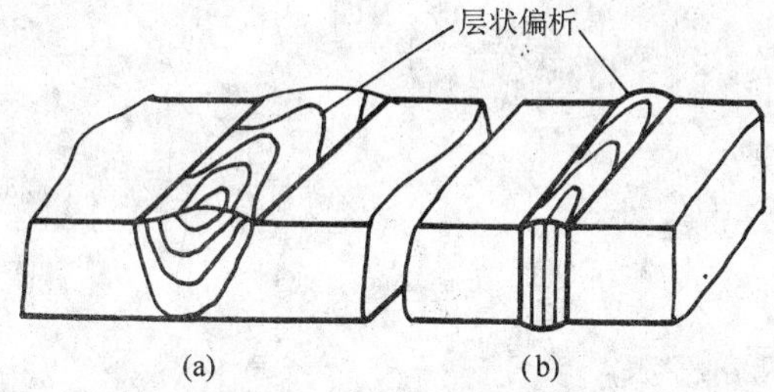

图 2.6-55 焊缝中的层状偏析

熔池金属结晶时，在结晶前沿的液体金属中，溶质的浓度较高，同时也富集了一些杂质。当冷却速度较慢时，这一层溶质和杂质可以通过向熔池中心的扩散而减轻偏析的程度。但当冷却速度很快时，这一层溶质和杂质还没来不及向熔池深处扩散就已凝固到晶粒当中，造成了溶质和杂质较多的结晶层。

由于结晶过程放出结晶潜热和熔滴过渡时热能输入周期性变化，将会引起结晶线速度的周期性变化，因而在焊缝结晶时会形成这种层状结构。采用放射性同位素对焊缝中元素的分布规律进行研究证明，产生层状偏析的原因是由于热的周期性作用而引起的。

试验证明，层状偏析常使一些有害的元素（如碳、硫、磷等）形成层状分布，因而常伴有层状气孔的出现（见图 2.6-56）。层状偏析也会使焊缝的力学性能不均匀，抗腐蚀性能下降，断裂韧度降低。

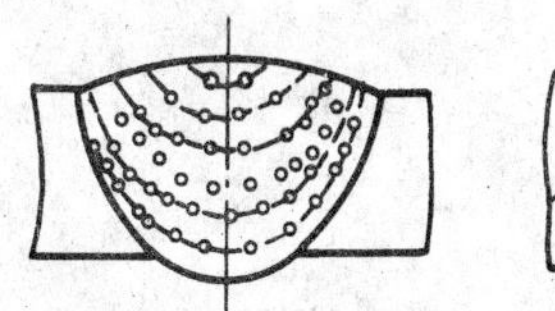
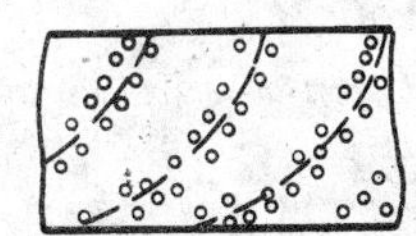

图 2.6-56 层状偏析与层状气孔

3.2 焊缝中的夹杂物

焊缝中的夹杂是由于焊接冶金反应形成的。焊接时，由于熔池的结晶速度较快，一些脱氧，脱硫产物来不及聚集逸出就残存在焊缝中形成非金属杂质（如氧化物、硫化物）。

夹杂物的种类、形态及分布形式，主要与焊接方法、焊条或焊剂的种类以及焊缝金属的化学成分有关。焊缝中常见的夹杂物主要有三类：

3.2.1 氧化物夹杂

在用焊条电弧焊和自动埋弧焊焊接低碳钢时，氧化物夹杂的主要成分是 SiO_2，其次是 MnO、TiO_2 和 Al_2O_3 等。它们多以硅酸盐形式存在。其硅酸盐的熔点一般均低于金属的熔点，如 $(MnO)_2SiO_2$ 的熔点为 1 326℃，因此，在焊缝结晶后期，易形成低熔点夹层而引起热裂纹。图 2.6-57 是采用 E5016（J506）焊条焊接 14MnMoVN 钢时，由于焊缝中在铁素体基体上分布有硅酸盐夹杂物而引起的裂纹。这些夹杂物主要为熔池中的脱氧产物。焊接时熔池的脱氧越完善，焊缝中的夹杂物越少，其危害越小。

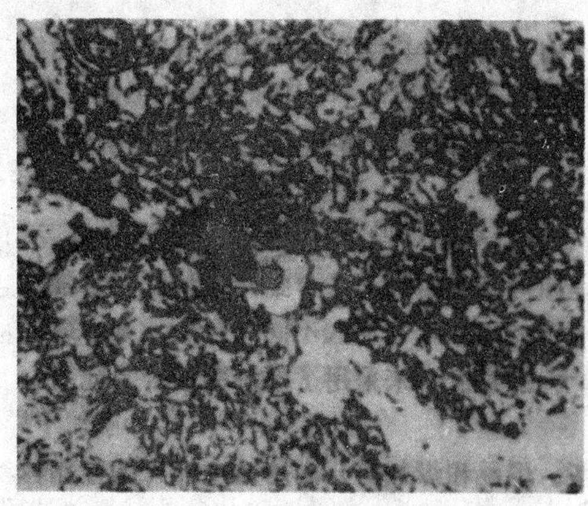

图 2.6-57 硅酸盐夹杂引起的裂纹

在焊接过程中，由于工艺操作不当，也可能使熔渣混入焊缝造成夹杂。

3.2.2 硫化物夹杂

硫化物主要来源于焊条药皮和焊剂，经冶金反应后转入熔池。当母材和焊丝中的含硫量偏高时，也会产生硫化物夹杂。

硫在铁中的溶解度随温度变化较大。高温时，硫在 δ 相中的溶解度为 0.18%，而在 γ 相中的溶解度仅为 0.05%，因此，在熔池结晶的冷却过程中，将从过饱和的固溶体中析出而形成硫化物夹杂。

焊缝中的硫化物夹杂主要以 MnS 和 FeS 两种形态存在。当以 MnS 形式存在时，主要呈细小的颗粒状，所以对钢的性能影响不大。当以 FeS 形式存在时，由于 FeS 极易与 Fe 和 FeO 形成低熔点共晶，并沿晶界析出，会促使形成热裂纹，因而危害性很大。

3.2.3 氮化物夹杂

空气是焊缝中氮的唯一来源，因此，只有在保护不良时，才会出现较多的氮化物夹杂。在焊接低碳钢及低合金钢时，焊缝中的氮化物夹杂主要是 Fe_4N，它是在时效过程中从过饱和的固溶体中析出的，并以针状分布在晶内和晶界，如图 2.6-58 所示。

由于 Fe_4N 是一种硬脆相，因此，当其含量较高时，会使焊缝的硬度提高，塑性、韧性急剧下降。例如当低碳钢中 w(N)＝0.15%时，其伸长率只有 10%。

应当指出，由于氮化物具有强化作用，因此可在含有

V、Nb、Ti、Al的低合金钢中，加入少量的氮，并通过正火处理使氮化物以细小弥散的形式均匀析出，起到沉淀强化作用。在不过多损失韧性的条件下，可获得优良的综合力学性能，如15MnVN、06AlNbCuN钢等。

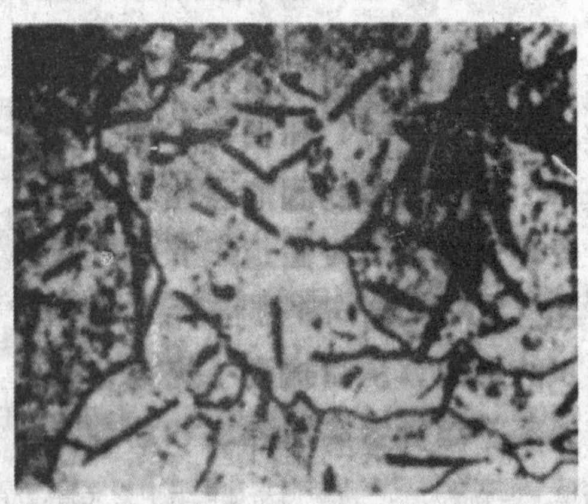

图2.6-58 焊缝中的氮化物

总之，上述三类夹杂物对焊缝质量均有不利的影响。它们不仅会导致焊接缺陷，而且还会恶化焊缝的力学性能，使塑性、韧性急剧降低。但夹杂物的危害程度与其数量、大小、形态及分布状态有关。一般来说，当夹杂物以细小的显微颗粒呈均匀弥散分布时，对塑性、韧性影响较小，而且还可提高焊缝金属的强度。因此，焊接时应特别注意防止宏观的大颗粒夹杂物出现。

3.2.4 防止焊缝中夹杂物的措施

要防止焊缝中的夹杂物首先是控制其来源，即要严格控制焊条或焊剂原材料中的杂质含量；二是正确的选择焊条或焊剂，以保证熔池能进行充分的脱氧与脱硫过程；三是从工艺上创造夹杂物从熔池中上浮的条件。

促使夹杂物上浮的工艺措施主要有以下几方面。

1）选用合适的焊接工艺参数，保证熔渣及夹杂物上浮所需的时间。

2）多层焊时，应注意清除前层焊缝的熔渣。

3）焊条电弧焊时，应注意焊条作适当摆动，以利于熔渣及夹杂物上浮。

4）操作时应注意保护熔池，以防止空气侵入液态金属。

编写人：李午申（天津大学）

第 7 章　焊接接头力学性能

1　焊接接头的不均匀性

焊接接头是组成焊接结构的关键单元，焊接接头的性能与焊接结构的性能和安全可靠性等方面有直接的联系。因而，在进行焊接结构的强度设计或对在役焊接结构进行安全可靠性评估时，首要解决的问题是对焊接接头的力学性能必须有深入的了解。在实际的焊接中，焊接方法各种各样，焊接接头的类型种类繁多，但应用最为广泛的焊接方法是熔化焊，本章以下内容主要针对熔化焊接头进行阐述。

熔化焊接头一般由三部分组成，即焊缝金属、热影响区和母材。如图 2.7-1 所示。

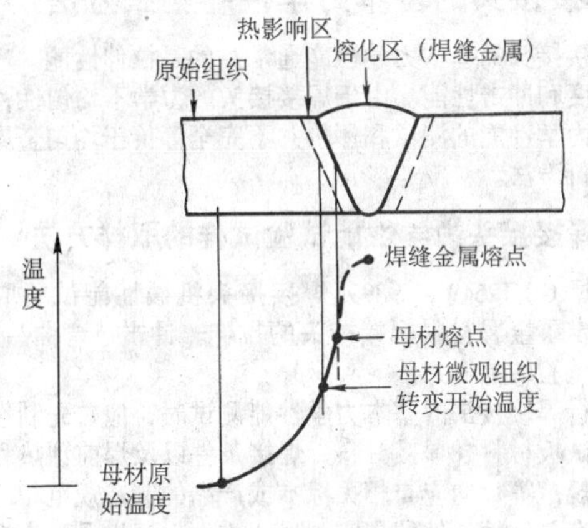

图 2.7-1　熔化焊焊接接头构成

熔化焊焊接接头是采用高温焊接热源的局部加热而形成的，焊缝及热影响区不同部位的材料在熔化焊焊接接头的形成过程中经历了不同的热循环过程。图 2.7-2 给出了 w（C）为 0.3% 的碳钢熔化焊接头不同部位可能达到的温度与相应的相图的示意关系。

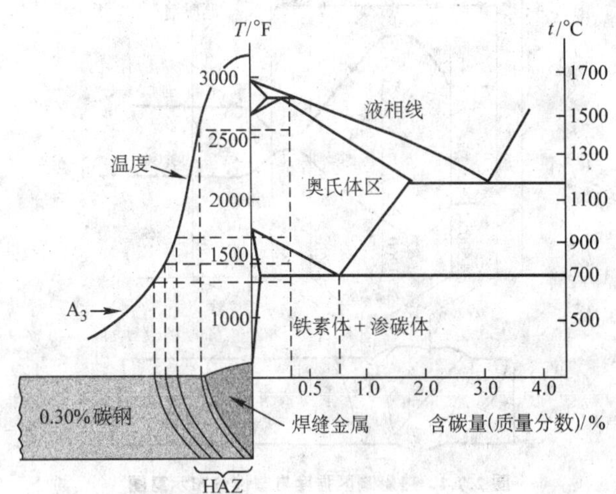

图 2.7-2　0.3%碳钢熔化焊接头不同部位温度与相应的相图

对于熔化焊接头来说，焊缝金属一般由焊接填充材料和部分母材熔融凝固形成，其组织和化学成分不同于母材。受热输入、冷却速率、所达到的最高温度的影响，焊接热影响区中的微观组织与原始母材也有显著的不同。图 2.7-3 是 C – Mn 钢熔化焊焊接接头焊缝和热影响区微观组织的形貌。

影响焊接接头性能的因素很多，但一般说来，主要有两方面的影响因素，一是力学方面的影响因素，另一个是材质方面的影响因素。

图 2.7-3　C – Mn 钢熔化焊接头微观组织形貌

在力学方面，影响焊接接头性能的因素主要有焊接接头的几何不连续性、焊接接头中存在的焊接缺陷、焊接残余应力与变形等。

在材质方面，影响焊接接头的因素主要是焊接热循环引起的组织变化和焊接热塑性变形循环引起的材质变化。

虽然焊接热影响区的力学性能与母材的原始性能、组织状态有关，但更大程度上取决于其所经历的焊接热循环。虽然焊接接头热影响区的宽度不是很大，但该区内温度梯度很大，导致了该区域内力学性能的变化非常明显。

对焊接热影响区热模拟试验的结果表明，热影响区的强度、塑性、韧性等均与母材的原始性能有显著的不同。图 2.7-4 是典型结构钢高组配焊接接头热影响区强度与塑性分布的示意图。图 2.7-5 是热影响区韧性分布示意图。

在熔化焊接头中，除焊缝、热影响区、母材的强度、塑性、韧性存在明显的不均匀性外，接头不同区域硬度的分布也有明显的差别。图 2.7-6 是几种常用钢材焊接接头的硬度分布示意图。

由于焊接接头的力学不均匀性，焊接接头的力学性能并不简单等于母材的原始性能或焊缝金属的力学性能，接头的力学性能于母材和焊缝的强度组配有关。焊缝金属的强度较母材强度高的接头通常成为高匹配接头，焊缝金属强度较母材强度低的接头称为低匹配接头。高匹配焊接接头的断裂大多发生在母材上，低匹配焊接接头的断裂大多发生在焊缝金属上。高匹配和低匹配焊接接头的应力应变关系，以及焊缝金属和母材金属的应力应变关系如图 2.7-7 所示。应该注意到，不管是低匹配焊接接头还是高匹配焊接接头，接头的强度并不与焊缝金属强度或母材强度等同。

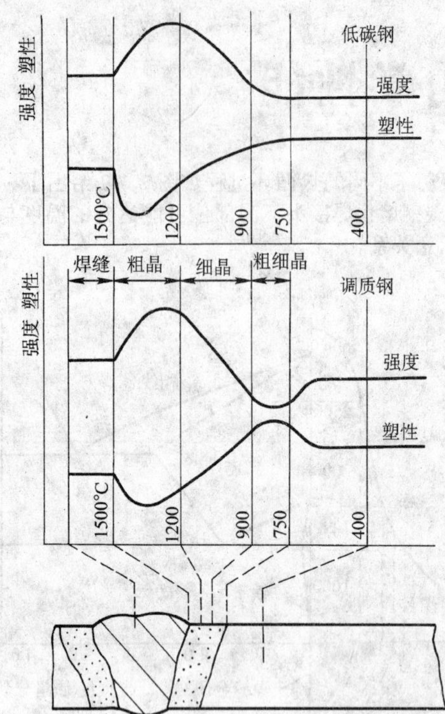

图 2.7-4　热影响区强度与塑性分布示意图

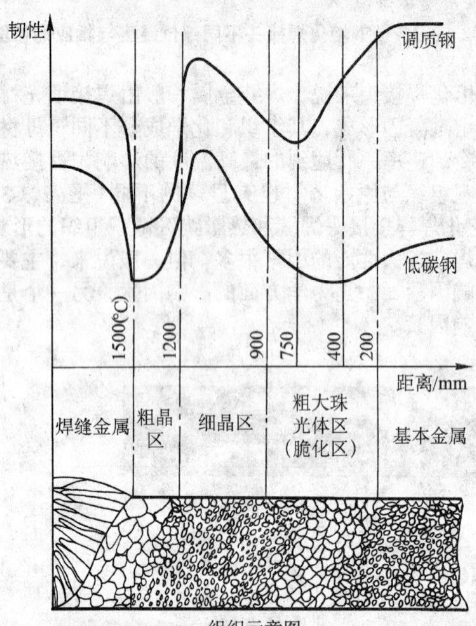

图 2.7-5　热影响区韧性分布示意图

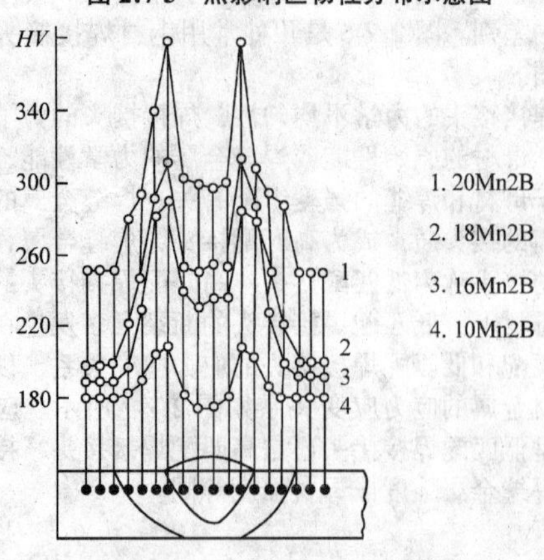

图 2.7-6　焊接接头的硬度分布

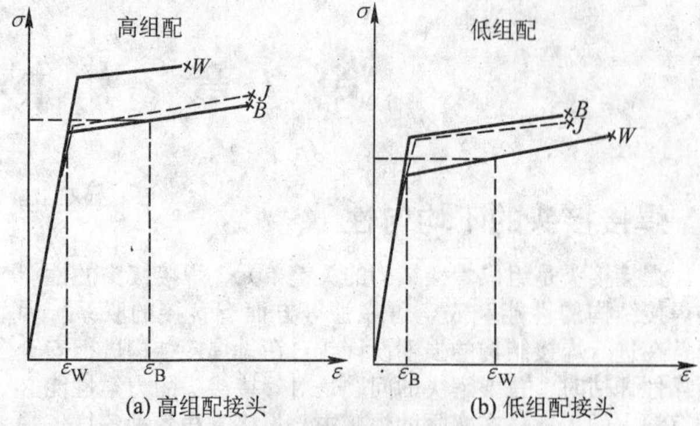

图 2.7-7　不同匹配焊接接头的应力应变关系

W—焊缝金属的 $\sigma\sim\varepsilon$ 曲线；B—母材的 $\sigma\sim\varepsilon$ 曲线；J—接头的 $\sigma\sim\varepsilon$ 曲线

2　焊接接头的基本力学性能测试方法

焊接接头的基本力学性能通常指的是拉伸性能、弯曲性能、硬度和冲击性能。由于焊接接头的力学不均匀性，焊接接头的力学性能的测试和评价并不完全等价于均匀金属的测试与评价方法。

2.1　焊接接头力学性能试验试样的取样方法

国标 GB/T2649－1989《焊接接头机械性能试验取样方法》规定了金属材料焊接接头的拉伸、冲击、弯曲、压扁、硬度等试验的取样方法。

进行焊接接头的基本力学性能测试时，应首先制作焊接试板，试板材料、焊接材料、焊接条件以及焊前预热和焊后热处理规范等，均应与相关标准或产品的制造规范相同，或者符合有关试验条件的规定。另一方面，试件尺寸应根据样坯尺寸、数量、切口宽度、加工余量以及不利的区段（如电弧焊时的引弧和收弧等）综合考虑。不利区段的长度与试样的厚度和焊接工艺有关，但不得小于 25 mm。

从试件中截取样坯时，应尽量采用机械切削的方法。样坯也可用剪床、热切割及其他方法截取，但均应考虑加工余量，在任何情况下都必须保证待测试部分的金属不在切割影响区之内。如采用热切割的方法截取试件，对于钢材自切割面至试样边缘的距离不得少于 8 mm。

熔化焊焊缝金属拉伸性能试样样坯截取方位示意图如表 2.7-1 所示。焊接接头冲击试样样坯截取方位示意图如表 2.7-2 所示。

表 2.7-1　焊缝金属拉伸样坯截取方位　mm

试件厚度	焊接方法	样 坯 方 位	说明
焊缝直角边＞6×6	电弧焊		样坯位于焊缝中心
＜16	气焊或电弧焊	0.5S　0.5S	

续表 2.7-1

试件厚度	焊接方法	样坯方位	说明
>16~36	气焊或电弧焊	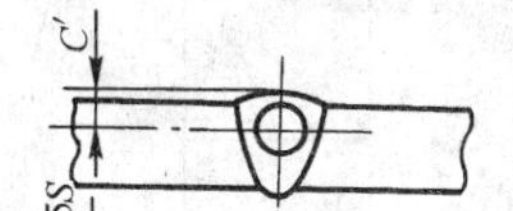	C′不大于 0.5D+2
	电渣焊	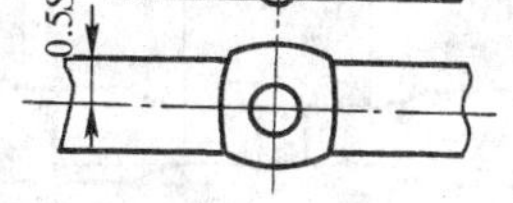	
>36~60	电弧焊	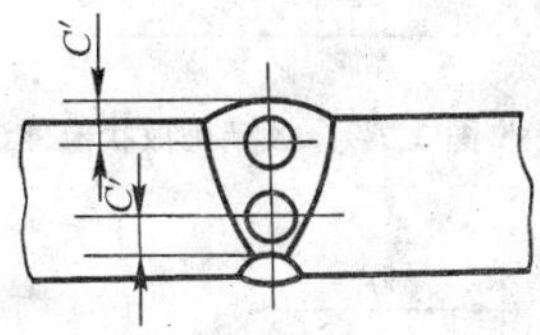	C′不大于 0.5D+2
	电渣焊	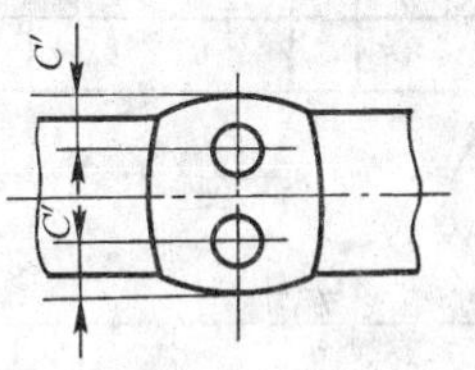	C′不大于 0.5D+2
>36~60	电弧焊		C′不大于 0.5D+2

注：S——试件厚度；
C′——从焊缝表面至样坯中心的距离；
D——样坯端头直径；
H——后焊一侧的焊缝厚度。

表 2.7-2　焊接接头冲击样坯截取方位　mm

试件厚度	焊接方法	样坯方位	说明
<16	压力焊	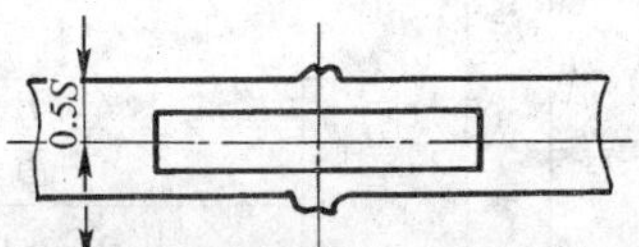	
	电弧焊或气焊	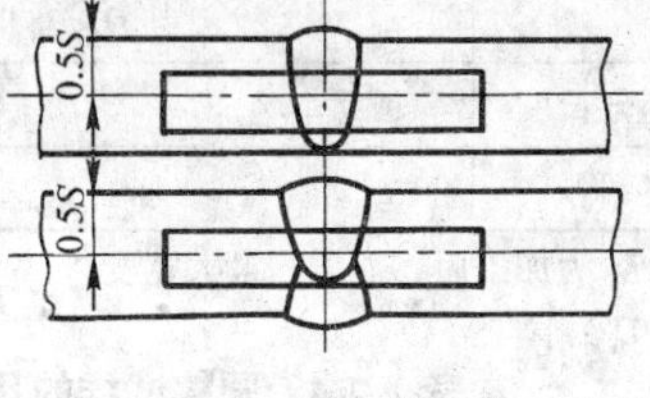	
>16~40	压力焊	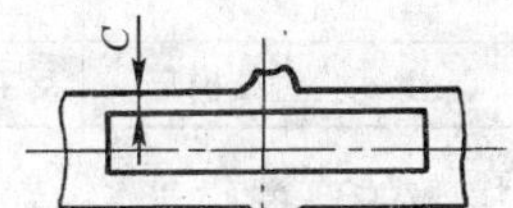	C=1~3
	电弧焊	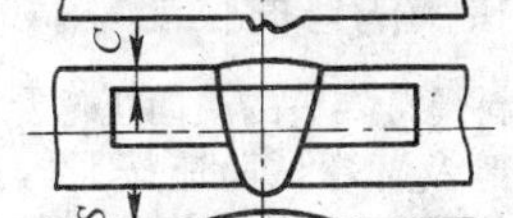	C=1~3
	电渣焊	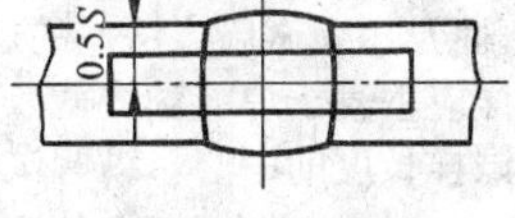	

续表 2.7-2

试件厚度	焊接方法	样坯方位	说明
>60~100	电弧焊	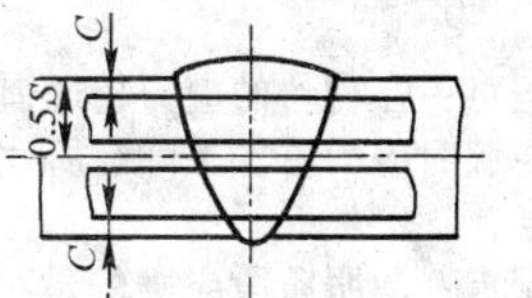	C=1~3
	电渣焊	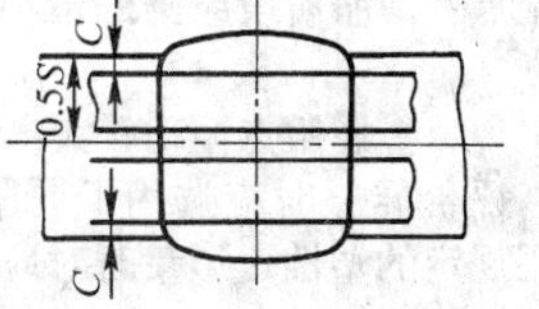	C≥6
>60~100	电弧焊	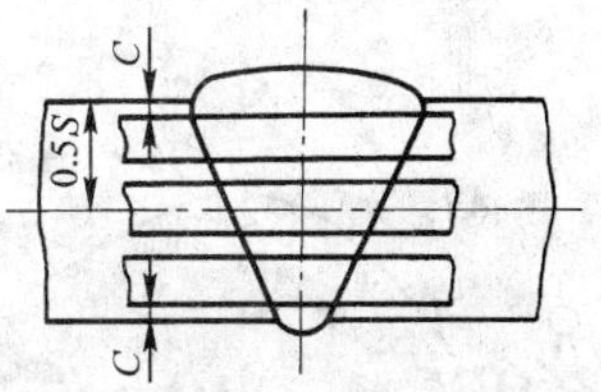	C=1~3
	电渣焊	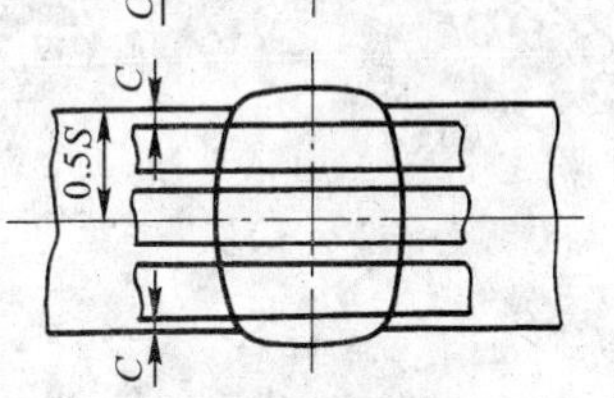	C≥6
H=18~40 H>40~60	电弧焊	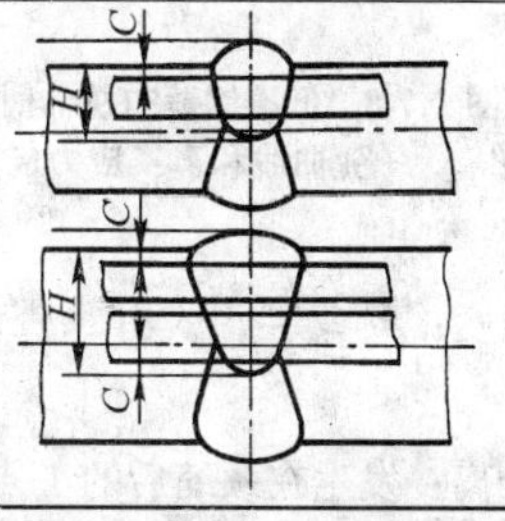	C=1~3

注：S——试件厚度；
C′——从焊缝表面至样坯中心的距离；
D——试样端头直径；
H——后焊一侧的焊缝厚度；
C——从试件厚度表面至样坯边缘的距离。

2.2　焊接接头的拉伸性能

在测试焊接接头的力学性能前，应对母材本身的拉伸性能有所了解。母材金属的拉伸性能测试应按照 GB/T288—1987《金属拉伸试验法》的规定加工试样和进行试样。母材拉伸试验的结果表现为所绘制的应力/应变曲线或载荷/位移曲线。

以工程中常用的低碳钢为例，静态拉伸所获得的工程应力应变曲线和真实应力应变曲线如图 2.7-8 所示。从材料的拉伸曲线上可获得的材料性能指标包括：

比例极限：$\sigma_p=\dfrac{F_p}{A_0}$，弹性极限：$\sigma_e=\dfrac{F_e}{A_0}$，屈服极限：$\sigma_s=\dfrac{F_s}{A_0}$

式中，A_0 表示拉伸试棒的原始断面积，F_p 表示拉伸曲线直线部分的顶点，F_e 表示弹性极限点对应的外载，此时 e 点已偏离了直线，处于弹性极限点时材料的应变是很小的（按规定 $\varepsilon<0.01\%$），当材料的应力小于弹性极限 σ_e 时，可认为材料处于完全弹性状态，超过 σ_e 时，就有塑性变形发生，F_s 表示超过弹性极限后，产生规定的微量塑性变形

(一般为0.2%)所对应的载荷。

应该指出的是，由于多晶材料的晶粒各向异性，导致了各个晶粒开始塑性变形的不同时性。在工程上，上述三者可一并考虑。

上屈服点：在材料的应力超过弹性极限而进入塑性变形阶段后，屈服时应力首次下降前所达到的最大值。如图2.7-8中的A点。

下屈服点：屈服阶段应力的最小值。如图2.7-8中的C点。

一般来说，上屈服点波动较大，不稳定。从工程安全角度来考虑，评价屈服时应选用下屈服点的值。如无屈服平台，可选用规定的塑性变形量时对应的应力，如$\sigma_{0.2}$（对应拉伸长度产生0.2%的残余伸长率的应力)。

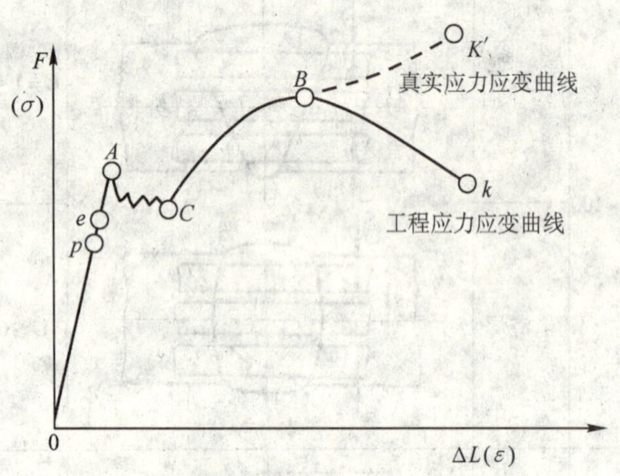

图2.7-8　低碳钢静态拉伸时的工程应力应变曲线和真实应力应变曲线

抗拉强度：$\sigma_b=\dfrac{F_b}{A_0}$，式中，$F_b$对应于产生缩颈示的最大载荷。

断裂分离：发生在颈缩后的k点。

在拉伸变形过程中，如果考虑外载与试件瞬时真实截面积的比率，则可获得拉伸变形过程中的真实应力应变曲线。

比较工程应力应变曲线和真实应力应变曲线，可以发现，在屈服点C点以前，两条曲线几乎无差别，在CB段发生均匀变形，真实应力应变曲线略高于条件应力应变曲线，在B点以后，由于出现颈缩，发生非均匀变形，真实应力随着颈缩的发生不断增大，直至材料断裂分离。

除了描述材料的强度指标外，静态拉伸下同时可获得衡量金属塑性变形能力的指标如延伸率$\delta=\dfrac{l_f-l_0}{l_0}\times100\%$和断面收缩率$\varphi=\dfrac{A_0-A_f}{A_0}\times100\%$，式中，$l_f$和$l_0$分别是试棒断裂后的总伸长和原始长度，$A_f$是断口处的截面积。

焊接接头的拉伸试验应按照国标GB/T 2651—1989《焊接接头拉伸试验方法》的规定进行。这一标准规定了熔化焊和压力焊焊接接头横向拉伸试验的方法。

焊接接头拉伸试件应按照GB/T 2649—1989的规定制备。样坯可从焊接试件上垂直于焊缝轴线截取，机械加工后，焊缝轴线应位于试样平行长度的中心。

接头拉伸试样的形状分为板形、整管和圆形三种。应根据试验要求予以选用。

板状试样应按图2.7-9加工，管接头试样按图2.7-10加工，圆棒接头试样按图2.7-11加工。板接头和管接头试样的尺寸如表2.7-3，圆棒试样的尺寸如表2.7-4。

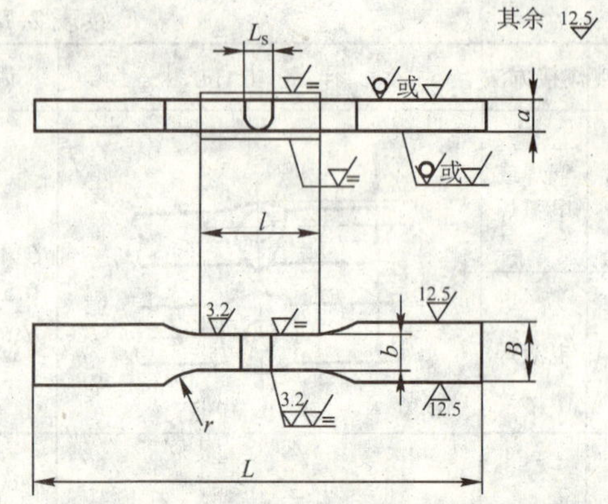

图2.7-9　板接头板状拉伸试样

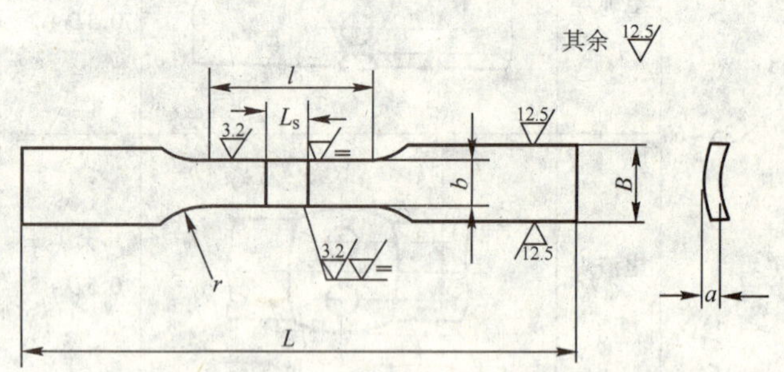

图2.7-10　管接头板状试样

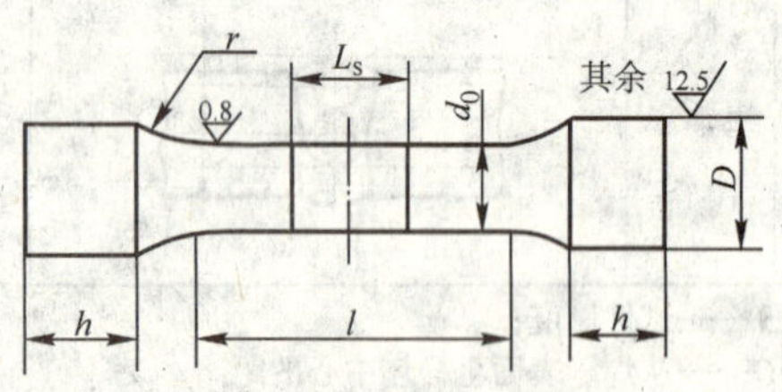

图2.7-11　圆形试样

表2.7-3　板状试样的尺寸　mm

总长		L	根据试验规定
夹持部分宽度		B	$b+12$
平行部分宽度	板	b	≥25
	管	b	$D\leqslant76$　12 $D>76$　20 当$D\leqslant38$时，取整管拉伸
平行部分长度		l	$>L_s+60$或L_s+12
过渡圆弧		r	25

注：L_s为加工后，焊缝的最大宽度；

D为管子外径。

表2.7-4　圆棒试样的尺寸　mm

d_0	D	l	h	r_{min}
10±0.2	由试验机结构定	L_s+2D		4

2.3　焊接接头的弯曲性能

金属材料焊接接头的横向正弯及背弯试验、横向侧弯试验、纵向正弯及背弯试验应按照国家标准GB/T2653—1989《焊接接头弯曲及压扁试验方法》的规定进行。

横弯试样应垂直于焊缝轴线截取，机械加工后，焊缝中心线应位于试样长度的中心。纵弯试样应平行于焊缝轴线截取，机械加工后，焊缝中心线应位于试样宽度的中心。横弯和纵弯试样又分为正弯和背弯。试样应采用机械加工或磨削方法制备，要注意防止表面应变硬化或材料过热。在受试长度范围内，表面不应有横向刀痕或划痕。

三点弯曲试样是工程中最常用的试验方法，试验方法简图如图 2.7-12。弯曲试验中的弯曲角是评价焊接接头弯曲性能的重要指标。在工程实际中，常用弯曲角达到技术条件规定的数值时，试件是否开裂来评定接头是否满足要求。

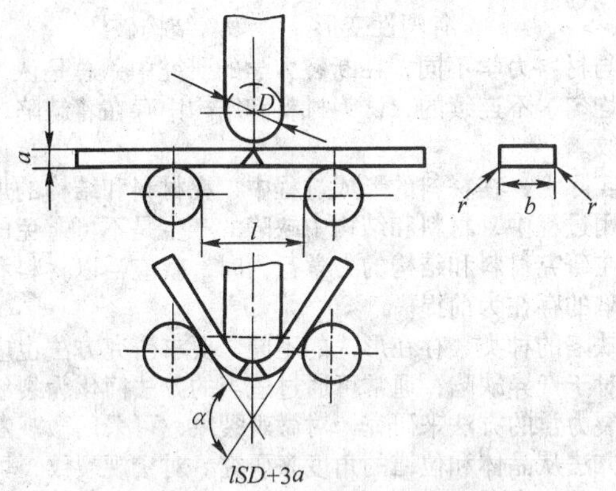

图 2.7-12　三点弯曲试验方法示意图

熔化焊接头的横弯、侧弯和纵弯试验的试样应按照图 2.7-13 加工。

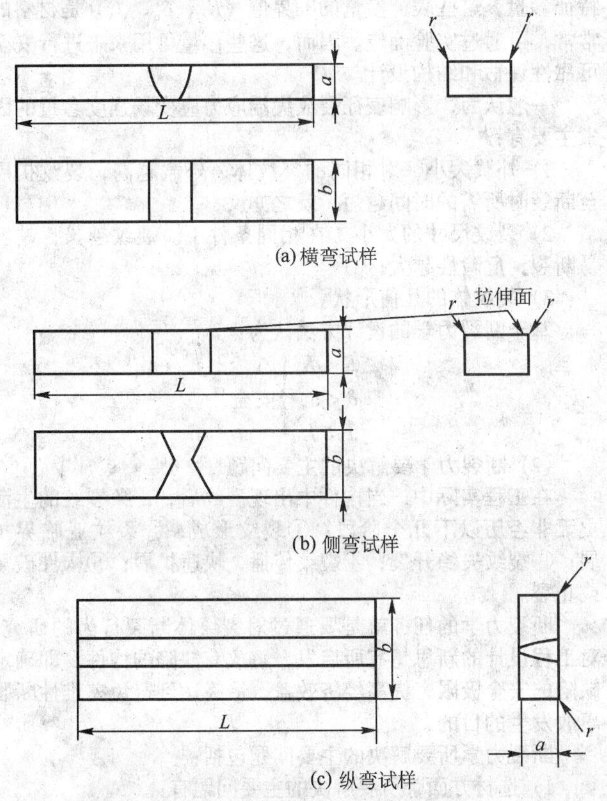

图 2.7-13　弯曲试验的试样类型

a—试样厚度；b—试样宽度；L—试样长度；r—圆角半径

2.4　焊接接头的冲击性能

金属焊接接头的夏比冲击试验应按照国标 GB/T 2650—1989《焊接接头冲击试验方法》的规定进行。

国标 GB/T 2650—1989 规定以 10 mm × 10 mm × 55 mm 带有 V 形缺口的试样为标准试样。也可用带 U 形缺口的试样作为辅助试样。这两种试样的尺寸及偏差分别如图 2.7-14 和图 2.7-15 所示。

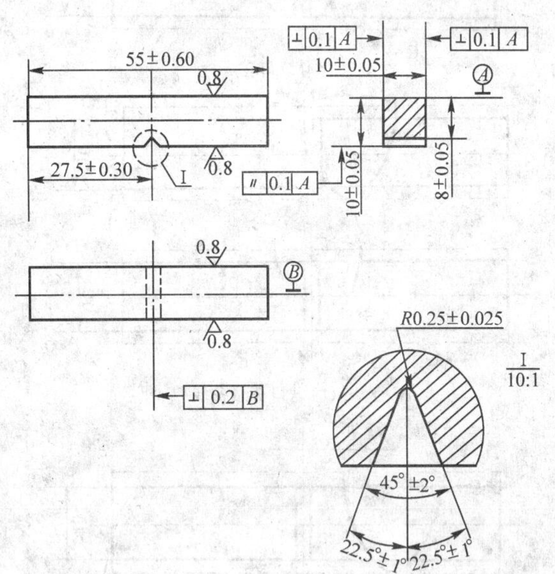

图 2.7-14　焊接接头冲击试样的 V 形缺口试样

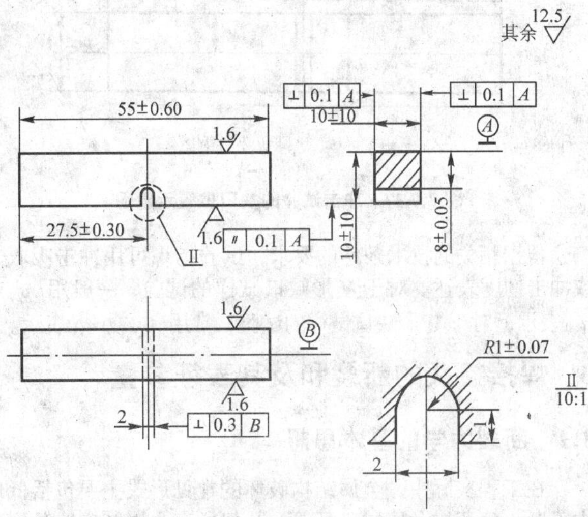

图 2.7-15　焊接接头冲击试样的 U 形缺口试样

试样应采用机械加工的方法按照 GB/T 2649—1989 的规定制备。试样的缺口轴线应与焊缝表面垂直，如图 2.7-16 所示。

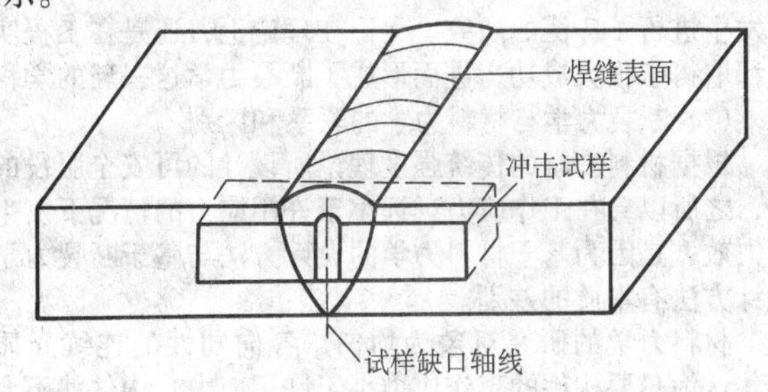

图 2.7-16　冲击试样缺口方向示意图

按照试验要求，试样的缺口可分别开在焊缝、熔合线或热影响区。如图 2.7-17 所示。

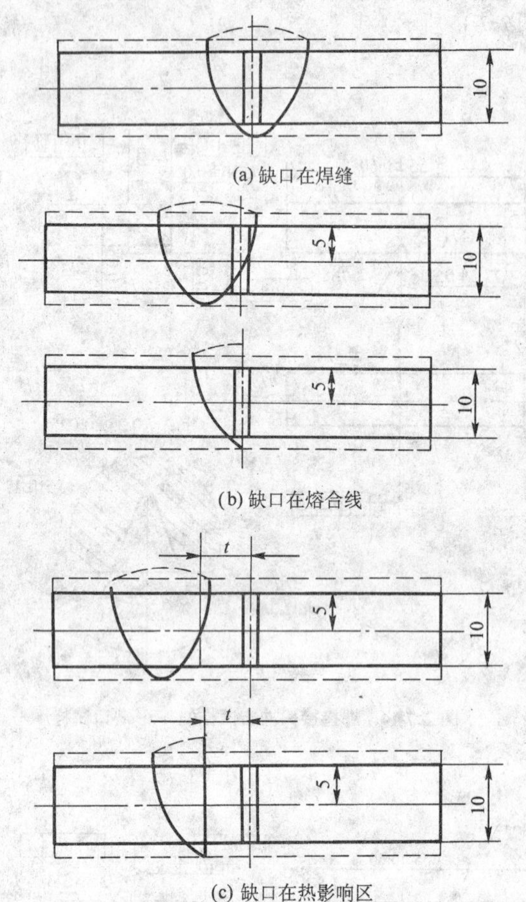

图 2.7-17　冲击试验的缺口位置示意图

根据相关的技术条件的要求，试验结果可用冲击吸收功或冲击韧度表达。对于V形缺口试样的试验，一般用 A_{kV} 或 a_{kV} 表示，对于U形缺口试样的试验，常用 A_{kV} 或 a_{kV} 表示。

3　焊接接头的断裂和及其表征参量

3.1　断裂力学的基本思想

在工程实际中，金属结构破坏的常见形式主要包括低应力脆断、疲劳以及腐蚀破坏等。几何所有金属结构的断裂事故都是由于裂纹扩展引起的。令人不安的是，这些断裂事故的发生一般没有先兆，破坏时构件的工作应力往往低于设计许用应力。因此，破坏的发生常常具有突发性和灾难性。近几十年来，人们从选材、设计、制造工艺与检验，安装与使用等方面对如何评价机械结构的安全可靠性、防止断裂事故的发生进行了广泛的研究。无论在理论上，还是在工程实际中都取得了很大成功，进而形成了断裂力学这一新的学科。

(1) 断裂力学与材料力学的联系和区别

根据材料力学的传统强度理论所设计的可安全服役的构件，之所以会在工作应力远远小于许用应力的情况下发生破坏失效，是因为基于材料力学的设计方法与基于断裂力学的设计方法有本质的差别。

材料力学的研究对象为均匀、各向同性的连续介质材料。认为只要构件的工作应力小于许用应力，构件就不会发生破坏。

材料的许用应力为：

$$[\sigma]=\sigma_y/n$$

式中，σ_y 是材料的强度，可通过实验获得，n 是安全系数。

基于材料力学的强度设计准列为：

$$\sigma\leqslant[\sigma]=\begin{cases}\sigma_s/n & \text{对塑性材料}\\ \sigma_b/n & \text{对弹性材料}\end{cases}$$

式中，σ_s 和 σ_b 分别是材料的屈服强度和断裂强度，材料力学的方法认为：

$\sigma<\sigma_s$	无塑性变形	结构不发生屈服也不破坏
$\sigma_s<\sigma<\sigma_b$	有塑性变形	结构发生屈服但不破坏
$\sigma>\sigma_b$	有塑性变形	结构破坏

与材料力学不同，在断裂力学的研究中，总是认为材料是不均匀、不连续的，认为材料和结构中存在着缺陷，主要是裂纹。

实际上，在材料的形成过程中，在材料和结构的加工以及使用过程中，材料和结构中缺陷的产生是不可避免的。因而，在研究材料和结构的力学行为时，就应当以材料和结构中缺陷的存在为前提。

缺陷的种类、存在形式的不同，要求研究方法也应当不同。对于奇异缺陷，通常可通过适当的方法简化为裂纹，采用断裂力学的方法来研究，对微观裂纹，可采用微观断裂力学的方法从晶体和位错的角度来研究。对宏观裂纹，可采用线弹性断裂力学和弹塑性断裂力学的方法来研究。而对于分布缺陷，则应当采用损伤力学的方法来研究。

不同的研究方法，有不同的特征参量。在断裂力学的研究中，常以应力强度因子 K、裂纹张开位移 δ 和 J 积分作为特征参量，这些表征参量的临界值（K_c、δ_c、J_c）是材料的常常，可通过实验确定。因而，这些参量可用来来进行安全可靠性评估和结构设计。

一般认为，影响表征裂纹尖端应力应变场强度参量的因素主要有：

1）外载大小　对相同的裂纹体，外载越高，裂纹扩展至断裂时所需的时间越短，反之亦反；

2）裂纹尺寸的大小　在相同条件下。裂纹越长，越容易断裂，危险性越大；

3）裂纹体的几何形状。

基于断裂力学的设计方法认为：

$$\left.\begin{matrix}K<K_c\\ \delta<\delta_c\\ J<J_c\end{matrix}\right\}\text{安全}$$

(2) 断裂力学要解决的主要问题

在工程实际中，当构件中出现裂纹后，一条裂纹的生活史无非经历以下几个阶段：①裂纹形成；②裂纹亚临界扩展；③裂纹失稳开裂；④裂纹传播，快速扩展；⑤构件破坏或止裂。

断裂力学的任务就是要通过对裂纹体断裂行为的研究，对工程设计的新思想有所启发，解放有缺陷的构件。即确定缺陷的安全极限，提高经济效益，最终达到避免灾难性断裂事故发生的目的.

断裂力学所要解决的主要问题包括：

1）选材方面，所要解决的主要问题有：

① 何种材料不易萌生裂纹；

② 何种材料可以容许较长的裂纹存在而不致断裂；

③ 何种材料抗裂纹扩展性能较好；

④ 如何考虑冶炼、机加工、焊接、热处理等加工工艺，以得到最佳效果。

2）在工程设计和应用方面，所要解决的主要问题有：

① 缺陷容限的评估　多大尺寸的裂纹或缺陷是容许存在的，或多大尺寸的缺陷在构件服役过程中不会发展成足以引致破坏的大裂纹；

② 断裂判据 多大的裂纹可能发生断裂，用什么判据判断断裂发生的时机；

③ 寿命评估 从裂纹萌生到失稳断裂所需的时间，裂纹扩展速率的测试，影响裂纹扩展的因素；

④ 检查周期的确定 原则是既要保证安全，又要避免不必要的停产；

⑤ 止裂研究 发现裂纹后，如何正确处理。

(3) 断裂韧性和断裂形式

韧性是材料断裂前的塑性变形过程中吸收能量的能力。材料韧性的高低与材料的断裂形式有着十分密切的联系。一般地，韧性高的材料在断裂前往往有大量的塑性变形发生，如低碳钢的断裂等。韧性低的材料在断裂时几乎不发生变形，如玻璃、超高强度合金等。

根据材料的断裂韧性、断裂时的外观变形量以及微观断裂机制，可以把断裂分成韧性断裂和脆性断裂。

韧性断裂具有以下特点：

① 韧性断裂常在韧性较高的材料中发生，如低碳钢、低合金结构钢等；

② 在断裂前，裂纹尖端往往有较大程度的塑性变形发生；

③ 断口为韧窝、呈锯齿状。

脆性断裂具有以下特点：

① 脆性断裂常在韧性较低的材料中发生，如玻璃、超高强度合金钢等；

② 在断裂前，裂纹尖端几乎没有塑性变形发生；

③ 断口平整、断裂面基本与受力方向垂直。

但在实际上，即使对同一材料的裂纹体，在裂纹的扩展过程中，随着裂纹长度的增加，环境温度的降低，材料的断裂机制也随之发生变化，脆性断裂的倾向增大。

通过分析裂纹体的载荷与变形的关系，也可以区分韧性断裂和脆性断裂。在脆性断裂时，载荷与变形量基本上呈线性关系，非线性关系只有很小一段。裂纹起裂点与失稳扩展点非常接近，断裂突然发生，裂纹扩展后载荷迅速降低，此后断裂过程结束。在韧性断裂时，载荷与变形量的关系有较长的非线性阶段，起裂后，裂纹常常缓慢扩展一段时间，当变形量到达失稳扩展点时，断裂发生。

(4) 裂纹体基本模型

在断裂力学的研究中，根据工程实际中裂纹体的几何形状、裂纹的位置、裂纹体的受力情况，一般可将裂纹体分为三种基本模型。如图 2.7-18 所示。

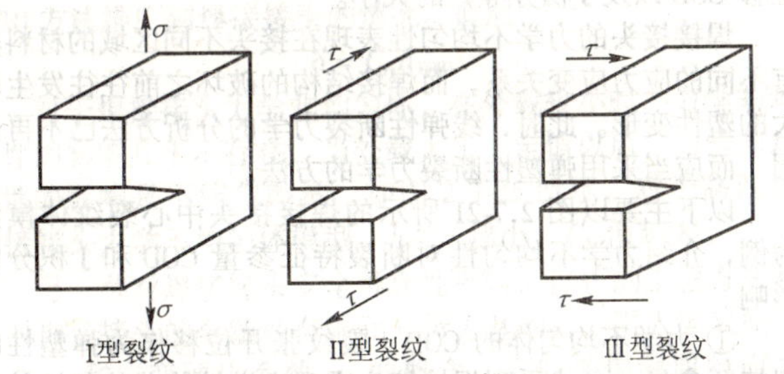

图 2.7-18 裂纹体基本模型

Ⅰ型裂纹（张开型裂纹）的主要特点是，外载应力与裂纹面垂直，在外载作用下，裂纹面张开；裂纹扩展方向与外载应力方向垂直。

Ⅱ型裂纹（滑移型裂纹）的主要特点是，裂纹体承受平行于裂纹面的外裁剪应力作，裂纹滑移扩展，上下裂纹面的位移方向正好相反。

Ⅲ型裂纹（剪切型裂纹）的主要特点是，外载作用于垂直于板厚的方向上；裂纹沿原来方向扩展；上下裂纹面的位移方向正好相反。与Ⅱ型裂纹不同的是，此时裂纹面位移发生在垂直于板厚的方向上。

除了上述三种基本裂纹体模型外，工程实际中更一般化的裂纹体属于复合型裂纹。实际上，复合型裂纹都可以分解成以上三种基本模型的组合。在这三种基本裂纹体模型中，以Ⅰ型裂纹最为危险，目前对Ⅰ型裂纹问题的研究成果也最多。

3.2 焊接接头断裂表征参量

(1) 焊接接头的裂纹体模型

由于焊接工艺的特殊性，在焊接过程及随后的服役过程中，焊接接头区域内裂纹一类的缺陷的出现是经常的。焊接接头中常见的裂纹分布如图 2.7-19 所示。

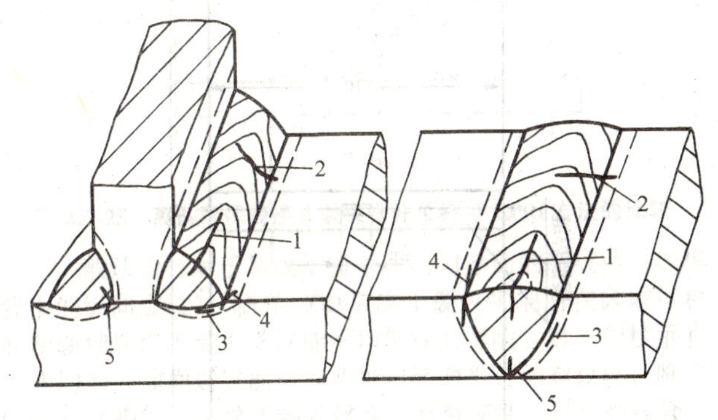

图 2.7-19 焊接接头中常见裂纹示意图

1—纵向裂纹；2—横向裂纹；3—焊道下裂纹；4—焊趾裂纹；5—根部裂纹

焊接接头区域中的裂纹可能是热裂纹、延迟裂纹，也可能是再热裂纹。事实上，其他类型的焊接缺陷，如夹渣、未熔合、咬边及未熔透等在一定情况下都可以视为裂纹存在。这样，在研究焊接接头的断裂问题时，根据焊接接头力学不均匀性特点及焊接接头中所包含的裂纹的位置和取向，将焊接接头简化为图 2.7-20 所示的三种力学不均匀体模型。

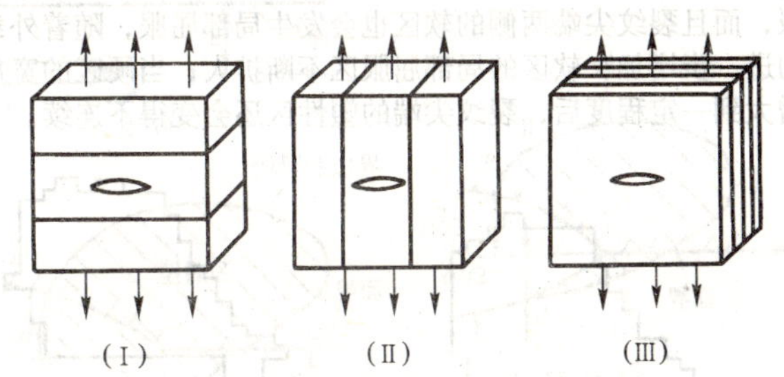

图 2.7-20 焊接接头的力学不均匀体裂纹模型

(2) 焊接接头力学不均匀裂纹体的尖端场

1) 力学不均匀体裂纹尖端的塑性区 承受外载作用的裂纹体，裂纹尖端处存在着塑性屈服区。塑性区的大小与外载、裂纹长短及材料的屈服强度均有关系。

在小范围屈服的基础上，Irwin 估算了裂纹尖端的塑性区尺寸，将屈服区尺寸与应力强度因子及材料的屈服应力联系起来。但是，Irwin 的估算并没有给出裂纹尖端塑性区形状的描述。而且如果含裂纹构件塑性区尺寸超过了小范围屈服，则 Irwin 的估算将不再适用。

在对含穿透裂纹的薄壁容器及管道的研究中，Dugdale 提出了裂纹尖端的条状塑性区模型。Dugdale 模型主要存在于低碳钢制成的薄壁容器及管道中，但低碳钢薄壁容及管道已不适合用线弹性力学的方法来求解。而对适合于线弹性力

其中，δ_c^{I}、δ_c^{II} 分别是Ⅰ、Ⅱ两种不同材料各自的临界COD。上式实际上是对两种不同材料分别进行分析，哪一种介质先达到临界状态，就以这种介质的临界COD作为非均匀材料的临界COD。

② 焊接接头力学不均匀体的 J 积分　由于 J 积分具有比较明确的物理背景，在弹塑性断裂分析中的应用获得了极大成功。但 J 积分是针对均匀的非线性弹性材料依据变形理论提出来的，对于非均匀介质，原始定义的 J 积分的守恒性并无保证。如果积分回路内包含有非均匀相时，为保证 J 积分的守恒性，应在根据Rice的定义所计算的 J 积分中减去沿非均匀相边界闭合回路的积分值。对焊接接头来说，母材、焊缝、热影响区应被视为不同的材料区域，在计算 J 积分时，如果积分回路中保护了这些区域的界面，则应按上述原则进行修正。

在工程实际中，通过引入修正系数 C_J，可将EPRI方法推广到力学非均匀体中去。对于均匀材料裂纹体，系数 $C_J=1$。对于力学非均匀体，当外载大于一定值以后，力学非均匀性的影响变得不能忽略的。如图2.7-27所示，对于高匹配焊接接头力学不均匀体模型，$h/2a$ 越小，C_J 值越大。

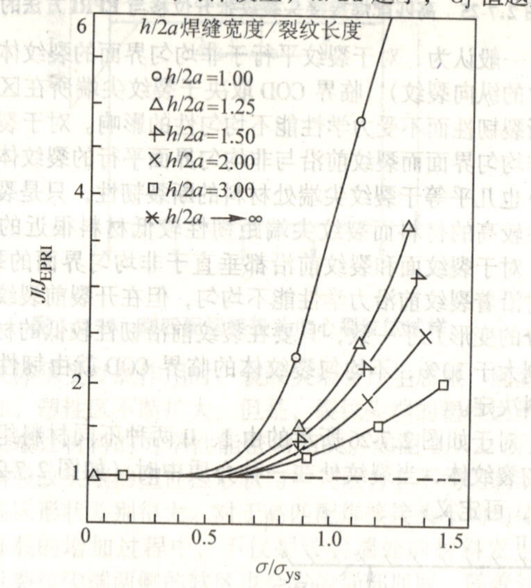

图2.7-27　高匹配焊接接头裂纹体 J 积分与EPRI方法的比较

以全塑性有限元分析为基础，焊接接头的 J 积分可用下式给出：

$$J_J=J_{eJ}(a_e)+J_{pJ}(h/2a,\ a/W,\ n_e/n_B,\ \sigma_{eo}/\sigma_{Bo})$$

上式右端第一项是基于小范围屈服时的 J 积分，第二项是全塑性解。

4　焊接接头的疲劳性能

在工程实际中．焊接结构的采用越来越普遍，从承载类型来看，大多数构件在服役过程中都承受着疲劳载荷的作用，从金属结构的失效类型来看，疲劳破坏是金属结构失效的主要型式。大量的统计资料表明，疲劳失效的金属结构占总失效结构的90%。

4.1　金属疲劳破坏的基本概念

通常认为，金属的疲劳破坏是由于交变载荷作用下引起的裂纹起始和缓慢扩展而产生的损伤累积的过程。一般来说，金属的疲劳破坏过程包括三个阶段，第一阶段由裂纹源向与载荷作用方向大体成45°的方向发展，即裂纹的萌生阶段，第二阶段为裂纹沿垂直于荷载作用方向发展，即裂纹的亚临界扩展阶段，第三阶段为裂纹快速扩展阶段，直至破断。疲劳裂纹的萌生和扩展机理如图2.7-28所示。

裂纹萌生一般以滑移机制为主。在剪应力的作用下，一旦裂纹核心在表面滑移带或表面缺陷处形成后，将沿着滑移带的主滑移面向金属内部扩展。裂纹的萌生常常在几个晶粒的尺度范围内发生，且滑移面的方向大致与主应力方向呈45°。

疲劳破坏的第二阶段为正应力作用下的扩展过程。这一阶段，裂纹的扩展主要以穿晶断裂的方式进行，微观上是呈锯齿状，但宏观上沿与外载垂直的方向扩展。

疲劳破坏的第三阶段为最终的断裂阶段。这一阶段很短，主要是超载引起的快速断裂过程。

对金属疲劳断口的电子显微镜分析发现，微观上疲劳裂纹的扩展主要有三种模式，分别是辉纹形成、微空洞聚合和微解理。如图2.7-29所示。

延性材料一般表现出辉纹特征和微空洞的聚合特征，每一条辉纹代表每一载荷循环下疲劳裂纹的扩展量。高强钢中疲劳裂纹的辉纹特征并不明显。微解理通常在较低的能量下发生，工程实际中应避免微解理为主的疲劳裂纹扩展。

工程实际中最常遇到的疲劳包括高周疲劳和低周疲劳。高周疲劳也称应力疲劳，一般发生在标称应力小于材料的屈服应力，疲劳破坏的应力循环数大于 $10^4\sim10^5$ 次。低周疲劳也称应变疲劳，常发生在应力已超过材料的弹性极限，有明显的塑性变形，此时，循环过程中材料的应力—应变曲线已不是高周疲劳中的线性关系，而是一个滞回曲线，应力参数表示已不适合用来表征疲劳，应代之以应变和破坏的循环次数来表示疲劳曲线。应变疲劳破坏时的循环次数一般小于 $10^4\sim10^5$ 次。

如果考虑循环过程中的总应变，包括弹性应变和塑性应变，则以 $S-N$ 曲线表征的高周疲劳和以 $\varepsilon-N$ 曲线表征的低周疲劳的循环寿命均可以用总应变幅来表征。有如下关系

$$\frac{\Delta\varepsilon}{2}=\frac{\Delta\varepsilon_e}{2}+\frac{\Delta\varepsilon_p}{2}=\frac{\sigma'_f}{E}(2N)^b+\varepsilon'_f(2N)^c$$

式中，$\Delta\varepsilon/2$ 是总应变幅度；$\Delta\varepsilon_e/2$ 是弹性应变幅度，$\Delta\varepsilon_e/2=\Delta\sigma/2E$；$\Delta\varepsilon_p/2$ 是塑性应变幅度，$\Delta\varepsilon_p/2=\Delta\varepsilon/2-\Delta\varepsilon_e/2$；$\varepsilon'_f$ 是疲劳延性系数；c 是疲劳延性指数；σ'_f 是疲劳强度系数；b 是疲劳强度指数；E 是材料的弹性模量；$\Delta\sigma/2$ 是应力幅值。

实际上，图2.7-30中以弹性应变表征的直线关系可以用下式表示

$$\frac{\Delta\sigma}{2}=\sigma'_f(2N)^b$$

上式实际上就是Basquin提出的 $S-N$ 关系。

图2.7-30中以塑性应变表征的直线关系可以用下式表示

$$\frac{\Delta\varepsilon_p}{2}=\varepsilon'_f(2N)^c$$

上式实际上是Manson－Coffin提出的 $\varepsilon-N$ 关系。

断裂力学的基本理论用于疲劳破坏的研究已有大量的研究成果。线弹性断裂力学认为，裂纹尖端的应力应变场可以用裂纹尖端应力强度因子 K 表征，线弹性条件下疲劳裂纹的扩展速率也可以用应力强度因子幅值 ΔK（$\Delta K=K_{max}-K_{min}$，K_{max}，K_{min} 分别是最大和最小外载对应的应力强度因子）表征。从疲劳裂纹的萌生到最终的失稳断裂的整个过程中，疲劳裂纹的扩展速率 da/dN 与应力强度因子幅 ΔK 之间的关系为图2.7-31所示的 S 曲线。图2.7-31同时给出了疲劳裂纹扩展各个阶段的主要机理和影响因素。在疲劳裂纹的亚临界扩展阶段，疲劳裂纹的扩展速率与应力强度因子幅在双对数坐标下有线性关系，这一关系可用著名的Paris指数关系表示如下：

$$da/dN=c(\Delta K)^m$$

其中，c、m 是材料常数。

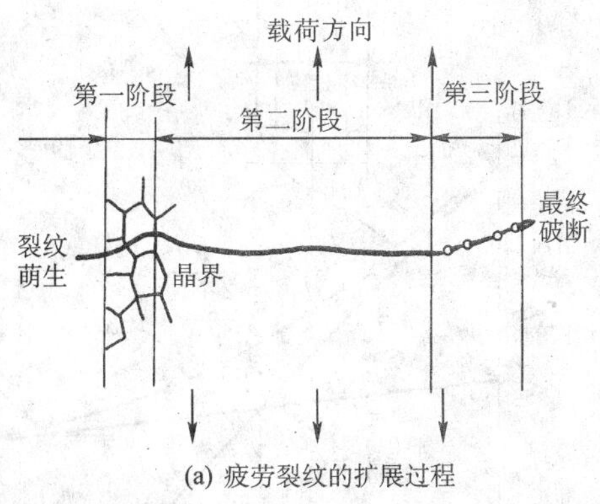

(a) 疲劳裂纹的扩展过程

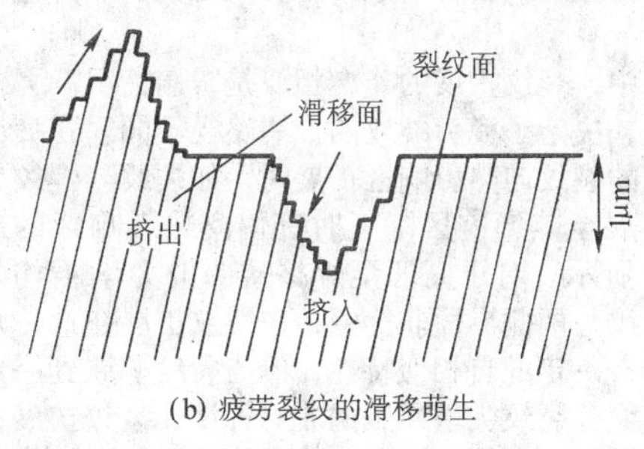

(b) 疲劳裂纹的滑移萌生

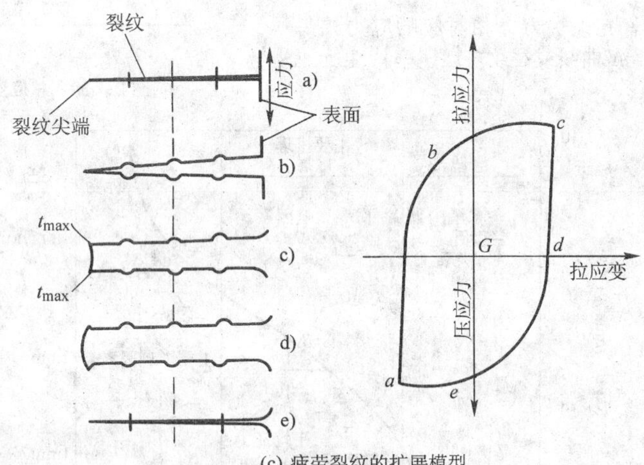

(c) 疲劳裂纹的扩展模型

图 2.7-28 疲劳裂纹的萌生与扩展机理

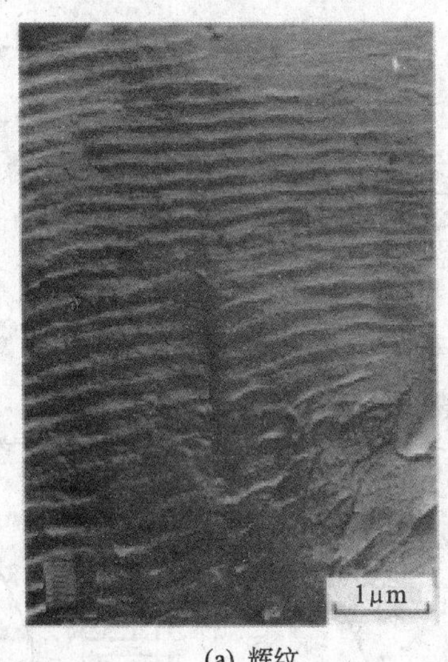

(a) 辉纹

(b) 微空洞聚合

(c) 微解理

图 2.7-29 裂纹扩展的微观机理

4.2 焊接接头力学不均匀体疲劳裂纹扩展规律

实验结果表明，焊接接头的宏观力学性能不均匀性对裂纹在焊接接头中的扩展速率有重要影响。对于焊缝宽度不同的高匹配焊接接头力学不均匀中心裂纹体试样，等幅疲劳载荷作用下的寿命曲线如图 2.7-32 所示。

可以看出，随着焊缝宽度的减小，试样的疲劳寿命增长；随着焊缝宽度的增大，试样的疲劳寿命减少。焊缝宽度越小，试样的疲劳寿命越长，并且越来越接近均匀母材的疲劳寿命；焊缝宽度越大，试样的疲劳寿命越短。并且越来越接近均匀焊缝材料的疲劳寿命。

对焊接接头来说，由于力学性能的非均匀性，裂纹偏转是必然的。由于试样力学性能的非对称或试样几何的非对称都会发生裂纹的偏转现象。随着名义应力的增加和不对称程度的加大，裂纹的偏转角增大。平面应力状态下力学性能对称但几何非对称和力学性能非对称但几何对称的不均匀体试样裂纹的偏转角与名义应力的关系如图 2.7-33 所示。一般认为，力学不均匀体裂纹偏转的原因是裂纹尖端的非对称屈服引起的。

在焊接接头中，裂纹扩展的非自相似是普遍情况。力学不均质程度不同，决定了疲劳裂纹的扩展路径不同。在疲劳载荷下位于软区的裂纹向热影响区扩展时，如裂纹与焊纹成锐角，当裂纹扩展至热影响区附近时有偏离热影响区的趋势。如图 2.7-34 所示。对于高匹配焊接接头的力学不均匀体模型，如果裂纹与两侧界面非等距，在裂纹扩展初期，疲劳裂纹扩展仍具有一定的自相似特性，但当裂纹扩展到一定长度以后，由于疲劳裂纹尖端屈服的非对称性，裂纹扩展都有偏向于软区的趋势，如图 2.7-35 所示。但裂纹扩展穿越界面进入软区后，将在软区中沿着平行于界面的方向扩展。

4.3　焊接接头疲劳强度评定

疲劳强度通常指的是与一定疲劳寿命相对应的应力幅值。而疲劳抗力指的是以 $S-N$ 曲线或裂纹扩展速率特性所

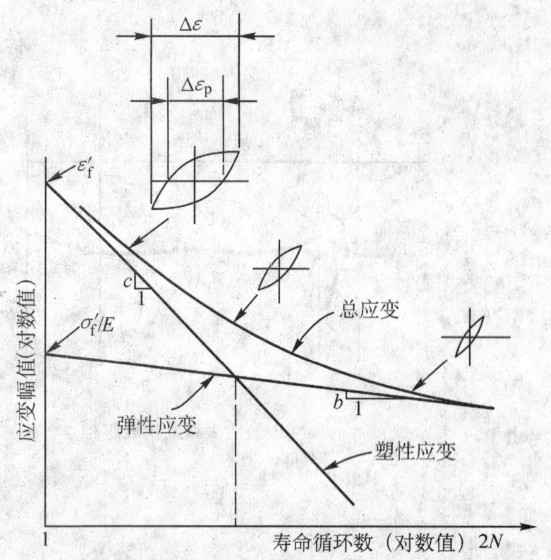

图 2.7-30　总应变幅与寿命循环数的关系

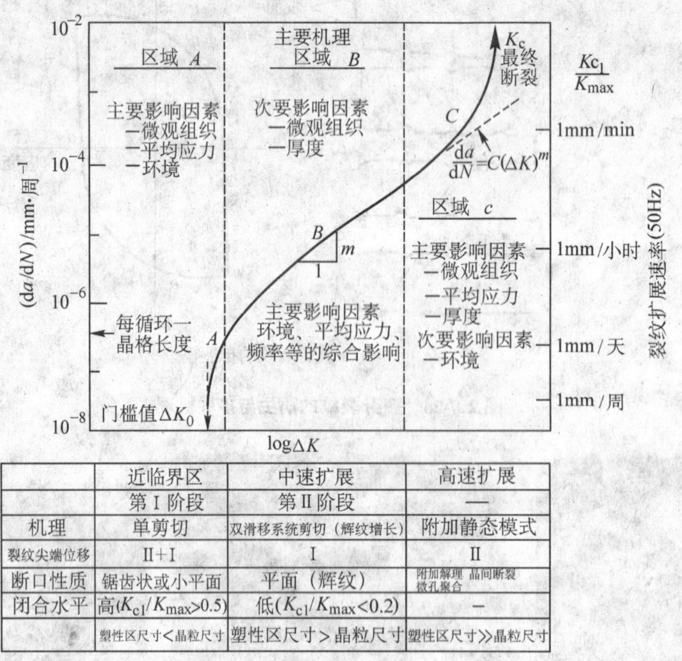

	近临界区	中速扩展	高速扩展
	第Ⅰ阶段	第Ⅱ阶段	—
机理	单剪切	双滑移系统剪切（辉纹增长）	附加静态模式
裂纹尖端位移	Ⅱ+Ⅰ	Ⅰ	Ⅱ
断口性质	锯齿状或小平面	平面（辉纹）	附加解理 晶间断裂 微孔聚合
闭合水平	高(K_{c1}/K_{max}>0.5)	低(K_{c1}/K_{max}<0.2)	–
	塑性区尺寸<晶粒尺寸	塑性区尺寸>晶粒尺寸	塑性区尺寸≫晶粒尺寸

图 2.7-31　疲劳裂纹扩展阶段及其影响因素

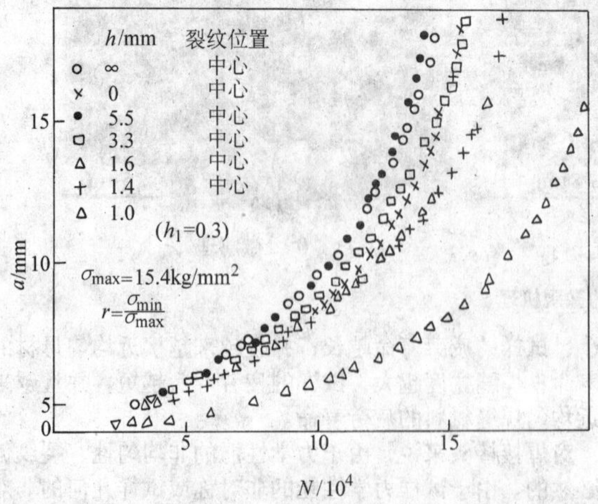

图 2.7-32　高匹配焊接接头中心裂纹体试样疲劳裂纹扩展特性

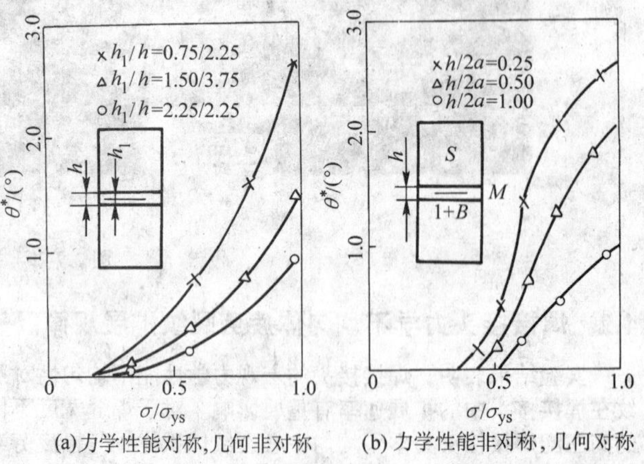

图 2.7-33　力学不均匀中心裂纹体试样裂纹偏转角与名义应力的关系

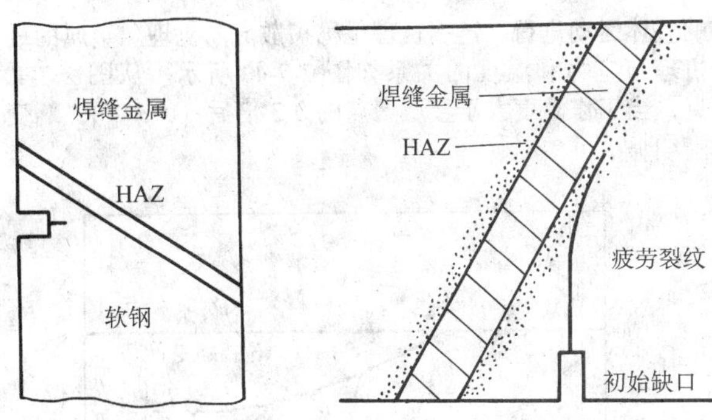

图 2.7-34 裂纹扩展穿越热影响区时的路径

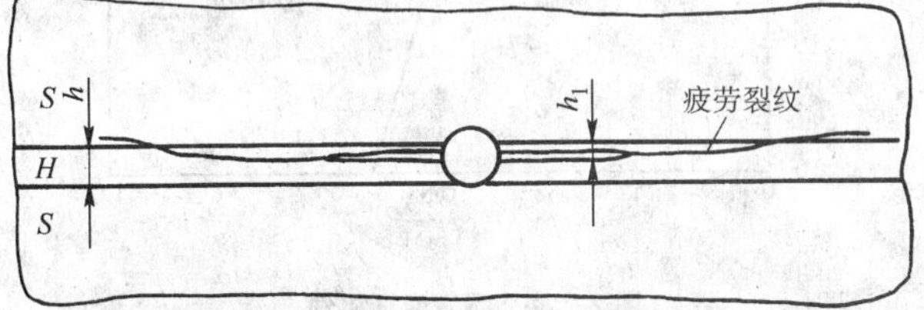

图 2.7-35 高匹配焊接接头焊缝纵向裂纹的扩展路径

表征的结构细节抵抗疲劳载荷的能力。疲劳抗力通常通过等幅或变幅疲劳试验获得。

在传统的持久试验中，对疲劳失效有不同的定义方法。一般来说，对小尺寸试件，失效为完全断裂，对大尺寸构件，裂纹扩展穿透壁厚时可视为失效。疲劳抗力以失效时的循环数为依据，用 $S-N$ 关系表示如下：

$$N=\frac{C}{\Delta\sigma^m}\text{或}N=\frac{C}{\Delta\tau^m}$$

疲劳抗力通常以特征值表示，这一特征值是在疲劳抗力数据具有 95%的存活率，从双侧 75%的置信度水平上根据平均值计算获得。

按照国际焊接学会（IIW）的建议，对结构细节和焊接接头的疲劳评定以名义应力幅为基础。名义应力幅一般应在材料弹性极限的范围内。按照正应力设计时，设计应力幅值不应超过屈服应力的 1.5 倍，根据名义剪应力设计时，设计值不应超过$\sqrt{3}/2$ 倍的屈服应力。

在对数情况下，常以疲劳裂纹萌生部位的最大正应力幅来评定结构细节和焊接接头的疲劳抗力。但是，在一些情况下，也可根据最大剪应力幅进行评定。此时，应采用不同的 $S-N$ 曲线，如图 2.7-36 和图 2.7-37 所示。

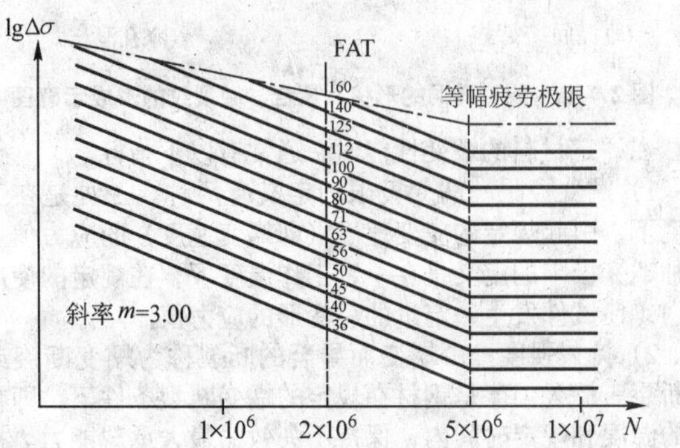

图 2.7-36 以正应力表征的钢焊接接头的疲劳抗力 $S-N$ 曲线

每一条疲劳强度曲线以循环数为 200 万次时对应的特征疲劳强度来表征，这一特征疲劳强度被 IIW 定义为疲劳级别 FAT。以名义正应力为基础进行结构细节和焊接接头的疲劳评定时，疲劳强度曲线的斜率为 3.0，等幅疲劳极限以 500 万次循环来表征。对于以剪切应力幅为基础的疲劳评定，疲劳强度曲线的斜率为 5.0，此时，疲劳极限以 10^8 次循环来表征。

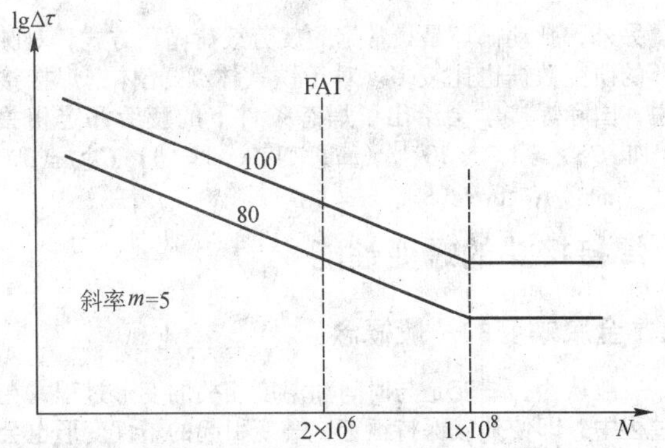

图 2.7-37 以剪应力表征的钢焊接接头的疲劳抗力 $S-N$ 曲线

随着断裂力学发展和计算技术的提高，对焊接构件进行比较准确的疲劳预测已成为可能，断裂力学的方法有望在实际焊接结构的疲劳设计中取代传统的 $S-N$ 曲线方法。断裂力学的分析方法通常依据"合用原则"（fitness - for - purpose）对含裂纹焊接构件进行评定，同时进行损伤容限设计。

根据国际焊接学会的疲劳设计建议，钢制焊接接头的疲劳裂纹扩展计算可按 Paris - Erdogan 指数方程计算，疲劳裂纹扩展的评定包括以下过程。

在参考疲劳载荷 $\Delta\sigma_{ref}$ 作用下，疲劳裂纹从初始长度 a_i 扩展到最终长度 a_f 相应的参考疲劳寿命 N_{ref} 可按下式计算：

$$N_{ref}=\int_{a_i}^{a_f}\frac{1}{C_{ref}}\Delta K^{-m}\mathrm{d}a=\frac{\Delta\sigma_{ref}^{-m}}{C_{ref}}\int_{a_i}^{a_f}(Y\sqrt{\pi a})^{-m}\mathrm{d}a=\Delta\sigma_{ref}^{-m}\frac{I}{C_{ref}}$$

或

$$N_{ref}\Delta\sigma_{ref}^{m}C_{ref}=I$$

这里，

$$I=\int_{a_i}^{a_f}(Y\sqrt{\pi a})^{-m}\mathrm{d}a$$

对于铁素体/珠光体钢来说，在以正应力为指标评定疲劳强度时，如果疲劳强度曲线的斜率 m 为 3，则上式仅与裂纹体及疲劳裂纹尺寸有关。然而，参数 C 取决于载荷条件和环境因素。

在疲劳评定中，参考疲劳载荷 $\Delta\sigma_{ref}$ 作用下的参考疲劳寿命 N_{ref} 可从计算所得到的 $a\sim N$ 曲线获的。

对于确定形状的裂纹体来说，最终的疲劳裂纹尺寸一般远大于起始裂纹尺寸，则在失效判据（如裂纹贯穿壁厚）已知时，I 仅与初始裂纹尺寸有关。这样，对于确定的初始疲劳裂纹尺寸 a_i 来说，I 将变成常数。因而，在疲劳评定的参考值、名义值和表征值之间，有如下关系：

$$N_{ref}\Delta\sigma_{ref}^{m}C_{ref}=N_{mean}\Delta\sigma_{mean}^{m}C_{mean}=N_{Char}\Delta\sigma_{Char}^{m}C_{Char}$$

这里，下标"ref"、"mean"和"Char"分别代表参考值、名义值和表征值。由于通常的数值计算是以名义疲劳强度为基础进行的，则 C_{ref} 和 C_{mean} 应取相同的数值。然而，从疲劳设计的观点出发，名义疲劳强度曲线和表征疲劳强度曲线均应以循环数为 2×10^6 时的疲劳细节来确定，则 $N_{mean}=N_{Char}=2\times10^6$。至此，名义疲劳强度和表征疲劳强度可按下式确定：

$$\Delta\sigma_{mean}=\frac{N_{ref}C_{ref}}{N_{mean}C_{mean}}\sqrt{m}\Delta\sigma_{ref}=\frac{N_{ref}}{2\times10^6}\Delta\sigma_{ref}$$

$$\Delta\sigma_{Char}=\frac{N_{mean}C_{mean}}{N_{Char}C_{Char}}\sqrt{m}\Delta\sigma_{mean}=\frac{C_{mean}}{C_{Char}}\sqrt{m}\Delta\sigma_{mean}$$

一般来说，名义疲劳强度的分析是比较保守的，因此，国际焊接学会建议以表征疲劳强度对焊接接头和焊接结构进行分析。

另外，脉动循环是最常见的疲劳载荷循环方式，对脉动循环的研究数据也比较多。对于铁素体/珠光体钢焊接接头来说，国际焊接学会给出了焊态条件下的疲劳评定相关参数，如 $C_{mean} = 1.7 \times 10^{-13}$（$mm^{5.5} N^{-3} cycle^{-1}$），$C_{Char} = 3.0 \times 10^{-13}$（$mm^{5.5} N^{-3} cycle^{-1}$），$m = 3.0$。

5　焊接接头的蠕变性能

5.1　金属蠕变的一般概念

一般认为，蠕变是与时间和温度相关的变形过程，在这一过程中，即使外载保持恒定，蠕变引起的塑性变形也会持续增加。当蠕变塑性变形达到极限值时，便会发生蠕变断裂。金属的蠕变曲线如图 2.7-38 所示。

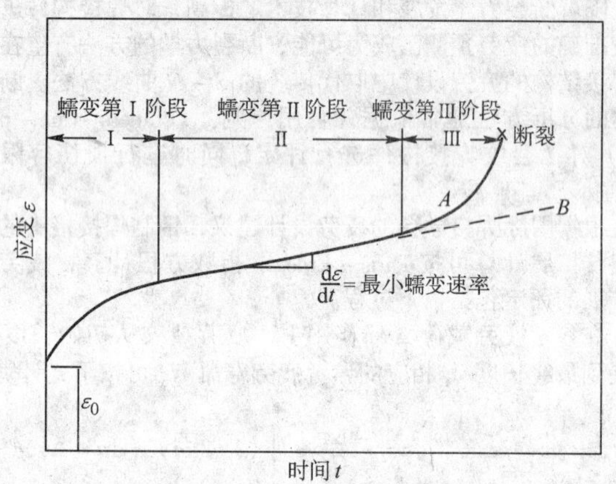

图 2.7-38　金属蠕变曲线

一般地，金属的蠕变曲线常常包括三个阶段。蠕变的第一阶段是蠕变的不稳定阶段，在此阶段中，金属的塑性变形逐渐增加但应变速率逐渐降低；蠕变的第二阶段是蠕变的稳定阶段，这时金属以恒定的应变速度产生塑性变形；蠕变的第三阶段是蠕变的最后阶段，此时，蠕变是加速进行的，直至发生断裂为止。蠕变速率与时间的关系如图 2.7-39 所示。

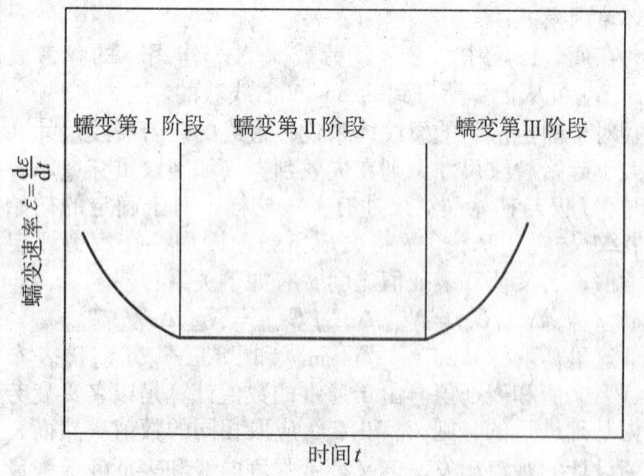

图 2.7-39　蠕变速率与时间的关系

金属蠕变通常有两种机理，一是位错蠕变机理，另一个是扩散蠕变机理。位错蠕变机理认为，在应力和温度作用下，金属晶体结构的位错可以克服晶体的自然刚度及合金中的其他阻力，在金属的晶格中产生移动。但是，在应力较低的情况下，这种位错的移动会停止或减速，此时蠕变会以原子的整体运动进行，这一机理也称扩散流动机理。金属的蠕变机理与应力和温度的关系如图 2.7-40 所示。从图 2.7-40 可见，当工作温度大于金属熔点的 0.3 倍后（$0.3T_m$），蠕变逐渐明显。

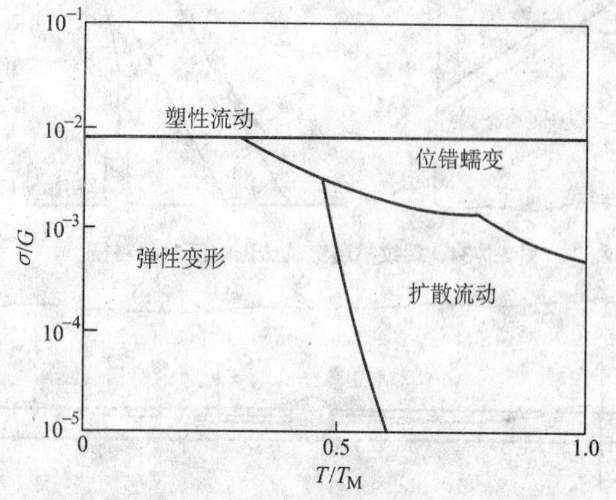

图 2.7-40　蠕变变形机理

金属的蠕变损伤过程通常包括在微观组织非均匀处微孔洞的萌生、聚合和微裂纹的形成等过程，这些微裂纹的长大和连接导致了最终的失效。如图 2.7-41 所示。如果应力分布比较均匀，微孔洞的形核和随后微裂纹的形成也会比较均匀，此时，蠕变寿命取决于微孔洞的形核与长大，而裂纹的长大和连接在蠕变整个寿命中占的比例较小。但对于实际的构件，均匀分布的应力状态几乎是不存在的，蠕变损伤具有非均匀性和局部性。另一方面，材料中本身的缺陷和材料加工中引入的缺陷（如焊接）对构件的服役寿命都会有重要的影响。事实上，一些材料的蠕变断裂强度虽然很好，但裂纹扩展的抗力却较小。

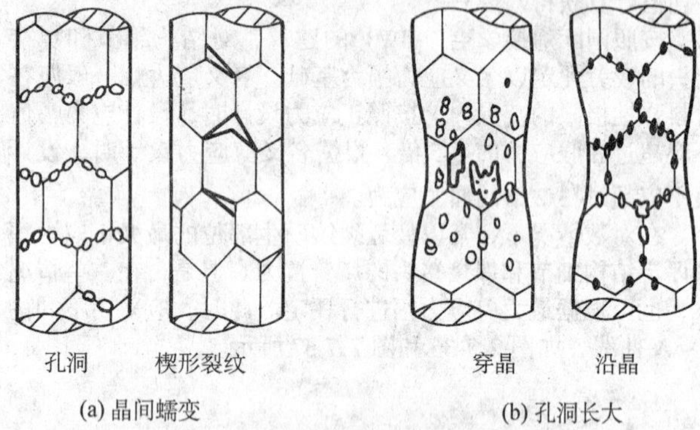

图 2.7-41　蠕变孔洞的形核、聚合、微裂纹的形成示意图

在评定材料的蠕变性能时，通常有以下指标。

1）蠕变极限　蠕变极限的定义有两种。一种是在工作温度下，引起规定的应变速度（即蠕变速度）的应力值。另一种蠕变极限的定义是在一定工作温度下，在规定的使用时间内，使试件发生一定量的总变形的应力值。

2）持久强度　由蠕变而导至的断裂称为蠕变断裂或持久断裂。持久强度是钢材在规定的蠕变断裂条件下，即在一定的温度和规定时间内，保持不失效的最大承载能力。持久强度是钢材所具有的一种固有特性，是在一定温度和一定应力下钢材抵抗断裂的能力，即能支持的时间愈久，则其抵抗断裂的能力愈大。

3）持久塑性　持久塑性是材料在高温下运行的一个重要指标，它反映材料在温度及应力长时间作用下所具有的塑性变形能力。持久塑性是通过持久强度试验测量的试样在断

裂后的相对伸长率 δ 及断面收缩率 φ。钢材的持久塑性远比高温短时拉伸时的塑性要小，特别在低应力长时间作用下，断裂呈晶间低塑性开裂。

4）松弛性能　对在高温和应力状态下服役的材料和构件，如维持总应变不变，随着时间的延长应力自发地减低的现象称为松弛。总的来看，松弛过程是弹性变形减少、塑性变形增加的过程，而且两者是同时和等量发生的。一般地，松弛过程总是随温度的升高而加快。与蠕变过程相比较，松弛是在总应变下，应力随时间的增加而降低的过程，蠕变则是在恒应力下、塑性变形随时间的增加而增大的过程。

5.2　焊接接头的蠕变断裂性能

对于碳钢及其焊接接头来说，在 350℃以上服役时，在一定的工作应力下，一般会出现比较明显的蠕变现象。对低合金耐热钢及其焊接接头来说，在 450℃以上服役时，在一定的工作应力小，会发生比较明显的蠕变。为了保证焊接接头的高温蠕变性能，在高温下工作的焊接结构用钢一般均选用热强钢或耐热钢。热强钢一般具有较好的抗高温蠕变性能，而耐热钢则同时还具有较好的抗高温氧化性能。

对在高温下服役的焊接构件来说，蠕变损伤绝大部分由母材本身承受，焊接接头局部的蠕变只是整个蠕变变形的一个非常小的部分，所以在一般情况下，很少用蠕变极限来作为焊接接头强度设计的依据，而蠕变断裂强度或持久强度则是焊接接头强度设计的主要依据。

下面介绍一些我国常用耐热钢材料焊接接头的持久强度：

1）12Cr1MoV 钢　12Cr1MoV 钢是锅炉集箱常用的材料，锅炉集箱的环缝焊接通常采用焊条电弧焊和埋弧焊二种工艺方法，焊后均经 720℃ × 3 h 回火处理。这种钢材上述焊缝和焊接接头的持久强度试验数据如表 2.7-5 所示。从表 2.7-5 可见，埋弧焊焊缝金属的持久强度要低于焊接接头，而母材的持久强度相对最高。

表 2.7-5　12Cr1MoV 钢焊接接头的持久强度

工艺方法	焊接材料	取样	试验温度/℃	持久强度	
				10^4 h	10^5 h
焊条电弧焊	E5515 – B2 – V 焊条	焊缝	540	159	123
		焊接接头	555	113	94
埋弧焊	焊丝 H08CrMoV + 焊剂 350	焊缝	550	—	90
		焊接接头		—	110
埋弧焊	E5515 – B2 – V 焊条打底 H08CrMoV 盖面	焊接接头	540	129	105
				116	95
母材	—	—	540	—	128

2）$2\frac{1}{4}$Cr – 1Mo 钢　$2\frac{1}{4}$Cr – 1Mo 钢是锅炉集箱的常用材料，成熟的焊接工艺是采用焊条电弧焊打底，埋弧焊盖面，这类焊接接头的持久强度试验数据如表 2.7-6 所示。

3）9Cr1Mo（VNb）钢　9CrlMo（VNb）钢是高强度铁素体耐热钢，常应用于制作电站锅炉的主蒸汽管道、再热器管道、过热器管道等。9Cr1MoVNb 钢焊接一般采用钨极氩弧焊打底，焊条电弧焊盖面。表 2.7-7 给出了 9Cr1Mo 钢焊接接头的持久强度试验数据，所采用的焊接工艺为，钨极氩弧焊焊丝为日本 TG5 – 9Cb，焊条为 CM – 9Cb，焊后焊接接头经 750℃ × 1h 回火处理。表 2.7-7 给出的是焊接接头与母材在 600℃的持久强度。

表 2.7-6　$2\frac{1}{4}$Cr – 1Mo 钢焊接接头的持久强度

工艺方法	焊接材料	试验温度/℃	持久强度	
			10^4 h	10^5 h
埋弧焊	E6015 – B3 焊条打底	540	93	69
	H12Cr2Mo 焊丝盖面		97	73
母材	—	540	—	78

表 2.7-7　9Cr1Mo 钢焊接接头的持久强度

试样形式	σ_{10}^{4}/MPa	σ_{10}^{5}/MPa
焊接接头拉伸持久	89.5	67.5
焊接接头管子内压持久爆破	140.0	127.0
母材拉伸持久	127.0	99.0

对于 9Cr1Mo 钢来说，由于焊接接头的软化，接头软化区与母材的持久强度有很大的差异，使得应变集中在该薄弱的软化区，导致了整个焊接接头的持久强度的降低。近年来，在 9Cr1Mo 钢的基础上，开发了微观组织结构为单相马氏体的改进型 9Co1Mo 钢，它是在标准 9Cr1Mo 钢的基础上采取了适当降低 C、S、P 含量，添加微量的 V、Nb、N，并严格调整了 Si、Ni、Al 的添加量，即通常所谓的 P91 钢或 T91 钢。目前，P91 钢或 T91 钢在新建的电站设备中广泛应用于锅炉四大管线的制造。

在大量试验研究的基础上，一般认为，影响母材和焊缝金属持久强度的因素主要有以下几个方面。

① 晶粒度　温度较低时，晶界强度高，故细晶钢材有较高的抗蠕变能力；温度较高时，由于晶界易于滑移，故晶界较少的粗晶材料有较高的抗力。

② 合金元素　铬钼钒等合金元素有阻碍位错运动的能力，故能提高持久强度。铬可强化固溶体；钒的作用以强化晶界为主。一般说来，铬的强化作用小，但含铬的钢材及焊缝金属有较好的抗氧化性。碳的影响不明显，但在高碳情况下，短时强度高，但随着时间的增加，下降比较快；低碳时强度低，但下降则比较平缓。

③ 析出相　耐热钢和耐热合金大多为析出时效硬化相和弥散硬化相的多相金属材料，析出相的作用在于提高持久强度，如 V_4C_3、VC、NbV 等，当 V/C = 4 时，效果较好。

④ 微观组织　对铬钼钒钢来说，微观组织对高温短时抗拉强度的影响较大，如上、下贝氏体组织和马氏体组织的高温短时抗拉强度要高于珠光体、铁素体组织。但微观组织对长时蠕变断裂性能的影响要小得多。因微观组织在蠕变过程中会发生变化，差距有所减小，改变了原有的强度特征。

⑤ 预变形　常温下的预变形对提高持久强度有一定好处。焊接接头在焊接过程中一般均经一定的拘束变形，所以在这个意义上，焊接接头持久强度可能比单纯焊接热模拟的试样要高，有时断裂还可能发生在母材上，不过总的说来焊接热影响区是一个薄弱环节。

编写：李晓延（北京工业大学）

第8章　焊接过程物理模拟与焊接性试验方法

1　焊接过程物理模拟技术

1.1　焊接过程物理模拟的基本概念及其主要参数

“物理模拟”（physical simulation）是一个内涵十分丰富的广义概念，也是一种重要的科学方法和工程手段。通常，“物理模拟”是指缩小或放大比例，或简化条件，或代用材料，用试验模型来代替原型的研究，例如，新型飞机设计的风洞试验，塑性成形过程中的密栅云纹法技术，电路设计中的拓扑结构与试验电路，以及宇航员的太空环境模拟舱等，均属于物理模拟的范畴。

对焊接和其他热加工工艺来说，物理模拟通常指利用小试件，借助于某试验装置再现材料在热加工过程中的受热，或同时受热与受力的物理过程，充分而精确地暴露与揭示材料或构件在焊接或热加工过程中的组织与性能变化规律，评定或预测材料在焊接或热加工时出现的问题，为制定合理的加工工艺提供理论指导和技术依据。

利用现代物理模拟技术，用少量试验即可代替过去一切都需要通过大量重复性实验的方法，不但可节省大量人力、物力，还可以通过模拟技术研究目前尚无法采用直接实验进行研究的复杂问题。因此，现代物理模拟作为一门新兴技术，已引起世界各国科学界和工程界的广泛关注，应用的范围正迅速扩大。

物理模拟试验分为两种，一种是在模拟过程中进行的试验，另一种是模拟完成后进行的试验。

对于熔化焊方法，焊接热过程物理模拟的主要参数有：①加热速度；②加热峰值温度；③高温停留时间；④冷却速度。上述参数的物理意义，在本篇第二章中有详细介绍，此处不再赘述。

焊接过程是一个不均匀加热的过程。金属材料在热循环作用下，将发生熔池的凝固、焊接热影响区的热胀冷缩及相变等引起体积的变化。因此在焊接结构拘束情况下，焊接过程还往往伴随有应力、应变的循环，所以完整的焊接物理模拟除热模拟外，还应包括应力、应变的模拟，如拉伸，压缩，弯曲和扭转等，不过这些模拟必须依赖于精确的模拟试验装置。

1.2　焊接过程物理模拟技术对热/力模拟试验装置的基本要求及常用设备简介

材料与热加工领域的物理模拟，实际上是材料经受的热/力物理过程的模拟。为了确保模拟结果的可信性和模拟试验的高效率，除科学的试验方法外，最重要的是热/力模拟试验装置应具备优良的性能。对热/力模拟试验装置的基本要求是：

1）具有较全面的模拟功能。能进行温度、应力及应变的模拟；

2）被加热的模拟试样应具有较宽均温区，包括沿试样轴向的均温区及径向均温区；

3）对试样施行较大的加热及冷却速度的能力；

4）具有较大的加载能力，包括拉伸、压缩和扭转载荷，以及疲劳试验时的载荷；

5）最大与最小的加载速率；

6）良好的计算机控制系统、物理参数测量系统及数据采集与显示系统。

物理模拟试验装置在加热方式上分两大类，一类为电阻加热，另一类为感应加热。前者为代表的是美国的 Gleeble 系列；后者为代表的是日本的 Thermorestor 系列。

世界上最早在焊接领域采用物理模拟技术的国家是美国。1946年，美国纽约州的伦塞勒（Rensselaer）工学院（即RPI）的 Nippes 教授和 Savage 博士根据第二次世界大战中美国制造舰艇的需要，为了研究熔焊规范对舰船用钢板热影响区缺口韧性的影响，将闪光电阻焊机的电气控制线路进行改装，把“却贝”试件夹持在夹头上，利用电阻加热法，成功再现了所要求的焊接热循环，试样温度精度可控制在±20℃以内，这是世界上第一台利用电阻加热的焊接模拟装置，以后演变并命名为“Gleeble”，现已发展到 Gleeble-1000、1500、2000、3200、3500、3800等，模拟精度和模拟技术的应用水平得到迅速的提高。图2.8-1、图2.8-2示出了最常用的 Gleeble-1500 模拟试验机的照片和原理图，表2.8-1列出了 Gleeble-1500 模拟试验机的主要技术性能指标。

图2.8-1　Gleeble-1500 热/力模拟试验机

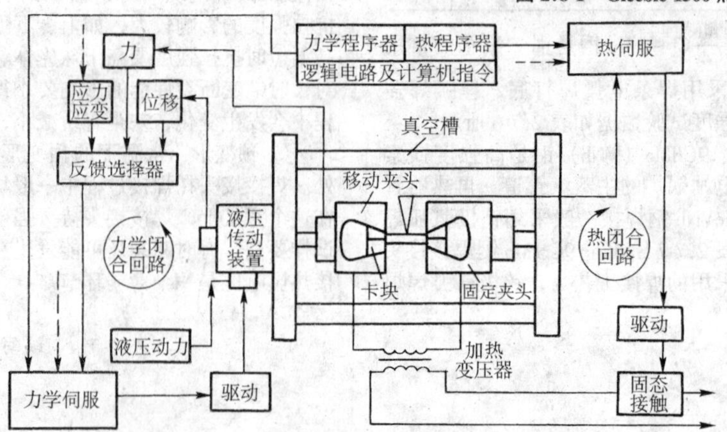

图2.8-2　Gleeble-1500 热/力模拟试验机原理及方框图

表 2.8-1　Gleeble-1500 模拟装置主要性能指标

项目	指标	
加热变压器容量	75 kVA	
加热速度	最大	10 000℃/s（ϕ6 mm 普通碳钢试样，自由跨度 15 mm）
	最小	保持温度恒定
冷却速度	最大	140℃/s（$\phi6\times15$ mm 碳钢试样，在 1 000℃条件下）
		78℃/s（$\phi6\times15$ mm 碳钢试样，在 800～500℃自由冷却条件下）
		330℃/s（$\phi6\times6$ mm 碳钢试样，在 1 000℃条件下）
		200℃/s（$\phi6\times6$ mm 碳钢试样，在 800～500℃自由冷却条件下）
	急冷速度	10 000℃/s（1 mm 厚碳钢试样，在 550℃条件下）
最大载荷	拉或压（单道次）	80 066 N
	疲劳试验	53 374 N
加载速率	最大	2 000 kN/s
	最小	0.01 N/min
位移速度（活塞冲程移动速度）	最大	1 200 mm/s
	最小	0.01 mm/10 min
试样位移量及跨度	最大位移	101 mm（在真空槽内）
	最大跨度	167 mm（在真空槽内）
		583 mm（在真空槽内）
试样截面最大尺寸	试样卡头夹口最大尺寸为：	
	方棒试样：高 50 mm、厚 25 mm	
	圆棒试样：直径 25 mm	

注：由于加热变压器容量已定，试样截面最大尺寸的设计应根据材质、试样自由跨度以及所要求的加热参数决定。一般情况下，铝材试样截面不超过 200 mm²，铜材不超过 100 mm²，钢材不超过 500 mm²。

日本热模拟试验机比较先进的典型代表是 Thermorestor-W 感应加热式焊接热应力应变模拟装置。与美国的 Gleeble 系列相比，感应加热式热模拟试验机的优点是均温区较宽，并可进行陶瓷材料扩散焊试验及钢的开缺口冷裂纹敏感性模拟试验；其缺点是不如电阻式加热速度快，因此相比之下，Gleeble 更适于焊接热过程模拟。图 2.8-3、图 2.8-4 示出了日本的 Thermorestor-W 模拟试验机照片及原理图。

图 2.8-3　感应加热式 Thermorestor-W 热/力模拟试验机

我国国产的焊接物理模拟试验装置是洛阳船舶材料研究所研制的 MD－100A 焊接热模拟试验机。

1.3　物理模拟技术在焊接领域中的应用

1.3.1　物理模拟技术在焊接热影响区组织和性能研究中的应用

（1）焊接热影响区连续冷却转变（CCT）图的建立

为了评定新钢种的焊接性及制定合理的焊接工艺，绘制该钢种的焊接热影响区的连续冷却转变图是十分重要的基础性工作。而物理模拟是绘制 CCT 图的最有效的手段。

通常热处理的 CCT 图一般都是将试件加热到 800～900℃，奥氏体化后即开始冷却。而对于焊接接头。人们最关心的是熔合线附近的热影响区（Heat－Affected Zone，缩写为 HAZ）的组织状态，所以焊接连续冷却转变图是将试件加热到接近钢的熔点温度，即 1 300～1 350℃，然后再以不同的冷速进行冷却，这样制定的焊接热影响区连续冷却转变图称之谓 SH－CCT（Simulated HAZ Continous Cooling Transformation）图。

图 2.8-5 示出了焊接构件常用的 16MnR 低合金结构钢的 SH－CCT 图。13 条冷却曲线标志着 13 个不同的冷却速度，在不同的冷却速度下，得到不同的相变温度、相变组织及其组成百分比，该图还给出了不同冷却速度下在室温测得的维氏硬度值。

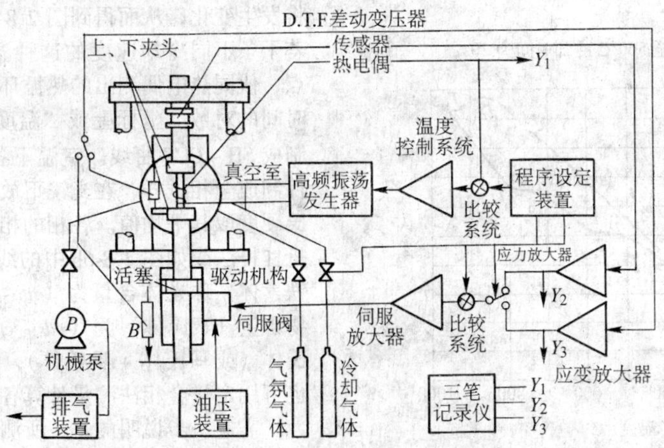

图 2.8-4　Thermorestor-W 模拟试验装置原理及结构方框图

在应用物理模拟技术建立钢的 SH－CCT 图时，首先应将横向应变传感器或激光测量系统对准模拟试样的中间工作区，利用 HAZ 软件自动编制不同冷速的计算机给定程序，同时应调节试样自由跨度以及卡头冷却传导状况，以使试样的实际温度变化尽可能迅速地跟上计算机指令，从而得到与给定程序完全吻合的实际热循环曲线。在快速冷却时，还需

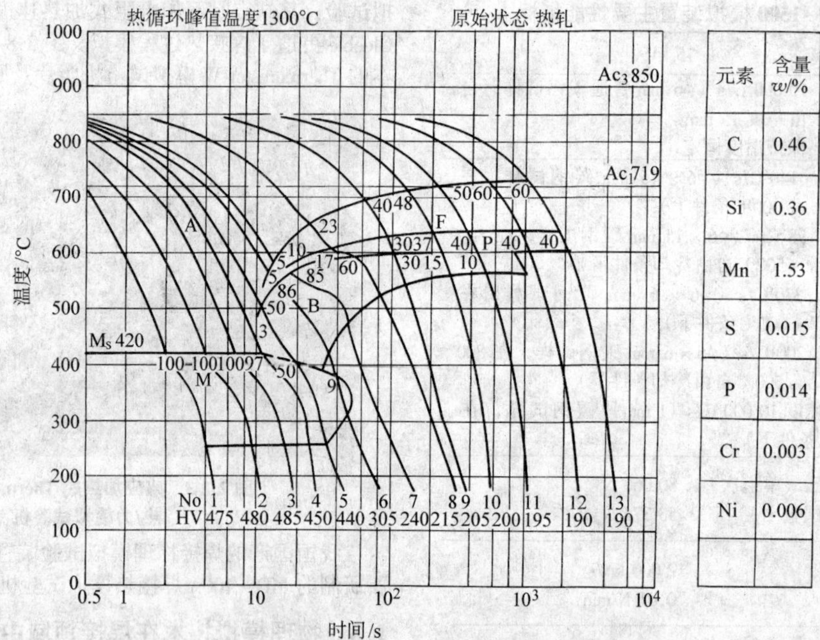

元素	含量 w/%
C	0.46
Si	0.36
Mn	1.53
S	0.015
P	0.014
Cr	0.003
Ni	0.006

图 2.8-5　16MnR 低合金钢的焊接热影响区连续冷却转变曲线图

要采用 ISO－Q 等温急冷试样或在试样上喷气或喷水。

在加热或冷却过程中，随着温度的变化，一方面按热胀冷缩原理试样要膨胀或收缩，另一方面当发生相变时，同样会引起试样体积的变化并释放相变热。热/力模拟试验机的数据采集系统，以时间为同一基轴随时记录温度与试样直径的变化，通过测量试件直径的变化就可间接地判断相变的发生。图 2.8-6 为本章作者在英国工作期间利用 Gleeble-1000 所

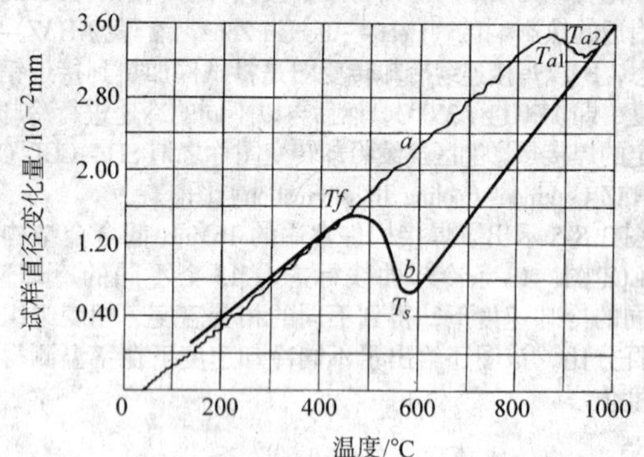

(a) 峰温为 1300℃, 峰温至 500℃ 冷却时间为 20s

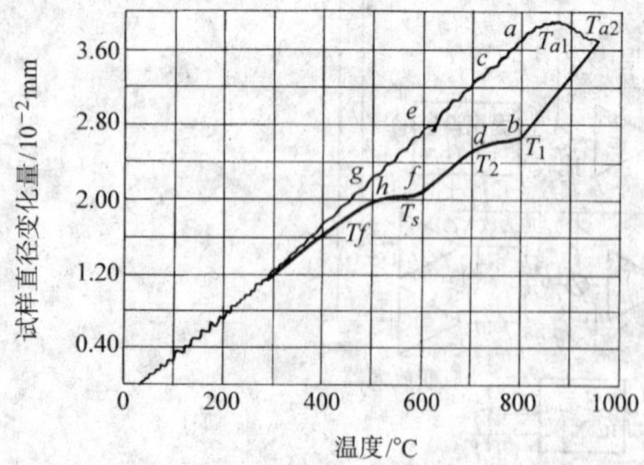

(b) 峰温为 950℃, 峰温至 500℃ 冷却时间为 36s

图 2.8-6　CrMnV 钢的温度－膨胀曲线图

做的 CrMoV 珠光体耐热钢的转变曲线，这两条曲线是利用 Rosenthal 模型软件建模，并用 MathCAD 软件插补负时间数值而编制的焊接热循环程序控制加热试件做出来的。试件尺寸 ϕ10 mm×90 mm，自由跨度 30 mm，铜卡头冷却，热输入焊接线能量为 40 kJ/cm。

图 2.8-6a 是熔合线附近某点（峰值温度为 1 300℃，从峰温冷却到 500℃约 20 s）的温度－膨胀曲线。图 2.8-6b 为远离熔合线某点（峰值温度为 950℃，从峰温冷却到 500℃约 36 s）的温度－膨胀曲线（注：若将峰温仍定为 1 300℃，同时改变热输入，使冷却速度从峰温到 500℃仍为 36 s，也可得到类似图 2.8－6b 中曲线的转变过程）。图中 T_s 为马氏体转变开始点，T_f 为转变结束点。T_{a1} 为加热时由珠光体＋铁素体组织向奥氏体转变开始点，T_{a2} 为铁素体全部转变为奥氏体的温度。图 2.8-6b 中 T_1 为冷却过程中由奥氏体向铁素体转变开始点，T_2 为奥氏体向珠光体转变温度，上述拐点温度是由于不同相变组织的热容不同而表现出来的。钢的基本相的热容从大到小排列顺序是：马氏体＞铁素体＞珠光体＞奥氏体＞碳化物（但铬和钒的碳化物大于奥氏体），因此发生相变时，横向应变传感器（膨胀仪）测试的试件直径将发生变化，从而得到图 2.8-6 中的膨胀－温度曲线。依据若干条不同冷却速度的这种温度－膨胀曲线测的相变温度点，伙同热电偶测出的热循环冷却曲线，将其画在“温度－时间的对数”坐标上或“温度－时间 $t_{8/5}$”坐标上，即可绘制成 SH－CCT 曲线。室温下各冷速得到的硬度值，可将试件制成金相试样，在光镜下放大 500 倍，打至少 3 个点的维氏硬度取其平均值。各相的相对含量可利用膨胀温度曲线拐折杠杆法或如图 2.8-6b 中的线段长度比例大致估算出，如：铁素体＋珠光体含量为（$ab-cd$）/ab，约为 28%；中间产物含量（索氏体）为（$cd-ef$）/ab，约为 10%；其余为马氏体（或马氏体＋贝氏体），为（$ef-gh$）/ab，约为 50%。也可用定量金相法测量计算各相的体积百分数。

需进一步说明的是，所测的膨胀量实际上是金属的自然膨胀量（即金属物体热胀冷缩）与相变引起的膨胀的叠加，而且不同相的线胀系数也不相同（正好与热容大小的排列顺序相反）。另外在发生相变过程中，还将吸收或释放二次结晶潜热（由铁素体或珠光体向奥氏体转变时要吸热，而奥氏体向低温产物转变时要放热），从而使转变曲线的拐点有时表现并不十分清晰，在 CCT 图中还可看到有的冷却曲线在

相变附近出现台阶现象。

（2）焊接热影响区脆化区韧性的研究

利用物理模拟技术，可以将焊接热影响区任何狭窄的部位进行模拟放大，观察其显微组织，研究其力学性能。但通常大量地是研究热影响区中脆化区的组织和性能，这是由于由脆化区引发的构件的脆性破坏比延性破坏具有更大的危险性，更需要进行预测。

引起接头脆化的因素有两个方面，一是组织脆化。二是热应变脆化。组织脆化的因素除晶粒粗大外，对于钢来说，还有 M－A 组元（岛状马氏体及残余奥氏体）的出现，碳、氮化合物的析出，非金属夹杂物的作用，以及氢的影响等等；热应变脆化是由于焊接热应力与应变所引起。

评定材料韧性的方法有许多种，在热模拟试验机上可以方便地制做施加过焊接热循环的夏比冲击试件和 COD（裂纹张开位移）试件，来研究焊接热影响区脆性区域的冲击韧性和断裂韧性。

在模拟试验时，首先确定脆化部位的热循环曲线和基本参数，借用 HAZ 软件或自行编制热循环程序，将被模拟部位在热模拟试验机上进行放大。当对夏比冲击试件进行热模拟时，模拟试件的截面尺寸可取 11 mm × 11 mm（在空气中加热）或 10 mm × 10 mm（在真空或保护气氛中加热）。取 11 mm × 11 mm 截面的试样时，在加热后需去除表面氧化层，再加工成 10 mm × 10 mm 标准夏比冲击试件。

无论冲击试件还是 COD（裂纹张开位移）试件，在模拟热循环试验时．热电偶应安装在试件正中心位置，试件两端冷却卡块应对称装配，使热电偶处于自由跨度正中。模拟试验之后应正对热电偶安装处开缺口，以保证模拟试件的工作区恰好位于缺口上。

此外，不锈钢的热脆性研究，新型铝－锂合金接头不等强性的研究，钛合金焊接时最佳线能量的确定等，均可通过上述模拟方法，再现粗晶区、热脆区或过时效区的组织，对新材料、新工艺进行评定或预测。

（3）焊接热影响区热应变脆化物理模拟

在焊接加热与冷却过程中，焊接接头除经受热循环外，还将经受应力与应变循环。实际上，焊接应力与应变循环同样会引起接头的脆化，这种在热影响区某部位由于焊接应力应变导致的脆化，称之为热应变脆化，又叫时效脆化。

关于钢的时效脆化机理，目前公认是由于氮、碳等间隙原子向位错周围聚集，形成 Cottrell 气团钉扎位错所致。因此时效的发生须具备两个条件，一是钢中含自由氮、碳量较高或碳氮化合物形成元素较少，这种情况常发生在转炉冶炼的低碳钢或 C－Mn 低合金钢中；二是钢中存在大量的位错。当钢材焊前经过冷轧、弯曲、校直、滚圆等冷作工序后，即钢材发生预应变、焊前钢中已存在大量位错的情况下，在焊接时由于热及预应变的作用，N、C 原子加速向位错附近聚集，将引起接头的时效脆化，这种只有热的作用，并不涉及焊接应力与应变，即焊接应变与时效不同时发生的时效，称之为“静应变时效”。但是当厚大构件焊接时，接头中将产生较大的应力与应变，特别是在应力集中的部位，例如接头的转折处，多层焊时的熔合线附近，以及其他具有缺口的部位。将发生热应变脆化现象。此时出现的位错与焊前是否发生预应变无关，而是由于焊接应力引起的应变所产生，也就是说，应变与时效同时发生，这种情况称之为“动应变时效”。

通常，焊接时发生的应变时效往往是静态应变时效和动态应变时效综合作用的结果。对于无缺口的普通接头，焊接接头在仅受到一次热循环作用时，塑性应变大小对于钢来说约为 1%左右，此时动态应变时效的影响不会很大，脆化后果主要取决于预应变。而对于多道焊，特别是在熔合区部位，由于缺口效应，将引起大的应变量（日本佐藤邦彦指出，缺口尖端应变量可达 7.3%），此时动态应变时效引起的脆化将会使接头的力学性能严重恶化，甚至导致焊接裂纹的产生。

因此，对于厚大焊接结构及应力集中部位的焊接，有必要利用物理模拟技术对焊接接头的热应变脆化进行研究，在进行热应变脆化物理模拟时，首先应测定与热循环同时发生的热应变循环曲线。可以在实际构件或模拟厚板上，用高温应变片粘贴在被测部位，用电阻应变仪将电压信号转变为应变信号并显示出来。应变片的粘贴应注意与主应力保持一致。实际测定时，应变循环曲线须与热循环曲线同时记录下来，以便于以时间为同一基轴编制热与力的模拟程序。

依照实测的热应变曲线与热循环曲线同时间轴编程进行模拟试验是最为理想的。但是，由于实测曲线比较麻烦，且有时得到精确的实测曲线比较困难，因此在物理模拟的实际操作中，为了简化起见，一般都是在某温度范围内施以一定的应变速率将试件拉伸，按断裂韧性或断面收缩率判定材料的热应变脆化倾向。

具体试验方法有两种，一种是模拟试件在热循环的冷却过程中施加拉伸应变，另一种是在焊接热循环结束后，再将试件加热到不同温度进行等温拉伸。例如，为研究热应变对 15-MnMoVNRe 等四种低合金高强钢热影响区的断裂韧性的影响，将钢板加工成尺寸为 11 mm × 11 mm × 120 mm 的试样，在 Gleeble－1500 热/力模拟机上进行试验。首先将试件以 130℃/s 加热速度加热到 1 300℃，再以 $t_{8/5}$ = 14 s 的冷速进行冷却，在 700→200℃（亚临界温度区）的冷却过程中，分别以 0%，1%，3%，6%，9%的应变量进行拉伸，随后将模拟试件切掉两端，均温区留在试样中部，加工成 10 mm × 10 mm × 55 mm T－L 取向的试样进行系列温度断裂韧性试验，测出 J 积分值及脆性转变温度，评价其断裂韧性受热应变时效的影响。该种试验方法不但可测出应变量对韧性及脆性转变的温度的影响，还可测到不同应变量时晶粒尺寸、组织形态及相组成百分比的变化情况。另外，还可利用 Thermorestor－W 热/力模拟试验装置，将低合金高强钢圆棒（ϕ10 mm × 17 mm）试件以 ω_H = 38℃/s 的加热速度升到峰温 1 350℃，再以 800→500℃的冷却时间 $t_{8/5}$ 分别为 10 s、30 s、50 s、90 s、150 s 的冷速进行焊趾显微组织模拟，然后在室温、150℃、200℃和 250℃四种温度下进行热拉伸，拉应变速度为 $\varepsilon = 8.0 \times 10^{-4}\,s^{-1}$，试样拉断后测出断面收缩率，绘制温度、冷却速度等与断面收缩率的关系曲线。用这一方法不但可以比较不同钢材对热应变脆性的敏感性大小，并可确定热应变脆性最敏感的温度范围。图 2.8-7 为某低碳调质钢，以不同 $t_{8/5}$ 得到的三种不同的显微组织（均一的上贝氏体、下贝氏体及马氏体）的试样进行热拉伸试验的结果，从中看出热应变的敏感温度在 200℃左右。利用这种方法还得出了不同应变速率以及不同峰值温度下热应变对固溶氮量和断面收缩率的影响，这些试验结果对于应变时效的产生机制特别是氮、碳原子的扩散行为（伴随氮碳化合物的固溶和分解）的研究是非常有意义的。

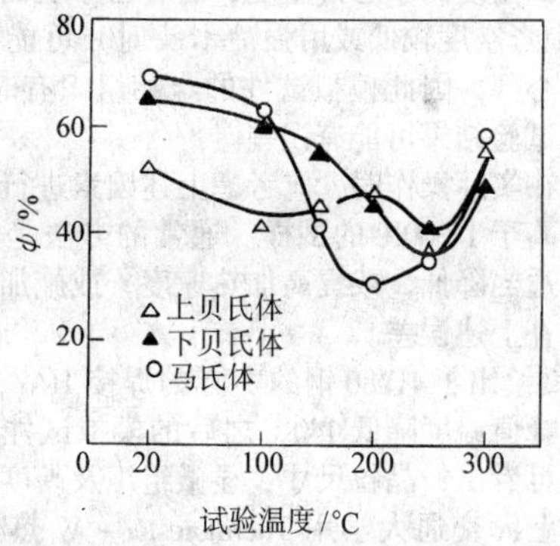

图 2.8-7　显微组织和温度对断面收缩率的影响

(4) 模拟组织与实际焊接热影响区组织的比较

物理模拟技术是研究各种金属材料焊接热影响区各部位组织和性能的最简便、最有效的试验方法，这是由于他可以将热影响区的任意部位依据该部位经历的热循环曲线进行放大，从而方便地观察其组织、测试其性能。然而，这种试验毕竟不是在实际的焊接结构中进行的，因此有必要将模拟试验结果与实际热影响区的组织进行比较和讨论，以使试验结果能正确地指导生产实际。

焊接热影响区的物理模拟组织与实际的焊接热影响区的组织是有一定差别的，这是由于：

1) 晶粒尺寸的差异　物理模拟是将其局部区域放大，试样的加热和冷却是在无拘束（或很小拘束）条件下进行的，而实际的焊接影响区各部位都非常窄，受周围其它部位的约束，晶粒长大受到温度梯度和组织梯度的限制，因此在相同的热循环情况下，物理模拟试样的晶粒度偏大，图2.8-8展示了实际焊接HAZ与模拟试样在不同 $t_{8/5}$ 时奥氏体晶粒尺寸对比[7]。试样是在相变前的瞬间进行淬火，因而室温下得到的马氏体组织仍能反映高温奥氏体晶粒尺寸大小。

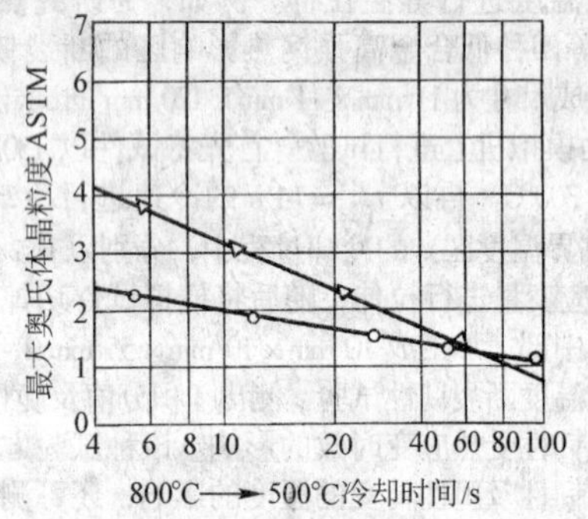

图2.8-8　峰值温度1 350℃时实际焊接HAZ与模拟试样的最大奥氏体晶粒尺寸

△—实际焊接HAZ；○—模拟试样

2) 奥氏体转变的差异　物理模拟的程序编制一般只模拟热循环，而实际结构中热影响区还同时经受应力应变循环。在大的应力应变情况下热影响区内将会产生塑性变形，帮助形核，从而对相变产物有影响。高温下奥氏体内发生百分之几的变形量将会使高强钢的马氏体转变点提高50℃左右，使马氏体含量增加。

3) 化学成分的差异　模拟试验试样是处在隔离的体系中加热、冷却和应力应变，不像焊接接头那样有元素的相互扩散及相邻部位的应力作用，因此在化学成分及组织状态上与实际情况会有所差异。

4) 组织均匀性的差异　模拟试样的加热方式有两种：一是感应加热，二是电阻加热，前者由于集肤效应的影响往往试件的表面温度高于心部温度，后者由于表面散热的影响（当试验槽中真空度较低或用强冷卡头时）可能导致试件表面温度低于心部，因此模拟试件的金相组织有时不够均匀，力学性能的试验结果可能有误差。

因此，在实际操作时，应考虑上述因素进行修正，尤其是对于峰温高于1 300℃的试样。通常的方法是将模拟的最高加热温度适当降低，或提高加热速度，或施加一定的拘束应力，以弥补上述误差。

表2.8-2给出了HY80钢的实际的焊接HAZ粗晶区晶粒尺寸，与将峰值温度降低140℃之后的模拟试件晶粒尺寸的比较，从中可看出，晶粒尺寸、显微组织及硬度都有良好的一致性。但上海交通大学用Thermorestor－W热模拟机进行显微组织模拟认为，对于Ni－Cr－V钢、18MnMoNb钢、14MnMoVB钢、15CrMoV钢等材料，峰值温度从1 350℃（或1 340℃）修正到1 315～1 320℃即可得到与实际HAZ相同的晶粒尺寸。

表2.8-2　焊接和模拟HAZ粗晶区显微组织的比较

比较内容		焊接峰值温度1 350℃	模拟试样峰值温度1 210℃
奥氏体晶粒尺寸		30±5 μm	28±5 μm
显微组织组成（根据计数点）1 000点		97%回火马氏体 3%上贝氏体	96%回火马氏体 4%上贝氏体
硬度（500 g）10个读数	范围值	414～442	411～462
	平均值	431	431

注：试验用钢为低合金调质钢HY80，化学成分为（质量分数%）：C 0.16，Mn 0.32，Si 0.30，Ni 2.54，Cr 1.31，Mo 0.28，V 0.01，S 0.017，P 0.006

奥氏体晶粒长大过程与加热速度，特别是900℃以上的加热速度有关，因此提高加热速度也可减小奥氏体晶粒尺寸。图2.8-9给出了加热速度 ω_H 对晶粒度的影响[6]。从图2.8-7还可看出，加热达到的峰温（T_{max}）越高，加热速度的影响越明显。采用电阻式加热的物理模拟试验机，可以实现比感应加热式模拟机高得多的加热速度。

降低峰值温度或提高加热速度虽然可以得到与实际HAZ相同或相近的晶粒尺寸，但是会使碳（氮）化物等固溶不充分，奥氏体晶粒成分不均匀，从而影响冷却过程中的相变组织。因此，在考虑晶粒度时，应尽可能使峰值温度接近于焊接HAZ的实际温度。日本学者认为，在研究钢的粗晶区组织和性能时，一般将模拟峰值温度固定于1 350℃较为适宜（因为对于低碳钢来说，固相线温度可达1 490℃）。

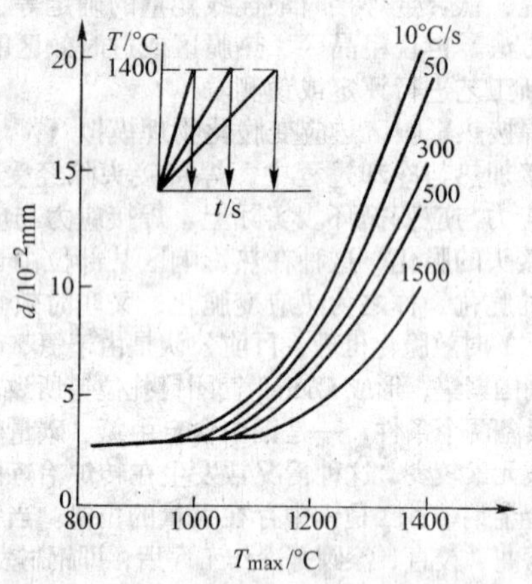

图2.8-9　加热速度 W_H 及不同峰温对晶粒度的影响

焊接应力、应变引起的塑性变形对奥氏体相变组织影响与材料种类有关。对于淬透性很强的钢，即使改变塑性变形量，最终也还是得到百分之百的马氏体组织，因此在物理模拟时调节应力应变量意义不大。而对于其他对塑性变形敏感的材料或厚大构件，在热模拟时就应采取修正措施。一种方法是在试件两端加一定的拘束应力（应变量0.5%～2%）；另一种办法是根据材料的SH－CCT图进行实测冷却曲线的修正；第三种措施是提高冷却速度或缩短 $t_{8/5}$，易于发生马氏体转变，从而产生与 M_s 点升高相同的效果。

1.3.2　物理模拟技术在焊接热裂纹研究中的应用

焊接热裂纹通常是指在焊接过程中，焊缝和热影响区金属冷却到固相线附近的高温区时所产生的裂纹。这种裂纹在某些低合金钢、不锈钢、耐热合金和铝合金焊接时均可发现。热裂纹又分为结晶裂纹、液化裂纹和多边化裂纹三种类型。结晶裂纹是焊缝中液态金属在冷却凝固过程中，由于凝固金属的收缩，残余液体金属不能及时补充，形成液态脆性薄膜，在应力作用下沿晶开裂而形成，一般产生在焊缝中，故称之为结晶裂纹。液化裂纹一般产生在近缝区或多层焊的层间部位，由于母材中金属含有较多的低熔点共晶成分，在热循环峰值作用下局部液化，在拉应力作用下发生晶间开裂。液化裂纹的尺寸都很小，无损探伤很难发现，只有在金相磨片或断口微观分析时才能发现。更危险的是，液化裂纹常常成为冷裂纹、再热裂纹及其他脆性破坏和疲劳断裂的发源地。多边化裂纹主要产生在某些纯金属或单相合金（如奥氏体不锈钢、铁-镍合金、镍合金等）的焊缝或近缝区中，产生温度在固相线稍下的高温区间。它是由于刚凝固的焊缝金属中（或近缝区在高温作用下）存在很多晶格缺陷（位错及空位）以及严重的物理和化学不均匀性，在温度与应力作用下，这些晶格缺陷的迁移和聚集，形成脆弱的二次边界（亚晶界，即多边化边界），在拉应力作用下引起的晶间开裂。

由上可知，液化裂纹与结晶裂纹在形成机理上有共性。多边化裂纹虽与结晶裂纹和液化裂纹的产生机制有别，但发生在高的温度范围和应力作为裂纹产生的必要条件这两条是相似的。因此在评定金属对它们的敏感性时，所采用的物理模拟试验方法上基本上是相通的。

利用物理模拟技术可以方便、高效和精确地研究材料的热裂倾向。热裂纹模拟试验方法分为模拟后进行的试验和模拟过程中进行的试验两种类型。前者是以一定的加热速度，将试件（方棒或圆棒）加热到一组峰值温度（间隔10℃），直至出现液化为止，然后在室温下测量其冲击韧性值（方棒）或断面收缩率（圆棒），用冲击值或断面收缩串的变化趋势来制定材料的脆性温度范围，继而判定液化裂纹倾向[6]，后者是通过“加热过程的拉伸特性”及“冷却过程的拉伸特性”，将其试验结果（零强温度、零塑性温度等）进行比较，求出脆性温度区间等参数，揭示材料在高温下强度、塑性和韧性的变化规律，从而判定其热裂倾向。比较而言，在热模拟过程中进行的试验能更全面和真实地反映裂纹产生的过程和条件。

热塑性拉伸试验法是目前在模拟过程中进行的热裂纹模拟试验中最常用的试验方法，它能方便而精确地测得材料高温下的力学性能参数。

目前许多人往往只是把零塑性温度区间大小作为衡量热裂倾向的标准，其实这是不全面的。根据热裂的机理，真正反映脆性温度区间的因素必须考虑“零强温度”这一物理量。

“零强温度”与“零塑性温度”是两个不同的概念，二者的测定方法也不相同。

(1) 零强温度（NST）的测定

零强温度（nil-strength-temperature）的确定对于研究结晶裂纹以及铸造过程的开裂具有重要意义。在零强温度以上，材料的强度降为零，任何微小的载荷均会导致开裂。

零强温度的测定是在加热过程中进行的。拉伸试件直径为6 mm，长度为90 mm，试件端部不必车细纹，而用铜卡头夹紧。这是因为金属材料在高温下强度很低，不必施加大的载荷即可将试样拉断。实验表明，当试样直径 ϕ10 mm，铜卡块长度为30 mm时，试样夹紧后可以承受大约12 000 N的拉力而不滑动。自由跨度（90 mm减去铜卡头中的试件长度）在试验时应保持恒定（即每次试验开始时，应保持相同的自由跨度值）。

试验采用力控制。利用空气气缸系统或低压液压系统施加一个恒定的（在整个试验过程保持不变）拉伸载荷，在不用真空槽时（测零强温度可不在真空环境中进行，但测零塑性应在真空中进行），只存在滑块与两导轨的摩擦力（此摩擦力值很小），则所加的恒载大小为80 N为宜。

试件以通常的加热速度（模拟手工焊，可用150～200℃/s；埋弧焊用100℃/s；电渣焊用10～20℃/s），加热到材料的液相线以下大约100℃的温度，然后将加热速度改变为1～2℃/s，继续加热、升温直到试件拉断为止，此时的拉断温度即为该材料的零强温度。

确定材料的零强温度，通常至少须做两个试件，当试验结果相差大于20℃时，应做第三个试件，并取其平均值。

试验时应采用铂铑-铂热电偶（S型或R型），并使用高温无机胶将热电偶固定在试件上，以防高温时脱落。

此试验最好在惰性气氛保护下进行。

(2) 零塑性温度（NDT）的测定

零塑性温度（nil-ductility temperature）对于研究热裂纹，特别是液化裂纹及多边化裂纹有重要意义。在零塑性温度以上，材料完全变脆，失去塑性。测定零塑性温度时，在加热过程和冷却过程中进行会得到不同的数值，通常加热方式测得的NDT值高于冷却方式测得的NDT值，这是由于金属材料在加热过程的开始熔化与冷却过程的开始结晶，所需的热力学条件及自由能是不同的。

在进行“加热过程拉伸特性”试验时，一般采用 ϕ6 mm或 ϕ10 mm圆棒试件，试件长度为120 mm，试件两端分别车长度为15 mm的细纹，并用螺帽固定，装入卡头中，见图2.8-10所示。试样表面应抛光（$R_a \leqslant 0.81\ \mu m$），以保证试验精度。为了避免动态再结晶对测试精度的影响，一般应采用快的拉伸速度。

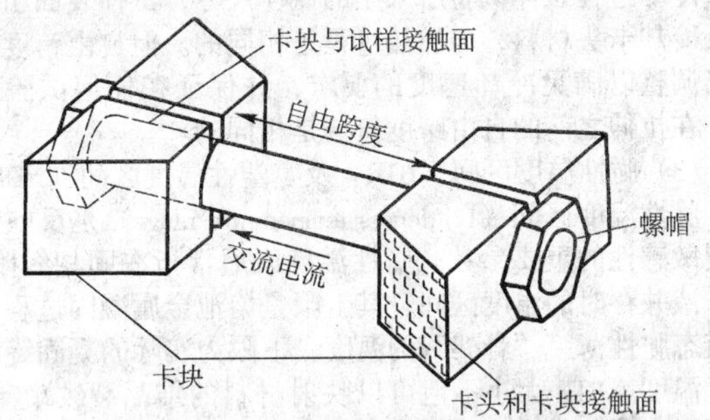

图2.8-10　Gleeble热拉伸试验试件安装示意图

为了模拟焊接接头的温度梯度，冷却系统应采用铜卡头。将试样的均温区以100～150℃/s加热速度加热到不同的试验温度，在峰值保温0.5 s后，快速（10～20 mm/s）拉伸，试样被拉断后，测量均温区断面收缩率，通过一组不同降温的试件，即可描绘出温度-塑性（断面收缩率）曲线，图2.8-11a示出了热拉伸试验加热冷却流程图及热塑性曲线示意图。图2.8-11b中的 E 点为在加热过程测得的塑性（断面收缩率）为零的温度，即为加热过程的零塑性温度。

冷却过程的拉伸试验对于研究焊接裂纹更具有实际意义，因为焊接热裂纹一般是在冷却过程中形成的。在进行“冷却过程拉伸特性”试验时，根据不同的试验目的，首先将试样加热到液相线温度（研究结晶裂纹），或零强温度（研究热影响区中裂纹），或零强温度以下20～30℃（研究材料的热塑性），在峰值保温0.5～3 s后．再以30～70℃/s的冷速冷却到不同的试验温度，在试验温度停留0.5 s，然后进行快速拉伸（50 mm/s），测得断面收缩率，从而可绘制出冷却过程中的温度—热塑性曲线，如图2.8-11，并同样可测得冷却过程中的零塑性温度（D 点）。为了深入研究在冷却过程的热裂敏感性，同时由于 D 点的精确值难以测得，通常又采用塑性恢复温度（Ductility Recovery Temperature，简称DRT）这一物理概念。即冷却时，断面收缩率恢复达5%的对应温度，如点 D'所示。当测定脆性温度区间 BTR 时，D'点是把 NST 作为峰值温度而获得的。

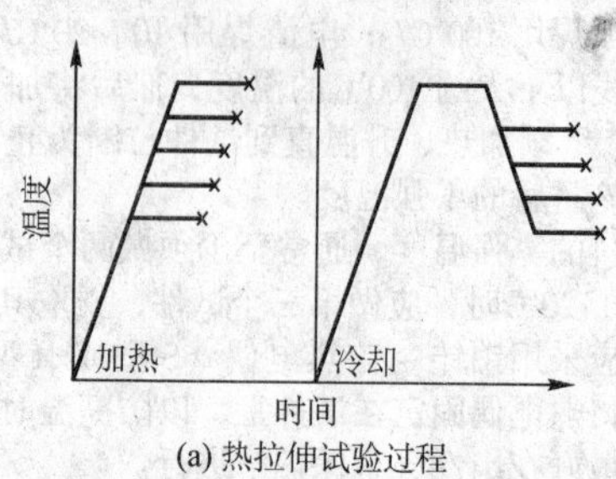

(a) 热拉伸试验过程

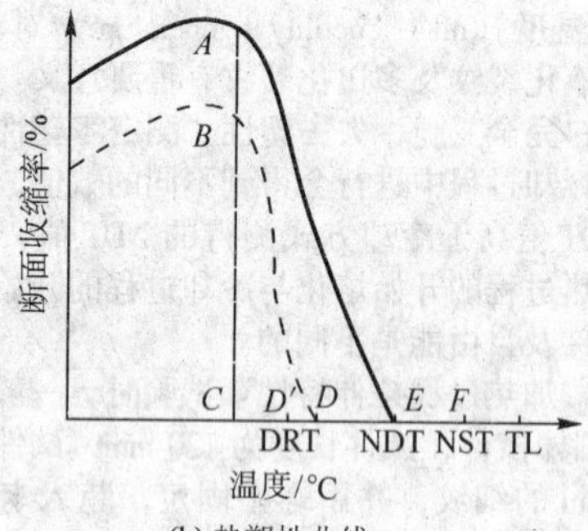

(b) 热塑性曲线

图 2.8-11　加热及冷却过程拉伸试验及热塑性示意图

冷却过程拉伸试验所采用的试样尺寸，试样表面粗糙度以及冷却卡头材料，与加热过程是相同的。但自由跨度应作适当调整以满足冷却速度的要求，并保证在任何试验温度下，在拉伸之前的自由跨度值应是相同的。

(3) 脆性温度区间（BTR）及零塑性温度区间（NDR）

脆性温度区间（brittleness temperature range）是反映材料热裂敏感性的重要参数。脆性温度区通常指在固相线附近，固－液并存时的温度区间，其上限是熔池金属凝固过程中形成液态脆性薄膜“骨架”的温度，下限为实际的凝固终了的附近温度。BTR 大小不但可以映射材料的结晶裂纹敏感性，也可用来推断液化裂纹的产生倾向。

BTR 的物理意义在焊接及铸造领域的认识已基本统一，但定量的测定方法和界定标准目前还不一致。陈伟昌博士所推荐的温度界限如图 2.8-11b 所示，将零强温度（F 点）作为 BTR 的上限，冷却过程中的零塑性温度 D 作为 BTR 的下限，但由于 D 的测定难以精确的获得，通常把塑性恢复温度 D′作为 BTR 的下限。

当某些材料测 5%的恢复率仍然比较困难，数值太分散时，也可用 20%的断面恢复率确定 D′点。这是因为有的学者认为当断面收缩率小于 20%时，钢材是完全的晶间断裂；大于 20%之后，沿晶与穿晶断裂同时出现，大于 60%时，基本上呈穿晶断裂。日本学者铃木在进行连铸态的高温塑性与热裂倾向研究时，认为在零塑性温度下，钢中出现 10%的残余液相，而美国学者 Weiss 认为，在零塑性温度下可观察到熔化现象并出现锯齿形晶界，液相膜厚度约为 5 000 nm，而在零强温度下，液相膜厚度约达 10 000 nm[10]。

零塑性区间 NDR（nil－ductility range）的物理含义是指热影响区中熔池周围附近塑性基本为零的区域的温度范围。其温度上限是加热时所测得的零塑性温度，其下限为冷却时所测的零塑性温度，即图 2.8-11b 中的 DE 段。NDR 是衡量液化裂纹与多边化裂纹敏感性的重要参数。

有关文献用物理模拟方法分别测得 40CrMnSiMoVA（G 钢）及 30CrMnSiNi2A（H 钢）的零塑性温度区间 NDR 及脆性温度区间 BTR，从而比较两种中碳超高强度结构钢的液化裂纹倾向。试验在 Gleeble－1500 试验机上进行，采用水冷铜卡头快速冷却。加热速度为 150℃/s，冷却速度 70℃/s，峰值温度为 1 415℃，在真空室内进行。在各试验温度下保温 0.5 s 后以 10 mm/s 的速度将试样拉断。测量断面收缩率及断裂强度。试验结果，对于 G 钢，NDT 为 1 360℃，DRT 是 1 250℃，所以其零塑性温度区间 NDR 为 110℃。由于冷却试验时峰值温度取 1 415℃（零强温度附近），所以得到该钢的脆性温度区间 BTR 为 165℃。在此温度范围内（1 415～1 250℃），断面收缩率 $\psi=0\%$，并测断裂强度值为 $\sigma_b=5.8$ MPa，晶界液化并显示出白色产物。对于 H 钢，测得 NDT 为 1 380℃，DRT 是 1 370℃，故 NDR 为 10℃，BTR 为 45℃，从而认为 H 钢比 G 钢有较强的抗液化裂纹能力。

在 Gleeble 热/力模拟试验机上用热塑性拉伸法可以测得三种铬镍高温合金的脆性温度区间，其零强温度的测定是在 1 000℃以上的不同高温下通过热拉伸确定的。试验采用板状试件（板厚 1.5 mm，宽 20 mm，长 110 mm）。将试件两端夹入卡块中（因金属高温强度低，靠卡块与试件的接触摩擦力足以承受拉伸载荷），以常规拉伸速度将试件拉断。不同温度下拉断力是不一样的，当拉断试件的载荷为 300 N（等于该试验设备的摩擦力）时，所对应的温度即为零强温度，并作为脆性温度区的上限。用同样尺寸的试件，通过热拉伸又测得零塑性温度，作为脆性温度区的下限，从而得到三种高温合金的脆性温度区间分别为 95℃、65℃和 110℃。同时，通过对比试验和分析，认为以零强温度和零塑性温度的差值作为度量 BTR 的标推，要比可变拘束试验法提出的，用最大裂纹长度在焊缝中温度分布曲线上所对应的温度区间作为材料的脆性温度区的度量方法更为符合实际。

为了选择双相奥氏体钢合适的焊接填充材料，对不同含硅量的焊缝金属的抗热裂性能进行了物理模拟试验。首先用手工焊焊成试板，然后垂直于焊缝取圆形试件，并使模拟试验时的均温区落入焊缝部分。以 100℃/s 的加热速度将试样加热到 600℃以上不同试验温度，保温时间为 3 s，然后以 20 mm/s 的拉伸速度将试样快速拉断，求得 $\psi-T$ 曲线，将 ψ 最大值（$\psi=76\%$）的温度与零塑性（$\psi\approx0$）温度的差值定义为液化裂缝温度区间。同样，将试样加热到加热时的零塑性温度以上，然后以 30℃/s 的冷速冷却到试验温度再拉伸，同样可测得冷却阶段的零塑温度和塑性恢复最高值所对应的温度。将加热阶段与冷却阶段分别测得的零塑温度的差值定义为零塑性温度区间。比较液化裂纹温度区间及零塑性温度区间的大小，来判定三种焊缝金属的高温裂纹倾向。

在 Gleeble 试验机上用热拉伸法可以研究铝合金的液化裂纹倾向。将 LD2 铝合金圆棒状试件以 60℃/s 的加热速度升温到试验温度（350℃以上）后停留 0.2 s 快速拉断，求得加热过程的零塑温度为 600℃。在不拉伸情况下，将试件加热到 650℃时热电偶脱落，此时试样均温区开始整体熔化，可以认为 650℃是材料的液相线温度。冷却过程的热拉伸试验，参照 650℃这个熔化温度点，将试样加热到峰温 618℃后，保温 1 s，然后以 14℃/s 的速度冷却到试验温度，再快速拉断，得到冷却过程的热塑性曲线和塑性恢复温度 540℃，从而测得零塑性温度区间 NDT 为 60℃（600～540℃）。同样，测得 6061 铝合金的 NDT 为 30℃，从而判定 LD2 铝合金比 6061 铝合金有较大的热裂倾向。

需进一步说明的是，在脆性温度区间内进行材料的热裂纹敏感性研究时，拉伸速度对试验结果也有影响，特别是铝合金热裂试验时。对于 5A06 铝镁合金，随应变速度的降低，高温塑性明显升高。但对于某些低合金高强钢，应变速率对塑性的影响并不明显。选用 30Ni－70 铜合金（白铜）在

Gleeble - 1500 模拟机上进行热塑性试验表明，脆性温度区间随变形速度而变化，最低塑性的温度随变形速度增加而升高，即变形速度增加，脆性温度区的下限温度升高，脆性温度区变窄。同时，在脆性温度区的高温部分，变形速度增加则金属热塑性降低；而在低温部分，金属的热塑性却随变形速度的增加而升高。

因此，在进行物理模拟试验时，应根据所模拟的对象（材料种类、裂纹类型以及焊件的拘束与冷却情况），拟订符合实际的变形（拉伸）速率和冷却速度，以充分暴露金属在高温下的脆性行为。

(4) 焊接结晶裂纹的凝固循环热拉伸试验

以上介绍的试验方法主要是通过热拉伸确定脆性温度区间或零塑性温度区间来制定或比较材料的热裂纹敏感性。其加热的峰值温度都是在液相线以下或零强温度以下。而对于某些不锈钢或铝合金，由于大量低熔共晶体的存在，很容易在焊缝中产生凝固裂纹。为了专门研究其在凝固过程中结晶裂纹产生倾向，常采用“凝固循环热拉伸试验法”进行物理模拟试验。

在 Gleeble 试验机上用凝固循环热拉伸方法可以评定奥氏体不锈钢中 Nb 含量对焊缝凝固金属裂纹敏感性的影响。热循环曲线及拉伸过程如图 2.8-12 所示。试验时，先将试样（ϕ10 mm × 125 mm，两端车 15 mm 长螺纹）加热到熔点以上，并保温 25 s，然后冷却到试验温度（1 350 ~ 900℃），保温 30 s 后，以 5 mm/s 的拉伸速度移动卡头，进行拉伸，直到拉断为止，在整个拉伸过程中，温度保持恒定，从而可得到不同温度下的拉伸强度和断面收缩率，绘成 $\sigma_b - T$ 及 $\Phi - T$ 曲线，比较出不同含 Nb 量的焊缝金属结晶裂纹的敏感性。试验结果表明，在 Gleeble 试验机上进行的模拟试验与在 Trans - Varestraining 裂纹试验机上进行的试验，其结果是一致的，从而说明物理模拟的热拉伸试验法是准确和可靠的。试验时为了防止液体金属流失并保持试样原有形状，试样中部套有非金属石英玻璃管，用铂铑 - 铂热电偶测量温度，试验在充氩密封槽中进行。

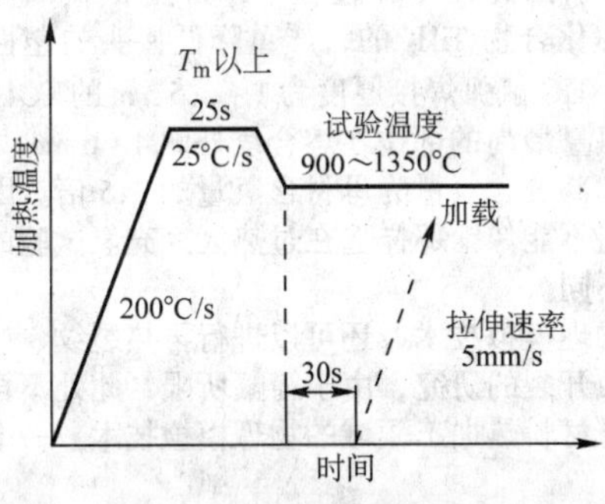

图 2.8-12　凝固循环热拉伸试验过程示意图

1.3.3　物理模拟技术在焊接冷裂纹研究中的应用

焊接冷裂纹是焊接接头冷却到较低温度（对于钢来说，一般指 M_s 点以下温度）时产生的裂缝。冷裂纹主要发生在高碳或中碳钢、低合金或中合金高强钢以及钛合金的焊接热影响区，但有些金属，如某些合金成分较高的超高强钢以及钛与钛合金，有时也会在焊缝上产生冷裂纹。冷裂纹既可沿晶断裂，也可穿晶扩展，不像热裂纹那样，都是沿晶开裂。冷裂纹可以在焊后立即出现，也有时要经过一段时间（几小时、几天甚至更长时间）才出现，且裂纹数量由少至多。对于那些不在焊后立即出现的冷裂纹，称之为“延迟裂纹”，它是冷裂纹的一种比较普遍的形态。由于延迟裂纹在焊后的紧跟检查时并未发现，甚至在使用过程中才出现，因此该种裂纹更具有隐蔽性和危险性。研究表明，延迟裂纹是由于氢的缓慢扩散和聚集而引起的，所以许多文献把延迟裂纹又称之为“氢致裂纹（hydrogen - induced crack）”或“氢助裂纹（hydrogen - assisted crack）”。

对于钢来说，冷裂纹的产生取决三个因素：焊接热影响区的淬硬组织、氢的作用、焊接应力。对于钛合金，冷裂纹的产生主要是热影响区金属在高温下吸收氢、氧、氮等气体引起接头变脆，在较大的焊接应力作用下引起开裂。钛合金与高强钢一样，也可能在 HAZ 产生延迟裂纹，起因仍然是氢。

利用物理模拟技术同样可以测试各种金属材料焊接接头的冷裂倾向，特别是可以方便地进行模拟充氢试验进行延迟裂纹的研究。

氢致裂纹的物理模拟试验研究分为两种类型。一种是利用物理模拟制备焊接热影响粗晶区组织并充氢，然后将试样进行“三点弯曲”试验，观察研究氢致裂纹的启裂与扩展的动态过程，评定含氢量和应变量对不同材料冷裂纹敏感性的影响；另一种是将组织模拟、充氢试验以及焊接应力模拟综合在一起的独立模拟试验，求出材料产生延迟裂纹的临界应力值，根据临界应力的大小，判别不同材料的延迟裂纹倾向。

前一种模拟试验，将三点弯曲试验所用的中间带缺口的长方形试样（5/3/2 mm × 11/10 mm × 55 mm）安装于模拟试验机的真空室内，先抽真空达 133×10^{-3} Pa，充入纯氩或精氦达 1.1×10^5 Pa，然后按图 2.8-13 所示程序加热（该图为对 12Ni3CrMoV 钢的循环曲线），经升温后再冷却到 1 000℃（A_{c3} 以上温度，此时奥氏体比铁素体溶解氢的能力高），排气抽真空，再充入高精度氢达 1.15×10^5 Pa，按所需充氢时间 t_H 保温。保温结束仍用氢气冷却，到达室温时充氮排氢，取出试样立即放入干冰筒内，然后用甘油法定氢。试验表明[6]，t_H 为 10 min 时试样含氢量已经饱和（约 2.4 mL/100 g），过长时间晶粒将长大。

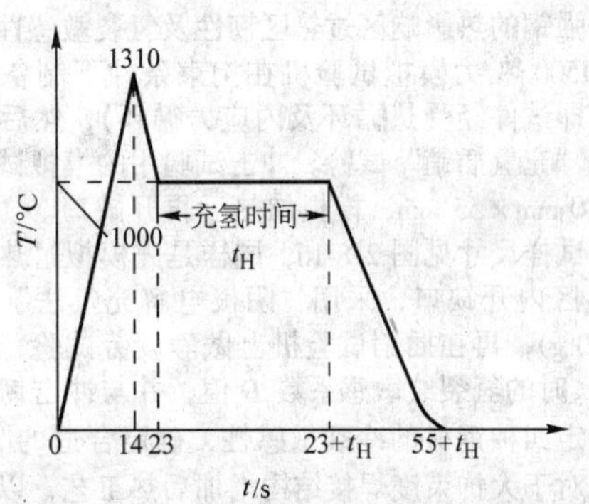

图 2.8-13　模拟充氢 HAZ 粗晶区热循环曲线
（12NiCrMoV 钢）

后一种模拟试验的程序图如图 2.8-14 所示。试样采用带缺口的圆棒拉伸试样，尺寸如图 2.8-15 所示。抽真空并充氩后，以 18 s 的时间加热到峰温 1 350℃（图 2.8-14 中 *AB* 段），试样晶粒被粗化后，降温到 950℃，此时把氩气排除，并抽真空，再充入高纯氢气。然后在此温度下保温 30 min（图 2.8-14 中 *CD* 段）。与此同时，从零应力控制转为刚性拘束控制，即试样既不能伸长也不能缩短。当充氢结束后，随试样迅速冷却，试样内将产生由于本身收缩而引起的拉应力。并沿着 PQRSTU 曲线上升到所需的应力值。如果试样冷却收缩的最终应力值不能满足研究者的要求，则可通过应力控制旋钮强制达到规定值，如图中 *UW* 部分。当达到规定的应力值时，程序从刚性拘束控制转换为恒定拉应力控制，直到试样拉断为止，从而可绘出 $\sigma_b - t$ 曲线，求得材料断裂的临界应力值（材料不发生开裂所能承受的的最大应力，即材料发生开裂的最小应力），来确定材料的冷裂敏感性。

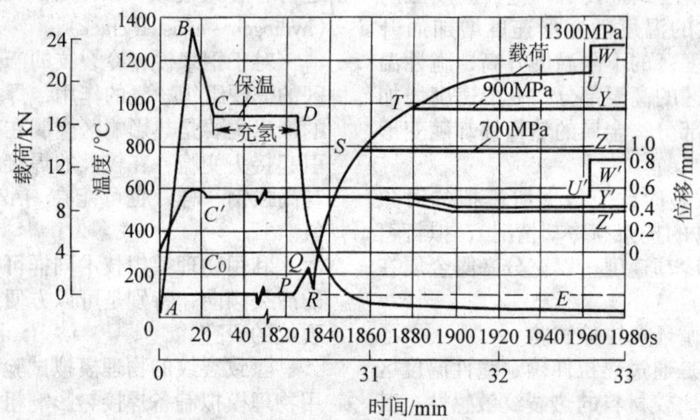

图 2.8-14　模拟 HAZ 粗晶区氢致延迟裂纹试验程序图

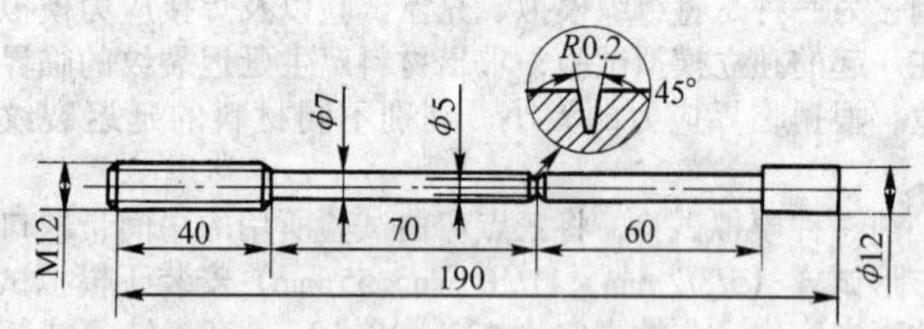

图 2.8-15　氢致延迟裂纹试验感应加热试样与尺寸

由上可以看出，由于上述物理模拟试验都必须将试样开缺口，所以采用感应加热模拟试验设备（Thermorestor－W）是比较适宜的。

使用不开缺口的试样，应用电阻加热式物理模拟试验机（如 Gleeble，DM－100A 型、CRR－Ⅱ型等），同样也可进行延迟裂纹的试验研究。为了研究和比较用于寒冷地区的四种低合金高强钢的热影响区过热区韧性及氢裂敏感性，先使用 Gleeble－1500 热/力模拟试验机在拘束条件下制备过热区模拟试件（即试件经受热循环及内应力循环），然后再进行冲击试验和"充氢插销"试验。冲击试验用的模拟试件尺寸为 10 mm×10 mm×55 mm，模拟加热后再开缺口。"充氢插销试验"的试样尺寸见图 2.8-16，同样是先模拟过热组织，然后在均温区内开缺口，采用"阴极电解充氢法"充氢（达 0.6 ml/100 g），再在插销试验机上做静疲劳试验，从而可得到不同 $t_{8/5}$ 时的氢裂纹敏感系数 D 值，并与冲击韧性值综合考虑，判定四种钢材的冷裂敏感性，确定合适的 $t_{8/5}$ 冷却时间，提出对于大拘束度焊接结构增加后热工艺，以避免延迟裂纹的产生。

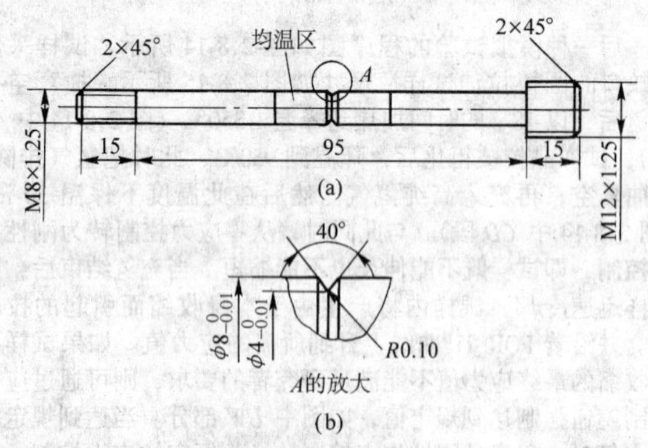

图 2.8-16　充氢插销试样与尺寸

利用 Gleeble－1500 模拟试验机，将高温热拉伸试验与低温冷裂敏感性试验综合在一起，可以研究中碳低合金高强钢的冷裂纹起源机制。着重模拟焊接接头的熔合区，测定其性能，观察、分析了熔合区中的相与成分的变化，认为 P、S、Si、Cr、Mo 等元素所形成的低熔点相，非金属夹杂物及碳化物等导致晶界附近出现微熔现象，不但降低了材料的塑性，还是焊缝中氢向 HAZ 扩散的有利通道，成为冷裂纹产生的根源。进而提出用焊后激光重熔方法改善熔合区附近组织，提高了接头的抗裂能力。

上述物理模拟技术原则上也适用于研究钛合金及铸铁的冷裂纹敏感性。在制订钛合金冷裂纹研究（以及接头脆性研究）的物理模拟参数时，注意钛的冷裂机理与高强钢并不完全相同。钢的冷裂是由于淬硬组织降低了材料的塑性储备，进而在氢的扩散、集聚和焊接残余应力共同作用下导致开裂；而钛合金的塑性储备降低，主要是由于生成 TiH_2 而引起。大量资料表明，钛比钢有高得多的吸氢能力。钛在 300℃以上就开始快速吸收氢，且在 β 钛中比在 α 钛中的溶解度高得多。因此在冷却过程中，将在 α 钛中析出细小点状或针状的化合物 TiH_2 的，严重降低接头的塑性储备。试验还表明，TIG 氩弧焊接厚度为 1～1.5 mm 的 TC4 钛合金时，接头中含氢量最高的部位在熔合线外侧 4～6 mm 处，用离子探针测定此部位含氢量为母材含氢量的 1.5 倍。因此，模拟循环的峰温不能像钢那样选在过热区，充氢试验的条件也应与钢有所不同。

利用物理模拟技术，还可以进行再热裂纹、层状撕裂以及应力腐蚀开裂的研究，由于篇幅所限，此处不再赘述，可参考文献《材料热加工领域的物理模拟技术》一书。

2　金属材料焊接性主要试验方法

上节介绍的焊接过程物理模拟技术虽然能用小试件快速、精确而有效地研究金属材料的焊接性，但那些试验都必须在专用且昂贵的热/力模拟试验机上进行。另外，物理模拟是一种间接性的试验方法，在我国广大工矿企业，直接性的焊接性试验方法还在广泛应用。

自 20 世纪 30～40 年代以来，随着不同材料、不同形式焊接结构的广泛应用，人们采用了许多简便且行之有效的焊接性试验方法，一些方法已被国际焊接界所公认或 IIW 所推荐。评价焊接性的试验方法是多种多样的，每一种试验方法都是从某一特定的角度来说明焊接性的某一方面。这里主要介绍几种最常用或最新的几种焊接性直接试验方法。

2.1　焊接性试验方法分类

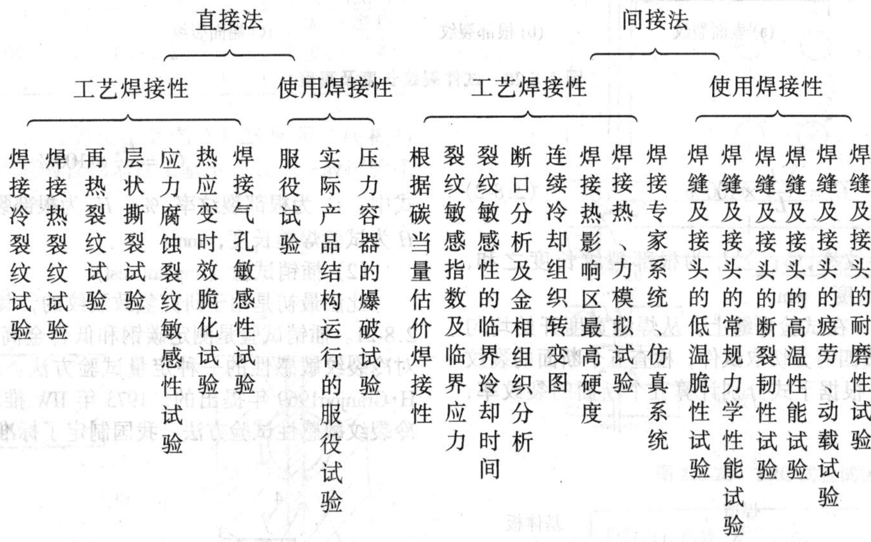

2.2　金属材料主要焊接性试验方法

2.2.1　冷裂纹敏感性试验方法

（1）斜 Y 坡口对接裂纹试验

该实验是应用最广泛也比较简便的一种冷裂纹敏感性试验方法，它主要适用于碳钢和低合金高强钢焊接热影响区的冷裂纹敏感性评定，后经改进称为“小铁研式”抗裂试验。我国已制定标准 GB4675.1—1984。

其试样尺寸如图 2.8-17 所示。试样厚度采用被试材料原厚度，如果坡口加工困难，也可以采用两块试样开好坡口后两端用焊接拼接，预留出试验焊缝坡口的方法制备试样。试验焊缝在焊接时用 ϕ4 mm 焊条，焊接电流为 160～180 A，电弧电压为 24～26 V，焊接速度 150 mm/min。根据试验目的，可以在不同温度下施焊。每次试验应焊 2 个试样。试验前先焊拘束焊缝，采用双面焊接，防止产生角变形及未焊透。焊前焊条要严格烘干。

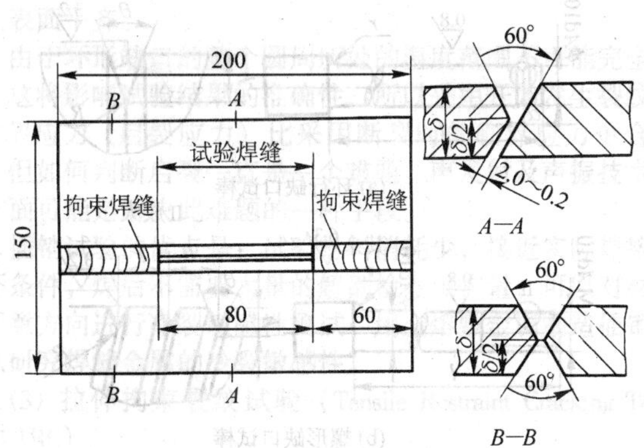

图 2.8-17　斜 Y 坡口对接裂纹试样

焊接试验焊缝时，若采用焊条电弧焊，按图 2.8-18 所示施焊；如果采用焊条自动装置进行焊接，按图 2.8-19 所示，均只焊一道焊缝。裂纹的深度、长度或深度按图 2.8-20 计算，若裂纹为曲线形状，则按直线长度计算，可用肉眼或放大镜检查出现的裂纹。

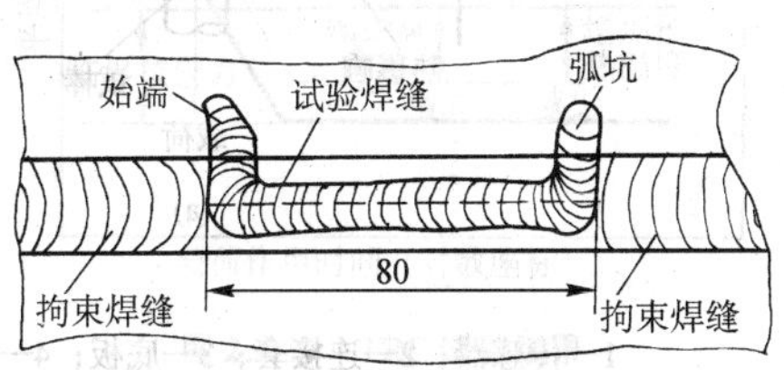

图 2.8-18　焊条电弧焊的试验焊缝

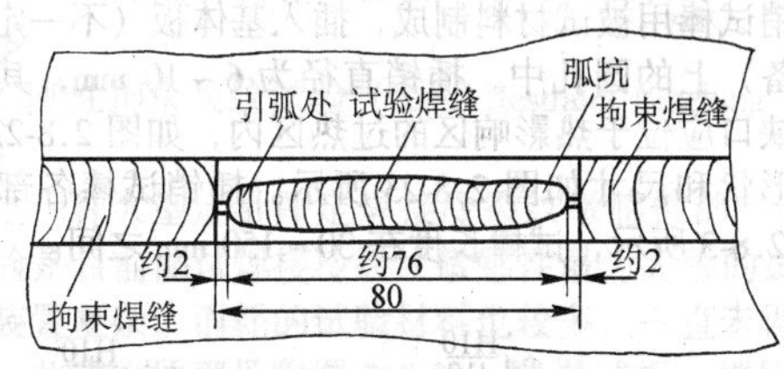

图 2.8-19　自动送进焊条的试验焊缝

由于有些延迟裂纹需经一定时间后才能出现，焊接后试样需要放置 48 h，然后再进行裂纹检测和解剖。表面裂纹可用放大镜观察或用磁力探伤检查。断面裂纹率要截取试样检查，要求看五个断面，但不计入弧坑裂纹。对于任何板厚，一律只焊一道焊缝，类似于实际生产中的单道焊或多层焊中的打底焊缝。由于在试样中产生的拘束作用很大，根部又有尖角，造成应力集中，这样冷裂纹敏感性是很大的，在斜 Y 坡口对接裂纹试验中的裂纹率只要小于 20%，一般认为在焊接实际结构时不会导致冷裂纹得出现。

表面、根部和断面裂纹率按下列方法计算：

1）表面裂纹率

$$C_f = \frac{\sum l_f}{L} \times 100\% \qquad (2.8\text{-}1)$$

式中，C_f 为表面裂纹率，%；$\sum l_f$ 为表面裂纹长度之和，mm；L 为试验焊缝长度，mm。

式中，E 为弹性模量，MPa；h 为试板厚度，mm；l 为拘束长度，mm。

试样焊缝处的拘束应力 σ_w 与拘束度有关：

$$\sigma_w = \frac{S}{h_w} \times R_F \tag{2.8-5}$$

式中，S 为收缩量，mm；h 为焊缝厚度，mm。

由以上两式可知，拘束长度 l 增大时，拘束度 R_F 变小，焊缝处拘束应力 σ_w 降低，产生裂纹所需的延迟时间就更长，实际试验符合此规律。当 l 达到一定限度后就不再发生裂纹，此时的拘束应力数值称为临界拘束应力，与之相对应的拘束度称为临界拘束度。这两个临界值可以作为评价裂纹敏感性的指标。

（5）CTS裂纹试验

可控热拘束，（Controlled Thermal Severity，简称CTS）称之为搭接接头焊接裂纹试验方法。此法用于低合金高强钢及低碳钢等的焊接性评定，对热影响区冷裂敏感性较好。我国制定了该试验方法的标准GB4675.2—1984。试样如图2.8-29所示。

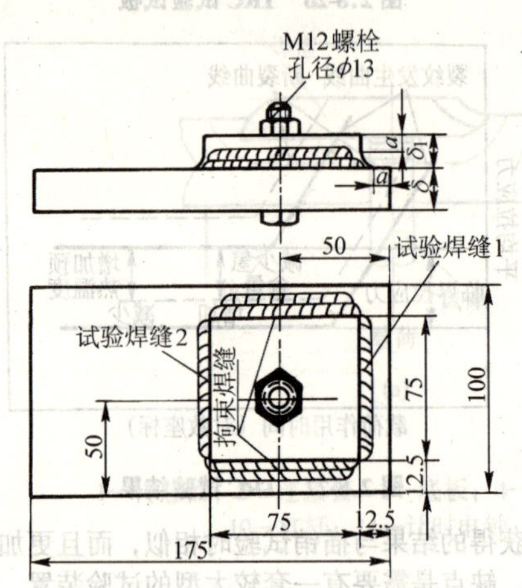

图 2.8-29　CTS 裂纹试验

$a > 1.5$；δ_1—上板厚度；δ_2—下板厚度

焊接前，应在上下板的端面、接触面及试验焊缝附近，清除铁锈、油污和氧化皮等。

试验时，先焊两侧的拘束焊缝，每侧需焊两道。然后待冷却到室温后焊接试验焊缝1，再次冷却到室温后焊接试验焊缝2。焊接工艺参数参考如下：焊条直径4 mm，焊接电流160～180 A，电弧电压22～26 V，焊接速度140～160 mm/min。焊后放置48 h，再沿 $N-N$，$M-M$，$L-L$、$X-X$ 线用机械方法切开，做磨片观察裂纹。如图2.8-30。

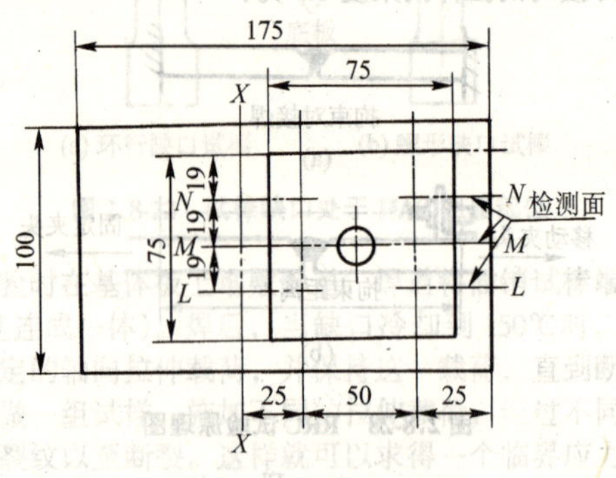

图 2.8-30　试件解剖尺寸

两块钢板之间以M12 mm螺栓预先固定。为了使每条焊缝都能在平焊位置进行，试件应放在绝热的支架上，以免影响冷却条件。

研磨和腐蚀处理试样的检测面，用10～100倍的显微镜检查有无裂纹，按图2.8-31测量裂纹长度，用公式计算上板和下板的裂纹率。

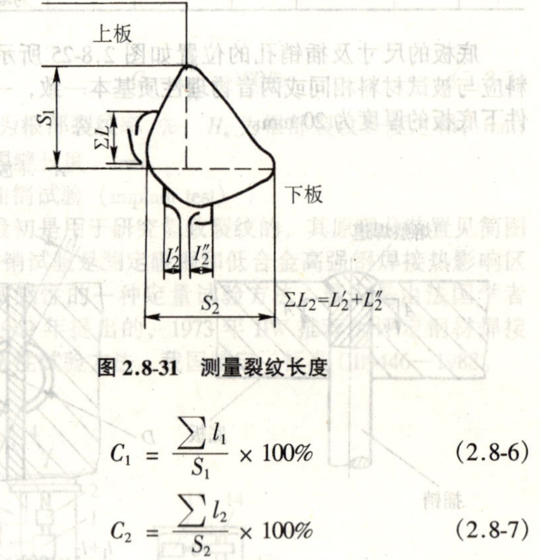

图 2.8-31　测量裂纹长度

$$C_1 = \frac{\sum l_1}{S_1} \times 100\% \tag{2.8-6}$$

$$C_2 = \frac{\sum l_2}{S_2} \times 100\% \tag{2.8-7}$$

式中，C_1、C_2 为上、下板的裂纹率，%；$\sum l_1$ 为上板的裂纹长度之和，mm；$\sum l_2$ 为下板的裂纹长度之和，mm；S_1 为上板试验焊缝脚高度，mm；S_2 为下板试验焊缝的焊脚高度，mm。

为了使冷却条件有较多的变化，可以通过热流方向数目或板厚的变化来实现，于是采用热拘束指数（Thermal Severity Number，简称TSN）作为评定指标。图2.8-32中试验焊缝1的热流方向数目为2，而试验焊缝2的热流方向数目为3。但为了更明确地表示出试样的几何形状，可以采用热拘束度指数TSN数来相对比较。假定以6.25 mm（1/4in）厚度为1条热流方向，规定其TSN数为1，上板厚度为 δ_1，下板厚度为 δ_2，则：

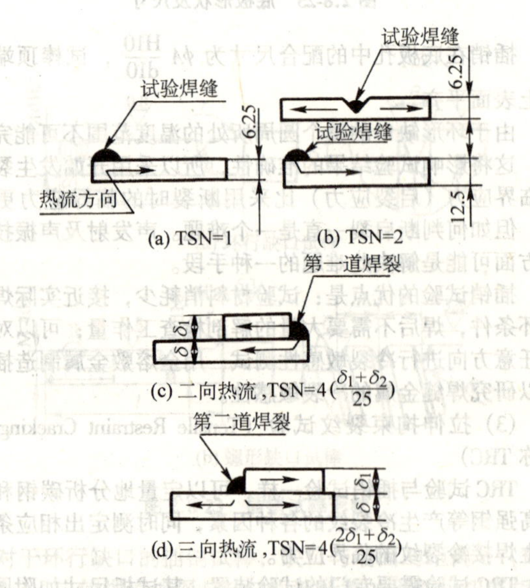

图 2.8-32　热拘束指数（TSN）的确定

第一条试验焊缝：

$$TSN = 4\left(\frac{\delta_1 + \delta_2}{25}\right) \quad (2.8\text{-}8)$$

第二条试验焊缝：

$$TSN = 4\left(\frac{2\delta_1 + \delta_2}{25}\right) \quad (2.8\text{-}9)$$

不同板厚试验时，TSN 值如表 2.8-4 所示。

表 2.8-4　CTS 试验不同板厚的 TSN 值

板　厚/mm		TSN 数	
上板 δ_1	下板 δ_2	试验焊缝 1	试验焊缝 2
6.25	6.25	2	3
12.5	12.5	4	6
25.4	25.4	8	12
50.8	5.08	16	24
6.25	12.5	3	5
6.25	25.4	5	9

在一定的冷却速度下能保持不产生裂纹的 TSN 数越高，则表明该钢材的抗冷裂性能越好。

(6) 焊接影响区（HAZ）最高硬度试验方法

此法是以热影响区最高硬度来相对地评价钢材冷裂倾向的试验方法，适用于手工电弧焊接。试件的形状和尺寸如图 2.8-33 和表 2.8-5 所示。我国已经制定了标准 GB4675.5—1984。

采用的试件的标准厚度为 20 mm，在板厚大于 20 mm 时，须要机械切削加工成 20 mm 厚，并保留一个轧制表面；板厚小于 20 mm 时，毋须加工。试件可采用气割下料。

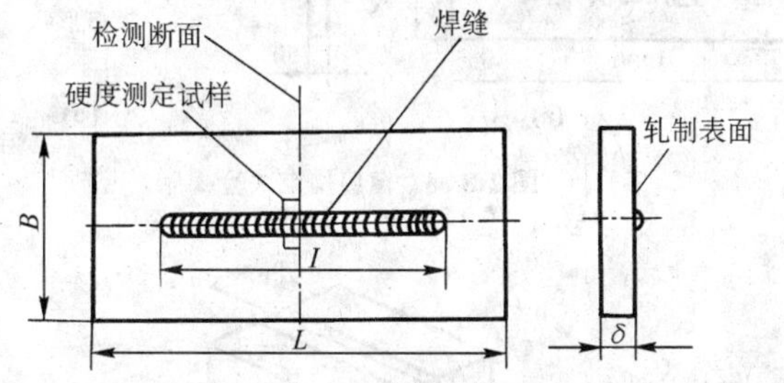

图 2.8-33　试件的尺寸及形状

表 2.8-5　试件尺寸

试件名称	L	B	I
1 号试件	200	75	125 ± 10
2 号试件	300	150	125 ± 10

试验前，应去除试件表面的水、油、铁锈及氧化皮等杂质污物，焊接规范为：焊条直径为 4 mm；焊接电流 170 ± 10 A，焊接速度为 150 ± 10 mm/min。焊接时，试件两端要被支撑起来处于架空状态，保证试件下面留有足够的空间。沿试件轧制表面的中心线焊出长 115 ~ 135 mm 的焊缝。1 号试件在室温下，2 号试件在预热温度下进行焊接。实验焊缝应在平焊或船型位置进行。

焊接后在静止的空气中自然冷却，不进行任何热处理。至少需要经过 12 h 才能制取供测量硬度的试样，取后要尽快测试硬度。按图 2.8-33 采用机械加工方法垂直切割焊缝的中部，在此断面上取硬度的测量试样，切割时，必须边冷却边加工以免焊接热影响区的硬度因断面温度的升高而降低。

硬度测试试样的检测面经研磨后，再腐蚀，按图 2.8-34 操作：划一条既切于融合线底部切点 O，又平行于试板轧制表面的直线，室温下在此直线上每隔 0.5 mm 进行载荷为 100 N的维氏硬度的评定，切点 O 及两侧各 7 个以上的点作为硬度的测定点。有关事项参见 GB/T 4340.1—1999《金属维氏硬度试验法》的规定。

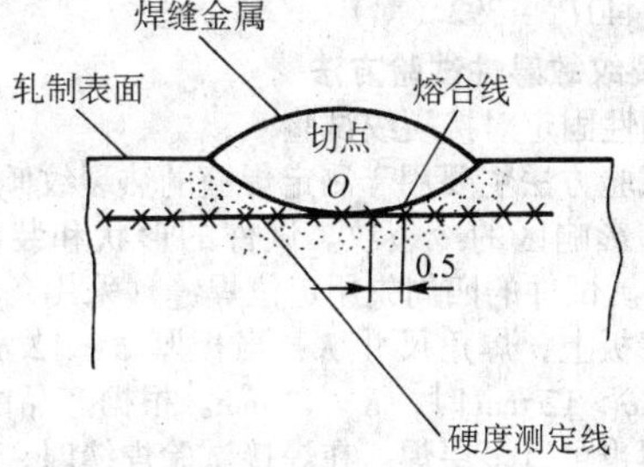

图 2.8-34　硬度的检测位置

(7) 碳当量间接估算法

金属的焊接性通常也采取一些间接预测方法。利用一些经验公式，根据材料化学成分估价冷裂纹敏感性。一般采用碳当量法。

钢材的化学成分对焊接热影响区的淬硬及冷裂倾向有着直接的关系，碳是各种元素中对冷裂影响最显著的元素，把钢中包括碳在内的合金元素对淬硬、冷裂及脆化等的影响折合成碳的相当含量，这就是“碳当量”定义，并用它来估计冷裂倾向大小，作为分析焊接性时的参考。

常见的碳当量计算公式如下：

国际焊接学会（IIW）推荐 $w\ (C)_{eq,IIW}$（%）：

$$w\ (C)_{eq,IIW} = C + \frac{Mn}{6} + \frac{Ni}{15} + \frac{Cu}{15} + \frac{Cr}{5} + \frac{Mo}{5} + \frac{V}{5} \quad (2.8\text{-}10)$$

日本 JIS 标准中采用 $w\ (C)_{eq,JIS}$：

$$w\ (C)_{eq,JIS} = C + \frac{Si}{24} + \frac{Mn}{6} + \frac{Ni}{40} + \frac{Cr}{5} + \frac{Mo}{4} + \frac{V}{14} \quad (2.8\text{-}11)$$

式（2.8-10）主要适用于中高强度的非调质低合金高强钢，式（2.8-11）主要适用于低合金高强钢。这两个公式可以作为焊接冷裂纹的判据，二式 $w\ (C)_{eq}$ 数值越大，钢材的淬硬倾向越大，热影响区越容易产生冷裂纹。

由于公式中包括的元素有限，在不同的合金系统中，各元素所起的作用又不同，各元素之间互相的影响也未考虑到公式中去，所以利用 C_{eq} 来估计冷裂倾向是粗略的。这种方法大多用于从理论上进行初步分析，用在其他试验方法之前。

冷裂还与焊缝含氢量及材料板厚有密切关系，可用焊接裂纹敏感指数 P_c（%）进一步修正。公式如下：

$$P_c = C_{eq} = C + \frac{Si}{30} + \frac{Mn}{20} + \frac{Cu}{20} + \frac{Ni}{60} + \frac{Cr}{20} + \frac{Mo}{15} + \frac{V}{10} + 5B + \frac{h}{600} + \frac{H}{60} \quad (2.8\text{-}12)$$

式中，h 为板厚，mm；H 为焊缝金属中扩散氢含量，mL/100 g。

式中适用范围（质量分数）：C 0.07% ~ 0.22%；Si 0 ~ 0.60%；Mn 0.40% ~ 1.40%；Cu 0 ~ 0.50%；Ni 0 ~ 1.20%；Cr 0 ~ 1.20%；Mo 0 ~ 0.70%；V 0 ~ 0.12%；Nb 0 ~ 0.04%；Ti 0 ~ 0.05%；B 0 ~ 0.005%；h = 19 ~ 50 mm；H = 1.0 ~ 5.ml/100g（急冷法），它适用于含碳量较低的钢。

考虑到拘束度 R_F [N/（mm·mm）] 的焊接裂纹敏感指数 P_w（%）公式如下：

$$P_w = C + \frac{Si}{30} + \frac{Mn}{20} + \frac{Cu}{20} + \frac{Ni}{60} + \frac{Cr}{20} + \frac{Mo}{15} + \frac{V}{10} + 5B + \frac{H}{60} + \frac{R_F}{40\,000} \quad (2.8\text{-}13)$$

这些判据主要是确定防止冷裂纹所需的预热温度、产生冷裂纹的临界应力和临界冷却时间等。

按 P_c 可以求出需要的预热温度 T_0：

$T_0 = 1\,440P_c - 392$（℃）

2.2.2 热裂纹敏感性试验方法

（1）刚性固定对接裂纹试验

这种试验方法主要用于测定焊缝的热裂纹倾向，也可以测定焊缝和影响区的冷裂纹。试件的形状和装配尺寸如图2.8-35所示。试件的四周先用定位焊缝（采用角焊缝）焊固在厚大的底板上，焊角尺寸 K：当板厚 $\delta \leqslant 12$ mm时，$K=\delta$；当板厚 $\delta > 12$ mm时，$K=12$ mm。根据产品的实际结构，可以单层焊也可以多层焊。在焊接试验焊缝时，焊缝由于承受严重的刚性拘束，故可用于测定焊缝金属的热裂敏感性。试验后试件在室温放置24 h后，先检查焊缝表面，然后从试样中切出两块横断焊缝的磨片，检查有无裂纹情况，以开裂与不裂为评定标准，每种条件焊2块试件。但实际焊接结构的拘束度的大小与试验条件有较大的差异，一般没有这么大，所以对试验结果应做必要的分析或修正。

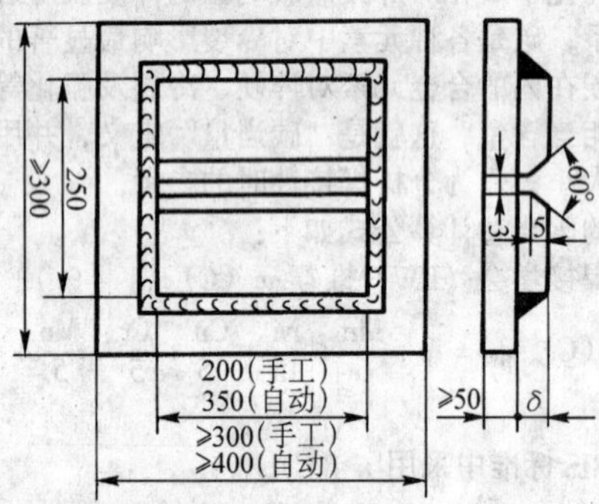

图2.8-35 刚性固定对接裂纹试验

（2）T形接头焊接裂纹试验法

该法主要评价碳素钢和低合金钢角焊缝的热裂纹敏感性，已制定了国家标准GB/T 4675.3—1984，试件的尺寸和形状见图2.8-36所示。

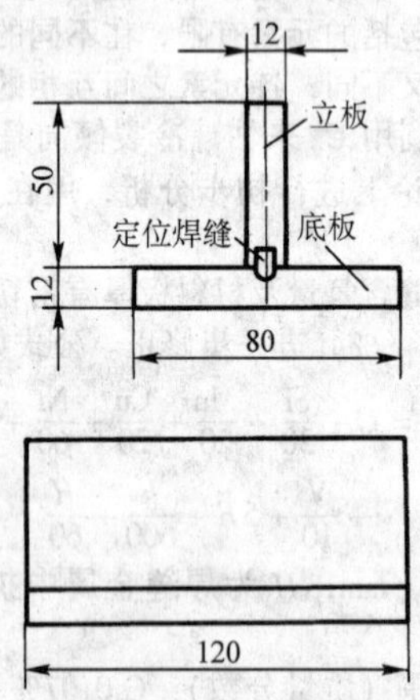

图2.8-36 试件尺寸及形状

试验时，在船形位置焊接拘束焊缝 S_1 和试验焊缝 S_2，底板与立板两端要用定位焊缝固定，如图2.8-37所示，两板应紧密接触。焊完拘束焊缝后，应立即相应焊一道试验焊缝，两者间隔时间不大于20 s，焊接方向相反。拘束焊缝 S_1 的平均厚度应比试验焊缝 S_2 大20%。

试件冷却后，用肉眼、放大镜、磁粉、渗透等方法检查试验焊缝 S_2 有无裂纹。出现裂纹时，测量出裂纹的长度，按照公式计算裂纹率：

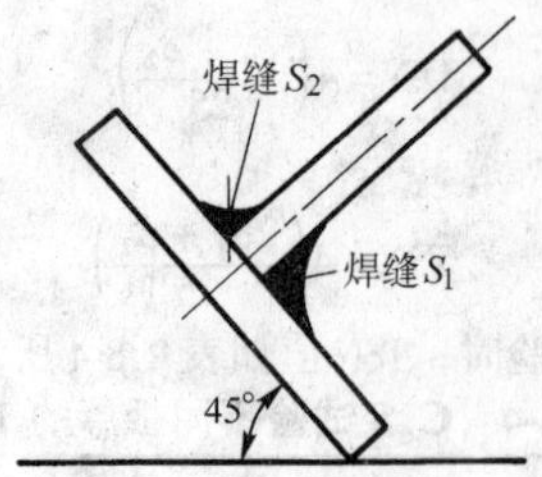

图2.8-37 试验焊缝的焊接位置

$$C = \frac{\sum L}{120} \times 100\% \tag{2.8-14}$$

式中，C 为表面裂纹率，%；$\sum L$ 为表面裂纹长度之和，mm。

（3）窗形拘束对接裂纹试验

试样装配如附图2.8-38a，是在厚度50 mm的大块底板（1.2 m×1.2 m）上开一“窗口”，将试样用角焊缝固定在底板上，试样及坡口尺寸如图2.8-38b。试验时用多层焊从两面填满坡口，焊后放置数日，割下试样，用X射线及磨片检查，磨片按图2.8-39制备，沿焊缝中心线纵向剖开，在纵断面上检查横向裂纹。

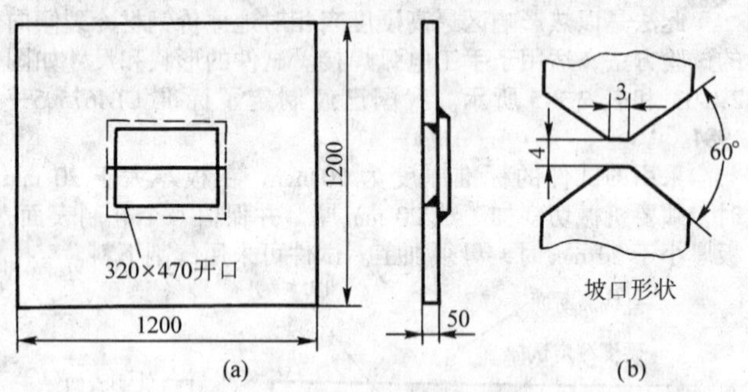

图2.8-38 窗口拘束试验

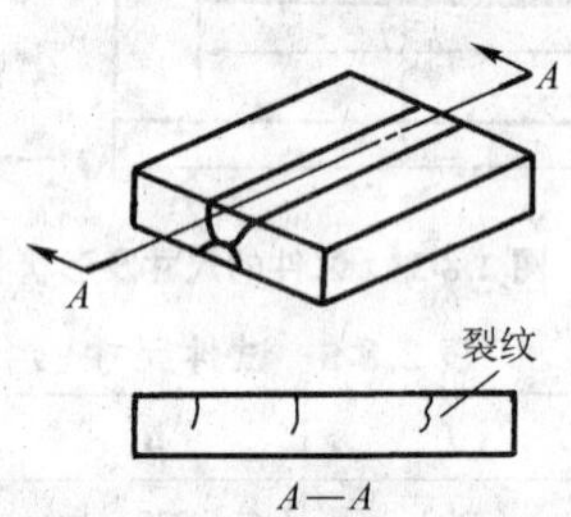

图2.8-39 试样解剖示意图

此法主要用于考核多层焊时焊缝的横向裂纹敏感性，以及为防止这类裂纹，选择适当的焊接材料和工艺条件。这种试验方法比较接近大型容器（如球罐）的实际焊接生产条件。

窗口尺寸为320 mm×470 mm，两块对接试板尺寸各为180 mm×500 mm。在割下试板后，底板还可重复使用。

（4）鱼骨状裂纹试验法

鱼骨状裂纹试验主要用于评定铝合金、镁合金和钛合金的薄板（1～3 mm）焊缝及热影响区的热裂纹敏感性。试验采用钨极氩弧焊（TIG），焊接电流为70～80 A，焊接速度为150～180 mm/min，试件的形状和尺寸如图2.8-40所示。焊接时用带有铜垫板的专用夹具，由A向B方向施焊。试件上每10 mm加工一不同深度的槽，从而造成试件长度方向的不同拘束度。裂纹发生后，测量焊缝或热影响区的裂纹长度（以5个试件的裂纹长度平均值确定），即可评定裂纹敏感性的大小。

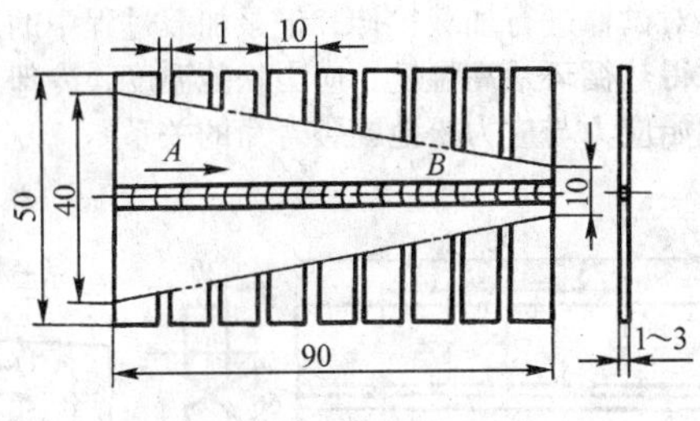

图 2.8-40　鱼骨状裂纹试件

(5) Varestraint 试验

可调拘束裂纹试验法（varestraint test），分为横向应变可调拘束抗裂试验（trans - varestraint）和纵向应变可调拘束抗裂试验（lengt - varestraint），这种方法主要用于碳钢、低合金钢、不锈钢、铝合金、铜合金等金属材料焊接热裂纹的敏感性（包括结晶裂纹、液化裂纹、高温失塑裂纹等）。

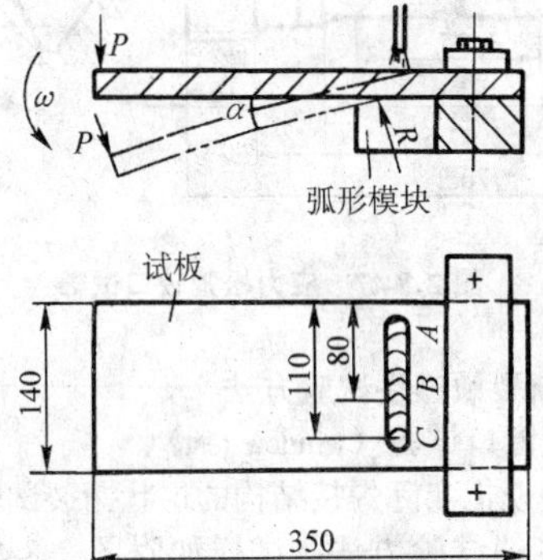

图 2.8-41　横向可调拘束裂纹试验装置

横向应变可调拘束裂纹试验装置如图 2.8-41 所示。将试板安装在曲率弧形模块上，用压板将试板压住，焊接由 A 点起到 C 点止，当电弧到达 B 点时，在试板端部（图中的左端）突然加上一个力 F，迫使试板与模块紧贴，这样就在试板的上表面造成一定的拉伸应变 ε：

$$\varepsilon = \frac{H}{2R} \times 100\% \tag{2.8-15}$$

式中，H 为试板厚度，mm；R 为模块的曲率半径，mm。

应变 ε 的大小可以通过更换不同曲率半径的模块来控制。当 ε 达到一定数值时，在 B 点焊缝表面就产生裂纹，这是在 B 点处焊缝金属结晶过程中产生的，所以属于热裂纹。评价热裂敏感性的指标可以是：产生裂纹的最小应变量（临界应变量）；最大裂纹长度；裂纹数量；裂纹长度总和等，其中以前两种为主要指标。利用此法可以方便地求得临界应变增长率，即 CST，CTS 是个准确、合理的评定指标。

纵向应变可调拘束裂纹试验装置如图 2.8-42 所示。

试验步骤与横向拘束裂纹试验相同。

(6) FISCO 试验法

FISCO 是指压板对接焊接裂纹试验法，我国制定了标准 GB4675.4 - 84。这是刚性固定裂纹试验的一种形式，对测定焊缝热裂敏感性较为灵敏。主要用于评定碳钢、低合金钢、奥氏体不锈钢焊条及焊缝的热裂纹敏感性。试验夹具及试板尺寸如附图 2.8-43，夹具刚度极大，用 14 只垂直方向螺栓和 4 只水平方向螺栓，分别以 3×10^5 N 和 6×10^5 N 的力压住和顶住试板。试板厚度 1 ~ 40 mm，坡口一般为 Y 形，或不开坡口。试验时在接头处焊上 3 ~ 4 条长度 40 或 50 mm 的单道焊缝，焊缝间距 5 mm（试验焊缝长度为 50 mm 时）；或焊缝间距为 10 mm（试验焊缝长度为 40 mm 时）。焊接后大约 10 分钟取下试件，待冷却至室温后，沿焊缝方向弯断试件，检查 4 条焊缝的表面裂纹，测量裂纹长度。裂纹率可用下式计算：

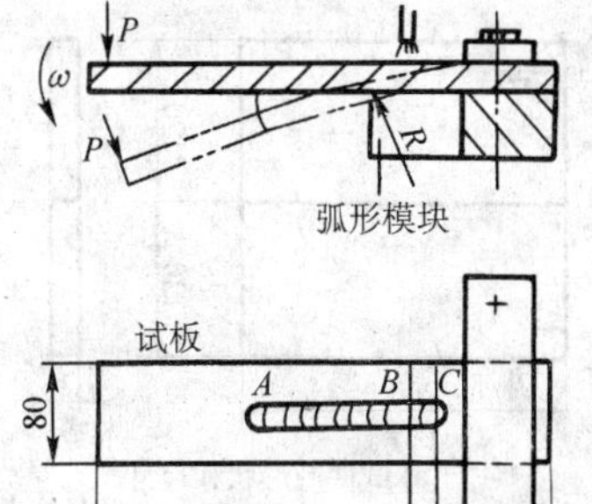

图 2.8-42　纵向可调拘束裂纹试验装置

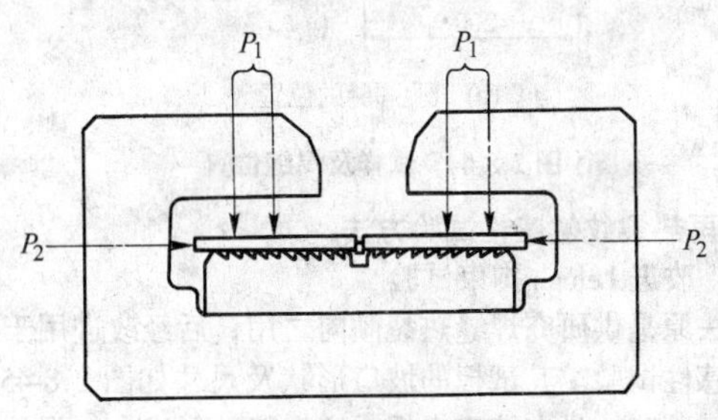

(a) 试验装置示意图

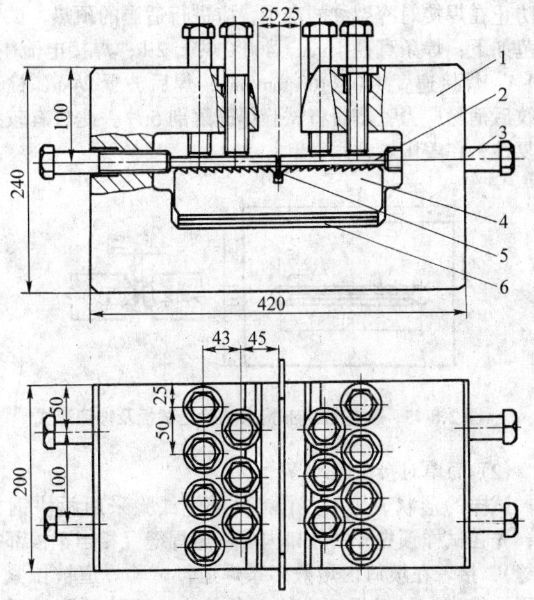

(b) 拘束框架装配图

图 2.8-43　FISCO 试验夹具图

1—C 形拘束框架；2—试件；3—紧固螺栓；4—齿形底座；5—塞片；6—调整板

$$C = \frac{\sum l}{\sum L} \times 100\% \tag{2.8-16}$$

式中，C 为表面裂纹率，%；$\sum l$ 为4条试验焊缝的裂纹长度之和，mm；$\sum L$ 为4条试验焊缝长度之和，mm。

装配间隙对裂纹率影响很大，间隙加大时裂纹率增高，为保证间隙准确可用一定的夹板安放在装配间隙中。开坡口、加大坡口、提高焊接电流都能提高试验的敏感性。

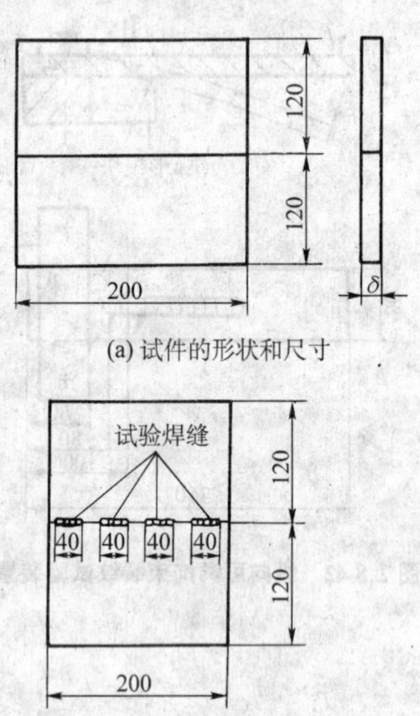

图2.8-44　试样及焊缝位置

2.2.3　再热裂纹敏感性试验方法

（1）改进 Lehigh 拘束试验

此法原是供研究焊缝热裂倾向之用，后经改进用于再热裂纹敏感性试验。其试板的坡口形状及尺寸如图2.8-45。再热裂纹试验时，是在坡口内焊一道焊缝，形成大的焊接残余应力，焊后进行消除应力热处理，最后用金相法检查裂纹。为防止在焊接时冷裂纹的产生，应进行适当的预热。试验时规范如下：焊条直径4 mm，400℃烘干2 h；焊接电流160～170 A；焊接速度140～160 mm/min，焊后放置24 h，检查无裂纹后消除应力，然后将试验焊缝解剖5片。此法有较好的重复性，在美国较常用。

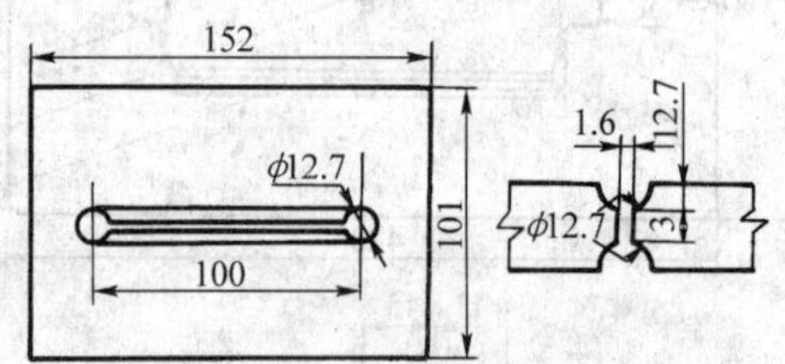

图2.8-45　改进 Lehigh 拘束试验之试板及坡口形式

（2）简单对接试验

试样的形状、尺寸见图2.8-46。试验采用两块钢板对接，先在试样预先开的坡口内焊一道焊缝（相当于根部打底焊缝），接着在坡口内熔敷多条焊道，试验焊道被拉紧，形成了拉伸应力。对焊缝进行着色检查，确认无裂纹后，以50℃/h的加热速度升温到600℃，保温3 h。按照 $A \sim E$ 截取5个试样，对断面都用金相法检查有无再热裂纹。

（3）缺口试棒应力松弛试验

试棒加工成如图2.8-47所示的尺寸和形状，在消除应力退火温度下加热，达到稳定的试验温度时，经过一定的模拟热循环对试棒进行加载拉伸，记录加载过程中的应力松弛情况，求得热循环最高温度、应力松弛温度、冷却速度、应力松弛起始应力与应力松弛断裂寿命的关系。

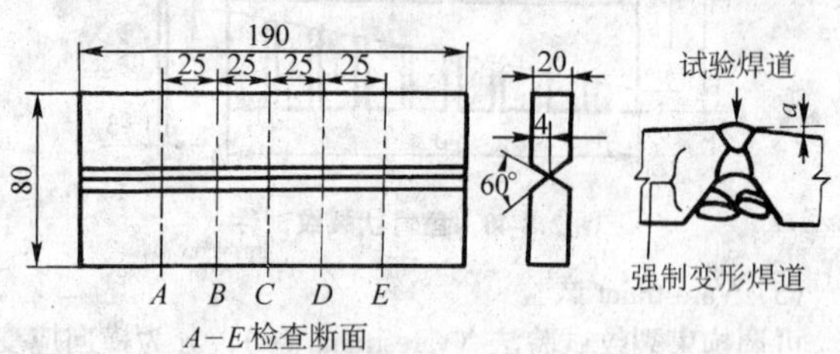

图2.8-46　简单对接试样

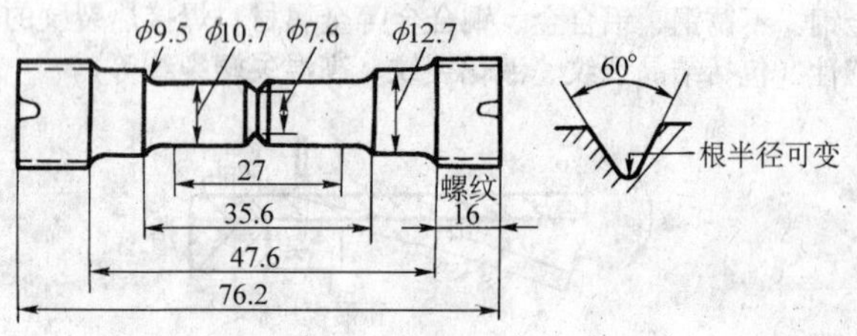

图2.8-47　应力松弛缺口试棒

2.2.4　层状撕裂敏感性试验方法

（1）Z 向窗口试验（window test）

这是一种模拟实际焊接结构的层状撕裂试验方法，也是一种应用较多的试验方法。试样如附图2.8-48a，在300×350×30 mm的拘束板中心开“窗口”，将150 mm×170 mm×20 mm的试验板插入此窗口，然后按附图2.8-48b中的顺序焊4条角焊缝，其中1、2为拘束焊缝，3、4为试验焊缝。如果试验板的厚度大于20 mm，应从板的一侧加工直到剩余厚度为20 mm，注意装配时应将原始未加工表面放在试验焊缝位置。焊后在室温下放置24 h以后再切取试样检查裂纹，可用各粗视磨片上层状撕裂长度总和 $\sum l$ 与焊缝厚度总和 $\sum L$ 之比来确定裂纹率，即：

$$C（裂纹率）=\frac{\sum l}{\sum L} \tag{2.8-17}$$

式中，$\sum l$ 为各截面上裂纹长度总和，mm；$\sum L$ 为各截面上焊缝厚度总和，mm。

此外，还可以采用不同强度级别的焊条、不同的预热温度和层间温度、控制含氢量等，将试验板的层状撕裂倾向划分为若干等级。

（2）Cranfield 试验

这是由英国 Cranfield 技术学院提出的用于评定层状撕裂敏感性的试验方法，应用也较多。试样如附图2.8-49，其中水平板为试验板，斜板上加工成一定的角度，以免在斜板上产生裂纹而影响试验结果。试验是根据焊道数量的多少和调整预热温度及层间温度来评价层状撕裂敏感性的。焊道数目增加或预热及层间温度降低时，层状撕裂的长度增大。如果裂纹极短，则可能不是由于夹杂物引起的而不属于层状撕裂问题。典型的试验方法是改变熔敷焊道数目、调整预热及层间温度以观察层状撕裂倾向，例如以预热及层间温度75℃或100℃熔敷15条焊道为标准，增加或减少熔敷焊道数日，寻求产生层状撕裂的临界焊道数目。

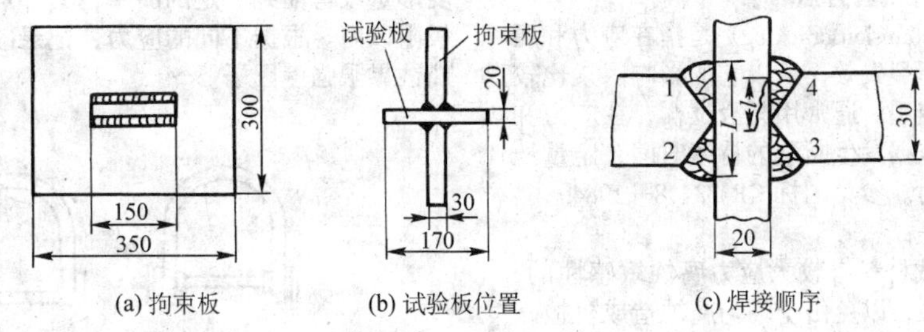

(a) 拘束板　(b) 试验板位置　(c) 焊接顺序

图 2.8-48　Z 向窗口试验

1、2—拘束焊缝；3、4—试验焊缝

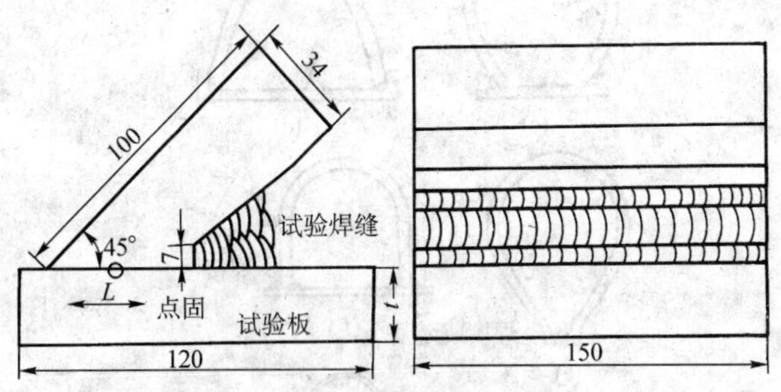

图 2.8-49　Cranfield 试样

(3) Z 向拉伸试验（Z - Tensile Test）

这是一种间接的试验方法。根据国际焊接学会的调查，发生层状撕裂的钢材与其 Z 向塑性、韧性、断面收缩率有关，断面收缩率 Ψ_Z 能很好地评定钢材的层状撕裂敏感性，可以做为评价层状撕裂敏感性的指标。Z 向拉伸试棒按照图 2.8-50 的步骤制备。拉伸试棒的直径大小对试验结果的影响较大，所以试棒直径不宜过小，当板厚不大时必须在接长之后制成拉伸试棒，拼接时应注意焊缝金属的强度必须略高于试验板材的强度，而且焊缝中不得有夹渣、未熔合等缺陷。对于 Ψ_Z 值并无统一的要求，但有些文献认为 $\Psi_Z > 25\%$ 一般不易产生层状撕裂，而 $\Psi_Z < 15\%$ 时则对层状撕裂敏感。目前我国尚未制定出抗层状撕裂的标准，暂时按日本的标准（WES1104—1980）进行评定，如表 2.8-6 所示。

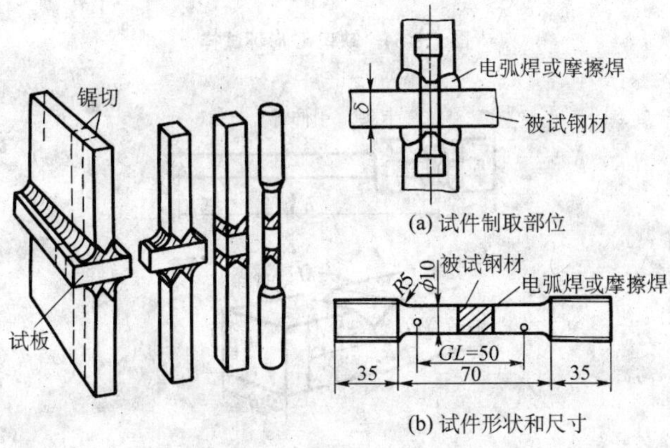

图 2.8-50　Z 向拉伸试棒的制备

如果条件允许，用电子束焊或摩擦焊进行拼接，工艺方便而且质量较好。

(4) 缺口拉伸试验（notched tensile test）

表 2.8-6　抗层状撕裂标准类别

级 别	w（S）/%	Z 向断面收缩率 ϕ/%	备 注
ZA 级	⩽0.01	未规定	⩾15%
ZB 级	⩽0.008	⩾15～20	一般
ZC 级	⩽0.006	⩾25	良好
ZD 级	⩽0.004	⩾30	优异

其试样如附图 2.8-51，每组为外形相同的两根试棒，其差别仅仅在于 ϕ10 mm 圆孔与 U 形缺口之间所构成的剪切面是平行于还是垂直于夹杂物的扁平方向，其中 LZ 试棒的剪切面平行于夹杂物，LC 试棒的剪切面垂直于夹杂物。显然，这两种试棒在拉断时的载荷是不一样的，LZ 试棒比 LC 试棒拉断载荷要小，层状撕裂敏感系数 α 就以这两个载荷的差别大小为依据：

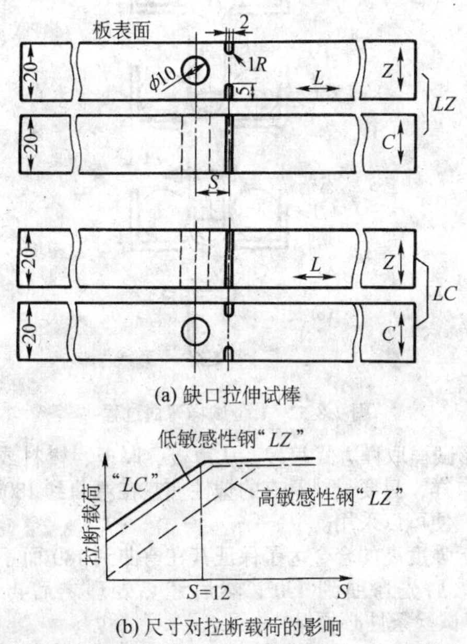

图 2.8-51　缺口拉伸试棒

$$\alpha = [(P_{LC} - P_{LZ}) / (\sigma_b \times A)] \times 100\% \quad (2.8\text{-}18)$$

式中，A 为试样截面积，mm^2；σ_b 为 L 向强度极限，MPa；P_{LC}为 LC 拉断载荷，N；P_{LZ}为 LZ 拉断载荷，N。

这种方法比较简便，说明了实际焊接时的层状撕裂倾向大小，但它忽略了焊接热循环和氢的影响。

2.2.5　应力腐蚀裂纹敏感性试验方法

应力腐蚀裂纹（stress corrosion cracking）是指在应力和腐蚀介质联合作用下引起的断裂失效，所以它的影响因素比较复杂，其试验方法也不甚定型。通常用光滑试样，在应力和腐蚀介质的共同作用下，依据发生断裂的持续时间，定量地评定材料抗应力腐蚀的能力。参见国标 GB4334.8—1984。

选择腐蚀介质的原则是：

腐蚀介质应该是对被试材料有较大应力腐蚀敏感性的，且不产生或少产生均匀腐蚀，以免由于均匀腐蚀造成机械破坏而影响试验结果；试验周期短；条件易于控制等。但是，快速应力腐蚀引起的裂纹往往与实际生产条件下的应力腐蚀裂纹的产生规律不尽相同，这就要求人们对两者之间的关系进行必要的分析。

实验室常用的腐蚀介质有：对铁素体和马氏体不锈钢用3.5%NaCl 溶液；对奥氏体不锈钢用沸腾的 42% $MgCl_2$ 溶液，或 25%NaCl + 0.5% $K_2Cr_2O_7$（200℃）。

试样形式主要采用以下两种。

1）U 形弯曲试样　将长条形状的薄片试样绕一定半径的轴弯曲 180°成 U 形，弯曲过程见图 2.8-52。但 U 形弯曲试样形式多样，有的弯曲大于或小于 180°（图 2.8-53），不过一般顶部弯曲变形都超过了材料的弹性极限，是在塑性变形状态下进行应力腐蚀试验的。试样也有一部分处于弹性变形状态，这种试验是除了带缺口或预制裂纹的试样以外最敏感的应力腐蚀裂纹试样，其缺点是不能准确计算应力和加工硬化，只能定性比较。

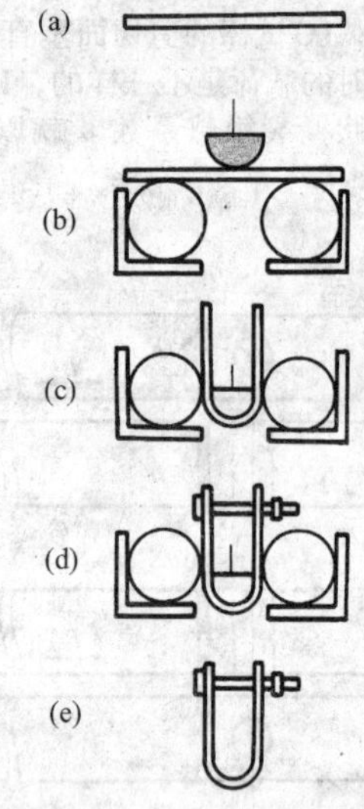

图 2.8-52　U 型试样弯曲过程

U 形试样取样方式很多，从薄板、厚板、棒料或焊件上均可以取样，只要材料具有的塑性使它在弯曲到 180°过程中不开裂，便可以采用。

对于强度高的合金为了保证其在弯曲到 180°而不裂，可以在退火后先弯曲到 150°，然后经热处理之后再弯曲到 180°，但试验条件必须保持一致。

2）缺口试样和预制裂纹试样　缺口 C 形环试样如图 2.8-54，其缺口根部为三轴应力点，应力可达塑性变形。缺口拉伸试样如图 2.8-55，应力集中系数可以通过改变缺口深度或圆角半径调节。预制裂纹试样见图 2.8-56，带有缺口或预制裂纹的试样可以模拟在焊接接头中存在裂纹时的应力腐蚀条件，试样一端固定于支柱内，另一端加上引伸臂，悬臂端部加载，对试样的加载可以是恒负荷法，也可以是恒应变法。恒载荷法如弹簧加载或悬挂一定重量等，一般外加载荷约为屈服强度的 75%～90%。恒应变法如将试样拉伸至一定变形量或弯曲到一定的曲率，其外加载荷一般也保持在比例极限以内。根据不同的应力，记录破断时间，即可求出应力腐蚀界限强度因子。

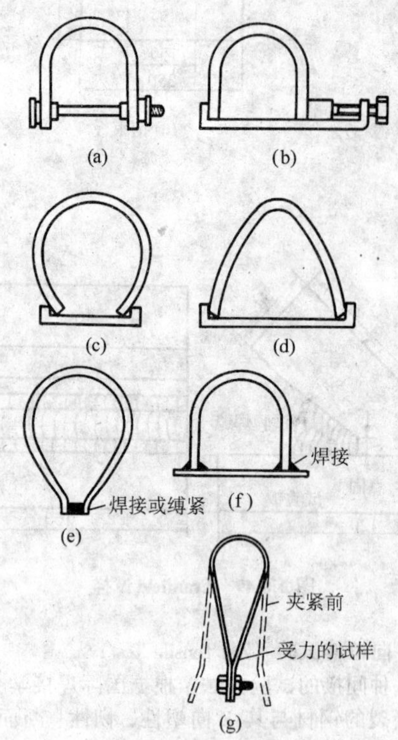

图 2.8-53　常用的 U 形试样

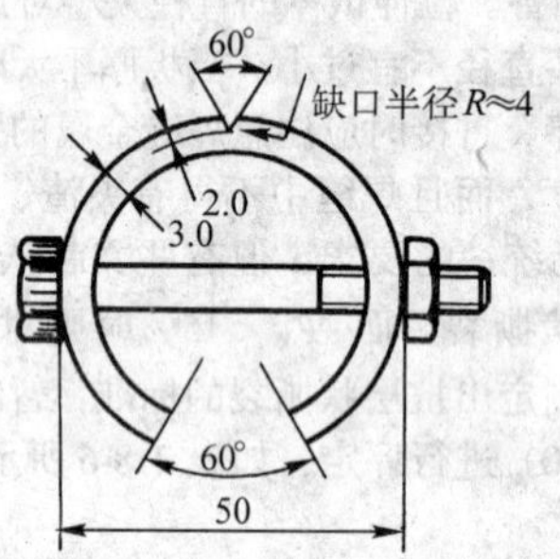

图 2.8-54　缺口 C 形环试样

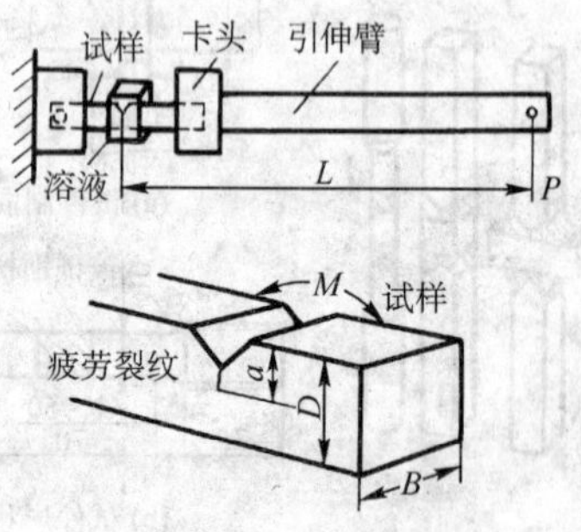

图 2.8-55　缺口拉伸试样

试样尺寸和计算方程式可用：

$$K_1 = \frac{4.12M\sqrt{\frac{1}{\alpha^3} - \alpha^3}}{BD^{3/2}}, \quad \alpha \equiv 1 - \frac{\alpha}{D} \qquad (2.8\text{-}19)$$

式中，$M = LP$ 为缺口截面上的弯曲力矩，N·mm；K_1 为平面应变应力强度因子，$MPa\cdot mm^{1/2}$；B 为试样宽度，mm；D 为试样厚度，mm；A 为裂纹深度，mm。

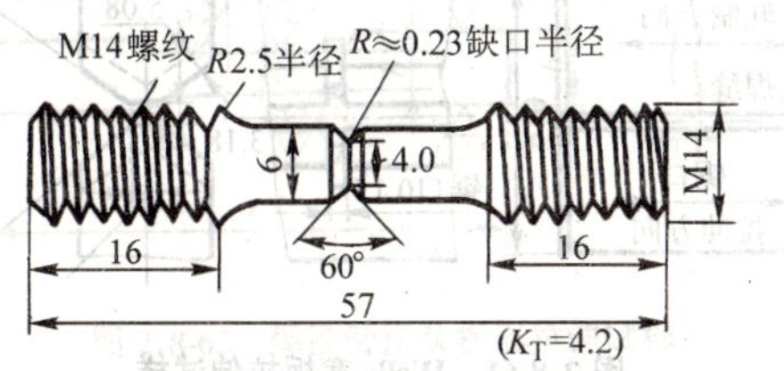

图 2.8-56　预制裂纹试样及其加载方法

试验时用适当的夹具将两臂间的宽度压缩 5 mm，放入沸腾的试验溶液中，每隔一定时间取出试样，观察开裂情况。试验时应控制温度、pH 值、接触面积、浸入溶液时间、干燥时间等。

材料的抗应力腐蚀能力可用下列一些方式表示：试样的寿命；应力—破断时间曲线；应力—孕育期曲线；应力—未破裂试样百分数曲线以及力学性能变化等。这些表示方法都各有其优缺点，要根据试验目的适当选定。

2.2.6　焊接接头抗脆性断裂性能试验

(1) 落锤试验

这是一种动载简支弯曲试验，图 2.8-57 为其原理示意图。用来测定材料无塑性转变温度，也称为零塑性转变温度（Nil Ductility Transition，简称 NDT），它表明当温度低于 NDT 温度时，材料断裂时没有延性，属于脆性断裂。我国已经制定 GB/T 6803—1984《铁素体钢无塑性转变温度落锤试验方法》。(注：这里所述的 NDT 与本章 1.3.2 节中提到 NDT 是两个不同的概念。1.3.2 中的 NDT 指的是金属在高温下的零塑性温度）。

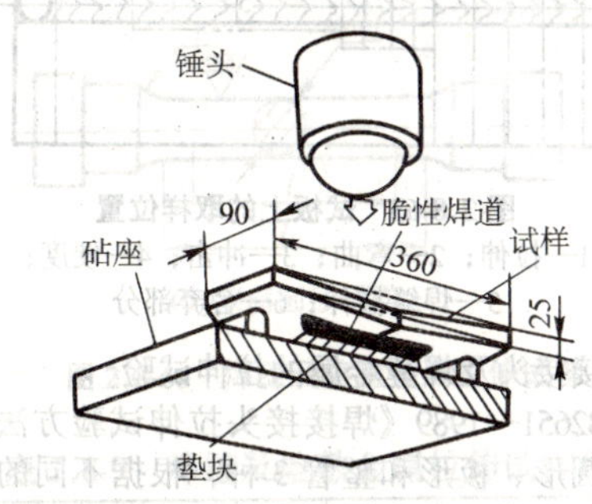

图 2.8-57　落锤试验示意图

试件的形状和尺寸见图 2.8-60，试样有三种尺寸，即 25 mm × 89 mm × 355 mm；19 mm × 51 mm × 127 mm 和 16 mm × 51 mm × 127 mm。试验前要在试样受拉表面中心，沿长度方向堆焊一条脆性焊道，焊道中央锯一缺口，然后把缺口向下放在砧座上。在不同温度下用落锤冲击，根据材料的屈服强度和板厚选定锤头重量、支座的跨距及试验的终止挠度，以此限定其变形量，如表 2.8-7 所示。

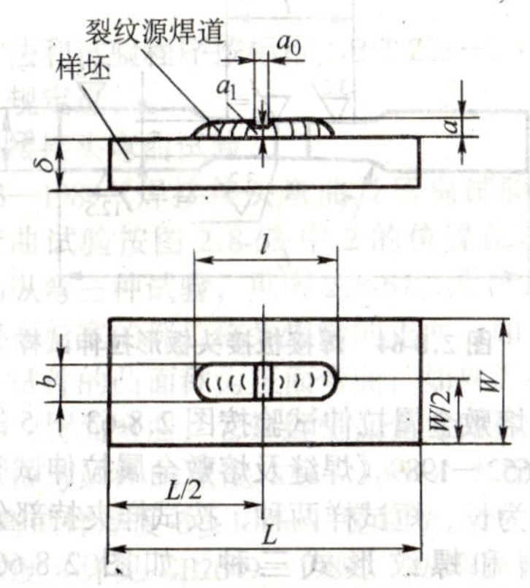

图 2.8-58　落锤试验的试样尺寸及形状

表 2.8-7　落锤试验试样尺寸　mm

名称		试样厚度 δ	试样宽度 W	试样长度 L	焊道长度 l	焊道宽度 b	焊道高度 A	缺口宽度 α_0	缺口高度 α_1
试验型号	P－1	25 ± 2.5	90 ± 2.0	360 ± 10	60 ~ 65	12 ~ 16	3.5~5.5	≤1.5	1.8~2.0
	P－2	20 ± 1.0	50 ± 1.0	130 ± 10	60 ~ 65	12 ~ 16	3.5~5.5	≤1.5	1.8~2.0
	P－3	16 ± 0.5	50 ± 1.0	130 ± 10	60 ~ 65	12 ~ 16	3.5~5.5	≤1.5	1.8~2.0

除了表中给出的板厚外，工程上使用的其他板厚的钢板可参见 GB/T 6803—1984 的附录 A。

通过落锤试验可以测出材料的无塑性温度 NDT，弹性断裂转变温度 FTE 和塑性断裂转变温度 FTP，它们的关系是：

FTE = NDT + 33℃　　　　FTP = NDT + 66℃

(2) 低温冲击试验

又称为 V 形缺口试验法。一般是在不同温度下对一系列试样进行冲击试验，确定脆性转变温度。脆性转变温度指金属材料随着温度降低，由韧性转变到脆性状态的温度（t_r）。它遵循以下三种准则：

1）韧性多以吸收能量的多少来评定，称为能量准则。通常采用冲击吸收功 A_{KV} 降低到 20 J 或 41 J 时的温度为脆性转变温度 VT_{r15} 或 VT_{r30}。还有的用最大冲击能量值的一半时的温度为脆性转变温度 VT_{rE}。实践证明，温度上升，打断试样所消耗的冲击能量也增加，能量的吸收主要取决于裂纹产生前和裂纹开始扩展时缺口根部的塑性变形大小，塑性变形越大，消耗冲击功就越多，见图 2.8-59a。

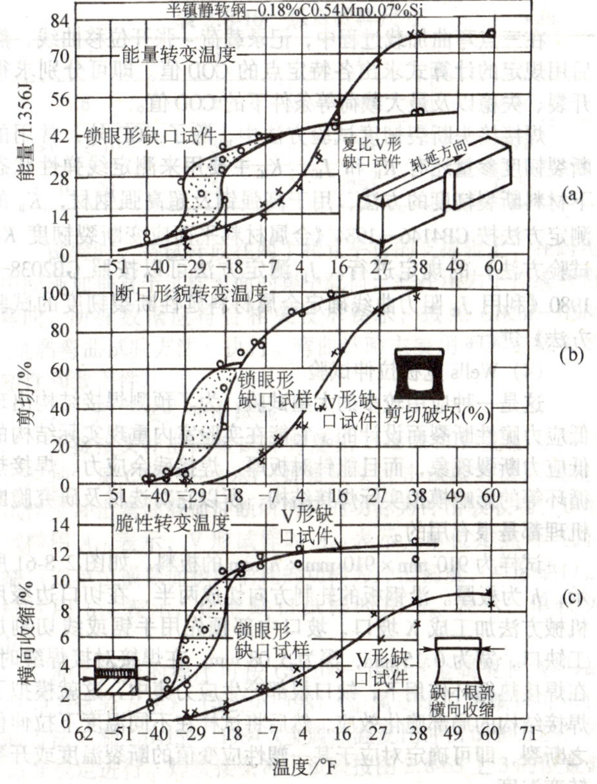

图 2.8-59　冲击试验评定脆性转变温度

（a）能量准则；（b）断口准则；（c）变形特征准则

2）脆性转变温度还可以用断口形貌来划分，称为断口准则。因为冲击试样的断口中包括低塑性的解理部分和高塑性的剪切部分，常可用纤维状断口占 50% 的温度作为脆性转变温度 VT_{rs}，见图 2.8-69（b）。

3）脆性转变温度也可以用 V 形缺口断裂后的变形程度来表示，称为变形特征准则。冲击试样缺口根部的横向收缩

示，并均保留焊缝表面。试样从接头拉伸样坯上沿焊缝横向截取。试样的制备、形式和尺寸、缺口方向都应该符合 GB/T 2650 的规定。

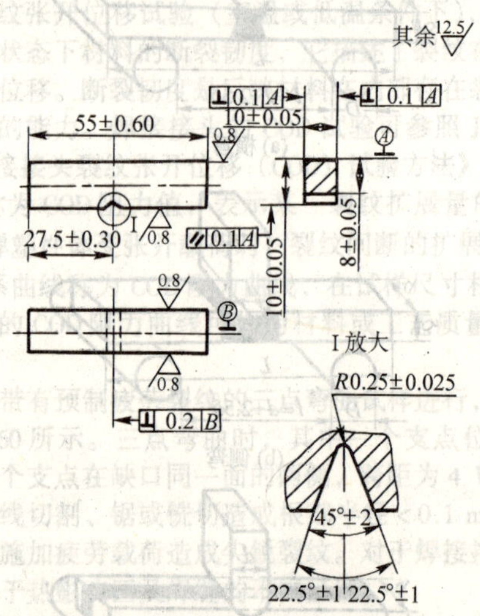

图 2.8-68 V形缺口冲击试样形状和尺寸

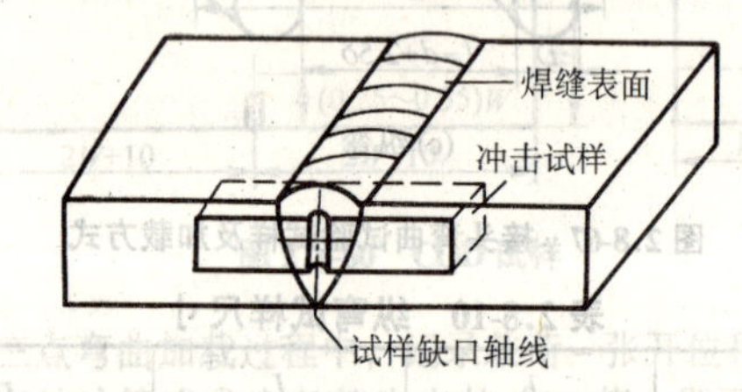

图 2.8-69 冲击试样的缺口方向

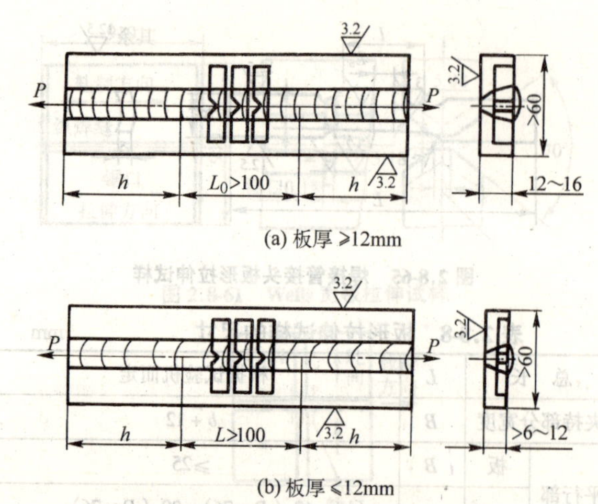

(a) 板厚 ≥12mm

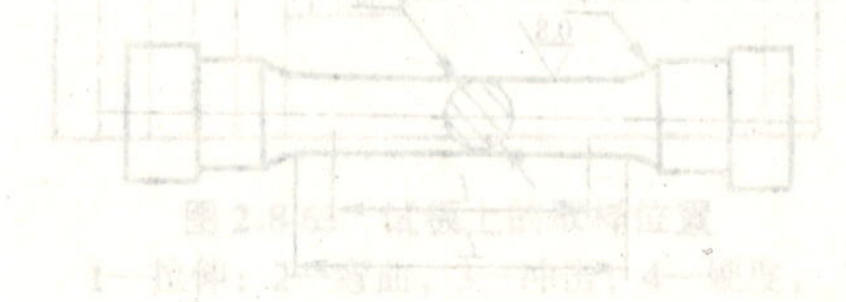

(b) 板厚 ≤12mm

图 2.8-70 焊接接头应变时效试验拉伸试样尺寸

L—试样部分长度；h—试样夹持部分长度

试验时，通常采用拉伸应变，将宽大于 60 mm、受试部分长度不小于 100 mm 的接头样坯进行拉伸。经过拉伸应变的样坯，进行人工时效，按 GB4160— 规定执行。

然后在拉伸试验上截取冲击试件。由 V 形缺口冲击试样得出的试验结果，应变时效冲击吸收功以 A_{KVS}表示，应变时效冲击韧度用 α_{KVS} 表示，应变时效敏感系数用 C_V 表示。由 U 型缺口冲击试样得出的试验结果，用 A_{KUS}、α_{KUS}、C_U 表示。根据相应的标准对试验结果进行评定。

编写：牛济泰（哈尔滨工业大学）

第 9 章　焊接应力与变形控制

由于焊接时高度集中的瞬时热输入，工件上的应力和变形会随时间发生很大的变化，最终在焊接结构中留下残余应力和变形。焊接残余应力和变形会严重影响制造过程和结构性能。焊接残余应力会导致在焊接接头中产生冷、热裂纹等缺陷，在一定条件下会对结构的断裂性能、疲劳强度和腐蚀抗力产生十分不利的影响；而且在机加工过程中释放的残余应力和相应的变形还会危及设计所要求的形状与尺寸公差；焊接变形带来的安装偏差和坡口间隙的增加，使制造过程更加困难。所以掌握焊接应力与变形的规律，了解它的作用与影响，采取措施控制甚至消除焊接残余应力和变形，对于焊接结构的完整性设计和制造工艺方法的选择以及运行中的安全评定等都是十分重要的。

1　焊接应力和变形的产生

1.1　焊接应力和变形的概念

焊接一般是局部加热过程，而且热源高度集中，所以温度分布不均匀并随着焊接过程而改变。在焊接热循环中，焊缝金属和接近焊缝的母材区域产生复杂应变和应力，出现塑性变形积累。焊接完成后，在焊件中保留残余应力，而且也会产生收缩和扭曲的变形。所以焊接应力和焊接变形紧密相关，它们相伴随而产生，共同存在于焊接构件中。

通常把没有外力作用而在物体内部依然存在并且自身保持平衡的应力叫做内应力。随焊接过程而发生变化的内应力和变形称为焊接瞬态应力与焊接瞬态变形；焊接后，冷却到室温时，残留在焊接构件中的内应力和变形称为焊接残余应力与焊接残余变形。焊接瞬态应力和焊接残余应力统称为焊接应力；焊接瞬态变形和焊接残余变形统称为焊接变形。

焊接应力和焊接变形按照不同情况有不同的分类方法，如表 2.9-1、表 2.9-2 和图 2.9-1 所示。

表 2.9-1　焊接应力的分类

分类依据	名　称	含　义
焊接应力生成机理	拘束应力	在工件受拘束条件下，焊缝收缩和焊接变形受到限制而产生的应力
	热应力	由于焊接加热不均匀，焊件各部位的热膨胀不一样所产生的应力
	相变应力	由于焊接热循环的作用，局部金属发生相变，体积发生变化而产生的应力
焊接应力发展阶段	瞬态应力	焊接过程中，不同时刻的内应力
	残余应力	焊接后，在室温下残留在构件中的内应力
焊接应力分布区域	宏观应力（第Ⅰ类内应力）	在较大的材料区域内（很多个晶粒范围）基本上是均衡的内应力场，能够用连续介质力学描述
	微观应力（第Ⅱ类内应力）	在材料的较小范围（一个晶粒或晶粒内的区域）内基本上是均衡的内应力，存在于晶粒之间
	超微观应力（第Ⅲ类内应力）	在极小的材料区域（几个原子间距）也是不均衡的内应力，存在于晶粒内部
焊接应力作用方向	单向应力（一维）	应力主要在焊件的一个方向上发生，焊接应力近似是单方向的
	双向应力（二维）	应力存在于焊件中一个平面内的不同方向上
	三向应力（三维）	焊接应力在焊件中沿空间三个方向上发生，如厚大焊件的对接焊缝及三个方向焊缝的交叉处
焊缝位置 直角坐标系	纵向应力	平行于焊缝方向的焊接应力；由于焊缝冷却纵向收缩引起，但在某些情况下有相反方向的相变应力叠加
	横向应力	垂直于焊缝方向的焊接应力；产生的直接原因是焊缝冷却的横向收缩，此外还有焊缝的纵向收缩、表面和内部不同的冷却过程以及可能叠加的相变应力
	厚度方向应力	工件板厚方向的焊接应力
焊缝位置 极坐标系	径向应力	半径方向的焊接应力
	切向应力	圆周方向的焊接应力
	轴向应力	垂直于圆周平面的焊接应力

注：在本章中，如不特别说明，焊接应力一般是指宏观焊接应力。

表 2.9-2　焊接变形的分类

分类依据	名　称	含　义
焊接过程瞬态热变形	面内位移	焊接过程中由于热胀冷缩而产生的板件平面内局部位移
	面外变形	由于热应力导致的板件平面外的失稳翘曲位移
	相变组织变形	焊接局部加热和冷却的过程导致金属发生相变，从而引起体积变化而产生的变形
焊后残余变形 面内变形	焊缝纵向收缩	焊件在平行于焊缝中心线方向的收缩变形（图 2.9-1a）
	焊缝横向收缩	焊件在垂直于焊缝中心线方向的收缩变形（图 2.9-1b）
	回转变形	在焊接过程中，由于热膨胀或收缩引起焊件的局部在焊板平面内转动，坡口间隙张开或闭合的变形（图 2.9-1c）
焊后残余变形 面外变形	角变形	在板厚方向由于焊缝不均匀的横向收缩，绕焊缝中心线发生角位移的变形（图 2.9-1d）
	弯曲变形	由于焊缝不均匀的收缩力矩使构件产生的弯曲变形（图 2.9-1e）
	扭曲变形	焊后在结构上产生的扭曲，常发生在框架、杆件或梁柱等刚性较大的构件上，因焊缝在长度方向角变形引起工件失稳扭曲（图 2.9-1f）

续表 2.9-2

分类依据		名　称	含　义
焊后残余变形	面外变形	失稳波浪变形*	薄板焊接时由于不均匀的加热和冷却，产生的压应力使构件失稳产生的波浪状的变形。这种变形的翘曲量一般均较大，而且同一构件的失稳变形形态可以有两种以上的稳定形式（图 2.9-1g，图 2.9-2）。

注：在同一焊接工艺条件下，板件的几何尺寸（宽长比 B/L 和厚度 h）决定着临界失稳压应力的大小。带有筋条和刚性框架的焊接壁板结构，失稳变形的挠度和工艺方法、构件刚度和尺寸、焊缝尺寸等有关（图 2.9-3）。

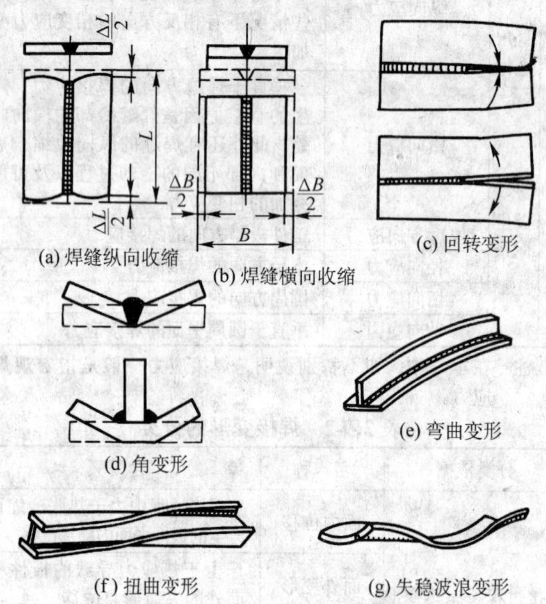

图 2.9-1　焊接残余变形的示意图

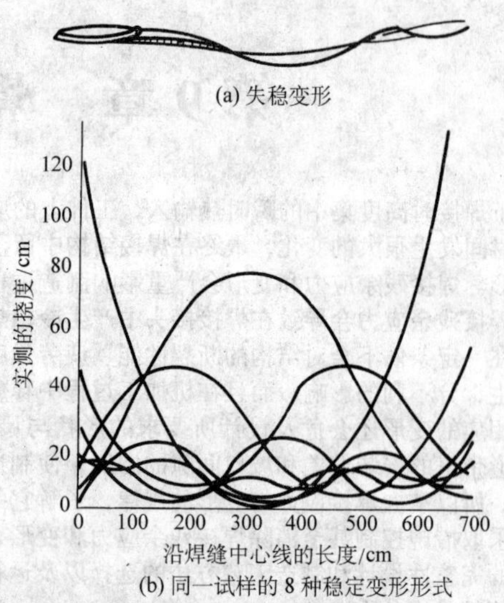

图 2.9-2　平板对接焊引起的失稳变形

1.2　焊接应力和变形产生的机理

焊接热输入引起材料不均匀局部加热，使焊缝区熔化；而与熔池毗邻的高温区材料的热膨胀则受到周围材料的限制，产生不均匀的压缩塑性变形；在冷却过程中，已经发生压缩塑性变形的这部分材料（如长焊缝的两侧）又受到周围条件的制约，而不能自由收缩，在不同程度上又被拉伸而卸载；与此同时，熔池凝固，金属冷却收缩时也产生相应的收缩拉应力与变形，产生不协调应变，焊接应力和变形就这样产生了。焊接残余应力是在焊接构件中形成的自身平衡的内应力场，另外，金属相变伴随的体积变化也会产生相变应力。

1.2.1　焊接产生的瞬时热应力

图 2.9-4 示出了焊接过程中的瞬时温度和应力的变化。图 2.9-4a 中，焊接电弧以速度 v 沿 x 轴方向移动形成焊缝，焊接电弧位于原点 O 处；图中的阴影区域 $M-M'$ 表示在焊接热循环中产生的塑性变形区，坐标原点 O 处的椭圆表示金属熔化区，阴影线以外的区域保持弹性状态。

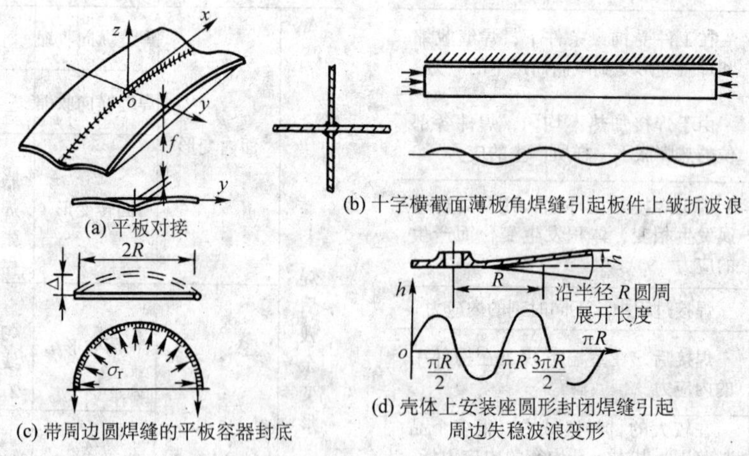

图 2.9-3　不同焊缝在薄板构件上引起的压曲失稳变形

图 2.9-4b 示出了几个截面上的温度分布，在焊接电弧之前的 $A-A$ 截面上，由于焊接引起的温度变化 ΔT 几乎为零。在焊接电弧所在的 $B-B$ 截面上，温度分布十分陡峭；在焊接电弧后一段距离的 $C-C$ 截面上，温度分布已趋向缓和。在远离焊接电弧的 $D-D$ 截面上，因焊接引起的温度变化又减少到接近于零。

图 2.9-4c 示出了这些截面上沿焊缝方向的纵向应力分布 σ_x。在二维应力场中同时存在着横向应力 σ_y 和剪应力

τ_{xy}。在 $A-A$ 截面上，因为温度较低，所以因焊接引起的热应力几乎等于 0。在 $B-B$ 截面上，熔化的金属不能承受外载，所以焊接电弧下面区域的应力接近于 0；这个截面上，近缝区的金属膨胀被周围温度较低的金属制约，因此产生压应力，这些区域的温度相当高，所以材料的屈服应力很低，产生的应力大致与相应温度下的屈服应力相等；在此截面上，随着离焊缝距离的增加或者温度的降低，压应力逐步达到极大值；在离焊缝更远的区域承受拉应力，焊缝附近区域的压应力相平衡。在 $C-C$ 截面上，焊缝金属及其附近区域的母材冷却收缩，形成接近焊缝区域的拉伸应力；随着离开焊缝距离的增加，应力先是变为压应力，然后又变成拉应力。在 $D-D$ 截面上，焊缝及其附近区域产生了很高的拉应力，离开焊缝较远的地方是压应力。

图 2.9-5 和图 2.9-6 是平板焊接的有限元分析结果，分别示出了焊接过程中纵向应力和横向应力的瞬时变化。

图 2.9-7 是对接熔化焊的模型，表示了在移动热源形成的准静态温度场中的熔化区、压缩塑性变形区和拉伸塑性变形区，也表示了热弹塑性应力应变的变化过程。在移动热源的某等温线范围内，由于高温屈服极限降低，材料处于几乎

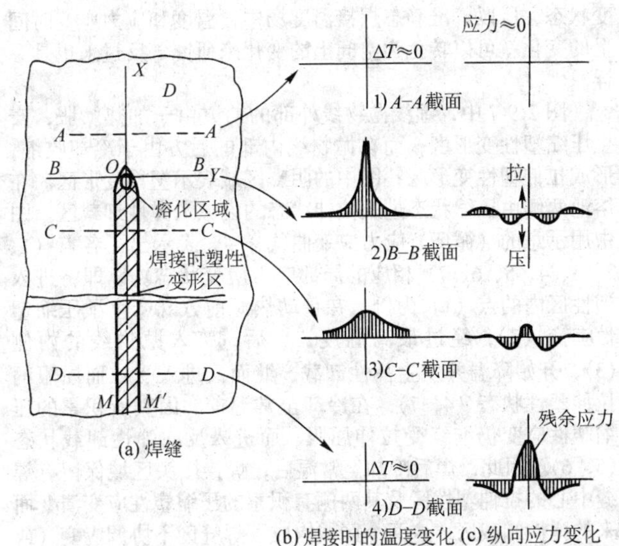

图 2.9-4　焊接时的瞬时温度和应力变化示意图

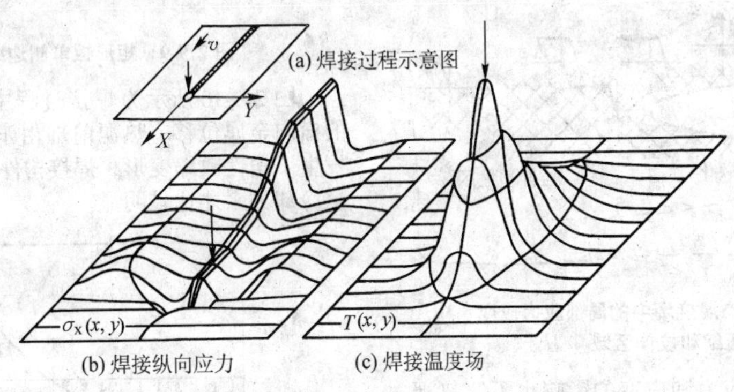

图 2.9-5　焊接过程中的温度和纵向应力变化

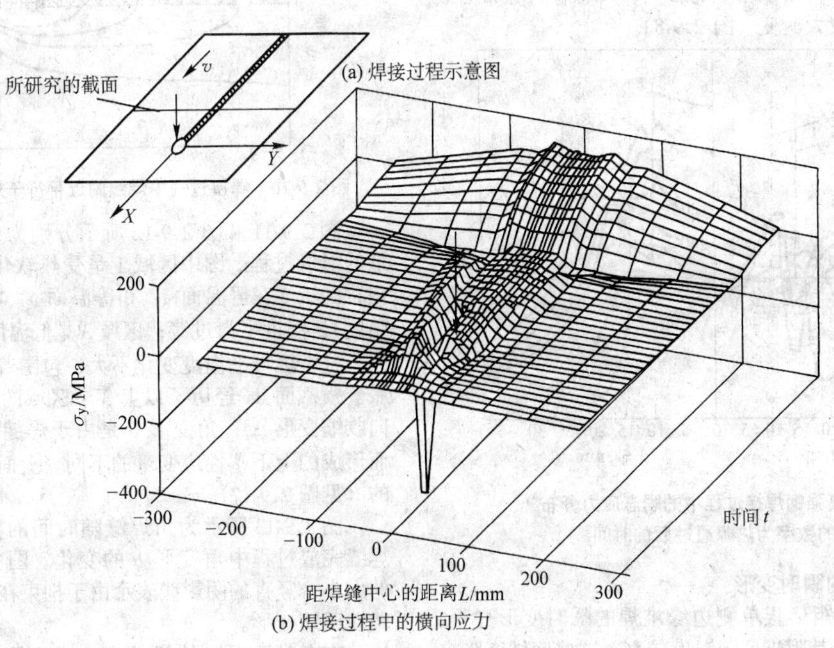

图 2.9-6　焊接过程中横向应力的变化

无应力状态（即“力学熔化区”），该区域用与坡口间隙相连的椭圆张开区表示。虚线表示的抛物线状曲线代表局部最大温度，也是热源经过后存在的升温区与降温区界限，抛物线外部温度逐渐升高，抛物线内部温度开始下降。在准静态温度场中，平行于焊接方向上各点的温度和应力应变状态，等效于其中的某个给定点在温度循环曲线上不同时刻的应力应

变状态，所以，准静态焊接温度场中，温度和应力应变时间上的变化就可以转化为空间上的变化来研究，反过来也是一样。

图2.9-7中，虚线抛物线外部的前方由于加热膨胀，产生压缩塑性变形区；而在抛物线内部的后方由于冷却收缩，形成拉伸塑性变形区；图中的阴影区域表示塑性变形区。在熔池两侧由压缩状态进入拉伸状态的区域为弹性卸载区。图中用示意的（循环）应力应变曲线 $\sigma-\varepsilon$ 表示出了各点（1、2、3、4、5、6、7）相应的局部应力应变状态。以即将进入塑性区内的点（1）为例，在移动热源前方既产生了压缩塑性应变（2），经过最高温度 T_{max} 后，跨入抛物线的内侧(3)，开始降温并发生弹性卸载，继而又进入受拉而屈服的拉伸塑性状态（4，7），在冷却至常温前，因其所积累的压缩塑性应变仍继续受拉伸屈服，而进入反向弹性卸载状态（5，6）。因此，焊后冷却至常温后，焊接接头区域保留有焊缝中心的拉伸塑性区及其两侧有积累的压缩塑性应变演变而来的弹性卸载区，这两个区域构成了焊缝区不协调应变（或称固有应变、初始应变）的分布范围。

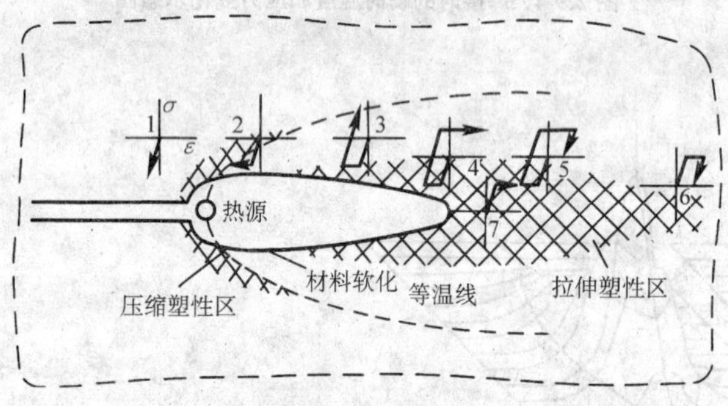

图2.9-7　移动热源准静态温度场中的局部应力应变循环及塑性压缩和拉伸区域

相变产生的体积变化对应力和应变的影响也不容忽视，例如在焊接高强钢时，由于相变的影响，瞬态应力分布曲线在相变区间会发生较大畸变（图2.9-8）。

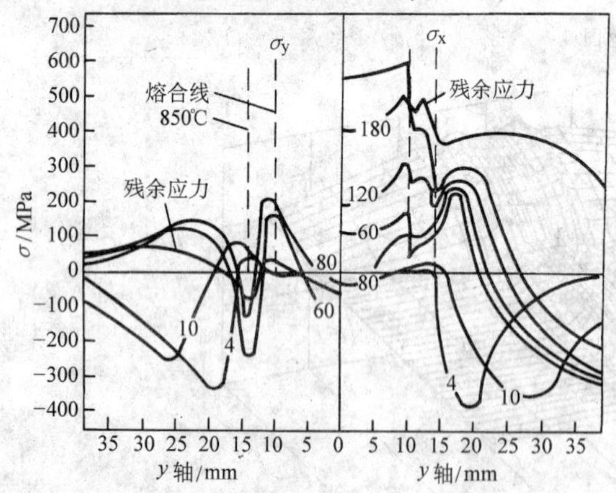

图2.9-8　高强钢焊接过程中的瞬态应力分布

（曲线上的数字为热源通过后的时间/s）

1.2.2　焊接中金属的瞬时变形

图2.9-9所示为矩形板单侧边缘堆焊的瞬时变形过程。因为在上边缘施焊，其附近区域温度较高，这些区域膨胀多于下表面附近的区域，所以引起板条中心向上位移 f，如图中的曲线 AB 所示。当焊接结束后，金属开始冷却，板条会向相反的方向变形。如果在整个加热冷却循环的过程中，板条所有区域都是完全弹性的，矩形板会如曲线 $AB'C'D'$ 所示变形，最后恢复到它的初始形状而没有残余变形；但是，因为实际焊接材料是钢、铝或钛等金属，所以不会发生这种情况。焊接实际材料时，焊接加热过程中，上边缘温度升高到熔点；所以上边缘区域温度很高，受热膨胀，而此时材料的屈服强度很低；受到下边缘区域温度较低、热膨胀较小部位金属的制约，上边缘附近区域会发生压缩塑性变形；在冷却过程中，板条在超过它最初形状（或水平线）后会继续变形；当冷却至初始温度时，最终会导致负向变形，如图中曲线 $ABCD$ 所示。

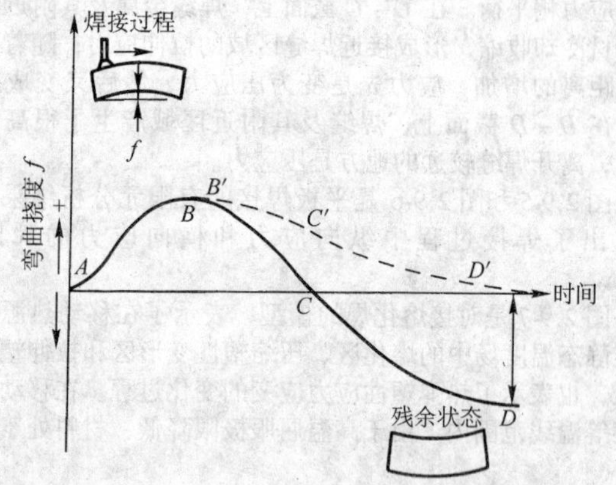

图2.9-9　矩形板单侧边缘堆焊过程中的变形

图2.9-10所示为焊接过程中焊缝附近平行于焊缝上点的横向金属位移，热源前部由于温度开始升高，受热膨胀，发生了塑性收缩变形，焊接构件的横向面内变形只有在其完全冷却下来才比较明显。

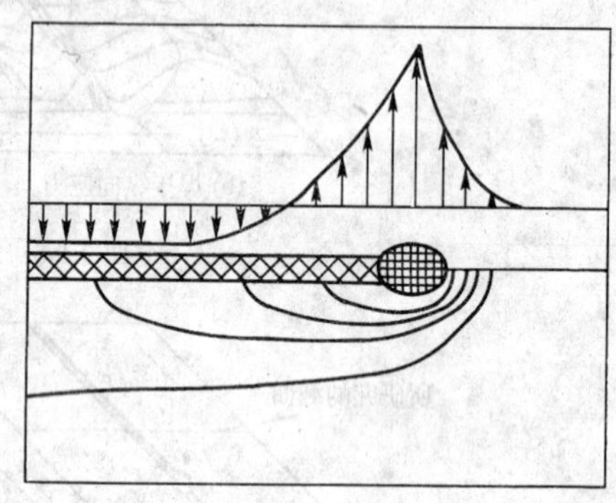

图2.9-10　焊接过程中焊缝附近平行于焊缝上点的横向位移

图2.9-11和图2.9-12所示分别为横向收缩变形和角变形的形成过程。图中区域1是受热软化区，在等温面 T^* 之内；区域2在等温面 T^* 和等温面 T_0 之间（其中 $T_0\approx$ 初始温度），温度平滑过渡；区域3是低温区域，在等温面 T_0 之外，这个区域的温度变化不大，包围着加热区域，限制其膨胀。横截面 dx 经历了以上3个区域的温度变化，产生了横向收缩变形 Δ_{tr}；角变形 b 是由于焊缝区的上、下表面温差而形成的上下塑性应变量的不同（上面大，下面小）而形成的（见图2.9-12）。

图2.9-13所示为角焊缝随时间的变化过程，表示出了焊缝完成过程中角变形 b 的变化。图中斜阴影线表示焊缝的大小，竖直的阴影线表示由于拘束在焊接加热部位产生的塑性压缩变形。

在有对接焊缝的板件中会产生回转变形，如图2.9-14所示。图2.9-14a、c中的箭头表示受力方向，图2.9-14b、d中的箭头表示位移趋势；图2.9-14a、c中同时示出了焊接等温线的形状。焊接过程中的回转变形与焊件长度和金属软化的等温线 T^*（对于低碳钢 T^* 大约为600℃）形状有关。在焊接速度较快、热输入较大的情况下（如埋弧焊），金属软化等温线沿焊缝方向较长，占到焊板长度的大部分（图 2.9-14c），靠近焊缝处板的边缘会有纵向膨胀的趋势，使接头的未焊部分张开（图 2.9-14d）。在焊接速度较慢、热输入较小的情况下（如焊条电弧焊），金属软化等温线沿焊缝方向相对较短、围成近似的圆形（图 2.9-14a），受热金属在各个方向上的膨胀比较均匀，但是热源后面的金属已经凝固并且开始冷却收缩，共同作用的结果使得接头未焊部分靠拢（图 2.9-14b），这种现象也会在板件中间停焊时出现。

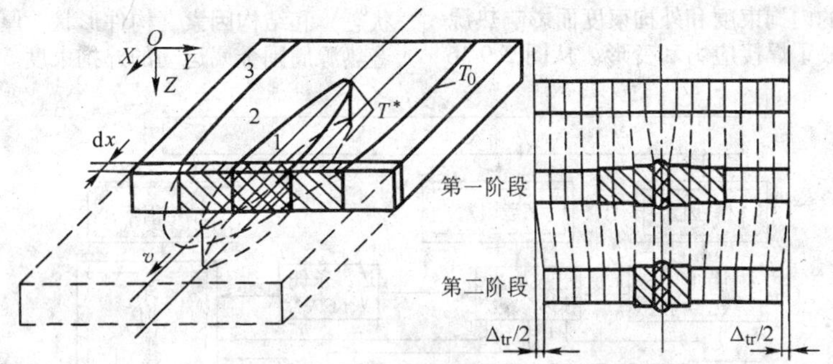

图 2.9-11 焊缝横向收缩变形的形成过程；第 1 阶段：热源刚刚经过截面 dx；第 2 阶段：冷却至初始温度以后

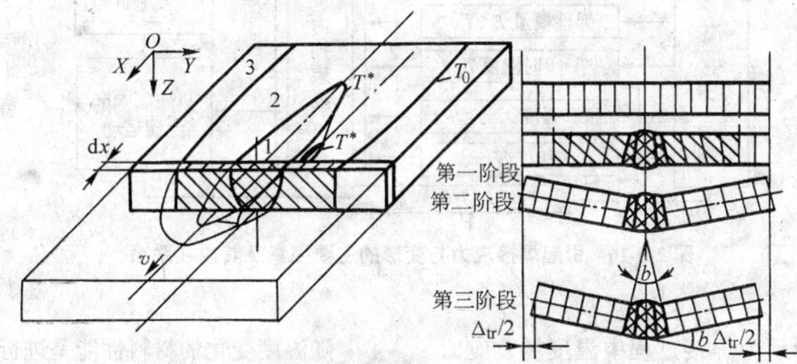

图 2.9-12 角变形的形成过程；第 1 阶段：焊接热源刚刚经过 dx；第 2 阶段：在板厚方向上温度梯度衰减以后；第 3 阶段：完全冷却以后

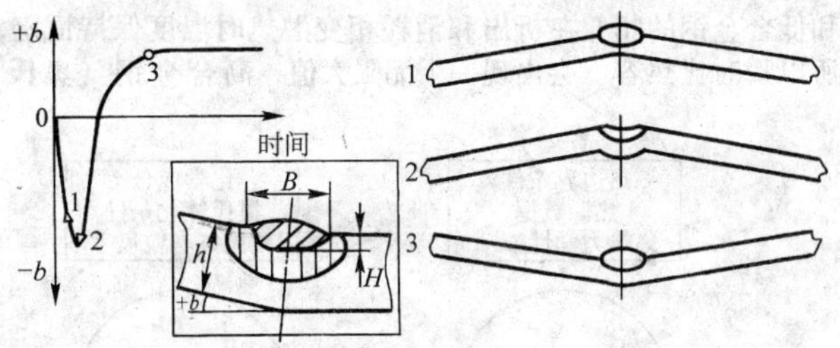

图 2.9-13 焊接过程中角变形随时间的变化

H—焊缝深度；B—焊缝宽度

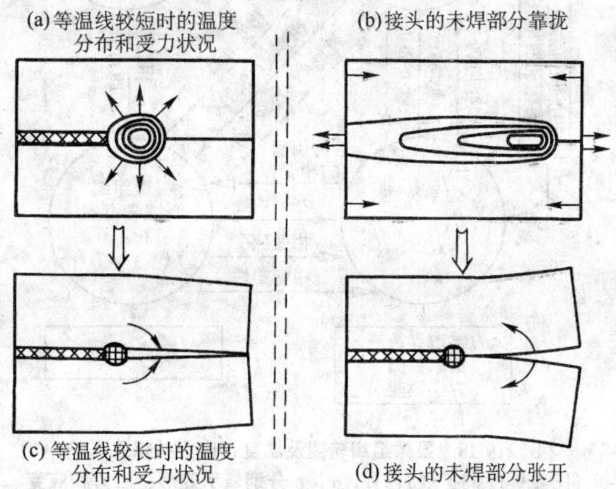

图 2.9-14 对接焊缝回转变形的形成示意图

相变过程对瞬时变形的影响也不容忽视。图 2.9-15 所示为两块板条的拼焊。图 2.9-15a 中，热源前方坡口张开，这是由于热源前方高温区内材料（纵向）膨胀引起的瞬态变形；除此之外，热源后面的不均匀收缩也是坡口对接处瞬态面内弯曲变形的原因；所以焊接开始时的弯曲变形方向与焊接结束时的残余变形（冷却至室温）方向相反。图 2.9-15b 所示为在结构钢对接焊时坡口处的瞬态面内弯曲变形，它受到热源后面相变应变的双重影响；在加热阶段（Ac_3 和 Ac_1 等温线之间）的相变 γ→α 伴随金属体积缩小，在这一部位冷却阶段的相变 γ→α（阴影线画出）伴随体积膨胀；于是，在长焊缝的起始阶段，使间隙闭合，而后，使坡口间隙趋于张开。在电渣焊中，这类瞬态变形会导致焊接熔池宽度变化大，而使过程中断。

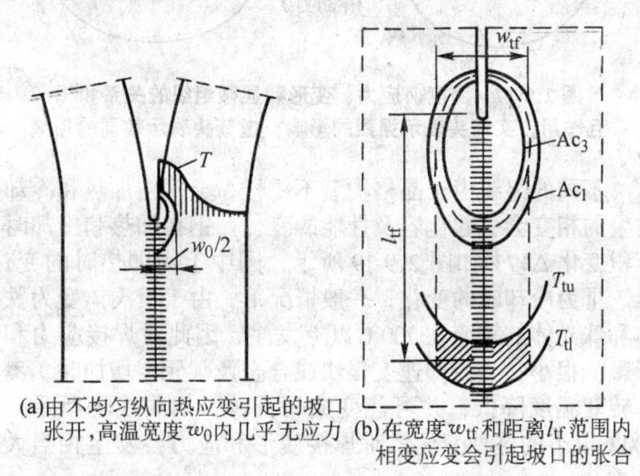

图 2.9-15 焊接时坡口的面内移动

1.3 影响焊接应力和变形的因素

图 2.9-16 所示为引起焊接变形和应力的主要因素及其内在联系。焊接时的不均匀热输入（图 2.9-16 的上部）是产生焊接应力与变形的决定因素。热输入是通过材料因素、制造因素和结构因素所构成的内拘束度和外拘束度而影响热源周围的金属运动，最终形成了焊接应力和变形。从图 2.9-16 的左侧可见，材料因素主要包含有材料特性、热物理常数及力学性能［热膨胀系数$\alpha = f(T)$，弹性模量$E = f(T)$，屈服强度$\sigma_s = f(T)$，$\sigma_s = f(T) \approx 0$ 的温度 T_K 或称“力学熔化温度”以及相变等］；在焊接温度场中，这些特性呈现出决定热源周围金属运动的内拘束度。制造因素（工艺措施、夹持状态）和结构因素（构件形状、厚度及刚度）则更多地影响着热源周围金属运动的外拘束度。

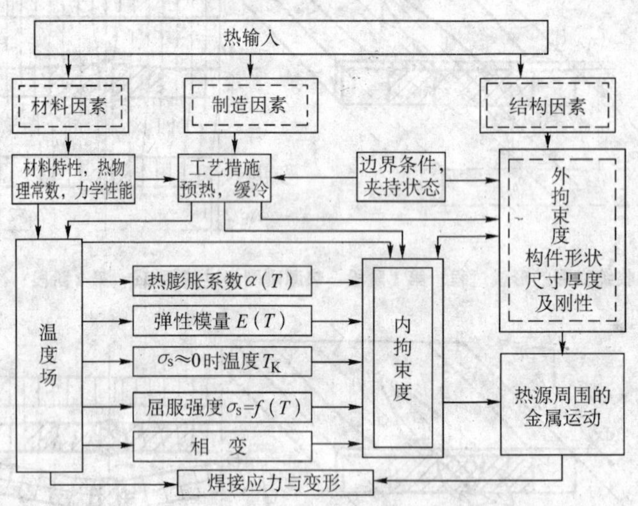

图 2.9-16 引起焊接应力与变形的主要因素及其内在联系

图 2.9-17 和图 2.9-18 所示为焊接过程中温度场、应力和变形场以及显微组织场的相互作用，图 2.9-18 强调了相变行为的影响。它们之间的关系是焊接残余应力和焊接变形数值分析的依据。图 2.9-17 中，实箭头表示强烈的影响；虚箭头表示较弱的影响（经常在工程上可忽略其关联）。图 2.9-18 显示了有限元分析中基本的输入和输出参数，注意硬度决不是表征焊接性的唯一的也不是最重要的参数，但它是能够根据相变行为直接确定的参数。

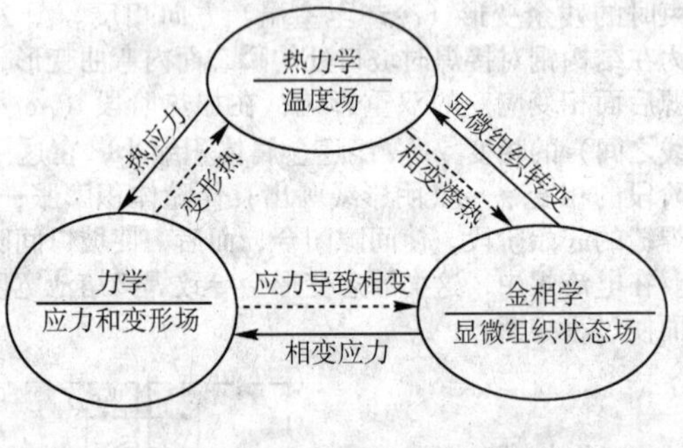

图 2.9-17 温度、应力、变形和显微组织的关系和相互作用；实箭头表示强烈的影响；虚箭头表示较弱的影响

不同的组织由于晶格类型不一样，金属在加热和冷却时发生的相变会引起比容及性能的变化。钢在加热和冷却时的容积变化 $\Delta V/V$ 如图 2.9-19 所示，图中Ⅰ为加热时的变化，Ⅱ、Ⅲ为冷却时的变化；一般情况下，由于奥氏体变为铁素体和珠光体的转变在 700℃以上发生，因此对焊接应力和变形影响很小；当冷却速度很快或合金及碳元素增加时，奥氏体转变温度降低，并可能变成马氏体，如曲线Ⅲ所示，在 700℃以下的这种变化，对焊接变形和应力会发生相当大的影响。

随温度变化的材料性能是进行焊接过程热应力和变形分析和计算的基础。图 2.9-20～图 2.9-25 所示为钢的材料性能随温度的变化。热导率和热扩散率在给定的温度下随合金元素的含量增加而降低（图 2.9-20）。软钢（铁素体或共析体）和低合金钢的相变在析出和消耗相变潜热时温度保持恒定，所以瞬时比热容 c 会出现一个无限大值；高合金钢（奥氏

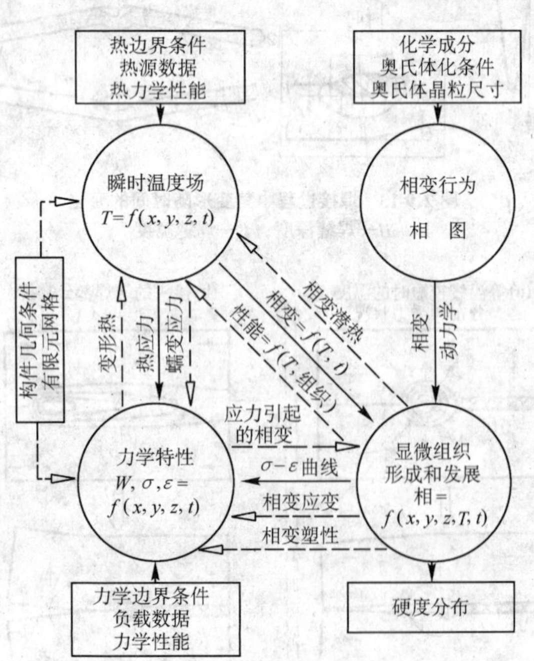

图 2.9-18 显微组织转变及温度、应力的相互影响（图 2.9-17 的扩展）；***W*，*σ*，*ε* 分别表示变形、应力和应变**

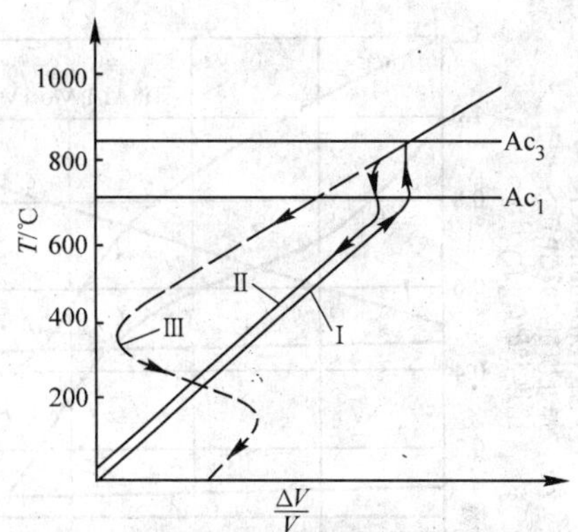

图 2.9-19　钢加热和冷却时的膨胀和收缩过程示意图；Ⅰ加热；Ⅱ、Ⅲ冷却

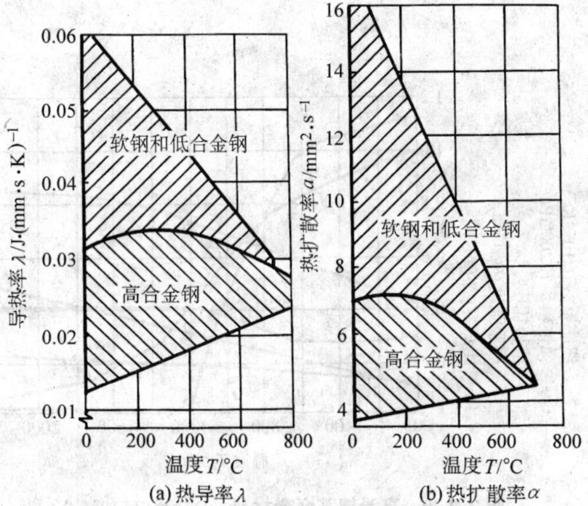

图 2.9-20　钢的热导率 λ 和热扩散率 α 随温度的变化范围

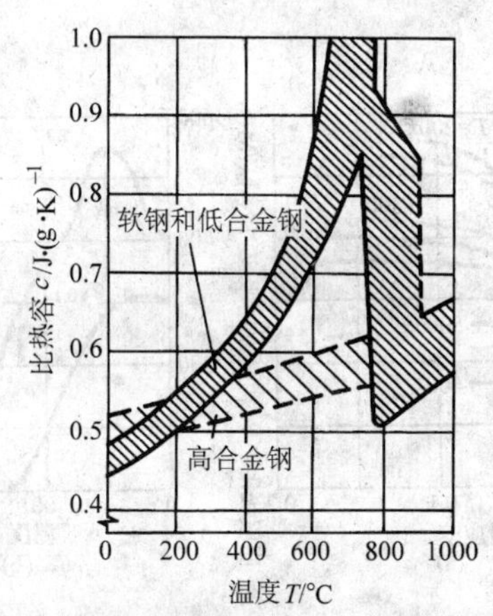

图 2.9-21　钢的质量比热容 c 随温度的变化范围；700℃时的相变潜热被 c 所覆盖

700℃时不连续，这是由于 $\alpha\gamma$ 相变（Ac_1 温度）开始所致（图 2.9-23、图 2.9-24 和图 2.9-25）。在相变温度 Ac_1，由于相变应变对热应变的反向作用，线胀系数 α 陡然向负值转变（图 2.9-23）；接近相变温度 Ac_1，弹性模量迅速降低（趋于零，图 2.9-24），泊松比迅速增加（趋于 0.5，图 2.9-25）。另外，在熔化温度时体积发生显著膨胀，凝固温度时体积收缩，但是由于屈服应力跌落至零，一般对焊接残余应力的形成没有重要作用。

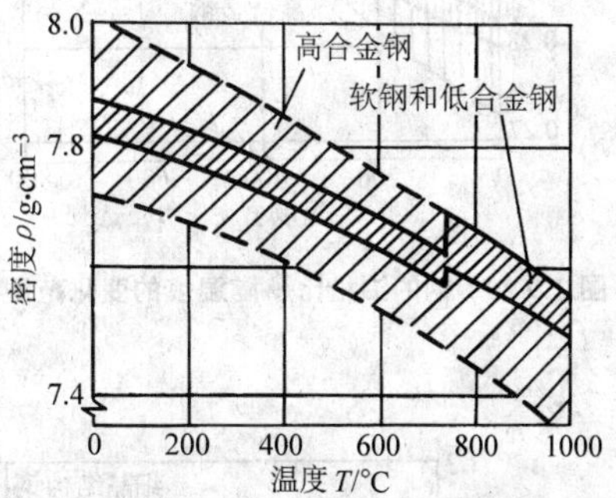

图 2.9-22　钢的密度 ρ 随温度的变化范围

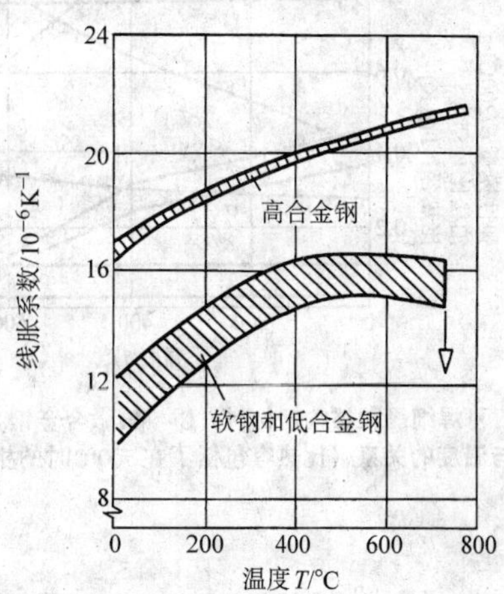

图 2.9-23　钢的线胀系数 α 随温度的变化范围

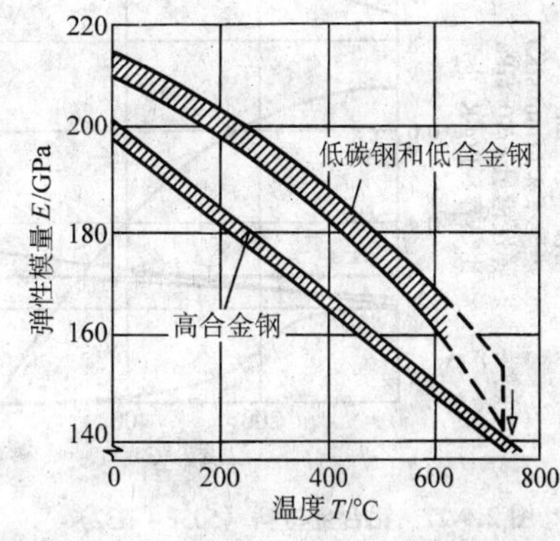

图 2.9-24　钢的弹性模量随温度的变化范围

体）的比热容稳定地随温度的升高而增加，合金元素只对曲线的位置有很小的影响（图 2.9-21）。软钢和低合金钢在相变时密度也出现不连续（图 2.9-22），这是由于奥氏体面心立方较铁素体体心立方晶格的原子排列更加致密所致。软钢和低合金钢的热膨胀系数 α、弹性模量 E 和泊松比 ν 在

材料的高温性能数据较难获得，数据很少。图 2.9-26 ~ 图 2.9-29 分别示出了结构钢、铝合金、钛合金和镍基合金的热力学性能随温度的变化曲线。图 2.9-30 和图 2.9-31 所示分别为结构钢和高合金钢的应力、应变和温度的关系。

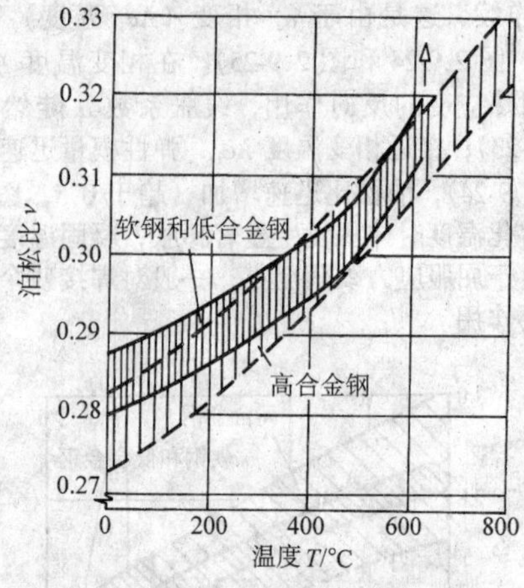

图 2.9-25　钢的泊松比 ν 随温度的变化范围

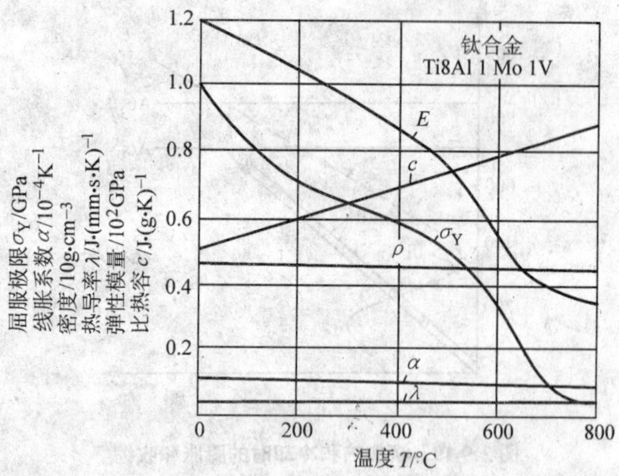

图 2.9-28　钛合金材料（Ti8Al1Mo1V）的热力学性能与温度的关系

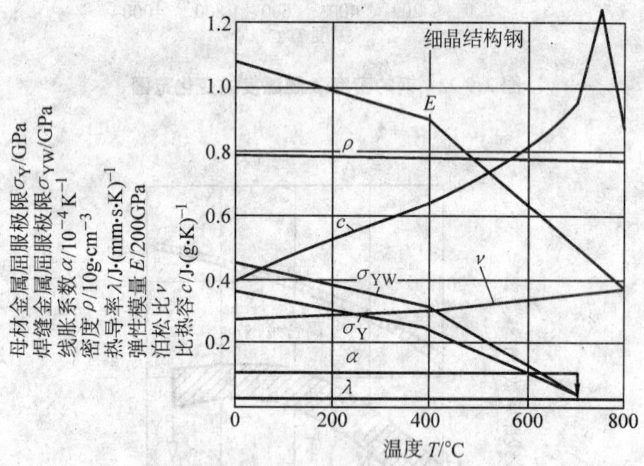

图 2.9-26　可焊细晶粒结构钢材料（C－Mn 微合金钢）的热力学性能与温度的关系（比热容包括了在700℃时的相变热）

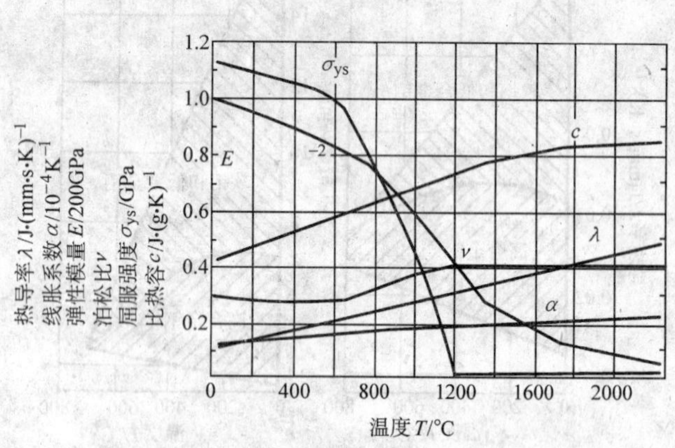

图 2.9-29　高温镍基合金材料（INCONEL718）的热力学性能与温度的关系

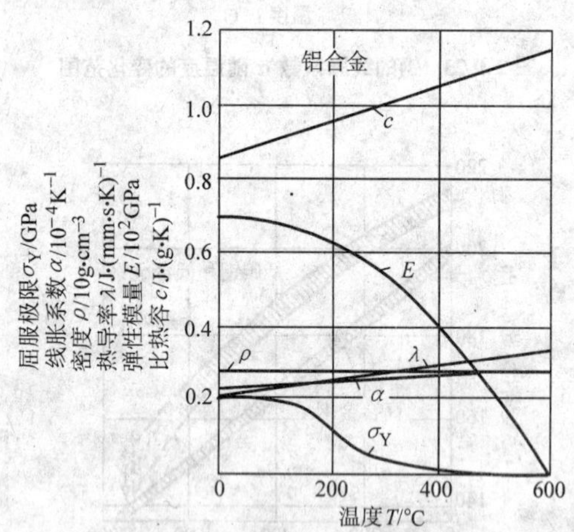

图 2.9-27　铝合金材料（5052－H32）的热力学性能和温度的关系

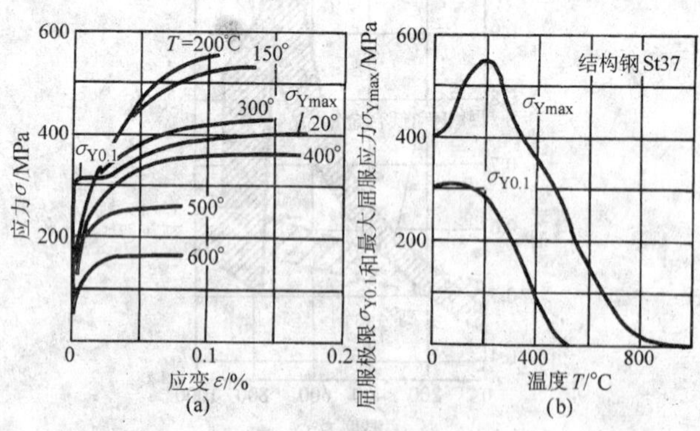

图 2.9-30　结构钢（St37）的应力、应变和温度的关系

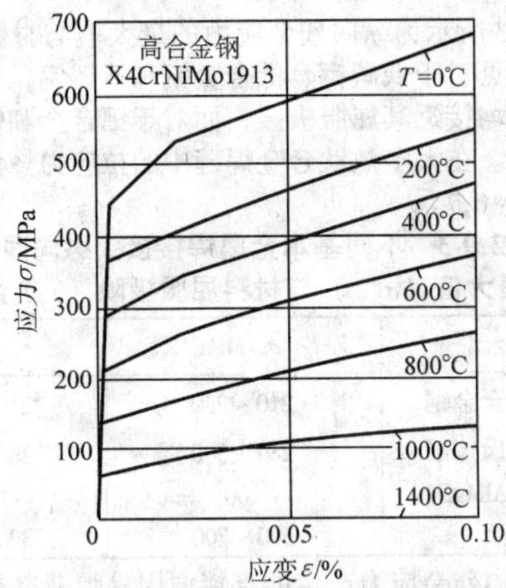

图 2.9-31 高合金钢（X4CrNiMo1913）的应力、应变和温度的关系

2 焊接应力和变形的基本形式及估算

2.1 焊接残余应力的典型分布

2.1.1 平板对接焊缝

平板对接焊缝中典型的残余应力分布如图 2.9-32、图 2.9-33 和图 2.9-34 所示，假定在板厚方向为均匀分布的平面应力场。在一般钢材中，焊接纵向残余应力的峰值在焊缝中心线上，可接近材料的屈服强度，在焊缝边缘则为压应力；焊接横向残余应力在焊缝长度的中部为较低的拉应力，而在焊缝的始端和末端有较高的压应力值（但焊接横向残余应力的分布规律在不同情况下是不同的，如图 2.9-37）。

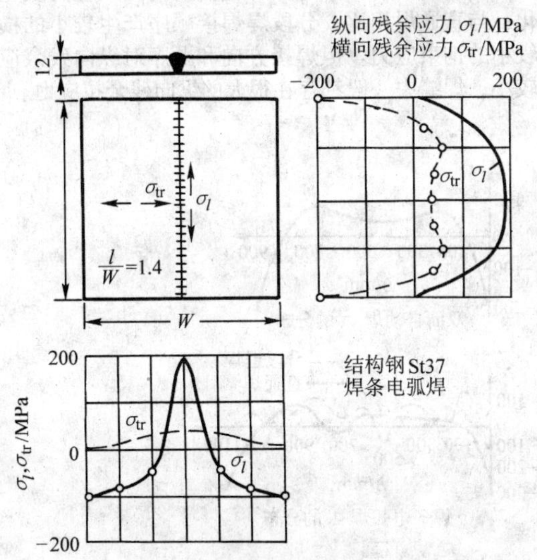

图 2.9-32 中部有焊缝的矩形板的中心线剖面上的纵向和横向残余应力

纵向残余应力是由于焊接所产生的不协调应变和焊缝冷却时在纵向的收缩引起，某些情况下会有相反的相变过程叠加，如图 2.9-35 所示。对于软钢和低合金钢，分布规律为焊缝区域高拉应力（达到屈服极限）和邻近区域低压应力的 W 形分布（图 2.9-35a）；钛也出现这种分布，只是最大应力通常稍低于屈服极限。铝合金的最大纵向拉应力也低于屈服极限，但在焊缝中心处叠加有小波谷（图 2.9-35b）。对于铁素体焊缝金属的高合金钢，焊缝中心的应力处于压缩区域，为 M 形分布，这是由于低温下奥氏体－铁素体相变的结果（图 2.9-35c）。如果采用奥氏体焊条，中心处的拉应力可达到焊缝金属的屈服极限 σ_{YW}，压应力波谷出现在左右热影响区，这是由于母材金属加热导致相变温度 Ac_1 以上产生相变所致；再向外，由于加热温度低于 Ac_1，拉伸应力可达到基本金属的屈服极限 σ_Y（图 2.9-35d）；由于残余应力的自平衡机制，在板件边缘，也可能会出现反向的较低拉应力。这种金属相变引起的应力分布的变化和复杂性，对横向应力也是一样，甚至会使应力符号反向，如图 2.9-36 所示。

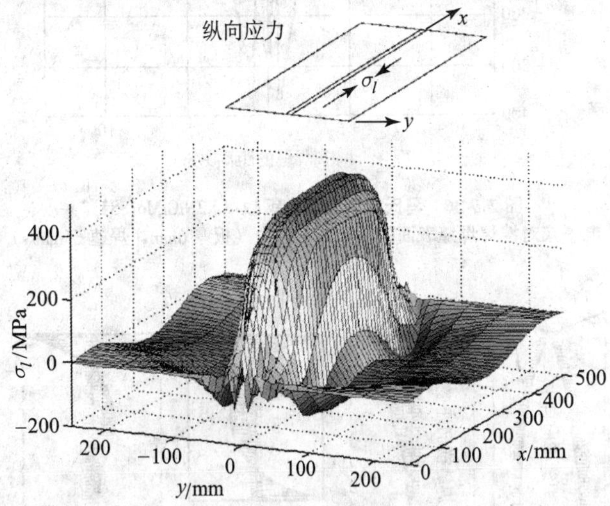

图 2.9-33 平板对接焊缝焊接纵向残余应力的分布（三维表示）

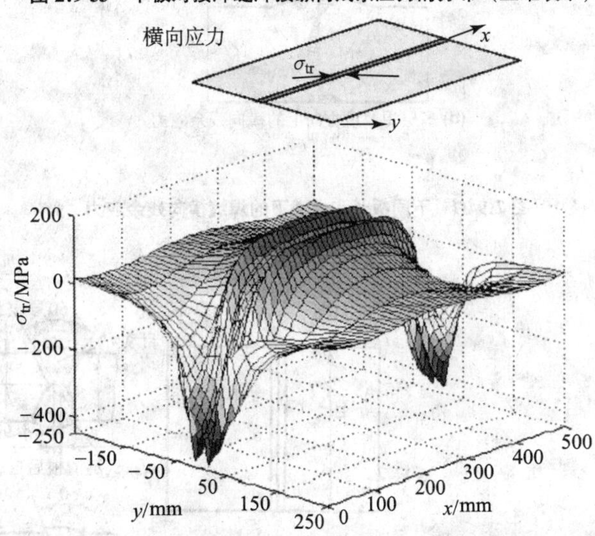

图 2.9-34 平板对接焊缝焊接横向残余应力的分布（三维表示）

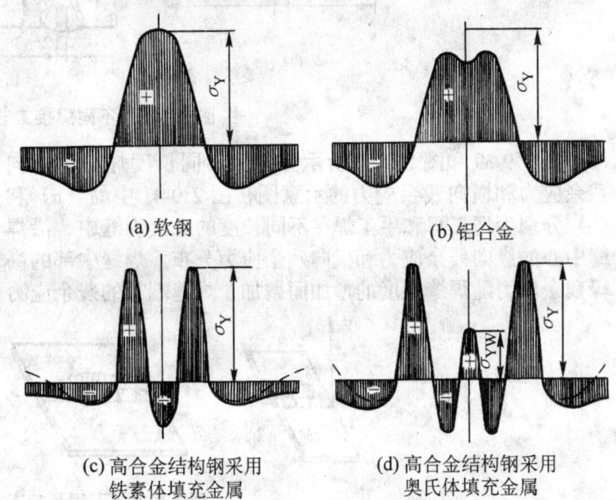

图 2.9-35 不同金属焊接纵向残余应力的比较

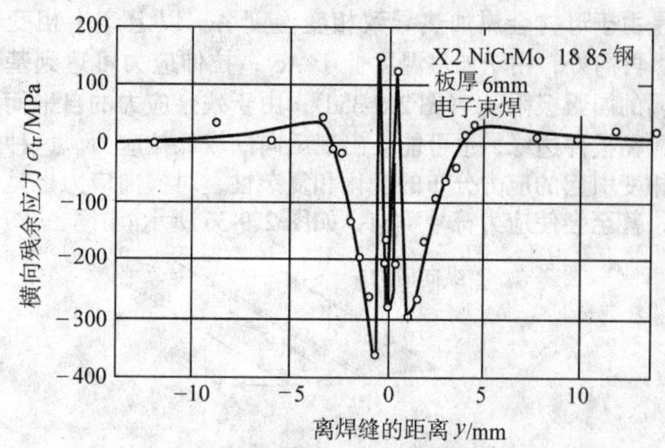

图 2.9-36　马氏体硬化合金钢板（X2NiCrMo1885）电子束对接焊焊缝表面的横向残余应力（板厚 6mm，焊速 65mm/s）

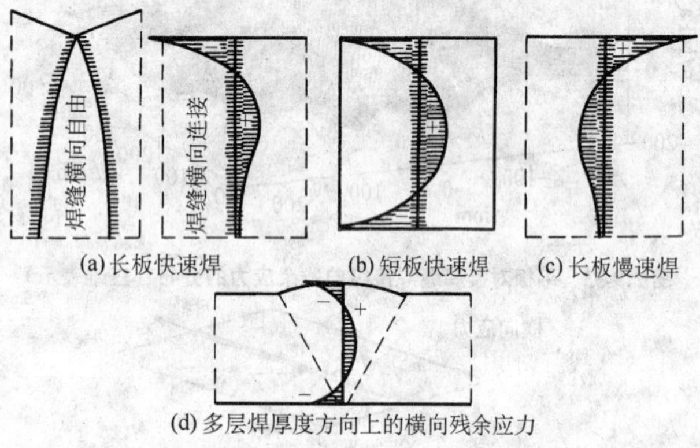

图 2.9-37　不同板长和焊速下的焊缝横向残余应力

表 2.9-3 所示为纵向残余应力的最大值与材料屈服强度的比较。可见对于低碳钢、低合金钢和不锈钢，焊接残余应力的最大值均接近其屈服极限，而对于铝合金和钛合金则低于屈服极限。在大多数钛合金焊缝中的拉应力峰值仅为屈服强度的 0.5～0.7。

表 2.9-3　不同基本金属焊接接头纵向残余应力最大值（$\sigma_{l\max}$）与材料屈服极限（σ_y）的比较

基本金属	σ_y/MPa	$\sigma_{l\max}$/MPa
软钢和低合金钢	210～240	210～240
非硬化奥氏体钢	280～300	280～350
铝合金 AlMg6	160	80～120
钛合金	500～700	300～400

焊缝横向残余应力产生的直接原因是焊缝冷却的横向收缩，间接原因是焊缝纵向收缩。另外，表面和内部不同的冷却过程，以及可能叠加的相变过程也是影响因素。平板对接焊缝的横向残余应力与板长和焊接速度的关系如图 2.9-37 所示。由于焊缝及其附近塑性变形区的纵向收缩和横向收缩的不同时性，在较低的焊速或焊缝较长时，焊缝的纵向会形成一种非对称的应力分布，在焊缝端部会产生较高的横向拉伸残余应力，而在焊缝中部为压应力（图 2.9-37c），由此可能引发焊缝末端裂纹。由于表面和内部冷却条件不同（尤其在厚板多层焊时），横向应力在厚度方向上的分布也不同（图 2.9-37d）。图 2.9-38 为不同焊接工艺时横向残余应力的分布，可见横向残余应力还受到焊接顺序的影响。此外，横向残余应力还会受到拘束的影响（见 2.1.10 拘束焊缝）。总之，不同的焊接方向和顺序，会使横向收缩有很大的差别；在拘束接头中产生不同的应变，能导致焊缝内部的拘束应力发生很大的变化；与直通焊相比，分段焊焊接顺序产生较小的横向收缩和较小的拘束应力。但焊接方向和顺序对纵向残余应力的影响较小，焊缝中一般都存在很大的纵向残余拉应力。

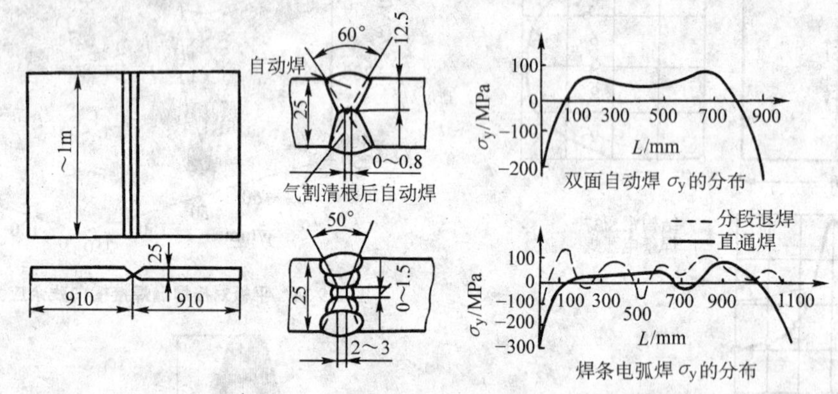

图 2.9-38　不同焊接工艺的横向残余应力（σ_y）分布

图 2.9-39 和图 2.9-40 所示分别为不同长度焊缝中纵向残余应力和横向残余应力的示意图，图 2.9-41 中的（a）和（b）分别为埋弧焊和手工焊在不同长度的对接焊缝中，沿焊缝中心的纵向残余应力和横向残余应力分布。焊缝中部的高峰残余应力随焊缝长度的增加而增加，焊缝端部的残余应力随焊缝长度的变化而有所不同；在焊缝较短的情况下板端效应是主导因素，最大纵向残余应力偏低，如图 2.9-42 所示。

图 2.9-43 所示为不同尺寸 TC1 钛板（厚度为 1.5 mm）上的焊接纵向应力分布规律。

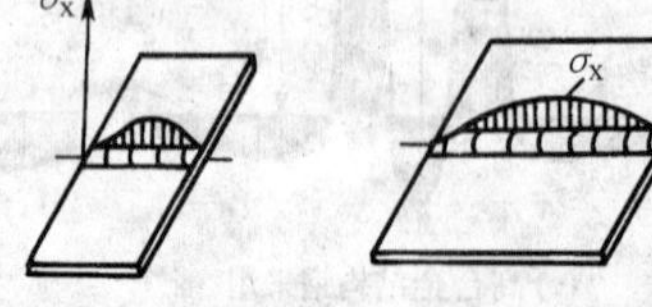

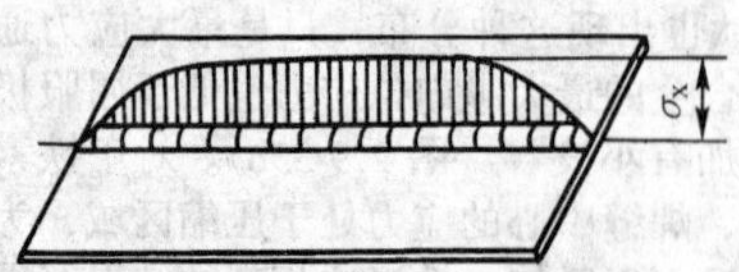

图 2.9-39　不同长度对接焊缝的焊接纵向残余应力

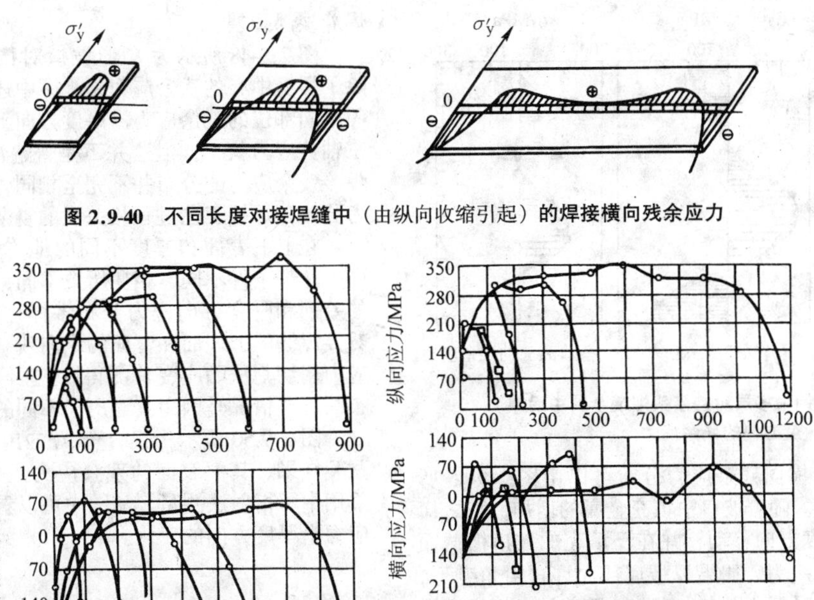

图 2.9-40　不同长度对接焊缝中（由纵向收缩引起）的焊接横向残余应力

(a) 埋弧焊焊缝

(b) 手弧焊焊缝

图 2.9-41　不同长度的对接焊缝中沿焊缝中心线的残余应力的分布

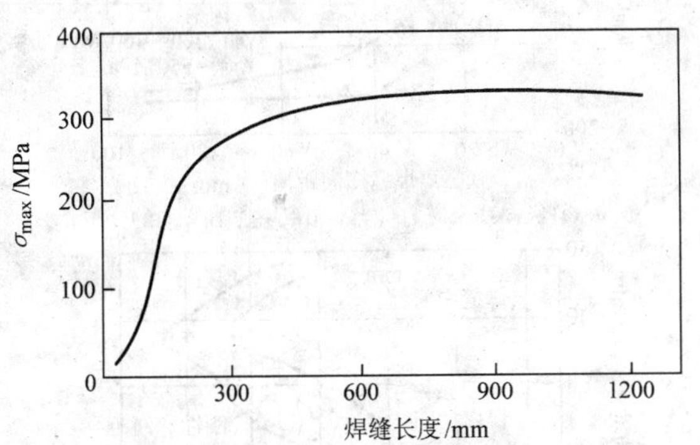

图 2.9-42　焊缝长度对纵向残余应力最大值的影响

2.1.2　厚板对接焊缝

在厚板焊接接头中，除纵向残余应力和横向残余应力外，还存在较大的厚度方向的残余应力（σ_z），这三个方向上的焊接残余应力在板厚方向的分布很不均匀，平面应力的假设不再成立，它们的分布状况与焊接工艺方法密切相关。

图 2.9-44 为 500 mm × 500 mm × 25 mm 的低碳钢板对接接头（双面坡口多层焊）沿厚度方向的残余应力分布，焊条电弧焊在两面坡口中交替进行以减小角变形。图中的纵向和横向残余应力在钢板的近表面处均为拉应力，在板厚的中部为压应力，这是由于表面部分的焊道最后完成所致。厚度方向的残余应力在上下表面应该为零，而在板厚中间部位主要为压应力。

(b) 焊板中间截面上的纵向残余应力分布

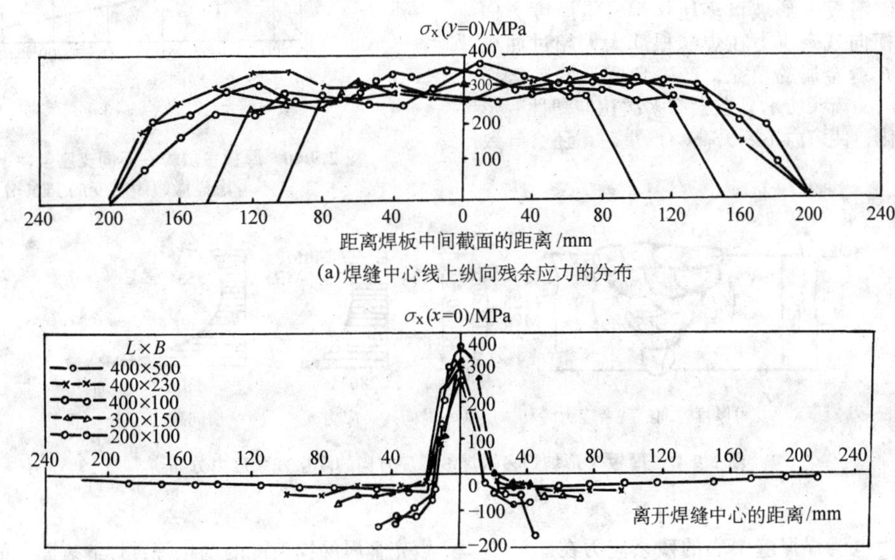

图 2.9-43　不同尺寸钛合金焊件的焊接纵向应力分布

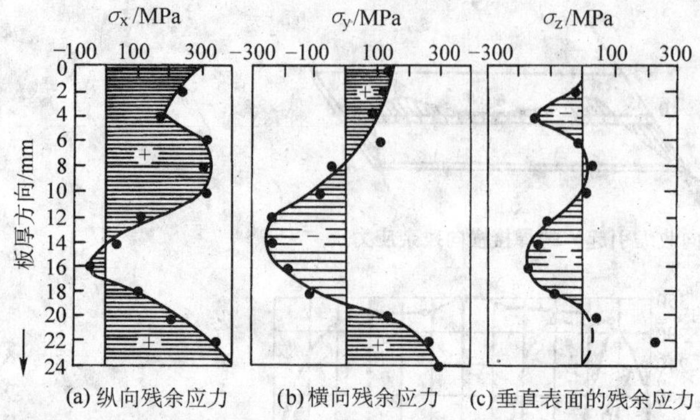

(a) 纵向残余应力　(b) 横向残余应力　(c) 垂直表面的残余应力

图 2.9-44　厚钢板多层对接接头焊缝金属中沿厚度方向的残余应力

厚板多层焊中的横向残余应力分布可以由图 2.9-45 所示的计算模型来解释。随着坡口中填充金属的增加，随之横向收缩应力 σ_{tr0}沿厚度方向移动，并在已填充的坡口横截面引起薄膜应力和弯曲应力。如果焊板底部允许自由角变形，即板边在无拘束的情况下可以自由弯曲，随着坡口填充金属的增加，会产生较大的角变形，导致图 2.9-45b 所示的横向应力分布，在焊根部位为拉应力。相反，如果焊板底部为刚性固定，完全抑制角变形，则会导致如图 2.9-45c 所示的分布，焊根部位为压应力。

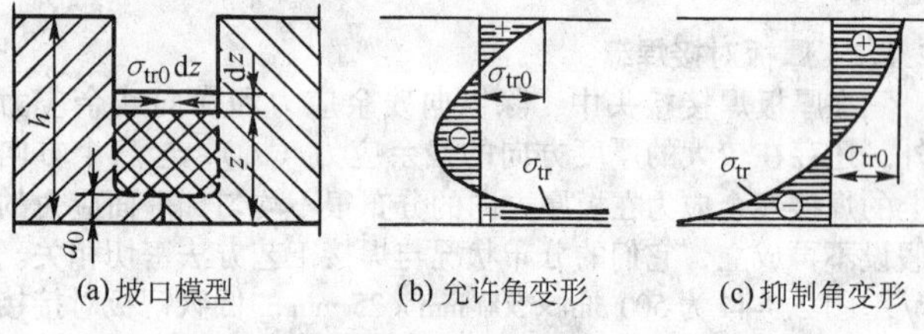

(a) 坡口模型　(b) 允许角变形　(c) 抑制角变形

图 2.9-45　厚板多层焊的横向残余应力

图 2.9-46 所示为厚板窄间隙多层焊残余应力的有限元分析结果，模型的下边缘支座分别是自由弯曲支座和刚性支座。和自由弯曲支座相比，刚性支座抑制角变形，增大了纵向残余应力高的区域。根据支座条件不同，横截面模型下边缘的横向残余应力显示出拉或压的峰值。

图 2.9-47 为低碳钢板 V 形坡口多层焊焊缝沿厚度方向的残余应力分布。横向残余应力在焊缝根部大大超过屈服点，这是因为随着焊缝金属的填充，产生角变形的趋势增加，如图中坡口两侧的箭头所示，在根部多次拉伸塑性变形的积累造成应变硬化，使应力不断升高。严重时，还会导致焊缝根部开裂。

图 2.9-48 所示为 V 形坡口对接焊缝的三维应力状态，除了焊缝中心的残余应力外，图中还示出了热影响区和母材等不同部位的残余应力沿厚度方向上的分布，焊缝中心没有三轴拉应力状态，但这并不是普遍情况。和图 2.9-47 相比，焊接残余应力的分布并不完全相同，可见沿厚度方向残余应力分布与焊接工艺过程相关联的复杂性。

在上下表面和厚度不同的地方，受到的热循环过程不同，冷却条件不同，相变历史不同，所以引起上下表面应力的差别和厚度方向应力分布多样性。图 2.9-49 为高强钢板对接焊缝的上表面和背面的纵向残余应力分布（其纵向残余应力用切割法贴应变片测得），上下表面的纵向残余应力分布的不同情况是因为其经历了不同的热循环。

图 2.9-50 所示为铝合金 AA2219 对接接头的残余应力的试验结果，其中表面的残余应力用 x 射线法测量，板厚中部用中子衍射法测量。从图中可以看出不同部位的焊接残余应力沿厚度方向的变化。

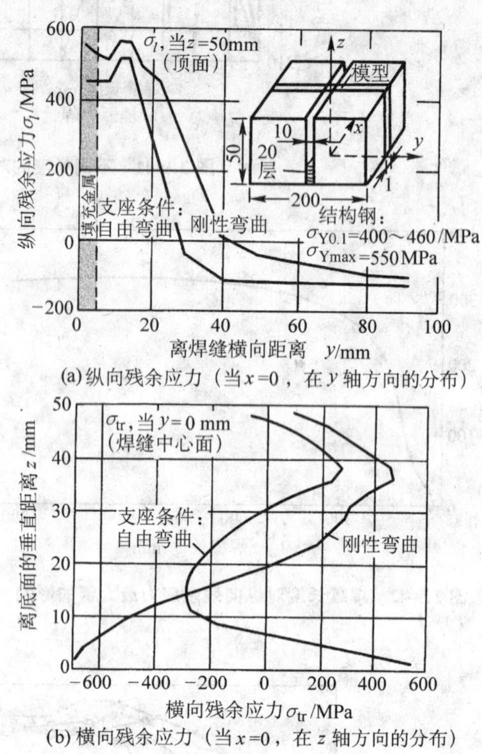

(a) 纵向残余应力（当 x=0，在 y 轴方向的分布）

(b) 横向残余应力（当 x=0，在 z 轴方向的分布）

图 2.9-46　厚板多层焊在不同支座条件下的残余应力
（不考虑显微组织转变的 FEM 分析）

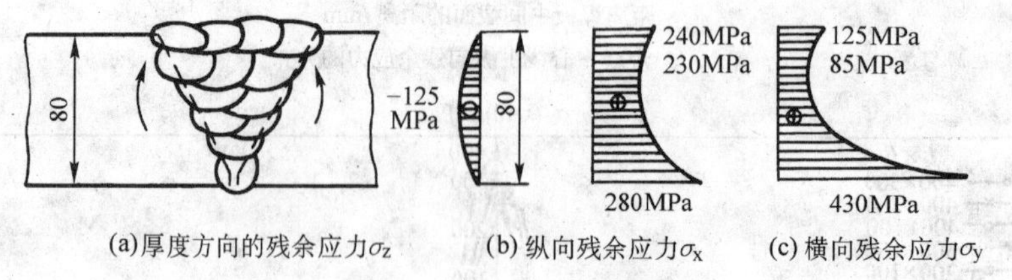

(a) 厚度方向的残余应力σ_z　(b) 纵向残余应力σ_x　(c) 横向残余应力σ_y

图 2.9-47　厚板 V 形坡口多层焊沿厚度方向的焊接残余应力分布

图 2.9-51 所示为电渣焊焊缝中心的残余应力在厚度方向上的分布，三个方向的应力 σ_x、σ_y 和 σ_z 在厚度中心部位最大，焊缝中心出现三轴拉应力状态，σ_z 随板厚的增加而增加。与此相反，在多层焊时，由于不同焊道的预热作用和填充金属的拘束度的变化等，焊缝表面上的 σ_x 和 σ_y 要比中心部位大，而 σ_z 的数值较小，可能为拉应力也可能为压应力。可见，与电渣焊相比，多道焊可以明显避免三轴拉伸残余应力状态。

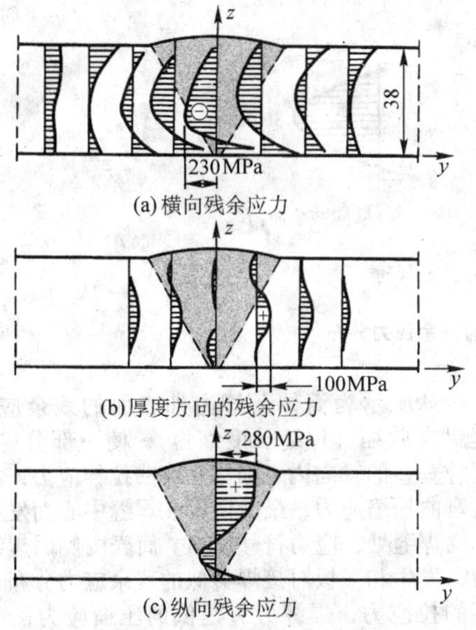

图 2.9-48 V形坡口对接焊缝的残余应力

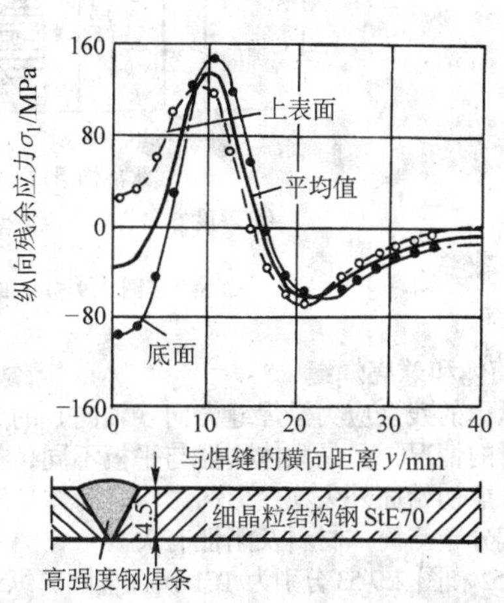

图 2.9-49 焊接接头不同表面的纵向残余应力，实验结果

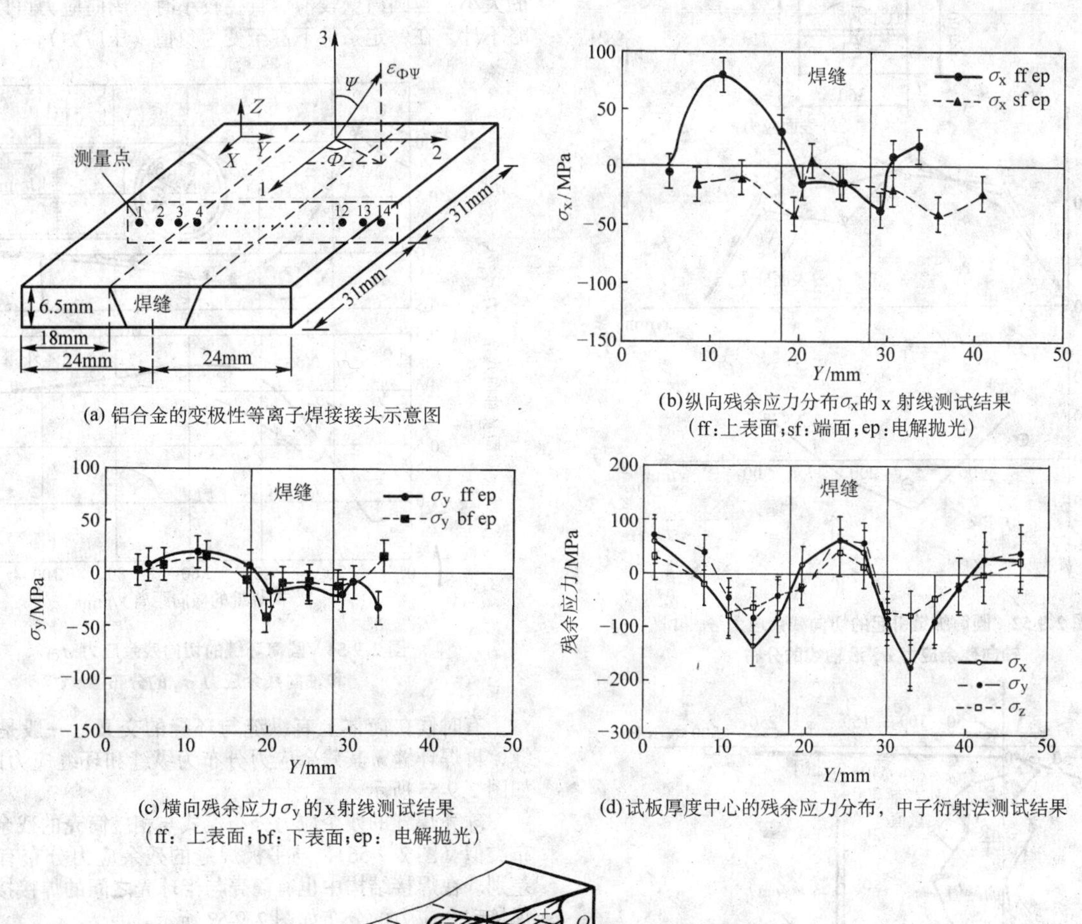

(a) 铝合金的变极性等离子焊接接头示意图

(b)纵向残余应力分布σ_x的 x 射线测试结果（ff:上表面；sf:端面；ep:电解抛光）

(c)横向残余应力σ_y的x射线测试结果（ff：上表面；bf：下表面；ep：电解抛光）

(d)试板厚度中心的残余应力分布，中子衍射法测试结果

(e) 纵向残余应力沿厚度方向的变化示意

图 2.9-50 铝合金（AA2219－T85）的变极性等离子焊接接头中的残余应力分布

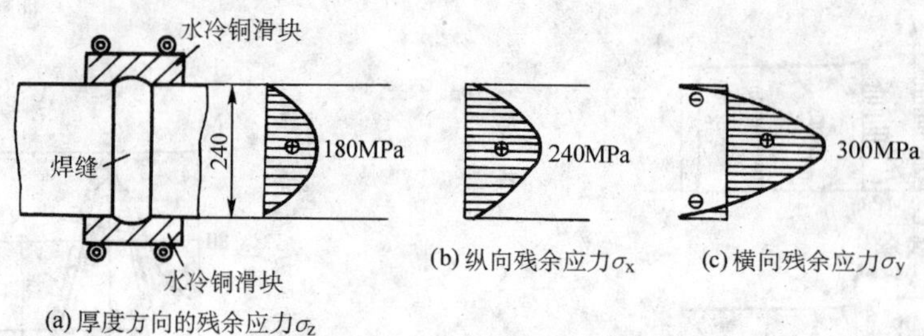

图 2.9-51　厚板电渣焊焊缝沿厚度方向的残余应力分布

2.1.3　圆筒体和球壳焊缝

圆筒纵缝的残余应力沿焊缝方向（轴向）的分布类似与平板对接时的情况，只是壳体刚性与平板不同，在测量残余应力时应考虑初始面外失稳变形的影响。筒体环缝的残余应力大小及其分布与筒体材料及刚性有关。

图 2.9-52 和图 2.9-53 分别为 TC1 钛合金圆筒纵缝沿轴向和圆周方向的残余应力，图 2.9-53 中焊缝以外的测试结果还显示了筒体冷滚弯成形时造成的弯曲应力在内外表面上的差别。

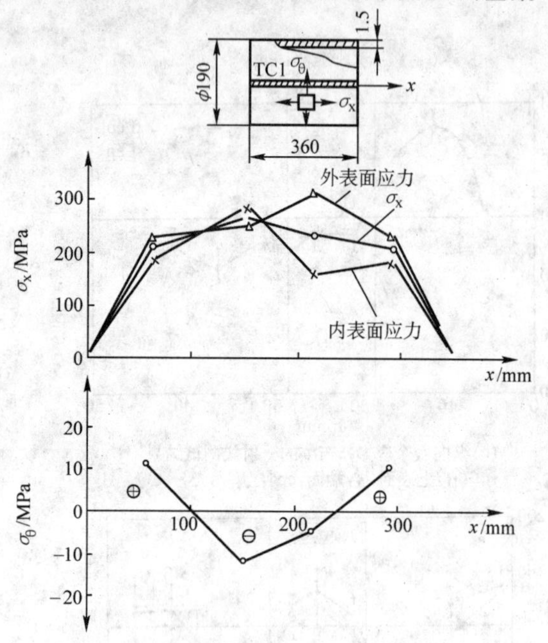

图 2.9-52　圆筒纵缝引起的切向残余应力 σ_θ 和轴向残余应力 σ_x 沿轴线的分布

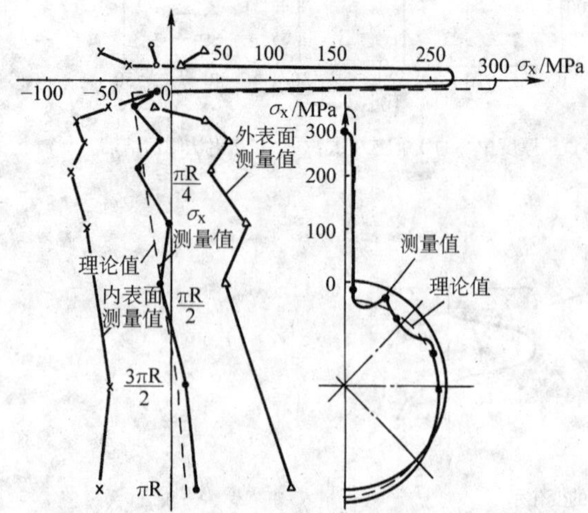

图 2.9-53　圆筒纵缝引起的轴向残余应力 σ_x 沿圆周展开方向的分布

图 2.9-54 所示为筒体环缝内外表面的残余应力分布。由于环缝纵向收缩（焊缝长度缩短），使一部分应力释放，所以与焊缝垂直的轴向内表面存在弯曲拉伸应力，相应的外表面存在弯曲压缩应力，最大值不在焊缝中心而发生在焊缝旁边，远离焊缝处，应力符号反向。筒壳内侧因焊缝方向的圆周应力，发生和平板对接焊类似的残余应力分布形式，焊缝处是高的拉应力，焊缝旁边是低的压缩应力；在筒壳外侧，焊缝纵向应力显著降低，在焊缝旁边出现明显的压应力最大值。内外表面残余应力差值反映了圆筒周向和轴向弯矩的大小，当圆筒壁较薄、直径较小时，周向应力可以小到忽略不计，在一定条件下甚至变为负值（压应力）。

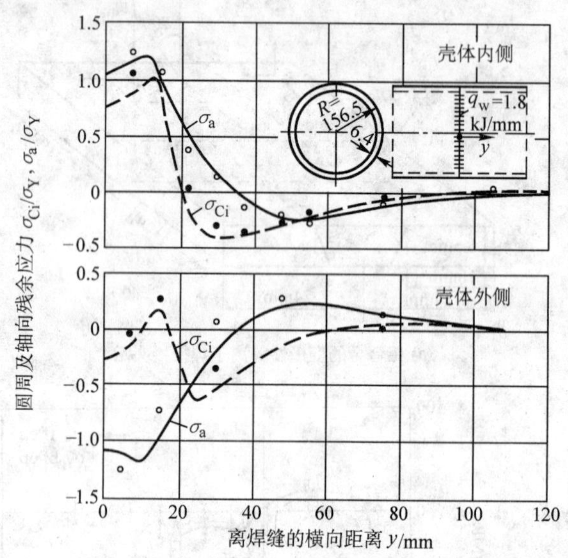

图 2.9-54　圆筒环缝的切向残余应力 σ_{Ci} 和轴向残余应力 σ_a 的分布

有时候在筒体上有纵缝与环缝的交叉，一般是先焊纵缝，再焊环缝，其残余应力分布为纵缝和环缝应力的叠加，如图 2.9-55 所示。

球壳焊缝的残余应力分布模式与相应筒壳的残余应力分布类似（图 2.9-56），与平板焊缝的残余应力分布有很大的差别。在焊接结构中也有筒壳与半球壳之间的焊接接头，其焊接残余应力的分布如图 2.9-57 所示。

铝合金圆筒焊接时，可能发生的不是圆周焊缝的收缩，而是对接处在焊缝部位隆起，这是因为铝合金热传导快，在电弧周围和前方的热膨胀导致垂直焊缝较宽的加热区域壳体向外侧隆起，有时会影响对接坡口的装配精度，但这并不引起焊后残余应力分布的明显改变，如图 2.9-58 所示。

2.1.4　圆形封闭焊缝

圆形封闭焊缝多用于壳体构件上接管、镶块和安装座（法兰盘）的连接。图 2.9-59 所示为低碳钢圆形焊缝的径向和切向残余应力沿半径方向的分布，焊件分为三个区域：内

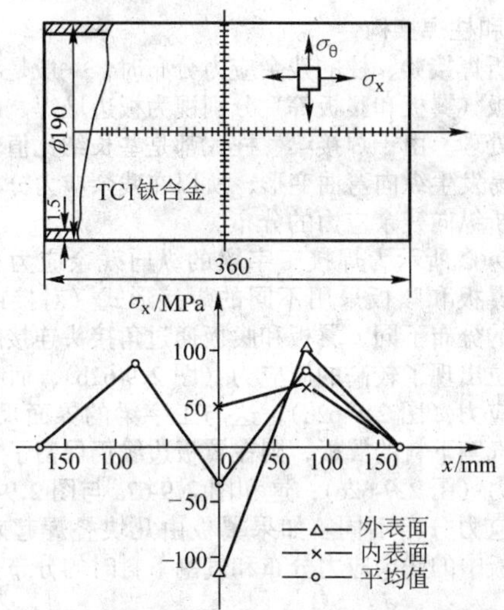

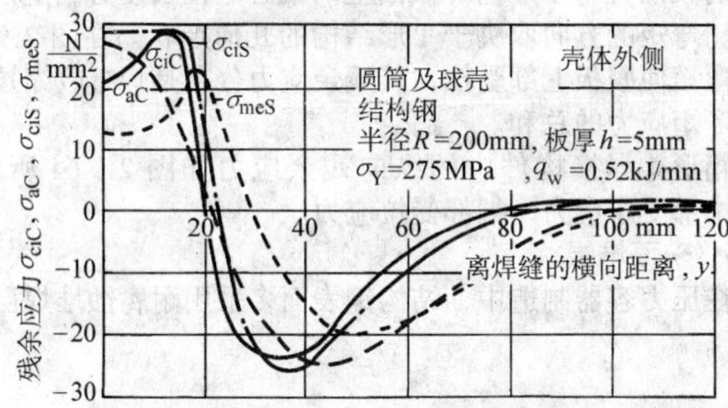

图 2.9-55　圆筒纵向与环向交叉焊缝的轴向残余应力 σ_x 沿轴线方向的分布

图 2.9-56　圆筒（C）与球壳（S）环缝切向残余应力 σ_{ci} 和轴向残余应力 σ_a 及子午线方向的残余应力 σ_{me}

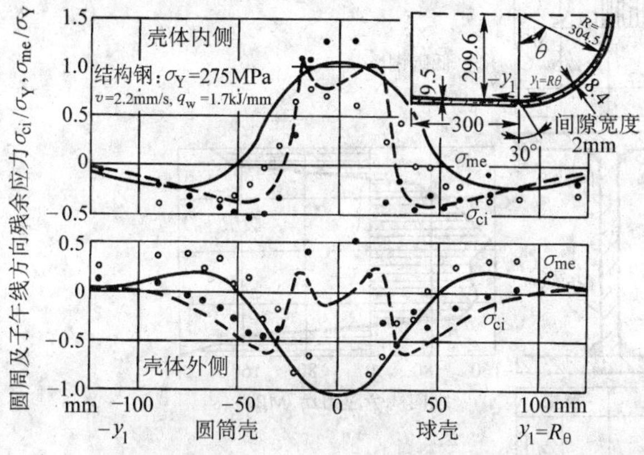

图 2.9-57　半球壳与圆筒连接环缝的切向残余应力 σ_{ci} 和子午线方向的残余应力 σ_{me}

区Ⅰ、焊接区Ⅱ和外区Ⅲ。在焊接区域出现接近屈服极限的切向应力，以及较低的径向应力，并随距离向外而增加。图 2.9-59c 所示为三种可能的残余应力分布情况，内区主要是较低的双向拉伸或压缩，外区主要是径向拉伸和切向压缩（随着距离向外而降低），实际应力分布取决于内外区的刚度、圆形焊缝的直径、以及焊接和材料参数。例如，在内区小而刚性大且外环宽的情况下，由于内区温升高，出现残余拉应力；在内区尺寸大刚性差且外环窄的情况下，由于圆焊缝的收缩，内区产生残余压应力。图 2.9-60 所示为圆形封闭焊缝的半径 R 与残余应力分布的关系，当 R 趋于 0 时，为点状加热和氩弧点焊的残余应力场（图 2.9-60a）；半径由 R_1 增大到 R_2，残余应力分布的变化如图 2.9-60b 和图 2.9-60c 所示；当 R 很大时，圆形封闭焊缝趋向于直线焊缝，切向应力 σ_θ 即为纵向应力，径向应力 σ_r 即为横向应力。

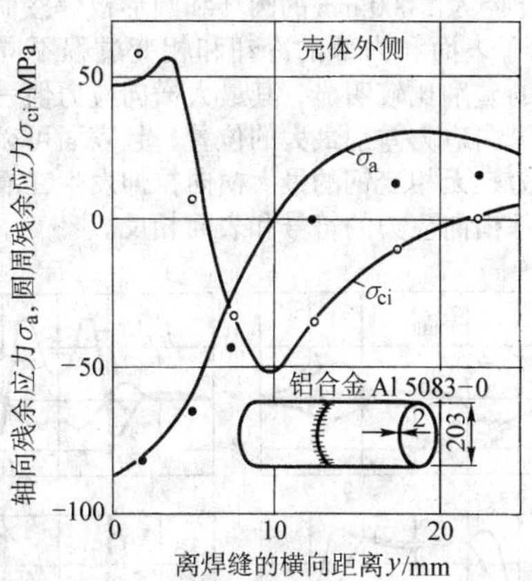

图 2.9-58　铝合金圆筒环缝的切向残余应力 σ_{ci} 和轴向残余应力 σ_a

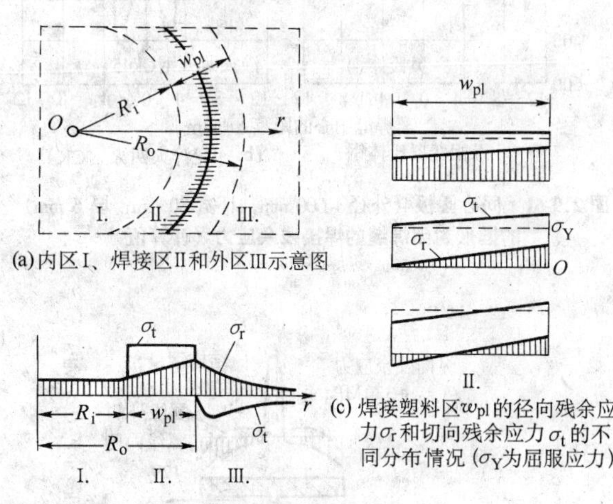

图 2.9-59　低碳钢圆环封闭焊缝沿径向分布的焊接残余应力

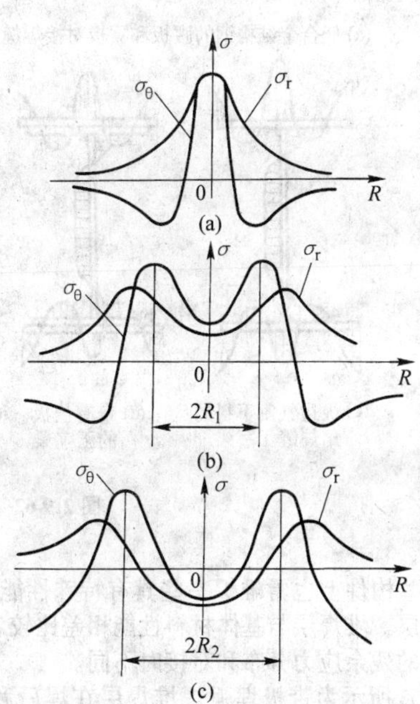

图 2.9-60　圆形封闭焊缝半径对残余应力的影响示意

图 2.9-61 所示为无相变钢（奥氏体钢）和相变钢（淬火回火钢 CK45）圆形焊缝的残余应力分布，圆形焊缝由宽度为 80 mm、外径为 1 000 mm 的圆环和圆形板焊接而成，板厚为 6 mm。由于表面和内部的冷却和相变过程不同，相变钢表面和内部的差别比较明显，其最大横向应力值一般发生在表面和内部纵向应力差别最大的位置，且表面可以产生较大的横向压应力；无相变钢的最大横向拉伸发生在靠近焊缝的表面上，内部横向应力的符号和表面相反。

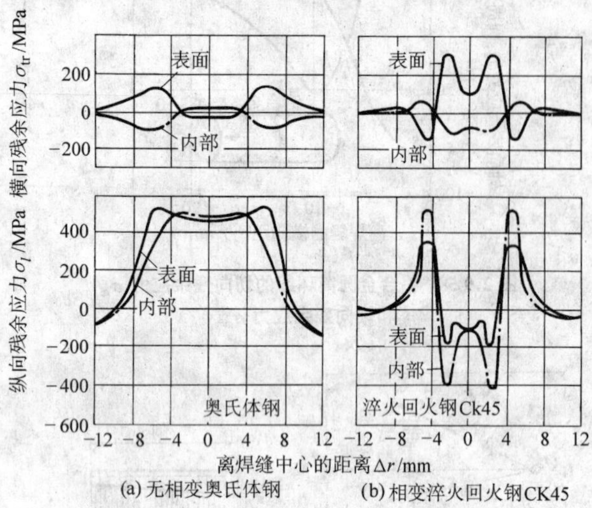

图 2.9-61 同心圆板（外径 1 000 mm，环宽 80 mm，厚 6 mm）**的圆形封闭焊缝的焊接残余应力**（计算值）

2.1.5 梁和柱焊接构件

在分析焊接梁、柱的残余应力分布时，一般是将这类焊件的组成板（翼板和腹板等）分别视为板边堆焊、中心堆焊或对焊来处理。由于焊接梁、柱大都是些长细比值较大的焊接构件，易发生纵向弯曲变形，所以在残余应力分析时，往往着重分析纵向残余应力的分布。

图 2.9-62 所示为焊接工字梁的纵向残余应力分布。由图可知，翼板和腹板采用不同的焊接形式（对接或角接），残余应力的分布不同，翼板和腹板通过角接头连接时，在腹板中心部位出现了较高的压应力（图 2.9-62b），而在对接时有时是拉应力（图 2.9-62a），这与工字梁的界面尺寸有关。如果采用气割下料的翼板，则在翼板边缘仍保留了气割所产生的拉应力（图 2.9-62c），这和图 2.9-62a 与图 2.9-62b 中的翼板残余应力分布不同。如果翼板由几块叠焊起来的板组成，其翼板中的残余应力分布和气割下料时的分布类似（图 2.9-62d）。

图 2.9-63 所示为 T 形焊接构件截面上纵向残余应力的分布。在腹板的上部边缘出现了拉应力，这是由于焊缝在轴线方向的收缩力与 T 形构件截面上的偏心矩在长度方向上产生弯矩，弯矩的方向取决于 T 形结构的几何形状。在图 2.9-63 中，弯矩使腹板上部受拉，其残余应力分布是焊缝收缩拉应力和弯矩应力的总和。

箱形梁焊接构件中的纵向残余应力如图 2.9-64 所示，腹板中部受压应力，端部受拉应力。

2.1.6 表面堆焊

在压力容器制造中，结构钢表面多采用耐腐蚀堆焊层。

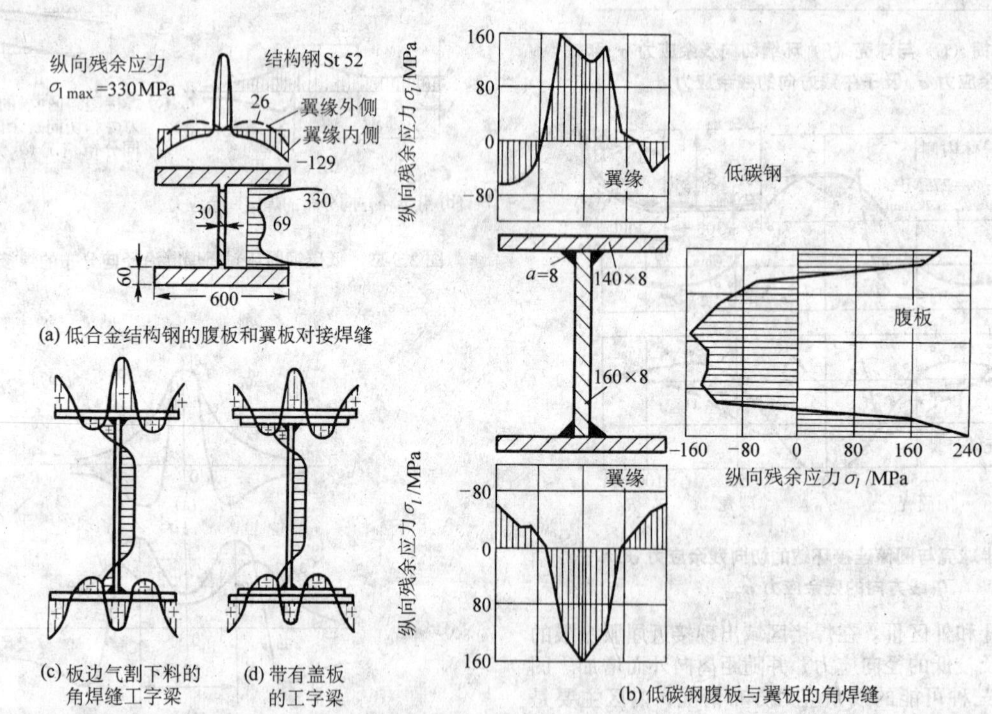

图 2.9-62 工字梁截面上焊接纵向残余应力的分布

此外，在一些构件上也常堆焊一些具有特殊性能如耐磨损、抗气蚀堆焊层。堆焊层与基体材料性能相差比较悬殊，焊后及热处理后的残余应力分布和对接时不同。

图 2.9-65 所示为带极埋弧焊堆焊层在焊后和热处理后的残余应力分布，可见 600℃ × 12 h 焊后热处理退火并不能降低堆焊层中的残余应力。图 2.9-66 所示为低碳钢表面堆焊一短焊缝（如修理焊缝）的残余应力分布，在热影响区和熔化区附近有较高的三向拉伸残余应力。

2.1.7 点焊接头

图 2.9-67 所示为 X4CrNiMo1913 钢板点焊接头的残余应力分布，在焊点边缘有三轴拉伸应力状态。板内侧的轴向残余应力 σ_a 的产生与焊板之间的窄缝张开受抑制有关；考虑

到拉应力的三轴性特点，焊点边缘的切向残余应力 σ_t 可明显超过单轴屈服极限。

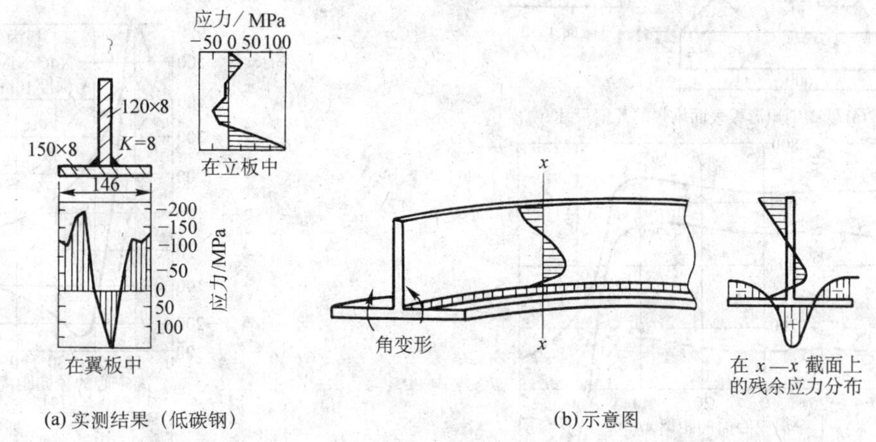

(a) 实测结果（低碳钢）　(b) 示意图

图 2.9-63　T 形结构中的焊接纵向残余应力分布

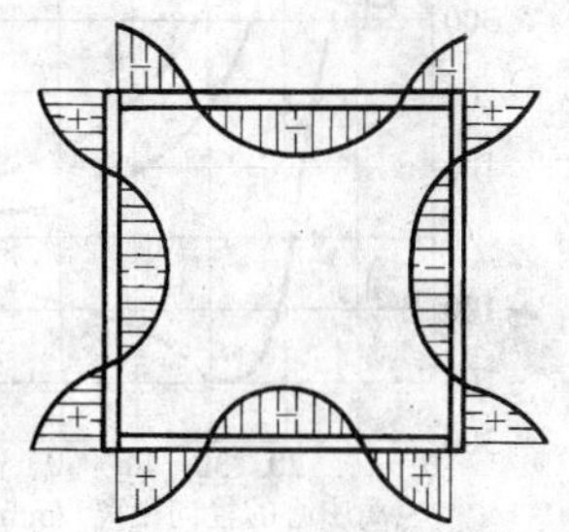

图 2.9-64　焊接箱形梁截面中的纵向残余应力分布

图 2.9-68 所示为厚度为 6.4 mm 钛合金 8Al－1Mo－1V 电阻点焊接头的残余应力。在接头接触面区域，出现了高的拉伸残余应力，而在点焊接头的外表面则为压应力。研究发现，焊接规范的变化对点焊接头残余应力的分布形式影响很小。

2.1.8　角接头

角焊缝可以用来进行梁类构件的焊接（图 2.9-62、图 2.9-63 和图 2.9-64），在工程机械和舰船制造中广泛应用。图 2.9-69 所示为 T 形接头焊接残余应力分布的有限元计算结果（板厚为 10 mm，焊缝长度 200 mm，底板宽度 100 mm，翼板高度 45 mm；采用药皮焊条，焊接电压 34 V，焊接电流 265 A，焊前两头点固 20 mm）；图 2.9-70 所示为带有坡口填充金属的角焊缝中纵向残余应力的有限元计算结果，其试样尺寸和有限元网格模型见图 2.9-189 和图 2.9-190。

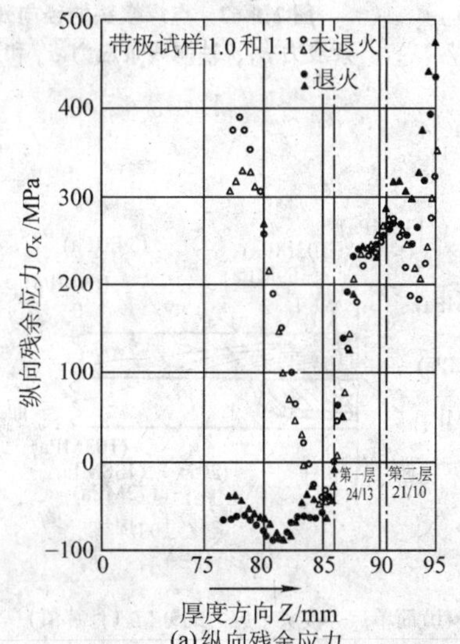

(a) 纵向残余应力

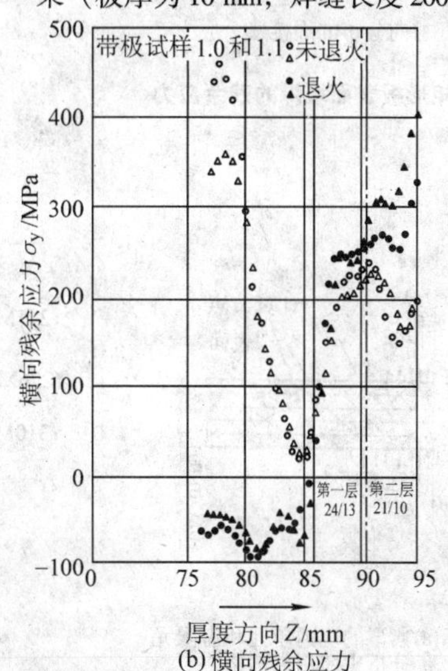

(b) 横向残余应力

图 2.9-65　在 86 mm 厚的 22NiCrMo 低合金结构钢上堆焊两层 4.5 mm 厚的高 Cr－Ni 钢，第一层为 Cr24Ni13，第二层为 Cr20Ni10，四组试样在 600℃、12 h 退火前后的沿厚度方向的残余应力分布

2.1.9　搅拌摩擦焊接头

搅拌摩擦焊接头中的残余应力和一般焊接方法的焊接残余应力分布类似。图 2.9-71、图 2.9-72 和图 2.9-73 所示为铝合金（6013－T4）搅拌摩擦焊试板中的焊接残余应力，因为横向残余应力的最大值要比纵向残余应力小得多，所以图中只示出了焊接纵向残余应力的分布。由图可知，铝合金搅拌摩擦焊的纵向残余缨力分布呈“M”状，与图 2.9-35b 类似。其最大拉伸残余应力在焊接热影响区，与之相邻的母材区域和焊缝中心有压应力存在，远离焊缝逐渐变为板材的初始应力；焊缝上表面和下表面的残余应力相差很小（图 2.9-72）。图 2.9-73 所示为不同工艺参数对铝合金搅拌摩擦焊纵向残余应力的影响，可见焊头直径越大，残余应力分布的“M”区域越宽；焊接热影响区的最大拉伸残余应力随着焊接速度和焊头旋转速度的增加而增大。铝合金搅拌摩擦焊焊缝两侧的纵向最大拉伸残余应力要比母材的屈服强度低，并随试样的大小而变化。

(a) 低碳钢矩形板表面堆焊的几何尺寸

(b) 位于焊缝中心线下 8mm 热影响区的焊接残余应力

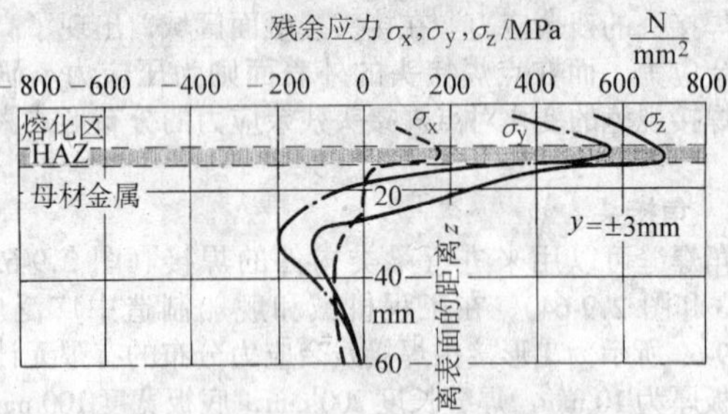

(c) 焊缝中心沿厚度方向分布的焊接残余应力

图 2.9-66　低碳钢矩形板表面堆焊的残余应力

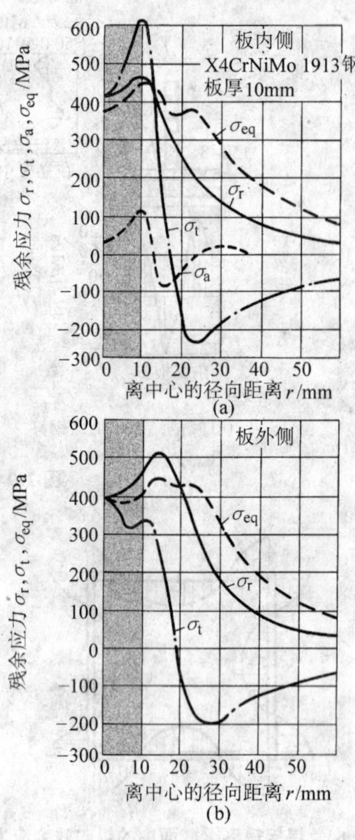

图 2.9-67　点焊接头的径向残余应力 σ_r、切向残余应力 σ_t、轴向残余应力 σ_a 和 Mises 等效残余应力 σ_{eq}

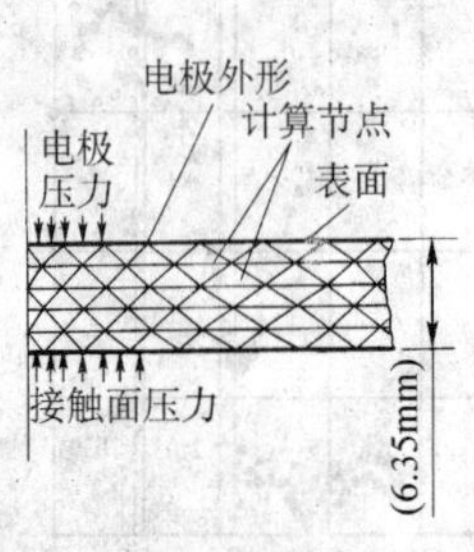

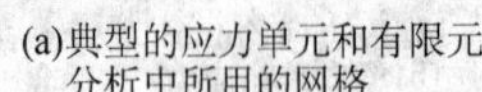

(a)典型的应力单元和有限元分析中所用的网格

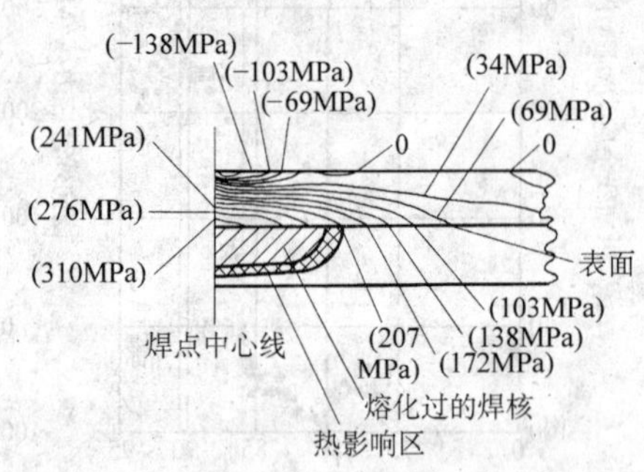

(b) 简单点焊接头中应力的分布（计算值）

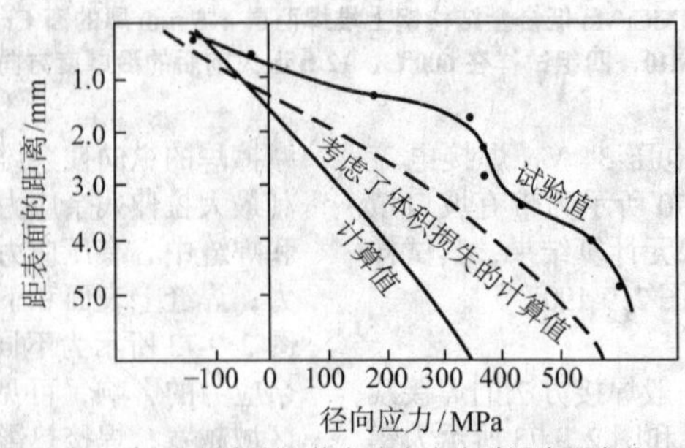

(c) 焊点中心线上残余应力随深度的变化

图 2.9-68　单点电阻点焊的残余应力（钛合金 8Al－1Mo－1V，板厚：6.4 mm）

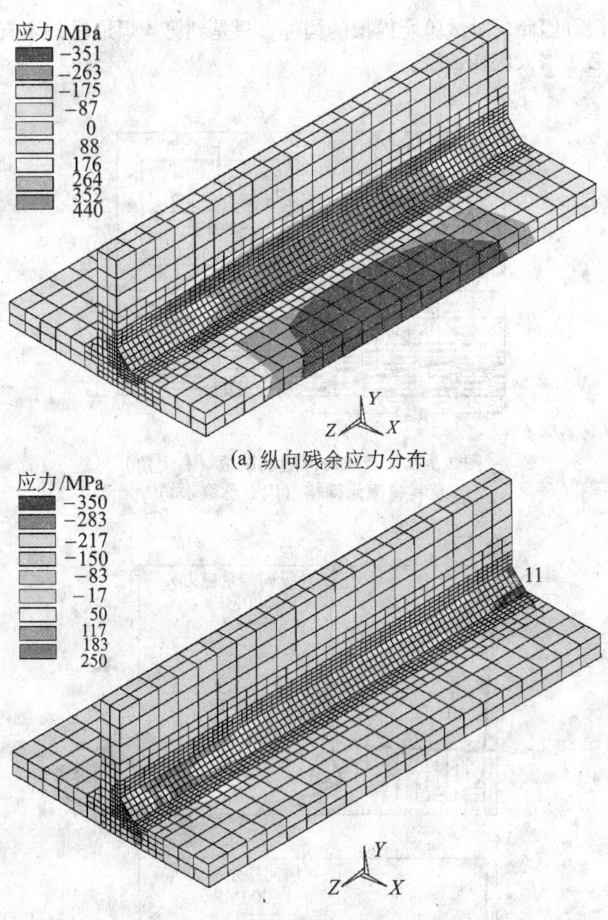

(a) 纵向残余应力分布

(b) 横向残余应力分布

图 2.9-69　碳锰钢 T 形接头的焊接残余应力分布

（板厚为 10 mm，焊缝长度 200 mm，底板宽度 100 mm，翼板高度 45 mm；采用药皮焊条，焊接电压 34 V，焊接电流 265 A，焊前两头点固 20 mm）

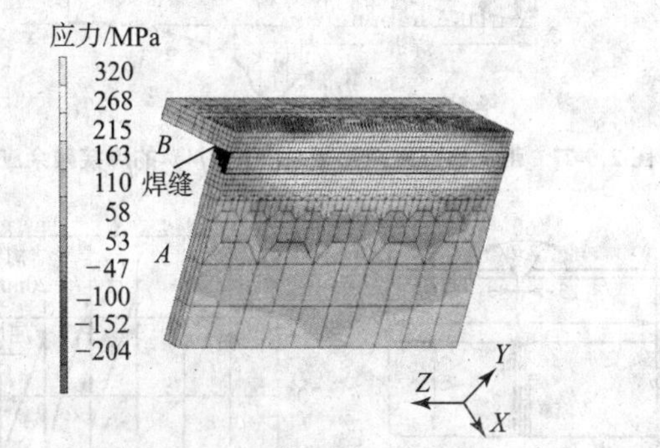

图 2.9-70　坡口角焊缝的纵向残余应力

（单层电弧焊，使用药皮焊条）

图 2.9-74 和图 2.9-75 分别为钛合金和不锈钢中测得的搅拌摩擦焊残余应力分布，可见其残余应力与熔焊焊缝的典型分布类似。随着焊头转速的增加，纵向残余应力拉伸区域的宽度也随之增加（图 2.9-75b）。纵向残余应力在厚度方向上的分布差别很小，但是横向残余应力在不同厚度处有较大的差别，特别是在焊缝中心部位更加明显（图 2.9-75c）。

2.1.10　拘束焊缝

在进行热裂纹和冷裂纹试验时，经常用到带窄槽焊缝的矩形试板（图 2.9-76），其中的窄槽焊缝是在试板自身的拘束状态下进行焊接。采用有限元法分析了其焊接残余应力，并与测试结果进行了对比，如图 2.9-77 所示，图中的圆点表示测试值。在焊缝中部和焊缝终端内，纵向残余应力和横向残余应力都是拉应力，但是在焊缝终端的前面，则形成了横向压缩应力。

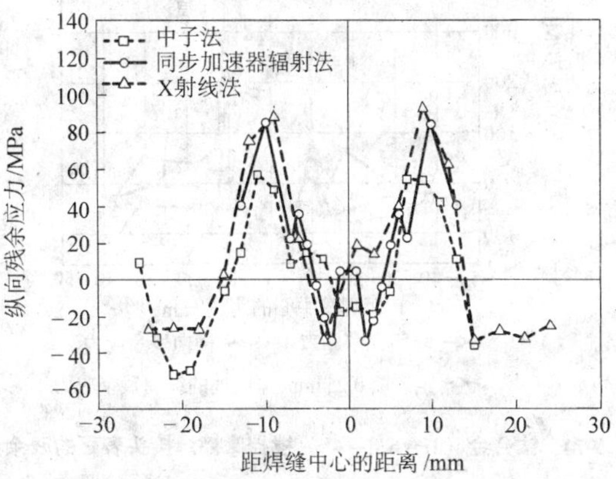

图 2.9-71　铝合金 6013 – T4 搅拌摩擦焊的纵向残余应力

（采用不同的方法测试）；焊头转速：2 500 rpm；焊接速度：1 000 mm/min；焊头肩部直径：15 mm；焊头凸起直径：4 mm；试样尺寸：60 mm × 80 mm × 4 mm

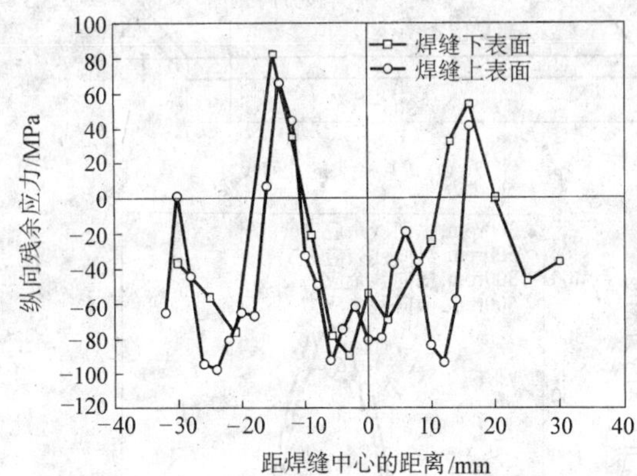

图 2.9-72　铝合金 6013 – T4 搅拌摩擦焊接头焊缝上表面和下表面的纵向残余应力比较

（焊头转速：1 500 r/min；焊接速度：300 mm/min；焊头肩部直径：22 mm；焊头凸起直径：6 mm；试样尺寸：60 mm × 80 mm × 4 mm）

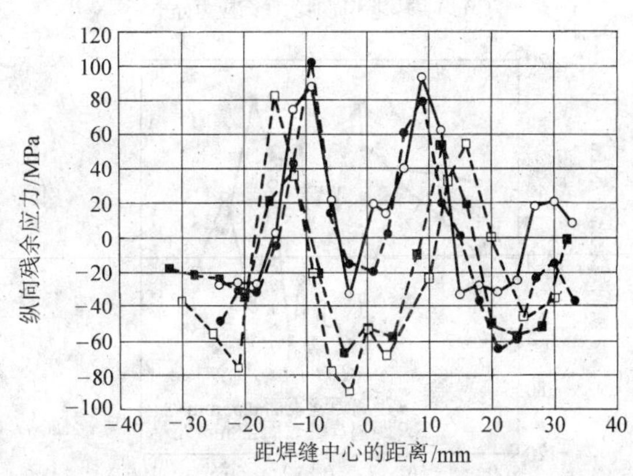

焊头转速 /r·min⁻¹	焊接速度 /mm·min⁻¹	焊头肩部直径 /mm	焊头凸起直径 /mm	试样尺寸 /mm³
–■– 1000	300	22	6	30×80×4
–□– 1500	300	22	6	30×80×4
–●– 1670	500	15	4	60×80×4
–○– 2500	1000	15	4	60×80×4

图 2.9-73　不同焊接参数下铝合金 6013 – T4 搅拌摩擦焊接头的纵向残余应力分布

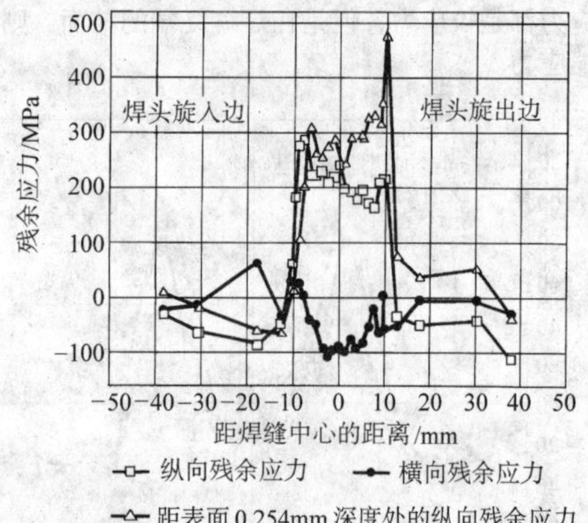

图 2.9-74　钛合金（Ti-6Al-4V）搅拌摩擦焊接头表面的残余应力

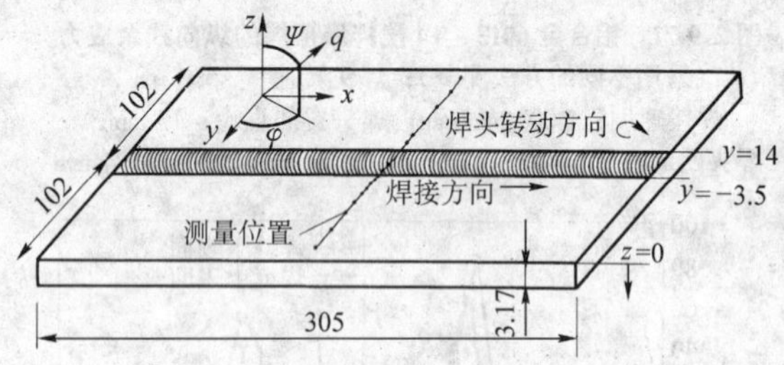

(a) 焊接接头的几何尺寸

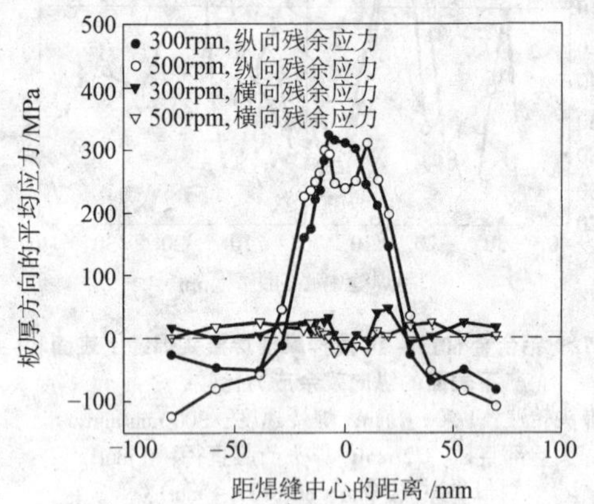

(b) 焊头转速不同时的残余应力分布

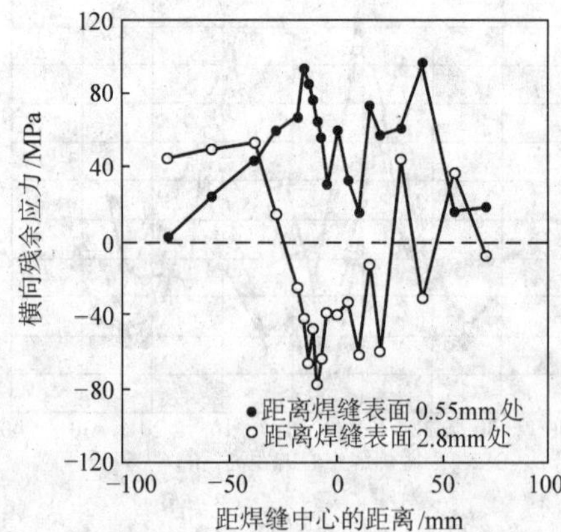

(c) 距离焊缝表面不同深度处的横向残余应力（焊头转速500rpm）

图 2.9-75　不锈钢（304L）搅拌摩擦焊接头中的残余应力分布

图2.9-78所示为刚性拘束热裂纹试件多道焊时，横向残余应力随焊接层数的变化。根据逐道焊接增加的焊缝横截面和测量的反作用力，确定了焊缝的反作用应力；由图可知，在第3道和第4道焊接时应力最高，并超过了屈服极限。因此，对试验所模拟的构件，只是到第4焊道时，才有必要增大应变长度。

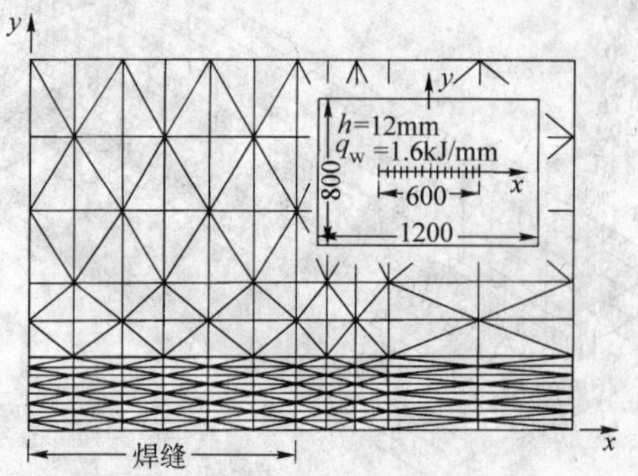

图 2.9-76　带窄槽焊缝的试板（右上角）及其有限元网格（因对称取1/4）

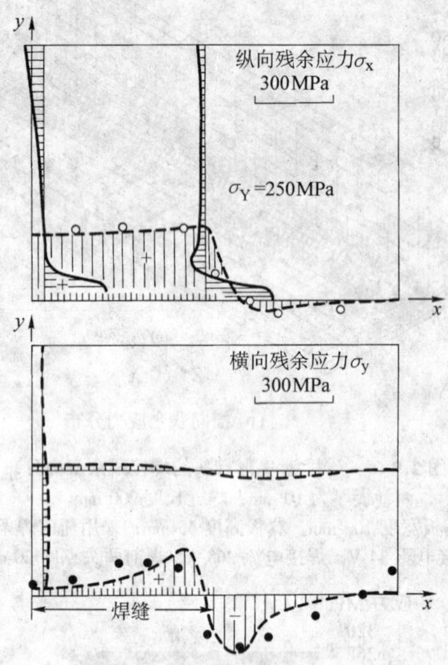

图 2.9-77　带窄槽焊缝矩形板（示出1/4）的焊接残余应力分布

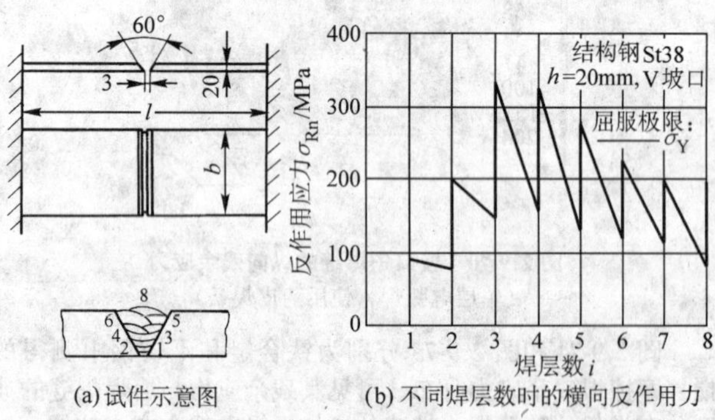

(a) 试件示意图　　(b) 不同焊层数时的横向反作用力

图 2.9-78　刚性拘束板条（RRC试验）V形坡口多层对接焊缝的横向反作用力的试验结果

2.2　焊接残余应力的估算

2.2.1　用纵向收缩力模型计算纵向残余应力

图2.9-79所示为中心纵缝板条上的简化纵向残余应力分布模型，其焊缝横截面上的拉伸应力 σ_{te}，大小相当于屈服极限 σ_Y，宽度近似等于焊接接头区（焊缝+两侧临近区）塑性区宽度。根据平衡条件，有：

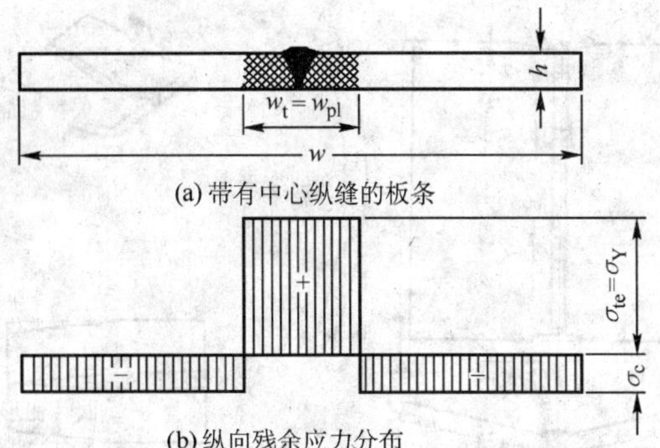

图 2.9-79 所有板边均无约束的简化应力分布模型

$$\sigma_{te}=\sigma_Y \tag{2.9-1}$$

$$\sigma_c=-\sigma_{te}\frac{w_t}{w-w_t}=-\sigma_Y\frac{w_{pl}}{w-w_{pl}} \tag{2.9-2}$$

式中，σ_c 为压缩残余应力，MPa；w 为板宽，mm；w_t 为拉伸区的宽度，mm；w_{pl}为塑性区的宽度，mm。

对于低碳钢，有经验公式：

$$w_{pl}=170\frac{q_w}{h\sigma_R} \tag{2.9-3}$$

式中，h 为板厚，mm；q_w 为焊接线能量，J/mm。

其中焊接线能量 q_w（单位长度的热输入）和单位长度焊缝熔化填充金属的体积成比例，或是和焊缝横截面积 A_w 成比例，于是

$$q_w=K_n kA_w \tag{2.9-4}$$

式中，A_w 为焊缝横截面积（mm^2）；k 为比例系数，药皮电弧焊 $k=61$，金属极气体保护电弧焊 $k=41$，埋弧焊 $k=72$；n 为多道焊的道数；K_n 为多道焊校正系数。n 为多道焊的道数。

$$k_n=n^{-2/3} \tag{2.9-5}$$

对于图 2.9-80 和图 2.9-81 所示偏心纵缝板条和 T 形截面梁，在横截面上的应力平衡条件中，加入拉伸力相对于横截面重心的力矩后，也可以得到相似的结果。

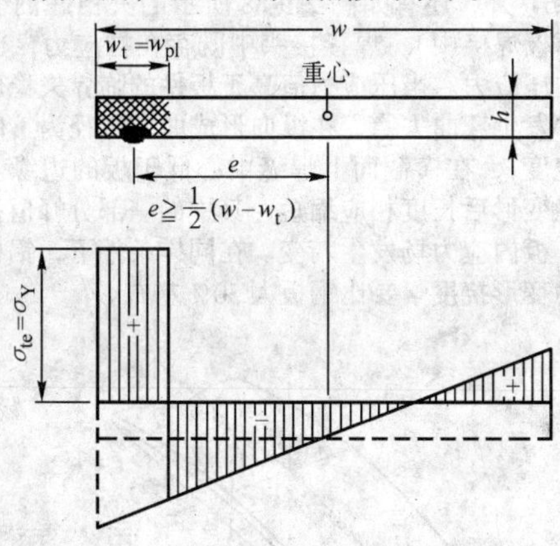

图 2.9-80 各边均无约束的偏心纵缝板条纵向残余应力的简化分布

2.2.2 对接接头的横向拘束应力计算

两端刚性夹持固定的对接接头，其横向应力与两端夹持之间的距离 l 有关。刚性固定条件下的横向拘束应力如图 2.9-82 所示，其中 h 为板厚（mm），l 为夹持间距（mm），经验计算公式为：

$$\sigma_{tr}=\begin{cases}\dfrac{337\ 000}{l}, & \text{当 } h=10\text{ mm 时}\\[2mm] \dfrac{550\ 000}{l}, & \text{当 } h=20\text{ mm 时}\end{cases} \tag{2.9-6}$$

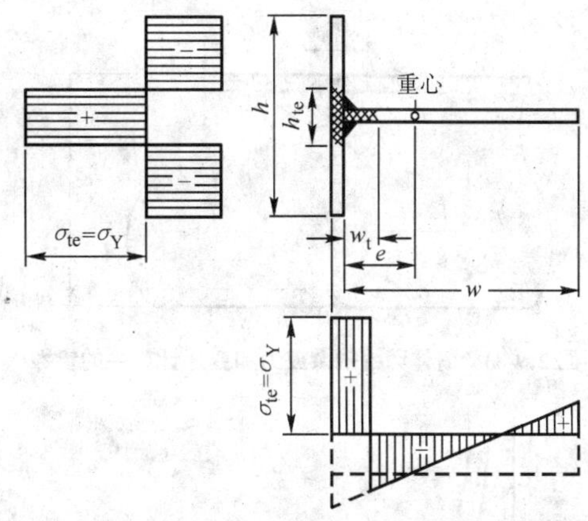

图 2.9-81 带有腹板与翼板填角焊缝的 T 形截面梁纵向残余应力的简化分布，梁的纵向无约束

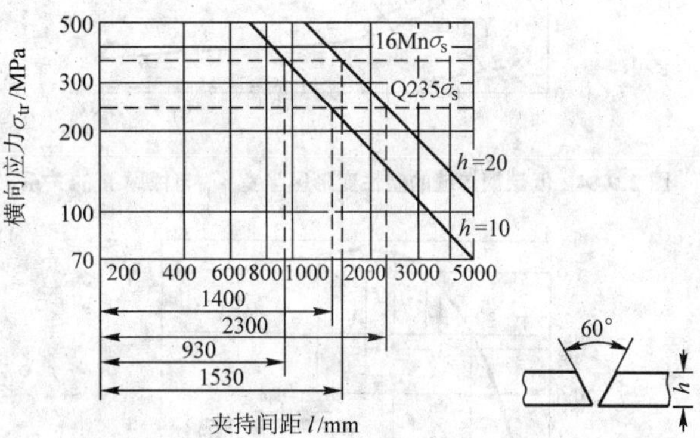

图 2.9-82 刚性固定条件下，对接接头的横向拘束应力

2.2.3 筒体环缝焊接的残余应力计算

筒体的环缝能够引起壳体明显的收缩，基于收缩力模型的函数分析，可以给出挠度和残余应力。如图 2.9-83 所示，假定焊缝两侧的塑性区宽度为 $2w_{pl}$，其中存在着与等效初始应变相对应的初始应力 σ_0。那么，焊缝中心线上的挠曲变形量 w_0 为

$$w_0=\frac{\sigma_0 R}{E}\left(1-e^{-\lambda w_{pl}}\cos\lambda w_{pl}\right) \tag{2.9-7}$$

焊缝中心线上的周向应力 σ_{c0}为

$$\sigma_{c0}=\sigma_0 e^{-\lambda w_{pl}}\cos\lambda w_{pl} \tag{2.9-8}$$

焊缝中心线上的轴向应力 σ_{a0}为

$$\sigma_{a0}=\frac{3\sigma_0}{\sqrt{3(1-\nu^2)}}e^{-\lambda w_{pl}}\sin\lambda w_{pl} \tag{2.9-9}$$

$$\lambda=\left[3\frac{(1-\nu^2)}{h^2R^2}\right]^{\frac{1}{4}} \tag{2.9-10}$$

式中，ν 为泊松比；h 为板厚，mm；R 为筒体半径，mm，如图 2.9-83 所示。

塑性区半宽 w_{pl} 和初始应力 σ_0 可由试验或数值方法确定。例如，在很多情况下 σ_0 可设定为屈服极限 σ_Y；已知材料厚度 h 和焊接方法（电弧焊、高能束焊或气焊），w_{pl}可由图 2.9-84 求得。

图 2.9-85 所示为在无量纲坐标中，根据上述公式得到的筒体环缝残余应力和弯曲挠度与焊缝参数的关系。

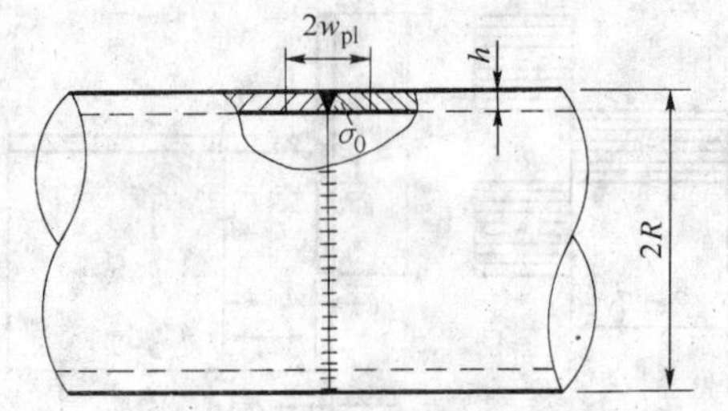

图 2.9-83　筒体环缝残余应力和变形计算中的参数

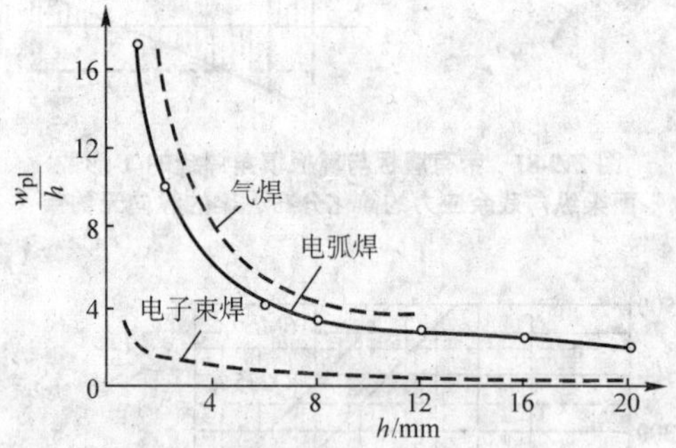

图 2.9-84　低碳钢焊缝的塑性变形区半宽 w_{pl} 与板厚 h 的关系

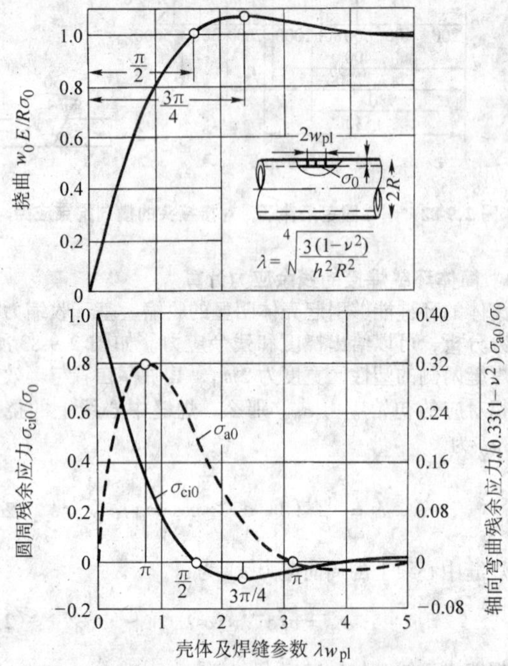

图 2.9-85　量纲为 1 的坐标中筒体环缝残余应力和弯曲挠度与焊缝参数的关系

2.3　典型构件上的焊接变形

在薄壁或中等厚度板件结构上比较典型的焊接变形有板件对接直线焊缝、圆筒对接环形焊缝和壳体上的安装座圆形封闭焊缝引起的焊接变形，在厚板重型结构上的焊接变形则有：焊缝的横向收缩变形引起的坡口间隙变化（如电渣焊缝）和多层多道焊接头的角变形等。焊接变形的分类如图 2.9-1 所示，本节简要说明几种典型构件上的焊接变形。

2.3.1　板件对接焊缝引发的变形

板件对接焊缝所产生的典型变形如图 2.9-86 所示，包括纵向收缩变形、横向收缩变形、角变形、弯曲变形、回转变形和失稳翘曲变形。

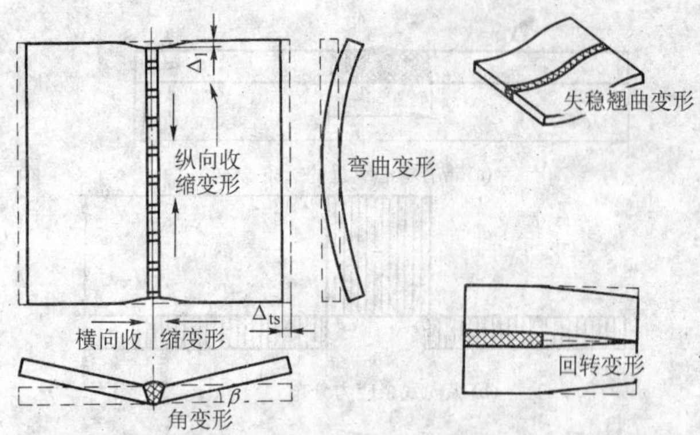

图 2.9-86　板件对接焊缝引发的变形

对接焊缝会产生面内变形（图 2.9-14）。在焊接过程中，由于横截面上温度分布 T 不均匀，使对接部分张开，如图 2.9-87 所示；另外，已焊好焊缝 h 的横向收缩会使对接板件相互靠拢，其纵向收缩或焊接中止在板件中部时，又会使未焊部分的间隙闭合（产生面内弯矩 θ）。

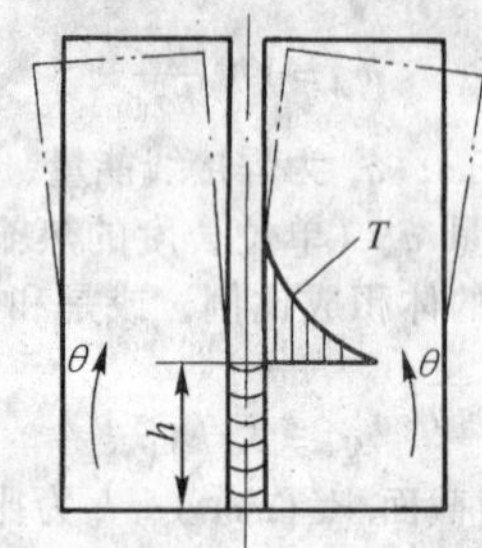

图 2.9-87　板件对接过程中的面内变形

在热应力作用下，焊接过程中板件的面外瞬态失稳变形会对最终残余变形产生不利影响，所以薄板焊接时要采用适当的夹具。

对接焊缝的残余变形除横向收缩、纵向收缩和角变形（图 2.9-86）外，还有如图 2.9-88 所示的失稳翘曲变形（多发生在薄板焊接中）。焊接接头中既存在拉应力，也存在与之平衡的压应力。当压应力值高于板件的临界失稳压应力值时，板件发生翘曲失稳，在纵向形成曲率半径为 r 的弯曲变形并有挠度 f，在横截面上焊缝中心低于板的边缘。焊缝在发生失稳变形后长度相应缩短，其中的一部分峰值拉应力有所降低，板内应力场发生畸变。在同样条件下，铝板焊后的翘曲失稳变形挠度 f 要比钢板大 30% 左右。

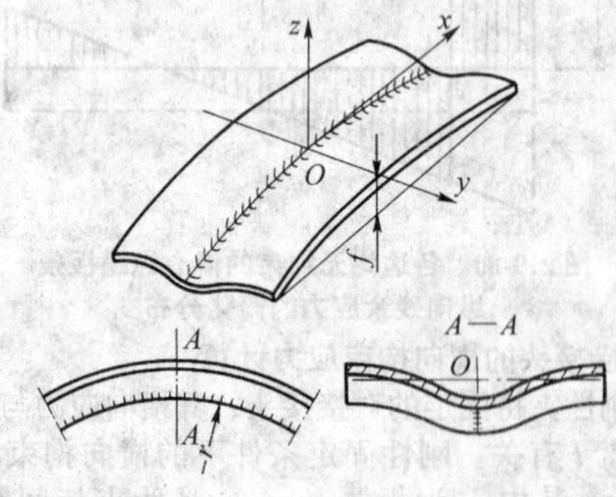

图 2.9-88　薄板件对接焊后的典型失稳状态

2.3.2　圆筒对接焊缝的变形

薄壁圆筒环形对接焊缝引起的变形如图 2.9-89 所示，在焊缝中心线上产生最大的下凹变形，而在离开焊缝稍远处还会出现幅值较小的上凸变形。这种因为环形焊缝在周长上缩短造成的壳体变形特征，可由板壳弹性理论进行计算求得。环形焊缝下陷，同时在焊缝中的峰值应力也随之降低。

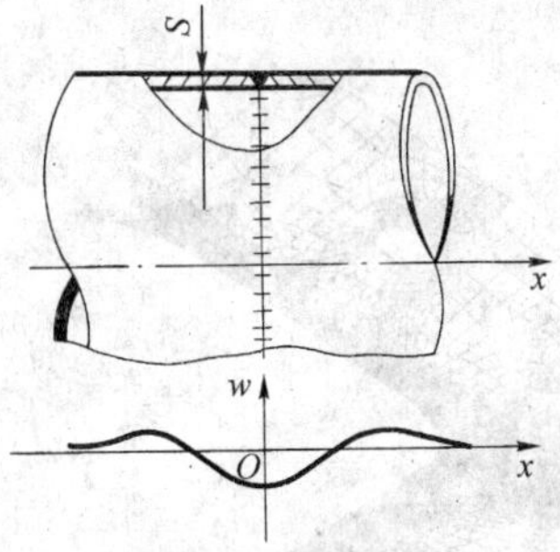

图 2.9-89　圆筒对接环形焊缝引起的母线弯曲变形

图 2.9-90 所示为不锈钢筒体环缝引起的母线变形。容器的焊接壳体结构多为筒体与刚性较大的安装边（法兰盘）用环形焊缝连接，在筒体上的母线变形较大（图 2.9-91）。铝合金筒体在环缝处为上凸变形，由于其良好的导热性和焊缝两侧不同的结构刚性，焊缝两侧产生不同的凸起变形量，其差值为 Δw（图 2.9-91b）。在大部分薄壁结构上，环形焊缝的径向收缩会引起安装边角变形（图 2.9-91c）。

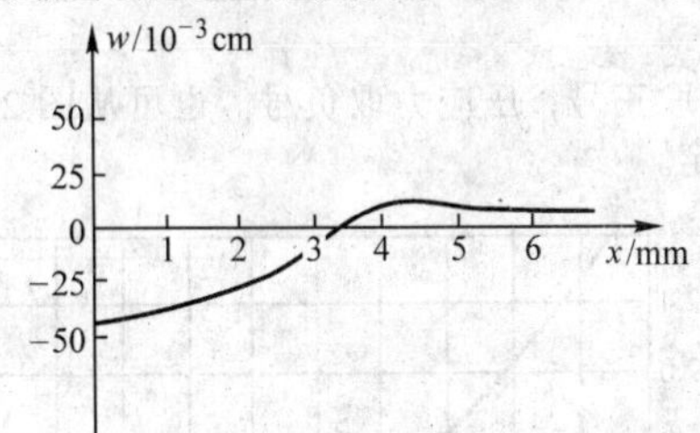

图 2.9-90　不锈钢筒体焊缝对接引起母线变形实测值

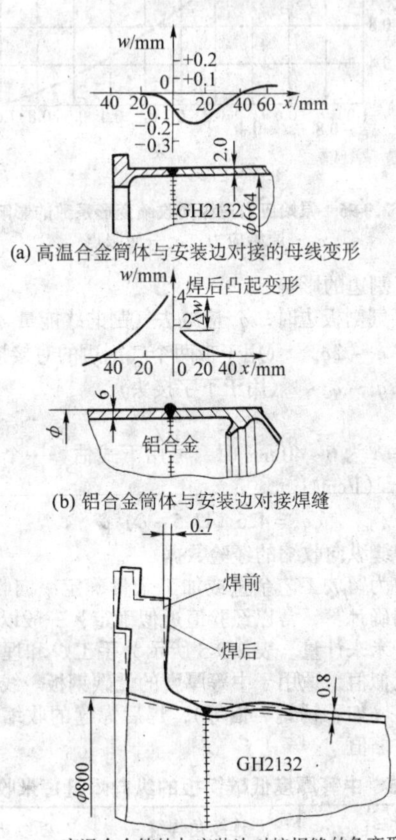

图 2.9-91　筒体与安装边对接环缝引起的母线变形实测值与安装边角变形

2.3.3　壳体安装座圆形封闭焊缝的变形

由于薄壁壳体的结构刚性不同，壳体上的圆形封闭焊缝引起的变形也不同。这类变形主要是由焊缝的横向收缩和焊缝长度沿圆周的纵向收缩引起的。大多数壳体在焊后型面发生畸变，在焊缝处塌陷，周围会发生失稳变形（图 2.9-92）。

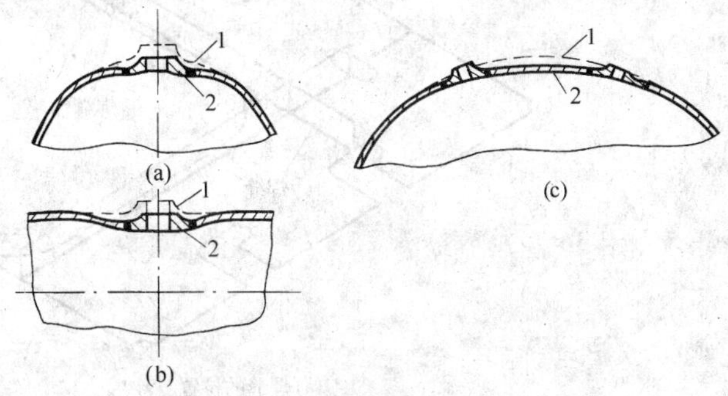

图 2.9-92　壳体上圆形焊缝引起型面塌陷
1—型面设计位置；2—变形后的位置

2.3.4　筋板构件的焊接变形

筋板焊接构件一般由 T 形焊接接头组成，除了纵向焊缝引起的弯曲变形外，还有 T 形接头填角焊缝的横向收缩引起的角变形，以及有残余压应力的部位受压失稳引起的波浪变形，如图 2.9-93 和图 2.9-94 所示。如果 T 形结构的加强肋焊于平板形成连续 T 形接头，则其角变形如图 2.9-95 所示，从加强肋的背面看类似波浪变形，在船体结构的两舷侧板上许多肋骨焊后所形成外壳的凹凸变形也类似波浪变形，或俗称"瘦马变形"。

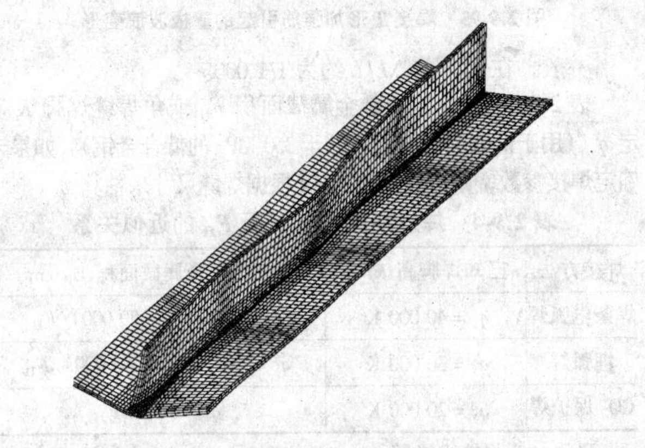

图 2.9-93　T 形结构的焊接变形（放大 30 倍）

2.4　焊接变形的估算

2.4.1　纵向收缩变形的计算

细长构件如梁、柱等纵向焊缝所引起的纵向收缩 ΔL，一方面，取决于焊缝及其两侧不协调应变区的数值及其分布面积的积分，即单位收缩量，与焊接线能量和焊接工艺有关。另一方面，取决于构件长度 L 和截面积 F。在同样焊接参量下，预热会增加单位收缩量，使 ΔL 增大；只有在很高温度的整体预热下，才能使 ΔL 减小。

(1) 单道焊缝的纵向收缩

单道焊缝的纵向收缩可由下式粗略估算：

$$\Delta L = 0.86 \times 10^{-6} q_v L \tag{2.9-11}$$

式中，q_v 为焊接线能量，J/cm；ΔL 为焊缝纵向收缩量，cm；L 为焊缝总长度，cm。

$$q_v = \frac{\eta UI}{v}$$

式中，U 为电弧电压，V；I 为焊接电流（A）；η 为电弧热效率，焊条电弧焊取 0.7～0.8，埋弧焊取 0.8～0.9，CO_2 气体保护焊焊取 0.7；v 为焊接速度，cm/s。

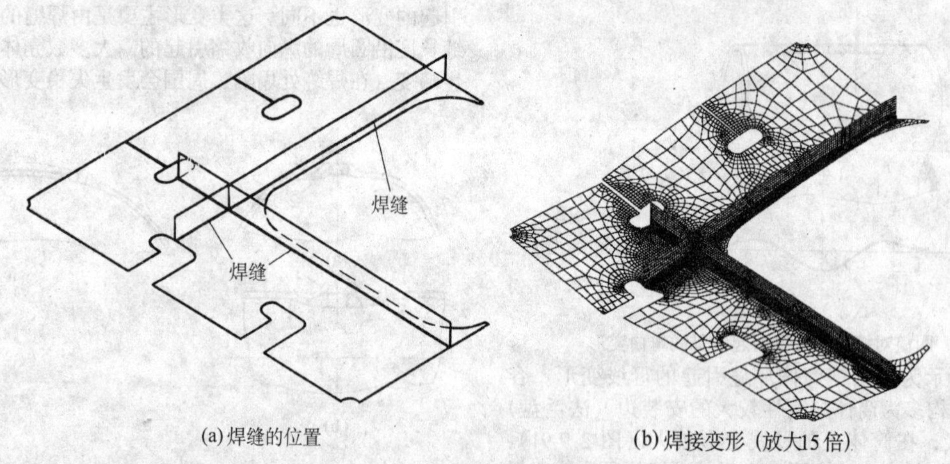

(a) 焊缝的位置　　(b) 焊接变形（放大15倍）

图 2.9-94　筋板结构的焊接变形

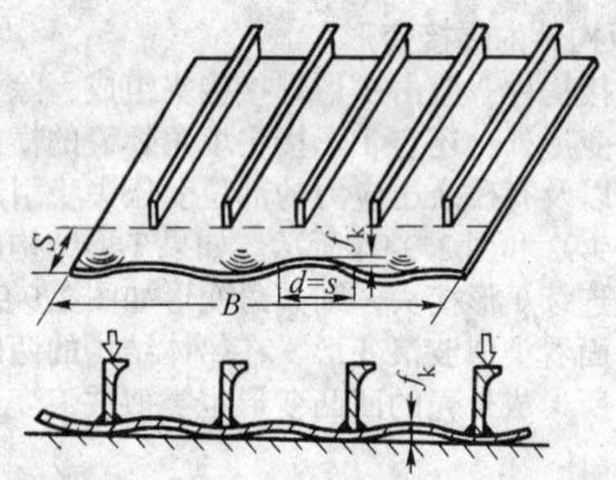

图 2.9-95　焊接 T 形加强筋引起的壁板波浪变形

一般，在钢材上 $\Delta L/L$ 约为 1/1 000。

表 2.9-4 可用焊缝熔敷金属截面积 F_H 或角焊缝焊脚 K 确定 q_v（用于低碳钢和屈服点低于 350 MPa 的低合金钢）。如果未确定焊接参数，则可参照表 2.9-4 根据焊缝尺寸来估算 q_v。

表 2.9-4　焊接线能量与 K 及 F_H 的近似关系

焊接方法	已知焊脚高 K/cm	已知熔敷金属截面积 F_H/cm²
焊条电弧焊	$q_v = 40\,000\ K^2$	$q_v =$（42 000～50 000）F_H
埋弧焊	$q_v = 30\,000\ K^2$	$q_v =$（61 000 ～ 66 000）F_H
CO_2 保护焊	$q_v = 20\,000\ K^2$	$q_v = 37\,000 F_H$

注：q_v 为焊接线能量，J/cm。

（2）多道焊

多道焊缝时，每道焊缝的塑性变形区互相重叠，上式中的 F_H 改用一道焊缝的截面积，再乘以系数 k_1。

$$k_1 = 1 + 85\varepsilon_s n \tag{2.9-12}$$

式中，ε_s 为材料的屈服应变，$\varepsilon_s = \sigma_s/E$；$n$ 为焊道数。

（3）T 形接头的纵向收缩

对于两面各有一条焊脚相同的角焊缝的 T 形接头构件的纵向收缩，F_H 取一条角焊缝的截面积，再乘以系数 1.3～1.45。

（4）奥氏体钢构件

奥氏体钢构件的变形值比低碳钢构件大，应乘以系数 1.44。

（5）断续焊缝

对于长度为 a，中心距为 l 的断续焊缝，其 ΔL 应乘以系数 a/l。

（6）有原始应力的焊缝

焊接有时在原始应力 σ_0 作用下进行，此种原始应力可能是其他部位焊缝所引起的，也可能是构件受载或反变形所引起的，则 ΔL 应乘以修正系数 k_2。

$$k_2 = \begin{cases} 1 - \sigma_0/\sigma_s & \text{（用于原始应力为拉应力时）} \\ 1 - 2\sigma_0/\sigma_s & \text{（用于原始应力为压应力时）} \end{cases} \tag{2.9-13}$$

拉应力取正号，压应力取负号。也可从图 2.9-96 根据 σ_0/σ_s 来确定。

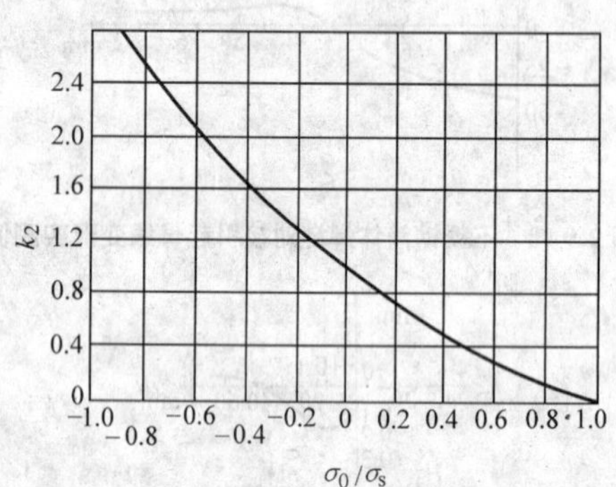

图 2.9-96　原始应力对纵向收缩变形系数的影响

σ_0—原始应力；σ_s—屈服点

（7）气割边的影响

当焊接气割板边时，q_v 应减去气割的线能量 q_c；

$$q_v{}' = \begin{cases} q_v - 2q_c & \text{（用于带两个气割边的对接接头）} \\ q_v - q_c & \text{（用于丁字接头）} \end{cases} \tag{2.9-14}$$

当板厚 δ 为 6～40 mm 时，可用下式估算一个板边的气割线能量 q_c（J/cm）：

$$q_c = 426\,(13.5 - \delta)\,\delta \tag{2.9-15}$$

（8）焊缝纵向收缩的经验数据

生产中为留放工艺余量或加工余量确定纵向收缩量时，一般不做精确计算，常以经验值近似确定，一般以每米焊缝缩短多少毫米来计量。表 2.9-5 所示为手工焊和埋弧焊焊缝收缩量的近似值，适用于中等厚度的低碳钢板。线膨胀系数较大的材料（如不锈钢、铝等），焊后焊缝的收缩量大，可适当增加收缩值。

表 2.9-5　中等厚度低碳钢板的纵向焊缝每米收缩值

对接焊缝	连续角焊缝	断续角焊缝
0.15～0.3mm/m	0.2～0.4mm/m	0～0.1mm/m

2.4.2　横向收缩变形的计算

（1）对接焊缝的横向收缩

单道对接焊缝中的横向收缩变形主要是因热源附近高温区金属的热膨胀受到拘束，产生了塑性应变，熔池凝固后，焊缝附近金属开始降温而收缩，这是焊缝横向收缩的主要组成部分；而焊缝本身的收缩仅占横向收缩总量的10%左右。

在钢结构上，单道对接焊缝的横向收缩量 ΔB 值，比纵向收缩量要大得多，可以用下式估算：

$$\Delta B = A \cdot q \cdot \frac{\alpha}{c \cdot \gamma \cdot \delta} \tag{2.9-16}$$

式中，ΔB 为焊缝横向收缩量；A 为经验系数，电弧焊1.0～1.2，电渣焊 1.6，其余详见表 2.9-6；q 为焊接线能量；α 为材料线胀系数；c 为材料比热容；γ 为材料密度；δ 为钢板厚度。

表 2.9-6　根据不同焊接条件的 A 值

焊接方法	$q_v = q/v$ /J·cm^{-1}	单位厚度线能量 $q_{v\delta} = q/v\delta$ /J·cm^{-2}	A
交流焊条电弧焊	约 57 500	≤46 300	$0.06 + 0.203 \times 10^{-4} q_{v\delta}$
	约 57 500	>46 300	1.0
	10 500～22 000	≤31 200	$0.15 + 0.272 \times 10^{-4} q_{v\delta}$
		>31 200	1.0
CO_2 气体保护焊	约 14 300	<8 400	$0.15 + 0.272 \times 10^{-4} q_{v\delta}$
		8 400～19 300	$-0.12 + 0.585 \times 10^{-4} q_{v\delta}$
		>19 300	1.0
	约 11 100	<3 780	$0.15 + 0.272 \times 10^{-4} q_{v\delta}$
		3 780～16 750	$0.02 + 0.585 \times 10^{-4} q_{v\delta}$
		>16 750	1.0
	约 8 800	<1 260	$0.15 + 0.272 \times 10^{-4} q_{v\delta}$
		1 260～15 100	$0.12 + 0.585 \times 10^{-4} q_{v\delta}$
		>15 100	1.0

一般 ΔB 值在起弧段较小，在焊缝长度方向略有升高；有间隙的对接焊会增大 ΔB 值，这与工件在焊接过程中受到的不断变化的拘束条件有关。作为粗略估算，薄板对接焊时，ΔB 值约为焊缝宽度的 0.1～0.15。在薄板上敷焊时的 ΔB 值要比对接焊时的 ΔB 值小得多。

在角焊缝和堆焊焊缝上，ΔB 值比在对接焊时小。大厚度板开坡口多道焊时，ΔB 值逐层递减；V 形坡口的 ΔB 值比 X 形和双 U 形坡口时都大。坡口角度和间隙越大，ΔB 值也越大。在同样材料上，气焊时 ΔB 值最大，电弧焊次之，电子束和激光焊时最小。在电弧焊中，焊条电弧焊的 ΔB 值比埋弧焊的大，用气体保护焊时的 ΔB 值，相对来说较小。

多道焊时，每道焊缝产生的横向收缩量逐层递减。所以控制多层焊横向收缩的关键在于取相应工艺措施控制最初几层的收缩量。

(2) 焊条电弧焊对接接头

焊条电弧焊对接接头的横向收缩量可参照下列经验公式粗略估算：

$$\Delta B = 0.2 F_H / \delta \tag{2.9-17}$$

式中，F_H 为熔敷金属截面积；δ 为板厚。

(3) T 形接头和搭接接头

T 形接头和搭接接头的横向收缩量 ΔB 随 K 的增加而增大，随 δ 的增加而降低（图 2.9-97）。

(4) 外拘束作用下的焊缝横向收缩

在外拘束作用下，横向收缩变形会减少，如图 2.9-98 所示。其中 ΔB 表示焊缝在无拘束条件下的自由横向收缩，$\Delta B'$为拘束条件下焊缝的横向收缩。拘束度 k_s 定义为单位横向收缩量所引起的反作用应力

$$k_s = \frac{\sigma}{\Delta B'} \tag{2.9-18}$$

式中，σ 为板件中的反作用力

$$\sigma = E\,\frac{\Delta B'}{B} \tag{2.9-19}$$

式中，E 为材料的弹性模量，B 为板宽。所以

$$k_s = \frac{\sigma}{\Delta B'} = \frac{E}{B} \tag{2.9-20}$$

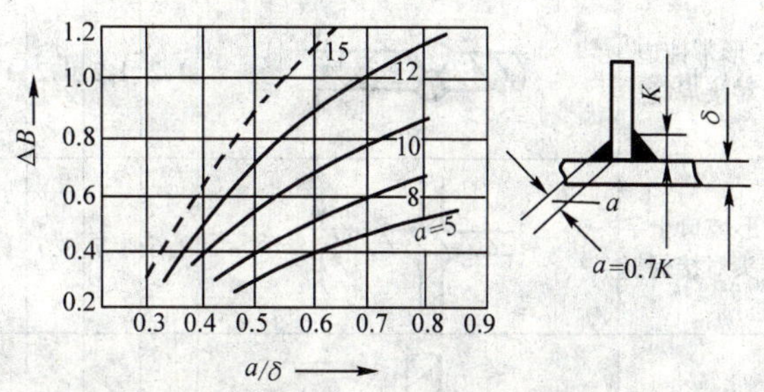

图 2.9-97　T 形接头横向收缩与 a/δ 的关系

图 2.9-98 给出了与三种不同拘束条件相对应的拘束度与焊缝横向收缩量的相对值（$\Delta B'/\Delta B$）的关系。

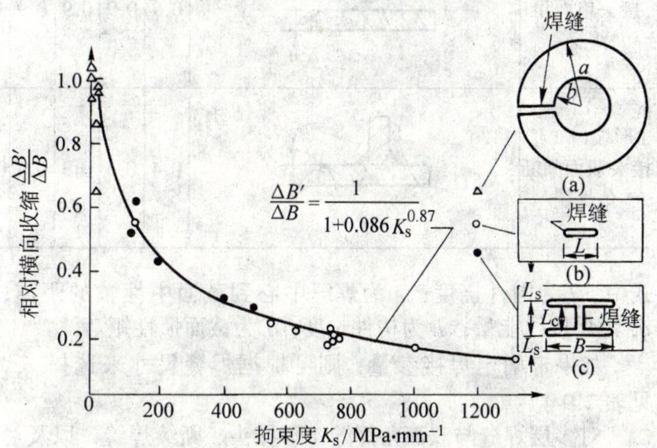

图 2.9-98　焊缝相对横向收缩与拘束度的关系

(a) 在环形板件的切口处施焊；(b) 在板件中心的槽缝上施焊；(c) 在板面 H 形槽的中缝施焊

(5) 焊缝横向收缩的经验数值

生产上也常采用经验近似值来留放工艺余量，一般以焊缝的条数确定收缩量。一条焊缝的横向收缩量大致与2～4 m 焊缝的纵向收缩量相当，因此，当构件上的焊缝不长时，焊缝横向收缩是主要的。表 2.9-7 列出了不同情况下焊缝的横向收缩量的近似值。

2.4.3　弯曲变形的计算

(1) 焊缝纵向收缩引起的弯曲变形

若焊缝与构件横截面的中性轴线不重合时，焊缝纵向收缩会引起构件的弯曲变形。焊脚尺寸越大，弯曲变形的挠度越大。钢构件的挠度大于铝构件的挠度，其原因之一是铝具有良好的导热性，在铝构件上热源周围温度场的温度梯度较小，另外，铝合金的材料特性（如 E、σ_s 等）和焊缝中的残余拉应力峰值大小与钢材上的相应数值也有较大不同。

对于构件由纵向焊缝引起的弯曲挠度的估算，可按下式进行：

$$f = 0.86 \times 10^{-6} \times \frac{e q_v L^2}{8I} \tag{2.9-21}$$

表 2.9-7　焊缝横向收缩的近似值　mm

接头类型 \ 横向收缩量 \ 钢板厚 S	5	6	7	8	9	10	11	12	13	14	15	16	17	18	19	20	21	22	23	24
V形坡口对接焊缝	1.3	1.0	1.4	1.4	1.5	1.6	1.7	1.8	1.8	1.9	2.0	2.1	2.2	2.4	2.5	2.6	2.7	2.8	2.9	3.1
X形带钝边对接焊缝	1.2	1.2	1.2	1.3	1.3	1.4	1.5	1.6	1.6	1.7	1.8	1.9	2.0	2.1	2.2	2.4	2.5	2.6	2.7	2.8
K形坡口十字接头对接焊缝	1.6	1.7	1.7	1.8	1.9	2.0	2.0	2.1	2.2	2.3	2.4	2.5	2.6	2.7	2.9	3.0	3.1	3.2	3.4	3.5
单边V形坡口角焊缝	0.8	0.8	0.8	0.8	0.8	0.8	0.7	0.7	0.7	0.7	0.7	0.6	0.6	0.6	0.6	0.6	0.5	0.4	0.4	0.4
I形坡口T形接头单面角焊缝	0.9	0.9	0.9	0.9	0.9	0.9	0.9	0.9	0.8	0.8	0.8	0.8	0.8	0.7	0.7	0.7	0.6	0.5	0.4	0.4
I形坡口T形接头双面间断角焊缝	0.4	0.3	0.3	0.3	0.25	0.25	0.2	0.2	0.2	0.2	0.2	0.2	0.2	0.2	0.2	0.2	0.2	0.2	0.2	0.2

式中，f为构件挠度；e为焊缝中心到截面中性轴的距离；q_v为焊接线能量；L为构件长度；I为截面惯性矩。

如果未确定焊接参量，则可根据焊缝尺寸来选择 q_v，见表 2.9-4。

对多层焊缝与双面角焊缝T形接头、断续焊缝，以及对奥氏体钢构件弯曲变形估算时，处理方法与纵向变形估算的处理方法相同（2.4.1 纵向收缩变形）。

(2) 焊缝横向收缩引起的弯曲变形

如果横向焊缝在构件上分布不对称，例如图 2.9-99 构件上的短筋板焊缝，则焊缝横向收缩也会引起的弯曲变形。每对筋板与翼缘之间的角焊缝的横向收缩 ΔB 将使构件弯曲一定角度：

$$\varphi_2 = \Delta B_2\ \frac{S_2}{I} \tag{2.9-22}$$

式中，S_2为翼缘对构件水平中性轴的静矩。

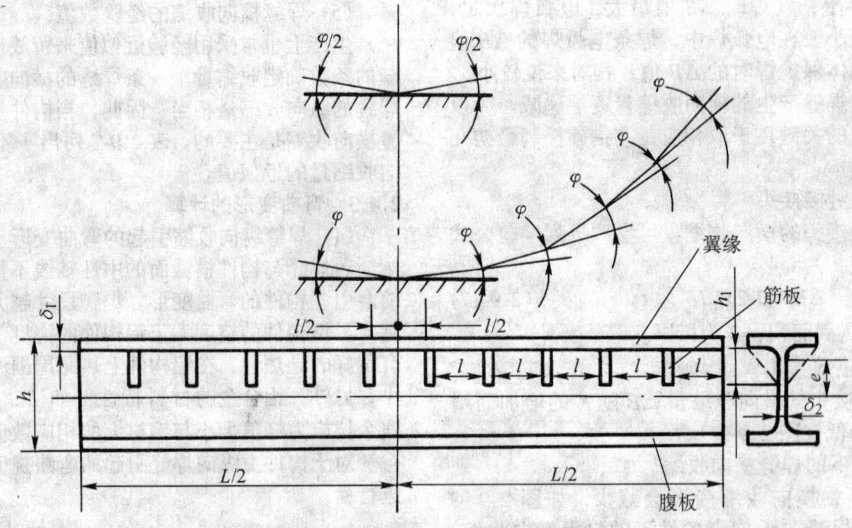

图 2.9-99　短筋板焊缝横向收缩引起的挠曲变形

$$S_2 = F_2(h/2 - \delta_1/2) \tag{2.9-23}$$

式中，F_2 为翼缘截面积。

每对筋板与腹板之间的角焊缝的横向收缩 ΔB_1 将使构件也弯曲一定角度

$$\varphi_1 = \Delta B_1 \frac{S_1}{I} \tag{2.9-24}$$

式中，S_1 为高度为 h_1 的一部分腹板对构件截面水平中性轴的静矩。

$$S_1 = h_1 \delta_2 e \tag{2.9-25}$$

若 $\varphi = \varphi_1 + \varphi_2$，则对于图 2.9-99 中的构件的总挠度可按下式估算：

$$f = 5\varphi l + 4\varphi l + 3\varphi l + 2\varphi l + \varphi l \tag{2.9-26}$$

如果构件的中心有一筋板，则它所引起的挠曲可用下式估算之：

$$f_0 = \frac{1}{2}\varphi\frac{L}{2} \tag{2.9-27}$$

（3）纵向弯曲变形的经验值

表 2.9-8 所示为几种断面形状焊后产生弯曲变形的经验值。

表 2.9-8　纵向弯曲变形的经验值

（每米长度上的纵向收缩量）　mm

断面形状	t/H	< 150	150 ~ 300	300 ~ 500	500 ~ 1 000
	4.5	2.0	2.0	2.0	2.0
	6 ~ 8	1.3	1.2	1.1	1.0
	9 ~ 12	0.9	0.8	0.7	0.6
	14 ~ 20	0.7	0.6	0.5	0.4
	20 ~		0.5	0.4	0.3
	4.5	3.0	3.0	3.0	2.0
	6 ~ 8	1.7	1.5	1.4	1.3
	9 ~ 12	1.3	1.1	1.0	0.9
	14 ~ 20	1.0	0.9	0.8	0.7
	22 ~	0.9	0.8	0.7	0.6
	4.5	3.0	3.0	3.0	2.5
	6 ~ 8	2.0	1.9	1.8	1.6
	9 ~ 12	1.5	1.4	1.2	1.0
	14 ~ 20	1.2	1.0	0.9	0.7
	22 ~	1.0	0.8	0.7	0.6

2.4.4　角变形的计算

（1）无拘束焊缝的角变形

单侧或不对称双侧焊，在对接、搭接、T 形、十字形和角接接头中会发生角变形。图 2.9-100 所示为低碳钢或低合金钢单道焊缝的角变形 $\Delta\beta$（单位：rad），其中 v 为焊接速度，q_W 是焊接线能量（单位长度焊缝的热输入），h 为焊缝厚度或板厚。可见随着焊接速度的提高，角变形的最大值升高。

图 2.9-101 所示为当板厚为 δ 时，焊缝熔深 H 与角变形 β 的关系。在板上平铺焊缝（堆焊）时，$H/\delta < 0.5$，角变形 β 随熔深的增大而增大；当 $H/\delta \geqslant 0.5$ 时，角变形 β 最大，并随坡口角度增大而增大。单层埋弧焊、电渣焊及电子束对接焊焊缝，H/δ 接近于 1，角变形 β 都比较小。多层焊比单层焊的角变形大，多道焊（每层分几道）比多层焊大。层数、道数越多，角变形越大。焊接 X 坡口，先焊的那一面的角变形 β 一般大于后焊面的 β，故调整正、反面焊层、焊道顺序，可以有效地控制角变形。同样条件下，铝合金的角变形小于钢材上的角变形。

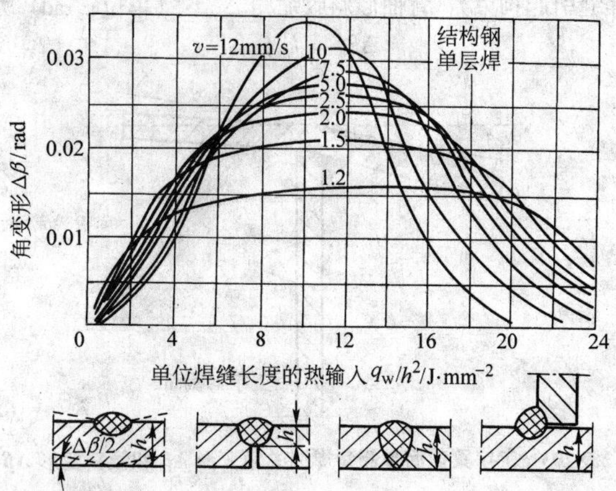

图 2.9-100　不同情况下的焊缝角变形

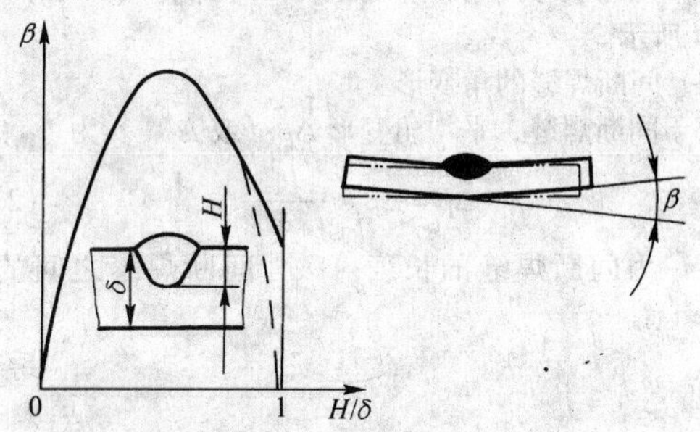

图 2.9-101　堆焊和对接焊缝角变形 β 与板厚 δ 和焊透深度 H 的关系

（2）多道焊的角变形

对于多道焊，角变形为

$$\Delta\beta = \sum\Delta\beta_i m_i - \sum\Delta\beta_j m_j \tag{2.9-28}$$

式中，i、j 分别表示板两侧的焊道数，$\Delta\beta_i$ 和 $\Delta\beta_j$ 分别为焊板两侧各焊道的角收缩，m_i 和 m_j 分别为焊道 i 和 j 的校正因子，每侧第一个焊道的 m_i 或 $m_j \approx 1.0$。按照图 2.9-100，对 $\Delta\beta_i$ 和 $\Delta\beta_j$ 的厚度 h_i 和 h_j 的选取应和各焊道的总堆焊厚度一致，例如图 2.9-102b 所示的 X 坡口 4 道对接焊缝。

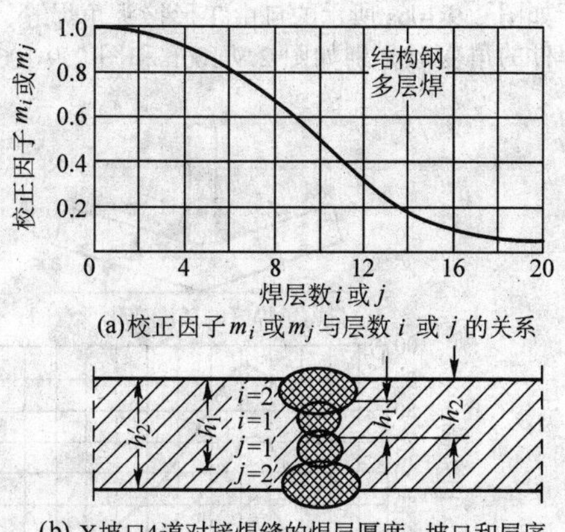

(a) 校正因子 m_i 或 m_j 与层数 i 或 j 的关系

(b) X 坡口 4 道对接焊缝的焊层厚度、坡口和层序

图 2.9-102　多道焊角变形的校正因子

（3）填角焊缝的角变形

在填角焊缝的情况下，应区分翼缘通板的角变形 $\Delta\beta$ 和翼缘通板与端板之间的倾斜变形 $\Delta\beta^*$，如图 2.9-103 所示。倾斜角变形 $\Delta\beta^*$ 的起因近似三角形的焊缝横截面在其斜边方向上的变形，且与尺寸参数基本无关。当无拘束倾斜时，

$\Delta\beta^* \approx 1.25°$。当倾斜受到拘束时（对双侧焊缝，板另一侧的角焊缝引起拘束），背面倾斜收缩角 $\Delta\beta_b{}^*$（单位：rad）为

$$\Delta\beta_b^* = k_b \varepsilon_Y \qquad (2.9\text{-}29)$$

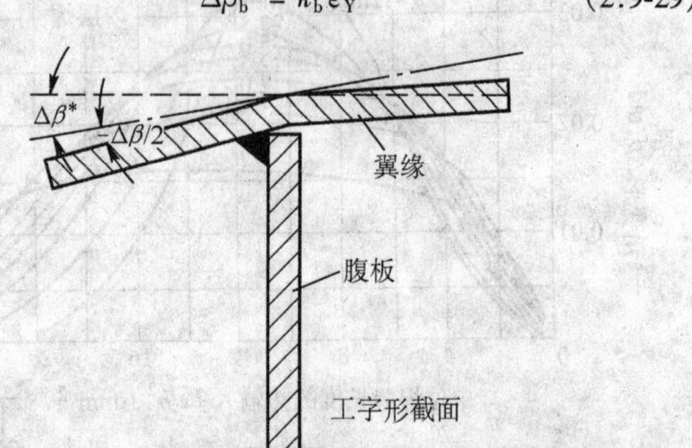

图 2.9-103　工字梁截面单侧角焊缝的角变形 Δβ 和倾斜变形 Δβ*

式中，ε_Y 是屈服极限应变，$\varepsilon_Y = \sigma_Y/E$；因子 k_b 取决于翼缘厚度 h_{fl}、腹板厚度 h_{wb} 和焊缝厚度 a（$\Delta\beta_b{}^* < 1.15°$），如图 2.9-104 所示。

（4）间断焊缝的角变形

对于间断焊缝，平均角变形 $\Delta\beta$（或 $\Delta\beta^*$）为

$$\Delta\beta = \Delta\beta_i^* \frac{l_{st}}{l_{st} + l_i} \qquad (2.9\text{-}30)$$

式中，l_{st} 为间断焊缝的长度；l_i 为间断焊缝之间的间隔长度。

对于双侧（无交错或有交错）间断焊缝的情况（不是同时焊成的），应考虑受拘束背面倾斜变形的误差。

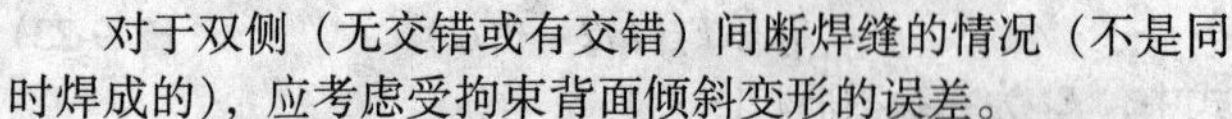

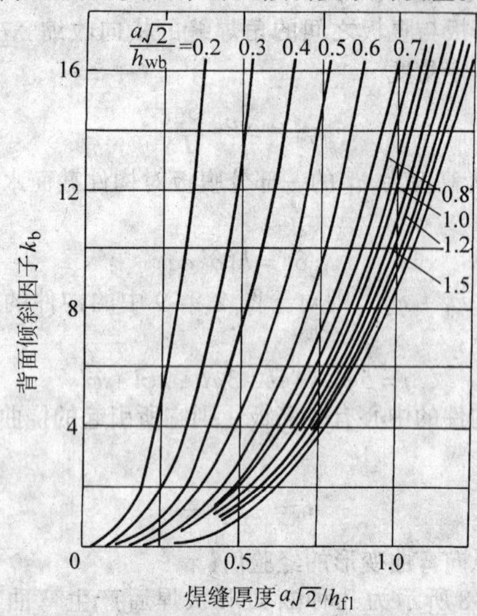

图 2.9-104　背面倾斜因子 k_b 与焊缝厚度 a、翼缘厚度 h_{wb} 及腹板厚度 h_{wb} 的关系

（5）T形接头的角变形

T形接头的角变形 β 与焊脚尺寸 K 和板厚 δ 有关，如图 2.9-105 所示。

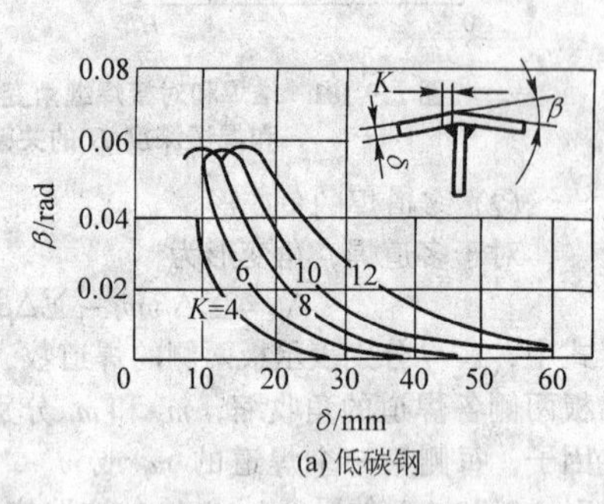

(a) 低碳钢

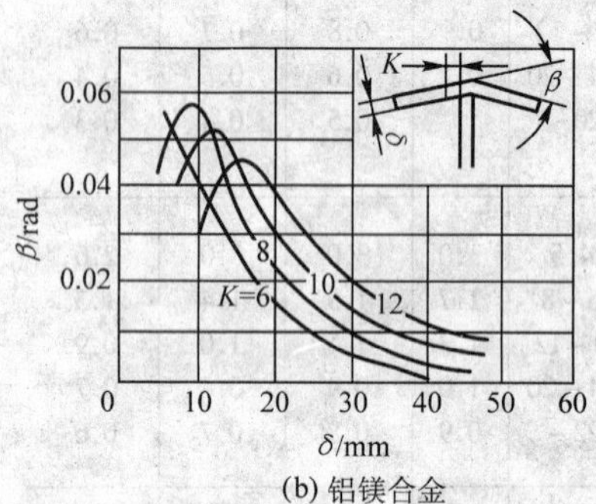

(b) 铝镁合金

图 2.9-105　T形接头的角变形

对于如图 2.9-106a 所示的自由 T形接头角焊缝，其钢焊件和铝焊件的角变形分别如图 2.9-106b 和图 2.9-106c 所示。图中，W 为每单位焊缝上熔敷的焊条质量（g/cm），可以由式（2.9-31）计算。

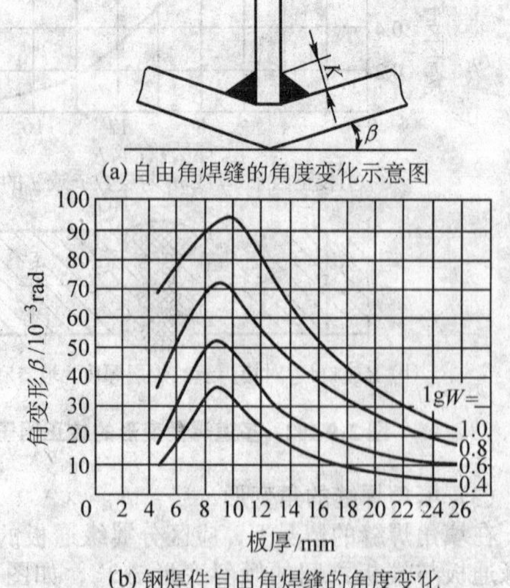

(a) 自由角焊缝的角度变化示意图

(b) 钢焊件自由角焊缝的角度变化

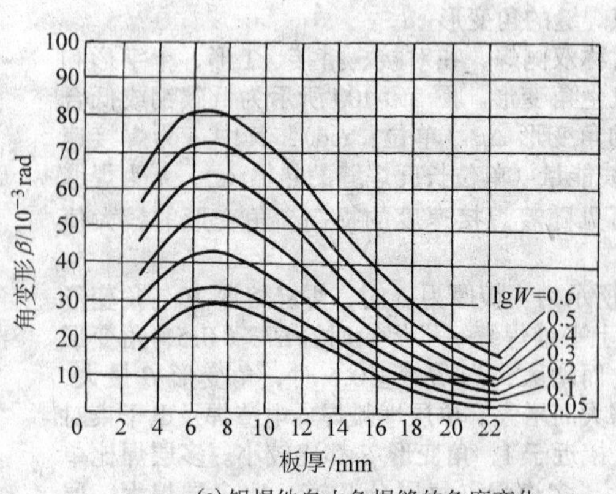

(c) 铝焊件自由角焊缝的角度变化

图 2.9-106　自由 T形接头角焊缝焊后的角变形

$$W = \frac{K^2}{2} \times 10^{-2} \times \frac{\rho}{De} \tag{2.9-31}$$

式中，K 为焊脚尺寸，mm；ρ 为密度，g/cm^3；对于钢焊件 $\rho = 7.85$ g/cm^3，对于铝焊件 $\rho = 2.65$ g/cm^3；De 为熔敷系数，可取 0.95。

W 也可根据试验很容易确定。

（6）T 形接头在结构件上的角变形

在完成带筋壁板角焊缝时，若无外拘束，则角变形积累会引起壁板弯曲变形（图 2.9-107a）；若把筋条刚性固定，则壁板呈波浪变形（图 2.9-107b）。其角变形 β 可由下式算得：

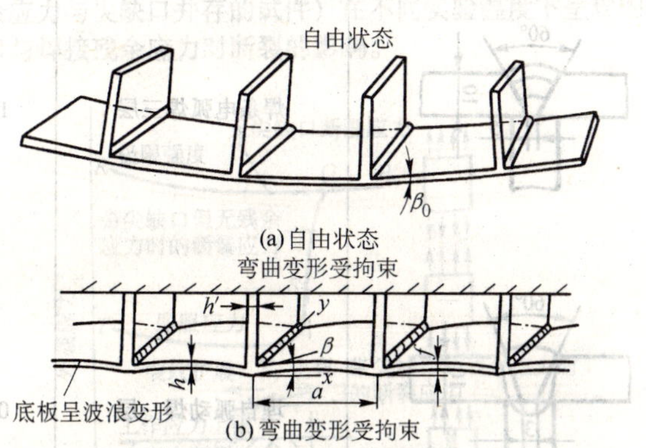

图 2.9-107　在构件上的角变形使壁板弯曲或呈波浪变形

$$\beta = \frac{\beta_0}{1 + (2D/a)(1/C)} \tag{2.9-32}$$

式中，β 为受拘束状态的角变形；β_0 为自由状态的角变形；D 为底板的刚度系数。

$$D = \frac{Eh^3}{12(1 - \nu^2)} \tag{2.9-33}$$

式中，E 为弹性模量；ν 为泊松比；h 为板厚；a 为跨距；C 为角度变化的刚性系数，由焊接条件和板厚确定。

$$C = \frac{h^4}{1 + W/5} \tag{2.9-34}$$

式中，W 为单位长度焊缝上消耗的焊条重量。

挠度与角变形的关系为

$$\frac{f}{a} = \left[\frac{1}{4} - \left(\frac{x}{a} - \frac{1}{2}\right)^2\right]\beta \tag{2.9-35}$$

式中，f 为角变形引起的挠度变形。当 $x = 0.5a$ 时，$f_{max} = 0.25a\beta$。

（7）角变形的实验数据

表 2.9-9 为低碳钢板在自由状态下对接焊角变形的实测值，表 2.9-10 是 T 形接头和搭接接头角变形的实测值，可供参考。角变形也可以由反变形数值（如表 2.9-19 和表 2.9-20）来推算。

表 2.9-9　低碳钢板在自由状态下对接焊的角变形

接头横截面	焊接方式	角变形	接头横截面	焊接方式	角变形
6	焊条电弧焊两层	1°	20	焊条电弧焊八层	7°
12	光焊条电弧焊	1.4°	20	焊条电弧焊 22 道	13°
12	单面手工焊五层	3.5°	14	铜垫板上埋弧自动焊一层	0°
12	正面焊条电弧焊五层，背面清根焊三层	0°	22	1/3 焊条电弧焊 2/3 自动焊	2°
12	右向气焊	1°	20	钢垫板上埋弧焊两层	5°
14	两面同时垂直气焊	0°			

表 2.9-10　T 形接头和搭接接头的角变形

接头横截面	焊接方式	角变形	接头横截面	焊接方式	角变形
3　6	焊条电弧焊	3°	10　5	水平位置焊条电弧焊两层	3°

(4) 对结构刚度的影响

当外载产生的应力 σ 与结构中某区域的内应力叠加之和达到屈服极限 σ_s 时，这一区域的材料就会产生局部塑性变形，丧失了进一步承受外载的能力，造成结构的有效截面积减小，结构的刚度也随之降低。

焊接结构中焊缝及其附近区域的纵向拉伸残余应力一般都可达到或接近屈服极限，如果外载产生的拉应力与残余应力相叠加超过屈服极限，则其变形就要比没有内应力或者内应力较低时大，并会发生局部屈服；当卸载时，其回弹量小于加载时的变形量，构件不能回复到原始尺寸。经过第一次加载后内应力会下降，随后的加载载荷只要不超过第一次，应力之和也就不大于 σ_s，整个加载过程只在弹性范围内进行，卸载后不会产生新的残余变形。这种现象会降低构件的刚度，例如梁形焊接构件。

当结构承受压缩外载时，由于焊接内应力中的压应力一般都低于 σ_s，只要它与外载应力之和小于 σ_s，结构就在弹性范围内工作，不会出现有效截面积减小的现象。

结构受弯曲时，内应力对刚度的影响与焊缝的位置有关，焊缝所在部位的弯曲应力越大，其影响就越大。

结构上有纵向和横向焊缝时（例如工字梁上的肋板焊缝），或经过火焰矫正，都可能在相当大的截面上产生拉应力，虽然在构件长度上的分布范围并不太大，但是它们对刚度仍有较大的影响。特别是采用大量火焰矫正后的焊接梁，在加载时刚度和卸载时的回弹量可能有很明显的下降，对于尺寸精确度和稳定性要求较高的结构是不容忽视的。

(5) 对受压构件稳定性的影响

当外载引起的压应力与焊接残余应力叠加之和达到材料的屈服极限 σ_s 时，这部分截面就丧失进一步承受外载的能力，减小了受压构件（特别是杆件或薄壳构件）的有效截面积，并改变了有效截面积的分布，影响到构件的稳定性。所以压缩残余应力会降低结构的压屈强度，特别是对于薄壳、杆件组成的焊接构件，在压应力的作用下，这些构件容易发生失稳翘曲变形。内应力对构件稳定性的影响，与其分布有关。

图 2.9-62 所示为工字形焊接杆件（工字梁）的内应力分布。图 2.9-111 为箱形焊接杆件的内应力分布。

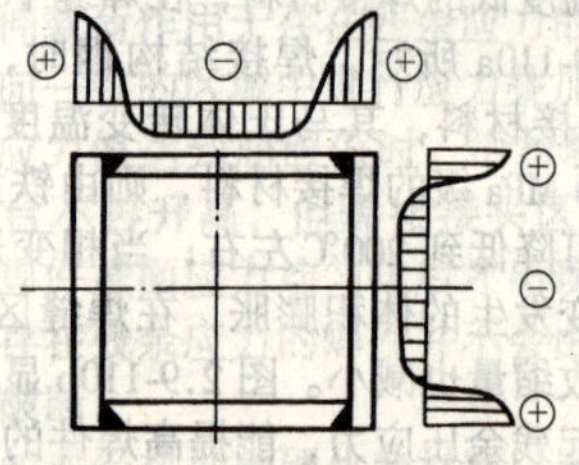

图 2.9-111 焊接箱形杆件的内应力分布

在工字形杆件中，如果翼板是用气割加工的，或者翼板是由几块叠焊起来的，则可能在翼板边缘产生拉伸内应力，其失稳临界应力 σ_{cr} 比一般的焊接工字形截面高。杆件内应力影响的大小与截面形状有关，对于箱形截面的杆件，内应力的影响比 H 形小。如图 2.9-112 所示，内应力的影响只在杆件一定的 λ（长细比）范围内起作用。当杆件的 λ 较大，杆件的临界应力比较低，若内应力的数值也较低，外载应力与内应力之和未达到 σ_s，则内应力对杆件稳定性不产生影响，如图 2.9-112 中的 EB 段欧拉曲线所示。此外，当杆件的 λ 较小，若相对偏心 r 不大，其临界应力主要取决于杆件的全面屈服，内应力也不致产生影响，见图中 CD 段。在设计受压的焊接杆件时，往往采用修正折减系数的办法来考虑内应力对稳定性的影响。在图 2.9-112 上，给出几种用不同方法制造的截面受压构件的相对失稳临界应力 σ'_{cr} 与长细比 λ 的关系图。图中横坐标为 λ，纵坐标为 σ'_{cr}，分别表示为：$\lambda = L/r$（L—杆长，r—偏心距），$\sigma'_{cr} = \sigma_{cr}/\sigma_s$。从图中可见，消除了残余应力的杆件和由气割板件焊成的杆件（曲线 CDB 段）具有比轧制板件直接制成的杆件（曲线 AB 段）更高的相对失稳临界应力。也就是说，由气割板件焊接而成的杆件的稳定性与整体热轧而成的型材杆件的稳定性相当。

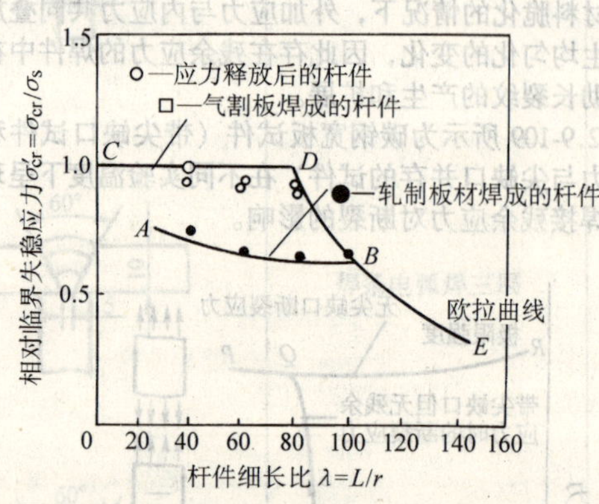

图 2.9-112 残余应力对焊接杆件受压失稳强度的影响

(6) 对应力腐蚀的影响

在应力和腐蚀的共同作用下会形成应力腐蚀，促使裂纹的形成、发展直至快速扩展造成断裂。一些焊接构件工作在有腐蚀介质的环境中，除外载的工作应力外，焊接残余应力本身也引起应力腐蚀开裂。这是在拉应力与化学反应的共同作用下发生的，残余应力与工作应力叠加后的拉应力值越高，应力腐蚀开裂所需的时间就越短。选择对特定的环境和工作介质有良好抗腐蚀性的材料，以及对焊接构件进行消应力处理，都可以提高构件的抗应力腐蚀能力。

(7) 对构件精度和尺寸稳定性的影响

为保证构件的设计技术条件和装配精度，某些焊接构件在焊后要进行机械加工。一部分材料从焊件上切除时，此处的内应力也被释放，使构件中原有的残余应力场失去平衡而重新分布，引起构件变形。这类变形往往是在机械加工完成并松开夹具后才充分显示出来，影响构件精度。例如图 2.9-113a 中的焊接构件上加工底座平面，引起工件的挠曲，影响构件底座的结合面精度。又如图 2.9-113b 的齿轮箱上有几个需要加工的轴承孔，加工第二个轴承孔时必然影响另一个已加工好的轴承孔的精度，以及两孔中心距的精度。

此外，焊接构件中的残余应力随时间的延长会缓慢变化而重新分布，发生应力松弛，同时焊件尺寸也产生相应的变化，影响到构件的精度和尺寸稳定性。不同的材料会引起不一样的残余应力松弛，对结构的精度和尺寸稳定性影响也不一样。

组织稳定的低碳钢和奥氏体钢在室温下的应力松弛微弱，因此内应力随时间的变化较小，焊件尺寸比较稳定。原始残余应力峰值为 240 MPa 的低碳钢（Q235）在室温中存放，经两个月放置后，残余应力下降 2.5%；如果原始残余应力较小，则松弛的比值也会减少。环境温度升高会成倍加速应力松弛的过程，例如上述低碳钢在 100℃ 的环境中存放，残余应力降低的百分比会是 20℃时的 5 倍。

焊后产生不稳定组织的材料，例如某些高温合金结构钢和高强铝合金，由于不稳定组织随时间而转变，内应力变化也较大，焊件尺寸稳定性较差。30CrMnSi、25CrMnSi、12Cr5Mo 和 20CrMnSiNi 等高强钢和高温合金结构钢焊后产生残余奥氏体，这些奥氏体在室温存放过程中不断地转变为马氏体，残余应力因马氏体的膨胀而降低，其降低的百分比远远超过低碳钢，使残余应力重新分布。35 钢和 4Cr13 等钢的焊接结构在室温或稍高于室温的环境中存放时，其残余应力有增加的倾向，这可能是因为焊后产生的淬火马氏体逐渐转变为回火马氏体过程中体积有所减少所致。

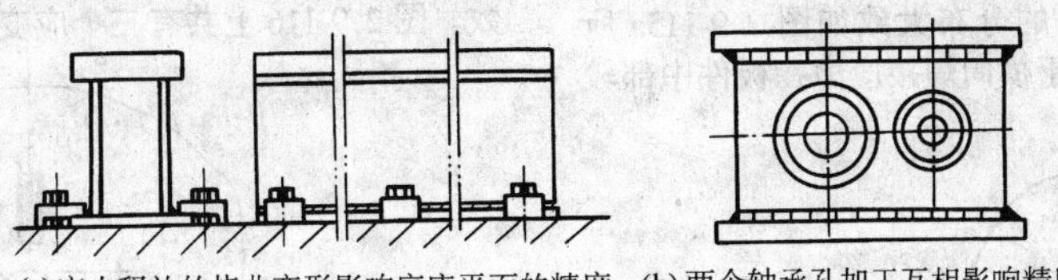

(a) 应力释放的挠曲变形影响底座平面的精度　(b) 两个轴承孔加工互相影响精度

图 2.9-113　机械加工引起内应力释放和变形

2.5.2　焊接变形的影响

焊接变形的不利影响是显而易见的，它会使结构的承载能力降低，降低疲劳强度，影响结构的尺寸精度和外形。在构件制造过程中，焊接变形会导致焊件加工时超过规定的公差，甚至引起正常工艺流程的中断。对焊接变形的矫正不仅要消耗数倍于焊接本身的时间和成本，而且矫正过程本身又会产生新的缺陷和引发质量不稳定因素。

3　焊接应力和变形的测量

3.1　焊接残余应力的测量

焊接残余应力测量方法分类及特点如表 2.9-11 所示。其中工程中比较常用的方法主要是钻孔法，此外还有 X 射线衍射法。

表 2.9-11　焊接残余应力测量方法的分类及特点

分类依据		名　称	特　点
具有一定机械损伤的应力释放测量方法	全破坏法	切条法（分割全释放法）	被测试件彻底破坏，不宜用于测量局部集中应力；适用于薄板试件，原理简单，数据可靠
		逐层铣削法（逐层剥层法）	被测试件彻底破坏，操作复杂，可测量构件内部的应力，适用于厚板或复杂截面构件
	半破坏法（局部破坏法）	小孔法（盲孔法、钻孔法）	只在被测部位钻一 2 mm 左右的盲孔，孔周边缘容易引起塑性变形，从而影响测试结果；数据稳定，破坏性小，简便易行，多用于厚板表面应力的测量，应用广泛
		钻阶梯孔法	盲孔法的改进，用于测量平面应力沿厚度方向的分布
		套钻环形槽法（Gunnert 切铣环槽法）	局部破坏，操作较复杂，适用于厚板表面应力的测量，已逐渐被盲孔法代替
		套取芯棒法	局部破坏，操作较复杂，可以测量三向应力或平面应力沿厚度方向的分布
		内孔直接贴片测量法	套取芯棒法的简化和改进
		释放管孔周应变测量法	
		压痕法	原理与小孔法相近，破坏性很小，但测量精度低，数据不稳定
		裂纹法（氢致裂纹法，应力腐蚀裂纹法）	
无损伤的物理测量方法		X 射线衍射法	设备较贵，操作较复杂，结果受材料织构、晶粒大小以及结构表面状态的影响较大，只适用于表面应力的测量，可用于工程测量
		中子衍射法	设备和测试费用昂贵，只能在特定的实验室进行，可以测量结构内部的应力
		高能同步加速器辐射法（HESR）	
		电磁法	只适用于铁磁性材料的表面测量，操作简便，但数据分散性较大
		超声波法	操作简便，可用于三维的应力测定，但目前尚处于实验室研究阶段
		开裂判定法	氢致、腐蚀开裂，定性估测

以下重点阐述其中的几种测量方法。

3.1.1　应力释放法

应力释放法属于用机械加工方法对试件进行破坏性测量，按其差异可分为以下几种。

(1) 切条法

将需要测定内应力的构件先划分成几个区域，在各区的待测点上贴应变片或者加工出机械应变仪（图 2.9-114）所需的标距孔，然后测定它们的原始读数。对于如图 2.9-115 所示的对接接头，按图 2.9-115b，当读取标距 L_m 的原始读数后，在靠近测点处将构件沿垂直于焊缝方向切断，然后在各测点间切出几个梳状切口，使内应力得以完全释放。再测出释放应力后各应变片或各对称标距孔的读数，求出应变量

ε_x。按照公式：

$$\sigma_x = -E\varepsilon_x \qquad (2.9\text{-}36)$$

可算出焊接纵向应力。内应力的分布大致如图 2.9-115a 所示。对于图中的薄板来说，由于横向焊接应力在板件中部较小，所得出的结果误差不大。

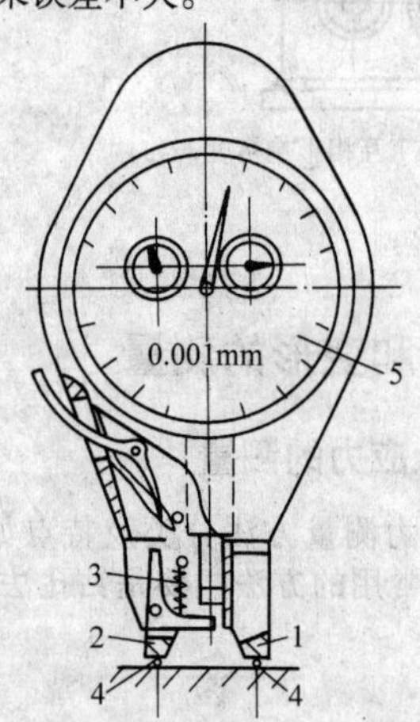

图 2.9-114　机械应变仪

1—固定脚；2—活动脚；3—弹簧；4—小钢珠；5—千分表

除梳状切条法外，还可以用图 2.9-115c 所示的横切窄条来释放内应力。如果内应力不是单轴的，那么在已知主应力方向的情况下可以按照图 2.9-115d 在两个主应力方向粘贴应变片和加工标距孔，按式（2.9-37）求内应力。

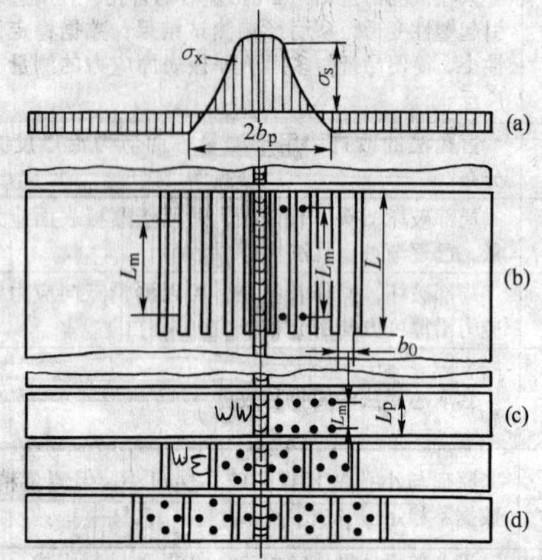

图 2.9-115　切条法测定薄板焊接残余应力

$$\sigma_x = \frac{-E}{1-\nu^2}(\varepsilon_x + \mu\varepsilon_y)$$

$$\sigma_y = \frac{-E}{1-\nu^2}(\varepsilon_y + \mu\varepsilon_x) \qquad (2.9\text{-}37)$$

式中，ε_x，ε_y 为主应变；ν 为泊松比。

为了充分释放内应力，图 2.9-115 中的窄条宽度 L_p 应该尽量小，使 $L_p < b_p$，b_p 为焊缝纵向压缩塑性变形区半宽。或把窄条再切为小块，见图 2.9-115d。本法对薄板构件可以在正反两表面同时测量，消除由于切条翘曲带来的误差，以便获得较精确的结果。但是破坏性大，只适用于在专用试件上测量。

(2) 小孔法

原理是在应力场中钻小孔，应力的平衡受到破坏，则小孔周围的应力将重新调整；测得孔附近的弹性应变增量，就可以用弹性力学原理来推算出小孔处的残余应力。具体步骤如下：在离钻孔中心一定距离处粘贴几个应变片，应变片之间保持一定角度。然后钻孔，测出各应变片的应变增量读数。图 2.9-116 上共有三个应变片，相间 45°。

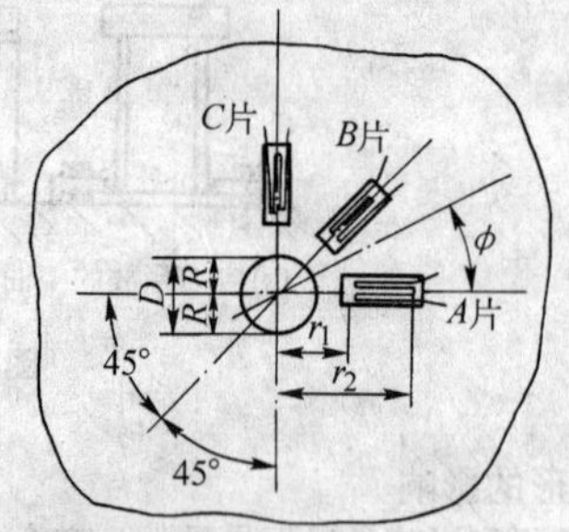

图 2.9-116　小孔法测内应力

小孔处的主应力和它的方向可以按式（2.9-38）推算。

$$\sigma_1 = \frac{\varepsilon_A(A + B\sin\gamma) - \varepsilon_B(A - B\cos\gamma)}{2AB\ (\sin\gamma + \cos\gamma)}$$

$$\sigma_2 = \frac{\varepsilon_B(A + B\sin\gamma) - \varepsilon_A(A - B\cos\gamma)}{2AB(\sin\gamma + \cos\gamma)} \qquad (2.9\text{-}38)$$

式中

$$A = \frac{(1+\nu)\ R^2}{2r_1 r_2 E}$$

$$B = \frac{2R^2}{r_1 r_2 E}\left[-1 + \frac{R^2\ (1+\nu)}{4} \times \frac{r_1{}^2 + r_1 r_2 + r_2{}^2}{r_1^2 r_2^2}\right]$$

$$\gamma = -2\phi = \tan^{-1}\left(\frac{2\varepsilon_B - \varepsilon_A - \varepsilon_C}{\varepsilon_A - \varepsilon_C}\right) \qquad (2.9\text{-}39)$$

式中，ε_A、ε_B、ε_C 为应变片 A、B、C 的应变量。

这种方法在应力释放法中对工件的破坏性最小，可钻 $\phi 1 \sim \phi 3$ mm 的盲孔，孔深达$(0.8 \sim 1.0)D$ 时各应变片的读数即趋于稳定。公式中的系数 A 和 B 应该用实验来标定。小孔法结果的精确性取决于应变片粘贴位置的准确性。孔径越小对相应位置的准确性要求越高。在钻孔时，为防止孔边产生附加的塑性应变，可采用喷砂射流代替钻削。本法亦可用表面涂光弹性薄膜或脆性漆来测定应变，但后者往往是定性的。

(3) 套钻环形槽法

本法采用套料钻孔加工环形槽来释放应力（图 2.9-117）。如果在环形槽内部预先在表面贴上应变片或加工标距孔，则可测出释放后的应变量，换算出内应力。

式（2.9-40）为测得三个应变量（ε_A、ε_B、ε_C 互成 45°角）后，推算主应力和主应力方向的计算公式。

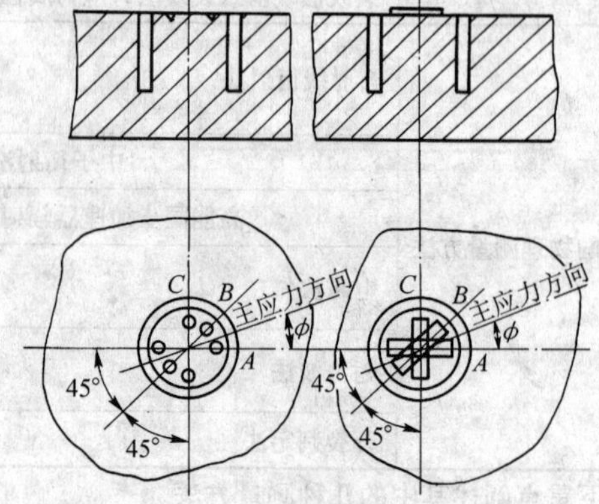

图 2.9-117　套钻环形槽法测内应力

$$\sigma_1 = -E\left[\frac{\varepsilon_A + \varepsilon_C}{2\ (1-\nu)} + \frac{1}{2\ (1+\nu)} \times \sqrt{(\varepsilon_A - \varepsilon_C)^2 + \ (2\varepsilon_B - \varepsilon_A - \varepsilon_C)^2}\right]$$

$$\sigma_2 = -E\left[\frac{\varepsilon_A + \varepsilon_C}{2\ (1-\nu)} - \frac{1}{2\ (1+\nu)} \times \sqrt{(\varepsilon_A - \varepsilon_C)^2 + \ (2\varepsilon_B - \varepsilon_A - \varepsilon_C)^2}\right]$$

$$\tan 2\phi = \frac{2\varepsilon_B - \varepsilon_A - \varepsilon_C}{\varepsilon_A - \varepsilon_C} \tag{2.9-40}$$

在一般情况下，环形槽的深度只要达到$(0.6\sim0.8)D$，应力即可基本释放。本法适用于在大型结构的表面进行测量，相对于厚截面来说，其破坏性较小。

(4) 套取芯棒测量法

本法可测量三向应力及平面应力沿焊件厚度方向的分布规律。在被测处先钻一个通孔或深盲孔，将按不同孔深贴有应变片的特制骨架放入孔中，向孔中浇注拌有固化剂的环氧树脂，待固化后，读取应变片的初始读数，再用较大直径空心套料钻将深孔周围的金属套取出来，即可测量应变并计算应力。

经简化和改进，可在被测部位所钻的孔内按不同深度将应变片直接贴在孔的内壁上，然后套取芯棒并测量释放应变，提高了该法的实用性，如图 2.9-118 所示。

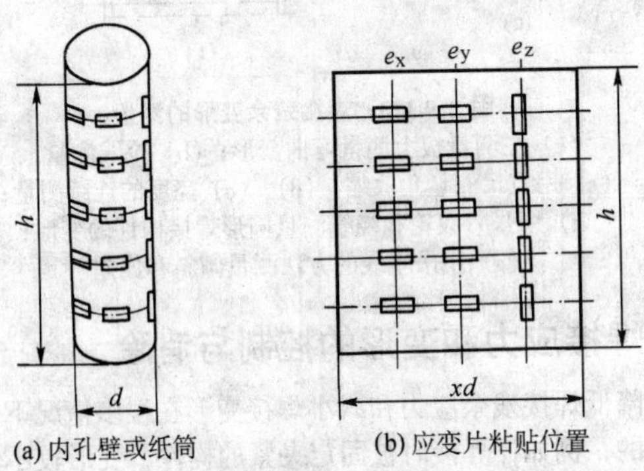

图 2.9-118　内孔壁展开尺寸及应变片粘贴位置

根据应变片位置的夹角和应变释放量可算出主应力及其方向。如能预先估计出应力方向，则可将应变片方向与主应力方向平行布置，残余应力 σ_x、σ_y、σ_z 可根据各应变片释放应变 ε_x、ε_y、ε_z 按式 (2.9-41) 计算残余主应力。

$$\sigma_x = -\frac{\mu E}{(1-\nu)(1-2\nu)}(\varepsilon_x+\varepsilon_y+\varepsilon_z) - \frac{E}{1-\nu}\varepsilon_x$$

$$\sigma_y = -\frac{\mu E}{(1-\nu)(1-2\nu)}(\varepsilon_x+\varepsilon_y+\varepsilon_z) - \frac{E}{1-\nu}\varepsilon_y$$

$$\sigma_z = -\frac{\mu E}{(1-\nu)(1-2\nu)}(\varepsilon_x+\varepsilon_y+\varepsilon_z) - \frac{E}{1-\nu}\varepsilon_z \tag{2.9-41}$$

这种方法适合于测定大厚度截面深度方向的三向残余应力，对工件的破坏性较大，测量精度与操作技巧和钻孔与套钻的误差有关。

(5) 逐层铣削法

当具有内应力的物体被铣削一层后，则该物体产生一定的变形。根据变形量的大小，可以推算出被铣削层的应力。这样逐层往下铣削，每铣削一层，测一次变形，根据每次铣削所得的变形差值，就可以算出各层在铣削前的内应力。这里必须注意的是所算出的内应力还不是原始内应力。因为这样算得的第 n 层内应力，实际上只是已铣削去 $(n-1)$ 层后存在于该层中的内应力。而每切去一层，都要使该层的应力发生一次变化。要求出第 n 层中的原始内应力就必须扣除在它前面 $(n-1)$ 层对该层的影响。从上面的分析可以看出，利用本法测内应力有较大的加工量和计算量。但是本法有一个很大的优点，它可以测定厚度上梯度较大的内应力，例如经过堆焊的复合钢板中的内应力的分布，可以比较精确地通过铣削层去除后，通过挠度或曲率的变化测量结果，推算出内应力。

3.1.2　无损测量法

(1) X 射线法

晶体在应力作用下原子间的距离发生变化，其变化与应力成正比。如果能直接测得晶格尺寸，则可不破坏物体而直接测出内应力的数值。当 X 射线以掠角 θ 入射到晶面上时（图 2.9-119），如能满足公式

$$2d\sin\theta = n\lambda \tag{2.9-42}$$

式中，d 为晶面之间的距离；λ 为 X 射线的波长；n 为任一正整数。则 X 射线在反射角方向上将因干涉而加强。根据这一原理可以求出 d 值。用 X 射线以不同角度入射物体表面，则可测出不同方向的 d 值，从而求得表面上的内应力。本法的最大优点是它的非破坏性。但它的缺点是：只能测表面应力；对被测表面要求较高，为避免由局部塑性变形所引起的误差，需用电解抛光去除表层；测试所用设备比较昂贵。

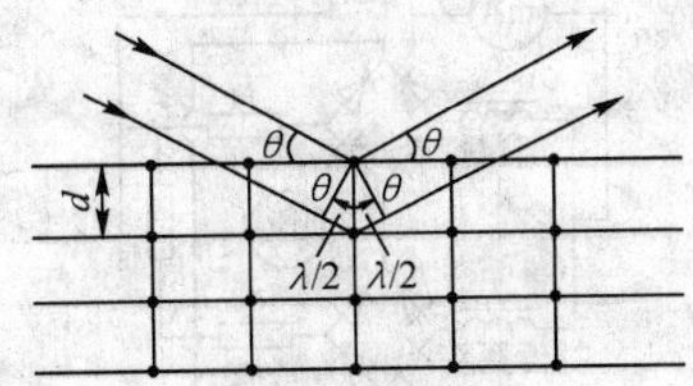

图 2.9-119　X 射线衍射法测应力

(2) 电磁测量法

利用磁致伸缩效应测定应力（图 2.9-120）。铁磁物质的特性是：当外加磁场强度发生变化时，铁磁物质将伸长或缩短。如用一传感器（有线圈励磁的探头）（图 2.9-120a）与铁磁材料物体接触，形成一闭合磁路；当应力变化时，由于铁磁材料物体的伸缩引起磁路中磁通变化，并使传感器线圈的感应电流发生变化（图 2.9-120b），由此可测得应力变化。测试时，先利用相同材料的无应力试样调零，实测出有残余应力构件的 I 或 U 的变化（即 I、U 值）。然后再根据用材料试验机以相同材料标定出的应力与电流或电压关系曲线（图 2.9-120c），按测得的 I 或 U 值求出应力。此法所用仪器轻巧、简单、价廉，测试方便，是无损测试。但只能测铁磁材料；测试区大，不能准确地测试梯度大的残余应力，测试精度和标定方法有待提高和改进；焊接接头组织性能变化的影响较难排除。

(3) 超声波测量法

声弹性研究表明，在没有应力作用时，超声波在各向同性的弹性体内的传播速度不同于有应力作用时的传播速度，传播速度的差异与主应力的大小有关。因此，如果能分别测得无应力和有应力作用时弹性体横波和纵波传播速度的变化，就可以求得主应力。本法测定焊接残余应力，不但是无损的，而且有可能用来测定三维的空间残余应力。因此，尽管超声波法目前还处在实验室研究阶段，但受到关注和重视。

3.2　焊接变形的测量

3.2.1　焊接过程中应变和位移的测量

图 2.9-121 所示为焊接纵向和横向应变的测量。焊接时产生最大应变的部位在焊接高温区，所以应该考虑高温对应变计的影响；此外焊接过程涉及金属的熔化、飞溅，焊接电源会产生较强的电磁场干扰，因此测量电路的抗干扰性能要强。

图 2.9-122 所示为焊接位移测量示意图，测量仪器或传感器可以是机械的、光学的，也可以是基于电感、电容和电阻作用的。测量过程中同样要考虑到高温或电磁场等干扰。

3.2.2　焊接后残余变形的测量

通常的长度和角度测量技术即可测量焊后的残余变形，如图 2.9-123 所示。在用吊垂线的方法测量倾斜和偏差时，

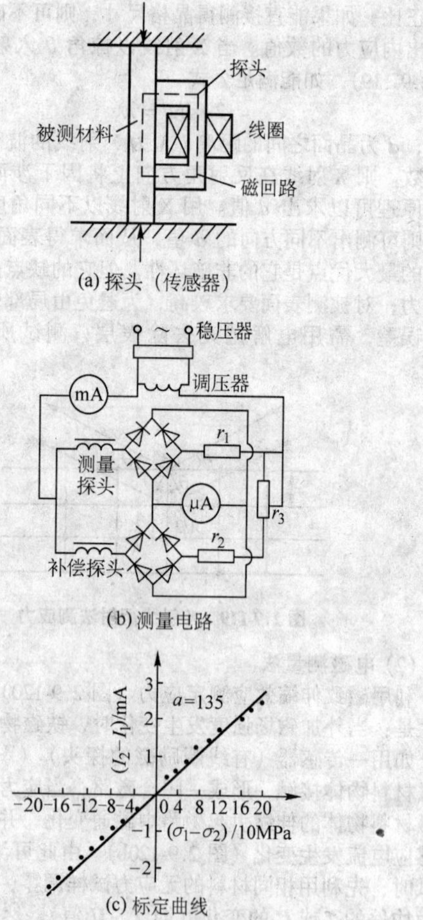

图 2.9-120 电磁法测残余应力

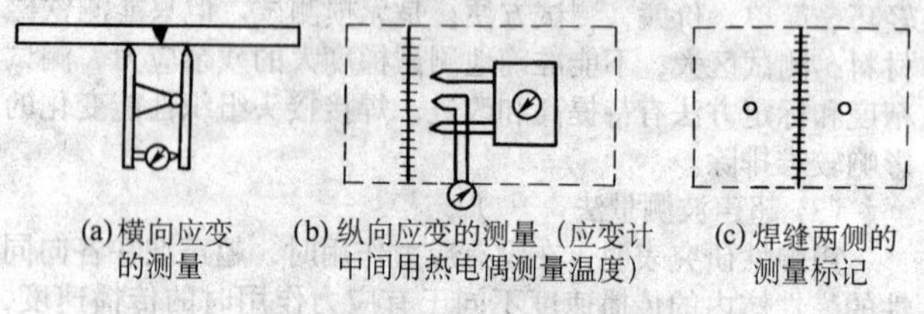

图 2.9-121 焊接纵向和横向应变的测量

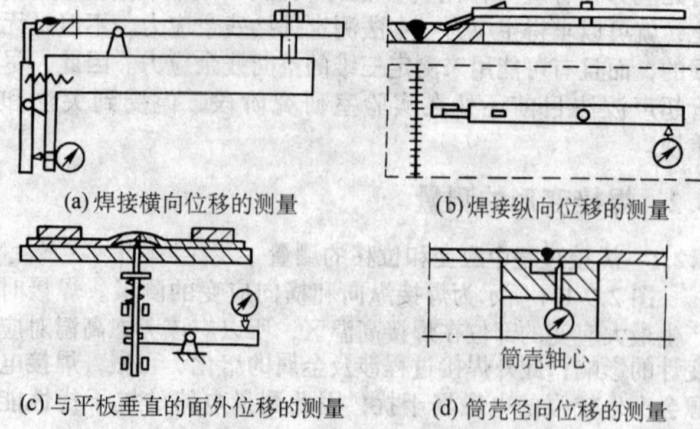

图 2.9-122 焊接纵向和横向位移的测量

吊线的重物最好浸入水中，以防止摆动（图 2.9-123g）。进行圆筒或球壳的圆周测量时，可用沿构件绕线的方法，并用张力滚轮和恒定的弹簧张力使之拉紧，通过周长的变化计算变形（图 2.9-123f）。用拉线的方法可以测量弯曲和角收缩，但是由于线受重力下垂，测量要在水平面上进行，或者对测量数据进行修正以消除由于线的下垂造成的误差（修正的方法是加上或者减去下垂的偏差）（图 2.9-123b）；也可以用激光束代替拉线，得到更准确的数据。在大型焊接构件的变形测量中，也会用到水平仪和经纬仪。

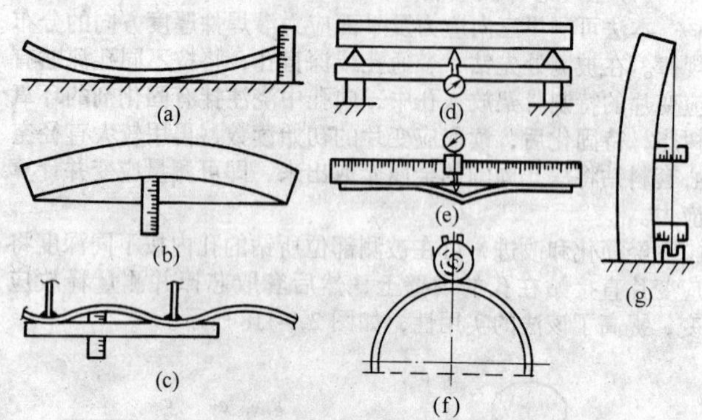

图 2.9-123 焊接残余变形的测量

（a）在测量板上测量弯曲变形；（b）拉线测量；
（c）用直尺测量角收缩；（d）、（e）挠度的连续测量；
（f）用张力滚轮和绕线测量圆形焊接构件的变形；
（g）用吊垂线的方法测量倾斜和偏差

4 焊接应力和变形的控制与消除

降低焊接残余应力和减小焊接变形在很多情况下是相互矛盾的，例如，焊接时被固定夹紧的构件，变形较小但是在焊后具有较高的残余应力；相反，若焊时无任何约束，则焊接变形较大而焊接残余应力相对较小。所以，应用降低残余应力的措施和减小焊接变形的措施时，需要综合考虑，使之能够同时兼顾残余应力和变形。

降低焊接残余应力和减小焊接变形时，会产生一些不利的影响，例如损耗材料的塑性或者影响到结构的显微组织，造成的结果是，经消应力处理或矫形处理后的焊件可能会比焊态更接近于破坏极限；矫正后的变形常常不稳定。所以，在选择消除或控制焊接应力和变形的方法时，还要对其产生的不利影响引起足够的重视，进行综合分析。

焊接应力或变形的控制和消除措施分为焊前、焊时和焊后措施。焊前措施指焊件结构设计及材料选择等方面，也包括预先成形、选择焊件支撑或固定方式以及确定焊接顺序和焊接规范等。焊时措施指焊接过程中采取的控制措施。焊后措施指结构焊接后的消应力处理或变形的矫正。

4.1 焊接残余应力的控制和消除

4.1.1 消除焊接残余应力的必要性

焊件消除残余应力是否必要，应从结构的用途、焊缝横截面尺寸、厚度、所用材料的性能以及工作条件等多方面综合考虑。除进行必要的试验外，还应参考同类产品使用过程中出现的问题。在有下列情况时，应该考虑控制和消除焊接残余应力。

1）在工作、运输、安装、启动和运行中可能遇到低温，有发生脆性断裂危险的厚截面焊接结构。

2）厚度超过一定限度的焊接压力容器，重要的结构如锅炉、化工压力容器都有专门的法规。例如，“钢制压力容器（GB150—1998）”规定，碳素钢厚度大于 32 mm、16MnR 钢厚度大于 30 mm、15MnVR 钢厚度大于 28 mm 的焊接容器，焊后应进行热处理。

3）焊后机械加工量较大，加工面多，不消除残余应力难以保证加工精度的结构。

4）对尺寸稳定性要求较高的结构，如精密仪器和量具座架、机床床身、减速箱箱体等，在长期使用中或因不稳定的组织转变，或因运转和运输中的振动，致使内应力部分松弛，不能保持尺寸精度。

5）有应力腐蚀危险，而又不能采取有效保护措施的构件。

4.1.2　控制和消除焊接残余应力的方法

控制和消除焊接残余应力的方法分类如表 2.9-12 所示。

表 2.9-12　控制和消除焊接残余应力的方法

在设计阶段应遵循的原则		减少焊缝数量，采用小尺寸焊缝（图 2.9-147）
		选用热输入小和能量密度集中的焊接方法
		避免焊缝密集、交叉，合理布置焊缝，保持较好的焊接操作可达性（图 2.9-124，图 2.9-125，图 2.9-147）
		降低焊缝拘束度： 1）采用刚性小的接头形式（图 2.9-126，图 2.9-129）； 2）开减应力槽（或切去部分金属），减小局部刚度（图 2.9-127，图 2.9-128）
		在残余拉应力区避免焊缝几何不连续性和应力集中（图 2.9-130）
		合理制定焊后消除应力的技术要求，减少不必要的焊后处理（因为焊后处理会对结构产生不利的影响）
在制造过程中的工艺措施和方法		采用线能量小的工艺参数和焊接方法，或强制冷却措施
		选择合理的焊接顺序和方向，调整残余应力分布（图 2.9-124）： 1）先焊收缩量大的焊缝，后焊收缩量小的焊缝（如焊缝交叉时，先焊短焊缝，后焊直通长焊缝；先焊连续焊缝，后焊断续焊缝；先焊厚板焊缝，再焊薄板焊缝等）； 2）先焊工作时受力较大的焊缝
		采取降低焊缝拘束度的工艺措施，补偿焊缝收缩量，例如反变形法（图 2.9-131）
		焊前预热法。通过减少焊接区与焊件整体的温度差以降低焊接收缩应力
		锤击法。锤击多层焊缝中间各层，使之延展，降低应力和拘束
		预拉伸补偿焊缝收缩（机械拉伸或加热拉伸）
		加热减应区法。局部加热阻碍焊接自由伸缩的部位（"减应区"），在构件相应部位形成可补偿焊缝收缩的变形，以减小拉应力（图 2.9-132）
		强制冷却焊接，如多层环焊缝管内水冷（图 2.9-134）
		低应力无变形焊接法（LSND）焊接法。见 4.3
焊后降低或消除残余应力的方法	利用机械力或冲击能的方法	焊缝滚压法（图 2.9-135，图 2.9-136）
		机械拉伸法。使已产生残余压缩塑性变形区屈服后降低应力
		锤击焊缝区
		爆炸法。冲击波使金属塑性变形，残余应力松弛（图 2.9-137）
		喷丸处理。喷丸可在金属表面形成残余压应力，有利于提高疲劳强度（喷丸强化）。通常在焊趾应力集中处喷丸，既生成压应力又减小应力集中
		点状加压。可用于处理存在疲劳破坏危险的焊缝端部，也可以在电阻点焊后的焊点上进行处理（图 2.9-138）
		振动法（振动时效技术）。其有效性正在研究，不适用于防止断裂和应力腐蚀处理
	热处理方法	整体高温回火（图 2.9-140）
		局部高温回火（图 2.9-141）
		温差拉伸法（低温消除应力法）。伴随焊缝两侧的加热同时水冷（图 2.9-142，图 2.9-143）
		感应加热与水冷相结合（图 2.9-144）
		点状加热。形成切向残余压应力，有利于提高疲劳强度；但同时出现的径向拉应力则可能有不利影响（图 2.9-139）
	其他方法	脉冲磁处理法。将焊件置于脉冲磁场中进行处理可降低残余应力。目前还处于研究之中
		人工时效法。可使焊接残余应力在一定程度上松弛并重新分布

（1）设计措施

从控制焊接残余应力的角度出发，在焊接结构设计阶段应遵循的原则如表 2.9-12 和图 2.9-124～图 2.9-130 所示。

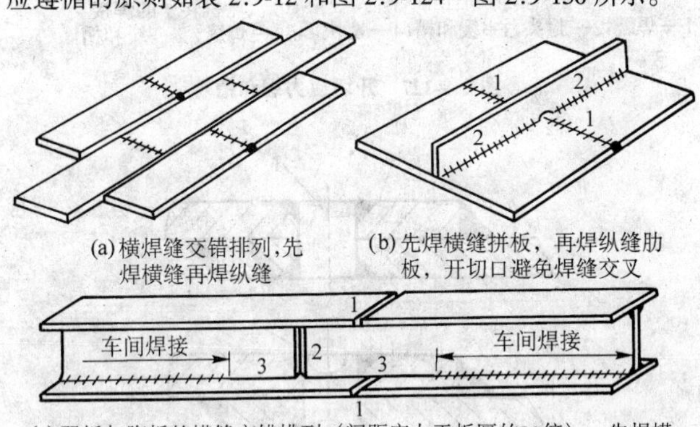

(a) 横焊缝交错排列，先焊横缝再焊纵缝

(b) 先焊横缝拼板，再焊纵缝肋板，开切口避免焊缝交叉

(c) 翼板与腹板的横缝交错排列（间距应大于板厚的20倍），先焊横缝，再焊纵缝，使受力大的翼缘焊缝产生压应力，提高疲劳寿命

图 2.9-124　避免焊缝交叉的措施与最优焊接顺序

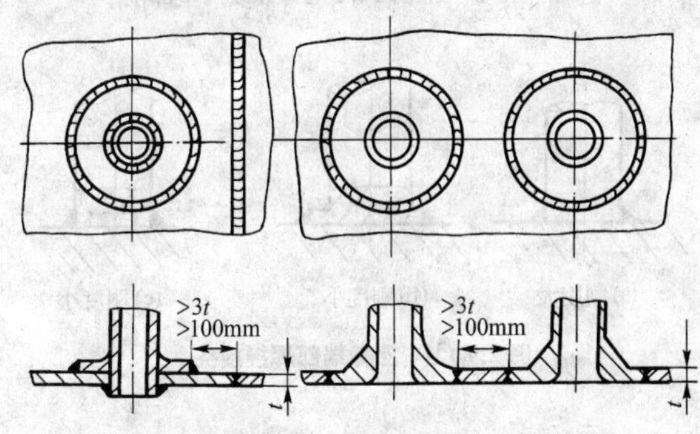

图 2.9-125　容器接管的焊接，焊缝之间的距离应大于 3 倍的板厚或大于 100 mm，避免密集

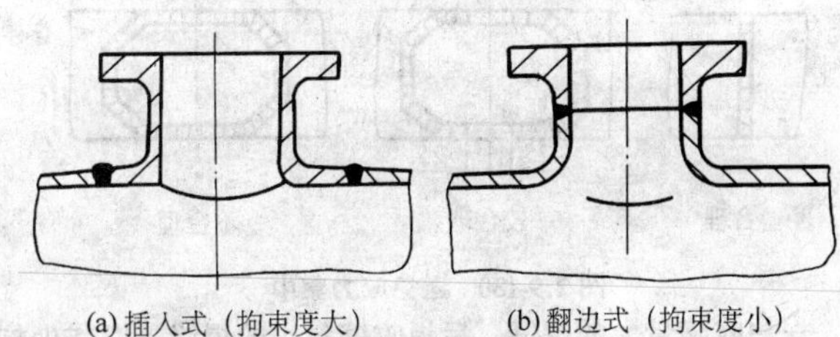

(a) 插入式（拘束度大）　(b) 翻边式（拘束度小）

图 2.9-126　焊接管连接

（2）焊接构件制造中的工艺措施

焊接过程中减小焊接残余应力的方法列于表 2.9-12 和图 2.9-124，图 2.9-131 至图 2.9-134 中，下面对其中的部分方法进行说明。

1）控制焊接线能量的具体措施　例如采用高效的 CO_2 焊，采用小直径焊条，多层多道焊，小电流快速不摆动焊，控制层间温度的间歇焊，长焊缝的分段逐步退焊（图 2.9-163）、跳焊、交替焊等。

在厚板焊接时采用多道焊，由于焊道之间的热处理作用以及相互的约束和作用，可以明显避免三轴拉伸应力状态。

2）选择合理的焊接顺序和方向，调整残余应力分布

(图 2.9-124)，尽可能让焊缝能够自由收缩，是选择合理焊接顺序和方向的原则。

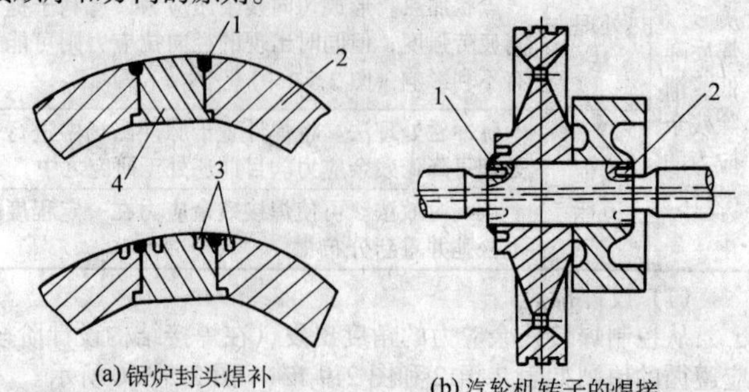

(a) 锅炉封头焊补
1—焊缝；2—封头；3—缓和槽；4—塞块

(b) 汽轮机转子的焊接
1—焊缝；2—缓和槽

图 2.9-127　开切应力缓和槽

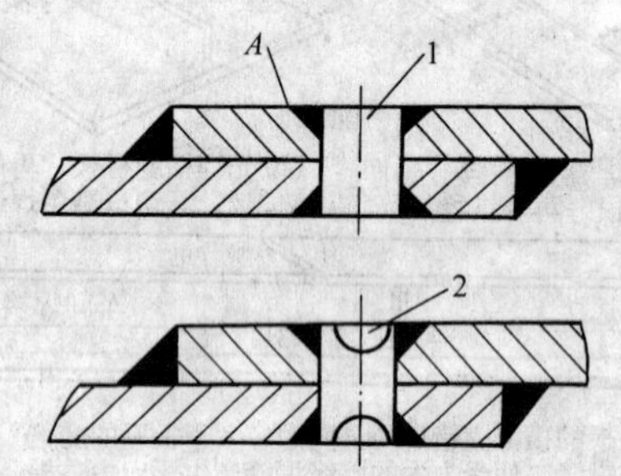

图 2.9-128　开碗形凹口减小销柱连接焊缝的刚度

1—销柱；2—碗形凹口；A—裂纹产生部位

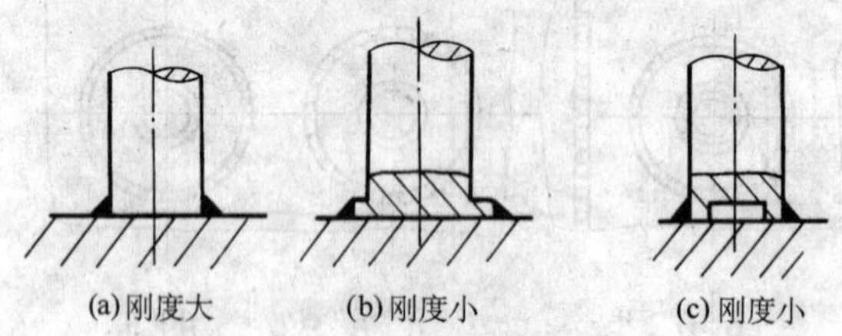

(a) 刚度大　(b) 刚度小　(c) 刚度小

图 2.9-129　圆棒端部焊接接头

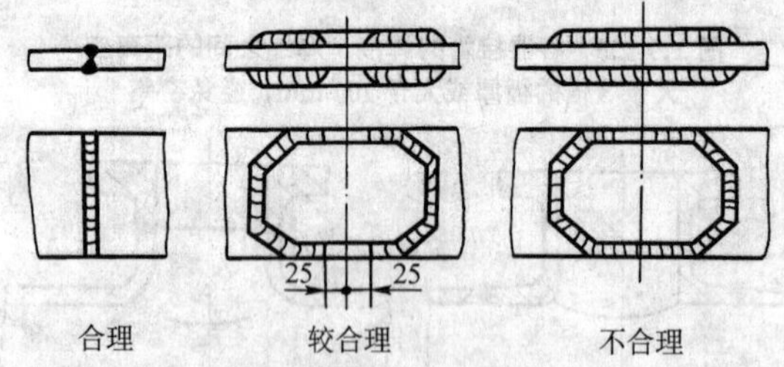

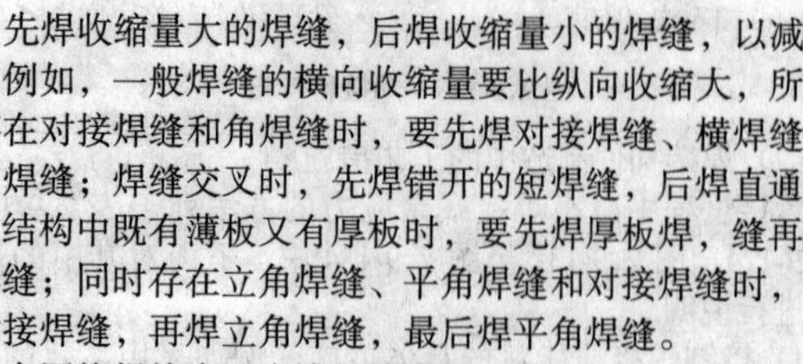

图 2.9-130　避免应力集中

先焊收缩量大的焊缝，后焊收缩量小的焊缝，以减少拘束。例如，一般焊缝的横向收缩量要比纵向收缩大，所以同时存在对接焊缝和角焊缝时，要先焊对接焊缝、横焊缝，再焊角焊缝；焊缝交叉时，先焊错开的短焊缝，后焊直通长焊缝；结构中既有薄板又有厚板时，要先焊厚板焊，缝再焊薄板焊缝；同时存在立角焊缝、平角焊缝和对接焊缝时，要先焊对接焊缝，再焊立角焊缝，最后焊平角焊缝。

在网格焊接中，应该是从中间开始向四周以放射的形式进行扩展，这样的顺序能够保持四周自由，对后焊焊缝不会造成过大的拘束，减少焊缝的收缩作用。

焊对接焊缝时，焊接方向要指向自由端，使焊缝能够自由伸缩。

既有断续焊缝又有连续焊缝时，要先焊连续焊缝，后焊断续焊缝。

先焊应力较大，容易开裂的部位，这样可以减小这个部位的拘束度。

先焊工作时受力较大的焊缝。这样，工作时受力大的部位的拉伸残余应力就不会太高，使内应力合理分布。

对称布置的焊缝，尽量采用对称焊接法。

3）焊前预热法　焊前预热是在施焊前，将焊件局部或整体加热到 150～650℃。预热的方法有：炉内整体加热、局部远红外线加热、局部高频加热、火焰加热等。焊前预热常用于热扩散率高的材料（铝、铜）、淬硬倾向大的材料（铸铁、中高碳钢）或刚度大的焊件。预测温度根据材料、刚度、散热等来选择。对一般构件，预热 300℃可降低焊接残余应力 30%，预热 400℃可降低焊接残余应力 50%。常用钢材的焊前预热规范如表 2.9-14 所示。

局部预热可能会引起附加的残余应力和变形。

4）锤击法调节中、厚板焊接残余应力　用锤击焊缝的方法调节焊接接头中残余应力时，在金属表面层内产生局部双向塑性延展，补偿焊缝区的不协调应变（受拉应力区)，达到释放焊接残余应力的目的。与其他消除残余应力的方法相比，锤击法可节省能源、降低成本、提高效率，是在施工过程中即可实现的工艺措施，并可在焊缝区表面形成一定深度的压应力区，有效地提高结构的疲劳寿命。锤击工具的头部带有小圆弧，锤击时应保持均匀适度，避免锤击过度产生裂纹。

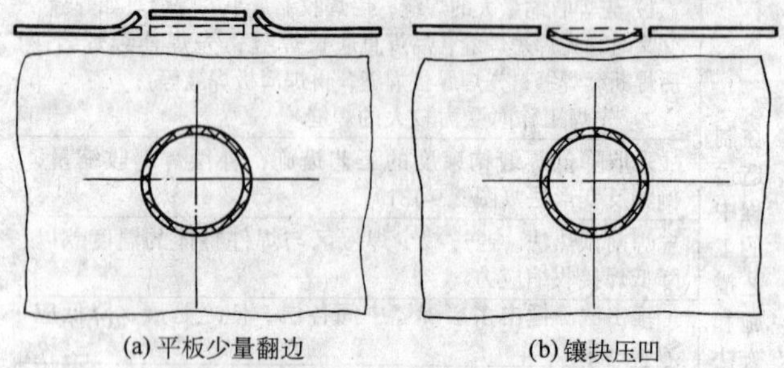

(a) 平板少量翻边　(b) 镶块压凹

图 2.9-131　利用反变形法降低局部刚度减小内应力

图 2.9-132 为在 Q345（16MnR）钢 500 mm × 400 mm × 30 mm板件对接焊时锤击后残余应力的分布。坡口为 X 形，多层焊。锤击工具为带有 ϕ8 mm 球形头的风铲（工作风压 0.49 MPa，冲击频率 86 Hz)，锤击的部位是焊缝区和熔合线附近。可见逐层锤击后板件内部的残余应力得到较好调节。

5）多层环焊缝管内水冷法调节残余应力（强制冷却焊接）　奥氏体不锈钢的环焊缝一般采用多道焊焊接，采用空冷焊接奥氏体不锈钢管多层环焊缝，在内壁产生拉伸应力。与腐蚀介质接触的管道内壁焊缝区中的拉伸残余应力易引起应力腐蚀开裂。

通常在焊接时，管内用水冷却（流水或喷水)，使拉伸内应力变为压缩内应力。冷却可以在根部焊道完成之后熔敷其余的焊道时进行，或仅在最后的焊道焊接时进行。图 2.9-134 为管径 114 mm、板厚 8.6 mm 的 6 道 4 层环焊缝在管内用水冷却焊接，与空冷焊接残余应力的分布对比。这种方法的应用还可见第 4.4.5 节第（2）条。

（3）焊后消除残余应力的方法

焊后消除残余应力的方法列于表 2.9-12 中和图 2.9-135 至图 2.9-144，下面对其中的部分方法进行说明。

1）滚压焊缝调节薄壁构件内应力　在薄壁构件上，焊后用窄滚轮滚压焊缝和近缝区，是一种调节和消除焊接残余应力和变形的有效而经济的工艺手段；还可以通过滚压改善

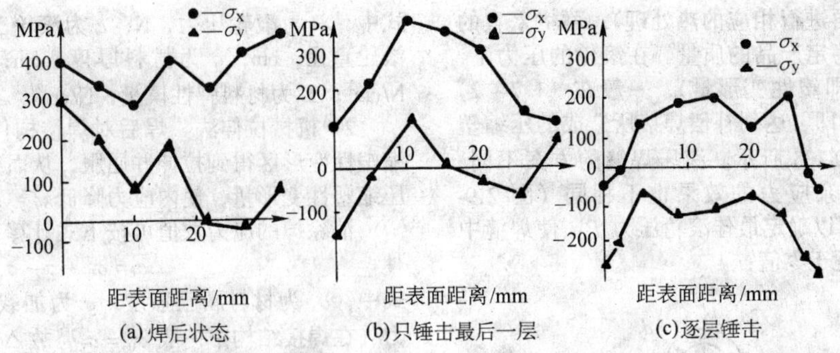

图 2.9-132　用锤击法调节中等厚度板件（30 mm）多层焊时残余应力在厚度方向上的分布

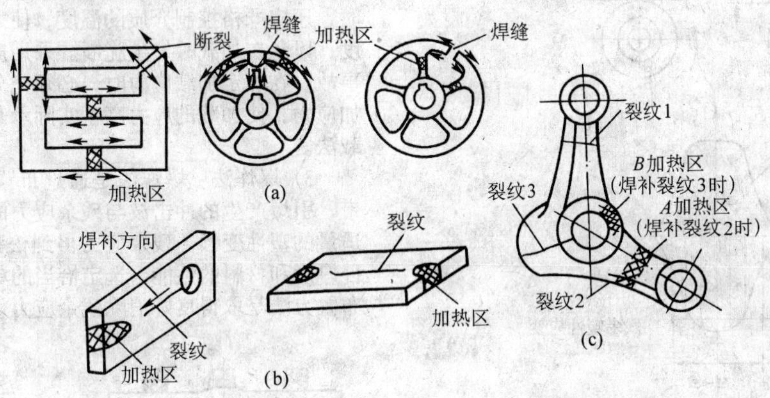

图 2.9-133　焊接时局部加热以降低焊缝的残余应力（加热减应区法）

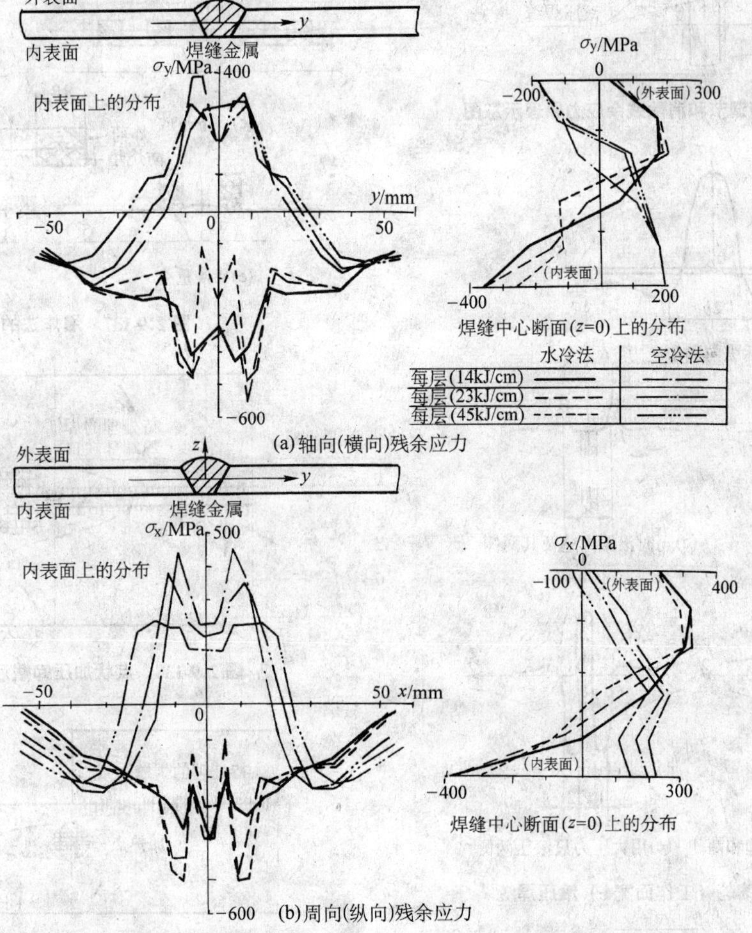

图 2.9-134　奥氏体不锈钢管内水冷与空冷多层焊时环缝的残余应力分布

焊接接头性能（滚压后再进行相应的热处理）；可将繁重的手工操作机械化，并能稳定产品的质量。在滚轮的压力下，沿焊缝纵向的伸长量（即塑性变形量），一般在（1.7~2）σ_s/E 左右（千分之几），即可达到补偿焊接所造成的压缩塑性变形的目的，如图 2.9-135 所示。滚压焊缝的方案不同，所得到的降低和消除残余应力的效果也不相同（图 2.9-136）。借助近似计算，可以确定最佳滚轮压力 P，使焊缝中心残余应力峰值降至接近于零值：

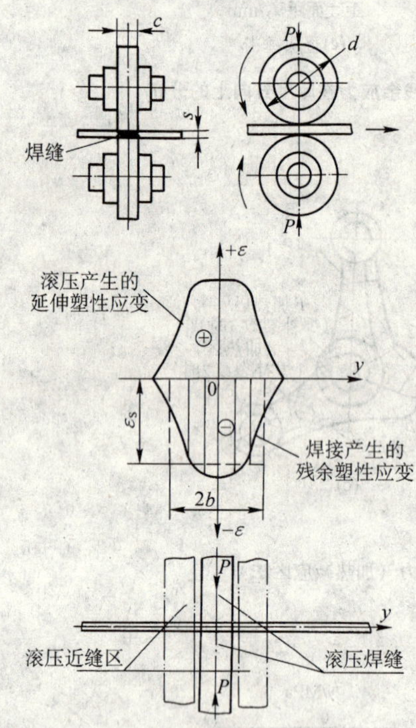

图 2.9-135 滚压焊缝调节和消除残余应力原理示意图

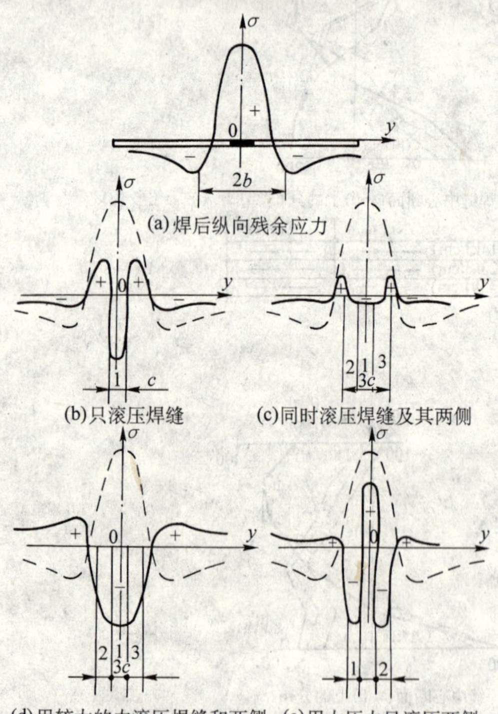

图 2.9-136 用窄滚轮（工作面宽 c）滚压焊缝

$$P = c\sqrt{\frac{10.1d\delta\sigma_s^3}{E}}$$

式中，P 为滚轮压力，N；c 为滚轮工作面宽度，cm；d 为滚轮直径，cm；δ 为材料厚度，cm；σ_s 为材料屈服强度，N/cm^2；E 为材料弹性模量，N/cm^2。

2）机械拉伸法 焊后对焊接构件进行加载，使焊缝压缩塑性变形区得到拉伸并屈服，从而减小由焊接引起的局部压缩塑性变形量，使内应力降低。

消除掉的应力数值可按下式计算：

$$\Delta\sigma = \sigma_0 + \sigma - \sigma_s$$

式中，σ_s 为材料屈服强度；σ 为加载时的应力；σ_0 为内应力（在焊接结构中一般 $\sigma_0 = \sigma_s$，故 $\Delta\sigma = \sigma$）。

焊接压力容器的机械拉伸，可通过液压试验来实现。液压试验采用一定的过载系数，所用试验介质一般为水，试验时，还应严格控制介质的温度，使之高于材料的脆性临界温度，以免在加载时发生脆断。采用声发射监测，可防止这类事故。在确定加载应力时，必须充分估计可能出现的各种附加应力，使加载的应力高于实际承载工作时的应力。或称过载法。

3）爆炸法 爆炸法是通过布置在焊缝及其附近的炸药带，引爆产生的冲击波与残余应力的交互作用，使金属产生适量的塑性变形，残余应力得到松弛（图 2.9-137）。根据构件厚度和材料的性能，选定恰当的单位焊缝长度上的药量和布置方法是取得良好消除残余应力效果的决定性因素。

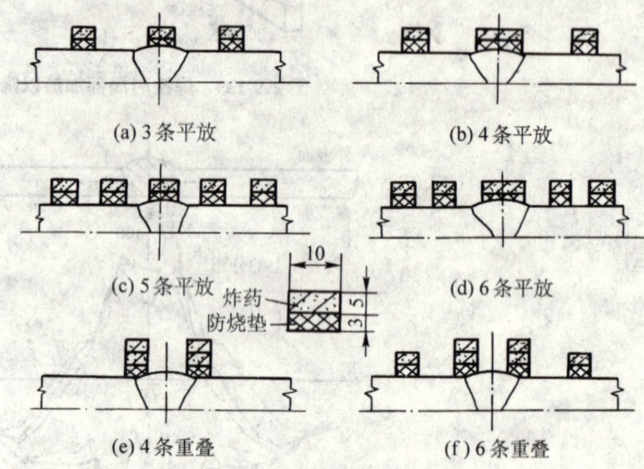

图 2.9-137 爆炸法的炸药带布置

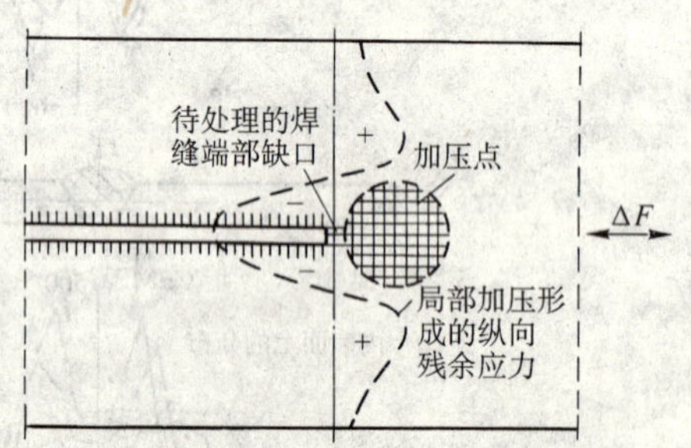

图 2.9-138 点状加压卸载后形成的残余应力

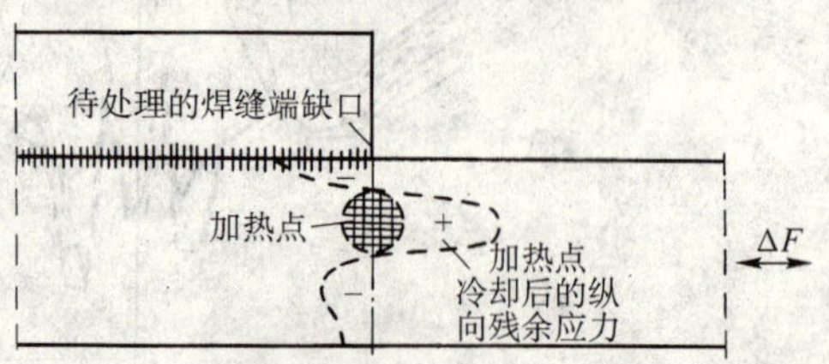

图 2.9-139 点状加热冷却后形成的残余应力

4）振动法降低残余应力（振动时效技术）　振动法可用于降低残余应力，增加在后续机械切削加工过程中或在使用中构件尺寸与形状的稳定性。这种方法不推荐在为防止断裂和应力腐蚀失效的结构上应用。振动法是利用由偏心轮和变速电动机组成的激振器使结构发生共振所产生的循环应力来降低内应力，其效果取决于激振器和构件特点及支点的位置、激振频率与时间。本法所用设备简单价廉、处理费用低、时间短，也没有高温回火时金属表面氧化的问题。但是对此法原理的论述多互相矛盾，对其效果的评价仍有争议。

5）整体高温回火（消除应力回火）　将整个焊件加热到一定的温度，保温一段时间后缓慢冷却。消除内应力的效果主要取决于加热的温度、材料的成分和组织、应力状态和保温时间等。同一种材料，回火温度越高，时间越长，应力消除得越彻底。热强性好的材料消除内应力所需的回火温度要比热强性差的高。在同样回火温度和时间下，单轴拉伸应力的消除效果比双轴和三轴的效果好。

回火温度按材料种类来选择，如表 2.9-13。

表 2.9-13　常用金属材料消除内应力的回火温度

材料	碳钢及中合金钢①	奥氏体钢	铝合金	镁合金	钛合金	铌合金	铸铁
回火温度/℃	580～680	850～1 050	250～300	250～300	550～600	1 100～1 200	600～650

① 含钒低合金钢在 600～620℃回火后，塑性、韧性下降，回火温度宜选在 500～560℃。

保温时间一般根据厚度确定。内应力消除效率随时间的增长迅速降低，所以过长的处理时间是不必要的。对钢来说，保温时间可以按每毫米厚度保温 1～2 min 来计算总保温时间，但不宜低于 30 min，不高于 3 h。

加热速度取决于板厚 h，一般 $h=10$ mm 取 5℃/min，$h=50$ mm取 1℃/min。冷却速度应取加热速度的一半。

对具有再热裂纹倾向的钢材（例如含 Cr、Mo、V 等合金元素的高强钢）的焊接结构，应注意控制加热速度和加热时间，以免产生再热裂纹。重要的结构如锅炉和化工压力容器，消除内应力的热处理规范及其必要性有专门的规定。

表 2.9-14 为常用钢材的焊前预热和焊后消应力热处理的规范。

整体热处理一般在炉内进行，遇到大型结构（如大型压力容器）无法在炉内处理时，可以采用在容器外壁覆盖保温层，在容器内部用火焰或电阻加热的办法处理（图 2.9-140）。

6）局部高温回火　本法只对焊缝及其附近的局部区域进行加热，其消除应力的效果不如整体加热处理。多用于比较简单的、拘束度较小的焊接接头，如长的圆筒容器、管道接头、长构件的对接接头等。为了取得较好的降低应力的效果，应保证有足够的加热宽度，以免因加热区太窄而加热温度梯度大，引发新的热处理残余应力分布。圆筒接头加热区宽度一般取：

$$B=5\sqrt{R\delta}$$

R 为圆筒半径，δ 为管壁厚度，B 为加热区宽度，长板的对接接头，取 $B=W$（图 2.9-141），W 为对接构件的宽度。局部加热时的热源，可采用火焰、红外线、工频感应加热和间接电阻加热。

表 2.9-14　常用钢材焊前预热和焊后消应力热处理的规范（摘自 GBJ236）

材料类别	钢　号	焊前预热 壁厚 h/mm	焊前预热 温度/℃	焊后热处理 壁厚 h/mm	焊后热处理 温度/℃
管材	20 ZG15	≥26	100～200	>36	600～650
	15MnV	≥15	150～200	>20	520～570
	16Mn				600～650
	12CrMo				650～700
	15CrMo	≥10	150～250	>10	670～700
	ZG20CrMo	≥6	200～300		
	12Cr1MoV	≥6	200～300	>6	720～750
	ZG20CrMoV ZG15Cr1Mo1V		200～300		
	12Cr2MoWVB 12Cr2MoVSiTiB 1Cr5Mo	≥6	250～350	任意壁厚	750～780
板材	碳素钢	>34	100～150	>38	600～650
	16MnR	>30		>24	
	15MnVR	>28		>32	520～570

注：1. 焊前预热栏中当焊接环境温度低于 0℃时，预热温度应比表内数值适当提高；当壁厚小于表内数值时，亦须对焊件进行适当预热。

2. 焊后热处理的加热速度、恒温时间及冷却速度应符合下列要求。加热速度：升温至 300℃后，加热速度不应超过 $220\times\frac{25}{h}$℃/h，且不大于 220℃/h。恒温时间：碳素钢每毫米厚需 2～2.5 min，合金钢每毫米厚需 3 min，且不小于 30 min。冷却速度：恒温后的冷却速度不应超过 $275\times\frac{25}{h}$℃/h，且不大于 275℃/h，300℃以下可自然冷却。

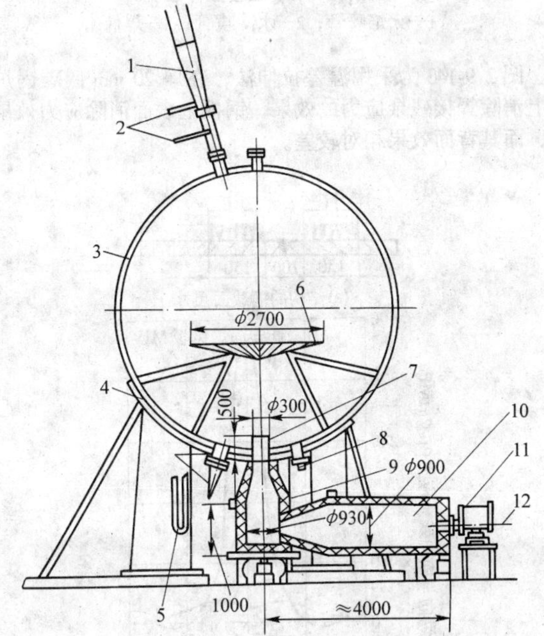

图 2.9-140　大型球形容器内部加热消除内应力

1—烟囱；2—压缩空气引风嘴；3—球冠外包覆的保温层；4—托座；5—U 形压力计；6—气流挡板；7—陶瓷喷嘴；8—视镜；9—气流导向室；10—燃烧室；11—燃油喷嘴；12—进油管

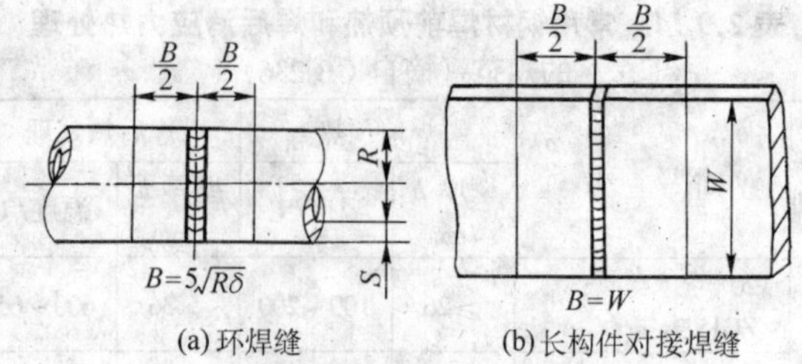

图 2.9-141　局部热处理的加热区宽度

7）温差拉伸法（低温消除应力法）　或称低温消除应力法，适用于中等厚度钢板焊后消除应力。在焊缝两侧各用一个适当宽度的氧－乙炔焰矩平行于焊缝移动加热，在焰矩后一定距离（150～200 mm）处跟随有排管喷水冷却（图 2.9-142）。这样，可造成一个两侧高（峰值约为 200℃）焊缝区低（约为 100℃）的温度场。两侧的金属因受热膨胀对温度较低的焊缝区进行拉伸，使之产生拉伸塑性变形以抵消原来的压缩塑性变形，从而消除内应力。对于焊缝比较规则厚度不大（＜40 mm）的板、壳结构具有工程实用价值。

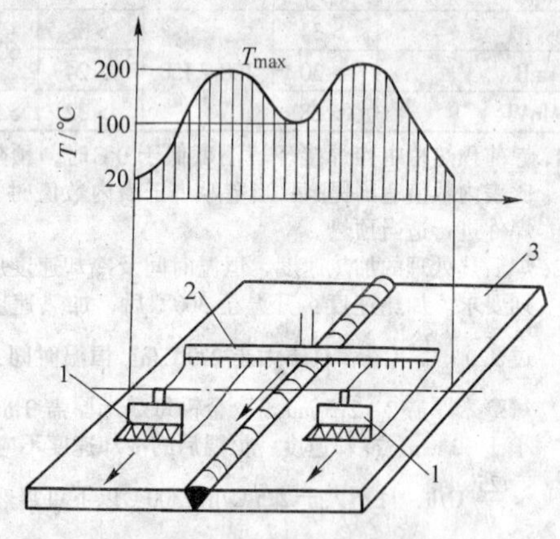

图 2.9-142　温差拉伸法

1—火焰喷管；2—水冷喷管；3—焊件

图 2.9-143 为采用温差拉伸法，在厚 20 mm 低碳锅炉钢板上消除焊接残余应力的效果。钢板上表面消除应力效果明显，而其背面效果相对较差。

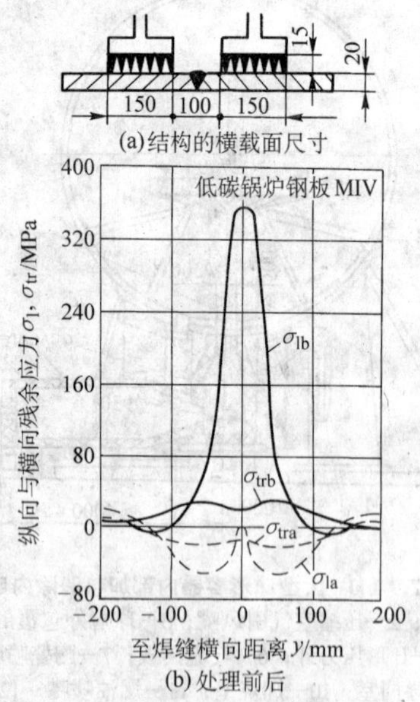

图 2.9-143　温差拉伸法消除焊接残余应力的效果

分别用 b 和 a 表示的纵向与横向残余应力 σ_1 和 σ_{tr}

8）感应加热与水冷相结合消除残余应力　管件对接焊后，在管外侧用感应加热，同时在管内通水冷却，降低焊缝根部可能导致开裂的轴向和周向拉应力，或将其转变成压应力。如图 2.9-144 所示，选择不同宽度的加热区（$2w_a$）当感应加热外表温度在 550℃时，管内壁的焊缝根部仍处于冷态时产生塑性应变，最终形成残余压应力。

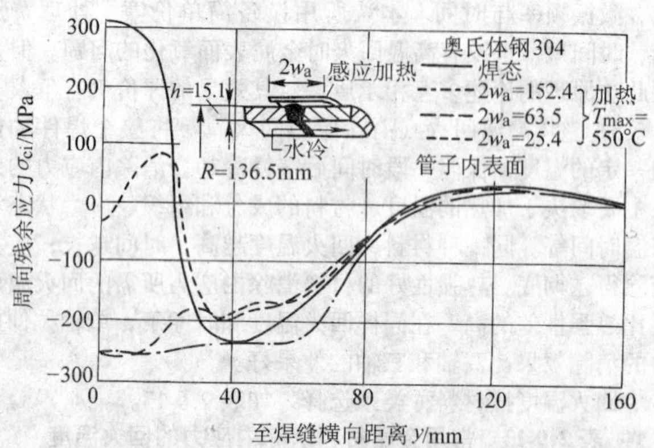

图 2.9-144　用感应加热与管内水冷降低环缝接头内壁表面的周向残余应力

9）脉冲磁处理法　将焊接构件置于低频脉冲磁场中进行处理，可以降低其中的焊接残余应力。其基本原理是通过磁致振动使构件内部发生微观尺度上的塑性变形，从而使内应力重新分布；目前正在对其机理进行深入研究。这种方法既不需要机械加载或振动，也不需要进行加热处理，所以在处理过程中不会改变材料的组织结构，也不需要复杂的设备。但它目前只对铁磁性的钢铁构件有效，其实际应用还处于研究当中。

4.2　焊接变形的控制与消除

4.2.1　与焊接变形相关的主要因素

影响焊接应力和变形的因素已经在 1.3 中进行了详细说明，本节具体说明与焊接变形相关的主要因素。

1）构件的结构形式和焊缝在结构上的位置。见 2.3 和表 2.9-15。工字梁较 T 形梁纵向挠曲变形小。当板的长宽比（B/L）一定时，薄板焊接的波浪失稳变形的趋势随板厚的增加而减小。板厚对变形的影响随焊接工艺参数的不同而变化。

2）焊接时的拘束度。结构的刚度越大，焊接时的拘束度越大，焊接变形就越小。

3）装配和焊接顺序。装配和焊接时，热作用分散、均匀，对称时焊件变形小，热作用集中时变形大。

4）母材和焊缝材料性能和组织状态的影响。材料力学性能和物理性能随温度变化的特性（包括相变）直接影响焊接残余应力和变形。例如，就弹性模量和屈服极限的的影响来说，焊接铝、钛等材料时残余应力低而变形大，焊接钢等则残余应力大而变形相对较小。

5）焊接工艺参数的影响。能量密度集中的方法焊接变形小。焊接线能量和焊接熔敷金属（或焊脚尺寸）的增加会增大变形。小的坡口（或根部间隙）和对称的坡口会减小变形。焊后激冷可能对焊件变形没有影响，但是焊接过程中水冷可减小变形。

4.2.2　控制和消除焊接变形的方法

控制和消除焊接变形的方法及分类如表 2.9-16 所示。

对于不同类型的焊接变形，表 2.9-17 归纳了防止措施。

（1）在设计阶段应采取的措施

1）选用合理的焊缝尺寸和形状

表 2.9-15　焊缝处于不同位置时引起的变形

焊缝对称布置		焊缝不对称布置	
图例	说明	图例	说明
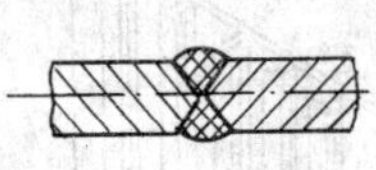	X 形坡口，焊缝对结构截面重心线对称布置 焊后主要引起结构纵向和横向的缩短	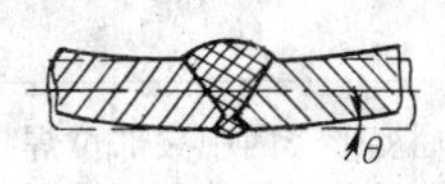 θ	V 形坡口，焊缝重心偏离在结构截面重心线上侧 焊后不但有纵向和横向缩短，还有角变形
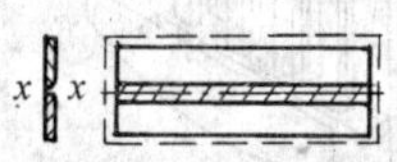 x x	焊缝位于结构截面重心线上 焊后主要引起结构纵向和横向缩短	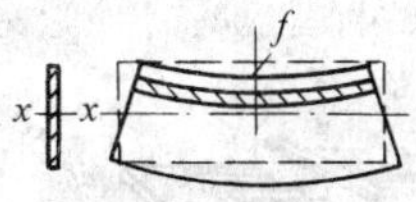 f x x	两块宽度不等的钢板拼接，焊缝位于结构截面重心线（x—x 轴）的上侧，不对称 焊后由于焊缝纵向收缩引起弯曲变形
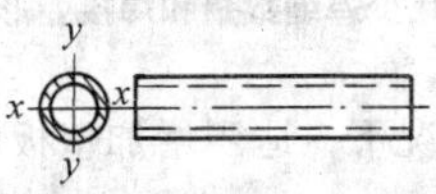 y x x y	两片半圆瓦对接成圆筒，焊缝对称布置 焊后主要产生纵向缩短和圆周长度减少	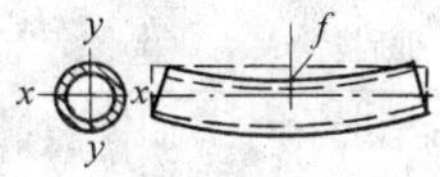 y f x x y	钢板卷圆后进行对接，焊缝在截面上对 x—x 轴不对称，位于上侧 焊后由于焊缝纵向收缩引起弯曲变形
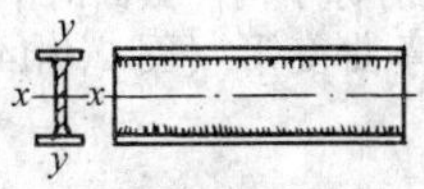 y x x y	工字梁，焊缝对 x—x 轴和 y—y 轴均对称布置 焊后主要产生纵向缩短	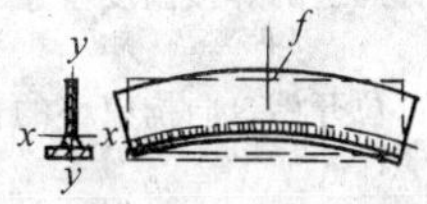 y f x x y	丁字梁，焊缝对 x—x 轴不对称布置，位于该轴下侧 焊后由于焊缝纵向收缩引起弯曲变形
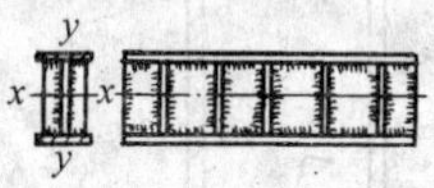 y x x y	四条纵焊缝和所有筋板焊缝对 x—x 轴和 y—y 轴都对称 焊后四条焊缝纵向收缩和所有筋板焊缝横向收缩共同作用，主要引起整个工字梁的纵向缩短	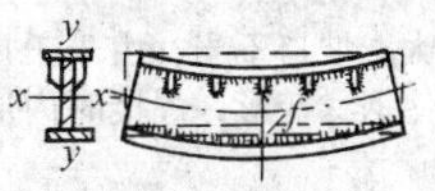 y x x y f	主要焊缝对 y—y 轴对称布置，但筋板焊缝都集中在 x—x 轴的上侧，布置不对称 焊后筋板焊缝横向收缩引起整个工字梁弯曲变形

注：表中关于焊缝对称布置的说明，忽略了焊接顺序的影响。实际生产中由于焊接顺序不同，除产生纵向和横向缩短外，还会引起少量弯曲变形。

表 2.9-16　控制和消除焊接变形的方法

在设计阶段应遵循的原则	选择焊接工艺性好的结构形式	
	设计合理的焊缝尺寸和形式（最小的焊缝尺寸，对称的坡口形式）（图 2.9-145）	
	合理安排焊缝布局和接头位置，尽可能减少焊缝数量（图 2.9-147，图 2.9-148）	
	选用轧制型材、锻、铸件和钣金成形件，构成最佳焊接结构（图 2.9-146）	
焊前预防措施	预变形法（或反变形法）（图 2.9-149 至图 2.9-155，表 2.9-19 和表 2.9-20）	
	预拉伸法（图 2.9-156）	机械拉伸（SS 法）
		加热伸长（SH 法）
	刚性固定组装法，采用夹具（琴键式多点压紧）或刚性胎具（图 2.9-157 至图 2.9-160）	
焊接过程中的控制措施	优选焊接法，采用能量密度高的热源	
	采用合理焊接工艺参数，减少热输入（图 2.9-161）	
	限制和缩小焊接受热面积，采用强迫冷却（铜垫板或水冷）（图 2.9-162）	
	选择合理的装配焊接顺序，把整体结构分解为易于施工的部件（图 2.9-163 至图 2.6-165）	
	焊前预热	
	低应力无变形（LSND）焊接法。见 4.3	
焊后矫正措施	利用机械力或冲击能矫正法	静力加压矫直法，产生与焊接变形相反的塑性变形（图 2.9-166，图 2.9-167）
		锤击法，与点状加热原理相反，使材料延伸补偿焊接收缩
		薄板焊缝滚压法（图 2.9-168）
		强电磁脉冲矫正法
	加热矫正法	整体加热法，预先将变形部位用刚性夹具复原到设计形位
		局部加热法（火焰矫形）（图 2.9-169）

表 2.9-17　不同类型焊接变形的防止措施

变形类型	防止措施
横向收缩	1）由于拘束可减少收缩，但增加残余应力，实际效果不大。留有适当的收缩量较好 2）焊接断面大，收缩量相应增大，在可能范围内尽量减少焊接量 3）根部间隙大，收缩量增大，选用保证底层焊接良好的窄小间隙 4）使用粗焊条、铁粉焊条收缩量小 5）埋弧自动焊、半自动焊等焊接法，收缩量相对较小 6）层间温度、运条法、焊接方向等影响较小
纵向收缩	纵向收缩的对策，在部件预留收缩量，同时为了保证精度，考虑焊后的加工余量
回转变形	1）点固焊要完善。根据需要在焊接终端处进行拘束 2）长的接头二个以上的焊工施焊，采用分段焊，多点同时焊 3）采用对称法、异向分段法、跳焊法 4）直线细长对接接头多，制作部件数量多，先进行大板对接，然后用门式焰割机切断，可提高效率，防止回转变形
角变形	对接焊 1）坡口的角度尽量小些 2）采用焊接速度大的焊接方法 3）运用拘束卡具（刚性固定法） 4）采用反变形法
	填角焊 1）特厚板采用焊接速度大的焊接法，例如用埋弧自动焊，角变形小 2）采用熔敷效率好的焊接法。粗径焊条、铁粉焊条对板厚 8～16 mm 效果较好，但是，在板厚 16 mm 以上时，焊条直径不同差异很小 3）断续焊，角变形小 4）采用卡具在变形反向卡固拘束法（刚性固定法结合反变形法）

续表 2.9-17

变形类型	防止措施
纵弯变形	防止T形杆件的纵弯变形，先组装成对称工形杆件，腹板高加倍。角焊后，沿腹板中央部用火焰切割机切断
波浪变形	下图是桥梁钢桥面板的曲屈变形，因中央部位焊接集中，端部易产生波浪变形，对以后钻孔、架设影响很大。防止措施：端部残留待切处用型钢等拘束，焰割时加热收缩，可矫正波浪变形 15~20 火焰切割切断线
扭曲变形	1）焊缝尺寸勿过大 2）焊条熔敷量尽量小 3）避免焊缝集中，对于对称焊缝的焊接温度注意尽量相同 4）焊接顺序：由拘束大的部位开始，向拘束小的自由端进行 5）注意加工质量，特别注意火焰切割时的质量和防止变形 6）组装质量对变形影响很大。坡口不当，由于千斤顶、卡具用得不合理，使钢材变形，焊接时内应力释放，形成扭曲变形

① 最小的焊缝尺寸　在保证结构承载能力的情况下，采用尽量小的焊缝尺寸。在考虑焊缝尺寸时应通过计算或者试验，对承载情况不同的焊缝和连系焊缝要区别对待。在薄板结构中采用接触点焊代替熔化焊缝可减少变形。

角焊缝尺寸对焊接变形的影响比较大，宜尽可能减小。在结构中仅起连系作用的角焊缝或受力不大、经强度计算尺寸甚小的焊缝，应按板厚选取工艺上可能的最小尺寸（表2.9-18）。

表 2.9-18　最小角焊缝尺寸参考值　mm

板　厚	≤6	7~18	19~30	31~50	51~100
最小焊脚高度	3	4	6	8	10

对受力较大的T形或十字接头，在保证强度相同的条件下，采用开坡口的焊缝比不开坡口而用一般角焊缝的情况可减少焊缝金属，对减小角变形有利（图2.9-145）。

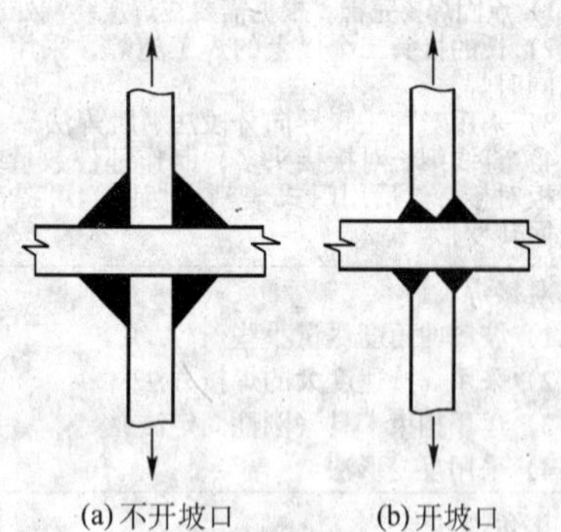

图 2.9-145　相同承载能力的十字接头

② 合适的坡口形式　尽量选用对称的坡口形式和焊缝金属填充量少的坡口形式。

2）尽可能减少焊缝数量　多采用型材、冲压件；焊缝多且密集处，采用铸-焊联合结构。例如采用压型结构代替筋板结构，有利于防止薄板结构的变形（图2.9-146）。

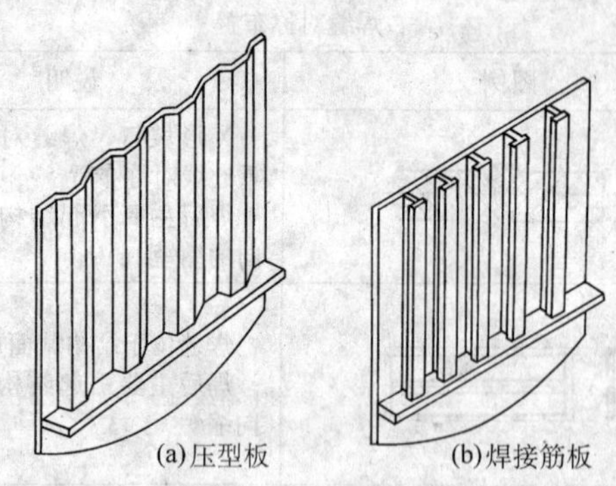

图 2.9-146　用压型板代替筋板减少焊缝数量和焊接变形

在结构强度和设计允许的情况下，适当增加壁板厚度，减少筋板焊缝数量。

3）合理安排焊缝位置　焊缝对称于构件截面的中性轴，或使焊缝接近中性轴，可减少弯曲变形（图2.9-147、图2.9-148）。

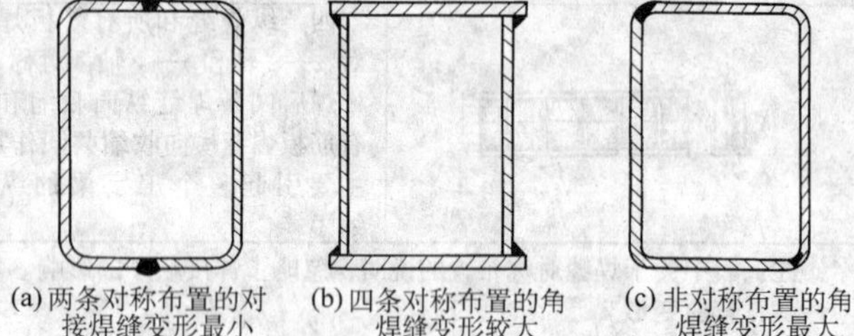

图 2.9-147　箱形梁的焊缝设计

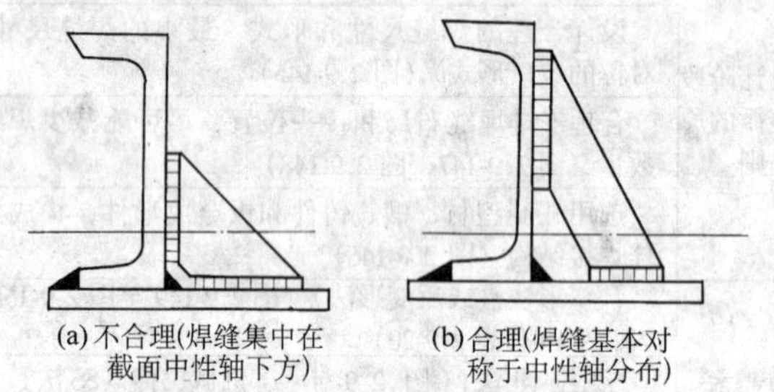

图 2.9-148　合理安排焊缝位置减小变形

（2）构件制造时的工艺措施

1）预变形法（反变形法）　根据预测的焊接变形大小和方向，在待焊工件装配时造成与焊接残余变形大小相当、方向相反的预变形量（反变形量）；焊后，焊接残余变形抵消了预变形量，使构件回复到设计要求的几何型面和尺寸。

在实施过程中，反变形法可以通过变形补偿式安装来实现（图2.9-149），也可以用预先成形法来实现（图2.9-150，图2.9-131）。当构件刚度过大（如工字梁翼板较厚或大型箱型梁等），采用上述反变形有困难时，可以先将梁的翼板强制反变形（图2.9-151）。

反变形量还可以在下料拼板时加以考虑。例如，桥式起重机的主梁由上下盖板、前后腹板和内部的大小筋板焊接而成（图2.9-152）。对于起重机主梁的腹板，在下料拼板时，除了考虑主梁设计所要求的上拱量外（图2.9-152），还应该额外预留一定的上拱量，以补偿焊接变形（图2.9-153）。上盖板与大小筋板焊接时，由于焊缝的横向收缩，所以上盖板在备料时要预留出一定的余量（图2.9-154）。

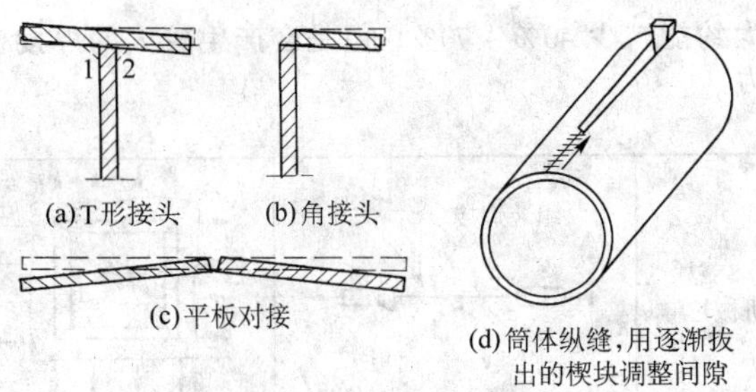

图 2.9-149　在不同构件上用补偿式安装反变形法减小焊接变形
（实线表示焊前，虚线表示焊后）

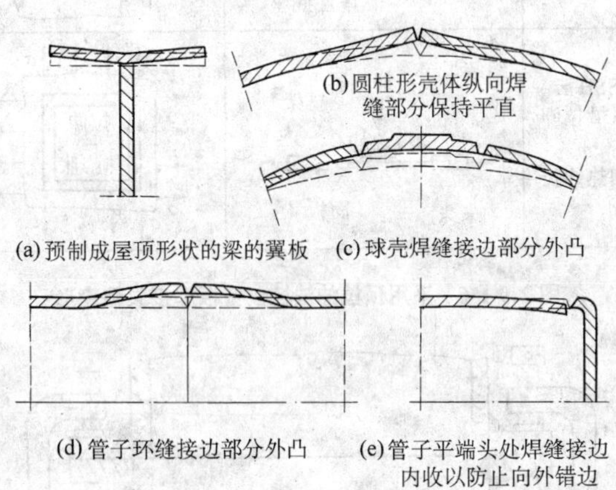

图 2.9-150　采用预先成形反变形法减小焊接变形
（实线表示焊前，虚线表示焊后）

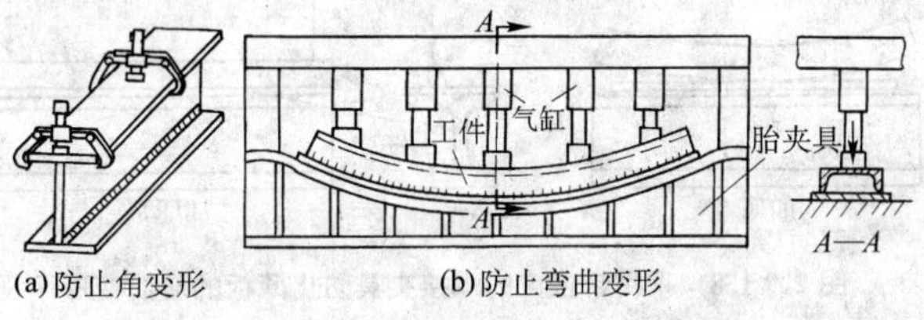

图 2.9-151　采取强制反变形措施防止焊接变形

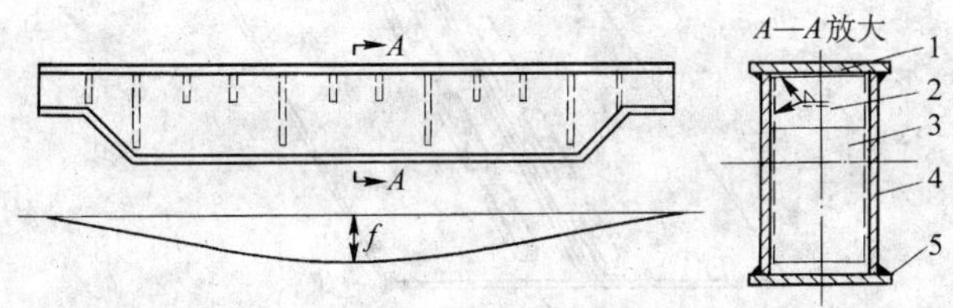

图 2.9-152　桥式起重机主梁
（f 为受额定载荷时产生的挠度，即主梁焊好后产生的上拱）
1—上盖板；2—小筋板；3—大筋板；4—腹板；5—下盖板

图 2.9-153　桥式起重机主梁腹板预制上拱示意图
（上拱预制量应该是主梁设计要求的上拱量再减去焊接变形产生的上拱量）

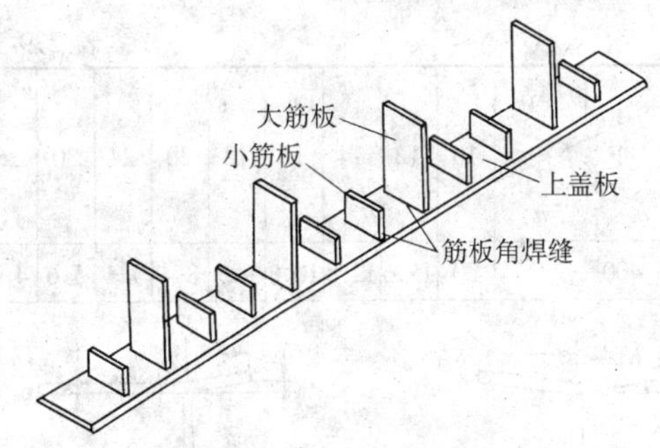

图 2.9-154　桥式起重机主梁上盖板与大小筋板的焊接

对于焊缝分布在一侧的构件（图 2.9-155a、b、c、d），为了防止焊后的弯曲变形，可以将两根相同的构件“背靠背”地固定在焊接转胎上，中间支撑使之发生弹性弯曲，然后进行焊接。这种方法不仅施焊方便，而且可以提高生产率。

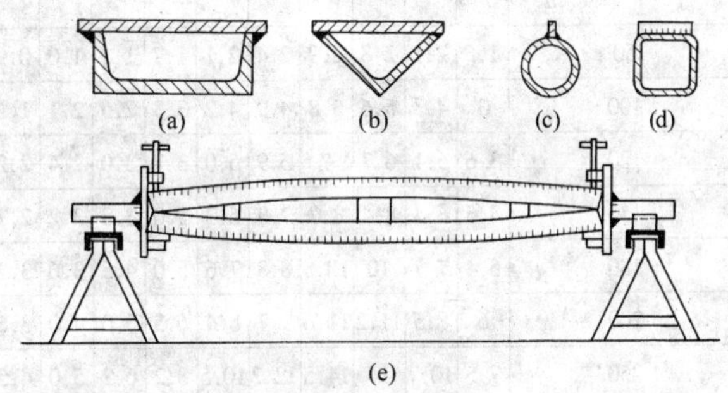

图 2.9-155　弹性支撑法
（a）、（b）、（c）具有单面纵向焊缝的支撑梁；
（d）具有单面横向焊缝的支撑梁；（e）在焊接转胎上焊接

在船舶建造中，常常预先在胎架上留出反变形余量，然后将构件支撑于胎具曲面上进行焊接。另外，船体分段在长度和宽度方向上的收缩变形也可以采用加放余量来解决。

反变形量的大小可以通过试验获得。用通常的焊接工艺参数，在自由状态下试焊，测出其残余变形量。残余变形量作为反变形量的依据，结合焊件的反弹量作适当调整，这样焊件反弹后的形状和尺寸就能达到焊件的技术要求。另外，反变形量也可以通过计算（包括有限元分析）获得。表 2.9-19 和表 2.9-20 分别为焊条电弧焊和埋弧焊的梁盖板的反变形数据，使用时可以根据不同的焊接方法以及工厂的实际情况进行调整。

表 2.9-19　梁盖板焊条电弧焊的反变形值　mm

b \ 反变形值 a \ 板厚 δ	10	12	14	16	18	20	24	30	36	40
50	2.5	2.0	1.6	1.3	1.2	1.1	0.9	0.7	0.6	0.5
100	5.0	4.0	3.0	2.7	2.4	2.1	1.8	1.4	1.2	1.1
120	6.0	4.6	3.8	3.2	2.8	2.5	2.1	1.7	1.4	1.2
150	7.5	5.7	4.8	4.0	3.5	3.2	2.7	2.2	1.8	1.5
180	9.0	7	5.7	4.8	4.2	3.7	3.2	2.5	2.1	1.9
200	10	7.8	6.4	5.4	4.8	4.2	3.6	2.8	2.3	2.1
250	12.5	9.7	8.0	6.0	5.9	5.2	4.4	3.5	3.0	2.7
300	15	11.7	9.6	8.0	7.0	6.3	5.4	4.2	3.6	3.2
360	18	14	11.5	9.7	8.6	8.0	6.4	5.0	4.3	3.8

续表 2.9-19

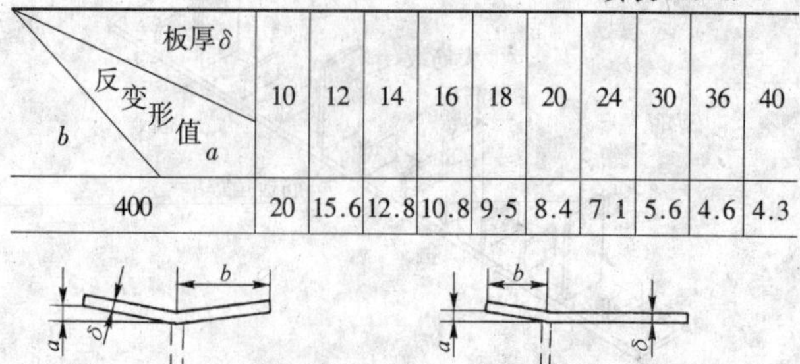

板厚δ / 反变形值 a / b	10	12	14	16	18	20	24	30	36	40
400	20	15.6	12.8	10.8	9.5	8.4	7.1	5.6	4.6	4.3

表 2.9-20　梁盖板埋弧焊的反变形值　mm

板厚δ / 反变形值 a / b	10	12	14	16	18	20	24	30	36	40
50	1.5	2.1	2.8	2.9	2.4	2.1	1.7	1.2	1.0	0.9
100	3	4.3	5.6	5.8	4.9	4.2	3.3	2.5	2.1	1.2
120	3.6	5.1	6.7	7	5.9	5.0	3.7	3.0	2.4	2.2
150	4.5	6.4	8.4	8.7	7.3	6.3	5.0	3.8	3.2	2.7
180	5.4	7.7	10	10.5	8.8	7.6	6.0	4.5	3.6	3.2
200	6	8.5	11.2	11.6	9.7	8.4	6.5	5.0	4.0	3.6
250	7.5	10.7	14	14.5	12.2	10.5	8.2	6.2	5.0	4.5
300	9	12.8	16.8	17.4	14.5	12.6	9.9	7.5	6.0	5.2
360	10.8	15.4	20.8	20.9	15.2	15.2	11.9	9	7.2	6.4

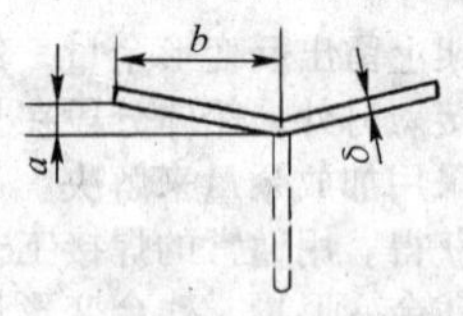

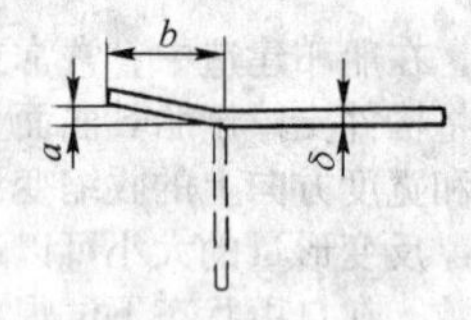

2）预拉伸法　预拉伸法多用于薄板平面结构件，如壁板的焊接。在焊前，先将薄板件用机械方法拉伸或用加热方法使之伸长；然后再与其他构件（如框架或筋条）装配焊接在一起。焊接是在薄板有预张力或有预先热膨胀量的情况下进行的。焊后，去除预拉伸或加热，薄板回复初始状态，可有效地降低残余应力，控制波浪形失稳变形效果明显。图 2.9-156 为采用拉伸法（SS 法）、加热法（SH 法）和二者并用的拉伸加热法（SSH），把薄板与壁板骨架焊接成一个整体构件时的工艺实施方案示意。对于面积较大的壁板结构，预拉伸法要求有专门设计的机械装置与自动化焊接设备配套，应用上受到局限。在 SH 法中，也可以用电流通过面板自身电阻直接加热的办法取代附加的加热器间接加热，简化工艺。

3）刚性固定法　在焊前将焊件夹持固定，以提高焊接时的刚度，减小焊接变形。实施时可以用专门的胎具，也可以将构件临时点固在刚性较大的平台上。有时可以根据焊件的特点，将两个或多个构件夹在一起，使它们相互制约。

刚性固定是生产中常用的方法。去除加固后，由于回弹，焊件还会有一定的残余变形，所以常和反变形法一起使用，获得更好的效果。

刚性固定法的夹具可以是专用的夹具（图 2.9-158），如琴键式夹具，也可以是压铁（图 2.9-159），还可以在焊缝两侧点固角钢（图 2.9-160）。

由于刚性固定法增加了焊接时的拘束度，所以焊接收缩量大约能减少 40% ~ 70%，但是会产生较大的焊接残余应力。

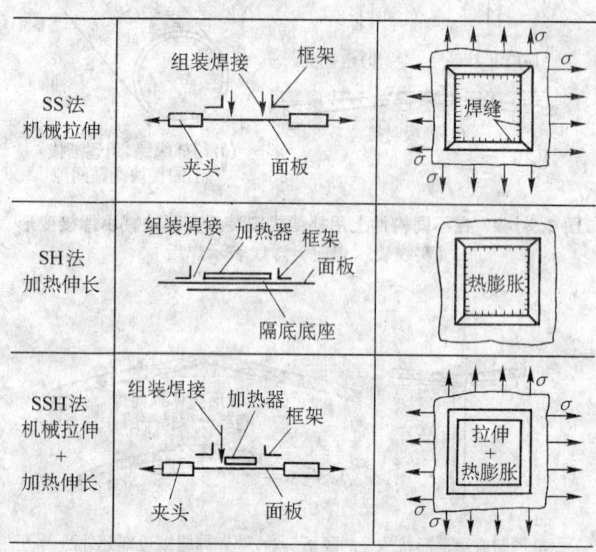

图 2.9-156　采用预拉伸法控制壁板焊接失稳变形

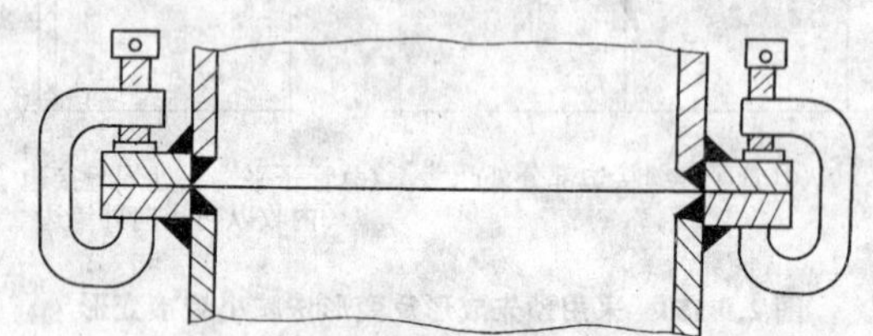

图 2.9-157　刚性固定法焊接法兰盘以减小角变形

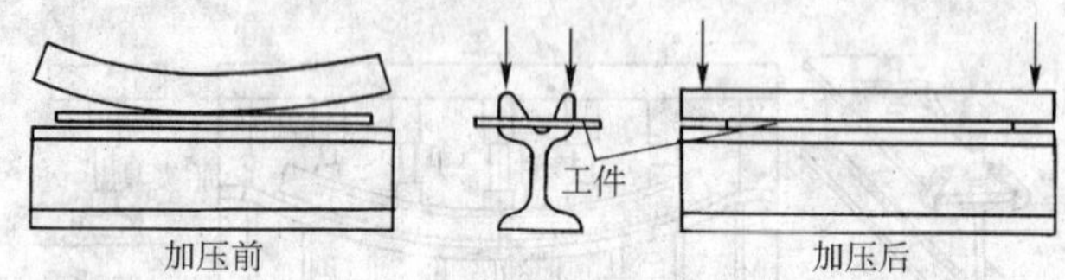

图 2.9-158　采用带挠度的焊接夹具防止薄板的波浪变形

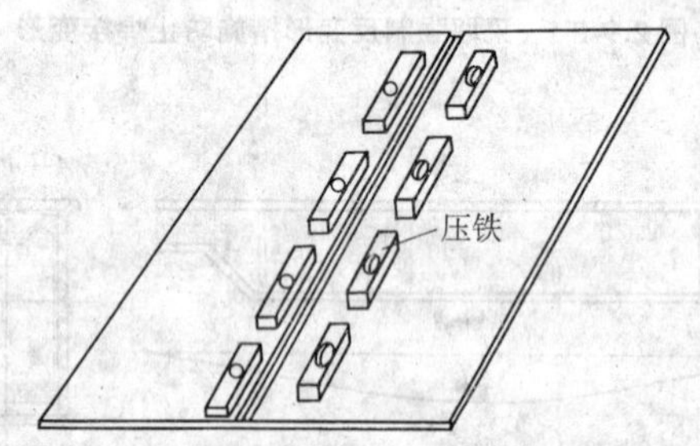

图 2.9-159　采用压铁防止薄板的波浪变形

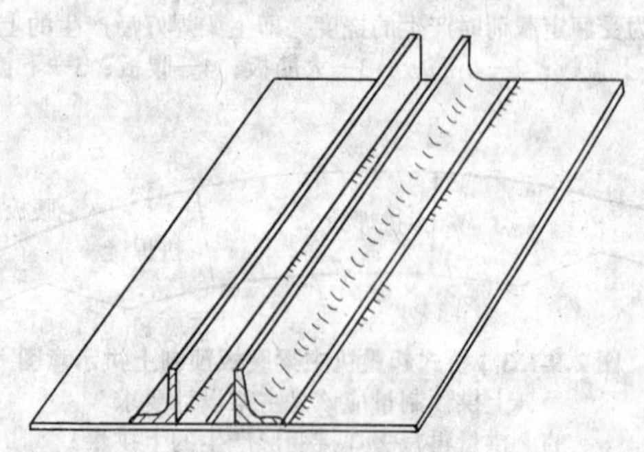

图 2.9-160　在焊缝两侧点固角钢提高焊接时的刚度

4）选用合适的焊接方法和焊接工艺参数　能量集中和热输入低的焊接方法，可有效降低焊接变形。用 CO_2 气体保护焊焊接中厚钢板的焊接变形要比用气焊和焊条电弧焊小得多，更薄的板可以采用脉冲钨极氩弧焊、激光焊等方法。电子束焊的焊缝深而窄，变形极小，一般经精加工的工件，焊后仍具有较高的精度。

焊接热输入是影响变形量的关键因素。当焊接方法确定后，可以通过调节焊接工艺参数来控制热输入，从而控制焊件变形。在保证熔透和焊缝无缺陷的前提下，应尽量采用小的焊接热输入。根据焊件的结构特点，可以灵活运用热输入对变形的影响规律控制变形。例如，具有对称截面形状和焊缝布置对称的焊件，焊接每一条焊缝时焊接热输入应该一致。如果焊缝分布不对称，则远离中性轴的焊缝应该采用分层焊，每层用小热输入，以使构件的变形最小（图 2.9-161）。

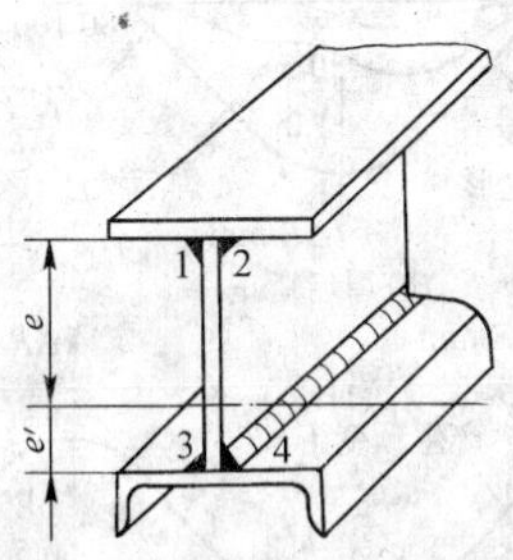

图 2.9-161　采用不同焊接参数防止非对称焊缝构件的弯曲变形

采用多层焊可以减小每次的焊接热输入，从而有利于减小焊接变形。多层焊时，第一层引起的收缩量最大，第二层增加的收缩量约为第一层的 20%，第三层大约增加 5% ~ 10%，最后几层的增加量更小。

在焊缝两侧采用直接水冷或水冷铜块散热，可以限制和缩小焊接温度场，减小变形。但对有淬火倾向的钢应慎用（图 2.9-162）。

5）选择合理的装配顺序和焊接顺序　合理的装配和焊接顺序可以使焊件变形减至最小。考虑合理装配和焊接顺序的原则是：先期焊缝产生的焊接残余应力和变形应尽量不影响或少影响后期焊接的残余应力和变形。

对于复杂的焊件结构，在进行装配焊接时，可以将其分成几个简单的部分进行分别组装焊接，然后再进行总装焊接。这种方法的优点是，部件的尺寸和刚度较小，利用胎具克服变形的可能性增加；交叉对称施焊要求焊件翻身与变位也较为容易；而且，可以把影响总体结构变形最大的焊缝分散到部件中去焊接，把它的不利影响减小或清除。所划分的部件应易于控制焊接变形，部件总装时的焊接量少，便于控制总变形。

对于简单的焊接结构，为了保证其足够的刚度以抵抗焊后变形，一般采用整体装配焊接，而且整体件越完整越好。

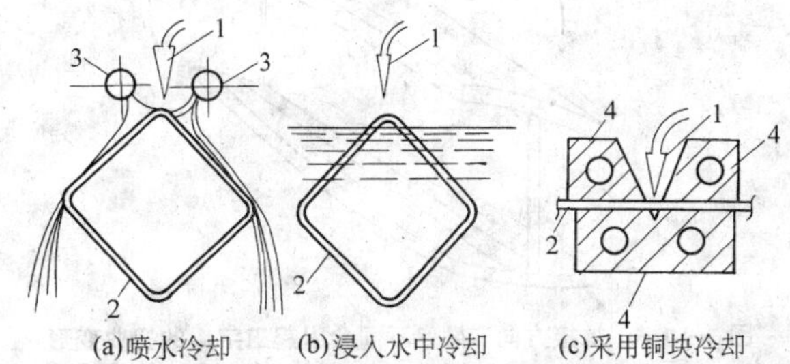

图 2.9-162　采用局部冷却防止薄板焊接变形

1—焊枪；2—工件；3—喷水管；4—水冷铜块

有时候，为了保证焊件变形最小，对大型复杂构件也采用整体装焊法，如杨浦大桥箱形梁主梁的焊接。

大型构件上的对称焊缝，最好由多名焊工同时施焊，使相反方向的变形相互抵消。在不能同时施焊的情况下，用同样的工艺参数，先焊侧的变形会比后焊侧的变形大，因此，建议先焊侧可改为多层多道焊，并降低每层（道）的焊接热输入，再利用两面交替施焊顺序，使每侧引起的变形相互抵消。

当焊缝在结构上分布不对称时，如果焊缝位于焊件中性轴两侧，则可能通过调节焊接热输入和交替施焊的顺序控制变形。

在焊接长焊缝时，可以根据具体情况，采用不同的焊接顺序，如逐步退焊法、分中逐步退焊法、跳焊法、交替焊法等，如图 2.9-163 和图 2.9-164 所示。这些不同焊接顺序的共同特点是减少局部加热的不均匀性，从而控制和减小焊接变形。一般退焊法和跳焊法，每一段焊缝的长度以 100 ~ 350 mm为宜。

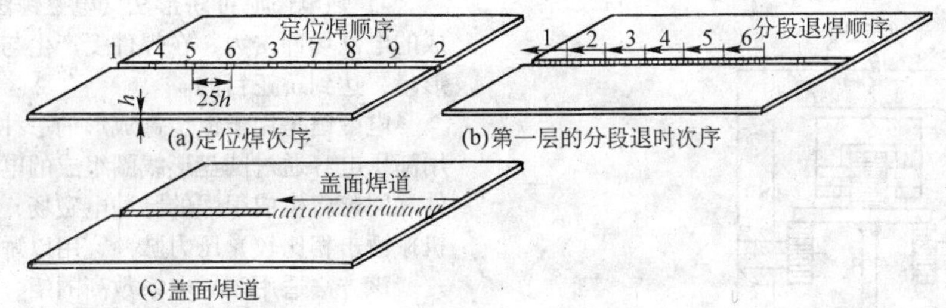

图 2.9-163　用分段退焊减小横向收缩和坡口间隙变形（仅适用于电弧焊）

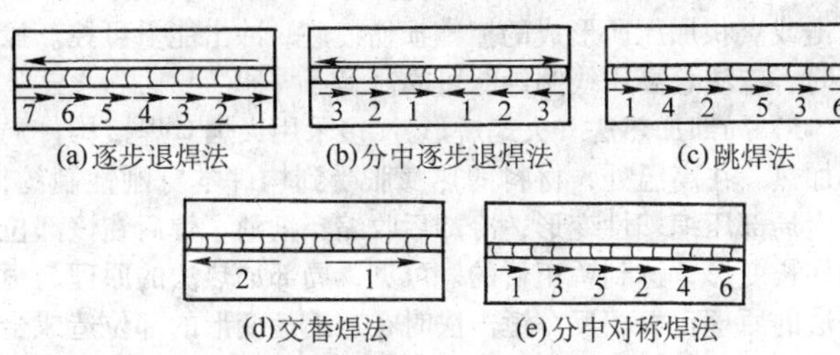

图 2.9-164　长焊缝的不同焊接顺序

图 2.9-165 所示工字梁上有四条纵焊缝，如果同时向一个方向焊接 T 形接头的两个角焊缝，或者在焊接夹具中施焊，则可减小或防止扭曲变形；但若焊接方向和顺序不同（如图所示），因角焊缝引起的角变形在焊缝长度方向逐渐增大，容易引起扭曲变形。

6）焊前预热　由于焊接时的不均匀加热而引起变形，所以采用适当的预热是一种减小变形的有效措施。多道焊时前一道焊缝对后一道焊缝起预热作用。

（3）焊后矫形措施

1）机械矫形法　利用外力使构件产生与焊接变形方向

相反的塑性变形，使二者相互抵消。可用各种机具：大锤、千斤顶、螺丝压杠、多辊平板机和压力机等和压重的方法进行。例如①用压力机矫正，对超高强钢慎用；②用手工锤击矫正，对高强钢慎用；③用多辊平板机矫正，适用于薄板。图2.9-166所示为工字梁焊后采用不同的机械矫形法来减小或消除弯曲变形。图2.9-167所示为用门式压力机矫正工字梁的伞形变形示意图。

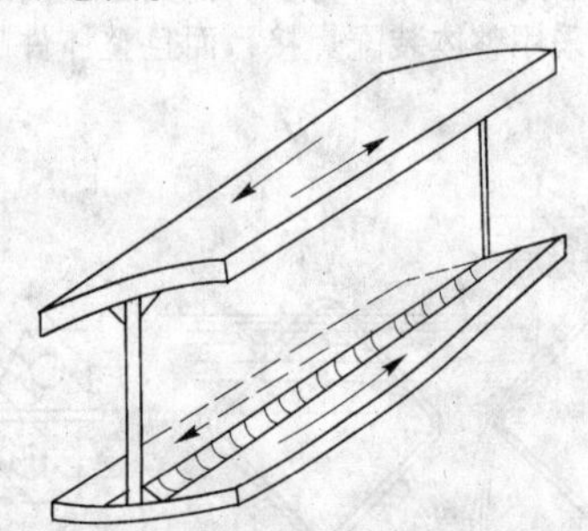

图 2.9-165　焊接方向和顺序不同会引起工字梁的扭曲变形

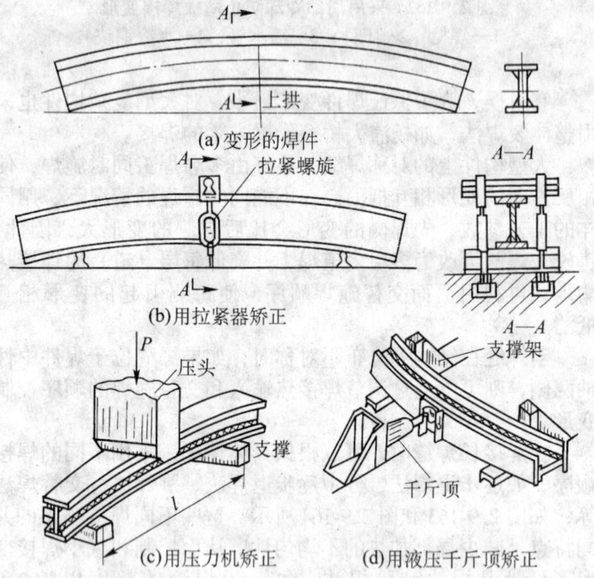

图 2.9-166　工字梁焊后弯曲变形的机械矫正

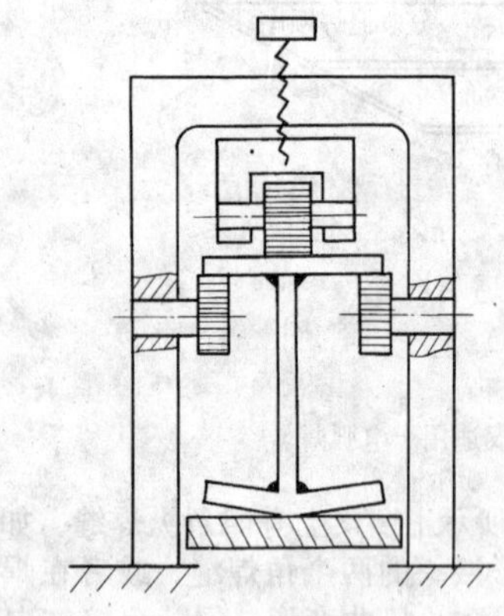

图 2.9-167　用门式压力机矫正工字梁的伞形变形

2）锤击法　锤击法可以用来延展焊缝及其周围压缩塑性变形区域的金属，达到消除焊接变形的目的，其原理见图2.9-138。这种方法比较简单，经常用来矫正不太厚的板焊接变形。它的缺点是劳动强度大，表面质量不好。

3）滚压焊缝消除薄板残余变形　焊缝滚压技术不仅可用于消除薄壁构件上的焊接残余应力，而且是一种焊后矫正板壳构件变形的有效手段，多用于自动焊方法完成的规则焊缝（直线焊缝、环形焊缝）。此外，窄轮滚压法也用于某些材料（如铝合金）焊接接头的强化；但滚压所产生的塑性变形量比用于消除应力和变形时大得多。用窄轮滚压法还可以在工件待焊处先造成预变形，以抵消焊接残余变形。

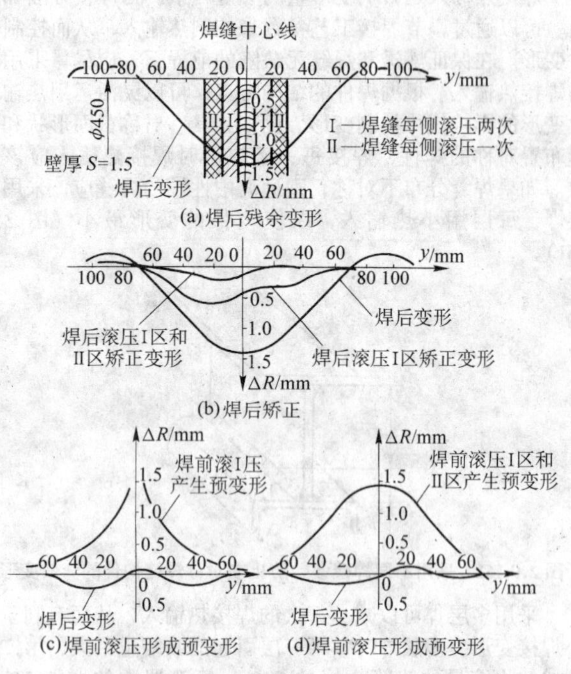

图 2.9-168　窄轮滚压圆筒对接环缝控制变形

图2.9-168所示为在不锈钢圆筒（ϕ1 450 mm、壁厚1.5 mm）上环形焊缝引起的残余变形及采用窄轮滚压的效果（ΔR 为半径方向上的收缩量）。图2.9-168a为焊后状态，ΔR 值可达到1.5 mm。图2.9-168b为焊后滚压矫正效果：只滚压Ⅰ区（焊缝两侧各宽10 mm），尚未完全消除变形；滚压Ⅰ区和Ⅱ区（两侧各宽20 mm），残余变形基本消除。图2.9-168c、d为用焊前滚压产生预变形来补偿焊后残余变形的实测结果。

4）强电磁脉冲矫形法（电磁锤法）　利用强电磁脉冲形成的电磁场冲击力，在焊件上产生与残余焊接变形相反的变形量，达到矫正目的。

电磁锤是用于钣金件成形的一种有效工具，其原理是利用高压电容通过圆盘形线圈组成的电磁锤放电，在线圈与工件之间感应生成很强的脉冲电磁场，形成一个较均匀的（与机械锤击相比较）压力脉冲，用以矫形。

该方法适用于导电系数高的铝、铜等材料的薄壁焊接构件。对导电系数低的材料，需在工件与电磁锤之间放置铝或铜质薄板。采用该方法矫正的优点是：在工件表面不会产生锤击或点状加压所形成的撞击损伤痕迹，冲击能量可控。操作时，应注意高压线圈绝缘可靠。

5）局部加热法（火焰矫形）　多采用火焰对焊接构件局部加热，在高温处，材料的热膨胀受到构件本身刚性制约，产生局部压缩塑性变形，冷却后收缩，抵消了焊后在该部位的伸长变形，达到矫正目的。可见，局部加热法的原理与锤击法的原理正好相反。锤击法时在有缩短变形的部位造成金属延展，达到矫形的目的。因此，这两种方法都会引起新的矫正变形残余应力场，所产生的残余应力符号相反。

在图 2.9-169 上给出在刚性较好的构件上（如焊接工字梁、带纵缝的管件）局部加热的部位，直接用火焰加热构件横截面上金属延伸变形区，但加热面积应有限定。

在矫正薄壁构件失稳波浪变形时，会由于火焰加热面积过大发生新的翘曲变形。因此，采用多孔压板防止薄板在加热过程中变形，通过压板上的小孔加热，限制受热面积，增强矫形效果。有时也可以采用热量更集中的钨极氩弧或等离子弧作为热源，但应防止加热时金属过热或熔化。

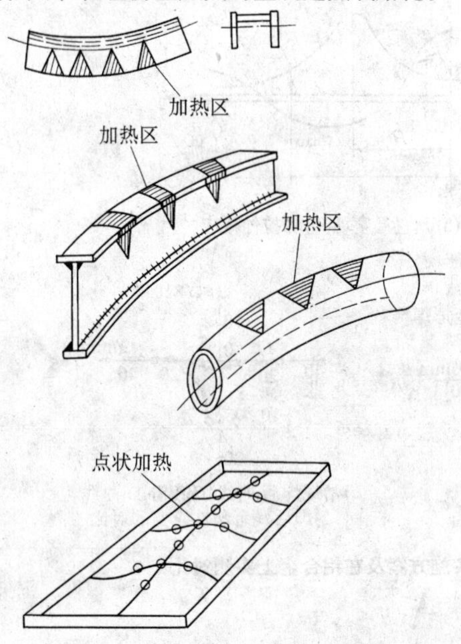

图 2.9-169　火焰局部加热矫正焊接残余变形

在中厚板上大面积火焰加热矫形时，可在火焰周围喷水冷却，提高对受热区的挤压作用。因此，这种方法也可用于曲率不大的板件弯曲成形。火焰加热矫正法多用于钢制构件。在一些管子构件上也有应用，但应考虑加热和冷却过程对材料性能的影响（如 30CrMnSiA 管子焊接构件），且在加热区会留有拉伸残余应力。

火焰变形矫正主要靠经验，也可通过计算（如有限元分析）来选择加热区域和温度。表 2.9-21 对变形矫正程序及要领的归纳仅供参考。

表 2.9-21　变形矫正程序及要领

序号	工　序	内　容
1	工具准备	焰炬、工具、辅具等
2	变形测定	判断变形类别，确定矫正方案
3	确定加热参数	1）了解材质 2）了解结构特征、刚性及装配关系，以便确定加热温度及矫正目标
4	确定加热顺序	1）确定加热位置 2）确定是否需要机械辅助加压 3）确定矫正顺序，要领： 刚性大，先矫；刚性小，后矫
5	确定加热范围及加热方式	1）总要领 凸起部位就是加热区 2）具体顺序 均匀总变形，先矫 短段弯曲变形，其次 局部弯曲变形，最后 3）加热方式 均匀总变形——纵向线状加热 短段弯曲——纵向线状加热 局部弯曲——横向线状加热 刚性大——三角形加热 波浪变形——圆点状（ϕ15 mm 左右）加热

续表 2.9-21

序号	工　序	内　容
6	确定加热温度	低碳钢或 C－Mn 钢 1）变形小的小零件－300～400℃ 2）变形较大的小零件－400～500℃ 3）变形较大的大零件－500～600℃ 4）大零件大变形－600～700℃ 5）结构或大部件－700～800℃ 低碳钢以外材料，须限制加热温度，如低于回火温度
7	矫正及检查	矫正中检查与矫正后检查，不合要求可进行再次矫正

4.3　低应力无变形的焊接方法

薄板低应力无变形焊接法（LSND 焊接法）与温差拉伸法不同，这是一种在焊接过程中实施的降低应力、防止变形的方法。一般，结构上的直线对接焊缝（壁板或壳体对接焊缝），均在琴键式纵向焊接夹具上施焊。焊后，构件仍然会有失稳波浪变形，在焊缝纵向产生翘曲 f，如图 2.9-170 所示。

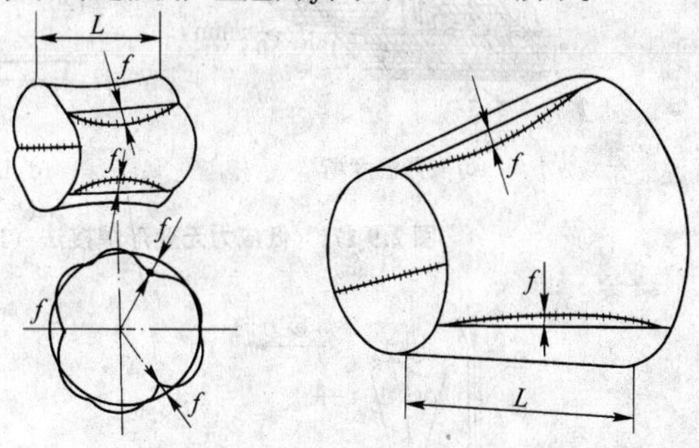

图 2.9-170　薄板壳体纵向焊缝引起的失稳翘曲变形

f 表示最大挠度

图 2.9-171 所示为低应力无变形焊接法（LSND 法），在焊缝区有铜垫板 1 进行冷却，两侧有加热元件 2（图 2.9-171a），形成一个特定的预置温度场（曲线 T），最高温度 T_{max} 离开焊缝中心线的距离为 H，因此产生相应的预置拉伸效应（曲线 σ），见图 2.9-171b。图 2.9-171c 所示为实际温度场。焊缝两侧用双支点 P1 与 P2 压紧工件，P2 离开焊缝中心的距离为 G，防止在加热和焊接过程中的瞬态面外失稳变形，保证在焊接高温区的预置拉伸效应。这是一种在焊接过程中直接控制瞬态热应力与变形产生和发展的“积极”控制法，或称“主动”控制法。焊后，残余拉应力峰值可以降低 2/3 以上，如图 2.9-171d 残余应力场对比所示。图 2.9-171e 为常规焊后残余塑性应变（曲线 1）和 LSND 焊后残余塑性应变（曲线 2）的对比。根据要求，调整预置温度场，还可以在焊缝中造成压应力，使残余应力场重新分布。随着焊缝中的拉应力水平的降低，两侧压应力也降到临界失稳应力水平以下，工件不再失稳。因此，焊后的工件没有焊接残余变形，保持焊前的平直状态。

低应力无变形焊接法（LSND 法）可用于各类材料：铝合金、不锈钢、钛合金、高温合金等。预置温度场中的最高温度因材料和结构而异，一般在 100～300℃左右，可根据待焊工件来优选预置温度场。实践表明，预置温度场还有利于改善焊接接头的性能（如高强铝合金）。低应力无变形焊接法可以在通常的钨极氩弧焊、等离子弧焊及其他熔焊过程中实施，并保持常用的焊接工艺参数不变。

在低应力无变形焊接法中，预置温度场在焊缝两侧，可以看作是一种“静态”控制法。以 LSND 法为基础，“动态”控制的低应力无变形焊接法不再依赖于预置温度场，而是利用一个有急剧冷却作用的热沉（冷源）紧跟在焊接热源（电弧）之后，见图 2.9-172a，在热源－热沉之间有极陡的温度梯度，见图 2.9-171b，高温金属在急冷中被拉伸，补偿焊缝区的塑性变形。焊后，在薄板上同样可以达到完全无变形的效果，在焊缝中的残余应力甚至可以转变为压应力，见图 2.9-173。图 2.9-173a 为在低碳钢上的实测结果，图 2.9-173b 为在不锈钢上实测结果，与常规焊后的残余应力分布（曲线 a）相比，热沉参数变化明显影响残余应力重新分布。这种动态控制低应力无变形焊接法（DC－LSND），比静态 LSND 法更具良好的工艺柔性。

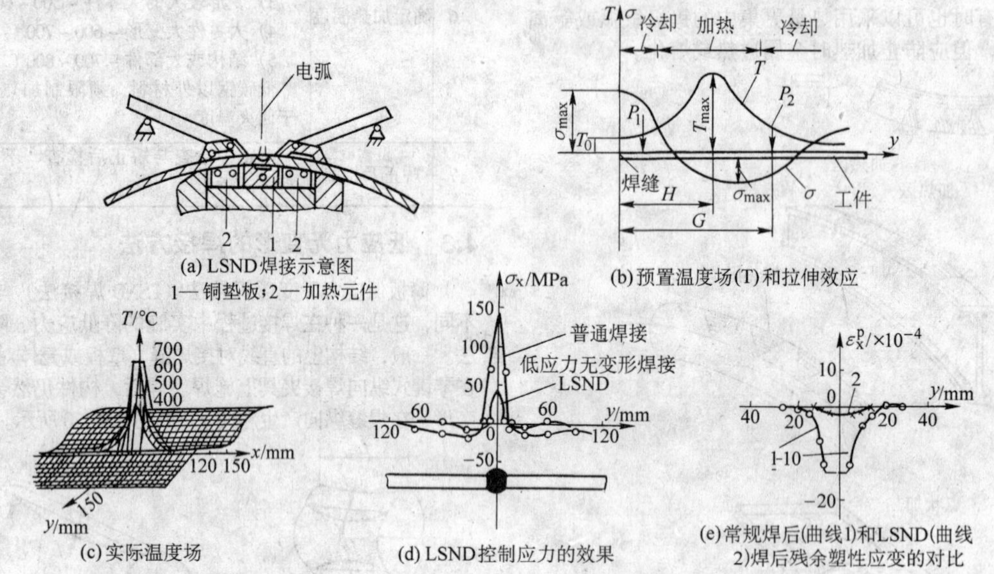

图 2.9-171　低应力无变形焊接法（LSND）原理和工艺实施方案及在铝合金上实测对比

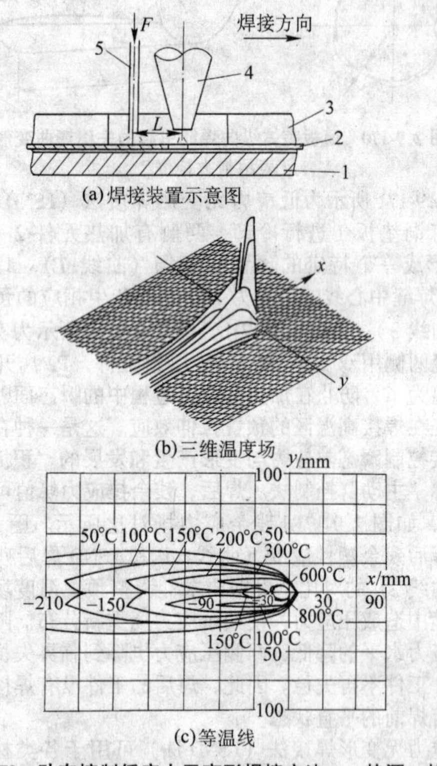

图 2.9-172　动态控制低应力无变形焊接方法——热源－热沉焊接

1—工件；2—衬垫；3—夹具；4—焊枪；5—冷却喷嘴

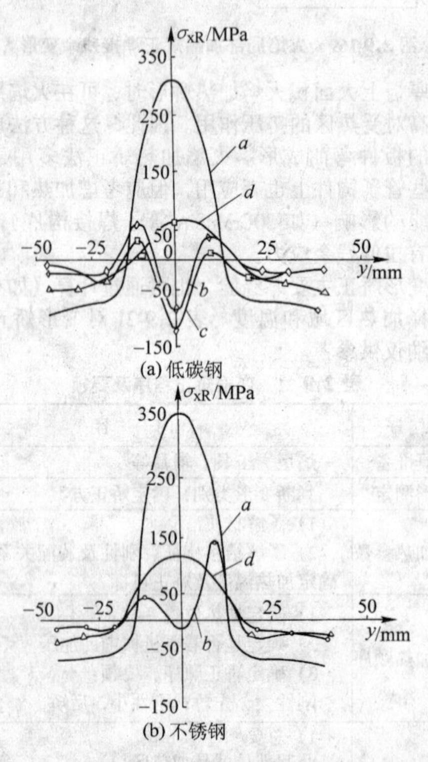

图 2.9-173　热源－热沉控制低应力无变形的效果

（曲线 a 为常规焊后的残余应力，曲线 b、c、d 为采用不同热沉参数焊后的残余应力）

4.4　焊接应力和变形的数值分析

通常通过一系列的试验或根据经验来获得可靠而经济的焊接结构。但是，对于一些新的大型工程结构的焊接，没有多少经验可以借鉴。如果只依靠试验方法积累数据，需花费很长时间和经费。而且在很多情况下，实验是无法进行的，例如，大型复杂结构焊接应力和变形的预测。

近年来，随着计算机技术和数值计算技术的发展，数值模拟（特别是有限元法）越来越多地用于焊接应力和变形的工程分析。一般来讲，数值模拟具有以下几方面的优点：

1）数值模拟可以不受物理条件（例如尺寸、时间和温度等）的限制；

2）试验不可能完成的理想情况，可以通过数值模拟很容易地实现；

3）可以通过数值计算模拟极端的条件；

4）通过数值模拟可以得到全场数据，例如结构内部各处的温度和力学状态，这是通过试验无法做到的（一般情况下试验只能得到有限点的离散数据）；

5）数值模拟在时间和金钱上的花费远远小于试验。

因此，通过有限元分析，可以在计算机上模拟不同工艺条件下的焊接残余应力和变形，从而对焊接工艺参数进行优化。这不但可以大幅度降低试验费用，降低制造成本和时间，提高制造的响应速度，而且对于无法进行试验的大型工程问题更具有重要的意义。

4.4.1 焊接应力和变形数值分析的一般方法

焊接应力和变形数值分析的研究内容包括：焊接时动态的应力应变过程、焊接残余应力和残余变形、应力消除处理(如热处理法降低残余应力)、相变应力、三维残余应力测定的数值方法、与焊接裂纹有关的力学参量、薄板构件的失稳、焊接应力和变形对焊接接头强度的影响等。其中焊接时的应力应变和变形过程，特别是焊接残余应力和变形，是其他各方面研究的基础，最为重要。焊接应力与变形计算的数值方法中有限元方法应用最为普遍，包括热弹塑性分析、弹粘塑性分析以及各种简化方法，如固有应变法等。

下面以焊接热弹塑性有限元分析为例，说明焊接应力和变形数值分析的方法和过程。

焊接热弹塑性分析包括四个基本关系：①应变－位移关系（相容性条件）；②应力－应变关系（本构关系）；③平衡方程；④相应的边界条件，如焊接构件的拘束等。

在热弹塑性分析时有如下一些假定：材料服从 Mises 屈服准则；塑性区内的行为服从流变法则并显示出应变硬化；弹性应变 ε_e、塑性应变 ε_p 与温度应变 ε_T 是可分的；与温度有关的力学性能、应力应变在微小的时间增量内线性变化；熔化的金属熔池处理成固体，其材料力学性能如弹性模量和屈服应力假定为很小的数值；变形是准静态的，即忽略惯性力的影响。由于焊件各点到达最高温度的时刻不同，材料性能也随温度而变化，所以是非简单加载条件，需要用增量理论分析和计算。

将焊接构件分解成有限个单元，设有限单元编号为 el 的某个单元在时刻 τ 时的温度为 T，于是可以得到如下的基本关系。

(1) 应变－位移关系

对每一单元，有

$$\{d\varepsilon\}^{el} = [B]\{d\delta\}^{el} \quad (2.9\text{-}43)$$

式中，$\{d\varepsilon\}^{el}$ 为单元 el 的节点应变增量；$[B]$ 为联系单元中应变向量与节点位移向量的矩阵；$\{d\delta\}^{el}$ 为节点位移增量。

(2) 应力－应变关系

1）弹性区　因为弹性应变 ε_e 和温度应变 ε_T 可分，所以全应变增量 $\{d\varepsilon\}$ 可表示为

$$\{d\varepsilon\} = \{d\varepsilon_e\} + \{d\varepsilon_T\} \quad (2.9\text{-}44)$$

式中，$\{d\varepsilon_e\}$ 为弹性应变增量，$\{d\varepsilon_T\}$ 为温度应变增量。在达到某一应力状态 $\{\sigma\}$ 时，$\{\varepsilon_e\} = [D_e]^{-1}\{\sigma\}$，其中 $[D_e]$ 为弹性矩阵。因弹性矩阵 $[D_e]$ 随温度而变化，所以

$$\{d\varepsilon_e\} = d[[D_e]^{-1}\{\sigma\}] = [D_e]^{-1}\{d\sigma\} + \frac{\partial[D_e]^{-1}}{\partial T}\{\sigma\}dT \quad (2.9\text{-}45)$$

其中

$$[D_e] = \frac{E(1-\mu)}{(1+\mu)(1-2\mu)} \times \begin{bmatrix} 1 & & & & & \\ \frac{\mu}{1-\mu} & 1 & & & & \\ \frac{\mu}{1-\mu} & \frac{\mu}{1-\mu} & 1 & & & \\ 0 & 0 & 0 & \frac{1-2\mu}{2(1-\mu)} & & \\ 0 & 0 & 0 & 0 & \frac{1-2\mu}{2(1-\mu)} & \\ 0 & 0 & 0 & 0 & 0 & \frac{1-2\mu}{2(1-\mu)} \end{bmatrix} \quad (2.9\text{-}46)$$

式中，E 为弹性模量；μ 为泊松比。

如果 $\{\alpha\}$ 为随温度变化的热膨胀系数，则

$$\{d\varepsilon_T\} = \{\alpha\}dT \quad (2.9\text{-}47)$$

因此，由式 (2.9-44)、式 (2.9-45) 和式 (2.9-47) 可得：

$$d\{\sigma\} = [D_e]\{d\varepsilon\} - [D_e]\left[\{\alpha\} + \frac{\partial[D_e]^{-1}}{\partial T}\{\sigma\}\right]dT \quad (2.9\text{-}48)$$

可以写为

$$d\{\sigma\} = [D_e]\{d\varepsilon\} - \{C_e\}dT \quad (2.9\text{-}49)$$

其中

$$\{C_e\} = [D_e]\left[\{\alpha\} + \frac{\partial[D_e]^{-1}}{\partial T}\{\sigma\}\right] \quad (2.9\text{-}50)$$

2）塑性区　因为弹性应变 ε_e、塑性应变 ε_p 和温度应变 ε_T 可分，所以有

$$\{d\varepsilon\} = \{d\varepsilon_e\} + \{d\varepsilon_p\} + \{d\varepsilon_T\} \quad (2.9\text{-}51)$$

式中，$\{d\varepsilon_p\}$ 为塑性应变增量。

设材料的屈服条件为

$$f(\sigma) = f_0(\varepsilon_p, T) \quad (2.9\text{-}52)$$

式中，f 为屈服函数；f_0 为与温度和塑性应变有关的屈服应力的函数。其微分形式为

$$\left\{\frac{\partial f}{\partial \sigma}\right\}^T d\{\sigma\} = \left(\frac{\partial f_0}{\partial \varepsilon_p}\right)^T\{d\varepsilon_p\} + \frac{\partial f}{\partial T}dT \quad (2.9\text{-}53)$$

根据塑性流动法则，塑性应变增量 $\{d\varepsilon_p\}$ 可以表示为

$$\{d\varepsilon_p\} = \lambda\left\{\frac{\partial f}{\partial \sigma}\right\} \quad (2.9\text{-}54)$$

经推导，可得到塑性区内的应力－应变关系：

$$\{d\sigma\} = [D_{ep}]\{d\varepsilon\} + [C_{ep}]\{dT\} \quad (2.9\text{-}55)$$

式中，

$$[D_{ep}] = [D_e] - [D_e]\left(\frac{\partial f}{\partial \sigma}\right)\left(\frac{\partial f}{\partial \sigma}\right)^T[D_e]/S \quad (2.9\text{-}56)$$

$$\{C_{ep}\} = [D_{ep}]\{\alpha\} + [D_{ep}]\frac{\partial[D_e]^{-1}}{\partial T}\{\sigma\} - [D_e]\left\{\frac{\partial f}{\partial \sigma}\right\}\left(\frac{\partial f_0}{\partial T}\right)/S \quad (2.9\text{-}57)$$

$$S = \left\{\frac{\partial f}{\partial \sigma}\right\}^T[D_e]\left\{\frac{\partial f}{\partial \sigma}\right\} + \left\{\frac{\partial f_0}{\partial \varepsilon_p}\right\}^T\left\{\frac{\partial f}{\partial \sigma}\right\} \quad (2.9\text{-}58)$$

塑性区的加载卸载由 λ 值决定：

$$\begin{cases} \lambda > 0 & \text{加载过程} \\ \lambda = 0 & \text{中性过程} \\ \lambda < 0 & \text{卸载过程} \end{cases}$$

卸载时材料呈弹性行为，必须用弹性区的应力应变关系。

3）应力应变关系的统一表达形式　热弹塑性本构关系

的增量形式可以统一表达为：

$$\{d\sigma\} = [D]\{d\varepsilon\} - \{C\}\,dT \tag{2.9-59}$$

在弹性区，$[D]=[D_e]$，$\{C\}=\{C_e\}$；

在塑性区，$[D]=[D_{ep}]$，$\{C\}=\{C_{ep}\}$。

(3) 平衡方程和有限元方程组

考虑组成整个求解域的某一单元 el，体积为 ΔV，由时刻为 τ 变为 $\tau+d\tau$ 时，节点外力 $\{F\}^{el}$ 变为 $\{F+dF\}^{el}$；温度 T、节点位移 $\{\delta\}$、应变 $\{\varepsilon\}$、应力 $\{\sigma\}$ 分别变为和 $T+dT$、$\{\delta+d\delta\}$、$\{\varepsilon+d\varepsilon\}$、$\{\sigma+d\sigma\}$，应用虚功原理

$$\{d\delta\}^T\{F+dF\}^{el} = \iiint_{\Delta V}\{d\varepsilon\}^T\{\sigma+d\sigma\}\,dV \tag{2.9-60}$$

并考虑到应变－位移关系和增量的本构关系，有

$$\begin{aligned}\{d\delta\}^T\{F+dF\}^{el} &= \iiint_{\Delta V}\{d\delta\}^T[B]^T(\{\sigma\}+[D]\{d\varepsilon\} - \{C\}\,dT)\,dV \\ &= \{d\delta\}^T\iiint_{\Delta V}[B]^T(\{\sigma\}+[D]\{d\varepsilon\} - \{C\}\,dT)\,dV\end{aligned} \tag{2.9-61}$$

由于在 τ 时刻物体处于平衡状态，所以

$$\{F\}^{el} = \iiint_{\Delta V}[B]^T\{\sigma\}\,dV \tag{2.9-62}$$

因此

$$\begin{aligned}\{dF\}^{el} &= \iiint_{\Delta V}[B]^T([D]\{d\varepsilon\} - \{C\}\,dT)\,dV \\ &= \iiint_{\Delta V}[B]^T([D][B]\{d\delta\} - \{C\}\,dT)\,dV\end{aligned} \tag{2.9-63}$$

或者写成如下的平衡方程

$$\{dF\}^{el} + \{dR\}^{el} = [K]^{el}\{d\delta\}^{el} \tag{2.9-64}$$

式中，$\{dF\}^{el}$ 为单元节点上外力的增量；$\{dR\}^{el}$ 为温度引起的单元初应变等效节点力增量；$\{d\delta\}^{el}$ 为节点位移增量；$[K]^{el}$ 为单元刚度矩阵，

$$\{dR\}^{el} = \iiint_{\Delta V}[B]^T\{C\}\,dT\,dV \tag{2.9-65}$$

$$[K]^{el} = \iiint_{\Delta V}[B]^T[D][B]\,dV \tag{2.9-66}$$

根据单元处于弹性区或者塑性区，分别用 $[D_e]$、$\{C_e\}$ 或 $[D_{ep}]$、$\{C_{pe}\}$ 代替 $[D]$、$\{C\}$，形成单元刚度矩阵 $[K]^{el}$ 和温度引起的单元等效节点载荷 $\{dR\}^{el}$，然后集成为总刚度矩阵

$$[K] = \sum_{el}[K]^{el} \tag{2.9-67}$$

并形成总载荷向量

$$\{dF\} = \sum_{el}(\{dF\}^{el} + \{dR\}^{el}) \tag{2.9-68}$$

考虑到相应的边界条件，得到整个构件的平衡方程组

$$[K] = \{d\delta\} = \{dF\} \tag{2.9-69}$$

式中，$\{d\delta\}$ 为整个构件上未知节点的位移向量。

因为焊接过程中的材料性能和温度相关，而且受到熔池熔化、相变等严重非线性的影响，所形成的方程组式（2.9-69）为非线性方程组，求解时需要用到非线性的求解方法，如 Newton－Raphson 方法。

(4) 热弹塑性有限元的求解过程

焊接温度场及热弹塑性有限元的求解如图 2.9-174 所示。图中，k 表示热导率；div 和 grad 分别表示散度和梯度；q 表示内热源，固态相变、凝固潜热等体积热源均可作为内热源处理（但也可以等效考虑到比热容中），焊接热源有时也作为体积热源考虑，此时就可作为内热源；ρ 表示密度；c_p 表示比热容；T_s 表示边界的温度；n 表示边界表面的外法向矢量；h_f 表示表面换热系数；T_a 表示周围介质的温度。焊接过程的温度场是进行热弹塑性分析的基础，如果温度场也用有限元法求解，那么温度场的有限元分析和应力变形的有限元分析就可以使用相同的网格。其求解过程如下。

1）前处理

① 确定求解域，进行网格划分；

② 设置相应的边界条件和初始条件，输入随温度而变化的材料性能参数等；

③ 输入求解时间，设置时间增量步、收敛准则、求解模式等。

2）非线性增量热弹塑性有限元的求解

① 初始化分析变量

a）时间步计数器 $n=0$，时间 $t^0=0$；

b）初始化位移场、应力场、应变场、温度场等：$\{\delta\}^0=\{\delta\}^{init}$，$\{\sigma\}^0=\{\sigma\}^{init}$，$\{\varepsilon\}^0=\{\varepsilon\}^{init}$，$\{T\}^0=\{T\}^{init}$

② 下一时间增量步，$n=n+1$

a）更新当前时刻：$t^n=t^{n-1}+\Delta t^n$；

b）计算当前时刻的温度场 $\{T\}^n$ 和温度增量 $\{\Delta T\}^n=\{T\}^n-\{T\}^{n-1}$（焊接过程的温度场也可以预先算出）；

c）计算当前时刻与温度相关的材料性能参数；

d）由式（2.9-65）和式（2.9-66）计算单元刚度矩阵和单元载荷向量，并由式（2.9-67）和式（2.9-68）集成为总刚度矩阵和总载荷向量；

e）利用迭代法求解非线性的热弹塑性有限元方程组式（2.9-69），得到位移增量 $\{\Delta\sigma\}^n$；

f）计算应力增量 $\{\Delta\sigma\}^n$（式（2.9-59））、应变增量 $\{\Delta\varepsilon\}^n$（式（2.9-43））等；

g）更新位移场、应力场和应变场等：$\{\delta\}^n=\{\delta\}^{n-1}+\{\Delta\delta\}^n$，$\{\sigma\}^n=\{\sigma\}^{n-1}+\{\Delta\sigma\}^n$，$\{\varepsilon\}^n=\{\varepsilon\}^{n-1}+\{\Delta\varepsilon\}^n$

③ 如果 t^n 还未到结束时间，则到②进行下一时间增量步的计算；

否则结束计算。

3）后处理，输出计算结果。

4.4.2 焊接应力和变形数值分析的困难

一般来说，焊接是一个有高度集中热源的动态加热过程，焊接熔池进行着复杂的冶金反应，焊缝的形成是热力学过程和力学行为等综合作用的结果；其应力和变形的数值模拟存在着以下几个困难。

1）焊接热源高度集中，温度场和应力应变场在空间上的分布极不均匀，在焊缝附近采用足够细密的网格才能达到必要的数值求解的精度，结果造成自由度数目庞大，解题规模大。

2）焊接的温度场和与之相关的应力和应变场是随时间快速变化的动态场，这需要用很小的时间增量才能模拟这种变化，模拟整个焊接过程需要很多的时间增量步；数值计算中如果在时间上采用差分格式（如热弹塑性的有限元分析），每个时间增量步就要求解一次非线性方程组，计算量非常大。

3）焊接过程中材料性能随温度呈非线形变化，并且伴随着相变的发生；焊接过程中不同的温度阶段对应于不同的本构关系［见 4.4.3 节第（2）条］；焊缝金属的填充、熔池金属的熔化和流动需要进行特殊的处理。这些都大大增加了数值求解的非线性，造成求解过程的收敛困难，并影响到数值求解的精度。

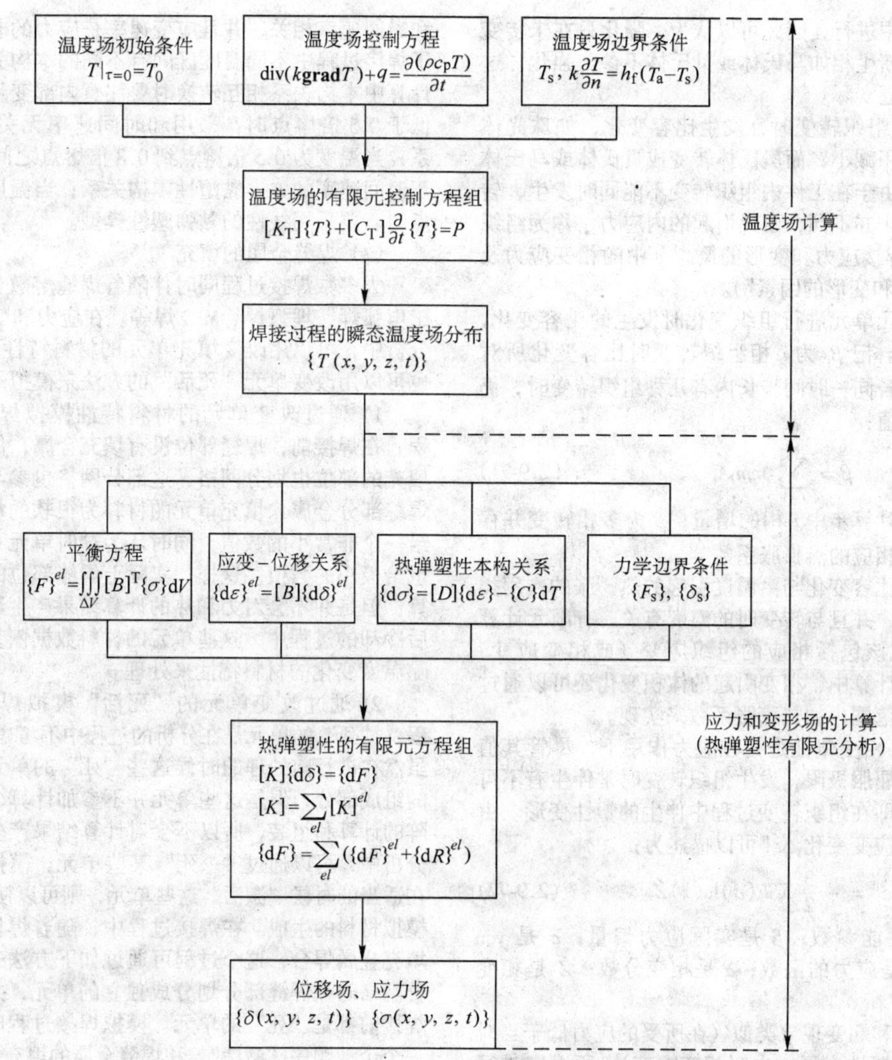

图 2.9-174 焊接温度场及热弹塑性有限元（应力和变形场）计算流程

4）焊接过程包含了很多复杂现象，对这些复杂现象之间的相互关系难以用准确的数学模型统一描述。例如，焊接过程是一个多场耦合的过程，焊接应力和变形与温度场、相变场等密切相关，求解过程中耦合场的计算也造成数值分析的困难。

5）对工程焊接结构的应力和变形分析，因为工程结构的复杂性，一般需要进行三维的建模和计算；另外工程结构中具体的细节问题也增加了数值计算的复杂性。

6）材料在高温阶段特别是在接近熔化状态的热物理参数和力学参数严重缺乏，某些材料仅有室温数据，这也造成了焊接过程数值模拟的困难。因此高温阶段往往是选取能够使数值模拟取得收敛解的材料参数，或者按照某种算法进行外推，高温阶段材料模型对数值计算精度的影响见 4.4.3 (4)。此外，焊接过程的其他不确定性因素，例如焊接热效率、不同焊接方法热输入的分布等，也是影响焊接数值分析精度的重要原因。

4.4.3 与焊接数值分析相关的几个问题

(1) 组织转变和相变

如“1.3 影响焊接应力和变形的因素”所述，温度场和相变都会影响到焊接应力和变形，相变不但会引起体积的变化，还会引起塑性行为（相变塑性），从而对残余应力产生影响。同时，组织中相的转变比例也会对非线性的材料性能产生影响。很多时候应力对相变的影响在焊接过程数值分析时可以忽略。

1）组织转变对材料非线性性能的影响　有限元计算时，材料性能不仅是温度的函数，而且组织不同，计算中各力学性能参数如弹性模量 E、屈服极限 σ_s、塑性模量 H' 等明显不同。组织改变，则这些参量会有明显变化，故做每一步计算时，先要根据前一时刻的温度、时间步长等计算组织转变量，根据计算出的组织状态和温度选择相应的力学性能参数值。若单元中有几种组织共存时，则用加权平均方法取值，即按下式计算：

$$A=\sum_{i=1}^{np} mm_i A_i \tag{2.9-70}$$

式中，$i=1, 2, 3, 4, \cdots, np$ 分别代表珠光体、奥氏体、贝氏体、马氏体等不同的相；mm_i 表示该时刻 i 相占的百分比；A_i 表示 i 相的某参数值如 E，σ_s，H' 等；A 表示加权平均后该参数的值。

同样的，热膨胀系数 α 也可以通过上述公式算出。

应该指出，急冷过程（如焊接过程中附加冷源以降低应力和变形，见“4.3 低应力无变形的焊接方法”）可能在发生组织转变前，热应力达到屈服极限而使金属进入塑性状态，塑性变形伴随有强化；继续冷却，则会有组织转变和塑性变形强化同时进行。若简单按上式计算，则不论是未转变的奥氏体相和初生马氏体或贝氏体相都参与强化，往往使计算结果的应力值偏高。实际上，两相共有时，塑性变形总是先在强度较弱的相中进行，因此可以认为，强化只在未转变的奥氏体中进行，新生相如马氏体或贝氏体不参与强化。这样，计算结果更接近实际。

2）相变应力　组织转变时，发生比容变化，如珠光体转变成奥氏体时体积减小，而奥氏体转变成贝氏体或马氏体时发生体积膨胀。由于在工件内组织转变不能同时发生，转变量不同，比容变化亦不同，由此引起的内应力，称为组织应力（参见“1.1 焊接应力和变形的概念”中的相变应力及“1.3 影响焊接应力和变形的因素”）。

计算中将有限元单元进行组织变化时发生的比容变化，转化为热膨胀系数。记 β_i 为 i 相组织转变时比容变化所对应的热膨胀系数，若同一时间步长内有几种组织转变时，仍用加权平均方法取值：

$$\beta = \sum_{i=1}^{np} mm_i A_i \tag{2.9-71}$$

式中，mm_i 为在此计算步中 i 相的增量；β 为多相转变并存时，综合比容变化相应的热膨胀系数。

组织转变时的比容变化与由温度引起的热膨胀的作用类似，是各向同性的，并且与转变时的温度有关。有限元计算时，载荷向量中应该包括相应的组织应变（或相变应变）项。此外，在数值计算中，相变引起的体积变化还可以通过适当改变转变温度范围内的热膨胀系数来实现。

3）相变塑性　相变塑性是指在应力作用下，尽管其值小于当时条件下的屈服极限，发生组织转变时常伴生有不可逆的塑性变形，亦即在组织转变过程中伴生的塑性变形。由于相变塑性引起的应变变化 $\Delta\dot{\varepsilon}^{tr}$ 可以描述为：

$$\Delta\dot{\varepsilon}^{tr} = -\frac{3}{2}KSh(\sigma)\ln(z)\dot{Z} \tag{2.9-72}$$

式中，K 是材料性能参数；S 是实际应力偏量；σ 是 von Mises 应力；$h(\sigma)$是应力的函数；z 是相变分数；$\dot{Z}$ 是相变速率。

因为相变塑性和蠕变现象类似（在所受的应力低于当时的屈服极限时发生塑性变形，也叫相变蠕变），所以在进行数值分析时可以用处理蠕变的方式进行处理。此外，还可以通过降低屈服极限，修正热弹塑性矩阵和加工硬化指数，以及在总应变中包含一个与相变和瞬时应力状态有关的附加塑性应变等方法计算相变塑性引起的塑性变形。

(2) 不同温度区间的应力应变关系（时间速率的影响）

焊接应力和变形的计算，包含了从熔池中液态金属的熔化温度到固态室温很大的温度区间，应力－应变关系不但和温度以及其微观结构有关，还是应变速率、应力速率等与时间相关参量的函数。假设变形由几个不同的分量组成，那么总的应变增量可以用非线性有限元分析的方法，由位移增量求得。应变分量中的弹性分量可以计算应力，此外还有非弹性分量，用应变速率可以表示为，

$$\dot{\varepsilon}_{ij} = \dot{\varepsilon}_{ij}^{e} + \dot{\varepsilon}_{ij}^{ep} + \dot{\varepsilon}_{ij}^{vp} + \dot{\varepsilon}_{ij}^{c} + \dot{\varepsilon}_{ij}^{th} + \dot{\varepsilon}_{ij}^{tp} \tag{2.9-73}$$

式中，$\dot{\varepsilon}_{ij}$为总应变速率；$\dot{\varepsilon}_{ij}^{e}$为弹性应变速率；$\dot{\varepsilon}_{ij}^{ep}$为塑性应变速率（由与时间速率无关的塑性引起）；$\dot{\varepsilon}_{ij}^{vp}$为黏塑性应变速率；$\dot{\varepsilon}_{ij}^{c}$为蠕变应变速率；$\dot{\varepsilon}_{ij}^{th}$为热应变速率（由热膨胀和由相变引起的体积变化组成）；$\dot{\varepsilon}_{ij}^{tp}$为相变塑性应变速率。

一般来讲，采用与时间速率无关的本构关系进行数值计算的结果是可以接受的，目前大部分的研究工作都没有考虑时间速率的影响。但是，如果要建立更加精确的物理模型，特别是在温度高于0.5倍熔点的情况下，就需要建立和时间速率相关的本构关系。例如研究焊缝的高温蠕变行为，就要引入蠕变应变率，进行黏弹塑性的有限元分析。

应力－应变关系对时间速率的依赖与材料的类型、微观结构以及温度有关。在高温和足够长的时间下，其塑性应变和时间速率相关，并且应变速率是应力的非线性函数，指出了焊接过程中不同温度区间有不同的本构关系，以及在数值计算中本构关系相互转换时要注意内部变量的传递。当温度低于0.5倍熔点时，采用和时间速率无关的弹塑性本构关系；当温度为0.5倍熔点到0.8倍熔点之间时，要采用依赖于时间速率的弹－黏塑性本构关系；当温度大于0.8倍的熔点时，要采用线性的黏弹塑性模型。

(3) 焊缝金属的填充

大多数焊接过程同时伴随着焊缝熔敷金属的填充，如手工电弧焊、埋弧焊、MIG焊等。在应力和变形的有限元数值分析中，可以用改变填充单元的材料特性来模拟填充过程，也可以用改变单元“死活”的方法来模拟焊缝金属的填充。

1）通过改变单元的材料特性模拟焊缝金属的填充过程　在焊接前，焊缝部位没有填充金属，但是对焊缝中将要填充的部位也划分网格，这部分网格也参与计算，只是假设焊缝部分金属未填充单元的材料为很软的材料，即弹性模量给一个非常小的数值，同时认为这时单元不传热，热传导率也给极小的数值。这样，实际上焊缝部位的单元虽然参与计算，但是并不会对力和热的计算结果产生影响。焊接时和焊后冷却的过程中，这些单元的材料数据恢复到正常状态，按随温度变化的材料特性来处理。

2）通过改变单元的“死活”模拟焊缝金属的填充过程　“死”的单元是在分析的过程中不考虑这些单元的存在，虽然在进行前处理的时候这些“死”的单元也是有限元网格的组成部分，但是这些单元并不参加计算，即不进行刚度矩阵的计算和组装，所以不会对计算结果产生影响。在有限元分析中，可以通过“杀死”某些单元，模拟材料的去除；而在适当的时候“激活”这些单元，则可以使其重新参与分析，模拟材料的生成。在焊接过程中，随着焊枪的移动，焊缝被填充金属焊合，这个过程可通过如下方法来模拟实现：在划分网格时将焊缝部分划分成独立的单元，并且使这些单元在焊接前都是“死”的单元。模拟焊接过程时，焊缝处的单元一个个地顺序“激活”，和焊缝金属的填充过程同步。这就需要在有限元迭代过程中每一个时间增量步的开始，对单元的“死”、“活”作出判定，并“激活”相应的单元。

(4) 计算模型和求解精度

对焊接过程进行热力学分析是求解焊接应力和变形的有效手段之一，针对不同的精度要求，可以选取适当的简化模型。依据分析的目的，可以将精度要求分成低精度求解、基本精度求解、标准精度求解、精确求解、高精度求解5个等级（表2.9-22），其中，标准精度模型要比基本精度模型有更细的网格、更小的时间步长，并且对材料模型和热输入模型有更详细的描述。

表 2.9-22　焊接模拟的不同精度等级及对应的材料模型

	精度等级	求解目标	材料模型
0	低精度求解	在初始设计阶段，采用简单快速的模型进行评价	
1	基本精度求解	可以得到结构的残余应力和最终变形	$T_{cut} > 0.5T_m$，可以忽略焊接过程中由于相变而引起的体积变化，但是相变对冷却到室温后材料屈服极限的影响不能忽略；使用随温度变化的材料性能并考虑凝固潜热的影响

续表 2.9-22

	精度等级	求解目标	材料模型
2	标准精度求解	可以得到残余应力和最终变形，以及瞬时应力和变形	$T_{cut}>0.7T_s$，包括相变引起的体积变化和相变的其他效应对材料性能的影响；使用随温度变化的材料性能并考虑凝固潜热的影响
3	精确求解	用于需要得到瞬时应力和应变的情况；结合微观模型，可以得到焊缝和热影响区的微观结构	在材料建模方面与标准精度求解的要求相同，但是其他方面有更高的要求，如更细的网格，更小的时间步长，热输入模型更详细的描述等
4	高精度求解	用于需要得到焊接过程的高温行为和近缝区的状态的情况（例如热裂纹形成的研究）	$T_{cut}=T_s$，为了对焊接过程的高温行为进行精确模拟，需要考虑时间速率（如应变速率）甚至流体流动的影响；使用随温度变化的材料性能并对凝固潜热详细建模

不同的求解精度对应的材料模型如表 2.9-22 所示，其中，T_s 为材料的熔点；T_{cut} 为分界温度，温度大于 T_{cut} 就可以忽略材料性能的非线性变化对力学分析的影响。

焊接数值分析中几何模型的选取如表 2.9-23 和图 2.9-175 所示。在一定程度上，几何模型的选取限制了求解的精度。对应于不同的几何模型，可以达到的精度等级如表 2.9-24 所示。

表 2.9-23　焊接数值分析中几何模型的选取

模型	说　明
标准二维模型	忽略焊接方向的热传导；经常用于满足“基本精度”要求的残余应力分析；与之相关的模型有平面应变模型、平板变形模型和轴对称模型
瞬态二维模型①	平面应力模型，焊接热源可以在平面上移动
多道焊二维模型	和标准二维模型相同，但是可以模拟多道焊
三维壳模型①	计算效率比实体模型高，但是因为焊缝附近的应力是三维的，所以这种模型的精度不会很高
标准三维实体模型	可以模拟一般的情况，但是因为这种模型需要划分太多的单元，从而需要太长的计算时间，所以目前对于“高精度”的模拟并不很实用
多道焊三维实体模型	可以模拟一般的情况，但是因为需要太多的单元和太长的计算时间，所以只能用于“标准精度”的求解

① 可以通过改变单元厚度近似地模拟多道焊。

求解精度等级还与时间和空间的离散有关。在焊缝及其附近需要很小的单元，推荐的单元尺寸如表 2.9-25 所示。如果采用沿焊缝中心纵截面对称的计算模型，那么焊缝中心的最大单元尺寸应该是 $h_{ref}/2$。若在求解中使用双椭球热源模型，那么在热源半轴的长度上至少应该有 4 个单元。

时间步长要足够小以体现热源的移动。求解的时间步长和单元尺寸有关，一般来说，小的单元尺寸需要短的时间步长来求解。在焊接过程力学分析中，推荐使用的时间步长见表 2.9-26。增加时间步长会增加非线性求解时的迭代次数。时间步长还与随温度变化的材料性能有关，当有相变发生时时间步长应该减小。在焊接完成以后的冷却过程中，时间步长可以相应地增加，接近室温时可以大于 1 000 s。

在耦合分析中，传热计算时只有一个温度变量，所以其非线性的程度要比力学分析低。但是在熔化和凝固过程中，因为有潜热发生，所以传热分析所需的时间步长要比力学分析小。

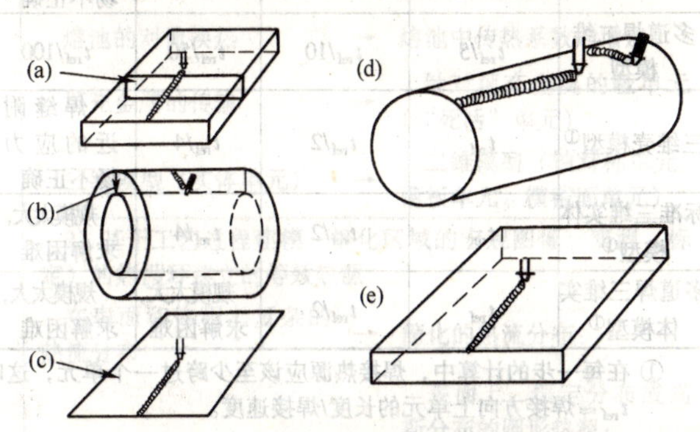

图 2.9-175　焊接数值分析的几何模型

（a）二维平面应变（或平板变形）模型的分析截面；（b）二维轴对称模型的分析截面；（c）二维瞬态平面应力模型的分析面；（d）三维壳模型；（e）三维实体模型

表 2.9-24　不同几何模型可能达到的精度等级

模型	基本精度求解	标准精度求解	精确求解	高精度求解
标准二维模型	√	√	√	√
瞬态二维模型	√	√	√	在焊缝附近不能够得到正确的应力场
多道焊二维模型	√	√	√	√
三维壳模型	√	√	√	在焊缝附近不能够得到正确的应力场
标准三维实体模型	√	√	√	规模太大，求解困难
多道焊三维实体模型	√	√	规模太大，求解困难	规模太大，求解困难

表 2.9-25　焊缝及近缝区推荐的单元尺寸

模型	基本精度求解	标准精度求解	精确求解	高精度求解
标准二维模型	$h_{ref}\sim h_{ref}/2$	$h_{ref}/2\sim h_{ref}/4$	$h_{ref}/4\sim h_{ref}/8$	$<h_{ref}/8$②
瞬态二维模型①	$h_{ref}\sim h_{ref}/2$	$h_{ref}/2\sim h_{ref}/4$	$h_{ref}/4\sim h_{ref}/8$	焊缝附近的应力场不正确
多道焊二维模型	$h_{ref}\sim h_{ref}/2$	$h_{ref}/2\sim h_{ref}/4$	$h_{ref}/4\sim h_{ref}/8$	$<h_{ref}/8$②
三维壳模型①	$h_{ref}\sim h_{ref}/2$	$h_{ref}/2\sim h_{ref}/4$	$h_{ref}/4\sim h_{ref}/8$	焊缝附近的应力场不正确
标准三维实体模型①	$h_{ref}\sim h_{ref}/2$	$h_{ref}/2\sim h_{ref}/4$	$h_{ref}/4\sim h_{ref}/8$	规模太大，求解困难
多道焊三维实体模型①	$h_{ref}\sim h_{ref}/2$	$h_{ref}/2\sim h_{ref}/4$	规模太大，求解困难	规模太大，求解困难

注：1. 假定使用线性单元。
2. h_{ref} 为最小的焊缝截面尺寸。
① 沿焊缝方向的单元尺寸可以伸长，通常是两倍。
② 在某些情况下，单元的尺寸应该小到足以能够离散热影响区。

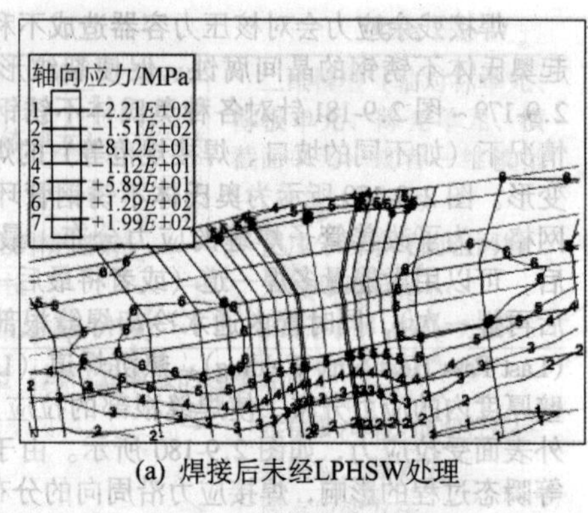

(a) 焊接后未经LPHSW处理

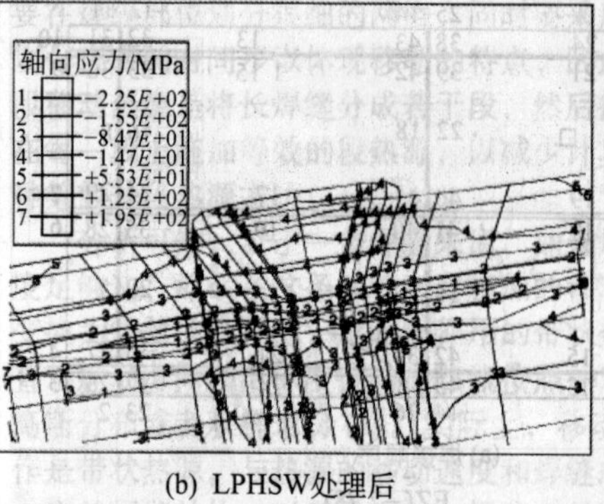

(b) LPHSW处理后

图 2.9-180 焊缝区域的轴向应力

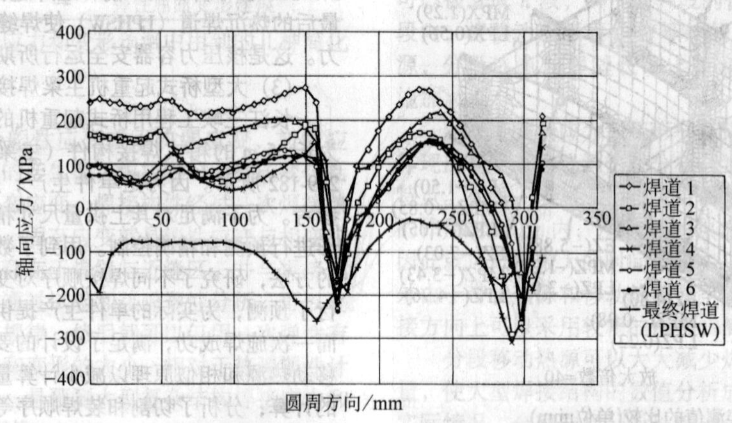

图 2.9-181 冷却至层间温度时，管子内壁的轴向应力（距熔合线 0.2 mm 处）

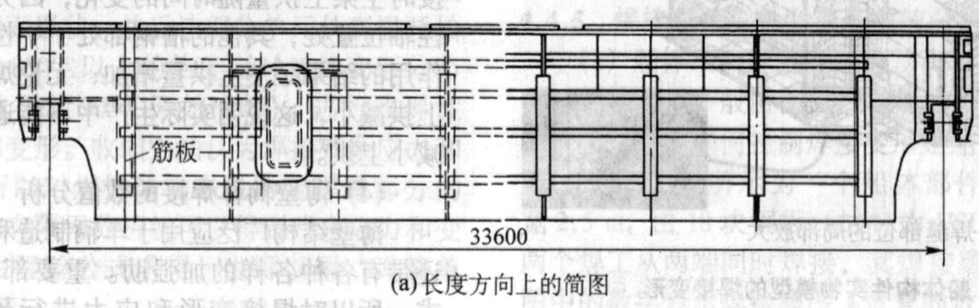

(a)长度方向上的简图

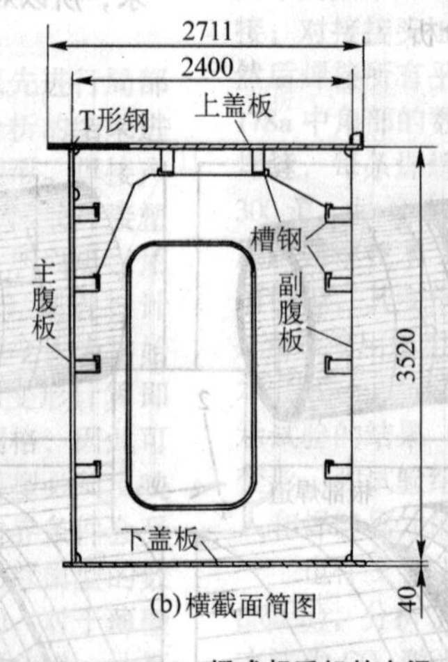

(b)横截面简图

图 2.9-182 1 200 t 桥式起重机的主梁

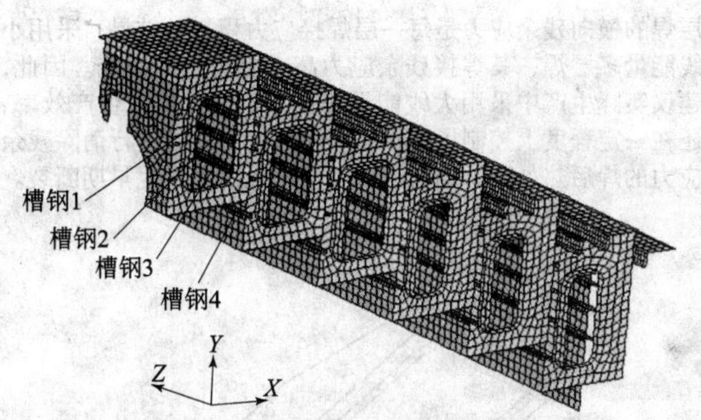

图 2.9-183　起重机主梁的有限元网格（局部）

（单元数：11881；节点数：13422）

图 2.9-185 所示为带有加强肋的铝合金筒体（直径约 1.8 m）焊接变形数值分析的结果。在进行这种大型薄壁构件的分析时，焊缝的局部可以采用三维实体单元，远离焊缝的部分用壳单元；内外筋和薄壁筒体的连接可以采用"粘接"技术或者内部约束来实现。

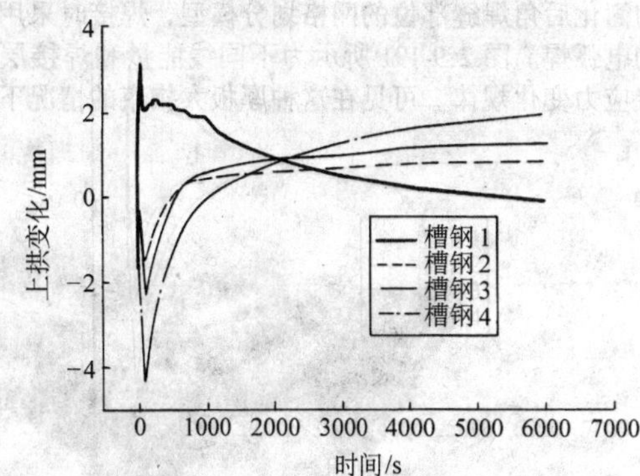

图 2.9-184　不同的横向槽钢焊接时主梁的上拱变化，槽钢的位置见图 2.9-183

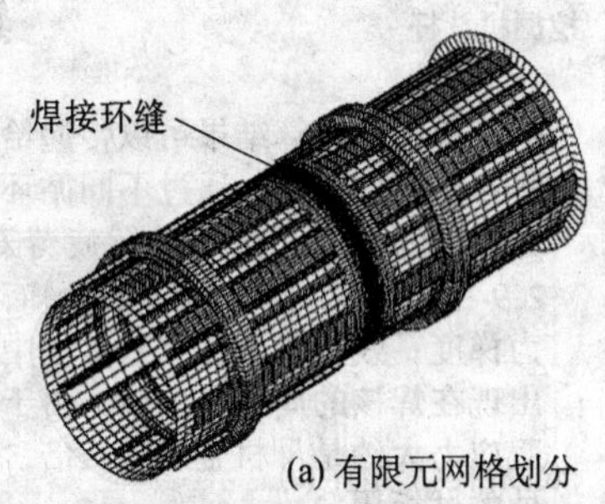

(a) 有限元网格划分　(b)环缝的焊接变形

外筋
内筋
焊接前
焊接后

图 2.9-185　铝合金筒体焊接变形的数值模拟

（直径为 1.8 m，焊接变形放大 30 倍）

(5) 空调压缩机的焊接变形与应力分析

在直径为 159.5 mm 的压缩机圆筒上部，筒壁沿圆周均匀开了 3 个 8 mm 的孔，然后用钨极氩弧焊同时进行塞焊，把圆筒和轴承连接起来（图 2.9-186）。应用数值模拟的方法分析了圆筒与上部轴承焊接引起的偏心和圆筒端部形状的变化。图 2.9-187 为焊后压缩机计算模型的残余变形图，圆筒端部径向变形犹如"花状"。采用该计算模型研究了焊接热输入、装配间隙、3 条焊缝焊接的时间差异、塞焊孔位置高低偏差以及夹具等对焊后偏心和"花状"变形的影响。图 2.9-188 为模拟计算结果与实测数据的比较。通过计算还可以获得整个结构的残余应力分布，最大主应力出现在塞焊点周围的热影响区，数值可达材料的屈服应力。

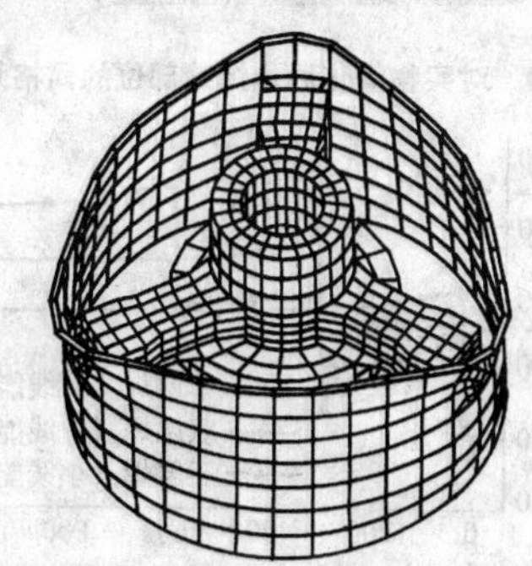
图 2.9-187　压缩机圆筒的焊接变形（有限元模拟的结果）

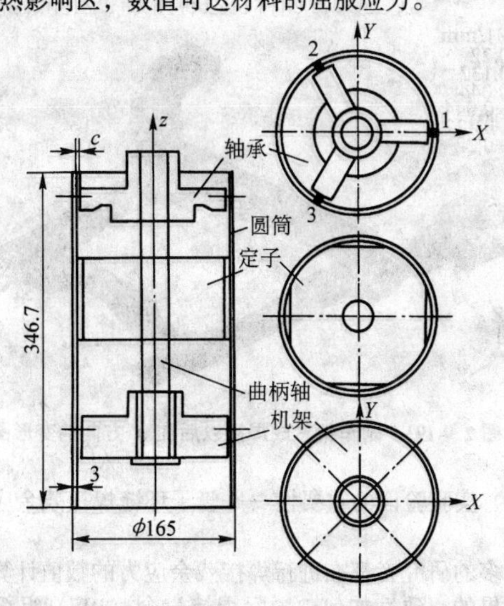

图 2.9-186　压缩机的结构图（1、2、3 表示塞焊的位置）

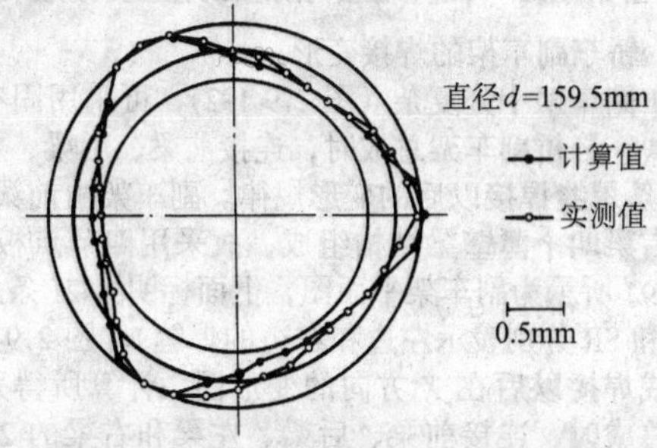

图 2.9-188　模拟计算结果与实测数据的比较

(6) 大型挖掘机斗杆焊接应力的分析与控制

挖掘机斗杆（图 2.9-189）的服役条件恶劣，在服役早期发生断裂的原因与焊后热处理（消除残余应力）导致的材料性能下降有很大的关系。对焊接过程进行数值模拟，并与一定的物理模拟试验相结合，可以获得斗杆焊接制造过程中的应力变化。以此为依据，可以调整焊接热输入和焊接顺序等因素，以优化工艺，合理控制焊接残余应力。为了研究角焊缝多层焊工艺对残余应力的影响，取焊缝的局部进行建模，加适当的边界条件以反映整体构件，图2.9-190所示为对实物简化后角焊缝部位的网格划分模型，焊接时采用药皮焊条的电弧焊。图2.9-191所示为不同线能量和焊接层数下的焊接应力变化规律。可见在这种厚板大拘束的情况下，多层焊的横向残余应力是每一层焊接应力积累的结果；采用小线能量多层焊，其焊接残余应力高，而且生产率低。因此，建议实际生产中采用大线能量焊接，不仅提高了生产效率，还在一定程度上控制了焊接残余应力；即使不进行消除残余应力的焊后热处理，结构也可安全服役而不发生早期断裂。

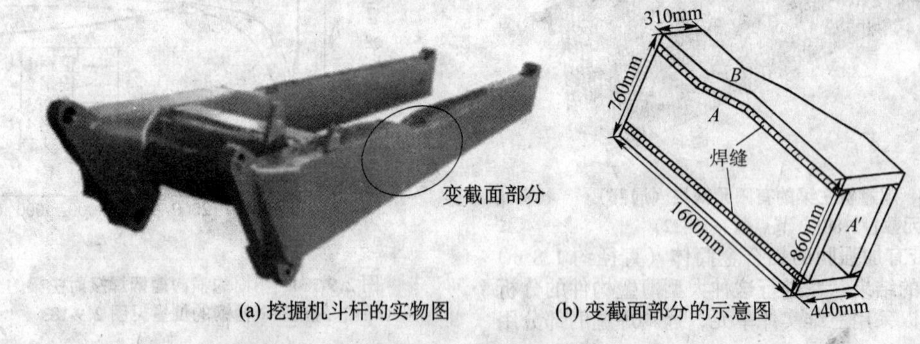

(a) 挖掘机斗杆的实物图　(b) 变截面部分的示意图

图2.9-189　挖掘机斗杆

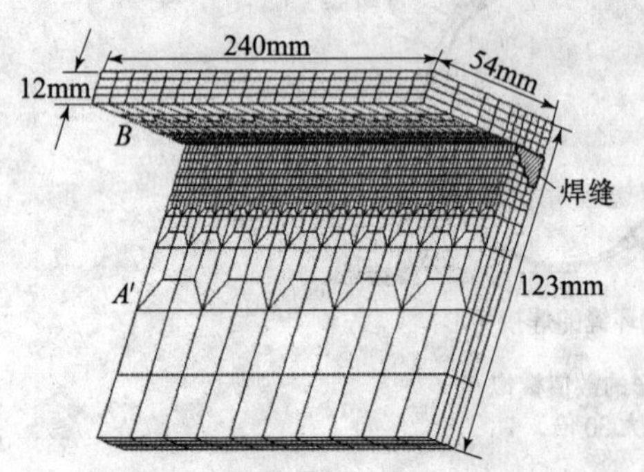

图2.9-190　对实物简化后角焊缝部位的网格划分模型

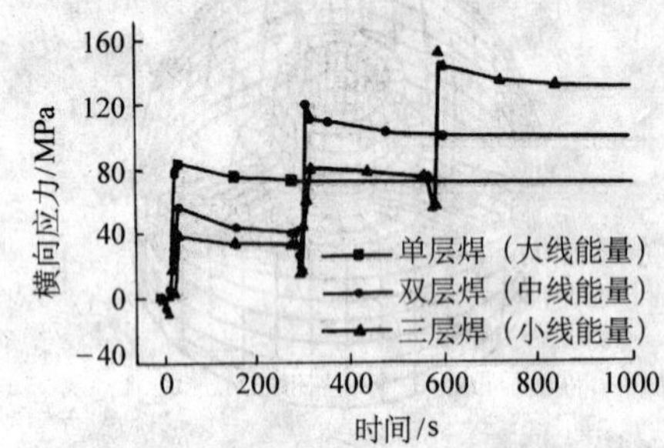

图2.9-191　焊缝部位横向残余应力随时间的变化

（7）轿车副车架的焊接变形

轿车副车架十分复杂（图2.9-192），可采用固有应变有限元方法，分析副车架总成时，连接前梁、后梁、左梁和右梁的21条焊缝焊接以后的变形规律。副车架由前梁、后梁、左梁和右梁四个薄壁梁结构组成，故采用四节点板壳单元。图2.9-192所示为副车架平面图，上面标明了21条焊缝的位置（SL和SR分别表示左边和右边的焊缝）。图2.9-193为副车架总成焊接以后在X方向的变形图。计算所得别克轿车副车架总成时，连接前梁、后梁、左梁和右梁的21条焊缝焊接以后的变形规律数据，可供焊接工艺设计时的预留变形量以及夹具设计等参考。

（8）电阻点焊的残余应力分析及其影响

电阻点焊过程的建模包括电场、温度场和应力应变场的耦合，精确的建模还应该包括微观结构的变化。图2.9-194所示为点焊接头外表面的残余应力，有限元计算中采用了轴对称模型，计算同时得到了电极压痕、焊接变形等其他有用的数据。试样的材料为低碳钢（质量分数）（C 0.06%，Si 0.5%，Mn 0.7%，P 0.08%，S 0.03%，Al 0.02%）。点焊过程数值模拟的计算结果可以传递给搭接试样的三维有限元模型作为初始应力场，通过不同循环加载过程的力学分析进行疲劳加载的模拟，然后进行疲劳寿命的预测，其流程图如图2.9-195所示。由分析结果可知，焊核的边缘出现较高的应力梯度；残余应力在加载过程中重新分布，最大的径向应力出现在焊核的周边。然而，由于相变的影响，焊核金属的屈服应力大约是母材金属的2倍，所以裂纹经常出现在焊核以外的试板周向。

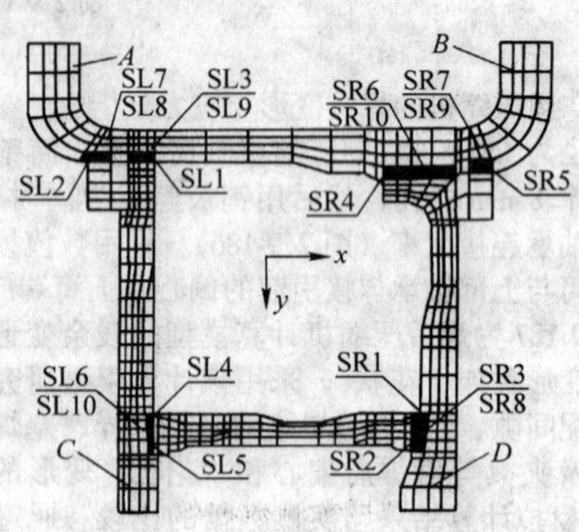

图2.9-192　副车架总成焊缝示意图

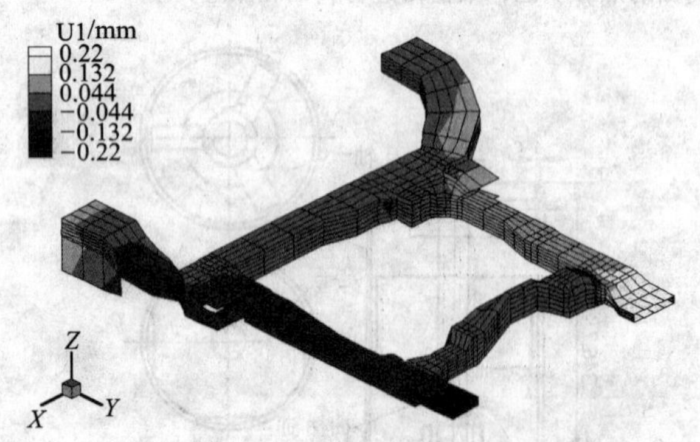

图2.9-193　副车架总成焊接以后在X方向的变形图

（9）实验验证的重要性——管子环缝焊接残余应力的数值模拟

很多的研究者都在进行焊接残余应力的数值计算，但是计算结果的一致性如何，国际焊接学会（IIW）组织了一次“系列检测”（Round－Robin Test），通过不同的研究机构对相同问题的求解（计算焊接应力和变形），来验证计算结果并建立相关的标准。其中一个问题是管子环缝焊接过程的数值模拟，管子内径为 190 mm，壁厚 19 mm，开 60°坡口。采用两种不同的焊接工艺，第一种工艺：焊3道，每道热输入较大；第二种工艺：焊8道，每道热输入较小。美国爱迪生焊接研究所（EWI）汇总并分析了不同机构的计算结果。不同计算结果之间的差异很大，一般情况下第一种工艺计算结果的一致性要比第二种工艺好一些。第一种工艺的部分计算结果见图 2.9-196 和图 2.9-197，计算温度峰值的差别（图 2.9-196）是造成应力差别的原因。相对温度计算而言，图 2.9-197 中横向残余应力的计算结果的差别更大，特别是管壁中间部位。组织者分析了造成计算差别的原因，如材料硬化特性的建模、有限单元模型的长度、焊接时的拘束、热流分布、层间温度等。深入的研究正在进行中。

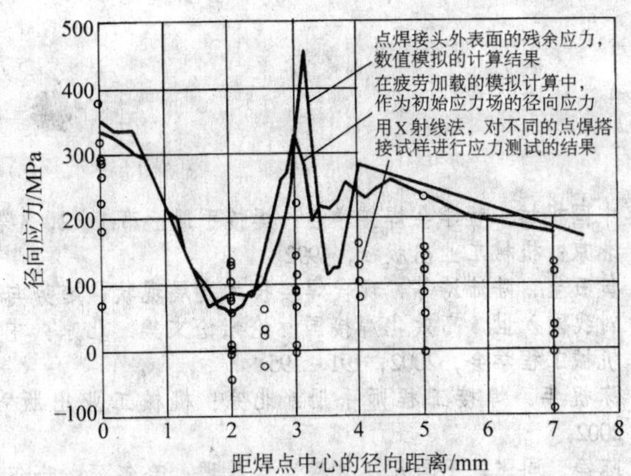

图 2.9-194 点焊接头外表面的径向应力

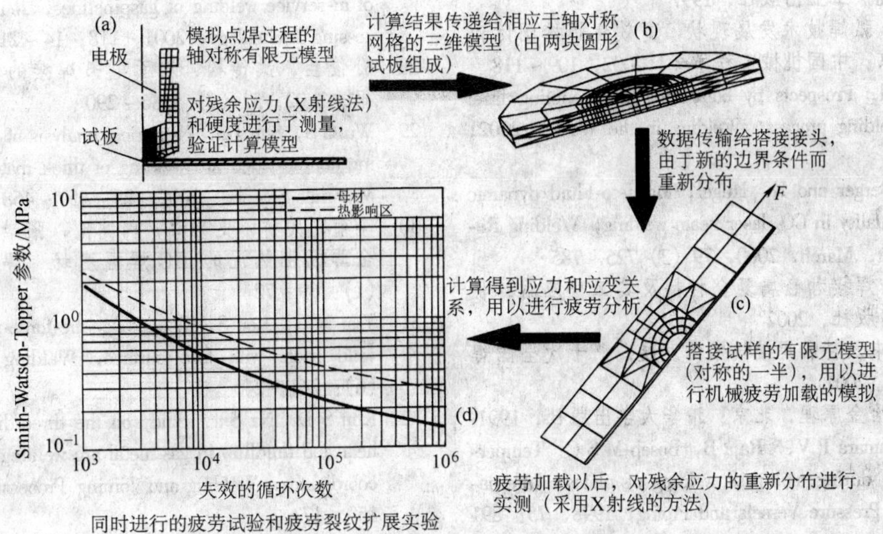

图 2.9-195 点焊残余应力及疲劳分析的流程图

(a) 点焊过程的模拟；(b) 数据传递给搭接接头；(c) 疲劳加载的模拟；
(d) 利用计算所得的应力和应变进行疲劳分析

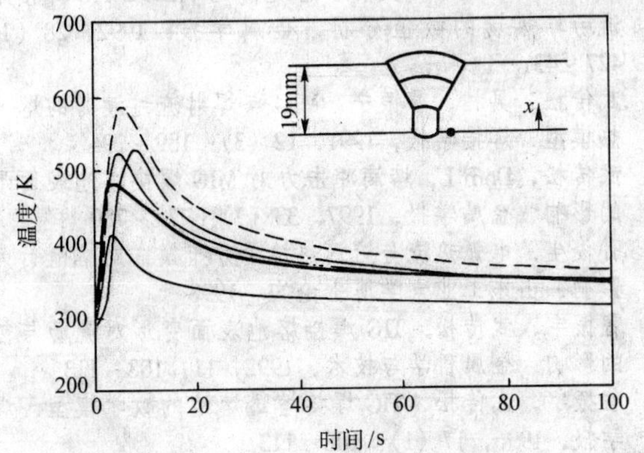

图 2.9-196 焊接最后一道时距焊缝中心 12.7 mm 处管子内壁的温度变化（不同研究者的计算结果用不同曲线给出）

这里要强调实验验证的重要性，因为影响焊接数值模拟的因素很多，如果数值模型没有正确地描述实际物理模型，则容易得到不正确的计算结果，所以对计算进行实验验证很有必要。

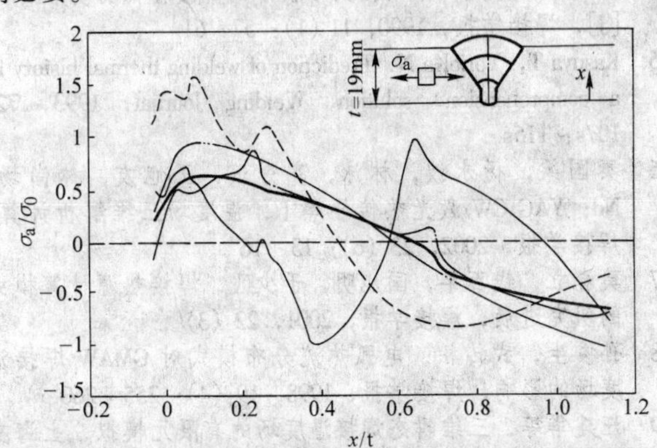

图 2.9-197 焊缝中心线上沿厚度变化的横向残余应力
（不同研究者的计算结果用不同的曲线给出）

编写：赵海燕（清华大学）
关 桥（北京航空制造工程研究所）

参考文献

1 中国机械工程学会焊接学会．焊接手册：第1，2，3卷．北京：机械工业出版社，1992

2 黄石生，陆沛涛等．现代焊接技术发展现状、趋势与应对我国入世．高效化焊接国际论坛论文集．北京：中国机械工程学会，2002，191～195

3 陈祝年．焊接工程师手册．北京：机械工业出版社，2002

4 陈铮，周飞，王国凡．材料连接原理．哈尔滨：哈尔滨工业大学出版社，2001

5 ［德］D．拉达伊．焊接热效应．熊第京，郑朝云，史耀武译．北京：机械工业出版社，1997

6 陈强，孙振国．弧焊技术发展现状．高效化焊接国际论坛论文集．北京：中国机械工程学会，2002，109～118

7 U. Dilthey et al. Prospects by combining and coupling laser beam and arc welding process. Welding in the World, 2002, 144 (3)

8 M. Kern. P. Berger and H. Hügel, Magneto-Fluid dynamic control of seam quality in CO_2 laser beam welding, Welding Research Supplement, March, 2000, 79 (3) 725～785

9 郑远谋著．爆炸焊接和金属复合材料及其工程应用．长沙：中南大学出版社，2002

10 刘金合．高能束及特种焊接技术的发展．第十次全国焊接会议论文集，2001

11 陈伯蠡．焊接冶金原理，北京：清华大学出版社，1991

12 Murugana S, Kumara P V,. Raja B, Boseb M S C. Temperature distribution during multipass welding of plates. International Journal of Pressure Vessels and Piping, 1998, 75: 891～905

13 P. S. Wei and M. D. Shian. Three-dimensional analytical temperature field around the welding cavity produced by a moving distributed high-density beam. Journal Heat Transfer, 1993 (113): 848～856

14 汪建华，陈楚，不同接头形状下的焊接传热计算机系统[J]，焊接学报，1990，11 (1)：57～61

15 Kasuya T, YorioKa N. Prediction of welding thermal history by a comprehension. solution. Welding Journal. 1993, 72: 107s～115s

16 秦国梁，杨永波，林泳，齐秀滨，王旭友，林尚场．Nd：YAG CW激光热传导焊Ⅰ．温度场三维解析计算，焊接学报，2002，23 (6)：13～16

17 莫春立，钱百年，国旭明，于少飞．焊接热源计算模式的研究进展，焊接学报，2001，22 (3)

18 孙俊生，武传松．电弧热流分布模式对GMAW焊接温度场的影响，焊接学报，1998，19 (4)：255～260

19 汪建华等．三维瞬态焊接温度场的有限元模拟．上海交通大学学报，1996，30 (3)：120～125

20 蔡洪能，唐慕尧．TIG焊接温度场的有限元分析．机械工程学报，1996，32 (2)：34～39

21 董红刚，高洪明，吴林．固定电弧等离子弧焊接热传导的数值计算．焊接学报，2002，23 (4)：24～26

22 魏艳红，刘仁培，董祖珏．不锈钢焊接凝固裂纹温度场的数值模拟．焊接学报，1999，23 (3)：199～203

23 Fu L, Duan L Y. The coupled deformation and heat flow analysis by finite element method during friction welding. Welding Journal, 1998 (5): 202～207

24 邹增大，王新洪，曲仕尧．白口铸铁焊补温度场的数值模拟．焊接学报，1999，20 (1)：22～27

25 武传松，焊接热过程数值分析，哈尔滨：哈尔滨工业大学出版社，1990

26 Brockmanna R, Dickmanna K, Geshevb P, Matthesc K J. Calculation of laser-induced temperature field on moving thin metal foils in consideration of Stefan problem. Optics & Laser Technology, 2003, 35: 115～122

27 Sabapathy P N, Wahab M A, Painter M J. Numerical models of in-service welding of gaspipelines, Journal of Materials Processing Technology, 2001, 118: 14～21

28 孙俊生，武传松．双面电弧焊接的传热模型．物理学报，2002，51 (2)：286～290

29 Wu C S, Sun J S. Numerical analysis of temperature field during double-sided arc welding of thick materials. Computational Materials Science. 2002, 25: 457～468

30 李菊，关桥，史耀武，郭德伦，张崇显，杜欲晓．钛合金薄板带热沉的TIG焊温度场．焊接学报，2003，24 (1)：69～72

31 Tsai M C, Kou S, Electromagnetic-force-induced convection in weld pools with free surface. Welding Journal, 1990, 69 (6): 241～246

32 Kim S D. Na S J. Study on the three-dimensional analysis of heat and fluidflow in gas metal arc welding using boundary-fitted coordinates. Welding and Joining Processes, 1991, 51 (2): 159～173

33 Kim S D. Na S J. Efect of weld pool deformationon on weld penetration in stationary gas tungsten arc welding. Welding J., 1992, 71 (4): 179～193

34 武传松，曹振于，吴林．熔透情况下三维TIG焊接熔池流场与热场的数值分析．金属学报．1992，28 (10)：427～431

35 武传松，吴林，曹振宁．MIG点焊射流过渡时的熔池传热模型．焊接学报，1991，12 (3)：189～194

36 武传松，Dorn L．熔滴冲击力对MIG焊接熔池表面形状的影响．金属学报，1997，33 (7)：775～780

37 孙俊生．电弧热流与熔滴热焓量分布模式对熔池行为的影响．山东工业大学博士论文．1998

38 曹振宇，武传松．TIG焊接熔池表面变形对流场与热场的影响．金属科学与技术，1992，11：108～113

39 曹振宇，武传松．TIG焊接熔透熔池的数学模型．焊接学报，1996，17 (1)：108～113

40 陈焕明．等离子弧穿孔熔池动态形成过程的数值模拟．第九次全国焊接会议论文集，1999，530～533

41 Y P Lei, Y W Shi, Murakawa H, Ueda Y. Numerical analysis on the effect of sulphur content on weld pool geometry for type 304 stainless steel. *Mathematical Modelling of Weld Phenomena* 4, Editor, Cerjak L and Bhadeshia H, Book695, The Institute of Materials, London, 1998, 89～105

42 Lei Y P, Shi Y W. Numerical treatment of the boundary condition and source terms on a spot welding process with combing buoyancy-Marangoni driven flow. *Numerical Heat Transfer, Part B*, 1994, 26: 455～471

43 雷永平，顾向华，史耀武，村川英一，GTA焊接电弧与熔池系统的双向耦合数值模拟．金属学报，2001，37（5）：537~542

44 Choo R T C，Szekely J．Vaporization kinetics and surface temperature in a mutually Coupled spot gas tungsten arc weld and weld pool，Welding Journal 1992，71（3）：77~93

45 Yang Z，Sista S，Elmer J W，Debroy T．Three dimensional Monte Carlo simulation of grain growth during GTA Welding of titanium，Acta meter．，2000，48：4813~4825

46 Elmer J W，Palmer T A，Zhang W，Wood B，DebRoy T．Kinetic modeling of phase transformation occuring in the HAZ of C-Mn steel welds based on direct observation，Acta Mater．，2003，51：3333~3349

47 Achim M，Juurgen S．The influence of fluid flow phenomena on the laser beam welding process．International Journal of Heat and Fluid Flow．2002，23：288~297

48 王其平．电器电弧理论．西安：西安交通大学出版社，1990

49 Ducharme R，Kapadia P，Dowden J，Richardson I M．A mathematical model of the electric arc including shielding gas flow，IIW，Doc．，No．212-869-94，Beijing 1994

50 Choo R T C，Szekely J，Westhoff R C．Modeling of high current arcs with emphasis on free surface phenomena in weld pool，Welding Journal 1990，69（9）：346~361

51 Choo R T C，Szekely J，Westhoff R C，On the calculation of free surface temperature of gas-tungsten-arc weld pools from first principles：Part 1．Modeling the welding arc，Metall．Trans．B，1992，23B：357~369

52 Choo R T C，Szekely J，Westhoff R C，On the calculation of free surface temperature of gas-tungsten-arc weld pools from first principles：Part 2．Modeling the welding pool，Metall．Trans．B，1992，23B：371~384

53 Morrow R，Lowke J J．A one-dimentional theory for the electrode sheaths of electric arcs，J．Phys．D：Appl．Phys．，1993，26（4）：634~642

54 Zhut P，Lowke J J，Morrow．A unified theory of free burning arcs，cathode sheaths and cathodes，J．Phys．D：Appl．Phys．，1992，25（8）：1221~1230

55 Lowke J J，Kovitya P，Schmidt H P．Theory of free-burning arc columns including the influence of the cathode，J．Phys．D：Appl．Phys．，1992，25（11）：1601~1606

56 Tsai M C，Sindo K．Heat transfer and fluid flow in welding arcs produced by sharpened and flat electrodes．Int．J．Heat Mass Tansfer，1990，33（10）：2089~2098

57 Wu C S，Ushio M，Tanaka M，Modeling the anode boundary layer of high-intensity argon arcs，Computational Materials Science，1999，15：302~310

58 Wu C S．Ushio M，Tanaka M．Determining the sheath potential of gas tungsten arcs．Computational Materials Science，1999，15：341~345

59 Wu C S，Gao J Q．Analysis of the heat flux distribution at the anode of a TIG welding arc，Computational Materials Science，2002，24：323~327

60 Gonzalez J J，Gleizes A．Mathematical modeling of a free burning arc in the presence of metal vapor．J Appl．，Phys．，1993，74（5）：3065~3070

61 Fan H G，Shi Y W，Na S J．Numerical analysis of the arc in pulsed current gas tungsten arc wedling using a boundary-fitted coordinate．Journal of Materials Porcessing Technology，1997，72：437~445

62 李志远，钱乙余等主编．先进连接方法．北京：机械工业出版社，2000

63 张文钺主编．焊接冶金学．北京：机械工业出版社，1995

64 曾乐主编．现代焊接技术手册．上海：上海科学技术出版社，1993

65 ［美］美国焊接学会编．焊接手册，第7版：第1，2，3，4卷．清华大学焊接教研组译．北京：机械工业出版社，1995

66 郑兵．铝合金穿孔型等离子弧焊焊缝稳定性．［学位论文］．哈尔滨：哈尔滨工业大学，1995

67 王慧钧．图像传感变极性等离子弧焊焊缝稳定成形闭环控制．［学位论文］．哈尔滨：哈尔滨工业大学，1998

68 杜则裕．工程焊接冶金学．北京：机械工业出版社，1993

69 奚道岩．金属结构的电弧焊．北京：机械工业出版社，1993

70 邹增大等．焊接材料、工艺及设备手册．北京：化学工业出版社，2001

71 傅积和等．焊接数据资料手册．北京：机械工业出版社，1994

72 陈祝年．焊接设计简明手册．北京：机械工业出版社，1997

73 H．K．D．Bhadeshia．Metallurgical Modelling of Welding．Cambridge：The University Press，Cambridge，1997

74 张德勤．热输入对X65钢焊缝金属组织及性能的影响．焊接学报，2001，22（5）：31~33

75 于启湛编．钢的焊接脆化．北京：机械工业出版社，1992

76 陈全明编著．金属材料及强化技术．上海：同济大学出版社，1992

77 张汉谦著．钢熔焊接头金属学．北京：机械工业出版社，2000

78 杜则裕等．低碳低合金钢焊缝金属的显微组织及影响因素．钢铁，1999，34（12）：67~71

79 魏琪．铝对自保护药芯焊丝性能的影响．焊接学报，2000，21（2）：67~71

80 顾钰熹等编．焊接连续冷却转变图及其应用．北京：机械工业出版社，1990

81 张文钺编著．焊接物理冶金．天津：天津大学出版社，1991

82 邹增大，李亚江，尹士科著．低合金调质高强度钢焊接及工程应用．北京：化学工业出版社，2000

83 陈茂爱．含Ti微合金钢中的第二相粒子对焊接粗晶HAZ组织及韧性的影响．焊接学报，2002，23（3），37~40

84 霍晓．铝锂合金焊接热裂纹敏感性的研究．［学位论文］．天津：天津大学，1991

85 Yuriok N and Suzuki H．Hydrogen assisted cracking in C-Mn and low alloy steel weldment．International Materials Reviews．1990，35（4）：217~249

86 Feng Z L．A methodology quantifying thermal and mechanical condition for weld metal solidification cracking．Ph．D Dissertation of the Ohio State University，1993

87 刘仁培，魏艳红，董祖珏．不锈钢焊接凝固裂纹应力应变场数值模拟模型的建立．焊接学报，1999，20（4）：238~243

88 魏艳红，刘仁培，董祖珏．不锈钢焊接凝固裂纹应力应变

场数值模拟结果分析．焊接学报，2000，21（2）：36～38

89 魏艳红，刘仁培，董祖珏．焊接凝固裂纹驱动力的分析与模拟．机械工程学报，2000年．36（4）：14～15

90 Elmkarov etc（Russia）. Computer analysis of alloyed steel weldability. Computer Technology in Welding（Paris, Drance），1994

91 李午申，董建明，张炳范．焊接裂纹预测及诊断专家系统．中国机械工程，1994．5（2）：38～40

92 Kalpakjian，S R. Schmid，Manufacturing Processes for Engineering Materials，4th Edition，Prentice Hall，Pearson Education，Inc.，2003

93 牛济泰．材料和热加工领域的物理模拟技术．北京：国防工业出版社，1999

94 哈尔滨焊接研究所．国产低合金钢焊接CCT图册．北京：机械工业出版社，1990

95 王一戎，车小莉，兰强．热应变对低合金高强钢HAZ断裂韧性的影响．国际动态热/力模拟学术会议论文集．哈尔滨：1990，54～57

96 Chen Wayne. Gleeble System and Applications. N. Y.，USA：Gleeble Systems Training School，1998

97 蔡开科，党紫九等．连铸钢高温力学性能研究．北京科技大学学报（专辑），1993（No.1.）

98 陈忠孝，李华新．中碳低合金超高强结构钢焊接近缝区液化裂纹的研究．第六届全国焊接学术会议论文选集（第2集）．西安：1990，111～115

99 邹茉莲等．高温金属焊接结晶裂纹研究．国际动态热/力模拟技术学术会议论文集．哈尔滨：1990，10～13

100 朱慧珍，徐春珍，李彦．硅对CrNiMoSi双向奥氏体焊缝金属高温裂缝倾向的影响．第七届全国焊接学术会议论文集（第2册）．青岛：1993，188～191

101 于尔靖，赵力东，斯重遥．LD2和6061铝合金液化裂纹的研究．第六届全国焊接学术会议论文选集（第3集）．西安，1990，272～275

102 董祖钰，潘永明，王源泉．应变速度对不同金属焊接结晶裂缝敏感性影响规律的研究．第六届全国焊接学术会议论文选集（第2集）．西安：1990，106～110

103 王者昌，李晶丽，白良谋等．金属的热塑性．第六届全国焊接学术会议论文选集（第2集）．西安，1990，206～208

104 韩怀月，孙政．凝固循环热拉伸试验——焊缝凝固裂纹有效评定方法．第六届全国焊接学术会议论文选集（第2集）．西安，1990，206～208

105 蔡宏彬，周昭伟，张国九．四种80公斤级低合金高强钢焊接过热区韧性及氢裂敏感性的研究．第六届全国焊接学术会议论文选集（第2集），西安，1990，201～205

106 王宗杰主编．焊接工程综合试验技术．北京：机械工业出版社，1997

107 Cynthia L. Jenney，Annette O'Brien，Welding Handbook. Volume 1，Welding Science and Technology，Miami，FL：American Welding Society，2001

108 A Pilipenko，Computer simulation of residual stress and distortion of thick plates in multi-electrode submerged arc welding. and their mitigation techniques，PhD thesis，Department of Machine Design and Materials Technology，Norwegian University of Science and Technology，Norway，July 2001

109 焦馥杰．焊接结构分析基础．上海：上海科学技术文献出版社，1991

110 L F Andersen，Residual Stresses and Deformations in Steel Structures，PhD thesis，Department of Naval Architecture and Offshore Engineering，Technical University of Denmark，Dec. 2000

111 H. Zhao，S. Wu，A. Wu，Q. Shi，and A. Lu，Numerical simulation of weld mental filling and multilayer welding in fillet welds，Mathematical Modelling of Weld Phenomena 6，731-739 Maney，2002

112 C. D Donne，E. Lima，J. Wegener，A. Pyzalla，Investigation on residual stresses in friction stir welds，3nd International Symposium on Friction Stir Welding，Kobe，Japan，27 and 28 September 2001，TWI（UK）

113 A. P. Reynolds，Wei Tang，T. Gnaupel-Herold，H. Prask，Structure，properties，and residual stress of 304L stainless stell friction stir welds，Scripta Materialia 48（2003）1289～1294

114 钱在中主编．焊接技术手册．山西：山西科学技术出版社，1999

115 Otha A，Suzuki N，Maeda Y. Effect of residual stress on fatigue of weldment. Proceedings of the International Conference on "Performance of Dynamically Loaded Welded Structures". IIW，San Francisco，CA，July 14-15，1997

116 日本溶接学会编．溶接·接合便览．丸善株式会社，1990

117 唐非．脉冲磁处理降低钢材内部残余应力研究［博士学位论文］．北京：清华大学，1999

118 吴苏，赵海燕，鹿安理，方慧珍，唐非．磁处理降低钢中残余应力的微观机理模型．清华大学学报（自然科学版）．2002，42（2）：147～150

119 关桥，郭德伦，李从卿．低应力无变形焊接新技术——薄板构件的LSND焊接法．焊接学报，1990，11（4）：231～237

120 关桥，张崇显，郭德伦．动态控制的低应力无变形焊接技术．焊接学报，1994，15（1）：8～15

121 H Murakawa，Precision control of welded structures based on theoretical prediction，New-wave of welding and joining research for the 21st centry，Proceeding of the First Osaka University and TWI Joint Seminar，March 22-23，2001，Osaka，Japan，231～242

122 L. E. Lindgren，H. Runnemalm，M. O. Nasstrom，Simulation of multipass welding of a thick plate，International Journal of Numerical Methods in Engineering，1999，44：1301～1316

123 刘庄，吴肇基，吴景之等著．热处理过程的数值模拟．北京：科学出版社，1996

124 N. Enzinger，Modelling welding residual stresses with a commercial multipurpose finite element program. Mathematical Modelling of Weld Phenomena 6，London：Maney Publishing，2002，519～537

125 K. F. Wang，S. Chandraaseer，H. T. Y. Yang. An efficient 2D finite element procedure for quenching analysis with phase change，J. Engng Ind，Trans. ASME，1993，115：124～138

126 L. E. Lindgren，Finite element modeling and simulation of welding-part 1：Increased complexity，Journal of Thermal Stresses，2001，24，pp. 141～192

127 L.E.Lindgren，Finite element modeling and simulation of welding-part 2：Improved material modeling，Journal of Thermal Stresses，2001，24，pp. 195～231

128 L.E.Lindgren，Finite element modeling and simulation of welding-part 1：Efficiency and integration，Journal of Thermal Stresses，2001，24：305～334

129 J.Goldak，J.Zhou，V.Breiguine，F.Montoya，Thermal stress

analysis of welds: from melting point to room temperature. International Symposium of Theoretical Prediction in Joining and Welding, JWRI Osaka University, Japan, Nov. 1996, 225~230

130 赵海燕，鹿安理，史清宇. 焊接结构 CAE 中数值模拟技术的实现. 中国机械工程，2000，11（7）：732~734

131 Lars-Erik Lindgren, Modelling for residual stresses and deformations due to welding-knowing what is not necessary to know, Mathematical Modeling of Weld Phenomena 6, London: Maney Publishing, 2002, 491~518

132 G. Mangialenti, T. Carter, New capabilities of the software product SYSWELD for the prediction of welding residual stresses and distortion, Recent Advances in Welding Simulation, IMechE Seminar Publication 2000-13, Professional Engineering Publilshing, UK, 2000

133 L. E. Lindgren, H. A.H aggblad, J. M. J. McDill, A. S. Oddy, Automatic remeshing for three-dimensional Finite element simulation of welding, Comp. Meth. Appl. Mech. Eng. 1997, 147: 401~409

134 H. Runnemalm, S. Hyun, Three-dimensional welding analysis using an adaptive mesh scheme, Comput. Methods Appl. Mech. Engrg. 2000, 189: 515~523

135 J. McDill, A. Oddy, J. Goldak, An adapative mesh-management algorithm for three-dimensional automatic finite element analysis, Transcation of CSME, 1991, 15 (1)

136 J Goldak, M Mocanita, V Aldea, J Zhou, D Downey, A Zypchen, Computational weld mechanics: Is real-time CWM feasible? Recent Progress in CWM. 5th International Seminar, Numerical Analysis of Weldability, IIW Com. IX, Graz-Seggau, 1999, 10: 4~6

137 Radaj D. Integrated finite element analysis of welding residual stress and distortion. Mathematical Modelling of Weld Phenomena 6, London: Maney Publishing, 2002, 469~489

138 C. L. Tsai, W T. Cheng, T. Lee, Modelling strategy for control of welding induced distortion. Modelling of Casting, Welding and Advanced Wolidification Processes VII, The Minerals, Metals and Material Society, 1995: 335~345

139 A. Bachorski, M. J. Painter, A. J Smailes, et al. Finite-element prediction of distortion during gas metal arc welding using the shrinkage volume approach, Journal of Material Processing Technology, 1999, 92-93: 405~409

140 P. Michaleris, A. Debiccari, Prediction of welding distortion. Welding Journal, 1997, 76 (4): 172~180

141 B. Souloumiac, F. boitout, A new local-global approach for the modelling of welded steel component distortions, Mathematical Modeling of Weld Phenomena 6, London: Maney Publishing, 2002, 573~590

142 赵海燕，蔡志鹏，吴苏，鹿安理，吴爱萍. 分段移动焊接热源模型的研究及应用. 第十次全国焊接会议论文集（第2册），天津，2001，10：508~511

143 Y. P. Yang, F. W. Brust, J. C. Kennedy, Lump-pass welding simulation technology development for shipbuilding applications, PVP-Vol. 434, Computational Weld Mechanics, Constraint, and Weld Fracture, ASME 2002, PVP2002, 1105: 47~54

144 S. A. Tsirkas, P. Papanikos, K. Pericleous, N. Strusevich, F. Boitout, J. M. Bergheau. Evaluation of distortions in laser welded shipbuilding parts using local-global finite element approach, Science and Technology of Welding & Joining, 2003, 8 (2): 79~88

145 M Hidekazu, Theoretical prediction for high quality products and reliable assembly process, Trans. JWRI, 2003, 32 (1): 207~213

146 S. Fricke, E. Keim, J. Schmidt, Numerical weld modeling ——a method for calculating weld-induced residual stresses. Nuclear Engineering and Design 2001, 206: 139~150

147 蔡志鹏. 大型结构焊接变形的数值模拟研究与应用. [清华大学博士学位论文]. 2001，10

148 Y. Ueda, H. Murakawa, M. G. Yuan, Three dimensional numerical simulation of various thermo-mechanical processes by FEM (Report III), Trans. JWRI, 1994, 22 (1): 127~134

149 赵海燕，蔡志鹏，林健. 箱形梁结构厚板角焊缝的多层焊. 2000年材料科学与工程进展：下册. 中国材料研究学会主编. 北京：冶金工业出版社，2003

150 陈俊梅，陆皓，汪建华，陈卫新，郝达军. 网格尺寸对别克轿车副车架总成焊接变形预测精度的影响. 焊接学报，2002，23（2）：33~35. 39

151 H. F. Henrysson, F. Abdulwanhab, B. L. Josefson, M. Fermer, Residual stresses in resistance spot welds: finite element simulations, X-ray measurements and influence on fatigue behaviour. Welding in the World 1999, 43 (1): 55~63

152 E. Oldern, R. Leggatt, Modelling of residual stresses at girth welds in pipes, Recent Advances in Welding Simulation, IMech E semimar publication 2000-13, Burg St Edmunds and London, UK, 2000, 21~33

第 3 篇

焊接方法与设备

■ 主　编　史耀武　殷树言

■ 编　写　史耀武　殷树言　刘　嘉　宋永伦　陈树君
黄鹏飞　赵熹华　栾国红　刘金合　李卓然
冯吉才　郑远谋　谭义明　杜菲娜　李亚江
齐志扬　朱轶峰　董春林　王亚军　左铁钏
肖荣诗　陈继民　钱乙余　何　鹏　刘　军
郑祥明　张　华　谢晓东　杨　松　高增福
李志强　董仕节　单际国　王国荣　张新平
雷永平

第 1 章　焊条电弧焊

焊条电弧焊接是用手工操作焊条进行焊接的电弧焊接方法。由于该方法工艺灵活，适应性强，设备简单，生产成本低，不受环境、焊接位置等因素的限制，尽管工艺较为落后，但在生产和培训中仍被列为首位。本章主要介绍焊条电弧焊接的焊接电弧物理、焊接电源及辅助机具、焊条的种类与选用、焊接操作技法和常见焊接缺陷及防止措施等内容。

1　概述

焊条电弧焊也称手工电弧焊，是工业生产中应用最广泛的焊接方法。焊条电弧焊时，在焊条末端和工件之间燃烧的电弧所产生的高温使焊条药皮与焊芯及工件熔化，熔化的焊芯端部迅速地形成细小的金属熔滴，通过弧柱过渡到局部熔化的工件表面，融合一起形成熔池。药皮熔化过程中产生的气体和熔渣，不仅使熔池和电弧周围的空气隔绝，而且和熔化的焊芯、母材发生一系列冶金反应，保证所形成焊缝的性能。随着电弧以适当的弧长和速度在工件上不断地前移，熔池液态金属逐步冷却结晶，形成焊缝。焊条电弧焊的过程如图 3.1-1 所示。

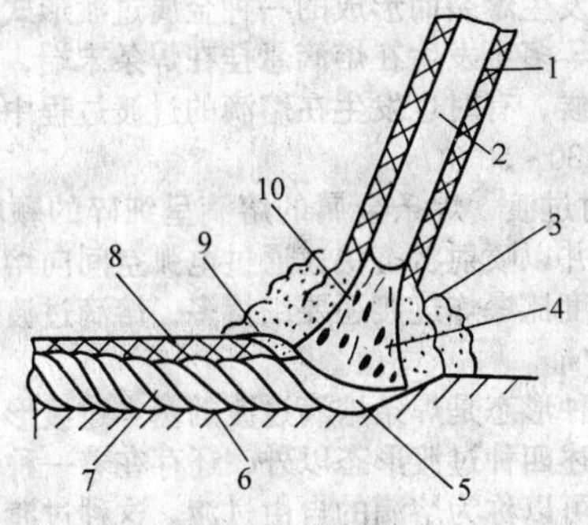

图 3.1-1　焊条电弧焊的过程

1—药皮；2—焊芯；3—保护气；4—电弧；5—熔池；6—母材；7—焊缝；8—渣壳；9—熔渣；10—熔滴

焊条电弧焊具有以下优点：

1) 设备简单，价格便宜，而且维护方便；

2) 不需辅助气体防护，并且具有较强的抗风能力；

3) 操作灵活，适应性强，凡焊条能够达到的地方都能进行焊接；

4) 适用范围广，能够焊接绝大多数钢材。

但焊条电弧焊也有如下缺点：

1) 对焊工操作技术要求高，焊工培训费用大；

2) 焊工劳动强度大，焊工始终处于高温烘烤和有毒的烟尘环境中；

3) 焊接时要经常更换焊条，比自动焊接生产效率低；

4) 不适于薄板和活泼（Ti、Nb、Zr 等）及难熔金属（Ta、Mo 等）的焊接。

2　焊接电弧物理

2.1　焊接电弧的电特性

(1) 焊接电弧结构

两电极之间产生电弧放电时，在电弧长度方向电场强度分布是不均匀的，通过实际测量得到的沿电弧长度方向的电压分布如图 3.1-2。图中

$$U_a = U_A + U_K + U_C$$

阳极区和阴极区在电弧中长度很小，分别约为 10^{-4} cm 和 10^{-6} cm，因此可以认为两电极间距离即弧柱的长度。阳极区压降和阴极区压降与弧长无关。而弧柱压降又可写成：

$$U_C = IEl$$

式中，I 为电弧电流；E 为弧柱电场强度，V/cm；l 为弧柱长度。

于是电弧电压 U_a 为：

$$U_a = a + bl$$

式中，$a = U_A + U_K$；$b = IE$；U_A 为阳极压降；U_K 为阴极压降。

焊条电弧焊焊接低碳钢或低合金钢时，电弧中心部分的温度可达 6 000 ~ 8 000℃，两电极间的温度可达到 2 400 ~ 2 600℃。

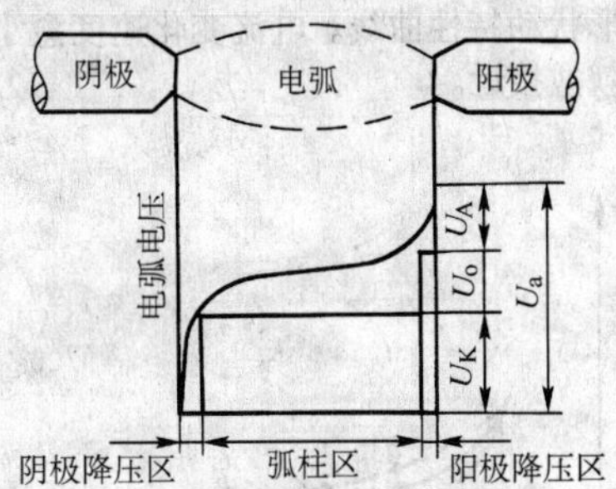

图 3.1-2　焊接电弧结构

U_A—阳极压降；U_K—阴极压降；U_o—弧柱压降；U_a—电弧电压

(2) 最小电压原理

自由电弧是两个电极之间的气体导体，它可以自由扩大和缩小其导电断面。在给定的电流和边界条件下，电弧稳定燃烧时，其导电区的半径（或温度）应使电弧的电位梯度具有最小值，即是该电弧具有保持最小能量消耗的特性。也可以说在固定弧长上的电压为最小，亦称最小电压原理。

(3) 电弧的静特性

当弧长一定，电弧稳定燃烧时，两电极间总电压 U 与电流 I 之间的关系曲线称为电弧静特性曲线，也称为伏－安特性。从图 3.1-3a 中可以看到全部电弧静特性可以分为三个区段。A 段，电流密度较小，随着电流增加，电弧电压急剧下降，这一段为下降特性，也称为负阻特性。B 段，电流密度中等，随着电流增加电弧电压几乎保持不变，这一段是水

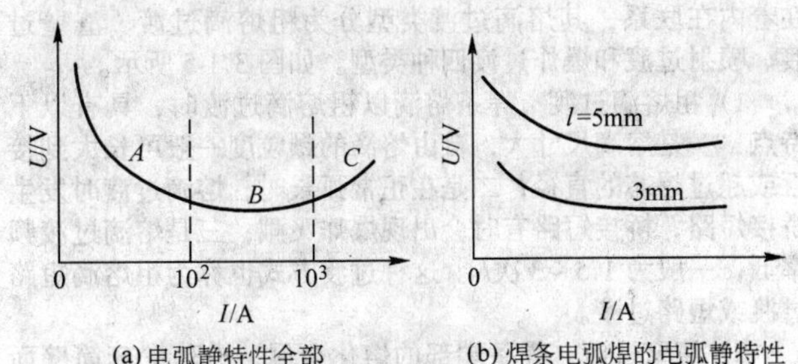

(a) 电弧静特性全部　　(b) 焊条电弧焊的电弧静特性

图 3.1-3　焊接电弧的静特性

平特性，也是负阻特性。C段，电流密度大，随着电流增加电弧电压随之明显上升，这一段是上升特性。而焊条电弧焊的电弧主要工作在下降和水平两个区段，如图3.1-3b所示。

(4) 电弧的动特性

所谓焊接电弧的动特性，是指在一定的弧长下，当电弧电流很快变化的时候，电弧电压和电流瞬时值的关系。

如图3.1-4中的电流由 a 点以很快的速度连续增加到 d 点，则随着电流增加，使电弧空间的温度升高。但是后者的变化总是滞后于前者。这种现象称为热惯性。当电流增加到 i_b 时，由于热惯性关系，电流空间还没有达到 i_b 时达到稳定状态的温度。由于电弧空间温度低，弧柱导电性差，阴极斑点和弧柱截面积增加较慢，维持电弧燃烧的电压不能降至 b 点，而是高于 b 点的 b' 点。以此类推，对应于每一瞬间电弧电流的电弧电压，就不在 $abcd$ 实线上，而是在 $ab'c'd$ 虚线上。这就是说，在电流增加的过程中，动特性曲线上的电弧电压比静特性曲线上的电弧电压高；反之，当电弧电流从 i_d 迅速减小到 i_a 时，同样由于热惯性的影响，电弧空间温度来不及下降。此时，对应于每一瞬间电弧的电压将低于静特性曲线上的电压，而得到 $ab''c''d$ 曲线。图中的 $ab'c'd$ 和 $ab''c''d$ 曲线为电弧的动特性曲线。电流按照不同规律变化时将得到不同形状动特性曲线。电流变化速度愈小，静特性、动特性曲线就愈接近。

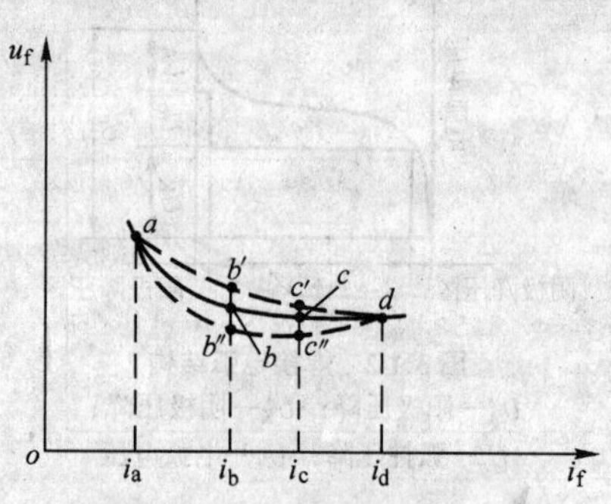

图3.1-4 电弧的动特性曲线

2.2 焊条电弧焊接的熔滴过渡

焊条电弧焊时，电弧引燃后，焊芯立即被加热熔化，随后焊条引弧端的药皮由与焊芯相接触的内层开始也被加热和熔化，并迅速向药皮外层扩展。由于焊芯直接受电弧的热作用，焊芯的加热熔化和金属向熔池的过渡，明显地超前于药皮，而药皮的熔化，其内层又超前于外层，这样经过一段很短的电弧过程后，焊条端部形成了套筒。此时焊条的焊芯和药皮的熔化、熔滴的形成、长大和向熔池的过渡等过程，进入了相对稳定的时期。

在焊接过程中，焊条电弧焊接的熔滴过渡形态及特征对焊条熔化效率、飞溅、焊接参数的稳定性等都有直接或间接的影响。焊条电弧焊接的熔滴过渡形态与焊条的工艺特性存在着内在联系，其熔滴过渡类型分为粗熔滴过渡、渣壁过渡、喷射过渡和爆炸过渡四种类型。如图3.1-5所示。

1) 粗熔滴过渡　焊条熔滴以粗熔滴过渡时，具有以下特点：一是熔滴尺寸大，自由熔滴的颗粒度一般可长大到接近或超过焊芯的直径；二是在正常弧长时，熔滴过渡时发生桥接短路，桥接短路有时会出现爆炸飞溅；三是熔滴过渡频率低，一般为1.5~3次/s。这种过渡方式也称为粗熔滴短路过渡或短路过渡。

2) 渣壁过渡　焊条端部的熔化金属，沿药皮套筒壁面溜向熔池的一种过渡形式。这种过渡形式与粗熔滴短路过渡相比，熔滴尺寸小，一般不超过焊芯直径。当熔滴在焊条端

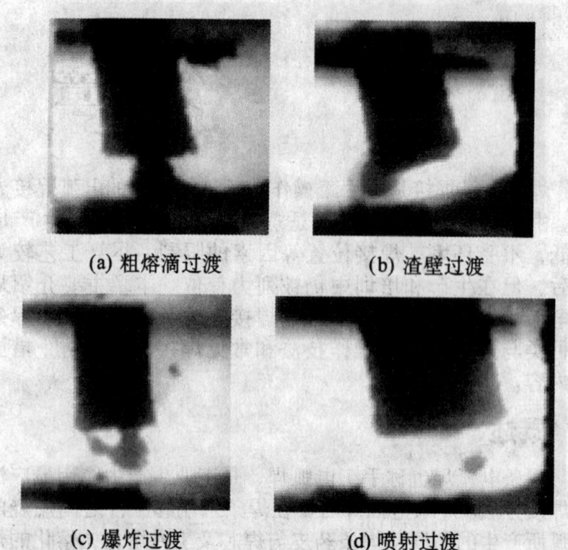

(a) 粗熔滴过渡　(b) 渣壁过渡　(c) 爆炸过渡　(d) 喷射过渡

图3.1-5 焊条电弧焊的熔滴过渡

部形成、长大，直到脱离焊芯端部之前，一个熔滴不会占据焊芯的整个端面，而在焊芯端面处，可以同时存在两个或两个以上的熔滴，这是渣壁过渡所独有的现象。

3) 爆炸过渡　焊条金属熔滴在形成、长大或过渡过程中，由于激烈的冶金反应，在熔滴内部产生CO气体，使熔滴急剧膨胀发生爆裂而形成的一种金属过渡形式。熔滴的这种爆炸现象，多半发生在熔滴悬挂在焊条末端，尚未脱离焊条断部的时候，有时也发生在熔滴的过渡过程中。熔滴过渡频率一般为30~50次/s。

4) 喷射过渡　焊条金属的熔滴呈细碎的颗粒由套筒内喷射出来，并以喷射状态快速通过电弧空间向熔池过渡，其熔滴细碎程度比爆炸过渡还要细得多，熔滴过渡频率一般在100~150次/s。

以上四种形态是焊条熔滴过渡的基本过渡形态。应该指出，除了上述四种过渡形态以外，还存在着一种较为常见的过渡形态，可以称为熔滴的自由过渡。这种过渡形态是由于在熔滴形成过程中，由于某种力的作用（不是由于爆炸），从停留在焊条端部的大熔滴中，分离出来较小的熔滴，这个小熔滴又远离套筒，不能形成渣壁过渡，于是"自由地"飘落到熔池，而形成"自由过渡"。熔滴的"自由过渡"可以看作是焊条熔滴过渡形态的一种特例。因为，实际上任何一种焊条都不可能以"自由过渡"为主要过渡形式，而这种过渡形式又往往和四种基本过渡形式相伴随发生。

3 焊条电弧焊设备及工具

3.1 弧焊电源基础知识

(1) 对弧焊电源的一般要求

弧焊电源是电弧焊机中的核心部分，是用来对焊接电弧提供电能的一种专用设备。对它的要求有与一般电力电源相同之处。从经济观点出发，要求结构简单轻巧、制造容易、消耗材料少、节省电能、成本低；从使用观点出发，要求使用方便、可靠、安全、性能良好和容易维修。

然而，在弧焊电源的电气特性和结构方面，还具有不同于一般电力电源的特点。这主要是由于弧焊电源的负载是电弧，它的电气性能就要适应电弧负载的特性。因此，弧焊电源需具备工艺适应性，即应满足弧焊工艺对电源的下述要求：

1) 保证引弧容易；

2) 保证电弧稳定；

3）保证焊接规范稳定；

4）具有足够宽的焊接规范调节范围。

为满足上述工艺要求，弧焊电源的电气性能应考虑其外特性、调节特性、输出及使用特性等方面的性能。

（2）弧焊电源的外特性

外特性是指在规定范围内，弧焊电源的稳态输出电流与输出电压的关系。弧焊电源与电弧构成供电、用电系统。为了保证焊接电弧稳定燃烧和焊接参数稳定，系统必须有一个稳定工作点，见图 3.1-6 所示。工作点是电源外特性曲线（曲线 1）与电弧静特性曲线（曲线 2）的交点。图 3.1-6 中电源外特性与电弧静特性相交于 A_0、A_1。如果弧长偶尔由 l 增加到 l_1，则工作点将由 A_0、A_1 移到 A'_0、A'_1，一旦弧长恢复到原来的长度 l，原来在 A'_0 点的电源电压高于电弧电压，因此焊接电流将增加，而电源电压将下降，一直恢复到 A_0 点为止。在 A'_1 点，当弧长恢复到原来弧长 l 后，电源电压高于电弧电压，焊接电流将增加，工作点不可能回到 A_1 点而是移到 A_0 点。因此说 A_0 点是稳定工作点，A_1 点是不稳定工作点。

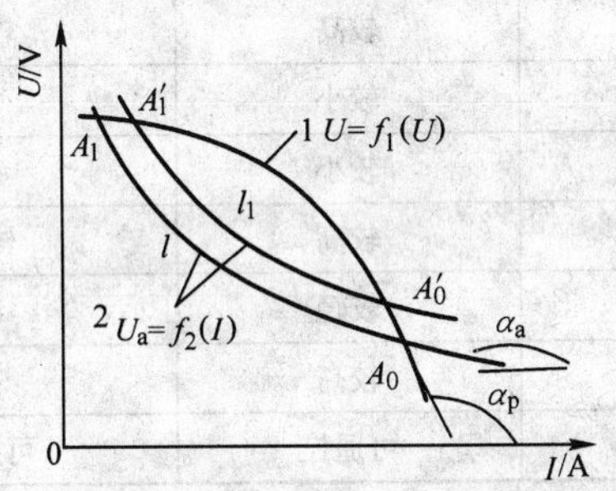

图 3.1-6　系统稳定工作条件图

在 A_0 点，电弧静特性的斜率为 $\tan\alpha_a$，电源外特性斜率为 $\tan\alpha_p$，可见

$$\tan\alpha_a - \tan\alpha_p > 0$$

因此称上式为电源、电弧系统稳定工作条件。也就是在电源外特性与电弧静特性交点处电弧静特性斜率大于电源外特性斜率就是系统稳定工作条件。符合上述稳定条件的工作点称为稳定工作点。

焊条电弧焊的电弧静特性曲线一般小于 0，根据上述稳定工作条件，焊条电弧焊电源外特性必须是下降特性（缓降或陡降特性）。

弧焊电源外特性曲线除稳定工作点外，还有两个特殊点，即当电流为零时的空载电压和当电极与工件短路时的稳态短路电流，对焊接电弧稳定燃烧具有很大影响，因此，也必须对它提出要求。

对于弧焊电源空载电压规定为：

对危险工作环境	直流弧焊电源	小于 113 V
	交流弧焊电源	小于 68 V（峰值）、48 V（有效值）
对一般工作环境	直流弧焊电源	小于 113 V
	交流弧焊电源	小于 113 V（峰值）、80 V（有效值）

弧焊电源稳态短路电流（I_{SS}）为当焊条（或焊丝）与工件直接接触时的稳态电流，稳态短路电流 I_{SS} 应稍大于焊接电流 I，这将有利于引弧。但 I_{SS} 太大会增大焊接飞溅。一般情况下：

$$1.25 < \frac{I_{SS}}{I} < 2$$

（3）弧焊电源的调节特性

弧焊电源能输出不同工作电压、电流的可调性能称为电源的调节特性，它是通过电源外特性的调节来体现的。对于不同的焊接方法，包括回路焊接电缆电压降在内的，符合某种约定关系的负载电压与负载电流称为约定负载电压与约定焊接电流。约定负载电压与约定焊接电流必须是在无感电阻下测定的。对于焊条电弧焊电源，其关系为 $U = 20 + 0.04I$，并且当电流超过 600 A，约定负载电压保持 44 V 不变。

焊接时需根据被焊工件的材质、厚度与坡口形式等选用不同的焊接工艺参数，而与电源有关的焊接参数是电弧工作电压 U_f 和工作电流 I_f。为提供不同焊接工艺约定的负载电压和负载电流，电源必须具备可以调节的性能。弧焊电源的参数调节主要是通过改变外特性斜率或移动位置，使之与电弧静特性曲线有稳定的交点（稳定工作点如图 3.1-6 中的 A_0 点）来实现的。同时，对应于一定的弧长，只有一个稳定工作点。因此，为了获得一定范围所需的焊接电流和电压，弧焊电源的外特性必须可以均匀调节，以便与电弧静特性曲线在许多点相交，得到一系列的稳定工作点。

（4）各类弧焊电源的输出及使用特点

焊接电弧有直流电弧和交流电弧两大类，弧焊电源也就分为交流电源和直流电源两大类。目前，我国通常采用的弧焊电源有如下类型：弧焊变压器、直流弧焊发电机、弧焊整流器和弧焊逆变器，前一种属于交流电源，后几种大多为直流电源。电弧焊电源的分类列于表 3.1-1。

表 3.1-1　电弧焊电源的分类

电源种类	类　型	主体结构形式	
交流	弧焊变压器	串联电抗器式	饱和电抗器式、分体动铁式、同体动铁式
		增强漏磁式	动铁式、动圈式、抽头式
	方波交流电源	晶闸管记忆电抗器式	
		双逆变式	
直流	直流弧焊发电机	内燃机驱动式	
		电动机驱动式	
	弧焊整流器	硅整流式	动铁式、动圈式、抽头式
		磁放大器式	无反馈式、全反馈式、部分反馈式
		晶闸管整流式	三相半控桥式、三相全控桥式、带平衡电抗器的双反星形
	弧焊逆变器	晶闸管逆变式	串联半桥式、串联全桥式、并联全波式
		晶体管逆变式	单端式、半桥式、全桥式、推挽式

弧焊变压器用以将电网的交流电变成适宜于弧焊的交流电，与直流电源相比，具有结构简单、制造方便、使用可靠、维修容易、效率高和成本低等优点，在目前国内生产应用中仍占很大的比例。

方波交流电源由于电流过零速度快，电弧稳定，输出电流的正负时间比和幅值比都可调节，广泛用于航空航天等领域的铝镁及其合金的焊接。

直流弧焊发电机虽然稳弧性好，经久耐用，电网电压波动的影响小，但硅钢片和铜导线的需要量大，空载损耗大，结构复杂成本高。电动机驱动的直流弧焊发电机已被列入淘汰产品，但内燃机驱动式直流弧焊发电机在无电网供电的野外作业场合仍得到广泛应用。

磁放大器式弧焊整流器可以无级调节焊接工艺参数，但控制电流较大。而且因其磁惯性很大，故调节速度慢，体积大，耗料多，有逐渐被淘汰的趋势。晶闸管弧焊整流器引弧容易，性能柔和，电弧稳定，维修方便，制造工艺简单，在国内直流焊接电源市场占有很大的比例。

弧焊逆变器的体积小、重量轻、材料耗用少、节能效果好、控制性能好，能够对焊接工艺进行精确的控制，是理想的换代产品，在国内外焊接电源市场的占有率逐年增加。

表 3.1-2 给出了上述五类弧焊电源的特性比较。

表 3.1-2　特性比较

比较项目＼电源种类	弧焊变压器	方波交流电源	弧焊发电机	弧焊整流器	弧焊逆变器
电流种类	交流	交流	直流	直流	直流
电弧稳定性	差	好	好	较好	好
磁偏吹	很小	很小	较大	较大	较大
适用性	一般结构件的焊条电弧焊	航天航空业的铝镁及其合金	较重要焊接结构有焊条电弧焊、埋弧焊或气体保护焊		
供电特点	绝大部分焊机是单相	三相或单相	大多是三相		
电网电压波动的影响	较小	较大	小	较大	小
结构与维修	简单	复杂	复杂	较简单	复杂
功率因数	较低	较高	高	较高	较高
空载损耗	小	较小	较大	较小	小
噪声	小	小	大	较小	小
成本	低	高	高	较高	较高
重量	重	较轻	重	较轻	轻
效率	高	高	低	较高	高
电流调节方式	不能遥控	可遥控	不能遥控	可遥控	可遥控

3.2　弧焊变压器

弧焊变压器是一种最简单和常用的弧焊电源，它提供交流输出，通常用于手工电弧焊，因此弧焊变压器的伏安特性通常为恒流特性。

弧焊变压器分为串联电抗器式和增强漏磁式两大类。串联电抗器式为了获得满足电弧焊所需的陡降特性，需要较大的串联电感，其电感的体积、重量与变压器相当。所以为了节约材料，减少体积和重量，实际上在弧焊变压器中，除多站式电源外，已经很少采用串联电感的方式。而是采用特殊的结构设计，使变压器的初级与次级之间有较大的漏感，这个漏感可以起到与串联电感相同的作用，这也正是弧焊变压器与一般变压器在设计和结构上最大的不同。增强漏磁式一般采用三种方法改变漏感：移动铁心、移动绕组和改变绕组抽头匝数，分别称为动铁式、动圈式和抽头式弧焊变压器。

(1) 动铁式弧焊变压器

动铁式弧焊变压器的结构如图 3.1-7 所示。变压器的初级与次级分绕在口型铁心的两侧，并在口型铁心的中间加入一个可以移动的梯形铁心，称为动铁心。

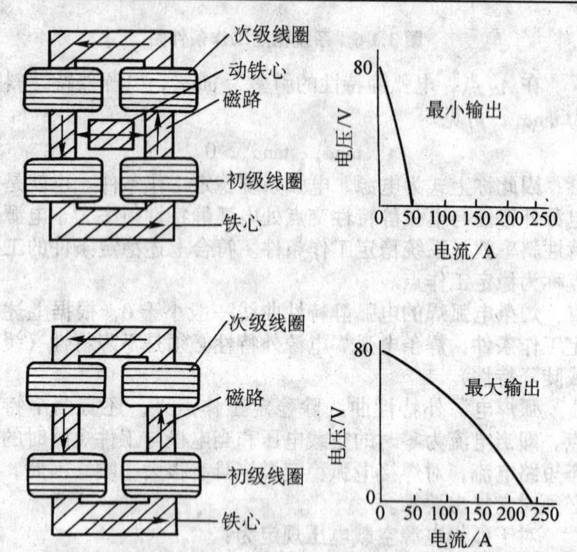

图 3.1-7　动铁式弧焊变压器的结构示意图

当动铁心全部插入口型铁心的磁路时，构成相对与初级与次级之间较大的漏磁磁路，即形成较大的漏感，等效于有较大的串联电感，此时输出电流最小。当动铁心全部移出口型铁心的磁路时，构成相对于初级与次级之间较小的漏磁磁路，即形成较小的漏感，等效于有较小的串联电感，此时输出电流最大。动铁心之所以制成梯形，是为了使在动铁心移动时有足够大的漏感变化量，用来保证焊接电流调节范围。因为此时漏磁磁路的面积和间隙是同时变化的。动铁式弧焊变压器的优点是：结构紧凑，节省材料；小电流空载电压高，引弧容易；缺点是工作时易产生较大的噪声，这是因为动铁心在工作时将受到很大的交变电磁力的作用。而且由于这个电磁力的作用，还易使动铁心产生位移，从而使焊接电流发生变化，但这些问题可以通过合理的动铁心移动机构克服。动铁式弧焊变压器一般只适宜制成中小容量的焊条电弧焊电源。表 3.1-3 列出了常用动圈式交流弧焊变压器的型号及技术数据。

(2) 动圈式弧焊变压器

动圈式弧焊变压器的结构如图 3.1-8 所示。变压器的初级和次级都分成两组线圈：N_{11}/N_{12} 及 N_{21}/N_{22}。动圈式结构使变压器初级与次级之间的耦合不是很紧密，而且可以通过调整初级与次级之间的距离改变耦合程度。当初级与次级之间距离变化时，变压器的漏感随之改变，即等效的串联电感值变化，两者之间距离越近漏感越小，等效的串联电感也越小，反之亦然。

表 3.1-3　常用动圈式交流弧焊变压器的型号及技术数据

主要技术数据	动铁心式		
	BX1 - 160	BX1 - 250	BX1 - 400
额定焊接电流/A	160	250	400
电流调节范围/A	32 ~ 160	50 ~ 250	80 ~ 400
一次电压/V	380	380	380
额定空载电压/V	80	78	77
工作电压/V	21.6 ~ 27.8	22.5 ~ 32	24 ~ 39.2
额定负载持续率/%	60	60	60
额定输入容量/kV·A	13.5	20.5	31.4
外形尺寸 $A \times B \times C$/mm	587 × 325 × 680	600 × 380 × 750	640 × 390 × 780
质量/kg	93	116	144
用　途	焊条电弧焊电源，适用于 1 ~ 8 mm 厚低碳钢板的焊接	焊条电弧焊电源，适用于中等厚度低碳钢板的焊接	焊条电弧电源，适用于中等厚度低碳钢板的焊接

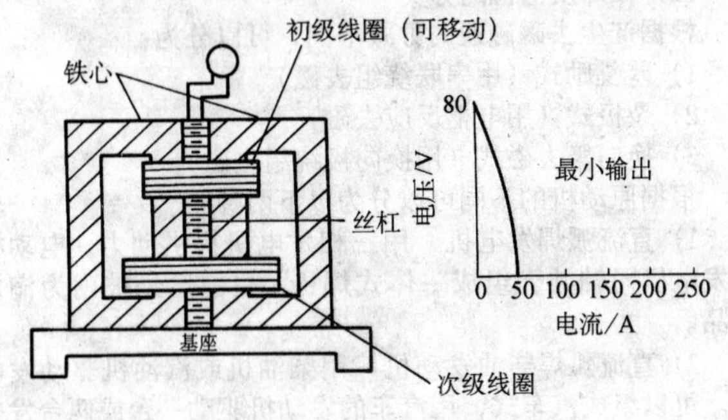

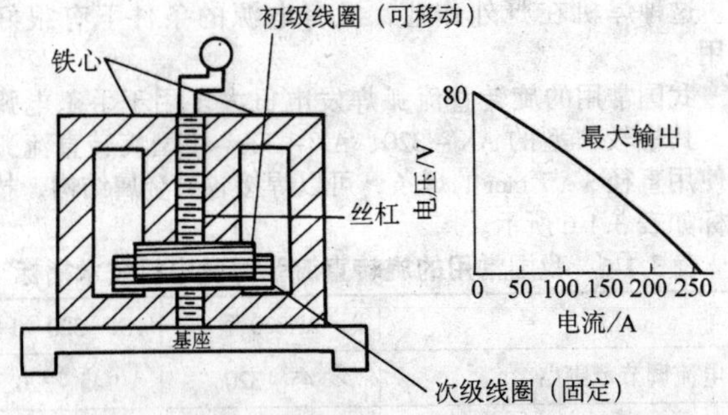

图 3.1-8　动圈式弧焊变压器的结构示意图

变压器铁心在高度方向有较大尺寸，是为了可以在较大距离范围里调整初级与次级之间的距离，获得较宽的电流调节范围。但实际上仍不能满足调整范围的要求，所以在动圈式结构中必须分挡调节。分挡的方法是 N_{11} 与 N_{12} 串联，N_{21} 与 N_{22} 串联，作为小电流挡，此时当初级与次级之间距离最近时电源的输出电流最小，当初级与次级距离最远时电源的输出电流为中等。N_{11} 与 N_{12} 并联，N_{21} 与 N_{22} 并联，作为大电流挡，此时当初级与次级之间距离最近时电源的输出电流也为中等，当初级与次级距离最远时电源的输出电流为最大。在实际电源中，两挡不可能正好衔接，一般有一段搭接，以保证电流调节范围连续。因为漏感与电感一样也正比于线圈匝数的平方，所以通过串联与并联的切换可以改变漏感值，同时又不影响电源的空载电压。在动圈式结构中通常固定次级，移动初级，这是因为初级电流较小，电缆截面也相应较小，易于弯曲。动圈式弧焊变压器的体积和重量都较同等功率的动铁式结构大，但因为动圈式结构中的线圈受力相对动铁式结构中的动铁受力小，所以工作时噪声低，且动圈位置稳定，输出焊接电流稳定性好。表 3.1-4 列出了常用动圈式交流弧焊变压器的型号及技术数据。

表 3.1-4　常用动圈式交流弧焊变压器的型号及技术数据

主要技术数据	动圈式			
	BX3 - 250	BX3 - 300	BX3 - 400	BX3 - 500
额定焊接电流/A	250	300	400	500
电流调节范围/A	36 ~ 360	40 ~ 400	50 ~ 500	60 ~ 612
一次电压/V	380	380	380	380
额定空载电压/V	78/70	75/60	75/70	73/66
额定工作电压/V	30	22 ~ 36	36	40
额定一次电流/A	48.5	72	78	101.4
额定输入容量/kVA	18.4	20.5	29.1	38.6
额定负载持续率/%	60	60	60	60
外形尺寸 $A \times B \times C$/mm	630 × 480 × 810	580 × 600 × 800	695 × 530 × 905	610 × 666 × 970
质量/kg	150	190	200	225
用　途	焊条电弧焊电源，适用于 3 mm 厚以下低碳钢板的焊接	焊条电弧焊电源，电弧切割电源	焊条电弧焊电源	手工氩弧焊、焊条电弧焊及电弧切割用电源

（3）抽头式弧焊变压器

抽头式弧焊变压器用于小功率的交流手工电弧焊，它也是一种特殊的变压器。这种变压器采用有固定漏磁旁路的铁心，如图 3.1-9 所示。初级线圈分为 N_{11} 和 N_{12} 两部分，N_{12} 部分是与次级 N_2 紧密耦合的，N_{11} 部分是与次级 N_2 有较大漏磁的，S_1、S_2 是双刀同轴开关，通过这个开关改变抽头位置，调节初级线圈在上述两部分之间的分配而不改变线圈匝数之和，从而实现不改变电压而调节焊接电流的目的。开关在 1 位置上电流最小，在 5 位置上电流最大。

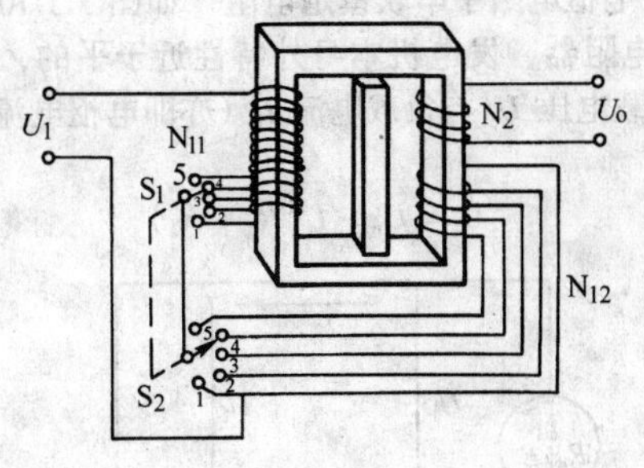

图 3.1-9　抽头式变压器

抽头式弧焊变压器的特点是结构简单，作为一种简易电源，用于要求不高的焊接应用场合。表 3.1-5 列出了常用抽头式交流弧焊变压器的型号及技术数据。

表 3.1-5　常用抽头式交流弧焊变压器的型号及技术数据

主要技术数据	抽头式	
	BX6 - 120	BX6 - 200
额定焊接电流/A	120	200
电流调节范围/A	5 ~ 160	65 ~ 200

续表 3.1-5

主要技术数据	抽头式	
	BX6 - 120	BX6 - 200
一次电压/V	220/380	380
额定空载电压/V	35 ~ 60（六挡）	48 ~ 70
额定工作电压/V	22 ~ 26	22 ~ 28
额定一次电流/A	28/16	40
额定输入容量/kV·A	6.24	15
额定负载持续率/%	20	20
外形尺寸/mm	345 × 246 × 188	480 × 282 × 398
质量/kg	22	40≤
用途	手提式焊条电弧焊电源	手提式焊条电弧焊电源

3.3　弧焊发电机

弧焊发电机从20世纪中期出现，在焊接生产中起到了重要作用，但随着半导体技术的发展，弧焊发电机的耗电多、费材料和噪声大的缺点越来越明显。目前只生产少量以汽油（或柴油）机为动力机的直流弧焊发电机在没有电网的场合应用。目前弧焊发电机主要用于焊条电弧焊，因此需要具有下降的外特性。此外，亦需具有良好的调节性能和动特性。

（1）直流弧焊发电机工作原理

直流弧焊发电机也是靠电枢上的导体切割磁极和电枢之间空气隙内的磁力线而感应出电动势 E 为

$$E = K\Phi$$

式中，Φ 为每个主磁极磁通量；K 为常数，由电枢转速及结构确定。

发电机的电枢电压 U_a 为

$$U_a = E - I_a R_a$$

式中，I_a、R_a 各为电枢电流和电枢电阻。

由于系统内阻一般都很小，R_a 可以忽略，而发电机 Φ 一般与 I_a 无关，所以发电机的外特性应当是平外特性。为获得下降外特性有以下几种办法。

1）在电枢电路中串联镇定电阻　如图 3.1-10 所示，R_z 即为镇定电阻器，发电机本身外特性近于平的，即 $U_a \approx E \approx U_0$。负载电压 U_f 与负载电流 I_f（亦即电枢电流 I_a）的关系是：

$$U_f = U_o - I_f(R_a + R_z)$$

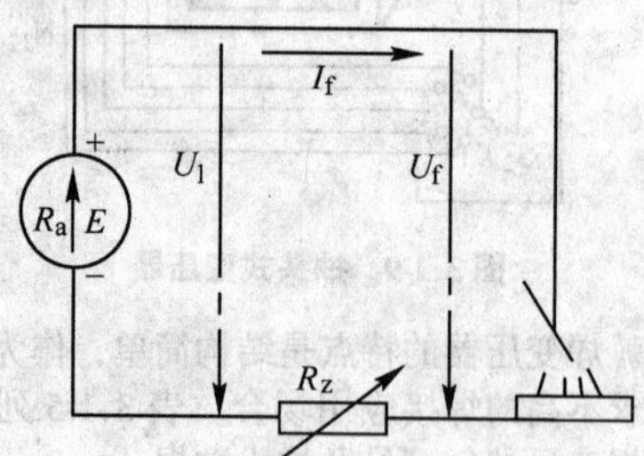

图 3.1-10　串联镇定电阻的电路

这种方法是通过人为的增大电源内阻，来改变输出外特性的。这种方法使镇定电阻 R_z 上的能量被浪费了，所以效率很低，只用于多站式直流发电机。

2）改变磁极磁通 Φ　电枢电动势 E 与 Φ 成正比，因而只要设法让 Φ 随 I_f 的增大而减小就可获得下降外特性。即令：

$$\Phi = \Phi_p - \Phi_b = \frac{I_p N_p}{R_{mp}} - \frac{I_f N_b}{R_{mb}}$$

式中，Φ_p、Φ_b 各为励磁、去磁磁通；I_p、N_p 为励磁绕组的电流和匝数；R_{mp} 为励磁磁路的磁阻；N_b 为去磁绕组的匝数；R_{mb} 为去磁磁路的磁阻。

于是

$$U_f = E - I_f R_a = K\left(\frac{I_p N_p}{R_{mp}} - \frac{I_f N_b}{R_{mb}}\right) - I_f R_a$$

$$= \frac{K I_p N_p}{R_{mp}} - I_f\left(\frac{K N_b}{R_{mb}} + R_a\right)$$

由于 $\frac{K I_p N_p}{R_{mp}} = U_0$ 以及令 $\frac{K N_b}{R_{mb}} = R_b$，$R_b$ 是考虑去磁作用的等效电阻。而且在弧焊发电机中 R_a 很小，可以略去。所以

$$U_f = U_0 - I_f R_b$$

即与负载电流成正比的去磁作用，可等效为在电枢串联了电阻。这样既可获得下降外特性又不增加能量损耗。上式又可写成：

$$I_f = \frac{U_0 - U_f}{R_b}$$

可知，改变 U_0（即改变 I_p）及 R_b 都可调节电流。

（2）弧焊发电机的分类

根据产生去磁磁通的方式不同，可以分为：

1）差复励式（用串联绕组去磁）

2）裂极式（用电枢反应去磁）

3）换向极去磁式（用换向极绕组去磁）

根据原动机的不同可以分为以下两种。

1）直流弧焊发电机　用三相发电机提供动力。电动机与发电机同轴共壳组成一体式焊机，目前已经被列为淘汰产品。

2）直流弧焊柴油发动机　用柴油机或汽油机驱动发电机。可以组成汽车式，用汽车的发动机驱动一台或两台发电机。这种焊机在野外作业，没有电源的条件下有很好的应用。

我国常用的旋转直流弧焊发电机大多用于手工电弧焊接，其中较典型的 AX - 320、AX - 320 - 1 型旋转直流弧焊机使用直径 3 ~ 7 mm 的焊条，可以焊接各种金属结构，技术指标如表 3.1-6 所示。

表 3.1-6　我国常用的旋转直流弧焊发电机技术指标

型　号	AX320 型	AX - 320 - 1 型
电流调节范围/A	45 ~ 320	45 ~ 320
空载电压/V	50 ~ 80	50 ~ 80
工作电压/V	30	30
额定负载持续率/%	50	50
发动机功率/kW （当额定负载持续率时） （当负载持续率为 100%时）	 9.6 7.5	 9.6 7.5
焊接电流/A （当额定负载持续率时） （当负载持续率为 100%时）	 320 250	 320 250
电动机		
功率/kW	14	12
电源电压/V	220/380 或 380/660	220/380 或 380/660

续表 3.1-6

型 号	AX320 型	AX－320－1 型
输入电流/A	47.8/27.6 或 27.6/15.95	41.6/24 或 24/13.9
频率/Hz	50	50
转速/r·min^{-1}	1 450	1 430
功率因数	0.89	0.89
机组效率/%	53	53
质量/kg	530～560	510
外形尺寸(长×宽×高)/mm	1 200×600×1 000	1 202×600×992

3.4 弧焊整流器

弧焊整流器的种类很多，其外观和内容也差异甚大，但在总体上它的基本构成可由图 3.1-11 所示输入电路部分、降压电路部分、整流电路部分、输出电路部分和外特性控制部分组成。电源输入电路部分与一般的电源输入部分基本相同，主要是接通或关断电源的开关电路及简单的输入保护电路，但弧焊电源的输入部分通常不使用保险丝，而是使用具有过流保护功能的空气开关。这是因为，焊接电弧不是稳定负载，弧焊电源工作时的过载冲击电流较大。降压部分是弧焊电源结构上的主体部分，传统的弧焊电源是工频变压器，现代的逆变电源是中频变压器，还包括相应的逆变电路。输出电路中的电感都是必须的，但电感的作用及参数有很大不同。外特性控制电路是所有弧焊电源所必需的，但在不同的电源中也不一样，但大致可分为机械调节、电磁控制和电子控制三种类型，目前采用的直流弧焊电源以电子控制型居多。

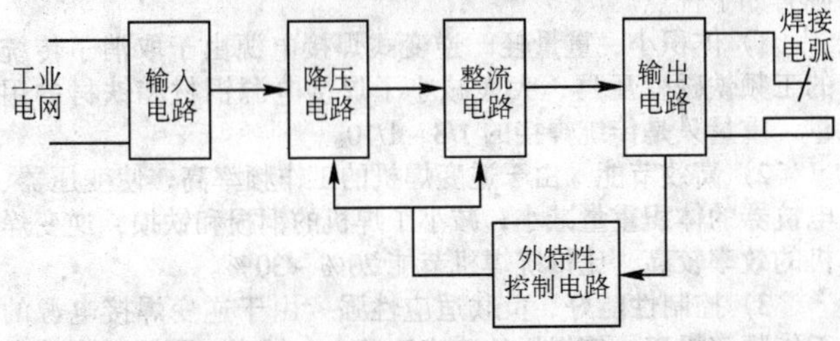

图 3.1-11 弧焊电源的结构框图

(1) 磁放大器式弧焊整流器

图 3.1-12 所示为磁放大器式弧焊整流器的原理示意图。在降压变压器 T 和硅整流器之间接入磁饱和电抗器（磁放大器 MA），用来获得所需的外特性和调节工艺参数。这种弧焊电源，将变压器和磁饱和电抗器各自分离，称为磁放大器式弧焊整流器；将降压变压器与磁饱和电抗器做成一体，称为自调节电感式弧焊整流器。磁放大器式弧焊整流器可以无级调节焊接工艺参数，有电网电压补偿（但效果不理想），可遥控，但控制电流较大。因其磁惯性很大，故调节速度慢，不灵活，体积大而笨重，耗料多，因此有逐渐被淘汰的趋势。表 3.1-7 列出了常用磁放大器式弧焊整流器的型号及技术数据。

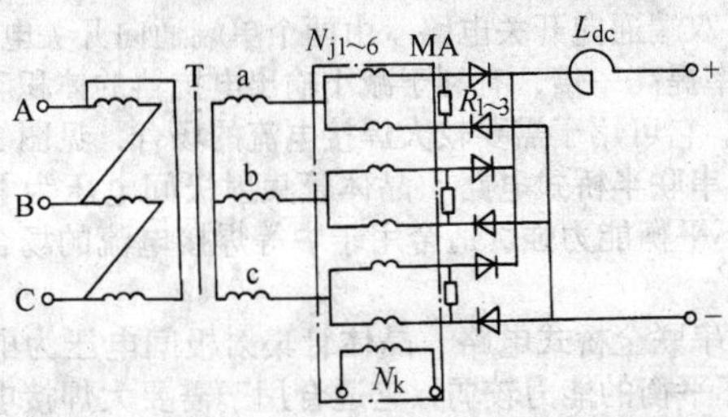

图 3.1-12 磁放大器式弧焊整流器主电路原理图

表 3.1-7 磁放大器式弧焊整流器型号及技术数据

主要技术数据		磁放大器式			
		ZX－160	ZX－250	ZX－400	ZX－1000
输出	额定焊接电流/A	160	250	400	1 000
	电流调节范围/A	20～200	30～300	40～480	100～1 000
	额定工作电压/V	21～28	21～32	21.6～40	24～44
	空载电压/V	70	70	70	90/80
	额定负载持续率/%	60	60	60	60
输入	电压/V	380	380	380	380
	额定输入电流/A	18	28	53	152
	相数	3	3	3	3
	频率/Hz	50	50	50	50
	额定输入容量/kV·A	12	19	34.9	100
质量/kg		170	200	330	820
用 途		焊条电弧焊、钨极氩弧焊电源	焊条电弧焊、钨极氩弧焊电源，等离子喷镀、碳弧气刨电源		可作为埋弧焊、粗丝 CO_2 气体保护焊和碳弧切割电源

(2) 晶闸管相控式弧焊整流器

三相 50/60 Hz 网路电压由降压变压器 T 降为几十伏特的电压，借助晶闸管桥 SCR 的整流和控制，经输出电抗器 L_{dc} 滤波和调节动特性，从而输出所需用的直流焊接电压和电流。用电子触发电路控制并采用闭环反馈的方式来控制外特性，从而可获得平特性、下降特性等各种形状的外特性，以便对焊接电压和电流进行无级调节。除利用电抗器（电感分可调和不可调两种）调节动特性外，还可通过控制输出电流波形来控制金属熔滴过渡和减少飞溅。

晶闸管弧焊电源根据主电路的结构形式，一般有三相桥式全控晶闸管弧焊整流器和带平衡电抗器双反星形晶闸管弧焊整流器两种主要形式。

图 3.1-13 所示是三相桥式全控晶闸管弧焊整流器主电路原理图。它主要由三相降压主变压器 T、晶闸管整流器 $VT_{1\sim6}$、电抗器 DK 和控制电路等组成。$VT_{1,3,5}$ 接成共阴极组，$VT_{2,4,6}$ 接成共阳极组，外特性和工艺参数靠调节晶闸管整流器 $VT_{1\sim6}$ 获得。同组各晶闸管的触发电压互差 120°，两组之间互差 60°，在电阻电感负载条件下，移相范围为 90°。三相桥式整流电路的输出电压有六个波峰，脉动较小，所需要配用的输出电感量也较小。而且所用变压器是通用的，易于制造。

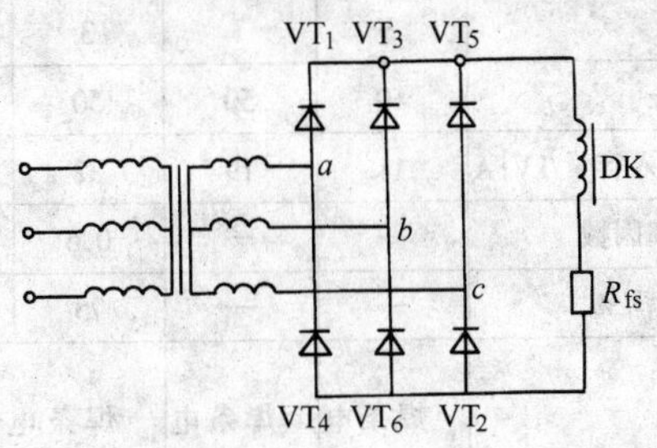

图 3.1-13 三相全控桥晶闸管弧焊整流器主电路

图 3.1-14 所示为带平衡电抗器双反星形晶闸管弧焊整流器主电路原理图。T 为降压主变压器，PDK 为平衡电抗器，DK 为直流电抗器。通过控制晶闸管整流器 $VT_{1\sim6}$ 实现工

艺参数调节和获得外特性。该电路变压器的二次侧有两组线圈，各以相反极性连成星形，故称为双反星形。实质上，它是通过平衡电抗器 PDK，并联两组三相半波可控整流电路。图中 $-a$，$-b$，$-c$ 点的电压各与 a，b，c 点的电压相反，$VT_{1,3,5}$ 构成的称为正极性组，$VT_{2,4,6}$ 构成的称为反极性组。平衡电抗器是带有中心抽头的电感，抽头两侧的线圈匝数相等。平衡电抗器的作用是解决六相半波整流电路中晶闸管在每半周中依次轮流导电 60°，器件利用率不高的问题。而带平衡电抗器双反星形整流电路，相当于正极性和反极性两组三相半波整流电路的并联。每个晶闸管的导通角为 120°，负载电流 I_d 同时由两个整流元件和两个变压器线圈供给，提高了利用率。每个整流元件只负担负载电流的 1/6，使它适用于输出大电流的场合。

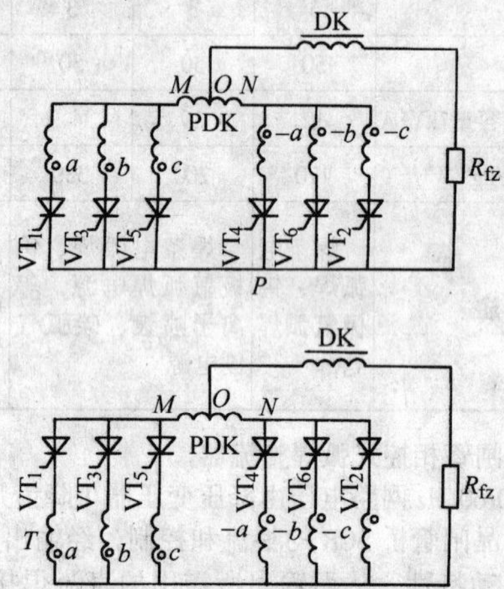

图 3.1-14　带平衡电抗器双反星形晶闸管弧焊整流器主电路

表 3.1-8 列出了晶闸管相控式弧焊整流器的型号及技术数据。

表 3.1-8　晶闸管相控式弧焊整流器型号及技术数据

主要技术数据		晶闸管相控式			
		ZX5－160B	ZX5－250B	ZX5－400B	ZX5－630B
输出	额定焊接电流/A	160	250	400	630
	电流调节范围/A	30～160	40～250	40～400	63～630
	额定工作电压/V	—	—	36	40
	空载电压/V	60	65	67	67
	额定负载持续率/%	60	60	60	60
输入	电压/V	380	380	380	380
	额定输入电流/A	—	—	48	80
	相数	3	3	3	3
	频率/Hz	50	50	50	50
	额定输入容量/kV·A	11	19	32	53
功率因数		—	—	0.6	0.6
效率/%		—	—	75	78
用　途		焊条电弧焊，TIG焊、埋弧焊、碳弧气刨电源	焊条电弧焊、TIG焊、埋弧焊、碳弧气刨电源	焊条电弧焊、TIG焊、埋弧焊、碳弧气刨电源、控制线路稍加改动可用于各种气体保护电源	

3.5　弧焊逆变器

所谓逆变，是和整流对应的一个物理过程。给传统的电子设备供电时，一般先用变压器把电网电压从 380 V 或220 V 降至低电压，然后再整流、滤波，得到低压的直流电，最后经过稳压电路供给用电设备，用电的过程为 AC（高压）—AC（低压）—DC（低压）—DC（稳压）。而在逆变电源里，工频交流电经单相或三相整流桥直接整流，再经过电感和电容等进行滤波，变成高压直流电，然后通过电力电子器件的开关作用变为交流，再经中频变压器的隔离与降压，变为 20 kHz 左右频率的低压交流电，最后经过快恢复二极管整流、电感和电容等滤波后变为直流电提供给负载。逆变电源进行了 AC（高压）—DC（高压）—AC（低压）—DC（低压）的变换。这里，AC—DC 的过程为整流，DC—AC 的过程称为逆变。因为逆变部分是电源的核心部件，所以这种弧焊电源称为弧焊逆变器。

不同的弧焊工艺要求电源具有不同的输出特性，焊接电源的输出特性可以通过控制电力电子器件的开关时间比率来调节（通常有脉冲宽度调制和脉冲频率调制两种方式）。通过输出电流采样或电压采样形成闭环调节，可以分别对电流或电压进行闭环控制，也可以采用双闭环控制的方式，实现不同的电源外特性控制，如焊条电弧焊和氩弧焊通常采用恒流或下降特性的焊接电源，而 CO_2 焊接采用恒压或略上升特性的焊接电源。

逆变电源的原理框图如图 3.1-15 所示，在逆变电源里，没有工频变压器，而取之以中频变压器，根据变压器的工作原理，其磁芯的有效面积和工作频率成反比，工作频率越高，体积越小，重量也越轻。相对于传统焊机，逆变弧焊电源有如下优点。

1）体积小、重量轻　逆变式焊接电源由于取消了传统的工频铁磁变压器，大大减小了焊接电源铜材和铁材的用量，重量只是传统焊接的 1/3～1/10。

2）高效节能　由于逆变焊机的工作频率高，使变压器、电抗器的体积重量减小，减小了焊机的铜损和铁损，逆变焊机的效率较高，比传统焊机节能 20%～30%。

3）控制性能好、负载适应性强　由于逆变焊接电源的工作频率提高，使焊机的响应速度大大提高，可以对焊接电弧负载进行精确的控制，改善焊接的工艺性能，降低飞溅，改善焊缝成形，进行熔滴过渡控制。

逆变电路根据其拓扑结构的不同，一般可分为推挽式、单端正激、单端反激、半桥式、全桥式等，根据电子开关元件的工作状态，又可以分为软开关式，硬开关式等。弧焊逆变电源一般输出功率较大，可靠性要求较高，目前市场上较常用的主要有单端正激式、半桥式和全桥式，且多为硬开关电源。下面就这几种电路结构做简要介绍。

1）单端通向开关电路　为了限制晶体管 Trs 集射极的电压尖峰，该电路设有带去磁绕组的二极管 D_1 钳位电路，使 Trs 的集射极间的电压 U_{ce} 不超过 $2U$（直流电源电压）。这种电路不存在正负半波晶体管同时导通的问题，可用于焊接电流较小的场合。见图 3.1-16a。

2）双端通向开关电路　由两个单端通向开关电路组成，输出功率提高一倍，有利于减小输出电抗器的体积和改善输出波纹。它可用于需要较大焊接电流的场合，见图 3.1-16b。

3）串联半桥式电路　晶体管集射极间电压为电源电压 U，抗不平衡能力强。适合用于中等焊接电流的场合，见图 3.1-16c。

4）串联全桥式电路　晶体管集射极间电压为电源电压 U，抗不平衡的能力较弱，它适合用于需要大焊接电流的场合。见图 3.1-16d。

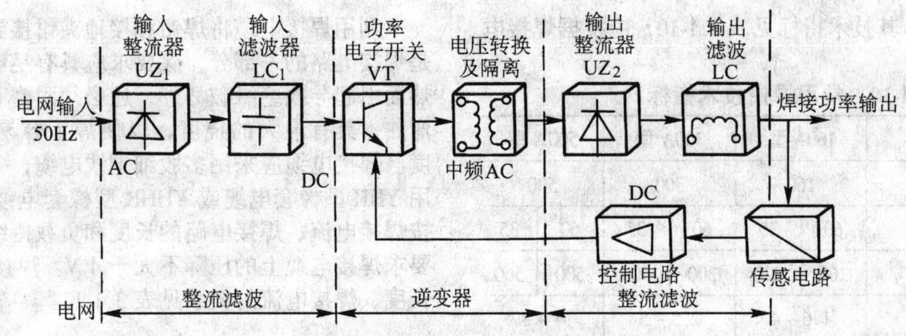

图 3.1-15　逆变电源原理框图

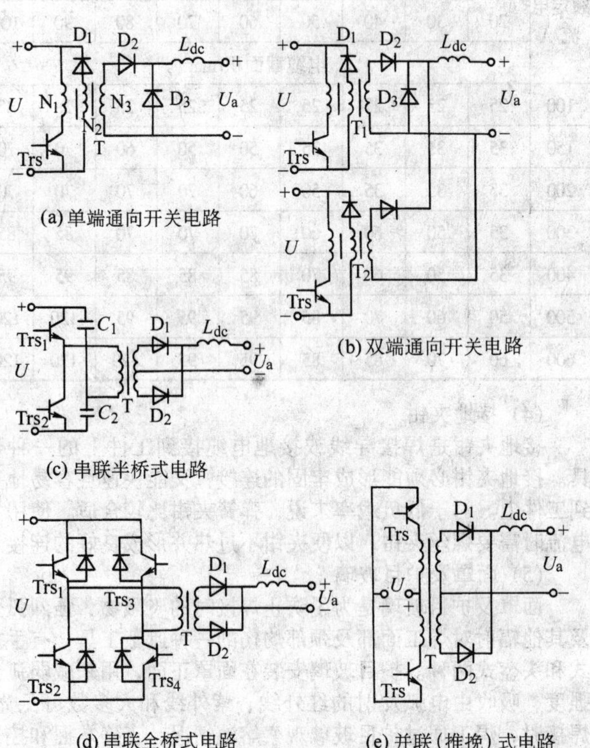

图 3.1-16　弧焊逆变器主电路基本形式

5）并联（推挽）式电路　晶体管集射极间承受 $2U$ 的电压，控制电路较简单，见图 3.1-16e。

弧焊逆变器的工艺参数调节方法大致有三种。

1）定脉宽调频率　脉冲电流宽度不变，通过改变逆变器的开关频率来调节工艺参数。频率愈高，工作电流就愈大。通常，晶闸管类弧焊逆变器就采用这种调节工艺参数的方法。

2）定频率调脉宽　脉冲电流频率不变，通过改变逆变器开关脉冲的脉宽比（占空比）来调节工艺参数，脉宽比愈大，则工作电流也愈大。晶体管类弧焊逆变器都适于采用这种工艺参数调节方法。

3）混合调节　调频率和调脉宽相结合。

弧焊逆变器可用于手工电弧焊、各种气体保护焊（包括脉冲弧焊、半自动焊）；等离子弧焊、埋弧焊，药芯焊丝电弧焊等多种弧焊方法；还可用作机器人弧焊电源。由于焊接飞溅少，因而有利于提高机器人焊接的生产率。它具有更新换代的意义，应用愈来愈广泛。

目前电力电子器件迅速发展，IGBT 成为弧焊电源中使用最广的功率器件，目前国内 IGBT 逆变电源已经成为主流。IGBT 逆变式焊条电弧焊机的主要性能指标如表 3.1-9 所示。

表 3.1-9　IGBT 逆变式手工直流弧焊机系列

项目 \ 产品型号	ZX7 - 400	ZX7 - 500	ZX7 - 630
输入电压	3 相/380 V/50 ~ 60 Hz		
额定输入电流/A	20 ~ 25	28 ~ 30	50
额定输入功率/kW	17	23	33
空载电压/V	65 ~ 75	65 ~ 75	65 ~ 75
电流调节范围	10 ~ 420	25 ~ 520	50 ~ 630
推力电流调节范围	0 ~ 200	0 ~ 200	
负载持续率	60%，400 A	60%，500 A	60%，630 A
工作周期/min	10 min		
效率	≥0.85		
功率因数	0.7 ~ 0.9		
绝缘等级	F		
外壳防护等级	IP21		
冷却方式	风冷		
外形尺寸/mm	698 × 360 × 529	690 × 360 × 780	690 × 342 × 920
质量/kg	40		

3.6　焊条电弧焊常用辅机具

焊条电弧焊常用工具和辅具有焊钳、焊接电缆、面罩、防护服、敲渣锤、钢丝刷和焊条保温筒等。

（1）焊钳

焊钳是用夹持焊条进行焊接的工具。主要作用是使焊工能夹住和控制焊条，同时也起着从焊接电缆向焊条传导焊接电流的作用。焊钳应具有良好的导电性、不易发热、重量轻、加持焊条牢固及转换焊条方便等特性。

焊钳的构造见图 3.1-17 所示，主要是由上下钳口、弯臂、弹簧、直柄、胶木手柄及固定销等组成。焊钳分为各种规格，以适应各种规格焊条直径。每种规格焊钳，是以所要夹持的最大直径焊条所需的电流设计的。常用的市售焊钳有

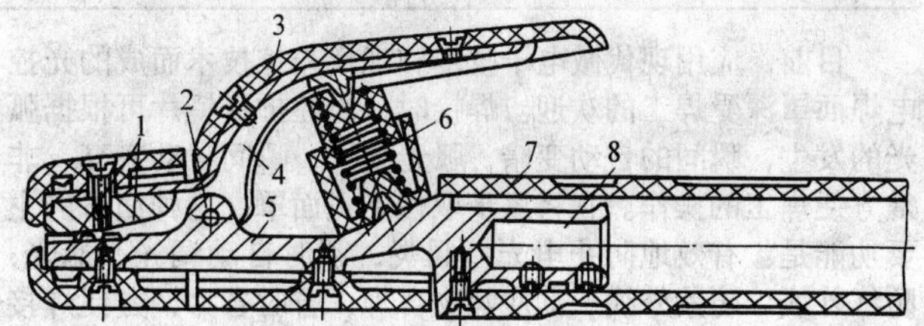

图 3.1-17　电焊钳的构造

1—钳口；2—固定销；3—弯臂罩壳；4—弯臂；5—直柄；6—弹簧；7—胶木手柄；8—焊接电缆固定处

300 A和500 A两种，其技术指标见表3.1-10，应根据焊接电流选择焊钳规格。

表 3.1-10　常用焊钳技术指标

型　号	160A型		300A型		500A型	
额定焊接电流/A	160		300		500	
负载持续率/%	60	35	60	35	60	35
焊接电流/A	160	220	300	400	500	560
适用焊条直径/mm	1.6~4		2.5~5		4~8	
连接电缆截面积/mm²	25~35		35~40		80~95	
手柄温度/℃	≤40		≤40		≤40	
外形尺寸 A/mm × B/mm × C/mm	220×70×30		235×80×36		258×86×38	
质量/kg	0.24		0.34		0.40	

(2) 快速接头

它是一种快速方便地连接焊接电缆与焊接电源的装置，其主体采用导电性好并具有一定强度的黄铜加工而成，外套采用氯丁橡胶。具有轻便适用、接触电阻小、无局部过热、操作简单、连接快、拆卸方便等特点。常用的快速接头、快速连接器见表3.1-11。

表 3.1-11　常用的电缆快速接头、快速连接器型号规格

名称	型号规格	额定电流/A	用　途
焊接电缆快速接头	DJK-16	100~160	由插头、插座两部组件组成，能随意将电缆连接在弧焊电源上，螺旋槽端面接触，符合国家标准GB/T7925—1987的规定
	DJK-35	160~250	
	DJK-50	250~310	
	DJK-70	310~400	
	DJK-95	400~630	
	DJK-120	630~800	
焊接电缆快速连接器	DJL-16	100~160	能随意连接两根电缆的器件，螺旋槽端面接触，符合国家标准。系国家专利产品，专利号为85201436.8
	DJL-35	160~250	
	DJL-50	250~310	
	DJL-70	310~400	
	DJL-95	400~630	
	DJL-120	630~800	

(3) 焊接电缆

利用焊接电缆将焊钳和接地夹钳接到电源上。焊接电缆是焊接电路的一部分，除要求应具有足够的导电截面以免过热而引起导线绝缘破坏外，还必须耐磨和耐擦伤，应柔软易弯曲，具有最大的挠度，以便焊工容易操作，减轻劳动强度。焊接电缆应采用多股细铜线电缆，一般可选用弧焊电源用YHH型橡套电缆或YHHR型橡套电缆。焊接电缆规格应按焊接电流、焊接电路的长度和负载持续率进行选择。一般要求焊接电缆上的压降不大于4 V。焊接电缆截面积与电缆长度、焊接电流的关系见表3.1-12。

表 3.1-12　焊接电缆截面积与电流、电缆长度的关系

额定电流/A	电缆长度/m								
	20	30	40	50	60	70	80	90	100
	电缆截面积/mm²								
100	25	25	25	25	25	25	25	28	35
150	35	35	35	35	50	50	60	70	70
200	35	35	35	50	60	70	70	70	70
300	35	50	60	60	70	70	70	85	85
400	35	50	60	70	85	85	85	95	95
500	50	60	70	85	95	95	95	120	120
600	60	70	85	85	95	95	120	120	120

(4) 接地夹钳

接地夹钳是焊接导线或接地电缆接到工件上的一种器具。接地夹钳必须能形成牢固的连接，又能快速且容易地夹到工件上。对于低负载率来说，弹簧夹钳比较合适。使用大电流时需要螺丝夹钳，以便夹钳不过热并形成良好的连接。

(5) 面罩及护目玻璃

面罩及护目玻璃是为了防止焊接时的飞溅物、强烈弧光及其他辐射对焊工面部及颈部灼伤的一种遮蔽工具，有手持式和头盔式两种。护目玻璃安装在面罩正面，用来减弱弧光强度，吸收由电弧发射的红外线、紫外线和大多数可见光。焊接时，焊工通过护目玻璃观察熔池情况，正确掌握和控制焊接过程，避免眼睛受弧光灼伤。

护目玻璃由各种色泽，目前以墨绿色的为多，为改善防护效果，受光面可以镀铬。护目玻璃的颜色有深浅之分，应根据焊接电流大小、焊工年龄和视力情况来确定，护目玻璃色号、规格选用见表3.1-13。护目镜使用时在两面应加一块同尺寸的透明玻璃，护目镜片夹在中间，这样可以有效地保护护目镜片不会被熔滴飞溅玷污和烫坏。

表 3.1-13　焊工护目玻璃镜片规格

外形尺寸（长×宽×厚）：108 mm×50 mm×（2~3.8）mm								
色泽：褐色或暗绿色；遮光号数愈大，色泽愈深，有害电弧光线透过率愈小，适用的焊接电流愈大								
镜片遮光号	1.2、1.4、1.7、2	3、4	5、6	7、8	9、10、11	12、13	14	15、16
适用电焊作业	防侧光及杂散射	辅助工	≤30 A	30~70 A	70~200 A	200~400 A	≥400 A	—

目前，应用现代微电子技术和现代光控技术而成的光控电焊面罩深受焊工的欢迎。焊接时，光控护目镜片可根据弧光的发生，瞬间的自动变暗，弧光熄灭，瞬间自动变亮，非常方便焊工的操作。它将逐步取代老式面罩。这种面罩的主要功能是：有效地防止电光性眼炎；瞬时自动调光、遮光；防红外线、防紫外线；彻底解决盲焊，省时省力，方便焊接操作。

(6) 防护服

为了防止焊接时触电及被弧光和金属飞溅物灼伤，焊工焊接时必须戴皮革手套、工作帽，穿好白帆布工作服、脚盖、绝缘鞋等。焊工在敲渣时，应戴有平光眼睛。

(7) 其他辅具

其他焊条电弧焊辅助机具还包括焊条烘干设备、焊条保温筒、焊缝检测尺、钢丝刷、清渣锤、扁铲和锉刀等。另外，在排烟情况不好的场合焊接时，应配有电焊烟雾吸尘器或排风扇等辅助器具。

4　焊条

焊条电弧用的焊接材料——电焊条，无疑对焊条电弧的焊接质量、生产效率和经济效益有着重要的作用。焊条应用

很广，消耗量很大，我国目前焊条年产量约占钢产量的0.6%～0.7%，占焊接材料总产量的85%以上，焊条对焊接结构的质量影响很大，因此从事焊接工作的人员需要掌握焊条的组成、作用、分类及性能、焊条的检验、储存保管以及常用焊条的选用等知识。

4.1 焊条的组成

涂有药皮的供焊条电弧焊用的熔化电极称为电焊条，简称焊条。焊条由焊芯和药皮（涂层）两个部分组成，其外形如图3.1-18a所示。焊条的一端为引弧端，药皮被除去一部分，一般将引弧端的药皮磨成一定的角度，以使焊芯外露，便于引弧。低氢型焊条为了获得更好的引弧性能，还常在引弧端涂上引弧剂，或在引弧端焊芯的端面钻一个小孔或开一个槽以提高电流密度（如图3.1-18b）。焊条的另一端为夹持端，夹持端是一段长度为15～25 mm的裸露焊芯，焊时夹持在焊钳上。在靠近夹持端的药皮上印有焊条牌号。

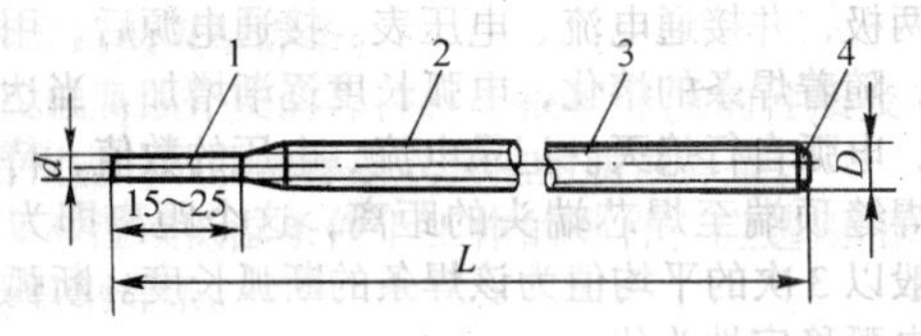

(a) 焊条的外形

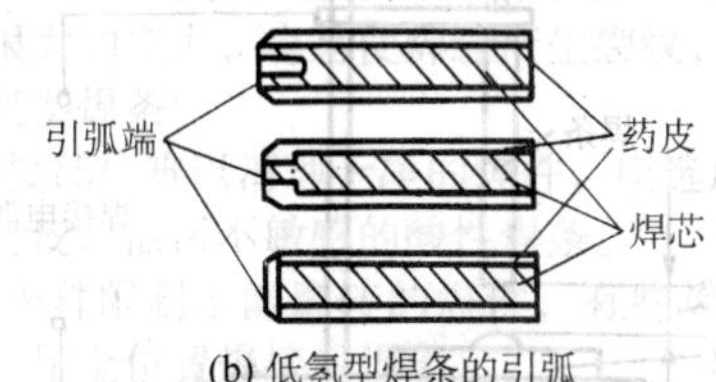

(b) 低氢型焊条的引弧

图3.1-18 焊条外形示意图

1—夹持端；2—药皮；3—焊芯；4—引弧端；
L—焊条长度；D—药皮直径；d—焊芯直径（焊条直径）

(1) 焊芯

焊条中被药皮包覆的金属芯称焊芯。焊条电弧焊时，焊芯与焊件之间产生电弧并熔化为焊缝的填充金属。焊芯既是电极，又是填充金属。焊芯的成分将直接影响着熔敷金属的成分和性能，各类焊条所用的焊芯（钢丝）见表3.1-14。

表3.1-14 各类焊条所用的焊芯

焊条种类	所用焊芯
低碳钢焊条	低碳钢焊芯（H08A等）
低合金高强钢焊条	低碳钢或低合金钢焊芯
低合金耐热钢焊条	低碳钢或低合金钢焊芯
不锈钢焊条	不锈钢或低碳钢焊芯
堆焊用焊条	低碳钢或合金钢焊芯
铸铁焊条	低碳钢、铸铁、非铁合金焊芯
有色金属焊条	有色金属焊芯

(2) 药皮

涂敷在焊芯表面的有效成分称为药皮，也称涂层。焊条药皮是矿石粉末、铁合金粉、有机物和化工制品等原料按一定比例配制后压涂在焊芯表面上的一层涂料，各类焊条药皮组成及作用见表3.1-15。药皮的主要作用如下。

1）保证电弧的集中、稳定，使熔滴金属容易过渡。

2）在电弧的周围一种还原性或中性的气氛，以防止空气中的氧和氮等进入熔敷金属。

3）生成的熔渣均匀地覆盖在焊缝金属表面，减缓焊缝金属的冷却速度，并获得良好的焊缝外形。

4）保证熔渣具有合适的熔点、黏度、密度等，使焊条能进行全位置焊接或容易进行特殊的作业，例如向下立焊等。

5）药皮在电弧的高温作用下，发生一系列冶金化学反应，除去氧化物及S、P等有害杂质，还可加入适当的合金元素，以保证熔敷金属具有所要求的力学性能或其他特殊的性能（如耐蚀、耐热、耐磨等）。

此外，在焊条药皮中加入一定量的铁粉，可以改善焊接工艺性能并提高熔敷效率。

表3.1-15 焊条药皮组成及作用

名称	组分	作用
稳弧剂	碳酸钾、碳酸钡、金红石、长石、钛铁矿、白垩、大理石等	使焊条容易引弧及在焊接过程中能保持电弧稳定燃烧
造渣剂	大理石、萤石、白云石、菱苦土、长石、白泥、云母、石英砂、金红石、二氧化钛、钛铁矿、还原钛铁矿、铁砂及冰晶石等	焊接时能形成具有一定物理化学性能的熔渣，保护焊缝金属不受空气的影响，改善焊缝成形，保证熔融金属的化学成分
造气剂	大理石、白云石、菱苦土、碳酸钡、木粉、纤维素、淀粉及树脂等	在电弧高温作用下，能进行分解，放出气体，以保护电弧及熔池，防止周围空气中的氧和氮的侵入
脱氧剂	锰铁、硅铁、钛铁、铝铁、镁粉、铝镁合金、硅钙合金及石墨等	通过焊接过程中进行的冶金化学反应，降低焊缝金属中的含氧量，提高焊缝性能。与熔融金属中的氧作用，生成熔渣，浮出熔池
合金剂	锰铁、硅铁、铬铁、钼铁、钒铁、铌铁、硼铁、金属锰、金属铬、镍粉、钨粉、稀土硅铁等	补偿焊接过程中合金元素的烧损及向焊缝过渡合金元素，保证焊缝金属获得必要的化学成分及性能等
增塑润滑剂	云母、合成云母、滑石粉、白土、二氧化钛、白泥、木粉、膨润土、碳酸钠、海泡石、绢云母等	增加药皮粉料在焊条压涂过程的塑性、滑性及流动性，提高焊条的压涂质量，减少偏心度
黏结剂	水玻璃、酚醛树脂等	使药皮粉料在压涂过程中具有一定的黏性，能与焊芯牢固地粘接，并使焊条药皮在烘干后具有一定的强度

4.2 焊条的分类与型号

焊条种类繁多，国产焊条约有300多种。在同一类型焊条中，根据不同特性分成不同的型号。某一型号的焊条可能有一个或几个品种。同一型号的焊条在不同的焊条制造厂往往用不同的牌号。

(1) 焊条分类

在实际生产中通常按熔渣的碱度（亦即熔渣中酸性氧化物和碱性氧化物的比例），可将焊条分为酸性焊条和碱性焊

续表 3.1-18

焊缝名称	计算公式	焊缝横截面图
V形、U形坡口对接底层不挑焊根的封底焊	$A=\frac{2}{3}h_1c_1$	
保留钢垫板的V形坡口对接焊缝	$A=\delta b+\delta^2\tan\frac{\alpha}{2}+\frac{2}{3}hc$	
X形坡口对接焊缝（坡口对称）	$A=\delta b+\frac{(\delta-p)^2\tan\frac{\alpha}{2}}{2}+\frac{4}{3}hc$	
K形坡口对接焊缝（坡口对称）	$A=\delta b+\frac{(\delta-p)^2\tan\beta}{4}+\frac{4}{3}hc$	
双U形坡口平对接焊缝（坡口对称）	$A=\delta b+2r(\delta-2r-p)+\pi r^2+\frac{(\delta-2r-p)^2\tan\beta}{2}+\frac{4}{3}hc$	
I形坡口的角焊缝	$A=\frac{k^2}{2}+Kh$	
单边V形坡口T形接头焊缝	$A=\delta b+\frac{(\delta-p)^2\tan\alpha}{2}+\frac{2}{3}hc$	
双边V形坡口T形接头焊缝	$A=\delta b+\frac{(\delta-p)^2\tan\alpha}{4}+\frac{4}{3}hc$	

4.6 专用焊条简介

所谓“专用”焊条，是指比一般“通用”焊条对某些特殊的工艺要求有更好的适应性的焊条。在生产实践中，焊条的品种除根据不同钢种的要求外，还根据钢板的不同厚度（薄板、中厚板等）、不同的接头形式（对接、T形接头等）、坡口的不同焊接部位（底层、表层等）、焊接的不同位置（平、立、横、仰焊等）、不同方向（立向上、立向下）等，生产出特别适合于各种不同要求的焊条。此外，还包括具有某些特殊性能、特殊形状的焊条，如可挠性焊条、躺焊焊条等。这些都称为专用焊条。以下介绍几种常用的专用焊条。

(1) 重力焊条

重力焊是采用重力焊机架进行半机械化焊接的方法，它具有设备简单、生产效率高、操作方便、减轻劳动强度等优点，主要用于横角焊和平角焊，也可用于水平对接焊。常用重力焊条有J421216、J422213、J503Z等。其尺寸一般为直径ϕ4～8 mm，长度可达500～900 mm。重力焊比普通焊条电弧焊的效率大大提高。在国外，一个焊工可同时操作5～12台重力焊机，大大提高焊接生产效率。

(2) 立向下焊条

焊接结构中的立焊位置很多，例如在船体结构中立角焊缝约占全部焊缝长度的40%左右。通常在立焊或立角焊时，采用普通焊条自下而上进行焊接，操作要求较高，焊接速度慢，焊缝剖面凸度大，应力集中系数较大。

若采用立向下焊条进行立焊操作，可自上而下进行焊接，焊条一般不做摆动，直拖而下。可以使用较大的电流，并且焊缝美观。采用向下立焊通常可比向上立焊提高效率30%以上，并且可节约焊条30%～50%。

立向下焊条的牌号表示方法是在原来焊条牌号后面加字母“X”，此焊条主要有两类：一类为低碳钢“J425X”、“J421X”，是纤维素型药皮类型的立向下焊条，专门用于薄板结构的对接、角接及搭接焊；另一类为低合金钢

"J506X"、"J507X"，是低氢型药皮类型的立向下焊条，这类焊条具有良好的抗裂性能，适用于造船、建筑、车辆、电站、机械构件的角接和搭接焊接。

(3) 管道焊接专用焊条

管道焊接要求焊条的全位置焊接工艺性能特别优良，封底焊时具有良好的抗气孔性及抗裂性，还要有单面焊双面成形的特点。常用的有钛钙型药皮的 J422G、纤维素型的 J505、低氢型的 J507XG 等。这类专用焊条还包括所谓的底层焊条，如 J505。国外公司（如奥地利"BOHLER"公司）生产的纤维素型焊条：FOXCEL（E6010)、FOXCEL75（E7010 - P1)、FOX - CEL85（E8010 - P1)、FOX CEL90（E9010 - G）和碱性焊条：FOXBVD85（E8018 - G)、FOX - BVD90（E9018 - G）均是管道立向下焊接专用焊条，分别用于管道焊缝的根焊、热焊、填充焊和盖面焊。

此外，专用焊条还有在窄坡口中脱渣性特别好的打底焊条；再引弧性及焊缝抗裂性优良的定位焊条；可使用夹具进行低角度接触式焊接的接触焊条；焊条横置在工件焊接线上，焊接时电弧能自动地指向焊接部位，具有特殊断面的躺焊焊条等。

目前，除各种碳钢专用焊条外，还根据生产实践的需要，开发出许多供不锈钢施焊的专用焊条，如特别适合野外施工焊接管子用的焊条 308L/MVR - PWAC/DC（瑞典 Avesta 公司)；适合进行立向下焊的焊条 OK63.34（瑞典 ESAB 公司)、BS308L—V（荷兰 Philips 公司)；全位置焊尤其是立焊性能特别优良的焊条 NCA - 308UL（日本神钢）等。由于这些专用焊条的开发和应用，不但提高了焊接质量，而且提高焊接效率，减少了焊接工时和施工费用，因此，越来越受到用户的欢迎。

5 焊接工艺

5.1 焊接工艺参数选择

焊条电弧焊的焊接工艺参数通常包括焊条直径、焊接电流、电弧电压、焊接层数、电源种类及极性等。焊接规范选择正确与否，直接影响焊缝质量和劳动生产率。

(1) 焊条直径

焊条直径的选择主要取决于焊件厚度、接头型式、焊缝位置及焊接层数等因素。在不影响焊接质量的前提下，为了提高劳动生产率，一般倾向于选择较大直径的焊条。焊条直径与被焊钢板厚度的关系见表 3.1-19。

表 3.1-19 焊条直径的选择

钢件厚度/mm	1.5	2	3	4 ~ 5	6 ~ 8	9 ~ 12	13 ~ 15	16 ~ 20	> 20
焊条直径/mm	1.6	2	3	3 ~ 4	4	4 ~ 5	5	5 ~ 6	6 ~ 10

(2) 焊接电流

焊缝质量的好坏与焊接电流是否合适有密切的关系。电流过小，电弧不稳定，易造成夹渣和未焊透等缺陷，而且生产率低；电流过大，则容易产生咬边和烧穿等缺陷，同时飞溅增加。因此，焊条电弧焊焊接时，焊接电流要选择适当。

确定焊接电流大小的最主要因素是焊条直径和焊缝空间位置。在使用一般结构钢焊条时，焊接电流大小与焊条直径的关系可通过经验公式得到

$$I = Kd$$

式中，I 为焊接电流，A；d 为焊条直径，mm；K 为经验系数，见表 3.1-20。

表 3.1-20 焊条直径与 K 值关系

d/mm	1.6	2 ~ 2.5	3.2	4 ~ 6
K	15 ~ 25	20 ~ 30	30 ~ 40	40 ~ 50

焊缝的空间位置不同，也影响焊接电流的大小。在平焊位置进行焊接时，熔池容易控制，电流大些影响不大。而在其他位置焊接时，熔化金属就容易从熔池中流出。要使熔化金属得到控制，其他位置的焊接电流就要比平焊小一些。此外，在使用碱性焊条时，电流也宜小些，可以减少飞溅。

(3) 电弧电压

电弧电压由弧长来决定。电弧长，则电弧电压高；电弧短，则电弧电压低。在焊接过程中，电弧过长，会使电弧燃烧不稳定，飞溅增加，熔深减小，而且外部空气易侵入，造成气孔等缺陷。因此，要求电弧长度小于或等于焊条直径，即短弧焊。使用酸性焊条焊接时，为了预热待焊部位或降低熔池温度，有时将电弧稍微拉长进行焊接，即所谓长弧焊。

(4) 焊缝层数

焊缝层数视焊件厚度而定。中、厚板一般都采用多层焊。焊缝层数多些，有利于提高焊缝金属的塑性、韧性。但层数增加，焊件变形倾向亦增加，应综合考虑后确定。对质量要求较高的焊缝，每层厚度最好不大于 4 ~ 5 mm。

(5) 电源种类和极性

直流电源，电弧稳定，飞溅小，焊接质量好，一般用在重要的焊接结构或厚板大刚度结构的焊接上。其他情况下，应首先考虑用交流焊机，因为交流焊机构造简单，造价低，使用维护也较直流焊机方便。

极性的选择，则是根据焊条的性质和焊接特点的不同，利用电弧中阳极温度比阴极温度高的特点，选用不同的极性来焊接各种不同的焊件。一般情况下，使用碱性焊条或薄板的焊接，采用直流反接；而酸性焊条，通常选用正接。

5.2 基本操作技法

焊条电弧焊的基本操作是由引弧、运条、接头和收弧四部分组成。

(1) 引弧技术

引弧是焊条电弧焊焊接过程中频繁进行的动作，而引弧技术的好坏将直接影响焊接质量。所以，必须予以重视。引弧方法通常有两种（图 3.1-20)：一种是直击法，另一种是划擦法。

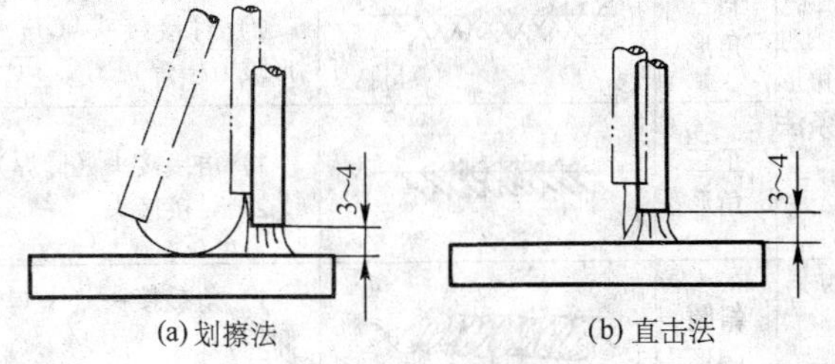

图 3.1-20 引弧方法

1) 直击法 将焊条与焊件表面垂直地接触，在焊条末端与焊件表面轻微一碰时，迅速提起焊条并保持一定的距离引燃电弧。引弧时，把焊条末端对准焊件的待焊处，轻轻碰击，然后将焊条向上提起，使弧长保持 0.5 ~ 1 倍的焊条直径，开始正常的焊接。

2) 划擦法 这种引弧方法与划火柴动作有些相似，将焊条末端在焊件上划动一下，划动的长度一般为 20 ~ 25 mm 即可引燃电弧。电弧引燃后，趁金属还没有开始大量熔化的一瞬间，立即使焊条末端与焊件表面距离维持在 0.5 ~ 1 倍焊条直径，这样就能保持电弧的稳定燃烧。划擦法引弧时，

焊条应对准焊缝，然后手腕扭转一下，使焊条在焊件上轻微划动并立即将焊条提起 0.5～1 倍焊条直径的距离。同时，迅速将焊条移至待焊处，稍作适当的横向摆动即可焊接。

(2) 运条技术

当引燃电弧进行施焊时，焊条要有三个方向的基本运动，才能得到良好成形的焊缝，如图 3.1-21 所示。

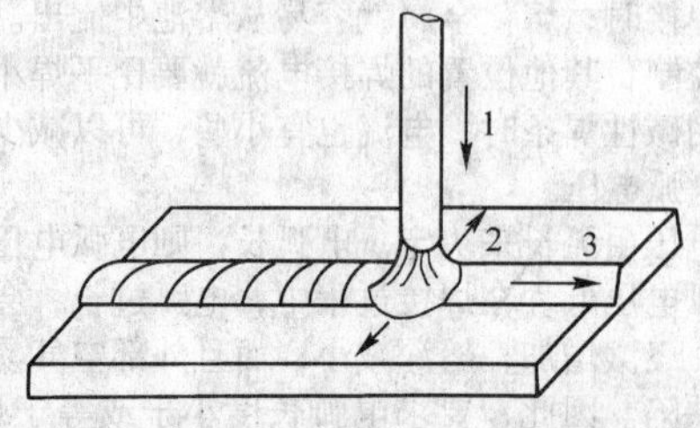

图 3.1-21　焊条的三个基本运动

1—焊条送进；2—焊条摆动；3—沿焊缝移动

1）运条方法　焊条电弧焊过程中，运条的方法是多种多样的，运条方法的选用，应根据焊接接头的形式和间隙大小、焊缝空间位置、焊条性能与直径、焊接电流及焊工的技术水平等方面来确定。常用的焊条电弧焊运条方法见表 3.1-21。

表 3.1-21　常用的焊条电弧焊运条方法

运条方法		运条示意图	适用范围
直线形运条法			1）3～5 mm 厚度 I 形坡口对接平焊 2）多层焊的第一层焊道 3）多层多道焊
直线往返形运条法			1）薄板焊 2）对接平焊（间隙较大）
锯齿形运条法			1）对接接头（平焊、立焊、仰焊） 2）角接接头（立焊）
月牙形运条法			同锯齿形运条法
三角形运条法	斜三角形		1）角接接头（仰焊） 2）对接接头（开 V 形坡口横焊）
三角形运条法	正三角形		1）角接接头（仰焊） 2）对接接头
圆圈形运条法	斜圆圈形		1）角接接头（平焊、仰焊） 2）对接接头（横焊）
圆圈形运条法	正圆圈形		对接接头（厚焊件平焊
八字形运条法			对接接头（厚焊件平焊）

2）焊接过程中运条角度和动作的作用　焊条电弧焊时，焊缝表面成形的好坏、焊接生产效率的高低、各种焊接缺陷的产生等，都与焊接过程中运条的手法、焊条角度和动作有着密切的关系。表 3.1-22 给出了焊条电弧焊运条角度和动作的作用。

表 3.1-22　焊条电弧焊运条角度和动作的作用

角度和动作	作　用
焊条角度	1）能控制立焊、横焊和仰焊过程中熔化金属的下坠 2）能很好地控制熔化金属与熔渣的分离 3）能控制焊缝熔池的深度 4）能防止熔渣向熔池前部流淌 5）能防止咬边等焊接缺陷产生
沿焊接方向移动	1）实现焊缝按直线方向施焊 2）控制每道焊缝的横截面积
焊条作横向摆动	1）能达到坡口两侧及焊道之间相互很好地熔合 2）控制焊缝获得预定的熔深与熔宽
焊接过程中焊条不断送进	1）能控制弧长，使熔池有良好的保护 2）促使焊缝形成 3）使焊接过程能连续不断地进行 4）焊条的不断送进，与焊条角度的作用相似

(3) 接头技术

在焊条电弧焊过程中，由于受焊条长度的限制是断续进行的，每次断弧后再重新引燃电弧，都会碰到接头问题。为了确保焊接接头质量、减小焊接变形，常采用以下几种焊缝接头方法。

1）分段退焊法，见图 3.1-22a。

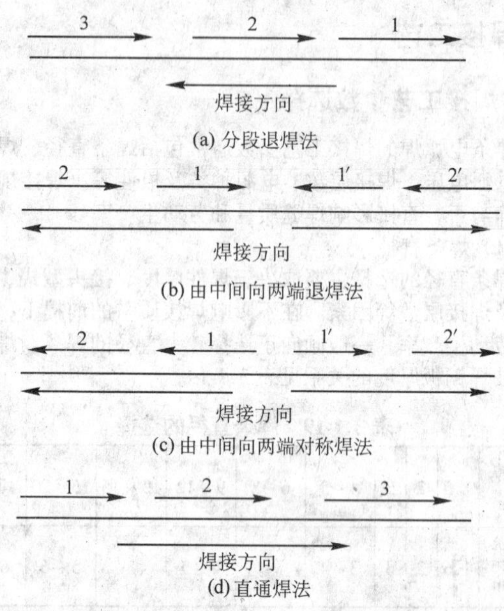

(a) 分段退焊法　(b) 由中间向两端退焊法　(c) 由中间向两端对称焊法　(d) 直通焊法

图 3.1-22　焊接接头方法

2）从中间向焊缝两端退焊法，见图 3.1-22b　上述两种焊缝接头的特点是：第二根焊条焊接的焊缝收尾与第一根焊条焊接的焊缝始端相接，即后焊的焊缝在前一焊缝的始端收尾，起到给前一焊缝始端热处理及消除和减小焊接应力的作用。这两种接头方法适用于中长焊缝（300～1 000 mm）的焊接。

3）由中间向两端对称焊法，见图 3.1-22c。焊接时，由两个或四个焊工采用相同的焊接参数。这种焊接接头方法适用于＞1 000 mm 长焊缝的焊接。

4）直通焊法，见图 3.1-22d。这种接头法焊接的引弧点在前一焊缝收弧前10~15 mm处，电弧引燃后拉长电弧回到前一焊缝的收弧处预热弧坑片刻。然后调整焊条位置和角度，将电弧缩短到适当的长度继续焊接。此种接头方法适用于短焊缝（<300 mm）的焊接。

（4）收弧技术

常用的焊条电弧焊收弧技术见表3.1-23。

表3.1-23 常用焊条收弧技术

收弧方法	操作技术	适用范围
划圈收弧法	当焊接电弧移至焊缝终端时，焊条末端作圆圈形运动，直至弧坑被填满后再断弧	适用于厚板焊接
回焊收弧法	焊接电弧移至焊缝收尾处稍停，然后改变焊条角度回焊一小段后再断弧	适用于碱性焊条焊接
反复熄弧引弧法	焊接电弧在焊缝收尾处多次熄弧和引燃电弧，直至弧坑填满为止	适用于大电流或薄板焊接

6 焊接缺陷及防止措施

6.1 外观缺陷

外观缺陷均属于操作技术不良而产生的缺陷，与焊条、母材钢种及结构形状关系不大。

（1）咬边

咬边是在沿着焊趾的母材部位上被电弧烧熔而形成的凹陷或沟槽，如图3.1-23。造成咬边的主要原因，是由于焊接时选用了过大的焊接电流、电弧过长及角度不当。一般在平焊时较少出现。在立、横、仰焊时，如电流较大，由于运条时在坡口两侧停留时间较短，在焊缝中间停留时间长了些，使焊缝中间的铁水温度过高而下坠，两侧的母材金属被电弧吹去而未填满熔池所致。焊条角度不当时亦能产生咬边。

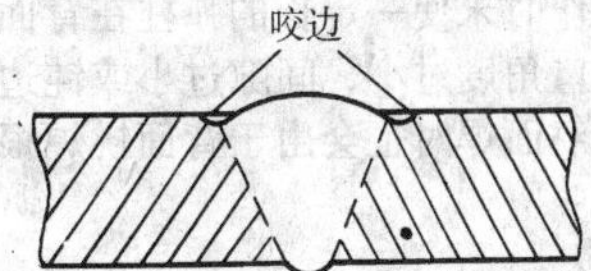

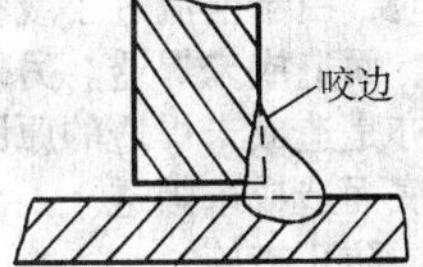

图3.1-23 咬边

防止措施：

1）选用合适的电流，避免电流过大；

2）操作时电弧不要拉得过长；

3）焊条摆动时，在坡口边缘运条稍慢些，停留时间稍长些，在中间运条速度要快些；

4）焊条角度适当。

（2）焊瘤

焊瘤是焊接过程中，熔化金属流淌到焊缝以外未熔化的母材上所形成的金属瘤，如图3.1-24。这是由于熔池温度过高，使液体金属凝固较慢，在自重作用下下坠而形成。在立、横、仰焊时较常见，在平焊对接时，第一层背面有时也可产生焊瘤。

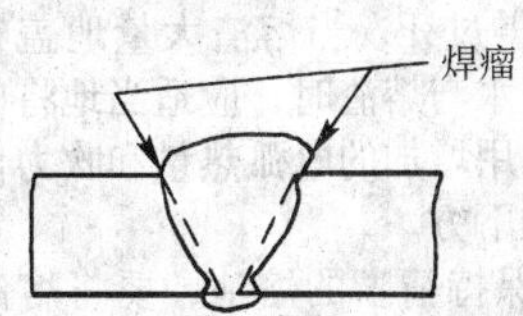

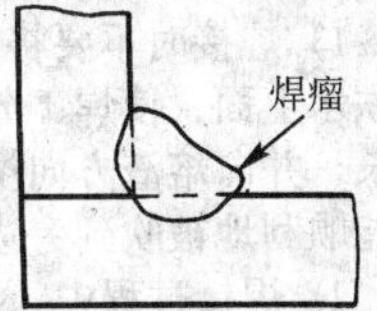

图3.1-24 焊瘤

1）仰焊 采用一般的酸性焊条（如J422）焊仰焊对接接头，第一层采用灭弧焊法时，常因灭弧与焊接时间掌握不当，使熔池温度过高而产生焊瘤。在以后几层焊接时，如电流较大，焊条在坡口边缘两侧的运条速度太快，而在中间较慢，并且前进速度稍低时，使中间的熔化金属温度过高，凝固得较慢，由自重引起铁水下坠而产生焊瘤；电弧如拉得过长，使母材温度升高亦促使焊瘤的形成；相反，电流过小时，为了使母材熔合良好，又不得不降低焊接速度，亦易使熔池中心温度过高而引起铁水下坠。

防止措施主要是应严格掌握熔池温度，不能过高。

① 选用比平焊小5%~10%的电流，但亦不能过小。

② 焊条的左右摆动应中间走快些，两侧稍慢些，在边缘应稍停留一下（稳弧动作）。

③ 电弧压短些。

④ 在对接焊第一层时，要注意熔池温度，密切观察熔池形状。如已有下坠迹象，应立即灭弧，让熔池温度稍微下降，再引弧焊接。此法亦可用在其他几层的焊接之中。

2）立焊

① 立焊对接打底层要求单面焊双面成形时，为了得到较好的焊缝，常由于对熔池温度掌握不当而在正面及背面产生焊瘤。

正面焊瘤纯属熔池温度过高而引起；背面焊瘤则主要由于熔池温度过高以及焊接时背面弧柱过长，熔化金属流向背面过多所致。

防止措施：选用合适的焊接工艺参数，间隙不宜过大；焊接电流比平焊稍小10%~15%；严格控制熔池温度，防止过高。可利用挑弧、灭弧来降温；对间隙过大者可采用两点法或三点法，避免产生焊瘤。

② 对以后的各层进行立焊时，为使熔池温度合适，不致产生焊瘤，应使熔池呈扁椭圆形。为此，可使焊条左右摆动，两边稍慢，中间快些；如熔池温度稍高，熔池下部出现小“鼓肚”时，可用焊条的左右摆动加挑弧法施焊；如仍控制不住熔池的继续往下“鼓肚”，则应立即以灭弧来达到降温的目的。

3）平焊 在带衬垫和带封底焊（背面挑焊根后进行封底焊）的对接平焊中存在焊瘤问题。在单面焊双面成形的对接平焊中，第一层焊接时，由于熔池温度过高而烧穿，使熔化铁水下坠，在焊缝背面出现焊瘤，对背面无法清除的焊接结构件，应特别注意防止焊瘤的产生。

防止措施如下。

① 对口间隙不宜过大。在间隙大于规定数值时，宜采用两点法或三点法施焊。

② 应控制熔池温度，使其不要过高，应选适当电流。当发现熔池水平位置突然下降，表示已焊穿，此时应马上灭弧。有经验的焊工能在熔池即将下降的时刻，察觉这一迹象，迅速地采取灭弧手段。这个时刻的标志之一是此时熔池向外喷射的小火星较多。

（3）凹坑

焊后，在焊缝表面或焊缝背面形成的低于母材表面的局部低洼部分称凹坑，如图3.1-25。产生的原因往往是由于操作手法不当，在收弧时未填满弧坑所致。

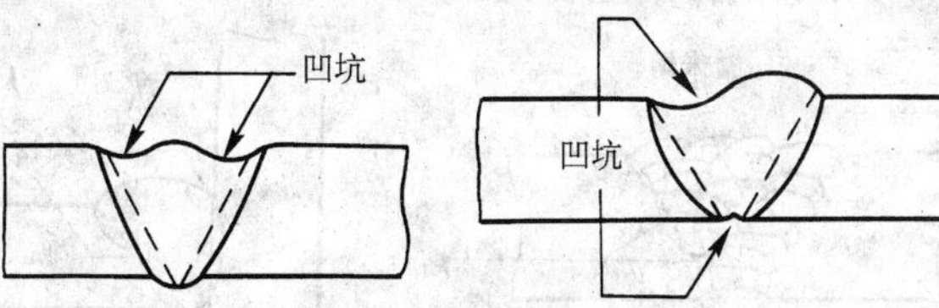

图3.1-25 凹坑

防止措施：焊条可在收弧处稍多停留一会。有时会因停留时间过长导致熔池温度过高，造成熔池过大或焊瘤。此时应采用断续灭弧焊来填满，即焊条在该处稍停留后就灭弧，待其稍冷后再引弧并填充一些熔化金属，这样几次便可将凹坑填满。

(4) 电弧擦伤

电弧擦伤多是由于偶然不慎使焊条或焊把裸露部分与焊件接触，短暂地引起电弧后，在焊件表面所留下的伤痕。电弧擦伤处几乎不带有焊缝金属。电弧擦伤处的冷却速度极快，且擦伤处在熔化的瞬间缺乏应有的熔渣及保护气氛的保护。因此，此处的硬度很高且化学成分中含有对金属性能有害的气体。某些重要焊接结构发生意外脆性断裂事故的分析以及专门的试验结果说明，电弧擦伤对焊接结构有严重的脆化作用，在其他因素的共同作用下，电弧擦伤处可能成为焊接结构在使用过程或加载试验过程中发生脆性破坏的起源点。

电弧擦伤的有害作用往往不被人们所注意。应当强调，对于重要的焊接结构，例如壁厚较大的容器、船舶及其重要的受压管道、容器和受动载的结构，不允许存在电弧擦伤。当发生电弧擦伤时．必须予以完全铲除。铲除后的部位应视情况予以补焊。补焊时，应遵守对该结构的焊接所制定的各项工艺规程，并且焊缝的长度不可过短，以防止再次产生局部硬化现象。

(5) 裂纹

在焊接应力及其他致脆因素共同作用下，金属材料的原子结合遭到破坏，形成新界面而产生的缝隙称为裂纹。裂纹是焊接接头中最危险的缺陷，也是各种材料焊接中时常遇到的问题。对于低碳钢和强度等级比较低一些的低合金钢，如Q345 (16Mn)，焊接裂纹问题并不严重，也比较容易解决。这种钢材焊接生产中可能遇到热裂纹产生原因和克服办法如下。

热裂纹的特征是断口呈蓝黑色，即金属在高温被氧化的颜色；裂纹总是产生在焊缝正中心或垂直于焊缝鱼鳞波纹，焊缝表面可见的热裂纹呈不明显的锯齿状；弧坑或气焊火口处的花纹状或稍带锯齿状的直线裂纹也属于热裂纹。这种裂纹产生的原因如下。

1) 焊条质量不合格所造成（含Mn量不足、含C、S偏高的焊缝易产生热裂纹），应换用正规生产的经过质量检验的合格焊条。

2) 焊缝中因偶然掺入超过一定数量的Cu所造成。应找到Cu的来源，设法排除，并对已裂部分进行局部返修。

3) 在大刚度的焊接部位上，由于收弧过于突然，于形成凹陷的弧坑时形成。应改善收弧技术，将弧坑填平后再收弧。

总之，由于各种低碳钢焊条生产制造中均已控制了易形成热裂纹的有害元素含量，故热裂纹在低碳钢焊接中较少发生。

6.2 内部缺陷

(1) 未熔合

焊道与母材之间或焊道与焊道之间，未能完全熔化结合的部分称未熔合，如图3.1-26。

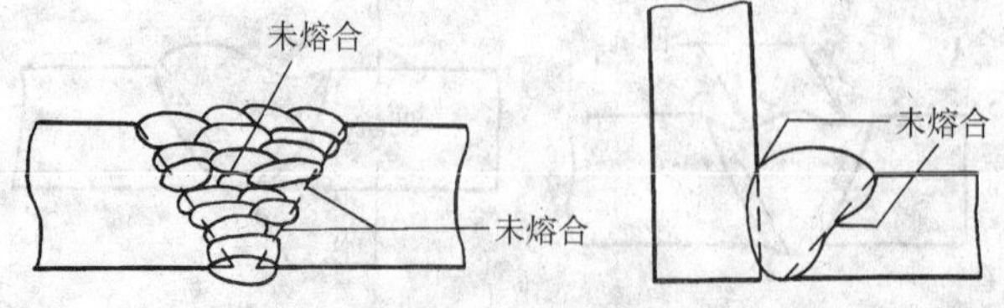

图3.1-26　未熔合

产生原因主要是焊接时电流过小、焊速过高，热量不够或者焊条偏离坡口一侧，使母材或先焊的焊道未得到充分熔化就被熔化金属覆盖而造成；此外，母材坡口或先焊的焊道表面有锈，氧化铁、熔渣及脏物等未清除干净，在焊接时由于温度不够，未能将其熔化而盖上了熔化金属亦可造成。起焊温度低，先焊的焊道开始端未熔化，也能产生未熔合。

防止措施如下。

1) 选用稍大的电流，放慢焊速，使热量增加到足以熔化母材或前一条焊道。

2) 焊条倾角及运条速度应适当，要照顾到母材两侧温度及熔化情况。

3) 对由熔渣、脏物引起的未熔合，可用防止夹渣的办法来处理。

4) 初学者应注意分清熔渣与铁水。焊条有偏心时，应调整角度使电弧处于正确方向。

(2) 未焊透

焊接时，接头根部未完全熔透的现象称未焊透，如图3.1-27。这是由于焊工操作技术不良和焊接工艺参数选用不当或装配不良而造成。

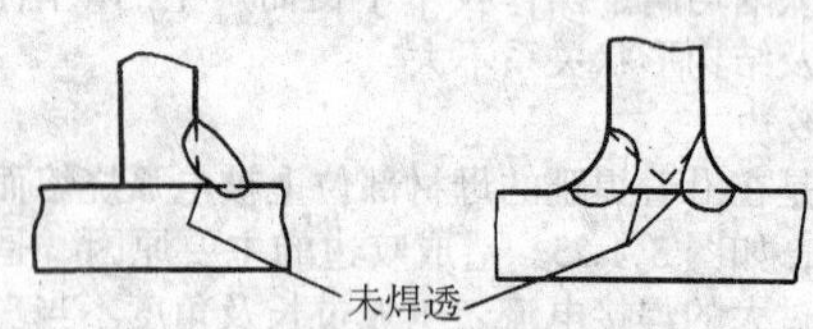

图3.1-27　未焊透

未焊透在对接平焊、角接、搭接接头中往往系电流过小或焊速较快而引起。进行单面焊双面成形的平、立、仰焊对接时，由于电流过小或在操作时未使一定长的弧柱在背面燃烧，而造成未焊透。另外坡口角度过小、间隙过小或钝边过大亦是造成未焊透的原因。双面焊时也会由于背面挑焊根不彻底而造成未焊透。

防止措施：

控制坡口尺寸，对于单面焊双面成形的焊缝，对口间隙应大些，钝边应小些。

(3) 夹渣

焊接熔渣残留于焊缝金属中的现象称夹渣。其产生原因基本上属于操作技术不良，使熔池中熔渣未浮出而存在于焊缝。另外，来自于母材的脏物也可能造成夹渣。如图3.1-28所示。

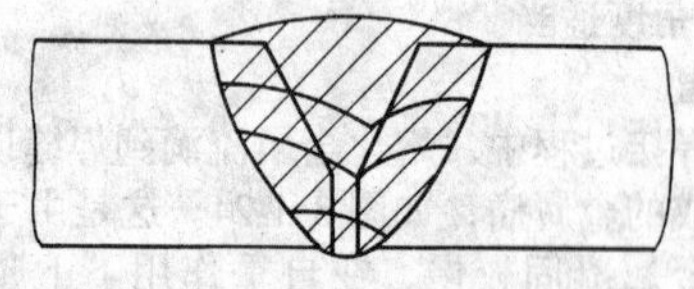

图3.1-28　夹渣

防止措施如下。

1) 焊接时不要将电弧压得过死，当熔渣大量地盖在熔化铁水上面，使焊工分不清铁水与熔渣时，应适当地将电弧拉长，并向熔渣方向挑动，利用增加的电弧热量和吹力使熔渣能顺利地被吹到旁边或淌到下方。

2) 焊接过程中，要始终保持清晰的熔池，要将熔渣与铁水分得很清楚。如果发现不清时，就说明该处温度不高，熔渣尚不能上浮。此时只要放慢焊接速度或使焊条在该处稍多停留一会便可。

3）当发现母材上有脏物或前条焊道上有熔渣未清除之处，则焊到该处时应将电弧拉长些，并稍加停留，使脏物或熔渣再次被熔化、吹走，等母材或前条焊道得到较好熔化时，再行焊接，这样可避免产生夹渣或未焊透。

4）焊接过程中，当前条焊道在熔化时有黑块或黑点出现时，表明前条焊道有夹渣，此时应拉长电弧将该处扩大和加深熔化范围，直至熔渣全部浮出，形成清亮熔池为止。

5）将母材上的脏物与前条焊道的熔渣清理干净后，再继续焊接。

(4) 气孔

在焊接过程中，熔池金属中的气体在金属冷却以前未能来得及逸出，而在焊缝金属中（内部或表面）所形成的孔穴称之为气孔。气孔的形状、大小及数量与母材钢种、焊条性质、焊接位置及焊工操作技术均有关系。形成气孔的气体，有的是原来溶解于母材和焊条钢芯中的气体；有的是药皮在熔化时产生的气体；有的是母材上的油、锈、垢等物在受热后分解产生的；也有的来自大气。低碳钢焊缝的气孔主要是氢或一氧化碳气孔。如图 3.1-29。

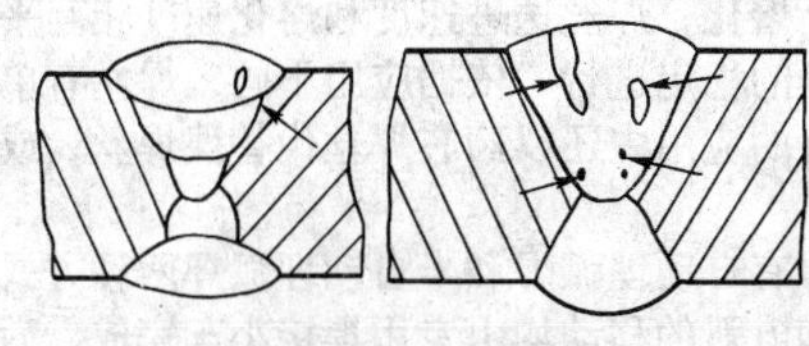

图 3.1-29　气孔

防止措施如下。

1）尽量减少熔池中产生气体的因素。如焊件坡口应彻底清除油、锈、垢；焊条使用前按照规定进行烘干等。

2）在条件许可的条件下，适当加大焊接电流，降低焊接速度。

3）熔池不宜过大，一般熔池长度不应大于焊条直径的 3 倍，不然熔池容易被空气侵入，而引起气孔。

4）尽量不采用偏心焊条，因弧偏吹使电弧周围气压不等，易使空气侵入。

5）在开始引弧时，应将电弧拉长些，用电弧进行预热和逐渐形成熔池。在已焊过的焊道端部上收尾时，应将电弧拉长些，使该部适当加热，然后压低电弧，稍停一会再灭弧。

6）当使用碱性焊条时，使用前要严格按焊条说明书进行烘干。在引弧时，不宜像酸性焊条那样拉长电弧预热，运条过程中应将电弧压得最低。

编写：陈树君（北京工业大学）
殷树言（北京工业大学）

第2章 埋 弧 焊

1 埋弧焊原理及特点

埋弧焊是以电弧作为热源加热、熔化焊丝和母材的焊接方法。焊接中焊丝端部、电弧和工件被一层可熔化颗粒状焊剂覆盖，无可见电弧和飞溅。

1.1 埋弧焊原理和应用

埋弧焊实施过程如图 3.2-1 所示，它由 4 个部分组成：①颗粒状焊剂由焊剂漏斗经软管均匀地堆敷到焊缝接口区；②焊丝由焊丝盘经送丝机构和导电嘴送入焊接区；③焊接电源接在导电嘴和工件之间用来产生电弧；④焊丝及送丝机构、焊剂漏斗和焊接控制盘等通常装在一台小车上，以实现焊接电弧的移动。

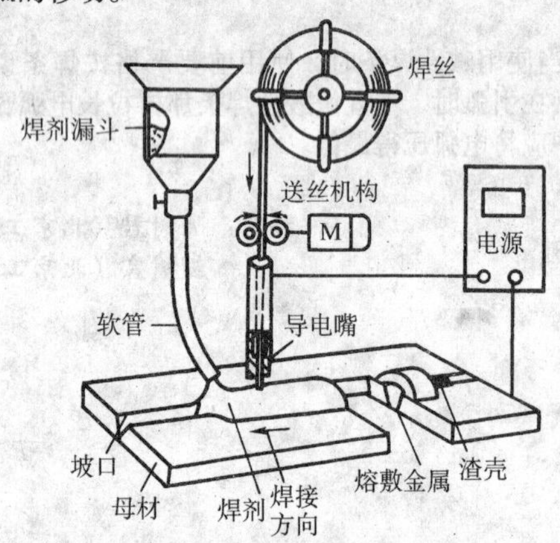

图 3.2-1 埋弧焊焊接过程

埋弧焊时，连续送进的焊丝在一层可熔化的颗粒状焊剂覆盖下引燃电弧。电弧热使焊丝、母材和焊剂熔化以致部分蒸发，在电弧区便由金属和焊剂蒸气构成一个空腔，电弧在这个空腔内稳定燃烧。埋弧焊焊缝形成过程如图 3.2-2 所示，空腔底部是焊丝和母材熔化形成的金属熔池，顶部则是熔融焊剂形成的熔渣。熔池受熔渣和焊剂蒸汽的保护，不与空气接触。随着电弧向前移动，电弧力将液态金属推向后方并逐渐冷却凝固成焊缝，熔渣则凝固成渣壳覆盖在焊缝表面。熔渣除了对熔池和焊缝金属起到机械保护作用外，焊接过程中还与熔化金属发生冶金反应，从而影响焊缝金属的化学成分和力学性能。焊后未熔化的焊剂另行清理回收。

埋弧焊时，焊丝连续不断地送进，同时其端部在电弧热作用下不断熔化，焊丝送进速度和熔化速度相互平衡，以保持焊接过程的稳定进行。依据应用不同，焊丝有单丝、双丝和多丝，有的应用中还以药芯焊丝代替裸焊丝，或用钢带代替焊丝。

埋弧焊有自动埋弧焊和半自动埋弧焊两种方式，前者焊丝的送进和电弧的移动均由专用焊接小车完成，后者焊丝送进由机械完成，而电弧的移动则由操作者手持焊枪移动完成。但是由于半自动埋弧焊工人劳动强度大，目前国内已经很少使用。

1.2 埋弧焊的特点

(1) 埋弧焊的主要优点

1) 生产效率高　埋弧焊所用焊接电流大，相应电流密度也大，见表 3.2-1。加上焊剂和熔渣的隔热作用，电弧的熔透能力和焊丝的熔敷速度都大大提高，如图 3.2-3 所示。以板厚 8 ~ 10 mm 的钢板对接为例，单丝埋弧焊焊接速度可达 30 ~ 50 m/h，若采用双丝和多丝焊，速度还可以提高 1 倍以上，而焊条电弧焊接速度则不超过 6 ~ 8 m/h。同时由于埋弧焊热效率高，熔深大，单丝埋弧焊不开坡口一次熔深可达 20 mm。

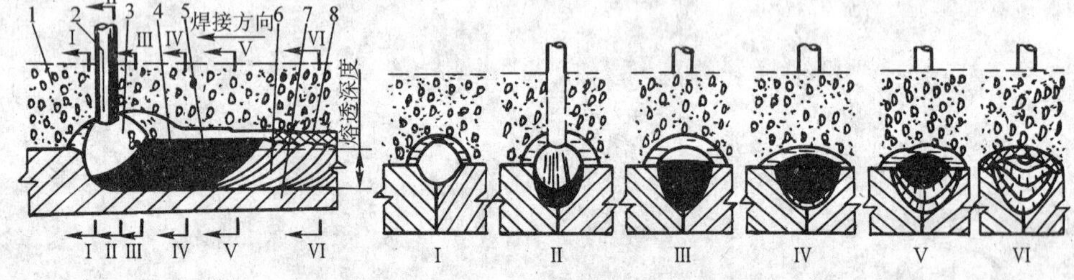

图 3.2-2 埋弧焊焊缝的形成过程

1—焊剂；2—焊丝；3—电弧；4—熔池；5—熔渣；6—焊缝；7—焊件；8—渣壳

表 3.2-1 焊条电弧焊与埋弧焊的焊接电流、电流密度比较

焊条/焊丝直径/mm	手工电弧焊		自动埋弧焊	
	焊接电流/A	电流密度/A·mm^{-2}	焊接电流/A	电流密度/A·mm^{-2}
2	50 ~ 65	16 ~ 25	200 ~ 400	63 ~ 125
3	80 ~ 130	11 ~ 18	350 ~ 600	50 ~ 85
4	125 ~ 200	10 ~ 16	500 ~ 800	40 ~ 63
5	190 ~ 250	10 ~ 18	700 ~ 1 000	30 ~ 50

2) 焊接质量好　因为熔渣的保护，熔化金属不与空气接触，焊缝金属中含氮量低，而且熔池金属凝固较慢，液体金属和熔化焊剂间的冶金反应充分，减少了焊缝中产生气孔、裂纹的可能性。焊剂还可以向焊缝过渡一些合金元素，调整化学成分，提高力学性能。自动焊时，焊接工艺参数通过自动调节保持稳定，对焊工操作技术要求不高，焊缝成形好，成分稳定，力学性能好，焊缝质量高。

3) 劳动条件好　埋弧焊弧光不外露，没有弧光辐射，机械化的焊接方法减轻了手工操作强度。

(2) 埋弧焊的主要缺点

1) 埋弧焊采用颗粒状焊剂进行保护，一般只适用于平焊和角焊位置的焊接，其他位置的焊接，则需采用特殊装置来保证焊剂覆盖焊缝区。

2) 焊接时不能直接观察电弧与坡口的相对位置，需要采用焊缝自动跟踪装置来保证焊炬对准焊缝不焊偏。

3）埋弧焊使用电流较大，电弧的电场强度较高，电流小于100 A时，电弧稳定性较差，因此不适宜焊厚度小于1 mm的薄件。

1.3 埋弧焊的应用

埋弧焊是焊接生产中应用较普遍的工艺方法。由于焊接熔深大、生产效率高、机械化程度高，因而适用于中厚板长焊缝的焊接。在造船、锅炉与压力容器、化工、桥梁、起重机械、铁路车辆、工程机械、冶金机械以及海洋结构、核电设备等制造中有广泛的应用。

随着焊接冶金技术和焊接材料生产技术的发展，埋弧焊所能焊接的材料已从碳素结构钢发展到低合金结构钢、不锈钢、耐热钢以及一些有色金属材料，如镍基合金、铜合金的焊接等。埋弧焊除了主要用于金属结构件的连接外，还可以用来进行金属表面耐磨或耐腐蚀合金层的堆焊。

2 埋弧焊电弧自动调节原理

2.1 埋弧焊对自动调节的要求

在埋弧焊过程中，维持电弧稳定燃烧和保持焊接工艺参数基本不变是保证焊接质量的基本条件。而在实际焊接过程中，由于受到外界干扰，电源外特性和电弧静特性都可能发生波动。如电网上大容量用电设备的启动和停止、用电负荷的不均衡等都可能引起电网电压的波动，从而造成电源外特性发生波动；坡口加工及装配不均匀、装配定位焊道、环缝焊时筒体椭圆度、送丝机头的振动、电动机转速不稳定等都可能引起弧长变化，从而造成电弧静特性发生波动。如图3.2-3所示，当弧长由L_0缩短到L_1时，电弧静特性曲线下移，焊接电流由I_0增大到I_1，而电弧电压由u_o下降为U_1；而当网压下降引起电源外特性曲线由MN变为$M'N'$时，焊接电流则由从I_1减少到I_2。

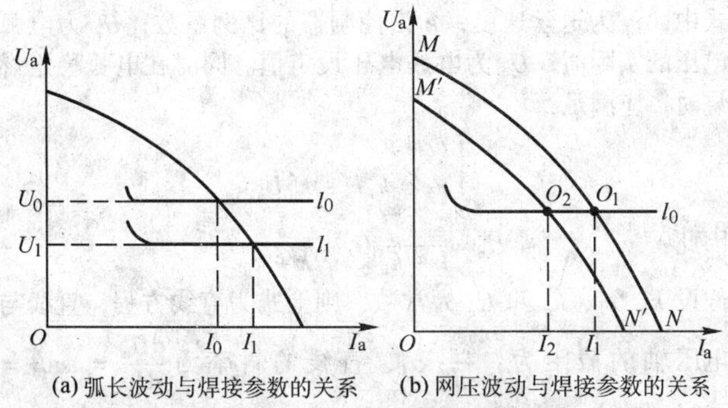

(a) 弧长波动与焊接参数的关系　(b) 网压波动与焊接参数的关系

图3.2-3　弧长、网压波动与焊接参数的关系

控制埋弧焊自动调节系统的作用就是外界干扰发生时，消除或减弱焊接工作点的漂移，稳定焊接参数，使焊缝熔深和熔宽在允许的公差范围内。在埋弧焊生产中有两种自动调节方法，其一是电弧自身调节系统，它采用缓降特性或平硬特性电源配等速送丝系统，通过改变焊丝熔化速度进行调节，该系统主要用于ϕ3 mm以下细丝埋弧焊接。其二是电弧电压反馈变速送丝调节系统，它采用陡降特性或垂降特性电源配变速送丝系统，利用电弧电压反馈改变送丝速度进行调节，该系统主要用于ϕ3 mm以上粗丝埋弧焊生产中。

2.2 电弧自身调节系统

这种系统在焊接过程中，焊丝以稳定的速度恒速送进，所以称作等速送丝系统。熔化极等速送丝系统电弧稳定燃烧的必要条件是送丝速度v_f与焊丝熔化速度v_m相等，即$v_f = v_m$。同时，焊丝的熔化速度正比于焊接电流I_a，而反比于焊接电压，即$v_m = k_i I_a - k_u U_a$，式中k_i为焊丝熔化速度随焊接电流变化的系数，其值与焊丝电阻率、直径、干伸长和电流值有关；k_u为熔化速度随电弧电压变化的系数，其值与弧柱电位梯度、弧长有关。因此有：$I_a = \frac{v_f}{k_i} + \frac{k_u}{k_i} U_a$。该方程式在送丝速度一定的条件下，弧长稳定时电流与电弧电压之间的关系即等速送丝电弧焊系统的稳定条件，又称自身调节系统静特性方程或等熔化曲线。

等熔化特性曲线可以通过实验测定。在给定保护条件、焊丝自径、伸出长度情况下，选定一种送丝速度和几种不同电源外特性曲线进行焊接，测出每一次焊接过程的稳态I_a、U_a，即可在$I-U$坐标中作出一条静特性曲线，如图3.2-4a所示，1～4曲线就是焊接过程电弧稳定燃烧的工作曲线，即等熔化特性曲线。等熔化特性曲线的形状和在$U-I$坐标系中的位置决定于焊接条件，当其他条件不变时，送丝速度增加（减小），等熔化曲线平行向右（左）移动；当干伸长增加（减小）时，k_i增加（减小），等熔化曲线向左（右）移动。

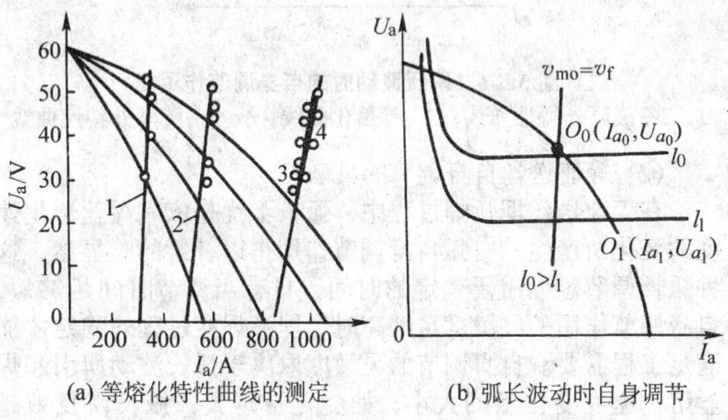

(a) 等熔化特性曲线的测定　(b) 弧长波动时自身调节

图3.2-4　等熔化特性曲线及电弧自身调节原理

（1）等速送丝自身调节精度

1）弧长波动时的自身调节精度　电弧在等熔化特性曲线上任何一点工作时，均满足$v_f = v_m$；当电弧工作偏离该曲线时，$v_f \neq v_m$，弧长将发生波动。假设初始时刻电弧稳定工作在O_0点，图3.2-4b所示，当由于某种干扰使弧长突然缩短，由l_0变为l_1时，电弧的工作点也由O_0转移到O_1。由于$I_{a_1} > I_{a_0}$、$U_{a_1} < U_{a_0}$，所以在O_1点$v_{m_1} > v_{m_0} = v_f$，弧长将因熔化速度的增加而得以恢复，电弧的工作点也将沿着电源的外特性曲线逐渐地回归到O_0点。此时，如果焊丝干伸长不变，则电弧的稳定工作点最终将回到O_0点，调节过程完成后不存在静态误差。如果弧长波动时伴随有焊丝干伸长的变化，这时调节过程完成后，系统的稳定工作点将由干伸长变化后新的等熔化曲线和电源外特性曲线的交点决定，这时调节系统存在静态误差，如图3.2-5所示。系统静态误

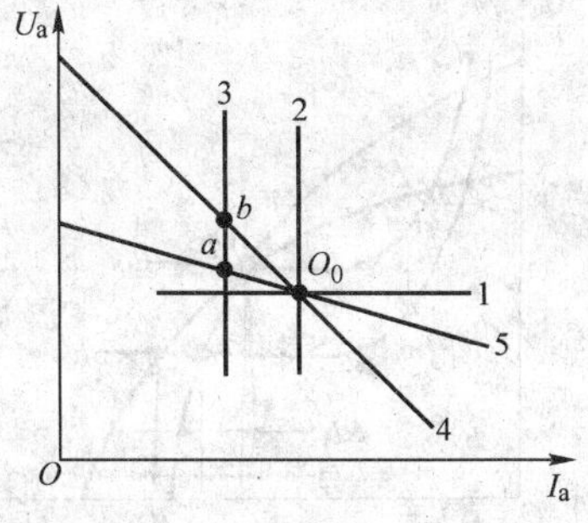

图3.2-5　干伸长变化时的自身调节作用

1—电弧静特性曲线；2、3—等熔化曲线；4、5—电源外特性曲线

差大小与干伸长变化量、焊丝直径及电源外特性陡度有关，显然陡降外特性电源（曲线4）比缓降外特性（曲线5）引起的电弧电压静态误差大，同理可知采用平硬外特性电源时，产生静态误差较小。

2）网路电压波动时的自身调节精度　如图3.2-6所示，网压波动将使等速送丝埋弧焊的工作点沿等熔化曲线从 O_0 移到 O_1，这时系统将产生明显的电弧电压静态误差，显然陡降外特性电源（曲线1，2）比缓降外特性电源（曲线4，5）引起的电弧电压静态误差大。同理采用平硬特性电源焊接时，电弧电压静态误差较小。

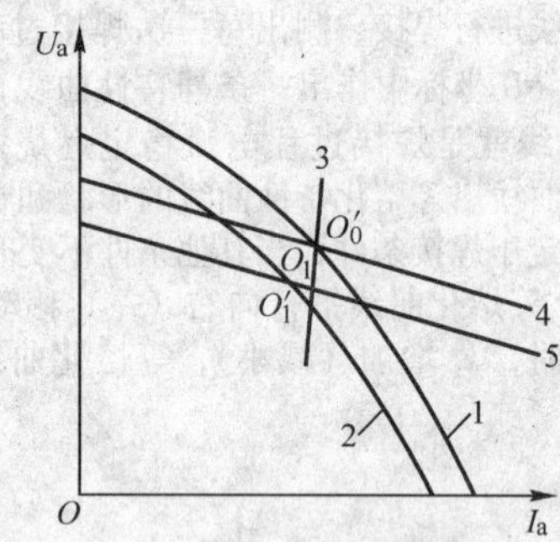

图3.2-6　网压波动时的自身调节作用

1、2—缓降外特性曲线；3—等熔化曲线；4、5—陡降外特性曲线

(2) 等速送丝自身调节的灵敏度

在等速送丝埋弧焊过程中，弧长干扰是依靠焊丝熔化速度的变化所产生的电弧自身调节作用得以补偿的。显然，这种弧长调节过程需要一定的时间，只有当调节时间足够短，自身调节作用的灵敏度足够高时，埋弧焊接过程的稳定才能满足工程需要。自身调节的灵敏度取决于弧长波动所引起焊丝熔化速度变化量的大小，如变化量越大，弧长恢复就越快，调节时间就越短，自身调节灵敏度就越高，反之，自身调节灵敏度就低。即应有：

$$\Delta v_m = k_i \Delta I_a - k_u \Delta U_a$$

由此可见，其调节灵敏度与下列因素有关。

1）焊丝直径和电流密度　当焊丝较细或电流密度足够大时，k_i 值足够大，电弧自身调节作用就会很灵敏。每一种直径的焊丝都有一个能依靠自身调节作用保证电弧稳定燃烧的最小电流值，焊丝越粗，k_i 值越低，最小电流值越高，其调节灵敏度就越低，电弧受干扰后恢复稳定的时间就越长，所以等速送丝电弧自身调节系统适宜 ϕ4 mm以下细丝的焊接。

2）电源外特性的形状　如图3.2-7所示，采用缓降外特性比陡降外特性能获得更大的 ΔI_a，电源外特性越缓，其 ΔI_a 越大，弧长恢复速度就越快，而趋于平硬特性的电源调节灵敏度就更高。所以一般等速送丝埋弧焊焊机均采用缓降或平硬外特性电源。

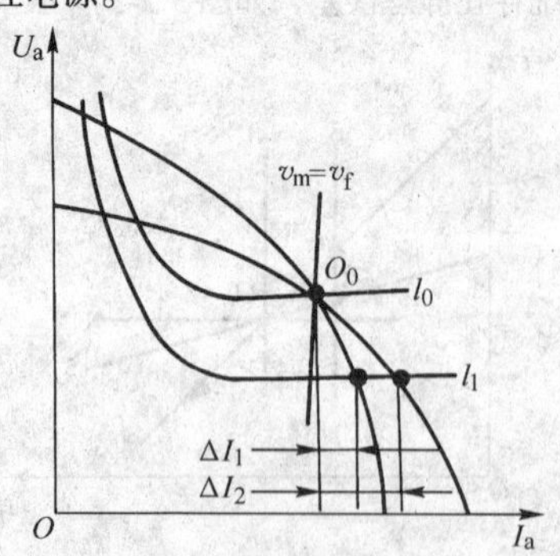

图3.2-7　电源外特性形状对自身调节灵敏度的影响

综上所述，在电弧自身调节系统中，为了提高调节灵敏度应尽量采用平硬外特性电源。但是由于在弧长波动时，电弧自身调节过程中会产生较大的电流波动，因此焊缝熔深变化较大。当焊丝直径较大时，电流的波动尤其严重，焊接质量会变得很难控制。

(3) 等速送丝自身调节系统参数调节方法

埋弧焊采用缓降或平硬外特性电源配等速送丝系统焊接时，其电弧自身调节系统静特性曲线，即等熔化特性曲线几乎垂直于电流坐标轴。通过改变送丝速度可以实现对焊接电流的调整，而改变电源外特性可以调整电弧电压。焊接电流的调整范围将取决于送丝速度的调整范围，而电弧电压的调整范围则由电源外特性的调辖范围确定，如图3.2-8所示。

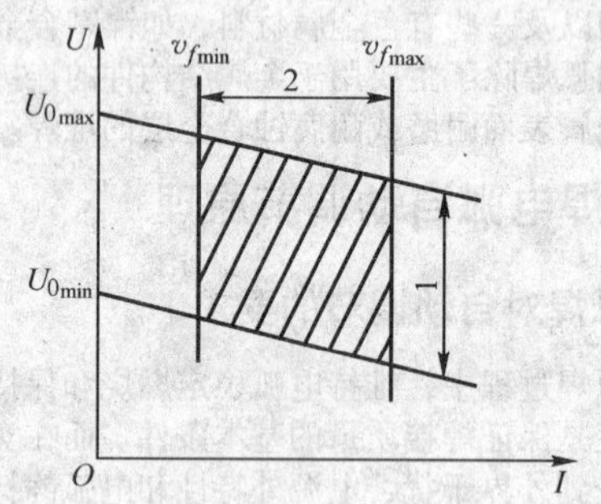

图3.2-8　等速送丝系统 I_a、U_a 调节方法

2.3　电弧电压反馈调节系统

从自动调节原理看，这是一种以电弧电压作为被控制量，以送丝速度作为控制量的闭环系统。当系统遇到外界对弧长的干扰时，利用电弧电压反馈强迫改变送丝速度来恢复弧长，以保证焊接工艺参数稳定，这种调节系统也称为均匀调节系统。这种系统的调节可以近似用下列方程描述：

$$v_f = k(U_a - U_c)$$

式中，v_f 为送丝速度；k 为控制器的比例系数；U_a 为电弧电压的实际值；U_c 为电弧电压设定值。同时在电弧稳定燃烧时，应满足：

$$\begin{cases} v_f = v_m \\ v_m = k_i I_a - k_u U_a \end{cases}$$

因此：

$$U_a = \frac{k}{k+k_u}U_c + \frac{k_i}{k+k_u}I_a$$

假设 k、k_i、k_u 和 U_c 为常数，则上式为直线方程，直线与电压轴的截距为 $\frac{k}{k+k_i}U_c$，直线的斜率为 $\frac{dU_a}{dI_a} = \tan\beta = \frac{k_i}{k+k_u}$。该方程称为电弧电压反馈变速送丝系统的静态特性方程，曲线如图3.2-9所示。电弧在 C 线上的任一点燃烧时，焊丝的熔化速度恒等于焊丝的送进速度，焊接过程稳定；电弧在 C 线下方燃烧时，焊丝的熔化速度大于送进速度；电弧在 C 线上方燃烧时，焊丝的熔化速度小于其送进速度。

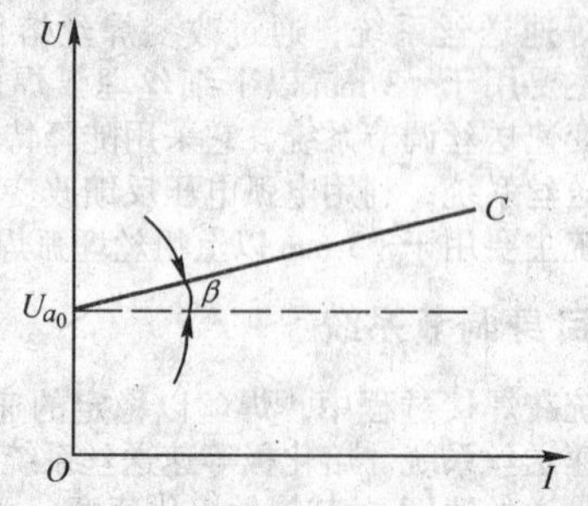

图3.2-9　电弧电压反馈调节系统的静特性曲线

电弧电压反馈系统的调节过程如图 3.2-10 所示，当电弧在 O_0 点稳定工作时，焊丝熔化速度等于送丝速度，弧长稳定。O_0 点为电源外特性曲线、电弧电压反馈系统静特性曲线 C 及弧长为 l_0 时电弧静特性曲线的交点。当弧长受干扰而由 l_0 突然变短为 l_1 时，电弧工作点由 O_0 转移到 O_1 点。这时送丝速度在反馈控制系统的作用下，由原来 U_0 对应的值调整到 U_1 所对应的值。由于送丝速度降低，弧长得以恢复。同时，弧长为 l_1 时，电弧的工作点 O_1 位于 C 曲线下方，此时焊丝的熔化速度大于送丝速度，弧长逐渐增加。由此可见，在电弧电压反馈控制系统中，弧长调节是电弧电压反馈控制送丝速度和电弧自身调节共同作用的过程。但是，电弧电压反馈系统主要应用粗焊丝、低电流密度的条件下，k_i 较小，k 值很大，因此起主导作用的是前者。

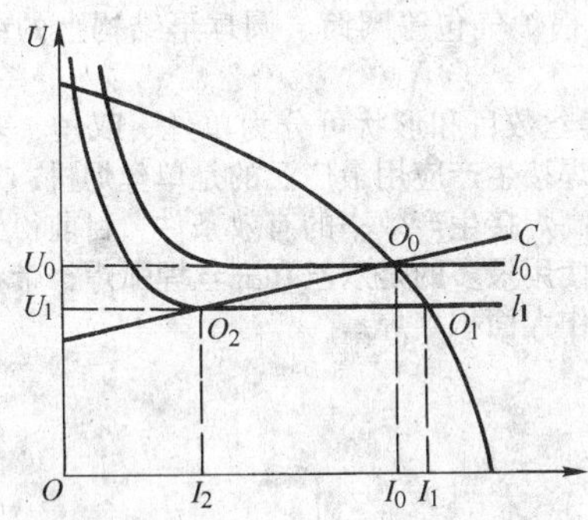

图 3.2-10 电弧电压反馈调节系统的调节作用

(1) 电弧电压反馈系统调节精度

1) 弧长波动时的调节精度 若弧长波动是在焊丝干伸长不变的条件下发生的，则上述调节过程最终会使电弧恢复到原来的稳定工作点 O_0，调节过程没有静态误差。如果弧长波动是因焊炬高度发生变化，即焊丝干伸长、反馈调节系统静特性斜率改变的情况下，则新的稳定上作点 O'_0 将带有静态误差。如图 3.2-11 所示，静态误差大小取决于焊丝干伸长的变化量及焊丝直径、电阻率、电流密度。焊丝越细、电阻率越大、电流密度越高，其静态误差越大。所以通常变速送丝系统用于 $\phi4$ mm 以下，粗焊丝低电流密度条件下焊接。

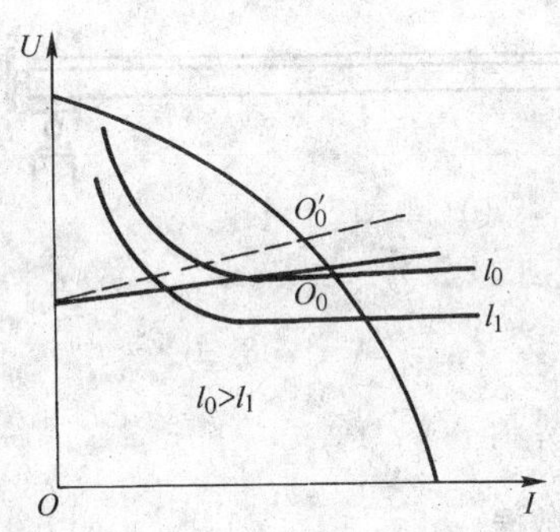

图 3.2-11 弧长干扰系统误差

2) 电网电压波动时的系统调节精度 如图 3.2-12，电网电压波动时，电源外特性的移动将使电弧稳定工作点从 O_0 点移至 O_1 点，这时电弧电压误差不大，但电流误差则可能很大，其值大小除取决于网压波动值大小外，还与反馈调节系统静特性和电源外特性斜率有关。电压反馈系统调节器 k 值越大，电源外特性越平硬，电流误差就越大。因此，这种系统应采用陡降外特性电源。

(2) 电弧电压反馈调节灵敏度

在电弧电压反馈中系统的调节灵敏度，即弧长恢复速度，

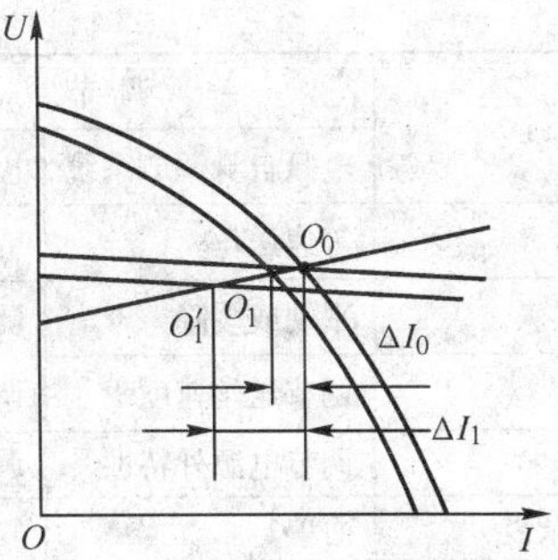

图 3.2-12 网压干扰系统误差

主要取决于弧长波动时送丝速度变化量的大小。由于 $\Delta v_f = k\Delta U_a$，因此电弧电压反馈调节灵敏度与下列因素有关。

1) 电弧电压调节器 k 值越大，调节灵敏度越高。但是由于埋弧焊接系统中含有惯性环节，k 值过大容易造成系统振荡，因此 k 值不能无限增大。系统中的惯性环节，特别是送丝电机的机械惯性越大，系统越容易产生振荡，灵敏度就越受限制。因此，有些焊机采用机械惯性较小的印刷电动机作送丝电机。

2) 弧柱电场强度越大，同样弧长波动引起的 ΔU_a 增大，调节灵敏度也就增大。在 k 值相同的条件下，埋弧焊由于弧柱电场强度大，因此调节灵敏度高。

(3) 电弧电压反馈系统参数调节方法

在电弧电压反馈系统中，系统调节静特性曲线是近于平行电流坐标轴的直线，而电源通常为陡降特性。如图 3.2-13a 所示。所以焊接电流调节通过调节电源外特性来实现，而调节 U_c 则会使系统静态特性曲线上下平移，调节电弧电压。电源外特性调节范围确定了焊接电流范围，而送丝速度调节范围则确定了电弧电压的调节范围。

值得注意的是，焊丝直径的变化直接影响 k_i 值的改变，引起电弧电压反馈调节系统静特性斜率的改变，使系统的电流和电流调节范围产生漂移，造成细丝埋弧焊接时电流和电压调节范围向电流减小而电压偏高的方向移动，如图 3.2-13b 所示。这与一般电流减小，电弧电压也相应减小的参数调节要求是不相适应的。因此埋弧焊电弧电压反馈系统中应设计成 k 值可调，焊丝比较细时增加 k 值，使系统静特性斜率减小。

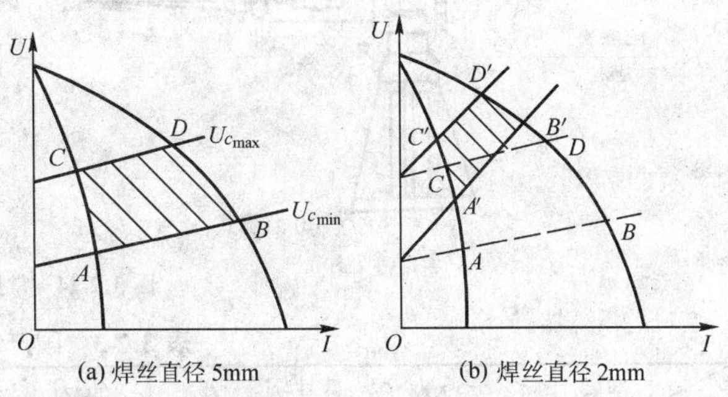

图 3.2-13 埋弧焊电弧电压反馈系统 I_a、U_a 调节方法

等速送丝电弧自身的调节系统和电弧电压反馈系统特点各异，这两种系统在埋弧焊中应用对比见表 3.2-2。

表 3.2-2 电弧自身调节系统和电弧电压反馈系统对比

项　目	调 节 方 法	
	电弧自身调节系统	电弧电压反馈系统
适用焊丝直径/mm	1.6～3	3～5

续表 3.2-2

项　目	调 节 方 法	
	电弧自身调节系统	电弧电压反馈系统
送丝方式	等速送丝	变速送丝
电源外特性	平硬或缓降	陡降或垂降
电流调节方式	调节送丝速度	调节电源外特性
电压调节方式	调节电源外特性	调节给定电压 U_c
电路和机构复杂度	简单	复杂

3　埋弧焊设备

3.1　埋弧焊设备分类和结构

埋弧焊设备分为半自动埋弧焊和自动埋弧焊两种。半自动焊机的主要功能是：①将焊丝输送到焊接区；②输出焊接电流；③控制焊接的启动和停止；④向焊接区输送焊剂。由于半自动埋弧焊电弧移动是由焊工操作的，劳动强度大，目前已经很少使用。自动埋弧焊机的主要功能是：①连续不断地向电弧区送进焊丝；②输出焊接电流；③使焊接电弧沿焊缝移动；④控制电弧的主要参数；⑤控制焊接的启动与停止；⑥向焊接区输送焊剂；⑦焊前调整焊丝伸出端位置。

自动埋弧焊机由机头、控制箱、导轨（或支架）以及焊接电源组成，大致有如下四种分类方法。

1）按用途分专用和通用两种，通用焊机广泛用于各种结构的对接、角接、环缝和纵缝的焊接，而专用焊机则适用于特定的焊缝或构件，如埋弧自动角焊机、T形梁焊机、埋弧堆焊机等。

2）按送丝方式分等速送丝式和变速送丝式两种，前者适用于细焊丝高电流密度条件的焊接，而后者则适用于粗丝低电流密度条件下的焊接。

3）按行走机构形式分为小车式、门架式、悬臂式三类，通用埋弧焊机多采用小车式结构，可适合平板对接、角接及内外环缝的焊接；门架式行走机构适用于大型结构件的平板对接、角接；悬臂式焊机则适用于大型工字梁、化工容器、锅炉气包等圆筒、圆球形结构上的纵缝和环缝的焊接。

4）按焊丝数目和形状可分为单丝、双丝、多丝及带状电极焊机。焊接生产应用最广泛的是单丝焊机；双丝或多丝埋弧焊是提高焊接生产效率的有效条件，目前得到了越来越多的应用，使用最多的是双丝和三丝埋弧焊；带状电极埋弧焊机主要用作大面积堆焊。

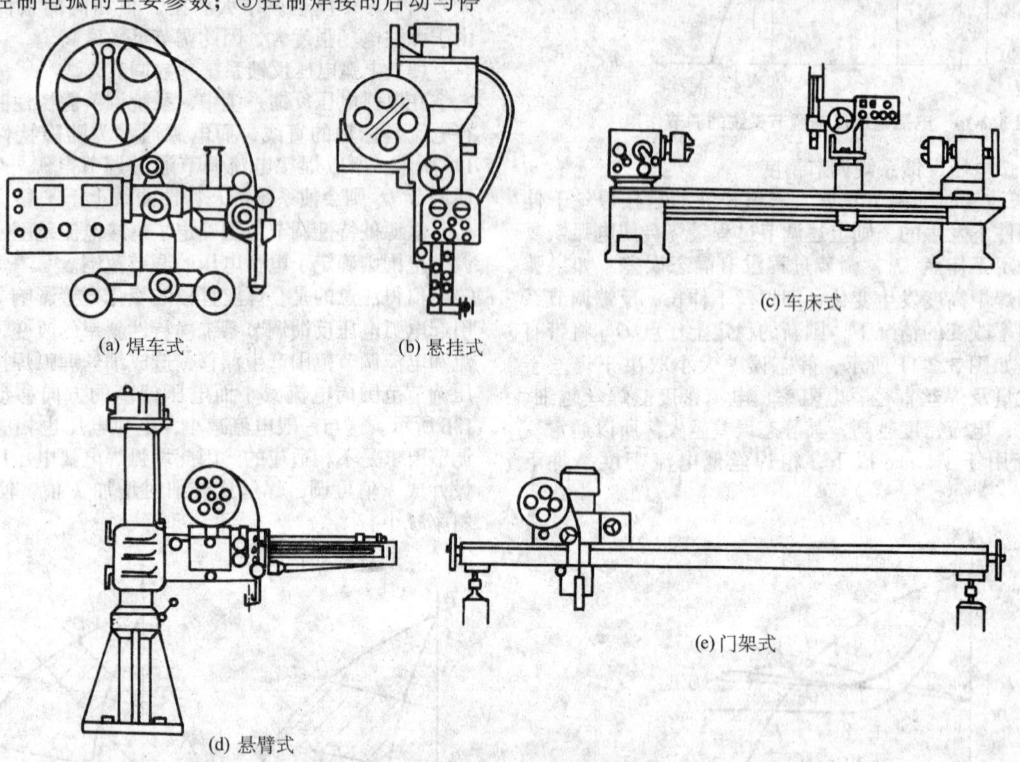

图 3.2-14　常见自动埋弧焊行走机构

表 3.2-3　国产埋弧焊机主要技术数据

技术参数 \ 型号	NZA-1000	MZ-1000	MZ1-1000	MZ2-1500	MZ3-500	MZ6-2×500	MU-2×300	MU1-1000
送丝方式	变速送丝	变速送丝	等速送丝	等速送丝	等速送丝	等速送丝	等速送丝	变速送丝
焊机结构特点	埋弧、明弧两用焊车	焊车	焊车	悬挂式自动机头	电磁爬行小车	焊车	堆焊专用焊机	堆焊专用焊机
焊接电流/A	200～1 200	400～1 200	200～1 000	400～1 500	180～600	200～600	160～300	400～1 000
焊丝直径/mm	3～5	3～6	1.6～5	3～6	1.6～2	1.6～2	1.6～2	焊带 宽 30～80 厚 0.5～1

续表 3.2-3

型号 / 技术参数	NZA-1000	MZ-1000	MZ1-1000	MZ2-1500	MZ3-500	MZ6-2×500	MU-2×300	MU1-1000
送丝速度 /cm·min^{-1}	50~600（弧压反馈控制）	50~200（弧压35 V）	87~672	47.5~375	180~700	250~1 000	160~540	25~100
焊接速度 /cm·min^{-1}	3.5~130	25~117	26.7~210	22.5~187	16.7~108	13.3~100	32.5~58.3	12.5~58.3
焊接电流种类	直流	直流或交流	直流	直流或交流	直流或交流	交流	直流	直流
送丝速度调整方法	用电位器无级调速（用改变晶闸管导通角来改变电动机转速）	用电位器调整直流电动机转速	调换齿轮	调换齿轮	用自耦变压器无级调节直流电动机转速	用自耦变压器无级调节直流电动机转速	调换齿轮	用电位器无级调节直流电动机转速

3.2 埋弧焊电源

埋弧焊工艺可以采用交流电源或直流电源，在双丝和多丝焊工艺中也可以交流电流和直流电源配合使用。直流电源包括弧焊发电机、硅弧焊整流器、晶闸管弧焊整流器和逆变式弧焊机等多种形式，可提供平特性、缓降特性、陡降特性、垂降特性的输出。交流电源通常是弧焊变压器类型，一般提供陡降特性的输出。电源外特性的选用视具体应用而定，在细焊丝薄板焊接时，电弧具有上升电弧静特性，根据前面电弧调节系统的介绍，宜采用平特性电源；而对于一般的粗焊丝埋弧焊，电弧具有水平电弧静特性，应采用下降外特性电源。埋弧焊通常是高负载持续率、大电流的焊接过程，所以一般埋弧焊机电源都具有大电流、100%负载持续率的输出能力。

(1) 直流电源　直流电源的外特性可以是平特性、缓降特性、垂降的或者陡降的，也可能同时具有多种外特性。一般直流电源用于小电流范围、快速引弧、短焊缝、高速焊接、所采用焊剂的稳弧性差以及焊接工艺参数稳定性要求较高的场合。采用直流电源进行埋弧焊接时，极性不同将产生不同的焊接效果。直流正接（焊丝接负）时，焊丝熔敷率高；直流反接（焊丝接正）时，熔深大。

(2) 交流电源　一般交流电源输出为陡降特性，在极性换向时，输出电流下降到零，反向再引弧要求空载电压较高。为了利于引弧，埋弧焊的交流电源空载电压一般都高于80 V，同时使用交流电源进行埋弧焊时对焊剂的要求较高，一般适合直流埋弧焊的焊剂不一定适合交流埋弧焊。采用交流电源时，焊丝熔敷率及焊缝熔深介于直流正接和直流反接之间，而且电弧的磁偏吹最小，因此交流电源多用于大电流埋弧焊和采用直流磁偏吹严重的场合。表3.2-4为单丝埋弧焊常用的电源类型。

表 3.2-4　单丝埋弧焊常用的电源类型

埋弧焊方法	焊接电流/A	焊接速度/cm·min^{-1}	电源类型
半自动焊	300~500		直流
自动焊	300~500	>100	直流
	600~900	3.8~75	交流、直流
	1 200以上	12.5~38	交流

3.3 埋弧焊辅助设备

自动埋弧焊中为了调整施焊位置、控制焊接变形或者控制焊缝成形，一般都需要有相应的辅助设备与焊机相配合，埋弧焊的辅助设备大致有以下几种类型。

1) 焊接夹具　使用焊接夹具的作用在于使工件准确定位并夹紧，以便于焊接。这样可以减少或免除定位焊缝和减少焊接变形。有时焊接夹具往往与其他辅助设备联用，如单面焊双面成形装置等。图3.2-15为一种钢板拼焊用的大型门式夹具，配有单面焊双面成形装置（铜垫板）。这种夹具在造船、大型金属结构制造等工作中广泛地应用。

2) 工件变位设备　这种设备的主要功能是使工件旋转、倾斜、翻转，以便把待焊的接缝置于最佳的焊接位置，达到提高生产率、改善焊接质量、减轻劳动强度的目的。工件变位设备的形式、结构及尺寸因焊接工件而异。埋弧焊中常用的工件变位设备有滚轮架、翻转机等。图3.2-16是一种用于回转体工件的典型滚轮架。翻转机主要用于梁、柱、框架、椭圆容器等长形工件的焊接。图3.2-17是一种适用于“Π”形、“I”形及箱形梁的链式翻转机。

3) 焊机变位设备　焊机变位设备也称为焊接操作机，其主要功能是将焊接机头准确地送到待焊位置，焊接时可在该位置操作，或是以一定速度沿规定的轨迹移动焊接机头进行焊接。它们大多与工件变位机配合使用，完成各种工件的焊接。基本形式有平台式、悬臂式、伸缩式、龙门式等几种。图3.2-18为较常见的台式焊接操作机与滚轮架配合使用的情况。

4) 焊缝成形设备　埋弧焊的电弧功率较大，钢板对接时，为防止熔化金属的流失和烧穿并促使焊缝背面成形，往往需要在焊缝背面加衬垫。最常用的焊缝成形设备除前面已提到的铜垫板外，还有焊剂垫。焊剂垫有用于纵缝和用于环缝的两种基本形式，图3.2-19为典型的环缝焊剂垫。

5) 焊剂回收输送设备　用来在焊接中自动回收并输送焊剂，以提高焊接自动化的程度。图3.2-20是利用焊剂回收输送器安装在小车上的情况。

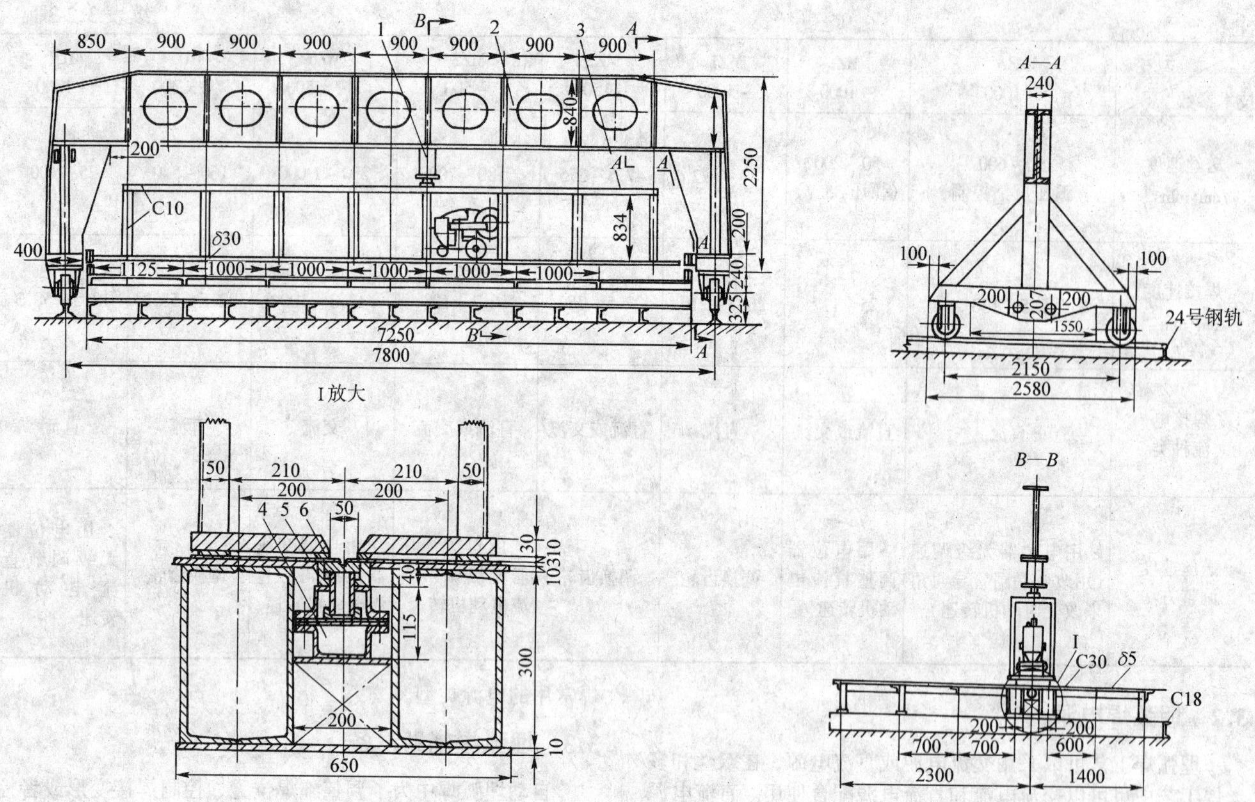

图 3.2-15 门式焊接夹具

1—加压气缸；2—行走大车；3—加压架；4—长形气室；5—铜垫板；6—平台

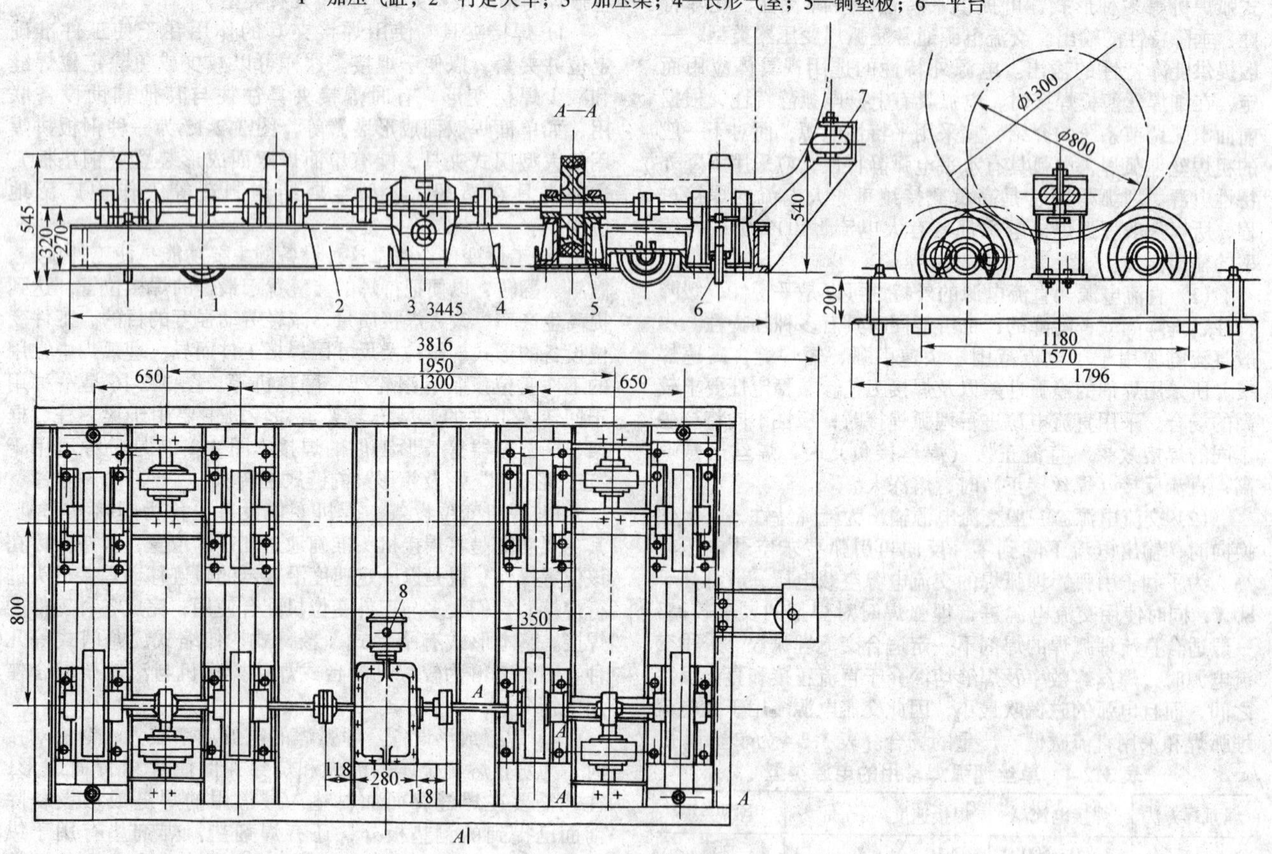

图 3.2-16 焊接滚轮架

1—行走轮；2—底架；3—蜗轮减速器；4—弹性联轴节 B_7；5—滚轮架；6—支承脚；7—限位滚轮；8—电动机 Z4—100—1

技术数据：

1. 额定载重量 2 000 kg 2. 工件直径 310 ~ 1 950 mm 3. 滚轮圆周速度 15 ~ 70 m/h 4. 滚轮直径 450 mm 5. 滚轮宽度 120 mm

注：长轴式焊接滚轮架的主动滚轮与从动滚轮的数量较多，滚轮始终保持在同一轴线上，工件在其上不易变形和打滑，适用于焊接薄壁、长度大的筒形工件。但工件上不宜有很高的凸出部分，以免和长轴发生碰撞。

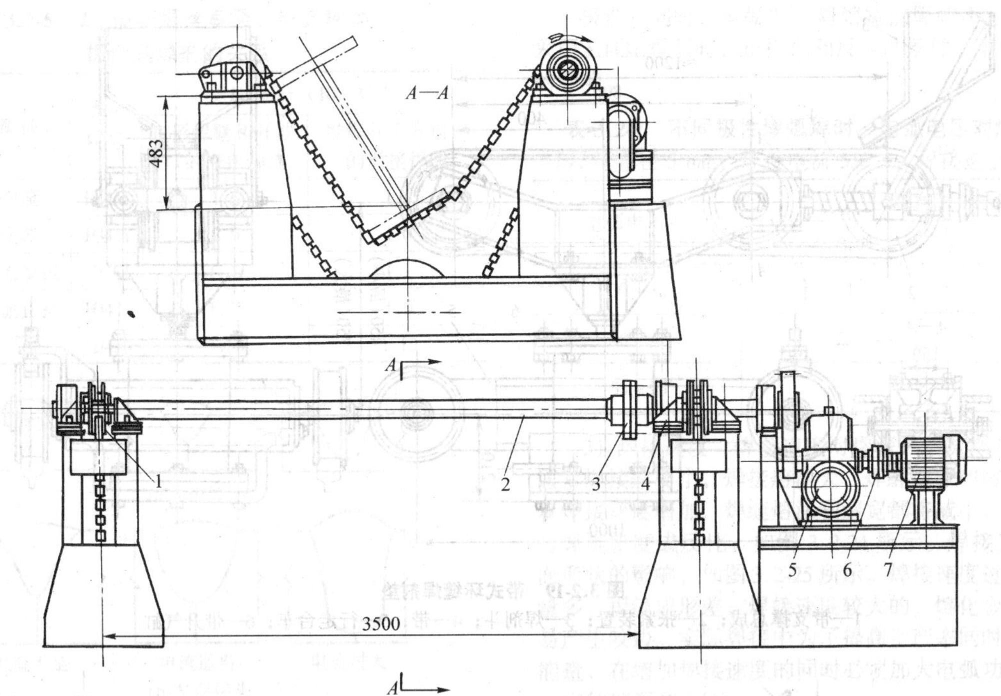

图 3.2-17 链式工件翻转机

1—翻转装置；2—传动轴组件；3—刚性联轴器；4—轴承组件；5—减速器；6—弹性联轴器；7—电动机 Y100L2-4（3 kW、1 430 r/min）

技术数据：

载重量 3 000 kg 焊件最大截面尺寸 800 mm×400 mm 链条运行速度 4.7 m/min

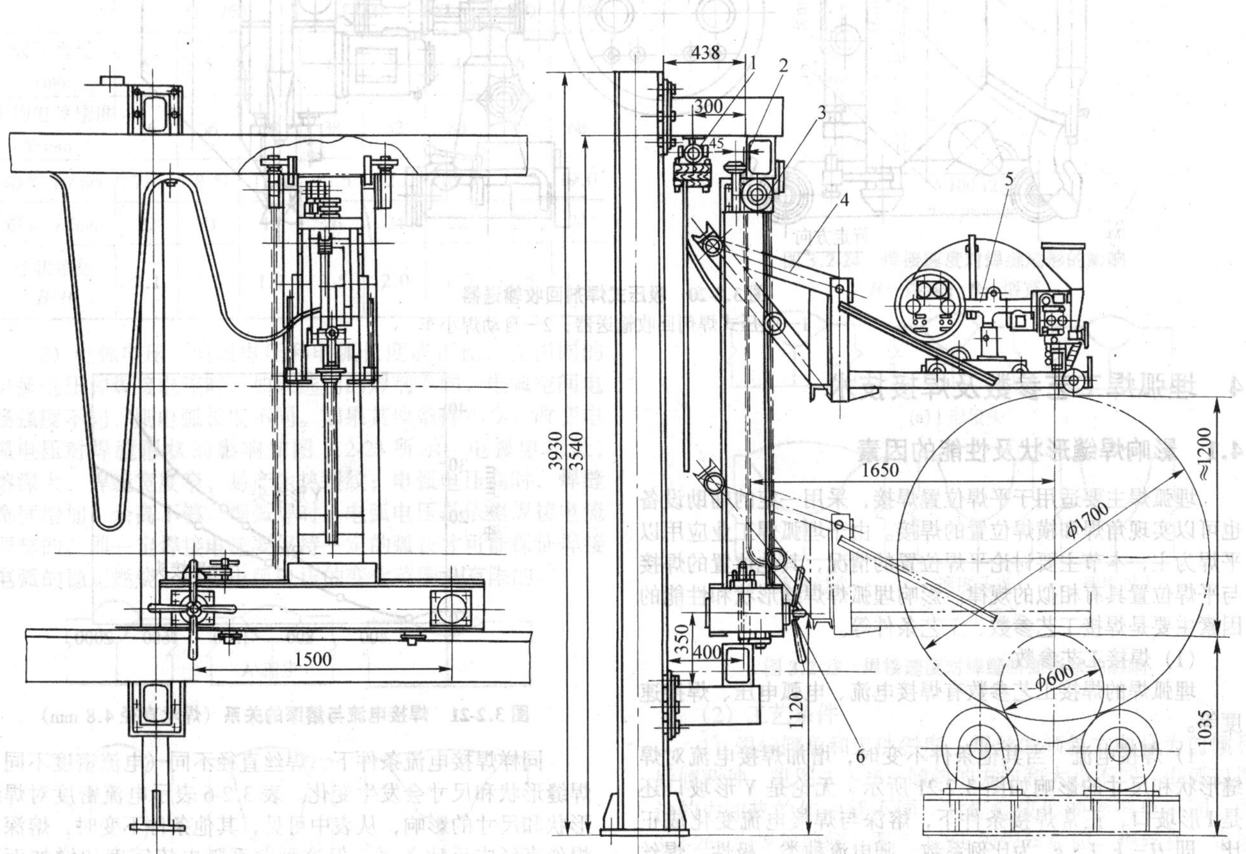

图 3.2-18 平台式焊接操作机

1—电缆小车；2—走架；3—平台升降机构；4—升降平台；5—埋弧焊机；6—走架行走机构

焊接小直径圆筒形工件的环缝等。

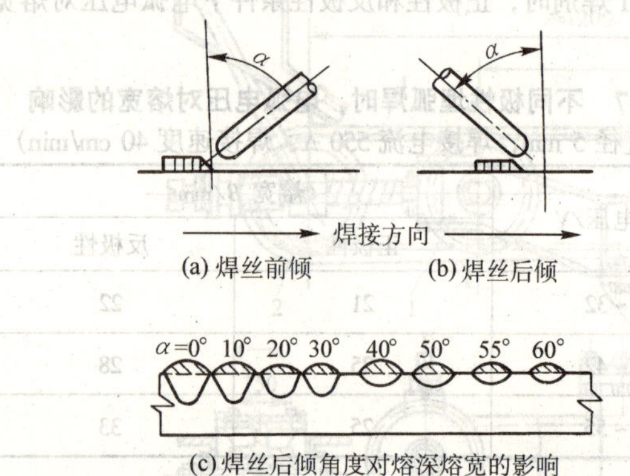

图 3.2-26　焊丝倾角对焊缝成形的影响

工件倾斜焊接时有上坡焊和下坡焊两种情况，它们对焊缝成形的影响明显不同，见图 3.2-27。上坡焊时，若斜度 $\beta>6°\sim12°$，则焊缝余高过大，两侧出现咬边，成形明显恶化。实际焊接中应避免采用上坡焊。下坡焊的情况与上坡焊相反，当 $\beta>6°\sim8°$ 时，焊缝的熔深和余高均有减小，而熔宽略有增加，焊缝成形得到改善。继续增大 β 角，将会产生未焊透、焊瘤等缺陷。在焊接圆筒工件的内、外环缝时，一般都采用下坡焊，以减少发生烧穿的可能性，并改善焊缝成形。

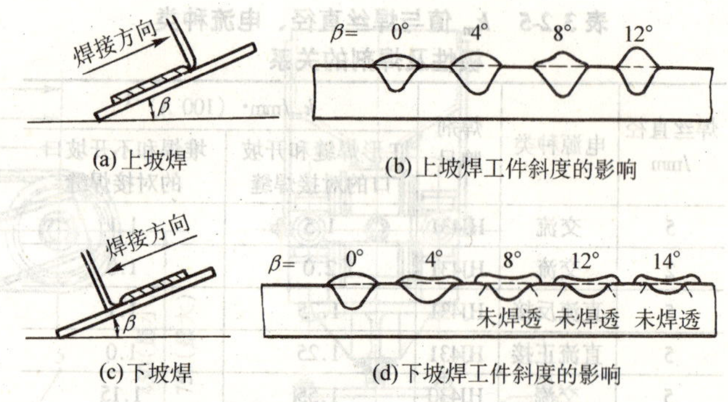

图 3.2-27　工件斜度对焊缝成形的影响

2) 对接坡口形状、间隙的影响　在其他条件相同时，增加坡口深度和宽度，焊缝熔深增加，熔宽略有减小，余高显著减小，如图 3.2-28 所示。在对接焊缝中，如果改变间隙大小，也可以调整焊缝形状，同时板厚及散热条件对焊缝熔宽和余高也有显著影响，如表 3.2-8 所示。

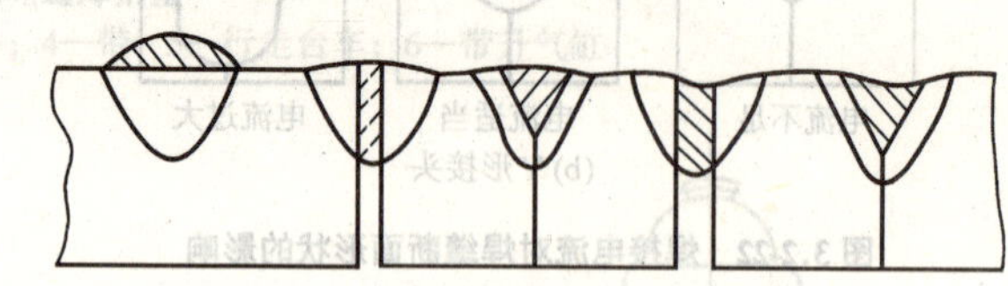

图 3.2-28　坡口形状对焊缝成形的影响

表 3.2-8　焊缝间隙对对接焊缝尺寸的影响（焊丝直径 5 mm，焊剂 HJ330）

板厚/mm	工艺参数			熔深/mm			熔宽/mm			余高/mm			熔合比/%		
	电流/A	电弧电压/V	焊接速度/cm·min^{-1}	间隙/mm											
				0	2	4	0	2	4	0	2	4	0	2	4
12	700~750	32~34	50	7.5	8.0	7.5	20	21	20	2.5	2.0	1.0	74	64	57
			134	5.6	6.0	5.5	10	11	10	2.0	—	—	71	61	46
20	800~850	36~38	20	10.0	9.5	10.0	27	27	27	3.0	2.0	2.5	60	57	52
			33.4	11.0	11.5	11.0	23	22	22	3.5	2.5	1.5	63	58	49
			134	6.5	7.0	7.0	11	11	10	2.5	—	—	72	61	45
30	900~1 000	40~42	20	10.5	11.0	10.5	34	33	35	3.5	3.0	2.5	61	59	55
			33.4	12.0	12.0	11.0	30	29	30	3.0	2.0	1.5	67	63	59
			134	7.5	7.5	7.5	12	12	12	1.5	—	—	72	72	60

3) 焊剂堆高的影响　埋弧焊焊剂堆高一般在 25~40 mm，应保证在丝极周围埋住电弧。当使用黏结焊剂或烧结焊剂时，由于密度小，焊剂堆高比熔炼焊剂高出 20%~50%。焊剂堆高越大，焊缝余高越大，熔深越浅。

(3) 焊接工艺条件对焊缝金属性能的影响

当焊接条件变化时，母材的稀释率、焊剂熔化比率（焊剂熔化量/焊丝熔化量）均发生变化，从而对焊缝金属性能产生影响，其中焊接电流和电弧电压的影响较大。图 3.2-29~图 3.2-31 给出了焊接电流、电弧电压和焊接速度对

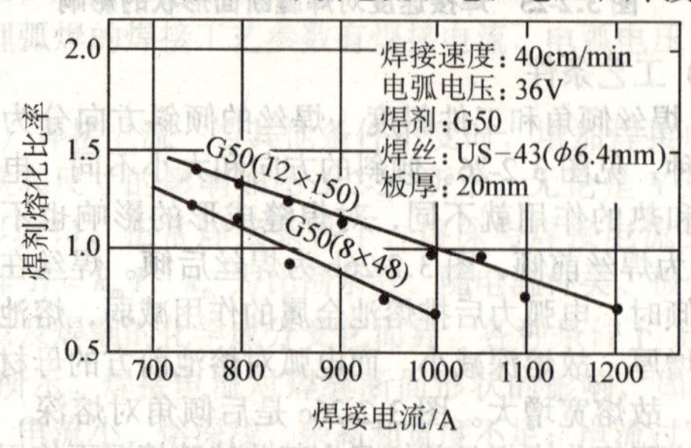

图 3.2-29　焊接电流对焊剂熔化比率的影响

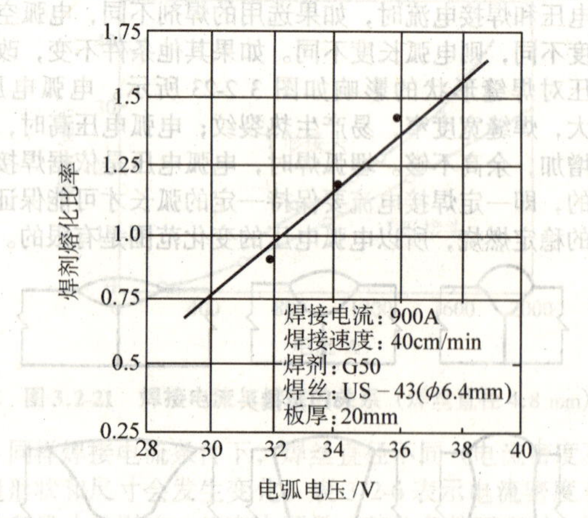

图 3.2-30　电弧电压对焊剂熔化比率的影响

焊剂熔化比率的影响。由于焊剂比率的变化，焊缝金属的化学成分、力学性能均发生变化，特别是烧结焊剂中合金元素的加入对焊缝金属化学成分的影响最大。图 3.2-32~图 3.2-34 给出各种焊接条件变化时对焊缝金属 Mn、Si 含量的影响。

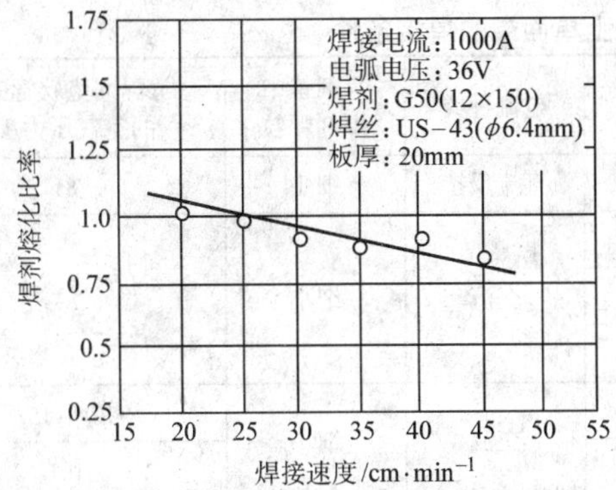

图 3.2-31 焊接速度对熔化比率的影响

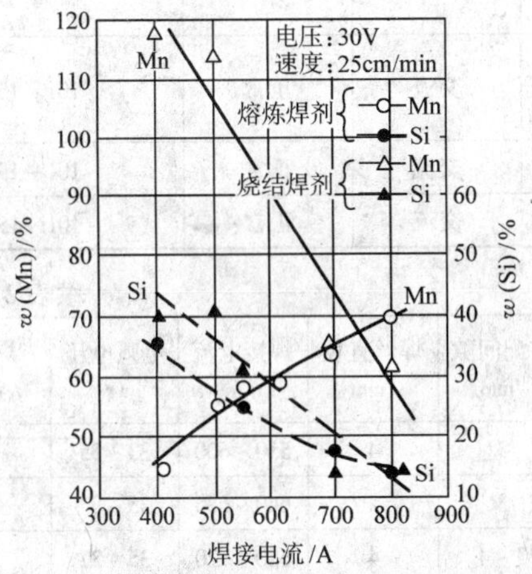

图 3.2-32 焊接电流对焊缝金属化学成分的影响

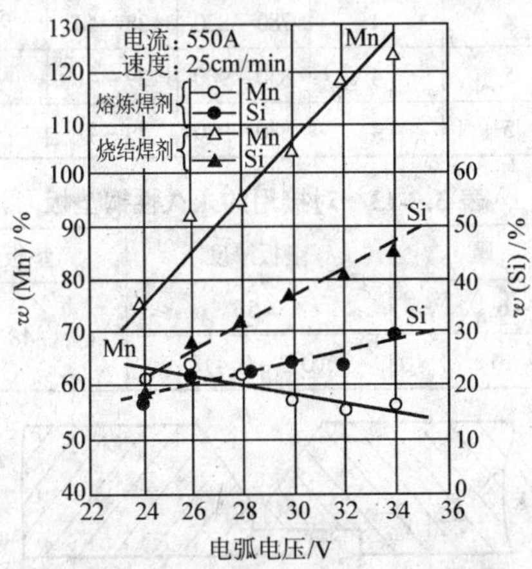

图 3.2-33 电弧电压对焊缝金属化学成分的影响

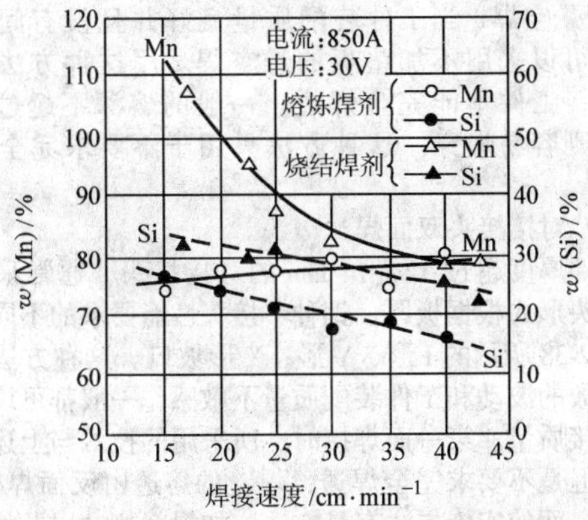

图 3.2-34 焊接速度对焊缝金属化学成分的影响

4.2 自动埋弧焊工艺

（1）对接接头单面焊

对接接头埋弧焊时，工件可以开坡口或不开坡口。开坡口不仅为了保证熔深，而且有时还为了达到其他的工艺目的。如焊接合金钢时，可以控制熔合比；而在焊接低碳钢时，可以控制焊缝余高等。在不开坡口的情况下，埋弧焊可以一次焊透 20 mm 以下的工件，但要求预留 5 ~ 6 mm 的间隙，否则厚度超过 14 ~ 16 mm 的板料必须开坡口才能用单面焊一次焊透。

对接接头单面焊可采用以下几种方法：在焊剂垫上焊，在焊剂铜垫板上焊，在永久性垫板或锁底接头上焊，以及在临时衬垫上焊和悬空焊等。分述如下。

1）在焊剂垫上焊接 用这种方法焊接时，焊缝成形的质量主要取决于焊剂垫托力的大小和均匀与否，以及装配间隙的均匀与否。图 3.2-35 说明焊剂垫托力与焊缝成形的关系。板厚 2 ~ 8 mm 的对接接头在具有焊剂垫的电磁平台上焊接所用的参数列于表 3.2-8。电磁平台在焊接中起固定板料的作用。板厚 10 ~ 20 mm 的 I 形坡口对接接头预留装配间隙并在焊剂垫上进行单面焊的焊接参数见表 3.2-9。所用的焊剂垫应尽可能选用细颗粒焊剂。

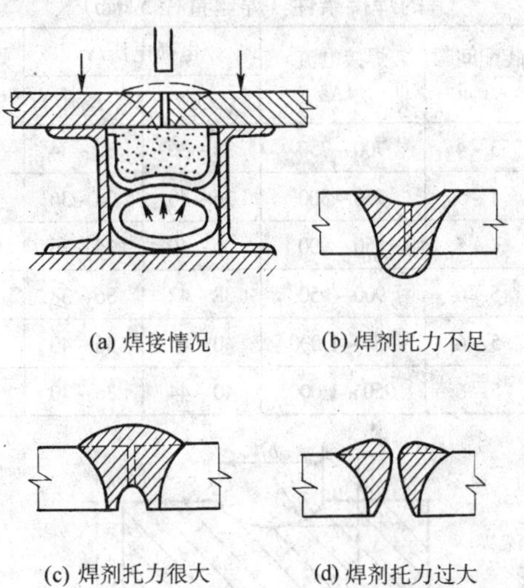

图 3.2-35 在焊剂垫上的对接焊

2）在焊剂铜垫板上焊接 这种方法采用带沟槽的铜垫板，沟槽中铺撒焊剂，焊接时，这部分焊剂起焊剂垫的作用，同时又保护铜垫板免受电弧直接作用。沟槽起焊缝背面成形作用。这种工艺对工件装配质量、垫板上焊剂托力均匀与否均不敏感。板料可用电磁平台固定，也可用龙门压力架固定。铜垫板的尺寸见图 3.2-36 和表 3.2-10。在龙门架焊剂铜垫板上的焊接参数见表 3.2-11。

3）在永久性垫板或锁底接头上焊接 当焊件结构允许焊后保留永久性垫板时，厚 10 mm 以下的工件可采用永久性垫板单面焊方法。永久性铜垫板的尺寸如表 3.2-12 所示。垫板必须紧贴在待焊板缘上，垫板与工件板面间的间隙不得超过 0.5 ~ 1 mm。

厚度大于 10 mm 的上件，可采用锁底接头焊接方法，如图 3.2-37 所示（详见 GB/T 986—1988）。此法用于小直径厚壁圆筒形工件的环缝焊接，效果很好。

4）在临时性的衬垫上焊接 这种方法采用柔性的热固化焊剂衬垫贴合在接缝背面进行焊接。衬垫材料需要专门制造或由焊接材料制造部门供应。另外还有采用陶瓷材料制造的衬垫进行单面焊的方法。

表 3.2-9 对接接头在电磁平台–焊剂垫上单面焊的焊接条件

板厚 /mm	装配间隙 /mm	焊丝直径 /mm	焊接电流 /A	电弧电压 /V	焊接速度 /cm·min^{-1}	电流种类	焊剂垫中焊剂颗粒	焊剂垫软管中的空气压力/kPa
2	0~1.0	1.6	120	24~28	73	直流反接	细小	81
3	0~1.5	1.6	275~300	28~30	56.7	交流	细小	81
		2	275~300	28~30	56.7			
		3	400~425	25~28	117			
4	0~1.5	2	375~400	28~30	66.7	交流	细小	101~152
		4	525~550	28~30	83.3			101
5	0~2.5	2	425~450	32~34	58.3	交流	细小	101~152
		4	575~625	28~30	76.7			
6	0~3.0	2	475	32~34	50	交流	正常	101~152
		4	600~650	28~32	67.5			
7	0~3.0	4	650~700	30~34	61.7	交流	正常	101~152
8	0~3.5	4	725~775	30~36	56.7	交流	正常	101~152

表 3.2-10 对接接头在焊剂垫上单面焊的焊接条件（焊丝直径 5 mm）

板厚 /mm	装配间隙 /mm	焊接电流 /A	电弧电压/V		焊接速度 /cm·min^{-1}
			交流	直流	
10	3~4	700~750	34~36	32~34	50
12	4~5	750~800	36~40	34~36	45
14	4~5	850~900	36~40	34~36	42
16	5~6	900~950	38~42	36~38	33
18	5~6	950~1 000	40~44	36~40	28
20	5~6	950~1 000	40~44	36~40	25

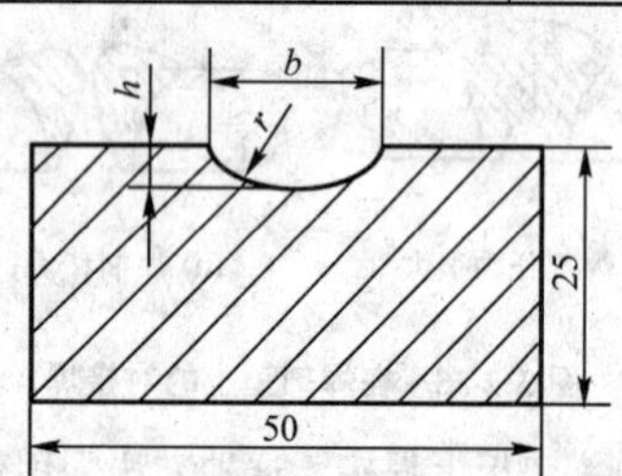

图 3.2-36 铜垫板尺寸

表 3.2-11 铜垫板断面尺寸 mm

焊件厚度	槽宽 b	槽深 h	沟槽曲率半径 r
4~6	10	2.5	7.0
6~8	12	3.0	7.5
8~10	14	3.5	9.5
12~14	18	4.0	12

表 3.2-12 在龙门架焊剂铜垫板上单面焊的焊接条件

板厚 /mm	装配间隙 /mm	焊丝直径 /mm	焊接电流 /A	电弧电压 /V	焊接速度 /cm·min^{-1}
3	2	3	380~420	27~29	78.3
4	2~3	4	450~500	29~31	68
5	2~3	4	520~560	31~33	63
6	3	4	550~600	33~35	63
7	3	4	640~680	35~37	58
8	3~4	4	680~720	35~37	53.3
9	3~4	4	720~780	36~38	46
10	4	4	780~820	38~40	46
12	5	4	850~900	39~41	38
14	5	4	880~920	39~41	36

表 3.2-13 对接用的永久性铜垫板

板 厚	垫板厚度	垫板宽度
2~6	0.5δ	$4\delta+5$
6~10	$(0.3\sim0.4)\delta$	

图 3.2-37 锁底对接接头

5）悬空焊 当工件装配质量良好并且没有间隙的情况下，可以采用不加垫板的悬空焊。用这种方法进行平面焊时，工件不能完全焊透。一般的熔深不超过 2/3 板厚，否则容易焊穿。这种方法只用于不要求完全焊透的接头。

(2) 对接接头双面焊

工件厚度超过 12~14 mm 的对接接头，通常采用双面焊。接头形式根据板厚、钢种、接头性能要求的不同，可采用图 3.2-38 所示的 I 形、Y 形、X 形坡口。这种方法对焊接工艺参数的波动和工件装配质量不敏感，一般都可以获得较好的焊接质量。第一面焊接时，所采用的技术与上述单面焊相似，但是不要求完全焊透，焊缝的熔透由反面焊接保证。焊接第一面的实施方法有悬空法、加焊剂垫法以及临时工艺垫板法。

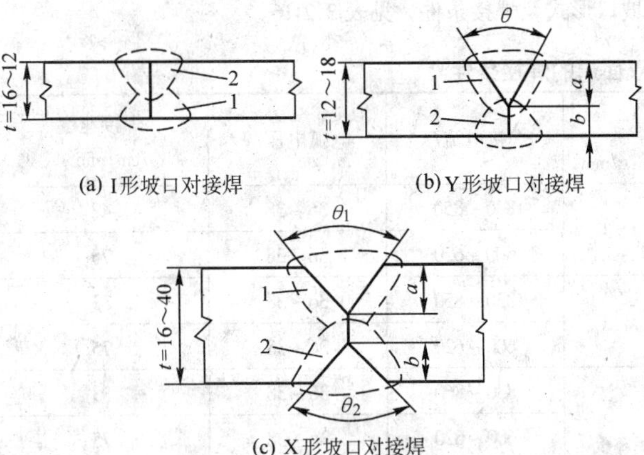

图 3.2-38 不同板厚的接头形式

1) 悬空焊 装配时不留间隙或只留很小的间隙（一般不超过 1 mm）。第一面焊接达到的熔深一般小于上件厚度的一半。反面焊接的熔深要求达到工件厚度的 60% ~ 70%，以保证工件完全焊透。不开坡口的对接接头悬空焊的焊接参数，如表 3.2-14 所示。

表 3.2-14 不开坡口对接接头悬空双面焊的焊接条件①

工件厚度 /mm	焊丝直径 /mm	焊接顺序	焊接电流 /A	电弧电压 /V	焊接速度 /cm·min⁻¹
6	4	正	380 ~ 420	30	58
		反	430 ~ 470	30	55
8	4	正	440 ~ 480	30	50
		反	480 ~ 530	31	50
10	4	正	530 ~ 570	31	46
		反	590 ~ 640	33	46
12	4	正	620 ~ 660	35	42
		反	680 ~ 720	35	41
14	4	正	680 ~ 720	37	41
		反	730 ~ 770	40	38
16	5	正	800 ~ 850	34 ~ 36	63
		反	850 ~ 900	36 ~ 38	43
17	5	正	850 ~ 900	35 ~ 37	60
		反	900 ~ 950	37 ~ 39	48
18	5	正	850 ~ 900	36 ~ 38	60
		反	900 ~ 950	38 ~ 40	40
20	5	正	850 ~ 900	36 ~ 38	42
		反	900 ~ 1 000	38 ~ 40	40
22	5	正	900 ~ 950	37 ~ 39	53
		反	1 000 ~ 1 050	38 ~ 40	40

① 装配间隙 0 ~ 1 mm，MZ – 1000 直流。

2）在焊剂垫上焊接 如图 3.2-39 所示，焊接第一面时采用预留间隙不开坡口的方法最为经济。第一面的焊接参数应保证熔深超过工件厚度的 60% ~ 70%。焊完第一面后翻转工件，进行反面焊接，其参数可以与正面的相同以保证工件完全焊透。预留间隙双面焊的焊接条件：依工件的不同而异，表 3.2-15a、b 分别为两组数据，可供参考。在预留间隙的 I 形坡口内，焊前均匀塞填干净焊剂，然后在焊剂垫上施焊，可减少产生夹渣的可能，并可改善焊缝成形。第一面焊道焊接后，是否需要清根，视第一道焊缝的质量而定。

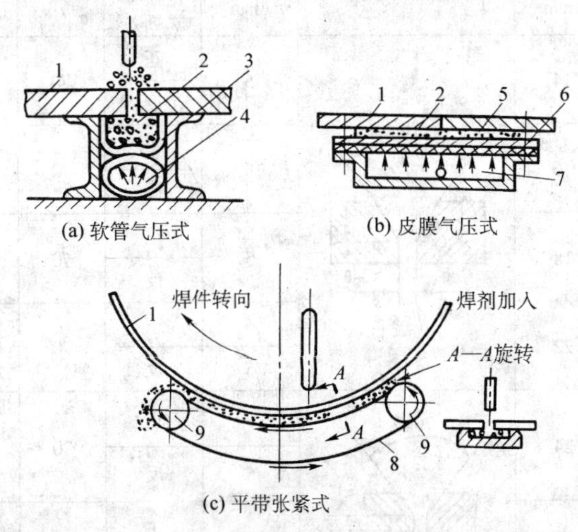

图 3.2-39 焊剂垫的结构实例

1—焊件；2—焊剂；3—帆布；4—充气软管；5—橡皮膜；6—压板；7—气室；8—平带；9—带轮

表 3.2-15a 对接接头预留间隙双面焊的焊接条件①

工件厚度 /mm	装配间隙 /mm	焊丝直径 /mm	焊接电流 /A	电弧电压 /V	焊接速度 /cm·min⁻¹
14	3 ~ 4	5	700 ~ 750	34 ~ 36	50
16	3 ~ 4	5	700 ~ 750	34 ~ 36	45
18	4 ~ 5	5	750 ~ 800	36 ~ 40	45
20	4 ~ 5	5	850 ~ 900	36 ~ 40	45
24	4 ~ 5	5	900 ~ 950	38 ~ 42	42
28	5 ~ 6	5	900 ~ 950	38 ~ 42	33
30	6 ~ 7	5	950 ~ 1 000	40 ~ 44	27
40	8 ~ 9	5	1 100 ~ 1 200	40 ~ 44	20
50	10 ~ 11	5	1 200 ~ 1 300	44 ~ 48	17

① 采用交流电，HJ431，第一面在焊剂垫上焊。

表 3.2-15b 对接接头预留间隙双面焊的焊接条件①

工件厚度 /mm	装配间隙 /mm	焊丝直径 /mm	焊接电流 /A	电弧电压 /V	焊接速度 /cm·min⁻¹
6	0 + 1	3	380 ~ 400	30 ~ 32	57 ~ 60
		4	400 ~ 550	28 ~ 32	63 ~ 73
8	0 + 1	3	400 ~ 420	30 ~ 32	53 ~ 57
		4	500 ~ 600	30 ~ 32	63 ~ 67
10	2 ± 1	4	500 ~ 600	36 ~ 40	50 ~ 60
		5	600 ~ 700	34 ~ 38	58 ~ 67
12	2 ± 1	4	550 ~ 580	38 ~ 40	50 ~ 57
		5	600 ~ 700	34 ~ 38	58 ~ 67
14	3 ± 0.5	4	550 ~ 720	38 ~ 42	50 ~ 53
		5	650 ~ 750	36 ~ 40	50 ~ 57
≤16	3 ± 0.5	5	650 ~ 850	36 ~ 40	50 ~ 57

① 根据上海锅炉厂提供的资料。

如果工件需要开坡门，坡口形式按工件厚度决定。工件坡口形式及焊接条件，见表3.2-16。

表3.2-16 开坡口工件的双面焊的焊接条件①②

工件厚度/mm	坡口形式	焊丝直径/mm	焊接顺序	坡口尺寸 α/(°)	坡口尺寸 h/mm	坡口尺寸 g/mm	焊接电流/A	电弧电压/V	焊接速度/cm·min^{-1}
14	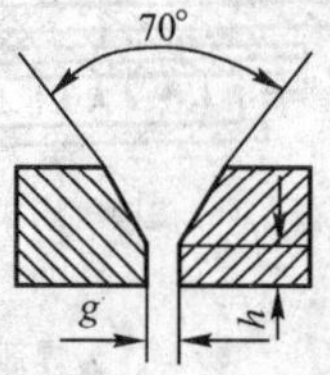	5	正	70	3	3	830~850	36~38	42
			反				600~620	36~38	75
16		5	正	70	3	3	830~850	36~38	33
			反				600~620	36~38	75
18		5	正	70	3	3	830~860	36~38	33
			反				600~620	36~38	75
22		6	正	70	3	3	1 050~1 150	38~40	30
		5	反				600~620	36~38	75
24	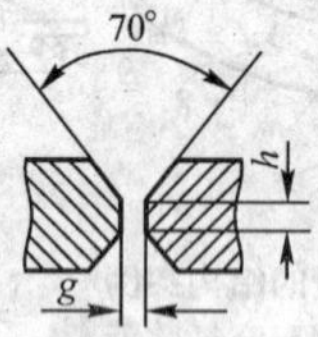	6	正	70	3	3	1 100	38~40	40
		5	反				800	36~38	47
30		6	正	70	3	3	1 000	36~40	30
			反				900~1 000	36~38	33

① 第一面在焊剂垫上焊接；② 江南造船厂资料。

3）在临时衬垫上焊接 采用此法焊接第一面时，一般都要求接头处留有一定间隙，以保证焊剂能填满其中。临时衬垫的作用是托住间隙中的焊剂。平板对接接头的临时衬垫常用厚3~4 mm、宽30~50 mm的薄钢带；也可采用石棉绳或石棉板，如图3.2-40所示。焊完第一面后，去除临时衬垫及间隙中的焊剂和焊缝底层的渣壳，用同样参数焊接第二面。要求每面熔深均达板厚的60%~70%。

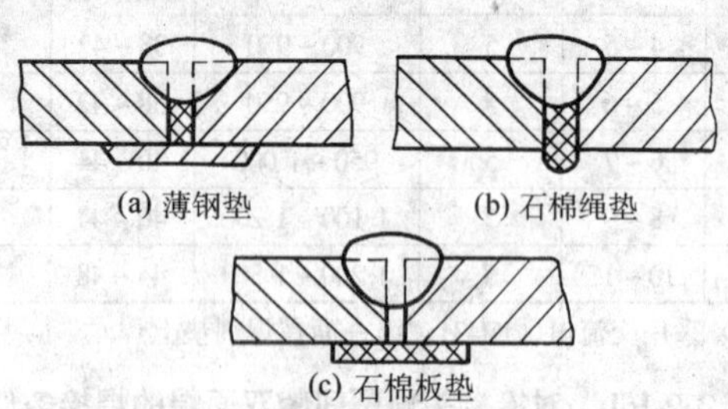
(a) 薄钢垫 (b) 石棉绳垫
(c) 石棉板垫

图3.2-40 在临时衬垫上焊接

4）多层焊 当板厚超过40~50 mm时，往往需要采用多层焊。多层焊时坡口形状一般采用V形和X形，而且坡口角度比较窄。图3.2-41所示的焊道宽度比焊缝深度小得多，此时在焊缝中心容易产生梨形焊道裂纹。另外在多层焊结束时，在焊道端部需加衬板，由于背面初始焊道不能全部铲除造成坡口角度变窄，如图3.2-42所示，此时形成的梨形焊道更增加裂纹产生倾向，因而需要特别引起注意。

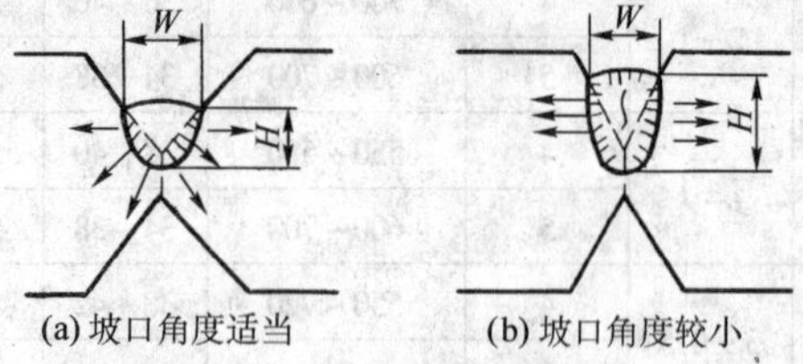

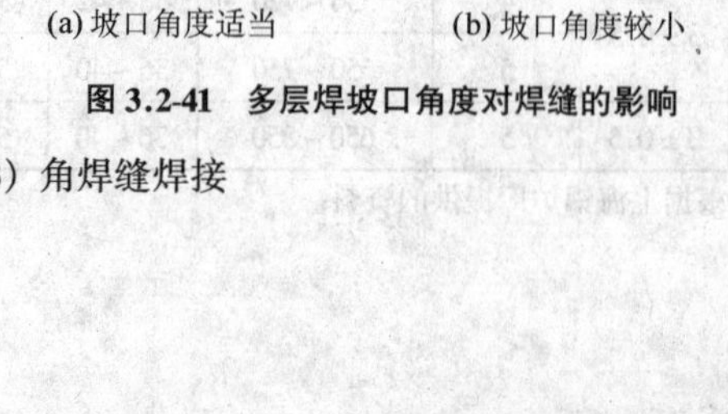

(a) 坡口角度适当 (b) 坡口角度较小

图3.2-41 多层焊坡口角度对焊缝的影响

(3) 角焊缝焊接

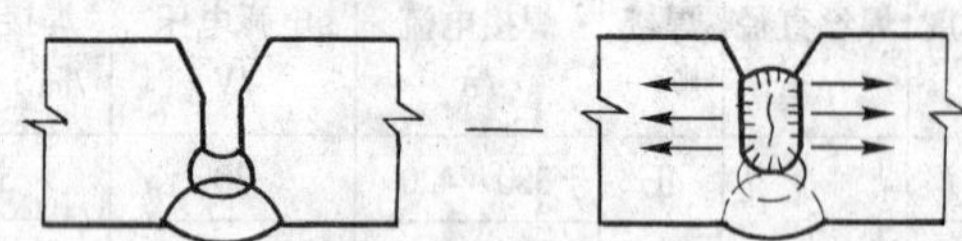

图3.2-42 坡口狭小产生焊缝内部初始裂纹

焊接T形接头或搭接接头的角焊缝时，采用船形焊和平角焊两种方法。

1）船形焊 将工件角焊缝的两边置于与垂直线成45°的位置（见图3.2-43），可为焊缝成形提供最有利的条件。这种焊接法接头的装配间隙不超过1~1.5 mm，否则，必须采取措施，以防止液态金属流失。船形焊的焊接参数，见表3.2-17。

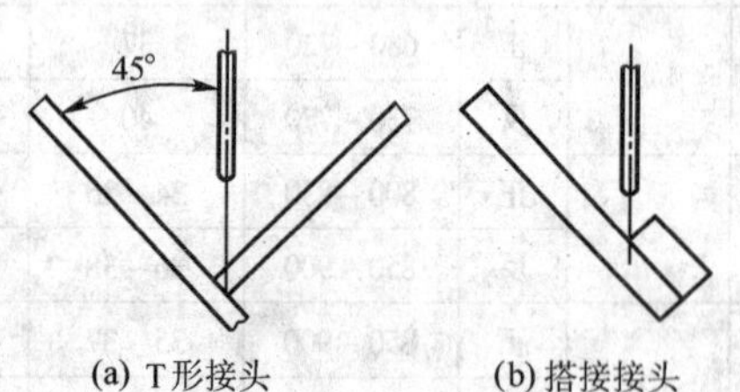

(a) T形接头 (b) 搭接接头

图3.2-43 船形焊

表3.2-17 船形焊焊接条件①

焊脚长度/mm	焊丝直径/mm	焊接电流/A	电弧电压/V	焊接速度/cm·min^{-1}
6	2	450~475	34~36	67
8	3	550~600	34~36	50
10	4	575~625	34~36	50
	3	600~650	34~36	38
12	4	650~700	34~36	38
	3	600~650	34~36	25
	4	725~775	36~38	33
	5	775~825	36~38	30

① 采用交流焊接。

2）平角焊　当工件不便于采用船形焊时，可采用平角焊来焊接角焊缝（见图 3.2-44）。这种焊接方法对接头装配间隙较不敏感，即使间隙达到 2～3 mm，也不必采取防止液态金属流失的措施。焊丝与焊缝的相对位置，对于角焊的质量有重大影响。焊丝偏角 σ 一般在 20°～30°之间。每一单道平角焊缝的断面面积不得超过 40～50 mm²，当焊脚长度超过 8 mm×8 mm 时，会产生金属溢流和咬边。平角焊的焊接条件，参照表 3.2-18。

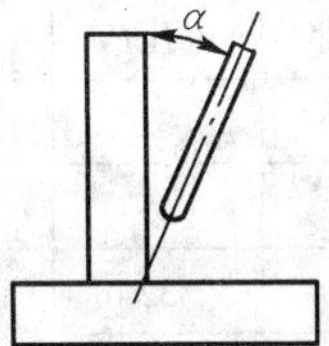

图 3.2-44　平角焊

表 3.2-18　平角焊焊接条件①

焊脚长度 /mm	焊丝直径 /mm	焊接电流 /A	电弧电压 /V	焊接速度 /cm·min⁻¹	电流种类
3	2	200～220	25～28	100	直流
4	2	280～300	28～30	92	交流
	3	350	28～30	92	
5	2	375～400	30～32	92	交流
	3	450	28～30	92	
	4	450	28～30	100	
7	2	375～400	30～32	47	交流
	3	500	30～32	80	
	4	675	32～35	83	

①　用细颗粒 HJ431。

3）多丝角焊接　为了提高焊接效率和增大焊角尺寸，可以采用串列多丝角焊，如图 3.2-45 所示。此时焊丝布置的位置、角度及距离必须设计好，其依据是前后熔池的确定。如果焊丝距离不大，前面熔池的渣会使后面电弧不定；距离太小又会使熔渣卷入后面的熔池。一般串列电弧焊接时，前面电极使用电流较大而后面较小，焊缝成形较好。

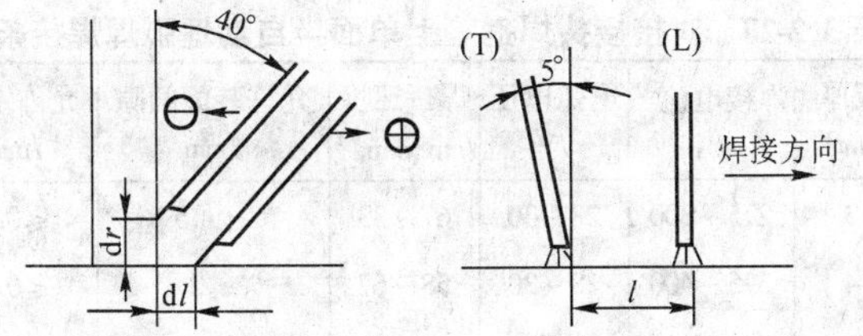

图 3.2-45　串列多丝角焊时焊丝的位置和角度

(4) 高效埋弧焊

1）多丝埋弧焊　多丝埋弧焊是一种高生产率的焊接方法。按照所用焊丝数目有双丝埋弧焊、三丝埋弧焊等。在一些特殊应用中焊丝数目多达 14 根。目前工业上应用最多的是双丝埋弧焊和三丝埋弧焊。双丝焊和三丝焊的电源连接方式，如图 3.2-46 和图 3.2-47 所示。焊丝排列一般都采用纵列式，即 2 根或 3 根焊丝沿焊接方向顺序排列。焊接过程中，每根焊丝所用的电流和电压各不相同，因而它们在焊缝成形过程中所起的作用也不相同。一般由前导的电弧获得足够的熔深，后续电弧调节熔宽或起改善成形的作用。为此，焊丝间的距离要适当。表 3.2-19 为利用双丝埋弧焊和三丝埋弧焊进行单面焊的焊接条件。

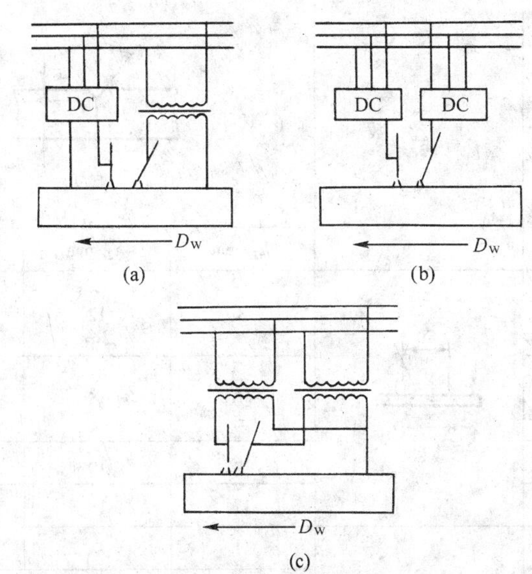

图 3.2-46　多丝焊时两台电源的几种组合方式

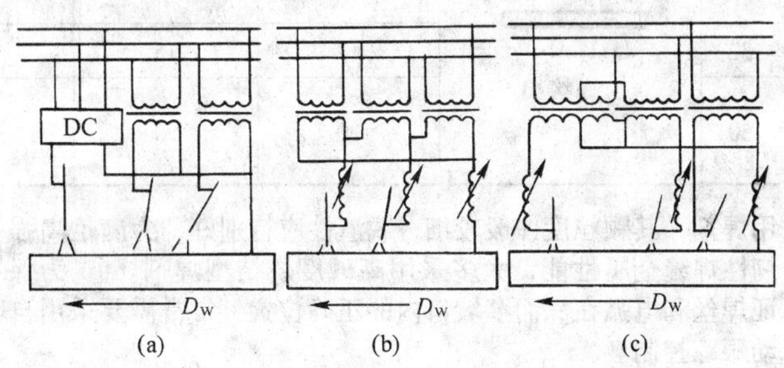

图 3.2-47　多丝焊时三台电源的几种组合方式

2）带状电极埋弧焊　此种方法具有最高的熔敷速度、最低的熔深和稀释度，尤其是双带极埋弧焊，因此是表面堆焊的理想方法。带极埋弧堆焊的关键是要选择合适成分的带材、焊剂和送带机构。一般常用的带宽为 60 mm。焊剂宜采用烧结焊剂，并尽可能减少氧化铁含量。带极埋弧堆焊通常采用直流反接极性。图 3.2-48 为带宽 60 mm 带极堆焊工艺参数对堆焊焊缝成形的影响。为了尽可能减小稀释率，焊接电流不超过 950 A，电压以 26 V 为最佳，焊接速度也不应选得太大。宽带极埋弧堆焊采用轴向外加磁场或横向交变磁场，可以有效提高宽带堆焊层的熔宽和熔深均匀性。

3）附加依靠焊丝电阻热预热的热丝、冷丝、铁粉的埋弧焊方法　这些方法有较高熔敷率、较低的熔深和稀释率。适用于难以制成带极或丝极的某些合金埋弧堆焊及焊接，也常在窄间隙埋弧焊时被采用。

4）窄间隙埋弧焊　厚度在 50 mm 以上的焊件若采用普通的 V 形或 U 形坡口埋弧焊，则焊接层数、道数多，焊缝金属填充量及所需焊接时间均随厚度成几何级数增长，焊接变形也会非常大且难以控制。窄间隙埋弧焊就是为了克服上述弊端而发展起来的，其主要特点为：①窄间隙坡口底层间隙为 12～35 mm，坡口角度为 1°～7°，每层焊缝道数为 1～3，常采用工艺垫板打底焊。②为避免电弧在窄坡口内极易诱发的磁偏吹，通常采用交流电弧而不采用直流电弧，晶闸管控制的交流方波电源是一种理想的电源。③为了提高窄坡口埋弧焊的熔敷和焊接速度，采用串列双弧焊是有效途径，如 AC－AC 或 DC－AC 组合的串列双弧。④为使焊丝送达厚板窄坡口底层，需设计能插入坡口内的专用窄焊嘴，焊丝外伸长度常取为 50～75 mm，以获得较高熔敷速率。⑤要采用专

表 3.2-19　双丝和多丝埋弧焊单面焊的焊接条件

板厚/mm	焊丝数	坡口（θ, h_1, h_2）			焊接参数			
		h_1/mm	h_2/mm	θ/(°)	焊丝	电流/A	电压/V	焊接速度/cm·min^{-1}
20	双丝（70，D_W）	8	12	90	前	1 400	32	60
					后	900	45	
25		10	15	90	前	1 600	32	60
					后	1 000	45	
32		16	16	75	前	1 800	33	50
35		17	18	75	后	1 100	45	43
20	丝（50，110，D_W）	11	9	90	前	2 200	30	110
25		12	13	90	中	1 300	40	95
					后	1 000	45	
32		17	15	70	前	2 200	33	70
50		30	20	60	中	1 400	40	40
					后	1 100	45	

用焊剂，其颗粒度一般较细，脱渣性应特别好，为满足高强韧性焊缝金属性能，大多采用高碱度烧结型焊剂。⑥ 为保证焊丝和电弧在深而窄坡口内的正确位置，常常需要采用自动跟踪控制。

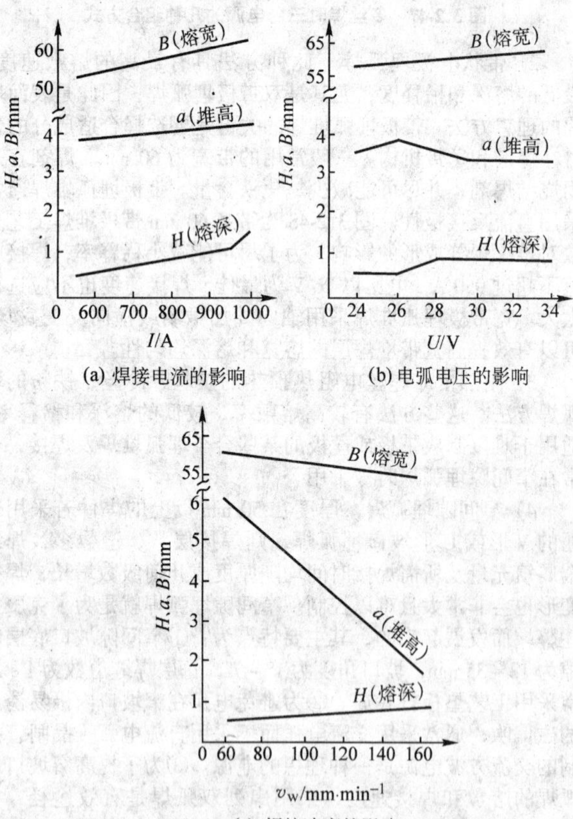

图 3.2-48　60 mm 带极埋弧堆焊工艺参数对堆焊成形的影响

4.3　半自动埋弧焊工艺

半自动埋弧焊时，焊接速度及其均匀程度完全由焊工控制。焊接短而不规则的接头时，焊枪通常没有支托。焊接较长的接头时，可在焊枪上加支托装置，以减轻焊工的体力负担并易于保证焊接质量。装配间隙较大、堆焊或上坡焊时，焊枪除沿接缝移动外还可以作横向摆动。

焊接对接接头时，可以采用单面焊也可以采用双面焊。表 3.2-20 为用直径 2 mm 焊丝在焊剂垫上进行对接接头单面焊的焊接条件。表 3.2-21 为用直径 2 mm 的焊丝进行对接接头双面焊的焊接条件。半自动双面焊时，工件不开坡口，装配间隙可参考表 3.2-13 选用。用这种方法可焊接厚度 3 ~ 24 mm 的工件。

表 3.2-20　对接接头焊剂垫上单面半自动埋弧焊焊接条件

板厚/mm	焊接电流①/A	电弧电压/V	焊接速度/cm·min^{-1}	允许装配间隙/mm	允许错边/mm
3	275 ~ 300	28 ~ 30	67 ~ 83	≤1.5	≤0.5
4	375 ~ 400	28 ~ 30	58 ~ 67	≤2	≤0.5
5	425 ~ 450	32 ~ 34	50 ~ 58	≤3	≤1.0
6	475	32 ~ 34	50 ~ 58	≤3	≤1.0

①　采用交流电焊接，焊丝直径 2 mm。

表 3.2-21　对接接头双面半自动埋弧焊焊接条件

板厚/mm	焊接电流/A	电弧电压/V	焊接速度/cm·min^{-1}
4	220 ~ 240	32 ~ 34	30 ~ 40
5	275 ~ 300	32 ~ 34	30 ~ 40
8	450 ~ 470	34 ~ 36	30 ~ 40
12	500 ~ 550	36 ~ 40	30 ~ 40

角焊缝不论用船形焊或横角焊缝都可采用半自动焊，表

3.2-22为角焊缝半自动焊横焊的焊接条件。

表3.2-22 角焊缝半自动埋弧焊横焊的焊接条件

板厚 /mm	焊脚长度 /mm	焊接电流 /A	电弧电压 /V	焊接速度 /cm·min⁻¹
4	4	220~240	32~34	40~50
5	5	275~300	32~34	40~50
8	8	380~420	32~38	30~40

4.4 埋弧焊接头的基本形式

碳钢和低合金钢埋弧焊接接头的基本形式已经标准化，各种接头使用厚度及其基本尺寸请参阅GB/T 986—1988。

5 埋弧焊主要缺陷及防止

埋弧焊时可能产生的主要缺陷，除了由于所用焊接工艺参数不当造成的熔透不足、烧穿、成形不良以外，还有气孔、裂纹、夹渣等。本节主要叙述气孔、裂纹、夹渣这几种缺陷的产生原因及其防止措施。

5.1 气孔

埋弧焊焊缝产生气孔的主要原因及防止措施如下。

1）焊剂吸潮或不干净 焊剂中的水分、污物和氧化铁屑等都会使焊缝产生气孔，在回收使用的焊剂中这个问题更为突出。水分可通过烘干消除，烘干温度与时间由焊剂生产厂家规定。防止焊剂吸收水分的最好方法是正确地储存和保管。采用真空式焊剂回收器可以较有效地分离焊剂与尘土，从而减少回收焊剂在使用中产生气孔的可能性。

2）焊接时焊剂覆盖不充分 由于电弧外露卷入空气而造成气孔。焊接环缝时，特别是小直径的环缝，容易出现这种现象，应采取适当措施，防止焊剂散落。

3）熔渣黏度过大 焊接时溶入高温液态金属中的气体在冷却过程中将以气泡形式溢出。如果熔渣黏度过大，气泡无法通过熔渣，被阻挡在焊缝金属表面附近而造成气孔。通过调整焊剂的化学成分，改变熔渣的黏度即可解决。

4）电弧磁偏吹 焊接时经常发生电弧磁偏吹现象，特别是在用直流电焊接时更为严重，电弧磁偏吹会在焊缝中造成气孔。磁偏吹的方向受很多因素的影响，例如工件上焊接电缆的连接位置、电缆接线处接触不良、部分焊接电缆环绕接头造成的二次磁场等。在同一条焊缝的不同部位，磁偏吹的方向也不相同。在接近端部的一段焊缝上，磁偏吹更经常发生，因此这段焊缝的气孔也较多。为了减少磁偏吹的影响，应尽可能采用交流电源；工件上焊接电缆的连接位置尽可能远离焊缝终端；避免部分焊接电缆在工件上产生二次磁场等。

5）工件焊接部位被污染 焊接坡口及其附近的铁锈、油污或其他污物在焊接时将产生大量气体，促使气孔生成，焊接之前应予清除。

5.2 裂纹

通常情况下，埋弧焊接头有可能产生两种类型裂纹，即结晶裂纹和氢致裂纹。前者只限于焊缝金属，后者则可能发生在焊缝金属或热影响区。

1）结晶裂纹 钢材焊接时，焊缝中的硫、磷等杂质在结晶过程中形成低熔点共晶。随着结晶过程的进行，它们逐渐被排挤在晶界，形成了"液态薄膜"。焊缝凝固过程中，由于收缩作用，焊缝金属受拉应力。"液态薄膜"不能承受拉应力而形成裂纹。可见产生"液态薄膜"和焊缝的拉应力是形成结晶裂纹的两方面原因。

钢材的化学成分对结晶裂纹的形成有重要影响。硫对形成结晶裂纹影响最大，但其影响程度又与钢中其他元素含量有关，如Mn与S结合成MnS而除硫，从而对S的有害作用起抑制作用。Mn还能改善硫化物的性能、形态及其分布等。因此，为了防止产生结晶裂纹，对焊缝金属中的Mn/S值有一定要求。Mn/S值多大才有利于防止结晶裂纹，还与含碳量有关。图3.2-49表示C、Mn、S含量与焊缝裂纹倾向的关系。可见含C量愈高，要求Mn/S值也愈高。Si和Ni的存在也会增加S的有害作用。

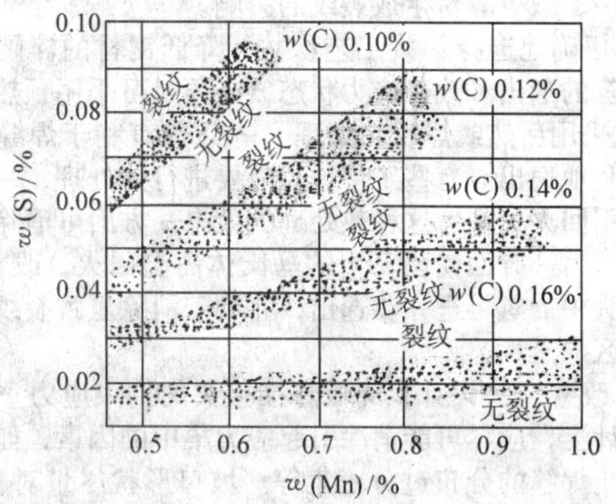

图3.2-49 Mn、C、S同时存在对结晶裂纹的影响

埋弧焊焊缝的熔合比通常都较大，因而母材金属的杂质含量对结晶裂纹倾向有很大关系。母材杂质较多，或因偏析使局部C、S含量偏高，Mn/S可能达不到要求。可以通过工艺措施（如采用直流连接、加粗焊丝以减小电流密度、改变坡口尺寸等）减小熔合比，也可以通过焊接材料调整焊缝金属的成分，如增加含Mn量，降低含C、Si量等。

焊缝形状对于结晶裂纹的形成也有明显影响。窄而深的焊缝会造成对生的结晶面，"液态薄膜"将在焊缝中心形成，有利于结晶裂纹的形成。焊接接头形式不同，不但刚性不同，并且散热条件与结晶特点也不同，对产生结晶裂纹的影响也不同。图3.2-50表示不同形式接头对结晶裂纹的影响，图中a、b两种接头抗裂性较高，c、d、e、f几种接头抗裂性较差。

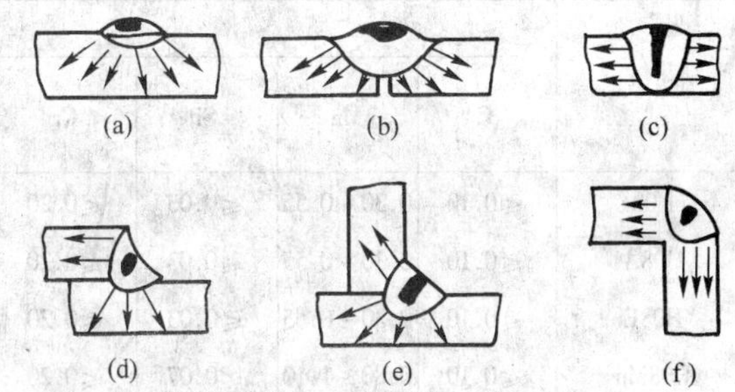

图3.2-50 接头形式对结晶裂纹的影响

2）氢致裂纹 这种裂纹较多地发生在低合金钢、中合金钢和高碳钢的焊接热影响区中。它可能在焊后立即出现，也可能在焊后几小时、几天、甚至更长时间才出现。这种焊后若干时间才出现的裂纹称为延迟裂纹。

氢致裂纹是焊接接头含氢量、接头显微组织、接头拘束情况等因素相互作用的结果。在焊接厚度10 mm以下的工件一般很少发现这种裂纹。工件较厚时，焊接接头冷却速度较大，对淬硬倾向大的母材金属，易在接头处产生硬脆的组织。另一方面，焊接时溶解于焊缝金属中的氢由于冷却过程中溶解度下降，向热影响区扩散。当热影响区的某些区域氢浓度很高而温度继续下降时，一些氢原子开始结合成氢分子，在金属内部造成很大的局部应力。在接头拘束应力作用下产生裂纹。

焊接某些超高强钢时，这种裂纹会出现在焊缝金属中。

针对氢致裂纹产生的原因，可以从以下几方面采取措施，防止其发生。

① 减少氢的来源及其在焊缝金属中的溶解，采用低氢焊剂；焊剂保管中注意防潮，使用前严格烘干；对焊丝、工件焊口附近的锈、油污、水分等焊前必须清理干净。通过焊剂的冶金反应把氢结合成不溶于液态金属的化合物，如高Mn高Si焊剂可以把H结合成HF和OH两种稳定化合物进入熔渣中，减少氢对生成裂纹的影响。

② 正确地选择焊接工艺参数，降低钢材的淬硬程度并有利于氢的逸出和改善应力状态，必要时可采用预热。

③ 采用后热或焊后热处理　焊后热有利于焊缝中的溶解氢顺利地逸出。有些工件焊后需要进行热处理，一般情况下多采用回火处理。这种热处理的效果一方面可消除焊接残余应力，另一方面使已产生的马氏体高温回火，改善组织。同时接头中的氢可进一步逸出，有利于消除氢致裂纹，改善热影响区的延性。

④ 改善接头设计，降低焊接接头的拘束应力　在焊接接头设计上，应尽可能消除引起应力集中的因素，如避免缺口、防止焊缝的分布过分密集等。坡口形状尽量对称为宜，不对称的坡口裂纹敏感性较大。在满足焊缝强度的基本要求下，应尽量减少填充金属的用量。埋弧焊时，焊接热影响区除了可能产生氢致裂纹外，还可能产生淬硬脆化裂纹、层状撕裂等。

5.3　夹渣

埋弧焊时，焊缝的夹渣除与焊剂的脱渣性能有关外，还与工件的装配情况和焊接工艺有关。对接焊缝装配不良时，易在焊缝底层产生夹渣，焊缝成形对脱渣情况也有明显影响。平而略凸的焊缝比深凹或咬边的焊缝更容易脱渣。双道焊的第一道焊缝，当它与坡口上缘熔合时，脱渣容易，如图3.2-51a所示，而当焊缝不能与坡口边缘充分熔合时，脱渣困难，如图3.2-51b所示，在焊接第二道焊缝时易造成夹渣。焊接深坡口时，有较多的小焊道组成的焊缝，夹渣的可能性小。而有较多的大焊道组成的焊缝，夹渣的可能性大。图3.2-52为这两种焊缝对夹渣的影响。

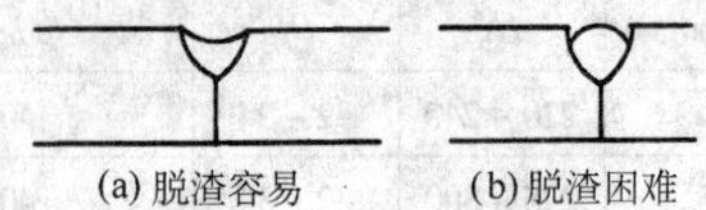

(a) 脱渣容易　(b) 脱渣困难

图3.2-51　焊道与坡口熔合情况对脱渣的影响

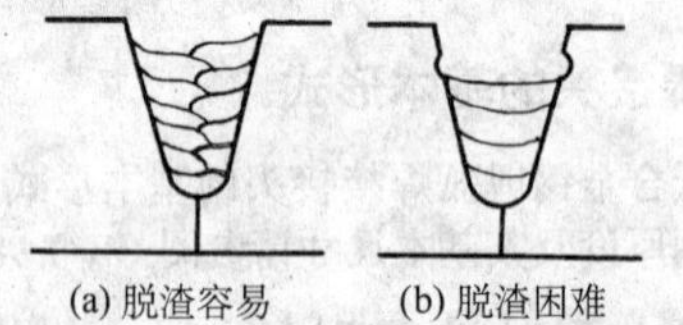

(a) 脱渣容易　(b) 脱渣困难

图3.2-52　多层焊时焊道大小对脱渣的影响

6　埋弧焊材料——焊丝、焊剂及选配

焊丝和焊剂是埋弧焊的消耗材料，从普通碳素钢到高级镍合金多种金属材料的焊接都可以选用焊丝和焊剂配合进行埋弧焊接。二者直接参与焊接过程中的冶金反应，因而它们的化学成分和物理性能不仅影响埋弧焊过程中的稳定性、焊接接头性能和质量，同时还影响着焊接生产率，因此根据焊缝金属要求，正确选配焊丝和焊剂是埋弧焊技术的一项重要内容。

6.1　焊丝

埋弧焊使用的焊丝有实心焊丝和药芯焊丝两类，生产中普遍使用的是实心焊丝，药芯焊丝只在某些特殊场合应用。焊丝品种随所焊金属的不同而不同，目前已有碳素结构钢、低合金钢、高碳钢、特殊合金钢、不锈钢、镍基合金钢焊丝，以及堆焊用的特殊合金焊丝。根据国家标准GB/T 14957—1994、GB/T 4241—1984焊接用钢丝的规定，表3.2-23、表3.2-24是典型的碳素结构钢、合金结构钢和不锈钢焊丝的化学成分。

表3.2-23　国产焊丝标准化学成分（摘自GB/T 14957—1994）

钢种	牌号	化学成分（质量分数）/%										用途
		C	Mn	Si	Cr	Ni	Mo	V	其他	S	P	
										≤		
碳素结构钢	H08	≤0.10	0.30～0.55	≤0.03	≤0.20	≤0.30	—	—	—	0.040	0.040	用于碳素钢的电弧焊、气焊、埋弧焊、电渣焊和气体保护焊等
	H08A	≤0.10	0.30～0.55	≤0.03	≤0.20	≤0.30	—	—	—	0.030	0.030	
	H08E	≤0.10	0.30～0.55	≤0.03	≤0.20	≤0.30	—	—	—	0.025	0.025	
	H08Mn	≤0.10	0.80～1.10	≤0.07	≤0.20	≤0.30	—	—	—	0.040	0.040	
	H08MnA	≤0.10	0.80～1.10	≤0.07	≤0.20	≤0.30	—	—	—	0.030	0.030	
	H15A	0.11～0.18	0.35～0.65	≤0.03	≤0.20	≤0.30	—	—	—	0.030	0.030	
	H15Mn	0.11～0.18	0.80～1.10	≤0.07	≤0.20	≤0.30	—	—	—	0.040	0.040	
合金结构钢	H10Mn2	≤0.12	1.50～1.90	≤0.07	≤0.20	≤0.30	—	—	—	0.040	0.040	用于合金结构钢的电弧焊、气焊、埋弧焊、电渣焊和气体保护焊等
	H08Mn2Si	≤0.11	1.70～2.10	0.65～0.95	≤0.20	≤0.30	—	—	—	0.040	0.040	
	H08Mn2SiA	≤0.11	1.80～2.10	0.65～0.95	≤0.20	≤0.30	—	—	—	0.030	0.030	
	H10MnSi	≤0.14	0.80～1.10	0.60～0.90	≤0.20	≤0.30	—	—	—	0.030	0.040	
	H10MnSiMo	≤0.14	0.90～1.20	0.70～1.10	≤0.20	≤0.30	0.15～0.25	—	—	0.030	0.040	
	H10MnSiMoTiA	0.08～0.12	1.00～1.30	0.40～0.70	≤0.20	≤0.30	0.20～0.40	—	Ti0.05～0.15	0.025	0.030	

续表 3.2-23

钢种	牌号	化学成分（质量分数）/%										用途
		C	Mn	Si	Cr	Ni	Mo	V	其他	S ≤	P ≤	
合金结构钢	H08MnMoA	≤0.10	1.20~1.60	≤0.25	≤0.20	≤0.30	0.30~0.50	—	Ti0.15(＊)	0.030	0.030	用于合金结构钢的电弧焊、气焊、埋弧焊、电渣焊和气体保护焊等
	H08Mn2MoA	0.06~0.11	1.60~1.90	≤0.25	≤0.20	≤0.30	0.50~0.70	—	Ti0.15(＊)	0.030	0.030	
	H10Mn2MoA	0.08~0.13	1.70~2.00	≤0.40	≤0.20	≤0.30	0.60~0.80	—	Ti0.15(＊)	0.030	0.030	
	H08Mn2MoVA	0.06~0.11	1.60~1.90	≤0.25	≤0.20	≤0.30	0.50~0.70	0.06~0.12	Ti0.15(＊)	0.030	0.030	
	H10Mn2MoVA	0.08~0.13	1.70~2.00	≤0.40	≤0.20	≤0.30	0.60~0.80	0.06~0.12	Ti0.15(＊)	0.030	0.030	
	H08CrMoA	≤0.10	0.40~0.70	0.15~0.35	0.80~1.10	≤0.30	0.40~0.60	—	—	0.030	0.030	
	H13CrMoA	0.11~0.16	0.40~0.70	0.15~0.35	0.80~1.00	≤0.30	0.40~0.60	—	—	0.030	0.030	
	H18CrMoA	0.15~0.22	0.40~0.70	0.15~0.35	0.80~1.10	≤0.30	0.15~0.25	—	—	0.025	0.030	
	H08CrMoVA	≤0.10	0.40~0.70	0.15~0.35	1.00~1.30	≤0.30	0.50~0.70	0.15~0.35	—	0.030	0.030	
	H08CrNi2MoA	0.05~0.10	0.50~0.85	0.10~0.30	0.70~1.00	1.40~1.80	0.20~0.40	—	—	0.025	0.025	
	H30CrMoSiA	0.25~0.35	0.80~1.10	0.90~1.20	0.80~1.10	≤0.30	—	—	—	0.025	0.030	
	H10MoCrA	≤0.10	0.40~0.70	0.15~0.35	0.45~0.65	≤0.30	0.40~0.60	—	—	0.030	0.030	

注：表中＊号为加入量。

表 3.2-24 国产不锈钢焊丝标准化学成分（摘自 GB/T 4241—1984）

类别	牌号	化学成分（质量分数）/%								
		C	Si	Mn	P	S	Ni	Cr	Mo	其他
奥氏体	H0Cr21Ni10	≤0.06	≤0.60	1.00~2.50	≤0.30	≤0.20	9.00~11.00	19.50~22.00	—	—
	H00Cr21Ni10	≤0.03	≤0.60	1.00~2.50	≤0.30	≤0.20	9.00~11.00	19.50~22.00	—	—
	H1Cr24Ni13	≤0.12	≤0.60	1.00~2.50	≤0.30	≤0.20	12.00~14.00	23.00~25.00	—	—
	H1Cr24Ni13Mo2	≤0.12	≤0.60	1.00~2.50	≤0.30	≤0.20	12.00~14.00	23.00~25.00	2.00~3.00	—
	H1Cr26Ni21	≤0.15	0.2~0.59	1.00~2.50	≤0.30	≤0.20	20.00~22.50	25.00~28.00	—	—
	H0Cr26Ni21	≤0.08	≤0.60	1.00~2.50	≤0.30	≤0.20	20.00~22.50	25.00~28.00	—	—
	H0Cr19Ni12Mo2	≤0.08	≤0.06	1.00~2.50	≤0.30	≤0.20	11.00~14.00	18.00~20.00	2.00~3.00	—
	H00Cr19Ni12Mo2	≤0.03	≤0.60	1.00~2.50	≤0.30	≤0.20	11.00~14.00	18.00~20.00	2.00~3.00	—
	H00Cr19Ni12Mo2Cu2	≤0.03	≤0.60	1.00~2.50	≤0.30	≤0.20	11.00~14.00	18.00~20.00	2.00~3.00	Cu1.00~2.50
	H0Cr20Ni14Mo3	≤0.06	≤0.60	1.00~2.50	≤0.30	≤0.20	13.00~15.00	18.50~20.50	3.00~4.00	—
	H0Cr20Ni10Ti	≤0.06	≤0.60	1.00~2.50	≤0.30	≤0.20	9.00~10.50	18.50~20.50	—	Ti9×C%~1.00
	H0Cr20Ni10Nb	≤0.08	≤0.60	1.00~2.50	≤0.30	≤0.20	9.00~11.00	19.00~21.50	—	Nb10×C%~1.00
	H1Cr21Ni10Mn6	≤0.10	0.20~0.60	5.00~7.00	≤0.30	≤0.20	9.00~11.00	20.00~22.00	—	—
铁素体型	H0Cr14	<0.06	0.30~0.70	0.30~0.70	≤0.30	≤0.30	≤0.60	13.00~15.00	—	—
	H1Cr17	≤0.10	≤0.50	≤0.60	≤0.30	≤0.30	—	15.50~17.00	—	—
马氏体型	H1Cr13	≤0.12	≤0.50	≤0.60	≤0.30	≤0.30	—	11.50~13.50	—	—
	H1Cr5Mo	≤0.12	0.15~0.35	0.40~0.70	≤0.30	≤0.30	≤0.30	4.00~6.00	0.40~0.60	—

焊丝牌号的字母“H”表示焊接用实心焊丝，字母“H”后面的数字表示碳的质量分数，化学元素符号及后面的数字表示该元素大致的质量分数值。当元素的含量 w（Me）小于1%时，元素符号后面的1省略。有些结构钢焊丝牌号尾部标有“A”或“E”字母，“A”为优质品，即焊丝的硫、磷含量比普通焊丝低；“E”表示为高级优质品，其硫、磷含量更低。

例如：

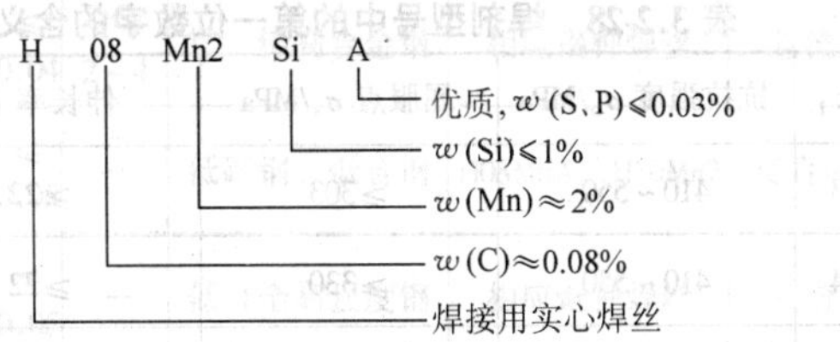

表 3.2-25 为国产钢焊丝标准直径及允许偏差。焊丝直径的选择依用途而定，半自动埋弧焊用焊丝较细，一般为

续表 3.2-33

牌号①	成分类型	组成成分（质量分数）/%											用途	配用焊丝	适用电源种类
		SiO_2	CaF_2	CaO	MgO	Al_2O_3	MnO	FeO	K_2O+Na_2O	S	P	其他			
HJ253	低锰中硅中氟	20~24	24~30	—	13~17	12~16	6~10	≤1.0	—	≤0.08	≤0.05	TiO_2 2~4	低合金高强度钢（薄板）	相应钢种焊丝	直流
HJ260	低锰高硅中氟	29~34	20~25	4~7	15~18	19~24	2~4	≤1.0	—	≤0.07	≤0.07	—	不锈钢，轧辊堆焊	不锈钢焊丝	直流
HJ330	中锰高硅低氟	44~48	3~6	≤3	16~20	≤4	22~26	≤1.5	≤1	≤0.08	≤0.08	—	重要低碳钢及低合金钢	H08MnA，H10Mn2	交直流
HJ350	中锰中硅中氟	30~35	14~20	10~18	—	13~18	14~19	≤1.0	—	≤0.06	≤0.07	—	重要低合金高强度钢	Mn-MoMn-Si及含Ni高强度钢焊丝	交直流
HJ430	高锰高硅低氟	38~45	5~9	≤6	—	≤5	38~47	≤1.8	—	≤0.10	≤0.10	—	重要低碳钢及低合金钢	H08A，H08MnA	交直流
HJ431	高锰高硅低氟	40~44	3~6.5	≤5.5	5~7.5	≤4	34.5~38	≤1.8	—	≤0.10	≤0.10	—	重要低碳钢及低合金钢	H08A，H08MnA	交直流
HJ433	高锰高硅低氟	42~45	2~4	≤4	—	≤3	14~47	≤1.8	0.3~0.5	≤0.15	≤0.10	—	低碳钢	H08A	交直流

① 国家标准 GB/T 5293—1999、GB/T 12470—1999 规定熔炼焊剂型号标注方法为：HJ$\times_1\times_2\times_3$H×××，其中$\times_1$表示焊缝金属的拉伸力学性能；$\times_2$表示拉伸和冲击试样的状态；$\times_3$表示焊缝金属冲击吸收功不小于27 J的最低试验温度；H×××表示可配用焊丝牌号。但生产厂商的牌号是按成分类型区分的，即HJabc中，a表示含锰量；b表示含硅含氟量；c表示同类不同牌号，实际中应注意辨明。

表 3.2-34 国产烧结焊剂牌号、成分及其使用范围

牌号	渣系类别	碱度	主要成分（质量分数）/%						配用焊丝	用途	适用电源种类
			SiO_2+TiO_2	$CaO+MgO$	Al_2O_3+MnO	CaF_2	S	P			
SJ101	氟碱	1.8	25	30	25	2.0			H08MnA，H08MnMoA H08Mn2MoA，H10Mn2	多层焊、多丝焊、窄间隙双单焊	AC、DCRP
SJ102		3.5	10~15	35~45	15~25	20~30					DCRP
SJ104		2.7	30~35	20~25	20~25	20~25			H08Mn2，H08MnMoTi		
SJ105		2.0	16~22	30~34	18~20	18~25	≤0.06	≤0.08	H08MnA		AC、DCRP
SJ301	硅钙	1.0	25~35	20~30	25~40	5~15			H08A，H08MnA H08MnMoA	多层焊、多丝焊双单焊	
SJ302		1.1	20~25	20~25	30~40	8~20					
SJ401	硅锰	<1	45	10	40	—			H08A	常规单丝焊	DCRP
SJ402		0.7	35~45	40~50	5~15	—				薄板较高速焊	
SJ403		—	≥45	≥20	≥20	—	≤0.04	≤0.04	H08A	耐磨堆焊	
SJ501	铝钛	0.5~0.8	25~40	45~60	≤10	—			H08A，H08MnA，H08MnMoA	多丝高速焊	
SJ502		<1	45	30	10	5	≤0.06	≤0.08	H08A	薄板较高速焊	
SJ503		0.7~0.9	25~35	45~60	—	≤17			H08A，H08MnA	常规单丝焊	
SJ601	其他	1.8	5~10	30~40	6~10	40~50					
SJ604		1.8	5~8	30~35	4~8	40~50	≤0.06	≤0.06	H00Cr21Ni10，H0Cr21NiTi	多道焊不锈钢	
SJ641		2.0	20~25	20~22	15~20	20~25					
CHF602		3.0~3.2	(SiO_2) 8~12	(MgO) 24~30	(Al_2O_3) 8~12	20~25	($BaCO_3$) 38~21		H08MnNiMoA，H10Cr2Mo1A	厚壁压力容器	DCRP
CHF603		2.3~2.7	(SiO_2) 6~10	(MgO) 22~28	18~23	15~20	($CaCO_3$) 20~24		H13Cr2Mo1A，H11CrMoA H04Ni13A，H08Mn2Ni2A	Cr-Mo钢 Ni钢	AC、DCRP

编写：刘　嘉（北京工业大学）

第 3 章　钨极惰性气体保护焊

1　钨极惰性气体保护焊（TIG）

1.1　概述

钨极惰性气体保护焊是以钨或钨的合金作为电极材料，在惰性气体的保护下，利用电极与母材金属（工件）之间产生的电弧热熔化母材和填充焊丝的焊接过程。英文称为 GTAW – Gas Tungsten Arc Welding 或 TIG – Tungsten Inert Gas Welding。由于在焊接时电极不熔化，因此亦称为非熔化极惰性气体保护焊。为叙述的方便，在本章中均将钨极惰性气体保护焊简称为 TIG 焊。

TIG 焊焊接过程示意图如图 3.3-1。焊接时，惰性气体以一定的流量从焊枪的喷嘴中喷出，在电弧周围形成气体保护层将空气隔离，以防止大气中的氧、氮等对钨极、熔池及焊接热影响区金属的有害作用，从而获得优质的焊缝。当需要填充金属时，一般在焊接方向的一侧把焊丝送入焊接区、熔入熔池而成为焊缝金属的组成部分。

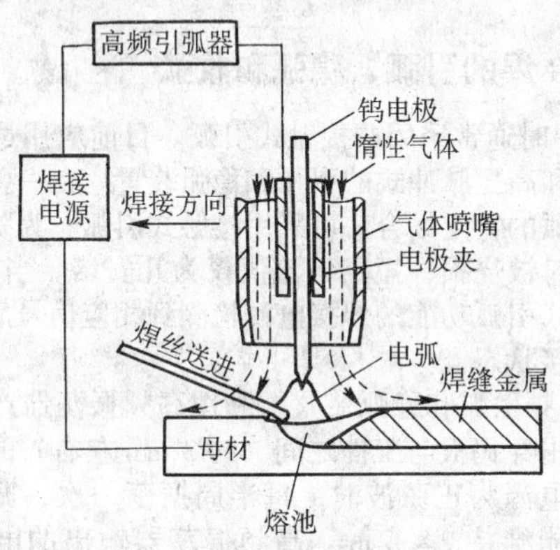

图 3.3-1　TIG 焊焊接过程示意图

TIG 焊主要有手工焊和自动焊两种操作方式。手工焊时，焊枪的运动和焊丝的送进均由焊工的左右手协调操作；自动焊时分别通过焊枪或工件的移动装置及送丝机构完成这两个动作。图 3.3-2、图 3.3-3 分别为手工焊和自动焊的 TIG 焊的系统构成。

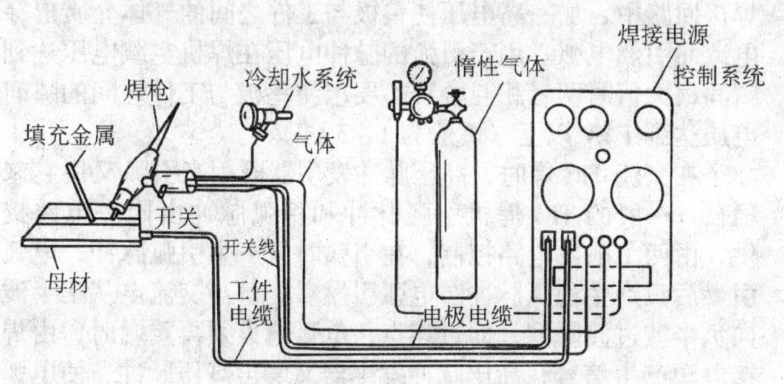

图 3.3-2　手工 TIG 焊的设备构成

在焊接时所用的惰性气体有氩气（Ar）、氦气（He）或氩氦混合气体。在某些使用场合可加入少量的氢气（H_2）。用氩气保护的称钨极氩弧焊；用氦气保护的称钨极氦弧焊。两者在电、热特性方面有所不同。在我国由于氦气的价格比氩气高很多，故在工业上主要用钨极氩弧焊。

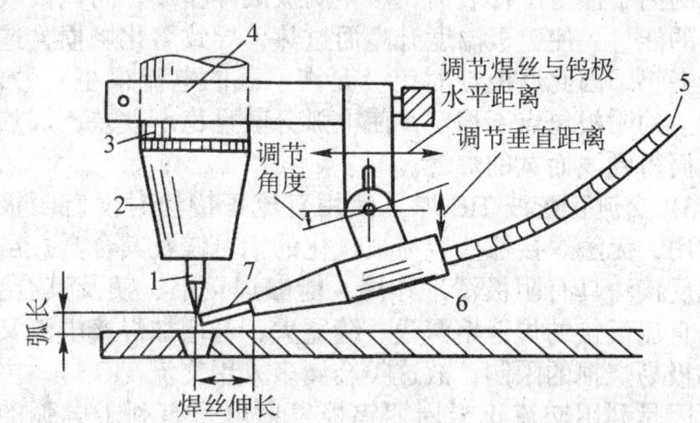

图 3.3-3　自动 TIG 焊的焊枪与导丝机构

1—钨极；2—喷嘴；3—焊枪；4—调节机构；5—焊丝导管；6—导丝嘴；7—焊丝

1.2　TIG 焊的工艺特点

1）惰性气体不与金属发生任何化学反应，在惰性气体保护下焊接，不需使用焊剂就可以焊接几乎所有的金属，焊后不需要去渣，应用面很广。

2）焊接工艺性能好，明弧，能观察电弧及熔池。即使在小的焊接电流下电弧仍然燃烧稳定。由于填充焊丝是通过电弧间接加热，焊接过程无飞溅，焊缝成形美观。

3）能进行全位置焊接，是实现单面焊双面成形的理想焊接方法。并能进行脉冲焊接，容易调节和控制焊接的热输入，适合于薄板或对热敏感材料的焊接。

4）电弧具有阴极清理作用。电弧中的阳离子受阴极电场加速，以很高的速度冲击阴极表面，使阴极表面的氧化膜破碎并清除掉，在惰性气体的保护下，形成清洁的金属表面，又称阴极破碎作用。

当母材是易氧化的轻金属如铝、镁及其合金作为阴极时，这一清理作用尤为显著。因为这些金属表面生成的氧化膜熔点远高于母材，不清除则无法进行焊接。TIG 焊时不需外加焊剂就自动地把氧化膜清除掉，从而获得纯净的焊缝金属。

TIG 焊的缺点及其局限性如下。

1）熔深较浅，焊接速度较慢，焊接生产率较低，惰性气体较贵，生产成本较高。

2）钨极载流能力有限，过大焊接电流会引起钨极熔化和蒸发，其微粒可能进入熔池造成对焊缝金属的污染，使接头的力学性能降低，特别是塑性和冲击韧度的降低。

3）惰性气体在焊接过程中仅仅起保护隔离作用，因此对工件表面状态要求较高。焊件在焊前要进行表面清洗、除油、去锈等准备工作。

4）焊接时气体的保护效果受周围气流的影响较大，需采取防风措施。

1.3　TIG 焊的电流种类和极性

TIG 焊根据被焊工件的材料和要求可选择直流、交流和脉冲等三种焊接电源。直流焊接电源有正极性和反极性两种接法。焊接铝、镁及其合金时应优先选择交流焊接电源，其他金属一般选择直流正极性。

1）直流正极性（DCSP – Direct Current Straight Polarity）

采用 DCSP 焊接时，钨极为阴极，为热阴极型导电机构。钨极发射电子能力强，电流密度较大，有利于电弧稳定。钨极在发射电子的同时，带走了逸出功的能量，对钨极有冷却作用，使钨极不易过热。工件为阳极，接受电子的动能及其放出的逸出功，故产热大于阴极，形成深而窄的焊缝形状。

2）直流反极性（DCRP - Direct Current Reversed Polarity）　采用DCRP焊接时，钨极为阳极，工件为阴极且在其表面温度较高的阴极斑点处发射电子，属冷阴极型导电机构。电弧中的离子撞击工件表面，产生阴极破碎作用；而钨极吸收电子的能量，使钨极温度升高而过热，导致熔化烧损，造成焊缝夹钨，因此反极性时钨极允许承载的电流很小。另外，工件上的阴极斑点不稳定，使电弧分散且稳定性差，加热不集中而得到浅而宽的焊缝。

3）交流正弦波TIG焊　使用直流正接法时没有阴极清理作用，无法焊接那些容易被氧化的铝、镁及其合金。虽然直流反接法具有阴极清理作用，能够焊接铝、镁及其合金，但是直流反接的焊缝熔深浅、缝宽大，若增加焊接电流又受到钨极易烧损的限制，故这类金属多采用交流TIG焊，主要的原因是利用交流正半周期钨极发射电子有利于电弧的稳定，而交流负半周期工件表面的阴极清理作用。焊缝清理后周围的白边，就是由于清理作用把母材表面氧化膜被去除的痕迹。发生的范围是在惰性气体充分包围的地方，如有混入空气就不发生这种作用。当惰性气体流量不足或保护欠佳时，其作用范围就会减少。

由于交流正弦波TIG焊过程中电压和电流随着时间其幅值和极性在不断变化，每秒有100次正负半波交替时的过零反向，电弧空间发生消电离和再电离的过程。转向负半波时所需重燃电压较高，当电源的空载电压不足以维持电弧的连续燃烧时，就需要有能使电弧重燃的稳弧装置，以使电弧过程持续和稳定。电弧重燃所需要的电压值与电弧空间残余的电离度、电极发射电子的能力以及反向电源电压上升速度有关，因此，焊接参数、保护气体种类、电极材料、电源的动态特性等对交流TIG焊的过程稳定性具有很大影响。

4）交流矩形波TIG焊　采用交流矩形电流波形一方面能有效改善交流电弧的稳定性，另一方面能合理分配钨极和工件之间的热量。在满足阴极清理的条件下，最大限度地减少钨极烧损，并获得满意的熔深。交流矩形波过零后电流增长快，电弧重燃容易。目前已有两种交流矩形电流波形如图3.3-4所示。其中，占空比β对铝、镁合金的焊接有重要影响，对β可用下式表示：

$$\beta=\frac{t_n}{t_n+t_p}\times 100\%$$

式中，t_n为周期中的负半波时间；t_p为周期中的正半波时间。当β增大时，阴极清理作用加强，但工件得到的热量减少，熔池浅而宽，钨极烧损加大；反之，β减小时，阴极清理作用稍有减弱，熔深增加，且钨极烧损显著下降。一般β在10%～50%范围内调整。

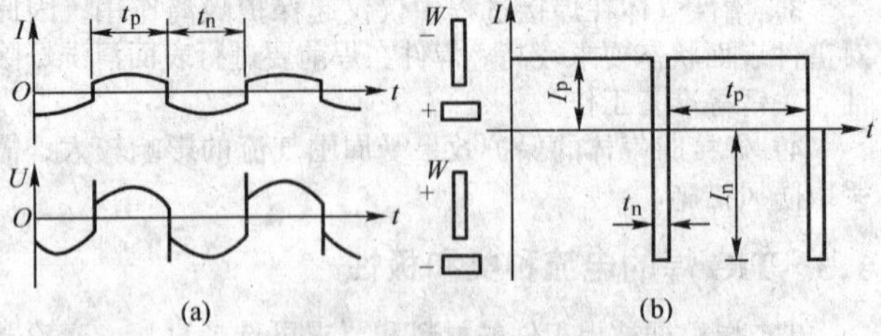

图3.3-4　（a）一般交流矩形波TIG焊的电流、电压波形（b）变极性交流矩形波TIG焊的电流波形

t_p—正半波时间；t_n—负半波时间；

I_p—正半波电流；I_n—负半波电流

另外，在工件为负时的电流值对阴极清理作用影响很大。当增大t_n半波的电流值，I_n可进一步减少t_n的时间，在满足工件表面去除氧化膜的同时，使交流TIG电弧的稳定性大大提高，并将钨极烧损减少到最小程度。这种焊接电流波形称为变极性交流矩形波TIG焊（如图3.3-4b）。

5）脉冲TIG焊　脉冲TIG焊采用低频调制的直流或交流脉冲电流进行焊接。焊接电流波形如图3.3-5所示。电流幅值或有效值按一定频率周期性地变化。在脉冲电流时工件熔化形成熔池，在基值电流时使熔池冷却，同时维持电弧燃烧。在脉冲TIG焊工艺中，通过调节脉冲电流I_p、基值电流I_b的大小及它们的持续时间t_p和t_b，可精确地控制对工件的热输入和熔池尺寸，熔深均匀，热影响区窄，工件变形小。特别适于薄板、全位置管道和单面焊双面成形等的焊接。另外，由于焊接过程是脉冲式加热，熔池金属在高温停留时间短，冷却速度快，可减小热敏感材料产生焊接裂纹的倾向，也适于焊接导热性能和厚度差别较大的工件。

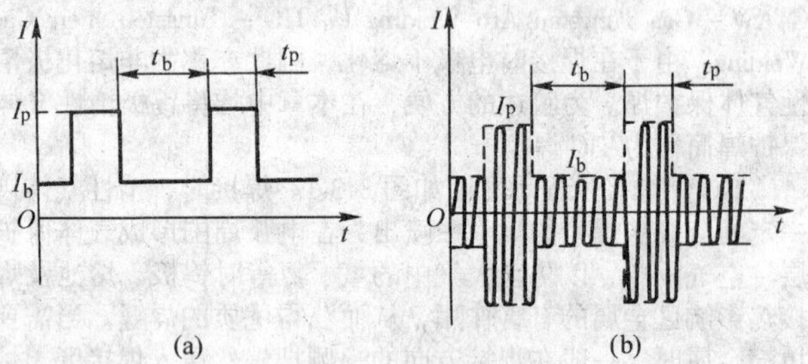

图3.3-5　直流（a）和交流（b）脉冲焊接电流波形示意图

1.4　TIG焊的引弧、稳弧和收弧

TIG焊时通常采用非接触式引弧。目前应用最多的是高频振荡式和高压脉冲式的引弧和稳弧装置。在一些不允许使用高频引弧的特定场合，可采用接触式引弧。为防止钨极在接触母材时被烧损，短路电流值仅为几安培。当引弧成功，具有接触式引弧功能的焊接电源检测到相应信号后自动会进入正常焊接状态。

1）高频引弧和稳弧装置　利用高频振荡器产生的高频高压电去击穿钨极与工件之间（约3 mm左右）的气体而引燃电弧。电源为正弦波时，每半周振荡一次，振荡是衰减的，每次能维持2～6 ms。高频振荡器输出的电压一般为2 500～3 000 V，频率为150～260 kHz，功率约100～200 W。

高频振荡器一般用于直流TIG焊接开始时的引弧，引燃后自动关闭；交流TIG焊时，引弧后还需继续接通，在焊接过程中起稳弧作用。但连续接通时，对工业无线电和电子仪器有干扰作用，对人体健康也不利，而且高频高压的输出和交流电弧过零点的时间不易保证一致，故对稳弧可靠性有影响。

2）脉冲引弧和稳弧装置　将一高压脉冲发生器串接在焊接回路中，加一高电压使钨极与工件之间的气体介质击穿电离而引燃电弧。用于引弧的脉冲电压在焊机空载电压达到瞬间最大值时两者相互叠加，要求使钨极与工件之间的瞬间电压达到1 kV以上（一般为1～3 kV）。

在交流TIG焊时，高压脉冲发生器既用来引弧又用它来稳弧，一般的TIG焊机引弧脉冲和稳弧脉冲由同一电路提供，由两个触发电路控制，在引弧时只产生引弧脉冲，电弧引燃后只产生稳弧脉冲。电弧引燃后，每当交流电从正半波向负半波过渡瞬间，即过零点，电弧熄灭须再重燃时，由焊接电源产生信号，高压脉冲发生器又发出高压脉冲，使电弧重燃而起到稳弧作用。脉冲电压一般为200～250 V，脉冲电流为2 A左右。利用高压脉冲代替高频振荡引弧和稳弧，避免了高频对人体的危害和对电子器件及无线电的干扰。但必须使所输送的高压脉冲与焊接电流严格同步，即正好焊接电流过零点的瞬间，输出一个方向与焊接电源相同（两电压叠加后，产生一个更高的电压），有足够功率的脉冲电压才能起到稳弧的作用。

3）焊接电流衰减功能　焊接电流衰减的作用是当焊接结束时，使焊接电流按设定的时间速率逐渐减小，最后熄灭，使电弧下方的熔池凹陷区的金属回填，同时降低熔化金属在凝固时的冷却速度，避免焊缝线尾处出现弧坑裂纹等缺陷。在封闭形焊缝的焊接时，电流的衰减有利于首尾连接部位的焊缝成形质量。

1.5　TIG焊的应用范围

1）适焊的材料　钨极氩弧焊几乎可焊接所有的金属和合金，但因其成本较高，生产中主要用于焊接铝、镁、钛铜等有色金属及其合金，不锈钢和耐热钢。对于低熔点的易蒸发的金属如铅、锡、锌等因焊接操作困难，一般不用TIG焊。对已镀有锡、锌、铝等低熔点金属层的碳钢，焊前须去掉镀层，否则熔入焊缝金属中生成中间合金会降低接头性能。

2）适焊的焊接接头和位置　TIG焊是一种全位置焊接方法。常规的对接、搭接、T形接和角接等接头处在任何位置，只要结构上具有可达性均能焊接。薄板（≤2 mm）的卷边接头，搭接的点焊接头均可以焊接，而且无需填充金属。

3）适焊的板厚与产品结构　TIG焊特别适用于薄板焊接，焊接的厚度可达0.1 mm。若从生产率考虑以3 mm以下的薄板焊接最适宜；5 mm以下可开坡口单道焊；对较大厚度的工件可多层焊或多层多道焊。

薄壁产品如箱盒、箱格、隔膜、壳体、蒙皮、喷气发动机叶片、散热片、鳍片、管接头、电子器件的封装等均可采用TIG焊生产。

重要厚壁构件如压力容器、管道、汽轮机转子等对接焊缝的根部熔透焊道或其他结构窄间隙缝的打底焊道，为了保证焊接质量，可采用TIG焊。

手工TIG焊宜用于结构形状较复杂的焊件和难以接近的部位或间断的短焊缝的焊接；自动TIG焊适于接长焊缝，包括纵缝、环缝和曲线焊缝。

2　TIG焊焊接系统

2.1　TIG焊的弧-源特性

电弧的静特性曲线是指在一定的电弧长度、一定的保护气体氛围和一定的阴、阳电极材料条件下，电弧达到稳定状态时电弧电压与电流之间对应关系的曲线。图3.3-6表示了在分别采用氩气和氦气作保护气体时的两组电弧静特性曲线。从图中可以看出，在任何给定的电流和电弧长度下，氩弧电压较氦弧低。这和氩气的一次电离电压（15.76 V）低于氦气的一次电离电压（24.59 V）有关，亦表征氩弧比氦弧容易引燃。这两种电弧的电压也都随电弧长度的增加而提高。氩气保护具有较低电弧电压的特性，有利于薄板手工焊，可减少烧穿倾向，也有利于立焊和仰焊。当弧长和焊接电流相同时，氦弧的功率比氩弧高，故常用氦弧来焊接厚板、导热率高或熔点高的材料；或在氩气中加入氦来提高电弧的功率。

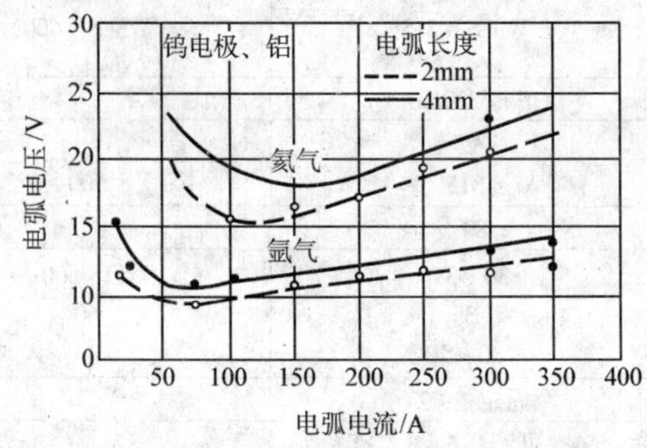

图3.3-6　TIG焊电弧静特性曲线

根据TIG焊电弧静特性曲线的特征，为了减少或排除因弧长变化而引起的焊接电流的波动，无论直流或交流TIG焊，都要求选用具有陡降（恒流）外特性的弧焊电源（如图3.3-7a所示）。有些电源为了减少接触引弧时钨极的烧损，采用图3.3-7b所示的电源外特性。在我国国家标准GB/T 8118—1995中对于TIG焊工艺，规定了焊接电源应能在整个调节范围内提供约定负载电压（U）下的焊接电流（I），即$U=10+0.04I$；当电流大于600 A时，电压保持34 V恒定。

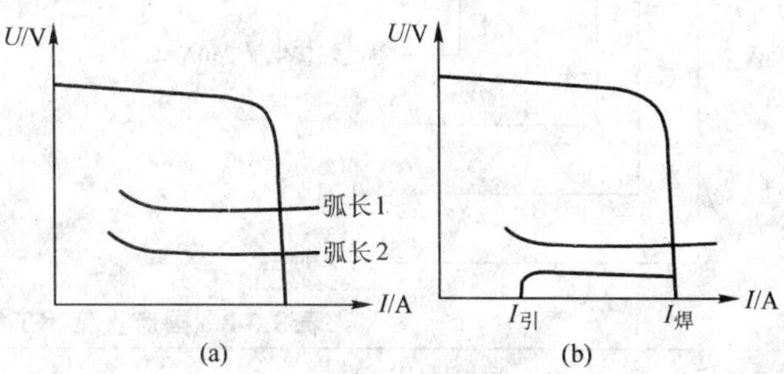

图3.3-7　TIG焊接电源的特性示意图

2.2　TIG焊焊接设备配制及技术性能

1）TIG焊焊接设备基本配制　TIG焊接设备的基本配制包括焊枪、焊接电源与控制箱、供气和供水系统等四大部分。焊接电流较小时（<300 A），采用空气冷却焊枪，不需要冷却系统。自动TIG焊设备除上述四大部分外，还有自动焊小车，并带有行走机构、送丝机构、调节旋钮与控制开关、指示灯及仪表等。

2）TIG焊设备的型号编制方法　根据国标GB10248—1988《电焊机型号编制方法》规定，氩弧焊机型号由汉语拼音及阿拉伯数字组成，编排次序如下：

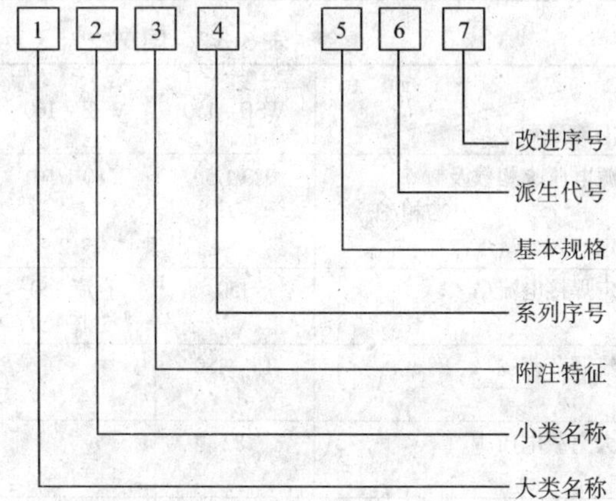

① 型号中[1][2][3][6]各项用汉语拼音字母表示。

② 型号中[4][5][7]各项用阿拉伯数字表示。

③ 型号中[3][4][5][7]项如不用时，其他各项接排。

④ 附注特征和系列序号用于区别同一小类的系列和品种，包括通用和专用设备。

⑤ 派生代号按汉语拼音字母的顺序排列。

⑥ 改进序号按生产改进次数连续排列。

⑦ 可同时兼作两大类焊机使用时，其大类名称的代表字母按主要用途选取。

TIG焊机型号代表字母及序号见表3.3-1。

例如，交流手工钨极氩焊机，额定焊接电流300 A，其型号为WSJ-300；手工脉冲钨极氩弧焊机，额定焊接电流250 A，其型号为WSM-250。

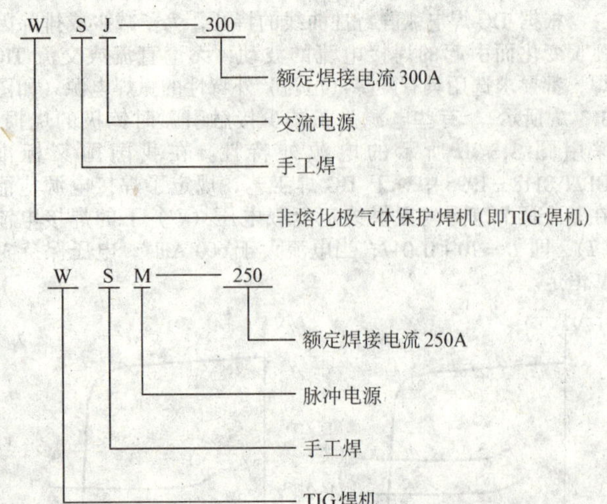

表 3.3-1　TIG 焊机型号代码

第一字位		第二字位		第三字位		第四字位		第五字位	
大类名称	代表字母	小类名称	代表字母	附注特征	代表字母	系列序号	数字序号	基本规格	单位
TIG焊机	W	自动焊	Z	直流	省略	焊车式	省略	额定焊接电流	A
						全位置焊车式	1		
		手工焊	S	交流	J	横臂式	2		
						机床式	3		
		点焊	D	交直流	E	旋转焊头式	4		
						台式	5		
		其他	Q	脉冲	M	机械手式	6		
						变位式	7		
						真空充气式	8		

3）国产TIG焊机的型号及技术数据　国产TIG焊机的主要型号及主要性能见表3.3-2至表3.3-6。

表 3.3-2　国产直流手工钨极氩弧焊机的型号及技术数据

参数＼型号	WS－63	WS－125	WS－160	WS－200	WS－250	WS－300	WS－400
输入电源电压/V	220/380	380	380	380	380	380	380
输入电源频率/Hz	50/60	50		50	50	50	50
输入电源相数/相	1	3		3			
额定输入容量/kV·A	3.5	9		8.4	18	22.6	30
额定焊接电源/A	65	125	160	200	250	300	400
电流调节范围/A	4～65	10～130	6～160	10～200	25～250	30～340	40～450
额定负载持续率/%	60	40	35	60	60	60	60
空载电压/V		70					
电流衰减时间/s				0.5～10	3～10	3～10	3～10

表 3.3-3　国产交流、直流两用手工 TIG 焊机的型号及技术数据

参数＼型号	WSE－150	WSE－160	WSE－250	WS－300Ⅱ	WSE－400	WSE5－160	WSES－315
电源电压、相数及频率/(V/相/Hz)	380/1/50	380/1/50	380/1/50	380/3/50	380/3/50	380/1/50	380/1/50
额定输入容量/kV·A		7.2	22			7.2	25.2
额定焊接电流/A	150	直流 160 交流 120	250	300	400	直流 160 交流 120	315
电流调节范围/A	15～180		直流 25～250 交流 40～250	50～300	50～450		TIG焊 30～315 手工焊 60～315
最大空载电压/V	82		直流 75 交流 85		70		80
额定负载持续率/%	35	40	60	60	60	40	35

表 3.3-4　国产 WSES 系列交流矩形波/直流 TIG 焊机的型号及技术数据

参数＼型号	WSES－160	WSES－315	WSES－500
输入电压/频率/V·Hz^{-1}	单相 380/50		
额定输入容量/kV·A	12.8	25	40
额定焊接电流/A	160	315	500
空载电压/V	80		
电流调节范围/A	16～160	30～315	50～500
额定负载持续率/%	40	35	60
SP%调节范围	30～70	30～70	
电流上升时间/s	固定 1～2		
电流衰减时间性/s	可调 0.5～8		
绝缘等级	B		

表 3.3-5　国产交流 TIG 焊机的型号及技术数据

参数＼型号	WSJ－150	WSJ－300	WSJ－400	WSJ－400－1	WSJ－500
电源电压/V	380 或 220	380	380 或 220	380	380 或 220
频率/Hz	50	50			
相数（相）	1	1			
额定输入容量/kV·A	8				
额定负载持续率/%	35		60	60	60
额定焊接电流/A	150	300	400	400	500
电流调节范围/A	30～150	50～300	60～500		50～500
空载电压/V	80				
氩气流量/L·min^{-1}		20	大枪 25　小枪 15	25	25
冷却水流量/L·min^{-1}		1	1	1	1

表 3.3-6　国产脉冲 TIG 焊机的型号及技术数据

参数＼型号	WSMF－40	WSMS－63	WSMS－400	WSM－100	WSM－200	WSM－300	WSM－400	WSM－500
输入电压/相数/频率/(V/相/Hz)	220/1/150	220/1/150	380/3/50	380/3/50	380/3/520	380/3/50	380/3/50	380/3/50
额定输入容量/kV·A		7.5	21.3	1.8	4.6	8.3	13	19
额定焊接电流/A	40	63	400	100	200	300	400	500
电流调节峰值电流/A	4～40	5～63	50～400	10～100	20～200	30～300	40～400	50～500
范围基值电流/A	4～40	5～63	50～400	10～100	20～200	30～300	40～400	50～500
脉冲频率/Hz	2～20			0.5～50	0.5～50	0.5～50	0.5～50	0.5～50
占宽比/%				20～80	20～80	20～80	20～80	20～80
电流上升时间/s				0.5～10	0.5～10	0.5～10	0.5～10	0.5～10
电流衰减时间/s				0.5～20	0.5～20	0.5～20	0.5～20	0.5～20
额定负载持续率/%	60	60	60	60	60	60	60	60
预通气时间/s				0.5～10	0.5～10	0.5～10	0.5～10	0.5～10
滞后通气时间/s				0.5～20	0.5～20	0.5～20	0.5～20	0.5～20

2.3　TIG 焊炬

(1) 作用与要求

焊炬的作用是夹持钨极，传导焊接电流，输送并喷出保护气体，启动或停止焊接过程。它应满足下列要求。

1) 喷出的保护气体具有良好的流动状态和一定的挺度，以获得可靠的保护。

2) 有良好的导电性、气密性和水密性（用水冷时）。重量轻、结构紧凑，装拆维修方便。

3) 在额定电流的焊接中能有效冷却，以能保证持久工作。

(2) 类型与结构

焊炬分气冷式和水冷式大类，焊接电流从 10 A 到 500 A。前者用于小电流（一般≤150 A）焊接。其冷却作用主要是由保护气体的流动来完成，重量轻，结构紧凑。使用时应避免超载，应按照焊接电源的负载持续率和额定焊接选用气冷式焊炬。后者用于大电流（一般≥150 A）焊接，其冷却作用主要由流过焊枪内导电部分和焊接电缆的循环水来实现，在冷却水路中串接水压开关，保证冷却水接通并达到一定压力后才启动焊机。常用的水压开关最高水压为 0.5 MPa，动作的最小流量为 1 L/min。另外，可根据焊接所选的电流大小和工作持续时间，与专用的冷却循环水箱配套，以保证循环水冷的有效和稳定。自动 TIG 焊用的为直型水冷式焊枪，适合在大电流下连续工作。其内部结构和手工 TIG 焊焊枪一样。另外，当需要在非常局限的位置进行焊接时，可自行设计与制造专用的焊枪。

焊枪的各种规格是按它能采用的最大电流来划分的，适应不同规格的电极和不同类型与尺寸的喷嘴。焊枪头部的倾斜角度，即电极与手柄之间的夹角在 0～90°之间。选择手工 TIG 焊炬时，应考虑以下因素，即焊接材料、工件厚度、焊道层次、焊接电流的极性接法、额定焊接电流及钨极直径、接头坡口形式、焊接速度、接头空间位置、经济性等。表 3.3-7 和表 3.3-8 分别列出了手工 TIG 焊炬的主要技术数据及其选用参照表。

(3) 喷嘴的选用

每种焊炬都配备了不同形状和孔径的喷嘴，目前采用的喷嘴有圆锥形和圆柱形两种。后者因形状简单，保护效果好，应用较广；圆锥形喷嘴仅用于深坡口打底处或焊间空间较小的地方。喷嘴孔径越大，保护范围越宽，但可达性变差，且影响焊工的观察。为了保证喷出的保护气在出口处获得较厚的层流层，取得较好的保护效果，通常圆柱喷嘴孔径 D、喷嘴长度 L 和钨级直径 d_w 之间的关系约为（单位为 mm）：$D=(2.5\sim3.5)d_w$，$L=(1.4\sim1.6)D+(7\sim9)$。

TIG 焊时喷嘴孔径与氩气流量的选用范围可参考表 3.3-9。

表 3.3-7　手工氩弧焊炬的主要技术数据

序号	额定焊接电流/A	出气角度	冷却方法	选用型号	适用互换电极		可配喷嘴的规格	控制开关形式	外形尺寸/mm	质量/kg
					最大长度/mm	钨极直径 φ/mm	螺纹×喷嘴长度×喷口直径/mm		极向直径×极向长度×总长度	
1	500	75°	循环水冷却	QS－75°/500	180	4、5、6	M28×43×13 M28×43×15 M28×43×17	KB－1 推键	38×195×270	0.45
2	400	75°		QS－75°/400	150	3、4、5	M20×41×9 M20×39×12 M20×45×18	KB－1 推键	29×155×280	0.40
3	350	75°		QS－75°/350	150	3、4、5	M20×40×9 M20×40×12 M20×45×18	KB－1 推键	29×155×280	0.30
4	300	65°		QS－65°/300	160	3、4、5	M20×40×9 M20×40×12	环形按钮	28×170×220	0.26
5	250	85°		QS－85°/250	160	2、3、4	M18×46×7 M18×46×9 M18×46×12	KND－1 船形开关	25×160×230	0.26
6	200	65°		QS－65°/200	90	1.6、2、2.5	M12×26×6 M12×26×9	按钮	21×95×200	0.11
7	150	65°		QS－65°/150	110	1.6、2、3	M14×30×9 M14×30×6	KB－1 推键	21×115×245	0.13
8	150	85°		QS－85°/150	110	1.6、2、3	M14×30×9 M14×30×6	微动开关	21×115×245	0.13
9	150	0° （笔式）		QS－0°/150	90	1.6、2、2.5	M18×46×7 M18×46×9 M18×46×12	按钮	20×220	0.14
10	200	85°	气冷却（自冷）	QQ－85°/200	150	1.6、2、3	M18×47×8 M18×47×10	船形开关	25×150×230	0.26
11	150	85°		QQ－85°/150	110	1.6、2、 2.5、3	M10×60×8 M10×45×6	—	20×110×225	0.20
12	150	85°		QQ－85°/150－1	110	1.6、2、 2.5、3	M10×45×6 M10×60×8	—	20×110×160	0.15
13	150	0°～90°		QQ－0°～90/150	70	1.6、2、3	M14×60×10	全位置转动按钮	23×70×220	0.20
14	100	85°		QQ－85°/100	160	1.6、2	M12×26×6.5 M12×26×9.5	KND－1 船形开关	20×160×225	0.20
15	75	0°～90°		QQ－0°～90°/75	70	1.2、1.6、2	M10×60×8	全位置转动按钮	21×70×220	0.15
16	75	65°		QQ－65°/75	40	1.0、1.6	M12×17×6 M12×17×10	微动开关	17×30×187	0.09
17	10	0° （笔式）		QQ－0°/10	100	1.0、1.6	M10×47×6 M10×47×8 M10×60×9	微动开关	20×110	0.08

表 3.3-8 手工钨极氩气保护焊（GTAW）焊枪选用参照表

序号	焊接材料与电极接法	板厚 /mm	焊丝直径 /mm	焊接电流 /A	喷嘴口径 ϕ /mm	氩气流量 /$dm^2\cdot min^{-1}$	钨极直径 ϕ /mm	焊接速度 /$mm\cdot min^{-1}$	选用焊枪
1	铝或铝合金（ACHF）交流加高频（脉冲）	0.6 ~ 1	0 ~ 0.6	50 ~ 70	6.8	4 ~ 5.7	1 ~ 1.6	200 ~ 400	QQ 系列 < 75 A
2		2.0	1.6 ~ 2.0	60 ~ 110	6.8	4.8 ~ 6	1.6 ~ 2.5	150 ~ 300	QQ 系列 < 150 A QS 系列 < 150 A
3		3.0	2 ~ 3	100 ~ 140	8.9	5 ~ 6	2 ~ 3	~ 300	QQ 系列 < 150 A QS 系列 < 150 A
4		4.0	3 ~ 4.5	140 ~ 180	9、10	6 ~ 8.4	3 ~ 4	≈280	QQ 系列 < 200 A QS 系列 < 250 A
5		5.0	4 ~ 5.5	170 ~ 220	9、12	8 ~ 10.5	3 ~ 5	≈260	QQ 系列 < 200 A QS 系列 < 350 A
6		6.0	4 ~ 5.5	200 ~ 270	12、16	10.5 ~ 12	3 ~ 4	≈250	QQ 系列 < 200 A QS 系列 < 350 A
7		8.0	4 ~ 5.5	240 ~ 320	12、16	11 ~ 12.7	3 ~ 5	≈170	QS 系列 < 500 A
8		12.0	> 6	250 ~ 400	16、18	11.5 ~ 14.5	4 ~ 6	≈80	QS 系列 < 500 A
9	不锈钢（DCSP）直流正极性	0.6 ~ 1	0 ~ 1.6	30 ~ 70	6.8	4	1 ~ 1.6	100 ~ 400	QQ 系列 < 75 A
10		2.0	1.6 ~ 2	60 ~ 120	6.8	4 ~ 5	1.6 ~ 2.5	150 ~ 300	QQ 系列 < 150 A QS 系列 < 150 A
11		3.0	2 ~ 3	110 ~ 150	8.9	5 ~ 6	2 ~ 3	≈300	QQ 系列 < 150 A QS 系列 < 250 A
12		4.0	2.5 ~ 4	130 ~ 180	9	6 ~ 8	2.5 ~ 3	≈280	QQ 系列 < 200 A QS 系列 ≈ 250 A
13		5.0	3 ~ 5	150 ~ 220	9、12	8 ~ 9	3 ~ 4	~ 250	QQ 系列 < 200 A QS 系列 < 350 A
14		6.0	3 ~ 5	180 ~ 250	12、16	9 ~ 10	3 ~ 5	~ 250	QQ 系列 < 200 A QS 系列 < 350 A
15		8.0	4 ~ 6	220 ~ 300	12、16	9 ~ 11	3 ~ 5	~ 220	QS 系列 < 350 A
16		12.0	5 ~ 6	300 ~ 400	16、18	11 ~ 14	4 ~ 6	~ 150	QS 系列 < 500 A
17	普通钢（DCSP）直流正极性	0.8	1.6	100	6、8	4 ~ 5	1.2 ~ 2.5	300 ~ 380	QQ 系列 < 150 A QS 系列 < 150 A
18		1 ~ 1.2	1.6	100 ~ 125	6、8	4 ~ 5	1.6 ~ 2	300 ~ 450	QQ 系列 < 150 A QS 系列 < 150 A
19		1.5	1.6 ~ 2	100 ~ 140	8、9	5 ~ 6	2 ~ 3	300 ~ 450	QQ 系列 < 150 A QS 系列 < 150 A
20		2 ~ 3	2 ~ 3	140 ~ 170	8、9	6 ~ 8	2.5 ~ 3	300 ~ 400	QQ 系列 < 200 A QS 系列 < 250 A
21		3 ~ 4	3 ~ 4	150 ~ 200	9、12	8 ~ 10	3 ~ 4	250 ~ 280	QQ 系列 < 200 A QS 系列 < 250 A
22	纯铜（DCSP）直流正极性	0.6 ~ 1	0 ~ 1.6	60 ~ 90	6、8	4 ~ 5	1 ~ 1.6		QQ 系列 < 150 A QS 系列 < 150 A
23		2.0	2 ~ 3	100 ~ 140	8、9	4 ~ 6	2 ~ 3		QQ 系列 < 200 A QS 系列 < 250 A
24		3.0	3 ~ 4.5	140 ~ 180	9、10	5 ~ 7	3 ~ 4		QQ 系列 < 200 A QS 系列 < 250 A
25		4.0	4 ~ 5	180 ~ 250	12、16	7 ~ 8.5	3 ~ 4		QQ 系列 < 200 A QS 系列 < 350 A
26		6.0	5.5 ~ 6.5	300 ~ 400	16、18	10 ~ 13.5	4 ~ 6		QS 系列 < 500 A

表 3.3-9　TIG 焊时喷嘴孔径与氩气流量的选用范围

推荐参数 / 焊接电流/A	直流正极性 TIG 焊		交流 TIG 焊	
	喷嘴孔径 /mm	氩气流量 /L·min^{-1}	喷嘴孔径 /mm	氩气流量 /L·min^{-1}
10~100	4~9.5	4~5	8~9.5	6~8
101~150	4~9.5	4~7	9.5~11	7~10
151~200	4~13	6~8	11~13	7~10
201~300	8~13	8~9	13~16	8~15
301~500	13~16	9~12	16~19	8~15

喷嘴的材料有陶瓷、纯铜和石英三种。高温陶瓷喷嘴既绝缘又耐热，而且制造简单，应用非常广泛，但通常焊接电流不能超过 300 A，使用时要小心，不能摔碰，否则极易损坏。紫铜喷嘴焊接电流可达 500 A 或更高，要求焊炬体上有绝缘套，使喷嘴与导电部分绝缘，长时间使用的大功率焊炬，除炬体外，喷嘴最好也用水冷却。石英喷嘴具有陶瓷喷嘴的优点，除耐高温外，可见性好，但价格较贵，应用较少。

2.4　TIG 焊供气系统

TIG 焊供气系统由高压气瓶、减压阀、浮子流量计、软管和电磁气阀等组成。通常采用瓶装氩气做气源，其标称容量为 40 L，满瓶压力为 15.2 MPa，气瓶外涂灰色，并标以“氩气”字样。减压阀将高压气瓶中的气体压力降至焊接所要求的压力，流量计用来调节和标示气体流量大小，电磁阀控制气流的通断。

氩气流量调节器不仅能起到降压和稳压作用，而且可方便地调节氩气流量。氩气流量调节器由进气压力表、减压过滤器、流量表、流量调节器等组成。

电磁气阀有交流和直流两种，通常采用 6 V、110 V 交流电磁气阀或 24 V、36 V 直流电磁气阀，它的开与关受控制系统控制。输送保护气体的软管建议采用聚氯乙烯塑料软管。要严防水、水汽及其他脏物进入气路系统内。

如果没有专用的氩气流量调节器，可用氧气表来降压和稳压，通过浮子流量计来测定和调节流量，但使用前需标定浮子量计的刻度，否则测出的气体流量不准。

2.5　TIG 焊控制系统

为了保证保护气体的供应，提高引弧的成功率，延长钨极的使用时间，降低钨极的损耗。要求 TIG 焊机的控制系统能自动协调水、电、气各个系统的工作顺序，不同的操作方式要求不同的控制程序，但基本顺序如图 3.3-8 所示。

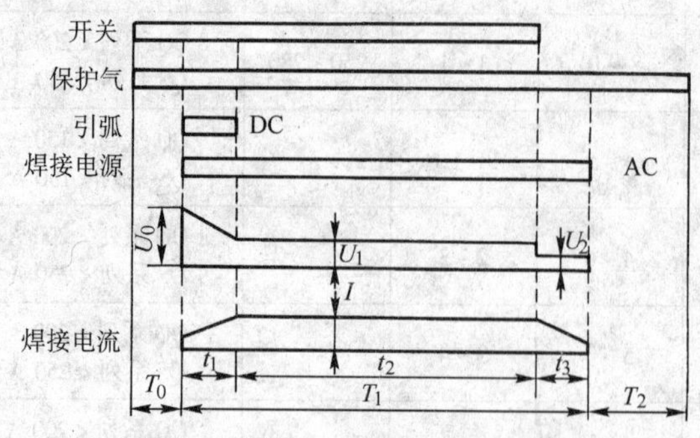

图 3.3-8　手工 TIG 焊的基本控制程序

T_0—提前送气时间；T_1—电弧燃烧时间；T_2—滞后关气时间；U_0—空载电压；U_1—焊接电压；U_2—收弧电压；I—焊接电流；t_1—建弧时间；t_2—焊接时间；t_3—电流衰减时间

如图所示，当按下焊炬上的启动开关，控制氩气的电磁气阀打开，开始送出氩气，经短暂延时后（约 0.5 s），接通焊接电源，给钨极和工件输送空载电压；同时接通高频振荡器（或高压脉冲引弧器），使钨极和工件间产生电弧。若为直流焊接，则当电弧引燃后高频振荡器立即停止工作；若为交流电焊接，则高频振荡器或高压脉冲发生器仍然继续工作，以保证电弧稳定。电弧引燃后，转入正常焊接过程。焊接结束时，断开启动开关，焊接电流衰减，经过一段延时后，主电路切断，焊接电流消失，电弧熄灭，稳弧器停止工作。再经过一段延时，电磁气阀断电，停止送氩气，至此焊接过程全部结束。如果是自动 TIG 焊，当电弧引燃后，开始送焊丝，走小车；焊接电流开始衰减时，应停止送丝和走小车。程序控制系统除应保证上述动作顺序外，各段延时都应该均匀可调。当焊炬离焊机较远时，要加长引弧前的送气时间。当焊接电流较大时，要适当延长熄弧后的断气时间。

2.6　TIG 焊设备的维护

（1）TIG 焊设备的保养

1）安装焊接设备前，必须看懂焊接设备使用说明书，掌握设备的基本构造和使用方法。按外部接线图正确安装，电网电压必须与铭牌标示值相符，机壳必须接地。

2）每次使用前，必须检查设备的水、气管连接是否可靠，若用自来水冷却，则需先打开水门，看到出水管有水流出时才能接通焊机电源。

3）定期检查钨极夹头的夹紧状况和焊炬的绝缘情况。

4）氩气瓶要固定好，防止倾倒，并远离作业区。

5）工作完毕或离开工作场地时，必须切断焊机电源，关闭水源及气瓶阀门。

6）建立和健全焊接设备的一、二级保养制度，并按期进行保养。

（2）TIG 焊机常见故障及消除方法

TIG 焊设备的常见故障有水、气路堵塞或泄漏，钨极太脏引不起弧；焊炬钨极卡头未旋紧，电流不稳，焊炬开关接触不良，使焊机不能启动等。这类故障应由焊工自己排除。若焊接设备内部的控制线路或电子元器件损坏，或出现其他机械故障，焊工不应自行拆修，应由维修电工或专业人员处理。TIG 焊机常见故障及消除方法见表 3.3-10。

表 3.3-10　TIG 焊接系统的常见故障及消除方法

故障特征	可能产生原因	消除方法
电源开关接通，指示灯不亮	1）开关损坏 2）熔断器烧断 3）控制变压器烧坏 4）指示灯损坏	1）更换开关 2）更换熔断器 3）修复 4）换新指示灯泡
控制线路有电，电源指示灯亮，但焊机不能启动	1）焊炬开关接触不良 2）继电器出故障 3）控制变压器损坏	1）检修 2）检修 3）检修
焊机启动后，高频振荡器工作，但引不起弧	1）网路电压太低 2）接地线太长 3）焊件接触不良 4）无气、钨极或工件表面太脏，间距不合适 5）高频振荡器放电器的火化间隙不合适 6）火化放电器钨极表面太脏	1）提高网路电压 2）减短地线 3）清理焊件 4）检查气、钨极表面及间距是否符合要求 5）调整放电间隙至 0.5~1.5 mm 6）打磨放电器钨极端面至出现金属光泽

续表 3.3-10

故障特征	可能产生原因	消除方法
焊机启动后无氩气输出	1）按钮开关接触不良 2）电磁气阀损坏 3）气路不通，管子被压住 4）控制线路出故障 5）气体延时线路故障	1）打磨触头 2）检修 3）检修 4）检修 5）检修
电弧引燃后，焊接过程中电弧不稳	1）脉冲稳弧器不工作，指示灯不亮 2）消除直流分量的元件故障 3）焊接电源故障	1）检修 2）检修或更换 3）检修

注：若冷却方式选择开关在空冷位置时焊机能正常工作，但在水冷时不能工作，可打开控制箱底板，检查水压开关的微动开关是否动作，可根据出水流量进行调节。

2.7　TIG 焊的焊接材料

（1）钨极

钨极是 TIG 焊中常用的易耗材料。由于钨的熔点高达 3 410℃、沸点高达 5 900℃，能耐高温，导电性好，强度高（σ_b 可达 850～1 100 MPa），钨的纯度约为 99.5%（质量分数），其电子逸出功为 4.54 eV（1 eV = 1.602×10^{-19} J，下同），当在钨中加入微量逸出功较小的稀土元素，如钍（Th）、铈（Ce）、锆（Zr）等，或它们的氧化物，如氧化钍（ThO_2）、氧化铈（CeO）等，则能显著地提高电子发射能力，例如，铈钨极的逸出功为 2.4 eV，钍钨极为 2.7 eV。既易于引弧和稳弧，又可提高其电流的承载能力。含不同合金元素的钨合金的性能比钨好，用得更为普遍。钨极的载流能力除了与它们的成分和焊接时的极性有很大关系外，还受到焊枪型式、电极直径、电极从焊枪中伸出的长度、保护气体性质等的影响。表 3.3-11 和表 3.3-12 分别列出钨极产品的种类、成分和特性，以及几种常用钨极的载流能力。由于钨极的最大载流能力取决于很多因素，所以只能给出一个近似电流范围。

表 3.3-11　常用钨极的种类、成分及特性

类别	牌号	化学成分（质量分数）/%					特点
		ThO_2	CeO	ZrO_2	W	杂质总量	
纯钨	W1 W2				≥99.92 ≥99.83	<0.08 <0.15	熔点和沸点都很高，电流承载能力较低，抗污染能力差，要求焊机空载电压较高，价格较低，一般用于要求不严的情况，目前很少采用
钍钨	WT-7 WT-10 WT-15 WT-20 WT-30 WT-40	0.70～0.90 0.90～1.20 1.20～1.80 1.80～2.20 2.80～3.20 3.80～4.20			余量	≤0.10	含氧化钍，电子发射能力较高，可降低空载电压，增大许用电流范围，可弧容易，电弧稳定，电极寿命长，且抗污能力较好，但具有微量放射性，且成本较高
铈钨	WCe-10 WCe-15 WCe-20		0.8～1.2 1.3～1.7 1.8～2.2		余量	<0.1	含氧化铈，电子发射能力较钍钨高，引弧电压低，电弧稳定。正极性时，许用电流密度比钍钨高 5%～8%，交流许用电流密度高，寿命长，放射性极低，所以推荐使用
锆钨	WZ-4 WZ-8 WZ-10			0.30～0.50 0.7～0.9 0.91～1.20	余量	≤0.1	非常适用于焊缝不得受钨严重污染的场合。在焊接过程中电极末端呈球状，抗污染作用很强。采用交流电时，能很好地完成焊接工作
镧钨	WL-10			0.90～1.20* LaO_2		≤0.20	

注：钍钨的牌号也可写成 WTh；锆钨的牌号也可写成 WZr；镧钨的牌号也可写成 WLa。

表 3.3-12　几种常用钨极的许用焊接电流

钨极直径/mm	直流/A				交流/A	
	正接（钨极接负极）		反接（钨极接正极）			
	纯钨	钍钨、铈钨	纯钨	钍钨、铈钨	纯钨	钍钨、铈钨
0.5	5～20	5～20	—	—	5～15	5～15
1.0	10～75	10～75	—	—	15～55	15～70
1.6	40～130	60～150	10～20	10～20	45～90	60～125
2.0	75～180	100～200	15～25	15～25	65～125	85～160
2.4	—	150～250	—	15～30	60～130	100～180
2.5	130～230	170～250	17～30	17～30	80～140	120～210
3.2	160～310	225～330	20～35	20～35	150～190	150～250
4.0	275～450	350～480	35～50	35～50	180～260	240～350
5.0	400～625	500～675	50～70	50～70	240～350	330～460
6.3	550～675	650～950	65～100	65～100	300～450	430～575
8.0	—	—	—	—	—	650～830

1）钨极的牌号　目前我国对钨极的牌号暂时还没有统一的规定，习惯上用化学元素符号及其平均含量表示钨极的牌号。例如：

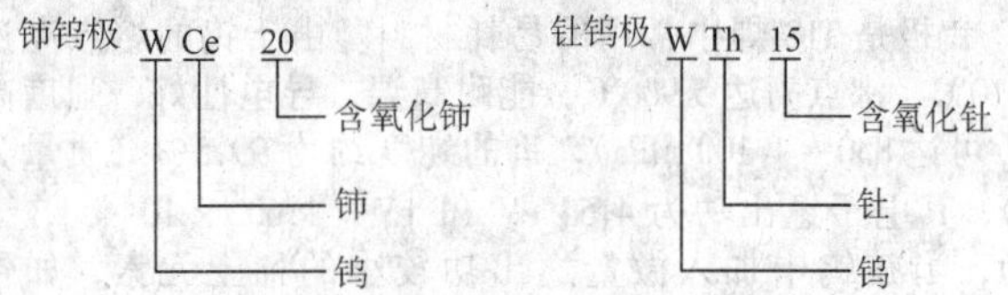

2）钨极的规格　常用钨直径有：0.5 mm、1.0 mm、1.6 mm、2.0 mm、2.5 mm、3.2 mm、4.0 mm、5.0 mm、6.3 mm、8.0 mm、10 mm，共 11 种，长度范围是 76～610 mm。钨极表面不允许有裂痕、裂纹、缩孔、毛刺、非金属夹杂物等缺陷。

3）钨极的损耗　钨极的正常损耗是指焊接过程中电极因受热蒸发和缓慢氧化等累积起来的损耗，是不可避免的正常损耗，其大小与钨极的化学成分、焊接电流及电源极性、保护气流量及纯度有关。当钨极的化学成分、氩气纯度、焊接电流大小不变时，直流反接时钨极损耗最大，直流正接时钨极耗损最小，交流电弧钨极损耗量介于正、反接之间。

钨极的异常损耗主要是焊接过程中操作不当引起的损耗，它是由于钨极与工件短路或填充丝与钨极在高温区发生碰撞造成的，有时会造成钨极整段报废，并且会造成夹钨，使焊缝局部报废。这部分损耗在焊接时只要注意操作是可以避免的。

4）钨极的打磨与存放　为了提高电弧的稳定性，通常钨极端部需根据电流大小磨成圆锥形或半球形。由于有的钨棒有放射性（如钍钨、铈钨等），因此，磨钨棒时最好戴手套、口罩和帽子，磨完钨棒后要洗手，磨钨棒的砂轮机最好有吸尘系统，磨屑不要到处乱扔。当存放的钨棒数量较大时，最好放在铅盒中保存，以免因放射性对人体造成伤害。

（2）保护气体

1）氩气（Ar）

① 氩气是一种无色、无味的单原子气体，相对原子质量为 39.948，是空气中含量最多的惰性气体（体积分数为 0.93%，质量分数为 1.27%），熔点 −189.2℃，沸点 −185.7℃，一般将空气液化后，用分馏法制取氩。

氩气在常温下与其他物质不发生化学反应，在高温下也不溶于金属，故用作保护气体是十分合适的，在焊接有色金属时更能显示其优越性。氩气的质量是空气的 1.4 倍，是氦气的 10 倍。因为氩气比空气重，因此氩气在熔池上形成一层较好的覆盖层。此外在焊接过程中用氩气保护时，产生的烟雾较少，便于控制电弧和观察熔池。

氩气是单原子气体，在高温下直接电离为正离子和电子，因此，能量损耗低，对电弧的冷却作用小，故电弧燃烧稳定。同时电离后产生的正离子重量大，动能也大，对阴极的冲击力强，具有强烈的阴极破碎作用，特别适合于焊接活泼金属。

氩气对电弧的热收缩效应较小，电弧的电位梯度和电流密度不大，维持电弧燃烧的电压较低，一般 10 V 即可。故焊接时拉长电弧，其电压改变不大，电弧不易熄灭，这点对手工氩弧焊非常有利。

对氩气的纯度的要求　我国生产的氩气纯度为 99.99% 和 99.999%，完全能够满足焊接的需要，其成分见表 3.3-13。

表 3.3-13　TIG 焊焊接用氩气

氩气纯度/%	N_2	O_2	H_2	CnHm③	H_2O
≥99.99①	<0.01	<0.015	<0.000 5	<0.001	30 mg/m³
≥99.99②	≤10^{-4}	≤10^{-5}	≤5×10^{-6}	≤10^{-5}	≤2×10^{-5}

① 抚顺氧气厂产品；② 北京氧气厂产品；③ 总含碳量以甲烷计。

惰性气体中的杂质主要是氮、氧和水。水在高温下分解为氢与氧。在惰性气体中的氢会引起气孔；氧使熔池上产生氧化膜，使焊接发生困难，产生熔合不良、夹渣等缺陷；而氮作为污染物，以任何一种浓度存在时，都会降低焊缝质量。

② 氩气纯度的测定通常都用试焊法来判断。由于 TIG 焊直流反接时会产生阴极清理作用，故可用阴极清理区的平均保护直径的大小来判断保护气的纯度和保护效果。例如，焊铝时进行焊点试验。采用交流 TIG 焊，在选定的工艺参数下引燃电弧，在保持电弧固定不动的条件下，燃弧 5～6 s 熄弧。然后，根据铝板上形成的焊点及焊点周围由于受阴极清理作用产生的白亮的圆圈（有效保护区）的大小和颜色，评定气体的纯度和保护效果。若有效保护区大，且为银白色，则保护效果好，保护气纯度高；若有效保护区颜色由银白色向灰白色、灰色、暗灰色、黑色变化，则保护效果依次变差，保护气体纯度较低。

在生产过程中，通过观察焊缝表面的颜色和是否产生气孔来判断保护效果和保护气体的纯度。表 3.3-14 是根据实践得出的焊缝表面颜色、保护效果的关系，可用作参考。

表 3.3-14　焊缝表面颜色和保护效果的关系

保护效果 / 焊接材料	最好	良好	较好	不良	最差
不锈钢	银白色或金黄色	蓝色	红灰色	灰色	黑色
钛及钛合金	亮银白色	橙黄色	蓝紫色或带乳白的蓝紫色	青灰色	有一层白色的氧化钛粉末
铝及铝合金	银白色光亮	白色（无光）	灰白色	灰色	黑色
紫铜	金黄色	黄色	—	灰黄色	灰黑色
低碳钢	灰白色有光亮	灰色	—	—	灰黑色

③ 影响保护气体纯度的因素　有时生产厂提供的氩气纯度虽然很高，但焊接效果却不好，经常碰到的是以下情况：

a）每天开始焊接时，焊接容易产生气孔或保护不好，每次引弧后开始焊接的焊缝不好，这都是气路产生的问题。若天气比较潮湿，室温又比较低，则氩气管道内会产生冷凝水，开始焊接时容易产生气孔。若瓶中氩气已用完，则每换一瓶氩气，要先放掉一些氩气后再焊接。若管道太长（15 m 左右），则每天开始焊接时应放气 5～10 s 后，再开始焊接。若焊枪与电磁气阀的距离为 5 m，则引弧的超前送气时间应超过 1 s。

b）注意观察氩气瓶中的余气，气瓶中的氩气不能用完，至少要留 0.2 MPa 余气，否则重新灌气时，因瓶中混有空气，会大大降低新灌的氩气的纯度，严重时甚至根本不能焊接，必须重新洗瓶后才能充气。

c）送气管道、氩气表及连接件有漏气处，是造成输入焊枪中的惰性气体纯度降低的重要原因之一，因此，必须严格检查气路中的每一个接头及送气管道的气密性。

④ 工业用氩气采用容积为 40 L 的高压钢瓶灌装，充气压力为 15 MPa，每瓶氩气在大气压下的体积为 6 m³。在流量为 15 L/min 的条件下可连续焊接 6 h 左右。当氩气用量不大时，通常采用单瓶氩气供气，若氩气用量大时，可将几个氩气钢瓶并联供气或用液氩钢瓶供气。

2）氦气（He）

① 氦也是无色无味的惰性气体，原子量 4.002 60，空气中的含量十分稀少，仅 4.6×10^{-4}%，是最难液化的气体（临界温度 -267.9℃，临界压力 0.225 MPa），密度 0.178 5 g/cm³，熔点 -272.20℃（26 MPa 时），沸点 -268.9℃，是某些放射性元素分裂时的产物，不能燃烧，也不助燃，可用做保护气体。

工业用氦可从含氦达 7% 的天然气中提取，也可在液态空气中用分馏法从氖氦混合气中提取，通常采用容积为 40 L 的高压钢瓶装氦气，充气压力为 14.7 MPa，每瓶氦气在大气压下的体积为 6 m³。气瓶瓶体为灰色，用绿漆标示“氦气”二字。价格比氩气贵。

氦气的导热率较高。在焊接电流和弧长相同的条件下，氦弧的电压较高。因此，氦弧的能率比氩弧高，更适于焊接厚板、高导热率或高熔点金属、热敏感材料和高速自动焊。

因氦气比空气轻，密度大约只有空气的 1/7，但同空气混合速度较慢，用作保护气的流量应比氩气大 1～2 倍。仰焊时氦气保护效果较好，焊接时可采取辅助挡板等措施，将氦气有效控制在焊接区内，既加强了保护效果，又可节省氦气。

② 氦气的纯度　用于焊接的氦气的纯度应为 99.8% 以上。目前国内生产的氦气纯度为 99.999%，完全能够满足焊接保护气的要求。其成分见表 3.3-15。工厂中可用检查氩气纯度相同的办法，判断氦气的保护效果和纯度。

表 3.3-15　高纯氦的成分（GB4844～4845－1984）

纯度/%	杂质含量	Ne	H_2	O_2 + Ar	N_2	CO	CO_2	CH_4	H_2O
≥99.999	$\leqslant10^{-6}$	4.0	1.0	1.0	2.0	0.5	0.5	0.5	3

(3) 混合气体的选用

1）氩－氦混合气体　氩气电弧稳定而柔和，阴极清理作用好；氦气电弧发热量大而集中，具有较大的熔深。如果两者混合使用就同时具有两者的优点。由于电弧能量增加，可明显提高焊接速度。在铝及铝合金的焊接时，用氩氦混合气体有助于获得较大的熔深。

2）氩－氢混合气体　氩氢混合气体只用于焊接不锈钢和镍基合金，不适用于低碳钢或低合金钢焊接。使用氩氢混合气体的目的是利用氢具有的较大热导率和还原性，使电弧收缩，温度提高，对工件的热输入增加，从而提高焊接速度并有助于控制焊缝金属成形。在焊接镍及镍基合金时，有助于消除和抑制焊缝中的 CO 气孔。手工 TIG 焊时氢气的含量一般应≤5%，否则会导致氢气孔的产生。

氩气、氦气或者它们的混合气均能成功地应用于各种金属材料。一般说来，氩气产生的电弧比较平稳，较容易控制而且穿透性不强。此外，氩气的成本较低，而且流量要求较小。因此，从经济观点应优先选用氩气。当焊接热导率高的原材料（如铝、铜）时，可以考虑选用有较高热穿透性的氦气。表 3.3-16 为常用金属材料 TIG 焊用保护气体及其选择。

表 3.3-16　不同材料 TIG 焊时适用的保护气体

材　质	适用的保护气体及特点
铝及其合金	氩气——采用交流焊接，具有稳定的电弧和良好的表面清理作用； 氦气——直接正接，对化学清洗的材料能产生稳定的电弧，并具有较高的焊接速度； 氩氦混合气——具有良好的清理作用，较高的焊接速度和熔深，但电弧稳定性不如纯氩
黄铜	氩气——电弧稳定，蒸发较小
钴基合金	氩气——电弧稳定，容易控制
铜-镍合金	氩气——电弧稳定，容易控制，也适用于铜镍合金与钢的焊接
无氧铜	氩气——采用直流正接，电弧稳定且容易控制； 氦气——具有较大的热输入量，焊接速度快、熔深大； 氩氦混合气——氦 75%，氩 25%，电弧稳定
因康镍	氩气——电弧稳定，容易控制 氦气——适于高速自动焊
低碳钢	氩气——适于手工焊 氦气——适于高速自动焊，熔深比氩气保护大
镁合金	氩气——采用交流焊接，具有良好的电弧稳定性和清理作用
马氏体时效钢	氩气——电弧稳定，容易控制
钼－0.5 钛合金	氩气、氦气都适用。要得到良好塑性的焊缝金属，除加强保护外，还必须将焊接气氛中的含氮量保持在 0.1% 以下，含氧量保持在 0.05% 以下
蒙乃尔	氩气——电弧稳定，容易控制
镍基合金	氩气——电弧稳定，容易控制 氦气——适于高速自动焊
硅青铜	氩气——可减少母材和焊缝熔敷金属的热脆性
硅钢	氩气——电弧稳定，容易控制
不锈钢	氦气——电弧稳定，可得到比氩气更大的熔深 氩气——电弧稳定，容易控制
铁合金	氩气——电弧稳定，容易控制 氦气——适用于高速自动焊

(4) 填充材料

1) 填充金属的作用　在TIG焊时，惰性气体仅起保护作用，主要靠焊丝中的合金元素调整焊缝成分，改善焊缝性能，保证焊缝质量，故对填充金属要求较高，应严格控制填充金属中的硫、磷、有害气体及杂质的含量。厚板的TIG焊常采用带坡口的接头，于是焊接时需使用填充金属。

2) 对填充金属的要求

① 填充金属的成分应与母材的性能相匹配，而且要严格控制其化学成分、纯度和杂质的含量，通常都选用与母材成分相同的焊丝做填充材料，但要求含硫、磷及其他杂质比母材低，以免恶化焊缝金属的力学性能或其他性能（如耐磨性、耐腐蚀性等）。

② 为了补偿焊接过程中合金元素可能产生的损失，如气体纯度不够或保护不好，会使部分合金元素烧损，最好采用合金含量比母材稍高的焊丝做填充材料。

③ 手工TIG焊用的焊丝的长度一般为500～1 000 mm的直丝；自动TIG焊采用轴绕式或盘绕式焊丝。焊丝的直径从0.4 mm（用于细小而精密的工件）到9 mm（大电流手工焊或表面堆焊用）。

④ 使用的填充材料的牌号及规格必须符合相应的国家标准，并有制造厂的质量合格保证书。若采购不到合适的焊丝，可采用与母材成分相同或相近的薄板剪成细条做填充焊丝，也可采用与母材成分相同或相近的材料铸成细棒使用。

3) 焊丝的种类与牌号　TIG焊接使用的焊丝一般按母材的种类选定。TIG焊也按“等强”与“近性”原则选用焊丝，对钢的TIG焊时焊丝的选用可参考表3.3-17。通常选用的焊丝的成分应与母材相同或接近。焊丝的含碳量最好比母材稍低些，合金元素可稍高些。另外，可考虑采用成分相同或相近的药芯焊丝做填充金属。目前我国还没有氩弧焊专用钢焊丝的标准，可根据GB 1300—1977《焊接用钢丝》选用合适的焊丝，国内能提供的焊接用钢丝包括：碳素结构钢焊丝7种；合金结构钢焊丝19种；不锈钢18种等共约40余种。

国标GB 10858—1989对《铝及铝合金焊丝》规定是：“S”表示铝焊丝，“S”后用焊丝的主要化学元素符号表示金属类型，再细分时用数字表示。国产铝焊丝的型号及化学成分见表3.3-18。

表 3.3-17　常用钢种与焊选配表

	钢材牌号	应选用的焊丝牌号
普通碳钢	Q235、Q235F、Q235g 10、15g、20g、22g、25	H08Mn2Si H05MnSiAlTiZr
低合金钢	16Mn、16Mng 16MnR、25Mn	H10Mn2 H08Mn2Si
	15MnV、15MnVCu 15MnVN、19Mn5、20MnMo	H08MnMoA H08Mn2SiA
低合金耐热钢	18MnMoNb，14MnMoV	H08Mn2SiMo
	12CrMo、15CrMo	H08CrMoA，H08CrMoMn2Si
	20CrMo、30CrMoA	H05CrMoVTiRe
	12CrMoV、15CrMoV 20CrMoV	H08CrMoV、 H05CrMoVTiRe H08CrMnSiMoV
	12Cr2MoWVTiB (G102)	H10Cr2MnMoWVTiB H08Cr2MoWVNbB
	G106钢	H10Cr5MoVNbB
不锈钢	0Cr18Ni9，1Cr18Ni9	H0Cr18Ni9
	1Cr18Ni9Ti	H0Cr18Ni9Ti
	00Cr17Ni13Mo2	H0Cr18Ni12Mo2Ti
低温钢	09Mn2V	H05Mn2Cu、H05Ni2.5
	06AlCuNbN	H08Mn2WCu
	3.5Ni，06MnNb 06AlCuNbN	H00Ni4.5Mo H05Ni4Ti
	9Ni	H00Ni11Co H06Cr20Ni60Mn3Nb
异种钢	G102＋12CrMoV G102＋15CrMo	H08CrMoV
	G102＋碳钢	H08Mn2Si、H08CrMoV H13CrMo
	G102＋1Cr18Ni9Ti G102＋G106	镍基焊丝
	12Cr1MoV＋碳钢	H08Mn2Si、H05MnSiAlTiZr
	12Cr1MoV＋15CrMo	H13CrMo、H08CrMoV

表 3.3-18　国产铝焊丝的型号及化学成分

类型	型号	化学成分（质量分数）/%								
		Si	Fe	Cu	Mn	Mg	Cr	Zn	Ti	Al	其他元素总量
纯铝	SAl－1		1.0①	0.05	0.05	—		0.10	0.05	≥99.0	
	SAl－2	0.20	0.25	0.40	0.03	0.03	—	0.04	0.03	≥99.7	
	SAl－3	0.30	0.30	—	—	—		—	—	≥99.5	
铝镁	SAlMg－1	0.25	0.40	0.10	0.50～1.0	2.4～3.0	0.5～0.20	—	0.05～0.20		
	SAlMg－2	Fe＋Si	0.45	0.05	0.01	3.1～3.9	0.15～0.35	0.20	0.05～0.15		
	SAlMg－3			0.10	0.50～1.0	4.30～5.20	0.05～0.25	0.25	0.15		
	SAlMg－4	0.40	0.40	—	0.20～0.60	4.70～5.70	—	—	0.05～0.20	余量	0.15
铝铜	SAlCu	0.20	0.30	5.8～6.8	0.20～0.40	0.02	V:0.05～0.15 Zr:0.10～0.25	0.10	0.10～0.25		
铝锰铝硅	SAlMn	0.60	0.70	—	1.0～1.6	—	—	—	—		
	SAlSi－1	4.5～6.0			0.05	0.05		0.10	0.20		
	SAlSi－2	11.0～13.0	0.8	0.30	0.15	0.10	—	0.20	—		

注：单个数值表示最大值。

① 为Fe＋Si的含量。

2.8 TIG焊焊接工艺

(1) 常用接头与坡口形式

1) 常用接头形式 TIG焊接接头有对接、搭接、角接、T形接头及卷边对接等形式。TIG焊接头的坡口形式，见国标GB 985—1988《气焊、手工电弧焊及气体保护焊焊缝坡口的基本形式与尺寸》。厚度≤3 mm的碳钢、低合金钢、不锈钢、铝及其合金对接接头及厚度≤2.5 mm的高镍合金，一般开I形坡口。厚度在3～12 mm的以上材料，可开V形或Y形坡口。

2) 焊前清理 由于TIG焊时氩气只起机械保护作用，故对焊件与填充金属表面的油、锈及其他污物非常敏感，如清理不当，焊缝中很容易产生气孔、夹渣等缺陷。为此焊前必须认真清理，彻底除去填充金属、焊件坡口面、间隙及焊接区（包括接头上下表面50～100 mm内）表面上的油脂、油漆、涂层，以及加工用的润滑剂、氧化膜及锈等。焊前清理有化学清理和机械清理两类。

① 化学清理 化学清理法可除去工件及焊丝表面的油脂及氧化皮，化学清洗液的配方和处理条件因材质不同而异，此法清理效果好，经化学清理后的工件能保存较长的时间。对铝及铝合金的化学清理请分别参考表3.3-19（去油液配方及工艺条件）和表3.3-20（除氧化膜液的配方及工艺条件）。对热轧后经酸洗处理过的钛材，若因放置时间长，表面已形成薄氧化膜时，可用硝酸40%、氢3%～5%的水溶液中浸泡15～20 min（室温），并用清水冲洗干净后烘干；热轧后未酸洗的钛材，氧化膜层较厚，应先碱洗，配方及工艺条件见表3.3-21。后进行酸洗，配方及工艺条件见表3.3-22。清洗干净的钛焊丝应在150～200℃的烘干箱中保温，必须戴干净手套随用随取。对镁及镁合金的表面油脂及氧化膜的清除工艺见表3.3-23。

表3.3-19 铝及其合金除油液配方及工艺条件

配方		温度	清洗时间	清水冲洗		干燥
				热水	冷水	
$NaPO_4$ Na_2CO_3 Na_2SiO_3 水	40～50 g 40～50 g 20～30 g 1 L	60℃	5～8 min	30℃	室温	干净布擦干

表3.3-20 铝及其合金去氧化膜液配方及工艺条件

母材 \ 工序	碱洗			冲洗	光化			冲洗	干燥
	NaOH/%	温度/℃	时间/min		硝酸/%	温度/℃	时间/min		
纯铝	15	室温	10～15	冷净水	30	室温	≤2	冷净水	100～110℃烘干
	4～5	60～70	1～2						
铝合金	8	50～60	5～10		30	室温	≤2		

表3.3-21 热轧钛板碱洗液配方及工艺条件

配方		温度/℃	时间/min
NaOH $NaHCO_3$	80% 20%	40～50	10～15

表3.3-22 热轧钛板酸洗液配方及工艺条件

配方号	配方		温度/℃	时间/min	清洗 烘干
A	HCl HNO_3 HF 水	340～350 mL 55～60 mL 5 mL 余量	室温	10～15	先用热水，后用冷水冲洗，清洗干净后用干净布擦干
B	HNO_3 HCl NaF 水	55～60 mL 200～250 mL 50 g 余量	60～70	1～2	

表3.3-23 镁及镁合金化学处理工艺

工序号	工序内容	配方/$g\cdot L^{-1}$	工作温度/℃	处理时间/min
1	脱脂	NaOH 10～25 $NaPO_4$ 40～60 $NaSiO_3$ 20～30	40～90	5～15，将零件在槽液中抖动
2	在流动热水中洗		50～90	清洗4～5次
3	在流动冷水中洗		室温	2～3
4	碱腐蚀	NaOH 350～450	对MB8，70～80 对MB3，60～65	2～3 5～6

续表3.3-23

工序号	工序内容	配方/$g\cdot L^{-1}$	工作温度/℃	处理时间/min
5	在流动热水中洗		50～90	2～3
6	在流动冷水中洗		室温	2～3
7	铬酸中和处理	CrO_3 150～250 SO_4^{2-} <0.4	室温	5～10，或将零件上的氧化膜除净为止
8	在流动冲水中洗		室温	2～3
9	在流动热水中洗		50～90	1～3
10	在干燥热风中吹干		50～70	吹干为止

② 机械清理 通常采用打磨、刮削、喷砂或抛丸等机械方法清除工件表面的锈及其他污物，此法比较简单，但清除效果不好，且清理后的表面保存时间很短，通常只用于焊前临时处理。

(2) 焊接工艺参数

影响TIG焊焊接质量的工艺参数很多，包括焊接电流的大小、种类和极性，焊接电压，焊接速度，保护气体的流量，焊接方向，钨极直径与端部形状，钨极伸出长度，喷嘴的直径、形状、喷嘴与工件间距离等。它们对焊缝质量的影响分述如下。

1) 焊接电流 焊接电流的种类和极性应根据母材的材质进行选择。焊接电流的大小主要影响熔深，对焊缝的宽度和余高影响不大。应根据被焊材料的厚薄、接头形式和空间位置选择合适的焊接电流。

2）焊接电压（电弧电压）　焊接电压主要由弧长决定。电弧电压增高时，焊缝宽度增加，熔深稍减小。手工TIG焊时，如电弧较长，观察熔池越清楚，加丝也比较容易（不易碰上钨极）。但弧长太长时，容易产生未焊透及咬边，而且保护效果变差，容易出气孔。但电弧也不能太短，电弧太短，很难看清熔池，加丝时焊丝容易碰到钨极，引起短路或污染钨极，产生夹钨缺陷并加大钨极烧损。合适的弧长应近似等于钨极直径。

3）焊接速度　焊接速度增加时，熔深与熔宽减小；焊接速度太快时，容易产生未焊透；加丝焊时焊缝窄而高，两侧熔合不好；焊接速度太慢时，焊缝太宽，还可能产生焊漏、烧穿等缺陷。选择焊接速度时，应考虑以下因素。

① 焊接铝和铝合金及高导热性金属时，为减小变形，应采用较大的焊接速度。

② 焊接裂纹倾向较高的合金时，不能采用高速焊接。

③ 在非平焊位置施焊时，为获得较小的熔池，避免液态金属从熔池中流失，应尽量选用较快的速度焊接。

④ 焊接速度太快时，会降低保护效果，特别是在自动TIG焊时，由于焊速太高，可能使熔池裸露在空气中，如图3.3-9所示。

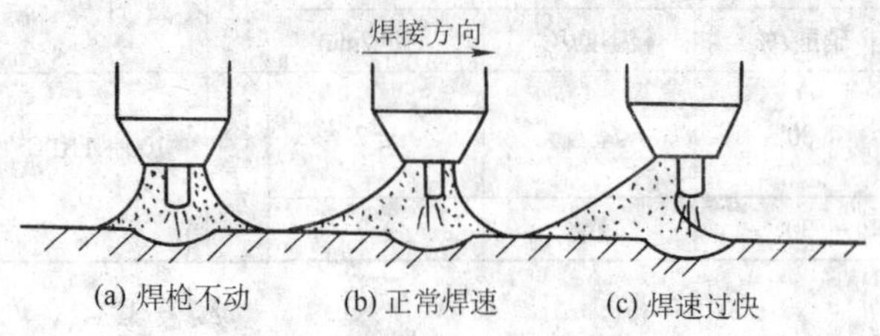

图3.3-9　焊接速度与保护效果的影响示意图

4）喷嘴孔径与氩气流量　通常根据焊接电流的大小确定钨极直径，根据钨极直径确定喷嘴孔径。焊接电流越大，选用的钨极直径越粗，喷嘴孔径越大，相应的氩气流量也越大。

对应于某一选定直径的喷嘴，有一个合适的氩气流量范围。氩气流量太小时，保护气体软弱无力（刚性不好），保护区小，抗风力弱；流量太大时，保护气呈紊流喷出，会将空气卷入焊接区，容易产生气孔，并使焊缝金属氧化、氮化；流量合适时，保护气呈层流状喷出，保护气流有一定刚性，保护范围大，从而能保证焊接质量。

当焊接电流相同时，若采用交流TIG焊接有色金属及其合金时，对焊接区的保护要求较高，需选用较大孔径的喷嘴和氩气流量。在实际工作中，通常选定焊枪以后，喷嘴孔径很少改变，故并不把喷嘴孔径和氩气流量当做独立的工艺参数来选择。可根据试焊质量，确定合适的氩气流量。流量合适时，熔池平稳，表面明亮没有渣，焊缝外形美观，表面没有氧化痕迹；若流量不合适，熔池不平稳，严重时出现翻腾现象，表面有氧化膜，焊缝表面发黑或有氧化膜。对接接头或J字形接头的船形焊时，保护效果较好，焊接这类接头时，不必采用其他工艺措施；而进行端头焊及外角焊时，保护效果较差，焊接这类接头时，除加大氩气流量外，最好加挡板，提高保护效果。

5）钨极直径、伸出长度与端部形状　TIG焊时所用的钨极直径是一个比较重要的参数，必须根据焊接电流的种类、极性和大小选择合适的钨极直径（参见本章2.7节的内容）。

钨极伸出长度是指钨极尖到钨极夹那一段钨极的长度，它不仅影响保护效果，还影响钨极的最大允许电流。因为这段钨极传导焊接电流不仅受电弧热作用，而且电流流过时，会产生电阻热。因此，这段长度越长，同一直径的钨极的许用电流越小。钨极伸出长度越短，喷嘴离工件越近，对钨极和熔池的保护效果越好，但妨碍观察熔池，并且容易烧坏喷嘴。通常焊对接焊缝时，钨极伸出喷嘴外为5～6 mm较好；焊T形焊缝时，这段长度为7～8 mm较好。

钨极端部的形状对焊接许用电流的大小、电弧燃烧的稳定性、焊缝成形也有较大影响。焊接薄板和焊接电流较小时，可用小直径钨极，并将端部磨成20°左右尖锐角，这样电弧容易引燃，并在端部稳定燃烧。但在大电流焊接时，应将电极末端磨成钝锥角（大于90°）或磨成带有平顶的锥角，这样可使电弧斑点稳定，弧柱的扩散减小，对工件加热集中，焊缝成形均匀，并减少钨极烧损。交流TIG时，一般将钨极端部磨成半球形。

在相同的焊接电流下，钨极端部夹角θ及其末端部直径φ的变化，对焊缝的熔深和熔宽都有影响，见图3.3-10。θ角减小，将引起弧柱扩散，导致熔深减小，熔宽增大；随着θ角的增加，弧柱扩散倾向减小，熔深增大，熔宽减小。焊接电流越大，上述变化会越明显。同样，钨极末端部直径φ对熔深等亦有类似影响。

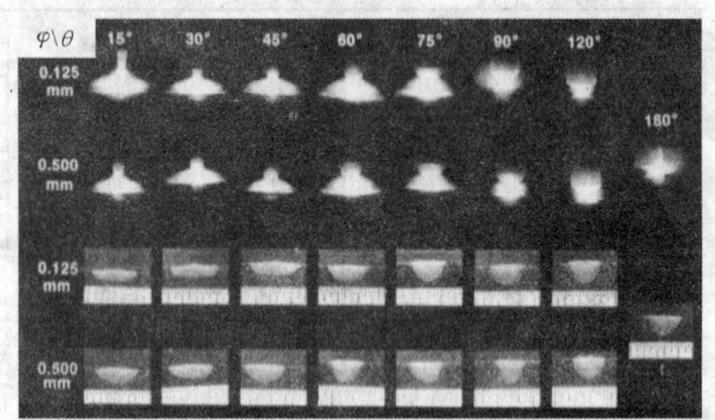

图3.3-10　钨极端部几何尺寸对焊缝熔深和熔宽的影响

（平板定点焊，焊接电流150 A，时间2 s，用氩气保护）

6）喷嘴高度　喷嘴端面至工件表面的距离叫喷嘴高度。喷嘴高度越小，保护效果越好，但能观察的范围和保护区较小，加丝比较困难，施焊难度较大；喷嘴高度太小时，容易使钨极与焊丝或熔池短路，产生夹钨缺陷；喷嘴高度越大，能观察的范围越大，但保护效果差。一般喷嘴高度应在8～14 mm之间。

7）焊丝直径　应根据焊接电流的大小，选择焊丝直径，表3.3-24给出了它们之间的关系。

表3.3-24　焊接电流与焊丝直径之间的关系

焊接电流/A	10～20	20～50	50～100	100～200	200～300	300～400	400～500
焊丝直径/mm	≤1.0	1.0～1.6	1.0～2.4	1.6～3.0	2.4～4.5	3.0～6.0	4.5～8.0

以上所讨论的是TIG焊应用时必要的基础及各工艺参数对焊缝成形与质量的影响。但在实际TIG焊生产中独立的参数并不很多，例如手工TIG焊工艺中只规定焊接电流与氩气流量两个参数；自动TIG焊时需考虑的工艺参数有焊接电流、焊接电压、焊接速度、氩气流量、焊丝直径与送丝速度。除此之外，焊接一些特别活泼的金属时，如钛等，必须加强高温区的保护，采取严格的气保护措施。

（3）提高TIG焊焊缝质量的方法

1）定位焊是为了保证待焊工件的尺寸要求，并防止工件在焊接过程中受热膨胀引起变形。定位焊缝是将来焊缝的一部分，必须按正式的焊接工艺要求焊接定位焊缝，不允许有缺陷，如果该焊缝要求单面焊双面成形，则定位焊缝必须焊透。如果正式焊缝要求预热、缓冷，则定位焊前亦要预热，焊后要缓冷。

2）打底焊的焊缝应一气呵成，不允许中途停止。打底层焊缝应有一定厚度，对于壁厚≤10 mm 的管子，其厚度不小于 2 ~ 3 mm；壁厚 > 10 mm 的管子，其厚度不小于 4 ~ 5 mm；打底层焊缝需自检合格后，才能填充盖面。

3）填丝时，焊丝应与工件表面夹角为 15°左右，必须等坡口两侧熔化后才能填丝，以免引起熔合不良。填丝从熔池前沿点进或连续送丝，速度要均匀，填丝时，要使焊丝端头始终在氩气保护区内。不能让焊丝在保护区内搅动，防止卷入空气。填丝速度太快，则焊缝余高大；过慢则焊缝下凹或咬边。

4）随时注意观察钨极端部的形状和颜色的变化。焊接过程中如果钨极端部始终能够保持磨好的锥形，焊后钨极端部为银白色，说明保护效果好。如果焊后钨极端部发蓝，加长焊后氩气延迟断气时间仍不能得到银白色的钨极端部，则说明保护效果欠佳。如果焊后钨极端部发黑，局部变细或有瘤状物，说明钨极已被污染，在这种情况下，必须将这段钨极去掉，否则焊缝容易夹钨。

5）无论是打底层或填充焊接时，接头质量是很重要的，接头处最好磨成斜面，使焊缝重叠 20 ~ 30 mm。因为接头是两段焊缝连接的地方，由于温度的差别和填充金属数量的变化，接头处容易出现超高、未焊透、夹渣、气孔等缺陷。所以焊接时应尽量避免停弧，减少接头次数。

TIG 焊常见缺陷产生的原因及预防措施见表 3.3-25。

表 3.3-25　TIG 焊常见缺陷及预防措施

缺陷种类	产生原因	预防措施
未焊透	1）焊接电流太小 2）焊接速度太快 3）坡口角度太小，钝边太大，或间隙太小 4）钨极烧损，电弧不集中 5）送丝太快	1）增加焊接电流 2）降低焊接速度 3）坡口角度不小于 30°，钝边不大于 2 mm，间隙不小于 2 mm 4）修磨钨极尖端 5）降低送丝速度
咬边	1）焊接电流太大 2）电弧电压太高 3）焊炬摆幅不均匀 4）送丝太少，焊接速度太快	1）降低焊接电流 2）降低弧长 3）保持摆幅均匀 4）适当增加送丝速度，或降低焊接速度
气孔	1）有风 2）氩气流量太小或太大 3）焊丝或工件太脏 4）氩气管内有水汽 5）焊炬漏水 6）进气管道或接头有漏气处 7）送丝手法不好，破坏了氩气保护区 8）钨极伸出太长，或喷嘴高度太大	1）设法挡风 2）调整氩气流量 3）清除焊丝及工件特焊区的污物 4）用干燥无油的热空气吹干氩气管 5）消除漏水处 6）检查气路 7）调整送丝手法 8）减小钨极伸出长度及喷嘴高度
裂纹	1）焊丝与母材不匹配，或有害杂质硫、磷含量太高 2）焊件拘束应力太大 3）收弧太快，弧坑太深 4）焊丝、工件不干净	1）选用硫、磷含量低的焊丝 2）设法减小拘束，或采用预热缓冷措施 3）调整收弧衰减参数，或多次收弧，填满弧坑 4）加强清理

续表 3.3-25

缺陷种类	产生原因	预防措施
夹钨	1）无高频或脉冲引弧装置失效 2）钨极伸出太长 3）加丝技术不好 4）焊接电流太大，钨极熔化	1）修理或增添引弧装置 2）适当减小钨极伸出长度 3）改善填丝手法 4）适当降低焊接电流，或加大钨极直径

3　特种 TIG 焊接方法

(1) TIG 点焊

TIG 点焊是在氩气保护下，用钨极和工件间产生的电弧做热源，使两块重叠在一起的焊件局部熔化，形成点状焊缝的焊接方法。TIG 点焊的优点是可在正面进行点焊，可以点焊厚度相差悬殊的工件，焊点成形美观，操作灵活方便；其缺点是焊接效率比电阻点焊低且焊接费用较电阻点焊高。主要用于焊接各种薄板结构及薄板与厚板的连接，特别是不锈钢与低合金钢的焊接。也可焊接有色金属。

为了消除焊点中的缩孔疏松，通常有两种点焊程序。一是电流衰减法，利用衰减焊接电流，消除焊点中的缩孔疏松；二是二次电流法，即用二次通电的办法，消除焊点中的缩孔和疏松。表 3.3-26 给出了 1Cr18Ni9Ti 不锈钢 TIG 点焊的二次电流法工艺参数。

表 3.3-26　1Cr18Ni9Ti 不锈钢 TIG 点焊工艺参数

母材厚度/mm	焊接电流/A	焊接时间/s	二次脉冲电流/A	二次脉冲时间/s	氩气流量/$L\cdot min^{-1}$	焊点直径/mm
0.5 + 0.5	80	1.03	80	0.57		4.5
0.5 + 0.5	100	1.03	100	0.57		5.5
2 + 2	160	9	300	0.47	7.5	8
2 + 2	190	7.5	180	0.57		9
3 + 3	180	18	280	0.69		10
3 + 3	200	18	280	0.69		11

(2) 脉冲 TIG 焊

脉冲 TIG 焊采用低频调制的直流或交流脉冲电流进行焊接。直流脉冲焊接过程的电流波形如图 3.3-11 所示。如前所述，脉冲 TIG 焊的优点是通过调节脉冲电流、基值电流的大小及它们持续时间，可精确地控制输入工件的热量和熔池尺寸，提高焊缝抗烧穿和保持熔池尺寸的能力，获得均匀的熔深，并能减小热敏材料产生焊接裂纹的倾向。交流脉冲 TIG 焊用于焊接铝、镁及它们的合金等表面易形成高熔点难熔氧化膜的材料。直流脉冲 TIG 焊用于焊接一般钢材、不锈钢等金属材料，应用范围很广。

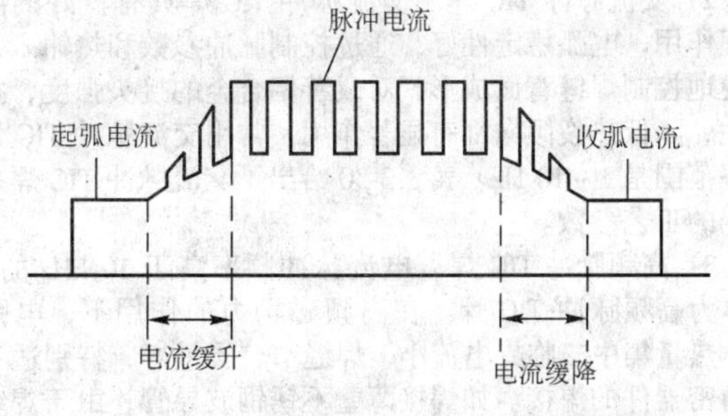

图 3.3-11　直流脉冲 TIG 焊焊接过程的电流波形

脉冲TIG焊的主要工艺参数有：脉冲电流 I_p；基值电流 I_b；脉冲电流持续时间 t_p；基值电流持续时间 t_b；脉幅比 $R_A = I_p/I_b$；脉宽比 $R_w = [t_p/(t_p + t_b)] \times 100\%$；脉冲周期 $T = t_p + t_b$ 以及脉冲频率 $f = T^{-1}$ 等。根据母材的材质、板厚选择上述各参数。脉冲电流 I_p 与基值电流 I_b 必须匹配，才能获得较好的焊缝。在一般情况下 $I_b = (10\% \sim 20\%) I_p$，$t_b = (1 \sim 3) t_p$，$I_b$ 与 t_b 保持电弧不熄灭，熔池能凝固，并对下一个焊点起预热作用。当脉幅比 R_A 较大、脉宽比 R_W 较小时，脉冲焊特点较显著，可减小热裂倾向，但易产生咬边。焊接过程中，通过调节 R_A、R_W 和焊接速度，可控制熔深，防止产生热裂纹和咬边缺陷。

为了得到连续致密的焊缝，焊点必须互相重叠一部分。焊接速度和脉冲频率要互相匹配才能满足焊点间距要求，应满足以下关系：

$$l_W = \frac{V_W}{6f}$$

式中，l_W 为焊点间距，mm；V_W 为焊接速度，cm/min；f 为脉冲频率，Hz。

1）直流脉冲TIG焊　直流脉冲TIG焊的脉冲频率区间为0.5～10 Hz。为保证焊点互相重叠，脉冲频率与焊接速度必须符合表3.3-27给出的关系。直流脉冲TIG焊接薄板的工艺参数见表3.3-28。不锈钢薄板焊接的工艺参数见表3.3-29。

表3.3-27　直流脉冲TIG焊常用的频率范围

焊接方法	手工焊	自动焊焊速/cm·min⁻¹			
		20	28	36	50
频率/Hz	1～2	≥3	≥4	≥5	≥6

表3.3-28　直流脉冲TIG焊薄钢板工艺参数

板厚/mm	电流/A		时间/s		焊接速度/cm·min⁻¹	氩气流量/L·min⁻¹
	I_p	I_b	t_p	t_b		
0.2	8～12	0.8～1.5	0.15～0.20	0.2	26～30	4～5
0.3	10～15	0.8～1.5	0.15～0.20	0.2	30～36	4～5
0.4	10～25	0.8～1.5	0.18～0.22	0.2	30～36	4～5
0.5	10～25	0.8～1.5	0.18～0.24	0.2	36～42	4～5

表3.3-29　直流脉冲TIG焊不锈钢薄板工艺参数

板厚/mm	电流/A		时间/s		脉冲频率/Hz	焊接速度/cm·min⁻¹	弧长/mm
	I_p	I_b	t_p	t_b			
0.3	20～22	5～8	0.06～0.08	0.06	8	50～60	0.6～0.8
0.5	55～60	10	0.08	0.06	7	55～60	0.8～1.0
0.8	85	10	0.12	0.08	5	80～100	0.8～1.0

2）交流脉冲TIG焊　交流脉冲TIG焊具有良好的阴极清理作用，电弧稳定性好，通过控制脉冲参数和热输入，可方便地控制焊缝背面成形，对改善铝合金的接头强度，提高塑性，降低热裂倾向都有显著作用。常用交流脉冲TIG焊的频率范围是1～10 Hz。表3.3-30给出了交流脉冲TIG焊接铝合金的工艺参数。

3）高频脉冲TIG焊　电流脉冲频率高于10 kHz的TIG焊称为高频脉冲TIG焊。在高频磁场力的作用下，电弧稳定，热量集中，临界电流小，焊缝窄，质量好，特别适于薄板精密器件的焊接。如焊接薄壁不锈钢波导管，由于焊缝成形好，下塌量小，大大提高了波导管的微波耦合效率。因高频脉冲TIG焊设备较贵，目前主要用于精密器件的焊接，以及薄板结构的流水焊接生产线上。

表3.3-30　交流TIG焊铝合金的工艺参数

母材牌号	厚度/mm	焊丝直径/mm	电流/A		频率/Hz	脉宽比/%	电弧电压/V	氩气流量/L·min⁻¹
			I_p	I_b				
LF_3Y_2	2.5	2.5	95	50	2	33	15	5
LF_2Y_2	1.5	2.5	80	45	1.7	33	14	5
LF_6Y_2	2.0	2.0	83	44	2.5	33	10	5
$LY_{12}CZ$	2.5	2.0	140	52	2.6	36	13	8

从焊接工艺效果考虑，脉冲频率达10 kHz即可，此时电弧的收缩明显，当频率超过10 kHz时，电弧的变化已不明显。但在10 kHz时高频噪声大，人耳难以忍受，故高频脉冲频率选在16～22 kHz的超声频率范围。当焊接平均电流相同时，高频脉冲TIG焊的熔深比一般直流TIG焊大，焊接速度比一般直流TIG焊高2～3倍时也不会产生咬边等缺陷。

4）带有尖峰的低频脉冲TIG焊　这种焊接方法电弧热量集中，热影响区小，焊缝成形美观致密，力学性能好。其脉冲频率一般不超过3 Hz，在脉冲的前沿加有一个具有一定宽度的尖峰，电流波形如图3.3-12所示。

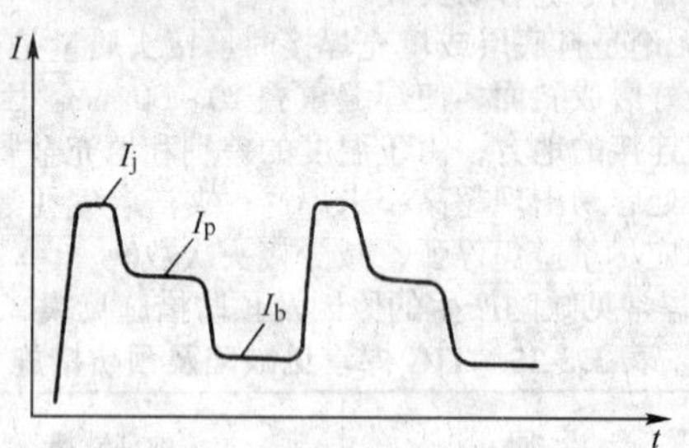

图3.3-12　带有尖峰的低频脉冲TIG焊电流波形

I_j—尖峰电流；I_p—脉冲电流；I_b—基值电流

尖峰电流 I_j 能增加熔池的形成速度，增加电弧的穿透能力，可获得良好的熔深，特别适于焊接导热性差别很大的异种金属，因为热量输入很快，导热快的金属来不及散热就与导热慢的金属一起熔化形成了熔池。这种焊接方法脉冲电流的前沿不太陡，后沿下降较缓慢，故电弧柔和，焊缝成形好。

(3) 高效TIG焊

为了提高TIG焊的生产效率，克服熔敷率低、熔深浅等缺点，近年来开发的多种高效TIG焊如热丝法、双层气保护法、振荡法、活性剂法等TIG焊新工艺列于图3.3-13。

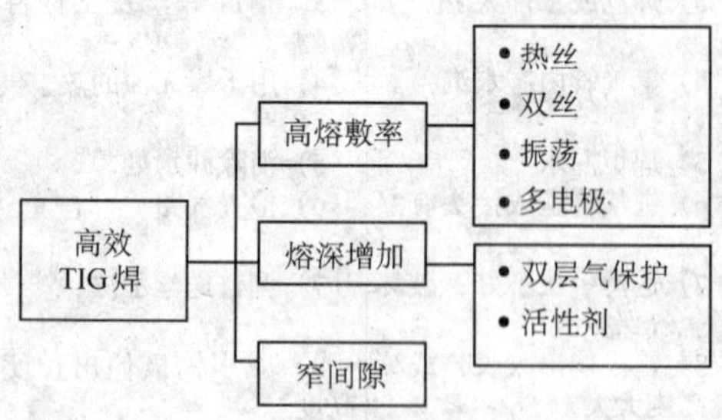

图3.3-13　高效TIG焊工艺

1）热丝TIG焊　一般加丝TIG自动焊的焊接过程稳定，质量好，但效率低。为了提高效率，出现了预热焊丝的TIG焊。这一工艺已成功地用于碳钢、低合金钢、不锈钢、镍和钛等。但由于较大的预热电流将产生较大的电弧偏吹和熔化不均匀，因此对预热电流有所限制。铝和铜的电阻率太小，所以不推荐使用热丝焊法。

预热焊丝一般从熔池前方加入，也可从熔池后方加入，填充焊丝在进入熔池前约10 cm处开始通电加热，但不产生电弧，焊丝加热电源通过焊丝、熔池、工件构成回路，依靠电阻热将焊丝加热至预定温度，熔敷速度约比冷丝高2倍，提高了熔敷效率，减小了焊接熔池从电弧中输入的热量，热影响区宽度变窄，适于焊接对热输入敏感的材料和堆焊。

热丝TIG焊亦较多地在窄间隙厚壁钢管地焊接中得到应用。图3.3-14是窄间隙热丝TIG焊的示意图。

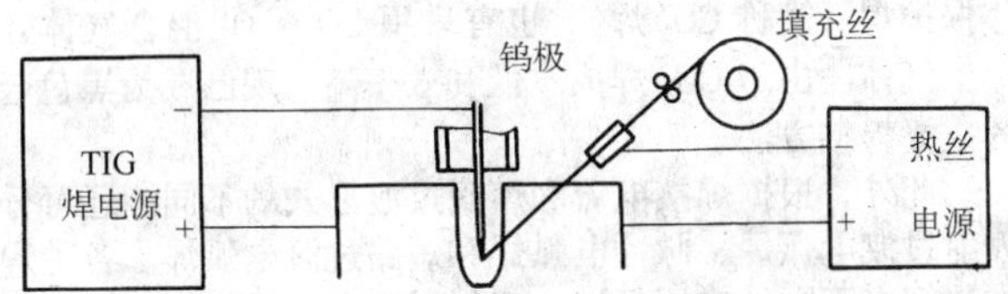

图3.3-14　窄间隙热丝TIG焊示意图

2）双层气保护TIG焊　在双层气保护TIG焊工艺中，通过中间层气体冷却弧柱，使电弧收缩，电流密度提高。常采用50%He+50%Ar的混合气体作为中间层气体，采用Ar气作为外层保护气。该法能有效提高熔深，与热丝或双丝法结合，将同时提高了熔敷率。

3）振荡法TIG焊　将钨极倾斜于喷嘴轴线安装并绕轴线旋转，有助于保证坡口两侧的熔深。亦常与热丝法结合，使熔敷率显著提高。图3.3-15是窄间隙振荡TIG焊的示意图。

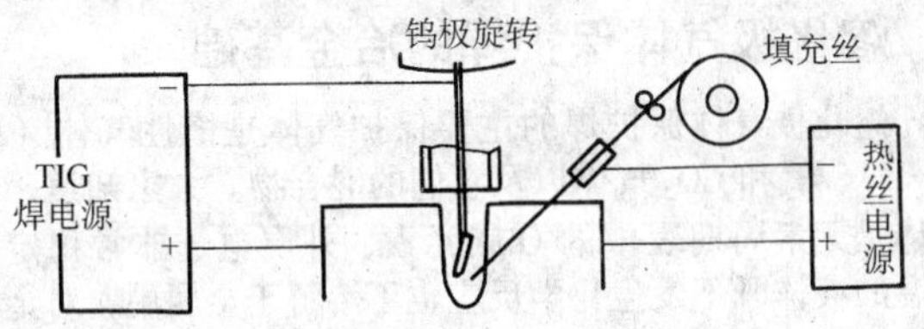

图3.3-15　窄间隙振荡TIG焊示意图

4）活性TIG焊（A－TIG）　乌克兰巴顿焊接研究所（PWI）于20世纪60年代提出了活性化焊接的概念，并被前苏联广泛地运用于工业生产中。这一技术的工艺特点是在焊接进行之前，在待焊母材的表面涂敷一层含有氧化物和（或）卤化物的活性物质，在一定的焊接工艺条件下能有效地增加焊缝的熔深和提高焊接速度。近十余年以来，经过各国焊接研究人员的不断努力，已将A－TIG发展为一种成熟的焊接方法，其工业应用的范围正不断扩大。目前A－TIG焊工艺可以用在钛合金、不锈钢、镍基合金、铜镍合金、碳钢等材料的焊接。

A－TIG焊的主要优点如下。

① 操作简单、方便、成本低。A－TIG使用特殊助焊剂（称为活性剂），在焊前涂敷到被焊工件的表面，使用普通的TIG焊焊接设备和工艺参数就可以进行焊接。焊后附在焊缝表面的熔渣可简单地采用刷洗的方法去除，不会对焊缝产生污染。

② 能显著地提高焊接效率、降低焊接成本。在焊接工艺参数不变的情况下，与常规TIG焊相比，A－TIG焊可以提高熔深一倍以上（对于12 mm厚度不锈钢可以单道一次焊透），而且不增加正面焊缝宽度。因此对于中等厚度的材料可不开坡口一次焊透，对于更厚的焊件则可以减少焊道的层数。对于薄板A－TIG焊可以提高焊接速度，或者使用较小的工艺参数焊接，能够减小热输入和焊接变形。图3.3-16示出了在相同的设定条件下对6 mm厚度不锈钢板使用TIG焊和A－TIG焊所获的熔深对比情况。

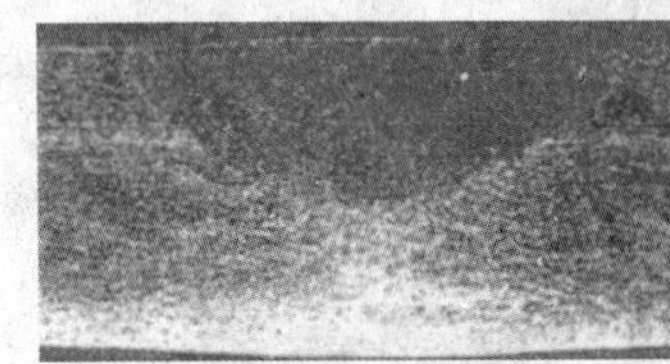
(a) 普通TIG焊熔深

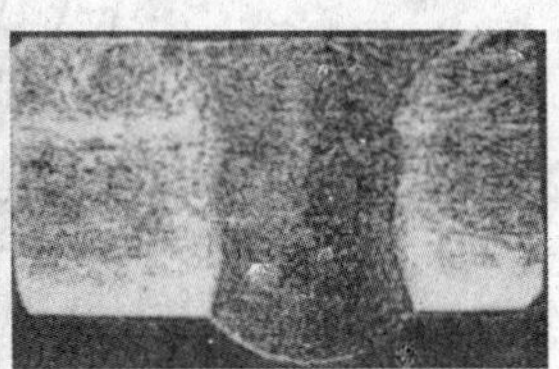
(b) A−TIG焊熔深

图3.3-16　普通TIG焊与A－TIG焊的熔深对比

③ 提高焊接质量。A－TIG焊通过在同等焊接速度下采用较小的工艺参数，可以有效地减小焊接变形。通过调整活性剂的成分，可以改善焊缝的组织和性能。此外，钛合金活性化焊接能够消除常规TIG焊所表现出的氢气孔，也可以净化焊缝（降低焊缝中的含氧量）。

④ 焊缝正反面熔化成形好。A－TIG焊得到的焊缝，其正反面熔化宽度比例更趋合理，熔宽均匀稳定，由于焊件散热条件变化或者夹具压紧程度不一致所导致的背面出现蛇形焊道及不均匀熔透（或非对称焊缝）的程度减低，对保证焊缝使用性能有利。

编写：宋永伦（北京工业大学）

第 4 章　MIG/MAG/CO_2 焊

1　概述

熔化极气体保护焊（英文缩写为 GMAW）是一种电弧焊方法，该方法采用连续等速送进可熔化的焊丝与被焊工件之间的电弧作为热源来熔化焊丝和母材金属，并形成金属间的结合。电弧、熔滴和熔融的熔池均由外加气体或气体混合物进行保护，如图 3.4-1 所示。这种方法根据保护气体的不同，还可称为 MIG（熔化极惰性气体保护焊）、MAG（熔化极活性气体保护焊）或 CO_2 焊（CO_2 气体保护焊）。

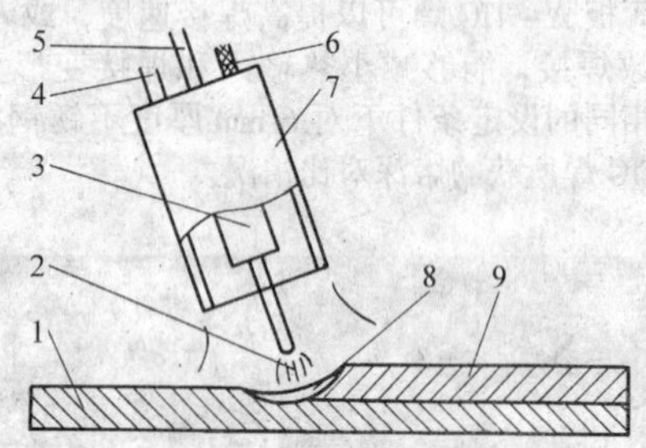

图 3.4-1　熔化极气体保护焊方法

1—母材；2—电弧；3—导电嘴；4—保护气管；5—焊丝；6—电缆；7—喷嘴；8—熔池；9—焊缝金属

由于不同种类的保护气体及焊丝对电弧形态、电气特性、热效应、冶金反应及焊缝成形等有不同的影响，因此根据保护气体与焊丝的类型而分成不同的焊接方法，如表 3.4-1 所示。

表 3.4-1　熔化极气体保护焊的分类

熔化极气体保护焊（GMAW）	实心焊丝	惰性气体保护焊（MIG 焊）	Ar
			Ar + H_2
			He
		活性气体保护焊（MAG 焊）	Ar + O_2
			Ar + CO_2 + O_2
			Ar + CO_2
		CO_2 气体保护焊（CO_2 焊）	CO_2
			CO_2 + O_2
	药芯焊丝	→	CO_2
			Ar + CO_2

因为焊丝和保护气体对气体保护焊的过程和性能的影响最大，所以通常总是根据被焊金属的成分和结构来选择焊丝类型和气体种类，也就是选择某一种焊接方法。焊丝分为实心焊丝和药心焊丝，实心焊丝的种类较多，其成分大都与母材相适应，而药芯焊丝主要应用于黑色金属，由于其焊接工艺性能好，生产效率高和成本低，所以药芯焊丝发展迅速，同样药芯焊丝的产量在国内也是逐年大幅度增加。

保护气体除冶金作用而外，还有屏蔽空气作用。以氩、氦或其混合气体等隋性气体作为保护气体的焊接方法称为熔化极惰性气体保护电弧焊（英文缩写为 MIG 焊）。通常该法应用于铝、铜和钛等有色金属的焊接，而对于碳钢来说这是一种昂贵的焊接方法。

在氩中加入少量氧化性气体（O_2、CO_2 或其混合气体）混合而成的气体作为保护气体的焊接方法称为熔化极活性气体保护电弧焊（英文缩写为 MAG 焊）。通常该法应用于黑色金属，一般情况下，该活性气体中 $\varphi(O_2)$ 为 2% ~ 5% 或 $\varphi(CO_2)$ 为 5% ~ 20%，其作用是提高电弧稳定性和改善焊缝成形。

采用纯 CO_2 气体作为保护气体的焊接方法称为 CO_2 气体保护焊（简称 CO_2 焊）。也有采用 CO_2 + O_2 混合气体作为保护气体。由于 CO_2 焊成本低和效率高，现已成为黑色金属的主要焊接方法。

此外，根据焊接电流和熔滴过渡形式的不同，还可分为喷射过渡电弧焊、脉冲电弧焊和短路过渡电弧焊。各种焊接方法都有不同的应用领域。喷射过渡电弧焊焊接飞溅小，焊缝成形美观，而焊接电流较大。脉冲电弧焊却能在低于临界电流的低电流区间稳定焊接，适用于焊接薄板和空间位置焊缝。短路过渡焊接方法适用于薄板和全位置焊，但其焊缝不十分理想和焊接飞溅较大。近几年由于逆变焊机的应用，这些问题已有很大改善。

总之，熔化极气体保护焊（GMAW）通常使用细丝和大电流，焊丝的熔敷率很高，焊接变形小和熔渣少而便于清理，因此该工艺是一种高效节能的焊接方法。目前我国和世界各国一样，正大力推广应用这一焊接方法，使之成为连接金属的主要焊接方法。

2　熔化极气体保护焊的冶金基础

熔化极气体保护焊的主要保护气体是惰性气体（Ar 和 He 等）、氧和 CO_2 气体以及它们的混合物。大家知道，惰性气体是元素周期表中的 O 族元素，外层电子非常稳定，与高温的液体既不发生化学反应也不溶解于金属中，对金属呈中性。另一方面，氩的原子量为 40，比空气重 1.4 倍，所以在平焊时对电弧和熔化金属都有较好的保护作用，防止了空气中的氧和氮气的有害影响，适应于焊接铝、铜和不锈钢等金属。

另一种主要气体是 CO_2 气体，它对熔滴和熔池中的熔化金属的保护作用除了屏蔽作用而外，还具有较强的氧化作用。CO_2 气体屏蔽了空气中的氮气，而其氧化作用是有害的。在焊接过程中应采用脱氧措施去除氧的有害影响。

对 Ar + CO_2 混合气体，除屏蔽作用外，仍有氧化作用，其中随着 Ar + CO_2 混合气体中 CO_2 含量的增加，氧化性也增强，同时使电弧特点向 CO_2 焊靠近。

2.1　MIG 焊的冶金特点

MIG 焊时的冶金反应比较单纯，在理想情况下元素几乎不烧损，但是实际上焊缝金属的化学成分都比计算值低，其原因如下。

1）在电弧空间和电极斑点处的温度高达几千度，甚至近万度，达到或者超过被焊金属及其合金元素的沸点。所以一些沸点低而在液态金属中饱和蒸气压高的合金元素极易蒸发。几种常见元素的物理性质如表 3.4-2 所示。可以看到 Al - Mg 合金，Cu - Zn 合金和 Fe - Mn 合金中的 Mg、Zn 和 Mn 三种元素是极易蒸发的。

另一方面，由于阴极破碎作用，还可以打碎熔池表面及其近旁的氧化膜（FeO 和 Al_2O_3 等），在高能密度的斑点作用下，氧化膜可以被熔化和蒸发，所以又提高焊缝金属的纯度。

表 3.4-2　常见元素的物理性质

金属元素	沸点/℃	1 600℃时溶液中的饱和蒸气压/kPa
Zn	907	7 600
Mg	1 103	2 300
Mn	2 200	3.5
Al	2 500	40
Cu	2 590	0.11
Fe	2 750	0.02

2）氩气纯度的影响　氩在空气中有 0.93%，如表 3.4-3 所示，氩气是制氧的副产品。制取过程为把空气压缩并冷却至液态，然后蒸发。氮的沸点最低（－195.80℃），最先蒸发。接着氩蒸发，剩余部分为液态氧。这时得到的氩气纯度不高，一般称为粗氩，不宜用于焊接。为了供焊接使用，还应将粗氩提纯到 99.9%以上。

表 3.4-3　空气的组成及其沸点

成　分	符　号	分子量	比例/%	沸点/℃
氮	N_2	28.01	78.03	－195.8
氧	O_2	32.00	20.99	－183.0
氩	Ar	39.94	0.93	－185.7
二氧化碳	CO_2	44.01	0.03	－78.5

氩气的纯度总是有限的，其中含有的杂质主要有氧、氮和水分。这些气体将会分解，甚至溶解到液态金属中，并与金属发生冶金反应，如式（3.4-1）～式（3.4-4）等。结果可能引起合金元素烧损、夹渣和气孔等。其反应生成物一般都呈褐色粉末附着在焊枪喷嘴上和焊缝及其近旁。

$$2H_2O = 2H_2 + O_2 \quad (3.4\text{-}1)$$

$$4Al + 3O_2 = 2Al_2O_3 \quad (3.4\text{-}2)$$

$$2Mg + O_2 = 2MgO \quad (3.4\text{-}3)$$

$$4Fe + 3O_2 = 2Fe_2O_3 \quad (3.4\text{-}4)$$

焊接不锈钢、合金钢和低碳钢等黑色金属时，为了改善焊缝成形及焊接质量，一般不使用纯氩作为保护气体。焊接不锈钢时，使用（Ar＋1%～2%O_2）和（Ar＋CO_2）等混合气体。焊接低碳钢和低合金钢时，使用（Ar＋15%～20% CO_2）的混合气体。显然，这些保护气体都有一定的氧化性，都能在不同程度上烧损合金元素。以（Ar＋CO_2）混合气体为例，当改变 CO_2 气体的混合比例时，合金元素的过渡系数随着变化。当 CO_2 含量增加时，合金元素的烧损也增加。也就是减小了合金元素的过渡系数（见图 3.4-2）。不同合金元素的烧损程度是不一样的，如与氧亲和力较强的锆、钛和铝等合金元素的烧损量很大，过渡系数仅为 10%～20%；Si 和

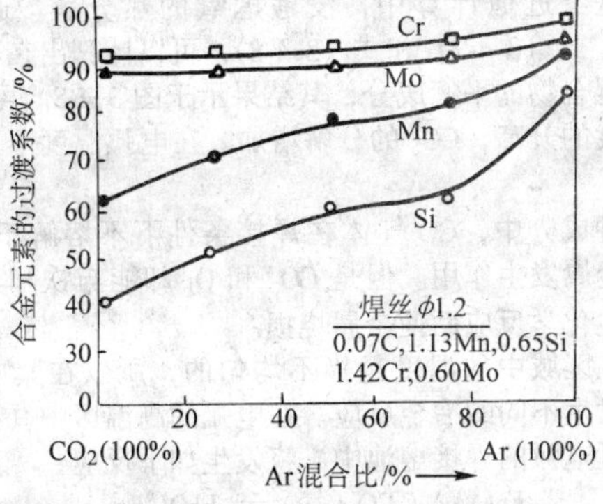

图 3.4-2　Ar 混合比与合金元素过渡系数的关系

Mn 等合金元素烧损量略小些，其过渡系数在纯 CO_2 时仅为 40%～60%，而在纯氩时较高，为 80%～90%。对于 Cr 和 Mo 等烧损较少，不论 CO_2 混合比为多少，它们的过渡系数均在 90%以上。合金元素的烧损将直接影响焊缝金属的含氧量及力学性能。随着 CO_2 的含量增加，不论热输入大小，焊缝金属的拉伸强度都呈下降趋势（图 3.4-4 所示）。为了补偿合金元素的烧损，通常都应根据合金元素过渡系数的不同，向焊丝中加入一些与氧亲和力大的脱氧元素，如 Si、Mn、Al、Zr 和 Ti 等。

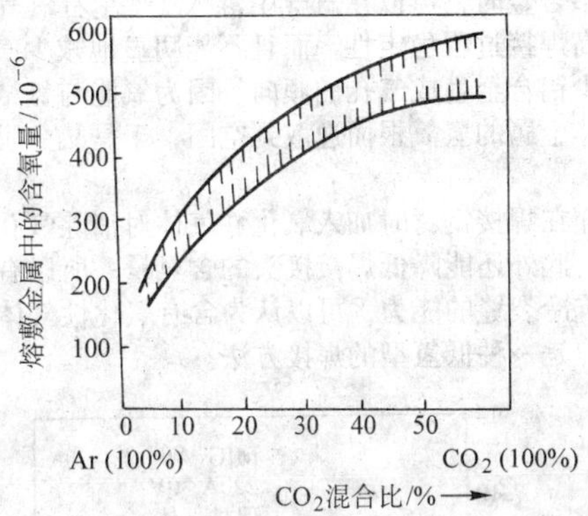

图 3.4-3　CO_2 混合比与熔敷金属中含氧量的关系

焊缝金属的含氧量随着混合气体中 CO_2 含量的增加而增加，如图 3.4-3 所示。它们在焊缝金属中以金属氧化物夹渣形式存在，因此严重地影响焊缝的冲击韧度，如图 3.4-5 所示。由图可见，当 CO_2 含量小于 20%时，焊缝金属的冲击韧性最好，当混合气体中 CO_2 的含量进一步增加时，则冲击韧性逐步变差。

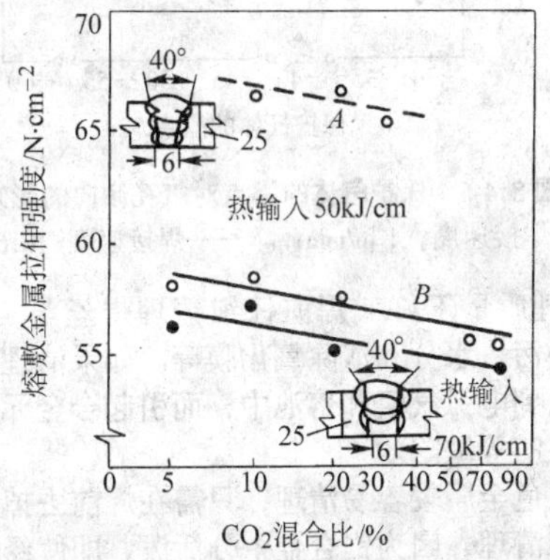

图 3.4-4　熔敷金属的拉伸强度与 CO_2 混合比的关系

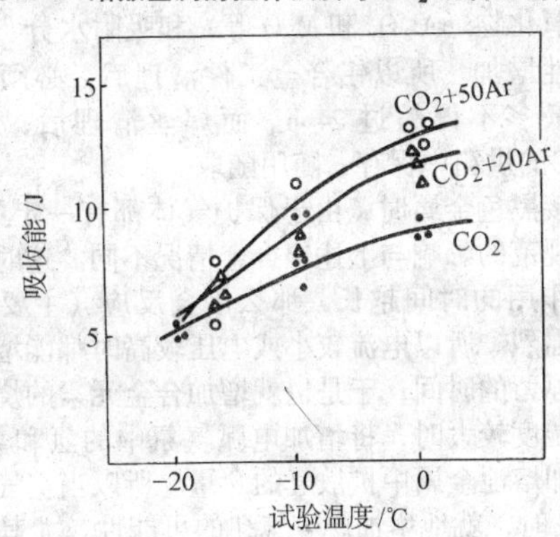

图 3.4-5　熔敷金属的冲击韧度与 CO_2 混合比的关系

用（Ar＋CO_2）混合气体焊接不锈钢时，常常引起增碳。因为在电弧热作用下，CO_2 气体要分解成 CO 和 O，生成的

CO是碳化剂，使奥氏体增碳。这将破坏焊缝抗晶间腐蚀的能力。所以，（$Ar+CO_2$）混合气体不宜用于焊接对抗腐蚀性要求较高的不锈钢材料。这时应该采用（$Ar+O_2$）混合气体保护焊。

混合气体除影响合金元素的烧损外，还影响焊缝的致密性。氩气中含有水分对铝合金产生气孔的敏感性影响极大，如图3.4-6所示。当露点低于-40℃时，气孔急剧减小，但当露点高于-40℃时，气孔则呈指数曲线关系增加。为了减少氢气孔，在Ar中加入一些氧化性气体是十分有利的，如果焊接铝合金时，可以在氩气中混入1%左右氧气。这样不但能提高焊接过程稳定性，而且不能明显地减少气孔。这时氧能减少铝合金生成气孔的倾向。因为氧能与氢结合生成不溶于液体金属的氢氧根而逸散到空间，于是减少了焊缝中的含氢量。

同样在焊接钢材时加入氧化性气体对消除气孔也有明显的影响，此外还能降低焊接接头的含氢量，所以有利于改善高强钢抗冷裂缝的能力，可以认为含有氧化性气体的混合气体保护焊是一种低氢型的焊接方法。

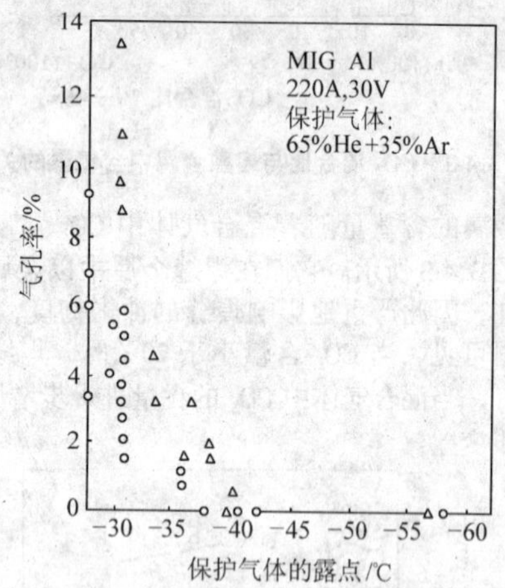

图3.4-6　保护气体的露点对气孔倾向的影响

○——焊接速度，1 m/min；△——焊接速度，0.63 m/min

3）清理质量不好　焊前仔细清理焊丝与工件的表面，以便去除油污、水分和清除氧化膜等。如果清理不好，这些脏物将进入到电弧气氛和熔池中，而引起合金元素烧损、产生气孔和夹渣等缺陷。

通常黑色金属较容易清理，只需在焊前去掉油和锈。而铝合金较难清理，因为铝合金十分活泼，即使经过仔细清理（包括化学法和机械法去除氧化膜），纯净的铝合金表面还能生成新的氧化物（Al_2O_3和MgO等）和吸附水分，这就使得气孔敏感性增加。所以铝合金工件清理后，必须在2～3 h内焊接，最多不得超过24 h。而焊丝清理后，最好放在150～200℃的烘箱中保存，随用随取。

在焊接黑色金属时，由于保护气体都有一定的氧化性，所以焊接规范的影响与上述铝合金情况不同。这时熔滴在电弧高温下作用的时间越长，那么冶金反应（主要是氧化作用）也越强烈。所以电流较小或电压较高时都能增加熔滴在电弧空间停留的时间，于是也就增加合金元素的烧损。

空气湿度较大时，将增加电弧气氛中的氢和氧的分压，同时也增加熔池金属中扩散氢的含量。所以当空气湿度大于85%～90%时，就地增加产生气孔的可能性。尤其在焊接纯铝和铝镁合金时最为敏感。

MIG焊铝及铝合金时易生成气孔，实践证明弧柱气氛中的水分、焊接材料及母材所吸附的水分都是焊缝气孔中氢的重要来源。其中，焊丝与母材表面氧化膜的吸附水分对气孔影响最大。

弧柱空间总是存在一定数量的水分，尤其在潮湿季节或湿度大的地区进行焊接时，由弧柱气氛中水分分解而来的氢，溶入过热的熔融金属中，随着熔池金属的冷却，氢在其中的溶解度发生极大的变化。如图3.4-7所示，在平衡条件下，氢的溶解度沿图中的实线发生变化，在凝固点时以从0.69 L/100 g突变到0.036 L/100 g，相差约20倍（在钢中只相差不到2倍）。同时铝的导热性很强，在同样的工艺条件下，铝熔合区的冷却速度可为高强钢的4～7倍，不利于气泡的浮出而极易形成气孔。而实际的冷却条件并非平衡状态，溶解度变化不是图3.4-7中的实线，而是沿 *abc*（冷却速度大）或 *a′b′c′*（冷却速度较小时）发生变化。冷却速度较大时，易形成较大的皮下气孔，而冷却速度较小时，易形成较小的结晶气孔。

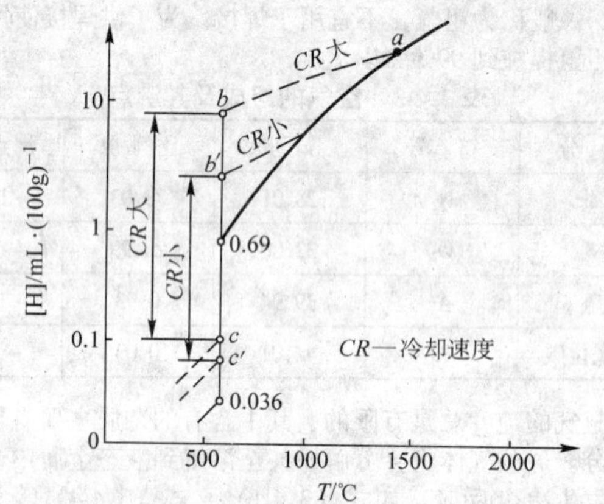

图3.4-7　氢在铝中的溶解度（$P_{H_2}=101.325$ kPa）

2.2　CO_2焊的冶金特点

CO_2气体保护焊中，CO_2气体是保护气体。CO_2气体在电弧的高温作用下进行如下分解：

$$CO_2 \rightleftharpoons CO+\frac{1}{2}O_2-Q \tag{3.4-5}$$

这个反应的平衡常数为：

$$\lg K_{CO_2}=\lg\frac{P_{CO}P_{O_2}^{1/2}}{P_{CO_2}}=-\frac{14\,548}{T}+4.404 \tag{3.4-6}$$

假设在室温下是纯CO_2，它受热分解后产生的混合气体的总压力为1×101.325 kPa，即

$$P_{CO_2}+P_{CO}+P_{O_2}=1 \tag{3.4-7}$$

由反应式（3.4-5）可知，1个CO_2分子分解出1个CO分子和1/2个O_2分子，所以

$$P_{CO}=2P_{O_2} \tag{3.4-8}$$

在这个近似计算中，没考虑氧的热分解。通过解式（3.4-6）、式（3.4-7）和式（3.4-8），可以计算出在不同温度下气体混合物的平衡成分，其结果示于图3.4-8。可以看出，随着温度的升高，CO_2的分解增加。在电弧温度下几乎完全分解。

三种成分中，CO气体在焊接条件下不溶解于金属中，也不与金属发生作用。但是CO_2和O_2却能与铁和其他合金元素发生化学反应而使金属烧损。

电弧区域中的温度是极不均匀的，所以在其中不同位置，将发生不同的冶金反应。在电弧的高温区中（在电弧空间和接近电弧的焊接熔池中）将发生如下反应：

$$\text{Fe(液)}+CO_2\text{(气)}\rightleftharpoons \text{FeO(液)}+CO\text{(气)}\uparrow\text{(进入大气中)} \tag{3.4-9}$$

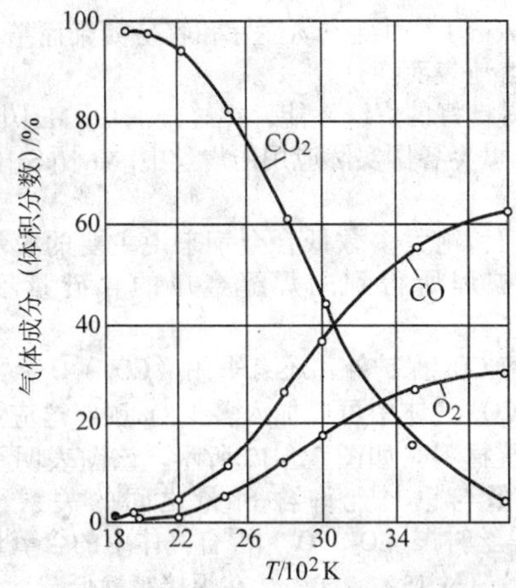

图 3.4-8 CO_2 热分解时保护气体的平衡成分与温度的关系（$P=1\times101.325$ kPa）

$$Fe(液)+O_2(气) \rightleftharpoons FeO(液)\downarrow(进入渣中) \quad (3.4\text{-}10)$$

$$Si(液)+2O(气) \rightleftharpoons SiO_2(液)\downarrow(进入渣中) \quad (3.4\text{-}11)$$

$$Mn(液)+O(气) \rightleftharpoons MnO(液)\downarrow(进入渣中) \quad (3.4\text{-}12)$$

$$C(液)+O(气) \rightleftharpoons CO(气)\uparrow(进入大气中) \quad (3.4\text{-}13)$$

在远离电弧的较低温度的熔池区域，合金元素将进一步被氧化，其反应方程式如下：

$$2FeO(液)+Si(液) \rightleftharpoons 2Fe(液)+SiO_2(液)\downarrow(进入渣中) \quad (3.4\text{-}14)$$

$$FeO(液)+Mn(液) \rightleftharpoons Fe(液)+MnO(液)\downarrow(进入渣中) \quad (3.4\text{-}15)$$

$$FeO(液)+C(液) \rightleftharpoons Fe(液)+CO(气)\uparrow(进入大气中) \quad (3.4\text{-}16)$$

从上述可见，CO_2 及其在高温分解出的氧，都有很强的氧化性。随着温度的提高，氧化性增强。当温度为 3 000 K 时，CO_2 保护气氛中将含有大约 20%的氧，这时氧化性已超过了空气。

总之，CO_2 气体的保护作用主要表现在对空气的屏蔽作用，防止了空气中氮的侵入。但是，CO_2 本身的氧化性仍然很强。氧化作用的结果将生成液态渣和气体。为获得纯净而致密的焊缝金属，希望不要生成上述气体，以免产生气孔，而希望生成容易分离出去的熔渣。

在 CO_2 焊发展初期，由于焊缝中出现大量气孔，而使得该法长期不能在工业中应用。这时产生气孔的主要原因是焊丝中含有的脱氧元素不足，则由 Si 和 Mn 还原 FeO 的反应进行不充分，如反应式（3.4-14）和式（3.4-15），而使得 C 能充分的与 FeO 作用，生成大量 CO 气体，如反应式（3.4-16）所示。这一反应总是伴随着熔池的结晶过程，由于 CO 激烈地析出而引起熔池金属沸腾。其中的部分 CO 逸出熔池表面，而另一些气体在结晶过程中来不及逸出而残留在焊缝内部形成气孔。这类气孔产生在焊缝内部，气孔沿结晶方向分布，呈条虫状，表面光滑。严重时还能产生开口形的外气孔。

除 CO 气孔而外，CO_2 气体保护焊时还可能由于氢或氮在焊接熔池中大量地溶解，而在焊接熔池金属结晶时，由于溶解度突然减小（见图 3.4-9 及图 3.4-10），这些气体来不及析出而出现氢气孔或者氮气孔。

在焊接熔池中氢与氮的含量正比于在电弧空间这些气体的分压。随着 CO_2 气体温度的增加，会提高在焊接区域氢的分压，同时也提高氢在焊缝金属中的含量，如表 3.4-4 所示。当 CO_2 气体的湿度为 1.92 g/m³ 时，100 g 焊缝金属中的含氢量为 4.7 mL，这时将开始出现单个气孔。如果进一步增加 CO_2 气体的湿度，则焊缝中气孔的数量也增加。控制氢气孔最有效的办法是减少 CO_2 气体中的水分（通常用露点表示），目前大多数国家规定焊接用 CO_2 的气体纯度不低于 99.5%，其露点为 -40℃。

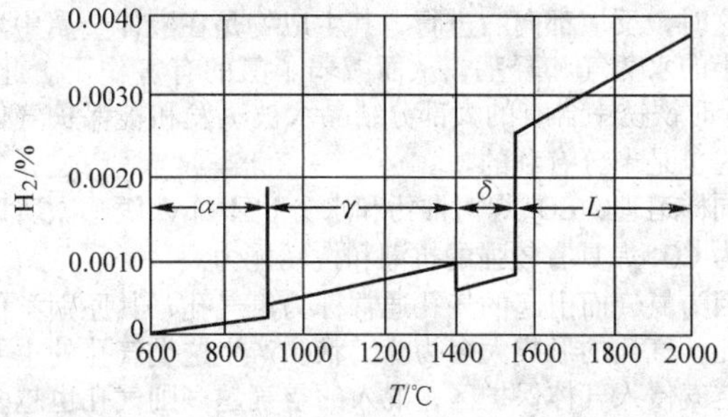

图 3.4-9 氢在铁中的溶解度与温度的关系（101 kPa）

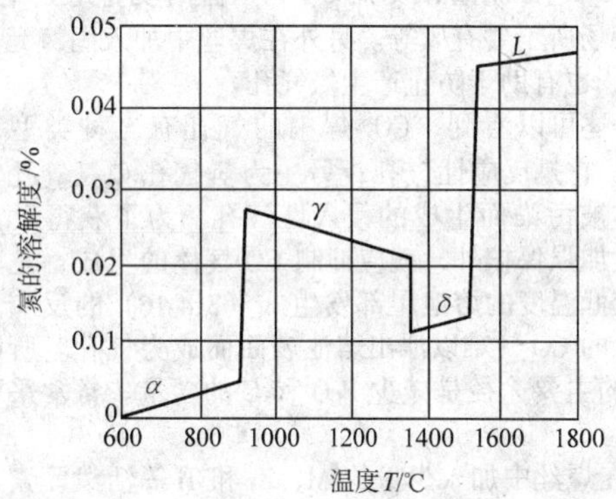

图 3.4-10 氮在铁中的溶解度与温度的关系（101 kPa）

表 3.4-4 CO_2 气体中的湿度与焊缝

CO_2 气体的湿度/g·m^{-3}	焊缝金属中的含氢量/mL·(100 g)$^{-1}$
0.85	2.9
1.35	4.5
1.92	4.7
15.00	5.5

CO_2 气体保护焊时，虽然氢或水能引起氢气孔，但与埋弧焊和氩弧焊相比较，CO_2 焊对油、锈的敏感程度较低，其结果示于表 3.4-5。

表 3.4-5 在 CO_2 焊和埋弧焊时铁锈对形成气孔的影响

100 mm 长焊缝中锈的质量/g	埋弧焊	CO_2 焊
0.3	○	○
0.5	1/4 ○	○
0.7	—	○
1.0	—	1/4 ○
1.2	—	1/2 ○

从表 3.4-5 可见，在 100 mm 长焊缝中加入 0.5 g 的铁锈时，埋弧焊将生成少量气孔，而 CO_2 焊却无气孔。只有当铁锈量达 1 g 时，CO_2 焊才出现少量气孔。这是为什么呢？因为锈是含有结晶水的氧化铁（$Fe_2O_3\cdot mH_2O$），在电弧热作用下，发生如下反应：

$$H_2O \rightleftharpoons 2H+O \quad (3.4\text{-}17)$$

由于氢量增加，将增加氢气孔的可能性。可是 CO_2 焊时，在电弧气氛中的 CO_2 和 O_2 的浓度很高，它们将阻止结晶水的分解，其反应方程式如下：

$$CO_2+2H \rightleftharpoons CO+H_2O \quad (3.4\text{-}18)$$

$$CO_2+H \rightleftharpoons CO+OH^- \quad (3.4\text{-}19)$$

$$O+2H \rightleftharpoons H_2O \quad (3.4\text{-}20)$$

$$O+H \rightleftharpoons OH \quad (3.4\text{-}21)$$

这时，反应都向右进行，其生成物是在液体金属中溶解度很小的水蒸气和羟基，从而减弱了氢的有害作用。此外，CO_2 焊时铁锈中含有的大部分结晶水被蒸发和被保护气体带走，这也是十分有利的。

同样道理，CO_2 焊对油污和水分也不那么敏感。所以一般认为 CO_2 焊具有较强的抗潮和抗锈能力。

因为氮气而引起的气孔通常称为氮气孔，其原因类似于氢气孔。气孔的形成大多为蜂窝状。产生这类气孔的主要原因是空气侵入气体保护区，混入的空气越多则气孔也越多。

为防止氮气孔，最主要的是应增强气体的保护效果，如合适的 CO_2 气体流量、喷嘴尺寸、适宜的喷嘴到工件的距离以及焊接场所不要有风等。另外在焊丝中加入固氮元素（如钛和铝），也有助于防止产生氮气孔。

从上述可以看到，CO_2 焊中的气孔有二种类型，一为CO气孔，它是反应性气孔；另一为氢气孔和氮气孔，它是保护气体被污染而生成的侵入性气孔。为了获得致密的焊缝，除应加强保护外，就应抑制CO气体的生成，尤其是应防止在较低温度的熔池尾部发生式（3.4-16）的反应。因为这时产生的CO气难以浮出熔池表面而成为气孔。所以防止CO气孔的主要途径是减少FeO和C的含量。常常采取以下措施。

1）在焊丝中加入少量的Al、Zr和Ti等活泼元素，这些元素能在高温先期脱氧，从而减少了Si、Mn和Fe的氧化。

2）在焊丝中加入适量的Si和Mn合金元素，它们在较低温度时按式（3.4-14）和式（3.4-15）进行反应，还原FeO和生成 SiO_2 与MnO熔渣。

3）减少焊丝中的含碳量，通常焊丝中的含C量应控制在0.1%以下。

总之，脱氧的主要方法是向焊丝中加入Si和Mn元素。在略大于钢的凝固点的温度时，从液态钢中分离出的脱氧产生的形态与液态钢中含有的Mn和Si的含量的关系示于图3.4-11。也就是区域Ⅰ中能析出固体 SiO_2，区域Ⅱ中生成不饱和 SiO_2 的 $FeO-MnO-SiO_2$ 的硅酸盐溶液，区域Ⅲ析出FeO－MnO固溶体。

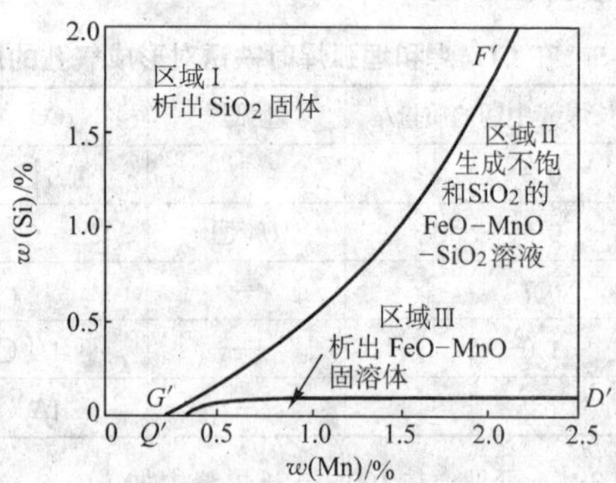

图3.4-11　从液态钢中分离出的脱氧生成物的形态和液态钢的组成之间的关系

SiO_2 的熔点很高（为1 700℃），在液态钢中是以细小的针状固体形式析出，不易浮出熔池而残留焊缝中成为夹渣。而MnO是一种密度较大（约为5.11 g/cm³）的氧化物，所以也不易浮出熔池而成为渣。为了得到纯净的焊缝，总希望脱氧生成物应极易上浮到熔池金属表面。这里，在区域Ⅱ的生成物为 $FeO-MnO-SiO_2$ 溶液，其熔点低（1 270℃）、密度小（为3.6 g/cm³），而且流动性好和容易凝聚而结块，所以容易漂浮出熔池表面。

为了获得良好的焊缝性能，焊缝金属中[Mn]/[Si]＝2.0～4.5为宜。世界各国实际应用的焊丝中[Mn]/[Si]的比例为1.5～3。

对低碳钢和绝大多数低合金钢来说主要的脱氧元素是硅。气体保护焊所得到的焊缝金属的含硅量不得小于0.17%～0.2%。

除了用纯 CO_2 保护外，还有采用（CO_2+O_2）混合气体保护，那么 CO_2 气体中可以加入多少 O_2 呢？这应考虑到基本金属和焊丝材料。如图3.4-12所示。该图表明了混合气体中的含氧量与钢材允许含Si量之间的关系。当采用H08Mn2SiA焊丝时，（CO_2+O_2）混合气体中的含氧量在焊接沸腾钢时不得超过15%～20%，在焊接镇静低碳钢和低合金钢时不得超过20%～25%。

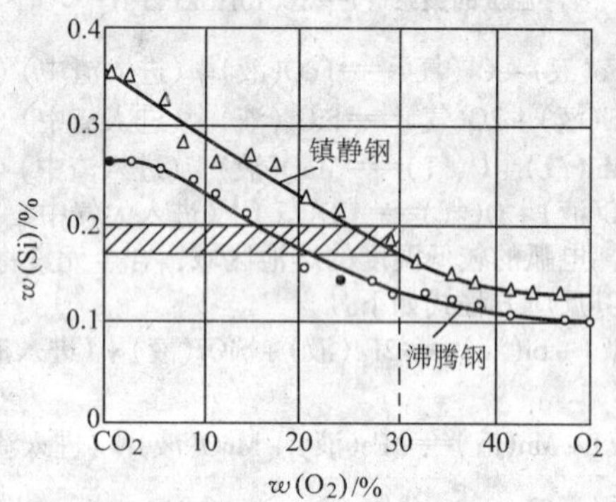

图3.4-12　（CO_2+O_2）保护气体中含 O_2 量与焊缝金属中含硅量的关系（基本金属为镇静钢和沸腾钢）

除上述而外，焊丝成分的选择主要应该根据基本金属的成分来确定。对于低碳钢和50 kg级的低合金钢，为了防止气孔和裂纹，应该减少焊丝中的含碳量和提高硅和锰的含量。同时硅锰元素还可以补偿因减少含碳量而降低强度。常用的焊丝为H08Mn2SiA和H08MnSiA。为了使焊缝具有更高的致密性，还可以采用H04MnSiAlTiA焊丝。

3　气体保护焊的基本原理

本节叙述在保护气体中电弧燃烧的特性、熔滴过渡特点、焊丝熔化特性及焊缝成形等内容。

3.1　电弧特性

保护气体的作用除了在冶金反应方面有重要影响外，它还对焊接电弧的行为有重要的影响作用。这里将以Ar、CO_2 及其混合气体为例说明其影响规律。

保护气体的影响作用主要决定于气体的物理性质，如表3.4-6所示。其中氩气的热物理性能比较特殊的有二点，一是电离势比较高，难以电离；二是比热容和热传导系数比较低，也就是散热能力低。

氩气的电离势为15.7 V，不仅高于金属蒸汽，同时也高于常用的保护气体。表现为在氩气保护下电离难。另一方面因散热能力低，而使弧柱的热量不易散掉，弧柱容易保持较高的温度，这样为维持电弧的稳定燃烧，只需要较低的电弧电场强度就可以了。

为什么氩气散热能力低呢？这是因为首先氩气是单原子气体，当温度升高后，不会像其他双原子气体那样在高温发生分解和消耗分解热；其次是氩气不容易电离和减少了电离势的消耗；再次因为氩原子体积大、质量也大而不易移动和扩散，所以难以带走热量。

表 3.4-6 几种气体的热物理性能

气体	电离势/V	热容			0℃时热传导系数/W·(m·K)$^{-1}$	5 000℃时分解度	电弧电压/V (熔化电极 φ2，H1Cr18Ni9Ti)
		比热容/J·(g·K)$^{-1}$		0℃容积热容/J·(m^3·K)$^{-1}$			
		0℃	2 000℃①				
He	24.5	5.23	—	933.66	0.139	不分解	—
Ar	15.7	0.523	—	933.66	0.015 8	不分解	24～26
N_2	14.5	1.038	1.298	1 302.09	0.024 3	0.038	30～40
CO_2	14.3	0.821	1.373	1 624.48	0.015 9	0.99	26～28
H_2	13.5	14.24	17.42	1 276.97	0.198	0.96	45～65

① 未考虑其分解问题。

总之，氩气电弧难以电离，而又不易散热，这就决定了氩气电弧的特性。

电弧引燃比较难。尤其是在交流电弧时，因为电弧是不连续燃烧的，需要在电流过零点时再引燃电弧。可是引燃电弧时在电弧空间充满了氩气，而比较容易电离的金属蒸汽已经消失了。这就使得再引燃很难，往往需要很高的再引燃电压，达到 200 V 左右。

但是，当电弧点燃以后，金属受到强烈加热，焊接金属会熔化和蒸发，其蒸汽将喷到弧柱中来。而金属蒸汽的电离势大都低于氩，也就是在氩气中渗入了大量的可电离的金属蒸汽，就如加入稳弧剂。由于它们的电离，使电弧空间具有足够的电子和离子，而氩气本身却很少电离。同时氩气散热能力很低，所以电弧空间的节电粒子容易保持，也就是维持电弧十分容易。这就决定了氩气电弧点燃后，电弧电压是不高的。这里强调指出，氩气电弧的特点是电弧引燃之后将能稳定燃烧。但是电弧的热作用却减弱了。为了提高电弧的热量，常常在氩气中加入一些氢气或氦气，将能提高焊丝的熔化率和焊缝的熔深。

CO_2 气体与氩气不同，CO_2 为多原子气体，在 CO_2 焊电弧高温作用下，CO_2 气体发生分解引起氧化作用。CO_2 气体分解时还产生吸热反应如式（3.4-5）。从该式可以看出，在 CO_2 分解的同时还吸收了大量热量。对电弧及其周围环境产生冷却作用。一方面使电弧压缩，在焊丝端头的熔滴上电弧斑点比较集中，使得斑点处表面温度高，金属强烈蒸发；另一方面熔池表面也受到电弧力作用，产生较大的下掘力，而形成较大的熔深。

CO_2 焊时焊丝端头的熔滴处在重力、表面张力、电磁力和斑点压力的作用下。这里的斑点压力由正离子的冲击力、金属蒸发的反作用力和电磁力组成，该力较大且集中，往往受电弧方向的影响，所以熔滴总是偏离焊丝轴线，见图 3.4-13。这时的熔滴不断地在焊丝端头跳动，同时也带动电弧不断地飘摆。

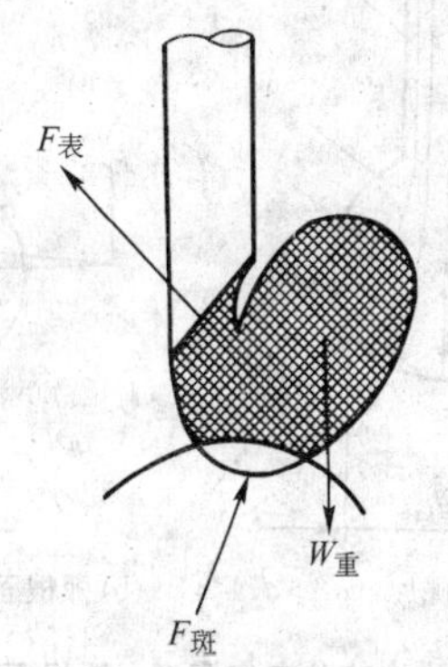

图 3.4-13 CO_2 焊时熔滴的受力特点

CO_2 焊大都采用细丝，电流密度较高，电弧静特性呈上升特性，如图 3.4-14 所示。随着电流增加，电弧电压也增大。

CO_2 焊电弧电场强度 E 比氩弧高。因为 CO_2 气体在高温分解时是吸热反应，对电弧产生冷却作用，并使弧柱收缩，则提高了电流密度，于是也提高了电弧电场强度。通常 CO_2 气氛的电弧电场强度达到 17.7 V/cm，为氩的 3 倍左右。

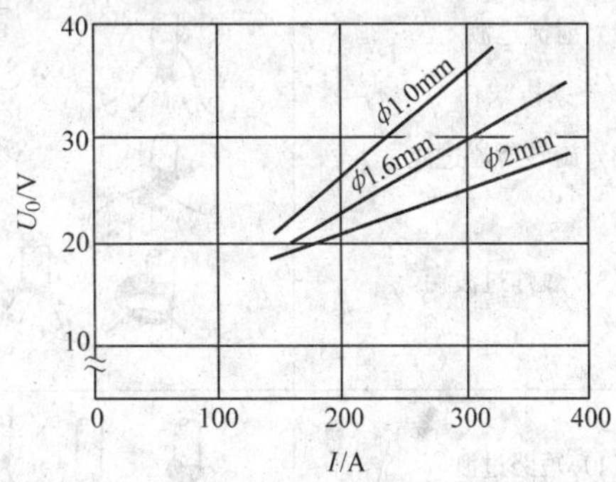

图 3.4-14 CO_2 焊电弧的静特性

CO_2 焊与 MIG 焊一样，通常只采用直流反极性（DCRP）接法。如果采用交流电，由于极性改变，每次通过零点时都需要再引燃。如果不采取特殊措施，电弧难以稳定燃烧。而采用直流正接法（DCSP）时，焊丝为阴极，将影响熔滴过渡的稳定性。

MAG 焊时在 Ar 中加入少量的 CO_2 或 O_2，通常也称为富氩气体保护焊，所以 MAG 焊的电弧特性类似于 MIG 焊。在焊接黑色金属时，焊接电弧更稳定，焊缝成形更好。可是却有一定的氧化性，从冶金角度看，不能用于焊接铝、镁和铜等有色金属。

3.2 熔滴过渡

3.2.1 熔滴过渡的分类

焊丝端头的熔滴通过电弧空间向熔池转移的过程称为熔滴过渡。根据国际焊接学会（IIW）的文件，将熔滴过渡分为自由过渡、接触过渡和渣保护过渡。如表 3.4-7 所示。

第一类为自由过渡（free transfer），是指熔滴经电弧空间自由飞行而焊丝端头和熔池之间不发生接触的过渡形式。其中包括如下几种：当熔滴直径大于焊丝直径时为大滴过渡（globular transfer），当电流较小时为下垂滴状过渡（drop transfer），而在 CO_2 气体保护焊时可出现排斥滴状过渡（repelled transfer）；当熔滴直径小于或等于焊丝直径时为喷射过渡（spray transfer），其中当熔滴接近焊丝直径时称为射滴过渡（projected transfer），而当熔滴直径大约为焊丝直径的 1/3～1/2 时称为射流过渡（streaming transfer）。在 MIG 和 MAG 焊时，还有一种过渡形式，通常称为旋转射流过渡，这时焊接电流和焊丝干伸长都较大，焊丝端头的液流柱绕焊轴线旋转，将引起较细的熔滴从焊丝端头沿其切线方向抛出。这时熔滴的尺寸都小于焊丝直径。在自由过渡形式中还包括一种过渡形式为爆炸过渡，常发生在 CO_2 焊、MAG 焊和焊条电弧焊时。这时焊丝端头的液体金属熔滴中形成气体，使其体积突然膨胀，当其中气体压力较高时，将使液球破碎，并以较细的熔滴四散开去，其中一部分成为飞溅。

表 3.4-7　熔滴过渡分类及其形态特征

形式	分　类	形　态
自由过渡	（1）大滴过渡 1）下垂滴状过渡 2）排斥滴状过渡	
	（2）喷射过渡 1）射滴过渡	
	2）射流过渡	
	3）旋转射流过渡	
	（3）爆炸过渡	
接触过渡	（1）短路过渡	
	（2）搭桥过渡	
渣保护过渡	（1）渣壁过渡	
	（2）沿药皮壁过渡	

第二类为接触过渡（contact transfer），这时焊丝端头的熔滴与熔池表面相接触而过渡。根据焊丝通电与否，又分为短路过渡（short-circuiting transfer）与搭桥过渡（bridging transfer）。液体金属小桥通以电流时为短路过渡，而不通电流时为搭桥过渡。

第三类为渣保护过渡（slag-protected transfer），它与熔渣有关。埋弧焊时熔滴是从熔渣的空腔内壁上流下的称为渣壁过渡（flux-wall-guided transfer），而焊条电弧焊时，某些焊条的熔滴则是沿焊条端头的套筒壁过渡。

以上只是几种主要的熔滴过渡形式，实际上熔滴过渡是十分复杂的。那么，到底是什么原因使熔滴过渡的呢？大家知道力是产生运动的原因，下面先围绕着与熔滴过渡有关的作用力加以说明。

3.2.2　熔滴上的作用力

焊丝端头上熔滴在各种力的作用下才能脱离焊丝端头而过渡到熔池中去。这些力是表面张力、重力、电磁收缩力、斑点压力、等离子流力和其他作用力，如图 3.4-15 所示。下面简要介绍各种力的作用。

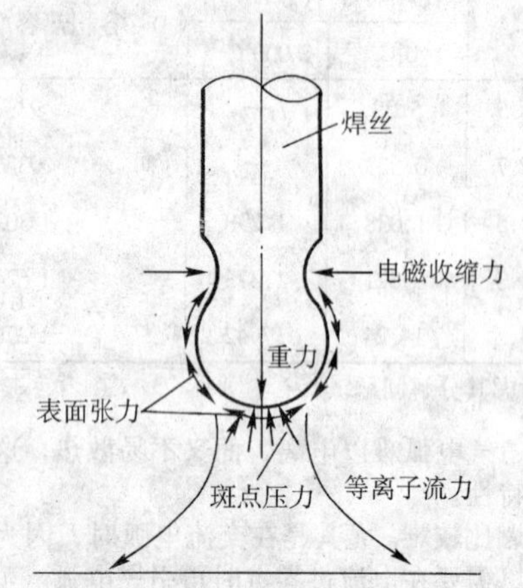

图 3.4-15　熔滴上的作用力

1）重力　焊丝端头的熔滴受到自身重力的作用，其大小为：

$$F = mg = \frac{4}{3}\pi r^3 \rho g \qquad (3.4\text{-}22)$$

式中，r 为熔滴半径，cm；ρ 为熔滴的密度，g/cm^3；g 为重力加速度，$g = 980$ cm/s^2；m 为熔滴的质量，g。

重力对熔滴的作用取决于焊缝的空间位置。平焊时，重力促使熔滴过渡，而仰焊时却阻碍熔滴过渡。熔滴尺寸的大小也影响重力的作用，如小熔滴时重力也小，影响不大。当熔滴尺寸较大时，重力是不可忽视的。

2）表面张力　焊丝端头的液态熔滴上存在表面张力，它是使熔滴保持在焊丝端头而不脱离的主要力，这时表面张力是阻碍熔滴过渡的力。其大小为

$$F_\sigma = 2\pi r\sigma \qquad (3.4\text{-}23)$$

式中，σ 为表面张力系数，10^{-3} N/m；r 为焊丝半径，cm。

3）电磁收缩力　在焊接电流较小时，作用在熔滴上的重力和表面张力对熔滴过渡的影响最大，而电磁力很小。可是当电流较大时，电磁力对熔滴过渡的影响作用很大，不能忽视了。已知电的导体中电磁力方向总是垂直于电流方向，电磁力 F_C 的大小与通过电流值的平方成正比。这时电磁力的方向与弧柱面积有关，当弧柱面积与焊丝截面积不等时，电磁力 F_C 可以分解成轴向分量 F_{CZ} 和径向分量 F_{CJ}，如图 3.4-16 所示。当弧根面积大时（$d_G > d_S$），电磁力的轴向分量

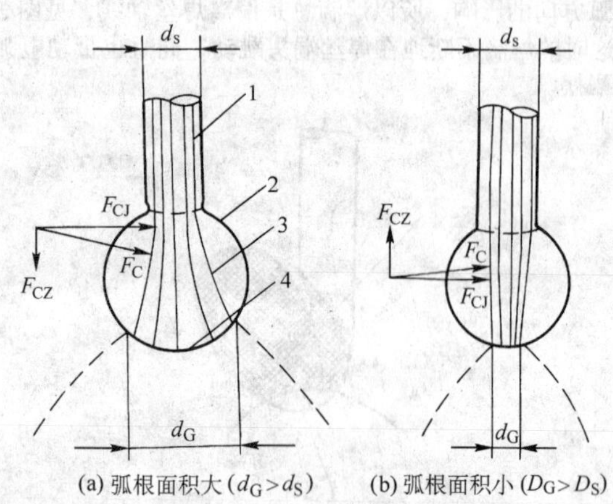

(a) 弧根面积大（$d_G > d_S$）　(b) 弧根面积小（$D_G > D_S$）

图 3.4-16　电磁力的分布与熔滴上弧根面积大小的关系

1—焊丝；2—熔滴；3—电流线；4—电弧

F_{CZ}指向熔池；反之当弧根面积小（$D_G < D_S$）时，F_{CZ}阻碍过渡。但是电磁力的径向分量（即电磁收缩力）却始终促使熔滴脱离焊丝，其大小总是与电流的平方成正比。

$$F_{CZ} = I^2 \lg \frac{d_S}{d_G} \tag{3.4-24}$$

式中，d_S 为焊丝直径；d_G 为熔滴上弧根面积的直径。

4）斑点压力　当弧根面积较小时，由于弧根是焊接电流的主要导电通道，在该处存在着对熔滴的压力，通常称此力为斑点压力。斑点压力通常由三部分组成，它们是带电质点（正离子或电子）的撞击力、金属蒸汽的反作用力和电磁力的轴向分量 F_{CZ}。

5）等离子流力　当焊接电流较大时，电弧呈锥形，沿弧柱方向的电弧截面是变化的。靠近焊丝处的截面小则电弧静压力大，而靠近工件的电磁静压力小，则沿电弧轴向便形成了电磁压力梯度，它将使电弧中的高温等离子体从电磁压力大的 A 区向靠近工件的低压力 B 区流动，并形成了等离子流，如图 3.4-17 所示。该流形成强有力的喷射作用，称为等离子流力。

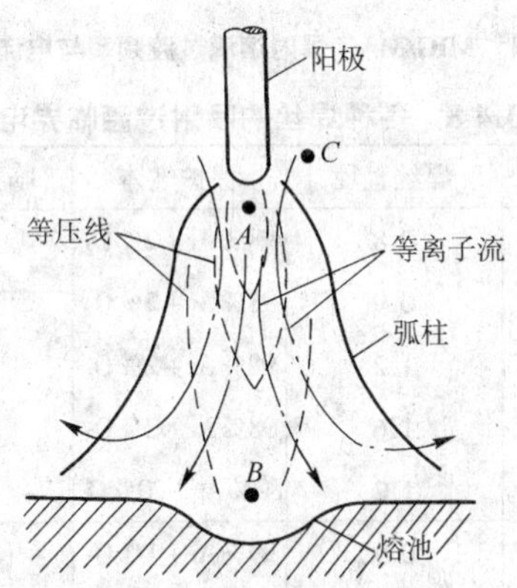

图 3.4-17　电弧中等离子流的示意图

6）其他力　除上述的几个主要作用力之外，有时还会出现其他作用力，如像熔滴的惯性力、高速过渡的细小熔滴的冲击力及短路小桥的爆破力等。

3.2.3　大滴过渡

熔化极气体保护焊时有三种基本的熔滴过渡形式。它们是大滴过渡、短路过渡和喷射过渡。熔滴的形状、尺寸、方向和过渡形成主要受如下因素的影响：

1）焊接电流的大小与种类；
2）焊丝直径；
3）焊丝成分；
4）焊丝干伸长；
5）保护气体。

大滴过渡是熔滴呈粗大颗粒状向熔池自由过渡的形式。熔化极气体保护焊大都采用直流反接，在较小电流和较高电弧电压时，在焊丝端头悬挂着较长的熔滴，如图 3.4-18 所示。在 MIG/MAG 焊小电流时为（a）图，呈下垂状熔滴，当熔滴长大到熔滴的重力大于表面张力时，熔滴将脱离焊丝和过渡到熔池中去。而 CO_2 焊时电弧的弧根集中在熔滴的底部，在斑点压力的排斥作用下，熔滴发生偏熔，使熔滴呈上翘状。实际上无论哪种大滴过渡形式，电弧及焊接过程都是不稳定的，不宜应用。

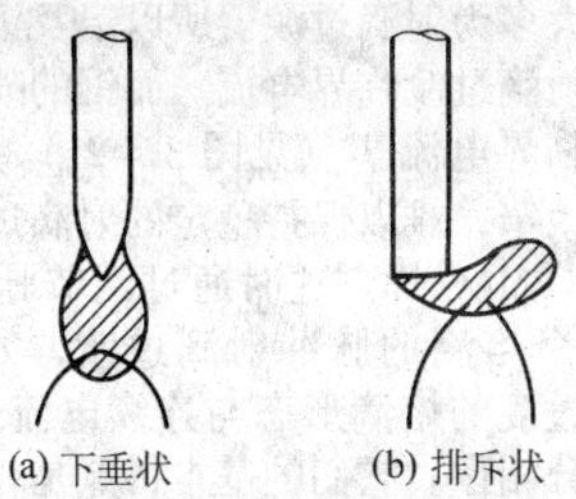

图 3.4-18　大滴过渡

3.2.4　短路过渡

焊丝端部的熔滴与熔池短路接触，由于通过较大的短路电流而使短路小桥强烈过热和电磁收缩的作用使熔滴爆断，直接向熔池过渡的形式。

短路过渡发生在 CO_2 焊和 MAG 焊的细焊丝、小电流和低电压条件下。当电弧电压较高时呈排斥状大滴过渡，焊接过程十分不稳定，而将电弧电压降低时，焊接过程变得十分柔顺。这种短路过渡适合于焊接薄板、全位置焊和打底焊。

短路过渡过程如图 3.4-19 所示。当焊丝端头的熔滴与熔池接触和短路后如①图，首先电弧熄灭，电压急剧下降，而短路电流逐渐提高。开始接触时只是熔滴小面积与熔池接触。随后在表面张力作用下，接触处熔滴与熔池互相融合而摊开②，随着短路电流的增大，在电磁收缩力作用下，在靠近焊丝一侧形成缩颈③，该缩颈通常称为“小桥”。这个小桥连接焊丝和熔池，小桥的截面最小。同时短路电流按指数曲线的规律增大，于是在小桥处作用着不断增大的电磁收缩力。另外随着小桥尺寸缩小和短路电流增加而使通过小桥的电流密度迅速增大，直到短路峰值电流 I_{max} 达到某一值时小桥过热而爆断。这时加到电极空间的电压很快恢复到空载电压以上，电弧又重新引燃④。电弧燃烧后，由电弧析出的热量，强烈地熔化焊丝和母材，并在焊丝端头形成熔滴⑤，随着熔滴不断长大，电弧向未熔化的焊丝方向传入的热量减小，同时焊丝的熔化速度也降低⑥，由于焊丝仍以一定的速度送进，所以势必导致熔滴逐渐接近于熔池。另外熔滴与熔池在电弧力与重力作用下，不断左右飘动和上下浮动，这就增加了熔滴与熔池接触的可能性。一旦熔滴与熔池相接触⑦，电弧熄灭电压下降和短路接触，以后重复这一过程。

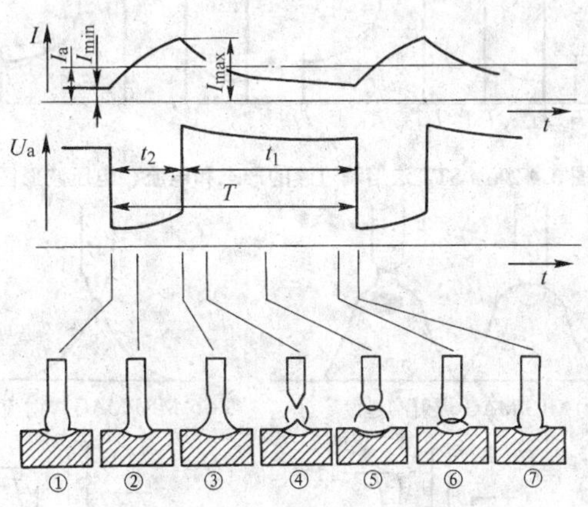

图 3.4-19　短路过渡的波形图及示意图

为保证短路过渡的稳定性，对焊接电源动特性提出了很高的要求。因为短路过程中经历短路—再引燃—燃弧的重复过程，所以焊接源中必须提供相应的动特性，以便保证焊接飞溅小和焊缝成形良好。为降低 CO_2 焊接飞溅，主要的控制方法是采取电流波形控制法。许多学者研究表明焊接飞溅主要产生在两个时期，一为短路初期当熔滴与熔池接触时，如果短路电流增长速度太快，由于较大电流产生的电磁收缩力作用在接触小桥处，将排斥熔滴进入熔池，甚至产生强烈的爆断和大滴飞溅。另一个时期则为短路后期，由于在短路小桥处形成缩颈，并随着短路电流的增大，缩颈急剧变细，同时缩颈金属迅速被加热，最后导致小桥金属发生汽化爆炸和引起金属飞溅。这时飞溅的大小与爆炸能量有关。此能量主要是在小桥破断之前的 100 ~ 150 μs 短时间内聚集起来的，主要由这个时间内短路电流大小所决定。所以减少飞溅的主要途径是改善电源的动特性，限制短路峰值电流 I_{max}。焊接飞溅的危害很大，飞溅严重时可达到 20% ~ 25%左右。在整流焊机上选择合适的直流电感，能使飞溅率降到 5%左右。目前的逆变焊机，能使飞溅率降到 2% ~ 3%左右。这样一来，CO_2 焊飞溅大的问题基本上得到解决。但是美国林肯公司又提出一种“表面张力过渡法”（STT 法），如图 3.4-20 所示。这时 T_1—T_2 和 T_3—T_5 两个时间段，均将电流在数微秒时间内降低到较低值，不会产生电爆炸过程，在 T_3—T_5 阶段缩颈依靠表面张力拉断。焊接过程基本上无飞溅。

因为短路过渡过程中，短路阶段对熔池加热没有贡献，主要是从燃弧阶段获取能量，为表征这一概念，通常都用 t_1/t_2 之比（燃弧与短路时间比）来衡量。该比值小时焊缝成形不好，焊缝呈高而突的形状和较小的熔深。反之，焊缝成形平坦和熔深较大。

3.2.5　喷射过渡（spray transfer）

大电流 MIG/MAG 焊时，熔滴呈细小颗粒并以喷射状态快速通过电弧空间向熔池过渡的形式称为喷射过渡。

MIG/MAG 焊喷射过渡有二种形式，如图 3.4-20b。其（a）为射滴过渡，（b）为射流过渡。CO_2 焊也存在喷射过渡，只不过它是潜弧状态下形成的，如图中（c）为潜弧射滴过渡，（d）为潜弧射流过渡。射滴过渡（projected transfer）是指当熔滴直径与焊丝直径接近时，电弧力使之强制脱离焊丝端头，并以一定的加速度射向熔池的过渡形式。这时的电弧形态为钟罩形。

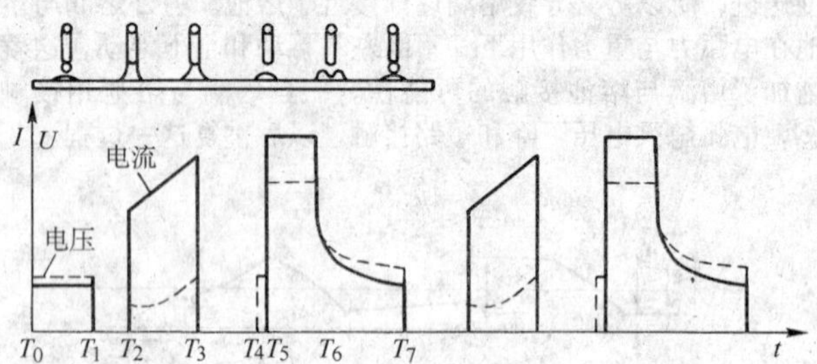

图 3.4-20a　STT 法熔滴过渡的形态和电流、电压波形图

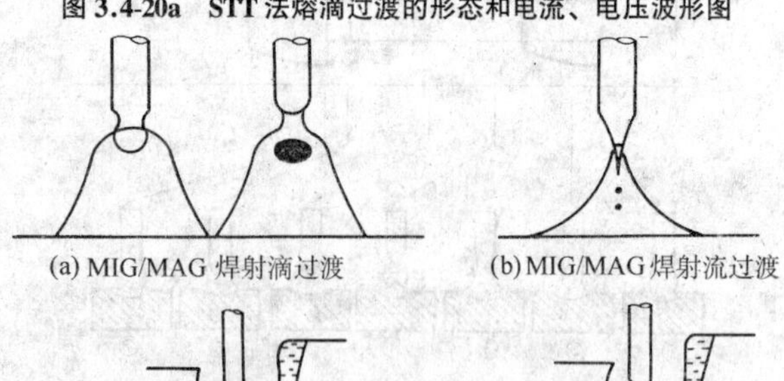

图 3.4-20b　喷射过渡示意图

射流过渡（streaming transfer）与射滴过渡不同，射流过渡时电弧形态呈锥形，在其中焊丝端头呈铅笔尖状，而细小的熔滴在电弧力作用下从铅笔尖的端部，沿着焊丝轴向以很高的加速度射入熔池。熔滴直径大约为焊丝直径的 1/3 ~ 1/5。熔滴以一个一个小滴形式和以几百赫兹的频率过渡。这二种过渡形式都是十分稳定的，所以被大量应用。

MIG 焊时熔滴过渡频率与焊接电流密切相关，如图 3.4-21 所示。从图中可见，当电流从小到大调节时熔滴过渡形式将从大滴过渡—射滴过渡—射流过渡—旋转射流过渡转变，同时熔滴过渡频率也增加。每种转变形式变换都存在一个临界电流，如 I_1 为射滴过渡临界电流；I_2 为射流过渡临界电流；I_3 为旋转射流过渡临界电流。其中射流过渡临界电流 I_2 时，电弧形态与熔滴过渡的特征有明显的变化。喷射过渡临界电流 I_C（指钢的临界电流 I_2 或铝的电流 I_1）的大小与焊丝直径、焊丝材料、保护气体和焊丝干伸长等有关。喷射过渡临界 I_C 与焊接材料、焊丝直径的关系示于表 3.4-8。

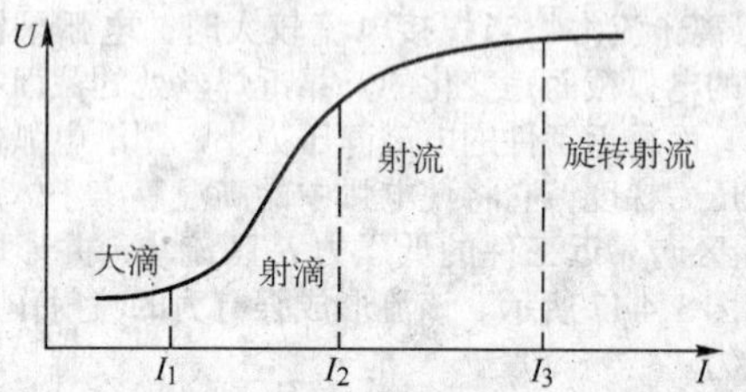

图 3.4-21　MIG/MAG 焊时熔滴过渡频率与电流的关系

表 3.4-8　各种焊丝的喷射过渡临界电流

焊丝材料	焊丝直径	保护气体	临界电流 I_C/A
低碳钢	0.8	98% Ar + 2% O_2	150
低碳钢	0.9	98% Ar + 2% O_2	165
低碳钢	1.2	98% Ar + 2% O_2	220
低碳钢	1.6	98% Ar + 2% O_2	275
低碳钢	1.2	80% Ar + 20% O_2	320
不锈钢	0.9	99% Ar + 1% O_2	170
不锈钢	1.2	99% Ar + 1% O_2	225
不锈钢	1.6	99% Ar + 1% O_2	285
铝	0.8	Ar	95
铝	1.2	Ar	135
铝	1.6	Ar	180
脱氧铜	0.9	Ar	180
脱氧铜	1.2	Ar	210
脱氧铜	1.6	Ar	310
硅青铜	0.9	Ar	165
硅青铜	1.2	Ar	205
硅青铜	1.6	Ar	270

这里还应强调一点，在 MIG 焊钢时，稳定的射滴过渡电流区间只有几安，而（Ar + 20% CO_2）混合气体保护的 MAG 电流区间也只有几十安。然而，MIG 焊铝时很少有射流过渡形式，大多为射滴过渡。所以铝及铝合金的喷射过渡临界电流是指射滴过渡临界电流。而钢的喷射过渡临界电流是指射流过渡临界电流 I_2（见图 3.4-21）。因为焊钢时射滴过渡电流区间太窄，难以保持稳定的射滴过渡焊接，所以又出现了脉冲 MIG/MAG 焊。这时通过调节脉冲参数实现了一个脉冲过渡一个熔滴的脉冲射滴过渡，如图 3.4-22 所示。可见脉冲射滴过渡的熔滴形态与连续电流 MIG/MAG 焊的射滴过渡形态十分相像。它们的基本特点是相同的主要特点如下：

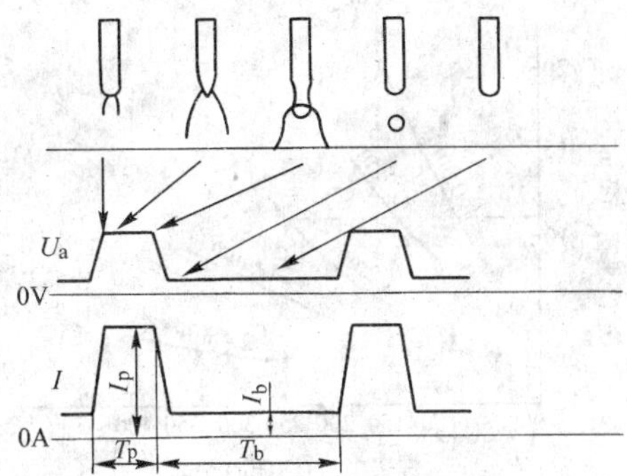

图 3.4-22　脉冲 MIG/MAG 焊的电流波形和熔滴过渡形态

1）基本上无飞溅；

2）焊接烟雾小，因为熔滴较大，熔滴温度较低，所以熔滴金属蒸发量少；

3）焊丝金属熔化系数较大和在相同电流条件下，焊丝熔化速度较大；

4）电弧弧长较短，有利于全位置焊；

5）焊缝成形好。

连续电流喷射过渡的临界电流较大，所以这时只适合平焊位置焊接。而脉冲 MIG/MAG 焊，通过调节脉冲，能够在平均电流小于临界电流的情况下实现一脉一滴的稳定过程，如 ϕ1.2 mm 的钢焊丝，熔化极脉冲焊的电流范围为 50～300 A。这样一来，大大地扩大了 MIG/MAG 焊的使用电流范围，而有利于焊接薄板和全位置焊缝。

为实现一脉一滴，人们发现它与脉冲参数有关，如式（3.4-25）和图 3.4-23 所示。可以看到

$$I_P^n t_P = C \quad (3.4\text{-}25)$$

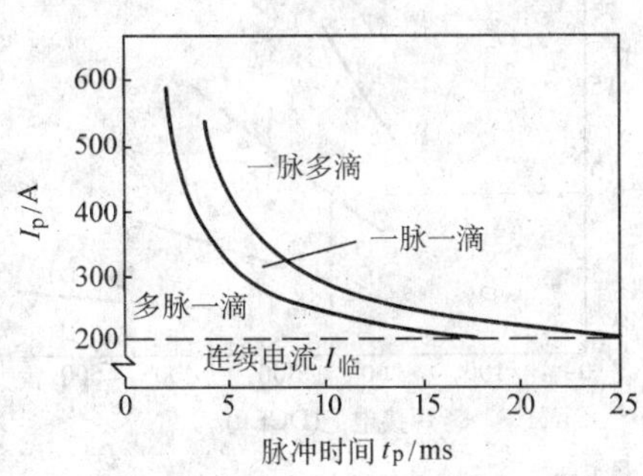

图 3.4-23　脉冲 MIG/MAG 时焊接参数与熔滴过渡

脉冲焊的熔滴过渡形式有 3 种，即一脉一滴、一脉多滴和多脉一滴。其中一脉一滴的参数范围主要决定于脉冲电流 I_p 和脉冲时间 t_p 的乘积所决定的双曲线区域，对于低基值和高脉冲电流模式，式（3.4-25）中的 $n=1$。当 $I_p t_p$ 之积较大时，为一脉多滴过渡形式，常常是先过渡一个与焊丝直径相当的大滴，随后犹如射流过渡一样，过渡一串小滴。显然，一脉一滴是最佳熔滴过渡形式，这一原则已成为熔化极脉冲焊机的设计依据。而一个脉冲过渡多滴的过渡形式虽然可以使用，但由于存在少量飞溅，焊缝成形有指状熔深特点和不便于控制过程等，所以常常不被选用。只有少数厂家为了提高熔深和焊接熔敷率，在铝及铝合金时采用一脉多滴的熔滴过渡形式。

CO_2 焊潜弧喷射过渡，是备受关注的一种熔滴过渡形式。如图 3.4-20b 所示，（c）图为潜弧射滴过渡，（d）图为潜弧射流过渡。常用 ϕ1.6 mm 焊丝在 400～500 A 范围内，在较低电压下（36～38 V）的熔滴过渡为潜弧射滴过渡，而大于 500 A 的为潜弧射流过渡。

在粗丝 CO_2 焊时，电弧和焊丝端头部分或全部潜入到熔池凹坑内的焊接方法称为潜弧焊。为什么能潜弧呢？研究表明潜弧往往发生在 CO_2 气氛中，粗焊丝、大电流和低电压条件下。由于阴极斑点在氧化性气氛中总是集中在熔池底部，有利于电弧热和电弧力对熔池金属的加热和下掘。大电流粗焊丝相匹配，得到的电流密度较小，使得电弧力对熔池的作用力比较分散和均匀分布，它能稳定、可靠地将液体金属排出并形成空腔。同时由于电弧在 CO_2 气氛中的电场强度较大和在较低电压下都使得弧长变短，也就是使焊丝端头到熔池的距离缩小，从而焊丝端头紧随熔池表面而跟进凹坑中形成潜弧现象。

潜弧之后，电弧热更能有效地熔化母材，电弧力直接作用在熔池底部，并与熔池尾部的液态金属的静压力相平衡，于是潜弧状态仍能继续保持，换句话说潜弧现象是一个比较稳定的状态。

潜弧状态下的电弧行为发生了很大变化，电弧周围充满 CO_2 气体，同时又被熔池凹坑所包围。这样一来，熔池表面不仅作为电弧的阴极而产生热量，同时弧柱的高温也直接辐射到四周，使得从焊丝端头和凹坑内的熔池表面产生大量金属蒸汽。结果，在凹坑中不仅有 CO_2 气体，同时还有大量的电离势较低的金属蒸汽，在这种气氛下必然使电弧电场强度降低，有利于电弧上爬。这点很像氩气保护的情况，由于电弧上爬而引起跳弧，从而产生射滴过渡和射流过渡。但是它们又是不同的，严格地讲 CO_2 焊潜弧状态是一个准稳态，也就是空腔中的气氛是不稳定的，CO_2 与金属蒸汽的浓度是在不断变化的，所以 CO_2 潜弧焊的熔滴过渡形式也是在变化着，主要是在射滴过渡和射流过渡形式上变换，但也有时偶尔出现较大熔滴。与明弧时的排斥过渡相比，潜弧焊时熔滴过渡形式发生了很大变化，有利于熔滴过渡。焊接飞溅减少了。这时的飞溅主要是因为焊丝端头的熔滴与熔池的瞬时短路而引起的，这些飞溅中之大部分被凹坑的四壁所捕获。所以潜弧焊时的飞溅明显减少。同时因为电流较大，而提高了焊丝的熔化速度和增加了熔深，也就是提高了焊接效率。正因为如此，粗丝 CO_2 焊常常使用大电流潜弧焊方法进行焊接。

这里还应该说明一点，在潜弧熔滴过渡时能形成深“U”形焊缝形状，而潜弧射流过渡时却形成梨形焊缝形状。前者比较理想，而后者容易引起裂纹和缩孔等缺陷。

3.3　焊丝的加热与熔化

电弧是在焊丝与母材之间，在气体介质中产生的强烈而持久的放电现象。电弧分为三个区间，有弧柱、阴极区和阳极区。对焊丝的加热主要是电极区的产热，而弧柱区的产热影响不大。电弧的两个电极区的产热由式（3.4-26）或式（3.4-27）决定。

$$P_A = I\,(U_A + U_W) \quad (3.4\text{-}26)$$

$$P_K = I\,(U_K - U_W) \quad (3.4\text{-}27)$$

式中，P_A 和 P_K 为阳极区和阴极区产热；U_A 和 U_K 为阳极区和阴极电压降；U_W 为电极材料的逸出功；I 为焊接电流。

可见，两个电极区的产热量主要与电极材料种类、保护介质和电流大小等因素有关。在熔化极气体保护焊时，阳极区的电压降 U_A 较小（约为 0～2 V），而阴极区的电压降 U_K 较大（约为 10 V）。因此焊丝接阴极时焊丝的熔化速度高于焊丝阳极时的熔化速度。但是焊丝接阴极时电弧不稳定，熔滴过渡不规则且焊缝成形不良。所以绝大多数情况下，GMAW 要求采用直流反接（焊丝接正极）。这时电弧稳定，但焊丝熔化速度较低。

熔化焊丝的能量主要来自电弧的电极区，此外焊丝干伸

长的电阻热也有较大贡献，它由欧姆定律决定。焊丝熔化率由式（3.4-28）决定：

$$M_R = aI + bLI^2 \quad (3.4\text{-}28)$$

式中，M_R 为焊丝熔化率，mm/s；a 为阳极或阴极加热的比例常数，其大小与极性、焊丝化学成分有关，mm/(s·A)；b 为电阻加热比例常数，1/(s·A^2)；L 为焊丝干伸长，mm；I 为焊接电流，A。

试验表明，电弧功率、工件处的电压降和等离子体压降等对焊丝熔化率的影响都不大。

3.4 工艺参数

影响熔化极气体保护焊的焊缝熔深、焊缝几何形状和所有焊接质量的工艺参数如下：

1）焊接电流（送丝速度）；
2）极性；
3）电弧电压（弧长）；
4）焊接速度；
5）焊丝伸出长度；
6）焊丝倾角；
7）焊接接头位置；
8）焊丝直径；
9）保护气体成分和流量。

控制工艺参数的目的是为了获得良好的焊缝质量。这些参数都不是孤立的，而是互相有影响，应该合理搭配。为此需要有较高的技能和丰富的经验。最佳工艺参数往往受下列因素的影响：①母材成分；②焊丝成分；③焊接位置；④质量要求。为了获得最佳结果，工艺参数的搭配可能有几种方案。下面分别介绍各种焊接工艺参数的影响规律。

1）焊接电流　当所有其他参数保持恒定时，焊接电流与送丝速度或熔化速度以非线性关系变化。当送丝速度增加时，焊接电流也随之增大。碳钢焊丝的焊接电流与送丝速度之间的关系示于图3.4-24。对每一种直径的焊丝，在低电流时曲线接近于线性。可是在高电流时，特别是细焊丝时，曲线变为非线性。随着焊接电流的增大，熔化速度以更高的速度增加，这种非线性关系将继续增大。这是由于焊丝伸出长度的电阻热引起的。

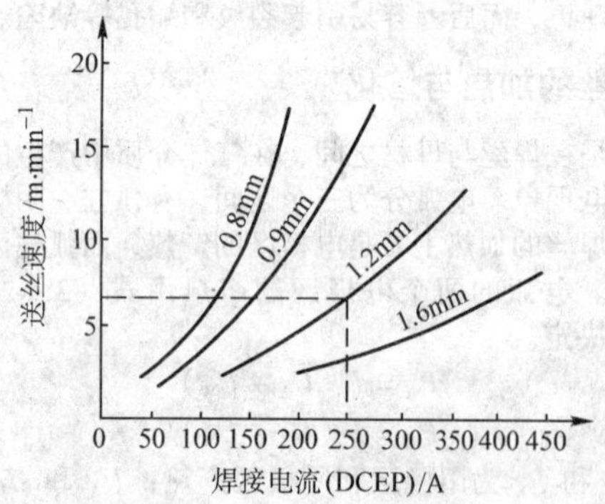

图3.4-24　碳钢焊丝焊接电流与送丝速度的关系曲线

如像图3.4-24、图3.4-25、图3.4-26和图3.4-27那样，当焊丝直径增加时（保持相同的送丝速度），要求更高的焊接电流。送丝速度与焊接电流的关系还受焊丝化学成分的影响。这一影响关系通过比较图3.4-24、图3.4-25、图3.4-26和图3.4-27可以看出来。这些图分别为碳钢、铝、不锈钢和铜焊丝的曲线图。曲线的不同位置的斜率是由于金属熔点和电阻的不同，此外还与焊丝伸出长度有关。

当所有其他参数保持恒定，焊接电流（送丝速度）增加将引起如下的变化：①增加焊缝的熔深和熔宽；②提高熔敷

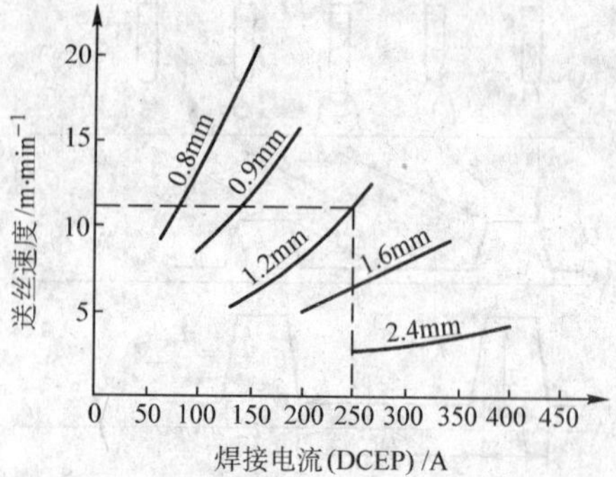

图3.4-25　铝焊丝焊接电流与送丝速度关系曲线

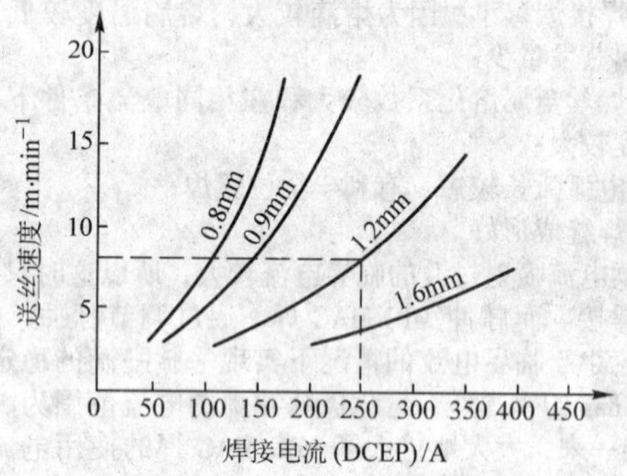

图3.4-26　不锈钢焊丝焊接、电流与送线速度的关系曲线

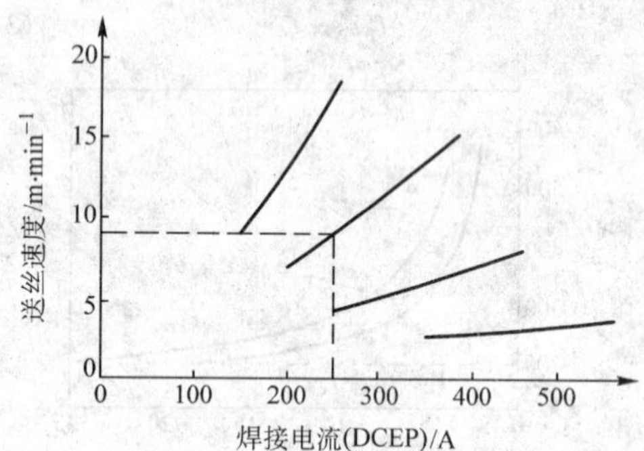

图3.4-27　铜焊丝焊接电流与送丝速度的关系曲线

率；③增大焊道的尺寸。

另外，脉冲喷射过渡焊是GMAW工艺的一种形式。这时脉冲电流的平均值可以在小于或等于连续直流焊的临界电流值以下得到射流过渡的特点。减小脉冲平均电流，则电弧力和焊丝熔敷率也减小，所以可用于全位置焊和薄板焊接。同样还可以用较粗的焊丝，在低电流下获得稳定的脉冲喷射过渡，从而有利于降低成本。

2）极性　极性的概念是用来描述焊枪与直流电源输出端子的电气连接方式。当焊枪接正极端子时表示为直流电极正（DCEP），称为反接。相反，当焊枪接负极端子时表示为直流电极负（DCEN），称为正接。GMAW法大多采用DCEP。这种极性时，电弧稳定，熔滴过渡平稳，飞溅较低，焊缝成形较好和在较宽的电流范围内熔深较大。

DCEN是很少采用的。因为不采取特殊的措施就不可能实现轴向喷射过渡。DCEN焊丝的熔敷率很高，但因熔滴过渡呈不稳定的大滴过渡形式，实际上难以采用。为此，焊钢时向氩气保护气体中加入氧气超过5%（要求向焊丝中加入脱氧元素补偿氧化烧损）或者使用含有电离剂的焊丝（增加了焊丝的成本）来改善熔滴过渡。在这两种情况下，熔敷率

下降，而失去了改变极性的优越性。然而，DCEN 已在表面工程中得到一些应用。

在 GMAW 工艺中试图使用交流电实际上总是不成功的。电流的周期变化使其在交流过零时电弧熄灭和造成电弧不稳。尽管对焊丝进行处理后可以有一定改善，但是却提高了成本。

3）电弧电压（弧长） 电弧电压和弧长是常常被相互替代的二个术语。需要指出的是，尽管这二个术语相关，却是不同的。对于 GMAW，弧长的选择范围很窄，必须小心地控制。例如在 MIG 焊喷射过渡工艺中，如果弧长太短，就会造成瞬时短路。这将对气体保护效果有影响。由于空气卷入而易生成气孔或吸收氮而硬化。如果电弧过长，则电弧易发生飘移，从而影响熔深与焊道的均匀性和气体的保护效果。在 CO_2 潜弧焊时，当弧长过长难以下潜，而引起电弧对焊丝端头熔滴的排斥，并产生飞溅。如果弧长过短，焊丝端部与熔池短路而引起不稳定，引起较大的飞溅和不良的焊缝成形。

弧长是一个独立参数，而电弧电压却不同，电弧电压不但与弧长有关，而且还与焊丝成分、焊丝直径、保护气体和焊接技术有关。此外电弧电压是在电源的输出端子上测量的，所以它还包括焊接电缆长度和焊丝伸出长度的电压降。

当其他参数保持不变时，电弧电压与弧长成正比关系。尽管弧长应加以控制，但是电弧电压却是一个较易测试的参数。因此在实际焊接生产中一般都要求给出电弧电压值。电弧电压的给定值决定于焊丝材料、保护气体和熔滴过渡形式等，典型的参数值列于表 3.4-9。

表 3.4-9 各种金属 GMAW 焊典型电弧电压

金属材料	喷射过渡（焊丝直径 1.6 mm）					短路过渡			
	Ar	He	25%Ar+75%He	$Ar-O_2$（1%～5%O_2）	CO_2	Ar	$Ar-O_2$（1%～5%O_2）	75%Ar+25%CO_2	CO_2
Al	25	30	29	—	—	19	—	—	—
Mg	26	—	28	—	—	16	—	—	—
碳钢	—	—	—	28	30	17	18	19	20
低合金钢	—	—	—	28	30	17	18	19	20
不锈钢	24	—	—	26	—	18	19	21	—
镍	26	30	28	—	—	22	—	—	—
镍铜合金	26	30	28	—	—	22	—	—	—
镍铬合金	26	30	28	—	—	22	—	—	—
铜	30	36	33	—	—	24	22	—	—
铜镍合金	28	32	30	—	—	23	—	—	—
硅青铜	28	32	30	28	—	23	—	—	—
铝铜	28	32	30	—	—	23	—	—	—
青铜	28	32	30	23	—	23	—	—	—

在确定电弧电压之前，必须通过实验进行选择，以便得到最适应的焊缝性能和焊道成形。

在电流一定的情况下，当电弧电压增加时焊道成为宽而平坦，电压过高时，将会产生气孔、飞溅和咬边。当电弧电压降低时，将会使焊道变成窄而高和熔深减小，电压过低时将产生焊丝插桩现象。

4）焊接速度 焊接速度是指电弧沿焊接接头运动的线速度。其他条件不变时，中等焊接速度时熔深最大，焊接速度降低时，则单位长度焊缝上的熔敷金属量增加。在很慢的焊接速度时，焊接电弧直接作用在熔池，而不是母材。这样会降低有效熔深。焊道也将加宽。

相反，焊接速度提高时，在单位长度焊缝上由电弧传给母材的热能上升。这是因为电弧直接作用于母材。但是当焊接速度进一步提高，单位长度焊缝上向母材过渡的热能减少，则母材的熔化是先增加后减少。再提高焊接速度就产生咬边倾向。其原因是高速焊时熔化金属不足以填充电弧所熔化的路径和熔池金属在表面张力的作用下而向焊缝中心聚集的结果。当焊接速度更高时，还会产生驼峰焊道，这是因为液体金属熔池较长而发生失稳的结果。

5）焊丝伸出长度 焊丝伸出长度是指导电嘴端头到焊丝端头的距离，如图 3.4-28 所示。随着焊丝伸出长度的增大，焊丝的电阻也增大。电阻热引起焊丝的温度升高，使焊丝熔化速度提高，而送丝速度不变，所以弧长被拉长，同时减小焊接电流，则熔深也减小。当焊丝伸出长度过大时，将使焊丝的指向性变差和焊道成形恶化。短路过渡时合适的焊丝伸出长度是 6～13 mm；其他熔滴过渡形式为 13～25 mm。

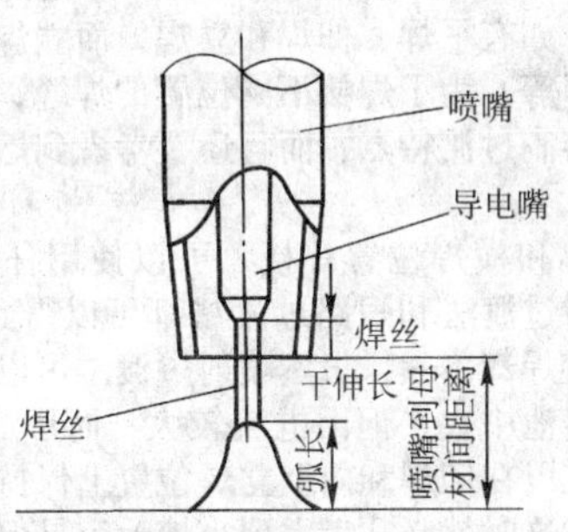

图 3.4-28 焊丝伸出长度说明图

6）焊枪角度 就像所有的电弧焊方法一样，焊枪相对于焊接接头的方向影响着焊道的形状和熔深。这种影响比电弧电压或焊接速度的影响还要大。焊枪角度可用下述二个方面来描述：焊丝轴线相对于焊接方向之间的角度（行走角）和焊丝轴线和相邻工作表面之间的角度（工作角）。当焊丝指向焊接表面的相反方向时，称为右焊法；当焊丝指向焊接方向时，称为左焊法。焊枪（焊丝）角度和它对焊道成形的影响示于表 3.4-10。

表 3.4-10 焊枪倾角

项目	左 焊 法	右 焊 法
焊枪角度	10°～15° 焊接方向	10°～15° 焊接方向
焊道断面形状		

当其他焊接条件不变时，焊丝从垂直变为左焊法时，熔深减小而焊道变为较宽和较平。在平焊位置采用右焊法时，熔池被电弧力吹向后方，因此电弧能直接作用到母材上，而获得较大熔深，焊道变为窄而凸起，电弧较稳定和飞溅较小，对于各种焊接位置，焊丝的倾角大多选择在 10°～15°范围内，这时可实现对熔池良好的控制和保护。

对某些材料（如铝）多采用左焊法。该法可提供良好的清理作用，熔池在电弧力作用下熔化金属被吹向前方，促进了熔化金属对母材的润湿作用和减少氧化。另外在半自动焊时，采用左焊法容易观察到焊接接头位置，便于确定焊接方向。

在焊接水平角焊缝时，焊丝轴线应与水平板面放置为45°角（工作角），如图3.4-29。

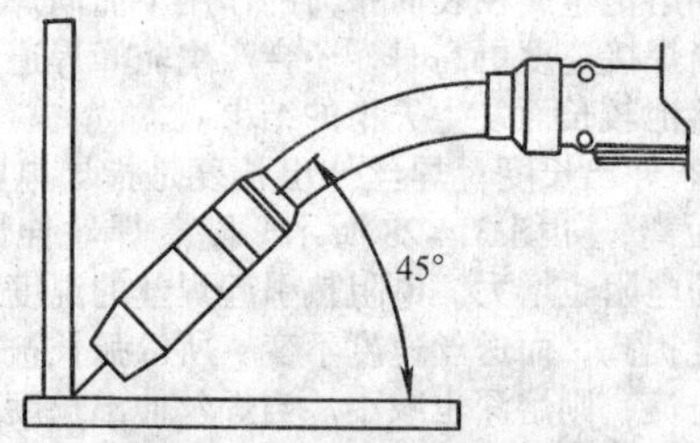

图3.4-29　焊接角焊缝的工作角

7）焊接接头位置　焊接结构的多样化，决定了焊接接头的多样性，如有平焊、仰焊和立焊，而立焊还含有向上立焊和向下立焊等。为了焊接不同位置的焊缝，不仅要考虑到GMAW法的熔滴过渡特点，而且还要考虑到熔池的形成和凝固特点。

对于平焊和横焊位置焊接，可以使用任何一种GMAW技术，如喷射过渡法和短路过渡法都可以得到良好的焊缝。而对于全位置焊却不然，虽然喷射过渡法可以将熔化的焊丝金属过渡到熔池中去，但因电流较大，而形成较大的熔池，从而使熔池难以在仰焊和向上立焊位置上保持，常常引起熔池铁水流失。这时就必须考虑到小熔池容易保持的特性，所以只有采用低能量的脉冲或短路过渡的GMAW工艺才可能。同样道理，为克服重力对熔池金属的作用，在立焊和仰焊位置时，总是使用直径小于1.2 mm的细焊丝和采用脉冲射流过渡或短路过渡。这些低热输入方法可使熔池较小和凝固较快。向下立焊和向上立焊不同，这时熔池向下淌，有利于以较大电流配合较高速度焊接薄板。

平角焊缝使用射流过渡可以得到比较均匀的焊缝。该焊缝为焊脚均匀的平面角焊缝。它与平角焊缝相比，不易产生咬边。

在平焊位置焊接时，当工件表面（即焊缝轴线）与水平面构成不同倾角时，将会影响焊道形状、熔深和焊接速度。这种情况下，不论是焊枪移动还是工件移动，其影响是相同的。

如果将焊缝轴线与水平面成15°角摆放，进行下坡焊时，即使采用在平焊位置时易产生过大余高的工艺参数，也可以得到焊缝余高较小的焊缝。并且在下坡焊时，可提高焊接速度和降低熔深，这对焊接薄板有利。

下坡焊影响焊道余高形状和熔深大小如图3.4-30a所示。焊接熔池金属可能流到焊丝的前面，对母材产生预热作用，类似于左焊法，得到宽而浅的焊缝。随着倾斜角度的增大，焊缝中心表面下陷，熔深降低，而熔宽增大。对于铝材不推荐下坡焊技术，因为液体金属超前较多，而削弱了清理作用和保护效果。

上坡焊对焊道余高形状和熔深大小的影响如图3.4-30b，由于重力作用引起焊接熔池金属向后流，并落在电弧的后面。电弧可以直接加热母材金属，而增大焊缝的熔深，同时熔池两侧的液体金属向中心集中。随着倾角的增加，这一影响进一步加强，使得焊缝的熔深和余高都增大，而熔宽减小。这些影响与下坡焊时所产生的影响正好相反。

在上坡焊时，随着工件倾角增大，必将降低最大的可用焊接电流。

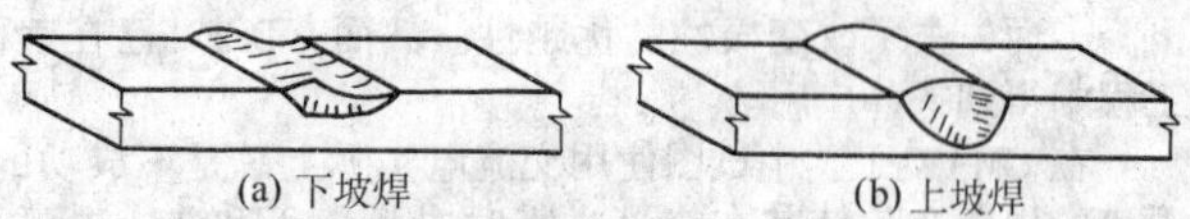

(a) 下坡焊　(b) 上坡焊

图3.4-30　工件倾角对焊道形状的影响

8）焊丝尺寸　对每一种成分和直径的焊丝都有一定的可用电流范围。GMAW工艺中所用的焊丝直径为ϕ0.4～5 mm范围内。通常半自动焊多用ϕ0.4～1.6 mm较细的焊线，而自动焊常采用较粗焊丝，其直径为ϕ1.6～5 mm。

各种直径焊丝的适用电流范围如表3.4-11所示。可见细丝采用的电流较小，而粗丝使用的电流较大。ϕ1.0 mm以下的细丝使用的电流范围较窄，主要采用短路过渡形式。而较粗焊丝使用的电流范围较宽。如ϕ1.2～1.6 mm焊丝CO_2焊的熔滴过渡形式可以采用短路过渡和潜弧状态下的喷射过渡。ϕ2 mm以上的粗丝CO_2焊却基本上采用潜弧状态下的射滴或射流过渡。MAG焊时ϕ1.0 mm以下的细焊丝也是以短路过渡为主。较粗焊丝以射流过渡为主，其使用电流均大于临界电流。同时还可以采用脉冲MAG焊。因此，细丝不但可用于平焊，还可以用于全位置焊，而粗丝只能用于平焊。在使用脉冲MAG焊时，可以用较粗的焊丝进行全位置焊，如表3.4-12所示。表中还列出了各种直径焊丝适用的板厚范围和焊缝位置。细丝主要用于薄板和任意位置焊接，采用短路过渡和脉冲MAG焊。而粗焊丝多用于厚板，平焊位置，以提高焊接熔敷率和增加熔深。

表3.4-11　不同直径焊丝的电流范围

焊丝直径/mm	CO_2焊电流范围/A	MAG焊	
		直流电流范围/A	脉冲电流范围/A（平均值）
0.4	—	20～70	—
0.6	40～90	25～90	—
0.8	50～120	30～120	—
1.0	70～180	50～300（260）	—
1.2	80～350	60～440（320）	60～350
1.6	140～500	120～550（360）	80～500
2.0	200～550	450～650（400）	—
2.5	300～650	—	—
3.0	500～750	—	—
4.0	600～850	650～800（630）	—
5.0	700～1 000	750～900（700）	—

注：表中括弧内的数字为临界电流。

表3.4-12　焊丝直径的选择

焊丝直径/mm	熔滴过渡形式	可焊板厚/mm	焊缝位置
0.5～0.8	短路过渡	0.4～3.2	全位置
	射滴过渡	2.5～4	水平
	脉冲射滴过渡	—	—
1.0～1.4	短路过渡	2～8	全位置
	射滴过渡（CO_2）	2～12	水平
	射流过渡（MAG焊）	>6	水平
	脉冲射滴过渡	2～9	全位置
1.6	短路过渡	3～12	全位置
	射滴过渡（CO_2）	>8	水平
	射流过渡（MAG焊）	>8	水平
	脉冲射滴过渡（MAG焊）	>3	全位置
2.0～5.0	射滴过渡（CO_2）	>10	水平
	射流过渡（MAG焊）	>10	水平
	脉冲射滴过渡（MAG焊）	>6	水平

3.5 药芯焊丝气体保护焊的基本原理

药芯焊丝电弧焊（简称 FCAW）是一种电弧焊方法，大多用于黑色金属焊接。

药芯焊丝电弧焊是以药芯焊丝作为填充金属。药芯焊丝是将薄钢带卷成圆形钢管或异形钢管的同时，在其中填满一定成分的药粉，经拉拔而成的一种焊丝。可见药芯焊丝是由金属外皮和芯部药粉两部分构成的。

在保护电弧和焊接熔池不受大气污染方面，药芯焊丝电弧焊有两种不同的方法。一种方法是利用电弧热熔化药芯焊丝，其中药芯熔化分解并汽化，借助于生成的熔渣与气体进行保护，称为自保护药芯焊丝电弧焊。另一种方法是采用保护气体辅助药芯的作用，来保护电弧和熔池，称为气体保护药芯焊丝电弧焊。

药芯焊丝电弧焊的主要优点是生产效率高和焊接性能好。获得这些优点的主要原因是连续送进焊丝和由药芯产生的冶金作用。也就是它综合了焊条电弧焊、熔化极气体保护焊和埋弧焊的某些特点。两种药芯电弧焊法的示意图如图 3.4-31（气体保护型）和图 3.4-32（自保护型）。这两幅图示出了不同的配比的填充金属和药芯熔化和熔敷，以及覆盖焊缝金属上的渣壳的形成。

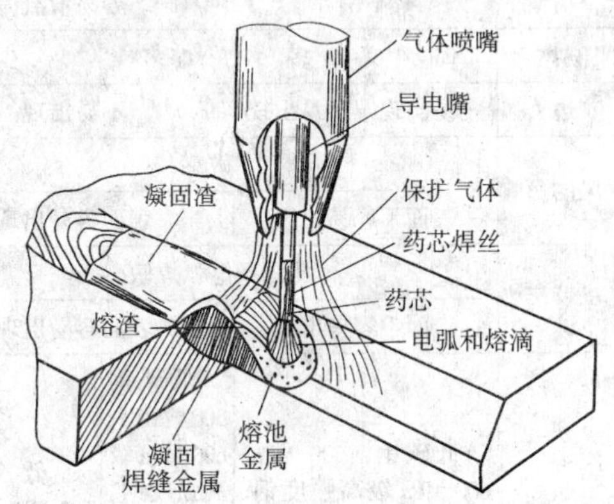

图 3.4-31　气体保护药芯焊丝电弧焊接

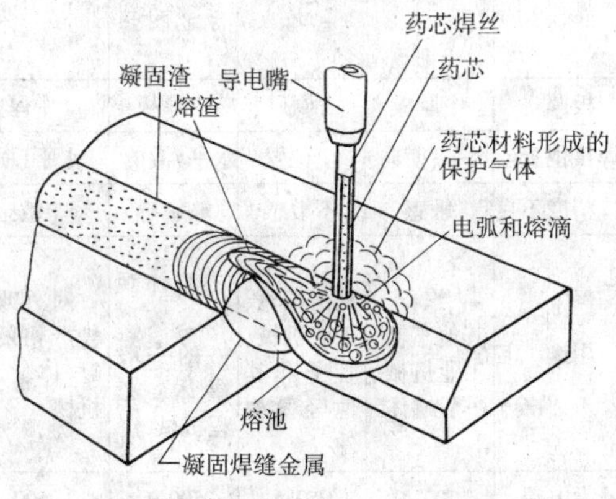

图 3.4-32　自保护药芯焊丝电弧焊接

图 3.4-31 所示的气体保护方法中，保护气体（通常是 CO_2 和 $Ar+CO_2$ 混合气体）覆盖在电弧和熔池表面上，从而保护被熔化的金属免受空气中的氧和氮的污染。因为空气中的氮几乎大部分被排除，所以一般不需要对焊缝金属脱氮。虽然空气大部分排除，但是在气氛中仍存在一定量的氧。CO_2 和 $Ar+CO_2$ 混合气体在电弧高温下分解成 CO 和 O，可见保护气氛中仍存在氧，所以药芯焊丝中应含有一些脱氧元素。

在图 3.4-32 所示的自保护方法中，由于药芯组分的汽化可获得一定的保护，因为药芯蒸汽的作用排出了空气，从而在焊接过程中对被熔化的焊接熔池提供了保护。由于熔融的填充金属是处在药芯的外面穿过电弧过渡的，所以这种方法对于保护的依赖性（以获得密实的焊缝金属）不像气体保护方法那样大，而主要是依赖于在填充金属和药芯中添加脱氧和脱氮成分。这就说明了，在室外焊接时自保护焊丝为什么可以在较强空气流的条件下工作。

自保护方法的一个特点是采用长的焊丝伸出长度。焊丝伸出长度是在焊接过程中伸出导电嘴端以外的未熔化焊丝的长度。自保护焊丝伸出长度一般为 19 ~ 95 mm，这与用途有关。

增大焊丝的伸出长度便增大焊丝的电阻热，这便预热了焊丝并降低了电弧两端之间的电压降。同时，焊接电流减小，从而也减少了熔化母材所需要的热量。最后得到的焊道是比较窄和比较浅的。这就使这种方法适合于焊接薄件材料和桥接方式处理由于装配不良造成的间隙。如果保持电弧长度（电压）和焊接电流（较高的电压设定值和送丝速度）不变，那么较长的焊丝伸出长度就会提高熔敷速度。

相反，气体保护方法用于生产窄而深的焊缝。采用较短的焊丝伸出长度和较大的焊接电流。对于角焊缝的焊接，与焊条电弧焊相比较，可以焊出具有较大焊脚的较窄的焊缝。焊丝伸出长度的原理不能同等地用于气体保护方法，因为对保护有不良的影响。

药芯焊丝气体保护焊的熔滴过渡特点与实芯焊丝不同。药芯焊丝的外皮为金属，而内部为药芯。大家知道，固态金属是导电的，而固体药芯却是绝缘的。所以电弧只能在焊丝外皮上燃烧，而固体药芯却不能参与导电。当焊丝外皮在电弧直接作用下加热熔化时，药芯呈柱状伸向熔池，甚至接触熔池，同时在电弧的间接作用下药芯柱发生熔化或者落入熔池中，如图 3.4-33 所示。

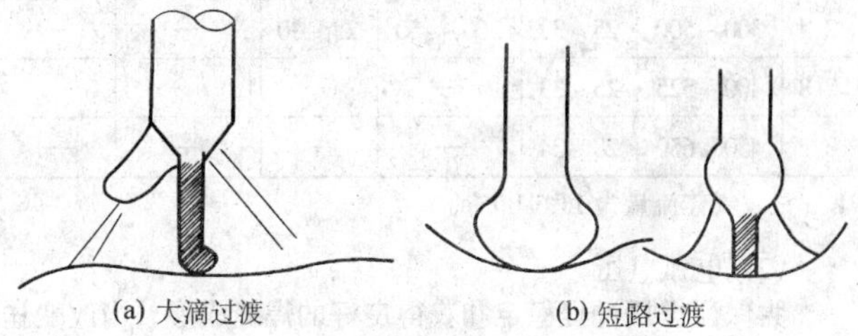

图 3.4-33　药芯焊丝 CO_2 气体保护焊的熔滴过渡

由图可见，药芯焊丝 CO_2 焊主要有两种过渡形式，在较高电压时为大滴过渡；而在较低电压时为短路过渡。当应用（$Ar+CO_2$）混合气体保护焊时，除了大滴过渡和短路过渡外，还存在喷射过渡形式。因为短路过渡时飞溅较大，所以药芯焊丝主要应用大滴过渡或喷射过渡两种形式。这时熔滴可能沿药芯柱所形成的渣壁过渡，还可能通过电弧空间落入熔池。

药芯焊丝气体保护电弧焊的工艺参数主要有焊接电流、电弧电压、焊接速度、焊丝伸出长度、保护气体流量和焊丝位置等。

由于药芯焊丝气体保护电弧焊使用的药芯成分改变了电弧的特性，因此，可以按药芯熔渣的性质在交流或直流电源、平外特性或下降外特性电源中选用。现以采用直流平特性电源的药芯焊丝 CO_2 焊工艺为例，介绍焊接工艺参数的选定。

(1) 焊接电流

当其他条件不变时，焊接电流与送丝速度成正比。图 3.4-34 是药芯焊丝 CO_2 焊低碳钢的送丝速度与焊接电流的关系。将该图与图 3.4-24 相比较可以看到药芯焊丝的熔化特性与实芯焊丝相比，药芯焊丝的熔化系数更大些。这是因为药芯焊丝的电流密度和焊丝干伸长都更大些。表 3.4-13 中不同直径的药芯焊丝都有一使用电流范围，可以根据不同的焊接位置，参照表 3.4-13 进行选定。当焊丝直径给定，焊接电流的增减有如下影响：

电流增大，焊丝的熔敷速度提高，熔深加大；若过大，则产生凸形焊道，焊缝外观变坏；若电流过小，则产生颗粒熔滴过渡，且飞溅严重。

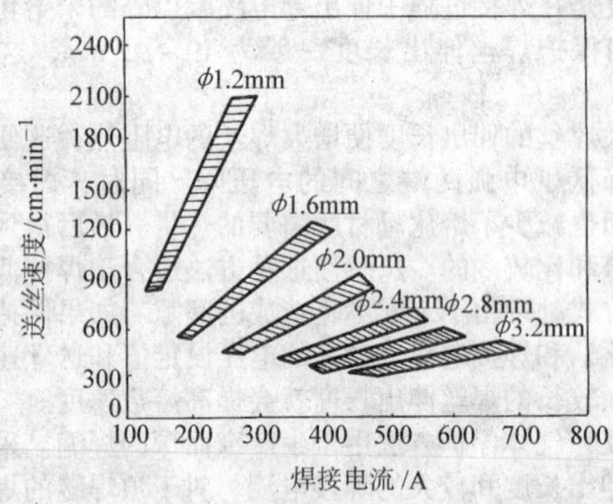

图 3.4-34　采用 CO_2 气体保护的低碳钢药芯焊丝的送丝速度与焊接电流的关系曲线

表 3.4-13　药芯焊丝 CO_2 焊焊接电流和电弧电压的选定

焊丝尺寸	平焊		横焊		立焊	
	电流/A	电压/V	电流/A	电压/V	电流/A	电压/V
1.2	150 ~ 225	22 ~ 27	150 ~ 225	22 ~ 26	125 ~ 200	22 ~ 25
1.6	175 ~ 300	24 ~ 29	175 ~ 275	25 ~ 28	150 ~ 200	24 ~ 27
2.0	200 ~ 400	25 ~ 30	200 ~ 375	26 ~ 30	175 ~ 225	25 ~ 29
2.4	300 ~ 500	25 ~ 32	300 ~ 450	25 ~ 30	—	—
2.8	400 ~ 525	26 ~ 33	—	—	—	—
3.2	450 ~ 650	28 ~ 34	—	—	—	—

注：气体流量为 16.5 L/min。

(2) 电弧电压

为保证焊接过程稳定和获得良好的焊缝成形，当改变送丝速度来提高或减小焊接电流时，电源的输出电压也应随之改变，以保持电弧电压与电流的最佳关系。但是在焊接过程中电弧电压与弧长密切相关。如果电弧电压太低，将为短路过渡，焊接飞溅大和焊道成形不好，呈窄而凸状的焊道和熔深较浅；如果电弧电压太高，也就是弧长过长，焊接电弧漂移，焊道变宽和成形不规则。

(3) 焊丝干伸长

焊丝干伸长对加热焊丝的电阻热影响较大，其电阻热与伸出长度成正比。当伸出长度太长时，会产生不稳定的电弧和飞溅过大；若伸出太短，飞溅物易堆积在喷嘴上，影响气体流动或堵塞，使保护不良而引起气孔等。通常焊丝伸出长度为 19 ~ 38 mm，而喷嘴端到工件距离约 19 ~ 25 mm。

(4) 焊接速度

焊接速度影响焊道的熔深和形状。其他因素保持不变时，低焊速下的熔深要比高焊速下的熔深大。大电流时焊接速度太慢可能引起焊缝金属过热。焊接速度过快将形成不规则焊道。一般焊速为 0.3 ~ 1 m/min 之间。

(5) 保护气体流量

对于气体保护焊，气体流量是一个对焊接质量有影响的参数。气体流量不足将对熔滴过渡和熔池金属保护不利，引起焊缝气孔和氧化。气体流量过大可能造成紊流，导致保护气与空气混合，从而也能破坏保护效果。正确的气体流量，取决于焊枪喷嘴形式和直径，喷嘴到工件的距离以及靠近焊接区中的空气流动情况。

药芯焊丝气体保护电弧焊的工艺特点如下。

1) 由于药芯成分改变了纯 CO_2 电弧气氛的物理、化学性质，因而飞溅少，且颗粒细，易于清除。又因熔池表面覆盖有熔渣，焊缝成形类似于焊条电弧焊，焊缝外观比实芯焊丝 CO_2 焊的美观。

2) 与焊条电弧焊相比，热效率高，电流密度比焊条电弧焊大（达到 100 A/mm²），生产率为焊条电弧焊的 3 ~ 5 倍。

3) 与实心焊丝 CO_2 焊相比，改变药芯的成分就可以焊接不同钢种，扩大了应用范围。

4) 对焊接电源无特殊要求。

但是药芯焊丝的送丝较难，易受潮。

表 3.4-14　实心焊丝与药芯焊丝的工艺性能比较

<table>
<tr><td colspan="3" rowspan="2">焊丝
性能</td><td colspan="2">实心焊丝</td><td colspan="2">药芯焊丝</td></tr>
<tr><td>大电流</td><td>小电流</td><td>大直径</td><td>小直径</td></tr>
<tr><td rowspan="9">工艺性能</td><td colspan="2">熔深</td><td>最深</td><td>最浅</td><td>略浅</td><td>很深</td></tr>
<tr><td rowspan="2">渣熔</td><td>表层膜</td><td colspan="2">生成少</td><td>覆盖焊缝</td><td>薄而均匀覆盖</td></tr>
<tr><td>清渣</td><td colspan="2">不用</td><td colspan="2">容易清渣</td></tr>
<tr><td colspan="2">飞溅物</td><td>略多</td><td>多</td><td>略多</td><td>少</td></tr>
<tr><td colspan="2">咬边</td><td>稍易出现</td><td>不易出现</td><td colspan="2">不易出现</td></tr>
<tr><td rowspan="4">气孔</td><td rowspan="2">风的影响</td><td colspan="4">敏感</td></tr>
<tr><td colspan="2">表面不容易出现</td><td colspan="2">表面容易出现</td></tr>
<tr><td rowspan="2">母材污染</td><td colspan="4">比焊条电弧焊敏感</td></tr>
<tr><td colspan="2">表面不容易出现</td><td colspan="2">表面容易出现</td></tr>
<tr><td rowspan="6">适用性</td><td colspan="2">适用钢种</td><td colspan="2">低碳钢，500 MPa、600 MPa 级高强度钢，耐大气腐蚀钢，低合金耐热钢</td><td>低碳钢 500 MPa、600 MPa 级高强度钢，表面硬化堆焊，低合金耐热钢</td><td>低碳钢，500 MPa 级高强钢</td></tr>
<tr><td colspan="2">板厚</td><td>中厚板</td><td>薄板</td><td>中厚板</td><td>中厚板</td></tr>
<tr><td colspan="2">焊接位置</td><td>水平(横向)</td><td>全位置</td><td>水平(横向)</td><td>水平(横向)</td></tr>
<tr><td colspan="2">坡口精度不良</td><td>敏感</td><td>不敏感</td><td>略敏感</td><td>敏感</td></tr>
<tr><td colspan="2">用途</td><td>汽车、其他车辆、工业机械、一般罐体</td><td>汽车、其他车辆、工业机械、管子和其他轻薄构件</td><td>对外观要求较严格的一般罐体、工程机械</td><td>对外观要求较严格的一般罐体、工程机械</td></tr>
<tr><td colspan="2">最大电流</td><td>500 A</td><td>250 A</td><td>500 A</td><td>500 A</td></tr>
</table>

4　设备

4.1　焊接设备的组成

熔化极气体保护电弧焊设备包括焊接电源、焊枪、送丝机、气路系统和控制系统等五个部分。焊枪是焊工进行焊接操作的主要工具，所以焊接电流、保护气、焊丝和控制线都要通过焊枪送出，如图 3.4-35 所示。同样，有时焊枪还需要通水冷却。在焊丝通过焊枪时，通过与铜导电嘴的接触而带电，导电嘴将电流由电源输送给电弧。由控制系统对焊接操作程序进行控制。

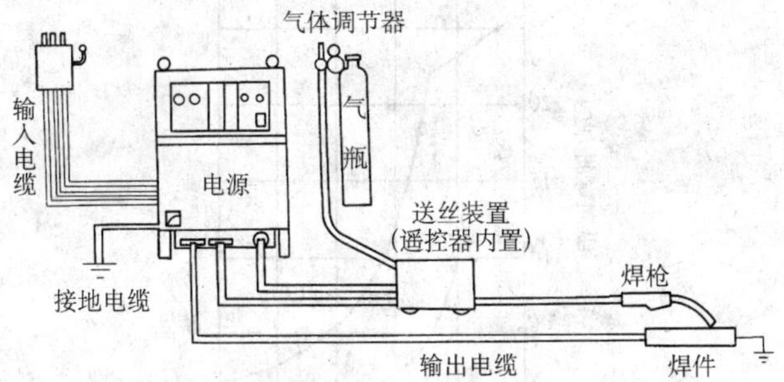

图 3.4-35　半自动气体保护焊机的组成示意图

焊接操作方式主要有两种。一种是半自动气体保护焊，沿焊接线移动是利用手工操作。另一种是自动气体保护焊，它是通过焊接行走机构（含小车式、吊梁小车式、操作机、转胎和焊接机器人等）沿焊接线移动。自动焊接行走机构除完成行走功能外，在其上还载有焊枪、送丝系统和控制系统等，如图 3.4-36。

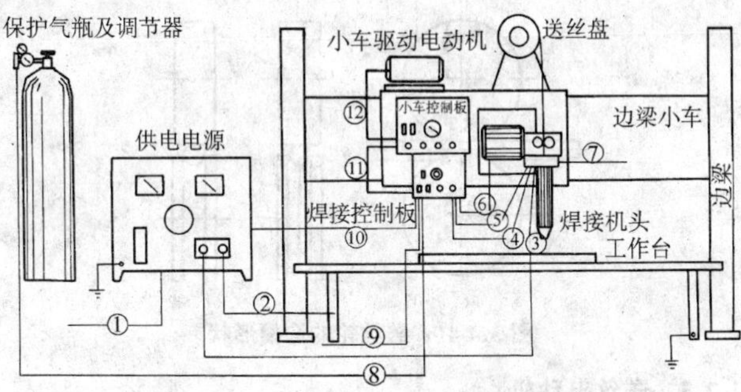

图 3.4-36　自动气体保护焊机的组成示意图

1—一次电源输入；2—工件插头及连线；3—供电电缆；4—保护气输入；5—冷却水输入；6—送丝控制输入；7—冷却水输出；8—输入到焊接控制箱的保护气；9—输入到焊接控制箱的冷却水；10—输入到焊接控制箱的 220 V 交流；11—输入到小车控制箱的 220 V 交流；12—小车电动机控制输入

4.2　送丝系统

送丝系统由送丝机（包括电动机、减速器、校直轮和送丝轮）、送丝软管及焊丝盘等组成。盘绕在焊丝盘上的焊丝经过校直轮校直后，再经过安装在减速器输出轴上的送丝轮，最后经过送丝软管送到焊枪（推丝式）。或者，焊丝先经过送丝软管，然后再经过送丝轮送到焊枪（拉丝式）。

4.2.1　送丝机

根据送丝方式的不同，半自动送丝机可分为四种类型，如图 3.4-37。

1）推丝式送丝机　推丝式送丝机是半自动熔化极气体保护焊应用最广泛的送线方式。它用于直径为 0.8 ~ 2.0 mm 的焊丝。这种送丝方式的焊枪结构简单、轻便和便于操作。但送丝阻力较大，随着软管的加长，送丝稳定性变差，特别是对于较细和较软材料的焊丝。所以推丝式送丝软管长度通常限制在 3 ~ 5 m 长，如图 3.4-37a 所示。

2）拉丝式送丝机　拉丝式送丝机如图 3.4-37b 所示。这种送丝方式主要用于直径不超过 0.8 mm 的细焊丝。由于焊丝盘与送丝电机都装在焊枪上，尽管送丝电机较小（一般 10 W 左右），焊丝盘含量不超过 1 kg，但仍然较重，焊工劳动强度较大。

3）推拉式送丝机　这种送丝方式为推丝式与拉丝式二者之结合形成，见图 3.4-37c。除推丝机外，焊枪上还装有拉

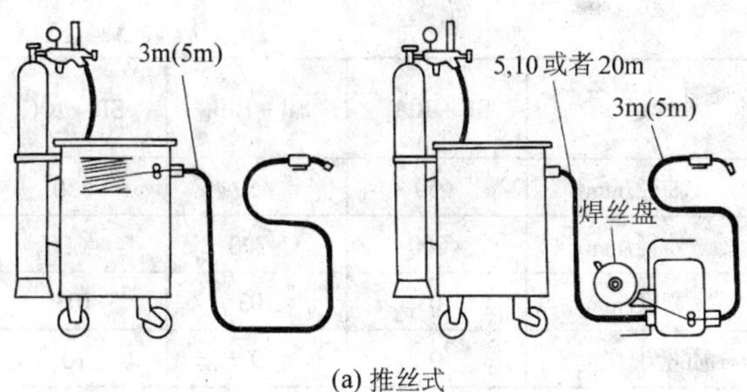

(a) 推丝式

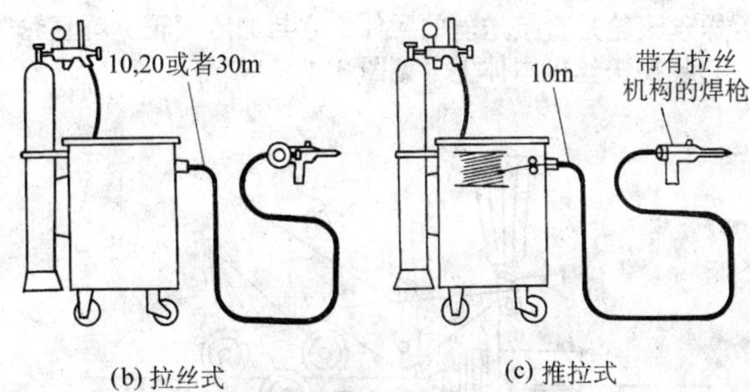

(b) 拉丝式　(c) 推拉式

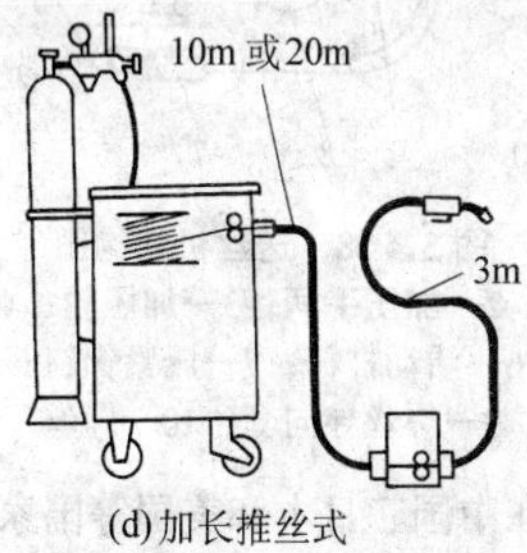

(d) 加长推丝式

图 3.4-37　熔化极气体保护焊的送丝方式示意图

丝机，送丝软管最长可以加长到 15 m 左右，扩大了半自动焊操作距离。送进焊丝时既靠后面送丝机推力，又靠前面送丝机的拉力。但是拉丝速度应快于推丝，这样在送丝过程中，焊丝在软管中始终处在拉直状态，送丝阻力较小。常用于长距离半自动焊或软焊丝机器人焊接等。

4）加长推丝式送丝机　这是一种长距离送丝方式所采用的送丝机，如图 3.4-37d 所示。除了在焊机附近的主推丝机外，在送丝软管中间还加有辅助推丝机，无疑使软管加长 20 多米。这种方式并不能增加工人的劳动强度，却能扩大工人的操作范围。

自动焊用送丝机除细丝可用上述半自动焊送丝机外，粗丝时大都采用固定的或车载的送丝机，其中以推丝式为主。

目前国产送丝机的南通振康公司和南京电焊机设备厂生产的品种多和市场占有率高。以振康公司为例，其送丝机的规格、型号如表 3.4-15 所示。

表 3.4-15　送丝机的规格

规格 \ 型号	SB－10A_1	SB－10B_1	SB－10C
功率/W	50	65	80
标称电压/V	18.3	24	24
额定电流/A	5.5	5	5.5
额定牵引力/N	100	150	200
送丝速度范围/$m \cdot min^{-1}$	1.5 ~ 15	1.5 ~ 18	1.5 ~ 18
焊丝直径/mm	0.8　1.0　1.2　1.6	0.8　1.0　1.2　1.6	0.8　1.0　1.2　1.6　2.0

续表 3.4-15

规格 \ 型号		SB-10A$_1$	SB-10B$_1$	SB-10C
适用焊丝盘	轴径/mm	ϕ50	ϕ50	ϕ50
	外径/mm	ϕ300	ϕ300	ϕ300
	宽度/mm	103	103	103
质量/kg		9	9	10

4.2.2 送丝滚轮

送丝滚轮是直接送丝的元件，它与加压滚轮、矫直轮等都一起装在送丝机本体上（见图 3.4-38）。

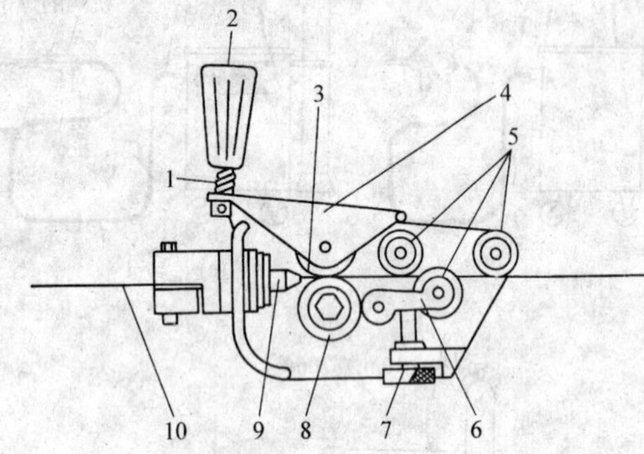

图 3.4-38 送丝机结构图

1—加压弹簧；2—加压手柄；3—加压轮；4—加压杠杆；5—矫直轮；6—活动杠杆；7—压紧镙钉；8—送丝轮；9—焊丝导向套；10—焊丝

这种送丝机在中国、日本和美国等国家和地区应用较普遍，它是一种对滚轮送丝机，通过驱动轮将力传递给焊丝。一方面从焊丝盘拉出焊丝，另一方面通过软管和焊枪把焊丝推出。送丝机可用对滚轮（即二轮），也可用四轮驱动装置，如图 3.4-39。其中二轮送丝装置中，轮间的压紧力可以调节，该力的大小决定于焊丝直径和焊丝种类（如实心和药芯焊丝，硬的或软的焊丝）。在送丝轮前后设有输入与输出导向管，其作用是使焊丝准确地对准送丝轮沟槽和尽量缩短导向管到送丝轮之间的距离，以便支撑焊丝并防止失稳而折弯。导向管到送丝轮的间距与焊丝直径有关，如图 3.4-40 所示。显然，间距 L 越大，允许焊丝纵向弯曲力越小。还可看到，较粗的焊丝允许更大的纵向弯曲力。

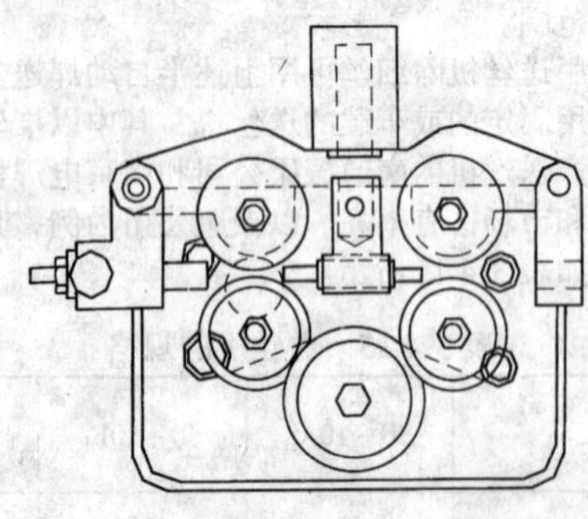

图 3.4-39 四滚轮送丝机构

四轮送丝装置中，有两对滚轮压紧焊丝，这就保证了在送丝力相同时，减少滚轮对焊丝的压紧力，它适合于送进软的焊丝，如铝焊丝和药芯焊丝。

通常送丝滚轮是由沟槽轮与平面轮相配合，沟槽轮为主动轮，平面轮为支撑轮。其中 V 形沟槽用于实心硬焊丝，如碳钢和不锈钢；而 U 形沟槽轮适用于软焊丝如铝等（见图 3.4-41）。

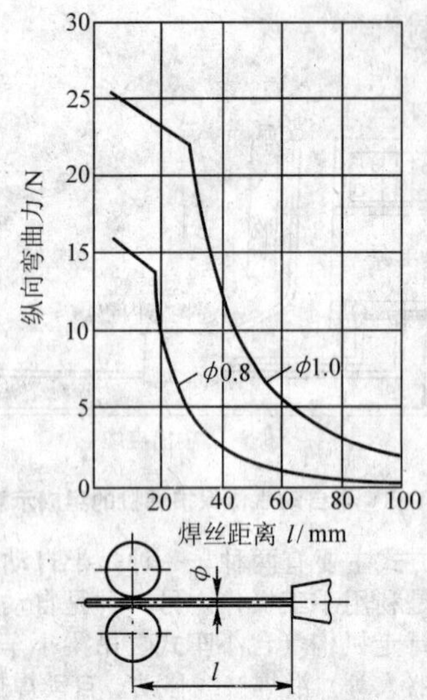

图 3.4-40 焊丝纵向弯曲力与间距 L 的关系

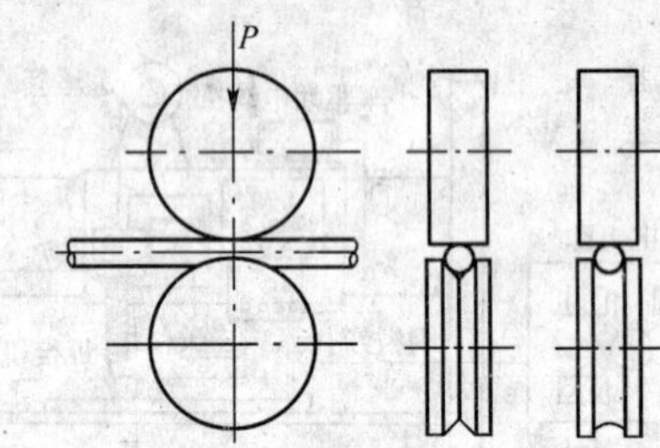

图 3.4-41 送丝轮的沟槽形状

4.2.3 送丝电动机

送丝电动机主要有二种，一为印刷电机，另一为伺服电机。现在振康公司生产的电机的型号与规格如表 3.4-16 和表 3.4-17。

表 3.4-16 焊接用印刷电机的规格

规格 \ 型号	120SN01-C	120SN05-C	120SN02-C（POSN01-C）
电压/V	24	18.3	24
电流/A	5	5.5	4.2
输出功率/W	65	50	60
转速/r·min^{-1}	144	130	144
转距/N·cm	420	343	400
减速器速比	1:25	1:25	1:25

表 3.4-17 焊接用伺服电机的规格

规格 \ 型号	ZK-76ZY01	ZK-76ZY02
电压/V	24	24
电流/A	3.5	5
输出功率/W	50	75
转速/r·min^{-1}	170	170
转距/N·cm	300	400
减速器速比	1:20	1:20

4.2.4 焊丝盘

国家标准 GB8100—1987（二氧化碳气体保护焊用钢丝）的附录 A 中规定了焊丝盘的尺寸及绕丝重量，参见图 3.4-42、表 3.4-18 和表 3.4-19。

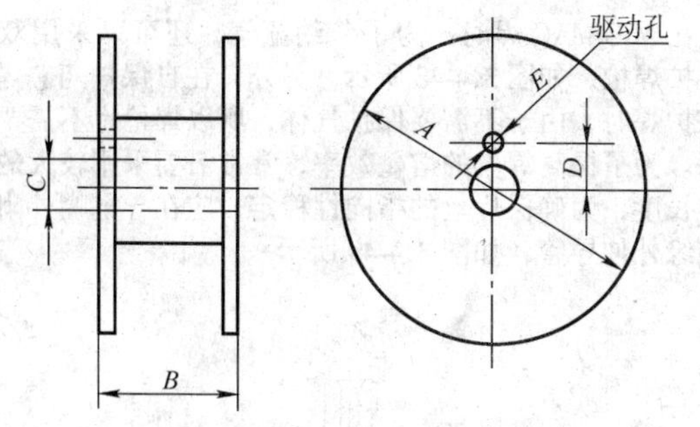

图 3.4-42　焊丝盘示意图

表 3.4-18　焊丝盘的尺寸

A		B		C		D		E	
外径	公差	幅宽	公差	内径	公差	驱动孔轴心距	公差	驱动孔直径	公差
100	±2.0	45	0 −2.0	16	+1.0 0	—	—	—	—
200	±3.0	55	0 −3.0	50.5	+2.5 0	44.5	±0.5	10	1.0 0
300	±5.0	103							
350									
435									

表 3.4-19　绕丝重量与焊丝盘外径的关系

焊丝直径/mm	焊丝盘外径/mm				
0.5～3.2	100	200	300	350	435
	焊丝最大质量/kg				
	1.1	10	20	25	25

焊丝的绕制质量十分重要，它关系到送丝的稳定性。要求规则地层绕，即每一层焊丝都应是紧密地排列有序，不允许有“压丝”现象，焊丝更不允许有弯折。如因条件限制，需将成捆的焊丝自行盘绕时，一定要尽量做到规则层绕，并务必防止弯折。同时绕制前要经过有丙酮擦拭焊丝的工序，保证绕盘焊丝不受油锈等污染。

为防止焊丝盘自由旋转而导致螺丝松散脱落，可在焊丝盘的轴孔中放入制动弹簧。不过该弹簧的压力要适当，压力过大会增加送丝阻力，压力过小则不起作用。当然亦可采取螺丝盘外缘加摩擦片的方法，只要摩擦片的位置不妨碍引出螺丝即可。

在 GB8110—1987 的附录 A 中，还规定了焊丝卷尺寸和绕丝重量。焊丝卷外径的规格分别可为 300 mm、350 mm 和 435 mm，根据焊丝直径的不同，其绕丝质量为 16 kg 和 25 kg 两种。

4.3　焊枪

熔化极气体保护焊用焊枪可用来进行手工操作（半自动焊）和自动焊（安装在机械装置上）。这些焊枪包括用于大电流、高生产率的重型焊枪和适用于小电流、全位置焊的轻型焊枪。

还可以分为水冷或气冷及鹅颈式或手枪式，这些形式既可以制成重型焊枪，也可以制成轻型焊枪。

GMAW 用焊枪的基本组成如下：①导电嘴；②气体保护喷嘴；③焊接软管和导丝管；④气管；⑤水管；⑥焊接电缆；⑦控制开关。

这些元件示于图 3.4-44。在焊接时，由于焊接电流通过导电嘴将产生电阻热和电弧辐射热的作用，将使焊枪发热，所以常常需要冷却。气冷焊枪在 CO_2 焊时，断续负载下一般可使用高达 600 A 的电流。但是，在使用氩气或氦气保护焊时，通常只限于 200 A 电流。超过上述电流时，应该采用水冷焊枪。半自动焊枪通常有两种形式：鹅颈式和手枪式。鹅颈式焊枪应用最广泛，它适合于细焊丝，使用灵活方便，可焊到性好。典型鹅颈式焊枪示于图 3.4-43。而手枪式焊枪适合于较粗的焊丝，它常常采用水冷，如图 3.4-44 所示。

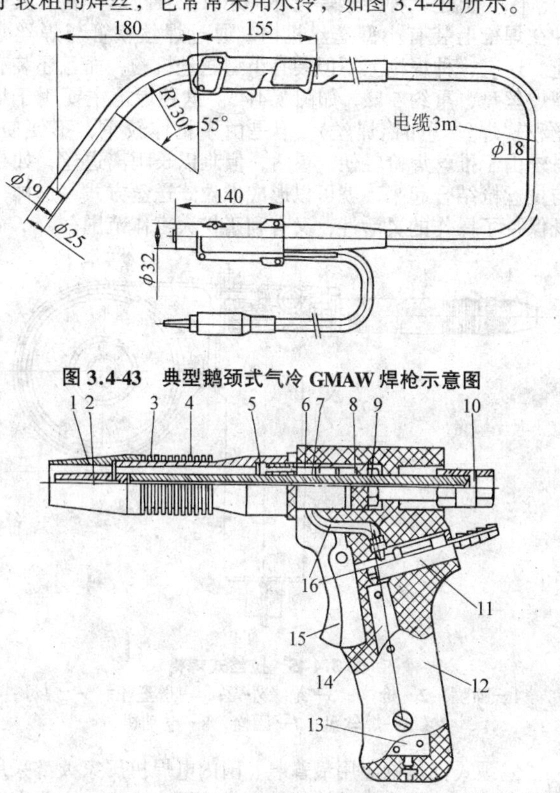

图 3.4-43　典型鹅颈式气冷 GMAW 焊枪示意图

图 3.4-44　手枪式焊枪

1—喷嘴；2—导电嘴；3—套筒；4—导电杆；5—分流环；6—挡圈；7—气室；8—绝缘圈；9—紧固螺母；10—锁母；11—球型气阀；12—枪把；13—退丝开关；14—磅线开关；15—扳机；16—气管

自动焊焊枪的基本构造与半自动焊焊枪相同，但其载流容量较大，工作时间较长，一般都采用水冷。

导电嘴是由铜或铜合金制成。因为焊丝是连续送给的，焊枪必须有一个滑动的电接触管（一般称导电嘴），由它将电流传给焊丝。导电嘴通过电缆与焊接电源相连。导电嘴的内表面应光滑，以利于焊丝送给和良好导电。

一般导电嘴的内孔应比焊丝直径大 0.13～0.25 mm，对于铝焊丝应更大些。导电嘴必须牢固地固定在焊枪本体上，并使其定位于喷嘴中心。导电嘴与喷嘴之间的相对位置取决于熔滴过渡形式。对于短路过渡，导电嘴常常伸到喷嘴之外；而对于喷射过渡，导电嘴应缩到喷嘴内，最多可以缩进 3 mm。焊接时应定期检查导电嘴，如发现导电嘴内孔因磨损而变长或由于飞溅而堵塞时就应立即更换。为便于更换导电嘴，它常采用螺纹连接。磨损的导电嘴将破坏电弧稳定性。

喷嘴应使保护气体平稳地流出，并覆盖在焊接区。其目的是防止焊丝端头、电弧空间和熔池金属受到空气污染，根据应用情况可选择不同尺寸的喷嘴，一般直径为 10～22 mm。较大的焊接电流产生较大的熔池，则用大喷嘴。而小电流和短路过渡焊时用小喷嘴。对于电弧点焊，焊枪喷嘴端头应开出沟槽，以便气体流出。

焊接软管和导丝管应安装在接近送丝轮处，送丝软管支撑、保护和引导焊丝从送丝轮到焊枪。导丝管可作为焊接软管的一个组成部分，还可以分开。无论哪种情况，导丝管材料的内径都十分重要。钢和铜等硬材料推荐用弹簧钢管。铝和镁等软材料推荐用尼龙管。导丝管必须定期维护，以保证它们清洁和完好。应特别注意不能将软管盘卷和过度弯曲。

此外，保护气、冷却水和焊接电缆、控制线也应接到焊枪上。

除了上述二种推丝焊枪外，还有二种拉丝焊枪。其中一种在焊枪上装有小型送丝机构，通过焊丝软管与焊丝盘相连。还有一种焊枪上不但装有小型送丝机构，而且还装有小型焊丝盘，重约 5 kg，如图 3.4-45。这种焊枪主要用于细焊丝和软焊丝（如铝焊丝）。但是由于枪体较重，不便使用。另外由于推丝焊枪轻便、灵活，但难以长距离送丝，如果再与拉丝枪结合起来，就可以形成推拉式送丝方式，这样一来既保持了操作的灵活性，又有利于扩大工作范围。

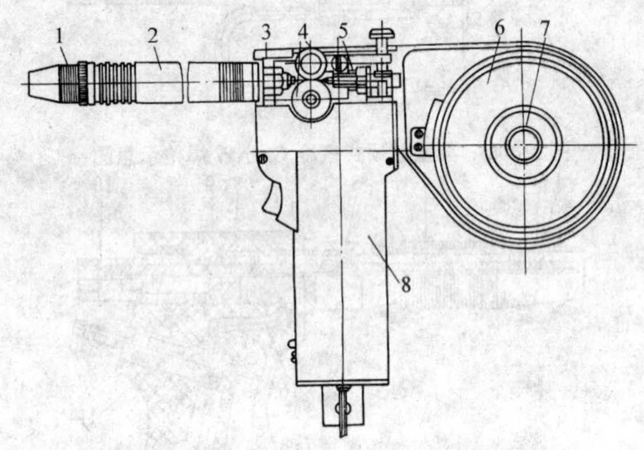

图 3.4-45　拉丝式焊枪

1—喷嘴；2—枪体；3—绝缘外壳；4—送丝轮；5—螺母；6—焊丝盘；7—压栓；8—电动机

鹅颈式推丝枪应用最普遍。国内电焊机厂家大都采用配套方式，也就是这种焊枪都是由专业厂家生产。主要有两种类型，一为以阿比泰克公司的宾彩尔焊枪为代表的欧式焊枪，另一种为仿日的大阪焊枪与松下焊枪。

熔化极气体保护焊用焊枪，除了半自动焊用而外，自动焊也需要不同种类的焊枪。许多情况下自动焊可直接选用或稍加改装的半自动焊枪，还可以根据电流的大小，选用如图 3.4-46 所示的细丝气冷焊枪和如图 3.4-47 所示的粗丝水冷焊枪。在 MIG/MAG 焊时，为了节约氩气，还可以采用双层气流保护焊枪，如图 3.4-48 所示。另外，在自保护药芯焊丝气体保护焊时，由于不需要保护气体，所以焊枪也不需要气体喷嘴。为了提高焊丝的熔化效率，常常需要采用较大的焊丝干伸长度，为确保焊丝的指向性稳定，应在导电嘴外附加一个绝缘外伸导管，如图 3.4-49 所示。

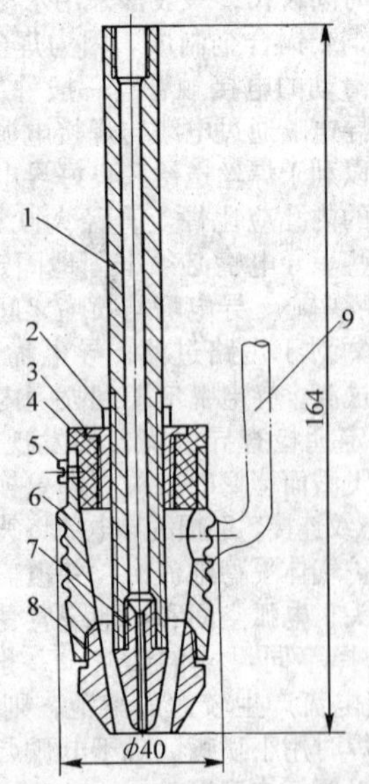

图 3.4-46　细丝气冷自动焊枪构造

1—导电杆；2—锁紧螺母；3—衬套；4—绝缘衬套；5—螺钉；6—枪体；7—导电嘴；8—喷嘴；9—通气管

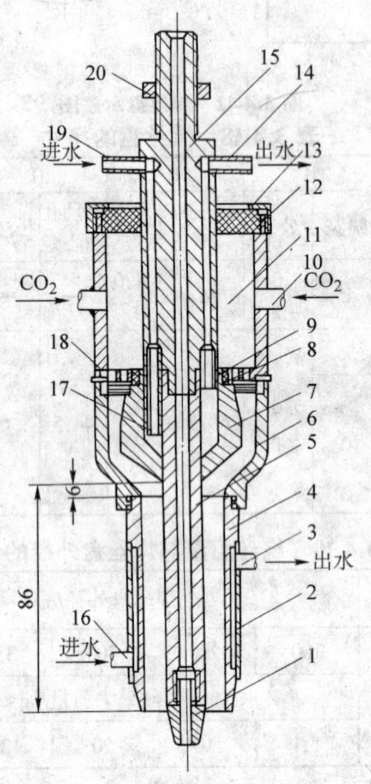

图 3.4-47　粗丝水冷自动焊枪构造

1—导电嘴；2—喷嘴外套；3—出水管；4—喷嘴内套；5—下导电杆；6—外套；7—纺锤形内套；8—绝缘衬套；9—出水接管；10—进气管；11—气室；12—绝缘压块；13—背帽；14—出水管；15—上导电杆；16—进水管；17—进水连接管；18—铜丝网；19—进水管；20—螺母

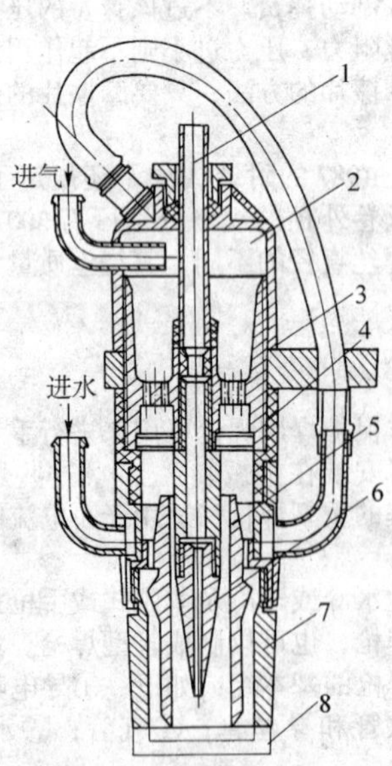

图 3.4-48　MIG 自动焊枪结构（双层气流保护）

1—铜管；2—镇静室；3—导流体；4—铜筛网；5—分流套；6—导电嘴；7—喷嘴；8—帽盖

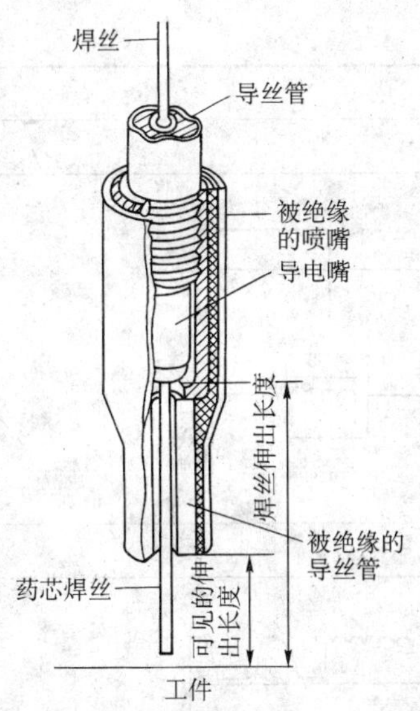

图 3.4-49　自保护焊丝用典型的自动电弧焊枪

4.4　焊接电源

焊接电源的主要功能是向焊丝与母材间的电弧供给能量。此外，还应保证电弧稳定，得到良好的焊道成形和在输入电压变化等外部干扰时输出稳定。同时送丝控制、保护气体控制和焊接程序控制等功能都内藏在电源内。

焊接电源的容量通常用输出电流来表示。通常为 100～630 A 左右，特殊情况时达 50～1 500 A。大多数电源采用直流，只有在考虑到极性的作用效果时才开发了交流。

对于焊接电源的主要要求是降低总成本，同时提高焊接自动化、省力化和高品质化等性能。最近，由于电力电子技术和焊接技术的紧密结合，将不断地完善焊接电源。

4.4.1　电源外特性（即静特性）

电源外特性主要有三种形式，即陡降外特性、恒流外特性和恒压外特性。对于熔化极气体保护焊，主要采用恒压外特性，当送丝方式采用等速送丝控制时，这对于细焊丝和大电流情况来说是最佳组合。它利用电源的自身调节作用，能自动保持弧长稳定。同时短路电流较大，引弧比较容易。实际使用的平特性电源其外特性并不都是真正平直的，而是带有一定的下斜，其下降斜率不大于 4 V/100 A。

当焊丝直径较粗（大于 ϕ2 mm），生产中一般采用下降外特性电源，配用变速送丝系统。由于焊丝直径较粗，电弧的自身调节作用较弱，弧长变化后恢复速度较慢，单靠电弧的自身调节作用难以保证稳定的焊接过程。因此也像一般埋弧焊那样需要外加电弧电压反馈电路，将电弧电压（弧长）的变化及时反馈到送丝控制电路，调节送丝速度，使弧长能及时恢复。对于直径小于 1.6 mm 的铝焊丝，焊接时采用射滴与短路混合的过渡形式（亦称亚射流过渡），此时采用恒流源外特性也可以得到很强的电弧固有的自调节作用。

4.4.2　电源的种类与特点

直流焊接电源的种类如图 3.4-50 所示。熔化极气体保护焊主要采用整流式电源。旋转式发电机基本不采用。特别是最近几年，半导体式焊接电源已成为主要品种，其中晶体管逆变式焊接电源呈明显上升趋势。比较简单的抽头式整流焊机在小电流范围内仍有大量应用。相反，磁放大器整流焊机已停止生产。

一方面，焊接电源的输出控制单元已经从磁放大器转变到半导体，其脉冲频率从商用电源频率的 1～3 倍提高到几千赫兹至几十千赫兹。这样一来，就能对电弧现象和熔滴过渡进行精密控制，并开发出新型焊机。提高了脉冲频率，则焊接用变压器将能够实现小型化和轻型化，作为整个焊机与晶闸管焊机相比，减小到 1/2～1/5，并节省了占有的空间。

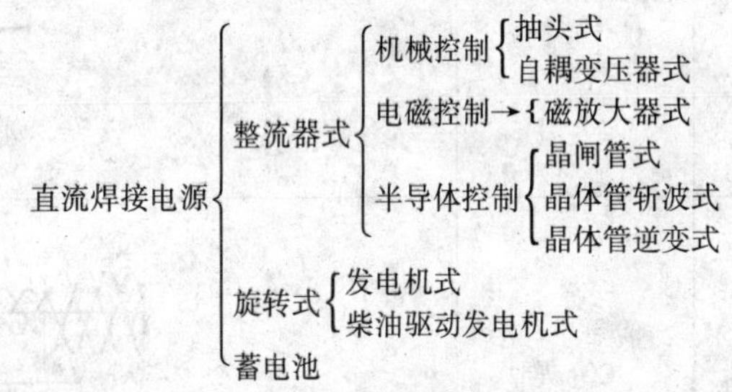

图 3.4-50　直流焊接电源的种类

4.4.3　电源的构成

整流式焊接电源是熔化极气体保护焊用的主要设备，其构成示于表 3.4-20。抽头式整流焊接电源经三相交流输入，通过调节抽头来改变变压器的变压比，把电压降到焊接所要求的数值，再经过三相桥式整流将交流变为直流，然后通过直流电感进行滤波和调节焊机的动特性。晶闸管整流电源的构成大体上与抽头焊接电源类似，但是控制方式不同，晶闸管电源的电压是通过晶闸管控制角的移相控制，而抽头焊接电源却是通过调节变压器抽头来调节输出电压。晶闸管电源与晶体管都对输出信号进行反馈，所以当外部条件发生变化时，输出仍然比较稳定。晶体管控制方式是把交流输入整流成直流后，利用晶体管的模拟控制或开关控制（斩波控制）来调节输出的大小。焊接变压器设计在晶体管输入侧的形式一般称为模拟控制或斩波控制，而设计在晶体管输出侧的形式为逆变控制。两者之间有很大差别的。

表 3.4-20　焊接电源的构成

控制方式	主要用途	构　成
（1）抽头式整流电源		
抽头控制	CO_2 焊 MAG 焊	网路　变压器　整流器　扼流圈　电弧

续表 3.4-20

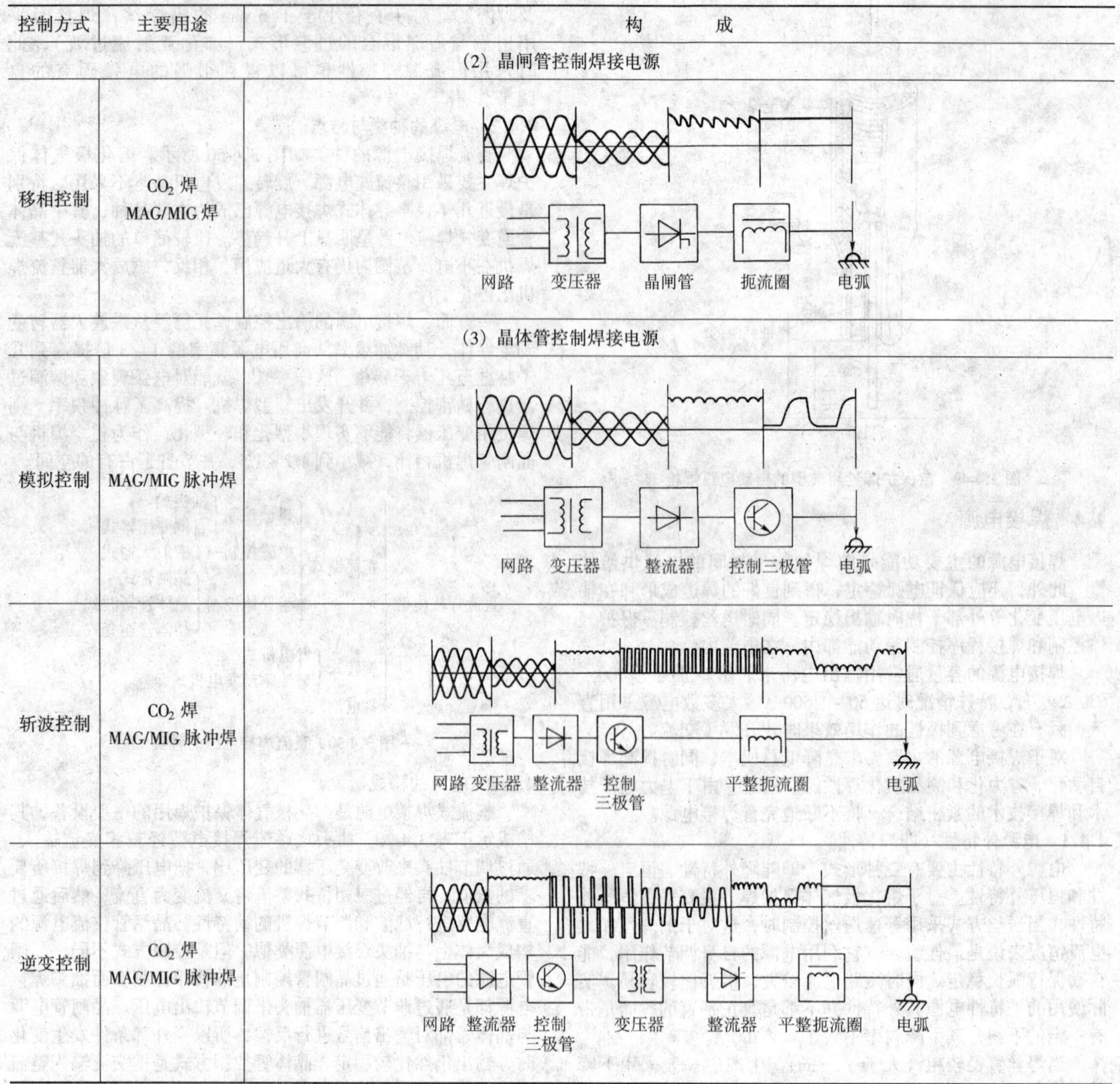

控制方式	主要用途	构　　成
（2）晶闸管控制焊接电源		
移相控制	CO_2 焊 MAG/MIG 焊	网路　变压器　晶闸管　扼流圈　电弧
（3）晶体管控制焊接电源		
模拟控制	MAG/MIG 脉冲焊	网路　变压器　整流器　控制三极管　电弧
斩波控制	CO_2 焊 MAG/MIG 脉冲焊	网路　变压器　整流器　控制三极管　平整扼流圈　电弧
逆变控制	CO_2 焊 MAG/MIG 脉冲焊	网路　整流器　控制三极管　变压器　整流器　平整扼流圈　电弧

逆变焊接电源自20世纪90年代以来在我国取得了很快的发展。逆变焊机的主要特点都源自电源的工作频率高，一般都在20 kHz以上，所以它的体积小、重量轻、节材和节能，焊机不仅具有适宜的静特性，而且还有良好的动特性和十分理想的工艺性能。逆变与计算机技术相结合，最近国外出现了数字化焊机，在我国也开展了深入的研究与开发。数字化逆变焊机除了具有一般逆变焊机的特点外，由于采用DSP器件（数字信号处理器），进一步加快了运算速度，使得它具有一些新的特点，主要有焊机性能柔性化、控制方式智能化、产品质量同一化、使用性能稳定化和升级换代网络化等。可以看到数字化焊机的出现将引起新一轮的焊接电源革命。

4.4.4　焊接电源的动特性

电源动特性是指当负载状态发生瞬时变化时，弧焊电流和输出电压与时间的关系，用以表征对负载瞬变的反应能力。在熔化极气体保护焊工艺中，电弧的引燃和短路过渡时负载周期性变化等瞬变中，都将影响甚至破坏焊接过程的稳定性。下面以短路过渡为例说明电源的动特性问题。

电流动特性是不同焊接电源所固有的性能。由于焊接电源种类不同，它所表现出的动特性有很大差别。最初，电源动特性指标有三项内容：

1）短路电流上升速度，di_s/dt（A/s）；

2）短路峰值电流，I_{max}（A）；

3）从短路到燃弧的过程中电源电压恢复速度，du_a/dt（V/s）。

这些指标如图 3.4-51 所示。

电压恢复速度 du_a/dt 较小时，电弧不易再引燃，这个问题在旋转式发电机上易出现，而整流式焊机的 du_a/dt 都很大，电弧再引燃不成问题。

目前大量使用的整流式 CO_2 焊机都采用串联在电路中的直流电感作为抑制电流变化的元件。在粗焊丝、大电流情况下，要求短路电流上升速度 di_s/dt 小一些，则要求直流电感大一些；反之细焊丝、小电流情况下，要求 di_s/dt 大一些，则直流电感应小一些。在其他条件不变时，小电感将产生较大的 di_s/dt 和较大的短路峰值电流 I_{max}，同时产生较大的飞溅。反之，较大电感将产生较小的 I_{max} 和较小的飞溅。但

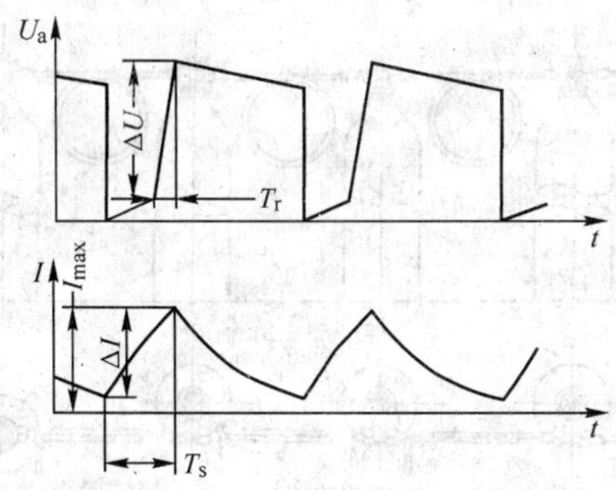

图 3.4-51　弧焊电源动特性示意图

$\Delta U/T_r$—电压恢复速度；$\Delta I/T_s$—短路电流上升速度；I_{max}—短路峰值电流

过大的电感，将引起焊丝与工件固体短路和产生更大的飞溅。所以应该正确地选择直流电感。合适的直流电感值示于表 3.4-21。

表 3.4-21　合适的直流电感

额定电流/A	200	350	500
直流电感/mH	0.04 ~ 0.4	0.08 ~ 0.5	0.3 ~ 0.8
适于焊丝直径/mm	0.8 ~ 1.0	1.2	1.6

可见，晶闸管整流焊机的动特性可用直流电感进行调节。此外，还可采用状态控制，也就是分别控制短路阶段和燃弧阶段。适当地降低短路阶段的电源电压和提高燃弧阶段的电源电压，就可以起到类似于直流电感的作用。短路时降低 di_s/dt 和 I_{max}，而燃弧时提高燃弧电流。这样一来，不但可以不降低飞溅，而且还可以改善焊缝成形。

逆变式焊机因其工作频率高达 20 kHz，这就决定了其响应速度很高，能充分满足控制短路过渡过程的需要。这时也采取状态控制法。短路阶段控制主要着眼点是焊接飞溅。首先在短路初期应抑制短路电流上升速度，维持较低的电流（约几十安），为的是防止瞬时短路和避免大颗粒飞溅。然后迅速提高短路电流，当达到某一设定值后，立刻改变电流上升斜率，以较小的 di_s/dt 增大电流，以便降低 I_{max} 和减小飞溅。燃弧阶段控制的主要着眼点是改善焊缝成形，它是通过提高电弧能量来实现的。上述控制当方法的典型电流波形示于图 3.4-52。上述电流波形是通过电子电抗器实现的，而不是依靠传统的铁磁电抗器。所以逆变式焊机的铁磁电感常常很小，仅为几十微亨，比一般整流焊机小一个数量级。通过微机控制短路过渡的逆变式焊机，可以针对不同焊丝、不同电流和不同需要（如焊接速度和焊接位置控制等）较容易地通过柔性系统调节出合适的工艺参数，并得到理想的工艺效果。

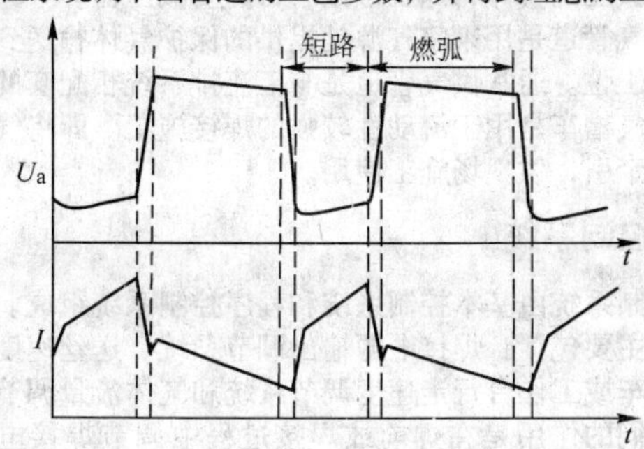

图 3.4-52　逆变式 GMAW 焊机的短路过渡电流、电压波形

如果采用数字化焊机，由于它的以软代硬的特点，使之具有极大的柔性控制功能，同时利用智能化控制方法，将对焊接过程的控制更趋合理和人性化。

从上述可以看到，短路过渡焊时不仅应选择合适的电源外特性（也就是电源静特性），还必须十分重视电源动特性。此外，对于引弧过程控制、熔化极脉冲焊及 CO_2 气体保护的潜弧焊等过程与方法都应选择合适的电源动特性。

4.5　气路系统

熔化极气体保护焊的保护气体主要有 Ar、CO_2 和 O_2 等。气路系统包括气源（钢瓶或汇流排或输气管道或供气槽车）、预热器、减压阀、干燥器、流量计、电磁气阀和配比器等，如图 3.4-53 所示。

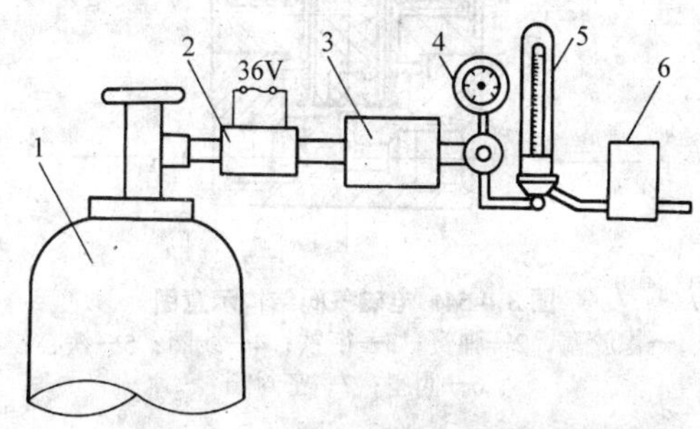

图 3.4-53　供气系统示意图

1—CO_2 气瓶；2—预热器；3—干燥器；4—减压阀；5—流量计；6—电磁气阀

4.5.1　气瓶

氩气瓶外表涂以灰色，并标明“氩气”字样。其公称容积为 40 L，满瓶压力为 14.7 MPa，这些气体在常压下的容积为 6 m^3。

CO_2 气瓶储存的是液态 CO_2。CO_2 气瓶表面涂银白色，并标有“二氧化碳”字样。满瓶压力为 5 ~ 7 MPa（与温度有关）。

4.5.2　减压器和流量计

减压器的作用是将高压 CO_2 气体（或 Ar 气）变为低压气体，以供使用。减压后用于焊接的气体压力一般为0.1 ~ 0.2 MPa（1 ~ 2 kgf/cm^2）。

流量计是用来调节并显示出保护气体流量的，常用的是转子流量计，共有三种规格：一种为通径 ϕ6 mm，最大流量 1.0 m^3/h；一种为通径 ϕ10 mm，最大流量 2.5 m^3/h；第三种为通径 ϕ15 mm，最大流量 6.0 m^3/h。前两种最为常用。

常用的流量计是 L Z B 型玻璃转子流量计，其参数规格如表 3.4-22 所列。

表 3.4-22　LZB 系列转子流量计参数规格

型号	公称尺寸 /mm	流量范围 /$m^3 \cdot h^{-1}$	浮子材料	精度 /%	耐压 MPa
LZB - 6	ϕ6	0.04 ~ 0.4 0.06 ~ 0.6 0.1 ~ 1.0	铝 不锈钢 不锈钢	± 1.5 ± 2.5 ± 4	≤1.0
LZB - 10	ϕ10	0.1 ~ 1.0 0.16 ~ 1.6 0.25 ~ 2.5	铝 不锈钢 不锈钢	± 1.5 ± 2.5 ± 4	≤1.0
LZB - 15	ϕ15	0.25 ~ 2.5 0.4 ~ 4.0 0.6 ~ 6.0	铝 铝 不锈钢	± 1 ± 2.5	≤0.6

值得注意的是，目前生产的新产品是将预热器、减压器和流量计合装在一起，称为减压流量调节器（图 3.4-53），使用非常方便。

4.5.3　电磁气阀

电磁气阀是用于接通与切断保护气体。可以采用机械气阀，但大都采用电磁气阀，其结构示意图如图 3.4-54 所示。当气阀通电时，衔铁被吸起，气体能够从入口进入和出口流出。否则该通路被衔铁堵塞。

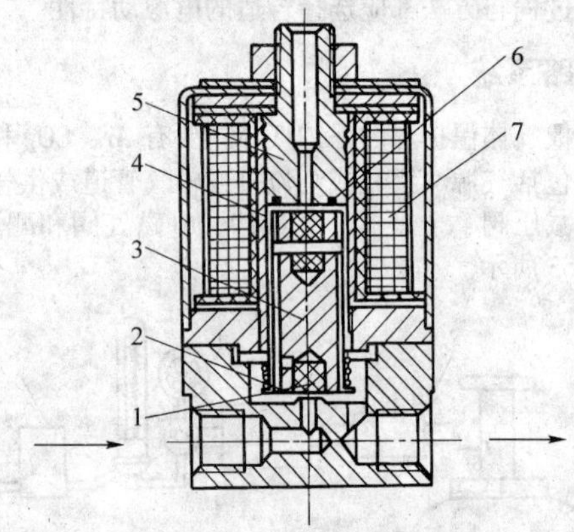

图 3.4-54　电磁气阀结构示意图

1—橡胶塞；2—弹簧；3—衔铁；4—线圈；5—铁心；6—阀座；7—密封圈

4.5.4　配比器

焊接黑色金属常常采用 MAG 焊，也就是使用（Ar + CO_2）混合气体。现在我国有些气体公司根据用户需要，在公司配制混合气体，然后以瓶装混合气体供应。这种气体较贵，所以用户大多自行利用配比器配制。配比器有个人用和配比站用。以天津医疗器械二厂生产的 QP－1 型组合式配比器为例加以说明。

QP－1 型配比器的主要技术性能为：

1）输入压力为 30～60 N/cm^2；

2）输出流量 3 m^3/h（可供 1～4 把焊枪使用）；

3）标定气体种类 Ar－CO_2，配比值调节范围（0～100%）；

4）整机尺寸 270 mm×120 mm×190 mm。

组合阀式配比器由三部分组成，一为压力平衡阀，二为比例阀，三为流量阀。压力平衡阀用来平衡输入的两种气体压力。比例阀是由单旋钮调节的气体配比控制阀。流量阀可以调节输出混合气体的流量。该配比器结构紧凑，使用方便和调节精度高。

4.5.5　预热器

预热器是直接装在气瓶出口处，CO_2 气体从预热器中通过时而被预热。之所以要预热，是因为打开气瓶阀门后，液态 CO_2 便挥发成气态，将吸收大量的热量。另一方面，高压 CO_2 气体经减压后，气体体积膨胀，也使气体温度下降，可以引起气阀附近的水蒸气凝结。为防止冻结管路和阀门，通常在减压之前就让 CO_2 气体通过预热器进行预热。

预热器通常为电阻加热式，并采用 36 V 交流电，功率一般是 100～150 W。

4.5.6　汇流排、供气管道、供气槽车

当焊接施工中所需气体量较大时，用单个气瓶供气便不能满足要求。此时即可采用汇流排、供气管道、供气槽车，而供气槽车特别适于野外等的流动性大的现场施工。

汇流排分为可移式和固定式两种。

可移式汇流排有两种类型。一种类型如图 3.4-55a 所示，把三通管接到单个气瓶的阀上，然后再用挠性接头将三通管依次连接在一起。从每个气瓶中流出的气体通过三通管进入主气路，最后到一个单级减压器，即该减压器供整个气瓶组所用。第二种可移式汇流排是用单独的挠性接头把各个气瓶连接到总管接头上，总管接头连接到一个减压器上，如图 3.4-55b、c 所示。

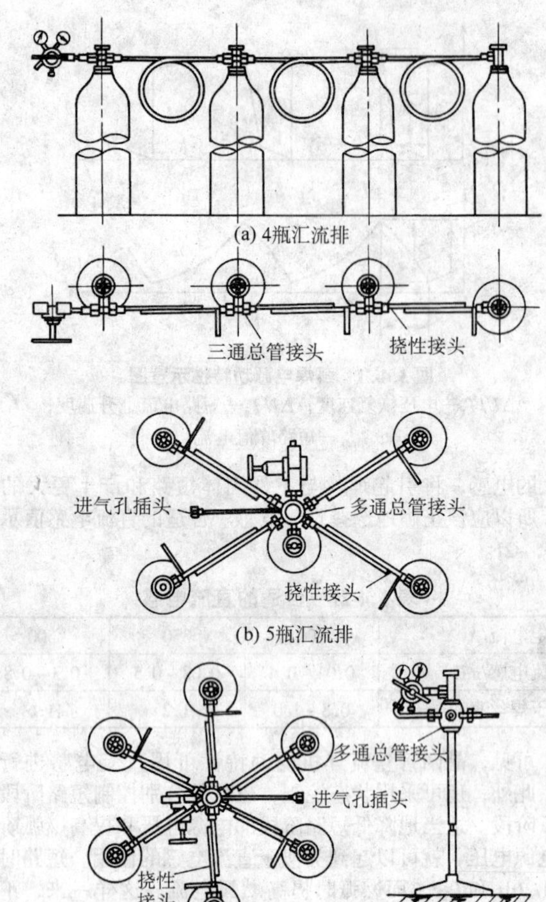

图 3.4-55　可移式汇流排典型连接法

上述可移式汇流排系统灵活性强，需要时可很快地组装起来，而且可以把汇流后的气瓶安放在靠近使用地点。同时，该系统可方便地置于拖车上，供流动作业之需。

固定式汇流排如图 3.4-56 所示。这种汇流排是由一个能够承受高压的集气管，以及用挠性接头连接在集气管上的一定数量的气瓶所组成。用安装在汇流排上的减压器（一个或几个）来减压，并调节由汇流排流入工厂管路系统的气体压力。此种系统通常距使用地点较远。

如图 3.4-56 所示的固定式汇流排，按常规使用了两组气瓶，一组供气，另一组备用。当供气的一组气瓶气体流空时，另一组则自动地接通到管路中，即保证使用不中断。

通常由管路输送到各工位的来自固定式汇流排的气流，是已经减压的气体，即工位处不再需要减压器。

供气管道是用来将气源处提供的保护气体输送到车间里的使用工位。通常供气管道是与汇流排系统相配套的。

供气槽车是用于流动性较强的焊接施工。即将气体贮槽由拖车牵引，供现场施工使用。

4.6　控制系统

控制系统由基本控制系统和程序控制系统组成。基本控制系统主要包括：焊接电源输出调节系统、送丝速度调节系统、小车或工作台行走速度调节系统和气体流量调节系统组成。它们的作用是在焊前或焊接过程中调节焊接电流、电压、送丝速度和气体流量的大小。

焊接设备的程序控制系统的主要作用是：

1）控制焊接设备的启动和停止；

2）控制电磁气阀开通和关闭，实现提前送气和滞后停气；

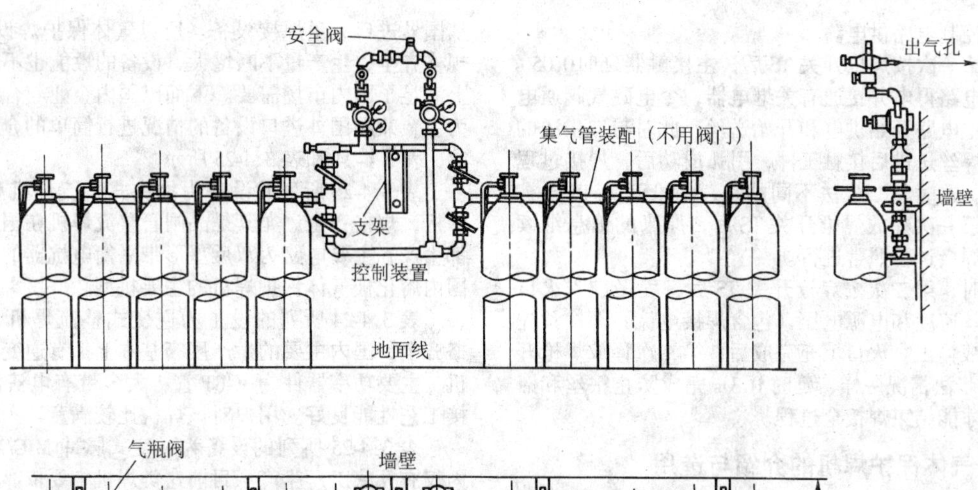

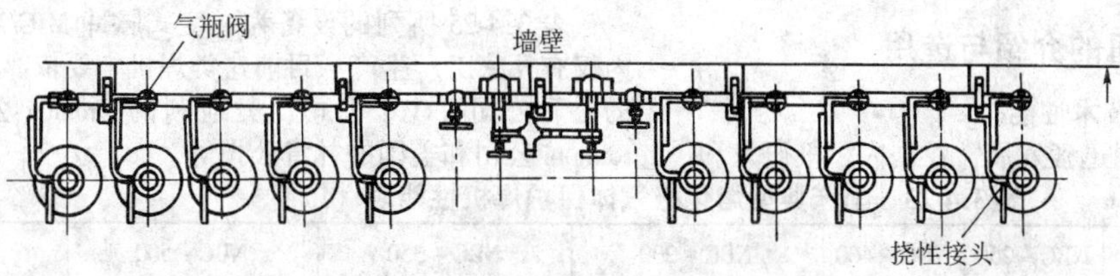

图 3.4-56　固定式汇流排的典型连接法

3）控制水压开关的开闭，确保焊枪在焊接时通水冷却；

4）控制引弧和熄弧；

5）控制送丝和焊枪相对工件移动。

程序控制系统将焊接电源、送丝系统、焊枪和行走系统、供气和水冷系统有机地组合在一起，构成一个完整的、自动控制的焊接系统。

控制系统按焊接过程：引弧—焊接—收弧三个阶段分别进行控制。首先，焊前应先给定焊接参数（焊接电流、电弧电压和焊接速度）。在细丝气体保护焊中，采用等速送丝和恒压外特性电源的组合，这时因焊接电流与送丝速度成正比，所以焊接电流给定实际上是按一定比例对送丝速度给定；电弧电压给定是恒压外特性焊接电源的输出给定；焊接速度给定是小车（或工作台）的行走速度给定。因上述三个阶段的焊接电流和电弧电压不同，所以上述三个阶段的焊接参数给定也不同。也就是各阶段切换时，相应的焊接参数也应自动切换到焊前预置的焊接参数。只有如此，才能保证焊接过程稳定和优质地完成。

通常焊接程序控制系统有两种控制方式，有二步法（如图 3.4-57a）和四步法（如图 3.4-57b）所示。在二步法中，一开（ON）、一关（OFF）就能实现一个焊接过程，可见焊接过程简单，易于掌握。在四步法中，二开（ON）、二关（OFF）才能完成一个焊接过程，可见焊接过程有些复杂，通常重要之处才用四步法控制。

二步法控制是无火口填充的情况，它是这样进行的，动作过程如图 3.4-57a 所示。焊接开始，先打开电源开关 S，使风机旋转，控制电路供电。

焊接时，按焊枪开关 TS 后，主接触器延时 0.05 s 吸合，控制电路得电并接通有关继电器，令电磁气阀通电并开始送气，主电路开始供电和开始送丝，这时已进入引弧阶段。

引弧有三种方式，为爆断引弧、慢送丝弧和回抽引弧。焊断引弧比较简单，常用于抽头式整流焊机，开始送丝后焊丝送进并接触工件，同时通以焊接电流，由于焊丝端头与工件之间的接触电阻较大，在该处瞬间发生过热、汽化直至爆断并引弧。这种引弧方式的成功率较低，往往需要多次短路才能成功。慢送丝引弧多用在晶闸管整流焊机和逆变焊机上，开始时使用比正常送丝速度低的慢送丝方式送进，同时电源应输出较高的电压，这样能够提高短路峰值电流和有利

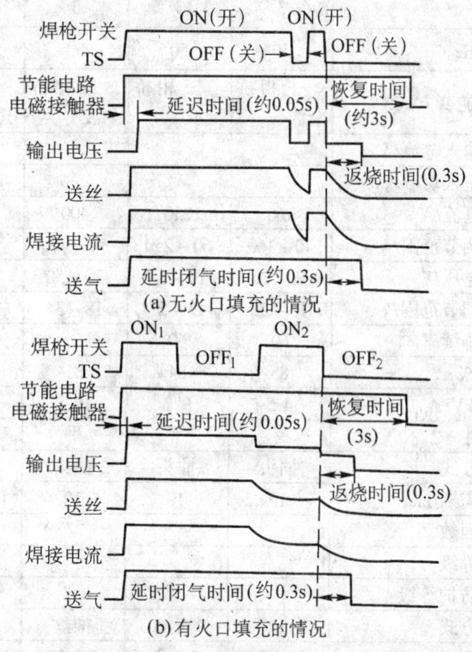

图 3.4-57　焊接程序控制示意图

于在接触点处发生爆断和获得较高的引弧成功率。回抽引弧方式以往都用在粗丝埋弧焊上，但随着焊接设备的进步和要求引弧成功率更高，所以在奥地利的福民斯公司的数字化焊机上也采用了回抽引弧，其特点是在基本无飞溅的情况下达到 100%引弧成功率。

引弧成功后，慢送丝转为正常送丝和高压引弧转为正常电弧电压，焊接过程正常进行。

焊接结束时，释放焊枪开关 TS，则部分继电器失电，使得电源输出电压较低，同时送丝速度随惯性衰减，同时焊接电流也衰减，而保护气体继续供应 0.3 s，确保熔池在气体保护下凝固。有时为了填充火口，可以短时间按焊枪开关 TS，焊丝熔化和填充火口，然后再释放开关 TS 和重复收弧程序。

四步法控制是有火口填充的情况，它是这样进行的，动作过程如图 3.4-57b 所示。焊接开始，先打开电源开关 S，

使风机旋转，控制电路供电。

焊接时，第一次按焊枪开关TS后，主接触器延时0.05 s后吸合，控制电路得电并接通有关继电器，令电磁气阀通电并开始送气，主电路开始供电和开始送丝，此时与二步法的情况一样。当焊丝送进后接触工件，引弧成功后，焊接过程开始正常进行。这时与二步法不同的是，焊枪开关TS已被旁路接通，当第一次释放焊枪开关TS后，原来的信息继续被记忆下来，焊接过程照常进行。

焊接结束时，第二次按焊枪开关TS后，程序进入火口填充阶段，送丝速度和电源电压（包含焊接电流）都按预先调定的焊接参数输出。火口填充完成后，第二次释放焊枪开关TS，这与二步法情况一样，延时0.3 s完成防止粘丝和滞后停气之后，才能结束焊接全过程。

4.7　熔化极气体保护焊机的介绍与选用

4.7.1　熔化极气体保护焊机技术性能

熔化极气体保护焊在我国迅猛发展，在国内积极研发和从国外进口大量焊接设备。所以气体保护焊设备种类繁多，规格齐全，生产量不断增大，设备的性能也不断提高，基本上满足了国内市场需要。下面以国内企业与合资企业的产品为主，兼顾国外进口设备的情况进行简单的介绍，如表3.4-23、表3.4-24和表3.4-25所示。

表3.4-23所列的设备为抽头式整流焊机和晶闸管整流焊机，规格齐全。尤其是晶闸管整流焊机在国内的主要厂家都生产，主要电路为双反星形带平衡电抗器的形式。目前是国内熔化极气体保护焊机的主要机型。

表3.4-24所列的设备为逆变式整流焊机，该种焊机规格齐全，国内主要的生产厂家基本上都有逆变式气体保护焊机，主要功率器件为IGBT管，大多带有电流波形控制，焊接工艺性能良好。用户对该焊机比较满意。

表3.4-25所列的设备为逆变式脉冲MIG/MAG焊机。国内仅有几家工厂生产。目前这类焊机主要依靠进口，如日本的松下公司、OTC公司、奥地利的Fronius公司、芬兰的Kemppi公司和美国的林肯公司等。

表3.4-23　国产典型熔化极气体保护焊机性能表（1）

型　号	NBC－160	NBC－250	NBC－400	NBC－200	NBC－350	NBC－500	NBC－600
电源电压/V	380	380	380	380	380	380	380
相数	3	3	3	3	3	3	3
频率/Hz	50	50	50	50/60	50/60	50/60	50/60
整流/逆变方式	三相桥全波	三相桥全波	三相桥全波	双反星形带平衡电抗器	双反星形带平衡电抗器	双反星形带平衡电抗器	双反星形带平衡电抗器
额定输入电流/A							45
额定输入功率/kW				6.5	16.2	28.1	45
额定电流/A	160	250	400	200	350	500	600
电流调节范围/A	40～160	60～250	80～400	50～200	60～350	60～500	60～600
空载电压/V	18～29	19～37	20～50	33	45～55	55～70	80
电压调节范围/V	16～22	17～27	18～34	14～25	16～36	16～45	15～55
负载持续率/%	60	60	60	50～60	50～60	60	100
效率/%	85	84	81				
功率/kV·A	4.5	9.2	18.8	7.5	18	32	
外特性	平	平	平	L	L	L	L
调节方式	抽头	抽头	抽头	晶闸管	晶闸管	晶闸管	晶闸管
工作周期/min	10	10	10	10	10	10	10
功率因数							
绝缘等级							
外壳防护等级							
送丝方式	拉丝	推丝	推丝	推丝	推丝	推丝	推丝
送丝速度/m·min^{-1}	2～9	2～12	2～12	1～16	1～16	1～16	1～16
质量/kg	98	148	166	125	140	175	220
焊丝种类				实心/药芯	实心/药芯	实心/药芯	实心/药芯
生产厂家	上海东升 沪工电焊机	银象焊机 上海东升 沪工电焊机	上海东升 沪工电焊机	唐山松下（KR系列） 凯尔达（KH系列） 三九焊机（NBC－200－1） 上海电焊机厂（NB－200） 欧地希（XC－200） 上海东升（NB－200） 成都焊研（NB－200） 正泰集团（NBC－200KII） 良久焊机（KR－200S）	唐山松下（KR系列） 凯尔达（KH系列） 三九焊机（NBC－350－1） 上海电焊机厂（NB－350） 欧地希（XC－350） 上海东升（NB－350） 成都焊研（NB－350） 正泰集团（NBC－350KII） 良久焊机（KR－350S）	唐山松下（KR系列） 凯尔达（KH系列） 三九焊机（NBC－500－1） 上海电焊机厂（NB－500） 欧地希（XC－500） 上海东升（KB－500） 成都焊研（NB－500） 正泰集团（NBC－500KII） 良久焊机（KR－500S）	唐山松下（KR系列） 凯尔达（KH系列） 三九焊机（NBC－630－1） 成都焊研（NB－600） 良久焊机（KR－630S）

表 3.4-24 国产典型熔化极气体保护焊机性能表（2）

型　号	NBC－250	NBC－350	NBC－400	NBC－500	NBC－630	NBC－200
电源电压/V	380	380	380	380	380	380
相数	3	3	3	3	3	3
频率/Hz	50/60	50/60	50/60	50/60	50/60	50/60
整流/逆变方式	IGBT 逆变	IGBT 逆变	IGBT 逆变	IGBT 逆变	IGBT 逆变	IGBT 逆变
额定输入电流/A	15		23～31	35～40	53	
额定输入功率/kHz	8	15	17	23	35	7.6
额定电流/A	250	350	400	500	630	200
电流调节范围/A	50～250	50～350	40～400	50～500	80～630	40～350
空载电压/V	65～75	65～75	65～75	65～75		
电压调节范围/V	15～31	15～45	15～45	15～45	18～44	15～24
负载持续率/%	60	60	60	60	60	60
效率/%	≥83	≥85	≥85	≥85	89	
功率/kV·A						
外特性	平	平	平	平	平	平
调节方式	IGBT	IGBT	IGBT	IGBT	IGBT	IGBT
工作周期/min	10	10	10	10	10	
功率因数	0.7～0.9	0.7～0.9	0.7～0.9		0.87	
绝缘等级	F					
外壳防护等级	IP215	IP21	IP21	IP21	IP21	
送丝方式	推丝	推丝	推丝	推丝	推丝	
送丝速度/m·min^{-1}	2～18	2～18	2～18	2～18	2～18	
质量/kg	40（24）	35	45	65（45）	66	
生产厂家	时代集团（NB－250Y） 凯尔达 奥太 洲翔焊割（NBC－250D） 成都焊研（NB－250）	凯尔达 奥太 唐山松下（RF 系列） 三九焊机（CPV－350） 欧地希（DM－350）（DP－350） 洲翔焊割（NBC－350D） 成都焊研（NB－350）	时代集团（NB－400） 熊谷电器（NB－400A）	时代集团（NB－500） 凯尔达 奥太 唐山松下（RF 系列） 三九焊机（CPV－500） 欧地希（DP－350） 洲翔焊割（NBC－500D） 成都焊研（NB－500） 熊谷电器（NB－500A）	奥太	三九焊机（CPV－200）

表 3.4-25 国产与进口典型熔化极脉冲气体保护焊机性能表（3）

型　号	NBM－350	NBM－500	TPS2700	TPS4000	TPS5000
电源电压/V	380	380	380	380	380
相数	3	3	3	3	3
频率/Hz	50/60	50/60	50/60	50/60	50/60
整流/逆变方式	IGBT 逆变	IGBT 逆变	MOS 逆变	MOS 逆变	MOS 逆变
额定输入电流/A					
额定输入功率/kW		24	4.5	12.7	15.1
额定电流/A		500	270	400	500

续表 3.4-25

型 号	NBM-350	NBM-500	TPS2700	TPS4000	TPS5000
电流调节范围/A	30~350	50~500	3~270	3~400	3~500
空载电压/V		70	50	70	70
电压调节范围/V	12~36	20~44	14.2~27.5	14.2~34	14.2~39
负载持续率/%	60	60	40	50	40
效率/%		≥82	87	88	89
功率/kV·A	20				
外特性	平	平	平	平	平
调节方式	数字脉冲	逆变	数字脉冲	数字脉冲	数字脉冲
工作周期/min	10				
功率因数		≥0.85	0.99	0.99	0.99
绝缘等级	F	F			
外壳防护等级		IP23	IP23	IP23	IP23
送丝方式	推丝	推丝	推丝	推丝	推丝
送丝速度/$m \cdot min^{-1}$	~18				
质量/kg		60	27	35.2	35.6
生产厂家		时代集团（NB-500） OTC公司 奥太（PULSEMIG-500）	Fronius（全数字化脉冲MIG/MAG）	Fronius（全数字化脉冲MIG/MAG）	Fronius（全数字化脉冲MIG/MAG）

可以看到熔化极气体保护电弧焊机的技术含量不断增加。主要功率器件由二极管、晶闸管到IGBT管和MOS管；主变压器铁心材料由硅钢片到微晶磁性材料；控制电路由模拟控制向数字控制转变，由模拟器件向单片机和DSP变化。其结果使焊机的工作频率从几百赫兹增加到几千赫兹至几十千赫兹，从而保证了焊接设备的静特性和动特性的精密化，焊接工艺性的柔性化，焊接质量的优质化和焊接效率的高速化。

4.7.2 设备选用

熔化极气体保护焊因其生产效率高、焊接质量好、制造成本低和使用方便，所以该方法不仅仅在国外已成为主要的焊接方法，在我国近几年也取得了飞快的发展，按完成的焊接工作量来看，已达到总焊接工作量的20%以上。随着使用量的增加和电力电子技术的进步，使得气体保护焊的焊接设备也等到了迅猛地发展，不但产量高，种类繁多，而且价格各异。那么如何选择焊接设备呢？总的选择原则是能满足用户使用、焊接质量好、设备坚固耐用、价格便宜和周到的售后服务等。

1）根据焊接对象和技术要求选择　焊接对象与技术要求主要包括工件的材料、结构的形状和尺寸、工件的厚度、尺寸精度和工件使用场合等。

根据工件材料选择焊接方法，如黑色金属可选用CO_2焊和MAG焊，铝及不锈钢等可选用MIG焊。根据工件的厚度，除可选用焊接方法外还可选择焊机的规格，如焊接薄板时，可选用短路过渡法和脉冲MIG/MAG焊，而焊接厚板时可以选择大电流潜弧焊、大电流MIG焊和专用的T.I.M.E焊。根据工件使用场合的重要性，可选择不同档次的焊机，如国防产品为确保焊接质量，务必选用高档焊接设备，保证其质量好和可靠性高。

2）根据焊接设备的功能和可靠性选择　根据焊接对象初选设备之后，进一步在同种设备中精选生产厂家。显然知名度高的产品的性能和可靠性要好一些，这就是名牌效应。同时名牌产品的售后服务也更加规范。

根据用户的生产批量和使用状况选择合适的焊接设备。如用户的生产批量较大，应选择单一功能的专用焊机。相反，在小批量、多品种的环境下，最好选用多功能焊机。

3）根据性价比选择　根据用户的需要可以进行多种选择时，还应考虑焊机的性价比，也就是应选择性能好和价格低廉的设备。如焊接摩托车零部件时，因为大多为薄板和短焊缝，可以选择能够进行短路过渡焊接的设备，如抽头式整流焊机、晶闸管整流焊机或逆变式焊机等。而短焊缝特点要求频繁重复引弧，显然抽头式焊机不合适，因为引弧性能不好。而逆变式焊机较为理想。可以看到，尽管逆变焊机略贵，但其性能却更能满足生产需要和节省许多附加费用。总的来看，在这种具体情况下逆变焊机的性价比高于抽头焊机。相反，对于要求不高的薄板焊接，大多选择抽头式焊机，这也符合性价比高的原则。

4.8 熔化极气体保护焊机的常见故障及维修

CO_2气体保护焊机使用过程中的常见故障及相应的排除方法见表3.4-26。

表3.4-26 CO_2气体保护焊机使用过程中的常见故障及相应的排除方法

故 障	产生原因	排除方法
接通电源开关但指示灯不亮	1）指示灯损坏或灯头松动 2）熔断器烧断 3）变压器有故障 4）电源开关损坏 5）控制线接触不良或网络未接通	根据上述原因用万用表检查和修复

续表 3.4-26

故 障	产生原因	排除方法
空载电压过低	(1) 网路电压过低 (2) 三相电源单相运行 1) 单相保险丝烧断 2) 整流元件单相击穿 3) 接触器某相触点接触不良	(1) 调大一挡 (2) 1) 更换 2) 查出该元件并更换 3) 修整触点
电压调节范围失常	1) 焊接线路接触不良或断线 2) 变压器抽头转换开关触点接触不良 3) 自饱和磁放大器故障 4) 硅管或晶闸管击穿 5) 移相和触发电路故障 6) 电器触点或线包烧损	1) 拧紧螺丝或接通 2) 修整触点 3) 逐级检查 4) 更换 5) 修理和更换 6) 修整或更换
不送丝	1) 送丝滚轮打滑 2) 送丝软管阻塞 3) 焊丝与导电嘴熔合 4) 焊丝在送丝轮处卷曲	1) 加大送丝轮压紧力 2) 清理软管 3) 拧下导电嘴并更换 4) 剪断并抽出软管内焊丝
送丝电机不运转	(1) 送丝或控制电路保险丝断 (2) 控制电缆插头虚联 (3) 焊枪开关接触不良或控制电路断路 (4) 控制继电器触点或线包烧损 (5) 调速电路故障 1) 印刷电路板插头虚联 2) 元件损坏 3) 虚焊或腐蚀断线 (6) 电机故障	(1) 更换保险丝 (2) 插紧 (3) 修理开关或接通电路 (4) 修理触点或更换继电器 (5) 1) 插紧 2) 更换 3) 补焊或更换 (6) 修理
送丝不均匀	1) 送丝轮V形槽磨损或与焊丝直径不符 2) 送丝轮压力不足 3) 送丝软管阻塞或有硬弯 4) 导电嘴粘附飞溅或孔径过小	1) 更换 2) 加大压力 3) 清理或更换 4) 清理或更换
保护气流量不足或不流出	(1) 电磁气阀失灵或阻塞 (2) 气路接头或气管漏气 (3) 气路阻塞 1) 减压表冻结 2) 管路弯折 3) 飞溅阻塞喷嘴或导流罩	(1) 修理或更换 (2) 检修接头或更换气管 (3) 1) 接好预热器 2) 展开管路 3) 清理喷嘴或导流罩
焊接过程不稳	1) 导电嘴内孔太大或磨损 2) 送丝轮磨损或压力不足 3) 送细丝软管弯曲半径过小 4) 送丝软管阻塞 5) 控制电路板虚焊 6) 焊接主电路接触不良	1) 更换 2) 更换或加大压力 3) 展开送丝软管 4) 清理送丝软管 5) 补焊或更换电路板 6) 查找故障点后拧紧

为保证焊机的正常运行，日常的检查与维护十分重要。

需要经常进行检查维护的是焊枪、送丝机、电缆、气路、水路和焊接电源。

(1) 焊枪

焊枪要着重维护喷嘴、导电嘴和送丝软管等。

1) 喷嘴应光滑、清洁。喷嘴内外表面粘附的金属飞溅要及时清除。最好在焊接之前将喷嘴内壁涂上防飞溅油，以便于清理飞溅。可以每操作 2~3 h 清理一次，并随后涂上防飞溅油。另外，如喷嘴变形不圆，应更换。

2) 导电嘴是气体保护焊消耗量较大的元件。导电嘴上黏附的飞溅也要及时清理。导电嘴的送丝孔径变大或呈椭圆形，应及时更换。同时，导电嘴与鹅颈管的连接如不牢靠时，也应更换。

3) 送丝弹簧软管长期使用后，软管内易沉积铜屑、灰尘和污物，应经常抽出软管进行清洗。若发现局部折曲，应立即更换。

(2) 送丝机

1) 送丝轮的沟槽要保持洁净，要及时清理其中的金属屑和油污。沟槽严格磨损者要更换。

2) 焊丝导向管应平直，且不得有油污。有污垢应清理，如变形损坏，应更换。

3) 送丝电机的碳刷磨损过限时应更换。

4) 减速箱应保持润滑油充足。

(3) 焊接电源

1) 每半年用压缩空气或其他方法清理一次电源内部的灰尘。工作环境恶劣的，最好每季度清理一次。

2) 电磁开关触点表面粗糙时应及时磨光。

3) 电缆接头应牢靠，破损的电缆及时更新。

(4) 气路与水路

1) 气管和水管的接头应牢靠，防止漏水、漏气。要及时更换老化破损的管路。

2) 备有冷却水箱的，应注意保持水箱内水源充足。

5 消耗材料

在熔化极气体保护电弧焊中采用的消耗材料是焊丝和保护气体。焊丝、母材和保持气体的化学成分决定了焊缝金属的化学成分。而焊缝金属的化学成分又决定了着焊件的化学性能和力学性能。保护气体和焊丝的选择受如下因素的影响：

1) 母材成分和力学性能；
2) 对焊缝力学性能的要求；
3) 母材的状态和清洁度；
4) 焊接的位置；
5) 期望的熔滴过渡形式。

5.1 焊丝

随着气体保持焊方法的迅速发展，焊丝的品种也不断增加，目前国产焊丝已达到70多种，我国焊丝产量约占焊材总量的10%，远远低于工业发达国家的比例。

5.1.1 焊丝的分类

焊丝种类繁多，通常按一定的原则进行分类。这些原则如下。

1) 按焊接方法分类，分为熔化极气体保护焊焊丝、埋弧焊焊丝、TIG焊丝、电渣焊丝、堆焊焊丝和气焊焊丝等。

2) 按焊接材料分类，为碳钢、低合金钢、不锈钢、铸铁焊丝和有色金属焊丝等。

3) 按制造方法与焊丝的形状分类，分为实心焊丝和药芯焊丝，其中药芯焊丝又分为气体保护焊丝和自保护焊丝两种。

焊丝分类的简明示意图如下。

焊丝
- 实心焊丝
  - 惰性气体保护焊（MIG焊接）
  - 活性气体保护焊接（MAG、CO_2焊）
- 药芯焊丝
  - 气体保护焊接（CO_2、MAG焊）
  - 自保护焊

5.1.2 气体保护焊用碳钢与低合金钢焊丝的型号和牌号

（1）实心焊丝型号

实心焊丝型号是按化学成分和熔敷金属的力学性能分类。熔化极气体保护焊用碳钢与低合金钢的型号及化学成分示于表3.4-27。熔化极气体保护电弧焊用碳钢、低合金钢焊丝熔敷金属力学性能示于表3.4-28。

表3.4-27 气体保护电弧焊用碳钢、低合金钢焊丝的型号及化学成分（质量分数） %

焊丝型号	C	Mn	Si	P	S	Ni	Cr	Mo	V	Ti	Zr	Al	Cu	其他元素总量
碳钢焊丝														
ER49-1	≤0.11	1.80~2.10	0.65~0.95	≤0.030	≤0.030	≤0.30	≤0.20			—	—	—		—
ER50-2	≤0.07	0.90~1.40	0.40~0.70							0.05~0.15	0.02~0.12	0.05~0.15		
ER50-3	0.06~0.15		0.45~0.75									—		
ER50-4	0.07~0.15	1.00~1.50	0.65~0.85	≤0.025	≤0.035	—	—	—	—				≤0.50	≤0.50
ER50-5	0.07~0.19	0.90~1.40	0.30~0.60							—	—	0.50~0.90		
ER50-6	0.06~0.15	1.40~1.85	0.80~1.15									—		
ER50-7	0.07~0.15	1.50~2.00	0.50~0.80											
铬钼钢焊丝														
ER55-B2	0.07~0.12	0.4~0.70	0.40~0.70	≤0.025		≤0.20	1.20~1.50	0.40~0.65	—					
ER55-B2L	≤0.05													
ER55-B2-MnV	0.06~0.10	1.20~1.60	0.60~0.90	≤0.030	≤0.025	≤0.25	1.00~1.30	0.05~0.70	0.20~0.40	—	—	—	≤0.35	≤0.50
ER55-B2-Mn		1.20~1.70					0.90~1.20	0.45~0.65						
ER62-B3	0.07~0.12	0.40~0.70	0.40~0.70	≤0.025		≤0.20	2.30~2.70	0.90~1.20	—					
ER62-B3L	≤0.05													
镍钢焊丝														
ER55-C_1	≤0.12	≤1.25	0.40~0.80	≤0.025	≤0.025	0.80~1.10	≤0.15	≤0.35	≤0.05	—	—	—	≤0.35	≤0.50
ER55-C_2	≤0.12	≤0.125	0.40~0.80	≤0.025	≤0.025	2.00~2.75	—	—	—	—	—	—	≤0.35	≤0.50
ER55-C_3						3.00~3.75								
锰钼钢焊丝														
ER55-D2-Ti	≤0.12	1.20~1.90	0.40~0.80	≤0.025	≤0.025	—	—	0.20~0.50	—	≤0.20	—	—	≤0.50	≤0.50
ER55-D2	0.07~0.12	1.60~2.10	0.50~0.80			≤0.15		0.40~0.60						

续表 3.4-27

<table>
<tr><th>焊丝型号</th><th>C</th><th>Mn</th><th>Si</th><th>P</th><th>S</th><th>Ni</th><th>Cr</th><th>Mo</th><th>V</th><th>Ti</th><th>Zr</th><th>Al</th><th>Cu</th><th>其他元素总量</th></tr>
<tr><td colspan="15">其他低合金钢焊丝</td></tr>
<tr><td>ER69-1</td><td>≤0.08</td><td rowspan="3">1.25~1.80</td><td>0.20~0.50</td><td rowspan="2">≤0.010</td><td rowspan="2">≤0.010</td><td>1.40~2.10</td><td rowspan="2">≤0.30</td><td>0.25~0.55</td><td rowspan="2">≤0.05</td><td rowspan="2">≤0.10</td><td rowspan="2">≤0.10</td><td rowspan="5">≤0.10</td><td>≤0.25</td><td rowspan="5">≤0.50</td></tr>
<tr><td>ER69-2</td><td rowspan="2">≤0.12</td><td>0.20~0.60</td><td>0.80~1.25</td><td rowspan="2">0.20~0.55</td><td>0.35~0.65</td></tr>
<tr><td>ER69-3</td><td>0.40~0.80</td><td>≤0.020</td><td>≤0.020</td><td>0.50~1.00</td><td>—</td><td>0.30~0.65</td><td>≤0.20</td><td>—</td><td>≤0.35</td></tr>
<tr><td>ER76-1</td><td>≤0.09</td><td rowspan="2">1.40~1.80</td><td>0.20~0.55</td><td rowspan="2">≤0.010</td><td rowspan="2">≤0.010</td><td>1.90~2.60</td><td>≤0.50</td><td>0.25~0.55</td><td>≤0.04</td><td rowspan="2">≤0.10</td><td rowspan="2">≤0.10</td><td rowspan="2">≤0.25</td></tr>
<tr><td>ER83-1</td><td>≤0.10</td><td>0.25~0.60</td><td>2.00~2.80</td><td>≤0.60</td><td>0.30~0.65</td><td>≤0.03</td></tr>
<tr><td>ERXXG</td><td colspan="14">供需双方协商</td></tr>
</table>

注：1. 焊丝中铜含量包括镀铜层。

2. 型号中字母“L”表示含碳量低的焊丝。

3. 表中内容摘自 GB/T 8110—1995 标准。

4. 焊丝型号说明示例：ER 55 – B_2 – Mn

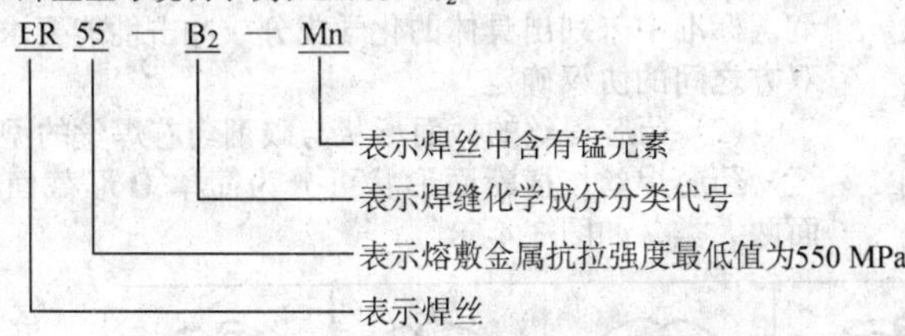

表 3.4-28　气体保护电弧焊用碳钢、低合金钢焊丝熔敷金属力学性能

<table>
<tr><th rowspan="2">焊丝型号</th><th rowspan="2">保护气体</th><th colspan="3">熔敷金属拉伸试验</th><th colspan="2">熔敷金属 V 形缺口冲击试验</th></tr>
<tr><th>σ_b/MPa</th><th>$\sigma_{0.2}$/MPa</th><th>δ_5/%</th><th>试验温度/℃</th><th>A_{kV}/J</th></tr>
<tr><td>ER49-1</td><td rowspan="9">CO_2</td><td>≥490</td><td>≥372</td><td>≥20</td><td>室温</td><td>≥47</td></tr>
<tr><td>ER50-2</td><td rowspan="6">≥500</td><td rowspan="6">≥420</td><td rowspan="6">≥22</td><td>−29</td><td rowspan="2">≥27</td></tr>
<tr><td>ER50-3</td><td>−18</td></tr>
<tr><td>ER50-4</td><td colspan="2" rowspan="2">不要求</td></tr>
<tr><td>ER50-5</td></tr>
<tr><td>ER50-6</td><td rowspan="4">−29</td><td rowspan="4">≥27</td></tr>
<tr><td>ER50-7</td></tr>
<tr><td>FR55-D2-Ti</td><td rowspan="9">≥550</td><td rowspan="4">≥470</td><td rowspan="2">≥17</td></tr>
<tr><td>ER55-D2</td></tr>
<tr><td>ER55-B2</td><td rowspan="2">Ar+（1~5）%O_2</td><td rowspan="3">≥19</td><td colspan="2" rowspan="2">不要求</td></tr>
<tr><td>ER55-B2L</td></tr>
<tr><td>ER55-B2-MnV</td><td rowspan="2">Ar+20%CO_2</td><td rowspan="2">≥440</td><td rowspan="2">室温</td><td rowspan="5">≥27</td></tr>
<tr><td>ER55-B2-Mn</td><td>≥20</td></tr>
<tr><td>ER55-C1</td><td rowspan="5">Ar+（1~5）%O_2</td><td rowspan="3">≥470</td><td rowspan="3">≥24</td><td>−46</td></tr>
<tr><td>ER55-C2</td><td>−62</td></tr>
<tr><td>ER55-C3</td><td>−73</td></tr>
<tr><td>ER62-B3</td><td rowspan="2">≥620</td><td rowspan="2">≥540</td><td rowspan="2">≥17</td><td colspan="2" rowspan="2">不要求</td></tr>
<tr><td>ER62-B3L</td></tr>
<tr><td>ER69-1</td><td rowspan="2">Ar+2%O_2</td><td rowspan="3">≥690</td><td rowspan="3">610~700</td><td rowspan="3">≥16</td><td rowspan="2">−51</td><td rowspan="2">≥68</td></tr>
<tr><td>ER69-2</td></tr>
<tr><td>ER69-3</td><td>CO_2</td><td>−20</td><td>≥35</td></tr>
<tr><td>ER76-1</td><td rowspan="2">Ar+2%O_2</td><td>≥760</td><td>660~740</td><td>≥15</td><td rowspan="2">−51</td><td rowspan="2">≥68</td></tr>
<tr><td>ER83-1</td><td>≥830</td><td>730~840</td><td>≥14</td></tr>
<tr><td>ERXX−G</td><td colspan="6">供需双方协商</td></tr>
</table>

注：1. ER50−2、ER50−3、ER50−4、ER50−5、ER50−6、ER50−7 型焊丝，当伸长率超过最低值时，每增加 1%，屈服强度和抗拉强度可减少 10 MPa，但抗拉强度最低值不得小于 480 MPa，屈服强度的最低值不得小于 400 MPa。

2. 表中内容摘自 GB/T 8110—1995 标准。

碳钢气保焊焊丝的特性简要说明如下。

1）ER49-1分类　这类焊丝其化学成分与H08Mn2SiA焊丝一样，由于Mn、Si含量高，即使在沸腾钢的情况下也可采用CO_2气体保护大电流焊接。

2）ER50-2分类　这种分类包括多种元素脱氧的钢焊丝，除硅和锰外，还含有锆、钛和铝，其总量为0.20%。用这种焊丝焊接半镇静钢和沸腾钢，像焊接各种含碳量的镇静钢一样，能提供优质的焊缝。由于添加了许多脱氧剂，故可以用来焊接表面有锈或脏污的钢材，但是有可能损害焊缝质量，这取决于表面污染程度。这种焊丝可以使用的保护气体有：Ar、O_2混合气体，CO_2或Ar-CO_2混合气体，并且因为操作容易，所以用在短路过渡全位置焊接更好些。

3）ER50-3分类　这些焊丝在用CO_2或Ar-CO_2做保护气体时，均可满足要求。主要用在单道焊焊缝，也可用在多道焊焊缝，特别是焊接镇静钢或半镇静钢时，小直径焊丝可以用于使用Ar-CO_2混合气体或CO_2保护气体短路过渡全位置焊接。但是，应该注意，使用CO_2混合气体再加上过高的热输入量，可能会影响力学性能，满足不了所规定的最低抗拉强度和屈服强度。

4）ER50-4分类　这些焊丝的含锰和含硅量略高于ER50-3分类，并且熔敷金属的抗拉强度较高。主要用在CO_2保护焊，在这种场合，略长的电弧或其他一些条件要求的脱氧比ER50-3焊丝提供得更多。这些焊丝不要求冲击性能。

5）ER50-5分类　这类焊丝除含有作为脱氧剂的锰和硅外，还有铝。在用CO_2保护气体和大焊接电流焊接沸腾钢、镇静钢或半镇静钢时，可以采用这些焊丝。含铝量较高，可保证熔敷金属充分脱氧和优质的焊缝金属。由于这些焊丝含有铝，所以不用在短路过渡，但是能够用于焊接表面有锈或脏污的钢材，锈或脏污可能损害焊缝质量，这取决于表面污染的程度。这些焊丝不要求冲击性能。

6）ER50-6分类　这类焊丝具有较高的锰和硅的组合，甚至在沸腾钢的情况下也可采用CO_2气体保护大电流焊接。可以用来焊接要求焊道光滑的薄板金属和焊接具有适度铁锈和轧钢氧化皮的钢材。焊缝的质量取决于表面污染程度。这种焊丝也可能用于短路过渡的全位置焊接。是国内应用最广的CO_2气保焊焊丝之一。

7）ER50-7分类　这些焊丝的含锰量比ER50-3分类高得多，基本上与ER70-6相等。与ER50-3焊丝比较，这种焊丝提供较好的润湿性和焊缝成形，焊缝的抗拉强度和屈服强度较高并且可以提高焊接速度。一般推荐使用Ar+O_2混合保护气体，但是在与ER50-3分类所使用的相同的条件下，可以采用Ar+CO_2混合气体和CO_2。在同样的焊接条件下，焊缝的硬度将比ER50-6焊缝金属要低，但比ER50-3焊缝金属要高。

8）ER50-G分类　此分类包括前面分类中所未包括的实心焊丝。焊丝制造者应对焊丝的特性和规定用途负责咨询。标准中未列出具体的化学成分或冲击性能要求。由供需双方之间的协议确定。

（2）药芯焊丝的截面形状与碳钢药芯焊丝的型号

药芯焊丝按横断面形状可分为简单O形截面和复杂截面两大类，如图3.4-58。

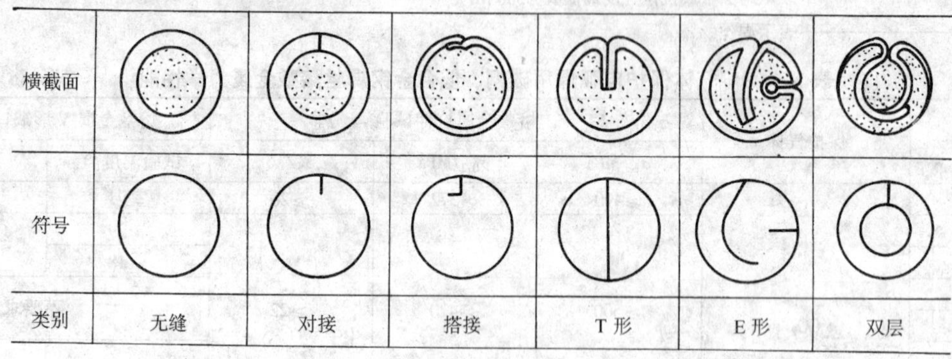

图3.4-58　药芯焊丝截面形状示意图

O形截面的药芯焊丝又分为有缝和无缝药芯焊丝。有缝O形截面药芯焊丝又有对接O形和搭接O形之分。药芯焊丝直径在2.0 mm以下的细丝多采用简单O形截面，且以有缝O形为主。此类焊丝截面形状简单，易于加工，生产成本低，因而具有价格优势。无缝药芯焊丝制造工艺复杂，设备投入大，生产成本高，但无缝药芯焊丝成品丝可进行镀铜处理，焊丝保管过程中的防潮性能以及焊接过程中的导电性均优于有缝药芯焊丝。细直径的药芯焊丝主要用于结构件的焊接。

复杂截面主要有T形、E形、梅花形和双层形等截面形状。复杂截面形状主要应用于直径在2.0 mm以上的粗丝。采用复杂截面形状的药芯焊丝，因金属外皮进入到焊丝芯部，一方面对于改善熔滴过渡、减少飞溅、提高电弧稳定性是有利的；另一方面焊丝的挺度较O形截面药芯焊丝好，在送丝轮压力作用下焊丝截面形状的变化较O形截面小，对于提高焊接过程中送丝稳定性是有利的。复杂截面形状在提高药芯焊丝焊接过程稳定性方面的优势，粗直径的药芯焊丝显得尤为突出。随着药芯焊丝直径减小，焊接过程中电流密度的增加，药芯焊丝截面形状对焊接过程稳定性的影响将减小。焊丝越细，截面形状在影响焊接过程稳定性诸多因素中所占比重越小。粗直径药芯焊丝全位置焊接适应性较差，多用于平焊、平角焊。特别是φ3.0 mm以上的粗丝主要应用于堆焊方面。

碳钢药芯焊丝的型号：

根据GB/T 10045—2002《碳钢药芯焊丝》标准规定，碳钢药芯焊丝型号是根据其熔敷金属力学性能、焊接位置及焊丝类别特点（保护类型、电流类型及渣系特点等）进行划分，见表3.4-28、表3.4-29，熔敷金属化学成分要求见表3.4-30。

碳钢药芯焊丝型号编制方法示例如下：

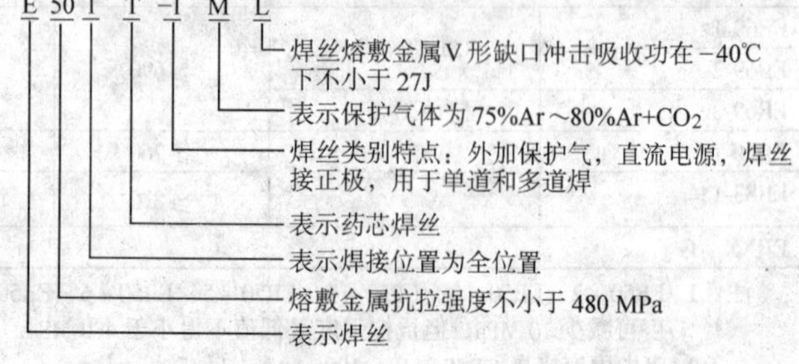

字母“E”表示焊丝、“T”表示药芯焊丝，字母“E”后面的 2 位数字表示熔敷金属的力学性能。第 3 位数字表示推荐的焊接位置，其中“0”表示平焊和横焊位置，“1”表示全位置。短划后面的数字表示焊丝的类别特点。具体要求见表 3.4-30。字母“M”表示保护气体为 75% ~ 80% Ar + CO_2，当无字母“M”时，表示保护气体为 CO_2 或自保护类型。字母“L”表示焊丝熔敷金属的冲击性能在 -40℃时，其 V 形缺口冲击吸收功不小于 27 J，无“L”时，表示焊丝熔敷金属的冲击性能符合一般要求，见表 3.4-29。

表 3.4-29　熔敷金属力学性能要求①

型　号	抗拉强度 σ_b/MPa	屈服强度 $\sigma_{0.2}$/MPa	伸长率 δ_5/%	V 形缺口冲击性能	
				试验温度/℃	冲击吸收功/J
E50×T-1，-1M②	480	400	22	-20	27
E50×T-2，-2M③	480	—	—	—	—
E50×T-3③	480	—	—	—	—
E50×T-4	480	400	22	—	—
E50×T-5，-5M②	480	400	22	-30	27
E50×T-6②	480	400	22	-30	27
E50×T-7	480	400	22	—	—
E50×T-8②	480	400	22	-30	27
E50×T-9，-9M②	480	400	22	-30	27
E50×T-10③	480	—	—	—	—
E50×T-11	480	400	20	—	—
E50×T-12，-12M②	480~620	400	22	-30	27
E43×T-13③	415	—	—	—	—
E50×T-13③	480	—	—	—	—
E50×T-14③	480	—	—	—	—
E43×T-G	415	330	22	—	—
E50×T-G	480	400	22	—	—
E43×T-GS③	415	—	—	—	—
E50×T-GS③	480	—	—	—	—

① 表中所列单个值均为最小值。

② 型号带有字母“L”的焊丝，其熔敷金属冲击性能应满足下表要求：

型　号	V 形缺口冲击性能
E50×T-1L，E50×T-1ML E50×T-5L，E50×T-5ML E50×T-6L E50×T-8L E50×T-9L，E50×T-9ML E50×T-12L，E50×T-12ML	-40℃，≥27 J

③ 这些型号主要用于单道焊接而不用于多道焊接。因为只规定了抗拉强度，所以只要求做横向拉伸和纵向导向弯曲试验。

表 3.4-30　焊接位置、保护类型、极性和适用性要求

型　号	焊接位置①	外加保护气②	极性③	适用性④
E500T-1/-1M	H、F	CO_2 或 75%~80% Ar + CO_2	DCEP	M
E501T-1/-1M	H、F、VU、OH	CO_2 或 75%~80% Ar + CO_2	DCEP	M
E500T-2/-2M	H、F	CO_2 或 75%~80% Ar + CO_2	DCEP	S
E501T-2/-2M	H、F、VU、OH	CO_2 或 75%~80% Ar + CO_2	DCEP	S
E500T-3	H、F	无	DCEP	S
E500T-4	H、F	无	DCEP	M
E500T-5/-5M	H、F	CO_2 或 75%~80% Ar + CO_2	DCEP	M
E501T-5/-5M	H、F、VU、OH	CO_2 或 75%~80% Ar + CO_2	DCEP 或 DCEN	M
E500T-6	H、F	无	DCEP	M
E500（501）T-7	H、F（H、F、VU、OH）	无	DCEN	M
E500（501）T-8	H、F（H、F、VU、OH）	无	DCEN	M
E500T-9/-9M	H、F	CO_2 或 75%~80% Ar + CO_2	DCEP	M
E501T-9/-9M	H、F、VU、OH	CO_2 或 75%~80% Ar + CO_2	DCEP	M
E500T-10	H、F	无	DCEN	S
E500（501）T-11	H、F（H、F、VU、OH）	无	DCEN	M
E500T-12/-12M	H、F	CO_2 或 75%~80% Ar + CO_2	DCEP	M
E501T-12/-12M	H、F、VU、OH	CO_2 或 75%~80% Ar + CO_2	DCEP	M
E431T-13	H、F、VU、OH	无	DCEN	S
E501T-13	H、F、VU、OH	无	DCEN	S
E501T-14	H、F、VU、OH	无	ECEN	S
E××0T-G	H、F	—	—	M
E××1T-G	H、F、VD 或 VU、OH	—	—	M
E××0T-GS	H、F	—	—	S
E××1T-GS	H、F、VD 或 VU、OH	—	—	S

① H=横焊，F=平焊，OH=仰焊，VD=立向下焊，VU=立向上焊。

② 对于使用外加保护气的焊丝（E××T-1/-1M、T-2/T-2M、T-5/T-5M 等），其焊缝金属的性能随保护气类型不同而变化，已规定保护气分类的焊丝在未向焊丝制造厂咨询前不应使用其他保护气。

③ DCEP 表示直流电源，焊丝接正极；DCEN 表示直流电源，焊丝接负极。

④ M=单道和多道焊，S=单道焊。

表 3.4-31 熔敷金属化学成分（质量分数）要求[①②] %

型号	C	Mn	Si	S	P	Cr[③]	Ni[③]	Mo[③]	V[③]	Al[③④]	Cu[③]
E50×T-1 E50×T-1M E50×T-5 E50×T-5M E50×T-9 E50×T-9M	0.08	1.75	0.90	0.03	0.03	0.20	0.50	0.30	0.08	—	0.35
E×50T-4 E50×T-6 E50×T-7 E50×T-8 E50×T-11	—[⑤]	1.75	0.60	0.03	0.03	0.20	0.50	0.30	0.08	1.8	0.35
E×××T-G[⑥]	—[⑤]	1.75	0.90	0.03	0.03	0.20	0.50	0.30	0.08	1.8	0.35
E50×T-12 E50×T-12M	0.15	1.60	0.90	0.03	0.03	0.20	0.50	0.30	0.08	—	0.35
E50×T-2 E50×T-2M E50×T-3 E50×T-10 E43×T-13 E50×T-13 E50×T-14 E×××T-GS	无规定										

① 应分析表内列出值中的规定元素。
② 表中所列单个值均为最大值。
③ 这些元素如果是有意添加的，应进行分析并报出数值。
④ 只适用于自保护焊丝。
⑤ 该值不做规定，但应分析其数值并出示报告。
⑥ 该类焊丝有意添加的所有元素总和不应超过5%。

在《碳钢药芯焊丝》标准中，根据焊丝的渣系、保护气体、电源使用特点进行了分类、现简要说明如下。

1）E×××T-1和E××T-1M类焊线（简称为T-1和T-1M类焊丝） T-1类焊丝以CO_2作保护气体，当用户需改进工艺性能时，尤其用于不适当位置焊接时，也可采用其他混合气体（如Ar+CO_2）。随着Ar+CO_2混合气体中Ar气数量的增加，焊缝金属中的Mn和Si含量将增加，从而将提高焊缝金属的屈服强度和抗拉强度，并影响冲击性能。T-1M类焊丝以75%~80% Ar+CO_2作保护气体。

T-1和T-1M类焊丝可用于单道和多道焊，采用直流反极性（DCEP）操作。较大直径（≥2.0 mm）焊丝用于平焊和横向角焊缝焊接（E××OT-1和E××OT-1M），较小直径（≤1.6 mm）焊丝通常用于全位置焊接（E××1T-1和E××1T-1M）。

T-1和T-1M类焊丝的特点是喷射过渡，飞溅量小，焊道形状为平滑至微凸，熔渣量适中并可完全覆盖焊道。此类焊丝大多是氧化钛为主体的渣系（习惯上称为钛型渣系或金红石渣系），并且具有高的熔敷速度。

T-1和T-1M是应用最广的焊丝类型。

2）T-2和T-2M类焊丝 该类焊丝实质上是具有更高Mn或Si含量或二者含量高的T-1和T-1M类焊丝，主要用于平焊位置单道和横焊位置角焊缝焊接。由于焊丝的脱氧性较强，可以单道焊接严重氧化钢或沸腾钢。

由于常规检查的是未被稀释的熔敷金属化学成分，而无法反映出单道焊缝的实际化学成分，故标准中对单道焊丝的化学成分不作要求。这类焊丝在单道焊时具有良好的力学性能。使用T-2和T-2M类焊丝焊接的多道焊焊缝金属，Mn含量和抗拉强度均偏高。这类焊丝可用于焊接T-1和T-1M类焊丝所不允许的表面有较厚氧化皮、锈蚀及其他杂质的钢材。

这类焊丝的电弧过渡、焊接特性和熔敷速度与T-1和T-1M类似。

3）T-3类焊丝 此类焊丝是自保护型，采用直流反极性（DCEP），熔滴过渡为喷射过渡，渣系主要以金红石为基础，焊缝塑韧性相对较低。其渣系设计特点是焊接速度非常高，用于板材平焊位置单道焊、横焊和立焊（倾斜不超过20°）位置。由于该类焊丝对母材金属硬化的影响很敏感，故一般不建议用于下列情况：

板厚4.8 mm的T形或搭接接头；

板厚超过6.4 mm的对接、端接或角接接头。

4）T-4类焊丝 此类焊丝是自保护型，采用极性（DCEP）焊接，熔滴呈颗粒过渡。渣系通常是由CaF_2和作为脱氧元素及氮化物形成元素的Al组成。渣系设计特点是熔敷速度非常高，焊缝含硫量非常低，抗热裂性能非常好，一般用于根部焊道以外浅熔深焊接。适于焊接装配不良的接头，可以单道或多道焊接。

5）T-5和T-5M类焊丝 T-5类焊丝用CO_2作保护气，也可使用Ar+CO_2混合气以减少飞溅。T-5M类焊丝使用75%~80% Ar+CO_2作保护气。E××0T-5和E××0T-5M焊丝主要用于平焊位置单道或多道焊，横焊位置角焊。焊丝特点是粗滴过渡，焊道形状微凸，渣薄且不能完全覆盖焊道。此类焊丝以氧化钙-氟化物为主要渣系（习惯上称为碱性渣系），焊缝金属具有比钛型渣系更为优异的冲击性能和抗裂性能（-29℃冲击吸收功不低于27 J）。E××1T-5

和 E××1T－5M 类焊丝采用直流正极性（DCEN），可用于全位置焊接，但焊接工艺性能不如钛型渣系焊丝。主要用于对焊缝韧性及抗裂性要求很高或工作条件非常苛刻的结构。

6）T－6 类焊丝　此类焊丝是自保护型，使用烧结合成原料作为药芯的组成物。采用直流反极性（DCEP）操作，熔滴呈喷射过渡，渣系特点是具有良好的低温冲击韧度，可满足同 T－5 型焊丝相同的韧性要求值。焊缝根部有良好的熔透性，脱渣性能优良，甚至在深坡口内脱渣也很好。适用于平焊和横焊位置的单道焊和多道焊。

7）T－7 类焊丝　此类焊丝是自保护型，采用直流正极性（DCEN）操作，熔滴呈细熔滴至喷射过渡。与 T－4 型焊丝相同，渣系设计允许大直径焊丝以高熔敷速度用于平焊和横焊位置焊接，但熔深比 T－4 型更深；允许小直径焊丝用于全位置焊接。此类焊丝用于单道和多道焊接，焊缝金属含硫量很低，抗裂性非常好。

8）T－8 类焊丝　此类焊丝是一种将焊丝的工艺性能同焊缝金属低温韧性有效结合起来的自保护型药芯焊丝。采用直流正极性（DCEN）操作，熔滴呈细颗粒或喷射过渡，焊丝适合于全位置焊接。焊缝金属具有非常好的低温缺口韧性和抗裂性（－29℃冲击吸收功不低于 27 J）。用于单道和多道焊。目前输气管线用的焊丝就属于这种类型，如合伯特 Fabshield 81N1（AWS E71T8－nil 型）。

9）T－9 和 T－9M 类焊丝　T－9 和 T－9M 类焊丝的电弧过渡、焊接特性和熔敷速度与 T－1/T－1M 类相似，但冲击韧性有所改进。

T－9 类以 CO_2 作保护气，有时为改进工艺性能，尤其当用于不适当位置焊接时，也可以用 Ar＋CO_2 作保护气。由于降低了保护气体的氧化性，故提高 Ar＋CO_2 保护气中 Ar 含量将影响焊缝金属的化学成分和力学性能。

T－9M 类焊丝以 75%～80% Ar＋CO_2 作保护气。使用减少了 Ar 含量的 Ar＋CO_2 混合气或使用 CO_2 作保护所气，将导致电弧性能和不适当位置焊接性能的变坏。另外，由于保护气的氧化性增强，会使焊缝中 Mn 和 Si 含量减少，也将对焊缝金属的性能产生某些影响。

T－9/T－9M 类焊丝可用于单道和多道焊，大直径焊丝（通常不小于 2.0 mm）用于平焊位置和横焊位置的角焊缝，小直径焊丝（通常不大于 1.6 mm）常用于全位置焊接。

10）T－10 类焊丝　此类焊丝是自保护型，采用直流正极性（DCEN）操作，熔滴以细颗粒形式过渡。该焊丝的塑性相对好于 T－3 型焊丝，但对其焊缝金属的冲击韧性仍不作要求。可用于任何厚度的材料，在平焊、横焊和立焊（倾斜不超过 20°）位置上，以高焊接速度进行焊接。

11）T－11 类焊丝　此类焊丝是自保护型，焊丝特点与 T－7 类焊丝相似。采用直流正极性（DCEN）操作，具有平稳的喷射过渡，一般用于全位置单道和多道焊。除非保持预热和道间温度控制，一般不推荐用于厚度超过 19 mm 钢材。

12）T－12 和 T－12M 类焊丝　此类焊丝是在 T－1 和 T－1M 基础上，改进了冲击性能并满足 ASME《锅炉和压力容器规程》第 IX 章中 A－1 化学成分组更低的锰含量要求，拉伸强度和硬度相应降低。因为焊接工艺会影响熔敷金属性能，故要求使用者在任何应用中均以要求的硬度作为条件进行检查。该类焊丝的电弧过渡、焊接性能和熔敷速度与 T－1 和 T－1M 类相似。

13）T－13 类焊丝　此类焊丝为自保护型，以直流正极性（DCEN）操作，通常以短路过渡焊接，渣系的设计能保证焊丝用于管道环焊缝根部焊道的全位置焊接，可用于各种壁厚的管道，但只推荐用于第一道，一般不推荐用于多道焊。

14）T－14 类焊丝　此焊丝为自保护型，以直流正极性（DCEN）操作，具有平稳的喷射过渡，渣系设计以全位置和高速焊接为特点，用于厚度不超过 4.8 mm 的板材焊接。特定设计用于镀锌钢板、镀铝钢板和其他涂层钢板，因这类焊丝对母材硬化的影响敏感，通常不推荐用于下列情况：

① 厚度超过 4.8 mm 的 T 形或搭接接头；

② 厚度超过 6.4 mm 对接、端接或角接接头。

15）T－G 类焊丝　此类焊丝用于多道焊，是现有确定的类别所没有覆盖的，除碳钢熔敷金属化学成分和拉伸强度被规定以外，对这类焊丝的其他要求未作规定，由供需双方商定。

16）T－GS 类焊丝　该类焊丝用于单道焊，是现有确定的类别所没有覆盖的，除拉伸强度作了规定以外，对这类焊丝的其他要求未作规定，由供需双方商定。

需要特别指出的是金属粉型药芯焊丝的分类归属问题。在日本，金属粉型药芯焊丝包括在药芯焊丝标准之内，当焊丝型号的最后一个字母为“M”时，即表示金属粉型药芯焊丝。在目前美国的焊丝标准中，是将金属粉型药芯焊丝包括在气体保护焊实心焊丝标准中，在 AWSA5.18—1993《碳钢气保焊用实心焊丝》标准中，金属粉型药芯焊丝被定义为 E70C3－3× 和 E70C－6×。式中 E 表示焊丝；70 表示熔敷金属抗拉强度最小值；C 表示复合金属粉型焊丝；数字 3 或 6 分别表示焊缝平均夏比冲击功不小于 27 J 的试验温度分别为－18℃ 和－29℃；× 代表所用的保护气体，即 C 表示 CO_2 保护气体，M 表示 Ar＋20%～25% CO_2 混合气体。在 AWSA5.28—1996《低合金钢气保焊用实心焊丝》标准中，金属粉型药芯焊丝被定义为 E××C－××等，型号中“C”表示复合金属粉型焊丝。但在实际应用中，常常把金属粉型药芯焊丝归类为药芯焊丝的类型中，如 E71T－1、E70T－5 型等。在我国，尚未对金属粉型药芯焊丝作明确归类。因此，不同的归类，可能会给用户造成混乱，并带来不便。

（3）低合金钢药芯焊丝的型号

根据 GBT 17493—1998《低合金钢药芯焊丝》标准规定，低合金钢药芯焊丝型号。根据其熔敷金属力学性能、焊接位置、焊丝类别特点（保护类型、电流类型、渣系特点等）及熔敷金属的化学成分进行划分，见表 3.4-32～表 3.4-34。

低合金钢药芯焊丝型号编制方法举例如下：

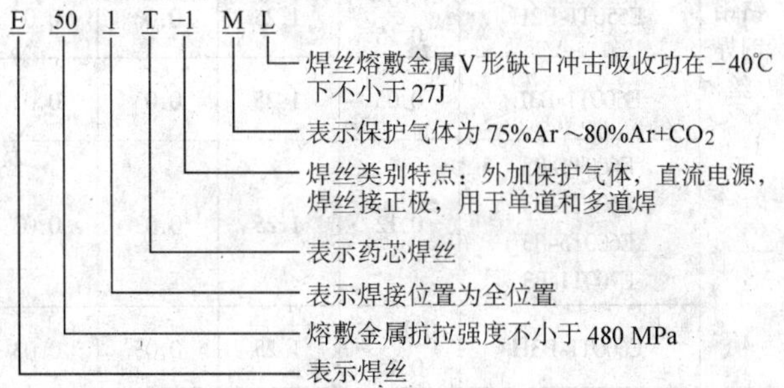

字母“E”表示焊丝，“T”表示药芯焊丝，字母“E”后面的 2 位数字表示熔敷金属的力学性能（见表 2-13 和表 2-17），第 3 位数字表示推荐的焊接位置，其中“0”表示平焊和横焊位置，“1”表示全位置。字母“T”后的数字表示焊丝的渣系、保护及电流类型（表 3.4-34）短划“－”后面的字母及数字表示熔敷金属化学成分分类代号，具体要求见表 3.4-35。

1）熔敷金属拉伸性能见表 3.4-32。

表 3.4-32　熔敷金属拉伸性能

型　号	抗拉强度 σ_b/MPa	屈服强度 $\sigma_{0.2}$/MPa	伸长率 δ_5/%
E43×T×－×	410～550	340	22

续表 3.4-32

型　号	抗拉强度 σ_b/MPa	屈服强度 $\sigma_{0.2}$/MPa	伸长率 δ_5/%
E50×T× – ×	490～620	400	20
E55×T× – ×	550～690	470	19
E60×T× – ×	620～760	540	17
E70×T× – ×	690～830	610	16
E75×T× – ×	760～900	680	15
E85×T× – ×	830～970	750	14
E×××T× – G	由供需双方协商		

注：1. 用外部气体保护的焊丝（E×××T1 – x 和 E×××T5 – x），其性能随混合气体的改变而变化。本标准中分类的焊丝，应使用相关规定中列出的气体作外部保护气体。

2. 表中所列单个值均为最小值。

2）焊接位置见表 3.4-33。

表 3.4-33　焊接位置的符号说明

型号	焊接位置	型号	焊接位置
E××0T× – ×	平焊和横焊	E××1T× – ×	全位置

3）焊丝类别特点，包括保护类型、电流类型和渣系特点等，见表 3.4-34。

表 3.4-34　焊丝类别特点的符号说明

型　号	焊丝渣系特点	保护类型	电流类型
E×××T1 – ×	渣系以金红石为主体，熔滴呈喷射或细滴过渡	气保护	直流，焊丝接正极
E×××T4 – ×	渣系具有强脱硫作用，熔滴呈粗滴过渡	自保护	直流，焊丝接正极
E×××T5 – ×	渣系为氧化钙 – 氟化物，碱性，熔滴呈粗滴过渡	气保护	直流，焊丝接正极
E×××T8 – ×	渣系具有强脱硫作用	自保护	直流，焊丝接负极
E×××T× – G	渣系、电弧特性、焊缝成形及极性不作规定		

4）熔敷金属化学成分见表 3.4-35。

表 3.4-35　焊丝粉敷金属化学成分①（质量分数）　%

型　号		C	Mn	P	S	Si	Ni	Cr	Mo	V	Al②	Cu
碳 – 钼钢焊丝	E500T5-A1 E550T1-A1 E551T1-A1	0.12	1.25	0.03	0.03	0.80	—	—	0.40～0.65	—	—	—
钼及铬钼钢焊丝	E551T1-B1	0.12	1.25	0.03	0.03	0.80	—	0.40～0.65	0.40～0.65	—	—	—
	E550T5-B2L	0.05	1.25	0.03	0.03	0.80	—	1.00～1.50	0.40～0.65	—	—	—
	E550T1-B2 T551T1-B2 T550T5-B2	0.12	1.25	0.03	0.03	0.80	—	1.00～1.50	0.40～0.65	—	—	—
	E550T1-B2H	0.10～0.15	1.25	0.03	0.03	0.80	—	1.00～1.50	0.40～0.65	—	—	—
	E600T1-B3L	0.05	1.25	0.03	0.03	0.80	—	2.00～2.50	0.90～1.20			—
	E600T1-B3 E601T1-B3 E600T5-B3 E700T1-B3	0.12	1.25	0.03	0.03	0.80	—	2.00～2.50	0.90～1.20	—	—	—
	E600T1-B3H	0.10～0.15	1.25	0.03	0.03	0.80	—	2.00～2.50	0.90～1.20	—	—	—
镍钢焊丝	E501T8-Ni1 E550T1-Ni1 E551T1-Ni1 E550T5-Ni1	0.12	1.50	0.03	0.03	0.80	0.80～1.10	0.15	0.35	0.05	1.8	—
	E501T8-Ni2 E550T1-Ni2 E551T1-Ni2 E550T5-Ni2 E600T1-Ni2 E601T1-Ni2	0.12	1.50	0.03	0.03	0.80	1.75～2.75	—	—	—	1.8	—
	E550T5-Ni3 E600T5-Ni3	0.12	1.50	0.03	0.03	0.80	2.75～3.75	—	—	—	—	—

续表 3.4-35

型号		C	Mn	P	S	Si	Ni	Cr	Mo	V	Al②	Cu
锰钼钢焊丝	E601T1-D1	0.12	1.25 ~ 2.00	0.03	0.03	0.80	—	—	0.25 ~ 0.55	—	—	—
	E600T5-D2 E700T5-D2	0.15	1.65 ~ 2.25	0.03	0.03	0.80	—	—	0.25 ~ 0.55	—	—	—
	E600T1-D3	0.12	1.00 ~ 1.75	0.03	0.03	0.80	—	—	0.40 ~ 0.65	—	—	—
其他低合金钢焊丝	E550T5-K1	0.15	0.80 ~ 1.40	0.03	0.03	0.80	0.8 ~ 1.1	0.15	0.20 ~ 0.65	0.05	—	—
	K500T4-K2 T501T8-K2 E550T1-K2 E600T1-K2 E601T1-K2 E550T5-K2 E600T5-K2	0.15	0.5 ~ 1.75	0.03	0.03	0.80	1.0 ~ 2.0	0.15	0.35	0.05	1.8	—
	E700T1-K3 E750T1-K3 E700T5-K3 E750T5-K3	0.15	0.75 ~ 0.25	0.03	0.03	0.80	1.25 ~ 2.6	0.15	0.25 ~ 0.65	0.05	—	—
	E750T5-K4 E751T1-K4 E850T5-K4	0.15	1.20 ~ 2.25	0.03	0.03	0.80	1.75 ~ 2.6	0.2 ~ 0.6	0.3 ~ 0.65	0.05	—	—
	E850T1-K5	0.10 ~ 0.25	0.60 ~ 1.60	0.03	0.03	0.80	0.75 ~ 2.0	0.2 ~ 0.7	0.15 ~ 0.55	0.05	—	—
	E431T8-K6 E501T8-K6	0.15	0.50 ~ 1.50	0.03	0.03	0.80	0.4 ~ 1.1	0.15	0.15	0.05	1.8	—
	E701T1-K7	0.15	1.00 ~ 1.75	0.03	0.03	0.80	2.00 ~ 2.75	—	—	—	—	—
	E550T1-W	0.12	0.50 ~ 1.30	0.03	0.03	0.35 ~ 0.80	0.40 ~ 0.80	0.45 ~ 0.70	—	—	—	0.3 ~ 0.75
	E×××T×-G③	—	≥1.00	0.03	0.03	≥0.80	≥0.50	≥0.30	≥0.20	≥0.1	1.8	—

① 除另外注明外，表中所列单个值均为最大值。
② 只用于自保护焊丝。
③ 对 E×××T×－G 型号，只要列出的合金元素中任何一个最小值要求，即认为该型号化学成分符合要求。

5）对熔敷金属 V 形缺口冲击吸收功的要求，见表 3.4-36。

表 3.4-36　熔敷金属 V 形缺口冲击性能

型　号	试件状态①	试验温度/℃	冲击吸收功②/J
E550T1-Al	PWHT	不要求	
E551T1-Al	PWHT	不要求	
E500T5-Al	PWHT	－30	27
E551T1-B1	PWHT	不要求	
E551T1-B2	PWHT	不要求	
E550T1-B2	PWHT	不要求	
E550T5-B2	PWHT	不要求	
E550T1-B2H	PWHT	不要求	
E550T5-B2L	PWHT	不要求	
E600T1-B3	PWHT	不要求	
E601T1-B3	PWHT	不要求	
E600T5-B3	PWHT	不要求	
E700T1-B3	PWHT	不要求	
E600T1-B3L	PWHT	不要求	
E600T1-B3H	PWHT	不要求	
E501T8-Ni1	AW	－30	27
E550T1-Ni1	AW	－30	27
E551T1-Ni1	AW	－30	27
E550T5-Ni1	PWHT	－50	27

续表 3.4-36

型　号	试件状态①	试验温度/℃	冲击吸收功②/J
E501T8-Ni2	AW	－30	27
E501T1-Ni2	AW	－40	27
E551T1-Ni2	AW	－40	27
E550T5-Ni2③	PWHT	－60	27
E600T1-Ni2	AW	－40	27
E601T1-Ni2	AW	－40	27
E550T-Ni3③	PWHT	－70	27
E600T5-Ni3③	PWHT	－70	27
E601T1-D1	AW	－40	27
E600T5-D2	PWHT	－50	27
E700T5-D2	PWHT	－40	27
E600T1-D3	AW	－30	27
E550T5-K1	AW	－4	27
E500T4-K2	AW	－20	27
E501T8-K2	AW	－30	27
E550T1-K2	AW	－30	27

续表 3.4-36

型　号	试件状态[①]	试验温度/℃	冲击吸收功[②]/J
E600T1-K2	AW	−20	27
E601T1-K2	AW	−20	27
E550T5-K2	AW	−30	27
E600T5-K2	AW	−50	27
E700T1-K3	AW	−20	27
E750T1-K3	AW	−20	27
E700T5-K3	AW	−50	27
E750T5-K3	AW	−50	27
E750T5-K4	AW	−50	27
E751T1-K4	AW	−50	27
E850T5-K4	AW	−50	27

续表 3.4-36

型　号	试件状态[①]	试验温度/℃	冲击吸收功[②]/J
E850T1-K5	AW	不要求	
E431T8-K6	AW	−30	27
E501T8-K6	AW	−30	27
E701T1-K7	AW	−50	27
E550T1-W	AW	−30	27
E××× T× −G	由供需双方协商		

① AW = 焊态，PWHT = 焊后热处理。

② 表中所列冲击吸收功均为最小值。

③ 焊后热处理温度超过 620℃，会降低冲击值。

5.1.3　气体保护焊用不锈钢丝牌号

(1) 实心焊丝牌号

不锈钢实心焊丝牌号是按化学成分分类，如表 3.4-37 所示。

表 3.4-37　气体保护电弧焊用不锈钢焊丝的牌号及化学成分

钢种	牌　号	化学成分（质量分数）/%								
		C	Mn	Si	Cr	Ni	Mo	其他	S≤	P≤
不锈钢	H0Cr14	≤0.06	≤0.6	≤0.7	13.0～15.0	≤0.60				
	H1Cr13	≤0.12	≤0.60	≤0.50	11.5～13.5	≤0.60				
	H2Cr13	0.13～0.21	≤0.60	≤0.60	12.0～14.0	≤0.60			0.03	
	H1Cr17	≤0.10	≤0.60	≤0.50	15.5～17.0	≤0.60	—			
	H1Cr19Ni9	≤0.14	1.0～2.0	≤0.60	18.0～20.0	8.0～10.0				
	H0Cr21Ni10	≤0.08			19.5～22.0	9.0～11.0		—	0.03	0.03
	H00Cr21Ni10	≤0.03			19.5～22.0	9.0～11.0			0.02	
	H1Cr24Ni13	≤0.12			23.0～25.0	12.0～14.0			0.03	
	H1Cr24Ni10Mo2	≤0.12	1.0～2.5	≤0.60	23.0～25.0	12.0～14.0	2.0～3.0		0.03	
	H0Cr26Ni21	≤0.08			25.0～28.0	20.0～22.5	—		0.03	
	H1Cr26Ni21	≤0.15			25.0～28.0	20.0～22.5			0.03	
	H0Cr19Ni12Mo2	≤0.08			18.0～20.0	11.0～14.0	2.0～3.0		0.03	0.03
	H00Cr25Ni22Mn4Mo2N	≤0.03	3.50～5.50	≤0.50	24.0～26.0	21.5～23.0	2.0～2.8	N0.10～0.15	0.02	0.03
	H0Cr17Ni4Cu4Nb	≤0.05	0.25～0.75	≤0.75	15.5～17.5	4.0～5.0	≤0.75	Cu3.0～4.0 Nb0.15～0.45	0.03	0.03
	H00Cr19Ni12Mo2	≤0.03			18.0～20.0	11.0～14.0	2.0～3.0	—	0.03	0.03
	H00Cr19Ni12Mo2Cu2	≤0.03			18.0～20.0	11.0～14.0	2.0～3.0	Cu1.0～2.5	0.02	
	H0Cr19Ni14Mo3	≤0.08	1.0～2.5	≤0.60	18.5～20.5	13.0～15.0	3.0～4.0	—	0.03	
	H0Cr20Ni10Ti	≤0.08			18.5～20.5	9.0～10.5	—	Ti9×C%～1.0	0.03	
	H0Cr20Ni10Nb	≤0.08			19.0～21.5	9.0～11.0	—	Nb10×C%～1.0	0.03	0.03
	H1Cr21Ni10Mn6	≤0.10	5.0～7.0	≤0.60	20.0～22.0	9.0～11.0	—	—	0.02	
	H00Cr20Ni25Mo4Cu	≤0.03	1.0～2.5	≤0.60	19.0～21.0	24.0～26.0	4.0～5.0	Cu1.0～2.0	0.02	

注：表中内容摘自 YB/T 5092—1996 标准。

(2) 不锈钢药芯焊丝型号

根据 GB/T 17853—1999《不锈钢药芯焊丝》标准规定，不锈钢药芯焊丝型号根据其熔敷金属化学成分、焊接位置、保护气体及焊接电流种类来划分。

不锈钢药芯焊丝型号编制方法举例如下：

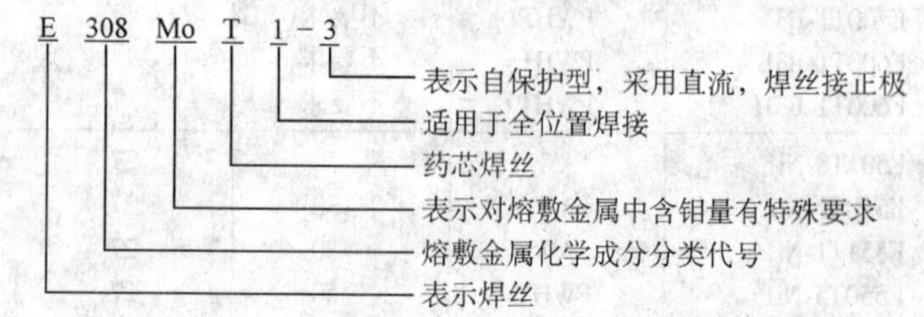

字母“E”表示焊丝，若改用“R”，表示填充焊丝。后面的三位或四位数字表示焊丝熔敷金属化学成分分类代号；如有特殊要求的化学成分，将其元素符号附加在数字后面；此外，字母“L”表示碳含量较低，字母“H”表示碳含量较高。字母“T”表示药芯焊丝，字母“T”后面的一位数字表示焊接位置，“0”表示焊丝适于平焊和横焊，“1”表示焊丝适用于全位置。短划“-”后面的数字表示保护气体及焊接电流类型。

1）各型号焊丝的熔敷金属化学成分，如表 3.4-38。

2）焊丝型号与保护气体、电流类型及焊接方法的关系见表 3.4-39。

3）熔敷金属拉伸性能应符合表 3.4-40 要求。

表 3.4-38　熔敷金属化学成分（质量分数）　%

型号	C	Cr	Ni	Mo	Mn	Si	P	S	Cu	Nb + Ta	N
E307T×-×	0.13	18.0~20.5	9.0~10.5	0.5~1.5	3.30~4.75	1.0	0.04	0.03	0.5	—	—
E308T×-×	0.08	18.0~21.0	9.0~11.0	0.5	0.5~2.5						
E308LT×-×	0.04										
E308HT×-×	0.04~0.08										
E308MoT×-×	0.08			2.0~3.0							
E308LMoT×-×	0.04		9.0~12.0								
E309T×-×	0.10	22.0~25.0	12.0~14.0	0.5							
E309LNbT×-×	0.04									0.70~1.00	
E309LT×-×										—	
E309MoT×-×	0.12	21.0~25.0	12.0~16.0	2.0~3.0							
E309LMoT×-×	0.04										
E309LNiMoT×-×		20.0~23.5	15.0~17.0	2.5~3.5							
E310T×-×	0.20	25.0~28.0	20.0~22.5	0.5	1.0~2.5		0.03				
E312T×-×	0.15	28.0~32.0	8.0~10.5								
E316T×-×	0.08	17.0~20.0	11.0~14.0	2.0~3.0	0.5~2.5		0.04				
E316LT×-×	0.04										
E317T×-×		18.0~21.0	12.0~14.0	3.0~4.0							
E347T×-×	0.08		9.0~11.0	0.5						8×C~1.0	
E409T×-×	0.10	10.5~13.5	0.6		0.80					(Ti10×C~1.5)	
E410T×-×	0.12	11.0~13.5	0.60	0.5	1.2					—	
E410NiMoT×-×	0.06	11.0~12.5	4.0~5.0	0.40~0.70	1.0						
E410NiTiT×-×	0.04	11.0~12.0	3.6~4.5	0.5	0.7	0.5	0.03			(Ti10×C~1.5)	
E430T×-×	0.10	15.0~18.0	0.60		1.2	1.0	0.04			—	
E502T×-×		4.0~6.0	0.4	0.45~0.65							
E505T×-×		8.0~10.5		0.85~1.20							
E307T0-3	0.13	19.5~22.0	9.0~10.5	0.5~1.5	3.30~4.75						
E308T0-3	0.08		9.0~11.0	0.5	0.5~2.5						
E308LT0-3	0.03										
E308HT0-3	0.04~0.08										
E308MoT0-3	0.08	18.0~21.0		2.0~3.0							
E308LMoT0-3	0.03		9.0~12.0								
E308HMoT0-3	0.07~0.12	19.0~21.5	9.0~10.7	1.8~2.4	1.25~2.25	0.25~0.80					
E309T0-3	0.10	23.0~25.5	12.0~14.0	0.5	0.5~2.5	1.0					
E309LT0-3	0.03										
E309LNbT0-3										0.70~1.00	
E309MoT0-3	0.12	21.0~25.0	12.0~16.0	2.0~3.0						—	
E309LMoT0-3	0.04										
E310T0-3	0.20	25.0~28.0	20.0~22.5	0.5	1.0~2.5		0.03				

续表 3.4-38

型　号	C	Cr	Ni	Mo	Mn	Si	P	S	Cu	Nb + Ta	N
E312T0－3	0.15	28.0～32.0	8.0～10.5	0.5	0.5～2.5	1.0	0.04	0.03	0.5	—	—
E316T0－3	0.08	18.0～20.5	11.0～14.0	2.0～3.0							
E316LT0－3	0.03	18.0～20.5	11.0～14.0	2.0～3.0							
E316LKT0－3	0.04	17.0～20.0									
E317LT0－3	0.03	18.5～21.0	13.0～15.0	3.0～4.0							
E347T0－3	0.08	19.0～21.5	9.0～11.0	0.5						8×C～1.0	
E409T0－3	0.10	10.5～13.5	0.60		0.80					Ti10×C～1.5	
E410T0－3	0.12	11.0～13.5			1.0					—	
E410NiMoT0－3	0.06	11.0～12.5	4.0～5.0	0.40～0.70							
E410NiTiT0－3	0.04	11.0～12.0	3.6～4.5	0.5	0.70	0.50	0.03			Ti10×C～1.5	
E430T0－3	0.10	15.0～18.0	0.60		1.0	1.0	0.04			—	
E2209T0－×	0.04	21.0～24.0	7.5～10.0	2.5～4.0	0.5～2.0						0.08～0.2
E2553T0－×		24.0～27.0	8.5～10.5	2.9～3.9	0.5～1.5	0.75			1.5～2.5		0.10～0.20
E×××T×－G	不　规　定										
R308LT1－5	0.03	18.0～21.0	9.0～11.0	0.5	0.5～2.5	1.2	0.04	0.03	0.5	—	—
R309LT1－5		22.0～25.0	12.0～14.0								
R316LT1－5		17.0～20.0	11.0～14.0	2.0～3.0							
R347T1－5	0.08	18.0～21.0	9.0～11.0	0.5						8×C～1.0	

注：1. 表中单个值均为最大值。

2. 除表中所列元素外，其他元素（Fe除外）总量不得超过0.50%。

表 3.4-39　焊丝型号与保护气体、电流类型及焊接方法的关系

型　号	保护气体	电流类型	焊接方法	型　号	保护气体	电流类型	焊接方法
E×××T×1	CO_2	直流焊丝接正极	FCAW	R×××T1－5	100%Ar	直流焊丝接负极	GTAW
E×××T×3	无（自保护）		FCAW	E×××T×－G	不规定	不规定	FCAW
E×××T×4	75%～80%Ar＋CO_2		FCAW	R×××T1－G			GTAW

注：FCAW为药芯焊丝电弧焊；GTAW为钨极惰性气体保护焊。

表 3.4-40　熔敷金属拉伸性能

型　号	抗拉强度 σ_b/MPa	伸长率 δ_5/%	热处理	型　号	抗拉强度 σ_b/MPa	伸长率 δ_5/%	热处理
E307T×－×	590	30	—	E347LT×－×	520	25	—
E308T×－×	550	35		E409T×－×	450	15	
E308LT×－×	520			E410T×－×	520	20	①
E308HT×－×	550			E410NiMoT×－×	760	15	②
E308MoT×－×				E410NiTiT×－×			
E308LMoT×－×	520			E430T×－×	450	20	③
E309T×－×	550	25		E502T×－×	415		④
E309LNbT×－×	520			E505T×－×			
309LT×－×				E308HMoT0－3	550	30	—
E309MoT×－×	550			E316LKT0－3	485		
E309LMoT×－×	520			E2209T0－×	690	20	
E309LNiMoT×－×				E2553T0－×	760	15	
E310T×－×	550			E×××T×－G		不规定	
E312T×－×	660	22		R308LT1－5	520	35	—
E316T×－×	520	30		R309LT1－5		30	
E316LT×－×	485			R316LT1－5	485		
E317LT×－×	520	20		R347T1－5	520		

①　加热到730～760℃保温1 h后，以不超过55℃/h的速度随炉冷到315℃，出炉空冷至室温。

②　加热到595～620℃保温1 h，出炉空冷至室温。

③　加热到760～790℃保温4 h后，以不超过55℃/h的速度随炉冷到590℃，出炉空冷至室温。

④　加热到840～870℃保温2 h后，以不超过55℃/h的速度随炉冷到590℃，出炉空冷至室温。

5.1.4 铜及铜合金焊丝

根据 GB 9460—1988《铜及铜合金焊丝》的规定，以字母“HS”表示焊丝，其后以化学元素符号表示焊丝的主要组成元素。在短划“-”后的数字表示同一主要化学元素组成中的不同品种。如 HSCuZn-1、HSCuZn-2 等。表 3.4-41 列出了铜及铜合金焊丝的型号及其化学成分。

表 3.4-41　铜及铜合金焊丝（摘自 GB 9460—1998）

类别	型号	化学成分（质量分数）/%												
		Cu	Zn	Sn	Si	Mn	Ni	Fe	P	Pb	Al	Ti	S	杂质元素总和
铜	HSCu	≥98.0	*	≤1.0	≤0.5	≤0.5	*	*	≤0.15	≤0.02	≤0.01	—	—	≤0.05
黄铜	HSCuZn-1	57.0~61.0	余量	0.5~1.5	—	—	—	—	—	≤0.05	≤0.01	—	—	≤0.05
	HSCuZn-2	56.0~60.0		0.8~1.1	0.04~0.15	0.01~0.5	—	0.25~1.20						
	HSCuZn-3	56.0~62.0		0.5~1.5	0.1~0.5	≤1.0	≤1.5①	≤0.5①						
	HSCuZn-4	61.0~63.0		—	0.3~0.7	—	—	—						
白铜	HSCuZnNi	46.0~50.0	—	—	≤0.25	—	9.0~11.0	—	≤0.25	≤0.05	≤0.02	—	—	≤0.50
	HSCuNi	余量		*	≤0.15	≤1.0	29.0~32.0	0.40~0.75	≤0.02	≤0.02	—	0.20~0.50	≤0.01	
青铜	HSCuSi	余量	≤1.5	≤1.1	2.8~4.0	≤1.5	*	≤0.5	*	≤0.20	*	—	—	≤0.5
	HSCuSn		*	6.0~9.0	*	*	*	*	0.10~0.35		≤0.01			
	HSCuAl		≤0.10	—	≤0.10	≤2.0	—	—	*		7.0~9.0			
	HSCuAlNi		≤0.10	—	≤0.10	0.5~3.0	0.5~3.0	≤2.0	*		7.0~9.0			

注：杂质元素总和包括带 * 号的元素含量之和。

① 在规定的范围内允许制造厂选择加入。

5.1.5 铝及铝合金焊丝

根据 GB 10858—1989《铝及铝合金焊丝》的规定，以字母 S 表示焊丝，其后的化学元素符号表示焊丝的主要组成元素，尾部数字表示同类焊丝的不同品种，并用短划-与前面的元素符号分开。如 SALMg-1、SALMg-2 等，表 3.4-42 列出了铝及铝合金焊丝的型号及其化学成分。

表 3.4-42　铝及铝合金焊丝（摘自 GB 10858—1989）

类别	型号	化学成分（质量分数）/%											
		Si	Fe	Cu	Mn	Mg	Cr	Zn	Ti	V	Zr	Al	其他元素总量
纯铝	SAl-1	Fe+Si≤1.0		0.05	0.05	—	—	0.10	0.05	—	—	≥99.0	0.15
	SAl-2	0.20	0.25	0.40	0.03	0.03		0.04	0.03			≥99.7	
	SAl-3	0.30	0.30	—	—	—		—	—			≥99.5	
铝镁	SAlMg-1	0.25	0.40	0.10	0.50~1.0	2.40~3.0	0.05~0.20	—	0.05~0.20			余量	
	SAlMg-2	Fe+Si≤0.45		0.05	0.01	3.10~3.90	0.15~0.35	0.20	0.05~0.15				
	SAlMg-3	0.40	0.40	0.10	0.50~1.0	4.30~5.20	0.05~0.25	0.25	0.15				
	SAlMg-5	0.40	0.40	—	0.20~0.60	4.70~5.70	—	—	0.05~0.20				
铝铜	SAlCu	0.20	0.30	5.8~6.8	0.20~0.40	0.02		0.10	0.10~0.205	0.05~0.15	0.10~0.25		
铝锰	SAlMn	0.60	0.70	—	1.0~1.6	—		—	—	—	—		
铝硅	SAlSi-1	4.5~6.0	0.80	0.30	0.05	0.05		0.10	0.20				
	SAlSi-2	11.0~13.0	0.80	0.30	0.15	0.10		0.20	—				

注：除规定外，单个数值表示最大值。

5.1.6 镍及镍合金焊丝

根据 GB/T 15620—1995《镍及镍合金焊丝》规定（该标准等效采用美国 AWSA5.14—1989 标准），“ER”表示焊丝（或填充丝），以化学成分的组合表示合金类型，如 ERNiCu、ERNiCrFe 等，后面数字表示同一类型合金中的不同品种。镍基合金焊丝成分列于表 3.4-43。

表 3.4-43 镍基合金焊丝成分（质量分数）（摘自 GB/T 15620—1995） %

焊丝型号	C	Mn	Fe	P	S	Si	Cu	Ni	Co	Al	Ti	Cr	Nb+Ta	Mo	V	W	其他元素总量
ERNi-1	≤0.15	≤1.0	≤1.0	≤0.03	≤0.015	≤0.75	≤0.25	≥93.0	—	≤1.5	2.0~3.5	—	—	—	—	—	≤0.50
ERNiCu-7	≤0.15	≤4.0	≤2.5	≤0.02	≤0.015	≤1.25	余量	62.0~69.0	—	≤1.25	1.5~3.0	—	—	—	—	—	≤0.50
ERNiCr-3	≤0.10	2.5~3.5	≤3.0	≤0.03	≤0.015	≤0.50	≤0.50	≥67.0	—	—	≤0.75	18.0~22.0	2.0~3.0	—	—	—	≤0.50
ERNiCrFe-5	≤0.08	≤1.0	6.0~10.0	≤0.03	≤0.015	≤0.35	≤0.50	≥70.0	—	—	—	14.0~17.0	1.5~3.0	—	—	—	≤0.50
ERNiCrFe-6	≤0.08	2.0~2.7	≤8.0	≤0.03	≤0.015	≤0.35	≤0.50	≥67.0	—	—	2.5~2.5	14.0~17.0	—	—	—	—	≤0.50
ERNiFeCr-1	≤0.05	≤1.0	≤22.0	≤0.03	≤0.03	≤0.50	1.50~3.0	38.0~46.0	—	≤0.20	0.60~1.2	19.5~23.5	—	2.5~3.5	—	—	≤0.50
ERNiFeCr-2	≤0.08	≤0.35	余量	≤0.015	≤0.015	≤0.35	≤0.30	50.0~55.0	—	0.20~0.80	0.65~1.15	17.0~21.0	4.75~5.50	2.80~3.30	—	—	≤0.50
ERNiMo-1	≤0.08	≤1.0	4.0~7.0	≤0.025	≤0.03	≤1.0	≤0.50	余量	≤2.5	—	—	≤1.0	—	26.0~30.0	0.20~0.40	≤1.0	≤0.50
ERNiMo-2	0.04~0.08	≤1.0	≤5.0	≤0.015	≤0.02	≤1.0	≤0.50	余量	≤0.20	—	—	6.0~8.0	—	15.0~18.0	≤0.50	≤0.50	≤0.50
ERNiMo-3	≤0.12	≤1.0	4.0~7.0	≤0.04	≤0.03	≤1.0	≤0.50	余量	≤2.5	—	—	4.0~6.0	—	23.0~26.0	≤0.60	≤1.0	≤0.50
ERNiMo-7	≤0.02	≤1.0	≤2.0	≤0.04	≤0.03	≤1.0	≤0.50	余量	≤1.0	—	—	≤1.0	—	26.0~30.0	—	≤1.0	≤0.50
ERNiCrMo-1	≤0.05	1.0~2.0	18.0~21.0	≤0.04	≤0.03	≤1.0	1.25~2.5	余量	≤2.5	—	—	21.0~23.5	1.75~2.50	5.5~7.5	—	≤1.0	≤0.50
ERNiCrMo-2	0.05~0.15	≤1.0	17.0~20.0	≤0.04	≤0.03	≤1.0	≤0.50	余量	0.50~2.5	—	—	20.5~23.0	—	8.0~10.0	—	0.20~1.0	≤0.50
ERNiCrMo-3	≤0.10	≤0.50	≤5.0	≤0.02	≤0.015	≤0.50	≤0.50	≥58.0	—	≤0.40	≤0.40	22.0~23.0	3.15~4.15	8.0~10.0	—	—	≤0.50
ERNiCrMo-4	≤0.02	≤1.0	4.0~7.0	≤0.04	≤0.03	≤0.08	≤0.50	余量	≤2.5	—	—	14.5~16.5	—	15.0~17.0	≤0.35	3.0~4.5	≤0.50
ERNiCrMo-7	≤0.015	≤1.0	≤3.0	≤0.04	≤0.03	≤0.08	≤0.50	余量	≤2.0	—	≤0.70	41.0~18.0	—	14.0~18.0	—	≤0.50	≤0.50
ERNiCrMo-8	≤0.03	≤1.0	余量	≤0.03	≤0.03	≤1.0	0.7~1.20	47.0~52.0	—	—	0.70~1.50	23.0~26.0	—	5.0~7.0	—	—	≤0.50
ERNiCrMo-9	≤0.015	≤1.0	18.0~21.0	≤0.04	≤0.03	≤1.0	1.5~2.5	余量	≤5.0	—	—	21.0~23.0	≤0.50	6.0~8.0	—	≤1.5	≤0.50

注：1. ERNiCr-3、ERNiCrFe-5 型号焊丝当有规定时，钴的含量不应超过 0.12%，钽的含量不应超过 0.30%。

2. ERNiFeCr-2 型焊丝，硼的含量不应超过 0.006%。

3. 在分析中，如出现其他元素，应对这些元素进行测定，并且总的含量不应超过表中“其他元素总量”的要求。

4. 镍含量中包括钴。

5.2 保护气体

保护气体的主要作用是防止空气的有害作用，实现对焊缝和近缝区的保护。因为大多数金属在空气中加热到高温，直到熔点以上，很容易被氧化和氮化，而生成氧化物和氮化物。如氧与液态钢水中的碳进行反应生成一氧化碳和二氧化碳。这些不同的反应产物可以引起焊接缺陷，如夹渣、气孔和焊缝金属脆化。

保护气体除了提供保护环境外，保护气体的种类和其流量还将对下列特性产生影响：

1）电弧特性；

2）熔滴过渡形式；

3）熔深与焊道形状；

4）焊接速度；

5）咬边倾向；

6）焊缝金属的力学性能。

熔化极气体保护电弧焊使用的主要气体如表 3.4-44 所示。其中的纯惰性气体、惰性气体的混合气体和惰性气体与氧化性气体的混合气体。在表 3.4-45 中列出了熔化极气体保护焊短路过渡时使用的保护气体。

5.2.1 惰性气体——氩和氦

氩和氦都是惰性气体，这两种气体及其混合气体可以用来焊接有色金属、不锈钢、低碳钢和低合金钢等。但是氩与氦两者的工艺性能却大不相同，如对熔滴过渡形式、焊缝断面形状和咬边等的影响都不相同。在实际生产中，为焊接某些材料时，常需要采用一定比例的氩气和氦气的混合气体，以获得所要求的焊接效果。

表 3.4-44 GMAW 喷射过渡保护气体

被焊材料	保护气体（体积分数）	工件板厚/mm	特点
铝及铝合金	100%Ar	0~25	较好的熔滴过渡；电弧稳定；极小的飞溅
	35%Ar+65%He	25~76	热输入比纯氩大；改善 Al-Mg 合金的熔化特性，减少气孔
	25%Ar+75%He	76	热输入高；增加熔深、减少气孔、适于焊接厚铝板
镁	100%Ar	—	良好的清理作用
钛	100%Ar	—	良好的电弧稳定性；焊缝污染小；在焊缝区域的背面要求惰性气体保护以防空气污染
铜及铜合金	100%Ar	≤3.2	能产生稳定的射流过渡；良好的润湿性
	Ar+（50~70）%He	—	热输入量比纯氩大；可以减少预热温度
镍及镍合金	100%Ar	≤3.2	能产生稳定的射流过渡、脉冲射滴过渡、短路过渡
	Ar+（15~20）%He	—	热输入高于纯氩
不锈钢	99%Ar+1%O_2	—	改善电弧稳定性用于射流过渡及脉冲射滴过渡；能够较好地控制熔池，焊道形状良好，在焊较厚的材料时产生咬边较小
	98%Ar+2%O_2	—	较好的电弧稳定性，可用于射流过渡及脉冲射滴过渡；焊道形状良好；焊接较薄件比 1%O_2 混合气体有更高的速度
低合金高强度钢	98%Ar+2%O_2	—	最小的咬边和良好的韧性可用射流过渡和脉冲射滴过渡
低碳钢	Ar+（3~5）%O_2	—	改善电弧稳定性，可用于射流过渡及脉冲射滴过渡，能够较好地控制熔池，焊道形状良好，最小的咬边，允许比纯氩的焊接速度更高
	Ar+（10~20）%O_2	—	电弧稳定，可用于射流过渡及脉冲射滴过渡，焊道成形良好，可高速焊接，飞溅较小
	80%Ar+15%CO_2+5%O_2	—	电弧稳定，可用于射流过渡及脉冲射滴过渡，焊道成形良好，熔深较大
	65%Ar+26.5%He+8%CO_2+0.5%O_2	—	电弧稳定，尤其在大电流时可得到稳定的喷射过渡，能实现大电流下的高熔敷率。ϕ1.2 焊丝的最高送丝速度可达 50 m/min。焊缝的冲击韧度好

表 3.4-45 GMAW 短路过渡保护气体

被焊材料	保护气体（体积分数）	工件板厚/mm	优点
低碳钢	Ar+8%CO_2 Ar+15%CO_2	<3.2	熔敷率高、烟尘和飞溅小、间隙搭桥性好、空间位置熔池易控制、焊透成形美观，冲击韧性高
	Ar+20%CO_2 Ar+25%CO_2	>3.2	焊速高、熔深较大、易控制熔池、适于全位置焊、飞溅较小、冲击韧性较好、焊边成形美观
	CO_2	—	飞溅大、烟尘大。冲击韧度最低，但价格最便宜，能满足力学性能要求
	80%CO_2+20%O_2	—	与纯 CO_2 类似，但氧化性更强，电弧热量更高，可以提高焊接速度和熔深
低合金钢	Ar+25%CO_2	—	较好的冲击韧度；良好的电弧稳定性、润湿性和焊道形状；较小的飞溅
	He+（25~35）%Ar+4.5%CO_2	—	氧化性弱；冲击韧度好；良好的电弧稳定性、润湿性和焊道形状；较小的飞溅
不锈钢	Ar+5%CO_2+2%O_2	—	电弧稳定、飞溅小、焊道形状良好
	He+7.5%Ar+2.5%CO_2	—	对抗腐蚀性无影响；热影响区小；不咬边；烟尘小
铝、铜、镁、镍和其他合金	Ar 或 Ar+He	>3.2	氩适合于薄金属；氩-氦为基本气体

氩气与氦气作为保护气体，其工艺性能的差异，是因为它们的物理性质不同，如密度、热传导性和电弧特性。

氩气的密度是空气的 1.4 倍，而氦气的密度大约是空气的 0.14 倍。密度较大的氩气在平焊位置时，对电弧的保护和对焊接区的覆盖作用是最有效的。为得到相同的保护效果，氦气的流量应比氩气的流量大约高 2~3 倍。

氦气的热传导性比氩气高，能产生能量更均匀分布的电弧等离子体。相反，氩弧等离子体具有弧柱中心能量高而周围能量低的特点。这一区别对焊缝成形产生极大影响。氦弧焊的焊缝形状特点为熔深与熔宽较大，焊缝底部呈圆弧状。而氩弧焊缝中心呈深而窄的“指状”熔深。在其两侧熔深较浅。

氦比氩的电离电压高，所以在给定弧长和焊接电流时，氦气保护的电弧电压比氩气高得多，如图3.4-59所示。仅由氦气作为保护气时，在任何电流时都不能实现轴向射流过渡。常常产生较多的飞溅和较粗糙的焊缝表面。而氩气保护中焊接电流较小时为大滴过渡，当焊接电流超过临界电流时，将会形成轴向射流过渡。不同材料和不同直径焊丝的临界电流值列于表3.4-46。

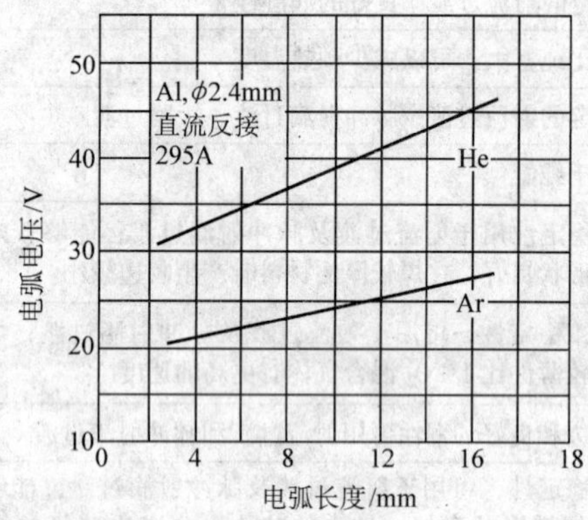

图3.4-59　Ar和He的电弧电压特性

表3.4-46　不同材料和不同直径焊丝的临界电流

材料	焊丝直径/mm	保护气体（体积分数）	临界电流/A
低碳钢	0.8	98%Ar～2%O_2	150
	0.9		165
	1.2		220
	1.6		275
不锈钢	0.9	99%Ar～1%O_2	170
	1.2		225
	1.6		285
铝	0.8	Ar	95
	1.2		135
	1.6		180
脱氧铜	0.9	Ar	180
	1.2		210
	1.6		310
硅青铜	0.9	Ar	165
	1.2		205
	1.6		270
钛	0.8	Ar	120
	1.6		225
	2.4		320

正因为氩气保护时的电弧电压低和电弧能量密度低，所以燃烧稳定，飞溅极小，适合于焊接薄板金属和热传导率低的金属。而氦气却不同，这时电弧能量密度高，温度高，适应于焊接中厚板和热传导率高的金属材料。但在我国氦气价格昂贵，单独采用氦气保护成本太高，所以，可以使用Ar－He混合气体保护。

许多有色金属焊接都采用纯氩气保护。由于氦气电弧的电弧稳定性差，因此一般仅用于特殊场合。然而，用氦气保护能获得较理想的焊缝成形。所以常常综合其优点而采用氩－氦混合气体保护，其结果是既可改善焊缝成形，又可以得到理想的稳定的熔滴过渡过程。

短路过渡中，含氦60%～90%的Ar－He混合气体电弧产热大、热输入高，并有较好的熔化特性和焊缝力学性能。此外还适合于焊接铝、镁和铜等热传导率较高的金属材料。

5.2.2　惰性气体与氧化性气体的混合气体

熔化极活性气体保护电弧焊是采用惰性气体中加入一定量的活性气体（氧化性气体），如氩气－二氧化碳气体（Ar＋CO_2），氩气－氧气（Ar＋O_2），氩气－二氧化碳－氧气（Ar＋CO_2＋O_2）等作为保护气体的一种熔化极气体保护焊方法。这种方法可采用短路过渡、喷射过渡和脉冲射流过渡进行焊接。可用于平焊和各种位置焊接，尤其适用于碳钢、低合金钢和不锈钢等黑色金属材料。

采用氧化性混合气体作为保护气体通常都具有下列作用：

1）提高熔滴过渡的稳定性；
2）稳定阴极斑点，提高电弧燃烧的稳定性；
3）改善焊缝熔深形状和外观成形；
4）增大电弧的热功率；
5）控制焊缝的冶金质量；
6）降低焊接成本。

当采用纯氩保护焊接钢材时，将引起电弧不稳（漂移）和咬边倾向。而向氩气中加入φ（O_2）1%～5%或φ（CO_2）3%～25%时，将消除由于阴极斑点跳动而引起的电弧漂移，于是明显地改善电弧的稳定性和清除咬边。

向氩气中加入氧和二氧化碳的最佳量由以下因素决定：工件表面状态（存在氧化物的状况），接头几何形状，焊接位置或技术和母材成分等。通常认为加入φ（O_2）2%或φ（CO_2）8%～10%是良好的配比。

（Ar＋CO_2）气体适于焊接低碳钢和低合金钢，常用的混合比为φ（Ar）≥70%～80%，φ（CO_2）≤20%～30%。氩气中加入二氧化碳将提高喷射过渡临界电流，如图3.4-60a所示。可见随着CO_2含量的提高，临界电流增加。例如纯氩时，临界电流为240 A，而含有φ（CO_2）20%时，临界电流上升到320 A。如果进一步增加φ（CO_2）达到30%时，熔滴过渡将推动氩弧特性而呈现φ（CO_2）电弧特征。目前我国常用［Ar＋20%φ（CO_2）］混合气体，这时既具有氩弧的特点（电弧燃烧稳定、飞溅小、喷射过渡），又具有氧化性，克服了纯氩保护时的表面张力大，液体金属黏稠，易咬边和斑点漂移等问题。同时改善了焊缝成形，具有深圆弧状熔深。可用于喷射过渡、脉冲射滴过渡和短路过渡电弧。

（Ar＋O_2）混合气体适于焊接低碳钢、不锈钢和高强钢。常用的混合比为φ（Ar）≥91%～99%，φ（O_2）≤1%～9%，可以改善熔池的流动性、熔深和电弧稳定性。加入氧能降低临界电流（如图3.4-60b）和减小咬边倾向。适用于喷射过渡和脉冲射滴过渡。在氩气中无论加入氧气还是二氧化碳气，都能增强氧化性，将引起熔滴和熔池金属较强烈的氧化和其中硅、锰元素的烧损。（Ar＋CO_2）混合气体不适合于耐蚀不锈钢。焊接不锈钢应采用（Ar＋O_2）混合气体保护。

采用（Ar＋CO_2＋O_2）三元混合气体作为保护气体焊接低碳钢和低合金钢将获得更好的工艺效果。常用的保护气体配比为Ar＋15%CO_2＋5%O_2，可用于射流过渡、脉冲射滴过渡和短路过渡。在我国采用（Ar＋CO_2）和（Ar＋O_2）二元混合气体较多，而（$Ar + CO_2 + O_2$）三元混合气体却很少采用。

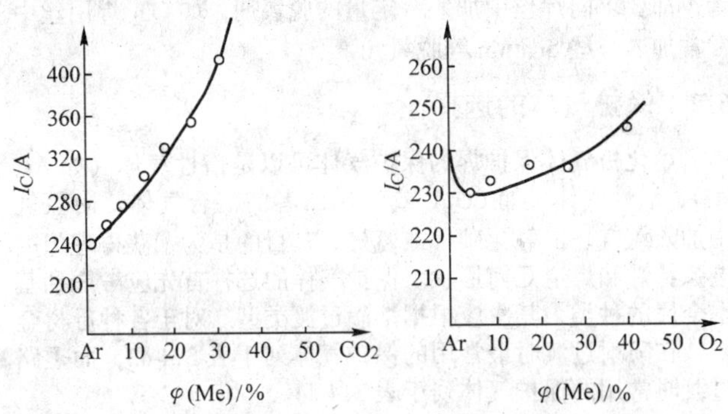

(a) Ar+CO_2 (H08Mn2Si, φ1.2mm)　(b) Ar+O_2(H08Mn2Si, φ1.2mm)

图 3.4-60　不同保护气体时的射流过渡临界电流

（$Ar + He + CO_2 + O_2$）四元混合气体能够在较大电流时获得稳定的熔滴过渡。例如 φ1.2 mm 的 H08Mn2SiA 焊丝，采用这种四元混合气体保护时，焊丝的熔化速度可达到 30 m/min 以上。这样就形成了大电流高熔敷率的 GMAW 法。同时还能得到良好的力学性能和操作性。它主要用于焊接低合金高强度钢。当然也可以用于焊接低碳钢，但要注意焊接的经济性是否合理。

5.2.3　二氧化碳气

二氧化碳气体是一种活性气体，也是唯一适合于焊接用的单一活性气体。CO_2 焊具有焊接速度高、熔深大、成本低和易进行空间位置焊接等优点，因此 CO_2 焊已广泛用于焊接碳钢和普通低合金钢。

因为 CO_2 气体在电弧高温作用下将发生分解，同时伴随吸热反应，对电弧产生冷却作用，而使其收缩。于是焊丝端头的熔滴在电弧力作用下被排斥，使得产生排斥型大滴过渡。这是一种不稳定的熔滴过渡形式，常常伴随着飞溅，难以在生产中应用。当弧长较短时（电弧电压较低），将发生短路过渡。这时短路与燃弧过程周期性重复，焊接过程稳定，热输入低，所以短路过渡适合焊接薄板和全位置焊缝。当焊接电流较大时，适当地降低电弧电压，能够发生潜弧射滴过渡。其特点是在大电流、低电压条件下，电弧对母材金属产生很强的挖掘力，排开了熔池金属，使电弧进入到工件表面以下的凹坑内，形成“潜弧”状态。此时焊丝端头虽然在工件表面以下，却不发生短路，从而使熔滴由非轴向大滴过渡转变为细小熔滴的轴向射滴过渡。同时伴随着偶尔短路，如图 3.4-20c、d，这是一种比较稳定的过渡过程，焊缝熔深大、飞溅较小，但同潜弧而造成焊缝表面比较粗糙，在生产中常常用于中、厚板的平焊。从上述可见，CO_2 焊主要有三种熔滴过渡形式：大滴过渡、短路过渡和潜弧射滴过渡，其中后两种已被广泛应用。当焊接电流与电弧电压匹配不合适时，还可能发生十分不稳定的滴状排斥过渡和焊丝与工件固体短路。关于 CO_2 焊熔滴过渡形式与焊接参数之间的关系示于图 3.4-61。

CO_2 焊的主要缺点是焊接过程中产生金属飞溅和焊缝成形不良。飞溅不但会降低熔敷效率，而且还能恶化劳动条件。产生飞溅的主要原因是：金属内部的 CO 气体急剧膨胀而发生剧烈爆炸；短路过渡焊接时，在短路过渡初期易发生瞬时短路，有的瞬时短路能产生大颗粒飞溅。而在短路结束时，因通过很大电流而发生强烈爆断，小桥缩颈，同时伴随着细小的飞溅。通过工艺措施和冶金措施可使短路过渡飞溅

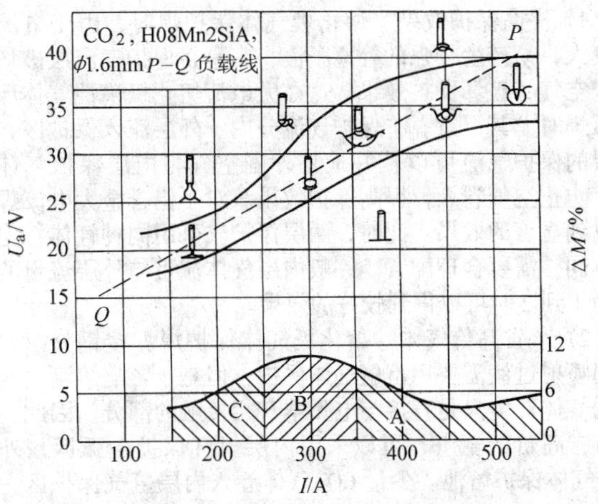

图 3.4-61　CO_2 焊飞溅、熔滴过渡与焊接参数的关系

明显降低。工艺措施方面主要是尽量采用较细的焊丝；焊接电流与电弧压力应合理匹配；降低短路峰值电流和在短路初期保持低值电流。短路过程中的电流波形控制，在整流式焊接电源中可以通过焊接回路串接的直流电感来调节，而在逆变焊接电源中不能串接较大的直流电感，而是依靠电子电抗器控制。这种情况下焊接飞溅可以明显降低，甚至可以达到无飞溅的焊接。冶金措施方面主要是采用合适的焊丝和保护气体成分。因为 CO_2 气体是强氧化性气体，在焊接过程中与熔滴和熔池金属中的碳相互作用，会生成 CO，其结果可能产生飞溅和气孔。为此应避免产生 CO_2，于是在焊丝中加入脱氧元素如 Si、Mn 和 Al、Ti 等，同时还应降低含碳量。此外，还应注意清理焊丝表面的油、锈等污物。

焊缝成形不良的主要特性是焊道呈窄而高的形状和熔深较浅。其主要原因是短路过渡中燃弧能量不足。为此，对于整流电源可通过串接直流电感调节，电感大时能延长燃弧时间和提高燃弧能量，并改善焊缝成形，而对于逆变电源还可以控制燃弧电流的大小和燃弧时间，可以收到更好的效果。由于 CO_2 气体是强氧化性气体，所以焊缝中含有较多的非金属夹渣物，较大地降低了焊缝中的冲击韧度。所以 CO_2 焊不适于焊接低合金高强度钢。

5.2.4　双层气流保护

熔化极气体保护焊有时采用双层气流保护可以得到更好的效果。此时喷嘴采用两个同心喷嘴组成，即内喷嘴和外喷嘴。气流分别从内、外喷嘴流出，如图 3.4-62 所示。采用双层气流保护的目的一般有两个。

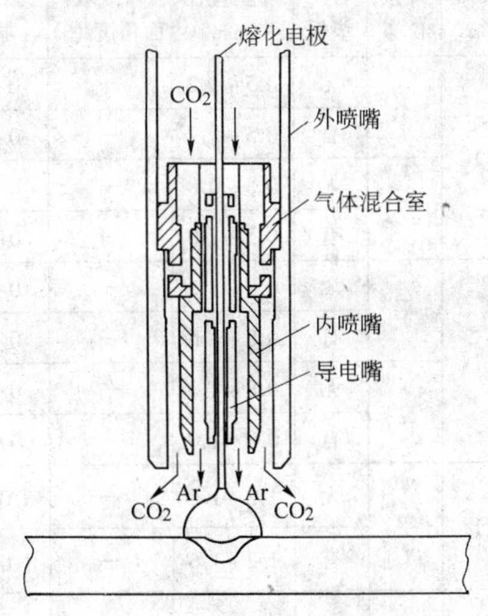

图 3.4-62　双层气体保护焊枪

1）提高保护效果 熔化极气体保护焊时，由于电流密度较大，易产生较强的等离子流，容易将保护气流层破坏而卷入空气，破坏保护效果。这在大电流熔化极惰性气体保护电弧焊时尤其严重。将保护气流分内、外层流入保护区，则外层的保护气流可以较好地将外围空气与内层保护气体隔开，防止空气卷入，提高保护效果。对于铝合金大电流焊可以收到显著的效果。此时，两层保护气可用同种气体，但流量不同，需要合理配置。一般内层气体流量与外层流量的比例为1到2时可以得到较好的效果。

2）节省高价气体 熔化极气体保护焊焊接钢材时，为得到喷射过渡需要用富氩气体保护，但是，影响熔滴过渡形式的气体环境只是直接与电弧本身相接触的部分。因此，为了节省高价的氩气，可以采用内层氩气保护电弧区，外层CO_2气体保护熔池。少量CO_2气体卷入内层氩气保护区，仍能保证富氩特性，保证稳定的喷射过渡特点。熔池在CO_2气体保护下凝固结晶，可以得到性能良好的焊接接头。采用内层Ar，外层用纯CO_2，而内外层流量比为3:7。双层气流保护的焊接效果大致与（80%Ar+20%CO_2）混合气体保护的效果相同，但是焊接成本却大幅度下降。

6 应用

熔化极气体焊已广泛应用于各种金属结构中。为了取得良好的焊接质量和高效率的焊接生产过程，必须正确地使用这种焊接方法。为此必须正确选择以下几种因素。

1）焊丝成分、尺寸和包装方法。

2）保护气体种类和流量。

3）工艺参数，包括电流、电压、焊接速度和熔滴过渡形式。

4）焊接接头设计。

5）焊接设备，包括焊接电源、焊枪和送丝机等。

6.1 焊丝的选择

焊丝的选择包括焊丝尺寸的选择和焊丝成分的选择。焊丝尺寸的选择主要应考虑到被焊工件的厚度、焊接位置和坡口形式等因素。

焊丝成分的选择主要应考虑到冶金焊接性。也就是焊缝金属必须具备以下二个特点。

1）焊缝金属应与母材的力学和物理性能良好的匹配，或者是具有更好的性能，如耐蚀性或耐磨性等。

2）焊缝应是致密和无缺陷的。

前者，焊缝金属即使成分上与母材十分接近，但其金相特点可能完全的不同，这取决于焊接热输入和焊道成形。后者，却要求向焊丝中加入一定量的脱氧剂，如CO_2焊用丝中常常加入一些Si、Mn等脱氧元素。

6.2 保护气体的选择

熔化极气体保护焊的保护气体可以是惰性气体（如Ar、He）、活性气体（如CO_2）或者用二者的混合气体。向氩气中加入氧气、二氧化碳气或氮气，其目的是为了获得理想的电弧特性和焊道几何形状。保护气体的选择首先应考虑到基本金属的种类，其次应根据熔滴过渡类型。对于各种母材金属，在喷射过渡时最常用的保护气体列于表3.4-43，而短路过渡时常用的保护气体列于表3.4-44。

6.3 实心焊丝气体保护焊时工艺参数设定

焊接工艺参数（如焊接电流、电弧电压、焊接速度、保护气体流量和焊丝干伸长等）的选择是比较难的，因为各工艺参数不是孤立的，而是相互影响的。焊接工艺参数都要通过大量的反复的实验进行确定。各种金属材料的典型工艺参数列于表3.4-46～表3.4-57。但是这些并不是唯一的，如果改变一个参数，则其他参数也必须加以修正，而成为一组新的工艺参数。

6.4 接头设计

接头设计主要是根据工件厚度，工件材料、焊接位置和熔滴过渡形式等因素来确定坡口形式、底层间隙、钝边高度和有无垫板等。工件厚度小于6 mm时一般采用I形坡口。工件更厚时还可以采用双面焊。

坡口底层尺寸，如间隙和钝边高度，主要与熔滴形式有关。短路过渡时，因熔深小，可以选择较大的间隙和较小的钝边。而射流过渡时因熔深较大，必须选择较小的间隙和较大的钝边，同时还可以采用较小的坡口角度，如从一般的60°降低到30°～40°，这样一来，就能减少填充金属和节省工时。

还应考虑到工件材料特点，如工件为导热性好的材料（Al和Cu），坡口角度应开得大一些，如可以从一般的60°增大到90°。这样能使未熔合缺陷大大减少。

关于接头设计也可参考表3.4-47～表3.4-58所示的数据。

表3.4-47 钢的CO_2半自动和自动焊焊接工艺参数（对接接头）

母材厚度/mm	坡口形式	焊接位置	有无垫板	焊丝直径/mm	坡口或坡口面角度/(°)	底层间隙/mm	钝边/mm	底层半径/mm	焊接电流/A	电弧电压/V	气体流量/$L\cdot min^{-1}$	自动焊焊接速度/$m\cdot h^{-1}$
1.0～2.0	I	平	无	0.5～1.2	—	0～0.5	—	—	35～120	17～21	6～12	18～35
			有	0.5～1.2	—	0～1.0	—	—	40～150	18～23	6～12	18～30
		立	无	0.5～0.8	—	0～0.5	—	—	35～100	16～19	8～15	—
			有	0.5～1.0	—	0～1.0	—	—	35～100	16～19	8～15	—
2.0～4.5	I	平	无	0.8～1.2	—	0～2.0	—	—	100～230	20～26	10～15	20～30
			有	0.8～1.6	—	0～2.5	—	—	120～260	21～27	10～15	20～30
		立	无	0.8～1.0	—	0～1.5	—	—	70～120	17～20	10～15	—
			有	0.8～1.0	—	0～2.0	—	—	70～120	17～20	10～15	—
5.0～9.0	I	平	无	1.2～1.6	—	1.0～2.0	—	—	200～400	23～40	15～20	20～42
			有	1.2～1.6	—	1.0～3.0	—	—	250～420	26～41	15～25	18～35
10～12	I	平	无	1.6	—	1.0～2.0	—	—	350～450	32～43	20～25	20～42

续表 3.4-47

母材厚度/mm	坡口形式	焊接位置	有无垫板	焊丝直径/mm	坡口或坡口面角度/(°)	底层间隙/mm	钝边/mm	底层半径/mm	焊接电流/A	电弧电压/V	气体流量/L·min^{-1}	自动焊焊接速度/m·h^{-1}
5 ~ 60	V	平	无	1.2 ~ 1.6	45 ~ 60	0 ~ 2.0	0 ~ 5.0	—	200 ~ 450	23 ~ 43	15 ~ 25	20 ~ 42
			有	1.2 ~ 1.6	30 ~ 50	4.0 ~ 7.0	0 ~ 3.0	—	250 ~ 450	26 ~ 43	20 ~ 25	18 ~ 35
		立	无	0.8 ~ 1.2	45 ~ 60	0 ~ 2.0	0 ~ 3.0	—	100 ~ 150	17 ~ 21	10 ~ 15	—
			有	0.8 ~ 1.2	35 ~ 50	4.0 ~ 7.0	0 ~ 2.0	—	100 ~ 150	17 ~ 21	10 ~ 15	—
		横	无	1.2 ~ 1.6	40 ~ 50	0 ~ 2.0	0 ~ 5.0	—	200 ~ 400	23 ~ 40	15 ~ 25	—
			有	1.2 ~ 1.6	30 ~ 50	4.0 ~ 7.0	0 ~ 3.0	—	250 ~ 400	26 ~ 40	20 ~ 25	—
	V	平	无	1.2 ~ 1.6	45 ~ 60	0 ~ 2.0	0 ~ 5.0	—	200 ~ 450	23 ~ 43	15 ~ 25	20 ~ 42
			有	1.2 ~ 1.6	35 ~ 60	2 ~ 6.0	0 ~ 3.0	—	250 ~ 450	26 ~ 43	20 ~ 25	18 ~ 35
		立	无	0.8 ~ 1.2	4.5 ~ 60	0 ~ 2.0	0 ~ 3.0	—	100 ~ 150	17 ~ 21	10 ~ 15	—
			有	0.8 ~ 1.2	35 ~ 60	3.0 ~ 7.0	0 ~ 2.0	—	100 ~ 150	17 ~ 21	10 ~ 15	—
10 ~ 100	K	平	无	1.2 ~ 1.6	40 ~ 60	0 ~ 2.0	0 ~ 5.0	—	200 ~ 450	23 ~ 43	15 ~ 25	20 ~ 42
		立	无	0.8 ~ 1.2	45 ~ 60	0 ~ 2.0	0 ~ 3.0	—	100 ~ 150	17 ~ 21	10 ~ 15	—
		横	无	1.2 ~ 1.6	45 ~ 60	0 ~ 3.0	0 ~ 5.0	—	200 ~ 400	23 ~ 40	15 ~ 25	—
	X	平	无	1.2 ~ 1.6	45 ~ 60	0 ~ 2.0	0 ~ 5.0	—	200 ~ 450	23 ~ 43	15 ~ 25	20 ~ 42
		立	无	1.0 ~ 1.2	45 ~ 60	0 ~ 2.0	0 ~ 3.0	—	100 ~ 150	19 ~ 21	10 ~ 15	—
20 ~ 60	U	平	无	1.2 ~ 1.6	10 ~ 12	0 ~ 2.0	2.0 ~ 5.0	8.0 ~ 10	200 ~ 450	23 ~ 43	20 ~ 25	20 ~ 42
40 ~ 100	双 U	平	无	1.2 ~ 1.6	10 ~ 12	0 ~ 2.0	2.0 ~ 5.0	8.0 ~ 10	200 ~ 450	23 ~ 43	20 ~ 25	20 ~ 42

表 3.4-48　钢的 CO_2 半自动和自动焊焊接工艺参数（角接接头）

母材厚度/mm	坡口形式	焊接位置	有无垫板	焊丝直径/mm	坡口或坡口面角度/(°)	底层间隙/mm	钝边/mm	焊接电流/A	电弧电压/V	气体流量/L·min^{-1}	自动焊焊接速度/m·h^{-1}
1 ~ 2	I	平	无	0.5 ~ 1.2	—	0 ~ 0.5	—	40 ~ 120	18 ~ 21	6 ~ 12	20 ~ 35
		立	无	0.5 ~ 0.8	—		—	35 ~ 80	16 ~ 18	6 ~ 12	—
		横	无	0.5 ~ 1.2	—		—	40 ~ 120	18 ~ 21	6 ~ 12	—
2 ~ 4.5	I	平	无	0.8 ~ 1.6	—	0 ~ 1.5	—	100 ~ 230	20 ~ 26	10 ~ 15	20 ~ 30
		立	无	0.8 ~ 1.0	—		—	70 ~ 120	17 ~ 20	10 ~ 15	—
		横	无	0.8 ~ 1.6	—		—	100 ~ 230	20 ~ 26	10 ~ 15	—
5 ~ 30	I	平	无	0.8 ~ 1.6	—	0 ~ 2.0	—	200 ~ 450	23 ~ 43	20 ~ 25	20 ~ 42
		立	无	0.8 ~ 1.2	—	0 ~ 1.0	—	100 ~ 150	17 ~ 21	10 ~ 15	—
		横	无	0.8 ~ 1.6	—	0 ~ 2.0	—	200 ~ 400	23 ~ 40	15 ~ 25	—
5 ~ 60	V	平	无	1.2 ~ 1.6	45 ~ 60	0 ~ 2.0	0 ~ 3.0	200 ~ 450	23 ~ 43	15 ~ 25	20 ~ 42
			有	1.2 ~ 1.6	30 ~ 50	2.0 ~ 7.0	0 ~ 3.0	200 ~ 450	26 ~ 43	20 ~ 25	18 ~ 35
		立	无	0.8 ~ 1.2	45 ~ 60	0 ~ 2.0	0 ~ 3.0	100 ~ 150	17 ~ 21	10 ~ 15	—
			有	0.8 ~ 1.2	35 ~ 50	4.0 ~ 7.0	0 ~ 2.0	100 ~ 150	17 ~ 21	10 ~ 15	—
		横	无	1.2 ~ 1.6	40 ~ 50	0 ~ 2.0	0 ~ 5.0	200 ~ 400	23 ~ 40	15 ~ 25	—
			有	1.2 ~ 1.6	30 ~ 50	2.0 ~ 7.0	0 ~ 3.0	250 ~ 400	26 ~ 40	20 ~ 25	—
	V	平	无	1.2 ~ 1.6	45 ~ 60	0 ~ 2.0	0 ~ 5.0	200 ~ 450	23 ~ 40	15 ~ 25	20 ~ 42
			有	1.2 ~ 1.6	35 ~ 60	2.0 ~ 6.0	0 ~ 3.0	250 ~ 450	26 ~ 43	20 ~ 25	18 ~ 35
		立	无	0.8 ~ 1.2	45 ~ 60	0 ~ 2.0	0 ~ 3.0	100 ~ 150	17 ~ 21	10 ~ 15	—
			有	0.8 ~ 1.2	35 ~ 60	3.0 ~ 7.0	0 ~ 2.0	100 ~ 150	17 ~ 21	10 ~ 15	—
10 ~ 100	K	平	无	1.2 ~ 1.6	40 ~ 60	0 ~ 2.0	0 ~ 5.0	200 ~ 450	23 ~ 43	15 ~ 25	20 ~ 42
		立	无	0.8 ~ 1.2	40 ~ 60	0 ~ 2.0	0 ~ 3.0	100 ~ 150	17 ~ 21	10 ~ 15	—
		横	无	1.2 ~ 1.6	40 ~ 60	0 ~ 3.0	0 ~ 5.0	200 ~ 400	23 ~ 40	15 ~ 25	—
1 ~ 4.5	I	横	无	0.5 ~ 1.2	—	0 ~ 1.0	—	40 ~ 230	17 ~ 25	8 ~ 15	—
5 ~ 30	I	横	无	1.2 ~ 1.6	—	0 ~ 2.0	—	200 ~ 400	23 ~ 40	15 ~ 25	—

表 3.4-49 钢的 MAG 焊焊接工艺参数（短路过渡）

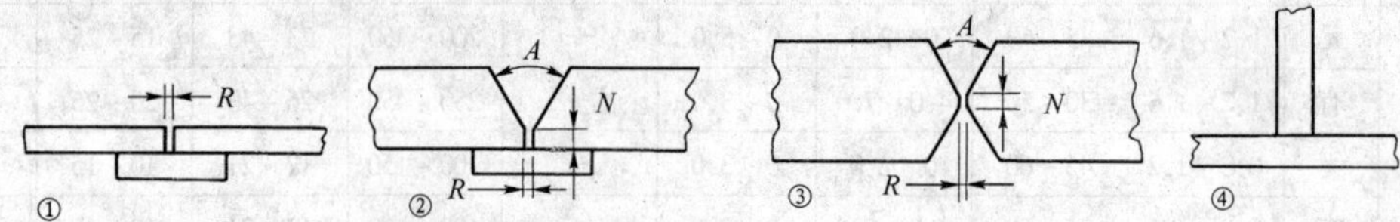

板厚/mm	焊接位置	接头形式	间隙 R/mm	钝边 N/mm	焊丝直径/mm	送丝速度/$mm \cdot s^{-1}$	电弧电压/V	电弧电流/A	焊接速度/$mm \cdot s^{-1}$	焊道数
0.64	平、横、立、仰	1和4	0	—	0.76	47~51	13~14	45~50	8~11	1
0.94	平、横、立、仰	1和4	0	—	0.76	43~57	13~14	55~60	8~11	1
1.6	横	1	0.79	—	0.89	72~76	16~17	105~110	11~13	1
		4	—	—	0.89	76~80	16~17	110~115	10~12	1
	立、仰	1	0.79	—	0.89	59~63	15~16	85~90	5~8	1
		4	—	—	0.89	61~66	15~16	90~95	10~12	1
3.2	平	1	0.79	—	0.89	112~116	18~20	150~155	6~8	1
		1	0.79	—	1.1	63~68	18~19	160~165	6~8	1
	横	1	0.79	—	0.89	93~97	17~18	130~135	5~8	1
		4	—	—	0.89	114~118	18~20	155~160	10~12	1
	立、仰	1	0.79	—	0.89	93~97	17~18	130~135	5~8	1
		4	—	—	0.89	93~97	17~19	130~135	8~10	1
4.8	平	1	4.8	—	1.1	93~97	19~20	210~215	6~10	1
		2	2.4	1.6	1.1	93~97	19~20	210~215	5~10	1
	横	4	—	—	1.1	89~95	19~21	210~215	6~8	1
		1	4.8	—	1.1	76~80	18~20	175~185	5~7	1
	立、仰	2	2.4	1.6	0.89	85~89	17~18	120~125	4~6	1
		4	—	1.6	0.89	102~106	17~19	140~145	5~8	1
6.4	平	2	2.4	—	1.1	99~104	20~21	220~225	5~7	2
	横	2	2.4	1.6	1.1	180~190	18~20	175~185	3~5	2
		4	—	—	1.1	235~245	20~21	220~225	3~5	1
	立、横	2	2.4	1.6	0.89	85~89	17~18	120~125	2~3	2
		4	—	—	0.89	102~106	18~19	140~145	5~7	2
	仰	4	—	—	0.89	93~97	17~19	130~135	2~3	1
9.5	横	2	2.4	1.6	1.1	76~80	18~20	175~185	5~7	4
		4	—	—	1.1	99~104	20~21	220~225	3~5	2
	立	2	2.4	1.6	0.89	114~118	19~20	150~155	5~8	2
		4	—	—	0.89	114~118	19~20	150~155	2~3	2
	仰	4和2	2.4	1.6	0.89	123~127	19~21	165~175	4~6	3
12.7	横	3	2.4	1.6	1.1	76~80	18~20	175~185	3~5	4
		4	—	—	1.1	99~104	20~21	220~225	5~7	4
	立	3	2.4	1.6	0.89	114~118	19~20	150~155	3~4	4
		4	—	—	0.89	114~118	19~20	150~155	5~7	2
	仰	4和2	2.4	1.6	0.89	123~127	19~21	165~175	3~5	5

注：$A = 45° \sim 60°$，气体流量 = 16 ~ 20 L/min，Ar + 25% CO_2 或 Ar + 50% CO_2，焊丝 ER50-3。

表 3.4-50 钢的 MAG 焊焊接工艺参数（射流过渡）

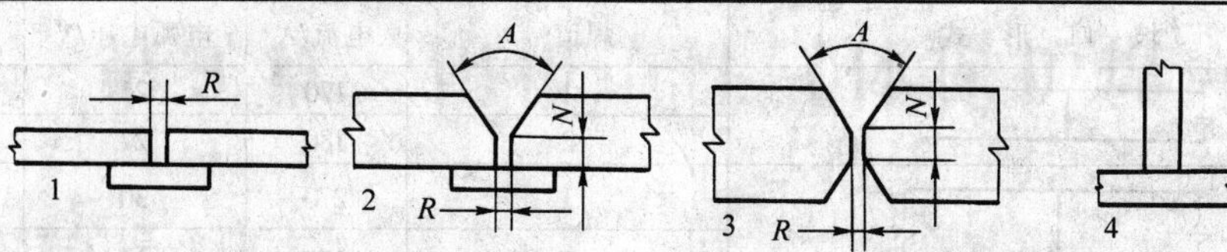

板厚 /mm	接头形式	间隙 R /mm	钝边 N /mm	焊丝直径 /mm	送丝速度 /mm·s^{-1}	电弧电压 /V	电流 /A	焊接速度 /mm·s^{-1}	焊道数
3.2	1	1.6	—	0.89	148~159	26~27	190~200	8~11	1
	4	—	—	0.89	159~169	26~27	200~210	13~15	1
6.4	1	4.8	—	1.6	78~82	26~27	310~320	3~5	1
	2	2.4	—	1.6	72~76	25~26	290~300	5~7	2
	2	2.4	—	1.1	169~180	29~31	320~330	7~9	2
	4	—	—	1.6	99~104	27~28	360~370	6~8	1
	4	—	—	1.1	180~190	30~32	330~340	6~8	1
9.5	2	2.4	—	1.6	91~95	26~27	340~350	5~7	2
	3	1.6	2.4	1.1	154~163	29~30	300~310	5~7	2
	3	1.6	2.4	1.6	72~76	25~26	290~300	4~6	2
	4	—	—	1.6	87~91	26~27	300~340	4~6	2
12.7	2	—	—	1.6	82~89	26~27	320~330	7~9	4
	3	1.6	2.4	1.6	78~82	26~27	310~320	7~9	4
	4	—	—	1.6	99~104	27~28	360~370	6~8	3
15.9	3	1.6	2.4	1.6	82~89	26~27	320~330	5~8	4
	4	—	—	1.6	91~95	27~28	340~350	5~8	4
19.1	3	1.6	2.4	1.6	82~89	26~27	320~330	5~7	4
	4	—	—	1.6	99~104	27~28	360~370	4~6	6

注：$A=45°\sim60°$，气体：气体流量 20~25 L/min，Ar + 8% CO_2 或 Ar + 5% O_2，焊丝 ER50-3。

表 3.4-51 钢的脉冲 MAG 焊焊接工艺参数

板厚/mm	焊丝直径/mm	电流/A	电压/V	送丝速度/m·min^{-1}
0.6	0.8	20	15.8	1.5
	1.0	23	17.3	1
0.8	0.8	27	16.7	2
	1.2	18	17.2	0.6
1.4	0.8	52	18.5	4
	1.0	65	18.7	3
	1.2	76	18.3	2
2	0.8	73	19.6	6
	1.0	90	20	4
	1.2	115	19.3	3
3	0.8	95	21.1	8
	1.0	115	20.5	5
	1.2	145	20	4
4	0.8	135	23.7	12
	1.0	152	23.2	7
	1.2	180	23	5
5	0.8	153	24.5	14
	1.0	166	23.9	8
	1.2	214	24.3	6
6	0.8	170	25.3	16
	1.0	179	24.7	9
	1.2	243	25.2	7

表 3.4-52 钢的脉冲 MAG 焊焊接工艺参数（对接接头）

板厚/mm	坡口形式	焊道号	电流/A	电弧电压/V	焊接速度/$cm \cdot min^{-1}$
6		1	170	26	30
		2	180	27	30
9		1	270	30	30
		2	290	31	30
12	60° 3 60°	1	280	31	40
		2	330	34	40
19	60° 3 60°	底层焊道 1	300	32	45
		底层焊道 2	300	32	45
		盖面焊道 1′	340	33	45
		盖面焊道 2′	280	31	45
25	60° 3 60°	底层焊道 1	300	32	45
		底层焊道 2	320	33	45
		底层焊道 3	320	33	45
		盖面焊道 1′	340	33	45
		盖面焊道 2′	320	33	45
		盖面焊道 3′	320	33	45

注：焊丝：H08Mn2Si，ϕ1.2 mm；气体：Ar + 20% CO_2，20 ~ 25 L/min。

表 3.4-53a 不锈钢 MAG 焊焊接工艺参数（1）

板厚/mm	焊丝直径/mm	焊接电流/A	电弧电压/V	送丝速度/$m \cdot min^{-1}$	保护气体/$L \cdot min^{-1}$	焊接速度/$m \cdot min^{-1}$	焊道数
1.6	0.8 0.9	60 ~ 100	15 ~ 18	3.8 ~ 4.8 2.8 ~ 4.8	12 ~ 14	0.38 ~ 0.76	1
2.4	0.9	125 ~ 150	17 ~ 21	5.8 ~ 7	12 ~ 14	0.51 ~ 0.76	1
3.2	0.9	130 ~ 160	18 ~ 24	6.4 ~ 7.4	12 ~ 14	0.51 ~ 0.64	1
4	1.2	190 ~ 250	22 ~ 26	5.1 ~ 7.4	12 ~ 14	0.64 ~ 0.76	1
6.4	1.2 1.6	225 ~ 300	22 ~ 30	6.6 ~ 9.4 2.8 ~ 3.8	14 ~ 21	0.64 ~ 0.76	1
9.5	1.6	275 ~ 325	22 ~ 30	5.7 ~ 6.4	14 ~ 21	0.38 ~ 0.51	2
12.7	2.4	300 ~ 350	22 ~ 30	1.9 ~ 2.2	14 ~ 21	0.13	3 ~ 4
19	2.4	350 ~ 375	22 ~ 30	2.2 ~ 2.4	14 ~ 21	0.1	5 ~ 6
25.4	2.4	350 ~ 375	22 ~ 30	2.2 ~ 2.4	14 ~ 21	0.5	7 ~ 8

表 3.4-53b 不锈钢脉冲 MAG 焊焊接工艺参数（2）

板厚/mm	焊丝直径/mm	电流/A	电压/V	送丝速度/$m \cdot min^{-1}$
0.6	1.0	17	14.6	0.7
	1.2	20	15.2	0.6
1	1.0	45	16	2
2	1.0	80	17.5	4
	1.2	94	18	3
3	1.0	106	18.5	5.5
	1.2	125	19	4
4	1.0	133	20.1	7
	1.2	152	20.2	5
5	1.0	165	21.2	8.7
	1.2	178	21	6
6.5	1.0	195	22.7	11
	1.2	204	22.2	7
8	1.0	205	23.6	12
	1.2	230	23.4	8

表 3.4-54　铝合金喷射过渡的工艺参数

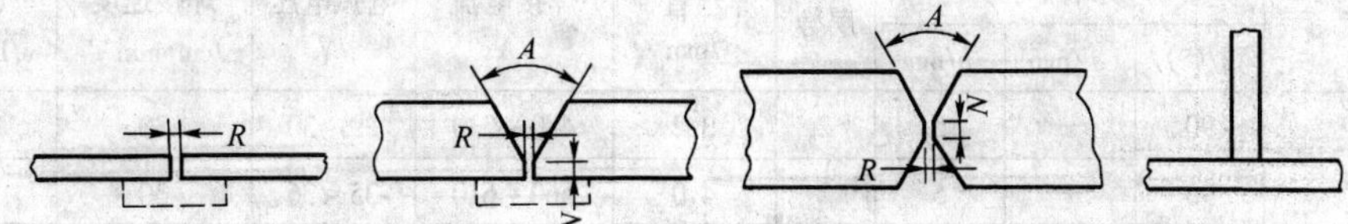

板厚/mm	焊接位置	接头形式	焊丝直径/mm	焊接电流(OCRP)/A	电弧电压/V	焊接速度/mm·s^{-1}	气体流量/L·min^{-1}	焊缝数
3.2	平、横、立、仰	1.4	0.8	130~140	19~21	8~9	16	2，1
		1.4	1.2	140~150	19~21	15~17	16	2，1
6.4	平	1	1.2	180~190	22~24	9/11	19	2
		2	1.2	160~170	20~22	12/14	19	3
	横	1	1.2	160~170	20~22	12/14	19	2
		2	1.2	200~210	22~24	13~15	19	3
		4	1.2	200~210	21~23	8/10	19	1
	立和仰	1	1.2	150~160	19~21	12/14	21	2
		2	1.2	200~210	22~24	14~15	21	3
		4	1.2	200~210	21~23	8/10	21	1
9.6	平	2	1.6	250~260	21~23	12/14	19	3
	横	2	1.6	240~250	21~23	11/13	19	4
		4	1.6	260~270	22~24	6/8	19	1
	立和仰	2	1.6	220~230	21~23	10/12	21	4
		4	1.6	220~230	21~23	10/12	21	2
12.8	平	2	1.6	250~260	22~24	11/12	19	4
		3	1.6	270~280	22~24	14~15	19	4
	横	2	1.6	250~260	22~24	11/12	19	4
		3	1.6	220~230	21~23	8/10	19	6
		4	1.6	270~280	22~24	9/11	19	3
		4	2.4	280~290	24~26	8/10	25	2
	立和仰	2	1.6	220~230	21~23	9/11	21	4
		3	1.6	220~230	21~23	9/11	21	4
		4	1.6	240~250	21~23	8/9	21	3
16	平	3	1.6	270~280	22~24	12/14	19	6
		3	2.4	310~320	25~27	11/13	21	4
	横	4	1.6	270~280	22~24	5/7	19	3
		4	2.4	310~320	26~28	7/9	21	3
		3	1.6	250~260	22~24	13~14	19	8
	立和仰	2	1.6	230~240	22~24	9/11	21	6
		3	1.6	230~240	22~24	9/11	21	6
		4	1.6	250~260	22~24	9/11	21	6
19.2	平	3	2.4	310~320	26~28	6/8	19	4
	横	3	1.6	260~270	22~24	10/11	21	8
		4	2.4	350~360	28~30	6/8	19	4
	立和仰	2	1.6	230~240	22~24	9/11	21	8
		3	1.6	230~240	22~24	9/11	21	8
		4	1.6	230~240	22~24	8/10	21	6
25.4	平	3	2.4	310~320	26~28	6/8	19	6
	横	3	2.4	280~300	24~26	10/11	21	8
		4	2.4	350~360	28~30	6/8	19	8
	立和仰	2	1.6	230~240	22~24	9/11	21	12
		3	1.6	230~240	22~24	9/11	21	12
		4	1.6	250~260	22~24	8/10	21	10

注：焊丝 SAlMg-5，保护气体 Ar。

表 3.4-55　铝合金大电流焊接的焊接条件

板厚/mm	接头形式	坡口尺寸 θ/(°)	坡口尺寸 a/mm	坡口尺寸 b/mm	层数	焊丝直径/mm	焊接电流/A	电弧电压/V	焊接速度/cm·min⁻¹	气体流量/L·min⁻¹	保护气体
25	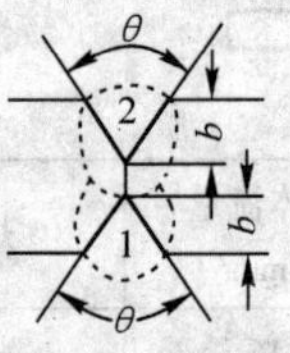	90	—	5	2	3.2	480～530	29～30	30	100	Ar
25		90	—	5	2	4.0	560～610	35～36	30	100	Ar+He
38		90	—	10	2	4.0	630～660	30～31	25	100	Ar
45		60	—	13	2	4.8	780～800	37～38	25	150	Ar+He
50		90	—	15	2	4.0	700～730	32～33	15	150	Ar
60		60	—	19	2	4.8	820～850	38～40	20	180	Ar+He
50	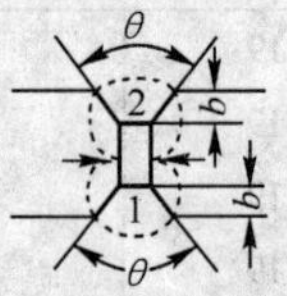	60	30	9	2	4.8	760～780	37～38	20	150	Ar+He
60		80	40	12	2	5.6	940～960	41～42	18	180	Ar+He

注：Ar+He：内喷嘴 50%Ar+50%He；外喷嘴 100%。

表 3.4-56　铝合金脉冲熔化极惰性气体保护电弧焊的焊接条件

板厚/mm	接头形式	焊接位置	焊丝直径/mm	焊接电流/A	电弧电压/V	焊接速度/cm·min⁻¹	气体流量/L·min⁻¹
3	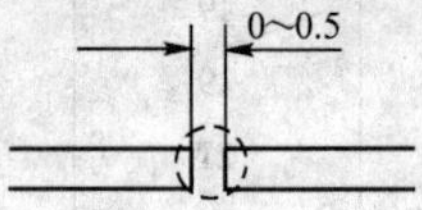 0～0.5	水平	1.4～1.6	70～100	18～20	21～24	8～9
		横	1.4～1.6	70～100	18～20	21～24	13～15
		立（下向）	1.4～1.6	60～80	17～18	21～24	8～9
		仰	1.2～1.6	60～80	17～18	18～21	8～10
4～6	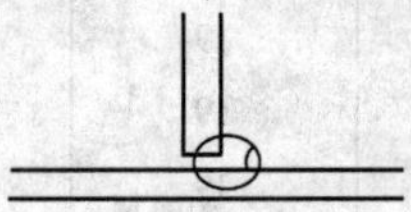	水平	1.6～2.0	180～200	22～23	14～20	10～12
		立（上向）	1.6～2.0	150～180	21～22	12～18	10～12
		仰	1.6～2.0	120～180	20～22	12～18	8～12
14～25	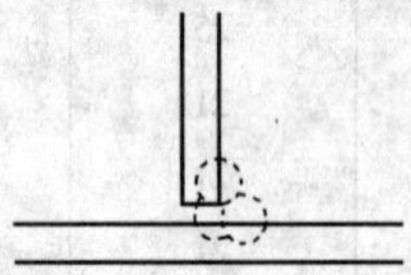	立（上向）	2.0～2.5	220～230	21～24	6～15	12～25
		仰	2.0～2.5	240～300	23～24	6～12	14～26

表 3.4-57　铜的喷射过渡熔化极惰性气体保护焊的焊接条件

板厚/mm	坡口尺寸/mm	焊丝直径/mm	层数	预热温度/℃	焊接电流/A	焊接速度/cm·min⁻¹	送丝速度/cm·min⁻¹	保护气体	气体流量/L·min⁻¹
≤4.8	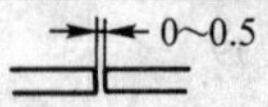 0～0.5	1.2	1～2	38～93	180～250	35～50	450～787	Ar	15
6.4	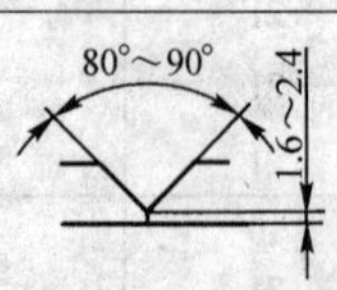 80°～90°；1.6～2.4	1.6	1～2	93	250～325	24～45	375～525	3:1 He:Ar	23
12.5	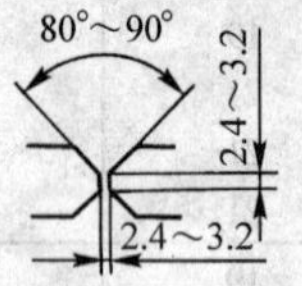 80°～90°；2.4～3.2；2.4～3.2	1.6	2～4	316	330～400	20～35	525～675	3:1 He:Ar	23
≥16	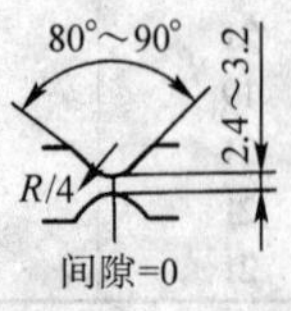 80°～90°；2.4～3.2；R/4；间隙=0	1.6	—	472	330～400	15～30	525～675	3:1 He:Ar	23
		2.4	—	472	500～600	20～35	375～475	3:1 He:Ar	30

表 3.4-58 铜的大电流熔化极惰性气体保护焊的焊接条件

板厚/mm	坡口尺寸熔化区形状	层数	焊丝直径/mm	焊接电流/A	电弧电压/V	焊接速度/cm·min⁻¹
15	60°, R4, 7, 8, 15	1	4.0	850	36	24
19	60°, R4, 12, 7, 19, G=2.5	1	4.8	900	33	30
		2		900	37	30
25	50°, R4, 12, 7, 19, G=2.5	1	4.8	1 000	33	27
		2		1 000	37	20

注：保护气体：内侧 75%He+25%Ar，外侧 100%Ar；
衬垫材料：玻璃丝板；
预热温度：室温；
焊丝：脱氧铜。

6.5 药芯焊丝气体保护焊时工艺参数设定

药芯焊丝的结构与实心焊丝不同，所以焊接工艺参数也不同。焊接电流与电弧电压等主要工艺参数应考虑到结构上的差异，药芯焊丝的电流密度较大和焊丝干伸长也较大。所以药芯焊丝的工艺参数设定有其自身的特点。药芯焊丝在各种位置焊接中厚板时的焊接电流、电弧电压常用范围如表 3.4-59 所示。

药芯焊丝的穿透能力较焊条和实心焊丝大，可以选择较小的焊脚尺寸，减少焊材用量和焊接时间、提高效率。使用药芯焊丝时，对接接头的准备有较高要求。气割及等离子切割后的结瘤必须彻底清除，坡口角度可以比焊条及实心焊丝小 10°~20°。药芯焊丝气体保护焊焊接坡口形状、尺寸见表 3.4-60。

表 3.4-59 药芯焊丝在各种位置焊接中厚板时的主要参数范围

焊接位置	ϕ1.2CO_2 气体保护药芯焊丝		ϕ2.0 自保护药芯焊丝	
	电流/A	电弧电压/V	电流/A	电弧电压/V
平焊	160~350	22~32	180~350	22~28
横焊	180~260	22~30	180~250	22~25
向上立焊	160~240	22~30	180~220	22~25
向下立焊	240~260	25~30	220~260	24~28
仰焊	160~200	22~25	180~220	22~25

表 3.4-60 药芯焊丝气体保护焊焊接坡口形状、尺寸

坡口形状	板厚/mm	焊接位置	有无衬垫	坡口角度	间隙 G/mm	钝边 R/mm
G	1.2~4.5	平焊	无	—	0~2	—
	≤9	平焊	有	—	0~3	—
	≤12	平焊	无	—	0~2	—
α, R, G	≤60	平焊	无	45°~60°	0~2	0~5
			有	25°~50°	4~7	0~3
		立焊	无	45°~60°	0~2	0~5
			有	35°~50°	0~2	0~5
		横焊	无	45°~50°	0~2	0~5
			有	30°~50°	4~7	0~3
α, R, G	≤60	平焊	无	45°~60°	0~2	0~5
			有	35°~60°	0~6	0~3
	≤50	立焊	无	45°~60°	0~2	0~5
			有	35°~60°	3~7	0~2

续表 3.4-60

坡口形状	板厚/mm	焊接位置	有无衬垫	坡口角度	间隙 G/mm	钝边 R/mm
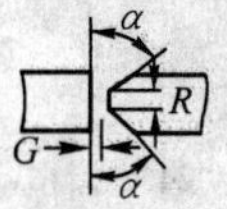 α R G α	≤100	平焊	无	45°~60°	0~2	0~5
		立焊	无	45°~60°	0~2	0~5
		横焊	无	45°~60°	0~3	0~5
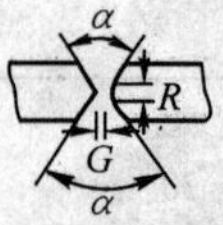 α R G α	≤100	平焊	无	45°~60°	0~2	0~5
		横焊	无	45°~60°	0~2	0~5

表3.4-61、表3.4-62和表3.4-63分别为角焊缝和各种位置对接焊缝的典型焊接参数。

表 3.4-61　不同位置角焊缝的焊接

焊接位置	焊丝种类（直径）	焊接电流/A	电弧电压/A	焊层搭接头 焊角长/mm 5	6	7	8	9	10	11	12	13
横焊	全位置用药芯焊丝（1.2 mm）	260	28			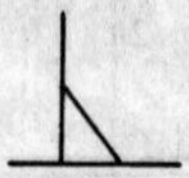					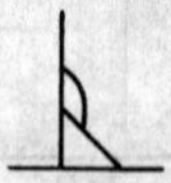	
向上立焊		220	25					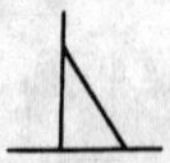				
向下立焊		270	29	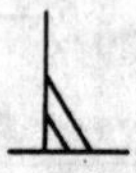		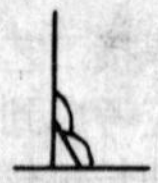		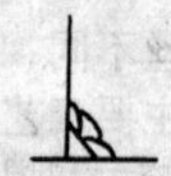		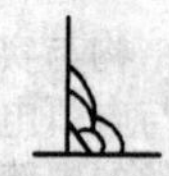		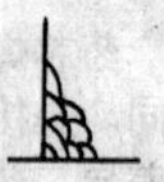
仰焊		240	28			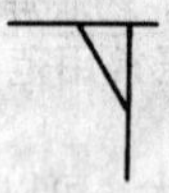				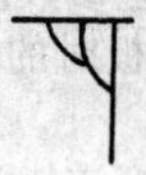		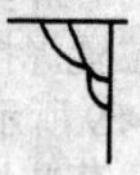

表 3.4-62　不同位置无衬垫对接焊缝的焊接

焊接位置	焊丝种类（直径）	坡口形状（精度公差）	焊层搭接法	道次	焊接电流/A	电弧电压/V
平焊	全位置用药芯焊丝（1.2 mm）	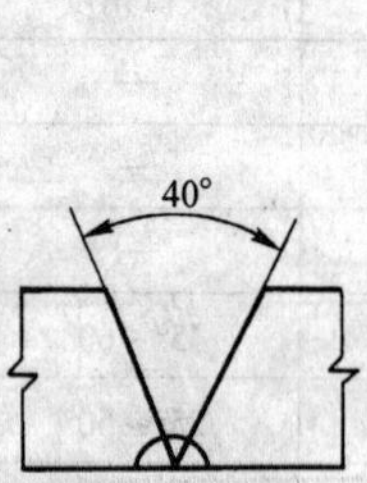 40° 允许公差：坡口角度：+10°~-5° 底层间隙：0~5mm	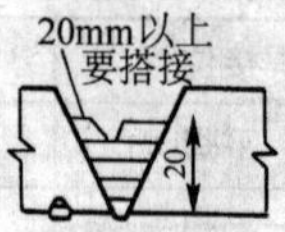 20mm以上 要搭接 20	1~N	260~300	26~30
横焊			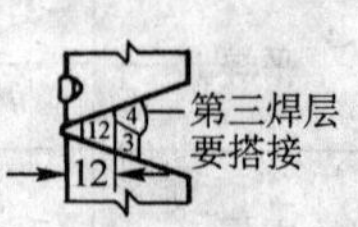 4 3 12 12 第三焊层 要搭接	1~N	240~280	26~28
向上立焊			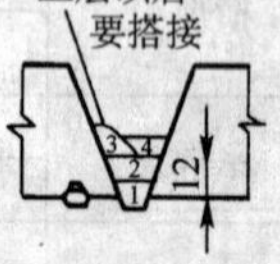 三层以后 要搭接 3 4 2 1 12	1~N	260~280	26~28

表 3.4-63　不同位置加衬垫对接焊缝的焊接

焊接位置	焊丝种类（直径）	坡口形状（精度公差）	焊层搭接法	道次	焊接电流/A	电弧电压/V
平焊	全位置用药芯焊丝（1.2 mm）	40° 允许公差： 坡口角度： +10°～-5° 底层间隙： 4～12mm	10° 焊接方向 前进法， 不做直线摆动	12 ~ N	180 ~ 200 240 ~ 280	25 ~ 27 25 ~ 30
横焊			焊接方向 用前倾法 0°～5°	12 ~ N	180 ~ 200 220 ~ 260	25 ~ 27 25 ~ 30
向上立焊			0°～3° 焊接方向 8字摆动	12 ~ N	160 ~ 180 200 ~ 240	25 ~ 27 25 ~ 30

7　特殊应用

熔化极气体保护焊除上述大量使用的典型焊接方法外，还有许多变种的方法，如熔化极气体保护电弧点焊、气电立焊和双丝气体保护电弧焊等。这些方法各有特点，有的能够提高焊接质量、降低成本，还有的能提高生产效率，总之这些方法扩大了熔化极气体保护焊的应用范围。

7.1　熔化极气体保护电弧点焊

点焊是利用一个或多个焊点连接两块搭接的构件的焊接方法。通常使用的是电阻点焊及熔化极气体保护电弧点焊，其中 CO_2 电弧点焊应用较多。CO_2 电弧点焊，是通过电弧熔透上板并熔化下板形成焊接熔池，所以电弧点焊可以实现单面焊，如图 3.4-63 所示。CO_2 电弧点焊与电阻点焊相比有如下特点。

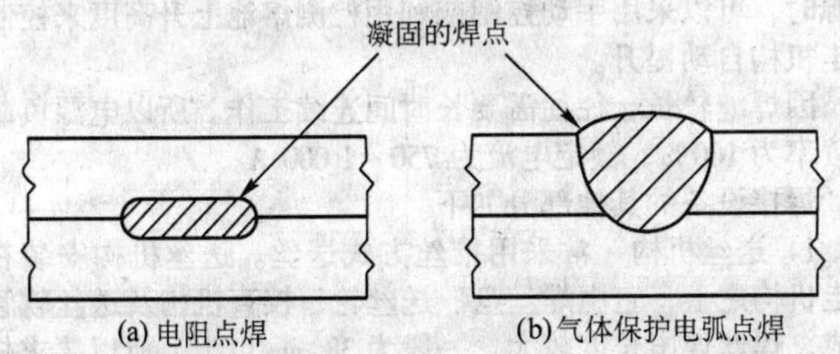

(a) 电阻点焊　(b) 气体保护电弧点焊

图 3.4-63　气体保护电弧点焊与电阻点焊的比较

1）焊接设备简单、电源功率小、无需特殊加压装置。

2）焊点距离及板厚不受限制。

3）抗锈能力强，对工件表面质量要求不高。

4）焊接质量好，焊点强度比电阻点焊高。

CO_2 电弧点焊设备与一般 CO_2 电弧焊设备类似，也是由电源、送丝机、控制箱及供气系统等组成。不同点如下。

1）由于点焊时需要频繁引弧，为了保证引弧可靠，设备需要有可靠的引弧措施，如慢送丝配合较大电流脉冲等。

2）应能精确控制电弧点焊时间及焊丝回烧时间。焊丝回烧时间一般控制在 0.1 s 以下。

3）CO_2 点焊焊枪应安装一个支撑喷嘴，其端面形状与焊件表面的形状相符，以便在焊接时能将焊枪垂直在焊件表面上，同时在喷嘴端头还应留出气体逸出通道，保证焊点成形质量。

气体保护电弧点焊的操作过程应该这样进行，首选将待焊工件装配好，并置于合适的焊接位置。随后将焊枪压在接头上，保持不动。焊接开始，先按动焊接开关，通保护气，同时通电和送丝，引燃电弧。经预定的焊接时间，形成焊缝。焊接结束，先停丝—停电—延时停气。完成了一个焊点的全过程。

焊接参数是影响焊接质量的重要因素。气体保护电弧点焊的主要工艺参数有三个：焊接电流、电弧电压和燃弧时间。

焊接电流：电流对熔深影响最大。熔深随电流的增加而增大（电流与送丝速度成正比）。增大熔深通常将使板材界面的焊缝直径增加。

电弧电压：电压对点焊缝的形状影响最大。通常在电流保持不变时，随着电弧电压的提高而增加熔化区的直径。然而却轻微地减少余高和熔深。电弧电压不足可以在余高的中心处形成凹陷并且在焊缝边缘产生未熔合。电弧电压太高就可能出现严重的飞溅。

焊接时间：焊接时间对熔深和板材界面上焊缝尺寸有重要影响。随着焊接时间的增加，熔深和焊缝直径都增大，同时点焊缝的余高也增大。

焊接时间是一个极易受干扰的参数，如引弧或功率对焊接时间影响极大。为保证时间准确常常监测电弧电压，当电弧电压达到预定值后，才开始对焊接时间进行计时。

气体保护电弧点焊的工艺参数互相依赖性很强，往往改变一个参数就要求改变其他一个或几个参数。具体应用中工艺参数的设置要求通过试验来确定。推荐的工艺参数值列于表 3.4-64。

熔化极气体保护电弧点焊适用于所有可用气体保护电弧焊焊接的材料，如低碳钢、低合金钢、不锈钢、铝、镁和铜等金属。保护气体喷嘴的结构稍加改进，便可采用很多焊接接头形式，包括搭接接头、角接接头和塞焊等。当上面的零件厚度小于或等于下面的零件，可在搭接头中采用熔透技术。如果上面的零件必须厚于下面的零件，则应采用塞焊。塞焊时常见缺陷是未熔合，所以应特别加以注意上板侧壁的焊透问题。还要注意上、下两板的界面装配间隙不应过大，当间隙为 1.6 mm 或上板厚度的一半时，往往会使焊缝沉到上板表面以下，而影响剪切强度。

表 3.4-64　碳钢 CO_2 点焊工艺参数的推荐值
（熔焊直径为 6.4 mm）

焊接直径/mm	板厚/mm	电弧点焊时间/s	焊接电流/A	电弧电压/V
0.8	0.56	1	90	24
	0.81	1.2	120	27
	0.94	1.2	120	27
0.9	0.99	1	190	27
	1.50	2	190	28
	1.83	5	190	28
1.2	1.83	1.5	300	30
	2.79	3.5	300	30
	3.15	4.2	300	30
1.6	3.15	1	490	32
	4.0	1.5	490	32

电弧点焊的焊缝位置，在上板厚度达 1.3 mm 的板上可以进行立焊和仰焊。要进行全位置焊，一般必须采用短路过渡。较厚材料点焊通常只限于平焊位置，因为重力对熔池有影响。

7.2　气电立焊

气电立焊是一种熔化极气体保护电弧焊的方法，在厚板立焊位置焊接，采用模块使熔化金属强迫成形。常用 CO_2 或氩气作为保护气体，也可以用 Ar + CO_2 混合气体作为保护气体。在用自保护焊丝时可不加保护气。

气电立焊的操作原理是将实心或药芯焊丝向下送入由板材坡口和两个水冷模块形成的凹槽中，在焊丝与母材金属之间形成电弧，该电弧加热和熔化金属，随后流向电弧下的熔池中，并凝固成焊缝金属。在厚壁工件中均匀地分布电弧热量和熔敷焊缝金属，焊丝可沿接头整个厚度作横向摆动。随着焊接空间的逐渐填充，模块将随焊接接头向上移动。可见，虽然焊缝的轴线和行走方向是垂直的，但实际上焊接电弧仍是平焊位置。

气电立焊工艺根据焊丝种类的不同，可分为实芯焊丝气电立焊，如图 3.4-64 和药芯焊丝气电立焊，如图 3.4-65。实芯焊丝情况，通常只向焊接处送一根焊丝，只有在厚壁工件时才送二根丝。焊丝通过焊枪送进。保护气体通常采用 CO_2 或（Ar + CO_2）混合气，以保护熔池金属和焊接电弧不受空气污染。这与普通的熔化极气体保护电弧焊方法类似。

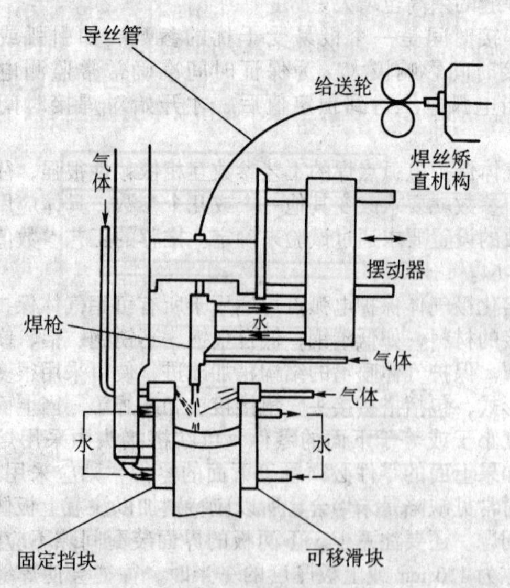

图 3.4-64　实芯焊丝气电立焊

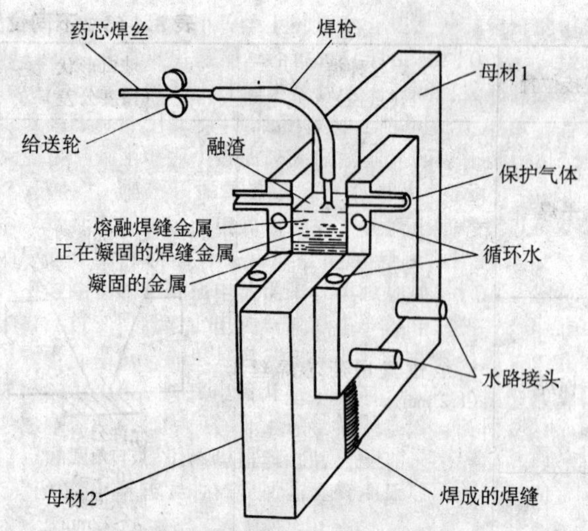

图 3.4-65　使用药芯焊丝的气电立焊

实心焊丝气电立焊可用于焊接厚度范围约为 10 ~ 100 mm 的板材。但是常用范围是 13 ~ 75 mm，焊丝直径是 1.6 mm、2.0 mm 和 2.4 mm。

药芯焊丝的情况与实心焊丝类似，不同的是在焊接熔池的顶部会形成薄薄的一层熔渣。对于一般药芯焊丝应采用相应的气体保护，而对于自保护焊丝是不需要外加气体保护。

气电立焊通常用于较厚的低碳钢和低合金钢，也可用于奥氏体不锈钢和其他金属合金。这种方法大多数用于制造船舶、钢结构及压力容器。

气电立焊设备主要由焊接电源、焊枪、水冷模块、送丝机构、焊丝摆动机构和供气系统等装置组成。除焊接电源外，其余部分都组装在一起。

气电立焊与普通熔化极气体保护焊一样，采用直流电源，反极性接法。可以采用陡降特性，还可以采用平特性。当采用陡降特性时，可以通过电弧电压的反馈来控制行走机构，当电弧电压降到设定值以下时，行走机构自动提升，直到恢复电压为止，以保持焊丝干伸长不变。而当采用平特性电源时，可以采用手动控制或利用检测熔池上升高度来控制行走机构自动提升。

因焊缝较长，往往需要长时间连续工作。所以电源负载持续率为 100%，额定电流为 750 ~ 1 000 A。

焊接设备的其他部分如下。

1）送丝机构　常采用推丝方式送丝。送丝机构安装在行走机构之上，它由焊丝盘、送丝轮、校直机构及送丝软管组成。焊丝伸出长度较大，一般为 38 mm 以上。所以要求校直机构应保证焊丝平直。

2）水冷滑块和气罩　水冷滑块常常做成凹形，使每侧形成适当的余高。同时为保证良好的气体保护效果，保护气体除从焊枪喷嘴流出外，在水冷滑块上还安装气罩，它能提供一定流量的辅助保护气体。

3）焊枪与摆动　气电立焊采用焊枪与普通熔化极气体保护焊采用的焊枪的主要区别在于焊枪的喷嘴必须能进入板材之间的窄间隙内，并且能在两个滑块之间作横向摆动。因此，对焊枪尺寸有一定限制。

当板材较厚时，为了保证两侧金属均匀熔化，焊枪须在熔池上方作横向摆动。通常摆动速度不变，而在两端的停留时间可调。板材厚度小于 30 mm 时，一般不需要做横向摆动。

气电立焊的工艺参数对焊接的影响如下。

气电立焊的熔深是指对接接头侧面母材的熔入深度。通常熔深随焊接的电流增加（或送丝速度的增加）而减小，即焊缝宽度减小。同时焊接电流增加，则送丝速度、熔敷率和接头填充速度（即焊接速度）将提高。焊接电流通常在 750 ~ 1 000 A 范围内。随着电弧电压增高，熔深增大，而焊缝宽度增加。电弧电压通常是 30 ~ 55 V 之间。焊接速度的控制随采用平特性或陡降特性电源而有所不同。焊丝伸出长度为 38 ~ 40 mm，因此焊丝熔化速度较高。板材厚度大于 30 mm 的工件一般要作横向摆动，摆动速度为 7 ~ 8 mm/s。导电嘴在距每侧冷却滑块约 10 mm 处停留，停留时间在 1 ~ 3 s 之间，以抵消水冷滑块对金属的冷却作用，使焊缝表面完全熔合。

7.3 双丝气体保护电弧焊

双丝气体保护电弧焊是指在同一保护气体环境下，同时使用两根焊丝产生两个电弧，并熔化形成同一熔池的气体保护电弧焊接方法。

7.3.1 基本原理

双丝气体保护电弧焊是由普通单丝 MAG 焊发展而来的。这时采用两根焊丝作为电极和填充，它们在同一保护气体环境下，由两个独立的、相互绝缘的导电嘴送出后与工件之间形成二个电弧，并形成同一熔池。每个电极都能独立地调节熔滴过渡和弧长，这样就可以在高速焊下实现良好的焊接工艺性和优质焊接质量。

在最初的双丝焊中，两根焊丝从一个共用的导电嘴中送出，如图 3.4-66。这时在高速焊时难以获得稳定的焊接过程，为了得到一组稳定的焊接参数往往需要反复试验才行。而在本节所述的双丝焊，如图 3.4-67 所示。每台焊机都有自己独立的控制系统、独立可控的送丝机和相互绝缘的导电嘴。

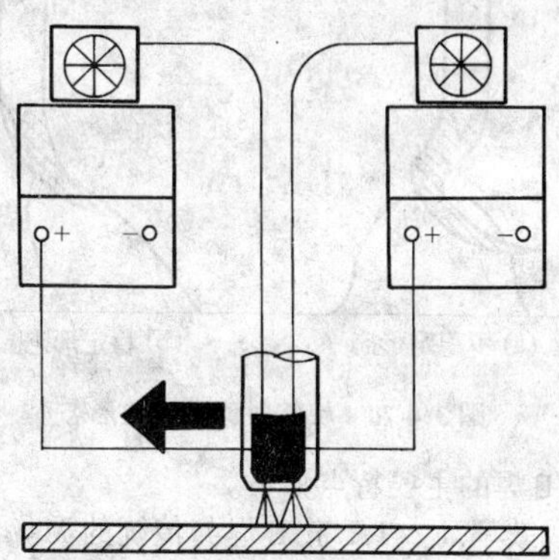

图 3.4-66 双丝焊（共用一个导电嘴）

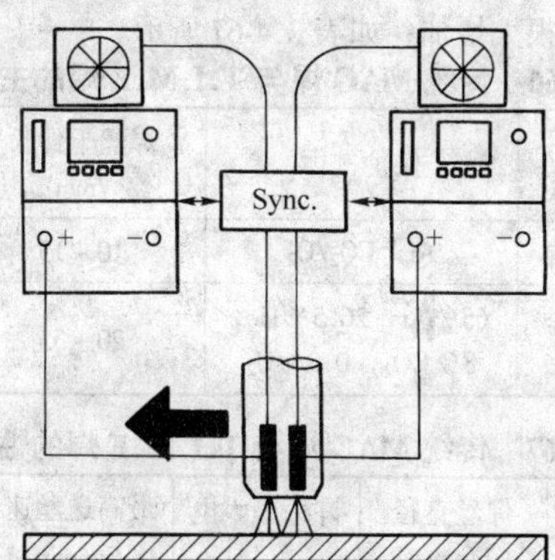

图 3.4-67 双丝焊（用两个分开的导电嘴）

双丝焊机有两个电源，为获得相位相差 180°熔滴过渡，在两个电源之间附加一个协同装置，得到如图 3.4-68 的脉冲波形。这时每个电源的参数都可以连续和大范围可调。脉冲焊过程应保证“一个脉冲过渡一个熔滴”。

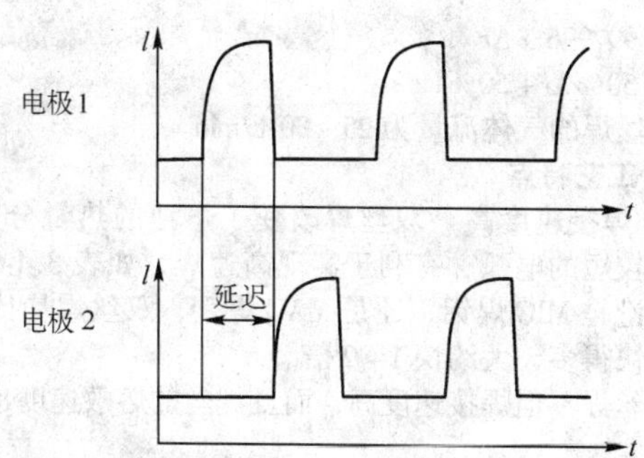

图 3.4-68 脉冲弧焊时电极 1 和 2 熔滴过渡的相位调节

这里双丝形成同一熔池的方法不同于以往单丝焊的特点。双丝焊改变了熔池本身的热分布特点，尤其是每个电极可以保护短弧，而短弧可以获得小熔池，这样一来在双电弧作用下改善熔池温度的均匀性和液态金属分布特点，有效地抑制了咬边的发生。这对于进行高速焊是十分必要的。双丝焊另一特点是两根丝之间的距离太近，通常为 5 ~ 7 mm 左右，同向流动的电源将引起载流体相互吸引，从而影响电弧的稳定性。为此，在双丝焊中采用了相位相差 180°的脉冲电流，减小了电弧间的相互作用。

7.3.2 设备

双丝焊设备由二台电源、二台送丝机、一个协同器和一把双丝焊枪组成，如图 3.4-68。

焊接电源由二台单独的电源组成，二台都是脉冲焊电源，每台电源的额定电流均为 500 A，负载持续率为 100%。作为双丝焊用时，二台之中一台为主，另一台为从。还可作为单一电源使用，作为脉冲 MAG 焊机。送丝推荐使用四轮驱动机构，送丝速度达到 30 m/min。而焊铝时，推荐使用双丝推拉丝机构，送丝速度应达到 22 m/min。

焊枪为双丝焊枪，如图 3.4-69 所示。为使用方便，则焊枪结构应尽量紧凑，还应配有一个大功率的双循环水冷系统，使导电嘴和喷嘴同时得以冷却。这样可以延长焊枪使用寿命。根据工艺需要，两个导电嘴之间的间距应为 5 ~ 7 mm 左右。

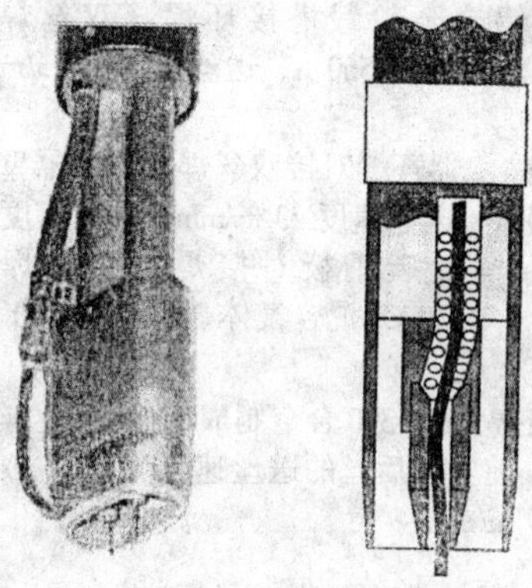

图 3.4-69 配有两个导电嘴的、双循环水冷并强制接触的焊枪

7.3.3 材料

这里介绍使用双丝气体保护电弧焊可以焊接什么金属和使用什么保护气体。

1）可以焊接碳钢、低合金钢、不锈钢和铝及铝合金。

2）保护气体。对于碳钢和低合金钢可选用气体为：

① 90% Ar + 10% CO_2

② 82% Ar + 18% CO_2

③ 96% Ar + 4% O_2

对于不锈钢可选用气体为 97.5% Ar + 2.5% CO_2。

对于铝及铝合金可选用气体为：

① 99.996%Ar

② 50%Ar+50%He

双丝焊的气体流量为25~30 L/min。

7.3.4 工艺特点

1）焊接速度高　双丝焊改变了熔池的热量分布特点，并保持较短的电弧，有利于实现高速焊，如表3.4-65所示。可见无论是MIG焊铝，还是MAG焊钢，双丝焊均比单丝焊的焊速快得多，大约快1~2倍。

双丝焊不但焊接速度高，而且焊丝的熔敷速度也有很大提高。

表3.4-65　焊接速度对比　cm·min⁻¹

焊缝类型	角焊缝				周向环缝		搭接焊缝	
待焊金属	碳钢及合金钢				碳钢	铝合金	碳钢	铝合金
焊缝尺寸	A3	A4	A5	A6	$t=2$ mm	$t=3$ mm	$t=2$ mm	$t=3$ mm
MAG	70	60	40	30	90		100	
MIG						80		70
双丝焊	150	140	120	100	300	170	200	200

2）焊接线能量低　虽然双丝焊总的电弧功率较高，但是由于焊速提高更大，所以总的线能量还是降低了。所以减小了焊接变形和提高了焊接接头的性能。

3）抑制焊接缺陷的产生　由于双丝焊的特性，使得在高速焊时不产生咬边缺陷。在双丝焊时二根丝均为射滴过渡形式，所以几乎没有飞溅，焊接过程十分稳定和焊缝成形好，熔滴温度较低，合金元素烧损少。又特别适合于焊接铝及铝合金，如铝镁合金等。

4）因为焊接速度快，不宜采用手工操作，一般都是机器人焊和自动焊，同时对焊缝跟踪和焊前准备要求很高。

7.3.5 实际应用

主要应用在汽车及零部件制造业、造船、机车车辆制造、机械工程、压力容器制造和发电设备等。焊接接头形式有搭接焊缝、平角焊缝、船形焊缝和对接焊缝。

典型工艺参数如下。

1）汽车铝合金轮毂搭接环焊缝双丝焊。焊丝直径ϕ1.2 mm、双丝总电流560 A、送丝速度33 m/min、焊接速度1.3 m/min。

2）铝制热水器环缝对接双丝焊。热水器壁厚3 mm、双丝总电流340 A、送丝速度23 m/min、焊接速度1.8 m/min。

3）4 mm厚低碳钢板对接焊缝双丝焊。焊丝直径ϕ1.2 mm、Ar+18%CO_2混合气体、总电流440 A、焊接速度1.6 m/min。

4）1 mm厚CrNi4370合金制成的催化炉双丝焊。焊丝直径ϕ1.0 mm，前丝与后丝的送丝速度分别为19与14 m/min，焊接速度2.9 m/min。

7.4 T.I.M.E焊

T.I.M.E焊是一种高熔敷效率的焊接方法。众所周知，焊条电弧焊焊接熔敷速度平均为1~2 kg/h，而MIG/MAG焊焊接工艺的熔敷速度为焊条电弧焊的3~4倍。为进一步提高熔敷速度，新开发的T.I.M.E工艺达到焊条电弧焊的8倍以上。

MIG/MAG焊工艺因其焊接效率高，所以在欧美和日本等先进工业化国家，这种工艺使用份额占所有焊接问题的2/3以上。为进一步提高生产效率和降低生产成本，人们把目光瞄准多丝焊和T.I.M.E焊等工艺方法。为提高传统的MIG/MAG焊工艺的效率，就要增加焊接电流。以直径为ϕ1.2 mm焊丝为例，当焊接电流400 A时，其熔滴过渡形式将从射流过渡变为旋转射流过渡，也就是从稳定的熔滴过渡形式成为不稳定的熔滴过渡过程，其表现为焊丝端头的液流柱随着焊接电弧的旋转而发生无规律的旋转，飞溅四射，焊缝成形恶劣和工件条件极差，实际上已不能使用。在这种情况下，人们发现采用ϕ1.2 mm焊丝、较大的焊丝干伸长和使用特殊的四元保护气体，即T.I.M.E气体（65%Ar、26.5%He、8%CO_2、0.5%O_2），通过增大送丝速度，获得了稳定的旋转射流过渡过程，同时也提高了焊接效率。这种方法就是T.I.M.E焊。

7.4.1 T.I.M.E焊原理与特点

用传统保护气体的MAG焊时，随着电流增加，熔滴过渡形式将从大滴过渡转变为射流过渡，这一转变电流称为临界电流。已经知道，纯氩保护气的临界电流最小，而随着氩（Ar）中加入CO_2或He的比例增大时，临界电流也增大，甚至不能射流。另一方面，为了提高焊接效率，希望通过增加焊接电流来提高焊丝熔化速度。当焊接电流大于临界电流时，则熔滴过渡形式将变成射流过渡。再增大焊接电流，还能变成旋转射流过渡。传统MAG焊的临界电流较低，易形成不稳定的旋转射流过渡，如图3.4-70a所示。而使用T.I.M.E气体时，因为其中含有较多的He和CO_2气体。所以电弧难以沿焊丝上爬，提高了临界电流值，在大于电流的情况下，首选出现射流过渡，进一步增大电流将出现稳定的旋转射流过渡形式，焊丝端头呈锥形旋转，如图3.4-70b所示。显然不稳定的旋转射流过渡，焊丝端头无规律地向四面八方甩出熔滴而成为飞溅。而稳定的旋转射流过渡，焊丝端头始终在电弧中，并随着电弧的旋转而旋转，熔滴金属从焊丝端头流出和进入熔池，几乎无飞溅。这种用T.I.M.E气体作为保护气体的电弧焊方法就是T.I.M.E焊。

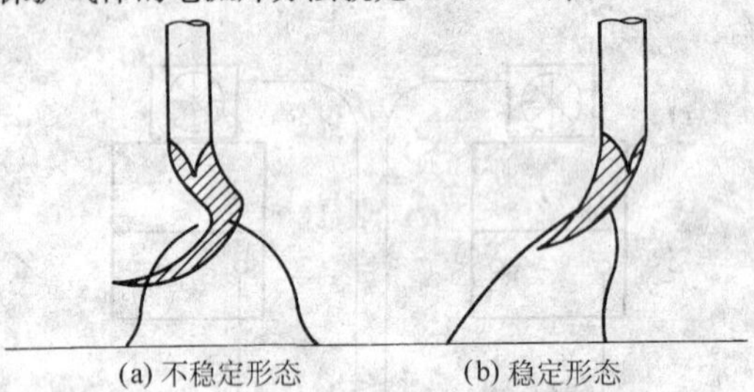

(a) 不稳定形态　(b) 稳定形态

图3.4-70　旋转射流过渡的形态

T.I.M.E焊的主要特点如下。

1）焊接效率高　T.I.M.E焊与传统的MAG焊相比，焊丝干伸长较大和送丝速度更高，最高达到50 m/min，如表3.4-66所示。由于送丝速度提高了，所以焊接电流和焊接熔敷效率也有很大增加，如表3.4-67所示。

表3.4-66　传统MAG焊与T.I.M.E焊的主要区别

焊接方法	保护气体	焊丝干伸长/mm	送丝速度/m·min⁻¹
传统MAG焊	Ar；CO_2/O_2	10~15	5~16
T.I.M.E焊	65%Ar，26.5%He，8%CO_2，0.5%O_2	20~35	0.5~50

表3.4-67　传统MAG焊与T.I.M.E焊的性能比较

焊接方法	焊丝直径/mm	许用最大电流/A	最高送丝速度/m·min⁻¹	最大熔敷效率/g·min⁻¹
传统MAG焊	1.6	450	16	200
T.I.M.E焊	1.2	700	50	430

另一方面，由于焊丝干伸长较大，不仅可以提高焊丝的熔敷效率，而且还可以深入到小坡口角度中焊接，也就是能减少填充金属，所以也能提高效率。

2）焊接质量好　由于保护气体中加入了 He 气，能提高电弧温度，改善了焊缝侧壁熔合，又改善了焊缝金属的流动性，降低了咬边倾向。另外，四元气体保护的效果好，焊缝金属含氢量低，改善了焊缝的低温韧性，同时焊缝金属中 S、P 含量低，从而提高了焊接接头的软科学性能。

3）焊缝成形良好　焊缝成形平滑美观，余高小，焊接过程飞溅小。除了能够进行平焊外，还可用于全位置焊。

4）焊接成本低　由于焊接效率高，质量好、返修少、耗材成本低和设备耗能低等均能降低成本。

7.4.2　设备

1）焊接电源与传统 MAG 焊类似，采用直流电源，反极性接法。为了适应送丝速度较大和要求较高的弧长调节能力，要求电源有较好的动特性和具有平直的电源外特性。电源的稳态输出电压比较高（比传统 MAG 焊），因为焊接电流较大，焊丝干伸长较大和保护气体的电场强度较高。

2）送丝机的送丝速度范围较大为 0.5 ~ 50 m/min，所以一般的送丝机是不合适的，应该选用专用送丝机。同样由于送丝速度很快（一般送丝速度应大于 28 m/min），为保证电弧稳定，而要求送丝速度稳定。又因为焊丝干伸长大，为保证焊丝的指向性，送丝机应备有较好的校直机构。送丝轮应采用四轮双主动方式，以便适应实心焊丝和药芯焊丝，钢焊丝和铝焊丝等。

3）焊枪　因为焊接电流大，又多为自动焊，负载持续率为 100%以焊枪都需要水冷。为适应大送丝速度，焊枪及导丝管的阻力应尽可能小些。

T.I.M.E 焊的送丝速度大，电流也大，通常手工操作难以控制，所以一般都采用自动焊。

7.4.3　材料

T.I.M.E 焊可以焊接碳钢、低合金高强度钢、高温耐热钢、低温钢等材料。

焊丝可以采用实心焊丝和药芯焊丝。T.I.M.E 焊中以 ϕ1.2 mm 实心焊丝为主。由于送丝速度快，为保证送丝平稳就要求焊丝直径均匀，椭圆度要小。尤其是对表面粗糙度要求高，这就要求焊丝表面镀铜层要均匀，以便尽量减小焊丝通过导电嘴时引起焊接电流的波动，从而影响焊接过程的稳定性。如果使用镀铜层质量不好的焊丝还想获得稳定的旋转高压流过渡形式，主要提高电弧电压，需要提高的数值大约为高质量焊丝所使用的电弧电压的 5% ~ 10%。

药芯焊丝也能用于 T.I.M.E 焊。药芯焊丝也采用较大的焊丝干伸长，同时由于药芯焊丝仅是金属外壳导电，所以电流密度较大（比实心焊丝），则它的熔敷率更大。

药芯焊丝 T.I.M.E 焊时，它的熔滴过渡形式都是稳定喷射过渡，而不存在旋转射流过渡。保护气体以 T.I.M.E 气体为主，但因 T.I.M.E 气体含有氦气，价格很贵。同时四元的 T.I.M.E 气体配比十分严格，也增加了气体成本。为了降低成本，又推荐了许多种价格低廉的气体，主要是无氦或少氦的气体。

日本研究人员对 Ar - CO_2 - He 三元混合气体的配比成分对熔滴过渡的影响规律如图 3.4-71 所示。该试验的焊接参数相同，具体参数如下：焊接电流 500 A，电弧电压 38 ~ 44 V，送丝速度 30 m/min，焊丝干伸长 25 mm 和焊丝直径 ϕ1.2 mm。可以看出，不同配比的混合气体，将有三种熔滴过渡形式：大滴过渡区、射流过渡区和旋转射流过渡区。显然，在富 Ar 气体一侧为旋转射流过渡。在 CO_2 的配比大于 28%时为大滴过渡。在（Ar + He）二元混合气体时，He 配比成分在 60% ~ 90%时，熔滴过渡为大滴过渡。德国焊接工作者推荐了几种混合气体，如 10% CO_2 + 25 ~ 30% He + 60 ~ 65% Ar 三元气体；4% CO_2 + 20He + 其余 Ar；8% CO_2 + 20% He + 其余 Ar。无氦保护气有 8% CO_2 + 92% Ar；20% CO_2 + 10% O_2 + 70% Ar；8% CO_2 + 4% O_2 + 88% Ar 等。这些混合气都可以用于大电流焊接，实际应用中送丝速度小于 25 m/min，该送丝速度的 T.I.M.E 焊工艺已写入欧洲标准。

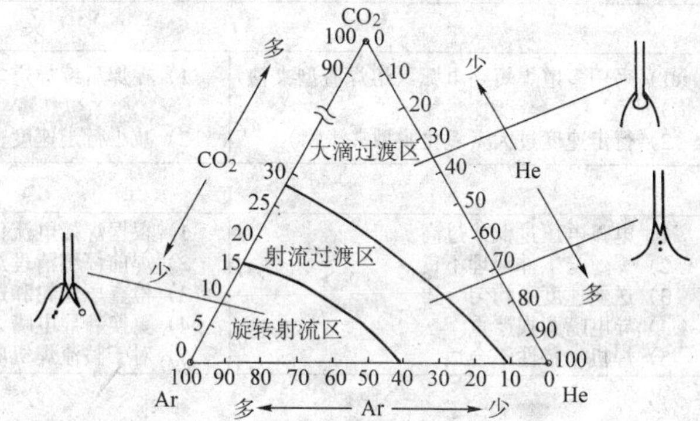

图 3.4-71　熔滴过渡形态和气体比例的关系

7.4.4　应用范围

1）造船业中用于手工焊或自动焊进行筋板的焊接。

2）钢结构工程中进行全位置的角焊缝和对接焊缝，甚至现场焊接。

3）汽车制造业中对焊接接头冲击性能有较高要求的地方。

4）机械工程是 T.I.M.E 焊工艺最适合的领域。大多数情况下填充金属量较大和焊缝较长。

5）容器类产品主要应用自动焊，焊接环焊缝或纵向焊缝。按焊接材料厚度不同，焊速可达到 2.3 m/min 以上。

8　焊接缺陷及其防止措施

按照正确的焊接工艺焊接时，一般能得到高质量的焊缝。因为熔化极气体保护焊无焊剂和焊条药皮，只有气体的屏蔽作用和氧化性气氛的弱氧化性，所以不易产生夹渣。

惰性气体保护焊极好地保护了焊接熔池和焊接电弧区不受空气中的氧和氮的污染。由于氢是低合金高强度钢焊缝及热影响区中引起裂缝的重要原因，所以应采取去氢措施。用 CO_2 或氧化性混合气体保护时，为了排除氧的影响，必须使用脱氧焊丝。通常推荐的保护气体与适合的焊丝配合作用可以得到质量较好的焊缝。

然而，当使用熔化极气体保护电弧焊时，如果工艺参数、材料或焊接工艺不合适，就可能出现焊接缺陷。这种方法所特有的一些缺陷，它们形成的一般原因及防止措施，如表 3.4-68 所示。主要缺陷有气孔、裂纹、夹渣、飞溅、咬边、未焊透、未熔合、熔透过大、梨形裂纹、蛇形焊道和起皱等。

表 3.4-68　焊接缺陷、形成原因及防止措施

缺陷形成原因	防 止 措 施
气　孔	
1）保护气体覆盖不足	1）增加保护气体流量，排除焊缝区的全部空气；减小保护气体的流量，以防止卷入空气；清除气体喷嘴内壁的飞溅；避免周边环境的空气流动过大，破坏气体保护；降低焊接速度；减小喷嘴到工件的距离；焊接结束时应在熔池凝固之后再移开焊枪喷嘴
2）CO_2 气体不纯或其他保护气体不纯	2）提高气体纯度；加强预热器作用
3）焊丝污染	3）使用清洁而干燥的焊丝；清除焊丝在送丝装置中或导丝管中黏附上的润滑剂

续表 3.4-68

缺陷形成原因	防止措施
气孔	
4）工件污染 5）电弧电压太高 6）喷嘴与工件距离太大 7）焊丝脱氧能力不足	4）在焊接之前清除工件表面上的全部油脂、油、锈、油漆和尘土；采用含有脱氧剂的焊丝 5）减小电弧电压 6）减小焊丝干伸长 7）使用适合的硅、锰含量的焊丝
裂纹	
1）焊缝的深宽比太大 2）焊道太突（特别是角焊缝和底层焊道） 3）焊道末端的弧坑冷却过快	1）增大电弧电压或减小焊接电流以加宽焊道而减小熔深 2）减慢行走速度以加大焊道的宽度和焊道的横截面 3）利用衰减控制以减小冷却速度；适当地填充弧坑；在完成焊缝顶部焊道时，采用分段退焊技术
夹渣	
1）采用多道焊短路电弧（熔焊渣型夹渣物） 2）行走速度过大（氧化膜型夹渣物）	1）在焊后续焊道之前清除掉焊趾部的渣壳 2）减小行走速度；使用含脱氧剂较高的焊丝；提高电弧电压
飞溅	
1）电弧电压过低或过高 2）焊丝与工件清理不良 3）送丝速度不均匀 4）导电嘴磨损严重 5）焊机动特性不合适	1）根据焊接电流仔细调节电弧电压 2）焊前仔细清理焊丝及坡口处 3）检查压丝轮和送丝软管，如有问题应修理或更换 4）更换新导电嘴 5）对于整流焊机应调节直流电感；对于逆变式焊机应调节控制回路的电子电抗器
咬边	
1）焊接速度过高 2）电弧电压太高 3）电流过大 4）停留时间不足 5）焊枪角度不正确	1）降低焊接速度 2）降低电弧电压 3）降低送丝速度 4）增加在熔池边缘的停留时间 5）改变焊枪角度使电弧力推动金属流动
未焊透	
1）坡口形式不合适 2）焊接操作技术不合适 3）热输入不足	1）接头设计必须合适，适当加大坡口角度，使焊枪能够直接作用到熔池底部，同时保持喷嘴到工件的距离合适；设置或增大对接接头底层间隙 2）使焊丝保持适当的行走角度，以达到最大的熔深；使电弧处在熔池的前沿 3）提高送丝速度以获得较大的焊接电流，保持喷嘴到工件的距离合适
未熔合	
1）焊缝区表面有氧化膜或锈皮 2）热输入不足 3）焊接熔池太大 4）焊接操作技术不合适 5）接头设计不合理	1）在焊前清理全部坡口面和焊缝区表面上的轧制氧化皮或杂质 2）提高送丝速度和电弧电压；减小焊接速度 3）减小电弧摆动以减小熔池体积 4）采用摆动技术时应在靠近坡口面的熔池边缘短时停留；焊丝应指向熔池的前沿 5）坡口角度应足够大，以便减小焊丝干伸长（增大焊接电流），使电弧直接加热熔池底部及坡口侧面
熔透过大	
1）热输入过大 2）坡口加工不合适	1）减小送丝速度和电弧电压；提高焊接速度 2）减小过大的底层间隙；增大钝边高度
梨形裂纹	
在 CO_2 焊或MAG焊时使用大电流和低电压的焊接参数将产生潜弧特性和梨形裂纹	在大电流时，电弧电压不要过低，以免产生深度潜弧和梨形焊缝。以半潜电弧最合适；坡口角度应足够大
蛇形焊道	
1）焊丝干伸长过大 2）焊丝的校边机构调整不良 3）导电嘴磨损严重	1）保持合适的焊丝干伸长 2）再仔细调整 3）更换新导电嘴
起皱	
大电流MIG焊铝合金时，由于阴极斑点进入熔池之中，则熔池金属在电弧力作用下，被强烈搅动，并卷入空气，而使焊缝金属氧化，并形成起皱	大电流焊接铝合金时，应加强保护焊接区，加大喷嘴和适当增大保护气体流量；限制焊接电流不得超过起皱临界电流

编写：殷树言（北京工业大学）
陈树君（北京工业大学）

第5章　高效熔化焊接方法与技术

自从熔化极气体保护焊接出现以来，它以高效、节能、操作简单、便于实现机械化和自动化等特点，在实际生产中得到广泛的应用。随着新世纪的到来，工业生产飞速发展，市场竞争越来越激烈，各生产厂家为增强市场竞争力，越来越强烈的要求提高生产效率、降低生产成本。

焊接生产率的提高主要包括以下几个方面问题：其一，提高熔敷速度，主要用于大厚板件的焊接。其二，提高焊接速度，主要用于薄板的焊接。

1　高熔敷率焊接工艺

在焊接厚板时，希望能采用更大的送丝速度，提高熔敷速度。目前提高熔敷速度的手段中，应用最为广泛的是采用药芯焊丝代替实芯焊丝进行焊接。采用金属粉芯焊丝可以有效地提高熔敷速度，但药芯焊丝更多的重点在于提高焊接接头的力学性能上，而且在其他的章节有详细的论述，我们这里不再重复。提高熔敷速度的另一重要途径是调整保护气体的成分。MIG/MAG焊的电流很大时，熔滴过渡将由射流过渡转变为旋转射流过渡。这时焊丝端头十分柔软，由于金属蒸汽从焊丝侧面蒸发，而造成焊丝端部旋转，同时伴随着很大的飞溅，成形恶化，过程不稳定，所以焊丝的熔敷速度受到限制。改变保护气体成分，可以提高焊接的临界电流，从而更大幅度地提高焊丝的熔敷速度。

1.1　改变保护气体成分提高熔敷速度

（1）Rapid arc 和 Rapid melt 焊接工艺

Rapid arc 和 Rapid melt 是由 AGA 公司开发的两种新的焊接方法。在保证甚至提高焊接质量的前提下，可以有效的提高焊接速度和焊接熔敷速度。该种工艺是常规 MIG/MAG 焊接工艺的延伸，它可以在传统 MIG/MAG 焊工艺不能工作的规范下稳定工作，从而提高了焊接生产力。我们知道，送丝速度、焊丝伸出长度、电弧电压和保护气体等因素是影响焊接工艺的主要因素，通过改变这些参数，可以选择不同的熔滴过渡形式。采用 MISON8 保护气体的 Rapid melt 工艺可以达到 10～20 kg/h 的熔敷速度，相对于传统工艺最大约 8 kg/h 的熔敷速度，其效率提高了一倍以上。该种工艺可以实现稳定的旋转射流过渡，特别适合于填充焊缝以及大厚的角焊缝。采用旋转射流过渡时，电弧的加热面积较大，而且电弧力的作用使侧板的熔深较大，这可以使焊缝的宽度增大。在对接焊缝中，旋转射流过渡可以使焊缝平坦，焊缝和母材的过渡圆滑，在抵抗疲劳载荷时甚至可以取代 TIG 焊接工艺。如果降低电压，则可以避免旋转射流过渡，这时熔滴对熔池的冲击作用不同于旋转射流过渡，焊缝呈现窄而深的形状，该种方式较适合于根焊。

AGA 公司的另外一种工艺 Rapid Arc 可以提高焊接速度。如果采用传统焊接方法，当焊接速度达到 80 cm/min 以上时，将会出现咬边和驼峰焊道等缺陷。而 Rapid Arc 工艺在焊接速度为 2 m/min 时仍然可以避免这些缺陷。采用高送丝速度，长焊伸出长度配合低氧化性气体 MISON8，该工艺可以在常规自由喷射过渡的电流规范下实现强迫短路过渡，而且由于熔池的润湿性较好，焊缝平坦，过渡圆滑。

AGA 公司的这两种工艺在欧洲得到了广泛的应用。

（2）TIME 焊接工艺

加拿大人约翰丘奇发明的 TIME 焊接工艺，也可以有效地解决焊接临界电流的问题。这种方法是在传统的 MAG 焊的基础上产生的，能提高送丝速度并且使用一种特制的保护气，保护气中各种气体的含量（体积分数）为 0.5% O_2，8% CO_2，26.5% He，65% Ar。

这种新的高性能的焊接方法是日本和加拿大在 20 世纪 80 年代首次应用于实践的。1990 年，Fronius 取得了在欧洲市场的专利权，并于该年 6 月在维也纳举行的焊接产品交易会中首次引入欧洲。

TIME 焊是在传统 MAG 焊基础上的发展，在使用特殊的保护气及较大的干伸长的前提下，它能够获得很高的送丝速度和熔敷率。它是一种高性能的 MAG 焊接方法，能够在获得最高质量的焊缝的前提下节约成本。它具有焊缝成形好、机械和技术性能高、焊接质量高及低飞溅等特点，这使 T.I.M.E. 焊接过程具有更强、更快、效率更高的特点。

1）TIME 焊接工艺的优点　高熔敷率　由于高的送丝速度，在通常的工作条件下熔敷速度能超过 10 kg/h，在全位置焊接中可以达到 5 kg/h，工作效率在所有的能与之比的埋弧焊及填丝焊中是最高的。

熔深大，由于在保护气体中加入氦气，所以熔深较大而且浸润性很好，所以对角焊缝的抗动态负载的能力有很大提高。

良好的焊缝外观；

有良好的焊缝外观和焊后干净的表面，低飞溅；

很高的灵活性；

焊接设备同样可以用来进行其他不同厚度板的焊接；

全位置焊接性能好；

即使在全位置焊接的情况下也可以有高熔敷的焊接，特别是在射流过渡的范围内进行仰焊时，几乎没有飞溅。

由于焊接速度高（能减少工件变形），使输入热量减少。

由于焊丝伸出长度可以很大，所以焊接坡口的角度可以很小，这样可以减少填充的次数，提高焊接效率。

2）TIME 焊的电弧类型　TIME 焊接过程电弧过渡有三个范围：在焊丝直径为 1.2 mm 前提下，当送丝速度小于 6 m/min 时为短路过渡，如图 3.5-1 所示。9～25 m/min 时为喷射过渡，如图 3.5-2 所示。25 m/min 以上为旋转射流过渡，如图 3.5-3 所示。送丝速度为 6～9 m/min 时电弧形态发生变化，在这个范围内，脉冲电弧特别有利。

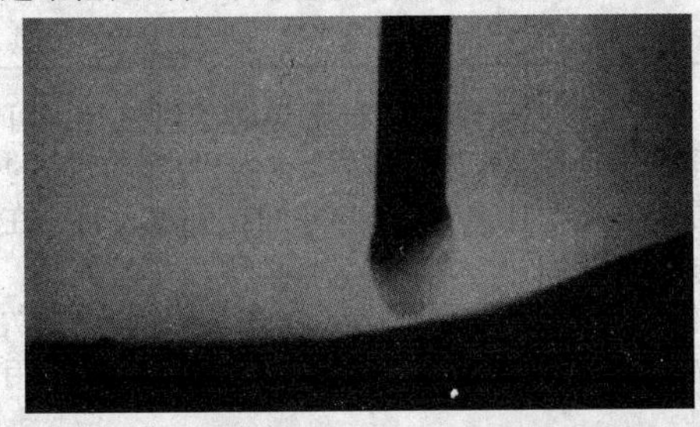

图 3.5-1　送丝速度小于 6 m/min 时发生短路过渡

由于工件位置和材料厚度的不同，在半自动焊中平均送丝速度（直径 1.2 mm）一般为 10～22 m/min，同传统 MIG/MAG 焊相比，它的焊接性能已经提高 100%。在自动焊中，平焊条件下的送丝速度可以超过 22 m/min。

3）TIME 焊工艺的保护气体　在焊接过程中，保护气中的混合的各种成分能起相互补充作用。在高密度的情况下，氩气能从熔池中隔离周围的空气，而具有高热传导率的氦气能够提高通过电弧传递到工件中的热量，从而提高熔透能

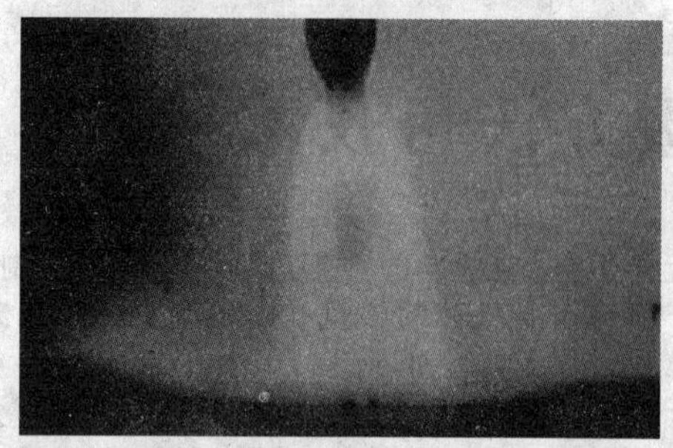

图 3.5-2 送丝速度为 9～25 m/min 时为喷射过渡

图 3.5-3 送丝速度 25 m/min 以上为旋转射流过渡

力。二氧化碳同样能影响电弧和熔池的热量平衡，通过分裂和再组合同样也能提高熔透力。

氧气和二氧化碳使保护气具有氧化性，能降低熔池的表面张力从而使焊缝的表面变得光滑，此外氧气还有稳弧的作用。

在氩气和二氧化碳混合气中添加氦气对焊接过程的特性有重要的影响。在最近几年所累积的经验和新的气体的研究发展中，TIME 焊接过程中的气体成分并不仅仅局限于其最初始的成分（体积分数如下）：

0.5% O_2，8% CO_2，26.5% He，65% Ar

并且可以混合其他的气体。表 3.5-1 的混合物是目前正在使用的，并已被证实能够适用于不同应用范围和焊接任务。

表 3.5-1 不同种类的高能 MAG 焊保护气体

CORGON HE 30	MISON 8	TIME Ⅱ
30% He	8% CO_2	2% O_2
10% CO_2	92% Ar	25% CO_2
60% Ar	300×10^{-6}氮	26.5% He
	一氧化物	剩余的 Ar

TIME Ⅱ气体主要用来进行平焊时的对接焊，可以实现没有气孔且满足用 X 射线照射检查的要求。正确的储存对于这种混合物是尤其重要的，CO_2 的比例较大时，在零度以下就能变成液体。

同传统的 MIG/MAG 焊一样，气流量一般为 15 L/min，但由于 TIME 焊的焊接速度快，所用时间短，保护气用量也同样减少。

实践经验表明，在焊接厚材料和 A 形焊缝时，去除保护气中的 He 的成分是非常不明智的做法，因为它会导致非常严重的焊接缺陷的产生。

TIME 焊中的保护气可以采用罐装的形式，但也可以在现场采用气体混合设备进行混合。

由于 TIME 焊突破了传统的送丝速度和焊接电流极限，对焊接设备也就提出了更高的要求。首先，由于采用大电流焊接，并且 He 气的加入提高了电弧的电位梯度，因此要求电源输出功率要高；其次，对送丝机构也提出了更高要求，对于 $\phi1.2$ mm 的焊丝，在送丝速度为 50 m/min 时，为保证送丝稳定，送丝机的功率应在 250 W 以上，并且需要进行速度反馈控制，并且由于达到给定的送丝速度大约需要 0.8～1.2 s 的时间，要求焊接电源的输出缓升特性相应地匹配，焊接结束时的火口填充处理对于 TIME 焊接尤其重要；对焊丝表面状态要求也较高，要求敷铜层均匀、光滑、结合可靠，否则在焊丝高速送进时会产生敷铜层剥落，影响送丝稳定性；另外，为保证大电流下的高暂载率，焊炬必须为水冷型。

FRONIUS 公司的 TIME 焊接工艺所用设备的基本参数见表 3.5-2～表 3.5-3。

表 3.5-2 TIME Synergic 的技术数据

焊接电流	3～450 A	
焊接电压	MIG/MAG	0～50 V
保护程度	IP21	
重量	124 kg	
25℃时的负载持续率	C100%	

表 3.5-3 TM 30 送丝机的技术数据

额定电压	42 V
送丝速度	0～30 m/min
质量	12.5 kg
保护程度	IP23

(3) LINFAST 焊接工艺

1）从 TIME 焊接工艺在 20 世纪 90 年代出现以来，高能 MAG 焊接工艺在欧洲得到了确立。之后不久又出现了 Rapid Process 工艺，它包括 Rapid Arc 和 Rapid Melt 工艺。TIME 焊接工艺以及 Rapid Arc，Rapid Melt 等工艺，其本质都是一样的：相对于传统的 MAG 焊，通过提高送丝速度（大于 15 m/min)，提高熔敷速率或者焊接速度，两者的区别在于选用不同的保护气体。Rapid Arc 和 Rapid Melt 中的气体成分为 Ar 和 8%CO_2 以及万分之三的 CO。而 TIME 焊的保护气体为 Ar、8%CO、0.5%O_2 和 26.5%He。

随着 TIME 焊接的应用越来越广泛，使用者不禁想到：高能 MAG 焊中是否必须使用这种很贵的 TIME 保护气？很多刊物上都有这样的观点，而且实践表明其他比例的混合气体也可以使用。

此外，单丝高能 MAG 焊接的缺点直到最近又被重新提出来。Church 在他的著作中提到 TIME 焊，由于送丝速度的提高使电弧发生旋转，从而变得不够稳定，这样会导致缺陷产生。还有很多的作者也提到电弧不稳定的问题，并且尝试去解决这个问题。

下面介绍的 LINFAST 是保护气体领域的最新发现，通过该种方法可以得到稳定的电弧，降低生产成本，同时提高焊接质量。

2）高能焊接电弧的分类 图 3.5-4 是直流 MAG 焊的电弧类型。在这里可以不考虑常规短路过渡，因为它的规范效率最低。高能电弧类型包括传统喷射过渡电弧，高能短路过渡，高能喷射过渡电弧，以及旋转射流过渡电弧。这些电弧类型都包括在德国焊接学会（DVS）的工作电弧范围内，并由 DVS 加以定义。

① 传统的射滴过渡电弧 DIN1910 第四部分给出了射滴过渡电弧的概念。属于高能焊接电弧的喷射过渡电弧的送丝速度大概为 15～20 m/min。如图 3.5-4 所示送丝速度为 12 m/min 时的喷射过渡电弧的高速摄像。

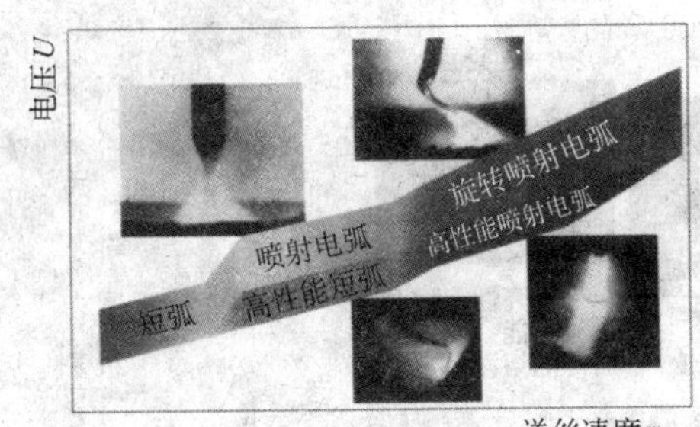

图 3.5-4　普通 MAG 焊和高能 MAG 焊时的电弧类型

② 高性能短路过渡电弧　通过减少电压以及增加焊接中干伸长，送丝速度在 10～20 m/min 可以得到高能短弧，如图 3.5-4。当干伸长为40 mm 时，焊丝的较低的部分开始熔化，熔滴开始旋转。熔滴轴向偏转 1～2 mm，在图 3.5-4 中可以看到，这种旋转的电弧会在坡口表面形成周期性的短路。

③ 高性能喷射过渡电弧　送丝速度大于 20 m/min 时，高能喷射过渡沿着轴向过渡。熔滴的尺寸大约等于焊丝的直径，类似于在脉冲焊接中获得的一脉一滴的最佳效果。熔滴有规律的分离，过渡，不断重复，如图 3.5-5。高能喷射过渡的特点之一为周围高度集中的等离子流，如图 3.5-5a。当焊丝端部开始熔化，电弧长度减少，等离子体弧柱变宽，如图 3.5-5b。随后，在已经熔化的熔滴和固态焊丝之间形成小桥。在电磁收缩力的作用下，小桥不断收缩，弧柱变宽，如图 3.5-5b～3.5-5d。当熔滴和焊丝间的小桥足够窄时，在小桥周围形成新的等离子弧，如图 3.5-5d。当小桥爆断以后，高能喷射电弧会在高度集中的等离子体下重新点燃，如图 3.5-5e。由于焊缝的表面很深但是很窄，所以熔化的金属不能填充全部的焊缝根部，容易形成一种典型的焊接缺陷，如图 3.5-6。

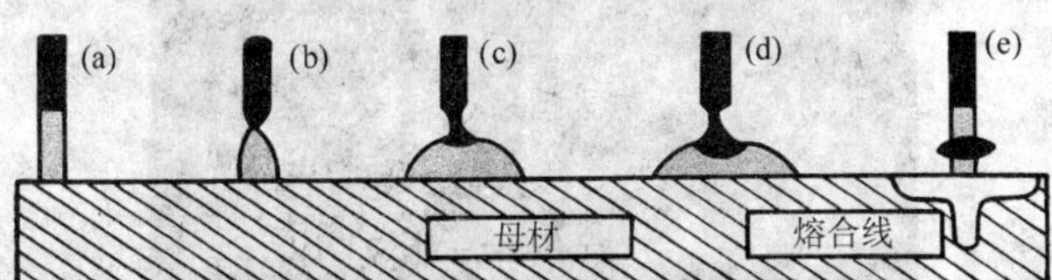

图 3.5-5　高能喷射过渡的过渡过程

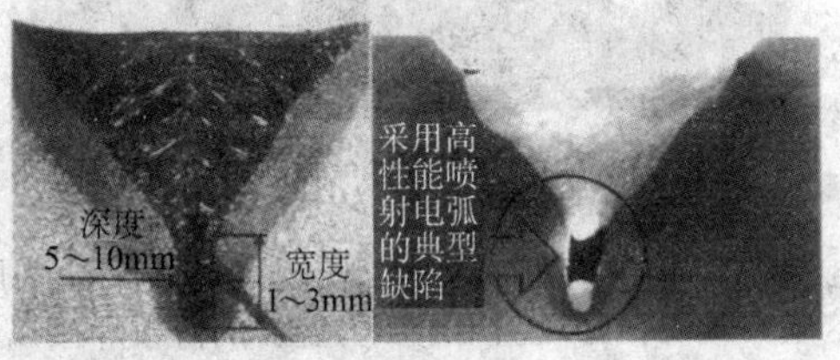

图 3.5-6　由于指状状熔深引起焊接缺陷

④ 旋转射滴过渡电弧　如果焊丝电极的较低的部分在大电流下熔化，在电弧力的作用下偏转，电弧将会开始旋转，如图 3.5-4。当焊丝直径为 1.2 mm 时，这种情况在送丝速度大约 25 m/min，电流最小为大约 450 A 时出现。焊接过程中熔滴沿焊丝轴向偏转，用肉眼都可以看到。

3）高能 MAG 焊接的应用规范区间

① 送丝速度 15～20 m/min。高能 MAG 焊接的优点是其熔敷速率高，这样有时也可以提高焊接速率。在手工焊时，一般将送丝速度控制在 20 m/min 以内，如果送丝速度超过 20 m/min 时，电弧的辐射温度将会很大程度上升，超出焊工所能承受的最大强度。

在这个规范区间内，人们可以在半自动过程采用喷射过渡焊接，也可以在自动焊接过程中采用高性能短弧焊接，这样可以获得很高的焊接速率。

通过提高焊接速率或者是熔敷速度，都可以显著降低成本。与传统的 MAG 焊接（送丝速度最大为 12～13 m/min）相比，应用半自动焊或全自动焊可以将焊接成本降低 10%～50%。

② 送丝速度大于 20 m/min。从一种类型到另一种类型的转变过程中，会发生电弧的不稳定现象。电弧类型的转变时（例如常规焊接从短弧到射滴过渡电弧转变，送丝速度约为 6～8 m/min），将会引起较大的飞溅，在实践中应该避免。

通过观察，当送丝速度在 20～30 m/min 时，高能焊接具有相似的现象，如图 3.5-7。在这个范围内，可以同时找到射滴过渡电弧、旋转射流过渡电弧以及高性能射滴过渡电弧，不同的电弧类型之间可以相互转化。图 3.5-8 给出了由于上述不稳定所造成的焊接缺陷，有横断面以及纵断面的断面图。

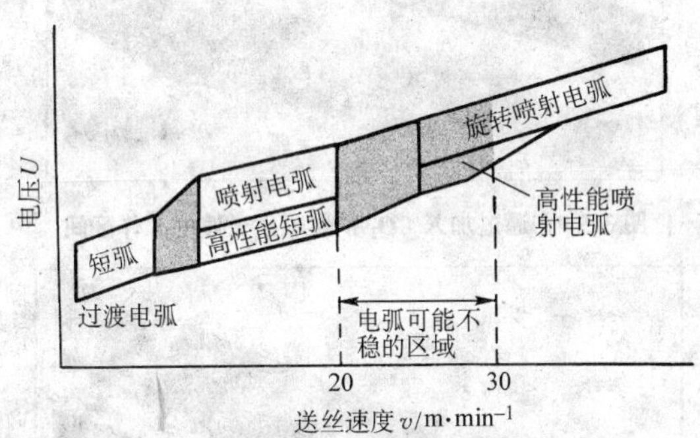

图 3.5-7　高能 MAG 焊中的不稳定区域

4）提高熔敷速度以及质量的想法—— LINFAST 概念

在高能 MAG 焊接中大量应用 Ar－He 混合气体添加 CO_2，O_2 或者是 CO_2 和 O_2。不同类型电弧的稳定区间是由添加的 CO_2 和 O_2 决定的，混合气体中添加的惰性气体成分对电弧的稳定性起到次要的作用。

LINFAST 的基本思想是：通过选择性的添加活性气体 CO_2 和 O_2 可以很好的控制电弧的类型，从而符合使用者的要求。对于某些应用场合，二元混合气体在成本和技术上都可以很好的满足要求。

在较低的范围内，送丝速度在 15～20 m/min，焊接性能的要求不高，保护气体加入 8%～18% CO_2 就足够了。加入 20%～30% 的 He 很好的改善了焊接的表面质量以及熔合线的轮廓。无论手工焊或是自动焊，在这个范围内的喷射过渡或高能短路过渡都很稳定。

当送丝速度接近 20 m/min 时，可以观察到偶然的电弧不稳定现象。如图 3.5-8。在这里，根据使用者的不同需求选择不同的 LINFAST 方法可以有效的解决问题。应用新的保护气体系统，例如 TIME 气体Ⅱ，CORGON 氦气 25C，CORGON 氦气 25S，当送丝速度范围在 20 m/min 以上，可以完全排除由于焊接电弧不稳定而引起的缺陷。例如为了满足焊缝完全没有气孔的严格要求，发展出 CORGON He25C 保护气体。该种保护气体通过增加 CO_2 的比例，使送丝速度高约 27 m/min 时，仍然可以得到稳定的射滴过渡电弧，如图 3.5-9 所示。

另一方面，从应用的角度来看，旋转射滴过渡电弧有很大的优点，例如可以避免角焊缝侧板未熔化的缺陷。当焊丝直径为 1.2 mm，送丝速度 20 m/min 时，为了保证稳定旋转射滴过渡，同时完全排除高能喷射过渡电弧，Linde 公司研制出新的 CORGON 氦气 25S，如图 3.5-10。用此种气体不会产生飞溅，在焊缝表面几乎没有焊渣。

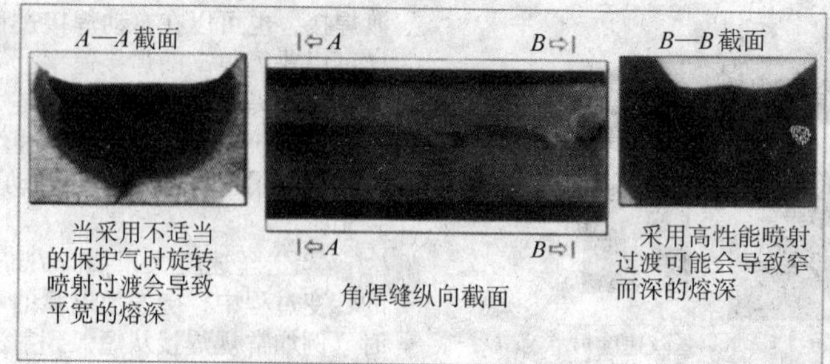

图 3.5-8 由于不稳定的高能喷射过渡和旋转射流过渡产生缺陷

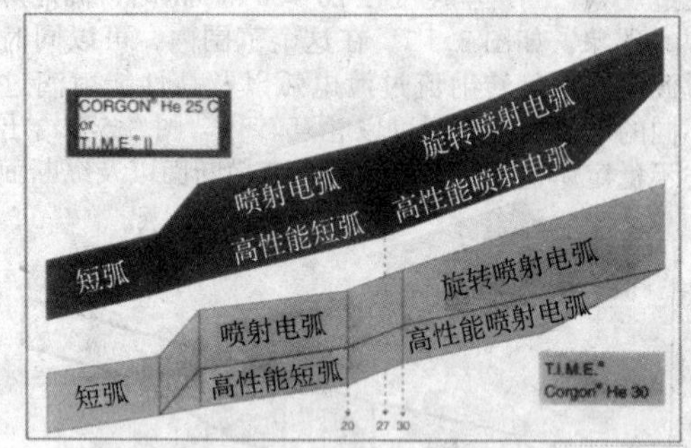

图 3.5-9 通过加入 CO_2 扩展喷射过渡的工作区间

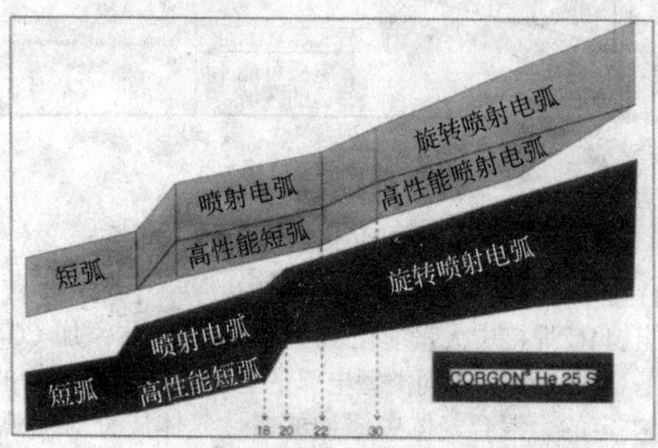

图 3.5-10 通过加入 O_2 扩展旋转射流过渡的工作区间

5）LINFAST 概念的应用实例

① LIFAST 焊接在海上结构件中的应用　这个例子展示了利用 LINFAST 的观念，使用 Ar + 20% CO_2 代替现有的药芯焊丝的情况，在生产和经济方面都有很大的提升。用户使用 1.2 mm 的焊丝，在送丝速度为 20 m/min 时，使用不同的保护气体进行了实验，但都由于焊缝气孔过多没有成功。此外，焊缝还需要有很好的冲击强度，在 -46℃，至少 47J 时，伸长率至少要到 50%。

通过应用 LINFAST 概念，可以得到不同保护气下的焊接参数，用户将这些参数应用到焊接中，焊接的横断面如图 3.5-11。在 38 mm 厚的平板上焊 26 道（以前是 36 道），在 600 mm 的长度上没有焊接缺陷（通过 X 射线检测和美国标准测试）。此时冲击韧度达到 99J（-46℃，伸长率到 62%）。事实表明符合工艺要求的最佳保护气体为 LIFAST 的 CORGON He25C。通过应用这种技术，生产成本与以前的技术相比减少 33%。

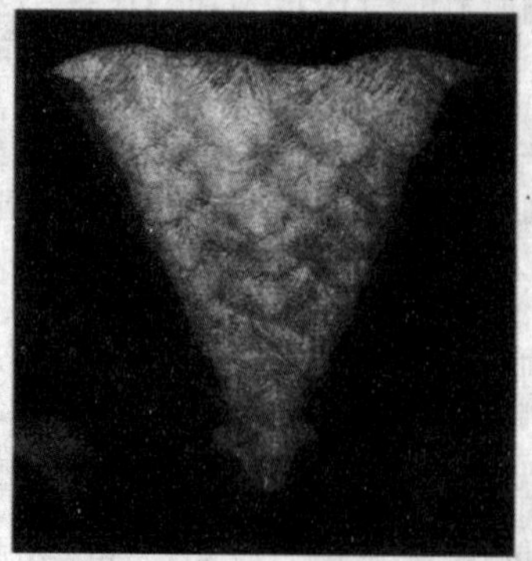

图 3.5-11 采用 CORGON He25C 焊接海上结构件

② LINFAST 焊接在角焊缝中的应用　在这种条件下，角焊缝应当采用机器人焊接。系统中采用的焊接电源最大可以将送丝速度提高到 30 m/min。用户在送丝速度为 23 ~ 26 m/min 时，产生了电弧不稳定，并导致典型的焊接缺陷。

如图 3.5-12 的横断面所示，通过应用 LINFAST 保护气 CORGON HeS，可以保持稳定的旋转电弧，如图 3.5-12 角焊缝的右边所示。通过采用正确的保护气体和最佳的参数，尽管采用旋转电弧，仍然可以达到很大的熔深。这也否定了通常所说的旋转电弧的熔深总是很浅的说法。为了对比，如图 3.5-12 左边显示焊接过程中使用不合适的保护气体以及焊接参数的焊缝形状。这张的横断面再次验证了典型的高性能喷射过渡电弧的指状熔深。应用 CORGON He25S 除了可以获得很高的稳定性外，焊接过程中几乎没有飞溅，只有很少的熔渣依附在焊缝表面，且每米的焊接成本降低约 20%。

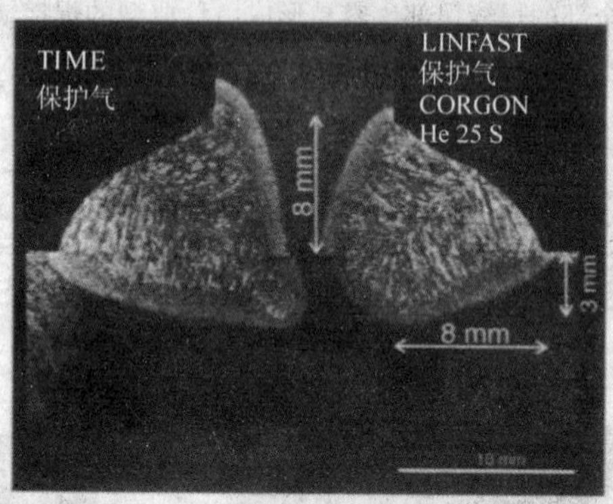

图 3.5-12 采用不同保护气体时的焊缝截面

③ 箱式结构中应用 LINFAST 实现最高效率　为顾客所作的这些实验现在已经应用于压力容器的薄板焊接以及丙烷罐的焊接中。下面的规格要求最为重要。

电弧旋转的绝对稳定性，柱体或是箱体内避免飞溅产生考虑到随后进行的表面刷漆，所以要将焊渣量减到最少，与传统的 MAG 焊接相比提高焊接速度。

焊缝的比较如图 3.5-13。应用 LINFAST 可以满足所有的要求。根据箱体、柱体的参数的不同，成本可以分别降低 10% ~ 20%。

6）总结　确切的 LINFAST 概念是什么？它是保护气体、技术以及“Know How”的结合。

主要是保护气的研究。从物理角度来讲，单一的保护气体不可能满足不同用户从传统的 MAG 焊接到高能 MAG 焊接之间的所有要求。LINFAST 把新式保护气体和对焊接过程的深入理解结合在一起，如果运用恰当，一定会得到满意的结果。

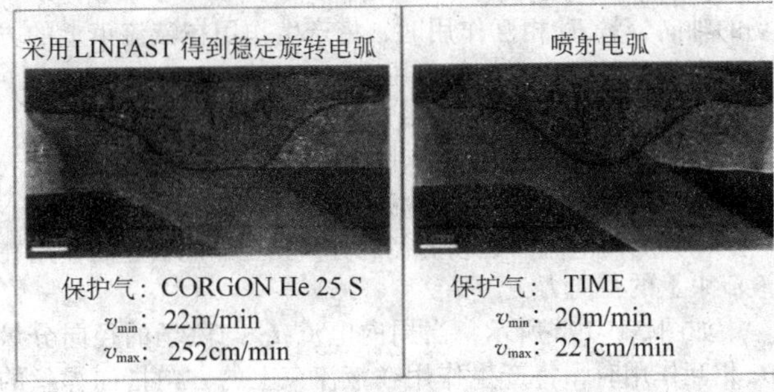

图 3.5-13　通过 LINFAST 控制熔深的形状

当然，没有适合的技术支持，选定的保护气体是不能得到满意的结果的，而且高能 MAG 焊接技术与传统的 MAG 焊接技术是不同的。关键之处在于对包括焊枪倾斜度、保护气体的流量、焊丝伸出长度、电弧电压等因素的正确理解。

如果知道如何将 LINFAST 概念中的技术和保护气体很好的结合起来，焊接质量和经济性都会达到一个新的高度。

1.2　采用磁控电弧提高焊接熔敷速度

TIME 等焊接工艺在工程实际中得到了越来越多的应用，但是由于氦气的加入以及采用多元混合气体会大大提高保护气体的成本。而我国是一个氦气资源十分贫乏的国家，因此 TIME 焊接工艺在我国的广泛推广和应用受到一定的限制。通过选用少氦或者无氦的价格低廉的混合气体，取代价格昂贵的三元或四元富氦气体，再辅助其他的工艺措施，来提高电弧的稳定性，从而改善熔滴过渡状态，拓展焊接规范的使用范围，这对实现在细丝大电流情况下的稳定的旋转射流过渡，进而实现高效焊接工艺，具有十分重要的现实意义。

北京工业大学在这个方面进行了深入的研究，将磁场控制技术运用到细丝大电流 MAG 焊接过程中，实现在连续大电流的区间获得稳定的无氦保护的低成本高效 MAG 焊接新工艺。其基本机理如下。

（1）磁场作用下液流束的受力分析

由于焊接电弧的弧柱区，是由自由电子和带正、负电荷的离子组成的等离子体，它具有良好的导电性、电准中性和与磁场的可作用性。焊丝端部熔化的液态金属的是焊接电流的通道，因此提供了外部磁场对它们的可作用性，也就是说可以通过外加磁场来改变焊接过程中焊接电弧与焊丝端部液态金属之间的形状和位置，进而控制焊接电弧和焊丝端部液态金属的运动。外加磁场是通过在焊枪导电嘴部位外加一个与焊枪同轴的励磁线圈来施加的。磁场的强度和分布可以通过调节励磁电流的大小、励磁线圈的形状、位置以及通过在线圈内部增加导磁材料等方法来实现。

由于旋转射流过渡过程中焊丝端部液流束中焊接电流的方向与外加磁场的方向呈一定的角度，而且，在外加的磁场中做切割磁力线的旋转运动，因此在运动过程中必然受到外加磁场的作用。这样我们就可以通过对外加磁场的控制和调整来实现对焊接过程中旋转射流过渡过程的控制。

外加磁场矢量和液流束上流过的焊接电流矢量分布如图 3.5-14 所示。旋转射流过渡时，流过液流束的焊接电流可以分解成沿着焊丝轴线方向的 $\boldsymbol{I}_z$ 和沿着焊丝径向方向的 $\boldsymbol{I}_r$。同理外加磁场同样也可以分解成沿着焊丝轴线方向的 $\boldsymbol{B}_z$ 和沿着焊丝径向的 $\boldsymbol{B}_r$。其中 ϕ 为液流束的偏转角度，φ 为外加磁场的发散角。

这样就存在着两个作用力，一个是焊接电流的径向分量 $\boldsymbol{I}_r$ 和外加磁场的轴向分量 $\boldsymbol{B}_z$ 相互作用而产生的 $\boldsymbol{F}_1$。另一个是焊接电流的轴向分量 $\boldsymbol{I}_z$ 和外加磁场的径向分量 $\boldsymbol{B}_r$ 相互作用产生的作用力 $\boldsymbol{F}_2$。如图 3.5-15 所示，$\boldsymbol{F}_1$、$\boldsymbol{F}_2$ 在同一条直线上，方向相反，则该点处的液态金属受到的磁场作用的合力为

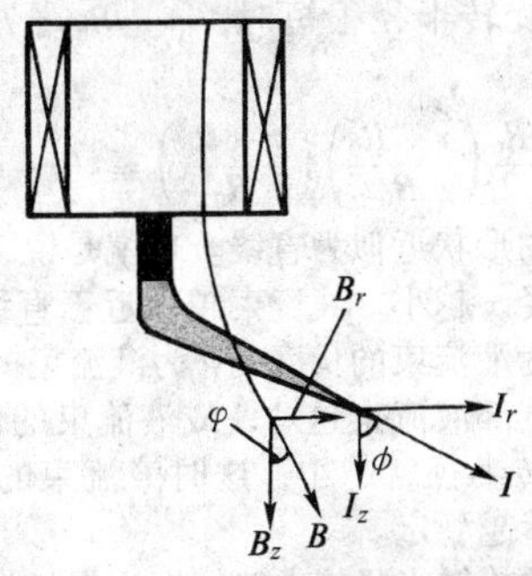

图 3.5-14　外加磁场矢量和电流矢量分布图

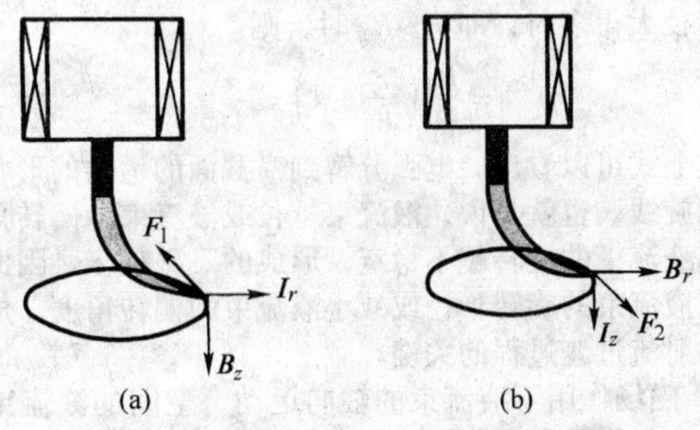

图 3.5-15　外加磁场引起的作用在液流束上的洛仑兹力

$$\boldsymbol{F}=\boldsymbol{F}_1-\boldsymbol{F}_2$$

$$\begin{aligned}F&=F_1-F_2=I\sin\phi\times B\cos\varphi-I\cos\phi\times B\sin\varphi\\&=IB\ (\sin\phi\cos\varphi-\cos\phi\sin\varphi)\\&=IB\sin\ (\phi-\varphi)\end{aligned}$$

如果采用的外加磁场为轴向性很好的磁场，则有 $\phi>\varphi$。也就是说 $F>0$，即 $F_1>F_2$。因此，在外加磁场的作用下焊丝端部的液态金属将受到逆时针方向的合力的作用。

（2）磁场作用下的焊丝端部液流束的运动分析

从上面对磁场作用下的焊丝端部液流束的受力分析可以看出，在外加磁场的作用下，液流束受到一个促使其旋转的力 $\boldsymbol{F}$ 的作用，因此，在磁场的作用下，液流束将围绕着焊丝的轴线，作旋转运动。另一方面，由于液流束的运动而受到气动阻力的作用，当它们达到平衡时，液流束以一定的频率作旋转运动。液流束的上述运动可以分解为在焊丝横截面的旋转运动和沿着焊丝轴线方向的直线运动。

1）磁场作用下的液流束横截面的旋转运动　液流束的上述运动可以分解到横截面上的旋转运动的示意图如图 3.5-16 所示。此时液流束由于受到电磁力（洛仑兹力）而产生旋转运动，而且不断加速。另一方面，由于液流束的运动而受到气动阻力的作用，当它们达到平衡时，液流束以恒定的频率作旋转运动。

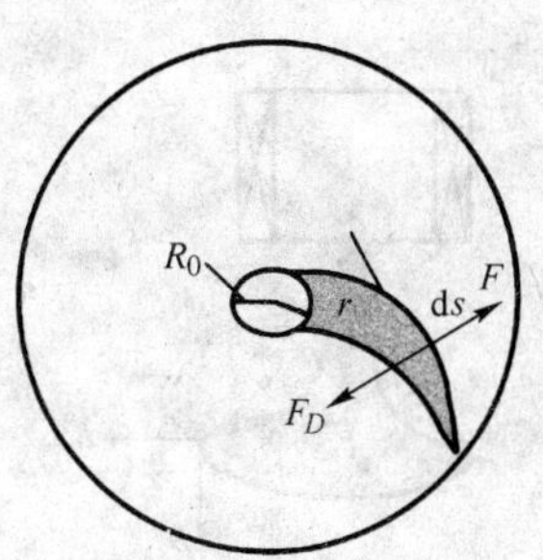

图 3.5-16　运动受力平衡示意图

得到液流束运动的曲线方程

$$s=\frac{R_0}{2}\left(\frac{r^2}{R_0^2}-1\right)$$

当液流束旋转半径很短时，$r-R_0\ll R_0$（即 $r\approx R_0$）时

$$s=\frac{R_0}{2}\left(\frac{r+R_0}{R_0}\right)\left(\frac{r-R_0}{R_0}\right)\cong(r-R_0)$$

即液流束的形状近似为直线。也就是说，焊丝端部的液流束的旋转半径 r 越小，液流束越接近于直线运动。而 $r=l\sin\phi$，其中 l 为液流束的长度，ϕ 为液流束的偏转角度。也就是说，焊丝端部液流束越短，或液流束的偏转角度越小，则液流束的旋转半径就越小，这时液流束的旋转就越有规律，旋转过程就越稳定。

当液流束的旋转半径较大时，即当焊丝端部的液态金属较多，液流束较长，或液流束的偏转角度较大时，其长度比焊丝半径大得多时，即 $r\gg R_0$ 时，则

$$s=\frac{R_0}{2}\left(\frac{r^2}{R_0}-1\right)\cong\frac{r^2}{2R^2}$$

从上式可以看出，电弧分解到横截面的运动的形状为近似的螺旋线。也就是说，液流束越长或液流束的偏转角度越大，则液流束的旋转越不稳定，形成的飞溅越多。因此，如何控制液流束的旋转半径或减小液流束的偏转角度，成为控制旋转射流过渡过程的关键。

2）磁场作用下液流束的轴向运动　空间的液流束电弧除了上述在横截面的旋转运动以外，液流束还存在着沿轴线方向的运动，这样，二者的合成运动为一个空间的螺旋线的运动，如图 3.5-17 所示。

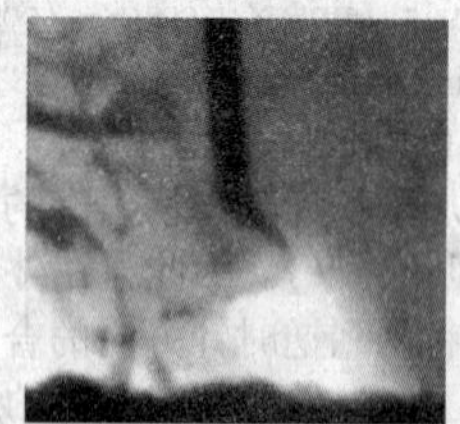

图 3.5-17　焊接电弧的空间螺旋线运动

（3）外加磁场对做旋转运动的液流束的控制作用

1）液流束旋转运动产生的周向电流　液流束以及焊接电弧的上述运动将产生沿着液流束或电弧横截面的圆周方向的带电粒子的定向移动，从而形成周向电流 $\boldsymbol{I}_\omega$，如图 3.5-18 所示。由矢量关系可知，周向电流矢量 $\boldsymbol{I}_\omega$ 同时垂直于磁感应强度的轴向分量 $\boldsymbol{B}_z$ 和径向分量 $\boldsymbol{B}_r$，所以，周向电流 $\boldsymbol{I}_\omega$ 的出现必将改变液流束以及焊接电弧的上述运动状态。这是因为它们之间相互作用的结果必将使液流束受到新的力的作用，使液流束的运动状态发生变化，从而改变液流束的运动状态，直到达到新的运动平衡状态。由周向电流所引发的作用在液流束上的力包括液流束受到的轴向力 $\boldsymbol{F}_z$ 和径向力 $\boldsymbol{F}_r$。

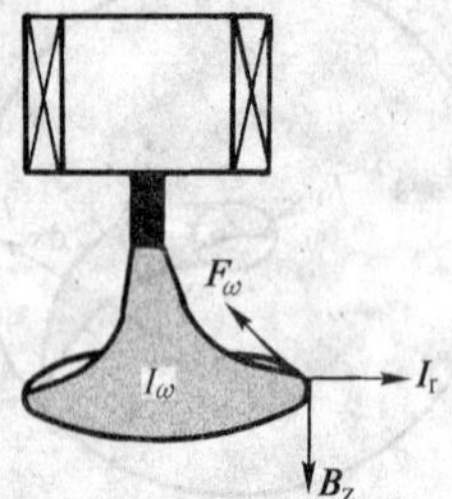

图 3.5-18　液流束旋转运动产生周向电流

2）周向电流与磁场的轴向分量作用引起的作用在液流束上的径向力 $\boldsymbol{F}_r$　如图 3.5-19a 所示，当周向电流 $\boldsymbol{I}_\omega$ 与磁场的轴向分量 $\boldsymbol{B}_z$ 相互作用时，将产生作用在液流束上的方向指向焊丝的径向方向的作用力 $\boldsymbol{F}_r$。

$$\boldsymbol{F}_r=\boldsymbol{I}_\omega\times\boldsymbol{B}_z$$

$\boldsymbol{F}_r$ 的作用是促使其作不规则旋转液流束受到约束作用，使液流束的旋转半径进一步减小。

（4）周向电流与磁场的径向分量相互作用引起的作用在液流束上的径向力 $\boldsymbol{F}_r$

如图 3.5-19b 所示，当周向电流 $\boldsymbol{I}_\omega$ 与磁场的径向分量 $\boldsymbol{B}_r$ 相互作用时，将产生作用在液流束上的方向指向焊丝的轴向方向的作用力 $\boldsymbol{F}_z$。

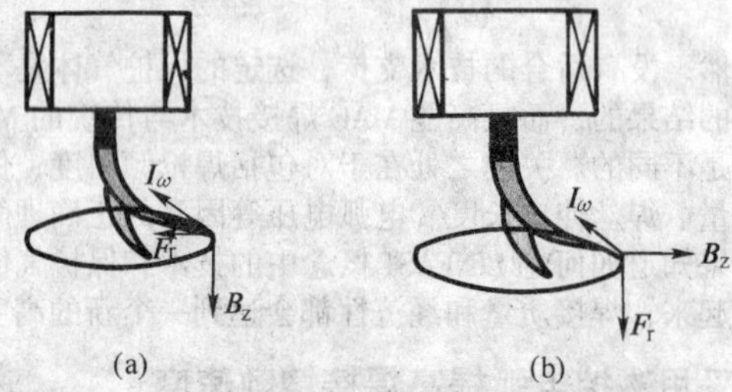

图 3.5-19　周向电流与外加磁场作用产生的力

$$\boldsymbol{F}_z=\boldsymbol{I}_\omega-\boldsymbol{B}_r$$

$\boldsymbol{F}_z$ 的作用是促使作不规则旋转的液流束受到向下的压缩约束作用，同样可以使液流束的旋转半径进一步减小。

由上述分析可以看出，焊丝端部的液流束和焊接电弧烁亮区一起在做空间的螺旋线的旋转运动的同时，在上述轴向力 $\boldsymbol{F}_z$ 和径向力 $\boldsymbol{F}_r$ 的作用下，电弧烁亮区将协同其中的液流束逐渐向电弧轴线靠拢，也就是说，外加磁场作用下，可以减小液流束的偏转角度，从而减小液流束的旋转半径，使得旋转过渡过程稳定。从电弧的外部形态上看，电弧将逐渐收缩。直到电弧的运动达到新的平衡为止，这时电弧以及熔滴将以一定的锥角做有规律的旋转射流过渡。图 3.5-20 为磁场作用前后，液流束的运动状态。

(a) 磁场作用前　　(b) 此处作用后

图 3.5-20　磁场作用前后液流束的运动状态

（5）实验研究结论

1）提高焊接电流（提高送丝速度）是提高焊接生产效率的最有效的途径。

2）如果不采取适当的措施，细丝大电流焊接时的旋转射流过渡是一种可控性差、过程不稳定的过渡形式。

3）外加纵向磁场可以有效的控制细丝大电流焊接时的电弧形态和熔滴过渡状态。在送丝速度 45 m/min，保护气体为常规的 80%Ar+20%CO_2 的情况下，得到稳定性好、可控性好的旋转射流过渡，从而大大提高了焊接生产效率。实现了磁场控制的高效 MAG 焊接新工艺。

2　高速焊接工艺

高速焊接工艺是高效焊接工艺的另一个重要方面，主要应用于薄板的焊接。为提高焊接速度，基本的出发点是在速度提高的同时增大焊接电流，以维持线能量大致不变。但是，实践表明，简单地通过提高焊接电流并不能实现稳定的高速焊接。焊接速度的提高会带来一些与常规速度焊接时不

同的问题。其中最主要的是焊缝成形差，出现焊道咬边的现象，速度进一步提高时出现所谓“驼峰”焊道，甚至造成焊缝不连续。这是由于在高速焊接条件下，熔池的行为有不同的特点造成的。一般来说，咬边总是先于驼峰出现，所以，如何解决高速焊接时焊缝出现咬边的问题，是大幅度提高焊接生产效率的关键。

2.1 焊缝形成咬边的理论

（1）流体静力学表面张力模型

北京工业大学进行了高速熔化极气体保护焊接的研究，建立了焊接熔池的流体静力学模型。

在分析焊缝成形时，不妨假设熔敷金属在熔化的母材上首先铺展到焊趾部，此时三相接触线上的受力情况如图 3.5-21 所示。图中，熔化的焊丝金属的截面积为 A_f，熔化的母材金属的截面积为 A_b。由图 3.5-21，可以得出此时三相接触线上所受合力为

$$\sigma = \sigma_{sg} - [\sigma_{sl} + \sigma_{lg} \times \cos(\beta + \varphi)] = \sigma_{lg}[\cos\theta - \cos(\beta + \varphi)]$$

$$\cos\theta = \frac{\sigma_{sg} - \sigma_{sl}}{\sigma_{lg}}$$

式中，θ 为接触角；σ_{sg}为固－气界面间的表面张力系数；σ_{sl}为固－液界面间的表面张力系数；σ_{lg}为气－液界面间的表面张力系数。

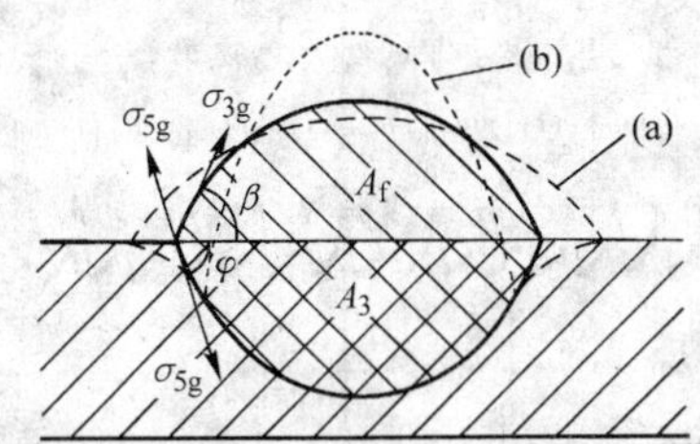

图 3.5-21 液体金属在熔池边缘的受力与运动趋势

由上式可知：

$\sigma = 0$，刚好达到平衡，这是不发生咬边的临界情况；

$\sigma > 0$，合力方向是指向熔池外部的，液体将向外铺展，不会产生咬边。

$\sigma < 0$，即合力方向是指向熔池内部的，将形成咬边；

将平衡时的咬边深度 d_u 作为衡量咬边倾向的指标。作者认为减小咬边倾向可从如下几个方面入手：

1）减小接触角 θ；

2）减小熔宽；

3）增大熔敷金属量。

其中接触角 θ 的大小主要决定于材料成分、气体成分、表面状态和冷却条件，因此，可以认为在材料表面清理情况一定，焊速一定，散热条件一定时，θ 的值基本是一定的。这样，能够通过调节焊接设备的输出特性和焊接规范加以控制的参数，主要是熔宽和熔敷金属量。

该模型对焊缝成形机理做了初步研究，并得到实验验证。但是，该模型对表面张力平衡的关键因素接触角 θ 假设为恒定值，而且也没有考虑焊接熔池的不同形态对三相点的受力平衡的影响，所以不能很好地解释咬边形成的机理。例如在相同规范焊接时，板厚越厚，越容易出现咬边，但是，根据上述理论，由于熔宽减小，咬边倾向反而应当减小，与事实不符。所以该模型需要对焊接边界条件等进行修正。

（2）流体静力学数值模型

自从前苏联的 H.H. 雷卡林在 1951 年建立焊接热过程计算理论以来，焊接温度场的解析计算没有实质性的进步，但是，随着计算机技术的飞速发展，焊接热过程的数值模拟取得了长足的进步。Sudnik 建立的焊接过程的准稳态数值模型，是目前这一领域较先进的。在他的模型中，考虑了熔池表面的对流、辐射、金属蒸发等因素。建立了重力、电弧力和表面张力之间平衡方程，模型中的热源和电弧力符合高斯分布规律。考虑了焊接熔池周围的两相区，引入了间隙宽度和横向收缩、焊接速度和填充金属的熔敷速率等，从而更加符合焊接实际情况。

在计算时，考虑到表面张力决定于温度，温度决定于表面形状，形状又决定于表面张力，多次循环迭代，最终得到稳定的结果。

该研究以薄板 TIG 焊为例进行计算，如图 3.5-22 所示为焊接速度为 v = 30 mm/min，电流 I = 430 A，板厚为 2.2 mm 的不锈钢板焊接时理论计算焊缝截面和熔池形状。实验表明，理论计算结果基本反映焊缝实际形状。用上述模型可以计算焊缝的咬边、烧穿等缺陷。计算表明，当电流很大时（$I \geqslant 300$ A），咬边是由于电弧压力过大造成的。

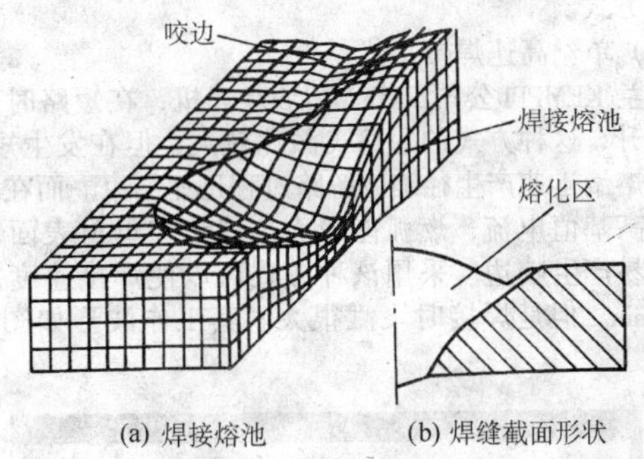

图 3.5-22 不锈钢 TIG 焊熔池和焊缝截面计算结果

但是，该模型并不能完全解释咬边的产生，例如在电流小于 300 A 时，如果焊接速度较大，仍然会产生咬边，该模型却不能得到这一结论。相反，如果在大电流下焊接时，如果焊接速度小，则不会出现咬边，该模型在一定焊接条件下和实际情况符合较好，但在高速时需要再做修正。

（3）经验模型

日本的西武史、小原昌宏等在研究埋弧焊时根据实验观察得到经验模型。该种观点认为咬边是由于在高速焊接时的熔池的“后退效应”产生的，如图 3.5-23 所示。

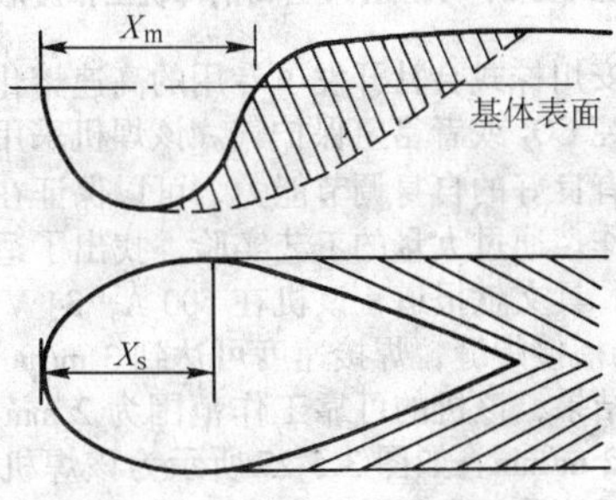

图 3.5-23 熔池后退与咬边的形成

图中 X_m 是熔池金属的后退位置，X_s 是熔池的最宽位置。当焊接速度增大时，熔池金属相对后退增大，当 X_m 大于 X_s 时，焊缝金属不能填充到熔池的最宽处，从而产生咬边。作者通过 X 射线在底片上的成像对这一模型进行了验证。该模型表述了一个事实，也找出了焊接缺陷和观测到现象的一些联系，但该种模型缺乏相关的理论依据，无法解释咬边的内在机理。

总之，目前有很多学者在从事高速焊接方面的研究，但是对高速焊接工程中产生的关键问题——咬边产生的机理，缺乏科学合理的解释。

2.2　高速焊接工艺的实现方式

实践表明，通过改变保护气体成分，对提高焊接速度会有一定的作用，其中比较成功的是瑞典的 AGA 公司的 RAPID ARC 焊接法。该公司的 RAPID ARC 焊接法专门用于焊接薄板。它采用高速送丝、大干伸长和专用气体 MISON8，增强了熔池润湿性，因而焊缝与母材过渡平滑，并且焊缝平坦，从而可在 1～2 m/min 的速度下进行焊接而不出现成形缺陷。这种焊接方法已经成功地在欧洲市场上得到推广。

日本神户制刚特推出了高速焊接专用焊丝 MIX－IPS，通过加入合金元素，熔滴的表面张力和黏度降低，增强了润湿性，通过焊丝表面处理等促进了电弧喷射过渡。与原来的焊丝相比，速度达到 1.5 倍以上。

改变焊接材料的方式可以提高效率，但是不可避免地会使焊接成本升高，这同我们发展低成本高效焊接技术的初衷不符，在这里我们主要介绍采用传统焊接材料实现高速焊接工艺的方式。

(1) 单丝高速焊接工艺

芬兰 KEMPPI 公司 PRO MIG 500 焊机，在短路时电流沿直线上升，这种方式的短路飞溅比较大，但在发生短路后，可以使熔滴迅速产生径缩，短路过程迅速结束。而在燃弧阶段，提高基值电流，燃弧能量大，焊缝在母材表面铺展较好。不易产生咬边。采用该种方式可以使焊接速度提高到 1.2 m/min。但是焊接时飞溅很大。其工作波形如图 3.5-24 所示。

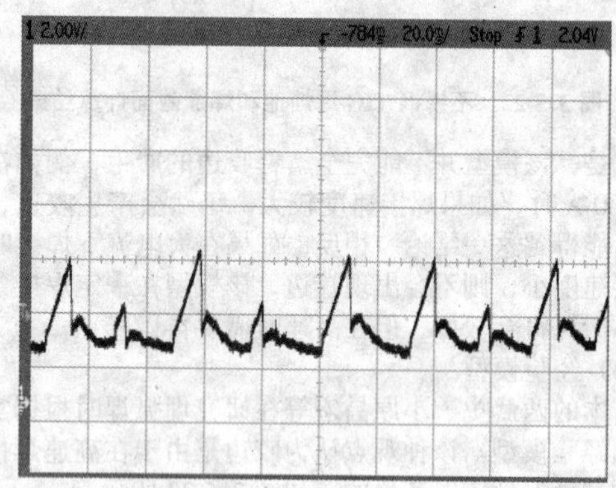

图 3.5-24　KEMPPI 公司的焊机工作波形

日本的安川株式会社开发了专用的高速熔化极气体保护焊机，采用纯 CO_2 或者富氩保护气。该焊机采用脉冲控制方式，电弧具有良好的自身调节能力，可以保证在电弧长度很短时稳定工作，通过大量的工艺实验，找出了适合高速焊接的工作区间。具文献报道，该机在 500 A，34 V 的规范下焊接 3.2 mm 的搭接焊缝，焊接速度可达到 3 m/min。但是根据我们的实验结果，该机的可靠工作范围为 2 mm 板搭接焊逢平焊速度为 2 m/min。如图 3.5-25 所示为该焊机的工作电流电压波形。该法采用电压脉冲配合电流基值，既保证了很好的电弧自身调节作用，又实现了脉冲焊控制熔滴过渡的效果。脉冲的作用对熔池有较强的压迫作用，阻止熔敷金属向中间聚集，防止了咬边的产生。

由前面可知，实现高速焊接必须在增大熔敷金属量的同时减小焊缝宽度，所以，单丝高速焊接要求电源输出特性能保证电弧在大电流，低电压下稳定工作。北京工业大学采用 CO_2 短路过渡焊接工艺，把焊接速度提高至 1.5 m/min 以上。同时，研究开发了低飞溅 CO_2 焊机，对参数进一步优化，该焊机不但飞溅小，而且焊接规范区间宽，在大电流下可以稳定的焊接。当采用 MAG 焊时（保护气体比例为 82% Ar，18% CO_2），表面堆焊最高速度可以达到 2 m/min）。如图 3.5-26 所示为工作电流电压波形。该焊机的特点是：在短路初始时，电流以一较快速度上升，保证熔滴尽快形成颈缩，然后以较慢速度上升，防止小桥爆断时造成过大的冲击力。而在燃弧期间，该法不同于常规焊机，该焊机的燃弧初值电流较短路峰值电流小，电流波动很小，保证了熔池受到较小的扰动，焊接过程稳定。

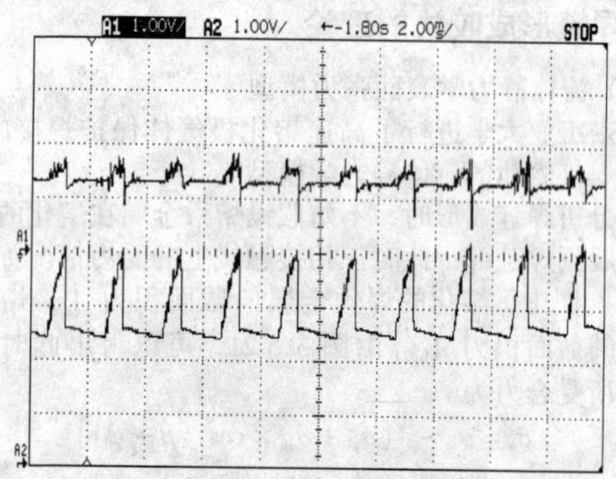

图 3.5-25　安川公司的高速焊机工作波形

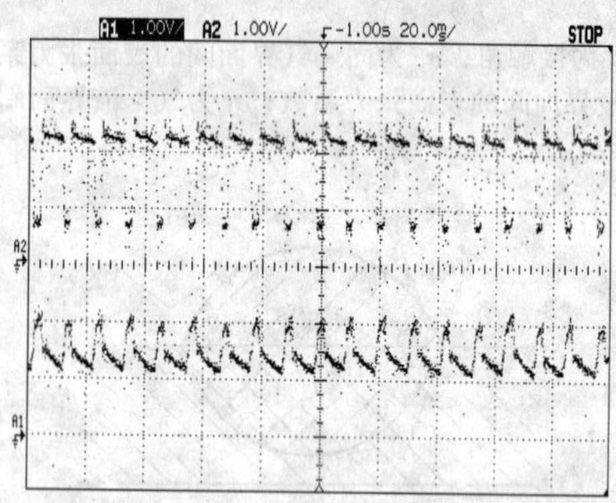

图 3.5-26　采用 CO_2 短路过渡方式实现高速焊接

通过焊接电源的改进，使用单丝获得了较高的焊接效率。但电弧做为热源的同时也是一个力源，随着焊接速度的提高，要求焊接电流相应增大，电弧力也越来越强。集中于一点的电弧力对熔池的扰动也越来越大，保证焊接过程稳定非常困难。此外，单丝焊接的焊缝余高一般都较高，限制了该法的广泛应用。

为了更有效地提高焊接生产率，改善焊缝成形，双丝（多丝）高速焊接得到了广泛的重视。

(2) 多丝高速焊接工艺

日本的藤村浩史采用同一个焊炬同时输送三根焊丝，各焊丝之间相互绝缘。为了避免三根焊丝之间的相互干扰，藤村采用电流相位控制的脉冲焊接方式，电弧在三根焊丝上轮流燃烧。采用这种方式，焊接速度可以达到 1.8 m/min。但是三丝焊接时设备比较复杂，所以没有得到广泛应用。

目前国际上使用较多的是双丝高速气体保护焊接工艺。该种工艺中采用两个熔化极共用一个保护气罩、形成一个熔池，这种双丝熔化极气体保护焊技术的发展提高了熔敷效率的同时，也提高了焊接速度。

在熔化极气体保护焊中，熔化极的熔滴在电弧中垂直过渡，形成类似圆形的熔池。在焊接速度形成的同时，电弧能量不足以熔化母材和填充金属。从而导致焊缝窄且高，而且咬边的倾向增加。

在许多双丝焊中两个熔化极先后排列，和单丝焊相比，熔池长且宽。在高的焊接速度下，母材熔化的深且宽，确保熔透并有效的避免了焊接缺陷。当熔池凝固时，焊缝收缩减少，咬边倾向减少。熔化和凝固时间的延长增加了熔池气体排出的时间。气孔的敏感性显著减少，这有利于焊铝，与单丝焊技术相比，双丝焊可以通过调整焊丝围绕中心轴的角度来适应较大的间隙，电流密度对焊接速度的影响减少。根据电弧类型的不同，焊丝转向大约 20°时，将使速度降低约 25%～30%。当然，焊缝下塌或者熔池烧穿的倾向也会降低。

双丝焊接工艺一般可分为两种，即 TWIN ARC 和 TANDEM。两根焊丝从同一个导电嘴伸出，相互不隔离，则称之为 TMIN ARC。如果两根焊丝从不同的导电嘴伸出，相互隔离，称为 TANDEM。双丝熔化极气体保护焊工艺的电弧形态如图 3.5-27 所示。

图 3.5-27　双丝熔化极气体保护焊电弧形态

1）TWIN ARC 双丝气体保护焊接工艺　目前在国际上采用这种工艺的公司主要有德国的 SKS、美国的 MILLER、BINZEL 公司也在推广它生产的用于 TIME TWIN 的焊枪。

该种方式无法分别独立调节两个电弧的长度，由于两个焊丝共用一个导电嘴，电流将从回路电阻较小的通路流过，所以当某一个电弧较短时，该电弧将会流过更多的电流，使焊丝熔化，电弧长度伸长，两个焊丝的电流又趋于平衡。

因为两个等电位的焊丝之间有磁场存在。这个区域导致了电弧的弧根压缩，在理想环境下，在工件表面的一个共用点接触。两个焊丝之间的距离决定共用弧根。在正常情况下，这个距离在 4～7 mm 之间，这取决于总的电流密度和焊丝直径。距离太短将产生一个熔滴，而且电磁作用过强，增加磁偏吹，将增加飞溅。距离太长将产生两个熔池，降低了双丝焊的优势。

在 TWIN ARC 中，短弧焊是不适合的。因为等电位的要求，一根焊丝在短路时将导致另一根焊丝电压下降。焊丝接着被送进，直至电弧被重新点燃。在频繁的短路或短弧焊中，将导致极端不稳定的焊接过程。在实践中，通常应用脉冲和喷射过渡电弧，且需要相同的焊丝直径。用脉冲焊接可实现稳定的和低飞溅的过渡。

不过，当电流很大时，两个电弧之间会由于电磁力的作用产生强烈的吸引，从而影响电弧的稳定性，而 TWIN ARC 方式对此没有很好的解决办法。此外，该种方式对回路的接触电阻等要求较高，电弧抗扰动的能力较差。

TWIN ARC 方式有一些固有的不足，但是由于采用该种方式结构简单，只要用一台大功率电源就可以工作，所以在一些场合下仍有应用。

2）TANDEM 双丝气体保护焊接工艺　国际上采用这种方式的公司有德国的 CLOOS 公司，奥地利的 FRONIUS 公司、美国的 LINCLON 公司、法国的 SAF、瑞典的 ESAB 等。目前 TANDEM 焊接法使用的较为成功，在我国株洲车辆厂和长春客车厂率先采用该种技术，取得了很好的经济效益。2002 年北京国际埃森焊接展览会上，CLOOS 公司和 FRONIUS 公司都在大力推广各自的 TANDEM 双丝焊接工艺。在短短的一年里，国内已经有多家公司企业购买了该项技术，市场前景非常广阔。图 3.5-28 所示为 TANDEM 双丝焊电源结构示意图。

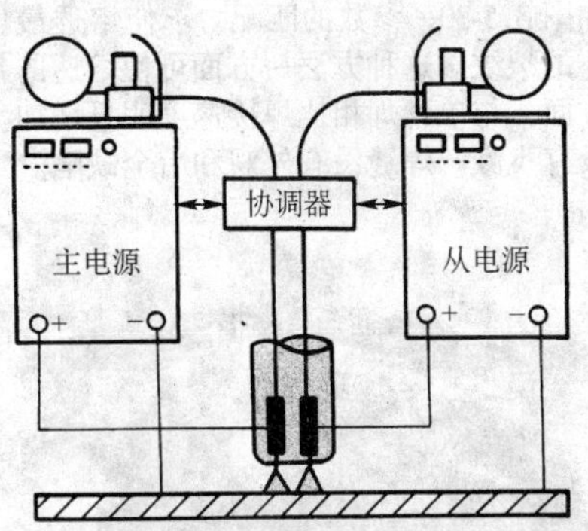

图 3.5-28　TANDEM 双丝焊电源结构示意图

TANDEM 双丝焊接工艺采用两台独立的焊接电源，两个电弧的电流和电压可以独立调节，所以具有很高的灵活性。在 TANDEM 双丝焊中，一般把前面的焊丝叫做“主”（master），后面的叫做“从”（slave）。主弧的规范一般较大，主要起到熔化焊丝和母材的作用，而从弧一般规范稍小，主要起添充和盖面的作用。为了避免大电流下电弧的相互干涉作用，TANDEM 焊接工艺都采用脉冲焊接工艺，两台电源的相位相差 180°，当一个电弧工作在脉冲状态下时，另一个电弧正处于基值状态，所以两个电弧之间的作用力较小。采用脉冲焊接工艺，可以有效地减少双弧间的干涉现象。

采用双丝焊接工艺，可以有效地增大熔敷金属量，利于减少咬边的产生。而且由于电弧力分散于两点，所以对熔池的扰动作用也较小，有利于提高焊接速度。德国 CLOOS 公司的 TANDEM 焊接工艺，在薄板下坡焊接时，最大焊接速度可达 5 m/min。而且工艺参数灵活，可以有多种匹配方式。

北京工业大学也在从事这方面的研究，并取得了一定的效果。目前已经成功地把焊接速度提高到 3 m/min 以上。该法采用两台相同的脉冲焊接电源，脉冲能量恒定，保证在不同电流时，都能实现一个脉冲过渡一个熔滴。两台电源协同工作，脉冲相位相差 180°，当一台电源处于脉冲阶段时，另一台则处于维弧基值电流阶段，避免了相互干扰。相比于普通的 MIG/MAG 焊接工艺，其效率明显提高。焊接时两焊丝可以前后行走，也可以成一定角度，从而调整焊缝的宽度，焊缝平整光滑。如图 3.5-29 所示为 TANDEM 焊接工艺的电流和电压波形。

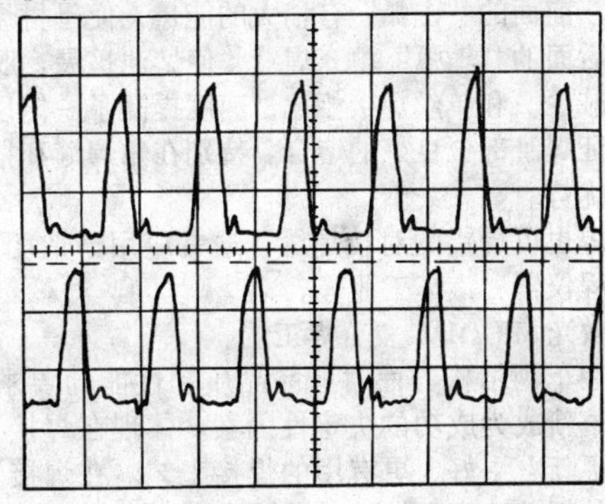

图 3.5-29　TANDEM 焊接工艺电流和电压波形

① 钢的焊接　德国卡车轮缘制造厂商实用气体保护焊焊接轮缘。在富氩情况下，焊缝有显著的指状熔深，在低压时搭接区有裂纹。使用双丝焊，即可以增加熔敷率，又可以提高焊接速度。焊接的搭桥性能以及熔透的形状也由于焊丝

的倾斜发生变化。

轮缘由 S235RJ 材料制成，6～8 mm 厚，用 1.2 mm 的 G3Si1 实心焊丝焊接。保护气为富氩气体，含 12% 的 CO_2。

过去采用单丝 GMA 焊接的卡车轮缘第一次使用双丝进行焊接。如图 3.5-30，参数的匹配力求使熔透最佳，以避免低压情况下的裂纹。这种方法一方面可使熔透的几何形状优化，另一方面，与单丝焊相比焊接速度明显增加。使用脉冲焊，几乎没有飞溅。焊缝没有外观和冶金缺陷。

图 3.5-30　TANDEM 工艺焊接汽车轮毂实例

② 铝的焊接　脉冲焊主要应用于铝的焊接，参数连续可调，不会短路，没有飞溅，如图 3.5-31。每个脉冲过渡一个熔滴，还可以使熔滴均匀。这对铝合金如 AlMg 非常重要，脉冲焊接可以在整个焊接规范区间内保证熔滴尺寸的均匀。

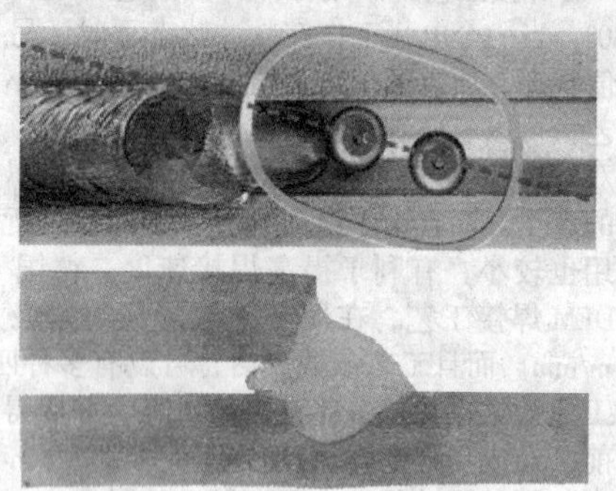

图 3.5-31　TANDEM 工艺焊铝实例

随着能量的增加，电弧力也增加，使熔池难以控制。当使用 1.2 mm 的 AlMg 焊丝时，电流为 320～350 A，送丝速度为 20～22 m/min 时，参数达到极限值。这里，采用两个独立导电嘴把两个焊丝送进同一个熔池的 TANDEM 工艺显示出明显的优势。双丝焊有优点，可以使单个电弧短，熔池窄。

通常，前面的“主弧”有稍大的能量，使母材熔化，根部熔合。后面的“辅弧”填充焊缝，使熔池扩展，脱气时间长，气孔减少。和单丝焊接相比，速度提高了一倍以上，而且可以保证焊趾部位良好的熔合。特别在角焊缝和搭接焊缝中更具有优势。

双丝焊也可焊铝的对接焊缝，通常应用于造船，机械，锅炉，工程仪器，汽车工业等。

(3) 激光 MIG/MAG 复合焊工艺

由于在车辆结构方面对产品品质和性能的要求不断提高，技术革新成为成功的决定性因素。体现在焊接工艺中，就是发展更新、更好、更有用的焊接工艺。在焊接工艺中，获得更快的焊接速度和良好的搭桥性能是提高焊接工艺性能的重要组成部分。然而，用传统的激光焊接工艺不能同时实现这两种要求。因此，提出了一种混合工艺，就是激光混合焊或者叫激光钎焊。激光束焊和 MIG 焊作为焊接方法已经被提出了很久了，在连接工艺中，两者分别在高速焊和良好的搭桥性能方面扮演重要的角色。如果将这两种方法结合，就可能产生一种全新的效果。在保证了焊缝的高深宽比的同时，激光束产生了一个很窄的热影响区。由于激光的光斑直径很小，所以搭桥的性能很差。然而激光焊接可以得到很高的焊接速度。而 MIG 焊接工艺的特点在于其能量密度低，加热面积大，所以搭桥性能也很好。

带有自动钎焊送丝系统的激光钎焊代表了一种低热输入的新型连接工艺。由于手工钎焊价格昂贵，性能不稳定，因此能实现自动化的工艺引起了广泛关注。激光束钎焊因其容易控制和精确的能量输入具有很大的潜力。在焊接镀锌钢板时，焊缝表面的覆盖物被毁坏后，连接区很容易受到腐蚀，而焊缝本身却不会被腐蚀。激光混合焊可以用来焊铝，无论是纯铝，合金或是合金钢，但该种工艺更适合焊镀锌钢板。

将激光与电弧在一种焊接工艺中结合起来的方法出现在 20 世纪 70 年代，然而却没有得到更进一步的发展。这项技术最近才被重新拾起。现在重点是如何将电弧与激光的优点结合起来。最初，必须证明激光束适合于工业应用，而现在它们已经成为了传统工艺在自动化方面应用的一部分。将激光与任何一种焊接方法结合起来都叫混合焊接工艺。这意味着激光束和焊接电弧同时对焊接区域起作用，并且互相影响与支持。例如：最近带填充丝的 CO_2 激光焊与 MSG 焊接工艺相结合的工艺就通过了检验并被应用。

1) 激光系统　激光混合焊不只需要高激光能，还需要高的激光束品质以保证能得到所谓的深焊效果。正是由于 CO_2 激光束的品质很好，所以才使其可以应用于焊接。而且盘形激光与二极管激光在这方面有特殊的影响，因为它们具有良好的聚焦性、高的激光束品质以及由此产生的高强度使得它们都很适合切割与焊接铝。然而，因为焊接加热区较小（这是高能量密度的直接产物），使得这种激光的应用受到了限制。随着 Nd：YAG 固态激光在市场上的供应越来越多，它被频繁地应用于焊接。由于固态激光由可以随意弯曲的光缆传导，因而比之只能直线传导的 CO_2 激光具有更大的优势。可以随意弯曲的光缆操作使得焊接工作可以在车箱、中继线、门、敞开的车棚等地进行。而 CO_2 激光在外面的 2 维或简单的 3 维空间中依然有需求。高性能的紧凑形二极管激光已经开始有了一定的市场，这为激光钎焊奠定了基础，并可期望在不久的将来进行第一道窄间隙焊接。

为了得到深熔透焊，必须进一步开发具有更大功率和更高品质的激光器。现在，半导体激光器的价格已经和其他高负载持续率激光相差无几，而随着半导体价格的降低，这种激光的价格肯定还会降低。

2) 激光焊接方法　当激光功率密度为 10^6 W/cm^2 时，我们称之为高传导焊接。如果强度提高，熔深加大没有规律性。如果强度进一步提高，熔深加大就非常显著了。由于高的功率密度使焊件形成了凹坑，而由于材料蒸发产生的蒸汽的作用力使得凹坑一直处于敞开的状态。激光束通过凹坑产生了很大的熔深。冷凝后的蒸汽沿着凹坑流了下来，凝固并形成了细小的焊缝。它与大多数传统焊接方法相比的优势在于常规焊接工艺焊缝的深度是热传导的函数，所以会产生大的熔宽和低的熔深。

3) 激光混合焊接方法　应用于金属工件的焊接时，Nd：YAG 激光束的激光通过聚焦调整到超过 10^6 W/cm^2。当激光束撞击在材料表面上时，受热表面立即达到蒸发的温度并且因为流动的金属蒸汽作用，在焊接金属中产生了凹坑。焊缝有一个大的深宽比。而自由电弧的能量密度一般刚刚超过 10^4 W/cm^2 以上。图 3.5-32 为激光混合焊的原理图，图中显示的激光束除了电弧外，在焊接区域的上表面往焊接金属中加入了额外的热量，同串联连接的两种焊接工艺相比，混合焊是两种焊接方法在同一区域的合成。两种方法合成后的共同的作用能够有不同的强度和特性，这也同时取决于电弧和激光焊接方法的使用以及在焊接过程中参数的设置。

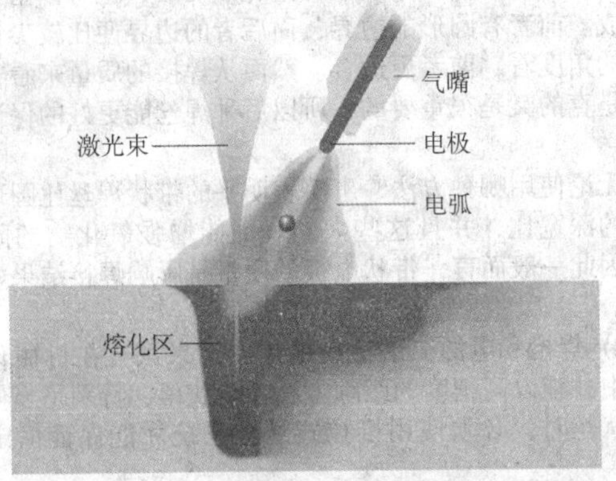

图 3.5-32 激光复合焊接的基本原理

同单独的方法相比，随激光焊和电弧焊施加热量的不同，熔深和焊接速度都有不同程度的提高。由于电弧等离子体的作用，金属蒸汽从凹坑中蒸发出来。在工件的等离子区 Nd：YAG 激光辐射的吸收几乎可以忽略。这取决于激光或电弧在总功率中所占的比例。

工件的温度对于激光辐射的吸收是一个决定性的因素。在开始进行激光焊接时，克服开始时的反射是必需的。特别是在铝工件表面。在到达蒸发温度后，便形成了凹坑，这时几乎所有的辐射能都能够输入到工件中来。这些能量的大小主要决定于温度吸收系数和由于在工件中产生的热传导而输出的能量。在激光混合焊中工件表面和填充焊丝都会蒸发，这就有更多的金属蒸汽可供使用并且激光辐射的输入也会更方便。同时也能防止焊接过程的中断。图 3.56-33 是在激光混合焊过程中金属的过渡过程。

图 3.5-33 激光复合焊接中的熔滴过渡过程

如果比较一下激光、MIG 和激光混合焊的熔透特点，会发现激光焊的焊缝有凹度，而在相同焊接速度和熔深情况下，MIG 焊缝有非常大的加强高并且有很大的熔宽。为了在激光混合焊中获得相同的熔深，只需一半的送丝速度，也就是 5.5 m/min，在 MIG 焊中送丝速度要达到 11 m/min。如果再观察一下激光混合焊的焊缝，会发现它在相同的熔深时表面只有很轻微的凸起。如图 3.5-34 所示。

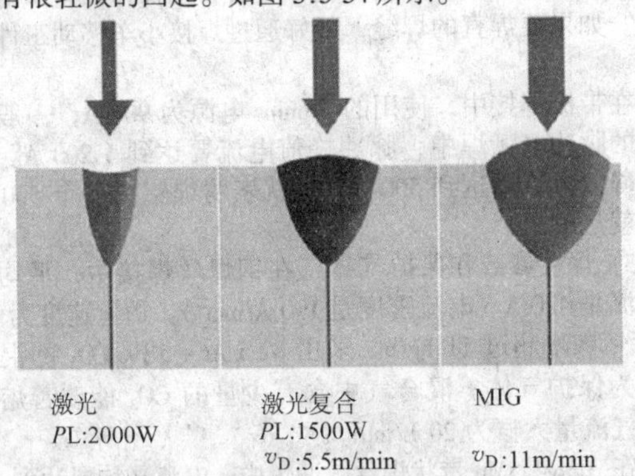

图 3.5-34 不同工艺的熔深情况对比

一套完整的碰撞防护要确保机器人开关在碰撞的瞬间会迅速关闭。焊枪便可回复到起始位置继续工作。

4）在汽车工业中的应用　MIG 焊接方法以其高的搭桥性能和最少的坡口准备得到广泛应用，而激光焊的优点是在输入热源集中的情况下能有大的熔深和高的焊接速度。

除了 MIG 焊和激光焊外，应用于焊接大众轿车车门的还有激光混合焊，如图 3.5-35 所示。一扇门包括 7 道 MIG 焊缝，11 道激光焊缝和 48 道激光混合焊缝。7 道 MIG 焊缝的长度为 380 mm，11 道激光焊缝为 1 030 mm，48 道激光混合焊缝为 3570 mm。

激光混合焊是用来焊轿车车门中铝制的突出的部件、铸件和薄片。在搭接处的焊缝主要是搭接焊缝，也有的是对接焊缝。

为了能达到车门所需的硬度同时节省材料，薄板必须是由特制的材料制成的，如铸造、挤压材料。根据所需的速度和公差，这些零件在不同的点只能用激光混合焊加工，否则大众轿车必须使用大块的铸造材料。

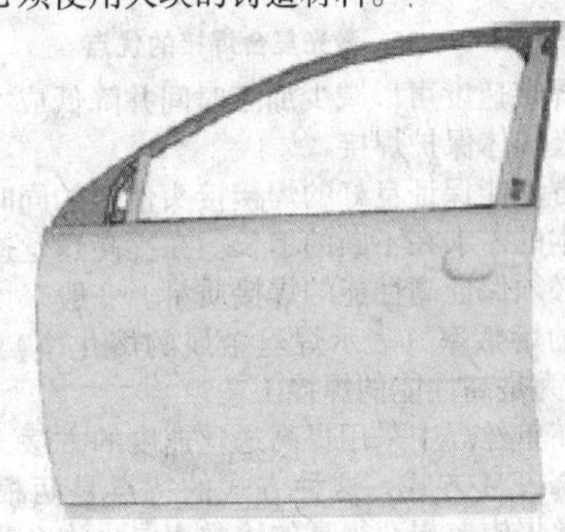

图 3.5-35 采用激光复合焊接的大众公司车门

事实上，车门上共 4 980 mm 的焊缝并不是全部都可以用激光混合焊，这样会削弱个别焊缝的特性：如果缝隙很宽，激光混合焊便没有用了，而用纯 MIG 焊将有利。反之亦然：当焊小的缝隙时，用低热量和高的焊接速度的激光焊则是最合适的解决办法。然而，激光混合焊有很强的能力去适应各种情况，通过改变激光焊和 MIG 焊的比例，这种加工可适用于各种焊接需求，这就意味着，通过激光混合焊，实现纯激光加工或 MIG 加工是完全可行的。但是，焊接过程中一部分功能必须被中断。根据焊接具体工作，速度也可作适当的改变。例如，在车门的对接焊缝中，可能的焊接速度为 1.2～4.8 m/min，送丝速度为 4～9 m/min，工件上激光的能量为 2～4 kW。

焊接过程中最优的参数如下：焊接速度 4.2 m/min，送丝速度 6.5 m/min，激光能量 2.9 kW。

5）激光混合焊的协同作用　通过电弧和激光束焊两种方法的结合，可获得以下优点。

和激光焊相比，激光混合焊的优点有：有较高的搭桥性能，有较宽和较深的穿透能力，应用范围广，通过节省激光能源，可减少投资成本，能增加强度和韧性。

同 MIG 焊相比，其优点为：焊接速度高，在高速的情况下熔透大，输入热量少，强度高，缝隙窄。

与激光束焊相比，通过激光束焊和电弧焊两者的结合可形成较大的熔池，相应地，缝隙大的部分也可被焊接。弧焊的特点是低成本能源，好的搭桥性能，其微观结构受填充材料影响。激光束焊的特点是熔透大，焊接速度高，热负荷低，缝隙窄。在焊接金属工件时，激光产生所谓的深焊效果，这样，只要激光的功率是足够的，就可以焊接变截面的工件。

激光混合焊允许较高的焊接速度，通过电弧和激光之间的交互作用，加工稳定，公差处于中间状态。与 MIG 焊相比，较小的熔池导致输入较少的热量，从而热影响区小，可以减少变形程度以及随后的变形纠正工作。实际上，两个分离的熔池是可以利用的，激光束焊接的区域，特别是在焊接钢材的情况下，用剩余的热量回火，进而可降低硬度的峰值。混合焊的优点如图 3.5-36 所示。

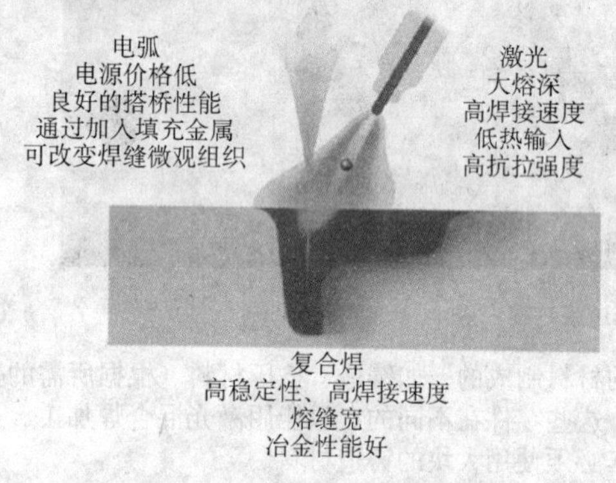

图 3.5-36 激光复合焊接的优点

较高的焊接速度可以减少加工时间并降低成本。

(4) 带极气体保护焊接

在焊接方法能保证良好的焊接接头性能的同时，对其大输出、低成本的需求在不断的增长。在提高送丝速度和熔敷率的同时，必须保证高性能的焊接质量。一般来说，如果一种焊接工艺的熔敷率（表示焊丝金属的熔化率）大于 8 kg/h，就可以认为是高性能的焊接工艺。

相对于在单丝焊中采用提高送丝速度的方法，在双丝焊中可以用 TANDEM 方式，这种方式的特点是两根焊丝同时熔化。在单丝焊中要想获得高的熔敷率，也许会产生咬边的现象，同样在 TANDEM 焊的情况下也会产生其他问题，例如焊枪的导向问题（特别是在弯曲的焊接路径中），因为在焊接方向中主丝和辅丝必须保持相对位置的一致性。

带状焊丝是一种新的提高 GMA 焊接速度的方法，其熔敷率能超过 11 kg/h。和 TANDEM 焊相比，其优势表现在：首先，只需一台焊接电源，其次，它非常容易设置焊接参数。当然除了这些优势外它也有一些难点，比方说在机器人应用中会遇到送丝方面的问题。

使用带状焊丝的基本的必备的条件是，必须有一套非常匹配的焊接电源，送丝机及焊枪。

1) 带状电极　表 3.5-4 列出了常用的几种带状电极的类型。带状电极的尺寸范围为宽 4.0 ~ 4.5 mm，厚 0.5 ~ 0.6 mm。最大宽厚比为 9:1。

表 3.5-4 几种不同的带极焊丝尺寸

材　料	G3Si1	AlMg4.5Mn	AlSi5
截面尺寸	4.5×0.5 mm²	4.0×0.6 mm²	4.0×0.6 mm²
截面面积	2.3 mm²	2.4 mm²	2.4 mm²
单位长度的质量	17.6 g/m	6.5 g/m	6.6 g/m

带状电极既可以用圆形焊丝轧制而成，也可以由带状焊丝制成。前者有圆形的边界，而后者的边界便比较尖锐。从送丝的角度看，前者更适合。然而从焊接的质量来看，带状焊丝是直的又是很重要的，所以后种焊丝能更好的保证这一点。

无论使用哪种方法，事实表明平的带状焊丝比圆形焊丝有大的深宽比，并且这些大的表面能增强氧化物的附着能力。因此一般而言，带状电极的质量是影响焊接结果好坏的关键。

2) 焊枪和电源　最适宜的焊接结果只有在机械化焊接应用中并辅以高精度的跟踪方法才能获得，特别是当使用软铝带状丝时，必须使用推拉式送丝系统才能保证恒定的送丝。

图 3.5-37 是在这里使用的有带状焊丝的焊枪，它是专门适用于带状焊丝的推挽式焊枪。导电铜管设计成这种方式使带状焊丝能正好穿过纵轴和横轴。气体喷嘴是水冷式的，这套水冷系统是非常重要的，特别是当焊接电流很高的时候。

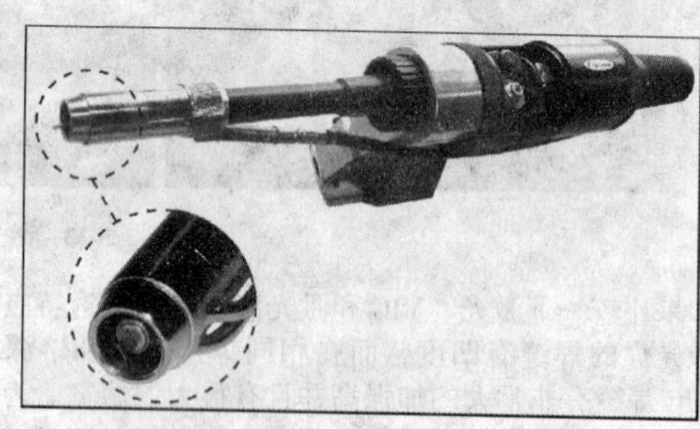

图 3.5-37 带极焊接的焊枪结构

由于复杂的送丝机构，使用平带焊丝焊接的最好方法是使用一把装配好带状焊丝的枪和一套自动操作设备来对进行焊接。如果要焊直的焊缝，最好通过焊接小车移动工件或是焊枪。

在带极焊接中，使用的 Fronius 电源为 900 A，一般在钢焊丝的脉冲电弧焊中，脉冲峰值电流要达到 1 200 A。铝焊丝的峰值电流要达到 500 A，这就表明焊铝用一个 500 A 的电源就足够了。

3) 焊接参数和保护气体　在钢焊丝焊接中，平均的焊接电流是 420 A（电流密度是 190 A/mm²）。送丝速度为 11 m/min，熔敷率超过 11 kg/h。采用 82% Ar + 18% CO_2 的混合气体作为保护气体。混合气中含有少量的 CO_2 能改善熔滴过渡。气流量大概为 20 L/min。

在 AlMg4.5Mn 带状焊丝脉冲焊中，电流平均要达到 260 A（电流密度为 110 A/mm²）。送丝速度为 9 m/min，熔敷率为 4 kg/h。为提高焊接速度用纯氩或氩氦混合气作为保护气。

4) 熔滴过渡　金属微粒在带极焊中的过渡已经可以借助高速照相机进行研究。从图 3.5-38 我们可以看出 AlSi5 的

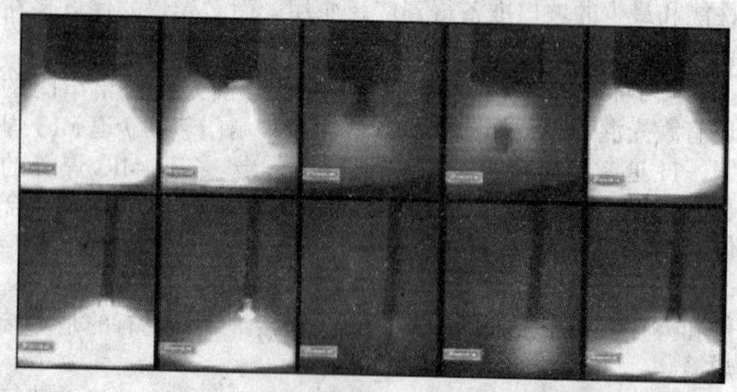

图 3.5-38 不同电极条件下的熔滴过渡

带状焊丝在一个脉冲周期内的结果（送丝速度为 5 m/min）。在靠近带状焊丝的部位，电弧可明显的看出是椭圆的形状，但是在靠近工件的部位，就趋于圆形了。值得注意的是分离后的熔滴并不是呈明显的椭圆形，但是（由于表面张力的影响）或多或少会有一些熔滴为球状。

5）焊接速度　在高性能的焊接方法中提高熔敷效率可以通过以下两种途径：采用大的焊接横截面或提高焊接速度。在大多数的应用中，主要采用第二种方法。

图 3.5-39 是两块 3 mm 厚薄铝板搭接焊后的实物图，填充金属为 AlMg4.5Mn。焊接速度为 165 cm/min。如果用直径为 1.2 mm 的圆形焊丝进行焊接，焊接速度能达到 80cm/min。如果用带状焊丝，焊接速度能有相当大程度的提高。

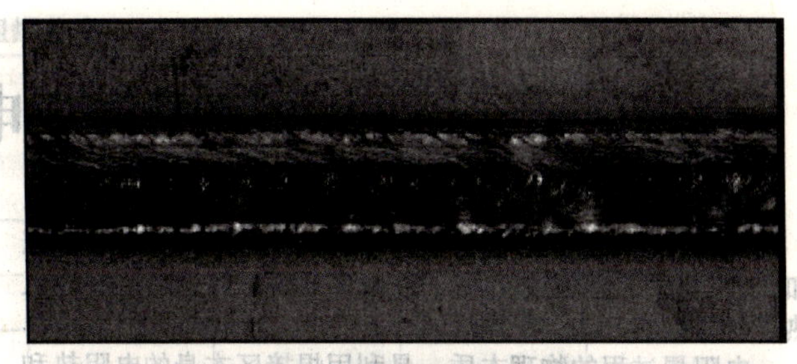

图 3.5-39　带极高速焊接铝板焊缝外形

6）小结　这里介绍了由 Fronius 公司生产的带极焊接设备。并给出了研究过程中熔滴过渡和焊接速度等方面的结果。就可能的焊接速度而言，比较了一方面是带极焊接，另一方面是单丝焊和 TANDEM 焊的情况，指出了带极焊接是介于单丝焊（圆形焊丝）和 TANDEM 焊之间的一种方法。不可否认，TANDEM 焊能达到相当高的焊接速度，然而，容易操作，并且焊接参数易于设置是带状焊接的主要优势。

编写：黄鹏飞（北京工业大学）

续表 3.6-6

金　属	腐蚀用溶液	中和用溶液	R 允许值/μΩ
不锈钢、高温合金	在 0.75 L 水中 H_2SO_4 110 g、HCl 130 g、HNO_3 10 g，温度 50～70℃	质量分数为 10% 的苏打溶液，温度 20～25℃	1 000
钛合金	每 0.6 L 水中 HCl 16 g、HNO_3 70 g、HF 50 g	—	1 500
铜合金	1）每升水中 HNO_3 280 g、HCl 1.5 g、炭黑 1～2 g，温度 15～25℃ 2）每升水中 HNO_3 100 g、H_2SO_4 180 g、HCl 1 g，温度 15～25℃	—	300
铝合金	每升水中 H_3PO_4 110～155 g、$K_2Cr_2O_7$ 或 $Na_2Cr_2O_7$ 1.5～0.8 g，温度 30～50℃	每升水中 HNO_3 15～25 g，温度 20～25℃	80～120
镁合金	在 0.3～0.5 L 水中 NaOH 300～600 g、$NaNO_3$ 40～70 g、$NaNO_2$ 150～250 g，温度 70～100℃	—	120～180

注：成分中酸的密度，硫酸 1.84 g/cm³，硝酸 1.40 g/cm³，盐酸 1.19 g/cm³，正磷酸 1.6 g/cm³。

焊接循环（welding cycle），在电阻焊中是指完成一个焊点（缝）所包括的全部程序。图 3.6-14 是一个较完整的复杂点焊焊接循环，由加压，…，休止等十个程序段组成，I、F、t 中各参数均可独立调节，它可满足常用（含焊接性较差的）金属材料的点焊工艺要求。当将 I、F、t 中某些参数设为零时，该焊接循环将会被简化以适应某些特定材料的点焊要求，而当其中 I_1、I_3、F_{pr}、F_{f0}、t_2、t_3、t_4、t_6、t_7、t_8 均为零时，就得到由四个程序段组成的基本点焊焊接循环，该循环是目前应用最广的点焊循环，即所谓"加压—焊接—维持—休止"的四程序段点焊或电极压力不变的单脉冲点焊。

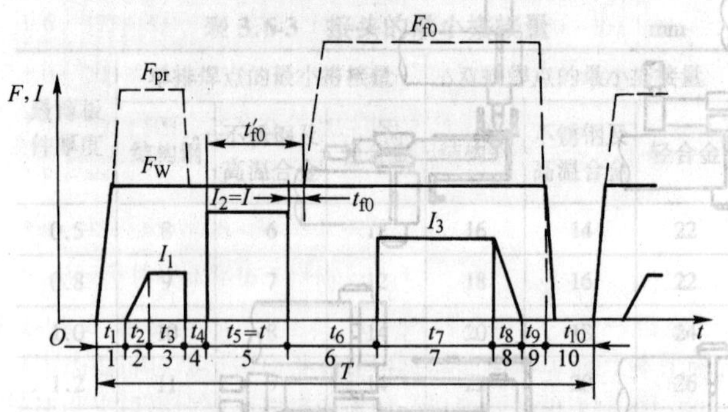

图 3.6-14 复杂点焊焊接循环示意图

1—加压程序；2—热量递增程序；3—加热 1 程序；4—冷却 1 程序；5—加热 2 程序；6—冷却 2 程序；7—加热 3 程序；8—热量递减程序；9—维持程序；10—休止程序；F_{pr}—预压压力；F_{f0}—锻压力；t_{f0}—施加锻压力时刻（从断电时刻算起）；F_W—电极压力；T—点焊周期；t'_{f0}—施加锻压力时刻（从通电时刻算起）

（2）点焊焊接参数

点焊焊接参数的选择，主要取决于金属材料的性质、板厚、结构形式及所用设备的特点（能提供的焊接电流波形和压力曲线），工频交流点焊在点焊中应用最广且主要采用电极压力不变的单脉冲点焊。

1）焊接电流 I　焊接时流经焊接回路的电流称焊接电流，一般在数万安培（A）以内。焊接电流是最主要的点焊参数。调节焊接电流对接头力学性能的影响如图 3.6-15 所示。

AB 段　曲线呈陡峭段。由于焊接电流小使热源强度不足而不能形成熔核或熔核尺寸甚小，因此焊点拉剪载荷较低且很不稳定。

BC 段　曲线平稳上升。随着焊接电流的增加，内部热源发热量急剧增大（$Q \propto I^2$），熔核尺寸稳定增大，因而焊点拉剪载荷不断提高；临近 *C* 点区域，由于板间翘离限制了熔核直径的扩大和温度场进入准稳态，因而焊点拉剪载荷变化不大。

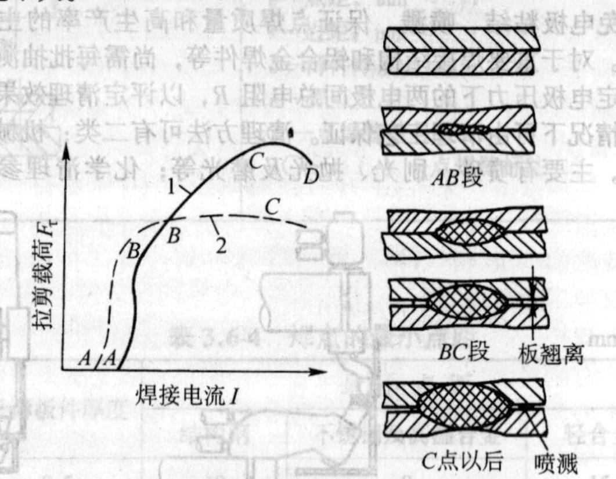

图 3.6-15 接头拉剪载荷与焊接电流的一般关系

1—板厚 1.6 mm 以上；2—板厚 1.6 mm 以下

C 点以后　由于电流过大使加热过于强烈，引起金属过热、喷溅、压痕过深等缺陷，接头性能反而降低。

图 3.6-15 还表明，焊件越厚 *BC* 段越陡峭，即焊接电流的变化对焊点拉剪载荷的影响越敏感。

2）焊接时间 t　自焊接电流接通到停止的持续时间，称焊接通电时间，简称焊接时间。点焊时 t 一般在数十周波（1 周波 = 0.02 s）以内。焊接时间对接头力学性能的影响与焊接电流相似（图 3.6-16）。但应注意：①*C* 点以后曲线并不立即下降，这是因为尽管熔核尺寸已达饱和，但塑性环还可有一定扩大，再加之热源加热速率较和缓，因而一般不会产生喷溅；②焊接时间对接头塑性指标影响较大，尤其对承受动载或有脆性倾向的材料（可淬硬钢、铝合金等），较长的焊接时间将产生较大的不良影响。

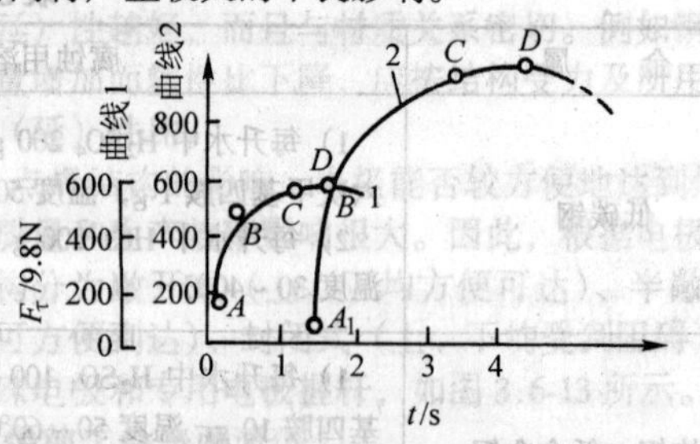

图 3.6-16 接头拉剪载荷与焊接时间的关系

1—板厚 1 mm；2—板厚 5 mm

3）电极压力 F_W　点焊时通过电极施加在焊件上的压力一般要数千牛（N）。图 3.6-17 表明，电极压力过大或过小都会使焊点承载能力降低和分散性变大，尤其对拉伸载荷影响更甚。当电极压力过小时，由于焊接区金属的塑性变形范围及变形程度不足，造成因电流密度过大而引起加热速度增大而塑性环又来不及扩展，从而产生严重喷溅。这不仅使熔核形状和尺寸发生变化，而且污染环境和不安全，这是绝对不允许的。电极压力过大时将使焊接区接触面积增大，总电阻和电流密度均减小，焊接散热增加，因此熔核尺寸下降，严重时会出现未焊透缺陷。一般认为，在增大电极压力的同时，适当加大焊接电流或焊接时间，以维持焊接区加热程度不变。同时，由于压力增大，可消除焊件装配间隙、刚性不均匀等因素引起的焊接区所受压力波动对焊点强度的不良影响。此时不仅使焊点强度维持不变，稳定性亦可大为提高。

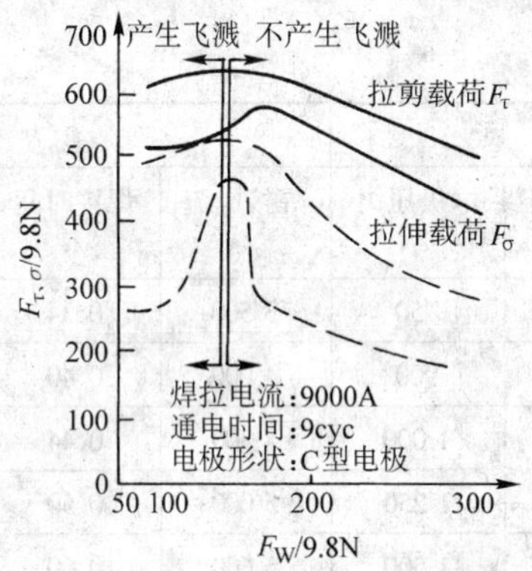

图 3.6-17　接头承载能力与电极压力的关系（低碳钢，$\delta=1$ mm）
F_W—电极压力；F_τ—拉剪载荷；F_σ—拉伸载荷

4）电极头端面尺寸 D 或 R　电极头是指点焊时与焊件表面相接触时的电极端头部分。其中 D 为锥台形电极头端面直径，R 为球面形电极头球面半径，h 为端面与水冷端距离（图 3.6-18）。电极头端面尺寸增大时，由于接触面积增大、电流密度减小、散热效果增强，均使焊接区加热程度减弱，因而熔核尺寸减小，使焊点承载能力降低（图 3.6-19）。应该指出，点焊过程中，由于电极工作条件恶劣，电极头产生压溃变形和粘损是不可避免的，因此要规定：锥台形电极头端面尺寸的增大 $\Delta D<15\%D$，同时对由于不断锉修电极头而带来的与水冷端距离 h 的减小也要给予控制。低碳钢点焊 $h\geqslant3$ mm，铝合金点焊 $h\geqslant4$ mm。

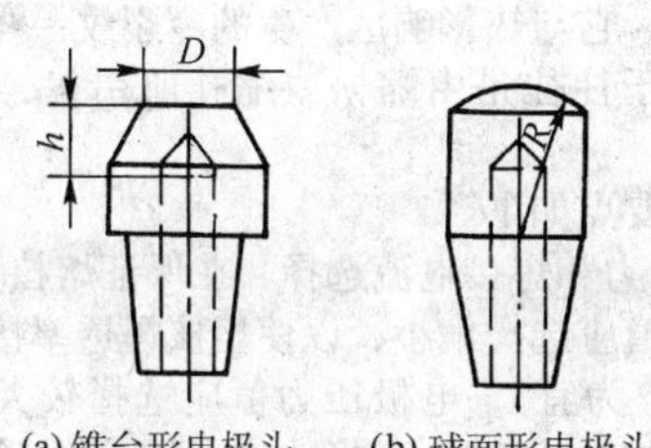

图 3.6-18　常用电极头结构

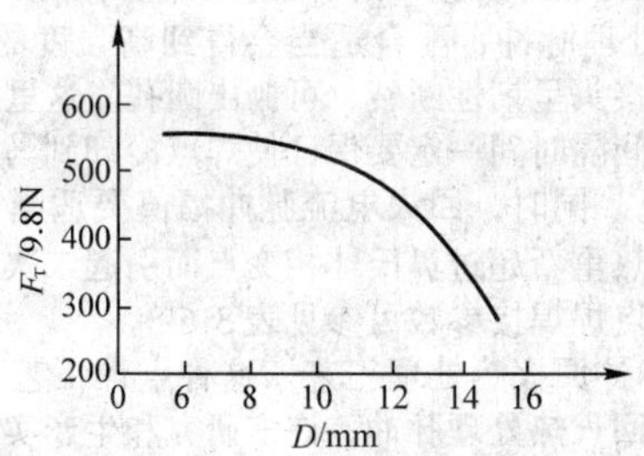

图 3.6-19　接头拉剪载荷 F_τ 与电极头端面直径 D 关系
（低碳钢 $\delta=1$ mm；用图 3.6-16 接近 C 点的规范焊接）

（3）焊接参数间相互关系及选择

点焊时，各焊接参数的影响是相互制约的。当电极材料、端面形状和尺寸选定以后，焊接参数的选择主要是考虑焊接电流、焊接时间及电极压力，这是形成点焊接头的三大要素，其相互配合可有两种方式。

1）焊接电流和焊接时间的适当配合　这种配合是以反映焊接区加热速度快慢为主要特征。当采用大焊接电流、小焊接时间参数时，称硬规范；而采用小焊接电流、适当长焊接时间参数时，称软规范。

软规范的特点：加热平稳，焊接质量对焊接参数波动的敏感性低，焊点强度稳定；温度场分布平缓，塑性区宽，在压力作用下易变形，可减少熔核内喷溅、缩孔和裂纹倾向；对淬硬倾向的材料，软规范可减小接头冷裂纹倾向；所用设备装机容量小，控制精度不高，因而较便宜。但是，软规范易造成焊点压痕深，接头变形大，表面质量差，电极磨损快，生产效率低，能量损耗较大。

硬规范的特点与软规范基本相左。在一般情况下，硬规范适用于铝合金、奥氏体不锈钢、低碳钢及不等厚度板材的焊接；而软规范较适用于低合金钢、可淬硬钢、耐热合金、钛合金等。

应该注意，调节 I、t 使之配合成不同的硬、软规范时，必须相应改变电极压力 F_W，以适应不同加热速度及不同塑性变形能力的要求。硬规范时所用电极压力显著大于软规范焊接时的电极压力。

2）焊接电流和电极压力的适当配合　这种配合是以焊接过程中不产生喷溅为主要原则，这是目前国外几种常用电阻点焊规范（RWMA、MIL Spec、BWRA 等）的制定依据。根据这一原则制定的 I、F_W 关系曲线，称喷溅临界曲线（图 3.6-20）。曲线左半区为无喷溅区，这里 F_W 大而 I 小，但焊接压力选择过大会造成固相焊接（塑性环）范围过宽，导致焊接质量不稳定。曲线右半区为喷溅区，因为电极压力不足，加热速度过快而引起喷溅，使接头质量严重下降和不能安全生产。

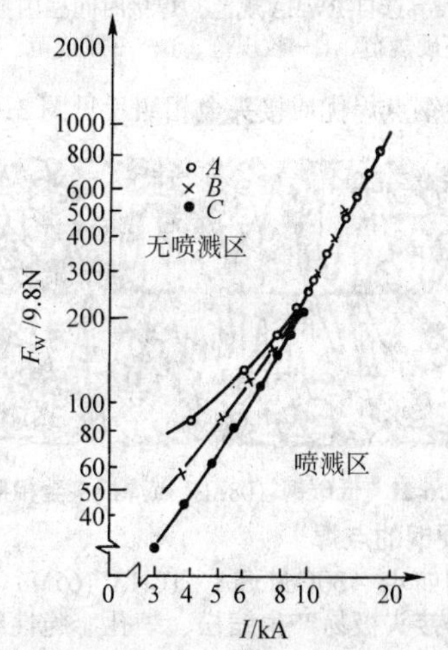

图 3.6-20　焊接电流与电极压力的关系
（A、B、C 为 RWMA 焊接规范中的三类）

当将规范选在喷溅临界曲线附近（无喷溅区内）时，可获得最大熔核和最高拉伸载荷。同时，由于降低了焊机机械功率，也提高了经济效果。当然，在实际应用这一原则时，应将电网电压、加压系统等的允许波动带来的影响考虑在内。

以上讨论的两种情况，其结果常以金属材料点焊焊接参数表、列线图、曲线图和规范尺等形式表现出来，但在实际使用这些资料时均需进行试验修正。

1.3 常用金属材料的点焊

判断金属材料点焊焊接性的主要标志：①材料的导电性和导热性，即电阻率小而热导率大的金属材料，其焊接性较差；②材料的高温塑性及塑性温度范围，即高温屈服强度大的材料（如耐热合金）、塑性温度区间较窄的材料（如铝合金），其焊接性较差；③材料对热循环的敏感性，即易生成与热循环作用有关缺陷（裂纹、淬硬组织等）的材料（如65Mn），其焊接性较差；④熔点高、线膨胀系数大、硬度高等金属材料，其焊接性一般也较差。当然，评定某一金属材料点焊焊接性时，应综合、全面地考虑以上诸因素。

1.3.1 低碳钢的点焊

含碳量≤0.25%（质量分数）的低碳钢和碳当量 *CE*≤0.3%的低合金钢，其点焊焊接性良好，采用普通工频交流点焊机、简单焊接循环，无需特别的工艺措施，即可获得满意的焊接质量。技术要点如下：

1）焊前冷轧板表面可不必清理，热轧板应去掉氧化皮、锈。

2）建议采用硬规范点焊，*CE* 大者会产生一定的淬硬现象，但一般不影响使用。

3）焊厚板（$\delta > 3$ mm）时建议选用带锻压力的压力曲线，带预热电流脉冲或断续通电的多脉冲点焊方式，选用三相低频焊机焊接等。

4）低碳钢属铁磁性材料，当焊件尺寸大时应考虑分段调整焊接参数，以弥补因焊件伸入焊接回路过多而引起的焊接电流减弱。

5）焊接参数参见表 3.6-7。

表 3.6-7 低碳钢板的点焊焊接参数

板厚/mm	电极头端面直径/mm	A			B			C		
		焊接电流/A	焊接时间/s	电极压力/N	焊接电流/A	焊接时间/s	电极压力/N	焊接电流/A	焊接时间/s	电极压力/N
0.4	3.2	5 200	0.08	1 150	4 500	0.16	750	3 500	0.34	400
0.5	4.8	6 000	0.10	1 350	5 000	0.18	900	4 000	0.40	450
0.6	4.8	6 600	0.12	1 500	5 500	0.22	1 000	4 300	0.44	500
0.8	4.8	7 800	0.14	1 900	6 500	0.26	1 250	5 000	0.50	600
1.0	6.4	8 800	0.16	2 250	7 200	0.34	1 500	5 600	0.60	750
1.2	6.4	9 800	0.20	2 700	7 700	0.38	1 750	6 100	0.66	850
1.6	6.4	11 500	0.26	3 600	9 100	0.50	2 400	7 000	0.86	1 150
1.8	8.0	12 500	0.28	4 100	9 700	0.54	2 750	7 500	0.96	1 300
2.0	8.0	13 300	0.34	4 700	10 300	0.60	3 000	8 000	1.06	1 500
2.3	8.0	15 000	0.40	5 800	11 300	0.74	3 700	8 600	1.28	1 800
3.2	9.5	17 400	0.54	8 200	12 900	1.0	5 000	10 000	1.74	2 600

注：1. 本表节选自 RWMA 规范，焊接时间栏内数据已按电源频率 50 Hz 修订；
2. A—硬规范，C—软规范，B—一般规范。

典型低碳钢点焊优质接头金相照片见图 3.6-21。

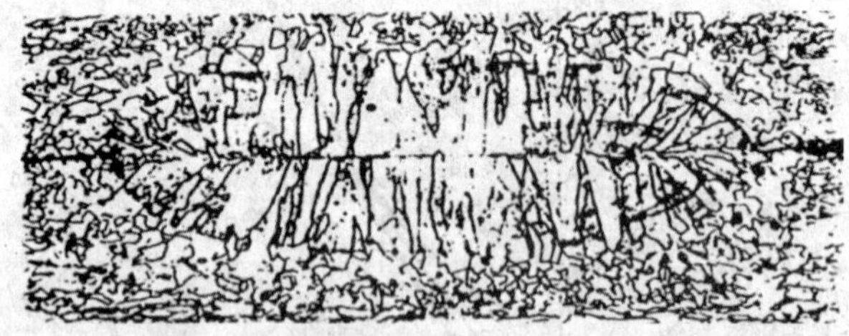

图 3.6-21 低碳钢（08Al）点焊接头金相照片

1.3.2 可淬硬钢的点焊

可淬硬钢如 45、30CrMnSiA、1Cr13、65Mn 等，其点焊焊接性差，点焊接头极易产生缩松、缩孔、脆性组织、过烧组织和裂纹等缺陷。缩松与缩孔缺陷均产生于熔核凝固过程后期，分布在贴合面附近，使点焊接头力学性能变坏，尤其引发裂纹后会显著降低焊点持久强度极限；脆性组织马氏体产生在熔核凝固后的接头继续冷却过程中，当随机回火热处理不适当时，在接头高应力区的板缝附近仍可存在并引发冷裂纹，由于点焊接头的搭接结构特点和当前点焊质量控制技术水平所限，高应力区（残留）淬硬很难完全避免；过烧组织产生在熔核与工件表面之间，是多脉冲回火热处理点焊工艺必须重视的一种缺陷，它不仅使接头抗疲劳性能显著降低，而且使接头的耐蚀性下降；熔核内裂纹严重时可贯穿贴合面而与板缝相通，它与热影响区产生的冷裂纹一样均是最危险的缺陷，但由于往往是由缩松或缩孔所引发，因而较易解决。

点焊技术要点如下。

1）电极压力和焊接电流选择　在保证熔核直径条件下，焊接电流脉冲值应选择偏小，以使熔核焊透率接近设计值下限（50%～60%为宜），电极压力值应选择较大，为相同板厚低碳钢点焊时的 1.5～1.7 倍，或采用可预调制的焊接电流脉冲波形（即用热量递增控制以减轻或避免初期内喷溅）。

2）双脉冲点焊工艺　这种点焊工艺为焊接电流脉冲加1个回火热处理脉冲，配合适当会得到高强度的点焊接头，撕破试验时接头呈韧性断裂，可撕出圆孔。这里应注意，两脉冲之间的间隔时间一定要保证使焊点冷却到马氏体转变点 M_s 温度以下。同时，回火电流脉冲幅值要适当，以避免焊接区金属加热重新超过奥氏体相变点而引起二次淬火。

双脉冲点焊焊接参数可参见表 3.6-8。

3）多脉冲回火热处理工艺　这种点焊工艺为焊接电流脉冲加多个回火热处理脉冲，许多研究和生产实践表明，传统的双脉冲点焊工艺，难以稳定的保证接头组织的充分回火及合理分布，在高应力区马氏体仍有存在（图 3.6-22，曲线 *B*），出现脆性断口形貌（图 3.6-23a），力学性能不高，而采用多脉冲回火点焊工艺能有效而稳定的对接头显微组织和分布予以控制，使高应力区获得充分回火（图 3.6-22，曲线 *C*），得到韧性断口形貌（图 3.6-23b），使力学性能，尤其是疲劳性能获得显著提高。同时，由于增加了回火参数的调整裕度，降低了对点焊控制设备精度的要求。

目前，多脉冲点焊工艺正在进一步试验和推广中。

表 3.6-8 30CrMnSiA 钢带回火双脉冲点焊的焊接参数

板厚/mm	电极工作面直径/mm	电极压力/kN	焊接脉冲		间隔时间/s	回火脉冲	
			焊接电流/kA	时间/s		回火电流/kA	时间/s
1.0	5 ~ 5.5	1 ~ 1.8	5 ~ 6.5	0.44 ~ 0.64	0.5 ~ 0.6	2.5 ~ 4.5	1.2 ~ 1.4
1.5	6 ~ 6.5	1.8 ~ 2.5	6 ~ 7.2	0.48 ~ 0.70	0.5 ~ 0.6	3.0 ~ 5.0	1.2 ~ 1.6
2.0	6.5 ~ 7	2 ~ 2.8	6.5 ~ 8.0	0.50 ~ 0.74	0.5 ~ 0.6	3.5 ~ 6.0	1.2 ~ 1.7
2.5	7 ~ 7.5	2.2 ~ 3.2	7.0 ~ 9.0	0.60 ~ 0.80	0.6 ~ 0.7	4.0 ~ 7.0	1.3 ~ 1.8

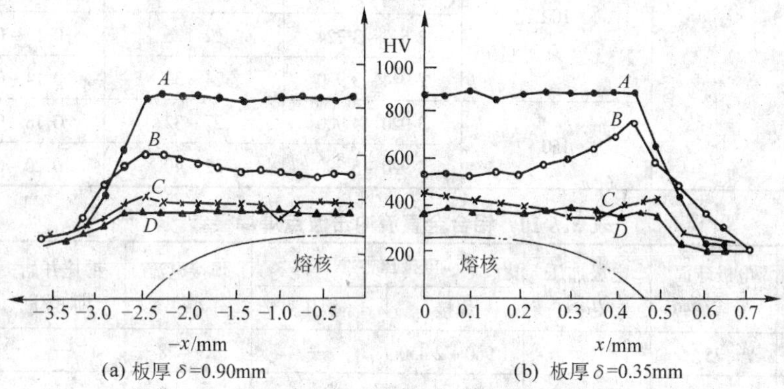

(a) 板厚 δ=0.90mm (b) 板厚 δ=0.35mm

图 3.6-22 65Mn 点焊接头显微硬度分布

A—单脉冲点焊未回火处理；*B*—双脉冲点焊；*C*—最佳多脉冲回火点焊；*D*—单脉冲点焊炉中回火处理

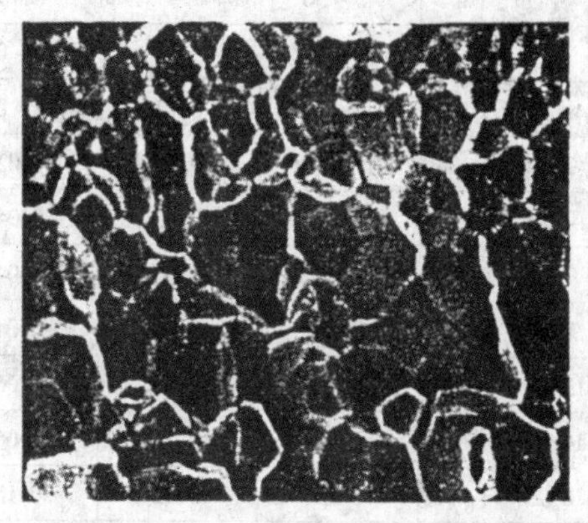

(a) 脆性断口（回火不适当）

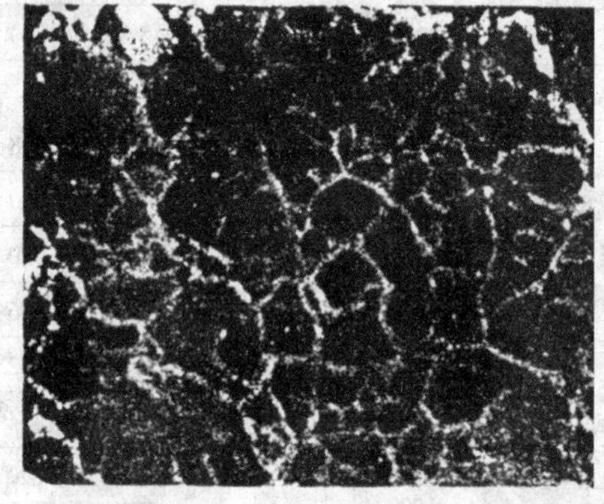

(b) 韧性断口（回火适当）

图 3.6-23 65Mn 点焊接头高应力区断口形貌

典型可淬硬钢点焊优质接头金相照片见图 3.6-24。

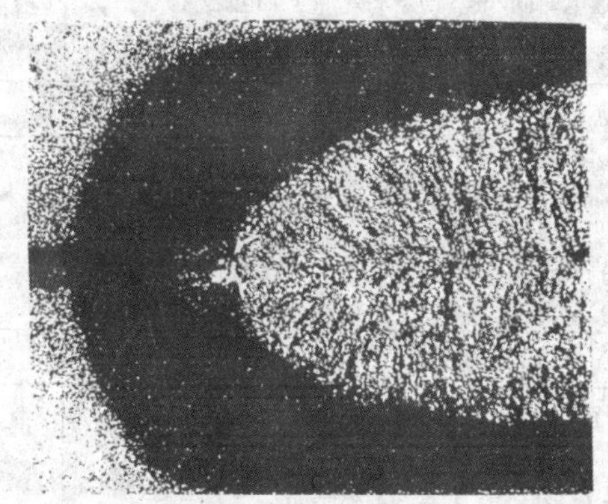

图 3.6-24 可淬硬钢（30CrMnSiA）点焊接头局部金相照片

1.3.3 铝合金的点焊

铝合金分为冷作强化型 3A21（LF21）、5A02（LF2）、5A06（LF6）等和热处理强化型 2A12 - T4（LY12CZ）、7A04 - T4（LC4CS）等铝合金。焊接性均较差。

焊接技术要点如下。

1）焊前必须按工艺文件仔细进行表面化学清洗，并规定焊前存放时间。

2）电极一般选用 CdCu 合金，端面推荐用球面形并注意经常清理，电极应冷却良好。

3）采用硬规范。焊接电流常为相同板厚低碳钢的 4 ~ 5 倍，因此功率强大的点焊机是焊铝的基本条件。

4）波形选择。除板厚 $\delta < 1.2$ mm 的冷作强化型铝合金可以用工频交流波形点焊外，板厚较大的冷作强化型铝合金及所有热处理强化型铝合金一律推荐用直流冲击波、三相低频和直流焊机点焊。

5）焊接循环　采用缓升、缓降的焊接电流，可起到预热和缓冷作用；具有阶形或马鞍形压力变化曲线可提供较高的锻压力；高精确度的控制器可保证各程序的准确性，尤其是锻压力的施加时间。这样的点焊循环对防止喷溅、缩孔及裂纹等缺陷至关重要。

6）焊接参数参见表3.6-9、表3.6-10和表3.6-11。

表3.6-9　铝合金单相交流点焊焊接参数

板厚/mm	电极直径/mm	电极球面半径/mm	电极压力/N	焊接电流/kA	通电时间/s	熔核直径/mm
0.4+0.4	16	75	1 470～1 764	15～17	0.06	2.8
0.5+0.5			1 764～2 254	16～20	0.06～0.10	3.2
0.7+0.7			1 960～2 450	20～25	0.08～0.10	3.6
0.8+0.8		100	2 254～2 840		0.10～0.12	4.0
0.9+0.9			2 646～2 940	22～25	0.12～0.14	4.3
1.0+1.0			2 646～3 724	22～26	0.12～0.16	4.6
1.2+1.2			2 944～3 920	24～30	0.14～0.16	5.3
1.5+1.5		150	3 920～4 900	27～32	0.18～0.20	6.0
1.6+1.6			3 920～5 390	32～40	0.20～0.22	6.4

表3.6-10　铝合金直流冲击波点焊焊接参数

铝合金种类	焊件厚度/mm	电极球面半径/mm	电极加压方式	电极压力/N		焊接电流/kA	锻压开始时间/s	焊接通电时间/s	熔核直径/mm
				焊接	锻压				
非热处理强化铝合金	0.8+0.8	75	恒压	1 960～2 450	—	25～28	—	0.04～0.08	—
	1.0+1.0	100		2 450～3 528	—	29～32	—	0.04	—
	1.5+1.5	150		3 430～3 920	—	35～40	—	0.06	—
	2.0+2.0			4 410～4 900	—	45～50	—	0.10	—
	2.5+2.5	200		5 800～6 370	—	49～55	—	0.10～0.14	—
	3.0+3.0		阶梯形压力	7 840	21 560	57～60	0.12	0.12～0.18	—
热处理强化铝合金	0.5+0.5	75		2 250～3 038	2 940～3 136	19～26	0.06	0.02	3.0～3.2
	0.8+0.8	100		3 136～3 430	4 900～7 840	26～36	0.06	0.04	4.0
	1.0+1.0			3 528～3 920	7 840～8 820	29～36	0.06	0.04	4.5
	1.3+1.3			3 920～4 116	9 800～10 290	40～46	0.08	0.04	5.3
	1.6+1.6	150		4 900～5 782	13 230～13 700	45～54	0.08	0.06	6.4
	1.8+1.8			6 664～7 154	14 700～15 680	50～55	0.12	0.06	7.0
	2.0+2.0	200		6 860～8 820	18 620～19 110	70～75	0.12	0.10	7.6
	2.5+2.5			7 840～10 780	24 500～25 480	80～85	0.12	0.14	9.1
	3.0+3.0			10 780～11 760	29 400～31 360	80～85	0.20	0.16	9.3

表3.6-11　铝合金在三相点焊机上的点焊焊接参数

板厚/mm	电极直径/mm	电极球面半径/mm	电极压力/kN		通电时间/ms		电流/A		熔核直径/mm
			焊接	锻压	焊接	后热	焊接	后热	
三相整流式焊机									
0.5	16	75	2.4	5.2	20	无	22 000	无	3
1.0	16	75	3.0	7.0	40	无	28 000	无	4.1
1.6	16	200	5.0	13.2	80	80	43 000	36 000	6.5
2.0	23	200	6.6	17.3	100	140	52 000	42 000	7.5
3.2	23	200	11.4	30	160	340	69 000	54 000	11
三相变频式焊机									
0.5	16	75	2.3	无	10	无	26 000	无	3.2
1.0	16	100	3.2	8.2	20	60	36 000	9 000	4.1
1.6	16	150	5.9	13.6	40	80	54 000	18 900	6.5
2.0	23	150	9.1	19.6	40	80	65 000	22 700	7.5
3.2	23	200	18.2	40.9	60	160	100 000	45 000	11

典型铝合金点焊优质接头金相照片见图 3.6-25。

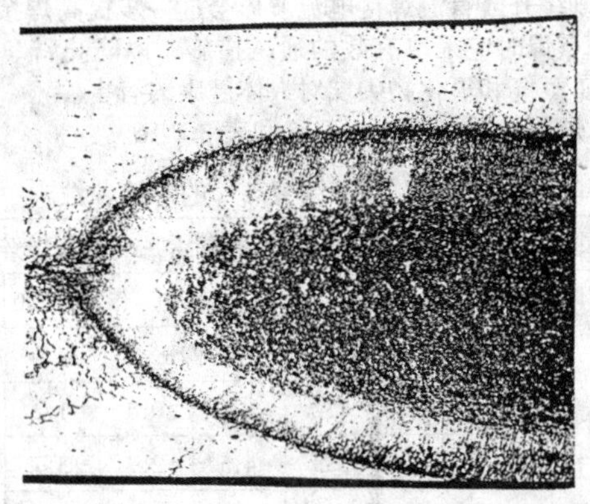

图 3.6-25 铝合金（AA5182 – O）点焊接头局部金相照片

1.3.4 不锈钢的点焊

按钢的组织可将不锈钢分为奥氏体型、铁素体型、奥氏体—铁素体型、马氏体型和沉淀硬化型等。其中马氏体不锈钢由于可淬硬、有磁性，其点焊焊接性与前述可淬硬钢相近，故点焊技术可参阅 1.3.2 所述，考虑到该型钢具有较大的晶粒长大倾向，焊接时间参数一般应选择小些，参见表 3.6-12。

奥氏体不锈钢、奥低体 – 铁素体不锈钢点焊焊接性良好，尤其是电阻率高（为低碳钢的 5 ~ 6 倍），热导率低（为低碳钢的 1/3）以及不存在淬硬倾向和不带磁性（奥氏体 – 铁素体不锈钢有磁性），因此无需特殊的工艺措施，采用普通交流点焊机、简单焊接循环即可获得满意的焊接质量。

焊接技术要点：

1）可用酸洗、砂布打磨或毡轮抛光等方法进行焊前表面清理，但对用铅锌或铝锌模成型的焊件必须采用酸洗方法。

表 3.6-12 马氏体型不锈钢（2Cr13、1Cr11Ni2W2MoVA）的带回火双脉冲点焊焊接参数

厚度/mm	电极压力/kN	焊接参数		间隔时间/s	回火参数	
		电流/kA	时间/s		焊接电流/kA	时间/s
0.3	1.5 ~ 2.0	4.0 ~ 5.0	0.06 ~ 0.08	0.08 ~ 0.18	2.5 ~ 3.5	0.08 ~ 0.10
0.5	2.5 ~ 3.0	4.5 ~ 5.0	0.08 ~ 0.12	0.08 ~ 0.20	2.5 ~ 3.7	0.10 ~ 0.16
0.8	3.0 ~ 4.0	4.5 ~ 5.0	0.12 ~ 0.16	0.10 ~ 0.24	2.5 ~ 3.7	0.14 ~ 0.20
1.0	3.5 ~ 4.5	5.0 ~ 5.7	0.16 ~ 0.18	0.12 ~ 0.28	3.0 ~ 4.3	0.18 ~ 0.24
1.2	4.5 ~ 5.5	5.5 ~ 6.0	0.18 ~ 0.20	0.18 ~ 0.32	3.2 ~ 4.5	0.22 ~ 0.26
1.5	5.0 ~ 6.5	6.0 ~ 7.5	0.20 ~ 0.24	0.20 ~ 0.42	4.0 ~ 5.2	0.20 ~ 0.30
2.0	8.0 ~ 9.0	7.5 ~ 8.5	0.26 ~ 0.30	0.24 ~ 0.42	4.5 ~ 6.4	0.30 ~ 0.34
2.5	10.0 ~ 11.0	9.0 ~ 10.0	0.30 ~ 0.34	0.28 ~ 0.46	5.8 ~ 7.5	0.34 ~ 0.44
3.0	12.0 ~ 14.0	10.0 ~ 11.0	0.34 ~ 0.38	0.30 ~ 0.50	6.5 ~ 9.0	0.42 ~ 0.50

2）采用硬规范、强烈的内部和外部水冷，可显著提高生产率和焊接质量。

3）由于高温强度大、塑性变形困难，应选用较高的电极压力，以避免产生喷溅和缩孔、裂纹等缺陷。

4）板厚大于 3 mm 时，常采用多脉冲焊接电流来改善电极工作状况，其脉冲较点焊等厚低碳钢时要短且稀。这种多脉冲措施亦可用后热处理。

5）焊接参数参见表 3.6-13 和表 3.6-14。

典型不锈钢点焊优质接头金相照片见图 3.6-26。

表 3.6-13 不锈钢厚板的多脉冲点焊焊接参数

板 厚	电极工作面直径	最小点距	电极压力/kN	最小搭边量/mm	脉冲数（0.25 s 通电 0.1 s 断电）	焊接电流/kA		每焊点的切力/kN	
						母材 σ_b/MPa		母材 σ_b/MPa	
mm						≤1 050	>1 050	≤1 050	>1 050
4	13	48	17.8	31	4	20.7	17.5	33.8	44.5
4.7	13	50	22.2	38	5	21.5	18.5	43.4	54.7
5	16	54	24.5	41	6	22	19	47.2	57.8
6.3	16	60	31.1	45	7	22.5	20	60	75.6

注：原表采用 60 Hz 电源。

表 3.6-14 不锈钢点焊焊接参数

厚度/mm	电极端头直径/mm	焊接电流/A	焊接时间/s	电极压力/N
0.3	3.0	3 000 ~ 4 000	0.04 ~ 0.06	800 ~ 1 200
0.5	4.0	3 500 ~ 4 500	0.06 ~ 0.08	1 500 ~ 2 000
0.8	5.0	5 000 ~ 6 500	0.10 ~ 0.14	2 400 ~ 3 600
1.0	5.0	5 800 ~ 6 500	0.12 ~ 0.16	3 600 ~ 4 200
1.2	6.0	6 500 ~ 7 000	0.14 ~ 0.18	4 000 ~ 4 500
1.5	5.5 ~ 6.5	6 500 ~ 8000	0.18 ~ 0.24	5 000 ~ 5 600

续表 3.6-14

厚度/mm	电极端头直径/mm	焊接电流/A	焊接时间/s	电极压力/N
2.0	7.0	8 000 ~ 10 000	0.22 ~ 0.26	7 500 ~ 8 500
2.5	7.5 ~ 8.0	8 000 ~ 11 000	0.24 ~ 0.32	8 000 ~ 10 000
3.0	9 ~ 10	11 000 ~ 13 000	0.26 ~ 0.34	10 000 ~ 12 000

注：1. 适用于 0Cr18Ni9、1Cr18Ni9、1Cr18Ni9Ti、2Cr13Ni4Mn9、1Cr18Mn8Ni5、1Cr19Ni11Si4AlTi 的点焊。
2. 点焊 2Cr13Ni4Mn9 时电极压力应比表中值大 50% ~ 100%。

图 3.6-26 不锈钢（Cr17）点焊接头（局部）金相照片

1.3.5 镀层钢板的点焊

镀层钢板主要有镀锌板、镀铝板、镀铅板、镀锡板、贴塑板等。其中贴聚氯乙烯塑料面钢板焊接时，除保证必要的强度外，还应保证贴塑面不被破坏，因此必须采用单面点焊和较短的焊接时间，在大多数的情况下，焊件均设计成凸焊结构。

由于低熔点镀层的存在，不仅使焊接区的电流密度降低，而且使电流场的分布不稳定（图 3.6-27）。增大焊接电流又进一步促进了电极工作端面铜与镀层金属形成固溶体及金属间化合物等合金，加快了电极粘损和镀层的破坏。同时，低熔点的镀层金属使熔核在结晶过程中产生裂纹和气孔。因此，镀层钢板合适的点焊参数范围窄，接头强度波动大，电极修整频繁，焊接性较差。

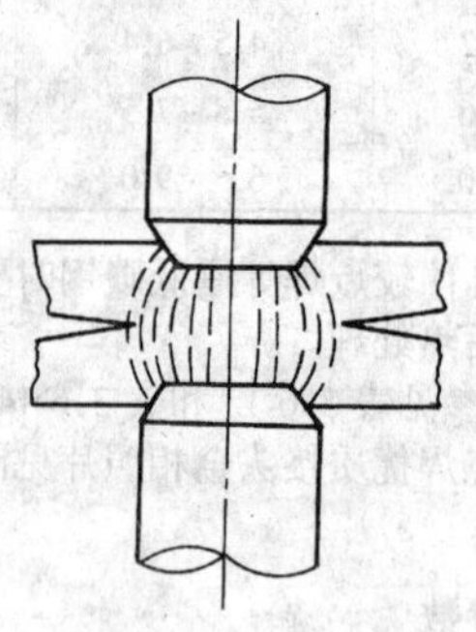
图 3.6-27 镀锌板点焊电流场

焊接技术要点：

1）需要比普通钢板点焊更大的焊接电流和电极压力，约提高 1/3 以上。

2）电极材料应选用 CrZrCu 合金或弥散强化铜、或镶钨复合电极（图 3.6-28），并允许采用内部和外部的强烈水冷却。同时，电极的两次修磨间的焊点数应仅为低碳钢时的 1/10 ~ 1/20。

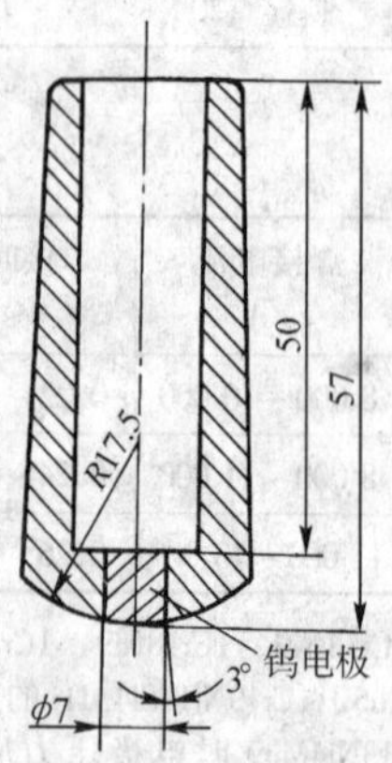

图 3.6-28 镶钨复合电极

3）在结构允许条件下改用凸焊是一行之有效的措施，再配之以缓升或直流焊接电流波形会进一步提高焊接质量。

4）点焊时应采取有效的通风措施，以防止锌、铅等元素的金属蒸气和氧化物尖埃对人体健康的有害。

5）焊接参数参见表 3.6-15 和表 3.6-16。

表 3.6-15 镀锌钢板点焊的焊接参数

镀层种类		电 镀 锌			热浸镀锌		
镀层厚/μm		2 ~ 3	2 ~ 3	2 ~ 3	10 ~ 15	15 ~ 20	20 ~ 25
焊接条件	级别	板厚/mm					
		0.8	1.2	1.6	0.8	1.2	1.6
电极压力/kN	A	2.7	3.3	4.5	2.7	3.7	4.5
	B	2.0	2.5	3.2	1.7	2.5	3.5
焊接时间/周	A	8	10	12	8	10	12
	B	10	12	15	10	12	15
焊接电流/kA	A	10.0	11.5	14.5	10.0	12.5	15.0
	B	8.5	10.5	12.0	9.9	11.0	12.0
抗剪载荷/kN	A	4.6	6.7	11.5	5.0	9.0	13
	B	4.4	6.5	10.5	4.8	8.7	12

表 3.6-16 耐热镀铝钢板点焊的焊接参数

板厚/mm	电极球面半径/mm	电极压力/kN	焊接时间/cyc	焊接电流/kA	抗剪载荷/kN
0.6	25	1.8	9	8.7	1.9
0.8	25	2.0	10	9.5	2.5
1.0	50	2.5	11	10.5	4.2
1.2	50	3.2	12	12.0	6.0
1.4	50	4.0	14	13.0	8.0
2.0	50	5.5	18	14.0	13.0

1.3.6 高温合金的点焊

高温合金又称耐热合金，目前生产中主要用于点焊的是固溶强化型高温合金，对时效沉淀强化型耐热合金（C263等）的点焊也有应用。

高温合金点焊焊接性一般，其中沉淀强化型高温合金焊接性比固溶强化型高温合金差，铁基固溶强化合金的焊接性又比镍基固溶强化合金差。由于高温合金比不锈钢具有更大的电阻率、更小的热导率和更大的高温强度，故可用较小的焊接电流，但需要大的电极压力。

焊接技术要点：

1）电极可选用高温强度好的材质，如 BeCoCu 合金。

2）注意焊前应仔细去除焊件表面油污、氧化膜，最好是酸洗处理，清理不良时会产生结合线伸入缺陷。

3）采用软规范、大电极压力，板厚大于 2 mm 时最好施加缓冷脉冲和锻压力。这种规范特点有助于减小喷溅倾向，保证焊接区所必须的塑性变形，避免熔核中疏松、缩孔及裂纹等内部缺陷的产生。

4）加强冷却和尽量避免重复加热焊接区，否则易产生熔核中的结晶偏析、热影响区胡须组织和局部熔化等缺陷。

5）推荐采用球面电极，尤其在板厚较大时。

6）焊接参数参见表 3.6-17。

典型高温合金点焊优质接头金相照片见图 3.6-29。

表 3.6-17　高温合金（GH3044，GH4033）的点焊焊接参数

板厚 /mm	电极压力 /kN	焊接脉冲		间隔时间 /s	缓冷脉冲		锻压力/kN	锻压力开始时间/s
		焊接电流/kA	时间/s		缓冷电流/kA	时间/s		
0.3	4~5	4.5~5.5	0.14~0.2					
0.5	5~6	5~6	0.18~0.24					
0.8	6.5~8	5~6	0.22~0.34					
1.0	8~10	6~6.5	0.32~0.4					
1.2	10~12	6.2~6.8	0.38~0.48					
1.5	12.5~15	6.5~7	0.44~0.62					
2.0	15.5~17.5	7~7.5	0.58~0.76					
2.5	18.5~19.5	7.5~8.2	0.78~0.96					
3.0	20~21.5	8~8.8	1.0~1.3					
2.0	14~15	7~7.5	0.58~0.76	0.24~0.40	5.5~7	0.5~0.66		
2.5	15~16	7.5~8.2	0.78~0.96	0.30~0.46	6~7.5	0.54~0.76		
3.0	16~17	8~8.8	1.0~1.3	0.34~0.52	6.5~8	0.6~0.8		
1.5	11~12.5	6.2~6.8	0.7~0.8	0.06~0.1	4.2~4.6	0.6~0.8	19~20	0.86~1.0
2.0	13~15	6.6~7.2	0.8~0.9	0.1~0.12	4.4~4.9	1.0~1.2	20~22	1.0~1.1
2.5	14~15	7.2~8	1.1~1.2	0.12~0.16	4.9~5.5	1.2~1.4	24~28	1.4~1.52
3.0	16~18	7.8~8.6	1.24~1.42	0.16~0.24	5.3~6	1.5~1.7	30~32	1.4~1.6

注：锻压力开始时间从焊接电流开始时计算。

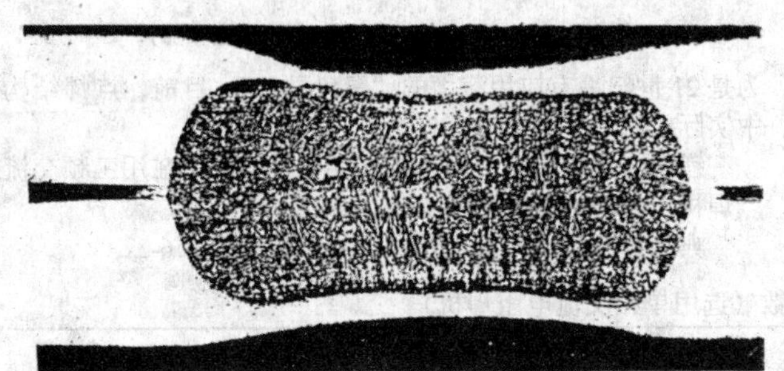

图 3.6-29　高温合金（GH140）点焊接头金相照片

1.3.7　钛合金的点焊

钛及钛合金是一种优良的金属材料，点焊结构中主要用 α 钛合金（TA7 等）和 α + β 钛合金（TC4 等），由于其热物理性能与奥氏体不锈钢近似，故点焊焊接性良好，点焊时亦不需要保护气体。

焊接技术要点如下。

1）一般可不进行表面清理，当表面氧化膜较厚时可进行化学清理：硝酸 45%、氢氟酸 20%、水 35% 混合液或氢氟酸 20%、硫酸 30%、水 50% 混合液中（室温）浸蚀 2~3 min，然后用流动冷水冲洗干净。

2）电极应选用 CrZrCu、BeCoCu、NiSiCrCu 合金，球面形工作端面，内部水冷和必要时附加外部水冷。

3）采用硬规范并配以较低的电极压力，以避免产生凸肩、深压痕等外部缺陷。

4）点焊时冷却速度高，会产生针状马氏体（α′相）组织，使硬度提高韧性下降。因此对 α 钛合金建议采用焊后退火处理；对 α + β 钛合金可采用带回火双脉冲点焊工艺。

5）焊接参数参见表 3.6-18。

典型钛合金点焊优质接头金相照片见图 3.6-30。

表 3.6-18　钛合金的点焊焊接参数

板厚 /mm	电极工作端面半径/mm	球面电极圆半径/mm	电极压力 /kN	焊接电流 /kA	通电时间 /s
0.8	4~5	50	2.2~2.5	5~6	0.10~0.16
1.0	4.5~5.5	75	2.5~3.0	6~7	0.16~0.20

续表 3.6-18

板厚 /mm	电极工作端面半径/mm	球面电极圆半径/mm	电极压力 /kN	焊接电流 /kA	通电时间 /s
1.2	5~5.5	75	3.2~3.5	6.5~7.5	0.20~0.26
1.5	5.5~6	100	4.0~5.0	8~8.5	0.26~0.30
2.0	6~7	100	5.0~6.0	9~10	0.28~0.32
2.5	7~8	150	6.0~7.0	11~12	0.30~0.40

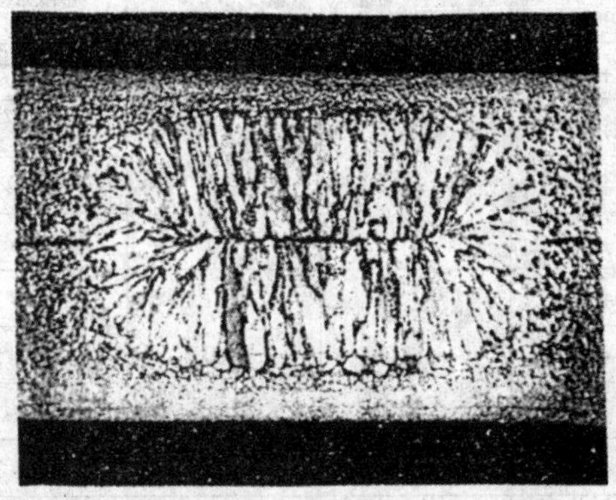

图 3.6-30　钛合金（TA7）点焊接头金相照片

1.3.8　铜合金的点焊

铜及铜合金可分为纯铜、黄铜、青铜及白铜等，其中纯铜、无氧铜、磷脱氧铜点焊焊接性很差（不推荐），黄铜一般，青铜较好，白铜较优良。

焊接技术要点如下。

1）铜和高电导率的铜合金点焊时需采用防止大量散热的电极，一般推荐用钨、钼镶嵌型或铜钨烧结型电极（嵌块直径通常为 3~4 mm），有时也可采用在电极与工件表面加工艺垫片的措施；相对电导率小于纯铜 30% 的铜合金点焊时可采用 CdCu 合金电极。

2）应采用直流冲击波和电容放电型点焊电源进行焊接。

3）注意减小分流（如加大点距和搭边宽度等）、喷溅和防止电极表面粘结并及时修整。

4）焊接参数参见表 3.6-19、表 3.6-20 和表 3.6-21。

典型铜合金点焊优质接头金相照片见图 3.6-31。

表 3.6-19　铜合金的点焊焊接参数比较表

合金（质量分数）	焊接电流/kA	焊接时间/s	电极压力/kN
Zn15%黄铜	25	0.1	1.8
Zn20%黄铜	24	0.1	1.8
Zn30%黄铜	25	0.06	1.8
Zn35%黄铜	24	0.06	1.8
Zn40%黄铜	21	0.06	1.8
Sn8%，p0.3%青铜	19.5	0.1	2.3
Si1.5%青铜	16.5	0.1	1.8
Mn1.2%，Zn28%黄铜	22	0.1	1.8
Al2%，Zn20.5%黄铜	24	0.06	1.8

注：1. 板厚 0.9 mm。
　　2. 锥台型 Cd－Cu 合金电极端面直径 Φ4.8 mm。

表 3.6-20　用复合电极点焊黄铜的焊接参数

板厚/mm	电极压力/kN	焊接时间/周	焊接电流/kA	抗剪强度/kN
0.4	0.6	5	8	1
0.6	0.8	6	9	1.2
0.8	1.0	8	9.5	2
1.0	1.2	11	10	3

1.3.9　镁合金的点焊

镁合金由于具有密度低、比强度及比刚度高、导热性和电磁屏蔽性好、阻尼性能优秀、可以回收利用等优点，被认为是 21 世纪最有应用潜力的“绿色材料”。目前，点焊结构中实际应用的主要是变形镁合金（MB2 等）。

表 3.6-21　H62 黄铜点焊焊接参数

板厚/mm	电极表面半径/mm	电极压力/N	焊接电流/kA	通电时间/s	所需功率/kVA
0.5＋0.5	50	1 200～1 400	15～16	0.10～0.12	70～80
0.8＋0.8		1 600～2 000	15～17	0.12～0.14	—
1.0＋1.0		1 800～2 200	18～22	0.16～0.20	90～100
1.3＋1.3	75	2 400～2 600	21～23	0.18～0.20	—
1.5＋1.5		2 400～2 800	25～26	0.20～0.24	150～170
2.5＋2.5	150	3 100～3 300	26～28	0.26～0.28	170～180
3.0＋1.5		2 800～3 000	27～28	0.24～0.26	160～170
3.0＋3.0		3 200～3 400	38～40	0.32～0.36	190～200

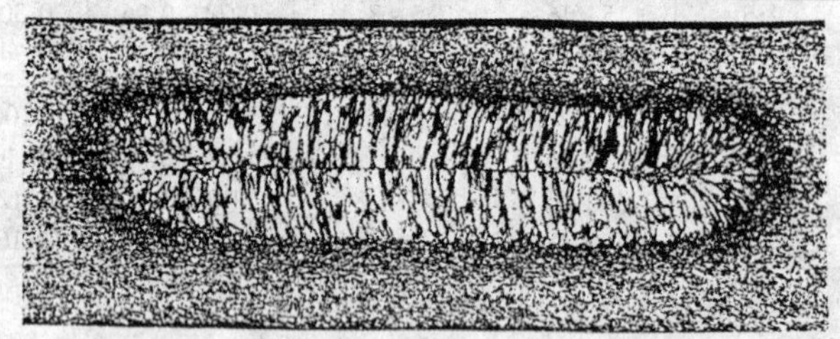

图 3.6-31　铜合金（H62）点焊接头金相照片

镁合金点焊焊接要点基本与铝合金相同，在用工频交流点焊机点焊时焊接参数参见表 3.6-22。

典型镁合金点焊优质接头金相照片见图 3.6-32。

表 3.6-22　镁合金点焊焊接参数（选用单相交流电阻焊机）

板厚/mm	电极直径/mm	电极端部半径/mm	电极压力/N	通电时间/s	焊接电流/kA	焊核直径/mm	最小剪力/N
0.4＋0.4	6.5	50	1 372	0.05	16～17	2～2.5	313.6～617.4
0.5＋0.5	10	75	1 372～1 568		18～20	3～3.5	421.4～784
0.65＋0.65			1 568～1 764	0.05～0.07	22～24	3.5～4.0	578.2～960.4
0.8＋0.8			1 764～1 960	0.07～0.09	24～26	4～4.5	784～1 195.6
1.0＋1.0	13	100	1 960～2 254	0.09～0.1	26～28	4.5～5.0	980～1 519
1.3＋1.3			2 254～2 450	0.09～0.12	29～30	5.3～5.8	1 323～1 911
1.6＋1.6			2 450～2646	0.1～0.14	31～32	6.1～6.9	1 695.4～2 401
2＋2	16	125	2 842～3 136	0.14～0.17	33～35	7.1～7.8	2 205～3 038
2.6＋2.6	19	150	3 332～3 528	0.17～0.2	36～38	8.0～8.6	2 793～3 822
3.0＋3.0			4 214～4 410	0.2～0.24	42～45	8.9～9.6	3 528～4 802

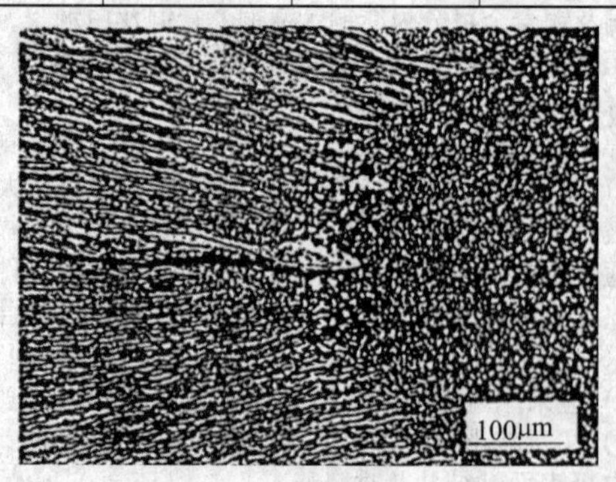

图 3.6-32　镁合金（AZ31B）点焊接头（局部）金相照片

1.4　特殊情况的点焊工艺

1.4.1　不等厚度及不同材料的点焊

通常条件下，不同厚度和不同材料点焊时，熔核不以贴合面为对称，而向厚板或导电、导热性差的焊件中偏移，其结果使其在贴合面上的尺寸小于该熔核直径。同时，也使其在薄件或导电、导热性好的焊件中焊透率小于规定数值，这均使焊点承载能力降低。

（1）偏移产生的原因

熔核偏移的根本原因是焊接区在加热过程中两焊件析热和散热均不相等所致。偏移方向自然向着析热多、散热缓慢一方移动。

不同厚度点焊时，厚件电阻大析热多，而其析热中心由于远离电极而散热缓慢。薄件情况正相反。这就造成焊接温度场如图 3.6-33a 向厚板偏移。

不同材料点焊时，导电性差的工件电阻大析热多，但由于该材料导热性差散热缓慢，导电性好的材料情况正相反，这同样要造成焊接温度场如图 3.6-33b 向导电性差的工件偏移。温度场的偏移则带来熔核的相应偏移。

（2）克服熔核偏移的措施

1）采用硬规范　硬规范时电流场的分布，能更好的反映边缘效应对贴合面集中加热的效果，并且由于焊接时间短使热损失下降，散热的影响相对减小，均对纠正熔核偏移现象有利。例如，可用电容贮能焊机点焊厚度比很大的精密零件。

2）采用不同的电极

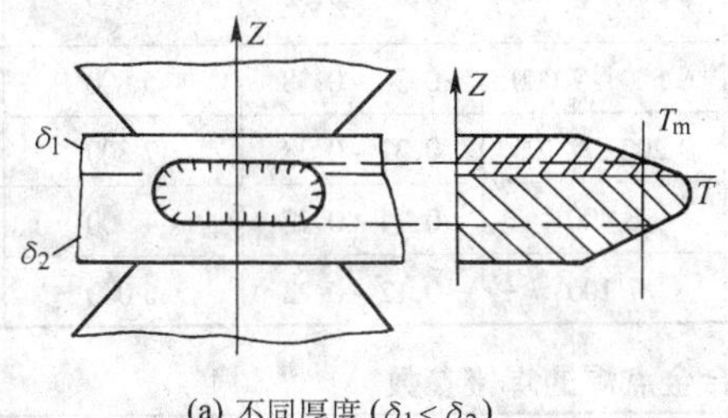

(a) 不同厚度（$\delta_1 < \delta_2$）

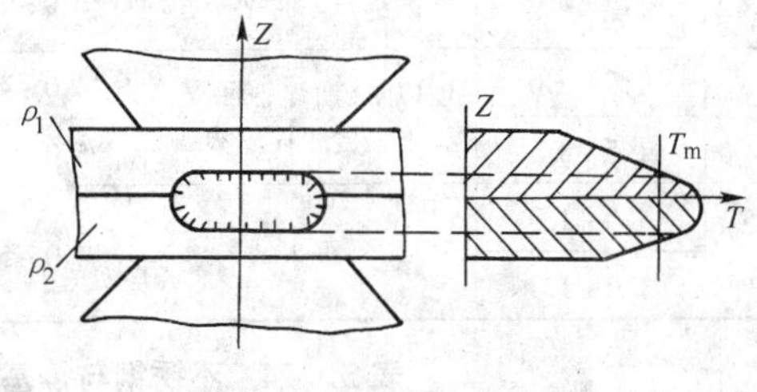

(b) 不同材料（$\rho_1 < \rho_2$）

图 3.6-33　焊接区温度分布

① 采用不同直径的电极　薄件（或导电、导热性好的焊件）那面采用小直径电极，以增大电流密度，减小热损失；而厚件（或导电、导热性差的焊件）那面则选用大直径电极。上、下电极直径的不同使温度场分布趋于合理，减小了熔核的偏移。但在厚度比较大的不锈钢或耐热合金零件的点焊中与上述原则相反，只有小直径电极安置在厚件那面方能有效，工厂中称之为“反焊”。反焊已获得多年的实际应用，但其原理及合理应用范围目前尚有争议。

② 采用不同材料的电极　由于上、下电极材料不同，散热程度不相同。导热性好的材料放于厚件（或导电、导热性差的焊件）那面使其热损失也大，也可调节温度场分布减小熔核偏移。

例如，点焊 5A02 - 3A21 板材（$\lambda_{5A02} > \lambda_{3A21}$，$\delta_{5A02}$ = 2 mm、δ_{3A21} = 3 mm），可在 5A02 那面采用导热性差的 CrCd-Cu 合金电极，而在 3A21 那面采用导热性好的 T2 纯铜电极。结果表明，薄件的焊透率达 20% ~ 25%，满足质量要求。

③ 使用特殊电极　在电极头部加不锈钢环、黄铜套（图 3.6-34）或采用尖锥状电极头均可使焊接电流向中间集中，从而使薄件（或导电、导热性好的焊件）析热强度增加，使温度场分布趋于合理。

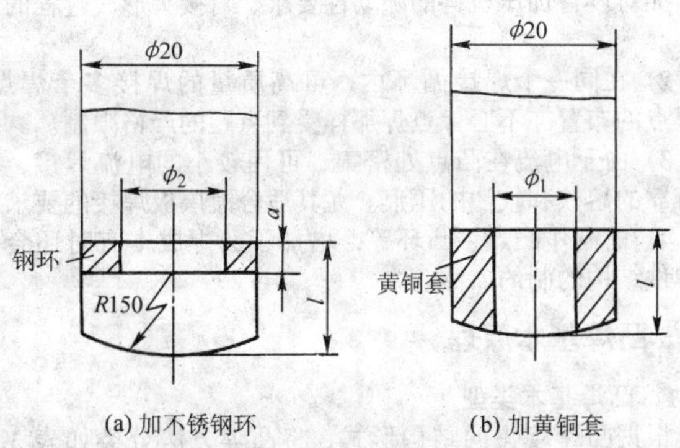

(a) 加不锈钢环　　(b) 加黄铜套

图 3.6-34　特殊电极头

a = 3 ~ 6 mm，l = 10 ~ 15 mm，$\phi_1 \approx 12$ mm，$\phi_2 \approx 10$ mm

3）在薄件（或导电、导热性好的焊件）上附加工艺垫片（图 3.6-35）工艺垫片由导热性差的材料制作，厚度为 0.2 ~ 0.3 mm，有降低薄件（或导电、导热性好的焊件）散热、增加电流密度的作用。例如，不锈钢箔片可作铜、铝合金的点焊工艺垫片；低碳钢箔片可作黄铜的点焊工艺垫片；钼箔可作金丝与金箔的点焊工艺垫片等。在使用工艺垫片时应注意规范不要过大，以避免垫片与零件表面产生粘结，焊后应很容易将其揭掉。

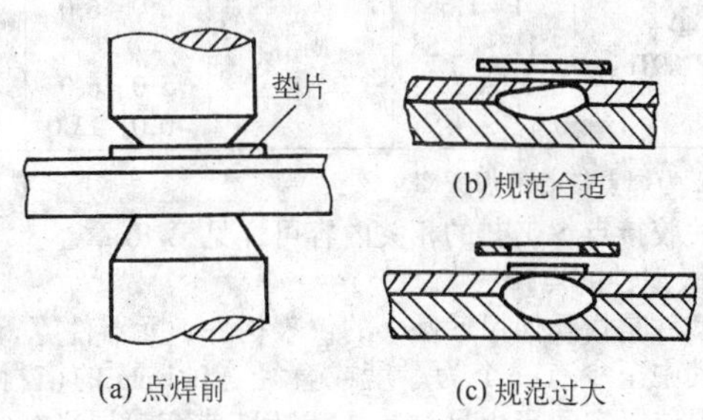

(a) 点焊前　(b) 规范合适　(c) 规范过大

图 3.6-35　附加工艺垫片的点焊

4）焊前在薄件或厚件上预先加工出凸点或凸缘，进行凸焊或环焊是克服熔核偏移现象的一条很有效的措施。

（3）利用帕尔帖效应

帕尔帖效应是热电势现象的逆向现象，即当直流电按某特定方向通过异种材料接触面时，将产生附加的吸热或析热现象，所以这个效应仅在单向通电时有效，而且目前仅用于铝与铜合金电极间才较明显和具有实用价值，如图 3.6-36 所示。

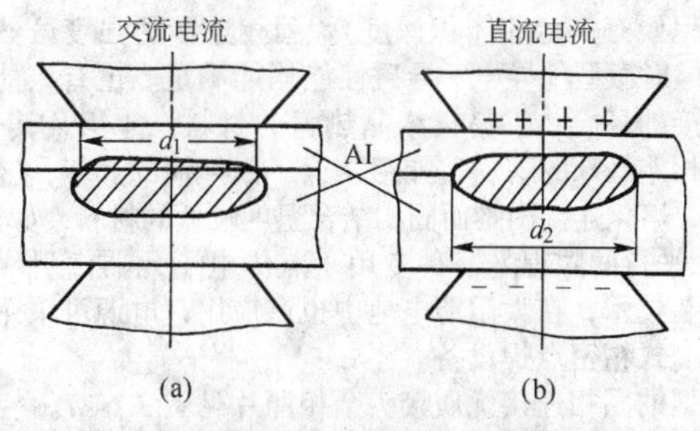

(a)　(b)

图 3.6-36　帕尔帖效应的应用

一些异种金属材料点焊焊接参数参见表 3.6-23 和表 3.6-24。

1.4.2　胶接点焊

在点焊工艺中采用结构胶粘剂，可使接头疲劳强度显著提高，这种将点焊和胶接工艺相结合的连接方法称为胶接点焊，简称胶焊。胶焊结构其强度高、重量轻、减震和声学性能好等优点。因此，在航空、航天、汽车工业等领域正得到日益广泛的应用。

表 3.6-23 常见异种钢点焊焊接参数

钢 号	厚度/mm	焊前状态及清理	电极直径/mm	焊接参数			熔核直径/mm
				焊接电流/A	通电时间/s	电极压力/N	
1Cr13 + 1Cr18Ni9Ti	1.2 + 1.2	1Cr13 回火，1Cr18Ni9Ti 淬火，抛光	5.0 ~ 6.0	6 000 ~ 6 500	0.24 ~ 0.28	1 000 ~ 4 500	≥5.0
	1.5 + 1.5		6.0 ~ 7.0	6 500 ~ 6 800	0.28 ~ 0.32	5 000 ~ 5 500	≥5.5
Cr17Ni2 + 1Cr11Ni2W2MoV	2.5 + 2.0	油淬，回火	5.0 ~ 7.0	8 500 ~ 9 500	0.32 ~ 0.38	8 000	≥4.5
Cr17Ni2 + 1Cr18Ni9Ti	1.5 + 2.0	Cr17Ni2 油淬，回火，1Cr18Ni9Ti 淬火	4.0 ~ 4.5	6 500 ~ 7 000	0.30 ~ 0.38	5 800	≥4.0
	1.5 + 3.5		5.0 ~ 7.0	9 200 ~ 9 700	0.32 ~ 0.38	7 300	≥4.5
1Cr18Ni9Ti + 21 - 11 - 2.5 铸造不锈钢	1.0 + 1.0	正火	4.0 ~ 5.0	6 400	0.14 ~ 0.22	4 900	4.0
	1.0 + 1.0			7 100	0.12 ~ 0.22	6 000	4.3

表 3.6-24 不锈钢与镍基高温合金点焊的焊接参数

材 料	厚度/mm	焊前状态	电极直径/mm	工艺参数			熔核尺寸	
				焊接电流/A	通电时间/s	电极压力/kN	d/mm	η_f①/%
GH44 + 1Cr18Ni9Ti	1.5 + 1.0	固溶	5.0	5 800 ~ 6 200	0.34 ~ 0.38	5.2 ~ 6.4	3.5 ~ 4.0	—
GH140 + 1Cr18Ni9Ti	1 + 1	固溶	5.0	6 100 ~ 6 500	0.26	4.4 ~ 5.4	4.5	40 ~ 60
	1 + 1.5		5.0 ~ 6.0	6 200 ~ 6 500	0.26 ~ 0.30	4.4 ~ 5.4	4.5	50 ~ 60
	1.5 + 1.5		7.0	8 200 ~ 8 400	0.38 ~ 0.44	5.1 ~ 6.1	5.0 ~ 7.0	40 ~ 70
	1 + 2		5.0 ~ 6.0	6 500 ~ 6 800	0.26 ~ 0.30	5.4 ~ 5.7	5.5	60 ~ 70
	1 + 4		10.0 ~ 12.0	6 400 ~ 6 800	0.30 ~ 0.34	5.9 ~ 6.4	5.5	40 ~ 55

① η_f 为焊点核心的焊透率。

有关胶接点焊工艺的相关内容可详见第 10 章。

1.4.3 微型件的点焊

微型件是指几何尺寸甚小的仪表构件、元器件等，其接头组成其中至少有一个为厚度或直径≤0.1mm 的箔材或丝材，点焊位置空间窄小且材质往往特殊或有镀层（Au、Ag、Ni 等），如可伐合金、TiNi 合金、钼合金、铍青铜、AgMgNi 合金等。

焊接技术要点如下。

1）由于焊件热惯性小，点焊时析热少，而散热强烈是其主要特点，因此在贴合面上难于形成集中加热的效果，尤其是导热性好的材料更为严重。因此要求焊接电流波形应脉冲幅值大而通电时间极小，控制精度很高。如半波点焊、中频逆变式（IGBT）点焊、电容放电点焊等。

2）接头的连接形式除熔化连接（熔核）外，有时亦允许固相连接，即贴合面并不熔化，仅发生较充分的再结晶和扩散（但要有一定的体积深度）。固相连接的强度虽然波动较大，但对微型件导电、导磁性能均能满足。也有只能选用固相连接的场合：①易再结晶热脆的材料，如钼及其合金；②熔点相差悬殊的材料，如铝 - 镍、钼 - 铜的连接；③热导率极高，熔化连接困难而固相结合温度较低的材料，如银等。

3）平行间隙焊是一种专用于点焊电子元器件引线和底盘的组装技术，在太阳能电池中也有应用，电源可采用电容式或逆变式精密点焊设备。

典型的固相连接优质接头金相照片见图 3.6-37。

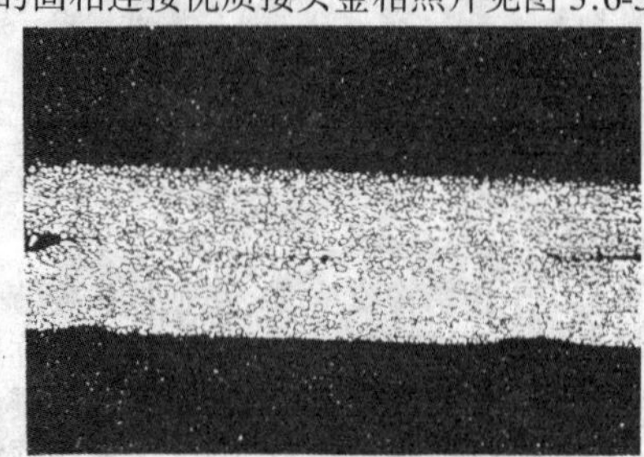

图 3.6-37 钼固相连接金相照片

2 凸焊

凸焊（projection welding），是在一工件的贴合面上预先加工出一个或多个突起点，使其与另一工件表面相接触并通电加热，然后压塌，使这些接触点形成焊点的电阻焊方法。凸焊是点焊的一种变形。凸焊主要用于焊接低碳钢和低合金钢的冲压件，板件凸焊最适宜的厚度为 0.5 ~ 4 mm，小于 0.25 mm 时宜采用点焊。随着汽车工业发展，高生产率的凸焊在汽车零部件制造中获得大量应用。凸焊在线材、管材等连接上也应用普遍。

凸焊有如下基本特点：

1）凸焊与点焊一样是热 - 机械（力）联合作用的焊接过程。相比较而言，其机械（力）的作用和影响要大于点焊，如对设备加压机构的随动性要求、对接头形成过程的影响等。

2）在同一个焊接循环内，可高质量的焊接多个焊点，而焊点的布置亦不必像点焊那样受到点距的严格限制。

3）由于电流在凸点处密集，可用较小的电流焊接，获得可靠的熔核和较浅的压痕。尤其适合镀层板焊接的要求。

4）需制作凸点、凸环等，增加了凸焊成本有时还会受到焊件结构的制约。

2.1 凸焊基本原理

2.1.1 凸焊基本类型

根据凸焊接头的结构形式，将凸焊方法分类如表 3.6-25，类型实例如图 3.6-38 所示。

表 3.6-25 凸焊方法及特点

凸焊类型	接头结构形式	应 用
单点凸焊 多点凸焊	凸点设计成球面形、圆锥形和方形，并预先压制在薄件或厚件上	最广，多点凸焊在凸焊机上进行，最多一次焊 20 点；单点凸焊也可在点焊机上进行

续表 3.6-25

凸焊类型	接头结构形式	应 用
环焊	在一个工件上预制出凸环或利用工件原有的型面、倒角构成的锐边，焊后形成一条环焊缝	最直广，密封性焊缝应在真流焊机上进行，最大 ϕ80 mm，非密封性焊缝亦可在交流焊机进行；管壳、螺母、注液口等
T形焊	在杆形件上预制出单个或多个球面形、圆锥形、弧面形及齿形等凸点，一次加压通电焊接	点焊机或凸焊机上进行；螺钉、管－板等T形接头
滚凸焊	在面板上预先制出多个圆凸点或长凸点，滚轮电极压紧工件，电流仅在有凸点的位置才通过，电极与工件连续转动	专用滚凸焊机；汽车制动蹄等
线材交叉焊	利用线材（包含管材）轮廓的凸起部分相互交叉接触	较广，可在凸焊机或多点焊机上进行；网片焊接等

2.1.2 凸焊接头形成过程

凸焊接头也是在热－机械（力）联合作用下形成的。但是，由于凸点的存在不仅改变了电流场和温度场形态，而且在凸点压溃过程中使焊接区产生很大的塑性变形，这些情况均对获得优质接头有利。但同时也使凸焊过程比点焊过程复杂和有其自身特点，在一良好凸焊焊接循环下，由预压、通电加热和冷却结晶三个连续阶段组成，如图 3.6-39 所示。

1）预压阶段　在电极压力作用下凸点产生变形，压力达到预定值后，凸点高度均下降 1/2 以上（S_1）。因此，凸点与下板贴合面增大，不仅使焊接区的导电通路面积稳定，同时也更好的破坏了贴合面上的氧化膜，造成比点焊时更为良好的物理接触（图 3.6-39bI）。

2）通电加热阶段　该阶段由两个过程组成：其一为凸点压溃过程；其二为成核过程。

通电后，电流将集中流过凸点贴合面，当采用预热（或缓升）电流和直流焊接时，凸点的压溃较为缓慢，且在此程序时间内凸点并未完全压平（图 3.6-39bⅡ）。随着焊接电流的继续接通，凸点被彻底压平（图 3.6-39bⅢ）。此时如采用的是工频等幅交流焊机或加压机构随动性较差时，将引起焊点的初期喷溅。凸点压溃、两板贴合后形成较大的加热区，随着加热的进行，由个别接触点的熔化逐步扩大，形成足够

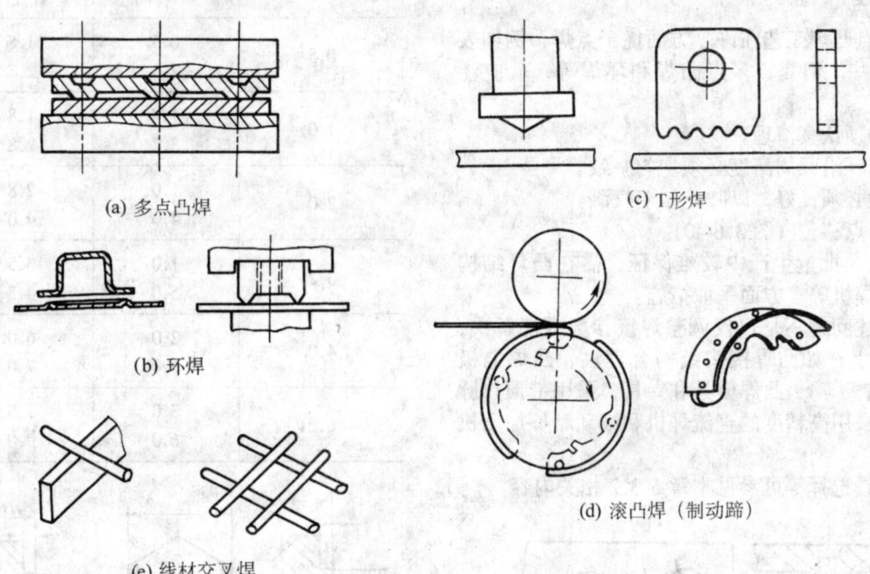

图 3.6-38　凸焊类型实例

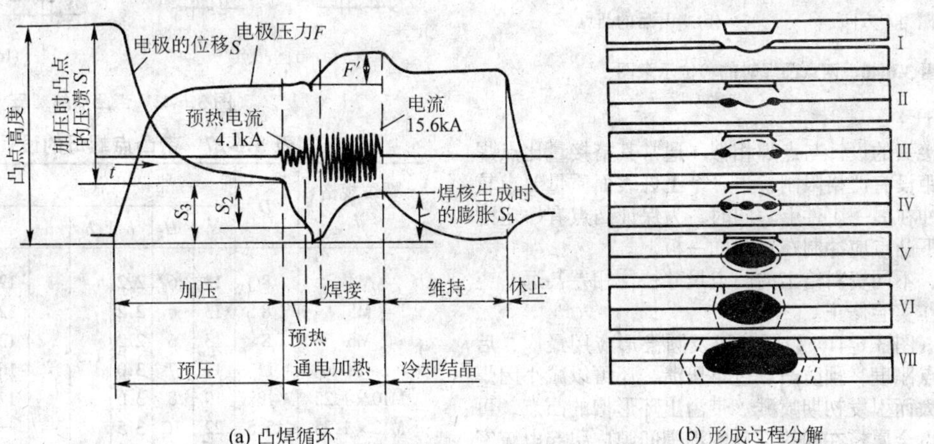

图 3.6-39　凸焊接头形成过程

尺寸的熔化核心和塑性区（图 3.6-39Ⅳ ~ Ⅶ）。同时，因焊接区金属体积膨胀，将电极向上推移 S_4 并使电极压力曲线升高。

3）冷却结晶阶段　切断焊接电流，熔核在压力作用下开始冷却结晶，其过程与点焊熔核的结晶过程基本相同。

2.1.3　凸焊接头的结合特点

根据凸焊方法的不同，凸焊接头可为熔化连接或固相连接。其中，单点凸焊、多点凸焊和线材交叉焊多为熔化连接；环焊、T 形焊和滚凸焊等多为固相连接。这是因为环焊、T形焊的贴合面范围大，焊接区体积大，加热不易均匀所致；滚凸焊是在滚动的动态过程中焊接，压力作用不充分。因此，这些凸焊方法大都采用软规范以达到良好控制焊接热过程的目的。由于焊接区电流密度的减小、散热作用的相对增加，使焊接区温度场往往比熔点低。但是，由于凸点、凸环在焊接过程中的迅速压溃、消失，使焊接区产生很大塑性变形，这不仅使贴合面处的氧化膜易于破碎挤出，而且促进了焊接区的再结晶，使晶界转移完善及获得热锻性的细晶粒区，显著提高了连接强度，这就保证了固相连接的可靠性。

2.2　凸焊一般工艺

2.2.1　凸焊工艺特点

如前所述，单点凸焊工艺在许多方面优于点焊，例如表面清理就可要求低些。但是，多点凸焊和环焊等，就应注意：

1）焊前表面必须认真清理。

2）各凸点或凸环沿圆周高度必须均匀一致。

3）电极随动性必须良好，以防止初期喷溅。

4）必须防止凸点移位（图 3.6-40）。

5）环焊密封性在批量生产中较难保证，需在凸环结构设计、焊接夹具、焊机等多方面采取措施。

一般来讲，上述问题不是仅仅调整焊接参数就能解决，而是要在焊接条件上，如凸焊接头结构合理性、凸焊电极（如可转动自平衡电极等）、凸焊模具和夹具，采用带预热脉冲的控制器，直至采用高精度的直流焊机和滚动摩擦加压机构等。

凸焊电极、模具选择等可参见本章 5.3.2 相关内容。

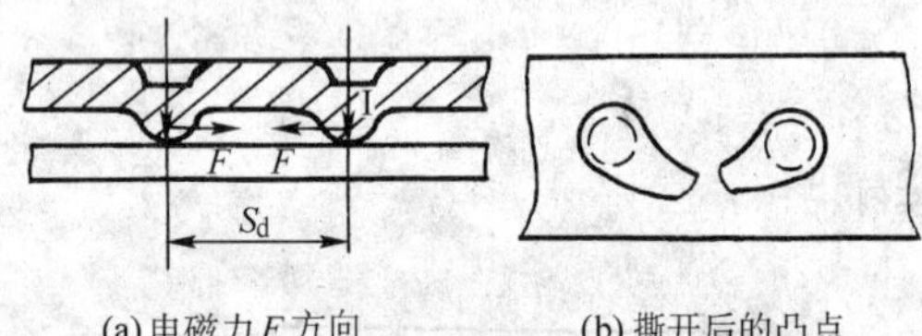

(a) 电磁力 F 方向　　(b) 撕开后的凸点

图 3.6-40　两点凸焊时的移位示意图

2.2.2　凸点设计

凸焊搭接接头的设计与点焊相似。通常其搭接量比点焊小，且凸点间距没有严格限制，当一个工件表面质量要求较高时，凸点应冲在另一工件上。同时，为保证凸点有一定刚度，一般情况下凸点应冲制在较厚的一板上。

应该注意，不同资料给出的凸点尺寸往往相差甚远，应根据具体情况作实验修正。

凸点形状（图 3.6-41）以圆球形及圆锥形应用最广，后一种可提高凸点刚度，预防凸点过早压溃，还可以减小因焊接电流密度过大而引发初期喷溅。带溢出环形槽的凸点，可防止压塌的凸点金属挤在加热不良的周围间隙内引起电流密度的降低，造成焊透不良。凸点尺寸参见表 3.6-26；带凸点螺母及其上凸点尺寸见表 3.6-27 和图 3.6-42。

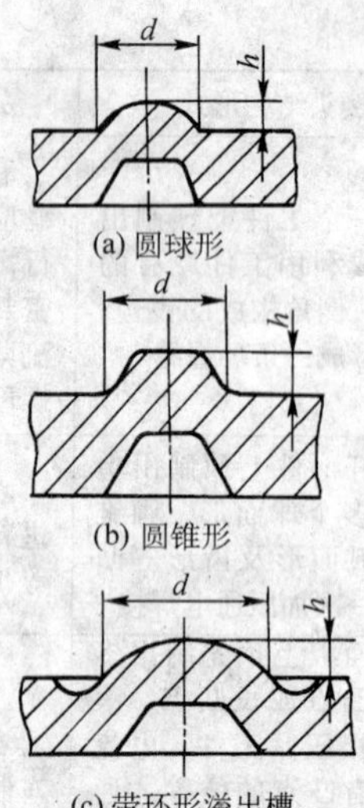

(a) 圆球形

(b) 圆锥形

(c) 带环形溢出槽

图 3.6-41　凸点形状

表 3.6-26　凸焊的凸点尺寸　mm

凸点所在板厚	平板厚	凸点尺寸	
		直径 d	高度 h
0.5	0.5	1.8	0.5
	2.0	2.3	0.6
1.0	1.0	1.8	0.5
	3.2	2.8	0.8
2.0	1.0	2.8	0.7
	4.0	4.0	1.0
3.2	1.0	3.5	0.9
	5.0	4.5	1.1
4.0	2.0	6.0	1.2
	6.0	7.0	1.5
6.0	3.0	7.0	1.5
	6.0	9.0	2.0

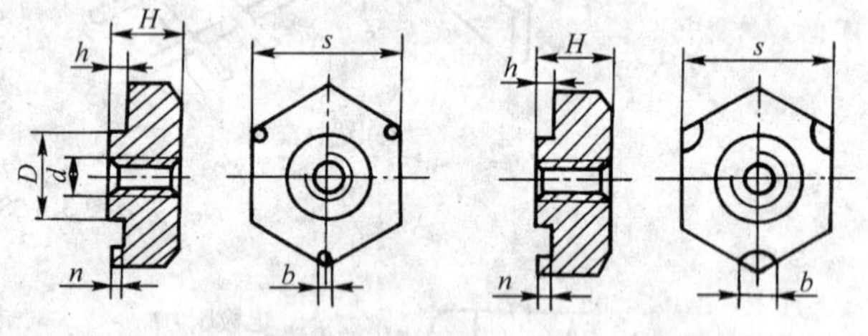

(a) 带圆凸点　　(b) 带弧形凸点

图 3.6-42　带凸点的螺母

表 3.6-27　带凸点螺母的设计尺寸　mm

<table>
<tr><th rowspan="2">螺纹规格
d</th><th rowspan="2">D</th><th colspan="5">带圆凸点</th><th colspan="5">带弧形凸点</th></tr>
<tr><th>s</th><th>H</th><th>b</th><th>h</th><th>n</th><th>s</th><th>H</th><th>b</th><th>h</th><th>n</th></tr>
<tr><td>M4</td><td>8</td><td>13</td><td>6</td><td>2.2</td><td rowspan="6">1.5</td><td rowspan="6">1</td><td>12</td><td>5.5</td><td>4</td><td rowspan="6">1.0</td><td rowspan="6">0.5</td></tr>
<tr><td>M5</td><td>8</td><td>13</td><td>6</td><td>2.2</td><td>12</td><td>5.5</td><td>4</td></tr>
<tr><td>M6</td><td>8</td><td>13</td><td>6</td><td>2.2</td><td>13</td><td>6.0</td><td>4.5</td></tr>
<tr><td>M8</td><td>11</td><td>17</td><td>7</td><td>3.0</td><td>16</td><td>7.5</td><td>5</td></tr>
<tr><td>M10×1.25</td><td>13</td><td>19</td><td>8</td><td>3.0</td><td>17</td><td>8.5</td><td>6</td></tr>
<tr><td>M12×1.25</td><td>15.5</td><td>22</td><td>10</td><td>3.5</td><td>—</td><td>—</td><td>—</td></tr>
</table>

2.2.3　凸焊焊接参数选择

凸点形状、尺寸确定后，焊接电流 I、焊接时间 t 及电

极压力 F_w 等参数对接头质量均有影响，其影响规律与点焊时相似。应该注意的是，电极压力 F_w 对接头拉剪载荷的影响比点焊时要严重的多（图 3.6-43）。若电极压力过小，将使通电前凸点预变形量太小，凸点贴合面电流密度显著增大造成严重喷溅、甚至烧穿；而电极压力过大将使通电前凸点预变形量太大，失去凸焊意义。此外，焊接电流波形、压力变化曲线及焊机加压系统的随动性也都对凸焊质量有重要影响。

凸焊焊接参数参见 2.3 中各金属材料凸焊时焊接参数表。

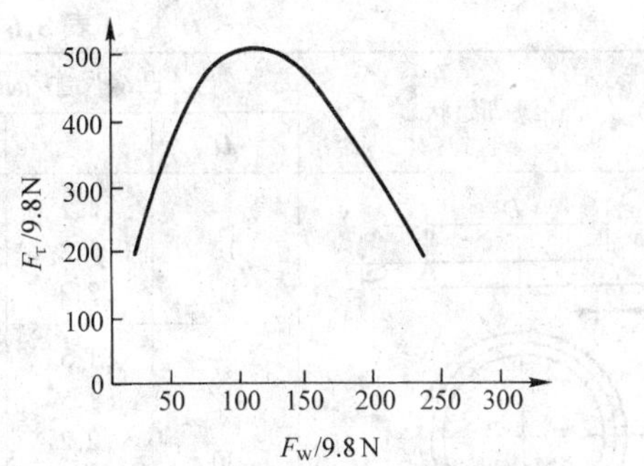

图 3.6-43 凸焊接头拉剪载荷与电极压力关系

2.3 常用金属材料的凸焊

2.3.1 低碳钢的凸焊

低碳钢的凸焊应用最广泛，凸点形状为圆球形或圆锥形。这里应注意两点：凸点通常应冲制在较厚板上；厚度小于 0.25 mm 薄钢板凸焊不被推荐，因凸点易提前压溃，不如点焊适用。低碳钢凸焊参数选择参见表 3.6-28 ~ 表 3.6-34。

表 3.6-28 低碳钢薄板凸焊的焊接参数

板厚	点距	焊核直径	A参数			B参数			C参数		
mm			时间/周	电极压力/N	焊接电流/A	时间/周	电极压力/N	焊接电流/A	时间/周	电极压力/N	焊接电流/A
0.6	7	2.5	3	800	5 000	6	700	4 300	6	500	3 300
0.8	9	3	3	1 100	6 600	6	700	5 100	10	600	3 800
0.9	10	4	5	1 300	7 300	8	900	5 500	13	650	4 000
1.0	10	4	8	1 500	8 000	10	1 000	6 000	15	700	4 300
1.2	12	5	8	1 800	8 800	16	1 200	6 500	19	1 000	4 600
1.5	15	6	10	2 500	10 300	20	1 600	7 700	25	1 500	5 400
1.8	18	7	13	3 000	11 300	25	2 000	8 000	32	1 800	6 000
2.0	18	7	14	3 600	11 800	28	2 400	8 800	34	2 100	6 400
2.5	23	8	16	4 600	14 100	32	3 100	10 600	42	2 800	7 500
3.0	27	9	18	6 800	14 900	38	4 500	11 300	50	3 600	8 300

注：1. A参数用于单个凸点或是凸点间距大于表中数值 1.5 ~ 2.0 倍情况。
2. B参数用于 2 个凸点的情况。
3. C参数用于多个凸点，且点距较小的情况。
4. 表中焊接电流、电极压力均指每个凸点的数值。

表 3.6-29 低碳钢厚板单点凸焊的焊接参数

板厚/mm	凸点尺寸/mm		最小间距/mm	电极压力/N		递增时间/周	焊接时间/周	焊接电流/kA	焊点剪力/N
	直径	高度		焊接	锻压				
正 常 凸 点									
4	8.5	1.65	45	9 560	19 000	12	54	15.8	34 700
5	10.5	2.13	51	13 000	26 000	17	84	18.8	50 000
6	12.5	2.60	61	16 700	33 400	25	121	23.3	76 900
小 尺 寸 凸 点									
4	7.0	1.52	41	6 300	12 600	12	54	11.5	24 600
5	8.5	1.83	44	7 100	14 200	17	84	13.9	34 200
6	9.5	2.16	43	8 900	17 800	25	121	17.3	53 300

注：1. 本表为单点凸焊的焊接参数。
2. 不同板厚组对时，参数应按较薄的一面选，但凸点应尽可能加工在厚板上。
3. 正常凸点用于单点凸焊，小尺寸凸点用于多点凸焊。
4. 焊接电流应选用缓升或直流波形，厚板时应加大锻压力。

表 3.6-30 焊接螺母凸焊的焊接参数

螺纹规格/mm	平板厚度/mm	A参数			B参数			接头扭矩强度/N·m
		时间/周	电极压力/N	焊接电流/A	时间/周	电极压力/N	焊接电流/A	
M4	1.2	3	3 000	10 000	6	2 400	8 000	—
	2.3	3	3 200	11 000	6	2 600	9 000	
M8	2.3	3	4 000	15 000	6	2 900	10 000	82
	4.0	3	4 300	16 000	6	3 200	12 000	
M12	1.2	3	4 800	18 000	6	4 000	15 000	210
	4.0	3	5 200	20 000	6	4 200	17 000	

表 3.6-31　低碳钢环形凸焊的焊接参数

凸缘形状	凸缘尺寸/mm			另一板厚度/mm	电极压力/N	时间/周	焊接电流/A
	D	T	H				
	12	1.2	1.0	0.8	4 500	5	16 000
		1.8	1.6	1.6	5 000	8	18 000
		2.2	1.9	3.2	6 000	12	22 000
	30	1.5	1.3	0.8	13 000	24	42 000
		1.5	1.3	0.8	18 000	12	48 000
		2.2	1.9	1.6	14 000	12	45 000
		2.2	1.9	1.6	20 000	16	52 000
		3.2	2.8	3.2	18 000	16	52 000
		4.4	3.8	3.2	25 000	20	60 000

表 3.6-32　低碳钢丝交叉接头凸焊的焊接参数

钢丝直径/mm	时间/周	15%压下量时的参数			30%压下量时的参数		
		电极压力/N	焊接电流/A	焊点拉剪力/N	电极压力/N	焊接电流/A	焊点拉剪力/N
冷拔丝							
1.60	4	445	600	2 000	670	800	2 220
3.20	8	556	1 800	4 300	1 160	2 700	5 000
4.80	14	1 600	3 300	8 900	2 670	5 000	10 700
6.40	19	2 600	4 500	16 500	3 780	6 700	18 700
7.90	25	3 670	6 200	22 700	6 450	9 300	27 100
9.50	33	4 890	7 400	29 800	9 170	11 300	37 000
11.10	42	6 300	9 300	42 700	12 900	13 800	50 200
12.70	50	7 600	10 300	54 300	15 100	15 800	60 500
热拔丝							
1.60	4	445	800	1 600	670	800	1 780
3.20	8	556	2 800	3 300	1 160	2 800	3 800
4.80	14	1 600	5 100	6 700	2 670	5 100	7 500
6.40	19	2 600	7 100	12 500	3 780	7 100	13 400
7.90	25	3 670	9 600	20 500	6 450	9 600	22 300
9.50	33	4 890	11 800	27 600	9 170	11 800	30 300
11.10	42	6 300	14 800	39 100	12 900	14 800	42 700
12.70	50	7 600	16 500	51 200	15 100	16 500	55 170

注：压下量指电阻焊中一根钢丝压入另一根丝的数量。

表 3.6-33　管子十字形交叉凸焊的焊接参数

压下量/%	管子外径/mm	壁厚/mm	电极压力/N	时间/周	焊接电流/A
5	10	0.9	2 000	12	5 000
	16	1.0	2 000	15	9 500
	22	1.25	2 200	20	12 000
	25	1.5	2 400	17	14 000
	30	1.5	2 400	17	16 000
	35	2.0	2 700	20	18 000
15	10	0.9	2 000	40	9 000
	16	1.0	2 000	60	9 500
	22	1.25	2 200	60	12 000
	25	1.5	2 400	57	14 000
	30	1.5	2 400	55	16 000
	35	2.0	2 700	75	18 000

表 3.6-34　管子T形接头凸焊的焊接参数

管子外径/mm	壁厚/mm	电极压力/N	时间/s	焊接电流/A	熔深/mm
9.6	1	1 900	0.20	11 000	2.5
12.4	1	2 100	0.20	12 000	2.8
16.0	1	2 100	0.30	13 000	3.1
17.6	1.25	2 300	0.40	13 000	3.5
19.2	1.25	2 300	0.40	14 000	4.0
22.4	1.25	2 300	0.50	14 000	4.3
25.4	1.5	2 400	0.60	14 500	5.0
28.6	1.5	2 500	0.60	15 000	5.5
30.2	1.5	2 500	0.80	15 000	6.0
31.8	1.5	2 500	1.10	16 000	6.3
35.0	2.0	2 700	1.30	19 000	7.0

2.3.2 镀层钢板的凸焊

金属镀层有 Zn、Pb、Al、Cu、Ni 等，遇到最多的是镀锌钢板或镀锌件，由于凸点的存在和采用平电极，镀层板的凸焊比点焊容易的多。焊接参数的选择参见表 3.6-35。

表 3.6-35 镀锌钢板凸焊焊接参数

凸点所在板厚/mm	平板板厚/mm	凸点尺寸/mm		电极压力/kN	焊接时间/周	焊接电流/kA	抗剪载荷/kN	熔核直径/mm
		直径 d	高度 h					
0.7	0.4 1.6	4.0 4.0	1.2 1.2	0.5 0.7	7 7	3.2 4.2	—	—
1.2	0.8 1.2	4.0 4.0	1.2 1.2	0.35 0.6	10 6	2.0 7.2	—	—
1.0	1.0	4.2	1.2	1.15	15	10.0	4.2	3.8
1.6	1.6	5.0	1.2	1.8	20	11.5	9.3	6.2
1.8	1.8	6.0	1.4	2.5	25	16.0	14	6.2
2.3	2.3	6.0	1.4	3.5	30	16.0	19	7.5
2.7	2.7	6.0	1.4	4.3	33	22.0	22	7.5

2.3.3 贴塑钢板的凸焊

这种钢板的一面因有绝缘的聚氯乙烯塑料层只能单面单点或单面双点凸焊。焊接时采用硬规范，为了使贴塑面不产生明显压痕，可采用与贴塑面钢板相同花纹的钢板作垫板，凸点采用圆球形，当特别要求强度高时可采用如图 3.6-44 所示的环形凸点（其中 C 形结构最优）。

贴塑钢板凸焊参数选择参见表 3.6-36 和表 3.6-37。

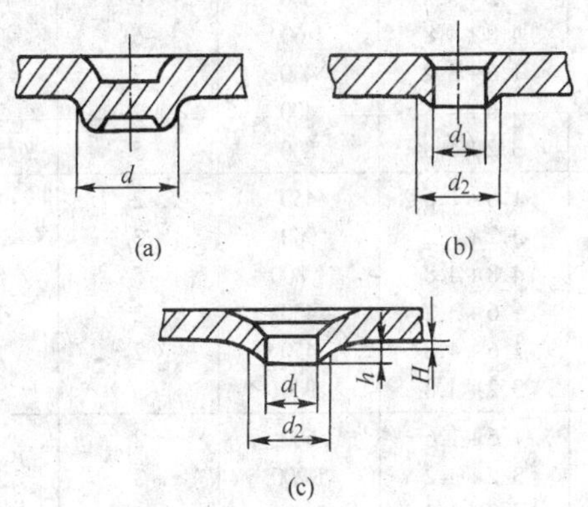

图 3.6-44 贴塑钢板使用的环形凸点

2.3.4 不锈钢和高温合金的凸焊

不锈钢凸焊要注意凸点间距不宜过小，以免产生熔核移位现象，其焊接参数选择参见表 3.6-38。

镍和高温合金线材交叉焊焊接参数选择参见表 3.6-39。

可淬硬钢很少凸焊，但有时会进行线材交叉焊，由于接头会淬硬，必须进行电极间回火热处理；铝合金亦很少采用凸焊，仅有时用于螺钉、螺母的凸焊等，这里不作介绍。

表 3.6-36 贴塑钢板圆球形凸点的凸焊的焊接参数

板厚/mm		凸点尺寸/mm		电极压力/kN	焊接时间/ms	交流半波电流峰值/kA	抗剪载荷/kN
贴塑钢板	凸点所在钢板	直径 d	高度 h				
0.6	0.4 0.6	0.4 0.3	2.0 1.8	0.15 0.15	4 5	3.2 3.5	0.75 0.50
0.8	0.4 0.8	0.4 0.4	1.8 1.8	0.15 0.20	5 5	3.2 3.5	0.65 1.0
1.0	0.4 1.0	0.4 0.5	2.0 2.0	0.15 0.25	5 5	4.0 4.5	0.75 1.0
1.2	0.6 1.2	0.6 0.5	2.6 3.0	0.25 0.85	6 6	5.0 8.0	1.0 2.0

表 3.6-37 贴塑钢板环形凸点的凸焊焊接参数

板厚/mm		凸点尺寸/mm			交流半波式			电容贮能式		抗剪载荷/kN
贴塑钢板	凸点所在钢板	d_1	d_2	h	电极压力/kN	焊接时间/周	电流峰值/kA	电容量/μF	电压/V	
0.6	0.6 1.6	3.5 2.0	4.2 3.0	0.5 0.4	0.2~0.3 0.2~0.4	5 6	9.0 9.5	3 000 4 000	340 360	0.9 1.3
0.8	0.6 1.6	4.4 2.8	5.5 3.5	0.6 0.4	0.3~0.6 0.4~0.8	6 7	11.5 12.0	4 900 4 000	360 350	1.4 2.3
1.0	0.6 1.6	4.3 3.5	5.5 4.0	0.8 0.4	0.3~0.6 0.4~0.8	7 7	14.0 16.5	5 000 6 000	400 400	2.3 2.8
1.2	0.6 2.3	4.0 3.5	5.5 5.0	1.0 0.4	0.35~1 0.5~1	7 7	15.0 18.0	5 500 8 000	400 430	2.6 3.0

注：表中 d_1、d_2、h 均为图 3.6-44b、c 的凸点尺寸。

表 3.6-38　不锈钢的凸点尺寸及凸焊焊接参数

板厚/mm	凸点尺寸/mm		焊接电流/A	电极压力/N	时间/周
	d	h			
0.6	2.4	0.6	3 500	2 500	6
0.8	2.4	0.6	4 000	2 800	7
1.0	2.6	0.7	4 500	3 200	8
1.2	2.8	0.7	5 000	3 800	10
1.6	3.2	0.8	6 000	5 000	12
2.3	3.8	1.0	7 000	6 000	18
3.2	4.5	1.0	8 000	7 000	24

表 3.6-39　镍、蒙乃尔合金和耐热合金的凸焊焊接参数

材料	线材直径/mm	电极压力/N	时间/周	焊接电流/A
镍	1.6+1.6	400	2	1 800
	3.2+3.2	800	3	4 100
	4.8+4.8	1 600	5	7 000
	1.6+3.2	400	2	1 800
	1.6+4.8	400	2	2 300
	3.2+4.8	800	5	5 000
蒙乃尔合金	1.6+1.6	450	2	1 400
	3.2+3.2	900	3	3 300
	4.8+4.8	1 800	5	5 700
	1.6+3.2	450	2	1 600
	1.6+4.8	450	2	1 800
	3.2+4.8	900	3	3 600
因科镍合金	1.6+1.6	600	2	900
	3.2+3.2	1 200	3	2 100
	4.8+4.8	2 300	5	3 500
	1.6+3.2	600	2	900
	1.6+4.8	600	2	1 100
	3.2+4.8	2 300	3	2 300

3　缝焊

缝焊（seam welding），焊件装配成搭接或对接接头并置于两滚轮电极之间，滚轮加压焊件并转动，连续或断续送电，形成一条连续焊缝的电阻焊方法。缝焊是点焊的一种演变。

缝焊广泛地应用在要求密封性的接头制造上，有时也用来连接普通非密封性的钣金件，被焊金属材料的厚度通常在0.1～2.5 mm。

缝焊有如下基本特点：

1）缝焊与点焊一样是热－机械（力）联合作用的焊接过程。相比较而言，其机械（力）的作用在焊接过程中是不充分的（步进缝焊除外），焊接速度越快表现越明显。

2）缝焊缝是由相互搭接一部分的焊点所组成，因此焊接时的分流要比点焊严重的多，这在高电导率铝合金及镁合金的厚板焊接时带来困难。

3）滚轮电极表面易发生粘损而使焊缝表面质量变坏，因此电极的修整是一个特别值得注意的问题。

4）由于缝焊焊缝的截面积通常是母材纵截面积的2倍以上（板愈薄这个比率越大），破坏必然发生在母材热影响区。因此，缝焊结构很少强调接头强度，主要要求其具有良好的密封性和耐蚀性。

3.1　缝焊基本原理

3.1.1　缝焊基本类型

根据滚轮电极旋转（焊件移动）与焊接电流通过（通电）的机－电配合方式，将缝焊方法分类如表 3.6-40，各类焊接循环如图 3.6-45 所示。

表 3.6-40　缝焊方法及特点

缝焊类型	机－电特点	应　用
连续缝焊	滚轮电极连续旋转，焊件等速移动，焊接电流连续通过，每半周形成一个焊点 焊速可达 10～20 m/min	由于焊缝表面质量较差，实际应用有限
断续缝焊	焊件连续等速移动，焊接电流断续通过，每“通－断”一次形成一个焊点 根据板厚焊速可达 0.5～4.3 m/min	应用广泛，主要生产黑色金属气、水、油密焊缝
步进缝焊	焊件断续移动，焊接电流在焊件静止时通过每“通－移”一次形成一个焊点，并可施加锻压力。接头形成与点焊极为近似 焊速较低，一般仅达 0.2～0.6 m/min	仅用于制造铝合金及镁合金等高密封焊缝

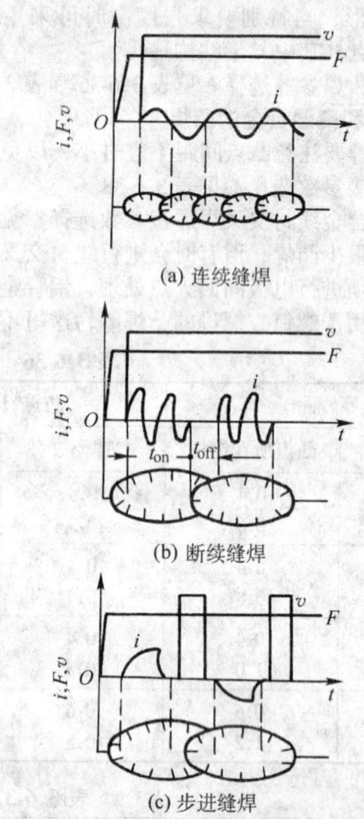

图 3.6-45　各类缝焊焊接循环示意图

按接头形式分，缝焊可分为搭接缝焊、压平缝焊、圆周缝焊、垫箔对接缝焊、铜线缝焊等。搭接缝焊用的最广，除常用的双面缝焊外，还有单面单缝缝焊、单面双缝缝焊、小直径圆周缝焊等。各种特殊缝焊方法如图 3.6-46 所示。

3.1.2　缝焊接头形成过程

（断续）缝焊时，每一焊点同样要经过预压、通电加热和冷却结晶三个阶段。但由于缝焊时滚轮电极与焊件间相对位置的迅速变化，使此三阶段不像点焊时区分的那样明显。

可以认为：

1）在滚轮电极直接压紧下，正被通电加热的金属，系处于“通电加热阶段”；

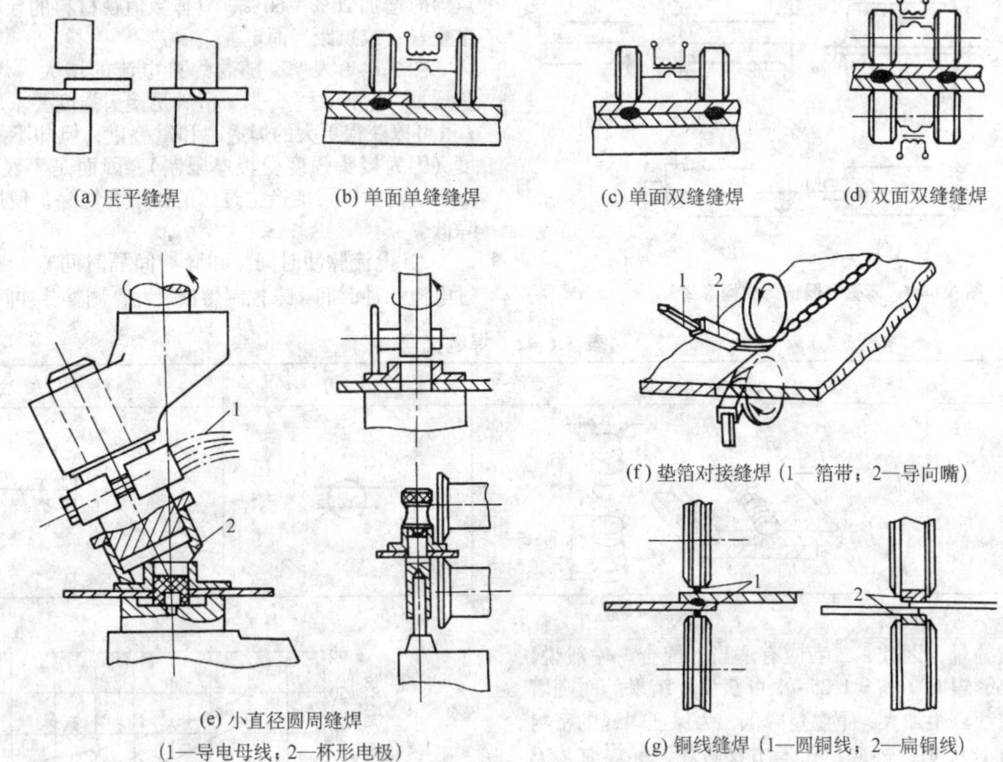

(a) 压平缝焊 (b) 单面单缝缝焊 (c) 单面双缝缝焊 (d) 双面双缝缝焊

(e) 小直径圆周缝焊（1—导电母线；2—杯形电极）

(f) 垫箔对接缝焊（1—箔带；2—导向嘴）

(g) 铜线缝焊（1—圆铜线；2—扁铜线）

图 3.6-46 各种特殊缝焊方法

2）即将进入滚轮电极下面的邻近金属，受到一定的预热和滚轮电极部分压力作用，系处在“预压阶段”；

3）刚从滚轮电极下面出来的邻近金属，一方面开始冷却，同时尚受到滚轮电极部分压力作用，系处在“冷却结晶阶段”。

因此，正处于滚轮电极下的焊接区和邻近它的两边金属材料，在同一时刻将分别处于不同阶段。而对于焊缝上的任一焊点来说，从滚轮下通过的过程也就是经历“预压－通电加热－冷却结晶”三阶段的过程。由于该过程是在动态下进行的，预压和冷却结晶阶段时的压力作用不够充分，就使缝焊接头质量一般比点焊时差，易出现裂纹、缩孔等缺陷。

3.2 缝焊一般工艺

3.2.1 缝焊工艺特点

如前所述，由于通常缝焊接头是在动态过程中（即滚轮电极旋转）形成的，压力作用不完善和表面温度比点焊高，表面粘附严重等。因此，应注意：

1）焊前焊件表面必须认真全部或局部（沿焊缝宽约20 mm）清理；滚轮电极必须经常修整，在某些镀层板密封焊缝的焊接中，应使用专设的修整刀。

2）不等厚度和不同材料缝焊时，可采用点焊类似的工艺措施，改善熔核偏移。

3）必须采用点焊定位，点固点间距为75～150 mm，并注意点固焊的位置和表面质量；环形焊件点固后的间隙应沿圆周均布和不得过大。

4）长缝焊接要注意分段调节焊接参数和焊序（例如从中间向两端施焊），这主要指有磁性的焊件在工频交流焊机上施焊。

滚轮电极的选择等可参见本章5.3.2相关内容。

3.2.2 缝焊接头设计

为保证缝焊接头质量，推荐缝焊接头尺寸如表3.6-41所示。但在压平缝焊时搭接量要小的多，约为板厚的1～1.5倍，焊后接头厚度为板厚的1.2～1.5倍；在垫箔对接缝焊中，所输送的二条箔带厚度一般为0.2～0.3 mm宽度为6 mm；在镀锡薄板的铜线缝焊中，铜线可为圆形或扁平型，焊后一般不回收处理等。

表 3.6-41 缝焊接头尺寸 mm

薄件厚度 δ	焊缝宽度 c	最小搭边宽度 b		备 注
		轻合金	钢、钛合金	
0.3	2.0^{+1}_{0}	8	6	
0.5	2.5^{+1}_{0}	10	8	
0.8	3.0^{+1}_{0}	10	10	
1.0	3.5^{+1}_{0}	12	12	
1.2	4.5^{+1}_{0}	14	13	
1.5	5.5^{+1}_{0}	16	14	
2.0	$6.5^{+1.5}_{0}$	18	16	
2.5	$7.5^{+1.5}_{0}$	20	18	
3.0	$8.0^{+1.5}_{0}$	24	20	

注：1. 搭边尺寸不包括弯边圆角半径；缝焊双排焊缝和连接三个以上零件时，搭边应增加25%～35%。

2. 压痕深度 $c'<0.15\delta$、焊透率 $A=30\%\sim70\%$。

在设计容器类工件时，设计上应尽可能选用便于缝焊的结构，图3.6-47a～g是按进行焊接的困难程度由易到难排列的。

焊缝代号如表3.6-42。

3.2.3 缝焊焊接参数选择

工频交流断续缝焊在缝焊中应用最广，其主要焊接参数有：焊接电流、电流脉冲时间、脉冲间隔时间、电极压力、焊接速度及滚轮电极端面尺寸。

1）焊接电流 I 考虑缝焊时的分流，焊接电流 I 应比

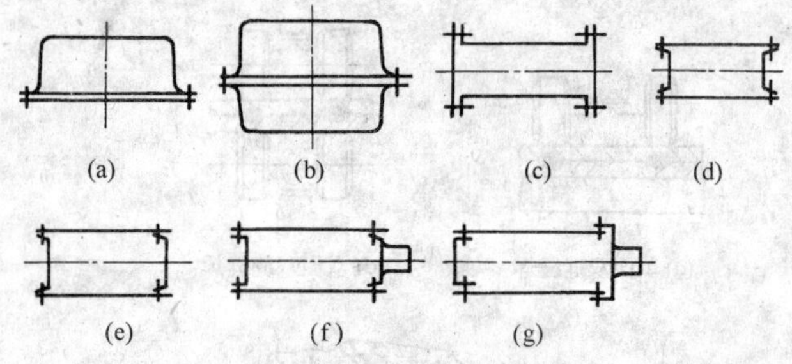

图 3.6-47　薄壁容器缝焊结构形式

点焊时增加 20% ~ 60%，具体数值视材料的导电性、厚度和重叠量（或点距）而定。

图 3.6-48 表明，随着焊接电流的增大，焊透率及重叠量增加。应该注意，当 I 值满足接头强度要求后，继续增大 I 虽可以获得更大的焊透率和重叠量，但却不能提高接头强度（因为接头强度受板厚限制），因而是不经济的。同时，由于 I 过大，可能产生过深的压痕和烧穿，使接头质量反而降低。

2）电流脉冲时间 t 和脉冲间隔时间 t_0　缝焊时，可通过电流脉冲时间 t 来控制熔核尺寸，调整脉冲间隔时间 t_0 来控制熔核的重叠量，因此，二者应有适当的配合。一般说，在用较低焊速缝焊时 $t/t_0 = 1.25 \sim 2$ 可获良好结果。而随着焊速增大将引起点距加大、重叠量降低，为保证焊缝的密封性，必将提高 t/t_0 值。因此，在采用较高焊速缝焊时 $t/t_0 \approx 3$ 或更高。

表 3.6-42　焊缝代号

焊 缝 名 称	焊 缝 形 式	基 本 符 号	标 注 方 法①
缝焊缝	c　l　e　l	○（带横线）	c　n×l(e)

①　此处 n 为焊缝数量。

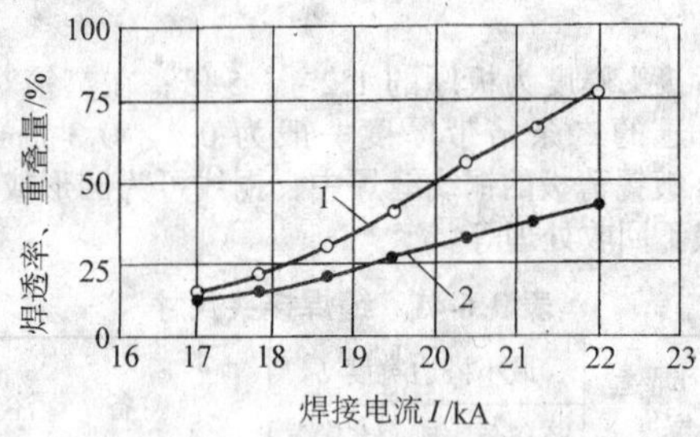

图 3.6-48　焊接电流对焊透率和重叠量的影响

1—焊透率；2—重叠量

（10 钢、$\delta = 2$ mm、$t = 6$ 周、$t_0 = 5$ 周、$F_w = 6\ 672$ N、$v = 1.4$ m/min）

随着脉冲间隔时间 t_0 的增加，焊透率及重叠量均下降（图 3.6-49）。

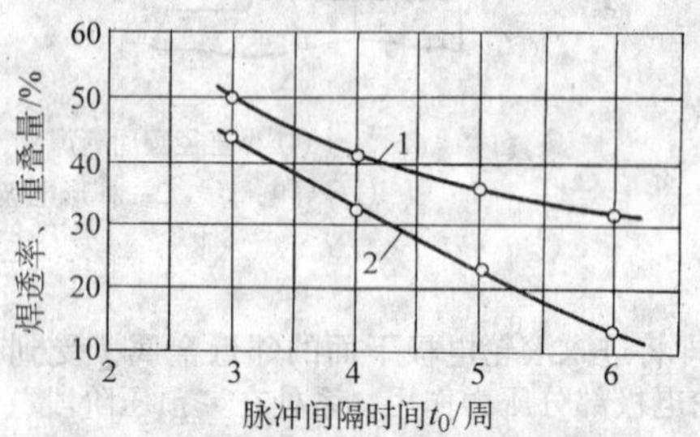

图 3.6-49　脉冲间隔时间对焊透率和重叠量的影响

1—焊透率；2—重叠量

（10 钢、$\delta = 2$ mm、$I = 18\ 950$ A、$t = 6$ 周、$F_W = 6\ 672$ N、$v = 1.4$ m/min）

3）电极压力 F_w　考虑缝焊时压力作用不充分，电极压力 F_w 应比点焊时增加 20% ~ 50%，具体数值视材料的高温塑性而定。

图 3.6-50a 表明，在焊接电流较小时（曲线 1），随着电极压力的增大，将使熔核宽度显著增加（熔核宽度与重叠量有一定关系：熔核宽度增加引起点距加大，重叠量降低）、重叠量下降，破坏了焊缝的密封性；在焊接电流较大时（曲线 2—符合 RWMA 推荐规范），电极压力可以在较宽广的范围内变化，其熔核宽度（代表了重叠量）、焊透率变化较小并能符合要求。即此时电极压力的影响不像点焊时那样大。

图 3.6-50b 表明，电极压力对焊透率的影响较小。

图 3.6-50 还表明，当焊接电流更大些时（曲线 3），尽管电极压力发生很大的变化，但熔核宽度、焊透率均波动很小。但是，不能选择这一更大的电流，理由正如前所述，不仅不能提高接头强度反而使接头质量降低。

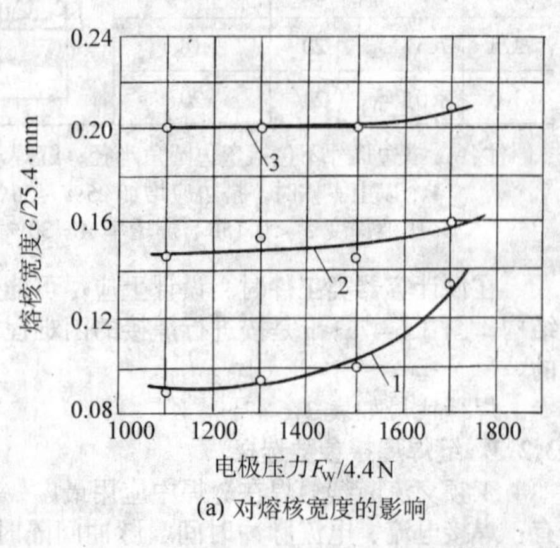

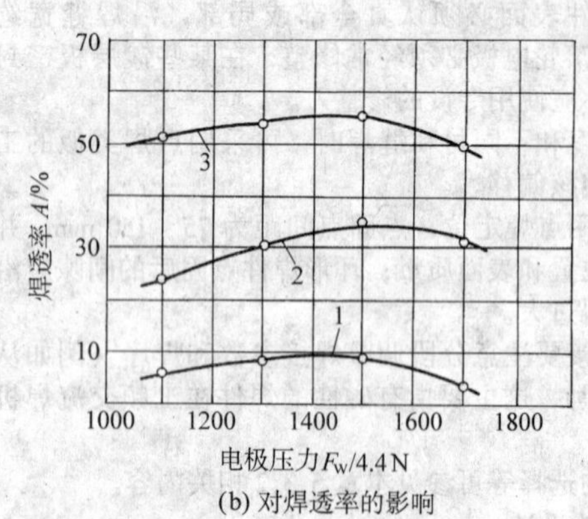

图 3.6-50　电极压力对焊透率和熔核宽度的影响

1—16 100 A；2—18 950 A；3—22 050 A（10 钢、$\delta = 2$ mm、$t = 6$ 周、$t_0 = 5$ 周、$v = 1.4$ m/min）

4）焊接速度 v　焊接速度是影响缝焊过程的最重要参数之一。低碳钢缝焊时，随着焊接速度 v 的增大，接头强度降低，当所用焊接电流较小时，下降的趋势更严重（图 3.6-51）。同时，为使焊接区获得足够热量而试图提高焊接电流时，将很快出现焊件表面过烧和电极粘损现象，既使增大水冷也很难改善。因此，在缝焊时试图用加大焊接电流来提高焊速进而获得高生产率是困难的。研究表明，随着板厚的增加缝焊速度必须减慢。

5）滚轮电极端面尺寸 H 或 R　滚轮电极端面是缝焊时与焊件表面相接触的部分。其中 H 为 F（扁平形）、SB（单倒角形）、PB（双倒角形）型滚轮电极工作端面宽度，R 为球面型（R 型）滚轮电极球面半径（图 3.6-52）。

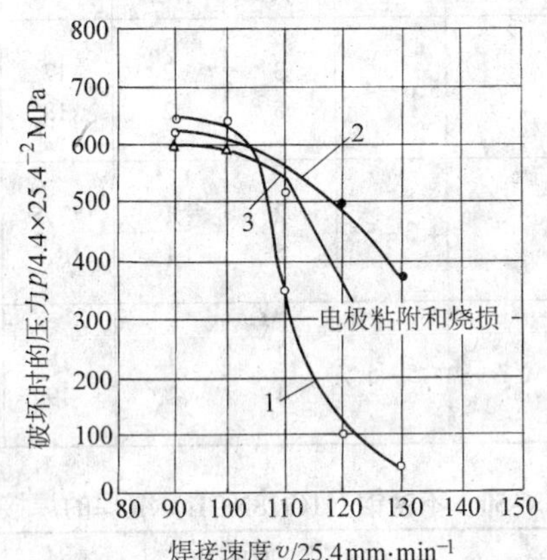

图 3.6-51　焊接速度对缝焊接头强度的影响

1—23 750 A；2—25 200 A；3—26 800 A

（10 钢、$\delta = 2$ mm、$t = 2$ 周、$t_0 = 1$ 周、$F_w = 6\,672$ N）

滚轮电极 D 一般在 50 ~ 600 mm，常用尺寸是 $D = 180$ ~ 250 mm；滚轮电极端面尺寸 $H \leqslant 20$ mm，$R = 25$ ~ 200 mm。为提高滚轮电极散热效果、减小电极粘损倾向，在焊件结构尺寸允许条件下，滚轮电极直径应尽可能大。经验指出，上滚轮电极直径最好能做到 $D \geqslant 250$ mm，使用后不小于 150 mm。

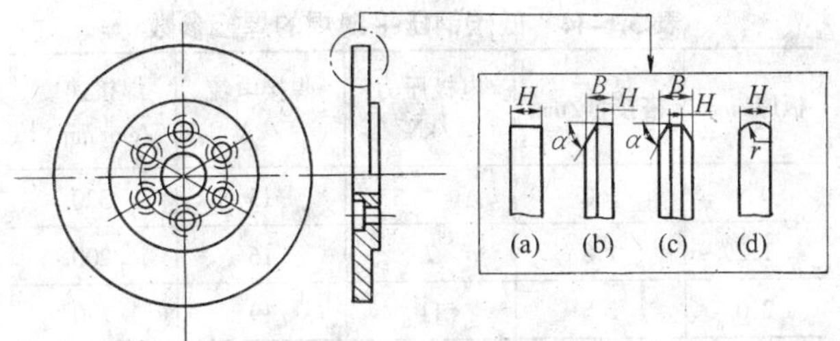

图 3.6-52　常用滚轮电极形式

（a）扁平形（F 型）；（b）单倒角形（SB 型）；

（c）双倒角形（PB 型）；（d）球面形（R 型）

滚轮电极端面尺寸的变化对接头质量的影响与点焊时电极头端面尺寸的影响相似，由于缝焊的加热特点使这种影响比点焊时更为严重。因此，对端面尺寸变化的限制比点焊时更为严格，即在使用中规定，端面尺寸的变化 $\Delta H < 10\% H$、$\Delta R < 15\% R$，修整最好用专用工具或在车床上进行。

由于对缝焊接头质量要求主要体现在接头应具有良好的密封性和耐蚀性上，因此在对上述各参数的讨论时强调了它们对焊透率和重叠量的影响。同时，在每讨论一个参数时均假定其它参数不变，而实际上参数间是相互影响的，必须予以适当配合、调整才能获得优质的缝焊接头，这往往由一些曲线图、规范尺和规范参数表总结出来，实际使用时再通过工艺试验予以确定。

3.3　常用金属材料的缝焊

金属材料的缝焊焊接性比其点焊焊接性差，其原因主要是缝焊过程及规范参数复杂、机械（力）作用不充分，以及缝焊接头的密封性和耐蚀性要求使其对缺陷的敏感性增大。但是，缝焊接头仍然是在热 - 机械（力）联合作用下形成的，这就使缝焊与点焊并无实质上的不同。一般认为，判断金属材料点焊焊接性的主要标志对缝焊也是适用的；金属材料点焊焊接性指标及对规范参数的一般要求、各金属材料的点焊技术要点均可作为缝焊时的主要参考。

表 3.6-43 ~ 表 3.6-56 列出各常用金属材料（含异种材料）缝焊焊接参数表，供实际应用中参考。

表 3.6-43　低碳钢缝焊的焊接参数（气密性接头）

板厚/mm	滚轮尺寸/mm			电极压力/kN		最小搭接量/mm		高速焊接				中速焊接				低速焊接			
	最小 b	标准 b	最大 B	最小	标准	最小 b	标准 b	焊接时时/周	休止时间/周	焊接电流/kA	焊接速度/cm·min⁻¹	焊接时间/周	休止时间/周	焊接电流/kA	焊接速度/cm·min⁻¹	焊接时间/周	休止时间/周	焊接电流/kA	焊接速度/cm·min⁻¹
0.4	3.7	5.3	11	2.0	2.2	7	10	2	1	12.0	280	2	2	9.5	200	3	3	8.5	120
0.6	4.2	5.9	12	2.2	2.8	8	11	2	1	13.5	270	2	2	11.5	190	3	3	10.0	110
0.8	4.7	6.5	13	2.5	3.3	9	12	2	1	15.5	260	3	2	13.0	180	2	4	11.5	110
1.0	5.1	7.1	14	2.8	4.0	10	13	2	2	18.0	250	3	3	14.5	180	2	4	13.0	100
1.2	5.4	7.7	14	3.0	4.7	11	14	2	2	19.0	240	4	3	16.0	170	3	4	14.0	90
1.6	6.0	8.8	16	3.6	6.0	12	16	3	1	21.0	230	5	4	18.0	150	4	4	15.5	80
2.0	6.6	10.0	17	4.1	7.2	13	17	3	1	22.0	220	5	5	19.0	140	6	6	16.5	70
2.3	7.0	11.0	17	4.5	8.0	14	19	4	2	23.0	210	7	6	20.0	130	6	6	17.0	70
3.2	8.0	13.6	20	5.7	10	16	20	4	2	27.5	170	11	7	22.0	110	6	6	20.0	60

注：b 为滚轮接触面宽度，B 为滚轮厚度。

表 3.6-44 低碳钢压平缝焊的焊接参数

板厚/mm	搭接量/mm	电极压力/kN	焊接电流/kA	焊接速度/cm·min^{-1}
0.8	1.2	4	13	320
1.2	1.8	7	16	200
2.0	2.5	11	19	140

表 3.6-45 低碳钢垫箔缝焊的焊接参数

板厚/mm	电极压力/kN	焊接电流/kA	焊接速度/cm·min^{-1}
0.8	2.5	11.0	120
1.0	2.5	11.0	120
1.2	3.0	12.0	120
1.6	3.2	12.5	120
2.3	3.5	12.0	100
3.2	3.9	12.5	70
4.5	4.5	14.0	50

表 3.6-46 可淬硬钢（30CrMnSiA）缝焊的焊接参数

板厚/mm	滚轮宽度/mm	电极压力/kN	时间/周		焊接电流/kA	焊接速度/cm·min^{-1}
			焊接	休止		
0.8	5~6	2.5~3.0	6~7	3~5	6~8	60~80
1.0	7~8	3.0~3.5	7~8	5~7	10~12	50~70
1.2	7~8	3.5~4.0	8~9	7~9	12~15	50~70
1.5	7~9	4.0~5.0	9~10	8~10	15~17	50~60
2.0	8~9	5.5~6.5	10~12	10~13	17~20	50~60
2.5	9~11	6.5~8.0	12~15	13~15	20~24	50~60

注：滚轮直径为 150~200 mm。

表 3.6-47 各种镀锌钢板缝焊的焊接参数

镀层种数及厚度	板厚/mm	滚轮宽度/mm	电极压力/kN	时间/周		焊接电流/kA	焊接速度/cm·min^{-1}
				焊接	休止		
热镀锌钢板（15~20 μm）	0.6	4.5	3.7	3	2	16	250
	0.8	5.0	4.0	3	2	17	250
	1.0	5.0	4.3	3	2	18	250
	1.2	5.5	4.5	4	2	19	230
	1.6	6.5	5.0	4	1	21	200
电镀锌钢板（2~3 μm）	0.6	4.5	3.5	3	2	15	250
	0.8	5.0	3.7	3	2	16	250
	1.0	5.0	4.0	3	2	17	250
	1.2	5.5	4.3	4	2	18	230
	1.6	6.5	4.5	4	1	19	200
磷酸盐处理防锈钢板	0.6	4.5	3.7	3	2	14	250
	0.8	5.0	4.0	3	2	15	250
	1.0	5.0	4.5	3	2	16	250
	1.2	5.5	5.0	4	2	17	230
	1.6	6.5	5.5	4	1	18	200

表 3.6-48 镀铝钢板缝焊的焊接参数

板厚/mm	滚轮宽度/mm	电极压力/kN	时间/周		焊接电流/kA	焊接速度/cm·min^{-1}
			焊接	休止		
0.9	4.8	3.8	2	2	20	220
1.2	5.5	5.0	2	2	23	150
1.6	6.5	6.0	3	2	25	130

表 3.6-49 镀铅钢板缝焊的焊接参数

板厚/mm	滚轮宽度/mm	电极压力/kN	时间/周		焊接电流/kA	焊接速度/cm·min^{-1}
			焊接	休止		
0.8	7	3.6~4.5	3 5	2 2	17 18	150 250
1.0	7	4.2~5.2	2 5	1 1	17.5 18.5	150 250
1.2	7	4.5~5.5	2 4	1 1	18 19	150 250

表 3.6-50 不锈钢（1Cr18Ni9Ti）缝焊的焊接参数

板厚/mm	滚轮宽度/mm	电极压力/kN	时间/周		焊接电流/kA	焊接速度/cm·min^{-1}
			焊接	休止		
0.3	3~3.5	2.5~3.0	1~2	1~2	4.5~5.5	100~150
0.5	4.5~5.5	3.4~3.8	1~3	2~3	6.0~7.0	80~120
0.8	5.0~6.0	4.0~5.0	2~5	3~4	7.0~8.0	60~80
1.0	5.5~6.5	5.0~6.0	4~5	3~4	8.0~9.0	60~70
1.2	6.5~7.5	5.5~6.2	4~6	3~5	8.5~10	50~60
1.5	7.0~8.0	6.0~7.2	5~7	5~7	9.0~12	40~60
2.0	7.5~8.5	7.0~8.0	7~8	6~9	10~13	40~50

表 3.6-51 高温合金（GH33、GH35、GH39、GH44）缝焊的焊接参数

板厚/mm	电极压力/kN	时间/周		焊接电流/kA	焊接速度/cm·min^{-1}
		焊接	休止		
0.3	4~7	3~5	2~4	5~6	60~70
0.5	5~8.5	4~6	4~7	5.5~7	50~70
0.8	6~10	5~8	8~11	6~8.5	30~45
1.0	7~11	7~9	12~14	6.5~9.5	30~45
1.2	8~12	8~10	14~16	7~10	30~40
1.5	8~13	10~13	19~25	8~11.5	25~40
2.0	10~14	12~16	24~30	9.5~13.5	20~35
2.5	11~16	15~19	28~34	11~15	15~30
3.0	12~17	18~23	30~39	12~16	15~25

表 3.6-52 钛及钛合金缝焊焊接参数

板厚/mm	滚轮端面宽度/mm	滚轮端面球面半径/mm	焊接电流/A	电流脉冲时间/s	脉冲间隔时间/s	电极压力/N	焊接速度/m·min^{-1}
0.8	4.5	52~75	6 000~7 000	0.10~0.12	0.18~0.20	2 500~3 000	0.8~1.0
1.0	4.5~5.5	75~100	7 000~8 000	0.12~0.14	0.24~0.26	3 000~3 500	0.6~0.8
1.5	5.5~6.5	100	8 500~9 500	0.20~0.40	0.30~0.40	4 000~5 000	0.5~0.6
2.0	6.5~7.5	100~150	11 000~12 000	0.24~0.28	0.40~0.60	5 000~6 500	0.4~0.5
2.5	7.0~8.0	100~150	13 000~14 000	0.28~0.32	0.50~0.60	6 000~7 000	0.3~0.4
3.0	13.0	150	11 000~13 500	0.28~0.30	0.34~0.48	9 000~11 000	0.3~0.4

表 3.6-53 铝合金直流冲击波步进缝焊的焊接参数

板厚/mm	滚轮圆弧半径/mm	步距（点距）/mm	3A21、5A03、5A06				2A12-T4、7A04-T4			
			电极压力/kN	焊接时间/周	焊接电流/kA	每分钟点数	电极压力/kN	焊接时间/周	焊接电流/kA	每分钟点数
1.0	100	2.5	3.5	3	49.6	120~150	5.5	4	48	120~150
1.5	100	2.5	4.2	5	49.6	120~150	8.5	6	48	100~120
2.0	150	3.8	5.5	6	51.4	100~120	9.0	6	51.4	80~100
3.0	150	4.2	7.0	8	60.0	60~80	10	7	51.4	60~80
3.5	150	4.2	—	—	—	—	10	8	51.4	60~80

表 3.6-54 H62 黄铜缝焊焊接参数

板厚/mm	滚盘厚度/mm	滚盘压力/N	焊接电流/kA
0.5+0.5	3	2 450	22~23
	3~4		25~26
1.0+1.0	4~5	3 720	27

表 3.6-55 不锈钢与镍基高温合金缝焊的焊接参数

材 料	厚度/mm	焊前状态	滚轮宽度/mm 上	下	焊接电流/A	通电时间/s	间断时间/s	焊速/m·min^{-1}	总压力/kN	熔核尺寸 d/mm	A′①/%
GH132+1Cr18Ni9Ti	2.0+2.0	时效	5.5	6.0	10 000~12 000	0.20~0.24	0.20~0.40	0.4	8.3~9.3	5.6	51~73
GH132+Cr18Mn8Ni5	2.0+1.5	时效	6.0	7.0	11 200	0.18	0.30	0.42~0.45	7.6	5.0	51~73
GH132+Cr17Ni2	1.5+1.5	时效	5.5	6.0	8 000~8 300	0.28~0.30	0.20~0.22	0.36	7.4~7.8	5.0	51~73
GH140+1Cr18Ni9Ti	1.5+1.5	固溶	6.0	7.0	7 800~8 200	0.16~0.18	0.14~0.16	0.3~0.4	7.2~7.8	5.0~6.0	40~70
GH140+1Cr18Ni9Ti	1.0+1.5	固溶	6.0	7.0	7 600~8 000	0.14	0.18	0.5	6.9~7.4	5.5	60~65

① A′为焊点核心的焊透率。

表 3.6-56 常见异种不锈钢缝焊焊接参数

钢 号	厚 度/mm	焊前状态	滚轮宽度 上	下	焊接电流/A	通电时间/s	步距/mm	焊速/点·min^{-1}	总压力/N	熔核直径/mm
Cr17Ni2+1Cr18Ni9Ti	1.5+1.0	Cr17Ni2 淬火回火，1Cr18Ni9Ti 淬火	6.5+0.5	7.5+0.5	7 500~8 500	0.16	—	0.3~0.4 m·min^{-1}	7 500~8 000	5.0

到毛刺中去，并促进焊缝再结晶过程。

3）预热阶段结束时　沿整个焊件端面（尤其是展开形焊件，例如板材等）得到均匀的预热，并达到所需的温度值（例如，对于钢为 1 073～1 173 K）。

（2）闪光对焊焊接参数及选择

闪光对焊焊接参数选择适当时，可以获得几乎与母材等性能的优质接头。主要焊接参数有：调伸长率、闪光留量、闪光速度、闪光电流密度（以上属闪光阶段）；顶锻留量、顶锻速度、顶锻力、夹紧力（以上属顶锻阶段）；预热温度、预热时间（属预热阶段）等。

1）调伸长率 l　焊件从静夹具或活动夹具中伸出的长度，又称调置长度。它的作用是保证必要的留量（焊件缩短量）和调节加热时的温度场，可根据焊件断面和材料性质选择：①$l=(0.7\sim1.0)d$（d 为圆材直径或方材边长）；②$l=(4\sim5)\delta$（δ 为板材厚度，$\delta=1\sim4$ mm）；③异种材料闪光对焊，l 的选择参考表 3.6-57。

表 3.6-57　异种材料对焊时 l 的选择

材料		l	
左	右	左	右
低碳钢	奥氏体钢	$1.2d$	$0.5d$
中碳钢	高速钢	$0.75d$	$0.5d$
钢	黄铜	$1.5d$	$1.5d$
钢	铜	$2.5d$	$1.0d$

2）闪光留量 Δf　闪光对焊时，考虑焊件因闪光而减短的预留长度，又称烧化留量。它是一重要加热参数，可使沿焊件长度获得合适的温度分布（图 3.6-56），应根据材料性质、焊件截面尺寸和是否采取预热等因素来选择。通常，Δf 约占总留量 Δ（$\Delta f+\Delta u$）的 70%～80%，Δu 为顶锻留量；预热闪光焊时 Δf 可缩短到（1/3～1/2）Δ。

3）闪光速度 v_f　在稳定闪光条件下，零件的瞬时接近速度，亦即动夹具的瞬时进给速度，又称烧化速度。它是一加热参数，只要按事先给定的动夹具位移曲线 S 变化，即可获得最佳加热效果。S 应为

$$S=K_f t^b \tag{3.6-10}$$

式中，K_f 为系数，低碳钢 0.5～1.5，高合金钢 2.5～3.0；t 为闪光时间；b 为指数，低碳钢为 2.0，高合金钢为 2.5。低碳钢连续闪光对焊时，平均闪光速度为 0.8～1.5 mm/s，顶锻前闪光速度为 4～5 mm/s。预热闪光对焊时，平均闪光速度为 1.5～2.5 mm/s。

4）闪光电流密度 j_f（或次级空载电压 U_{20}）j_f（或 U_{20}）对加热有重大影响，在实际生产中是通过调节 U_{20} 来实现的，U_{20} 一般在 1.5～14 V 之间。其选择原则，应是保证稳定闪光条件下尽量选用较低的 U_{20}。同时，也应考虑 j_f 的选择又与焊接方法、材料性质和焊件截面尺寸等有关，例如，连续闪光对焊，导电导热性良好的材料，展开形截面的焊件，j_f 应取高值；预热闪光对焊，大截面焊件，j_f 应取低值，见表 3.6-58。

5）顶锻留量 Δu　闪光对焊时，考虑两焊件因顶锻缩短而预留的长度称顶锻留量。它影响液态金属、氧化物的排出及塑性变形程度，通常 Δu 略大些有利，可根据材料性质、焊件截面尺寸等因素来选择。通常，Δu 约占总留量 Δ 的 20%～30%，其中有电顶锻量约为无电顶锻量的 0.5～1.0 倍；焊铝合金时 Δu 值比焊同截面尺寸钢时约大 50%。同时，小截面或薄壁铝件焊接时，为避免过热还应限制其有电顶锻时间不应超过 0.06 s。

表 3.6-58　闪光和顶锻时电流密度的参考值　A·mm²

零件	材料	闪光时 平均值	闪光时 最大值	顶锻时
在高生产率情况下				
厚度 2～6 mm 的板材和管材，直径 6～30 mm 的棒材	低碳钢	10～15	15～20	40～60
	铬钢	15～20	20～25	35～55
	铝合金	20～35	25～45	130～170
	铜合金	25～40	30～50	200～300
在额定功率情况下				
板材、管材、棒材	低碳钢	2～4	6～8	20～25
	铬钢	6～8	12～15	40～50
	铝合金	5～12	10～20	60～80
	铜合金	15～20	15～25	100～200

6）顶锻速度 v_u　闪光对焊时，顶锻阶段动夹具的移动速度称顶锻速度，它是获得优质接头的重要参数。通常 v_u 略大些有利，因为足够高的 v_u 能迅速封闭对口端面间隙、减少金属氧化，在高速状态下可较容易的排除液态金属和氧化夹杂，使纯净的端面金属紧密贴合，促进交互结晶。如果 v_u 较小，不仅使闭合间隙和塑性变形所需时间增长，而且由于对口金属温度早已降低，导致去除和破坏氧化膜变得困难。v_u 的最小平均值：对低碳钢为 60～80 mm/s；对高合金钢为 80～100 mm/s；对铝合金为 150～200 mm/s；对铜为 200～300 mm/s。当采用强迫变形模式时，v_u 可降低。

随着顶锻速度增加，铝合金对焊接头的塑性显著提高（图 3.6-58）。当 v_u 足够高时获得的优质接头宏观组织形貌如图 3.6-59 所示。同时，随着顶锻速度增加，顶锻压力 p_u 亦可降低。

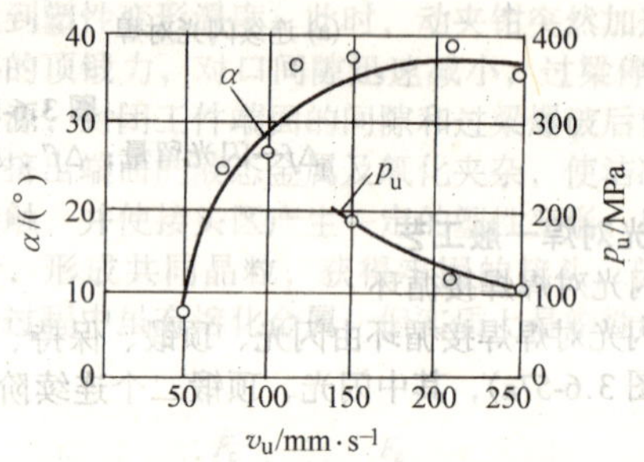

图 3.6-58　铝合金接头弯曲角 α 与顶锻速度 v_u 的关系

7）顶锻力 F_u　闪光对焊时，顶锻阶段施加给焊件端面上的力，常用单位面积上压力 p_u 来表示。它主要影响对口塑性变形程度，且为一从属参数，但其过大或过小均会使接头冲击韧度明显降低。p_u 的大小与顶锻速度 v_u 有关（图 3.6-58）。表 3.6-59 列出了各种材料顶锻压力 p_u 的参数值。

8）夹紧力 F_c　F_c 是为防止焊件在夹钳电极中打滑而施加的力。它与顶锻力 F_u 及焊机结构有关，当焊机为有顶座结构时，F_c 可大为降低。如果焊机为无顶座结构，此时夹紧力应为

$$F_c \geqslant K_c F_u \tag{3.6-11}$$

式中，K_c 为夹紧系数，$K_c=0.8\sim4.0$。

夹紧系数 K_c 与电极、焊件材料及其表面状态、顶锻模式等有关。例如，NiCu 电极焊热轧钢板 $K_c=2.3$，焊酸洗钢板 K_c 应提高 15%；焊铝合金自由成形 $K_c=2.7$，而强迫成形并切除毛刺时 $K_c=1.7$。

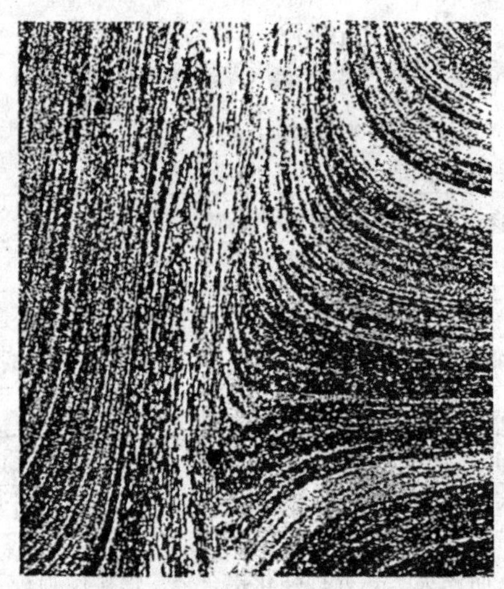

图 3.6-59 铝合金（AA7003 - T4）优质接头宏观组织形貌（金属纤维流线形态）

表 3.6-59 各种材料闪光对焊顶锻压力参考值

材 料	P_u/MPa		
	连续闪光		预热闪光
	生产规范值	额定值	
低碳钢	90 ~ 100	50 ~ 80	40 ~ 60
中碳钢	100 ~ 110	60 ~ 90	40 ~ 60
高碳钢	110 ~ 120	70 ~ 100	40 ~ 60
铸 铁	80 ~ 100	60 ~ 80	40 ~ 60
低合金钢	100 ~ 110	50 ~ 100	40 ~ 60
铁素体钢	100 ~ 180	80 ~ 150	60 ~ 80
奥氏体钢	150 ~ 220	120 ~ 200	100 ~ 140
铜	250 ~ 400	—	—
钛	30 ~ 60	—	30 ~ 40
黄铜	140 ~ 250	—	—
青铜	140 ~ 250	—	—
—	—	—	—

9）预热温度 T_{pr}　T_{pr}与材料性质、焊件断面尺寸等因素有关。T_{pr}过高，会使接头韧性、塑性降低；T_{pr}太低，会使闪光困难、加热区变窄而不利于顶锻塑性变形。低碳钢的预热温度 $T_{pr} \approx 1\,073 \sim 1\,173$ K，而在对焊大截面（10 000 ~ 20 000 mm^2）厚壁管时，预热温度可适当提高 $T_{pr} \approx 1\,373 \sim 1\,473$ K。

10）预热时间 t_{pr}　t_{pr}与材料性质、焊件截面尺寸、焊机功率等因素有关，其取值大小所带来的影响与预热温度 T_{pr}相似。

综上所述，闪光对焊焊接参数的选择应从技术条件出发，结合焊件材料性质、截面形状及尺寸、设备条件和生产规模等因素综合考虑。一般可先确定工艺方法，然后参照推荐的有关数据及试验资料初步选定焊接参数，最后由工艺试验并结合接头性能分析予以确定。

（3）工件准备

闪光对焊的工件准备包括：端面几何形状、毛坯端头的加工和表面清理。

闪光对焊时，两工件对接面的几何形状和尺寸应基本一致（图 3.6-60），圆形工件直径不超过 15%，方形工件和管形工件不超过 10%。工件断面大时，可将其中一个工件端部倒角，使电流密度增大，易于激发闪光，使之可不用预热或可不必提高闪光初期二次电压的工艺要求，图 3.6-61 是推荐的棒、管、板材的倒角尺寸。端面加工，可用机加或切割。

闪光对焊对端面的清理要求不严，但与夹钳电极接触表面应严格清理，清理方法可为砂轮、钢丝刷等机械清理，也可以用酸洗。

焊前对焊夹钳电极的正确选用和焊接过程中维护修理，也是一个重要条件，可参阅本章 5.3.2 的相关内容。

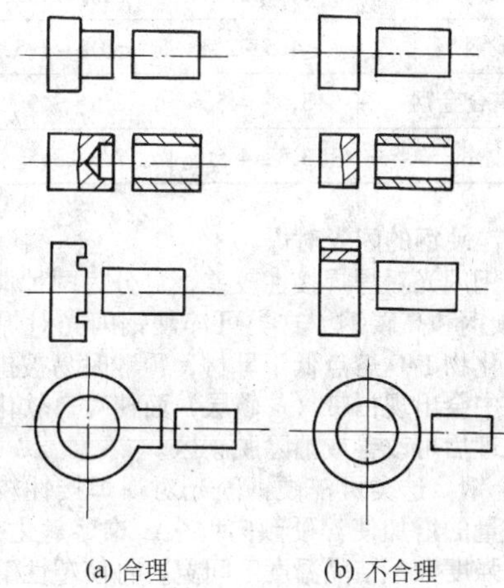

图 3.6-60 闪光对焊的接头形式

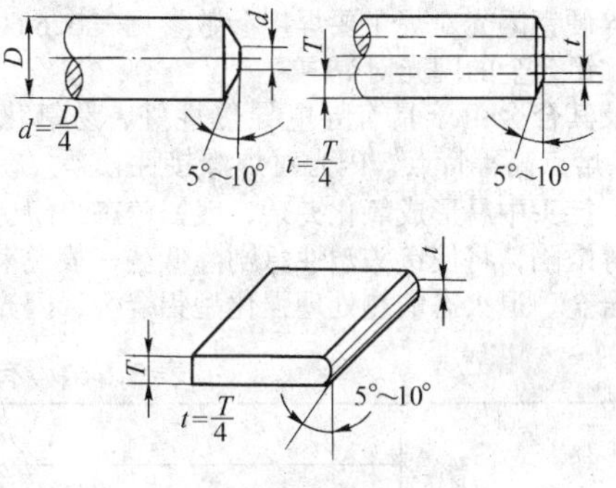

图 3.6-61 大断面工件端部的倒角尺寸

4.1.3 常用金属材料的闪光对焊

判断金属材料闪光对焊焊接性的主要标志：①电导率小而热导率大的金属材料，其焊接性较差；②高温屈服强度大的金属材料，其焊接性较差；③对热循环较敏感，即易生成与热循环作用有关缺陷（淬硬、裂纹、软化和氧化夹杂等）的材料，其焊接性较差；④液 - 固相线温度区间宽的材料，其焊接性较差。因为结晶温度区间宽使半熔化区增大，即液体金属层下固相表面不平度大，需要较大的 F_u 和 Δu，否则对口中易残留凝固组织、缩松和裂纹；⑤对口端面生成高熔点氧化物的材料，其焊接性较差，这些氧化物主要是 Cr、Al 的氧化物。

当然，评定某一金属材料闪光对焊焊接性时，应综合、全面地考虑以上诸因素。

（1）低碳钢的闪光对焊

低碳钢闪光对焊焊接性良好。对焊接头中会存在不同程度的过热，产生的魏氏组织将使接头塑性有所降低，但在一般使用条件下是允许的；严重过热时，可通过常化或退火处理消除。焊接参数不当时会在接头中产生过烧，这是低碳钢对焊时应予避免的缺陷，因为它使接头塑性急剧降低，而且又无法通过焊后热处理来改善。低碳钢板材闪光对焊接头中有时会有片状或棒状的氧化物夹杂。管材闪光对焊接头中氧化物夹杂常呈大面积的覆盖层。氧化物夹杂虽然对接头强度无显著影响，但却使塑性指标显著降低，调整焊接参数会使氧化物夹杂减少，甚至消除。

低碳钢闪光对焊主要焊接参数参见表 3.6-60。

表 3.6-60 各类钢闪光对焊主要焊接参数

类别	平均闪光速度/mm·s^{-1}		最大闪光速度/mm·s^{-1}	顶锻速度/mm·s^{-1}	顶锻压强/MPa		焊后热处理
	预热闪光	连续闪光			预热闪光	连续闪光	
低碳钢	1.5~2.5	0.8~1.5	4~5	15~30	40~60	60~80	不需要
低碳钢及低合金钢	1.5~2.5	0.8~1.5	4~5	≥30	40~60	100~110	缓冷，回火
高碳钢	≤1.5~2.5	≤0.8~1.5	4~5	15~30	40~60	110~120	缓冷，回火
珠光体高合金钢	3.5~4.5	2.5~3.5	5~10	30~150	60~80	110~180	回火，正火
奥氏体钢	3.5~4.5	2.5~3.5	5~8	50~160	100~140	150~220	一般不需要

(2) 可淬硬钢的闪光对焊

可淬硬钢闪光对焊焊接性较差，可分为两种情况。

1) 中碳钢和高碳钢 这类可淬硬钢闪光对焊焊接性稍好，因为氧化物 FeO 熔点低于母材，顶锻时易被排出等。但在对焊接头中会出现白带（贫碳层）而使对口软化，在采用长时间热处理后可改善或消除脱碳区。

2) 合金钢 这类可淬硬钢闪光对焊焊接性较差，随着合金元素含量的增加使淬硬倾向增大，难熔氧化夹杂增加；另外，高温强度大，结晶温度区间宽，将使塑性下变形困难和易于生成疏松等。

可淬硬钢常采用预热闪光对焊，并应提高闪光速度和顶锻速度，焊后进行局部或整体热处理。

可淬硬钢闪光对焊主要焊接参数参见表 3.6-60。

(3) 铝合金的闪光对焊

铝及其合金由于具有导电导热性好、易氧化和氧化物（Al_2O_3）熔点高等特点，闪光对焊焊接性较差。在焊接参数不当时，接头中易形成氧化夹杂、残留铸态组织、疏松和层状撕裂等缺陷，将使接头塑性急剧降低。一般说来，冷作强化型铝合金、退火态的热处理强化型铝合金，闪光对焊焊接性稍好；而淬火态热处理强化铝合金，焊接性则较差，必须采用较高的闪光速度和强制成形的顶锻模式（图 3.6-62），并且焊后要进行淬火和时效处理。铝合金推荐选用矩形波电源闪光对焊。

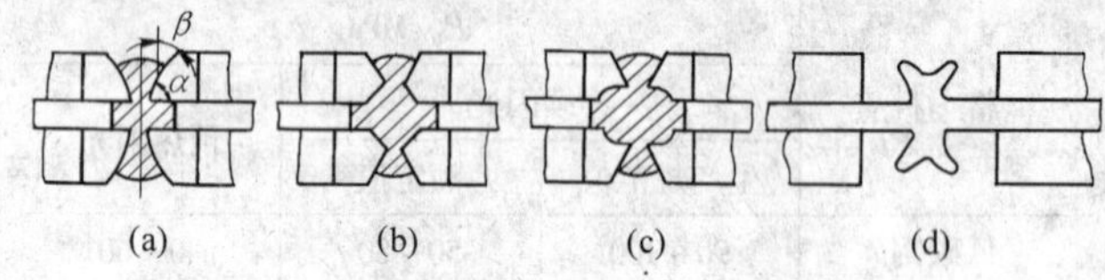

图 3.6-62 顶锻模式示意图

(a)、(b)、(c) 对口强迫成形顶锻；(d) 对口自由顶锻

铝及铝合金闪光对焊主要焊接参数参见表 3.6-61。

闪光焊还可以焊接奥氏体钢（见表 3.6-60）、铜及铜合金（见表 3.6-61）、异种材料（铜－铝见表 3.6-62、碳钢－工具钢见表 3.6-63）、钛合金等几乎所有金属材料。但应注意，要获得闪光对焊优质接头除正确选用对焊机、优化焊接参数外，有时还要采取必要的工艺措施，这里不再赘述。

表 3.6-61 有色金属及其合金闪光对焊的焊接参数

工艺参数	材料尺寸/mm																
	铜			黄铜				青铜(QSn6.5－1.5)		铝				铝合金		
				H62		H59		带材厚		棒材直径				2A50		5A06
	棒材 d = 10	管材 9.5×1.5	板材 44.5×10	棒材直径										板材厚度		板材厚度
				6.5	10	6.5	10	1~4	4~8	20	25	30	38	4	6	4~7
空载电压/V	6.1	5.0	10.0	2.17	4.41	2.4	7.5	—	—	—	—	—	—	6	7.5	10
最大电流/kA	33	20	60	12.5	24.3	13.5	41	—	—	58	63	63	63	—	—	—
伸出长度/mm	20	20	—	15	22	18	25	25	40	38	43	50	65	12	14	13
闪光留量/mm	12	—	—	6	8	7	10	15	25	17	20	22	28	8	10	14
闪光时间/s	1.5	—	—	2.5	3.5	2.0	2.2	3	10	1.7	1.9	2.8	5.0	1.2	1.5	5.0
平均闪光速度/mm·s^{-1}	8.0	—	—	2.4	2.3	3.5	4.5	5	2.5	11.3	10.5	7.9	5.6	5.8	6.5	2.8
最大闪光速度/mm·s^{-1}	—	—	—	—	—	—	—	12	6	—	—	—	—	15.0	15.0	6.0
顶锻留量/mm	8	—	—	9	13	10	12	—	—	13	13	14	15	7.0	8.5	12.0
顶锻速度 mm·s^{-1}	200	—	—	200~300	200~300	200~300	200~300	125	125	150	150	150	150	150	150	200
顶锻压强/MPa	380	290	224	—	230	—	250	—	60~150	64	170	190	120	180~200	200~220	130

续表 3.6-61

工 艺 参 数	材料尺寸/mm															
	铜			黄 铜				青铜（QSn6.5－1.5）带材厚		铝				铝 合 金		
				H62		H59								2A50		5A06
	棒材 $d=10$	管材 9.5×1.5	板材 44.5×10	棒材直径						棒材直径				板材厚度		板材厚度
				6.5	10	6.5	10	1~4	4~8	20	25	30	38	4	6	4~7
有电流顶锻量/mm	6	—	—	—	—	—	—	—	—	6.0	6.0	7.0	7.0	3.0	3.0	6~8
比功率/kVA·mm^{-2}	2.6	2.66	1.35	0.9	1.35	0.95	2.7	0.5	0.25	—	—	—	—	0.4	0.4	—

表 3.6-62 铜与铝闪光对焊的焊接参数

焊接参数		焊接断面/mm²			
		棒材直径		带材	
		20	25	40×50	50×10
电流最大值/kA		63	63	58	63
伸出长度/mm	铝	3	4	3	4
	铜	34	38	30	36
烧化留量/mm		17	20	18	20
闪光时间/s		1.5	1.9	1.6	1.9
闪光平均速度/mm·s^{-1}		11.3	10.5	11.3	10.5
顶锻留量/mm		13	13	6	8
顶锻速度/mm·s^{-1}		100~120	100~120	100~120	100~120
顶锻压强/MPa		190	270	225	268

4.1.4 典型工件的闪光对焊

1）棒材闪光对焊　焊前对夹持在夹钳电极间的焊件部分要校直、清除锈和氧化皮等脏物，直径 $d<40$ mm 棒材可采用连续闪光对焊；更大直径棒材和方形或矩形截面的型材为改善加热，多采用预热闪光对焊。焊接参数见表 3.6-64。

2）管子闪光对焊　根据管子断面和材料可选择连续或预热闪光对焊，夹钳电极用半圆形或 V 形（管径与壁厚比值大于 10 时）并应有适当的工作长度，管子焊后，去除内外毛刺。焊接参数见表 3.6-65 和表 3.6-66。

3）板材闪光对焊　焊前板材端面应平直、无飞边、无压痕和夹层等缺陷，由于主要用于钢板连轧生产线中，拼缝处要承受很大塑性变形，对断带率有较严格规定，因此接头质量要求较高。为此必须提高最后闪光速度（$v_{f,终止}=5$ mm/s）和顶锻速度（$v_u=60$ mm/s），并且在薄板（$\delta=0.3\sim2$ mm）对焊中要采用强迫成形顶锻模式。焊接参数见表 3.6-67。

4）环形件闪光对焊　环形件主要有：锚链、传动链等链环，汽车、拖拉机轮辋，自行车及摩托车轮圈等。环形件对焊特点是一定要考虑通过环本身的分流及顶锻时环本身变形弹力的影响。前者需要更大的焊接电流，后者需要适当增大顶锻压力。环形件闪光对焊焊接参数见表 3.6-68。

表 3.6-63 刀具对焊的焊接参数

直径/mm	面积/mm²	二次空载电压/V	伸出长度/mm		留量/mm						
			工具钢	碳钢	预热	闪光	顶锻		总留量	工具钢留量	碳钢留量
							有电	无电			
8~10	50~80	3.8~4	10	15	1	2	0.5	1.5	5	3	2
11~15	80~180	3.8~4	12	20	1.5	2.5	0.5	1.5	6	3.5	2.5
16~20	200~315	4~4.3	15	20	1.5	2.5	0.5	1.5	6	3.5	2.5
21~22	250~380	4~4.3	15	20	1.5	2.5	0.5	1.5	6	3.5	2.5
23~24	415~450	4~4.3	18	27	2	2.5	0.5	2	7	4	3
25~30	490~700	4.3~4.5	18	27	2	2.5	0.5	2	7	4	3
31~32	750~805	4.5~4.8	20	30	2	2.5	0.5	2	7	4	3
33~35	855~960	4.8~5.1	20	30	2	2.5	0.5	2	7	4	3
36~40	1 000~1 260	5.1~5.5	20	30	2.5	3	0.5	2	8	5	3
41~46	1 320~1 660	5.5~6.0	20	30	2.5	3	1.0	2.5	9	5.5	3.5
47~50	1 730~1 965	6.0~6.5	22	33	2.5	3	1.0	2.5	9	5.5	3.5
51~55	2 000~2 375	6.5~6.8	25	40	2.5	3	1.0	3.5	10	6	3.5
55~80	—	7.0~8.0	25	40	2.5	4	1.5	4	12	7	5

表 3.6-64　低碳钢棒材闪光对焊的时间和留量

焊件直径/mm	预热闪光对焊					连续闪光对焊			
	留量/mm			时间/s		留量/mm			时间/s
	总留量	预热与闪光	顶锻	预热	闪光与顶锻	总留量	闪光	顶锻	
5	—	—	—	—	—	6	4.5	1.5	2
10	—	—	—	—	—	8	6	2	3
15	9	6.5	2.5	3	4	13	10.5	2.5	6
20	11	7.5	3.5	5	6	17	14	3	10
30	16	12	4	8	7	25	21.5	3.5	20
40	20	14.5	5.5	20	8	40	35.5	4.5	40
50	22	15.5	6.5	30	10	—	—	—	—
70	26	19	7	70	15	—	—	—	—
90	32	24	8	120	20	—	—	—	

表 3.6-65　20钢、12Cr1MoV及12Cr18Ni12Ti钢管连续闪光对焊的焊接参数

钢　种	尺寸/mm	二次空载电压/V	伸出长度/mm	闪光留量/mm	平均闪光速度/mm·s^{-1}	顶锻留量/mm	有电流顶锻量/mm
20	25×3 32×3 32×4 32×5 60×3	6.5~7.0	60~70	11~12 11~12 15 15 15	1.37~1.5 1.22~1.33 1.25 1.0 1.15~1.0	3.5 2.5~4.0 4.5~5.0 5.0~5.5 4.0~4.5	3.0 3.0 3.5 4.0 3.0
12Cr1MoV	32×4	6~6.5	60~70	17	1.0	5.0	4.0
12Cr18Ni12Ti	32×4	6.5×7.0	60~70	15	1.0	5.0	4.0

表 3.6-66　大断面低碳钢管预热闪光对焊的焊接参数

管子截面/mm^2	二次空载电压/V	伸出长度/mm	预热时间/s		闪光留量/mm	平均闪光速度/mm·s^{-1}	顶锻留量/mm	有电流顶锻量/mm
			总时间	脉冲时间				
4 000	6.5	240	60	5.0	15	1.8	9	6
10 000	7.4	340	240	5.5	20	1.2	12	8
16 000	8.5	380	420	6.0	22	0.8	14	10
20 000	9.3	420	540	6.0	23	0.6	15	12
32 000	10.4	440	720	8.0	26	0.5	16	12

表 3.6-67　钢板闪光对焊留量和时间参考数据

板厚/mm	调伸长度/mm	闪光留量/mm	顶锻留量/mm	焊后电极间距/mm	闪光时间 f/s
1.0	11	4.4	1.6	5.0	1.75
1.5	15	5.8	2.2	7.0	2.25
2.0	20.5	8.0	3.0	9.5	4.0
3.0	29	11.2	4.3	13.5	6.25
4.0	38	14.7	5.3	18.0	9.0
5.0	45	16.7	6.3	22.0	12.0
6.0	50	18.0	7.0	25.0	16.0
8.0	60	22.0	8.0	30.0	25.0
10	66	23.0	9.0	34.0	34.0

目前，一些高效低耗的闪光对焊新方法，如程控降低电压闪光法、脉冲闪光法、瞬时送进速度自动控制连续闪光法、矩形波电源闪光对焊等正在得到推广，必将使闪光对焊在工业生产中发挥更大的作用。

4.2　电阻对焊

电阻对焊（upset butt welding），将焊件装配成对接接头，使其端面紧密接触，利用电阻热加热至塑性状态，然后迅速加顶锻力完成焊接的方法。

电阻对焊虽有接头光滑、毛刺小、焊接过程简单等优点，但其接头力学性能较低，对工件端面的准备工作要求高，因此仅用于小断面（250 mm^2 以下）金属型材的对接，适用范围有限，其与应用广泛的闪光对焊全面对比，见表3.6-69。

电阻对焊主要注意以下特点：

1）电阻对焊过程中电阻及其变化，如图 3.6-63。

2）电阻对焊加热结束时，工件沿轴向的温度分布与闪光对焊时相比如图 3.6-64 所示。

表 3.6-68 锚链预热闪光焊参考参数

锚链直径 /mm	二次空载电压/V	一次电流/A		预热次数	焊接通电时间/s	顶锻速度 /mm·s^{-1}	闪光速度(平均) /mm·s^{-1}	留量 Δ/mm					
		闪光	顶锻					接口间隙	等速闪光	加速闪光	有电顶锻	无电顶锻	总留量
28	9.27	420	550	2~4	19±1	45~50	0.9~1.1	1.5	4	2	1~1.5	1.5	10~10.5
31	10.3	450	580	3~5	22±1.5	45~50	0.9~1.1	2	4	2	1~1.5	1.5	10.5~11
34	10.3	460	620	3~5	24±2	45~50	0.8~1.0	2	4	2	1.5	1.5	11
37	8.85	480	680	4~6	28±2	30	0.8~1.0	2.5	5	2	1.5	1.5~2	12.5~13
40	10	500	720	5~7	30±2	30	0.7~0.9	2	5	2	1.5~2	2	12.5~13

表 3.6-69 电阻对焊和闪光对焊比较

对焊方法	电阻对焊	闪光对焊
接头形式	对 接	对 接
电源接通时刻	工件端面压紧后，接通电源	接通电源后，再使工件端面局部接触
加热最高温度	低于材料熔点	高于材料熔点
加热区宽度	宽	窄
顶锻前端面状态	高温塑性状态	熔化状态，形成一层较厚的液态金属
接头形成过程	预压、加热（无闪光）、顶锻	闪光、顶锻（连续闪光焊）预热、闪光、顶锻（预热闪光焊）
接头形成实质	高温塑性状态下的固相连接	高温塑性状态下的固相连接（顶锻时液态金属全部被挤出）
优缺点	接头光滑、毛刺小、焊接过程简单；力学性能低，对工件准备工作要求高	焊接质量高，焊前端面准备要求低；毛刺较大，有时需用专门的刀具切除
应用范围	小断面金属型材焊接（丝材、棒材、板条和厚壁管的接长）	应用广，主要用于中大断面工件焊接（各种环形件、刀具、钢轨等）

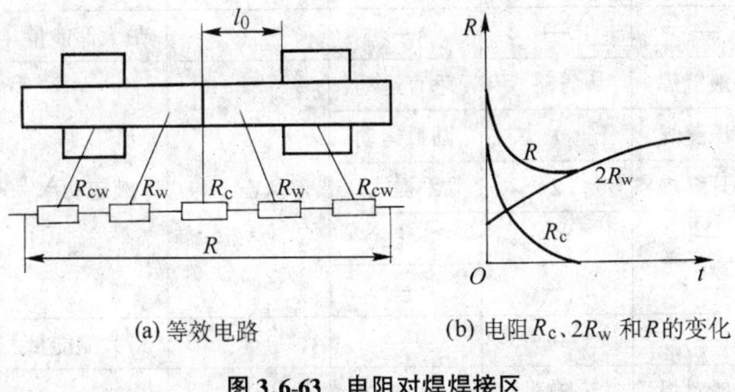

(a) 等效电路　　(b) 电阻R_c、$2R_w$和R的变化

图 3.6-63 电阻对焊焊接区

3）电阻对焊时有两种焊接循环：等压式和加大锻压力式，如图 3.6-65 所示，前者加压机构简单而易于实现，但后者有利于提高对焊接头质量。

4）焊接参数主要有：调伸长度 l、焊接电流 I_w 和焊接时间 t、焊接压力 F_w 与顶锻压力 F_u，有时也给出焊接留量（焊件缩短量）。低碳钢棒材电阻对焊、小直径链环电阻对焊的焊接参数参见表 3.6-70、表 3.6-71 和表 3.6-72。

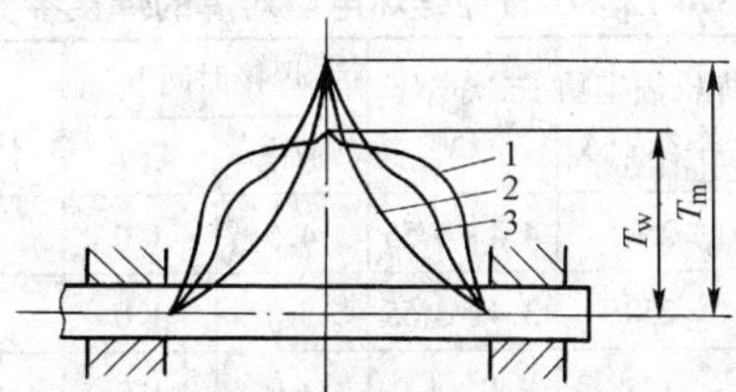

图 3.6-64 对焊加热结束时的温度分布

1—电阻对焊；2—连续闪光对焊；3—预热闪光对焊

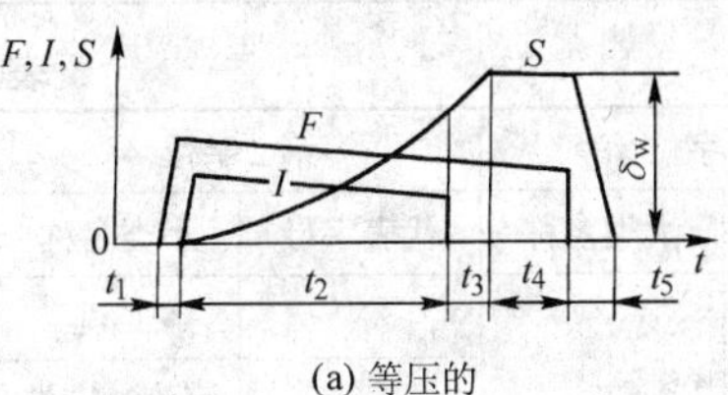

(a) 等压的

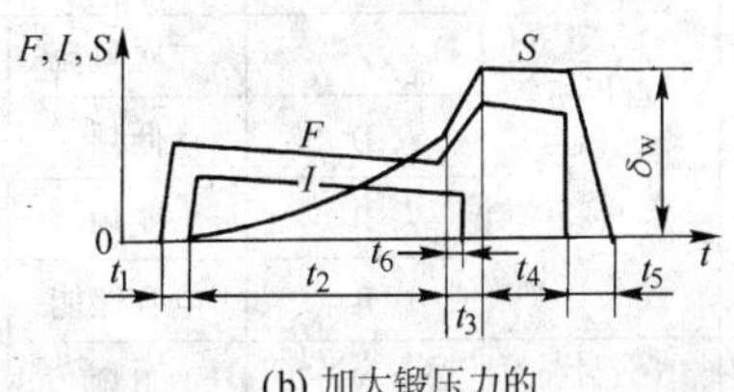

(b) 加大锻压力的

图 3.6-65 电阻对焊的焊接循环

t_1—预压时间；t_2—加热时间；t_3—顶锻时间；t_4—维持时间；t_5—夹钳复位时间；t_6—有电流顶锻时间；F—压力；I—电流；S—动夹钳位移；δ_w—焊接留量；t—时间

表 3.6-70 线材电阻对焊的焊接参数

金属种类	直径 /mm	调伸长度 /mm	焊接电流 /A	焊接时间 /s	顶锻压力 /N
碳钢	0.8	3	300	0.3	20
	2.0	6	750	1.0	80
	3.0	6	1 200	1.3	140
铜	2.0	7	1 500	0.2	100
铝	2.0	5	900	0.3	50
镍铬合金	1.85	6	400	0.7	80

注：顶锻留量等于线材直径，有电流顶锻量等于直径的 0.2~0.3 倍。

5）焊前工件对口端面和与夹钳电极接触表面必须严格进行清理；对焊接质量要求高的金属（稀有金属、某些合金钢和有色金属等）常用氩、氦等保护气氛。

表 3.6-71　低碳钢棒材电阻对焊的焊接参数

断面积/mm^2	调伸长度②/mm	焊接缩短量/mm		电流密度①/A·mm^{-2}	焊接时间①/s	焊接压强/MPa
		有电	无电			
25	6+6	0.5	0.9	200	0.6	10~20
50	8+8	0.5	0.9	160	0.8	
100	10+10	0.5	1.0	140	1.0	
250	12+12	1.0	1.8	90	1.5	

① 焊接淬火钢时，增加 20%~30%。
② 对于淬火钢增加 100%。

表 3.6-72　小直径链环电阻对焊的焊接参数

直径/mm	焊机额定功率/kV·A	二次电压/V	焊接时间/s		每分钟焊接链环数
			通电	断电	
19.8	250	4.4~4.55	4.5	1.0	6.4
16.7	250	3.4~3.55	5.0	1.0	6.4
15.0	175	3.8~4.0	3.0	1.0	6.6
13.5	175	3.8~4.0	2.5	1.0	8.8
12.0	175	2.8	1.5	0.8	8.6

5　电阻焊设备

电阻焊设备是指采用电阻加热原理进行操作的一种设备。

5.1　电阻焊设备分类和组成

5.1.1　电阻焊设备的型号编制

迄今国产电阻焊设备型号仍按 GB/T 10249—1988《电焊机型号编制方法》统一编制，其代号含义，见表 3.6-73。

示例：

三相次级整流固定式点（凸）焊机（可配置 KD 系列集成电路数字式焊接控制器或 KDZ3 系列微机焊接控制器）。

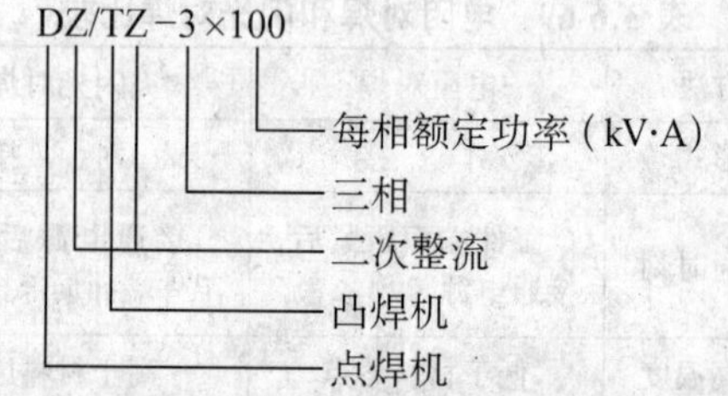

目前市场上电阻焊机品牌由于有进口、引进、合资和独资厂家（公司）生产，其来源背景不同，因此型号繁多，售

表 3.6-73　电阻焊设备代号含义

第 1 字位		第 2 字位		第 3 字位		第 4 字位		第 5 字位	
代表字母	大类名称	代表字母	小类名称	代表字母	附注特征	数字序号	系列序号	单位	基本规格
D	点焊机	N	工频	省略	一般点焊	省略	垂直运动	kV·A	额定功率
		J	直流冲击波	K	快速点焊	1	圆弧运动		
		Z	二次整流	W	网状点焊	2	手提式		
		D	低频	—	—	3	悬挂式		
		B	变频	—	—	6	焊接机器人		
		R	电容储能	—	—	—	—	J	最大储能量
T	凸焊机	N	工频	—	—	省略	垂直运动	kV·A	额定功率
		J	直流冲击波	—	—	—	—		
		Z	二次整流	—	—	—	—		
		D	低频	—	—	—	—		
		B	变频	—	—	—	—		
		R	电容储能	—	—	—	—	J	最大储能量
F	缝焊机	N	工频	省略	一般缝焊	省略	垂直运动	kV·A	额定功率
		J	直流冲击波	Y	挤压缝焊	1	圆弧运动		
		Z	二次整流	P	垫片缝焊	2	手提式		
		D	低频	—	—	3	悬挂式		
		B	变频	—	—	—	—		
		R	电容储能	—	—	—	—	J	最大储能量
U	对焊机	N	工频	省略	一般对焊	省略	固定式	kV·A	额定功率
		J	直流冲击波	B	薄板对焊	1	弹簧加压		
		Z	二次整流	Y	异型截面对焊	2	杠杆加压		
		D	低频	C	轮圈对焊	3	悬挂式		
		B	变频	T	链环对焊	6	—		
		R	电容储能	—	—	—	—	J	最大储能量

续表 3.6-73

第1字位		第2字位		第3字位		第4字位		第5字位	
代表字母	大类名称	代表字母	小类名称	代表字母	附注特征	数字序号	系列序号	单位	基本规格
K	控制器	D	点焊	省略	同步控制	1	分立元件	A	额定电流
		F	缝焊	F	非同步控制	2	集成电路		
		T	凸焊	Z	质量控制	3	微机		
		U	对焊	—	—	—	—		

价相差亦较大，需仔细区分选择。如进口美国汉森（HANSON）公司的次级整流电阻焊机 AB 系列（配置 301B 控制器和 304 监控系统）；引进法国西雅基（SCIAKY）公司技术上海电焊机厂生产的 P260CC－10A 次级整流电阻焊机；上海电焊机厂与美国梅达（MEDAR）公司合资企业——上海梅达焊接设备有限公司生产的 SDZ－3X100 次级整流点焊机（配置梅达公司 MedWeld760 控制器）；日本 OBARA（小原）株式会社在中国的独资企业——小原（南京）机电有限公司生产的工频点焊机 SSAN－300（配置 T180 控制器）等。

5.1.2 电阻焊设备的组成

电阻焊设备一般由机械装置、供电装置、控制装置三大部分组成，如图 3.6-66 所示。

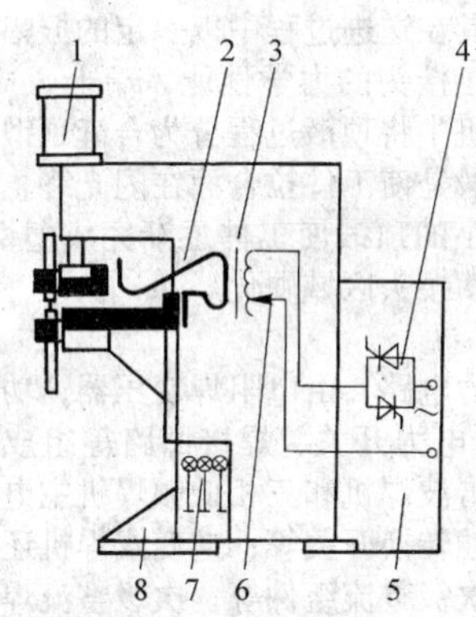

(a) 点（凸）焊机
1—加压机构；2—焊接回路；
3—阻焊变压器；4—主电力开关；
5—控制器；6—功率调节机构；
7—冷却系统；8—机身

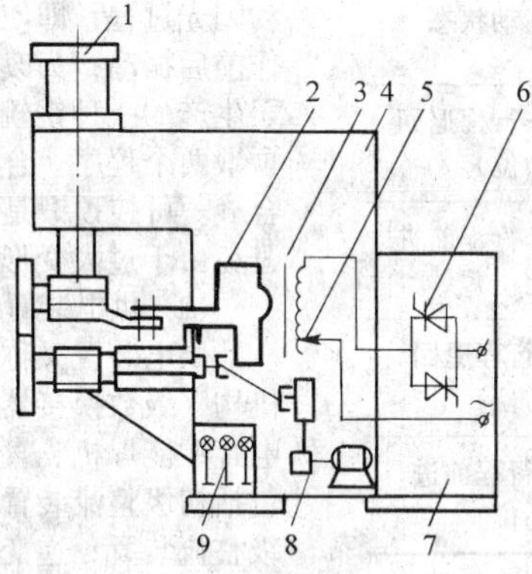

(b) 缝焊机
1—加压机构；2—焊接回路；
3—阻焊变压器；4—机身；
5—功率调节机构；6—主电力开关；
7—控制设备；8—传动机构；
9—冷却系统

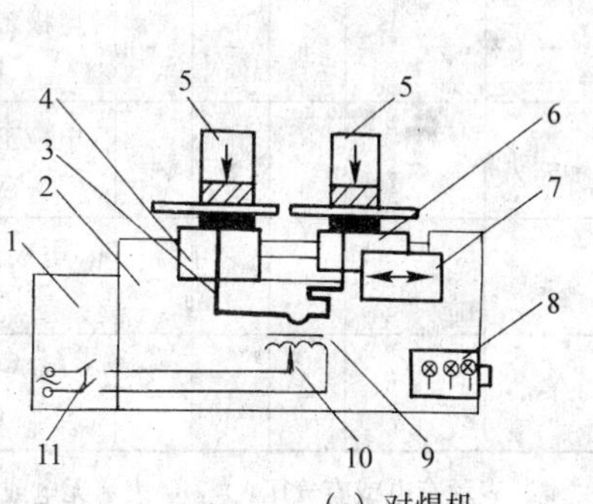

(c) 对焊机
1—控制器；2—机身；3—焊接回路；
4—固定座板；5—夹紧机构；
6—活动座板；7—送进机构；
8—冷却系统；9—阻焊变压器；
10—功率调节机构；11—主电力开关

图 3.6-66 电阻焊设备基本组成示意图

(1) 机械装置

机械装置由机身、加压机构（点焊机、凸焊机、缝焊机）、传动机构（缝焊机）、夹紧和送进机构（对焊机）等组成。选择时应注意机身应有足够的刚性、稳定性并能满足安装要求；加压机构应有良好的随动性和可实现的压力曲线（不变、可变）；夹紧机构应有足够的夹紧力和接触面积，顶锻时焊件不得打滑，钳口距离和对中位置方便可调；送进机构应平稳，实现需要的位移曲线和足够的顶锻速度和顶锻力。

1）加压机构 常用点（凸）焊机为适应焊接工艺要求，加压机构类型及应用范围见表 3.6-74。

表 3.6-74 常用加压机构类型

名 称	电极压力/N	压力变化曲线	应 用
杠杆弹簧传动	<3 000	不变	25 kV·A 以下点焊机
电动凸轮传动	<4 000	不变	75 kV·A 以下点焊机
电磁传动		不变或可变	小功率精密点焊机
交流伺服电机加压		可变	（中频）点焊机器人
气压传动	<15 000	不变或可变	1 000 kV·A 以下点（凸）焊机
液压传动	<3 500	不变	2 800 kV·A 以下多点焊机
气压－液压传动	<9 000	不变	200 kV·A 以下悬挂式点焊机

注：表中数据仅为大致划分，并非明确界限。

目前，广泛应用双行程快速点焊气压传动加压机构，其气路系统典型组成如图 3.6-67 所示，气路切换原理及动作状态见表 3.6-75。

2）传动机构 缝焊机传动方式有三种：上滚轮电极为主动，多用于纵向缝焊机和万能缝焊机；下滚轮电极为主动，多用于横向缝焊机；上、下滚轮电极皆为主动，电极由滚花轮（修整轮）带动，主要用于缝焊镀层钢板。

步进式缝焊机采用磁力离合器式步进传动机构（图 3.6-68），目前还有采用先进的交流变频传动系统。

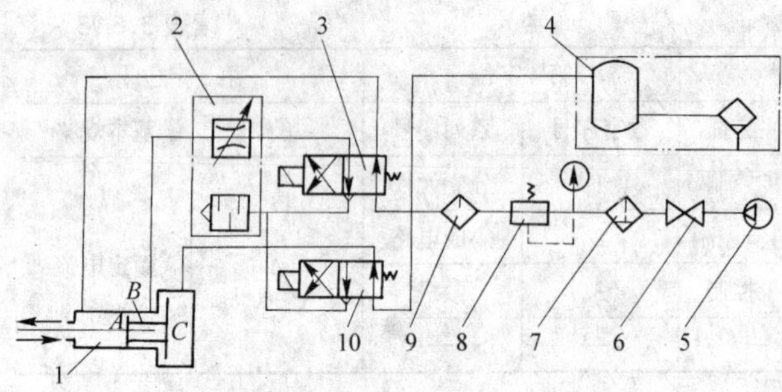

图 3.6-67　气路系统图

1—气缸；2—节流阀（带消声器）；3—二位四通电磁阀；4—贮气筒（带排水阀）；5—气源；6—截止阀；7—滤清器；8—减压阀（带压力表）；9—油雾器；10—二位四通电磁阀（元件 10 用二位三通电磁阀亦可）

表 3.6-75　气路系统主要动作状态

序号	二位四通电磁阀状态		气缸各气室状态			电极运动状态
	3 号阀	10 号阀	A	B	C	
1	−	−	+	−	+	电极工作行程退回（中位）
2	+	−	−	+	+	电极工作行程前进（前位）
3	−	+	+	−	−	电极长行程退回（后位）
4	+	+	−	+	−	电极长行程前进（前位）

注："+"表示有电或有气压："−"表示无电或无气压。

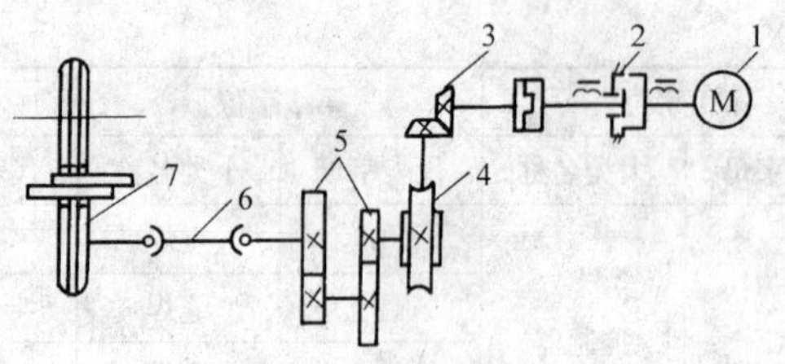

图 3.6-68　步进式传动机构

1—直流电动机；2—磁力离合器；3—锥齿轮对；4—蜗轮蜗杆减速器；5—可变换齿轮组；6—万向轴；7—下焊轮

3）夹紧和送进机构　对焊机的夹紧机构和送进机构的类型取决于焊机功率大小和使用要求不同，见表 3.6-76。气压－液压联合送进机构常用于中大功率的闪光焊机，如图 3.6-69 所示。

在焊接大截面工件或连续闪光新结构对焊机中，为使闪光过程保持稳定，防止可能产生的瞬间短路现象，采用了振动闪光过程，即使动夹具在送进过程中以一定的振幅和频率作前后振动；为改善焊接接头的力学性能，瑞士 Schlatter 公司生产的一种钢轨对焊机中将顶锻过程分为合缝顶锻和可控顶锻两个程序。合缝顶锻是使工件拉合面在闪光终止时高速合缝。可控顶锻是以较小的顶锻使工件逐渐完成塑性变形，避免由于过大变形量而使接头区域硬化。

（2）供电装置

供电装置又称主电力电路，由电阻焊变压器，功率调节机构（级数换接器）、主电力开关、焊接回路等组成。其中电容贮能焊机、直流冲击波焊机和三相低频焊机主电路中还包括初级整流装置和极性转换开关等；逆变式焊机还包括初级整流装置、逆变器和次级整流组件等；次级整流焊机还包括次级整流组件等。

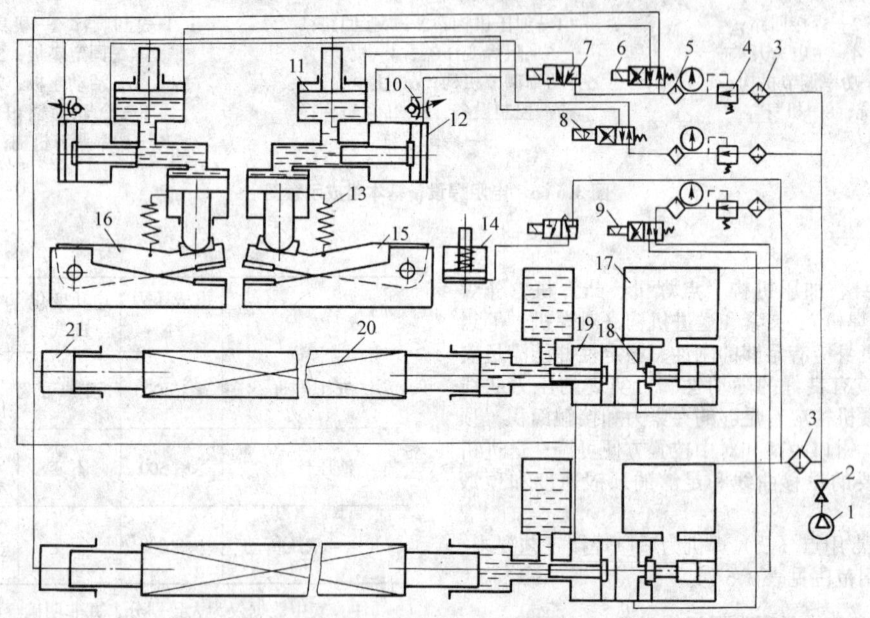

图 3.6-69　气－液压联合闪光顶锻机构

1—气源；2—气路开关；3—分水滤气器；4—减压阀；5—油雾器；6、7、8、9—电磁气阀及电磁气控阀；10—单向节流阀；11—顶压缸；12—夹紧增压缸；13—复位弹簧；14—焊后抬高焊件气缸；15—动夹具；16—静夹具；17—储气筒；18—大口径快速切换气门；19—顶锻增压气缸；20—导轨；21—动夹具复位气缸

供电装置有以下特点：

1）可输出大电流、低电压、输出焊接电流通常在 1～100 kA，固定式焊机输出空载电压通常在 12 V 以内，移动式焊机在 24 V 以内。

2）功率大并可方便地进行调节　采用大容量、低漏抗的阻焊变压器作焊接电源，如在输油管线的闪光对焊机上，容量最大可达 6 000 kVA，输出焊接电流可达 1 000 kA。同时，为满足工艺要求，通常用改变阻焊变压器初级绕组线圈匝数的方法分级调节焊接功率；用控制设备中"相移控制器"来均匀调节某一级数下的焊接功率。

表 3.6-76　常用送进机构和夹紧机构的类型及特点

类型		特点	适用范围
夹紧机构	偏心式	手动，操作简单，动作快，但夹紧力小，且不稳定	一般只用于 25 kV·A 以下对焊机
	螺旋式	手动，夹紧力在 40 kN 以下；结构简单，工作可靠，但操作麻烦，生产率低，焊工体力消耗大	用于中小功率（100 kV·A 以下）自动对焊机
	杠杆式	夹紧力 30 kN 以下，动作快，大量生产小零件较方便	100 kV·A 以下对焊机
	气压式	一般使用杠杆扩力机构，夹紧力可达 20～100 kN，动作迅速，生产率高，容易控制	广泛用于中等功率（100～200 kV·A）对焊机
	气－液压式	夹紧力可达 200～2 500 kN，无需油泵，体积小，动作快	广泛应用于大功率对焊机
	液压式	夹紧力巨大，需高压油泵，结构复杂	用于功率很大的对焊机
送进机构	弹簧式	压力不超过 0.75～1.0 kN；结构简单，容易自动化，但压力会不断降低	主要用于 10 kV·A 以下的小功率电阻对焊机
	杠杆式	手工操作，最大顶锻力不超过 30～40 kN，顶锻速度约为 15～20 mm/s；结构简单，但压力不稳定，顶锻速度低，易使焊工疲劳	多用于容量为 25～100 kV·A 的非自动焊机
	电动凸轮式	顶锻压力不超过 70～80 kN，顶锻速度一般在 20～25 mm/s 以下；结构简单，工作可靠，但顶锻速度受限，对凸轮的制造要求高	用于中等功率的自动和半自动对焊机
	气压式	送进速度快；一般采用液压（阻尼）调速，气压顶锻	用于中等功率闪光对焊机
	液压式	工作可靠，送进速度调节范围宽，顶锻压力不受限制	用于大功率闪光对焊机
	气－液压式	顶锻速度快，顶锻力大，控制准确，但结构复杂	用于中大功率的闪光对焊机

3）主电源（阻焊变压器）一般无空载运用及负载持续率较低，现行标准规定阻焊变压器额定负载持续率为 50%，并依此为设计依据。但是从焊接生产率特点看，点、凸、对焊机多为 20%，而缝焊机可为 50%和 100%。

4）可提供多种焊接电流波形，由于向焊接区输送的电流波形是与被焊焊件材质本身热物理性质和使用要求密切相关，是获得优质焊接接头的保证条件，因而对电阻焊工艺过程影响极大，所以电阻焊机将此作为重要分类依据，可分为：工频交流电阻焊机、二次整流电阻焊机、直流冲击波电阻焊机、三相低频电阻焊机、逆变式电阻焊机和电容储能电阻焊机。

各类电阻焊机电气框图和所提供的焊接电流波形如图 3.6-70～图 3.6-75 所示。

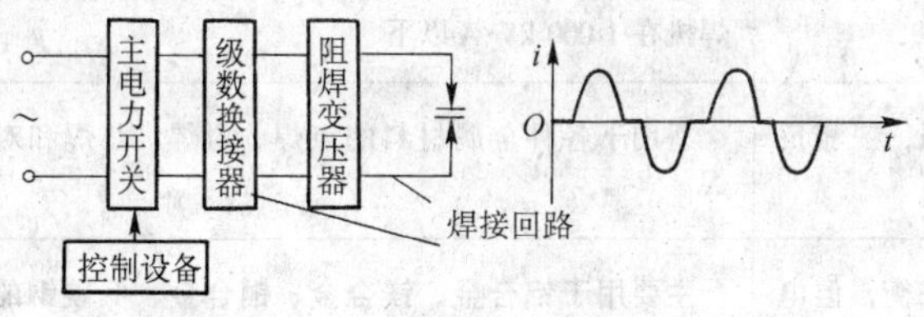

(a) 电气框图　(b) 焊接电流波形

图 3.6-70　单相工频交流电阻焊机电气框图及焊接电流波形

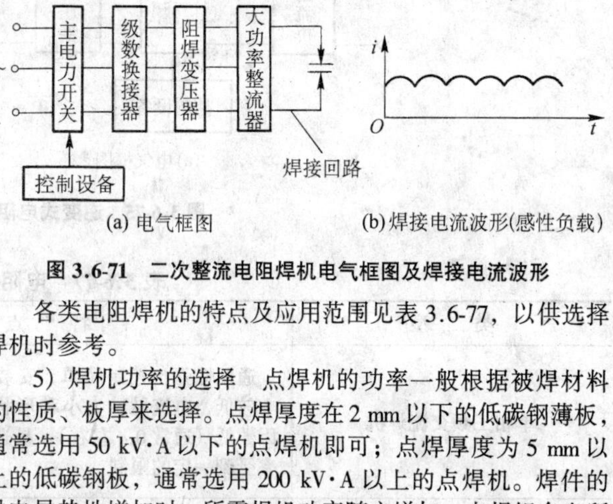

(a) 电气框图　(b) 焊接电流波形(感性负载)

图 3.6-71　二次整流电阻焊机电气框图及焊接电流波形

各类电阻焊机的特点及应用范围见表 3.6-77，以供选择焊机时参考。

5）焊机功率的选择　点焊机的功率一般根据被焊材料的性质、板厚来选择。点焊厚度在 2 mm 以下的低碳钢薄板，通常选用 50 kV·A 以下的点焊机即可；点焊厚度为 5 mm 以上的低碳钢板，通常选用 200 kV·A 以上的点焊机。焊件的导电导热性增加时，所需焊机功率随之增加。点焊铝合金所需焊机功率约为点焊同样厚度钢板所需功率的 2～3 倍。

凸焊机的功率通常较大（63 kV·A 以上），并可根据工件厚度、凸点尺寸及凸点数来选择其大小。

选择缝焊机的功率，除了需考虑被焊材料性质和厚度外，还需考虑焊接速度。焊接速度增加时，要得到同样强度和密封性的焊缝、所需焊机的功率必须相应增加。

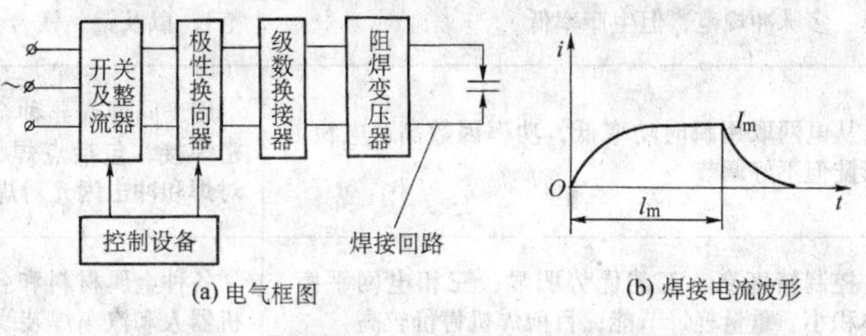

(a) 电气框图　(b) 焊接电流波形

图 3.6-72　直流冲击波电阻焊机电气框图及焊接电流波形

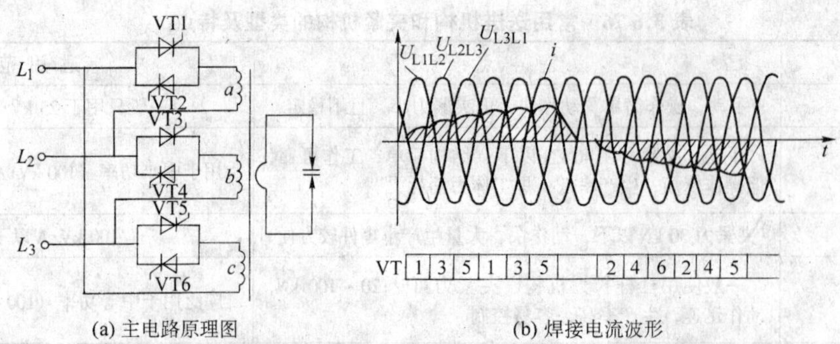

图 3.6-73 三相低频电阻焊机主电路原理图及焊接电流波形

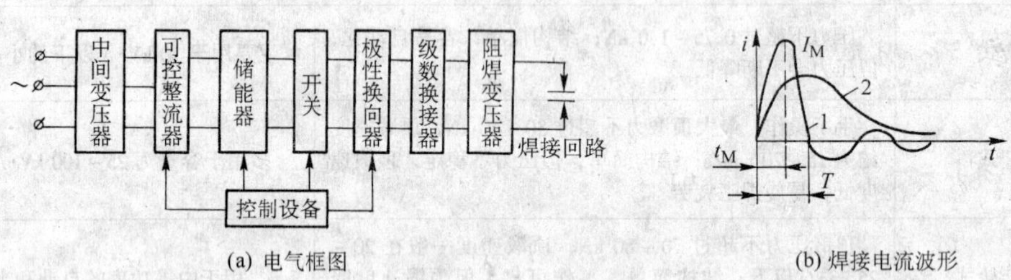

图 3.6-74 电容贮能电阻焊机电气框图及焊接电流波形

1—衰减振荡波形；2—非振荡波形

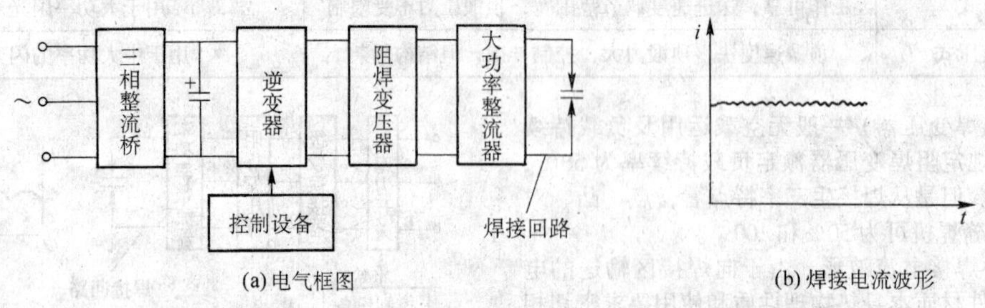

图 3.6-75 逆变式电阻焊机电气框图及焊接电流波形

表 3.6-77 电阻焊机的特点及应用范围

类　型	特　点	适 用 范 围
单相工频交流焊机	通用性强，控制简单，安装维修容易，初始成本较低，电流脉冲大小和形状容易调整，但功率因数低（通常0.4左右），易造成电网不平衡，功率受到一定的限制	广泛应用于各种钢件的点焊、缝焊、凸焊和对焊；个别情况下也用于轻合金的焊接；点、缝焊机的功率一般在300～400 kV·A以下，凸焊机和对焊机在1 000 kV·A以下
次级整流焊机	功率大，焊接电流波形工艺适应性强，三相负载均衡，功率因数高	适用于各种金属材料的点焊、对焊、凸焊和对焊
直流冲击波焊机	功率大，功率因数较高，三相电网平衡，但电流波形不容易调整	主要用于铝合金、镁合金、铜合金、低碳钢的点焊、滚点焊和步进缝焊
三相低频焊机	功率大，功率因数高，三相电网平衡，可获得单、多脉冲规范，但生产率低	用于焊接大厚度的黑色金属（可用多脉冲规范），以及铝、镁合金（只能用单脉冲规范）等
电容贮能焊机	从电网取用瞬时功率低，功率因数高，电流波形陡但不好调节	用于同种或异种金属的薄件、箔材及线材等精密焊接，包括点焊、凸焊、T形焊、缝焊、电阻对焊和冲击闪光对焊等
逆变式焊机	控制精度高、工艺优势明显，三相电网平衡、体积小、重量轻、节能；目前焊机售价较高	各种金属材料和各种电阻焊方法，尤其在点焊机器人和汽车焊装线上优越性显著

对焊机的功率一般根据焊接截面尺寸、工件材料性质和对焊方法等来选择。低碳钢电阻对焊所需焊机功率通常为 0.3～0.5 kV·A/mm²，连续闪光对焊所需功率为 0.15～0.3 kV·A/mm²，预热闪光对焊所需功率为 0.05～0.1 kV·A/mm²。

(3) 控制装置

控制装置的主要功能：

1) 提供信号控制电阻焊机动作；

2) 接通和切断焊接电流；

3) 控制焊接电流值；

4) 进行故障监测和处理。

控制装置基本组成：

1) 程序转换定时器用来实现电阻焊焊接循环中各程序段的时间调整。

2) 相移控制器用来完成焊接功率的均匀调节，即焊接电流的热量控制。同时，还可实现网压自动补偿、恒流、电流上坡与下坡、预热及后热、电流递增等。

3) 触发器和断续器中前者是将触发脉冲耦合输出给后者；断续器是主电力开关，用以接通和切断主电源（阻焊变压器）与电网的连接。单相及三相断续器及触发器简化电路原理图见图 3.6-76 和图 3.6-77。

根据用户使用要求，电阻焊机上所配用的控制设备有晶体管式、集成电路式和微处理器式三种，表 3.6-78 和表 3.6-79 列出其中部分控制器的主要技术参数。

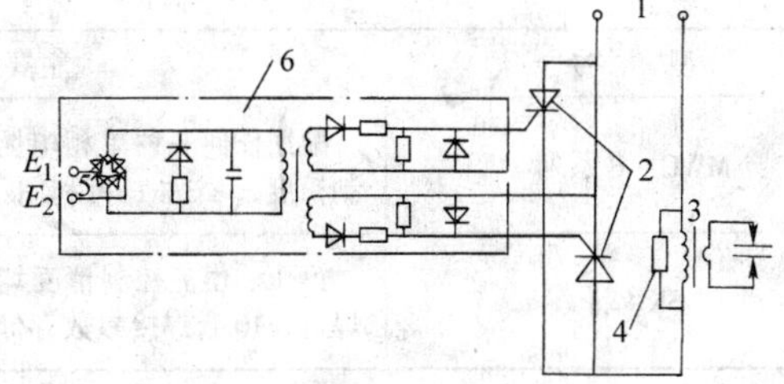

图 3.6-76　单相断续器及触发器原理图

1—单相电源；2—大功率晶闸管；3—阻焊变压器；4—并联电阻；5—触发信号输入；6—触发电路

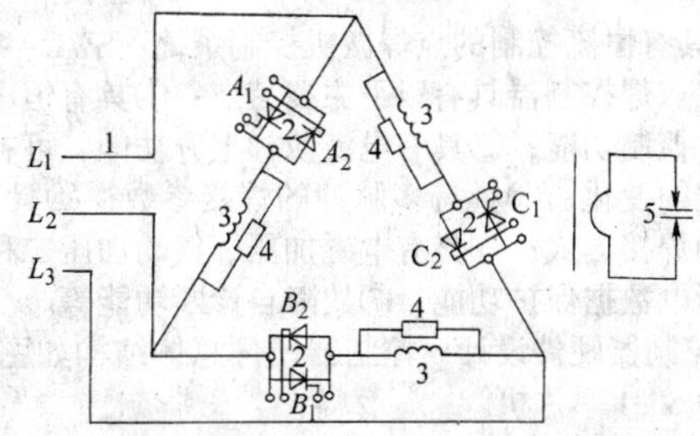

图 3.6-77　三相断续器及触发器原理图

1—三相电源；2—大功率晶闸管；3—阻焊变压器一次绕组；4—并联电阻；5—焊接回路

表 3.6-78　典型控制设备主要技术参数

<table>
<tr><th rowspan="2">类　型</th><th rowspan="2">型　号</th><th colspan="4">延时范围/周</th><th rowspan="2">热量调节/%</th><th rowspan="2">网路电压变化±10%时焊接电流稳定性/%</th><th rowspan="2">晶闸管规格</th><th rowspan="2">电路元件</th></tr>
<tr></tr>
<tr><td rowspan="2">点焊</td><td rowspan="2">KD7－500－3</td><td>加压</td><td>焊接</td><td>维持</td><td>休止</td><td rowspan="4">55～100</td><td rowspan="4">±5</td><td rowspan="4">500 A/900 V</td><td rowspan="4">晶体管</td></tr>
<tr><td>2～70</td><td>1～300</td><td>2～70</td><td>2～70</td></tr>
<tr><td rowspan="2">缝焊</td><td rowspan="2">KF4－500－1</td><td colspan="2">脉冲时间</td><td colspan="2">休止时间</td></tr>
<tr><td colspan="2">1～20</td><td colspan="2">1～20</td></tr>
<tr><td rowspan="3">点焊或缝焊</td><td rowspan="2">KD9－500</td><td>程序 1</td><td colspan="3">程序 2，3，4，5</td><td rowspan="7">40～100</td><td>—</td><td rowspan="7">500 A/1 200 V（组合式）</td><td rowspan="7">集成电路</td></tr>
<tr><td>3～100</td><td colspan="3">0～99</td><td>±5</td></tr>
<tr><td>KD9－500 A</td><td>3～100</td><td colspan="3">0～99</td><td rowspan="3">—</td></tr>
<tr><td rowspan="2">点焊或凸焊（双脉冲）①</td><td rowspan="2">KD10－500</td><td>程序 1</td><td>程序 2，3，4，5</td><td colspan="2">程序 6，7</td></tr>
<tr><td>3～100</td><td>0～99</td><td colspan="2">0～9</td></tr>
<tr><td rowspan="2">点焊或凸焊（双脉冲）②</td><td rowspan="2">KD10－500 A</td><td>程序 1</td><td>程序 2，3，4
5，6，7，8，9</td><td colspan="2">锻压延时</td><td rowspan="2">±5</td></tr>
<tr><td>2～200</td><td>0～99</td><td colspan="2">0～99</td></tr>
</table>

① 控制箱可对两组焊接工艺参数进行控制，即工艺参数Ⅰ、工艺参数Ⅱ。每组工艺参数的程序过程相同，各程序时间范围及热量调节均符合表中规定。

② 控制箱有 2 个加热脉冲，各个脉冲的延时热量均可独立调节，并能进行脉冲调制，成为多脉冲加热形式。

表 3.6-79　可编程电阻焊控制器

型　号	主要结构、技术特点	生 产 厂 家
KD3－500－1	68HC711E9 微机，恒压、恒流控制精度均为±2%，配用 200 kV·A 点（凸）焊机，8 套焊接参数存储与选择	上海电焊机厂
KD3－800	配用 400 kV·A 点（凸）焊机，其余同 KD3－500－1	
SUN98 系列（例：SUN9810）	配用 200 kV·A 点（凸）焊机，工控 CPU，有群控接口，可集中管理	天津商科机电设备有限公司
HCW 系列（例：HCW－1A）	8098 单片机，恒流控制精度±2%，具有 9 个加热脉冲、16 种规范，有群控接口，可集中管理	天津陆华科技公司（707 所）
MCW 系列（例：MCW－205）	配用 200 kV·A 或≤400 kV·A 点（凸）焊机，恒流控制精度≤±3%，恒流双脉冲	江都市焊接设备厂

续表 3.6-79

型 号	主要结构、技术特点	生 产 厂 家
MWC－B系列	配用任何一种单相电阻焊（点、凸、缝、对）机，恒流控制精度≤±3%，可利用示教盒远距离设定	沈阳自动化研究所
SK－Ⅲ	恒压、恒流控制精度均为±2%，配用≤250 kV·A点（凸）焊机，10套焊接参数存储与选择	广州松兴电器有限公司

目前，具有恒流控制功能的可编程电阻焊控制器在生产中获得广泛应用，为此以一典型控制器原理和组成作较为详细介绍。

1）具有恒流控制的点焊微机控制系统　SWC－1型可编程多功能点焊控制器具有以下主要特点：①具有恒电流、恒电压二种控制功能；②具有电流阶梯上升功能，可补偿焊接电流密度的变化；③具有多脉冲的焊接参数；④具有全波、半波二种焊接方式；⑤具有电磁加压、气动加压二种加压方式；⑥断电数据保护功能；⑦故障自诊断功能等。

① 控制器硬件设计　控制器硬件总体结构如图3.6-78，其核心为8031单片机。

a）8031最小系统。由8031单片机、EPROM2764、RAM6116等组成，可完成信息存储、过程计算、控制角修正、信号检测、焊机调整及焊接过程的控制等。

b）信号处理电路。它由同步信号提取、网压信号前端处理、电流信号前端处理、A/D转换等电路组成，完成CPU检测信号的采样、处理和转换等功能。

c）输入、输出电路。它由隔离电路、键盘及显示接口电路、焊接主电力电路晶闸管触发电路、电磁加压主电路晶闸管触发电路、故障中断电路等组成，完成焊接参数的输入和显示、提供焊接状态信息、指示焊机故障类型及完成人机对话等功能。

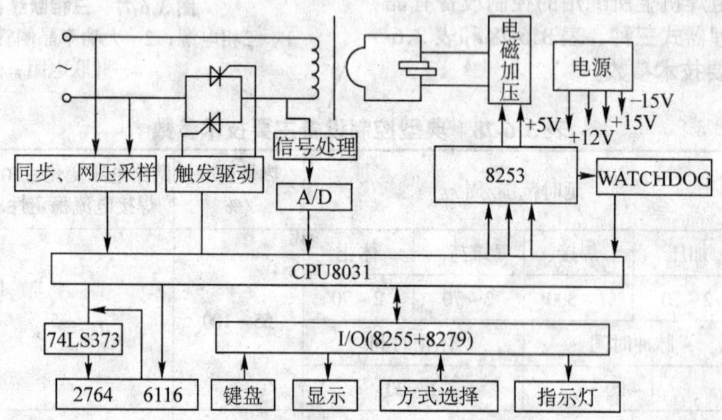

图3.6-78　硬件总体结构框图（电磁加压）

d）抗干扰电路。采用电源电压监视芯片TL7705随时监测电源电压，以及由可编程定时器/计数器8253和脉冲发生器74LS123组成监视器，能可靠保障控制系统正常运行。

e）电源电路。它提供控制系统所需的+5 V、+12 V、+15 V、－15 V等各路电源。

② 控制器软件设计　控制器软件用MCS－51汇编语言进行编程，执行了自顶而下、模块化设计的编程思想。在程序设计中设计了“软件陷阱”及监视狗WATCHDOG等程序，保证其可靠性。整个控制程序由监控程序、焊接程序及数学运算程序三大部分组成，其软件核心是焊接程序（计有恒压全波焊接子程序、恒流全波焊接子程序、恒压半波焊接子程序、恒流半波焊接子程序、加压子程序、网压补偿子程序、PID计算子程序、二元函数插值子程序、阶梯处理子程序、焊机参数检测子程序等），其中焊接主程序流程如图3.6-79所示。

用户可有四种焊接方式选择，即全波/半波、恒压/恒流。其中全波焊接为一般点焊微机控制器共有的功能，而半波焊接则是本控制器所特有的功能，主要用于微型件和高热导率材料的焊接。为防止工作时阻焊变压器直流磁化，在程序设计中考虑了主电路晶闸管的换向工作，其子程序流程如图3.6-80所示。恒压/恒流两种控制模式也是一般点焊控制器共有的功能，在这里，采用恒流控制模式能够补偿网压和负载阻抗的波动和变化；而在恒压控制模式下仅能补偿网压的变化。焊机参数检测子程序经过一套给定的通电测试程序，可测出焊机的功率因数角和可通过的焊接回路最大电流。

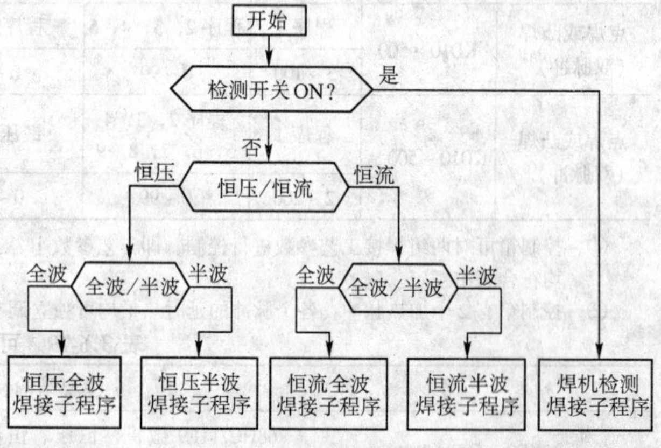

图3.6-79　焊接主程序流程图

③ 恒流控制原理　众所周知，工频交流点焊机主电力电路（图3.6-81）的数学模型有如下关系式

$$i(t)=\frac{U_m}{Z}\left[\sin(\omega t+a-\varphi)-\sin(a-\varphi)e^{-\frac{\omega t}{\tan\varphi}}\right] \tag{3.6-12}$$

式中，i为焊接电流瞬时值；U_m为电源电压峰值；Z为回路等效阻抗；a为晶闸管控制角；φ为负载功率因数角；ω为角频率。

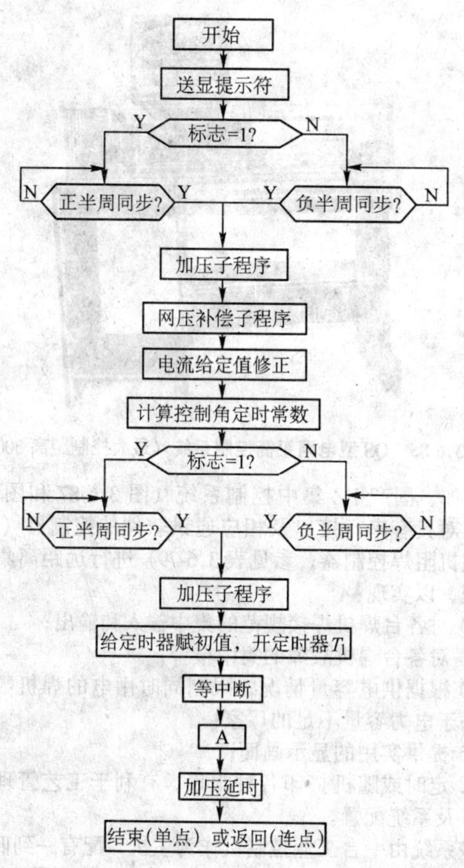

图 3.6-80 半波焊接子程序流程图

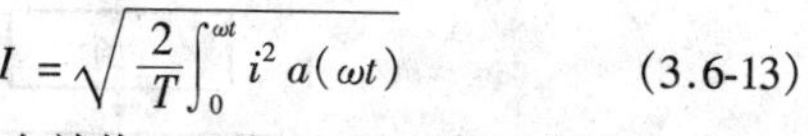

$$I=\sqrt{\frac{2}{T}\int_{0}^{\omega t}i^{2}a(\omega t)} \qquad (3.6\text{-}13)$$

式中，I 为焊接电流有效值；T 为 50 Hz 正弦波周期。

$$\tan a=-\frac{\sin(\theta-a)+\sin\varphi e^{-\frac{\theta}{\tan\varphi}}}{\cos(\theta-a)-\cos\varphi e^{-\frac{\theta}{\tan\varphi}}} \qquad (3.6\text{-}14)$$

式中，θ 为晶闸管导通角。

由式（3.6-12）、式（3.6-13）、式（3.6-14）可实现恒流控制，其 PID 算法公式为

$$a(K)=a(K-1)+K_{\mathrm{P}}[E(K)-E(K-1)]+K_{\mathrm{I}}E(K)+K_{\mathrm{D}}[E(K)-2E(K-1)+E(K-2)] \qquad (3.6\text{-}15)$$

式中，a（K）为本次触发晶闸管的控制角；K_{P} 为比例系数；K_{I} 为积分系数；K_{D} 为微分系数；E（K）为本次规一化实际电流有效值 I_{n}（K）与规一化设定电流有效值 I_{ng} 的偏差，即 $E(K)=I_{\mathrm{n}}(K)-I_{\mathrm{ng}}$

根据实际焊接电流与给定值的偏差，由 PID 算法公式（3.6-15）确定调节晶闸管控制角 α，即可实现恒流控制。图 3.6-82 给出了相关的数字 PID 子程序流程，图 3.6-83 给出了相关的恒流加热段子程序流程。

④ 焊接压力调制　本控制器除可适用于通用点焊机实现对其气动加压系统控制外，还可用于电磁加压的精密脉冲点焊机和电阻对焊机的电极压力调制控制。其工作原理为：在这些精密电阻焊机上装有以直流电磁铁为核心的电磁加压机构，在图 3.6-78 中的扩展定时器 8253 芯片，即是调节电磁加压主电路晶闸管导通角的触发脉冲移相调节管理芯片。导通角的改变即改变了直流电磁铁线圈中的激磁电流，因而改变了电磁压力（图 3.6-84）。焊接压力调制子程序流程如图 3.6-85 所示。

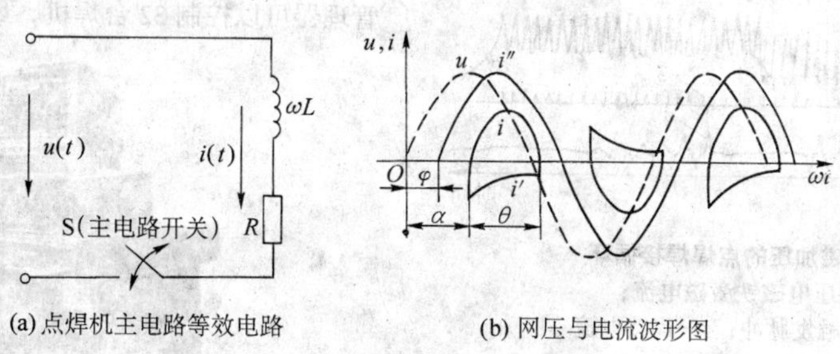

(a) 点焊机主电路等效电路　(b) 网压与电流波形图

图 3.6-81 单相交流点焊机主电路

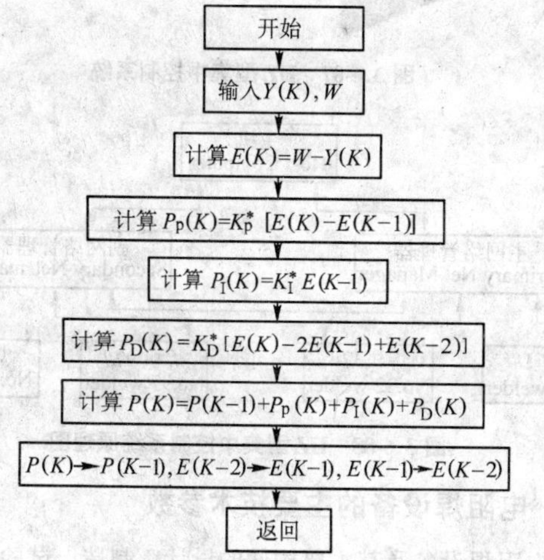

图 3.6-82 数字 PID 子程序流程图

2）电网负荷分配器　由于大部分电阻焊机为单相供电，焊接通电时间仅几个周波，而实际焊接功率往往比额定功率还要大上好几倍。

对供电容量有限的中小型企业，由于电网超负荷工作经常出现跳闸而无法正常生产，直接影响焊接质量。将焊机按容量平均分配到三相中去是一项措施，而采用电网负荷分配器使各台焊机不在同一时间通电是一个更合理而经济的解决办法。例如国产 QS 型电网平衡控制系统（图 3.6-86）由工业控制机、平衡控制机、显示器、打印机、UPS 电源等组成，配合具有群控接口的微机电阻焊控制器（参见表 3.6-79）可以实现最多 96 台在线焊机的群控管理，保证电网均衡使用，提高焊接质量。

3）控制装置的网络化　在大规模使用电阻焊机的场合，如汽车车身生产线，可将多台焊接控制器用本区网络（LAN）联网。简单的联网可用个人计算机（PC）通过调制解调器（MODEM）与数十台焊接微处理器交换信息，如编写焊接程序、监视和收集焊接数据、保存焊接数据档案库。更大规模可将数百台焊接微处理器联网，主机与焊接微处理器之间不仅能进行数据比较和交换，而且还能对数据进行分

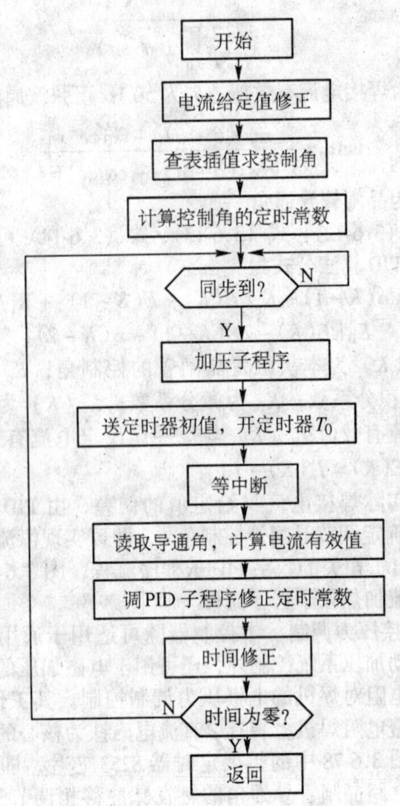

图 3.6-83　恒流加热段子程序流程图

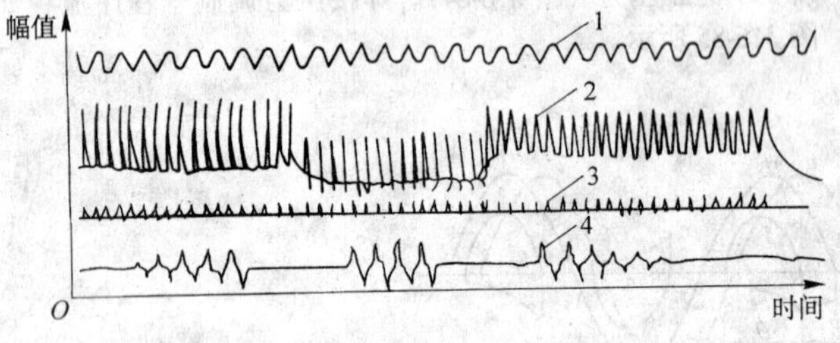

图 3.6-84　具有电磁加压的点焊焊接循环

1—电网；2—加压电磁铁激磁电流；
3—电磁加压主电路触发脉冲；4—焊接电流

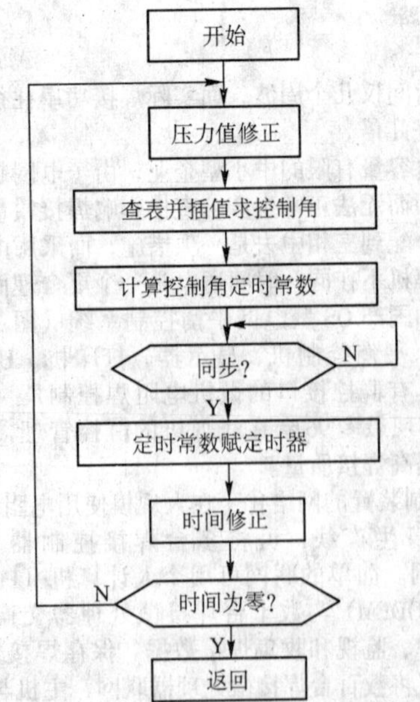

图 3.6-85　焊接压力调制子程序流程图

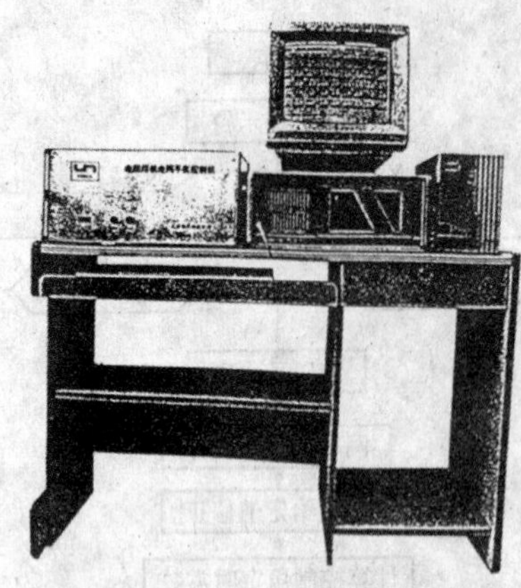

图 3.6-86　QS型电网平衡控制系统（最大控制距离300 m）

析。例如，国产HZ集中控制系统（图3.6-87和图3.6-88）可用于对具有串行接口及相应通讯软件的控制器（如HCW系列微机阻焊控制器，参见表3.6-79）进行远距离集中控制和管理，以实现：

① 对各台焊机焊接规范的集中输入和输出；

② 对各台焊机故障的集中报警；

③ 根据供电容量情况，限制同时用电的焊机数量；特别适用于电力容量不足的厂家；

④ 提供实用的显示画面；

⑤ 定时或随机打印各种报表，有利于工艺管理和设备管理以及系统配置。

该系统由一台工业控制机作为主机，配有一到四台网络管理器，其中主网络管理器一台，副网络管理器一到三台。主网络管理器为双CPU、副网络管理器为单CPU。一台网络管理器可以控制32台焊机，最多可控制128台。

图 3.6-87　HZ型集中控制系统

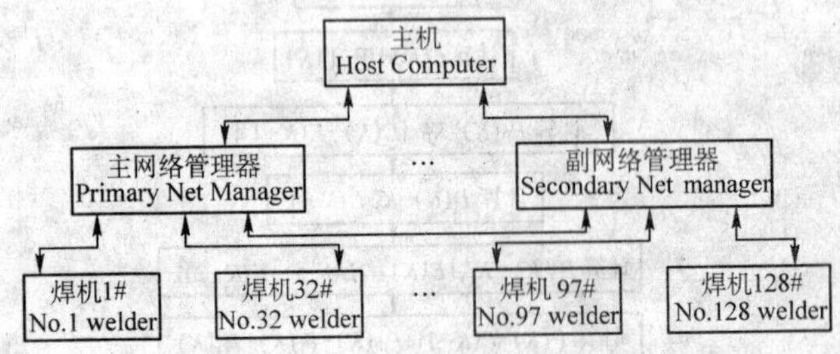

图 3.6-88　HZ型集中控制系统原理图

5.2　电阻焊设备的主要技术参数

电阻焊设备及其主要构件的设计、制造、试验、出厂检验等均需符合相应的电焊机行业现行标准。例如，《GB/T 15578—1995电阻焊机的安全要求》、《JB/T 9529—1999电阻焊机变压器通用技术条件》、《JB/T 10101—2000固定式点、凸焊机》、《JB/T 3946—1999 凸焊机电极平板槽子》、《ISO12166—1997 阻焊设备—用于汽车工业多点焊机具有一个次级线圈的变压器的特殊要求》等。这方面可参阅本卷相关内容或相关国内外标准。

5.2.1 电阻焊机主要技术要求

电阻焊设备的相关主要技术要求和试验数据见表 3.6-80 ~ 表 3.6-83。

表 3.6-80 电阻焊机主要技术要求

<table>
<tr><th colspan="2">项 目</th><th colspan="2">技 术 要 求</th><th colspan="3">前 提 条 件</th></tr>
<tr><td rowspan="5">不与地相接的电气回路</td><td>对地绝缘电阻/MΩ</td><td colspan="2">≥2.5</td><td colspan="3">在规定使用条件下</td></tr>
<tr><td rowspan="4">应承受试验电压/V</td><td>1 700</td><td rowspan="4">持续 1 min</td><td colspan="2" rowspan="4">额定工作电压</td><td>≤220 V</td></tr>
<tr><td>2 000</td><td>>220 ~ 380 V</td></tr>
<tr><td>2 250</td><td>>380 ~ 500 V</td></tr>
<tr><td></td><td>>500 ~ 660 V</td></tr>
<tr><td rowspan="6">阻焊变压器</td><td>空载视在功率/W</td><td colspan="2" rowspan="2">不大于表 3.6-81 规定的数值</td><td colspan="3" rowspan="2">额定初级电压及额定级数时</td></tr>
<tr><td>空载电流/A</td></tr>
<tr><td rowspan="4">线圈温升极限/K</td><td colspan="2">95</td><td>B 级绝缘</td><td rowspan="2">电阻法测定</td><td rowspan="4">水冷变压器</td></tr>
<tr><td colspan="2">115</td><td>F 级绝缘</td></tr>
<tr><td colspan="2">90</td><td>B 级绝缘</td><td rowspan="2">温度计法测定</td></tr>
<tr><td colspan="2">110</td><td>F 级绝缘</td></tr>
<tr><td colspan="2" rowspan="2">次级最大短路电流允差/%</td><td colspan="2">− 10</td><td colspan="3">以间接方法测定①</td></tr>
<tr><td colspan="2">± 5</td><td colspan="3">用大电流计直接测定</td></tr>
<tr><td colspan="2">电极压力实际值与额定值之差</td><td colspan="2">≤ ± 8% 额定值</td><td colspan="3"></td></tr>
</table>

① 以初级电流与阻焊变压器变比的乘积计算次级电流。

表 3.6-81 阻焊变压器空载视在功率和空载电流允许值

额定视在功率/kVA	空载视在功率/VA	不同电压时的空载电流/A				
		额定初级电压/V				
		220	380	415	500	550
5	1 000	4.5	2.6	2.4	2.0	1.8
10	1 800	8.2	4.7	4.3	3.6	3.3
16	2 600	11.6	6.7	6.2	5.1	4.7
25	3 750	17.0	9.9	9.0	7.5	6.8
40	5 600	25.5	14.7	13.5	11.2	10.2
63	8 200	37.2	21.6	19.7	16.4	14.9
80	8 800	40.0	23.2	21.2	17.6	16.0
100	10 000	45.5	26.3	24.1	20.0	18.2
125	11 250	51.1	29.6	27.1	22.5	20.5
160	12 800	58.2	33.7	30.8	25.6	23.3
200	14 000	63.6	36.8	33.7	28.0	25.5
250	15 000	68.2	39.5	36.1	30.0	27.3
315	15 700	71.6	41.4	38.0	31.5	28.6
400	20 000	90.9	52.6	48.2	40.0	36.4

注：额定视在功率小于 160 kVA 的变压器与焊钳连为一体的焊机，其 S_0 和 I_{10} 的允许值可比表中数值大 2.5 倍。

表 3.6-82 部分工频焊机额定级试验数据

型 号	额定功率/kV·A	二次回路尺寸/mm		空载试验		短路试验			二次最大短路电流/A
						短路阻抗/μΩ			
		臂伸长度	臂间距离	空载电压/V	空载电流/A	总阻抗	电阻	感抗	
SO432 – 5A	31	250	190	4.6	44	201	107	173	22 500
DN – 63	63	600	200	6.67	7.75	300	151	259	22 200
DN2 – 100	100	500	250	6.45	9.75	276	112	252	23 300
DN2 – 200	200	500	250	8.25	20	284	110	262	29 000
TN – 63	63	250	255	6.67	12	178	73.3	162	27 500

续表 3.6-82

型 号	额定功率/kV·A	二次回路尺寸/mm		空载试验		短路试验			二次最大短路电流/A
						短路阻抗/μΩ			
		臂伸长度	臂间距离	空载电压/V	空载电流/A	总阻抗	电阻	感抗	
FN1-150-2	150	800	140	6.8	8	231	79.7	217	29 400
FN1-150-5	150	1 100	80	8.37	18.9	250	106	226	33 500
M272-6A	110	600	110	6.35	12	310	116	287	20 500
UN-40	40	—	—	5.5	3.65	194	131	143	28 300
UN-125	125	—	—	8.9	7.63	229	98	207	38 900
UN17-150-1	150	—	—	7.0	11.8	170	72.5	153	41 200
UN7-400	400	—	—	10.7	44.5	114	80.6	80.6	93 600

表 3.6-83 电阻焊机二次回路直流电阻实测值

焊机种类	型 号	直流电阻/μΩ	环境温度/℃
点焊机	DN2-100	40	15
	DN2-200	32	15
	DN-63	36	20
	SO432-5A	45	10
	P300DTI-A	36	12
凸焊机	TN-63	25	10
缝焊机	FN1-150-2	38	15
	M272-6A	42	25
对焊机	UN17-150-1	40	25

5.2.2 电阻焊机的主要技术参数

电阻焊机的技术性能指标是选择设备的重要依据，现将部分国产焊机主要技术参数列于表 3.6-84～表 3.6-86。

应该指出，近年来国内电阻焊设备的研发和生产发展很快，设备外观造型、制造工艺、品种齐全性和多样性，尤其是设备的机械、供电和控制装置均全面得到提高，已形成逐步和国际技术接轨的势头，取得很大的成绩。图 3.6-89 展示出部分国产电阻焊设备实物照片，其中 DN1-16 为脚踏式工频点焊机（16 kVA）；DTN-200 为气动式垂直加压工频点（凸）焊机（200 kVA）；FN-80H 为气压式工频横向缝焊机（80 kVA）；FN-150Z 为气压式工频纵向缝焊机（150 kVA）；UN-40 为工频电阻对焊机（40 kVA）；UNS-63 为闪光对焊机（63 kVA）；DN2-25 为一体式悬挂点焊机（25 kVA）；DB-6A/DB-6T 为逆变式精密点焊机（6 kVA）；TR-60000 为电容储能微波炉波导管焊接专机（60 000 J）；TR-20000 为

表 3.6-84 典型的点焊机和凸焊机的主要技术参数

焊机类型			型 号	电源种类	额定功率/kV·A	负载持续率/%	二次空载电压/V	最大二路电流/kA	电极臂伸长/mm	焊接板厚度/mm
点焊机	固定式	圆弧运动式	DN-25	工频	25	20	1.76～3.52		250	钢 3+3
			SO232	工频	17	50	1.8～3.6	15	550	钢 2+2 铝 1.2+1.2
			SO432	工频	31	50	2.5～4.6	25	550、800	钢 2.5+2.5
			DN3-75	工频	75	20	3.16～6.21		800	钢 2.5+2.5
		垂直运动式	SDN-16	工频	16	50	1.86～3.65	18	240	钢 2+2
			SO462	工频	31	50	2.5～4.6	23	360	钢 3+3
			DN-63	工频	63	50	3.22～6.67	21	600	钢 6+6 铝 0.8+0.8
			DN2-100	工频	100	20	3.65～7.30	19	500	钢 4+4 铝 0.6+0.6
			DN-125	工频	125	50	4.22～8.44	30	600	钢 8+8 铝 1.2+1.2
			P260CC-10A	二次整流	152	50	4.52～9.04	55	1 000	钢 6+6 铝 3+3
			DN2-200	工频	200	20	4.42～8.85	26	500	钢 6+6 铝 1.0+1.0
			P300DTI-A	三相低频	247	50	1.82～7.29	85		钢 6+6 铝 3.2+3.2
			DBZ-100	RC 逆变式	100	50	—	—	—	—
			DR-100-1	电容储能	100（J）	20	充电电压 430	—	120	不锈钢 0.5+0.5

续表 3.6-84

焊机类型			型 号	电源种类	额定功率/kV·A	负载持续率/%	二次空载电压/V	最大二路电流/kA	电极臂伸长/mm	焊接板厚度/mm
点焊机	移动式	便携式	KT218N2	工频	2.5	50	2.3	—	500	钢 1.5+1.5
			KT826N4	工频	26	50	4.7	—	500	钢 2.5+2.5
		悬挂式	CI30S-2A（O）	工频	150	50	14~19	21.5	200	钢 3+3
			DN3-63	工频	63	50	16.5	—	425	钢 2+2
凸焊机			TN-63	工频	63	50	3.22~6.67	—	250	—
			TN-125	工频	125	50	4.22~8.44	—	300	—
			TN1-200A	工频	200	20	4.42~8.85	—	500	—
			E2012-T6A	二次整流	260	50	2.75~7.60	90	400	—
			TR-3000	电容储能	3000（J）	20	充电电压 420		250	—

注：表中未特别注明的“钢”指低碳钢。

表 3.6-85 典型缝焊机主要技术参数

焊机类型	型 号	特 性	额定功率/kV·A	负载持续率/%	二次空载电压/V	电极臂长/mm	焊接板厚度/mm
横向缝焊机	FN-150-1	工频	150	50	3.88~7.76	800	钢 2+2
	FN-150-8		150	50	4.52~9.04	1 000	钢 2+2
	M272-6A		110	50	4.75~6.35	670	钢 1.5+1.5
	M230-4A		290	50	5.85~9.80	400	镀层钢板 1.5+1.5
	FN-100		100	50	4.75~6.35	600	钢 1.5+1.5
纵向缝焊机	FN1-150-2		150	50	3.88~7.76	800	钢 2+2
	FN-150-5		150	50	4.80~9.58	1 100	钢 1.5+1.5
	M272-10A		170	50	4.2~8.4	1 000	钢 1.25+1.25
横向缝焊机	FR2-125	电容储能	125/J	50	—	—	不锈钢 0.05+0.05~0.5+0.5
	FZ-100	整流	100	50	3.52~7.04	610	钢 2+2
通用缝焊机	M300ST1-A	低频	350	50	2.85~5.70	800	铝合金 2.5+2.5

表 3.6-86 典型对焊机的主要技术参数

焊机类型		型 号	送进机构	额定功率/kV·A	负载持续率/%	二次空载电压/V	夹紧力/kN	顶紧力/kN	额定焊接截面/mm²
电阻对焊机	通用	UN-1	弹簧加压	1	8	0.5~1.5	0.08	0.04	1.1
		UN-3	弹簧加压	3	15	1~2	0.45	0.18	5.0
		UN-10	弹簧加压	10	15	1.6~3.2	0.90	0.35	50
		UN1-25	杠杆加压	25	20	1.76~3.52	偏心轮	—	300
闪光对焊机	通用	UN40	气-液加压	40	50	3.73~6.33	4.5	14	300
		UN1-75	杠杆加压	75	20	3.52~7.01	螺旋	30	600
		UN2-150-2	凸轮加压	150	20	4.05~8.10	100	65	1 000
		UN17-150-1	气-液加压	150	50	3.80~7.60	160	80	1 000
		NU4-300-1	气-液加压	300	20		350	250	2 500
	钢窗专用	UY-125	气-液加压	125	50	5.51~10.85	75	45	400
	薄板专用	UN5-250	凸轮烧化、气液压顶锻	250	20		300	150	1 080
	轮圈专用	UN7-400	气-液加压	400	50	6.55~11.18	680	340	2 000
	钢轨专用	UN6-500	液压	500	40	6.80~13.60	600	350	3 500

电容储能复印机外壳焊接专机（20 000 J）；DP－125为电容储能精密点焊机（125 J、双脉冲）。SK－Ⅱ为集成电路（IC数字）电阻焊控制器；SK－Ⅲ为可编程电阻焊控制器。

同时，在国内电阻焊机市场上还有许多进口焊机，例如：美国汉森（HANSON）公司生产的点焊/凸焊/点凸焊/缝焊/滚点焊的单相交流/次级整流（20～250 kV·A）焊机（图3.6-90），三相低频/脉冲/可变极性的（150～1 000 kV·A）点焊/凸焊/点凸焊焊机，三相次级整流（65～1 000 kV·A）点焊/凸焊/点凸焊焊机，三相低频/次级整流（15～600 kV·A）缝焊/滚点焊焊机，（IGBT）逆变式（170 kV·A、340 kV·A）点焊/凸焊/缝焊三用焊机等；瑞士苏莱特（SCHLATTER）公司的钢轨闪光对焊机，日本宫地（MIYACHI）株式会社生产的小功率逆变电阻焊机（图3.6-91）；奥地利EVG公司（Entwicklungs－und Verwertungs-Gesellschaft）生产的网片电阻焊机。当然，进口焊机的价位一般都较高。

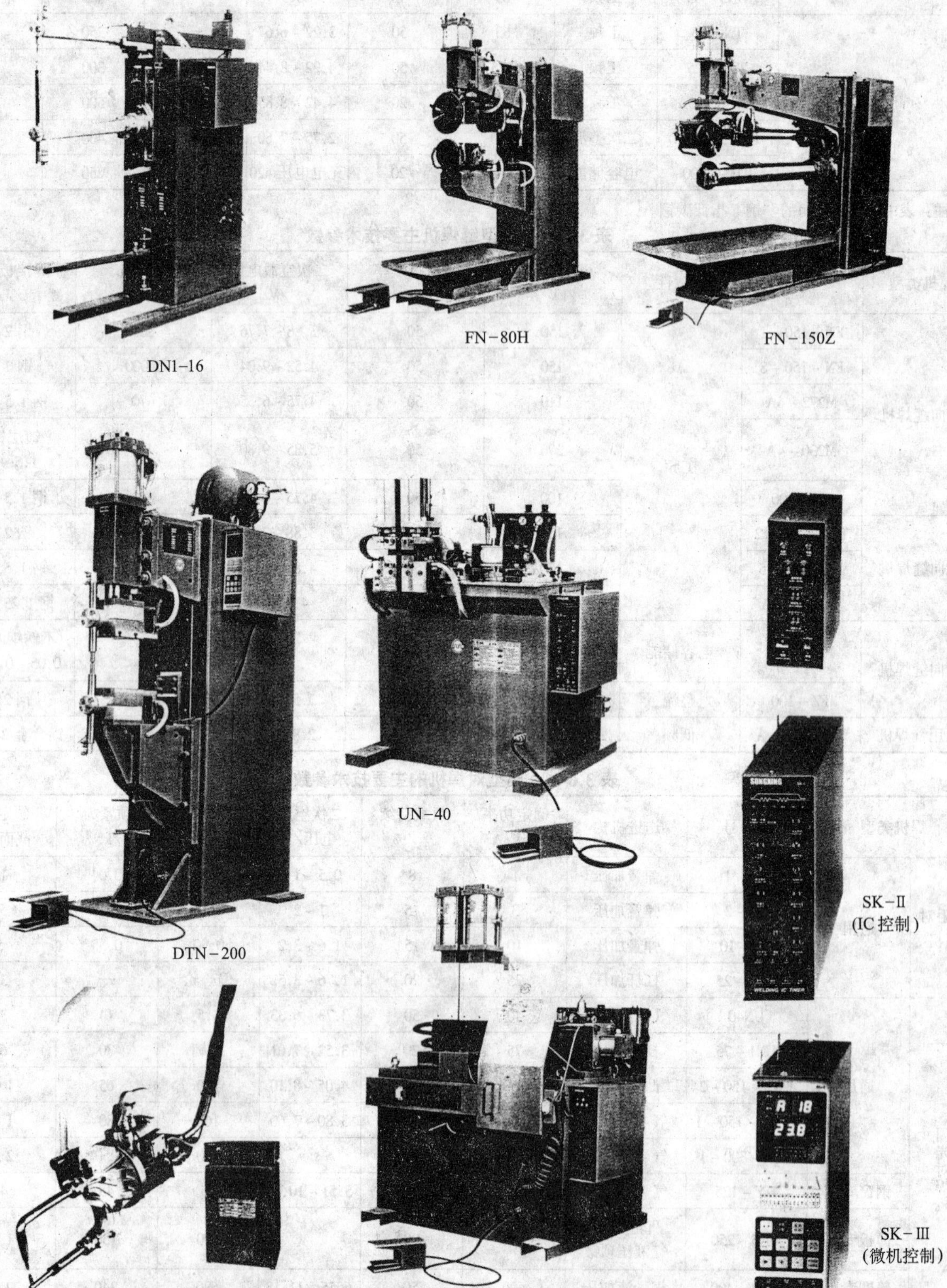

图3.6-89　部分电阻焊设备实物照片

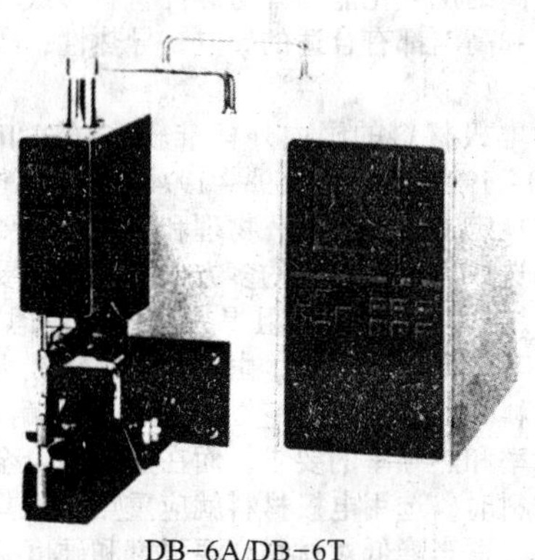
DB-6A/DB-6T

TR-60000微波炉导管焊接专机

TR-20000 复印机外壳焊接专机

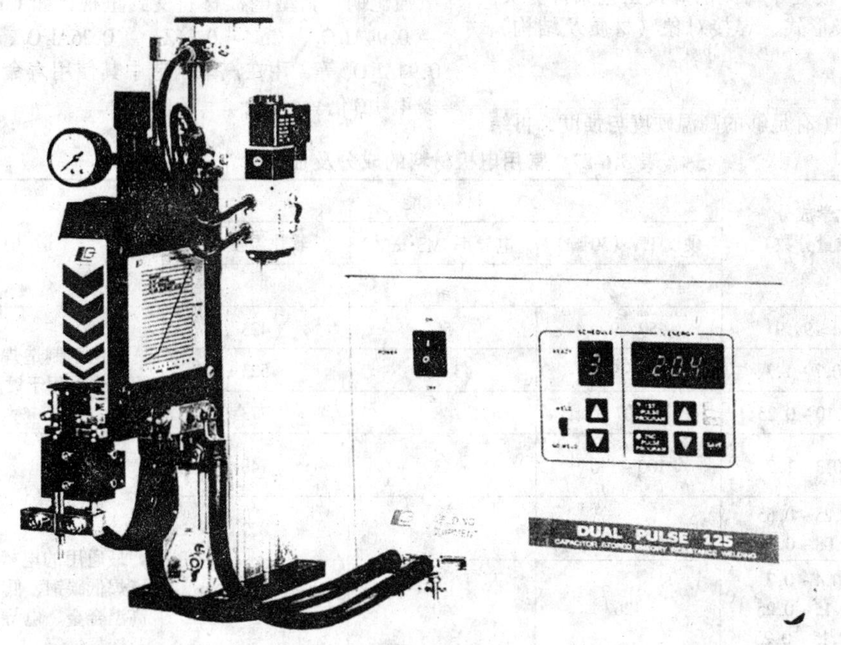

续图 3.6-89

图 3.6-90 次级整流点焊机和缝焊机（HANSON）

5.3 电阻焊设备的电极

电极是电阻焊机上的一个关键易损耗零件，正确选用电极是获得优质接头、提高生产率的重要手段。

电极功用：①向焊接区传输电流；②向焊接区传递压力；③导散焊件表面及焊接区的部分热量；④调节和控制电

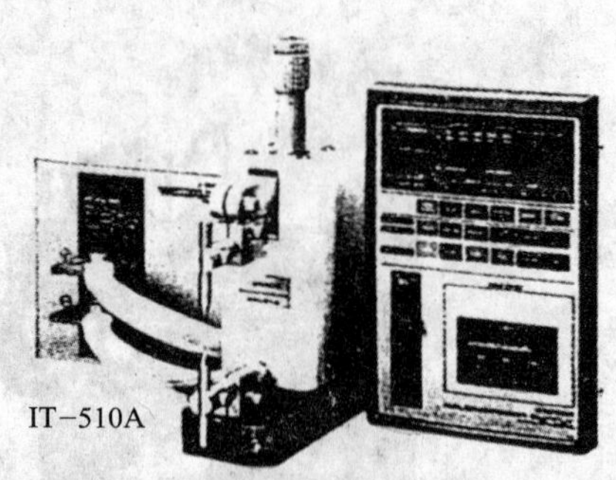

图 3.6-91 IS-217A 逆变式精密点焊机（MIYACHI）

阻焊加热过程中的热平衡；⑤将工件定位、夹持于适当位置等。

实际生产中应注意，不全是由于电极工作端面变形的加粗量超过规定才予以修整，而往往是由于电极与焊件表面发生粘损这一恶性循环现象，将使焊接生产不能继续进行。产生这一现象原因主要与电极处于苛刻的焊接工艺条件有关。因此应对电极材料、电极形式、焊接对象（材质及结构）、焊机类型等综合考虑。

5.3.1 电极材料

对电极材料的要求：①有足够的高温硬度与强度，再结晶温度高；②有高的抗氧化能力并与焊件材料形成合金的倾向小；③在常温和高温都有合适的导电、导热性；④具有良好的加工性能等。

有关电阻焊电极材料的国内外标准较多（如 JB 4281—1986、HB/T 5420-1989 和 JB/T 7598-1994 等），标准中对材料进行了分类，规定了化学成分、物理和力学性能要求。但是，电极材料的选取需要兼顾它的多方面性能，即要根据不同的被焊材料、结构，不同的电阻焊方法综合考虑。例如。在焊接不锈钢或其它高温合金时，由于需要施加较大的焊接力，选择电极材料时应重点保证它的高温强度和耐磨硬度，适当降低对电导率和热导率的要求；而在点焊铝合金类高电导率和热导率材料时，选用电极材料就应重点保证具有高的电导率和热导率，适当降低对材料高温强度和硬度要求，并减少电极与焊件的粘连等。

目前，实际生产中常用电极材料和适用范围见表 3.6-87，供选用时参考。同时，颗粒强化铜基复合材料（又称弥散强化铜）新型电极材料受到重视，如 $Cu-0.38Al_2O_3$、$Cu-0.94Al_2O_3$、$Cu-0.16Zr-0.26Al_2O_3$、$Cu-0.16Zr-0.94Al_2O_3$ 等，用在汽车制造中其使用寿命为铬锆铜点焊电极 4~10 倍。

表 3.6-87 常用电极材料的成分及性能

材料名称	化学成分（质量分数）/%	材料性能			适用范围
		硬度 HV（30 kg）	电导率/$MS\cdot m^{-1}$	软化温度/K	
		≥			
纯铜 Cu-ETP	Cu≥99.9	50~90	56	423	适用于制造焊铝及铝合金的电极，也可用于镀层钢板的点焊
镉铜 CuCd1	Cd0.7~1.3	90~95	43~45	523	
锆铌铜 CuZrNb	Zr0.10~0.25	107	48	773	
铬铜 CuCr1	Cr0.3~1.2	100~140	43	748	最通用的电极材料，广泛用于点焊低碳钢、低合金钢、不锈钢、高温合金、电导率低的铜合金以及镀层钢等
铬锆铜 CuCrZr	Cr0.25~0.65 Zr0.08~0.20	135	43	823	
铬铝镁铜 CuCrAlMg	Cr0.4~0.7 Al0.15~0.25 Mg0.15~0.25	126	40	—	
铬锆铌铜 CuCrZrNb	Cr0.15~0.4 Zr0.10~0.25 Nb0.08~0.25 Ce0.02~0.16	142	45	848	
铍钴铜 CuCo2Be	Co2.0~2.8 Be0.4~0.7	180~190	23	748	适用于点焊电阻率和高温强度高的材料，如不锈钢、高温合金等；凸焊或对焊电极夹具及镶嵌电极
硅镍铜 CuNi2Si	Ni1.6~2.5 Si0.5~0.8	168~200	17~19	773	
钴铬硅铜 CuCo2CrSi	Co1.8~2.3 Cr0.3~1.0 Si0.3~1.0 Nb0.05~0.15	183	26	600 873	
钨 W	99.5	420	17	1 273	点焊高导电性有色金属（Cu、Ag）的复合电极镶块
钼 Mo	99.5	150	17	1 273	
W75Cu	Cu25	220	17	1 273	复合电极镶块材料；凸焊、对焊时镶嵌电极
W78Cu	Cu22	240	16	1 273	
WC70Cu	Cu30	300	12	1 273	
W65Ag	Ag35	140	29	1 173	抗氧化性好

注：1. 钨、钼、W75Cu、W78Cu、WC70Cu 和 W65Ag 为烧结材料，其余材料均为冷拔棒和锻件。
2. 对于硬度，锻件取低限，直径小于 25 mm 的冷拔棒取高限。
3. HV（30 kg）是指加 30 kg 砝码的 HV 值。

5.3.2 电极结构

电阻焊电极根据工艺方法不同，可分成点焊电极，凸焊电极、缝焊电极和对焊电极四种。

1）点焊电极 点焊常用电极如图3.6-92所示。电极的公称直径 D 根据标准规定其系列为10、13、16、20、25、32、40，对于这些直径 D 的电极，其最大电极力应符合表3.6-88的要求，且当 $D \leqslant 25$ mm时，电极尾部锥度为1∶10；当 $D > 25$ mm时，锥度为1∶5。

应该指出，根据焊接部位的可达性，允许电极设计成适当形状（如弯曲形等），但应保证具有良好的冷却效果和避免与焊件在非点焊部位相碰而产生分流（参见图3.6-13）。

常用电极实物见图3.6-93。

2）凸焊电极 凸焊常用电极是平面、球面或曲面电极以及工作端面与工件外形相适应的电极，如图3.6-94所示。

局部位置的多点凸焊采用大平头棒状电极；有时为克服各凸点间的压力不均衡，采用可转动电极（图3.6-95）。

凸焊时为保证上、下两个焊件的定位，经常需要使用一些定位夹具，有些夹具是单独的，有些是和凸焊电极制成一体的，如图3.6-96所示。

3）缝焊电极 缝焊电极又称滚轮电极或焊轮，其基本结构参见图3.6-52。缝焊电极（含轴）实物照片见图3.6-97。

部标规定缝焊电极外径系列为：100、112、125、140、160、180、200、224、250、280和315等，常用尺寸为180～250 mm，原则上在被焊工件结构尺寸允许的情况下，缝焊电极直径应尽可能大；厚度 B 和工作面宽度 H 与焊件的板厚 δ 有如下经验关系：①平面形 $B = H = 2\delta + 2$ m；②单边倒角和双边倒角形 $B = 4\delta + 2$ mm，$H = 2\delta + 2$ mm，$\alpha = 30° \sim 60°$；

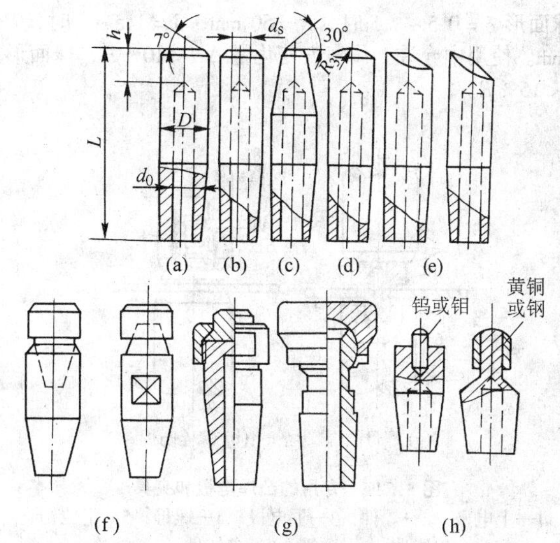

图3.6-92 点焊常用电极头形式

（a）平面形（F型）；（b）圆锥形（C型）；（c）尖头型（P型）；（d）球面型（R型）；（e）偏心型（E型）；（f）帽状电极；（g）球铰链平衡电极；（h）复合电极

表3.6-88 电极公称直径与最大电极压力的关系

公称直径/mm	10	13	16	20	25	32	40
最大电极压力（参考值）/kN	2.5	4	3.6	10	16	25	40

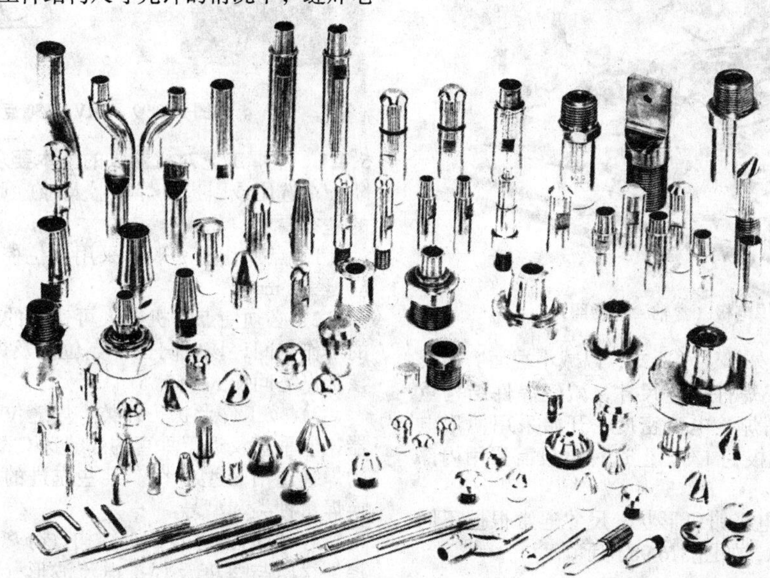

图3.6-93 点焊电极实物照片

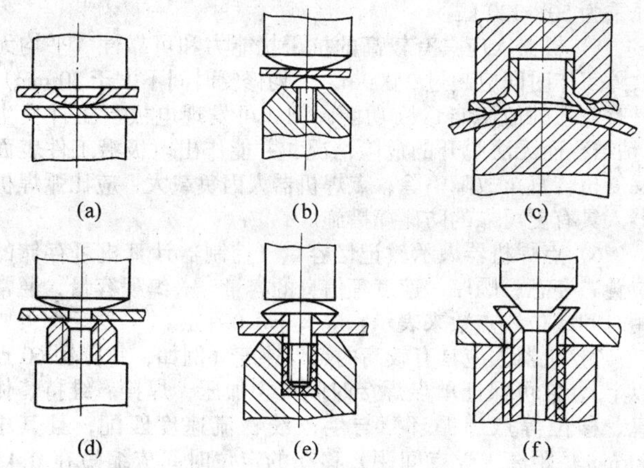

图3.6-94 单点凸焊用电极

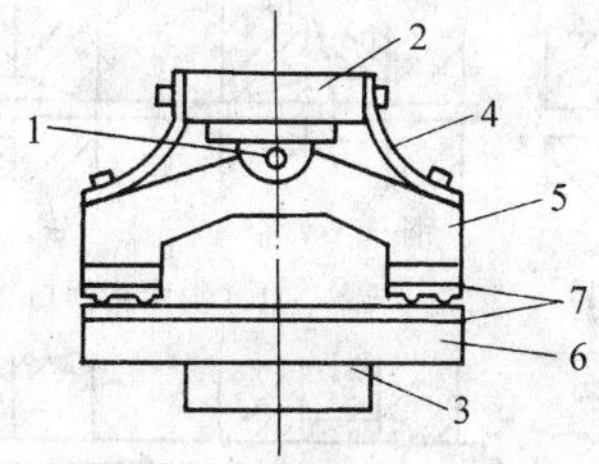

图3.6-95 可转动的凸焊电极

1—枢轴；2、3—上、下座板；4—铜分路；5、6—上、下电极；7—工件

③球面形 $\delta = 0.5 \sim 1.5$ 时，$R = 50$ mm；$\delta = 1.5 \sim 2$ 时，$R = 75$ mm。使用中允许工作宽度变化量 $\Delta H < 10\% H$，球面形则 $\Delta R < 15\% R$。

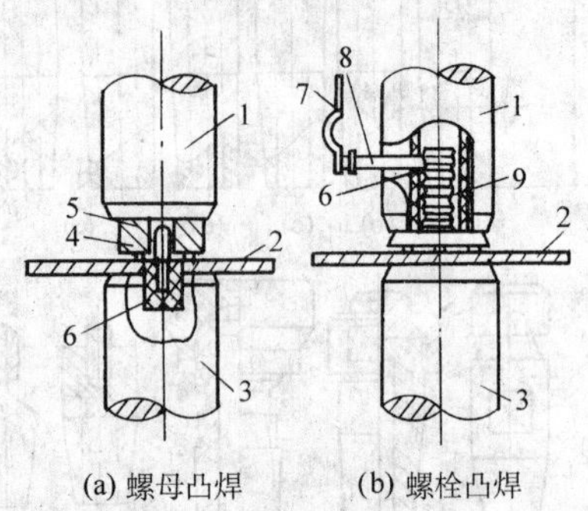

图 3.6-96　专用的凸焊电极和夹具

1—上电极；2—焊件；3—下电极；4—螺母；5—定位销；6—绝缘体；7—弹簧；8—夹持件；9—螺栓

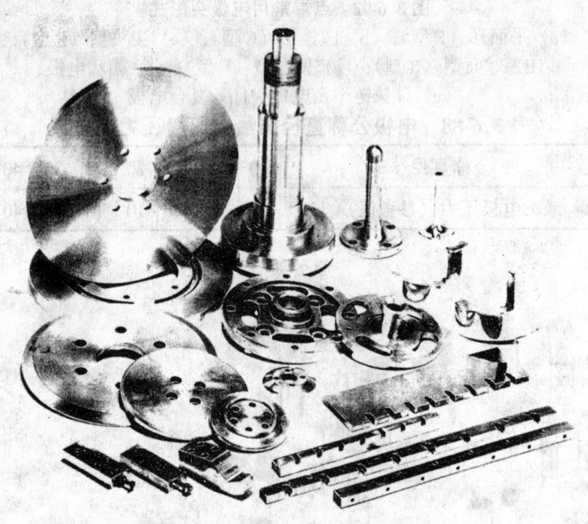

图 3.6-97　缝焊电极（含轴）实物照片

上述缝焊电极均采用外部注水冷却，以减小端面磨损及焊件变形。近年来为减小焊件搭边尺寸，减轻焊件结构重量、减少电极消耗、提高焊接电流密度，开始采用薄形电极，厚度仅为普通缝焊电极的 1/3，但这种电极需采用内部强制冷却方式。

4）对焊电极　对焊电极钳口形状、尺寸通常根据不同的焊件形状和尺寸来考虑，如图 3.6-98 所示。

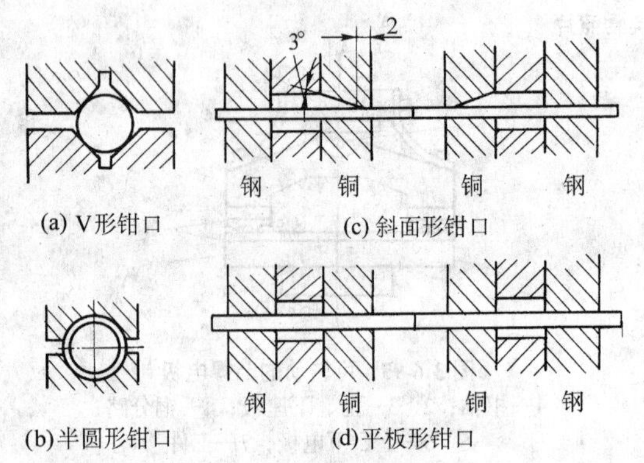

图 3.6-98　对焊电极

V形钳口（图 3.6-98a）常用来焊接直径不大的圆棒和圆管，而在焊件直径较大时，为防止焊件打滑和表面烧伤应采用半圆形钳口（图 3.6-98b），但其表面应与焊件直径的半圆周相吻合；平板形钳口主要用于板材对焊，为增大摩擦力，可用一对不导电的钢制钳口和导电钳口（电极）同时加压（图 3.6-98d）。在焊接厚度小于 1 mm 薄板时，铜电极上面的钳口有时做成斜面形，以保证夹紧力的集中（图 3.6-98c）。

5.4　点焊机器人

在我国点焊机器人约占焊接机器人总数的 46%，主要应用在汽车、农机、摩托车等行业。通常，装配一台轿车的白车身要焊接 4 000 ~ 6 000 个焊点，只有以机器人为核心组成柔性焊装生产线，才能完成大批量的生产和适应未来新产品开发与多品种生产的发展要求，增强企业应变能力。

图 3.6-99 为点焊机器人实物照片。

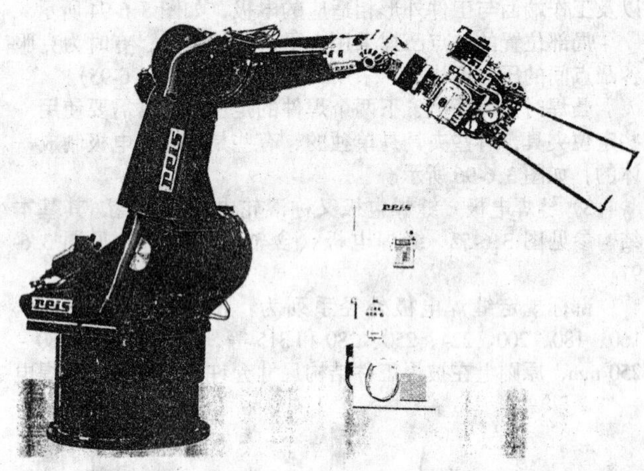

图 3.6-99　SRV－130 点焊机器人

5.4.1　点焊工艺对机器人的基本要求

在选用或引进点焊机器人时必须注意点焊工艺对机器人的基本要求：

1）点焊作业一般可采用点位控制（PTP），其定位精度应≤ ±1 mm。

2）必须使点焊机器人可达到的工作空间大于焊接所需的工作空间，该空间由焊点位置及焊点数量确定。一般说，该工作空间应大于 5 m^3。

3）按工件形状、种类、焊缝位置选用机器人末端执行器，即垂直及近于垂直的焊缝选 C 型焊钳；水平及水平倾斜的焊缝选用 X 型焊钳。某些先进的点焊机器人，可自动更换焊钳种类和型号。

4）根据选用的焊钳结构（分离式、一体式、内藏式），焊件材质与厚度及焊接电流波形（工频交流、逆变式直流等）来选取适当抓重（腕部最大负荷）的点焊机器人，通常抓重为 50 ~ 120 kg。

5）机器人应具有较高的抗干扰能力和可靠性（平均无故障工作时间应超过 2 000 h，平均修复时间不大于 30 min）；具有较强的故障自诊断功能，例如可发现电极与工件发生“粘结”而无法脱开的危险情况，并能作出电极沿工件表面反复扭转直至故障消除；点焊机器人因负载大，应比弧焊机器人具有更可靠的防碰撞措施。

6）点焊机器人示教记忆容量（控制器计算机可存储的位置、姿态、顺序、速度等信息的容量——编程容量，通常用时间或位置点数来表示）应大于 1 000 点。

7）机器人应具有较高的点焊速度（例如，每分钟 60 点以上），它可保证单点焊接时间（含加压、焊接、维持、休息、移位等点焊循环）与生产线物流速度匹配，且其中 50 mm 短距离（焊点间距）移动的定位时间应缩短在 0.4 s 以内。

8）需采用多台机器人时，应研究是否选用多种型号，并与多点焊机及简易直角坐标机器人并用等问题；当机器人布置间隔较小时，应注意动作顺序的安排，可通过机器人群控或相互间联锁作用避免干涉。

5.4.2　点焊机器人焊接系统

对点焊机器人的要求一般基于两点考虑：一是机器人运动的点位精度，它由机器人操作机和控制器来保证；二是点焊质量的控制精度，它主要由机器人焊接系统来保证，该系统由阻焊变压器、焊钳、点焊控制器及水、电、气路及其他辅助设备等组成。点焊机器人组成如图3.6-100所示。

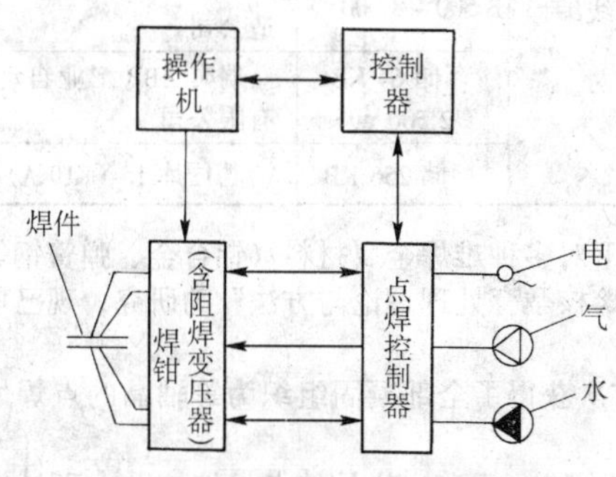

图3.6-100　点焊机器人组成框图

（1）点焊钳

点焊机器人焊钳从用途上可分为C型和X型两种，通过机械接口安装在操作机手腕上。根据钳体、变压器和操作机的连接关系，可将焊钳分为分离式、内藏式、一体式三种形式。

1）分离式焊钳　钳体安装在操作机手腕上，阻焊变压器安装在机器人上方悬梁上，且可沿着机器人焊接方向运动，二者以粗电缆连接。其优点是可明显减轻手腕负荷、运动速度高、价格便宜。主要缺点是机器人工作空间以及焊接位置受到限制，电能损耗大，并使手腕承受挠性电缆引起的较大附加载荷。

2）内藏式焊钳　阻焊变压器安装在操作机手臂内，显著缩短了二次电缆和变压器容量；但主要缺点是使操作机的机械设计变得复杂化。

3）一体式焊钳　钳体与阻焊变压器集成安装在操作机手腕上，不存在挠性二次电缆。其显著优点是节省电能（约为分离式的1/3），并避免了分离式焊钳的其他缺点；当然，它使操作机手腕必须承受较大的载荷，并影响焊接作业的可达性。

机器人点焊钳与通常所用的悬挂式点焊机不同之处主要有：

1）具备双行程。其中短行程为工作行程，长行程为预行程，用于安放较大焊件、修整及更换电极和机器人焊接时的跨越障碍。

2）具备扩力机构。为增加焊件厚度并减轻机器人抓重，有时在钳体的机械设计中采用扩力式气压-杠杆传动加压机构（用于X型焊钳）或串联式增压气缸（用于C型焊钳）。

3）具备浮动装置。浮动式焊钳可以降低对工件定位精度的要求，有利于用户使用。同时，也是防止点焊时工件产生波浪变形的重要措施。浮动机构主要有弹簧平衡系统（多用于C型焊钳）或气动平衡系统（多用于X型焊钳的浮动气缸）。

4）新型电极驱动机构。近年出现的电动及伺服驱动加压机构即伺服焊钳，可实现电极加压软接触，并可进行电极压力的实时调节。在与焊接电流实时最佳配合后，显著提高点焊质量和减少点焊喷溅，例如MOTOMAN点焊机器人上所配置的伺服焊钳。

（2）点焊控制器

用于点焊机器人焊接系统中的点焊控制器是一相对独立的多功能点焊微机控制装置，可实现：

1）点焊过程时序控制，顺序控制预压、加压、焊接、维持、休止，每一程序周波数设定范围0~99（误差为0），如图3.6-101。

2）可实现焊接电流波形的调制，且其恒流控制精度在1%~2%。

3）可同时存储多套焊接参数。

4）可自动进行电极磨损后的阶梯电流补偿、记录焊点数并预报电极寿命。

5）具有故障自检功能，对晶闸管超温、晶闸管单管导通、变压器超温、计算机、水压、气压、电极粘结等故障进行显示和报警，直至自动停机。

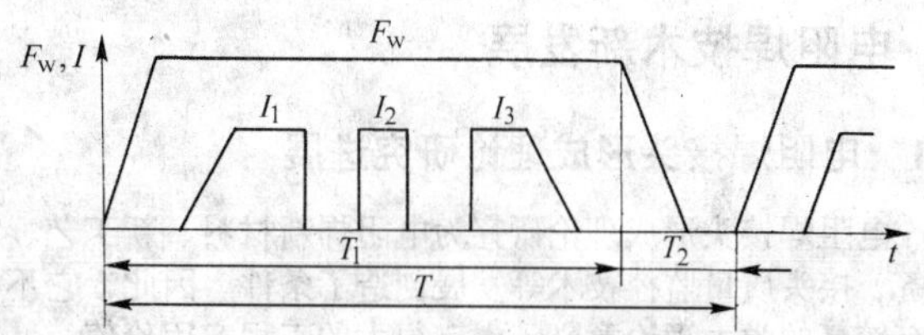

图3.6-101　点焊机器人焊接循环

T_1—焊接控制器控制；T_2—机器人主控计算机控制；T—焊接周期；F_w—电极压力；I—焊接电流

6）可实现与机器人控制器及示教盒的通信联系，提供单加压和机器人示教功能。

7）断电保护功能，系统断电后内存数据不会丢失。

点焊控制器与机器人控制器相互关系主要有三种结构形式：

1）中央结构型　它将点焊控制器作为一个模块安装在机器人控制器内，由主计算机统一管理并为焊接模块提供数据，焊接过程控制由焊接模块完成。这种结构的优点是机器人控制器集成度高，便于统一管理。

2）分散结构型　点焊控制器与机器人控制器分开设置，二者采用应答式通信联系。主计算机给出焊接信号后，其焊接过程由焊接控制器自行控制，焊接结束后给主计算机发出结束信号，以便机器人移位（图3.6-101）。这种结构的优点是调试灵活，焊接系统可单独使用；但需要一定距离的通讯，且用户要考虑点焊控制器与机器人控制器之间的接口问题，集成度不如中央结构型高。

3）群控系统　将多台点焊机器人焊机与群控计算机相联，以便对同时通电的数台焊机进行控制。实现部分焊机的焊接电流分时交错，限制电网瞬时负载，稳定电网电压，保证点焊质量。为此，点焊机器人焊接系统都应增加“焊接请求”及“焊接允许”信号，并与群控计算机相连。

目前，机器人点焊控制器正向智能化方向迅速发展，主要表现在：

1）改进传统的人机操作模式，提供友好的人-机对话界面。

2）根据所焊材质、厚度、焊接电流波形（即焊机类型），研制：①集成专家系统（ES）、人工神经网络（ANN）、模糊技术（Fuzzy）等诸多人工智能方法相混合的点焊工艺设计与接头质量预测的智能混合系统，偏重于软件方面实现机器人点焊质量控制；②基于多传感器信息融合技术（如，基于多传感器信息融合的智能PID控制、Fuzzy-PID控制等），偏重于硬件方面实现机器人点焊多参数联合质量控制。

部分国内外生产的点焊机器人列于表3.6-89。

表 3.6-89 点焊机器人

型号	自由度	结构形式	额定负载/N	驱动方式	重复精度/mm	动作方式	示教方式	编程容量	生产厂商
HRGD-2	6	关节型	650	AC	±0.5	PTP，CP	示教盒		国营风华机器厂，哈尔滨工业大学
HT-100A			1 000		±0.8			后备 RAM 及软盘	一汽集团
MOTOMAN-SK120			1 200		±0.4		示教盒，离线编程	2 200 步，1 200 条顺序指令	首钢莫托曼机器人有限公司，日本安川（株）
SRV130			1 300		±0.2			3 500~8 000 点	德国莱斯（REIS）机床制造公司
IRB6000/150			1 500		±0.5			存储 64 KB 2 500 点	瑞典 ABB 工业自动化工程有限公司
IR761/125			1 250		±0.3			存储 256 KB	德国库卡（KUKA）公司

6 电阻焊技术新发展

6.1 电阻焊接头形成理论研究进展

电阻焊接头形成理论研究为电阻焊新材料、新工艺、新设备、接头质量监控技术等发展创造了条件。因此，它不仅具有较高的学术理论意义，也有很大的工程实用价值。

6.1.1 点焊熔核孕育处理

国内学者赵熹华等人，在国家自然科学基金和美国 GM 基金资助下对多种难焊金属材料（铝合金、弹簧钢等）开展了“点焊熔核孕育处理理论与方法”的研究，现已取得如下成果：

1）首次获得了全部凝固组织为等轴晶的点焊熔核（图 3.6-102b）。

2）首次使全部为柱状晶的点焊熔核贴合面处出现等轴晶区（图 3.6-103b）。

3）扩大熔核等轴晶区，缩小熔核柱状晶区，使凝固组织晶粒显著细化。

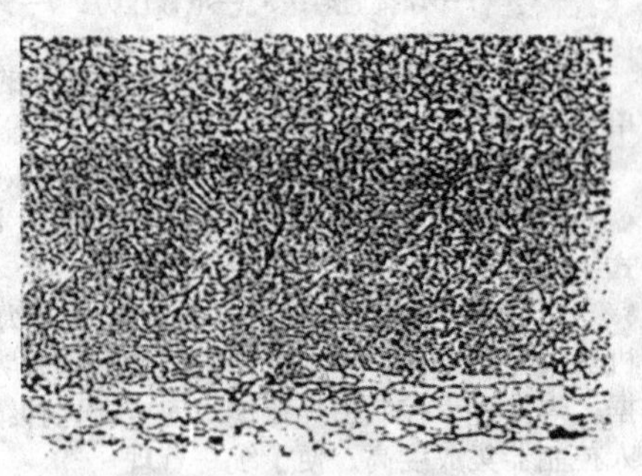

(a) 未经孕育处理（柱状晶+等轴晶）

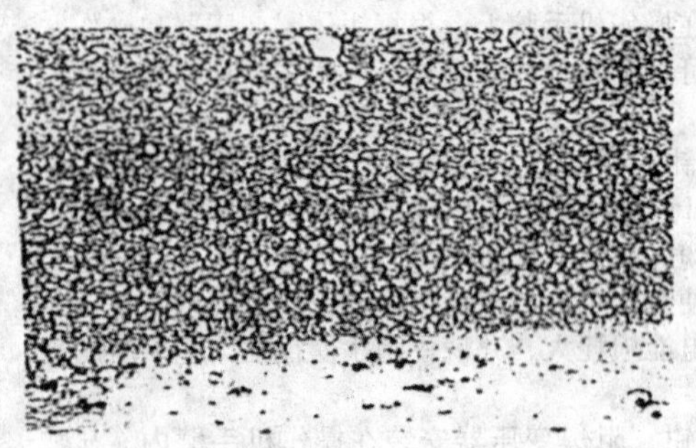

(b) 经过孕育处理（等轴晶）

图 3.6-102 2A12-T4 铝合金点焊熔核

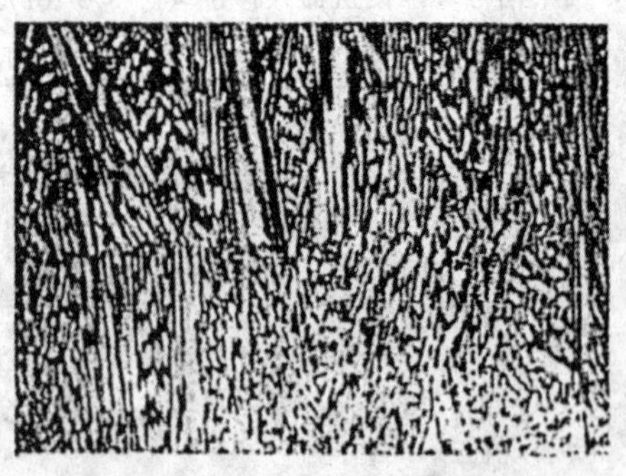

(a) 未经孕育处理（柱状晶组织及贴合面）

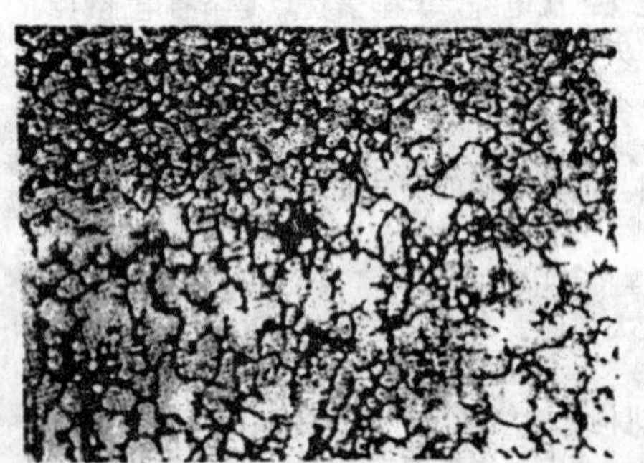

(b) 经过孕育处理（贴合面处的等轴晶组织）

图 3.6-103 65Mn 弹簧钢点焊熔核

研究结果表明，孕育处理可显著提高点焊接头力学性能，尤其是疲劳强度。这就为点焊质量监控技术开辟了一条新路，从“质”的方面根本改善了点焊接头质量。

6.1.2 电阻焊过程的数值模拟

数值模拟技术可灵活地对电阻焊过程中的各种影响因素进行研究，帮助人们进行一些不可能通过试验而完成的研究和分析，从而为电阻焊研究提供理论上的指导。其中点焊接头形成过程的数值模拟研究一直是该领域科学研究发展的重要趋势。目前的研究主要集中在点焊过程中的热、电、力行为，即根据物理学中描述热、电、力问题的基本方程，通过对方程中参数变化和边界条件进行假设，建立点焊过程的数学模型，进而用数值方法对点焊过程的温度场、电流场、电势场和应力、应变场进行求解，用以研究点焊过程机理。近期研究进展见表3.6-90。

表3.6-90 点焊过程数值模拟研究进展

年份	研究者	内容	特点
1998	O.P.Gupta（印度）	轴对称有限元模型	该模型考虑了交流集肤效应
1999	王春生①（中国）	三维有限差分模型	异质材料点焊热、电耦合行为分析（1Cr8Ni9Ti－08F）
2000	Jamil.A.Khan	三维热模型	铝合金点焊，该模型没考虑接触面在点焊过程中变化
2001	龙昕（中国）	轴对称有限元模型	镀锌钢板点焊
2002	李宝清②（中国）	轴对称有限元模型	铝合金点焊，热、电、力耦合行为分析，考虑了接触压强和温度等对接触电阻影响
2004	杨黎峰③（中国）	轴对称有限元模型	铝合金电阻点焊熔核行为及孕育处理机理研究

① 国家自然科学基金资助项目（59875033）；
② 国家自然科学基金资助项目（50045019）；
③ 国家自然科学基金资助项目（50175048）。

提高数值模拟的精度，使其结果更接近于实际焊接情况，就要对模拟模型进行评估，目前常用贝叶斯定理统计策略来分析模拟计算的误差范围，但是，在输入量和未知参数多、数据量大的情况下，统计分析变得相当困难；Hasselman，Timothy等学者在用电－热－力有限元模型分析铝合金电阻点焊过程，计算熔核尺寸和表面压痕时，采用基于不确定模型方法的主元素法，通过对熔核尺寸和压痕统计的线性均方差得到有限元的预测精度。

计算机数值模拟有其成本低、参数改变灵活、方便等优点，但目前大部分都用于离线计算和模拟，如何将这种方法有效地应用到工业生产中对焊接质量进行在线评估和控制，也成为近年研究的一个重点。丹麦学者Zhang，Wenqi基于长期的工程研究和工业合作，开发了一个新的基于有限元方法的焊接软件：SORPAS，用于模拟电阻凸焊和点焊过程。为了使该软件能被工厂中的工程师直接应用，电阻焊中的所有参数均被考虑并自动地在软件中实现。该软件支持Windows友好界面，操作灵活，对工件及电极可灵活地进行几何形状设计，参数设置犹如正式焊机，它可用于工业中支持产品开发和工艺优化。现在Volkswangen，Volvo，Siemens和ABB等公司都开始采用此软件；美国华盛顿大学的Li，Wei提出了一个基于接触区域的点焊质量评估模型，它是用一个有限元分析模型来表示接触区域变化，根据模拟结果进行在线应用，经试验：在不同的电极尺寸、电极力、焊接时间和电流下这种方法是成功的，它将为电阻焊监测和控制提供重要的信息。

6.1.3 新型工业材料焊接性研究

新型工业材料——镀锌钢板和铝合金等在汽车工业中获得了大量应用，但由于其物理性能上的特殊性，其点焊焊接性很差，尤其是点焊过程中电极的磨损和沾污，严重影响了连续点焊生产。而小焊点和粘焊等缺陷又使点焊接头力学性能和可靠性没有保障，尤其是铝合金更为严重。因此，必须对这些材料的点焊焊接性作进一步深入细致的研究。

镀锌钢板焊接性研究主要集中在以下方面：

1）镀层涂复方法（电镀锌、热镀锌、热镀Zn－Fe合金）及镀层厚度影响。

2）镀层与电极头之间相互影响，法国学者T.Dupuy对电极端部损坏作了专题研究。

3）熔核结晶形态、缺陷产生机理、力学性能等与点焊参数的关系等。

4）以信息和控制新技术对点焊工艺和过程进行模拟和预测。

铝合金板焊接性研究主要集中在以下方面：

1）电极粘结和喷溅产生机理及解决措施。例如，铝合金点焊中飞溅的小波分析研究；在铝合金板两面分别镀不同厚度的铬酸盐层，改变接触电阻大小的效果研究等。

2）铝合金电阻点焊过程的数值模拟及能量分析等。

3）铝合金点焊工艺设计及质量控制的智能化研究。

6.2 电阻焊质量控制技术

保证电阻焊接头质量，提高其可靠性的核心就是在生产过程中运用先进的手段和设备实施质量控制。特别是由于点焊工艺运用的广泛性、重要性和具有代表性，点焊质量控制技术始终是电阻焊领域研究的前沿和热点。

众所周知，点焊过程是一个高度非线性、有多变量耦合作用和大量随机不确定因素的过程，具有形核过程时间极短，处于封闭状态无法观测，特征信号提取困难等自身特点。这就造成焊点质量参数（熔核直径、强度等）无法直接测量，只能通过一些点焊过程参数（焊接电流、电极间电压、动态电阻、能量、热膨胀电极位移、声发射、红外辐射和超声波等）进行间接的推断，这就极大影响了点焊质量监控的准确性和可靠性。经过较长时间的探索和实践，研究者已获得如下共识：发展多参量综合监测技术是提高点焊质量监控精度的有效途径，即充分利用监测信息，采用合理的建模手段，建立合理的多元非线性监测模型并使该模型能在较宽条件内提供准确、可靠的点焊质量信息，是质量控制技术关键。研究表明，利用神经元网络理论、模糊逻辑理论、数值模拟技术及专家系统等可望解决真正的点焊质量直接控制，将点焊质量控制技术的研究推向一个新高度。

6.2.1 基于模糊分类理论的点焊质量等级评判

德国学者Burmeister认为，电阻点焊过程是一个分类过程，是不能用公式来清晰描述。只有通过监测点焊过程参数的一些最大值或最小值来进行片面描述，这样就可以从过程的函数描述转换为过程的分类描述，并用现有的专家知识来建立分类等级。目前，已有用模糊分类的方法来评估焊接电流引起的过程信号（电极位移特征量、电极加速度特征量）和焊点质量变化的报道。并指出模糊分类虽然适用于描述点焊过程的复杂性和非线性，可以用于焊点质量的等级评估，但只能给出焊点质量参数的大致范围，而且评价的准确性难以避免地受到专家知识等众多人为因素的影响。

6.2.2　基于回归分析理论的点焊质量多参数监测方法

铝合金点焊焊接性较差，应用又日益广泛，迫切需要解决其质量的监控问题。英国学者 M. Hao 等人研制了一种铝合金点焊多参数监控系统，该系统可采集点焊过程参数和识别较宽范围过程现象的特征量，并利用回归分析的方法估测焊点的熔核直径和拉伸强度，试验表明，回归模型的估测值有足够的准确性。

6.2.3　基于神经元网络理论的点焊质量多参量综合监测

国内学者张忠典等人运用神经元网络理论，研究了低碳钢动态电阻与焊点质量之间的模型关系，建立了点焊质量模糊综合评判模型，实现了低碳钢点焊质量的多参量综合监测。实验表明，即使在恶劣的生产条件下，该系统也能实时、准确地监测点焊质量，确定合理的质量等级，满足实时监测及焊后评估的要求。

6.2.4　基于数值计算的熔核直径在线自适应控制

日本学者西口公之等人研发的该方法需在焊前预先输入被焊件及其材质的机械与热物理参数，焊接时每隔一定时间间隔检测焊接电流与电极间电压，按照热传导数学模型计算出温度场分布情况，从而实时推算出熔核的生长情况，并据此反馈控制焊接电流以改变焊接区温度上升斜率。通过合理调控各时间段温度上升斜率，确保熔核长大过程及结束前达到要求的直径。实际生产使用证明，本技术能较好的解决镀锌钢板的点焊质量。缺点是该方法需进行大量在线计算，必须采用高性能计算机，使设备投资增加。

目前，用数值模拟方法模拟铝合金点焊过程热－电－力学过程，预测点焊熔核生长、电极磨损和裂纹形成等研究正在进行。

同时，把模糊控制（FLC）和人工神经网络（ANN）建模相结合，所研究出的点焊智能控制系统正受到国内外学者和企业的重视。国内赵熹华、曹海鹏等在国家自然科学基金（50175048）资助下利用多种人工智能技术开发铝合金点焊质量智能控制系统，取得一定进展。

6.3　电阻焊新工艺

6.3.1　随机多脉冲回火热处理点焊

该工艺可解决焊接性较差的可淬硬钢等的接头脆性和焊接质量不稳定。

其工艺特点如下：

1）采用增大的电极压力（为相同板厚低碳钢点焊时的1.5～1.7倍），调制焊接电流脉冲（即使用热量递增控制以减轻或避免内喷溅）以防止点焊接头宏观缺陷（缩松、缩孔、裂纹）的产生。

2）采用随机多脉冲回火热处理（回火脉冲次数 $n \geqslant 3$），以防止点焊接头显微组织缺陷（硬脆马氏体、过烧组织）的出现，以及准确控制点焊接头组织及其分布特征，使接头高应力区获得完全回火处理。

据报道，该工艺比通常采用的双脉冲点焊工艺，可显著提高接头强度和疲劳性能。

6.3.2　精密脉冲电阻对焊

该工艺可解决形位尺寸要求严格，焊接性差和接头性能有特殊要求的精细零件对焊。

其工艺特点如下：

1）采用调制焊接压力（通过由直流电磁铁为核心的电磁加压机构实现），使顶锻开始时间和顶锻力准确、及时。

2）采用调制电流脉冲（焊接脉冲＋后热处理脉冲，后热处理脉冲可为单脉冲、双脉冲及多脉冲）。

3）调制焊接压力与调制电流脉冲可适当配合，组成最佳精密脉冲对焊焊接循环，如图 3.6-104 所示。

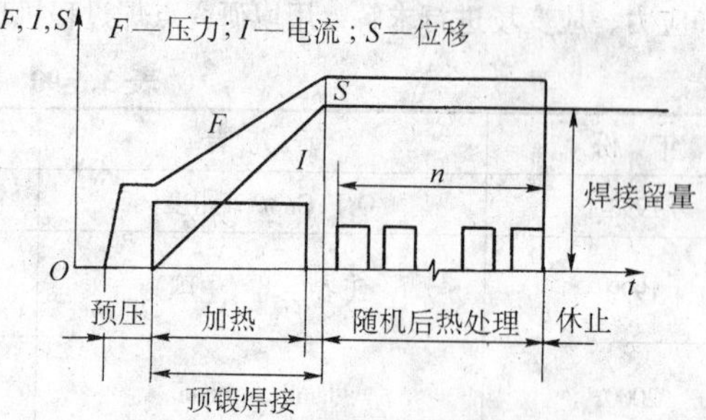

图 3.6-104　TiNi 记忆合金精密脉冲对焊原理

据报道，该工艺可较好实现记忆合金（TiNi）、可淬硬合金以及热物理性质相差较大的异种金属的对焊。

6.3.3　导热电阻缝焊

导热电阻缝焊（Conductive Heat Resistance Seam Welding）是利用普通通用电阻焊机，通过铁的电阻热的传导，进行铝材的焊接，具有如下优点：无热裂纹缺陷；与电弧焊或其它电阻焊方法相比具有较少的内部气孔；高的焊接速度（高于普通电阻缝焊和电弧焊，低于激光焊）；中等装备成本；不需填充金属或保护气体。

6.4　电阻焊新设备

次级整流电阻焊机和逆变式电阻焊机是当今世界电阻焊机发展的主要方向；随着现代控制理论与电子元器件发展，其技术关键（低电压大电流给次级整流带来难度；控制的可靠性和精确性要求更高等）已基本解决。目前，逆变式电阻焊机是优先发展的热点。据统计，日本的 Mijachi、Seiwa，欧洲的 Messer、Tecna，北美的 TJ Snow，韩国的 Taesung，中国的天津七〇七所等已有容量 400 kVA 以下的该类焊机产品。图 3.6-105 为逆变式电阻焊机原理图。

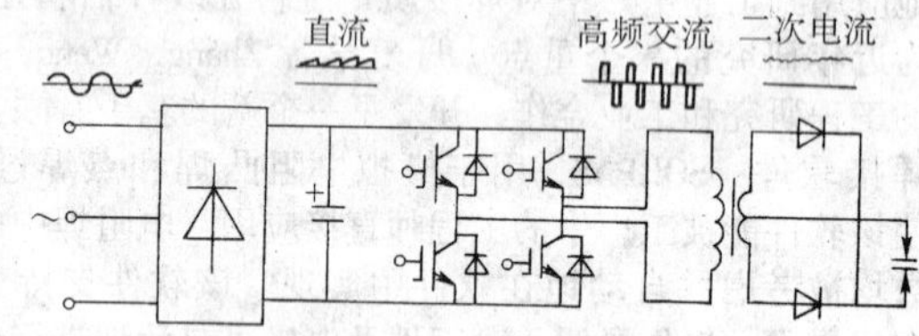

图 3.6-105　逆变式电阻焊机原理示意图

逆变式电阻焊机具有以下特点：

1）响应速度快，控制精度高。由于采用较高的逆变频率（600～4 000 Hz，通常为 600～1 600 Hz），时间调节和反馈控制周期在 1 ms（在 1 000 Hz 时）以内，大大提高了焊接电流控制精度。

2）体积小，重量轻。由于采用中频的工作频率，在相同的功率输出时焊接变压器体积和重量明显减小，据报道，采用逆变式的一体式焊钳其重量可减轻 50%。

3）三相负载平衡，功率因数高，节能。

4）工艺优势明显。焊接电流为脉动直流（且波纹度小），无交流过零不加热工件缺点，热量集中能焊接各种材料。同时，电极寿命获得延长。

目前，逆变式电阻焊机要继续深入研究的主要问题是：

1）大功率开关元件的不断更新。IGBT（双极型隔离栅晶体管）是发展大功率逆变式电阻焊机的首选开关元件，其单管额定电流可达 300 A，集射极耐压高达 1 200 V，可以采用逻辑电平直接驱动，实现了元件驱动的电压控制。

2）大功率整流二极管的不断更新。由于次级整流元件的接入增加了焊机的功率损耗（约占整台焊机输出功率的28%），虽然采用肖特基二极管会得到改善，但仍存在输出功率受到限制及其冷却系统增加焊机体积和重量的问题。

3）主电路拓扑结构的不断发展。应用于逆变焊接电源的主电路使用过以下拓扑结构，推挽式逆变电路、全桥式逆变电路、半桥式逆变电路、单端式逆变电路等。各逆变电路都有自己的优缺点，要根据实际应用条件而定。

4）逆变电路控制方式的不断改进。控制方式改进主要体现在逆变电路中功率开关管是以何种模型开断的，即硬开关和软开关。近年来，脉宽调制软开关技术（SPWM）成为逆变控制系统的研究热点，它综合了传统的脉宽调制技术和谐振技术的优点，仅在功率器件换流瞬间，应用谐振原理，实现零电压或零电流转换，而在其余大部分时间采用恒频脉宽调制方式，完成对电流输出电压或电流的控制，因此，开关器件所受的电流或电压应力少。逆变式电阻焊机特别适宜于机器人焊接和精密焊接。近年来，针对次级整流电阻焊机和逆变式电阻焊机均需要对焊接电流进行次级整流，就必然会存在因次数整流元件而带来的一系列问题，国内学者王清在对三相低频电阻焊机深入研究的基础上，开发了无次级整流直流电阻焊新技术，并研制出一台以工业控制计算机（IPC）为控制核心，以 IGBT 为功率开关元件，采用分段斩波控制方法的逆变式无次级整流直流电阻焊机样机，工作原理见图 3.6-106。试验表明，该机具有良好的点焊工艺性能。

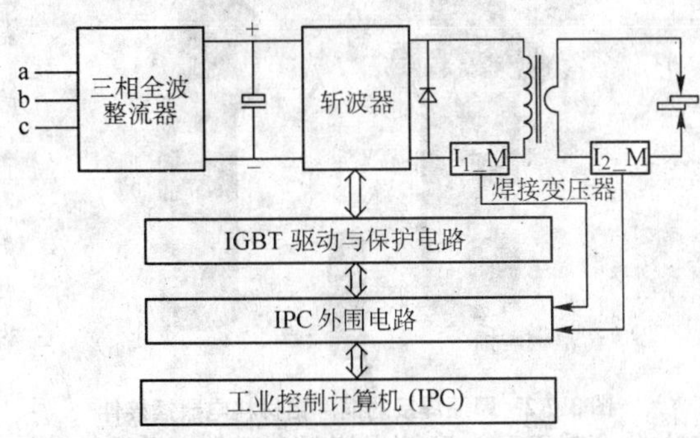

图 3.6-106　逆变式无次级整流直流电阻焊机电路原理图

6.5　新型点焊机器人

点焊机器人通常由操作机、控制器和点焊钳等组成，现代点焊机器人特点是：

1）采用逆变一体式点焊钳，大大降低了机器人抓重。具有控制精度高、响应速度快、节能、焊接工艺性能好等显著优点。

2）采用新型电极驱动机构。近年出现的伺服式点焊钳（枪），用伺服马达作位置反馈，当机器人运行时，机器人控制伺服钳作为其辅助轴之一，可实现电极加压软接触及电极压力实时调节，在与焊接电流最佳配合后，显著提高了点焊质量，消除了喷溅。例如这种 MOTOMAN 点焊机器人已在日本、美国和欧洲获得应用。

3）自动快速更换多种焊钳技术。机器人带有焊钳储存库，可根据焊装部位的不同要求或焊装产品的变更，自动从储存库抓换所需焊钳（图 3.6-107），增加了机器人的柔性。

4）配备自动化的质量和产量控制系统，例如：机器人三维激光视觉系统，数字摄像控制系统，射线质量检测系统等，有利于焊接质量的集中管理和控制。

5）新型的离线示教机器人，可借助 CAD/CAM 获取焊件构造、焊接条件和机器人机构等信息，进行离线示教，示教时间短，焊接质量稳定。

图 3.6-107　可自动更换焊钳的点焊机器人

编写人：赵熹华（吉林大学）

第7章　固 相 焊 接

1　摩擦焊

1.1　概述

早在1956年，人类就发明了摩擦焊，随着现代工业的发展，新型材料的大量应用使固相连接技术——摩擦焊，受到了前所未有的欢迎和关注；自1991年英国焊接研究所（the Welding Institute，TWI）发明了搅拌摩擦焊（friction stir welding，简称FSW）以来，摩擦焊技术在以往的连续驱动摩擦焊、惯性摩擦焊等摩擦焊基础上又前进了革命性的一步。

1.2　摩擦焊原理

摩擦焊是在压力作用下，利用被焊工件接触面的相互摩擦产生的摩擦热，使被焊接面金属达到热塑化状态，通过金属间的扩散和再结晶实现连接的一种焊接方法。

摩擦焊过程中材料在压力作用下相对摩擦，破坏了结合面上的氧化膜或其他污染层，同时摩擦产生的摩擦热使得结合面很快形成热塑性层，在随后的摩擦扭矩和轴向压力作用下破碎的氧化物和部分塑性层被挤出结合面形成飞边，剩余的塑性金属就构成焊缝金属，最后的顶锻使焊缝金属获得进一步锻造，形成了质量良好的焊接接头。

在压力作用下，被焊界面通过相对运动进行摩擦时，机械能转变为热能，所产生的摩擦加热功率（N）为

$$N = \mu kPV \tag{3.7-1}$$

式中，μ为摩擦系数；k为系数；P为摩擦压力；V为摩擦相对运动速度。

对于给定的材料，在足够的摩擦压力和相对运动速度条件下，伴随着摩擦过程的进行，被焊材质温度不断上升，工件亦产生一定的变形量，在适当的时刻，停止工件间相对运动，同时施加较大的顶锻力并维持一定的时间，即可实现材质间的摩擦连接。

从焊接过程看出，摩擦焊接头是在被焊金属熔点以下形成的，所以摩擦焊属于固态焊接的方法。

1.3　摩擦焊特点

1.3.1　摩擦焊优点

1）接头质量高　摩擦焊属于固态焊接，正常情况下，材料间焊接界面不发生熔化，焊合区金属为锻造组织，不产生与材料熔化和凝固相关的焊接缺陷，如：气孔、合金偏析和夹杂等；被焊材料在热、压力与扭矩的综合力学冶金效应使得晶粒细化、组织致密、夹杂物弥散分布。摩擦焊接头不仅连接质量高，而且性能好，图3.7-1所示为典型的摩擦焊接头，图中示出了接头中间的锻造焊缝组织结构、狭窄的焊接热影响区以及焊接产生的多余材料（焊接焊瘤－飞边）。

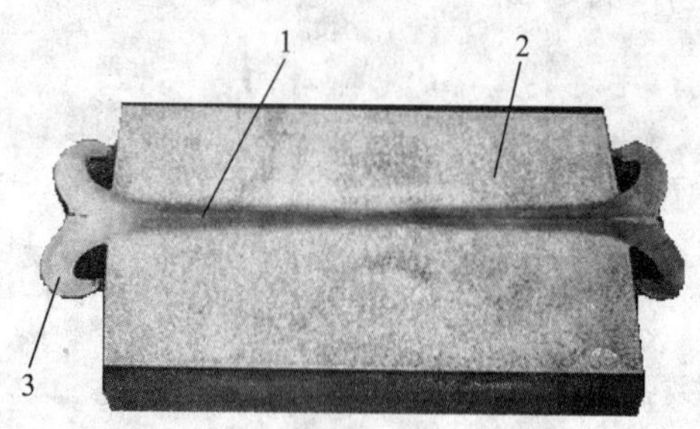

图3.7-1　典型的旋转摩擦焊接头

1—摩擦焊缝；2—狭窄热影响区；3—焊瘤（飞边）

2）适合异种材质的连接　摩擦焊既可用于焊接普通的异种钢，也可用于焊接性能差别很大的异种钢和异种金属，甚至可以将金属和非金属焊接起来，如铝和陶瓷的焊接。

对于通常认为不可组合的金属材料，诸如铝－钢、铝－铜、钛－铜以及镍合金和钢材料等都可进行焊接。一般来说，凡是可以进行锻造的金属材料都可以进行摩擦焊接，包括汽车用阀门合金材料、马氏体时效钢、工具钢、合金钢以及钛合金。

此外，很多铸造材料、粉末金属材料以及金属基复合材料都具有摩擦焊接性，图3.7-2所示为用摩擦焊连接的铜－铝电器插接件。

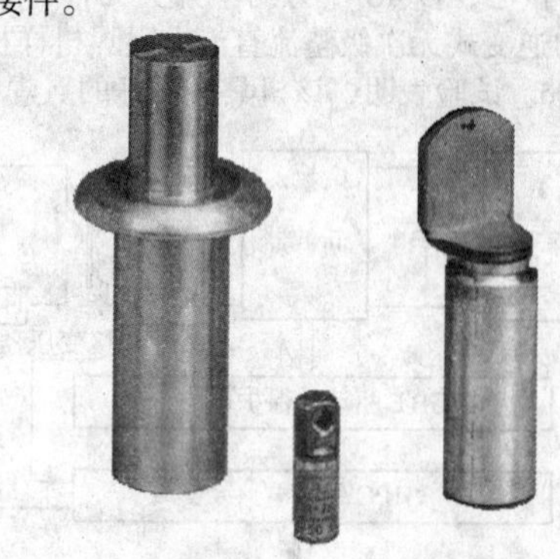

图3.7-2　摩擦焊接的铜－铝材料电器插接件

3）生产效率高　摩擦焊控制参数少，焊接过程简单，生产效率高（通常比其他焊接方法快1～100倍），非常适合批量化工业产品的生产。

例如锅炉蛇形管摩擦焊机的生产率为：120件/h，而闪光焊机仅为20件/h，发动机排气阀双头自动焊机的生产率可达800～1 200件/h，发动机排气门双头自动摩擦焊机的生产率可达：800～1 200件/h；对于外径ϕ127 mm、内径ϕ95 mm的石油钻杆与接头的焊接，连续驱动摩擦焊仅需十几秒，如采用惯性摩擦焊，所需时间还要短。

摩擦焊工艺对工件的焊接面要求较低，通常机械加工、锯割甚至剪切的表面也能够满足焊接需要，大大减少焊前工件准备时间。

4）焊接尺寸精度高　摩擦焊可以实现高精度的焊接，例如用摩擦焊生产的柴油发动机预燃烧室，全长误差为＋0.1 mm；专用机可保证焊后的长度公差为＋0.2 mm，偏心度为0.2 mm。

5）设备易于机械化、自动化，操作简单　摩擦焊过程往往需要对焊接接头施加较大的焊接压力，难以实现手工焊接，所以摩擦焊是一种机械化、自动化、操作简单的焊接方法。

摩擦焊机通用性较强，可以焊接不同几何形状、不同材料和焊接尺寸的工件。

摩擦焊过程一般由机器控制，可以避免操作人员造成的人为因素缺陷，而且焊接质量不依赖于操作人员的专业技术水平。

6）生产成本低　摩擦焊接不需要填充材料和保护气体（钛合金除外），工件焊接余量小、焊前无需特殊清理，焊接接头有时不需去飞边，与电弧焊相比，成本可降低30%左右。

7）环境清洁　摩擦焊不需要填充材料（如：焊条、焊

剂等）和保护气体（钛合金除外），焊接时不产生烟雾、弧光以及其他有害气体，无须安装排烟、换气装置。

8）节省能源　摩擦焊设备大多数采用三相交流供电，主轴电机功率因数高，电网负载均衡，摩擦焊过程产生的热能完全作用于摩擦界面上，与闪光焊相比，其耗电量仅为闪光焊机的8%～10%电能节约5～10倍，功率消耗仅为传统焊接工艺的20%。

1.3.2　摩擦焊缺点与局限性

1）旋转摩擦焊仅适合焊接高强度回转体构件，焊件必须依靠旋转进行焊接，接头形式和工件断面形式受限，对非圆形截面零件、盘状工件和薄壁管件焊接较困难；

受摩擦焊机功率和压力的限制，旋转摩擦焊不能焊接断面尺寸较大的工件，目前可焊接的最大断面为200 cm^2。

搅拌摩擦焊仅适合轻合金（如铝、镁合金等）材料的对接和搭接焊，对于高强度材料如：钢钛合金以及粉末冶金材料焊接较困难。

2）由于焊接压力较大，对盘状薄零件和薄壁管件和筒形件，工装夹具要求较高，施焊较困难。

3）摩擦焊设备相对复杂，焊机的一次性投资较大，大批量生产时才能降低生产成本。

1.4　摩擦焊分类

根据被焊工件的相对运动和工艺特点，摩擦焊可以分成如下类型（见图3.7-3所示）。

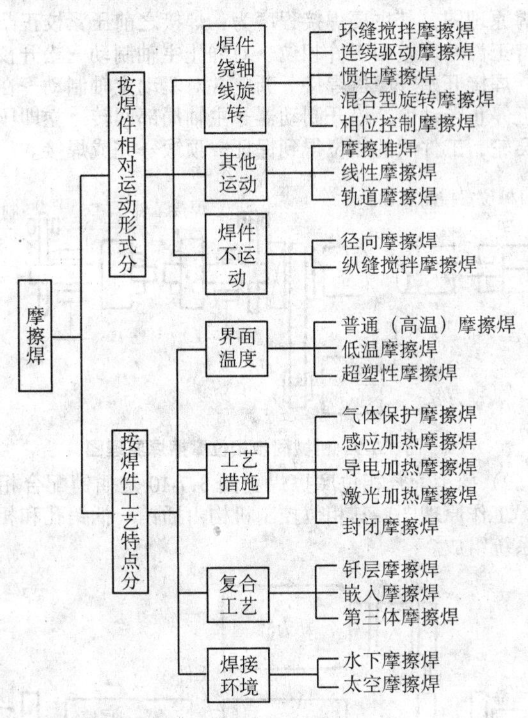

图3.7-3　摩擦焊方法与分类

1.4.1　连续驱动摩擦焊

连续驱动摩擦焊是现代工业制造常用的一种焊接方法，其中焊接所需要的能量是通过在焊接循环中，在预设定的一段时间内将焊接机头直接和驱动电机连接获得。典型的连续驱动摩擦焊过程如图3.7-4所示，一般由旋转、摩擦、焊接、顶锻保持等程序组成。

在连续驱动摩擦焊过程中，其中一个工件被固定在直接驱动的旋转夹具内，另外一个工件在移动夹具内，工件被夹紧后，移动夹具向被焊工件旋转端移动，移动至一定距离后，旋转端工件在电机驱动下开始以设定的速度旋转，当工件相互接触后开始摩擦生热；当被焊接零件达到预定的时间或缩短量后，旋转驱动停止，并施加制动力或通过焊件本身摩擦使工件停止旋转；旋转停止后，开始大压力顶锻或增压并维持一段时间；然后旋转夹具松开，被焊工件与滑移夹具一起后退，到达焊接起始位置时滑移夹具松开，取出工件，焊接结束。图3.7-5示出了连续驱动摩擦焊接头的金属流变结构。

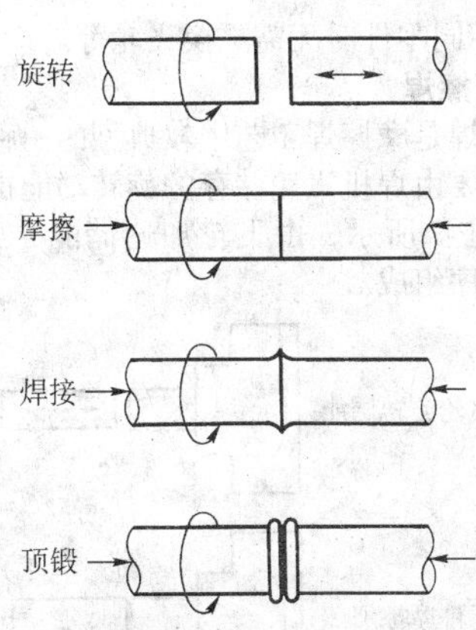

图3.7-4　连续驱动摩擦焊示意图

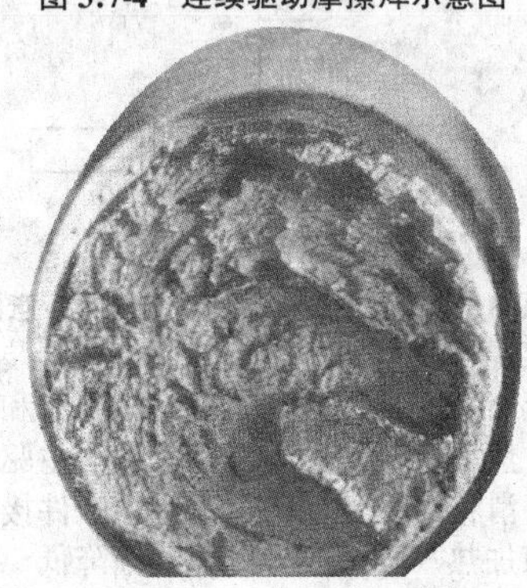

图3.7-5　连续驱动摩擦焊接头金属流变结构

连续驱动摩擦焊按其操作方法不同又可分为如图3.7-6所示多种形式。

1）普通型（图3.7-6a）：一个焊件旋转而另一焊件保持不转动，是最常见的一种。

2）两焊件异向旋转型（图3.7-6b）：两焊件都旋转，但方向相反，此法是为了提高工件摩擦焊接的相对转速，适用于焊接小直径焊件，这种小直径焊件焊接需要很高的相对转速。

3）中间件旋转型（图3.7-6c）：在两个不旋转的焊件之间，镶入一个焊接时可旋转的中间短件。此法很适用于焊接两根很长的焊件或焊件的形状难于或不可能旋转的场合。

4）焊件在中间件两头同向旋转型（图3.7-6d）：两旋转的焊件顶向中间静止的焊件上，中间件可能是长焊件或不能旋转的焊件。

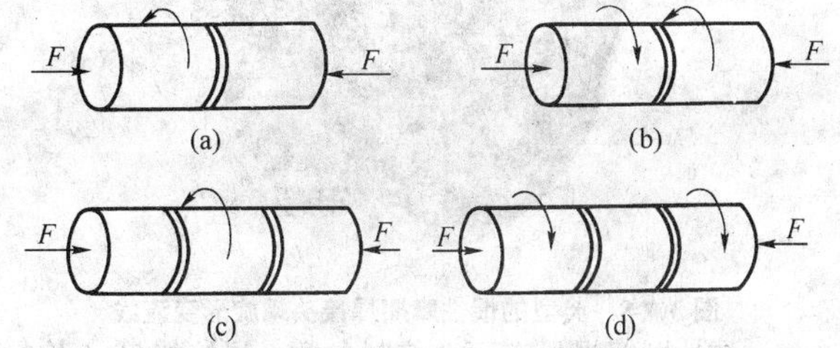

图3.7-6　连续驱动摩擦焊不同形式

连续驱动摩擦焊具有如下优点（与其他旋转摩擦焊比较）：

1）焊接实心工件时所需要的焊接力较小，可以在相同吨位（顶锻力）的焊接设备上焊接尺寸更大的零件。

2）焊接实心工件时可以采用较低的转速。

3）如果在焊接循环结束时使用制动器（刹车装置），则可以减小焊接转矩，从而可以降低对夹具的要求。

4）焊接长度控制和角度控制精确，可以实现定位（相位）焊接。

5）焊接不同零件时无需更换飞轮等。

1.4.2　惯性摩擦焊

惯性摩擦焊是摩擦焊工艺中较典型的一种，其焊接时所需要的能源主要由焊机飞轮储存的旋转动能提供，惯性摩擦焊过程如图 3.7-7 所示，由飞轮加速储能、工件摩擦生热、顶锻停止等程序组成。

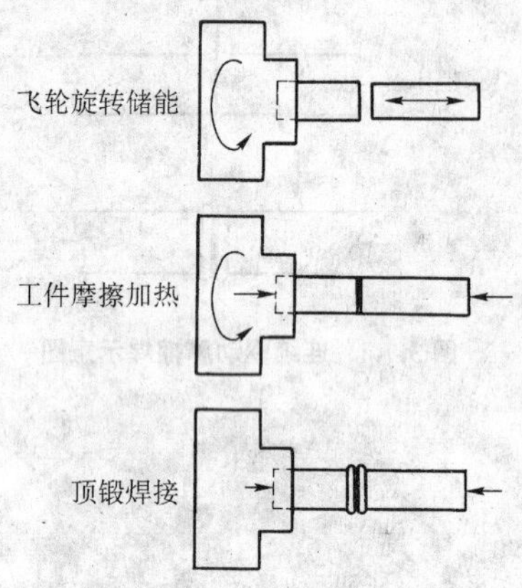

图 3.7-7　惯性摩擦焊的焊接过程示意图

惯性摩擦焊接开始前，将被焊工件分别装入焊机的飞轮旋转端和固定滑移端；焊接开始时，将飞轮和旋转工件加速到预定速度，然后飞轮与动力源（一般为主驱动电机或液压马达）脱开，滑移端工件向前移动，当工件接触后，两焊接端面开始摩擦加热；随着飞轮转速逐渐降低，当转速到达一定速度时，开始对被焊接工件实施顶锻，并保持一定时间后，飞轮夹持端松开，滑移端后退并松开工件，焊接过程结束。

惯性摩擦焊优点（与其他摩擦焊方法比较）：

1）惯性摩擦焊接头热影响区较窄。

2）焊接时间相对较短。

3）在惯性摩擦焊的焊接循环结束时，焊缝承受的巨大扭转力矩使焊缝产生的螺旋形变和热扩散作用有助于提高焊缝强度（如图 3.7-8 所示为典型的惯性摩擦焊接头中存在的螺旋形变流线）。

图 3.7-8　典型的惯性摩擦焊接头螺旋形变流线

4）惯性摩擦焊只有两个控制参数：焊接能量（飞轮转速）和焊接压力，而且飞轮转速可以在发出焊接开始信号前加以监控，因此在实际焊接过程中实际上只需要监控一个参数，容易实现精确控制。

5）对于大多数焊接材料及几何形状来说，参数可以预先计算，而且这种焊接工艺参数可以进行数学比例放大（即：利用小样件来研制大型结构件）。

6）惯性摩擦焊不需要离合器和制动器，可以制造超大型惯性摩擦焊设备（目前世界上顶锻力最大设备为美国 MTI 公司制造的 2 250 吨惯性摩擦焊机）。

7）由于焊接能量几乎全部消耗在焊缝界面上，所以可以通过测量主轴转速的变化率来间接测量出摩擦焊接转矩。

1.4.3　混合型旋转摩擦焊

混合型旋转摩擦焊是连续驱动摩擦焊和惯性摩擦焊的组合，这种焊接方法的特点是动力源采用直流或交流变速驱动，焊接时将部分动能储存在飞轮内，焊接过程配有比例液压伺服控制，通过控制减速时间和顶锻压力上升时间，能使焊接压力平稳地上升或下降；可以得到近似于惯性摩擦焊、连续驱动摩擦焊以及介于惯性摩擦焊和传统连续驱动摩擦焊之间的焊接接头。

对于混合型旋转摩擦焊，可以用同一吨位的焊机焊接更大的工件，对于不同的工件也不需要频繁地更换储能飞轮。

1.4.4　相位摩擦焊

相位摩擦焊一般用于六方钢、八方钢、汽车操纵杆等具有相对位置要求的零件的焊接，要求工件焊后棱边对齐、方向对正或相位满足设计要求；实际应用的主要有三种类型：机械同步相位摩擦焊、插销配合相位摩擦焊和同步驱动相位摩擦焊。

1）机械同步相位摩擦焊　图 3.7-9 为机械同步相位摩擦焊原理图，其主要焊接程序为：焊接之前压紧校正凸轮→夹持工件→调整两工件相位→对静止主轴制动→松开校正凸轮→焊接开始→摩擦焊接→断电并对驱动主轴制动→在主轴接近停止转动前，松开制动器→主轴局部回转→立即压紧校正凸轮，工件间的相位得到保证→顶锻→完成焊接。

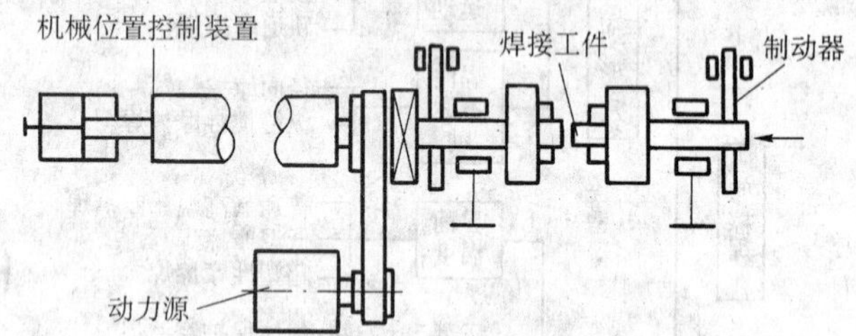

图 3.7-9　机械同步相位摩擦焊原理图

2）插销配合相位摩擦焊　图 3.7-10 是插销配合相位摩擦焊工作原理图，其相位控制机构由插销、插销孔和相位控制系统组成。

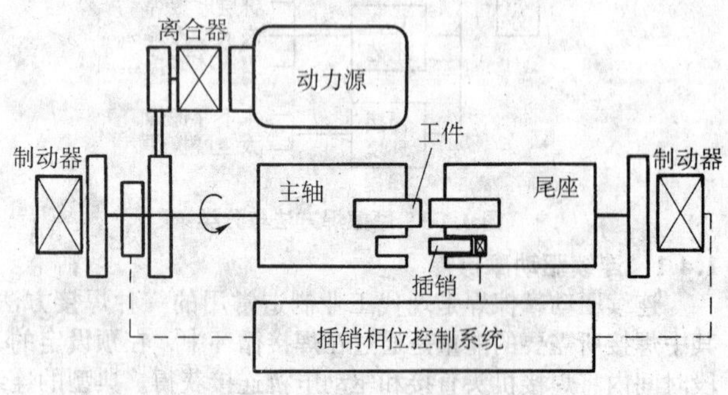

图 3.7-10　插销配合相位摩擦焊示意图

插销位于尾座主轴上，尾座主轴可自由转动，摩擦加热过程中，制动器将其固定，加热过程结束时，制动主轴，控制系统检测到主轴进入最后一转时，给出信号，使插销进入插销孔，与此同时，松开尾座主轴的制动器，使尾座主轴，能与主轴一起转动，这样即可保证相位，又可防止插销进入插销孔时引起冲击，从而实现相位控制摩擦焊。

3）同步驱动相位摩擦焊　图 3.7-11 为同步驱动相位摩擦焊示意图。焊接过程中，为了保证轴管两端旋转轭间的相位关系、两旋转主轴夹头通过齿轮、同步杆做同步旋转运动，在整个焊接过程中两旋转轭的相位关系一直保持不变。

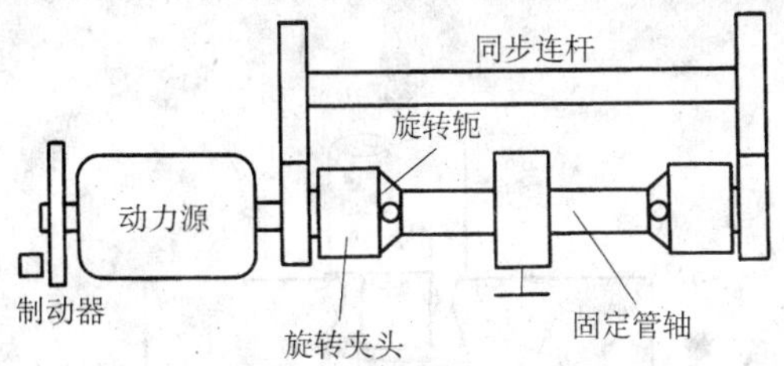

图 3.7-11　同步驱动摩擦焊示意图

1.4.5　径向摩擦焊

径向摩擦焊主要应用对象为厚壁板管件现场装配对接，其工作原理图如图 3.7-12 所示，焊接时将被焊两管件端部开坡口，并相互对好与夹牢，然后在接头坡口中放入一个具有与管件相似成分的整体圆环，该圆环有内锥面，焊前应使内锥面与坡口底部首先接触，焊接时，焊件静止，圆环高速旋转并向两管端加径向摩擦压力。当摩擦加热结束，停止圆环转动，并向圆环施加顶锻压力而与两管端焊牢。

径向摩擦焊接时，被焊管本身不转动，管子内部由于有芯棒支撑，不产生飞边。

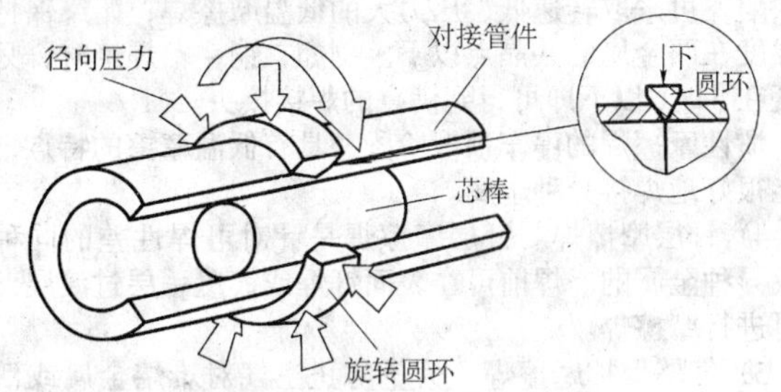

图 3.7-12　径向摩擦焊工作原理图

1.4.6　摩擦堆焊

摩擦堆焊主要应用为在圆形零件表面实现特性材料堆焊，其工作原理如图 3.7-13 所示。

堆焊时，堆焊金属圆棒在压力的作用下以高速旋转，堆焊零件（母材）也同时以焊接速度旋转，在压力的作用下，圆棒和被焊接零件摩擦生热，使堆焊圆棒材料热塑化，并且过渡到堆焊零件上形成堆焊焊缝。

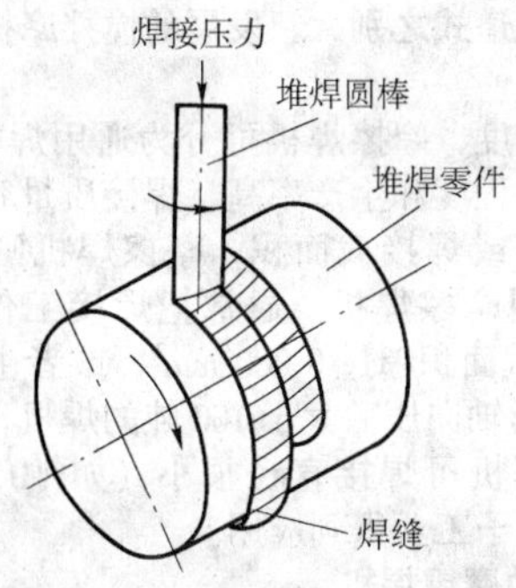

图 3.7-13　摩擦堆焊工作原理图

1.4.7　线性摩擦焊

线性摩擦焊的原理是基于两个工件相对线性摩擦使工件表面热塑化，结合工件间的相互挤压锻造，在热和压力的联合作用下，形成固相连接接头。图 3.7-14 为线性摩擦焊原理示意图。

线性摩擦焊主要优点是不论工件是否对称，只要待焊接面相互接触，就可以进行线性摩擦焊接。

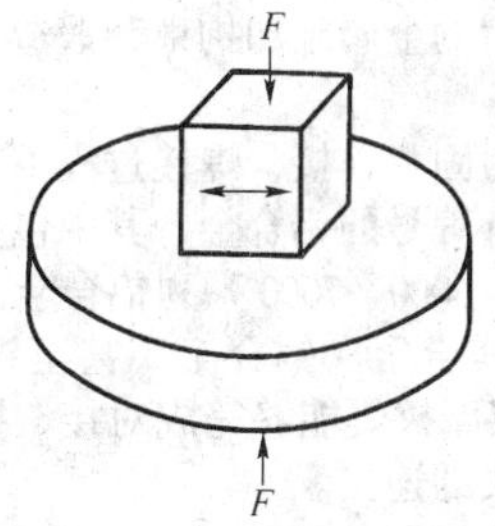

图 3.7-14　线性摩擦焊原理示意图

1.4.8　轨道摩擦焊

轨道摩擦焊的原理为两个待焊工件在压力的作用下，沿着一定的轨迹做摩擦运动，当焊接时间或缩短量达到预定值时，两工件在顶锻压力作用下实现焊接。

图 3.7-15 是轨道摩擦焊示意图，图中 3.7-15a、图 3.7-15b、图 3.7-15c、图 3.7-15d 依次表示两工件沿圆形轨迹摩擦运动的过程示意，焊接过程中两个工件都不旋转，仅其中一个工件绕另一个工件转动，轨道摩擦焊主要应用于有相位控制要求的非圆截面工件的焊接。

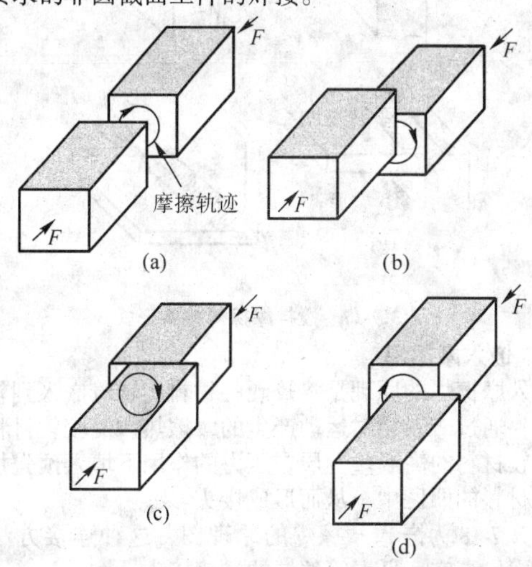

图 3.7-15　轨道摩擦焊示意图

1.4.9　搅拌摩擦焊

搅拌摩擦焊主要是利用一个非耗损的搅拌头旋转着插入被焊接工件，当搅拌头的肩部和被焊接工件的表面接触时，由于搅拌针和搅拌肩与被焊接材料的摩擦生热，使搅拌针附近的材料热塑化，热塑化的金属在搅拌头的旋转、摩擦作用下，逐渐由前部向后部转移，当搅拌头向前移动时，在搅拌头轴肩的挤压、锻造作用下，形成致密固相扩散连接接头。

搅拌摩擦焊原理如图 3.7-16 所示。搅拌摩擦焊使用的搅拌头一般由搅拌针、搅拌肩和夹持轴组成，搅拌针带有特殊设计的形状和螺纹，其作用主要是通过摩擦使被焊接材料热塑化，并且促使热塑化金属合理转移和过渡，搅拌肩的主

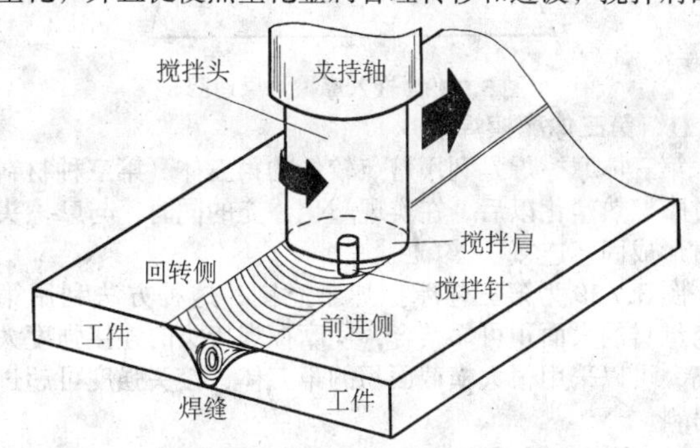

图 3.7-16　搅拌摩擦焊原理图

要作用是对塑化后的金属施加拘束和锻造，并且向焊缝提供部分摩擦热。

搅拌摩擦焊为固相连接，焊接过程不存在材料的熔化过程，可以焊接所有牌号的铝合金，其中包括以前对于熔化焊难以焊接的2000、6000、7000系列铝合金，另外还可以焊接其他金属材料如镁合金、铜合金，甚至钢和钛合金。如图3.7-17所示，搅拌摩擦焊能够完成对接、搭接、丁字接、角接等多种结构形式的连接。

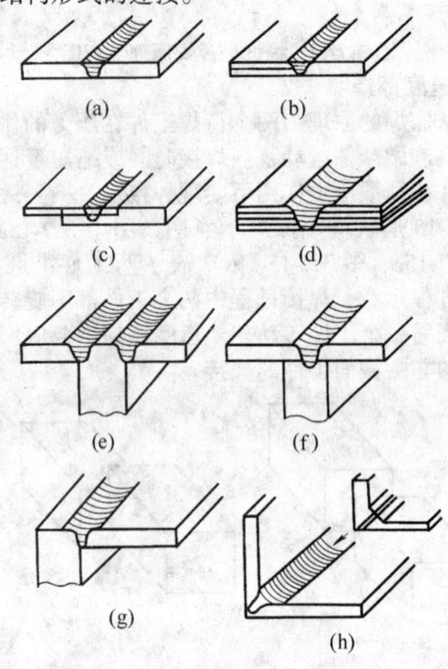

图3.7-17 搅拌摩擦焊接头形式

1.4.10 嵌入摩擦焊

嵌入摩擦焊的原理是将较硬的材料旋转着嵌入到较软的材料中，通过二者相对运动产生的摩擦热，使较软材料热塑化，较软材料的高温塑性层在压力的作用下填入预先加工好的较硬材料的凹区中，从而形成接头。

图3.7-18为嵌入摩擦焊的原理图，这种连接方法多应用于电力、真空、低温等领域的过渡接头。

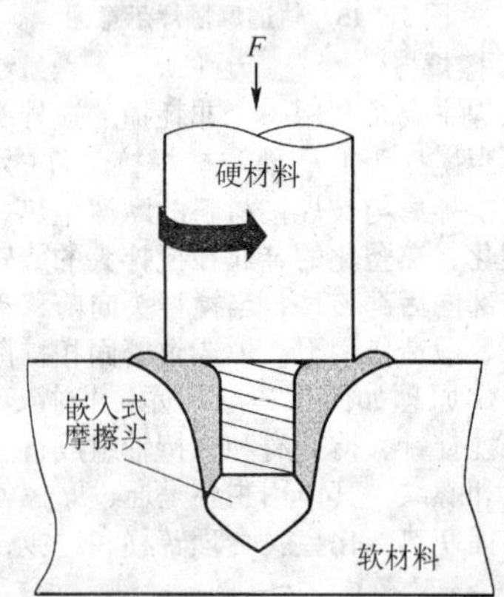

图3.7-18 嵌入摩擦焊原理图

1.4.11 第三体摩擦焊

第三体摩擦焊是利用熔点较低的第三体（第三种材料），经过摩擦热塑化以后，在实现塑化添充的同时，与摩擦头和母材形成固相连接。

图3.7-19为第三体摩擦焊示意图，这种方法利用第三体与母材的大面积可靠结合，使摩擦焊接头的连接强度大大提高，可以采用很大横截面积的第三体，接头强度可超过工件材料。

1.4.12 其他摩擦焊方法

1）封闭摩擦焊 封闭摩擦焊主要用于高温机械强度差异大的异种金属，如铜－不锈钢、高速钢－45钢的连接，为了防止高温时低强度材料的变形流失，同时，为了有利于提高摩擦压力和加热功率，往往在高温强度低的材料一面附加一个模子以封闭接头金属，因而称为封闭摩擦焊。

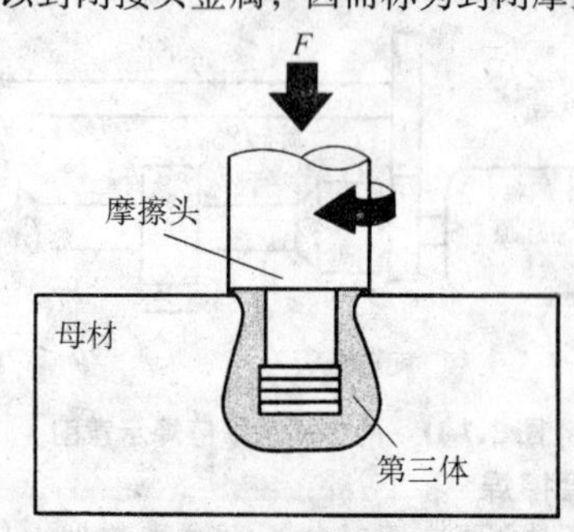

图3.7-19 第三体摩擦焊示意图

2）预热摩擦焊 预热摩擦焊也是针对高温机械强度差别大的异种金属的。为了增大高温时机械强度高的金属的塑性变形能力，使得两种材质的变形量相等，可在摩擦加热前先对高强度的金属预热；然后采用压力大、摩擦时间短、摩擦加热功率高的强规范施焊，这种方法称为预热摩擦焊。

3）低温摩擦焊 某些异种金属采用高温摩擦焊时，易产生脆性合金层，从而降低接头的强度和塑性。为了克服此种缺陷，可采取转速低、压力大的低温摩擦焊，始终保持界面温度在两金属的共晶点以下。例如，铜－铝焊接时，只要温度在548℃以下即可得到满意的焊接接头。

惯性摩擦焊的停车顶锻阶段，具有低温摩擦的特点，所以能很好地焊接异种金属。

4）钎层摩擦焊 钎层摩擦焊是针对可焊性差的同种金属或异种金属的。焊前可在表面钎焊或镀覆一层过渡层，然后再进行摩擦焊。

5）气体保护摩擦焊 为了防止空气对难熔金属或活泼金属焊缝的污染、危害，可在焊接过程中采用惰性气体保护，这种方法称为气体保护摩擦焊。

6）超塑性摩擦焊 通过控制措施，使焊合区在焊接过程中处于超塑性状态的摩擦焊。其优点是可避免高温下形成硬脆的金属间化合物以及保持被焊材质的热处理状态。

1.5 摩擦焊设备

按工件摩擦运动的形式，可将摩擦焊机分为旋转式和轨道式两大类，前者有连续驱动式和惯性式之分，后者有直线轨道式和圆形轨道式之别，新发展的搅拌摩擦焊按照工作方式归为旋转式。

按专业化程度，摩擦焊机可分为通用焊机和专用焊机，专用焊机自动化程度和生产率高，焊接质量容易得到保证。

按焊接能力或焊接截面积，摩擦焊机则分为大型、中型、小型和微型摩擦焊机。通常把焊接工件直径超过100 mm，或者焊接截面积超过8 000 mm²，或者主轴电机功率大于100 kW，或者轴向压力大于100吨的焊机，都称为大型摩擦焊机。微型焊机可焊接直径很小（如 $\phi0.75\sim\phi1.5$ mm）的丝材，已在电子工业得到应用。

1.5.1 连续驱动摩擦焊机

普通连续驱动摩擦焊机结构原理如图3.7-20所示，两个工件分别夹持在旋转夹头和移动夹头上，离合器合拢后，主轴、旋转夹头和工件由皮带轮带动开始旋转，当主轴达到一定转速时，轴向加压油缸推动移动夹头使两工件接触。由于摩擦加热，工件接触端面的温度逐渐升高，经过预定的加热时间后，离合器脱开，制动器制动，主轴、旋转夹头和工件停止转动，与此同时，轴向加压油缸加大进油量，迅速施加一顶锻压力，使接头产生顶锻变形量，在压力作用下保持一段时间后，一个焊接周期结束。

（1）组成及要求

普通型连续驱动摩擦焊机主要由主轴系统、加压系统、机身、夹头、检测与控制系统以及辅助装置等六部分组成。

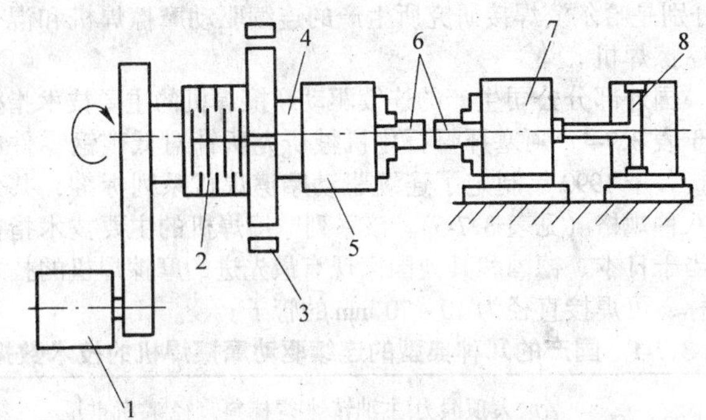

图 3.7-20　普通型连续驱动摩擦焊机示意图

1—主轴电动机；2—离合器；3—制动器；4—主轴；5—旋转夹头；6—工件；7—移动夹头；8—顶锻油缸

1）主轴系统　主要由主轴电动机、传动皮带、离合器、制动器、旋转主轴和轴承等组成，主轴系统传送焊接所需的功率，承受摩擦扭矩。

主轴电动机一般采用交流电动机，通过皮带直接带动主轴旋转。主轴的转速一般都很高，多为 1 000 ~ 3 000 r/min，对材料和直径一定的焊件，焊机主轴转速必须高于一个最低值才能保证摩擦表面有足够高的加热温度和加热速度，这个最低的转速称临界摩擦转速，例如焊接 45 号钢棒，直径为 16 mm，其转速范围为 1 500 ~ 3 000 r/min，过高的转速没有必要，它给焊机的设计与制造带来困难，主轴传送的功率大，承受强大的扭矩和顶锻压力，故对主轴要求强度高，刚性大。

主轴电机功率最高一般不超过 200 kW，确定电动机功率需考虑焊件的材质、直径大小和所选的焊接工艺参数等因素，功率太大造成浪费，功率太小将使主轴堵转，或使电机过载、发热而损坏。

摩擦加热终了时，要求主轴迅速停车。功率较小、生产率不高的摩擦焊机，可以采用电动机反制动或能耗制动停车，生产率高和主轴电机功率大的焊机，普遍采用离合－制动装置。离合器和制动器应能可靠联锁，即离合器合龙前制动器必须松开，而制动器制动前离合器必须与转动皮带轮脱开。

2）加压系统　主要包括加压机构和受力机构两部分。加压机构由加压方式决定，摩擦焊机加压方式有机械（丝杠－螺母、凸轮）加压、气压、液压和气液联合加压，目前国内外摩擦焊机多采用液压方式加压，摩擦压力和顶锻压力的调节和变换由溢流阀、减压阀等完成，加压机构的核心是液压系统，液压系统分为夹紧油路、滑台快进油路、滑台工进油路、顶锻保压油路以及滑台快退油路等五个部分。

夹紧油路主要通过对离合器的压紧与松开完成主轴的启动、制动以及工件的夹紧、松开等任务。当工件装夹完成之后，滑台快进；为了避免两工件发生撞击，当接近到一定程度时，通过油路的切换，滑台由快进转变为工进；工件摩擦时，提供摩擦压力；顶锻回路用以调节顶锻力和顶锻速度的大小；当顶锻保压结束后，又通过油路切换实现滑台快退，达到原位后停止运动，一个循环结束。

受力机构的作用是平衡轴向力（摩擦压力、顶锻压力）和摩擦扭矩以及防止焊机变形，保持主轴系统和加压系统的同心度。通常用拉杆机构来平衡轴向压力，用装在机身上的导轨来平衡摩擦扭矩。轴向力的平衡可采用单拉杆或双拉杆结构；即以工件为中心、在机身中心位置设置单拉杆或以工件为中心、对称设置双拉杆。

3）机身　机身用以支承和固定摩擦焊机上的主轴箱、导轨、加压油缸和受力拉杆等部件，一般为卧式箱形结构，少数为立式，焊接时机身受到轴向压力和摩擦扭矩，为防止变形和振动，它应有足够的结构强度和刚度，主轴箱、导轨、拉杆、夹头都装在机身上，大型机身可采用板焊结构。

4）夹头　摩擦焊机上有旋转夹头和移动（或固定）夹头，它们必须能夹牢工件，能承受摩擦压力、顶锻压力、扭矩的综合作用，避免焊接过程工件打滑旋转或后退，也不发生振动，旋转夹头又有自定心弹簧夹头和三爪夹头之分，见图 3.7-21，弹簧夹头适宜于直径变化不大的工件，三爪夹头适宜与直径变化较大的工件，移动夹头大多为液压夹头，见图 3.7-22，其中简单型的则适于直径变化不大的工件，自动定心型的则适宜于直径变化较大的工件。为了使夹持牢靠，不出现打滑旋转、后退、振动等，夹头与工件的接触部分硬度要高、耐磨性要好。

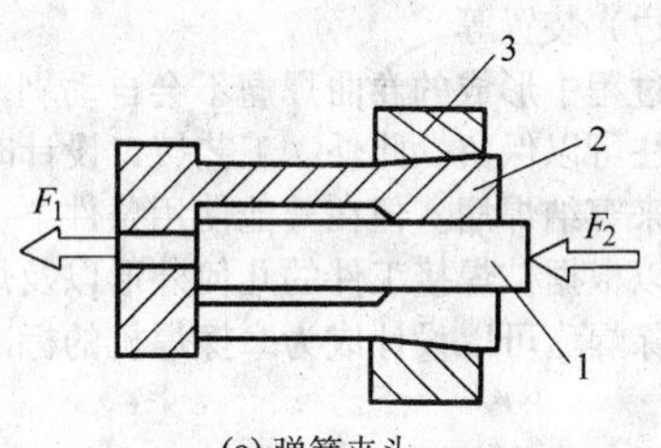

(a) 弹簧夹头

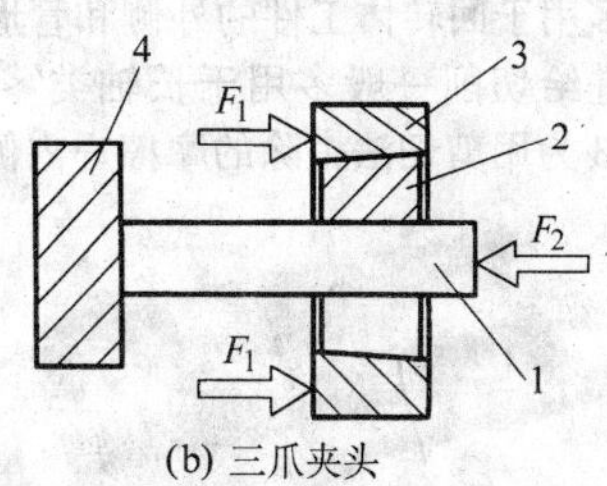

(b) 三爪夹头

图 3.7-21　摩擦焊旋转夹头

1—被焊工件；2—夹头；3—夹头体；4—挡铁；F_1—预加紧力；F_2—摩擦焊接和顶锻时轴向压力

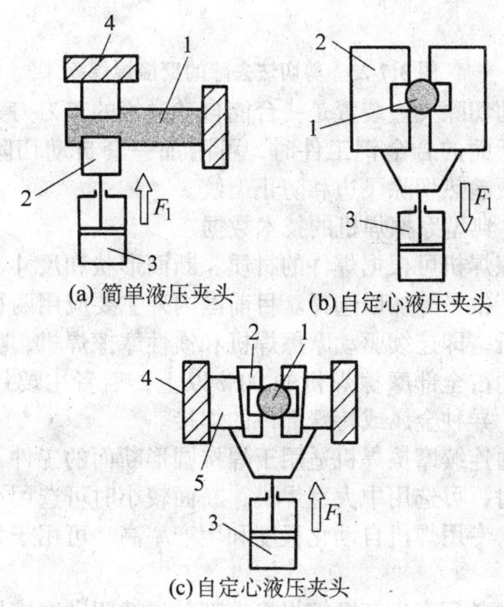

图 3.7-22　移动（非旋转）夹头

1—被焊工件；2—夹爪；3—加压油缸；4—支座；5—挡铁；F_1—预加紧力

5）检测与控制系统　参数检测主要涉及时间（摩擦时

间、刹车时间、顶端上升时间、顶端维持时间)、加热功率、压力（摩擦压力：含一次压力和二次压力、顶锻压力)、变形量、扭矩、转速、温度、特征信号（如摩擦开始时刻、功率峰值及所对应的时刻）等。

控制系统包括程序控制和工艺参数控制。程序控制即控制焊机按预先规定的动作次序完成上料、夹紧、滑台快进、滑台工进、主轴旋转、摩擦加热、离合器松开、刹车、顶锻保证，车除飞边、滑台后退、工件退出等顺序动作及其联锁保护等，设计程序控制电路时，应着重考虑各种电磁阀的动作顺序、各动作之间的联锁以及各种器件的保护（如主轴电动机过载保护、夹头过热保护等)，摩擦焊机大多数采用继电器控制，近年来可编程控制器、微机控制器等在摩擦焊机控制系统中的应用逐渐增多。工艺参数控制则根据方案进行相应的诸如时间控制、功率峰值控制、变形量控制、温度控制、变参数复合控制等。

6）辅助装置　主要包括自动送料、卸料、以及自动切除焊瘤（飞边）装置等。

摩擦焊过程中形成的卷曲焊瘤不会自动剥落，如果设计上允许，往往可以保留。此外，工艺接口设计时经常在焊接处留有凹槽来容纳焊瘤。但在其他使用条件下，可能必须去除焊瘤，所以根据被焊接工件的几何外形以及焊瘤的可达性等因素，去除焊瘤可以设计成为摩擦焊机的标准工艺程序来执行。

常用的焊瘤去除方法有：机械剪切和刀具进给切削，其中机械剪切多用于回转体工件的外侧和管形工件的内侧焊瘤去除，刀具进给切削一般多用于长轴类零件的外侧焊瘤切削。图 3.7-23 为用剪切法去除的摩擦焊内侧以及外侧焊瘤。

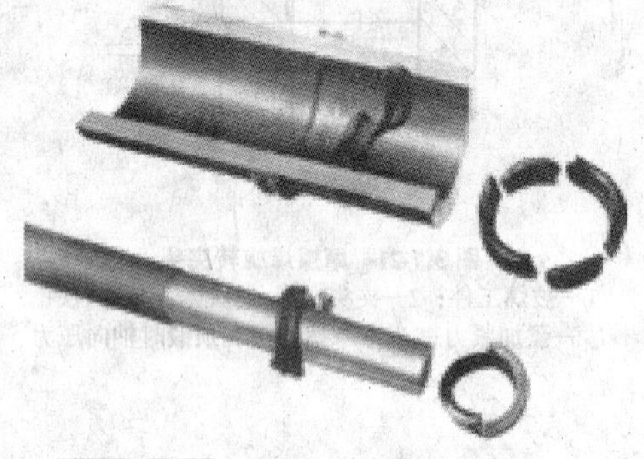

图 3.7-23　剪切法去除的摩擦焊焊瘤

自动切除飞边装置是一台能自动进给的车刀刀架。焊接某些大断面的合金钢工件时，可附加一套自动切除飞边装置，以便趁热切除飞边和防止裂纹。

(2) 典型摩擦焊机的技术数据

摩擦焊机可根据焊件的材质、断面形状和尺寸、设备特点、生产批量等加以选择。目前国内外主要应用两种类型的摩擦焊机，即连续驱动摩擦焊机和惯性摩擦焊机，前者应用最广，约占全部摩擦焊机的 90% 以上；后者主要用于大断面工件、异种金属或特殊部件的焊接。

普通连续摩擦焊机适用于焊接圆形断面的工件，工件断面较大时，可选用中大型焊机，断面较小时可选用小型或微型焊机，专用焊机自动化程度和生产率高，可用于大批量生产。

国内各厂家生产摩擦焊机大都是连续驱动摩擦焊机。除通用摩擦焊机外，国内还研制生产各种专用摩擦焊机，如石油钻杆摩擦焊机、潜水泵转轴摩擦焊机、止推轴瓦全自动摩擦焊机、内燃机排气阀全自动摩擦焊机、内燃机增压器涡轮轴摩擦焊机、麻花钻头摩擦焊机等。某些专用焊机可作为通用焊机，有些只要对夹具作适当修改也可作为通用焊机使用。

表 3.7-1 是国产的几种典型的连续驱动摩擦焊机的技术数据（主要由长春焊接机械制造厂生产)，表 3.7-2 和表 3.7-3 分别是哈尔滨焊接研究所生产的连续驱动摩擦焊机和混合式摩擦焊机。

国外部分公司生产的连续驱动摩擦焊机的主要技术指标列于表 3.7-4，阿塞拜疆石化机械研究所针对低碳钢零件的焊接，于 1990 年制定了连续驱动摩擦焊机系列标准，共包括八种规格（见表 3.7-5)。该系列摩擦焊机的主要技术指标相当于日本、德国和其他国家现有最先进的摩擦焊机的技术指标，可焊接直径为 10 ~ 70 mm 的管子。

表 3.7-1　国产的几种典型的连续驱动摩擦焊机的技术数据

型　号	最大顶锻力 /kN	主轴转速 $/r\cdot min^{-1}$	焊棒料直径 /mm	整机重量 /t	可变型
C－0.5A	5	6 000	4 ~ 6.5	3	
C－1A	10	5 000	4.5 ~ 8	3	
C－2.5D（－※）	25	3 000	6.5 ~ 10	3	Q
C－4D（－※）	40	2 500	8 ~ 14	3	Q.L
C－4C（－※）	40	2 500	8 ~ 14	4	I
C－12A－3	120	1 000	10 ~ 30	6.8	
C－20（※－1）	200	2 000	12 ~ 34	5.2	A.B.L
C－20A－3（※）	250	1 350	18 ~ 40	6.8	K
C－50A	500	1 000	30 ~ 50	8	
C63（※）	630	950	35 ~ 60	8.5	A.G
C－80A	800	850	40 ~ 75	17	
C－120（※）	1 200	580	50 ~ 85	16	A.G
CG－6.3	63	5 000	8 ~ 20	5	
CT－25	250	5 000	18 ~ 40	8	
RS45（※）	450	1 500	20 ~ 70	8.5	POS

注：型号说明如下。

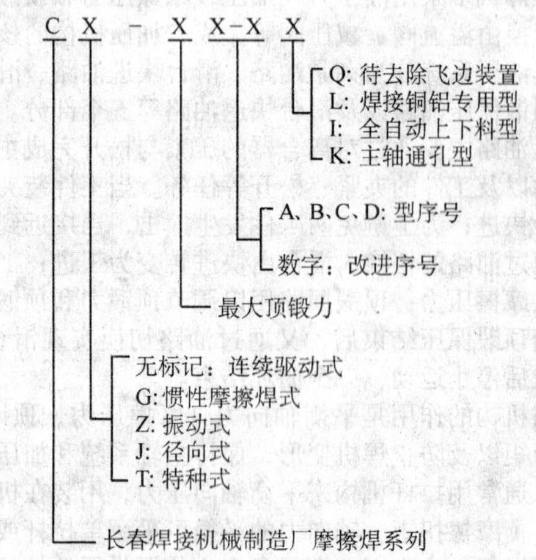

表 3.7-2 哈尔滨焊接研究所生产的连续驱动摩擦焊机系列

可焊焊件规格＼焊机型号		HAM-轴向推力/kN								
		5	10	15	20	25	40	60	80	120
可焊件最大直径（低碳钢）/mm	空心管	$\phi20\times2$	$\phi20\times4$	$\phi38\times4$	$\phi43\times5$	$\phi73\times6$	$\phi90\times8$	$\phi80\times10$	$\phi100\times10$	$\phi127\times20$
	实心管	$\phi12$	$\phi16$	$\phi22$	$\phi28$	$\phi40$	$\phi50$	$\phi62$	$\phi75$	$\phi90$
焊件长度/mm	旋转夹具	50~140	50~140	50~200	50~200	50~300	50~300	50~300	80~300	100~150
	移动夹具	100~400	100~500	100~不限	100~不限	100~不限	100~不限	120~不限	120~不限	120~不限

表 3.7-3 哈尔滨焊接研究所生产的混合式摩擦焊系列

可焊焊件规格＼焊机型号		HAM-轴向推力/kN						
		50	100	150	280	400	800	1 200
可焊件最大直径（低碳钢）/mm	空心管	$\phi20\times4$	$\phi38\times4$	$\phi43\times5$	$\phi75\times6$	$\phi90\times10$	$\phi110\times10$	$\phi140\times16$
	实心管	$\phi18$	$\phi25$	$\phi30$	$\phi45$	$\phi55$	$\phi80$	$\phi95$
焊件长度/mm	旋转夹具	50~140	55~200	50~200	50~300	50~300	80~300	100~500
	移动夹具	100~500	100-不限	100-不限	100-不限	120-不限	300-不限	200-不限

表 3.7-4 国外部分连续驱动摩擦焊机的主要技术指标

焊机型号	型式数量	传动功率/kW	轴向压力/kN	对焊面积/mm²	国家、公司
7.5-PW	9	—	2.22~1 892	45.2~13 7100	美国
FW15U~FW200U	6	7.5~200	28~3 000	176~31 400	日本多得
PS2~PS250	8	2~200	20~2 500	400~31 000	德国古卡
15~250	5	17.75~180	40~2 500	1 000~2 0000	英国托普逊
SF15~SF150	5	11~185	40~2 800	266~17 662	法国 SMFJ
WFH30	—	15	98	150①	日本
RS3000	—	75	300	50①	德国（两用机）

注：表中所列主要技术指标为最大极限值。
① 焊件直径，单位 mm。

表 3.7-5 阿塞拜疆石化机械研究所连续驱动焊机系列技术参数

系列机型	传动功率/kW	最大轴向压力/kN	焊件最大截面积/mm²
AST-50	6.3	50	300
AST-100	12.5	100	750
AST-250	25	250	2 000
AST-300	37	300	2 500
AST-600	50	600	5 000
AST-1000	75	1 000	8 000
AST-1500	100	1 500	12 500
AST-3000	200	3 000	31 000

注：型号中的数字表示最大轴向压力。

1.5.2 惯性摩擦焊机

图 3.7-24 是惯性摩擦焊机原理示意图，它由驱动电动机、主轴、飞轮、夹盘、移动夹具、液压缸等组成。

惯性摩擦焊机工作时，飞轮、主轴、夹盘和工件都被加速到与给定能量相应的转速时，停止驱动，工件和飞轮自由旋转，然后，使两工件接触并施加一定的轴向压力，通过摩擦使飞轮的动能转换为摩擦界面的热能，飞轮转速逐渐降低，当变为零时，焊接过程结束。

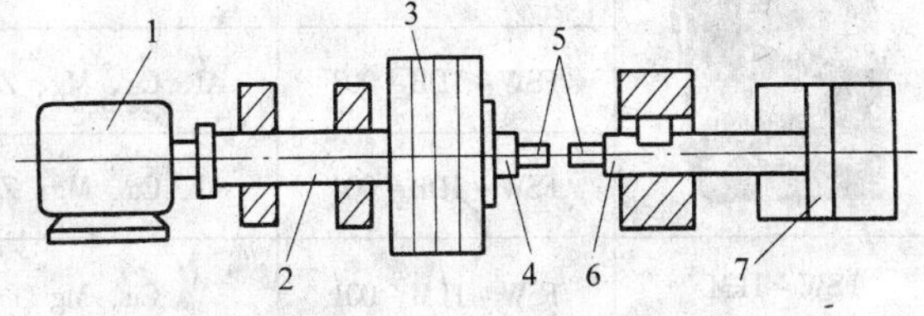

图 3.7-24 惯性摩擦焊机示意图

1—驱动电动机；2—主轴；3—惯性飞轮；4—旋转夹具；5—工件；6—移动夹具；7—焊接和顶端液压缸

表 3.7-6 是美国 MTI 公司惯性摩擦焊机的型号和技术规格。这些焊机可以有不同的组合和改动，所有焊机均可配备自动装卸装置、除飞边装置和质量控制监测器，转速均可由 0 调节至最大。

表 3.7-6　MTI公司惯性摩擦焊机的型号和技术规格

型　号	最大转速（转速可调）/r·min^{-1}	最大飞轮矩 /N·m^2	最大焊接力 /kN	最大管形焊缝面积 /mm^2	变型
40	45 000/60 000	0.006 3	22.2	45.2	B，D，V
60	12 000/24 000	0.94	40.03	426	B，BX，D，V
90	12 000	2.1	57.82	645	B，BX，D，T，V
120	8 000	10.5	124.54	1 097	B，BX，D，T，V
150	8000	21.1	222.4	1 677	B，BX，T，V
180	8 000	42.2	355.8	2 968	B，BX，T，V
220	6 000	253.2	578.2	4 194	B，BX，T，V
250	4 000	1 054	889.6	6 452	B，BX，T，V
300	3 000	2 100	1 112.0	7 742	B，BX
320	2 000	4 210	1 556.8	11 613	B，BX
400	2 000	10 540	2 668.8	19 355	B，BX
480	1 000	105 350	3 780.8	27 097	B，BX
750	1 000	210 700	6 672.0	48 387	B，BX
800	500	421 400	20 000	145 160	B，BX

1.5.3　搅拌摩擦焊机

图3.7-25为搅拌摩擦焊机原理图，它主要有主轴电机、主轴、搅拌头夹持器、搅拌头以及 X、Y、Z 运动机构组成。工作时主轴电机通过主轴带动搅拌头旋转，Z 轴为搅拌头提供焊接压力和焊接深度控制，X、Y 轴运动机构为搅拌头提供直纵缝和平面曲线焊缝焊接能力。另外，主轴可以在 Z、X 坐标内旋转一定的角度，以满足施焊要求。

表3.7-7为北京赛福斯特技术有限公司（中国搅拌摩擦焊中心）生产的搅拌摩擦焊机型号和规格。

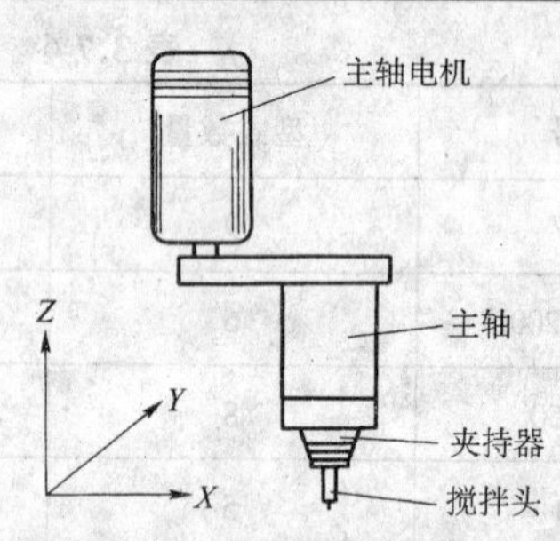

图 3.7-25　搅拌摩擦焊机原理图

表 3.7-7　北京赛福斯特技术有限公司生产的搅拌摩擦焊机型号和规格

类　型	焊机型号	可焊材料	焊接厚度/mm	焊缝形式	焊接速度/mm·min^{-1}	工作台范围/mm
FSW－1CX	FSW－1CX－001	Al、Mg	1～10	平直纵缝	1～800	400×400
	FSW－1CX－002	Al、Cu、Mg、Zn	1～15	平直纵缝	1～500	400×630
	FSW－1CX－003	Al、Cu、Mg、Zn	1～20	平直纵缝	1～500	400×800
FSW－1DB	FSW－1DB－001	Al、Cu、Mg、Zn	1～5	筒形件纵缝	1～800	>ϕ1 000×1 000
	FSW－1DB－002	Al、Cu、Mg、Zn	1～10	筒形件纵缝	1～500	>ϕ1 500×2 000
	FSW－1DB－003	Al、Cu、Mg、Zn	1～15	筒形件纵缝	1～500	>ϕ2 000×5 000
	FSW－1DB－004	Al、Cu、Mg、Zn	1～20	筒形件纵缝	1～1 000	>ϕ2 000×15 000
FSW－1LM	FSW－1LM－001	Cu、Mg	1～5	纵直缝	1～1 000	<500
	FSW－1LM－002	Cu、Mg	1～10	纵直缝	1～1 000	<500
	FSW－1LM－003	Cu、Mg	1～15	纵直缝	1～800	<500
	FSW－1LM－004	Cu、Mg	1～20	纵直缝	1～500	<500

续表 3.7-7

类型	焊机型号	可焊材料	焊接厚度/mm	焊缝形式	焊接速度/mm·min^{-1}	工作台范围/mm
FSW－2LM	FSW－2LM－001	Al、Mg、Zn	1～5	平板直缝	1～1 500	6 000
	FSW－2LM－002	Al、Mg、Zn	1～10	平板直缝	1～1 500	6 000
	FSW－2LM－003	Al、Mg	1～15	直缝	1～1 200	3 000
	FSW－2LM－004	Al、Mg	1～20	直缝	1～1 000	3 000
FSW－3LM	FSW－3LM－001	Al、Cu、Mg、Zn	1～5	纵、环缝	1～1 500	800×600
	FSW－3LM－002	Al、Cu、Mg、Zn	1～15	纵、环缝	1～1 000	1 200×600
	FSW－3LM－003	Al、Cu、Mg、Zn	1～15	纵、环缝	1～800	1 500×1 200
	FSW－3LM－004	Al、Cu、Mg、Zn	1～20	纵、环缝	1～500	3 000×2 000

注：1. FSW－1CX系列搅拌摩擦焊设备主要适合学校、研究所从事搅拌摩擦焊试验研究和民用企业从事小型多品种的民用产品的搅拌摩擦焊生产制造。
2. FSW－1DB系列搅拌摩擦焊设备主要适合航空、航天、船舶结构工艺研究所、工厂、企业、公司等从事大型搅拌摩擦焊筒体结构件和长厚壁板结构件的搅拌摩擦焊生产制造。
3. FSW－1LM系列搅拌摩擦焊设备主要适合电子、航空、航天、列车等行业的工厂、企业、公司等从事长薄板（连续）带状产品的搅拌摩擦焊生产制造。
4. FSW－2LM系列搅拌摩擦焊设备主要适合航空、航天、高速列车、船舶、建筑和其他民用制造行业的工厂、企业、公司等从事长、宽薄板产品生产制造。
5. FSW－3LM系列搅拌摩擦焊设备主要针对学校、研究所以及航空、航天、高速列车、船舶及其他机械制造行业的工厂、企业、公司等进行复杂结构零件的技术研究、工程应用开发以及批量化产品的生产制造而设计，尤其适用于板状零件和筒形零件的纵、环缝搅拌摩擦焊生产制造。

1.6 摩擦焊材料

1.6.1 影响材料摩擦焊接性的因素

材料的摩擦焊接性是指形成和母材等强度、等塑性摩擦焊接头的能力。表3.7-8是影响材料摩擦焊接性的主要因素。

表 3.7-8 影响材料摩擦焊接性的主要因素

特性	对焊接性的影响
互溶性	两种材料是否互相溶解和相互扩散（同种材料通常比异种材料更易焊接）
氧化膜	被焊材料表面上的氧化膜是否容易破碎
力学与物理性能	高温强度高，塑性低，导热好的材料较难焊接 异种材料的性能差别太大，不容易焊接
碳当量	碳当量高的，淬透性好的钢材往往不太容易焊接
高温活性	材料高温的氧化倾向大时，以及某些活性金属难以焊接
脆性相的产生	凡是形成脆性合金的异种金属，须降低焊接温度，或减少加热时间
摩擦系数	摩擦系数低的材料，则摩擦加热效率低，难于焊接
材料脆性	脆性材料，难于焊接

对于不适宜摩擦焊的同种或异种材质，可采用过渡材料进行连接。

材料的摩擦焊接性也随着工艺的发展而变化，有些原来不能焊接的同种或异种材料，随着新工艺（如搅拌摩擦焊）的出现而变为可焊材质。

1.6.2 同种和异种材质的摩擦焊接性

大多数同种或异种金属都可以进行摩擦焊接，表3.7-9、表3.7-10和表3.7-11为针对不同的摩擦焊接方法各种金属材料组合的焊接性情况。

对于一般的材料的摩擦焊接性遵循如下规律：

1）高温时，塑性良好的同种金属及能够相互固熔和扩散的异种金属都具有良好的焊接性，能够获得强度高，塑性好的焊接接头。

2）焊接能产生脆性合金的异种金属，若不设法防止脆性合金层增厚，如降低焊接温度，或减少加热时间等，则很难保证接头的强度和塑性，如铝-铜、铝-钢、钛-钢等的摩擦焊。

3）高温强度高、塑性低、导热性好的材料不容易焊接。两种金属的高温力学性能和物理性能差别越大，越不容易焊接，如不锈钢-铜、硬质合金-钢等。

4）活性金属（如锆等）、淬硬性好的钢材，表面氧化膜不易破碎或有镀膜、渗层等，以及摩擦系数太小（如铸铁等）的金属很难进行焊接。

表 3.7-9　金属材料连续驱动摩擦焊的焊接性

材料	铝	铝合金	黄铜	青铜	氧化镉	铸铁	陶瓷	钴	铜	铜镍合金	烧结铁	可伐合金	铅	镁	镁合金	钼	蒙乃尔合金	镍	镍合金	莫尼克合金	铌	铌合金	银	银合金	碳钢	合金钢	马氏体钢	不锈钢	钽	钍	钛	钨	超硬合金	铀	钒	锆合金
铝	■	■	■	■			■		■					×	■			■							■	■		■			■					■
铝合金	■	■					■							×	×										○			■								
黄铜	■		■						■			×																								
青铜	■																								■	×										
氧化镉									○																											
铸铁																									■											
陶瓷	■	■																																		
钴								×																												
铜	■		■		○				■																											
铜镍合金										■													■		■			■			■					
烧结铁																																				
可伐合金			×																						■											
铅													■																							
镁	×	×												×	×																×					
镁合金	■	×												×	×													×								
钼																×													×		×					
蒙乃尔合金																	■									■		■								
镍	■																																			
镍合金																			■							■										
莫尼克合金																				■					■	■		■								
铌																												×								×
铌合金																						■														
银									■																						×					
银合金																																				
碳钢	■	○		■		■			■		■									■					■	■	■	■			■		○			
合金钢	■			×													■		■	■					■	■	■	■								
马氏体钢																									■	■	■	■								
不锈钢	■	■							■						×		■			■	×				■	■	■	■	×		○				×	○
钽																×												×			■					
钍																														○						
钛	■								■					×		×							×		■			○	■		■					
钨																																■				
超硬合金																									○											
铀																																		■		
钒																												×								
锆合金	■																				×							○								

注：■ — 接头性能好；× — 不能焊接；○ — 脆性接头；□ — 未做实验。

表 3.7-10 金属材料惯性摩擦焊的焊接性

材料	铝和铝合金	黄铜	青铜	硬质合金	钴合金	铌	铜	铜镍合金	铅	镁合金	钼	镍合金	合金钢	碳钢	易切削钢	时效硬化钢	烧结钢	不锈钢	工具钢	钽	钛合金	钨	阀门材料	锆合金
铝和铝合金	■						◢						◢	◢				◢						
黄铜		■																						
青铜			■											■										
硬质合金														■					■					
钴合金													■	■										
铌						■																		
铜	◢						■							■										■
铜镍合金								■						■				■						
铅									■															
镁合金										■														
钼											■													
镍合金												■	■	■		■		■						
合金钢	◢				■							■	■	■	◢	■		■	■		◢		■	
碳钢	◢		■	■	■		■	■				■	■	■	◢		■	■	■		◢		■	
易切削钢													◢	◢	◢									
时效硬化钢												■	■											
烧结钢														■			■							
不锈钢	◢							■				■	■	■				■			◢			
工具钢				■									■	■					■					
钽																				■				
钛合金													◢	◢				◢			■			
钨																						■		
阀门材料													■	■										
锆合金							■																	■

注：■—接头金属有足够的强度（在某些情况下需要进行焊后热处理才能达到足够的强度）；

◢—可以焊接，但是部分或全部接头不能达到足够的强度；

□—到目前为止大部分没有进行试验，大多数金属被认为是可焊的。

表 3.7-11 金属材料搅拌摩擦焊的焊接性

材料组合		热塑性材料	粉末铝合金	铝基纤维材料	铅	钴	钽	钼	钨	镁及其合金	钛及其合金	镍及其合金	白铜	青铜	黄铜	纯铜	锻铝	硬铝	防锈铝	纯铝	铸钢	球墨铸铁	可锻铸铁	灰铸铁	高温合金	耐热钢	不锈钢	其他工具钢	高速钢	弹簧钢	高强度钢	纯铁及碳素钢
纯铁及碳素钢																																■
合金钢	高强度钢																															
	弹簧钢																															
	高速钢																															
	其他工具钢																															
	不锈钢																×	×	×								■					
	耐热钢																															
	高温合金																															
铸造合金	灰铸铁																							◢								
	可锻铸铁																×	×	×				■									
	球墨铸铁																					◢										
	铸钢																				◢											
铝及其合金	纯铝		◢	◢						◢			◢	◢	◢	■	■	■	■	■												
	防锈铝		◢	◢						◢			◢	◢	◢	◢	■	■	■													
	硬铝		◢	◢						◢			◢	◢	◢	◢	■	■														
	锻铝		◢	◢						■			◢	◢	◢	◢	■															
铜及其合金	纯铜		×	×									■	■	■	■																
	黄铜												■	■	■																	
	青铜												■	■																		
	白铜												◢																			
镍及其合金												◢																				
钛及其合金											◢																					
镁及其合金			×	×						■																						
	钨																															
	钼																															
	钽						×																									
	钴					×																										
	铅				■																											
粉末合金	纤维增强合金			◢																												
	粉末铝合金		◢																													
塑料	热塑性材料	■																														

注：■ 摩擦焊焊接性良好；
◢ 摩擦焊焊接性一般；
× 摩擦焊焊接性较差；
□ 不建议使用搅拌摩擦焊。

1.7 摩擦焊工艺

1.7.1 摩擦焊接头设计

(1) 摩擦焊接头设计原则

1) 对于传统连续驱动摩擦焊，至少有一个是圆形截面。

2) 为了夹持方便、牢固，保证焊接过程不失稳，应尽量避免设计薄管、薄板接头。

3) 一般倾斜接头应与中心线成30°～45°的斜面。

4) 对锻压温度或热导率相差较大的材料，为了使两个零件的锻压和顶锻相对平衡，应调整界面的相对尺寸。

5) 对大截面接头，为了降低摩擦加热时的扭矩和功率峰值，采用端面侧角的办法可使焊接时接触面积逐渐增加。

6) 如要限制飞边流出（如不能切除飞边或不允许飞边暴露时），应预留飞边槽。

7) 对于棒－棒和棒－板接头，中心部位材料被挤出形成飞边时，要消耗更多的能量，而焊缝中心部位对扭矩和弯曲应力的承担又很少，所以，如果工作条件允许，可将一个或两个零件加工成具有中心孔洞，这样，既可用较小功率的焊机，又可提高生产率。

8) 采用中心部位突起的接头，见图3.7-26可有效地避免中心未焊合。

9) 摩擦焊应避免渗碳、渗氮等。

10) 为了防止由于轴向力（摩擦力、顶锻力）引起的工件滑退，通常在工件后面设置挡块。

11) 工件伸出夹头外的尺寸要适当，被焊工件应尽可能有相同的伸出长度。

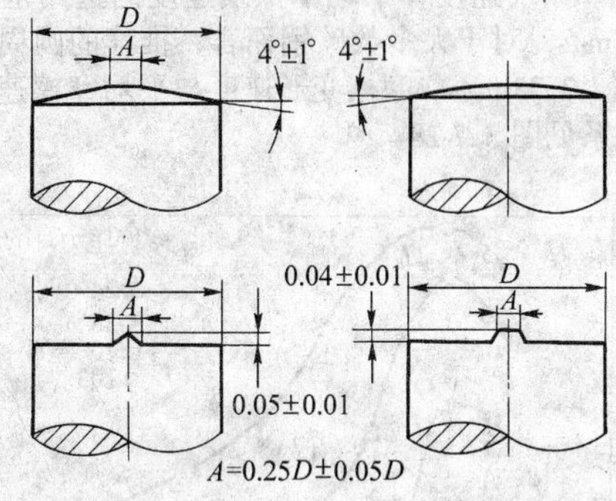

图3.7-26 旋转摩擦焊接头突起设计标准

(2) 摩擦焊接头的形式

表3.7-12和表3.7-13分别是摩擦焊接头的基本形式和特殊形式。

表3.7-12 摩擦焊接头的基本形式

接头形式	示意简图
棒－棒	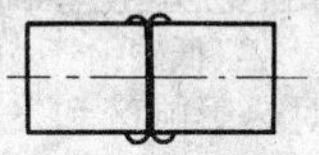
管－管	
管－棒	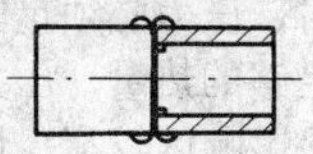
棒－板	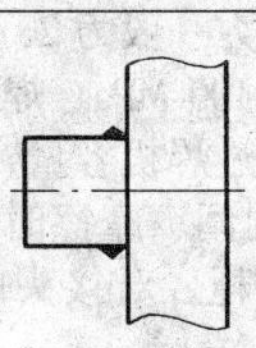

续表3.7-12

接头形式	示意简图
管－板	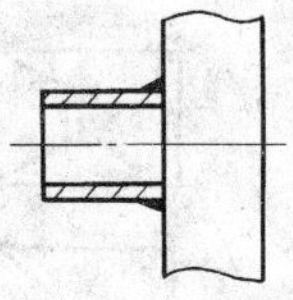
管－管板	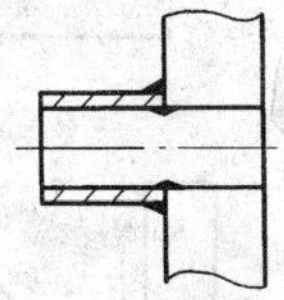
棒－管板	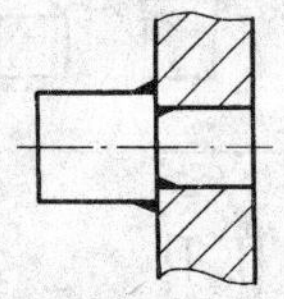
多边形型材－管板	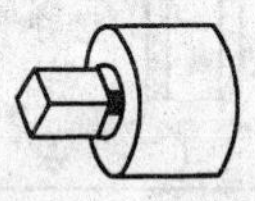

表3.7-13 摩擦焊接头的特殊接头设计形式

接头形式	示意图	特点
等断面接头	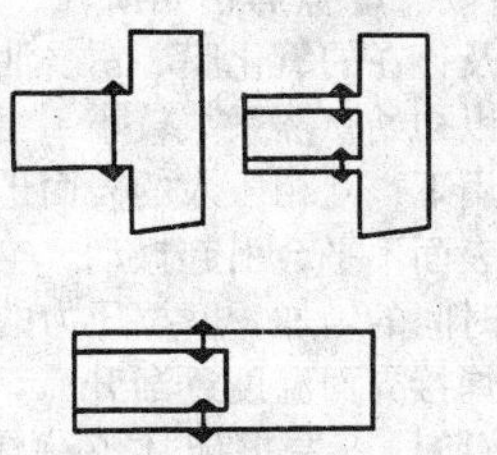	将焊接接头放置在远离应力集中的部位，同时还有利于焊接热平衡，便于顶锻和去除飞边
带飞边槽接头	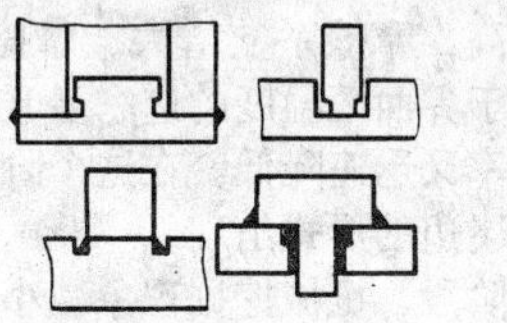	不允许外露同时无法去除飞边的工件可以预留飞边槽，保持焊接工件的外观和使用性能
复式接头	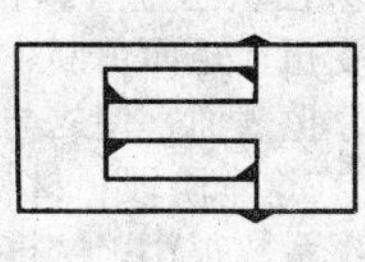	同时将两个接头形成
断面倒角接头	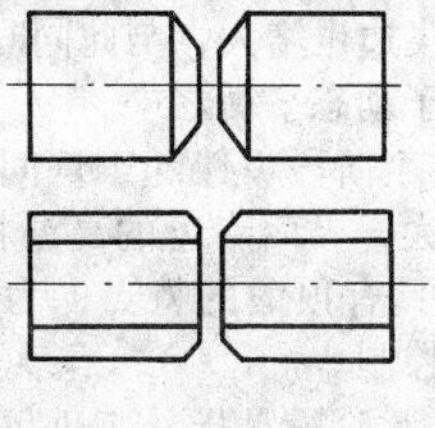	用于大截面的棒、管件的摩擦焊，以减少工件外缘的摩擦热量，注意锥形部分的长度不得超过焊接缩短量的50%
锥形接头	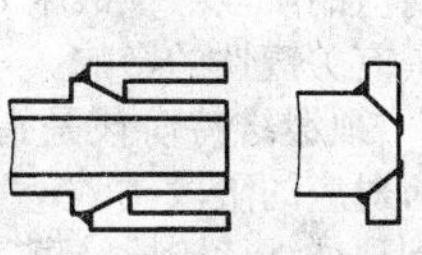	锥形面与中心线成30°～45°，最小可以是8°的斜面，但是角度选择必须防止其中工件从孔中挤出

续表 3.7-13

接头形式	示意图	特点
异种材料锥形接头		异种材料焊接时，可以采用锥形接头，其中较硬材料作锥体，焊接时采用硬规范
焊后锻压成形	去飞边 锻造	将棒材摩擦焊接，然后锻压方法制成其他形状
焊后展开轧制成形	去飞边 展开 滚轧	将管管对接后，去除飞边，展开滚轧成板材，用于不适合转动板材的摩擦焊

1.7.2 连续驱动摩擦焊工艺

(1) 连续驱动摩擦焊过程

连续驱动摩擦焊过程一般包括如下阶段。

1) 初始摩擦阶段　摩擦焊初始阶段，由于焊接工件表面的凸凹不平，以及存在的氧化膜、锈、油、灰尘以及吸附的气体等原因，所以初始摩擦系数较小，由于工件表面凸凹不平，在压力的作用下，互相压入的表面迅速产生塑性变形和机械挖掘现象，表面不平会引起振动，空气也可能进入摩擦表面，随着焊接时间的增加，摩擦压力的增加，摩擦加热功率也逐渐增加，焊接界面温度逐渐升高。

2) 不稳定摩擦阶段　摩擦破坏了待焊面的原始状态，未受污染的材质相接触，真实的接触面积增大，材质的塑性、韧性有较大提高，摩擦系数增大、摩擦加热功率提高，达到峰值后，又由于界面区温度的进一步升高，塑性增高和强度下降，加热功率又迅速降低。在这个阶段中，摩擦变形量开始增大，并以飞边的形式出现。

在不稳定摩擦阶段，机械挖掘现象减小，振动消除，表面逐渐平整，出现高温塑性状态金属颗粒的“粘结”现象，而粘结在一起的金属又受扭力矩而剪断，并相互过度，接触良好的塑性金属封闭了摩擦表面，使之与空气隔绝。

3) 稳定摩擦阶段　在这个阶段，材料的粘结现象减少，分子作用现象增强，摩擦系数很小，摩擦加热功率稳定在较低的水平，变形层在力的作用下，不断从摩擦表面挤出，摩擦变形量不断增大，飞边也增大，与此同时，又被附近高温区的材料所补充而处于动态平衡之中。

4) 停车阶段　这个阶段，伴随工件间相对运动的减慢和停止，摩擦扭矩增大，界面附近的高温材料被大量挤出，变形量亦随之增大，具有顶锻的特点，为了得到牢固的结合，刹车时间要严格控制。

5) 纯顶锻阶段　此阶段是指从工件停止相对运动到顶锻力上升到最大值所对应的阶段。顶锻压力、顶锻速度和顶锻变形量对焊接质量具有关键性的影响。

6) 顶锻维持阶段　顶锻维持阶段是指顶锻压力达到最大值到压力开始撤除所对应的阶段。

从停车阶段开始到顶锻维持阶段结束，变形层和高温区的部分金属被不断的挤出，焊缝金属产生变形、扩散以及再结晶，最终形成了结合牢固的接头。

(2) 主要工艺参数

连续驱动摩擦焊过程的转速，轴向压力、扭矩、轴向缩短量的变化见图 3.7-27。

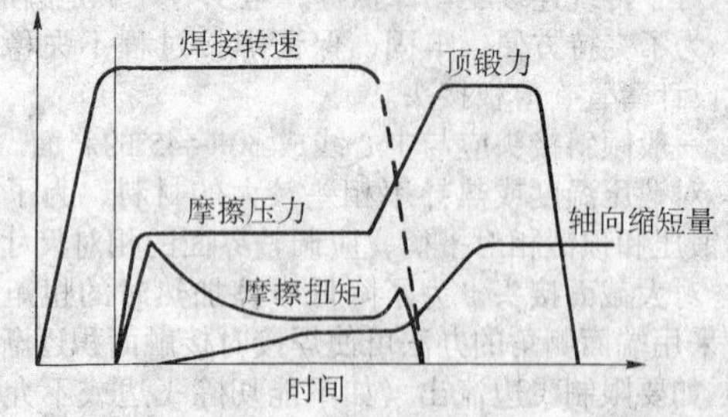

图 3.7-27　连续驱动摩擦焊过程主要焊接参数变化规律

焊接过程可以控制的主要参数有转速、摩擦压力、摩擦时间、摩擦变形量、停车时间、顶锻延时、顶锻时间、顶锻压力、顶锻变形量，其中，摩擦变形量和顶锻变形量（总和为缩短量）是其他参数的综合反映。

1) 转速与摩擦压力　焊接转速和摩擦压力直接影响摩擦扭矩、摩擦加热功率、接头温度场、塑性层厚度以及摩擦变形速度等。

当工件直径一定时，转速越高，则摩擦速度越高；接合面温度也越高。但转速过高时，摩擦端面塑性变形层厚度将减小，深塑区向轴心移动，不利于杂质排除和接头封口。对于实心圆断面低碳钢焊件，平均摩擦速度是距离圆心为 2/3 半径处的摩擦线速度，平均摩擦线速度的选用范围一般为 0.6 ~ 3.0 m/s，对于大多数碳钢而言，推荐的圆周表面线速度为 1.25 ~ 3.75 m/s，摩擦变形速度与平均摩擦速度、摩擦压力的关系见图 3.7-28。

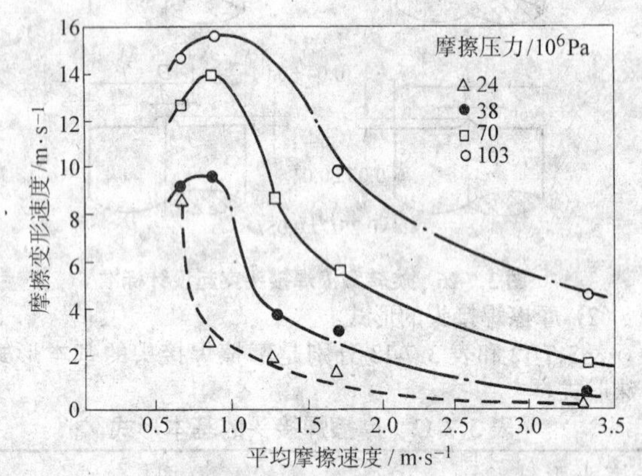

图 3.7-28　摩擦变形速度与平均摩擦速度、摩擦压力的关系曲线

（低碳钢管 ϕ19 mm × 3.15 mm）

转速 n 对热影响区和飞边形状的影响见图 3.7-29。转速和摩擦压力的选用范围很宽，它们不同的组合可得到不同的规范，常用的组合有两种——强规范和弱规范。强规范时，转速较低，摩擦压力较大，摩擦时间短；弱规范时，转速较高，摩擦压力小、摩擦时间长。

摩擦焊时，压力必须足够大，以便使整个端面保持紧密接触和产生足够的热量，压力较高时，达到焊接温度和稳定状态较快，热影响区较窄，焊接时间缩短，对低碳钢和低合金钢的摩擦压力一般为 20 ~ 83 MPa；对中、高碳钢，摩擦压力一般为 41 ~ 100 MPa。焊接大截面工件时，为了不使摩擦焊加热功率超过焊机容量，可采用二级、三级加压。

2) 摩擦时间　摩擦时间影响加热程度、轴向变形量和焊接能量的消耗，对接头的温度、温度场和质量有直接影响。

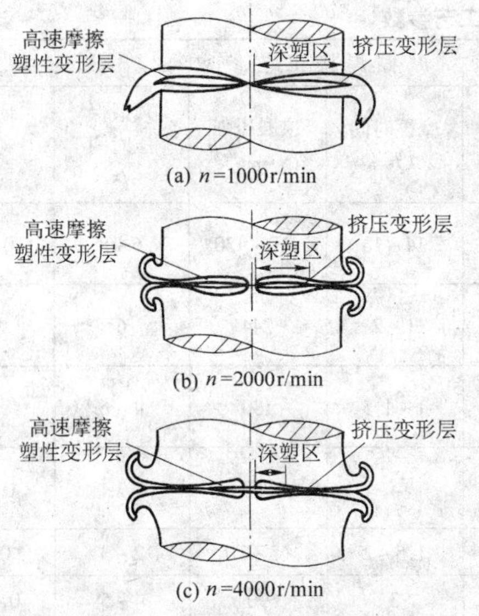

图 3.7-29 焊接参数对热影响区和飞边形状的影响

（低碳钢 ϕ19 mm，压力 86×10^6 Pa）

合理的摩擦时间应能使接头在加热阶段终了时形成较厚的变形层和较小的飞边，而在顶锻阶段产生较大的轴向变形和较大的飞边，这样整个飞边的尺寸不大，但形状封闭圆滑，有利于改善接头的焊接质量；如果时间短，则界面加热不充分，接头温度和温度场不能满足焊接要求；如果时间长，则消耗能量多，热影响区大，高温区金属易过热，变形大，飞边也大，消耗材料多。碳钢工件的摩擦时间一般在 1 ~ 40 s 范围内。

当摩擦变形速度一定时，摩擦变形量和摩擦时间成比例。因此可用摩擦变形量代替摩擦时间来控制摩擦加热过程。

3）摩擦变形量　摩擦变形量与转速、摩擦压力、摩擦时间、材质的状态和变形抗力有关，要得到牢靠的接头，必须有一定的摩擦变形量，通常选取的范围为 1 ~ 10 mm。

4）停车时间和顶锻延时　停车时间是转速由给定值下降到零所对应的时间，当其从短到长变化时，摩擦扭矩后峰值从小到大。停车时间还影响接头的变形层厚度和焊接质量，当变形层较厚时，停车时间要短；当变形层较薄而且希望在停车阶段增加变形层厚度时，则可加长停车时间。其选取范围通常为 0.1 ~ 1 s。

顶锻延时是为了调整摩擦扭矩后峰值和变形层厚度。在停车前施加顶锻压力或者停车时不制动都会使变形层厚度增大，但也可能会引起后峰值扭矩过大和金属组织扭曲。

5）顶锻压力、顶锻变形量和顶锻变形速度　顶锻压力的作用是挤出摩擦塑性变形层中的氧化物和其他有害杂质，并使焊缝得到锻压，结合牢靠，晶粒细小、性能优良的焊接接头。

顶锻压力的选择与材质、接头温度、变形层厚度以及摩擦力有关。材料的高温强度高时，顶锻压力要大；温度高、变形层厚度小时，顶锻压力要小（较小的顶锻力就可得到所需要的顶锻变形量）；摩擦压力大时，相应的顶锻压力要小一些。顶锻压力一般选取摩擦压力的 2 ~ 3 倍，对于低碳钢和低合金钢，可选取 80 ~ 170 MPa；对于中、高碳钢，可选取 100 ~ 400 MPa。

顶锻变形量是顶锻压力作用结果的具体反映。顶锻变形量一般选取 1 ~ 6 mm。顶锻速度反映了“趁热顶锻”的响应品质，如顶锻速度慢，则达不到要求的顶锻变形量，顶锻速度一般为 10 ~ 40 mm/s。

（3）几种典型材料的摩擦焊工艺参数

表 3.7-14 是几种典型材料的连续驱动摩擦焊工艺参数，表 3.7-15 为采用国产 C 系列摩擦焊机焊接某些典型零件所用的工艺参数。

表 3.7-14 几种典型材料的连续驱动摩擦焊工艺参数

序号	焊接材料	接头直径 /mm	焊接规范				备注
			转速 /r·min^{-1}	摩擦压力 /MPa	摩擦时间 /s	顶锻压力 /MPa	
1	45 钢 + 45 钢	16	2 000	60	1.5	120	—
2	45 钢 + 45 钢	25	2 000	60	4	120	—
3	45 钢 + 45 钢	60	1 000	60	20	120	—
4	不锈钢 + 不锈钢	25	2 000	80	10	200	—
5	高速钢 + 45 钢	25	2 000	120	13	240	采用模子
6	铜 + 不锈钢	25	1 750	34	40	240	采用模子
7	铝 + 不锈钢	25	1 000	50	3	100	采用模子
8	铝 + 铜	25	208	280	6	400	采用模子
9	GH4169	2	2 370	90	10	125	—
10	GH22	20	2 370	65	16	95	—
11	7A04	20	1 500	29	1	52	—
12	Ti17	20	2 370	40	1	40	—
13	30CrMnSiNi2A	20	2 370	30	6	55	—
14	40CrMnSnMoVA	20	2 370	35	3	78	—
15	1Cr18Ni9Ti	25	2 000	40	10	100	—

表3.7-15　典型零件摩擦焊工艺参数

零件名称		材料组合	工件直径 /mm	摩擦焊接工艺参数					
				主轴转速 /r·min^{-1}	摩擦压强 /N·mm^{-2}	摩擦时间 /s	顶锻压强 /N·mm^{-2}	顶锻保压时间 /s	顶锻滞后刹车时间 /s
汽车后桥管		45+45	外径70 内径50	99	55~60	14~18	110~130	6~8	0.2~0.3
液压千斤顶支承缸	内筒	20+45	外径47 内径45	1 150	126	1~2	244	6	0.2
	外筒	20+45	外径76 内径—	1 150	87	1~1.5	130	4~6	0.2
汽车排气阀		5Cr21Ni4Mn9N+40Cr	10.5	焊2 500 切边1 250	140	4	300	3	0.2~0.3
自行车涨闸闸壳		20~35+45		3 000	5~4.5	1.5~2	65~70	2~3	0~0.15
铝合金自行车轴壳		LD5+LD5	16.5	2 500	45	3	90	4~5	0.1~0.15
柴油机增压器叶轮		731等耐热合金+40Cr	27	1 350	70（1）② 100（2）	3（1） 12（2）	300	7	0~0.1
汽车后桥壳		16Mn+45或40Mn	152	585	30（1） 50~60（2）	5（1） 20~25（2）	100~120	10	—
石油钻杆		40Cr或42SiMn35CrMo	外径63~140 壁厚10~17	585	30（1） 50~60（2）	6~8（1） 24~30（2）	120	10~20	—
铲车活塞杆		40Cr+40Cr	90	585	20~30（1） 50~60（2）	15~20（1） 35~40（2）	100~120	15~20	—
刀具柄①		高速钢+45	14	2 000	120	10	240	—	—
铝铜管		Al+Cu	—	1 500	40	2.5	250	5	—

① 焊后立即在750℃炉中保温、退火。

② 括号内数字为摩擦级数。

1.7.3 惯性摩擦焊工艺

（1）惯性摩擦焊过程

1）初始摩擦阶段　当飞轮加速到设定焊接速度时，飞轮与驱动源分离，焊接工件开始初始摩擦阶段，此阶段与连续驱动摩擦焊过程相类似，在摩擦焊初试阶段，由于被焊接工件表面凸凹不平，在压力的作用下，互相压入的表面迅速产生塑性变形和机械挖掘现象，表面不平会引起振动，随着焊接时间和摩擦压力的增加，摩擦加热功率也逐渐增加，焊接界面温度逐渐升高。

2）不稳定摩擦阶段　经过初试摩擦，工件表面状态得到改善，接触面积增大，机械挖掘现象减小，振动消除，表面逐渐平整，出现高温塑性状态金属颗粒的“粘结”现象，而粘结在一起的金属又受扭力矩而剪断，并相互过度，接触良好的塑性金属封闭了摩擦表面，使之与空气隔绝，加热温度升高使被焊材料的塑性、韧性提高，摩擦系数增大、摩擦加热功率进一步提高，达到初试峰值后，又由于界面区温度的进一步升高，塑性增高和强度下降，摩擦系数降低使加热功率又迅速降低，同时摩擦变形量开始增大，并以飞边的形式出现。

3）稳定摩擦阶段　在此阶段，局部粘结现象减少，分子作用现象增强，摩擦系数很小，摩擦加热功率稳定在较低的水平。变形层在焊接压力的作用下，不断从摩擦表面挤出，摩擦变形量不断增大，飞边增多。

4）停车阶段　当飞轮的速度降低到一定值时，伴随工件间相对运动的减慢，热输入减少，焊接界面的摩擦扭矩增大，这时焊接程序往往对焊接工件实施较大的焊接顶锻力，这时大量热塑化材料被挤出，变形量进一步增大，此阶段直到飞轮完全停止。

5）顶锻维持阶段　工件完全停止后，顶锻力上升到最大值，并且保持一定的时间直到程序停止。

从停车阶段开始到顶锻维持阶段结束，变形层和高温区的部分金属被不断的挤出，焊缝金属产生剧烈热塑变形、分子间扩散以及再结晶，最终形成了牢固的固相焊接接头。

（2）惯性摩擦焊工艺参数

惯性摩擦焊过程中的转速，轴向压力，扭矩以及轴向缩短量之间的关系如图3.7-30所示，图中可以看出惯性摩擦焊

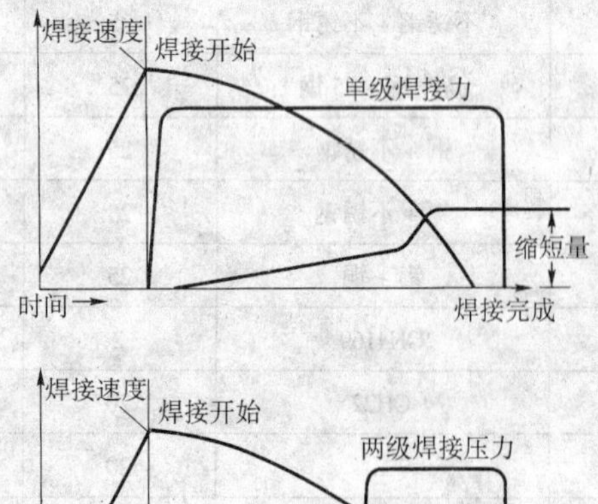

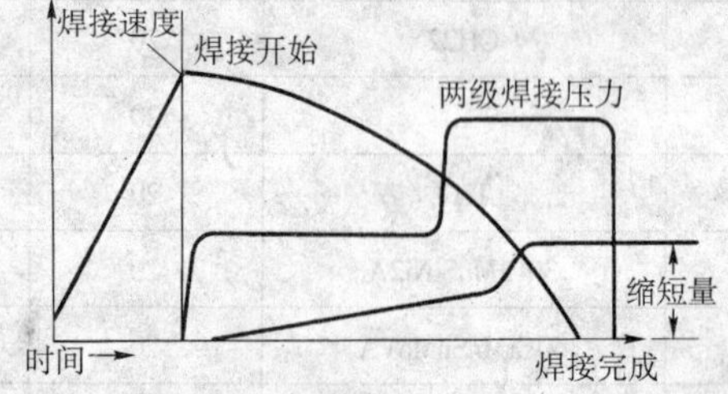

图3.7-30　惯性摩擦焊转速、压力和缩短量关系图

的起始焊接转速就是焊接过程中的最高转速，焊接过程中轴向压力一般保持恒压（也有焊接压力和顶端压力不同的设计），扭矩在整个过程中在焊接初始阶段和焊接末尾阶段出现峰值现象。

惯性摩擦焊的主要工艺参数有三个：飞轮转动惯量 J、转速 n（或飞轮角速度 ω）以及轴向压力 P。飞轮储存的能量 A 与飞轮转动惯量 J 和飞轮角速度 ω 的关系为

$$A = J\omega^2/2 \tag{3.7-2}$$

$$J = GR^2/2g \tag{3.7-3}$$

式中，G 为飞轮重量；R 为飞轮半径；g 为重力加速度。

实际生产中，飞轮的转动惯量可通过更换飞轮或不同尺寸飞轮的组合而加以改变。惯性摩擦焊的主要特点是恒压、变速，它将连续驱动摩擦焊的加热和顶锻结合在一起。

1）起始转速　每种金属都有一个能使接头获得最佳性能的外圆周速度范围。对于实心钢棒，推荐的速度范围为2.5~7.6 m/s。如果速度太低，接头中心加热偏低，飞边粗大不齐，焊缝成漏斗状，即使达到所需能量水平，也会因中心热量不足而难以使整个界面形成接合，并且毛刺粗糙不均。随着速度的升高，界面加热区由细腰形逐渐变得平坦。当初速度高于 6 m/s 时，焊缝呈鼓形，焊缝中心宽度大于其他部位（见图 3.7-31）。

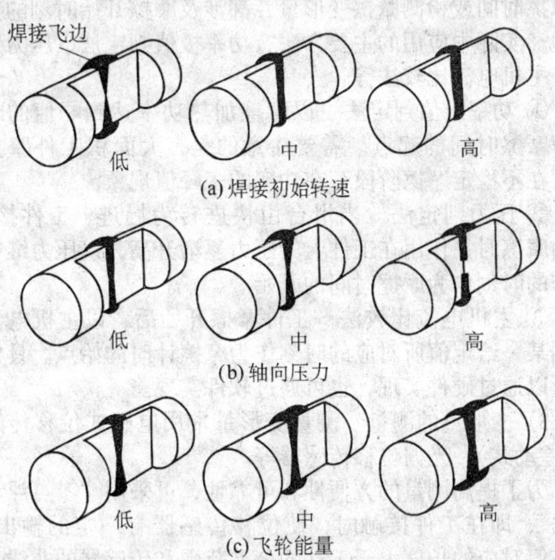

图 3.7-31　焊接参数对熔深和均匀性以及顶锻成形的影响

2）轴向压力　轴向压力对焊缝深度和形貌的影响几乎与起始转速的影响相反，见图 3.7-31b。轴向压力增大，界面热塑性金属挤出量增多，飞边量增多，焊接热影响区变窄。但压力过高会导致接头中心结合不良，且顶锻量很大。对中碳钢圆棒来说，轴向压力的有效范围为 150~210 MPa。

3）转动惯量　飞轮的转动惯量取决于飞轮的形状、直径和质量（包括飞轮、卡爪、轴承和传动部件）。当飞轮的质量或形状变化时，任何特定转速下的飞轮能量也将发生变化。

轮转动惯量和起始转速均影响焊接能量。在初始速度和轴向压力一定时，增大飞轮的转动惯量，焊接总能量增加，焊接时间延长，顶锻作用增大。因此，界面处塑性金属量增加，顶锻和挤出的金属量增多，焊接飞边相应增大。相反，若飞轮的转动惯量太小，则顶锻作用不足，难以压实焊缝和从界面上排除杂质。

在能量相同情况下，大而转速慢的飞轮产生顶锻变形量较小，而转速快的飞轮产生较大的顶锻变形量。飞轮能量从小变大时，对钢－钢工件焊缝形貌和尺寸的影响见图 3.7－31c。

（3）典型材料惯性摩擦焊工艺参数

典型材料和零件的惯性摩擦焊工艺参数见表 3.7-16 和表 3.7-17。

表 3.7-16　典型材料的惯性摩擦焊工艺参数

材　料	转速 /r·min⁻¹	转动惯量 /kg·m²	轴向压力 /kN
20	5 730	0.23	69
45	5 530	0.29	83
合金钢 20CrA	5 530	0.27	76
不锈钢 ZG0Cr17Ni4Cu3Nb	3 820	0.73	110
超高强钢 40CrNi2Si2MoVA	3 820	0.73	138
纯钛	9 550	0.06	18.6
钛合金 7A04	9 550	0.07	20.7
铝合金 2A12	3 060~7 640	0.41~0.08	41
铝合金 7A04	3 060~7 640	0.41~0.08	89.7
镍基合金 GH600	4 800	0.60	117
GH4169	2 300	2.89	206.9
GH901	3 060	1.63	206.9
GH738	3 060	1.63	206.9
GH141	2 300	2.89	206.9
GH536	2 300	2.89	206.9
镁合金 MB7	3 060~11 500	0.41~0.03	51.7
镁合金 MB5	3 060~11 500	0.22~0.02	40.0

表 3.7-17　典型材料的惯性摩擦焊工艺参数

材　料	形式	工件直径 d/mm	主轴转速 n/r·min⁻¹	轴向压力 F/MPa	总惯量 I/kg·m²	飞轮能量 E/kJ
20+20	棒－棒	25	4 600	82	0.282	32.6
45+45	棒－棒	50	2 950	211	2.486	118.3
微合金钢+35	棒－棒	20	2 000	133	0.674	14.7
40CrMo+40CrMo	棒－棒	20	2 500	159	0.674	23.0
K32+40Cr	棒－棒	24	2 500	350	1.517	51.9
1Cr13+1Cr13	棒－棒	25	3 000	124	0.844	41.5
1Cr18Ni9Ti+1Cr18Ni9Ti	棒－棒	25	3 500	124	0.591	39.6
1Cr18Ni9Ti+20	棒－棒	25	300	124	0.844	41.5
1Cr18Ni9Ti+铝合金	棒－棒	25	5 500	35	0.165	27.2
W6Mo5Cr4V2+45	棒－棒	25	3 000	276	6.33	55.6
铜+碳钢	棒－棒	25	800	35	1.130	20.7
45+45	棒－板	25	1 850	19	0.059	118
40Cr+45	棒－板	$\phi50\times6$	3 500	188	6.33	101.6
40Mn2+40Mn2	管－管	$\phi73\times5$	2 500	301	2.486	85
37Mn5+37Mn5 (DIN)	管－管	$\phi88.9\times13$	1 800	130	20.48	362

1.7.4 搅拌摩擦焊工艺

(1) 搅拌摩擦焊过程

1) 搅拌头插入阶段　搅拌摩擦焊开始时，搅拌头旋转着逐渐插入焊接工件，随着搅拌头插入深度的增加，搅拌头四周出现热塑化金属飞边，当搅拌头轴肩与工件完全接触时，焊接顶锻压力以及初始摩擦扭矩出现峰值，由于轴肩对飞边金属的拘束作用以及辅助加热作用增强，搅拌头邻近区域形成一定厚度的热塑化金属层。

2) 热塑化金属层形成和转移　当搅拌头完全插入工件并形成了动态热平衡后，搅拌头沿着焊缝方向以一定的速度向前移动，热塑化的金属层在搅拌头旋转、摩擦作用下，由前部向后部转移，并且在搅拌头的前部又形成新的热塑化层。

3) 焊缝形成阶段　过渡后的热塑化金属，在受到了搅拌头轴肩后部摩擦热作用的同时，也受到了向下和向前的挤压、锻造作用，在热－机的联合作用下形成了固相连接接头。

(2) 搅拌摩擦焊工艺参数

搅拌摩擦焊的工艺参数主要有四个：搅拌头旋转速度、焊接速度、焊接深度、搅拌头的倾斜角度。搅拌摩擦焊的工艺参数选择与被焊接材料、厚度以及搅拌头的形状密切相关。基于搅拌摩擦焊这种焊接方法的优越性，一般来说，搅拌摩擦焊工艺裕度大，参数选择窗口大。

1) 搅拌头旋转速度　搅拌头的旋转速度决定着搅拌摩擦焊的热输入功率的大小，对于特定的材料，焊接时热输入的大小对最终焊缝性能有较大的影响，所以针对不同特性的材料，来决定选用搅拌头的旋转速度。

2) 焊接速度　焊接速度就是指搅拌头和工件之间的相对运动速度，焊接速度的快慢决定着焊缝的外观成形以及焊缝质量，如果焊接速度太快，焊缝中很可能出现沟槽或隧道孔洞等缺陷。一般来说被焊接工件的结构厚度决定了搅拌摩擦焊的焊接速度。

3) 焊接深度　搅拌摩擦焊的焊接深度一般等于搅拌针的长度，对于对接搅拌摩擦焊，搅拌针的长度一般略小于被焊接工件的厚度（一般为0.9板厚），如果搅拌针的长度太长，搅拌头就会扎入底部焊接垫板，使搅拌针的寿命缩短，如果搅拌针太短会造成底部材料未焊透，造成焊接缺陷，所以搅拌摩擦焊的焊接深度由搅拌针的长度决定。

4) 搅拌头的倾斜角度　搅拌摩擦焊时，搅拌头一般会倾斜一个角度（一般0°～5°），倾斜的搅拌头在焊接过程中会向转移后的热塑化金属材料施加向前、向下的顶锻力，这个力是保证焊接成功的关键。搅拌头倾斜角度的大小与搅拌头轴肩的大小以及被焊接工件的厚度有关。

(3) 典型材料搅拌摩擦焊工艺参数

对于常用的铝合金材料典型搅拌摩擦焊工艺范围见表3.7-18。

表3.7-18　不同铝合金系列搅拌摩擦焊指导工艺规范

铝合金系列	搅拌头旋转速度 /r·min^{-1}	焊接速度 /mm·min^{-1}	搅拌头倾角 /(°)
1 000	800～1 500	50～200	1.5
2 000	200～600	30～150	2
3 000	500～1 500	50～200	2.5
4 000	600～1 500	50～250	2.5
5 000	800～2 500	80～1 500	2
6 000	800～2 000	100～750	2
7 000	200～500	20～150	2

1.8 摩擦焊质量控制

摩擦焊的质量主要取决于工艺参数检测和控制、被焊工件毛坯的制备和焊机的调整。连续驱动摩擦焊工艺参数控制方法有多种，如时间控制、功率峰值控制、变形量控制和综合参数控制等。

时间控制和功率峰值控制主要是控制摩擦加热过程，而变形量控制则对整个焊接过程（摩擦加热和顶锻焊接）进行控制。综合参数控制可对主要的焊接参数进行监控、显示和记录，能全面可靠地保证焊接接头的质量。

1.8.1 连续驱动摩擦焊

(1) 工艺参数的检测

1) 工艺参数的分类　旋转摩擦焊的工艺参数有两大类：独立参数和非独立参数。

① 独立参数　这类参数可以单独设定和控制，主要有主轴转速、摩擦压力、摩擦时间、顶锻压力、顶锻维持时间等。

② 非独立参数　它由两个或两个以上独立参数以及材料性质所决定，主要有摩擦扭矩、焊接温度、摩擦变形量、顶锻变形量等。

2) 摩擦开始信号的选取　连续驱动摩擦焊时，无论检测摩擦时间或检测摩擦变形量，都涉及摩擦开始时刻的判定问题。实际中应用的主要方法有功率极值判定法、压力判定法、主机电流比较法等。

① 功率极值判定法　以摩擦加热功率达到峰值的时刻作为摩擦时间的起点。需要注意的是，大面积工件摩擦焊时，在不稳定摩擦阶段存在功率的多峰值现象。

② 压力判定法　当滑台由快进转为慢进、工件接触、开始摩擦时，作用在工件上的压力逐渐升高，以压力继电器动作的时刻作为摩擦时间的开始。

③ 主机电流比较法　工件摩擦开始后，以主机电流上升到某一给定值所对应的时刻作为摩擦计时的始点。具体方法可以通过硬件实现，也可通过软件实现。

3) 变形量的测量　测量变形量常用电感式位移传感器（含差动式）、光栅位移传感器等。

为了提高测量的方便性和可靠性，可采用“零点浮动检测法”，即在工件接触时，使位移传感器有一定的输出值，且该值对应的长度大于工件的公差范围和传感器的非线性输出范围之和。焊接过程中，用计算机记录下各特征点（如一级摩擦开始、二级摩擦开始、顶锻开始、顶锻维持结束等时刻）所对应的位移传感器的绝对值（特征值），并将这些特征值作为计算相应阶段变形量的相对零点。

4) 主轴转速和压力的测量　主轴转速测量常采用磁通感应式转速计、光电式转速计以及测速发电动机等。压力测量通常除采用压力表外，还采用电阻丝应变片和半导体应变片等。

5) 接头温度的测量

① 采用热电偶测量　热电偶测量基于温差效应，属接触测量，可测量工件内部的温度。采用热电偶测量摩擦焊工件的温度时，为了解决有一个工件在旋转的问题，可将布置在旋转工件上的热电偶通过补偿导线连接到引电器上，焊接时，引电器的内环随工件一起旋转，引电器的各输出端则始终与相应的内环的输入端相连。由于热电偶存在热惯性，只有经过对热电偶动特性进行标定以及对测得的数据进行修正，才能得到真实的温度。

② 采用热像仪测量　热像仪测量是基于红外辐射，属非接触测量，用于测量工件的表面温度场。图3.7-32是热像仪的组成及原理。光学探测器每瞬间只接受工件上一个部位的单元信息，扫描机构依次对工件进行二维扫描，接收系

统按时间先后依次接收，经放大处理，变为一维时序视频信号送到显示器，与同步机构送来的同步信号合成后，显示出焊件图像和温度场的信息。

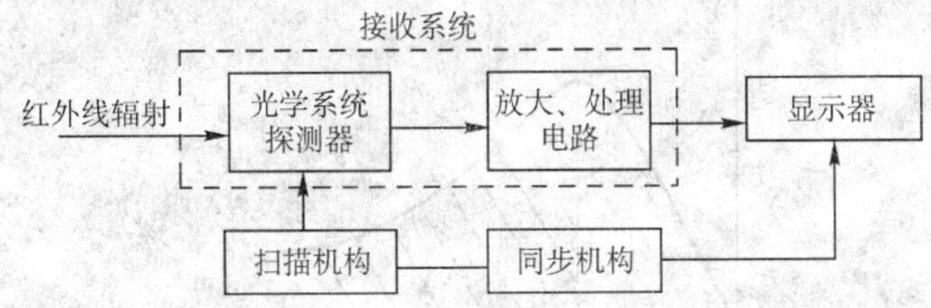

图 3.7-32 热像仪的组成及原理

6) 摩擦扭矩的测量　摩擦扭矩是连续驱动摩擦焊接的一个十分重要的参数，具有变化速度快、变化范围大等特点。摩擦扭矩综合反映了轴向压力、工件转速、界面温度、材质特性及其他们之间的相互影响。

主要的测量方法有五种。

① 电阻应变片法　将电阻应变片贴在工件上，好处是灵敏度高，不足之处是不适宜生产现场，主要用于试验研究；也可以将电阻应变片贴在主轴上，由于主轴刚度大，当被焊面积小且采用软规范时误差较大。

② 磁弹扭矩传感器法　该方法利用了铁磁材料受机械力作用时导磁性能发生变化的磁弹现象。采用这种方法时，材料各向导磁性能的差异、传感器与工件之间的装配间隙以及工件的振动都会造成测量误差。

③ 轮辐式扭矩传感器法　轮辐式扭矩传感器法是以主电动机皮带轮的轮辐作为弹性元件，本质上，这种方法测量的是主电动机的输出扭矩，并非工件的摩擦扭矩，是一种近似测量法。当皮带打滑或抖动时，亦会对测量带来影响。

④ 主电动机定子电流法　当电网电压、转速、功率因数、电动机损耗等在摩擦焊过程中均保持不变时，摩擦扭矩与主电动机定子电流成正比。实际上，由于网压波动、转速变化以及电动机损耗随电流而变化等因素，主电动机定子电流和摩擦扭矩之间没有线性关系，所以，测量误差大。

⑤ 主电动机定子电压电流法 - VCMM（Voltage and Current Of Major Motor）法　连续驱动摩擦焊时，摩擦扭矩 $T(t)$ 和摩擦加热功率 P_{heat} 分别为

$$T(t) = 2\pi\int_0^R \mu(r,t)P(r,t)r^2\,\mathrm{d}r \qquad (3.7\text{-}4)$$

$$P_{heat} = \frac{\pi^2}{15}\int_0^R n(t)\mu(r,t)P(r,t)r^2\,\mathrm{d}r \qquad (3.7\text{-}5)$$

式中，$\mu(r,t)$ 为摩擦系数；$P(r,t)$ 为摩擦压力；R 为工件半径；r 为工件摩擦表面某点到工件轴心的距离；$n(t)$ 为摩擦转速。

由于 $n(t)$ 与 r 无关，所以

$$P_{heat} = \pi n(t)T(t)/30 \qquad (3.7\text{-}6)$$

通过计算机对主电动机定子电压和电流以及摩擦转速的实时同步检测，计算出主电动机的输入功率，再通过对摩擦焊过程各种功率损耗的分析、计算，并根据能量守恒定律，求出作用于摩擦焊接头的加热功率，根据公式（3.7-6）可以求出摩擦焊过程的动态扭矩。图 3.7-27 是实际测量的主电动机定子电压、电流和摩擦扭矩随时间的变化曲线。

(2) 摩擦焊接头缺陷及其产生原因

摩擦焊接头的主要缺陷及其产生原因见表 3.7-19。

(3) 工艺参数控制

当材质、接头形式和工艺参数确定后，摩擦焊质量主要取决于工艺参数的稳定。

连续驱动摩擦焊的工艺参数控制方法主要有以下 6 种。

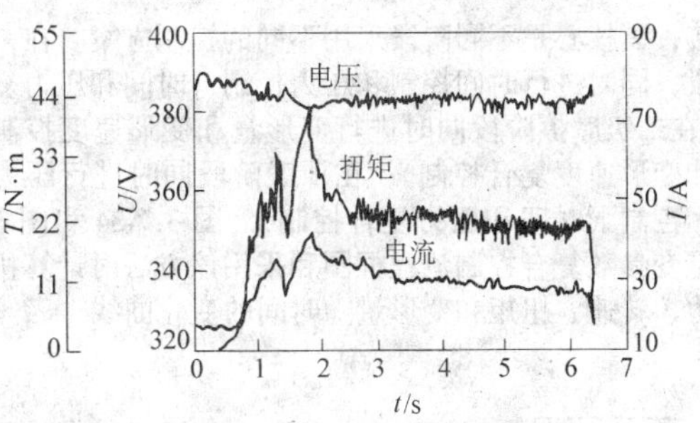

图 3.7-33 主电动机定子电压、电流和摩擦扭矩随时间的变化曲线

实验条件为：棒材 65Mn 钢；工件直径 ϕ27 mm；
摩擦压力 1.76 MPa；摩擦时间 6 s；
顶锻压力 3.43 MPa；保压时间 8 s

表 3.7-19 摩擦焊接头的主要缺陷及其产生原因

缺陷名称	缺陷产生原因
接头偏心	焊机刚度低；夹头偏心；工件端面倾斜或在夹头外伸出量太长
飞边不封闭	转速高；摩擦压力太大或太小；摩擦时间太长或太短，以致顶锻焊接前接头中变形层和高温区太窄；停车慢
未焊透	焊前摩擦表面清理不良；转速低；摩擦压力太大或太小；摩擦时间短；顶锻压力小
接头组织扭曲	速度低；压力大，停车慢
接头过热	速度高；压力小；摩擦时间长
接头淬硬	焊接淬火钢时，摩擦时间短，冷却速度快
焊缝裂缝	当焊接淬火钢时，摩擦时间短，冷却速度快
氧化灰斑	焊前工件清理不良；焊机振动；压力小；摩擦时间短；顶锻焊接前，接头中的变形层和高温区窄
脆性合金层	焊接产生脆性合金化合物的异种金属时，加热温度高；摩擦时间长；压力小

1) 时间控制　时间控制通常是指摩擦时间控制。控制摩擦时间，使其保持恒定，当焊件备料一致性较好及转速、压力等参数波动不大时，一般可获得稳定的焊接质量；其特点是采用强规范（转速低、摩擦压力大、时间短）大批量生产时效果较差。

2) 功率峰值控制　这种控制方法是基于摩擦加热功率峰值到稳定值之间相应的时间基本不变，依据功率峰值到稳定值的时间来控制停车顶锻的起始时刻，从而控制接头的输入能量和加热温度。

实际上，由于加热功率的多峰值现象以及工艺参数的变化和工件表面状态的差异，都会引起功率峰值到稳定值的时间不同，因而，这种控制方法的有效性有限，且主要应用于碳钢和低合金钢的强规范焊接。

3) 变形量控制　通常是指摩擦变形量控制，通过控制工件的摩擦变形量（缩短量），使其等于选定值来保证焊接质量，控制摩擦加热的变形量可使焊接工艺参数具有自动调节作用，同时为了克服由于工件表面状态和其他工艺参数变化对这种控制方法带来的不利影响，还可同时对摩擦时间进行监控。该法比时间控制方法好，适用于钢材的弱规范焊接。

4) 温度控制　主要通过对工件表面温度的非接触测量而进行相应的控制（如停车和顶锻），其关键是选择最佳焊接温度，提高测量温度及其再现性。

5) 变参数复合控制　该方法主要针对大截面工件的摩

擦焊接，其核心是不同阶段采用不同的控制方案。在一级摩擦阶段，同时进行时间控制和压力控制（时间和压力复合控制），在二级摩擦阶段同时进行变形量和变形速度控制（变形量和变形速度复合控制）；在顶锻阶段同时进行压力控制和时间控制（时间和压力复合控制）。图3.7-34和图3.7-35分别是变参数复合控制流程框图和采用该方法时计算机记录的压力、转速、扭矩和变形量随时间的变化曲线。

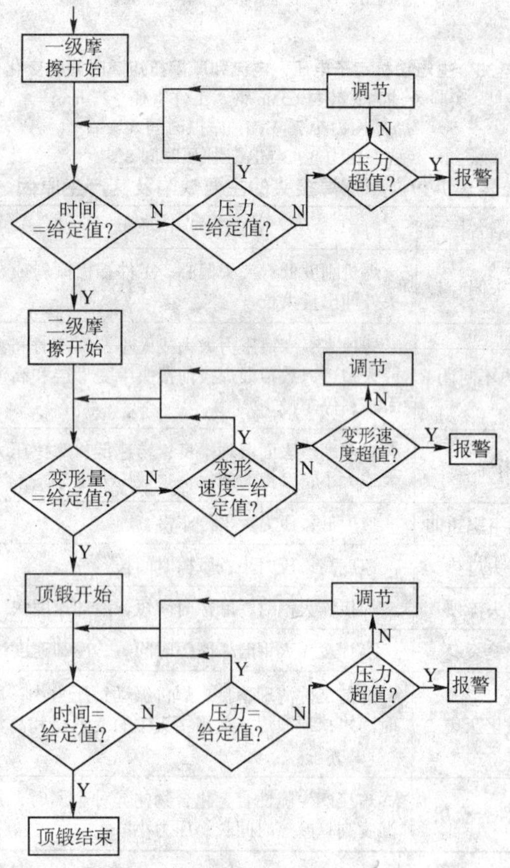

图3.7-34　变参数复合控制流程框图

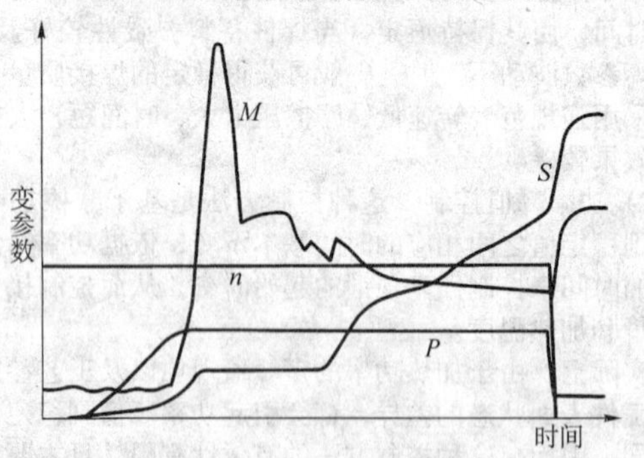

图3.7-35　采用变参数符合控制时计算机记录的压力、转速、扭矩和变形量的变化曲线

M—扭矩；P—压力；n—转速；S—变形量

6）*Mt*控制　图3.7-36是*Mt*控制法示意图。从功率达到最大值的t_0时刻起计算摩擦热量，当摩擦热量达到Q_0时的t_n时刻停止摩擦加热过程而进入顶锻过程，而摩擦热量的控制可通过摩擦扭矩M和摩擦时间t的积分运算来实现。该方法是在功率峰值控制的基础上发展起来的，它本质上是能量控制法。

1.8.2　惯性摩擦焊

（1）惯性摩擦焊工艺参数

1）工艺参数的检测　惯性摩擦焊工艺参数相对于连续驱动摩擦焊比较少，需要检测和控制的工艺参数只有：飞轮惯量的选取、飞轮焊接起始转速、摩擦压力（包括顶锻压力），其他需要检测的复合工艺参数为：摩擦扭矩、摩擦变形量、被焊工件的焊接缩短量。

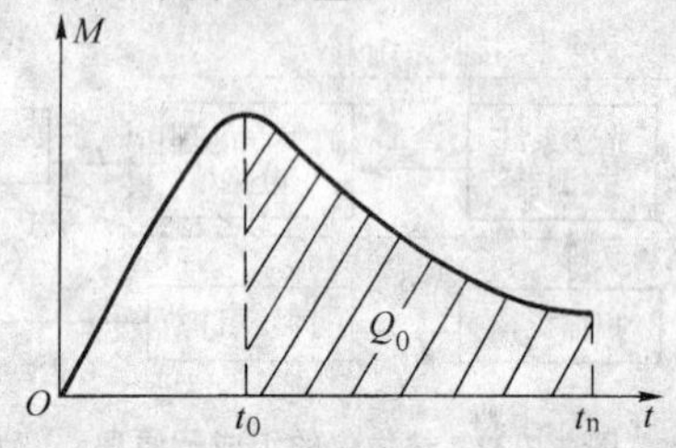

图3.7-36　*Mt*控制法示意图

M—摩擦扭矩；Q_0—摩擦焊接控制能量；t_0—功率输入极值点；t_n—停止摩擦加热点

2）摩擦开始信号的选取　惯性摩擦焊的摩擦开始信号一般为飞轮的焊接起始转速，即当飞轮达到焊机设定的起始焊接速度时，这时摩擦焊接正式开始，飞轮与驱动源脱开，工件在焊接压力的作用下开始接触摩擦，工件的接触面温度升高，飞轮的速度开始降低。

摩擦开始时，零件位置清零，并且开始监测和记录零件之间的位置变化。

3）变形量的测量　惯性摩擦焊的焊接缩短量常用电感式位移传感器（含差动式）测量，在工件接触时，使位移传感器有一定的位移输出，当焊接结束时，传感器的位移值与初始位移值相减，就可以得到焊接变形量。

惯性摩擦焊的其他参数，如主轴转速、焊接压力、接头温度以及摩擦扭矩等的测量与连续驱动摩擦焊相类似。

（2）惯性摩擦焊接头缺陷及其产生原因

惯性摩擦焊接头的主要缺陷及其产生原因与连续驱动摩擦焊相类似（见表3.7-19）。

（3）惯性摩擦焊工艺参数控制

惯性摩擦焊工艺参数较少，控制相对较简单，对于特定的焊接材料，首先需要考虑材料的焊接特性所要求的焊接线速度以及摩擦顶锻时间，实际焊接过程中主要表现为飞轮惯量的选择，飞轮的起始焊接速度的设定以及焊接摩擦压力（包括顶锻压力）的控制。

惯性摩擦焊机的监控系统主要控制初始转速和焊接压力两个参数，并监测转速、压力、长度缩短等参数变化。

美国MTI公司生产的惯性摩擦焊机，其监控系统由微处理器、检测单元和控制单元组成，具有过程量监测功能、控制功能、逻辑判断功能、记录和储存功能以及其他一些辅助功能。该系统还设有打印装置，可将焊接参数设定值和实测值、逻辑判断结果综合打印在表格中，并能根据要求进行过程监测值绘图。

监控系统工作之前，需按要求向监控系统输入焊接初始速度、焊接压力、焊接时间、长度缩短量的设定值和上下限，冷却延时设定值。此外，还要输入焊接时的总惯量值，选择采样速率等。系统一旦进入运行状态，便可对过程的输入参量（转速、压力）和输出参量（焊接时间、长度缩短）按采样速率进行采样，并将采样数据输入内存。

监控系统依据参数设定值和上下限对驱动电机和液压系统实施控制。当主轴加速和转速测量元件测得的信号被确认已达到设定值后，控制系统便断开驱动电机并输出信号，让液压系统给工件加上压力。焊接压力按设定值通过液压伺服控制阀实现控制。如果加速的初速度超过设定值，控制系统就断开驱动电机，直到主轴转速降到设定值后，再向液压系统发出施加压力的信号。当转速降到零时，焊接计时结束，冷却延时计数器工作，压力在冷却延时结束时解除。

1.8.3　搅拌摩擦焊

(1) 搅拌摩擦焊工艺参数

搅拌摩擦焊工艺参数主要有搅拌头的倾角、搅拌头的旋转速度、搅拌头的插入深度、焊接速度以及焊接压力。

1) 搅拌头倾角　搅拌摩擦焊时，搅拌头通常会向前倾斜一定角度，以便焊接时搅拌头肩部的后沿能够对焊缝施加一定的焊接顶锻力。

搅拌头的倾角设计指标一般为 ±5°，对于薄板（厚度为 1～6 mm）搅拌头倾角采用小角度，通常为 1～2°，对于中厚板（厚度大于 6 mm），根据被焊接工件的结构和焊接压力的大小，搅拌头的倾角通常采用 3～5°。

2) 搅拌头的旋转速度　搅拌头的旋转速度与焊接速度相关，但通常由被焊接材料的特性决定，对于特定的材料，搅拌头的旋转速度一般对应着一个最佳工艺窗口，在此窗口内惯性摩擦焊的旋转速度可以在一定的范围内波动，以便和焊接速度相匹配，实现高质量的焊接。

据搅拌头的旋转速度，搅拌摩擦焊接可以分为冷规范、弱规范和强规范，各种铝合材料焊接规范分类如表 3.7-20 所示。

表 3.7-20　搅拌摩擦焊规范分类以及铝合金材料

规范类别	搅拌头旋转速度/$r \cdot min^{-1}$	适合铝合金材料
冷规范	<300	2024、2214、2219、2519、2195、7005、7050、7075
弱规范	300～600	2618、6082
强规范	>600	5083、6061、6063

3) 搅拌头插入深度　搅拌头的插入深度一般指搅拌针插入被焊接材料的深度，但有时可以指搅拌肩的后沿低于板材表面的深度。

对接焊时，焊接深度一般等于搅拌针的长度，由于搅拌针的顶端距离底部垫板之间保持一定间隙，搅拌针插入材料表面后还可以在一定范围内波动，所以焊接深度和搅拌针的长度又有较小的差别。

考虑搅拌针的长度一般为固定值（可伸缩搅拌头除外），所以搅拌头的插入深度也可以用搅拌肩的后沿低于板材表面的深度来表示搅拌头的插入深度。对于薄板材料，此深度一般为 0.05～0.3 mm 之间，对于中厚板材料此深度一般不超过 0.5 mm。

4) 焊接速度　搅拌摩擦焊时的焊接速度指搅拌头沿焊缝移动速度，或者被焊接板材相对于搅拌头的移动速度。

焊接速度的大小一般由被焊接材料的厚度来决定，另外考虑生产效率以及搅拌摩擦焊工艺柔性等其他因素，搅拌摩擦焊的焊接速度可以在一定范围内波动。表 3.7-21 为针对不同厚度使用的搅拌摩擦焊速度范围。

表 3.7-21　不同厚度材料的搅拌摩擦焊速度范围

板材厚度/mm	焊接速度范围/$mm \cdot min^{-1}$	适合材料
1～3	30～2 500	5083、6061、6063
3～6	30～1 200	6061、6063
6～12	30～800	2219、2195
12～25	20～300	2618、2024、7075
25～50	10～80	2024、7075

5) 焊接压力　搅拌摩擦焊的焊接压力指焊接时搅拌头向焊缝施加的轴向顶锻压力。

焊接压力的大小与被焊接材料的强度、刚度等物理特性以及搅拌头的形状和焊接时的搅拌头压入被焊接材料的深度等有关。但对于特定厚度的材料和搅拌头，搅拌摩擦焊的焊接压力正常焊接时一般保持恒定。所以当工件和设备变形和饶度较大时，搅拌摩擦焊设备的控制方式一般采用恒压控制。

(2) 搅拌摩擦焊缺陷及其产生原因

搅拌摩擦焊的缺陷主要有三种：未焊透、孔洞和黑线。

1) 未焊透　未焊透主要指焊缝背面存在未完全焊透缺陷，其表现如图 3.7-37 所示。搅拌摩擦焊未焊透缺陷产生主要原因是搅拌针和被焊接板材厚度不匹配，搅拌针距离背面垫板太大，材料不能够被完全塑化和实现固相扩散造成，另外焊接系统控制精度不够和工装夹具和设备的设计结构刚度不够，也会造成搅拌摩擦焊未焊透缺陷。

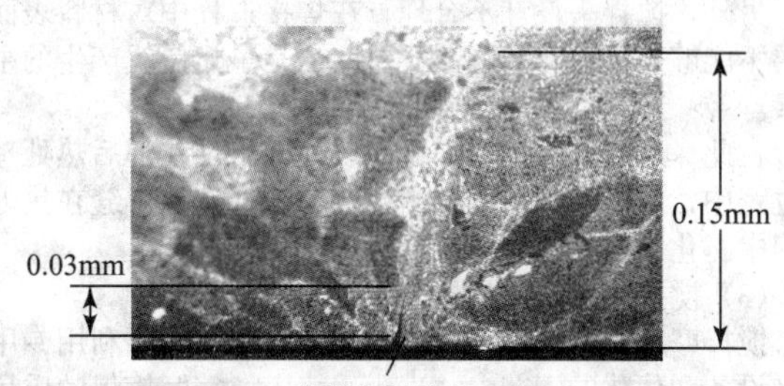

图 3.7-37　搅拌摩擦焊未焊透缺陷

2) 焊缝孔洞　焊缝中孔洞也是搅拌摩擦焊的可能出现的主要缺陷之一，孔洞如图 3.7-38 所示，有单孔未填充孔洞和群孔疏松孔洞等多种形式，但大多数表现为隧道孔洞。

搅拌摩擦焊焊缝孔洞缺陷产生的主要原因是搅拌头的设计不合理，焊接过程中热塑化的金属材料不能均匀的过渡和填充焊缝，因此形成孔洞缺陷。另外，焊接过程中如果参数设定不合理，如焊接速度过快、焊接压力和搅拌头后沿压入量不够等，都可能造成焊缝孔洞。

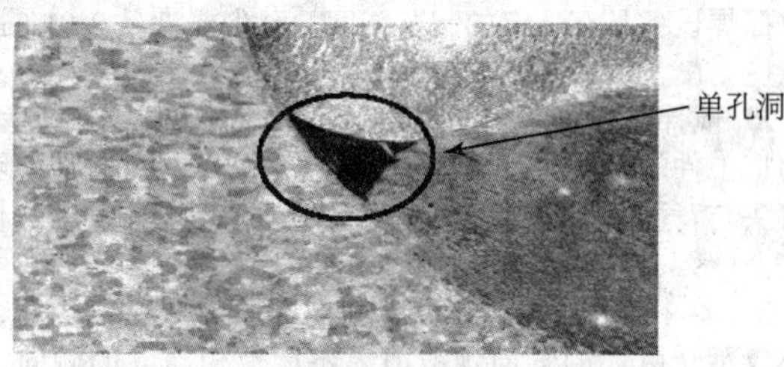

(a) 单孔未填充孔洞

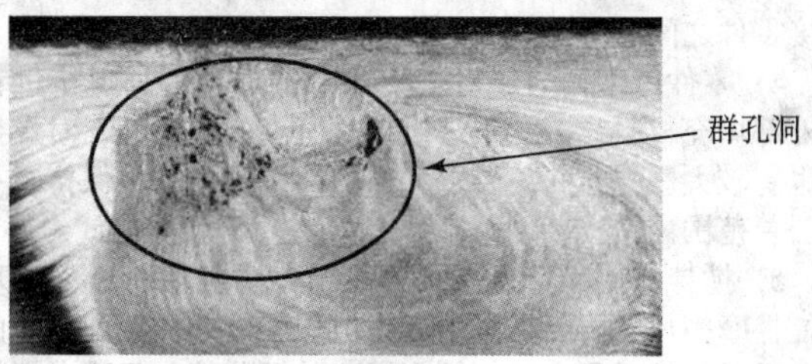

(b) 群孔疏松孔洞

图 3.7-38　典型的搅拌摩擦焊焊缝孔洞

3) 焊缝黑线　如图 3.7-39 中所示，搅拌摩擦焊焊缝中有时也会存在黑线缺陷，黑线的存在会使焊缝强度的力学性能急剧降低，是搅拌摩擦焊中最隐蔽和致命的一种焊接缺陷。

搅拌摩擦焊焊缝黑线缺陷产生的主要原因是被焊接材料表面氧化层太厚，焊接过程中搅拌头不能够对氧化皮完全破碎和弥散，密集的氧化颗粒在焊缝中呈面状或带状分布，造成焊缝接头的力学性能降低，所以搅拌摩擦焊前对板材等表面进行适当的去氧化皮清理是必要的。

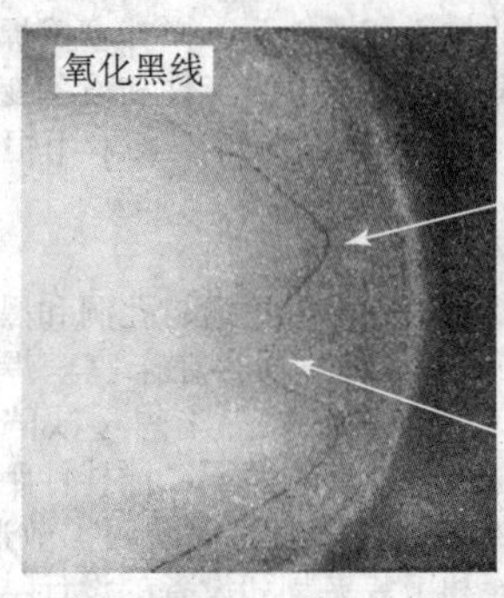

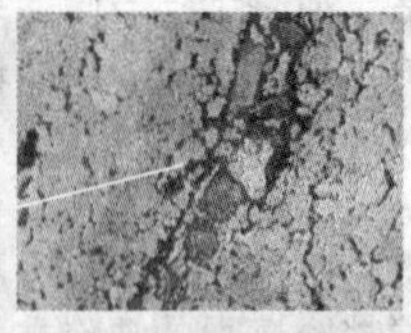

图3.7-39　搅拌摩擦焊焊缝黑线缺陷

另外，搅拌头设计不合理，在焊接过程中对材料表面氧化层不能够完全破碎和弥散分布，也是氧化黑线产生的主要因素。

在此，还应该明确，焊缝黑线往往出现在焊后热处理工艺过程中，所以这种缺陷的产生还与搅拌摩擦焊缝在热处理过程中脆化相的析出有直接的关系。

(3) 搅拌摩擦焊质量控制

搅拌摩擦焊是一种机械化的工艺方法，只要利用专用的焊接设备和优化的工艺参数进行焊接，搅拌摩擦焊的质量就可以得到保证，所以搅拌摩擦焊被业界誉为"无缺陷"焊接方法。搅拌摩擦焊质量控制和保证的主要有8个关键要素。

1) 设备具有足够结构刚度和制造精度　搅拌头要在焊接开始冷态状况下，旋转着插入被焊接工件；搅拌摩擦焊过程中，搅拌头要持续向焊缝金属施加足够大的顶锻力，如搅拌摩擦焊6 mm厚的6082铝合金材料时，测得的轴向焊接顶锻峰值压力为37 000 kN，因此要求搅拌摩擦焊设备必须具备足够结构刚度和强度，与普通的机加工铣床相比较，搅拌摩擦焊设备的承载能力大概是铣床的5~10倍。

同时，要实现搅拌摩擦焊并且保证焊接质量，还要求搅拌摩擦焊设备具有一定的制造精度，至少要满足0.01 mm动态精度。

2) 搅拌头与背面垫板距离能够保持恒定　焊接过程中，被焊接工件的背面必须具有刚性支撑和垫板，并且还能够对搅拌头与背面垫板之间距离进行精确的位置控制和能够保持恒定。

3) 零件被刚性固定和夹紧　搅拌摩擦焊对接焊时，零件不仅承受巨大的轴向顶锻力，还承受相当大的侧向分开力，因此，被焊接工件需要被刚性固定和夹紧，才能保证被焊接零件之间的间隙。

4) 零件厚度均匀　对于搅拌摩擦焊，由于焊接过程没有外部填充材料，因此被焊接板材厚度的均匀性，对焊接质量也有较大影响，一般要求工件的厚度要均匀，保持在一定的公差范围内。

5) 搅拌头能够实现恒压力控制　要实现筒形件的环缝的搅拌摩擦焊，由于实际生产中被焊零件的加工和定位的偏差，以及焊接过程中的搅拌头深度的调节等，很难对搅拌头和底部垫板之间的距离按照摩擦焊工艺要求进行精确控制，另外在长纵缝焊接中，由于设备的刚性以及焊接时产生的较大的饶度变形，容易产生未焊透等缺陷，所以搅拌摩擦焊过程中需要对搅拌头实施恒压力控制，才能保证焊接质量。

6) 选用合适搅拌头　搅拌头是搅拌摩擦焊技术的"心脏"，搅拌头的材料和搅拌头的形状对焊接质量有重要影响，搅拌摩擦焊时需要根据材料的种类、被焊工件的结构和厚度选择恰当的搅拌头来保证搅拌摩擦焊的焊接质量。

7) 优化焊接工艺参数　尽管搅拌摩擦焊工艺参数的裕度很大，但是针对铝合金材料，不同种类的铝合金所需要的搅拌摩擦焊工艺参数差别很大，所以要保证焊接质量，正式零件焊接前必须进行必要的工艺开发和优化，只有最优化的工艺参数，才能保证焊出最可靠的焊缝。

8) 控制系统能够进行精确的参数传感与适时控制　搅拌摩擦焊是一种机械化工艺方法，必须能够对各个焊接参数进行精确的传感和控制，才能保证焊接质量。

(4) 搅拌摩擦焊检测

要实现搅拌摩擦焊技术的工程化和工业化，必须要选择适合搅拌摩擦焊的检测工艺方法，目前常用的几种搅拌摩擦焊的检测方法有：视觉检查、力学性能检测、X射线探伤、荧光探伤、超声相矩阵检测和统计过程控制（SPC）等。

1) 视觉检查　主要检查搅拌摩擦焊缝的表面是否存在沟槽和裂纹等，以及检查焊缝的背面是否存在未焊透等缺陷，另外从焊接尾端的匙孔的侧壁还可以观察焊缝中间是否疏松以及是否存在孔洞等缺陷。

2) 常规力学性能检查　主要检查焊缝的拉伸强度、塑性指标、抗弯曲性能、冲击韧度、疲劳性能等指标。

3) X射线探伤　主要检查焊缝内部是否存在孔洞和裂纹，另外X射线探伤对跟部未焊透缺陷的检测也有一定的作用。

4) 荧光探伤　主要检测焊缝的表面和背面是否存在微裂纹。

5) 超声相矩阵检测　主要利用多个超声探头组成的矩阵探头对焊缝进行在线和焊后扫描，以便对焊缝中的裂纹和隧道孔洞等进行三维检测，此方法为目前搅拌摩擦焊接头的最有效检测方法。

6) 统计过程控制　对于搅拌摩擦焊，只要有设备、工艺和搅拌头作保证，焊接过程不容易产生缺陷，所以国外许多工业产品如搅拌摩擦焊制造的火箭燃料贮箱等放弃100%无损检测，替换为对焊接零件的抽检和统计过程控制。

1.9　摩擦焊工业应用

摩擦焊是一种固态焊接方法。由于摩擦焊具有焊件准备容易、自动化程度高、成本低、消耗功率小、节能、焊接现场清洁以及能生产锻质质量的焊接接头等优点，所以从20世纪50年代开始，传统摩擦焊就得到世界工业界的重视。

现在应用最广的摩擦焊主要是连续摩擦焊、惯性摩擦焊和搅拌摩擦焊。连续摩擦焊主要应用于大批量连续生产，惯性摩擦焊主要应用于大型和特殊材料的零部件，搅拌摩擦焊主要应用于交通运输工业的轻量化零部件。

实际工业生产中使用的摩擦焊机大多数是旋转式的，所加工的焊接接头99%以上为对接接头。工件除圆形外，还有六边形、八边形、矩形和椭圆形等，近几年搅拌摩擦焊应用也使摩擦焊产品扩展到大尺寸的板材和型材的对接和搭接焊。

摩擦焊现已广泛应用于汽车、拖拉机、自行车、机械制造、家电、纺织、阀门、石油、工具、电缆等工业部门。如在汽车工业用于焊接涡轮增压器、变速器和齿轮的轴、驱动轴、后桥、排气阀、液压油缸、启动制动用凸轮等；在工程机械工业用于焊接液压缸、活塞杆、法兰与法体的连接等；在石化工业用于普通碳素钢与耐蚀合金的焊接、钻头与钻杆焊接等。而铜铝焊接更有效地解决了输变电工程中的抗腐蚀问题。

1.9.1　航空航天工业领域

在航空、航天工业领域，除了钢合金外，大量高温合金材料、双金属材料、不锈钢材料以及铝合金材料也采用了摩擦焊工艺进行焊接。其中采用摩擦焊焊接的航空、航天零件包括：发动机连体齿轮（图3.7-40）、发动机压缩机转子（图3.7-41、图3.7-42、图3.7-43）、飞机起落架部件（图3.7-44）、飞机发动机部件（图3.7-45、图3.7-46、图3.7-47）、飞机叶片（图3.7-48）、飞机发动机活塞（图3.7-49）、双金属铆钉、钩头螺栓、铝热管以及液氧/液氢火箭部件。

图 3.7-40 摩擦焊制造的飞机发动机连体齿轮

图 3.7-41 摩擦焊接的飞机发动机低压转子组件

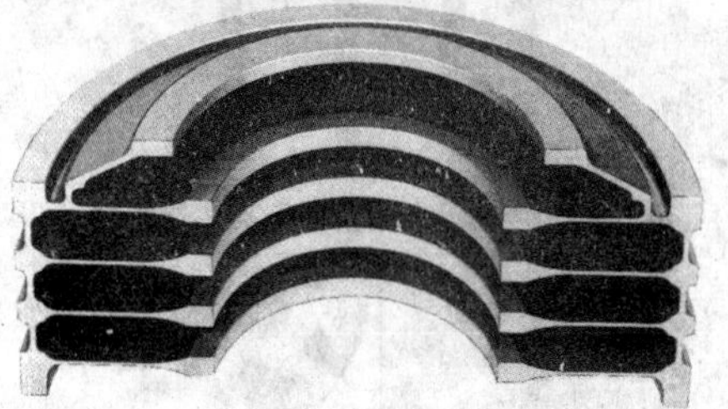

图 3.7-42 飞机发动机压气机转子

图 3.7-43 飞机发动机叶片转子

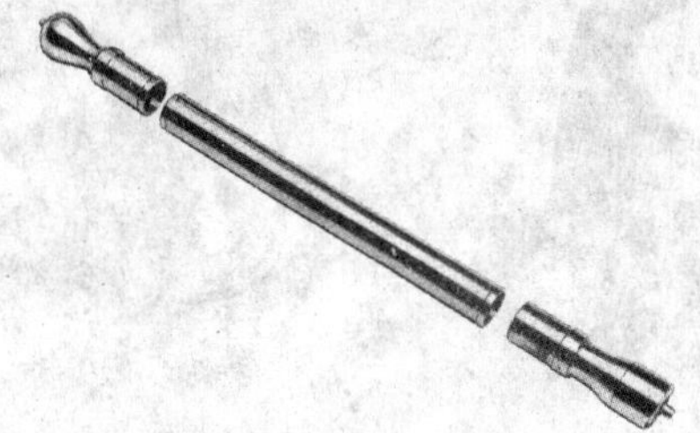

图 3.7-44 飞机起落架拉杆

图 3.7-45 喷气飞机发动机部件

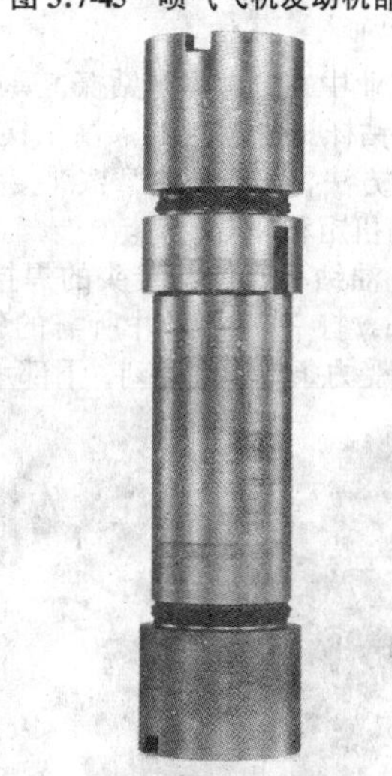

图 3.7-46 喷气发动机补偿轴

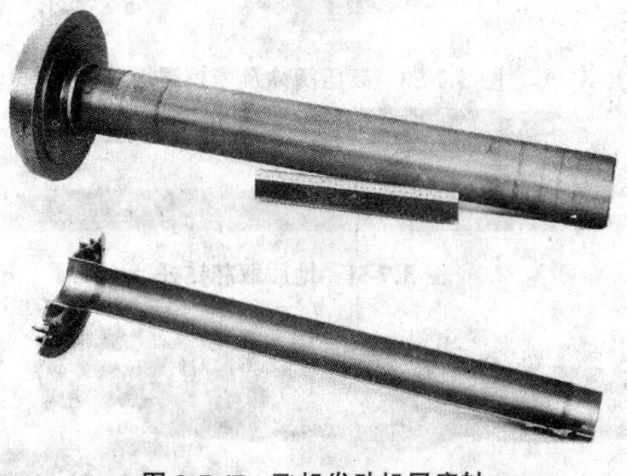

图 3.7-47 飞机发动机风扇轴

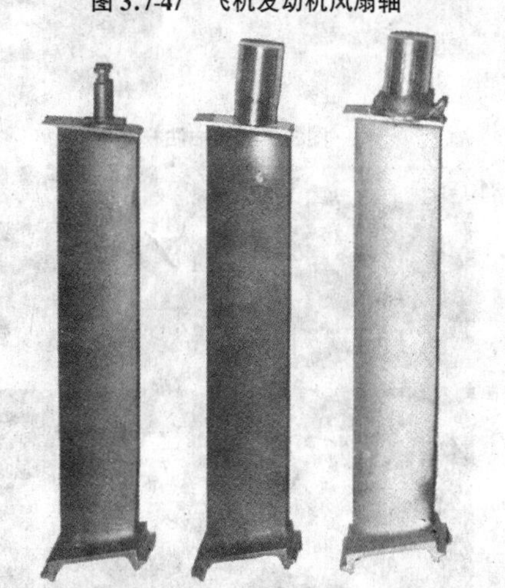

图 3.7-48 飞机发动机定子叶片

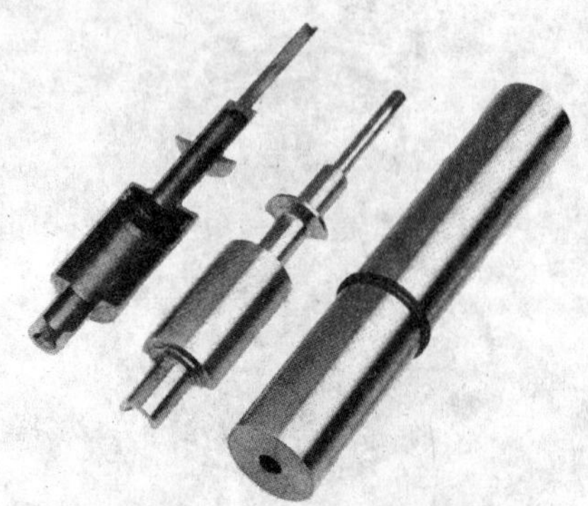

图 3.7-49　飞机液压泵轻质活塞

1.9.2　石油钻探工业

在石油钻探工业中，摩擦焊是钻探工具中，法兰和阀体（图 3.7-50）、石油钻杆（图 3.7-51）、高压软管接头（图 3.7-52）等的最佳焊接方法，实践证明摩擦焊接头可以承受石油钻探所产生的高的扭矩和冲击载荷。

典型实例是石油钻杆管体与接头的焊接，见图 3.7-53，每根钻杆长约 1 m，打一口中深井所需的钻杆长约为 5 ~ 6 km 左右。钻杆的受力条件非常苛刻，下部承受压力以钻进岩石，上部由于自身重力的影响承受拉应力，同时，还承受旋转所需的扭力以及管内高压泥浆的径向张力等。

图 3.7-50　高压阀体及摩擦焊焊缝

图 3.7-51　地质取芯钻杆

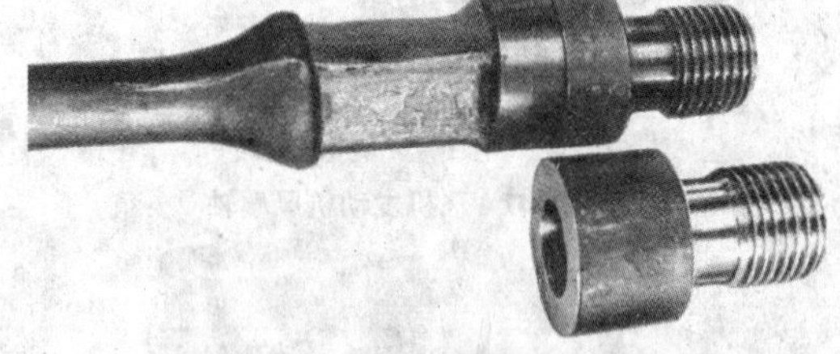

图 3.7-52　抽油杆

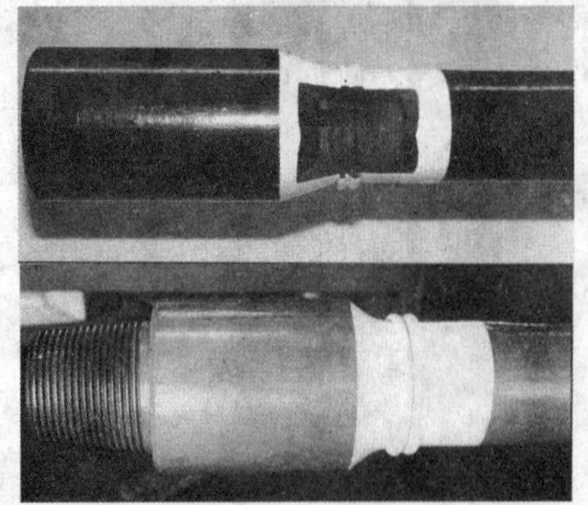

图 3.7-53　摩擦焊石油钻杆

1.9.3　兵器工业

摩擦焊在兵器工业也得到广泛应用，惯性摩擦焊工艺还被写进美国首部军用标准（MIL – STD – 1252），图 3.7-54 ~ 图 3.7-56 为摩擦焊在坦克、装甲车、兵器和各型炮弹上的典型应用。

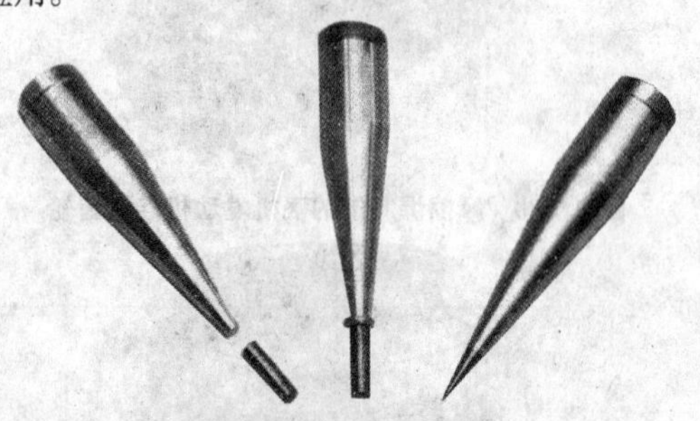

图 3.7-54　摩擦焊射弹

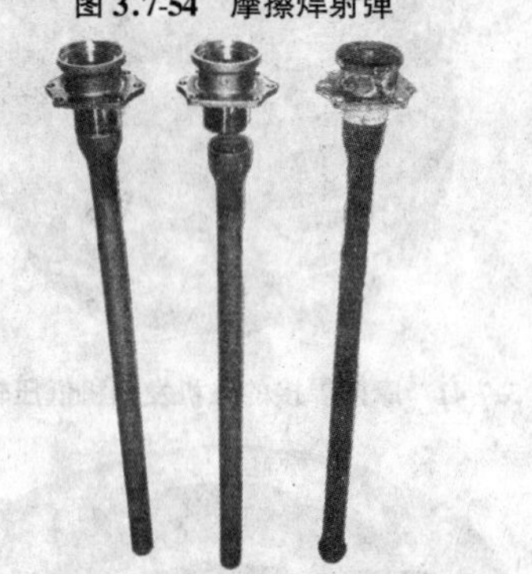

图 3.7-55　水路两栖运兵车传动轴

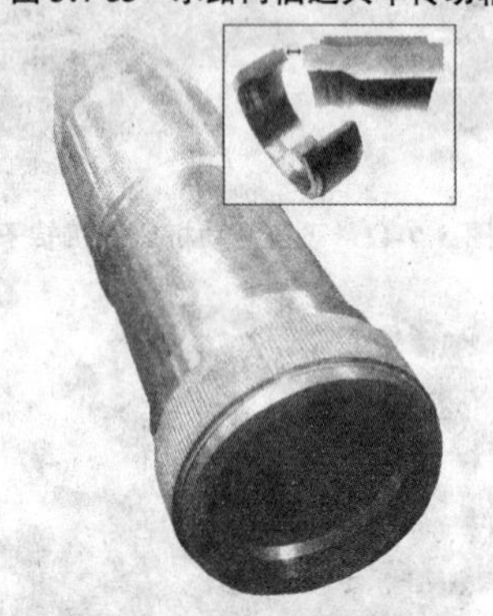

图 3.7-56　铜/钢径向摩擦焊炮弹

1.9.4　农用及工程机械行业

在农用机械和交通运输行业，基于摩擦焊在盘轴类零件焊接方法上和性能上的优越性，摩擦焊的应用非常普遍，如图 3.7-57 至图 3.7-60 所示的柴油机发动机的活塞杆、卡车的前轴叉、后轴、传动轴及变速箱齿轮等。

图 3.7-57　柴油机活塞

图 3.7-58　卡车传动万向节

图 3.7-59　摩擦焊齿轮和离合器

图 3.7-60　摩擦焊联体齿轮

1.9.5　切削工具行业

对于机床切削类工具的异种材料连接，在连接质量和价格上摩擦焊也具有明显的优势，如图 3.7-61 和图 3.7-62 所示，把工具钢与碳钢等材质焊到一起可显著降低工具成本。

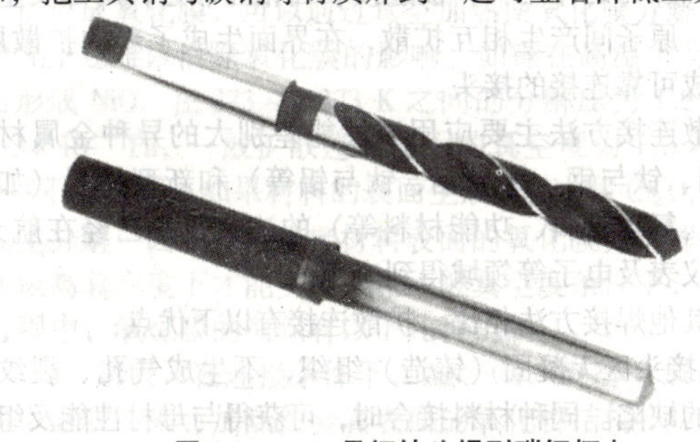

图 3.7-61　工具钢钻头焊到碳钢柄上

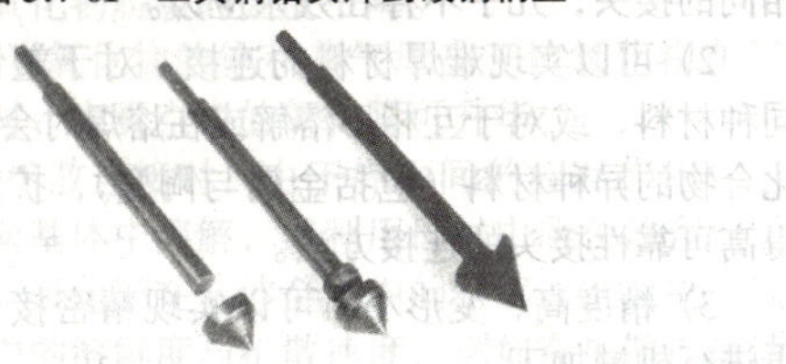

图 3.7-62　高速钢（M42）锥口钻头焊到低碳钢（1020）刀柄上

1.9.6　汽车工业

目前世界上，汽车是摩擦焊技术工业化应用最广泛、最重要的领域，摩擦焊在汽车制造中的典型应用包括：汽车安全气囊充气器（图 3.7-63）、稳定器杆、发动机排气阀门（图 3.7-64）、转向部件、凸轮轴、液压齿轮（图 3.7-65）、千斤顶（图 3.7-66）、涡轮增压器（图 3.7-67）、传动轴（图 3.7-68）、万向轴组件、空调机蓄压器、制动器卡钳、U 形接管等零部件。

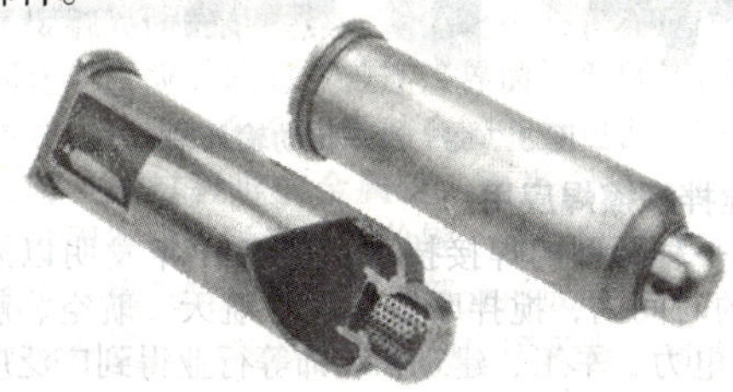

图 3.7-63　摩擦焊接的汽车侧气囊充气器

图 3.7-64　双金属汽车发动机排气阀

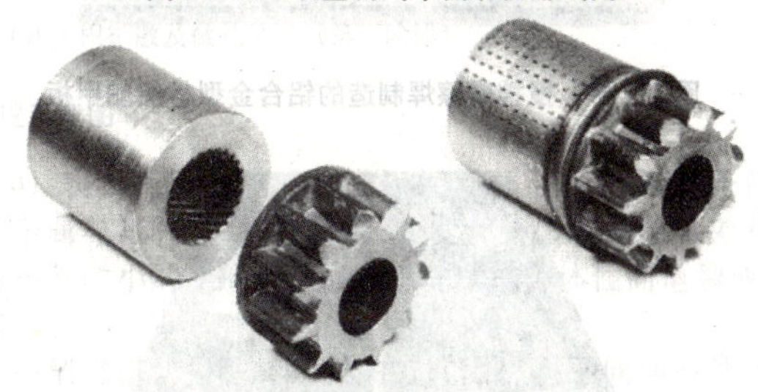

图 3.7-65　汽车烧接钢齿轮焊到套筒上

图 3.7-66　由管子和板料摩擦焊接成的汽车液压千斤顶

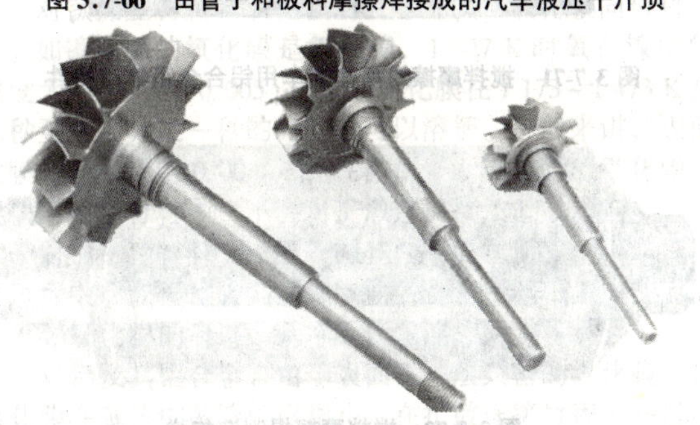

图 3.7-67　汽车发动机涡轮增压器

或在扩散连接时，在真空室中含有很强的还原元素如镁等，可以将铝表面的氧化膜还原，形成可靠的连接。因此，铝合金扩散连接在微观接触的表面要有一定的塑性变形，才能克服表面氧化膜的阻碍作用。

(3) 扩散连接时的化学反应

在异种金属、金属与非金属或非金属材料连接时，界面将进行化学反应。首先在界面的局部形成反应源，而后向整个连接界面扩展，当整个面都发生反应时，则形成良好的连接。试验证明产生局部化学反应的萌生反应源与连接过程的工艺参数（温度、压力和时间）有密切关系。扩散连接压力对反应源的数量起决定性的影响，压力越大，反应源的扩展程度越大，连接温度和时间主要影响反应的程度，它们对反应源数量的增长影响不大。界面进行的化学反应主要有两种形式，即化合反应和置换反应。例如，铝与氧化硅在界面上相互作用时，发生置换反应，二氧化硅中的硅被铝置换，还原的硅原子溶解于铝中。当达到饱和浓度后，则由固溶体中析出 Si 的新相。用活泼金属 Al、Ti、Zr 等连接 SiC 和 Si_3N_4 陶瓷也有类似的反应。

异种金属或陶瓷和金属扩散连接时，化学反应的结果在界面生产金属间化合物、碳化物、硅化物、氮化物以及多元化合物，这些化合物脆性大，使接头力学性能下降，应对其厚度及分布形态进行控制。

(4) 液相扩散连接

液相扩散连接是在扩散钎焊和加中间层扩散连接的基础上发展的一种新方法（也称瞬时液相扩散连接或过渡液相扩散连接），在弥散强化高温合金、纤维增强基复合材料、异种金属材料以及新型材料的连接中得到了大量应用。该方法通常采用比母材熔点低的材料作中间夹层，在加热到连接温度时，中间层熔化，在结合面上短时间形成液膜。在保温过程中，随着低熔点组元向母材的扩散，液膜厚度随之减小直至消失，再经一定时间的保温而使成分均匀化（如图 3.7-77 所示）。与一般的固相扩散连接相比，液相扩散连接有以下优点：液体金属原子的运动较为自由，且易于在母材表面形成稳定的原子排列而凝固；使界面的紧密接触变得容易；可大幅度降低连接压力。过渡液相扩散连接大致可分为以下 3 个阶段。

1）液相的生成　首先，将中间扩散夹层材料夹在被连接表面之间，施加一定的压力（约 0.07 MPa），或依靠工件自重使相互接触。然后在无氧化或无污染的条件下加热，加热温度稍高于形成共晶液相的温度，使母材与夹层材料之间发生相互扩散，形成液相并填充整个接头缝隙（图 3.7-77a）。

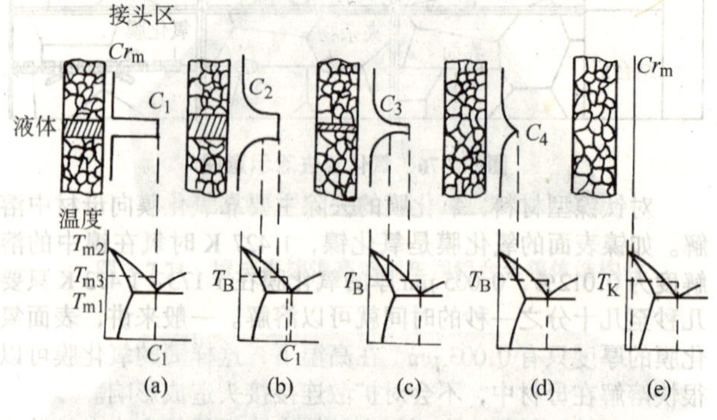

图 3.7-77　瞬时液相扩散连接过程示意图

2）等温凝固过程　液相形成并充满整个焊缝缝隙后，应立即开始保温，使液－固相之间进行充分的扩散，由于液相中使熔点降低的元素大量扩散至母材内，母材中某些元素向液相中溶解，使液相的熔点逐渐升高而凝固，最后形成接头（图 3.7-77b、c）。由于液相的凝固过程是在保温中完成的，故称为等温凝固，而不像钎焊那样，熔融的液态钎料是在连续冷却过程中凝固的。

3）成分的均匀化　等温凝固形成的接头，成分还很不均匀。为了获得成分和组织均匀化的接头，需要继续保温扩散（图 3.7-77d、e）。这个过程可在等温凝固后继续保温，也可以在冷却以后另行加热分段完成。均匀化过程的温度与时间可根据对接头性能的要求来选定。

2.3　扩散连接设备

(1) 扩散连接设备的分类

1）按照真空度分类　根据工作空间所能达到的真空度或极限真空度，可以把扩散连接设备分为四类（1 Torr = 133.322 Pa）：低真空（10^{-2} Torr 以上）、中真空（10^{-3} ~ 10^{-5} Torr）、高真空（< 10^{-5} Torr）焊机和低压或高压保护气体扩散焊机。根据连接工件在真空中所处的情况，可分为焊件全部处在真空中的焊机和部分或局部真空焊机。局部真空扩散焊机仅对焊接区域进行保护，主要用来连接大型工件（如轴、管等）。

2）按照热源类型和加热方式分类　进行扩散连接时，加热热源的选择取决于连接温度、工件的结构形状及大小。根据扩散连接时所应用的加热热源和加热方式，可以把焊机分为感应加热、辐射加热、接触加热、电子束加热、辉光放电加热、激光加热、光束加热等。实际中应用最广的是高频感应加热和电阻辐射加热两种方式。

3）其他分类方法　根据真空室的数量，可以将扩散连接设备分为单室和多室两大类；根据真空连接的工位数（传力杆的数量），又可分为单工位和多工位焊机。根据自动化程度，可分为手动、半自动和自动程序控制三类。

(2) 扩散连接设备的组成

不论何种加热类型的扩散连接设备，均由以下全部或其中的几部分组成。

1）真空系统　真空系统包括真空室、机械泵、扩散泵、管路、切换阀门和真空计组成。真空室的大小应根据焊接工件的尺寸确定，对于确定的机械泵和扩散泵，真空室越大，抽到 10^{-3} Pa 所需的时间就越长。一般情况下，机械泵能达到的真空度为 10^{-1} Pa，扩散泵可以达到 10^{-5} ~ 10^{-3} Pa 真空度。为了加快抽真空的时间，一般还要在机械泵和扩散泵之间增加一级增压泵（也称罗斯泵）。

2）加热系统　高频感应扩散焊接设备采用高频电源加热，工作频率为 60 ~ 500 kHz，由于集肤效应的作用，该类频率区间的设备只能加热较小的工件。对于较大或较厚的工件，为了缩短感应加热时间，最好选用 500 ~ 1 000 Hz 的低频焊接设备。感应线圈由铜管制成，内通冷却水，其形状可根据焊件的形状进行设计，但一般为环状，线圈可选用 1 匝或多匝。在焊接非导电的陶瓷等材料时，应采用间接加热的方法，可在工件和感应线圈之间加圆筒状石墨导体，利用石墨导体产生的热量进行焊接加热。

电阻加热真空扩散连接设备采用辐射加热的方法进行连接，加热体可选用钨、钼或石墨材料。真空室中应有耐高温材料（一般用多层钼箔）围成的均匀加热区，以便保持温度均匀。

3）加压系统　为了使被连接件之间达到密切接触，扩散连接时要施加一定的压力。对于一般的金属材料，在合适的扩散连接温度下，采用的压强范围为 1 ~ 100 MPa。对于陶瓷、高温合金等难变形的材料，或加工表面粗糙度值较大，或当扩散连接温度较低时，才采用较高的压力。扩散连接设备一般采用液压或机械加压系统，在自动控制压力的扩散连接设备上，一般装有压力传感器，以此实现对压力的测量和控制。

4）控制系统 控制系统主要实现温度、压力、真空度及连接时间的控制，少数设备还可以实现位移测量及控制。温度测量采用镍铬－镍铝、钨－铼、铂－铂铼等热电偶，测量范围为293～2 573 K，控制精度范围为±（5～10）K。采用压力传感器测量施加的压力，并通过和给定压力比较进行调节。控制系统多采用计算机编程自动控制，可以实现工艺参数显示、存储、打印等功能。

5）冷却系统 为了防止设备在高温下损坏，对扩散泵、感应加热线圈、电阻加热电极、辐射加热的炉体等应按照要求通水冷却。

（3）典型扩散连接设备及工作原理

1）辐射加热真空扩散连接设备 真空扩散焊机是最常用的扩散连接设备，结构原理如图3.7-78所示。真空室内的压头或平台要承受高温和一定的压力，因而常用钼或其他耐热、耐压材料制成。加压系统一般采用液压，对小型焊机也可用机械加压方式。加压系统应保证压力均匀可调且可靠性高。图3.7-79a为美国生产的WorkhorseⅡ型真空扩散连接设备，加热功率45 kV·A，30T双作用液压加压，试验时真空度达到5×10^{-6} Torr。图3.7-79b是Centorr6－1650－15T扩散连接设备，其主要性能指标如表3.7-22所示。

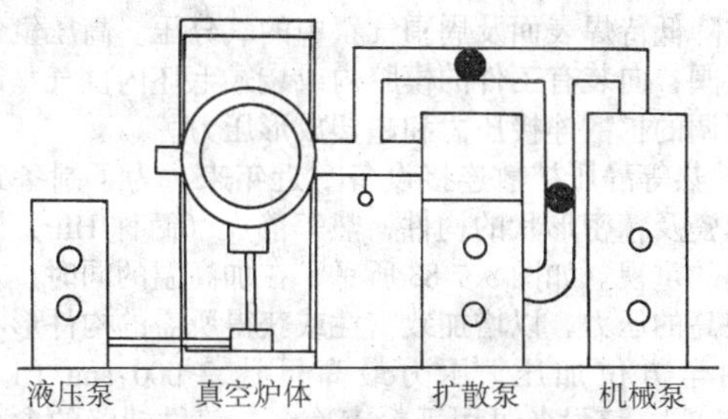

图3.7-78 真空扩散连接设备结构原理示意图
○控制按钮；●控制阀门

(a) WorkhorseⅡ-3033-1350-30T

(b) Centorr6-1650-15T

图3.7-79 真空扩散连接设备照片

表3.7-22 真空扩散连接设备的主要性能指标（美国真空公司）

型 号	主要性能指标						
	极限真空度/133.322 Pa	最高温度/℃	最大压力/133.322 Pa	炉膛尺寸/mm	加热功率/kV·A	工作电压	保护气体
3033－1350－30T	5×10^{-6}	1 350	30	304×304×457	45	380	N_2，Ar，真空
6－1650－15T	5×10^{-6}	1 650	30	200×300×450	75	380	N_2，Ar，真空

该类设备的主要特点是：采用德国Leybold系列D40B真空机械泵的全自动真空系统；加热、加压和冷却采用Honeywell DCP－550仪表数字程序控制，包括99级程序，能自动调节，有计算机接口；由Honeywell UDC－2000数字指示仪控制过热温度指示；由Honeywell UDC－3000控制柱塞行程，并进行数字显示。

2）感应加热扩散连接设备 图3.7-80是感应加热扩散焊机示意图，由高频电源和感应线圈构成加热系统，机械泵、扩散泵和真空室构成真空系统。对于非导电材料如陶瓷等，可以采用高频加热石墨等导体，然后把工件放在石墨管中进行间接辐射加热。图3.7-81是高频感应扩散连接设备照片。

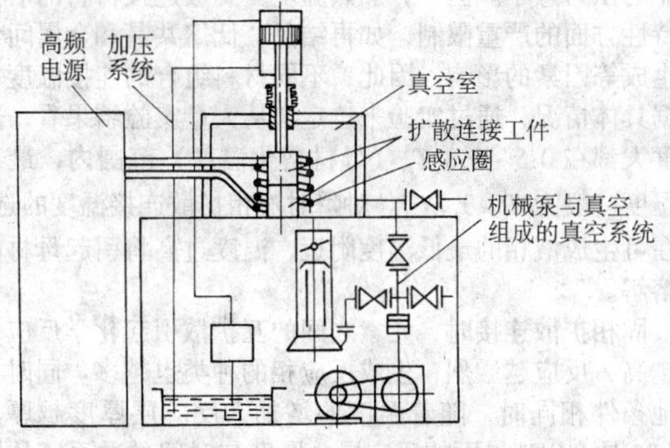

图3.7-80 感应加热扩散焊机原理示意图

图3.7-81 感应加热扩散连接设备照片

3）超塑成形－扩散连接设备 此类设备是由压力机和专用加热炉组成，可分为两大类。一种是由普通液压机与专门设计的加热平台构成。加热平台由陶瓷耐火材料制成，安装于压力机的金属台面上。超塑成形－扩散（简称SPF－

DB）用模具及工件置于两陶瓷平台之间，可以将待连接零件密封在真空容器内进行加热。另一种是压力机的平台置于加热炉内，如图3.7-82所示，其平台由耐高温的合金制成，为加速升温，平台内亦可安装加热元件。这种设备有一套抽真空供气系统，用单台机械泵抽真空，利用反复抽真空－充氩方式降低待焊表面及周围气氛中的氧分压。高压氩气经气体调压阀，向装有工件的模腔内或袋式毛坯内供气，以获得均匀可调的扩散连接压力和超塑成形压力。

4）热等静压扩散连接设备　近年来，为了制备致密性高的陶瓷及精密形状的构件，热等静压（简称HIP）设备受到人们的重视。如图3.7-83所示，在加高温的同时，对工件施加很高的压力，以增加致密性或获得所需的构件形状。一般采用全方位加压，压力最高可达2 000 atm（1 atm = 101 325 Pa）。该设备可用于粉末冶金、铸件缺陷的愈合、复合材料制备、陶瓷烧结及精密复杂构件的扩散连接等。

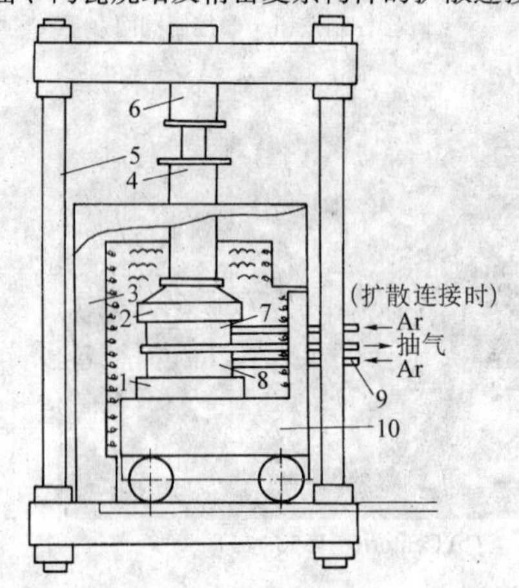

图3.7-82　超塑成形扩散连接设备示意图

1—下金属平台；2—上金属平台；3—炉壳；4—导筒；5—立柱；6—液压缸；7—上模具；8—下模具；9—气管；10—活动炉底

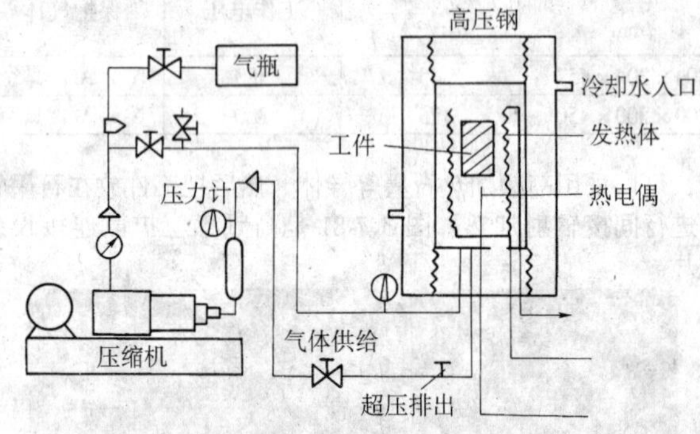

图3.7-83　热等静压工作原理及设备示意图

2.4　扩散连接工艺

（1）扩散连接的接头形式

扩散连接在接头形式上比熔化焊的类型多，可进行平板、圆管、管、中空、T形、蜂窝结构及复杂形状接头的连接，实际生产中常用的接头形式如图3.7-84所示。

（2）连接前的表面处理

扩散连接材料的表面应光滑平整，一般应先进行机械加工，去除污、锈及表面氧化物，然后进行扩散连接。

1）机械加工　不同的机械加工方法，获得的粗糙等级不同，冷作硬化结果也不一样。一般情况下，扩散连接要求表面粗糙度应达到 $R_a = 0.4 \sim 0.8\ \mu m$ 以上，对耐热合金与耐热钢的扩散连接，由于耐热合金有较高的高温强度，连接时不易产生塑性变形，因此要求表面粗糙度 R_a 应达到 $0.4\ \mu m$ 以上。为去除机加工产生的硬化层，待连接表面通常用化学侵蚀方法清理。化学侵蚀方法随被连接材料而异，可参考金相侵蚀剂配方和热轧、热处理后表皮去除侵蚀液的配方，但溶液浓度要作调整，以保证适当侵蚀速度而又不产生过大过多的腐蚀坑，并防止产生吸氢等其他有害的副作用。

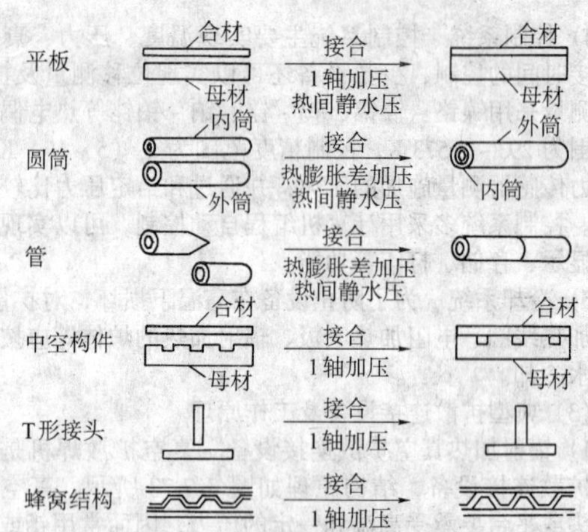

图3.7-84　扩散连接常用接头形式

2）表面清理　待焊零件的表面在扩散连接前的加工和存放过程中，不可避免地覆盖着氧化物、油脂和灰尘等。在连接前需经过脱脂、去除表面氧化物及气体处理等工艺过程。表面清洗可采用有机溶剂脱脂，常用的有机溶剂有乙醇、丙酮、汽油、四氯化碳、三氯乙烯、二氯乙烷和三氯乙烷等。也可以采用碱液清洗脱脂、电解脱脂及超声波脱脂。

扩散连接前必须去除表面的氧化物，机械加工是去除表面氧化物和锈蚀的最简单的方法。可用锉刀、刮刀和砂布打磨，也可用金属丝刷、金属丝轮和砂轮去膜。对形状复杂或表面大的部件，可用喷砂或喷丸去膜，喷砂后的零件，还应进行去除砂粒的补充处理。也可以进行硫酸、盐酸、硝酸、氢氟酸及其混合水溶液、氢氧化钠水溶液的化学去膜，化学去膜虽然生产效率高，去除效果好，但工艺过程较复杂，操作不当时可能造成过侵蚀。表面改性技术可以用于清理及活化表面，在低压惰性气体中用离子轰击的办法去除表面杂质，可以改善表面的凹凸不平状况。也可以用其他表面改性技术，如喷涂、电镀、蒸镀、PVC、离子镀、离子注入等。

（3）扩散连接工艺参数

扩散连接的参数很多，其中最主要的是温度、压力、时间和真空度，这些因素之间相互影响、相互制约，在选择工艺规范时应统筹考虑。

1）温度　材料在扩散连接的加热过程中伴随着一系列物理、化学和冶金方面的变化，由温度引起的这些变化都要直接或间接的影响连接过程及接头质量。温度越高，扩散系数愈大，金属的塑性变形能力愈好，连接表面达到紧密接触所需的压力愈小。但是，加热温度受到被连接材料的冶金物理特性方面的严重限制，如再结晶、低熔共晶和金属间化合物生成等因素的影响。因此，不同材料组合的连接温度，应根据具体情况，通过实验来选定。从大量实验结果看，连接温度大都在 $0.5 \sim 0.8\ T_m$（母材熔化温度）范围内，最适合的温度一般为 $T \approx 0.7T_m$。对瞬时液相扩散连接温度的选择，常在可生成液相的最低温度附近，温度过高将引起母材的过量溶解。

固相扩散连接时，元素之间的互扩散引起化学反应，温度越高，反应越激烈，生成反应相的种类也越多。同时，在其他条件相同时，随着温度的增加，反应层厚度越厚。图3.7-85是SiC/Ti界面的反应层总厚度与时间的关系，从图中可知，连接时间相同时，提高温度可以大幅度增加接头反应层厚度。

反应层厚度对接头强度有很大影响，以前有一种观点认为接头强度随反应层厚度增加而增加，但实际上接头强度是多方面因素综合的结果，是由各反应层本身的强度、各反应层间界面强度以及反应层与母材之间的界面强度所决定。研究发现，在其他条件一定时，连接温度与接头强度存在最佳值。锡青铜与钛扩散连接时，温度在 1 073（800℃）以下，即使施加很大的压力，接头强度仍然很低，主要原因是温度过低，界面处于活化状态的原子少，无法形成良好的接合界面。连接温度在 1 073 ~ 1 093 K 范围内，接头强度随温度的上升而增加（图 3.7-86a），在 1 093 K 时达到 165 MPa 的最大强度值。连接温度进一步增加，接头强度逐渐下降，断口分析可知，接合界面出现了脆性的金属间化合物，该化合物层随温度增加而变厚，从而降低了接头强度。图 3.7-86b 是 SiC/Ti/SiC 接头强度与连接温度的关系，从图中可知，接头强度在 1 373 K 时约 44 MPa，到 1 474 K 时上升到 153 MPa。从1 473 K开始再升高温度到 1 573 K，接头强度反而下降到 54 MPa。连接温度进一步提高，接头强度又开始上升，到 1 773 K 时达到了 250 MPa 的最大值。从断口分析可知，1 473 K的断面凹凸较多，SiC 断面上粘有较多的块状反应相 $Ti_5Si_3C_x$ + TiC。由于 TiC 和 SiC 的热膨胀系数之差最小，两者在结晶学上也有很好的对应关系，故可推测出 SiC/TiC 的界面的强度高。1 573 K 的界面，SiC 和 $Ti_5Si_3C_x$ 单相层直接相连，SiC/TiC 的界面全部消失，再加上 $Ti_5Si_3C_x$ 相本身强度不高，和 SiC 的热膨胀系数之差也变大，从而使接头强度大大下降。获得最大强度的（1 773 K）界面上，SiC 和 Ti_3SiC_2 直接相连，两者也有很好的结晶对应关系，故接头强度高。

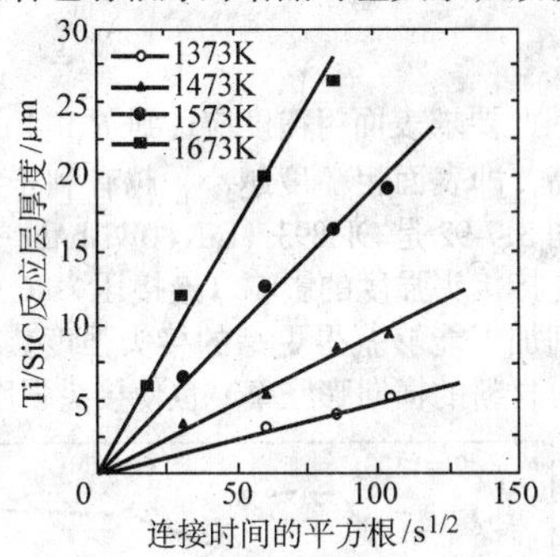

图 3.7-85　SiC/Ti 反应层厚度与温度及时间的关系

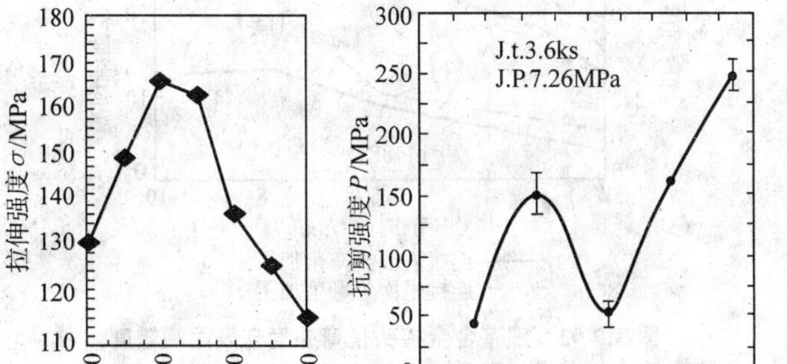

拉伸强度 σ/MPa　连接温度 T/℃

(a) 锡青铜/Ti

J.t.3.6ks
J.P.7.26MPa
抗剪强度 P/MPa　连接温度 T/K

(b) SiC/Ti/SiC

图 3.7-86　连接温度对接头强度的影响

由于连接温度相对于室温的温度差直接影响陶瓷/金属接头的残余应力，亦即较高的连接温度会产生较大的残余应力，因而从减小接头残余应力的角度出发，应尽量选择较低的连接温度。

2）保温时间（亦称连接时间）　连接时间主要决定原子扩散和界面反应的程度，同时也对所连接金属的蠕变产生影响。连接时间不同，所形成的界面产物和界面结构不同。扩散连接时，要求接头成分均匀化的程度越高，保温时间就将以平方的速度增长。实际扩散连接工艺中保温时间从几分钟到几小时，甚至达到几十小时。但从提高生产率考虑，保温时间越短越好。缩短保温时间，必须相应提高温度与压力。对那些不要求成分与组织均匀化的接头，保温时间一般只需十几分钟到半小时。

接头强度一般是随时间的增加而上升，而后逐渐趋于稳定。接头的塑性、伸长率和冲击韧度与保温扩散时间的关系也与此相似。图 3.7-87 是铜与钢的接头强度与连接时间的关系，在连接时间为 20 min 时得到最大值，当添加镍中间层时，接头强度有所提高，但变化趋势相同。

与金属之间的连接相比，陶瓷与金属扩散连接所用的时间较长。连接时间的选择必须考虑到连接温度的高低。在连接温度一定时，反应层的厚度随连接时间的增加按抛物线规律成长。图 3.7-88 是 SiC/Ti 和 SiC/Cr 接头的反应层厚度与连接时间的关系曲线，从图中可知，随着连接时间的增加，界面各反应层厚度按抛物线规律增加。同时，受反应层厚度的影响，接头性能也随连接时间的增加发生变化。如图 3.7-89 所示，SiC/Ti 扩散连接接头在反应层厚度为 5 μm 时接头强度达到 160 MPa 的最大值；而对于 SiC/Cr 接头，反应层厚度为 2 μm 时接头强度最大；图中 SiC/Nb 和 SiC/Ta 的接头强度也随反应层厚度而变化，但没有出现明显的下降。

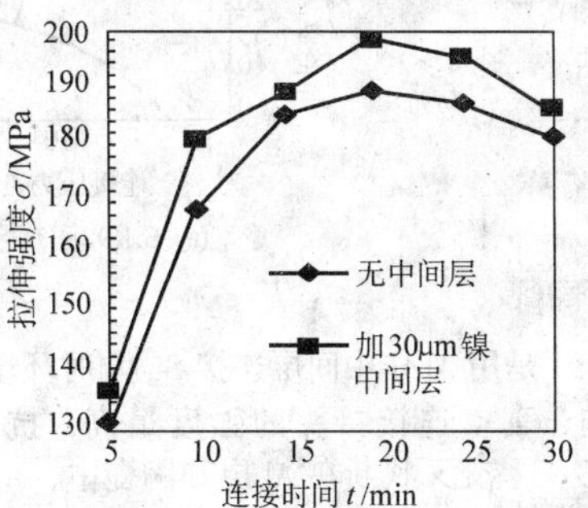

图 3.7-87　扩散连接时间对铜/钢接头性能的影响

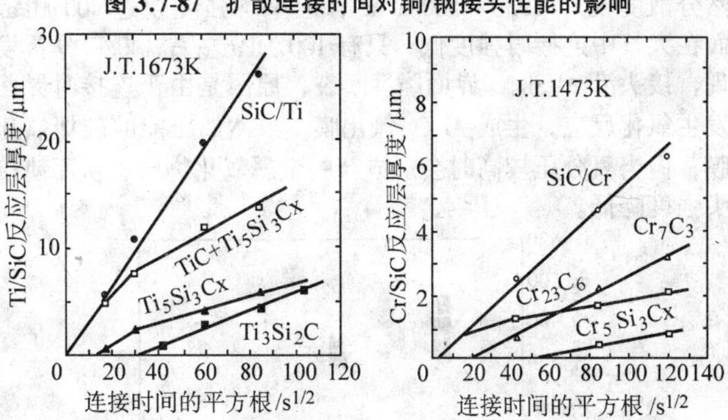

图 3.7-88　界面反应层厚度与时间的关系

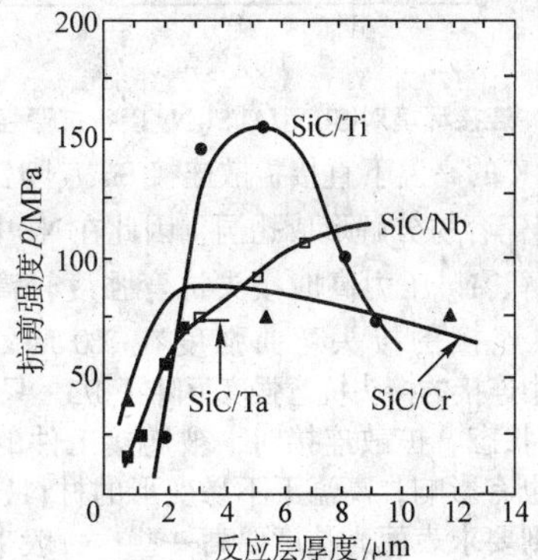

图 3.7-89　SiC－金属界面的反应层厚度与接头强度的关系

3）压力　扩散连接时的压力主要促使连接表面产生塑性变形及达到紧密接触状态，使界面区原子激活，加速扩散与界面孔洞的弥合及消失，防止扩散孔洞的产生。宏观上看起来已经十分光洁、平滑的连接表面，微观上却是粗糙不平的。压力愈大，温度愈高，紧密接触的面积也愈多。但不管压力多大，在扩散连接的初期不可能使连接表面达到100%的紧密接触状态，总有一小部分演变成界面孔洞。所谓界面孔洞就是由未能达到紧密接触的凸凹不平部分交错而构成的孔洞。这些孔洞不但损害接头性能，而且还像销钉一样，阻碍着晶粒的生长和晶界的推移运动。目前，扩散连接规范中应用的压力范围很宽，最小只有0.04 MPa（瞬时液相扩散连接），最大可达350 MPa（热等静压扩散连接），而一般压力约为10～30 MPa。

压力较小时，增大压力一般可以使接头强度提高，БЖ98耐热合金接头的力学性能与扩散连接压力的关系见图3.7-90a，接头的拉伸强度、延长率等均随压力的增加而变大。用Cu或Ag连接Al_2O_3陶瓷、用Al连接SiC时，也存在同样的变化趋势（图3.7-90b）。与连接温度和时间的影响一样，压力也存在最佳值，在其他规范参数不变的条件下，最佳压力时接头可以获得最佳强度，如用Al连接Si_3N_4陶瓷、用Ni连接Al_2O_3陶瓷时，最佳压力分别为4 MPa和15～20 MPa。另外，压力的影响还与材料的类型、厚度以及表面氧化状态有关。

4）环境气氛　扩散连接一般在真空、不活性气体（Ar、N_2）或大气气氛环境下进行，在真空中连接的接头强度要高于在不活性气体和空气中连接的接头强度。真空中的材料在温度升高时，气体会从零件和真空室内壁中析出。这时，金属外层的气体，首先被消除掉。然后，扩散过程使气体从金属内层向外层不断转移，从而进一步除气。根据计算和实验结果表明，真空室内的真空度在常用的规范范围内（1.33～1.33×10^{-3} Pa），就足以保证连接表面达到一定的清洁度，从而确保实现可靠连接。

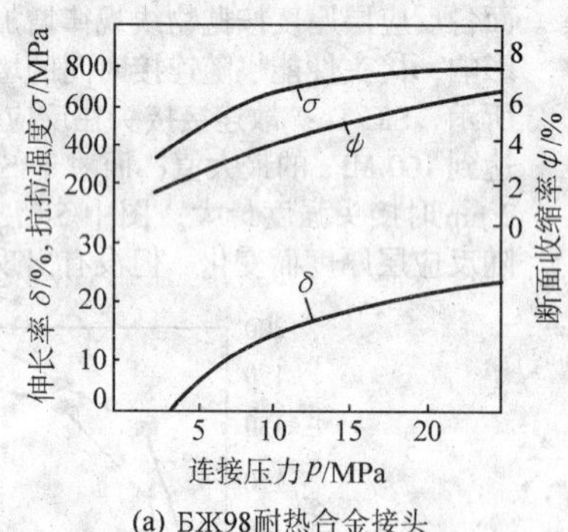

(a) БЖ98耐热合金接头

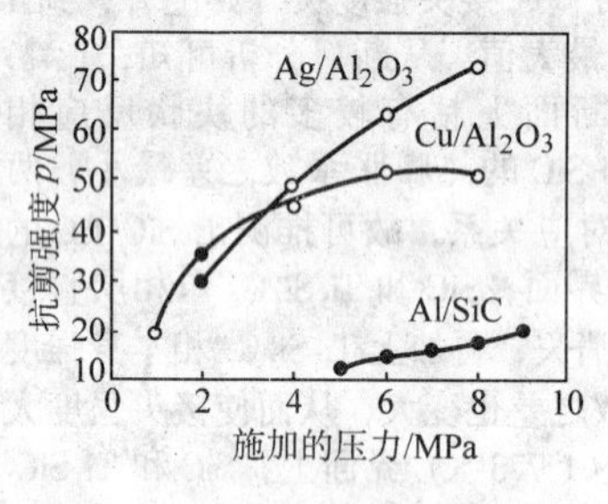

(b) 陶瓷和金属接头

图 3.7-90　压力对接头强度的影响

图3.7-91是用Al作中间层连接Si_3N_4时环境条件对接头强度的影响，真空连接接头的强度最高，抗弯强度超过500 MPa，接头呈交叉状断在Al层和陶瓷中，Al层中的断口为塑性，陶瓷中的断口为脆性。在氩气保护下的接头强度虽然分散度较大（330～500 MPa），但平均强度超过400 MPa。而在大气中连接时强度低，只有100 MPa左右，断口分析发现，接头沿Al/Si_3N_4界面脆性断裂，原因是由于连接时界面发生氧化反应，生成Al_2O_3氧化膜，虽然加压能够破坏氧化膜，但当氧分压较高时会形成新的金属氧化物层，从而使接头强度降低。

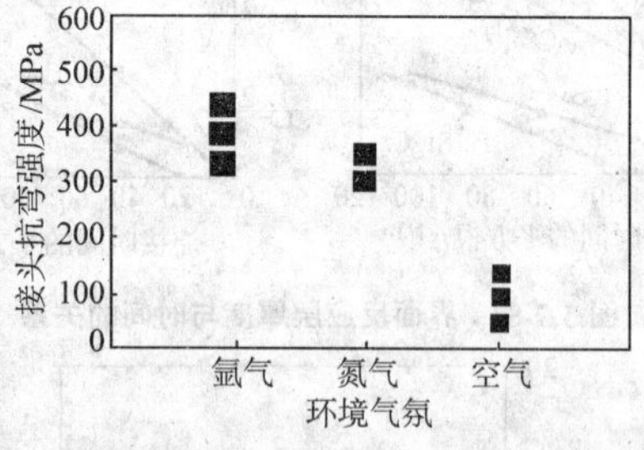

图 3.7-91　连接环境对$Si_3N_4/Al/Si_3N_4$接头抗弯强度的影响

在1 773 K的高温下直接扩散连接Si_3N_4陶瓷时，由于高温下Si_3N_4陶瓷容易分解形成孔洞，因此在N_2中连接可以限制陶瓷的分解，N_2压力高时接头抗弯强度较高。例如，在1 MPa氮气中连接的接头弯曲强度在380 MPa左右，而在0.1 MPa氮气中连接的接头抗弯强度下降了1/3，只有220 MPa。

5）表面状态　扩散连接时，被连接工件的表面粗糙度对接头性能也有影响，高温下不易变形的材料，连接时的塑性变形小，则要求表面光洁度要高一些，一般来讲，工件表面应达到$R_a0.80$～0.4 μm以上。对耐热合金与耐热钢的扩散连接，由于耐热合金有较高的高温强度，连接时不易产生塑性变形，因此要求表面粗糙度应达到$R_a0.4$ μm以上。表面加工质量越高，即表面粗糙度越小，越有利于结合面之间的紧密结合。图3.7-92是ЭИ893（CrNi80WNbAl）合金表面加工状态对扩散连接接头强度的影响（连接压力$P=20$ MPa），研磨加工比车削加工能够获得更高的接头强度。同时，适当增加扩散连接时材料的横向膨胀率，也使接头强度增加。

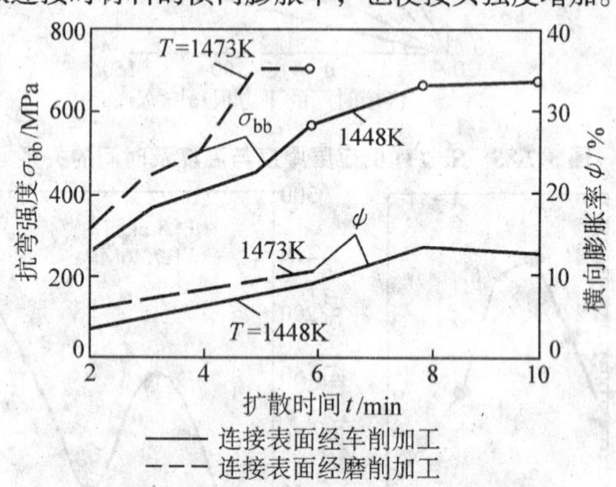

图 3.7-92　镍基合金接头抗弯强度与表面粗糙度及接头变形率的关系

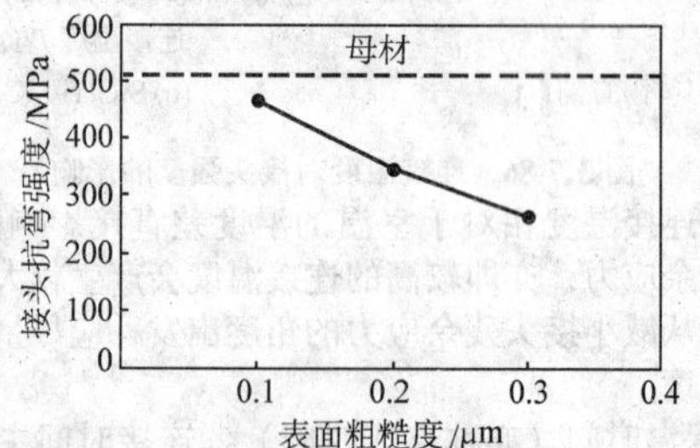

图 3.7-93　Si_3N_4-Al表面粗糙度对接头弯曲强度的影响

Si_3N_4陶瓷与金属连接时，表面粗糙度对接头强度的影响十分显著，表面粗糙会在陶瓷中产生局部应力集中而容易引起脆性破坏。Si_3N_4 – Al接头表面粗糙度对接头弯曲强度的影响如图3.7-93所示，试件的连接温度 $T = 1\,073$ K，压力 $P = 0.05$ MPa，连接时间 $t = 10$ min。从图中可知，表面粗糙度为0.1 μm时，接头强度比母材强度稍低，当表面粗糙度由0.1 μm变为0.3 μm时，接头抗弯强度从470 MPa降低到270 MPa。

6）中间层　扩散连接时中间层材料非常重要，除了能够无限互溶的材料以外，异种材料、陶瓷、金属间化合物等材料多采用中间层进行扩散连接。中间层材料不仅在液相扩散连接时使用，在固相扩散连接中也有广泛的应用，其作用如下：

① 改善表面接触，减小扩散连接时的压力。对于难变形材料，扩散连接时采用软质金属或合金作中间层，利用中间层的塑性变形和塑性流动，使结合界面达到紧密接触，提高物理接触效果和减少达到紧密接触所需的时间。同时，中间层材料的加入，使界面的浓度梯度变大，促进元素的扩散，加速扩散空洞的消失。

② 改善冶金反应，避免或减少形成脆性金属间化合物。异种金属材料扩散连接时，最好选用和母材不形成金属间化合物的第三者材料，以便通过控制界面反应，改善材料的焊接性。例如，Fe和Ni扩散连接时，除形成Fe – Ni化合物以外，Fe中的C元素和Ti反应形成TiC。采用Ni作中间层进行扩散连接，可以抑制TiC脆性相的出现。而且，在Ni与Ti的界面上，形成Ni – Ti化合物后，接头强度比形成TiC时高。

③ 可以抑制夹杂物的形成，促进其破碎或分解。例如，Al合金表面易形成一层稳定的 Al_2O_3 氧化物层，扩散连接时该层很难向母材中溶解，可以采用Si作中间层，利用Al – Si共晶反应形成液膜，促进 Al_2O_3 层破碎。Ni基合金表面也容易形成氧化膜，扩散连接时，由于微量氧的存在，可在连接界面促进碳化物和氮化物的形成，影响接头性能。采用Ni箔中间层进行扩散连接，可以对这些化合物的生成起抑制作用。

④ 可以降低连接温度，减少扩散连接时间。例如，Mo直接扩散连接时，连接温度为1 260℃，而采用Ti箔作中间层，连接温度只需要930℃（表3.7-23）。

表3.7-23　固相扩散连接时的中间层材料及连接规范

连接母材	中间层材料	连接工艺规范			
		压力/MPa	温度/℃	时间/min	保护气氛
Al/Al	Si	7 ~ 15	580	1	真空
Be/Be	—	70	815 ~ 900	240	不活性气体
Be/Be	Ag箔	70	705	10	真空
Mo/Mo	—	70	1 260 ~ 1 430	180	不活性气体
Mo/Mo	Ti箔	70	930	120	氩气
Mo/Mo	Ti箔	85	870	10	真空
Ta/Ta	—	70	1 315 ~ 1 430	180	不活性气体
Ta/Ta	Ti箔	70	870	10	真空
Ta – 10W/Ta – 10W	Ta箔	70 ~ 140	1 430	0.3	氩气
Cu – 20Ni/钢	Ni箔	30	600	10	真空
Al – Ti	—	1	600 ~ 650	1.8	真空
Al – Ti	Ag箔	1	550 ~ 600	1.8	真空
Al – 钢	Ti箔	0.4	610 ~ 635	30	真空

⑤ 控制接头应力，提高接头强度。异种材料连接时，由于材料物理化学性能的突变，特别是因热膨胀系数不同，接头易产生很大的热应力。选取兼有两种母材性能的中间层，形成梯度接头，避免或减少界面的热应力，从而提高接头强度。

中间层材料的厚度对接头力学性能有一定影响，例如用镍做中间层，可以很好地连接各种耐热合金，选择合适的镍箔厚度和连接工艺，接头强度可以达到母材强度的80%以上。对ЖС6У耐热合金，使镍箔厚度在0.05 ~ 0.5 mm之间变化，试件尺寸为 $\Phi12.5$ mm，扩散连接工艺规范为 $T = 1\,323 \sim 1\,403$ K、$P = 2 \sim 4$ kg/mm^2、$t = 15$ min，接头的抗拉强度与相对厚度（中间层厚度/母材厚度）的关系如图3.7-94所示。

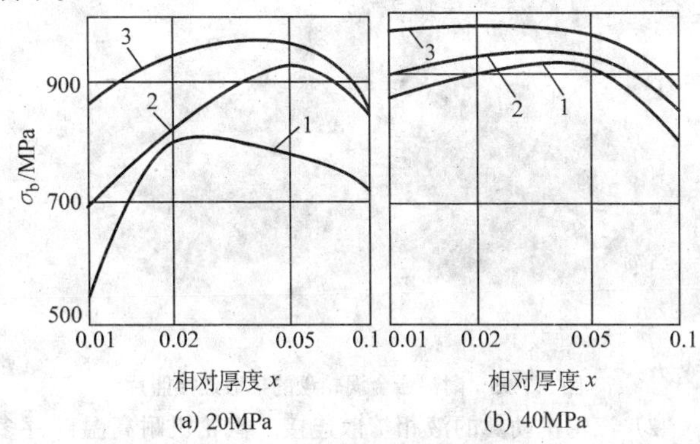

图3.7-94　ЖС6У合金接头拉伸强度与镍层相对厚度的关系

1—1 323 K；2—1 363 K；3—1 403 K

中间层可采用箔材夹在接头内，也可以用真空蒸镀、电镀、喷涂或者涂敷等办法将中间层材料按工艺要求镀在被连接表面上。

在固相扩散连接中，多用软质纯金属材料作中间层，常用的材料为Ti、Ni、Cu、Al、Ag、Au及不锈钢。例如Ni基超合金扩散连接时采用Ni箔，Ti基合金扩散连接时采用Ti箔做中间层。

液相扩散连接时，除了要求中间层具有上述性能以外，还要求中间层与母材润湿性好、凝固时间短、含有加速扩散的元素。对于Ti基合金，可以使用含有Cu、Ni、Zr等元素的Ti基中间层。对Al及Al合金，可使用含有Cu、Si、Ag等元素的Al基中间层。对于Ni基母材，中间层必须含有B、Si、P等元素。

在陶瓷与金属的扩散连接中，活性金属中间层可选择V、Ti、Nb、Zr、Hf、Ni – Cr及Cu – Ti等。为缓解陶瓷和金属接头的残余应力，中间层的选择可分为三种类型，即单一的金属中间层、多层金属中间层和梯度金属中间层。单一的金属中间层通常采用软金属，如Cu、Ni、Al及Al – Si合金等，通过中间层的塑性变形和蠕变变形来缓解接头的残余应力。例如，在进行 Si_3N_4 与钢的连接中发现，当不采用中间层时，接头中的最大残余应力为350 MPa；当分别采用1.5 mm厚的Cu和Mo中间层时，接头最大残余应力的数值分别降至180 MPa和250 MPa。多层金属中间层降低接头残余应力的效果更好，一般在陶瓷一侧施加低热膨胀系数、高弹性模量的金属，如W、Mo等；而在金属一侧施加塑性好的软金属，如Ni、Cu等。梯度金属中间层是按弹性模量或热膨胀系数逐渐变化设计的，整个中间层表现为在陶瓷一侧的部分热膨胀系数低、弹性模量高，而在金属一侧的部分热膨胀系数高、塑性好。也就是说，从陶瓷一侧过渡到金属一侧，梯度中间层的弹性模量逐渐降低，而热膨胀系数逐渐增高，这样能更有效地降低陶瓷/金属接头的残余应力，提高接头的性能。

2.5 典型材料的扩散连接及其应用

（1）耐热合金的扩散连接

1）耐热合金涡轮盘与耐热钢轴的连接　两种材料连接时，由于材料性能的差别，在连接过程中，耐热钢的变形量较大，根据试验结果可知，采用纯 Ni 箔中间层，扩散连接部位的直径为 ϕ32 mm，接头的径向变形量在 5%～10%时，接头强度值稳定达到 800 MPa 以上。接头照片如图 3.7-95 所示，最佳连接工艺规范为：连接温度 T = 1 373～1 393 K，连接时间 t = 15～20 min，连接压力 p = 10～15 MPa，Ni 中间层厚度 50 μm，连接表面的粗糙度 R_a = 0.2～0.4，真空度 8.4 × 10^{-3} Pa。

图 3.7-95　耐热合金涡轮盘的扩散连接照片

2）汽轮机动翼的液相扩散连接　汽轮机耐高温部件多采用镍基合金或镍基超合金制造，动翼要求有良好的高温强度和抗疲劳性能，在制造时需将叶冠和本体进行液相扩散连接。采用添加 B 和 Si 的 Ni 基合金做中间层，连接过程如图 3.7-96 所示。将中间层放置在叶冠和本体中间，在 1 423 K 温度下使中间层熔化，然后在 1 473 K 下进行等温凝固，使 B 充分扩散，最后形成组织均匀、接头性能满足要求的构件。

图 3.7-96　汽轮机动翼液相扩散连接过程示意图

（2）钛合金超塑性成型扩散连接

钛合金应用最普遍的是超塑性成型扩散连接（SPF/DB）方法。超塑性是指在一定的温度下，对于等轴细晶粒组织，当晶粒尺寸小于 3 μm 时及材料变形速率小于 10^{-4}～10^{-5}/s 时，在拉伸过程中材料没有颈缩现象，拉伸变形率可以达到 100%～1 500%，这种行为叫做材料的超塑性行为。材料的超塑性成形和扩散连接的温度在同一温度区间，因此可以把成形与连接放在一起进行，而构成超塑性成形扩散连接工艺。超塑性成形扩散连接典型结构如图 3.7-97 所示，图 3.7-97a 是单层加强结构件，即在超塑性成形件 5 上用扩散连接方法连接加强板 3，以增加结构刚度和强度。图 3.7-97b 是双层板结构，内层板 8 是超塑性成形件，6 为外层板，可以先成形后连接，也可以先连接而后再向 6～8 之间通入惰性气体，通过均匀的气压使其超塑性成形而形成具有两层结构的构件。图 3.7－97c 为多层板结构，10 为中间板，11 为超塑成形扩散连接构件，这种结构常用做飞机翼面、机身、壁板。

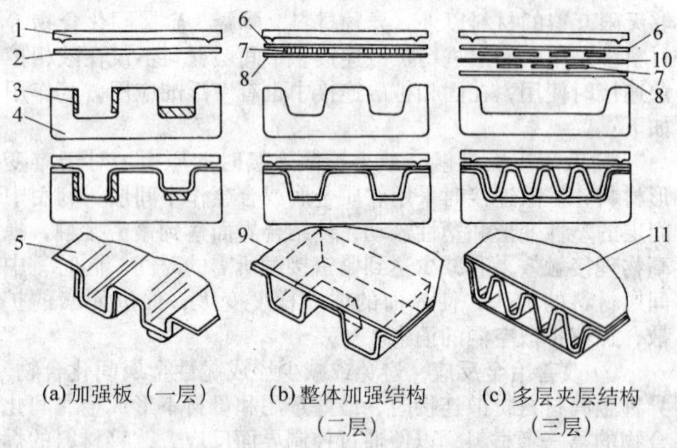

图 3.7-97　超塑性成型扩散连接基本形式

超塑性成形扩散连接技术已经成功地应用于飞机大型壁板、翼梁、舱门、发动机叶片等大型结构的制造，用这种方法制成的结构件，重量小，刚性大，而且满足工艺要求，可减轻重量 30%，降低成本 50%，提高加工效率 20 倍，在美国、俄罗斯及日本已经广泛应用，如波音 747 飞机上有 70 个钛合金结构件就是应用这种方法制造的。

（3）异种金属的扩散连接

楔形热压扩散连接适合于连接硬度差别较大的材料如铝合金与钢、钛、铜等，这种连接方法多用于制造过渡接头，接合原理如图 3.7-98 所示。

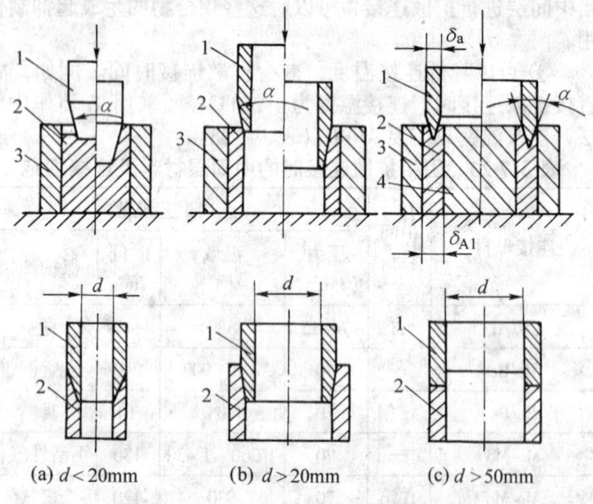

图 3.7-98　铝与不锈钢管热压扩散连接示意图

1—不锈钢或钛合金；2—铝合金；3—夹具；4—铜合金

不锈钢的连接部分被加工成带有一定角度的楔形，在真空或在空气中加热铝和不锈钢毛坯，然后将不锈钢压入铝中，而后冷却并加工成需要尺寸的构件或管接头。在空气中加热铝与不锈钢时，两个毛坯加热的温度不一样，必须分别加热。铝合金的加热温度根据材料的成分可以在 623～773 K 之间变化。真空中铝与不锈钢可以在同一个温度下加热和连接。当温度较高，较长时间加热时，由于生成大量的铁－铝金属间化合物，使接头性能变差。同时，压入速度应控制在 45～50 mm/min 范围内。图 3.7-99a 为铝和不锈钢、铝与钛合金、钛合金与铝合金、铜与铝合金扩散连接管接头照片，已经在航天领域得到应用。

图3.7-99b为铜与钢大面积扩散连接接头照片，在连接温度 $T=1\ 023\sim1\ 123$ K，连接时间 $t=15\sim20$ min，连接压力 $p=1\sim3$ MPa，真空度 3×10^{-3} Pa的条件下，接头获得最佳性能，其抗剪强度为200 MPa。

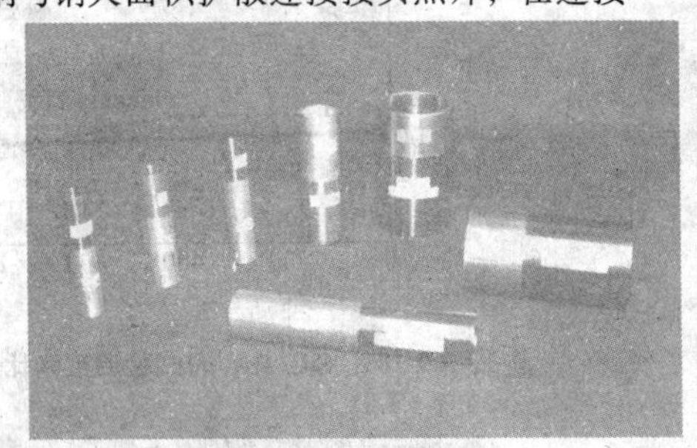

(a) 铝/不锈钢、铝/钛及铜/钢管接头

(b) 铜/钢对接接头

图3.7-99　典型异种材料接头照片

(4) TiAl金属间化合物的扩散连接

图3.7-100是TiAl/40Cr接头的金相照片，连接规范为 $T=1\ 323$ K、$t=30$ min、压力20 MPa。由图可见，界面出现了明显的反应层。靠近TiAl侧的Ⅰ层呈现黑灰色，内有大颗粒状白色反应相，该层为 $Ti_3Al+FeAl+FeAl_2$ 的混合物。中间的亮白色的Ⅱ层非常薄，是由扩散形成的TiC层，靠近40Cr侧的灰白色带称做Ⅲ层，为溶解有少量Al的铁基脱碳固溶层。因界面生成了脆性的TiC层，各层的线膨胀系数差较大，应力分布复杂，接头的最大拉伸强度为180 MPa。

为了消除脆性层对接头强度的影响，采用Ti、V、Cu复合中间层进行连接，由于接头中没有生成TiC相，接头强度有很大提高。图3.7-101为连接温度对TiAl/Ti/V/Cu/40Cr接头强度的影响曲线，可以看出在1 273 K时强度达到最大值430 MPa。当温度从1 323 K继续升高时，接头强度随温度的上升而开始下降，在1 348 K时强度值出现了急剧降低。

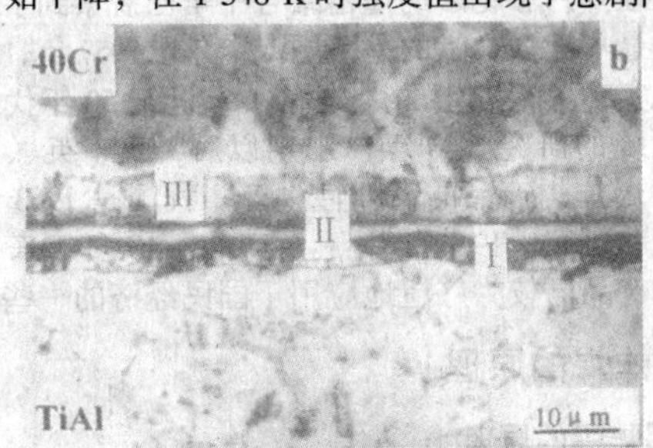

图3.7-100　TiAl/40Cr接头的金相照片（×750）

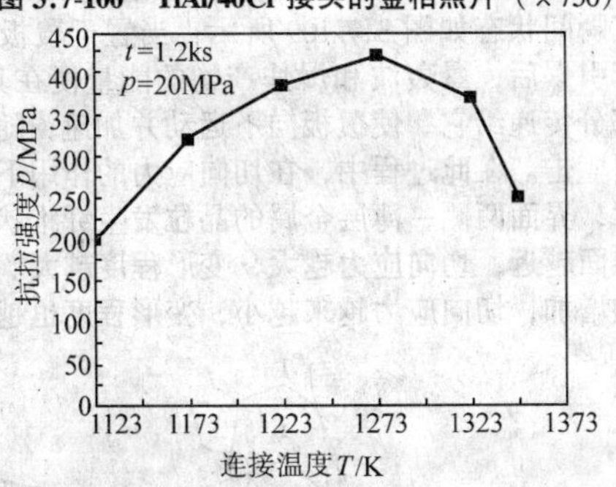

图3.7-101　连接温度对TiAl/Ti/V/Cu/40Cr接头强度的影响

(5) 陶瓷与金属的扩散连接

1) Al_2O_3 陶瓷与金属的扩散连接　Al_2O_3 陶瓷和Pt直接连接时，连接压力的影响如图3.7-102。从图中可知，随着压力的增加，接头的弯曲强度逐渐增加，当压力达到7 MPa时，抗弯强度约200 MPa，再进一步增加压力，接头强度基本不再增加。这说明压力较小时，增加压力有利于增加界面的物理接触，可以促进扩散的进行。

在 Al_2O_3 与铜扩散连接时，加入钼、金属陶瓷、钛及铌做中间层，利用有限元进行界面应力计算，计算温度范围为298～975 K之间，计算结果如图3.7-103所示。由于材料线膨胀系数的差异，在接头处产生的内应力大小与中间层材料的种类有关，采用Nb的效果最好。从中间层厚度来看，厚度增大，对降低接头的应力有利。

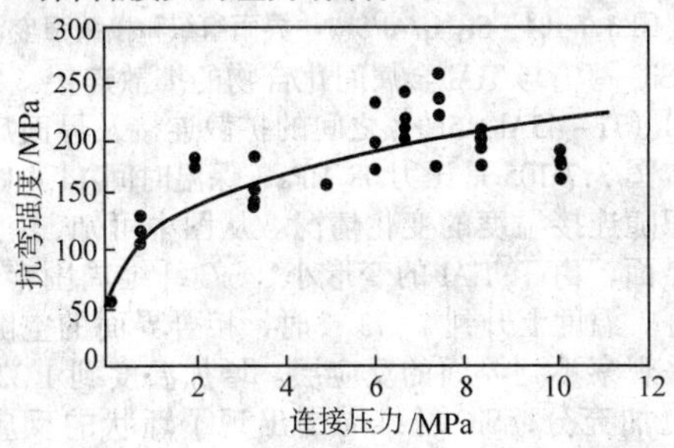

图3.7-102　Al_2O_3－Pt扩散连接时压力对接头抗弯强度的影响

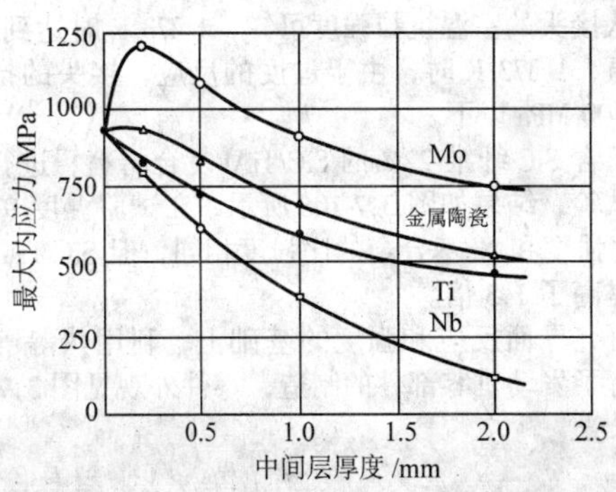

图3.7-103　Al_2O_3 与黄铜接头内应力与中间层厚度的关系

2) Si_3N_4 陶瓷与金属的扩散连接　用铝做中间层连接 Si_3N_4 陶瓷，在不同的扩散连接温度条件下，接头的界面结构、抗弯强度有很大差别。图3.7-104是试验温度与接头抗弯强度的关系，由图中可以看出，低温连接时，由于在接头界面残留有中间层铝，因此接头的抗弯强度随着温度的提高而急剧下降，主要是Al本身的性能影响了接头强度。经过1 970 K处理的接头，其弯曲强度随着试验温度的提高而增加（图3.7-104b），这是由于残留的铝在高温下形成了AlN陶瓷，AlN本身的强度比Al高，从而提高了接头强度。

此外，焊后热处理温度对接头的力学性能也有影响。例如，Si_3N_4 陶瓷在1 773 K、21 MPa、60 min以及1 MPa的氮气中进行直接扩散连接时，界面还不能完全消失。当经过2 023 K、保温60 min的退火处理后，界面组织发生了很大变化，接头的室温抗弯强度从380 MPa提高到1 000 MPa左右，达到与陶瓷母材相同的强度。

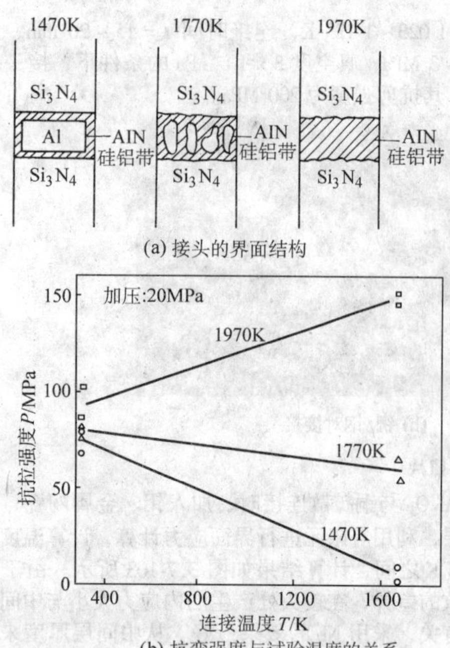

图 3.7-104　Si_3N_4/Al/Si_3N_4 界面组织和接头强度

3）SiC 陶瓷与 TiAl 金属间化合物的扩散连接　对 SiC 纤维和 TiAl（Ti－45Al－5Cr）之间的扩散连接及界面反应进行了研究，图 3.7-105 是压力 98 MPa、保温时间 14.4 ks 条件下断面组织随连接温度的变化情况。从图中可知，1 223 K 温度下的界面，由于 TiAl 的变形小，SiC 纤维周围存在空隙，接合不好。温度上升到 1 273 K 时，接合界面的空隙全部消失，几乎观察不到界面的反应层。增加温度到 1 323 K，由于反应更加充分，SiC 纤维周围出现了环状的反应层，但 TiAl 母材组织没有变化。进一步增加温度到 1 373 K，过度的界面反应使反应层发生了变化，出现了黑色、块状的新反应相。从接头的室温抗拉强度可知，1 273 K 时达到 630 MPa 的最大值，1 373 K 时，由于过度的反应，接头的抗拉强度下降到 300 MPa 以下。

对于含 SiC 纤维 22% 的 SiC/TiAl 复合材料，进行了比强度分析试验，结果如图 3.7-106 所示，在试验温度 973 K 时，TiAl 的比强度和 Ni 基合金的比强度相同，但 SiC/TiAl 材料的比强度提高了 1.3 倍。

在研究界面反应和强度的基础上，利用热等静压的方法，进行了发动机零部件的制造，零件外观见图 3.7-107。

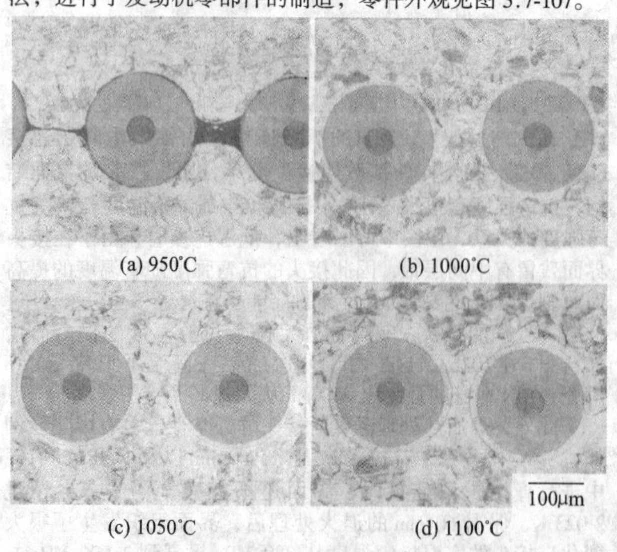

图 3.7-105　SiC/TiAl 组织随温度的变化

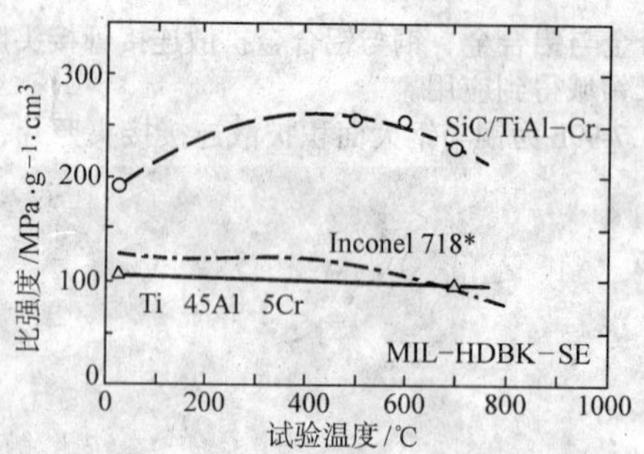

图 3.7-106　SiC/TiAl 的试验温度和比强度的关系

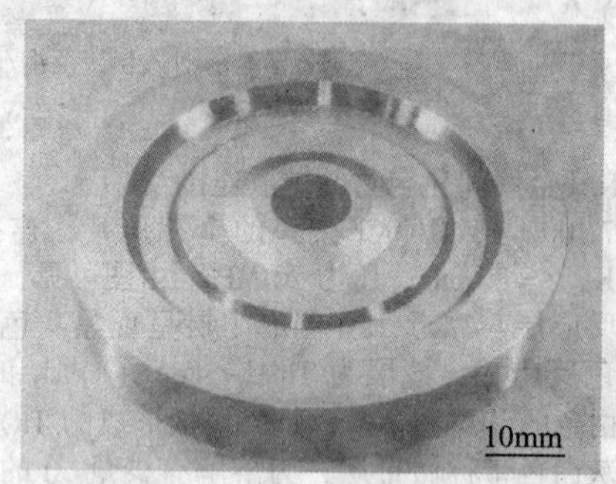

图 3.7-107　加工后的 SiC/TiAl 零件外观照片

3　爆炸焊

金属爆炸焊接是介于金属物理学、爆炸物理学和焊接工艺学之间的一门边缘学科，爆炸焊又是用炸药作能源进行金属间焊接和生产金属复合材料的一种很有实用价值的高新技术。

人们在弹片和靶子的撞击结合中早已观察到了爆炸焊接现象，但最早记入文献的是美国人卡尔。1957 年，费列普捷克成功地实现了铝和钢的爆炸焊。20 世纪 50 年代末，国外开始了系统的研究。60 年代中期以后，美、英、日等国先后开始了爆炸焊产品的商业性生产。我国是 1963 年开始爆炸焊试验和研究、1968 年用于生产的。40 多年来，爆炸焊技术及其产品已较为广泛地应用于国民经济的一些部门。

3.1　爆炸焊的原理

3.1.1　爆炸焊的原理

以金属复合板的爆炸焊为例，其工艺安装如图 3.7-108 所示，其瞬间状态如图 3.7-109 所示：当置于覆板之上的炸药被雷管引爆后，爆轰波和爆炸产物的能量便在其上传播，并将一部分传递给它，使覆板向下运动并加速，随后高速向基板倾斜撞击。在此过程中，在切向应力的作用下，与波形成的同时，界面两侧一薄层金属的晶粒发生纤维状的塑性变形。离界面越近，切向应力越大，变形程度越大。随着与界面距离的增加，切向应力越来越小，变形程度也越来越弱。

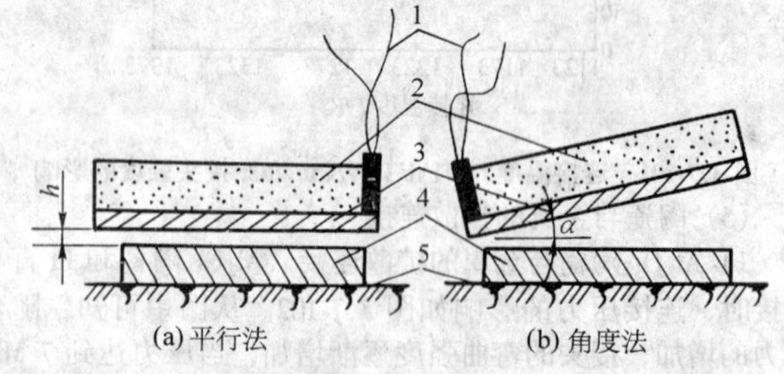

图 3.7-108　复合板爆炸焊工艺安装示意图

1—雷管；2—炸药；3—覆板；4—基板；5—基础（地面）；α—安装角；h—间隙距离

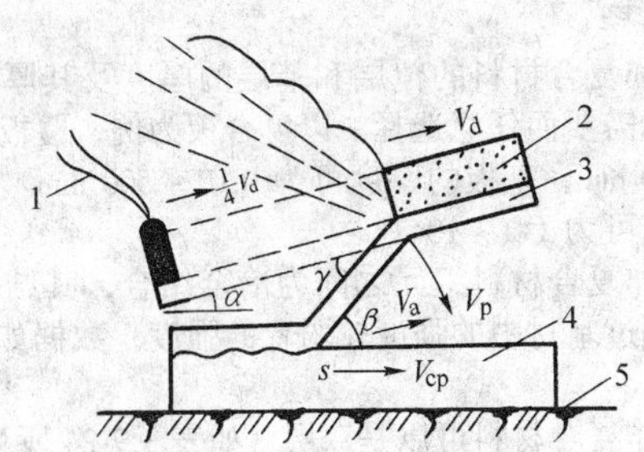

图 3.7-109 角度法爆炸焊过程瞬间情况示意图

1—雷管；2—炸药；3—覆板；4—基板；5—地面；

V_d—炸药的爆轰速度；$\frac{1}{4}V_d$—爆炸产物的速度；

V_p—覆板的下落速度；V_{cp}—碰撞点 s 的移动速度，即焊接速度；

V_a—气体的排出速度；α—安装角；β—碰撞角；γ—弯折角

离开波形区后就呈现基体原始的组织形态了。随后借助该塑性变形过程，又将外加载荷的大部分转换成热能。在爆炸焊的具体情况下，这个转换系数为90%～95%以上。如此大量的热能积聚在界面上，在此近似绝热的条件下，必然引起紧靠界面两侧的一薄层变形金属的温度升高，当达到其熔点后就使其中的一部分熔化。这些熔化了的金属在波形成的过程中被推向了漩涡区，少量残存在波脊上，其厚度以微米计。由金属物理学的基本原理可知，界面两侧不同的金属（百分之百的浓度差）处于高压（数千至数万兆帕）、高温（数千至数万摄氏度）、高温下金属的塑性变形和熔化、及其综合作用的条件下，它们的原子必然发生相互扩散。图 3.7-109 中 s 点以 V_{cp}速度的移动即是爆炸焊过程的进行。因为炸药化学能的释放，及其在金属中的吸收、传递、转换和分配，以及界面上许多物理－化学过程的进行，都是在若干微秒的时间内发生的，所以爆炸焊也是在一瞬间完成的。

由于覆板和基板在高压、高速和高温下倾斜撞击，在它们的接触面上发生了许多的物理和化学过程、即冶金过程，例如前述的界面两侧一薄层金属的塑性变形、熔化和原子间的扩散等。不同的金属材料就是在这些冶金过程中实现冶金结合的。

3.1.2 综合区波形成的原理

用爆炸焊方法制成的金属复合材料的结合区——焊接过渡区还具有波形特征（图 3.7-110）。这种波形是这样形成的[7,8]：炸药爆炸以后生成爆轰波和爆炸产物，后者以前者速度的1/4 的速度随后运动。爆轰波在覆板上传播的过程中，将其波动向前的能量传递给覆板，从而引起覆板相应位置物质的波动。当随后覆板向基板高速撞击时，使这种撞击过程也波动地进行。由于覆板对基板的撞击压力超过它们的动态屈服强度，这样就使界面上出现的波状变形被“固化”，即形成波状的塑性变形。这种波形原为锯齿状。在跟随爆轰波运动的爆炸产物能量的作用下，便使那种锯齿变得弯曲和平滑。在整个爆炸焊的过程中，随着爆轰波和爆炸产物的能量在覆板上的波动传播，覆板和基板连续及波动地撞击，在它们的撞击面上（结合区内）便连续地形成波形。

分析和研究还表明，不同强度和特性的金属材料，在不同强度和特性的爆炸载荷下，发生不同强度和特性的相互作用——冲击碰撞，便在结合区形成不同形状和参数（波长、波幅和频率）的波形。在此，爆炸载荷是外因，金属材料是内因，它们的相互作用是此波形成的不可缺少的过程和手段。三者缺一不可。

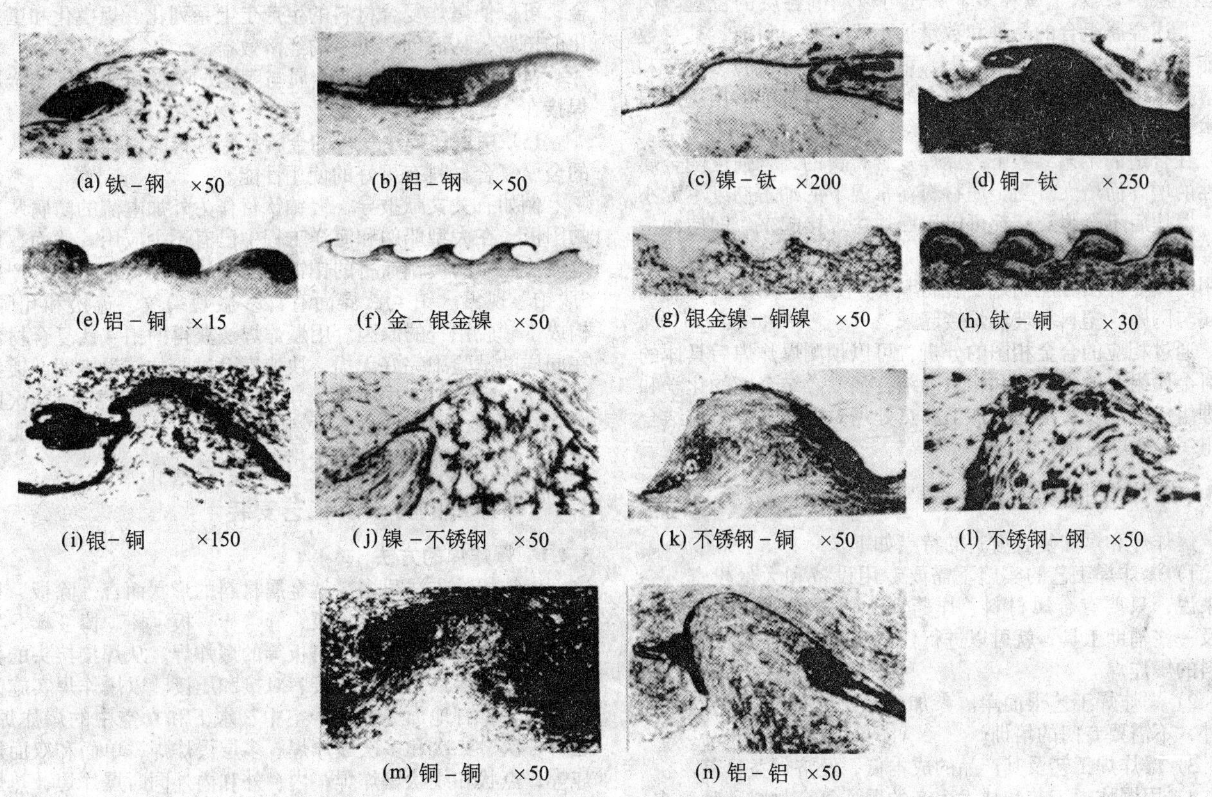

(a) 钛－钢 ×50 (b) 铝－钢 ×50 (c) 镍－钛 ×200 (d) 铜－钛 ×250

(e) 铝－铜 ×15 (f) 金－银金镍 ×50 (g) 银金镍－铜镍 ×50 (h) 钛－铜 ×30

(i) 银－铜 ×150 (j) 镍－不锈钢 ×50 (k) 不锈钢－铜 ×50 (l) 不锈钢－钢 ×50

(m) 铜－铜 ×50 (n) 铝－铝 ×50

图 3.7-110 一些爆炸复合材料结合区的波形形貌

3.2 可爆炸焊的金属材料

理论和实践都证明，用爆炸焊的方法能够焊接所有相同的、特别是不同的和任意的金属材料组合。其原因就在于它们的结合区具有塑性变形、熔化和扩散，以及波形的明显特征。形成这些特征的过程为金属间的结合提供了更多的机理和更好的条件。表 3.7-24 为国内外常见和常用的爆炸焊的双金属组合。

表 3.7-24　常见和常用的爆炸焊接双金属复合结构材料

组元之一	组　元　之　二
钛	钢、不锈钢、铜、铝、镍、锆、铪、铌、钽、钨、钼、金、银、镁、铍和锂等
不锈钢	钢、铜、铝、镍、锆、铌、钽、钼、银、因瓦合金、因科镍和哈斯特洛依等
铜	钢、铝、镍、锆、铌、钽、钨、钼、金、银、镁、锡、铀、钍、锌、铍、超导合金、因瓦合金和可伐合金等
铝	钢、镍、锆、铌、钽、银、铍、锂、镁、锌和可伐合金等
镍	钢、锆、铪、铌、钽、钨、钼、铑、金、银、镁、因科镍、因瓦合金和可伐合金等
钨	钢、锆、铌、钽、钼、钒和铍等
钼	钢、锆、铌、钽等
铌	钢、锆和钽等
钽	钢、金和钴等
锆	钢和钴等
因科镍	钢、不锈钢、锆、钼和哈斯特洛依等，此外还有铅–钢

应当指出，上述结构材料中纯金属还包括它们的合金，“钢”也包括不同品种的普通钢、合金钢和低合金钢，不锈钢的种类还有数十种至百余种，还不仅仅是两层（三层、四层、五层…），双金属和多金属还可以颠倒各层的位置。因此，上述金属组合的品种和数量远不只这些。目前，其总数可能有数百和上千种。实际上，可以说，只要试验、生产和科学技术中需要，任意金属组合的复合材料都能够用爆炸焊技术制造出来。

在合适的工艺参数下，爆炸复合材料的结合强度随金属塑性的增高而增大。当金属材料在常温下的冲击韧度不太小时，爆炸后不会脆裂，都可以用爆炸法焊接起来。即使冲击韧度很小的金属材料，如钼、钨、镁、铍、锌和灰铸铁等，采用热爆炸焊法也能制成复合材料❶。使用这种方法还能使金属与陶瓷、塑料和玻璃焊接起来。

通过相应的合金相图的分析，可以预测爆炸焊后具体的一对金属组合的焊接性和相对的结合强度、结合区的化学和物理组成、以及后续的热加工和热处理对爆炸复合材料结合区组织及力学性能的影响。

3.3　爆炸焊的特点

爆炸焊和爆炸复合材料的特点如下。

1）爆炸焊工艺的实施不需要专用设备和大量投资。一般来说，只要有金属材料、炸药和一块开阔地（爆炸场），以及一些辅助工具，就可以进行任意组合和相当尺寸的复合材料的爆炸焊。

2）爆炸焊工艺很简单。参加此项工作的人员除安全教育外，不需要专门的培训。

3）爆炸焊工艺及其产品的成本低，经济效益显著。

4）用爆炸焊工艺和技术生产的爆炸复合材料品种繁多、规格各异和数量庞大。

5）爆炸复合材料的覆层和基层材料都可以根据实际需要而任意选择。

6）爆炸复合材料的覆层和基层的厚度及其厚度比也可以根据实际需要而任意选择。以复合板为例，覆板的厚度可为0.01～50 mm，基板的厚度可为0.01～500 mm。基板与覆板的厚度比可为1:1～10:1。

7）爆炸复合材料组元之间为冶金结合，其结合强度很高，通常超过基材中的强度较弱者的强度，数据如表3.7-27所列。

8）爆炸复合材料可以是双层（如表3.7-24所列）、三层或多层。三层如钛–钢–钛、不锈钢–钢–不锈钢、钛–钢–不锈钢、镍–钢–不锈钢等。这种三层复合材料的两侧有不同的表面性能。

9）爆炸复合材料的面积可达数十平方米，重量可达数十吨，用其制造的设备可达数百吨。

10）爆炸复合材料都有不同程度的硬化和强化，即“爆炸硬化”和“爆炸强化”。覆层材料的硬化有利于其耐蚀性和耐磨性的提高，而强化在一定程度上有利于这类材料的强度设计。

11）爆炸复合材料的形状和形式很多。如复合板材、复合带材、复合箔材、复合管材、复合棒材、复合线材、复合型材和复合锻件等。还有用这些材料制作的复合零件、部件和设备。

12）爆炸复合材料可以承受多种和多次的压力加工（轧制、冲压、旋压、锻压、挤压和拉拔等），机械加工（切割、切削、校平、校直和成形等），以及焊接、热处理和爆炸成形等后续加工，而不会分层和开裂。

13）爆炸复合材料与上述压力加工和机械加工工艺的联合，可以使爆炸复合材料的生产走上系列化、规模化和工厂化的道路，从而创造更多的经济效益。

14）爆炸焊法还能使金属与陶瓷、塑料和玻璃等非金属焊接在一起组成复合材料。

15）用爆炸焊法获得的金属复合材料比用其他方法获得的金属复合材料有更好的使用性能。

例如有关文献报导，镀铂钛材作为外加电流的防腐装置的阳极，在大型船舶和海洋工程中已有不少应用。然而，用电镀法制做的镀铂钛材的铂镀层与基体钛结合不牢，会产生“脱铂”现象。铂–钛界面有许多微观裂纹、疏松和孔隙，构成了“脱铂”的原因。用爆炸焊法获得的铂–钛复合材料在同样的试验中完好无损。快速寿命试验的结果表明，镀铂试样在水和浓HCl中煮沸1次即起皮，2次有脱落，3次则脱光。而爆炸焊的试样在煮沸30次后仍未脱落。这一实例充分显现了爆炸焊技术的优越性。

3.4　爆炸焊的方法及工艺安装

3.4.1　爆炸焊的方法

爆炸焊的方法很多。就金属材料的形状而言，除板–板外，还有管–管、管–管板、管–棒、板–棒、棒–棒、异形件，以及金属粉末与金属板等的爆炸焊。从焊接接头的类型来看，有爆炸搭接、斜接、对接和压接。以爆炸焊实施的位置来分，有地面、地下、空中、水下和真空中的爆炸焊。还有一次、二次和多次爆炸焊、多层爆炸焊，单面和双面爆炸焊，点状和线状爆炸焊，内、外和内外同时爆炸焊，热爆炸焊和冷爆炸焊❷，以及成组爆炸焊、成排爆炸焊和成堆爆炸焊等。此外，爆炸焊工艺还可以与常规的金属压力加工工

❶ 热爆炸焊是将常温下 a_k 值很小的金属材料，加热到它的 a_k 值转变温度以上后，立即进行的爆炸焊。例如，钼在常温下 a_k 值很小，爆炸后脆裂。但将其加热到400℃（a_k 值转变温度）以上时钼不再脆裂，并能和其他金属焊接在一起。

❷ 冷爆炸焊是将塑性太高的金属（如铅）置于液氮之中，待其冷硬后取出，并立即进行的爆炸焊。

艺和机械加工工艺联合起来，以生产更大、更长、更薄、更粗、更细和异形的金属复合材料、零部件及设备。这种联合是爆炸焊技术的延伸和发展趋势。

3.4.2　爆炸焊的工艺安装

部分爆炸焊方法及其工艺安装示意图如图 3.7-111 所示。以复合板的爆炸焊为例，其工艺安装的步骤如下。

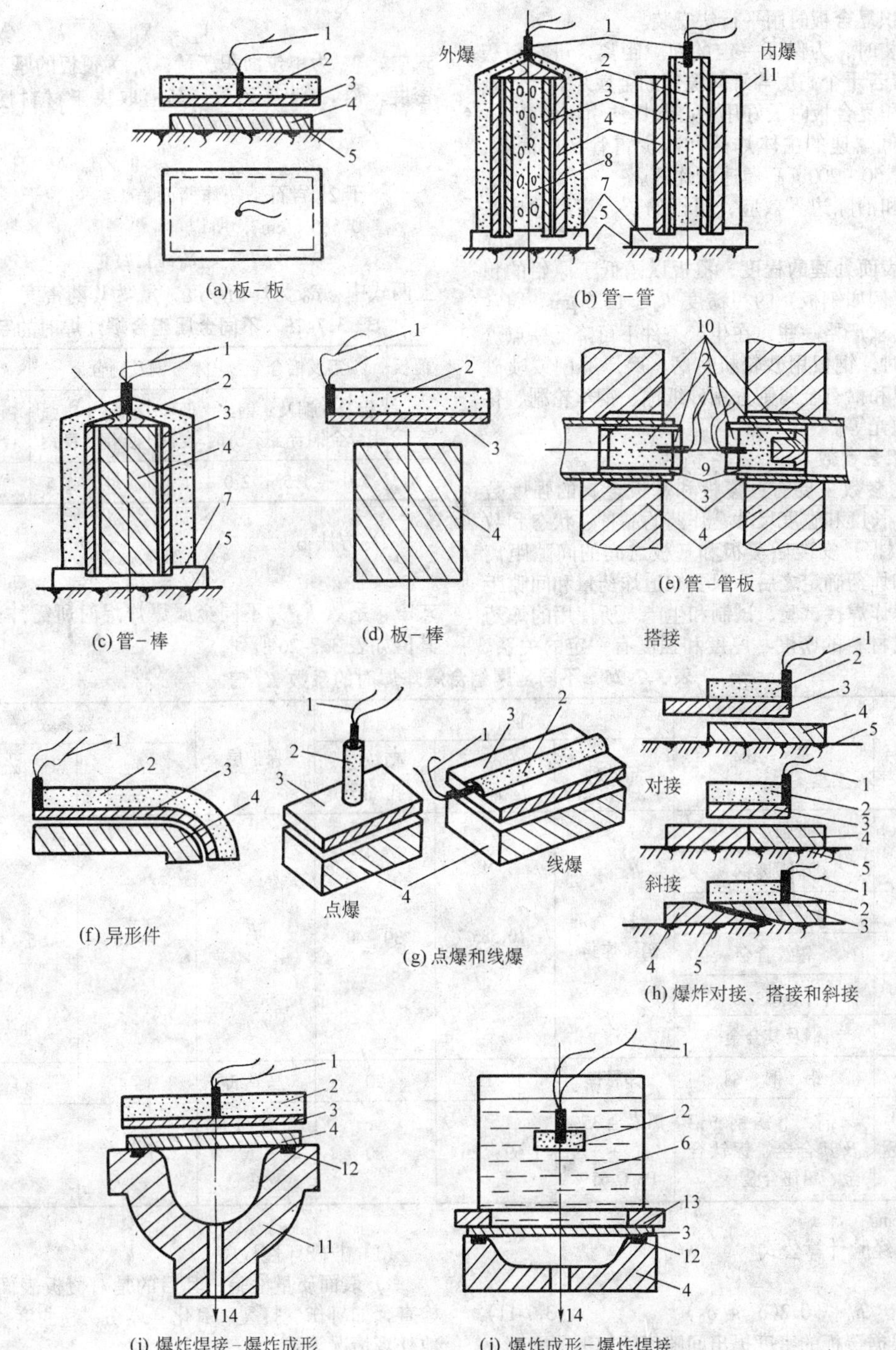

图 3.7-111　部分爆炸焊方法及其工艺安装示意图

1—雷管；2—炸药；3—覆层（板或管）；4—基层（板、管、管板、棒或异形件）；5—地面（基础）；6—传压介质（水）；7—底座；8—低熔点或可溶性材料；9—塑料管；10—木塞；11—模具；12—真空橡皮圈；13—压边圈；14—抽真空

1）被焊金属材料的准备　即按产品和工艺上的要求，准备好所需覆板和基板材料。此外还需要少许保护层材料，如黄油或水玻璃。

2）待焊金属材料的清理　用手工、机械、化学或电化学的方法对金属材料的待结合面进行清洁净化。净化处理后的金属表面力求平、光、净。安装前将待结合面上的污物用酒精或汽油擦净。

3）炸药的准备　根据工艺和产品形状的要求，选择一定品种、状态和数量的炸药。

4）工艺安装　如图 3.7-111a 所示，在爆炸场进行焊前安装。并做好爆炸前的一切准备，如接好起爆线，搬走所用的工具和物品，撤离工作人员和在危险区安插警戒旗等。根据药量的多少和有无屏障，设置半径为 25 m、50 m 或 100 m 以上的危险区。

5）引爆炸药以实现爆炸焊　待工作人员和其他物件撤至安全区后，用起爆器通过电雷管引爆炸药，完成试验或产品的爆炸焊。

应当指出：

1）爆炸大面积复合板时用平行法安装。

2）在工艺安装时，为保证一定的间隙距离，可在覆板和基板的中间放置若干个高度等于间隙值的金属片。

3）爆炸大面积复合板时最好用中心起爆法引爆炸药。

4）为了引爆低爆速的主体炸药和减少雷管区的面积，通常在雷管下放置 50~200 g 高爆速的炸药。

5）为了减小和消除边界效应，覆板的长、宽尺寸比基板的大 20~50 mm。

6）待结合面表面处理的程度，覆板以稍低于原始的粗糙度即可，基板（例如钢板）的粗糙度 $R_a \leqslant 12.5\ \mu m$。通常试验时表面处理要求严格一些，在生产条件下可降低一点。

7）表面处理时，钢板用砂轮机打磨、磨床磨削或喷砂处理等，有色金属和稀有金属则宜用砂纸擦、钢丝轮刷、化学浸蚀或电化学抛光等。

3.4.3　爆炸焊的工艺参数

爆炸焊的工艺参数主要有：覆板和基板金属的强度数据，它们的厚度、长度和宽度尺寸，炸药的品种、状态和数量及其爆炸性能数据，安装后覆板和基板之间的间隙距离等。在金属材料和炸药确定之后，只要知道炸药量和间隙距离，就可以进行爆炸焊接试验、试制和生产。所使用的炸药量和间隙值与金属材料的密度、厚度和强度有一定的关系。这种关系有多种经验表达式。以复合板的爆炸焊为例，现列出如下一些。

（1）单位面积药量的经验计算公式

1）方法 a

$$W_g = K_1 \sqrt{\delta_1 \rho_1} \tag{3.7-7}$$

式中，W_g 为单位面积药量；δ_1 为覆板的厚度；ρ_1 为覆板的密度；K_1 为计算系数，其值取决于材料性能，见表 3.7-25）。又

$$\delta_0 = W_g / \rho_0 \tag{3.7-8}$$

对于2#岩石硝铵炸药而言，经过晾干、粉碎和过筛后，其 $\rho_0 \approx 0.585\ g/cm^3$，所以

$$\delta_0 \approx 1.71 W_g \tag{3.7-9}$$

上两式中，δ_0 为炸药厚度，ρ_0 为炸药密度。

表 3.7-25　不同金属组合爆炸焊时的系数 K_1 值

覆板	铝及铝合金			铜及铜合金			银	不锈钢	钢
基板	铝及铝合金	铜及铜合金	钢或不锈钢	低强度钢	中强度钢	高强度钢	银镉合金	钢	铜及铜合金
K_1	1.0	1.5	2.0	1.3	1.4	1.5	1.3~1.5		

2）方法 b

$$W_g = K_2 \sqrt{\delta_1} \tag{3.7-10}$$

式中，系数 K_2 为不同金属爆炸焊时所需炸药的相似系数，其值如表 3.7-26 所列。

表 3.7-26　不同金属组合爆炸焊时的系数 K_2 值

覆板	基板	炸药			保护层	安装参数		K_2
		品种	ρ_0 /g·cm^{-3}	颗粒度（孔/in²①）		h_0 /mm	α /（°）	
铜及铜合金	低强度钢	2#岩石硝铵炸药	0.585	30~40	无	5~10	0.5~1.5	1.3
	中强度钢							1.4
	高强度钢							1.5
银	银镍合金							1.3~1.5
不锈钢	钢							
钢	铜及其合金							
铝	铝、铜、钢	梯恩梯	1~1.2	20	马粪纸	3~4	4	0.7
铜、银、铝及其合金、镍、钢、铌钛合金、铅铋合金	铜、不锈钢、铝及其合金、铌钛合金、铅铋合金	黑索金 35% + Pb_3O_4 65%	1.69~2.14	80	有机玻璃、黄油或橡皮	1~2	2	1.43

① 1 in = 2.54 cm。

（2）间隙值的经验计算公式

1）方法 a

$$h_0 = 0.2(\delta_1 + \delta_0) \tag{3.7-11}$$

2）方法 b　根据覆板的密度提出间隙值的如下范围：

① 当覆板密度 < 5 g/cm³ 时，$\frac{1}{3}\delta_1 < h_0 < \frac{2}{3}\delta_1$；

② 当覆板密度为 5~10 g/cm³ 时，$\frac{1}{2}\delta_1 < h_0 < \delta_1$；

③ 当覆板密度 > 10 g/cm³ 时，$\delta_1 < h_0 < 2\delta_1$。

应当指出，上述计算所得的工艺参数值（W_g 和 h_0），还得经受实践的检验，并在实践中不断修正。用能获得最佳结果的参数值作为大批量和大面积复合板的爆炸焊的工艺参数。

3.5　爆炸焊的检验和缺陷

3.5.1　爆炸焊的检验

爆炸复合材料的检验分为非破坏性和破坏性的两大类。

（1）非破坏性检验

1）表面质量检验　其目的是对覆板表面及其外观进行检查，如打伤、打裂、氧化、烧伤、翘曲度、尺寸公差和其他外观情况等。

2）轻敲检验　用手锤对覆板各个位置逐一轻敲，以其声响来初步判断复合材料对应位置的结合情况，由此还可大致计算其结合面积率。

3）超声波检验　其目的是用超声波探伤仪对爆炸复合材料的结合情况和结合面积进行定量的测定。

关于用超声波检验爆炸复合板结合情况的方法和标准，国内外已有不少，国家标准为 GB/T 7734—1987。

（2）破坏性检验

爆炸复合板的破坏性检验的项目和方法主要有如下一些。

根据 GB/T 6396—1995 复合钢板力学及工艺性能试验方法，用抗剪试验和弯曲试验来确定爆炸复合板的结合强度，

用拉伸试验来确定它们的抗拉强度。

1) 抗剪试验 此项试验是将装在模具内的抗剪试样，用压力使覆板发生剪切形式的破坏，以此抗剪应力来确定复合材料的结合性能。

常用的抗剪试样之一的形状和尺寸、抗剪试验用模具和抗剪试验如图 3.7-112 所示。一些爆炸复合材料的抗剪强度数据如表 3.7-27 所列。某些金属组合的抗剪强度的验收标准列入表 3.7-28 之中。

2) 拉伸试验 此项试验是将拉伸试样固定在材料试验机上，然后沿结合面方向对其施加拉力，直到破断为止。以此破断应力和相对伸长来确定爆炸复合材料的抗拉强度和伸长率。

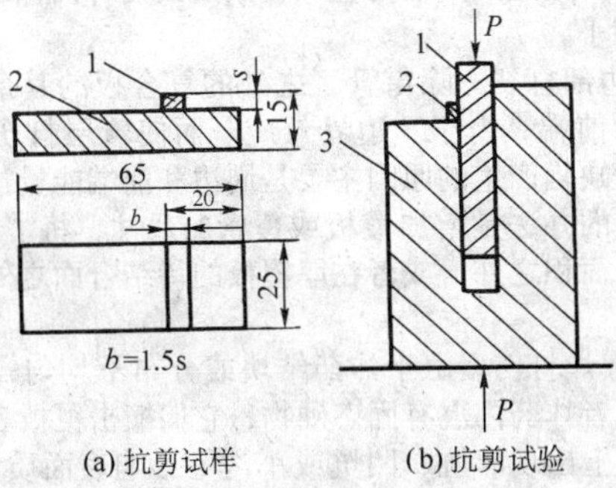

图 3.7-112 爆炸复合板的抗剪试验

1—覆板；2—基板；3—抗剪模具

表 3.7-27 一些爆炸复合材料的抗剪强度

覆 层	基 层	抗剪强度/MPa
钛	钢	220 ~ 350
钛	不锈钢	280 ~ 530
钛	铜	190 ~ 210
镍	钛	330
镍	不锈钢	430
铜	钢	190 ~ 210
不锈钢	钢	290 ~ 310
铝	铜	70 ~ 100
铝	钢	70 ~ 120
铝	不锈钢	70 ~ 90
铜	2A12 铝合金	60 ~ 150

表 3.7-28 一些爆炸复合材料抗剪强度的验收标准

覆 层	基 层	最低抗剪强度/MPa
不锈钢、镍及其合金	钢	210
钛、钽、锆、铜及其合金	钢	140
银	铜、钢	100
铝	铜、钢	60

典型拉伸试样的形状如图 3.7-113 所示。当覆板较薄时宜用板状试样，当覆板较厚时以用棒状试样为好。两种试样的具体尺寸尽量与相关的单金属材料的国家标准靠近。几种爆炸复合板的拉伸性能如表 3.7-114 所列。

3) 弯曲试验 此项试验是以预定达到的试样的弯曲角或试样破断时的弯曲角来确定爆炸复合材料的结合性能和加工性能。

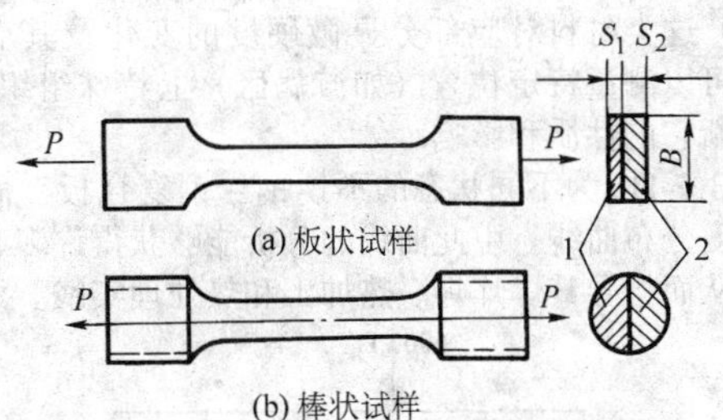

图 3.7-113 爆炸复合板的拉伸试验

表 3.7-29 几种爆炸复合板的拉伸性能

复合板	钛 – Q235 钢	钛 – 18MnMoNb 钢	B30 – 922 钢	铜 – 2A12 铝合金
σ_b/MPa	450 ~ 475	750	750 ~ 775	265 ~ 305
δ/%	13.5 ~ 14.0	5.0	10.5 ~ 11.5	6.5 ~ 10.9
试样形状	板状	棒状	板状	板状

弯曲试验分为内弯（覆层在内）、外弯（覆层在外）和侧弯三种类型（见图 3.7-114）。一种内弯试验用弯曲试样的形状和尺寸如图 3.7-115 所示。几种爆炸复合材料的弯曲性能数据如表 3.7-30 所列。

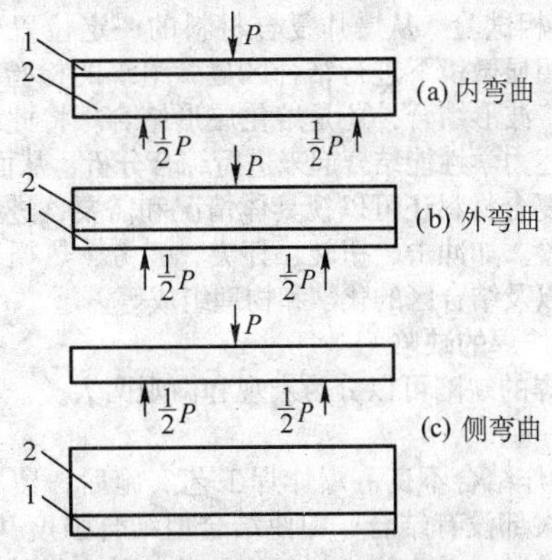

图 3.7-114 爆炸复合板的弯曲试验

1—覆板；2—基板

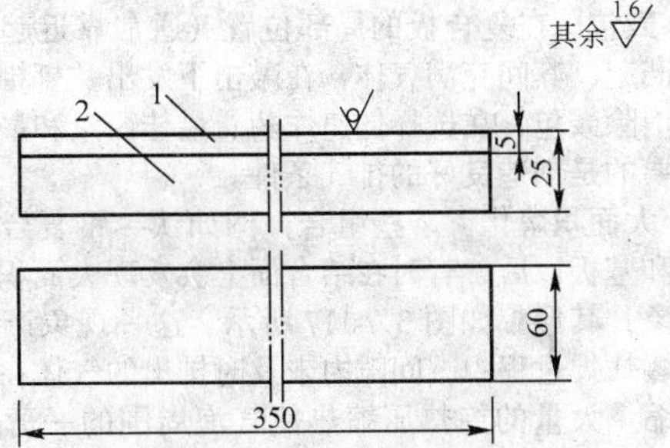

图 3.7-115 一种内弯曲试样的形状和尺寸

1—覆板；2—基板

表 3.7-30 一些爆炸复合材料的弯曲性能①

覆板	钛	钼	钽	镍	镍	锆 -2	不锈钢	B30
基板	钢	钢	钢	钛	不锈钢	不锈钢②	钢	922 钢
弯曲角/ (°)	180	180	180	> 167	180	> 110	180	180

① 均为内弯曲，弯曲半径等于复合板厚度或复合管壁厚；

② 试样取自复合管，其余取自复合板。

4) 显微硬度试验 此项试验是以一定的方法对爆炸复合材料的结合区、覆层和基层进行显微硬度的测量、分布曲线的绘制和分析，以确定爆炸前后（包括后续热加工和热处理前后）这类材料对应部分显微硬度的变化及其变化的规律。也可以测量特定位置（如漩涡区）上特殊组织的硬度，从而判断它的性质和影响。

图3.7-116为不同状态的不锈钢－钢复合板界面附近的显微硬度分布曲线。由此曲线的分析能够获得许多有意义的资料，从而指导其爆炸焊、热加工和热处理实践。

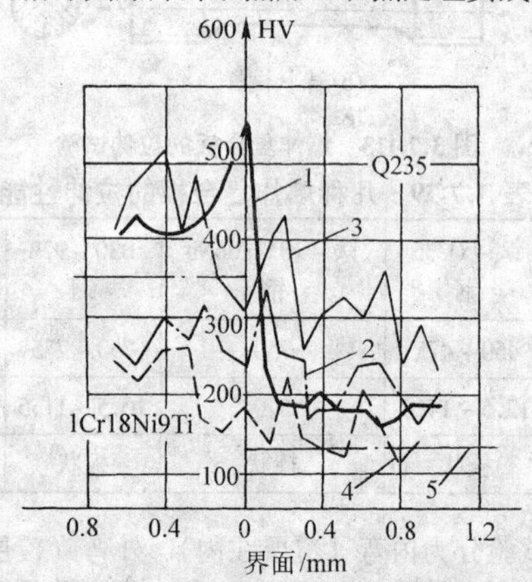

图3.7-116　不同状态下不锈钢－钢复合板结合界面附近的显微硬度分布曲线

1—爆炸态；2—热轧态；3—冷轧态；4—中间退火态；5—供货态

5）金相试验　从爆炸复合材料的一定位置切取金相样品，在金相显微镜下进行结合区显微组织的检验，以确定是平面结合、波形结合，还是熔化层形结合。将此结果与对应位置的上述力学性能结合起来进行综合分析，从而指导实践。

爆炸复合材料还可以视具体情况和需要，进行另外一些项目的检验。如冲击、扭转、杯突、疲劳、热循环和各种腐蚀性能，以及结合区的化学和物理组成等。

3.5.2　爆炸焊的缺陷

爆炸焊的缺陷可以分为宏观和微观两大类。宏观缺陷主要有如下一些。

1）爆炸结合不良　爆炸焊工艺实施后，覆层和基层之间全部或大部没有结合，即使结合但结合强度甚低的情况。欲克服此缺陷，首先应选择低速炸药，其次是使用不过量的炸药和适当的间隙距离。此外，采用中心起爆法等能缩短间隙中气体的排出路程、创造有利的排气条件的引爆方法。

2）鼓包　在复合板的局部位置（通常靠近起爆端）覆板偶尔凸起，其间充满气体，在敲击下发出“梆梆”的空响声。欲消除鼓包，在选择低速炸药、最佳药量和最佳间隙值后，重要的是创造良好的排气条件。

3）大面积熔化　某些组合，例如钛－钢复合板，在橇开覆板和基板以后，有时在结合面上会发现大面积金属被熔化的现象，其形貌如图3.7-117所示。这一现象产生的原因是：在爆炸焊过程中，间隙内未及时排出的气体在高压下被绝热压缩。大量的绝热压缩热使气泡周围的一薄层金属熔化。减轻和消除的方法是采用低速炸药和中心起爆等，以创造良好的排气条件，将间隙内的气体及时和完全地排出。

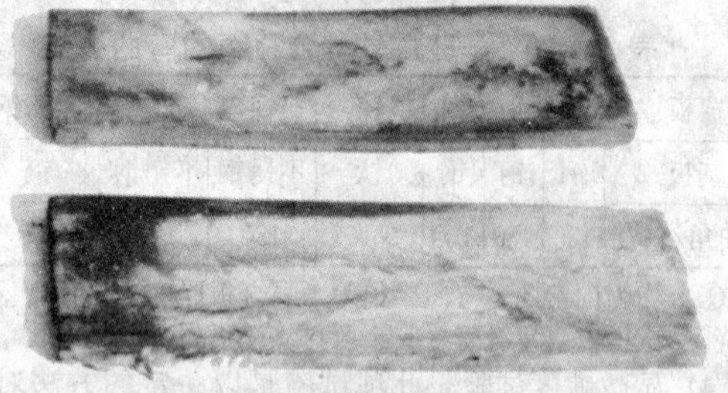

图3.7-117　钛－钢爆炸复合板钢侧结合面上大面积熔化的宏观形貌（钢板尺寸100 mm×300 mm）

4）表面烧伤　指覆板表面被爆热氧化烧伤的情况，如铝板的表面被烧黑。使用低速炸药和采用黄油、水玻璃或沥青等保护层，能够防止这一缺陷的发生。

5）爆炸变形　指在爆炸载荷剩余能量的作用下，复合材料在长、宽和厚度尺寸，以及形状上发生的宏观的和不规则的变形。形状上发生变形的复合材料在加工和使用前需要校平（复合板）和校直（复合管、复合管棒）。爆炸变形一般无法避免，但可设法减轻。

6）爆炸脆裂　某些常温下 a_k 值很小的金属材料，爆炸后将开裂和脆断。实施“热爆”工艺可以消除这种现象。

7）雷管区　在雷管引爆的位置，由于能量不足和气体排不出去而造成覆板和基板未能很好结合的缺陷。这种缺陷可用增加高爆速的附加药包和将其引出复合面积之外的办法来尽量缩小。

8）边部打裂　除雷管区之外的复合板的其余周边，或复合管的前端，由于“边界效应”而使覆层打伤打裂的现象。这一缺陷产生的原因主要是周边和前端能量过大。减轻和消除它的办法是增加覆板或覆管的尺寸，将“边界效应”引出复合面积之外，或者在厚覆板的待结合面之外的周边刻槽。

9）爆炸打伤　由于炸药结块或分布不均匀，使局部能量过大或者炸药内混有固态硬物，它们撞击覆板表面，使其对应位置上出现麻坑、凹坑或小沟等影响表面质量的缺陷。细化和净化炸药，以及均匀布药是防止覆板表面被打伤打裂的主要措施。

微观缺陷见于爆炸复合材料结合区和基体的内部，是用一些非破坏性和破坏性的方法检测出来的。如组织和性能的不均匀、熔化层形结合、乱波结合、波形错乱、大熔化块、过分的爆炸硬化和爆炸强化、残余应力和“飞线”等。

实践表明，宏观缺陷影响爆炸复合材料的表面质量和成材率，微观缺陷影响这种材料的结合强度和使用性能。因此都在克服之列。

3.6　爆炸焊的应用

从已经发表的大量文献中可以发现这种新工艺和新技术的应用范围是相当广泛的。现在可以毫不夸张地说，凡是使用焊接技术和金属材料的地方，都能找到它应用的踪迹，从而遍及工业、农业、国防和科学技术的各个领域。

（1）提供了一门新的焊接工艺和技术

一切金属材料在制成工件、零件、部件或设备的过程中，都或多或少地需要使用相应的焊接或连接的方法，如气焊、电焊、氩弧焊、扩散焊、摩擦焊、激光焊、超声波焊、电子束焊和等离子焊等。这些焊接工艺各有特点和优点，因而它们都有一定的意义和应用价值。然而，它们也有某些缺点和局限性。例如，有些需要昂贵的设备、复杂的工艺和苛刻的技术，特别是异种金属间的焊接更是复杂和困难的课题。它们所能焊接的金属组合是相对有限的，被焊材料的尺寸也是相对有限的，焊接强度与基体金属的强度比较起来并不都能令人满意。

与上述常规的焊接工艺比较起来，爆炸焊有许多优越之处。它需要的能源是廉价的炸药，操作过程十分简单。一般地说，只要有炸药、金属材料和爆炸场，以及一些辅助工具就可以进行任意组合和相当尺寸的双金属及多金属材料的爆炸焊。而且，随着工作人员的增加、机械化程度的提高和市场的扩大，爆炸复合材料的品种、数量、范围和规模可以不断扩大。爆炸焊能够在一瞬间完成。焊接强度相当于或高于基材中较弱者的强度。所以，爆炸焊不仅为简单、迅速和有效地进行高质量、大面积及多种形式的金属（特别是不同金属）间的焊接，提供了一个不可替代的新工艺，而且它还是一种能够快速实施、迅速应用、投资少和经济效益显著的新技术。

大量事实说明，爆炸焊是焊接科学的一大发展。

(2) 提供了一种新的复合材料的生产工艺

金属复合材料的生产方法是很多的。如叠轧法、堆焊法、浇注法、电镀法、涂层法、共挤压法、共拉拔法、气相沉积法和粉末冶金法等。而爆炸焊法为任意金属组合的双金属和多金属复合材料的生产，又提供了一种简单、廉价、有效和适用范围广泛的新工艺及新技术。

(3) 提供了一套新的复合结构材料系统

品种和规格繁多、形状和尺寸各异的金属爆炸复合材料，如钛－钢、不锈钢－钢、铜－钢、铝－钢、镍－钢、铜－铝、金－银铜、银－铜镍、钛－钢－不锈钢等双金属和多金属的板、管、管板、板管、管棒、带材、箔材、线材、型材和锻件等，为生产和科学技术提供了一整套具有特殊物理和化学性能的复合结构材料系统。

(4) 过渡接头

用爆炸焊法能够制造异种金属的搭接、对接和斜接的板接头、管接头及管棒接头。也可以用爆炸焊接的复合板、复合管和复合管棒来加工成这类接头（图 3.7-118）。这些过渡接头的应用，实质上是变不同金属的焊接为相同金属的焊接，从而为工程技术中异种金属的焊接课题，提供一个很好的解决方法和手段。例如，锆$_{-2}$＋不锈钢管接头的两端分别与同种管材用常规焊接工艺焊接起来之后，放入反应堆内的锆$_{-2}$管就可以发挥其优良的核性能，而在堆外则使用廉价的不锈钢管即可。与此相似的还有锆 2.5 铌－不锈钢、钽－不锈钢和因科镍－不锈钢的管接头。此外，还有电冰箱内使用的铝－铜管接头，宇宙飞船上使用的钛－不锈钢管接头，现代铝生产和造船工业中使用的铝－钢板接头，以及电力、电子和电化学工业中使用的钛－铜、钛－铝、钛－不锈钢、铜－钢、铝－钢和铝－不锈钢等导电材料的板、管、棒状的过渡电接头。

上述过渡接头的生产和使用充分显示出爆炸焊不仅可以轻而易举地解决异种金属的焊接问题，而且可以充分地利用各自金属材料的物理和化学特性，还能最大限度地节省稀缺和贵重的金属材料。

爆炸焊为制备两种和多种金属、两层和多层金属，以及各种形状的结构材料和家电材料的过渡接头开辟了广阔的道路。图 3.7-118 为任意设计的一些过渡接头及其连接方法示意图。

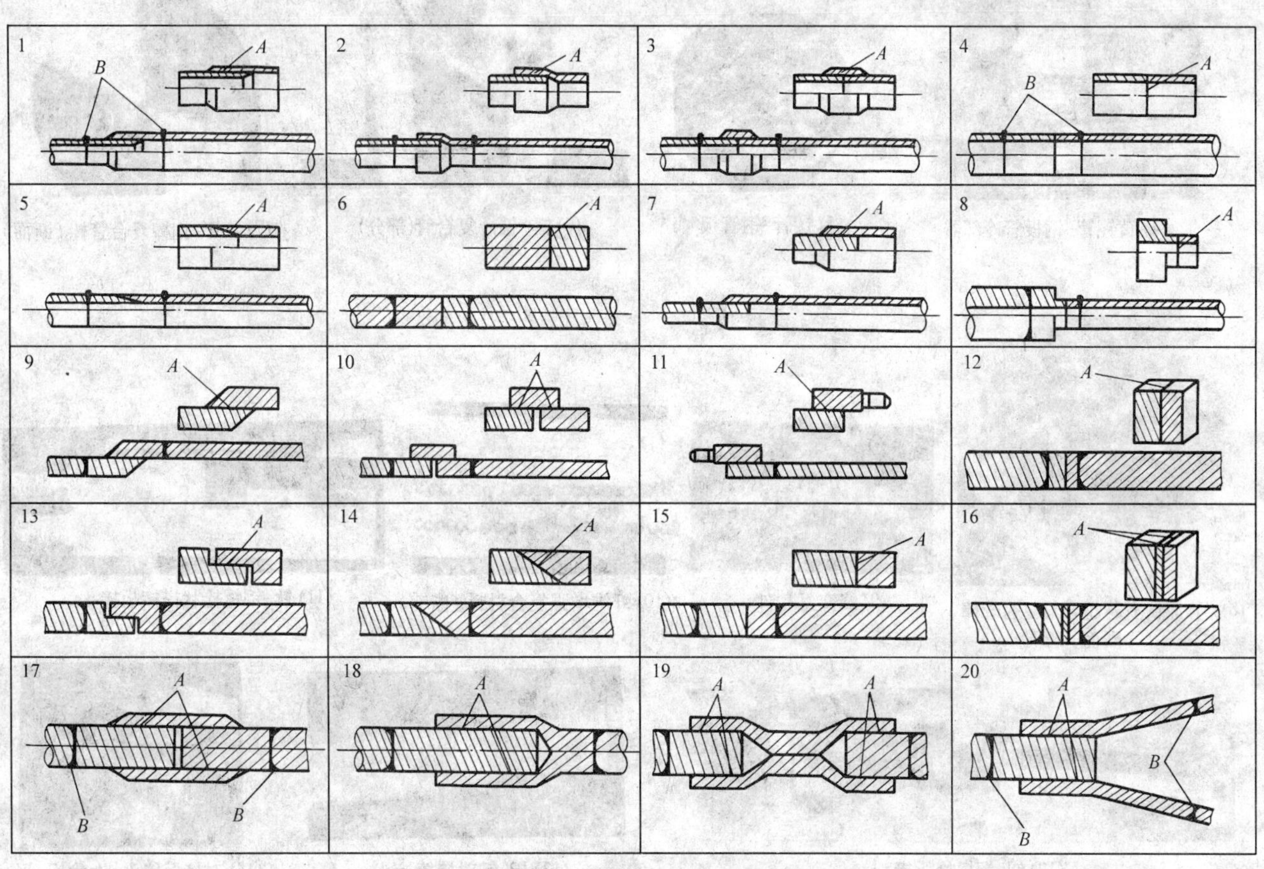

图 3.7-118　一些形状和结构的异种金属的过渡接头及其连接方法示意图

每幅小图中上面的为过渡接头的形状，下面的为其连接方法

A—爆炸焊焊缝；*B*—熔化焊焊缝

(5) 与压力加工工艺相联合

这种联合实际上是爆炸焊工艺的延伸和充实，也是传统的压力加工工艺的丰富和发展。它对于克服爆炸焊自身在形状和尺寸上的局限性，以及生产更大和更薄、更长和更短、更粗和更细，以及异型的金属复合材料及零部件，又开辟了一些新的途径。

(6) 其他用途

爆炸焊的其他一些特殊用途有：在某些钛合金热轧板坯的两面覆以一薄层纯钛板，以解决它们的热轧开裂问题。这一实例为类似性质的压力加工课题的解决，提供了一个简单和行之有效的方法。又如，热交换器，特别是核反应堆的热交换器破损传热管的爆炸焊堵塞。与传统的方法相比，它工艺简单、操作方便、速度快和质量好。此外，还可以远距离操作、减少射线伤害、缩短停堆时间和降低由此造成的经济损失。一般的热交换器的爆炸堵管甚至不用停工和很快修好。再如，对于欲报废的大、中型零部件来说，用爆炸法覆上一层同种材料，或修补内外缺陷、或填补尺寸公差、或增加厚度，可使它们翻新再用。所以，爆炸焊技术为维修和充分利用一些重要、复杂和贵重的设备、零部件及材料提供了一个好方法。

综上所述，爆炸焊的应用范围是相当广泛的。实际上，可以说，凡是使用金属材料、特别是那些使用稀缺和贵重材料的地方，价格低廉和性能优异的各种爆炸或爆炸+压力加工的复合材料，都有用武之地并能大显身手。至于异种金属的焊接，爆炸焊更有它不可替代的优势。

部分爆炸焊和爆炸复合材料的产品及其应用实例如图3.7-119所示。

(1) 钛-钢复合板坯

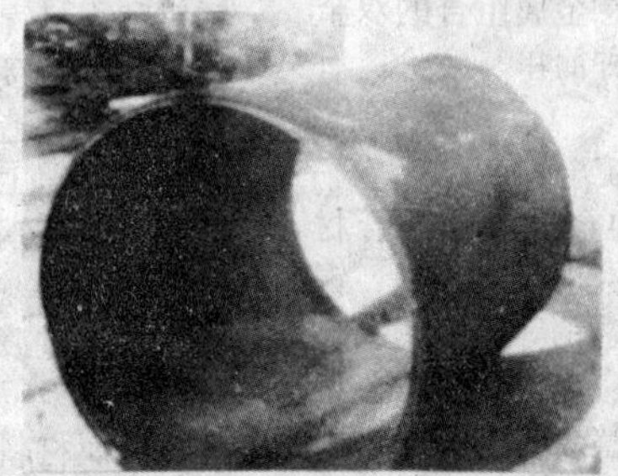
(2) 用钛-钢复合板卷成的筒体

(3) 钛板-钢管板

(4) 黄铜管-钢板管冷却器

(5) 钛管-钢管板

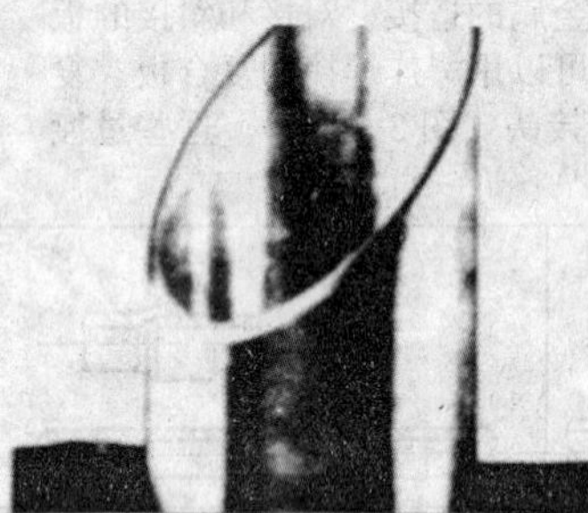
(6) 铝+锆$_{-4}$复合管(部分)

(7) 钛管-钢棒复合管棒（断面）

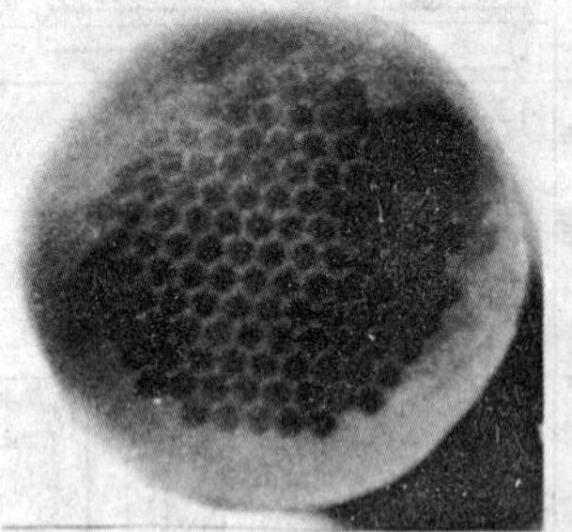
(8) 铜-铌钛多芯超导丝复合管棒（断面）

(9) 蜂窝结构件

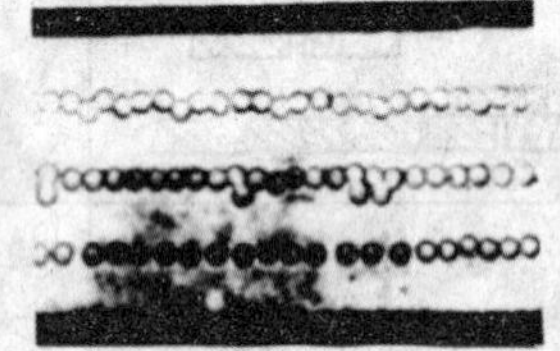
(10) 纤维增强复合材料（断面）

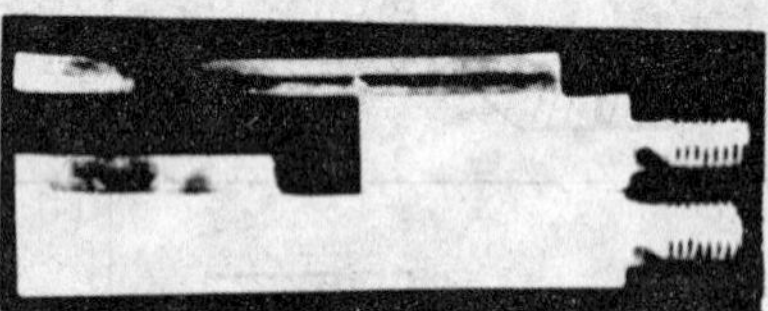
(11) 钛-钢螺栓状搭接板接头

(12) 铝-钢搭接板接头

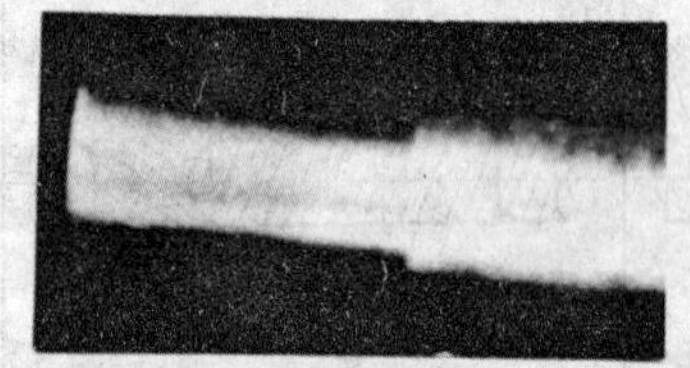
(13) 铝-钢对接棒接头

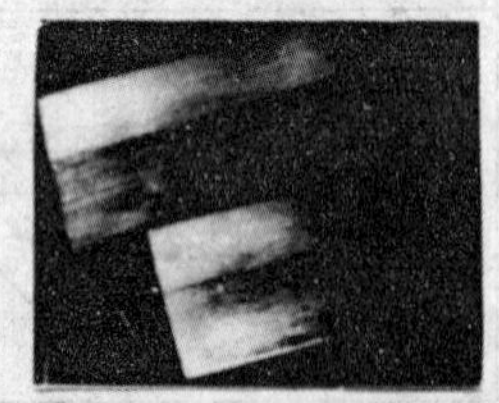
(14) 对接板接头：上为铝-钢，下为铝-钛-钢

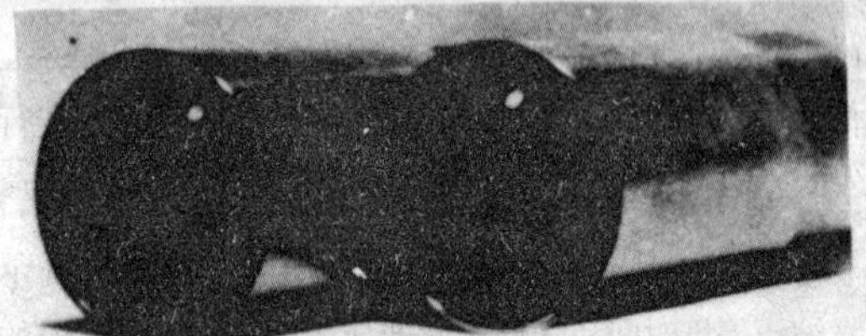
(15) 锆$_{-2}$+不锈钢搭接管接头

(16) 钼-不锈钢搭接管接头

(17) 锆2.5铌-不锈钢搭接管接头

图3.7-119　部分爆炸焊和爆炸复合材料的产品及其应用实例图

(18) 在山沟里开展爆炸焊接工作

(19) 进行工艺安装

(20) 工艺安装完毕（三层铝合金复合板坯）

(21) 爆炸焊接后一会儿的烟云

(22) 天空中的烟云

(23) 爆炸焊接后的三层铝合金复合板坯

续图 3.7-119

(24) 用不锈钢-钢复合板制造的一次脱硫塔

(25) 用不锈钢-钢复合板制造的减压塔

(26) 用不锈钢-钢复合板制造的常压塔

(27) 用不锈钢-钢复合板制造的加氢脱砷反应器

(28) 用不锈钢-钢复合板制造的环氧乙烷工程洗涤塔

(29) 用不锈钢-钢复合板制造的循环水冷却器

(30) 用不锈钢-钢复合板制造的接触塔

续图 3.7-119

(31) 用不锈钢-钢复合板制造的预加氢反应器

(32) 定远盐矿用钛-钢复合板制造的加热室

(33) 用不锈钢-钢复合板制造的沥青汽提塔

(34) 用不锈钢-钢复合板制造的 $50m^3$ 贮罐

(35) 用不锈钢-钢复合板制造的磁力驱动反应釜

(36) 用不锈钢-钢复合板制造的夹套电加热反应釜

续图 3.7-119

3.7　爆炸焊的安全与防护

爆炸焊是以炸药为能源的新工艺和新技术，因此，该项工作中的安全和防护问题就显得格外重要。为此强调实践中必须注意的事项如下：

1）爆炸场地应设置在远离建筑物的地方。

2）炸药库的管理人员须昼夜值班，外人不得入内；炸药、雷管和导爆索等火工用品须分类分开存放；它们的入库和出库要严格管理，做到账物相符。

3）所有工作人员须遵守国家有关政策和法令，接受安全和保卫部门的监督，接受工种训练和考核，并取得操作证。

4）炸药和原材料、雷管和工作人员均须分车运输，严禁炸药和雷管同车装运。

5）所有工作人员须在当班班长和安全员的指挥下工作；现场操作须按预定的工艺规程进行，特别是雷管和起爆器应自始至终由一人保管及使用，决不可两人或多人保管和使用。

6）工艺安装完毕且在所有工作人员和备用物件撤至安全区后，方能引爆炸药。引爆前发出预定的信号，使所有人员做好防声、防震和安全准备。

7）炸药爆炸3分钟后，工作人员方能进行入现场。

8）如遇瞎炮，必须3分钟后方能进入现场检查和处理。

9）严禁将火种和火源带入工作现场。

10）爆炸工作每告一段落要进行一次安全总结，查找事故苗头和堵绝隐患。

爆炸焊生产中通常使用低爆速的混合炸药，如铵盐和铵油炸药。前者由硝酸铵和一定比例的食盐组成，后者由硝酸铵和一定比例的柴油组成。仅使用少量的梯恩梯炸药作为引爆用。硝酸铵是一种常用的化肥，它是非常稳定的。它与食盐和柴油混合后“惰性”更大。颗粒状的硝酸铵和鳞片状的梯恩梯可以用球磨机破碎成粉末而不会爆炸。铵盐和铵油炸药只有在梯恩梯等高爆速炸药的引爆下才能稳定爆炸。梯恩梯炸药还得靠雷管来引爆。而雷管中的高爆炸药只有在起爆器发出的数百伏高电压下才会爆炸。所以，在现场操作中，只要严格控制好雷管和起爆器，通常是不会出现严重的安全事故的。

4　冷压焊

习惯上把在常温下通过施加压力而使工件间金属键间接合而实现的焊接方法称之为冷压焊或冷焊。随著科学技术的发展，冷压焊的另外一种变种现在也出现并得到了大力的推广发展应用，这种方法的特点是被连接工件在常温下只通过施加压力而使工件间产生塑性变形进而实现连接的方法。

本节将对这两种方法予以介绍，前者按习惯仍称之为冷压焊，后者我们暂称之为冲压连接。另外结合国内外目前的发展还将介绍下面有关的其他冷压机械连接技术与方法。

4.1　冷压焊

4.1.1　冷压焊原理

冷压焊是一种固相连接方法。这种焊接方法指的是，在室温下同种或异种的金属件在压力作用下所形成的相互连接。这种连接方法对金属连接件之间的表面要求较高，金属的连接表面应洁净。在焊接过程压力的作用下，金属件表面的氧化膜等杂质碎裂并被挤出，使得金属表面之间未与空气接触过的纯洁金属区互相接近，这个互相接近的区域在压力的继续作用下发生原子间的晶间结合，从而达到两金属的连接。

焊前要求对连接表面去油污处理，并对表面存在的覆盖层（如氧化膜）等仔细清除。对清除后又立即形成的新的表面膜层将在焊件受压变形的过程中被压碎，挤裂并被挤出或分散在连接区域。由此这些表面覆盖层对连接的不利影响就降低或消除了。

冷压焊的特点就是无热量存在于焊接过程中，不论这个热量是来自于外部设备还是来自于焊件本身。由于焊接过程在室温下完成，对不同种金属焊接所形成的接头不会产生不希望有的相互之间的脆性过渡层，而这在较高的温度下焊接时，如在对铜和铝进行熔化焊时，就可能有这样的脆性过渡层产生。同时，冷压焊也不会产生热焊接头常见的软化区与热影响区。所以对于异种金属和焊接中对温度敏感的材料和产品，冷压焊是种特别适用的焊接方法。

在采用合适工艺规范参数条件下，对同种金属，其产生的冷压焊接头强度不低于母材的强度。而对于异种金属，其冷压焊接头的强度不低于较软端金属的强度。冷压焊接头具有结合界面大且无中间相的特点，所以冷压焊的接头导电性与抗腐蚀性均较好。

获得满意冷压焊接头的一个基本条件是：被焊的两金属工件中至少有一种材料具有高塑性，并且不会产生很强的加工硬化。冷压焊的工具必须根据所要求的焊件尺寸大小及所采用的不同的冷压焊方式具体设计制造，所以对只有较小批量的焊接生产要求时，采用冷压焊可能是一种不经济的连接方式。受工艺条件，如焊机吨位或模具材料等影响，冷压焊的主要适用对象是，硬度不高、延性好的金属薄板、线材、棒材及管材等的焊接。搭接或对接接头形式是在冷压焊中最常应用的接头形式，图3.7-120列举了一些典型的接头形式。

影响冷压焊接头质量的有关因素主要有以下几个方面。

1）焊接材料　具有面心立方晶格结构且不会快速加工硬化的金属是最适合于冷压焊的，如铝和铜及其他的面心立方晶格结构的金属金、银、钯和铂等。但经过冷加工或热处理的铝和铜则较难进行冷压焊。

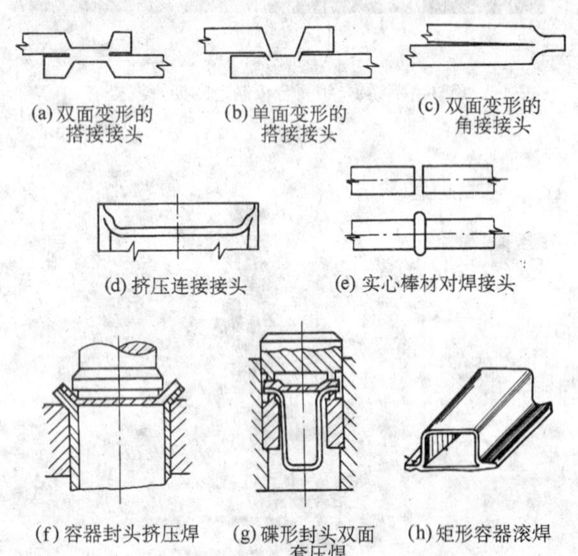

(a) 双面变形的搭接接头　(b) 单面变形的搭接接头　(c) 双面变形的角接接头

(d) 挤压连接接头　(e) 实心棒材对焊接头

(f) 容器封头挤压焊　(g) 碟形封头双面套压焊　(h) 矩形容器滚焊

图3.7-120　典型冷压焊接头示意图

2）异种金属　异种金属不论其是否相互互溶都是可能进行冷压焊的。在某些情况下，这两种异种金属可能会通过形成金属间化合物而连接在一起。在冷压焊时异种金属间不会有显著的扩散现象。被焊金属的合金特性并不影响其在冷压焊时的行为。但是高温下的内扩散可能会影响焊后热处理的选择及焊件在使用中的行为。

那些相互之间基本上互不可溶的异种金属所形成的接头

通常是稳定的。在使用条件下，如有高温的影响，则接头间可能会形成金属间化合物。在某些情况下，这个金属间化合物层可能是脆性的并从而引起接头韧塑性的显著降低。在形成金属间化合物层后，这些接头对弯曲或冲击载荷尤其敏感。金属间化合物的形成速率取决于接头中各特种金属的扩散常数以及接头在暴露条件下的时间和温度。所以双金属的冷压焊接头要认真考虑两金属间的扩散对及接头的使用环境条件。

3）表面状态　被焊工件的表面状态会直接影响到冷压焊接头的质量。为保证接头最好的性能必须在焊前对工件施焊部位的表面进行合适的处理准备。

工件表面的油膜、水膜、灰尘、吸附气体及其他有机杂质会妨碍金属之间的接触，因此必须在焊前予以清除。工件表面的清理可用化学溶剂清洗、砂轮打磨、超声波净化或钢丝刷清刷表面等方法。化学清洗的残余物或砂轮的颗粒嵌入与遗留在被焊金属的表面都会对优质接头的形成有负面影响。效果最好且效率也最高的清理方法是用钢丝刷或钢丝轮清刷表面的方法。推荐用不锈钢丝的电动旋转刷，其钢丝的直径在 0.1～0.2 mm 之间，电动刷工作时的旋转线速度选择在 1 000 m/min 左右。太软的钢丝刷可能会对金属表面仅起到光化的作用，而太粗硬的钢丝刷可能会去除掉太多金属以及使表面粗糙化。在清刷之前要先搞表面去油污处理，以防钢丝刷被污染。

清理后的表面不允许遗留氧化膜等残余物，对有残留尘屑的清理表面，可用辅加负压吸取装置做进一步清理。另外，不准用手触摸清理过的表面，因为手上的油脂会留在金属结合面上。清洁准备完成后，应尽快地施行焊接以避免工件的表面产生氧化膜。例如在焊铝时，焊接应在工件表面准备完成后 30 min 内进行。

被焊金属表面的粗糙度通常对冷压焊接头的质量无影响。但当焊接塑性变形量小于 20% 和精密真空冷压焊时，希望工件表面的粗糙度较低。

4）塑性变形程度　塑性变形程度是指被焊材料实现冷压焊时所需要的最小塑性变形量。这个参数既可用来评估被焊材料的焊接性，也可用于焊接时接头质量的控制。最小塑性变形量因不同被焊金属材料而异，金属的变形程度越小，则其冷压焊焊接性越好。实际焊接时被焊金属的变形量应稍大于其标称的“塑性变形程度”值，因为变形量过大时，会增加被焊金属的冷作硬化现象，从而有可能导致降低接头的韧性。当然，如变形量不足时，被焊金属不能形成有效的冷压焊接头或接头质量很低劣。

5）焊接压力　冷压焊的主控参数是焊接压力。焊接压力由焊机通过焊接夹具传递给被焊工件，在焊接压力的作用下，被焊金属产生塑性变形，这个塑性变形所需要的能量即从焊接压力转化而来。影响焊接所需压力的参数有：被焊金属的强度、被焊工件的尺寸以及所选用的焊接模具结构尺寸等。

所以，在选定材料的情况下，只要使用的模具合适，焊接压力充分以及工件表面状态清洁，冷压焊接头的质量稳定性是有保证的。冷压焊接头的质量检查主要采用破坏性抽检（如抗剥离抽检试验）的办法。

4.1.2　冷压焊形式

1）搭接冷压焊　搭接冷压焊主要用于铝、铜等金属板或箔件的连接。在搭接焊时，被焊工件面与面在模具之间相对放置，在焊接压力的作用下被焊金属搭接部分发生变形，被挤压金属流向接触界面，由此而产生点或缝的接头。对铝材冷压焊时所需求的压力范围在 1 000～3 400 MPa 之间，压力大小的选择主要取决于被焊金属的屈服强度。图 3.7-121a 是搭接冷压点焊示意图。在搭接冷压焊中，模具要以合适的方式压入被焊材料中，这种压入可以是以点、环、窄条或缝状形式实现。图 3.7-121b 是两不等厚度铝板的多点冷压焊接头。

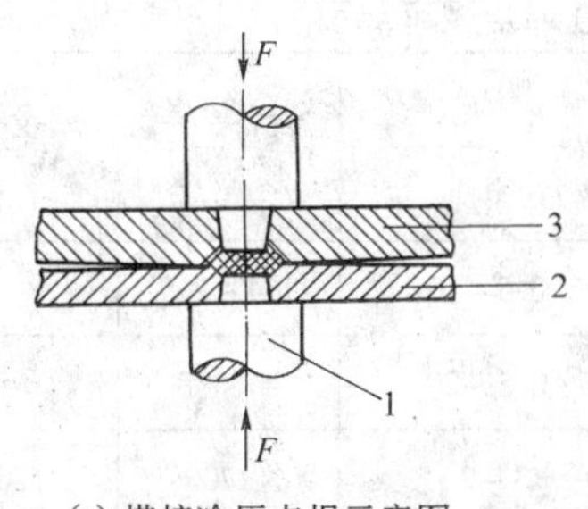

(a) 搭接冷压点焊示意图

(b) 不等厚度铝板多点冷压焊接头

图 3.7-121

1—模具压头；2，3—被焊件；F—焊接压力及施加压力方向（以下图同）

2）对接冷压焊　对接冷压焊主要用于金属线材、杆材或管材等的连接。在进行过相应的端面清洗后，被焊部件被夹紧在夹具中，相互端面贴紧并通过施加焊接顶锻压力而产生形成飞边的塑性变形，由此形成焊接接头，见图 3.7-122a。在合适工艺条件下，接头强度可以和母材等强或更高。被焊件在焊前要预留合适的伸长以保证获得满意的接头。预留伸长太长时，焊件会在顶锻时弯曲，形成不了接头。对于延展性好、变形硬化不强烈的金属，焊件的预留伸长通常小于或等于其直径或厚度，可通过一次顶锻而完成冷压焊接。对硬度较大、变形硬化较强的金属，其预留伸长要等于或大于焊件的直径或厚度，并采用多次顶锻的办法来实现冷压焊接。对变形能力差别很大的不同金属也可进行冷压焊连接，其方法有二。一是通过在硬金属部分的横截面做一凹形坑以减小横截面，以这种方式可获得冷压时两金属对等的流动；另一可选择不同金属在夹具上的留伸长度，两边的留伸长度比值和两金属的硬度有关。通过多级顶锻实现其连接。图 3.7-122b 是铝丝的单级冷压对焊接头照片。

3）挤压冷压焊　挤压冷压焊主要用于管件金属材料的连接。这种方法实际是搭接冷压焊的变种。被焊两管件被放置在两曲面相对的模具中，当两模具相对运动靠紧时，管件被挤压而焊接成为截面全闭合的连接件。挤压冷压焊应用时可根据接头的要求采用向前或向后挤压的方式。图 3.7-123a 是向前挤压式的冷压焊示意图。挤压冷压焊的优点是，在焊接部位既不会产生接头横截面局部性能降低，也不会有顶锻飞边。铜－铝、铜－钢、镍－钢、钛－铝和其他材料对组合都可用这种冷压焊方法。图 3.7-123b 是产品接头照片，左边的是采用向后式挤压冷压焊的铜（内）－铝（外）接头，右边的是采用向前式挤压冷压焊的不锈钢（内）－钛合金

（外）接头。

4.1.3　冷压焊设备

焊接设备可以是液压式或机械式压力机，也可以是手动和气动的专用工具。对小型或中等尺寸的构件可以考虑用手动操作的压力机，而对于大型构件则要求使用动力带动的压力机。由于焊接设备是定型生产，其模具结构尺寸也就相应定型，所以可以根据焊机的技术参数选取所需的焊接压力来获得合适的冷压焊接头。常见冷压焊机（钳）的吨位与被焊金属可焊断面积的关系以及一些相关的技术参数见表3.7-31所示。

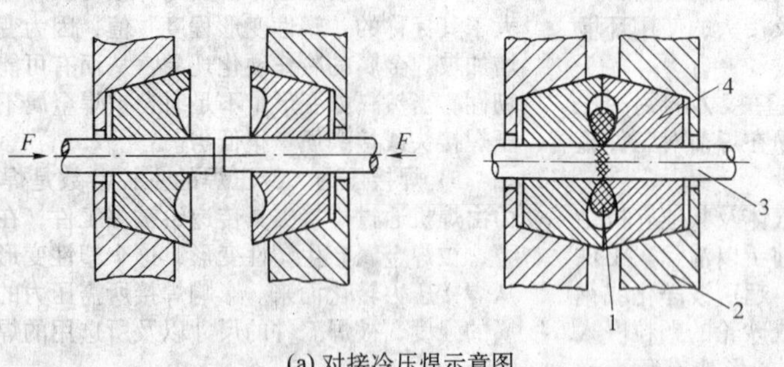

(a) 对接冷压焊示意图

(b) 单级冷压对焊铝丝接头

图3.7-122

1—飞边；2—模具外套件；3—被焊件；4—模具

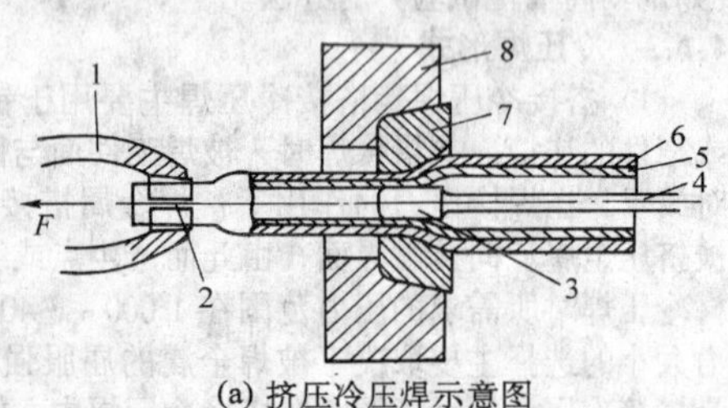

(a) 挤压冷压焊示意图

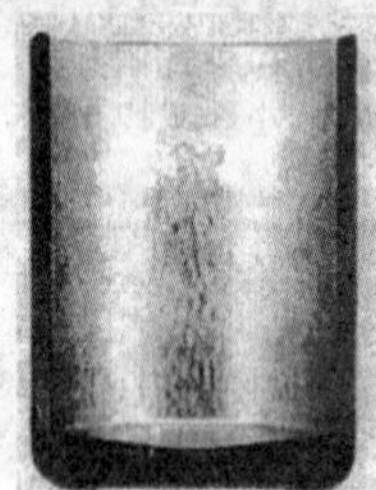

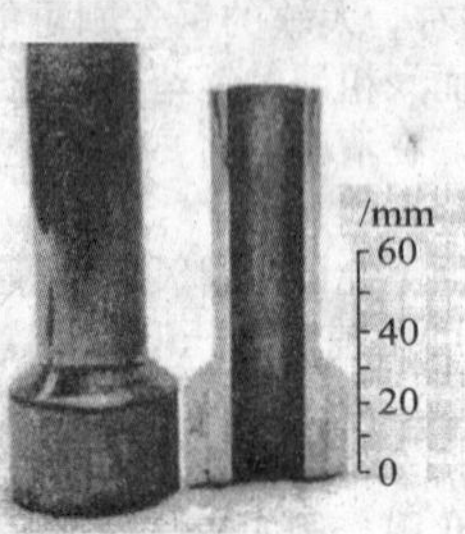

(b) 挤压冷压焊铜-铝接头和不锈钢-钛合金接头截面照片

图3.7-123

1—拉钳；2—被焊管前端；3—内模具拉杆；4—内模具；5、6—被焊管件；7—外模具；8—模具外套件

表3.7-31　冷压焊机吨位与被焊金属可焊面积

锻压设备	压力①/tf	可焊面积/mm²			设备参考质量/kg	设备参考尺寸/mm	备　注
		铝	铝与铜	铜			
携带式手焊钳	(1)	0.5～20	0.5～10	0.5～10	1.4～2.5	全长310	
台式对焊手钳	(1～3)	0.5～30	0.5～20	0.5～20	4.6～8	全长320	LTY型 仿苏∏ c－7
小车式对焊手钳	(1～5)	3～35	3～30	3～20	170	1 500×7 500×750	
气动对接焊机	5 0.8	2.0～200 0.5～7	2.0～20 0.5～4	2.0～20 0.5～4	62 35	500×300×300 400×300×300	自动重复顶锻
液压对接焊机	20 40 80 120	20～200 20～400 50～800 100～1 500	20～120 20～250 50～600 100～1 000	20～120 20～250 50～600 100～1 000	700 1 500 2 700 2 700	1 000×900×1 400 1 500×1 000×1 200 1 500×1 300×1 700 1 650×1 350×1 700	QL型 自动重复顶锻
携带式搭接手焊钳	(0.8)	厚度1.0 mm以下			1.0～2	全长200×350	
气动搭接焊机	50	厚度3.5 mm以下			250	680×400×1 400	
油压搭接焊机	40	厚度3.0 mm以下			200	1 500×800×1 000	

① 括号内的压力值为计算值，1 tf＝10 kN。

冷压焊时，其模具通常要承受很高的压力，所以在选用模具材料时一般希望采用洛氏硬度为60HRC以上的工具钢。模具的结构和尺寸直接决定了接头的尺寸和质量，所以，根据具体的产品要求，对模具进行合理设计以及加工是十分重要的。

4.1.4　冷压焊工程应用

冷压焊有广泛的实际应用，从小到电子产品如晶体谐振器外壳冷压焊真空封装，到大至配电变压器上引线的连接，到建筑工业上钢筋连接等都有冷压焊的诸多应用。表3.7-32列举了一些可能的冷压焊工程应用。

表 3.7-32 冷压焊应用举例

使用部门	应用实例
电子工业	圆形、方形电容器外壳封装、绝缘箱外壳封装、大功率二极管散热片、电解电容阳极板与屏蔽引出线
电气工程	通信、电力电缆铝外导体管、护套管的连接生产；各种规格铝铜过渡接头；电线、电缆厂、电机厂、变压器厂、开关厂铝线及铝合金导线的接长及引出线；铜排、铝排、整流片、汇流圈的安装焊；输配电站引出线；架空电线、通讯电线、地下电缆的接线和引出线；电缆屏蔽带接地；铜式铝箔绕组引出线；石英振子盒封装、集成块封装、铌钛合金超导线的连接
制冷工程	热交换器
汽车制造业	小轿车暖气片、汽车水箱、散热器片、脚踏板
交通运输	地下铁路、矿山运输、无轨电车异型断面滑接对焊
日用品工业	铝壶、电热铝茶壶制造、铝容器、铝壶手把螺钉支撑
其他部门	铝管、铜管、铝锰合金管、钛管的对接、封头等

4.2 冲压连接

4.2.1 冲压连接原理及方式

冲压连接是通过被连接材料的塑性变形及互相咬合而形成连接接头的。具体的连接过程是被连接件（板、管或型材）在一个连续的加工过程中被冲切、挤压以及随后的锻压，伴随材料的流动挤压、展开和塑性变形，形成了一个形状封闭的连接接头。与冷压焊的区别就在于，冲压连接的接头界面之间无金属键间的接合，只有通过机械变形而产生的连接。所以在应用上，这种连接方法被归入到机械连接方法中，也不称之为焊接方法。

冲压连接主要有两种类型，称为无剪切冲压连接与剪切冲压连接。其区别在于，剪切冲压连接的接头上被连接工件在接头成形过程中被剪切而后形成接头，接头表面有局部金属断面。而无剪切冲压连接的接头表面是均匀过渡的。图 3.7-124 是这两种接头的示意图。

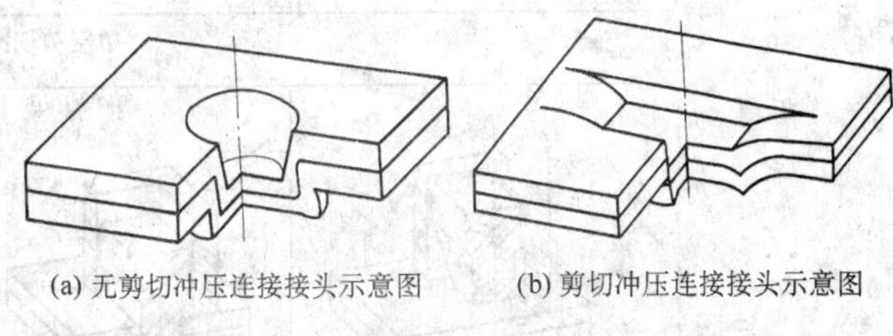

(a) 无剪切冲压连接接头示意图　(b) 剪切冲压连接接头示意图

图 3.7-124

(1) 无剪切冲压连接

无剪切冲压连接也有不同应用类型。其主要差别在于其凹模的结构：有整体式凹模与分体式凹模之分。其中分体式凹模可由双体、三体甚至更多体部件组成。图 3.7-125a 和 b 表示了采用整体和分体凹模进行冲压连接的四个示意步骤过程。

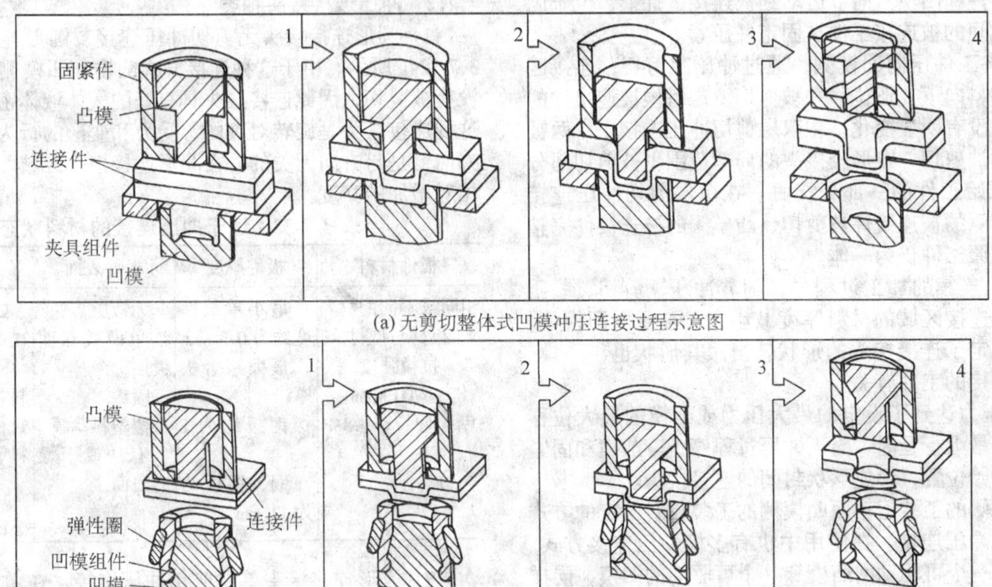

(a) 无剪切整体式凹模冲压连接过程示意图

(b) 无剪切分体凹模（三部分组成）连接过程示意图

图 3.7-125

1）在无剪切冲压连接过程中，首先将连接的工件放到凹模上，接着凸模连同固紧件向下运动到工件上，通过固紧件的作用，使被连接工件固定并压紧。

2）凸模压向被连接工件并继续向凹模压去，致使由固紧件所包围的局部区域里的被连接材料向凹模侧变形位移，此时被连接件材料的厚度没有大的变化。由固紧件所限定的这一区域的连接件材料完全保持和整体工件的连接。

3）对于分体式凹模，在这一连续变形过程中，通过凸模向下、挤压、锻压，连接区域里的原始材料厚度变薄被压向凹模，凹模的形状限定了接头的形状，当然其形状也与凸模、固紧件和被连接的工件有关。通过连接材料流动挤压形成了一个塑性变形而咬合的连接。

4）当锻压力达到了设定的最大压力或凸模的最大位移达到了设定的最大行程时，向下冲压过程停止。凸模和固紧件开始返回初始位置，连接接头形成并且不需要后续处理工序。

(2) 剪切冲压连接

剪切冲压连接是通过对连接工件进行剪切和锻压来实现连接的。剪切冲压连接之间的不同形式是按连接板剪切方式来划分的，共有两种方式：双层剪切和单层剪切。

图 3.7-126a 和 b 描述了两种不同方式连接过程的四个步骤。

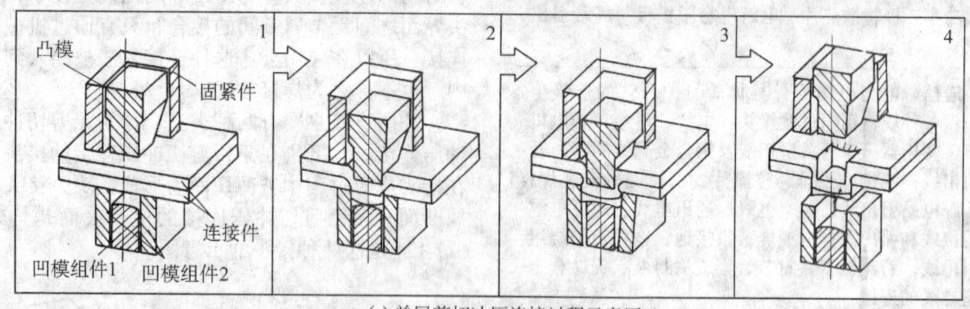

(a) 单层剪切冲压连接过程示意图

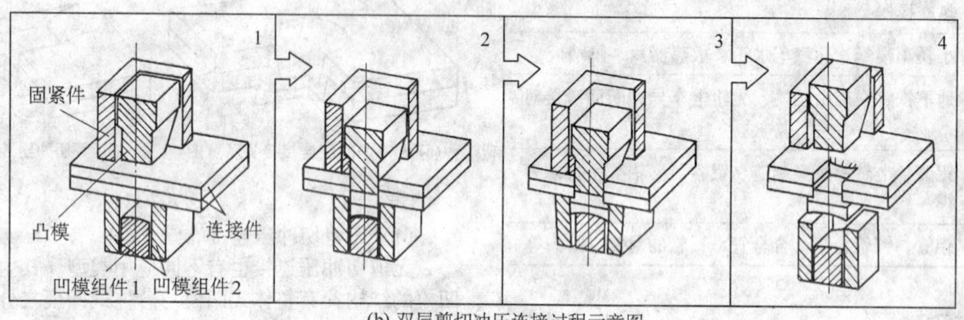

(b) 双层剪切冲压连接过程示意图

图 3.7-126

1) 在剪切冲压连接中，先将被连接工件放到凹模上，上组件（固紧件和凸模）向下运动到被连接工件上，位于固紧件和凹模之间的被连接工件被固定并压紧。

2) 凸模将工件压向凹模侧，通过冲压和剪切，连接区域内的工件材料向下变形位移并被剪切，这时候被连接件的原始材料厚度没有明显变化。在双层剪切冲压连接中，两被连接的工件都被剪切，在形成接头的局部范围里被剪切部分只保持了和原始工件的一部分接触。在单层剪切冲压连接中，只有凹模侧的被连接件被剪切，凸模侧的被连接件完整保留并保持和原工件仍为一体。

3) 在这个连续的加工过程中，随着冲压、剪切、锻压的先后进行，连接区域的材料厚度减小并且被压向凹模侧。凹模的形状限定了连接接头的形状，当然其形状也与凸模、固紧件和被连接的工件有关。

4) 当锻压力达到了设定的最大压力或凸模的最大位移达到了设定的最大行程时，向下冲压过程停止。凸模和固紧件开始返回初始位置，形成形状封闭的连接接头。

只有凸模侧的工装运动而凹模侧的工装相对固定的方式通常称为一极冲压连接。在使用中也有多极冲压连接方式。其过程涉及到一个可驱动的凸模和一个可驱动的凹模，同样也可能是一个固定的凸模，起决定作用的是两者之间的相对运动。多极冲压连接中通常不需要固紧件。

(3) 冲压连接适应的材料

通常情况下凸模凹模侧的被连接材料必须是在未加热的情况下就具有一定的塑性和变形能力。实际使用中常用的材料有钢、铝和其他带有不同表面涂层及不同表面状态的有色金属。

这种连接方法不仅可以连接相同的材料、相同的厚度，而且也可以对不同的材料、不同的厚度进行连接。在不同的材料进行连接时，理想的方法是硬材料位于凸模侧，软材料位于凹模侧。对于不同厚度的材料，通常厚层材料位于凸模侧，薄层材料位于凹模侧。对于多层材料连接这个规律也适合，比如三层或两层中加一层塑料材料层等。其材料厚度、表面状态、板件层数的具体要求见表 3.7-33。

4.2.2 冲压连接接头种类

1) 圆形连接接头无剪切冲压连接　圆形连接接头如图 3.7-124a 所示。由于这种连接方式凸模和凹模侧的连接材料没有被剪切，因此连接接头具有好的气体液体密封性。因为这种连接接头是旋转对称的，受力和变形的行为在板的平面方向上是与方向无关的。在圆形连接接头区域凹模侧材料有相对增加的高度。

表 3.7-33　适于冲压连接的材料状态

板件材料	板件厚度	板件表面	板件层数
相同或不同的材料 板材与型材 抗拉强度 ≤700 MPa 断裂伸长率≥8%	最小单板厚度约为 0.3 mm 最大组合板厚： 钢板约为 8 mm 铜、铝板约为 11 mm	无镀层 单面或双面镀层 喷漆 覆塑料薄膜 有油或干燥的表面	2～3层 中间夹层： 纺织物、塑料、箔、纸、密封材料和绝缘材料等

2) 方形连接接头单层剪切冲压连接　在单层剪切冲压连接中，通过对工装的特殊设计使得凹模侧的材料被剪切而凸模侧的材料仍和原工件保持一体。连接区域内凸模侧连接材料的形状主要由凸模所决定。单层剪切冲压连接得到了凸模侧优良的气体和液体密封性。通过减小剪切部分有利于被连接部件变形，同时因没有尖锐的棱边还减小了撕裂的可能，因此使得连接接头在静态和动态负荷下能够承受较大的负载。使用这种方形冲压连接方式可获得一个在连接平面内与方向相关及扭转可靠安全的连接，并在垂直于连接接头的方向可承受较大的力。

3) 方形连接接头双层剪切冲压连接　在方形双层剪切冲压连接中，凸、凹侧的连接部件都被剪切，图 3.7-124b。这种方法可以进行多于两个连接件的多层连接。方形连接方式产生了一个扭转可靠安全的连接接头。在剪切载荷下接头的承载能力是与方向有关的。在工装的长度方向其对中性的公差的要求比宽度方向（工件剪切面）要小得多，因此工装的导向要求低。

4）多形状的剪切冲压连接　在多形状的剪切冲压连接中，凸、凹侧的连接材料都被剪切，这种方法可以进行多于两部件的互相连接。多形状的连接接头如十字头状可产生高的扭转可靠性。接头承受剪切力的能力与方向相关，接头见图 3.7-127a。

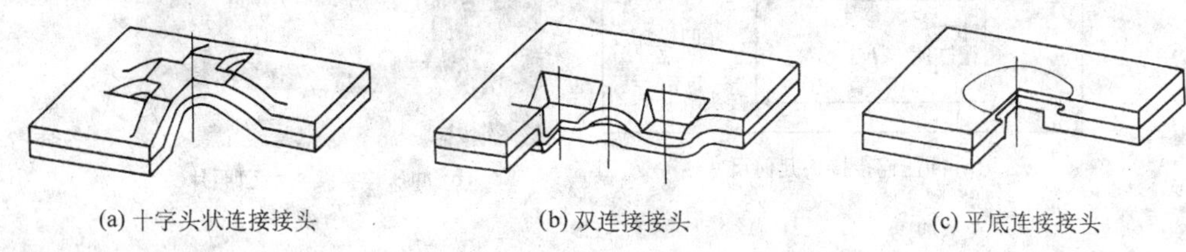

(a) 十字头状连接接头　(b) 双连接接头　(c) 平底连接接头

图 3.7-127

5）双连接接头冲压连接　在双连接接头冲压连接中，凸模部分由两个凸模组成，所以双连接接头是一次成形的。常有的工装形式是圆形和方形，图 3.7-127b。相对于其他连接接头，双头连接接头在承受相同的力时所需要的面积较小。双头方形连接接头可获得特别的扭转可靠性，接头承受剪切能力与方向相关。双头方形连接方式对工装的公差要求也是长度方向低于横截面方向。

6）平底连接接头冲压连接　使用平底连接接头的冲压连接方式，可得到接头上下底面平整的连接接头，图 3.7-127c。因连接接头的两面是平的，适用于对产品外观有要求的连接。平底连接接头是由在一般的连接点形成后，在后续工序中通过对连接凸点再加压后而产生的。平底连接接头也是以旋转对称为特点的，接头受力行为与方向无关。因加工过程无剪切，所以是一种气体、液体密封的连接接头。

7）带有预制孔的冲压连接　在带有预制孔的冲压连接中，凹模侧的被连接件应预先打孔，只有凸模侧的连接件材料发生变形。这种连接方法对于不可变形的材料和可变形材料的相互连接提供了可能，同样也使得厚度差别很大和很厚的材料连接成为可能。实际上带有预制孔的冲压连接是一种无剪切的冲压连接过程，并且可产生一个旋转对称的连接接头。在加工连接过程材料增高变化不大，因此是一个相对平坦的连接接头。

4.2.3　冲压连接设备及相关工艺

选择设备时必须注意设备应具有高的刚性，在冲压连接中设备变形对连接接头的几何形状起着重要的影响。如果设备结构太软则导致工装不到位和连接接头不对称。

在生产中，通常使用的设备有移动式、固定式和单一功能的设备。设备的动力可以是来自于机械的、液压的、气压的或气液压驱动等多种途径。在两级冲压连接中必须是两次的挤压或者其他的两次动作的设备。多级冲压连接所必需的力比一级冲压连接所需的力小。不同的设备可被分为手提可移动型、机器人可移动型、单一固定型、多功能固定型和特殊结构形式的加工设备。图 3.7-128 列举了不同的设备示意图形式。

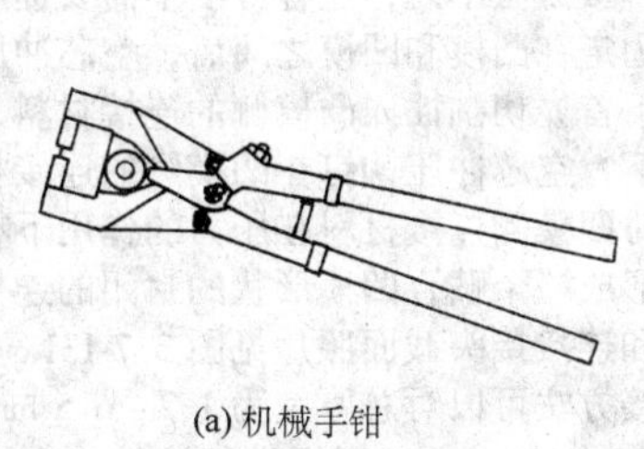

(a) 机械手钳

(b) C型机械手臂装置

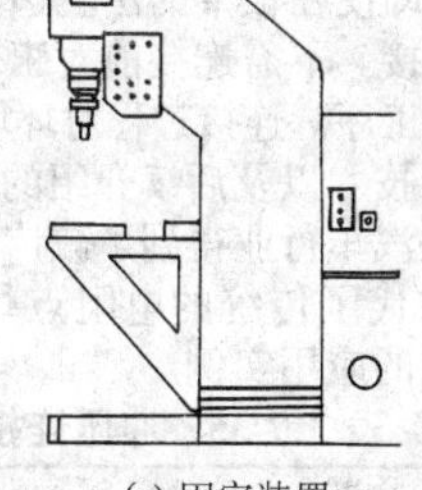

(c) 固定装置

图 3.7-128　冲压连接设备示意图

移动型设备的特点是可在重量大、体积大的工件连接中投入使用，也可用于难以触及的工件方位的连接。手工操作的设备通过手的力量、液压或气压来驱动。使用多功能工装时，多个冲压连接的工装部件安装在一个整套的工装中，这样一来在一个工作过程中可产生多个连接接头，使得单位时间的生产量可大大提高。在选择设备时，设备的冲压力和连接接头的直径以及连接板材的厚度等的关系可参考表 3.7-34。

表 3.7-34　无剪切整体式凹模圆形冲压连接接头连接参数推荐表

连接接头直径/mm	6	8	10
单板板材厚度范围/mm	0.5 ~ 1.75	1.0 ~ 2.5	1.25 ~ 3.0
抗剪强度/N	1 000 ~ 2 500	2 600 ~ 3 600	3 000 ~ 6 000
抗拉强度/N	1 000 ~ 2 700	2 100 ~ 4 000	3 000 ~ 5 000
冲压连接压力/kN	20 ~ 45	35 ~ 50	60 ~ 80

冲压连接接头质量最常用的检查方法是检测接头的底部厚度。图 3.7-129a 图示了无剪切旋转对称的连接接头的形状示意图和其主要的几何参数。镶嵌值和颈部厚度是影响连接接头强度最主要的参数，但这两个参数不能直接通过无损检测的方法获得。而底部厚度与镶嵌值和颈部的材料厚度有直接关系，所以通常应用中是通过检测连接接头底部厚度来间接检测连接接头的连接质量。图 3.7-129b 是板厚为 1 mm 的两低碳钢板的冲压接头截面照片。

在冲压连接生产中能够进行生产过程的质量监控，质量监控是通过采集检测连接过程的凸模位移和连接压力来实现的。图 3.2-130 是一典型的冲压连接过程的连接压力和凸模位移曲线。通过最大连接压力监测或设置曲线上下波动范围监测或设置曲线上某些特征区域的监测可以达到间接监测接头连接质量的目的。

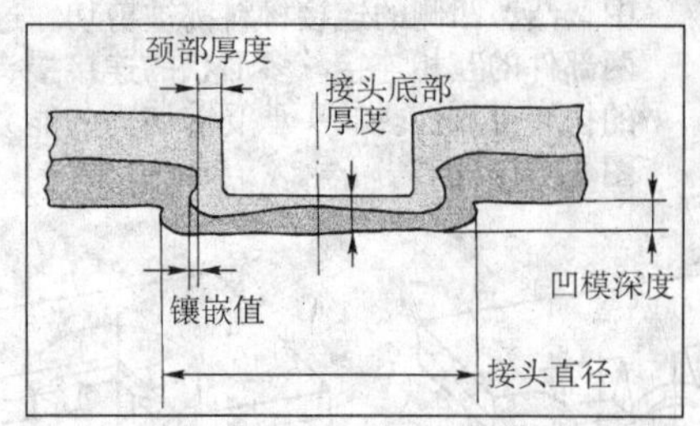

(a) 冲压连接接头几何尺寸

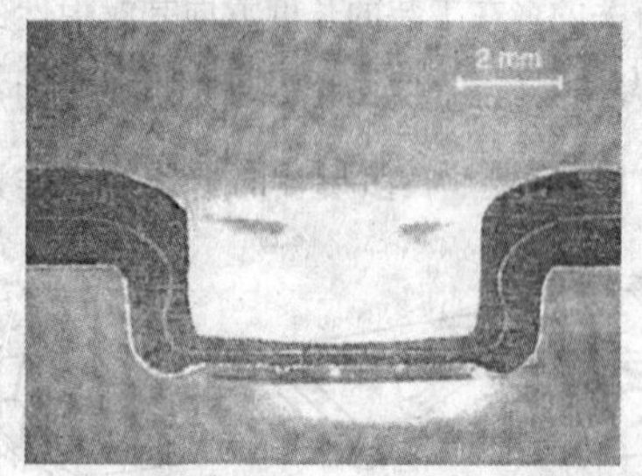

(b) 冲压连接接头截面照片

图 3.7-129

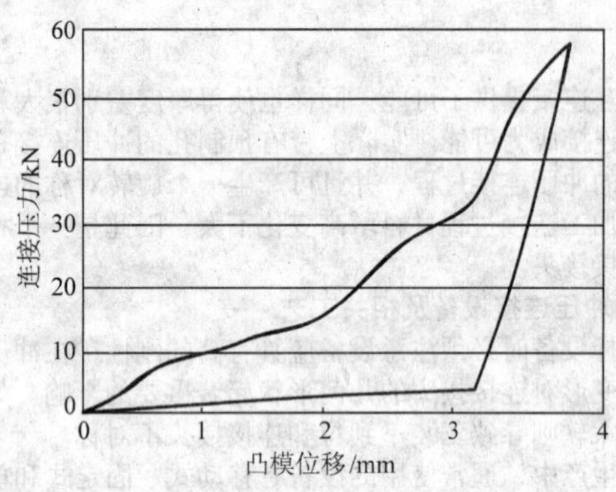

图 3.7-130　连接压力－凸模位移曲线
低碳钢板，板厚 1 mm，无剪切整体式凹模冲压连接

4.2.4　冲压连接的特点及应用

冲压连接的优点如下。

与电阻点焊相比费用可节约 30%～60%。动态疲劳强度远高于电阻点焊。可多点同时连接，效率极高。不损伤连接点处工件镀层或涂层，无连接变形。可简便地对连接强度进行无损检测。材料在连接点处受到挤压，从而被强化。不会出现力学上的应力集中现象。可以自动地监控和输出连接加工过程状态。即使在很窄的法兰边上或很小的空间内，也可有效地进行连接。不需连接前对工件进行清理，也不需连接后的后续处理工序。连接过程对环境无污染，属于绿色技术。

冲压连接技术以及后续介绍的其他机械连接技术已经在工业界尤其是汽车行业得到了较广泛的应用，在很多汽车部件的连接上取代了传统的电阻点焊技术。表 3.7-35 列举了一些冲压连接的应用实例。

表 3.7-35　冲压连接应用实例

使用领域	应用实例
汽车制造	轿车的车架、外壳、滑动顶、灯具板、散热器、车门组件等的固定加固，车顶窗、保险杠、排气管、发动机支架、发动机罩壳/底壳、车尾盖板、旅行车空调系统、摇窗机、电控箱、操纵结构、座椅、手制动器、消声器、垫防护板、转向机构、排气管、储气筒、油分离器、方向盘、油箱制动器罩壳等
集装箱制造	拉紧卡板在集装箱的固定
建筑领域	管夹的连接和在屋檐的固定
电子工业	电的或电子的组件的固定
通风和温度调节技术	通风装置系统、冷却设备壳体、风轮、过滤网等固定
照明技术	顶板灯和霓虹灯的制造
医学技术	牙科仪器的壳体制造
家用电器	抽油烟机盖的生产、微波炉导管、干燥机顶盖、洗衣机壳体、冰箱门、电视机垫套式张紧带等等
计算机技术	框架部分的连接、计算机壳体等
家具工业	扶手在基本板上的固定、办公椅椅架等

4.3　其他冷压机械连接方法

4.3.1　空芯冲压自铆铆接

与传统铆接方法不同，这种方法不需要提前加工孔。当被连接件被固定在凸模和凹模之间后，空芯冲压铆钉在凸模的压力作用下首先切割插入凸模侧的连接材料，随后在压力的继续作用下，空芯冲压铆钉在凹模侧的连接材料中向周边分叉开，同时凹模侧连接材料在压力的作用下在凹模内产生塑性变形而形成一个贴合凹模形状的封闭的连接接头。加工过程示意图和连接接头截面照片见图 3.7-131。

这种连接方法可以对总厚度为 1.2～6.5 mm 的钢板以及总厚度为 1.8～11.0 mm 的铝板进行连接。也可以连接有色金属（如铜）或复合材料等。这种连接方法目前在汽车行业受到及其广泛的应用，在某些车型上已完全取代电阻点焊方法，如在 2000 年推出的新一代奥迪 A4 上，在其车架的制造中，有 1 800 个空芯冲压自铆铆钉连接接头，而完全没有电阻焊焊点。

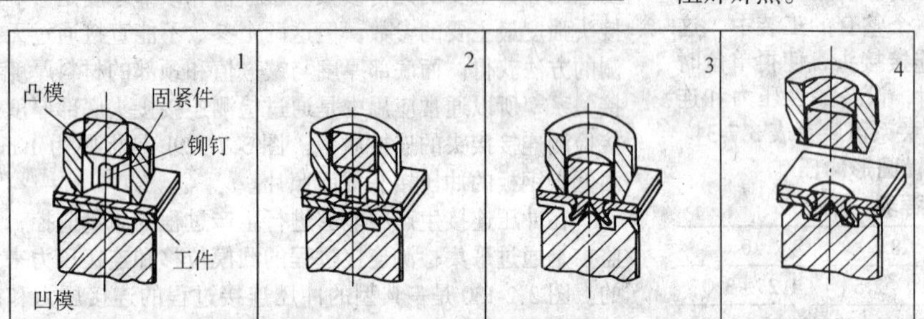

(a) 空芯冲压自铆铆钉连接过程示意图

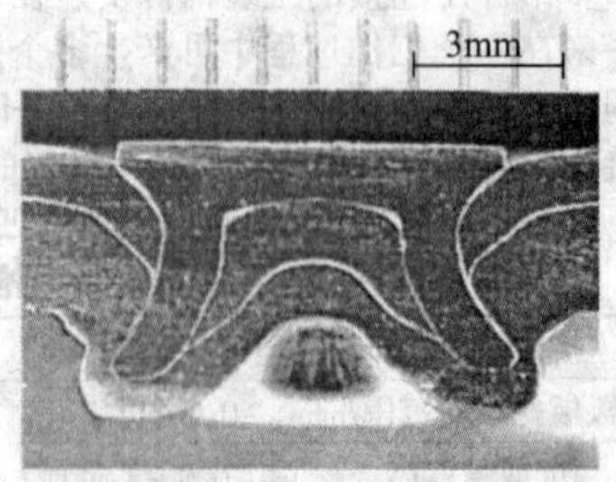

(b) 接头截面照片（合金钢ZStE180，凸模侧板厚1mm，凹模侧板厚2mm）

图 3.7-131

4.3.2 实芯冲压自铆铆接

这种连接方法也不需要在被连接板材上预先钻孔。当工件被固紧件固定在凸模和凹模之间后，实芯冲压自铆铆钉在凸模压力的作用下对上下被连接板件直接冲孔。之后在压力的继续作用下，下凹模侧的连接材料向实芯冲压自铆铆钉的环形槽中挤压流动，从而形成一个形状封闭的连接接头。加工过程示意图和连接接头截面照片见图3.2-132a和b。

4.3.3 盲端铆钉连接

这种连接方法要在被连接板上预打孔。盲端铆钉由两部分组成，如图3.7-133a所示。加工时先把盲端铆钉套和芯轴安装到预先加工好的孔中，再由一个专用的工具将盲端铆钉的芯轴夹紧并向外侧拉拽，墩压，导致另一侧的盲端铆钉套

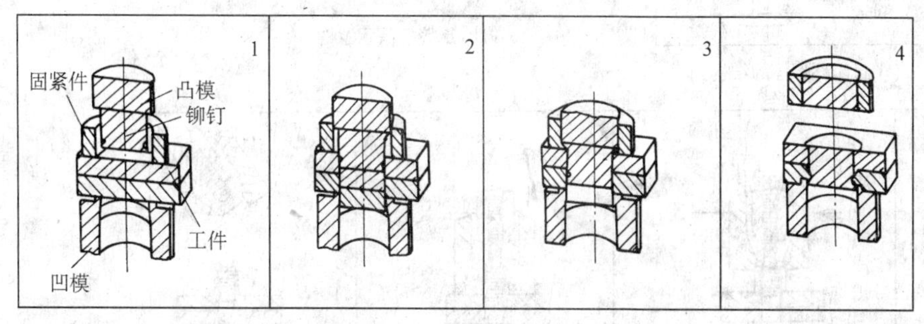

(a) 实芯冲压自铆铆钉连接过程示意图

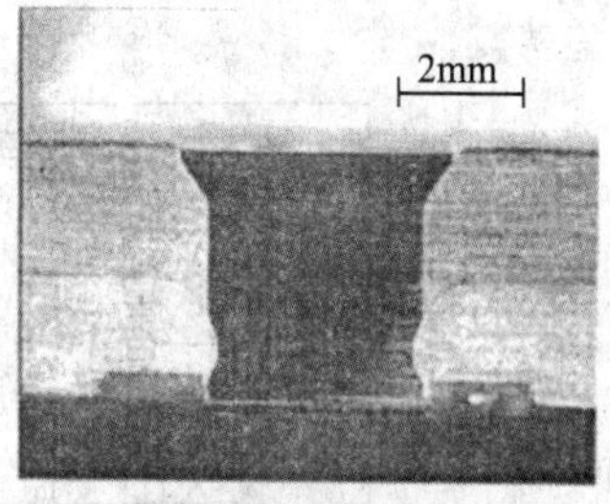

(b) 接头截面照片（铝板，板厚2mm）

图 3.7-132

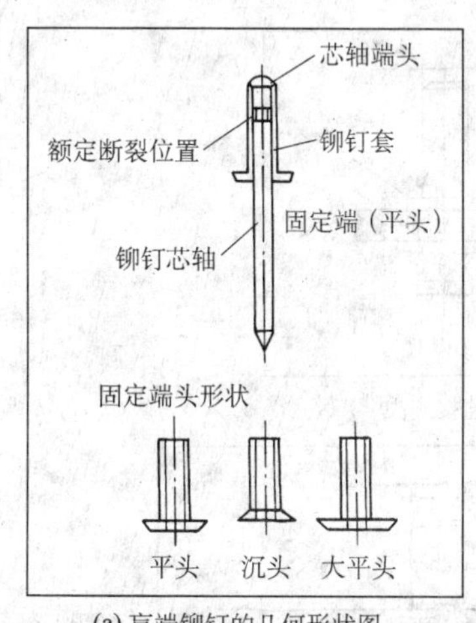

(a) 盲端铆钉的几何形状图

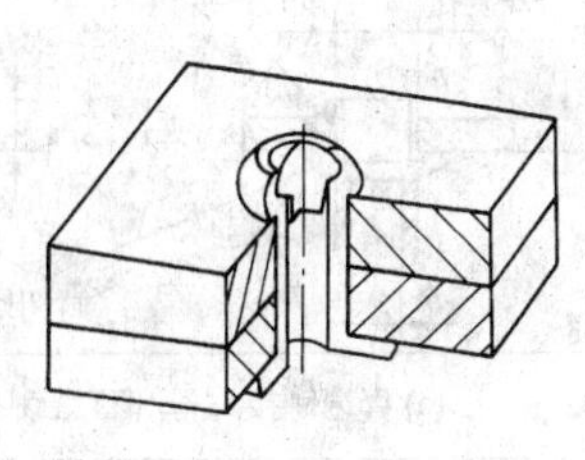

(b) 连接接头示意图

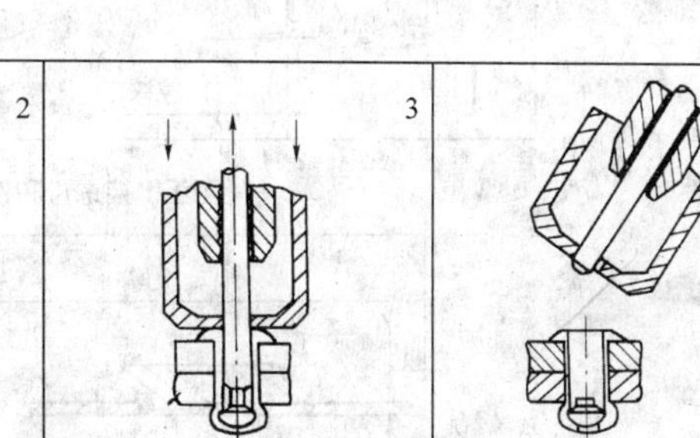

(c) 盲端铆钉连接过程示意图

图 3.7-133

变形形成封闭接头端，在压力的继续作用下，当力超过临界值时，盲端铆钉芯轴在额定断面处断裂，连接过程结束由此形成一个形状封闭的连接接头。连接接头截面和加工过程示意图见图3.7-133b和c。

4.3.4 封闭环螺栓连接

封闭环形螺栓由两部分即一个螺栓和一个封闭环组成，如图3.7-134a所示。在连接过程首先专用工具夹住并在轴向拉拽螺栓同时在径向向螺栓侧挤压，封闭环产生塑性变形，当拉力达到一定值时螺栓在额定断裂处断裂，从而形成一个形状封闭的、不可拆卸的、高强度的连接。连接接头和连接过程示意图见图3.7-134b和c。

4.3.5 功能元件连接

功能元件连接也是一种通过由机械压力产生塑性变形而形成接头的连接技术，其特点是所形成的接头可以和其他的部件进行再连接，这些所谓功能元件实际上就是在接头上还附带有螺母或螺栓的功能，所以这类连接可以通过连接元件的功能作用如内外螺纹实现与其他部件的再连接。功能元件连接有不同的分类，如盲端铆接螺母，盲端铆接螺栓，铆接螺母，铆接螺栓和冲压铆接螺母，冲压铆接螺栓等。图3.7-135列举了几个具体的连接接头示意图。

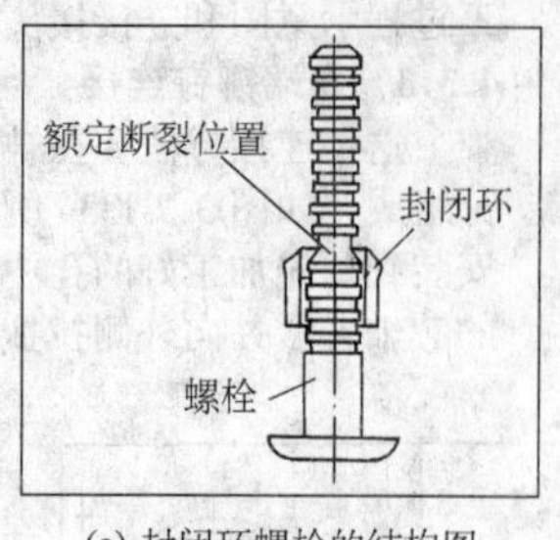

(a) 封闭环螺栓的结构图

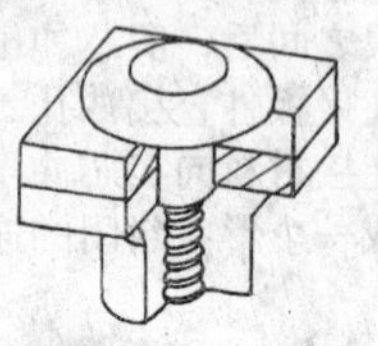

(b) 连接接头示意图

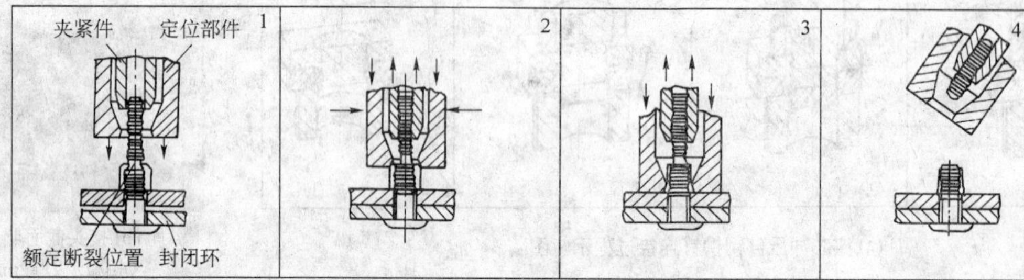

(c) 封闭环螺栓连接过程示意图

图 3.7-134

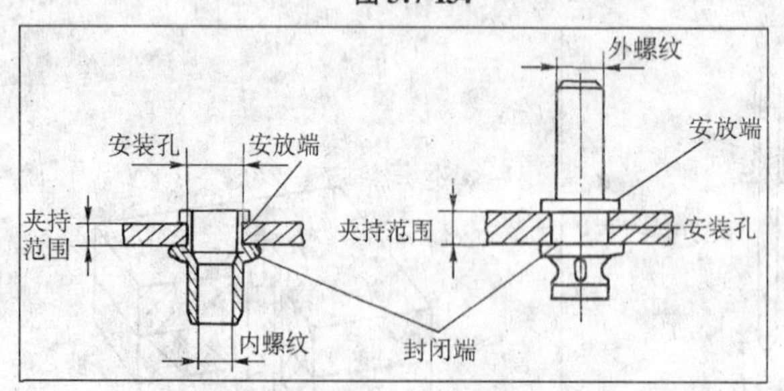

(a) 盲端铆接螺母和盲端铆接螺栓连接接头

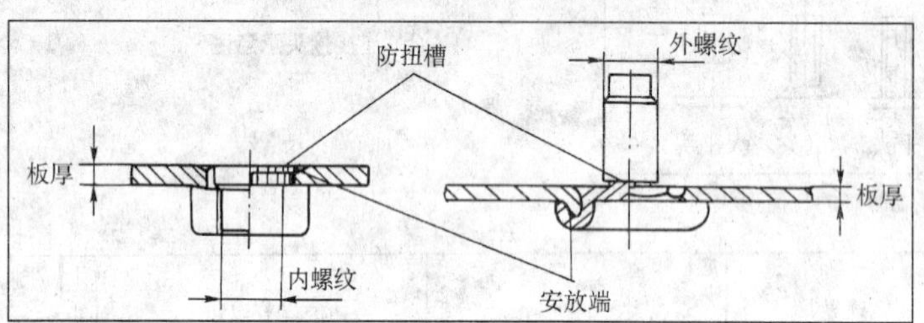

(b) 铆接螺母和铆接螺栓连接接头

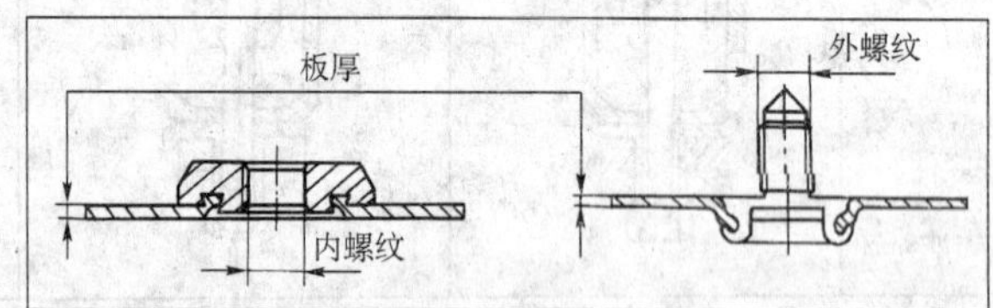

(c) 冲压铆接螺母和冲压铆接螺栓连接接头

图 3.7-135

5　热压焊

热压焊是气压焊、锻焊和滚焊的统称。热压焊的焊接本质与冷压焊完全不同，即在加热条件下对工件施加压力，使被焊界面金属产生足够的塑性变形，形成界面表面金属原子间的结合。

热压焊按加热方式可分为工作台加热、压头加热、工作台和压头同时加热三种形式。不同加热方式的优缺点如表3.7-36所示。按照压头形状，热压焊又可以分为楔形压头、空心压头、带槽压头及带凸缘压头的热压焊，见图3.7-136。

表 3.7-36　不同加热方式的热压焊的优缺点

加热方法	优　点	缺　点
工作台加热	由于加热件的热容量大，加热温度可精确调节，故温度稳定	整个装焊过程中需对工件加热
连续压头加热	可采用较紧凑的加热器简化设备结构	很难测量加热焊接区内的温度
工作台和压头同时加热	温度调节比较容易，能在较适宜的压头温度实现焊接，获得牢固焊点所需的时间最短	设备和压头的结构复杂，整个装配过程中均需对工件、压头加热

图3.7-136a、c、d三种压头都是将金属引线直接搭接在基板导体或芯片的平面上。而图3.7-136b则是一种金属丝球焊法，即金属丝导线从空心爪头的直孔中送出或拉出引线，在引线端头用切割火焰将端头熔化，借助液态金属的表面张力，在引线端头形成球状，压焊时利用压头的周壁对球施加压力，形成圆环状焊缝。在半导体器件的引线连接中，广泛应用了热压焊。

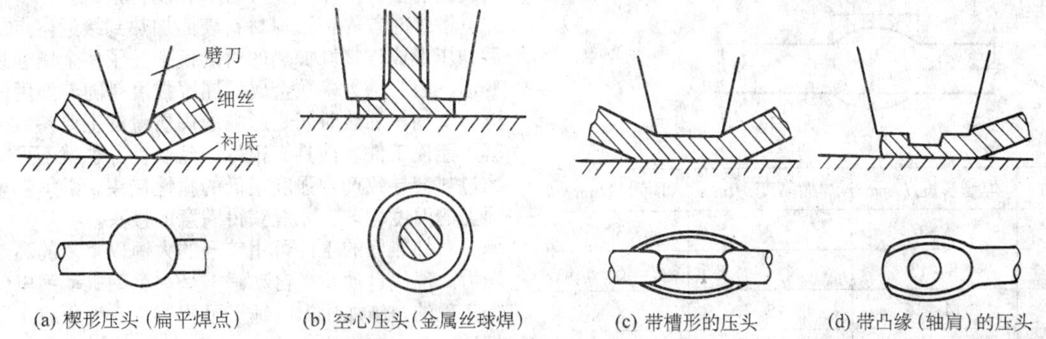

图3.7-136 热压焊压头形式及焊点形状

5.1 气压焊

气压焊是用氧－燃气火焰将待焊工件端面整体加热到塑性或熔化状态，同时施加一定压力和顶锻力，不用加填充金属，使工件焊接在一起的一种焊接方法。气压焊分为塑性气压焊（即闭式气压焊）和熔化气压焊（即开式气压焊）。这两种方法都易于实现机械化操作。

气压焊可用于焊接碳素钢、低合金钢、高合金钢以及一些有色金属（如Ni－Cu、Ni－Cr和Cu－Si合金等），也可焊接异种金属。气压焊不能焊接铝和镁合金。

5.1.1 塑性气压焊

将被焊工件端面对接在一起，为保证紧密接触需维持一定的初始压力。然后使用多点燃烧焊炬（或加热器）对端部及附近金属加热，到达塑性状态后（低碳钢约为1 200℃）立即加压，在高温和顶锻力促进下，被焊界面的金属相互扩散、晶粒融合和生长，从而完成焊接（见图3.7-137）。

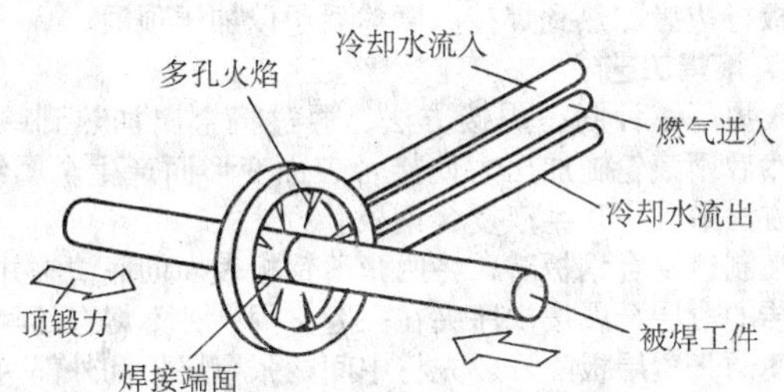

图3.7-137 塑性气压焊方法示意图

采用塑性气压焊时，以适当的压力将零件需连接的清洁表面对顶到一起，并用气体火焰加热直到接头处达到预定的顶锻量。塑性气压焊由于整个界面的金属并不达到熔点，所以其焊接类型不同于熔化焊。一般说来，焊接是在高温（对低碳钢约为1 200℃）以及顶锻压力的作用下，通过晶粒生长、扩散，以及晶粒穿过界面而结合等过程实现的。焊缝的特征是光滑的隆起表面或镦粗，而且在焊缝中心线上通常没有铸态组织。

1）焊接表面处理　焊前必须对工件端部进行表面处理，包括两个方面：一是对待焊工件端部及附近进行清理，清除油污、锈、砂粒和其他异物；二是对待焊工件端面进行机械切削或打磨等，使待焊端部达到焊接所要求的垂直度、平面度和粗糙度。对待焊工件处理的质量要求取决于钢的类型以及对焊接质量的要求。工件表面处理的质量对焊接质量影响很大。

2）加热　塑性气压焊的加热特点是金属没有达到熔点。一般而言，是将工件对接端部及附近金属加热到塑性状态，顶锻后的焊接接头表面形成光滑的焊瘤（凸起），在焊接线处（焊缝）没有铸态金相组织。

加热通常采用氧－乙炔火焰，多点燃烧，有的焊炬需要强制水冷。焊炬可产生足够的热量，通过摆动使热量均匀地传播到整个被焊部位。实心或空心圆柱体（如轴或管）的对接焊，通常使用可拆卸的环形焊炬，这样便于焊接前后装卸工件。精密的加热焊炬形状往往十分复杂，以便对工件均匀加热。加热燃料也可以是丙烷气体（液体石油气）。

3）顶锻（加压）　工件加热到一定温度后，即进行顶锻。顶锻的作用是：

① 使工件端部产生塑性变形，增大紧密接触面积，促进再结晶；

② 破碎工件端面上的氧化膜；

③ 将接触面周边的焊接缺陷迁移到焊瘤处，使缺陷排除。

加压和顶锻方式与被焊金属有关，可以大致分为两类。一是恒压顶锻法（主要用于高碳钢的焊接），从开始到焊接完成，压力基本保持不变，达到一定的顶锻量就完成焊接。二是非恒压顶锻法（例如焊接高铬钢或非铁素体钢），初始采用较高压力，这样可以使工件端面闭合紧密，防止氧化，然后减小压力，而在接头最终顶锻时压力再增加，这种顶锻方式压力的变化范围在40～70 MPa之间。

表3.7-37列出了顶锻时几种典型的压力变化。表3.7-38给出了不同板厚与塑性气压焊接头平均尺寸及顶锻量的变化。焊接过程中的顶锻量与接头质量有密切关系，顶锻量大，则焊接热影响区缩小，焊瘤厚度增加。推荐的顶锻量也列于表3.7-38中。

表3.7-37 典型气压焊顶锻方式

钢种类型	焊接方法	压力、顶锻力/MPa		
		初始	中间	最终
低碳钢	塑性气压焊	3～10	—	28
高碳钢	塑性气压焊	19	—	19
不锈钢	塑性气压焊	69	34	69
镍合金	塑性气压焊	45	—	45
碳钢及合金钢	熔化气压焊	—	—	28～34

5.1.2 熔化气压焊

通常熔化气压焊的焊接过程是将工件平行放置，两个端面之间留有适当的空间（如图3.7-138所示），以便焊炬在焊接过程中可以撤出。在焊接开始时，火焰直接加热工件端面，当端面完全熔化时，迅速撤出焊炬，然后立即顶锻，完成焊接。对工件施加的压力保持在 28 ~ 34 MPa。

表 3.7-38 塑性气压焊接头尺寸及顶锻量

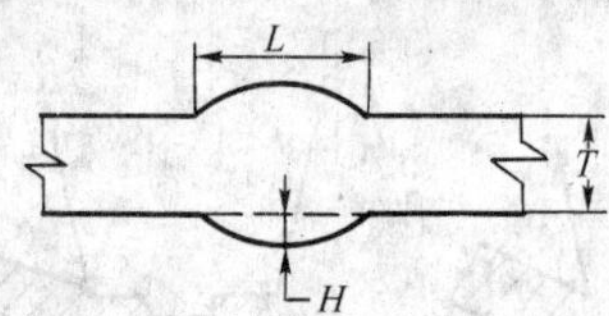

板厚 T/mm	焊瘤长度 L/mm	焊瘤高度 H/mm	顶锻量/mm
3	5 ~ 6	2	3
6	8 ~ 13	2	6
10	14 ~ 16	3	8
13	19 ~ 22	5	10
19	27 ~ 30	6	13
25	32 ~ 38	10	16

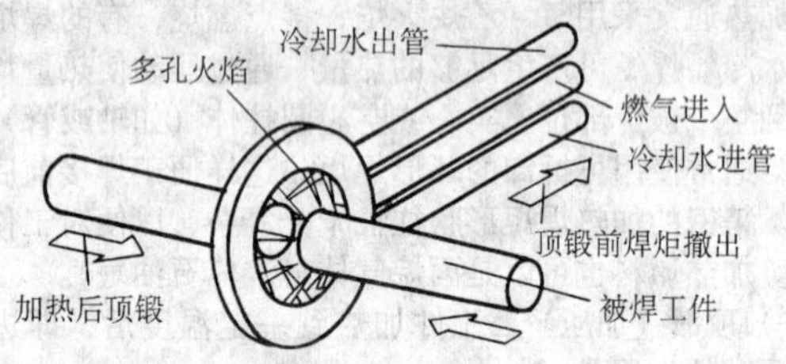

图 3.7-138 熔化气压焊示意图

熔化气压焊机必须具有更精确的对中性能，并且结构坚固以保证快速顶锻。理想的加热焊炬大多形状比较窄，并且是多火孔燃烧（如图 3.7-138），火焰在工件横截面上均匀分布。加热焊炬对中良好，对减少被焊端面的氧化，获得均匀的加热以及均匀的顶锻量是十分重要的。

由于焊接时工件端部要加热至熔化状态，因此，用机械方法切成的端面其焊接效果较为理想。工件端面上有较薄的氧化层对焊接质量的影响不大，但如有大量的锈和油污等时，应当在焊前清除。

采用熔化气压焊时，先用气体火焰将待焊表面分别加热到熔点，随后使之接触以便顶锻。这种方法接头界面熔化，但液态金属在接头顶锻时被挤出界面而形成毛刺。这类焊缝在外观上与闪光焊焊缝相似。

5.1.3 气压焊设备

气压焊的设备包括：

① 顶锻设备，一般为液压或气动式；

② 加热焊炬（或加热器），为待焊工件端部区域提供均匀并可控制的热量；

③ 气压、气流量、液压显示、测量和控制装置。

气压焊设备的复杂程度取决于被焊工件的形状、尺寸以及焊接的机械化程度。大多数情况下，采用专用加热焊炬和夹具。供气必须采用大流量设备，并且气体流量和压力的调节和显示装置可在焊接所需要的范围内进行稳定调节和显示。气体流量计和压力表要尽量接近焊炬，以便操作者迅速检查焊接时燃气的气压和流量。

为了冷却焊炬，有时也为了冷却夹持工件的钳口和加压部件，还需大容量的冷却水装置。为了对中和固定，夹具应具有足够的夹紧力。

5.2 锻焊和滚焊

5.2.1 锻焊工艺

锻焊是先将零件放在炉子中加热，然后将工件叠合在一起，施加足够的压力或锤击以使界面产生永久变形从而形成金属结合的一种方法。这是一种最早的焊接方法。采用现代化的加热和加压手段以达到工件连接的这种方法至今仍在应用，当前主要是用于生产管子和复合金属。

锻焊时首先把被焊材料表面加热到接近熔点的温度，然后加压形成连接。加热的目的仅是为了使金属容易产生塑性变形，因为绝大多数金属的屈服强度是随着温度的升高而迅速降低的。加热时间是影响锻焊质量的主要参数。加热不足就不能使工件表面具有很好的延展性，也就不可能焊接。金属过热会导致产生强度很低的脆性接头。必须使整个接头界面上的温度均匀，才能获得满意的接头。

对加热好的工件可用较轻的大锤以重复的高速锤击施加压力。现代自动及半自动锤击是用重型机动锤以低速进行锤击实现的。施加压力的锤子可用蒸气、液压或压缩空气设备带动。

低碳钢是最常用的锻焊连接的金属。这种材料的薄板、棒材、管材和板材都容易进行锻焊。对焊缝和热影响区显微组织起主要影响的是锻压总量和进行锻焊的温度。要获得致密的焊缝一般需要较高的温度。锻焊后退火可以细化接头的组织并改善接头韧性。锻焊最常采用的接头形式是斜接接头，其他形式的接头也可以进行锻焊。有时所施加的压力可达 2 068 MPa。钢的锻焊温度范围一般是 1 149 ~ 1 288℃。

锻焊某些金属时必须使用焊剂以防止工件表面生成氧化皮。焊剂与存在的氧化物结合而在工件表面上形成保护性覆盖层。该覆盖层能阻止形成更多的氧化物，并能降低已有氧化物的熔点。用于钢的两种焊剂是石英砂和硼砂（四硼酸钠）。对于高碳钢锻焊，最常用的焊剂是硼砂。由于硼砂的熔点较低，所以可在金属加热过程中将它撒到工件上。石英砂常作为锻焊低碳钢时的焊剂。

可采用自动设备对铝合金挤压型材进行锻焊，使边缘对边缘连接形成整体加筋面板。这种面板用于制作轻型汽车的车身。这种用途的铝锻焊被归类为热压焊，因为是将要连接的铝板材边缘加热到焊接温度然后予以加压顶锻。

5.2.2 滚焊工艺

滚焊是一种固态焊接方法，通过将金属加热到一定温度，然后用滚轮施加压力使接合表面变形而产生金属结合。这种方法最常用于生产复合钢板。

在制造复合钢板时，将两张薄钢板表面彻底清洗并与两张清洁的覆层金属按次序夹在一起。用一种不熔合的隔层化合物使两张覆层板隔开。先将中间两张覆层板和外部两张钢板的边缘分别焊合，以隔绝空气并防止在滚焊过程中发生滑动。

将夹层材料在加热炉中均匀地加热到 1 149 ~ 1 288℃。然后将此组件通过滚焊进行滚压，直到覆层板与基层板焊到一起为止。除了将覆层板焊到基层板上之外，滚压还使复合材料的厚度减小。滚焊之后，将夹层组件再分开成为两张复合薄板。

5.3 热压焊工艺及应用

气压焊最早应用于钢轨焊接。在无缝线路建设初期，主要用在钢轨的厂内焊接，焊机为固定式，以后大部分被闪光焊代替。后来在日本和我国，气压焊多用在钢轨的现场联合接头的焊接上，并逐步朝着多功能轻型化方向发展。

目前现场钢轨焊接使用的气压焊机为小型移动式。我国现在广泛使用的气压焊机的质量为 140 kg，新型保压推凸钢轨气压焊机质量为 160 kg。气压焊还应用于钢筋焊接，该方法在日本应用的较广泛，但在我国则受到一定限制。原因在于气压焊为明火焊接，对施工现场防火要求较高。另外近年来钢筋焊接正逐步朝着螺纹连接、挤压连接、电渣压力焊方向发展。

5.3.1 钢轨焊接

气压焊用于焊接钢轨的优点是一次性投资小，焊机的重量轻，无需大功率电源，焊接时间短，焊接质量可靠。缺点是焊前对预焊端面的处理要求十分严格，并且在焊接时需要钢轨沿纵向少量移动，因此在钢轨的线上焊接有时会有一定难度。

(1) 焊接设备

目前使用的移动式钢轨气压焊机多为移动式夹轨腰式，夹紧位置于钢轨纵向“中和线”上，由于轨顶和轨底受力均匀，在加压和顶锻时不产生附加弯矩。图3.7-139为移动式夹轨腰式钢轨气压焊设备示意图，主要包括压接机、加热器、气体控制箱、高压油泵和水冷装置等。气压焊设备各项技术条件在铁道部标准（TB/T 2622）中已作了明确规定。

YJ－440T型压接机的油缸额定推力为385 kN，最大顶锻行程为155 mm，加热器最大摆动距离为60 mm，压接机的质量不大于140 kg，可用于43～75 kg/m钢轨的焊接、焊瘤的推除和焊后热处理。待焊钢轨定位和夹紧是通过紧固轨顶螺栓、轨底螺栓和砸紧轨腰斜铁来实现的。液压缸内的高压油推动活塞运动，使钢轨端部通过斜铁相互挤压实现顶锻或推瘤。加热器以导柱作为轨道沿钢轨轴线方向往复运动。

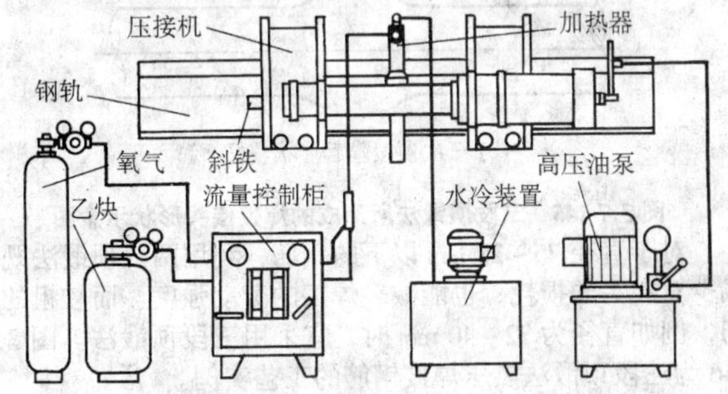

图3.7-139 移动式钢轨气压焊设备示意图

加热器按混气方式分为射吸式、等压式和强混式，按结构可以分为对开单（或双）喷射器式和开启单喷射器式。目前，在我国应用较多的是射吸式对开加热器。图3.7-140为射吸式对开加热器（单喷射器）示意图，它是由加热器本体和喷射器组成。加热器本体分成对称并可拆卸的两部分，每侧有燃气和水冷系统；混合器由喷射室、混气室和配气调节装置组成。

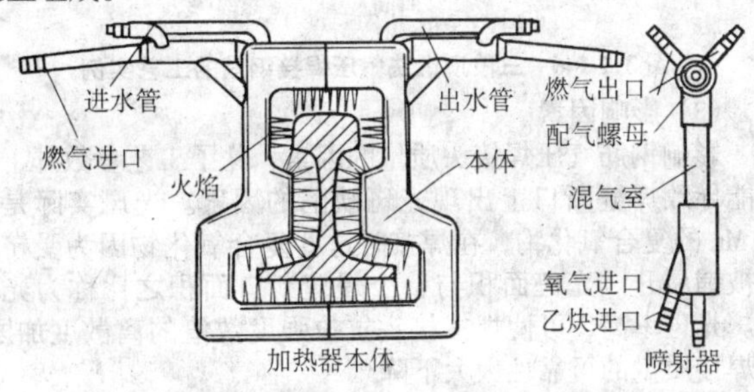

图3.7-140 对开式加热器（单喷射器）示意图

加热器工作时，氧气以高压、高速由氧气进口射入射吸室，在射吸室内的喷口附近产生低压区，将乙炔气吸入。氧气和乙炔在射吸室和混气室均匀混合、搅拌后，通过调节配气阀均匀地进入加热器本体两侧。在加热器本体，燃气通过本体内的喷火孔喷出并燃烧。喷火孔的大小及分布是根据钢轨断面的尺寸形状设计的，以确保钢轨加热均匀。加热器本体在加热时必须强制水冷。

(2) 焊接工艺

钢轨热压焊工艺包括焊前端面打磨、对轨、焊接加热、顶锻、去除焊瘤和焊后热处理等。

1) 钢轨端面打磨　焊前的端面打磨分为两步：第一步使用端面打磨机将钢轨端面磨平，使端面的平面度及端面与钢轨纵向轴线的垂直度公差在0.5 mm以内；第二步对磨平后的端面用清洁的锉刀精锉，清除机械磨平时表面产生的异物和氧化膜等。在精锉时应注意使轨底两端略微凸起，这样有利于防止轨底两端在加热时产生污染。

2) 对轨及固定钢轨　将压接机骑放在钢轨上，穿上轨底螺栓并预拧紧。将钢轨端面对齐，然后拧紧轨顶螺栓，使钢轨紧靠轨底螺栓。将斜铁打紧，进一步拧紧轨底螺栓，确保钢轨在焊接顶锻过程中不出现打滑现象。

3) 焊接加热　预顶锻后即可进行加热。加热器点火通常采用“爆鸣点火”，燃烧采用微还原焰，即氧气与乙炔的燃烧比值为0.8～1.1。加热器在加热时必须来回摆动，摆动量和摆动频率见表3.7-39。摆动量过大，容易引起轨底角下塌，破坏接头成形；摆动量过小，局部热量集中，钢轨表面与芯部温差加大，造成表面过烧而芯部未焊透。

表3.7-39 加热器摆动量和摆动次数

加热时间 /mm	摆动量/mm		摆动频率 /N·min^{-1}
	50 kg/m	60 kg/m	
0～4.5	8～12	8～12	60
4.5～5	15～20	15～20	60
5～5.5	30	30	60

4) 顶锻　在焊接过程中通常采用三段顶锻法。以60 kg/m钢轨为例：第一段为预顶，压力控制在16～18 MPa，保持钢轨表面接触。当加热到一定温度时，产生微量的塑性变形使钢轨表面全面接触，并且在局部接触面之间开始扩散和再结晶；进入顶锻的第二段时，将压力降至10～12 MPa，使钢轨在塑性状态下接触面之间产生充分扩散和结晶，形成金属键使钢轨焊合。随着时间的延长，局部表面金属开始熔化，而芯部已充分焊合；进入第三段，压力提升到35～38 MPa，将接触面边缘有缺陷的部分挤出，局部的氧化膜被破坏，焊接结束。

5) 去除焊瘤　焊接接头部位形成的焊瘤（凸起）可用两种方法去除：一是用焊机的推瘤装置在焊后立即进行清除；二是焊后热态下用火焰切割法将焊瘤切除。

6) 焊后热处理　钢轨焊后，接头的过热区晶粒粗大，需要进行正火处理，以细化晶粒，提高接头的强度和韧性。淬火轨在冷却时要对钢轨接头进行风冷或雾冷使硬度恢复。

7) 钢轨气压焊检验。

5.3.2 钢筋的焊接

采用气压焊方法焊接钢筋具有电源和设备轻巧、节约钢材等优点。在日本应用较多并且开发出了自动气压焊设备和工艺。我国在一段时期内，大量应用在钢筋混凝土建筑结构中的钢筋焊接。

(1) 设备

钢筋气压焊设备示意图如图3.7-141所示。它由气压焊

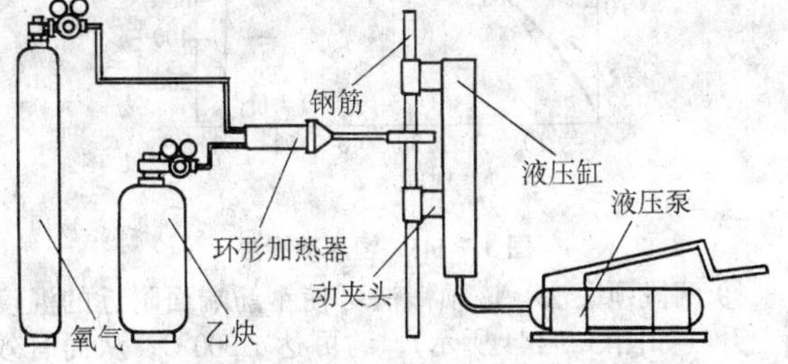

图3.7-141 钢筋气压焊设备示意图

机、环形加热器、油泵（手动或脚踏式）以及气源设备等组成。图3.7-142为钢筋气压焊加热示意图。气压焊用的油缸、夹具和加热器应根据建筑工程中钢筋粗细以及所需顶锻力来设计。由于焊接钢筋是小范围加热，并且需要热量集中，加热快，因此加热采用乙炔作为可燃气体。

(2) 焊接工艺

钢筋气压焊也属于固相焊接。工艺过程是先用气压焊机的夹具将钢筋对正夹紧，然后用环形加热器加热钢筋端部，当钢筋端部呈塑性状态时，即由油缸活塞杆推动钢筋夹具的活动夹头，使两钢筋的端部互相挤压和镦粗，完成焊接。

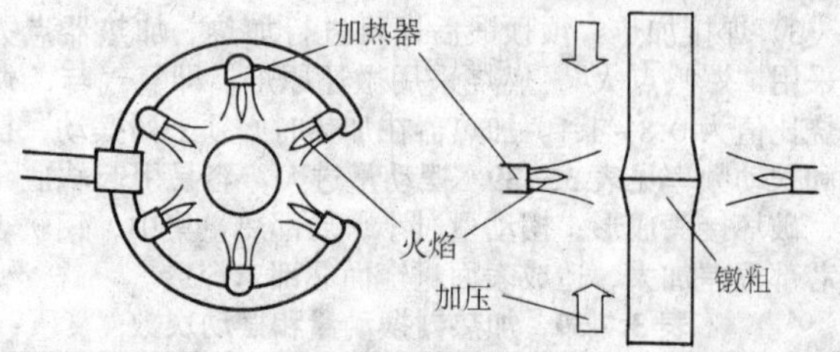

图3.7-142　钢筋气压焊加热示意图

1）焊前准备　钢筋端部必须平整，且端面需与钢筋轴线成直角，以使工件装配后不留间隙。实际上，由于受端面加工角度和不平整误差等因素影响，两端面接触后，不会完全闭合，而形成一定的夹角，夹角两边的轴向最大距离称为装配间隙。夹角太大就会在顶锻时，造成钢筋接合面滑移。此外，也要将钢筋端面的油、锈及水泥等污物清除干净，并磨平显现新的金属光泽，以免影响焊接质量。

2）焊接火焰　低碳钢的气压焊，一般采用中性火焰。但是钢筋气压焊，最好用还原焰和中性焰。也就是当开始加压和焊接时，要使用还原焰。而当钢筋端面达到一定温度并发生一定塑性变形，即顶锻消除了装配间隙从而使两钢筋端面完全接触闭合后，再将火焰调整为中性焰。因中性焰比还原焰温度高，可以加速“镦粗”的形成，但也有在全部过程中用还原焰一次焊成的。还原焰温度虽较中性焰低，但其具有容易使钢筋内外受热均匀的优点，且对焊缝有保护作用，防止压焊端面氧化。

3）焊接温度　要形成良好的焊接接头，除了调整好合适的火焰外，还须将工件加热到足够高的温度，目的是使金属在固态下不但发生塑性变形，而且能发生原子相互扩散而结合在一起。温度太低就达不到金属端面的牢固接合；温度太高将造成过烧，焊接加热温度一般为1 200～1 250℃。

4）顶锻方法　顶锻方法有3种：

① 恒压顶锻法　恒压顶锻时焊接端面附近的钢筋中心温度、时间和压力的关系如图3.7-143所示。从断口来看有的接头光斑较多。

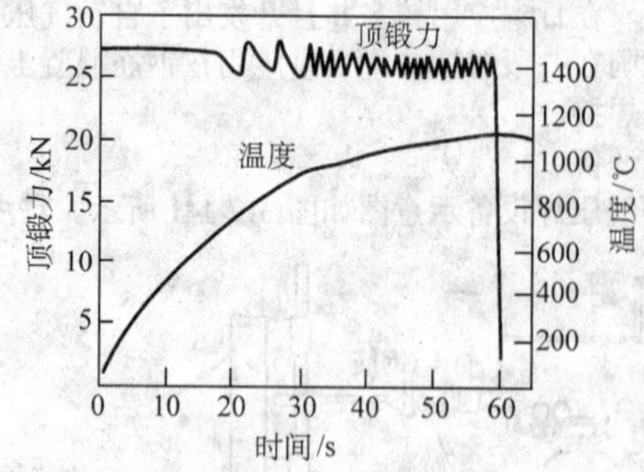

图3.7-143　恒压顶锻法

② 两段顶锻法　该顶锻法可使钢筋端面附近的温度逐渐上升（如图3.7-144所示），约可达1 300℃，从而有效地消除光斑缺陷。

③ 三段顶锻法　恒压和两段顶锻法主要适合于焊接高炉钢筋，至于电炉钢筋因原料为废钢，以至钢筋中含合金元素很复杂，其中Si、Cr、Cu等含量超过一定数量后，热压焊的焊接性就会变差，焊接接头容易脆化，所以宜采用三段顶锻方法。图3.7-145为二次顶锻和三次顶锻后所形成的接头形状示意图。

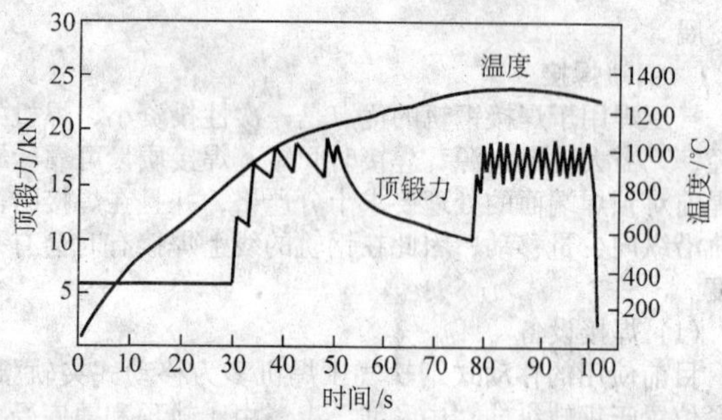

图3.7-144　两段顶锻法

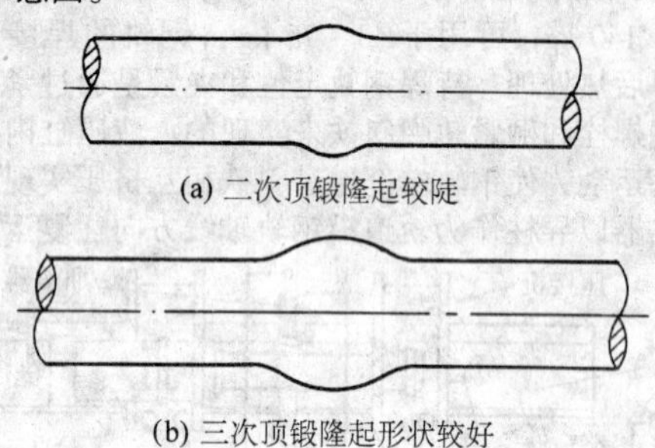

图3.7-145　三段顶锻法所形成的焊接接头形状示意图

对于直径25～28 mm以下的钢筋，利用两段顶锻法既可减少对夹头的损耗，也能减轻焊工的劳动强度。而较粗的钢筋，例如直径为32～40 mm时，宜采用三段顶锻法。图3.7-146为三段顶锻法热压焊接钢筋的工艺实例。

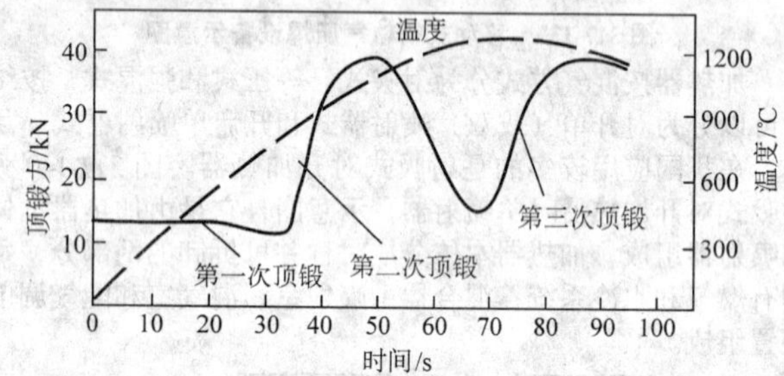

图3.7-146　三段顶锻法气压焊接钢筋的工艺实例

(3) 影响因素

影响钢筋气压焊接头质量的因素，除了工艺参数外，还有能导致焊缝断口上出现光斑缺陷的因素。光斑实际是Si和Mn的复合氧化物，在焊接时这些复合氧化物因为受挤压而被铺展开。光斑面积与整个焊缝断口面积之比称为光斑率。光斑率高，可使焊接接头抗拉强度数值的离散度加剧，使焊接质量的可靠性大大下降。

光斑率高的气压焊接头中，只有少数接头能与母材金属等强度，而更多的接头抗拉强度都小于甚至远远小于母材金属的强度。反之，光斑率低的气压焊接头中，几乎所有接头都可以达到与母材等强度。

影响光斑率的因素，一是钢筋焊前的装配间隙，在塑性状态下焊合的气压焊，最好是端面的装配间隙为零，这样就不易造成氧化。但实际装配中不可能一点间隙也没有，例如21MnV钢筋，间隙3 mm和0时，气压焊接头的光斑率分别为35.15%和16.14%。当钢筋的直径为32 mm时，在工程上要将钢筋焊前装配间隙控制到2 mm以下是很困难的。因此，一般规定钢筋的装配间隙在3 mm以下。

另一影响光斑率的因素是母材的化学成分，钢筋中的C、Cu、V、Cr和Al元素能降低光斑率。我国建筑钢筋的合金系是C－Mn－Si系，除了Ⅰ级钢筋外，Ⅱ～Ⅳ级钢筋光斑率较高。

5.4 热压焊接头性能与质量控制

5.4.1 接头力学性能

一般说来，热压焊对基体金属力学性能和物理性能的影响极小。由于热压焊接头没有填充金属，接头的力学性能取决于基体金属的化学成分、冷却速度和焊接质量。由于焊接区加热金属范围相对较大，因此冷却速度通常比较慢。异种金属焊接时，接头的性能将更接近较弱的母材一边。

在塑性气压焊中，金属的最高温度低于晶粒发生迅速长大的温度。在熔化气压焊中，熔化金属层在顶锻中被挤出。这些特征对于那些容易受过热影响合金的焊接是有利的。

由于整个焊接区域都是基体金属，所以它相当于同样热循环的热处理。这种影响包括对不锈钢接头抗腐蚀性能的影响。如果希望不损坏抗腐蚀性能，对于稳定化不锈钢，焊后对接头必须采用稳定化处理。

低碳钢在热压焊中很少需要焊后热处理或消除应力处理，因为这种钢的热影响区通常（在焊接加热时）已经被正火，并且应力很低。对于使用应力较高的低碳钢和高碳钢进行焊接时，接头需要焊后热处理。热处理常常使用同一焊接加热器进行。

在钢轨焊接中，接头两边的退火区可能比较软，为了克服这个问题，可以用加热器将接头区域加热到钢的奥氏体化温度，然后快速冷却。在一些低合金钢（如石油钻井工具）的焊接中，用焊接火焰进行热处理可以改善接头的力学性能。这样的正火处理能够细化焊接热影响区的晶粒，提高接头区的塑性和韧性。对于高硬度钢，焊后的退火或缓慢冷却可以防止热影响区的硬化或表面脆化。为了改善热处理钢的性能，一般使用热处理炉。

5.4.2 质量控制及检测方法

（1）控制过程及方法

优良的塑性气压焊需要对影响接头质量的各种因素进行连续地控制。这些因素包括：

1）焊接端部的平面度、与纵轴的垂直度、粗糙度和工件表面的清洁程度；

2）气体流量、压力和压力循环；

3）焊接工件的对中性；

4）加热器的工作状态；

5）预定顶锻量或缩短量、总的顶锻距离；

6）顶锻后的冷却时间。

如果焊接过程与设定的相同，压力顶锻循环系统应能显示出来。热输入量一定时，可控制热影响区的宽度，同时压力顺序、加热和顶锻的整个周期的时间误差应小于10%。在这个基础上，如果焊接时间需要过度延长或缩短，现行的焊接质量应进行重新评估。

额定时间偏差过大可能导致：

1）一些非时间因素不能有效控制；

2）焊接质量出现问题，加压系统、加热器故障以及焊接件在夹具中的打滑有可能使接头质量下降。

（2）质量检验

先采用目测方法通过外观检验评估下列几个接头特征：

1）有无过量的熔化；

2）顶锻接头的轮廓形状和一致性；

3）顶锻区域中部焊接熔合线的位置。

如果完全按照标准的技术规程进行操作，该气压焊的接头质量一般是合格的。磁粉探伤可以用于钢轨气压焊接头的无损探伤。

在一些高强度钢的焊接中，增加焊接质量控制措施是必要的。例如采用随机或定期抽样方法进行各种力学性能试验，这种方法可用于检查焊接热循环和过程控制的可靠性以及焊接件的性能。

缺口冲击试验可以用于评定接头的质量，沿熔合线断裂的试样断口可以显示接头组织状态、晶粒尺寸和过热的程度，可以反映焊接热量输入对接头性能的影响。热压焊接头的抗拉强度应不低于母材金属的抗拉强度。

（3）钢轨气压焊检验

按铁道部标准TB/T 1632－91《钢轨焊接接头技术条件》有关规定，常用的50 kg/m和60 kg/m钢轨气压焊质量标准如表3.7-40所示。

表3.7-40 50 kg/m和60 kg/m钢轨气压焊接头质量标准

项目		轨型		说明
		50 kg/m	60 kg/m	
静弯破断载荷/kN	轨头受压	≥1 078	≥1 373	挠度≥20 mm
	轨头受拉	≥980	≥1 226	挠度≥15 mm
落锤试验锤重：1 000 kg	锤击	落锤高度/m		1）钢轨支座间隙为（1 000 ± 10）mm 2）试件应能承受所规定的锤击次数，而不发生断裂
	1次	4.2	5.2	
	2次	2.5	3.1	
	断口检查	不得有裂纹、气孔、过烧、未焊透和肉眼可见的夹杂物		
疲劳试验（200万次）		疲劳载荷/kN、载荷比 R		R = 最小载荷/最大载荷 = 0.2 跨度1 m，常温
		68/343	94/470	
硬度试验		在焊缝两侧150 mm范围内，利用布氏硬度计沿钢轨顶面纵轴，每隔10～20 mm测试，其硬度大小应接近钢轨母材。允许有4个测点的硬度比钢轨母材低，但不得低于15%		
外观检查不平度/mm	轨顶面	+0.5、0	+0.5、0	—
	轨头内侧	0.5	0.5	
	轨底			

静弯试件长度为1.2～1.3 m，取5根试件为一组，其中轨头受压4根。试件放在跨度为1 m的支座上，支座圆弧半径为（100 ± 5）mm，试件焊缝居中，承受集中载荷。试件的破断载荷不得低于表3.7-40所列数值。

（4）钢筋气压焊检验

质量检验有外观检验和破坏检验（拉伸试验）两种。

1）外观检验 应在施焊过程中随时检查已经焊接的接头，发现不合格要求者，应立即割掉重焊。外观检验的具体要求是：

① 焊接部位钢筋轴线的偏心度应不大于钢筋直径的1/10；

② 焊接处隆起的直径不小于钢筋直径的1.3～1.5倍；

③ 焊接接头隆起形状不应有显著的凸起和塌陷，不应有裂纹和过烧现象。

2）破坏检验（拉伸试验） 工程施焊中以200个接头为一批，从每批中随机抽取3个试样（1.5%）进行取样检验。如果一次取样不合格，可另取双倍试样复试，如果复试结果仍有一个试样强度达不到要求，则该批接头即为不合格品。

6 超声波焊接

6.1 概述

超声波焊接是利用超声波频率（超过16 kHz）的机械振

动能量，连接同种或异种金属、半导体、塑料及金属陶瓷等材料的特殊焊接方法。

金属超声波焊接时，工件内既不流经电流也不引入高温热源，只是在静压力下将弹性体振动能量转变为工件间的摩擦功，形变能以及有限的温升。接头间的冶金结合是在母材不发生熔化的状态下实现的，因而是一种固态焊接。

塑料超声波焊接时，聚合物界面上的分子结合是通过对超声波振动能量的局部吸收和熔化而实现的，因此这种方法只适用于热塑性树脂材料。

根据上述不同的原理，超声波焊接分金属用超声波焊接和塑料用超声波焊接二种类型（图 3.7-147）。

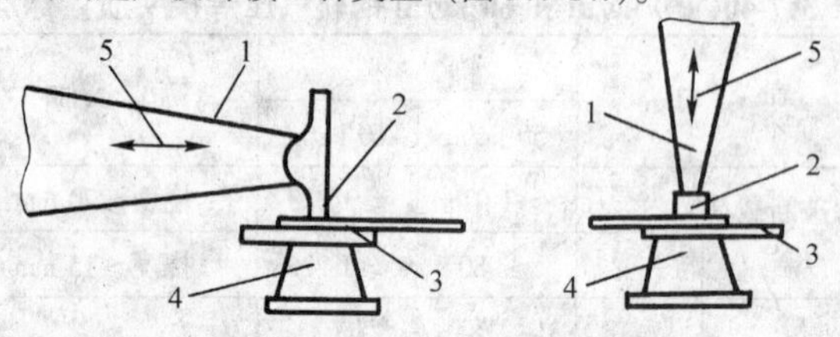

(a) 金属用超声波焊接　　(b) 塑料用超声波焊接

图 3.7-147　用于塑料及金属的两种焊接方法

1—聚能器；2—上声极；3—工件；4—下声极；5—振动方向

金属超声波焊接时，振动能量从切向导入工件并与静压力相垂直。而在塑料超声波焊接时，振动能量将从垂直方向导入工件，并与静压力同向。

6.2　金属超声波焊接方法

典型的超声波焊接系统见图 3.7-148。

由上声极传输的弹性振动能量是经过一系列的能量转换及传递环节产生的，这些环节中，超声波发生器是一个变频装置它将工频电流转变为超声波频率（16～60 kHz）的振荡电流。换能器则利用逆压电效应转换成弹性机械振动能。传

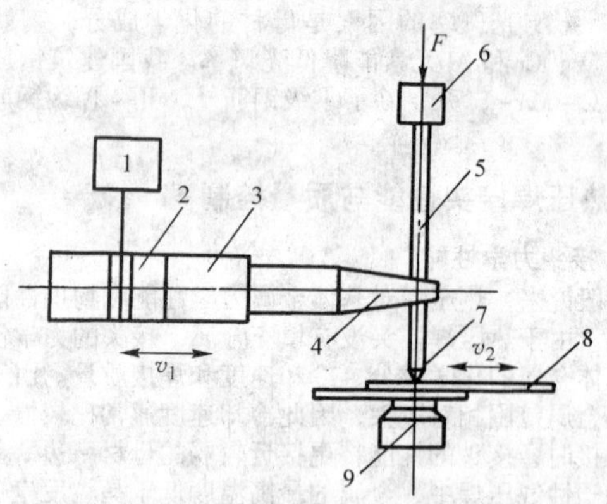

图 3.7-148　超声波焊原理

1—发生器；2—换能器；3—传振杆；4—聚能器；5—耦合杆；6—静载；7—上声极；8—工件；9—下声极

F—静压力；v_1—纵向振动方向；v_2—弯曲振动方向

振杆、聚能器用来传递和放大振幅，并通过耦合杆、上声极传递到工件。换能器、传振杆、聚能器、耦合杆及上声极构成一个整体称之为声学系统。声学系统中每一个组元的自振频率，将按同一个频率设计。当发生器的振荡电流频率与声学系统的自振频率相一致时，系统即产生了谐振（共振）并向工件输出弹性振动能。

常见的金属超声波焊接可以分为点焊、环焊、缝焊及线焊。

1）点焊　点焊可根据上声极的振动状况分为纵向振动系统（轻型结构）、弯曲振动系统（重型结构）以及介于两者之间的轻型弯曲振动等几种（图 3.7-149）。

随着应用不断扩大超声波点焊方法被派生出许多新的型式。其中最突出的是一种称为“铰接焊”的方法，这种方法原理见图 3.7-150，目前在电线接头，电器制造业中得到了广泛应用。

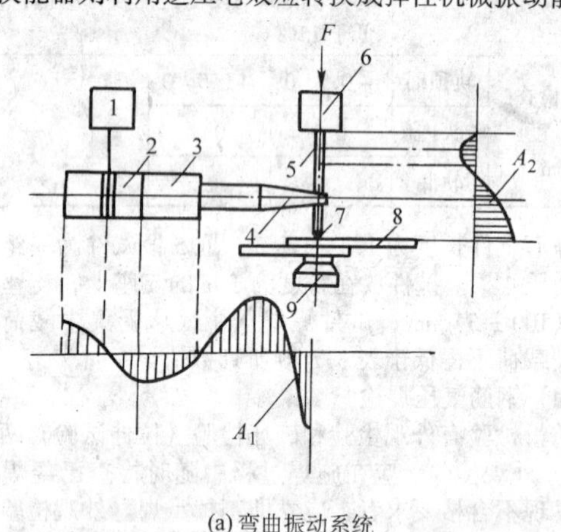

(a) 弯曲振动系统

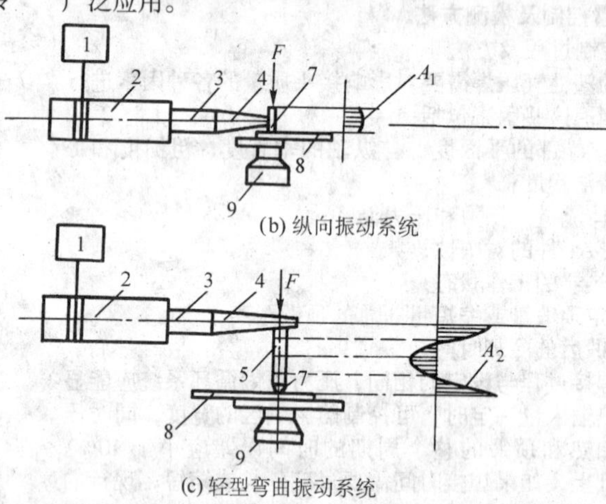

(b) 纵向振动系统

(c) 轻型弯曲振动系统

图 3.7-149　超声波点焊的类型

A_1—纵向振动的振幅分布；A_2—弯曲振动的振幅分布；1～9 的涵义见图 3.7-148 图注

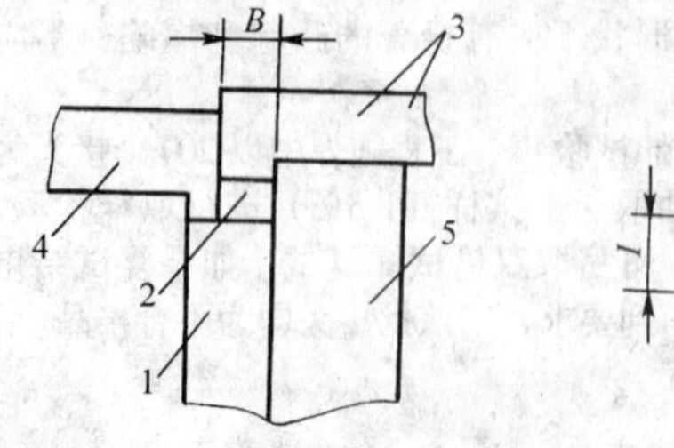

图 3.7-150　铰接焊方法

1、4、5—夹具；2—工件；3—上声极；

l—焊后零件高度；B—焊后零件宽度

2）环焊　用环焊方法可以一次形成封闭形焊缝，采用的是扭转振动系统。见图 3.7-151。

焊接时，耦合杆带动上声极作扭转振动，其振幅相对于声极轴线呈对称分布，轴心区振幅为零，边缘位置振幅最大。显然，环焊最适合于微电子器件的封装工艺。有时小直径的环焊也用于对气密要求特别高的直线焊缝的场合，用来替代缝焊。

3）缝焊　缝焊时的上声极将是一个滚盘，按照滚盘的振动状态可分为纵向振动、弯曲振动及扭转振动等三种形式。见图 3.7-152。

其中最常见的是纵向振动形式，只是滚盘的尺寸受到驱动频率的限制。缝焊可以获得密封的连续焊缝，通常工件被夹持在上下焊盘之间，在特殊情况下可采用平板式下声极。

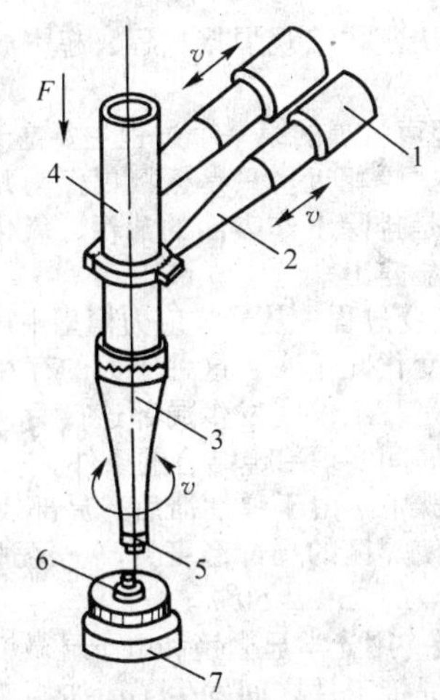

图 3.7-151 超声波环焊的工作原理

1—换能器；2、3—聚能器；4—耦合杆；5—上声极；6—工件；7—下声极；F—静压力；v—振动方向

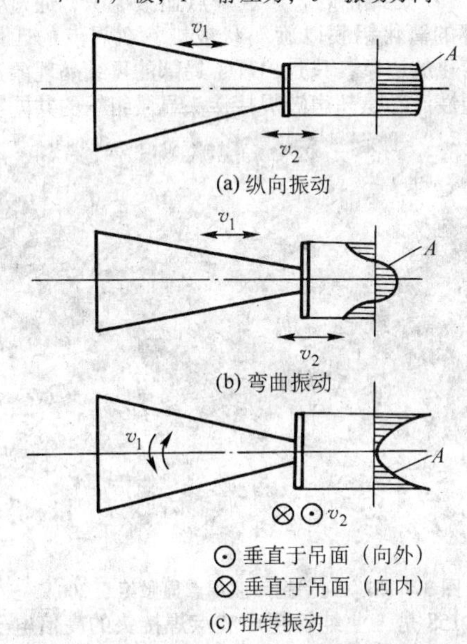

图 3.7-152 超声波缝焊的振动形式

A—焊盘上振幅分布；v_1—聚能器上振动方向；v_2—焊点上的振动方向

4）线焊 线焊也可以看成是点焊方法的一种延伸，目前已经可以通过线状上声极一次获得 150 mm 长的线状焊缝。这种方法最适用于金属薄箔的线状封口，参见图 3.7-153。

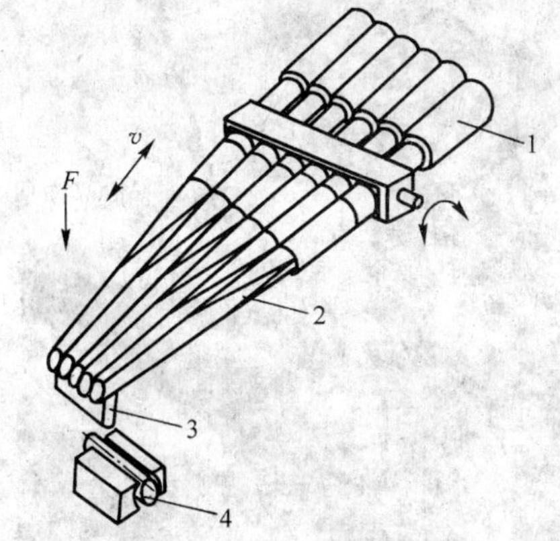

图 3.7-153 超声波线焊方法

1—换能器；2—聚能器；3—125 mm 长上声极；4—工件；F—静压力；v—纵向振动方向

金属超声波焊接方法的主要优点是：

1）可适用于各种材料的焊接，很少有其他的焊接方法有如此广泛的焊接范围（见图 3.7-154）。

2）焊接过程无高温污染及损伤，是一种固态焊接方法。微电子器件中半导体硅片与金属细丝（Au、Ag、Al）的精密焊接曾是超声波焊接方法最重要、最成功的应用。

3）同电阻点焊相比较，耗用功率仅为电阻焊的 5% 左右，焊件变形小于 3% ~ 5%，焊点强度及稳定性平均提高约 15% ~ 20%。

4）工件表面的焊前清洁要求不高，可以焊接带氧化物及聚合物等薄膜的金属，根据这一特点，发展了“先胶后焊”的超声波胶点焊方法。

金属超声波焊接的主要缺点是目前还不能实现材料的对接焊；由于焊接功率随着零件厚度提高将呈指数状剧增，因此主要用于丝、箔及小型零件。目前最大功率为 3 kW；当然超声波焊机的投资也比较昂贵。

6.3 塑料的超声波焊接方法

塑料的超声波焊接中，塑料工件将作为谐振元件与聚能器、换能器等构成声学系统，通常尽量将工件的结合面设置于谐振曲线的波节点上，以便在这里释放出最高的局部热量以达到焊接的目的。由于这种能量的集聚效果，使得超声波焊接方法具有效率高，热影响区小的特点。

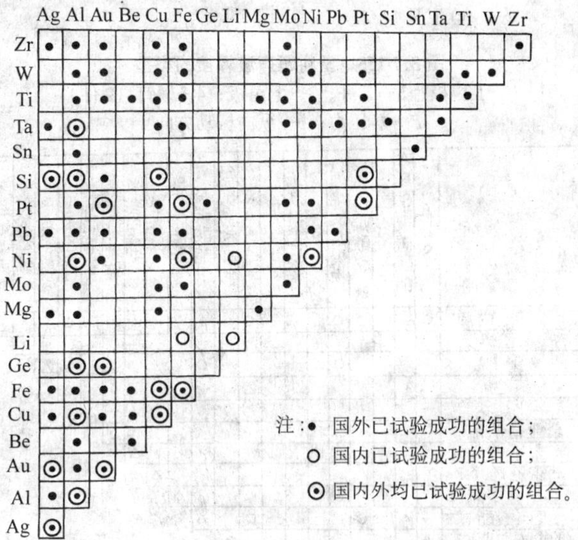

图 3.7-154 超声波焊接适用的金属材料组合

塑料焊接时，能量的吸收效率是与塑料的弹性模量有关。其吸收率可表达为

$$q = \frac{\sigma_s^2}{z_a} \tag{3.7-12}$$

式中，σ_s 为塑料的屈服强度，Pa；z_a 为声阻抗，Pa·s/m。

热塑性塑料根据其弹性模量 E 的数值可以分为二类，即 $E < 2 \times 10^6$ Pa（$\varepsilon > 25\%$）的软塑料（如聚乙烯）和 $E > 2 \times 10^6$ Pa（$\varepsilon < 25\%$）的硬塑料（如有机玻璃）

由此可见，在塑料焊接中，高弹性模量的硬塑料较之于低弹性模量的软塑料更容易焊接。

按照焊接工件的接头形式，可以将塑料的超声波焊接分为图 3.7-155 所示的五种基本形式。

图 3.7-156 是常用热塑性塑料的超声波焊接的可焊范围。

塑料的超声波焊接方法从机理上讲虽然与塑料的高频焊接方法一样同属于熔化焊，但是两者产热机制不同，高频焊接是表面热传导熔化接头。超声波焊接则是直接通过工件间接触面将弹性振动能量转化为热量，因而具有如下优点：

1）焊接效率高，焊接时间通常不超过 1 s。此外，这种焊接方法焊后无干燥及冷却工序，进一步提高了生产率。

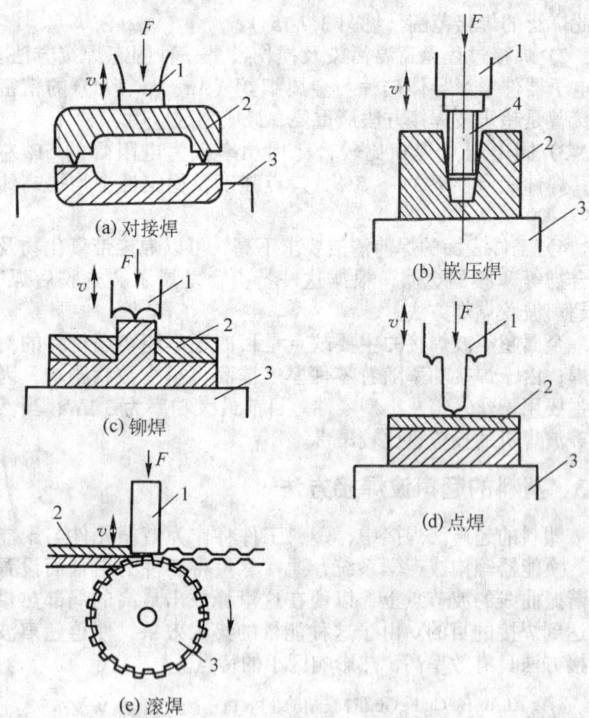

图 3.7-155　塑料超声波焊接的类型

1—上声极；2—工件；3—下声极；4—螺钉（2 件）；F—静压力；v—纵向振动方向

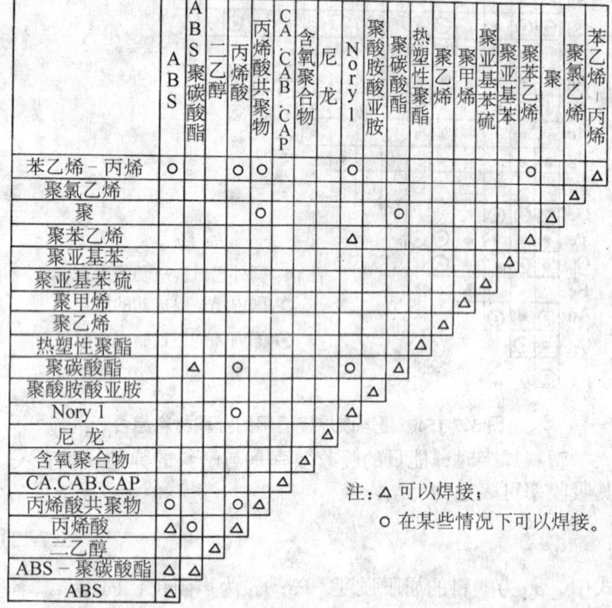

	ABS	ABS聚碳酸酯	二乙醇	丙烯酸	丙烯酸共聚物	CA.CAB.CAP	含氧聚合物	尼龙	Noryl	聚酸胺酸亚胺	聚碳酸酯	热塑性聚酯	聚乙烯	聚甲烯	聚亚基苯硫	聚亚基苯	聚苯乙烯	聚	聚氯乙烯	苯乙烯-丙烯
苯乙烯 - 丙烯	○			○	○				○								○			△
聚氯乙烯																			△	
聚					○						○							△		
聚苯乙烯									△								△			
聚亚基苯																△				
聚亚基苯硫															△					
聚甲烯														△						
聚乙烯													△							
热塑性聚酯												△								
聚碳酸酯		△		○					○		△									
聚酸胺酸亚胺										△										
Nory 1				○					△											
尼 龙								△												
含氧聚合物							△													
CA.CAB.CAP						△														
丙烯酸共聚物	○			○	△															
丙烯酸	△	○		△																
二乙醇			△																	
ABS - 聚碳酸酯	△	△																		
ABS	△																			

注：△ 可以焊接；
○ 在某些情况下可以焊接。

图 3.7-156　塑料的超声波可焊范围

2）焊前的工件表面可免作处理，由于残存在塑料零件上的水、油、粉末。溶液等均不影响正常焊接，因而特别适用于各类物品的封装。

3）焊接过程仅在焊合面上发生局部熔化，因而可避免逸出恶臭及污染工作环境，而且焊点美观，不产生白混浊物，可获得全透明的成型品。

4）不会对广播，电视等视听设备产生高频干扰。

塑料的超声波焊接已在我国广泛应用，其应用范围和使用的焊机数量已大大超过了金属超声波焊接。

6.4　金属超声波焊接的机理

超声波焊缝的形成主要由振动剪切力、静压力和焊区的温升三个要素所决定。综观焊接过程，超声波焊经历了如下三个阶段。

1）摩擦　超声波焊的第一个过程主要是摩擦过程，其相对摩擦速度与摩擦焊相近。只是振幅仅仅为几十微米。这一过程的主要作用是排除工作表面的油污、氧化物等杂质，使纯净的金属表面显露出来。

2）应力及应变过程　从光弹应力模型中可以看到剪切应力的方向每秒将变化几千次，这种应力的存在也是造成摩擦过程的起因，只是在工件间发生局部连接后，这种振动的应力和应变成为金属间实现冶金结合的条件。

上述两个步骤中，由于弹性滞后、局部表面滑移及塑性变形的综合结果使焊区的局部温度升高，经过测定，焊区的温度约为金属熔点的 35%～50%。

3）固相焊接　用光学显微镜和电子显微镜对焊缝截面进行的实验表明，焊接工件之间发生了诸如相变、再结晶、扩散及金属键合等冶金过程，但并没有发现熔化现象是一种固相焊接过程。

图 3.7-157 是纯铝的超声波焊点显微组织，通过金属界面间摩擦破坏的氧化铝膜以旋涡状被排除在焊点的四周，结合面上没有熔化的迹象，只是出现了局部的再结晶现象这种接头间的强烈塑性流动是超声波焊接接头显微组织的共同特征。

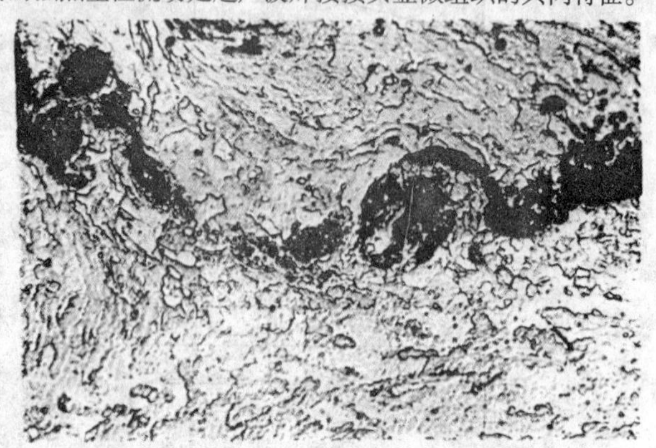

图 3.7-157　纯铝超声波焊点显微组织 300×

图 3.7-158 是工业纯铁超声波点焊接头的高倍电子显微镜图片，除了明显的晶体扭曲，有强烈旋涡发生外，也没有发现材料熔化的产生。

图 3.7-158　工业纯铁的高倍电子显微镜焊点组织 1 000×

6.5 焊接设备

超声波焊接设备是一种电子机械，它的结构、制作以及维修都应按电子机械的规范进行操作。

超声波点焊机的典型组成如图 3.7-159 所示。

(1) 超声波发生器

超声波发生器有晶体管放大式、晶闸管逆变式及晶体管逆变式等多种电源形式。

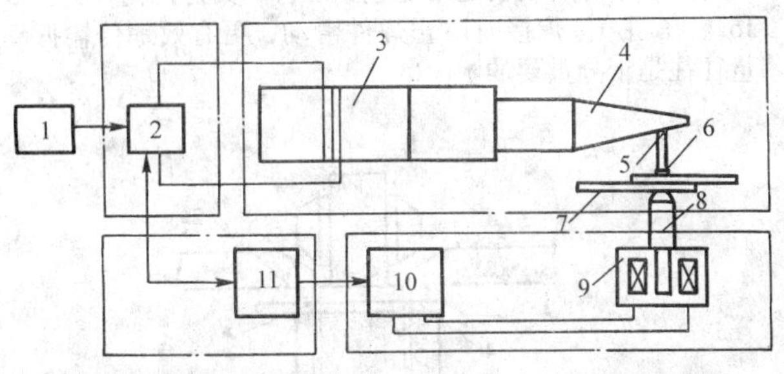

(a) 超声波焊机典型结构

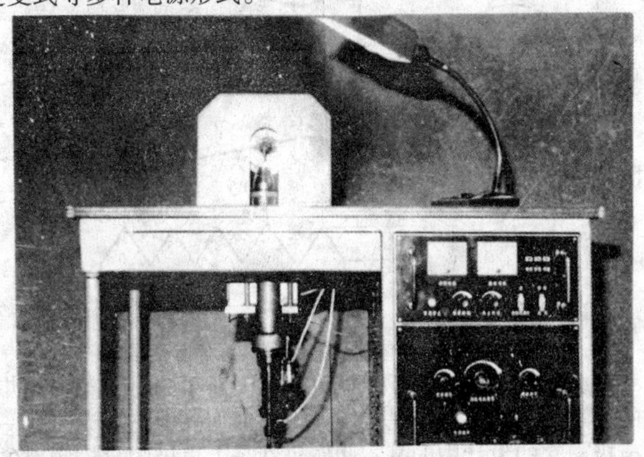

(b) 典型的超声波点焊机

图 3.7-159 超声波焊机的构成

1—电源；2—超声波发生器；3—换能器；4—聚能器；5—耦合杆；6—上声极；7—工件；8—下声极；9—电磁加压装置；10—控制加压电源；11—程控器

超声波发生器作为焊接电源其首要任务就是如何对焊接过程实施自动跟踪。这是由于声学系统将随着焊接过程而发生频率和阻抗而变动。比较古老的办法是采用频率自动跟踪方法，通常利用负载的反馈信息波发生器输出的频率随负载而变动，并维持二者之间的谐振。近年来则发展了更为完善的振幅自动跟踪方法。这种方法可以使输出振幅保持稳定，从而更好地保证了焊点质量的稳定。目前超声波发生器的频率为 16~80 kHz，功率从几瓦到 3 kW。

(2) 声学系统

1) 换能器　换能器用来将超声波发生器的电磁振荡转换成相同频率的机械振动。常用换能器有压电式及磁致伸缩式两种。见图 3.7-160。

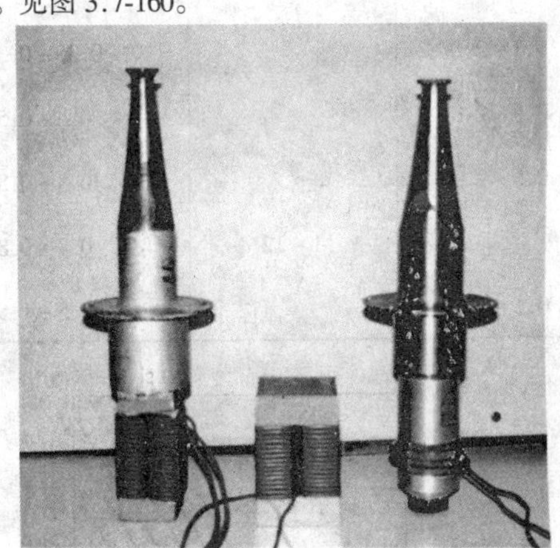

图 3.7-160 两种超声波换能器及其声学系统

压电换能器的最主要优点是效率高和使用方便，一般效率可达 80%~90%，它是基于逆压电效应。

石英、锆酸铅、锆钛酸铅等压电晶体，在一定的结晶面受到压力或拉力时将会出现电荷，称之为压电效应。反之，当在压电轴方向馈入交变电场时，晶体就会沿着一定方向发生同步的伸缩现象，即逆压电效应。压电换能器的缺点是比较脆弱，使用寿命较短。

磁致伸缩换能器是依据磁致伸缩效应而工作。当将镍或铁铝合金等材料置于磁场中时，作为单元铁磁体的磁畴将发生有序化运动，并引起材料在长度上的伸缩现象，即磁致伸缩现象。

磁致伸缩换能器是一种半永久性器件，工作稳定可靠但换能效率仅为 20%~40%，除了一些特殊用途外，已经被压电换能器所替代。

2) 传振杆　超声波焊机的传振杆主要是用来调整输出负载、固定系统以及便于实际使用。它是与压电式换能器配套的声学主体。传振杆通常选择放大倍数 0.8、1、1.25 等几种半波长阶梯形杆，由于传振杆主要用来传递振动能量。一般可选择 45 钢或 30CrMnSi 低合金钢。但是采用超硬铝合金或钛合金将会更有效。

3) 聚能器　聚能器又称变幅杆，在声学系统中起着放大换能器输出的振幅并耦合传输到工件的作用。

各种锥形杆都可以用作聚能器，设计各种聚能器的共同目标是使聚能器的自振频率能与换能器的振动频率相一致。并在结构上考虑合适的放大倍数、低的传输损耗以及自身具备足够的机械强度。

聚能器工作在疲劳条件下，设计时应考虑结构的疲劳强度。特别是声学系统的各个组元的连接部位，更是需要注意。材料的抗疲劳强度以及减少振动时的内耗是选择聚能器的主要依据。在大功率焊机中聚能器一般优先选择钛合金，其次才是高强度铝合金。在小功率焊机中为了简化结构也可以选用 45 钢或 30CrMnSi 低合金钢。

4) 耦合杆　耦合杆用来改变振动形式，一般是将聚能器输出的纵向振动改变为弯曲振动，当声学系统含有耦合杆时，振动能量的传输及耦合功能就都由耦合杆来承担，除了应根据谐振条件来设计耦合杆的自振频率外，还可以通过波长数的选择来调整振动振幅的分布，以获得最优的工艺效果。

耦合杆在结构上非常简单，通常都是一个圆柱杆，但其实际工作状态十分复杂，设计时需要考虑弯曲振动时的自身转动惯量及其剪切变形的影响，而且约束条件也较复杂。设计耦合杆远比设计聚能器来得麻烦。

随着计算机技术的普及，声学系统的设计已经进入了采用专家系统，快速精确设计的阶段。

5) 声极　超声波焊机中直接与工件接触的声学部件称之为上、下声极。对于点焊机来说，可以用各种办法与聚能器或耦合杆相连接，只是连接位置的抗疲劳强度一直是难以解决的问题，于是就有了一体化制作的办法。如图 3.7-161 所示，聚能器的端部在制作时就将上声极一体制成，然后在声极的工作面刻划出锯矢。每一个声极端面可以使用约

250 000~500 000 焊点。这样一个聚能器的使用寿命可达 1 000 000~2 000 000 个焊点。

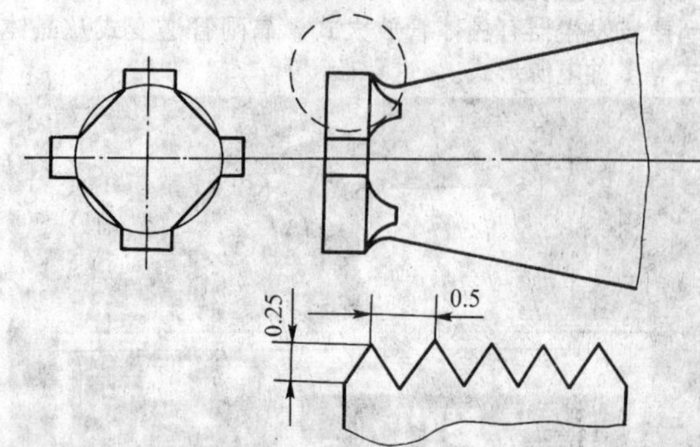

图 3.7-161　一体式聚能器及其锯齿状声极

在缝焊机中，上、下声极也就是一对滚轮至于塑料用焊机的上声极，其形状更是随零件形状而变。但是无论是哪一种声极，它的设计中的基本问题仍然是上声极的自振频率的计算。显然，上声极有可能成为最复杂的一个声学元件。

与上声极相反，下声极（有时称为铁砧）在设计时应选择反谐振状态，从而使谐振能量可以在下声极表面反射以减少能量的损失，有时为了简化设计或受工作条件限制也可以选择大质量的下声极。

超声波焊机的声学系统是整机的心脏，而声学系统的设计关键在于按照选定的频率计算每个声学组元的自振频率。

(3) 加压机构

向工件施加静压力是形成焊接接头的必要条件，目前主要有液压、气压、电磁加压及自重加压等几种。其中液压方式冲击力小，主要用于大功率焊机，小功率焊机多采用电磁加压或自重加压方式，这种方法可以匹配合适的控制程序。实际使用中加压机构还可能包括工件的夹持机构，见图 3.7-162。在超声波焊接时防止焊件滑动，更有效地传输振动能量往往是十分重要的。

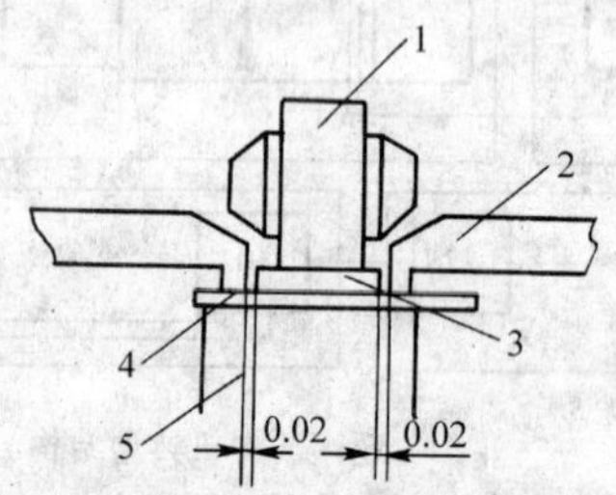

图 3.7-162　工件夹持机构

1—上声极；2—夹具；3、4—工件；5—下声极

表 3.7-41 是目前国产超声波焊机的概况（金属用）。

表 3.7-41　国产超声波焊机的型号及其技术参数

型　号	发生器功率/W	谐振频率/kHz	静压力/N	焊接时间/s	焊速/m·min^{-1}	可焊波厚度/mm
CHJ-28 点焊机	0.5	45	15~120	0.1~0.3		30~120
KDS-80 滚点焊机	80	20	20~200	0.05~6.0	0.7~2.3	0.06+0.06
SD-0.25 点焊机	250	19~21	15~180	0.1~1.5		0.15+0.15
SF-0.25 滚焊机	250	19~21	15~180		0.5~3	0.15+0.15
P-1925 点焊机	250	19.5~22.5	20~195	0.1~1.0		0.25+0.25
P-1950 点焊机	500	19.5~22.5	40~350	0.1~2.0		0.35+0.35
PC1000 点焊机	1 000	17.8~24	20~1 000	0.5~2.0		0.5+0.5
PC1500 点焊机	1 500	17.8~20	20~1 500	0.5~2.0		0.8+0.8
CHF-3 缝焊机	3 000	18~20	20~2 000		1~12	0.8+0.8
SD-5 点焊机	5 000	17~18	200~4 000	0.1~2.0		1.5+1.5

6.6　焊接工艺

超声波焊接的主要工艺参数是：振幅、振动频率，静压力及焊接时间。

焊接需用的功率 P（W）取决于工件的厚度 δ（mm）和材料硬度 H（HV）并可按下式估算

$$P = KH^{3/2}\delta^{3/2} \tag{3.7-13}$$

式中，K 为系数，其函数关系见图 3.7-163。

由于在实际应用中超声功率的测量很不方便，因此常常用振幅来表示功率的大小。

超声功率与振幅的关系可由下式确定

$$\begin{aligned} P &= \mu SFV \\ &= \mu SF\alpha A\omega/\pi \\ &= 4\mu SFAf \end{aligned} \tag{3.7-14}$$

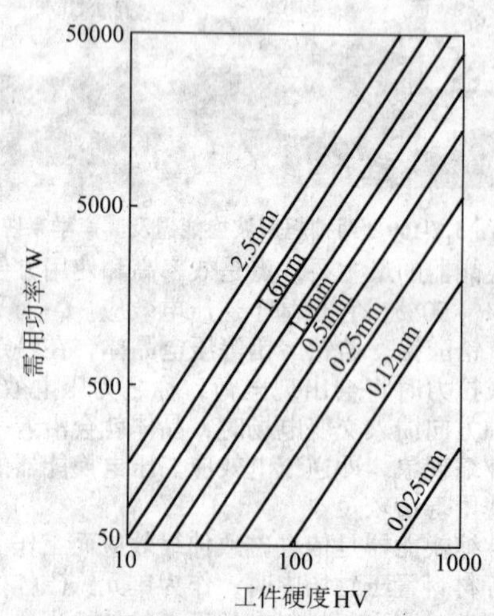

图 3.7-163　需用功率与工件硬度的关系

式中，P 为超声功率；F 为静压力；S 为焊点面积；V 为相对速度；A 为振幅；μ 为摩擦系数；ω 为角频率，$\omega = 2\pi f$；f 为振动频率。

常见振幅为 15 ~ 45 μm。当换能器材料及其结构按功率选定后，振幅值大小还与聚能器的放大系数有关。

由此可见，调节振幅的大小也就调节了发生器的功率输出。图 3.7-164 是铝镁合金超声波焊点抗剪强度与振幅的实验关系，如图所示，当振幅为 17 μm 时焊点抗剪强度最大，振幅减小则强度显著降低，当振幅 $A < 6$ μm 时，无论采用多长时间或多大的静压力都不能形成焊点。振幅还有一个上限值，超过此值后强度会降低，这与材料内部及表面发生疲劳裂缝以及上声极埋入工件后削弱了焊点截面有关。目前在生产中常常发生的毛病就是采用过大的振幅，致使焊点质量的下降。

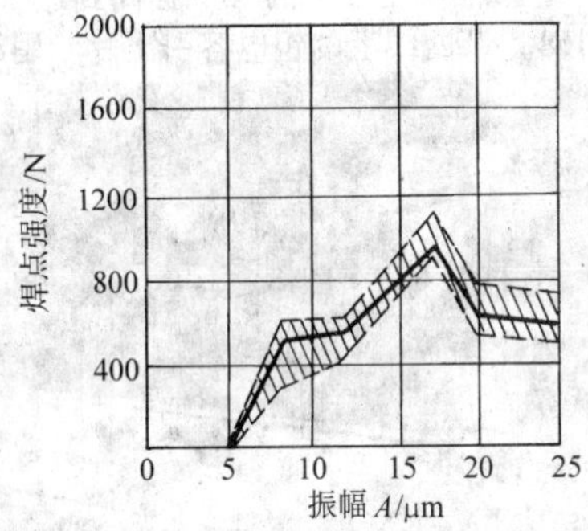

图 3.7-164　铝镁合金焊点抗剪强度与振幅的实验数据

超声波焊的谐振频率 f 在工艺上有两重意义，即谐振频率的选定以及焊接时的失谐率。

谐振频率的选择以工件厚度及其物理性能（主要是硬度）为依据，进行薄件焊接时，宜选用高的谐振频率（如 80 kHz），这样可以在维持声功率相等的前提下降低需用的振幅。但是频率提高会使声学系统内的传播损耗急剧增加，因而大功率焊机一般都在设计时选择了较低的频率为 16 ~ 20 kHz，低于 16 kHz 的频率由于进入声波波段很少有人使用。

硬度与屈服限较低的材料适宜于采用较低的工作频率，反之则选用稍高的频率。

由于超声波焊接过程中负载变化很剧烈，随时可能出现失谐现象，从而导致接头强度的降低和不稳定。因此焊接频率一旦被确定后，从工艺角度讲就需要维持声学系统的谐振。这也就是人们提出发生器频率自动跟踪的出发点。

图 3.7-165 是焊点抗剪强度与振动频率的关系，实验曲线表明，材料的硬度愈高，厚度愈大，偏离谐振频率的影响也就愈显著。

为了保证声学系统的谐振，除了采用频率自动跟踪的发生器外，还应进一步改善声学系统的设计，例如弯曲振动系统就比纵向振动系统在频率稳定性方面要好一些。

静压力是直接影响功率有效输出及工件变形条件的重要因素。它的选择取决于材料厚度及硬度。

通常在选择静压力时可以通过绘制临界曲线的方法来达到，图 3.7-166 即为静压力与功率的临界曲线。

随着对超声波焊接工艺的深入研究，人们对焊接过程的压力选择有了进一步的认识。由于初始静压力的大小与工件间摩擦及变形等过程关系密切，而发生器的激振往往也与静压力大小有关。因此，现代的超声波焊机在静压力选择上采取了动态的分段选定法，一般情况下初始静压力小，后期则

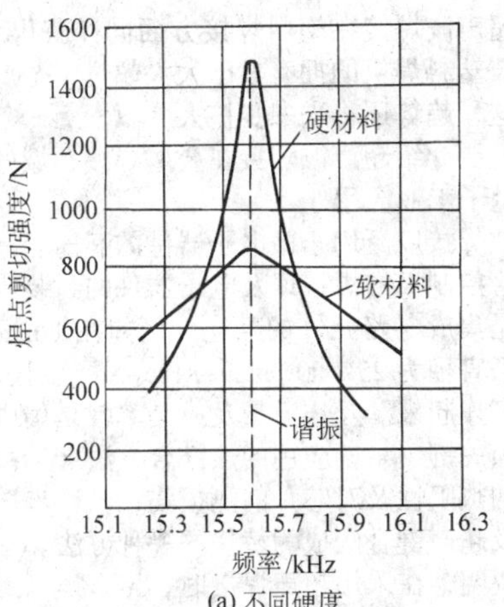

(a) 不同硬度

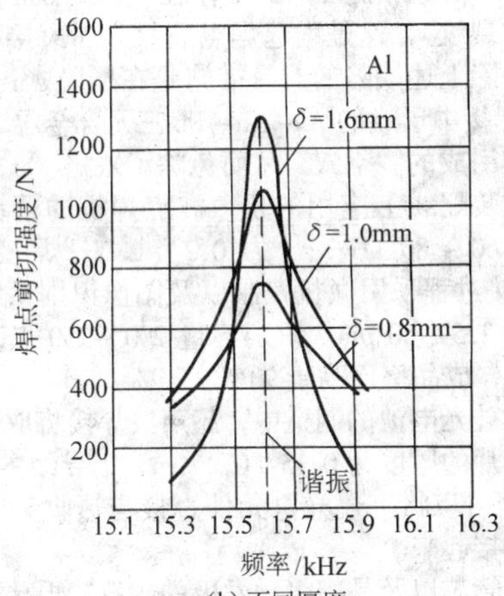

(b) 不同厚度

图 3.7-165　焊点抗剪强度与振动频率的关系

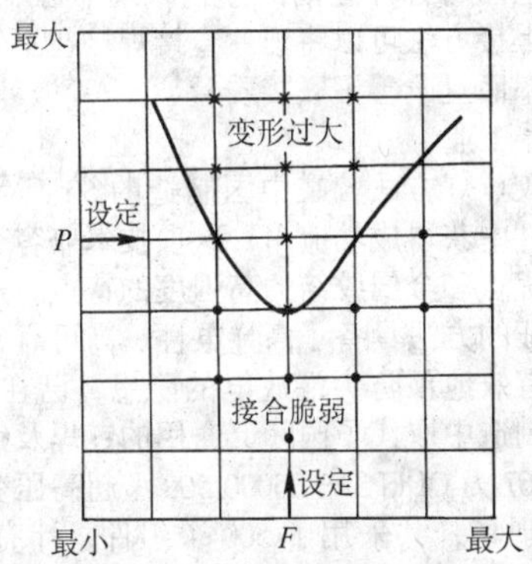

图 3.7-166　静压力—功率的临界曲线

P—功率；F—静压力

比较大，而整个焊接时间不超过一秒，因此对加压机构及其控制提出了较高要求。

焊接工艺参数中焊接时间也是一个主要参数，但往往容易被使用者忽视。超声波焊接时经常出现的问题往往是由于时间过长形成超声能量的过分积储而引起材料的表面疲劳。尤其是对硬质材料更需注意选择短的焊接时间。

对于超声波缝焊来讲，焊接时间也就是焊接速度。它影响生产率同时也涉及焊缝的气密性，因此需要权衡处理。

6.7　工业应用

超声波焊接的发明至今已逾半个世纪，作为一种固相焊接方法在金属焊接领域往往是一个难以替代的特殊连接手段。随着 21 世纪的材料科学的长足进步，特别是塑料制品

的发展，超声波焊接在塑料焊接方面同样获得了飞速发展。目前超声波塑料焊机的拥有量已大大超过了金属用超声波焊机。而且这种趋势还将进一步扩大。

下面主要介绍超声波焊接在金属焊接领域的应用概况。

(1) 电子工业应用

超声波焊接广泛用于微电子器件的互连、晶体管芯的焊接、晶闸管控制极的焊接以及电子器件的封装等，其中最成功的应用是集成电路元件的互连，例如在1 mm^2 的硅片上，将有无数条直径为25～50 μm的Al或Au丝通过超声波焊将接点部位互连起来。互连质量及成品率曾是集成电路制造工艺中的一项关键，早期应用的热键合方法（又称金丝球法），由于其高的热阻性及对芯片的热损伤，已逐步被淘汰，超声波焊接法及超声键合法成为替代的一种方法。

需要说明，在采用超声焊接时，Al丝与涂Au厚膜之间所形成的Al-Au扩散层，由于存在“Kibendall效应”容易引起“空穴裂纹”，这是引起焊点裂纹，加大接点电阻的主要原因，消除上述缺陷的有效措施是在厚膜Au层中添加元素Pb，使焊接中形成的Al-Au-Pb三元合金层填充由于Au扩散过快起引成的“空穴”从而免除了缺陷。

目前在装配线上应用的超声波点焊机的功率为0.02～2 W，频率60～80 kHz，压力0.2～2 N，焊接时间10～100 ms，焊接过程采用微机控制以及图像识别系统，位置控制精度每级2.5～50 μm，识别容量200～250点，识别时间100～150 μs，成品率已高于90%～95%。

太阳能硅光电池的制造中，超声波焊接将取代精密电阻焊，涂膜硅片的厚度为0.15～0.2 mm，铝导线的直径为0.2 mm。此外也可以将上述光电元件直接与热收集装置中的铜或铝管道焊接起来。

晶体管管芯以及晶闸管触发极的超声波焊接技术在我国已经使用了近40年。

锂电池的制造中金属锂片与不锈钢底座之间的联接过去一直是依靠丝网与锂片之间的嵌合，既不可靠，电阻又大。采用超声波焊接方法可以将锂片直接焊接在不锈钢底座上不仅提高生产率而且改善了联接质量。

(2) 电器工业

超声波胶点焊方法曾在中国制造的50万伏超高压变压器的屏蔽构件中获得成功应用，这项技术兼容了超声波固相连接的诸多优点和金属胶结的高强度的特点，这种以“先胶后焊”为特征的方法具备了高导电性、高可靠性及耐腐蚀性的优点，可有效地预防尖端放电的隐患，已在50万伏超高压变压器的制造中取代了国际上通用的钎焊及铆接工艺。

图3.7-167为ODFPS2—25000/500型超高压变压器的屏蔽构件的制作现场，共采用了500个组件，计有50 000个焊点，结构中选用的屏蔽铝箔厚度为0.06 mm，每个焊点的接地电阻值小于0.7 Ω。

图3.7-167　超高压变压器铁芯的屏蔽构件超声波胶点焊

电机制造业尤其是微电机制造业中，超声波点焊方法正在逐步替代原来采用的钎焊及电阻焊方法。微电机制造中几乎所有的连接工序都可以用超声波焊来完成，包括通用电枢的铜导线连接，整流子与漆包导线的连接，铝励磁线圈与铝导线的焊接以及编织导线与电刷极之间的焊接等。

继电器及其他电气产品的制造中各种编织导线与引出极的焊接，多种编织导线的互联已经普遍采用超声波“铰接焊”方法，不仅外观美观，而且联接质量大大优于钎焊工艺。

汽车电器中多种热电偶的超声波焊接是近年来主要的应用成果。

在钽或铝电介电容器的生产中，采用超声波点焊方法来焊接引出片也已有近40年的历史，一种涤纶电容器采用超声波焊连接CP引线与铝箔，使电容器的耗损角（tgδ）降低到0.006以下，成品率由原来的75%提高到近100%。

图3.7-168是装配线上的钽电容引出片专用超声波焊机。

图3.7-168　装配线上使用的钽电容引出片专用超声波焊机

(3) 新材料工业

超导材料之间以及超导材料与导电材料之间的焊接，在采用超声波焊及超声波浸润钎焊技术之后，接头的电阻将明显低于传统的软钎焊及加锡铅电阻焊，并已用于超导磁体的制作。

进入21世纪后，管材工业实现了新的突破，可用于水管、煤气管及电业用管等部门的铝塑复合管获得广泛应用。超声波焊接作为复合管制作中最主要的焊接手段在生产中被普遍采用。图3.7-169是生产线上的一台超声波滚焊机，功率2 kW，焊接速度4～12 m/min可焊0.2～0.5 mm的铝箔，这种溶焊机可以连续72小时工作。

超声波焊接方法特别适宜于双金属的焊接。表3.7-42是有实用意义的一些双金属焊接接头。

表3.7-42　超声波焊适用的双金属（A+B）接头

A	B
铝及某些铝合金	铜、锗、金、科伐、铁-镍-钴合金 钼、镍、铂硅、钢、锆、铍、铁、不锈钢、镍铬合金、康铜丝
铜	金、可伐、镍-铁-钴合金 镍、铂、钢、锆
金	锗、可伐、镍-铁-钴合金 镍、铂、硅
钢	钼、锆
镍	可伐、铁-镍-钴合金、钼
锆	钼

太阳能热水器的生产近年来获得很大发展。其中太阳能铜集板（或铝）与铜管（或铝管）之间的焊接由于采用了超声波焊接提高了生产率（焊速可达 5 m/min）降低了制作成本，改良了接头性能。

图 3.7-169 铝塑复合管生产线上的超声波滚焊机

(4) 航天、航空及核能工业

宇航工业的应用目前只是起步，但是前景良好。

例如在飞船的核电转换装置中用超声波焊接铝与不锈钢的组件、导弹的接地线以及卫星上的铍窗。

直升飞机上的检修孔道也是超声波焊成功应用的例子，卫星用太阳能电池也已经使用了超声波焊接方法。

(5) 包装工业

铝箔生产线上的超声波连接技术，曾经是这种方法最早的工业应用之一。此外超声波焊接 还用于包装密封零件，包括食品、药品以及雷管等易爆物品。

空调压缩机生产线上，压缩机的封口已经从原来的冷压焊改进为更为可靠的超声波焊接方法。

(6) 塑料工业

塑料制品的连接、金属与塑料的嵌合以及聚酯织物的缝纫等。

编写：栾国红（北京航空制造工程研究所）
刘金合（西北工业大学）
李卓然（哈尔滨工业大学）
冯吉才（哈尔滨工业大学）
郑远谋（广东省鹤山市新技术应用研究所）
谭义明（西北工业大学）
杜菲娜（西安庆安集团有限公司）
李亚江（山东大学）
齐志扬（上海交通大学）

第8章 高 能 束 焊

1 等离子弧焊接与切割

1.1 概述

等离子体是由大量带电粒子组成的非凝聚系统，是在1927年由Irving Langmuir率先提出的。等离子体是能够导电的物质，它是由负的电子、正的离子或部分原子和分子构成的混合物，它类似气体，并服从气体的规律。等离子体存在于闪电、极光、电弧、光源、电焊、冶炼等很多场合。1950年出现了等离子弧焊接（PAW）技术，这是在钨极氩弧焊（TIG）的基础上诞生的一种压缩电弧焊接工艺。经过焊炬的机械压缩、电磁压缩以及热压缩效应，等离子射流的速度、温度、能量密度都有了显著的提高，与常规TIG相比，焊接速度、焊接厚度都有了明显的提高。

1.2 等离子弧

1.2.1 等离子弧的产生原理

要使气体转变为等离子体，必须使气体的全部或部分得到电离。一般的电弧和等离子弧是由放电电离获得的。放电电离的过程在于形成电子的“雪崩”，其过程类似于化学的连锁反应。当金属两极加以适当的电压，并通以气体，用高频振荡器激发，使从金属表面激发的电子流从阴极飞向阳极，在高速飞跃途中撞击中性气体分子、原子，并把一部分动能传给它们。受撞击的分子、原子被电离，而产生带负电的电子和带正电的离子，这样形成的电子、离子以及尚未电离的中性气体分子、原子相互碰撞，加上已电离原子产生的热及光的作用，使气体进一步电离，如此循环往复，成几何级数增长而构成“雪崩”式电离，从而使气体得到较高程度的电离，形成等离子弧。

1.2.2 等离子弧的结构形式

等离子弧按电源的供电方式，分为非转移弧、转移弧及联合弧三种形式，其中非转移弧、转移弧为等离子弧的基本形式。

1）非转移型等离子弧见图3.8-1a，电弧建立在电极与喷嘴之间，等离子气体强迫等离子弧从喷嘴中喷出，多用于引弧及非金属材料的焊接与切割。

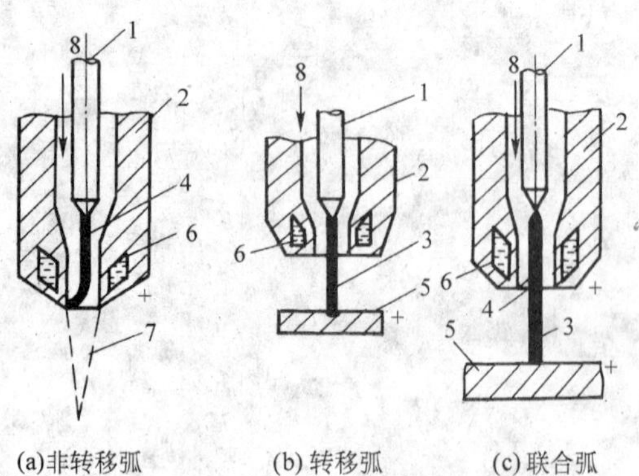

(a)非转移弧　(b) 转移弧　(c) 联合弧

图3.8-1　等离子弧的结构形式

1—钨极；2—喷嘴；3—转移弧；4—非转移弧；5—工件；6—冷却水；7—弧焰；8—离子气

2）转移型等离子弧见图3.8-1b，电弧建立在电极与工件之间，工件成为另一个电极，电弧能量可以较多地转移到工件上，多用于金属材料的焊接与切割。

3）联合型弧见图3.8-1c，非转移弧与转移弧同时存在的等离子弧。一般采用两个电源独立供电，有利于焊接电弧的稳定，多用于30 A以下的微束等离子弧焊接。

在实际应用中，三种等离子弧的形成方式、特点及用途归纳见表3.8-1。

表3.8-1　工业应用中等离子弧的三种类型

类　型	定　义	特　点	用　途
转移型	焊炬中的电极与被焊工件作为放电电极，形成等离子弧	能量密度高，热的有效利用率高	适用于各种金属材料的焊接、切割、热处理
非转移型	焊炬中的电极与焊炬中的喷嘴作为放电电极，形成等离子弧	能量密度较低，热的有效利用率较低	用于喷涂、熔炼、焊接与切割较薄金属及非金属材料
联合型	转移型与非转移型等离子弧同时存在	介于上述两类之间	用于微束等离子弧焊与粉末堆焊

1.2.3 等离子弧特性

（1）等离子弧的静态特性

等离子弧的静态特性成U形，具有如下特点：

1）由于水冷喷嘴的拘束作用，弧柱横截面积受到拘束，弧柱电场强度增大，电弧电压明显提高，U形电弧的平直区较自由电弧明显缩小。

2）拘束孔道区的尺寸和形状对静特性有明显影响，喷嘴孔径越小，U形特性平直区域就越小，上升区域斜率增大，即弧柱电场强度增大。

3）离子气种类和流量不同时，弧柱的电场强度将有明显变化。因此，等离子弧供电电源的空载电压应按所用等离子气种类设定。

（2）等离子弧的热源特性

1）温度和能量密度　普通钨极氩弧焊的最高温度为10 000～24 000 K，能量密度小于10^4 W/cm^2。等离子弧的温度可高达24 000～50 000 K，能量密度可达10^3～10^5 W/cm^2。

等离子弧温度和能量密度提高的原因是：①水冷喷嘴孔径限定了弧柱横截面积不能自由扩大，这种拘束作用成为机械压缩作用；②喷嘴水冷作用时靠近喷嘴内壁的气体受到强烈的冷却作用，其温度和电离度迅速下降，迫使弧柱区电流集中到弧柱中心的高温电离区。这样由于冷壁而在弧柱四周产生一层电离度趋于零的冷气膜，从而使弧柱有效截面积进一步减小，电流密度进一步提高，这种使弧柱温度和能量密度提高的作用通常又称为热压缩效应；③以上两个压缩效应的存在，弧柱电流密度增大以后，弧柱电流线之间的电磁收缩作用也进一步增强，致使弧柱温度和能量密度进一步提高。以上三个因素中，喷嘴机械拘束是前提条件，而热收缩则是其本质原因。

等离子弧温度和能量密度的显著提高使等离子弧的稳定性和挺直度得以改善。自由电弧的扩散角约为45°，等离子弧约为5°左右，这是因为压缩后从喷嘴口喷射出的等离子弧带电质点运动速度明显提高所致，最高达300 m/s（与喷嘴结构和离子气种类及流量有关)。

2）热源成分　普通钨极氩弧焊中，加热焊件的热量主要来源于阳极斑点热，弧柱辐射和热传导热仅起辅助作用。在等离子弧中，情况则有变化，弧柱高速等离子体通过接触传导和辐射带给焊件的热量明显增加，甚至可能成为主要的热量来源，而阳极热则降为次要地位。

1.3　等离子弧焊接

1.3.1　等离子弧焊概述

（1）焊接等离子弧的特点

借助于外部拘束条件使焊接电弧的弧柱区横截面受到限制，而产生强烈压缩作用，电弧的温度及等离子流速都显著增大，从而获得高能量密度电弧热源，采用这种拘束态的压缩电弧进行焊接的方法称为等离子弧焊接（plasma arc welding)，英文缩写为 PAW，见图 3.8-2。

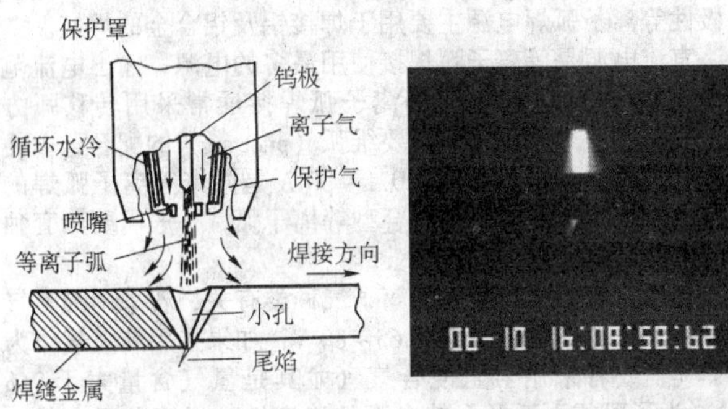

(a) 等离子弧的形成示意图　(b) 焊接过程中等离子弧的形态

图 3.8-2　等离子弧焊过程中压缩电弧的形成与形态

从热源物理本质上，等离子弧也是一种自持性气体放电现象，通常认为等离子弧焊是钨极氩弧焊方法的补充，因而可以归入到电弧焊范畴。然而，与普通 TIG 焊电弧相比，等离子弧在热源特性方面的特点本节的前面已有叙述。由于它的能量密度可达 $10^3 \sim 10^5$ W/cm^2，习惯上也把它归入高能束流焊接的领域（见图 3.8-3)。

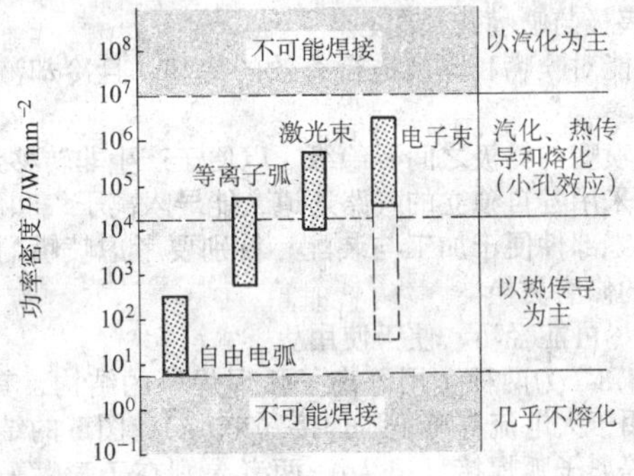

图 3.8-3　高能密度焊热源功率密度的比较

普通 TIG 焊电弧用于焊接时，加热工件的热量主要来源于阳极斑点热，辐射和传导仅起辅助作用，在等离子弧焊过程中，弧柱中的高速高温等离子体通过接触传导和辐射带给焊件的热量明显增加，甚至可能成为主要的热量来源，而阳极产热则降为次要地位。

（2）等离子弧焊的分类

按焊缝成形原理，等离子弧焊主要有两种基本类型：小孔型（keyhole mode）和熔入型（melt - in mode)。按焊接电流的大小分类，可以分为大电流、中电流和小电流等离子弧焊，焊接电流大于 100 A 时，一般定义为大电流等离子弧焊，通常采用小孔效应进行焊接；焊接电流介于 15 ~ 100 A 时，为中电流等离子弧焊，通常采用熔入型的规范参数进行焊接；小电流等离子弧焊，通常是指微束等离子弧焊，电流处于 0.1 ~ 15 A 范围。也有按照焊接电源及输出电流波形来分类，可以分为直流等离子弧焊、交流等离子弧焊、脉冲等离子弧焊、变极性等离子弧焊，等等。当然，也可以按照焊接工艺分类，如等离子弧点焊、熔化极等离子弧焊、等离子粉末堆焊，等等。

（3）等离子弧焊的特点

1）小孔型等离子弧焊　利用小孔效应实现等离子弧焊的方法称为小孔型等离子弧焊，也称为穿孔型等离子弧焊。由于等离子弧具有能量集中、射流速度大、电弧力强的特性，在适当的参数条件下，等离子弧可以直接穿透被焊工件，形成一个贯穿工件厚度方向的小孔，如图 3.8-4 所示，小孔周围的液体金属在电弧力、液态金属表面张力与重力作用下保持平衡，随着等离子弧在焊接方向移动，熔化金属沿着等离子弧周围熔池壁向熔池后方流动，并逐渐凝固弥合形成焊缝，小孔也跟着等离子弧向前移动。

小孔效应只有在足够的能量密度下才能出现，对于中厚度金属材料，在不填丝、不开坡口、不需背面强制成形保护条件下，采用小孔型等离子弧焊方法，可以实现单面一次焊双面良好成形，从而极大地提高了焊接生产率，尤其适用于密闭容器、小直径管焊缝等背面难以施焊的结构件；而且双面焊缝成形美观，均匀致密，接头内部缺陷率低，焊件变形小。

小孔型等离子弧焊的缺点是：获得良好接头质量的合理规范参数区间窄，工艺裕度小；对接焊时，对工件的对接间隙及焊枪的对中精度有较高的要求；焊枪的加工质量及相关参数的设定直接影响到焊接过程的稳定性和接头质量；在大电流强压缩条件下易出现双弧；厚板焊接时，对操作者的技术水平要求较高，并且小孔型等离子弧焊仅限于自动焊接。

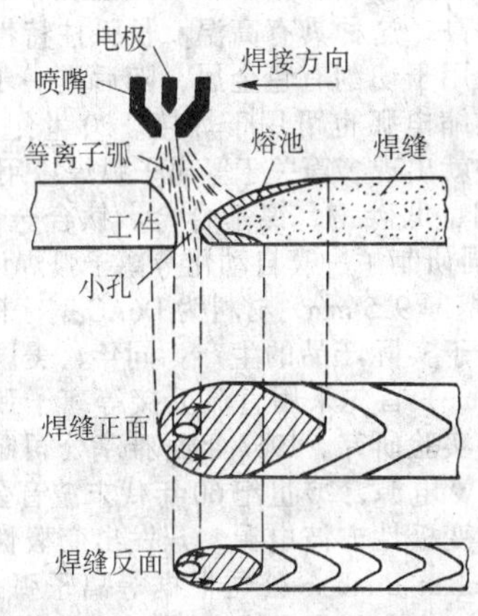

图 3.8-4　小孔型等离子弧焊示意图

2）熔入型等离子弧焊　当等离子弧受压缩程度较弱时，在焊接过程中只熔化工件，而不产生小孔，这种方法称为熔入型等离子弧焊。其焊缝成形原理与氩弧焊类似，主要用于薄板焊接及厚板多层焊和盖面焊。与常规 TIG 焊相比，熔入型等离子弧焊具有下列优点：

① 电弧能量集中，稳定性好，焊缝深宽比大，热影响区窄，薄板焊接变形小；

② 等离子弧稳定性好，挺直性好，热源对工件的热输入和作用区面积受弧长波动的影响较小，所以等离子弧焊弧长变化对焊缝成形的影响不明显；

③ 电极隐蔽在喷嘴内部，电极受污染的程度大大减轻，也可避免焊缝产生钨夹杂；

熔入型等离子弧焊的主要缺点是：由于电弧直径较小，要求焊枪喷嘴轴线更精确地对中焊缝；焊枪结构复杂，喷嘴对焊接接头质量有着直接影响，必须定期检查，及时更换。

3）微束等离子弧焊　微束等离子弧焊也属于熔入型等离子弧焊方法，它通常采用联合型弧，由于非转移弧的存在，焊接电流小到1 A以下电弧仍具有较好的稳定性，并保持良好的挺直度和方向性，而普通TIG电弧，电流在1 A以下时要维持电弧的稳定性是很困难的。因此，微束等离子弧焊成为焊接金属细丝、箔材等超薄件的有效方法。

(4) 等离子弧焊的发展历史

按照焊接电流的极性与波形的不同，图3.8-5示意了等离子弧焊的发展过程。

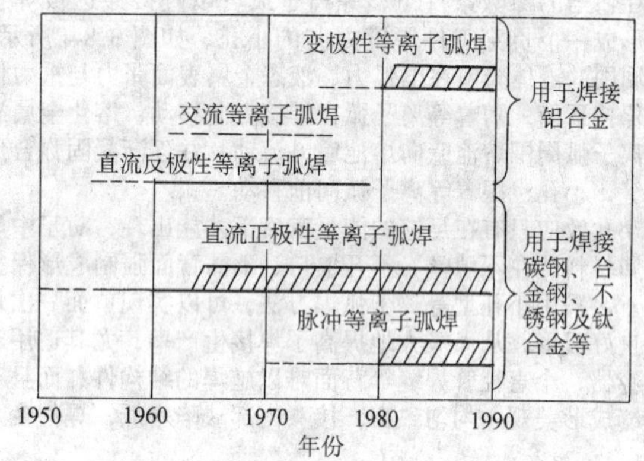

图3.8-5　穿孔等离子弧焊的发展过程

20世纪50年代中期，美国人R.Gage发现，通过压缩电弧，钨极气体保护焊的自由电弧特性可以极大地改变，经过压缩的电弧能量更加集中，电弧温度和等离子弧射流速度大幅度提高，这种具有高温、长弧柱特性的拘束态电弧很快被发展用于切割有色金属，随后进一步的试验研究证实，这种压缩电弧也可用于焊接。20世纪60年代在美国焊接杂志中就出现多篇关于等离子弧焊应用实例的报道，如焊接不锈钢、低碳钢、镍基合金、钛合金等。1965年，美国Linde公司研制了一套自动化等离子弧焊设备，用于焊接直径3 m，壁厚9.5 mm，材料为D6AC钢，标志着等离子弧焊正式应用于实际产品的生产。同年，美国飞马特公司(Thermal Dynamic) 首先采用直流反接等离子弧焊设备进行了铝合金焊接实验研究。1967年西雅基公司制造了一台变极性方波GTAW电源，20世纪60年代末波音公司采用西雅基公司制造的变极性方波电源，开发出变极性等离子弧焊工艺，随后Hobart Brothers公司根据等离子弧焊工艺要求，设计制造了第一台变极性等离子弧焊电源。自此，变极性等离子弧焊技术以其特有的工艺优势在各个工业领域的铝合金结构焊接中得到广泛的应用。

1.3.2 等离子弧焊设备

和钨极氩弧焊一样，按操作方式，等离子弧焊设备可分为手工焊和自动焊两类。一套完整的等离子弧焊设备，如图3.8-6所示，通常包括焊接电源、焊枪、焊接控制单元、离子气和保护气供气装置、循环水冷装置和焊接附件，如焊接装夹具、送丝机构、远距离焊接操作控制装置（也称为遥控装置），等等。附件的装备是根据不同的应用需求和操作方式，而进行调整的。

(1) 焊接电源

等离子弧焊接通常采用陡降或恒流外特性的焊接电源，按输出电流波形的不同，可以分为直流等离子弧焊电源、交

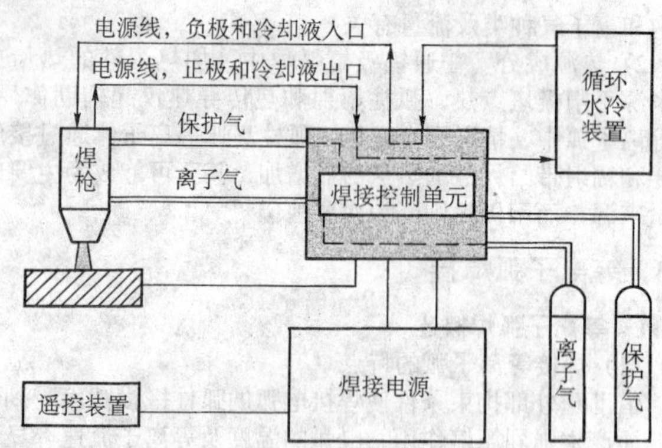

图3.8-6　等离子弧焊设备基本构成框图

流等离子弧焊电源、变极性等离子弧焊电源，等等。交流和变极性等离子弧焊电源主要用于焊接铝及铝合金的焊接。

直流电源是等离子弧焊接使用最多的电源，输出电流范围为0.1～500 A。大电流等离子弧焊接通常采用转移弧方式，只需要一个电源，但需要维弧（pilot arc）的配合，以便于顺利过渡到转移弧状态；0.1～30 A是微束等离子弧焊的工作电流范围，需要采用联合型等离子弧，一般需要两套独立的电源供电。

电源空载电压与采用的离子气种类有关，若采用纯氩气作为离子气，空载电压需要65～80 V，如果采用纯氦气作为离子气，或者采用氢氩混合气（尤其是氢气含量大于7%时），为了可靠引弧及保持电弧的稳定性，焊接电源空载电压必须很高，一般要达到110～120 V。

(2) 焊枪

等离子弧焊的焊枪结构要比氩弧焊的焊枪复杂，而等离子弧的稳定性和拘束度，在很大程度上取决于焊枪的结构设计和加工制造水平，因而，等离子弧焊的焊枪是决定最终焊接接头质量的关键设备部件之一。

等离子弧焊的焊枪在结构设计应达到下列六方面基本要求：

1）能固定喷嘴与钨极之间的相对位置，并可进行调节，以确保钨极与喷嘴孔径同心；

2）能对喷嘴和钨极进行有效的冷却，且冷却液不能泄漏；

3）喷嘴与钨极之间要绝缘，以便于产生非转移弧；

4）采用各自独立的气路通道，能导入离子气和保护气；

5）零部件便于加工与装配，特别要考虑喷嘴的更换以及钨极的修磨更换。

6）尽可能轻巧，便于使用。

图3.8-7为两种实用等离子弧焊焊枪的结构，其中图a的结构用于大电流等离子弧焊接（300 A），图b的结构用于小电流等离子弧焊接（16 A），两者差别在于喷嘴采用直接或间接水冷。冷却水从下枪体5进，从上枪体9出。上下枪体之间用绝缘柱7和绝缘套8隔开，进出水口也是水冷电缆的接口。钨极安置在电极夹10中，电极夹从上冷却套（上枪体）插入，通过螺母12锁紧电极。离子气和保护气分两路进入下枪体。小电流等离子弧焊枪体电极夹上有一个压紧弹簧，按下电极夹头顶部可实现接触短路回抽引弧。

压缩喷嘴是等离子弧焊焊枪中的关键部件，它对电弧直接起到机械压缩作用。压缩喷嘴的结构、类型和尺寸对等离子弧性能起决定性作用。压缩喷嘴孔径 d 及孔道长度 l 是压缩喷嘴的两个关键尺寸参数，如图3.8-8所示。

孔径 d 决定了等离子弧直径大小，即等离子弧受压缩程度，应根据焊接电流和离子气流量确定，对于给定的电流

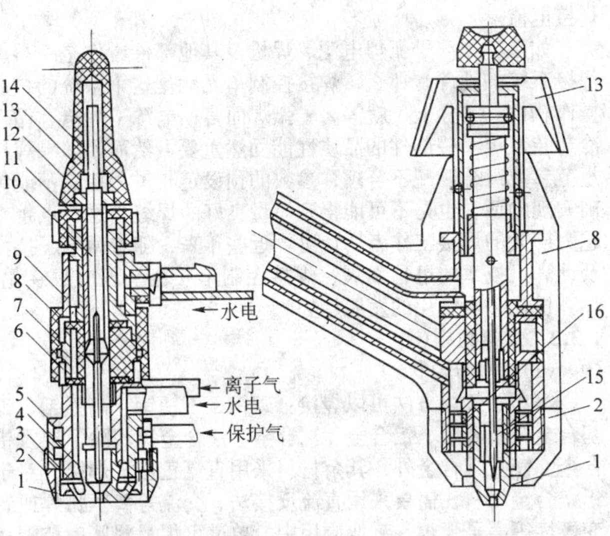

(a) 大电流等离子弧焊焊枪　　(b) 小电流等离子弧焊焊枪

图 3.8-7　等离子弧焊焊枪典型结构

1—喷嘴；2—保护套外环；3、4、6—密封圈；5—下枪体；7—绝缘柱；8—绝缘套；9—上枪体；10—电极夹头；11—套管；12—螺帽；13—胶木套；14—钨极；15—瓷对中块；16—透气网

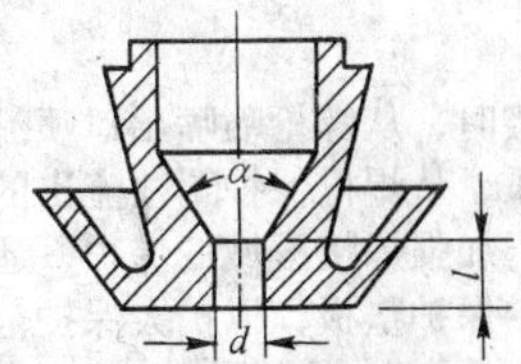

图 3.8-8　压缩喷嘴的基本结构参数

和离子气流量，孔径 d 越大则压缩作用越小，而孔径 d 过小易出现双弧（后面将介绍），破坏等离子弧的稳定性。表 3.8-2 列出了常用等离子弧焊焊接电流、离子气流量及喷嘴孔径的取值。

压缩喷嘴孔径 d 确定后，孔道长度 l 增加，对等离子弧的压缩作用增强，同时也容易引发双弧，常以孔道比（l/d）表征喷嘴孔道的压缩特征，孔道比推荐值见表 3.8-3。喷嘴内腔锥角 α，又称为压缩角，实际上对等离子弧的压缩作用不大，一般取 60°，但设计时应考虑与钨极端部形状相配合。

表 3.8-2　等离子弧焊焊接参数的取值范围

焊接电流 I/A	钨极直径 /mm	钨极端角 / (°)	喷嘴孔径 d/mm	离子气① 流量 /L·min^{-1}	保护罩出口直径 /mm	保护气② 流量 /L·min^{-1}
微束等离子弧焊，焊枪级别：20 A						
5	1.0	15	0.8	0.2	8	4~7
10	1.0	15	0.8	0.3	8	4~7
20	1.0	15	1.0	0.5	8	4~7
中电流等离子弧焊，焊枪级别：100 A						
30	2.4	30	0.79	0.47	12	4~7
50	2.4	30	1.17	0.71	12	4~7
75	2.4	30	1.57	0.94	12	4~7
100	2.4	30	2.06	1.18	12	4~7

续表 3.8-2

焊接电流 I/A	钨极直径 /mm	钨极端角 / (°)	喷嘴孔径 d/mm	离子气① 流量 /L·min^{-1}	保护罩出口直径 /mm	保护气② 流量 /L·min^{-1}
中电流等离子弧焊，焊枪级别：200 A						
50	4.8	30	1.17	0.71	17	4~12
100	4.8	30	1.57	0.94	17	4~12
160	4.8	30	2.36	1.42	17	4~12
200	4.8	30	3.20	1.65	17	4~12
中电流等离子弧焊，焊枪级别：400 A						
180	3.2	60③	2.82	2.4	18	20~35
200	3.2	60③	2.82③	2.5	18	20~35
大电流等离子弧焊，焊枪级别：400 A						
250	4.8	60③	3.45④	3.0	—	20~35
300	4.8	60③	3.45④	3.5	—	20~35
350	4.8	60③	3.96④	4.1	—	20~35

① 纯氩气作为离子气；
② 纯氩气或氢氩混合气作为保护气；
③ 钨极端部为圆台形，直径为 1 mm；
④ 多孔喷嘴。

表 3.8-3　喷嘴孔道比

喷嘴孔径 d/mm	孔道比 l/d	压缩角	等离子弧类型
0.6~1.2	2.0~6.0	25°~45°	联合弧
1.6~3.5	1.0~1.2	60°~90°	转移弧

等离子弧焊常用压缩喷嘴结构类型如图 3.8-9 所示。图 3.8-9a 和图 3.8-9b 所示的喷嘴，其压缩孔道为圆柱形，在等离子弧焊中应用最广泛。图 3.8-9c、图 3.8-9d 及图 3.8-9e 所示的喷嘴，其压缩孔道为收敛扩散形，这类喷嘴对等离子弧的压缩程度较弱，有利于提高电弧稳定性和喷嘴使用寿命，即使在较大的焊接电流情况下也不易产生双弧。

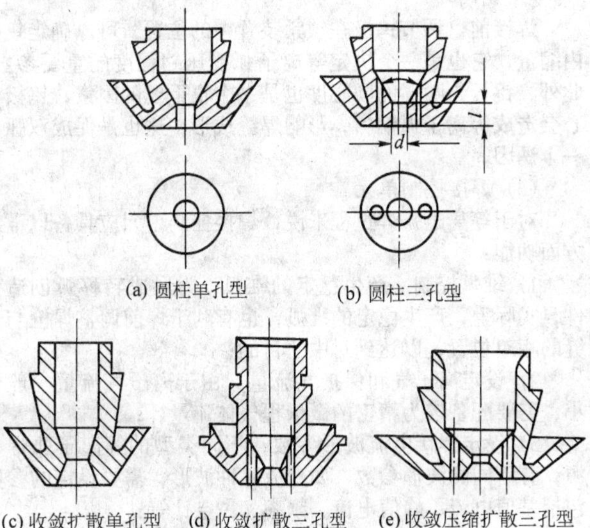

(a) 圆柱单孔型　(b) 圆柱三孔型
(c) 收敛扩散单孔型　(d) 收敛扩散三孔型　(e) 收敛压缩扩散三孔型

图 3.8-9　等离子弧焊常用的压缩喷嘴结构类型

图 3.8-9b、图 3.8-9d 及图 3.8-9e 所示的喷嘴，属于三孔型喷嘴，除了喷嘴中心的孔道外，左右对称各有一个小孔道，采用这类喷嘴焊接时，等离子弧受到较大直径的中心孔道压缩，部分离子气从中心孔道流出，其他离子气则通过两

旁较小的孔道，从这两个小孔道喷出的离子气流可将等离子弧产生的圆柱形热场变为椭圆形。当三个孔道中心的连线与焊道垂直时，椭圆形热场的长轴平行于焊接方向，这将有助于提高焊接速度及减小焊缝及热影响区宽度。

压缩喷嘴通常采用导热性良好的纯铜材料制成，正常焊接时，喷嘴内部的等离子弧弧柱被一层冷气膜包围，若喷嘴冷却效果不佳，冷气膜容易被击穿，而形成双弧。因此，大功率等离子弧焊的喷嘴必须采用直接水冷，并保证足够冷却水流量和压力，为提高冷却效果，喷嘴壁厚一般不宜大于2~2.5 mm。喷嘴结构不合理或冷却效果不良，往往是造成喷嘴烧损的直接原因。

等离子弧焊焊枪主要采用钍钨和铈钨电极，国外还采用过含锆0.15%~0.40%的锆钨电极。由于等离子弧焊焊枪对钨电极的冷却及保护效果均优于氩弧焊枪，所以，与氩弧焊相比，钨极烧损程度较低。

为了便于引弧和提高电弧稳定性，直流正接等离子弧焊时，电极端部要磨成20°~60°夹角，如图3.8-10a、图3.8-10b和图3.8-10c所示。在直流正接大电流焊接工艺中，为保持电极端部形状及降低钨极烧损程度，电极端部要磨成锥球形或球形，如图3.8-10（d）及图3.8-10（e）所示。在交流焊接工艺中，常将电极端部磨成尖锥形后，再烧出一个圆球，如图3.8-10（f）所示。由于直流反接时，钨极烧损较严重，必须降低焊接工作电流，现已很少采用直流反接等离子弧焊工艺。

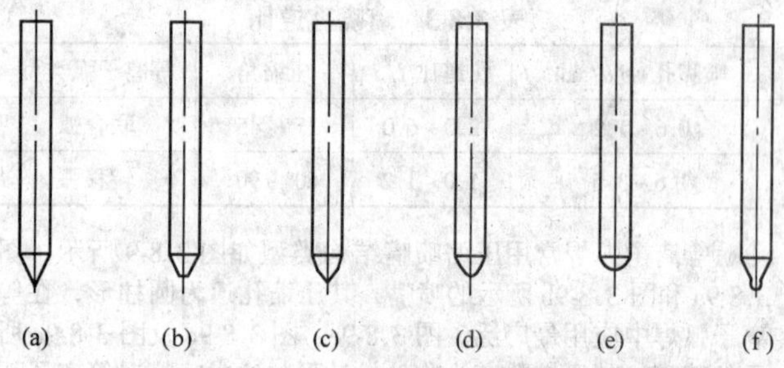

图3.8-10　等离子弧焊电极端部形状

（a）尖锥形；（b）圆台形；（c）圆台尖锥形；（d）锥球形；（e）球形；（f）尖锥球形

焊接前，调节钨极在锁紧装置中的位置，可以确定钨极内缩量，它也是一个决定等离子弧受压缩程度的重要参数。此外，钨极与喷嘴的同心度也是一个很重要的因素，钨极偏心会造成等离子弧偏斜，影响焊缝成形，这也是促成双弧的一个诱因。

（3）焊接控制单元

对于等离子弧焊过程来说，焊接控制单元应具备以下六方面功能：

1）维弧控制　产生稳定的维弧，为形成转移弧创造条件，实际上，产生稳定的维弧，也有利于焊前调整焊枪与焊缝的相对位置，以达到对中的目的；

2）设定离子气和保护气流量　由于离子气流量一般较小，需要配备较为精密的微量程气体流量计；

3）设定焊接电流波形参数，不同类型的等离子弧焊电源，有不同的波形参数，如直流脉冲波形，需要设定的参数包括基值电流、峰值电流、频率、占空比等；

4）在起弧阶段与收弧阶段，设定焊接电流的升降波形参数，以及设定离子气流量的升降波形参数，对于环缝小孔型等离子弧焊，这一功能尤为重要；

5）等离子弧焊系统各部件的操作程序控制，也包括与遥控装置的接口和焊接定时；

6）焊接过程中实时检测与显示焊接参数，如焊接电压、焊接电流。

如果将等离子弧焊电源、焊枪及其他部件看作是一整套焊接系统的硬件，那么，焊接控制单元就是这个系统的核心操作软件。实际上，就等离子弧焊而言，电源、焊枪、循环冷却装置等一些部件的品质性能固然重要，然而，如果焊接规范参数组合匹配不合理，参数的预设定与过程控制不能精确实现的话，也是不可能得到质量良好的焊缝，这一点越来越为广大的焊接工作者所认可。近些年来，随着微电子技术及计算机技术的迅猛发展，焊接控制单元也呈现出数字化、计算机化、网络化的发展趋势。

1.3.3　焊接材料

（1）焊接母材

等离子弧焊方法可以焊接：碳钢、不锈钢、高强钢、镍基合金、钛合金、铝合金、铜合金、镁合金等。除了铝及铝合金、镁及其合金外，其余材料采用直流正接法焊接，对于铝镁合金材料，需要采用直流反接法、交流等离子弧焊或者变极性等离子弧焊。工业应用中，单道可焊材料厚度范围从0.025 mm（微束等离子弧焊）到12.5 mm（铝合金变极性等离子弧焊）。

（2）填充材料

与氩弧焊一样，等离子弧焊工艺可以使用填充金属。填充金属一般制成光焊丝或光焊条，自动焊时使用光焊丝作填充材料，手工焊时则用光焊条作填充金属。填充金属的主要成分与被焊母材相同。

（3）气体

等离子弧焊接时，从焊枪喷嘴出口喷流出的离子气主要用来形成等离子弧，从焊枪保护罩喷流出的保护气用来保护焊接区。有时为了加强焊接区域的保护，还需使用正面保护拖罩及背面充气的保护垫板，以扩大保护范围。等离子弧焊所用的气体种类取决于被焊金属材料，参见表3.8-4，可供选择的气体有：

1）氩气（Ar）　纯氩气适用于所有等离子弧焊可以焊接的材料，既可以作为离子气，也可以作保护气，通常情况下，选用纯氩气作为离子气，而保护气的成分根据被焊材料选择。

2）氦气（He）　若选用纯氦气作为离子气，由于弧柱温度较高，会降低喷嘴的使用寿命和承载电流能力，而且氦气密度较小，在合理的离子气流量下难以形成小孔，因而，通常不采用氦气作为离子气，而作为保护气较为适宜。

3）氢氩混合气（$Ar-H_2$）　氩气中添加氢气可提高电弧温度及电弧电场强度，能够更有效地将电弧热量传递给工件，同时，氢气具有还原性，使用氢氩混合气体可以获得更光亮的焊缝外观。但是，氢气的含量要加以控制，氢气的含量过多，焊缝易出现气孔及裂纹，一般限制在7.5%以内。

4）氦氩混合气（He-Ar）　在氦氩混合气体中，氦气的含量达到40%以上，等离子弧的热量才有明显变化，含量超过70%时，其性能基本与纯氦气相同。通常焊接钛及钛合金、铜及铜合金时，采用75%He-25%Ar的混合气体。

表3.8-4　等离子弧焊接离子气与保护气的选择

被焊材料	离子气	保护气（体积分数）
低碳钢	Ar	Ar或75%He-25%Ar
低合金钢	Ar	Ar或75%He-25%Ar
奥氏体不锈钢	Ar	Ar或$Ar-H_2$（2%~5%）或He
镍及镍基合金	Ar	Ar或$Ar-H_2$（2%~5%）
钛及钛合金	Ar	Ar或75%He-25%Ar
铝及铝合金	Ar	Ar或He
铜及铜合金	Ar	Ar或75%He-25%Ar

1.3.4 焊接工艺

(1) 小孔型等离子弧焊

小孔型等离子弧焊只能采用自动焊方式，并需要精确地控制焊接电流、离子气流量、焊接速度等工艺参数，尤其在起弧与收弧阶段，对于纵缝焊接，可以采用引弧板和收弧板，让小孔建立的起始区和小孔闭合的收尾区分别出现在引弧板和收弧板上；环缝焊接时，须采用焊接电流与离子气流量递增的方式得到合适的小孔形成区，并采用焊接电流与离子气流量缓降的方式获得小孔收尾区，而且在收弧阶段，焊接控制单元进入收弧程序的时间设定也非常重要，这要根据焊缝实际长度、焊接速度、搭接区域长度及收弧时间而定。

1) 焊接工艺参数选择

① 离子气流量　在其他焊接参数一定的条件下（包括压缩喷嘴的参数和钨极内缩量），离子气流量增加，等离子流力和电弧穿透能力也随之增强，为了形成稳定的小孔，必须要有足够的离子气流量，但过大时，不能保证焊缝成形，离子气流量的参数选择应根据焊接电流、焊接速度、喷嘴尺寸和钨极内缩量等参数条件来确定。

② 焊接电流　其他条件给定时，焊接电流增加，等离子弧穿透能力提高。同其他弧焊方法一样，焊接电流总是根据板厚或熔深要求首先选定的。电流过小，小孔直径减小或者根本不能形成穿孔；电流过大，又将因小孔直径过大而使熔池金属坠落，也不能实现稳定的穿孔焊过程。因此，在喷嘴结构尺寸确定的条件下，实现稳定穿孔焊接过程的电流与离子气流量都有一个适宜的范围，且相互制约的。图 3.8-11a 为喷嘴结构尺寸、焊接速度等参数给定后，用实验方法对8 mm厚不锈钢板焊接测定的小孔焊接电流和离子气流量的匹配关系。

③ 焊接速度　其他条件给定时，焊接速度增加，焊缝热输入量减小，小孔直径也随之减小甚至小孔消失；反之，如果焊速过低，背面焊缝会出现下陷甚至焊漏等缺陷。

为了获得稳定的小孔等离子弧焊过程，离子气流量、焊接电流和焊接速度这三个参数要保持适当的匹配，如图 3.8-11b，随着焊速的提高，必须同时提高焊接电流或离子气流量，如果焊接电流一定，增大离子气流量的同时就要增大焊速，若焊速一定时，增加离子气流量，应相应减小焊接电流。

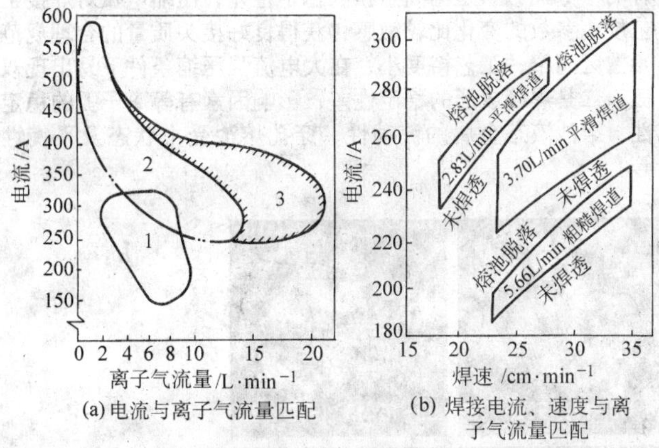

(a) 电流与离子气流量匹配　(b) 焊接电流、速度与离子气流量匹配

图 3.8-11　小孔型等离子弧焊工艺参数匹配条件

④ 喷嘴高度　喷嘴高度是指喷嘴出口端面到被焊工件之间的距离，一般取 3～8 mm，该参数过大，会使电弧穿透能力下降，过小又会使喷嘴受到工件金属蒸气及飞溅物的污染。

⑤ 保护气流量　保护气流量应与离子气流量有一个适当的比例，保护气流量太大会造成气流的紊乱，将影响等离子弧的稳定性和焊缝熔池的保护效果。保护气流量的选择可参见表 3.8-1。

2) 应用　小孔型等离子弧焊最适用于焊接 3～8 mm 厚度的不锈钢、12 mm 以下厚度的钛合金、2～6 mm 厚度的低碳钢或低和金结构钢、镍及镍合金，利用变极性等离子弧焊设备，单面一次焊可以焊接 24 mm 厚度的铝合金。被焊材料在上述厚度范围内可不开坡口一次焊透，并获得均匀美观的焊缝成形质量。图 3.8-12 所示，为 6 mm 厚 1Cr18Ni9Ti 不锈钢平板对接焊的接头横截面宏观组织照片，可以看出典型的酒杯状形貌。

图 3.8-12　小孔等离子弧焊接头宏观形貌

为保证小孔等离子弧焊焊接过程的稳定性，焊件的装配间隙以及焊缝错边量必须要严格控制。填充焊丝可以降低对装配间隙的要求，有利于消除焊缝咬边，并形成一定的焊缝余高。

3) 双弧问题　正常的转移型等离子弧应稳定建立于钨极与工件之间，由于某些原因，有时会形成另一个燃烧于钨极—喷嘴—工件之间的串联电弧，从外部可观察到两个电弧同时存在，如图 3.8-13 所示。形成双弧后，主弧电流降低，正常的焊接过程受到破坏，喷嘴过热，甚至完全烧损而导致焊接过程中断。

① 双弧形成机理　关于双弧的形成机理有许多不同的假设，比较一致的观点是：等离子弧稳定燃烧时，在弧柱与喷嘴孔道之间存在一层冷气膜，这时

$$U_{AB}=U_{c,W}+U_{Aa}+U_{ab}+U_{bB}+U_{aj} \qquad (3.8\text{-}1)$$

式中，U_{AB} 为等离子弧稳定电压；$U_{c,W}$ 为钨极上的阴极压降；U_{Aa}、U_{ab} 和 U_{bB} 分别为弧柱中相应区段的压降；U_{aj} 为工件处的阳极压降。

实践表明，喷嘴是带电的，实测可证明：

$$U_{AB}=U_1+U_2 \qquad (3.8\text{-}2)$$

U_1 和 U_2 分别为钨极与喷嘴、喷嘴与工件间的电压。这一现象说明冷气膜中仍然有着少量的带电粒子，因此等离子弧电流中有一部分是通过喷嘴传导的，这部分电流称作"喷嘴电流"，显然，等离子弧的电流越大，喷嘴电流将随之增大，喷嘴电流增大到足够数值时，冷气膜中带电粒子数量增多，于是很容易产生雪崩式击穿而形成双弧。当形成双弧时，

$$U'_{AB}=U_{c,W}+U_{Ac}+U_{a,Cu}+U_{cd}+U_{c,Cu}+U_{dB}+U_{aj} \qquad (3.8\text{-}3)$$

式中，U'_{AB} 为旁路串联电压之和；U_{cd} 为喷嘴上 $c-d$ 区段的压降，近为零；$U_{c,W}$ 和 $U_{c,Cu}$ 为钨极上和铜喷嘴上的阴极压降；U_{aj}、$U_{a,Cu}$ 为工件、铜喷嘴的阳极压降；U_{Ac}、U_{dB} 分别为 Ac、dB 旁路电弧的压降。

显然，要形成双弧，必须穿透冷气膜的隔离作用，因此

$$U_{AB}\geqslant U'_{AB}+U_T \qquad (3.8\text{-}4)$$

式中，U_T 为冷气膜对激发旁路电弧的位障电压。

假定主弧与旁路电弧的弧柱电场强度相同，且认为 $U_{Aa}=U_{Ac}$，$U_{bB}=U_{dB}$，则由式 (3.8-1) 到式 (3.8-4)，可得

$$U_{ab}\geqslant U_{a,Cu}+U_{c,Cu}+U_T \qquad (3.8\text{-}5)$$

这可以认为是焊接等离子弧的双弧形成条件。

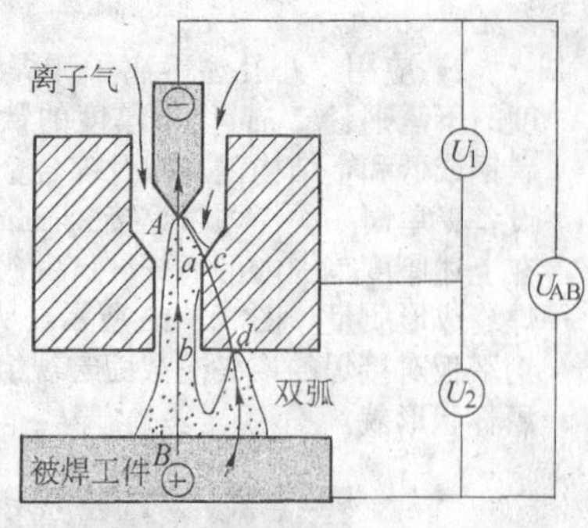

(a) 双弧现象示意图

(b) 实际焊接过程中的双弧照片

图 3.8-13　等离子弧焊的双弧现象

② 影响双弧形成的因素　焊枪压缩喷嘴结构参数对双弧的形成有决定性的作用，喷嘴孔径减小，孔道长度增大时，都会使 U_{ab} 增加，容易形成双弧；此外，钨极与喷嘴的不同心，也会造成冷气膜厚度不均，局部区域冷气膜厚度和 U_T 减小，这也是导致双弧的主要诱因之一；喷嘴冷却效果不佳，或喷嘴表面有氧化膜污染，或金属飞溅附着物，也加大了双弧形成的可能性。

压缩喷嘴结构确定后，焊接电流增加，也会致使 U_{ab} 增大，导致形成双弧；而离子气流量增加，虽然也会使 U_{ab} 增大，但同时冷气膜的厚度变厚，双弧形成的可能性反而减小。

小孔型等离子弧焊过程中，在等离子弧的尾部（与焊接方向相反），出现了一个自熔池射出的弱电离等离子气流，它像一个翅膀一样，随着小孔的出现及消失它也发生着周期性的翘摆，称之为弧尾翼，见图 3.8-14。有时，即使形成了小孔，也会出现弧尾翼，而且弧尾翼是双弧形成的一个重要诱因。

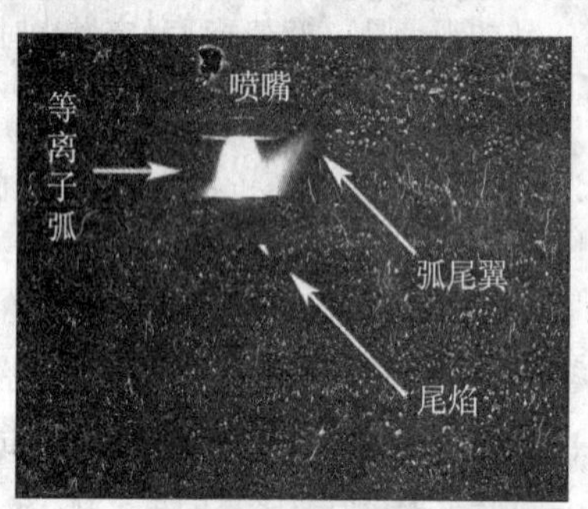

图 3.8-14　弧尾翼

弧尾翼上翘并接触到焊枪喷嘴端面，这种现象在焊接的起始阶段、小孔建立时经常出现。但弧尾翼接触到喷嘴端面不一定都会形成双弧，如果弧尾翼在喷嘴端面停留时间过长，则会引发双弧。这是因为，弧尾翼与喷嘴端面接触会使喷嘴的温度升高，接触时间越长，喷嘴被加热的温度越高，就会使主弧与喷嘴孔内壁之间的冷气膜位障遭受破坏；即使没有形成双弧时，喷嘴也是带电的，喷嘴与工件之间的电位差约是电弧电压的 70%～80%，也就是说喷嘴与工件之间存在着电场，而弧尾翼恰好又为这个电场的两极空间提供了充足的带电粒子，可见弧尾翼的存在激发并加速了双弧的形成。

图 3.8-15 记录了由于弧尾翼导致的双弧，弧尾翼上翘与喷嘴接触一段时间后，小孔闭合，之后弧尾翼在喷嘴端面上不停地运动，此时，主电弧极不稳定，弧径时而扩张，时而缩小，而后，在喷嘴至工件的空间产生了间断性放电，有时建立于喷嘴孔道出口与主电弧之间，有时建立于喷嘴端面外圆周与弧尾翼之间，在这些放电区中，靠近喷嘴的部位可以观察到明显的淡绿色烁亮区，即阴极斑点，由于在这些部位存在着尖角，电场强度最为集中，所以最容易发生电弧放电，形成双弧。双弧形成后，阴极斑点在喷嘴端面上游动，甚至会漂移到喷嘴的锥面上部去。

4）焊接过程稳定性　小孔型等离子弧焊技术工业应用的一个主要问题就是焊接过程的稳定性，这直接影响焊接接头质量，厚板焊接时尤为明显。焊接过程的稳定性差的表现有两个方面：一是等离子弧的稳定性差，压缩电弧对焊接工艺规范参数的变化比较敏感，获得良好接头质量的合理规范参数区间窄，工艺裕度小，在大电流强压缩条件下易出现双弧；二是焊缝成形的稳定性差，影响因素有等离子弧的稳定性、熔池液态金属的流动性、穿孔熔池受力状态及平衡性等。

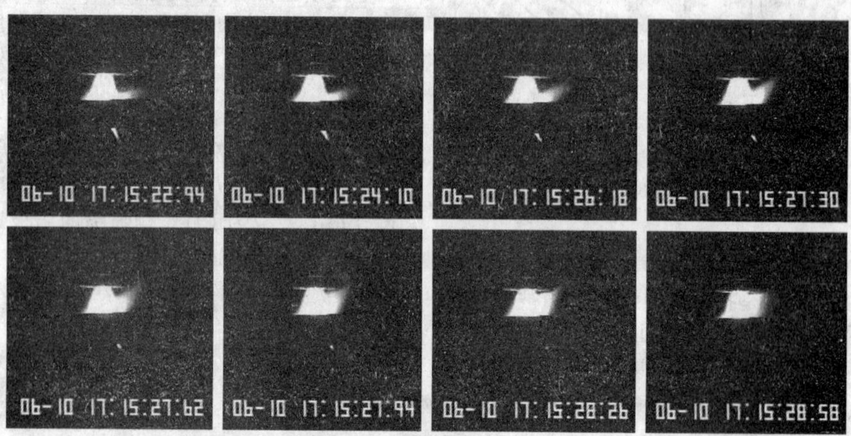

图 3.8-15　小孔等离子弧焊过程中的双弧形成过程

自 20 世纪 70 年代开始，焊接工作者从等离子弧物理和熔池行为，在小孔型等离子弧焊焊接质量稳定性的影响因素及作用规律提高焊接过程稳定性等方面开展了大量研究工作，并提出了一些具体的措施和方法，如表 3.8-5 所示。

表 3.8-5　提高等离子弧焊焊接过程稳定性的措施

序号	解决的方法和技术措施
1	采用弱等离子弧焊工艺，如小的钨极内缩量，大的喷嘴孔径，或气动压缩等工艺措施降低等离子弧的压缩程度，克服双弧，以提高焊接过程的稳定性
2	采用分体结构喷嘴，既避免产生双弧，又保证了等离子弧的强压缩特性
3	减小等离子弧焊接工艺规范参数的波动，通过提高焊接设备性能或其他过程控制方法，尽可能稳定各种焊接规范参数
4	采用低频脉冲焊工艺，规律性的低频脉冲电流不仅可以更有效控制热输入量，而且可以减弱工艺参数波动对焊接过程稳定性造成的不利影响
5	通过专用传感器检测与焊接质量相关的过程信号，并反馈到焊接规范参数调节系统，从而实现等离子弧焊焊接质量的实时闭环控制

上表中 1、2 两项通过调整焊枪结构，以克服双弧为目的，或采用弱等离子弧焊工艺，以牺牲等离子弧的压缩性能为代价；或采用特殊结构的喷嘴，却增大了焊枪的尺寸。3、4 项对于提高等离子弧的稳定性具有一定效果，易于实施，也是当前工业界广泛采用的方法，但这两种方法的作用效果有限。第 5 项在焊接过程中实施闭环质量控制，是提高焊接质量稳定性最有效的方法。

进入 20 世纪 90 年代，一方面，国内外关于等离子弧焊新工艺新技术的研究报道在不断涌现，如等离子弧点焊、三重气体等离子弧焊、无电极真空等离子弧、双面电弧焊、活性剂等离子弧焊等等，这也为等离子弧焊的发展注入了生机与活力。另一方面，随着等离子弧焊设备整体性能水平的不断提高，包括焊枪和焊接电源的性能，微型计算机及先进的控制技术在焊接控制单元中应用越来越广泛，等离子弧稳定性问题在很大程度上得到改善。因而，进一步提高等离子弧焊接自动化程度以及实时控制焊缝成形质量，必然是今后的研究发展重点。

(2) 脉冲等离子弧焊

小孔型、熔入型及微束等离子弧焊均可采用脉冲焊接方法，通过对热输入量的控制，提高焊接过程稳定性，减小热影响区宽度，焊接变形脉冲频率一般在 15 Hz 以下。尤其是采用“一脉一孔”的工艺，可以限制熔池根部熔宽，提高根部基体金属对熔池的约束作用，使熔池稳定，也可以保证全位置焊的焊缝成形。所谓“一脉一孔”，就是指每一个脉冲电流的峰值期间，熔池形成小孔，在基值电流期间小孔闭合。北京航空制造工程研究所的研究人员进行了脉冲等离子弧焊“一脉一孔”工艺研究，图 3.8-16 所示为焊接不锈钢材料时，计算机采集获得的的数据曲线，图中为 I 为焊接电流，U 为焊接电压，U_E 为尾焰电压，它可以准确反映出小孔的建立与闭合，U_L 为等离子弧光谱辐射强度信号。

(3) 变极性等离子弧焊

变极性等离子弧焊工艺主要用于铝合金焊接，特别是在厚板焊接中，由于变极性电源输出的正负半波比例、幅值均可独立调节，在控制小孔稳定性、保证焊缝双面稳定成形上更具优势。

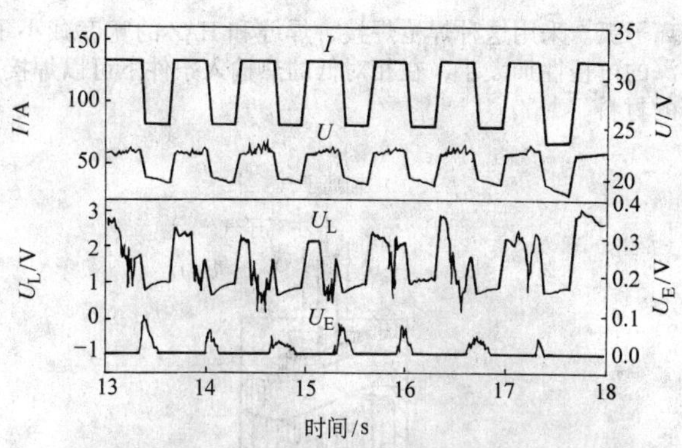

图 3.8-16　“一脉一孔”的脉冲等离子弧焊过程参数曲线

美国 NASA 宇航局马歇尔宇航中心采用变极性等离子弧焊技术，取代钨极气体保护焊用于航天飞机外储箱的焊接，推动了等离子弧焊工艺、设备及焊缝成形与焊接质量控制等一系列研究课题的深入开展。美国某航天飞机外储箱材料为 2219 铝合金，焊缝总长为 46.9 m，壁厚 3.6～25.4 mm，最初采用 TIG 焊，焊前需开坡口，需要一层封底焊和三至四层填充焊，每一焊道均要进行 X 射线探伤。焊后检验发现焊缝区存在不同程度的气孔和氧化物夹渣，现采用变极性等离子弧焊技术，在外储箱上焊了 6 400 m 的焊道，经 100% X 射线探伤检验，没有发现任何内部缺陷，焊缝质量明显提高。目前可以实现单道焊接一次焊透 25 mm。

(4) 其他等离子弧焊接工艺

1) 等离子弧点焊　英国考文垂大学先进连接中心研究人员与美洲虎汽车厂的专家，联合开发研制了一种新型等离子弧点焊系统，用于点焊最新设计的美洲虎轿车底盘，大约有 40 个焊点，焊点位置比较特殊，常规电阻点焊机器人手臂无法进入。等离子弧点焊技术与电阻点焊技术相比较，具有以下几个特点：

① 焊枪重量大大降低，电阻点焊机头重量大于 80 kg，而考文垂大学研制的等离子弧点焊焊枪重量小于 10 kg，这样大大降低了机器人操作臂的运动惯性，当变换焊接位置时，机器人操作臂的运动速度大幅度提高；

② 采用等离子弧点焊技术，焊点的拉伸强度和疲劳强度也大大提高；

③ 在焊接结构一侧施焊，焊枪运动的空间位置几乎不受限制；

④ 焊接过程可实现计算机控制，可选择 32 种焊接程序，根据焊件厚度的不同，连续控制焊接电压和电流，保持稳定的电弧功率；

⑤ 等离子弧点焊焊点直径大约 7 mm，要比电阻点焊的焊点直径大 2 倍；

⑥ 生产效率低于电阻点焊，对于两个 1.0 mm 厚的板，焊一个点，电阻点焊时间大约为 0.35 s，而等离子弧点焊为 0.7 s；

其实，在 20 世纪 80 年代中期，国内研究人员也曾开展过镀锌钢板等离子弧点焊技术研究，但系统的而且直接针对具体产品的应用技术研究却是在 20 世纪 90 年代中期，等离子弧点焊潜在的技术优势预示着这种新型等离子弧焊工艺可能在一定范围取代电阻点焊工艺。

2) 三重气体保护等离子弧焊　美国 NASA 宇航局马歇尔宇航中心开发了一种新型等离子弧焊方法，称之为三重气体等离子弧焊（ternary gas plasma arc welding），并于 1995 年 5 月申请了美国专利。与常规等离子弧焊相比，这种新方法在焊枪上做了重大革新，钨极为空心结构，中间通入惰性气体，因而在焊枪中存在三重气体，从钨极中间通入的气体与环绕钨极的离子气联合作用，有助于得到更挺直、更稳定的等离子弧。采用这种焊枪焊接，焊缝和HAZ的宽度减小了，熔深的可控性加大了，在相对低的热输入条件下可以焊接更厚的材料。

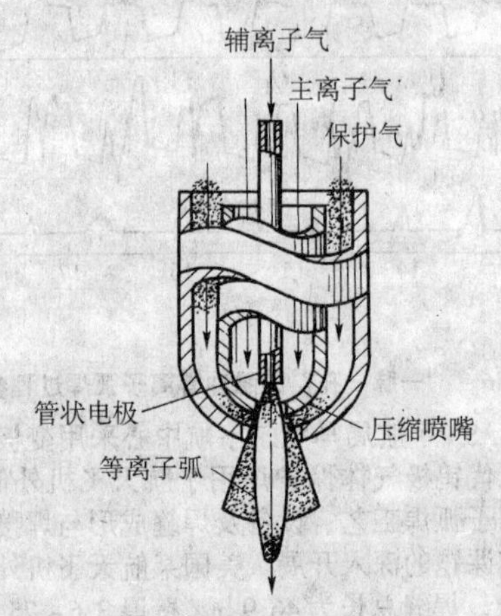

图3.8-17　三重气体等离子弧焊枪结构示意图

3）真空等离子弧焊　在真空条件下进行等离子弧焊，也是很多学者和工程技术人员致力的研究方向，成都电焊机研究所的康健和吴永泰开展了真空磁压缩等离子弧焊试验研究，指出使用真空磁压缩等离子弧作为热源，可以焊接一般金属和活性金属，熔透能力超过大气电弧，通过调节磁场强度，可以改变电弧的能量分布；美国研究学者G. Aston和M. B. Aston在1998年召开的第五届焊接研究趋势国际会议上发表了无电极真空等离子弧焊研究的学术论文，这种新方法利用现有的等离子弧焊焊接设备，可以焊接异种金属，尤其适用于焊接多种宇航合金及高温金属，焊缝缺陷率大大降低，焊接质量显著提高，该项技术已被NASA宇航局马歇尔宇航中心列入太空焊接研究课题之一。

4）双面电弧焊　常规等离子弧焊焊接电流回路的构成，通常是焊接电源、焊枪、被焊材料到焊接电源，被焊材料与焊接电源相连，焊接电流主要在被焊金属表面流动，只有被等离子弧高度电离和加热的等离子射流可以穿透小孔，如果等离子弧也可以直接穿透小孔，那么，接头熔深就可以大大提高，基于上述思路，美国肯塔基大学张裕明开发了双面电弧焊技术，在等离子弧焊枪的正下方，被焊工件的背面，放置另一把焊枪，焊接过程中，两把焊枪产生的电弧同时作用于被焊材料两面，采用同一台等离子弧焊电源，形成焊接电源、焊枪、被焊材料、焊枪到焊接电源的电流回路，被焊材料不再直接与焊接电源相连。试验研究发现，采用双面电弧焊接时，等离子弧进一步被压缩，能量更加集中，因而，熔深大大提高，HAZ区和热应力也减小了，这种双面电弧焊的局限性在于，被焊工件的正面与背面均需要放置焊枪，两把焊枪的空间定位要求较高。

1.4　等离子弧切割

1.4.1　概述

等离子弧切割是利用高温高速的强劲的等离子射流，将切割金属局部熔化并随即吹除，形成狭窄的切口而完成的切割。等离子弧的温度高、能量集中、射流速度快，因此，不管金属的熔点多高、导热性能如何好、黏滞性如何大，都可以采用等离子弧切割。采用一般的氧乙炔切割时，由于铜、铝、不锈钢及难熔金属的导热性强，或者熔点高，或者氧化后易形成高熔点氧化物或高黏度熔渣，很难切割，过去在生产中多采用机械加工的方法下料，如刨、铣、锯等。若需要切割曲线时，不得不采取沿曲线钻孔的方法或用一般的电弧切割方法加工，这种加工方法效率低、成本高、劳动强度大。等离子弧切割的速度快、切缝光滑、成本低。

等离子弧切割早期采用的气体为氩气，现在已用氮气、氢氩或氮氩的混合气以及压缩空气作为切割气体。还有用压缩空气、二氧化碳气体和水对弧柱的再压缩的方法。也有用水完全代替气体进行的等离子弧切割的。

等离子弧切割使用的喷嘴和电极，从早期的单金属、单孔型式发展到今天的多种型式，如电极材料采用了钍钨、铈钨、钇钨、锆钨、金属锆等，电极的冷却方式也分间接冷却和直接冷却，喷嘴则有单孔喷嘴、多孔喷嘴、双层喷嘴和多层喷嘴等，喷嘴的孔径小至0.1 mm，大到10 mm以上。

等离子弧切割使用的电源，与焊接电源相似，要有陡降外特性的直流电源，其不同之处在于，等离子弧切割电源应具有较高的空载电压，一般在150～400 V左右。与目前的焊接电源的发展趋势一样，切割电源也从最初的硅整流电源，向可控硅电源，以及更加高效节能的逆变电源方向发展。

等离子弧切割材料的最小厚度可以达到0.1 mm，最大可以达到200～250 mm，多用于5～80 mm材料的切割；切割的材料多为铜、铝、不锈钢及耐热合金钢等；目前航空航天、石油化工、机械纺织、锅炉、造船、冶金和车辆等部门都在应用。

1.4.2　等离子弧切割原理及特点

等离子弧切割的原理：高温高速的等离子束流集中加热到工件上时，使部分金属熔化及蒸发，并随着焰流吹离基体，随着等离子割炬的移动而形成切缝。由于等离子弧的弧柱温度远远高于目前绝大部分金属及其氧化物的熔点，所以采用这种方法可以切割的材料很多。

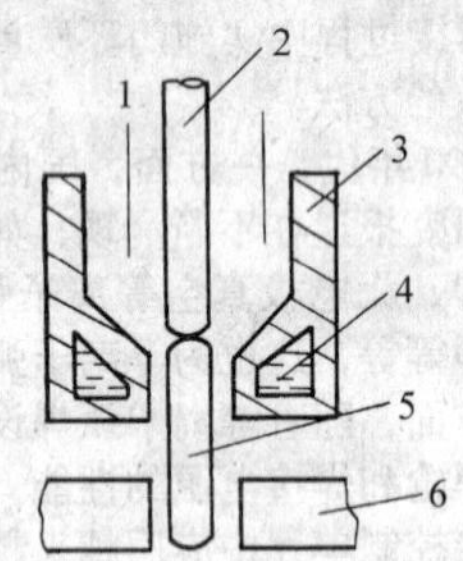

图3.8-18　等离子弧切割原理示意

1—离子气；2—电极；3—割嘴；4—冷却水；5—等离子弧；6—工件

在切割过程中，熔化金属的热量主要来源于三个方面：切口上部等离子弧柱中的辐射能量；切口中间的阳极斑点的能量和切口下部的等离子火焰的热传导能量。其中，以阳极活性斑点的能量对切口的热作用最强烈。在等离子弧切割过程中，电弧阳极斑点沿着切割面剧烈地上下移动，这个移动有跳跃式的特点，而且阳极斑点常常分布在切口断面的中间部分。

等离子弧切割的特点：①弧柱能量集中、温度高、冲击力大；②可以切割目前绝大多数的金属材料；③切割铜、铝、不锈钢等金属材料时，生产效率高，经济效果好，切口窄、光滑、不需再加工即可进行装配焊接；④切缝上宽下窄，这是由于等离子弧的温度梯度和电流分布的上下差别造成的；⑤切割薄板时速度快，如切10 mm厚的铝板，速度可以达到200～300 m/h，切12 mm厚的不锈钢板时速度可以达到100～130 m/h。

1.4.3　等离子弧切割设备

等离子弧切割设备分为电源、控制柜、气路与水路系统、自动切割小车、割炬等五个部分。现分述如下。

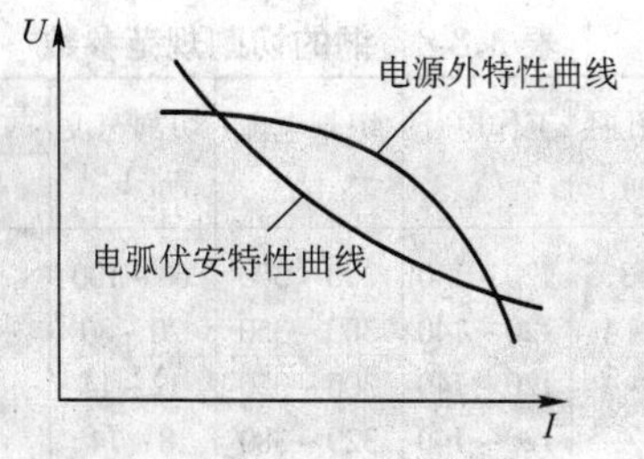

图 3.8-19　切割电源外特性曲线

(1) 电源

等离子弧切割多采用直流电源，应具有陡降的外特性曲线，电源的空载电压和工作电压较高。这是因为：

为了保持切割电源的稳定性，电弧电压波动时，使电流不变或变化很小，则要求电源具有垂直下降或具有陡降的外特性曲线。

(2) 电器控制线路

对等离子弧切割的控制线路应根据切割的程序进行控制，生产中实际应用的控制线路类型很多，控制程序的动作要点如下：

1) 提前通气、滞后关气，保护电极不被氧化；

2) 高频引弧；

3) 切割电流具有缓升缓降功能；

4) 切割机应具有冷却水的断水保护功能；

5) 高频引弧、气流预设、割速均可单独调整；

6) 切割终了或断弧时，设备应具有自动停止功能；

7) 应具有过电保护装置，确保系统安全。

(3) 气路与水路系统

1) 气路系统　气路是产生等离子弧的介质，如何稳定地连续单独供应气体，是保证等离子弧切割稳定进行的重要条件之一。主要元件有：电磁气阀、气体流量、气体混合筒、储气筒等。

2) 水路系统　为保证等离子弧的长期稳定工作，需要对喷嘴与电极进行强制水冷，可以使冷却喷嘴的水通过上腔体再冷却电极，进水可接循环冷却水；也可以使喷嘴与电极单独冷却，多用于要求强烈冷却的大功率等离子弧。另外水路系统还担负着冷却电缆和维护电阻的任务，冷却流量一般在 3 ~ 10 L/min。

主要元件有：水流开关、水冷电阻、水泵等。

(4) 自动切割小车

自动切割小车是带动割炬移动的行走机构，小车上装有割炬及调节机构。小车内装有驱动电机可以控制小车速度。小车面板上应具有引弧切割和行走控制功能。

(5) 割炬

等离子弧割炬，即等离子弧发生器，是产生等离子弧的最关键的一个部件。等离子弧割炬一般由电极及其夹头、喷嘴、上下枪体冷却水套、中间绝缘体以及气室、水、电、气路等。

根据等离子割炬进气方式的不同，可以分为切线旋向进气、轴向直线进气、直旋复合进气三种方式的割炬。相比之下各有优势。旋转进气割炬与直线进气割炬相比，前者电弧压缩性能好，弧柱中心电离度高，在一定厚度范围内，切割速度快，喷嘴承受的电流也较大。因为气体是以旋转的方式沿腔体内壁的切线方向进入的，所以腔体内的气流轨迹呈螺旋状，从流体力学看，流体的中心与边缘部分的密度分布是不均匀的，中间疏、周边密。这样在形成等离子弧的过程中，就相对地提高了中心部分的电离密度。于是在压缩通道内形成一个压力较大、电离度较差的气体薄层。对等离子弧的压缩及喷嘴的保护有显著作用。同时在气流变化不大时，由于对喷嘴中心的气流密度变化不大，因此旋转气流对电弧的稳定性无影响。

在使用同样电源并具有同样功率的条件下，轴向进气割炬比旋转进气割炬的弧柱焰心长，能切割的工件最大厚度也可以相应提高，所用气流较小，这是由于弧柱中心的气流密度较大，导致电弧的向下冲力较大。但轴向进气的割炬产生的等离子弧对气流的变化较敏感。这是由于轴向进气时，气流几乎是平行与电极流动的，随着气体流量的增加，中心部位的气体密度增加，这样在同样功率下的电离度下降，所以在采用同样的电源、同样的功率条件下，用轴向进气的割炬比旋转进气割炬所用的气流应适当小一些。

轴向、旋转复合进气割炬综合了前两者的优点，可以在消耗功率不大的情况下，较快地切割较厚的材料。但在一般情况下，如切割 100 mm 以下的板材，还是用旋转进气割炬较好。切割厚度越大，对电源功率与割炬的要求也越高。

割炬的设计应考虑切割材料的厚度、选用电源的功率、气体的种类和生产使用情况来确定。首先要确定选用电极的结构尺寸、喷嘴孔径的大致范围、进气方式及气室尺寸。其次确定绝缘体、固定上下腔体、水冷方式、电极调整的方法以及割炬的整体设计。

割炬的设计着重注意：①电极与喷嘴的对中；②电极与喷嘴的良好冷却；③上下腔体的可靠绝缘、连接牢固；④喷嘴的孔道比设计合理。

1.4.4　等离子弧切割工艺

(1) 切割工艺规范参数的分析和选择

等离子弧切割的主要工艺规范参数及其选择依据有：待切割材料的种类、厚度，电源的空载电压、工作电压，割炬的喷嘴孔径、电极内缩量、工作电流，等离子发生气体的种类、流量，喷嘴到工件的距离，切割速度等。

1) 待切割材料的种类、厚度　待切割材料的种类、厚度是选择切割规范参数的首要依据。厚度大的材料要用大的工作电流及大的喷嘴孔径；厚度相同的不同材料由于物理性能的差异，也需要采用不同的切割规范。如紫铜的熔点虽然低于不锈钢的熔点，但是其导热性能远优于不锈钢的，因此厚的纯铜板要较不锈钢难切，也就需要更大的工作电流。

2) 电源的空载电压与工作电压　空载电压随电源设备而定，切割大厚度工件需要空载电压高的电源设备。空载电压与使用的离子气种类有关，用氩气时空载电压可以低一些，而氮气与氢气需要的空载电压较高。切割工作电压的大小，除了与割炬本身的结构及电源设备有关外，还与离子气种类、气体流量、喷嘴到工件的工作距离和切割速度等参数有关。

3) 割炬的喷嘴孔径　割炬的喷嘴孔径的大小切割电流以及工作气体种类来确定。喷嘴的孔径与切割电流的关系见图 3.8-20。其横坐标为电流值，单位安培；纵坐标为喷嘴孔径，单位毫米。使用氩气或氩氢混合气时，喷嘴孔径可以选小一些，用氮气时可以大一些。

4) 割炬的电极内缩量　割炬的电极内缩量是等离子弧切割参数中非常重要的一个参数，这个数值对切割效率、电极烧损都有很大影响。内缩量过小时，气流的冲击及高温气体于电极的化合作用会使电极的烧损加重，导致等离子弧不稳定，压缩效果差，电弧的穿透力下降，难以切割；内缩量过大时，电弧不够稳定，易产生双弧，使切割能力减弱。而在一定的电流条件下，当电极内缩量适当时，电极端头在气流的虹吸作用区，处于相对真空状态，则电极不易烧损，有利于电弧压缩。

5) 气体的种类与流量　气体的选择从经济简便的角度考虑，切割 100 mm 厚度以下的铝、不锈钢等材料时，一般选用纯氮气。添加适当的氩气有助于提高焊接质量，有时也添加氢氩混合气。一种割炬使用的气体流量一般是固定的，当材料或厚度发生变化时，可以作相应调整，但是应注意气体流量与孔径相适应。

6）喷嘴到工件的距离　喷嘴到工件的距离一般为6～8 mm，切割厚度大的工件时，为防止双弧现象，距离可以适当调整到10～15 mm。喷嘴到工件的距离对切割速度、电弧电压、切缝宽度都有影响。

7）切割电流　切割电流的选择根据喷嘴孔径的大小而定。下图中横坐标为电流，纵坐标为喷嘴孔径。

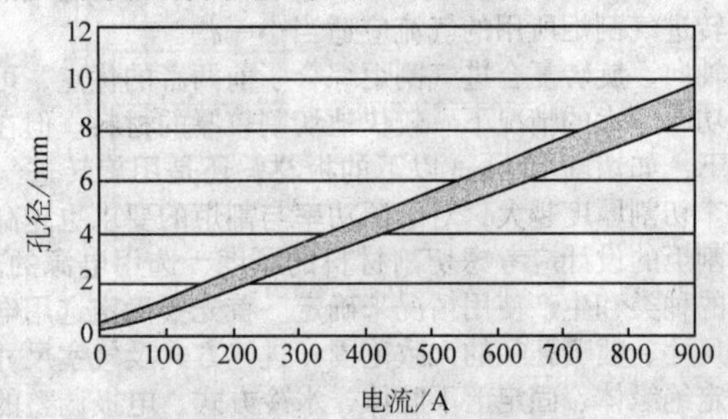

图3.8-20　电流的与喷嘴孔径的关系

8）切割速度　切割速度是根据工件的厚度、切割电流、气体流量、喷嘴孔径等因素确定的。在保证切口质量的前提下，尽可能提高切割速度。

表3.8-6　不锈钢的切割规范参数

厚度/mm	喷嘴孔径/mm	工作电压/V	切割电流/A	切割速度/m·h⁻¹	气体流量/m³·h⁻¹		
					氮	氢	氩
12	2.4	110～140	150～160	100～130	2.4	—	—
16	2.8	130～140	200～210	85～95	2.4～3.0	—	—
20	2.8	130～140	200～210	70～80	3.0	—	—
25	3.0	130～140	240～250	45～55	3.0	—	—
30	3.2	140～150	270～280	30～35	3.0	—	—
40	3.5	140～150	320～340	25～30	3.0	—	—
60	4.5	140～150	370～380	13～15	3.0	—	—
70	4.5	140～150	390～400	10～12	2.4	—	0.6
80	5.5	145～150	400～420	8～9	2.4	—	0.6
100	5.5	150～160	500～600	9～12	—	2.0	3.0
125	5.5	150～170	500～600	7～10	—	2.0	3.6
150	6～7	160～180	600～800	4.5～8	—	2.2	4.0
200	7～9	180～200	700～1 000	3～7.6	—	2.8	5.7

表3.8-7　铝板的切割规范参数

厚度/mm	喷嘴孔径/mm	工作电压/V	切割电流/A	切割速度/m·h⁻¹	气体流量/m³·h⁻¹		
					氮	氢	氩
6	2.4	100～140	180～200	200～400	—	0.9	1.7
10	2.4～3.2	100～150	200～280	200～300	—	0.9	1.8
20	2.8～3.5	120～150	280～320	100～130	—	1.0	2.1
30	2.8～3.5	120～150	280～320	30～80	—	1.0	2.0
40	3.5～4	120～150	300～350	30～50	—	1.0	2.0
50	3.5～4	130～150	300～350	20～35	—	1.0	2.0
60	4～4.5	130～150	300～350	15～25	—	1.0	2.0
70	4～4.5	140～160	340～380	15～20	—	1.0	2.0
80	4.5～5.5	160～180	350～400	15～20	2.5	1.4	—
100	5～5.5	160～180	400～420	15～17	2.8	1.4	—
120	5～5.5	160～180	400～450	15～13	2.9	1.5	—
150	5.5～6	180～200	500～600	8～10	3.0	1.6	—

表3.8-8　铜的切割规范参数

厚度/mm	喷嘴孔径/mm	工作电压/V	切割电流/A	切割速度/m·h⁻¹	气体流量/m³·h⁻¹	
					氢	氩
10	2.8～3.5	120～140	200～300	60～100	0.5	1.6
20	3.5～4	120～140	300～350	20～30	0.8	2
30	3.5～4	120～140	300～350	12～14	0.8	2
40	3.5～4.5	120～140	320～380	8～14	1	2
50	4～4.5	130～150	350～400	6～8	1	2.5
80	4.5～5	150～160	400～450	5～7	1	2.5
100	5～5.5	150～160	450～500	4～6	1	2.5
120	5～5.5	160～170	480～550	3～5	1	2.5
150	5.5～6	160～180	500～600	2～4	1	2.5

（2）双弧

正常切割时，等离子弧是由电极通过喷嘴的压缩孔道到工件之间的电弧。但是由于某种原因，会形成一种有电极到喷嘴、从喷嘴到工件的电弧，这种旁路电弧，即是双弧。

双弧的成因主要有：电极偏心、电极内缩量过大、电流与喷嘴孔径不适应等。

防止双弧的方法有：①尽可能减小喷嘴孔道长度；②选择与电流相适应的喷嘴；③电极应良好对中；④电极内缩量不可过大；⑤切割速度尽可能快；⑥喷嘴与工件之间的距离不可太近；⑦加强对喷嘴与电极的冷却。

（3）切口质量

用等离子弧切割下料或开坡口，对材料本身性能和焊接质量没有什么影响。切口质量的好坏，可以通过切口宽度、切口垂直度、切口表面光洁度以及熔渣多少来评定。

1.4.5　特种等离子弧切割

除一般的气电等离子弧切割外，根据生产的特殊需要，为提高生产率或经济效益等原因先后出现了微束等离子弧切割、压缩空气等离子弧切割、双层气流等离子弧切割、水下等离子弧切割、水电等离子弧切割、等离子弧气刨等。

（1）微束等离子弧切割

在造船、化工、机车车辆、航空等制造领域，采用30 mm厚度以下板材的地方很多，均可以采用微束等离子弧切割。微束等离子弧切割束流的能量密度高、功率消耗小、气体的消耗量小、割缝窄、热变形翘曲小。

一般的微束等离子弧切割材料厚度在5～30 mm，功率仅需16 kW左右。最小的微束等离子弧切割材料厚度仅有0.1 mm，喷嘴孔径0.1～0.4 mm，切缝宽度0.15～0.3 mm，最小功率500 W。用非转移性微束等离子弧切割金属薄板，效果也很好。

（2）压缩空气等离子弧切割

压缩空气等离子弧切割，可用于切割80 mm以下的钢材，也可以切割铜、铝不锈钢及其他材料。其特点是成本低，气体易于获得，多用于切割30 mm厚度以下的材料，切割速度快，割口质量好 。此方法的关键在于解决电极的氧化烧损问题，并且设计把空气中的氧气的化学能充分利用到切割过程中。切割30 mm的材料，一般需要250～300 A的电流；切割80 mm以下的材料时，需要采用较大功率的割炬，使用电流较大。

（3）双层气流等离子弧切割

所谓双层气流等离子弧切割，即在通过电极周围的离子气流之外，再加一层较大的气流进行切割，见图3.8-21。采用双层气流切割的主要目的是：

1）可以用活性气体切割碳钢，改进切口质量；

2）电极不易受氧化烧损；

3）对电弧有某种程度的再压缩作用。

表 3.8-9 非转移弧切割规范参数①

厚度/mm	电流/A	切割电压/V	切割速度/m·min⁻¹	氩气流量L·min⁻¹	氮气流量L·min⁻¹	切缝宽度/mm
0.5	75	22	1.5	9	2.0	0.7
0.8	80	23	1.2	8.5	2.5	0.8
1.5	100	25	1.2	8.0	3.0	1.0
1.8	105	26	1.1	7.5	4.0	1.15
2.0	110	27	1.0	7.0	4.5	1.15
3.0	125	29	1.0	6.0	5.0	1.2

① 材料为不锈钢。

离子气一般采用氩气或氮气，外层气体可采用压缩空气、氧气或二氧化碳气体。外套通氧气时，可以提高电弧的能量，有助于电弧稳定，切口背面的氧化渣极易清除，故切口整洁。

切割 25 mm 以下的板材，多用氮气、二氧化碳为切割气体，图 3.8-22 为割嘴形式，实践证明，用二氧化碳可以使切口窄，切口垂直度好，沾附熔渣少，不易产生双弧，喷嘴寿命长。

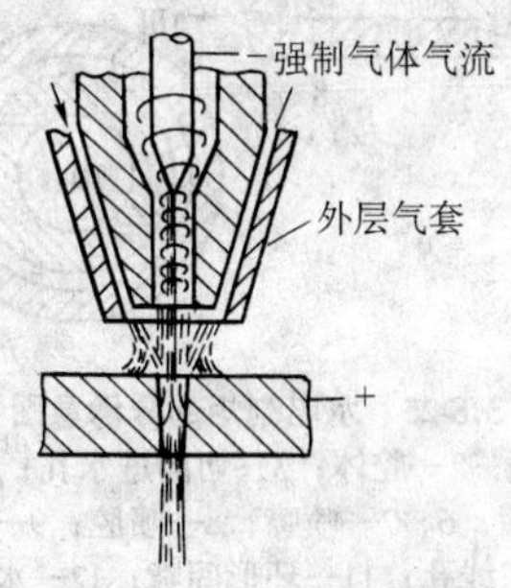

图 3.8-21 双层气流等离子弧切割割炬

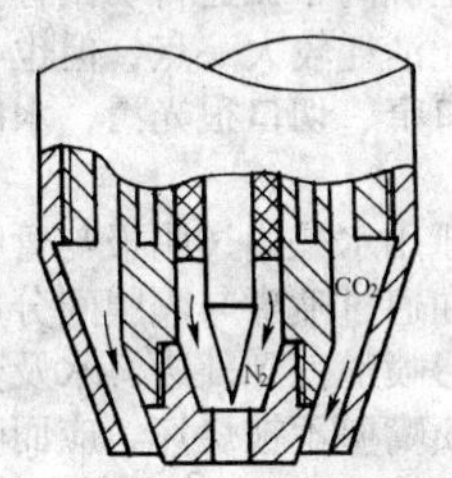

图 3.8-22 二氧化碳割嘴

表 3.8-10 外套通氧气为切割气时参数①

厚度/mm	功率/kW	主气氮/L·h⁻¹	辅气流量/L·h⁻¹		切割速度/mm·min⁻¹	喷嘴直径/mm
			空气	氧气		
12.7	50	1 700	11 200	—	1 780	3.56
31.8	50	1 700	11 200	—	380	3.56
63.5	50	1 700	11 200	—	127	4.4
72.6	50	1 700	—	11 200	127	3.56
101.6	100	2 823	—	11 200	153	4.4

① 材料为碳钢。

表 3.8-11 二氧化碳为切割气时的参数

材 料	厚度/mm	电流/A	切割速度/mm·min⁻¹
铝	2.3	70	3 000
	6.3	70	1 200
	19	100	630
	25.4	100	380
不锈钢	3.0	80	1 300
	7.9	85	860
	12.7	100	560
	25.4	100	200

续表 3.8-11

材 料	厚度/mm	电流/A	切割速度/mm·min⁻¹
低碳钢	6.3	100	900
	12.7	100	600

(4) 水再压缩等离子弧切割

水再压缩等离子弧切割，即在喷嘴出口附近用水把等离子弧再一次压缩，此种方法的优点是使得焊嘴不易烧损、切速快、切缝窄，能得到垂直的切口。

水是从喷嘴的环形锐角的斜边中喷出，压缩等离子弧，使弧柱变细，能量密度提高，同时由于水包围弧柱，使弧柱与周围空气隔绝，使得等离子气体能以高速的螺旋线方式进入切缝区。

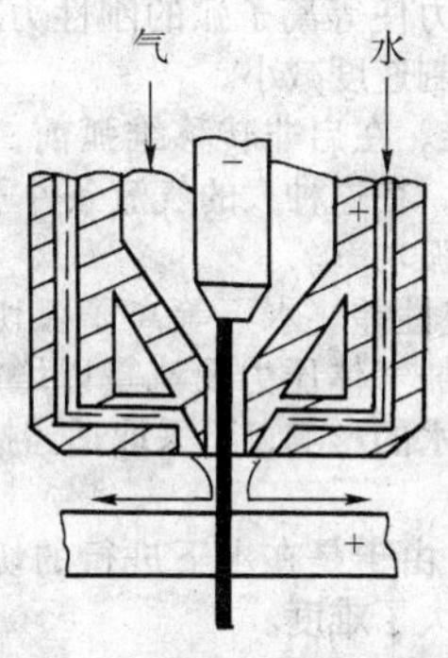

图 3.8-23 水再压缩等离子弧切割示意

喷射水流的蒸发产生了冷却效应，工件受到冷却，切口变窄。此外水还会受到等离子弧的高温作用，分解为氢和氧分子，初生态的氧与工件起化学反应产生热量，作用于切口中，提高了等离子弧的热输入量。如果水流量选择适当，不但能改善切口质量，而且可以提高切割速度，切口表面也光洁。

一般的氮气等离子弧切割，提高切割速度后，熔渣严重；使用水再压缩等离子弧切割，切割速度比正常的氮气等离子弧切割提高 50%，同时还没有熔渣，切边较垂直。如切割 25 mm 以下的铜、铝、不锈钢，切边的倾斜宽度在 0.5 mm以下，而一般等离子弧切割的切边倾斜宽度在 1.5～2 mm 范围。表 3.8-12、表 3.8-13 为水再压缩等离子弧切割的比较及经验参数。

表 3.8-12 水再压缩等离子弧和一般等离子弧切割速度比较

材料	板厚/mm	氮气/L·min⁻¹	水/L·min⁻¹	喷嘴孔径/mm	功率/kW	切割速度/m·min⁻¹
碳钢	25	60	0	4	85	1.2
	25	60	0.8	4	85	1.6
不锈钢	25	50	0	2.8	60	1
	25	50	0.3	2.8	60	1.5
	40	50	0	2.8	60	0.35
	40	50	0.7	2.8	60	0.6
铝	40	50	0	2.8	60	0.5
	40	50	0.7	2.8	60	0.78

(5) 水下等离子弧切割

水下等离子弧切割多用于船舶、水底设施及其他水下物体的打捞修理工作。国外已在 5 m 或 10 m 深的海水或淡水中进行了水下等离子弧切割，切割材料有低碳钢、合金钢、不锈钢等。水下等离子弧切割与空气等离子弧切割相比的不同在于：

表 3.8-13 水再压缩等离子弧切割规范参数

材料	板厚/mm	空载电压/V	空载电流/A	工作电压/V	氮气流量/L·min^{-1}	压水流量/L·min^{-1}	喷嘴直径/mm		切割速度/m·min^{-1}	切口宽度/mm	切口质量
铝合金	17	480	260	180	1 800	0.75	4	6	0.90	3.5	全优
	26	470	250	180	1 800	1	4	6	0.75	4	
	38	490	250	190	2 100	0.75	4	6	0.50	5	
	80	490	390	200	1 350	1	4.3	6	0.25	10	
不锈钢	14	480	200	170	1 650	1.25	4	6	0.90	4	
	18	480	300	180	1 650	1	4	6	0.90	4	

1）电弧的有效能降低，切割厚度减小。在水下等离子弧切割时，水压阻力使等离子弧的刚性力减弱，弧长变短，有效热能降低，切割速度减小。

2）引弧较困难。在启非转移维弧前，需要较大的气流将割炬中的水冲出，在这种大的气流条件下引弧，必须改进引弧装置、增加引弧功率。

3）电弧的稳定性差。水下等离子弧切割时，为了克服水的阻力，必须增加气体压力及流量以增加电弧的冲击力，由于气流增大和受水的影响，不采取适当措施，电弧就不稳定。

4）操作困难。由于是在水下进行的切割，切割过程不易观察，给操作增大了难度。

为克服以上的不利因素，主要采取以下措施：

1）增加引弧电流和高频击穿能力。增大引弧电流到 70～100 A。增加高频振荡器的次级线圈数，用两台初级并联、次级串联，以增加高频击穿能力。

2）增大电源功率。如切割 10～100 mm 厚的不锈钢时，用电流 450～960 A、电弧电压 250 V、空载电压 500～1 000 V。

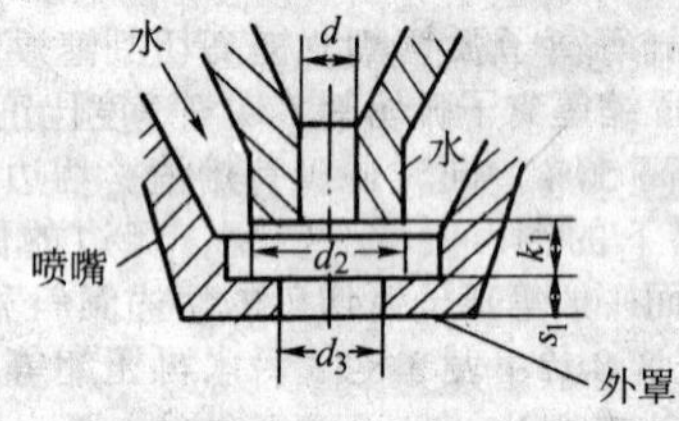

图 3.8-24 外罩与喷嘴示意图

表 3.8-14 水下等离子弧切割规范参数

材料	厚度/mm	电流/A	电压/V	喷嘴孔径/mm	切割速度/m·h^{-1}	气体流量/m^3·h^{-1}	水深/m
在淡水中							
不锈钢	10	450	90	3.5	21.9	2.2	5
	20	460	120	4.0	17.4	2.2	5
	40	580	100	5.0	9.0	2.2	5
	30	415	200	7	9.0	5	8
	40	495	200	7	9.0	5.5	8
	60	595	210	7	6.2	6	8
	80	765	240	7.4	6.0	6.3	8
	100	945	240	8	4.5	7	6.5
在海水中							
不锈钢	20	540	115	4.5	8.15	2.2	10
	40	580	120	5.0	3.4	2.2	10
碳钢	40	500	140	4.5	3	2.2	10

3）改进割炬。水下等离子弧切割的割炬与大气的最大不同之处是使用了水屏，为获得较好的水屏蔽效果，外罩与喷嘴的尺寸应相配合。冷却水从外罩和喷嘴端部之间喷出，形成一个伞形水屏，对稳定电弧、提高切割能力产生了非常好的效果。这个高速旋转的水屏使得弧柱不受水压的影响，保持稳定；同时在喷口处对弧柱还有一种压缩作用，增加了电弧的速度、吹力、挺度，提高了切割能力，还有助于减少双弧。

在海水中使用时还要考虑海水的导电性，对割炬的外部用绝缘材料包起来，使负极不与海水接触，防止漏电和产生电化学腐蚀。

（6）水电等离子弧切割

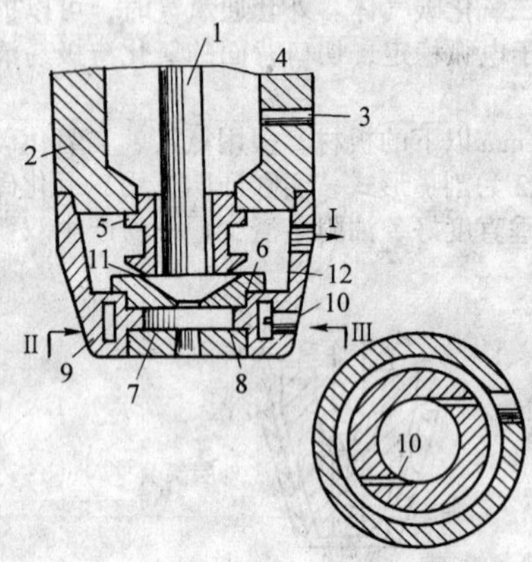

图 3.8-25 水电割炬部分示意图

1—石墨电极；2—腔体；3—切向进水孔；4—腔室；5—管状嘴；6、7—喷嘴；8—喷腔；9—罩帽；10—切线孔；11—环形间隙；12—水室

用水作介质产生等离子弧进行切割称为水电等离子弧切割。这种方法的电能消耗较大一点，但也有一些优点，如使用的喷嘴较小、切口窄、切口很光滑，水的价格便宜，易于获得，成本低。

阴极冷却和引弧用水是通过阴极与管嘴出口孔壁之间的窄小间隙。稳弧水在通过喷嘴与隔膜间分成两路，一路入水槽，另一路经过成形喷嘴流到外边，水及蒸气层隔离弧柱与喷嘴壁接触，保护喷嘴壁不被烧坏，应而喷嘴的直径可以用小一些，同样的孔径条件下，电流可以比气体切割电流大 2.5～3 倍，如孔径 3 mm 的喷嘴电流可以用到 900 A，孔径 4 mm的喷嘴电流可以用到 1 200 A。这种结构的关键在于控制好冷却水和稳弧水的消耗量及有效压力。在一定条件下，增加稳弧水可以减小弧柱的直径、增加电流密度和提高弧柱温度，可以提高切割速度。

影响水电切割的关键问题是石墨电极的输送速度与损耗速度是否匹配，否则电弧就不能稳定。减少电极与薄隔膜之间的距离时，电极烧损速度增加；反之，烧损度减少。为此，该距离应能够自动调整，但调整的区域不并应超出 5～14 mm，否则会引起短路或电弧不稳定。

表 3.8-15 水电等离子弧切割的规范参数

材料	厚度/mm	电流/A	电压/V	切割速度/m·h^{-1}	喷嘴孔径/mm	切缝宽度/mm
铝	40	750	280	115	3.5	8
	80	900	230	48	4	10
	125	900	235	23	4	12
	140	900	250	21	4	12
不锈钢	20	600	110	10.5	3.5	9
	70	750	210	25	4	11
	130	900	230	14.5	4	12

续表 3.8-15

材料	厚度/mm	电流/A	电压/V	切割速度/m·h⁻¹	喷嘴孔径/mm	切缝宽度/mm
铜	40	500	175	25	3.5	11
	60	800	220	30	4	12
	100	750	280	9	3	12

(7) 等离子弧气刨

等离子弧气刨，效率高、质量好、容易实现机械化自动化，可用于刨槽、制备焊接坡口、挑焊根、去除焊缝局部缺陷。碳弧气刨速度可达 15 m/h，比风铲的效率高 12 ~ 15 倍，二等离子弧气刨的速度可达 60 m/h。

等离子弧气刨的设备可以用等离子弧切割的全套设备，将割炬适当改进就成为气刨炬，将割炬的端部改成适当的锥度，提高气刨的可达性；将喷嘴口改成椭圆形，电极端部改成扁平型，有利于增加刨槽的宽度。

等离子弧气刨的工艺参数选择需要根据设备使用的气体作适当调整。

表 3.8-16 用氢氮混合气时的气刨结果①

材 料	气刨速度/m·h⁻¹	槽深/mm	槽宽
铝	54	1.6	9.5
	63	1.6	9.5
	75	1.6	9.5
	90	1.6	9.5
不锈钢	38	3	11
	54	3	9.5
	72	2.4	9.5
	90	1.6	9.5
低碳钢	36	3	9.5
	54	2.4	9.5
	72	1.6	8.0
	90	1.6	8.0
	108	0.8	8.0

① 参数：气刨电流 250 A，电弧电压 94 V，气体流量 2 100 L/h，刨炬与工件夹角 30°。

表 3.8-17 用氢氩做混合气时等离子弧气刨参数

气刨电流/A	电弧电压/V	气刨速度/mm·min⁻¹	工作夹角/(°)	工作距离/mm	气体流量/L·min⁻¹		刨槽深/mm	刨槽宽/mm
					氩	氢		
200	75 ~ 80	800 ~ 1 200	40	6 ~ 7	42 ~ 56	9 ~ 14	4 ~ 5	10 ~ 10.5

1.5 安全防护

等离子弧产生的有害因素主要有：有害气体、金属烟尘、光辐射、噪声、高频电磁场、放射性物质等。

1.5.1 防护有害气体与金属烟尘

等离子弧产生的有害气体包括臭氧和氮氧化物，这是由于高温电弧产生的强烈紫外线激活空气中的氧和氮而形成的。现场有害气体的浓度随等离子弧的功率、使用气体的种类、操作场所的大小及通风状况而变化。

在金属材料的切割和焊接过程中，部分金属熔融，并有少量汽化，以金属烟尘或进一步氧化成金属氧化物的形式向现场空间扩散。金属烟尘及其氧化物对人体的作用是一个比较复杂的问题。通常认为，当人一次吸入较高浓度的金属(如锌、铜、镉、铝、镍、锰）氧化物颗粒时，可使部分人员引起金属烟雾热。

研究表明，开启门窗且带有局部抽风的条件下，有害气体与金属烟尘的浓度，较门窗全部关闭的条件下，臭氧浓度降低 13 倍、氮氧化物浓度降低 24 倍，氮氧化物浓度降低 8 倍。

1.5.2 防护光辐射

生产现场应在显著位置设置“注意弧光”的警示标志，不戴防护头盔不得直接观察等离子弧，否则易造成电光眼；

裸露的皮肤不得接近等离子弧；

操作者使用的焊接头盔，最好采用反射式护目镜，镜片应选吸收紫外线效果较好的绿色和黄色较好。

1.5.3 防噪声

较大功率的非转移型等离子弧，用于切割的转移型大功率等离子弧以及高频的脉冲等离子弧焊接的噪声，都是很强的，对操作者的听觉系统与神经系统非常有害。高频噪声集中于 2 000 ~ 8 000 Hz 范围内。

操作者应采取耳塞、耳罩等必要的防护措施，有条件的情况下最好采用在封闭空间内进行自动操作或在水下进行操作，降低噪声对操作者的伤害。

1.5.4 防高频

等离子弧的发生多采用高频引弧的方式，但高频对人体有一定的危害。引弧频率一般选择 20 ~ 60 kHz 较为合适，一旦形成等离子弧立即切断高频电源。

1.5.5 防放射性

作为等离子弧发生器的关键部件，电极是产生放射性的根本原因。电极材料的选择从早期放射性较高的钍钨极向放射性较低的铈钨极、钇钨极、锆钨极发展。

操作者应注意经常清洗手套、口罩、工作服等防护用具，减少放射性物质的污染。

2 电子束焊

2.1 概述

电子束焊在工业上的应用已有 40 多年的历史。德国的 K. – H. Steigerwald 和法国的 J. A. Stohr，首先将电子束应用到工业生产中。1948 年，Steigerwald 在 AEG – Zeiss 实验室研究电子显微镜中的电子束时，发现具有一定功率和功率密度的电子束可以用来加工材料，他在 1951 年用电子束对机械表上的红宝石进行打孔，对尼龙等合成纤维批量产品的图案凹模进行刻蚀以及切割，用电子束代替耗费时间的机械方法对材料进行加工，这在当时是很大的进步。接着，Steigerwald 又发现电子束具有焊接能力，因为它具有很高的功率密度，焊接速度快，热输入低，焊缝深宽比大，且能产生深入到被加工材料中的“小孔效应”，克服了传统热源靠热传导进行焊接的局限。同期，在 Irving Rossi 的资助下，Steigerwald 在 Siemens 和 HemeusAA 联合工厂建造了电子束焊机，并于 1956 年采用了他早年研制成功的、后来以 Zeiss 公司命名的电子光学系统。

与 Steigerwald 同时研究电子束焊的还有 J. A. Stohr，他当时为法国原子能委员会工作，由于焊接核工业燃料元件上的锆基活泼合金的需求，于 1954 年探索采用真空电子束焊方法，并获得成功。1957 年 Stohr 公布了最初的研究成果。1958 年 Zeiss 公司向美国西屋公司提供了一台工业用电子束焊机。电子束焊技术首先用于原子能及宇航工业，继而扩大到航空、汽车、电子、电器、电机、工程机械、医疗、重型机械、石油化工、造船、能源等几乎所有的工业部门。几十年来，电子束焊创造了巨大的社会及经济效益。

2.2 电子束焊的基本原理

2.2.1 电子束的产生

高压加速装置形成的高功率电子束流，通过磁透镜会聚，得到很小的焦点（其功率密度可达 10^4 ~ 10^9 W/cm²），轰击置于真空或非真空中的焊件时，电子的动能迅速转变为热能，熔化金属，实现焊接过程。图3.8-26所示为电子束发生原理示意图。高压加速装置中电子束发生段由阴极、阳极、聚束极、聚焦透镜、偏转系统及合轴系统等组成。其各部分的作用如下。

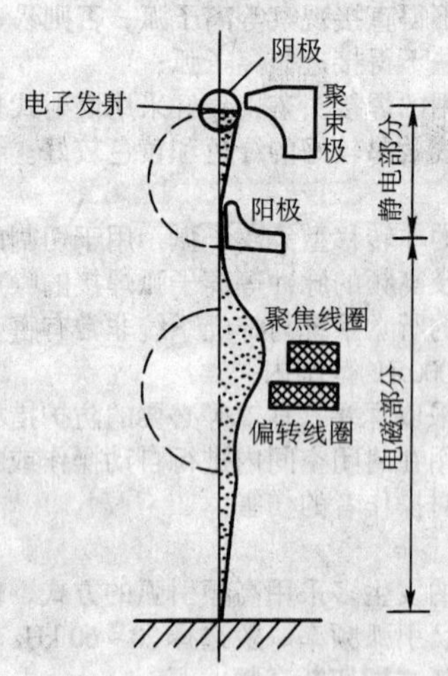

图3.8-26　电子束发生原理

1）阴极　通常由钨、钽以及六硼化镧等材料制成，在加热电源直接加热或间接加热下，表面温度上升，发射电子。

2）阳极　为了使阴极发射的自由电子定向运动，在阴极上加上一个负高压，阳极接地，阴、阳极之间形成的电位差加速电子定向运动，形成束流。

3）聚束极（控制极、栅极）　只有阴、阳两极的电子枪叫做二极枪。为了能控制阴、阳两极间的电子，进而控制电子束流，在电子枪上又加上一个聚束极，也叫做控制极或栅极。具有阴极、阳极和聚束极的枪，称为三极枪。

4）聚焦透镜　电子从阴极发射出来，通过聚束极和阳极组成的静电透镜后，向焊件方向运动，但这时的电子束流功率并不十分集中，在所经过的路径上产生发散，为了得到可用于焊接金属的电子束流，必须通过电磁透镜将其聚焦，聚焦线圈可以是一级，也可以是两级，经聚焦后的电子束流功率密度可达到10^7 W/cm^{2}以上。

5）偏转系统　电子束流在静电透镜和电磁透镜作用下，径直飞向焊件。但是有时焊接接头是T形或其他类型，或者加工工艺需要电子束具有扫描功能，因而电子枪中采用偏转系统对电子束进行偏摆。偏转系统由偏转线圈和函数发生器以及控制电路所组成。

6）合轴系统　电子束经过静电透镜、电磁透镜所组成的电子光学系统以及偏转系统后，往往产生像差、球差等，因此电子束到达焊件时，其斑点可能不符合要求。为了得到满意的电子束斑点，在电子枪系统中，往往加上一套合轴系统，合轴线圈与偏转线圈类似，它既可放在静电透镜上部，也可放在其下部。

2.2.2　电子束束流特性的测定

电子束束流特性的测定可采用两种方法：一种是日本荒田吉明（Y. Arata）教授发明的Arata测束法（AB－试验）；另一种是近年德国阿亨大学焊接研究所（iSF）开发的DIABEAM测束系统。

1）Arata测束法　该方法的优点是简单易行，在日本工业界使用得较多，在世界范围内也较通用。其原理是，用电子束直接切割金属板条，然后通过测量被电子束切割熔化的金属板条的宽度，确定电子束焦点附近的形态。

在Arata试验中（见图3.8-27），试件可采用不锈钢材料，做成带齿的梳子形状板条。试件与焊接方向成30°角放置，采用“上坡”焊的焊接方式，熔化金属沉积后不再产生二次熔化，可得到清晰的切口。这样，束流经过之后，即可按板条熔化宽窄，测出电子束轴向的能量分布。

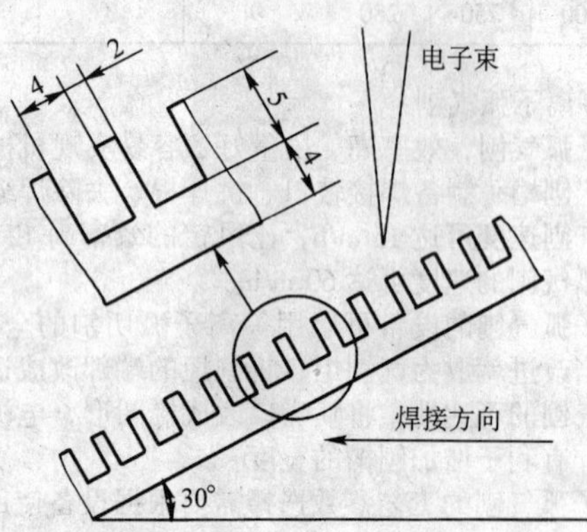

图3.8-27　Arata测束法

2）DIABEAM方法　为了测试电子束能量分布，阿亨大学焊接研究所（ISF）研制出了适合工业应用的标准仪器—DIABEAM测束系统，见图3.8-28。此系统原理是：电子束扫描一个带缝或带孔洞的膜片，膜片连接在一个传感器的壳体上，通过缝隙或孔洞的电子被收集在位于传感器下方的法拉第筒内。缝隙（宽25 μm）测试是对会聚角进行简单快速的估算；用小孔法（直径20 μm）测试是确定电子束能量的分布。通过一个由计算机控制的偏转发生器，电子束发生偏转，不同的电子束功率，采用的偏转速度不同。偏转速度范围在200～1 200 m/s之间自动变化。一个去掉记忆卡以最大（100 MHz）的扫描频率测试信号，每次电子束通过传感器时，测试信号都将被实时地显示在监视器上，给出电子束的能量分布。图3.8-29所示为一组不同功率密度分布的电子束形态，A代表功率密度分布的投影面积，P_{dmax}代表最大的功率密度。

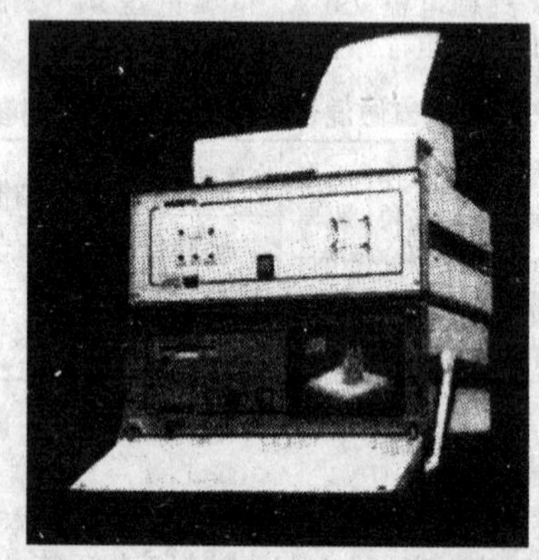

图3.8-28　DIABEAM测束系统

研究结果表明，Arata与DIABEAM测试法两者之间误差很小，平均功率密度越高，它们之间的误差越小。由于受通常电子束焊机焊接速度的限制，Arata试验局限在功率小于12kW的范围，而DIABEAM方法几乎适用于现有的所有电子束焊机的功率密度测定。

2.2.3　电子束深熔焊机理

电子束焊时，在几十到几百千伏加速电压的作用下，电子可被加速到1/2～2/3的光速，高速电子流轰击焊件表面时被轰击的表层温度可达到10^4 ℃以上，表层金属迅速被熔化。表层的高温还可向焊件深层传导，由于界面上的传热速度低

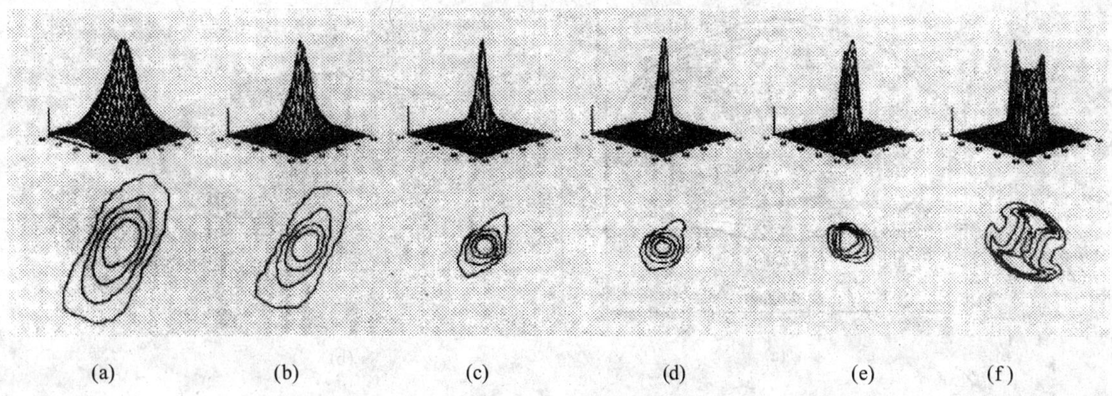

图 3.8-29 不同功率密度分布的电子束形态

(a) $A=2.35\ mm^2$，$P_{dmax}=2.42\ kW/mm^2$；(b) $A=1.86\ mm^2$，$P_{dmax}=5.09\ kW/mm^2$；(c) $A=1.03\ mm^2$，$P_{dmax}=12.36\ kW/mm^2$；(d) $A=0.97\ mm^2$，$P_{dmax}=13.69\ kW/mm^2$；(e) $A=0.92\ mm^2$，$P_{dmax}=8.25\ kW/mm^2$；(f) $A=1.60\ mm^2$，$P_{dmax}=3.17\ kW/mm^2$

于内部，因而焊件呈现出图 3.8-30 所示的趋向深层的等温线。

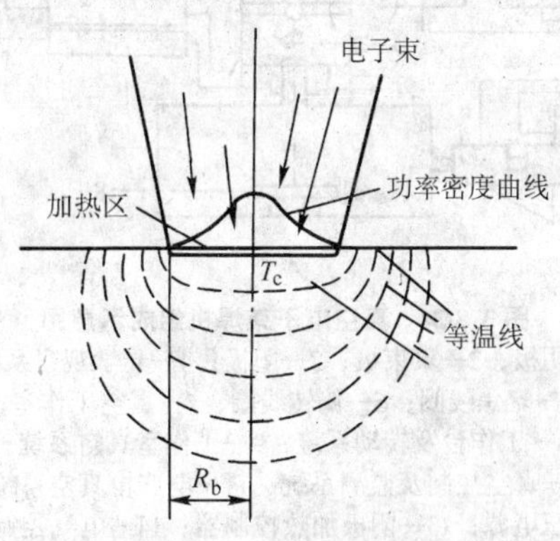

图 3.8-30 电子束轰击金属热传导等温线示意图

前苏联科学院院士雷卡林教授根据这一热传导理论，推算出了一个简化的等效公式：

$$P_d = P_i / \pi R_b^2$$

$$T_c = (1/\lambda)\ P_d R_b$$

式中，P_d 为功率密度；T_c 为被加热区中心点的温度；R_b 为电子束加热区的半径；P_i 为输入功率；λ 为与材料有关的常量。

在输入功率不变时，缩小束斑尺寸将使功率密度按平方倍增加，从而增加加热区中心点的温度 T_c。在束斑直径缩得足够小时，功率密度分布曲线变得窄而陡，热传导等温线便向深层扩散，形成窄而深的加热模式。如图 3.8-31 所示。

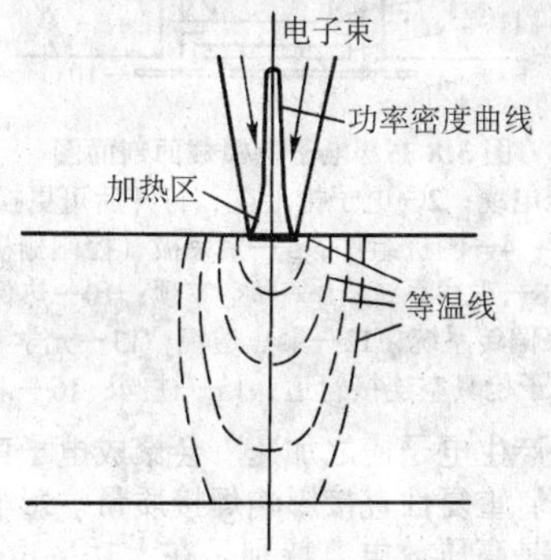

图 3.8-31 功率密度集中时金属热传导等温线示意图

由此可以得出一个基本结论：提高电子束的功率密度可以增加穿透深度。

然而，在大厚度件的焊接中，焊缝的深宽比可高达 60∶1，焊缝两边缘基本平行，似乎温度横向传导几乎不存在，这种情况完全用热传导的原理就很难解释清楚。

现在被公认的一个理论是在电子束焊中存在小孔效应。小孔的形成过程是一个复杂的高温流体动力学过程。一个基本的解释是：高功率密度的电子束轰击焊件，使焊件表面材料熔化并伴随着液态金属的蒸发，材料表面蒸发走的原子的反作用力是力图使液态金属表面压凹，随着电子束功率密度的增加，金属蒸气量增多，液面被压凹的程度也增大，并形成一个通道。电子束经过通道轰击底部的待熔金属，使通道逐渐向纵深发展，如图 3.8-32a 所示。液态金属的表面张力和流体静压力是试图拉平液面的，在达到力的平衡状态时，通道的发展才停止，并形成小孔。小孔和熔池的形貌与焊接参数有关，如图 3.8-33 所示。

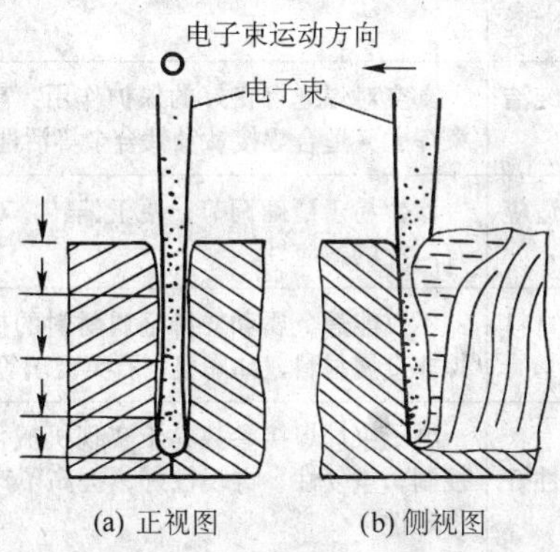

图 3.8-32 电子束焊时小孔形成示意图

可见，形成深熔焊的主要原因是金属蒸气的反作用力。它的增加与电子束的功率密度成正比。实验证明，电子束功率密度低于 $10^5\ W/cm^2$ 时，金属表面不产生大量蒸发的现象，电子束的穿透能力很小。在大功率焊接中，电子束的功率密度可达 $10^8\ W/cm^2$ 以上，足以获得很深的穿透效应和很大的深宽比。

但是，电子束在轰击路途上会与金属蒸气和二次发射的粒子碰撞，造成功率密度下降。液态金属在重力和表面张力的作用下对通道有浸灌作用和封口作用，如图 3.8-32b 所示。从而使通道变窄，甚至被切断，干扰和阻断了电子束对熔池底部待熔金属的轰击。焊接过程中，通道不断地被切断和恢复，达到一个动态平衡。

由此可见，为了获得电子束焊的深熔焊效应，除了要增加电子束的功率密度外，还要设法减轻二次发射和液态金属对电子束通道的干扰。

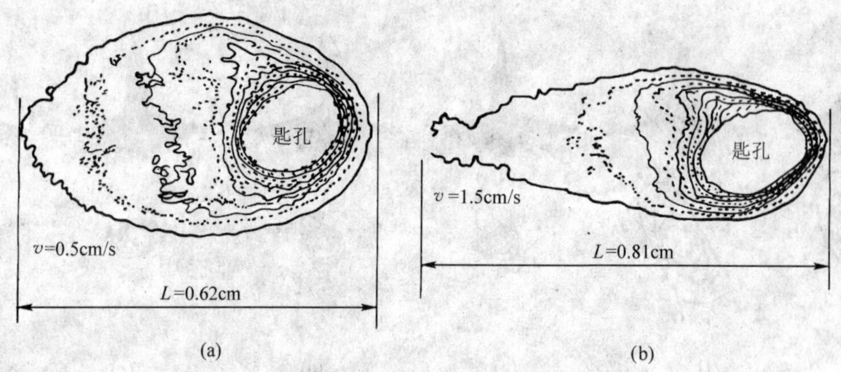

图 3.8-33　相同功率、不同焊接速度 V 下，小孔与熔池的形貌

2.3　电子束焊的特点

电子束焊工艺具有很多优于传统焊接工艺方法的特点，可归纳为表 3.8-18。

表 3.8-18　电子束焊的特点

序号	特　点	内　容
1	焊缝深宽比高	电子束斑点尺寸小，功率密度大。可实现高深宽比（即焊缝深而窄）的焊接，深宽比达 60:1，可一次焊透 0.1 ~ 300 mm 厚度的不锈钢板
2	焊接速度快 焊缝物理性能好	能量集中，熔化和凝固过程快。例如焊接厚 125 mm 的铝板，焊接速度达 400 mm/min，是氩弧焊的 40 倍。能避免晶粒长大，使接头性能改善，高温作用时间短，合金元素烧损少，焊缝抗蚀性好
3	焊件热变形小	功率密度高，输入焊件的热量少，焊件变形小
4	焊缝纯洁度高	真空对焊缝有良好的保护作用，高真空电子束焊尤其适合焊接钛及钛合金等活性材料
5	工艺适应性强	参数易于精确调节，便于偏转，对焊接结构有广泛的适应性
6	可焊材料多	不仅能焊金属和异种金属材料的接头，也可焊非金属材料，如陶瓷、石英玻璃等
7	再现性好	电子束焊焊接参数易于实现机械化、自动化控制，重复性、再现性好，提高了产品质量的稳定性
8	可简化加工工艺	可将重复的或大型整体加工件分为易于加工的、简单的或小型部件，用电子束焊为一个整体，减小加工难度，节省材料，简化工艺

2.4　电子束焊的焊接设备

电子束焊的焊接设备一般可按真空状态或加速电压分类。按真空状态可分为真空型、局部真空型、非真空型；按加速电压可分为高压型（> 80 kV）、中压型（40 ~ 60 kV）、低压型（⩽30 kV）。在实际应用中，真空电子束焊机居多，图 3.8-34 所示是真空电子束焊机组成示意图。其主要组成部分有：电子枪、工作真空室、工作台、高压电源、控制及调整系统、真空系统和焊接夹具。下面分别予以叙述。

2.4.1　电子枪

电子枪是电子束焊机的核心部件，前已述及电子枪有二极枪和三极枪之分。图 3.8-35 是一种典型的三极电子枪剖面图。

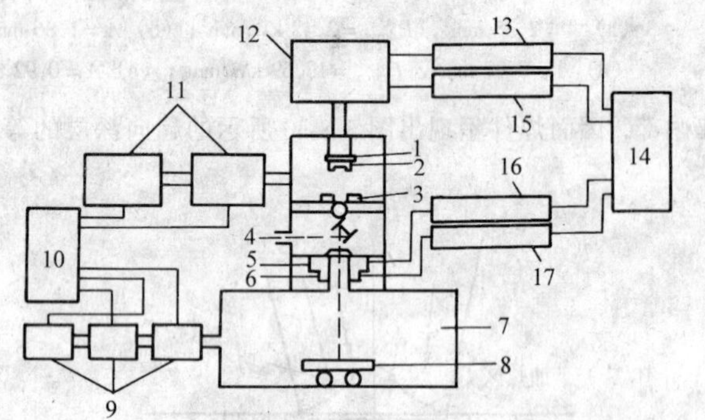

图 3.8-34　真空电子束焊机组成示意图

1—阴极；2—聚束极；3—阳极；4—光学观察系统；5—聚焦线圈；6—偏转线圈；7—真空工作室；8—工作台及转动系统；9—工作室真空系统；10—真空控制及监测系统；11—电广枪真空系统；12—高压电源；13—阴极加热控制器；14—电气控制系统；15—束流控制器；16—聚焦电源；17—偏转电源

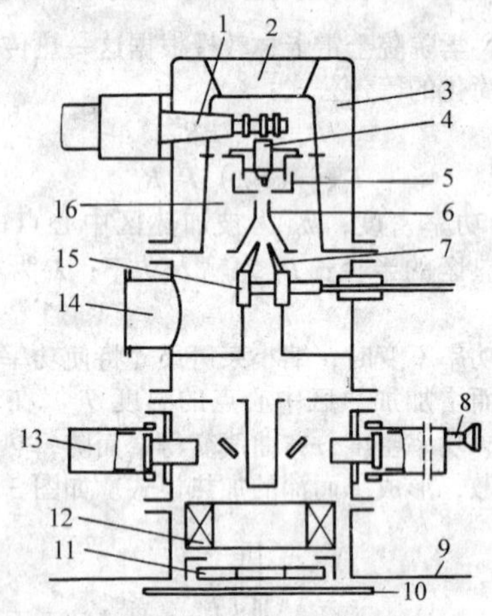

图 3.8-35　电子枪横截面剖面图

1—高压电缆；2—电子枪上盖，打开后可更换阴极；3—高压绝缘子；4—阴极组件；5—聚束极（控制栅极）；6—阳极；7—气阻；8—观察系统；9—真空室顶；10—热保护隔板；11—电子束偏转系统；12—聚焦透镜；13—光学观察照明；14—电子枪真空连接管道；15—柱阀；16—束源级

电子枪是产生电子使之加速、会聚成电子束的装置。电子枪的稳定性、重复性直接影响焊接质量。影响电子束稳定性的主要原因是高压放电，特别是在大功率电子束焊过程，金属蒸气等的干扰，使电子枪产生放电现象，有时甚至造成高压击穿。为了解决高压放电，往往在电子枪中使电子束偏转，避免金属蒸气对束源段产生直接的影响。在大功率焊接时，将电子枪中心轴线上的通道关闭，而被偏转的电子束从

旁边通道通过。另外还可以采用电子枪倾斜或焊件倾斜的方法避免焊接时产生的金属蒸气对束源段污染。

电子枪的重复性由电子枪的设计精度、制造精度以及控制技术保证。

电子枪一般安装真空室外部，垂直焊时，放在真空室顶部，水平焊时，放在真空室侧面，根据需要可使电子枪沿真空室壁在一定范围内移动。

有时电子枪安装在真空室内部可运动的传动机构上，即所谓的动枪。大多数动枪属中低压型，但近年也开发出了150 kV的高压动枪。

1）阴极 电子束焊接中的常用的阴极材料为钨、钽、六硼化镧（LaB6）等。六硼化镧在较低的温度下具有很强的电子发射能力，常用作间热式阴极；钨常作为直热式阴极，其形状为一个正方形的前端面和两固定面。钨片被夹紧在灯丝夹具上，该灯丝夹具能使灯丝以相同的方式在灯丝夹头上重复装夹，保证灯丝安装的重复性。

阴极的温度是影响电子发射能力的主要因素之一，阴极发射电子的饱和电流密度由 Richardson - dushman 方程给出：

$$j = RT^2 e^{\frac{-\phi}{kT}}$$

式中，T 为绝对温度；k 为玻尔兹曼常数，$K = 1.38 \times 10^{-23}\ \mathrm{J \cdot K^{-1}}$；$\phi$ 为逸出功；R 为理查德森常数，$R = 60 \sim 100\ \mathrm{A \cdot cm^{-2} \cdot K^{-2}}$。

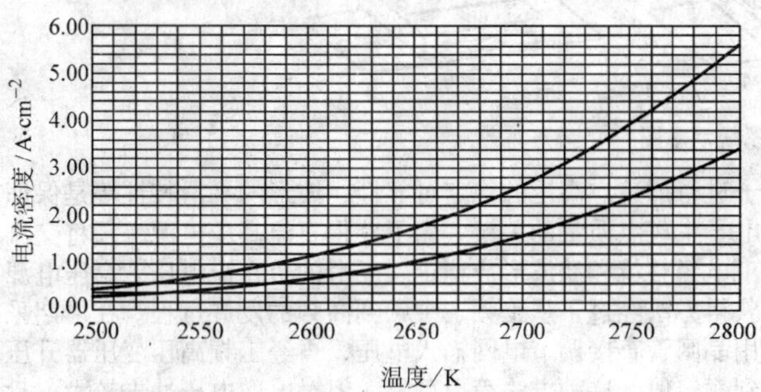

图 3.8-36 钨极的发射电流密度分布

从图 3.8-36 中可知，阴极温度越高越易获得大束流，例如为了获得 100 mA 的束流，必须使阴极温度达到约 2 735 K。但是过高的阴极温度将加快阴极蒸发速度，降低阴极寿命。为了确定正确的加热电流，可以在开环条件下用手动方式得到一个灯丝加热电流曲线，如图 3.8-37 所示。合适的加热电流应选择在曲线的“拐点”之前。

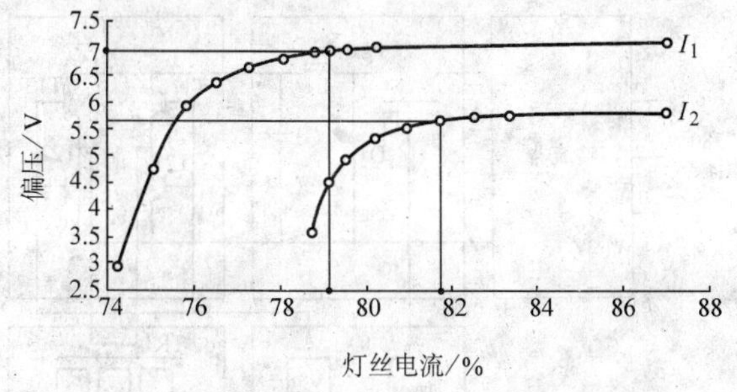

图 3.8-37 不同发射电流（$I_2 > I_1$）加热曲线

2）偏压杯的工作方式 在三极枪结构中，发射电子的阴极电位处于负高压，阳极接地，其电位差称作加速电压。控制发射电流的偏压杯电势较阴极处于更低的负电位，其差值称作偏压。因此阴极与偏压杯之间将产生一个截流电位等势线区域。如图 3.8-38 所示，从阴极发射出的电子只能在阻滞等势线内向阳极加速，如图中所示四种状态，图 3.8-38a 中阻滞电势的作用较明显，没有发射电子被加速到阳极，从而无束流产生。如果继续降低偏压（图 3.8-38b），阴极前面将有一个小面积的区域产生束流，如再继续降低偏压，束流也相应增大（图 3.8-38c）。如果偏压降低到一个不允许的值（图 3.8-38d），发射电子将从阴极夹紧位置上产生并影响束流品质。

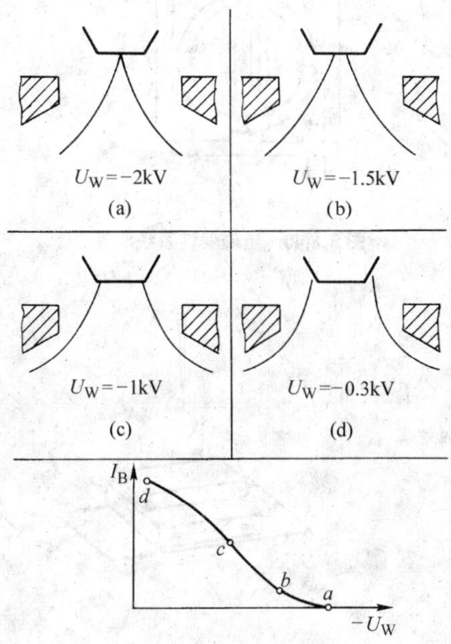

图 3.8-38 三极枪的偏压电势

3）磁透镜 束源发射的电子束需经磁透镜聚焦成一个具有高能密度的束斑。磁透镜是由铜线缠绕在线包上组成，线包外部环绕纯铁层，图 3.8-39 所示。当电流通过时产生旋转对称磁场。外层纯铁的间隙宽度 S、开口直径 D 及匝数与电流的乘积 NI_L 之间的关系影响磁透镜的电子光学性能。

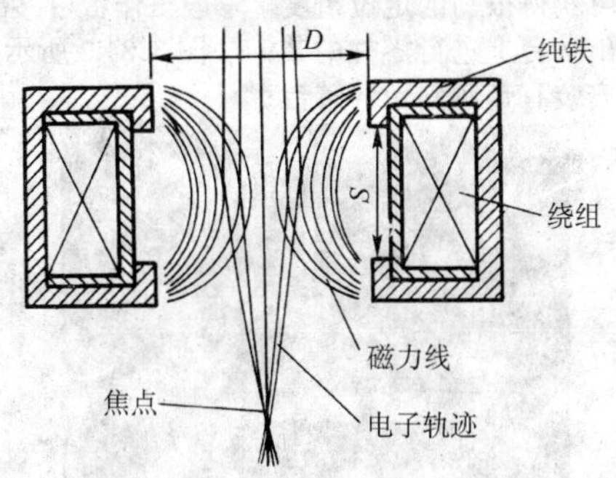

图 3.8-39 电磁聚焦线圈的设计图

由于洛仑兹力在磁透镜内部旋转对称区域内垂直作用于电子，所以电子以螺旋方式运动。通过采用不同聚焦电流，焦距在磁透镜内随之改变，因此能够得到高能量密度束斑的会聚点。

4）偏转系统 偏转系统主要用来产生静态或交变磁场。图 3.8-40 所示为磁偏转系统的结构原理图。四个线圈缠绕在铁磁材料的铁心环上，由于磁力线总是独立地在铁环中成匝运动，在铁环外以曲线的形式流动，所以当电流通过线圈时在偏转系统内部产生一个均匀的磁场。当运动电子在穿过此磁场内部时将受洛仑兹力作用偏移中心位置。通过改变线圈电流方向，即改变磁场方向，可使电子束发生偏转，实现电子束扫描运动。

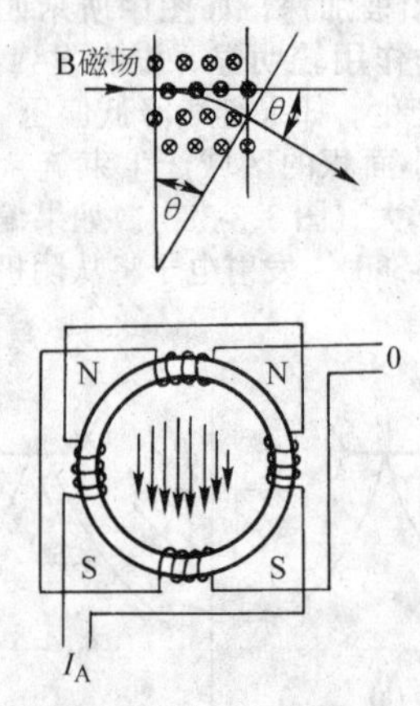

图 3.8-40 电磁偏转系统原理

5）合轴 由于电子枪的静电透镜和电磁透镜的各部件同轴误差，将产生束流斑点的畸变，因此采用合轴系统来校准束流。合轴与偏转系统类似，合轴线圈一般安装在静电透镜处，其产生的磁场轻微偏转从轴线上发射的束流，从而弥补机械不同轴造成的偏差。

除此之外，为了获得较好的束流品质，还需对电子束产生的各种像差进行消除，从而得到电子束的斑点更圆，能量密度分布更好。

2.4.2 运动系统

运动系统包括工作台、转台、尾座和夹具等，实现工件与电子束的相对运动，焊缝轨迹控制。对于动枪系统来说，工作台主要实现电子枪沿 X、Y 和 Z 向运动，而工件不做线性运动。对于定枪系统，工作台主要实现工件的沿 X、Y 线性运动和旋转运动，一般很少在 Z 向运动，如图 3.8-41 所示。转台可沿 X 向、Z 向，或从 X 轴到 Z 轴之间倾斜任意角度作旋转运动。

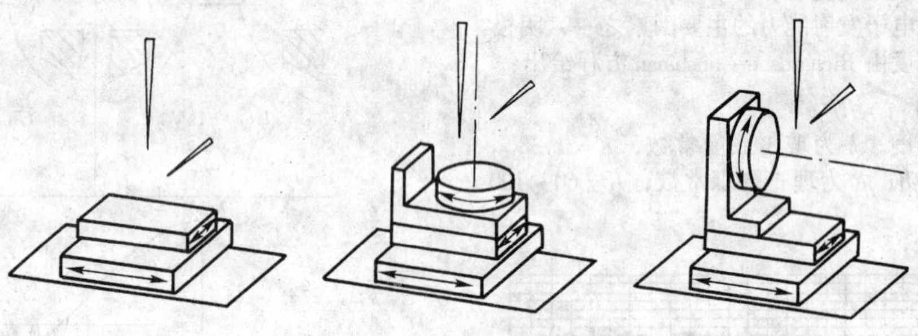

图 3.8-41 运动系统示意图

为了获得较高的运动精度，X、Y 工作台运动副通常采用滚珠丝杠和精密导轨结构。平台上设计 T 形槽供装夹零件或安装转台和尾座；转台采用精密减速机构，如蜗轮－蜗杆结构等，防止反向间隙，达到精确定位和平稳旋转的要求。工作台和转台采用伺服电机驱动，并配以位置测量元件（编码器）测量工作台运动的实际位置，并通过数控系统加以补偿，从而可获得很高的定位精度。一般工作台可移出到真空室外的引出平台上进行零件的装卸。图 3.8-42 所示为 X、Y 工作台上安装有带倾斜台的转台。

图 3.8-42 工作台和带倾斜台的转台

2.4.3 高压电源及控制系统

（1）高压电源及焊接参数控制

高压电源主要提供电子枪所需的加速电压、束流控制电压（也称偏压）及阴极加热电流。所有的高压转换器件均安装在充满变压器油的油箱中，以保证电气绝缘及元器件产生热量的散失。高压电源产生的高压经三芯同轴电缆连接到电子枪。

1）加速电压 加速电压（通常称为高压）是施加于阴极和阳极之间的负直流高压，在阴、阳极间形成静电场对电子进行加速。高压的稳定可靠性、波形的平滑特性等是保证电子束斑点质量的关键。为了获得直流高压电源，须将交流市电经整流和滤波形成稳定、平滑的负直流电压。高压电源获得方法经过了从工频、中频到高频的发展过程。在早期采用晶闸管直接调节电网输入电压，再经工频高压变压器升压到额定值，这种方法简单可靠，但对电网电压冲击较大，且变压器庞大，需加很大的滤波电容，从而纹波系数及电源储能确立较大。在 20 世纪 70 年代开始逐步采用了中频发动机－发电机组的方式，通过发电机产生 400 Hz 中频电压后，经高压变压器升压。电压频率的提高降低了变压器的体积，发电机组稳定、可靠，不受电网波动的影响，纹波及动态特性得到了一定程度的提高，所以至今仍是国产设备主要采用的方法。20 世纪 80 年代初西方先进的电子束焊接技术已开始进行电子束焊接开关式高压电源的技术研究，即通常所说的逆变电源，图 3.8-43 是电子束焊拉逆变式高压电源的原

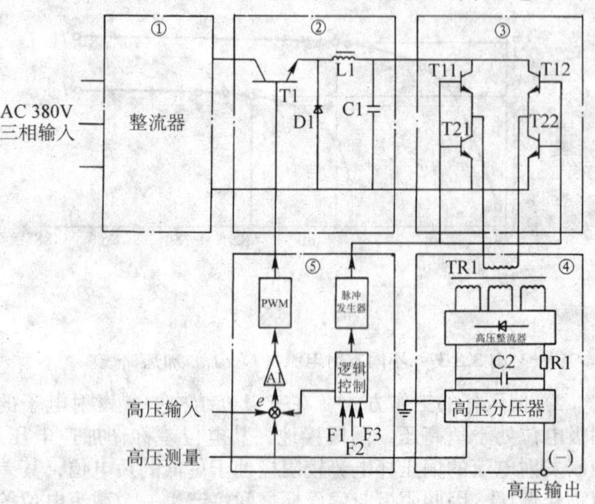

图 3.8-43 开关式高压电源原理框图

理框图，它主要由五部分组成，图中①、②、③、④、⑤所示。

① 变压整流部分　将三相市电经变压器及整流、滤波处理产生直流电压 V；

② 电压变换电路　通过开关管 T1 的通断控制，将直流电压信号变换成方波信号，由高压测量值和设定值的差值经 PWM 调节控制其占空比，从而控制变换器的输出电压从 0 V 到其最大值 V；

③ 全桥逆变功率转换电压　在图中四只二组相对的开关管 T11 和 T22，或 T12 和 T21 同时工作，周期性地导通或关闭，从而形成幅值为 $\pm V$ 的方波，其频率常采用 20 kHz；

④ 高压油箱　产生的方波经高频、高压变压器升压（通常达到 20 kV），并经倍压整流和滤波至额定的工作电压；

⑤ 控制部分　实现接口控制、参数 PWM 调节控制、过压和过流保护等功能。

这种高压电源大大提高了电源的纹波特性、减小了电源中能量的储存、动态响应速度，而且还降低了高压油箱的体积和重量。目前先进的电子束焊接设备均采用此类电源技术。

2）偏压电源　三极枪结构中的偏压主要用来控制束流的大小。施加于偏压杯上的偏压，相对于阴极具有更“负”的电位，最低可达 -3 000 V，应用范围常在 100 ~ 2 000 V，应能连续可调。与高压电源类似，偏压电源也是采用变压器来隔离高压，并升压，经整流滤波获得稳定的直流偏压。偏压电源现也常采用逆逆变电源的方法，提高输入电压的频率，并通过有效的反馈控制，保证束流的稳定性。

3）阴极加热电源　阴极加热电源应采用稳定的直流电源，对于直热式阴极，根据阴极加热面积大小和厚度，调节其加热功率，通常电源的电压约为几伏特，电流最大约为 50 A 之内。对于间热式阴极，除加热灯丝电源外，还需要阴极轰击电源，其电压较高，而电流很小。

高压电源中高压、偏压和灯丝电源的控制是统一的、不可分割整体，特别是高压和束流的控制，不但相互影响，而且与电子枪的阴极、阳极和聚束极的形状、相对位置等有密切的关系。除了高压、束流、灯丝加热电流控制外，电子束焊接参数还包括聚焦、合轴、偏转等参数的控制，这些参数的控制电路基本类似，均为恒流源电路，要求稳定度较高。

（2）电气控制

电子束焊机的控制系统主要用来实现操作逻辑关系、工件运动、电子束焊接参数等控制功能。早期的电子束焊机普遍使用分立元件实现真空、运动系统、设备操作等逻辑关系的控制。随着计算机技术的发展，功能强大、性能稳定的可编程控制器（PLC）和数控系统 CNC 已大量应用在电子束焊机中，图 3.8-44 所示为一种典型的电子束焊接设备控制组成，PLC 和 CNC 已通过接口连接成一个整体，控制系统的集成度大大提高，不但提高了稳定可靠性，而且操作简便。

在电子束焊机中，PLC 可实现的功能主要包括：

1）真空系统的自动控制　通过真空度高低，根据真空系统的工作要求，自动控制各真空泵和真空阀门的开启和关闭顺序，并对真空泵和真空阀门的状态进行监控，并可提供真空系统的维护信息，如真空油的更换，下次维护的时间等；

2）设备操作逻辑关系控制　实现抽真空、零件装夹过程操作、手动和自动焊接等操作的逻辑互锁关系，保证在电子束焊接过程中，由于操作者的误操作而不导致设备故障和损坏；

3）运动系统的逻辑控制　监控运动系统的电气状态、机械位置，控制工件的运动；

4）参数控制　控制各个焊接参数的互锁关系，设定和显示焊接参数，如灯丝加热电流、偏转参数、合轴等参数；

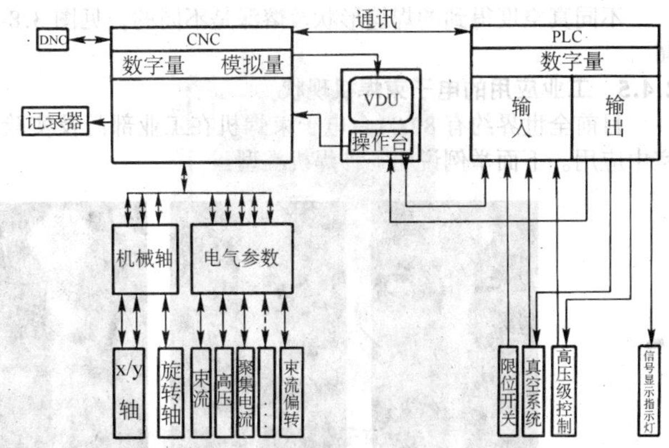

图 3.8-44　电子束焊机的 CNC 和 PLC 控制框图

5）焊接过程控制　焊接过程中机械运动、电气参数等控制指令实现，焊接参数的设定和显示，焊接参数的存储和调用。

PLC 系统因其强大功能已成为现代电子束焊机的关键控制元件，成为不可或缺的部分。

电子束焊机中的 CNC 系统不但要实现运动系统各坐标轴的准确定位、匀速运动的功能，而且需实现大量的焊接参数的监控功能，因此电子束焊机中的 CNC 系统要求具备更高的运算速度，以便在电子束焊接过程中，实时地测量焊接位置，并根据其位置的变化改变主要焊接参数，以满足电子束焊接的一些特殊需求，如环形焊缝的结束段的参数控制、空间焊缝的焊接、变截面零件的电子束焊接。

2.4.4　工作室及抽真空系统

真空电子束焊机的工作室尺寸由焊件大小或应用范围而定。真空室的设计一方面应满足气密性要求（视真空水平而定）；另一方面应满足刚度要求；此外还要满足 X 射线防护需要。

真空室上通常开一个或几个窗口用以观察内部焊件及焊接情况。观察窗采用一定厚度的铅玻璃以隔绝 X 射线。

电子束焊机的真空系统一般分为两部分：电子枪抽真空系统和工作室抽真空系统。

电子枪的高真空可通过机械泵与扩散泵配合获得。但目前的新趋势是采用涡轮分子泵，其极限真空度更高，无油蒸气污染，不需预热，节省抽真空时间。

工作室真空度可在 $10^{-1} \sim 10^{-3}$ Pa 之间。较低真空可用机械泵加罗茨泵获得，高真空则采用机械泵及扩散泵系统。图 3.8-45 为真空系统原理框图。

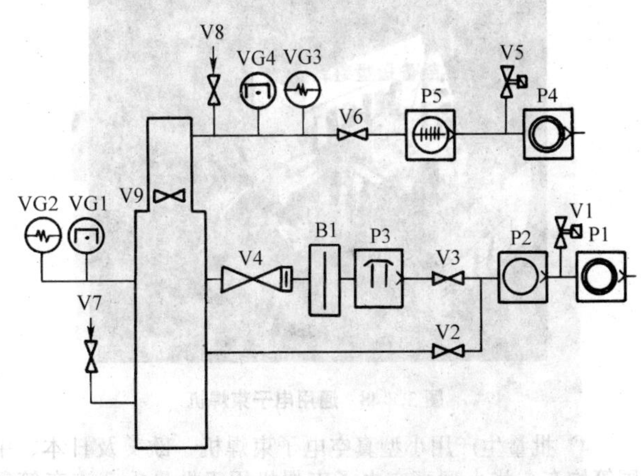

图 3.8-45　真空系统原理框图

P1、P4—旋片泵；P2—罗茨泵；P3—油扩散泵；P5—分子泵；VG1 ~ VG4—真空规管；V1 ~ V9—阀门

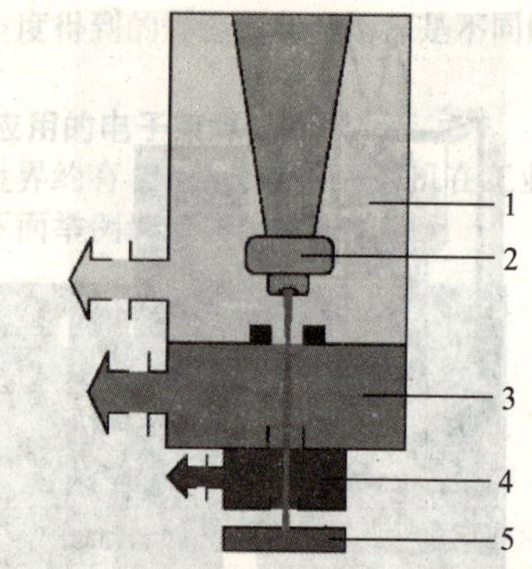

图 3.8-59　非真空电子束焊接电子枪示意图

1—枪室；2—绝缘子；3、4—分级真空；5—工件

图 3.8-60　非真空电子束焊机（PTR）

国际几家电子束焊机生产公司：德国 Steigerwald Strahltechnik GmbH（SST）、PTR Präzisionstechnik GmbH、法国 TECHMETA、乌克兰 E.O.Paton Electric Welding Institute、英国 Cambridge Vacuum Engineering（CVE）及国内北京航空制造工程研究所即航空 625 所（BAMTRI）生产的主要设备列于表 3.8-19 ~ 表 3.8-24。

表 3.8-19　Steigerwald Strahltechnik（SST）电子束焊机

（1）电子枪型号及其主要技术参数

参数		电子枪型号							
		GN50 TM/KM	GN100 KM/KM	GN150 TM/KM	GM50 BM	G100 KM	G150 KM	G300 KM/KML	G600 KM/KML
加速电压	kV		70				70 ~ 150		
最大功率	kW	5	10	15	5	10	15	30	60
最大束流	mA	72	143	215	30①	66①	100①	200①	400①
最大工作距离②	mm	800	800	800	fix	1 500	1 500	1 200	1 200
束流直径③									
200	mm	0.4	0.45	0.5	0.1④	0.2	0.25	0.4	0.6
500	mm	0.6	0.7	0.8		0.3	0.4	0.6	0.9
最大偏转角									
静态	(°)		±3		±3		±3		
动态	(°)		±2		±1.5		±2		
更换灯丝后束流偏远离（工作距离 200 mm）	mm		±0.1				±0.05		

（2）典型真空室的技术参数（其他可根据用户需求确定）

真空室									
型号		K08	K15	K30	K60	K100/1	K100/2	K175	K200
真空室尺寸									
容积	m^3	0.86	1.5	3.0	6.0	11.3	11.3	17.6	20.6
长　X	mm	1 200	1 340	1 600	3 200	2 700	2 700	2 600	4 300
宽　Y	mm	750	900	1 250	1 250	2 000	2 000	2 600	2 000
高　Z	mm	950	1 250	1 500	1 500	2 100	2 100	2 600	2 400
工作台									
平台　X	mm	510	640	780	1 580	1 700	1 325	1 275	2 100
Y	mm	530	420	600	650	1 200	975	1 275	1 000
工作台上高度	mm	700	850	1 050	1 050	1 600	1 600	2 000	1 900
速度范围 X/Y	mm/s	1 ~ 100	1 ~ 100	1 ~ 100	1 ~ 100	1 ~ 100	1 ~ 100	1 ~ 100	1 ~ 100
最大载重量	daN	400	1 000	1 200	1 500	3 000	3 000	3 000	5 500
真空系统									
抽空时间									
-2×10^{-2} mbar⑤	min	2	4	5	7	7	7	8	7
-7×10^{-4} mbar	min	3	7	7	8	12	12	17	18
用低温泵						8	8	13	14

① $U_a > 80$ kV；

② 工作距离指真空室到焦点的距离；

③ 最大束流时；

④ 工作距离为 150 mm。

⑤ 1 bar = 10^5 Pa。

表 3.8-20　PTR Präzisionstechnik GmbH 电子束焊机

(1) 电子枪技术参数

电压：60 kV	功率：1 ~ 30 kW	定枪或动枪
电压：150 kV	功率：7.5 ~ 60 kW	定枪或室外小范围运动
电压：150 kV	功率：15 ~ 40 kW	非真空电子束焊用

(2) 典型真空室的技术参数（其他可根据用户需求确定）

真空室									
型号　EBW -		40	80	300	600	1 200	3 000	5 000	8 000
真空室尺寸									
容积	L	40	80	300	600	1 200	3 000	5 000	8 000
长　X	mm	400	600	800	1 100	1 400	1 700	2 350	2 500
宽　Y	mm	300	350	600	750	900	1 250	1 400	1 750
高　Z	mm	300	400	600	800	1 000	1 450	1 500	1 900
工作台									
平台　X	mm	200	300	400	500	700	850	11 500	1 200
Y	mm	200	300	450	355	400	575	600	750
工作台上高度	mm	230	230	500	550	675		1 100	1 200
速度范围 X/Y	mm/s	0.02 ~ 100	0.02 ~ 100	0.02 ~ 100	0.02 ~ 100	0.02 ~ 100	0.02 ~ 100	0.02 ~ 100	0.02 ~ 100
最大载重量	N	150	250	400	1 500	5 000	10 000	15 000	20 000
真空系统									
抽空时间									
-5×10^{-2} mbar①	s	25	25	60	60				
-5×10^{-4} mbar	s	100	100	150	90				

① 1 bar = 10^5 Pa。

表 3.8-21　E.O.Paton Electric Welding Institute 电子束焊机

(1) 电子枪型号及其主要技术参数

参　数		ELA - 3	ELA - 15	ELA - 30B	ELA - 30/45	ELA - 60	ELA - 120/6	ELA - 120B
最大功率	kW	3	15	30	45	60	6	120
最大加速电压	kV	60	60	60	30	60	120	120
束流范围	mA	0.1 ~ 50	0.1 ~ 250	0.1 ~ 500	0.1 ~ 1 500	0.1 ~ 1 000	0.1 ~ 50	0.1 ~ 1 000
高压/束流稳定度	%	0.5						
最大偏转角	(°)	± 7						
工作距离	mm	100 ~ 300						
最大焊接深度								
钢	mm	10	50	75	电子束熔炼、蒸发	100	15	250
钛及其合金	mm	15	80	110		150	20	400
铝合金	mm	20	120	150		200	35	450

(2) 典型真空室的技术参数

型　号		Model 101	Model 102	Model 105	KL - 109 KL - 110	EWS - 101	EWS - 104
用　途		高真空电子束焊机				双金属锯片电子束焊	局部真空电子束焊
真空室尺寸							
容积	m^3	3.7	12	20.25	31.25		
长　X	mm	1 400	3 000	2 700	5 000		
宽　Y	mm	2 400	2 000	2 500	2 500		
高　Z	mm	1 100	2 000	3 000	2 500		
配套电子枪		60 kV、定枪	60 kV、动枪			120 kV、双枪	60 kV
配套观察系统		RASTR - 3	RASTR - 3	RASTR - 4	RASTR		VCU
工作台载重量	kg	500	1 000	3 000	2 500		
抽真空时间							
-2×10^{-4} Torr①	min	8	20	25	45		8

① 1 Torr = 133.322 Pa。

表 3.8-22　TECHMETA 电子束焊机

型　号	焊接室尺寸/mm	电子枪功率 （加速电压 70 kV，工作电压 60 kV）
MEDARD 43	350 × 350 × 350	3 kW，6 kW
MEDARD 45	500 × 500 × 500	3 kW，6 kW
MEDARD 48	600 × 600 × 600	3 kW，6 kW
LARA 系列	从 350 × 600 × 800 到 1 200 × 1 500 × 3 000	6 kW，15 kW，30 kW
GENOVA	从 1 500 × 1 500 × 2 000 到 6 000 × 6 000 × 8 000	6 kW，15 kW，30 kW，50 kW，75 kW
NORMA 32	10 m^3	30 kW
BARI44	15×10^{-3} m^3	6 kW
三金属带专用焊机	带过渡段段连续焊接真空室	双电子枪 3 kW
Hypermachine	ϕ10 m × 12 m	75 kW 室内动枪

表 3.8-23　Cambridge Vacuum Engineering（CVE）电子束焊机

CVE 电子枪有三种形式：BW50/BW60，CW60，XW150			
BW501：50 kV，1 kW	小真空室	CW60：60 kV，1 ~ 15 kW	真空室 0.3 ~ 1 m^3
BW602：60 kV，2.4 kW	小真空室	XW150：150 kV，15 ~ 30 kW	大型真空室 – 54 m^3

表 3.8-24　航空 625 所（BAMTRI）电子束焊机

（1）电子枪　两个系列：Q – 60：60 kV，1 ~ 15 kW
Q – 150：150 kV，15 kW ~ 30 kW

（2）电子束焊机　三种形式：ZD60 – 系列中压电子束焊机；
ZD150 – 系列高压电子束焊机；
ZD60 – C/ZD150 – C 合作生产电子束焊机

（3）典型真空室的主要参数

真空室								
型号		ZD – 08	ZD5040	ZD60 – 6A	ZD60 – 8A	ZD150 – 15A	ZD150 – 15B	ZD150 – 30C
配套电子枪		20 kV　0.8 kW	50 kV　4 kW	60 kV　6 kW	60 kV　8 kW	150 kV　15 kW	150 kV　15 kW	150 kV　30 kW
真空室尺寸								
容积	m^3	0.009	0.125	0.48	0.48	9	1	11
长　X	mm	300	500	1 000	1 000	3 000	1 300	5 150
宽　Y	mm	300	500	600	600	1 500	800	1 300
高　Z	mm	300	500	800	800	2 000	1 000	1 650
工作台								
平台　X	mm		300	400	500	700	850	2 800
Y	mm		300	450	355	400	575	600
工作台上高度	mm		230	500	550	675		1 100
速度范围 X/Y	mm/s		0.02 ~ 100	0.02 ~ 100	0.02 ~ 100	0.02 ~ 100	0.02 ~ 100	0.02 ~ 100
最大载重量	N		250	400	1 500	5 000	10 000	15 000
真空系统								
抽空时间								
-5×10^{-2} Pa	min	30 s	45 s	3 min	3 min	15 min	5 min	20 min

2.5　电子束焊的焊接工艺

2.5.1　电子束焊的焊接参数

电子束的主要焊接参数为加速电压 U_a，电子束流 I_b，聚焦电流 I_f，焊接速度 V_b 及工作距离 H。

（1）加速电压

在大多数电子束焊中，加速电压参数往往不变，根据电子枪的类型（低、中、高压）通常选取某一数值，如 60 kV 或 150 kV。在相同的功率、不同的加速电压下，所得焊缝深度和形状是不同的。提高加速电压可增加焊缝的熔深。当焊接大厚件并要求得到窄而平行的焊缝或电子枪与焊件的距离较大时可提高加速电压。

(2) 电子束流（简称束流）

束流与加速电压一起决定着电子束的功率。在电子束焊中，由于电压基本不变，所以为满足不同的焊接工艺需要，常常要调整束流值。这些调整包括以下几方面：

1) 在焊接环缝时，要控制束流的递增、递减，以获得良好的起始、收尾搭接处质量；

2) 在焊接各种不同厚度的材料时，要改变束流，以得到不同的熔深；

3) 在焊接大厚件时，由于焊接速度较低，随着焊件温度的增加，焊接电流需逐渐减小。

(3) 焊接速度

焊接速度和电子束功率一起决定着焊缝的熔深、焊缝宽度以及被焊材料熔池行为（冷却、凝固及焊缝熔合线形状）。

(4) 聚焦电流

电子束焊时，相对于焊件表面而言，电子束的聚焦位置有上焦点、下焦点和表面焦点三种，焦点位置对焊缝形状影响很大。根据被焊材料的焊接速度、焊缝接头间隙等决定聚焦位置，进而确定电子束斑点大小。

当焊件被焊厚度大于10 mm时，通常采用下焦点焊（即焦点处于焊件表面的下部），且焦点在焊缝熔深的30%处。当焊接厚度大于50 mm时，焦点在焊缝熔深的50%～75%之间更合适。

(5) 工作距离

焊件表面与电子枪的工作距离会影响到电子束的聚焦程度，工作距离变小时，电子束的压缩比增大，使电子束斑点直径变小，增加了电子束功率密度。但工作距离太小会使过多的金属蒸气进入枪体造成放电，因而在不影响电子枪的稳定工作的前提下，可以采用尽可能短的工作距离。

2.5.2 获得深熔焊的工艺方法

电子束焊的最大优点是具有深穿透效应。为了保证获得深穿透效果，除了选择合适的电子束焊焊接参数外，还可以采取如下的一些工艺方法：

1) 电子束水平入射焊　当焊接熔深超过100 mm时，往往采用电子束水平入射，侧向焊接方法进行焊接。因为水平入射侧向焊接时，液态金属在重力作用下，流向偏离电子束轰击路径的方向，其对小孔通道的封堵作用降低，此时的焊接方向可以是自下而上或是横向水平施焊。

2) 脉冲电子束焊　在同样功率下，采用脉冲电子束焊，可有效地增加熔深。因为脉冲电子束的峰值功率比直流电子束高得多，使焊缝获得高得多的峰值温度，金属蒸发速率会以高出一个数量级的比例提高。脉冲焊可产生更多的金属蒸气，蒸气反作用力增大，小孔效应增加。

3) 变焦电子束焊　极高的功率密度是获得深熔焊的基本条件。电子束功率密度最高的区域在其焦点上。在焊接大厚度焊件时，可使焦点位置随着焊件的熔化速度变化而改变，始终以最大功率密度的电子束轰击待焊金属。但由于变焦的频率、波形、幅值等参数是与电子束功率密度、焊件厚度、母材金属和焊接速度有关的，所以手工操作起来比较复杂，宜采用计算机自动控制。

4) 焊件焊前预热或预置坡口　焊件在焊前被预热，可减少焊接时热量沿焊缝横向的热传导损失，有利于增加熔深。有些高强度钢焊前预热，还可以减少焊后裂纹倾向。在深熔焊时，往往有一定量的金属堆积在焊缝表面，如果预开坡口，则这些金属会填充坡口，相当于增加了熔深。另外，如果结构允许，尽量采用穿透焊，因为液态金属的一部分可以在焊件的下表面流出，以减少熔化金属在接头表面的堆积，减少液态金属的封口效应，增加熔深，减少焊根缺陷。

2.6 电子束焊接接头的组织

焊接接头的组织取决于焊接热循环和接头冷却过程中发生的转变。电子束焊接时温度分布的特点是：焊缝横向的，特别是束前的温度梯度很大。在距焊缝中心线5 mm、10 mm、20 mm、30 mm处的最高温度分别为1 200℃，650℃，180℃，100℃。加热速度可达1 000℃/s。在相变温度区间，冷却速度可达400～500℃/s。由于焊缝熔合线实际上是平行的，因此可以认为，被焊金属深处的温度分布与表面测得的温度相似。

与其他的焊接方法一样，电子束焊的接头也有焊缝、近缝区（熔合区）、热影响区。焊缝金属被加热到熔点以上，冷却后便形成马氏体或近马氏体铸造合金片状组织。

2.7 电子束焊接接头的残余应力

与其他焊接方法一样，电子束焊接接头通常存在很大残余应力。焊接残余应力将会导致焊接构件工作能力和可靠性的降低并引起变形。

以厚75 mm的俄罗斯BT6ч钛合金毛坯电子束焊后残余应力分布的定量数据作为示例。采用专门的X射线衍射仪，对图3.8-61试件的应力进行了测定。

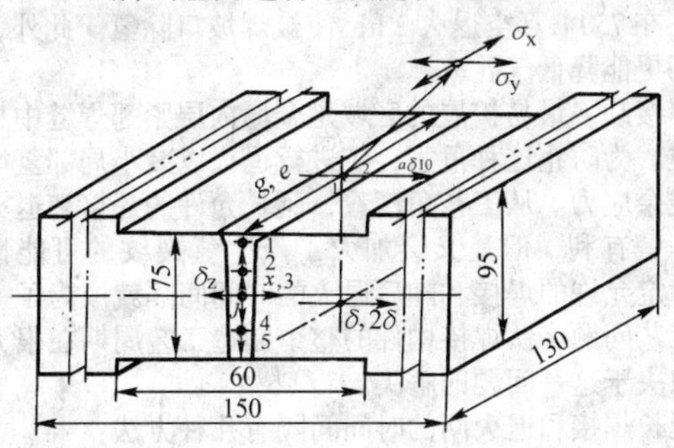

图3.8-61　用于测定电子束焊接接头残余应力的试件

结果表明电子束焊接头上部的纵向应力 σ_x 在焊缝中心处最大。应力最大值达到BT6ч合金的屈服点，此外在距焊缝中心线5 mm和15 mm处观察到两个次大值。接头上部横向应力 σ_y 在焊缝中心附近最小。而在距焊缝中心线14～16 mm处最大。焊缝根部横向残余应力的形式与接头上不相同；焊缝中心处的纵向应力则不是最大值。从纵向剖面分析，纵向应力沿焊缝的分布是试件中间处应力最大，并向两边迅速减小。所测的横向应力均为负值。在毛坯断面测的垂向应力 σ_z 也小于纵向应力和横向应力。

电子束焊的焊接接残余应力随焊接件厚度的增大而增加。而且当厚度100～200 mm时，可能大大超过了材料允许使用的应力而达到屈服点。减小残余应力的方法是焊后尽早对焊接结构进行完全退火处理，以避免生成裂纹。如果这道工序是中间工序，可进行不完全退火处理，而且对于许多合金，均可在空气中退火。但最终热处理必须在真空中进行。真空退火后的残余应力水平在测量误差范围内，即应力实际上已经全部消除。

2.8 钛合金的电子束焊

钛合金的电子束焊常见缺陷是气孔和氢脆。焊接接头要使用性能可靠，必须具有高疲劳强度，低残余应力，以及无氢脆现象。决定焊接接头疲劳强度的条件之一是减小焊缝材料在焊接过程中产生的气孔的数量和尺寸，因为气孔易造成应力集中。当结构件受到循环载荷作用时，气孔可能会成为裂纹源。

关于电子束焊接时产生气孔的原因有不同的解释。一种解释是认为产生气孔的主要原因，由于污染和用含碳液体清洗而落到金属表面，在焊缝表面吸附一层水气和含碳分子。还有就是基体金属材料本身含有的气体（主要是氢气）在熔融过程中形成气孔。

钛合金中氢含量按照技术应小于0.01%（质量分数）；在半成品中氢含量不应超过0.005%～0.006%（质量分数）。虽然含氢量很小，但是在焊接过程中，氢在金属中会出现分布，形成氢的峰值。研究结果表明，此时的氢含量是平均含量的3～10倍。氢脆的发展，除有足够的氢含量外，还必须有拉伸应力，高应力集中点以及氢与拉伸应力共同对金属的作用的一段时间。

经研究表明，气孔率指数与绝对气孔率（截面表面的气孔数量）取决于溶于基体金属中的氢的浓度。随着氢浓度含量的增加，气孔率指数与绝对气孔率均增加。气孔率指数增长得更快些，这是因为随着氢浓度的增加，大气孔的相对数量也在增加。电子束焊缝中气孔的形成是一个复杂的过程，吸附在被焊坡口表面的杂质和溶解于基体金属中的氢。焊缝的气孔率取决于焊前坡口清理，电子束焊接规范及被焊金属中氢的浓度。

降低气孔率的实际措施有：①以18～24 m/h的速度进行焊接；②采用含氢量少的金属材料作为焊接结构件；③焊前将毛坯在750℃真空退火2 h，使被焊坡口除氢。此外，刮削比铣切更能降低气孔率。

焊接缺陷最易扩展的区域是金属内层紧邻焊缝中央平面的部位。为防止这种危害，应进行退火以减小局部氢峰值和消除残余应力。从工艺角度看，延长允许的焊接和退火的时间间隔是有利，但是又会加大了产生氢裂纹的可能性。因此，确定允许的焊接和随后退火的时间间隔就成为了一个重要的工艺问题。钛焊接构件的整个制造工艺周期在很大程度上都取决于这一问题的解决。

延长焊接和退火间的时间间隔有几种方法：

1）尽可能降低被焊半成品中氢的总含量。在电子束焊前对坡口边进行真空退火再刮削，使坡口边的氢含量不应超过0.005%。

2）选择合适的电子束焊接规范，使产生的缺陷数量尽可能少，而且缺陷的尺寸尽可能小。

3）选择合适的电子束焊接规范，使所产生的氢峰值最小，距熔合线距离最大。

4）为防延迟断裂，结构上的应力集中点必须离焊缝25～30 mm以上。

5）电子束焊焊后立即用散焦电子束对接头进行局部退火处理，以降低残余应力。

前两种方法还有利于减小出现氢脆的可能性，并改善了疲劳性能。

2.9　铝合金的电子束焊

与钢的焊接相比，铝合金焊接的最大困难是致密的氧化膜，此外是裂纹敏感性大，焊接温度下易吸氧，产生气孔等。

铝及其合金表面氧化膜主要是Al_2O_3，其对焊接的主要影响是：

1）较高的保护能力。因此，在氧化时会阻止铝与气体进一步相互作用。Al_2O_3氧化膜的保护能力主要取决于它的强度、塑性和致密性。

2）高的化学稳定性。不会分解及与其他固态金属相互作用，在焊接状态下实际上不可能从Al_2O_3恢复成铝的。

3）高的熔化温度（2 047℃）。在焊接时，氧化物不被熔化，且在更高温度下保持强度。

4）既不溶解于液态铝，也不溶解于固态铝，在一定的温度范围内，成分恒定，组织稳定，与多数化学试剂不发生反应。

5）较高的机械强度。厚0.1 μm时，σ_B = 200 MPa；塑性小、硬度高、脆性及非晶性也很高。

6）电阻高。

7）线胀系数比铝的小2/3。所以，在加热铝时，特别是达到熔化时，Al_2O_3不可避免地回出现裂纹。

8）最重要的一个特点是高吸附水蒸气的能力。被铝表层吸附的水蒸气能保持到很高的温度（当铝在真空中保持时可达到350℃）。

所以，在焊接铝时，必须去掉氧化膜。

电子束焊接铝合金：

1）电子束焊接与非熔化极氩弧焊、氧乙炔相比，焊接热处理强化铝合金，没有明显的软化。

2）铝合金的横向收缩和变形取决于熔化区的和热影响区的形状和尺寸。电子束焊接头的横向收缩是氩弧焊的1/4～1/5。随着焊接速度的增加，沿焊缝全长上横向收缩急剧减小。焊接含有镁、锌、锂等元素铝合金时，为了避免这些元素在焊接时的损耗，焊接速度应超过40 m/h。

3）采用电子束单道焊接时，凸边接头常用在无线电和仪表制造中；穿透焊接头可以是薄壁零件的平焊位置及小厚度和中等厚度金属的横焊位置；T形接头可用于厚小于或等于10 mm的金属；其他接头可用于小厚度、中等厚度和大厚度的金属。

4）电子束可成功地实现平焊、侧位焊和上坡焊。平焊既可以加垫板，也可不用垫板；侧位焊和上坡焊用水平电子束完成。仰位焊很少使用。

5）近年，为了满足航空航天领域的需求，研制出了一系列新型高强铝合金，如锂铝合金（其典型代表如俄1420、1421）、含加钪铝合金（其典型代表1421、1570）等。有些合金采用电子束焊接，可得到满意的焊接接头。电子束焊接接头的强度一般比电弧焊高10%～15%。

焊接锂铝合金时应特别注意接头的表面处理，采用机械化刮削、电化学浸蚀等使表面去掉0.2 mm。

2.10　电子束焊的应用实例

2.10.1　大厚件的电子束焊

在焊接大厚件方面，电子束具有得天独厚的优势。大功率电子束可一次穿透钢板300 mm。表3.8-25列出的是一些用电子束焊焊接大厚件的实例。

表3.8-25　大厚件电子束焊的焊接实例

名　称	母材金属	焊接参数	最大焊接深度/mm	说　明
JT－60反应堆的环形真空槽（图3.8-62a）	Inconel625	1）U_a = 150 kV I_b = 170 mA v_b = 270 mm/min 2）U_a = 150 kV I_b = 190 mA V_b = 200 mm/min	65	10个波纹管连成直径ϕ10 m的空心环；最大管径为中ϕ3m，全部采用电子束焊，焊后不加工
核反应堆大型线圈隔板(图3.8-62b)	14Mn 18Mn－N－V	U_a = 150 kV I_b = 270 mA V_b = 100 mm/min	150	全部采用电子束焊，焊后不加工
日本6 000 m级潜水探测器球体观察窗（图3.8-62c）	Ti－6Al－4V	U_a = 55 kV I_b = 400 mA v_b = 275 mm/min t = 6.5 min	80	采用电子束焊，焊后不加工

续表 3.8-25

名 称	母材金属	焊接参数	最大焊接深度/mm	说 明
大型传动齿轮(图3.8-62d)	535C 8NC22		100	焊前氩弧焊定位焊并用电子束预热，电子束焊后不加工

2.10.2 电子束焊在航空工业中的应用

(1) 电子束焊在飞机重要受力构件上的应用（见表 3.8-26）

F－14 战斗机钛合金中央翼盒是典型的电子束焊焊接结构。该翼盒长 7 m、宽 0.9 m，整个结构由 53 个钛合金件组成，共 70 条焊缝，用电子束焊焊接而成。焊接厚度为 12～57.2 mm，全部焊缝长达 55 m。电子束焊使整个结构减轻 270 kg。

C－5 是美国空军使用的大型运输机，该机的许多部件在设计时均未采用整体锻件，主起落架的设计精度高，因此电子束焊就成为一种可行的、经济的制造工艺方法，起落架

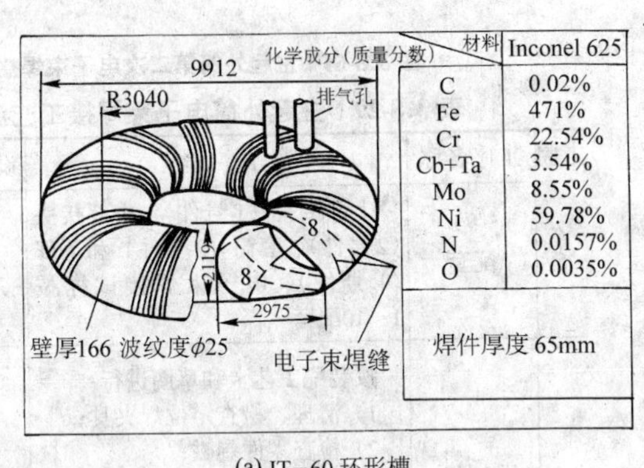

(a) JT－60 环形槽

(b) 核反应堆线圈壳体

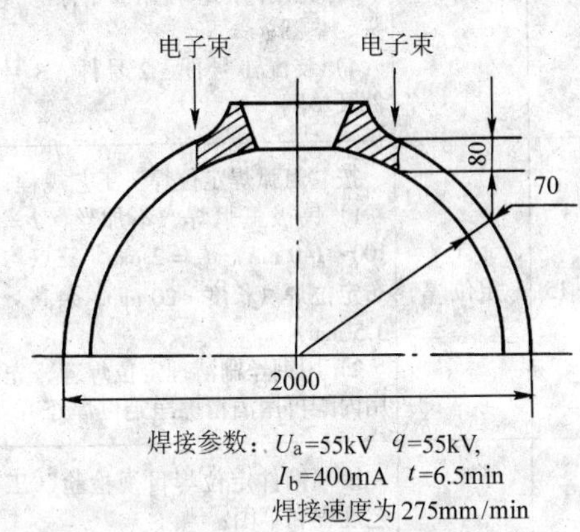

(c) 6000m 级潜水探测器

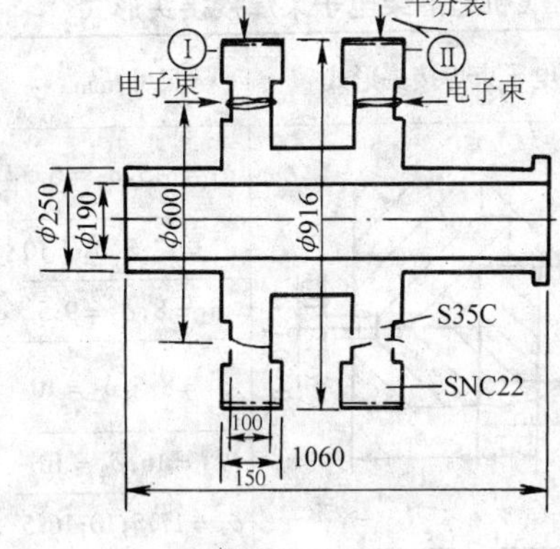

(d) 大型传动齿轮

图 3.8-62 大厚件电子束焊应用实例

减振支柱、肘支架、管状支架等均为 300M 钢（美国钢号）电子束焊焊接件。

F－22 是美国近年发展的战斗机。其机身段中经电子束焊焊接的钛合金焊缝长度达 87.6 m，厚度在 6.4～25 mm 之间。

以苏－27 飞机起落架部件为例，介绍一下飞机重要承力构件（高强度钢）真空电子束焊接技术：

1) 起落架部件的选材和接头形式 在苏－27 飞机起落架零件中，采用真空电子束焊接的零件见表 3.8-27。共有 13 条电子束焊缝，总长近 5 m。

表 3.8-26 电子束焊在飞机重要承力构件上的应用

国别及公司	机种型号	电子束焊焊接的重要受力构件
格鲁门公司（美）	F－14	钛合金中央翼盒
帕那维亚公司(英、德、意合作)	狂风	钛合金中央翼盒
波音公司(美)	B727	300M 钢起落架
格鲁门公司(美)	X－29	钛合金机翼大梁
洛克希德公司(美)	C－5	钛合金机翼大梁
达索．布雷盖公司(法)	幻影－2000	钛合金机翼壁板、大型钛合金长桁蒙皮壁板
伊留申设计局(前苏联)	ИЛ－86	高强度钢起落架构件
英、法合作	协和	推力杆
英、法合作	美州虎	尾翼平尾转轴
通用动力公司、格鲁门公司(美)	F－111	机翼支承结构梁
前苏联	Su－27	高强度钢起落架构件

表 3.8-27 苏－27 飞机起落架电子束焊接概况

序号	零件名称	母材牌号（俄）	焊缝类型	特检方法	焊缝数量/条
1	前起收放作动筒活塞杆	30ХГСА	Ⅰ级、PTM1.4.1380－84	ХТ，ИТ，МТ	1
2	前起活塞杆	30ХГСН2А	Ⅰ级、PTM1.4.1380－84	ХТ，ИТ，МТ	1

续表 3.8-27

序号	零件名称	母材牌号（俄）	焊缝类型	特检方法	焊缝数量/条
3	前起外筒	30XГCH2A	Ⅰ级、PTM1.4.1380－84	XT，ИT，MT	1×2件
4	主起收放作动筒活塞杆	30XГCA	Ⅰ级、PTM1.4.1380－84	XT，ИT，MT	1×2件
5	主起活塞杆	30XГCH2A	Ⅰ级、PTM1.4.1380－84	XT，ИT，MT	1×3件
6	主起外筒	30XГCH2A	Ⅰ级、PTM1.4.1380－84	XT，ИT，MT	3×2件

注：PTM1.4.1380－84 为工艺性指导文件；XT 为射线探伤，ИT 超声波探伤，MT 为磁粉探伤。

从表 3.8-27 可以看出，前、主起外筒和活塞杆以及前、主起收放作动筒活塞杆，采用高强（30XГCA）钢、超高强钢（30XГCH2A）两种材料，并且均经过真空冶炼，以确保材料质量。

苏－27 飞机起落架的真空电子束焊接接头形式为对接接头，接头反面采用加工工艺衬环的方法，焊接接头不开坡口。接头形式见表 3.8-28。

表 3.8-28 苏－27 飞机起落架电子束焊接接头形式

序号	零件名称	电子束焊接接头形式	尺寸/mm
1	前起收放作动筒活塞杆	（图：$\phi\frac{H9}{h8}$，δ_2，δ_1，0.3，0.3，0～0.1）	$\delta_1=8.5, \delta_2=6.5$
2	前起活塞杆		$\delta_1=12.5, \delta_2=10$
3	前起外筒		$\delta_1=8, \delta_2=9.5$
4	主起收放作动筒活塞杆		$\delta_1=8.5, \delta_2=10$
5	主起活塞杆		$\delta_1=16, \delta_2=10$
6	主起外筒		$\delta_1=17.5;10;16.5$

2）典型焊接结构的电子束焊接工艺技术 高强（30XГCA）钢和超高强钢（30XГCH2A）的焊接裂纹敏感性较大。采用在退火状态下焊接，焊后进行最终热处理，这样既可以防止焊接冷裂纹产生，又可获得设计要求的力学性能。

① 主起外筒 主起外筒的材料为 30XГCH2A，共有 3 条对接电子束焊缝。整体零件的焊接分两次，第一次焊接见图 3.8-63（以焊缝Ⅰ，Ⅱ将 1 号件、2 号件、3 号件焊成一体），第二次焊接见图 3.8-64（以焊缝Ⅲ将 1，2，3 号件与 4 号件焊成一体）。表 3.8-29 和表 3.8-30 分别列举出主起外筒电子束焊接及热处理典型工艺流程。

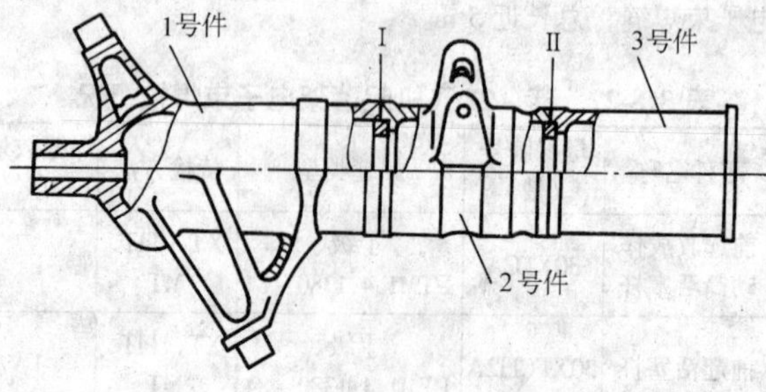

图 3.8-63 主起外筒第一次电子束焊接

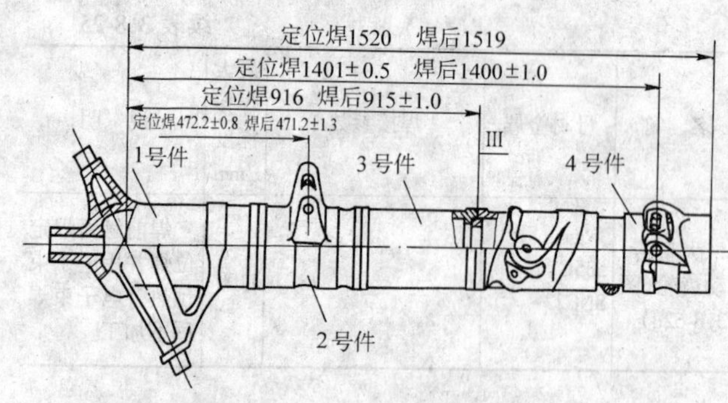

图 3.8-64 主起外筒第二次电子束焊接

表 3.8-29 主起外筒电子束焊接工艺流程

工序	工序名称	工序内容	设备工装及辅材
5	配套	上部接头（1 号件）、中部接头（2 号件）、套筒（3 号件）和下部（4 号件）、电子束焊接试样按 1：10配套	
10	装配	按装配工艺卡和草图进行； 1）清理、检查定位焊夹具； 2）检查零件剩磁； 3）先用丙酮，再用酒精擦净接头、垫圈； 4）装配 1 号件、2 号件、3 号件及垫圈	定位焊夹具 XП－1M 仪器 厚棉布，定位焊夹具
15	定位焊	按“氩弧焊定位焊”工艺规程； 1）钨极氩弧焊，不加丝，$I=100\sim140$ mA，$d_w=2$ mm，三点均布定位焊（长度＜20 mm，余高＜0.5 mm） 2）用钢丝刷清理定位焊缝，先用丙酮再用酒精擦净定位焊处	直流氩弧焊机 钍钨丝 厚棉布
20	检验	按“钢件定位焊目视检验”工艺规程和草图： 1）定位尺寸：（472.2±0.8）mm，40°12′±1°，（48±1）mm，接头间隙0～0.1 mm； 2）定位焊点质量，外圆跳动＜0.3 mm	电子束焊机转台
25	焊接（电子束）	按熔焊工序卡进行； 1）焊前用焊接工艺试样修正焊接规范； 2）焊前先用丙酮后用酒精擦净接头表面； 3）焊接： 焊缝Ⅰ：$U=90$ kV，$I_b=72\sim55$ mA，$V=12$ m/h 焊缝Ⅱ：$U=90$ kV，$I_b=78\sim60$ mA，$V=12$ m/h； 4）真空度$6.7\times10^{-3}\sim1.3\times10^{-2}$ Pa； 5）焊工打焊接钢印	厚棉布 电子束焊机
30	高温回火	按“30XГCA 和 30XГCH2A 钢组件高温回火”工艺规程： 1）焊后 10 min 内进炉； 2）加热温度 640～680℃，保温时间≥30min	立式空气炉

续表 3.8-29

工序	工序名称	工序内容	设备工装及辅材
35	检验	1）检验焊工钢印，检验回火质量； 2）按"焊缝目视检验"工艺规程检查焊缝； 3）检查焊接尺寸： （471.2 ± 1.3）mm，40°12′ ± 1°，（48 ± 1）mm，外圆跳动 < 0.6 mm	检具
40	机加	按机加工艺规程； 加工焊缝表面，镗磨垫圈	
45	X射线探伤	检验Ⅰ，Ⅱ焊缝质量	X光机
50	装配	按装配工艺卡和草图： 1）检查定位焊夹具； 2）检查零件剩磁； 3）先用丙酮，再用酒精清洗和擦净接头、垫圈； 4）装配 1/2/3 零件和 4 号零件及垫圈；	XП－1M仪器 定位焊夹具
55	定位焊	按"氩弧焊定位焊"工艺规程； 同工序 15	同工序 15
60	检验	按"钢件定位焊目视检验"工艺规程和草图： 1）定位尺寸 （1 401 ± 0.5）mm，40°12′ ± 1°，接头间隙 0～0.1 mm； 2）定位焊点质量，外圆跳动 < 0.5 mm	定位焊夹具 电子束焊机转台
70	焊接 （电子束）	按熔焊工序卡进行； 1）焊前用焊接工艺试样修正焊接规范； 2）焊前先用丙酮，后用酒精清洗和擦净接头表面； 3）焊接： 焊缝Ⅲ：U = 90 kV，I_b = 68～65 mA，V = 12 m/h； 真空度 6.7×10^{-3}～1.3×10^{-2} Pa； 4）焊工打焊接钢印	电子束焊机
75	高温回火	按"30XГCA 和 30XГCH2A 钢零件高温回火"工艺规程： 1）焊后 10 min 内进炉； 2）加热温度 640～680℃，保温时间≥30 min	立式空气炉
80	矫正外筒	按 ПИ9－83 和草图： 1）冷矫正按"焊接组件热前冷矫正"进行； 2）热矫正按"焊接组件局部加热矫正"进行；	压力机 气焊枪
85	检验	1）检验焊工钢印，检查回火质量； 2）按"焊缝目视检验"工艺规程检查焊缝； 3）检查焊接尺寸：（1 400 ± 1）mm，40°12′ ± 1°，（48 ± 1）mm，外圆跳动 < 1.2 mm	检具 检具
90	吹砂	吹焊缝	
95	机加	按机加工艺规程去余量加工	

续表 3.8-29

工序	工序名称	工序内容	设备工装及辅材
100	检验	按"焊缝目视检验"工艺规程检查焊缝	
105	X光探伤	检验焊缝Ⅲ内部质量	X光机
110	热处理	使材料强度达到 σ_b = 1 570～1 810 MPa，吹砂	热处理设备
115	磁力探伤	焊缝表面	磁力探伤机
120	超声波探伤	检查焊缝Ⅰ，Ⅱ和Ⅲ质量	超声探伤仪

表 3.8-30　主起外筒热处理工艺

序号	工序名称		设备	工作状态		介质
				温度/℃	时间	
5	外观检查					
10	涂敷螺纹					
15	预热	加热	立式炉	600～680		空气
		保温		600～680	60 min	
20	淬火	加热	立式炉	900 ± 10		空气
		保温		900 ± 10	60 min	
		冷却		20～70		油
25	状态检验					
30	清洗油					
35	回火	加热	立式炉	290 ± 10	3h	空气
		保温		290 ± 10		
		冷却		室温		
40	状态检验					
45	打磨					
50	硬度检验 100%		加载 750 kg			
55	吹砂					
60	磨削后回火					

② 起收放作动筒活塞杆　起收放作动筒活塞杆材料为 30XГCA 钢，有一条电子束焊缝，其简图见图 3.8-65。其电子束焊接工艺流程和热处理工艺与主起外筒相似。

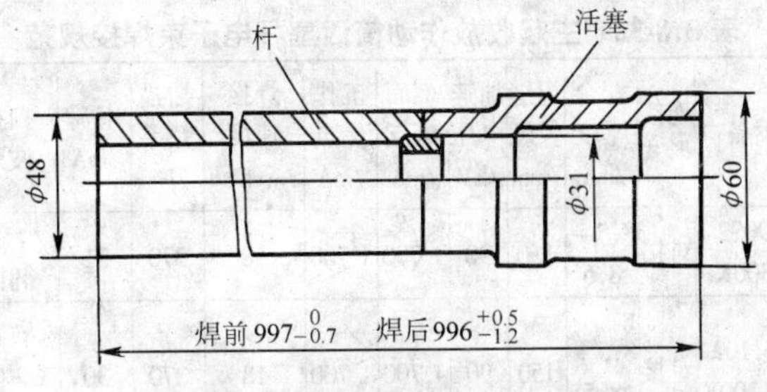

图 3.8-65　主起收放活塞杆电子束焊接

3）苏－27 飞机起落架零件电子束焊工艺技术分析

① 电子束焊所涉及的两种材料焊接性较差，主要焊接缺陷是裂纹。据资料介绍，高强结构钢中的热裂纹仅占 10%，而冷裂纹占 90%。冷裂纹经常发生在焊接接头的热影响区。电子束焊接试验研究证明，材料中微量元素超标，不良锻造组织（如晶粒度大于 4 级）都会导致焊接性恶化。因此苏－27 飞机中用于起落架外筒、活塞杆承力构件的两种

材料皆采用真空熔炼工艺，以达到提高材料纯度、控制有害微量元素的含量（如S，P，Cu等）进而改善焊接性的目的。

② 起落架电子束焊接零件焊前准备特点

a）焊接接头焊前的清理要仔细（见表3.8-30）

b）电子束焊接接头形式（见表3.8-28图）。

保证0~0.1 mm的接头装配间隙。由于电子束焊接时电子束焦点直径很小（对于高压电子束来说一般约0.2 mm左右），若装配间隙过大，严重时会形成切割，一般则易于造成正面焊缝下陷，反面导致焊漏，影响焊接质量；过大的装配间隙也会使得变形过大（如纵向收缩变形）。

焊接接头正面在对接处加工深1 mm，宽0.3+0.3的小槽。加工此槽的目的是为了在焊接接头装配间隙很小的条件下焊缝对中，作为电子束焊接时采用直接观察光学系统观察和二次电子对中的参考信号源。

电子束焊接主要的对接接头形式有直接对接带止口的对接和反面加衬环的对接，苏－27起落架零件的电子束对接接头采用后者。这种接头有下列优点：保证接头装配时的焊接零件同轴度和装配紧度；采用非穿透焊可防止焊缝反面非圆滑过渡的缺陷渗入基体和穿透飞溅物污染零件的内表面；将电子束非穿透焊接易产生的根部缩孔缺陷引入到垫环内，焊后将垫环加工掉，既保证焊缝内部质量又使焊缝平滑过渡，这对提高焊接结构的疲劳性能极有利的。

c）苏－27起落架零件的装配定位采用氩弧焊定位焊，以保证零件从安装处到真空室搬运过程中的装配精度，这种做法的优点是简化焊接夹具，减少占用电子束焊机的机时，缺点是要进行两次零件位置的调整。

d）焊接前检查焊接零件接头附近和接头区夹具的剩磁，其磁通量应控制在2×10^{-2}T范围内。因为在焊接过程中，电子束流穿越不均匀磁场将导致电子束焦点偏离焊缝中轴线而焊偏，实践证明，由于焊偏导致焊缝局部未熔合是造成焊缝不合格甚至零件报废的重要原因之一。

③ 起落架零件电子束焊工艺特点

表3.8-31和表3.8-32列出了主起外筒和主起收放作动活塞杆电子束焊接规范。

表3.8-31 主起外筒电子束焊接规范（其中一条焊缝）

设备	连接形式	配合厚度/mm	焊缝长度/mm	加速电压/kV	表面焦点/mA	工作焦点/mA	焊接速度/$m\cdot h^{-1}$	扫描频率/Hz	束流/mA	扫描波形
K90S2 G300K	对接	17.5+17.5	593	90	1 550	1 540	12	370	60	1:2 椭圆

表3.8-32 主起收放作动筒活塞杆电子束焊接规范

设备	连接形式	配合厚度/mm	焊缝长度/mm	加速电压/kV	表面焦点/mA	工作焦点/mA	焊接速度/$m\cdot h^{-1}$	扫描频率/Hz	束流/mA	扫描波形
K90S2 G300K	对接	8.5+8.5	150	90	1 700	1 700	18	370	31	1:2 椭圆
KS1102 G－300K	对接	8.5+8.5	150	90	1 700	1 700	18	370	30	椭圆 $x=0.1$ $y=0.04$

前面已经阐述了真空电子束焊接的一系列优点，如焊缝很窄且熔合线几乎平行（尤其是高压电子束焊缝）较小的热影响区，在真空中的焊接有效地防止了空气尤其是氢的侵入等。这对获得优质焊接接头极为有利，但同时又带来一个新问题，即在焊接接头区形成比其他熔焊更大的时间和距离的温度梯度，这对接头脆性区和相变过程有一定冷却速度要求的低合金高强结构钢焊接来说是很不利的，易导致冷裂。苏－27飞机电子束焊接采取两项措施，其一是加速电压为90 kV，为高压电子束焊接的下限值，焊接电流根据焊接处焊缝厚度确定，焊接速度为12~18 m/h，属于软规范，目的是降低焊接的冷却速度；其二是采取了偏摆扫描，扫描频率为370 Hz，扫描波形为$X:Y=2:1$的椭圆波形，即椭圆的长轴垂直于焊缝中心线。这种偏摆扫描电子束焊不仅改善了焊接接头的冷却速度，焊接熔池停留时间增长对熔池有一定的搅拌作用，使得焊缝中的气体有条件和时间上浮溢出，对消除气孔缺陷极为有利；而且适当增加焊缝宽度防止产生焊偏；改变了电子束流热输入分布，有利于根部缩孔缺陷的消除。主起外筒有3条电子束焊缝，分两次进行焊接。从电子束焊接工艺本身分析，完全可以一次装配一次焊接，采用两次焊接的目的是便于焊后焊缝反面工艺垫环的加工。

④ 起落架零件电子束焊后热处理的特点

a）零件焊后（或校正后）内进行高温回火，以消除焊接应力改善组织和防止延迟裂纹的产生。

b）焊接接头的检验技术是保证电子束焊接质量的关键之一，缺陷的修补按有关说明书进行。由于起落架电子束焊缝反面无法放置X射线底片，过采用双壁透照法，增加了判片的难度。

4）苏－27飞机起落架真空电子束焊结论

① 苏－27飞机起落架主要承力构件采用高压真空电子束焊接结构，是起落架制造技术的显著特点。与整体锻件制造技术比较，焊接结构制造技术具有能保证零件性能、简化零件加工工艺、降低加工难度、缩短制造周期等优点。

② 零件电子束焊的定位焊最佳选择是在焊接夹具中精确装配、精密定位，采用电子束定位焊，有利于简化工艺和最终变形的控制。

③ 为防止冷裂，起落架零件的电子束工艺中采取了一些措施。根据实践经验，焊前采用电子束散焦预热焊后采用电子束散焦缓冷，是防止焊接冷裂纹的有效措施。

（2）电子束焊在发动机转子部件上的应用（见表3.8-33）

表3.8-33 各主要发动机公司采用电子束焊焊接整体转子的实例

公 司	发动机	部 件	母材金属
罗·罗公司	Ab01u	高压盘	IMI685
	RB199 RB211	风扇盘 中压/高压转子	—
普·惠公司	F100 PW2037 PW4000 F100－PW－229	风扇转子 高压转子 风扇及低、高压转子 风扇转子	T16242 钛合金及镍基合金
涡轮联合公司（英、德、意）	RB199	中压转子	Ti－6A1－4V
斯奈克玛公司	CFM56 M53	风扇转子 高压转子	钛合金 钛合金
莫斯科发动机生产联合体	РД－33（米格－29）	转子	BT25
	АЛ－31Ф（苏－27）	1~9级转子 10~11级	钛合金 高温合金
乌发航空发动机制造厂	Д－36	低压3级转子 高压11级	钛合金 高温合金

从20世纪80年代开始，我国在航空发动机的制造中应用了电子束焊焊接技术，主要的零部件有高压压气机盘、燃烧室机匣组件、风扇转子、压气机匣、功率轴、传动齿轮、

导向叶片组件等，涉及的材料有高温合金、钛合金、不锈钢、高强度钢等，还进行过飞机起落架、飞机框梁的电子束焊焊接研究。图 3.8-66 所示为我国已采用电子束焊方法制造的航空发动机零件。

(a) 用电子束焊焊接的钛合金发动机压气机转广部件

(b) 用电子束焊焊接的高温合金发动机燃烧室外套

图 3.8-66 采用电子束焊焊接的航空发动机零件

2.10.3 电子束焊在电子和仪表工业中的应用

在电子和仪表工业中，有许多零件要求用精密焊接方法制造。这些零件除材料特殊、结构复杂且紧凑外，有时还有特殊的技术要求，如需焊后形成真空腔，不能破坏热敏元件等。真空电子束焊在解决这一焊接难题时，起到了独特的作用。表 3.8-34 所列出的是在电子及仪表工业中，采用电子束焊的一些例子。

表 3.8-34 在电子和仪表工业中电子束焊的应用

序号	名称	母材金属及对焊缝的要求	焊接质量
1	电子管钡钨阴极（见图 3.8-67a）	钨+钽（或钼） 母材金属熔点高，要求焊缝变形小、无污染、焊缝光滑	电子束焊得到满意焊缝
2	管式应变计传感器（见图 3.8-67b）	不锈钢 管内装有应变丝和 MgO 绝缘粉。要求焊缝半穿透、变形小	严格的电子束焊焊接工艺与合适的工装配合，得到满意的焊接质量
3	陶瓷与金属焊接试件（见图 3.8-67c）	陶瓷+铌 要求焊缝不加第三种材料，且保证气密性	电子束焊工艺严格，要经过预热及焊后退火
4	光电器件管壳封口焊（见图 3.8-67d）	高铬钢+可伐合金 金属管壳与玻璃管壳已封接完毕，要求最后封口焊对纤维屏与玻璃焊料不能产生热冲击且保证气密性	电子束焊输入热量小，功率集中，严格控制操作，可得到满意的焊缝
5	振动筒传感器（见图 3.8-67e）	弹性合金 3J53。要求焊缝将内外筒组成一个真空腔体	真空电子束焊提高材料利用率，焊缝质量好，且满足焊后得到一个真空腔体的要求
6	遥测压力传感器（见图 3.8-67f）	1Cr18Ni9Ti + 可伐合金 4J29 此组件结构紧凑，要求焊后壳体内部是真空状态。焊缝 A 不损伤 内部元器件，焊缝 B 不能使芯柱上的玻璃炸裂，焊孔 C 起排气作用后熔封	合适的工装及恰当的真空电子束焊焊接工艺保证了焊缝气密等要求

2.10.4 非真空电子束焊在汽车零件生产中的应用

早在 20 世纪 60 年代，美国就将非真空电子束焊引入了批量汽车零件的生产中。近几年欧洲汽车制造商也开始采用该项技术，一方面是因为非真空电子束焊成本低、效率高，可在汽车生产线上连续进行；另一方面为减轻结构质量，节省燃料及减少废气的排放，汽车上采用了一些铝合金零件，非真空电子束焊焊接汽车用铝合金可得到良好的接头。

几种非真空电子束焊焊接的典型汽车组件是：

1）汽车扭矩转换器　该组件上部与低部壳体采用搭接形式。采用填丝的非真空电子束焊焊接工艺。电子束焊机是多工位的，目前在世界范围内每天焊接的汽车转换器达 25 000个以上。

2）汽车变速箱齿轮组件　一些汽车的变速箱齿轮及一些载重汽车、公共汽车等的离合器组件采用非真空电子束焊。通常焊接这些齿轮组件采用对接接头，材料是中碳钢和合金钢。

3）铝合金仪表板的焊接　汽车上仪表板等采用铝合金焊接结构，接头形式往往是卷边的。

2.11 电子束焊的焊接技术现状与发展前景

2.11.1 国外电子束焊的焊接技术现状与发展前景

近年来，国外对电子束焊及其他电子束加工技术的研究主要在于完善超高能密度电子束热源装置；掌握电子束品质及与材料的交互行为特性，从而改进加工工艺技术：通过计算机及 CNC 控制提高设备柔性以扩大其应用领域。

1）大功率电子枪的开发　在日本，大阪大学研制了 600 kV、300 kW 的超高压电子束热源装置，一次焊 200 mm 厚不锈钢时，深宽比达 70∶1。通常的电子束焊与超高能密度电子束焊焊接熔深对比见图 3.8-68。

日本、英国（TWI）研制出了大功率二极电子枪（100 kW以上），消除了三极枪因大功率加热材料时金属蒸气所引起的控制极（栅偏）失控的缺点。

2）电子束特性的定量研究　近几年，欧共体使用德国阿亨大学研制的 DIABEAM 系统，对电子束特性进行了定量研究。分析了电子束流品质、焦点对焊缝成形的影响，澄清了多年来有争议的一些问题。另外，对大型壁厚 80 mm 的圆筒压力容器电子束焊的环缝起焊收尾搭接处，通过电子束流焦点及焊接过程的分析，找出了减少或消除圆环焊缝收尾处缺陷的方法，如图 3.8-69 所示。

3）双枪电子束及填丝电子束焊焊接技术的研究　在日本、德国和俄罗斯等国开展了填丝电子束焊工艺研究。大厚板采用二次焊：第一次主要是在大厚度范围内获得较均匀的

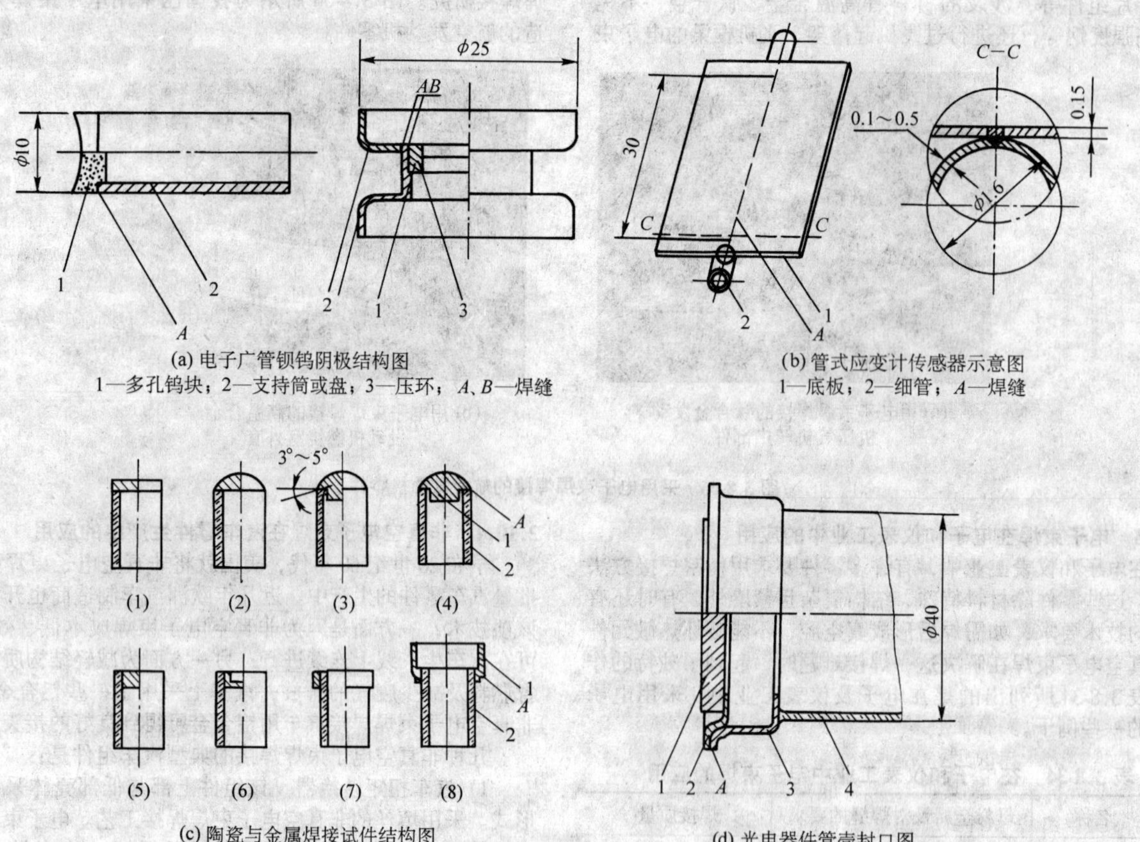

(a) 电子广管钡钨阴极结构图
1—多孔钨块；2—支持筒或盘；3—压环；A、B—焊缝

(b) 管式应变计传感器示意图
1—底板；2—细管；A—焊缝

(c) 陶瓷与金属焊接试件结构图
1—金属；2—陶瓷；A—焊缝

(d) 光电器件管壳封口图
1—纤维屏玻璃；2—窗架盘；3—金属管；4—玻璃管壳；A—焊缝

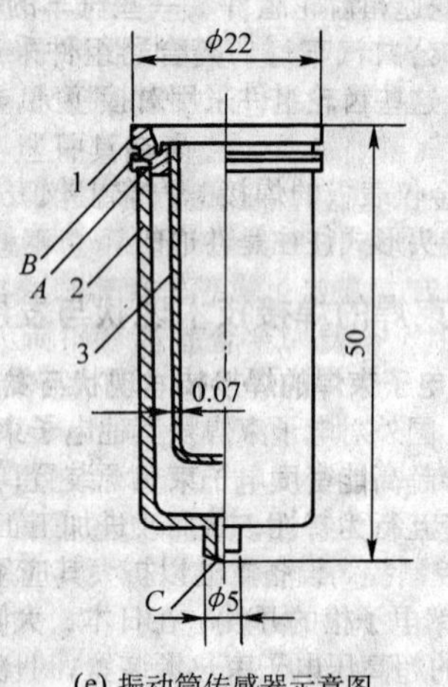

(e) 振动筒传感器示意图
1—土盘；2—外筒；3—内筒；A、B、C—焊缝

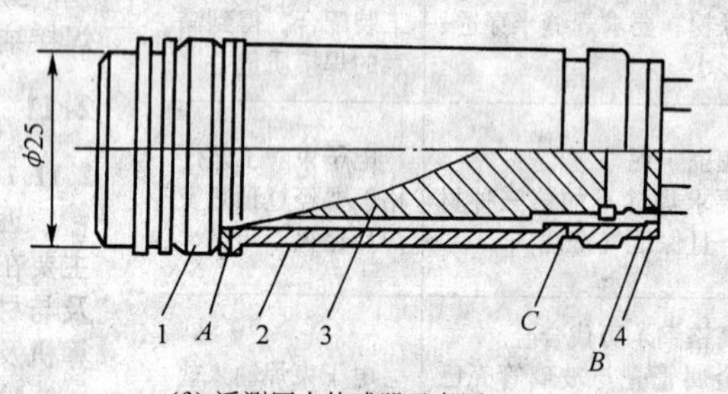

(f) 通测压力传感器示意图
1—本体；2—外壳；3—敏感元器件；4—芯柱；A、B、C—焊缝

图 3.8-67 在电子和仪表工业中采用电子束焊的焊接实例

焊缝；第二次用填丝焊来弥补顶部下凹或咬边缺陷，改善焊缝质量。另外用含 A1、Si 等元素的填丝焊焊接含气量高的沸腾钢。日本采用填丝双枪电子束薄板超高速焊接技术，得到了反面无飞溅的良好焊缝。

4）大功率表面处理技术的开发 过去电子束表面处理应用的设备功率在 200 kW 以下，现在日本、前苏联等研究了 500 kW 的电子束热源，用于涂层处理工艺。

5）复合式电子束加工设备的研制 随着工业用途的增加，要求电子束加工设备具有综合功能。俄罗斯 1994 年制定了多功能综合型电子束加工设备的研制计划，研制型号 ЭЛУ—МФI 多功能综合型电子束加工设备，具有电子束焊、钎焊、局部热处理、表面强化等功能，功率为 60 kW，加速电压为 60 kV，配有两个以上电子枪，采用计算机及 CNC 控制。

6）非真空电子束焊焊接设备及工艺的研究和应用 采用电子束焊焊接厚大件时，比其他焊接方法具有明显的优势，为了克服大型真空电子束焊机造价高、抽真空时间长的缺点，非真空电子束焊的研究及应用成为热点。近年英国焊接研究所采用非真空电子束焊焊接铜制核废料罐，取得了良好的社会和经济效益。图 3.8-70 所示是非真空电子束焊机示意图。德国阿亨大学焊接研究所（iSF）也在开展大功率非真空电子束焊焊接设备及工艺的研究。

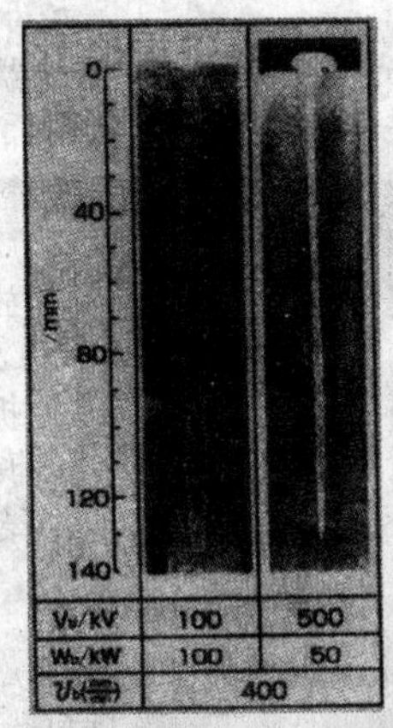

图 3.8-68 电子束焊与超高能密度电子束焊焊接熔深对比

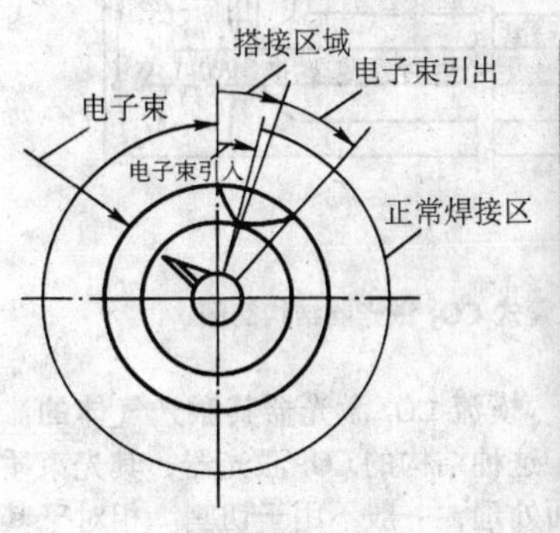

(a) 电子束焊环缝起焊收尾搭接示意图

(b) 采用消除缺陷措施焊接的试件

图 3.8-69 大厚度环焊缝消除起焊收尾处缺陷的方法

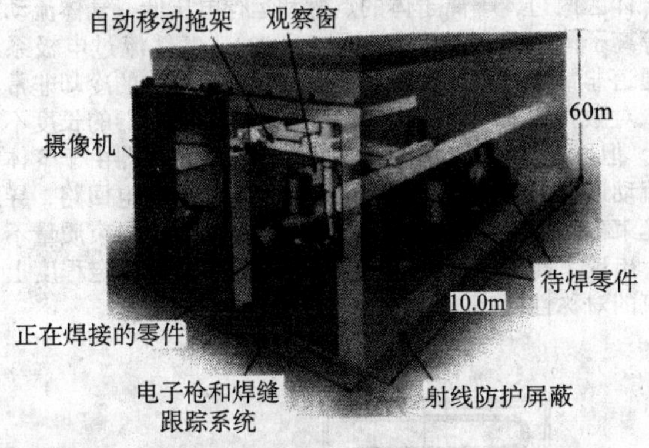

图 3.8-70 非真空电子束焊机示意图

另外，飞机制造业要求在生产线上将电子束焊与超声波、激光、实时X射线照相等检测技术结合在一起，美国波音公司正在实施此项工作。

2.11.2 我国电子束焊焊接技术的现状

20世纪60年代初，我国开始跟踪世界电子束焊焊接技术的发展，并开始设备及工艺的研究工作。经过30多年的努力，我国的电子束焊焊接技术取得了可喜的进展。

1）电子束焊焊接设备 电子束焊是我国电子束加工技术的主要部分。目前全国有几十台电子束设备在生产科研中使用。大部分高压电子束焊机从国外进口。国内生产的中压真空电子束焊机较成熟（一般功率 < 10 kW，电压 < 70 kV）。

20世纪80年代初，我国科技工作者通过引进关键部件——电子枪及其电源，其余部分由国内配套，研制成功了国内第一台生产中使用的GDH－15型高压电子束焊机：加速电压为150 kV，功率为15 kW。此焊机已在航空动力机械制造中使用，解决了航空发动机关键部件的焊接，产品返销国外。

北京航空制造工程研究所（航空625所）在1992年研制成功了ZD150－15A型高压电子束焊机，如图3.8-71所示。此焊机是国内第一台自行设计、自行制造的高压电子枪和大型真空室（9 m^3）的高压电子束焊机，填补了国内空白，达到20世纪80年代末世界先进水平。焊机功率为15 kW，加速电压为150 kV。在此焊机上，完成了多种航空航天发动机零部件的焊接工作，同时焊接了原子能射线发生器、雷达漫波导、导弹壳体、汽车变截面轴、石油钻头等多种军民品。此焊机还装配了CNC系统及计算机参数控制系统。

图 3.8-71 我国研制的 ZD150－15A 型数控高压电子束焊机

另外其他一些单位，如中国科学院沈阳金属研究所、桂林电器科学研究所、兰州物理所、科学院电工所、机械部哈尔滨焊接研究所、成都电焊机研究所、电子部十二所等也曾先后开展了电子束焊机的研究工作，有的设备已在生产及研究工作中得到较好应用，如中国科学院电工所，已生产出几十台齿轮专用电子束焊机供应国内市场。

2）电子束焊焊接工艺 在我国开展电子束焊焊接工艺研究及应用的主要领域是航空、航天、汽车、发电及电子等工业。

自20世纪60年代起，我国科技人员先后对多种材料，如铝合金、钛合金、不锈钢、超强钢、高温合金等进行了较系统的研究。在新型飞机、航空发动机、导弹等的预研、攻关及小批量试制中都运用了电子束焊技术。目前电子束焊已作为一种先进制造技术应用于我国航空工业。

在我国其他工业中，采用电子束焊的主要有高压气瓶、核电站反应堆内构件筒体、汽车齿轮、电子传感器、雷达漫波导等；另外，炼钢炉的铜冷却风口、汽轮机叶片等也有的采用电子束焊焊接。

在我国，电子束焊焊接技术在工业中将进一步应用，但需解决的问题是：

① 焊接可靠性、稳定性及质量在线检测技术；

② 新产品设计与电子束焊技术的有机结合；

③ 焊缝自动对中与跟踪的自适应控制技术；

④ 深穿透机理及电子束与材料交互作用等物理现象的进一步探求。

2.11.3 电子束焊应用前景

1）在大批量生产中将有较大的发展。例如：在汽车工业中，采用电子束焊技术焊接汽车的齿轮和后桥，可以提高工效、降低成本、减轻零件的质量。

2）在航空航天工业中，电子束焊技术将继续扩大其应用，并发展电子束焊的在线检测技术。

3）由于电子束在厚大件焊接中独树一帜，所以在能源、重工中大有用武之地。

4）在修复领域，电子束焊技术将是有价值的工艺方法之一。

5）电子束焊的焊接设备将趋向多功能及柔性化。电子束焊已属成熟技术，随着应用领域的扩大，出于经济方面的考虑，多功能电子束焊的焊接设备和集成工艺以及电子束焊机的柔性化将越来越显得重要。

6）电子束焊将是实现空间结构焊接的强有力工具。

宇航技术中所用的各类火箭、卫星、飞船、星球车、空间站、太阳能电站等的结构件、发动机以及各种仪器均需用焊接技术，而电子束焊是满足其需求的强有力的工具。

宇航零部件所用电子束焊的焊接设备可分为两类：一类是常规的电子束焊机，用来焊接可以在地面进行装配的零部件；另一类是在太空条件下所用的电子束焊机，需要宇航员到太空进行焊接操作，因此要适应太空的特殊环境。

3　激光焊接与切割

激光一词“Laser”是“Light amplification by stimulated emission of radiation”首字母缩写，意为“辐射的受激发射的光放大”。它是利用原子或分子受激辐射的原理，使工作物质受激而产生的一种单色性高、方向性强、亮度高的光束。

1960年美国科学家梅曼（T.M.Mainan）研制成功世界上第一台红宝石激光器。1962年就出现了包括激光焊接在内的激光冶金应用的报道。在1964~1965年相继发明CO_2激光器和YAG激光器后，进一步证实了激光材料加工的可行性和广泛的应用前景，这是因为这两种激光器可以产生高的平均功率和峰值功率。1968年开始发展高功率CO_2激光器，1971年出现了第一台商用1 kW CO_2激光器。以后激光器的发展非常迅速，各种实用化的CO_2激光器和YAG激光器不断出现，加上激光与物质相互作用研究的发展，使得激光走出实验室成为工业加工的重要手段。

3.1　激光焊接与切割设备

硬件装置是实现激光加工的物质基础。硬件质量和性能的好坏、优劣直接影响加工过程的完成质量。激光焊接与切割设备通常是由很多部分组成，其中激光器、光束传输和聚焦系统、运动和控制系统是最主要的部分。

3.1.1　激光器及其输出特性

虽然激光器的种类繁多，但目前适用于激光焊接和切割的工业化激光器主要是CO_2和YAG激光器。CO_2激光器输出10.6 μm波长的红外光，采用CO_2气体作为主要工作物质，同时需要加入N_2和He以提高激光器的增益、耐热效率和输出功率。CO_2激光器的量子效率高达40%，工业器件总效率可达10%~25%，商品化器件的输出激光功率已经达到35 kW，同时由于其工作物质为气体，均匀性好，因此其输出激光质量较好。工业上大量采用的大功率CO_2激光器主要为快速轴流激光器、横流激光器和板条式扩散型（slab）激光器。

YAG激光器的工作物质是钇铝石榴石晶体，其输出激光波长为1.06 μm。YAG激光器采用光泵浦，能量转换环节多，器件总效率低，灯泵浦YAG激光器的效率一般在2%以下，而新型二极管激光泵浦的YAG激光器的效率也仅为6%左右。另外，由于工作物质是固体，光学质量不均匀且散热条件差，因此YAG激光器的输出功率较低，且光束质量较差。但是，由于YAG激光波长短，金属材料的吸收率高，同时1.06 μm的波长可以采用光纤传输，柔性化程度高，使用维护方便。随着YAG激光器输出功率的提高和光束质量的改善，YAG激光在材料加工中的优势越来越明显，并且有取代CO_2激光器的趋势。目前，商品化灯泵浦YAG激光器的输出功率已经达到6 kW。输出功率4kW的二极管激光泵浦的YAG激光器也已经商品化。

（1）CO_2激光器

1）管状CO_2激光器　管状CO_2激光器分为封离式和慢流式两种，它们属于扩散冷却式器件。封离式直管CO_2激光器的结构简图示于图3.8-72，采用多层套管式结构，包括气体放电管、水冷套管、贮气管，通常用硬质玻璃或熔融石英材料制造。激光功率与放电管长度有关，放电管越长，输出功率越大。每米放电长度平均输出功率为50~100 W，与放电管直径无关，较高功率输出时一般采用折叠结构。这种激光器输出的光束质量高，可以获得TEM_{00}模的输出。不足之处是输出功率一般不超过1 kW，直管式结构体积庞大，而折迭结构调整困难。

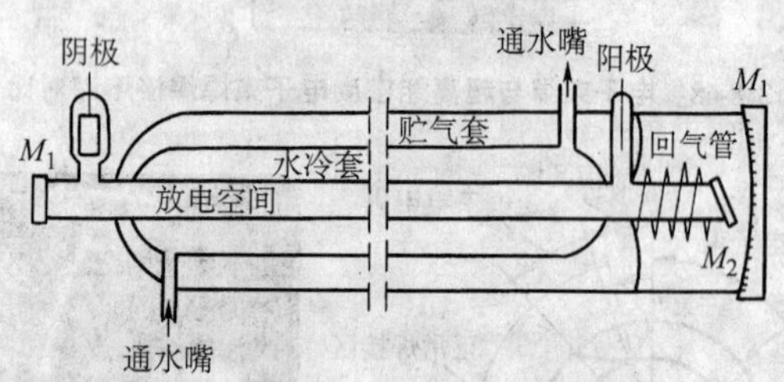

图3.8-72　直管式CO_2激光器结构简图

2）横流CO_2激光器　横流CO_2激光器其激光气体的流动垂直于谐振腔的轴线。这种结构的CO_2激光器，其光束质量较低，主要应用于表面处理，一般不用于切割。相对于其他的高功率CO_2激光器，其输出功率高，价格较低。

横流CO_2激光器可用直流激励和高频（HF）激励（图3.8-73和图3.8-74），其电极置于沿平行于谐振腔轴线的等离子体区两边，等离子体的点燃和运行电压低，气体流动穿过等离子体区垂直于光束（图3.8-73），气体流过电极系统的通道非常宽，因此流阻非常低，对等离子体的冷却非常有效，对激光的功率没有太多的限制。这类激光器的长度不到1 m，但可产生8 kW的功率。然而，这类激光器由于气体横向流动通过等离子体，将等离子体吹离了主放电回路，导致在光束截面上等离子体区或多或少成三角形，光束质量不太好，出现了高阶模。如果使用圆孔限模，可在一定程度上使光束的对称性提高。

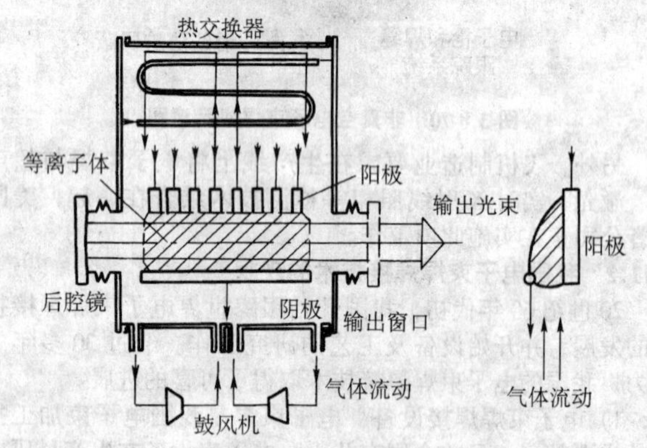

图3.8-73　直流激励横流CO_2激光器

3）快速轴流CO_2激光器　快速轴流CO_2激光器结构如图3.8-75所示。这类CO_2激光器其激光气体的流动在谐振腔的轴线方向。这种结构的CO_2激光器的功率输出范围从几百瓦到20 kW。光束质量较好，是目前焊接和切割的主流结构。

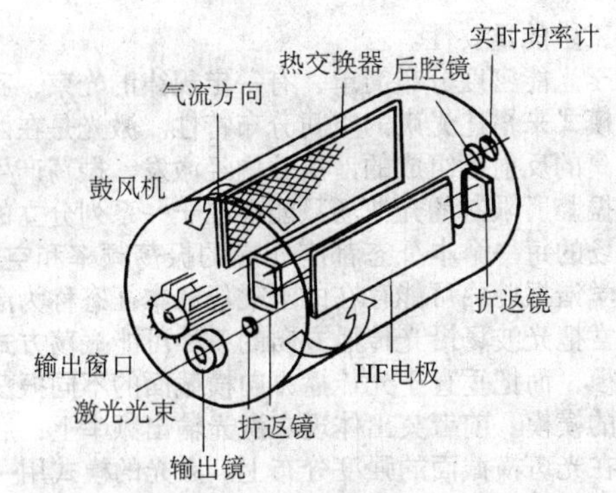

图 3.8-74 高频激励横流 CO_2 激光器

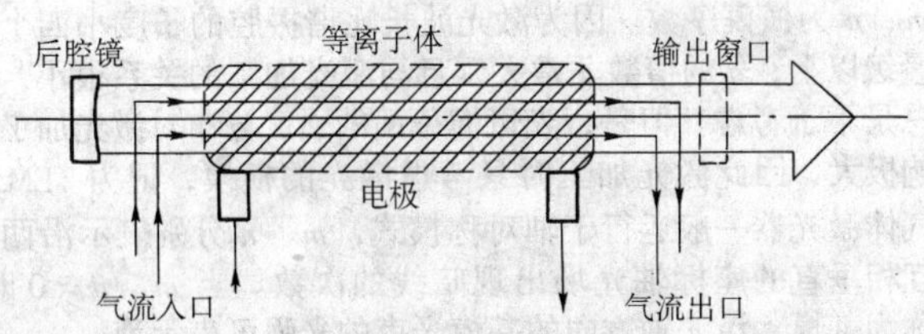

图 3.8-75 轴流 CO_2 激光器

轴流激光器可用直流（DC）激励和射频（RF）激励（图 3.8-76 和图 3.8-77）。其电极间的等离子体的形状为细长柱状。为阻止等离子体弥散在周围的区域，这种类型的放电区常在一空心柱状玻璃或陶瓷管内，等离子体可在两环形电极两端被点燃并维持，点燃和运行的电压依赖于他们之间的距离，而实际中使用的最大电压是 20～30 kV，放电长度受到限制。

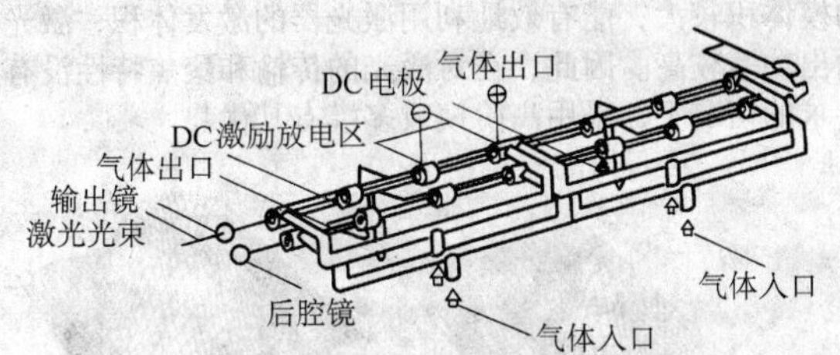

图 3.8-76 直流激励轴流 CO_2 激光器

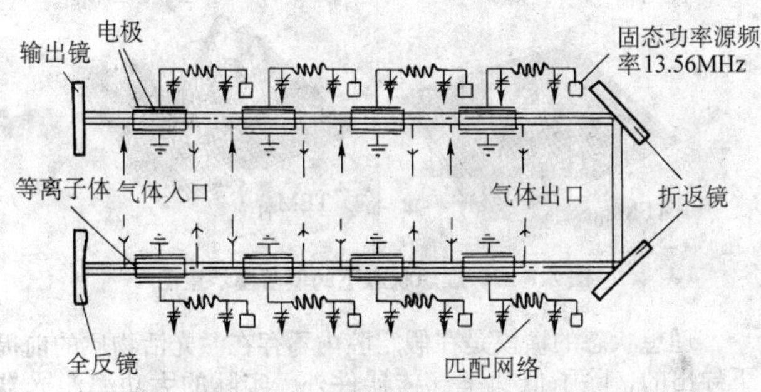

图 3.8-77 射频激励轴流 CO_2 激光器

循环气体的冷却采用快速轴向流动的形式进行，为确保有效的热传导，常用罗茨鼓风机或涡轮风机实现这一高速流动。但这种几何形状的流阻相对较高，输出激光功率受到一定的限制，如 DC 激励仅有几百瓦激光输出。激光器的输出功率有限，因此常常由几个轴流冷却放电管以光学的方式串接起来，以提供足够的激光功率（图 3.8-76）。

由于 CO_2 激光器的输出功率主要依赖于每单位体积输入的电功率。RF 激励比 DC 激励等离子体的密度高，几个轴流冷却放电管以光学的方式串接起来的 RF 激励轴流激光器，连续输出功率可达 20 kW（图 3.8-77）。

轴流 CO_2 激光器，由于等离子体轴向对称，菲涅耳数低，轴流 CO_2 激光器容易运行在基模状态，产生的光束质量高。

4）板条式 CO_2 激光器　板条式 CO_2 激光器结构如图 3.8-78 所示。这种 CO_2 激光器的激光气体被限制在两个长方形、间隔小的电极之间。这种激光器是近年发展起来的扩散冷却式 CO_2 激光器，其功率范围为 1～3.5 kW，光束质量与管状扩散冷却 CO_2 激光器相当，而输出功率却大幅提高，且结构紧凑，特别适用于切割和焊接。

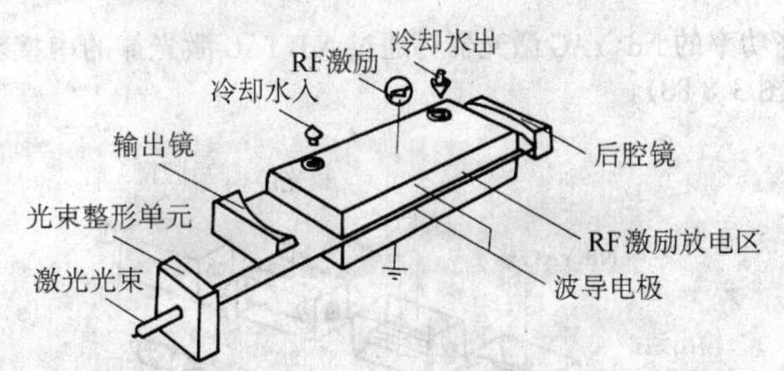

图 3.8-78 板条 CO_2 激光器原理图

板条式 CO_2 激光器采用 RF 激励，其电极间的等离子体的形状为板条状，激光气体的热量经水冷却的电极散发。由于电极之间的间隔极小，放电腔内的激光气体的热量能非常有效地通过电极散发，因此可获得相当高的等离子体功率密度。

板条式 CO_2 激光器采用柱面镜构成的非稳定谐振腔，由于光学非稳腔能容易地适应激励的激光增益介质的几何形状，板条式 CO_2 激光器能产生高功率密度激光光束，激光光束质量高。

板条式 CO_2 激光器的谐振腔镜采用热传导材料，激光光束的输出窗口采用热稳定宝石。谐振腔镜和输出窗口附有水冷，保证在产生高功率密度激光光束时高的热稳定性。输出的 CO_2 激光光束，经光束整形元件，将方形光束变换为圆对称的光束。

板条式 CO_2 激光器除了其结构紧凑和坚固之外，更明显的优势是气体的消耗量非常小。与激光气体流动的其他 CO_2 激光器相比，板条式 CO_2 激光器所需的新的激光气体只需要在一定的时间间隔内添补，置于激光头内的 10 L 的混合气体可用一年多，省去了外部气源输入系统。

板条式 CO_2 激光器紧凑的结构和小的尺寸，带来了整个激光加工机械系统的简化，允许加工系统设计成可移动的激光头。

板条式 CO_2 激光器好的光束质量，保证在较大的激光加工工作区焦点的漂移很小，这对大尺寸切割的应用非常重要。

（2）Nd:YAG 激光器

1）灯泵浦 Nd:YAG 激光器　灯泵浦 Nd:YAG 激光器结构如图 3.8-79 所示。增益介质 Nd:YAG 为棒状，常放置于双椭圆反射聚光腔的焦线上。两泵浦灯位于双椭圆的两外焦线上，冷却水从灯和有玻璃管套的激光棒间流动。

高功率激光器中，由于激光棒的热效应限制了每根激光棒的最大输出功率，激光棒内部的热和激光棒表面冷却引起晶体的温度梯度，使得泵浦的最大功率必须低于破坏其的应力限度。

单棒 Nd:YAG 激光器有效的功率范围为 50～800 W。更

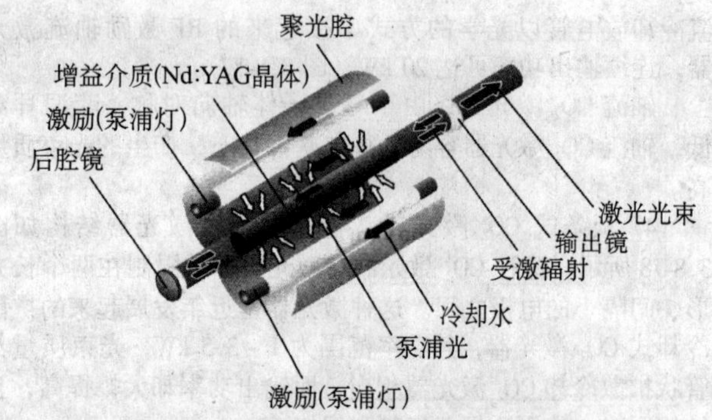

图 3.8-79 激光器的泵浦灯和激光棒结构示意图

高功率的 Nd: YAG 激光器可通过 Nd: YAG 激光棒的串接获得(图 3.8-80)。

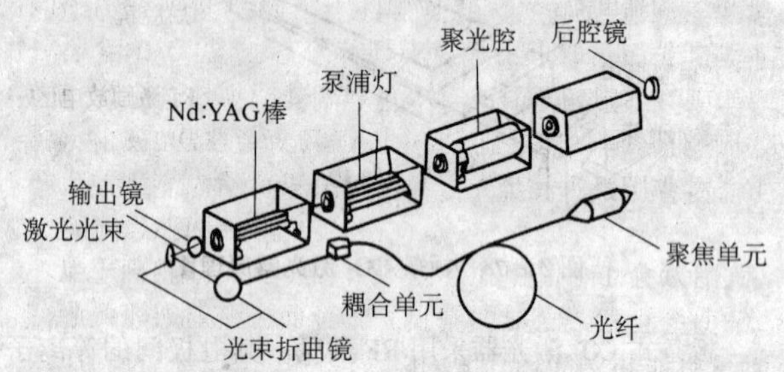

图 3.8-80 多激光棒谐振腔光纤输出数千瓦的 Nd: YAG 激光器

2）二极管激光泵浦 Nd: YAG 激光器 二极管激光泵浦 Nd: YAG 激光器结构如图 3.8-81 所示。采用系列 AlGaAs 半导体激光器作为泵浦光源。

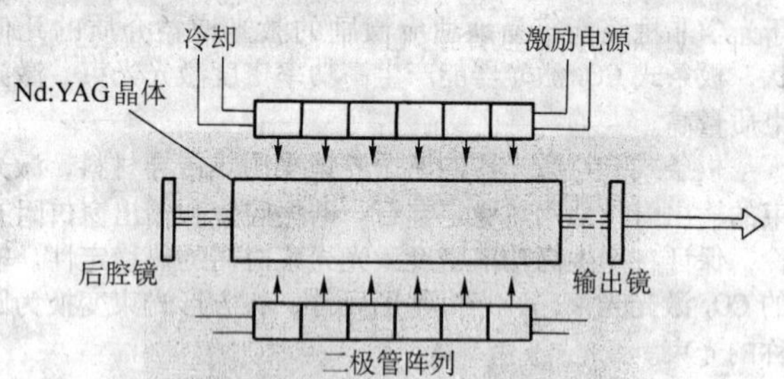

图 3.8-81 半导体泵浦 Nd: YAG 激光器原理图

半导体泵浦与灯泵浦相比较有几个优点：效率高；热负荷低，光束质量好；寿命长。

由于半导体激光器作为泵浦源，增加了元器件的寿命，没有了灯泵浦时所需要定期更换泵浦灯的要求。半导体泵浦 Nd: YAG 激光器的可靠性更高、工作时间更长。

半导体泵浦 Nd: YAG 激光器的高的转换效率来源于半导体激光器发射的光谱与 Nd: YAG 的吸收带有好的光谱匹配。AlGaAs 半导体激光器发射一窄带波长，通过精确调节 Al 的含量，可使其发射的光正好在 808 nm，处在 Nd^{3+} 粒子的吸收带。半导体激光的电光转换效率近似为 40%～50%，这是半导体激光器泵浦 Nd: YAG 激光器可获得超过 10% 的转换效率的原因。而灯激励产生“白光”，Nd: YAG 晶体吸收仅吸收其中很少一部分光谱，这使得其效率不高。

由于半导体激光的发射与 Nd: YAG 激光器吸收带的匹配，可使 Nd: YAG 激光器产生更低的热沉，激光棒的热透镜效应明显降低，得到更高的光束质量。

(3) 光束质量

对材料加工而言，激光器的光束质量是一个非常重要参数，它决定了激光束的传输与聚焦性能，并且在很大程度上决定了该激光器的加工性能。下面我们具体讨论光束质量在材料加工中的重要性。

对于光能密度分布简单，有一定规律的光束，我们一般用光束模式来描述光束的空间分布特性。激光是在两个相隔一定距离的反射镜组成的谐振腔内经激发、振荡产生的。被光学谐振腔所限制的光波场只能存在于一系列分立的本征态之间，场的每一个本征态都有相应的振荡频率和空间分布。这种光学谐振腔内可能存在的电磁场的本征态称为激光的模式。通常把光波场沿光传播方向的各种可能振荡方式称为激光的纵模，而把垂直于光传播方向横截面的不同振荡方式称为激光的横模。前者突出体现在激光输出频率上；后者则突出表现在光斑横截面的强度分布上。激光的模式用一个符号 TEM_{mnq} 来表示，TEM 是横电磁波 transverse electromagnetic wave 的缩写，q 为纵模序数，一个 q 值，对应一个振荡频率；m、n 为横模序数。因为激光波长比谐振腔的长度小四个数量级以上，q 的值数非常大，且与激光加工的关系很小，故总是不予考虑。但是，光斑横截面的强度分布对激光加工影响极大，因此激光加工时只考虑激光的横模，记为 TEM_{mn}。气体激光器一般运行于轴对称模式，m、n 分别表示沿两个互相垂直的座标轴光场出现暗线的次数。当 m、$n=0$ 时，称为基模，沿 z 轴方向的基模光束的光强可表示为

$$I(x,y,z)=\frac{2P}{\pi\omega^2(z)}\exp\left[-\frac{2(x^2+y^2)}{\omega^2(z)}\right] \quad (3.8\text{-}6)$$

基模光束在任意截面内的光强按高斯函数 $\exp\left[-\frac{2(x^2+y^2)}{\omega^2(z)}\right]$ 所描述的规律分布，称为高斯光束。当 m 与 n 之和较小时，称为低阶模。m、n 取值越高，光能的空间分布越复杂，越无法用数学表达式描述。图 3.8-82 显示了理想状态下的基模和低阶模的立体图形。光束模式的阶次越高，激光束的能量分布越发散，聚焦特性越差。但高阶模的模体积较大，能有效地利用激光器的激发体积，激光器的输出功率较高。因此，在对激光的传输和聚焦特性没有严格要求的情况下，采用高阶模或多模有其优势。

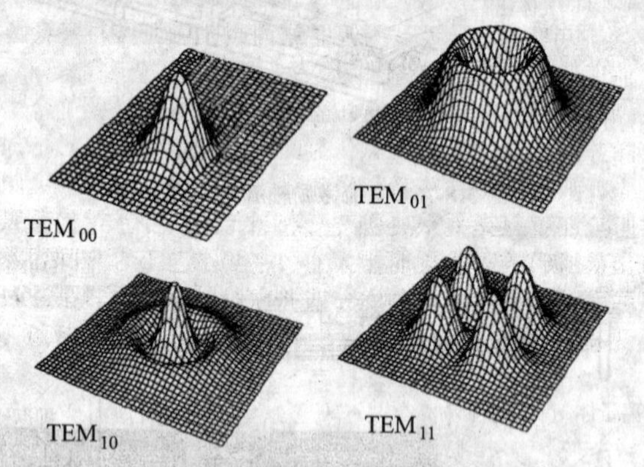

图 3.8-82 理想状态下的低阶模示意图

理想状态的横模是在假定腔内不存在激光活物质的前提下导出的，除了低功率气体器件外，实际的大功率激光器（特别是固体激光器）输出模式往往是由若干模式叠加在一起而使光场分布变得相当复杂，不能简单地用光束模式来描述光束的特性，为此引入光束质量来描述多模光束的特性。

光束质量是激光束可聚焦程度的度量。到目前为止，对激光束质量的好坏可以采用聚焦特征参数 K_f（也称光参乘积）、衍射极限倍因子 M^2 或光束传输因子 K 值来表示。

激光光束的聚焦特征参数 K_f 定义为光束的束腰半径与远场发散角的乘积，也称为光参乘积（Beam Parameter Product），如图 3.8-83 所示，ω_0 为激光束束腰半径，θ 为聚焦前激光束的远场发散角，ω'_0 为聚焦光束的束腰半径，θ' 为聚

焦后激光束的远场发散角，那么 K_f 值表示为

$$K_f=\omega_0\theta=\omega_0'\theta' \tag{3.8-7}$$

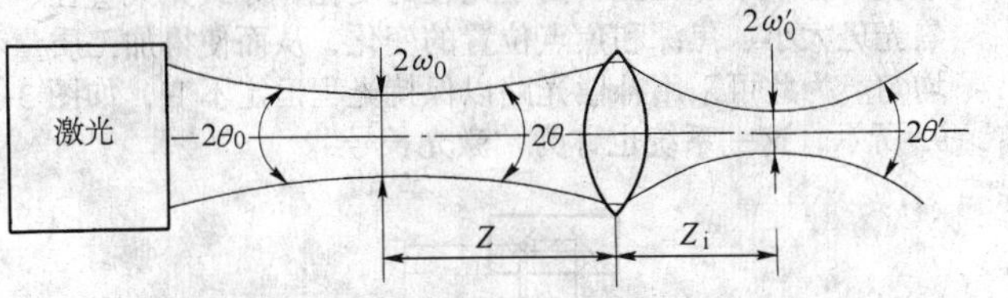

图 3.8-83 光束传输与聚焦及其主要参数

该乘积描述的是对称光束的传播特性，只要保持正常情况和不用带孔的光学系统，该乘积在整个传播过程是不变的（需要说明的是有些文献定义 K_f 为束腰直径与远场发散全角的乘积，这样计算的结果就会相差 4 倍）。K_f 值越小，光束远距离传输其直径不过分扩大，即可以保证光束的传输距离越长，同时可以获得更小的聚焦斑点，更高的焦点功率密度。因而我们说 K_f 值越小光束质量越好。

国际标准化组织（ISO）在"激光光束宽度，发散角和辐射特性系数的试验方法"中推荐的光束传输因子 K 或衍射极限倍因子 M^2 来评价光束质量的好坏。根据 ISO 草案规定，光束质量因子定义为

$$M^2=\frac{1}{K}=\frac{\text{实际光束的束腰宽度}\times\text{远场发散角}}{\text{高斯光束的束腰宽度}\times\text{远场发散角}}=(\pi\omega_0\theta)/\lambda \tag{3.8-8}$$

对于理想基模（TEM_{00}）高斯光束 $M^2\equiv1$，光束质量最好。实际光束 M^2 均大于 1，表征了实际值对衍射极限的倍数。

图 3.8-84 和图 3.8-85 分别对常用激光器和激光加工所需要的光束质量的范围做了简单归纳。从两图的对比中可以看出，对于焊接和切割加工，并不是所有的高功率激光器都能胜任的。

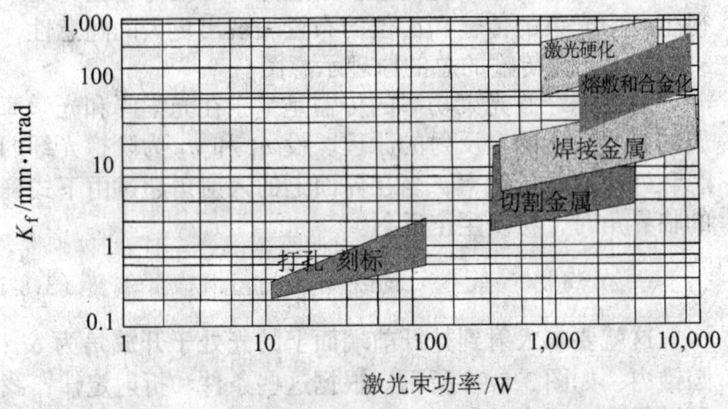

图 3.8-84 几种典型应用对应的激光功率和光束聚焦特征参数 K_f

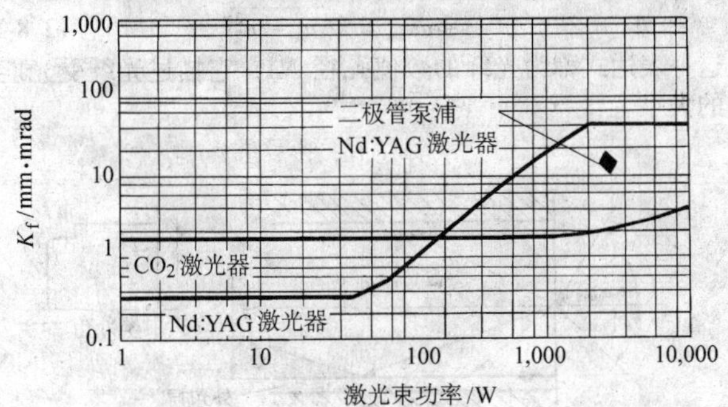

图 3.8-85 激光器光束质量与功率的关系

（4）光的偏振

光波为横向电磁波，它是由相互垂直并与传播方向垂直的电振动和磁振动组成。电磁场电场矢量 E 的取向决定激光光束的偏振方向。在激光传播过程中，如果电矢量在同一平面内振动，称为平面偏振光（或线偏振光）。两束偏振面垂直的线偏振光叠加，当相位固定时，获得椭圆偏振光；上述两束光若强度相等且相位为 $\pi/2$ 或 $3\pi/2$ 时，得到圆偏振光。在任意固定点上，瞬时电场矢量的取向作无规则的随机变化时，光束为非偏振光。

激光束垂直入射时，吸收与激光束的偏振无关，但是当激光束倾斜入射时，偏振对吸收的影响变得非常重要。按平面的法线测量，图 3.8-86 为所示为 1 700 K 时铁对 CO_2 和 YAG 激光的吸收率与偏振状态和入射角的关系的计算结果；图 3.8-87 所示则为铝和不锈钢对平行偏振 CO_2 激光的吸收率随入射角变化的实验结果与理论结果的比较。其中，下标 p 表示电场 E 与入射面平行的分量 – 平行偏振光；下标 V 表示与入射面垂直的分量 – 垂直偏振光。可见，对于平行偏振光，吸收率与入射角的依赖关系表现为在某一特定入射角 – 布儒斯特角时吸收率具有最大值，而在 0°和 90°时有最小值。垂直偏振光则相反，随着入射角的增大，吸收率持续下降。

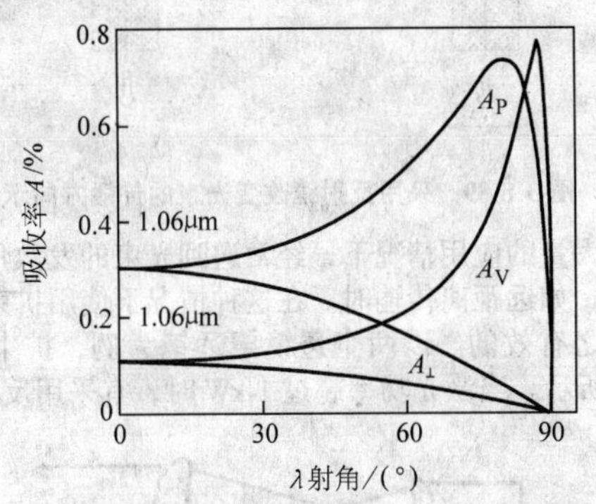

图 3.8-86 吸收率与偏振状态和入射角的理论关系

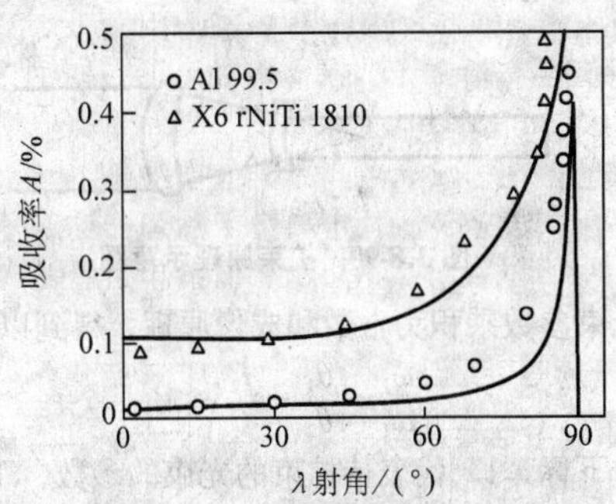

图 3.8-87 平行偏振光的吸收率随入射角变化实验结果与理论结果的比较

图 3.8-88 所示为不同加工方法激光束的入射条件示意图。对于激光切割和深熔焊接，由于激光的吸收面变为切缝前沿或小孔壁，激光不再是垂直入射，激光的偏振状态必然对加工结果产生显著影响。当采用线偏振光进行切割和焊接时，加工方向的改变将导致吸收率的变化，从而不可避免地影响加工质量的一致性。这时必须采用圆偏振镜将激光器输出的线偏振光转变为圆偏光，这样吸收率就与加工方向无关了。

3.1.2 光束传输与聚焦系统

（1）传输系统

在生产中，根据加工任务、工件大小和工艺流程，激光器和加工工件是彼此相互分开布置的，距离从精细加工时的不足 1 m 到大板加工时的 10 m 以上。为了使一台激光器能够用于更大的工作台或者服务于多个加工工位，光的传输距离有时达 30 ~ 50 m。

几何光学原理中的反射与聚焦原则上也适用于激光束。

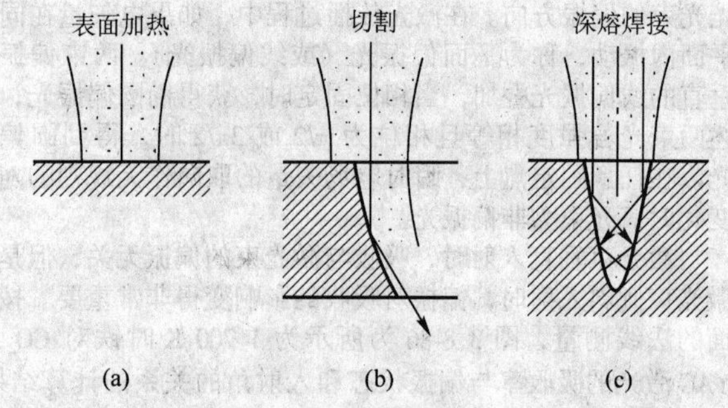

图 3.8-88　不同加工方法激光束的入射条件示意

使用合适材料制作的反射镜可以将原来直线传播的激光束转向任何方向，如图 3.8-89 所示。

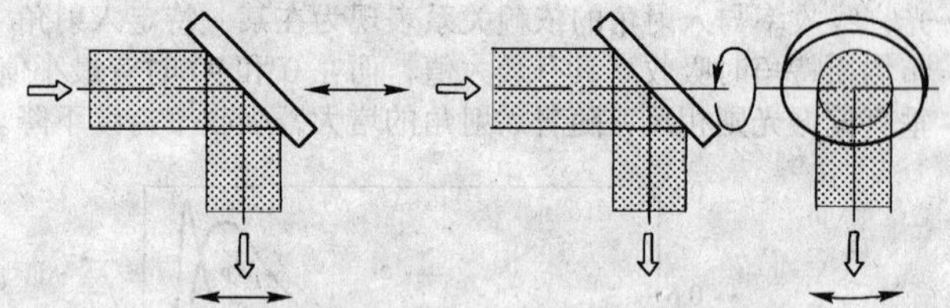

图 3.8-89　采用反射镜改变光束的传播方向示意

在大量的应用情况下，经常遇到光束的发散角太大而不能接受，如远距离传输时。在这种情况下使用扩束望远镜证明是行之有效的。以两个透镜望远镜为例，扩束原理如图 3.8-90 所示。当激光功率超过 1 kW 时，宜采用反射镜系统。

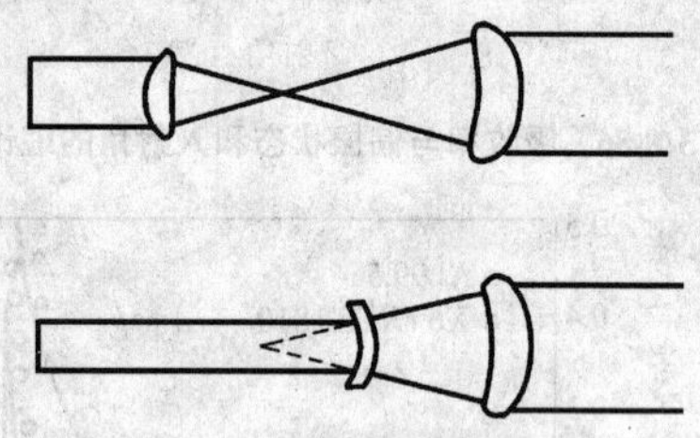

图 3.8-90　扩束原理示意图

由光束参数乘积为常数和成像原理，得到以下关系式：

$$\frac{\omega_2}{\omega_1}=\frac{\theta_1}{\theta_2}=\frac{f_2}{f_1}=M \tag{3.8-9}$$

其中下标“1”代表待扩束的光束的参数，下标“2”代表已扩束的光束的参数，M 称为放大倍率（magnification）或者扩束因子。通过共焦点的一定偏差，可以在某种程度上改变扩束光束的束腰位置。

图 3.8-91 所示显示一台 1.5 kW CO_2 激光器的原始光束和经 6 倍扩束后的光束直径随距离的变化，在很大的距离内光束直径的变化微不足道，这样在光路中就可以采用相同尺寸的镜组。

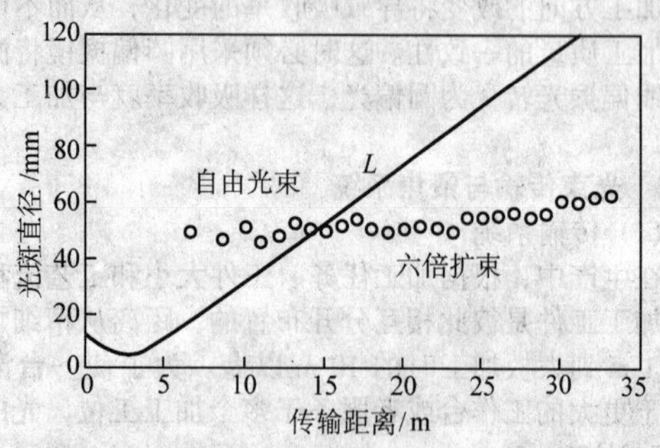

图 3.8-91　扩束前后光束直径随传输距离的变化

在实际的激光加工系统中，加工头和导光系统可以是固定不动的，也可以是运动的（飞行光路系统）。对飞行光路系统，在整个加工区，由于光程的变化，导致光束直径、聚焦光斑大小、焦深和焦点位置的变化，从而使得加工质量不均匀。为此可采用补偿光路以保持光程恒定不变，如图 3.8-92 所示，这一系统也称为“激光长号”。

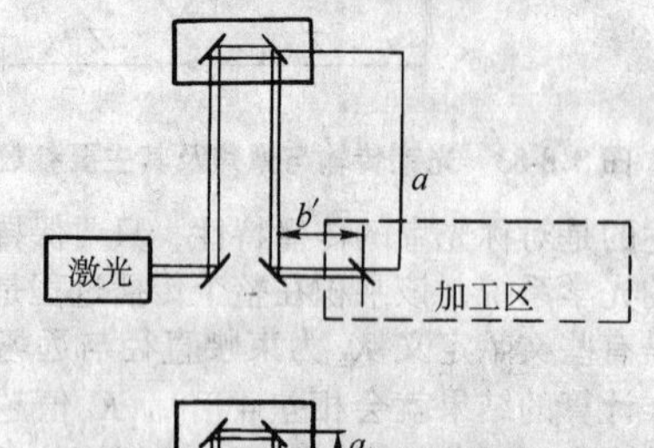

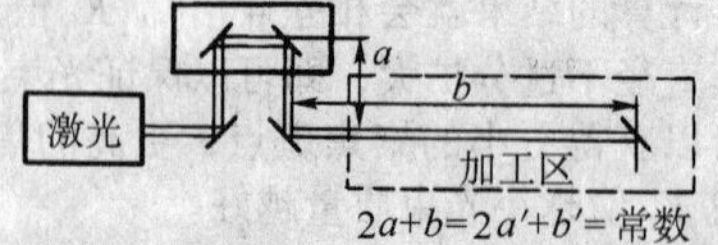

图 3.8-92　采用补偿光路保持光程恒定不变

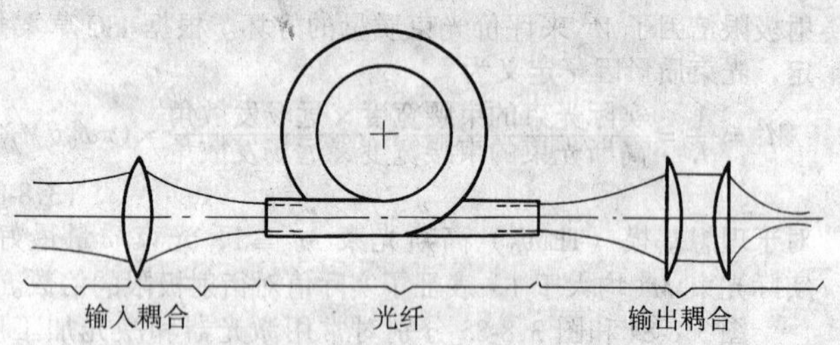

图 3.8-93　光纤传输原理

1.06 μm 的 YAG 激光正好处在石英光纤的窗口内，因此可以采用光纤传输激光能量。通过光导纤维传输激光功率使得生产中光束的传输和工位的布置表现出更大的随意性，图 3.8-93 为光纤传输的总的原理示意图。

通过光纤激光束功率的传输是基于在光学厚和光学薄介质的界面上光的全反射的原理。设 n_1 和 n_2 为阶梯光纤的纤芯和外包层的折射率，当在界面上的入射角超过由下式确定的临界角时，将发生全反射。

$$\sin\alpha_g=\frac{n_2}{n_1} \tag{3.8-10}$$

这就要求入射到光纤前端面上的光处于开放角为 α_{max} 的圆锥内，如图 3.8-94 所示。根据这些条件和折射定律，我们可以得到出现全反射时激光光束从大气（$n_0=1$）耦合到光纤中的最大容许入射角：

$$\sin\alpha_{max}=\sqrt{n_1^2-n_2^2} \tag{3.8-11}$$

这一表达式称为光纤的数值孔径 NA，它描述光纤受光能力的大小。

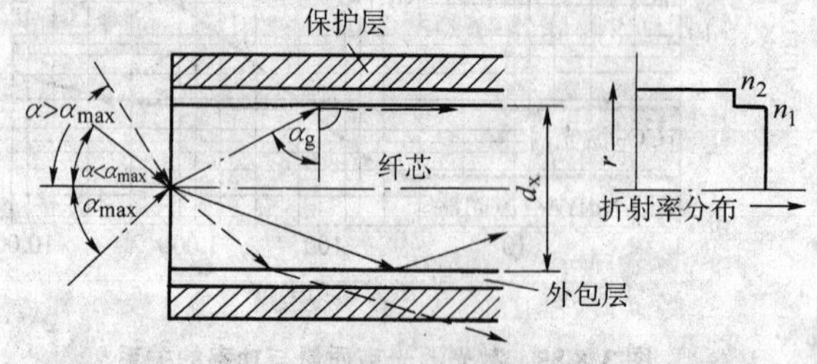

图 3.8-94　在阶梯光纤中光传输的几何条件

(2) 聚焦系统

激光器输出的激光必须借助聚焦系统以获得所需的光斑

大小和功率密度才能用于焊接和切割。聚焦通常有两种方式：透射式聚焦和反射式聚焦，如图3.8-95所示。YAG激光通常采用透射式聚焦。对于CO_2激光，当激光功率不很高时（通常在2.5 kW以下），采用透射式聚焦；激光功率在几千瓦以上时，采用反射式聚焦。大功率CO_2和YAG激光加工时，用于制造透镜的材料主要是两种半导体：硒化锌（ZnSe）和砷化镓（GaAs）。反射镜常采用无氧铜制造，采用金刚石精密车床加工，表面精度可以达到CO_2激光波长的1/50。

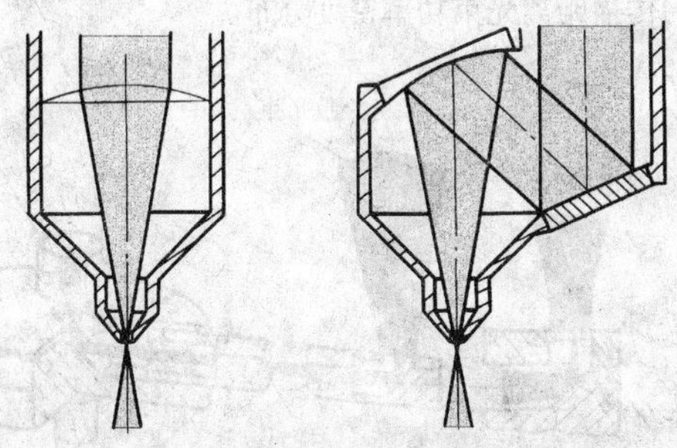

图3.8-95 反射式和透射式聚焦系统示意

反射式聚焦包括球面镜系统和抛物镜系统，其中球面镜聚焦系统又可分为同轴系统、离轴系统和校正的离轴系统，如图3.8-96所示。同轴球面镜聚集系统适用于非稳定输出的环形光束，不存在离轴像差；离轴球面系统不可避免地存在离轴像差，为了使像差不致过大，指向球面的入射角必须小于10°；校正的离轴球面聚集系统以带校正像差功能的柱面镜代替平面镜，可以在大的入射角下工作，因而有大的工作距离，有利于保护镜片。抛物聚集镜可将平行于其对称轴的入射光线汇聚至其焦点而没有像差，因此已越来越多地应用于大功率激光焊接。

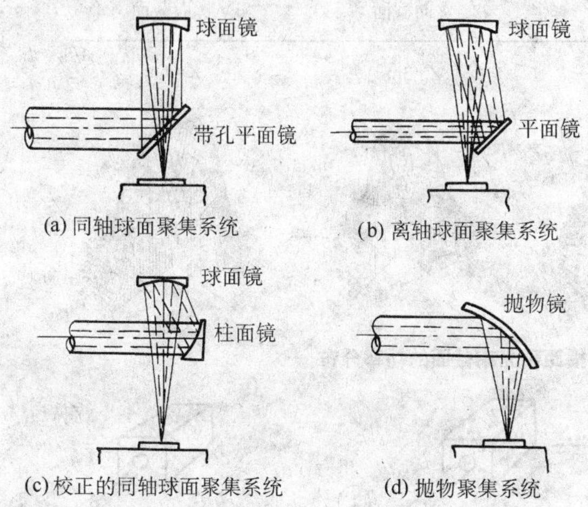

图3.8-96 几种反射式聚集系统

(3) 光束光斑质量诊断

激光光束光斑质量对激光加工具有重要意义，大功率激光光束光斑诊断系统，与中小功率激光测试仪相比，具有自身的特点：加工用激光功率高达几千瓦至数万瓦，因此对探测材料的损伤阈值、线性响应等参数要求很高；工业上应用的激光加工需要对光束进行实时在线测量，因此，在线测量系统探测器的响应时间通常在μs量级；激光加工通常要对光束进行聚焦，这就需要对聚焦光斑进行测量。

大功率激光光束诊断方法主要有：

1）功率衰减法　用分束仪或衰减器得到衰减后的激光，再用多边反射镜、线性/矩形阵列探测，或红外CCD摄像仪对弱光功率进行探测。其基本原理如图3.8-97所示。这类

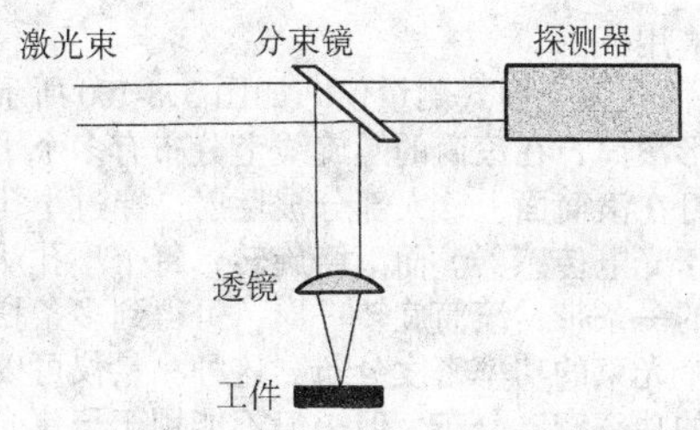

图3.8-97 用衰减功率来探测大功率激光

方法实现起来较为容易，且CCD摄像仪分辨率高，响应时间快（可达ns量级），近年来发展很快。这类方法的关键是对大功率激光进行均匀衰减，得到不改变功率密度分布的弱功率激光。

在激光功率不大时，采用CCD摄像机具有很高的分辨率。但是，随着激光功率的进一步提高，非线性效应越来越明显，复杂的衰减系统也不能满足测量要求，而且这类方法不能对聚焦光斑进行测量，另外CCD摄像仪价格昂贵，使普通用户难以问津。

2）实心探针或辐带轮探测系统　如图3.8-98所示，由电机带一抛光的实心探针，在垂直于激光光束的平面上转动，圆棒形实心探针在光束中的不同位置反射出部分光束，而空间一定位置放置两个探测器，分别接收探针不同面上反射出的光。在光束横截面上，两条相交弧线上的功率密度分布可以测得。如果移动测量系统，重复测量，使测量弧线扫过整个光斑，就可以测得整个光束截面功率密度分布。

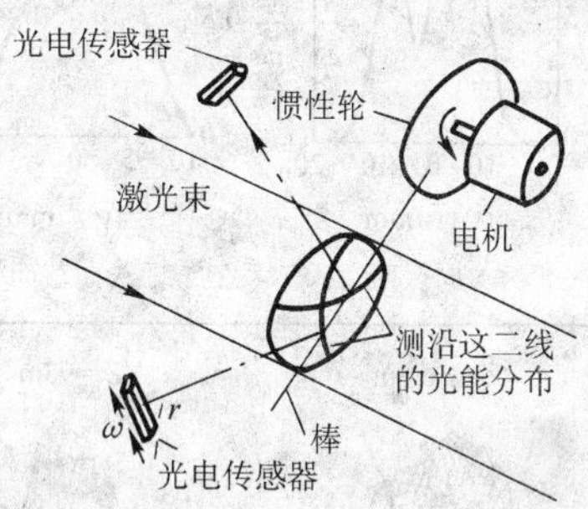

图3.8-98 用实心探针测量大功率激光

用辐带轮的方法（见图3.8-99）与上述思路相似，只是用多个探针的轮代替了一个探针，并加上一个聚焦镜和一个斩波器，这样少用了一个探测器，并降低了激光光束与测量仪间相对位置的调整要求。

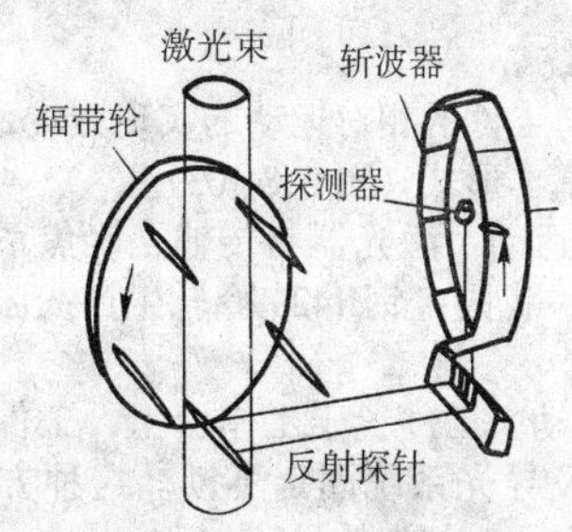

图3.8-99 用辐带轮探测大功率激光

这类仪器不仅可以测量大功率激光光斑的功率密度分布，而且还可以测量聚焦光斑的直径。由于金属探针很细（一般直径小于1 mm），在扫过光束时，只挡住极小部分光，所以它可以在激光加工过程中实时在线测量。这类诊断仪以其精巧的设计和优良的特性成为目前应用最广泛的大功率激光束测量仪。但是，在测量聚焦光斑的功率密度分布时，由于探针尺寸的限制，不能得到准确的结果，因而限制了这类

测试仪的应用范围。

3）滚筒式激光模式测量仪　如图3.8-100所示，测试仪有一圆柱形滚筒，在滚筒的螺旋线上分布有多个小孔。测量时，激光打在滚筒面上，大部分被反射，穿过小孔的激光由透镜聚集于光电传感器。而滚筒旋转，每个小孔从不同高度扫过光束的一条带，滚筒旋转一周，可得到多条扫描带，从而测得整个光束的功率密度分布。这种测量仪可以较准确的测量光束的功率密度分布，但一般不能用于聚焦光斑，而且不能在线测量。

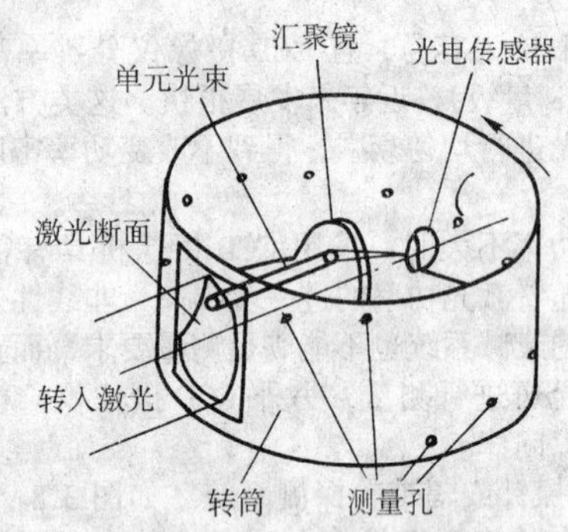

图3.8-100　滚筒式激光模式测量仪

4）空心探针测量系统　仪器原理如图3.8-101所示。它采用一根带小孔的空心探针扫描激光束，探针一边高速旋转，一边前后运动。在探针扫过光束截面的瞬时，由小孔进入的一小部激光束通过内空腔被引导至转轴上，由此处的探测器进行检测，同时，高速采样系统对热电探测器输出的信号采样后送入后续电路进行处理。当探针扫描完整个光束截面后就可以得到光斑直径和功率密度分布。北京工业大学国家产学研激光技术中心研制的LQD-1光束光斑质量诊断仪就是采用这种原理，该仪器既可以测量原始光束，也可以测量聚焦光斑。图3.8-102所示为探测得到某大功率CO_2激光器的不同传播距离光束功率密度分布。

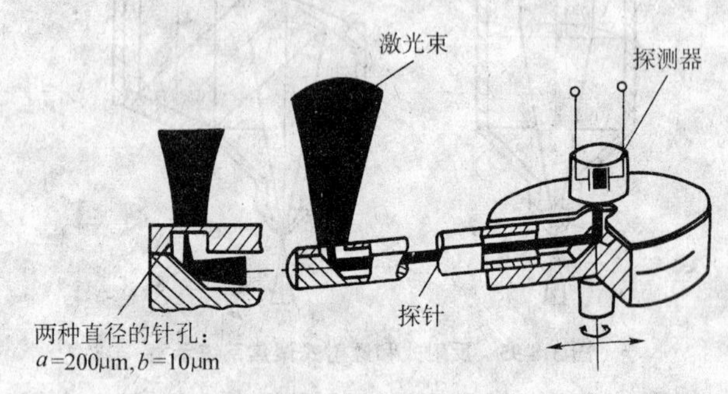

图3.8-101　空心探针测量大原理

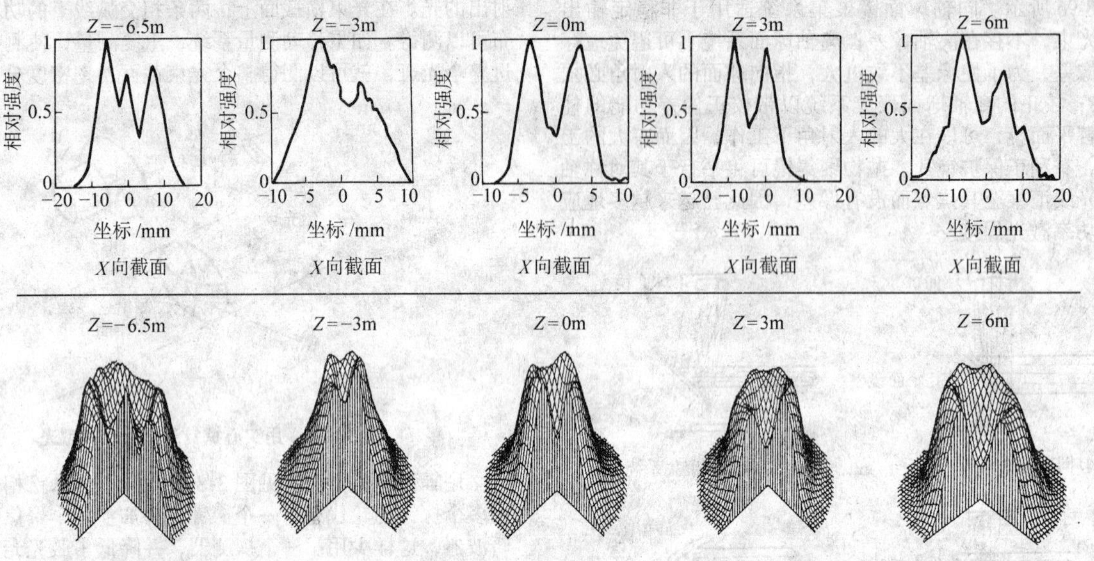

图3.8-102　某大功率CO_2激光器不同传播距离光束截面的功率分布

3.1.3　运动系统

按激光束与工件的相对运动的实现方式，运动系统可以分为以下三种基本形式（图3.8-103）。

1）激光器运动　激光器与传输、聚焦系统作为一个整体沿工件运动。我国宝钢1420冷轧生产线激光焊接就是采用这种方式。

2）工件运动　工件置于工作台上，工件随工作台一起运动，激光器及导光系统固定不动。这种方式在工件不大时，使用较为方便，如齿轮焊接。

3）光束运动　激光器和工件都固定不动，通过飞行光学系统或光导纤维的运动实现光束的运动。由于运动部件的惯性小，故可以达到很高的速度和加速度。这种方式对激光器的光束质量要求很高，通常应用于大范围的加工。我国一汽轿车股份有限公司新一代大红旗轿车覆盖件的激光三维切割就是采用这种方式。

针对不同的目的和要求，有时需要将两种基本运动方式结合起来。图3.8-104所示是一种复合运动方式的五轴联动

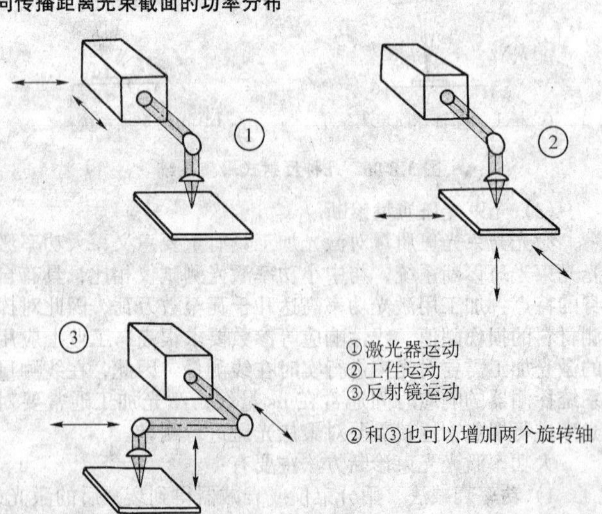

图3.8-103　激光器与工件相对运动方式示意

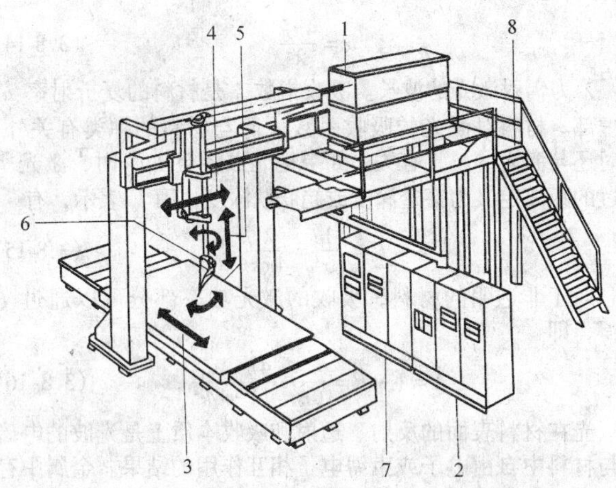

图 3.8-104　桥式五轴联动激光加工系统示意

1—激光器；2、7—电源和控制系统；3—x 轴；4—y 轴；5—z 轴；6—可沿两个轴旋转的工作头；8—检查用扶梯

激光加工系统示意。这种五轴系统具有很高的精度，但是价格昂贵。

工业机器人的加工精度虽不如激光加工机床，但由于其体积小，更加方便灵活，且价格低廉，得到越来越广泛的应用。图 3.8-105 所示为 YAG 激光器通过光导纤维与六轴机器人组成的柔性加工系统实物图。CO_2 激光不能通过光纤传输，其与机器人的结合可以通过外关节臂（图 3.8-106）或内关节臂（图 3.8-107）光学系统实现。

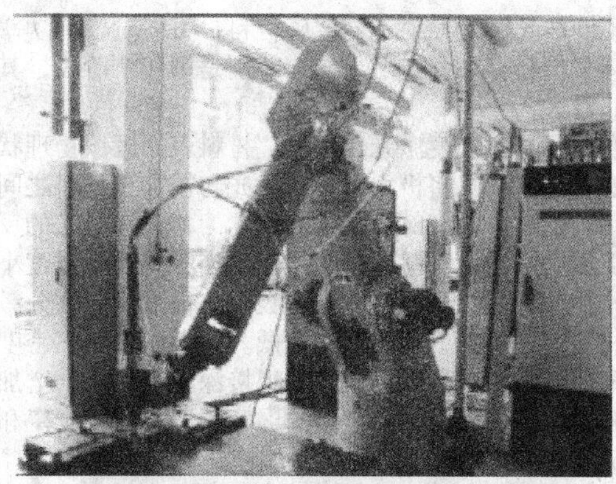

图 3.8-105　光纤传输激光加工机器人系统

图 3.8-106　外关节臂激光加工机器人系统

3.2　激光与物质相互作用

金属材料的激光加工主要是基于光热效应的热加工，其前提是激光为被加工材料所吸收并转化为热。在不同功率密度的激光束的照射下，材料表面区域将发生各种不同的变化，这些变化包括表面温度升高、熔化、汽化、形成小孔以及产生光致等离子体等。图 3.8-108 所示为不同功率密度激光辐射金属材料时的几个主要物理过程。

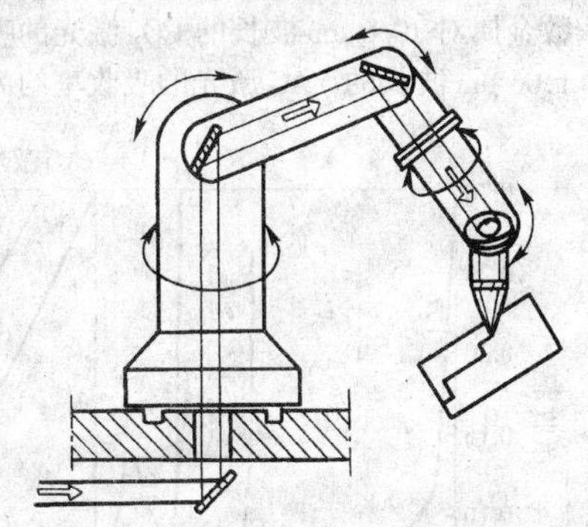

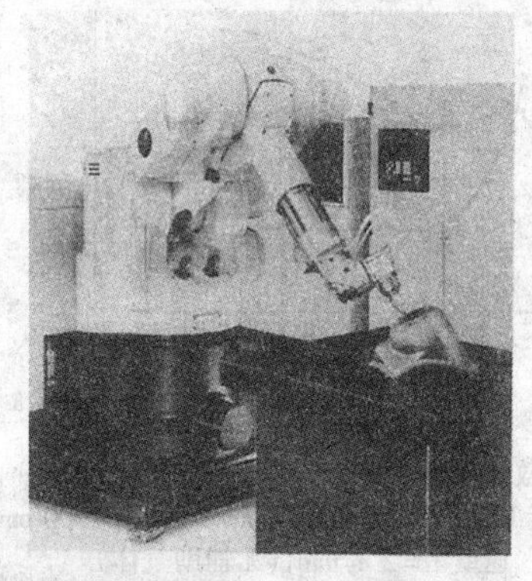

图 3.8-107　内关节臂激光加工机器人系统

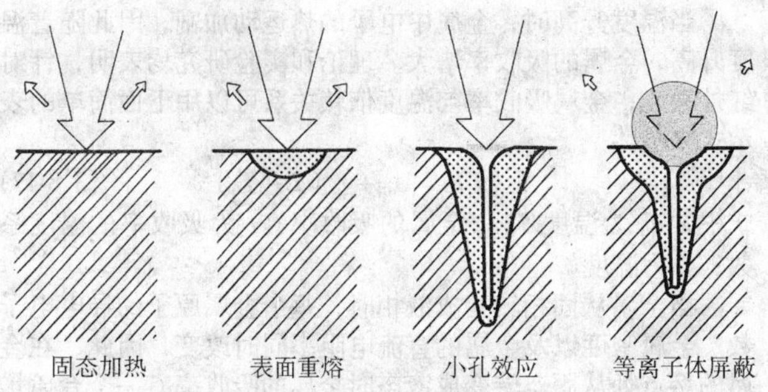

图 3.8-108　不同功率密度激光辐射金属材料的主要物理过程

当激光功率密度 I 在小于 10^4 W/cm^2 数量级时，金属吸收激光能量只引起材料表层温度的升高，但维持固相不变，主要用于零件的表面退火和相变硬化处理。

当激光功率密度 I 在 $10^4 \sim 10^6$ W/cm^2 数量级范围内时，材料表层将发生熔化，主要用于金属的表面重熔、合金化、熔覆和热导型焊接。

当激光功率密度 I 达到 10^6 W/cm^2 数量级时，材料表面在激光束的照射下强烈汽化，在汽化膨胀压力作用下，液态表面向下凹陷形成深熔小孔，与此同时，金属蒸汽在激光束的作用下电离产生光致等离子体。这一阶段主要用于激光深熔焊接、切割和打孔等。

当激光功率密度 $I > 10^7$ W/cm^2 时，光致等离子体将逆着激光束的入射方向传播，形成等离子体云团，出现等离子体对激光的屏蔽现象。这一阶段一般只适用于采用脉冲激光进行诸如打孔、冲击硬化等加工工艺。

上述功率密度范围只是一个粗略的划分。在不同条件下，不同波长激光照射不同金属材料，每一阶段的功率密度的具体数值会存在一定的差异，特别是第四个阶段，其差异可能非常大。

在不同功率密度激光作用下，材料表面区域物理状态的不同变化反过来又将极大的影响激光与被加工材料之间的相互作用。图3.8-109和图3.8-110所示为材料对激光的反射率和加工深度随激光功率密度的变化。当激光功率密度小于材料的汽化阈值时，金属对激光的吸收率很低，大部分激光能量被材料表面反射，加工效率极低。一旦激光功率密度超过汽化阈值，材料对激光的吸收和焊接深度都将急剧增加。而当激光功率密度大于等离子体的屏蔽阈值时，吸收率和加工效率又将降低。

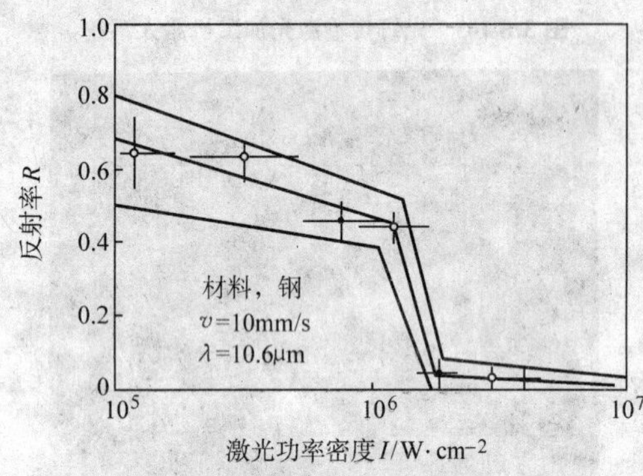

图3.8-109 激光焊接时反射率随激光功率密度的变化

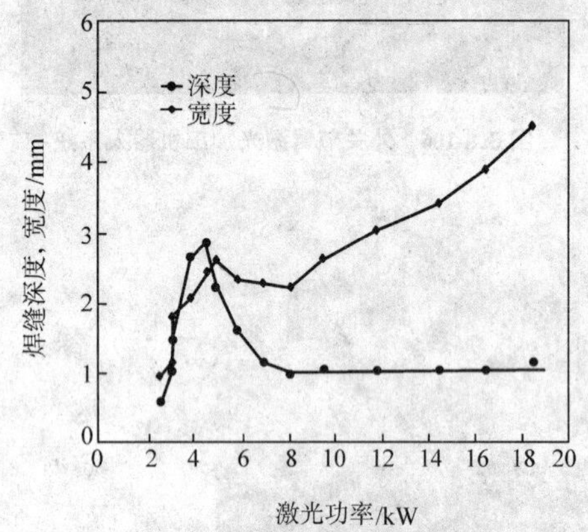

图3.8-110 激光焊接深度随激光功率的变化

（材料ST37-2，激光器RS20000，$D=100$ mm，焦距$f=300$ mm，离焦量$\Delta f=0$，速度$v=2$ m/min，无辅助气体）

3.2.1 材料对激光的吸收

当激光从一种介质传播到折射率不同的另一种介质时，在介质之间的界面将出现反射和折射。从光学薄材料，如空气或材料加工时的保护气氛（其折射率接近于1）到具有折射率为$n_c=n+ik$的材料的垂直入射光，在界面处的反射率R为

$$R=\frac{(n-\mu)^2+k^2}{(n+\mu)^2+k^2} \tag{3.8-12}$$

式中，μ为材料的磁导率，对于大多数材料，通常$\mu\approx1$。反射率描述了入射激光功率或能量被反射的部分。进入材料内部的激光，按朗伯定律，随穿透距离的增加，光强按指数规律衰减，深入表层以下z处的光强为

$$I(z)=(1-R)I_0\mathrm{e}^{-\alpha z} \tag{3.8-13}$$

式中，R为材料表面对激光的反射率；I_0为入射激光束的强度；$(1-R)I_0$为表面（$z=0$）处的透穿光强，α为材料的吸收系数，α常用单位是cm^{-1}。

吸收系数α对应的材料特征值是吸收指数k，两者之间的关系为

$$\alpha=\frac{4\pi k}{\lambda} \tag{3.8-14}$$

λ为辐射激光的波长。吸收指数k是材料的复折射率n_c的虚部。材料对激光的吸收系数α除与材料的种类有关外，同时还与激光的波长有关。如果把光强降至I_0/e时，激光所穿过的距离定义为穿透深度或趋肤肤深度，用l_α表示，有

$$l_\alpha=\frac{1}{\alpha}=\frac{\lambda}{4\pi k} \tag{3.8-15}$$

对于非透明的材料，吸收的激光功率部分可以通过R求得，即

$$A=1-R=\frac{4n}{(n+1)^2+k^2} \tag{3.8-16}$$

光在材料表面的反射、透射和吸收本质上是光波的电磁场与材料中自由电子或束缚电子相互作用的结果。金属中存在大量的自由电子，这些自由电子在激光电磁波的作用下强迫振动而产生次波。这些次波形成强烈的反射波和较弱的透射波。由于金属中的自由电子数密度大，因而透射光波在金属表面很薄的表层内被吸收。对于波长为0.25 μm的紫外光到波长10.6 μm的红外光的测量结果表明：光波在各种金属中的穿透深度为10 nm左右，吸收系数约为$10^5\sim10^6\ \mathrm{cm}^{-1}$。

CO_2和YAG等红外激光照射到金属材料表面时，由于光子能量小，通常只对金属中的自由电子发生作用，也就是说能量的吸收是通过金属中的自由电子这个中间体，然后电子通过碰撞将能量传递给晶格。当激光的波长较短（<0.5 μm）时，由于激光光子的能量较大，激光除与自由电子发生相互作用之外，还可对金属中的束缚电子发生作用，引起价带电子向导带电子的跃迁，从而使金属的反射能量降低，透射能量增强，金属对激光的吸收率增大。图3.8-111所示为室温下几种金属对不同波长激光的吸收率。一般而言，随着波长的缩短，金属对激光的吸收率通常将增加。多数金属对10.6 μm波长的CO_2激光的吸收率不足10%，而对1.06 μm波长的YAG激光的吸收率约为CO_2激光的3～4倍。

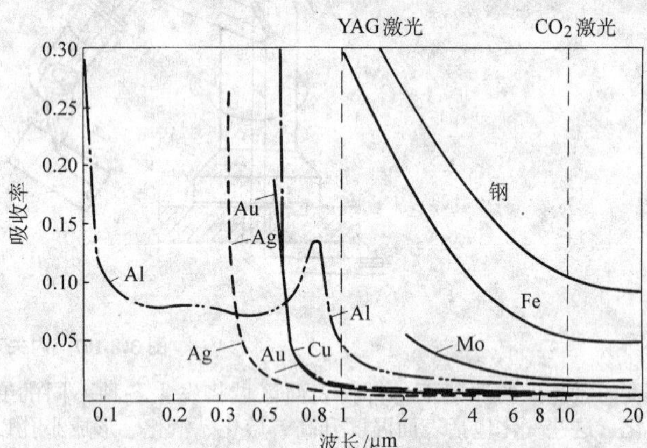

图3.8-111 室温下垂直入射时金属的吸收率与激光波长的关系

当温度升高时，金属中电子的热运动加剧，因此随着温度升高，金属的吸收率增大。理论和实验研究均表明，针对红外激光，金属吸收率与温度依赖关系可以用下面简单的表示式来描述

$$A(T)=A_0+r(T-T_0) \tag{3.8-17}$$

式中，A_0为温度T_0下金属的吸收率；r为吸收率的温度系数；T为温度。

当金属从固相转变成液相时，每个金属原子的导电电子数、金属密度以及金属的直流电阻率同时改变，因此，在金属的熔点处从固态转变成液态时金属的吸收率有一个台阶增长，图3.8-112所示为计算得到的几种纯金属对CO_2激光的

吸收率与温度的关系。

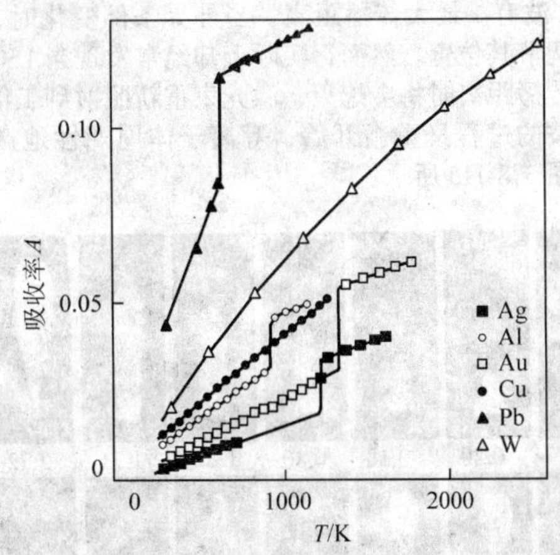

图 3.8-112 几种纯金属对 10.6 μm 波长光波的吸收率与温度的关系的理论计算结果

强激光作用下，金属对激光的吸收出现突然增大的现象，其数值远远超过金属吸收率的温度依赖关系所决定的数值，这一现象称为金属的反常吸收，它与材料的蒸发和光致等离子体的形成有关。

图 3.8-113 所示，在纯铜靶表面覆盖一薄层 NaCl 或 NaF，当采用低功率连续 CO_2 激光照射时，纯铜靶和有涂层靶的能量耦合系数是一致的［(2.3±0.2)%］；采用高能脉冲 TEA CO_2 激光照射产生等离子体时，靶对激光能量的耦合系数增加，而且有涂层靶的耦合系数高于纯铜靶，NaCl 涂层的铜靶的耦合系数高于 NaF 涂层，达到峰值耦合系数的能量密度也相应降低。原因认为是 NaCl 和 NaF 的熔点和沸点（分别为 801℃和 1 413℃，993℃和 1 659℃，而铜的熔点和沸点为 1 083.4℃和 2 567℃）以及 Na 的电离电位较低，容易蒸发和电离，因此产生等离子体的阈值能量密度相应降低。等离子增强吸收的现象在阈值强度附近表现最强，当激光辐射强度提高时，等离子体强化吸收的效应将减弱。

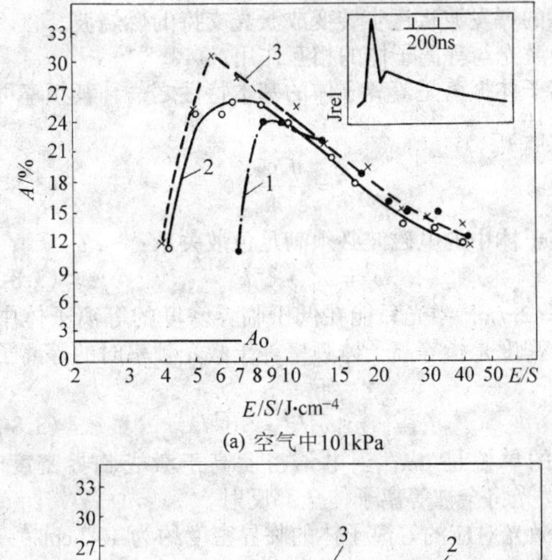

(a) 空气中101kPa

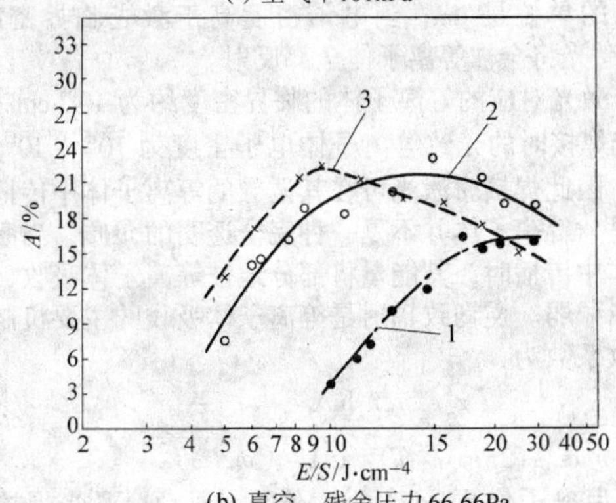

(b) 真空，残余压力66.66Pa

图 3.8-113 金属对激光能量的反常吸收

A_0：低功率 CO_2 激光辐射时，铜的吸收率；
曲线 1，2，3：高能脉冲 TEA CO_2 激光辐射形成等离子体后，铜（曲线 1）、表面有 NaF（曲线 2）和 NaCl（曲线 3）薄涂层的铜的吸收率

等离子体强化吸收的机制常被解释为高温等离子体的短波长热辐射，即等离子体吸收激光能量之后再辐射出易于被金属吸收的短波光子以及等离子体的热传导和受等离子体压力作用而被迫返回表面的蒸汽的凝结。由于等离子体的强化吸收效应，材料对 CO_2 激光的吸收率可以达到入射激光功率的 30%～50%。

3.2.2 激光诱导等离子体

CO_2 和 YAG 激光均是可以在大气中传输的，但是将激光聚焦到极小的光斑可以引起气体击穿，其现象类似于两个电极之间的放电。强激光束辐照下气体击穿的机理有三种：即多光子电离、级联电离和热驱动电离。

（1）多光子电离（MPI—multiphoton ionization）

击穿气体使其电离需要有足够的能量，对大多数元素来说，其电离能为几至几十电子伏特，直接的单光子电离需要处于紫外光谱区的激光光子，因此可见光和红外光谱区的单光子是不足以使气体电离的。

但是，如果受激光辐射的气体原子或分子同时吸收多个光子，这些光子合起来的能量达到原子或分子的电离能，则可以引起气体击穿，这一过程就称为多光子吸收电离。多光子电离可用下式描述：

$$M + mh\nu \rightarrow M^+ + e \tag{3.8-18}$$

式中，M 是中性气体粒子，m 是同时吸收的光子数，h 是普朗克常数，ν 是光子的频率，e 是电子，M^+ 是正离子。如果 ε_1 为气体的电离能，则光子数 m 必须超过（$\varepsilon_1/h\nu+1$）的整数部分。

激光波长越长，原子电离能越大，多光子电离必须同时吸收的光子数目越多。由于大多数气体的电离能超过 10 eV，CO_2 激光（$h\nu$ = 0.12 eV）诱发多光子电离必须同时吸收 100 个以上的激光光子，这几乎是不可能的。

（2）级联电离（cascade breakdown）

所谓级联电离即是自由电子通过逆韧致辐射吸收激光能量而被加速，获取了足够能量的自由电子与气体原子或分子发生非弹性碰撞而使原子或分子电离。级联电离过程可用下式来描述：

$$e + M \rightarrow 2e + M^+ \tag{3.8-19}$$

这一反应将导致雪崩击穿，即电子密度将随时间呈指数关系增长。为了引发级联击穿，必须满足两个条件：①在激光辐射的焦斑体积中必须至少有一个电子（即初始电子）来引发该过程；②激光强度足够高，电子在激光场中获取的能量必须大于气体的电离能。

理论和实验研究均表明，级联击穿阈值强度与气体的电离能、激光频率的平方成正比，与气体压力成反比。气体的电离能越高、激光波长越短、气体压力越低，击穿阈值强度越高。同时，在相同条件下，光斑直径增大，击穿阈值将减小。增加初始电子数密度也可以降低击穿阈值。CO_2 激光直接引起大气击穿的阈值一般超过 10^8 W/cm²。

（3）热驱动电离（thermal runaway）

级联电离和多光子电离使气体击穿形成等离子体需要的激光功率密度一般超过 10^8 W/cm²，这取决于激光的波长和光斑大小。然而，有金属靶或激光材料加工时，等离子体的形成阈值可以降低到 10^5～10^6 W/cm² 左右。

当激光作用于金属材料表面时，当激光功率密度足够高时，材料局部迅速熔化并产生强烈蒸发。材料的蒸发给激光作用空间提供了高温、高密度、低电离能的蒸发原子，这种

高温金属蒸气因为热电离产生大量的自由电子，另一方面，材料表面的热发射也将提供大量电子，这两机制在材料表面上方产生的电子数密度可高达 $10^{13} \sim 10^{15}\ cm^{-3}$。如此高密度的自由电子将通过电子－中性粒子的逆韧致辐射吸收激光能量，使金属蒸汽的温度升高，导致进一步的热电离。更多电子的产生将使金属蒸汽对激光的吸收进一步加强，从而使温度急剧升高，金属蒸汽在极短时间内被击穿而形成金属蒸汽等离子体。这种有固体耙或激光材料加工时气体的击穿机制称之为热驱动电离。

金属蒸汽中的自由电子通过电子－中性粒子的逆韧致辐射吸收激光能量，其有效吸收系数为

$$K_\alpha = Q(\lambda)\ n_e n_v \tag{3.8-20}$$

式中，$Q(\lambda)$ 为波长为 λ 的光子通过电子—中性粒子逆韧致辐射吸收的平均截面；n_v 为蒸汽的粒子数密度；n_e 为蒸汽中的电子数密度。$\lambda = 10.6\ \mu m$ 时，$Q(\lambda_{10.6}) = 10^{-36} \sim 10^{-37}\ cm^5$，对于其他波长的激光，$Q(\lambda)$ 可以通过下式确定：

$$Q(\lambda) = Q(\lambda_{10.6})\left(\frac{\lambda}{10.6}\right)^2 \tag{3.8-21}$$

可见，金属蒸汽的吸收系统与波长的平方成正比，因此，波长越长，越容易产生等离子体。

(4) 激光支持的吸收波（LSAWs—Laser－supported absorption waves）

在激光作用下材料蒸发而在工件表面形成金属蒸汽等离子体将通过两种方式与周围环境气氛相互作用：①高压蒸汽等离子体的膨胀在环境气氛中形成冲击波；②能量通过热传导、辐射和冲击波加热向环境气氛中传递，如图3.8-114。

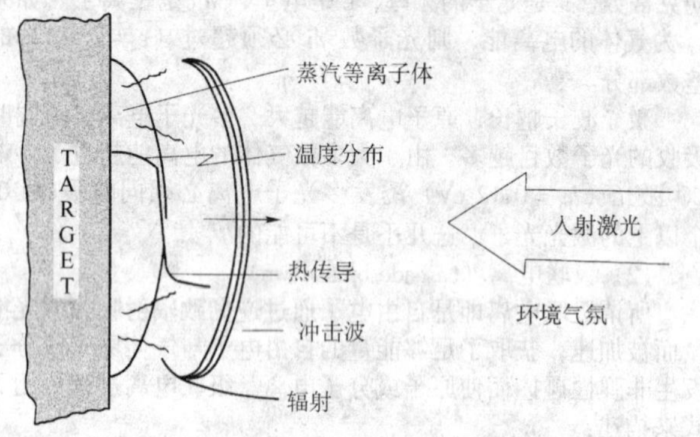

图3.8-114 蒸汽等离子体与环境气体相互作用

环境气体被加热后将产生一定的热电离，从而使冷态时为透明的气体开始吸收激光。一旦气体中的自由电子数密度达到一定的临界值，与金属蒸汽击穿形成等离子体的加热过程相同，热的气体层对激光的吸收急剧加强并快速加热到等离子体状态。后续气体层又经历同样的过程—开始时通过等离子体的能量传递使气体加热，直到气体开始自持吸收激光；然后通过吸收激光能量快速加热到产生等离子体。这一过程不断持续重复进行，等离子体前沿（吸收区）逆着激光束的入射方向向前传播，形成激光支持的吸收波。根据传播机制的不同，吸收波可分为激光支持的燃烧波（LSCW—Laser－supported combustion wave）和激光支持的爆发波（LSDW—Laser－supported detonation wave）。

当激光功率密度小于 $10^7\ W/cm^2$ 时，虽然因等离子体的膨胀而形成的冲击波使气体的密度、压力和温度升高，但是，受冲击的气体对激光辐射仍为一种透明介质。工件表面形成的高温金属蒸汽等离子体将通过热传导和热辐射使其周围的气体加热，等离子体前沿以亚音速向前推进，其速度为 10～100 m/s，这种等离子体称为激光支持的燃烧波。

在聚焦状态下，当入射激光功率一定时，相对于焦点位置，LSC波有一最大传播距离。当外界条件变化时，LSC波将自动调节其位置。然而，实际上却经常发现当LSC波到达其最大传播距离时将会熄灭，激光束重新照射到工件上，形成LSC波的过程又重新开始，等离子体周期性地产生和消失，如图3.8-115所示。

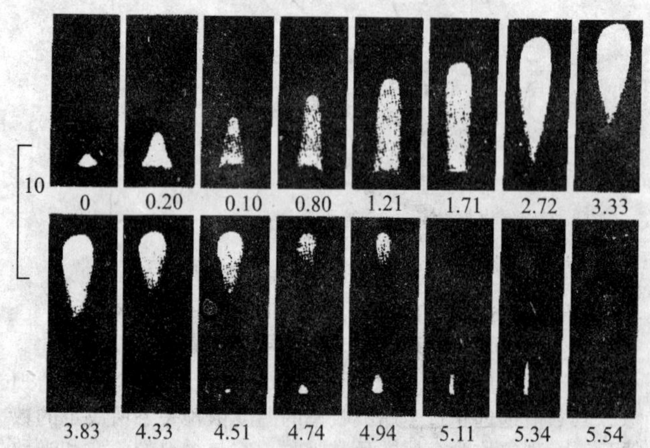

图3.8-115 脉冲 CO_2 激光照射铝耙形成的激光支持的燃烧波

（激光功率密度：$1.5 \times 10^6\ W/cm^2$，脉冲长度：5 ms）

当激光功率密度大于 $10^7\ W/cm^2$ 时，等离子体的快速膨胀而形成很强的压缩波，受冲击的气体对激光辐射不再是一种透明介质，无需通过热传导和热辐射的方式从等离子体获取能量就可以加热到足够高的温度，等离子体前沿将以超音速向前运动，形成所谓的激光支持的爆发波。在聚焦状态时，随着等离子体向前运动，激光功率密度不断降低，这种激光支持的爆发波将逐步转变成激光支持的燃烧波。

(5) 激光与等离子体的相互作用

等离子体振荡是等离子体的基本特性之一，其频率可通过下式表达：

$$\omega_p^2 = \frac{n_e e^2}{\varepsilon_0 m_e} \tag{3.8-22}$$

等离子体中的电磁波必须满足色散关系：

$$\omega^2 = \omega_p^2 + c^2 k^2 \tag{3.8-23}$$

式中，$k = 2\pi/\lambda$，激光只能在低于临界密度的等离子体中传播，临界密度是指等离子体频率等于激光频率时的等离子体密度：

$$n_c \equiv \varepsilon_0 m_e \omega^2 / e^2 \approx 10^{21}/\lambda^2 \tag{3.8-24}$$

式中，λ 的单位是 μm，当电子密度高于激光临界密度时，$k^2 < 0$，激光将会被等离子体全部反射。

CO_2 激光对应的等离子体的临界密度约为 $10^{19}\ cm^{-3}$，而 CO_2 激光焊接时的光致等离子体电子密度为 $10^{15} \sim 10^{17}\ cm^{-3}$ 数量级，因此焊接时激光可在其诱导的等离子体中传播。

但是，等离子体并不是一种完全透明的介质，当激光在等离子体中传播时，其能量将部分地被等离子体吸收，激光强度逐渐减弱。逆韧致辐射是等离子体吸收的主要机制，其线性吸收系数为

$$K_\alpha = \frac{z^2 e^6 n_e n_i \ln\Lambda}{3\omega^2 c\varepsilon_0^3\ (2\pi m_e k_B T)^{\frac{3}{2}} \sqrt{1-(\omega_p/\omega)^2}} \tag{3.8-25}$$

式中，z 为离子价数，$\ln\Lambda$ 为库伦对数。CO_2 激光焊接时光致等离子体中通常只含有一价离子，即 $z = 1$，$n_e = n_i$。根据实验测得的等离子体的电子温度和密度，计算出 CO_2 激光焊接时等离子体的平均线性吸收系数在 $0.1 \sim 0.4\ cm^{-1}$ 范围。

功率密度为 I_0 的激光束穿过长度为 l 的等离子体后，功率密度将降至 I，则

$$I = I_0 e^{-K_a l} \tag{3.8-26}$$

可见，由于等离子体对激光的吸收，激光功率密度将随等离子体尺度增大而急剧降低。

等离子体的折射率 n_r 可根据等离子体中电磁波的色散关系求得，如果忽略等离子体中带电粒子的碰撞的影响，则

$$n_r^2 = 1 - \frac{\omega_p^2}{\omega^2} \tag{3.8-27}$$

等离子体的折射率与等离子体的振荡频率有关，而等离子体的振荡频率是等离子体电子密度的函数。CO_2 激光焊接时，光致等离子体的振荡频率小于入射激光束的圆频率，因此光致等离子体的折射率总是实数，且恒小于1。

由于激光焊接等离子体并不是一个均匀介质，等离子体中存在很大的电子密度梯度，电子密度的差异导致折射率的变化。当入射激光束穿过等离子体时将引起激光束传播方向的改变，其偏转角与等离子体的电子密度梯度（折射率梯度）和等离子体长度有关。几千瓦至十几千瓦 CO_2 激光诱导的等离子体对激光束的偏转角为 10^{-2} rad数量级。因此，等离子体对入射激光的作用还相当于一个负透镜，引起聚焦激光束形态的改变－聚焦光斑直径扩大，焦点位置下移，如图3.8-116所示。

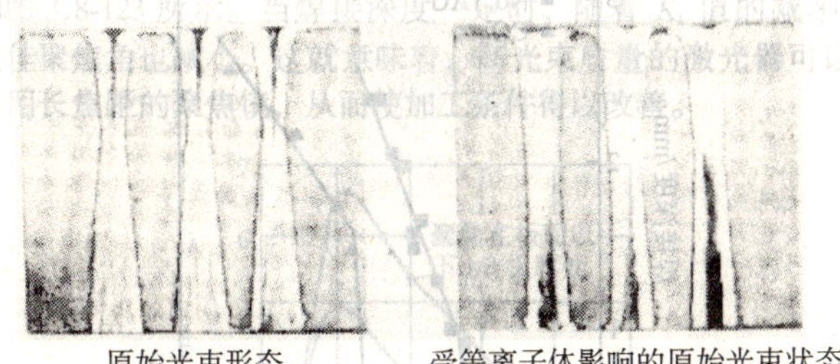

图3.8-116 等离子体对聚焦激光束形态的影响

3.3 激光焊接

3.3.1 引言

激光焊接是激光最先工业应用领域之一，早在1962年就有关于激光焊接的报道，随后开展了大量的基础研究。在20世纪70年代之前，由于没有高功率的连续激光器件，因此研究的重点是脉冲激光焊接，应用于小型精密零件的点焊，或者由单个焊点搭接而成的缝焊。1971～1972年，随着数千瓦 CO_2 激光焊接试验的报道，情况发生了根本性的变化。几毫米厚钢板能够一次性完全焊透，所得焊缝与电子束焊接相似，显示出了高功率激光焊接的巨大潜力。

激光焊接有两种基本模式，即热导焊接和深熔焊接。激光热导焊类似于TIG焊，表面吸收激光能量，通过热传导的方式向内部传递；激光深熔焊接与电子束焊接相似，高功率密度激光引起材料局部蒸发，在蒸汽压力作用下熔池表面下陷形成小孔，激光束通过“小孔”深入到熔池内部，如图3.8-117所示。

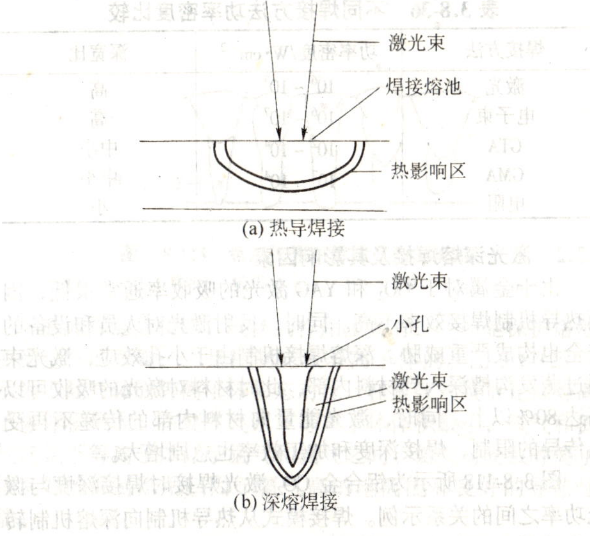

图3.8-117 热导焊接（a）和深熔焊接（b）模式比较

与传统焊接方法相比，激光焊接具有一系列优点。激光焊接最基本的优点是激光可以聚焦到很小的区域，从而形成高强度的热源。这种高强度热源沿待焊接接头快速扫描实现焊接。在这方面，激光焊接可以同电子束焊接相比，同时激光焊接可在大气下进行。

采用激光焊接，“只要能看见，就能够焊接”。激光焊接可以在很远的工位，通过窗口，或者在电极或电子束不能伸入的三维零件的内部进行。同电子束焊接一样，激光焊接只需从单面实施，因此可以采用单面焊将叠层零件焊接在一起。这种优势为接头设计开辟了许多新的可能性。

激光焊接系统虽然较传统焊接设备要贵得多，但是激光焊接所能获得高的生产率和焊接质量使得采用激光仍然是经济的。例如，几毫米厚钢板激光焊接速度可以超过10 m/min。与电弧焊接相比，激光焊缝的热影响区小，从而限制了热变形，同时改善了冶金机械性能。

对于铝合金和镁合金这类难焊接的材料，激光焊接提供了新的机遇。例如，采用常规技术不能焊接的7000系列铝合金，激光焊接获得了高的强度和良好的成型性能。

激光焊接也有其不足之处，主要是设备投资成本高，在需要大流量昂贵的氦气作为保护气体的情况下运行费用也较高。

激光束能够获得极小的光斑是激光焊接的优点，但同时也带来接头安装和对中困难的问题。小的不对中就有可能导致焊接条件大的变化，即使是很小的装配间隙（0.1 mm）也可能导致激光辐射耦合不足。

高反射材料如铝和铜的激光焊接需要对激光辐射条件进行仔细优化。同时这类材料高的导热性要求采用高的激光功率密度。这就导致反射回激光器的反射激光损坏光学元件的问题。

激光焊接与其他焊接方法相比的优缺点总结如表3.8-35所示。与其他焊接方法相比，激光焊接的多数优点源于聚焦激光光斑强度比常规方法所能获得的强度高出几个数量级，如表3.8-36所示。

表3.8-35 激光焊接与其他焊接方法的比较

项目	焊接方法				
	LB	EB	GTA	GMA	RW
联接效率	0	0	−	−	+
高的深宽比	+	+	−	−	−
小的热影响区	+	+	−	−	0
高的焊接速度	+	+	−	+	−
焊缝形貌	+	+	0	0	0
在大气压下焊接	+	−	+	+	+
焊接反射材料	−	+	+	+	+
与填充焊丝的接合	0	−	+	+	−
自动化程度	+	−	+	0	+
投资	−	−	+	+	+
运行成本	0	0	+	+	+
可靠性	+	−	+	+	+
工装	+	−	−	−	−

注：+：优点；−：缺点；0：一般；LB：激光束；EB：电子束；GTA：钨极电弧；GMA：熔化极电弧；RW：电阻焊

燃，与氧气发生激烈的放热反应，如在切割钢时，发生下述反应：

$$Fe + 0.5O_2 \rightarrow FeO + 268.8\ kJ/mol$$

$$2Fe + 1.5O_2 \rightarrow Fe_2O_3 + 829.7\ kJ/mol$$

$$3Fe + 2O_2 \rightarrow Fe_3O_4 + 1\,115.6\ kJ/mol$$

放出的热量为后续切割提供热量，钢在纯氧中燃烧所放出的能量占全部热量的60%。因此，这种方法所需激光能量只有气化切割的1/20。氧气流对切口起冲刷作用，能将燃烧生成的熔融氧化物吹掉，并对达不到燃烧温度的部分起冷却作用，降低热影响区的温度。

这种方法主要用于钢的切割，是应用最广的切割方法。

4）控制断裂切割　对易受热破坏的脆性材料，激光束加热后在小块区域，引起大的热梯度和严重的机械变形，导致材料形成裂纹，只要保持均衡的加热梯度，激光束就可引导裂纹在任何需要的方向产生。这是切割玻璃之类具有高膨胀系数材料的基本方法。控制断裂切割速度快，不需要太高功率，否则会引起工件表面熔化，破坏切缝边缘。这种控制断裂切割机制不适用切割锐角，切割特大封闭外形也不容易成功。

3.4.2　影响激光切割质量的因素

影响激光切割质量的因素很多，主要包括三个方面，即材料特性、激光光束特性以及加工工艺参数等（如图3.8-138）。切割材料本身的特性起着至关重要的作用，决定了该材料是否能用激光切割。图3.8-139列出了影响激光切割质量的主要材料特性。

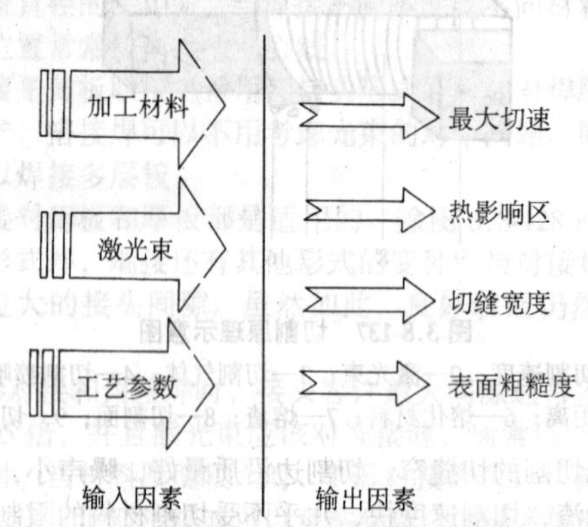

图3.8-138　激光切割过程的影响因素

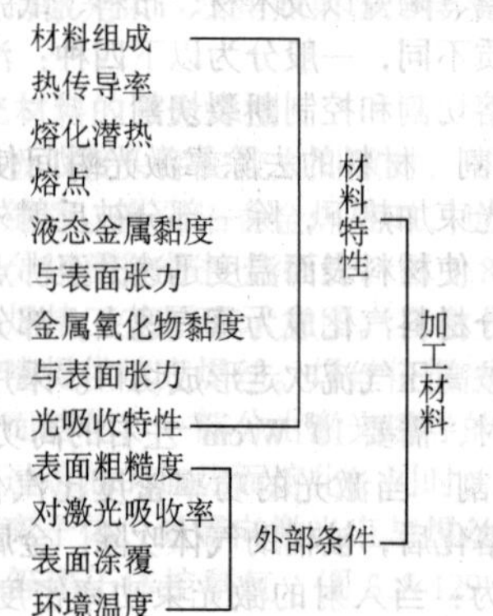

图3.8-139　材料对切割质量的影响

影响激光切割的主要激光特性可概括为四大类，即能量特性、模式特性、焦点特性和时间特性（如图3.8-140）。其中能量特性、模式特性和焦点特性三个方面的光束参数不是独立的，而是互相影响的。如采用不同的聚焦镜，得到不同半径大小的焦点，将影响焦点的功率密度的大小。同样功率的激光束，光束质量好的，聚焦后聚焦焦点就小，焦点的功率密度就大。

在众多的激光因素中，特别要强调激光的光束质量。切割用的激光首先要有高的光束质量。为了得到高的功率密度和精细的切口，聚焦光斑直径要小。为此，激光束的模式应该尽可能接近基模。

激光光束的能量特性对激光切割的影响主要体现在，在其他参数一定的情况下，切割速度随最大切割板厚的增加而减小，随激光功率的增加而增加。

图3.8-141为采用德国RofinSinar公司的扩散冷却型DC25激光器切割CrNi不锈钢材料，随切割厚度的增加，切割速度减小的情况。

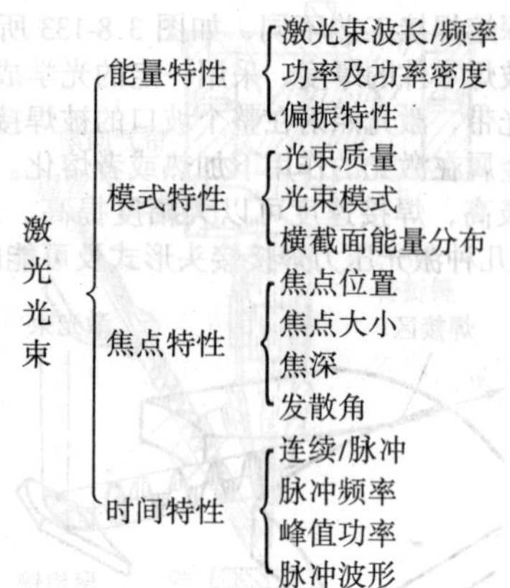

图3.8-140　影响切割的激光光束参数

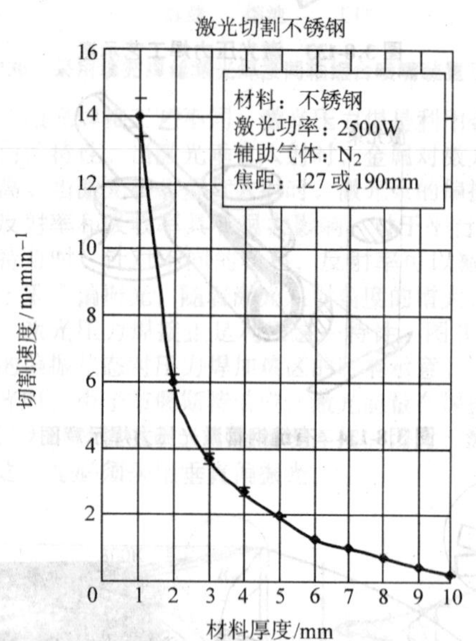

图3.8-141　切割速度与板厚的关系

光束模式决定了聚焦焦点的能量分布，对激光加工具有重要的影响。对激光切割，光束为基模时，光束聚焦性能最好，切割质量最好。

聚焦光束的发散角一般都较大，光斑尺寸在焦点附近的变化比较大，这样不同的焦点位置将使作用在材料表面的激光功率密度变化就很大，从而对切缝的影响就很大。一般规定焦点位置在工件表面以下为负离焦，工件表面以上为正离焦。进行激光切割时，焦点位置位于工件表面或略低于工件表面，可以获得最大的切割深度，较小的切缝宽度。在大范围CO_2激光加工中，焦点位置在不同的加工部位是不同的，这必然影响到激光切割质量的稳定性。

除了以上因素外，还有辅助气流因素对切割质量产生影响。图3.8-142列出了影响辅助气流的一些因素。

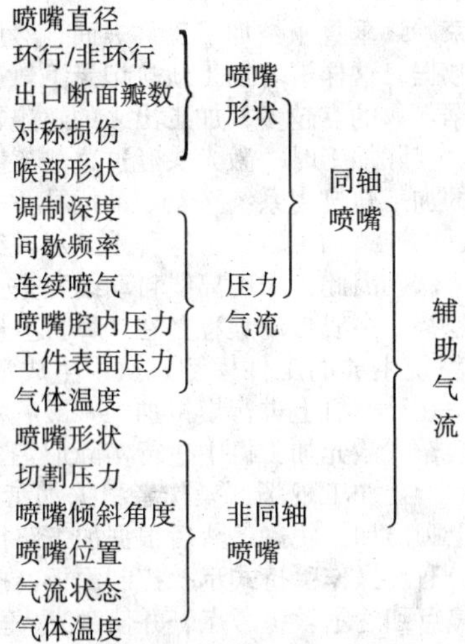

图 3.8-142 辅助气流对切割质量的影响

但实际应用时，用户购买了激光加工系统进行切割时，激光器的许多光学特性便确定了，需要用户选择和决定的参数只有几个关键因数。只要能把这几个参数确定下来，切割便有了依据。下面选取几个主要参数进行分析。

1）切割头 大多激光加工机均配备了几个切割头，如 5 in，7.5 in 切割头。切割头不同，其焦距不同。一般来说，激光束经短聚焦透镜聚焦后光斑尺寸小，焦点处功率密度高，对降低切口宽度、得到更精细的切口有利，但它的不利之处是焦深很短，调节余量小，一般适合切割薄型材料，对厚工件，由于长焦透镜有较宽焦深，在切割厚度范围内，光斑直径变化不大，只要有足够功率密度，用它切割比较合适。总之，焦距应根据被切材料的厚度选取，兼顾聚焦光斑直径和焦深两个方面。一般规定，超过 4 mm 的钢板，均用 7.5 英寸切割头切割。

2）离焦量（即焦点的位置） 由于激光功率密度对切割速度影响很大，因此，保持焦点与工件的相对位置恒定对保证切割质量尤为重要。由于焦点处的功率密度最高，大多数情况下，激光切割的聚焦光斑位置应靠近工件表面，并略在工件表面以下，即 0 ~ -0.1 mm。这时，喷嘴与工件表面间距一般为 0.5 ~ 1.5 mm 之间。当焦点处于最佳位置时，切缝最小，效率最高，最佳切割速度可获得最佳切割结果。

3）激光功率 激光能量是切割过程得以进行的主要能量来源，对连续激光而言，激光功率大小和模式好坏都会对切割发生重要影响，激光功率与切割速度（线能量）决定了输入到工件上的能量。实际操作时，常常设置最大功率以获得高的切割速度。

4）切割速度 对给定的激光功率密度和材料，切割速度符合于一个经验式（图 3.8-143），只要在阈值以上，材料的切割速度与激光功率密度成正比，即增加功率密度可提高切割速度。对切割金属材料而言，在其他工艺变量保持恒定情况下，激光切割速度可以有一个相对调节范围仍能保持较满意的切割质量，这种调节范围在切割薄金属时比厚件稍宽。为提高生产效率，尽可能采用高速切割。切割速度过高，则切口清渣不净或切不透，切割速度过低，则材料过烧，切口宽度和材料热影响区过大。

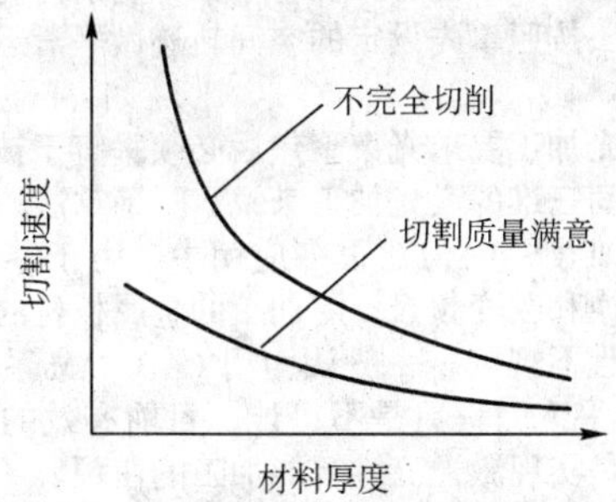

图 3.8-143 切割速度—材料厚度经验式示意曲线

5）辅助气体种类 辅助气体除用于从切割区吹掉熔渣以清除切缝，有惰性气体和活性气体，对非金属材料和部分金属材料，使用压缩空气或惰性气体，清除熔化和蒸发材料，同时抑制切割区过渡燃烧。对大多数金属材料，使用活性气体如氧气，能和高温金属熔液发生放热反应，增加能量输入。用氧气切割碳钢时，反应放热量可提高切割速度 1/3 ~ 1/2。实践表明，氧气的纯度对切割质量有明显影响。氧纯度降低 2% 会降低切割速度 50%，并导致切口质量显著变坏。辅助气体还可冷却切割临近区域以减小热影响区尺寸，保护聚焦透镜。

6）辅助气体压力 激光切割对气流的基本要求是进入切口的气流量要大，速度要高，以便有充足的氧气使切口材料充分进行放热反应，并有足够的动量将熔融材料喷射带出。高速切割薄板时，增加气体压力可以提高切割速度，防止切口背面粘渣。当材料厚度增加时，压力过大会引起切割速度下降，因为气体对加工区的冷却效应得到增强及气流冲击引起的光束二次聚焦或光束发散，辅助气压还是引起切割前沿扰动层不稳定的因素之一。

7）喷嘴直径 随着喷嘴直径增加，气流对切割区的强烈冷却作用会使热影响区变窄，但喷嘴直径过大将导致切缝过宽。一般激光设备生产厂均提供标准喷嘴。

8）喷嘴离工件表面距离 气流从喷嘴流出，沿喷嘴轴线将交替出现气流高压区，第一高压区紧邻喷嘴出口。在这个区域放置工件表面，切割压力大而稳定，切割效果好。这时工件表面至喷嘴出口的距离约为 0.3 ~ 1.3 mm。但工件表面离喷嘴出口这样近，切割溅射物容易损伤聚焦透镜。将工件表面置于第二个高压区，距离喷嘴出口约 3 mm 左右，切割效果同样好。

表 3.8-37 列出了使用 RofinSinar 公司生产的 SlabCO_2 激光器 DC35 切割碳钢、不锈钢常用的切割参数。

表 3.8-37 常用金属材料的 CO_2 激光切割参数

激光功率 /W	材料厚度 /mm	焦距 /in①	速度 /$m \cdot min^{-1}$	气压 /10^5 Pa	喷嘴直径 /mm	离焦量 /mm	喷嘴距离 /mm
碳钢用氧气切割							
3 300	1	5	5	3.5	1	0	0.5
3 300	2	5	5	3	1	-0.5	1
3 300	3	5	5	3	1	-0.5	1
3 300	4	7.5	4.2	0.7	1	-2	1
3 500	6	7.5	4.2	0.7	1.2	-2	1
3 500	8	7.5	2.5	0.7	1.5	-2	1
3 500	10	7.5	1.9	0.7	1.5	-2	1
3 500	12	7.5	1.6	0.7	1.5	-2	1
3 500	15	7.5	1.2	0.7	2	-2	1
3 500	20	7.5	0.8	0.7	2.4	-2.5	1
3 500	25	7.5	0.6	0.7	2.4	-3	1
不锈钢用氮气切割							
3 500	1	5	20	10	1.5	-0.5	0.5
3 500	2	5	15	10	1.5	-1	0.5
3 500	3	5	5.2	15	1.5	-2	0.5

续表 3.8-37

激光功率 /W	材料厚度 /mm	焦距 /in①	速度 /m·min⁻¹	气压 /10⁵ Pa	喷嘴直径 /mm	离焦量 /mm	喷嘴距离 /mm
不锈钢用氮气切割							
3 500	4	7.5	3.8	17.5	2	−3	0.7
3 500	5	7.5	2.6	20	2	−4	0.7
3 500	6	10	2.3	20	2.2	−5	0.7
3 500	8	15	1.3	20	3	−6	0.7
3 500	10	15	0.8	20	3	−6	0.7

① in = 2.54 cm

3.4.3 激光三维切割

(1) 三维切割的光学系统

对 YAG 激光，可采用柔性的光纤传输，易于实现远距离传输，加工头由机器手夹持，由机器手的运动完成三维空间轨迹的运动。而 CO_2 激光传输只能靠镜片。激光从激光器的输出窗口经过导光系统，被引导到三维加工工件表面，并在被加工部位获得所需的光斑形状、功率密度和入射方向，光斑按一定的轨迹相对工件表面运动，形成空间的三维加工轨迹。光斑相对工件表面有两种实现方式：工件运动式和光斑运动式。工件运动式只能用于小型平面工件或规则工件如轴、管的激光加工，否则，由于运动惯性大，无法进行高速加工，另外，机床也无法带动工件形成空间复杂的三维轨迹。光束运动方式是通过移动导光系统中的光学元件来实现光斑相对工件表面的运动，这种方式显著的优点是激光加工头的重量轻，易于控制，因而三维激光加工系统中均采用这种方式。

对 CO_2 激光，一般均采用飞行光学导光系统。如图 3.8-144 所示为五轴飞行光学导光系统。该系统通过沿 X，Y，Z 三个方向移动光路中的反射镜来改变焦点的空间位置，同时通过旋转 B，C 轴上的反射镜来改变激光的射出方向，以满足激光束与空间三维工件表面垂直角度的要求。

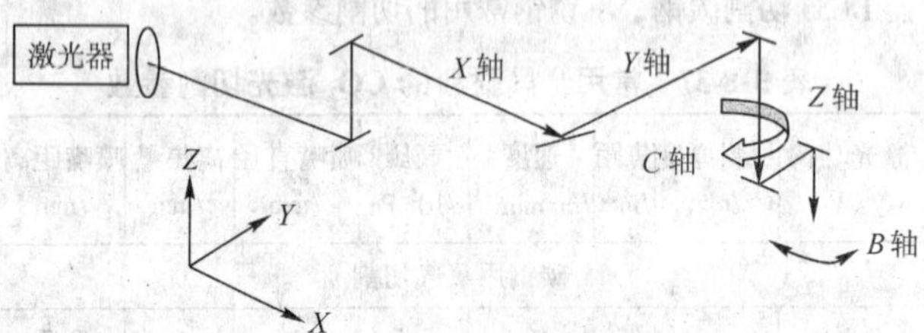

图 3.8-144　五轴飞行光学导光系统示意图

对于工件运动式，当光斑相对工件表面运动时，光程始终保持不变。而对于飞行光学导光系统，当进行实际加工时，反射镜不断平移运动，结果从激光器发出的激光经过反射，最后经聚焦镜聚焦到工件上的距离不断变化，这将导致在不同的加工位置焦点位置发生偏移，焦斑大小及其横截面能量分布发生变化。如果这些变化超过了容许范围，在整个加工范围内加工质量的稳定性将受到影响。因此这类激光加工系统中，必须配有相应的补偿装置。根据上一节的内容可知，对光束质量教好的激光器，经过传输和聚焦后，焦点偏移和焦斑大小变化小，加工质量稳定性容易保证。

(2) 数控系统与编程方法

进行激光三维加工离不开计算机程序，与二维平面激光加工程序的手工编程和自动编程不同，编制三维激光加工程序几乎无法用手工完成，国际上通常采用在线示教编程方式。示教编程就是把待加工的工件，预先摆放在加工工位上，用户操纵示教控制板，把激光加工头移动到工件待加工的位置上，调整好激光加工头相对于工件表面的位置和取向，使激光束始终垂直于被加工工件表面，然后记录下激光头在该处的数据。这样沿着加工轨迹记录下轨迹线上各点处激光头的数据。取的点越多，加工出来的轨迹越接近理想的加工轨迹线。实际加工时，激光头经过这些离散的点，相邻示教点之间的加工轨迹由系统按给定的插补方式自动计算出来，形成逼近的连续加工轨迹。这种手工示教编程劳动强度大、工作效率低。因此，采用离线自动编程是三维激光加工发展的必然趋势。离线自动编程是在计算机上进行的，借助计算机 CAD 系统生成的工件模型，从中生成激光加工的空间轨迹数据，在计算机上进行模拟加工。最后将模拟无误的加工程序直接送入激光加工机中进行实际加工。

示教编程指在加工现场，操作者根据加工的工艺要求，在加工对象上画出加工轨迹，然后根据加工路径确定合适的示教参考点，通过操作手持式示教控制面板，按要求点动机床，使激光焦点到达示教参考点，并使激光头垂直于示教参考点所处的表面，调整好激光头相对工件表面的位置和趋向，并记录下这些点处激光头的位置坐标和取向值，进而由这些示教点的坐标信息生成零件加工程序。实际加工时，激光头沿示教点运动，相邻示教点之间的加工轨迹由系统按给定的插补方式自动计算出来，形成空间三维轨迹。对空间自由曲线，当把曲线上离散的示教参考点越多，实际加工轨迹拟合的就越精确。这种手工示教编程是一项劳动强度大、耗时多、效率低并占用加工机时（在线方式下）的工作，目前的三维激光加工大多采用这种编程方式。

自动编程指利用 CAD/CAM 技术，将激光三维加工所需的数据信息直接从计算机中得到，按照一定的方法将它们转换为控制数控机床的数控信息，并自动生成加工程序。编程时不占工位，属于离线方式下工作，表 3.8-38 列出了两种编程方法的差别。

由于三维激光加工（如切割）时，不但要求光束相对于工件按一定的空间轨迹运动，而且在整个加工过程中，激光光轴必须始终垂直于被切割工件表面，以提高加工质量和最大限度地利用激光束能量。这样一来，要完成非旋转对称的复杂自由曲面三维工件的加工至少需要 5 轴联动机床才能完成，即 3 个互相垂直的直线运动轴和两个旋转轴。由于激光头在工件加工表面法线的微小位置误差可以由机床 Z 浮系统补偿，保证机床在加工过程中激光喷嘴与工件表面之间的间隙为定值。所以在实际应用中，对于空间三维工件上的自由曲线，用直线和圆弧分段逼近可以满足激光加工的要求。在进行激光三维加工时，CNC 数控系统只需有空间直线和空间圆弧插补算法就可满足使用要求。它根据参考点的空间绝对坐标，通过控制 5 个联动的运动轴，实现空间任意直线和圆弧的插补。

在实际加工时，数控系统从零件加工程序中取出参考点的空间绝对坐标，由直线或圆弧插补算法求出各插补点的空间绝对坐标，由直线或圆弧插补算法求出各插补点的空间绝对坐标，然后根据机床参数，将插补点的空间绝对坐标变换成机床运动坐标，求出各轴在每个插补周期内的进给量，使机床的激光头按照事先设定的空间轨迹做平滑运动，完成三维加工任务。

由于激光加工要求光束聚焦后必须垂直于被加工对象的表面，对空间三维的激光加工来说，除了算法的复杂性，还涉及编程的难度，因为在很多应用中，由于零件加工时间短，程序更换和改变频繁，需加工的金属板材的表面几何形状十分复杂且不规则，一般认为用 CAD/CAM 系统自动编程非常困难，手工编程更是不可能，目前有效的方法是示教编程。这也是实现激光三维智能加工的瓶颈。

离线自动编程面对的是计算机中的三维工件的 CAD 模型，要求计算机模型与实际加工的工件要一致，否则，加工就会有偏差。实际工作中，计算机模型与工件之间或多或少不完全一致，因此，必须引入自动跟踪系统进行相应的补偿修正，否则，必须在编程系统中加以修正。

同样是自动编程，相对而言，平面自动编程不需考虑激光头的空间位姿和激光束的取向，而且平面轨迹的定位比空间三维轨迹的定位容易，因而，只需控制机床的 x，y 方向的运动，控制较简单，易于实现，市场上激光加工离线自动编程软件主要是针对二维平面加工的。

自动编程是在计算机上完成的，零件的 CAD 设计完成后，零件的全部几何信息都存储在了零件的 CAD 文件中。零件上无论多么复杂的加工空间曲线，总可以将它离散成若干点。从端点开始，用直线连接各相邻点构成空间折线，用直线插补折线逼近实际的空间曲线。精度要求越高则离散点的数量越多。由于这些离散点均在工件表面，因此，相应各点所对应的空间法线是确定的。就可能通过数据提取技术，将零件上加工轨迹的信息提取出来，转换成数控加工程序。在交互式的操作环境中，可以随时对加工轨迹进行修改并在计算机上进行虚拟加工，对加工中存在的问题及时加以解决，同时对产品的加工工艺缺陷及时反馈给产品设计者，避免造成不必要的浪费；还可通过网络将加工程序直接传送到激光加工中心实现异地加工。表 3.8-38 比较了两种编程方式的特点。

表 3.8-38 示教编程与离线自动编程的比较

示教编程	离线自动编程
需要实际工件和工作环境	需要工件计算机的图形模型
编程时机器停止工作	在计算机上编程，不影响机器工作
在实际系统上试验程序，易出意外	通过计算机仿真试验程序
编程质量取决于编程者的技术经验	易掌握，可用 CAD 方法，进行轨迹规划
很难实现复杂的运动轨迹	可实现复杂运动轨迹的编程，易于智能加工

(3) 轿车三维覆盖件的激光切割

汽车是由多种材料、大量零件组成的现代高级工业产品。汽车行业代表着一个国家总体的工业水平，汽车制造业是国家的支柱产业。汽车生产中很多材料及零件的制造都适合采用激光加工。激光技术在国外汽车工业中已得到越来越广泛的应用，如发动机齿轮焊接、样车车身切割和焊接。而在我国应用最多的还是在激光热处理上。

轿车生产中进行新车试制时，由于批量小而且尚需不断完善，覆盖件上的孔洞往往都是工人们靠手工用等离子切割修边和切孔，然后用砂轮打磨修整，一个覆盖件少则几星期，多则数月才能完成，而且工人劳动强度大，周期长，产品质量难以保证。

国外汽车三维覆盖件的激光切割主要采用示教方式完成，示教编程需要编程人员操纵示教板逐点记录三维轨迹信息，编程速度慢。采用离线自动编程是激光加工编程的发展趋势，但由于自动编程系统复杂，成本高，国外也只有少数大汽车厂采用。

北京工业大学激光工程研究院采用自行开发研制的具有自主知识版权的激光三维加工 CAD/CAM 系统 LaserCAM2000 和一汽轿车股份有限公司合作，成功地完成了对大红旗轿车车身覆盖件的三维切割加工。

下面以大红旗轿车后背箱盖三维覆盖件为例，说明激光切割的加工过程。现代汽车的设计已经进入了数字化的时代，汽车三维覆盖件产品的 CAD 模型在汽车设计专用软件上由设计人员完成后，通过图形文件交换格式将 CAD 模型送入 AutoCAD 中，在进行激光加工时先将待切割加工部分在产品上表明，然后从产品的三维 CAD 模型图形上的待切割部分提取加工轨迹，每一段加工轨迹都可以独立进行加工，也可以将所有加工轨迹通过规划一次加工完成，在实际加工前先在计算机上进行模拟加工和干涉检查，对发生碰撞的部位可以进行调整，直到无任何碰撞发生为止，最后由系统根据加工的材料和厚度自动产生 NC 加工代码。加工代码中的数据都是从计算机模型中得到的，计算机中的坐标系与机床坐标系往往不一致，解决上述问题有两种方法，一种是将计算机的模型摆放与实际工件的摆放完全一致，按下述办法可以做到这一点。实际工件都是与工装夹具紧密结合的，在制造工装夹具时，将其支坐框架水平面严格与 x，y 方向一致，工件放在夹具上固定后，工件与整个夹具的相对位置便保持不变。将夹具支坐的 x，y 方向摆放的与机床坐标一致。然后在计算机中构造夹具的模型，再把三维工件模型“摆放”到夹具上，计算机的坐标系设定与夹具的 x，y，z 方向一致，原点设在夹具上。这样就使计算机中坐标系完全与机床坐标系一致了，由此产生的 NC 代码程序可以直接在机床上运行。这种方法对工装夹具的设计和制造要求严格，同时需在计算机中构造夹具模型，夹具与工件的定位要准确。另一种方法是采用坐标变换，即将计算机坐标系下生成的 NC 加工数据，转换为机床坐标系下的数据。为此，在工件上任取三个点，分别测出它们在计算机坐标系 N（x_i，y_i，z_i）和在机床坐标系 M（X_i，Y_i，Z_i）下的坐标值（$i=1,2,3$），根据两者的坐标值求出坐标系的变换关系 R：

$$R=\begin{bmatrix} r11 & r12 & r13 \\ r21 & r22 & r23 \\ r31 & r32 & r33 \end{bmatrix}$$

它们三者之间满足：

$$\begin{bmatrix} X_1 & Y_1 & Z_1 \\ X_2 & Y_2 & Z_2 \\ X_3 & Y_3 & Z_3 \end{bmatrix}=\begin{bmatrix} x_1 & y_1 & z_1 \\ x_2 & y_2 & z_2 \\ x_3 & y_3 & z_3 \end{bmatrix}\begin{bmatrix} r11 & r12 & r13 \\ r21 & r22 & r23 \\ r31 & r32 & r33 \end{bmatrix}$$

其他所有数据（x，y，z）都按这个变换关系 R 将数据转化为机床坐标系的数据（X，Y，Z）。这种方法要求工件上的三个点实际测量必须准确，点的选取直接影响到数据转换的精度。

使用 LaserCAM 系统辅助激光切割，整个加工过程一天就可轻松完成。如图 3.8-145 为大红旗轿车后背箱盖的激光切割结果。

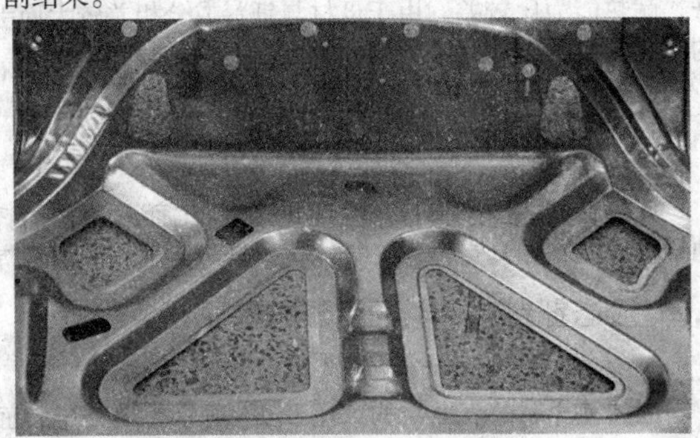

图 3.8-145 “大红旗”轿车后背箱板的激光切割，所有孔、洞一次切割完成

编写：朱轶峰（北京航空制造工程研究所）
董春林（北京航空制造工程研究所）
王亚军（北京航空制造工程研究所）
左铁钏（北京工业大学）
肖荣诗（北京工业大学）
陈继民（北京工业大学）

第9章　钎　　焊

1　钎焊基本理论

1.1　钎焊基本原理及特点

钎焊就是在低于母材熔点、高于钎料熔点的某一温度下加热母材金属，通过液态钎料在母材金属表面或间隙中润湿、铺展、毛细流动填缝、最终凝固结晶而实现原子间结合的一种材料连接方法。它与熔焊、压焊是现代焊接技术三大组成部分。

钎焊过程同其他任何工艺过程一样，与在固相、液相、气相进行的还原和分解、润湿和毛细流动、扩散和溶解、固化和强度的吸附降低、蒸发和升华等物理化学现象的综合作用有关。而元素的电子结构、原子半径比、电负性状态、化合价和离子化趋势是决定形成接头时固液金属间相互作用性质的主要因素。与之相应的钎焊可分为三个基本过程：一是钎剂的熔化及填缝过程，预置的钎剂在加热熔化后流入母材间隙，并与母材表面氧化物发生物理化学作用，从而去除氧化膜、清洁母材表面，为钎料填缝创造条件；二是钎料的熔化及填满钎缝的过程，随着加热温度的继续升高，钎料开始熔化并润湿、铺展，同时排除钎剂残渣；三是钎料同母材相互作用过程，在熔化的钎料作用下，小部分母材金属原子溶解于钎料，同时钎料原子扩散进入到母材当中，在固液界面还会发生一些复杂的化学反应。当钎料填满间隙、保温一定时间后，开始冷却凝固形成钎焊接头。

同熔焊方法相比，钎焊具有以下优点：

1) 钎焊加热温度较低，对母材组织和性能的影响较小；

2) 钎焊接头平整光滑，外形美观；

3) 焊件变形较小，尤其是采用均匀加热（如炉中钎焊）的钎焊方法，焊件的变形可减小到最低程度，容易保证焊件的尺寸精度；

4) 某些钎焊方法一次可钎焊成几十条或成百条钎缝，生产率高；

5) 可以实现异种金属或合金、金属与非金属的连接。

但是，钎焊也有它本身的缺点，如钎焊接头强度比较低，耐热能力比较差，由于母材与钎料成分相差较大而引起的电化学腐蚀致使耐蚀力较差及装配要求比较高等。

根据使用钎料的不同，钎焊一般分为：

1) 软钎焊——钎料液相线温度低于450℃；

2) 硬钎焊——钎料液相线温度高于450℃。

此外，某些国家将钎焊温度超过900℃而又不使用钎剂的钎焊方法（如真空钎焊、气体保护钎焊）称作高温钎焊。

1.2　液态钎料对母材的润湿与铺展

1.2.1　固体金属表面的结构

固体纯金属的表面结构如图3.9-1所示，最外层表面有一层0.2~0.3 nm的气体吸附层，随金属性质的不同，吸附气体的种类和厚度有一定的差别，通常吸附的气体主要有水蒸气、氧气、二氧化碳气体和硫化氢气体。

在吸附层的下面是一层3~4 nm厚的氧化膜层，所谓的氧化膜层并不是单纯的氧化物，它们常常是由氧化物的水合物、氢氧化物、碱式碳酸盐等成分组成。有的呈低结晶态，此种膜结构比较致密，能保护基底金属免于进一步氧化，如$\gamma-Al_2O_3$、Cu_2O（红色）等。有的则较疏松多孔，如Fe_2O_3、CuO等。在氧化膜之下则是一层厚1~10 μm厚的变形层，这种结构是由于压力加工所形成的晶粒变形所形成的，在它与氧化膜之间还有薄薄的1~2 μm的微晶组织。对于合金来说表面结构还要复杂得多，通常表面能较低的、亲氧的组元在固态下会扩散并富集于表面，而形成复杂多元组成的表面膜，随着储存期的延长，这层膜还会增厚。根据膜的基本性质不同，可分别采用还原性的酸（HCl、HF、稀硫酸、有机酸）、氧化性的酸（HNO_3）或碱（NaOH、KOH）来除去。

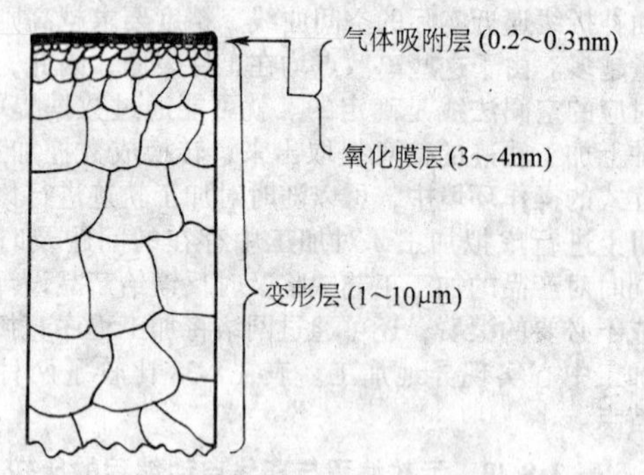

图3.9-1　固体金属的表面结构

1.2.2　液态钎料对母材的润湿作用

所谓润湿，是指由固-液相界面取代固-气相界面，从而使体系的自由能降低的过程。也就是液态钎料与母材接触时，钎料将母材表面的气体排开，沿母材表面铺展，形成新的固体与液体界面的过程。液态钎料能够较好地润湿母材是钎料能够填充到钎缝的毛细间隙中去，并进而依靠毛细作用力保持在间隙内，经冷却凝固而形成钎焊接头的前提条件。其作用原理的相关描述如下。

根据杨-拉普拉斯方程：

$$p_1 - p_2 = \sigma_{LG}\left(\frac{1}{R_1} + \frac{1}{R_2}\right) \tag{3.9-1}$$

式中，p_1，p_2为液体表面对应凹液面和凸液面的压强；σ_{LG}为气体介质边界上的液体表面张力；R_1、R_2为液面曲率半径。

同平直界面的液体相比具有曲率的液体表面层在液体上会产生附加应力（表面张力），这一附加应力主要由毛细现象引起的。钎料在固体母材表面不同程度的润湿和铺展主要是由于固-液相界面张力和液体表面张力不同造成的。

固体平界面上液滴发生铺展润湿后，最终会达到平衡状态，即体系三相边界点上表面张力达到力的平衡（如图3.9-2），亦即

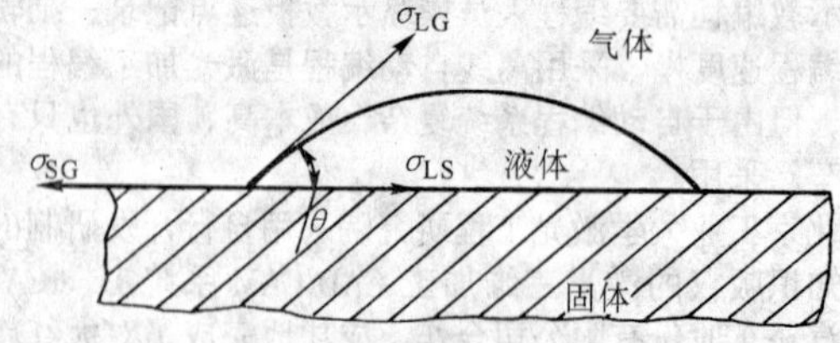

图3.9-2　固体表面上液滴的表面张力平衡示意图

$$\sigma_{SG} = \sigma_{LS} + \sigma_{LG}\cos\theta \tag{3.9-2}$$

式中，σ_{SG}为固体和气体介质间沿边界作用于液滴上的表面张力；σ_{LS}为在液固边界上的表面应力。

将式（3.9-2）稍做变换即可得到杨氏方程：

$$\cos\theta = \frac{\sigma_{SG} - \sigma_{LS}}{\sigma_{LG}} \quad (3.9\text{-}3)$$

将 $\cos\theta$ 作为描述液体润湿能力的润湿系数，θ 是指平衡状态下的润湿角，其大小表征了体系润湿与铺展能力的强弱，当 $\theta = 0°$ 时，称为完全润湿；$0° < \theta < 90°$ 时称为润湿；当 $90° < \theta < 180°$ 时称为不润湿，当 $\theta = 180°$ 时称为完全不润湿。

杨-拉普拉斯方程与杨氏方程均是由施加于材料上的力的平衡得到的。必须指出的是，这两个方程是在液体与固体无相互作用的情况下导出的。在实际钎焊过程中，母材和熔融的钎料间会发生剧烈的相互作用，在这种情况下进行的表面润湿、铺展及毛细现象更为复杂，因此上面推导出的方程式只是一种近似的描述。

1.2.3　液态钎料在母材表面的铺展

熔融钎料沿母材表面的铺展是由多种因素决定的，其中金属间相互作用性质和钎料性能（黏度）是两个最主要的影响因素。当钎料晶体结构具有较大的晶格间隙，而钎焊又是在液相线以下的温度进行，钎料的流动性就具有特别的意义。

熔融钎料中固相的存在、消失的原晶体的结构及其分布性质不同都会对钎料的流动性产生很大影响。钎料铺展的过程不但与熔融钎料性质有关，还与母材和钎料相互作用、钎料进入母材表面的扩散作用及最终的毛细流动等有关。钎料铺展过程取决于钎料与母材间物理化学性能关系，甚至取决于钎焊条件。

固体表面上熔融钎料的铺展是由液态钎料对母材表面的附着力和钎料原子或分子间接合力产生的内聚力的相互对比关系而决定的。

附着力所做功可由液体润湿固体时释放的表面自由能确定：

$$A_{附着} = \sigma_{SG} + \sigma_{LG} - \sigma_{LS} \quad (3.9\text{-}4)$$

在润湿角 $\theta = 0$ 处沿母材表面完全润湿。

钎料粒子的内聚力由形成两种新的液体表面所必需的功来估算：$A_{内聚} = 2\sigma_{LG}$

若接近表面的附着功等于或者大于钎料的内聚功，那么沿母材表面的钎料熔滴的铺展就会发生。他们之间的差值 K 称为铺展系数：

$$K = A_{附着} - A_{内聚} = \sigma_{LG}(1+\cos\theta) - 2\sigma_{LG} = \sigma_{LG}(\cos\theta - 1) \quad (3.9\text{-}5)$$

因此，母材表面的熔融钎料的铺展性由它的表面张力和润湿角决定。润湿角和表面张力之间的关系很复杂。例如，对于铅-锡合金，当锡含量60%～80%时，表面张力按线性规律降低。在同样的锡含量情况下，用铅-锡合金焊接含铬15%钢时，润湿角近似不变。

1.2.4　液态钎料与母材的反应润湿动力学

界面发生的过程对材料连接的重要性在很早就已经被认识到了，大量的研究表明，一些与润湿间接相关的过程可以影响润湿的程度并缓和或延迟润湿。即使在液态金属中添加少量已知能与基体反应的成分，也可以显著改善液态金属对基体的润湿，这一点已在合金钎焊尤其是陶瓷的钎焊中获得了应用。由于影响润湿的过程（如扩散、化学反应以及流动）具有多样性，并且可能会同时存在于一个系统中，因此，描述这些过程的动力学的速度定律也不尽相同。这些速度定律与标准的流动控制的润湿模型不同。R. Voitovitch 等人及 A. Mortense 等人提出了适用于一些系统的由扩散控制的润湿动力模型。在这里，将主要讨论反应润湿动力学，本节仅介绍美国的 F.G. Yost 提出的反应润湿模型。

F.G. Yost 的模型适用于液态金属中含有少量能扩散到润湿边界并与光滑平坦的基体发生化学反应的成分的情况。模型包含了扩散与反应动力学，遵循缓慢流动条件下的扩散方程。其模型建立的方法是：选择合适的初始条件与边界条件解扩散方程；计算润湿边界的扩散通量并使其等于对流通量与反应通量。并计算了不同扩散与反应条件下与扩散时间相对应的润湿速率。当控制参数（如扩散系数）改变时，发现模型由非线性（扩散的）转向线性（反应的）。与实验结果一致。需要指出的是，模型是在液体缓慢流动的条件下建立的。

在化学和冶金反应中，当两个或更多的截然不同的过程同时起作用时，它们通常是以连续（耦合）或平行（竞争）的方式进行。Si 的氧化是一个连续过程的例子，而通过多晶体材料的扩散则是平行过程的例子。在涉及到扩散、流动与反应的润湿过程被看作是连续过程，这些过程中最慢的将成为速率控制。如果液体能够润湿裸露的基体（没有反应），则润湿动力通常是由表面张力及黏度控制的。在由流体流动控制条件下的金属液滴的润湿的速率，与扩散与反应控制条件下的润湿速率相比要大得多。如果这三个过程同时存在于一个系中，则流体流动动力学则可以忽略。在这种情况下，直至扩散物质 A 与基体组元 B 反应并生成产物 C 时，液体才会润湿基体。液体从一种亚稳毛细状态向另一种亚稳毛细状态推进，并且在停止时仍可能处于亚稳的毛细状态。

F.G. Yost 的反应润湿动力学模型建立在圆柱坐标系下，不考虑液滴的形状，并将扩散与反应的过程看成是一维的（沿径向）。初始条件（$t = 0$）为扩散（或反应）物浓度 $C(r, 0) = C_0$，边界浓度当 $r = r(t)$ 时为 C_a，这里 r 为半径，$r(t)$ 为润湿边界的位置，润湿速率 $\dot{r}$ 为 $r(t)$ 对时间的一阶导数；准平衡或缓慢流动的条件为

$$\dot{r} = \frac{D}{r(t)}$$

式中，D 为液滴的扩散系数。要使反应能够进行，润湿边界的浓度 C_a 必须比与基体达到化学平衡时的浓度 C_e 略大。扩散平衡方程的解满足如下条件：

$$C(r, t) = C_a + \frac{2(C_0 - C_a)}{r(t)} \sum_{n=1}^{\infty} e^{-D\lambda_n^2 t} \frac{J_0(r\lambda_n)}{\lambda_n J_1[r(t)\lambda_n]}$$

式中，$r(t)\lambda_n$ 定义 Bessel 函数 J_0 的根。

润湿边界通量平衡服从

$$C_a \dot{r}(t) = \int_0^{\theta(t)} j_d(\phi, r)\, d\phi = \mu(C_a - C_e) \quad (3.9\text{-}6)$$

式中，$j_d(\phi, r)$ 为扩散通量，如图 3.9-3 所示。μ 指界面迁移系数，单位与速率单位相同；θ 为润湿角；扩散通量可写成

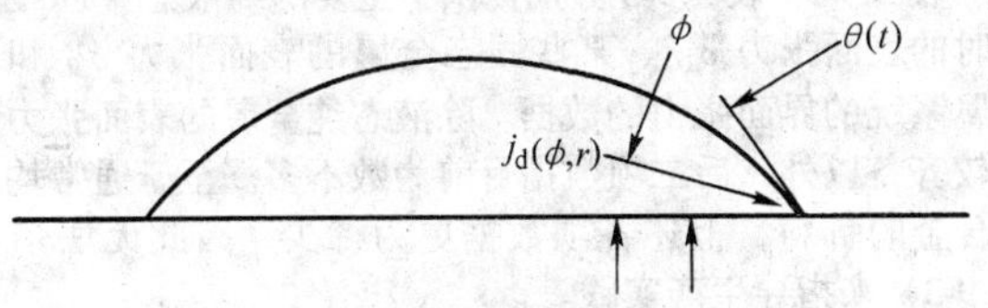

图 3.9-3　扩散通量示意图

$$j_d(\phi, r) = -\cos(\phi)\, D \left.\frac{\partial C}{\partial r}\right|_{r=r(t)} \quad (3.9\text{-}7)$$

ϕ 介于 0 到与基体的润湿角之间，对式（3.9-7）在此范围内积分得到总的通量。

扩散通量为 ϕ 的函数，总通量为函数 $j_d(\phi, r)$ 对 ϕ 从 0 到 θ 的积分。

由式（3.9-6）和式（3.9-7）知

$$C_a \dot{r}(t) = \mu(C_a - C_e) \quad (3.9\text{-}8)$$

且

$$\mu\ (C_a - C_e) = \frac{2\ (C_0 - C_a)}{r\ (t)} F\ (t)\ \sin\theta \qquad (3.9\text{-}9)$$

此处，

$$F(t) = \sum_{n=1}^{\infty} e^{-D\lambda_n^2 t}$$

解式（3.9-9）求得 C_a，然后代入式（3.9-8）得到润湿边界运动方程

$$\dot{r}\ (t) = \frac{\dfrac{2D}{r\ (t)}\left(\dfrac{C_0}{C_e} - 1\right) F\ (t)\ \sin\theta\ (t)}{1 + \dfrac{2D}{r\ (t)\ \mu} F\ (t)\ \sin\theta\ (t)\ \dfrac{C_0}{C_e}} \qquad (3.9\text{-}10)$$

润湿角 $\theta\ (t)$ 可由初始液滴的体积求得，

$$V_0 = \frac{\pi r^3\ (t)}{6} \tan\frac{\theta\ (t)}{2}\left[3 + \tan^2\frac{\theta\ (t)}{2}\right] \qquad (3.9\text{-}11)$$

需要指出的是液体的体积保持不变，也就是说这里假设反应进行过程中消耗很少量的液体。从式（3.9-10）可以看出，在反应控制条件下$\left(即\dfrac{D}{\mu}=1\right)$，润湿速度为常数，且为

$$\dot{r}\ (t) = \mu\left(1 - \frac{C_e}{C_0}\right) \qquad (3.9\text{-}12a)$$

在扩散控制条件下（即$\dfrac{D}{\mu}=1$），润湿速度为

$$\dot{r}\ (t) = \frac{2D}{r\ (t)}\left(\frac{C_0}{C_e} - 1\right) F\ (t)\ \sin\theta\ (t) \qquad (3.9\text{-}12b)$$

由方程（3.9-12a）可以看出，反应控制动力学是线性的，而在扩散控制条件下，其动力学方程由（3.9-12b）给出，由于方程中含有 $F\ (t)$ 和 $\sin\theta\ (t)$，故并非抛物线关系。

需要强调的是，反应润湿是一个复杂的过程，本节讨论的反应机制也只是控制润湿的一个方面，例如气氛也可能与基体反应，可能成为控制润湿动力学的一个方面，但是将所有可能反应都包含在一个模型中是很困难的。

1.2.5　影响钎料润湿与铺展的因素

由式（3.9-3）可以看出，钎料对母材的润湿性取决于具体条件下三相间的相互作用，但不论情况如何，σ_{SG}增大、σ_{LG}或 σ_{LS}减小，都能使 $\cos\theta$ 增大、θ 角减小，即能改善液态钎料对母材的润湿性。从物理概念上讲，σ_{LG}减小意味着液体内部原子对表面原子的吸引力减弱，液体原子容易克服本身的引力趋向液体表面，使表面积扩大，钎料容易铺展。σ_{LS}减小，表明固体对液体原子的吸引力增大，使液体内层的原子容易被拉向固体-液体界面，即容易铺展。上述分析给改善钎料对母材的润湿性指出了方向。

表 3.9-1～表 3.9-3 分别提供了主要的纯液态金属在其熔点时的表面张力 σ_{LG}、某些固态金属的表面张力 σ_{SG} 和一些金属系统的界面张力的数据。除液态纯金属的表面张力数据比较齐备以外，后二项数据目前为数不多。至于通常均为多元合金的钎料，上述各项数据更为稀少，因此无法借助式（3.9-3）来指导生产实践。

实践经验表明，下述因素对钎料的润湿及铺展影响很大。

(1) 钎料和母材成分的影响

由于不同的材料具有不同的表面自由能，所以当钎料和母材的成分变化时，其界面张力值必然发生变化，这将直接影响到钎料对母材的润湿和铺展。一般来说，如果构成钎料和母材的各元素之间可以发生相互作用，如形成固溶体、共晶体或金属间化合物时，就会表现出良好的润湿性，反之润湿性就较差。例如：Bi、Cd、Pb 等元素与 Fe 之间基本上不存在明显的相互作用，因此，这些元素在 Fe 表面上表现为明显的不润湿；而 Fe－Cu 和 Cu－Sn 等体系，元素之间就存在明显的相互作用，因而其润湿效果良好。又如 Cu 和 Pb 之间无相互作用，因此 Pb 在 Cu 表面表现为不润湿，当向 Pb 中加入 Sn 后，由于 Sn 和 Cu 之间存在相互作用，因此随着 Sn 含量的增加，润湿性也相应提高。由图 3.9-4 可见，当钎料成分发生变化时，其润湿角也发生变化。低 Pb 含量时的润湿角比高 Pb 含量时的润湿角要大，并以 Sn－Pb 共晶成分附近为最小。这是因为共晶成分的熔点最低，与给定实验温度的温差最大。但是，如果钎料与母材间的相互作用太强，则由于钎料在充分铺展之前就与母材发生了过分的相互作用，使液态钎料的熔点升高及黏度增大，造成液态钎料的流动性降低，结果也会造成润湿性下降。

表 3.9-1　部分液体金属的表面张力

金属	σ_{LG}/N·m^{-1}	金属	σ_{LG}/N·m^{-1}	金属	σ_{LG}/N·m^{-1}	金属	σ_{LG}/N·m^{-1}
Ag	0.03	Cr	1.59	Mn	1.75	Sb	0.38
Al	0.91	Cu	1.35	Mo	2.10	Si	0.86
Au	1.13	Fe	1.84	Na	0.19	Sa	0.55
Ba	0.33	Ga	0.70	Nb	2.15	Ta	2.40
Be	1.15	Ge	0.60	Nd	0.68	Ti	1.40
Bi	0.39	Hf	1.46	Ni	1.81	V	1.75
Cd	0.56	In	0.56	Pb	0.48	W	2.30
Ce	0.68	Li	0.40	Pb	1.60	Zn	0.81
Co	1.87	Mg	0.57	Rh	2.10	Zr	1.40

表 3.9-2　部分固态金属的表面张力

金　属	温度/℃	σ_{SG}/N·m^{-1}
Fe	20	4.0
	1 400	2.1
Cu	1 050	1.43
Al	20	1.91
M	20	0.70
W	20	6.81
Zn	20	0.86

表 3.9-3　部分金属系统的界面张力

系统	温度/℃	σ_{SG}/N·m^{-1}	σ_{LG}/N·m^{-1}	σ_{LS}/N·m^{-1}
Al－Sn	350	1.01	0.60	0.23
Al－Sn	600	1.01	0.56	0.25
Cu－Ag	850	1.67	0.94	0.28
Fe－Cu	1 100	1.99	1.12	0.44
Fe－Ag	1 125	1.99	0.91	>3.40
Cu－Pb	800	1.67	0.41	0.52

(2) 钎焊温度的影响

液体的表面张力 σ 与温度 T 呈下述关系：

$$\sigma A_m^{2/3} = K\ (T_0 - T - \tau)$$

式中，A_m 为一个摩尔液体分子的表面积；K 为常数；T_0 为表面张力为零时的临界温度；τ 为温度常数。

由上式可知，随着温度的升高，液体的表面张力不断减小。对于大多数液体来说，其表面张力都随温度的升高而降低。这一现象可以从化学热力学的角度加以证明。在温度变化不大时，表面张力随温度升高而呈线性下降。各种液态金属表面张力随温度变化大体上都可归结为这种关系。

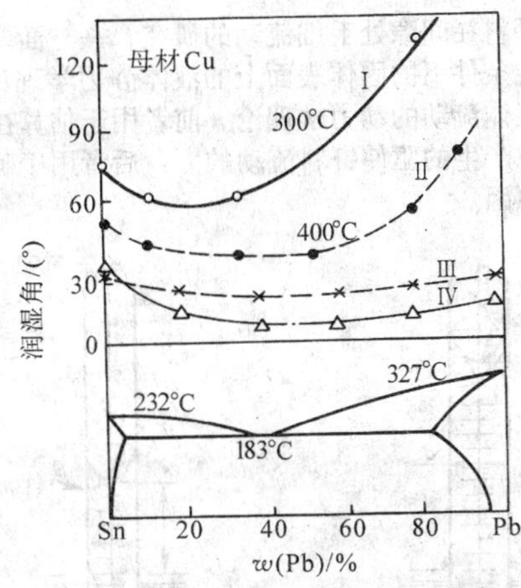

图 3.9-4 钎料成分对润湿角的影响

一般说来，温度越高，润湿效果越好，铺展面积也就越大。但是，如果温度过高，就可能造成母材晶粒过分长大、过热、过烧等问题，而且钎料的铺展能力过强时，容易造成钎料的过分流失，不易添满钎缝，同时也容易造成溶蚀等缺陷。因此，在实际钎焊过程中，钎焊温度不宜过高，一般常取为钎料液相线以上 20～40℃，或取为钎料熔点的 1.05～1.15 倍。

(3) 钎焊保温时间的影响

钎焊过程中，钎焊温度下保温时间增加到一定极限时会导致润湿角的减小；进一步增加保温时间，不会影响润湿边界角的变化。

钎料成分对钎料的铺展性影响很大。在某些情况下，钎焊时沿母材表面钎料的铺展分为两个阶段：第一阶段是表面张力作用下的快速铺展，第二阶段是慢铺展（次铺展）。某些成分的合金会发生次铺展，例如用含 30%～70% w（Pb）的钎料钎焊铜时会发生次铺展。这种现象的本质与母材和钎料之间形成比初始状态的钎料具有更高润湿能力的合金有关。有时在第二阶段铺展的钎料面积会发生某种程度的降低或次铺展的效果完全消失。这种情况与相互作用双方物质的物理化学性能及钎焊温度有关。如某些钎料在温度为 250℃时本身具有次铺展作用，而在 300℃时这种作用完全消失。

(4) 真空度的影响

真空钎焊时钎焊室内的真空度对钎料铺展有很大影响。如果金属及其氧化物处在以饱和气体形式相互作用的体系中，那么反应的平衡常数由关系式确定：

$$n\mathrm{Me} + z\mathrm{O}_2 \rightleftharpoons \mathrm{Me}_{\frac{n}{m}}\mathrm{O}_{2\frac{z}{m}}$$

$$K_{\mathrm{P}} = \frac{P_{\mathrm{Me}}^{n} P_{\mathrm{O}_2}^{z}}{P_{\mathrm{Me}_{\frac{n}{m}}\mathrm{O}_{2\frac{z}{m}}}^{n}} \tag{3.9-13}$$

式中，P_{Me}^{n}、$P_{\mathrm{O}_2}^{z}$、$P_{\mathrm{Me}_{\frac{n}{m}}\mathrm{O}_{2\frac{z}{m}}}^{n}$ 分别为金属气体、氧气和氧化物气体的分压。

当金属和它的氧化物处于液态时，平衡常数为

$$K_{\mathrm{P}} = P_{\mathrm{O}_2}^{z}$$

也就是说，如果在同样温度下金属及其氧化物为饱和溶液混合物，则该常数将不变。在不饱和溶液条件下，平衡常数将是符合相规律的金属及其氧化物浓度的函数。由式(3.9-13) 得出，温度不 变时金属及其氧化物之间的平衡是由氧的分压决定的，若钎焊区氧分压比该温度下氧化物分解产物平衡时的氧分压小，则氧化物将从母材和钎料表面被去除。因此，随着真空度的提高，在恒温下钎焊室中氧分压将下降，应当促使氧化物的分解和熔融钎料润湿母材条件的改善。但实验结果证明情况完全不是这样的。

铜表面镓、铟、锡、镉、铅和铋的铺展的初始温度随真空度变化关系如图 3.9-5a 所示。最小润湿温度对应的真空度为 1.33 Pa，对上面提到的钎料，除镉外，在 850℃时对铜的铺展面积在真空度为 1.33 Pa 时有最大值（如图 3.9-5b），镉铺展面积随真空度的提高而降低与它的蒸发有关。

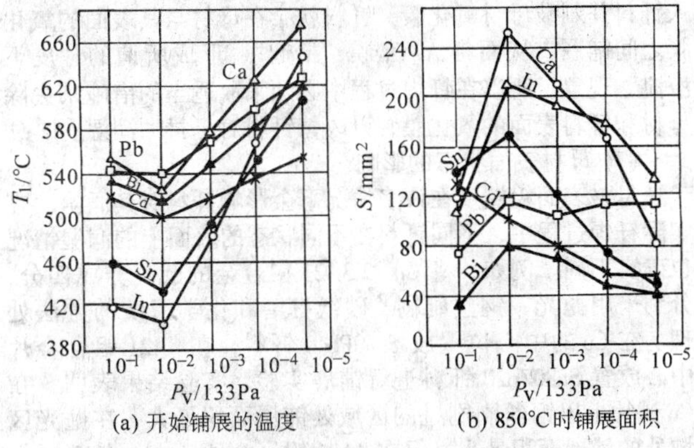

图 3.9-5 沿铜表面铺展能力与真空度的关系

真空度对润湿温度及母材上钎料的铺展强度的影响规律可用钎焊室中残余气体及母材与熔融钎料相互作用的特殊性解释。这在有关文献中有论述。

(5) 钎剂的影响

钎焊时使用钎剂可以清除钎料和母材的表面氧化膜，改善润湿。当钎料和钎焊金属表面覆盖了一层熔化的钎剂后，它们之间的界面张力发生了变化（如图 3.9-6）。液态钎料终止铺展时的平衡方程为

$$\sigma_{\mathrm{SF}} = \sigma_{\mathrm{LS}} + \sigma_{\mathrm{LF}}$$

$$\cos\theta = \frac{\sigma_{\mathrm{SF}} - \sigma_{\mathrm{LS}}}{\sigma_{\mathrm{LF}}}$$

式中，σ_{SF}为固体同液态钎剂界面上的界面张力；σ_{LF}为液态钎料与液态钎剂间的界面张力；σ_{LS}为液态钎料与母材间界面张力。

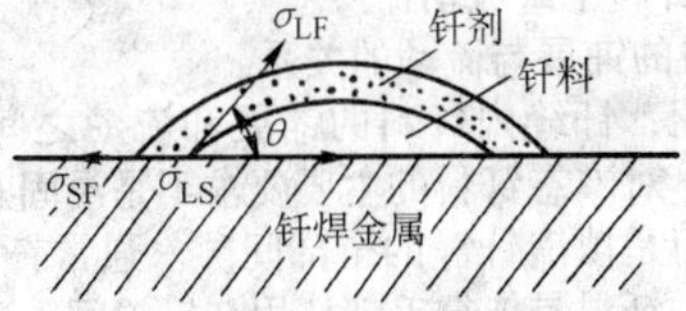

图 3.9-6 使用钎剂时母材表面上的液态钎料所受的界面张力

由上式可以看出，要提高润湿性，即减小 θ 角，必须增大 σ_{SF}或减小 σ_{LF}及 σ_{LS}。钎剂的作用，除能消除表面氧化物使 σ_{SF}增大外，另一重要作用即是减小液态钎料的界面张力σ_{LF}。例如，用锡铅钎料钎焊时常用的一种钎剂是氯化锌水溶液。锡铅钎料同氯化锌界面的界面张力就比钎料本身的表面张力小得多，因而有助于提高润湿性。再如以锡作钎料时，在氯化锌中加入氯化铵作钎剂，锡与钎剂的界面张力显著减小。如加入氯化亚锡，界面张力没有明显变化。故使用氯化锌-氯化铵二元钎剂比起单独使用氯化锌来讲，σ_{LF}又有所降低，润湿性可得到进一步的提高。因此，选用适当的钎剂有助于保证钎料对母材的润湿。

(6) 金属表面氧化物的影响

在常规条件下，大多数金属表面都有一层氧化膜，氧化膜的熔点一般都比较高，在钎焊温度下为固态，其表面张力值很低，因此，钎焊时将导致 $\sigma_{\mathrm{SG}} < \sigma_{\mathrm{LS}}$，产生不润湿现象，表现为钎料成球，不铺展。

另外，许多钎料合金表面也存在一层氧化膜，当钎料熔化后被自身的氧化膜包覆，此时，钎料与母材之间是两种固

态的氧化膜在接触，因此产生不润湿。例如当用Al-Si共晶钎料（熔点577℃）置于Al母材（熔点660℃）上加热到600℃时钎料熔化，但不在母材表面上铺展。液态钎料因受固态氧化膜的制约而成为不规则球形。此时用加热的钢针刺入钎料并刺破母材氧化膜，钎料就会在母材与其表面的氧化膜之间铺展，从而将 Al_2O_3 膜“抬起”，形成所谓的“皮下潜流”现象。所以在钎焊过程中必须采取适当的措施来去除母材和钎料表面的氧化膜，以改善钎料对母材的润湿。

(7) 母材表面状态的影响

母材表面粗糙度在许多情况下会影响钎料对其润湿。在实际钎焊过程中，不同钎料在不同状态的表面上的润湿情况也确实不同。例如，将Cu和3A21铝合金的圆片分成四分，分别采用抛光、钢丝刷刷、砂纸打磨和化学清洗的方法处理。在Cu的中心位置放Sn60Pb40钎料，在3A21铝合金片中心放置Sn80Zn20钎料进行铺展实验。实验结果表明，在Cu试片上以钢丝刷刷过的区域处铺展面积最大，在抛光区域处的铺展面积最小；但在3A21铝合金试片上，各部分的铺展面积几乎相同。铜试片上铺展面积的差异显然是由于不同的表面处理方法产生不同的表面粗糙度，从而影响到铺展面积。而对3A21铝合金来说，由于Sn80Zn20钎料与母材之间的相互作用十分强烈，母材的显微不平处迅速溶解进入钎料，从而降低了表面粗糙度的影响，使得各部分的铺展面积基本相同。

由此可见，母材的表面粗糙度对与它相互作用弱的钎料的润湿性有明显的影响。这是因为较粗糙表面上的纵横交错的细槽对于液态钎料起到了特殊的毛细管作用，促进了钎料沿母材表面的铺展，改善了润湿。但是表面粗糙度的特殊毛细管作用在液态钎料同母材相互作用较强烈的情况下不能表现出来，因为这些细槽会迅速被液态钎料溶解而不复存在。

1.3　液态钎料填缝过程

1.3.1　液态钎料毛细流动

(1) 钎料的铺展与流动的关系

实验证明，钎缝内钎料的铺展和流动之间没有直接关系。钎焊时，对液态钎料的主要要求不是沿固态母材表面的自由铺展，而是填满钎缝的全部间隙。通常钎缝间隙很小，如同毛细管。钎料是依靠毛细作用在钎缝间隙内流动的。因此，钎料能否填满钎缝间隙取决于它在母材间隙中的毛细流动特性。铝基钎料沿含镁防锈铝表面会发生铺展，但不会流入到毛细间缝中。同时，镍-铬-硅系钎料在1Cr18Ni9Ti表面铺展性不好，但却易流入毛细间缝中。这种现象与钎料和母材相互作用性质有关。在毛细间缝中熔融钎料被母材组元充分充满，从而会产生流动性摩擦。

某些晶体和结晶产物在熔融钎料中的含量可以影响钎料铺展和流动过程。如果它们的尺寸达到毛细间缝的间隙值，那么钎料在钎缝中的流动将不会发生。同时，钎料在毛细间隙中的流动还取决于其他一系列的因素。

在确定锡-铅系低温钎料流入钢薄片之间缝隙中的深度和性质时，采用氯化锌水溶液处理，纯锡流入深度等于含 w(Sn) 20%~60%的锡-铅合金流入深度的1/3。而且流入深度随钎剂的成分而变化。对于锡铅钎料来说，若将以氯化锌为基的无机钎剂转变为有机钎剂（乳酸、树脂混合物）时，则液态钎料在薄钢片之间流入深度大约降低为原来的1/10。

在钎焊时事先将零件浸入熔融钎料中加热对间隙中的流动也有很大影响。

在气体介质中低温钎焊时钎料的毛细流动还取决于气体介质活性组元的数量和性质。

(2) 钎料流入深度

对于钎料在间隙处毛细流动的研究，一方面要应用系统最小表面能条件下的固体表面上的液体静力学理论，另一方面要应用液体流动的动力学理论。前者用于估算在其作用下钎焊过程中产生的驱使钎料流动的力；后者用于确定钎料填满钎缝的原因。

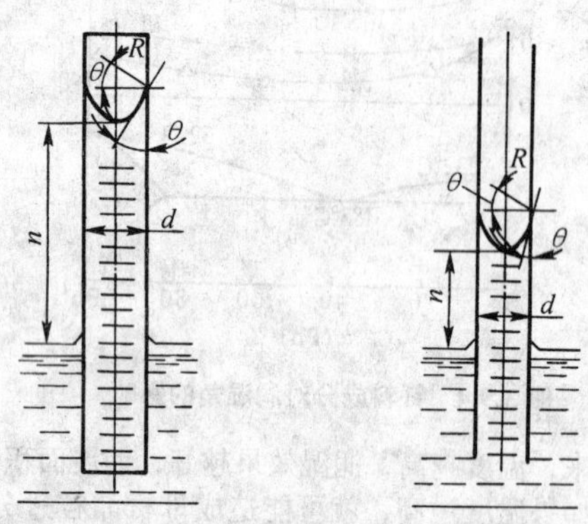

(a) 沿圆截面毛细作用　　(b) 两平行板间的液体的毛细作用

图3.9-7　液体毛细作用示意图

根据上述的静力学理论，多余的压力可以通过一定水平面上的液柱高度和密度来表达。例如液体沿直径为 d 的毛细管（如图3.9-7a）流动，则液面的一定水平面上升高的高度根据杨-拉普拉斯方程得：

$$h=\frac{4\sigma_{LG}\cos\theta}{d\rho g}$$

式中，ρ 是液体密度；g 是重力加速度。

在两平行薄片之间毛细流动情况如图3.9-7b，液体升高高度由如下关系确定：

$$h=\frac{2\sigma_{LG}\cos\theta}{a\rho g}$$

式中，a 是间隙尺寸。

在以上两种情况下，若毛细管中液体重力超过毛细作用合力，则平衡状态下毛细管中液体表面将降低。在钎焊条件下，这将会导致高于固定水平面的部分钎缝处于未被钎料充满的状态，从而导致未焊透。

根据动力学理论，熔融钎料的流动速度与搭接的尺寸、作用于间隙入口和出口的压力差值及钎料的黏度。由于动力学理论没有考虑到钎料和母材间相互作用的存在，而是由相互作用的液体在毛细间隙中连续运动条件下得出的，所以计算结果与实验获得结果相比有很大的出入。

1) 钎料流入深度与间隙 a 的关系　当钎缝水平分布时，钎料流入间隙的深度根据动力学理论由式（3.9-14）确定：

$$l=\sqrt{\frac{\sigma_{LG}\,a}{3\eta}t}\tag{3.9-14}$$

式中，η 为钎料黏度；t 为钎料流入深度为 l 时所需的时间。

由表达式（3.9-14）得出，钎料流入深度与间隙 a 有直接关系，但实际中钎料流入深度并不完全符合这个关系。除此之外，若熔融钎料足够，根据式（3.9-14）流入深度应是无限的。而事实上，由于母材在熔融钎料中的溶解，熔融钎料性能发生了较大程度的改变，尽管其量足够，仍会导致缝隙液态钎料流动停止。

在钎缝水平分布时，如果根据动力学理论，液态钎料在存在压力差的情况下就会无限制的流动，那么，在钎缝垂直分布时钎料流动会在液柱重力与压差平衡时停止，这时总压差将为0，即

$$\frac{2\sigma_{LG}}{a}-\rho gh=0$$

由此得到钎料最大上升高度为

$$h_{max}=\frac{2\sigma_{LG}}{\rho ga} \tag{3.9-15}$$

由式（3.9-15）得，随着钎缝间隙的减小，最大上升高度将不断增大，但实验证明也并非如此，当其他条件相同时，随着钎缝间隙的减小，熔融钎料流入毛细缝中的深度先增大，然后降低。

2) 钎料上升高度与润湿角的关系　在评定钎料的毛细填缝性能时应指出，在钎缝中熔融钎料的上升高度与钎料在母材表面的润湿角之间没有直接的依赖关系：即缝隙中钎料的较大上升高度并不总是对应较小的润湿角。如将铟引入铜－银钎料中，虽然润湿角减小，但在真空钎焊铜时，铜－银钎料在缝隙中的上升高度却不提高，而是降低。但具有较大润湿角的钎料在缝隙增大时（0.2～0.5 mm）通常能更好地流动。

3) 环境介质对钎料上升高度影响　钎焊介质组成成分的变化也会导致钎料上升高度的改变。对于用钯冶炼的铜－银钎料，在铜钎焊时用含氢介质代替真空，无论小缝隙还是大缝隙，钎料的上升高度都增大。通常，含氢介质比真空条件更有利于缝隙中钎料的流动。

4) 影响钎料流动的其他因素　钎缝处熔融钎料的流动与被连接件在钎焊前的加工性质、表面状态、缝隙值及缝隙的均匀性、钎焊过程中氧化膜的去除方法等因素有关。由于这些因素的影响，理论上很难计算钎料流入深度。实际中对于每一种母材与钎料的搭配，缝隙中钎料的上升高度是通过复杂的实验而确定的，实验结果通常以图表 $h=f(a)$ 形式给出，其中 a 为缝隙尺寸。

在通过实验获得确定缝隙与它对应的钎料高度之间关系基础上，如式（3.9-16），可确定钎焊连接中要求的缝隙尺寸，如图 3.9-8 所示：

$$a_{max}=\frac{a_0}{2}\left[1-\cos\frac{57.3(\pi r-bh^n)}{r}\right] \tag{3.9-16}$$

式中，a_{max} 为对应上升高度 h 的最大允许间隙；a_0 为杆件与套管之间的最大间隙；r 为杆件的半径；b，n 为常量，其值由表 3.9-4 列出。

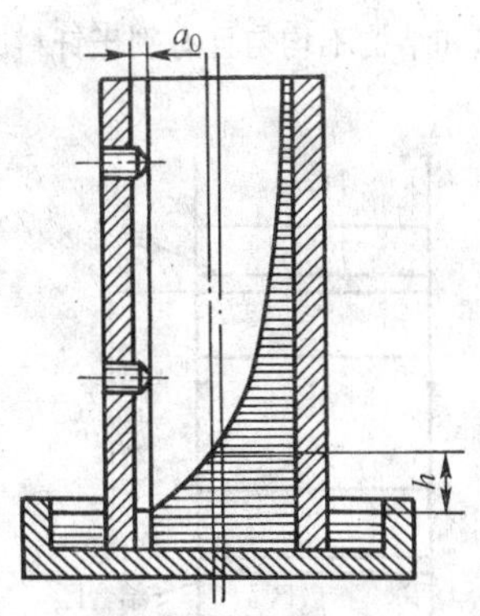

图 3.9-8　确定一定钎缝间隙下钎料上升高度

表 3.9-4　在含氢介质轴直径与 a_0 比值为 20 条件下钎焊碳钢对应的 b 和 n 值

钎　料	钎焊温度/℃	b	n
Cu	1 130	7.36	0.27
Fe－C－Mn	1 140	5.07	0.37
Fe－Mn	1 180	4.71	0.35
黄铜（H63）	1 000	7.13	0.29

1.3.2　液态钎料实际填缝过程

在实际填缝过程中，液态钎料与固态金属母材间存在着溶解、扩散作用，致使液态钎料的成分、密度、黏度和熔点都发生变化。此外，按理想状态，液体在平行板毛细间隙中的填缝是自动进行的过程，即填缝过程中扩大固液界面面积、减少固气界面面积是释放能量的自发过程，而且液体填缝速度应该是均匀的，液体流动前沿形状是规则的。但是，实际钎焊填缝过程与其完全不同。利用 X 射线及工业电视研究用锡铅钎料钎焊铅纯铜的填缝动态过程摄影结果表明（见图 3.9-9），平行板间隙钎焊时，液态钎料填缝速度是不均匀的，有时还受钎料沿焊件侧向流动影响。因此，钎料填缝前沿不整齐，流动路线紊乱（见图 3.9-10）。实际上这种毛细填缝特点将会直接影响钎焊接头质量，形成钎缝不致密，产生夹气、夹渣等缺陷。

图 3.9-9　钎料填缝过程动态摄影图

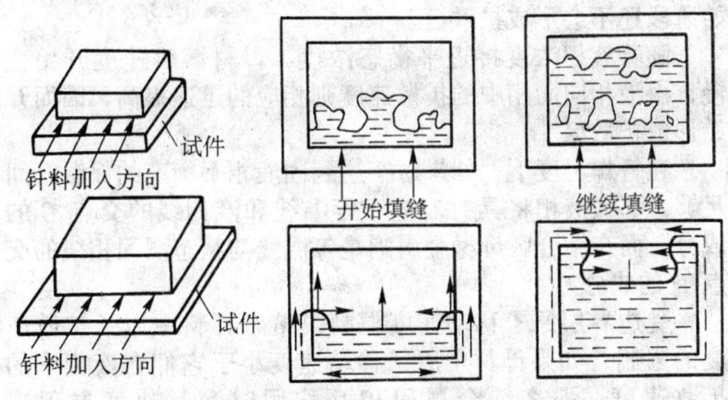

图 3.9-10　实际钎料填缝过程示意图

1.4　钎焊接头的形成

1.4.1　钎焊接头的结构

钎焊接头一般是异种材料之间的冶金接合，在钎焊过程中，液态钎料在毛细填缝的同时会与母材发生相互扩散作用，这种扩散作用包括母材原子向液态钎料中的扩散（即通常所说的溶解）以及钎料组分向母材中的扩散。钎料与母材之间发生的这些相互作用使得钎焊接头的成分与组织同钎料原有成分和组织有很大差别，其结构和组成是不均匀的，如图 3.9-11 所示，钎缝结构一般由三个区域组成：

1) 钎缝中心区　该区域是由钎料与母材相互作用及钎缝中熔融钎料进一步结晶形成的。由于母材原子的溶解和钎料组分向母材中的扩散及钎缝结晶时可能形成的偏析，使得该区域也是组织和结构不均匀且有别于钎料原始组织的细小夹层。

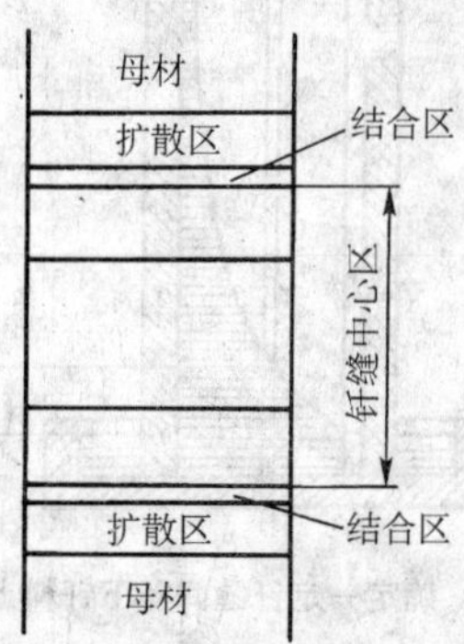

图 3.9-11　钎缝结构示意图

2）钎缝结合区　是母材边界与钎缝区的过渡层，是由母材与熔融钎料相互作用后冷却形成的，它一般是固溶体或金属间化合物。接合区的形成建立了钎缝与零件表面之间的接合，是实现钎焊连接的关键部位。钎缝结合区组织对钎焊接头的性能影响很大。

3）扩散区　扩散区是同钎缝结合区相连的母材边界层，由于钎料向母材中的扩散使得该层的化学组成和微观结构同母材相比都发生了变化。

1.4.2　不同类型的钎焊接头形成的动力学基础

钎料与母材之间形成的钎缝结合区，由于钎焊条件、工艺规范及母材与钎料物理化学性质关系不同，可能有不同的结构。在结合区无论是在母材与钎料相互作用过程的最早阶段，还是随后的深入发展阶段，钎焊过程都可结束，与此对应的接头的组成和结构也不同，因此形成各种类型的接头，如无扩散接头、溶解－扩散接头、接触反应接头、扩散接头，以下将从动力学角度对各种接头的形成规律进行分析。钎焊接头界面金属间化合物的形成也是钎焊接头的一个典型问题。在此，简要介绍界面金属间化合物形成规律及其动力学基础。

（1）无扩散接头的形成

钎焊温度下，在最初的固液相界面上，母材与熔融钎料具有与原始状态相近的组成。一般在钎焊过程中母材和熔融钎料由于性能和电子状态的差别都会发生物理－化学作用。随着钎焊温度和持续时间的降低，母材和钎料之间的相互作用的强度也减弱。但在固液金属相互作用之初，处于金属表面的原子间可能会发生化学反应，因此形成不同类型的化学接头。

如果钎焊过程在扩散尚未发生、但化学结合已形成阶段时停止（在此范围内的钎料与母材间的扩散可以忽略），这时就会形成化学接头，即所谓的无扩散接头。

对无扩散接头的形成提出如下能量假说：无扩散接头的形成必须满足相互接触的材料的原子结合能超过一定的能量界限值。如果释放的能量足以形成原子间的结合，克服一定的能量之后就会形成两部分同样的晶胚，在接触区就会发生接头面积不断增加的自发过程。

无扩散接头的形成实质上是处于金属表面的原子间的化学反应，因此无扩散接头是在扩散过程开始之前的时期形成的，并始于固液金属间形成接触之时。实验中，无扩散接头可在含有聚合物和胶粘剂的金属间、非金属间、非金属与金属之间甚至是固态金属间的相互作用时获得。

用锡钎焊铁可以获得无扩散钎焊接头。如表 3.9-5 所示，在 500℃时 30 s 内与含有熔融的锡的钎料接触的铁的晶格常数没有变化。这与锡原子在铁晶格中扩散困难有关。铁的晶格常数不随与熔融锡钎料接触时间的变化而变化的现象表明它们之间形成了无扩散的接头。

表 3.9-5　钎焊温度下不同接触时间 Fe 和 Sn 的晶格参数变化

持续时间 /s	晶格常数					晶格体积		熔融钎料中铁的含量（质量分数）/%
	Fe	Sn						
	a	a	c	c/a	$A_{持续接触后}$	Fe	Sn	
0	0.286 4	0.582 0	0.317 5	0.545	0.475 5	0.023 5	0.107 5	0
10	0.286 4	0.580 7	0.317 3	0.545	0.474 7	0.023 5	0.107 0	0.67
20	0.286 4	0.580 2	0.317 1	0.546	0.474 4	0.023 5	0.106 7	0.92
30	0.286 4	0.579 8	0.316 9	0.546	0.474 0	0.023 5	0.106 5	1.25

通过对锡晶格常数变化的研究发现，随着与固态铁接触时间增加，它们的晶格常数减小，这与把铁原子转化为锡的熔融钎料有关，因为铁原子半径比锡原子半径小。在低于500℃的钎焊温度下，用锡钎焊铁，在较长的固液相接触时间内（大于 30 s）能够获得牢固的无扩散接头。

(2) 溶解－扩散接头的形成

如果钎焊过程不是在化学结合形成阶段时停止，而是在足够高的钎焊温度和较长钎焊时间的条件下钎焊，那么在固液金属接触区，将发生不同程度的母材溶解及钎料扩散，最终形成溶解－扩散接头。

形成溶解－扩散接头时，母材与钎料的相互作用过程可假定为以下三个阶段：

1) 在 A－C 浓度间隔内，以母材向熔融钎料中溶解为主固液金属接触后，随着液态钎料对母材的润湿，母材金属原子开始向液态钎料中溶解，由于熔合区组成的改变，母材在液态钎料中溶解暂时不会达到平衡（如图 3.9-12）。平衡相即是对应于钎焊温度 T_B 等温线和液相线的交点（C 点）。母材向液态钎料中溶解的同时，还会发生由液态金属中原子向母材中的扩散。但是由于固态金属向液态金属中溶解速度比液态金属原子向固态金属中扩散速度高得多，故在接触初始阶段还不会形成扩散区。

随着液相浓度接近平衡态浓度，母材溶解速度开始变慢，由液相向固相中的扩散速度则相应的迅速提高，因而开始形成扩散区。

在钎焊温度下，如果对于达到固液相平衡态的保温时间足够，那么液相将具有对应于等温线和液相线的交点 C 的成分，而在结合区母材金属则是等温线与状态图固相线的交点 D 的成分。

受边界层原子移动速度限制或熔融钎料中原子扩散速度的限制，如果母材中原子移动速度小于它们在液相中的扩散速度，那么纯金属间相互作用时溶解速度方程式如下：

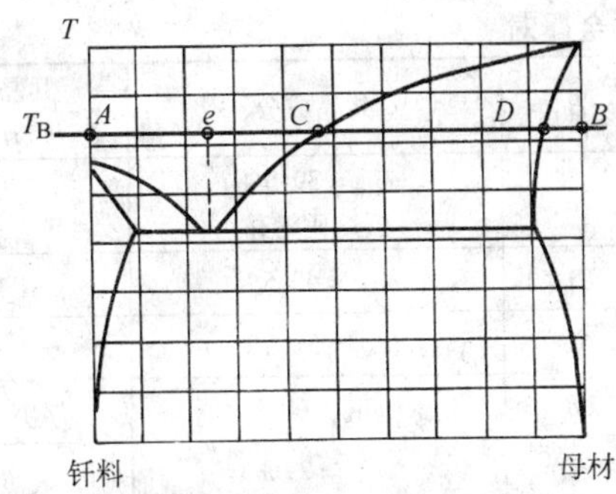

图 3.9-12 状态图（示意图）

$$\frac{\mathrm{d}N}{\mathrm{d}t}=\overline{\omega}\rho S-\omega CS \tag{3.9-17}$$

式中，N 为单位熔融钎料中剩余的原子数，也就是没析出到固态金属表面上的原子数；t 为时间；$\overline{\omega}$ 为母材金属原子进入到熔融钎料中的几率；ρ 为母材金属表面密度（单位面积内的原子数）；S 为母材溶解部分的面积；C 为母材金属在熔融钎料中的浓度；ω 为结晶速度。

母材金属原子在熔融钎料中达到饱和之前，可建立如下动态平衡方程：

$$\overline{\omega}\rho-\omega C_{\infty}=0$$

式中，C_{∞} 为母材金属在熔融钎料中达到饱和时的浓度。

把 $CV_{液}=N$ 带入溶解速度方程式（3.9-17）中，可得：

$$\frac{\mathrm{d}c}{\mathrm{d}t}=\omega\rho\frac{S}{V_{液}}\left(1-\frac{C}{C_{\infty}}\right) \tag{3.9-18}$$

式中，$V_{液}$ 为熔融钎料体积。

现考虑如下三种情况：

① 式（3.9-18）对时间求积分，并代入初始条件：当溶解为零即最初时刻，熔融钎料中母材金属的浓度为零，可得到描述溶解过程的方程式：

$$C=C_{\infty}\left(1-\mathrm{e}^{-\frac{S}{V_{液}}\frac{\omega\rho}{C_{\infty}}t}\right) \tag{3.9-19}$$

② 如果母材的溶解只由液相中的扩散决定，则由液相中的扩散决定的溶解过程的动力学方程为

$$C=C_{\infty}\left(1-\mathrm{e}^{-\frac{DS}{\delta V_{液}}t}\right) \tag{3.9-20}$$

式中，D 为母材金属原子在液态钎料中扩散系数；δ 为液态金属中的边界层厚度。

③ 当溶解速度由母材金属原子运动到熔融钎料中的速度和液相中的扩散速度共同决定时，动力学方程式采用如下形式：

$$C=C_{\infty}\left(1-\mathrm{e}^{-\alpha\frac{S}{V_{液}}t}\right) \tag{3.9-21}$$

式中，$\alpha=\frac{\omega\rho}{C_{\infty}}\frac{D}{\delta}\Big/\left(\frac{\omega\rho}{C_{\infty}}+\frac{D}{\delta}\right)$，称为溶解速度常数的指数因子（对于 a 所述的情况 $\alpha=\frac{\omega\rho}{C_{\infty}}$；对于 b 所述的情况 $\alpha=\frac{D}{\delta}$）。

如方程式（3.9-19），式（3.9-20），式（3.9-21）所示，在上述三种情况中，溶解动力学都具有类似的关系，即熔融钎料的饱和符合指数规律。

由式（3.9-21）得出，熔融钎料中母材金属的溶解动力学由相互作用金属的物理化学性质关系、接触面积和液相的量决定。

2) 在 $C-D$ 浓度间隔内，在组成为 C 的液相和组成为 D 的固相之间发生动态平衡结晶 在达到液相平衡态后，溶液的浓度恰好保持在 C 点，在结合区达到固相平衡态（恰好是 D 点），依靠扩散区钎料的饱和及从固溶体中析出晶体，在钎焊温度下随着钎焊时间的增加，结晶不断进行，直至熔合区成分恰好是饱和固溶体（D 点），将这个动力学过程定义为扩散。由于母材金属在熔融钎料中达到过饱和，钎料扩散进母材。在一定过饱和度下，D 点成分的固溶体在母材金属表面析出。这个过程一直进行到液相被消耗尽并完全结晶。

母材金属和熔融钎料间相互作用的 $C-D$ 阶段由它们的性质决定：固态下未被熔化的金属具有有限的连续变化的溶解度。

通常情况下，当母材与钎料不固溶时，第二阶段的特点将是母材与熔融钎料原子间的扩散，同时在结晶时，钎料和母材的合金从母材的过饱和熔融钎料中析出。在形成有限的或连续的固溶体时，钎料和母材的合金析出到固态金属表面，该合金的成分（对二元系来说）恰是对应于钎焊等温线与固相线交点处。

若间隙内钎料的原始数量为 Q，那么母材金属在钎料中饱和之后，液态合金的数量为

$$\frac{Q}{1-\varphi}$$

式中，φ 为由液态合金中母材金属含量确定的系数。

熔融钎料中溶解的母材金属数量将为

$$\frac{Q}{1-\varphi}\varphi$$

为使所有进入熔融钎料中的母材金属结合于固溶体中，必须要具有如下数量的钎料：

$$Q_1=\frac{Q}{1-\varphi}\varphi\ (1-\psi)$$

式中，ψ 为由固溶体中母材含量确定的系数。

形成固溶体必须的钎料以外多余的钎料量，即扩散进入母材的钎料量为

$$Q_0=Q-Q_1$$

因而，在时间 t（指全部熔合区体积内结晶的持续时间）内，将扩散进入母材金属的多余钎料量取决于除形成固溶体必须的钎料外多余的熔融钎料量：

$$Q_0=\int_{h_2(t)}^{h_1(t)}C_{21}\ (x,\ t)\ \mathrm{d}x$$

式中，C_{21} 为扩散区的钎料浓度；h_1、h_2 为对应扩散区边界和母材与焊缝相边界的坐标值。

3) 在 $D-B$ 浓度间隔内，无液相存在，相互作用按固相中的扩散规律进行。

(3) 接触-反应接头的形成

利用母材与钎料接触熔化、形成共晶体接头的钎焊方法称为接触反应钎焊。接触反应钎焊的原理是：金属 A 与 B 能形成共晶或形成低熔固溶体，则在 A 与 B 接触良好的情况下加热到高于共晶温度或低熔固溶体熔化温度以上，依靠 A 和 B 的相互扩散，在界面处形成共晶体或低熔固溶体，从而把 A 与 B 连接起来。A 和 B 接触熔化时，形成低熔固溶体的速度较慢，故在生产上较少利用 A 和 B 能形成低熔固溶体来进行接触反应钎焊，一般都是利用它们之间能形成共晶体而进行接触反应钎焊。

接触反应钎焊不仅在可以形成共晶体的纯金属之间进行，还可以在能形成共晶体的纯金属与合金，合金与合金之间进行，但是从它们之间接触加热到开始形成液相的时间要加长。成分越复杂，此时间越长。

原则上凡是能形成共晶的金属，均适用于接触反应钎焊。表 3.9-6 列出一些在加热时会发生接触反应熔化的金属对。

表 3.9-6　适用于接触反应熔化的金属对

A	B	共晶成分	共晶熔点 t/℃	A	B	共晶成分	共晶熔点 t/℃
Ag	Al	$\omega_{Ag}=29.5\%$	556	Mo	Ni	$\omega_{Ni}=39.5\%$（低熔固溶体）	1 018
Ag	Be	$\omega_{Be}=0.97\%$	881	Mn	Ti	$\omega_{Mn}=43.5\%$	1 175
Ag	Cu	$\omega_{Ag}=71.9\%$	779	Nb	Ni	$\omega_{Nb}=51.6\%$	1 175
Ag	Ge	$\omega_{Ge}=19\%$	651	Ni	Pd	$\omega_{Pb}=60\%$	1 237
Ag	Si	$\omega_{Si}=4.5\%$	830	Ni	Si	$\omega_{Si}=29\%$	964
Al	La	$\omega_{La}=76\%$	518	Ni	Zr	$\omega_{Ni}=17\%$	961
Al	Cu	$\omega_{Cu}=33\%$	548	Ni	Ti	$\omega_{Ni}=13\%$	955
Al	Ge	$\omega_{Ge}=53.5\%$	424	Au	Si	$\omega_{Si}\approx6\%$	370
Al	Mg	$\omega_{Mg}=67.7\%$	437	Au	Ni	$\omega_{Ni}\approx25\%$	950
Al	Si	$\omega_{Si}=11.7\%$	577	Au	Cu	$\omega_{Au}=56.5\%$	889
Al	Zn	$\omega_{Zn}=95\%$	382	Co	Ti	$\omega_{Ti}=72\%$	1 025
Au	Ge	$\omega_{Ge}=12\%$	357	Co	Zr	$\omega_{Zr}=12\%$	1 460
Au	Sb	$\omega_{Sb}\approx25\%$	360	Cu	Ge	$\omega_{Ge}=40\%$	640
Cu	Ti	$\omega_{Ti}=28\%$	880	Cu	Mn	$\omega_{Mn}=43.5\%$（低熔固熔体）	870
Cu	Zr	$\omega_{Zr}\approx46\%$	885				
Fe	Ti	$\omega_{Ti}=68\%$	1 085				
Ge	Ni	$\omega_{Ni}=33.2\%$	775				

没有共晶反应的异种金属或合金之间也可以通过选择适当的中间反应层金属进行接触反应钎焊。中间反应金属可以是一种或两种以上的多种金属，并且中间夹层的加入方式也是多种多样的，可以是箔状、粉状，也可以是镀层（蒸镀、电镀、阴极溅射、喷涂等），有时也采用预先渗入的方式加入。如应用硅粉接触反应钎焊铝及铝合金获得了满意的结果。目前在应用接触反应钎焊其材料的组配形式主要有以下几种（见图 3.9-13）。

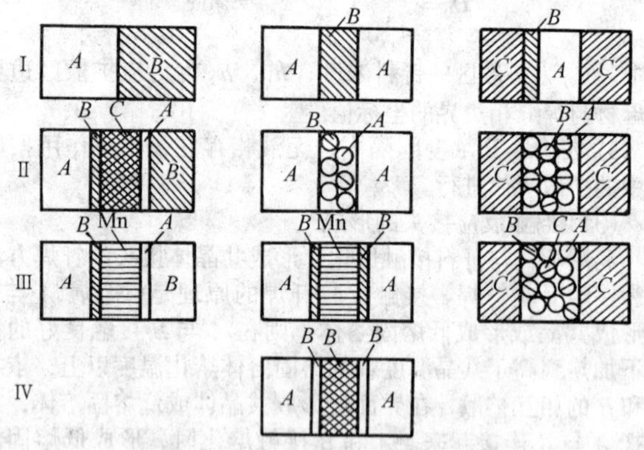

图 3.9-13　接触反应钎焊夹层应用形式

Ⅰ）A 与 B 母材之间或 A 与 C 两种母材之间直接连接进行接触反应钎焊，这种形式的焊接参数比较难以确定。主要是依靠时间的长短来控制，否则，反应将持续进行直到其中一种元素消耗完比为止。

Ⅱ）同种金属间夹一层反应金属，这是用得最多最为普遍的一种形式，其最大的优点是反应量可以通过中间层厚度加以控制，如以硅粉作中间层接触反应钎焊铝就属于这种情况。

Ⅲ）异种金属间夹一层或多层反应金属，当异种金属之间不存在共晶反应而又要进行接触反应钎焊时，常采用这种形式，它具有和Ⅱ）相同的优点。

Ⅳ）异种或同种金属间夹两种或多种反应金属。

在钎焊时未预先加入钎料，在低于接触材料熔点的温度下，利用接触熔化获得的接头称为接触反应钎焊接头。在钎焊温度下接头开始形成时，过程的进行依赖于无液相的扩散过程。

接触熔化是指在低于接触材料熔点的温度下，各种固体材料转变为液态。无论是金属还是非金属都具有这种特性。

扩散过程是接触熔化的基础。在相互作用材料接触的条件下，固相之间的扩散就会持续进行，直至表面层中相互作用对的第二相浓度达到该温度下固溶的平衡极限时为止。随后如果温度恰好处于固相线上的共晶点或最低温度点，系统中就开始形成液相。

从液相形成时刻起，接触的金属间透过熔融钎料层发生进一步相互作用。液相产生之后，可将接触熔化过程看作固溶体熔化过程来研究，此固溶体是依靠液体中第二相原子的扩散和第一相原子脱离固溶体进入液相形成的。

普遍认为，从液相形成的时刻起，与固相中组元的相互扩散及固溶体形成有关的接触熔化的第一阶段结束。一般情况下，这个阶段的动力学过程可用扩散方程描述。

接触熔化的第二阶段由形成的固溶体中固态金属的溶解决定，在此条件下同时进行两个过程：一是固溶体依靠从液相中的扩散在相互作用的金属表面层中形成；二是形成的固溶体在液相中的溶解。由通过液体夹层大量进入固相的迁移和固态金属向液体中的溶解共同决定的过程是接触熔化的第二阶段的决定性因素。这些因素取决于相互作用金属的性质和温度等决定性因素。

由于相互作用金属的性质和温度不同，且接触熔化的第二阶段的决定因素是扩散或溶解过程，包括通过液体夹层

（过饱和固溶体形成及其进一步熔化）大量进入固相的迁移，和液体中固体金属的溶解，在两种金属接触熔化条件下形成的熔融钎料固化时产生两种性质和结构都不相同的接头。在一定温度和压强条件下，对接触熔化过程方向的确定，最简便的标准就是吉布斯自由能变化。自由能大小与高于共晶温度的共晶类型的固液两相系统组成的关系由图 3.9-14 给出。在相互作用的金属Ⅰ和Ⅱ接触条件下，系统中应产生其自由能降低的过程，此过程可能是由于向固相扩散和过饱和固溶体扩散产生的接触熔化导致的。在扩散时由于形成 α 和 β 固溶体使自由能降低，在熔化时由于形成稳定的液相，而使自由能降低。因为接触熔化过程是不可逆的，那么可采用不可逆过程的热力学方法确定它的方向性。不可逆过程的基本特征是熵值增加，熵是系统状态的单值函数。熵变方程是由吉布斯热力学方程导出。若知道参与接触熔化的各相的熵值，就可计算出系统熵值的变化。系统熵值的变化受系统和外界环境相互作用所控制的界面熵变 dS 和受系统内部发生的过程控制的内部熵变 d_iS 限制。不可逆的主要标准是由内部的熵值变化对时间的一阶导数值为正值，或是称为形核熵对时间的一阶导数值为正值：

$$\frac{d_iS}{dt}>0$$

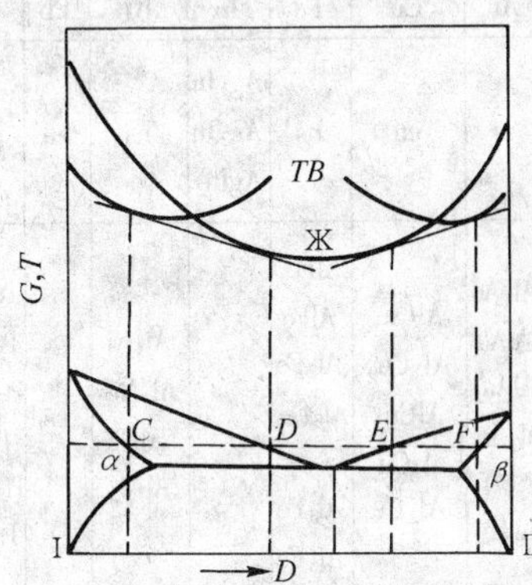

图 3.9-14 高于共晶温度的共晶类型的固液两相系统组成与自由能大小的关系

系统中存在液相时，对于固体金属Ⅰ和液体 ж、固体金属Ⅱ和液体 ж 相互作用的过程，在一定温度和压力及封闭系统Ⅰ－ж－Ⅱ（总体积不变，此处每个组元遵循质量守恒和能量守恒定律）条件下形核熵由方程（3.9-22）确定：

$$dU = TdS - PdV + \sum_{k=1}^{n}\left(\frac{\partial U}{\partial M_K}\right)_{S,V_i,M_k\neq k dM_k} \tag{3.9-22}$$

将化学势 $\mu_k = \left(\frac{\partial U}{\partial M_K}\right)_{S,V_i,M_k\neq k}$ 代入式（3.9-22）得

$$dU = TdS - PdV + \sum_{k=1}^{n}\mu_k dM_k$$

式中，S 为熵；U 为内能；P 为压强；V 为体积；μ_k 为组元 K 的化学势；M_k 为组元 K 的相对分子质量。

这样，Ⅰ相和液相（ж）之间的作用情况，Ⅱ相和液相（ж）之间的作用情况就可用上述形核熵来描述。

对于全封闭系统Ⅰ－ж－Ⅱ总的形核熵只是通过各相各组元的化学势之和描述，因为对于整个系统来说总的内能变化等于 0，且系统体积保持不变。

对于整个系统Ⅰ－ж－Ⅱ的每个组元满足质量守恒定律：

$$dM_k^{\mathrm{I}} + dM_k^{\mathrm{II}} + dM_k^{ж} = 0,$$

亦即

$$dM_k^{ж} = -(dM_k^{\mathrm{I}} + dM_k^{\mathrm{II}})$$

这样就可得到系统Ⅰ－ж－Ⅱ形核熵表达式，理论推导表明，接触熔化将会一直进行，直至其中一种固相（例如Ⅱ相）消失为止，且 $dM_k^{\mathrm{II}}/dt = 0$。此后过程只是能向由Ⅰ和 ж 相组成所确定的方向进行，以使他们中组元的化学势保持相等。

(4) 扩散接头的形成

金属工艺中应用的某些金属之间即使既不互溶也不反应，它们之间也可形成接头。例如：铁与铅在液态下不互溶，钨与铜、锰、银不会形成合金。但使用上述对应的低熔点易熔合金钎焊时，铁和钨却会发生润湿。形成的液相流入毛细间缝中以保证形成钎焊接头。

用过热方法可形成这类接头，在用铜、锰、银钎焊钨时，在露点为 50℃、含氢的介质中及氧含量（质量分数）不超过0.000 5%时，必需的过热如表 3.9-7 所示。此时，母材金属在钎料中发生不完全溶解，较高熔点的金属在钎料熔化作用下由于表面自由能降低而扩散。这样获得的接头就称为扩散接头。

表 3.9-7 铜、锰、银、锡的熔点温度及其钎焊钨的温度

钎 料	温度/℃	
	钎料熔点	钎焊
铜	1 083	1 120
锰	1 250	1 500
银	960.8	1 300

按照外部介质对固体金属影响程度不同可将介质分为：

1) 实际不影响金属化学性质的非活性介质（如干燥空气、大部分碳氢化合物）；

2) 表面活性介质（非化学活性和较小化学活性的介质，某些碳氢化合物和有时是表面活性物质的水溶液）；

3) 扩散作用的介质（被固体金属溶解或吸收的气体、液体金属）；

4) 能产生腐蚀现象的化学活性介质。

上述分类是有条件的，因为对金属作用的特性和强度实质是随温度、接触时间、固体的表面状态、周围介质中及母材中存在的杂质等因素而变化的。

活性介质只有在界面上吸附后才开始发挥作用。活性介质和金属的作用及其向金属内部的渗透只是之后发生（次生）的过程。

钎焊时，熔融钎料介质对母材的作用是影响钎焊接头性质的主要因素。在钎缝区会发生母材物理化学性质的变化，这些变化与固化效果、强度的吸附降低、扩散作用、固溶体形成及由扩散、溶解作用下接头的形成等有关。熔融钎料对母材金属的作用受母材金属表面状态、表面污物、氧化膜存在的影响，同时也受母材预表面层状态的影响（残余应力、加工硬化、各种缺陷－从亚微观到微观，在相当程度上决定钎焊接头的性质）。

如果在母材金属表面含有非金属键结合的薄膜，钎料则很难被固体金属吸附，并且它们之间作用条件恶化，切削加工后熔融钎料作用就会加强。若母材金属被抛光或轧制，会导致表面缺陷降低，熔融钎料作用降低。强度降低与固体金属表面自由能降低有关。当相互作用金属具有共晶类型状态图，而母材溶解量很小时，熔融金属不参与与固相的化学作用。当母材金属与熔融钎料不互溶时，研究分析表明，固体金属强度将会降低。因为在熔融钎料作用下，相间能量降低，凹凸不平的边界是最薄弱的地方，这与原子间力的非补偿性使得凹凸不平的边界具有相当程度自由能富余有关。因此，在含有剩余自由能的表面上发生更积极的熔融钎料吸附作用，从而导致强度降低。

形成扩散接头时，在熔融钎料作用下，母材的扩散过程

是在高温、有限量的液相、熔融钎料向母材积极迁移条件下进行的。在这种条件下，扩散过程长期受钎缝处液相数量限制；最大持续时间由扩散粒子充满间隙的时间决定。

图 3.9-15 为扩散作用简图，如果认为在接头形成时母材金属的扩散作用可用相互绝缘的平均半径为 d 的粒子的形成作为结束，来研究金属Ⅰ（熔融钎料）和Ⅱ（母材金属）之间接头形成，根据扩散过程的动力学计算得出：

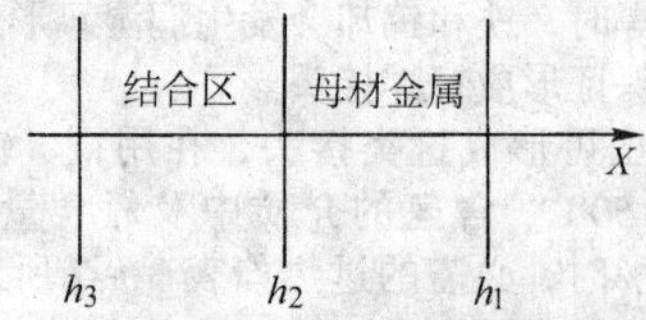

图 3.9-15　扩散作用简图

$$V_0-\frac{1}{\rho_1}\int_{h_2(t^*)}^{h_3}(t^*)C_{12}(x,t^*)\,dx=\left(1-\frac{\pi}{6}\right)d^2\left[h_2(t^*)-h_1\right] \tag{3.9-23}$$

式中，V_0 为金属Ⅰ的最初单位体积（已知）；t^* 为扩散过程进行时间；ρ_1 为金属Ⅰ的密度；C_{12} 为扩散区金属Ⅰ的浓度，可由方程 $\frac{\partial C_{12}}{\partial t}=D\frac{\partial^2 C_{12}}{\partial x^2}$ 确定。

如果扩散粒子的形成速度已知，则根据式（3.9-23）可确定扩散作用时间，从而确定钎焊温度下的持续时间。

以含氢介质用铜、锰、银、锡钎焊钨为例，经实验研究扩散接头，能够确定钎焊规律和评价钎焊连接的性能。在图 3.9-16 中指出了在钎缝宽度方向上在钎焊温度下保温不同时间银的含量的分布，由此得出在保温 15 min 时，缝隙处几乎完全被钨的扩散粒子布满。

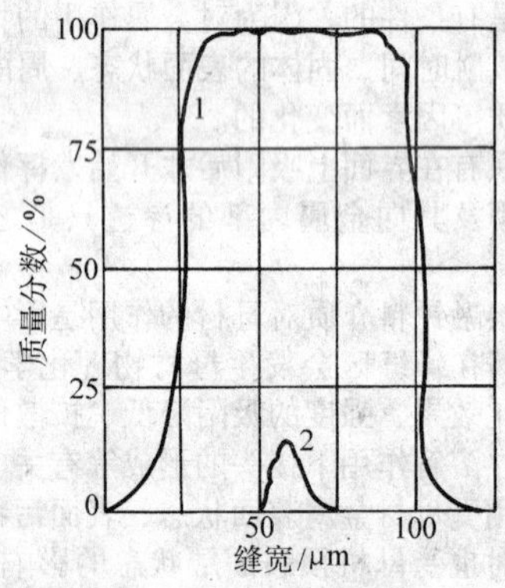

图 3.9-16　用银焊钨时在钎缝横截面宽度方向上银含量分布

1—保温 1 min 情况；2—保温 15 min 情况

(5) 界面金属间化合物的形成

由于钎料合金与母材金属的作用，钎缝中还可能会出现金属间化合物。母材与钎料材料各元素之间有相当数量的体系可以形成金属间化合物，表 3.9-8 给出了部分母材和钎料的各元素之间可能形成的金属间化合物。应该指出，表中所列的化合物多数属组成并不确定的物相，化学式仅表其中心的组成。

母材和钎料界面上形成化合物的过程可能如下：在温度 T 时以钎料 B 钎焊母材 A，A 迅速向 B 中溶解，界面区的浓度可以达化合物 C 的浓度，冷凝时，首先在界面上析出金属间化合物。例如 250℃ 时以锡钎焊铜，在界面区形成 Cu_6Sn_5 化合物相。如果 $A-B$ 系存在几种化合物，在一定条件下（如钎焊温度过高），母材向钎料的溶解使在界面区生成含母材少的一种化合物后，仍未达到该温度下的平衡状态，A、B 之间将继续进行扩散，钎缝冷凝后就有可能形成几种化合物。例如，把锡钎焊铜的温度提高到 350℃，则界面区除形成 Cu_6Sn_5（η 相）外，在 η 相与母材间出现了 ε 相，它是含铜较高的化合物 Cu_3Sn。

界面区的化合物也可能由母材和钎料直接化学反应形成。以上是纯金属钎料条件下化合物形成的情况，使用合金钎料时情况要复杂得多。从已有的试验结果看，用合金钎料钎焊时，钎料组分究竟能否同母材形成化合物，除了取决于该组分同母材的状态图外，还取决于它对母材和钎料基体金属的亲和力对比以及它在钎料中的浓度等。以 Ag－Si、Ag－Sn、Ag－Zn 合金作钎料焊低碳钢来研究硅、锌、锡与低碳钢形成化合物的条件。选用上述钎料的考虑是：钎料的基体银与铁互不作用，因而对所研究的过程不起附加的影响；硅、锌、锡都能与铁形成化合物，但与铁的亲和力却有显著

表 3.9-8　部分母材与钎料之间可能形成的金属间化合物

金属	Ag	Al	Au	Cu	Fe	In	Ni	Pb	Pt	Sb	Sn
Ag		Ag_2Al	ss	eu	ns	Ag_3In Ag_2In $AgIn_2$	ns	eu	pe	Ag_3Sb	Ag_3Sn
Al			Al_2Au $AlAu$ $AlAu_2$ Al_2Au_5 $AlAu_4$	$AlCu_3$ Al_3Cu_9 $AlCu_3$ $AlCu$ Al_2Cu	$AlFe_3$ $AlFe$ Al_2Fe Al_5Fe_2 Al_3Fe Al_5Fe		Al_3Ni Al_3Ni_2 $AlNi$ $AlNi_3$	ns	$PtAl_2$ Pt_2Al Pt_2Al_3 $PtAl$ Pt_5Al_3 Pt_3Al	$AlSb$	eu
Au				ss $AuCu_3$ $AuCu$ Au_3Cu	pe	Au_7In Au_4In Au_3In Au_7In_3 Au_3In_2 $AuIn$ $AuIn_2$ Au_8In		$AuPb_2$ Au_2Pb	ss	$AuSb_2$	$AuSn_4$ $AuSn_2$ $AuSn$
Cu					Pe	Cu_4In Cu_3In Cu_9In_4 Cu_2In	ss	ns	ss $CuPt$ Cu_3Pt	Cu_3Sb Cu_9Sb_2 Cu_2Sb	Cu_3Sn Cu_6Sn_5
Fe						Ns	ss $FeNi_3$		Fe_3Pt_4 $FePt$ $FePt_3$	$FeSb$ $FeSb_2$	Fe_3Sn Fe_3Sn_2 $FeSn$ $FeSn_2$
In							In_3Ni_2 $InNi$ $InNi_2$ $InNi_3$	Pe			In_3Sn In_3Sn_4

续表 3.9-8

金属	Ag	Al	Au	Cu	Fe	In	Ni	Pb	Pt	Sb	Sn
Ni								ns	ss NiPt Ni_3Pt	Ni_3Sb Ni_5Sb_2 $NiSb_2$	Ni_3Sn_2 Ni_3Sn Ni_3Sn_4
Pb									$PbPt_3$ PbPt Pb_4Pt	eu	eu
Pt										PtSb $PtSb_2$ PtSb	Pt_3Sn PtSn Pt_2Sn_3 $PtSn_2$ $PtSn_4$

注：ss 连续固溶体；eu 共晶型；ns 液相分层固溶度极小；pe 包晶型

差别，对银的亲和力也各不相同，便于进行对比。就对铁的亲和力而言：硅最大，锡次之，锌最小；对银的亲和力以锌为最大，硅次之，锡最小。试验结果表明：用 Ag－Si 钎料钎焊低碳钢，含 w（Si）量为 1%时，接头中就有明显的化合物存在，接头的抗拉强度相当低。用 Ag－Zn 钎料钎焊时，钎料 w（Zn）即使高达 50%，界面也未出现化合物层。因此，工业中广泛使用含锌的银基钎料来钎焊钢。对于 Ag－Sn 钎料，当含 w（Sn）小于 14.5%时，不出现化合物相；而用 Ag－26Sn 钎料钎焊时，出现了脆性的化合物相。

前面已提及合金钎料与母材金属之间生成化合的情况很复杂，例如微电子封装倒装芯片工艺中 SnPb 钎料与 Cu 焊盘之间反应形成界面化合物（IMC）一直是一个研究热点。美国加州大学的 K.Z.Tu 等人针对这一问题进行了较为系统深入地研究。

二元体扩散偶的固态界面反应的经典理论一般认为在二元相图中所有的 IMC 平衡相会同时以层状形态生成。每层生长的动力学是扩散控制或是界面反应控制的。在扩散控制的生长中，每层的生长与生长时间的平方根成正比。在界面反应控制生长中，每层的生长与时间成线性关系。对于一个足够厚的具有足够高温度的扩散接头经过很长时间后，所有 IMC 会共存且具有扩散控制生长机制。各层间的厚度比与各层中扩散系数平方根的比值一样。在共晶 SnPb 和 Cu 之间的润湿反应中，Cu_6Sn_5 的形态不是层状的，而是扇贝状的（如图 3.9-17）。而且 Cu_6Sn_5 的生长动力学与时间的三分之一次方成正比，所以它不遵循扩散控制动力学，也不遵循界面反应控制动力学。除了 Cu_6Sn_5，在共晶 SnPb 和 Ni，无铅钎料共晶 SnAg 和 Cu 以及共晶 SnBi 和 Cu 之间的润湿反应中也发现了扇贝状 IMC。这是一种普遍的生长方式。

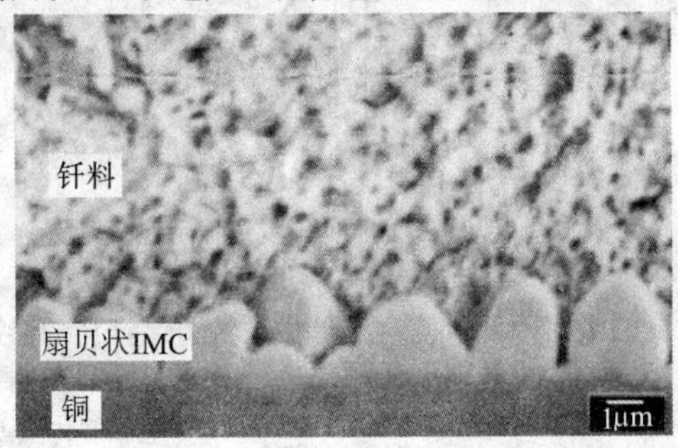

图 3.9-17 SnPb 共晶与 Cu 之间的扇贝状化合物

这里不再讨论扩散控制和界面反应控制的层状 IMC 生长的动力学，而重点讨论在润湿反应中扇贝状晶粒的长大。图 3.9-18 是 IMC 生长的横截面示意图。两个箭头代表长大模型中所考虑的两个通量。在 Cu_6Sn_5 和铜之间存在非常薄的一层 Cu_3Sn。假设铜可以很快地扩散通过薄的 Cu_3Sn，但在 Cu_6Sn_5 中不能。固态扩散通过 Cu_6Sn_5 块是一个缓慢的动力学过程，然而铜会通过两个 Cu_6Sn_5 扇贝形之间的窄道或沟槽进行扩散而到达熔融钎料。这个通量由垂直箭头表示。一旦进入熔融钎料中的铜的扩散系数达到 10^{-5} cm^2/s，铜原子在熔融钎料中会非常迅速的扩散到 Cu_6Sn_5 的生长前沿，并在那里与锡反应，生成化合物。同时，在扇贝状晶粒间存在熟化反应，所以在扇贝状晶粒间存在铜的通量，由水平箭头表示。将这两个通量结合起来，平均尺寸的扇贝状晶粒的生长方程可表示为：

$$r^3 = \int \left[\frac{\gamma \Omega^2 DC_0}{3N_A LRT} + \frac{\rho A \Omega V(t)}{4\pi m N_p(t)} \right] dt$$

式中，r 是扇贝状晶粒的平均半径；γ 是扇贝状晶粒的表面能；Ω 是平均原子体积；D 是原子在熔融钎料中的扩散系数；C_0 是铜在熔融钎料中的溶解度；N_A 是阿佛加得罗常数；L 是与扇贝状晶粒平均间隙和平均半径相关的数学因数；RT 具有通常的热力学意义；ρ 为铜的密度；A 为钎料与铜的界面总面积；V（$=dh/dt$；其中 h 和 t 分别为铜的厚度和时间）是在反应中铜的消耗率；m 是铜的原子量；N_p 是界面上扇贝状晶粒的总数。方程右边第一项为熟化因素，第二项为界面反应因素。

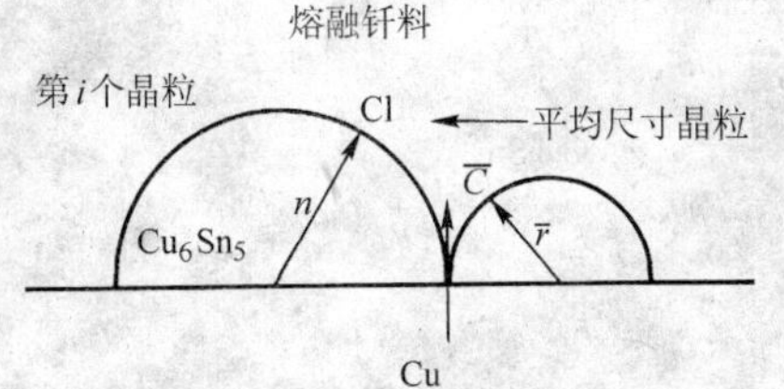

图 3.9-18 IMC 生长横截面示意图

在 Cu_6Sn_5 生长的动力学分析中，发现熟化通量要比基底供应的铜的通量大十倍左右，所以熟化过程控制着 Cu_6Sn_5 的生长。由于假设铜扩散通过薄的 Cu_3Sn 和铜在熔融钎料中的扩散都非常快，所以它们不是速度控制步的。但是铜的供应不能只由通道下面的区域提供，它必须也要来自扇贝状晶粒下面的区域，这就需要铜沿 Cu_3Sn 和铜的界面或者 Cu_3Sn 和 Cu_6Sn_5 的界面进行横向扩散。假设这些界面扩散也非常快，则扇贝状晶粒的直径不会太大。如果用半球来表示扇贝状晶粒，则扇贝状晶粒的生长就为三维生长了。正是这种三维生长限制了扇贝状 Cu_6Sn_5 晶粒的长大速度。因此，这种生长就被定义为熟化控制生长，它与扩散控制生长和界面反应控制生长是不同的。随着扇贝状晶粒平均尺寸越来越大，在界面上的扇贝状晶粒总数 N_p 会越来越少，晶粒生长方程右边的第二项就与第一项就比较相当了。接下来动力学因素就不由熟化控制了，并且扇贝状晶粒的长大会变慢。正如已经提到的，扇贝状晶粒越大，它们之间可供铜扩散的短路途径就越少。对扇贝状晶粒尺寸的分布状态和其分布状态函数与时间的关系还没有研究过。在典型的钎料和 UBM（under－bump－metallization）的润湿反应中，所消耗的铜薄膜的厚度仅为 1 μm 左右。扇贝状晶粒的平均尺寸根本就不大。

目前微电子封装要求用无铅钎料替代 SnPb 共晶钎料，无铅钎料与 Cu 之间也会形成 IMC，图 3.9-19 为无铅微电子封装 BGA 焊点截面 Sn－3.5Ag－0.7 Cu 钎料球与 Cu 盘形成的金属间化合物的 SEM 照片。另外，由于 Pb 对 Sn 与 Cu 之间化合物的形成具有一定的抑制作用，用无铅钎料替代 SnPb 钎料之后，无铅钎料与铜之间界面化合物的形成成为一个更加突出的问题，由于这一方面的研究还不成熟，本章不作详细阐述。

1.4.3　影响钎焊接头形成的因素

(1) 母材金属表面状态对接头形成的影响

钎缝的间隙通常采用0.05～0.2 mm，因此其中液体金属的量不显著。固相与熔融金属之间发生相互作用导致钎料原始液相成分变化，特别是在高温钎焊时，钎料会强烈地被母材金属组元合金化。如果母材金属表面无氧化膜，母材金属和熔融钎料直接接触，合金化作用加强，即钎焊时钎料中母材金属溶解强烈。当钎料中加入母材金属的组元时，母材金属的溶解作用就会减弱。

钎焊时钎料的原始组成发生变化不只是由于母材金属在钎料中的溶解，还由于钎料组元向母材中的选择扩散、蒸发和氧化进入熔渣等。

母材金属对接头形成过程影响可用界面上进行的结晶直接说明。母材表面新晶胚的形成取决于钎料润湿性：润湿角越小，形成晶胚所需消耗的能量越小，晶胚产生所需的过冷度也越小。可见钎料润湿母材是钎焊必要条件，钎料对母材良好的润湿性对于结晶核心的形成相当有利。

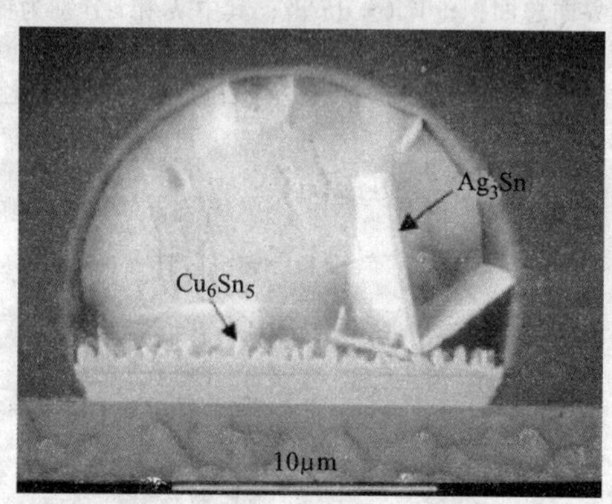

图3.9-19　Sn－3.5Ag－0.7Cu钎料BGA焊点截面与Cu形成的金属间化合物SEM照片

母材金属表面状态对钎焊接头形成的影响主要表现为：结晶一开始，母材表面状态某种程度上决定了晶体生长方向，也就是说熔合区固化金属的结晶网格尺寸和形状都与母材金属表面状态有一定关系。当母材表面状态决定结晶方向的因素存在时，因结晶过程的三个阶段的连续发展从而形成的钎缝金属晶体结构具有如下特点：第一阶段，晶体定向的形成完全由晶体生长的基底决定；第二阶段，由于固态金属对定向生长影响的减弱，出现孪晶和其他结构缺陷；第三阶段，或者观察到多晶体结构，或者是产生组织长大。

受熔融钎料结晶形成的晶格参数和母材金属晶格参数的影响，在一定方向上的结晶会按不同方式进行。熔融钎料中形成的新相在原子形状、类型和晶格参数上都有别于母材相形成的晶格。形成的熔融钎料晶面同基底晶面共格，在该晶面上原子分配更符合母材晶面上原子的分布。共格晶面上原子间距离差别越小，这样的结晶几率就越多。

例如，在铂的单晶体薄板上沉积铝时，或铜在镍上定向结晶时，母材金属原子间应力迫使沉积的金属原子不占据自身晶格节点，而是占据基底晶格的节点。因此母材金属被熔融钎料形成的晶体接长一个晶格周期。随着晶体生长层厚度的增加，变形逐渐减小。和基底接触的一层原子厚度的晶体具有同基底相同的晶格周期，这一事实证明，钎焊时母材和熔融钎料接触区存在定向结晶即结晶基底与熔融钎料形成的晶体间存在差别，即存在过渡层。在过渡层中无论新形成的晶体晶格还是基底晶格都受到应力的作用。

铜钎焊铁时，尽管定向结晶金属状态图因铁存在多晶型转变而变得复杂，但用X射线方法可确定。铁的某些粒子处于相应铜颗粒的一定晶体取向上。钎焊碳钢时铜的晶体取向能清晰地观察到。这种情况下，被亚共析钢中铁素体的分解产物和过共析钢中析出渗碳体的原奥氏体晶粒边界与铜的晶粒边界重合。这样接头形成时，结晶金属的晶格参数在接近于母材的晶格参数的同时，既可能相对其减小一些，也可能增大一些。

存在氧化膜或金属化合物时，即使是在厚度不太大时，金属结晶的方向性作用也不会存在。

固液相边界上进行的过程中扩散起更大的作用。如在露点50℃的含氢介质中，用金钎焊低碳钢钎缝的微观结构中能观察到金强烈扩散并进入到母材中。

这种情况下沿固液界面，一系列杂质原子扩散并少量溶解于钎料，提高了钎料的渗透作用。这是因为伴随少量溶解的杂质的扩散形成空位，便于钎料粒子沿此空位形成管道扩散，从而发生强烈的液相向母材金属的渗透。

这些空位的产生是以扩散过程中弹性应力松弛为条件的：

$$\sigma = \frac{\beta E}{1-\gamma}\left[c - \frac{1}{a}\int_0^a c\mathrm{d}y\right] \tag{3.9-24}$$

式中，β 钎料溶解度（质量比）为1%时，母材晶格参数的相对变化值；E 为弹性模量；γ 为打孔系数；c 为沿母材金属厚度方向的元素浓度；a 为母材金属片厚度；y 为当前坐标值（垂直于接头平面）。

由方程（3.9-24）得出，在薄片表面上扩散过程开始时应力最大：

$$\sigma = \frac{\beta c E}{1-\gamma}$$

式中，c 为相界面上元素的浓度。

上述情况下，用金钎焊低碳钢，母材内部颗粒沿大角度边界扩散时，最终会引起沿颗粒边缘更大程度延伸的空位形成。边界渗透性的提高一方面以颗粒边界本身扩散运动能力的提高为条件，另一方面以颗粒边缘周围形成扩散渗透能力提高区为条件。

导致沿颗粒边缘形成独特扩散楔的过程示意图如图3.9-20所示。光学和电子显微镜观察到的扩散楔的结构如图3.9-21。进入颗粒的扩散及固溶体中溶合物的形成使扩散楔扩展。

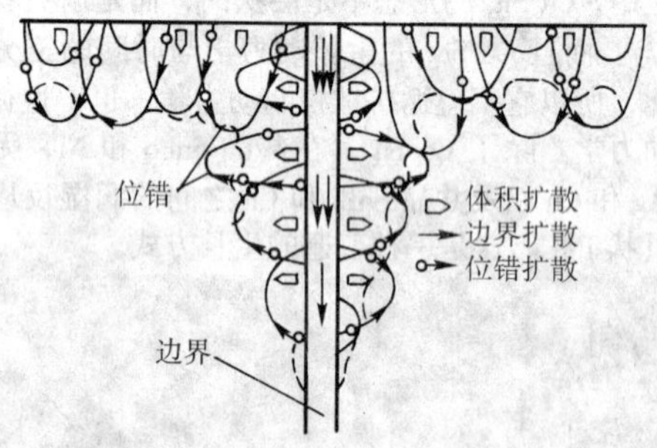

图3.9-20　扩散楔的形成过程示意图

强度的吸附降低效应对沿母材颗粒边缘钎料的渗透有很大促进作用。液相钎料流经颗粒边缘形成裂纹并和侧壁发生相互作用。由于边界的斜度、应力作用面、杂质的影响及其他因素的影响，形成各种尺寸的扩散楔。分析钎焊微观结构得出结论，母材表面状态对接头形成过程和相应接头强度起决定性影响。如图3.9-21可见，母材－钎缝边界上没有连续的接头。这不仅与母材边界上溶解不足有关，还与结晶时从熔融钎料中排到表面的非金属夹杂物有关。

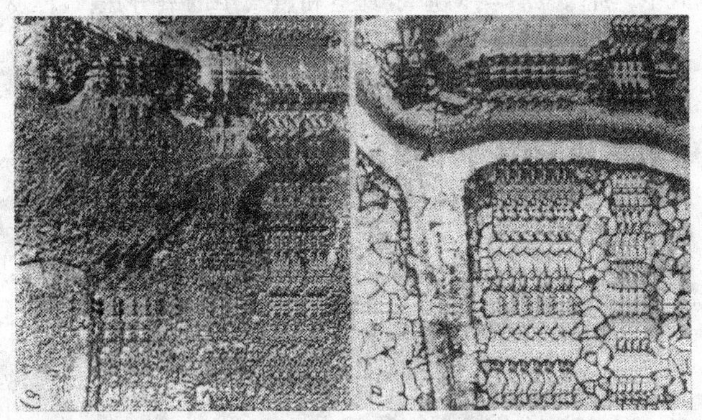

图 3.9-21 低碳钢钎焊沿颗粒边界形成的扩散楔

(2) 钎料及钎缝中的液相量对接头晶体结构的影响

以低碳钢的钎焊为例，对于钎缝中液体量对接头形成的影响研究表明，在氢介质中，大间隙（约 0.5～2 mm）钎缝中的结晶进行时伴随有长大的树枝晶结构的形成；钎缝在 0.3～0.4 mm 时，结晶形成和长大是以铁的边界上大量的蜂窝状多孔晶体及钎缝中心区较多枝晶两种形态进行的，随间隙的减小，蜂窝状结晶占优势；当钎缝间隙为 0.05 mm 时，结晶是通过沿钎缝宽度上一系列平面晶粒的形成进行的。

在 1 100℃用铜钎焊低碳钢时，熔合区是铜中铁的单相固溶体。熔合区铁的平均含量取决于间隙和表 3.9-10 列出的持续时间。从实验结果可以得出结论，在间隙和时间不变的条件下，熔合区的平均组成不变。钎料中溶解的母材金属含量随间隙减小而增大。

在用铜钎焊镍、锌钎焊铝实验中，随钎缝间隙减小，钎缝中母材含量增加。若假设溶解时母材金属进入熔融钎料中仅仅是遵循（满足）Fick 第二定律的原子扩散进行的，那么能够估算达到饱和所必须的时间。例如，用铁焊铜时，根据 Fick 第二定律有：

表 3.9-9 1 100℃含氢介质中用铜钎焊铁时，熔合区铁的平均含量

钎缝值 /mm	钎焊保温时间 /min	熔合区铁的平均含量（质量分数）/%
0.06	1	3.9
0.14	1	3.0
0.14	60	2.9
0.29	1	3.1
0.70	1	2.7
2.0	1	2.4

$$\frac{\mathrm{d}c}{\mathrm{d}t}=D\frac{\mathrm{d}^2c}{\mathrm{d}x^2}$$

初始条件和边界条件分别为：

$C(X,0)=0$ 当 $0<x<a$ 时；

$C(X,t)=C_0$ 当 $x=a$ 时；

式中，a 为钎焊间隙；t 为时间；c_0 为该温度下铜中铁的极限浓度。

方程的解采用如下形式：

$$c(x,t)=c_0\left\{1-\frac{\pi}{4}\sum_{n=0}^{\infty}\frac{1}{2n+1}\times\sin\frac{(2n+1)\pi}{a}\exp\left[(2n+1)\frac{\pi}{a}\right]^2Dt\right\}$$

式中，D 为铜中铁的恒扩散系数。

由于熔融钎料组元结晶时的偏析，熔合区的平均组成只能由实验确定。

铜中铁的平均浓度与时间关系就可由下式确定：

$$c(t)=\frac{1}{a}\int_0^a c(x,t)\,\mathrm{d}x=c_0-\frac{8c_0}{\pi^2}\sum_{n=0}^{\infty}\frac{1}{2n+1}\exp\left\{-\left[(2n+1)\frac{\pi}{a}\right]^2Dt\right\}$$

1 100℃铜－铁系铜中铁的扩散系数是 8×10^{-5} cm^2/s，而铁相对于其浓度的扩散系数未加以考虑，因此计算结果是近似的。在间隙 $a=10^{-2}$ cm 时，铁对铜的饱和达到 $0.9c_0$ 时必须时间是

$$t=\frac{2.3a^2}{\pi^2D}\approx\frac{2.3\times10^{-4}}{10\times8\times10^{-5}}\approx0.3\mathrm{s}$$

因钎焊温度下保温的最长时间采用 1 min（如表 3.9-10），间隙 0.1 mm 的液相组成的关系式应由实验证实。该计算未考虑熔融钎料中铁的对流运动和毛细压力，导致铁对铜饱和的时间值过高。事实上溶解是以相当大的速度进行的。

在钎焊温度增加时，铁在铜中的单相固溶体的钎缝结构取决于保温时间。在钎焊温度下钎缝中液相的成分与平衡相相对应，也就是对应铁－碳状态图的液相线，如 1 100℃钎焊的情况。这样，熔合物结晶后应有由铜基体和铁基体上的固溶体组成的两相结构。在熔合区中无上述第二相的条件是母材金属表面上以结晶层的形式析出。

用铜钎焊铁时，若其他条件相同但间隙不等时，在大间隙和小间隙中熔融钎料凝固形成的结构是不同的。大间隙（0.5～2 mm）中结晶形成长大的树枝晶结构并具有体内硬化特性。在树枝晶晶轴上铁的含量达到 4%，而在末梢上降到 2%～2.5%（质量比）。随间隙尺寸变化、结晶形状更替引起结晶条件变化。

合金的结晶类型由熔融钎料的温度梯度以及接近结晶线的成分过冷区的面积大小决定。其他条件相同时，间隙减小，结晶的液体层从某一时刻开始导致上述因素变化，使树枝晶逐渐趋向蜂窝状晶，最后变为具有光滑表面的晶体生长。钎缝金属最终的晶体结构与晶体生长的最初形状并不相符。钎缝中晶粒的新边界在树枝晶和蜂窝状晶的任意方向上相交叉。在大间隙中存在一次枝晶边界区产生亚边界的区域。在小间隙时，沿钎缝宽度方向上是一个晶粒层。亚结构的产生与结晶时形成的大量缺陷有关，这些缺陷是由凝固金属的在一定部位的移动和积聚形成的。

间隙减小，从而凝固金属量减少，这使得无论是单组元钎料还是双组元钎料钎焊时都形成光滑的平面晶粒。

(3) 钎缝间隙值对接头强度的影响

铜钎焊铁时，随钎缝间隙从 2 mm 减小到 0.3 mm，对接接头的强度从高于原始态钎料强度极限的 255 MPa 开始，提高到与铁强度极限值相当的 338 MPa。当间隙 0.3 mm 时，铜的夹层同母材金属是等强度的。间隙的进一步减小使得钎缝比基体金属更坚固。力学性能试验时试样的破坏是沿母材进行的，钎缝间隙 0.15 mm 对接接头的强度取决于铜夹层的厚度。这是因为熔合区的成分取决于钎缝间隙，并随间隙减小，熔合区母材金属的含量增加。间隙尺寸与钎焊接头强度关系的经验公式可以用钎焊合金形成的不同接头强度和随着间隙减小出现的钎缝结构的变化及接触强化来解释。

轴对接时接触强化效应随钎缝宽度（软夹层厚度）与轴的直径比值的减小而增加。结果夹层中产生的正应力能在很大程度上提高自由变形时的强度极限。对于沿软夹层接头的韧性破坏，可由夹层材料的力学性能和尺寸得到接头强度的关系式：

$$\sigma_B=\sigma_B^m\{1+[3\sqrt{3}\chi(1+\varepsilon_B)^{3/2}]^{-1}\}$$

式中，σ_B，ε_B 为相应的强度极限和原始状态夹层材料的伸长率；χ 为钎缝宽（夹层厚度）与轴直径的比值。

接头形成过程中，母材与熔融钎料边界上的相互作用导致晶体产生。这种晶体的类型与钎焊时钎料组元饱和扩散区内母材金属颗粒的熔化有关。在此情况下，微观硬度的测量表明，钎焊温度下随持续时间的增加母材金属的硬度降低，钎缝的硬度增加。且观察到的最大硬度位于钎缝的对称中心部分（如图3.9-22）。此结果与富铍钎缝区金属化合物的形成有关。

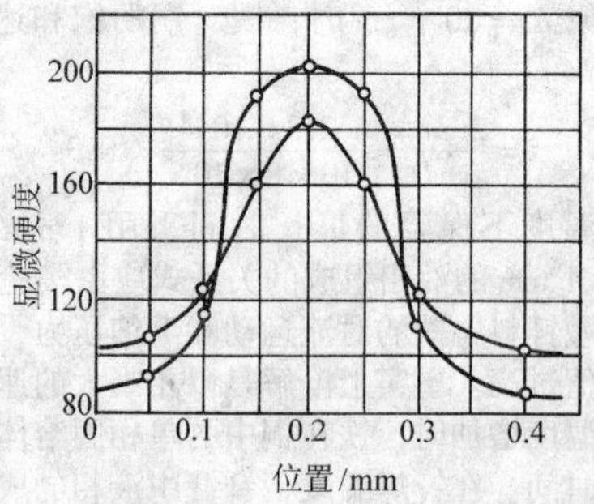

图3.9-22　用铍钎焊低碳钢时沿钎缝宽度方向显微硬度分布

(4) 钎料组成和钎焊室中气体介质对钎焊接头性能的影响

无论是在熔融钎料作用下，还是在钎焊室中气体介质作用下，母材的性能都会发生变化。当母材金属能与气体介质强烈作用时，气体介质的影响表现特别明显。由结构材料制成的钎焊零件中，钛和钛基合金就具有这种性能。

在大气环境下，钛和氧在20℃时就会发生相互作用，随温度提高，氧化性增强。在达到450℃时，与氧化作用同时进行着氧向钛晶格中的渗透并形成气体饱合层，高于600℃时该气体饱合层中的氧强烈向钛中扩散。钛晶格中气体的存在，导致材料塑性降低并产生畸变。钛在空气中，或者是在氧介质中高温加热会导致其表面上形成主要由金红石组成的氧化皮。在800～1 200℃时，水蒸气中钛氧化时氧化膜仅由金红石的变体中的TiO_2相组成，没有发现Ti_2O_3和TiO相。在钛表面形成膜中氧和水蒸气起主要作用。

在高温下、大气环境中，钛形成的表面膜中的氮有很大意义。钛从900℃开始在空气中氧化时发现氧化皮成分中含有氮。人们发现，氮在金红石的晶格中的存在导致氧化膜内氧的扩散作用减轻而形成多孔结构。

钛合金的钎焊可在约1 000℃时进行。因此在氧化气氛存在时钎焊过程中氧与钛的作用会剧烈进行。钛钎焊时氧化膜的去除实际上是通过调整母材金属氧化速度与氧化物的溶解速度的比值来进行。

氩气或真空环境下钎焊钛时，用银基钎料甚至是Ti－Ni系，Ti－Ni－Cu系，Ti－Ni－Co系或其他钎料完成的连接接头的力学性能不改变。

但是在某些情况下真空环境中钎焊比氩气环境下钎焊效果更好。例如用Al基钎料焊钛时，残余压力为0.133 Pa的真空中比在氩气中铺展更好一些。钛钎焊时随着真空中氢含量的提高不但能改善钎焊条件，而且可以达到母材金属无氢化。由此证明，真空环境与中性气体环境或在不能得到高真空度情况相比优越性更加明显。例如在钎焊大外形尺寸的零件时，钎焊炉中用机械真空泵抽真空，但杂质含量较高的低真空会使金属塑性降低，钎焊薄结构时变得很危险。在这种情况下应用氩代替真空可降低杂质的含量。因此如果钛塑性必须保持最大，那么对于真空或氩气环境的优越性问题应考虑其中有害介质的含量问题。

比较真空和氩气中氧含量有：

$$p^{v}_{O_2}=c_0p_v;\ p^{Ar}_{O_2}=cp_{Ar}$$

式中，$p^{v}_{O_2}$，$p^{Ar}_{O_2}$为对应于真空和氩气中的氧分压；c_0，c为对应于空气中和氩气中正常条件下的氧浓度；p_v和p_{Ar}为钎焊时真空中和氩气中的残余压力。

令
$$k_{O_2}=\frac{p^{Ar}_{O_2}}{p^{v}_{O_2}} \tag{3.9-25}$$

这个比值可用于根据其中一种有害介质含量评价一种介质相对于另一种介质的优越性。氩比真空的优越，还是真空比氩优越，要根据这些介质中的氧含量在同等条件下的相应纪录：

$$k_{O_2}<1;\ k_{O_2}>1;\ k_{O_2}=1$$

在$C=0.21\%$、同时其中氧浓度组成为0.000 03%的氩，式（3.9-25）形式为

$$k_{O_2}=1.43\times10^{-4}\ (p_{Ar}/p_v)$$

这个关系曲线如图3.9-23所示，此处以P_{Ar}和P_v值为坐标轴，k_{O_2}是一系列斜线。由图3.9-23可见，若钎焊区建立残余应力为1.33 Pa的真空或者引进压力组成为0.1 MPa的氩气，则$k_{O_2}=10$。从而氩中氧的分压是真空中氧分压的10倍，这种情况下应用真空比应用氩更优越。如果在钎焊室中建立残余压力为133 Pa的真空，或者同样情况下压力为0.1 MPa的氩气，那么$k_{O_2}=0.1$，应用氩将更优越。对应$k_{O_2}=1$的线将图表分为两个区，高于这条线的区应用氩气更优越，而低于这条线的区应用真空更优越。

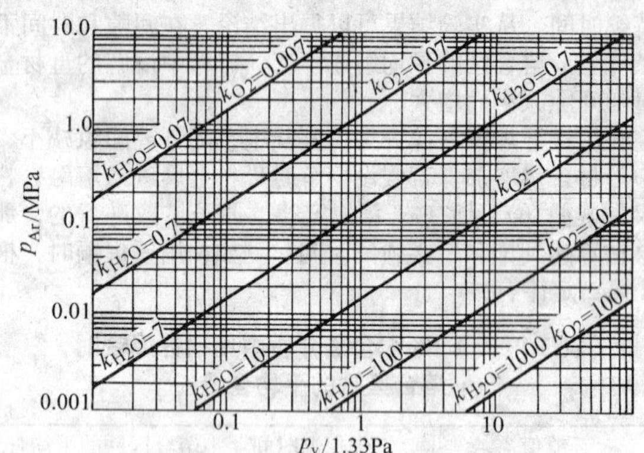

图3.9-23　钎焊室中取决于真空度和氩压力的系数K

评价水蒸汽含量的影响可利用如下关系式：

$$k_{H_2O}=1.43\times10^{-3}\left(\frac{p_{Ar}}{p_v}\right)$$

上式是在真空钎焊室中原始状态温度是25℃，该温度下水蒸气浓度等于21 g/m³。氩中水蒸气含量取为0.03 g/m³。

接头形成时，相互作用金属性质不同，从而相互作用金属性能变化方向不同，可以剧烈改变熔融钎料作用下母材金属强度。最小的变化可在一系列元素周期表中的金属和可形成连续固溶体的金属间作用情况下观察到。有限固溶体力学性能变化大约同极限溶解度成反比。

大多数实际情况中，在扩散钎焊时形成的钎焊结构是两相的，α－Ti固溶体和金属间夹杂物。组成中有金属间化合物的合金的力学性能的变化取决于第二相分解产物的特点和扩散结构强化的性质。伴随着细小的扩散结构中大量第二相的分解导致强度提高和塑性降低，这是因为第二相使金属晶格畸变。

钎焊条件和钎料组元成分对钎焊性能的影响的研究证明，为保证钎焊接头的高强度，母材和钎料组元成分、连接结构、钎焊规范和钎焊条件等必须合理搭配。

1.5 钎剂与钎料的选择与搭配

钎焊过程中熔态钎料与母材的润湿可以说主要是取决于钎剂的作用。钎焊接头的强度和抗腐蚀性则主要取决于钎料本身及其与母材的作用和关系。

钎料与母材的润湿能力与钎料本身的性质固然有很大的关系，但与钎剂的作用相比则次要得多。钎剂的概念应该是广泛的，包括熔盐、有机物、活性气体、金属蒸气等等，即除母材和钎料外，泛指第三种用来降低母材和钎料界面张力的所有物质。熔态铅在铝母材上无论从相图上看或实际中都是不能润湿的，但通过适当钎剂的作用却能使他们完全润湿，但接头强度和抗蚀性是很差的。

1.5.1 钎剂的选择

复杂的钎剂有三种成分：一是基体组分，二是去膜剂，三是活性剂。

基体组分是钎剂的主要成分，它控制着钎剂的熔点。它熔化后覆盖在焊点表面起隔绝空气的作用，它又是钎剂中其它组元的溶剂。为了配合钎料的熔点，钎剂的熔点应该低于他料熔点 10～30℃。特殊应用情况下，也有使钎剂的熔点稍高于钎料熔点的。钎剂的熔点若低于钎料熔点过多，则过早地熔化将由于蒸发、与母材作用等原因使钎料溶化时钎剂已失去其活性。由此可见调节基质的成分使其熔点与钎料熔点匹配至为重要。

去膜剂的作用是通过物理化学过程除去、破碎、松脱母材的表面膜，使得熔化的钎料能够润湿纯母材表面。

界面活性剂的作用是起到进一步降低熔化钎料与母材间的界面张力，使熔化钎料得以在母材表面铺展。

钎剂的选择常视氧化膜的性质而定，偏碱性的氧化膜如铁、镍、铜的氧化膜常使用酸性的含硼酸酐（B_2O_3）的钎剂；偏酸性的氧化膜，例如对铸铁含高 SiO_2 的氧化膜常用含碱性 Na_2CO_3 的钎剂，使得生成易熔的 Na_2SiO_3 而进入熔渣。

在钎焊一些含 Cr、Ti、Mo、W 等元素的合金钢和耐热钢时，由于这些元素的氧化物是酸性的，而基体元素 Fe 的氧化物又是偏碱性的，因此常在硼酸酐（B_2O_3）中加入部分强碱性的碱金属或碱土金属的氟化物，使得钎剂具有某种双重性质而显著提高钎剂对这类金属的活性。为了同时调节钎剂的熔点，在 850℃以下常添加 LiF（熔点 845℃），NaF（熔点 995℃）或 KF（熔点 851℃），而在 850℃以上常添加 CaF2（熔点 1 423℃）。

在钎焊一些结构钢、耐蚀钢和耐热钢以及铜、银、金等合金时有时希望在较低温度下钎焊，此时则不用上述氟化物，而代之以氟硼酸钾或氟硼酸钠，表 3.9-10 所列的相关系常被用来组成各种各样的钎剂。

表 3.9-10 组成硬钎剂有关组元的相关系

体系（熔化温度/℃）	共晶点组成(摩尔分数)/%	共晶点温度/℃
NaF（995）－$NaBF_4$（408）	92	384
KF（857）－KBF_4（570）	74.5	460
NaF（995）－KBF_4（570）	94	539
$NaBF_4$（408）－KBF_4（570）	10	398
$Na_2B_4F_7$（742）－NaF（995）	19.4	680

一些氟化物的气体也常被用作钎剂，它具有反应均匀、焊后不留残渣的优点。BF 常和氮气常混合使用于高温钎焊不锈钢。另外一种液体硼酸三甲酯混以 BF_3 可作为火焰钎焊时的气体钎剂使用。当可燃气体例如乙炔或天然气流经特制的罐内的上述混合液体时，由于鼓泡而使可燃气体中富含这种钎剂的蒸气。在火焰中硼酸三甲酯水解为 B_2O_3。火焰所到之处，工件上即被覆一层极薄的 B_2O_3 熔化膜，既起钎剂作用又起保护工件表面的作用，使工件表面不因烧灼而氧化变色。

铝和镁合金是比较难于钎焊的，特别是镁含量高的合金。他们的钎剂主要由氯化物、氟化物和一些重金属离子构成。但这类钎剂焊后清洗比较困难，稍有不慎会引起腐蚀。较大面积的搭接，钎缝中的夹渣几乎难于避免，会形成蚁窝状缺陷，它通常不存在连通大气的洞口。若进行机械加工形成了洞口，钎剂则因逐渐吸潮产生膨胀而破坏接头。近 20 余年发展起来的所谓 NOCOLOK（No－corrosive look）钎剂，因为不溶于水、不吸潮而成为“无腐蚀的钎剂”。这主要是由 AlF_3 和 KF 系中两个中间化合物 K_3AlF_6 和 $KAlF_4$ 共晶熔盐构成。近年来又发展了 AlF_3－CsF 和 AlF_3－CsF－KF 钎剂含 CsF 成分的钎剂特别适合钎焊含镁量高的铝合金和镁合金，对去除镁氧化膜有特殊的效果。

钛合金钎剂与铝钎剂大体相同，由碱金属和碱土金属的氯化物和氟化物构成，但由于钛的氧化膜更难以消除，其界面活性剂常用活性更高的 AgCl 和 $SnCl_2$。

一些情况下需要在较低温度下进行钎焊。在 450℃以下钎焊用的钎剂称为软钎剂。软钎剂分为两种：一种是水溶性的，通常由盐酸、氯化锌、氯化锡、氯化铵和磷酸等多个或单个盐的水溶液构成，活性高、腐蚀性也强，焊后需要清洗，适用于钢、不锈钢、铜合金、镍合金等的钎焊；另一种软钎剂是非水溶性的有机物钎剂，通常以松香或人工树脂为基，加入有机酸、有机胺或其盐酸或氢溴酸的盐，以提高溶解膜的能力和活性。为调节黏度常以无水酒精或异丙醇作为溶剂。这类钎剂由于腐蚀性小，常在电子工业中钎焊铜及铜合金。铝合金的软钎剂常在有机胺中溶入重金属的氟化物或氟硼酸盐制成。铝钎焊不能用水溶液钎剂。其他耐热合金、含 Cr、Mo、W 合金、Mg 合金、Ti 合金等在一般条件下都无法用软钎剂钎焊。

1.5.2 钎料的选择

（1）钎料的构成原则

钎料比较少用纯金属，而多用二元或多元合金，以便有利于获得所需的熔化温度。理想的钎料常使用主组元和母材的基本金属相同的共晶类合金。例如用 Al－Si 钎料钎焊铝合金，用 Cu－Ag、Cu－P 钎料钎焊铜合金；用 Ni－B、Ni－Si 钎料钎焊镍基合金等等。其优点在于：

1）钎料的主组元和母材相同，钎焊时必定具有良好的润湿性；

2）钎缝在冷凝时其中与母材同成分的过剩相（初晶）最易以母材晶粒为晶核外延生长，犬牙交错使之成为牢固的结合；

3）钎料中的第二相既然能与钎料主组元形成共晶合金，也必然易于向同组元的母材作某种程度的晶间渗透，适量的晶间渗透有利于钎缝的牢固；

4）调整钎料的组成可以控制钎焊时母材向钎料中的溶入量，例如图 3.9-12 中，钎焊温度为 T_B 时母材向钎料中的最大溶入量为 A－C，如果采用成分为 e 的钎料，最大溶入量只有 e－C，若降低钎焊温度，此溶入量还能更少。采用与母材异种金属作钎料的主要成分如具有较大的互溶度，则容易引起溶蚀。例如用纯锌钎焊铝；

5）由于钎料的主要成分与母材相同，接头的抗腐蚀性要优于完全不同种的钎料合金。

以上情况不是总能实现，例如在高温钎焊中钎焊硬质合金、耐热合金，就难于找到相应的共晶钎料，不得不采用与铁同族的镍基钎料。由于高温情况下润湿性能一般较好，也常采用铜基钎料、银基钎料。又例如在软钎焊中不得不采用低熔点的重金属合金作为钎料。

在二元共晶钎料的基础上，为了进一步降低熔化温度，改善润湿性和增加接头强度，而加入第三种、第四种金属、甚至更多种金属形成三元或多元合金钎料。

(2) 钎料的选择

关于钎料的选择，可具体归纳为如下几项：

1) 尽量选择钎料的主成分与母材主成分相同的那些钎料。

2) 钎料的液相线要低于母材固相线至少 40～50℃。

3) 钎料的熔化区间，即该钎料组成的固相线与液相线之温度差要尽可能的小，否则将引起工艺上的困难。温度差过大还易引起熔析。

4) 钎料中的某一重要组元应能与母材产生液态互溶，固溶或固液异分化合物的相互作用，从而能够形成牢固的结合。一般情况下，避免选择钎料中某一重要组元与母材形成固液同分化合物的钎料。

5) 钎料的主要主成分与母材的主成分在元素周期表中的位置应当尽量靠近，这样的钎料引起的电化学腐蚀较小，也即接头的抗腐蚀性好。

6) 在钎焊温度下，钎料的主要成分应具有较高的化学稳定性，即具有较低的蒸气压和低的氧化性，以免钎焊过程中钎料成分发生变化。

7) 钎料最好具有良好的成型加工性能，以便能制成丝、棒、片、箔、粉等型材。

以上诸条只有少数情况能在一种钎料上得到全面体现，例如用 Al－Si 钎料钎焊铝母材就是一种全优的选择，多数情况则不能全面做到，这是由于元素的熔点、性能、在周期表上的位置以及和其他元素的相关系都是固定的，无法改变，只有就可能的搭配进行选择。研究微量添加元素对钎料性能的改性，也是一种改善钎料性能的重要措施。

以某种金属为主要成分的钎料标为“某”基钎料。纯金属的熔点最高，因此“某”基钎料的熔化温度上限便是此纯金属的熔点，其下限则是其二元或多元合金共晶的温度，任何一个基的钎料都只有一段范围不大的熔化温度区间可供使用，为了适应各种不同母材钎焊的需要和不同熔化区间，而有不同基的钎料，其熔化温度范围如图 3.9-24 所示。

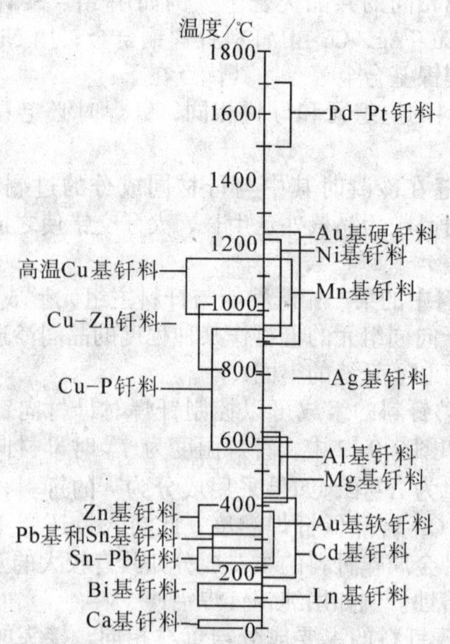

图 3.9-24 各类钎料的熔化温度范围

钎料的编号各国、甚至各公司都各不相同，我国 1986 年公布的国家标准（GB208—1986）的钎料牌号表示方法。例如 BAg25CuZn，其第一个字母表示钎料，其他表示成分，其实际成分为 25Ag－41Cu－34Zn。原冶金部和机电部也颁布过各自的标准，标识符号分别为 HI－和 HL－。

(3) 钎剂和钎料的搭配

钎焊时钎料最好在钎剂完全熔化后 5～10 s 后即开始熔化，这时钎剂的活性最高，此时间间隔当然主要取决于钎剂以及钎料本身的熔化温度，也可用加热速度来进行一定的调节。快速加热将缩短钎剂和钎料熔化温度的时间间隔，缓慢加热则延长二者的时间间隔。

对升温速度缓慢的工件，钎剂的熔化温度要选择较高者，升温愈慢愈应选择钎剂熔化温度高者。有时甚至略超过钎料液相线温度。钎剂过早熔化将导致钎料熔化时超过钎剂的最大活性范围。对熔化区间大的钎料，即钎料的固相线和液相线温度相隔较远，钎焊时需要快速加热，否则开始熔化的低熔部分随钎缝流走而产生熔析，留下一个不熔的钎料瘤，这时钎剂开始的熔化温度应当选择较高者，甚至接近或略高于钎料的固相线以推迟钎剂活性高潮到来的时间，从而避免钎料中低熔点部分过早的流走。

钎焊温度下，钎料与母材的液相互溶度如果很大，最忌讳钎料熔化后停在原地久久不动，这将可能产生严重的溶蚀。应当控制钎剂熔化的时间，钎剂的最大活性应当在钎料熔化时刚好达到，使得钎料一熔化就流走。

钎料和钎剂熔化温度区间控制，在钎焊时需要按具体情况调整升温程序，有时需要快速升温甚至将炉膛烧至高温，甚至远高于母材的熔点、送入工件、完成钎焊过程后立即出炉的极端办法，有时工件体积和质量较大，传热需要时间，不能采用极端的办法，则常常加快炉内气氛的流动以加速工件的升温。至于火焰钎焊就只有全靠操作者的操作技巧了。

1.5.3 自钎剂作用

对于母材和钎料表面氧化膜的去除，钎焊过程中常应用钎剂、活性气体介质和真空。为达到这些目的，同时为改善润湿和接头形成条件，人们也考虑在钎料组成中加入能起钎剂作用的组元（硼、磷、硅、锗、钡和碱金属锂、钾、钠等），即在钎料组成中就含有专门的去氧化膜作用的添加成分，这就是所谓的自钎剂钎料。

现代概念钎焊的自钎剂过程与以下因素有必然联系：首先是钎料组元的还原性，组元同母材金属的氧化物按反应：$MeO + P \longequal PO + Me$ 发生作用，MeO 为金属氧化物；P 为还原剂；另外还与还原剂氧化时形成的氧化物的钎剂作用有关，

$$MeO + PO = MeO \cdot PO$$

用非自钎剂钎料钎焊时，在中性气体介质和真空中，氧化膜去除过程中吸附效应和熔融钎料作用下氧化膜的扩散起主要作用。氧化膜分层剥落时，在母材金属和氧化膜边界上的第一类和第二类应力，甚至是与促使氧化膜少量溶解的钎料原子的扩散有关的应力都做出了一定贡献。在金属和氧化膜边界的弹性畸变与该边界上的晶格错位，同时促使钎料中固体金属的溶解，促使氧化膜脱落。

在还原性介质中钎焊时，可以同时对上述过程进行氧化膜的还原。例如低碳钢在氢气氛下，温度分别为 1 100℃、1 150℃和 1 200℃，10、30 和 60 s 钎焊时间内钎焊时发现，随着钎焊温度和时间的提高，钎料对母材氧化膜的溶解作用加强了。甚至当低碳钢在钎焊前专门被氧化且含氢介质中钎焊最低温度限下持续时间为 10 s 时，氧化膜很快被去除。同样是在这种介质中，在碳钢上氧化膜在钎料中溶解很慢。

母材金属对自钎剂过程的影响与它上面形成的氧化膜的性质和结构有关，同加热时氧化膜的破坏能力与含钎料氧化物的低熔点熔渣形成能力有关。

用自钎剂钎料，去除氧化膜的过程与钎料的溶解作用同时进行，去除氧化膜过程的程度取决于钎剂添加剂的物理化

学性能。这些自钎剂钎料，如铜－磷共晶体等钎料在相同钎焊条件下去除氧化膜比铜、银更为容易。钎剂添加物强化了氧化膜的还原过程，它们直接参与到与母材的作用中，并且改变自钎剂动力学过程。例如，用铜－磷系钎料钎焊时，在氧化膜还原的同时发生反应形成金属化合物 Fe_3P。脆且硬的金属化合物相不仅在接头区可形成，而且可在钎缝区依靠钎料中含有的磷的作用下形成，含有从氧化膜还原得到的金属是用铜－磷钎料钎焊钢时接头强度低的原因。

在用铜－锰－镍系自钎剂钎料钎焊低碳钢时，极易发生氧化膜同钎料中含有的 B、P、Si、Li、K、Na 相互作用。结果氧化膜从母材金属表面去除并形成低熔点熔渣。

如上所述，存在还原气氛时进入熔融钎料中的氧化膜会被还原，因此，在钎缝中可观察到铁的细小颗粒。在钎焊温度下还原介质随持续时间的增加，某些铁的微粒发生凝聚，它们结合成为更大的颗粒。铜－锰－镍系及铜－磷共晶体自钎剂钎料在中性气体介质中和真空中钎焊同在含氢介质中钎焊相比，其活性剧烈降低。在含氢介质中低碳钢和碳钢含0.4%～0.6%锂的钎剂组元的自钎剂钎料钎焊时其上均布的氧化膜将熔入熔融钎料中。在氮介质中用这种钎料钎焊时，氧化膜大块地进入熔融钎料中，溶解过程很慢，在钎缝中不能达到氧化膜的均匀分布。因此，在中性气体介质中钎焊时，含有和不含有活性组元添加物的自钎剂钎料活性的差别大大减小了。气体介质不同程度地影响钎料中氧化膜的溶解过程。低碳钢和碳钢在氮气和真空中钎焊时，首先观察到氧化膜的脱离，并成块地熔入钎料中，然后在钎料中溶解。

在氮介质中钎焊时由于无氧化物的还原，氧化膜的迁移主要依靠向钎料中的溶解，因此，氧化膜的去除进行的更慢，在钎缝结构中无论是母材表面还是在结合区都可以看到氧化膜颗粒。随着温度和持续时间的增加，溶解作用加强。

真空钎焊时氧化膜同样也向熔融钎料中溶解，但比氮介质中更慢。在氮介质中钎焊碳钢，在持续片刻后，钎缝中发现氧化膜的痕迹；而在真空中尽管钎料溶解薄膜并形成与母材金属接触，氧化膜在母材表面以某种层状存在或者被熔化了。真空钎焊氧化膜的去除取决于真空度。在空气中 700℃时 1 min 期间内被预先氧化的低碳钢处于相应于 13.3、1.33、1.33×10^{-3} Pa的真空中，在 1 100℃和 1 200℃用铜钎焊持续 1 min。在 1 100℃、13.3 Pa 真空中低碳钢氧化表面钎料量不被铺展。在 1.33 Pa 真空度同样温度下钎料则铺展；在 1.33×10^{-3} Pa时铺展能进行，但铺展面积降低（如图 3.9-25 所示）。接头金属状态研究表明，在 1.33 Pa 真空钎焊时，在低碳钢表面上的氧化膜在钎缝中实际完全看不见。

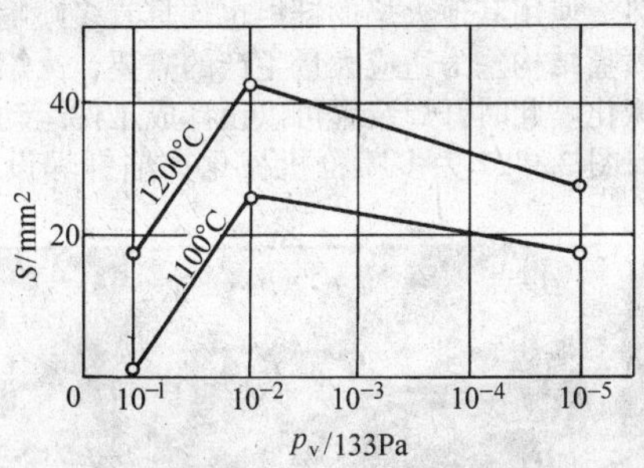

图 3.9-25　沿低碳钢表面铜的铺展面积与真空度关系

在 1.33×10^{-3} Pa 真空钎焊时，氧化膜只是从低碳钢表面脱落，在对钎缝微观结构的研究中可观察到大量脱落的氧化膜。真空中用铜钎焊低碳钢时的自钎剂作用，像铺展一样，在1.33 Pa真空度下最强烈。在任何真空度下随着钎焊温度的提高，自钎剂作用都提高，但真空度被保持在 1.33 Pa最低限。

综合考虑加入钎料中的钎剂填加量及钎焊时钎缝中钎料总量可得出结论，自钎剂作用过程主要与强度的吸附降低、氧化膜的扩散及在钎料中的最后溶解有关。钎剂填加物及其相互作用的产物对母材金属氧化膜的影响不是固定不变的。这就要求对钎料清洁方面做严格的规范，因为只有无氧金属的熔融钎料才能积极促进组成中含有的大量氧化物的溶解，从而形成具有高强度的接头。

1.6　钎焊方法

钎焊方法常常是根据热源或加热方法来分类的，常用的钎焊方法有炉中钎焊、火焰钎焊、浸沾钎焊、感应钎焊、电阻钎焊。此外，还有一些其他钎焊方法如电弧钎焊、激光钎焊、红外钎焊等在工业中也得到了应用。

1.6.1　炉中钎焊

炉中钎焊利用电阻炉来加热焊件。按钎焊过程中钎焊区的气氛组成可分为三大类，即空气炉中钎焊、保护气氛炉中钎焊和真空炉中钎焊。

(1) 空气炉中钎焊

这种方法的原理很简单，即把装配好的加有钎料和钎剂的焊件放入普通的工业电炉中加热至钎焊温度。依靠钎剂去除钎焊表面的氧化膜，钎料熔化后流入钎缝间隙，冷凝后形成接头。

钎剂以水溶液或膏状使用最方便。一般是在焊件放入炉中加热前把钎剂涂在钎焊处。有强腐蚀性的钎剂，应待焊件加热到接近钎焊温度后再加。

空气炉中钎焊加热均匀，焊件变形小，需用的设备简单通用，成本较低。虽然加热速度较慢，但因一炉可同时钎焊多件，生产率仍然很高。其严重缺点是：由于加热时间长，又是对焊件整体加热，因此焊件在钎焊过程中会遭到严重氧化，钎焊温度高时尤为显著。因此，其应用受到限制。

(2) 保护气氛炉中钎焊

保护气氛炉中钎焊亦称控制气氛炉中钎焊。其特点是：加有钎料的焊件是在活性或中性气氛保护下的电炉中加热钎焊的。

保护气氛炉中钎焊设备由供气系统、钎焊炉和温度控制等装置组成。供气系统包括气源装置及管道、阀门等。在钎焊加热中，外界空气中的渗入、器壁和零件表面吸附气体的释放、氧化物的分解或还原等，将导致保护气氛中氧、水汽等杂质增多。应指出，若保护气氛处于静止状态，气体介质与零件表面氧化膜反应的结果，使有害杂质可能在焊件表面形成局部聚积，使去膜过程中止，甚至逆转为氧化。因此，在钎焊加热的全过程中，应连续地向炉中容器内送入新鲜的保护气体，排出其中已混杂了的气体，使焊件在流动的纯净的保护气氛中完成钎焊。这是保持钎焊区保护气体高纯度的需要，也是使炉内气氛对炉外大气保持一定的残余压力，阻止空气渗入所必须的。对于排出的氢，应点火使之在出气管口烧掉，以消除它在炉旁积聚的危险。

钎焊结束断电后，应等炉中或容器中的温度降至 150℃以下，再停止输送保护气体。这是为了保护加热元件和焊件不被氧化。对于氢气来说也是为了防止爆炸。

保护气氛炉中钎焊时，不能满足于通过检测炉温来控制加热，必须直接监测焊件的温度，对于大件或复杂结构，还必须监测其多点的温度。

(3) 真空炉中钎焊

真空炉中钎焊指在抽出空气的炉中或钎焊室中硬钎焊，是连接许多同种或异种金属接头的一种经济方法，过程不使用钎剂。真空条件特别适合于钎焊面积很大而连续的接头，这种接头在普通钎焊时难以彻底清除钎焊界面的固态或液态钎剂；并且，保护气体不完全有效，因为气氛不能排尽藏在紧贴钎焊界面中的气体。真空钎焊也适用于连接许多同种金属或异各金属，包括钛、锆、铌、钼和钽。这些金属的特点是，甚至很少量的大气中的气体也会使其脆化，有时在钎焊温度下就会碎裂。如果惰性气体有足够高的纯度，能防止金属污染及性能的降低，那么这些金属及其合金也可以采用惰性气体做保护气氛进行钎焊。但是值得注意的是，真空系统应抽气达到 0.001 3 Pa 而只含有 $10^{-5} \times 0.1\%$ 的残余气体(体积分数)。与其他钎焊方法相比，真空钎焊有如下优点：

在全部钎焊过程中，被钎焊零件处于真空条件下，不会出现氧化、增碳、脱碳及污染变质等现象；

钎焊时，零件整体受热均匀，热应力小，可将变形量控制到最小限度，特别适宜地精密产品的钎焊；

基体金属和钎料周围存在的低压，能够排除金属在钎焊温度下释放出来的挥发性气体和杂质，可使基体金属的性能得到改善；

因不用钎剂，所以不会出现气孔、夹杂等缺陷，可以省掉钎焊后清洗残余钎剂的工序，节省时间，改善了劳动条件，对环境无污染；

可将零件热处理工序在钎焊工艺过程中同时完成；选择适当的钎焊工艺参数，还可将钎焊做为最终工序，而得到性能符合设计要求的钎焊接头；

可一次钎焊多道邻近的钎缝，或同炉钎焊多个组件，钎焊效率高；

可钎焊的基本金属种类多，特别适宜钎焊铝及铝合金、钛及钛合金、不锈钢、高温合金等，对于复合材料、陶瓷、石墨、玻璃、金刚石等材料也适用；

开阔了产品设计途径，对带有狭窄沟槽、极小过渡台、盲孔的部件和封闭容器、形状复杂的零组件均可采用，无需考虑由钎剂等引起的腐蚀、清洗、破坏等问题。

但是，真空钎焊也存在一些缺点：

1) 在真空条件下金属易于挥发，因此对含易挥发元素的基本金属和钎料不宜使用真空钎焊。如确需使用，则应采用相应的复杂的工艺措施。

2) 真空钎焊对钎焊零件表面粗糙度、装配质量、配合公差等的影响比较敏感，对工作环境和工人理论水平要求高。

3) 真空设备复杂，一次性投资大，维修费用高。

真空炉中钎焊时，零件是在氧分压较低的真空炉（如图3.9-26）中加热、保温、冷却而形成钎焊接头的。因此，为了顺利地实现钎焊过程而获得优质的钎焊质量，从工艺角度考虑，现代真空钎焊炉应当是一个能准确调节温度、时间和气氛的自动控制设备，以确保钎焊产品的精度和优质钎缝的再现。工业用的真空钎焊炉已经历了60多年的发展过程，目前生产中应用的真空炉种类繁多。按炉体结构的主要特征分类，有采取炉外加热的热壁型真空钎焊炉和将加热系统装在真空室内的冷壁型真空钎焊炉。按照钎焊温度分，有低温真空钎焊炉（<650℃）、中温真空钎焊炉（650～950℃）和高温真空钎焊炉（>950℃）三大类。

图 3.9-26 真空钎焊炉

在真空条件下，为了满足工艺过程的要求和获得高质量的钎焊接头，所用钎料必须满足以下几项基本要求：

1) 钎料组分不含有易挥发的元素，如锌、镉、锂等；蒸气压高的纯金属也不宜做真空钎焊用钎料。但含蒸气压高的元素，应视其形成的钎料本身蒸气压是否高，如磷的蒸气压在704℃时为 10^3 Pa，但在镍基钎料中形成的Ni3P蒸气压在704℃时为 10^{-2} Pa。

2) 钎料中的非金属组分（如黏结剂、助熔剂等），在钎焊过程中挥发后不能对钎缝成形或真空设备产生有害影响。

3) 熔化温度合适，能在毛细作用下比较容易地填充钎焊间隙，并能与母材产生良好的合金化作用，形成高强度接头。

4) 在无钎剂除氧化膜的真空气氛中对被钎焊材料要有良好的润湿性，并在钎焊温度下有足够的流动性。

5) 钎料可用形式能满足全位置接头所需，获得的钎缝应能满足设计和使用要求。此外，还应考虑钎料的经济性，尽量少含或不含贵重和稀有金属等。

1.6.2 火焰钎焊

火焰钎焊应用很广。它通用性大，工艺过程较简单，又能保证必要的钎焊质量；所用设备简单轻便，又容易自制；燃气来源广，不依赖电力供应。主要用于铜基钎料、银基钎料钎焊碳钢、低合金钢、不锈钢、铜及铜合金薄壁和小型焊件。也用于铝基钎料钎焊铝及铝合金。

火焰钎焊是利用可燃气体（包括液体燃料的蒸气）吹以空气或纯氧点燃后的火焰进行加热。火焰钎焊加热温度范围宽，从酒精喷灯的数百度到氧乙炔火焰超过3 000℃。最常用的是氧乙炔焰。氧乙炔焰的温度内焰区最高，可达3 000℃以上，因此广泛用于气焊。但钎焊时只需把母材加热到比钎料熔点高一些的温度即可，故对火焰的使用应与气焊不同，常用火焰的外焰区加热，因为该区火焰的温度较低而横截面积较大。应当使用中性焰或碳化焰，以防止母材和钎料氧化。由于氧乙炔焰的高温对钎焊来说不总是必要的，有时甚至有害（如易造成母材过热甚至熔化），因此可以采用压缩空气来代替纯氧，用其他可燃气体代替乙炔，如压缩空气雾化汽油火焰、空气丙烷火焰等，使这种钎焊方法具有就地取材的灵活性。

火焰钎焊的主要工具是钎炬。和气炬一样，它的作用是使可燃气体与氧或空气按适当的比例混合后从出口喷出、燃烧形成火焰。因此构造也与气焊炬相似。当采用氧乙炔焰时，一般即可使用普通气焊炬，但最好配上多孔喷嘴，这样得到的火焰比较柔和，截面较大，温度比较适当，有利于保证均匀加热。使用其他火焰的钎炬也均具有多喷嘴，或有类似功能的喷嘴结构。为适应大量生产的需要，火焰钎焊也可以实现机械化。此时钎焊装置可以设计成工件运动，或者钎炬组运动。图3.9-27为多喷枪机械化火焰钎焊设备的工作状态。

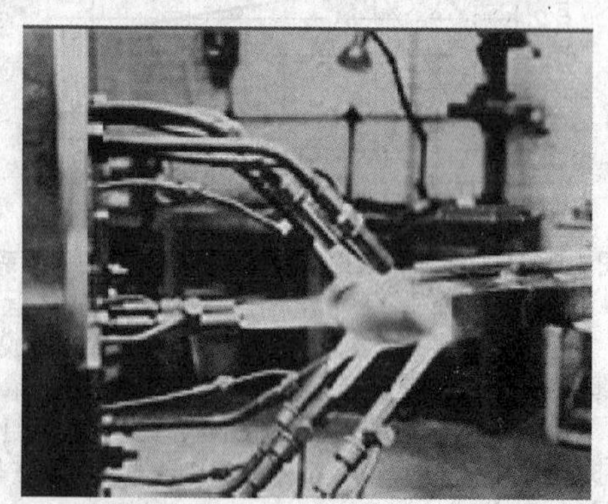

图 3.9-27 多喷枪机械化火焰钎焊

火焰钎焊的缺点是，手工操作时加热温度难掌握，因此要求工人有较高的技术；另外，火焰钎焊是一个局部加热过程，可能在母材中引起应力或变形。

1.6.3 浸沾钎焊

浸沾钎焊是把钎焊件局部或整体地浸入盐混合物熔液或钎料熔液中，依靠这些液体介质的热量来实现钎焊过程。

这种钎焊方法由于液体介质的热容量大、导热快，能迅速而均匀地加热钎焊件，钎焊过程的持续时间一般不超过 2 min。因此，生产率高，焊件的变形、晶粒长大和脱碳等现象都不显著。钎焊过程中液体介质又能隔绝空气，保护焊件不受氧化。并且，熔液温度能精确地控制在 ±5℃范围内，因此，钎焊过程容易实现机械化。有时，在钎焊的同时，还能完成淬火、渗碳、氰化等热处理过程。由于这些特点，工业上广泛使用这种钎焊方法来钎焊各种合金。

浸沾钎焊按使用的液体介质不同分为两类：盐浴钎焊和金属浴中浸沾钎焊。

(1) 盐浴钎焊

盐浴钎焊时，焊件的加热和保护都是靠盐浴来实现的。因此，盐混合物的成分选择对其影响很大。对它们的基本要求是：要有合适的熔点；对焊件能起保护作用而无不良影响；使用中能保持成分和性能稳定。一般多使用氯盐的混合物。表 3.9-11 列举了一些用得较广的盐混合物成分，适用于以铜基和银基钎料钎焊钢、合金钢、铜及铜合金和高温合金。在这些盐熔液中浸沾钎焊时，需要使用钎剂去除氧化膜。当浸沾钎焊铝及铝合金时，可直接使用钎剂作为盐混合物。

为了保证钎焊质量，在使用中必须定期检查盐熔液的组成及杂质含量并加以调整。

表 3.9-11　钎焊用盐浴

成分（质量分数）/%				t_m/℃	t_B/℃
NaCl	$CaCl_2$	$BaCl_2$	KCl		
30	—	65	5	510	570 ~ 900
22	48	30	—	435	485 ~ 900
22	—	48	30	550	605 ~ 900
—	50	50	—	595	655 ~ 900
22.5	77.6	—	—	635	665 ~ 1 300
—	—	100	—	962	1 000 ~ 1 300

盐浴钎焊的基本设备是盐浴槽。现在工业上用的盐浴槽大多是电热的。其加热方式有两种：一种是外热式，即槽外电阻丝加热，它的加热速度慢，且槽子必须用导热好的金属制作，由于不耐盐熔液的腐蚀，因此应用不广；一种是内热式盐浴槽，得到广泛采用，它靠电流通过盐熔液时产生的电阻热来加热自身并进行钎焊。

盐浴钎焊最大优点是由于盐浴槽的热容量很大，工件升温的速度极快并且加热均匀，特别是钎焊温度可作精密控制，有时甚至可在比母材固相线只低 2 ~ 3℃的条件下钎焊。此外，无特殊情况不需另加钎剂。缺点是焊后清洗较困难，盐浴蒸气和废水易引起环境污染，耗电量大。

(2) 金属浴钎焊

这种钎焊方法的过程是将经过表面清理并装配好的焊件进行钎剂处理，然后浸入熔化的钎料中。熔化的钎料把零件钎焊处加热到钎焊温度，同时渗入钎缝间隙中，并在焊件提起时保持在间隙内，凝固形成接头。图 3.9-28 是金属浴中浸沾钎焊的原理图。

钎焊件的钎剂处理有两种方式：一种方式是将钎焊件先浸在熔化的钎剂中，然后再浸入熔化钎料中；另一种方式是熔化的钎料表面覆盖有一层钎剂，焊件浸入时先接触钎剂再接触熔化的钎料。前种方式适用于在熔化状态下不显著氧化的钎料。如果钎料在熔化状态下氧化严重，则必须采用后一种方式。

这种钎焊方法最大优点是能够一次完成大量多种和复杂钎缝的钎焊，工艺简单，生产率高。主要缺点是工件表面必须作阻焊处理，否则将全部沾满焊料。工业上某些散热器，如家用热水器中热交换器的钎焊及电子工业中的波峰焊均属此类。

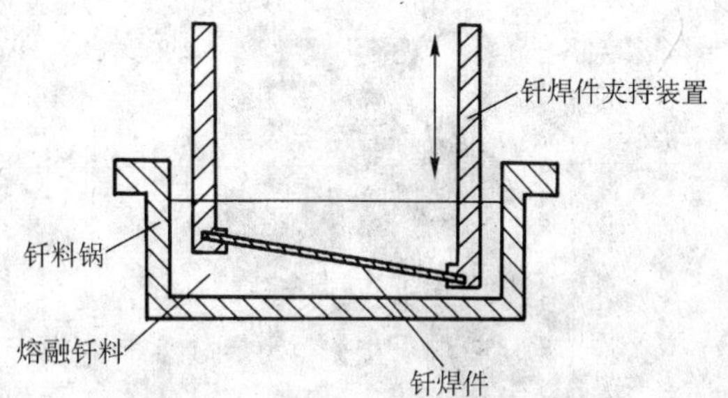

图 3.9-28　金属浴钎焊示意图

这种钎焊方法主要用于以软钎料钎焊钢、铜及铜合金。特别是对那些钎缝多而密集的产品，诸如蜂窝式换热器、电机电枢、汽车水箱等，用这种方法钎焊比用其他方法优越。

各种方式的金属浴中浸沾钎焊方法在电子工业中应用甚广，如波峰焊正是属于此类钎焊方法，已在电子设备生产中占有重要地位。与一般的金属浴中浸沾钎焊过程相反，波峰焊过程的特点却是用泵将液态钎料通过喷嘴向上喷起，形成波峰去接触随传送带前进的印刷电路板底面，实现元器件的引线和铜箔电路的钎焊连接。

1.6.4 电阻钎焊

电阻钎焊是利用电流通过焊件或与焊件接触的加热块所产生的电阻热加热焊件和熔化钎料的钎焊方法。钎焊时对钎焊处应施加一定的压力。

一般的电阻钎焊方法与电阻焊相似，是用电极压紧二个零件的钎焊处，使电流流经钎焊面形成回路，主要是靠钎焊面及毗连的部分母材中产生的电阻热来加热。其特点是被加热的只是零件的钎焊处，因此加热速度很快。在这种钎焊过程中，要求零件钎焊面彼此保持紧密贴合。否则，将因接触不良，造成母材局部过热或接头严重未钎透等缺陷。

电阻钎焊最适于采用箔状钎料，它可以方便地直接放在零件的钎焊面之间。另外，在钎焊面预先镀覆钎料层也是常采用的工艺措施，这在电子工业中应用很广。若使用钎料丝，应待钎焊面加热到钎焊温度后，将钎料丝末端靠紧钎缝间隙，直至钎料熔化，填满间隙，并使全部边缘呈现缓的钎角为止。

电阻钎焊适宜于使用低电压大电流，通常可在普通的电阻焊机上进行，也可使用专门的电阻钎焊设备，如电阻钎焊钳（如图 3.9-29）或电阻钎焊机（如图 3.9-30）。

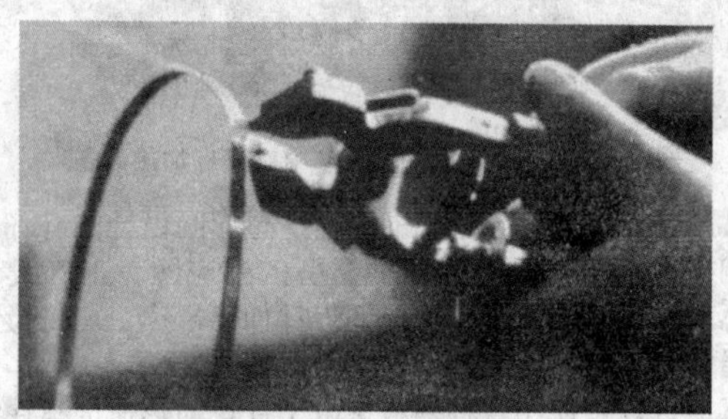

图 3.9-29　使用电阻钳的电阻钎焊

电阻钎焊的优点是加热迅速、生产率高；加热十分集中，对周围的热影响小；工艺较简单、劳动条件好，而且过程容易实现自动化。但适于钎焊的接头尺寸不能太大，形状也不能很复杂，这是电阻钎焊应用的局限性。主要用于钎焊刀具、带锯、电机的定子线圈、导线端头、各种电触点，以及电子设备中印刷电路板上集成电路块和晶体管等元器件的连接。

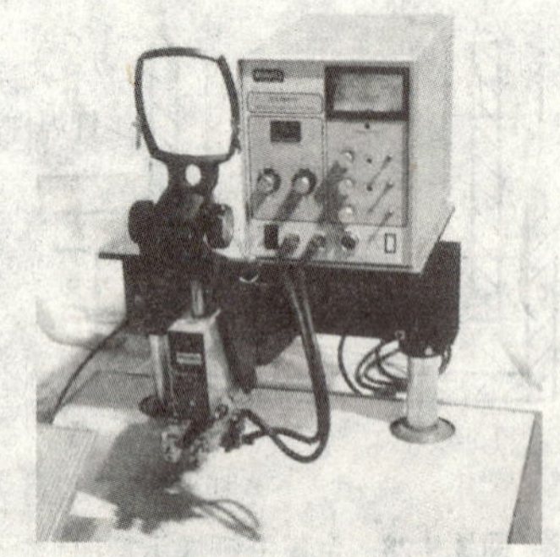

图 3.9-30 电阻钎焊机

1.6.5 感应钎焊

感应钎焊是依靠工件在交流电的交变磁场中产生感应电流的电阻热来加热的钎焊方法，基本原理如图 3.9-31。由于热量由工件本身产生，因此加热迅速，工件表面的氧化比炉中钎焊少，并可防止母材的晶粒长大和再结晶的发展。此外，还可实现对工件的局部加热。

交流电源按频率可分为工频、中频和高频，工频很少用于钎焊，感应钎焊常用的是高频和中频。如图 3.9-32 和图 3.9-33 为中频和高频感应钎焊设备。

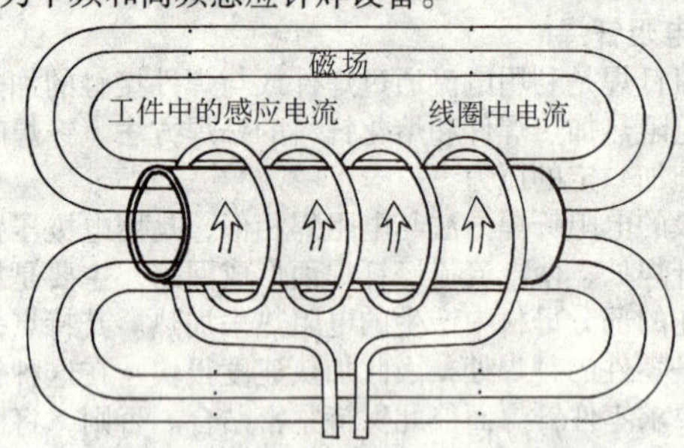

图 3.9-31 感应加热原理示意图

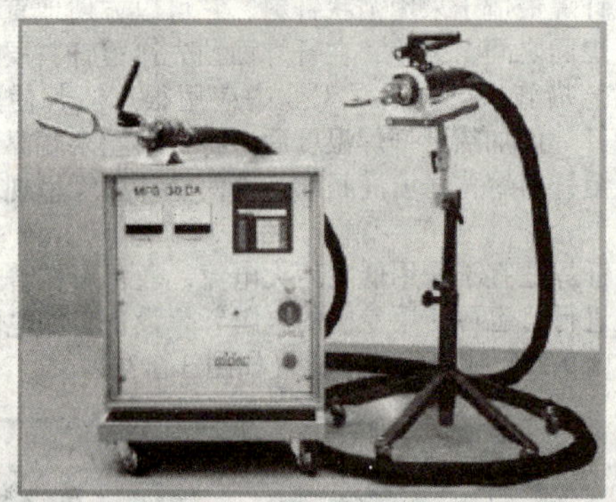

图 3.9-32 Eldec 公司 30 kW 中频感应加热设备

感应圈是传递感应电流的部件，感应圈设计的好坏对加热影响极大。图 3.9-34 为各种类型的感应圈。正确设计和选用感应圈的基本原则是：保证焊件加热迅速、均匀及效率高。通常感应圈均用纯铜管制作。

感应钎焊可使用各种钎料。由于钎焊加热速度很快，钎料和钎剂都在装配时预先放好。感应钎焊除可在空气中进行外（这时一定要加钎剂），也可在真空或保护气氛中进行。在这种情况下，可同时将工件和感应圈放入容器内，也可将装有工件的容器放在感应圈内，而容器抽以真空或通保护气体。

图 3.9-33 高频感应钎焊设备

图 3.9-34 感应圈型式

感应钎焊广泛地用于钎焊钢、不锈钢、铜和铜合金、高温合金等。既可用于软钎焊，也可用于硬钎焊，主要用来钎焊比较小的工件，特别适用于对称形状的工件，如管状接头、管与法兰、轴和盘的连接等。另外，感应钎焊由于容易实现自动化和局部迅速加热，对于工具大批量生产，也是一种很有效的工艺。

1.6.6 其他钎焊方法

(1) 红外钎焊

红外线是电磁波谱中波长介于红光和微波之间的电磁辐射，它不能引起视觉，但有显著的热效应。同时，红外线很容易被物体吸收，在通过有悬浮粒子的物质时不容易发生散射，具有较强的穿透能力。因此，在工业上红外线被广泛用作热源。红外线钎焊就是利用红外线辐射能来加热焊件和熔化钎料的钎焊方法。

用作钎焊热源的一种主要红外线辐射器是大功率石英白炽灯。如在石英灯上附加抛物面聚焦装置，可以对小型部件进行点状钎焊。这种钎焊装置目前已用于印刷电路板上小型元器件的钎焊连接。

电热毡钎焊是红外线钎焊的另一种形式。电热毡是由上、下加热垫组成。垫内安放有冷却水管，垫的表面安置着加热元件，其形状与焊件外形（一般为蜂窝壁板）相同。焊件放在密封容器内，容器置于加热垫之间，抽真空并与充氩后加热钎焊。在加热中热量的辐射起了主要作用。

(2) 电弧钎焊

电弧钎焊是一种新型的钎焊工艺。钎焊时电弧位于工件与熔化极之间，周围是惰性气体。钎料作为电弧的一个电极，从焊枪中连续送进钎焊区，形成钎焊焊缝的填充金属。

电弧钎焊具有节能高效的特点，同时由于氩气流对电弧具有压缩作用，热量较集中，加热升温速度快，钎焊接头在高温停留时间短，母材金属不易产生晶粒长大并使热影响区变窄，其组织与性能变化也较小，焊缝成形美观，速度快，钎焊接头强度较高。用于镀锌钢板钎焊时可防止锌层的破坏及锌的蒸发，钎缝抗腐蚀，生产效率高。

根据电极采用的材料不同，电弧钎焊分为熔化极惰性气体保护电弧钎焊（MIG钎焊）和钨极惰性气体保护电弧钎焊（TIG钎焊）、脉冲熔化极/非熔化极惰性气体保护电弧钎焊及等离子弧钎焊。

对于TIG/MIG钎焊，电极接正极，母材接负极，因其特有的"阴极雾化"作用，能破碎和清洁钎缝表面的氧化膜；或电极接负极时，等离子电弧柱的热活化和热蒸发作用，使加热区得到净化，所以，电弧钎焊不需要用钎剂，无钎剂腐蚀作用，不需要焊后清洗。

MIG钎焊中采用脉冲电流是取得低热输入最适宜的方式，并采用一脉冲一滴的熔滴过渡方式。钎焊过程中无飞溅，电弧十分稳定。采用脉冲MIG钎焊，因接头能够熔敷足够多的钎料，而这个部位的热输入量却很小，所以对减小变形效果显著。

电弧钎焊要求线能量的输入不能过大，否则会造成被焊工件局部熔化而不能形成钎焊接头。故采用较低的热输入是获得良好钎焊接头的必要条件。因此，钎焊过程中必须严格执行工艺规范。

电弧钎焊作为一种新型的钎焊工艺，由于其显著优点已在生产中获得了很多应用。在国内，第一汽车集团公司在20世纪90年代初即开展了电弧钎焊工艺的研究，并很快用于轻型车、涂装线制造等生产中；奥迪A6、上海别克已使用MIG钎焊方法焊接镀锌钢板；上海大众帕萨特在2000年已大量采用了该工艺。德国、美国、英国、日本、瑞士、荷兰、意大利等国的汽车工业的部件制造及电器制造上，都已经采用了电弧钎焊方法。

(3) 激光钎焊

激光钎焊是利用激光束所产生的热能对薄壁精密零件实行局部加热和钎焊从而使金属连接起来的一种工艺方法。由于激光钎焊的成本较高，因此，只有当常规钎焊方法不适用时才考虑这一工艺方法。

激光钎焊相对于常规钎焊的一大优点主要是它只产生一个局部的钎焊连接，而不需要整个零件或元件加热到钎料的漫流温度。它的另一个优点是激光束热能的可控程度很高，包括可控制光束强度、束斑尺寸、加热持续时间，以及可精确地局部加热或限位加热。此外，由于固体相对于激光波长来说是透明的，激光束易于通过固体而被传输，因此，激光钎焊可在密封的真空内或充有高压气体的封装物内进行。

在大多数应用场合下，将激光束直接指向接头上的预置钎料从而完成一条钎缝的钎焊。一般来说，激光钎焊时，工件将位于固定的激光束之下。将工件定位于激光束焦点上方以求得光束的能量密度与光束宽度之间的适当平衡。激光钎焊时，预先将钎料放置在接头内。钎料或呈粉状，或呈填隙片状。将其装在待钎焊零件之间。

任何激光钎焊过程，不论是否采用钎剂，甚至采取了措施来保持连接区不受污染，均需采用适当的气氛保护。根据材料的成分、钎料合金的纯度以及其他的因素，可决定钎焊时是否采用钎剂，但总要采用一种保护气氛（氩气保护或真空）。当采用钎剂时，可用水或酒精使其与粉状钎料混合而成膏状并涂于接头内，钎焊前必须将膏状钎剂彻底干燥。

1.7 钎焊工艺

1.7.1 钎焊工艺步骤

钎焊的工艺过程包括如下步骤。

1) 工件的表面处理：包括除油污、清除过量的氧化皮，有时还需要进行表面镀覆各种有利于钎焊的金属；

2) 装配和固定：以保证工件零件间的相互位置不变；

3) 钎料和钎剂位置的最佳配置，使得液态钎料能够在纵横复杂的钎缝中获得最理想的走向；

4) 当钎料在工件表面漫流不入钎缝时，有时需涂以阻流剂，以规范钎料的流向；

5) 正确选择钎焊的工艺参数，包括钎焊的温度、升温速度、焊后保温时间、冷却速度等；

6) 钎焊后的清洗，以除去可能引起腐蚀的钎剂残留物或者影响钎缝外形的堆积物；

7) 必要时钎缝连同整个工件还要进行焊后镀覆，如镀其他金属保护层、氧化或钝化处理、喷漆等。

以上工序对于不同钎焊母材是不同的。

1.7.2 工件的升温速度和冷却速度

控制工件的升温速度和冷却速度对钎焊过程和接头质量都有相当重要的影响。

升温速度具有调节钎剂、钎料熔化温度区间作用，但其与材料的热导率、工件尺寸应有相应的配合。对那些性质较脆、热导率较低和尺寸较厚的工件不宜升温过快，否则将导致材料的开裂，产生表面与内部的应力差，进而导致变形等等。这是因为除高频加热以外，工件的加热都是靠环境热源的辐射和对流来进行的。提高升温速度往往靠提高热源的温度来达到，这容易引起热源内外的较大的温度梯度，从而产生材料开裂和变形。不提高工件的环境温度而加强气氛的对流和循环来加强热传导以提高升温速度是一种可取的方法，它还可以提高加热的均匀性，这是隧道窑加热炉中常采用的一种方法。类似可取的是盐浴钎焊和金属浴钎焊。

冷却速度对钎缝结构有很大影响。一般说来，钎焊过程完成以后快速冷却有利于钎缝中钎料合金的细化，从而加强钎缝的各种力学性能。对于薄壁、热导率高、韧性强的材料是不成问题的。相反，对那些厚壁、热导率低的脆性材料则又和加热速度快时产生同样弊病。

较慢的冷却速度有利于钎缝结构的均匀化，这对一些钎料和母材能产生固溶体的情况时比较突出。例如Cu-P钎料钎焊铜时，较慢的冷却速度使得钎缝中含有更多的Cu-P固溶体，而产生较少的Cu_3P化合物共晶。

综上，合适的加热和冷却速度应该综合考虑母材性质、工件形状尺寸、钎料的性质及其与母材的相互作用等等条件后加以确定。

1.7.3 钎焊接头的保温处理和结构的均匀化

钎焊过程完成以后适当加以保温再进行冷却往往有利于结构的均匀化而增加强度。在采用Al-Si共晶钎料600℃钎焊LF21铝母材后，钎缝保温不同时间结构不同，随着保温时间的延长，液态共晶钎料沿晶界渗入愈益深化，钎缝扩散变宽，共晶硅有聚集成较大晶粒的倾向。保温7 min之后共晶硅几乎完全消失，钎缝组织中只剩下不连续的硅晶粒，钎缝实际上已不复存在。这种现象的产生是因为600℃ Si在Al中固溶度小于1%，在7 min内Si不足以全部溶入Al内形成固溶体，小的硅晶体溶解，而大的硅晶体长大。

同Al-Si共晶钎料600℃钎焊LF21铝相似，用Cu-P钎料钎焊纯铜，延长保温时间也会观察到类似现象。这是钎料中Si和P与母材主金属固溶度不太大时的典型表现。与母材固溶度较大的钎料则与此不同，例如用H62（Cu62Zn）钎料钎焊铜时，由于锌在铜中固溶度很大，在900℃时高达39%，在钎焊温度950℃保温，随时间的延长，钎缝会完全整齐的被固溶体充满。与此类似的例子还可以在1 050℃用BNi82CrSiB钎料钎焊不锈钢时观察到。

钎料与母材间有金属间化合物产生时，由于钎焊后的保温，钎料中能与母材产生化合物的组元也会向母材晶粒中或晶界扩散而减少化合物的存在和影响。

以上是钎料中第二组元和母材在液相和固相都有相互互溶度时，焊后保温所产生的效果。如果钎料和母材间无论液相或是固相的互溶度都极小，例如用银作钎料钎焊铁时那就不会产生上述效果。但通常不用纯银而是采用银铜锌的合金作为钎料，w（Cu）高达20%~50%，与铁无论是固相还是液相都有相当大的互溶度，因此这些合金钎料还是可以作保温处理的。

1.7.4 熔析与溶蚀

钎焊时钎缝往往并不光滑，有时在钎料的流入端留下一个剩余的钎料瘤，有时也会留下一个凹坑，前者称为熔析，后者称为溶蚀。二者产生的根本原因在于钎料的组成和钎焊温度搭配不当。

熔析的现象主要在应用亚共晶钎料时容易发生，图3.9-35为共晶型钎料的相图，主成分 B 和母材具有相同的组元，如果钎料的成分为 a，工作温度为 T_1，钎焊时存在的是组成为 s 的固相和组成为 c' 的液相。钎焊进行时，液相 c' 顺着钎缝流走，剩下的是组成为 s 的固相，而 s 只有相当于 s' 的温度时才有可能熔化，它已接近母材 B 的熔点 B_T，因此注定它将成为一个赘瘤留下，只能在最后的机加工序将其除掉。如果一开始工件的温度是 T_2 或高于 T_2 的温度，钎料熔化后其中便不存在固相，钎料流走后则不会有任何高熔点的残留留下。钎料成分愈靠近 B，上述熔析现象就愈严重。通常，钎焊温度总是高于钎料的液相线，也即成分为 a 的亚共晶钎料其钎焊温度至少要高出 T_2 许多，产生熔析的原因似乎根本不存在。但问题在于工件的升温速度如果比较缓慢，当升到 T_e 和 T_2 区间而钎料低熔部分很快流走的话，这种熔析就会发生。因此使用亚共晶钎料的关键是要快速升温。

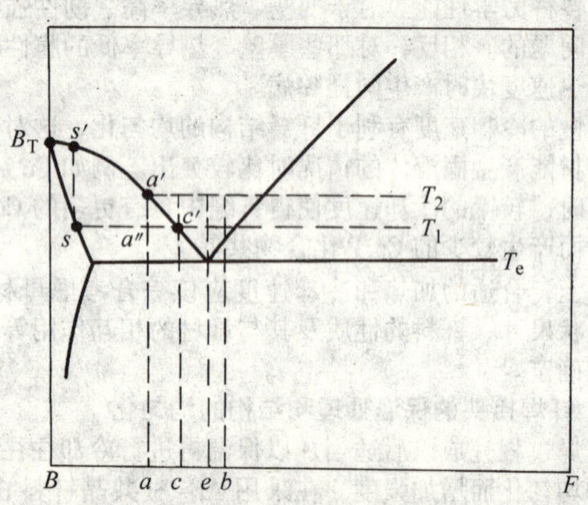

图3.9-35 熔析和溶蚀的解释

溶蚀的发生主要由于钎料成分选择不当，钎焊温度过高以及钎焊停留时间过长。图3.9-35中 a、c 为亚共晶钎料，e、b 分别为共晶或过共晶钎料。如果钎焊温度为 T_2，此时 c，e，b 钎料将产生溶蚀。这是由于钎料主成分 B 与母材相同，所以钎焊时母材不断溶入液态钎料，液态钎料组成将沿 T_2-a' 线向富 B 方向移动，组成达到 a' 后，溶蚀即停止。在 T_2 温度下，只有组成为 a 的亚共晶钎料才完全不产生溶蚀。其中组成为 b 的过共晶钎料溶入的母材最多，因此溶蚀也最剧烈。如果温度降到 T_1，则溶蚀现象大大减轻，此时亚共晶钎料 c 即不产生溶蚀。

实际上钎焊温度高出液相线许多，严格意义上的溶蚀（母材的溶入）是不可避免的。只有比较严重的溶蚀才会给工件带来伤害。例如已发生较严重溶蚀的液态钎料顺着钎缝流走，则会在放置钎料处留下麻面或凹坑。如果不流走，长时间停留原处，则会在此处与母材互溶，改变焊点母材的成分，使母材变形，甚至溶穿。

综上所述，因为溶蚀过程只涉及钎料体系的液相线，所以上述分析也适用于判断三元或多元钎料对母材的溶蚀。这可由钎料的组成点与纯 B（母材）点间作一多温截面，根据截面的液相线进行类似的推论。

总之，溶蚀的产生在于钎料合金中的第二相与母材互溶度太大、温度太高和钎料在原地停留时间过长所致。

前述可以看出，亚共晶钎料的溶蚀较小而过共晶钎料则有较大的溶蚀，因此除在特殊情况下，一般较少使用过共晶钎料。

1.8 钎焊试验方法

钎焊试验方法包括以钎焊材料和钎焊工艺为对象的各种试验方法，以及以钎缝钎焊接头为对象的各种试验方法。大部分试验方法已有标准或其标准正在起草制定的过程中，有些试验方法尚无标准方法，且在生产中应用较少。

1.8.1 钎料铺展性及填缝性试验方法

国外有关钎料铺展性及填缝性试验方法的标准有ISO 5179：1983《改变间隙试件硬钎焊性的试验方法》、日本JISZ3191—87《硬钎料的铺展性试验方法》，前苏联ГОСТ 23904—1979《测定材料被钎料润湿的方法》等。上述标准方法各有利弊。我国于1989年起草制定了中国国家标准GB 11364—1989《钎料铺展性及填缝性试验方法》，它适用于各类软、硬钎料在母材上铺展性及填缝性的评定试验，已在生产、科学研究上得到广泛应用。主要内容如下。

（1）试件制备

1）试件为板状，其尺寸和试验时钎料、钎剂的放置如图3.9-36，图3.9-37所示。

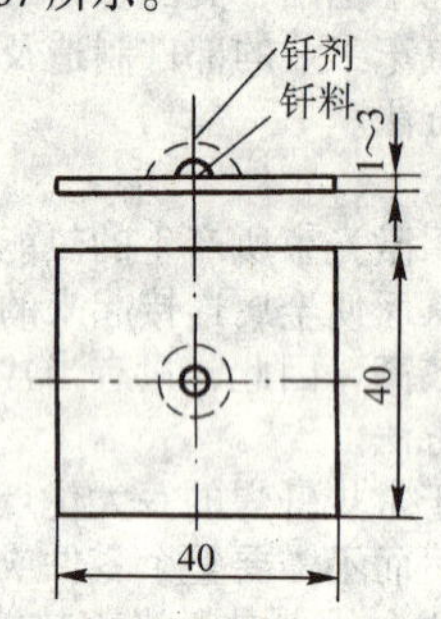

图3.9-36 铺展试验

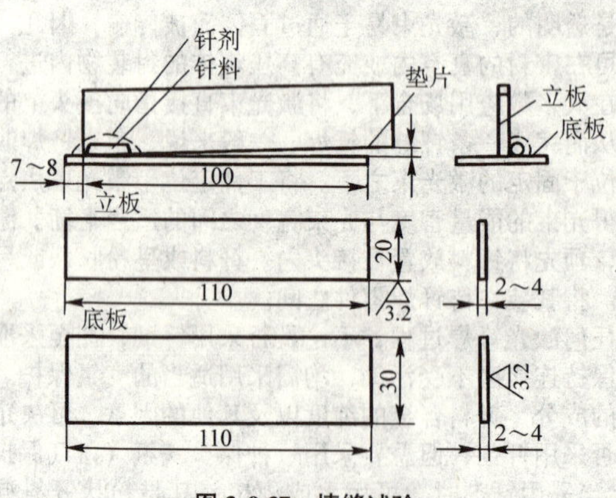

图3.9-37 填缝试验

2）试件材料与实际构件相同。在对比实验时应选择合适钎焊的金属材料。

3）铺展试件的试验面要求用400号碳化硅砂布打磨，保证表面光洁、平整；填缝试验的立板钎焊面及底板钎焊平面必须进行加工，立板加工面应与底板表面垂直；毛边、毛刺应彻底清除。

4) 试验面应用适当方法清理，除去油污及氧化物等杂质。

(2) 钎料、钎剂

1) 试验用的钎料要在试验前进行适当清理。铺展试验用的钎料应为块状，若用细丝状钎料，则应弯成圈状，用量0.1~0.2 g，允许偏差为±1%，对比试验时，用量必须一致；填缝试验用的钎料形状不作规定，用量应足够填满钎缝间隙。

2) 如须使用钎剂时，应选择在钎焊温度区间具有较高活性的钎剂，其用量应能覆盖住钎料，铺展试验原则上定为0.6~1.0 cm^3；填缝试验的用量必须使其熔化后足够填满钎缝间隙。

(3) 加热装置

1) 加热装置为箱式电炉，如图3.9-38。

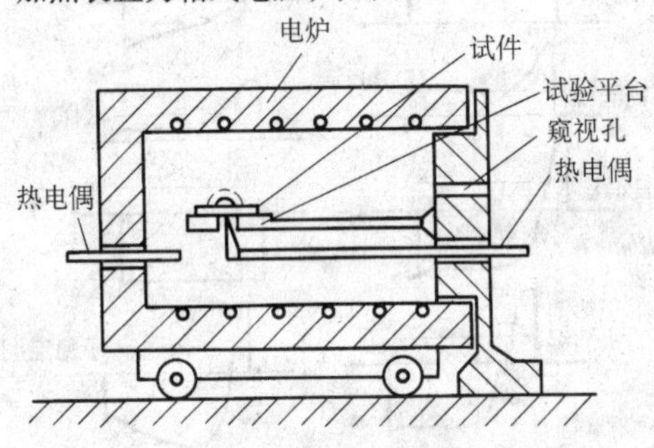

图3.9-38 加热装置

2) 加热装置必须具有测量炉温及试件温度的测定装置，精度为1%。测量试验温度的热电偶应紧靠试件的下表面。

3) 加热装置的炉膛必须有足够的均温区，铺展试验的均温区体积应$\geqslant l \times b \times h$：150 mm×80 mm×60 mm。

4) 为便于试验，加热电炉应可移动，电炉移动时应迅速平稳；特殊情况下，也可在固定式电炉内进行。

5) 试验平台及其支承杆须选用耐高温的金属材料。

6) 为防止钎剂对炉壁、炉丝的损坏，电炉可备有不锈钢制成的保护衬壁。

(4) 试验方法

1) 试验平台应在炉中预热到试验温度。

2) 铺展试验前，钎料置于试件的上表面中心位置，如需用钎剂，应将其覆盖于钎料上，然后将试件平放在移出炉外经预热的试验平台上。

填缝试验前，立板与底成垂直"⊥"型放置，在一端垫入具有耐热的直径为1 mm的细丝或板厚为1 mm的垫片，并用耐热的细丝捆扎或点固焊定位，然后在间隙零端一侧放置钎料，如需配以钎剂，应将其覆盖于钎料上，之后将试件平放在移出炉外经预热的试验平台上。

经预热的试验平台在炉外停留的时间不得超过15 s。

3) 试验温度取钎料液相线以下(30~80)℃(铝合金试验时则为液相线以下30℃)。

4) 试件达到试验温度后，对于板厚1 mm的铺展试验试件应保温30 s，板厚1 mm以上的应保温50 s；填缝试件需保温50 s。

1.8.2 钎缝强度试验方法

现行国家标准GB 8619—1988是为软、硬钎焊钎缝的常规力学性能而制定的，适用于黑色、有色金属及其合金的软硬钎焊钎缝在冷态、室温、热态时的抗拉、抗剪强度和高温蠕变强度的测定。该标准所规定的拉伸、剪切试样的形状及统一的操作方法，除使试验结果可以重现与比较外，对钎料的流动性及填缝性等性能更是一个严格的考验。因为只有当钎料的流动性及填缝性优良时，才能顺利地填满标准中所规定的试件的间隙，才能达到较高的抗拉及抗剪强度。其标准试验方法主要内容如下。

(1) 试件制备

1) 试件和接头形式 对于常规拉伸试件，试件尺寸及装配见图3.9-39。装配时，试件钎焊面相对，并具有预定的装配间隙。对于常规剪切试件，试件尺寸及装配见图3.9-40。装配时，应保持一定的均匀间隙。

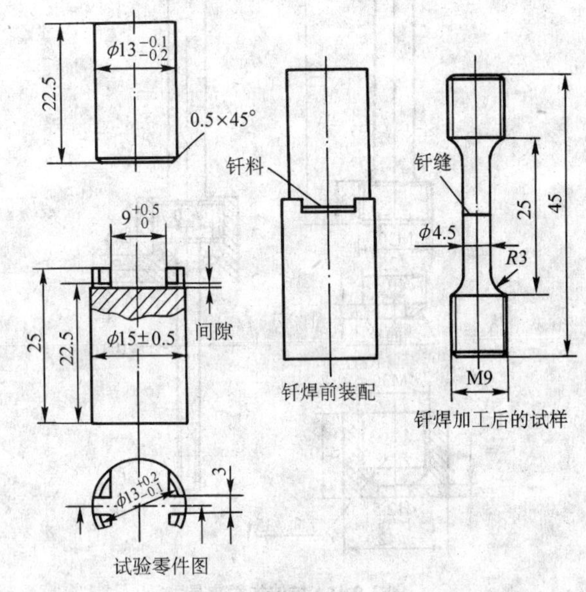

图3.9-39 拉伸试验试件的尺寸

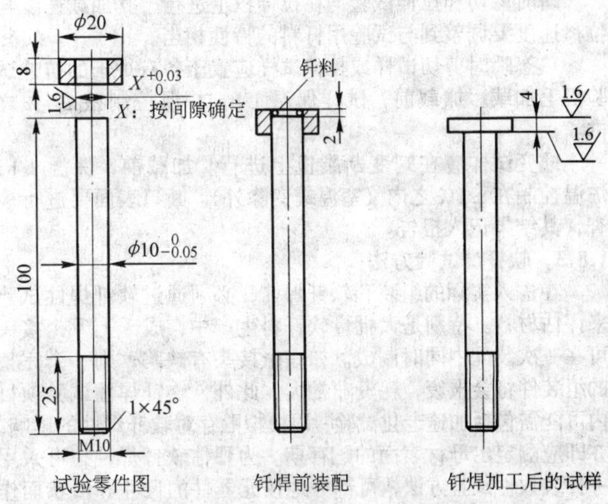

图3.9-40 剪切试验试件的尺寸

2) 母材和接头间隙的选择 试验用母材的选择，应保证钎缝的断裂载荷低于该母材弹性极限的载荷，以保证在钎缝处破坏。特殊应用时，试件材料应是所用构件的金属，接头间隙也应是实际应用的间隙。母材和接头的间隙应在报告中注明。

3) 表面准备 对被焊表面进行清理，去除氧化皮、润滑剂、旧涂层等。清理过程及清洗剂要适合母材的要求。钎焊前，被焊表面可用砂布打磨。特殊应用时，表面状态应相当于实际构件的要求。

4) 钎料和钎剂的施用 试件以垂直位置装配，钎料以适当形式(丝、粉、片、块等)预置在接头的一边或手工馈送。其用量应满足熔化后足够填满钎缝间隙。

如必须使用钎剂，试验钎剂应适应钎料及母材的要求，它的施用范围遵循厂家说明书。

(2) 强度试验方法

为避免试样上出现附加的弯曲应力，所有试验均在具有可调紧固的夹具上进行。图3.9-40试样的剪切试验应在图3.9-41所示的固定装置上进行。

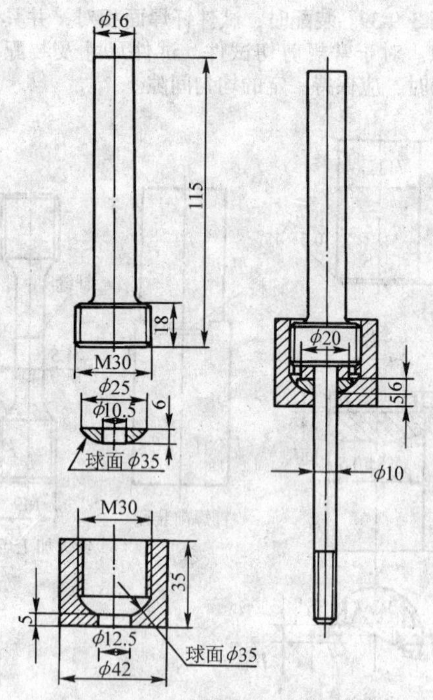

图3.9-41　拉伸加载夹具

瞬时剪切和拉伸试验均在拉伸机上进行，其加载速度与位移速度要调整到与试验用钎料的特性相当。

热态瞬时剪切试样或拉伸试样应置于备有炉子的拉伸试验机上加载。加载前，试样保温1 h，炉温控制在±1%之内。

蠕变试样应在蠕变断裂机上进行。加载前，保温1 h，炉温控制在±1%之内（室温蠕变除外）。断口表面要进行检查，其结果记入报告。

1.8.3　软钎焊试验方法

在进入实际的组装和软钎焊前，必须通过软钎焊性试验来评估材料。特别是大批量软钎料生产中，成千上万个接头可在一次装配中同时制成。如一个接头有缺陷，则一个完整的组装件将会报废，耗资非常大。此外，软钎焊性试验项目内可能需包括加速老化试验，以模拟贮存对软钎焊性的影响，亦即应测定出母材表面的贮存期。为评估软钎焊性，可采用一种或数种试验方法，可部分地按元器件的尺寸和形状而作出具体的选择。最常用的五种试验方法为垂直浸沾试验、旋转浸沾试验、润湿力平衡试验、波峰焊试验及钎料球试验。

(1) 垂直浸沾试验方法

将一件洁净并涂有钎剂的试件悬挂在一机械臂上，臂的升降由电动凸轮装置控制。试样以规定的速率下降并浸入一熔融钎料罐内直至规定的深度，浸沾状态持续一定的时间（约为5 s）后，从钎料罐内取出试件，使表面上的钎料凝固。经清洗后，用指定的标准内规定的指标来目视检查其表面润湿情况。

这种试验已被规定在美国军用标准202试验方法208、美国电子电路连接和封装学会（IPC）标准S－801、ASTM标准B545和B579、美国电子工业协会（EIA）标准和其他的各国标准、国际标准内。

(2) 旋转浸沾试验方法

此试验与垂直浸沾试验类似，多用于印制电路板的试验，旋转浸沾试验时，试样作弧形运动下降，从而可在弧线最低点轻轻掠过熔融软钎料槽液体的表面。这一动作较好地模拟了典型的大批量软钎焊生产过程。此后，将试件取出、洗净、目视检查润湿情况。调节臂的旋转速度，即可确定一个“最短润湿时间”的数值。这一试验方法可用于通孔镀层以及元器件引线的软钎焊性的评估。

(3) 基于润湿平衡法及润湿角法的润湿性试验方法

1) 润湿平衡法　将丝状或片状母材以一定的速度插入到规定温度的熔融钎料槽中，当插入深度达到规定值（一般为3 mm）时停止试件的运动，使被测试件的端部在液态钎料中停留一段时间后，将其上提取出。在此过程中通过一个类似于电子天平的装置来测量试件上所受到的作用力的变化情况，典型的润湿力曲线如图3.9-42所示。

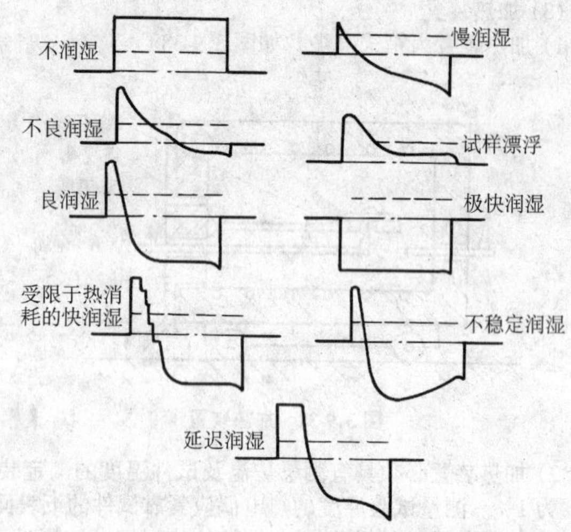

图3.9-42　典型润湿力测量曲线

测量过程中，当试件端部与液态钎料接触并向下插入时，试件受到浮力的作用。浮力的大小等于试件端部所排开的钎料的重量。随着钎料对母材的逐渐润湿，浮力的作用逐渐被取消，曲线由正向负变化。当合力为零时，记录其时间，称为零交时间，测试过程继续进行，合力负值继续增大，将浸入时间 $t=3$ s的时的力记录为 F_3，当合力不再随时间变化时，将该时刻的力记录为 F_{max}，然后将试件从钎料槽中取出，完成测试。t_0 越短，说明润湿作用越迅速，F_{max} 越负（负值越大），说明 σ_{SL} 和 σ_{LG} 值越大，在工程应用上，一般取 F_3 和 t_0 作为评定指标。t_0 越小，F_3 越负，说明钎料对母材的润湿性越好。

2) 润湿角测量法　将一定量的钎料放在给定尺寸的母材上，采用相应的去除氧化膜的措施（如施加钎剂），加热到规定的温度，保温一定时间，使钎料在母材上铺展，冷却后，沿铺展钎料的中心线截取剖面，并从剖面上来测量钎料与母材的润湿角，以润湿角 θ 的大小作为评定钎料润湿性优劣的指标。较小的 θ 值表示润湿性能良好，工程上一般希望 $\theta<20°$。

(4) 钎料球试验法

钎料球试验适用于圆形器件的引线，又称为焊球法。是通过测量润湿时间来评价钎料的润湿性的试验方法。焊球法测定润湿时间的过程如图3.9-43，将一定重量的钎料球放在测试台上加热熔化，将丝状母材置于测试探针的下方（与探针尖端的间隙为0.5 mm）。测试时将探针和丝状母材一起压向熔化的焊料球，当丝状母材与焊料球接触时，测试仪器开始计时，而当钎料完全润湿并包敷丝状母材，从而与其上方的测试探针相接触时，停止测试。从丝状母材与钎料接触到完全被钎料润湿并包敷所需要的时间 t 为润湿时间。T 越小，说明熔融钎料对母材的润湿作用越迅速，润湿性越好。这一方法的优点在于可以给出定量的数据，缺点是只适用于加热温度较低的情况，当钎料熔点较高时，该方法受到限制，因此，一般仅用于软钎焊。

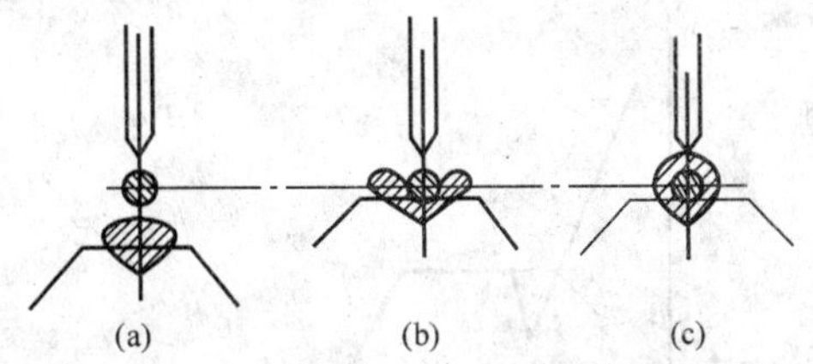

图 3.9-43　焊球法测定润湿时间的过程示意图

钎料球试验是广泛用于欧洲的引线软钎焊性评估方法。尽管将此法纳入的美国规范较少，但在美国也有些应用。这种方法的一种变型可用于通孔镀层的软钎焊性试验。此时，可使熔融钎料球接触受试的底部并开始计时。计时器计量从此时到钎料在孔的顶部出现之间所消耗的时间。这一变型的试验方法是一种最新的发展，还未及被广泛纳入规范。

(5) 波峰钎焊试验

最接近于模拟实际生产条件的试验方法是 IPC 标准 S－802 内规定的波峰焊试验法。将一块平板，例如一块印刷电路板，放在波峰焊机上，就像是实际上要钎焊那样，只是其上没有装任何元器件。此试验方法的缺点是需要动用生产用的钎焊设备作为试验装置，否则就需购买一台单独的试验机，此外，此法的另一个缺点是只能立足于对表面润湿情况的目视检查。

(6) 毛细渗透试验

各种毛细渗透试验也已被提出来，但它用于大型元器件的机械连接较多，用于电子元器件的连接则较少。此试验方法的敏感性差，特别是对于有覆层的金属来说，它只能显示合格与不合格的微小差别。如同铺展面积试验一样，此试验方法也不再广泛使用。

(7) 各种试验方法的应用

大多数软钎焊性试验方法已为电子行业所开发和利用，在此行业内，大批量软钎焊是常用的加工模式。在这样一个应用领域内，采用较长的钎焊时间、较高的钎焊温度或较强的钎剂以试图改善软钎焊性往往是不现实的。这些因素的任何调节将对长期贮存的可靠性产生不利影响。其他采用软钎料的行业正开始评估软钎焊性试验作为一种质量控制技术的价值。改变一种已周密规划了的软钎焊作业而去适应不太好的软钎焊性试验的做法可能要引起新的问题。

(8) 无铅软钎焊的试验方法

微电子组装及封装的无铅化已经成为一种不可逆转的趋势，由于无铅钎料与传统的锡铅钎料在成分、熔点、润湿性等方面的存在较大差异，而对于无铅钎料的试验方法国内还没有统一的标准可以遵循，日本工业标准 JIS　Z3198 规定了无铅软钎焊的试验方法，本节摘录其中部分内容以供读者参考。

1) 熔化温度范围测定方法

① 适用范围　本标准针对电气电子设备、通讯设备等引线及部件连接时所使用的无铅钎料，规定其熔化温度范围的测定方法。

② 试验概要　无铅钎料的熔化温度范围，以熔化开始温度和凝固开始温度来表示。熔化开始温度采用差热扫描热量测定（DSC）或差热分析（DTA）方法进行测定。凝固开始温度依据熔化钎料的冷却曲线进行测定。

(Ⅰ) 熔化开始温度

Ⅰ) 试验材料　试验材料的质量在 5 ~ 50 mg 之间。无特殊指定情况下一般采用 10 mg。试验件的前处理应与测定委托者事前协商。

Ⅱ) 测定步骤

a) 放置试验件　在容器的中央部位放置试验件，盖上封盖并拧紧密闭。

b) 容器的装配　将已经放入试验件的容器固定在容器支座上；另一方面，将已经拧紧密闭的空容器或放入三氧化二铝粉的容器固定在另一个支座上。

c) 保护气体　氮气流量在 10 ~ 50 mL/min 的范围内适当设置，氮气流入一直到实验结束。

d) 测定　加热速度在 1 ~ 10℃/min 的范围内设定，最高加热温度应大于熔化峰值温度 30℃左右。无特殊指定情况下加热速度应设定为 2℃/min。

Ⅲ) 熔化开始温度的分析方法

a) 快速熔化的场合，如图 3.9-44a 所示，低温侧基准线与熔化峰值温度低温侧直线的交叉点 T_1 可确定为熔化开始温度。

b) 缓慢熔化的场合，如图 3.9-44b 所示，开始偏离基准线的温度点 T_2 即为熔化开始温度。此种情况下，根据纯物质的温度曲线进行开始偏离点的校正，经数次测量后取平均值。

c) 缓慢熔化且开始偏离基准线的温度点不明确的场合，如图 3.9-44c 所示。首先测量低温侧开始偏离点到高温侧返回基准线点之间直线与实际温度曲线所构成的多边形的面积 Sa。尔后在熔化开始区域取相当于 1% Sa 的面积 Sb，相对应的温度点 T_3 即为熔化开始温度，经数次测量后取平均值。

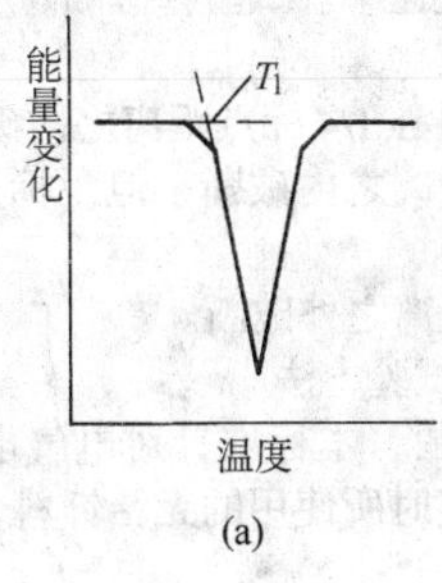

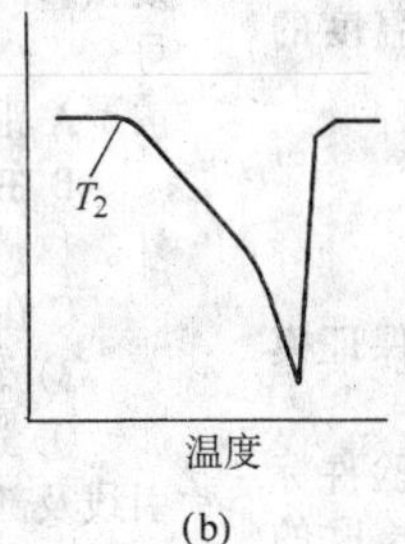

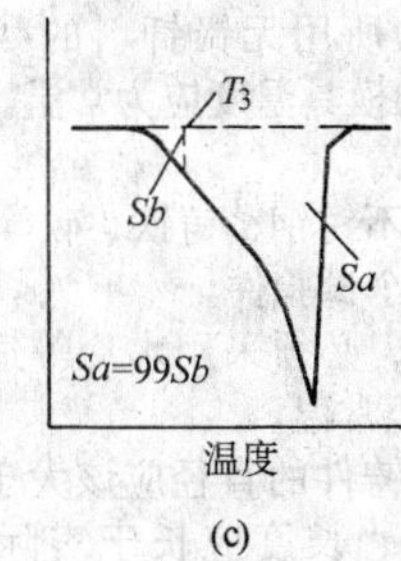

图 3.9-44　熔化开始温度的分析方法

(Ⅱ) 凝固开始温度

Ⅰ) 试验步骤

a) 实验材料的质量　试验材料的质量要在 500 g 以上。

b) 实验材料的熔化　将实验材料放入容器中，而后在电炉中加热熔化。

c) 热电偶的放置　热电偶的测温部分应放置在熔融钎料的中央部位。

d) 基准测温点　采用 JIS Z 8704 10.3 中规定的冰点作为

基准测温点，采用电子冷却式及补偿式基准测温点。

e）测定　将实验材料在坩埚内完全熔化后切断电炉电源，计测冷却过程中的温度。

Ⅱ）凝固开始温度的分析方法

图3.9-45a所示冷却曲线（时间－温度曲线）的转折点T_1或图3.9-45a、b所示的平台对应温度T_2即为凝固开始温度。如果有2个或以上的转折点或平台出现，最初出现的为凝固开始温度对应点。另一方面，如图3.9-45（a）（c）所示，冷却过程中出现过冷的情况下，温度平台延长线与冷却曲线的交叉点即为凝固开始温度。

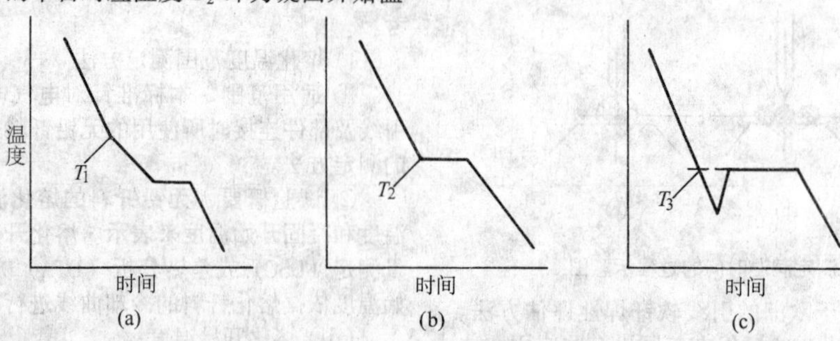

图3.9-45　凝固开始温度的分析方法

2）力学性能试验方法——拉伸试验

① 适用范围　本标准针对电气电子设备、通讯设备等引线及部件连接时所使用的无铅钎料，规定其力学性能试验用拉伸试验件及拉伸试验方法。

② 试验件　通过对铸造成型的试验材料进行机械加工来制备试验件。

Ⅰ）试验件的铸造

a）以某种适当方法将用于试验的无铅钎料熔化，而后在图3.9-46所示的模具中浇铸成型。

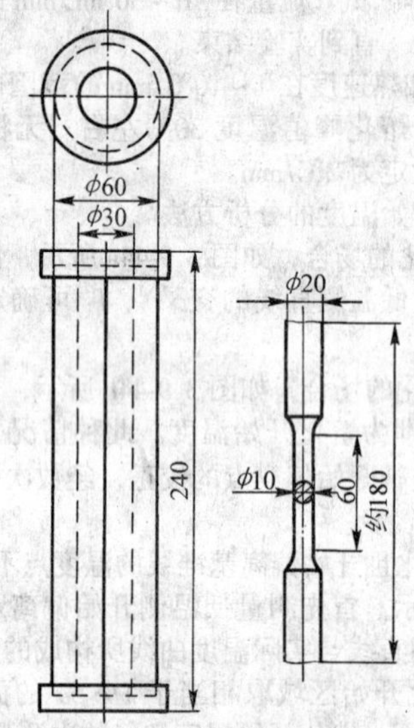

图3.9-46　铸件的形状及尺寸

b）浇铸液温度应为所用无铅钎料的凝固开始温度的+100℃±5℃。浇铸前的模具温度应为常温。

c）必须进行快速浇铸。

d）模具材料可采用不锈钢、铸铁、碳等材料。

e）一次浇铸成型一个试验件。

f）如进行连续浇铸，必须采用水冷等适当方法保证模具在再次浇铸前已冷却至常温。

g）待机械加工的浇铸件的直径应该大于实际试验件标点部位直径20 mm以上，长度应长于实际试验件长度的30 mm以上。

Ⅱ）试验件的形状　形状及尺寸如图3.9-47所示。

Ⅲ）试验前的热处理　如果试验前需要进行热处理，必须避免使用会导致试验件材质发生变化的加热方法。

Ⅳ）标点　需要标记标点的情况下，采用油性笔或黏结剂等进行标记。避免对试验件表面造成划痕等外部缺陷。

Ⅴ）品质

a）用于制备试验件的铸件必须品质均一，不存在缩孔等铸造缺陷。

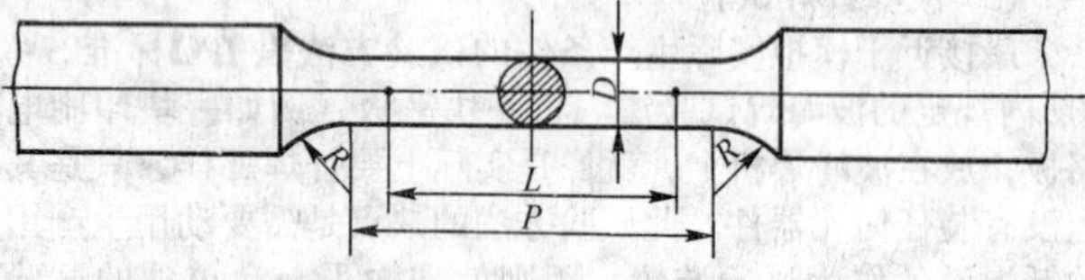

直径D	标点距离L	平行部长度P	过渡圆角半径R
10mm	50mm	约60mm	15mm以上

图3.9-47　试验件的形状及尺寸

b）试验件的化学成分应依据JIS Z 3910中规定的化学分析方法进行分析或依据与试验委托人之间的协议。

平行部的表面粗糙度应在1.6 μm以下。

标点部位的直径公差在0.04 mm以下。

如难以使用上述尺寸的试验件，可遵照以下原则：平行部直径D在6 mm以上，标点距离L为$5D$，平行部长度P为$P=L+0.5D$以上。

③ 试验

a）拉力的施加方法　参照JIS Z 2241。

b）拉力的施加速度　参照JIS Z 2241。

c）试验温度　试验温度应为（23±5）℃。如需进行高温或低温拉伸试验，应采用恒温装置。所用恒温装置应保证试验件的标点距离以内部分的表面温度变化在5℃以内。

④ 试验结果　应记录试验前的热处理条件、试验温度及试验时的应变速率。试验件破断位置的记录应参照下述记号。

A 距标点中心1/4标点距离之内破断。

B 在标点距离之内破断，但距标点中心1/4标点距离之外。

C 在标点距离之外破断。

3）铺展率试验方法

① 适用范围　本标准针对电气电子设备、通讯设备等引线及部件连接时所使用的无铅钎料，规定其铺展率试验方法。

② 试验概要　在铜板上放置无铅钎料及钎剂，经一定时间加热后使钎料熔化并测定其铺展率，进而评价钎料的润湿性能。

③ 试验步骤

Ⅰ）铜板的前处理　参照JIS Z 3284附录中的规定对铜

板进行前处理。

Ⅱ）钎料试验件形状 圆板形。直径 6.5 mm，高 1.24 mm（体积0.041 cm^3）。

Ⅲ）钎剂（含卤素活性松香钎剂）

a）将 JIS K 5902 规定的 2 级松香（25±0.1）g 加入到 JIS K 8839 中规定的异丙醇（75±0.1）g 中，加热溶解并搅拌至均匀混合。而后加入二乙胺盐酸盐（0.39±0.01）g 并搅拌溶解。

b）冷却后，精确称重并补充蒸发损失的异丙醇。

二乙胺盐酸盐在使用前须在（110±2）℃下干燥 2 h。

钎剂应放入密闭容器中，置于阴凉处保存。

Ⅳ）试验

a）用吸液管将 0.02 mL 钎剂滴于铜板中央处，然后在其上方将钎料置于铜板中央处。

b）在干燥器中 100℃下加热 2 min，将钎剂中的溶剂蒸发掉，进而制成试验件。一次试验需制备 5 个试验件。

c）将钎料槽温度设定为（250±3）℃。

d）采用升降系统使试验件与钎料槽中的熔融钎料进行水平接触。接触之前须刮除钎料表面的氧化膜。

e）试验件与熔融钎料接触后保持 30 s，使钎料在铜板上铺展开来。

f）采用升降系统将试验件水平上移以脱离与钎料的接触，并自然冷却至室温。

g）采用适当的清洗剂去除钎剂残渣。

④ 铺展率的计算 采用测微计测量铺展之后的钎料高度，进而根据下式计算铺展率。本试验需重复 5 次，结果取平均值。

$$SR=(D-H)/D\times100\%$$

式中，SR 为铺展率；H 为铺展之后的钎料高度；D 为将试验用钎料看作是球形时所对应的球直径，mm。

$$D=\frac{1.24V}{3}$$

式中，V 为试验中使用的钎料的质量/密度。

4）焊点的拉伸及剪切试验方法

① 适用范围 针对电气电子设备、通讯设备等引线及部件连接时所使用的无铅钎料，测定其焊点的拉伸及剪切试验方法。

② 试验件

Ⅰ）试验件的种类 按照试验种类与试验件形状分类，参见表 3.9-12。

表 3.9-12 试验件种类

种 类	形 状
拉伸试验件	板材的对接焊点
1 号剪切试验件	板材的搭接焊点
2 号剪切试验件	圆形板材的搭接焊点

Ⅱ）试验件的形状及尺寸

a）拉伸试验件的形状及尺寸如图 3.9-48 所示。

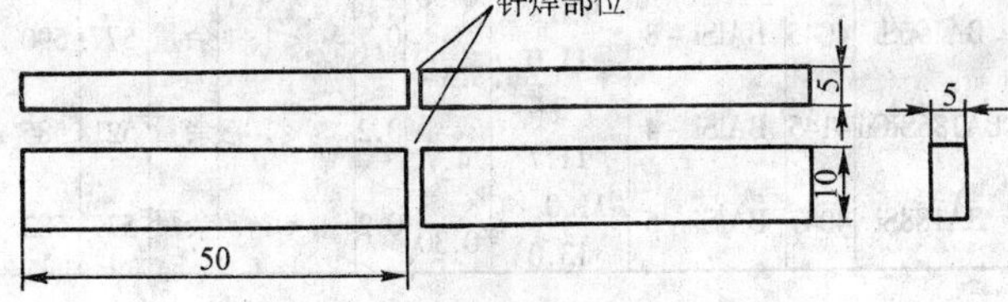

图 3.9-48 拉伸试验件

注：1. 试验件的焊点部分在钎焊后须经机械加工处理以完全去除圆角部分。
2. 焊点部分的表面粗糙度为 R_{max}25 μm。
3. 试验件须采用可均匀加热的钎焊设备进行焊接，必须保证完整填缝。

b）1 号剪切试验件的形状及尺寸如图 3.9-49 所示。

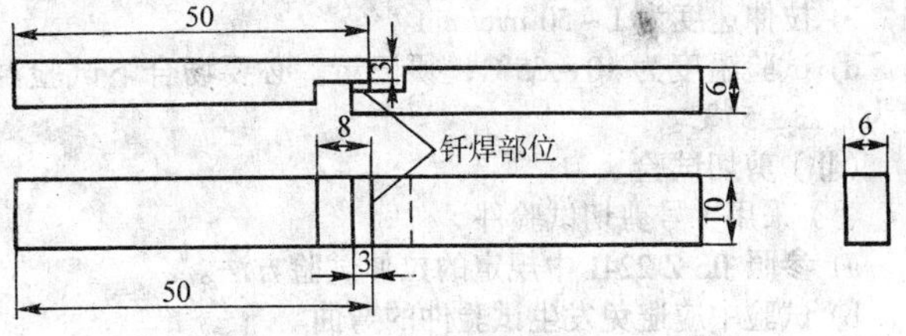

图 3.9-49 1 号剪切试验件

注：1. 必须完全去除焊点的圆角部分。
2. 焊点部分的表面粗糙度为 R_{max}25 μm。
3. 试验件须采用可均匀加热的钎焊设备进行焊接，必须保证完整填缝。

c）2 号剪切试验件的形状及尺寸如图 3.9-50 所示。

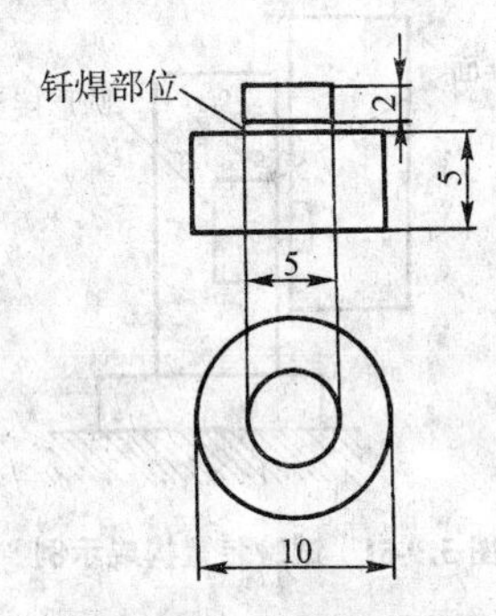

图 3.9-50 2 号剪切试验件

注：1. 必须完全去除焊点的圆角部分。
2. 焊点部分的表面粗糙度为 R_{max}25 μm。

③ 钎料、钎剂及钎焊时的保护气氛

Ⅰ）钎料

a）试验所采用的钎料种类、形状及供给方法，在保证形成良好焊点的前提下，应与试验委托人协商选择。

b）试验所用的钎料量应能保证完全填缝。

c）试验用钎料表面应采用适当方法洗净。

Ⅱ）钎剂及钎焊时的保护气氛

a）针对所用母材及钎料特点，选择合适的钎剂及保护气体。

b）钎剂须均匀涂敷在母材待焊面表面。

④ 试验件的钎焊

a）钎焊时需使用适当的卡具以固定母材。

b）焊缝间隙高度应为 50～400 mm。同时为比较试验结果，应确保焊缝间隙高度的一致性。

c）钎焊装置无特殊规定，但所用装置需配备测温系统。

d）钎焊温度根据所用钎料进行适当选择。

e）根据试验目的，选择相应的加热、冷却速度和预热温度等试验条件。

f）应尽可能保证焊后的焊点高度一致和无变形。

g）必须去除露出焊缝的圆角部分。

h）焊后需采用适当方法去除残留在母材表面的钎剂。

i）如焊后发现母材歪斜等情况，不需要进行矫正。

⑤ 试验件的热处理

a）如需测定焊点经热处理后的强度，可对试验件进行热处理。

b）对热处理装置无特殊规定，但所用装置应配备测温系统。

c）根据试验目的确定热处理温度和保温时间等。

⑥ 试验方法

（Ⅰ）拉伸试验

a）参照 JIS Z 2241 中规定的拉伸试验方法。

b) 试验中应避免发生试验件的弯曲。

c) 拉伸速度为 1 ~ 50 mm/min。

d) 试验温度为 10 ~ 35℃，须记录。必要场合下试验温度为 (23 ± 5)℃。

(Ⅱ) 剪切试验

Ⅰ) 采用 1 号剪切试验件

a) 参照 JIS Z 2241 中规定的拉伸试验方法。

b) 试验中应避免发生试验件的弯曲。

c) 拉伸速度为 1 ~ 50 mm/min。

d) 试验温度为 10 ~ 35℃，须记录。必要场合下试验温度为 (23 ± 5)℃。

Ⅱ) 采用 2 号剪切试验件

a) 采用图 3.9-51 所示试验装置，参照 JIS Z 2241 中规定的拉伸试验方法。

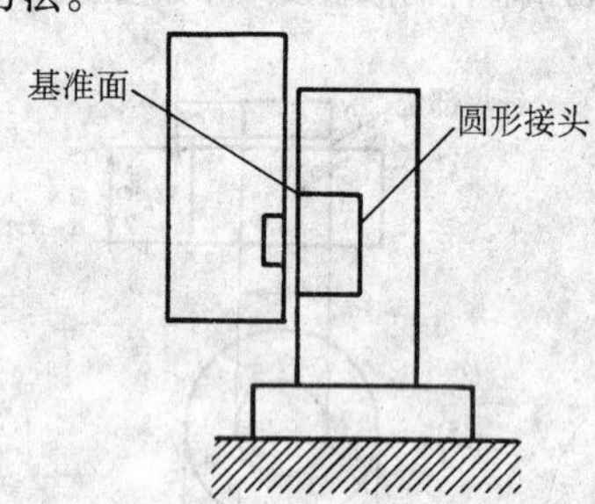

图 3.9-51 试验装置构成示例

b) 剪切夹具与试验件的接触面应为平面。

c) 剪切夹具的高度调整可精确到 0.1 mm。

d) 试验件应妥当固定，保证使其在加载时不发生移动。

e) 剪切夹具的高度应为从基准面开始钎料层厚度 + 0.2 ~ 0.7 mm 的范围之内。

f) 加载速度应为 1 ~ 50 mm/min。

g) 试验温度为 10 ~ 35℃，须记录。必要场合下试验温度为 (23 ± 5)℃。

⑦ 测定值的计算方法

Ⅰ) 拉伸试验的场合

a) 使用适当仪器测量钎焊面积。焊点的宽度与厚度的测量精度需为 0.1 mm。钎焊面积为焊点的宽度乘以焊点高度。

b) 观察破断位置是在钎料内部还是在焊点界面处。

Ⅱ) 剪切试验的场合

a) 使用适当仪器测量 1 号剪切试验件的钎焊面积。焊点的宽度与厚度的测量精度需为 0.1 mm。钎焊面积为焊点的宽度乘以焊点高度。

b) 使用适当仪器测量 2 号剪切试验件的钎焊面积的直径，测量精度需为 0.1 mm。钎焊面积为以此为直径的圆面积。

2 硬钎焊

2.1 铝及铝合金的钎焊

铝及铝合金密度较小，一般为 (2.7 ± 0.1) g/cm³，对于铝合金则视其中重金属或轻金属的含量不同而密度略有起伏。纯铝的电导率与退火铜相比约为后者的 60%，铝合金则约为 50%，含镁量高的铝合金其电导率则还要低一些。铝合金的热力学性质一般比较接近，比热容在 0.9 J/ (g·K) (20℃) 左右，线胀系数在 23 μm/ (m·℃) 左右。

2.1.1 铝及铝合金的钎焊性

纯铝和铝锰合金的硬钎焊性最好，表面氧化物可以用钎剂清除。对于铝镁合金来讲，其钎焊性受到含镁量的影响。当含镁量 w (Mg) > 1.5% 时，随着含镁量的增加，钎焊性变坏；当含镁量 w (Mg) > 2.5% 时，钎焊困难，不推荐用钎焊方法来连接。

硬铝的钎焊性很差，主要问题是钎焊过程中会发生过烧。以 2A12 铝合金为例，加热温度超过 505℃后，由于发生过烧，合金的强度和塑性均显著下降，因此，钎焊温度必须控制在 505℃以下。由于缺少合适的钎料，导致其钎焊很困难。

7A04 超硬铝在温度超过 470℃时就发生过烧，故除采用快速加热的钎焊方法（如浸沾钎焊）进行钎焊外，不宜进行硬钎焊。

锻铝合金中 6A02 硬钎焊性比较好。它的固相线温度为 593℃，故应在低于 590℃的炉中进行钎焊为宜。2B50 合金的含镁量也不高，对钎焊性没有影响。但它的固相线温度在 555℃左右，因此过烧的敏感性比 6A02 大得多。2B50 的硬钎焊温度以 500 ~ 550℃为宜，但在 600℃以下进行的浸沾钎焊，对其力学性能无不良影响。这是由于浸沾钎焊加热速度快，过烧过程来不及发生。2A90、2A14 合金虽然含镁量并不高，但由于其固相线温度低，也使钎焊变得困难。

ZL102 铸铝合金是非热处理强化合金，固相线温度为 577℃，故必须在低于 577℃温度下钎焊。由于它的含硅量高，使钎料难以润湿母材。ZL202 铸铝合金含铜量比较高，固相线温度低，钎焊温度高于 550℃就容易出现过烧现象，因此难以钎焊。ZL301 铸铝合金由于含镁量高，不能钎焊。

2.1.2 铝基硬钎料

铝及铝合金的硬钎焊只能采用铝基钎料，由于不同的铝合金有不同的过烧温度，因此，对于不同铝合金的钎焊需要一系列液相点不同的的钎料以满足钎焊要求。铝基钎料主要以铝硅合金为基，有时加入铜、锌、锗等元素以满足工艺性能的要求。本节介绍以下四种铝及铝合金硬钎焊用铝基钎料。

(1) Al – Si 系钎料

Al – Si 系钎料主要是指以 Al – Si 共晶成分为基的钎料。也包括亚共晶、过共晶以及添加元素不高于 5% 的 Al – Si 合金。其基本数据列于表 3.9-13。这一系列的钎料强度、钎焊性能、抗腐蚀性能好，并且和母材色泽一致。这一系列钎料可以进行变质处理，大大增加钎料和钎缝的韧性和折弯性能。

表 3.9-13 Al – Si 钎料基本数据

牌号			合金元素含量/%					熔化温度/℃	
国内	AA	AWS – ASTM	Si	Cu	Zn	其他元素总量	Al	固相线	液相线
	4043	BAlSi – 1	4.5 ~ 6.0	0.3	0.1	< 1	余量	577	629
BA192Si	4343	BAlSi – 2	6.8 ~ 8.2	0.25	0.2	< 1	余量	577	613
BA190Si	4045	BAlSi – 3	9.0 ~ 11.0	0.30	0.1	< 1	余量	577	590
BA186SiCu	4145	BAlSi – 4	9.3 ~ 11.7	3.3 ~ 4.7	0.2	< 1	余量	521	585
BA188Si	4047	BAlSi – 5	11.0 ~ 13.0	0.30	0.2	< 1	余量	577	582

Al – Si 合金系为共晶系，共晶点含 w (Si) 12.6%，温度 577℃。共晶组织中的 Si 相在铸态成蜷曲的片状，金相的界面成线状，力学性能不佳，但可对其进行某些微量元素的变质处理，Si 相因此变成树枝状，金相的截面呈蠕状，如再经一定的保温处理则金相会进一步变成球粒状。变质的钎料

在钎焊后仍能保持某些变质结构，钎缝的强度因此大大提高。

钎焊后的冷却速度对 Al-Si 共晶钎料钎缝的结构有很大的影响。在添加某些变质剂元素后这种影响更加敏感。Al-Si 共晶随着冷却速度加快，一般只是 Si 相组织变细，但并不改变其片状晶的外形，在加入某些微量杂质元素后随着冷却速度加快，Si 相形貌开始由片状转变为树枝状。许多种元素都可作为变质剂，其中 Na、Sr、La 比较敏感，其添加量只需 0.01%~0.1%（质量分数）。通过钎焊后较快的速度冷却有利于钎缝强度的增加。Al-Si 系钎料的加工性能优良，可以方便地加工成丝或箔。

(2) Al-Si-Cu-Zn 系钎料

在 Al-$CuAl_2$-Si 的赝三元系中有一个三元共晶点，共点成分含 w（Cu）26.7%，含 w（Si）5.0%，共晶温度 525℃。这一组成常用作液相点较低的钎料。在 Al-Si 钎料中加入 Cu 后钎料的流动性显著增加。此三元共晶钎料由于 $CuAl_2$ 金属间化合物的含量很高，因而很脆，只适于铸成条而难于加工成丝和箔。如果 Al 含量增加 3%~5%，进入 Al 的液相区则可以提高此钎料的热加工性能，但液相点则相应提高至约 540℃左右。Al-Si-Zn 的相图三元共晶点 E 的组成为的 w（Si）0.04%，w（Al）5.10%，w（Zn）94.86%，Al-Si 共晶钎料加入 Zn 后，钎料的润湿性和流动性均有加强。随着 Zn 浓度增加，Si 的溶解度迅速下降。该钎料体系中由于没有化合物生成，加工性能比较好，可以制成丝或带的形状。

(3) Al-Cu-Ag-Zn 系钎料

在 Al-Al_2Cu-Ag_2Al 的三元系中有一个三元共晶点，含 w（Al）40.0%，w（Cu）19.3%，w（Ag）40.7%，温度 500℃。此共晶点成分作钎料有很大的优点，其色泽与 Al 母材比较一致，钎料的流动性极好，镀覆性能也很好。缺点是比较脆，但比 Al-Si-Cu 的脆度要低。

(4) Al-Ge-Si 系钎料

Al-Ge-Si 系钎料的基本合金是 Al-Ge 系。它的相图见图 3.9-52。它是一简单共晶系共晶点成分为 w（Ge）55%，温度为 423℃。流动性很好，铺展性极佳。体系内虽无化合物生成，但因共晶点含 Ge 量高达 55%，极脆，铸条几乎无强度，落地便碎。但由于共晶温度 423℃处于难得的中温铝钎焊范围内，且钎焊工艺性能极佳，仍受到重视。使用时采用一些特殊措施，例如间隙应该减小，不要超过 0.1 mm。钎焊后钎缝在钎焊温度下作适当保温处理，可以得到较高的强度。Ge 和 Si 在周期系中同族，物理化学性质极为相似，而且 Al-Si 和 Al-Ge 同为共晶系，前者通过添加某些变质剂元素获得变质结构，从而大大提高钎料和钎缝的强度。而后者却从实践和理论上都证明不可能获得 Si 的那种变质结构，但溶入 Ti 等难熔金属对 Ge 片状晶有聚集成块状晶的趋势。

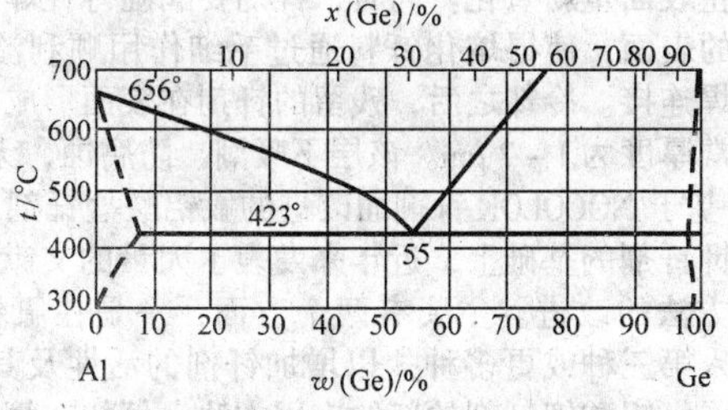

图 3.9-52 Al-Ge 系相图

Al-Ge-Si 系由于添加了 Si 而能改善 Al-Ge 系合金性能，本系的相图见图 3.9-53。由于 Ge-Si 二元系是一连续固溶体体系，所以相图中只有一条二元共晶线由 Al-Si 系的 e_1 连至 Al-Ge 系的 e_2 为止。由 e_1-e_2 诸点 Si 含量逐渐增加，Ge-Si 固溶体分散相能被变质的倾向也随之加强。含 w（Ge）小于 41.8%组成的合金已有可能产生较明显的变质结构。本系中序号从 3 至 6 的各组成合金，经 Na、Sr 或 La 变质后都证明是有很大意义的钎料合金，钎焊工艺性能甚佳。液相点温度覆盖范围从 480~550℃。

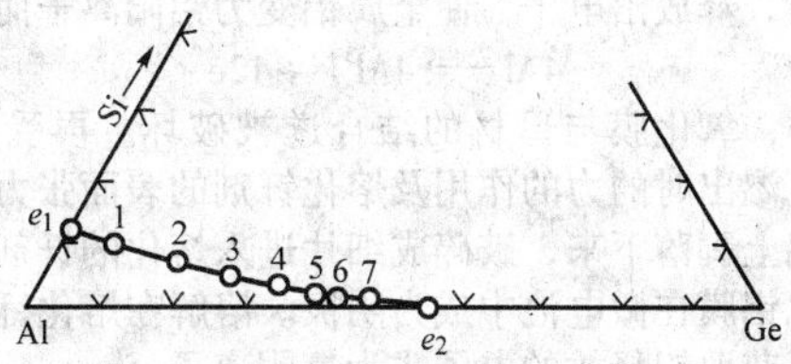

图 3.9-53 Al-Ge-Si 系相图

2.1.3 铝的硬钎剂

(1) 氯化物钎剂

这是目前应用较广的一类钎剂。以碱金属或碱土金属的氯化物的低熔点混合物为基本组分，加入氟化物作为去膜剂，经常还加入某些易熔重金属的氯化物充当活性剂。

之所以采用碱金属或碱土金属氯化物的二元或三元混合物作基本组分，首先是它们的熔点能满足铝钎焊的要求；其次，它们和铝没有明显的作用，能很好的润湿铝和铝的氧化物。其中碱金属的氯化物还具有小的表面张力。可供选择的低熔点氯盐混合物有两类：一类含氯化锂；另一类不含氯化锂。二者熔点虽均能满足要求，但从钎剂的其他性能看存在差别。含氯化锂的钎剂活性较强，黏度较小，熔点较低，有利于保证钎焊质量。不含或含氯化锂过少的钎剂，黏度较大，熔点较高，流动性较差，使用中还容易变质或产生沉渣，不利于钎焊。因此目前广泛使用的是含氯化锂的钎剂，它们通常以 LiCl-KCl 二元系或 LiCl-KCl-NaCl 三元系为基体。在二元系和三元系中，熔盐的黏度均随氯化锂的浓度增大而减小。虽然含氯化锂的钎剂在性能上有显著的优点，但由于氯化锂价格较贵，提高了生产成本，因此不含氯化锂的钎剂也仍然受到重视并获得一定范围的应用。

为了使钎剂具有去除氧化膜的能力，必须在钎剂中加入氟化物去膜剂。这类钎剂去除氧化膜的速度和效果与加入的氟化物的种类和数量有关。例如，氟化钠和氟化钾在一定含量范围内能显著地提高钎剂的去膜能力，促进钎料铺展。但添加量过多，使钎剂熔点升高，表面张力增大，反而使钎料铺展性能变差，即钎料的流动系数 K 下降。添加 AlF_3、LiF、Na_3AlF_6 也存在类似情况。因此，钎剂中的氟化物添加量是受到限制的。

为了增加钎剂的去膜能力，需要加入一些易熔重金属的氯化物来提高钎剂的活性。用得较多的是氯化锌、氯化亚锡和氯化镉。钎焊时，其中的锌、锡和镉被还原析出，沉积在母材表面，促进去膜和钎料铺展。

1) 氯化物钎剂去膜机理 氯化物钎剂一般都以碱金属和碱土金属的氯化物为载体及造渣剂，以重金属氯化物为反应剂，少量氟化物如 NaF、KF 等作为抑制剂，在钎剂中起抑制作用。钎剂在铝或铝合金表面熔化铺展后，铝或铝合金表面的 Al_2O_3 与 Al 热胀系数有差异，造成氧化膜上形成微细裂纹，促使钎剂中反应成分如 $ZnCl_2$ 与铝发生反应：

$$3ZnCl_2 + 6Al \longrightarrow 2AlCl_3 + 3Zn\downarrow$$

反应结果是在铝或铝合金表面出现一层 Zn 置换层。Zn 在钎焊温度下成熔融状，并与 Al 合金化，这样就可去除铝或铝合金表面的氧化膜。同时，形成的 $AlCl_3$ 沸点为 193℃，因而在钎剂中产生大量泡沫，抑制剂 NaF（或 KF）即与 $AlCl_3$ 反应：

$$AlCl_3 + 3NaF \longrightarrow AlF_3 + 3NaCl$$

这样就大大减少泡沫的有害作用。

另一种观点认为，氯化物钎剂的去膜机理是利用钎剂对铝的电化学腐蚀来剥脱附着在铝上的氧化铝膜。在钎焊温度下，熔化的钎剂呈电离状态，其中的阴离子（如 Cl^-）能迅速渗过由于与铝膨胀不一致而使氧化铝薄膜产生的裂缝，使氧化膜与铝的界面处在熔化钎剂中形成微电池。在微电池中铝为阳极，释放出电子，使金属铝变为铝阳离子而被腐蚀：

$$4Al \longrightarrow 4Al^{3+} + 12e$$

这样，氧化膜与母材的结合遂被破坏。再受到 Al^{3+} 从氧化膜下渗出时的力的作用及熔化钎剂的表面张力作用，氧化膜从铝上剥落下来，破碎成细片进入熔化的钎剂中。未剥落的氧化铝膜在微电池中成为阴极。溶解在熔化钎剂中的氧从阴极上获取铝释放的电子成为氧阴离子：

$$3O_2 + 12e \longrightarrow 6O^{2-}$$

氧阴离子的形成保证了铝阳离子化的继续进行，使氧化铝膜得以彻底清除。因此，熔化钎剂中氧的存在是去膜过程顺利进行的重要保证。

2）氯化物钎剂的实际配方　钎剂的实用效果与组元、有害杂质（如 Fe、Mg 等）的含量以及配制工艺有很大关系。如果组元中特别是 LiCl、$ZnCl_2$、$SnCl_2$ 等脱水不完全或发生水解将大大降低钎剂的活性。钎剂应当采用熔炼方法配制，然后在密闭条件下球磨粉碎，不允许直接用原组元不经熔融直接在室温球磨混匀。

在表 3.9-14 中序号为 17、18 的 171B 和 172B 钎剂对于含 Mg 量较高的铝合金有特殊的活性，其中应用了界面活性剂 Tl^+。它的特殊活性机制尚有待深入研究，它与镁无论在液相或固相都有很大的互溶度以及它与镁间很大的熔盐电位差可能是促成它易被镁还原并合金化的原因。其他所有界面活性剂离子，除 Zn 略强外，都不具备这些条件。可能这是它去除镁氧化膜活性较强的原因。遗憾的是 Tl^+，包括所有的铊盐都是管制的 B 级剧毒品，这就限制了它的使用。即使在特殊条件下使用时，也要特别注意安全防护。此外，Cd^{2+} 也是有毒的，它的特殊优点在于容易脱水，不易吸湿也不易水解，比 Zn^{2+}，Sn^{2+} 稳定得多。这是它难于被完全取代的主要原因。

表 3.9-14　铝用硬钎剂的配方和应用

序号	钎剂代号	钎剂组成（质量分数）/%	熔化温度/℃	特殊应用
1	QJ201	H701LiCl32 – KCl50 – NaF10ZnCl₂8	≈460	
2	QJ202	LiI42 – KCl28 – NaF6 – $ZnCl_2$24	≈440	
3	211	LiCl14 – KCl47 – NaCl27 – $AlF_3$5 – $CdCl_2$4 – $ZnCl_2$3	≈550	
4	YJ17	LiCl41 – KCl51 – KF3.7 – $AlF_3$4.3	≈370	浸沾钎焊
5	H701	LiCl12 – KCl46 – NaCl26 – KF – $AlF_3$10 – $ZnCl_2$1.3 – $CdCl_2$4.7	≈500	
6	Φ3	NaCl38 – KCl47 – NaF10 – $SnCl_2$5		
7	Φ5	LiCl38 – KCl45 – NaF10 – $CdCl_2$4 – $SnCl_2$3	≈390	
8	Φ124	LiCl23 – NaCl22 – KCl41 – NaF6 – $ZnCl_2$8		
9	ΦB3X	LiCl36 – KCl40 – NaF8 – $ZnCl_2$16	≈380	
10		LiC（33～50）– KCl（40～50）– KF（9～13）– ZnF_2（3）– $CdCl_2$（1～6）– $PdCl_2$（1～2）		
11		LiCl80 – KCl14 – $K_2ZrF_6$6	≈560	长时加热稳定
12		$ZnCl_2$（20～40）– $CuCl_2$（60～80）	≈300	反应钎剂
13		LiCl（30–40）– NaCl（8–12）– KF（4–6）– AlF_3（4–6）– SiO_2（0.5–5）	≈560	表面生成 Al – Si 层
14	129A	LiCl11.8 – NaCl33.0 – KCl49.5 – LiF1.9 – $CdCl_2$2.2 – $ZnCl_2$1.6	550	
15	1291A	LiCl18.6 – NaCl24.8 – KCl45.1 – LiF4.4 – $CdCl_2$4.1 – $ZnCl_2$3.0	560	
16	1291X	LiCl11.2 – NaCl31.1 – KCl46.2 – LiF4.4 – $CdCl_2$4.1 – $ZnCl_2$3.0	≈570	
17	171B	LiCl24.2 – NaCl22.1 – KCl48.7 – LiF2.0 – $TlCl_2$3.0	490	用于含 Mg 量高的 LY12，LF_2
18	172B	LiCl23.2 – NaCl21.3 – KCl46.9 – LiF2.8 – TlCl2.2 – $CdCl_2$2.0 – $ZnCl_2$（1.6）	485	
19	5522M	$CaCl_2$33.1 – NaCl16.0 – KCl39.4 – LiF4.4 – $ZnCl_2$3.0 – $CdCl_2$4.1	≈570	少吸湿
20	5572P	$SrCl_2$28.3 – $LiCl_6$0.2 – LiF4.4 – $CdCl_2$4.1 – $ZnCl_2$3.0	524	
21	1310P	LiCl41.0 – KCl50.0 – $ZnCl_2$3.0 – $CdCl_2$1.5 – LiF1.4 – NaF0.4 – KF2.7	350	中温铝钎剂
22	1320P	LiCl50 – KCl40 – LiF4 – $SnCl_2$3 – $ZnCl_2$3.0	360	适用 Zn – Al 钎料

（2）氟化物钎剂

1）NOCOLOK 钎剂　氯化物钎剂钎焊时残留的钎剂具有腐蚀性，要进行焊后清除处理；同时，氯化物钎剂容易吸潮，保管和适用不方便。使用氟化物钎剂进行钎焊就可以克服以上的缺点。铝的氟化物钎剂是利用 AlF_3 – KF 共晶作为钎剂（其相图见图 3.9-54）。常用的 NOCOLOK 钎剂即为氟化物钎剂，此种钎剂呈白色粉末状，主要成分是通用分子式为 $K_{1\sim3}AlF_{4\sim6}$ 的氟铝酸钾盐的混合物。钎剂有一确定的熔点范围：560～572℃，低于 Al – Si 合金的熔点。这种钎剂不具腐蚀性，不吸湿，微溶于水（0.2%～0.4%）。因此该钎料可长期存储和使用。在室温下，Noclock 钎剂不与铝发生反应，仅在熔化状态下才具有反应活性。NOCOLOK 方法是 20 世纪 70 年代首先在美国推出采用无腐蚀氟化物钎剂钎焊的方法，指在氮气保护作用下用少量氟化物钎剂进行铝的炉中钎焊，近 20 年在生产中得到大量应用。

NOCOLOK 钎剂一旦熔化，会溶解待连接铝表面氧化膜，并且防止表面重新氧化。同时，钎剂要润湿待钎焊铝（或铝合金）的表面，使得熔化钎料通过毛细作用顺利流入接头，实现钎焊连接。冷却之后，残留的钎剂在表面形成很薄的一层，通常厚度为 1～2 μm。该层不吸潮、防腐蚀，无需清洗。

2）基于 NOCOLOK 钎剂而改进的氟铝酸盐钎剂　在应用氟铝酸钾钎剂的基础上，近年来发表了大量的文献讨论 NOCOLOK 方法的改进。主要有两个方面：一是在氟铝酸钾钎剂中加入第三种或更多种盐以增加钎剂的活性及其他性能，一是发展氟铝酸钾钎剂的新的应用方法。例如在氟铝酸钾钎剂中通过加入 K_2SiF_6、K_2GeF_6、SnF_2、PbF_2、ZnF_2 和 KBF_4 等以提高钎料的活性。在应用方法的改进方面，一些文献报导了将氟铝酸钾钎剂与钎料粉末混合后使用的例子。另外，还

有将 $KAlF$、$KAlF_4$ 当作气相钎剂及在 Al-Si 共晶钎料的表层用漂浮法沉积一层 AlF_4 钎剂而形成复合的钎料的应用。

常规的 NOCOLOK 方法应用氟铝酸钾钎剂配合铝硅钎料时，由于钎剂和钎料熔化温度较高（分别为 558℃ 和 577℃），通常要在 600℃下进行钎焊操作。这样，对于一多半的铝合金，由于其过烧温度低于 600℃而不能用氟铝酸钾钎剂进行钎焊。特别是对于硬铝来讲，钎焊时的温度不能超过 500℃。这样对钎剂的熔化温度就要求低于 480～490℃。因此要求开发无腐蚀、不溶于水而熔化温度又低于 480～490℃的钎剂。

$CsF-AlF_3$ 是 NOCOLOK 钎剂的改进型，图 3.9-55 为 $CsF-AlF_3$ 系相图。此钎剂有较高的钎焊效率，对火焰的稳定性比氟铝酸钾钎剂要高，最大的优点是对含镁量的合金有特殊的活性。有研究人员利用 Ag-Al-X 钎料、Zn-Al-Y（1）钎料和 Zn-Al-Y（2）配合 $CsF-AlF_3$ 钎剂，采用中温火焰钎焊技术，在 LY12 铝合金开始过烧温度下（≤503℃），实现了对 LY12 铝合金的钎焊连接，防止 LY12 铝合金母材过烧缺陷产生，同时，钎缝抗剪强度 $\tau = 140$ MPa，抗拉强度 $\sigma_b = 300$ MPa，力学性能满足使用要求。通过实验发现，改进型的 $CsF-AlF_3$ 中温无腐蚀钎剂对含有 Mg 的 LY12 铝合金具有很高的活性，它是以溶解方式去除 LY12 铝合金表面的氧化膜。该钎剂的中的 CsF 价格很贵，是此钎剂的主要不足。

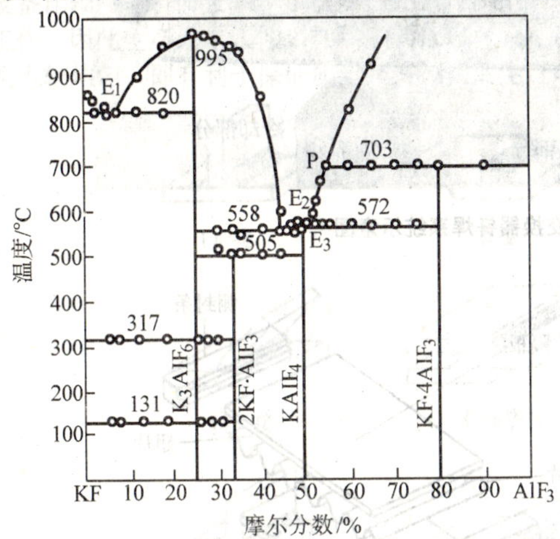

图 3.9-54 $KF-AlF_3$ 系相图

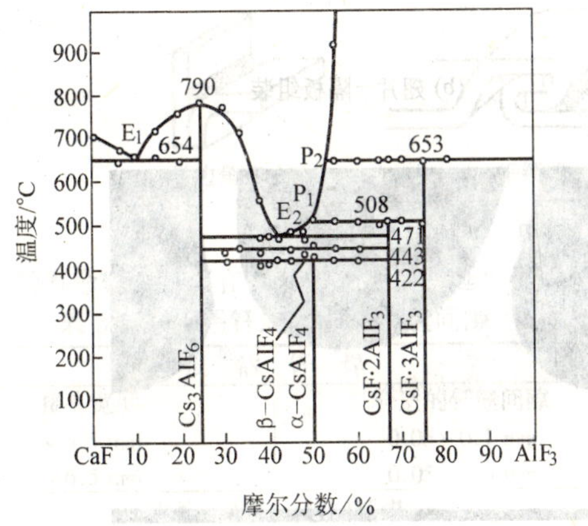

图 3.9-55 $CaF-AlF_3$ 系相图

2.1.4 钎焊方法

铝及其合金的硬钎焊方法有很多，当采用氯化物钎剂钎焊时，主要采用火焰钎焊、炉中钎焊及盐浴钎焊等方法；采用氟化物钎剂钎焊时，最常用的钎焊方法是氮气保护下的炉中钎焊，对于某些钎焊件，当炉中钎焊操作或钎焊有困难时，也可以考虑采用火焰钎焊；另外，还可以采用真空钎焊和气体保护钎焊在不施加钎剂的情况下钎焊铝及其合金。

（1）氟化物钎剂炉中钎焊

氟化物钎剂的炉中钎焊是比较好的方法。但是，当钎焊含镁的铝合金时，镁会扩散到合金表面并与氧化膜反应生成难溶于 NOCOLOK 钎剂的氧化镁与氧化镁与三氧化二硅的尖晶石。此外，镁和（或）氧化镁与钎剂反应，会降低钎剂效率。因此炉中钎焊的首要原则是镁的总含量低于 0.5%质量比。含镁高时，可考虑采用火焰钎焊。

对于 NOCOLOK 钎剂钎焊，使用不活泼气氛进行钎焊是最好的选择。通常情况下，一般采用氮气作为保护气体，为了获得最佳的钎焊效果，炉中气氛一般要求露点≤-40℃，氧气的浓度低于 100×10^{-6}。在 530～560℃温度区间内，少量 $KAlF_4$ 蒸发，与少量存在于气氛中的潮气反应，生成少量的 HF，这样，可以严格的控制气氛的露点，为钎焊提供一个良好的气氛，也可以减少 HF 的产生量。使用氮气气氛钎焊时，NOCOLOK 钎剂一般在 565～570℃之间熔化，去除铝或铝合金表面的氧化物薄膜。在 577～605℃之间，钎料熔化，钎焊接头形成。

采用 NOCOLOK 方法钎焊铝及铝合金已在生产上获得了广泛的应用。目前，热交换器（如散热器、冷凝器、蒸发器和加热器内芯等）的生产首选 Al 的 NOCOLOK 钎焊工艺。由于铝具有抗腐蚀性好、易成形、热导率高等优点，成为制造热交换器的理想材料。钎料一般选用 Al-Si 钎料，制成薄片或复合层施于钎焊处。最早的铝热交换器是采用氯化物钎剂进行钎焊，钎剂为氯盐及少量氟化物添加物组成的混合物，钎焊方法一般为盐浴钎焊。盐浴中的熔盐同时起到钎剂及加热的作用，但是这种方法钎焊后会在热交换器上留下腐蚀性残渣，还需经过复杂的清洗工序以清除残渣，成本高，有污染，阻碍了铝热交换器的广泛应用。工业上也曾采用无钎剂真空炉中钎焊进行铝热交换器的钎焊，尽管无需钎焊后清理，但真空钎焊对真空度、表面清理及装配等要求很高，钎焊成本高。后来发展起来的 NOCOLOK 方法，无需钎焊后清理、无腐蚀，NOCOLOK 钎剂可以有效去除铝表面的氧化膜，且不与铝反应，残余物也不溶于水，成为铝热交换器生产理想的钎焊工艺。图 3.9-56 为 NOCOLOK 方法钎焊铝热交换器钎焊系统示意图。钎焊前首先要施加钎剂，此前组装好的热交换器一般还需经历一道清理工序以去除表面油污，然后将 NOLOCOK 钎剂制成水的悬浮液，通过浇、喷或蘸的方式施于钎焊表面。通常在悬浮液中添加表面活性物质以增加钎剂的润湿性及使钎剂沉积均匀。悬浮液的浓度一般为 5%～25%，通过改变悬浮液浓度控制钎剂量。然后，通过空气流去除边缘积聚的多余钎剂，其目的是获得一个均匀无积聚的钎剂涂层。施加钎剂后，钎焊件在 200℃下干燥，必须注意干燥温度不能超过 250℃，否则会形成氧化膜，在钎焊时影响 NOCOLOK 钎剂去除。NOCOLOK 钎剂钎焊通常是在惰性气体（如氮气）保护下炉中进行。在钎焊炉中的钎焊部分通入氮气，分别向钎焊件入口及出口流动，以防止炉外气氛的污染。当钎焊件进入钎焊区内时，炉内气氛可满足一定的条件，即露点≤40℃，O_2 浓度 $<100\times10^{-6}$。冷却后，钎剂残余物会在表面形成厚度为 1～2 μm 的薄膜，这层薄膜不吸潮、无腐蚀且不溶于水，无需进行钎焊后表面处理。并且钎剂残余物薄膜可以增强表面耐腐蚀性。实践证明，利用 NOCOLOK 方法钎焊铝热交换器非常成功，图 3.9-57 为热交换器结构示意图及不同类型钎焊接头的形貌。

（2）氟化物钎剂火焰钎焊

使用氟化物钎剂的火焰钎焊有几个问题要注意：首先氟铝酸钾盐的熔点只是略低于钎料的熔点，而且钎焊温度接近

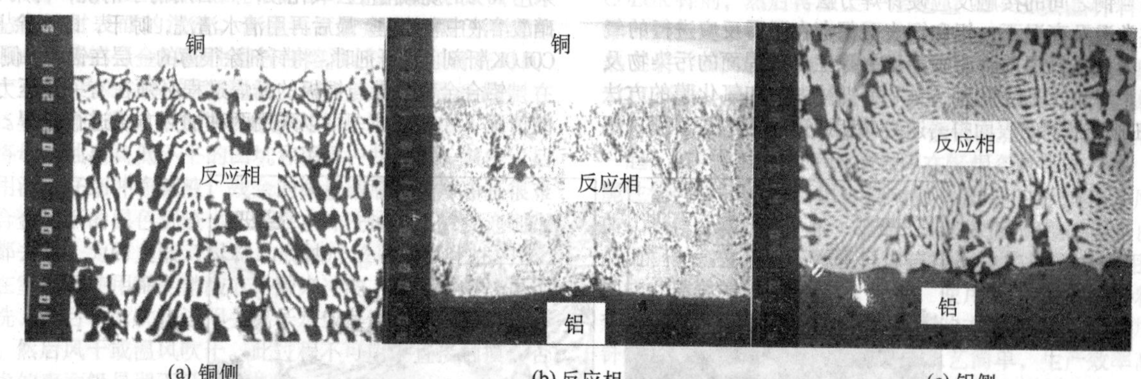

(a) 铜侧　(b) 反应相　(c) 铝侧

图 3.9-62　铜－铝散热器高频感应钎焊接头界面微观组织

2.2　铜和铜合金的钎焊

铜及其合金具有优良的导电性、导热性、耐腐蚀性和良好的加工成形性能，因而获得广泛的应用。铜及其合金通常可分为四大类：纯铜（紫铜）、黄铜、青铜和白铜。纯铜是含 w（Cu）量不低于99.5%的纯铜。黄铜是指铜锌合金，它比纯铜具有高得多的强度、硬度和耐腐蚀能力，并保持一定的韧性。为了进一步提高黄铜的力学性能、耐腐蚀性和工艺性能，在黄铜中再加入少量的锡、铅、锰、铝、铁或硅等元素而获得一系列的多元铜合金——特殊黄铜。特殊黄铜的合金元素的总含量一般不超过4%（质量分数）。青铜实际上是除铜－锌、铜－镍合金外所有的铜合金的统称，如锡青铜、铝青铜、硅青铜和铍青铜等。为了获得某些特殊性能，青铜中还加入多种其他元素。白铜是铜和镍的合金，它具有较好的综合力学性能和高耐腐蚀性能。

2.2.1　铜及铜合金的钎焊性

普通黄铜是铜和锌的合金，在其中添加某些合金元素后，则分别称为锡黄铜、铅黄铜、锰黄铜等。除铜和锌合金以外的铜合金（除铜镍合金以外）一般称为青铜，按化学组成可将青铜分为锡青铜（普通青铜）、铝青铜、硅青铜、铍青铜等。以镍作为主要合金元素的铜合金称为白铜。

(1) 纯铜

纯铜表面可能形成 Cu_2O 和 CuO 两种氧化物。室温下铜表面为 Cu_2O 所覆盖；高温下的氧化皮分为两层，外层为 CuO，内层为 Cu_2O。铜的氧化物容易去除，所以纯铜的钎焊性是很好的。但纯铜不能在含氢的还原性气氛中钎焊，这是因为在此气氛中铜内的氧化物被还原，从而在固体金属内形成高压水蒸气而发生氢脆的缘故。所以纯铜不能在分解氨、吸热型和放热型还原气氛内进行钎焊。无氧铜则除外，因为它的含氧量极低，不会发生氢脆。

(2) 青铜

青铜的种类比较多，加入的合金元素不同，其钎焊性也就不同。

如加入的合金元素是锡元素，或一些少量的铬或镉元素，则对钎焊性影响不大，一般较容易进行钎焊。

如加入的合金元素是铝元素，尤其是铝含量较多时（达10%），表面有铝的氧化物，难以去除，钎焊性变坏。必须采用专门的钎剂来进行钎焊。

如加入的是硅元素形成硅青铜时，硅青铜对热脆和熔融钎料作用下的应力开裂相当敏感。为避免开裂，钎焊前合金应在300～350℃温度下消除应力。钎悍时应选用熔点较低的钎料和加热比较均匀的钎悍方法。

如加入的合金元素是铍元素，虽然形成较稳定的 BeO 氧化物，但用常规钎剂还能满足去除氧化膜的要求。

(3) 黄铜

当黄铜含 w（Zn）量低于15%时，表面氧化物主要由 Cu_2O 组成，其中含有 ZnO 微粒；当 w（Zn）含量大于20%时，其氧化物主要由 ZnO 组成。锌的氧化物也比较容易去除，所以黄铜的钎焊性也是很好的。黄铜不宜在保护气氛和真空中钎焊，这是由于锌的蒸气压较高的缘故。在保护性气氛或真空中钎焊时，黄铜中的锌发生挥发，表面变红，并影响其钎焊性和本身性能。如必须在保护性气氛或真空中钎焊时，应预先在黄铜表面电镀一层铜或镍，以防止锌的挥发。但镀层可能影响接头的强度。钎焊黄铜时必须使用钎剂。

对于特殊黄铜，如加入的是锡元素，则并不影响表面氧化物的组成，容易钎焊。如加入的是铅元素，则对钎料的润湿和流动有不良影响，同时，在加热时还有应力开裂的倾向。钎焊时要注意减少内应力。当含 w（Pb）量超过5%，不建议用钎焊。如加入锰元素时，由于锰的氧化物比较稳定，不容易去除，应加入活性强的钎剂来进行钎焊。

(4) 白铜

白铜含镍，选用钎料时应避免选用含磷的钎料，如铜磷钎料和铜磷银钎料，因含磷的钎料于钎焊后在界面上容易形成脆性镍磷化合物，降低接头的强度和韧性。白铜对热裂和熔融钎料作用下的应力开裂均甚敏感。故零件在钎焊前应去除内应力，并选用熔点较低的钎料和尽量均匀的加热零件，同时使零件在加热和冷却时能自由的膨胀和收缩，以减小钎焊时的热应力。

总之，铜和绝大部分铜合金都是比较容易钎焊的。只有含铝的铜合金，由于形成氧化铝的缘故，比较难钎焊。

2.2.2　硬钎料

(1) 银基钎料

银基钎料的熔点适中，工艺性好，并具有良好的强度、韧性、导电性、导热性和抗腐蚀性，是应用极广的硬钎料。银基钎料的主要合金元素是铜、锌、镉和锡等元素。铜是最主要的合金元素，因添加铜可降低银的熔化温度，又不形成脆性相。含 w（Cu）28%的银铜合金为共晶合金，熔化温度为780℃。添加锌可进一步降低其熔化温度。该合金系的最低熔化温度为670℃左右。作为钎料用合金，除了熔化温度应尽可能低外，还要考虑到它的组织和性能，即组织中不出现脆性相，至少不出现数量较多的脆性相，以免影响钎料的加工性能和钎焊接头性能。就 Ag－Cu－Zn 合金而言，希望成分落在 Ag（银固溶区）相、Cu（铜固溶体）相或 Ag＋Cu 相区域内，因为 Ag 和 Cu 相都是韧性极好的相组织；如果合金成分落在 Cu＋（Ag，Cu）Zn 和 Ag＋（Ag，Cu）Zn 两相内尚可加工，因为（Ag，Cu）Zn 相不太脆；如果合金成分落在（Ag，Cu_5Zn_8）相区内就很难加工了，因为（Ag，Cu_5Zn_8）相是极脆的相，合金组织内决不允许出现这种相。各种银铜钎料就是以不同含银量为基础，配合不同的含铜量和含锌量以满足熔化温度和力学性能的要求所组成的合金。

加锡可使银铜锡合金的熔化温度降得很低，但熔化温度低的合金极脆，无实际使用价值。为了避免出现脆性，银铜锡钎料的含 w（Sn）量一般不高于10%。

为了进一步降低银基钎料的熔化温度可在银铜锌合金中加镉。银铜锌镉钎料是银基钎料中性能最好的一种钎料，因为它的熔化温度低，润湿性和铺展性好，力学性能也好，价格也不算高。唯一的缺点是镉为有害元素，镉蒸气对人体危害极大。从劳保和环保出发，含镉钎料应在被取代之列。根据近二三十年的研究，发现只有锡可以取代镉。图3.9-63是锡对银铜合金熔化温度的影响。但加锡不能太多，根据钎料含银量的不同，加锡量可在2%～5%范围内变更，超过此范围钎料会发脆。银铜锌锡钎料虽无毒，但无论在熔化温度、工艺性能、力学性能或者在价格等方面仍无法与银铜锌镉钎料媲美。

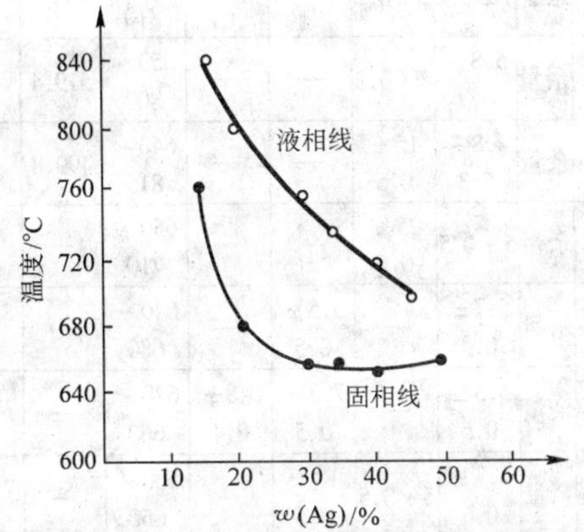

图3.9-63 锡对银铜锌三元系熔化温度的影响

银基钎料的化学成分和主要性能列于表3.9-16。

BAg72Cu钎料系银铜共晶成分，它对铜和铜合金具有极好的润湿性和铺展能力，导电性高，钎料不含易挥发元素，适用于保护气氛炉中钎焊和真空钎焊。

BAg50CuSn钎料不含易挥发元素，适用于保护气氛炉中钎焊和真空钎焊。BAg50Cu的熔化温度高于BAg72Cu，可用于分步钎焊中的前步钎焊。

BAg60CuSn钎料不含易挥发元素，适用于保护气氛炉中钎焊和真空钎焊。BAg60Cu的熔化温度低于BAg72Cu，可用于分步钎焊中的后步钎焊。

BAg70CuZn钎料的强度和韧性好。由于含银高，是银铜锌钎料中导电性最好的，特别适宜于钎焊要求导电性高的工件。

BAg65CuZn钎料熔化温度较低，强度和韧性好，可用于钎焊性能要求高的黄铜、青铜和钢件。

BAg50CuZn钎料和BAg45CuZn钎料性能相似，但结晶间隔大，适用于钎焊间隙不均匀或要求圆角较大的零件。

BAg45CuZn钎料熔化温度低，含银较低，比较经济，应用甚广，常用于要求钎缝表面粗糙度细，强度高，能承受振动载荷的工件，在电子和食品工业中得到广泛应用。

BAg25CuZn钎料的用途与BAg45CuZn钎料相似，但钎焊温度稍高。钎料具有良好的润湿作用和填充缝隙的能力。

BAg10CuZn钎料的含银量最低价格便宜，但钎焊温度较其它银铜锌钎料都高。钎焊接头韧性较差。主要用于钎焊要求较低的铜和铜合金、钢等。

BAg50CuZnCd和BAg45CuZnCd钎料的用途和性能与BAg40CuZnCdNi相似，但熔化温度和钎焊温度较高。钎料加工性能比BAg40CuZnCdNi好。

BAg40CuZnCdNi钎料是银基钎料中熔化温度最低的一种，钎焊工艺性能非常好，常用于铜和铜合金、钢、不锈钢等材料的钎焊，特别适宜于要求钎焊温度低的材料，如调质钢、铍青铜、铬青铜等以及分步钎焊中最后一步钎焊。由于镉蒸气有毒，熔炼和钎焊时要加强通风措施。

表3.9-16 银基钎料化学成分和主要性能

钎 料	化学成分（质量分数）/%						熔化温度/℃	抗拉强度/MPa	电阻率/μΩ·cm	钎焊温度/℃
	Ag	Cu	Zn	Cd	Sn	其他				
BAg72Cu	72±1	余量	—	—			779～779	375	0.022	780～900
BAg50Cu	50±1	余量	—	—	—	—	779～850	—	—	—
BAg70Cu	70±1	26±1	余量	—	—	—	730～755	353	0.042	—
BAg65Cu	65±1	20±1	余量	—	—	—	685～720	384	0.086	—
BAg60Cu	60±1	余量	—	10±0.5	—	—	602～718	—	—	720～840
BAg50Cu	50±1	34±	余量	—	10±0.5	—	677～775	343	0.076	775～870
BAg45Cu	45±1	30±1	余量	—	—	—	677～743	386	0.097	745～845
BAg25CuZn	25±1	40±	余量	—	—	—	745～775	353	0.069	800～890
BAg10CuZn	10±1	53±1	余量	—	—	—	815～850	451	0.065	850～950
BAg50CuZnCd	50±1	15.5±1	16.5±2	—	—	—	627～635	419	0.072	635～760
BAg45CuZnCd	45±1	15±1	16±2	—	—	—	607～618	—	—	620～760
BAg40CuZnCdNi	40±1	16±0.5	17.8±0.5	—	—	Ni0.2±0.1	595～605	392	0.069	605～705
BAg34CuZnCd	35±1	26±1	21±2	—	—		607～702	411	0.069	700～845
BAg50CuZnCdNi	50±1	15.5±1	15.5±2	—	—	Ni3±0.5	632～688	431	0.105	690～815
BAg56CuZnSn	56±1	22±1	17±2	5±0.5	5±0.5	—	618～652	—	—	650～760
BAg34CuZnSn	34±1	36±1	27±2	3±0.5	3±0.5	—	630～730	—	—	730～820
BAg50CuZnSnNi	50±1	21.5±1	27±1	1±0.3	1±0.3	Ni0.30～0.65	650～670	—	—	670～770
BAg40CuZnSnNi	40±1	25±1	30.5±1	3±0.3	3±0.3	Ni1.30～1.65	630～640	—	—	640～740

BAg35CuZnCd钎料的结晶温度间隔比较大，适用于不均匀间隙的钎焊，但加热速度要快，以火焰、高频等钎焊方法为宜，以免钎料在熔化和填充间隙时发生偏析。

BAg50CuZnCdNi钎料含镍，它具有良好的抗腐蚀性，对硬质合金的润湿能力强，主要用于不锈钢和硬质合金的钎焊。

上述钎料中有五种钎料中含有元素镉，国家相关文件规定，镉作为有害元素，将在2006年后严禁在部分产品中使用，所以推荐使用无镉钎料。

BAg56CuZnSn和BAg50CuZnSnNi是两种通用的无镉钎料，它们的性能同BAg50CuZnCd钎料相当，钎焊工艺稍差，可代替BAg50CuZnCd钎料钎焊铜和铜合金、钢和不锈钢等。

BAg40CuZnSnNi 性能与 BAg35CuZnCd 钎料相似，可取代后者钎焊各种零件。

(2) 铜磷钎料

铜磷钎料由于工艺性能好，价格低，在钎焊铜和铜合金方面得到广泛的应用。磷在铜中起两种作用：第一，磷能显著降低铜的熔点；第二，在空气中钎焊铜时起自钎剂作用。为进一步降低铜磷合金的熔化温度和改进其韧性，还可加入银。Cu－P－Ag 三元系合金形成一低溶共晶，其成分为 w（Ag）＝17.9%、w（Cu）＝30.4%、w（Cu_3P）＝51.7%、w（P）＝7.2%，三元共晶温度 646℃。该成分合金极脆，无太大实用价值，只能作为铜磷钎料的工件补钎之用。

铜磷银三元合金力学性能如图 3.9-64 和图 3.9-65。图 3.9-64 表明 85Cu－5P－15Ag 合金具有最好的抗剪强度。铜磷银合金的脆性随着 Cu_3P 相的增加而急剧提高。根据这些数据，可以优化并能兼顾熔化温度和力学性能要求的铜磷银钎料。为了节约银，可在铜磷钎料中加锡，以达到降低熔化温度的目的。

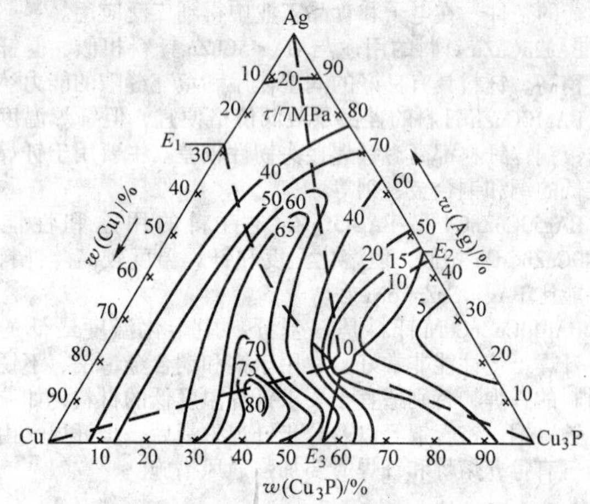

图 3.9-64 Cu－Cu_3P－Ag 合金抗剪强度与成分的关系

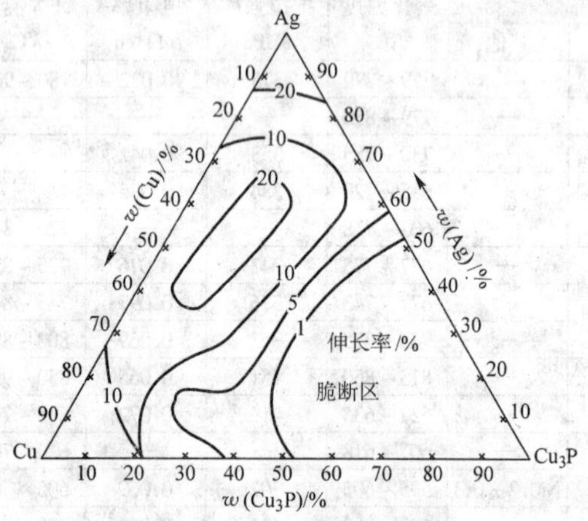

图 3.9-65 Cu－Cu_3P－Ag 合金韧性与成分的关系

锡可以提高 Cu－6P 合金的强度，但当含 w（Sn）量超过 1% 后，抗拉强度的变化是很小的；锡也可以改善 Cu－6P 合金的塑性，加 1% w（Sn）的合金伸长率最好，加锡量继续增加，伸长率又趋下降。含 w（Sn）4% 的 Cu－6P 合金的延伸率与 Cu－6P 合金相当，但 Cu－6P－4Sn 合金的液相线 S 已比 Cu－6P 下降一百多度。为了进一步降低铜磷钎料的熔化温度，可在铜磷合金中同时加入锡和镍，此时钎料的液相线可降低到低于 650℃，同银铜锌镉钎料的熔化特性很接近。这种钎料由于组织中含大量脆性相，无法进行加工，只能用快速凝固法制成箔状钎料使用。铜磷和铜磷银钎料只能用来钎焊铜和铜合金，不能用来钎焊钢、镍合金和含镍量大于 10% 的铜镍合金。这种钎料在加热慢时大都有偏析作用，应尽量采用快速加热的钎焊的方法。

铜磷钎料的化学成分和性能列于表 3.9-17。

表 3.9-17 铜磷钎料的化学成分和性能

钎料	化学成分（质量分数）/%					熔化温度/℃	抗拉强度/MPa	电阻率/μΩ·m
	Cu	P	Ag	Sn	其他			
BCu95P	余量	5±0.3	—	—	—	710～942	—	—
BCu93P	余量	6.8～7.5	—	—	—	710～800	470.4	0.28
BCu92PSb	余量	6.3±0.4	—	—	Sb1.5～2.0	690～800	303.8	0.47
BCu91PAg	余量	7±0.2	2±0.2	—	—	645～810	—	—
BCu89PAg	余量	5.8～6.7	5±0.2	—	—	650～800	519.4	0.23
BCu80PAg	余量	4.8～5.3	15±0.5	—	—	640～815	499.8	0.12
HLAgCu70－5	余量	5±0.5	25±0.5	—	—	650～710	—	—
HLCuP6－3	余量	5.7±0.3	—	3.5±0.5	—	640～680	—	0.35
Cu86SnP	余量	5.3±0.5	—	7.5±0.5	0.8±0.4	620～660	—	—
BCu80PSnAg	余量	5.3±0.5	5±0.5	10±0.5	—	560～650	—	—
Cu77NiSnP	77.6	7.0	9.7	—	Ni5.7	591～643	—	—

BCu95P 钎料韧性尚好，可以加工成片状使用。钎料的结晶间隔大，流动性差，故该钎料是为预置钎料片的接头而设计的，特别适用于电阻钎焊。

BCu93P 钎料的流动性极好，可填充小间隙接头，最适宜的间隙为 0.03～0.08 mm，该钎料在热态下可挤压成丝，主要用于机电、仪表和制造工业，钎焊不受冲击载荷的铜和铜零件的钎焊。

BCu92PSb 钎料性能和用途与 BCu93P 钎料相仿，但流动性稍差，电阻率稍高，用于间隙较大的接头的钎焊。

BCu91PAg 钎料中的银改善了钎料的韧性，使钎料加工较容易。在较低的钎焊温度下能填充较大的间隙，在较高的钎焊温度下流动性又极好。用于制冷、电机、仪表等行业中的铜和铜合金零件的钎焊。

BCu89PAg 钎料的韧性和导电性又有所提高，可加工成片或丝。因含磷量减少而使流动性降低，适宜于钎焊接头间隙不易控制或较大间隙的接头，最佳间隙值为 0.05～0.13 mm。此种钎料以预成型环的形式在热交换器的接头钎焊中得到广泛应用。

BCu80PAg 钎料的韧性和导电性进一步提高，适宜于钎焊导电要求高和接头间隙不易控制的零件。

HLAgCu70－5 钎料的韧性和导电性是铜磷钎料中最好的一种，用于钎焊高导电要求的电器接头。

HLCuP6－3 钎料不含银，价格低，钎焊温度比 BCu93P 钎料低得多，流动性也很好。该钎料为 BCu93P 钎料的代用品。

Cu86SnP 钎料比 HLCuP6－3 稍脆，但流动性稍好一些，用途与 HLCuP6－3 钎料相同。

Cu77NiSnP 钎料的钎焊温度低，与 BAg45CuZnCd 钎料相当。用该钎料钎焊的铜接头的抗拉强度和抗剪强度与用铜银磷、银铜锌镉钎料钎焊的相当。钎料可用快速冷凝法制成箔状，用来钎焊热交换器和电器接头等。

BCu80PSnAg 钎料用途与 Cu77NiSnP 钎料相同，但因含银的缘故价格较高。

2.2.3　硬钎剂

现有硬钎剂主要以硼砂、硼酸以及它们的混合物为基体，在添加某些碱金属或碱土金属的氟化物、氟硼酸盐等来获得合适的活性温度和增强去氧化物能力。

硼酸 H_3BO_3 加热时分解形成硼酐 B_2O_3，反应式如下：

$$2H_3BO_3 \longrightarrow B_2O_3 + 3H_2O\uparrow$$

硼酐的熔点为 580℃，它能与铜、锌、镍和铁的氧化物形成易熔的硼酸盐：

$$MeO + B_2O_3 \longrightarrow MeO \cdot B_2O_3$$

以渣的形式浮在钎缝上面，既能去膜，又能起机械保护作用。但生成的硼酸盐在低于 900℃时难溶于硼酐，而与硼酐形成不相混的两层液体。另外，在 900℃以下，硼酐的黏度很大，去除氧化物的效果不好。

硼砂 $Na_2B_4O_7$ 在 741℃熔化，在液态下分解成硼酐和偏硼酸钠：

$$Na_2B_4O_7 \longrightarrow B_2O_3 + 2NaBO_2$$

硼酐与金属氧化物形成易熔的硼酸盐，而偏硼酸钠又与硼酸盐形成熔化温度更低的复合化合物：

$$MeO + 2\,NaBO_2 + B_2O_3 \longrightarrow (NaBO_2)_2 \cdot Me\,(BO_2)_2$$

容易浮到钎缝表面。因此，硼砂的去氧化物能力比硼酸强。但硼砂的熔点比较高，且在低于 800℃时黏度较大，流动性不够好。

硼砂和硼酸的混合物是应用很广的钎剂，加入硼酸能减小硼砂钎剂的表面张力，促进钎剂的铺展。硼酸还能改善钎剂残渣的脱渣性。

但硼砂－硼酸钎剂配合银钎料使用时，熔化温度仍嫌太高，黏度太大。为进一步降低其熔化温度，可加入氟化钾。KF 更重要的功能是降低钎剂的黏度和提高去氧化物的能力。为了进一步降低其熔化温度和提高其活性，可加入 KBF_4。KBF_4 的熔点为 540℃，熔化分解为

$$KBF_4 \longrightarrow KF + BF_3$$

析出的 BF_3 具有极强的去氧化物的能力。

表 3.9-18 列出了部分硬钎剂的成分。FB102 钎剂是应用最广的通用钎剂。FB103 钎剂的作用温度最低，特别适用于银铜锌镉钎料。FB104 钎料不含 KBF_4，钎剂不易挥发，在加热速度较慢情况下仍可保持较长时间的活性。钎剂残渣有腐蚀性，焊后必须进行清洗。

表 3.9-18　部分硬钎剂成分及用途

牌号	成分（质量分数）/%	作用温度/℃	用途
FB101	硼酸 30，氟硼酸钾 70	550～850℃	银钎料钎剂
FB102	无水氟化钾 42，氟硼酸钾 25，硼酐 35	600～850℃	应用最广的银钎料钎剂
FB103	氟硼酸钾 >95，碳酸钾 <5	550～750℃	用于银铜锌镉钎料
FB104	硼砂 50，硼酸 35，氟化钾 15	650～850℃	银基钎料炉中钎焊

用铜－磷系钎料钎焊铜及铜合金时，为了防止钎焊接头氧化，还使用有机气态钎剂，能够得到光亮、无任何变色的钎焊接头。另外，根据广州有色金属研究所的研究，用银钎料（Ag－Cu－Zn 系）钎焊纯铜在不加任何其他钎剂的情况下，用有机硼气态钎剂可钎焊搭接长度超过 10 mm 的平板搭接试样，反面能形成光滑、致密、饱满的圆角，但钎焊温度略高于用 FB102 钎剂的钎焊温度。与传统的硼砂－硼酸型钎剂相比，有机硼气态钎剂的有效成分是有机硼化合物（可表示为 $C_mH_nB_xO_y$），其在常温下为液体，沸点很低，极易挥发。通过混合设备，由可燃气体乙炔或丙烷等带动雾化，并与氧气混合，在火焰中燃烧，发生如下反应：$C_mH_nB_xO_y$ + C_2H_2（或 C_3H_8）+ $O_2 \longrightarrow B_2O_3$ + …燃烧的产物 B_2O_3 悬浮在火焰中，而后沉积在待钎焊的工件上，与钎焊部分金属氧化物（如氧化铜）发生作用，生成容易溶解的金属硼酸盐化合物：$B_2O_3 + CuO \longrightarrow Cu\,(BO_2)_2$。这种反应不像传统的火焰铜钎焊工艺使用含硼砂的钎剂而产生难以溶解的玻璃体复合偏硼酸盐，因此气态钎剂具有自身独特的优点。在具体钎焊时，使用气态钎剂还表现出钎焊速度快，钎缝饱满光滑，无气孔产生，钎焊处无焊渣，免除酸洗清渣工序，提高钎焊强度和涂层及电镀质量，减少酸洗所造成的环境污染。有机硼气态钎剂在制冷行业的应用是气态钎剂应用的一大领域，其主要应用在纯铜管和纯铜管的连接及纯铜管和黄铜螺帽的连接上。由于有机气态钎剂较难钻入搭接缝隙深处，因此，对于纯铜与纯铜搭接接头钎焊，无需钎剂，用铜－磷钎料即可；对于纯铜与黄铜的钎焊，则需要少量气态钎剂，主要作用是减少铜表面的氧化。使用有机气态钎剂的手工火焰钎焊和自动火焰钎焊均有应用。自动钎焊最典型的例子有，两器（冷凝器、蒸发器）U 形管接头的钎焊。另外，在家用空调的制造过程中，大量使用手工火焰钎焊，如四通阀，毛细管及各种管接头的钎焊，现对于这些零件的钎焊，从提高钎焊质量的角度出发，推荐使用气态钎剂。

2.2.4　钎焊工艺

钎焊前要对待钎焊铜或铜合金表面进行处理，溶剂除油或碱液除油都适用于铜和铜合金。机械方法、金属丝刷和喷砂等可用来去除氧化物。铜和铜合金的化学清洗如下。

1）铜、黄铜和锡青铜　在 10%～20% H_2SO_4 冷水溶液中浸洗 10～20 min；或在 $H_2SO_4 : HNO_3 : H_2O = 2.5 : 1 : 0.75$ 溶液中浸洗 15～25 s。

2）硅青铜　先在 5% H_2SO_4 的热水溶液中浸洗，再在 2%HF 和 5% H_2SO_4 的冷混和酸水溶液中浸洗。

3）铬青铜和铜镍合金　在 5% H_2SO_4 的热水溶液中浸洗，然后在 15～37g/L 重铬酸钠和 4% H_2SO_4 的溶液中浸洗。

4）铝青铜　先在 2%的 HF 和 3%的 H_2SO_4 的冷混合酸水溶液中浸洗，然后在 5%的 H_2SO_4 的溶液中浸洗。

5）铍青铜　厚氧化皮应在 50%的 H_2SO_4 水溶液中于 65～75℃下浸洗。薄氧化膜可在 2%的 H_2SO_4 水溶液于 71℃～82℃温度下浸洗，然后在 30%的 HNO_3 水溶液中浸一下。

铜及铜合金可用多种方法进行钎焊，如烙铁钎焊、浸沾钎焊、火焰钎焊、感应钎焊、电阻钎焊、炉中钎焊、接触反应钎焊等。但高频感应钎焊时，由于铜的电阻小，要求加热的电流比较大。

含氧铜暴露在含氢的气氛下能使铜产生脆化。应避免使用火焰钎焊大型组件，炉中钎焊也应避免使用含氢气氛。温度高、时间长会加重发生氢脆的危险。黄铜在炉中钎焊时，锌发生蒸发，使黄铜成分发生变化，故钎焊黄铜最好先镀铜。含锌的钎料在炉中钎焊时，为了防止锌的蒸发，最好加少量的钎剂。含铅的铜合金经长时间加热容易析出铅，因此大型组件的火焰钎焊和炉中钎焊因其加热时间较长，会造成某些困难。如果从合金中（特别是含铅的质量分数高于 2.5%）析出大量的铅，由于变脆和钎焊不良，就能造成有缺陷的钎焊接头。铝青铜钎焊时，为了防止铝向银钎料中扩散，使接头质量变坏，钎焊加热时间必须尽可能短。在铝青

铜表面上镀铜或镀镍也可以防止铝向钎料的扩散。钎焊铍青铜时，钎焊加热温度应与热处理规范相配合。对于一些容易自裂的合金，如硅青铜、磷青铜、铜镍合金，一定要避免产生热应力，不宜采用快速加热方法。

钎焊后要清除钎剂的残渣，清洗工件表面。清除残渣的主要目的是为了防止残渣对工件的腐蚀，有时也是为了获得一个良好的外观或对钎焊后的工件作进一步加工。这些残渣很容易用热水浸泡而溶解掉。

2.3 碳钢和低合金钢的钎焊

碳钢以铁为基体，以碳为主要合金元素，其 w（C）一般不超过1.0%。此外，w（Mn）低于1.2%，w（Si）不超过0.5%者皆不作合金元素。其他元素更是控制在残余量的限度内。碳钢的性能主要取决于含碳量。低合金钢是在碳钢的基础上，添加一定的合金元素所形成的新钢种，但合金元素的总含量≤5%。

2.3.1 钎焊特点

碳钢钎焊时在表面上往往会形成四种类型的氧化物，即 $\alpha-Fe_2O_3$、$\gamma-Fe_2O_3$、Fe_3O_4（$FeO\cdot Fe_2O_3$）和FeO。碳钢在室温下可形成 $\gamma-Fe_2O_3$ 的氧化层，其厚度可达2~4个原子层；加热到200℃左右的温度时，生成 $\alpha-Fe_2O_3$ 氧化物；加热到较高温度（不超过570℃），会生成氧化物的混合膜：内层为 $FeO\cdot Fe_2O_3$，表面层为 $\alpha-Fe_2O_3$；当加热的温度超过570℃时，只生成FeO。但是，如果把碳钢从室温逐渐加热到高于570℃，那么就会在碳钢的表面上一次生成三种氧化物：$\alpha-Fe_2O_3$、$FeO\cdot Fe_2O_3$ 和FeO。钢上的氧化物是由空气中的氧气穿过氧化物渗到金属上而生成的。

所有的氧化物均是多孔和不稳定的，容易被还原性气体还原，也容易被钎剂去除。所以低碳钢的钎焊是容易实现的。对于低合金钢来说，如合金元素含量相当低，则金属表面基体上为铁的氧化物，但随着合金元素含量的提高，则还可能生成其他的氧化物，这在选择钎剂时必须加以考虑。在低合金钢表面生成的氧化物中，影响最大的是铬和铝的氧化物，它们的稳定性较大，使钎焊过程较难进行。为了去除它们，就需要使用活性较大的钎剂或采用露点较低的保护气氛。

此外，合金钢常在淬火和回火的状态下使用，所以还需考虑钎焊时可能发生的退火软化等问题。

2.3.2 钎焊材料

碳钢和低合金钢硬钎焊时，主要采用铜基钎料和银基钎料。纯铜由于熔点高，主要用于保护气体钎焊和真空钎焊，也可在碳钢和低合金钢表面电镀铜层作为钎料，其钎焊温度约为1 130℃。钎焊时铁有溶于铜中的倾向，而铜又能向铁的晶间渗入，由于钎料和母材的合金化，钎缝强度大大提高。例如铸造状态铜的强度为186~196 MPa，而在保护气体中用铜钎焊的低碳钢接头的强度达到294~343 MPa。用铜钎焊钢时，接头间隙应小于0.05 mm，否则钎料难以填满全部间隙。

使用黄铜钎料时，为了防止锌的蒸发，必须采用快速加热方法，如火焰钎焊、感应钎焊、浸沾钎焊等；通常选用含有少量硅的钎料，可有效减少锌的蒸发。黄铜钎料的钎焊温度比较低，钢不会发生晶粒长大，钎焊接头强度和塑性均比较好。例如，用B-Cu62Zn钎料钎焊的低碳钢接头强度达421 MPa，抗剪强度达294 MPa。用铜基钎料钎焊镀Zn钢板时，可利用电弧钎焊高热能密度、快速加热的特点钎焊镀锌钢板，可有效防止锌的蒸发，并且能获得良好的接头，图3.9-66为MIG钎焊镀锌钢板接头钎缝照片。

采用银基钎料时，主要采用B-Ag45CuZn、B-Ag40CuZnCd、B-Ag50CuZnCd和B-Ag40CuZn钎料。银基钎料的工艺性能好，钎焊温度比铜基钎料低，在钢表面就有良好的铺展性，钎焊接头的强度和塑性都是比较好的。例如，用B-Ag50CuZnCd钎料钎焊的低碳钢接头强度可达294 MPa。因此，银基钎料都用来钎焊重要的结构。

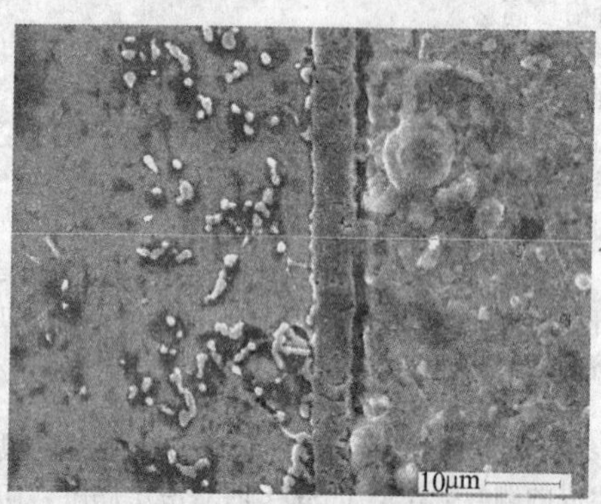

图3.9-66 Cu基钎料MIG钎焊镀锌钢板钎缝微观组织

钎焊淬火的合金钢时，为了保证接头力学性能，防止钎焊过程中发生退火，钎焊温度应限制在高温回火温度以下。如钎焊30CrMnSiA时，使用熔点较低的B-Ag50CuZnCd钎料，它可以保证得到高质量的接头，使接头的抗剪强度可达349~431 MPa，抗拉强度达476~651 MPa。

钎焊碳钢和低合金钢一般均需用钎剂或适当的保护气体。硬钎焊时，钎剂常由硼砂、硼酸和某些氟化物等组成。如黄铜钎料则选硼砂或硼砂与硼酸的混合物作钎剂；银基钎料可选择硼砂、硼酸和某些氟化物的混合物作钎剂；银基钎料和保护气氛可同时使用。钎剂可采用膏状、粉状和与钎料相结合等形式。在手工送钎料时，手持钎料丝，随时粘着适量的钎剂以备使用。在保护气氛中钎焊时，钎料需预先放置在接头内或置于接头附近，然后把组件装入钎焊工作室中，必须控制钎焊的最高温度和保温时间，以保证适当的熔化，使钎料完全渗入接头。

2.3.3 钎焊工艺

（1）接头间隙设计

碳钢和低合金钢的接头应是紧密配合的，设计要合理。对于使用无机钎剂时的大多数钎料来说，间隙取0.05~0.13 mm可以保证钎焊质量，接头可获得良好的力学性能。铜基钎料可选择较小的接头装配间隙，一般采用0.01~0.05 mm。保护气氛炉中钎焊时，大多数钎料所适合的间隙更小些，甚至可以采用轻微的压配合。为了确定已选定钎料的钎焊温度下合适的接头间隙大小，必须考虑钎焊零件的膨胀系数。对于紧配合的接头需要使用熔化范围相当窄的钎料；反之，间隙较大时，则采用熔化范围较宽的钎料，以获得良好的钎焊接头。

（2）钎焊前预处理

为了取得最佳效果，钎焊接头接触表面采用机械或化学方法清理，确保氧化物或有机物彻底清除；接头端面不宜过于粗糙，不得粘附金属屑粒或其他污物。

（3）钎焊方法

几乎所有常用的钎焊方法均可进行碳钢和低合金钢的钎焊。常用的钎焊方法有火焰钎焊、烙铁钎焊、浸沾钎焊、炉中钎焊、电阻钎焊、保护气氛及真空钎焊。

火焰钎焊时，可采取预置钎料、钎剂或使用涂有钎剂的钎料馈送。通常宜用中性焰或稍带还原性的火焰，操作时应尽量避免火焰直接加热钎料和钎剂。除烙铁钎焊（用于软钎焊）外，其他方法都不得使母材过热，以免母材金属及钎料、钎剂产生不利的影响。

碳钢及表面不形成稳定氧化物的低合金钢是比较容易钎

焊的。对于调质钢的钎焊，为了保持较高的力学性能，通常选择淬火温度或低于回火温度进行钎焊。但在淬火温度下钎焊时，由于钢和有色金属的钎料膨胀系数不同，刚性大的接头在钎焊后的淬火中容易引起钎缝的局部破坏。这类钢的淬火温度不高，回火温度低，通常选用熔点较低的银基钎料在650～750℃下进行钎焊。为了减少钎焊件的退火软化，采用快速加热的感应钎焊、盐浴浸沾钎焊。

在保护气氛中钎焊低碳钢时，由于氧化铁容易还原，对于气体的纯度要求不高。钎焊低合金钢如30CrMnSiA时，因金属表面尚有其他氧化物存在，对气体纯度要求高些。但是在低于650℃温度下钎焊时，即使纯度很高的气体，也不能使钎料铺展，必须配合使用气态钎剂，如 BCl_3、PCl_3、BBr_3 等，才能保证B－Ag40CuZnCd钎料在低合金钢表面上铺展。

(4) 钎焊后处理

倘若基体金属适合于淬火处理，则可趁焊件还处于高热状态时进行淬火处理。当采用钎剂进行钎焊时，因为钎剂的残渣多数对母材有不良影响，必须彻底清除。但对易产生裂纹或引起变形的焊件，此法应慎重考虑。残渣还可以采取机械的方法来清除，如用金属丝刷或在水中冲洗或刷洗。有条件的情况下，可进行喷砂处理。对于有机钎剂的残渣可用汽油、酒精、丙酮等有机溶剂擦拭或清洗；氯化锌和氯化铵的残渣腐蚀性很强，应在体积分数为10%的NaOH的水溶液中清洗和中和，然后用热水和冷水洗净；硼酸和硼酸盐钎剂的残渣呈玻璃状粘附在接头表面，不易清除。一般只能用机械方法或在沸水中长时间浸煮来解决。

钎焊后清除的对象有时还有阻流剂。对于只与母材机械粘附的阻流剂物质，可用空气吹、水冲洗或金属丝刷等机械方法清除。若阻流剂物质与母材表面存在相互作用时，用热硝酸－氢氟酸清洗，可取得良好效果。

2.4　不锈钢的钎焊

常见的不锈钢可分为四大类，即奥氏体不锈钢、铁素体不锈钢、马氏体不锈钢和沉淀强化不锈钢。

1) 奥氏体不锈钢　这类钢都是铁、铬和镍（或锰）的合金。加入镍和锰可以使钢中的高温奥氏体稳定到室温。这类钢强度不高，但具有很高的耐热性和耐腐蚀性。典型的牌号有1Cr18Ni9、1Cr18Ni9Ti等。

2) 铁素体不锈钢　这类钢基本上是铁、铬低碳合金。在其中加入了足够量的铬，使钢中的低温相铁素体稳定在一个较宽的温度范围内。典型的牌号有 0Cr13、1Cr17 等。

3) 马氏体不锈钢　这是一类铁－碳－铬的合金。马氏体不锈钢与铁素体不锈钢很接近，但它们能够进行热处理强化，经淬火及回火后具有良好的强度、塑性、韧性、耐蚀性等综合性能。典型的型号有 2Cr13、1Cr12Ni2W2MoV、1Cr12 等。

4) 沉淀强化不锈钢　一般在不锈钢的基础上，加入铝、钛、铜和钼等合金元素，经过特殊的热处理而使这些合金沉淀强化，形成沉淀强化不锈钢。这类钢具有高强度、耐热、耐腐蚀性的特点。

2.4.1　钎焊特点

不锈钢的钎焊特点首先取决于在它表面生成氧化物的化学稳定性。不锈钢表面氧化膜复杂，不锈钢除含铁外，还含有铬、镍、锰、钛、钼、钨、钒等元素，所以在它的表面上形成的主要氧化物有 Me_2O_3（Me = Fe、Ni、Cr、Mn、Ti）和 $Me^1O \cdot Me^2_2O_3$（Me^1 = Fe、Ni、Mn；Me^2 = Cr、Fe、Ni、Mn、Ti）两大类。其中 Cr_2O_3 是比较稳定的氧化物，较难去除，必须采用活性强的钎剂；在保护气氛中钎焊时，必须采用低露点的还原气氛或惰性气氛；真空钎焊时在 10^{-4} mmHg 下要加热到900℃才能实现。其次，钎焊的加热温度对不锈钢性能影响很大，所以钎焊温度必须与其热处理温度相适应，通常推荐在其淬火温度下钎焊可获得最好的性能。

对于奥氏体非硬化不锈钢，例如1Cr18Ni9和0Cr18Ni9等，钎焊加热到 427～876℃范围时，由于碳化铬的析出而引起晶间腐蚀，为此钎焊时尽量缩短在该温度范围的加热时间，也可选用加入碳化物稳定剂 Ti、Nb 的不锈钢，这样能够避免晶间腐蚀。另外，钎焊这类钢时，要注意钎焊温度的选择，应选择使晶粒不致猛烈长大的温度。例如，1Cr18Ni9Ti不锈钢的晶粒长大温度为 1 150℃，故应低于此温度钎焊。

对于铁素体非硬化不锈钢，当采用某些 BAg 钎料钎焊时，这类钢（如 Cr17）特别容易形成界面腐蚀。显然，这种腐蚀是由于电化学作用所引起的，因而使基体金属和钎料间的结合受到损害。在银基钎料中加入很少的镍，可防止大多数不锈钢钎焊接头产生界面腐蚀。然而，这种钎料用于 Cr17 型不锈钢虽然能大大减缓腐蚀速度，但却不能收到完满的效果。为此，应采用一种专用的银基钎料——其成分（质量分数）为 63% Ag、28.5% Cu、6% Sn 以及 2.5% Ni——来钎焊 Cr17 型不锈钢。

对于马氏体硬化不锈钢，钎焊时应特别注意，要使钎焊的热循环与该合金所要求的热处理相匹配。这一点通常是通过选择具有这样钎焊温度的钎料来达到，即在钎焊温度下实现基体金属奥氏体化。为保证奥氏体向马氏体的转变适当，需要从钎焊温度起快速冷却。这类钢的钎焊温度，或选择与其淬火温度相适应或选在不高于它们的回火温度。

对于沉淀硬化不锈钢，像对待马氏体不锈钢的情况一样，钎焊这类合金所用的钎焊热循环也必须与它们的热处理相匹配。因为这类合金的热处理范围相当宽，所以每一种合金都要求有各自的钎焊工艺。例如，超音速飞机和宇宙飞船用的蜂窝结构壁板的制造是这类合金钎焊的一项重要应用，这将在后面的有关章节作更详细的介绍。

应指出，所有铬镍不锈钢都容易产生应力腐蚀裂纹。这种现象往往发生在基体金属处于应力作用状态下，在应力点上，熔化钎料沿着晶界向基体金属渗入，使基体金属强度大为降低，因此，最佳的钎焊效果是在消除应力的材料上获得的。消除应力的热处理可以在钎焊前或钎焊过程中进行，如果是在钎焊过程中进行的，它的处理温度必须低于钎料的固相线温度。零件的装配和支撑方式要避免在钎焊过程再产生应力。

2.4.2　钎料

根据不锈钢的用途、钎焊温度、接头性能及造价的不同，可用于不锈钢硬钎焊的钎料主要有银基钎料、铜基钎料、锰基钎料、镍基钎料及贵金属钎料等。

(1) 银基钎料

表 3.9-16 所列的银基钎料都可以用来钎焊不锈钢。

用银基钎料在保护气氛中钎焊奥氏体不锈钢应选用自钎剂钎料BAg72CuNiLi，钎料中的锂能保证钎料对不锈钢的润湿。在真空或保护气氛中钎焊不锈钢时应选用 BAg72、BAg50Cu和BAg60CuZn等不含易挥发元素的钎料，同时为了保证钎料的润湿，母材表面应预先镀铜或镀镍。

钎焊1Cr18Ni9Ti不锈钢时，广泛使用银基钎料。其中银铜锌和银铜锌镉钎料由于钎焊温度不太高，而对母材的性能影响不大。这些钎料的钎焊温度容易引起不锈钢晶界析出碳化物，但由于1Cr18Ni9Ti不锈钢含有钛稳定剂，则不会出现晶间腐蚀的倾向。

用银基钎料钎焊铁素体不锈钢，接头在潮湿空气中会发生间隙腐蚀，特别是钎焊 1Cr17 钢时，很容易引起界面腐蚀。这种腐蚀是由于钎料与母材电极电位的不同，在腐蚀介质（如潮湿空气、水等）的作用下所形成的电化学腐蚀，导致钎焊接头的破坏。为了防止这种现象的发生应采用含镍的钎料，如BAg50CuZnCdNi等。由于镍的作用，在钎缝与母材之间形成了明显的过渡层，电极电位的过渡比较平缓，接头的抗腐蚀性明显提高。

用银基钎料钎焊马氏体不锈钢时，必须考虑母材的热处理制度。对于淬火回火状态的马氏体不锈钢，如1Cr13、2Cr13等，钎焊温度应低于700℃，以免母材因加热温度过高而使母材发生软化。这时，应选择BAg40CuZnCdNi、BAg45CuZnCd、BAg50CuZnCd、BAg56CuZnSn、BAg50CuZnSnNi等钎料钎焊。

在保护气氛下钎焊不锈钢时要求采用高纯的保护气体，并且在足够高的温度下才能去除不锈钢表面形成的 Cr_2O_3、TiO_2 等氧化物。采用常规的银基钎料不能满足此要求，必须辅加钎剂。采用表3.9-19所列的自钎剂钎料即可在较低的温度下钎焊不锈钢。

用银钎料钎焊铁素体不锈钢时，特别是1Cr17钢时，很容易引起界面腐蚀，为了防止界面腐蚀的发生应采用含镍的钎料，如Bag50C及一些进口含镍银基钎料等钎焊。由于镍的作用，在钎缝与母材之间形成了明显的过渡层，电极电位的过渡比较平缓，接头的抗腐蚀性明显提高。

用银基钎料钎焊奥氏全不锈钢时，除了不含稳定剂的1Cr18Ni9不锈钢，因钎焊温度正处于它的敏化温度区间容易造成抗晶间腐蚀性下降外，对母材性能不产生不利的影响，因此选择余地较大。用银基钎料在保护气氛中钎焊奥氏体不锈钢时应选用自钎剂钎料（见表3.9-19），钎料中的锂能保证钎料对不锈钢的润湿。用银基钎料钎焊的1Cr18Ni9Ti的接头强度列于表3.9-20。

表3.9-19 钎焊不锈钢用自钎剂钎料

牌 号	化学成分（质量分数）/%				熔点/℃	钎焊温度/℃
	Ag	Cu	Ni	Li		
BAg92CuLi	92±1	余量	—	0.5±0.1	779~881	881~980
BAg72CuNiLi	72±1	余量	1±0.5	0.5±0.1	780~800	880~940

表3.9-20 银基钎料钎焊的1Cr18Ni9Ti不锈钢接头强度

钎料牌号	接头抗拉强度/MPa	接头抗剪强度/MPa
BAg10CuZn	386	198
BAg25CuZn	343	190
BAg45CuZn	395	198
BAg50CuZn	375	201
BAg65CuZn	382	197
BAg70CuZn	361	198
BAg40CuZnCd	375	205
BAg50CuZnCd	418	259
BAg35CuZnCd	360	194
BAg50CuZnCdNi	428	216
BAg72CuNiLi	353	—

(2) 铜基钎料

纯铜钎料主要用于保护气氛下钎焊1Cr18Ni9Ti不锈钢。真空钎焊时为了减少铜的挥发，在钎焊保温时间内充以部分氩气。保护气氛炉中钎焊或真空钎焊的钎焊温度为1 120℃。保护气氛炉中钎焊时采用氢或分解氨作保护气体，气体露点应低于-40℃，以保证铜钎料的润湿。由于铜具有很好的流动性，接头间隙应控制在0~0.05 mm范围内。铜钎料的高温抗氧化性差，不允许在400℃以上的温度下工作。

用黄铜钎焊不锈钢时母材有发生自裂的倾向，建议少用。

除了铜和黄铜钎料可钎焊不锈钢外，还有一些专用的钎焊不锈钢的高温铜基钎料。出现这些钎料的原因是通常使用的银基钎料和黄铜钎料的高温强度和蠕变强度比较低，当温度超过400℃后，钎料接头的强度急剧下降，并且钎料的氧化也很严重，这些钎料不能钎焊在较高温度下工作的工件。表3.9-21列出了一些高温铜基钎料，它可以满足400~600℃的工作温度要求。

表3.9-21 高温铜基钎料

牌 号	化学成分（质量分数）/%							熔点/℃	钎焊温度/℃
	Ni	Si	B	Fe	Mn	Co	Cu		
HlCuNi30-2-0.2	27~30	1.5~2.0	≦0.2	<1.5	—	—	余量	1 080~1 120	1 175~1 200
Cu69NiMnCoSiB	18	1.75	0.2	1	5	5	余量	1 053~1 084	1 090~1 100
Cu58MnCo	—	—	—	—	—	—	余量	940~950	1 000~1 050
Cu40MnNi	20	—	—	—	40	—	余量	950~960	1 000~1 050

当银基钎料不能满足高温性能要求时，可用高温铜基钎料钎焊。用HlCuNi30-2-0.2钎料钎焊时温度高，将使不锈钢晶粒明显长大，如晶粒由焊前的7~8级变成钎焊后的3~4级。Cu69NiMnCoSiB钎料的钎焊温度比HlCuNi30-2-0.2钎料低得多，不会发生不锈钢晶粒长大现象。同时，Cu69NiMnCoSiB钎料向母材的晶间渗入深度小，最大为0.03 mm；而HlCuNi30-2-0.2钎料最大为0.17 mm，因此接头的疲劳强度高。高温铜基钎料可用火焰加热、感应加热等方法钎焊。

钎焊马氏体不锈钢时可采用Cu59MnCo、82.5Au-17.5Ni和54Ag-21Cu-25Pd等钎料，因为这些钎料的钎焊温度约为1 000℃，正好与大多数马氏体不锈钢的淬火温度相匹配。Cu59MnCo钎料的性能比较好，并且不含贵金属，经济性要好得多。Cu59MnCo钎料主要用于气体保护炉中钎焊。因含锰量高，在1 000℃钎焊温度下要求保护气体的露点低于-52℃。钎料对母材的溶蚀小，可用来钎焊薄件。

(3) 锰基钎料

对于工作温度高于600℃的不锈钢钎焊接头可采用锰基钎料。锰的熔点为1 235℃，为了降低其熔点可加入镍。根据Ni-Mn相图，60%Mn和40%Ni形成熔点为1 005℃的低熔点固溶体，塑性优良。锰基钎料就是以Ni-Mn合金为基体，加入不同量的合金元素组成的。表3.9-22列出一些锰基钎料的成分及特性。

表3.9-22 锰基钎料

牌 号	化学成分（质量分数）/%							熔化温度/℃	钎焊温度/℃
	Mn	Ni	Cr	Cu	Co	Fe	B		
BMn70NiCr	70±1	25±1	5±0.5	—	—	—	—	1 035~1 080	1 150~1 180
BMn40NiCrFeCo	40±1	41±1	12±1	—	3±0.5	4±0.5	—	1 065~1 135	1 180~1 200
BMn68NiCr	68±1	22±1	—	—	10±1	—	—	1 050~1 070	1 120~1 150
BMn50NiCuCrCo	50±1	27.5±1	4.5±0.5	13.5±1.0	4.5±0.5	—	—	1 010~1 035	1 060~1 080
BMn65NiCoFeB	余量	16±1	—	—	16±1	3±0.5	0.2±1.0	1 010~1 035	1 060~1 085
BMn45NiCr	45±1	20±1	—	35±1	—	—	—	920~950	1 000
BMn52NiCuCr	52±1	28.5±1	5±0.5	14.5±1	—	—	—	1 000~1 010	1 060~1 080

BMn70NiCr钎料是在镍锰合金的基础上加入5% w（Cr），提高了钎料的抗氧化性。钎料具有良好的润湿性和填充间隙的能力，对母材的溶蚀能力小。可满足不锈钢波纹板夹层结构换热器的低真空钎焊的要求。

BMn40NiFeCo钎料提高了含铬量，改变了锰与铬的比例，并添加少量钴以改善其性能。钎料的高温性能和耐腐蚀性能稍高于BMn70NiCr钎料，但钎料的熔化温度和钎焊温度也有所上升，易引起不锈钢晶粒长大。钎料的流动性适中，虽然没有BMn70NiCr钎料那样好，但比较容易控制。

BMn68NiCo钎料含钴量高，高温性能好。钎焊温度低于前两者钎料，适于钎焊工作温度更高的薄件。

BMn50NiCuCrCo钎料利用了锰镍以及铜锰形成低熔组织的特点来调节钎料的熔点，通过添加4.5%钴来提高其高温性能。钎料熔化温度较低，钎焊不锈钢时不会发生晶粒长大现象。钎料能填充较大间隙，特别适用于氩气保护下感应钎焊不锈钢接头。

BMn65NiCoFeB钎料在不锈钢表面的铺展能力差，适用于钎焊毛细管等易被钎料堵塞的场合，或用于大间隙钎焊。

BMn45NiCu钎料由于大量铜的加入，钎料熔化温度大大降低，适用于分步钎焊的末级钎焊以及补钎焊。

BMn52NiCuCr钎料的高温性能不如其他锰基钎料（BMn45NiCu除外），但熔化温度低，用于钎焊要求钎焊温度低的不锈钢薄件。

锰基钎料的蒸气压高，不能用于高真空钎焊，锰又容易氧化，也不适用于火焰钎焊。主要用于氩气保护的炉中钎焊和感应钎焊以及较低真空度的真空钎焊。

锰基钎料目前主要用来钎焊1Cr18Ni9Ti奥氏体不锈钢，其接头强度列于表3.9-23，BMn70NiCr钎料用于不锈钢波纹板夹层结构的低真空钎焊。其他钎料尚可用于气体保护钎焊。根据抗氧化性试验，锰基钎料钎焊的工件可在500℃下长期工作。

表3.9-23 锰基钎料钎焊的1Cr18Ni9Ti不锈钢接头的抗剪强度

钎 料	抗剪强度/MPa					
	20℃	300℃	500℃	600℃	700℃	800℃
BMn70NiCr	323	—	—	152	—	86
BMn70NiCrFeCo	284	255	216	—	157	108
BMn68NiCo	325	—	253	160	—	103
BMn50NiCuCrCo	353	294	225	137	—	69
BMn52NiCuCr	366	270	—	127	—	67

(4) 镍基钎料

镍基钎料以镍为主体，并添加能降低熔点及提高其热强度的元素组成的。镍的熔点虽高（1 452℃），但硼、硅、磷等元素能降低其熔点。铬虽能稍降低镍的熔点，但铬在镍及钎料中的主要作用是提高其抗氧化性，并使镍固溶强化。为达到满意的综合性能，绝大部分镍基钎料由三元或三元以上的合金组成。

用镍基钎料钎焊不锈钢，可以得到最好的高温性能。常用的镍基钎料如表3.9-24所示。

表3.9-24 镍基钎料

牌 号	化学成分（质量分数）/%								熔化温度/℃	钎焊温度/℃
	Ni	Cr	B	Si	Fe	C	P	其他		
BNi74CrSiB	余量	13～15	2.75～3.5	4～5	4～5	0.6～0.9	—	—	975～1 083	1 065～1 205
BNi75CrSiB	余量	13～15	2.75～3.5	4～5	4～5	0.06	—	—	975～1 075	1 075～1 205
BNi82CrSiB	余量	6～8	2.75～3.5	4～5	2.5～3.5	0.06	—	—	970～1 000	1 010～1 175
BNi92SiB	余量	—	2.75～3.5	4～5	0.5	0.06	—	—	980～1 010	1 010～1 175
BNi93SiB	余量	—	1.5～2.2	3～4	1.5	0.06	—	—	970～1 095	1 150～1 205
BNi68CrWB	余量	9.5～10.5	2.2～2.8	9.75～10.5	2～3	0.06	—	W11.5～12.5	1 080～1 135	1 150～1 200
BNi71CrSi	余量	18.5～19.5	—	—	—	0.10	—	—	877	1 150～1 205
BNi89P	余量	—	—	—	—	—	10～12	—	890	925～1 025
BNi76CrP	余量	13～15	0.01	0.1	0.2	0.08	9.7～10.5	—	970～1 095	925～1 040
BNi66MnSiCu	余量	—	—	6～8	—	0.10	—	Cu4～5 Mn21.5～24.5		1 150～1 200

BNi74CrSiB、BNi75CrSiB钎料用于钎焊在高温下受大应力的部件。

BNi82CrSiB可在较低温度下钎焊，可钎焊较薄的工件。由于钎料的含铬量低，钎焊接头的抗氧化性比BNi75CrSiB钎料钎焊的稍差。

BNi92SiB钎料适宜于钎焊搭接量较大的接头。钎焊接头的耐热性比含铬的钎料差。

BNi93SiB钎料适用于要求钎缝圆角较大，或者要求钎焊后进行加工的零件，也可用来钎焊比较薄的结构部件。

BNi71CrSi钎料不含硼，适宜于钎焊薄件。用该钎料钎焊时的钎焊温度很高。此外，因BNi71CrSi钎料不含硼，特别适用于核领域。

BNi89P和BNi76CrP是镍基钎料中熔化温度最低的两种钎料，主要用来钎焊不锈钢薄件。因钎料不含硼，也特别适用于核领域。

BNi66MnSiCu钎料不含硼，含硅量也不算太高，它的加工性能有所改善。这种钎料的使用范畴和BNi76CrP钎料相似，但不如它脆。由于钎料含铜和锰，它的抗腐蚀性和抗氧化性比BNi76CrP的差。

另外，国内研制的相当于美国AWS牌号BNi－2的Bni82CrBSiFe镍基高温钎料［质量分数（%）Cr6～8、B2.75～3.5、Si4～5、Fe2～4、C<10、余Ni］，在真空或氩气保护下，对不锈钢有良好的润湿性和填充间隙的能力。据称，用此钎料钎焊的接头可以获得较高的强度，具有耐高温、耐低温及高真空气密性等特点。此钎料可制成直径为0.154～0.05 mm（100～300目）的粉末和箔带（0.03～0.0 5 mm）

供应。

镍基钎料的组织如图3.9-67所示。BNi75CrBSi钎料由Ni+Ni3B+Ni3Si+CrB相组成（如图3.9-67a）；BNi82CrSiB钎料同样由以上四相组成，但长条形的CrB减少（图3.9-67b）；BNi92SiB钎料由Ni+Ni 3B+Ni3Si相组成（图3.9-67c）；BNi71CrSi钎料由Ni+Ni5Si2+Cr3Ni5Si2（π）相组成，但π相的数量极少（图3.9-67d）；BNi89P钎料由Ni+Ni3P相组成（图3.9-67e）；BNi76CrP钎料的组织同BNi89P钎料相似（图3.9-67f），后两者几乎都是共晶组织。镍基钎料的组织中含有大量金属间化合物，非常脆，无法进行塑性加工。因此，镍基钎料通常是以粉状、粘带和非晶态箔状供应。

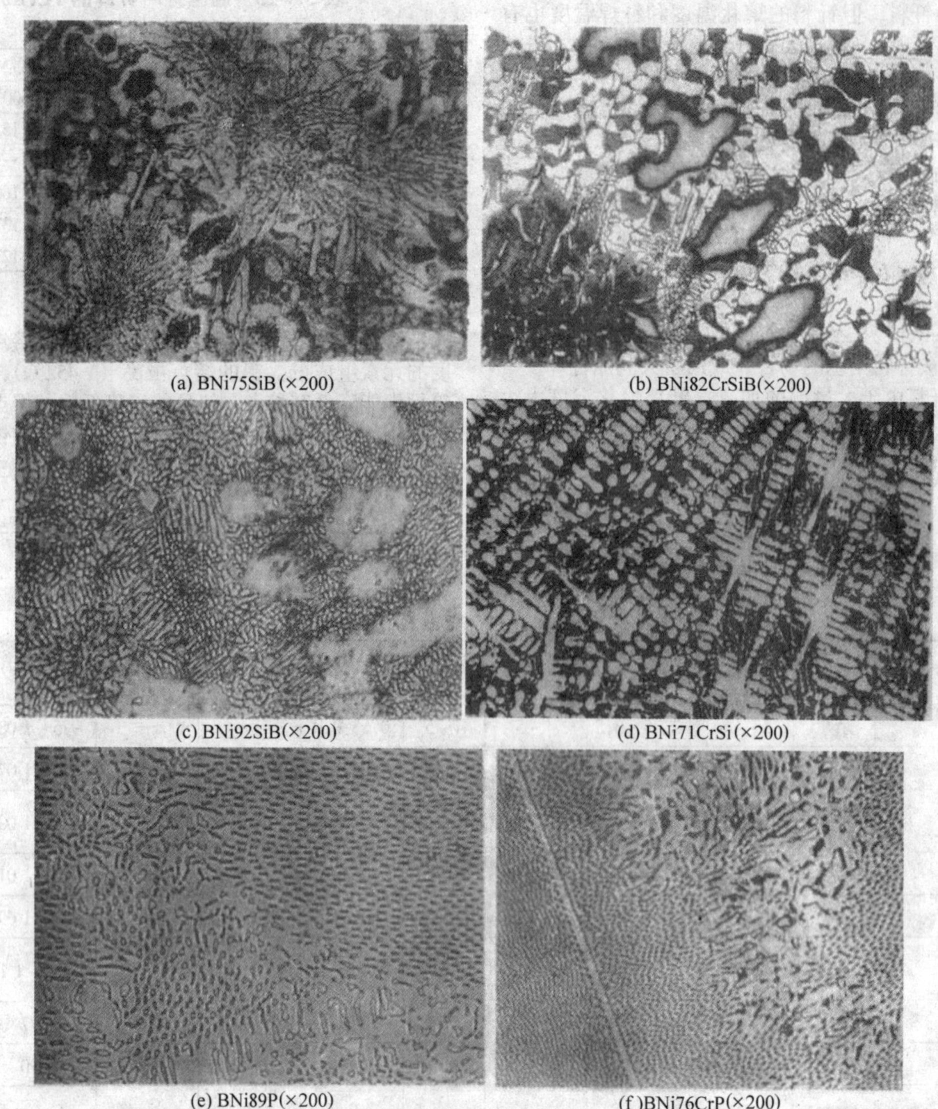
(a) BNi75SiB(×200)　(b) BNi82CrSiB(×200)　(c) BNi92SiB(×200)　(d) BNi71CrSi(×200)　(e) BNi89P(×200)　(f) BNi76CrP(×200)

图3.9-67　镍基钎料组织

镍基钎料是钎焊不锈钢时广泛使用的一类钎料，它具有最好的高温性能，价格适中。但是用镍基钎料钎焊时，接头间隙大小对钎焊接头性能有很大的影响。钎焊接头的机械性能同它的金相组织密切相关。随着钎缝间隙的不同，钎缝组织发生相当大的变化。如用Ni75CrSiB钎料于1 120℃保温10 min情况下钎焊的1Cr18Ni9Ti不锈钢接头的金相组织如图3.9-68所示，100 μm间隙的钎缝中保留连续的化合物相，但50 μm间隙的钎缝中的化合物相则消失，完全由镍固溶体组成。用镍基钎料钎焊的不锈钢接头内容易出现脆性相，所以有必要了解脆性相的出现与钎缝间隙、钎焊工艺参数和钎料品种之间的关系。如果能知道在一定的钎焊规范下钎缝不出现脆性相的最大间隙，对于设计和制造者来说都是很有意义的。把钎缝不出现脆性相的最大间隙值称为最大钎焊间隙。用BNi82CrSiB钎料钎焊不锈钢，当保温时间为10 min时，最大钎焊间隙约为35～40 μm；若保温时间延长到1 h，最大间隙则可增大到约90 μm。用BNi71CrSi钎料钎焊不锈钢，最大钎焊间隙是比较小的，当保温时间为10 min时，最大钎焊间隙约为20 μm，当保温时间为60 min时，最大钎焊间隙约为40 μm。用BNi76CrP钎料钎焊不锈钢时，在正常钎焊参数下最大钎焊间隙则不大于10 μm，即使延长钎焊保温时间，最大钎焊间隙也基本保持不变。总的来说，镍基钎料钎焊不锈钢时最大钎焊间隙是比较小的，这就为零件的制造和装配带来困难，稍不留意就不能确保钎焊接头的质量。提高钎焊温度和延长保温时间均有利于增大最大钎焊间隙，但钎焊温度超过1 100℃后，不锈钢晶粒将发生长大，母材性能变坏。为增大最大钎焊间隙，最常用的一种方法是钎焊后扩散处理，其温度为1 000℃，此温度不会使母材性能恶化。同时，钎焊后扩散处理不但能增大最大钎焊间隙，还可以改善钎缝组织。图3.9-69是BNi82CrSiB钎料钎焊的不锈钢接头经1 000℃扩散处理后的组织，这时钎缝内虽然还有脆性相，但其分布呈断续状态，这在一定程度上改善了钎焊接头的延展性。

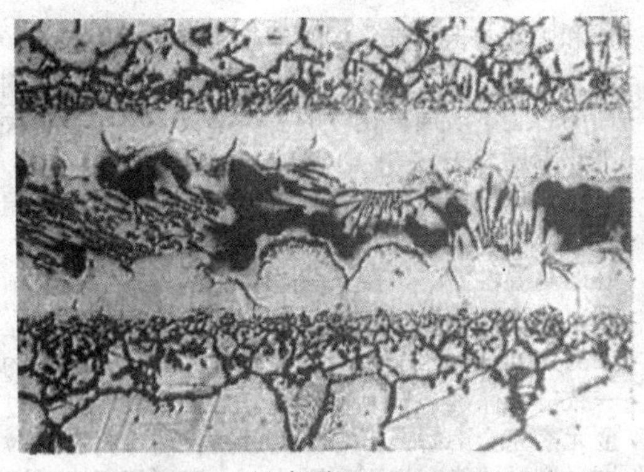
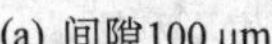

(a) 间隙100 μm

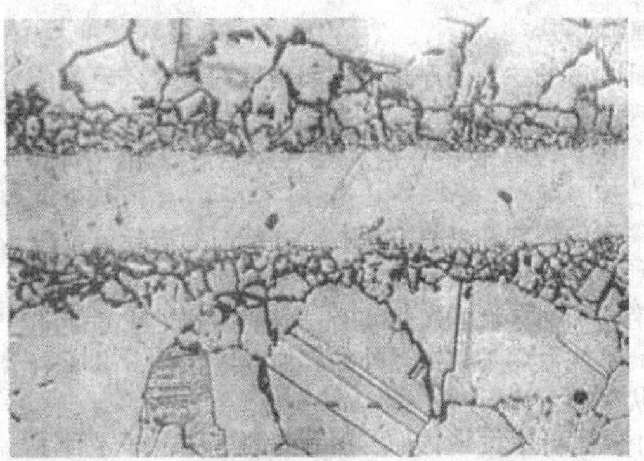

(b) 间隙50 μm

图 3.9-68 用 Ni75CrSiB 钎料钎焊的 1Cr18Ni9Ti 不锈钢接头的组织 ×200

1 120℃ × 10 min

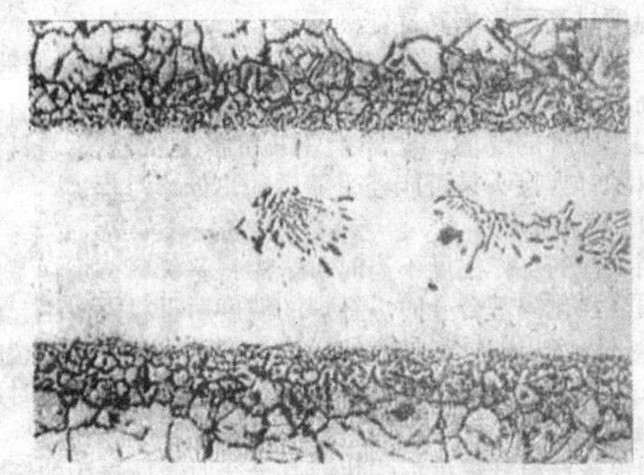

图 3.9-69 BNi82CrSiB 钎料钎焊的不锈钢接头组织（×200）

1 120℃ × 10 min + 1 000℃ × 1 h，100 μm

(5) 贵金属钎料

贵金属钎料，如金基钎料、含钯钎料等也可以用于钎焊不锈钢。在金镍钎料中，典型的是B－Au82Ni。在银铜钯钎料中，以BAg54CuPd钎料钎焊的接头性能最好，应用较广。

BAu82Ni钎料的钎焊温度合适，用以钎焊1Cr18Ni11Nb不锈钢，不会发生晶粒长大现象；钎焊马氏体不锈钢，可使淬火和钎焊过程结合起来。同时此钎料对间隙大小不敏感。用它钎焊1Cr18Ni11Nb不锈钢，在 0～0.15 mm 间隙范围内，接头强度基本不变，钎缝组织由镍在金中的固溶体组成。从室温到 649℃温度范围内，接头抗拉强度基本上与母材相等，接头的抗氧化能力在 817℃以下都很好。另外，钎料没有向不锈钢晶间渗入的现象，对母材的溶蚀也不大，可以钎焊薄件。但它的价格昂贵，现已被其他钎料，如 BAg54CuPd、BCu58MnCo等钎料逐步取代。

2.4.3 硬钎剂

不锈钢表面形成包括氧化铬等比较稳定的氧化物，必须采用活性强的钎剂。用银基钎料钎焊时可采用 FB102、FB103、FB104 钎剂，其成分见表 3.9-18。用铜基钎料钎焊不锈钢时，钎焊温度已超过上述钎剂的活性温度，需采用 FB105 钎剂。其成分为（质量分数）：硼酸 80%，脱水硼砂 14.5%，氟化钙 5.5%。适用的钎焊温度为 800～1 150℃。钎剂中的氟化钙用来去除氧化铬等氧化物。

在保护气氛如氩气中钎焊不锈钢时，如果钎焊温度不够高，或者氩气纯度不够，或者要求改进钎料的润湿性时，可以在保护气氛中掺加少量的气态钎剂。目前应用最广的气态钎剂是三氟化硼。常温下，三氟化硼是无色，不自燃也不助燃的气体，在加压状态或在 －110℃时变成液态，故在常温下有钢瓶供应。在钎焊温度下三氟化硼与金属氧化物起反应，生成容易挥发的 $(BOF)_3$ 或易溶的硼酸盐，从而达到去除氧化物的目的。如果没有气态三氟化硼，也可将氟硼酸钾加热到 800～900℃，使其完全分解为氟化钾和三氟化硼，然后将三氟化硼与氩气混合，输入钎焊炉。也可将氟硼酸钾直接放在钎焊容器内使用。

气态钎剂的使用浓度一般控制在体积分数 0.001%～0.1% 范围内，这样在钎焊后不形成固态残渣，气态钎剂的气化产物有毒性和腐蚀性，使用时必须采取相应的安全保护措施。

2.4.4 钎焊工艺

(1) 钎焊前清理和表面准备

不锈钢表面的氧化物在钎焊时更难以用钎剂或还原性气氛加以清除，所以不锈钢钎焊前的清理比碳钢更为严格。钎焊前的清理包括清除油脂和油膜的脱脂工作。待焊的接头表面还要进行机械清理或酸洗清洗。但是，要避免用金属丝刷子擦刷。清洗之后最好立即进行钎焊，或用塑料袋进行密封保存。

(2) 钎焊方法

不锈钢钎焊可以采用烙铁钎焊、火焰钎焊、感应钎焊、炉中钎焊等方法。

硬钎焊时，广泛使用保护气体钎焊。用氢气作为保护气体时，对氢气纯度的要求视钎焊温度和母材成分而定：对于0Cr13和Cr17Ni2等马氏体不锈钢，在 1 000℃温度下钎焊时要求氢气露点低于 －40℃；对于不含稳定剂的 18－8 型铬镍不锈钢，在 1 150℃钎焊时，要求氢气露点低于 －25℃；但对于含钛稳定剂的1Cr18Ni9Ti，1 150℃钎焊时的氢气露点必须低于 －40℃。钎焊温度愈低，要求的露点愈低。

国内广泛使用氩气保护钎焊不锈钢。由于氩气无还原作用，故要求用高纯度的氩气。采用氩气保护高频钎焊，可取得很良好钎焊质量。氩气保护钎焊时，为了保证去除不锈钢表面的氧化膜，可采用气态钎剂，常用的有加 BF_3 气体的氩气保护钎焊。采用含锂或（和）硼等的自钎剂钎料时，即使不锈钢表面有轻微的氧化，也能保证钎料铺展，从而提高钎焊质量。

真空钎焊不锈钢时，真空度的选择不宜过高，一般为 5×10^{-5} Pa 以上。真空度过高时，会导致母材中某些合金元素的挥发而降低材料的性能。在组件变形许可的前提下，加热速率越快越好，以防止冷却方式均不受限制；对于马氏体、铁素体不锈钢，要求钎焊后快速冷却，以防止产生残留奥氏体。当材料受温度限制而选用银基钎料时，通常在组件上电镀铜或镍，这是因为银钎料的溶解度很小，很难与其发生合金化作用，钎料难以润湿。钎焊温度一般为 900～1 100℃之间；保温时间视其选用钎料种类，焊件几何尺寸及母材而定，一般不超过 30 min；对于马氏体、铁素体不锈钢组件，钎焊后一定要根据材料技术条件进行热处理，以恢复材料的性能。

(3) 钎焊后处理

不锈钢钎焊后的主要工序是清理残余钎剂、残余阻流剂和进行热处理。非硬化不锈钢零件在还原性或惰性气氛炉中进行钎焊时，如果没有使用钎剂和没有必要清除阻流剂的话，则不必清理表面。

根据所采用的钎剂和钎焊方法，残余钎剂的清除可以用水冲洗、机械清理或化学清洗。如果采用研磨剂来清洗钎剂或钎焊接头附近加热区域的氧化膜时，应使用砂子或其他非金属细颗粒。不能使用不锈钢以外的其他金属颗粒，以免引起锈斑或点状腐蚀。

马氏体不锈钢和沉淀强化不锈钢制造的零件，钎焊后需要按材料的特殊要求进行热处理。

用镍铬硼和镍铬硅钎料钎焊不锈钢时，常常进行钎后扩散处理。扩散处理不但能增大最大钎缝间隙，而且能改善钎焊接头组织。

2.5　高温合金的钎焊

高温合金是在高温下具有较好的力学性能、抗氧化性和抗腐蚀性的合金。这类合金可分为镍基、铁基和钴基三类；在钎焊结构中用得最多的是镍基合金。镍基合金按强化方式分为固溶强化、实效沉淀强化和氧化物弥散强化三类。固溶强化镍基合金为面心立方点阵的固溶相，通过添加铬、钴、钨、钼、铝、钛、铌等元素提高原子间结合力，产生点阵畸变，降低堆垛层错能，阻止位错运动，提高再结晶温度来强化固溶体。沉淀强化镍基合金钢是在固溶强化的基础上添加较多的铝、钛、铌、钽等元素而形成的。这些元素除形成强化固溶体外，还与镍形成 Ni_3（Al、Ti）γ'或 Ni_3（NbAlTi）γ''金属间化合物相；同时钨、铜、硼等元素与碳形成各种碳化物。TD－Ni 和 TD－NiCr 合金是在镍或镍铬基体中加入 2%左右弥散分布的 ThO_2 颗粒，产生弥散强化效果的新型高温合金。

2.5.1　钎焊性

高温合金均含有较多的铬，加热时表面形成稳定的 Cr_2O_3，比较难以去除；此外镍基高温合金均含铝和钛，尤其是沉淀强化高温合金和铸造合金的铝和钛含量更高。铝和钛对氧的亲和力比铬大得多，加热时极易氧化。因此，如何防止或减少镍基高温合金加热时的氧化以及去除其氧化膜是镍基高温合金钎焊时的首要任务。镍基高温合金钎焊时不建议用钎剂来去除氧化物，尤其是在高的钎焊温度下，因为钎剂中的硼砂或硼酸在钎焊温度下与母材起反应，降低母材表面的熔化温度，促使钎剂覆盖处的母材产生溶蚀；并且硼砂或硼酸与母材发生反应后析出的硼可能渗入母材，造成晶间渗入。对薄的工件来说是很不利的。所以镍基高温合金一般都在保护气氛，尤其是在真空中钎焊。母材表面氧化物的形成和去除与保护气氛的纯度以及真空度密切相关。对于含铝和钛低的合金，热态真空度不应低于 10^{-2}Pa；对于含铝钛较高的合金，表面氧化物的去除不仅与真空度有关，而且还与加热温度有关。

无论是固溶强化，还是沉淀强化的镍基高温合金，都必须将其合金元素及其化合物充分固溶于基体内，才能取得良好的高温性能。沉淀强化合金固溶处理后还必须进行时效处理，以达到弥散强化的目的。因此钎焊热循环应尽可能与合金的热处理相匹配，即钎焊温度尽量与热处理的加热温度相一致，以保证合金元素的充分溶解。钎焊温度过低不能使合金元素完全溶解；钎焊温度过高将使母材的晶粒长大，这些均对母材性能产生不利影响。由于钎焊温度过高而导致晶粒长大后，即使经过焊后热处理也不能恢复其性能，这一点在选择钎料和制定钎焊规范时是必须考虑的。铸造镍基合金的固溶处理温度都较高，并且晶粒不易长大，一般不会发生因钎焊温度过高而影响其性能的问题。

2.5.2　钎料

高温合金通常在恶劣的条件下工作，选用钎料时首先应满足工作条件的要求，也要考虑钎焊加热对母材本身性能的影响以及钎焊接头是否能经受随后的热处理过程。

(1) 银基钎料

当工件的工作温度不高时可采用银基钎料。用银基钎料钎焊固溶强化镍基合金时，钎焊的温度对母材性能不起任何影响，可以选用的钎料种类比较多，但从避免应力开裂的角度出发，宜采用熔化温度低的钎料，以减小钎焊加热时形成的内应力。

用银基钎料钎焊沉淀强化镍基合金时，所选用的钎料的钎焊温度不应超过母材的时效强化温度，以免母材发生过时效而降低其性能。另外也可以先将合金固溶处理，再采用熔化温度稍高的钎料，在高于合金的时效温度下钎焊，然后进行时效处理，钎焊件就不会在时效加热过程中因钎料的熔化而发生错位。

(2) 纯铜钎料

用纯铜作钎料时均在保护气氛和真空下钎焊，钎焊温度为 1 100～1 150℃。在该温度下零件的内应力已被消除。又因零件整体加热，热应力小，焊件不会产生应力开裂现象。铜在高温合金上的流动性差，钎料应放在紧靠接头的地方。铜的抗氧化性差，工作温度不能超过 400℃。

(3) 镍基钎料

镍基钎料是高温合金最常用的钎料，因镍基钎料具有最好的高温性能，钎焊时也不会发生应力开裂，用于高温合金钎焊的镍基钎料列于表 3.9-25。其中 BNi74CrSiB、BNi75CrSiB、BNi82CrSiB、BNi92SiB、BNi93SiB 和 BNi71CrSi 在前文不锈钢钎焊中已有介绍。

表 3.9-25　高温合金钎焊常用的镍基钎料

钎　料	化学成分（质量分数）/%						熔化温度/℃	钎焊温度/℃
	Cr	B	Si	Fe	C	W		
BNi74CrSiB	13～15	2.75～3.50	4～5	4～5	0.6～0.9	—	975～1 038	1 065～1 205
BNi75CrSiB	13～15	2.75～3.50	4～5	4～5	0.06	—	975～1 075	1 075～1 205
BNi82CrSiB	6～8	2.75～3.50	4～5	2.5～3.5	0.06	—	970～1 000	1 010～1 175
BNi92SiB	—	2.75～3.50	4～5	0.5	0.06	—	980～1 010	1 010～1 175
BNi93SiB	—	1.5～2.2	3～4	1.5	0.06	—	980～1 135	1 150～1 203
BNi68CrWB	9.5～10.5	2.2～2.8	3～4	2～3	0.06	11.5～12.5	970～1 095	1 150～1 200
BNi71CrSi	18.5～19.5	—	9.75～10.5	—	0.10	—	1 080～1 135	1 150～1 205
150	15.0	3.5	—	—	0.10	—	1 055～105	1 065～1 200
160	10.0	2.0	2.5	2.5	0.45	—	970～1 160	1 150～1 200
170	11.5	2.5	3.25	3.75	0.55	16	970～1 160	1 150～1 200

续表 3.9-25

钎 料	化学成分（质量分数）/%						熔化温度/℃	钎焊温度/℃
	Cr	B	Si	Fe	C	W		
180	5.0	1.0	3.50	3.50	0.25	—	970～1 180	1 175～1 230
200	7.0	3.2	3.00	3.00	0.10	6	975～1 040	1 065～1 175
BCoL	18～20	0.7～0.9	1.0	1.0	0.35～0.45	3.5～4.5	1 121～1 149	1 149～1 232

BNi68CrWB钎料同Ni－Cr－Si－B钎料相比，它的特点是含 w（B）量降低到2.5%，含 w（W）量高达12%。钎料含硼量的降低可减少硼对母材的晶间渗入，即减弱钎料同母材的反应；钎料中的钨可强化钎料，提高钎料的高温强度。由于硼含量的降低和钨的加入，钎料的熔化温度间隔增大，流动性变差，可填满宽达 200 μm 的间隙，是钎焊高温工作的部件和涡轮叶片补钎时常用的钎料。170 钎料的含 w（W）量更高达 16%，钎料的液相线也提高到 1 160℃，钎料的流动性进一步将低，能够填充宽达 400 μm 的间隙。这两种含钨的钎料特别适用于在高温下工作的工件，间隙不易控制或者间隙较大的接头，也适用于钎焊铸造镍基高温合金。

150 钎料为镍铬硼共晶合金成分，它的脆性比镍铬硼硅钎料低。为了使钎焊接头具有良好的加工性能，建议在高于钎焊熔点 100℃的温度下钎焊。

160 钎料的含硼硅量比较低，因此钎料的硬度较低，钎焊接头的加工性能得到改善。但钎料的结晶温度区间增大，流动性差，可用此钎料钎焊比较宽的间隙，同时可形成较大的钎缝圆角。

180 钎料的 w（B）很低，只有 1%，使钎料同母材的反应减弱，即硼的晶间渗入进一步减少，但钎料的结晶间隙也变得很大，是镍基钎料中熔化温度区间最大的一种。它的流动性差，可以填充宽达 650 μm 的间隙，特别适用于钎焊间隙大或者不等间隙的工件，同时形成较大的钎缝圆角。

200 钎料是在BNi82CrSiB钎料的基体上加入 6% 的 W，钎料的液相线提高不多，但钎焊接头比用BNi82CrSiB钎料钎焊的具有更好的高温持久强度。

BCo1 是钴基钎料，具有特别好的高温性能，可钎焊工作温度高达 1 040℃，甚至 1 150℃的部件。

镍基钎料是在镍中添加较多的硼和（或）硅而达到降低熔化温度的目的的。在硼和硅降低钎料熔化温度的同时，也在钎料中形成相当多的硼化物和硅化物相，使钎料变脆。因此，同钎焊不锈钢一样，钎焊高温合金时钎焊接头的组织和性能与钎焊间隙大小密切相关。图 3.9-70 是用BNi82CrSiB钎料钎焊 GH4037 高温合金钎焊接头的组织，间隙为 100 μm 时，从图 3.9-70b 可以看到，钎缝中出现六种不同形态的相，即靠近母材和钎缝中间的白色固溶体 1，长条白块相 2，圆形白块相 3，点状共晶组织 4，黑块相 5 和网状白色相 6。图 3.9-70c 为三元共晶相形貌。钎缝的相结构为 γ 镍固溶体，溶解有一定量的钨和钼；CrB，含有一定量的钨和钼；Ni_5Si_2；Ni_3B；$\gamma-Ni_3B-Ni_3Si$ 三元共晶以及可能是（Cr、Mo、W）$_3B_2$ 相。当间隙为 50 μm 时，钎缝由 γ 固溶体、CrB 相、Ni_3B 相和 $\gamma-Ni_3B-Ni_3Si$ 共晶相组成（如图 3.9-71a）。其中 γ 镍固溶体相增多，Ni_5Si_2 和（Cr、Mo、W）$_3B_2$ 相已消失，共晶相数量也明显地减少，但化合物相仍集积在钎缝中央，且连成一片。20 μm 间隙的钎缝由 γ 镍固溶体和少量断续的 CrB 相组成，其他相已经消失（如图 3.9-71b）。

钎焊规范也将影响钎焊接头的组织。BNi82CrSiB钎料钎焊 GH4037 高温合金 100 μm 间隙钎缝经 1 050℃ 1 h 扩散处理后的组织由单一的镍固溶体组成（如图 3.9-72）。在扩散处理过程中，钎缝中的硼有充裕的时间向母材扩散，使其浓度降到极限浓度以下，因而全部形成固溶体，化合物相全部消失。

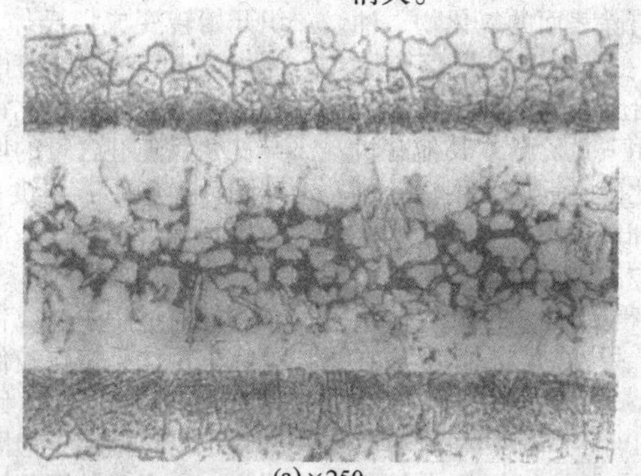

(a)×250

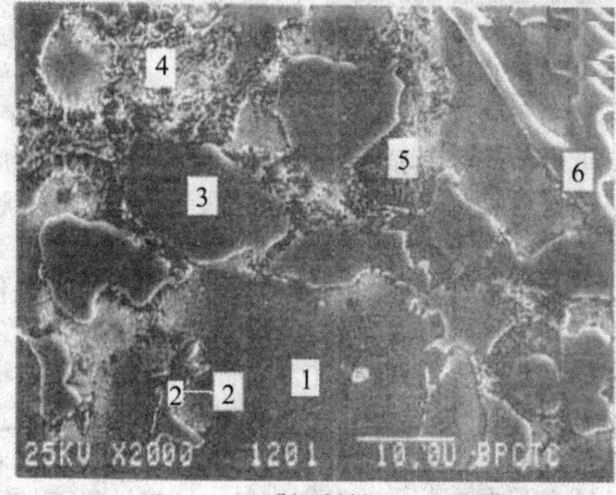

(b)×3000

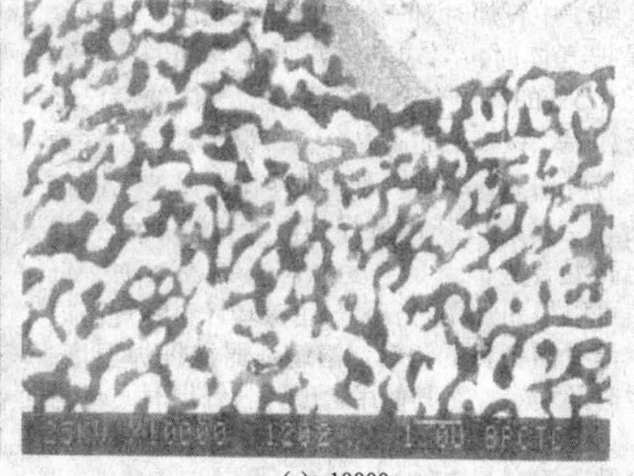

(c)×10000

图 3.9-70 BNi82CrSiB 钎料钎焊 GH4037 高温合金钎焊接头的组织

1 120℃×10 min，间隙 100 μm

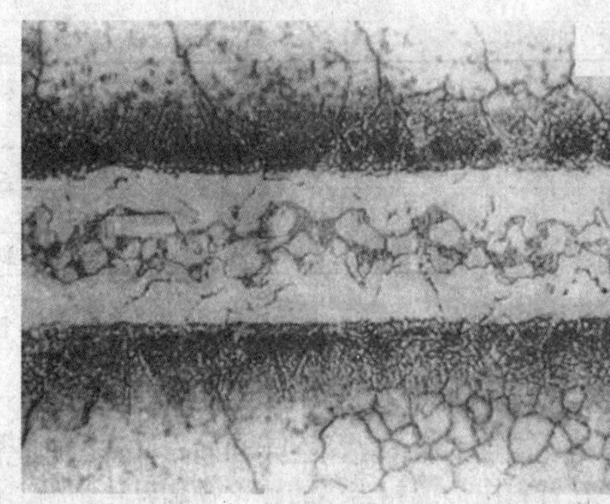
(a)间隙值50μm

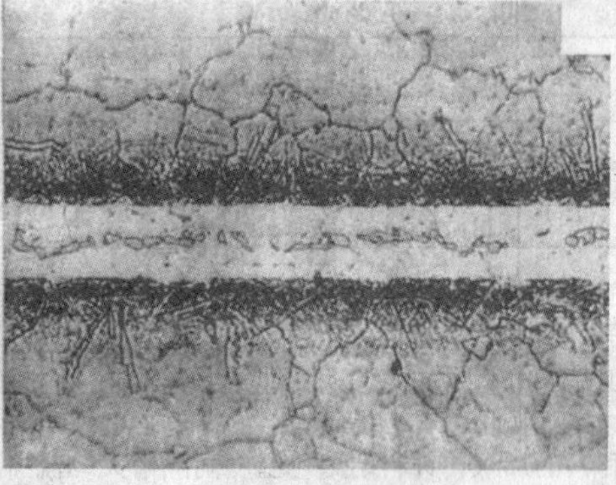
(b)间隙值20μm

图 3.9-71　BNi82CrSiB 钎料钎焊 GH4037 高温合金钎焊接头的组织　×250
1 120℃ × 10 min

图 3.9-72　BNi82CrSiB 钎料钎焊 GH4037 高温合金 100 μm 间隙钎缝经 1 050℃1 h 扩散处理后的组织

2.5.3　钎焊工艺

(1) 钎焊前的清理

镍基高温合金钎焊前的清理是保证钎焊质量和接头在高温使用的重要环节。清理的目的在于清除表面的氧化物、油脂、污物或其他外来杂质，消除焊件在高温时受低熔点元素，尤其是铅和硫的影响。镍基高温合金表面的油污用温热的肥皂水可清除，矿物油和润滑脂可用三氯乙烯或其他有机溶液去除。高温合金表面的氧化膜是比较坚韧的，用钢丝刷很难清除它们，可用金刚砂布或研磨加以去除。

用镍基钎料钎焊高温合金时，间隙的大小直接影响到接头的强度和塑性。间隙很小时，可以得到均一的固溶体组织，接头强度和塑性都比较好。因此，焊件的装配间隙应在 0.05 mm 以下。

(2) 钎焊技术

镍基高温合金绝大部分是在真空或保护气氛炉中钎焊的。使用保护气氛炉中钎焊时对气体纯度要求很高，使用氩气或氢气作为保护气体时，要求其露点低于 -54℃。对于铝、钛含量小于0.5%的高温合金，这样高的气体纯度已经足够了。对于钎焊铝、钛较高的高温合金，很难去除工件表面的氧化膜，此时可用 $Ar + BF_3$ 的混合气体作为保护气体。

高温合金的真空钎焊可获得最好的质量，特别是钎焊 Al、Ti 含量高的高温合金，当真空度为 65 ~ 13 MPa 时，钎料铺展性很好，可以得到光亮的表面。用镍基钎料钎焊高温合金时，会发生母材向钎料的溶解。溶解强弱视钎焊温度、钎料数量及钎焊时间而定。尤其使用含硼钎料钎焊时，母材的溶解更显著，必须控制钎焊温度、钎料数量及钎焊时间等，以免引起溶蚀、溶穿等缺陷。

(3) 钎焊后处理

在真空气氛及适宜的气保护气氛中钎焊的高温合金件，通常不必进行钎焊后处理。但如果发生了氧化，要对组件进行酸洗处理。对于工作在高温或腐蚀介质中的焊件，如果在钎焊时用了钎剂，则要清除钎剂的残渣。钎焊能时效硬化的镍基合金，可于钎焊后进行时效处理，这种合金所需的钎料的熔化温度一定要高于基体金属时效处理的温度。

2.6　其他金属及合金的钎焊

2.6.1　铸铁的钎焊

铸铁包括白口铸铁、灰铸铁、可锻铸铁和球墨铸铁。在应用中，常要求将灰铸铁、可锻铸铁及球墨铸铁的本身或与异种金属相连接，而白口铸铁则很少使用钎焊。

(1) 钎焊特点

在铸铁中存在的石墨状态的碳很难被钎料所润湿，妨碍优质的冶金结合。这就给灰铸铁的钎焊带来了困难，而对可锻铸铁和球墨铸铁影响比较小。凡遇到润湿困难的场合，在钎焊前就应该清理工件表面的石墨。当灰铸铁、可锻铸铁或球墨铸铁被加热到临界（相变）温度以上时，正常存在的组织开始转变成奥氏体。若冷却速度过快，就要转变为马氏体，或者转变成含有网状渗碳体的细微珠光体组织，使热影响区性能变坏，因此钎后应缓冷。它们的临界温度随成分而异，并且随硅含量的增加而逐步升高。在球墨铸铁和可锻铸铁的钎焊中，若温度高于 760℃，金相组织可能受到损害，所以钎焊温度应在该温度以下进行。

(2) 钎焊材料

任何适用于铁或钢的钎料均能用于铸铁的钎焊。然而，更宜采用的是熔点较低的银基钎料，含镍的银基钎料对铸铁具有较大的亲和性，因而可获得强度较高的接头。铜和铜锌钎料也可以使用，但因它们的温度范围较大，使用时必须十分小心。含磷的铜基钎料不适于铸铁钎焊，这是因为会生成脆性的铁磷化合物而使接头变得很脆。

(3) 钎焊工艺

1) 钎焊前准备　铸件的表皮常含有砂子、油垢等杂物，钎焊前应将其清除。对于油污，可采用有机溶剂擦洗的方法，而夹杂可采用机械的方法清除掉，如用锉刀或钢丝刷等清理。为了保证获得均匀的接头间隙，通常要求用机器或锉刀来加工铸件表面。接头间隙应根据应用条件来确定，应考虑到待焊金属的热胀系数、加热方法和钎料的类型等。推荐的接头间隙为 0.05 ~ 0.13 mm，最大的间隙为 0.25 mm。

2) 钎焊方法　所有常规的钎焊方法都适用于铸铁的钎焊，具体的方法选择取决于工件的结构形状和尺寸。由于铸铁表面有 SiO_2，在保护气氛中钎焊效果不好，故一般都使用钎剂。铸铁的钎焊过程与碳钢基本一致。

3) 钎焊后处理　铸铁件硬钎焊后应有一定时间的保温，

使接头质量得到提高。钎焊快速冷却不仅会使母材得到不良的金属组织，还会导致钎缝或母材的开裂。因此，在钎焊后应缓慢冷却。钎焊后过剩的钎剂及残渣一般用温水冲洗即可清除。如难以去除，则可先用10%的硫酸溶液或5%～10%的磷酸水溶液清洗，而后再用清水洗净。

2.6.2 钛及钛合金的钎焊

纯钛是一种银白色的金属，它有两种晶体结构，828℃以上为体心立方结构，称为β钛，低于此温度为密排六方结构，称为α钛，随合金元素与杂质含量不同，同素异晶转变温度也不同。

按生产工艺可将钛合金分为变形钛合金、铸造钛合金和粉末钛合金；按性能和用途可分为结构钛合金、耐热钛合金、耐蚀钛合金、低温钛合金等。我国现行标准按钛合金退火状态的室温平衡组织将钛合金分为α钛合金、β钛合金和α+β钛合金三类，分别用TA、TB和TC表示。

（1）钛及其合金的钎焊特点

1）表面氧化物稳定　钛及其合金对氧亲和力很大，具有强烈氧化倾向，从而在其表面生成一层坚韧稳定的氧化膜。钎焊前必须经过非常仔细的清理来充分去除这层氧化膜，并且直到钎焊完成都要保持这种清洁状态。

2）具有强烈的吸气倾向　钛及其合金在加热过程中会吸收氧、氢和氮，吸气的结果使合金的塑性、韧性急剧下降，所以钎焊必须在真空或干燥的惰性气氛保护下进行。

3）组织和性能的变化　纯钛在885℃时发生α→β的相变。加热温度超过该温度，晶粒开始长大，温度愈高，晶粒愈大。在冷却速度较快的情况下，在室温形成α′相针状组织，这些组织使钛的塑形下降。

α钛合金，如TA7（Ti－5Al－2.5Sn）加热到927℃时发生α→α+β的相变，到1 038℃时全部转变为β相。β相在冷却速度较快的情况下同样形成α′相针状组织。α钛合金过热的倾向比纯钛小。

α+β钛合金，如TC4（Ti－6Al－4V），它的淬火温度为850～950℃，时效温度为480～550℃。因此对这种钛合金，高温钎焊温度不宜比淬火温度高出过多；在较低温度下钎焊时，钎焊温度则不宜超过550℃，以免过时效而发生软化现象。

总之，钎焊钛及其合金必须注意钎焊加热温度。一般说来，钎焊温度不宜超过950～1 000℃，钎焊温度愈低，对母材的性能影响也就越小，对淬火时效合金来说，也可以在不超过其时效温度的条件下进行钎焊。

4）形成脆性化合物　钛与许多金属容易形成脆性化合物，用来钎焊其他金属的钎料一般均能同钛形成化合物，使接头变脆，因此基本上都不适用于钎焊钛及其合金的钎焊，这使得选择钎焊钛的钎料存在一定的困难。

（2）钎料

钎焊钛及钛合金的硬钎料有很多种，可分为银基、钯基、铝基、钛基或钛锆基四大类。

1）银基钎料　银基钎料是最早使用的钎焊钛及钛合金的钎料系，主要用于工作温度较低的构件，有纯Ag、Ag－Cu、Ag－Li、Ag－Mn、Ag－Cu－Ni、Ag－Al、Ag－Pd－Ga等合金系，如表3.9-26所示。

表3.9-26　钎焊钛及钛合金常用的银基钎料成分及性能

分　类	牌　号	主要成分	熔化温度/℃	钎焊温度/℃	接头强度/MPa
纯Ag	Ag	Ag	960	970	$\tau=110$，$\sigma_b=196\sim392$（Ti+Ti）
Ag－Cu系	Ag92Cu	Ag－8Cu	830～890	950	$\tau=123$（Ti+Ti）　$\tau=117$（Ti+钢）
	Ag85Cu	Ag－15Cu	779～840	920（1 min）	$\tau=370$（Ti+Ti）
	BAg72Cu	Ag－28Cu	779	780～850	$\tau=125$（Ti+Ti）　$\tau=130$（Ti+钢）
	BAg72CuLi	Ag－28Cu－0.2Li	766	790	$\tau=94\sim158$（TA7+TA7） $\tau=100\sim117$（TC4+TC4）
	Ag92Cu7.5Li	Ag－7.5Cu－0.2Li	779～881	920～950	$\tau=191$（Ti+Ti）　$\tau=99\sim117$（TC4+TC4）
Ag－Li系	Ag97Li	Ag－3Cu	660	800	$\tau=160$（Ti+Ti）
Ag－Cu－Ni系	Ag77Cu20Ni	Ag－20Cu－3Ni	779～820	820～880	$\tau=112$（Ti+Ti）　$\tau=110$（Ti+钢）
	Ag77.8Cu20Ni2Li	Ag－20Cu－2Ni－0.2Li		920	$\tau=133\sim207$（Ti+Ti）
	Ag77.6Cu20Ni2Li	Ag－20Cu－2Ni－0.4Li		920	$\tau=277\sim308$（Ti+Ti）
Ag－Mn系	Ag85Mn	Ag－15Mn	960～971	980	$\tau=178.5$　$\tau=137$
Ag－Al系	BAg95Al	Ag－5Al	780～850	900	$\tau=97.8$　$\tau=148\sim162$
	Ag94.5Al5Mn	Ag－5Al－0.5Mn	780～825	840～903	$\tau=143$（Ti+Ti）　$\tau=166$　$\tau=145$
	Ag88Al12Mn	Ag－12Al－0.2Mn	—	732～794	$\tau=206$
	Ag65Al30Cu	Ag－30Al－5Cu	—	680	$\tau=470$
Ag－Cu－Sn系	BAg60CuSn	Ag－30Cu－10Sn	590～720	760～850	$\tau=50\sim60$　$\tau=60\sim100$　$\tau=65$　$\tau=107$
Ag－Cu－Zn系	Ag80Cu16Zn	Ag－16Cu－4Zn	—	840	$\tau=60\sim130$　$\tau=69\sim86$ $\tau=87\sim118$　$\tau=87\sim126$
Ag－Cu－Pd系	Ag68Cu22.5Pd	Ag－22.5Cu－10Pd	830～860	880～950	$\tau=240$、$\sigma_b=457$
	Ag69Cu26.5Pd	Ag－26.5Cu－5Pd	805～810	850～920	—
	Ag52Cu28.Pd	Ag－28Cu－20Pd	—	910	—
Ag－Ga－Pd系	Ag82Ga9Pd	Ag－28Cu－20Pd	—	900～913	—
Ag－Cu－In系	Ag50Cu25In	Ag－25Cu－25In	—	700	$\tau=370$　$\sigma_b=470$（TC4+TC4）

① Ag钎料　Ti和Ag有较大的固溶度，Ag在Ti中最大的固溶度达14.5%，形成的金属间化合物TiAg、Ti_3Ag具有有序的面心正方结构，不太硬且具有一定的韧性，这是用纯Ag作钎料的依据。但由于Ag本身硬度低，线胀系数与Ti相比差别很大，接头在应力作用下易产生裂纹，耐蚀性和抗氧化性也较差。其接头的强度比Ag－Cu系钎料钎焊接头强度低的多，因此通常钎焊钛及钛合金使用较多的是加入Cu、Li、Mn、Zn、Sn、Ni、Pd等合金元素的银基钎料。

② Ag－Cu系钎料　Ag－Cu系钎料用于钎焊钛合金时，随着钎料中Cu含量的增加，钎料对钛的润湿性下降，这可以通过在Ag－Cu钎料中再加入0.2%～0.5%的w（Li）加以改善，但Li的加入同时也促使了钎料与钛合金化程度的增加。钎焊接头组织，中心部位几乎是纯Ag，靠近母材的地方，由于钎料中的Cu向钛中优先扩散溶解以及冷却过程中共析相变的结果，形成了一较宽的、由针状相组成的过渡层。另外，Ag－Cu系钎料钎焊接头的耐腐蚀性也较差。

③ Ag－Li系钎料　Li能大大降低钎料的熔点，并具有强烈的还原作用，因此加入Li的银基钎料能有效的排除Ti表面的氧化物、氮化物及脏物的不良影响，具有自钎剂的作用，适合于保护气氛中钎焊钛及钛合金，而在真空中由于Li的蒸发，起不到添加Li的作用，同时会对真空炉造成污染。

④ Ag－Cu－Ni系钎料　Ag－Cu钎料中当Cu含量超过15%时会形成脆性金属间化合物，使接头性能降低。但在Ag－Cu钎料中加入Ni，再加入少量的Li，钎焊接头的强度和韧性明显上升。

⑤ Ag－Mn系钎料　Ag85Mn主要作为高温钎料使用。Mn的加入主要是为了改善钎料的润湿性和提高接头强度。用这种钎料在真空中高温钎焊时，由于Mn、Ag蒸气压较高，蒸气会阻碍钎料的流动而易产生钎焊缺陷，因此最好在保护气氛中进行。

⑥ Ag－Al系钎料　与Ag－Cu、Ag－Li系钎料相比，Ag－Al系钎料与钛的合金反应最弱，且具有优良的抗高温氧化和抗盐雾腐蚀性能。为了进一步降低钎料的熔点，人们在Ag－30Al共晶的基础上又添加了5%的w（Cu）形成Ag65Al30Cu钎料。这种钎料的特点是钎焊接头强度高，接头强度对钎缝间隙的变化不敏感。而且这种钎料填充能力极强，可直接填满0.05 mm间隙而不会产生缺陷和缩孔。缺点是钎焊接头的韧性和抗腐蚀性比较差。

⑦ Ag－Ga－Pd系钎料　Ag－9Ga－9Pd（Ag82Ga9Pd）钎料是一种能填充大间隙的优良钎料，它发生流动的温度范围为900～913℃，可制成薄板或丝的形式使用。用其钎焊的接头在飞机高压液压系统中显示出很高的持久强度、疲劳强度、抗氧化和耐蚀性能。

⑧ Ag－Cu－In系钎料　Ag50Cu25In是另一种可以在700℃及其以下钎焊钛合金的钎料，钎焊TC4接头的抗拉强度和抗剪强度分别为470 MPa和370 MPa。

2）钯基钎料　钯基钎料主要是为了获得良好的高温强度的钛合金接头而开发的，目前主要有Pd－60Mn－10和CoPd－50Ni－10Co两种。这两种钎料在钛合金表面上具有良好的润湿性和铺展能力。真空钎焊的0.1 mm间隙TC4接头组织良好，无裂纹、空洞和夹杂物，室温和800℃抗拉强度对Pd－Mn－Co钎料（规范1 165℃/5 min）分别为682 MPa和102 MPa；对Pd－Ni－Co钎料（规范1 260℃/5 min）分别为531 MPa和104 MPa。

3）铝基钎料　铝基钎料非常适宜于钎焊钛合金散热器、钛蜂窝结构和层板结构，这是因为：

① 铝基钎料钎焊温度低，远低于β钛合金转变温度，基体不会软化，对固溶时效状态钛合金只要钎焊温度选择合适可以保持其性能不变；同时大大简化了钎焊夹具材料和结构的选择，提高了其寿命；

② 与钛基体相互作用小，无明显溶蚀和扩散，钛不易被钎料饱和而形成脆性的金属间化合物；

③ 铝基钎料价格便宜，市场来源广，易于加工成箔、粉、丝、膏、包覆板等形式。

另外，铝基钎料钎焊接头耐蚀性优于银基钎料。

4）钛基钎料　用钛合金钎焊钛很久以前就开始研究，最初一般选用与钛形成低熔共晶的Cu、Ni作为降低熔化温度的元素，但已知的Ti－Cu－Ni钎料熔点仍偏高，需在960℃以上进行钎焊，因此必须加入另外其他的合金元素，以获得具有更低熔点的钛基合金钎料。Zr与Ti无限固溶，加入钛中不会产生脆性相，允许加入量较多，是钛合金的主要强化元素之一，可以在不显著降低钛合金塑性的情况下提高合金强度，同时在含50%的w（Zr）时熔点出现一个极小值，比钛熔点降低100℃左右；其次Zr在钛合金中呈中性，对α/β转变温度影响很小；另外Zr可与Cu、Ni形成共晶，可获得低熔点的Ti－Zr－Cu－Ni系合金，因此Zr也是钛基钎料的主要加入元素。Be可与钛形成有限固溶体及化合物，少量加入也可使钎料熔点有所降低。其他元素虽然也有类似作用，但效果均不及以上几种元素好，因此近几年来研究开发的钛基钎料均是Ti或Ti－Zr和Ni、Cu、Be组成的低熔点共晶合金。

与银基、铝基钎料相比，钛基钎料钎焊接头强度更高，耐蚀性和耐热性更好，在盐雾环境、硝酸和硫酸中尤为优良。但由于这类钎料中基本上都含有与钛具有强烈作用的Cu、Ni元素，钎焊时会快速扩散到基体金属中与钛反应，造成对基体的溶蚀和形成脆性的扩散层，因此不利于薄壁结构的钎焊。对此有两种解决方法：一是严格控制钎焊温度和时间，使钎料与基体金属的反应和溶蚀保持在可接受的范围之内；二是采用不含Cu、Ni的钛基钎料，如Ti48Zr48Be，该钎料不仅具有良好的流动性，而且在940℃，2～20 min范围内钎焊纯钛和TA7时，对基体无明显溶蚀。

（3）钎焊工艺

1）钎焊前清理和表面准备　钛及钛合金在受热状态下极易与氧、氮、氢以及含有上述气体的物质发生反应，从而在其表面生成一层以氧化物为主的表面层，钎焊时会阻止钎焊的流动润湿，因此钎焊前必须将其去除。钎焊前需要进行表面除油、化学清理及要机械清理。

表面除油方法有两种：一种是使用非氯化物的溶剂，例如丙酮、丁酮、汽油和酒精进行整体或局部擦洗除油，最好采用超声波清洗。已知甲醇能引起应力腐蚀，应避免使用。另一种使用上述方法除油后，再用化学清洗剂作进一步除油。

化学清理目的是去除表面氧化膜。对热轧后已进行过酸洗处理的钛板，若由于放置时间较长而又形成新的氧化薄膜时，可按下列配方清理：在2%～5%HF＋20%～45%HNO_3＋H_2O的溶液中浸泡15～20 min（室温），然后用清水冲洗干净后晾干。热轧后尚未经过酸洗处理的钛板或氧化膜很厚时，应先进行碱洗，即在温度40～50℃、含氢氧化钠80%和碳酸氢钠20%的浓碱溶液中浸蚀10～15 min，取出后接着进行酸洗。

对于化学清理有困难的钎焊件，可用细砂纸或不锈钢丝刷打磨清理，也可用硬质合金刮刀刮削待焊表面，当刮削深度达0.025 mm时，氧化膜基本上被刮除。焊件清理后应尽快进行钎焊，若不能马上钎焊，要严格保持其清洁，避免污染。

2）钎焊方法　钛是活性较强的金属，在加热时不允许接头表面同空气接触，所以选择合适的钎焊工艺是很重要的。使用惰性气体或真空的感应钎焊和炉中钎焊能取得良好的结果，火焰钎焊则难于适应，必须采用特殊的技术和安全预防措施。

小型对称零件使用感应钎焊效果非常好，因为感应加热速度很快，能使钎料与基体金属之间的反应减至最小程度。而对于大型精密复杂的组件，则采用炉中钎焊比较有利，因为在整个加热和冷却过程中，炉温均匀性容易控制。目前，钛组件的钎焊通常都在高真空的冷壁炉中进行的。此外，为保证可靠的生产流程和获得质量一致的钎焊件，对炉中的钎焊设备和钎焊夹具的选择还应有以下几点特殊要求：第一，最好选择加热元件为 Ni－Cr、W、Mo、Ta 的钎焊设备，避免使用以裸露石墨为加热元件的设备，因为石墨加热炉中富碳气氛有可能对钛造成污染及使真空气氛中的氧压增加。第二，用于钛钎焊的设备最好专用或至少在一段时间内专用，以避免一些其他无关材料对钛基体的污染及对钎焊过程产生不利影响。第三，钎焊夹具材料的选择既要考虑到其本身在钎焊温度下的强度保持能力、与钛合金热膨胀的匹配性，又要防止其与基体金属发生反应破坏钎焊件，高温钎焊时对此尤为注意。

在真空或氩气中钎焊时，可以采用高频加热、炉中加热等方法。加热速度快，保温时间短，界面区的化合物较薄，接头性能较好。因此，必须控制钎焊温度和保温时间，使钎料流满间隙即可。钎焊钛及其合金时，经常在界面上或钎缝内形成脆性化合物相，降低钎焊接头的性能。为此，可用扩散钎焊的方法来改善钎焊接头的性能。钎焊时，在钛合金之间分别放上 50 μm 厚的铜箔、镍箔或银箔，依靠钛与这些金属的接触反应，分别形成 Cu－Ti、Ni－Ti、Ag－Ti 共晶。然后再把这些脆性金属间化合物扩散掉，在一定温度和一定时间下扩散钎焊的接头具有相当好的性能。扩散钎焊只有在钎缝很小（0.03～0.05 mm）的情况下，才能保证钎焊接头强度。当间隙为 0.02 mm 时，接头强度最高。间隙过大，钎缝中的脆性化合物相无法消除。关于 $\alpha+\beta$ 钛合金，可以在退火、或固溶处理、或时效状态下使用。如果钎焊后要求退火，则有三种方案可供选择：第一，退火后在退火温度或低于退火温度下钎焊；第二，在退火温度以上的温度钎焊，并在钎焊循环中采取分段冷却工序，从而获得退火组织；第三，在退火温度以上的温度钎焊，然后进行退火处理。

2.6.3 硬质合金的钎焊

硬质合金是以高硬度的难熔金属的碳化物（如 WC、TiC、TaC、NbC 和 VC 等）为基体加入黏结金属（Co、Ni、Mo、Fe 等），通过粉末冶金方法制成的合金材料。它具有极高的硬度和耐磨损性能，特别是在高温下，仍能保持其高硬度，是现代工业中十分重要的工具材料。但它的塑性和冲击韧度较差，因此，绝大多数硬质合金工具均采用将小块硬质合金作为镶嵌件。

目前硬质合金的品种繁多，我国生产的常用硬质合金主要有以下几类：

① 钨钴类　这类硬质合金以 WC 为主，加入钴为黏结金属。冶金部标准代号为 YG，如 YG3，YG6。

② 钨钛钴类　这类硬质合金除 WC、TiC 外，还加有少量 TaC（NbC），其代号为 YT，如 YT30，YT5。

③ 钨钛钽（铌）钴类　合金中除 WC、TiC 外，还加有少量 TaC（NbC），其代号为 YW，如 YW1，YW2。

④ 碳化钛基硬质合金　这类硬质合金是以 TiC 为主要硬质相，而以 NiMo 为黏结金属，其代号为 YN，如 YN10，YN05。

⑤ 钢结硬质合金，其代号为 YE。这类硬质合金也是以 WC 或 TiC 为基，但是其黏结金属为高速钢、不锈钢或高锰钢。这类硬质合金的硬度比钨钴类低，但具有很高的耐磨性、优良的可加工性和钎焊性能，适合于制造大型复杂模具及耐磨损机械零件。

硬质合金的物理、力学性能与钢有较大差别。硬质合金是一种高密度材料，其密度在 6.0～16.0 g/cm^3 之间，视其成分和牌号而异。硬质合金的力学性能主要取决于其成分以及晶粒度。在钨钴类合金中，WC 含量越高，其硬度也越高，但是其抗弯强度和冲击韧度则下降。在相同的 WC－Co 比例时，WC 晶粒越细，其硬度和耐磨损性能也越高，但是其抗弯强度和冲击韧度则较差。

（1）硬质合金的钎焊性

硬质合金的钎焊性较差。由于其含碳量高，烧结后未经清理的表面层往往含有较多游离状态碳，妨碍钎料的润湿。碳化钨基硬质合金在 400℃以上温度时，表面极易氧化。含有 TiC 或 TiC（N）基硬质合金的表面则往往存在坚固稳定的 TiO_2 氧化膜，它们的钎焊性比钨基硬质合金更差。通过对钎焊表面仔细清理、喷砂、磨削和研磨抛光，可以改善硬质合金的润湿性能。对某些 YT 类硬质合金，则需要采用表面镀镍或铜等方法使其润湿性改善。硬质合金钎焊时易产生裂纹。这是由于硬质合金的线胀系数很低，一般仅为碳钢、合金工具钢等的 1/2～1/3。当硬质合金与这类钢基体钎焊时，会在接头中产生很大热应力，若超过硬质合金的抗拉强度，便会导致硬质合金开裂。硬质合金对于钎焊裂纹的敏感性则与其成分和性能有关。一般说来，抗弯强度高而硬度较低的硬质合金对钎焊裂纹的敏感性较低。反之，则易产生钎焊裂纹。

（2）钎料

纯铜和铜基钎料是钎焊硬质合金时最常用的钎料。纯铜对于各种硬质合金均有良好润湿性，但需在氢还原气氛中钎焊方可得到最佳效果。纯铜的熔点为 1 082℃，钎焊温度应在 1 093～1 149℃之间。纯铜钎料钎焊的接头抗剪强度约为 150 MPa，接头塑性较高，但在温度高于 320℃时，接头强度降低，故不适于在高温下工作。由于纯铜钎焊温度高，接头中的热应力大，裂纹倾向增大。

铜基钎料的熔化温度低于纯铜。常用于钎焊硬质合金的铜基钎料，大多是以铜锌合金为基，加入锰、镍等元素以提高其钎缝强度。

银基钎料大多可以用于钎焊硬质合金，但是最适于钎焊硬质合金的银基钎料是加有 Zn、Mn、Ni 等元素的银铜合金。这些元素可以改善钎料的润湿性，提高钎缝强度和接头工作温度。银基钎料的钎焊温度大都低于铜基钎料，对于防止钎焊裂纹有利。

（3）钎焊工艺

1）钎焊前准备　硬质合金的热胀系数只有与它相钎焊的钢或其它基体金属的 1/3 或 1/2 左右，这就有可能造成硬质合金钎焊后的开裂。因此，这个因素在钎焊硬质合金接头的设计中必须加以考虑。

硬质合金表面在钎焊前应经喷砂处理，或用碳化硅或金刚砂轮打磨，以清除表面过多的碳，有利于钎焊时被钎料湿润。钎焊前还应对工件表面进行脱脂处理。有一些比较难以润湿的硬质合金，如碳化钛，有时还需电镀，或涂一层氧化铜或氧化镍配制的膏状物，然后放置在还原性气氛中烘烤，使铜和镍熔化到表面上去，这种表面很容易被钎料所润湿。

2）钎焊方法　硬质合金常用火焰、感应、炉中（大气或保护气氛）、电阻、浸沾等方法钎焊。火焰钎焊设备简单，使用于小批生产。感应钎焊、炉中钎焊及电阻钎焊生产率高，质量稳定。采用保护气氛炉中钎焊，还可以避免钎焊时发生氧化。浸沾钎焊用于硬质合金钻探工具的生产，也是一种效率高，易于掌握的方法。

为了减少硬质合金刀片的钎焊应力和放置产生裂纹，可采用下列工艺措施：在钎焊中加塑性好的补偿垫片；加大钎缝间隙；用30CrMnSiA钢作刀体，因奥氏体变为马氏体氏时体积膨胀，可抵消部分收缩应力。当硬质合金块的长度超过76 mm时，有必要把硬质合金切成几段来钎焊，防止硬质合金的应力开裂。

2.7　陶瓷材料的钎焊

陶瓷的种类非常多，目前常用的能与金属连接的陶瓷按其组成不同可分为氧化陶瓷和非氧化陶瓷两大类。氧化陶瓷包括氧化铝（Al_2O_3）、氧化锆（ZrO_2）、氧化镁（MgO）、镁橄榄石（Mg_2SiO_4）、氧化铍（BeO）等。非氧化物陶瓷一般指由B、C、N、Al、Si等元素合成的碳化物、氮化物、硼化物和硅化物等难熔化合物。主要有氮化硅（Si_3N_4）、碳化硅（SiC）、氮化硼（BN）、氮化铝（AlN）、氮化钛（TiN）等，它们一般都具有耐高温、超硬度、抗磨损、高温强度高与抗热震等优良特性，是汽车、机械、冶金、宇航等部门开发新技术的关键材料。

2.7.1　钎焊特点

陶瓷与陶瓷、陶瓷与金属构件的连接比较困难，主要采用钎焊和扩散焊。传统的钎焊方法事先对陶瓷表面进行金属化预处理，使非金属陶瓷被连接部位变为金属表面，然后像金属钎焊一样进行连接。这种方法工艺复杂，费时耗资。近年来，陶瓷的直接钎焊技术发展很快，可使陶瓷构件的连接工艺变得比较简单，而且能满足高温环境下的使用要求。和金属与金属间的钎焊相比，陶瓷的连接主要有三大问题需要解决。

1）润湿　大多数钎料在陶瓷接头上形成球状，很少或根本不产生润湿。其解决办法是在普通钎料的基础上添加活性金属元素制成活性钎料。

2）界面脆性相　能够润湿陶瓷的钎料，钎焊时接合界面易形成多种脆性化合物（如碳化物、硅化物及三元或多元化合物），这些化合物的存在影响了接头的力学性能。

3）残余应力　由于陶瓷、金属与钎料三者之间的热胀系数差异大，从钎焊温度冷却到室温后，接头会存在残余应力并有可能会引起接头开裂。此外，陶瓷材料的塑性与断裂韧性一般都比金属低，导热性能差，不能产生塑性变形，在较小的应力下就能产生裂纹。

2.7.2　陶瓷材料钎焊方法

一般的陶瓷材料的连接方法存在一定的局限性，而钎焊方法以其优异的钎焊质量、高的可靠性、较高的钎焊效率，并且能在高温、高应力、腐蚀环境下服役，越来越受到人们的重视。陶瓷钎焊方法主要有预金属化法、玻璃钎焊法、瞬态液相法及活性钎焊法等方法。

（1）预金属化法

最早钎焊成功的陶瓷与金属接头是20世纪30年代钎焊的经过表面金属化的陶瓷与金属的钎焊接头。虽然从那以后，陶瓷与金属的连接技术有了长足的进展，但直至今日该方法仍然广泛应用于微电子等领域。

陶瓷表面金属化的目的是为提高陶瓷的润湿性能，起初Vatter.H和Pulfrich.H.与他们的各自的合作者分别在在氢气气氛下和在真空条件下对该方法进行了研究，他们将细的铝粉、钨粉、铼粉、铁粉、镍粉及铬粉按一定的比例混合，然后将这些金属粉末与一定的溶剂混合构成悬浮液，并将它们涂在预金属化的陶瓷表面，然后将带有涂层的陶瓷构件进行高温烧结，完成对它的金属化过程，获得了较好的效果。在1950年，Nolte.H.J.和Spurck.R研究成功了在氢气气氛下于1 350℃保温半小时在陶瓷表面镀钼的方法，并在后续的研究中对该方法进一步改进，在其中加入了锰，获得了令人满意的金属化陶瓷表面，这就是非常著名的钼锰法。通常为了进一步提高润湿性并缓解接头的应力，一般要在钼锰的表面镀一层镍。然后将镍层加工到合适的尺寸，该方法一般适用于氧化物陶瓷的金属化。

V.S.Zhuravlev等人研究了在Si_3N_4表面金属化一层铬，使得Si_3N_4与铝的润湿温度从未金属化时的1 000℃下降到700℃左右，同时Si_3N_4与铝的钎焊强度也上升为165 MPa，研究表明：Cr与Si_3N_4于界面发生反应，生成了Cr_3Si为主要相的化合物，从而使铝对陶瓷的润湿更加容易。

P.Wei等人研究了用盐浴的方法在Si_3N_4表面镀一层钛，实现了对陶瓷的金属化，通过应用XRD和AES等方法研究了不同工艺对过程的影响，并分析了过程的机理及界面的微观结构和反应。

除了钼－锰法外，陶瓷表面金属法化还包括气相沉积方法。它又分为物理气相沉积PVD和化学气相沉积CVD两种方法。S.Liu等研究了涂层技术在钎焊中的应用并对涂层技术进行了分类，他们将涂层技术分为：隔离层、活性金属层和溶解固溶层，并利用金属学的知识对各自的机理进行了分析。由于涂层技术的使用使得许多陶瓷与金属钎焊成为可能或变得更加容易，如J.P.Hammond和M.L.Santella等利用物理气相沉积法在氧化锆陶瓷表面涂一层钛，就使得钎焊氧化锆与球墨铸铁变的更加方便，也不用使用特殊的钎料，并可以在较低的温度下进行钎焊，从而使得各自的材料保持了微观结构性质的稳定，确保了材料的使用性能。Shinhoo Kang等人系统研究了Ti、Hf、Zr、Ni、Mo等几种镀层，他们发现在使用活性钎料的情况下活性金属钛镀层会使接头性能显著下降，而Hf和Zr则下降较少，研究发现钛与基体反应生成了TiN相而使接头性能下降。使用塑性好的Ni或者热胀系数低的Mo作为镀层，由于它们可以降低残余应力，因而可以提高接头的性能。Beyond－Joo Lee通过扩散模拟研究了钛与Al_2O_3陶瓷的界面反应产物，研究认为Ti/Al_2O_3在1 100℃的界面反应首先生成TiAl，并认为TiAl的稳定性会随着氧在钛中的含量的增加而减小，而转化为Ti_3Al。

（2）玻璃钎焊法

采用熔点比所要连接的陶瓷和金属低的混合型氧化物玻璃钎料，用有机黏结剂调成膏状，嵌入接头，一般在氢气气氛中加热熔化，实现钎焊陶瓷与金属或陶瓷与陶瓷的连接。$Al_2O_3-CaO-MgO-SiO_2$钎料用于陶瓷与耐热金属钎焊，加热温度在1 200℃以上。$Al_2O_3-MnO-SiO_2$钎料用于陶瓷与铁系合金、耐热金属连接，加热温度在1 400℃以上。由于玻璃本身很脆，因而在钎焊后的冷却过程里中由于热胀系数差异而导致的热应力极容易引发接头的破裂。只有在热胀系数差异小于0.1%时才有可能钎焊成功，从而限制了其应用。

（3）瞬态液相法

该方法是由Peaslee.R.E.和Boam.W.M.于1952年提出来的，1974年Duvall将之应用于镍基合金的钎焊。该方法是使两种被焊材料界面相互反应，形成共晶液相，并通过保温扩散过程使液相凝固，电子行业中的铜与氧化铝的钎焊是最典型的例子。其过程是先将铜表面氧化，生成氧化亚铜，通过严格控制加热温度，在1 065℃铜与氧化亚铜形成共晶相，然后与氧化铝形成化学反应结合。这种方法现在应用于电路结构中。

虽然瞬态液相法一般应用于金属的连接，但是科研工作者的研究表明铁、镍、钴及其合金如：低合金钢、奥氏体及铁素体不锈钢和镍基超合金可以与硅化物陶瓷反应生成共晶相，实现连接。对于镍及其合金/氮化硅系统共晶温度为1 373 K，对于铁及其合金/氮化硅系统共晶温度为1 473 K，对于相应的碳化硅系统温度一般下降100 K。氧的出现可以降低共晶相的形成温度。界面的主要反应产物为金属硅化物。反应层的厚度大约为 100 nm。

国内陈铮等人进行了 Si_3N_4/Ti/Ni/Ti/Si_3N_4 的部分瞬态液相法（PTLP）研究，后来又对 Ti/Cu/Ni/Cu/Ti 中间层进行了研究，结果表明：使用多层的 PLTP 技术木使得钎焊方法具有了钎焊与扩散焊的共同优点。接头于低温钎焊，而获得高温性能优良的钎焊接头。和钎焊过程相比，该方法在经过液态合金等温凝固以及随后的固相等温扩散均匀化都使得接头具有了与扩散连接相似的耐高温特性；与固相扩散连接相比，该技术形成的液相合金起到了类似于钎焊中钎料的作用。

（4）活性钎焊方法

活性钎焊法是在普通的钎料金属中加入活性金属，其形式一般为金属箔、金属丝或者金属粉末。典型的活性钎料是在银铜共晶成分中加入质量分数为 1%～10%的钛、锆、铜钛共晶、镍钛合金、钴钛合金或者铝及其合金。其主要原理是依靠活性元素与陶瓷基体发生反应，生成可以被钎料金属所润湿的反应层，从而实现钎料对陶瓷的润湿结合。这种方法的优点是对陶瓷表面不用进行金属化，而直接进行钎焊，就可以获得优良的钎焊接头，用这种方法基本解决了陶瓷与金属钎焊时的润湿性不良的问题，表 3.9-27 给出了一些典型的活性钎料的应用。由于活性钎焊方法的出现，陶瓷与金属的钎焊过程更加方便可靠，省去了金属化的工艺过程，但是活性钎焊方法并不是完美的，它也有固有的缺点，一方面传统的 Ag－Cu－Ti 活性钎料的熔点比较低，只有 780℃左右，所以该钎料的耐热性较差；另一方面，Ti 在 600℃左右很活跃，可以与氧、氮等发生反应，因而也限制了它的应用，另外银为贵金属，所以该种钎料的成本很高，使用起来很不经济；最后，钛元素的加入会与钎料中的其它元素生成金属间化合物，是接头脆性增加。针对于这个问题有许多研究人员进行了研究，提出了一些特殊的钎焊方法，研制出了一系列的耐高温钎料，使得以上问题得到了不同程度的解决，为工程应用提供了一些性能较好的钎料，但是该方法的研究还有待进一步完善。

表 3.9-27　活性钎焊法的一些典型应用

钎料成分（质量分数）/%	钎焊温度/℃	钎焊时间/min	待钎焊材料	连接强度/MPa
Ag57Cu38Ti5	850	5	Si_3N_4	490（RB）
Ag70Cu27Ti3	790	210	Inconel718 Si_3N_4	326.5（RB）
Ag69Cu26Zr5	950	30	Ni－Cr 合金钢 Si_3N_4	202（RS）
Ag69Cu26Hf5	1 050	—	AISI304 Si_3N_4	167（RB）
Ag62Cu20In5Hf5	1 050	—	AISI304 Si_3N_4	48（RB）
Au59Ni34Cr4Fe2Mo1	1 100	30	Incoloy909 PY6	49.7N－m（RT） 24.7N－m（650℃－T）
Au59Ni34Cr4Fe2	1 100	30	PY6 Incoloy909	73.4N－m（RT） 36.7N－m（500℃－T）
Au70Pd8Ni22	1 090	—	Ni Si_3N_4	105.2（500℃－S）

续表 3.9-27

钎料成分（质量分数）/%	钎焊温度/℃	钎焊时间/min	待钎焊材料	连接强度/MPa
Au93Pd5Ni2	1 180	—	Ni Si_3N_4	85.0（500℃－S）
Cu95Cr5	1 050	10	Steel－Si_3N_4	40（RS）
（Cu85Sn15）95Ti5	1 100	10	Steel－Si_3N_4	98.7（RS）
（Cu85In15）95Ti5	1 050	10	Steel－Si_3N_4	128.5（RS）
（Ag72Cu28）95Ti5	900	10	Steel－Si_3N_4	126.7（RS）
Ti16－18，B 少量，Ni5－25，Cu 余量	1 050	10	1.25Cr0.5Mo Si_3N_4	261（R3B） 268（R3B）
（Cu，Ge0－20）Ti2－10	920～1 060	5～20	Si_3N_4	975（R3B）
（Cu90Ag10）95Ti5	1 100	30	SiC	281（RB）
（Cu90Ag10）85Ti15	1 100	30	Si_3N_4	500（RB）

2.7.3　钎料及保护气体

陶瓷与金属连接多在真空炉或氢、氩气炉中进行，真空电子元器件封接用钎料除具有一般特性外，还应有一些特殊要求。钎料不宜含有产生高蒸气压的元素（如 Zn、Cd、Bi、Mg、Li 等），以免引起器件电介质漏电和阴极中毒等现象发生。一般规定元器件工作时钎料的蒸气压不超过 10^{-3} Pa，所以含高蒸气压杂质不超过 0.002%～0.005%；钎料氧的体积分数不超过 0.001%，以免在氢气中钎焊时产生水汽，引起熔融钎料金属飞溅。此外，还要求钎料必须清洁，不得有表面氧化物。

陶瓷金属化后再进行钎焊时，可使用铜系、银系及银－铜、金－铜钎料，部分常用钎料的成分及熔点见表 3.9-28。

表 3.9-28　陶瓷与金属连接常用钎料

钎　料	化学成分（质量分数）/%	熔点/℃	沸点/℃
Cu	100	1 083	1 083
Ag	＞99.99	960.5	960.5
Au－Ni	Au82.5，Ni17.5	950	950
Cu－Ge	Ge12，Ni0.25，Cu 余量	850	965
Ag－Cu－Pd	Ag65，Cu20，Pd15	852	898
Au－Cu	Au80，Cu20	889	889
Ag－Cu	Ag50，Cu50	779	850
Ag－Cu－Pd	Ag58，Cu32，Pd10	824	852
Au－Ag－Cu	Au60，Ag20，Cu20	835	845
Ag－Cu	Ag72，Cu28	779	779
Ag－Cu－In	Ag63，Cu27，In10	685	710

陶瓷直接钎焊，钎料的选定非常重要。这类钎料都有活性元素 Ti、Zr 或 Ti 及 Zr 的化合物（氧化物或碳化物），对陶瓷有一定的活性，在一定温度下，能够发生反应。其中二元钎料以 Ti－Cu、Ti－Ni 为主，这类钎料蒸气压较低，700℃时小于 1.33×10^{-5} Pa，可在 1 200～1 800℃范围内使用。在三元系钎料中，最常用的是 Ag－Cu－Ti 钎料，可应用于各类陶瓷和金属的直接钎焊。B－Ti49CuBe（49Cu 及 2Be）钎料具有与不锈钢相近的耐腐蚀性，并且蒸气压较低，在防氧化、防泄漏的真空密封接头中被使用。在 Ti－V－Cr 系钎料

中，钒的质量分数为30%时熔化温度最低（1 620℃），Cr的加入能有效缩小熔化温度范围，在钎焊过程中低熔点组分不宜偏析。不含Cr的Ti－Zr－Ta系钎料已用于氧化铝和氧化镁的直接钎焊，其接头可在1 000℃的环境温度下工作。

经过预先金属化处理的陶瓷可以在高纯度的惰性气体、氢气或真空环境中进行钎焊，不经过金属的陶瓷直接钎焊时，一般应选用真空钎焊。

为了缓解陶瓷钎焊接头的残余应力，除了使用中间层以外，还可以使用复合钎料。复合钎料是在钎料中复合一定体积比的作为增强相的各种形态的纤维或颗粒，以提高钎料的强度，同时降低钎料的热胀系数，从而实现陶瓷与金属接头的匹配，达到降低残余应力，提高接头高温强度的目的。复合钎料具有两方面的作用，一是填充作用，即在钎料中加入一定体积比和一定大小的高温金属或合金颗粒，使钎料在颗粒所组成的缝隙中填充，从而实现大间隙的钎焊；二是增强作用，通过在接头中加入高温的金属作的网状或者蜂窝状结构可以获得具有增强效果的典型接头形式。对于增强相的加入方式一般有三种：钎料中含有增强的金属元素；钎料中直接加入增强相金属；在钎料中加入非金属增强相。复合钎料技术是一项很有潜力的应用于陶瓷连接的理想钎焊工艺。哈尔滨工业大学的方洪渊等人研制用于陶瓷钎焊的陶瓷颗粒增强复合钎料，已申请了国家专利，钎料成分为在Ag－Cu共晶成分中加入一定含量的Ti，再在钎料中加入一定体积比、一定颗粒度的三氧化二铝陶瓷颗粒，形成的复合钎料。此钎料用于连接Al_2O_3陶瓷改善了钎缝组织及接头应力分布状态，图3.9-73为用复合钎料钎焊Al_2O_3陶瓷钎焊接头微观组织。

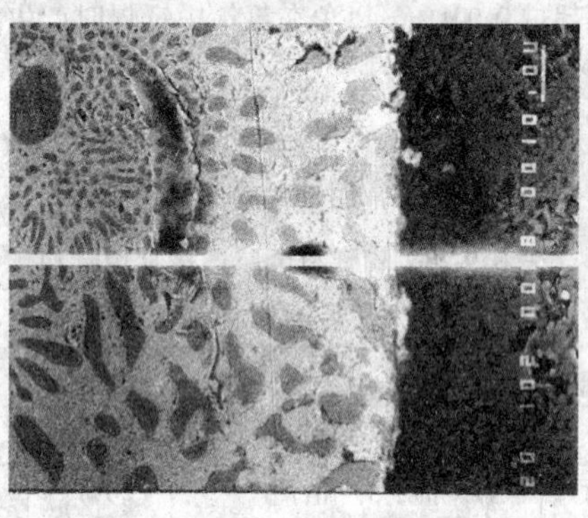

图3.9-73 含Al_2O_3颗粒8%（体积分数）的$(Ag_{72}Cu_{28})_{97}Ti_3$钎料钎焊$Al_2O_3$陶瓷钎焊接头微观组织

2.7.4 钎焊工艺

1）零件的表面清洗和准备　清洗是为了除去母材表面的油污、汗迹和氧化膜等，清洗后的零件不得再与有油污的物体或手接触，应立即进入下道工序或放入干燥器内，不能长时间暴露于空气中。陶瓷件多用丙酮加超声清洗，再用流动水冲洗，最后用去离子水煮沸两次，每次煮沸15 min，烘干后备用。金属零件和钎料先去油，在酸洗或碱洗去氧化膜，经流动水冲洗并烘干，对要求高的零件再进行“热清洗”，即在真空炉或氢炉中（也可以用离子轰击的方法）用适当的温度和时间进行热处理，以净化零件表面。

2）涂膏　这时陶瓷金属化的一个重要工序，膏剂多由纯金属粉末或添加适当的金属氧化物，这些粉末的粒度约1～5 μm，用有机黏结剂调成一定黏度膏，涂敷时用毛笔或涂膏机等机械装置涂于需要金属化的陶瓷表面上，涂层厚度一般为30～60 μm。金属化配方是陶瓷金属化的关键，对不同的陶瓷，金属化的配方是不同的。其重要成分是难熔金属粉，用的最多的是钼粉，其次是钨粉。为了改善难熔金属粉末与陶瓷的结合，还添加原子序数在22～28之间的金属，最常用的是锰、铁、钛粉。此外，还可以使用氢化钛或氢化锆。

3）陶瓷的金属化　将涂好膏的陶瓷件送入氢气炉中，然后用湿氢或裂化氨在1 300～1 500℃温度下烧结，并且保温0.5～1 h。对于涂氢化物的陶瓷件，应加热到900℃左右，使氢化物分解，使纯金属或残留在陶瓷表面的钛（或锆）在陶瓷表面发生反应，继而在陶瓷表面上获得金属涂层。

4）镀镍　对于Mo－Mn金属化层，为了使其与钎料润湿，还必须电镀上的4～5 μm镍层或涂一层镍粉，如果钎焊温度低于1 000℃，则镍层还需在氢气炉中进行预烧结，烧结温度为1 000℃，烧结时间为15～20 min。

5）装配　处理好的陶瓷及金属件，用不锈钢、石墨或陶瓷模具装配成整体，在接缝处装上钎料，并在整个操作过程中保持工件清洁，不得用手触摸。

6）钎焊　在通氩、氢气炉或真空炉中进行钎焊，钎焊温度依钎料而定，为防止陶瓷件炸裂，降温速度不得过快。此外，钎焊还可以施加一定的压力（约0.49～0.98 MPa）。

7）检验　对焊件除进行表面质量检验外，有特殊要求的产品应抽样进行热冲击及力学性能检验，真空器件用的封接件还必须按有关规定进行检漏实验。

直接（活性钎焊法）钎焊时，可省去上述工艺过程的2）～4）部分，陶瓷及金属被焊件经表面清洗后直接进行装配。为避免构件材料因热胀系数不同而产生裂纹，可在焊件之间放置缓冲层（一层或多层薄金属片）。应尽可能将钎料夹置在两个被焊件之间或放置在利用钎料填充间隙的位置，然后像普通真空钎焊一样进行钎焊，表3.9-29列出了直接钎焊法常用的各种钎料、熔化温度、钎焊温度、用途及接头性能。

表3.9-29 陶瓷直接钎焊用钎料

钎　料	熔化温度/℃	钎焊温度/℃	用途及接头
92Ti－8Cu	790	820～900	陶瓷－金属的连接
75Ti－25Cu	870	900～950	陶瓷－金属的连接
72Ti－28Ni	942	1 140	陶瓷－陶瓷，陶瓷－石墨，陶瓷－金属
50Ti－50Cu	960	980～1 050	陶瓷－金属的连接
B－Ag72CuTi	779	820～850	陶瓷－钛的连接
100Ge	937	1 180	碳化硅－金属（σ_b＝400 MPa）
49Ti－49Cu－2Be	—	980	陶瓷－金属的连接
48Ti－48Zr－4Be	—	1 050	陶瓷－金属的连接
68Ti－28Ag－4Be	—	1 040	陶瓷－金属的连接
85Nb－15Ni	—	1 500～1 675	陶瓷－铌的连接（σ_b＝145 MPa）
47.5Ti－47.5Zr－5Ta	—	1 650～2 100	陶瓷－钽
54Ti－25Cr－21V	—	1 550～1 650	陶瓷－陶瓷，陶瓷－石墨，陶瓷－金属
75Zr－19Nb－6Be	—	1 050	陶瓷－金属的连接
56Zr－28V－16Ti	—	1 250	陶瓷－金属的连接
83Ni－17Fe	—	1 500～1 675	陶瓷－铌的连接（σ_b＝140 MPa）

3 软钎焊

3.1 电子工业中的软钎焊

3.1.1 软钎焊在电子工业中的地位

软钎焊技术在电子工业的整机装联技术中始终并将继续居于主导地位。一方面是由于软钎料在室温下通常是塑性优良的自退火合金，没有加工硬化等问题，能够吸收应力。因为具有这种特性，这种工艺能将不同膨胀系数、不同刚度水平和不同强度等级的材料连接起来。例如：普通印刷电路板的设计与制造几乎违背了所有的结构设计原则，如果不是由于软钎焊连接所具有的这种应力匹配能力，那么，印刷电路板可能就不会存在了。另一方面是软钎焊具有显著的经济性、高效性和可靠性。由于连接是在相对较低的温度下完成的，使得许多常规有机高分子材料和电子元件因受热而改变性能和破坏等问题得以有效地避免。而且，相对低成本的材料，简单的工具和可控的工艺使得软钎焊具有特别明显的经济性和高效性。同时在自动化软钎焊操作中，在一般民用产品上，已经取得接头返修率低于百万分之一的水平，而在北美航空部门，已有了每小时钎焊150亿个焊点而无失败的报导。这些都充分说明了软钎焊方法的经济、高效和可靠的特点。另外软钎焊还具有制造和修理的方便性。与其他冶金连接方法相比，软钎焊是对操作工具要求相对简单和易于操作的工艺，并且由于软钎焊接头可以“拆卸”，因而使得软钎焊连接的修补十分简单方便，并且修补过的接头可以像原始接头一样可靠。

综上所述，可以说在电子工业中只要还使用由导体、半导体和绝缘体等构成的基于电脉冲的电路，软钎焊技术就是不可代替的。

3.1.2 电子工业中钎焊连接的特点及发展趋势

在电子工业中的被连接材料主要是有色金属，并且种类繁多，经常涉及到贵金属和稀有金属以及多元合金多层金属组合体系。此外，还常常涉及到非金属材料的连接问题。由于被连接对象的多样性，因而完成连接所使用的材料（钎料等）也表现出种类繁多和组成复杂的特点。从被连接对象的尺寸特征来看，小、细、薄、精，构成了这类被连接对象最为鲜明的标志。例如：许多焊点的尺寸常常不足一平方毫米；连接对象可能是直径为零点几毫米的丝与厚度仅为几十微米的金属镀层；焊点间距也可能仅有零点几毫米等等。并且，随着电子产品小型化、轻量化、高精度及高可靠性的要求，使得连接对象的尺寸还在不断减小。

电子产品的这种特点和发展趋势对连接技术提出新的更高的要求，于是表面组装技术（surface mount technology，简称SMT）便应运而生。这一技术的出现使得在印刷电路板制造中传统的通孔安装技术迟早将被淘汰。在技术发达国家中，SMT技术在印刷板上的应用已达到90%，在我国，SMT也在迅速推广。SMT技术的出现对软钎焊材料提出了新的要求，使得对钎料膏的需求量迅速增加，并且推动了一些产业的发展和进步。

3.1.3 推动电子整机装联无铅化的主要因素

Sn-Pb合金（特别是Sn-37Pb），因其成本低廉，良好的导电性和优良的力学和钎焊性能，一直以来是电子工业中电子封装与组装最主要的钎焊材料。随着许多国家及地区政府相继颁布了限制电子及电器产品中使用铅的相关法令及规定，电子整机装联无铅化技术的开发、研究与应用不断升温，可以说，无铅化电子整机装联势在必行。图3.9-74为欧盟2003 Roadmap关于“无铅化的推动力”的问卷调查结果，这一结果反映出目前推动世界范围电子整机装联无铅化的因素主要包括法令规定、环保意识、客户需要及市场利益等方面。

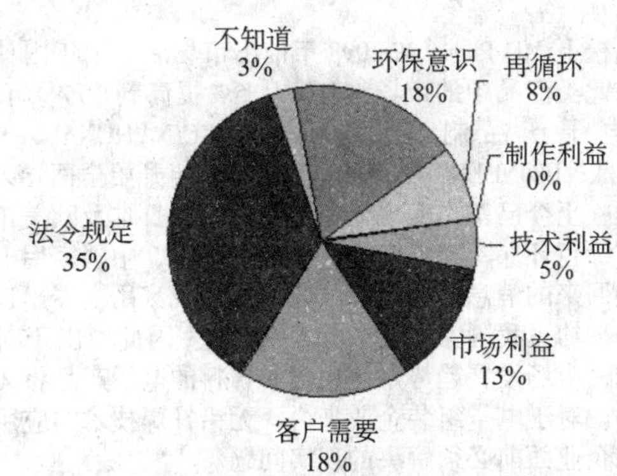

图3.9-74 欧盟2003Roadmap关于“无铅化的推动力”的问卷调查结果

Pb及含Pb物是危害人类健康和污染环境的有毒有害物质，Sn-Pb钎料在生产及使用过程中会直接危害人体；此外，电子元器件废弃物中含Pb的钎料会被氧化成氧化铅，氧化铅和盐酸及酸雨中的酸反应形成铅的化合物，地下水被铅化合物污染，被污染的地下水饮用后进入人体（如图3.9-75），严重危害人体特别是儿童健康，轻则降低智商、影响发育，重则导致昏迷或死亡。在日本每年用铅量大约9千吨，而其中用在电子产业上的就有5千吨之多（1997年统计），近年来，由于酸雨的作用更加速了铅从地下的溶出。因此，近年来在世界范围内对含铅制品作出了严格的限制规定。

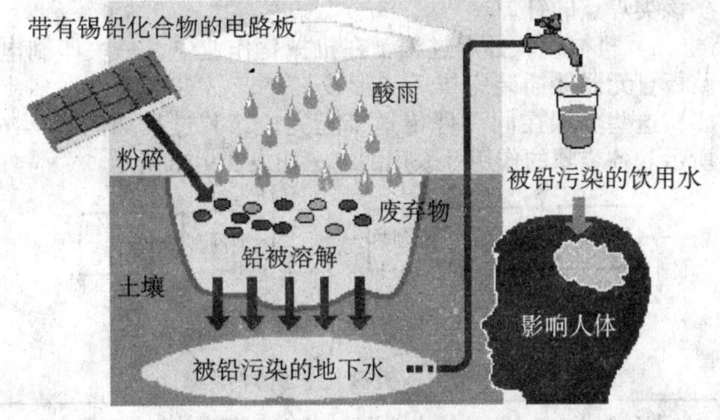

图3.9-75 带有锡铅钎料的电路板中的铅被人体吸收的过程

关于“无铅”的立法是推动电子整机装联无铅化发展的主要因素之一。从1992年美国国会提出Reid法案因遭工业界强烈反对而夭折以来，关于在电子产品中严格限制Pb含量的相关立法及无铅化技术的研究就未停止过。2003年2月13日，欧盟第L37期《官方公报》公布了欧洲议会和欧盟部长理事会共同批准了《关于在电子电气设备中禁止使用某些有害物质指令》（RoHS）及《报废电子电气设备指令》（WEEE），明确规定：自2006年7月1日起在欧盟市场禁止销售含有铅、汞、镉、六价铬、聚溴二苯醚和聚溴联苯6种有害物质的电子电气设备。这两项重要环保指令的正式生效在很大程度上促进了全世界范围内关于“无铅”的立法及研究。2003年3月，中国信息产业部经济运行司拟定了《电子信息产品生产污染防治管理办法》草案，要求“电子信息产品制造者应当保证，自2003年7月1日起实行有毒有害物质的减量化生产措施；自2006年7月1日起投放市场的国家重点监管目录内的电子信息产品不能含有铅、汞、镉、六价铬、聚合溴化联苯（PBB）或者聚合溴化联苯乙醚（PBDE）等”。日本电子产品报废与回收相关法律也规定，制造商必须消除或回收含铅的电子产品。其他许多国家和地区也有相关的法令规定颁布。

随着人类文明的发展，人们的环保意识显著增强，环保产品也受到用户的青睐，世界上第一个批量生产的无铅化电子产品松下MD Player在1998年推出市场后，半年内使松下公司在此类产品中的市场占有率从5%提高到15%。日本知名的电子产品制造商：PANASONIC/NATIONAL、SONY、TOSHIBA、PIONEER 、NEC等，从2000年开始全面导入无铅化制程，至今已基本实现无铅化制造，在日本及欧美市场上推出“绿色环保”家电产品。从国内来讲，中国家用电器协会反馈回来的消息表明目前欧盟已成为我家用电器出口的主要市场，约占我国家电出口市场的1/4。因此，出于对环保的考虑，市场发展趋势是使用含铅钎料的电子产品将无法进入市场。对于电子组装企业来说，无铅钎焊技术的应用已经是摆在企业面前必须解决的现实问题。

综上可知，在未来的数年内全世界电子工业中禁止使用含铅钎料已是大势所趋。而与此同时，电子工业日新月异的发展对钎料性能的要求不断提高。随着现代高集成度、高性能电子电路设计的发展，钎焊点越来越小，而所需承载的力学、电学和热学负荷越来越重，对其可靠性要求日益提高。传统的铅锡钎料由于抗蠕变性能差，已难以满足电子工业对其可靠性的要求。因此，新型高性能钎料的研究是电子工业的迫切需要，无铅钎料的开发已经在全世界范围内展开并取得了显著进展。

3.1.4 软钎焊主要工艺方法

(1) 机械化软钎焊技术

电子产品中应用最多的一类连接模式是电子元器件与印刷电路板之间的连接，而机械化方式钎焊能够一次性完成众多该类焊点的钎焊。

1) 机械化软钎焊过程　在机械化作业中，一块印刷电路板自元器件插装完毕后到形成最终产品需要经过许多步骤，这些步骤在同一件传送带上完成，其过程如图3.9-76所示。各步骤的作用及采用的方法如表3.9-30所示。

图3.9-76　机械化软钎焊过程

表3.9-30　机械化软钎焊步骤

装载印制板	将已经装好元器件和印刷板安放到传送带上
涂覆软钎剂	涂覆可以采用发泡、波峰、浸沾、刷涂和喷射等多种方式来进行
预热	通过提高温度来增强软钎剂的流动性，使其顺利达到理想位置 使软钎剂易挥发组分挥发掉，活性组分开始去除氧化膜，为钎料的润湿作为准备
软钎焊	钎焊方法有浸焊、拖焊和波峰焊等几种方式
冷却	在印制板离开软钎位置后就应迅速冷却，使焊点处的钎料金属迅速凝固，同时也可以缩短印制板和元器件在高温下的停留时间
卸载印制板	印制板的软钎焊连接已经完成，可以将其从传送带上取下并准备进行焊点质量检验，对于配备有自动化焊点质量检测系统的生产线，也可以经过检测后再卸载

2) 钎剂涂覆

① 波峰涂覆　通过一个放置于钎剂槽底部的叶轮旋转产生一个双侧波峰，印制板在此波峰上通过就可以实现软钎剂的涂覆。为维持软钎剂液面的高度，需要配备一个可调节的波高控制器，为去除印制板上多余软钎剂而配置一个软毛刷。对于通孔安装印制板，当板下元器件引线的伸出长度超过15 mm时，特别适合采用波峰涂覆。波峰涂覆用松香基钎剂中的固体含量可以达到60%，而发泡涂覆时一般不超过35%。

② 发泡涂覆　利用充气器产生低压空气使液体软钎剂产生泡沫，通过一个收集器使泡沫聚集在一起，印制板在聚集的泡沫上方运动并与泡沫接触，这样就可以将软钎剂涂覆到印制板上。为获得适当的涂覆剂量，要求钎剂组元与溶剂有合适的比例，以维持适当的黏度，所产生的泡沫的大小以其直径1～2 mm为佳。所用的空气压力应尽可能低，一般不超过0.3个大气压。

③ 喷射涂覆　将一个不锈钢丝制作的鼓形件半浸没于液体钎剂中，钢网鼓在钎剂中旋转。在钢网鼓中通入压缩空气，使液体钎剂向上喷射，当印制板在喷射区上方通过时，就完成了钎剂的喷射涂覆。软件剂的涂覆量与钢网鼓旋转速度，空气压力及软钎剂的密度有关，理想的钎剂涂覆厚为6～20 μm。

④ 浸沾涂覆　这种方法是将印制板待软钎焊的一面浸入到液态钎剂的表面上来实现钎剂涂覆。将液态钎剂置于一个敞口的容器中，而在不使用时，需将容器盖上，以防止溶剂过分挥发损耗。

⑤ 旋转涂覆　用一个圆形毛刷，其下端与软钎剂接触，上端与印刷板的待钎焊面接触，当毛刷旋转时，就将软钎剂涂到了印制板上。刷涂方法不适合于带有通孔的印制板。

3) 软钎焊

① 浸沾软钎焊　浸沾软钎焊是通过将插装了元器件并涂有软钎剂的印制板浸到液态钎料槽中来完成的。一般情况下，印制板处于水平位置，垂直向下移动并与熔融钎料相接触，停留一段时间后再向上提起，待焊点上的液态钎料凝固后，浸焊过程就过程完成了。有时也先将印制板与钎料液面构成30°角，印制板两端不在一个水平面上，分别进入钎料中来完成整个浸焊过程。这种方式有利于气泡的排出，并可以减少桥联缺陷。

浸沾软钎焊具有投资成本相对较低，焊机的操作与维修简单的优点。其不足之处为：仅适合单面板钎焊；人为因素影响大；温度要求严格；易造成桥联。

② 拖焊　是指将组装好元件的印制板放入钎料槽中，使印制板的待钎焊面上与钎料液面接触，并将印制板在钎料槽中沿液面拖动一段距离后再将其提起从而完成钎焊过程。

拖焊时，在印制板进入钎料槽之前应使其与钎料液面构成一个大约15°角度，以便气泡逸出。拖焊常以发泡方式来涂覆软钎剂，并且在每块印制板进入钎料槽之前要先进行扒渣，即先用刮板将熔融钎料表面上的氧化渣扒开，然后进行拖焊。

拖焊具有人为因素影响小，操作技术要求低的优点。其不足之处在于对钎料槽液位高度要求严格，双面板钎焊传热不足，以及钎剂挥发产生的气泡可能妨碍钎料对印制板的润湿等。

③ 波峰焊　波峰焊的应用范围十分广泛。如图3.9-77所示，波峰焊时，由一泵动系统产生一个稳定、连续和缓外溢的波浪状或涌泉状液态钎料波峰，并使印制板沿某一方向穿过波冠，使板的底部与热的钎料波峰接触，通过钎料波向各板提供热量和所需的钎料，在毛细作用和辅助的轻微波压作用下，就可以得到优良可靠的软钎焊接头。

钎焊时，印制板维持着与水平方向成70°角的位置穿越波峰，钎焊时间由印制板所接触到的波面宽度和板的移动速度来决定。波峰焊时，印制板的运动速度在300～600 cm/min，其废品率小于万分之几。因此，波峰焊具有很高的生产率和优良的连接质量。

波峰钎焊系统主要包括钎剂系统、预热系统、钎焊系统、传输系统和控制系统（见图3.9-78）。

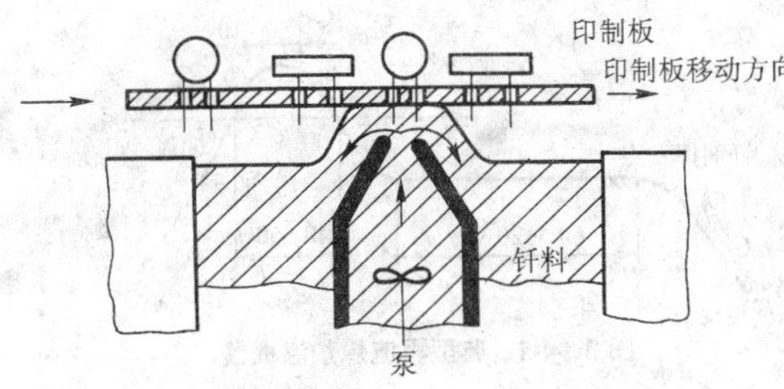

图 3.9-77 波峰焊的基本原理

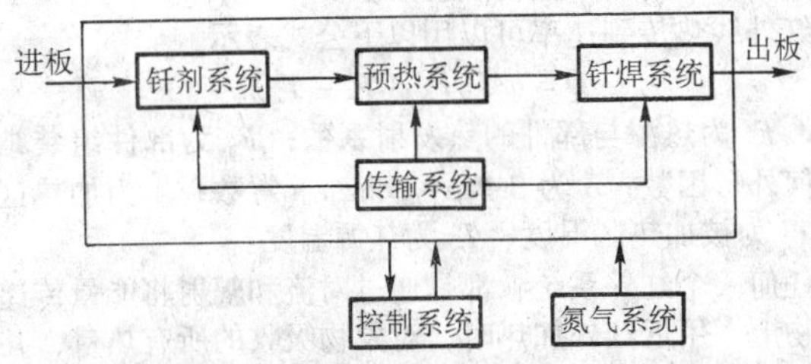

图 3.9-78 波峰钎焊系统构成

（Ⅰ）钎剂系统 钎剂系统的主要作用是均匀地涂覆钎剂，除去PCB和元件钎焊表面的氧化层和防止钎焊过程中的再氧化。其要求是钎剂的涂覆一定要均匀，尽量不产生堆积，否则将导致钎焊短路或开路。

钎剂的供给方式有喷雾式、喷流式和发泡式三种。

（Ⅱ）预热系统 预热对于表面组装组件的钎焊是非常重要的钎焊工序。预热的目的是蒸发钎剂中大部分溶剂，增加钎剂的黏度（黏度太低，会使钎剂过早流失，使表面浸润变差），加速钎剂的化学反应，提高可清除氧化的能力，同时提高电子组件的温度，以防突然进入钎焊区时受到热冲击。

图3.9-79为典型的预热温度曲线。一般预热温度（印制板表面）为130～150℃，预热时间为1～3 min。熔融钎料温度应控制在240～250℃之间。预热温度控制的好，可防止虚焊、拉尖和桥联，减小钎料波峰焊对基板的热冲击，有效地解决钎焊过程中PCB板翘曲、分层、变形问题。

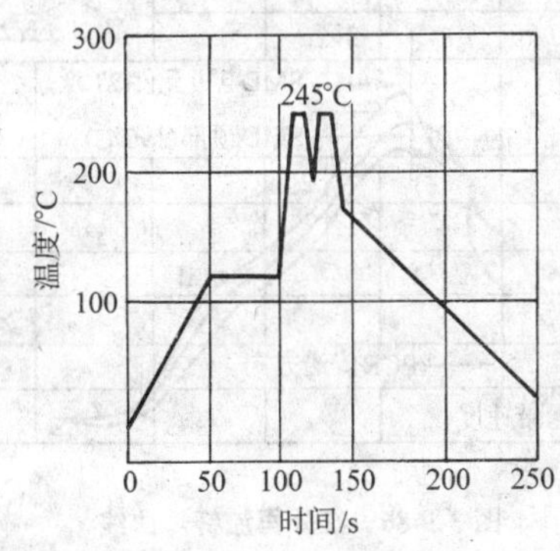

图 3.9-79 双波峰钎焊系统的典型加热曲线

（Ⅲ）钎焊系统 波峰焊中最为重要的一个参数为钎料波的形状。它对于防止插装元件出现毛刺和桥联以及对于防止表面贴装元件中出现放气和钎料空缺都是非常重要的。

波峰的形状大致上包括以下几种类型：单向和双向、单波峰和双波峰、湍流或振动式，平稳和静区式，油质混合式，干式的含气泡式等。

Ⅰ）双向波峰 双向波峰也叫标准波峰或T形波峰，其形状如图3.9-80所示。

双向波峰是左右对称的，液态钎料沿喷嘴向上运动，并沿喷嘴侧面流回到钎料槽中。对于图3.9-80a的波形，印制板处于水平位置在波峰上运动，对于图3.9-80b的波形，印制板要与水平方面构成5°～9°的一个微小的角度。印板处于水平位置时，产生桥联的可能性增大，使印制板略有倾斜有利于避免桥联。

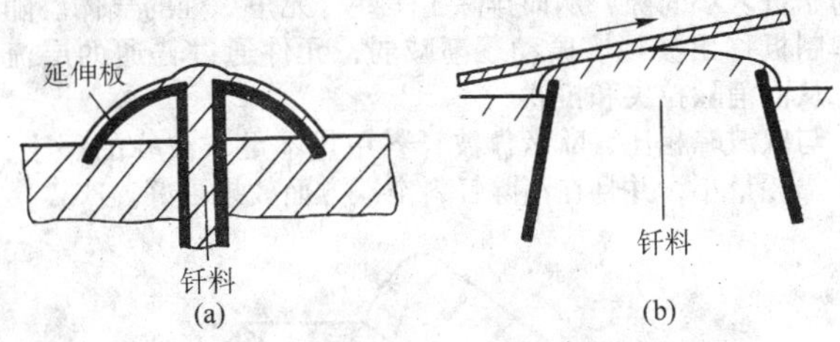

图 3.9-80 双向波峰形状示意图

Ⅱ）扩展波峰 将喷嘴一侧的托板延长（通常是将前托板延长）就可形成扩展波峰。“λ”波峰就是典型的提高扩展波峰（见图3.9-81）。这种波峰所特有的形状，使得液态钎料相对于印制板的流动速度加快，这就提供了一种有效的冲刷作用，因而有助于润湿。

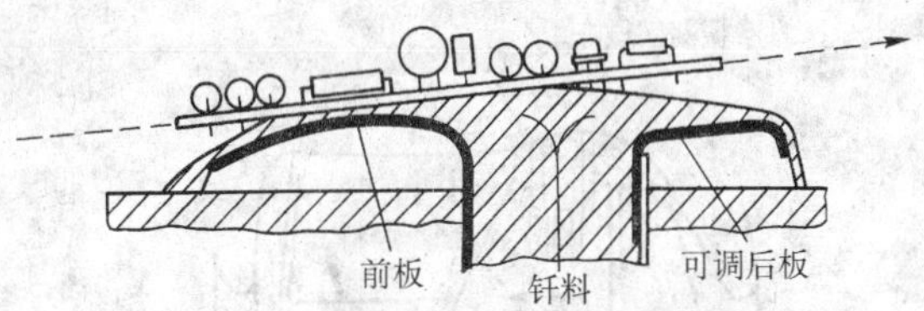

图 3.9-81 λ波峰示意图

Ⅲ）双波峰 对于安装有无引线元件或引线间距较小的印制板，常采用双波峰方式进行软钎焊。双波峰的两个波峰形状和作用是不同的（见图3.9-82）。第一个波峰是湍流波峰，其波面是宽度比较窄，液态钎料从其喷嘴流出的速度比较快，以便使钎料能在很窄的间隔内穿过，这将有利于防止钎料空缺。但是，仅有一个湍流波峰是不够的，它会在焊点处留下较多的钎料和造成不均匀。因此，还需要经过第二个波峰。

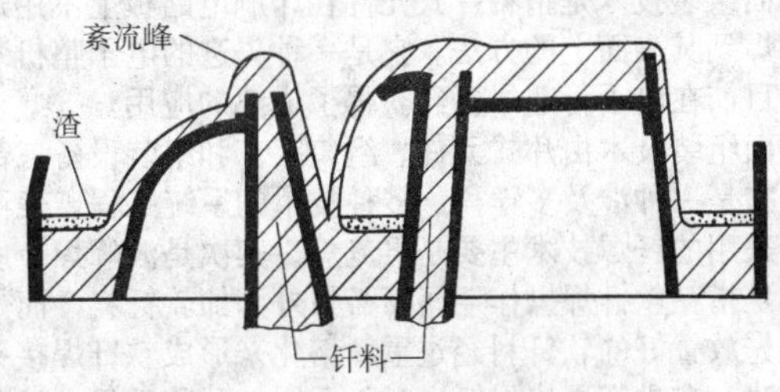

图 3.9-82 双波峰波形示意图

第二个波峰为层流波峰（或平稳波峰），其形状与普通插装印制板所用的波峰相同。层流波峰有助于消除第一波峰（湍流波峰）形面的拉尖或桥联等缺陷。

双波峰的产生可以由一个泵驱动液态钎料从两个喷嘴中流出，也可以采用两泵，这样比较容易控制，但设备成本增加。双波峰也可以同两台具有不同波形的波峰机紧密组合在一起来形成，其效果是相同的。

Ⅳ）喷射式波峰 这种钎焊系统的波形既不是双波峰，也不是湍流波峰，而是由电磁泵产生的一种高速单向流动的波（图3.9-83），称为喷射式空心波。这种波的钎料流速快，上冲击力大，渗透性好，并具有较大的前倾力，不仅对钎焊表面有较强的擦洗功能，而且可以消除桥联和拉尖。另外由于波峰中空，不易造成热容量过度积累，同时有利于钎剂气囊的排放。

Ⅴ）振动波峰　Electrovert公司提出了一种称之为欧米伽（Ω）的新波峰形式，它将超声波振动波引入波峰软钎过程。在欧米伽波中，引入了一个传感器，以产生振动幅度受控制的低频振动（见图3.9-84）。由于液态钎料振动，使其更易于进入小间隙，从而排除了一些"死角"处的气体。随着印制板移出波峰，振动逐渐减弱，元件通过普通的层流波，从而消除拉尖和桥联。

与双波峰相比，欧米伽波钎料用量不足双波峰的一半，钎料损耗量小，并且在消除钎料空缺方面效果更好。

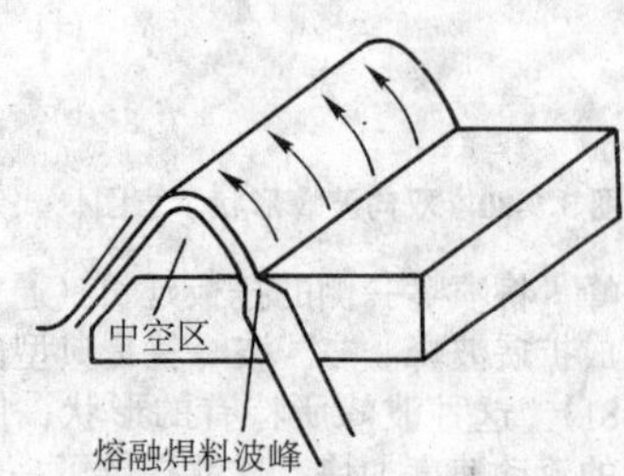

图3.9-83　喷射式波峰钎焊波形

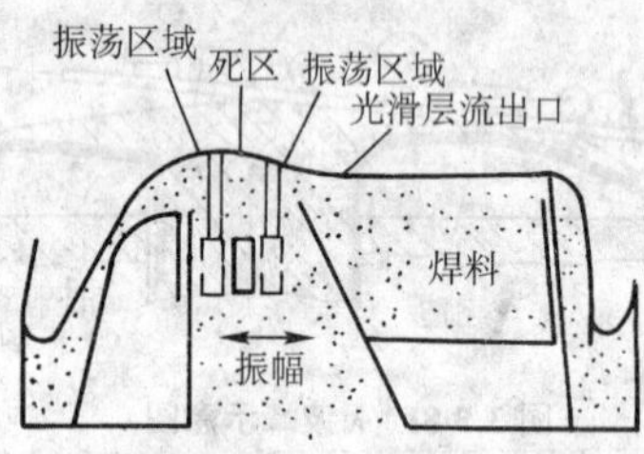

图3.9-84　Ω波峰钎焊系统

Ⅵ）传输系统　传输系统要求传输平稳，有框架式和手指式两种。框架式适合与多品种、中/小批量生产；而手指式则适合与少品种、大批量生产。工作时，传输系统框架或PCB板，以6°~9°通过波峰。钎焊角度一定要可调，以适合不同类型的PCB板，一般最佳角度为8°。

（2）表面组装技术及再流焊方法

表面组装技术是指将片式元件在印刷电路板上不用通孔就直接焊到其表面上的方法。它是一种先进的电子整机装联技术，目前在电子行业早已经获得了成熟的应用。

表面组装技术由片式元件、组装工艺和组装设备三部分组成，它是一种涉及多学科、多种技术的系统工程。表面组装中所采用的钎焊技术主要是再流焊，其次是波峰焊。所谓再流焊是指在软钎焊操作期间不必另外添加软钎料，而是通过使预先放置好的软钎料经过重新熔化来形成软钎焊接头的一类方法。在进行再流焊钎焊时，元器件贴装后只是被钎料膏临时固定在印制板上相应到的位置，当钎料膏达到熔融温度时，钎料还要"再流动"一次，此时元器件的位置受熔融钎料表面张力的作用发生位置移动，再流焊使用的软钎料都为钎料膏。

表面组装生产线流程一般包括以下设备：上料机、丝印机、贴片机、接驳台、回流焊炉、下料机。为了保证高质量的SMT生产，可在贴片机和回流焊炉后安装AOI检测设备。

目前常用的再流焊方法有红外再流焊、激光再流焊、气相再流焊和热风再流焊等。图3.9-85为一典型再流焊炉温曲线，共分为6个阶段，每个阶段都有各自的要求：①预热阶段；②钎剂挥发阶段；③静化阶段；④钎料熔融扩散阶段；⑤冷却阶段；⑥自然冷却阶段。

1）红外再流焊　红外再流焊是利用红外线（波长为1~5 μm）加热的一种钎焊技术，主要包括远红外热风再流焊（波长2.5~5 μm）和近红外再流焊（波长0.75~2.7 μm）两种。

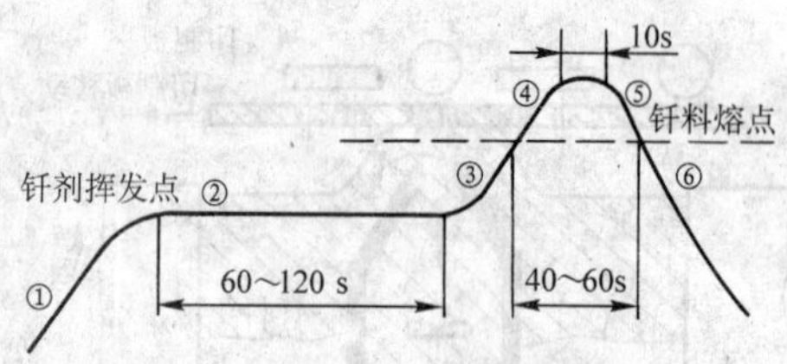

图3.9-85　典型再流焊炉温曲线

① 热交换　由于红外再流焊时通过红外辐射加热，因此受热相对均匀，产生的热应力小。

红外线热传到速率可以用以下公式表示：

$$Q=\sigma AF_{\varepsilon}F_{a}\ (T_{s}^{4}-T_{a}^{4})$$

式中，F_{ε}为热源与部件的热发射系数；F_{a}为部件组装结构或几何外形因数；σ为Stefan－Bottzman常数；A为加热区面积；T_{a}为被加热区温度；T_{s}为热源温度。

任何一个红外系统，都是通过对流和辐射将能量传递到对象物上。用近红外加热时，对象物吸收的所有热量，几乎都是从红外辐射得到的，对流成分不到5%，而远红外加热时，对象物吸收的全部热量中辐射只占40%，其余60%的热量靠对流得到。

② 特点　红外再流焊的特点是：

a）钎剂容易挥发，助焊效果好。

b）加热速度和温度可以控制，元器件所受冲击力小。

c）由于元器件和PCB板的颜色不同，吸收红外的热量就不同，造成电路板加热不均匀，容易发生元件过热和电路板翘曲等现象。

③ 工艺问题　对于红外再流焊来说，主要的工艺问题是使钎焊过程的温度曲线满足特定的工艺要求。红外再流钎焊时需要控制的工艺参数主要有两个：红外辐射体的温度和传送机构的速度。通过改变这两个参数来控制再流钎焊期间红外炉内的加热状态，从而可获得组件的不同加热温度曲线。正确控制加热温度曲线，使它符合特定要求，就可实现对组件的可靠钎焊操作。再流焊温度曲线如图3.9-86所示。

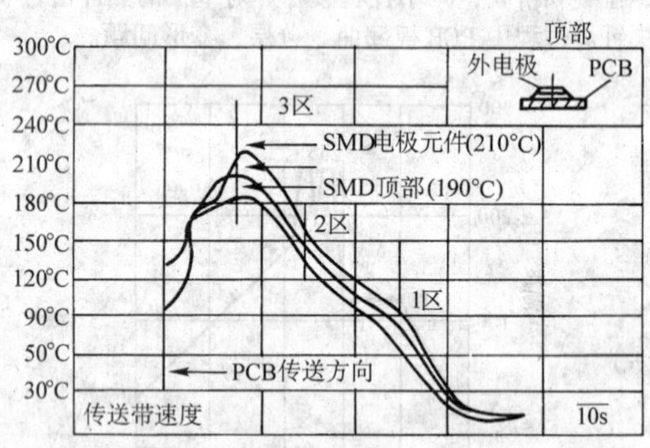

图3.9-86　红外再流钎焊曲线

2）激光再流焊　与自发辐射的普通光源不同，激光是光的受激辐射，因而，激光具有方向性好，相干性好和亮度高的特点。利用激光做为热源的特点之一使高密度的能量在短时间内可以使被加热材料在很小的范围内达到所需要的温度。

① 热交换　当激光束照射到材料表面时，一部分被材料表面反射，其余部分进入材料内部被吸收。吸收的这部分能量转化为材料晶格的热振动，使其温度升高。如果照射到材料表面的激光功率密度为Q_0，则材料内部距离表面为x处的功率密度$Q(x)$可由下式确定：

$$Q(x)=Q_0(1-R)\exp(-ax)$$

式中，R为材料对激光的反射率；a为材料的吸收系数。

对于金属材料来说，由于吸收系数很大，因而趋肤深度很小而可将激光做为表面热源来考虑，既激光能量在材料表面转化为热量，然后，通过热传导对材料进行加热。

② 激光再流焊原理 激光束直接照射到钎焊部位，钎焊部位（器件引脚和焊盘）吸收激光能量并转化成热能而被加热，使温度急剧上升到钎焊温度，导致钎料膏熔化。激光照射停止后，钎焊部位迅速冷却，钎料凝固，形成牢固可靠的钎焊连接。影响钎焊质量的主要因素是激光器输出功率、光斑大小和形状、激光照射时间、器件引脚共面性、基板质量、钎料涂覆方式和均匀程度以及贴装精度等。

激光再流焊有两类型的激光辐射聚集形状：聚焦束（图3.9-87）和分散束（图3.9-88）。激光再流焊一般由YAG激光器、光路系统、精密工作台和微机系统组成。

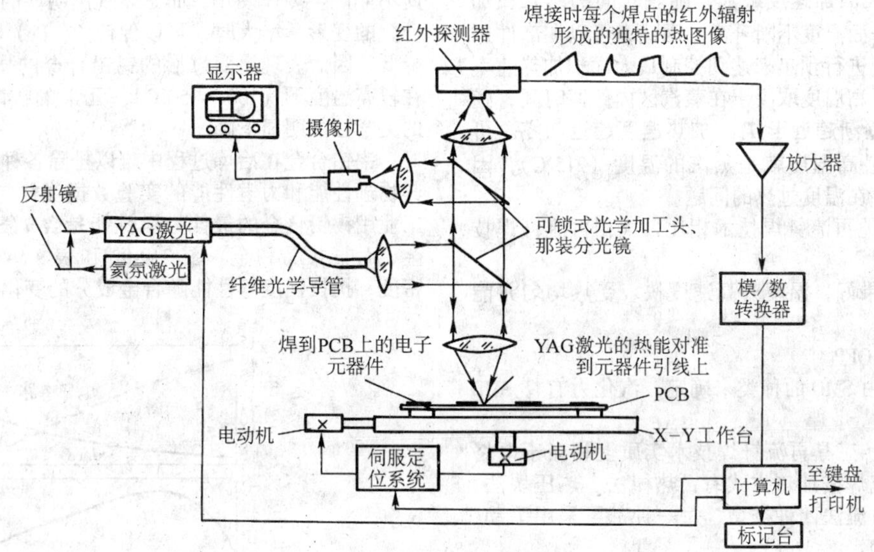

图3.9-87 聚焦束激光再流钎焊系统（ILS7000）

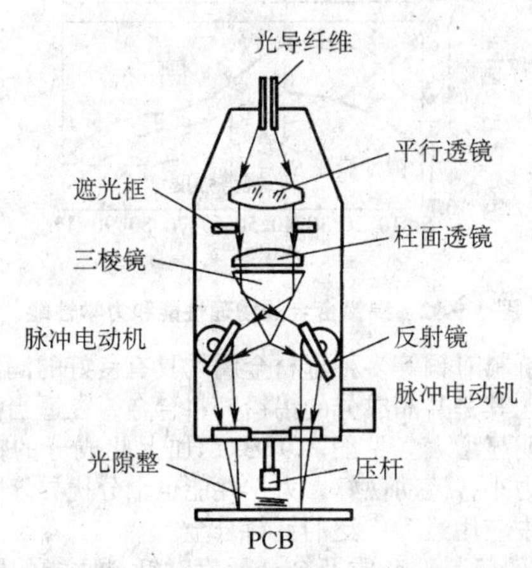

图3.9-88 分散束激光再流钎焊系统的光路结构示意图

3）气相再流软钎焊 气相再流焊软钎焊简称气相钎焊（VPS），是利用液体蒸汽凝聚潜热为软钎焊过程提供热量的一种方法，当线路板进入再流焊炉时，蒸汽凝聚在组件上并把汽化潜热传给组件，直到组件与蒸汽达到热平衡，组件即被加热到沸点温度。由于所有氟惰性液体的沸点都高于钎料的熔点，所以可以获得适当的再流焊温度。图3.9-89为气相钎焊原理，图3.9-90为用于SMT的气相焊系统示意图。

① 热交换原理 气相钎焊时，将印制板放在吊篮中从顶部经过辅助蒸汽区进入主蒸汽区。辅助蒸汽是有氟利昂TE（B.P. ~48℃）经加热后产生的，主蒸汽有惰性的氟碳化物（如Fe－70、Fe－5311）经过热产生，气沸点为215℃。当被钎部件进入主蒸汽区后，蒸汽冷凝释放能量，凝聚潜热形成连续的液膜覆盖在器件表面，此时部件表面热传递的速率可由下式表示：

$$Q = hA\ (T_v - T_s) \qquad (3.9\text{-}26)$$

式中，Q为从蒸汽到部件的热传递速率，J/s；h为传热系数，J/（s·mm^2·K），h由液体凝聚物的热导率，黏度和密度以及部件的表面是垂直、水平或倾斜等因素决定；T_v为饱和蒸汽温度，℃；T_s为部件表面温度，℃；A为部件的表面积，mm^2。

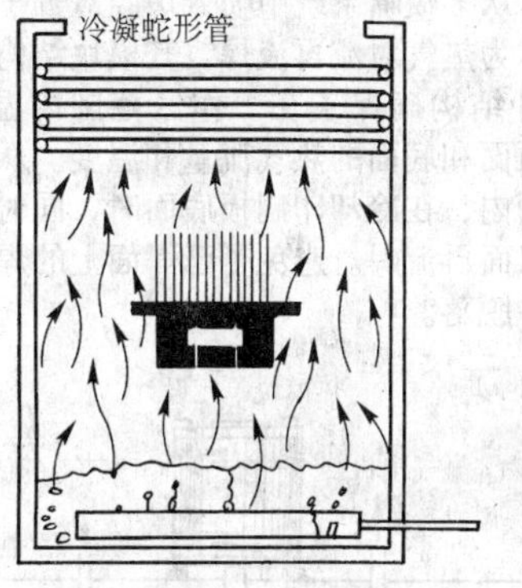

图3.9-89 气相钎焊原理

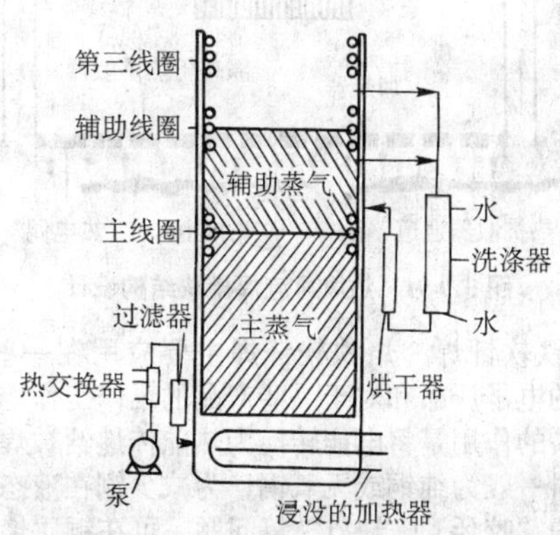

图3.9-90 用于SMT的气相钎焊系统示意图

部件在主蒸汽区内停留一段时间后，其温度达到主蒸汽的温度（215℃），此时，预先涂覆在焊点处的钎料膏已经熔化，并依靠表面张力的作用形成焊点，随后将部件提升回辅助蒸汽区，尽管由于主蒸汽区过热可以是辅助蒸汽的温度高于氟利昂TE的沸点，达到85~107℃，但辅助蒸汽区的温度明显低于软钎料的熔点（183℃）。部件在辅助蒸汽区停留30~60s后，液态钎料凝固，形成焊点，同时部件上凝聚的液体也回流到气相钎焊系统中去。此时取出部件，软钎焊过程就完成了。

由式（3.9-26）可以看出，在气相焊过程中，只有最大表面加热速率和最高表面温度可以控制，在部件刚进入主蒸汽区时，T_s很小，表面加速度最大，随着时间的延长，加热速度逐渐减小，表面温度不断升高。因此，可以在部件进入主蒸汽区之前对其进行预热来达到控制最大面积加热速率的目的。而元件的最高温度取决于在蒸汽区内停留时间，随着时间的延长，T_s逐渐趋近于T_v，加热速度趋近与零。可见部件所能达到的最高温度就是蒸汽的温度（215℃），因此，一般来说，不存在温度过热的问题。

② 特点　与其他再流钎焊技术相比，气相再流钎焊技术具有如下特点：

a）相焊传导效果好，温度升高速度快，受热均匀并能精确控制最高温度。

b）钎焊PLCC、QFP。

c）温条件不能由SMD的种类来确定，汽化力有将SMD浮起的可能。

4）工具再流焊　工具再流钎焊技术实质上相当于电烙铁的钎焊。工具再流焊按加热方式有：热棒法、热压块法、平行间隙法、热气喷流法四种类型，每一种都可采用手动、半自动、全自动方式。

5）热气对流再流焊　采用多喷嘴系统，用鼓风机将被加热的气体，从多喷嘴系统中喷入炉腔对置于内部的电路板进行钎焊，称为热气对流再流焊。其模块结构设计如图3.9-91所示。这种结构确保了在工作区范围内温度分布均匀，能分别控制顶面和底面的热气流量和温度。从而使在整个长度和宽度范围内，在冷却印制板底面时，同时钎焊印制板顶面，实现了双面再流焊。避免了已焊面上的焊点再熔化，防止焊好的器件脱落。

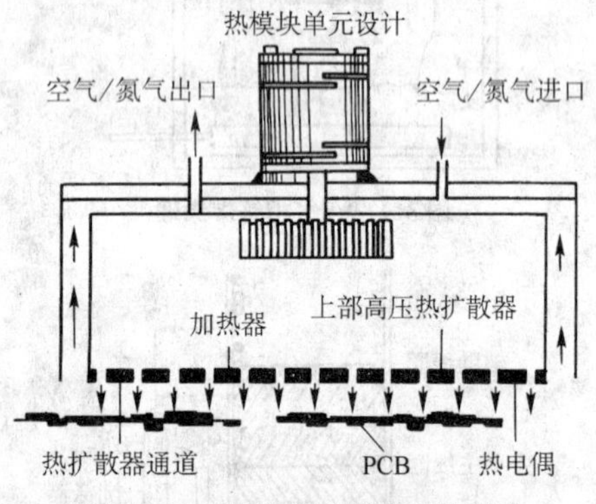

图3.9-91　热风再流焊模块结构设计

6）烙铁软钎焊　烙铁软钎焊主要应用在一些数量少，品种多变的电子产品和对于一些产品的维修工作上。

烙铁头的作用是将电能转换为热能传递给被焊工件。烙铁头的材料一般为纯铜或无氧铜，为减少铜在液态钎料中溶解所造成的“咬牙”、“缺口”等问题，可在铜质烙铁头上镀铁或镍。另外为使烙铁头易于粘锡，还需在镀铁后向工作面处镀银。烙铁头的控温可以采用多种温度控制电路，也可以采用铁镍合金，利用其居里点变化作为恒温点处的启动开关。此外，也有PTC陶瓷（正温度电阻系数陶瓷）来实现控制的。烙铁头的形状可根据需要制成尖、扁、圆、平等多种形式。

3.1.5　用于电子工业中的软钎料及软钎剂

（1）锡铅钎料

1）锡铅钎料的物理性能和力学性能　锡铅钎料是应用最广泛的软钎料。尤其是在电子工业中，锡铅钎料的应用更普遍。锡铅钎料的性能与其组成有关密切的联系。锡铅二元合金的共晶成分为$w(\mathrm{Sn})=61.9\%$，$w(\mathrm{Pb})=38.1\%$，共晶温度为183℃。

由于锡铅合金的熔点较低，其再结晶温度低于室温，因此不能产生冷作硬化，而是表现出明显的黏性特征。当锡铅合金的变形量增大时，可以促使β（Pb）相析出，使其强度降低，因而表现出变过形的锡铅合金的强度要比铸态时低。在较高温度下（100~150℃），元素的扩散速度较快，此时的力学性能明显下降。

锡铅合金在冶炼过程中难以排除各种杂质的影响，所以其物理性能和力学性能的实验数据往往与理论数据不一致。工业用锡铅合金的最佳力学性能是含$w(\mathrm{Sn})$量为73%的合金，而非共晶和金。图3.9-92和表3.9-31给出了电导率、密度、抗拉强度等性能随合金成分的变化。

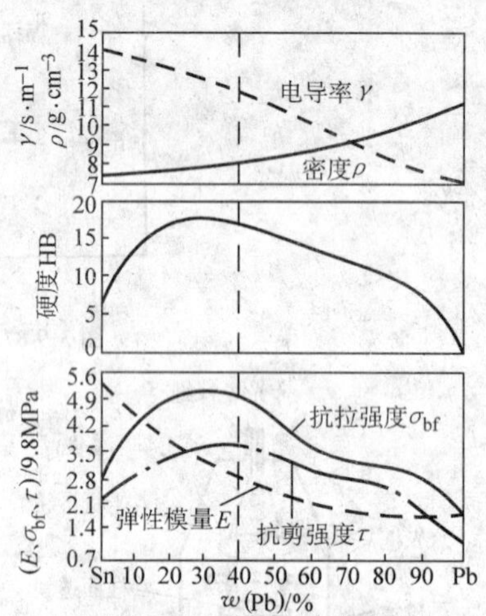

图3.9-92　锡铅合金的物理性能和力学性能

锡铅钎料对铜等多种母材金属均具有良好的润湿性及铺展能力，尤其是共晶成分的锡铅钎料合金，在适当温度下其铺展面积明显增大（见图3.9-93），加上此成分的钎料合金的表面张力小，流动性好，力学性能也十分优异。因此成为电子工业中应用最为广泛的钎料合金。

2）锡铅钎料的杂质及合金元素对钎料性能的影响　锡铅钎料中的杂质是指钎料中的其他一些元素或化合物。这些物质是原始存在于钎料中的，其可能来源于原料矿石或源于钎焊操作中的污染，而不是为获得某些性能而人为加入的合金元素。某些杂质元素的存在可能是无害甚至是有益的。但有些杂质元素，即使是微量混入也会使钎料的工艺性能恶化，对结合性能产生各种不利的影响。

锡铅钎料中所含杂质元素主要有：

① 铜　铜在β(Sn)和α(Pb)中的溶解度是非常小的，但铜与锡之间可以形成Cu_3Sn和Cu_6Sn_5金属间化合物相。铜的存在降低了钎料的总电阻率。此外，铜会使钎料的熔点升高，结合强度增大。当含$w(\mathrm{Cu})$量在1%以内时就具有使蠕变抗力增大的效果，并可使钎料的铺展面积略有增加。含$w(\mathrm{Cu})$量超过2.4%时，会使钎料的熔点迅速升高，黏度增加，流动性变差。

② 锑　锑实际上不是钎料中的杂质，而常常是作为合金元素而加入的。锑的加入可以改善钎料的润湿性，使机械强度增加，但同时也会使钎料的电阻率增大。通常$w(\mathrm{Sb})$的添加量在0.3%~3%范围内，最多可以加到6%。在此范围内既可增加钎料的强度从而用作高温软钎料，又可以增大

表 3.9-31 锡铅钎料的物理性能和力学性能

钎料成分（质量分数）/%		相似的国产钎料牌号	熔点/℃		凝固温度区间/℃	密度/g·cm⁻³	与纯铜导电率比/%	电阻率/μΩ·cm	热导率/W·(cm·K)⁻¹	线胀系数/10⁻⁶K⁻¹	抗拉强度/MPa	抗剪强度/MPa	冲击韧度/J·cm⁻²	伸长率/%	硬度
Sn	Pb		液相线	固相线											
100	0	Sn1	232	232	0	7.31	13.9	12.85	0.657	22.4	19	21.9	52.9	43	6.2
90	10	—	220	183	39	7.57			0.627	26.0	43	27.0	18.5	25	13.0
80	20		208	183	25	7.87					45	50.1	13.7	22	14.9
75	25		196	183	13	8.02					44	41.3	22.3	22	10.5
62	38	HLSn63Pb	183	183	0	8.35	11.9	14.13		24.7	41	43.4	27.5	34	15.6
50	50	HLSn50Pb	209	183	26	8.87	11.0	15.82			36	35.4	45.9	32	12.6
40	60	HLSn40Pb	235	183	52	9.31	10.2	17.07	0.397	25.0	32	36.7	47.5	63	15.6
33	67		250	183	67	9.61	9.7				32	33.5	43.6	66	10.1
30	70	HLSn30Pb	256	183	73	9.69	9.5		0.393	26.5	33	29.0	46.7	58	10.5
25	75	HLSn25Pb	265	183	82	9.94	9.1				28	28.5	36.8	52.1	10.5
20	80	HLSn20Pb	277	183	94	10.23	8.6	20.50		26.5	28	25.2	38.6	67	9.7
18	82		277	183	94	10.20	8.6		0.389	26	28	25.2	38.6	67	8.1
15	85		287	225	62	10.36	8.3				24	25.2	36.0	41	9.7
10	90	HLSn10Pb	299	265	34	10.75				24.6	32	24.6	25.1	21	14.2
5	95		314	300	14	11.03						23.5	34.9	32	3.3
4	96		265	245	20	10.70					59		8.0	23.7	
0	100	Pb1	327	327	0	11.37	7.9	20.00	0.335	29.5	11	12.7	21.1	45	

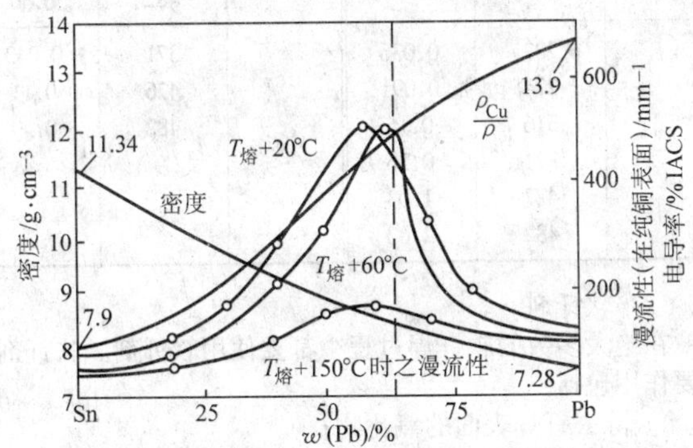

图 3.9-93 锡铅合金在纯铜表面的铺展特性

蠕变抗力。但超过6%时，会使钎料变硬、变脆、润湿性和铺展能力下降，并且易被腐蚀。

③ 铋 铋的加入可使钎料的熔点下降，润湿铺展能力提高，但同时也使钎料的电阻率增大并使钎料变脆，冷却时会产生微裂纹，因而不适合于气密性封装。

④ 铝 铝在锡和铅中都不固溶。当 w（Al）含量达到0.001%时就开始表现出不良的影响。铝的存在严重影响钎料的润湿和铺展性能，除了会造成外观和操作性能恶化之外，还容易氧化和腐蚀。

⑤ 锌 锌不固溶于铅，在锡中的固溶度也很小，并且其与锡铅合金也不形成金属间化合物。锌的存在对钎料合金是有害的。在含量为0.01%时就会产生影响，含量达到0.01%时会损害外观，降低润湿性和铺展性，但锌可以使钎料的电阻率降低。

⑥ 镉 镉可以使钎料的熔点下降，但同时会使钎料的晶粒粗化，失去金属光泽。在含量超过0.001%时就会因氧化物等非金属夹杂的存在而增大浓度，降低钎料的铺展性能并产生脆化影响。

⑦ 砷 砷在锡或铅中均无互溶度，但可与锡形成 Sn_3As_2 和 SnAs 两种金属间化合物，以长针形存在于显微结构中。钎料中砷的含量应严格控制，即使含量很少也会使外观变差，脆性增加，但却可以使铺展性能得到改善。

⑧ 铁 铁与锡可形成 $FeSn_2$ 和 FeSn 两种金属间化合物。当钎料中铁的含量达到1%时，就会使熔点升高，铺展性下降，并会使钎料带有磁性。

⑨ 镁 镁可与锡和铅形成 Mg_2Sn 和 Mg_2Pb 化合物相。镁对钎料的影响与铝基本相同。

⑩ 镍 镍可以与锡形成 Ni_3Sn、Ni_3Sn_2 和 Ni_3Sn_4 三种金属间化合物。镍可以改善锡铅钎料的铺展性能，对钎料无不良影响。

⑪ 金 金可以和锡和铅形成 AuSn、$AuSn_2$、$AuSn_4$、Au_6Sn 以及 Au_2Pb、$AuPb_2$ 等多种化合物，钎焊时，如果加热时间稍长就会看到极暗的并且像浮渣似的表面，这是由于化合物相上浮到表面所造成的。当 w（Au）含量超过0.2%时，钎料的流动性明显变差。由于金是贵金属，实际钎料的金含量是极微小的。

⑫ 银 银可与锡形成 Ag_6Sn 和 Ag_3Sn 两种化合物。在钎料中含 w（Ag）达到0.1%时，表面光泽减退，而当银含量超过0.5%时，表面光泽又变好。此时抗拉强度明显增加，伸长率下降。钎料的熔点随银的增加而降低。含银1%时，熔点为178℃。银的加入对铺展性能无明显影响，含银量超过3%时，会失去光泽，加工表面呈现白颗粒状，外观光泽减退。从经济性、工艺性及熔点变化等方面来考虑，银的加入量一般应控制在0.5%~2%左右。银的加入还可以提高钎料的热强性。

⑬ 硫 钎料中的含硫量超过 7×10^{-6} 时就会对润湿性产生极恶劣的影响。

⑭ 磷 少量的磷可以增加钎料的铺展能力。微量的磷，

不超过0.005%既可以使液态钎料在低于300℃时保持静态光亮而不氧化。由于微量磷的存在还可以使焊点的光亮度增加。

⑮ 铈镧混合稀土　锡铅钎料中加入少量的铈、镧混合稀土就可以明显的钎料的力学性能，并且对钎料的润湿铺展性能无不良影响。当稀土含量达到0.05%时，抗拉强度可以提高40%，伸长率略有下降，而蠕变抗力成倍提高。随着稀土含量的增加，钎料的抗拉强度进一步提高，蠕变抗力也随之增大，但塑性下降。当稀土含量超过1%时，蠕变抗力下降，此时钎料的显微组织中出现CeSn金属间化合物。

3）钎料对母材的溶蚀及防止　在钎焊过程中，由于母材与钎料之间存在相互作用，一些母材组分会溶解到液态钎料中去。例如陶瓷片式电阻或电容器的钎焊端都有金或银这类贵金属的金属化层，在钎焊期间，这层金属很容易溶解到液态钎料中去，这样就会露出下面的陶瓷表面，从而导致润湿不良并形成不合格焊点。

不同的材料在不同的液态钎料中的溶解速度是不同的。图3.9-94和图3.9-95给出了铜和银在Sn68－Pb32钎料中溶解的情况。可以看出随着温度的升高，溶解量迅速增加，并且银的溶解速度要比铜快得多。

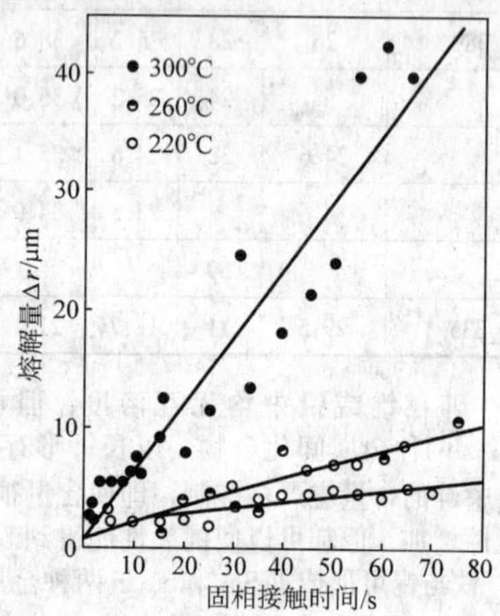

图3.9-94　不同温度下铜在Sn68－Pb32液态钎料中的溶解

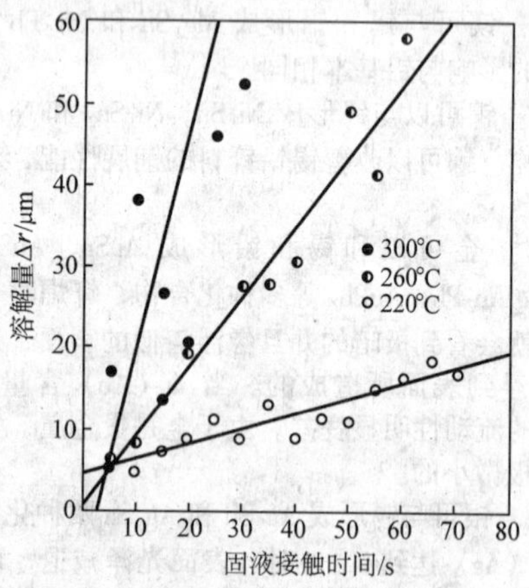

图3.9-95　不同温度下银在Sn68－Pb32液态钎料中的溶解

Bader将直径为0.5 mm的金、银、钯、铜、镍、铂丝浸入到液态钎料中，针对不同的温度和时间，测出溶解速度。表3.9-32给出了该实验的结果，图3.9-96则给出了这六种金属的相对溶解速度。

从上述实验结果可以看出，金和银溶解速度最高，而铂和镍的溶解速度最低。为防止陶瓷片式元件金属化端银镀层的过分溶解，可以采取以下两方面的措施：一是用溶解速度比较缓慢的镍或铂作阻挡层以防止过分溶解，二是使用含银钎料膏，如Sn62－Pb36－Ag2，从而减缓溶解程序。但这种作用只能用于再流焊，不能用于波峰焊。

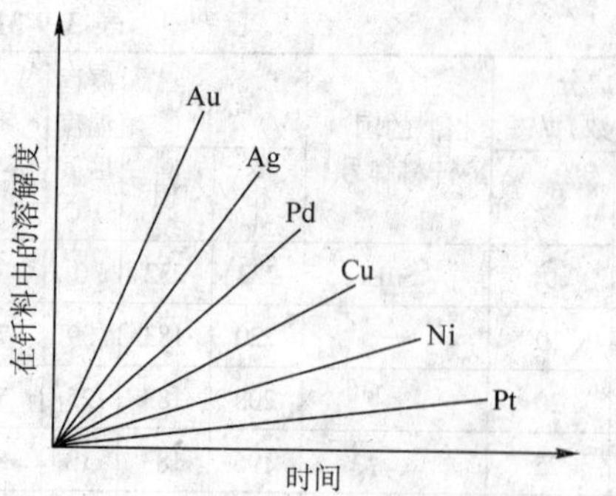

图3.9-96　不同金属在钎料中溶解度

表3.9-32　不同温度下一些金属在钎料中的溶解度

金属	温度/℃	溶解度/μm·s^{-2}	金属	温度/℃	溶解度/μm·s^{-2}
金	199	0.89	铂	371	0.021
	216	1.74		427	0.13
	232	2.99		482	0.43
	252	4.25			
银	199	0.53	铜	232	0.10
	232	1.11		274	0.18
	274	2.46		316	0.54
	316	4.48		371	1.56
				427	3.36
				482	6.30
钯	232	0.036	镍	371	0.043
	274	0.091		426	0.11
	316	0.16		482	0.29
	371	0.36			
	427	1.03			
	482	2.62			

（2）软钎剂

在绝大多数的软钎焊过程中都要使用软钎剂。软钎剂的主要作用包括：

1）除去钎焊表面的氧化物；

2）防止钎焊时焊料和钎焊表面再氧化；

3）降低焊料的表面张力；

4）有助于热量传递到钎焊区。

软钎剂的一般来说由溶剂、成膜物质、活性物质、助剂和表面活性剂等几部分组成

电子工业中所用的软钎剂是非常多的，按照钎剂组成物质的不同，可以分为无机软钎剂和有机软钎剂两大类。无机软钎剂主要由盐酸、氢氟酸、磷酸、氯化锌、氯化铵等无机酸和无机盐等组成，由于这类钎剂具有很强的腐蚀性，因而在电子行业中很少应用。应用最多的当属有机软钎剂。

软钎剂分类的另一种方法是按照钎剂具有的活性来划分，可以分为"R"级（无活性）、"RMA"级（中度活性）"RA"（完全活性）、"SRA"（超活性）等。

1）松香基软钎剂　松香是从松树的根或树皮中提取的天然产品，其主要成分是占70%～85%的松香酸$C_{19}H_{29}COOH$。其中d－海松香酸和I－海松香酸又约占10%～15%。松香的软化点为172～175℃，略低于锡铅共晶钎料的熔点（183℃）。在室温下，固态的松香无活性，因而也不具有腐蚀性，电绝缘性能良好。加热时，熔化的松香酸可以与铜、锡等金属表面的氧化物发生反应，从而去除氧化膜。

非活性松香软钎剂（R型）是由纯松香加溶剂制成的未经活化的液体钎剂。这类钎剂多用于自动钎焊中即要求无腐性残渣，但又规定要使用松香的印刷电路板。这类软钎剂有许多不同品种以满足各种标准的各项要求。

中度活性松香钎剂（RMA型）是目前品种最多的一类软钎剂，由于使用了有机酸、胺和氨化合物，胺的卤化物等物质作为活化剂，使钎剂的活性增强，钎焊质量提高。按照MIL－F－14265的规定，卤素含量应小于0.2%。这类软钎剂由于可选用的活化剂种类繁多，因而钎剂的品种也非常多，现已广泛应用于计算机、无线电通讯、航空电通讯、航空航天和军事产品上，并且在彩电等民用产品上也有广泛的应用。

全活性松香软钎剂（RA型）具有更强的活性，因而具有流动性好，扩展速度快的特点。使用这类钎剂可以在黄铜和镍等难以软钎焊的金属上获得一般松香型钎剂所不能达到的效果。选择适当的活性剂，可以保证钎剂无腐蚀性及绝缘性。这类钎剂已广泛用于电线、电缆和电视机等产品，但对于要求高可靠和长寿命的产品，则仍被视为是危险的，因而常常要求钎后清洗。清洗后，常常是采用非极性溶剂去除松香，然后用极性溶剂（如水）去除活化剂残渣和其他离子化合物。也有可能采用这两类溶剂的混合物在一次清洗过程中去除这两类物质。

超活性松香软钎剂（SRA型）是具有很强活性和中等腐蚀性的一类软钎剂。这类软钎剂可以钎焊可伐合金，镍和不锈钢等。由于钎剂残渣非常活泼，因而钎后要进行充分的清洗。这类钎剂都不满足MIL－F－14256的要求，因而只能用于民用产品。并且，除非可以保证将钎剂残渣彻底清洗干净，否则不推荐使用这类钎剂。

2）非松香基软钎剂　非松香基软钎剂主要包括以下几类物质。

有机酸：有机酸一般具有中等去除氧化膜的能力，并且作用比较缓慢。由于是有机化合物，因而对温度敏感。有机酸钎焊后仍然是具有腐蚀性的，有机酸一般易于清洗。这一组中常用的有乳酸、油酸、硬脂酸、苯二酸、柠檬酸等。

有机卤化物：有机卤化物或有机胺的卤氢酸盐的活性很强，类似于无机酸类。它所含有的有机官能团决定了它们对温度敏感。相对来说，这类物质比其他有机软钎剂更具有腐蚀性，因而要求进行认真的钎后清洗。在这类物质中常用的有盐酸苯胺、盐酸烃胺、盐酸谷胺酸和脂酸溴化物等。

胺和氨类化合物：这类物质由于不含卤化物，因而成为许多专利钎剂的添加剂。这类物质具有一定的腐蚀性，并且对温度非常敏感。常用的有乙二胺、二乙胺、单乙醇胺、三乙醇胺等。胺和氨的各种衍生物也被用作为钎剂材料，最普通的就是磷酸苯胺。

有机酸（OA型）软钎剂比松香基软钎剂的活性强，但比无机软钎剂的活性弱。由于它们可溶于水，因此，当其固体物的含量较少时，可以用极性溶剂很方便地将残渣去除，并同样可以保证较高的可靠性。这类钎剂多用于民用产品，但也有成功地用于军事产品的例子，如波音飞机公司就将其用于空中发射巡航导弹和飞机早期预警系统的电子部件的钎焊。

表3.9-33按照化学活性由高到低的顺序给出了各类物质作为钎剂时的性能比较结果。

表3.9-33　各类钎剂物质的性能比较

典型钎剂		载　体	用途	温度稳定性	去除氧化膜能力	腐蚀性	钎后清洗方法
无　机　类							
酸	盐酸，氢氟酸，正磷酸		结构用	优良	优良	强	热水冲洗并中和
盐	氯化锌	水，凡士林膏	结构用	优良	优良	强	热水漂洗并中和，用2%的HCl溶液
	氯化铵	聚乙二醇氯化锡					热水漂洗并中和
有机类：非松香							
酸	乳酸，油酸，硬脂酸，谷氨酸，苯二酸	水，有机溶剂，凡士林膏，聚乙二酸	结构用 电器用	尚好	很好	中等	
含卤化物	盐酸苯胺，盐酸谷氨酸	水，有机溶剂，聚乙烯乙二醇	结构用 电气用	尚好	很好	中等	热水漂洗并中和，有机溶剂，脱脂
胺和氨	尿素，乙二铵，单乙醇胺，三乙醇胺	水，有机溶剂，凡士林膏，聚乙二醇	结构用 电气用	尚好	好	中等	
超活性松香（SRA）	含有强活化剂的松香或树脂		结构用 电气用	尚好	很好	中等	
活化松香（RA）	含有活化剂的松香或树脂	酒精，有机溶剂如乙二醇	电气用	尚好	好	弱	水洗涤，用异丙醇等有机溶剂脱脂
中级活化松香（RMA）	含有活化剂的水白松香		电气用	差	尚好	无	
非活化松香（R）	水白松香		电气用	差	弱	无	通常不要求钎后清洗

3）水溶性软钎剂　非活化松香钎剂可以不必钎后清洗，但其活性较低，钎焊性能较差。用添加活性剂来提高钎剂的活性后，腐蚀这一潜在的危险就越来越强烈，因而大多数活性钎剂都需要钎后清洗。电子工业中用于树脂类软钎剂清洗的最常用的清洗剂是CFC113（三氟三氯乙烷），但由于这类物质对大气臭氧层有破坏作用，因而在1987年，包括美国

和欧共体成员国在内的24个国家签署了控制使有CFC化合物的蒙特利尔协议。由于对CFC类物质使用的限制，因而人们开始考虑使用可以用水作为清洗剂的钎剂。根据组成钎剂的活化剂物质的不同，水溶性钎剂可以按表3.9-34分类。

表3.9-34 水溶性钎剂类型

活化剂类型		成分
有机类	盐酸	含有卤化物的盐，如：盐酸苯胺，盐酸谷氨酸，盐酸而乙胺等
	胺	乳酸，谷氨酸，氨基酸尿素，三乙醇胺
无机类	盐酸	氯化锌，氯化铵-氯化锌混合物，盐酸肼盐酸，正磷酸

目前许多公司都有可用于电子工业的小溶性软钎剂。如Alpha公司的850（OA型）水溶性有机软钎剂已普遍用于印刷电路板的钎焊，这类钎剂要求钎后即时清洗；855~857为中性的水溶性软钎剂，用于钎焊印刷电路板，可以延迟清洗；870和871钎剂中不含有机酸，而含有水溶性树脂，是可以用水或有机溶剂清洗的钎剂。Multicore的水溶性钎剂分为五种类型：

① 标准型，其固体含量分别为10%、20%和40%三种浓度用于印刷电路板的波峰焊；

② 中性型，用于要求非酸性钎剂的印刷电路板的波峰焊；

③ 无卤素型，用于元器件引线的搪锡和难以钎焊的印刷电路板的波峰焊；

④ 浓缩型，用于最难钎焊元件引线（如镀镍件）的搪锡

⑤ 不燃型，用于印刷电路板的辊子镀锡。

4）免清洗软钎剂 自蒙特利尔公约签署以来，发展起来的另一类具有特色的钎剂是免清洗钎剂。这类钎剂的最大特点是省去了清洗工序，因而减少了与清洗工序相关联的设备、材料、能源和废物处理等方成的费用，有利于降低成本。

免清洗软钎剂一般由合成树脂和性能更加稳定的活性剂组成，其固相成分的典型值为35%~50%，明显低于传统的RMA钎剂（RMA钎剂中固相物的典型值是55%~60%）。免清洗钎剂的残渣主要有合成树脂及活性剂残余反应物（金属氧化物），在高温下残渣变软，但不吸潮，表面绝缘电阻的内型值为$7.5\sim9.9\times10^{10}\ \Omega$。

免清洗软钎剂的相容性问题是这类钎剂在应用时需要重点考虑的问题。相容性问题包含以下两方面含义，一是各钎剂之间的相容性，二是免清洗钎剂与现行钎焊工艺之间的相容性。Foxbor公司的研究表明，在印刷电路板的钎焊工艺中，如果需要采用不同的免清洗钎剂，则可能由于钎剂之间不相容而导致泄漏电流过大，并对生产线造成危害。在钎焊工艺方面，下列问题是实现由RMA钎剂向免清洗钎剂转换的关键：

① 润湿能力 免清洗钎腐蚀性的降低也意味着春去除氧化层能力的降低，从而可能导致促进钎料润湿能力的降低；

② 涂覆工艺 由于免清洗钎剂的溶剂多为低级醇类物质，而这类物质难以发泡并且易燃，因而只能用于波峰涂覆，这又常常造成过量涂覆和留下残渣，而要去除残渣则失去了免清洗的意义；

③ 预热工序 免清洗钎剂对避免钎焊表面再氧化的保护作用是非常有限的，因此预热温度过高将对钎剂的使用极为不利，但如果预热温度过低，又会造成挥发物质在钎焊时才逸出，从而导致气孔缺陷明显增加；

④ 工艺参数 免清洗钎剂的使用将要求钎焊工艺参数重新确定。如波峰焊时，由于钎剂中固相成分相对减少而改变了熔融钎料的界面张力，从而改变了钎料波峰出口区的几何参数，因此需要对传送带速度，倾角和波峰高度等参数重新进行优化组合，以避免钎焊缺陷增加；

⑤ 钎焊气氛 使用免清洗钎剂常常需要使用惰性气体（如氮气）来保护以防止再氧化，但氮气氛可能使某些树脂基钎剂最终形成黏性的、未氧化的残渣，并且氮气还可能引起树脂过分铺展，从而使桥联危险增大。

对于免清洗软钎剂，通常希望其具有以下特点：

① 润湿率或铺展面积大，具有良好的软钎焊性能；

② 焊后无剩余物，印刷电路板表面干净不粘；

③ 固态含量极少，不含卤化物，易挥发物含量极少；

④ 焊后印刷电路板的表面绝缘电阻高；

⑤ 能够进行良好的探针测试；

⑥ 操作工艺简便易行，烟雾气味小；

⑦ 常温下化学性能稳定，无腐蚀作用。

对于每种具体的免清洗钎剂来说，要同时满足上述要求是非常困难的。国内外的免清洗钎剂都是根据不同的要求来配制的。如固态物含量的降低有利于降低腐蚀性，减少焊后的残余物及获得较高的表面绝缘电阻，但却会减小发泡质量，影响软钎焊性。而增加固态物的含量虽有利于提高钎焊性，减少桥联和焊球，但却导致表面绝缘电阻下降，残余物增加，表面发黏等。因此，只能根据具体产品的要求来决定舍取和适当平衡。

免清洗软钎剂的具体配方多属专利，各生产厂家对其产品也只是介绍其性能和适用范围，如Multicore公司的X32-105免清洗钎剂是一种不含天然松香、无卤化物的完全没有残留物的钎，可用于一般基板（包括单面板、双面板和多层板）的钎焊。这种钎剂适宜于发泡、喷雾和浸沾等工艺方法。该钎剂钎后检验通过了美军洁度标准（MIL-P28809）、美军铜镜试验（MIL-F-1426）、英国军舰（DTD-599A）和美国贝尔规范（TR-TSY-00008）。其一般特性为：相对密度0.812±0.001（在25℃下）；固体含量2.5%（质量分数）；酸值（16±0.5）mg KOH/g；闪点12℃；气味酒精味；色泽无色。

（3）无铅钎料

随着人们环保意识的增强以及电子工业中对焊点性能要求的进一步提高，无铅钎料便应运而生，并以其强大的生命力逐渐取代着传统的Sn-Pb钎料。事实上，无铅钎料已经存在并应用多年了，在以前没有给予足够的重视和比较系统全面的研究。而最近的十几年是无铅钎料的发展的黄金时期。一方面世界各地（包括美国、欧盟和日本等）都对Pb的使用作出了严格的限制规定，尤其在电子行业中；而另一方面，有关无铅钎料合金成分、性能等方方面面的研究也在蓬勃兴起。

关于无铅钎料中无Pb的定义还没有明确的国际标准，但是对于在管道钎焊用钎料及钎剂中铅含量上限，美国和欧盟都制订了相应的标准（质量分数分别为0.2%和0.1%）；国际标准组织（ISO）提案中则列出电子装联用钎料合金中铅含量应低于0.1%。

1）无铅钎料合金成分 早期的研发主要集中于确定新型合金成分、多元相图研究和润湿性、强度等基本性能的考察。国内外已有的研究成果表明了最有可能替代Sn-Pb钎料主要以Sn为主，添加能产生低温共晶的Ag、Zn、Cu、Sb、Bi、In等金属元素，通过钎料合金化来改善合金性能，提高可钎焊性。最终得到的无铅钎料成分主要集中在Sn-Ag、Sn-In、Sn-Cu、Sn-Bi，Sn-Zn等体系。表3.9-35列出无铅钎料合金按照不同的熔化温度区间划分的种类；表3.9-36

列出部分无铅钎料与SnPb共晶钎料某些特性对比。

表 3.9-35 无铅钎料合金的种类

熔点 低于180℃		熔点 180~200℃		熔点 200~230℃	熔点 高于230℃	
Sn-58Bi	Sn-42In Sn-50In	Sn-Zn Sn-Zn-Bi	Sn-In-Ag Sn-In-Ag-Sb	Sn-58Bi	Sn-42In Sn-50In	Sn-Au
	Sn-52In	Sn-Zn-Bi-In	Sn-9.5Bi-0.5Cu		Sn-52In	

表 3.9-36 部分无铅钎料与Sn-Pb共晶钎料某些特性对比

主要成分（质量分数）/%	抗拉强度/MPa	伸长率/%	弹性模量/MPa	注 意 点
Sn37Pb	61	47	26 800	
Sn3.5Ag	47	54	42 200	标准
Sn3.5Ag0.75Cu	55	46	41 600	标准、信赖性
Sn1Ag0.5Cu	37	51	41 200	
Sn3Ag0.7Cu3Bi	90	29	43 000	强度、稍脆
Sn2Ag0.5Cu6Bi	104	19	43 200	强度、脆、波峰焊温度下降
Sn3Ag0.7Cu1Bi3In	69	41	39 500	强度和伸展性
Sn3Ag0.7Cu3Bi3In	91	21	41 700	强度
Sn2Ag0.7Cu3In	51	59	—	伸展性
Sn0.75Cu	31	44	33 400	润湿较差
Sn0.7Cu0.5Ag	39	44	39 500	润湿较差
Sn0.7Cu0.5Bi	38	53	34 800	润湿较差
Sn0.7Cu0.5Sb	33	56	32 600	润湿较差

在开发无铅钎料成分的进程中，人们对所开发无铅钎料性能的评价基准是基于传统Sn-Pb钎料的性能。最开始，有些特殊情况要求使用比传统的Sn-Pb钎料熔点（183℃）低的钎料，这时就提出了Sn-Bi及Sn-In系钎料。但由于这两种钎料存在较大的缺点：如In的价格较贵、Bi是提纯Pb矿石的副产品，无铅化可能对Bi的可获得性有很大影响，而同时在钎料的使用上会形成所谓的焊点剥离现象等，这些严重地限制了这两种钎料的广泛应用。与此同时又提出了Sn-Zn系无铅钎料，并且为了进一步降低钎料的熔点，使之向183℃靠齐，通过向Sn-Zn钎料中添加合金元素Bi或In提出了Sn-Zn-Bi和Sn-Zn-In等无铅钎料。但Sn-Zn基钎料中Zn极易氧化，而且钎料的润湿性很差，使其应用受到了很大的限制。但也有人比较看好Sn-Zn系列钎料，通过氮气保护和添加合金元素提高其润湿性。人们同时发展了对Sn-Ag、Sn-Cu系列无铅钎料的研究。由于Sn-Cu共晶钎料（Sn-0.7Cu）的熔点为227℃，较传统Sn-Pb钎料的熔点要高34℃，这意味着需要提高印刷电路板组装、SMT封装及微电子表面贴装的钎焊温度，提高了对钎焊设备的要求。另一方面，由于原先元器件的所能承受的最高温度是按照使用传统Sn-Pb钎料来设计的，现在使用无铅钎料时，钎焊温度的提高对元器件也会产生一定的影响。因此，后期无铅钎料的研究主要集中在Sn-Ag系列，为了进一步降低钎料的熔点和提高钎料的综合性能，通过添加合金元素提出了Sn-Ag-Cu、Sn-Ag-Bi、Sn-Ag-In、Sn-Ag-Sb、Sn-Ag-Cu-Sb、Sn-Ag-Cu-Bi、Sn-Ag-Cu-In、Sn-Ag-Bi-In、Sn-Bi-In-Zn等系列。

2）无铅钎料的专利问题 有关无铅钎料的开发研究工作已经有20多年了历史，随着无铅钎料的开发研究走向市场化，有关无铅钎料的专利问题就显得格外突出。

早期的无铅开发主要是由于Pb具有毒性，在某些工业部门（如食品工业）开始禁止使用含Pb材料。随着人们环保意识的增强，相关禁Pb法令的陆续提出，导致了整个电子工业全面的禁Pb。在市场的推动下，关于无铅钎料成分的开发研究工作也在世界范围内兴起。这方面响应最为积极的是日本，日本企业在2001~2002年在使用无铅钎料方面处于最积极的时期，到2003年时其无铅钎料的使用要达到90%以上，在专利申报方面也占了相当一部分；美国是最早提出对无铅进行立法的国家，正是由于其在议会最开始提出禁止使用锡铅钎料而促使国际上开始研究无铅钎料来代替传统Sn-Pb共晶钎料。虽然直到现在美国议会还是没有真正通过这项法案，但是由于受到日本企业的压力美国国内许多企业也很早就开始申报无铅钎料成分专利。

国外无铅钎料专利主要是基于Sn-Ag、Sn-Cu、Sn-In、Sn-Bi、Sn-Zn及Sn-Sb等六个系列的基础上，通过向其中添加微量合金元素，形成二元系、三元系、四元系及四元系以上的钎料合金成分。截止到2002年国际上共申报了六百多种无铅钎料专利，这些专利的所有权主要集中在美国、日本和韩国。

从国内来讲，在无铅钎料的生产及使用方面，特别是在申报无铅钎料成分专利的方面要相对落后，直到2000年以后才开始着手准备。中国第一份无铅钎料成分的专利开始于1995年，由三星公司申报的关于Sn3.1~7Ag6~30Bi、Sn3~4Ag6~14Bi2~5In、Sn1~24Bi2~5In4~9Zn。在此之后中国共有四十几份关于无铅钎料成分的专利，其中大部分是国外公司在中国申报的，包括日本板硝子、松下、村田、高科、新加坡朝日等。国内企业从2001才开始自主申报无铅钎料方面专利，目前共申报了十四份，其中包括在Sn-Ag、Sn-Cu、Sn-Zn等钎料种添加稀土、P等其他元素，构成三元、四元或者更多组元的钎料合金，以改善钎料的润湿性能、机械性能或者抗氧化能力等。

3）无铅钎料的种类

① Sn-Zn系 作为对熔点的追求，提出了Sn-Zn系共晶钎料。Sn-Zn系钎料熔点最靠近Sn-Pb共晶钎料，且具有良好的机械性能。Sn-Zn钎料的共晶成分为Sn-8.9Zn，熔点为198℃。

Sn-Zn钎料的研究主要集中在降低钎料的熔点使之靠近183℃，提高钎料的润湿性和抗氧化性能。通过添加合金元素Bi和In，推出了Sn-Zn-Bi和Sn-Zn-In钎料，可以使Sn-Zn钎料的熔点得到进一步降低。另一方面，一般认为在这么多种的无铅钎料中SnZn系钎料的润湿性是最差的，改善润湿性的方法就是通过添加合金元素和推出新的SnZn钎料用钎剂。最近几年人们就发现通过添加合金元素Al可以部分提高Sn-Zn钎料的润湿性。现在国外公司关注更多的就是Sn-Zn系钎料用钎剂的开发。

Sn-Zn钎料在使用过程中采用N_2作为保护气体进行再流焊也得到了部分应用，采用保护气体一方面可以降低钎料的表面张力，从而提高Sn-Zn钎料合金的润湿性和可焊性，另一方面可以防止Sn-Zn钎料的氧化。

a) Sn-Zn基钎料的基本物理性能 表3.9-37给出了Sn-Zn基钎料的基本物理性能。

由表中可以看出，Sn-Zn基钎料的熔点接近于传统Sn-Pb钎料，通过添加合金元素Bi或In可以进一步降低钎料的熔点。但钎料的润湿性很差，在常规润湿性试验中钎料的润湿角要大于60°，而在氩气保护条件下钎料才有着很好的润湿性。

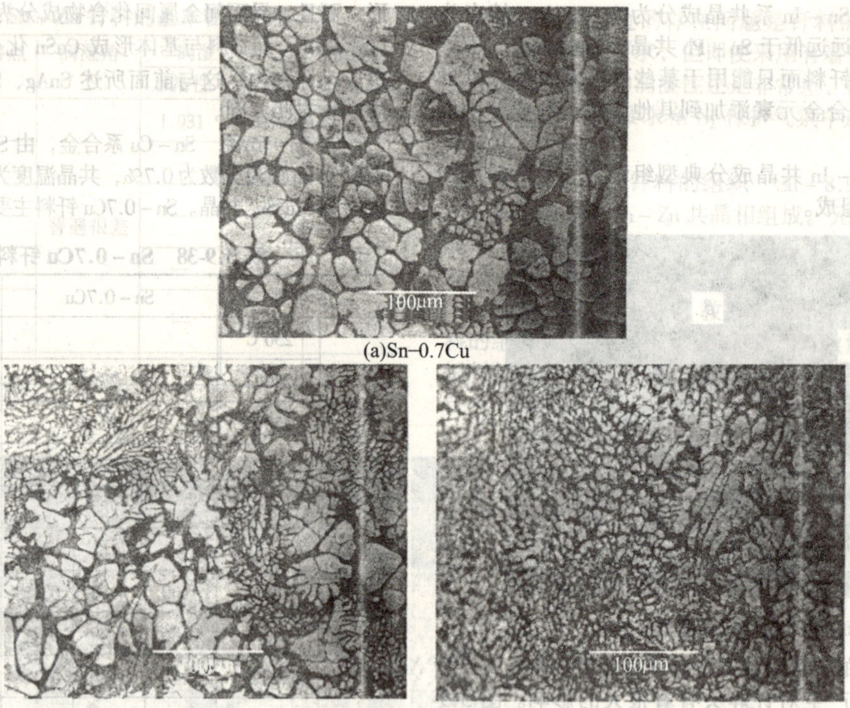

(a)Sn−0.7Cu

(b)Sn−0.7Cu−0.25RE　　(c)Sn−0.7Cu−0.5RE

图 3.9-101　稀土对 Sn－Cu 钎料组织的影响

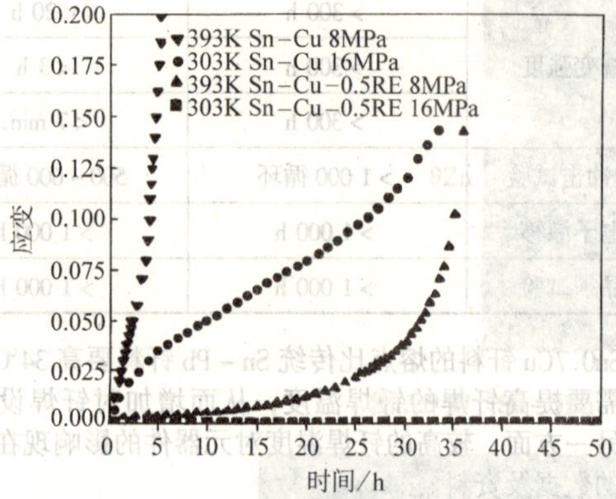

图 3.9-102　稀土对 Sn－Cu 钎料抗蠕变疲劳特性的影响

Sn－Bi 系合金的明显缺点是存在 Bi 的粗化，因为 Bi 性脆，导致粗化结晶的性质与金属间化合物性质相同，同样会使钎料机械性能恶化。目前虽然还没有看到有关这方面的技术报告，凭经验而言必须避免组织中产生大于 10 μm 的晶粒。另外，可以通过快速冷却和第三元素的合金化使 Bi 微细分散，进而来改善 Bi 原本的脆性。

Sn－Bi 合金和 Cu 的连接界面与 Sn－Ag 系一样也是形成 Cu_6Sn_5/Cu_3Sn 的双层反应层，因此说 Bi 对界面反应是没有不良影响的。

总的来说，Sn－Bi 钎料与传统 Sn－Pb 钎料相比，还存在着诸多问题：（Ⅰ）熔点较低，只能适合于一些特定的场合；（Ⅱ）Bi 元素的脆性。在其他系列的无铅钎料如 Sn－Ag、Sn－Zn 中，人们想通过添加元素 Bi 来降低钎料的熔点，

10Bi　　25Bi

40Bi　　57Bi

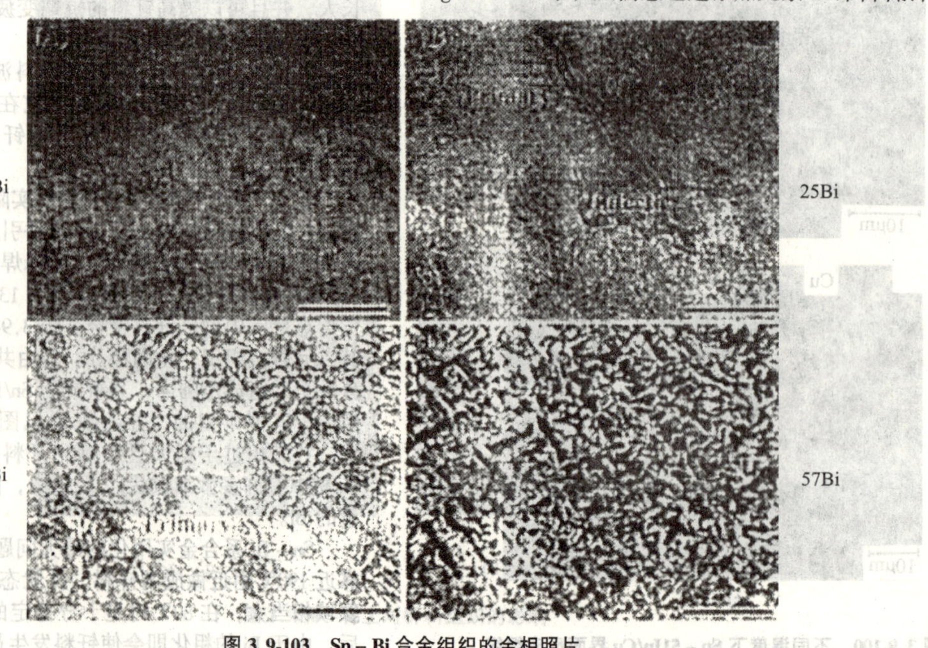

图 3.9-103　Sn－Bi 合金组织的金相照片

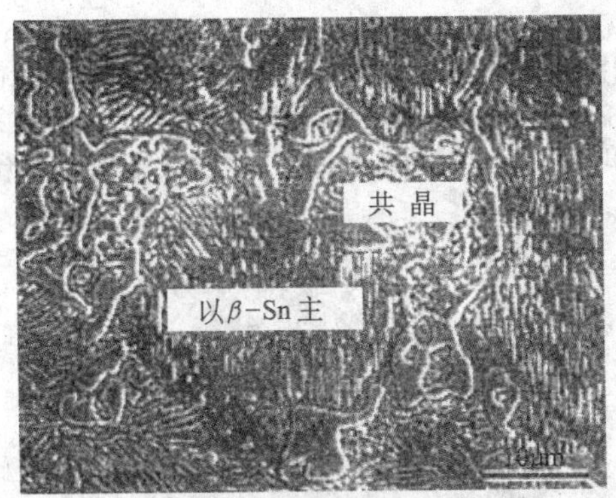

图 3.9-104　Sn－40Bi 组织的 SEM 照片

但 Bi 的存在会大大增加钎料的脆性。有文献表明，Bi 在这些钎料中的含量不能超过 3%（质量分数），否则根本没法对钎料进行加工；（Ⅲ）焊点剥离现象。由于 Bi 元素能和 Sn 形成低熔共晶，含有元素 Bi 的无铅钎料都或多或少地存在这种现象，这会大大降低焊点的可靠性。

Sn－Bi 共晶系无铅钎料的主要优点是能够在 170～180℃ 进行钎焊，对元件适应性强，且节约能源，同时具有良好的耐热循环疲劳性。该系钎料存在的主要问题是 Bi 的资源不足，且用于钎焊带 Sn－Pb 镀层的片式元件时有困难。此外，Sn－Bi 系钎料钎焊时，易出现焊点剥离现象。

① Sn－Ag 系　Sn－Ag 系钎料，作为高熔点钎料已经开始以无铅钎料角色进入实用阶段，特别是其固有的微细组织、优良的机械性能和使用的可靠性，作为 SnPb 钎料的替代合金正逐步为用户所接受。该合金含 Ag 量在 3.5%（质量分数）时形成共晶，共晶温度为 221℃。图 3.9-105 所示的金相照片已充分地说明了其组织特征，照片上黑色的微粒子为 Ag_3Sn，晶粒尺寸在 1 μm 以下的细密 Ag_3Sn 呈矩阵型分散在 Sn 基体中。

图 3.9-106 是 Ag_3Sn 呈分散状态下的 TEM 照片，Ag_3Sn 同 Sn 母相之间存在特定的方位关系，两者界面有良好的结晶匹配性，Ag_3Sn 在数微米大小的环上分散，环内部大体上保持无结晶的形态，晶粒直径为数十微米大小，各个环状并不表示晶界，但是环状的形成会阻碍 Ag_3Sn 的变位，可以说形成了一种亚晶界。

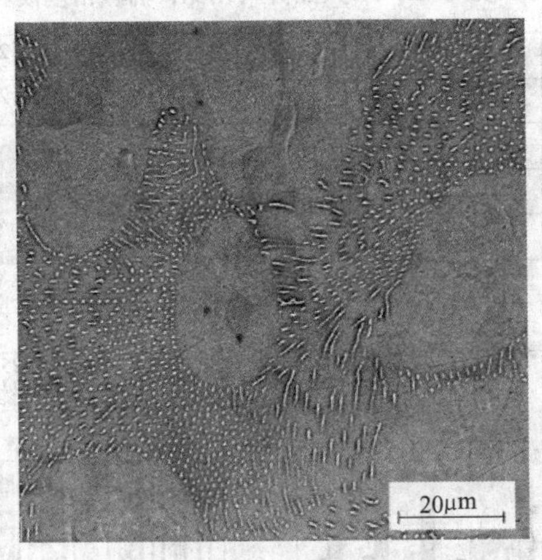

图 3.9-105　Sn－3.5Ag 合金组织

Sn－Ag 系合金具有优良的机械性能，这主要同 Ag_3Sn 呈微细分散状分布以及亚晶界的形成有关。实际中对这种环状分散状态的组织无法观察，这时有必要对其形成机理进行研究，一方面要考虑 Ag_3Sn 矩阵间晶格变形的缓和机制，另一方面是受由于不纯物的存在而产生的形核不均匀性的影响。

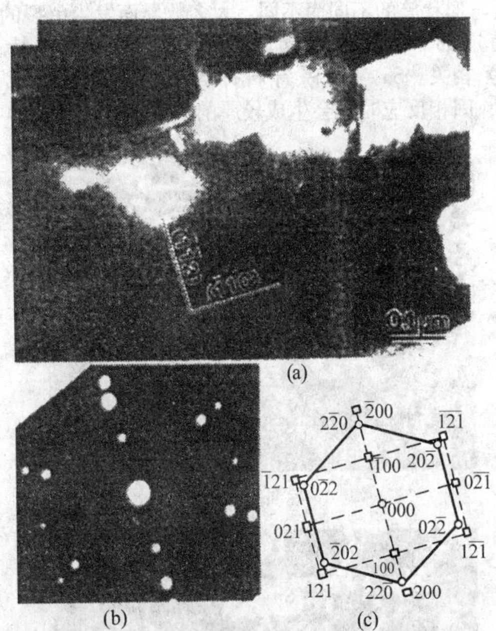

图 3.9-106　Sn－3.5Ag 合金中 Ag_3Sn 呈分散状态的 TEM 照片

另外，Ag 在 Sn 中的固溶度很低，Ag_3Sn 作为稳定性好的化合物，一旦形成，高温放置时也不易粗化，是一种耐热性好的钎料。

随着合金中 Ag 含量的增加，其强度逐步上升。至共晶成分时，也就是 w（Ag）为 3.5% 时，强度可达到最大，其合金强度与组织细微化程度相对应。但是当 w（Ag）达到 4% 以上时，开始形成过共晶组织，产生数十微米大小的粗大的 Ag_3Sn 板状初晶（见图 3.9-107），钎料性能呈现明显的恶化倾向。因为不管使用哪一种钎料合金来制作焊点，若生成几十微米的金属间化合物，都将会引发龟裂，从而降低钎料焊点的可靠性。由此可以看出，在钎料合金的成分组成的选择上，应该考虑避免粗化脆性初晶的生成。在 Sn－Ag 合金添加 Bi、Cu、Zn 等合金元素的场合，仍可维持基本的 Ag3Sn 细微分散组织。

在界面组织构成上，一般 Sn 基钎料/Cu 界面，从 Cu 一侧开始依次会形成层状 Cu_3Sn/Cu_6Sn_5，Sn－Ag 系钎料/Cu 也不例外，形成相同的反应层结构（见图 3.9-107a）。Cu_3Sn 比较薄，且 Cu 和 Cu_3Sn 的界面较为平坦；而 Cu_6Sn_5 较厚，在钎料一侧会形成许多突起。图 3.9-108 的照片是实验条件下得到的焊点界面，实际生产时所得到的结果应该与之相似。焊点拉伸试验时，裂纹发生在扇贝状突起的 Cu_6Sn_5 根部（如图 3.9-108b 所示）。

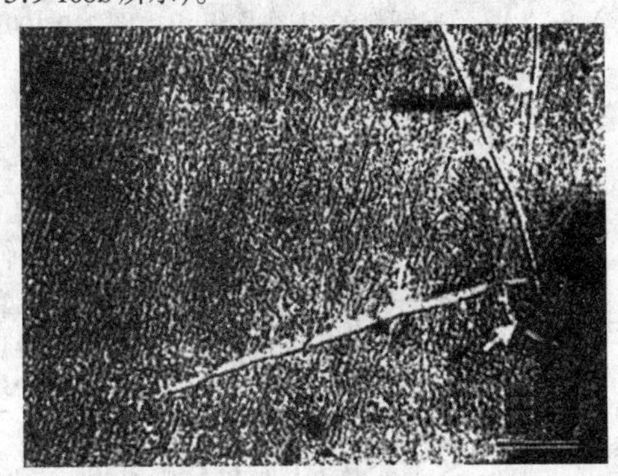

图 3.9-107　Sn－4Ag 合金生成的粗化 Ag_3Sn 初晶

基板组装时，由于热疲劳等因素的影响所产生的龟裂，其应力集中的场所，相对于钎料圆角、引线、基板焊区、元件材质与形状等的不同而不同，大多数界面发生龟裂的起点是不确定的，但一般都同界面形成的反应层（特别是 Cu_6Sn_5）相关。Sn－Ag 系钎料钎焊后在界面会形成厚的 Cu_6Sn_5，固相反应时还会生成较厚的 Cu_3Sn。

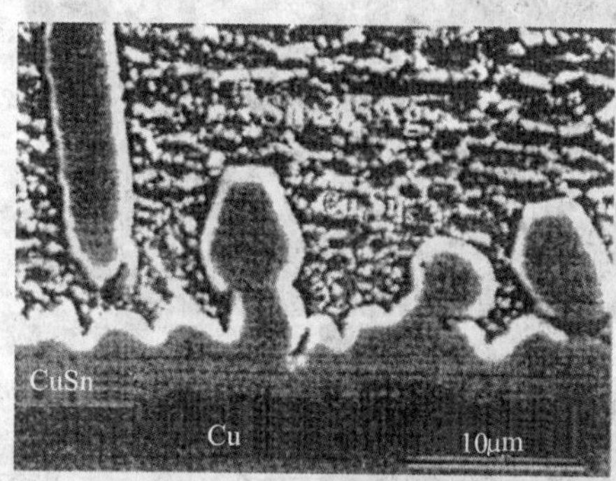

(a)界面组织

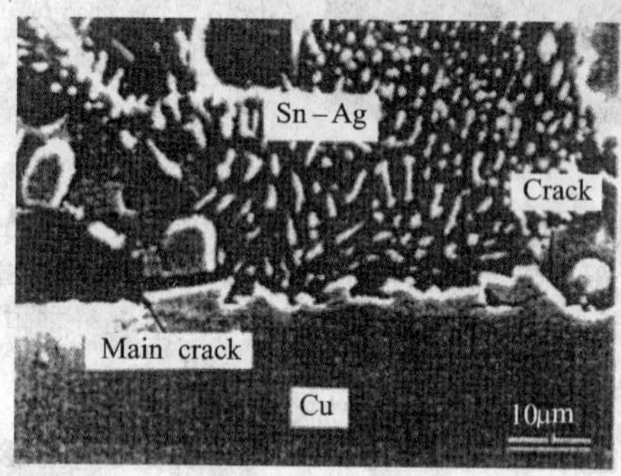

(b)和裂纹的传播状态

图 3.9-108 Sn－3.5Ag/Cu 的界面 SEM 照片

Sn－Ag 系合金添加 Zn，在提高合金强度和抗蠕变性能的同时，也会造成钎料表面易形成坚固的氧化膜，使润湿性大大降低。

Sn－Ag 系合金添加元素 Bi，虽然可以降低钎料的熔点，但 Bi 的加入使钎料的脆性大大增加，使得钎料的加工困难；另一方面，也增加了焊点剥离现象产生的可能性，这会降低钎料焊点的可靠性和钎料的抗蠕变疲劳性能。

Sn－Ag 系合金中添加元素 Cu，可以进一步降低钎料的熔点，由于 Cu 元素的引入，改善了钎料的润湿性，提高钎料的强度。现在关于 Sn－Ag－Cu 钎料的共晶成分有着很多种说法，各个国家都推荐了自己的 SnAgCu 共晶成分，美国倾向于 Sn－3.9Ag－0.6Cu，欧洲倾向于 Sn－3.8Ag－0.7Cu，日本倾向于 Sn－3Ag－0.5Cu 和 Sn－3.5Ag－0.7/0.75Cu。

② Sn－Ag－Cu 系

（Ⅰ）Sn－Ag－Cu 钎料的相图及组织　图 3.9-109 给出了 Sn－Ag－Cu 系三元相图，其三元共晶点在 Sn－3.5Ag－0.7Cu 附近，共晶温度为 217℃。可以看出在共晶点附近的组织为 $Sn+Ag_3Sn+Cu_6Sn_5$ 相。典型的 Sn－Ag－Cu 钎料组织见图 3.9-110。照片中白色基体为 β－Sn，黑色粒子为 Ag_3Sn 和 Cu_6Sn_5 相。

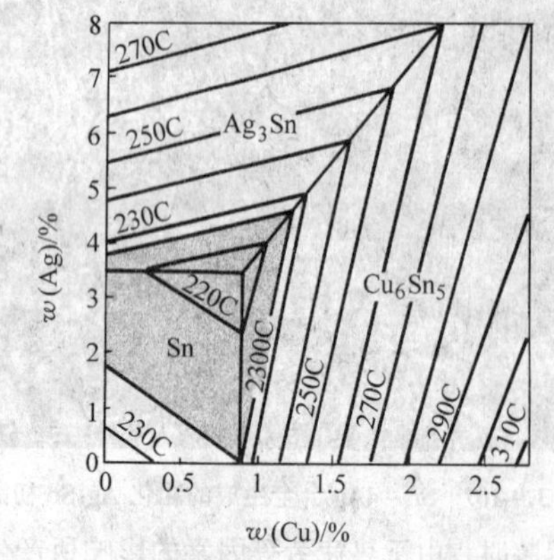

图 3.9-109 Sn－Ag－Cu 三元相图

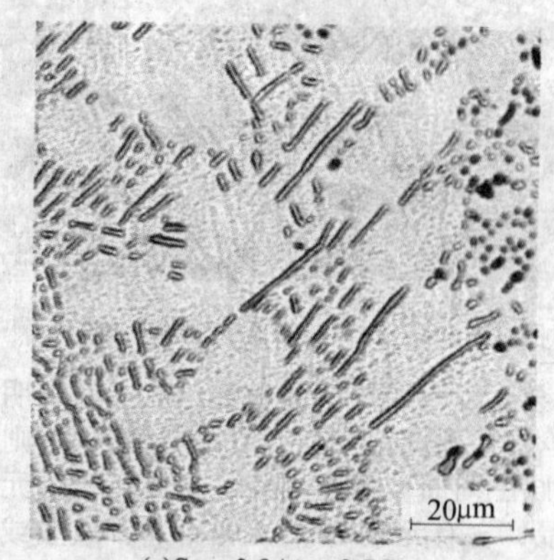

(a)Sn－3.8Ag－0.7Cu

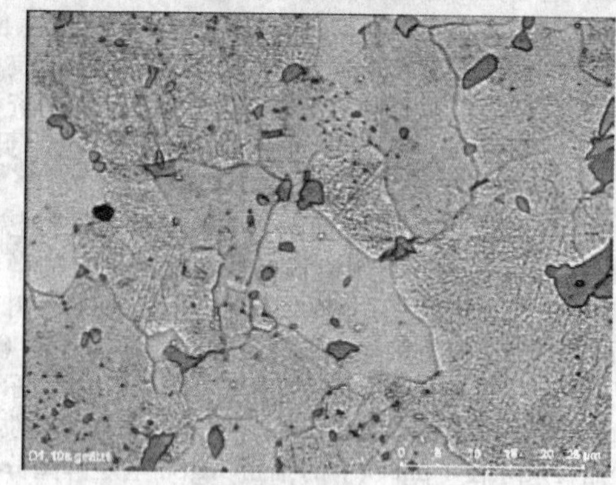

(b)Sn－4Ag－0.5Cu

图 3.9-110 典型的 Sn－Ag－Cu 钎料组织

（Ⅱ）Sn－Ag－Cu 钎料的润湿性能　SnAgCu 系钎料的铺展性试验结果如图 3.9-111 所示。可见，钎料中 Ag、Cu 元素含量的改变对钎料的润湿性并没有很大的影响。Sn－Ag 系列钎料尽管在润湿性方面较其它种类的无铅钎料要好一些，但是，与传统的 Sn－Pb 共晶钎料相比，仍然相差很多。

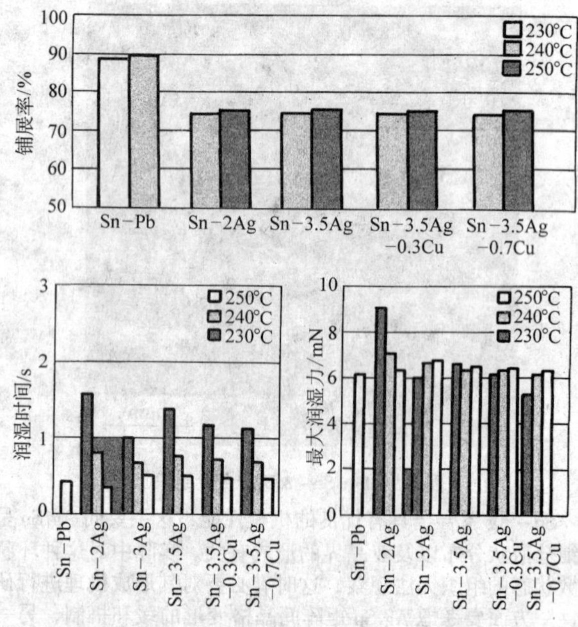

图 3.9-111 Sn－Ag－Cu 系合金的润湿性

（Ⅲ）Sn－Ag－Cu钎料的机械性能　对Sn－Ag－Cu系列钎料在规定的材料形状，试验条件（拉伸速度：5 mm/min，试验温度：－30℃，25℃，80℃，120℃）下进行力学性能试验，得到了如图3.9-112，图3.9-113所示结果。由图3.9-112可见，Sn－Ag、Sn－Ag－Cu钎料在室温条件下具有和Sn－Pb共晶钎料相当的抗拉强度和更好的延展性。从图3.9-113可以看到在含Cu量0.3%时，钎料伸展率达到最大值，而一般认为在含Cu量在0.7%时，得到最佳的综合性能。

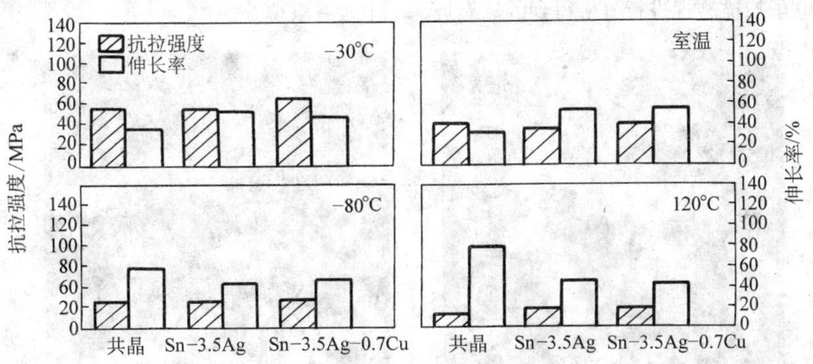

图3.9-112　Sn－Ag－Cu系钎料的力学性能

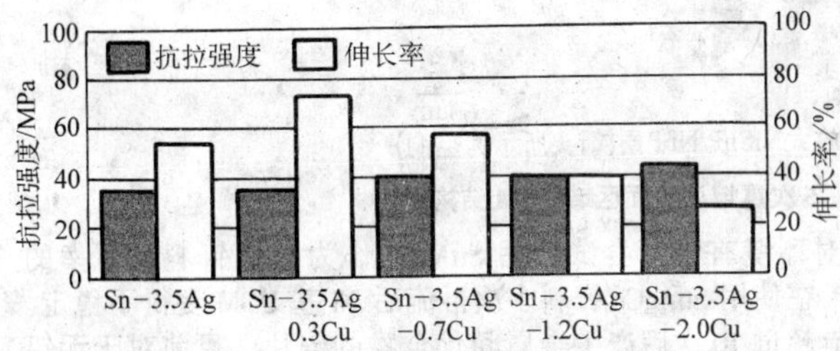

图3.9-113　Sn－3.5Ag合金室温时的机械性能以及Cu添加量的影响

（Ⅳ）Sn－Ag－Cu钎料焊点的可靠性　美国的Amkor公司对SnAgCu系列的钎料BGA焊点进行了充分的可靠性研究，其目的就是为了评价不同成分Sn－Ag－Cu钎料对焊点可靠性影响。由于Sn－Ag－Cu钎料共晶成分的不确定性，世界上许多工业组织给出了一系列Sn/Ag/Cu合金的成分，诸如NEMI的Sn/3.9Ag/0.6Cu，IDEALS的Sn/3.8Ag/0.7Cu，JEIDA的Sn/2－4Ag/0.5～1.0Cu等。当前对于准确的共晶成分仍然在进行激烈的争论，现已基本认同Ag成分处于3.0%～4.0%，Cu处于0.5～1.0%之间，然而到目前为止还不清楚成分稍微的变化是否对可靠性有影响。除了这些Sn/Ag/Cu基合金，IDEALS还推荐Sn/Cu合金用于波峰焊，主要是由于其便宜的价格。同时也包括了Sn/Ag共晶，这主要是

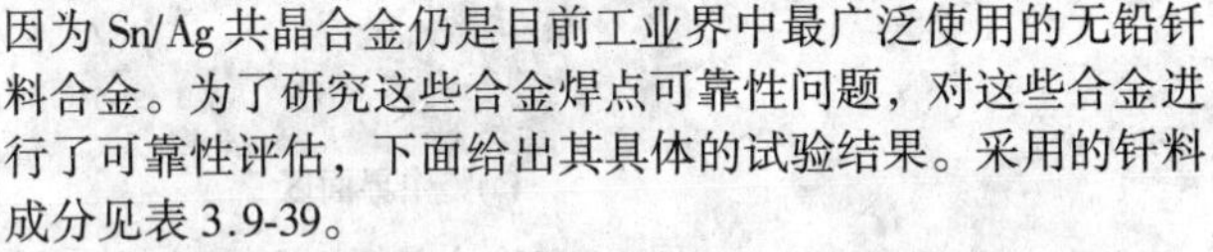
因为Sn/Ag共晶合金仍是目前工业界中最广泛使用的无铅钎料合金。为了研究这些合金焊点可靠性问题，对这些合金进行了可靠性评估，下面给出其具体的试验结果。采用的钎料成分见表3.9-39。

表3.9-39　进行BGA焊点可靠性分析的无铅钎料成分

钎料编号	钎料种类	熔点/℃
LF1	Sn/0.7Cu	227
LF2	Sn/3.5Ag	222
LF3	Sn/4.0Ag/0.5Cu	～217
LF4	Sn/3.4Ag/0.7Cu	～217
Sn/Pb	Sn/Pb	183

从图3.9-114中看出，所有无铅钎料的试验结果都要好于Sn/Pb，而且Sn/Cu、Sn－3.4Ag－0.7Cu及Sn－4.0Ag－0.5Cu钎料可靠性提高了超过20%，但两种Sn－Ag－Cu无铅钎料的性能相近。

所采用的无铅钎料焊点可靠性与Sn/Pb钎料相比，这几种无铅钎料封装的性能都要比Sn/Pb钎料好。对于三种成分稍有差别的Sn/Ag/Cu钎料，钎料性能相近，可靠性并没有太大差别。试验数据支持了工业界的推荐，即使用这种钎料合金系代替Sn/Pb钎料。

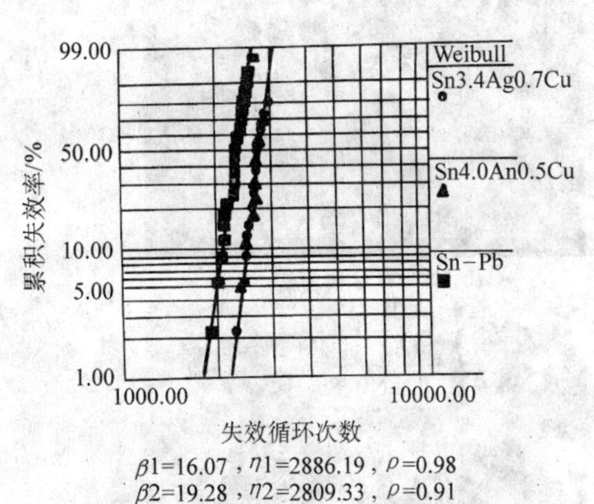

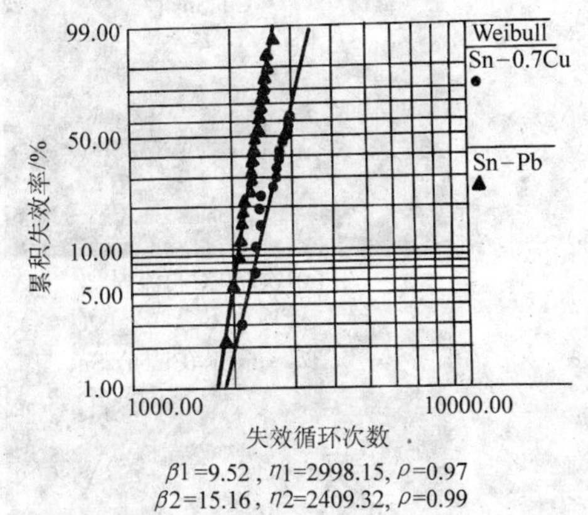

图3.9-114　Sn/Pb与无铅钎料焊点失效分布对比

（Ⅴ）Sn－Ag－Cu钎料焊点界面反应

a）无电镀的Ni（P）层与共晶SnAgCu钎料的化学反应　无电镀的Ni（P）层厚度约10～15 μm，与电子束蒸发或喷涂Ni薄层相比，应力较低。在电镀状态下，Ni（P）一般以非晶态存在。在200℃时与共晶SnPb再流焊，反应结晶成Ni_3P和Ni_3Sn_4的化合物。由于无铅钎料的重熔温度为240℃，接近于非晶态Ni（P）的自结晶温度250℃，所以使用无铅钎料时，可能会形成Ni_3P而容易开裂，这要引起重视。

在共晶 SnAgCu 连接点上，界面上金属间化合物是（Cu, Ni)$_6$Sn$_5$ 而不是 Ni_3Sn_4。图 3.9-115 所示为经过 5 次反复重熔样品的界面区域。再流焊峰值温度为 240℃，钉状区宽为 1 mm。（Cu，Ni)$_6$Sn$_5$ 层晶体结构是通过定域电子衍射测得的，其化学成分是通过电子扫描透视进行分析得到的。靠近钎料层的 Ni（p）层结晶成 Ni_3P，为很好的柱状晶。Sn 已渗入到 Ni_3P 层中。在 Ni_3P 和（Cu，Ni)$_6$Sn$_5$ 之间有一薄层，经电子扫描透镜进行分析，显示该层含 Ni、Sn 和 P，如图 3.9-116。又经电子衍射显示该相为细晶结构，且这个 NiSnP 层中含有空位。

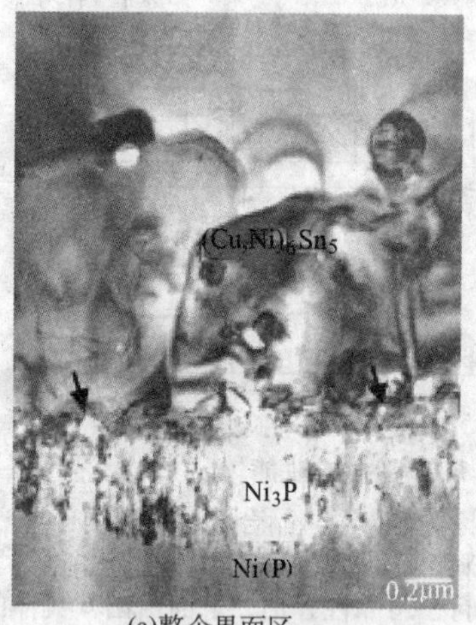

(a)整个界面区

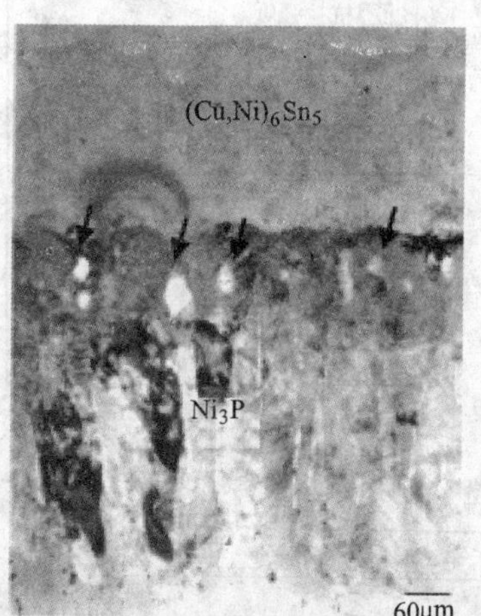

(b) 放大NiSnP/Ni$_3$P层(箭头所示为空洞)

图 3.9-115 共晶 SnAgCu 和 Au/Ni（P）/Al 接头 5 次重熔后界面区域 TEM 结构图

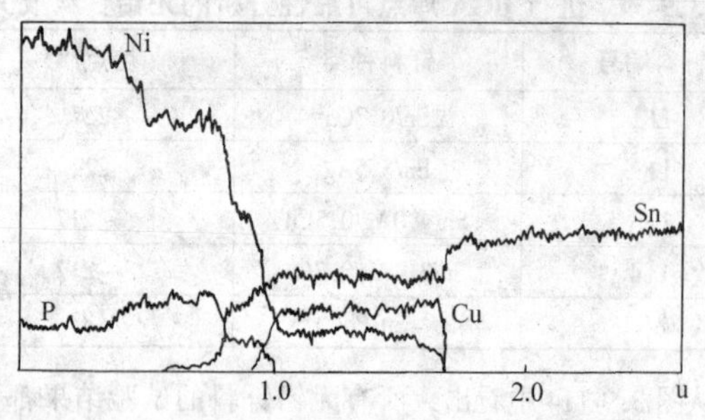

图 3.9-116 所示试样界面区域 STEM 线扫描（非同一区域）

b) 熔融 SnAgCu 在 Cu/Ni（V）/Al 焊点下金属植层（UBM）中的溶解 Cu/Ni（V）/Al UBM 在使用 SnPb 钎料多次再流后，仍保持稳定。它们已成功用于芯片的连接。由于 Pb 对环境有害，尝试使用 SnAgCu 作为替代钎料。不幸的是，在使用 SnAgCu 钎料多次再流后 Ni 基 UBM 变得不稳定。再流超过 10 次后产生金属间化合物的碎片。目前对于无铅钎料仍未找到理想的 UBM。

用无铅钎料取代传统 SnPb 钎料的一个非常关键的因素是 UBM 在熔融无铅钎料作用下能经受多次再流。为此对 SnAgCu 与 Al/Ni（V）/Cu 的 UBM 润湿反应进行了研究。图 3.9-117 所示为样品分别经过 1、5、10、20 次再流后的界面金属间化合物扫描电镜照片。在这种连接状态下半球扇面 IMC 的直径从 1～3 μm 不等。经过 5 次再流后从略圆的扇面变成拉长的扇面或杆状，直径也增加。IMC 分成许多小面，而且，很多从 UBM 上脱落下来。在随后进行的再流过成中，IMC 外形无太大变化。直到 15 次再流，IMC 仍可很好地与 UBM 连接在一起。只有在 20 次以后，一些金属间杆状物从

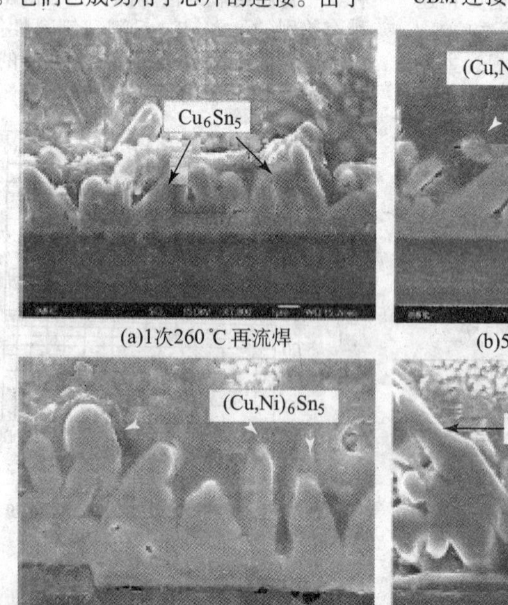

(a)1次260 ℃ 再流焊

(b)5次260 ℃ 再流焊

(c)10次260 ℃ 再流焊

(d)20次260 ℃ 再流焊

图 3.9-117 SnAgCu 钎料与 Cu/Ni（V）/Al UBM 之间界面处金属间化合物形态

UBM上脱落下来。变成碎片溶入到熔融的钎料中。随再流次数增加，IMC的体积增大，EDX结构分析显示在连接状态，扇形IMC的成分主要是Cu_6Sn_5，在其中还有少量的Ni（1%或2%）。在钎料和UBM的界面上，发现残余的Cu或Cu_3Sn相，随再流次数的增多，$(Cu, Ni)_6Sn_5$的Ni含量也随之增加，5次再流之后，检测到有7%的Ni，20次后，Ni分布均匀，达到8%。

c）SnAgCu/Cu界面反应　图3.9-118为Sn-Ag-Cu/Cu和Sn-Ag-Cu-Sb/Cu焊点经125℃时效0h、48h和120h后靠近界面处的扫描电镜照片。可以看到，焊点未经时效时界面处的组织呈明显的锯齿状。这是由于再流焊时Cu只与Sn发生反应生成Cu-Sn化合物，而与元素Ag或Sb之间则不会形成化合物层。时效后的样品，Cu-Sn化合物层的厚度随着时效时间的延长而增加，其与钎料界面由锯齿型逐渐向大波浪型转变，分布于钎料中的Cu_6Sn_5颗粒也随着时效时间的延长而长大。

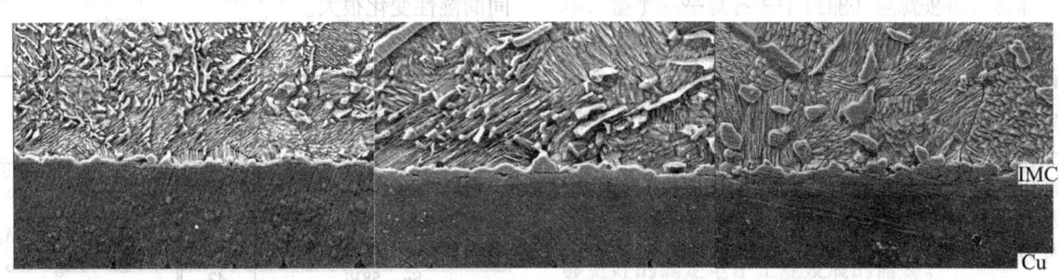

(a) Sn-3.8Ag-0.7Cu

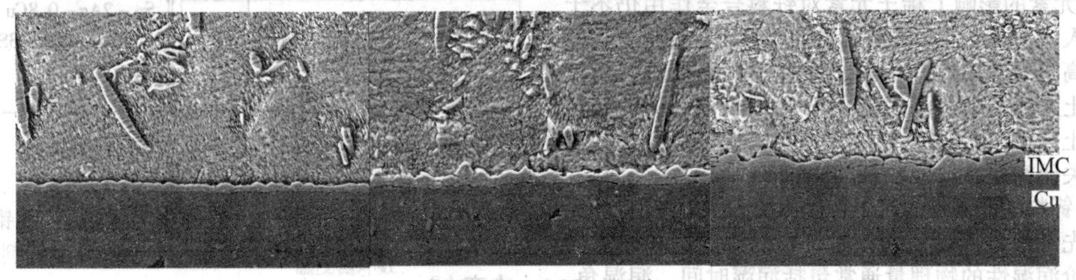

(b) Sn-2Ag-0.8Cu-0.5Sb

图3.9-118　Sn-Ag-Cu/Cu和Sn-Ag-Cu-Sb/Cu焊点界面处SEM照片

（从左到右保温时间分别为0，48，120h）

4）合金元素的添加对无铅钎料性能的影响　无铅钎料在实用化的过程中还存在着许多的问题，比如说，润湿性差、熔点高以及Bi含量较高的合金的可靠性问题等，此时就需通过其他手段来弥补不足，一个重要的方法就是添加各种合金元素。

① 元素Bi的影响　因为Bi元素熔点低，与其他合金形成多元共晶时能够比较有效的降低合金的固液相线温度。图3.9-119所示为在Sn-Ag钎料合金中加入Bi元素的时候，Bi的添加量与熔融温度的关系。可以看出，随着Bi元素量的增加，钎料合金的熔融温度下降。但是，固相线温度下降（约4K）要比液相线温度下降（约1.5K）大。也就形成了较宽的熔融温度区间，易产生低温共晶，形成偏析，对可靠性造成威胁。

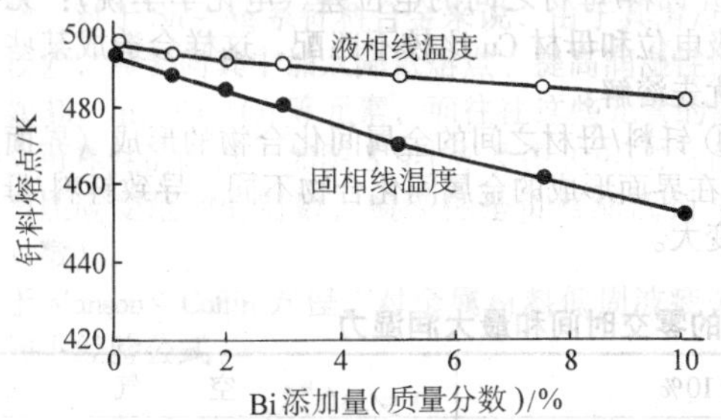

图3.9-119　钎料的熔融温度和Bi的添加量的关系

Sn-Ag-Bi钎料合金的机械特性如图3.9-120所示，随着Bi含量的增加，抗拉强度会提高，而相反的会降低延展率。特别的，当w（Bi）超过5%时，延展率会低于20%，在Sn_3Ag钎料延伸率的1/2以下。从上面的结果看，向Sn-Ag钎料合金中添加Bi，虽然会降低熔点，但是，过量的添加Bi则会使延展率严重下降，从而降低钎焊头的热疲劳性能。

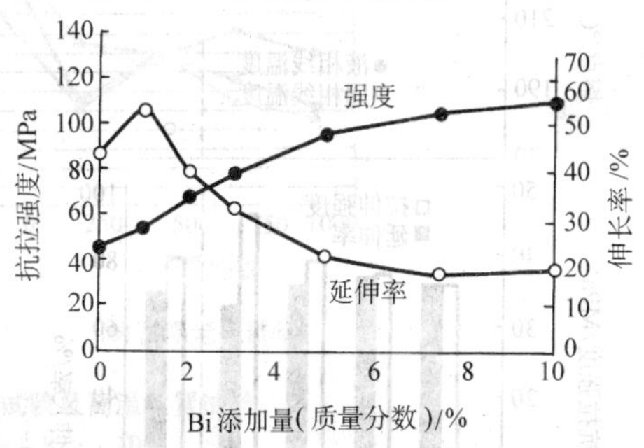

图3.9-120　钎料的机械性能和Bi的添加量的关系

② 元素Cu的影响　Cu对Sn-Ag合金熔点的影响如图3.9-121所示，可以看出，Cu的含量对Sn-Ag钎料合金的固相线影响不大，始终低于217℃，而对于液相线，在共晶点（0.7Cu%）附近达到最低值，当Cu含量超过1%时，液相线温度会迅速上升。因此，一般钎焊中Sn-Ag系合金的Cu含量不能超过1%。同时，考虑到被接合物电极由于溶解反应会供给一定量的Cu，在实际应用中倾向于选择含Cu量在0.5%左右。

③ 元素Ag的影响　Ag的含量对Sn-Ag-Cu钎料合金的熔点及机械性能的影响如图3.9-122所示。可以看到，Ag含量的增加，会起到降低熔点的效果，一般认为，含量在3.5%的共晶点附近比较有利。但是，同时会造成延展性的低下。从两个方面综合考虑，一般认为取Sn-3.0Ag-0.5Cu比较合适。

④ 元素In的影响　元素In也会降低Sn-Ag钎料熔点，

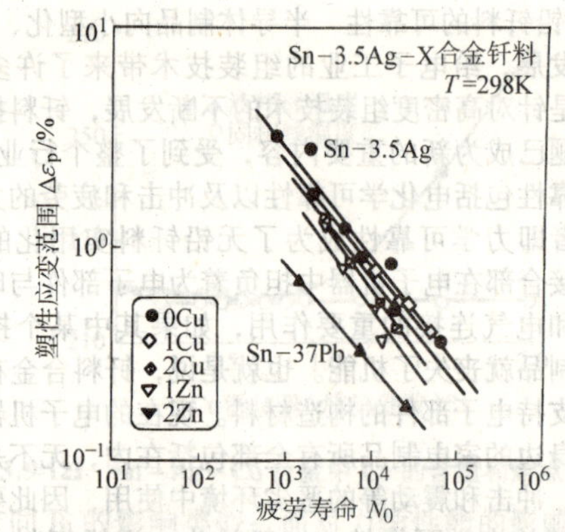

图 3.9-127　Zn、Cu 对疲劳寿命的影响

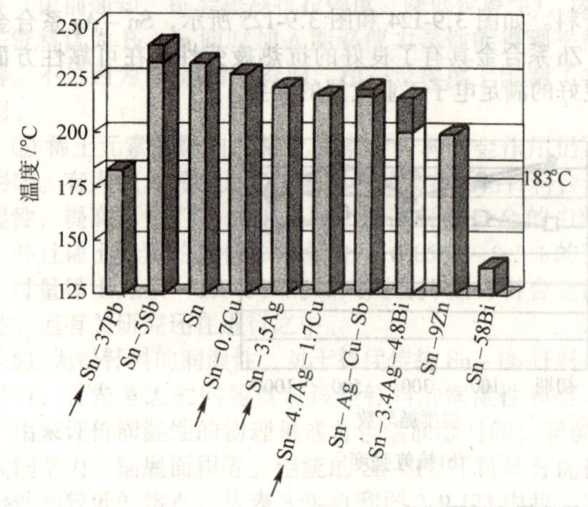

图 3.9-128　无铅钎料的熔点温度

① 无铅波峰焊中主要问题及改进方法

a）熔点问题　目前被认为常用的波峰焊钎料为 Sn－Cu 和 Sn－Ag－Cu 系列。其共晶温度相对于 Sn－Pb 共晶要高出 34℃以上，因此，必须相应的提高波峰焊设备的加热能力，提高钎焊区的加热温度，才可能实现良好的钎焊。

b）印制板变形问题　在表面组装工艺中，为了保证印制板不发生挠曲等变形，一般要求印制板在焊前温度与浸锡温度的差值不超过 150℃。在无铅钎焊中，由于钎焊温度的提高，因此为了保证 150℃以内的温差值，必须相应的提高预热区的温度。同时，考虑到钎剂的活性温度区间是 90～110℃，所以，一般工艺中把印制板的预热温度提高到 100～120℃。

针对以上两点，为了灵活调整和控制预热温度和升温速度，无铅波峰焊机一般采用多温区控制或者增加预热区的长度。另外，在关注设备的加热能力的同时，锡炉和预热区的温度均匀程度同样也应给与适当的考虑，特别是对于印制板形状较大的情况。

c）钎料对钎料锅的溶蚀问题　由于无铅化钎焊温度高达 250～260℃，而锡炉内的温度往往要更高，在这样的温度下熔融的高锡无铅钎料对铁有很强的溶解能力。在传统工艺中，锡炉的喷口和泵叶轮等部件一般是采用不锈钢材料制作的，在高锡钎料的长期作用下就会发生溶蚀破坏。为了防止溶蚀的发生，就需要用另外一种能够抵抗高锡钎料腐蚀的材料来代替不锈钢材料。目前，国外厂家大多数采用镀陶瓷防护层的铸铁材料，而国内一般采用钛合金。

d）润湿性差的问题　目前应用的无铅钎料在润湿性上都远比传统的锡铅钎料差，由此而导致各种钎焊质量上的问题。因此在工艺上为了确保良好的钎焊质量，除了要求较高的钎焊温度以外，还必须保证足够的润湿时间。所以，在无铅波峰焊工艺中，一般采用比较慢的传送速度，以增大钎焊过程的驻留时间，实现较好的润湿。

e）钎料氧化问题　由于无铅钎料中不再含有铅，再加上钎焊温度的升高，于是使得钎料很容易氧化，氧化渣大大增加。具体的防治措施一般推荐在钎焊过程中采用氮气保护，目前采用氮气保护的波峰焊机早已被开发出来，并且在实际生产中得以应用，效果很好。

f）桥联问题　所谓桥联是指两个相邻引线间被钎料短接的现象（见图 3.9-129）。这是由于钎料锅中钎料的流动性不够，一部分熔融钎料就没有充分流出焊点间隙而引起的。

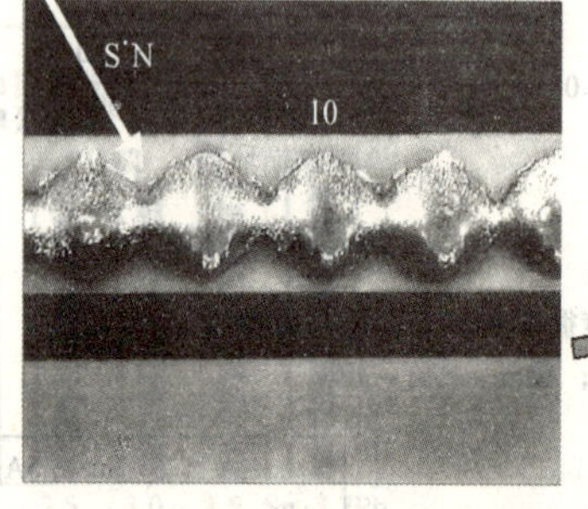

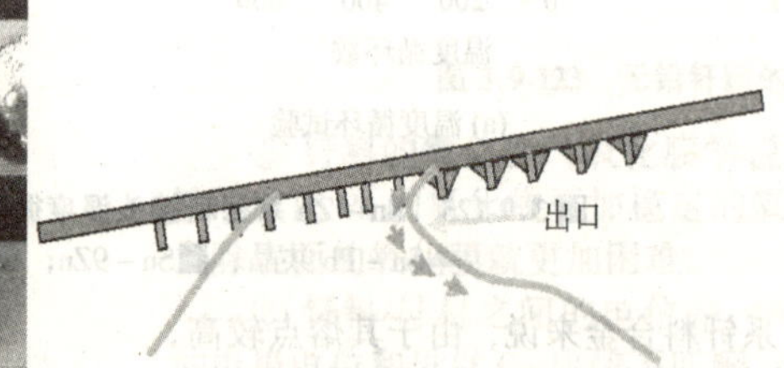

图 3.9-129　波峰焊中的桥联现象

对于桥联的解决办法主要可以从两个方面考虑。一方面适当增加熔融钎料的温度。由于温度如果过高会造成电路板损伤等各种问题，所以温度的提高不能过大，一般从 10～20℃左右。另一方面添加微量合金元素 Ni。微量 Ni 的添加能够在一定程度上改善钎料的流动性，从而减少桥联的发生。

g）Cu 向钎料锅中的溶解　无铅钎料中 Sn 的含量大大增加，在进行波峰焊时连接部分的印刷电路及元器件引脚中的 Cu 由于扩散至钎料合金，即所谓的 Cu 被大量消耗，造成焊点的机械强度下降。同时，由于 Cu 大量溶解于波峰焊钎料锅中，使得钎料的成分发生改变，钎料中 Cu 含量增加，而我们知道对于 SnCu 钎料来说 Cu 的微量改变就会使钎料的熔点大幅增加，这就给钎焊过程造成很大的困难。当 Cu 溶解于钎料锅内时，会在熔融钎料内形成 Cu_6Sn_5 金属间化合物，Cu_6Sn_5 化合物相的密度为 8.3 g/cm^3，而 SnAgCu、SnCu 等无铅钎料的密度则为 7.4 g/cm^3，从而形成的金属间化合物沉淀在熔融钎料锅的底部，而不易清除，缩短钎料锅寿命。

因此，一方面在无铅钎料波峰焊中应该定期的检查钎料锅中的 Cu 元素是否超标，另一方面在无铅钎料中添加微量的 Ni 元素或者 Sb 元素可以在一定程度上减少 Cu 的溶解。如表 3.9-43 所示。

② 无铅再流焊中的主要问题及改进方法

a）工艺窗口变窄　目前再流焊中常用的无铅钎料（Sn－Ag，Sn－Ag－Cu 等）的熔点比传统的 Sn－Pb 钎料熔点高出 30～40℃左右，为了实现良好的钎焊，必须适当提高钎焊温度，因此无铅钎焊需要在较高的钎焊温度下进行。而再流焊过程中，采用的元器件和 PCB 板并没有随着无铅化而发

表 3.9-43 元素 Sb 对 Cu 溶解量的影响

	SnAgCuSb	SnAgCu
Cu 溶解量/%	0.899 2	1.841 5
	0.806 7	1.815 7
	0.876 7	1.852 3

注：试验条件：500 g 钎料，276℃，铜丝浸入 30 min。

生改变，其钎焊温度可承受温度最大可达 240℃，如果超过这个温度，就进入危险区，容易导致缺陷的发生和元器件的损坏。于是，无铅再流焊温度只能在很小的温度范围内选择，一般只有 8～10℃，使钎焊工艺窗口变窄。

针对这种情况，无铅再流焊对钎焊温度曲线有了更为严格的要求，再流焊设备的炉体要加长，加热模块越多，曲线柔性系数越大，越容易控制温度，从而作出准确的温度曲线。

b）润湿性问题 无铅钎料的润湿性很差，为了增加润湿性，需要适当的提高温度，但考虑到其他方面因素，这种温度的提高必然很有限。

无铅钎料的润湿性弱于传统的 Sn－Pb 钎料，同时从残渣腐蚀性的角度考虑，不能使用活性太强的钎剂，这样只能增加钎料膏中钎剂的含量。这样一来去氧化膜能力会得到增强，但是带来的结果是炉体中钎剂残留很多，不但污染炉体，而且堵塞加热模块气流孔，降低加热效率，所以无铅化再流焊炉必须配备钎剂回收系统。

此外，采用氮气保护可以扩大工艺窗口，防止氧化，改善钎料润湿性，提高钎焊质量。

③ 其他问题

a）焊点剥离 在使用 Sn－Bi 系钎料进行波峰钎焊时会产生焊点剥离现象，如图 3.9-130 所示。由于 Sn－Bi 钎料中存在低熔共晶，钎料的凝固区间比较宽，在冷却的过程中，由于成分偏析，造成各部分熔融钎料不能同时凝固，这样由钎料本身的凝固收缩及钎料与引线的热收缩，会在一定方向形成的一定的应力，从而引发焊点剥离。

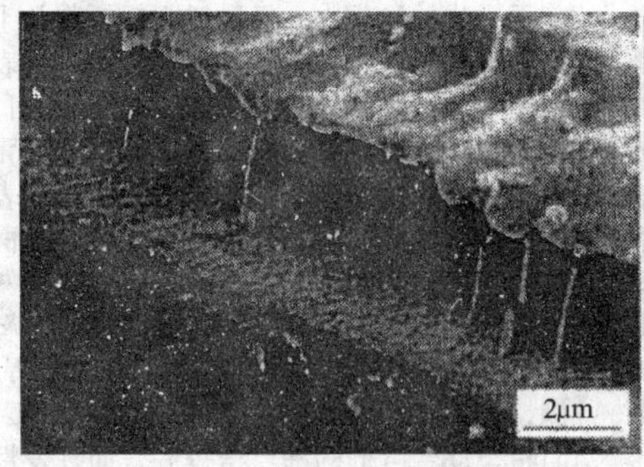

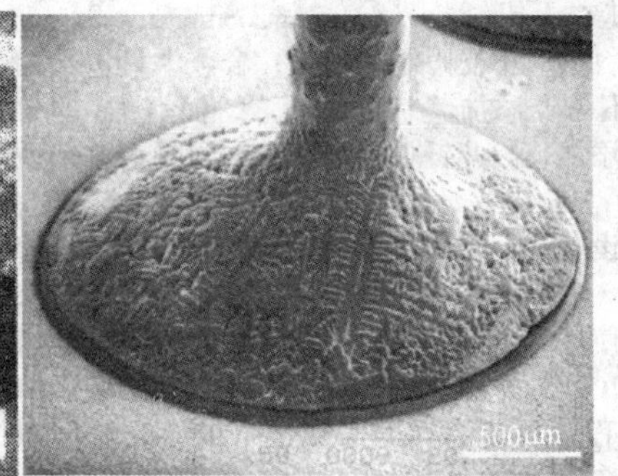

图 3.9-130 焊点剥离现象

可见，焊点剥离现象的产生是由低温共晶的形成以及凝固温度区间太大造成的，因此，可采取以下措施进行改善：一方面要保证钎料为共晶成分，使得均匀凝固，同时控制钎料杂质的含量。另一方面，当采用含有低熔元素 Bi 的无铅钎料时，对电路板则需采取低温（如 －30℃冷气）快速冷却，同样可减少焊点剥离现象的发生。

b）晶须 表面组装技术中用的引线被镀以一层 SnPb 共晶合金以起到钝化作用和促进在重熔过程中的钎料反应。当 SnPb 共晶镀层被无铅钎料（尤其是 SnCu 共晶）所取代时，在镀层上常常出现大量的晶须。其中一些晶须甚至可以长到足以使管脚之间形成短路，如图 3.9-131 所示。晶须的生长也变成一个可靠性问题，如何抑制其生长对电子表面封装来说也很关键。

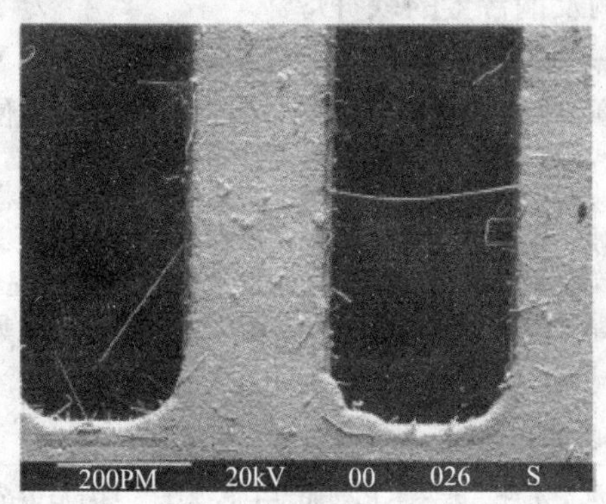

图 3.9-131 引线上 SnCu 镀层的 Sn 晶须生长的电镜照片
（一个晶须使得两个管脚短路）

一般认为，晶须得产生和生长需要两个必要条件。一是内部存在压应力。室温下 Cu 向 Sn 中扩散以及 Cu_6Sn_5 金属间化合物的形成在 Sn 内会导致压应力的产生。对 Sn 来说，室温已经是属于相当高的均匀化温度，Sn 沿着晶界的自扩散很快，因此 Sn 内压应力可以通过原子扩散引起的原子重新排列得到释放。垂直于应力方向的 Sn 原子层发生迁移，并且沿着晶界向晶须根部扩散，促使晶须的长大。而通过晶须的长大使应力得到释放。只要存在自由的 Sn 和 Cu 原子，这种室温下的反应就会迟续发生，反应的进行以及金属间化合物的形成就会不断产生压应力，而促使晶须不断长大。二是表面氧化膜保护层不能太厚。如果镀层表面没有氧化膜，则内部的应力可以很容易的得到释放。而如果表面的氧化膜过厚，则能够阻止晶须的生长。至于如何防止 Sn 晶须的生长，现在还没有具体明确的方法，通常的做法就是在 Sn 和 Cu 间添加一扩散阻碍层，如在镀层 Sn 之前先电镀一薄层 Ni。这种方法之所以有效是由于室温下 Sn 与 Ni 间的反应要远远慢于 Sn 和 Cu 间的反应。

8）无铅钎料的应用趋势 最开始人们在开发无铅钎料的时候追求的是钎料的熔点和润湿性要接近于传统 Sn－Pb 钎料，从而提出了 Sn－Zn 系无铅钎料，但 Sn－Zn 系无铅钎料的润湿性极差，这大大阻碍了其在实际生产中的应用，因此，对 Sn－Zn 系无铅钎料来说，软钎剂的改进是个非常重要而关键的问题。

作为低熔点无铅钎料的代表：Sn－Bi、Sn－In，由于其熔点要远远低于传统 Sn－Pb 钎料，不可能是 Sn－Pb 的替代钎料，另外 Bi 的加入会增加钎料的脆性，In 价格昂贵。这些同样决定了不可能作为 Sn－Pb 钎料的主要替代者。

Sn－Cu 钎料由于价格便宜，并且有着良好的力学性能和焊点可靠性，在一定程度上受到重视，但过高的熔点影响了 Sn－Cu 钎料在再流焊中的应用，因此，在钎焊温度对元器件影响较低的波峰焊中 Sn－Cu 钎料得到广泛的应用。

Sn－Ag钎料由于有着优异的力学性能和抗蠕变疲劳特性而受到广泛重视，但人们最开始还是希望降低钎料的熔点，即通过添加能形成低熔共晶的元素In和Bi，但Bi使钎料的可加工性能变得很差，且很容易产生焊点剥离现象。In价格较贵，也不可能把添加In的钎料作为Sn－Pb钎料的主要替代钎料。

人们最终不得不放弃追求与传统Sn－Pb钎料熔点相近的钎料，而实际上Sn－Ag系钎料的所谓高熔点对于电子行业还是能够接受，况且其力学性能和抗蠕变疲劳性能都要高于传统Sn－Pb钎料。同样在Sn－Ag系钎料中通过添加合金元素可以提高钎料的力学性能、部分降低钎料的熔点，提高钎料焊点的可靠性，而使得Sn－Ag－Cu钎料得到最为广泛的重视。

目前国际上普遍认同，在波峰焊中推荐使用Sn－Cu、Sn－Ag－Cu钎料，而在再流焊中推荐使用Sn－Ag－Cu和Sn－Ag钎料。

波峰焊中适合使用Sn－Cu钎料是由于该钎料具有如下特点：Sn0.7Cu较其它无铅钎料（Sn3.5Ag、SnAgCu、SnAgIn等）价格低；原材料供应不受限制，量足；合金中只包含两种元素Sn和Cu，不需要添加其它合金元素，而且Cu的含量相对较低，容易添加，因此钎料易生产；易回收；对杂质元素的敏感度较低；Sn－Cu钎料也具有较好的综合性能；同时目前的波峰焊设备和元器件能够承受Sn0.7Cu的钎料熔点（227℃）。

再流焊中适合使用Sn－Ag－Cu钎料是由于该钎料具有以下特点：Sn－0.7Cu钎料具有227℃的熔点，这意味着如将其用于再流焊过程中再流焊温度需270～290℃的峰值温度，这样的温度会造成元器件的损伤，必须通过添加其他合金元素以降低熔点，而Ag是唯一一种添加后不会引起其它不良反应的元素。Sn－Cu钎料中Ag含量只要在较低的情况下（～3.5w_t%）就能与Sn－Cu形成三元共晶，熔点为217℃，相对于Sn－Cu合金下降了约10℃。钎料的组织也相对比较稳定，在β－Sn基体上分布着Cu_6Sn_5和Ag_3Sn金属间化合物相可对钎料合金起着固溶强化的作用；Sn、Ag、Cu这三种元素已用于食品行业，实践已证明是无毒的；所有成分都能保证充分供应，并且不是开采有毒元素的副产品（如Bi就是冶炼Pb的副产品）；元素的回收不存在任何问题；Ag价格虽然较贵，但添加量只有约3.5%，且价格较其它可添加合金元素如In要便宜得多；Sn－Ag－Cu钎料的综合性能很好；合金中的组元一般不会与钎剂发生反应（与Zn和Bi不同），从而能够保证焊膏的稳定性。

（4）适应于无铅化的软钎剂开发

在无铅钎焊中，如所有钎焊工艺中一样，软钎剂起主要的作用。软钎剂具有除去表面氧化膜、保护表面防止再度氧化以及降低材料表面张力的作用如果使用正确的软钎剂，可焊性和钎焊缺陷可以改进和减少。

选择软钎剂的一般性原则是：熔点比钎料低；浸润扩散速度比熔化钎料快；黏度和密度比钎料小；在常温下贮存稳定。

无铅化钎焊中对于软钎剂的选择当然也要遵守上面的原则，但是当钎料合金从有铅向无铅转变的时候，会给带来一系列的问题，由此导致其相应软钎剂的成分选择上也需要进行适当的调整。

1）钎剂活性要提高　在软钎剂的作用中可以看出，去除钎焊表面氧化膜和防止再氧化作用是其首要的，而从目前常用无铅钎料的成分，为Sn基体上添加少量的贵金属，如Ag，Cu等，都是富Sn成分，由标准生成能知道，Sn与Pb相比，Sn更容易生成氧化物，因此要求无铅软钎剂要具有更强的去除氧化膜能力，从而活性剂的活性和含量就要求更高些。

2）由于钎焊温度的提高，相应的软钎剂的活性温度区间范围要增大。

3）由于钎焊温度的提高，软钎剂中的成膜物质要求在更高的温度下依旧具有保护作用，不会出现焦化现象。

4）选择合适的表面活性剂，以降低表面张力　由于铅可以降低钎料的表面张力，无铅钎料的表面张力要比有铅钎料大。根据杨氏方程知，在同样的基板上，同样的温度等工艺条件下，低的钎料表面张力可获得更好的润湿结果。在目前无铅化的过程中，经过对无铅钎料几十年的研究，合金成分已经基本确定，从而钎料合金本身的表面张力已经无法做太大变动，所以只得从软钎剂的辅助钎焊产品方面进行补偿。这就要求软钎剂要具有更低的表面张力，于是就要选择合适的表面活性剂。一般来说，阴离子表面活性剂、氟离子表面活性剂等效果较优，也可将多种表面活性剂按一定比例混合使用。

5）溶剂的沸点要提高，挥发性应降低　从软钎剂的主要成分溶剂来看，由于无铅钎焊的钎焊温度，以波峰焊为例，多为（260±5）℃，比有铅波峰焊要提高30～40℃，从而希望混合溶剂的沸点稍提高，而挥发性也要调低，以保证电路板经过锡炉时候软钎剂依然具有一定的流动性。

6）提倡使用无VOC（挥发性有机化合物）的钎剂　实施"绿色"钎焊工艺，不但要从钎料合金成分上实现无铅化，在无铅化钎焊的配套物料应用中也要注意环保。从环保的角度出发，在无铅钎焊中提倡使用无VOC的水基软钎剂，新的无VOC软钎剂现在正在开发。软钎剂供应商正尝试将松香溶解与水基软钎剂。目前，从环保角度而言，著名焊锡公司ALPHA推出了EF 2000、3000和4000系列软钎剂配方，专为用于无铅装配工艺而开发的，其不挥发性有机化合物含量均低于10%。

总之，无铅钎焊过程中的配套软钎剂，不但从成分上进行活性大小和活性温度的调整，也要从环境保护角度出发，不断发明更优秀的配方。

3.2 铜及铜合金的软钎焊

3.2.1 软钎剂的选择

金属表面都覆盖着氧化膜，表面氧化膜的存在使液态钎料不能润湿它们。虽然钎焊前工件表面都经过清洗，但金属的氧化速度很快，立即在表面重新形成氧化膜。同样，若液态钎料被氧化膜包围，也不能在母材上铺展。因此，母材和钎料表面氧化膜的彻底清除是非常重要的。对于Cu及Cu合金的钎焊过程中可选的软钎剂各组分的特性和用途见表3.9-44。

表3.9-44 软钎剂各组分的特性和用途

活化物类型	成 分	载 体	应 用	温度稳定性	去除氧化物能力	腐蚀性	焊后清洗方法
树脂	水白松香	乙醇、异丙醇、聚乙烯乙二醇等	电器接头	差	差	无腐蚀	一般不须焊后清洗
活性树脂	水白松香+有机酸、有机卤化物、有机胺	乙醇、异丙醇、聚乙烯乙二醇等	电器接头	差	尚好	弱	乙醇、异丙醇等有机溶剂

续表 3.9-44

活化物类型	成分	载体	应用	温度稳定性	去除氧化物能力	腐蚀性	焊后清洗方法
有机胺	乙二胺、三乙醇胺、苯胺、磷酸联胺等	水、有机溶剂、凡士林、聚乙烯乙二醇等	电器接头结构接头	尚好	尚好	弱	热水冲洗、中和，有机溶剂浸洗
有机酸	乳酸、油酸、谷氨酸、硬脂酸、苯二酸等	水、有机溶剂、凡士林、聚乙烯乙二醇等	电器接头结构接头	相当好	相当好	中等	热水冲洗、中和，有机溶剂浸洗
无机酸	盐酸、正磷酸、氢氟酸	水、凡士林	结构接头	很好	很好	强烈	热水冲洗、中和，有机溶剂浸洗
无机盐	氯化锌、氯化胺、氯化亚锡、氯化镉等	水、凡士林、聚乙二醇、异丙醇等	结构接头	很好	很好	强烈	热水冲洗、2% HCl溶液中和，有机溶剂浸洗
有机卤化物	盐酸谷氨酸、溴化肼、盐酸乙二胺等	水、有机溶剂、凡士林、聚乙烯乙二醇等	电器接头结构接头	相当好	相当好	中等	热水冲洗、中和，有机溶剂浸洗

3.2.2 软钎料

Cu及Cu合金的钎焊过程中所需要的软钎料主要包括锡基钎料、铅基钎料、镉基钎料和无铅钎料。

使用Sn基钎料钎焊铜时，在钎料和母材界面上易形成金属间化合物 Cu_6Sn_5，所以必须注意钎焊温度和保温时间。一般烙铁钎焊时，由于化合物层很薄，对接头性能没有大的影响。用锡铅钎料钎焊时黄铜接头比用同样钎料钎焊的铜接头强度要高些，这是因为黄铜在液态钎料中的溶解比铜要慢，所以生成的脆性金属间化合物也较少所致。

工作温度高于100℃的接头可用S－Sn96Ag4和S－Sn95Sb5钎料钎焊，它们具有优良的润湿性。S－Sn97Ag3钎料的工作温度更高些，但润湿性差，接头抗腐蚀性也不高，不如用S－Sn85Ag8Sb7钎料钎焊。

用镉基钎料（S－Cd95Ag5、S－Cd96Ag3Zn1）钎料钎焊的接头可以在高达250℃的温度下工作。但是镉和铜极易形成脆性的金属件化合物，所以必须控制加热温度和保温时间。表3.9-45为部分软钎料钎焊铜及黄铜接头的强度。

值得注意的是，Pb和Cd为有毒物质，其应用也受到极大的限制。

表3.9-45 部分软钎料钎焊铜及黄铜接头的强度

钎料牌号	抗剪强度/MPa		抗拉强度/MPa	
	铜	黄铜	铜	黄铜
S－Pb80Sn18Sb2	20.6	36.3	88.2	95.1
S－Pb68Sn30Sb2	26.5	27.4	89.2	86.2
S－Pb58Sn40Sb2	36.3	45.1	76.4	78.4
S－Sn90Pb10	45.1	44.1	63.7	68.6
S－Pb97Ag3	—	29.4	—	49.0
S－Cd96Ag3Zn1	73.5	—	57.8	—
S－Sn95Sb5	37.2	—	—	—
S－Sn85Ag8Sb7	—	82.3	—	—
S－Sn92Ag5Cu2Sb1	35.3	—	—	—
S－Sn96Ag4	39.2～49.0	—	39.2～49.0	—

3.2.3 钎焊工艺

1）焊前准备 钎焊前，要清除工件表面的氧化物、油脂及其他污物。铜基金属的清理可以采取机械清理法、金属丝刷和砂纸打磨去除表面氧化物，用标准的溶剂或酒精等清洗剂去除油污。如果用化学方法清除氧化物则要求选择适当的清洗液。

2）钎焊技术 铜及铜合金可用多种方法进行钎焊，如烙铁钎焊、浸沾钎焊、火焰钎焊、感应钎焊、电阻钎焊、炉中钎焊、接触反应钎焊等。但高频感应钎焊时，由于铜的电阻小，要求加热电流比较大。

含氧铜暴露在含氢的气氛下能使铜产生脆化。应避免使用火焰钎焊大型组件，炉中钎焊也应避免使用含氢气氛。温度高、时间长会加重发生氢脆的危险。

黄铜在炉中钎焊时，锌发生蒸发，使黄铜成分发生变化，故钎焊黄铜最好先镀铜。含锌的钎料在炉中钎焊时，为了防止锌的蒸发，最好加少量钎剂。

含铅的铜合金经长时间加热容易析出铅，因此，大型组件的火焰钎焊和炉中钎焊因其加热时间较长，会造成某些困难。如果从合金（特别是铅的质量分数高于2.5%的合金）中析出大量的铅，由于变脆和钎焊不良，就能造成有缺陷的含铅接头。

铝青铜钎焊时，为了防止铝向银钎料扩散，使接头质量变坏，钎焊加热时间必须尽可能短。在铝青铜表面上镀铜或镀镍也可以防止铝向钎料的扩散。

钎焊铍青铜时，钎焊加热温度应与热处理规范相配合。为此，软钎焊时，最好选择钎焊温度低于300℃的钎料，以免发生时效软化。

对于一些容易自裂的合金，如硅青铜、磷青铜、铜镍合金，一定要避免产生热应力，不宜采用快速加热方法。

3）钎焊后处理 除了把可时效硬化的铜合金（如铍青铜）再进行一次热处理外，钎焊后的唯一工序是清除钎剂的残渣和工件表面的清洗。清除残渣的主要目的是为了防止残渣对工件的腐蚀，有时是为了获得一个良好的外观或对钎焊后的工件进一步加工。这些残渣很容易用热水浸泡而溶解掉。钎后工件表面氧化物的清除，可以用机械法（如用金属刷子刷），或者用适当的清洗溶液和清洗工艺来清除。

3.3 铝及铝合金的软钎焊

3.3.1 铝及铝合金的软钎焊性

就软钎焊来说，纯铝和铝锰合金的钎焊性优良，容易进行钎焊。铝镁合金的钎焊性与合金的含镁量有关。当用有机软钎剂时，随着合金含镁量的增多，铅－锡－锌低温软钎料的铺展面积急剧减小。这是由于含镁量高的铝合金表面镁的氧化物增多，有机钎剂难以去除它们，致使钎料难以铺展。

用锌铝钎料和反应钎剂钎焊铝镁合金时，钎料的铺展性基本不受含镁量的影响，因为反应钎剂是依靠与母材反应而破坏和清除母材表面氧化物，并在母材表面沉积纯金属层来保证锌铝钎料的铺展的。w（Mg）大于0.5%的铝合金用含锌钎料钎焊时可能产生晶间渗入的倾向；对于锌基钎料也存在类似现象，但远不及前者明显。合金中如有冷加工引起的应力，会加剧晶间渗入的倾向。钎焊前采取加热到370 ℃消除应力的处理，可以有效的减轻晶间渗入。

铝合金的含硅量对其钎焊性也有很大影响。随着铝合金中含硅量的增高，钎料的铺展性均下降，这是由于钎剂溶解氧化硅的量很小的缘故。因此，w（Si）大于5%的铝合金，一般只宜采用超声波或机械刮擦方法来清除氧化膜，而后才能进行钎焊。

对于是热处理强化的铝合金（如LY11、LY12及LD等）而言，在钎焊加热时会发生过时效和退火现象。如LY12铝合金在空气炉中加热到300~420℃温度范围内，由于析出的$CuAl_2$集聚粗化，发生强度下降、塑性回升的软化现象。因此，这种铝合金适于300℃以下钎焊。但用低温软钎料钎焊的接头强度低，不能发挥高强度铝合金的作用。而且这些铝合金多数有晶间渗入倾向，故一般不宜软钎焊。

3.3.2　钎剂的选择

铝软钎焊用软钎剂主要分为两类——无机反应型铝软钎剂和有机型铝软钎剂。关于前者早在1924年就有专利及文献报道。其主要是用$ZnCl_2$、$SnCl_2$、NH_4Cl等几种盐组成的混盐。由于它们的熔化温度很低（170~200℃）适应于软钎焊的温度范围。在其中常加入一些氟化物作为破膜剂而成为软钎剂。这种钎剂由于基质用的就是重金属盐，含量很高，钎焊时它会与铝表面反应析出金属而加强了活性，但与此同时还析出多量的副产物AlF_3，混合了黏度较高的钎剂而呈泡沫状，将焊点周围弄得很脏，钎焊工作很不顺利。此外还有清洗不净容易引起腐蚀的问题。表3.9-46列出反应型铝钎剂的一些实际配方。

表3.9-46　一些反应型铝软钎剂的配方

序号	代号	成分（质量分数）/%	熔化温度/℃	特殊应用
1		$ZnCl_2$（55）、$SnCl_2$（28）、NH_4Br（15）、NaF（2）		
2	QJ203	$SnCl_2$（88）、NH_4Cl（10）、NaF（2）		
3		$ZnCl_2$（88）、NH_4Cl（10）、NaF（2）		
4		$ZnBr_2$（50-30）、KBr	215	钎铝无烟
5		$PbCl_2$（95-97）、KCl（1.5-2.5）、$CoCl_2$（1.5-2.5）		铝面涂Pb
6	Φ134	KCl（35）、LiCl（30）、ZnF_2（10）、$CdCl_2$（15）、$ZnCl_2$（10）	390	
7		$ZnCl_2$（48.6）、$SnCl_2$（32.4）、KCl（15.0）、KF（2.0）、AgCl（2.0）		配Sn-Pb（85）钎料，高抗蚀

20世纪40年代开始出现有机钎剂，20世纪50年代末开始出现氟硼盐溶在三乙醇胺中制成的低温铝钎剂，随后由于其性能比较优越，许多学者进行研究。这类钎剂的典型成分是将一些氟硼酸盐如Zn$(BF_4)_2$、Cd$(BF_4)_2$、NH_4BF_4等中的一个或2~3个溶解在有机胺中制成溶液。可用的有机胺有：乙醇胺、三乙醇胺、二乙烯三胺等，也有用10%~25%（质量分数）的乙醇胺和三乙醇胺的混合物做溶剂的，据说可以获得固体组元溶解度大而沸点合适的溶剂，这样的钎剂已经实用于钎焊白炽灯的铝灯座的钎焊上。例如英国Multicore的Alu-Sol，美国J.W.Harris Co的Stay-clean，瑞士Castolin的AluTin51，日本株式会社的TF-FX，还有一些小公司，如美国的Kapp，Alloy and wire的“Golden Flux”以及我国上海斯迷克的QJ-204钎剂也都属于这一类型。表3.9-47列举了一些已经公开的有剂钎剂配方。

表3.9-47　一些有机铝软钎剂的配方

序号	代号	成分（质量分数）/%	钎焊温度/℃	特殊应用
1	QJ204（Φ59A）	三乙醇胺（82.5）、Cd$(BF_4)_2$（10）、Zn$(BF_4)_2$（2.5）、NH_4BF_4（5）	270	
2	Φ61A	三乙醇胺（82）、Zn$(BF_4)_2$（10）、NH_4BF_4（8）		
3	Φ54A	三乙醇胺（82）、Cd$(BF_4)_2$（10）、NH_4BF_4（8）		
4	1060X	三乙醇胺（62）、乙醇胺（20）、Zn$(BF_4)_2$（8）、Sn$(BF_4)_2$（5）、NH_4BF_4（5）	250	
5	1160U	三乙醇胺（37）、松香（30）、Zn$(BF_4)_2$（10）、Sn$(BF_4)_2$（8）、NH_4BF_4（15）	250	水不溶，适用电子线路

铝和其他金属钎焊不同，钎剂被铝还原在铝表面上析出的金属必须在钎焊温度下呈液态才具有最大的活性。在以上QJ204的配方中，Zn^{2+}和Cd^{2+}作共晶析出时，钎焊温度需要高过266℃才可能出现液相。因此只有超过此温度以上才可能出现最大的活性。而在266℃时三乙醇已经开始焦化，故此配方不是最理想的，使用时候最好先将母材加热至270~300℃在最短的时间内完成钎焊即可得到较好的结果。至于序号为2和3的Φ61A和Φ54A则更不合理。因为这两种配方各只用了一种界面活性剂。析出的Zn在420℃才能熔化，即使和Al行成共晶也得381℃熔化。Cd的熔点321℃和Al不互溶，因此这两个配方在三乙醇胺焦化以前不会出现最大活性。以上所述指最大的活性，并非没有活性，事实上上述配方仍然得到一般的应用。序号为4的1060X钎剂则较合理，钎剂析出Sn-Zn共晶的温度为198℃，如果在250~270℃温度下实施钎焊，配用Sn-Zn或Sn-Pb钎料则发挥钎剂的最大活性时，钎料已经处于熔化状态。目前使用Zn^{2+}和Sn^{2+}作复合的界面活性实际上已经为国外一些商品铝软钎剂所使用。

三乙醇胺能与松香酸产生酰胺化反应，故松香能与三乙醇胺很好互溶。但在三乙醇胺钎剂中加入松香将会减少氟硼酸盐的溶解度，当松香的量超过30%的时候，氟硼酸盐在其中的溶解度便降低到8%以下，表3.9-46中1160U钎剂实际上是一个混悬体，但加热到钎焊温度时混悬体的氟硼酸盐可以全溶。随松香加入的量的增多，钎剂逐渐固化，1160U看上去是像蜂蜡那样的固体。与此同时，钎剂在水中几乎变得不溶，也不吸湿，只溶于有机溶剂如无水乙醇，异丙醇等之中。这种钎剂如果施用量很少，钎焊时Zn^{2+}和Sn^{2+}沉积为金属，BF_3和AlF_3逸出，残渣中几乎只剩下松香的酰胺化合物，所以腐蚀性很低，焊后不必清洗。由于含有相当量的松香，对铜的润湿性也较好，很适合于电子线路或其他场合进行铜和铝导线的钎焊连接。

3.3.3 软钎料的选择

铝用软钎料大体可以分为三类：低温软钎料，中温软钎料和高温软钎料。通常将熔点在150～260℃的钎料看成是低温软钎料，其主要是在锡或锡铅合金中加入一些锌（少量），以提高钎料与铝母材的结合强度。这类钎料的熔点低，操作方便，但接头的抗腐蚀性差。熔点在260～370℃的铝用钎料，一般称为中温软钎料。主要有锡锌合金和锌镉合金。由于锌的含量较高，所以其熔点也较高。这类钎料与铝的结合性能优良，接头的强度和耐蚀性也较好，但操作难度较大。高温软钎料是熔点在370～450℃的钎料。这类钎料主要是以锌为基体，加入少量的铝、铜等合金元素。由于合金元素的含量不同，有时其液相线可能超过450℃，但习惯上仍将其归入此类钎料中。这类钎料与铝的结合性能良好，具有优良的强度和耐蚀性能，但其钎焊操作时的困难性也较大。表3.9-48给出了这三类钎料性能的对比。表3.9-49给出了一些软钎料的组成。

表 3.9-48 铝用软钎料使用性能对比

种类	熔点范围/℃	一般组成	操作	与铝结合	强度	耐蚀性	对母材影响
低温软钎料	150～260	Sn－Zn系 Sn－Pb系 Sn－Zn－Cd系	容易	可	低	差	小
中温软钎料	260～370	Zn－Cd系 Zn－Sn系	中等	优良	中	中	中
高温软钎料	370～450	Zn－Al系 Zn－Al－Cu系	困难	优秀	高	好	小

表 3.9-49 钎焊铝用软钎料的成分性能及接头强度

类型	型 号	熔化温度/℃	钎料抗拉强度/MPa	钎焊头强度/MPa	
				σ_b	τ
低温	S－Pb51Sn31Cd9Zn9	150～210	61.7	（纯铝）67.7	40.1
	S－Sn91Zn9	199	—	—	
中温	S－Zn58Sn40Cu2	200～350	88.3	（纯铝）61.7 （铝铜）62.7	38.2 40.1
	S－Zn60Cd40	266～335	—	（纯铝）63.6 （铝铜）62.7	42.1 42.1
	S－Sn70Zn30	199～311	—		
高温	S－Zn72A128	430～500	196～245	（纯铝）63.6 （LF21）94.0 （LY12）138	39.2 54.8 83.2
	S－Zn95A5	380	—		
	S－Zn65Ag4.5A2.5Si	390～420	—		
	S－Zn65Al20Cu15	415～425	—		

3.3.4 软钎焊工艺

1）接头形式和夹具 铝和铝合金的钎焊，宜采用搭接接头，在装配铝零件时，不是用压配合或紧配合，这样有利于钎料的铺展和减少钎缝中的夹渣。

根据经验，当浸沾钎焊时，搭接长度小于6.4 mm，适宜的接头间隙为0.05～0.10 mm；对于火焰钎焊、炉中钎焊、机械化火焰钎焊或感应钎焊来说，当搭接长度等于或小于6.4 mm时，可以采用0.10～0.25 mm的间隙。对于搭接长度更长的接头，间隙可增加到0.4 mm，通常可通过实验来确定正确的间隙。

接头设计应当使零件在钎焊前容易装配。设计密封的组件时，必须为钎焊期间留出气体逸出的孔道。铝合金钎焊零件最好设计成自夹紧形式，夹具和固定装置必须使零件不致因热膨胀的差异而发生错动。

2）焊前清洗和表面处理 铝及铝合金的钎焊对零件表面的清洁度有较高的要求。要获得良好的质量，必须在钎焊前很好去除表面的油污、氧化膜。铝及铝合金除油可以在质量分数3%～5%的Na_2CO_3、2%～4%的601洗涤剂水溶液中，温度60～70℃，清洗5～10 min，然后用清水漂净。可用下列方法浸蚀去膜：①质量浓度为100 g/L的NaOH水溶液，溶液温度20～40℃，浸蚀时间为2～4 min；②质量浓度为20～35 g/L的NaOH和20～30 g/L的Na_2CO_3水溶液，溶液温度40～60℃，浸蚀时间2 min；③质量浓度为50～100 g/L的NaOH、30～50 g/L的NaF，其余为水，溶液温度40℃。

浸蚀后，零件在热水中洗净，放在HNO_3水溶液中光泽处理2～5 min，再在流动的冷水中洗净，并在温度不低于60℃的条件下干燥到完全没有水渍。

另一种浸蚀方法是在零件脱脂后，浸在体积比为10%的硝酸加0.25%的氢氟酸水溶液中，室温下保持5 min，然后用热水或冷水洗净并干燥。

经清洗后的零件切忌用手摸或沾染其他污物，并在6～8h内进行钎焊。在可能的条件下，零件清洗干燥后应立即钎焊。

3）软钎焊技术 铝及铝合金的软钎焊方法常见的有火焰钎焊、烙铁钎焊和炉中钎焊等，这些方法在钎焊时均应施加钎剂。在钎焊过程中应特别注意控制加热温度和保温时间。火焰钎焊和烙铁钎焊时，热源应避免直接加热钎剂以防止钎剂过热失效，尤其是有机钎剂的焦化使钎焊过程无法进行。由于铝能溶于大多数钎料（尤其是高锌钎料）中，因而一旦接头已完成即应终止加热，以免发生溶蚀。

此外，机械去膜方法和物理去膜方法也应用于铝基铝合金的软钎焊中，这就是刮擦钎焊和超声波钎焊。这些方法一般不便于用来直接钎钎焊头，而是向零件的钎焊面上涂覆钎料。但对于一些接头形式，例如T形接头或角接，利用某些成分（如Zn－5Al－4.5Ag－1.5Cu）的锌基钎料棒作刮擦工具，可以直接形成接头。此时，先把焊件加热到熔化钎料棒端头的温度，然后用钎料棒端头紧靠接头并沿之拖动，钎料端头在刮擦破除母材表面的氧化膜的同时熔化而与母材结合形成接头。不过，从本质上看，这属于一种非毛细钎焊工艺。

铝的低温软钎焊由于钎料和钎剂均不令人满意，生产中也常采用母材表面预镀金属层的工艺（一般镀铜或镍），经过这样处理的表面可以使用钎焊铜或镍的工艺来钎焊。

4）钎焊后处理 使用钎剂钎焊的焊件，残留的残渣因对母材有极大的腐蚀性，钎焊后必须清除。

对于氯化物基铝钎剂的残渣，可先在50～60℃的水中刷洗，然后在60～80℃的质量分数为2%的铬酐溶液中做表面钝化处理。但此法效果不够满意，尤其对复杂结构也无法使用。较适当的方法是先将其冷至钎料凝固温度以下的焊件投入热水中骤冷，时残渣急冷而开裂，在受到水分子汽化的喷暴作用，它们可以大部分脱落下来，残渣中可溶部分也同时发生溶解。但投入热水时焊件温度不可太高，速度不宜太快，以避免焊件发生变形或裂纹。残留的不溶性残渣在借酸洗浸蚀使之松散剥落。对于不溶水的氟化物基铝钎剂残渣的清除，可将焊件冷到钎料凝固温度以下直接投入热水中，使大部分残渣脱落，然后在体积分数为10%～15%的硝酸水溶液中煮一定时间，达到清除残渣的目的。清除残渣后的焊

第10章 胶 接

胶接亦称为粘接、胶粘、粘合等，是指同质或异质物体表面用胶粘剂连接在一起的技术。人类使用胶粘剂的历史悠久，四千多年前我国就已利用生漆作胶粘剂和涂料制造器具，古埃及人和古罗马人在四五千年前就已开始使用黏土、矿石沥青、阿拉伯树胶、松脂和骨胶作胶粘剂了。20世纪以前使用的胶粘剂都是以天然物资为原料的，无法满足工业迅速发展所提出的众多要求，本世纪初酚醛树脂、环氧树脂问世，开创了以合成树脂为基料的新型胶粘剂新时期。合成树脂胶粘剂在性能上与天然胶粘剂相比有很多优点：强度高、耐潮湿、防霉，能适应许多恶劣环境，促进了胶粘剂与胶接技术的发展。

随着各种新型材料和新型胶粘剂的出现，胶接技术作为三大连接方法（机械连接、焊接和胶接）之一，越来越广泛地应用于国民经济的各个领域。胶接接头可用于保持结构的完整性，或用于在两个被胶接件之间传输载荷。胶接接头的优点很多：接头应力均匀，应力集中小，接头刚度提高，动疲劳抗力强，抗腐蚀，成本低，具有密封作用，不需再加工，适合于异种材料（包括金属、陶瓷、塑料、橡胶、复合材料）的连接等。作为铆接的直接替代方法，飞机的主要结构上使用胶接结构已有五十多年的历史。但胶接的缺点也是明显的，主要表现在：①大多数胶接件在湿热、冷热交变、冲击以及受力条件下，或复杂环境条件下的工作寿命是有限的，但目前还缺乏充分的试验资料；②有机胶粘剂构成的胶接接头耐温性不高，一般不超过350℃，只有个别品种可在500℃下工作一定时间；无机胶粘剂可耐1 000℃高温，陶瓷胶粘剂耐温达2 000℃以上，但较脆；③胶接件虽有较高的剪切强度、拉伸强度，但剥离强度很低；④胶接质量目前尚无可靠的检测方法；⑤使用有机胶粘剂，尤其是溶剂型胶粘剂，存在易燃、有毒等安全问题。

1 胶粘剂的选用

1.1 胶粘剂的分类

胶粘剂品种繁多，性能各异，常用的分类方法有：

1）按胶粘剂中粘料的化学类型可分为无机胶粘剂和有机胶粘剂两大类。无机胶粘剂包括硅酸盐类、磷酸盐类、硫酸盐类和陶瓷类。有机胶粘剂包括天然有机胶和合成有机胶等，具体如表3.10-1所示。

2）按外观形态分　糊状胶、粉状胶、胶棒、胶膜、胶带、溶剂型胶液和液态胶。

3）按用途分　结构胶、非结构胶和特种胶。

结构胶一般具有较高强度和韧性，以及较好的耐温性能、耐环境性能、耐疲劳性能，能承受较大负荷。从强度性能上考虑，一般要求常温下承受剪切强度大于15 MPa，不均匀扯离强度大于300 N/cm。

非结构胶是指那些胶接强度不高，不能承受较大负荷和温度的胶粘剂，如脲醛胶粘剂、聚醋酸乙烯酯胶粘剂、橡胶胶粘剂和热熔胶粘剂等。

特种胶是指满足某种特殊性能和要求的胶粘剂，这类胶粘剂品种很多，如耐高温胶、耐超低温胶、压敏胶、光敏胶、应变胶、导电胶、密封胶、医用胶、快固胶、水下胶、导磁胶、导热胶、绝缘胶以及绝缘导热胶等。

4）按固化方式分　溶剂挥发型、化学反应型和热熔型。

溶剂型胶粘剂中的溶剂从胶接端面挥发或通过被胶接件自身吸收而消失，形成粘接膜而发挥粘接力，是一种纯粹的物理可逆过程。固化速度可随环境的温度、湿度、被粘物的疏松程度、含水量以及胶接面的大小、加压方式而变化。

反应型胶粘剂由不可逆的化学变化引起固化，这种变化是在主体化合物中加入催化剂，通过加热或不加热的方式进行。按配制方法及固化条件，可分为单组分、双组分甚至三组分的室温固化型、加热固化型等多种形式。

热熔型胶粘剂是随着涂胶机的发展而发展起来的一类胶粘剂。它以热塑性高聚物为主要成分，是不含水或溶剂的粒状、圆柱状、块状、棒状、带状或线状固体聚合物。通过加热熔融粘接，随后冷却固化发挥粘接力。

5）按固化温度分　常温固化胶、中温固化胶和高温固化胶。

6）此外，还有按应用对象（如汽车用、建筑用、金属用、木工用等）和应用方式（如压敏型、接触型、热熔型、喷雾型等）等对胶粘剂进行分类的其他方法。

表3.10-1　胶粘剂的化学分类

<table>
<tr><td rowspan="8">胶粘剂</td><td>无机胶</td><td colspan="4">硅酸盐类、磷酸盐类、硫酸盐类、高温陶瓷无机胶类</td></tr>
<tr><td rowspan="7">有机胶</td><td rowspan="3">天然胶粘剂</td><td colspan="2">动物胶</td><td>骨胶、皮胶、虫胶、蛋白胶、血胶、鱼胶等</td></tr>
<tr><td colspan="2">植物胶</td><td>淀粉、糊精、松香、阿拉伯树胶、天然树胶、天然橡胶等</td></tr>
<tr><td colspan="2">矿物胶</td><td>矿物蜡、沥青等</td></tr>
<tr><td rowspan="4">合成胶粘剂</td><td rowspan="2">合成树脂型</td><td>热塑性树脂</td><td>纤维素酯、烯类聚合物、聚酯、聚醚、聚酰胺、聚丙烯酸酯、α－氰基丙烯酸酯、聚乙烯醇缩醛、乙烯－乙酸乙烯共聚物等</td></tr>
<tr><td>热固性树脂</td><td>环氧树脂、酚醛树脂、脲醛树脂、三聚氰胺－甲醛树脂、有机硅树脂、呋喃树脂、不饱和聚酯、丙烯酸树脂、聚酰亚胺、聚苯并咪唑、酚醛－聚乙烯醇缩醛、酚醛－聚酰胺、酚醛－环氧树脂、环氧－聚酰胺等</td></tr>
<tr><td colspan="2">合成橡胶型</td><td>氯丁橡胶、丁苯橡胶、丁基橡胶、丁腈橡胶、异戊橡胶、聚硫橡胶、聚氨酯橡胶、氯磺化聚乙烯弹性体、硅橡胶等</td></tr>
<tr><td colspan="2">橡胶－树脂型</td><td>酚醛－丁腈胶、酚醛－氯丁胶、酚醛－聚氨酯胶、环氧－丁腈胶、环氧－聚硫胶等</td></tr>
</table>

1.2 胶粘剂的选用原则

胶粘剂的选择应考虑以下几个方面。

1）被胶接材料的种类及性质 被胶接材料的种类不同，它的表面特性、疏散程度、极性、韧性及热胀系数也不同，实际应用中可根据这些因素来选用适当的胶粘剂。对金属等热胀系数较大的材料，为了减小接头中的内应力，应选择有一定韧性的胶粘剂。对塑料、橡胶等高分子材料的胶接，应选择与材料的极性、溶解度参数相近的胶粘剂。对木材等表面比较粗糙的材料的胶接，应选用能充分润湿被胶接材料表面的胶粘剂。对于模量比较小，韧性比较大的材料，一般应选用比较柔韧的胶粘剂。对于不同材料的胶接，应同时考虑两种材料的特性。

环氧胶粘剂、酚醛胶粘剂和聚氨酯胶粘剂有较大的适应性，可用于多种材料的胶接。

2）胶接件的使用条件 胶接接头的实际使用条件不同，对胶粘剂的要求相差会很大。这些使用条件包括：①受力形式和大小：通常合成树脂类的胶粘剂的剪切强度较大，剥离强度较差，而由弹性体或橡胶改性的胶粘剂的剥离强度、劈裂强度、冲击强度较高，实际应用中可按胶接接头的主要受力形式选用；②服役温度：选用胶粘剂必须考虑胶粘剂的耐热性、耐寒性和热疲劳特性，一般有机胶粘剂的使用温度都低于400℃，当使用温度高于400℃时，应选用无机胶粘剂；③服役期限：当胶接结构需要长期使用时，应选用耐久性好的胶粘剂；④环境介质：大多数合成树脂胶粘剂以及某些天然树脂胶粘剂，在化学介质的影响下会发生溶解、膨胀、老化或腐蚀等变化，选择胶粘剂时必须考虑使用环境。

3）胶接件本身的结构、形状以及其他工艺条件 热塑性塑料、橡胶制品和电器零件等不能经受高温，大型零件搬运不便，加热困难，应避免选用高温固化胶；对极薄极脆和异形零件，一般不能加压，切忌使用加压固化胶；对野外现场宜使用单组分室温固化胶或低温快固胶；在生产线上宜采用快干胶。

4）经济因素及其他因素 在满足使用要求的前提下，尤其是在大面积使用和批量生产时，应尽量选用价格便宜、施工方便、安全无毒或低毒的胶粘剂。

2 胶接接头的失效形式

胶接接头的承载能力目前主要还是通过破坏性试验来评价，根据破坏发生的部位可把接头的失效形式分为四种基本类型（如图3.10-1）：(a) 发生在胶粘剂和被胶接材料之间界面处的粘附失效，也称界面失效；(b) 发生在胶粘剂内部的内聚失效；(c) 发生在被胶接材料内部的内聚失效；(d) 上述破坏同时发生的混合模式失效。

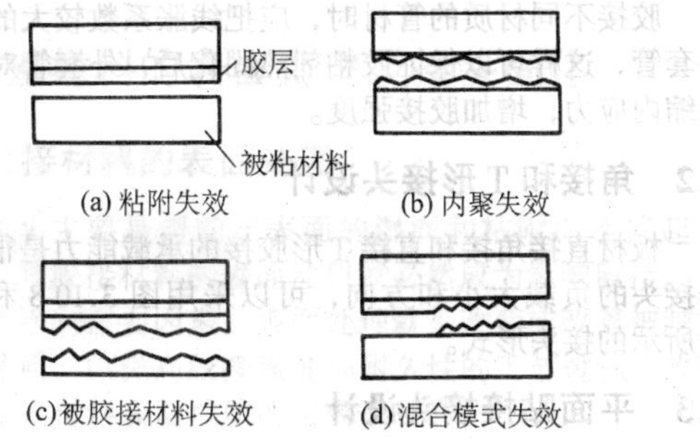

图3.10-1 胶接接头的失效模式

失效形式与胶粘剂和被胶接件之间的界面作用力有关，如果胶层与被胶接材料之间的界面强度（粘附强度）弱，低于胶层以及被胶接材料的内聚强度，则发生粘附失效（图3.10-1a）；反之，但界面强度高时，则发生其他类型的失效（图3.10-1b、c、d）。由于被胶接材料的内聚性能已有其他专门的学科来研究，所以胶接理论所涉及的对象主要是胶粘剂与被胶接材料的界面作用，界面间的结合力是支配胶接强度的重要因素，但是目前还没有一种能够测量真实界面结合力（或界面强度）的方法。

3 胶接接头设计

胶接结构的设计应在对影响结构的各组成部件以及胶接强度、胶接工艺、使用环境与寿命等因素有清楚认识的基础上进行综合考虑，不像设计焊接、铆接和螺栓连接那样相对容易。胶接的成败不仅取决于胶粘剂本身，而且还与胶接工艺过程密切相关。甚至胶粘剂的某些缺点和不足也可以通过胶接接头的巧妙设计来补救。无论从接头设计，还是从其他工艺要求角度来看，胶接比其他连接方式都要复杂一些。例如，用环氧树脂胶粘剂胶接的铝合金搭接接头，虽然其剪切强度很高，但是其横向负载能力差，不能用在弯曲负荷较大的构件上；对于玻璃钢层压板材，搭接胶接接头是不可取的，因为玻璃钢层压板的层间剥离和剪切强度都比较低，只能采用切口斜接的接头方式；若胶接受力较大的部件，如车刀、钻头等，采用简单的平面对接方式是不行的，因为胶粘剂的力学强度比金属材料要低一个数量级。但是，如果巧妙地选用接头形式（如套接、嵌接等），使应力主要由被胶接（金属）材料来承担，就会获得成功。可见胶接接头的设计是关系到胶接接头能否经受得住实用条件考验的重要问题。

胶接接头设计就是胶接接头尺寸大小和几何形状的考虑，其目的是使胶接接头的承载能力和被胶接材料的承载能力具有相同的数量级。各种复杂胶接接头的胶层受力形式，都可以分解为四种基本方式（图3.10-2）。一般来说，胶接接头都是拉伸、压缩和剪切强度比较高，而劈裂、剥离、弯曲强度比较低，所以胶接接头设计的基本原则应该是：

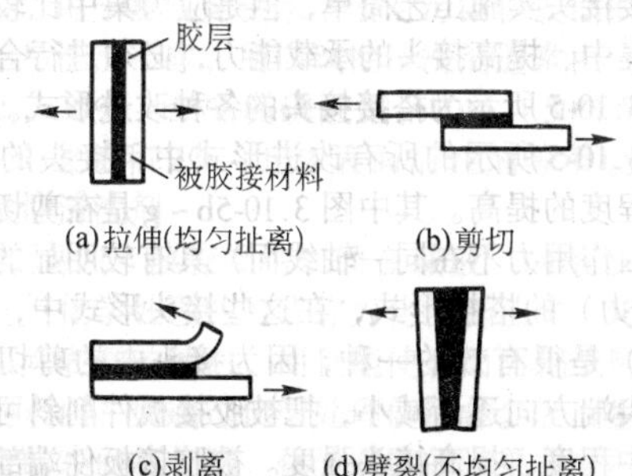

图3.10-2 胶接接头中胶层的四种典型受力情况

1）尽量避免应力集中；

2）受力方向应尽可能取在胶接强度最大的方向上，尽量避免胶接面承受剥离、劈裂和弯曲力；

3）合理增大胶接面积；

4）防止胶接层压制品的层间剥离。

此外，还要考虑接头的机械加工、胶接工艺、质量控制、装配、维修和成本等。

根据被胶接部件的相互位置关系，可将胶接接头分解为对接、角接、T形接、贴接四种基本形式，如图3.10-3所示。

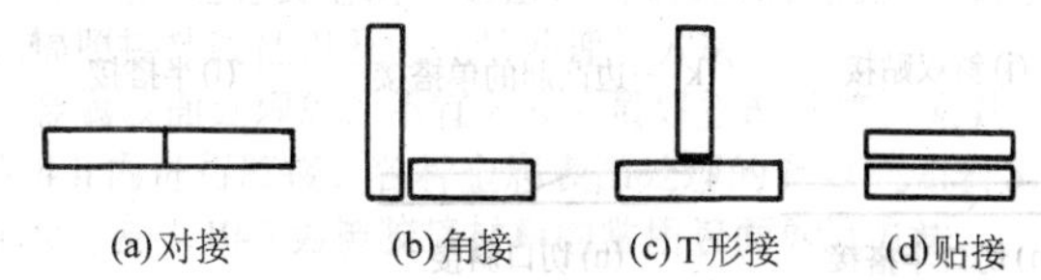

图3.10-3 胶接接头的基本形式

表 3.10-2　表面处理的有效期

材　料	表面处理方法	有 效 期	材　料	表面处理方法	有 效 期
铝	湿研磨	3天	不锈钢	硫酸腐蚀	30天
铝	硫酸－铬酸	6天	钢	喷砂	4 h
铝	电解氧化（阳极氧化）	30天	黄铜	湿研磨	8 h

表 3.10-3　被胶接材料常用表面处理方法

材料种类	处 理 剂	处 理 条 件	后 处 理
铁、钢	1）砂纸、喷砂、喷丸 2）85%磷酸1份与乙醇2份混合 3）盐酸1份，水1份	打磨 60℃，浸10 min 室温下浸5～10 min	刷去余碳 水漂洗，120℃干燥1 h 冷水冲洗，90℃热风干燥
不锈钢	1）无水铬酸53 g，水1 L 2）重铬酸钠118 g，浓硫酸412 g，水1.5 L	60～70℃，浸3 min 70～80℃，浸10 min	热水洗，室温干燥 热水洗，室温干燥
铜合金	1）重铬酸钾59 g，浓硫酸118 g，水1 L 2）42%氯化亚铁液15 mL，浓硫酸30 mL，水197 mL 3）结晶硫酸亚铁120 g，浓硫酸90 g，水1.5 L	室温下浸数 min 室温下浸1～2 min 65～70℃下浸10 min	水洗，室温干燥 水洗，室温干燥 热水洗，水洗、室温干燥
铝合金	1）85%磷酸85 g，甲醇75 g 2）25%磷酸95 g，无水铬酸95 g，乙醇62 g，水1 L 3）重铬酸钠118 g，浓硫酸412 g，水1 L 4）300～500 g/L硝酸	室温下浸5～30 min 室温下浸5 min 60℃下浸20 min 室温下浸2～5 min	水洗，室温干燥 水洗，室温干燥 热水洗，水洗、室温干燥 水洗，60℃下烘干
锌	重铬酸钾40～90 g，93%浓硫酸10 g，水1 L	室温下浸数秒钟	水洗、室温干燥
镍	67%硝酸	室温下浸5 min	水洗，温热风干燥
铬	37%盐酸17 g，水20 g	90～95℃下浸1～5 min	热水洗，水洗，室温干燥
贵金属	最细金相砂纸	轻轻研磨1～2 min	溶剂脱脂，干燥
聚乙烯	1）煤气小火焰 2）重铬酸钾75 g，硫酸1 500 g，水120 g	表面火漂 室温浸20 min，或60℃浸10 min	溶剂擦拭，干燥 水洗，干燥
聚丙烯	1）重铬酸钠5 g，93%硫酸100 g，水8 g 2）环氧－聚酰胺黏合剂	60～70℃浸1～2 min 按1）处理后，涂2）	热、冷水洗，室温干燥
聚氨酯	细砂纸	轻轻研磨	溶剂脱脂
脲醛树脂	细砂纸	轻轻研磨	溶剂脱脂
酚醛树脂	细砂纸	轻轻研磨	溶剂脱脂
聚碳酸酯	细砂纸	轻轻研磨	溶剂脱脂
聚酯	20%氢氧化钠	70～90℃浸10 min	热水洗，温热风干燥
聚酰胺	1）细砂纸 2）间苯二酚系黏合剂	轻轻研磨 研磨后，涂2）	丙酮脱脂
聚酰亚胺	20%氢氧化钠	60～90℃浸1 min	冷水洗净，温热风干燥
聚氯乙烯 聚偏二氯乙烯 聚氟乙烯	1）细砂或细砂纸 2）丙酮	研磨，适于硬质品 擦洗，适于增塑品	处理前用三氯乙烯脱脂 丙酮及水洗，热风干燥
聚甲醛	1）细砂或细砂纸 2）重铬酸钠5 g，浓硫酸100 g，水8 g	研磨 室温下浸10～20 s	溶剂脱脂 水洗，室温干燥
聚苯乙烯 聚苯醚 聚砜	细砂或细砂纸	轻轻研磨	溶剂脱脂

4.2　胶粘剂的固化

有机聚合物的单体或预聚体可以通过聚合反应在一定条件下聚合成为具有预期性能的高聚物，并且它们的表面张力比较低，可以湿润大多数被胶接材料表面，所以目前的胶粘剂多以合成聚合物为主体。例如：α－氰基丙烯酸酯可在常温下通过阴离子聚合而固化，环氧树脂可以在常温下通过逐步聚合而固化等。胶粘剂还可以通过物理方法而固化，例如：溶剂的挥发、乳液的凝聚、融体的凝固等。按照不同的固化方法，可把胶粘剂分成各种不同的类型，如：①热熔型胶粘剂，由热塑性高聚物制成，加热熔化，冷却后凝固；②溶剂型胶粘剂，由高分子溶液制成，通过溶剂挥发而逐渐凝固；③乳液型胶粘剂，由聚合物乳液制成，通过分散介质的挥发和胶体离子的凝聚而逐渐固化；④热固型胶粘剂，由多官能的单体、预聚体或线型聚合物制成，通过加聚、缩聚反应变成三维交联结构的固体等。

胶粘剂的固化工艺对胶接质量有重大影响，对于固化反应引起胶层固化的胶粘剂，固化工艺更为重要，固化工艺参数包括压力、温度和时间三个方面：

1）固化压力　在胶粘剂固化时，要对胶层施加一定的压力，其作用如下：

① 有利于胶粘剂对被胶接件充分润湿，特别是对黏度较大的胶粘剂在固化时应施以较大的压力。

② 有利于排出胶粘剂固化反应产生的低分子挥发物。

③ 有利于排出胶层中残留的挥发溶剂。

④ 控制胶层厚度，涂敷粘度较大的胶粘剂往往胶层较厚，固化压力可使胶层厚度控制在一定范围内。

2）固化温度和时间　一般来说，胶接强度是随固化时间的增加而提高的，但有一极限值。如果固化时间不够，强度必然会低，每种胶粘剂在一定条件下都有特定的固化时间。固化时间与固化温度有密切关系，升高温度可以缩短固化时间，在一定范围内二者是互相依赖的：温度高，需要的固化时间短，反之则需要的固化时间长。

为了获得良好的胶接性能，对每一种胶粘剂都应由实验确定一组最佳工艺条件（温度和时间），低于这个条件，由于固化不完全，会严重降低胶接性能；在一定范围内提高固化温度或延长固化时间对胶接性能影响不大，但是，固化温度过高和固化时间过长，相当于对胶层进行热老化，也会降低胶接性能。

各种胶粘剂的固化机理和具体固化工艺条件需参考胶粘剂的使用说明书。

在胶接结构制作过程中，常常有定位和夹紧的要求，这时应考虑采用夹具，特别是胶缝需要加压固化的情况下，夹具对于胶接件的装配往往是必不可少的。为了保证胶接制品的结构工艺性，便于加工、装配和固化，夹具设计应与产品结构设计同步考虑。

5　复合连接技术——点焊胶接

铆接、点焊、螺钉联接等连接方式是点连接，应力集中大，疲劳强度低，没有密封作用，但是人们对这些连接技术有丰富的应用经验，同时也有较大的质量可靠性。如果把这些连接技术和胶接结合起来使用，就可以取长补短，得到理想的连接形式。比如在大面积胶接的部件上，为了防止弯曲剥离应力集中造成破坏，可以用螺栓来加强，这时为了减少螺孔造成的应力集中，可在螺栓下胶接一个垫片。另外，在螺栓和螺孔的间隙中填充胶粘剂可以防止螺栓松动并起密封作用，大大提高螺栓联接的耐疲劳性能。

目前，电阻点焊技术和胶接技术已广泛应用于许多构件的连接。点焊结构具有重量轻、强度高、性能稳定的优点，但点焊接头受载时在焊点处存在较大的应力集中，点焊搭接接头中存在附加力矩，搭接区内表面上还存在腐蚀问题，这些不利因素导致点焊结构疲劳性能很差，限制了点焊技术在航空、航天等工业领域的应用。相反，胶接接头具有优良的耐疲劳性能，但其静强度特别是剥离强度差，耐热性不好，胶层的老化和脆化还会使接头性能进一步下降。为了改善点焊结构的耐疲劳性能和提高胶接接头的可靠性，于是就出现了将电阻点焊和胶接技术复合起来的新工艺——点焊胶接，也称为胶焊。

5.1　胶焊技术的特点

点焊、胶接、胶焊技术三者的优缺点如表3.10-4所示。胶焊接头中由于存在焊点，弥补了胶接接头高温性能差、持久强度低、胶层老化、性能分散性大等缺点，而接头中的胶粘剂使焊点附近应力集中减小，接头强度提高，尤其是疲劳性能得到很大改善，胶层还阻止了腐蚀介质和焊点区域的接触，腐蚀速率显著降低，消除了点焊搭接区的腐蚀问题，胶接接头还能提高接头的噪音阻尼特性，使胶焊结构具有优良的声学性能。这样，胶焊接头不仅具有点焊接头重量轻、静强度高（静剪切强度可达铆接接头的3倍以上，点焊接头的2倍以上）、可靠性好的优点，又具有胶接接头良好的疲劳特性和密封性，力学性能十分优良（冲击强度比点焊和铆接高1～3倍，疲劳强度更高，一般为点焊和铆接的3～5倍）。同铆接相比，胶焊结构重量轻，接头外形光滑，能提高飞行器外形的平滑性和气密性，改善气动力性能。这一优点对于航空、航天工业具有重要意义。

表3.10-4　点焊、胶接、胶焊特点的比较

	点　焊	胶　接	胶　焊
优点	易于实现机械化、自动化 接头强度高，性能稳定 成本低，经济性好 接头有良好的导电性 接头持久性能优良	应力分布均匀，无变形 水密、气密性好 防震性能好 可实现异种材料的连接 疲劳性能好 被粘材料性能不变 电热绝缘性能好 结构重量轻	静载强度、抗剥离能力高 同点焊相比： 应力分布均匀，耐疲劳性能好，具有密封性 同胶接相比： 具有较好的持久性能，工具简单，不需复杂的定位及固化夹具
缺点	存在应力集中，疲劳强度差 搭接区内表面存在腐蚀现象 焊接热使被焊件性能改变 需进行变形矫正 被焊件厚度大时焊点强度低 抗震性差 无密封性 不适于异种材料的连接	耐热性能差 胶层老化，持久性能差，抗冲击。抗剥离强度低，性能不稳定，导电、导热性差 工序复杂 一般需夹具、支撑和专用设备，受设备尺寸限制，难用于大型构件的连接	成本高，需对金属表面进行处理 胶粘剂可能污染电极（先涂胶后点焊方式下），挥发物污染工作环境

5.2 胶焊工艺形式

胶焊有如下两种实施工艺：

1）透胶胶焊（先涂胶后点焊） 这种工艺对胶粘剂的要求不高，一般的非加压固化的糊状胶粘剂即可适用。但是，这种工艺要求涂胶后不产生流胶和在点焊时能排开胶粘剂，尽可能保证焊核无夹杂物。试验结果表明，胶粘剂处于黏流态或糊状均可进行透胶胶焊。这种方法简单可靠，适用于各种形状和搭接面积较大的接头，缺点是焊点附近的胶粘剂会被焊接热破坏，胶层的电绝缘性对点焊工艺有不利影响，需要采用导电胶粘剂。

2）毛细作用胶焊（先点焊后注胶） 这种工艺先按通常的点焊工艺进行点焊，然后用注胶器将低黏度胶粘剂注入搭接区边缘，使胶粘剂通过毛细作用进入搭接缝中。

胶粘剂渗入胶缝的能力取决于表面张力，只有当胶粘剂与被连接件表面良好润湿时，才有足够的毛细作用力使胶粘剂渗透到足够的深度。该工艺要求胶粘剂黏度低，以保证充分填满搭接间隙。这种工艺能保证快速而可靠的点焊，但胶粘剂价格相对昂贵，由于注胶不完全，接头中可能存在气孔。受注胶量和毛细作用的限制，毛细作用胶焊不适合于大曲面搭接件，也不适于搭接长度过大的部件。

在毛细作用胶焊中，焊点附近的胶粘剂不会被焊接热所破坏，这是该工艺的一大优点，但由于制造困难，仅限于某些特殊场合使用。

6 胶接接头质量检验及接头的耐久性

6.1 胶接接头的质量检验

胶接接头的质量检验包括破坏性检验和非破坏性检验（或称无损检验）两类方法，胶接接头破坏性检验的主要内容是力学性能的测试，如剪切、均匀扯离、剥离、持久以及疲劳强度试验，这些试验主要是针对胶粘剂性能测试的，并有相应的国内和国际标准（胶粘剂力学性能试验常用国内标准见表3.10-5），试验结果及方法可供实际生产中参考。这里主要对胶接接头的无损检测方法作一些简要介绍。

表3.10-5 胶粘剂力学性能试验常用标准

序号	标准号	标准名称
1	GB/T 6328—1986	胶粘剂剪切冲击强度和拉伸强度试验方法
2	GB/T 6329—1996	胶粘剂对接接头拉伸强度的测定
3	GB/T 7122—1996	高强度胶粘剂剥离强度的测定，浮辊法
4	GB/T 7749—1987	胶粘剂劈裂强度试验方法（金属对金属）
5	GB/T 7124—1986	胶粘剂拉伸剪切强度测定方法（金属对金属）
6	GB/T 7750—1987	胶粘剂拉伸剪切蠕变性能试验方法（金属对金属）
7	GB/T 11177—1989	无机胶粘剂套接压缩剪切强度试验方法
8	GB/T 14903—1994	无机胶粘剂套接扭转剪切强度试验方法
9	GJB 94—1986	胶粘剂不均匀扯离强度试验方法（金属对金属）

随着各种新型材料和新型胶粘剂的出现，胶接技术越来越广泛地应用于国防、航空、航天、汽车等领域。尽管人们在胶接工艺和胶接质量方面投入了大量的人力物力，但胶接接头仍然是力学完整性中最薄弱的环节，由于胶接理论远远落后于生产实际，随着胶接结构越来越广泛地使用在重要结构上，以及被连接结构的复杂性越来越高，对胶接结构进行无损检测的要求也越来越高。所以，胶接接头的无损检测有着非常重要的意义。

1）胶接接头中的缺陷 通常胶接接头中可能存在三类基本缺陷：①粘附强度低（poor adhesion），即胶粘剂与被胶接件结合不好；②内聚强度（即胶层强度）不足（poor cohesive strength）；③孔洞（complete voids），脱粘（disbonds），疏松（porosity）等。

粘附强度低的主要原因是表面准备不好，与表面可能存在的污染有关。由于粘附只是很薄一层材料（$< 10\ \mu m$）上的界面现象，所以很难对粘附强度进行无损检测。因此，生产上往往通过保证胶接前被胶接件表面的质量来间接控制粘附质量。内聚强度不足主要是因为调胶时混料不充分，配方设计不正确，以及胶粘剂固化不足。与粘附强度不同，目前已有很多无损检测方法可以在合理的精度范围内估计胶接接头的内聚强度。孔洞、脱粘和疏松是无损检测中最常见的缺陷形式，大多数胶接结构的无损检测方法是针对这类缺陷的，脱粘和孔洞的检测一般已不存在什么问题。疏松是因为卷入空气或胶层中的挥发气体不能溢出而形成的，胶层中大都不同程度地存在疏松。裂纹（cracks）是由于固化工艺不正确（热收缩）或外加应力造成的。孔洞的形成原因是因为“欠胶”或施胶时卷入了气体，胶粘剂挥发出的气体不可能形成大的孔洞，除非胶粘剂本身有严重问题。未粘合（surface unbonds）是孔洞的另一种形式，如果因胶厚不均而引起欠胶，以及胶接前胶粘剂已有一定程度的固化都有可能导致这种缺陷。如果被胶接件表面有污染，如油污，则会导致脱粘或贴紧型未粘合（zero - volume unbonds）。脱粘处的两表面非常接近，甚至有可能紧贴，但不能传递载荷。机械冲击、胶层以及胶层与被胶接件之间界面层的退化也有可能导致脱粘。

2）胶接前的检测 胶接接头的无损检测可分为胶接前的检测和胶接后的检测，胶接前被胶接表面一般都要经过预处理。良好的表面状况对形成牢固的胶接接头至关重要。表面准备不好是粘附强度低的主要原因，这与表面存在的污染有关。由于粘附只是很薄一层材料（$< 10\ \mu m$）上的界面现象，所以很难对粘附强度进行无损检测。生产上往往通过保证胶接前被胶接表面的质量来间接控制粘附质量。因此，胶接前的检测主要就是对被胶接件表面状况的检测，过量的水蒸气、碳水化合物、以及其他污染都会降低接头强度。一个简单的检测方法是测量表面的可润湿性，这种方法实际上是对接触角的一种主观测量方法。由于清洁表面很容易被润湿，水滴在清洁的表面上可以铺展得很开，这样就可以通过测量水滴的铺展程度来确定被胶接表面的清洁程度：把一滴给定体积的水滴滴在被胶接表面，然后把一个划有细密网格的透明量规置于水滴上方，读出水滴铺展的面积，以此作为表面状况的间接度量。这种方法尽管简单，却可以定量，也行之有效。高灵敏度的方法可以使用Fokker污染检测仪，它采用振荡探针（oscillating probe）来测量被胶接件表面的电子发射能，甚至灵敏到可以检测碱洗后的残留物的程度。然而，这些方法并不是在各方面都令人满意，目前还没有哪一种NDT方法能够满意地测量粘附强度，保证获得最佳粘接表面的最好方法是仔细控制制作过程的各个环节。

3）胶接后的检测 胶接后的检测方法很多，有常规超声法（conventional ultrasonic techniques）、斜入射超声法（oblique incidence ultrasonics）、兰姆波法（lamb waves）、频谱分析法（spectroscopic methods）、声振动法（sonic vibrations）、声发射（acoustic emission）、声 - 超声方法（acousto - ultrasonics techniques）以及热象法、射线法、光全息等。按照大多数学者的看法，超声法和振动法可能是检测胶接接头的最有前途的方法。所有这些方法中，常规超声是使用最广的无损检测方法。同垂直入射相比，斜入射超声对弱界面更灵敏，因为反射与入射在时间和空间上分离，所以主要用于回波靠得太近、在垂直入射时时间上难以分离的情况；超声频谱法在七十年代被认为是很有潜力的无损检测方法，它的优点是它能够分辨信号在时域范围内难以分辨的频率依赖性特点，进一步讲频谱法是采用各种信号增强技术以提高探测材料不连续性的分辨能力的，这些信号处理方法包括滤波、卷积和相关变换等。在检测胶接接头固化程度、水的侵入、蜂窝薄壳等方面，超声频谱分析比常规超声更有优势，但在大多数情况下，常规超声一样有效；兰姆波是沿板形结构传播的波，它能够沿空气/被胶接件/胶层/被胶接件/空气组成的分层结构中传播，它的速度和波长对胶层的力学性能以及胶层与被胶接件间的界面状况很敏感，由于兰姆波的复杂性，特别是对于兰姆波在不连续体上反射机理上尚未有一致的认识，限制了兰姆波在实际生产中的应用；声振动法采用 1～30 kHz 频率的振动测量构件的局部刚度，它可检测出的最小尺寸比超声法大，但可通过进一步分析提高灵敏度和可靠性；声发射可在接头断裂前检测出接头失效，但接头必须加载到断裂载荷的50%左右，这种方法本质上不是无损检测方法。声－超声方法（简称 AU 方法，也称应力波因子法）是超声方法的推广，这种方法主要用于评价缺陷状态、热退化以及亚临界缺陷的数量的综合影响。

现有的大多数无损检测方法是针对孔洞、裂纹、疏松以及缺胶等缺陷的无损检测的，目前对于胶接接头粘附性能和内聚性能的无损检测仍然没有稳定可靠的方法。

4）接头强度的无损评价　任何形式的无损检测方法的目的都是要把接头强度同各种物理、化学以及其他可以无损地测量的参数对应起来。也可以说，胶接接头无损检测的最终目的是要得到接头的强度，也即对接头强度进行无损评价，而胶接接头的强度受很多因素的影响，如加载方式、胶接界面特性、胶层特性等。强度是一个动态参数，要用无损检测的手段去估计、预测，只能通过间接方式找出某些特性参数，用这一参数的变化来反映强度的变化，众多的研究者对各种与强度相关的参数进行了探索，但效果甚微。接头的平均强度与材料的某些特性如弹性模量、厚度等有一定关系，但实际很难把无损检测数据与接头强度直接联系起来，因为胶接强度并不是材料的物理性质而是一个结构参数，事实上它是一个特定结构上最弱点所能承受的最大应力的指示。一般并不存在一种无损检测方法，可以系统地检测整个结构，找出所有的弱结合，并决定哪一点最弱。另外，胶接接头对界面特性非常敏感，而相关的界面特性目前又不能无损检出。

早在20世纪70年代初期，胶接接头强度的无损检测就引起的人们足够的重视，当时的一些项目，如美国空军的"航空结构完整性研究计划（ASIP）"就正式提出了在航空结构的设计—使用周期内考虑结构断裂容限的必要性。由于对这一问题的重视，在先进研究项目管理局（ARPA）和空军材料实验室（AFML）的联合支持下，又推出了"定量无损评价跨学科研究计划（IPQNDE）"。这一计划的主要目的就是开发对缺陷和其它与失效相关的性能定征的定量方法。众多的评价胶接强度的方法中，大多数方法是评价简单胶接接头（胶粘剂中不含编织物载体、填料等）内聚强度，即胶层强度的，有些方法给出了令人感兴趣的结果，但是数据的分散性都较大；粘附强度，即界面强度的检测更加困难，因为界面只是很薄的一层，只有当超声振动模式在接头中产生的应力集中在界面附近时才能得到最好的效果。实际上，粘附强度的无损检测更有意义，因为在服役过程中胶接接头的界面退化比胶层退化更快，接头的失效往往发生在界面。由于各种方法所得结果的分散性大，说明各种参数与强度的相关性较差。

尽管人们进行了大量的研究，目前对于胶接接头粘附性能和内聚性能的无损检测仍然没有稳定可靠的方法。多年来，这一问题引起了人们广泛的兴趣，超声方法通常被认为是最有潜力的方法，大部分的研究工作都集中在这一领域，并取得了一些有意义的成果，但是这些方法大都对检测条件有严格限制，还没有哪一种能够应用于工业实际。相对而言，在监控胶层内聚性能方面取得了较大的进展，但是弱界面的检测要困难得多，这已成为胶接结构无损检测与评价领域中的一个主要的挑战性问题。

6.2 胶接接头的耐久性

胶接接头在服役及存放过程中，由于受热、水、光、氧及其他腐蚀介质的作用，会发生性能退化，使胶层强度和界面强度都下降，经常是界面强度下降更多，远远低于胶层强度，成为决定整个接头强度的主要因素。如果继续服役，极易在界面处突然失效。当接头工作于潮湿、腐蚀介质等环境中更是如此。退化试验表明，胶接接头的退化要比组成接头的胶粘剂和被胶接材料本身的退化问题复杂得多。

胶接接头在各种实际使用环境中的耐久性包括长期耐水性、耐候性、热稳定性、疲劳强度和持久强度等，是胶接应用技术极其重要的参数。研究表明：在各种使用环境中，水和潮湿环境是影响胶接接头长期耐久性最常见、也是最有害的因素。

在相同的制作工艺条件下完成的一批胶接接头，其拉伸强度基本一致，分散性可控制在10%以内，发生环境退化时，在温度、湿度、盐雾以及应力等的综合作用下，不同接头的断裂时间可能完全不同，寿命差别很大。亦即，在特定退化环境下，残余强度、残余寿命与接头的初始强度可能无关，目前还没有有效的方法来预测其寿命。

（1）影响接头耐久性的因素

影响胶接接头耐久性的因素很多，主要因素如下。

1）环境　不良环境会影响接头的耐久性，其中，水分是最有害也是最重要的因素，主要理由如下：一是水的来源丰富，二是使胶粘剂产生粘性的极性基团本身是吸水的。

2）胶粘剂类型　酚醛类胶粘剂的耐久性要比环氧类胶粘剂好，酚醛类胶粘剂富含 OH 基，润湿性好，强度高，而环氧类胶粘剂中的 OH 基相当少，酚醛类胶粘剂对氧化铝的胶接也非常牢固。因为环氧类胶粘剂固化温度低，胶接压力小，成本低廉，所以对环氧类胶粘剂的研究投入了大量的人力物力。

3）被胶接件　金属被胶接件是影响耐久性的最主要的问题，玻璃、塑料、碳纤维等对水要不敏感得多，特别是一些金属（如 Al 和 Ti）易产生水解氧化物，水对氧化物基体的侵蚀直接降低接头的耐久性。

4）表面预处理　表面预处理是获得耐久接头的重要因素，金属表面预处理的作用在于除去表面陈旧的和结合力不强的氧化层、污染物，而且有控制地沉积一层均匀的特种氧化物，经过处理的表面有较高的表面能，可获得强度较高的胶接接头。常用的表面预处理方法有清洗、打磨、化学浸蚀等。铝合金通常采用酸洗或酸洗串连阳极氧化处理。酸洗和阳极氧化处理都不能显著改变铝合金表面的化学性质，但却极其深刻地改变了材料表面的物理性质，造就了具有明显特征的疏松深井状氧化层形貌，借助其深井状疏松结构，大量吸附流动性好而能渗透进井孔的聚合物树脂，在相当大的实际表面上，建立起化学吸附和范德华性质的物理吸附，获得界面粘附的优异力学性质。所以，在被胶接表面形成稳定的氧化物是非常必要的。为了获得良好而持久牢固的界面粘附，以下三个条件至关重要：①必须创造尽可能大的吸附作用表面积；②必须使吸附反应双方的分子以至原子尽可能地接近，造成尽可能大的微观尺度上的浸润，或深层浸润；③界面粘附各方的化学结构和物理结构必须稳定，在界面结构和界面区域内更应如此。酸洗，特别是酸洗阳极氧化的目的是为了满足第①，②个条件，底胶或偶联剂的发展以及新型界面处理材料的出现，是为了满足第②个和第③个条件的要求。研究表明，涂布底胶有助于提高耐久性。

5）温度　随着温度的提高，接头强度的损失也增大，升高温度还加速接头的退化。

6）外加应力　在潮湿环境下，蠕变也是退化的主要因素，如果外加载荷较高，蠕变速率就较快，短期内就会导致失效。如果外加载荷较低，也会产生蠕变，尽管不会失效，但蠕变开放胶层中的微裂纹，使水更容易侵入胶层和界面，从而加速界面退化，导致界面强度下降，使界面更容易脱胶，随后发生胶层与被胶接件剥离乃至失效。

7）接头形式　在界面以及近界面处的应力集中更容易揭示接头的耐久性效果，不同形式的接头在承受外加载荷时应力状态是不一样的，例如：在同样加载的情况下，剥离试验比剪切拉伸试验的应力条件更为严酷。

(2) 水对胶接接头的弱化作用

水进入胶接接头有四种机制：①通过胶层扩散；②沿界面渗入；③胶层裂纹的毛细作用；④如果被胶接件可渗透，水还会通过被胶接件扩散进入接头。

水弱化接头的方式为：①以可逆的方式改变胶层性能，如塑化；②以不可逆的方式改变胶层性能，如胶层水解、开裂；③腐蚀界面，如置换胶粘剂极性基团，与金属或金属氧化物水合等。

未退化的接头的失效部位常常伴有内聚失效，界面粘附力仍然很高，受到环境腐蚀后，失效通常发生在界面或近界面处，但是人们对界面反应，特别是胶层与金属表面的界面反应的了解还很少。界面反应也是退化处理后的一种断裂机制，一般认为，聚合物与金属表面间（即界面区）的胶接强度是很高的，但它在水的作用下难以保持稳定。至于失效路径是在界面、氧化物中、弱边界层、还是在底胶中，现在还有争议，确切的失效路径可能与试验用的接头有关。

水对界面的影响比对胶层的影响大，水对界面的弱化作用分离了胶层与基体表面，可以通过对界面区域进行改性来提高耐久性。接头边缘往往承受最大应力，边缘处的缺陷会严重影响接头性能，由于胶瘤（spew fillet）的存在加长了水进入接头的扩散路径，减小了界面应力，从而降低了水分进入接头的扩散速度，对提高接头的耐久性是有益的。

前已述及，如果长期浸泡在水中或暴露于潮湿环境中，胶接接头的强度会因为退化而降低。但强度降低的幅度取决于胶粘剂的种类、被胶接材料的类型、胶接工艺等。强度下降的机理是极不相同的：在大多数情况下，吸湿或干燥时应力增加起决定性的作用；许多胶粘剂会受到水解破坏，而有些胶粘剂会被水溶解。如果胶粘剂是处于高弹性状态，粘附键的破坏具有可逆的特点，在干燥之后强度能够恢复。

不同的表面处理方法对耐久性有很大的影响，例如，用酸蚀和脱脂方法进行表面预处理的 Al 合金胶接接头的强度随接头含水量的增加而下降，当接头表面采用阳极氧化处理时，在吸湿的初期，随含水量的增加，接头强度甚至还有一定程度的提高。这是因为前者的氧化层具有水解不稳定性的缘故。在这种情况下，同氧化层水解所造成的接头弱化相比，因水造成的胶层塑化和移位而产生的弱化作用已不重要。而经阳极氧化处理过的表面在水的侵蚀下相对稳定，水使胶层产生塑化的同时松弛了接头固化时产生的收缩应力，所以强度有一定程度的提高。

水质对金属胶接接头的耐久性也有很大影响，水的酸碱度和盐分可能导致金属基体产生腐蚀，如在碱度偏高的水中，铝合金胶接接头的金属部分会很快发生溃疡性腐蚀，并迅速扩展至胶层底下，由边缘向胶层中心发展。腐蚀的产生破坏了界面粘附条件，使接头强度迅速降低。不同的胶粘剂在酸性或碱性介质中的稳定性也是不同的，胶接接头在有机溶剂中的耐久性很好。

胶接接头在湿热环境中的耐久性往往比单纯的水浸泡更接近于热带潮湿炎热气候下胶接接头的使用寿命，在这种环境中除了水分的影响还存在氧的作用，高温高湿的综合作用对胶接接头十分有害，在湿热环境中接头退化得更快。

(3) 提高胶接接头耐久性的途径

如前文所述，影响胶接接头耐久性的环境因素很多，在实际应用中，可以根据具体的服役环境采取一些针对性的措施，以减小环境因素的影响。提高胶接接头耐久性的一般性原则如下：

1）选用耐久性好的胶粘剂，包括正确选择有助于提高耐久性的各种添加助剂，如固化剂、稳定剂、改性剂等。

2）使用偶联剂、密封剂和底胶　使用偶联剂可提高界面键能，使界面不易被水破坏，从而提高接头的耐水性和耐气候性，各种偶联剂的适用性应根据偶联剂的化学结构和胶粘剂的结构慎重选择。

采用密封剂对胶接接头作表面保护是提高耐水性的最简单的方法，而且相当有效。

底胶可以提高胶粘剂与被胶接材料间的粘附力，缓冲胶粘剂与被胶接材料间膨胀系数的差异，因而在改善接头的疲劳性能上也有很好的效果。

3）改进表面处理技术　改进表面处理技术是提高接头耐久性的非常重要的途径，不同的表面处理方法对耐久性的影响非常明显。

编写：郑祥明（湖北汽车工业学院）

第 11 章　其他焊接方法

1　气焊

气焊是金属熔接应用最早最广泛焊接方法之一，是由氧气及燃气按一定比例混合燃烧来提供热源。

目前在电弧焊、CO_2 气体保护焊、等离子焊接、激光焊接等先进的焊接方法迅速发展和广泛应用情况下，由于气焊加热速度慢及生产效率低，热影响区较大，且容易引起较大的变形的缺点，气焊应用范围越来越小。

目前气焊主要应用于建筑、安装、维修及野外施工等条件下的黑色金属焊接。有部分企业在生产铜、铝等有色金属制品时，应用气焊在生产成本及操作灵活性等方面仍有其独特的优势。

1.1　气焊用气体及装备

1.1.1　气体及钢瓶

1）气焊所用气体是由氧气加乙炔或丙烷、丙烯、氢气、炼焦煤气、汽油及装有填加剂的新型工业燃气混合而成，但在气焊效率及效果上其他燃气均不如氧乙炔气焊，本节主要介绍氧乙炔焊接。

2）工业用氧气瓶是储存及远输高压气态氧的一种高压容器，它是由优质碳素钢或低合金钢冲压而成的圆柱形无缝容器，头部装有瓶阀并配有瓶帽，瓶体上装有二道防振橡胶圈。氧气钢瓶外表为天蓝色，并用黑漆标以“氧气”字样。

现用氧气钢瓶的主要技术参数如表 3.11-1 所示。

表 3.11-1　氧气钢瓶主要技术参数

高度/mm	外径/mm	重量/kg	容积/L	工作压力/MPa	水压试验压力/MPa	名义装气量/m^3	瓶阀型号
1 150 ± 20		45 ± 2	33			5	
1 370 ± 20	ϕ219	55 ± 2	40	15	22.5	6	QF－2 铜阀
1 490 ± 20		57 ± 2	44			6.5	

3）乙炔钢瓶是储存及运输乙炔的一种压力容器，其形状和构造如图 3.11-1 所示。瓶口安装专用的乙炔气阀，乙炔瓶内充满浸渍了丙酮里。乙炔钢瓶外表是白色，并用红漆标以“乙炔”字样，其主要技术参数如表 3.11-2 所示。

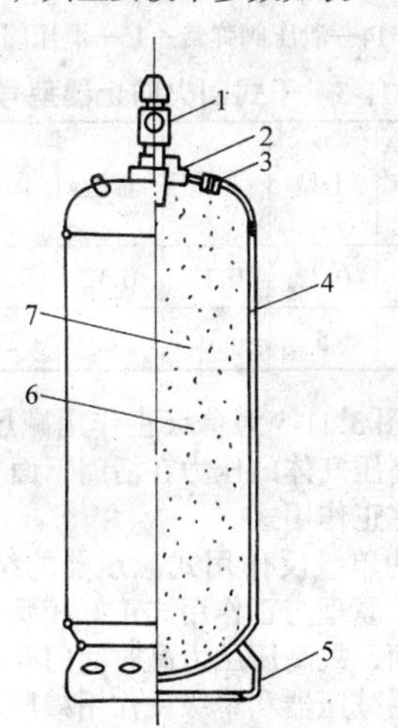

图 3.11-1　乙炔钢瓶

1—瓶阀；2—瓶颈；3—可溶安全塞；4—瓶体；5—瓶座；6—溶剂；7—多孔物质

表 3.11-2　乙炔瓶主要技术参数

容积/L	外径/mm	高度/mm	重量/kg	工作压力/MPa	充装量/kg
41.0	260	1 050	~60	1.55	6.3 ~ 7.0

1.2　焊炬、焊嘴及回火防止器

1.2.1　焊炬

氧气和乙炔通过焊炬的混合室按一定比例混合后由焊嘴喷出，我国目前按燃气和氧气的混合方式的不同，分为射吸式和等压式两种焊炬。

（1）射吸式焊炬

氧气通过喷嘴以高速进入射吸管，将低压乙炔吸入射吸管。氧气与乙炔以一定的比例在混合室内混合后从焊嘴喷出，点燃混合气体成为所需要的焊接火焰。乙炔压力较低时，由于氧气高速射入吸管而产生的负压，也能保证正常工作（一般乙炔压力大于 0.001 MPa 即可），其结构见图 3.11-2。射吸式焊炬主要技术参数见表 3.11-3。

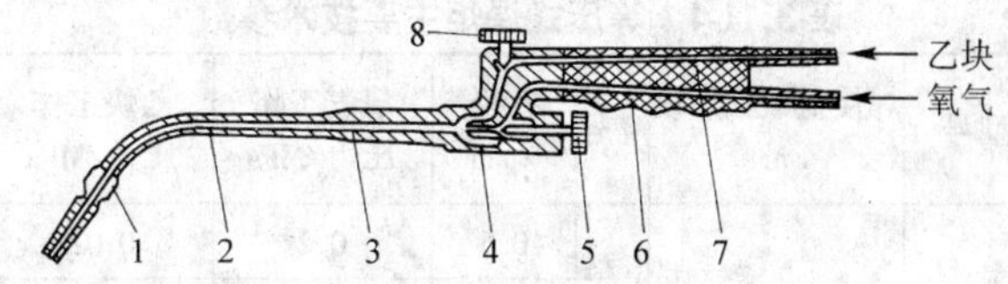

图 3.11-2　射吸式焊炬

1—焊嘴；2—混合室；3—射吸管；4—喷嘴；5—氧气阀；6—氧气导管；7—乙炔导管；8—乙炔阀

（2）等压式焊炬

氧气和乙炔各自以一定压力和流量进入混合室混合后由焊嘴喷出，点燃后形成气焊火焰。等压式焊炬较射式焊炬结构简单，只要进入焊炬的气体压力不变，就可保证气焊火焰的稳定。等压式焊炬的乙炔压力较高，所以产生回火的概率比射吸式焊炬低。等压式焊炬主要其结构见图 3.11-3，技术参数见表 3.11-4。

国产焊炬主要以乙炔燃气为主。近几年新型工业燃气的发展，现在国内部分企业也生产新型燃气焊炬、焊嘴，新型燃气焊炬和乙炔焊炬外形上是一样的，内部结构略有区别，主要是射吸喷嘴孔径加大。新型燃气焊嘴和乙炔焊嘴结构区别较大，乙炔焊嘴为单孔道，新型燃气三孔道，为提高火焰稳定性，割嘴嘴芯要有内缩。由于新型燃气与乙炔气相比火焰温度低，燃烧速度慢、耗氧量大，气焊效果不如乙炔。目前主要应用于铜、铝等有色金属气焊、薄板（2 mm 以下）碳钢的气焊及钢板的加热校型及表面淬火等。

（3）回火防止器

回火防止器是装在燃气系统上的一种安全装置，当燃气系统发生回火时，防止火焰或燃烧气体进入燃气管路或燃气源逆燃引起爆炸事故的一种安全装置。在使用乙炔的气体的管路场合，必须装置回火防止器，且应设在乙炔源与焊炬之间部位。

回火防止器通常按以下特征分类。

1）按工作压力分为低压 ≤ 0.01 MPa 和中压 0.01 ~ 0.15 MPa。

2）按乙炔流量分为岗位式（流量 3 m^3/h）和管道式（流量 > 4 m^3/h）。

3）按阻火介质分为干式和湿式。

湿式：是用水作阻火介质，湿式由于要经常加水及在冬天使用时，每次工作完毕，要把水全部排出并冲洗，目前应用较少。

干式：是用微孔金属或微孔陶瓷做防护介质，是目前应用最广的回火防止器。

表 3.11-3　射吸式焊炬主要技术参数

焊炬型号	H01-2	H01-6					H01-12					H01-20					H02-1		
焊嘴号码	1~5	1	2	3	4	5	1	2	3	4	5	1	2	3	4	5	1	2	3
焊嘴孔径/mm	0.5~0.9	0.9	1.0	1.1	1.2	1.3	1.4	1.6	1.8	2.0	2.2	2.4	2.6	2.8	3.0	3.2	0.5	0.7	0.9
焊接低碳钢厚度/mm	0.5~2	1~2	2~3	3~4	4~5	5~6	6~7	7~8	8~9	9~10	10~12	10~12	12~14	14~16	16~18	18~20	0.2~0.4	0.4~0.7	0.7~1.0
氧气压力/MPa	0.1~0.25	0.2	0.25	0.3	0.35	0.4	0.4	0.45	0.5	0.6	0.7	0.6	0.65	0.7	0.75	0.81	0.1	0.15	0.2
乙炔压力/MPa	0.001~0.12	0.001~0.12					0.001~0.12					0.001~0.12					0.001~0.12		

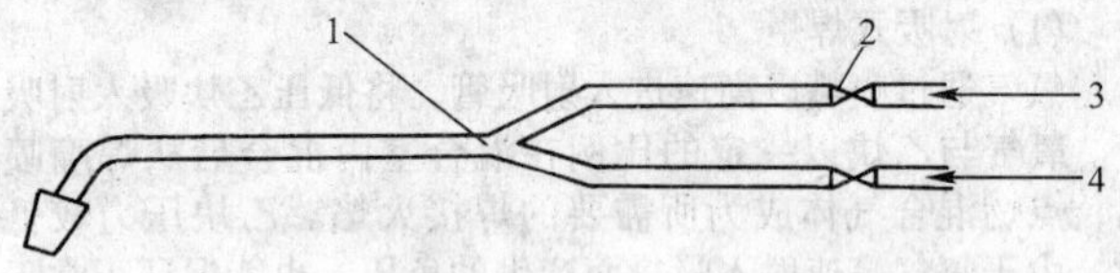

图 3.11-3　等压式焊炬结构

1—混合室；2—调节阀；3—氧气导管；4—乙炔导管

表 3.11-4　等压式焊炬主要技术参数

型号	焊接低碳钢厚度/mm	嘴号	孔径/mm	氧气工作压力/MPa	乙炔工作压力/MPa
H02-12	0.5~12	1	0.6	0.2	0.02
		2	1.0	0.25	0.03
		3	1.4	0.3	0.04
		4	1.8	0.35	0.05
		5	2.2	0.4	0.06
H02-20	0.5~20	1	0.6	0.2	0.02
		2	1.0	0.25	0.03
		3	1.4	0.3	0.04
		4	1.8	0.35	0.05
		5	2.2	0.4	0.06
		6	2.6	0.5	0.07
		7	3.0	0.6	0.08

（4）干式回火防止器的工作原理及结构

正常工作时，乙炔从进气管，经过滤网滤去杂质后，通过逆止阀，止火管周围空隙，由出气接头流出供焊炬使用。

当发生回火时，燃烧气体产生的高气压顶开泄压阀泄压，具有微孔的阻火管使火焰扩散速度迅速趋于零，高气压同时经阻火管作用于逆止阀，切断气源，从而阻止了回火的继续扩展。该类回火防止器阻火性能好，结构简单，体积小，重量轻，可在低温下使用。干式回火防止器的结构见图3.11-4，表3.11-5为干式回火防止器的型号及参数。

1.3　减压器

1）减压器的作用是将钢瓶或管路内的高压气体调节成工作时所用的压力，并保持在使用过程中工作压力的稳定。减压器按使用气体的种类可分为氧气减压器及乙炔减压器及新型工业燃气减压器等。

2）减压器按使用位置不同分为钢瓶减压器、管路减压器两种，按工作原理可分为：

① 单级正作用式；

② 单级反作用式；

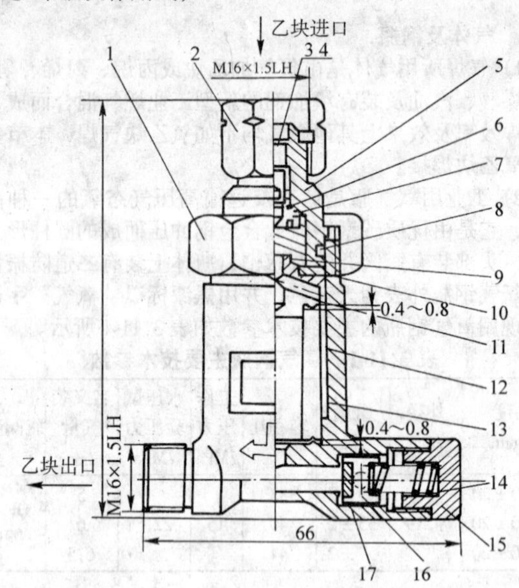

图 3.11-4　干式回火防止器结构

1—防松螺母；2—连接螺母；3—过滤网；4—档圈；5—回火防止阀；6—小O形圈；7—逆止阀；8—大O形圈；9—逆气弹簧；10—弹性垫圈；11—压圈；12—本体；13—止火管；14—泄压阀弹簧；15—泄压阀；16—密封垫圈

表 3.11-5　干式回火防止器型号及参数

技术参数 \ 产品型号	Ⅰ型	Ⅱ型	Ⅲ型	Ⅳ型	Ⅴ型	Ⅵ型
工作压力/MPa	0.12	0.12	0.12	0.12	0.12	0.12
流量/$m^3 \cdot h^{-1}$	5	3	6	20	15	80

③ 双级　图3.11-5为单级正作用减压器的结构及工作原理示意图。高压气体的压力在活门下面，具有帮助开大活门的作用，故称正作用式。

图3.11-6为单级反作用式减压器的结构及工作原理示意图。它的工作原理与正作用式正好相反。高压气体的压力作用在活门上面，故高压压力高时活门开启度反而减小。

单级正作用减压器和单级反作用减压器的使用方法基本相同，相比之下，反作用减压器更容易保证活门气密性，而且瓶内气体也能得到充分的利用，故目前反作用式减压器应用更为普通。

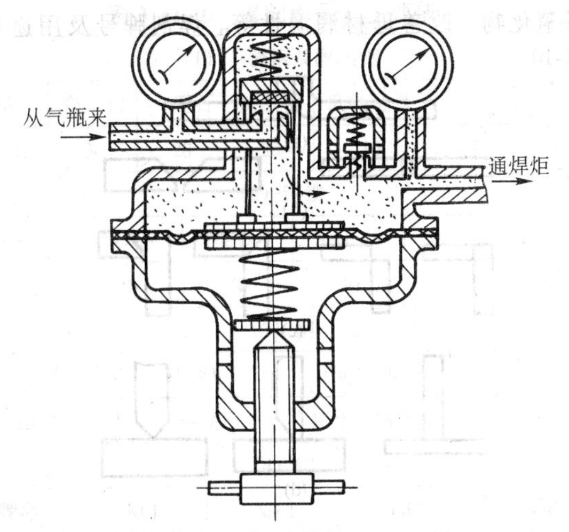

图 3.11-5　单级正作用减压器

双级减压器实际上是由两个单级减压器串联组合在一个装置内构成的，主要应用在压力的平稳性要求较高及气体流量需要量较大的条件下。它有以下的组成方式：

① 第一级为正作用式，第二级为反作用式；

② 第一级为反作用式，第二级为正作用式；

③ 两级都是正作用式；

④ 两级都是反作用式。

单级减压器的优点是：结构简单，使用方便。但输出气体压力的稳定性差，并且当输出气体流量大时，或在冬天容易发生冻结现象。

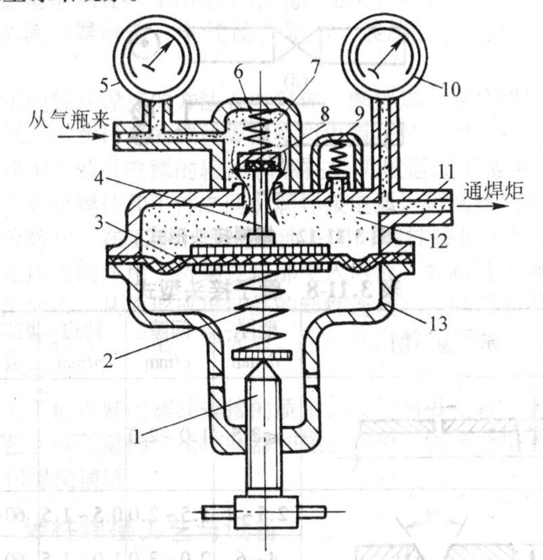

图 3.11-6　单级反作用式减压器的结构及工作原理

1—调节螺栓；2—调节弹簧；3—弹性薄膜；4—活门顶杆；5—高压表；6—副弹簧；7—高压气室；8—减压活门；9—安全阀；10—低压表；11—出气管；12—低压气室；13—本体

1.4　气焊工艺

1.4.1　气焊火焰

乙炔的完全燃烧是按下列方程式进研的；

$$C_2H_2 + 2.5O_2 = 2CO_2 + H_2O + 1\ 302.7\ kJ/mol \quad (3.11\text{-}1)$$

根据上述化学方程式，即 1 个体积的乙炔完全燃烧需要 2.5 个体积的氧。对在焊嘴出口处形成的气焊火焰来说，基本按下式进行；

$$2CO + H_2 + 1.5O_2 = 2CO_2 + H_2O + 852.3\ kJ/mol \quad (3.11\text{-}2)$$

由式（3.11-2）看出，1 个体积的乙炔与由焊炬提供 1 个体积的氧气燃烧的火焰叫做正常焰。但实际上，由于一少部分氢与混合气中的氧燃烧成为水蒸气，以及氧气的不纯缘故，所以由焊炬提供的氧气要多一些，即达到氧气与乙炔的比例为（1.1～1.2）时才能调成正常焰。正常焰是气焊金属最合适的火焰，应用最广。正常焰从肉眼看有轮廓明显的焰心，焰心的端部呈圆形。

当氧气与乙炔的混合比小于 1:1 时，火焰变成碳化焰。碳化焰的焰心轮廓不如正常焰明显。碳化焰具有较强的还原作用，也有一定的渗碳作用。轻微碳化焰适用于气焊高碳钢、高速钢、硬质合金钢、蒙乃尔合金钢、碳化钨和铝青铜等。

当氧气与乙炔的混合比大于 1:2 时，火焰变成氧化焰，焰心呈圆锥体形状。氧气过剩时由于氧化焰强烈，火焰的焰心及外焰都大为缩短。燃烧时带有强烈的噪声，噪声的大小决定于氧气的压力和火焰气体中的混合比，混合气中氧气含量越多，噪声越大。轻微的氧化焰适用于气焊黄铜、锰黄铜、镀锌铁等。三种火焰形状见图 3.11-7。

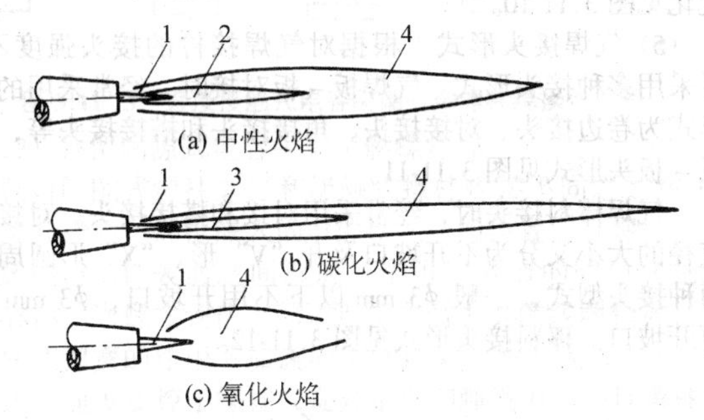

图 3.11-7　三种火焰形状

1—焰心；2、3—内焰；4—外焰

正常氧－乙炔火焰距离内部焰心的火焰温度见表 3.11-6。

表 3.11-6　焰心火焰温度

距离内部焰心/mm	温度/℃
3	3 050～3 150
4	2 850～3 050
11	2 650～2 850
20	2 450～2 650

1.4.2　气焊工艺参数

1）火焰功率　火焰功率是由焊炬型号及焊嘴号大小决定的。实际生产中，要根据工件厚度选择焊炬型号和焊嘴号。

每种型号的焊炬及焊嘴，可以在一定范围内调节火焰大小。焊接纯铜等导热性强的工件时，火焰功率应大些。非平焊位置气焊时，火焰功率应小些。

2）焊接方式　气焊有两种方式，左向焊及右向焊，左向焊适用于焊接薄板，右向焊适用于焊接厚度较大的工件。焊接方式见图 3.11-8。

3）焊丝的选择　焊丝的选择要根据焊接工件的材质及厚度，选择与工件化学成分相同的焊丝及与工件厚度相适应的焊丝直径。焊丝直径选择见表 3.11-7。

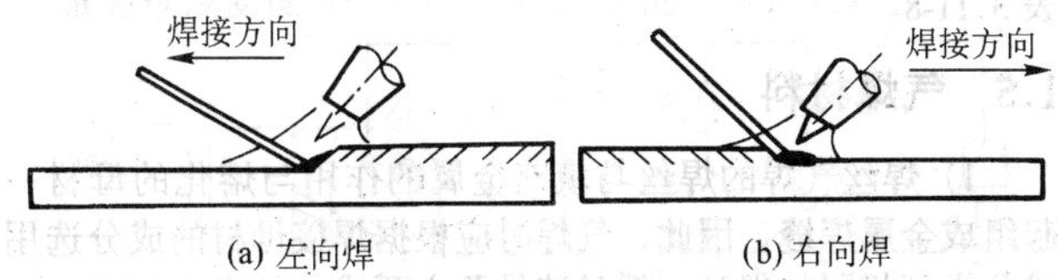

图 3.11-8　焊接方式

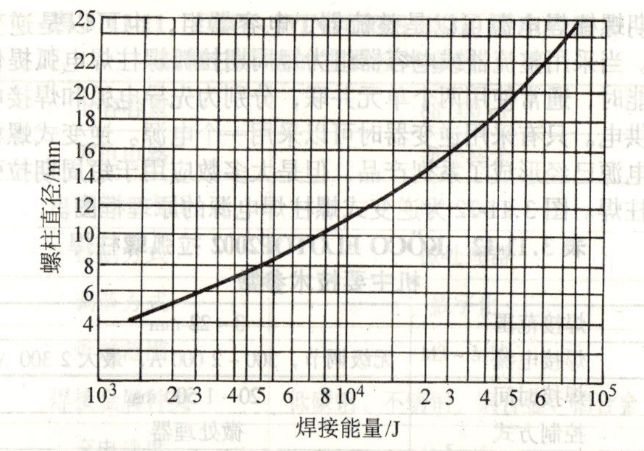

图 3.11-24　陶瓷环拉弧螺柱焊焊接能量与螺柱直径的关系曲线

主要工艺参数如下。

① 极性　当焊接钢材时，螺柱接电源负极，工件接正极。而对于铝合金和黄铜材料的螺柱焊接，实践证明反极性接法可以获得较好的效果。

② 焊接电流　取决于螺柱直径，焊接电流 300～30 000 A。对于铝合金和黄铜的螺柱焊接，焊接电流可以按以下经验公式估算：

$$I=\begin{cases}80\times D & D\leqslant 16\ \text{mm}\\ 90\times D & D>16\ \text{mm}\end{cases}$$

式中，I 的单位为 A；D 的单位为 mm。

对于钢材的螺柱焊接，由于能量的传导损失较小，焊接电流的选择应减小 10%。

③ 电弧电压　陶瓷环保护螺柱焊时，电弧电压可达 30 V，而使用气体保护（如 82%Ar+18%CO_2）时电弧电压要减小 10%，约为 27 V。为了保持电弧产能的恒定，必须选择较高的焊接电流或增加焊接时间。

④ 焊接时间　可以按如下经验公式估算：

$$t_w=\begin{cases}0.02\times D & D\leqslant 12\ \text{mm}\\ 0.04\times D & D>12\ \text{mm}\end{cases}$$

式中，t_w 的单位为 s；D 的单位为 mm。

该公式适于平焊，横焊焊接时间应减小。

⑤ 提升高度　提升高度过大会电弧不稳定，容易产生漂移和电弧偏吹；过小，则容易发生短路断弧。为了保证拉弧后电弧的稳定燃烧，提升高度正比于螺柱直径，在 1.5～7.0 mm 范围变化。

⑥ 浸入尺寸　浸入工件尺寸大约 3～8 mm，正比于螺柱直径。浸入尺寸取决于螺柱下降的速度和压力，在陶瓷环保护螺柱焊时又取决于焊缝加强高的形状和陶瓷环的凸缘面积。

⑦ 浸入速度　直径 12 mm 以下螺柱的浸入速度约为 200 mm/s，而较大直径螺柱为了防止飞溅的产生，浸入速度约为 100 mm/s。

表 3.11-13　不同螺柱直径的提升高度和浸入尺寸

螺柱直径/mm	气体保护拉弧焊（螺柱前端锥形）		陶瓷环保护拉弧焊（螺柱前端平面）		浸入速度/mm·s^{-1}
	提升高度/mm	浸入尺寸/mm	提升高度/mm	浸入尺寸/mm	
6	1.0	3.0	1.5	2.5	~200
8	1.0	3.5	2.0	2.5	
10	1.5	4.0	2.0	2.5	
12	1.5	4.0	2.0	3.0	
14	1.5	4.5	2.5	3.0	~100
16	2.0	5.0	3.0	3.0	
20	2.5	5.5	3.5	4.0	
22	3.0	6.5	4.5	4.0	

（北京永创电气设备有限公司提供）

2.1.3　螺柱焊焊接工艺方法的选择

电容放电尖端引燃螺柱焊和拉弧式螺柱焊特点各异，最佳应用范围也有不同。在具体应用中选择焊接方法的依据是：①被焊工件厚度；②材质；③紧固件的尺寸。

1）直径大于 8 mm 的螺柱一般是受力接头，适合采用陶瓷环或气体保护拉弧焊工艺。虽然陶瓷环或气体保护拉弧焊工艺可以焊接直径 3～25 mm 的螺柱，但是 8 mm 以下的螺柱更适合采用电容放电尖端引燃螺柱焊、电容放电拉弧焊或短周期拉弧焊。

2）对于 w（C）0.18%以内的结构钢、镍铬钢材料的螺柱焊接，可以选用任一工艺。但是对于铝及铝合金、铜及铜合金、涂层薄钢板和异种金属材料的螺柱焊接最好采用电容放电尖端引燃螺柱焊或电容拉弧螺柱焊。

3）不同螺柱焊工艺可达到的工件厚度 δ 和螺柱直径 d 的比例不同，对于板厚 3 mm 以下的工件最好采用电容尖端放电螺柱焊、电容放电拉弧焊或短周期拉弧焊。

表 3.11-14 给出了各种螺柱焊工艺的特点和应用范围，在工艺方法的选择中可以参考。

表 3.11-14　螺柱焊工艺分类和特点

特性参数	电容放电尖端引燃螺柱焊		拉弧式螺柱焊		
	直接接触式	预留间隙式	用陶瓷环/气体保护拉弧螺柱焊	短周期拉弧焊	电容放电拉弧焊
螺柱直径 d/mm	2～8	2～8	3～25 3～16	3～12	2～8
峰值电流/A	10 000	10 000	3 000 2 000	1 500	5 000
焊接时间/ms	1～3	1～3	100～2 000	20～100	3～10
d/δ	8	8	4	8	10
生产率/个·min^{-1}	2～20	2～20	2～20	手动 2～15 自动 40～60	手动 2～15 自动 40～60
熔池保护	无保护	无保护	陶瓷环/气体	无保护或气体保护	无保护
螺柱材料	含碳量 w(C) 在 18% 以内的结构钢、镍铬钢	含碳量 w(C) 在 18% 以内的结构钢、镍铬钢、铜锌合金、铜、铝	含碳量 w(C) 在 18% 以内的结构钢、镍铬钢、铝（$d\leqslant$ 12 mm）	含碳量 w(C) 在 18% 以内的结构钢、镍铬钢、铜锌合金（气体保护）	含碳量 w(C) 在 18% 以内的结构钢、镍铬钢、铜锌合金、铜、铝
最小板厚/mm	0.5	0.5	1	0.6	0.5
工件表面	焊前清理油污	焊前清理油污	不用处理	不用处理	不用处理

2.2　焊接质量检验

螺柱焊接接头质量检验方法主要包括外观检验、X 射线检验和力学性能试验等。

1）陶瓷环或气体保护拉弧螺柱焊和短周期拉弧焊的外观检验主要检验接头封口形状均匀性和焊缝加强高尺寸。这两种工艺容易出现的问题是：①焊接极性不正确；②磁偏吹；③焊接时间或焊接电流选择不当；④浸入速度不合适；⑤保护不当；⑥螺柱提升高度不合适。而电容尖端放电螺柱焊和电容放电拉弧焊熔深极浅，接头是塑性连接，没有重结晶的焊缝。因此外观检查针对飞溅环封口均匀性。

2）对于 X 射线检验，只有在陶瓷环或气体保护拉弧螺柱焊，力传递螺柱，直径 $D>12$ mm，并且不能进行拉伸检验时进行。X 射线检验前，应刚好在焊缝加强高的上方切断螺柱。X 射线检验可以参考相关的国家或国际标准。

3）力学试验有弯曲检验、扭力扳手弯曲检验、拉伸检验等内容，是否需要进行要看使用条件而定。力学性能试验应当在焊接生产前的工艺评定试样上进行，以确定最佳焊接工艺；同时也在生产现场随机抽查进行。弯曲检验包括锤击和套筒弯曲，一般情况下陶瓷环或气体保护拉弧螺柱焊的弯曲角度应达到60°，其他工艺的弯曲角度应达到30°。如果弯曲后焊接处无裂纹，可以认为通过检验。扭力扳手弯曲试验主要应用于陶瓷环或气体保护拉弧螺柱焊和短周期拉弧焊。但是当产品有弯曲应力要求时，对电容尖端引燃螺柱焊结构也应进行扭力扳手弯曲检验。拉伸检验用于陶瓷环或气体保护拉弧螺柱焊和短周期拉弧螺柱焊（力传递结构），若拉伸后破坏发生在螺柱或母材以外，可认为通过检验；拉伸检验也可用于电容尖端引燃螺柱焊或电容放电拉弧焊，但是这是的标准要低得多，只要未焊接面积不超过30%，拉伸破坏允许发生在焊接区。

表3.11-15～表3.11-17为几种焊接方法的缺陷和校正方法。

表3.11-15 陶瓷环或气体保护拉弧螺柱焊的缺陷和校正方法

外观检验			
序号	一般的外形	可能的原因	校正方法
1	焊缝加强高规则、光泽和完整。焊接后螺柱长度在公差内 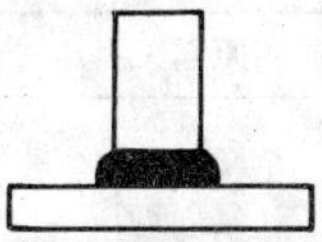	正确的焊接工艺参数	不需要
2	焊缝直径减小 螺柱长度过长 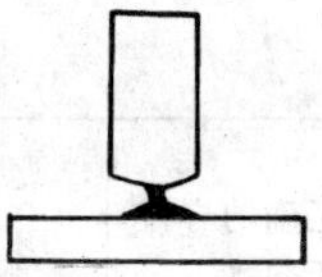	不适合的浸入工件长度或提升高度 焊接工艺参数太高	增加浸入尺寸，校验陶瓷环对中，校验提升高度，减小焊接电流与/或时间
3	焊缝直径减小，不规则和浅灰色的焊缝加强高。螺柱长度过长 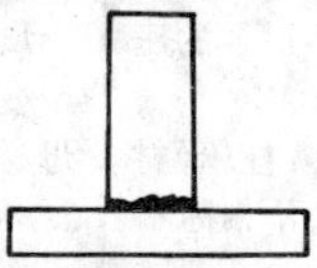	焊接工艺参数太低 保护陶瓷环受潮	增加焊接电流与/或时间 在炉中将陶瓷环干燥
4	焊缝加强高离开中心 焊缝咬肉 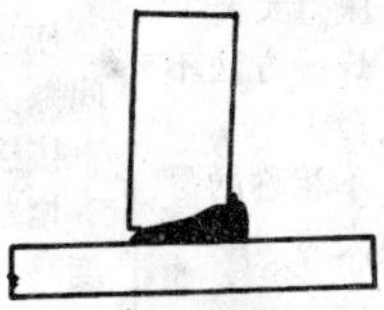	电弧偏吹效应 陶瓷环定心不正确	参见第3条
5	焊缝加强高减小，光泽有大量的侧向喷射 焊接后螺柱长度太短 	焊接工艺参数太高 浸入工件速度太高	减小焊接电流与/或时间 调整浸入工件速度与/或焊枪阻尼器

续表3.11-15

破坏检验			
序号	破坏的外形	可能的原因	校正方法
6	母材撕裂 	正确的焊接工艺参数	不用校正
7	适当变形后破坏在焊缝加强高 	正确的焊接工艺参数	不用校正
8	撕裂在焊缝内 高的气孔率 	焊接的工艺参数太低 材料不适合螺柱焊	增加焊接电流与/或时间 检验材料化学成分
9	破坏在热影响区 浅灰色的破坏表面没有适当的变形 	母材的含碳量太高 母材不适合螺柱焊	校验母材 增加焊接时间 可以按需预热
10	破坏在焊缝处 光泽的外形 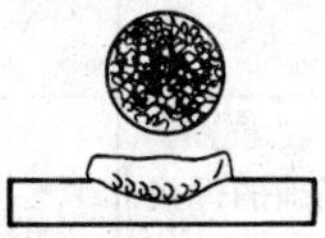	螺柱焊剂含量太高 焊接时间太短	校验焊剂数量 增加焊接时间
11	母材网格状撕裂 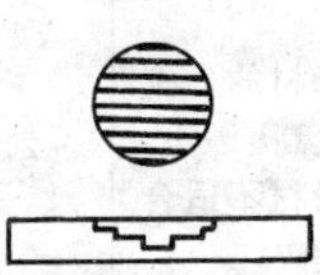	非金属夹杂物在母材内 母材不适合螺柱焊	参见ISO 9956—3标准 选择尽可能韧性好的母材

表3.11-16 短周期拉弧螺柱焊的缺陷和校正方法

外观检验			
序号	一般的外形	可能的原因	校正方法
1	规则的焊缝加强高，没有看到缺陷 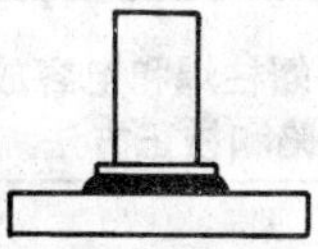	正确的焊接工艺参数	不需要
2	局部的焊缝 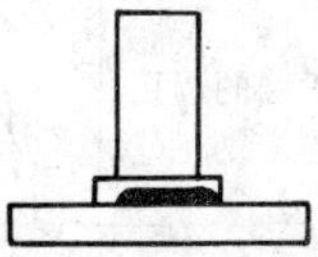	焊接电流与/或时间不适合 极性不正确	增加焊接电流与/或时间 校正极性

续表 3.11-16

序号	一般的外形	可能的原因	校正方法
外观检验			
3	大的不规则焊缝加强高 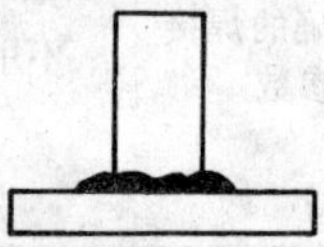	焊接时间太长 螺柱提升高度过高	减小焊接时间 保持焊枪防护罩端面到螺柱端面距离为1.2 mm
4	在焊缝加强高内有气孔 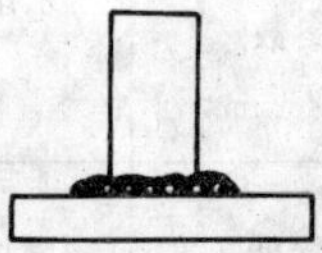	焊接时间太长 焊接电流太低 焊接熔池氧化	减小焊接时间 增加焊接电流 提供适合的保护气体
5	焊缝加强高离开中心 	电弧偏吹效应	参见第3章3.3
破坏检验			
序号	破坏的外形	可能的原因	校正方法
6	母材撕裂 	正确的焊接工艺参数	不用校正
7	适当变形后破坏在焊缝加强高 	正确的焊接工艺参数	不用校正
8	坡坏在热影响区 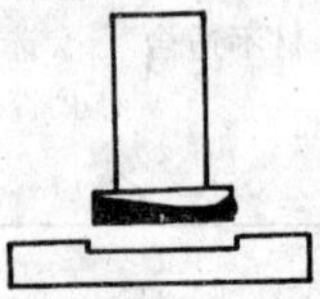	母材的含碳量太高 母材不适合螺柱焊	校验母材
9	熔透不够 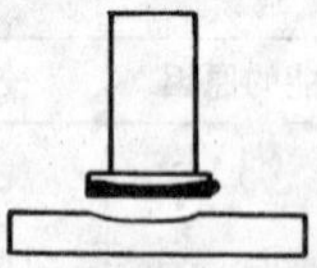	热量输入太低 焊接极性不正确	增加热量输入 校正焊接极性

表 3.11-17 电容放电拉弧螺柱焊和电容放电尖端引燃螺柱焊的缺陷和校正方法

序号	一般的外形	可能的原因	校正方法
外观检验			
1	围绕焊接接头小的飞溅没有外观缺陷 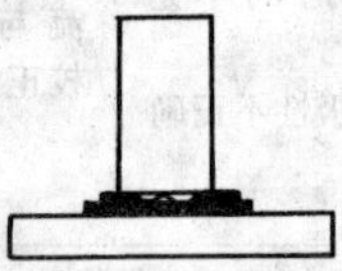	正确的焊接工艺参数	不需要

续表 3.11-17

序号	一般的外形	可能的原因	校正方法
外观检验			
2	在法兰盘和母材之间有间隙 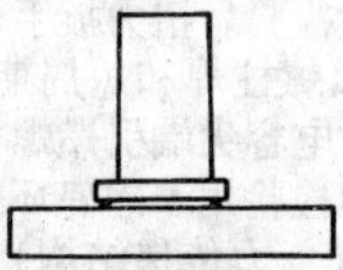	不适合的功率 弹簧压力太低 母材金属不适合的支撑	增加功率 校正弹簧压力 提供适合的支撑
3	围绕焊缝大量的飞溅 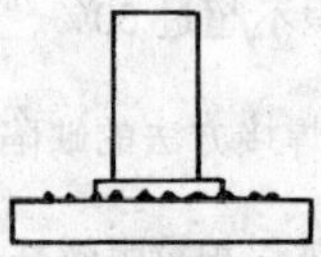	功率太高与/或不适合的弹簧压力	减小功率 增加弹簧压力
4	焊接飞溅离开中心 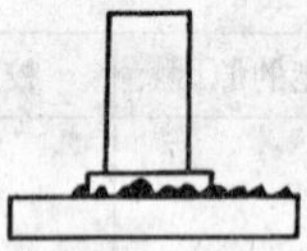	电弧偏吹	参见第3章3.3
破坏检验			
序号	破坏的外形	可能的原因	校正方法
5	母材撕裂 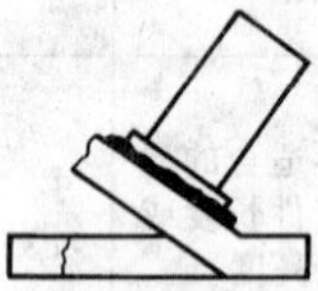	正确的焊接工艺参数	不用校正
6	螺柱破坏在法兰盘上 	正确的焊接工艺参数	不用校正
7	破坏在焊缝处 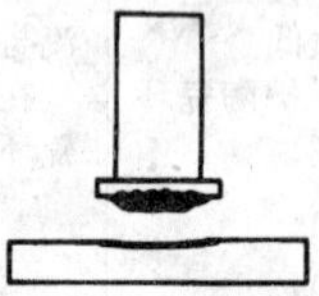	不适合的功率 不适合的压力 螺柱/母材组合不相称	增加功率 增加压力 变更螺柱或母材材料
8	焊接后工件反面变形 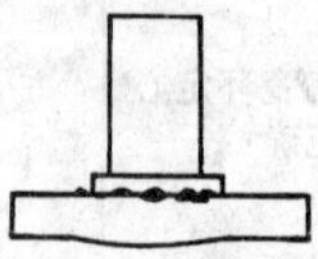	功率太高 压力太大 焊接方法不适合 不相称的母材太薄	减小功率 降低压力 使用有引燃间隙方法不用直接接触方法 增加母材厚度

2.3 焊接专用螺柱

螺柱焊接中所使用的螺柱根据具体工艺种类的不同和应用的不同，其形状和尺寸有所区别。ISO 13918 1998 标准说明了通常使用的螺柱类型并规定了标准尺寸，特殊应用可以采用更多类型的螺柱。这里仅给出不同螺柱焊工艺方法所使用的螺柱和陶瓷环的符号，见表 3.11-18，限于篇幅详细信息请查阅 ISO 13918 1998 标准。

表 3.11-18　螺柱类型和螺柱及陶瓷环的符号

螺柱类型			螺柱符号	陶瓷环符号
拉弧	陶瓷环或气体保护拉弧螺柱焊	螺纹螺柱	PD	PF
		缩径螺柱	RD	RF
		无螺纹螺柱	UD	UF
		抗剪锚栓	SD	UF
	短周期拉弧螺柱焊	带法兰螺纹螺柱	FD	
电容放电尖端引燃螺柱焊		螺纹螺柱	PT	
		无螺纹螺柱	UT	
		内螺纹螺柱	IT	

3 电渣焊

3.1 电渣焊的发展史

多年来人们一直致力于采用单道焊技术代替多层焊技术进行厚板的焊接。20 世纪 40 年代，前苏联基辅巴顿焊接研究所的科学家，在一次埋弧焊试验过程中，发现由于误操作，焊接电弧熄灭，而焊接过程继续进行的现象。通过对此现象系统研究，提出了利用通电熔渣产生大量的电阻热进行焊接的原理，并进行其工艺及设备的试验。1950 年，巴顿焊接研究所向世界公布了一种新型的焊接方法——电渣焊（Electroslag Welding，简称 ESW），以及厚板单道立焊的电渣焊工艺。电渣焊陆续在塔甘罗格锅炉厂，Barnaul 锅炉厂，No-vo-kramatorsk 重型工程机械厂以及整个前苏联得到了应用。

该工艺的创始人 B. Paton 院士、G. Voloshkevich 博士以及他们的合作者，因此获得了列宁奖。

1958 年，电渣焊技术传入到西方国家，1959 年传入到美国。

电渣焊技术于 1956 年进入我国。哈尔滨锅炉厂首先于 1956 年引进前苏联电渣焊设备及其工艺。在前苏联焊接专家技术指导下，进行了 A-372P、A-372M 型丝极电渣焊机的安装、调试工作并用于 35t/h 锅炉壁厚为 46 mm 汽包纵缝的焊接。

上海电焊机厂于 1957～1958 年，在 A-372P 型电渣焊机的基础上，结合国情，试制成功 HS-1000 型多功能电渣焊机。此后上海锅炉厂、东方锅炉厂、北京锅炉厂、武汉锅炉厂、兰州石油化工总厂、哈尔滨电机厂、第一重型机械厂、大连造船厂、上海重型机器厂、江南造船厂等企业，应用电渣焊新工艺焊接了锅炉、水轮机、水压机等产品的圆筒、环、轴、梁、柱等多种结构。环缝丝极电渣焊、带极电渣堆焊和钢结构的箱形柱隔板的电渣焊也得到了广泛的应用。

3.2 电渣焊的基本原理、分类及特点

3.2.1 电渣焊的基本原理

电渣焊是利用电流通过熔渣产生的电阻热为热源，将工件和填充金属熔合成焊缝，实现金属连接的一种方法。

图 3.11-25 是丝极电渣焊焊接过程示意图。焊接电源的一个极，接到焊丝的导电嘴上，另一个极，接在工件上。采用引弧方法造渣时，电渣焊过程在引弧阶段是不稳定的，电渣焊引弧应在引弧板上进行，以便在焊接操作进入工件前使工艺过程稳定。在两工件间留有一定间隙，工件下端装好引弧板，两侧装好水冷成形滑块。开始焊接时，使焊丝与引弧板底部接触，加入少量焊剂，通电后焊丝回抽，产生电弧。利用电弧的热量使焊剂熔化，形成液态熔渣。焊丝由机头上的送丝滚轮驱动，通过导电嘴送入渣池。待渣池达到一定深度时，增加焊丝送进速度并降低焊接电压，使焊丝插入熔池，电弧熄灭，转入电渣焊接过程。由于高温熔渣具有一定的导电性，当焊接电流从焊丝端部经过渣池流向工件时，在渣池内产生的大量电阻热将焊丝和工件边缘熔化，熔化的焊丝形成熔滴后，穿过渣池进入渣池下面的金属熔池。渣池内的渣产生剧烈的涡流，使整个渣池内，渣的温度趋于均匀。由于渣的涡流，迅速地把渣池中心处的热量不断带到渣池四周，从而使工件边缘熔化。这部分熔化金属也进入金属熔池。随着焊丝及工件边缘的熔化，金属熔池液面及渣池表面不断升高。要使机头上的送丝导电嘴与金属熔池液面之间的相对高度保持不变，机头的上升速度应该与金属熔池的上升速度相等。机头的上升速度也就是焊接热源的移动速度，凝固过程是自底部向上逐渐进行，熔融金属总是在凝固的焊缝金属上面。随着金属熔池底部的液态金属的不断凝固，形成了电渣焊焊缝。

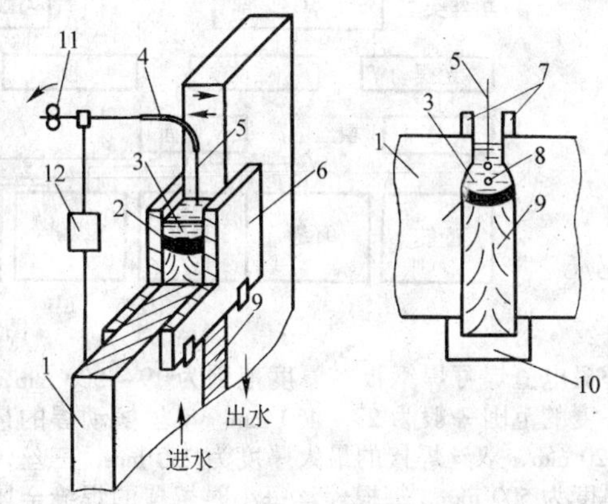

图 3.11-25　丝极电渣焊过程示意图

1—工件；2—金属熔池；3—渣池；4—导电嘴；5—焊丝；6—强迫成形装置；7—引出板；8—金属熔滴；9—焊缝；10—引弧板；11—送丝轮；12—焊接电源

为保证焊接接头顶部的焊缝金属质量，应装引出板。焊接结束后应将引弧板、引出板去掉，并将焊缝端部磨光。

尽管电渣焊与气电立焊（Electrogas Welding）相类似，但是这两种焊接工艺的加热方式是不同的。电渣焊是利用电流流过焊丝和工件间的熔渣所产生的电阻热来进行焊接的，而气电立焊是采用电弧热来进行焊接的。这两种焊接方法的共同点是一经开始焊接，须一次完成，中途不得停焊，否则就会在停焊处产生缺陷。电渣焊焊接速度较慢，热影响区宽且焊缝及热影响区晶粒粗大，韧性相对较低。鉴于电渣焊高的热输入对母材产生的影响，对于不允许粗晶结构存在的合金材料或结构形式，一般不采用电渣焊方法。

3.2.2 电渣焊的分类、特点及应用

电渣焊的分类方法很多。按用途可分为电渣堆焊和电渣焊接；按电源种类可分为直流电渣焊和交流电渣焊；按电极的形状和尺寸可分为丝极电渣焊、熔嘴电渣焊、板极电渣焊、带极电渣堆焊和大截面填充金属电渣焊等。另外在压力焊和钎焊时，采用熔渣电阻热作为焊接热源而形成电渣压力焊和电渣钎焊。电渣焊一种分类方法见图 3.11-26 所示。

（1）丝极电渣焊

丝极电渣焊用焊丝做电极，焊丝通过铜质导电嘴送入渣池，焊接机头随金属熔池的上升而向上移动。焊接较厚的工件时，既可以采用 2 根、3 根或多根焊丝，也可采用焊丝横向摆动焊。其特点是规范参数调节方便，熔宽及熔深易控制，更便于环缝的焊接。适合碳钢及合金钢简单结构的焊接。

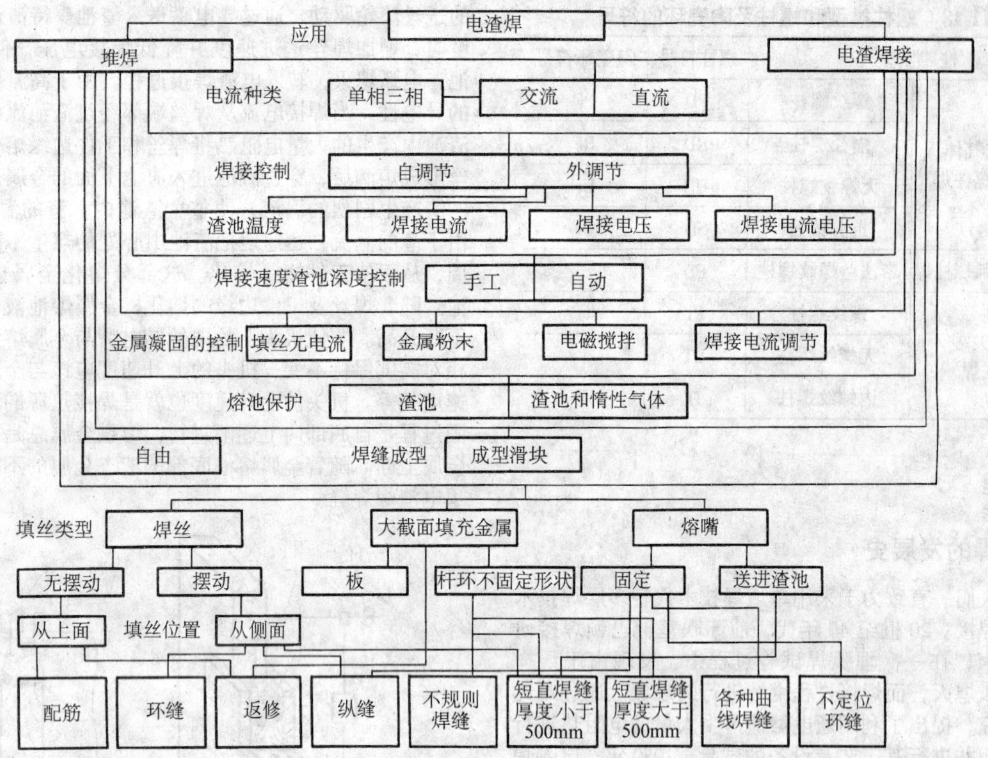

图 3.11-26 电渣焊分类

丝极电渣焊可焊钢板的厚度范围为 19 ~ 500 mm，常用焊接厚度的范围一般为 28 ~ 460 mm。单丝摆动焊的最大厚度为 120 mm，双丝焊接的最大厚度为 230 mm，三丝焊接的最大厚度为 500 mm。每根焊丝每小时熔覆的焊缝金属重量为 11 ~ 22 kg，焊丝直径采用 ϕ3 mm，焊丝的熔覆效率为 100%。大厚度材料电渣焊时，一般每 45 kg 焊缝金属的焊剂消耗量仅为 2.3 kg。

(2) 熔嘴电渣焊

丝极熔嘴电渣焊见图 3.11-27 所示。丝极熔嘴电渣焊的填充金属是连续送进的焊丝及其导向熔嘴。焊丝由能伸进整个焊缝长度的导向熔嘴引导至焊接坡口的下端。熔嘴导电并在熔嘴刚好达到熔池上方时被熔化。由于熔嘴将作为填充金属的一部分溶于焊缝金属中，因而熔嘴的成分必须与待焊金属的成分相一致。熔嘴占整个填充金属的 5% ~ 15%。

熔嘴电渣焊焊机头固定不动，成形块不需滑动。焊接短焊缝时，成形块的长度可与焊缝的长度相同。对于较长的焊缝，可以同时采用几套成形块来完成整个接头的焊接。焊接过程中，随着熔池的凝固，可将底部的成形块取下放至上部。通过间断挪动成形块的方式来完成长焊缝的焊接。

像普通的电渣焊一样，熔嘴电渣焊也可以采用单丝或多丝，焊丝也可以在焊接坡口中进行横向摆动。由于熔嘴长且导电，因而必须考虑熔嘴与坡口两侧金属及成形块间的绝缘问题。可以采用在熔嘴外表面涂药皮的方式进行绝缘，也可以采用绝缘环、绝缘套和绝缘带的方式进行绝缘。

事实上，熔嘴电渣焊可焊接的厚度是没有限制的。当采用固定焊丝进行焊接时，每根焊丝可焊接的厚度约为 63 mm。采用单丝摆动焊可焊接的厚度约为 130 mm，双丝摆动焊可焊接的厚度约为 300 mm，三丝摆动焊可焊接的厚度约为450 mm。

当采用圆形熔嘴不能对整个焊接端部进行加热或者焊件形状不规则时，可采用翼形熔嘴。翼形熔嘴电渣焊的熔嘴不能摆动，如焊接接头壁厚较厚时，可采用双熔嘴。翼形熔嘴是在圆形熔嘴的两侧加上低碳钢的翼形成的。如图 3.11-28 所示。通常熔嘴两翼与坡口侧壁的距离应在 6 mm 范围内。电流通过附加断面所产生的热量与多丝焊的热量相当，渣池的热量是以熔化焊丝和待焊板的边缘。

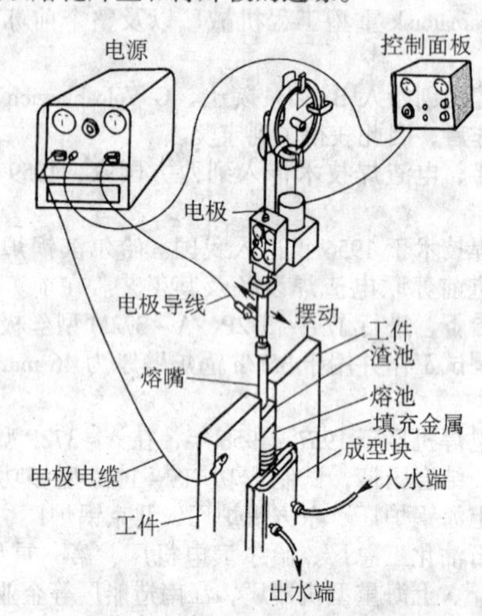

图 3.11-27 熔嘴电渣焊示意图

图 3.11-28 翼形熔嘴示意图

熔嘴电渣焊的应用与普通电渣焊类似。然而待焊接接头的长度因熔嘴的长度而受限制。熔嘴电渣焊优点如下。

1）因熔嘴表面涂有绝缘涂料，装配间隙可缩小，节省焊接材料，提高生产效率，减轻工人劳动强度。

2）适合较薄的焊件及曲线、倾斜焊缝的焊接。

3）通过管极涂料，可适当向焊缝金属渗合金。

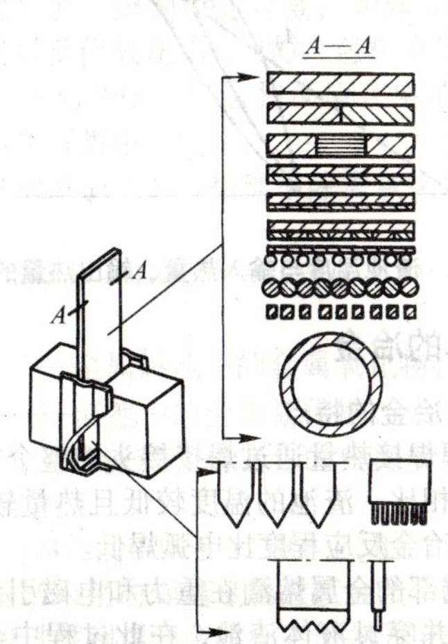

图 3.11-29　大截面电极电渣焊示意图

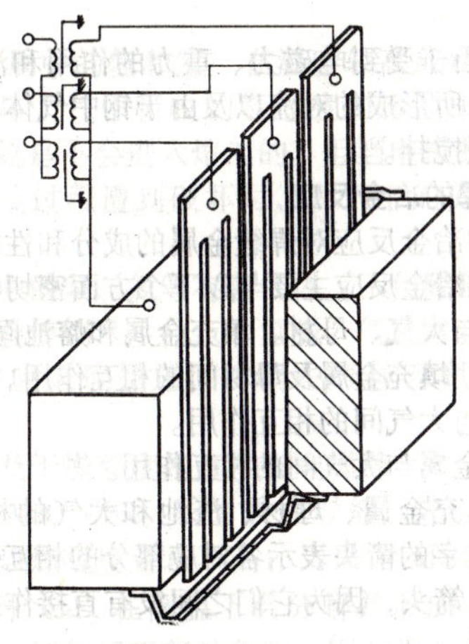

图 3.11-30　板极电渣焊示意图

(3) 大截面电极电渣焊

大截面电极如图 3.11-29 所示，其电极由板状、圆形、方形等单个或多个组合而成。为了便于引弧，常将引弧端加工成尖角。对于厚度 ≤200 mm 的工件常采用一根板式电极，对于厚度大于 200 mm 的采用两根或三根。作为三相电源的平衡负载时，最好采用三根电极。

(4) 板极电渣焊

板极电渣焊是利用板状金属材料作为电极的电渣焊方法。焊接过程中，通过送进机构将板极不断向熔池中送进，板极熔化成焊缝金属的一部分。图 3.11-30 为板极电渣焊示意图。

板极电渣焊用于铜、铝、钛等抗腐蚀性能钢和高温钢的焊接，有时也用于碳钢和低合金钢的焊接。板极可以是铸造的，也可以是锻造的。板极电渣焊适于不易拉成焊丝的合金钢材料的焊接和堆焊。目前多用于模具钢的堆焊、轧辊的堆焊等。板极电渣焊的板极一般为焊缝长度的 4 ~ 5 倍，因此送进设备高大，焊接过程中板极在坡口中晃动，易于和工件短路，操作较复杂，因此一般不用于普通材料的焊接。

(5) 带极堆焊

带极堆焊是利用焊接电流通过导电的熔渣所产生的电阻热熔化焊带、焊剂及母材的表面进行的焊接。由于周围有焊剂，带极不断熔化，送进机构连续送进带极，同时机头向前方移动，形成均匀焊道。带极电渣堆焊示意图见图 3.11-31 所示。带极堆焊主要是用于核电站压力壳、蒸发器以及加氢反应器等化工容器的内壁堆焊，电站锅炉高压加热器的管板堆焊等。

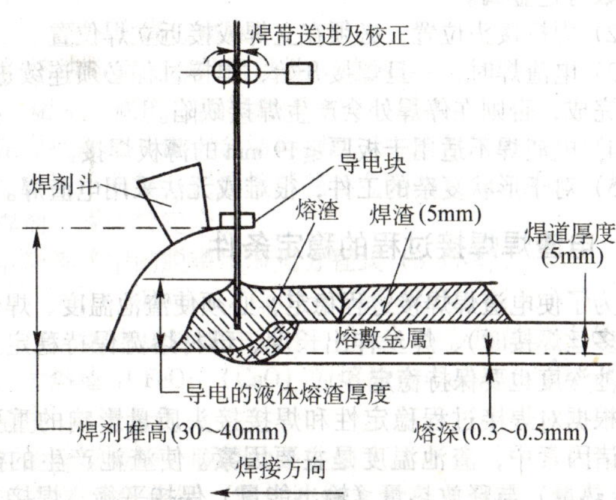

图 3.11-31　带极电渣堆焊示意图

3.3　电渣焊的特点及局限性

电渣焊常常用于垂直位置或接近垂直位置的单道焊接。电渣焊的主要优点是成本低，尤其是可以用电渣焊焊接大型构件来代替大型铸锻件，经济效益更为显著。与其他熔化焊相比，电渣焊具有以下特点和局限性。

3.3.1　电渣焊的特点

1）熔敷效率高，单根焊丝的熔化速度为 15.75 ~ 20.25 kg/h。当电流通过渣池时，电阻热将整个渣池加热至高温，热源体积远较焊接电弧大，大厚度工件只要留一定装配间隙，便可一次焊接成形，无需中间清理，生产率高。

2）通常焊前不要求预热。即使对于淬硬倾向高的材料，电渣焊也不需要预热。电渣焊渣池体积大，高温停留时间较长，加热及冷却速度缓慢，焊接中、高碳钢及合金钢时，不易出现淬硬组织。

3）电渣焊一般在垂直或接近垂直的位置焊接，整个焊接过程中，金属熔池上部始终存在液体渣池，夹杂物及气体有较充分的时间上浮至渣池表面或逸出，故不易产生气孔和夹渣。熔化的金属熔滴通过一定距离的渣池落至金属熔池，渣池对金属熔滴有一定的冶金作用，焊缝金属的纯净度较高。

4）焊接接头的准备和装配要求很低，焊接坡口通常使用轧制钢板的边缘或火焰切割面构成 I 形坡口。工件就位简单，只需保证焊缝轴线在垂直或接近垂直的位置。除环缝坡口外，一旦焊接开始无需调整工件。

5）设备暂载率高。起弧后连续焊接直到结束。

6）无焊接飞溅，焊缝金属的熔敷率可达 100%。焊剂消耗量低，仅为焊缝金属的 1/20 左右。

7）焊接变形最小。大多数电渣焊为 I 形坡口单道焊缝，由于接头的对称性，因而焊件水平方向无角变形。在垂直平面，由于焊缝金属的收缩产生轻微的变形，可以通过焊件的装配来控制。

8）调整焊接电流或焊接电压，可在较大范围内调节金属熔池的熔宽和熔深，一方面可以调节焊缝的成形系数，以防止焊缝中产生热裂纹；另一方面因焊接条件不同，焊缝熔敷金属中母材的熔合比可达 50%。还可以通过调节母材在焊缝中的比例，来控制焊缝的化学成分和力学性能。

9）由于加热及冷却速度缓慢，高温停留时间较长，焊

池供热，减缓了冷却和结晶速度，有利于防止冷裂纹。

3.6.2　焊缝成形系数

电渣焊缝的冷却速度慢，且其冷却方式与在某种模型中金属材料的冷却类似。电渣焊时，焊缝金属的热量是通过周围冷的母材金属和水冷滑块来散失的。冷却过程是从较冷的区域开始向焊缝中心进展。然而由于焊接过程中，填充金属的连续不断添加和形成接头，所以结晶是从接头底部开始的，晶粒在中心会合的角度是由熔池形状（即焊缝成形系数）所决定的。

熔宽和熔深之比称为焊缝成形系数，可以用式（3.11-10）表示：

$$\psi=\frac{B}{H} \tag{3.11-10}$$

式中，ψ 为焊缝成形系数；B 为金属熔池熔宽；H 为金属熔池熔深。

熔池熔宽 B = 接头根部间隙 + 总的母材熔深。

熔池熔深 H = 熔池顶部至液/固界面的最低点距离。

成形系数较大的焊缝（熔池宽而浅）倾向于结晶时晶粒的会聚角大（钝角）。成形系数较小的焊缝（窄而深）倾向于结晶时晶粒交汇角小（锐角），所以成形系数表明了焊缝两侧相对的晶粒如何在中心会聚的。交汇角决定了其抗热裂纹能力的高低。如果柱状晶粒在交点处的交汇角大，则抗裂性好，交汇角小，则抗裂性差。母材金属的化学成分（特别是碳含量）、填充金属的成分和接头的拘束度对裂纹的影响也相当大，一些研究表明 Mn 含量或 Mn/Si 比值对裂纹的影响非常显著。

焊缝成形系数主要取决于焊接工艺参数。电渣焊的长时间热循环结果，使焊缝金属组织形成了粗大的奥氏体柱状晶。晶粒生长方向，在焊缝边缘呈水平方向，而在焊缝中心呈垂直方向，如图 3.11-34 所示。

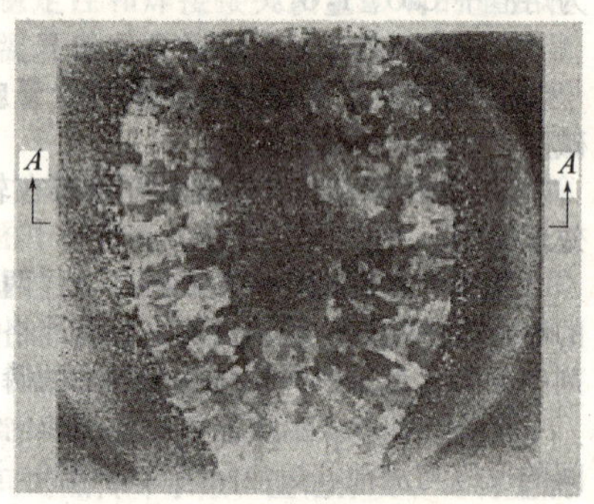

(a) 横向切面

(b) A—A 上的纵向切面

图 3.11-34　100 mm 厚板电渣焊焊缝的横向及纵向断面

由图 3.11-34 可见，低碳钢电渣焊焊缝的微观组织一般由针状铁素体和延原奥氏体晶界上析出的带有先共晶铁素体的珠光体组成。焊缝外侧为粗晶区，焊缝中心为细晶区。细晶粒区组织在焊缝的横断面上呈等轴状，在焊缝纵断面上呈柱状。改变焊缝金属的化学成分和焊接工艺参数，可以显著地改变粗晶区和细晶区的相对比例。

3.7　电渣焊的热影响区

电渣焊的热影响区和电弧焊一样也分为：过热区、重结晶区、不完全重结晶区、再结晶区，但电渣焊的热影响区由于其热循环的特点与电弧焊热影响区相比有以下区别。

1）由于热源体积大，电渣焊热影响区的范围较大，不同焊接工艺热影响区平均尺寸见表 3.11-20 所示。

2）电渣焊过热区在高温停留时间较长，过热严重，晶粒粗大，冲击韧性低。

3）由于热影响区的加热、冷却缓慢，在焊接中、高碳钢及低合金结构钢时即使不预热，一般也不会在热影响区产生淬硬组织。

表 3.11-20　低碳钢不同焊接工艺时热影响区的平均尺寸

焊接工艺	各区平均尺寸/mm			总宽/mm
	过热区	相变重结晶区	不完全从结晶区	
埋弧焊	2.2～3.0	1.5～2.5	2.2～3.0	6.0～8.5
焊条电弧焊	0.8～1.2	0.8～1.7	0.7～1.0	2.3～4.0
电渣焊	18～20	5.0～7.0	2.0～3.0	25～30
氧乙炔气焊	21	4.0	2.0	27
真空电子束焊	—	—	—	0.05～0.75

3.8　电渣焊设备及辅助机具

各种电渣焊设备主要结构是相同的，主要包括电源、机头以及成形块等。

3.8.1　电源

从经济方面考虑，电渣焊多采用交流电源。这是因为交流电比直流电费用低，又能保证焊接过程稳定。另外，直流电能使熔渣电解（尤其使用大电流时），从而影响焊接过程的稳定性。为保持稳定的电渣过程及减小网路电压波动的影响，电源应保证避免出现电弧放电过程或电渣－电弧的混合过程，否则将破坏正常的电渣过程。因此电渣焊用电源必须是空载电压低、感抗小（不带电抗器）的平特性电源。电渣焊用变压器应是三相供电，其次级电压应具有较大的调节范围。由于电渣焊焊接时间长，中间无停顿，电渣焊用电源的暂载率应为 100%。在使用单丝或者双丝或者三丝焊接时，在总的焊接电流不超过并联的焊接变压器的额定电流时，可使用单相交流电。大电流焊接时，必须使用三相交流电。三相交流电另外一个好处是可以保证焊接车间电力供应的平稳性。

3.8.2　机头

丝极电渣焊机头包括送丝机构、摆动机构及升降机构。

1）送丝机构和摆动机构　电渣焊送丝机构与熔化极电弧焊使用的送丝机构类似。送丝速度可根据需要进行设定或调节。摆动机构的作用是扩大单根焊丝所焊的工件厚度。其摆动幅值、摆动速度以及在摆动两侧停留时间均可控和可调。

2）升降机构　焊接垂直焊缝时，焊接机头借助升降机构随着焊缝金属熔池的上升而向上移动。焊接速度和渣池深度可以采用手工或者自动控制。焊接速度相对较低时（0.5

~2 m/h）一般采用手工控制。焊接速度超过5 m/h时，手动控制困难，只能采用自动控制。

升降机构可分为有轨式和无轨式两种形式，焊接时升降机构的垂直上升可通过控制器进行手工提升或自动提升。自动提升运动可利用传感器检测渣池位置而加以控制。

3.8.3 电控系统

电渣焊电控系统主要由送丝速度控制器、焊接机头横向摆动距离及停留时间的控制器、升降机构垂直运动的控制器以及电流表、电压表组成。自动控制的稳定性依赖于相关传感器（速度传感器和深度测量仪）的质量。

如果要使焊缝金属具有较高的力学性能，那么控制焊缝金属的凝固和结晶就尤为重要。可以在焊缝中加入填充金属（填充金属上不施加焊接电流）或者金属粉末。这样做还可以加快焊接速度。

只要每根填充金属上的电流密度很大，或者填充金属的熔化率很高，电渣焊就易于实现自动调节。当填充金属的截面很大时，难以实现电渣焊的自动调节和自动控制。

3.8.4 成形（滑）块

目前，电渣焊大都采用强制成形块。电渣焊成形方式有三种，即利用水冷可滑动式的铜滑块、水冷固定式铜成形块和焊在工件上的钢板。

每种方式各有优缺点，滑动式成形块和固定式成形块相比，优点是可以更好地观察焊接区域，使操作者更容易地调整导电嘴和电极的位置。缺点是要增加使滑块沿接头移动装置，且滑块和工件的接触面必须经过机械加工。

固定式成形块的主要优点是适用于形状复杂的焊接接头。当工件外表面为曲面时，可以将固定式成形块固定在工件的曲面上，与滑动式滑块相比，固定式成形块允许的有较大的错边量，工件表面不需要机械加工。

采用钢板作为成形快的方式不需要水冷，但是增加成本，而且焊缝容易产生裂纹。焊接完成后，用机械方法将成形块去除。为了防止成形块熔入熔渣和熔池，应在成形块的接触面上涂一层碳化物或硅酸盐。

不同的电渣焊工艺可选用不同的成形块。铜滑块适用于丝极电渣焊，水冷固定式铜成形块适用于熔嘴或大截面填充金属的电渣焊。为了提高电渣焊过程中金属熔池的冷却速度，水冷成形（滑）块一般用紫铜板制成。一般情况下为单个水冷滑块，而对于一些不同直径筒体纵缝焊接可以采用组合式水冷滑块。

3.9 电渣焊的焊接材料

3.9.1 电渣焊用电极材料

在电渣焊接过程中，流通焊接电流的焊接材料，称为电极材料；不流通焊接电流，而经渣池熔化后形成焊缝金属的焊接材料，称为填充材料。

电渣焊焊缝金属的成分取决于母材成分（及其熔合比）、电极材料及填充材料的成分和焊剂成分。在电渣焊过程中，通过熔渣向焊缝金属掺入合金的作用较小，因此，在一定的母材成分、焊剂种类和焊接工艺参数下，焊缝金属成分主要取决于所用的电极材料成分。电渣焊电极材料的种类有实芯焊丝、金属芯焊丝（包括药芯焊丝）、板极、管极和带极。焊接合金钢时，金属芯焊丝可通过焊芯中添加的合金元素来调整填充金属的化学成分。也可以向渣池中补充焊剂。对于低碳钢管状焊丝来说，当芯部的组成全部为焊剂（药芯焊丝）时，则会造成渣池中熔渣的过量堆积。

为了确保电渣焊缝所要求的质量分数（化学成分）和性能，对电渣焊用电极材料提出如下要求。

1）为了提高电渣焊接头的抗裂性能，应降低电极材料的含碳量，限制硫、磷杂质含量。碳钢和低合金钢电渣焊电极的含碳量一般应低于母材。焊缝金属的强度和韧性通过改变电极的合金含量来实现。高合金钢电渣焊电极材料的化学成分一般与待焊母材相匹配。高合金钢的力学性能一般是通过化学成分和热处理工艺的共同作用来改善。因此要求电极材料的热处理温度与母材基本相同。

选择电渣焊焊丝时必须考虑其与母材金属的稀释率。通常电渣焊焊缝中母材金属占30%~50%。

2）大多数电渣焊焊丝的直径一般为 $\phi2.4$ mm 和 $\phi3.2$ mm。小直径焊丝的熔敷率要比大直径焊丝高。经验表明规格为 $\phi2.4$ mm 或 $\phi3.2$ mm 焊丝在熔敷效果、送丝能力、焊接电流范围及焊丝校直能力等方面均属最佳。焊丝的挺度也要适中，否则会出现送丝不稳定现象。焊丝的拉伸强度一般应大于550 MPa。

3）电渣焊接一旦开始就不允许中断焊接过程，否则在中断处就会产生缺欠。因此，在施焊前必须准备足够量的焊丝。通常焊丝需接长，焊丝接头处要求圆滑过渡、硬度均匀。电渣焊的焊丝接长，一般采用专用的焊丝接长焊机，焊接后对焊丝接头进行局部退火处理。电渣焊丝的包装可分为成卷焊丝27 kg/卷，大盘焊丝270 kg/盘或筒装焊丝最大340 kg/筒。

4）大断面工件的焊接，常常采用板极电渣焊。碳素钢板极电渣焊的板极，应选用镇静钢。为了保证板极电渣焊焊接过程顺利进行，应该对板极进行校直处理。

3.9.2 电渣焊用焊剂

焊剂是成功地进行电渣焊操作过程的主要部分，其化学成分非常重要，因为它决定了电渣焊工艺的稳定性。焊接过程中，焊剂在渣池中熔化，由电能转变成热能。同时焊剂传导电流和保护熔融金属免受大气影响。

电渣焊焊接过程中，焊剂用量相当少。引弧时，应加入一定量的焊剂，焊接过程中应控制焊剂的增加量，使其在滑块两侧的焊缝表面上形成一薄层渣壳。焊接过程中为保持所要求的渣池深度，必须及时向熔融的渣池中添加焊剂。不考虑漏渣的损失，通常焊剂用量与焊缝金属重量之比为0.5:9。然而当板厚或焊缝金属增加时，焊剂消耗量与焊缝金属重量之比大约为0.5:36 。

电渣焊焊剂的性能如下。

1）导电性　电渣焊剂必须能迅速和容易地形成电渣过程并能保证电渣过程的稳定性。为此，必须提高液态熔渣的导电性，但熔渣的导电性也不能过高，液态熔渣也要有适当的电阻，以产生可供焊接需要的足够热量。导电性过高，将增加焊丝周围的电流分流而减弱高温区内液流的对流作用，使焊件熔宽减小，以致产生未焊透。且当熔渣的电阻过低时，容易在焊丝与渣池表面产生电弧，而造成电渣焊过程不稳定。

$MnO-SiO_2$ 渣系的焊剂具有混合型的导电特征，其导电性较好。增加此渣系中的 SiO_2 含量，则其导电性下降；在 $CaO-SiO_2$ 渣系中，增加 SiO_2 含量，导电性亦降低；CaF_2 基的焊剂具有较高的导电性。在焊剂中加入 TiO_2、ZrO_2、Al_2O_2 会降低其导电性。加入 CaO、BaO、MgO 等碱土金属氧化物，可提高熔渣的导电性。

2）焊剂的碱度　焊剂的碱度就是焊剂中的碱性氧化物总和与酸性氧化物总和之比。式（3.11-11）为国际焊接学会推荐的焊剂碱度计算公式。焊剂碱度对熔渣性能的影响见表3.11-21。

为保证焊接过程中渣池的尺寸稳定，电渣焊一般选择不易与被焊金属发生反应的相对中性熔渣的焊剂。然而对于要求细化焊缝金属或调整杂质的含量的场合，也可以选用活性焊剂。

$$B_1 = \frac{CaO + MgO + BaO + Na_2O + K_2O + CaF_2 + 0.5(MnO + FeO)}{SiO_2 + 0.5(Al_2O_3 + TiO_2 + ZrO_2)} \quad (3.11\text{-}11)$$

表 3.11-21 焊剂碱度对熔渣性能的影响

熔渣的性能	酸性渣	碱性渣
熔点	长渣、熔点较低、凝固速度慢	短渣、熔点高、凝固速度快
黏度及脱渣性	黏度小、脱渣性好	黏度大、脱渣性差
导电性	导电性好、电阻小	导电性差、电阻大
抗气孔性	抗气孔能力较强	抗气孔能力较差
含氧量	焊缝金属含氧量高	焊缝金属含氧量低
脱磷、脱硫的能力	脱硫、脱磷能力差	脱硫、脱磷能力强

3）熔渣的黏度　电渣焊的熔渣应具有一定的流动性和良好的绝缘性，保证焊缝热量的均匀分配。渣池黏度太大时，将引起焊缝金属夹渣。熔渣太稀，则会使熔渣从工件与滑块之间的间隙中流失，严重时会破坏焊接过程而导致焊接中断。

熔渣的黏度取决于焊剂的成分（质量分数）和焊剂的熔化温度（熔点）。在酸性焊剂中加入碱性氧化物（如 CaO、MnO、MgO、FeO 等）可降低熔渣的黏度。不论酸性焊剂和碱性焊剂加入氟石均可降低熔渣的黏度。

提高熔渣流动性可适量加稀释剂如氟石、冰晶石、氯化钡、二氧化钛等。

4）焊剂的熔点及沸点　焊剂的熔点必须略低于被焊金属的熔点，而且沸点必须略高于熔池温度。不同用途的焊剂，其组成不同，沸点也不同。熔渣开始蒸发的温度决定于熔渣中最易蒸发的成分。氟化物的沸点低，可降低熔渣开始蒸发的温度，使产生电弧的可能性增大，从而降低电渣过程的稳定性，并形成飞溅。焊剂由固体转变为液态熔渣取决于焊剂的熔点。焊剂的熔点低，其液态熔渣的黏度就小，熔渣的流动性好；焊剂的熔点高，其液态熔渣的黏度就大，熔渣的流动性差。焊剂的熔点应比母材金属的熔点低 200～400℃。

5）焊剂脱硫、脱磷性能　硫、磷均为有害元素，一定要限制它们在焊缝金属中的含量。这主要通过电渣焊过程中的脱硫、脱磷反应进行。焊剂中的锰、铝、硅、镁、钛、钒的氧化物及氟化钙等具有脱硫作用。焊缝中的磷含量来自母材金属、电极材料和填充金属。其脱磷反应通过熔渣中的氧化钙、氧化钛进行。

另外，焊剂还应具有良好的脱渣性、抗裂性和抗气孔能力。

电渣焊常用焊剂的类型及用途见表 3.11-22。

表 3.11-22 电渣焊常用焊剂的类型及用途

焊剂类型及牌号	渣系	碱度(B_1)	特点及用途	粒度/mm	电流种类
无锰低硅中氟 HJ140	（CaO：32～36，Al_2O_3：23～25，CaF_2：16～20，MgO：11～13，SiO_2：7～10）	2.53	MnO、SiO_2 含量较低，氧化能力较弱，合金元素在电渣焊过程中的烧损量大为减少。主要用于耐磨电渣堆焊和高合金钢的焊接	2.00～0.301	直流
无锰低硅高氟 HJ170	（SiO_2：6～9，TiO_2：35～41，CaF_2：27～40，CaO：12～22）	2.30	TiO_2 含量较高，该焊剂在固态时具有良好的导电性，为固态导电焊剂。用于电渣焊开始时形成渣池	2.00～0.301	直流
无锰低硅高氟 HJ172	（CaF_2：45～55，Al_2O_3：28～35，CaO：15～25，SiO_2：3～6）	2.65	含有较多的 CaF_2 抗气孔和抗裂纹性能好。焊接含铌或钛的铬镍钢时不粘渣。适用于高铬铁素体钢、马氏体钢及奥氏体钢的焊接	2.00～0.301	直流
低锰中硅中氟 HJ252	（CaF_2：18～24，Al_2O_3：22～28，MgO：17～23，SiO_2：18～22，CaO：2～7，MnO：2～5）	1.56	熔渣的氧化性较弱，可减少合金元素的烧损。适用于低合金结构钢、高强度钢的焊接	2.00～0.301	直流
中锰高硅中氟 HJ360	（SiO_2：33～37，CaO：4～7，MnO：20～26，MgO：5～9，CaF_2：10～19，Al_2O_3：11～15）	0.94	中性焊剂，具有一定的脱硫能力。适用于低碳钢、低合金结构钢、高强度钢的焊接	2.00～0.301	交流直流
高锰高硅低氟 HJ431	（SiO_2：40～44，MnO：34～38，MgO：5～8，CaF_2：3～7，CaO≤6，Al_2O_3≤4）	0.83	MnO、SiO_2 含量高，氧化能力强，工艺性能好，抗锈能力强。焊剂的熔点较低，溶渣的凝固速度慢，焊缝金属的塑性、韧度差。适用于低碳钢、低合金结构钢的焊接	2.00～0.301	交流直流
高锰中硅中氟 HJ450	（MnO：29～35，SiO_2：20～25，CaF_2：16～21，Al_2O_3：16～21，CaO：3～7）	1.26	酸性氧化物含量较高，氧化能力较强，工艺性能较好。适用于低合金结构钢、高强度钢的焊接	2.00～0.301	直流
低锰中硅中氟 HJ251	（SiO_2：40～44，MnO：34～38，CaF_2：23～30，MgO：5～8，CaO≤6）	1.10	熔渣的氧化性较弱，可减少合金元素的烧损。适用于低合金结构钢、高强度钢的焊接	2.00～0.301	直流
无锰中硅中氟 HJ107	（SiO_2：26～30，Al_2O_3：24～30，CaF_2：20～26，MgO：13～17，CaO≤4）	0.72	含有较多的 CaF_2 抗气孔和抗裂纹性能较好，为奥氏体不锈钢带极电渣堆焊专用焊剂	2.00～0.301	直流

续表 3.11-22

焊剂类型及牌号	渣　系	碱度(B_1)	特点及用途	粒度/mm	电流种类
SJ15	(SiO_2 + TiO_2：15，Al_2O_3 + MnO：20，CaO + MgO：5，CaF_2：55)	2.5~2.8	高碱度烧结焊剂。适用于奥氏体不锈钢带极水平电渣堆焊，配 309L、347L 带极	2.00~0.301	直流
37S	(SiO_2：8，Al_2O_3 + TiO_2：25，CaO + MgO：50，CaF_2：17)	4.0	配带极 24、13LNb 电渣堆焊	2.00~0.301	直流
59S	(SiO_2：5，Al_2O_3 + TiO_2：20，CaO + MgO：50，CaF_2：25)	5.0	配镍基合金带极 NiCr－3、NiCr－Mo－3、NiCu－7 用于电渣堆焊	2.00~0.301	直流

3.9.3　熔嘴

熔嘴作为填充金属，其主要功能是导电和保证焊丝从焊头顺利进入熔融的渣池中。熔嘴处在熔池的上方，外径一般为 13 mm 或 16 mm，其内径由焊丝直径决定。焊接时，渣池上升使熔嘴熔化变成焊缝金属，熔嘴的消耗量占填充金属的 5%~15%。因为熔嘴熔化后会成为焊缝金属的一部分，因而熔嘴的化学成分应与所要求焊缝金属的化学成分一致。

焊短焊缝时，可以采用光熔嘴；对于长焊缝来说，为防止熔嘴与待焊母材短路，必须采取绝缘措施。绝缘方式包括焊剂涂料、环形套、玻璃丝管及绝缘胶布等，当采用焊剂涂料进行电气绝缘时，还可以起到向熔池中补充焊剂的作用。因为绝缘物质将变成熔池的一部分，所以应选用那些不影响焊缝金属性能的绝缘材料。

3.9.4　美国有关电渣焊焊丝和焊剂标准

我国没有电渣焊焊丝和焊剂专用标准，国外也仅有碳钢和低合金钢用电渣焊焊丝和焊剂标准，这里对美国有关电渣焊焊丝和焊剂标准作简单介绍。

美国焊接学会颁布了 ANS2/AWS.A5.25/A5.25M 规程，即电渣焊用碳钢和低合金钢焊丝和焊剂规程。其中代号为 A5.25 的标准使用美国惯用单位，代号为 A5.25M 的标准使用国际制（SI）单位。该规程规定了美国电渣焊用碳钢和低合金钢焊丝（实芯和组合金属芯）和焊剂分类的要求。实芯焊丝按照焊丝成品化学成分进行分类；组合金属芯焊丝按照其与某一特定焊剂所产生熔敷金属的化学成分进行分类；焊剂按照与某一特定焊丝所产生熔敷金属的最低抗拉强度和上述焊缝金属在最低温度下冲击强度进行分类。

图 3.11-35 为电渣焊用碳钢和低合金钢焊丝和焊剂分类方法。

每个类别号开始的字母“FES”表示表示电渣焊焊剂。

在 A5.25 代号的情况下，“FES”后面用一个数字表示所用焊剂与某一特定焊丝所产生熔敷金属的最低抗拉强度为该数乘以 10 000psi。对 A5.25M 代号“FES”后面用两位数字表示焊剂与某特定焊丝所产生熔敷金属的最低抗拉强度为该数乘以 10 MPa。

数字后面跟的是一个数或字母“Z”。字母“Z”表示对冲击韧性要求不作规定。数字表示温度，A5.25 代号中，0，2 分别表示在 0°F，－20°F 温度下（和/或高于它时）焊缝金属夏比 V 形缺口冲击韧度满足或超过所要求的 15ft·lbf。A5.25M 代号中，2，3 分别表示在－20℃，－30℃温度下（和/或高于它时）焊缝金属夏比 V 形缺口冲击韧性满足或超过所要求的 20J。

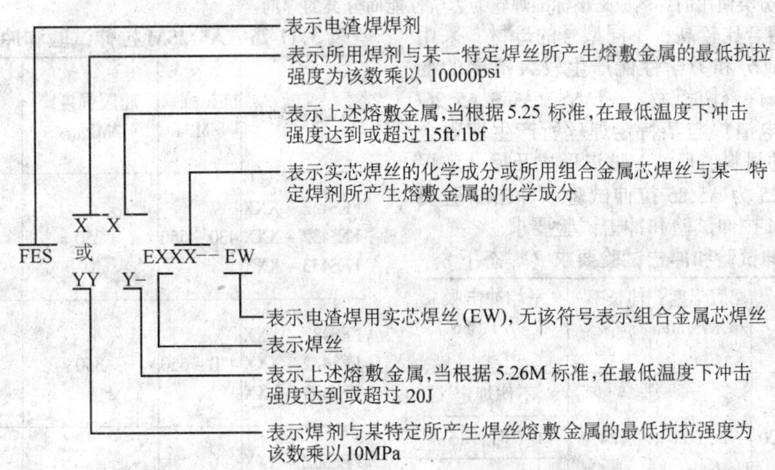

图 3.11-35　AWS.A5.25/A5.25M 规程中电渣焊用碳钢和低合金钢焊丝和焊剂分类方法

下一个字母 E 表示焊丝。E 后面的一个字母“M”或“H”为含锰量代号，其中“M”表示实芯焊丝有中等的锰含量，“H”表示实芯焊丝有相对较高的锰含量。含锰量代号后面的一个或二个数字表示焊丝的名义含碳量。在类别中出现的字母“K”表示焊丝由镇静钢制成。实芯焊丝的代号后面有后缀字母“EW”。

组合金属芯焊丝在“E”后有字母“WT”加数字后缀表示。

ANS2/AWS.A5.25/A5.25M 规程中规定，实芯焊丝成品化学分析是该标准对实芯焊丝分类所要求的唯一试验。表 3.11-23 为实芯焊丝成品化学成分要求。

组合金属芯焊丝应该对其与某一特定焊剂所产生熔敷金属的化学成分进行分析。ANS2/AWS.A5.25/A5.25M 规程中，对组合金属芯焊丝与某一特定焊剂所产生熔敷金属的化学成分分析时，所用焊锭的材料、尺寸、坡口形式及尺寸，焊接条件的要求，化学成分的取样位置都做了明确规定。表

3.11-24 为组合金属芯焊丝熔敷金属化学成分要求。

表 3.11-23　AWS.A5.25 对实心焊丝化学成分要求　%

AWS 类别	UNS 号	化学成分（质量分数）②											其他元素总量
		C	Mn	P	S	Si	Ni	Mo	Cu①	Ti	Zr	Al	
中锰级													
EM5K－EW	K10 726	0.07－	0.90～1.40	0.025	0.030	0.40～0.70	—	—	0.35	0.05－0.15	0.02－0.12	0.05－0.15	0.50
EM12－EW	K01 112	0.06－0.15	0.80～1.25	0.030	0.030	0.10	—	—	0.35	—	—	—	0.50
EM12K－EW	K01 113	0.05－0.15	0.80～1.25	0.030	0.030	0.15～0.35	—	—	0.35	—			0.50
EM13K－EW	K01 313	0.06－0.16	0.90～1.40	0.030	0.030	0.35～0.75	—	—	0.35	—		—	0.50
EM15K－EW	K01 515	0.10 0.20	0.80～1.25	0.030	0.030	0.10～0.35	—		0.35	—			0.50
高锰级													
EH14－EW	K01 585	0.10－0.20	1.70～2.20	0.030	0.030	0.50～0.80	—	—	0.35	—			0.50
专用级													
EHS－EW③	K11 245	0.07－0.12	1.60～2.10	0.035	0.025	0.50～0.80	0.04－0.75	—	0.35－0.55	—			0.50
EA3K－EW	K10 943	0.07－0.12	1.60～2.10	0.035	0.025	0.50～0.80	0.15	0.40－0.60	0.35	—			0.50
EH10K－EW	K01 010	0.07－0.12	1.60～2.10	0.035	0.025	0.50～0.80	—	—	—	—			0.50
EH11K－EW	K11 140	0.07－0.12	1.60～2.10	0.035	0.025	0.50～0.80	—	—	0.35	—			0.50

① Cu 的含量包括焊丝镀层铜；② 单值为最大值；③ w（Cr）的含量为 0.50%～0.80%。

表 3.11-24　AWS.A5.25/A5.25M 对组合金属芯焊丝熔敷金属化学成分要求①　%

AWS 类别	UNS 号	化学成分（质量分数）										其他元素总量
		C	Mn	P	S	Si	Ni	Cr	Mo	Cu	V	
EWT1	W06040	0.13	2.00	0.03	0.03	0.60	—	—	—	—	—	0.50
EWT2	W20140	0.12	0.50～1.60	0.03	0.04	0.25～0.80	0.40～0.80	0.40～0.70	—	0.25～0.75	—	0.50
EWT3	W22340	0.12	1.00～2.00	0.02	0.03	0.15～0.50	1.50～2.50	0.20	0.40～0.65	—	0.50	0.50

①　组合金属芯焊丝的分类使用的焊剂应是该标准焊丝为力学性能而分类的焊剂。

电渣焊方法的母材熔合比较高，不同型号的母材，采用不同的热输入会使焊缝成分和力学性能产生较大范围的变化。力学性能也与焊接条件密切相关。在 ANS2/AWS.A5.26/A5.26M 中，规定了各种电渣焊与某特定焊丝所产生熔敷金属的力学性能试验试板的材料、尺寸、坡口形式及尺寸和焊接条件的要求。表 3.11-25 为 A5.25 拉伸试验和冲击试验要求，表 3.11-26 为 A5.25M 拉伸试验和冲击试验要求。

表 3.11-25　A5.25 拉伸试验和冲击试验要求（焊态下）

AWS 类别①	抗拉强度 /6.895 MPa	屈服强度② /6.895 MPa ≥	伸长率② /% ≥	平均冲击吸收功/1.356 J ≥
FES6Z－XXX FES60－XXX FES62－XXX	60 000～70 000	36 000	24	不作规定
				0°F 时，15
				－20°F 时，15
FES7Z－XXX FES70－XXX FES72－XXX	70 000～95 000	50 000	22	不作规定
				0°F 时，15
				－20°F 时，15
FES8Z－XXX FES80－XXX FES82－XXX	80 000～100 000	60 000	20	不作规定
				0°F 时，15
				－20°F 时，15

①　本表中 AWS 类别栏中所采用的字母“XXX”指所有焊丝类别。
②　为0.2%残余变形的屈服强度，伸长率用 2 in（51 mm）标距。

表 3.11-26　A5.25M 拉伸试验和冲击试验要求（焊态下）

AWS 类别①	抗拉强度 /MPa	屈服强度② /MPa≥	伸长率② /% ≥	平均冲击吸收功 /J≥
FES43Z－XXX FES432－XXX FES433－XXX	430－550	250	24	不作规定
				－20℃时，20
				－30℃时，20
FES48Z－XXX FES482－XXX FES483－XXX	480－650	350	22	不作规定
				－20℃时，20
				－30℃时，20
FES55Z－XXX FES552－XXX FES553－XXX	550－700	410	20	不作规定
				－20℃时，20
				－30℃时，20

①　本表中 AWS 类别栏中所采用的字母“XXX”指所有焊丝类别。
②　为0.2%残余变形的屈服强度，伸长率用 2 in（51 mm）标距。

3.10　电渣焊工艺参数

电渣焊的工艺参数较多，各种电渣焊方法的工艺参数也不尽相同。电渣焊的焊接电流、焊接电压、工件装配间隙、渣池深度、电极数量直接决定电渣焊过程的稳定性、焊接接头质量、焊接生产率及焊接成本，这些参数成为主要工艺参数。

(1) 丝极电渣焊

1) 焊接电流 焊接电流与送丝速度成正比。送丝速度越大电流越大，见图 3.11-36 所示。对于 $\phi3.2$ (3.0) mm 焊丝，常用的焊接电流范围为 400 ~ 700 A。在此焊接电流范围内，随着焊接电流增大，母材熔宽和金属熔池的深度也相应的增大。当电流大于 700 A 时，因熔化率急剧增加，使金属熔池迅速上升，工件边缘在单位长度内获得的热量相对减少。同时由于电流密度加大，金属熔池液面下凹变深，因此对工件边缘的加热作用减弱，母材的熔宽减少。焊缝成形系数变小，产生结晶裂纹的倾向加大。当焊接电流低于 400 A 时，由于渣池总体热量不足而使焊缝熔宽变小。焊接电流选择不当会影响电渣过程的稳定性。在保证获得满意熔宽的条件下，适当增加焊接电流可提高生产效率。但是对于易产生裂纹的材料或接头，电流应小于 500 A。

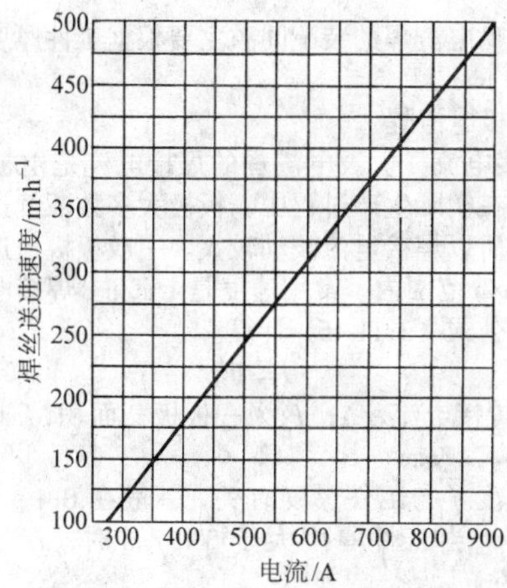

图 3.11-36 焊接电流与送丝速度的关系

2) 焊接电压 焊接电压实际上是高温锥体的电压降。随着焊接电压的增加高温锥体所占熔渣的空间增大，于是提高了高温锥体对工件边缘的预热作用，从而增加了母材的熔宽，改善了焊缝的形状系数。当电压在 32 V 以下时，提高焊接电压，熔宽增加较缓慢；而电压在 32 V 以上时，熔宽增加较显著。焊接电压增加时，单侧母材熔宽增加值如表 3.11-27 所示。电压过低，将会发生焊接熔池短路或产生电弧现象并可能导致未焊透。焊接电压过高会破坏渣池的稳定性，甚至使熔渣过热沸腾。常用焊接电压在 34 ~ 48 V 范围内。壁厚较大时，焊接的电压可稍高些。

表 3.11-27 焊接电压对熔宽的影响

焊接电压范围/V	焊接电压增值/V	单侧母材熔宽增值/mm
34 ~ 38	1	约 1.6
38 ~ 40	1	2.0 ~ 2.4
41 ~ 44	1	约 3.0

3) 渣池深度 为保持电渣过程的稳定性，渣池必须具有一定的容积和深度。当渣池深度超过了保持电渣焊过程稳定的临界值时，母材的熔宽会随着渣池深度的增加而降低。渣池过浅将产生熔渣飞溅和表面产生电弧；渣池深度过大，水冷滑块和母材的加热面区域增大，这样将造成渣池温度降低，焊缝宽度变窄即成形系数减小，可能导致未焊透和夹渣等缺陷。一般渣池深度的变化范围为 35 ~ 70 mm。母材厚度与渣池深度的关系见表 3.11-28。

表 3.11-28 按母材厚度选取的渣池深度 mm

母材厚度	渣池深度	母材厚度	渣池深度
40 ~ 100	35 ~ 40	200 ~ 350	50 ~ 60
100 ~ 200	40 ~ 50	350 ~ 500	60 ~ 70

4) 焊丝伸出长度 采用丝极电渣焊时，导电嘴至渣池的距离称为焊丝伸长长度。而熔嘴电渣焊没有焊丝伸出长度，因为熔嘴的熔化主要通过渣池传导热。而在高的热输入范围下，渣池的辐射热可使渣池上方的导向熔嘴充分熔化。丝极电渣焊采用平特性电源和等速送丝时，随着焊丝伸出长度的增加，焊接电流略有降低，而母材熔宽则减小。焊丝伸出长度太短，导电嘴易过热。一般焊丝干伸长度为 50 ~ 75 mm，焊丝伸长小于 50 mm 时，会使导向熔嘴（和焊丝）过热，而焊丝伸长超过 75 mm 时，由于电阻增大也会使焊丝过热。伸出长度过大时，焊丝将在渣池表面熔化而不在渣池中间，会使焊接过程不稳定和渣池加热不充分。

5) 焊丝的数量及摆动 丝极电渣焊的焊丝直径通常为 $\phi3.2$ (3) mm。表 3.11-29 列出了焊工件的厚度与焊丝根数的关系。括号内为可焊接的最大厚度值。

表 3.11-29 焊丝根数的选择 mm

焊丝根数	焊接工件厚度	
	焊丝不摆动	焊丝摆动
1	≤60	60 ~ 100 (150)
2	70 ~ 100 (120)	100 ~ 240 (300)
3	130 ~ 180 (220)	180 ~ 400 (450)

当板厚超过 50 mm 时，通常采用摆动焊接。摆动焊技术使热量分布均匀和有助于边缘熔合良好。摆动速度为 8 ~ 40 mm/s，频率为 20 ~ 100 次/分，摆动速度随板厚的增加而加快。增加摆速焊缝宽度减少且成形系数降低。所以摆动速度应与其他工艺因素相匹配。为保证坡口边缘母材全部熔合和克服滑块激冷所引起的淬硬倾向。摆动时两端停留时间一般为 2 ~ 9 s。焊丝摆动至滑块侧的距离应控制在 8 ~ 12 mm。

6) 装配间隙 随着装配间隙的增加，渣池容积增大，渣池的热量增加，同时焊接速度降低，工件边缘在单位长度内所吸收的热量增加，二者均使母材熔宽增大；反之，装配间隙减小，则母材熔宽变小。由此可见，装配间隙的大小能显著地影响母材的熔宽及焊缝形状系数。装配间隙过大增加了焊接材料消耗，降低了生产效率。装配间隙过小不仅使焊接操作困难，也会使焊缝成形系数变小，增加热裂倾向。装配间隙通常为 26 ~ 38 mm，装配间隙与板厚的关系见表 3.11-30。

表 3.11-30 装配间隙与工件板厚的关系 mm

工件厚度	30 ~ 80	80 ~ 120	120 ~ 200	200 ~ 400	400 ~ 1 000	>1 000
装配间隙	26 ~ 30	30 ~ 32	31 ~ 33	32 ~ 34	34 ~ 36	36 ~ 38

(2) 板状熔嘴电渣焊

1) 焊接电流 熔嘴电渣焊送丝速度和熔嘴的几何尺寸

选定后，焊接电流的范围就确定了，其平均值可按式(3.11-12)计算：

$$I = 340n + 4.5 v_{焊} \delta \tag{3.11-12}$$

式中，I 为焊接电流，A；n 为焊丝根数；$v_{焊}$ 为焊接速度，m/h；δ 为工件厚度，mm。

板状熔嘴电渣焊的焊接电流包括丝极电流和熔嘴电流。熔嘴电渣焊过程开始由丝极电渣焊建立渣池，故先产生丝极电流，其电流值较小。随渣池的升高，熔嘴末端浸入渣池后便产生熔嘴电流，电流值加大；熔嘴金属熔化后，熔嘴会暂时脱离渣池而丝极电流继续流通，总的焊接电流在一定幅度内呈周期性变化。

2）焊接电压　焊接电压的选择主要与被焊工件断面的几何尺寸有关。大厚度工件的多熔嘴电渣焊，焊接电压要高一些，以保证足够的焊缝熔宽；长焊缝（>2 m）单熔嘴电渣焊时，也应选择较高的焊接电压。因熔嘴有一定电压降(每米熔嘴压降约为0.5 V)，一般焊接电压在35～45 V范围内选取。

3）渣池深度　板状熔嘴电渣焊的渣池深度通常小于丝极电渣焊的渣池深度。一般渣池深度在30～50 mm范围内选取。

4）送丝及焊接速度　板状熔嘴电渣焊电极的送进速度在焊接过程中是不变的，它的选择与焊接速度、装配间隙和熔嘴的几何尺寸有关。一般来说送丝速度在60～130 m/h范围内选取。

焊接速度主要与被焊工件的材质和厚度有关。根据经验，低碳钢的为0.7～1.2 m/h；中碳钢为0.35～0.6 m/h；低合金钢为0.3～0.7 m/h。

5）熔嘴的数量　熔嘴数量取决于工件的厚度和熔嘴的宽度。单熔嘴的一般宽度为120 mm左右，当工件厚度小于180 mm时采用单熔嘴；工件厚度超过180 mm时则采用双熔嘴或多熔嘴。每个熔嘴的焊丝数目可为1根或2根，特殊情况亦可采用3根。焊丝直径为3 mm。多熔嘴电渣焊时，熔嘴的数目最好取3的倍数，以维持三相电源的平衡。

（3）管状熔嘴电渣焊

1）焊接电流　管状熔嘴电渣焊的焊接电流取决于送丝速度和管状熔嘴的截面积，并可根据式（3.11-13）的经验公式计算。

$$I = (5 \sim 7) F \tag{3.11-13}$$

式中，I 为平均焊接电流，A；F 为熔嘴钢管的截面积，mm^2。

管状熔嘴电渣焊的焊接电流包括丝极电流和熔嘴电流，它同板状熔嘴电渣焊类似，亦呈周期性波动。

2）焊接电压　管状熔嘴电渣焊焊接电压主要依据工件厚度和装配间隙来选择。由于管状熔嘴电渣焊适用于中厚板焊接，装配间隙相对变化不大，故焊接电压选择范围较小，一般在38～50 V范围内选取。为减少管状熔嘴电渣焊的热输入量，改善接头的性能，在保证焊透的情况下，焊接电压可取下限值。为防止管状熔嘴过长时，电压降较大，导致熔嘴过热。当熔嘴长度大于2 m时，在其中部附加一电源夹头，开始焊接时用中部电源夹头，焊到接近中部时再把电源夹头移至上部。

3）渣池深度　管状熔嘴电渣焊的渣池深度一般选取35～55 mm。由于管状熔嘴涂有药皮，装配间隙较小，焊接过程中药皮熔化进入体积较小的渣池，使得渣池深度增加。故开始引弧造渣时，渣池深度可控制在下限。为保持电渣焊焊接过程的稳定，焊接过程中有时需排渣，以保持规定的渣池深度。

4）送丝速度及焊接速度　管状熔嘴电渣焊的送丝速度在焊接过程中是不变的，它与工件厚度、焊接速度、装配间隙及熔嘴形状有关，可根据式（3.11-14）选取。

$$v_{丝} = \frac{0.13\delta\ (C_0 - 4)\ v_{焊}}{n} \tag{3.11-14}$$

式中，$v_{丝}$ 为送丝速度，m/h；δ 为工件厚度，mm；$v_{焊}$ 为焊接速度，m/h；C_0 为下部装配间隙，mm；n 为管状熔嘴数目，根。

焊接速度主要与工件材质及厚度有关，低碳钢的 $v_{焊}$ 一般为1～2 m/h，中碳钢的 $v_{焊}$ 为0.3～0.6 m/h，低合金钢的 $v_{焊}$ 为0.5～0.8 m/h。管状熔嘴电渣焊由于熔嘴外表面涂有药皮起绝缘作用，便于缩小装配间隙，提高送丝速度。其送丝速度通常比板状熔嘴电渣焊高，一般在150～300 m/h范围内选取。但送丝速度过高可能导致未焊透和焊接裂纹。

5）熔嘴数量及装配间隙　管状熔嘴数目按工件厚度决定，工件厚度小于60 mm时采用单熔嘴；大于60 mm时采用双熔嘴。管状熔嘴电渣焊适于焊接厚度小于120 mm的工件。

管状熔嘴电渣焊的装配间隙主要根据工件厚度确定，一般为20～30 mm。

（4）板极电渣焊

1）焊接电流　板极电渣焊的焊接电流是由板极送进速度决定的。在实际生产过程中，板极大多数断续送进，较少连续送进，所以焊接电流波动较大。一般板极送进速度控制在0.3～2 m/h范围内，常用速度是1 m/h。焊接电流的平均值可按经验公式（3.11-15）计算。

$$I = jF \tag{3.11-15}$$

式中，I 为焊接电流，A；F 为一板极截面积，mm^2；j 为板极电流密度，A/mm^2。

电流密度 j 与工件厚度有关，一般在0.4～0.8 A/mm^2 范围内选择。当工件厚度大于300 mm时，j 值可增加到1.2～1.5 A/mm^2。

2）焊接电压　板极电渣焊的焊接电压一般在30～40 V范围内选取，如焊接电压过高，说明板极末端插入渣池过浅，这样工件熔宽增大，电渣过程趋于不稳定。

3）渣池深度　板极电渣焊时，渣池深度对熔透深度和熔透形状的影响比丝极电渣焊强烈，渣池深度保持在25～35 mm。当板极送进速度较低时，若渣池深度过大，会使渣池总热量减少，渣池温度降低，可能导致工件熔宽减小，而产生未焊透，并使焊缝表面成形不良。如渣池深度过浅，会使电渣过程不稳定。

4）板极数量及装配间隙　电极尺寸和数量，与钢板厚度的关系见表3.11-31。大厚度工件则采用多板极电渣焊，板极的数目尽可能选3的倍数，以保持三相电源的平衡。

电极与坡口侧壁的间隙必须适当，电极与坡口侧的间隙太窄，使焊接操作复杂，易造成电极与坡口侧壁间发生短路。电极与坡口侧的最佳间隙是8～10 mm，对于坡口间隙28～32 mm，最佳电极厚度为10～12 mm。在保证焊接过程稳定的前提下，为提高生产效率，装配间隙应尽量小一些，但板极与工件间的距离至少大于8 mm，以免发生短路。厚工件焊接时采用多板极电渣焊，则装配间隙应适当放大，一般装配间隙在28～40 mm范围内选取。

（5）带极电渣堆焊

1）焊接电流　根据焊带尺寸来选择焊接电流。带极堆焊电流的密度一般为每平方毫米40～50 A。焊接电流越大熔敷效率越高。采用60 mm×5 mm的焊带电渣堆焊，电流与稀释率、熔深、焊道宽度及厚度的关系见图3.11-37所示。

2）焊接电压　带极电渣堆焊渣池深度较浅，必须严格控制焊接电压，焊接电压的偏差应控制在（±1 V）的范围内。对于不同种类的焊剂，其最佳电压范围也不相同。

表 3.11-31　电极尺寸和数量与钢板厚度关系表

板厚/mm	电极数量/个	电极尺寸/mm	
		厚度	宽度
30	1	8 ~ 10	30
100	1	8 ~ 10	100
	2	8 ~ 10	42 ~ 43
200	1	10 ~ 12	200
	2	10 ~ 12	92 ~ 94
	3	10 ~ 12	82 ~ 86
400	3	10 ~ 12	122 ~ 125
500	3	10 ~ 12	153 ~ 155
800	3	10 ~ 12	256 ~ 258

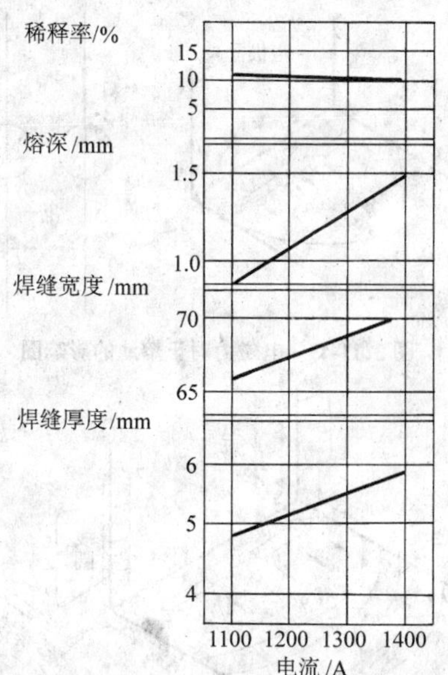

图 3.11-37　电流与稀释率、熔深、焊道宽度及厚度间的关系图

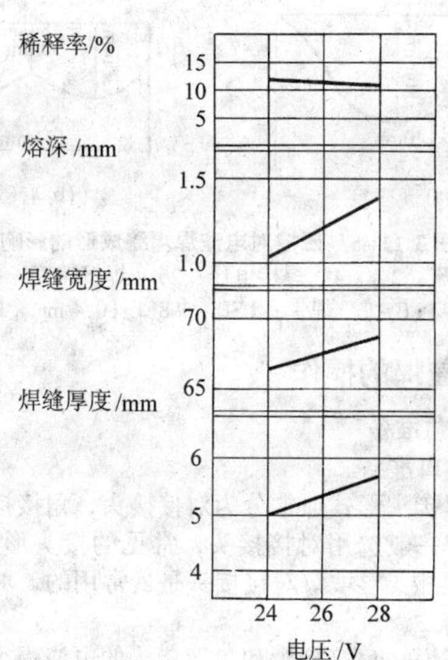

图 3.11-38　焊接电压对稀释率，熔深和焊缝尺寸的影响图

电压太低，容易出现短路，使焊带与熔融金属粘连。如果电压太高，则有明显的飞溅，同时熔池形状不规则。焊接电压的控制非常重要，通常采用在导电嘴和工件之间加检测及控制元件的方式来进行焊接电压的控制。

在电流和焊接速度一定的情况下焊接电压对稀释率，熔深和焊缝成形的影响见图 3.11-38 所示。

3）焊接速度　焊接速度取决于焊接电流。在焊接电流、焊接电压一定的情况下，焊接速度对焊缝尺寸、熔深、稀释率的影响见图 3.11-39 所示。

对于 60 mm × 0.5 mm 的焊带来说，通过焊接电流和焊接速度的匹配，焊缝的厚度在 3 ~ 5.5 mm 之间比较合适。当焊缝的厚度小于 3 mm 时，将会产生不规则的焊道，引起咬边、增加熔深和产生电弧。堆焊层厚度大于 5.5 mm 时，将会在焊道的搭接处产生未熔合。焊接电流、焊接速度与焊缝高度间的关系见图 3.11-40 所示。

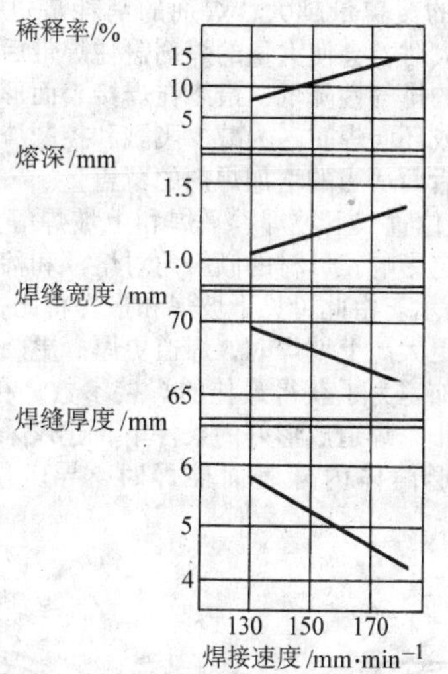

图 3.11-39　焊接速度对焊缝尺寸，熔深，稀释率的影响图

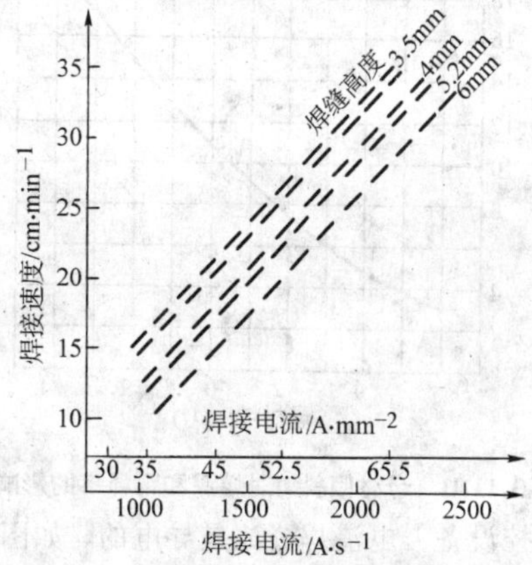

图 3.11-40　焊接电流、焊接速度与焊缝高度间的关系图

4）热输入　由于带极堆焊的热量在一个较宽的表面上分布，因此在计算有效的热量输入时，应考虑这个因素。带极堆焊的热输入可采用式（3.11-16）进行计算，该公式引入了焊道宽度（W）。

$$H.I = \frac{I \times U \times 60}{v \times W} \tag{3.11-16}$$

式中，$H.I$ 的单位为 J/cm；I 单位为 A；U 单位为 V；v 单位为 cm/min；W 单位为 cm。

5）焊带的干伸长　焊带的干伸长是指从焊带的端部到导电嘴间的长度。焊带的干伸长一般为25～40 mm，通常选35 mm。表3.11-32是采用308 L（60 mm×0.5 mm）焊带，焊接参数为1250A/24V/16.5cm/min时，焊带干伸长对稀释率的影响。

表3.11-32　焊带干伸长对稀释率的影响表

干伸长/mm	30	35	40
稀释率/%	17.7	15.5	13.5

6）焊道的搭接　搭接量可以通过焊带边缘到前一个焊道边缘之间的距离来调节。搭接量与焊缝厚度有关，通常为5～10 mm。一般来说，焊道越厚则搭接范围越大。实际焊缝厚度为4.5 mm时，搭接量为8～10 mm。磁控设备能使焊道高度均匀，从而获得均匀的搭接。

7）焊剂覆盖量　焊剂的覆盖深度一般比焊带干伸长大5 mm。焊剂的覆盖量越大，焊剂的消耗量也越多。另外焊剂的覆盖量大时，会使大量的焊剂盖住焊带后面的渣池，这将导致熔渣的排气性降低，最终在焊接表面形成气孔。但当使用宽焊带或环向焊时，为减少飞溅和控制渣池，应该在焊带的旁边或后面适当的增加焊剂的覆盖量。

8）焊接位置　下坡焊、平焊和上坡焊等焊接位置对于稀释率有一定影响。母材的倾斜角对熔深和稀释率的影响见图3.11-41所示。由此可见下坡焊和平焊相比，其焊道更薄，更宽，下凹更大。上坡焊时，焊道更厚、更凸、更窄，搭接部分俯角增加。为了获得最佳的焊接参数，在保证熔深/稀释率的值最小，焊道成形好的条件下，建议采用轻微的上坡焊。对于圆形筒体内外表面堆焊时，导电嘴的位置见图3.11-42所示。

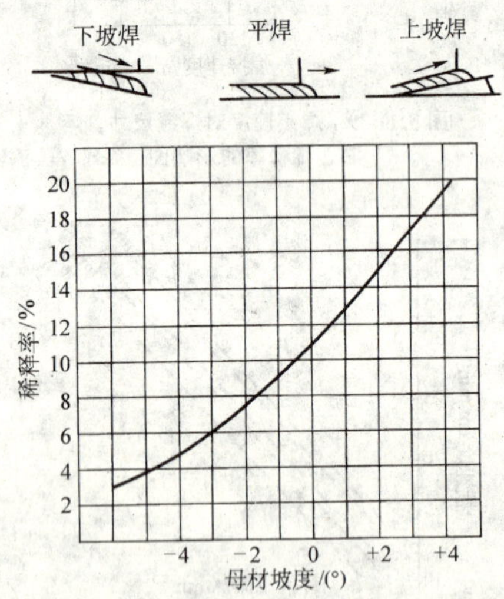

图3.11-41　母材倾斜角对熔深和稀释率的影响图

9）磁控设备　电渣焊渣池是导电的。如图3.11-43所示，由于电磁力的作用，使得熔池的两边的熔融金属向中心流动，导致焊道变窄，润湿角变差，清渣困难，甚至可能出现咬边。

磁控设备用来产生与熔池的电磁力方向相反的外部电磁力，以抵消熔池本身的电磁力的影响。外部磁场由两个螺线管产生，如图3.11-44所示。螺线管的位置非常重要。它应被放在离焊带边15 mm左右，且在母材正上方15 mm左右。用控制磁力线密度的方法来控制结晶波纹的形状，磁控对电渣焊焊缝成形的影响见图3.11-45所示。每个螺线管应根据工件来调整磁场密度，并应考虑其他的没有被计算的电磁力影响。标准的磁控设备每个螺线管可提供5 A的电流。

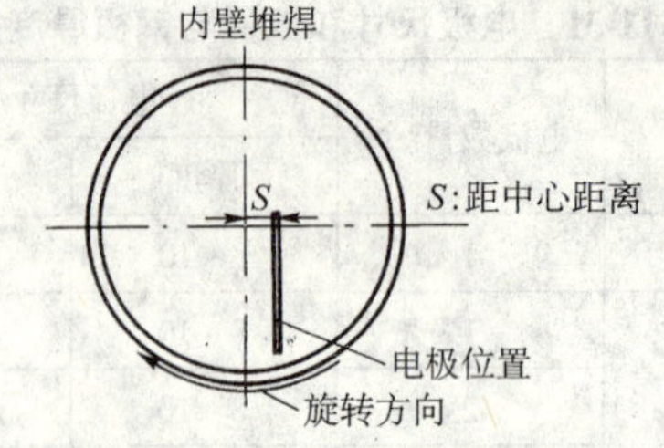

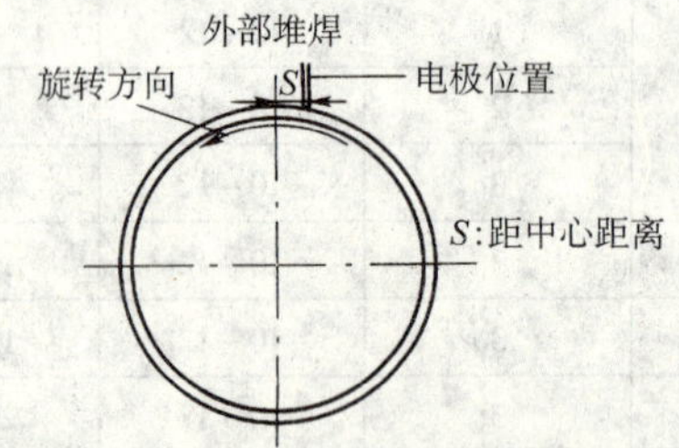

图3.11-42　导电嘴的位置图

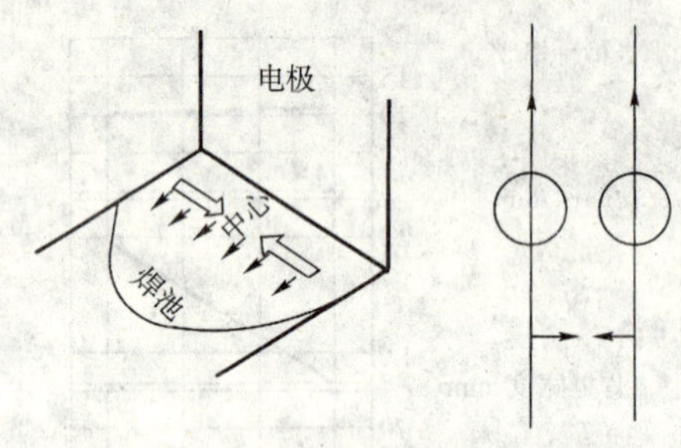

图3.11-43　电磁力对于熔池的影响图

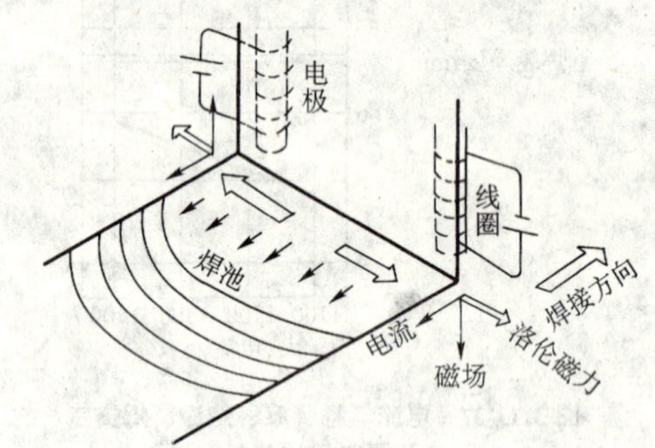

图3.11-44　螺线管位置图

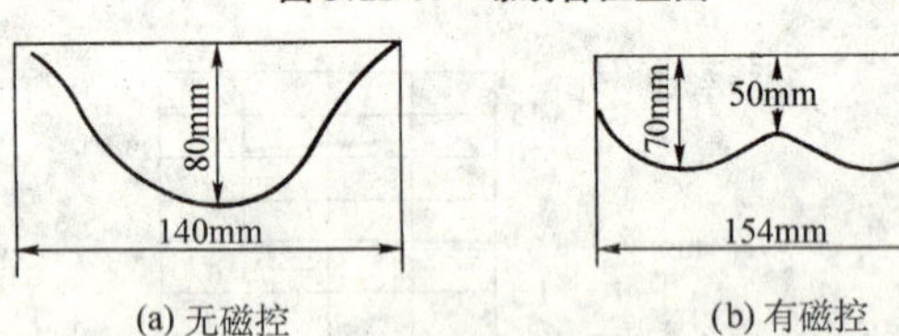

(a) 无磁控　(b) 有磁控

图3.11-45　磁控对电渣焊焊缝成形的影响图

焊接电流：2 400A　焊接电压：26 V 焊接速度：15 cm/min
焊剂：PFB－7　焊带：USB－308EL（0.4 mm×150 mm）

3.11　电渣焊的操作

3.11.1　焊前准备

（1）坡口准备

电渣焊接头形式通常分为对接接头，角接接头和T形接头。电渣焊一般选用对接接头，常见的接头形式见图3.11-46所示。其中I形坡口对接接头是最常用的，坡口准备也非常简单。

相对来说，角接接头和T形接头的电渣焊很少采用。最常见的角接接头见图3.11-47（a～d和h）。使用熔嘴电渣焊时，采用V形坡口（3.11-47d）、K形坡口（图3.11-47e）和双T形接头（图3.11-47g，h）。只要有可能，尽量采用对接接头来代替角接接头和 T 形接头。

坡口的加工通常用热切割或机械加工方法，在每侧坡口上加工成直边。如采用滑块时，坡口两侧的钢板表面必须光滑，以防止熔渣泄漏和损伤滑块。切割后，间隙内及外表面应打磨清除氧化皮，并使之露出金属光泽。打磨宽度应保证超过每侧滑块宽度 20 mm。

(2) 焊件的装配

为保证电渣焊过程中坡口间隙恒定，电渣焊焊接时必须采用刚性固定。对于不同结构，不同尺寸及不同材料的工件，其定位板的形式及尺寸也不相同。

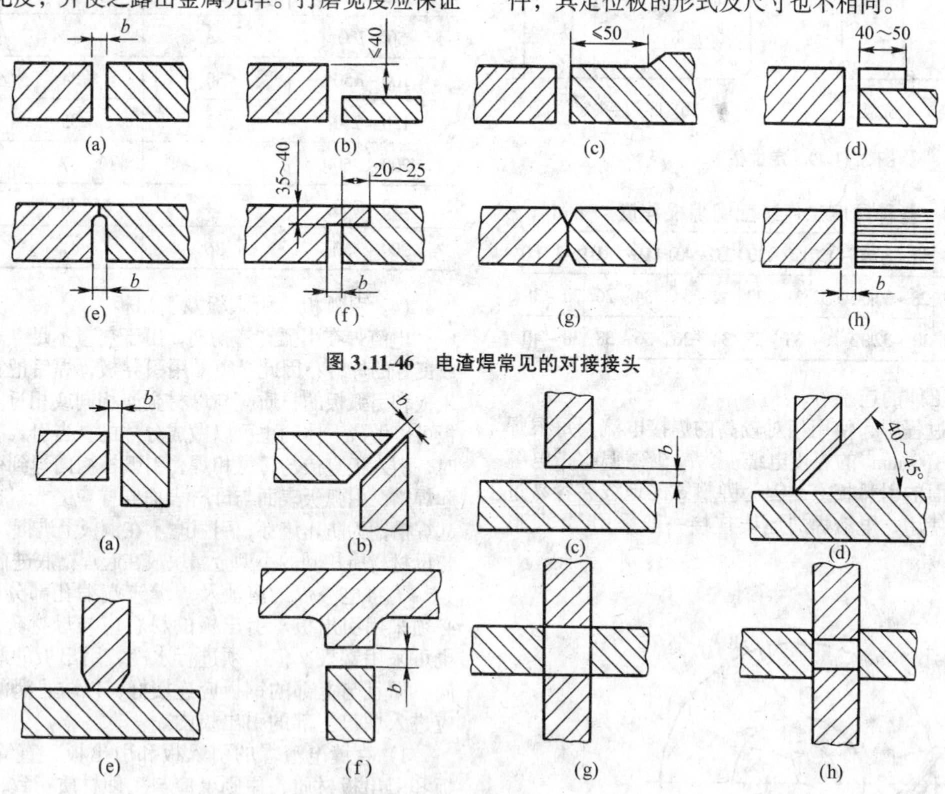

图 3.11-46　电渣焊常见的对接接头

图 3.11-47　电渣焊常见的角接接头及 T 形接头

1) 纵向对接接头及丁字接头的装配　纵向对接接头及丁字接头一般采用图 3.11-48 所示的定位板进行装配。定位板距工件两端为 200 ~ 300 mm，较长的焊缝中间要设数个定位板，定位板之间距离一般为 1 ~ 1.5 m。对于厚度大于 400 mm的大断面工件，定位板厚度可选用 70 ~ 90 mm。其余尺寸也可相应加大，定位板结构见图 3.11-49 所示，定位板可反复使用。

如果两个工件厚度不同（图 3.11-46b），应该使用分级滑块。实际上如果工件厚度差在 10 mm 以上，应该将厚板刨薄（图 3.11-46c），或者在薄板上焊接一块小板（图 3.11-46d）。电渣焊后再将此小板刨掉。

工件装配间隙等于焊缝宽度加上焊缝横向收缩量。沿焊缝长度上的焊缝横向收缩量是不同的，因而焊缝上部装配间隙应比下端大。焊缝的横向收缩量与工件厚度、焊缝长度、工件材质等因素有关。当工件厚度小于 150 mm 时，收缩量约为焊缝长度的 0.1%；当工件厚度为 150 ~ 400 mm 时，收缩量约为焊缝长度的 0.1% ~ 0.5%；当工件厚度大于400 mm 时，收缩量约为焊缝长度的 0.5% ~ 1%。各种厚度工件的装配间隙推荐值见表 3.11-33。

2) 环缝的装配　环向焊缝的装配时，工件应放在滚轮架上。筒体之间的装配采用定位板连接（图 3.11-49），定位板数量根据工件重量而定，垫块可以根据需要调整所希望的焊缝间隙。定位板一般置于筒体的外壁，如工件重量超过 50 t，应在筒体内壁加焊定位板。环缝电渣焊的变形量在环向各点上是不同的，变形规律较复杂，故应装配成反变形。其反变形靠不等的装配间隙来控制，最小的收缩变形产生在引导板附近，最大的收缩变形产生在引弧点对面，故最大间隙应置于图 3.11-50 的Ⅱ点。按照钢板的厚度不同，装配间隙的推荐值见表 3.11-34。表 3.11-34 适用于内径为 850 ~ 1 200 mm的圆筒形工件，当直径较大时，Ⅱ点的装配间隙按增加后的直径每米加 2 mm。例如对于厚度 100 ~ 150 mm，直径 1 800 ~ 2 300 mm，在Ⅱ点装配间隙应为 35 mm，而对直径 2 800 ~ 3 200 mm 的，其装配间隙应为 37 mm 等。

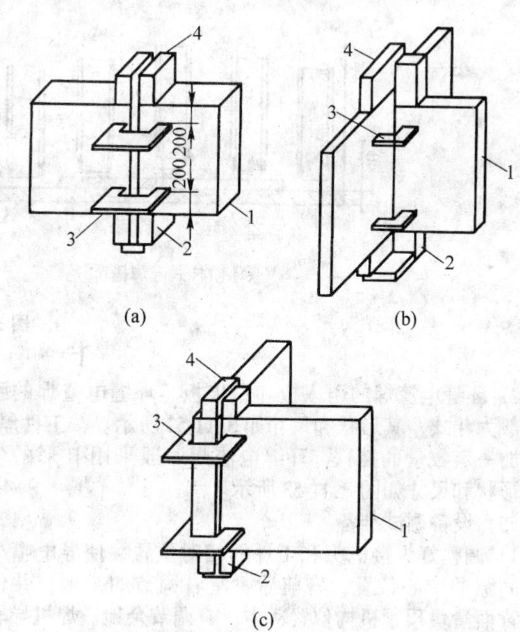

图 3.11-48　纵向对接接头及丁字接头的装配

1—工件；2—引弧和引入板；
3—定位板；4—引出板

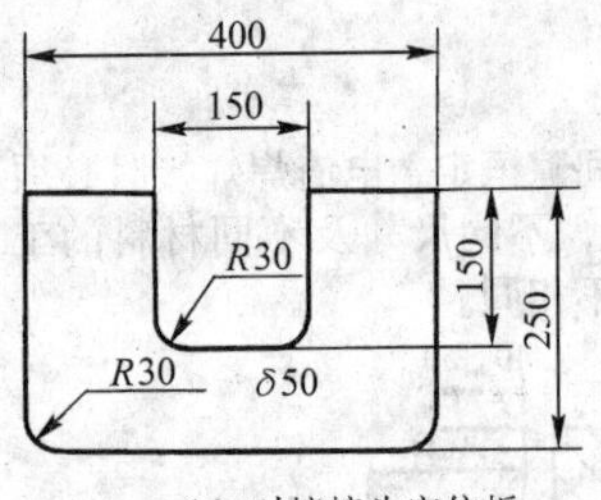

(a) 对接接头定位板

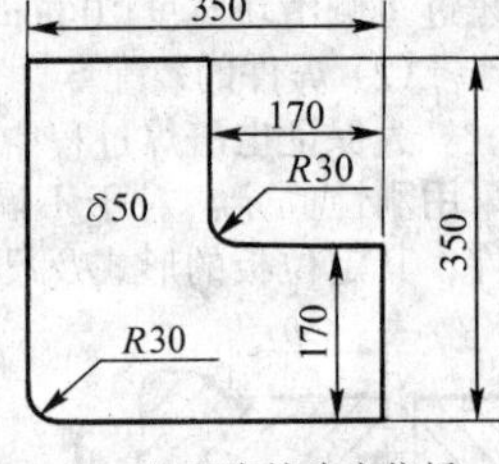

(b) 丁字接头定位板

图 3.11-49　定位板

表 3.11-33　各种厚度工件装配间隙推荐值　mm

工件厚度	50~80	80~120	120~200	200~400	400~1 000	>1 000
对接接头装配间隙	28~30	30~32	31~33	32~34	34~36	36~38
丁字接头装配间隙	30~32	32~34	33~35	34~36	36~38	38~40

(3) 电缆与工件的连接

因为电渣焊过程中，使用相对较高的焊接电流，每根焊丝一般要求两根 100 mm² 的焊接电缆。为减少磁偏吹，电缆最好接在焊丝下面的引弧板上。因为弹簧式的地线夹容易过热，所以不推荐使用，电渣焊的地线连接一般采用“C”形夹。

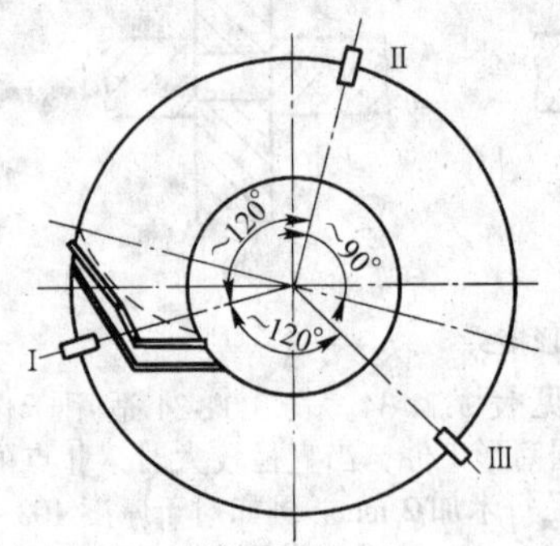

图 3.11-50　最大间隙位置

表 3.11-34　装配间隙的推荐值　mm

工件厚度	装配间隙		
	Ⅰ位置	Ⅱ位置	Ⅲ位置
20~50	25	29	27
50~100	28	32	30
100~150	30	34	32
150~200	32	35	34
200~250	33	37	35
250~300	34	38	36
300~450	36	41	38

(4) 引弧板、引入板及引出板

电渣焊在引弧造渣初期，由于热量不足，焊缝端部不能形成良好的焊缝，因此必须采用引导板，焊后把它割掉。一般引入板和引弧板的材质应与母材金属相同或相近。引入板和引弧板可以做成一体的也可以做成分体的。当引入和引弧板为分体时，引入板直接与母材相焊，引弧板横向焊到引入板下部形成起焊槽，引弧板表面与母材表面同样应磨光。也可以采用铜制起焊槽，为防止烧穿，引弧时不在铜板上进行，通常将 1~2 个与母材材质相同的小型金属块放在起焊槽底进行引弧。

为将电渣焊的渣池及焊缝末端缩孔部分引出工件之外，必须采用引出板。引出板的材料应与母材金属相同或相近，也可采用铜板。但必须进行水冷，引出板的厚度应与母材相同，而且与上部的钢板应连接好，以防止泄漏。完工的焊缝应进入坡口上部的引出板内。

1) 直缝电渣焊的引入板和引出板　直缝电渣焊的引入板和引出板材质，原则上应与工件材质一致，其宽度与工件厚度相同。高度为 80~100 mm，厚度为 80~100 mm。引入板底部应加一垫板构成引弧槽。焊接厚度较小的工件可采用 $\delta = 30 \sim 50$ mm 的直垫板。工件厚度大于 400 mm 大断面工件熔嘴电渣焊时，若用一般的平底引弧槽则引弧造渣较困难，故一般将垫板制备成斜坡形或阶梯形，见图 3.11-51，以便于引弧造渣。

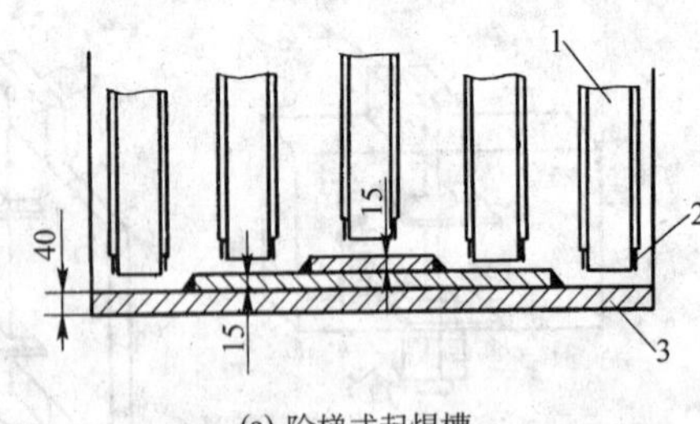

(a) 阶梯式起焊槽

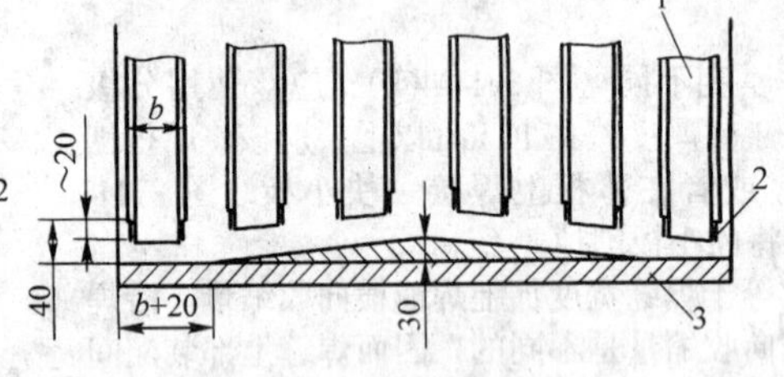

(b) 斜形起焊槽

图 3.11-51　起焊槽

1—熔嘴；2—焊丝；3—起槽焊底板

2) 环缝电渣焊的引入板和引出板　环缝电渣焊的引入板一般为斗式，其形状和尺寸如 3.11-52 所示。按工件厚度，可填加一定数量的挡铁。环缝电渣焊一般采用Ⅱ形的引出板，形状和尺寸如图 3.11-53 所示。

(5) 设备调试准备

1) 调整好焊接机头和工件的相对位置，使导电嘴处于焊接间隙的中心位置，有前后、左右调节的余地，并使正面、背面滑块顶紧机构位置适中，有调节余地。焊机导轨要保证由起焊槽至引出板全程的机头平稳移动。

2) 将正面及背面水冷成形滑块顶紧在工件上，并开动焊机向上、向下走动一段，检查水冷成形滑块是否紧贴工件。

3) 将焊丝送入导电嘴，检查焊丝是否平直，并将导电嘴在工件间隙中来回摆动，检查是否在摆动过程中，焊丝也处于间隙中心并与水冷成形滑块有适当的距离，同时要使焊丝在装配间隙中有调节余地。

4) 进行空载试车，检查焊接变压器工作情况，检查各挡空载电压以及焊机上升、摆动和送丝各机构运转是否正常。

5) 检查冷却水系统工作是否正常。

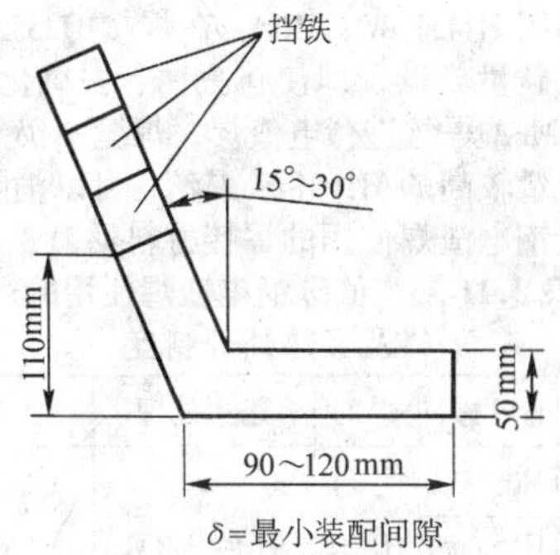

图 3.11-52　环缝电渣焊的引导板示意图

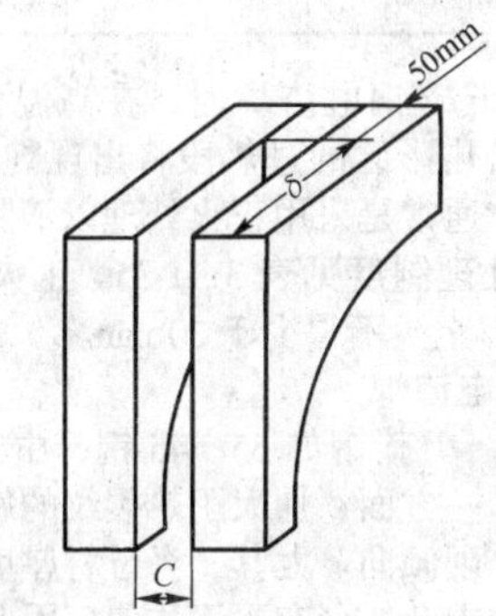

图 3.11-53　环缝电渣焊的引出板示意图

3.11.2　电渣焊过程

电渣焊过程可分为三个阶段，电渣过程的建立阶段、正常焊接阶段和引出阶段。

(1) 电渣过程的建立

1) 电渣过程的建立方式　电渣过程的建立可采用引弧造渣、导电焊剂造渣和石墨坩埚造渣三种方式。

① 引弧造渣　建立电渣过程时，在电极和起弧槽之间引燃电弧，电弧的热量将预先加入的固体焊剂熔化，在起弧槽、水冷成形滑块之间形成液体渣池。当渣池达到一定深度后，电弧熄灭，转入电渣过程。为便于引燃电弧，可在引弧板与电极之间放上一层细碎的铁屑。这种方法简单易行。引弧造渣多用于丝极电渣焊和熔嘴电渣焊，在板极电渣焊中较少应用。

② 导电焊剂造渣　在电极和起焊槽底板间放上导电焊剂，通电后，导电焊剂熔化形成渣池，渣池的热量又将周围的焊剂熔化。当渣池达到一定深度后，即可形成稳定的电渣过程。这种方法简单、安全，但导电焊剂数量应选择适当，否则会影响渣池的化学成分。板极电渣焊时，因引弧造渣较困难，多采用此种方法建立电渣过程。

③ 石墨坩埚造渣　用石墨电极在石墨坩埚中，将一定数量的焊剂熔化成液体熔渣，倒入引导槽内，然后送入电极并通电，即可建立电渣过程。此法操作复杂，主要用于厚板极宽间隙的电渣焊。

在造渣阶段，电渣过程不够稳定，渣池温度不高，焊缝金属和母材熔合不好，因此焊后应将起弧部分割除。

2) 引弧造渣过程的操作　引弧造渣是由引出电弧开始逐步过渡到形成稳定的渣池的过程。操作时应注意以下几点。

① 焊丝伸出长度以 40 ~ 50 mm 为宜，太长易于爆断，过短溅起的熔渣易于堵塞导电嘴或熔嘴。

② 引出电弧后，要逐步加入熔剂，使之逐步熔化形成渣池。

③ 引弧造渣阶段应采用比正常焊接稍高的电压和电流，以缩短造渣时间，减少下部未焊透的长度。

为减少起焊部分切割工作量，环向焊缝的引弧造渣通常采用斗式起焊槽，见图 3.11-54 所示。在斗式起焊槽（件号 1）中引弧造渣，渣池形成后，逐渐转动工件。随着液面的扩大，放入第 1 块起焊塞铁（件号 2），塞铁工件侧面点焊牢固。随着工件不断转动，渣液面的不断扩大，送入第 2 根焊丝和第 2 块起焊塞铁（件号 3），并安上外圆水冷成形滑块，进入正常焊接过程。

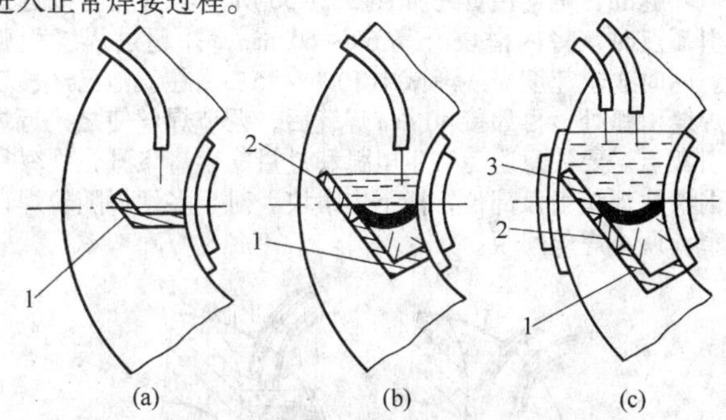

图 3.11-54　环缝电渣焊的斗式起焊槽示意图

(2) 正常焊接阶段

当电渣过程稳定后，焊接电流通过渣池产生的热将电极和被焊工件熔化，形成的钢水汇集在渣池下部，成为金属熔池。随着电极不断向渣池送进，金属熔池和其上的渣池逐渐上升，金属熔池的下部远离热源的液体金属逐渐凝固形成焊缝。焊接阶段的主要工作是维持焊接过程的稳定，焊接过程中可根据焊缝成形和渣池流动情况对规范参数做适当的调整。

在正常焊接过程操作中应注意以下几点。

1) 保持焊接电压、焊接电流、渣池深度稳定，及时观察、测量和调整，并做好记录。

2) 观察焊丝和导电嘴在焊缝间隙中的位置，防止与工件侧壁打弧、短路；注意焊丝送进速度，防止断续送进；导电嘴的摆动应在焊缝间隙的中心线上，不得偏离中心线。

3) 冷却滑块和冷却垫板与工件间要紧密接触，防止漏渣。如发生漏渣要及时用石棉泥或耐火泥堵塞，漏渣严重时要迅速提高电压，降低送丝速度，填加焊剂恢复渣池深度。

4) 经常检查水冷成形滑块的出水温度及流量。

5) 若因意外原因引起焊接过程中断时，应在焊缝上部间隙中打入楔形铁，防止工件接缝严重收缩；然后迅速将渣池清理干净，把已凝固的焊缝金属气割成 45°斜口，以单丝重新引弧造渣，随渣池的扩大逐步恢复规范参数，继续施焊。

6) 环缝的焊接操作比较复杂，除以上几点外，随着焊接过程的进行和工件的不断转动，要依次割去工件间隙中的定位塞铁，收尾前应沿内圆切线方向割掉起焊时有缺陷的部分，以形成引出部分的侧面，见图 3.11-55。

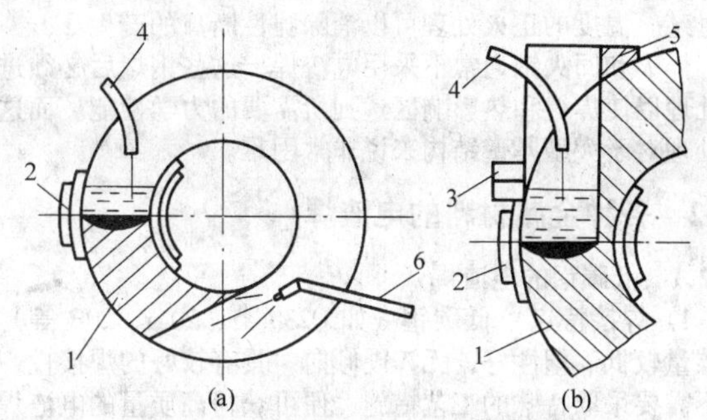

图 3.11-55　环缝电渣焊的操作示意图

1—焊缝；2—水冷成形滑块；3—外部挡板；4—导电杆；5—Ⅱ形板；6—气割炬

(3) 引出阶段

在被焊工件上部装有引出板，以便将渣池和在停止焊接时往往易于产生缩孔和裂纹的那部分焊缝金属引出工件。在引出阶段，应逐步降低电流和电压，以减少产生缩孔和裂纹。焊后应将引出部分割除。环缝的首尾连接是非常重要的，这不仅因为操作者应具有特殊的技术，而且必须采取预防措施，避免裂纹产生，减少首尾连接处的收弧缺陷。

环缝的首尾连接程序如图3.11-56所示。当渣池接近焊缝引弧点时，将内滑块升高50~60 mm，并超过焊缝引弧点。同时送丝速度应逐渐减小10%~15%。在渣池已经覆盖了焊缝引弧处，再焊接40 mm焊缝后，调节焊丝使之接近焊缝引弧点。要注意避免产生电弧和过量的熔渣飞溅，观察靠近内滑块焊缝引弧部位，撤下内滑块。对于多丝焊随着焊口变窄，调小焊丝间距。

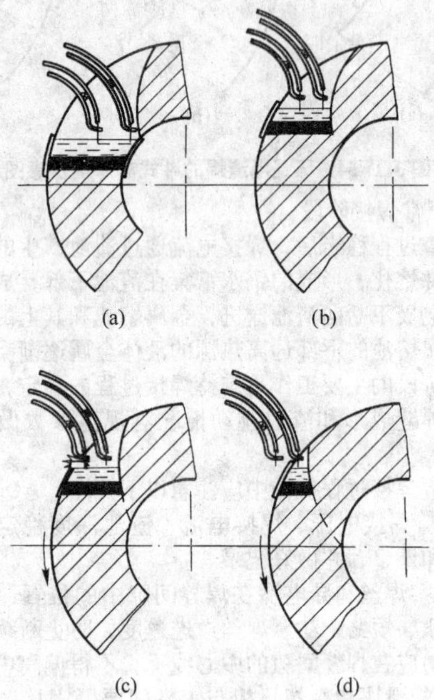

图3.11-56 环缝电渣焊的环缝的收尾示意图

3.11.3 预热、后热及焊后热处理

电渣焊一般不要求预热，这与许多钢材电弧焊接相比是一个很大优点。利用其自身的特点，本方法采用特殊热量向工件传递的方式进行自身预热，并且工件的预热是先于焊缝进行的。由于电渣焊焊后的冷却速度很慢，故通常也不需要后热。

碳钢和低合金钢的接头性能可以通过热处理得到很大改善。正火能够基本消除所有焊缝的铸造组织，能够调整焊缝金属和母材金属的力学性能。根据V形缺口冲击试验表明，超过某一温度的正火处理可以消除脆性断口的产生。

淬火和回火钢通常不采用电渣焊，这些钢焊后必须进行热处理以使焊缝和热影响区达到所需要的力学性能。而这类热处理对于大型厚壁结构来说非常困难。

3.12 各种金属材料的电渣焊

3.12.1 低碳钢的电渣焊

1）焊接特点 低碳钢（如Q235类、20 g、20R等）的含碳量较低、塑性好、无淬硬倾向，具有较好的焊接性，通常不需要采取特殊的工艺措施，便可获得高质量的电渣焊焊接接头。

2）焊接材料 低碳钢电渣焊焊缝金属在高温停留时间较长，组织粗大，所用电极应比埋弧焊用焊接材料高一个级别，焊剂可选用HJ431或HJ360。在焊接Q235AF沸腾钢时，由于钢材中含硅量较低，即使在去锈、去氧化皮的条件下，采用一般H08MnA焊丝进行电渣焊，焊缝中仍然可能出现气孔。采用含硅量较高的H10MnSi焊丝，可以消除这种气孔。

常用低碳钢电渣焊使用的焊接材料见表3.11-35。

表3.11-35 低碳钢电渣焊使用的焊材及其热处理制度

钢 号	电极材料	焊剂	正火处理	回火处理
10、Q235-A	H08MnA	HJ431 HJ360	910~940℃ 保温1min/mm	590~650℃ 保温2~3 min/mm
20、25、20 g、20 R、22 g	H10MnSi H10Mn2			
Q235-A·F	H10MnSi			

3）热处理 低碳钢电渣焊时，在高温停留时间较长，在焊缝金属中及其热影响区的过热段将出现魏氏组织。因此，低碳钢电渣焊后，通常是采用正火处理以消除魏氏组织。低碳钢电渣焊的热处理制度见表3.11-35。正火处理的保温时间为1 min/mm，但至少不得少于30 min。

3.12.2 中碳钢的电渣焊

1）焊接特点 中碳钢如35、45钢，由于含碳量较高，增加了焊接困难。一方面，加大了热裂纹的敏感性；另一方面，增加了钢的淬硬倾向。尤其，当母材厚度较大时，随着金属厚度增加，钢中杂质分布更不均匀，因此，中碳钢电渣焊时出现裂纹的可能性较大。

为了提高焊缝金属的抗热裂纹能力，在确定焊接工艺参数时，首先要提高电渣焊的焊缝成形系数值，即适当地增加焊接电压、降低焊接电流、增大装配间隙。此外，应控制母材金属的熔宽（即熔合比），使母材在焊缝金属中所占有的比例减小，以提高焊缝金属的抗裂性。还应注意防止未熔合等缺陷。

2）焊接材料 中碳钢电渣焊可选用HJ431或HJ360焊剂。

根据母材金属钢号及产品技术条件对力学性能的要求选定电极材料。当不要求产品焊缝与母材金属等强时，电渣焊的电极材料可选用含碳量较低的低碳锰合金电极材料。当要求产品焊缝与母材金属等强时，应选用低碳高锰的电极材料。因为锰具有脱硫作用，可减弱热裂纹倾向。另外，锰可强化铁素体，提高焊缝的强度。

3）热处理 中碳钢电渣焊焊件进行正火+高温回火处理的焊后热处理，可消除中碳钢电渣焊焊缝及其近缝区一次结晶的粗大组织。正火温度取决于钢的碳含量，具体数值见表3.11-36。

表3.11-36 碳素钢的正火温度表 ℃

钢号 临界点	20	35	45
Ac_3	850	800	780
正火温度	910~940	870~890	850~870

中碳钢电渣焊经正火后，由于组织尚不稳定以及不均匀冷却而造成内应力，故正火后应再进行一次高温回火。中碳钢电渣焊的高温回火温度一般为550~620℃。在某些构件焊接中，往往将高温回火处理与整体消除应力的退火处理合并。

4）中碳钢电渣焊的典型工艺参数 母材：ZG35铸钢，板厚280 mm；焊材：HJ360+H08MnA（$\phi3$）；焊前预热温度≥150℃；焊丝根数：3根；焊接电流：400~500 A；焊接电压：44~46 V；渣池深度：40~45 mm；送丝速度：250 m/h；焊丝摆速：36 m/h；焊丝间距：100 mm；焊丝干伸长：

70 mm；焊丝在滑块侧停留时间：6 s；电渣焊后热处理：正火温度870～890℃，高温回火温度560～600℃；热处理后宏观及金相组织：焊缝及热影响区金相组织为细晶铁素体及珠光体。

3.12.3　低合金高强钢的电渣焊

（1）低合金高强钢电渣焊的特点

1）低合金高强钢冷裂敏感性　低合金高强钢，尤其合金元素总量超过3%的低合金高强钢，焊接后容易在热影响区出现冷裂纹。这种冷裂纹主要由于在焊接接头的近缝区出现淬硬组织和扩散氢的积聚而引起的。当焊接结构刚度大而引起较大焊接应力时，则更加剧了冷裂纹的产生。随着低合金高强钢合金元素总含量的增多，强度级别的提高，冷却速度的加快，则冷裂纹的倾向也增大。电渣焊时，虽然接头冷却速度较低，但热影响区晶粒粗大，在高的焊接应力作用下，热影响区亦可能产生冷裂纹。

2）低合金高强钢的热裂倾向　焊接低合金高强钢时，一方面，从母材金属向焊缝过渡一些促进热裂纹的元素，如碳、硅、镍、铌等；另一方面，由于低合金高强钢的导热性差、焊后强度高、塑性差，提高了焊接应力。因此，低合金高强钢的电渣焊也存在着产生热裂纹倾向。如国内某些锅炉、压力容器制造厂，采用19Mn6（19Mn5）、14MnMoV、18MnMoNb、BHW－35等低合金高强钢制造的厚壁汽包、压力容器，曾在电渣焊焊缝中发现八字形裂纹。经试验分析认定，它是一种埋藏在电渣焊焊缝内部的结晶裂纹（见图3.11-57）。为防止热裂纹的产生应选择合适的焊材，控制规范参数，改善焊缝成形等。

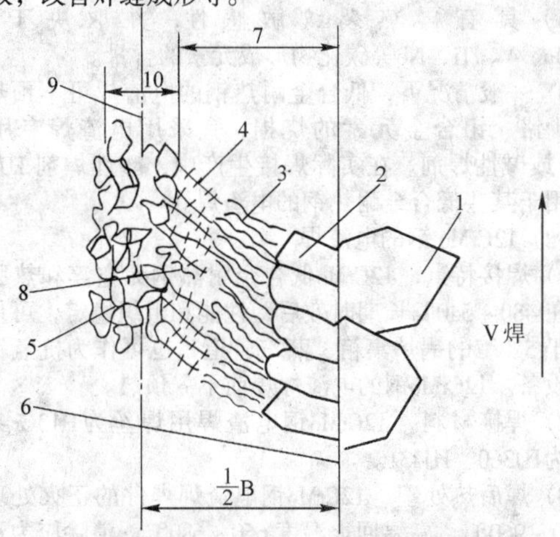

图3.11-57　焊缝内部的结晶裂纹

1—母材热影响区晶粒；2—胞状组织；3—胞状树枝晶；4—柱状树枝晶（简称细柱状晶）；5—等轴树枝晶（简称等轴晶）；6—熔合线；7—柱状晶区；8—八字形裂纹；9—焊缝中心线；10—等轴晶区

3）低合金高强钢电渣焊缝的冲击韧度　有些低合金高强钢（如13MnNiMo54钢），电渣焊后虽经正火加高温回火处理，其焊缝金属冲击韧度仍然偏低，有时出现不合格现象。因此，对低合金高强钢进行电渣焊及热处理时，应该注意选择合适的焊接材料、工艺参数及热处理规范，以提高电渣焊焊缝的冲击韧性。为此应适当降低焊接电流、提高焊接电压，并适当扩大坡口间隙。

（2）16Mn钢的电渣焊

1）焊接特点　16Mn钢中的锰含量达到1.20%～1.60%，其强度比Q235A类低碳钢增加35%左右。16Mn钢在奥氏体化后空冷，可得到珠光体加铁素体的金相组织。16Mn钢的供货状态为热轧态。16Mn钢的平均碳当量为0.37%，具有良好的焊接性。电渣焊前不需预热。

2）焊接材料　16Mn钢电渣焊的电极材料为H10Mn2、H10MnSi或H08MnMoA，H10MnMo。当16Mn钢板厚超过60 mm时，电极材料应选用H08MnMoA或H10MnMo。

16Mn钢电渣焊可选用HJ431或HJ360焊剂。

3）热处理　16Mn钢电渣焊后的正火温度为900～950℃。试验表明，正火温度在860～950℃范围，综合性能较好，以900℃最佳。超过950℃，强度提高，而韧度有所下降。消除应力退火温度可取600～650℃。若退火温度低于590℃，则冲击韧度下降。当以热校圆代替正火处理或以热冲压代替正火处理时，热校圆或热冲压的加热温度应为900～960℃，终校或终压温度应该大于850℃。在850℃以下进行形变加工，常温冲击韧度明显下降。

（3）15MnV钢的电渣焊

1）焊接特点　15MnV钢一般在热轧状态下供货，当要求较高的塑性和韧性时，应以正火状态供货。15MnV钢的塑性及低温韧度低于16Mn钢，应变时效敏感性较大，在冷卷加工中有脆裂的可能。15MnV钢含碳量较16Mn钢略低一些，其碳当量与16Mn钢相当，因此，其焊接性与16Mn钢接近。电渣焊前不需预热。

2）焊接材料　15MnV钢电渣焊用电极材料可选用H08MnMo、H10MnMo焊丝和HJ431、HJ360焊剂。

3）热处理　15MnV钢电渣焊后的正火处理，推荐温度范围为940～980℃。15MnV钢电渣焊后的正火处理，提高了塑性和韧性储备，尤其使低温冲击韧度大为改善。若15MnV钢焊件经电渣焊拼接后还需作热校圆或热冲压时，则其加热温度应控制在950～1 000℃，终卷或终压温度≥800℃。

回火处理对15MnV钢性能的影响较小。当15MnV钢电渣焊焊件需要消除应力时，其消除应力退火温度为550～620℃。

（4）15MnTi钢的电渣焊

1）焊接特点　15MnTi钢也是在16Mn钢的基础上，适当地降低含碳量，并加入Ti（0.12%～0.20%）而形成C－Mn－Ti合金系列的普通低合金钢。钢中加入少量的Ti可以脱氧、固定氮，并形成碳化钛，显著地提高强度。高温时，钛溶解于固溶体中。较厚的15MnTi钢板在轧制后的冷却过程中，钛不能充分析出，使钢的塑性和韧度大为降低。15MnTi钢一般以正火状态供货，经过正火处理后，钛以碳化物的形式析出，并细化晶粒，使塑性和韧性明显提高，15MnTi钢的焊接性与16Mn和15MnV相当。

2）焊接材料　15MnTi钢电渣焊用电极材料可选用H10MnMo。焊剂可选择HJ431、HJ360。

3）热处理　15MnTi钢电渣焊后的正火处理温度为900～930℃。热冲压加热温度为950～1 100℃，终压温度应≥850℃后空冷。当需消除应力时，消除应力退火温度为600～650℃。

（5）19Mn6钢的电渣焊

1）焊接特点　19Mn6钢具有良好的综合力学性能、焊接性能和工艺性能。500℃以下的高温力学性能优于碳素钢。19Mn6钢因碳含量较高，其焊接性低于16Mn钢。200 mm以下的厚板焊前不需预热。

2）焊接材料　19Mn6钢电渣焊的焊剂可选用HJ431、HJ360。电极材料可选择H10MnMo焊丝。当19Mn6钢焊件电渣焊拼缝后，需再作热冲压（如热冲压封头）时，则应选用H08Mn2MoA焊丝和HJ431、HJ360焊剂。板厚小于70 mm时，可采用H08Mn2Si焊丝。

3）热处理　19Mn6钢电渣焊后正火处理的温度为890～950℃。19Mn6钢具有过热倾向，以较高温度（如980℃以上的温度）进行正火处理时，电渣焊接头的缺口冲击韧度达不到要求。19Mn6钢消除应力的退火温度为520～580℃。

(6) 14MnMoV钢的电渣焊

1) 焊接特点 14MnMoV钢是屈服强度为490 MPa级的热强钢。14MnMoV钢的碳当量平均值 C_{qm} = 0.503%。板厚小于150 mm时可不预热。14MnMoV钢不宜在轧制状态下使用，而应在正火加高温回火热处理状态下使用。对于要求较高的焊件，最好作调质处理。

2) 焊接材料 14MnMoV钢电渣焊的焊丝和焊剂选择：当电渣焊后作正火+高温回火处理时，焊丝选用H10Mn2NiMo或H10Mn2MoVA，焊剂为HJ360或HJ431；当电渣焊后作调质处理时，焊接材料为H10Mn2MoA+HJ360或HJ431焊剂。

3) 焊后热处理 14MnMoV钢电渣焊后的正火温度推荐范围为930~980℃，正火处理的温度不宜过高，这是因为随着正火温度的提高，合金元素固溶度增加，固溶强化效应提高，使钢的强度上升而塑性下降。当正火处理的温度超过1 050℃，则晶粒显著长大。高温回火温度为660℃±10℃。消除应力退火温度为630℃±10℃。

14MnMoV钢焊件电渣焊后需冲压成形时，热冲压加热温度可提高到960~1 050℃，当终压温度≥900℃时，热冲压后可不必进行重复正火处理，但需立即作660℃±10℃高温回火处理。

(7) 18MnMoNb钢的电渣焊

1) 焊接特点 18MnMoNb钢碳含量高于14MnMoV，合金元素总含量略低于后者，但铌含量对热裂敏感起不利的影响。18MnMoNb在正火状态下的金相组织为贝氏体加铁素体(故也称为贝氏体钢)。18MnMoNb钢的平均碳当量 C_{qm} = 0.560%，厚度在150 mm以下钢板电渣焊可不预热。

2) 焊接材料 18MnMoNb钢电渣焊可按焊件厚度和热处理制度选择下列焊丝。H10Mn2MoA、H10Mn2NiMo、H10Mn2Mo-VA、H08Mn2MoVA。焊剂为HJ431、HJ360。当18MnMoNb钢焊件电渣焊后需作调质处理时，其焊接材料可采用H10Mn2MoA焊丝+HJ431、HJ360焊剂。

3) 焊后热处理 18MnMoNb钢焊件电渣焊后正火处理温度为940~980℃。高温回火温度为630~670℃。当热卷和热冲压时，加热温度不宜过高。热卷温度最高不超过1 050℃，终卷温度应≥850℃。电渣焊焊件消除应力退火处理温度为590~610℃。

(8) 13MnNiMo54钢的电渣焊

1) 焊接特点 13MnNiMo54（德国钢号）低合金热强钢，供货状态为正火加回火。正火组织为贝氏体加铁素体。回火组织为回火贝氏体加铁素体。为提高高温屈服强度，钢中添加了Mo、Cr、Nb等合金元素。因碳含量较低，其焊接性较好。对再热裂纹不敏感，抗脆断性能较好。13MnNiMo54钢在蒸汽锅炉、压力容器、核能设备中得到广泛应用。该钢的平均碳当量为0.497%。厚200 mm以下钢板电渣焊可不必预热。

2) 焊接材料 13MnNiMO54钢电渣焊的焊剂可选用HJ360或HJ431。焊丝为：H10Mn2NiMo或H10Mn2MoVA。当电渣焊后需作调质处理时，可选用H10Mn2Mo焊丝。

3) 焊后热处理 13MnNiMo54钢电渣焊后的正火温度推荐范围：920~950℃。高温回火温度620~640℃。电渣焊后热卷、热冲压温度为1 000~1 025℃，终压温度≥850℃。消除应力退火温度为590~620℃。13MnNiMo54钢电渣焊焊缝金属经正火加高温回火或正火加高温回火再加消除应力退火，曾发现电渣焊缝冲击韧性偏低现象。当对电渣焊缝进行常规正火加双相区热处理，再加高温回火处理时，其冲击韧度得到了提高。获得最佳冲击韧度的双相区热处理温度为750℃±10℃。

(9) 低合金高强钢电渣焊的典型工艺参数

低合金高强钢电渣焊的典型工艺参数见表3.11-37。

3.12.4 低合金耐热钢的电渣焊

(1) 低合金耐热钢电渣焊的特点

低合金耐热钢是以铬钼合金元素为基础的低合金结构钢。其金相组织是珠光体或珠光体加铁素体。低合金耐热钢的高温强度、高温韧度、抗时效性能较好。通常在锅炉、石化容器中应用的珠光体耐热钢有12CrMo、15CrMo、20CrMo、2¼Cr-1Mo等。其特点如下。

1) 具有一定的淬硬倾向，并取决于合金元素的总含量。

2) 具有再热裂纹敏感性，并取决于钢中Cr、Mo、V、Ti、Nb等碳化物形成元素的含量。

3) 一般情况下，低合金耐热钢的电渣焊可不预热。为了减少铬、钼合金元素的烧损，宜采用电渣焊专用焊剂HJ360或碱性焊剂。在实际焊接生产中，酸性焊剂HJ431也常常用于某些低合金耐热钢的电渣焊。

(2) 12CrMo钢的电渣焊

1) 焊接特点 12CrMo低合金耐热钢无空淬和热脆性倾向，在480~540℃长期时效后，性能和组织稳定，可用于壁温小于520℃的锅炉集箱、蒸汽管道，也可作为抗氢钢用于石化设备。12CrMo钢的电渣焊焊前不需预热。

2) 焊接材料 12CrMo钢电渣焊用焊丝为H13Cr-MoA。焊剂为HJ360、HJ431。

3) 焊后热处理 12CrMo钢电渣焊焊件的正火处理温度为930~960℃。高温回火温度650~680℃。消除应力退火温度为640~660℃。

表3.11-37 低合金高强钢电渣焊的典型工艺参数表

材料	厚度/mm	间隙/mm	焊材 φ3 mm	焊丝数	丝距/mm	焊丝伸长/mm	焊接电流/A	焊接电压/V	渣池深度/mm	热处理
16MnR	65	28~30	HIOMnMo + HJ431	2根	40~45	65~70	450~500	39~43	55~65	正火（910~940℃）×1.5 h 回火（610~630℃）×3.5 h
13MnNiMo54	95	30~32	H10Mn2NiMo + HJ431	2根	55~60	65~70	450~500	41~43	60~70	*正火（920~940℃）×3 h 回火（610~640℃）×5 h 退火（590~610℃）×7 h
19Mn6	100	30~32	H10MnMo + HJ431	2根	55~60	65~70	450~500	41~43	60~70	正火（910~930℃）×2.5 h 回火（570~590℃）×5 h

注：* 双相区热处理制度为：正火（920~940℃）×3 h、双相区处理（740~760℃）×2 h、回火（620~640℃）×5 h、退火（600~620℃）×5 h。

(3) 15CrMo钢的电渣焊

1) 焊接特点 15CrMo钢的含Cr量比12CrMo钢高近一倍，含碳量也有增加，因此，15CrMo钢的强度增高而韧度降低，其热强性优于12CrMo钢。在550℃以下具有较高的热强性和抗氧化性。用于壁温≤600℃的锅炉集箱管道，并可作为抗氢钢用于石化设备。电渣焊焊前不需预热。

2）焊接材料 15CrMo 钢电渣焊的焊丝为 H13Cr－MoA。焊剂为 HJ360、HJ431。

3）焊后热处理 15CrMo 钢电渣焊后的正火温度为930～960℃。高温回火温度为 670～700℃。消除应力温度为640～660℃。

(4) 2¼Cr－1Mo 钢的电渣焊

1）焊接特点 2¼Cr－1Mo 低合金耐热钢广泛用于火电设备、核电设备、石油化工容器（如加氢反应器等）。2¼Cr－1Mo钢的碳当量高达 0.8%以上，故焊接性较差。但壁厚小于 200 mm 的焊件，电渣焊前可不预热。为了改善电渣焊焊缝的形状系数以提高抗裂性能，可以适当地增加装配间隙和焊接电压。

2）焊接材料 2¼Cr－1Mo 钢电渣焊用焊丝为 H13Cr2Mo1A、H10Cr3MoMnA。焊剂为 HJ360、HJ350，有时也采用 HJ431。

3）焊后热处理 2¼Cr－1Mo 钢电渣焊后的正火温度为 950～980℃。高温回火温度为 680～700℃，消除应力退火温度为 650～680℃。热卷、热校、热冲压的控制温度为 950～990℃，终止温度≥850℃。

(5) 低合金耐热钢电渣焊的典型工艺参数

低合金耐热钢电渣焊的典型工艺参数见表 3.11-38。

3.12.5 奥氏体不锈钢的电渣焊

(1) 奥氏体不锈钢电渣焊的特点

1）奥氏体不锈钢导热性差 奥氏体不锈钢导热性比一般碳钢、低合金结构钢差，因此，近缝区受热较大，且在相同焊接条件下，不锈钢焊丝熔化速率较快。

2）合金元素烧损较严重 奥氏体不锈钢电渣焊时，铬、钛等易氧化的元素烧损较严重。为了减少合金元素和钛的氧化，应该选用氟化钙基焊剂。由于这种焊剂具有良好的导电性，必须采用较低的焊接电压和降低渣池的深度。否则，容易出现未熔合缺陷。

表 3.11-38 低合金耐热钢电渣焊的典型工艺参数表

材料	厚度/mm	间隙/mm	焊材 ϕ3 mm	焊丝数	丝距/mm	焊丝伸长/mm	焊接电流/A	焊接电压/V	渣池深度/mm	热处理
13CrMo44	40	26～28	H13CrMoA + HJ431	单根摆动		65～70	450～500	41～43	60～70	正火（910～930℃）×1 h 回火（640～660℃）×2.5 h 退火（650～670℃）×2.5 h
10CrMo910	40	26～28	H10Cr3MoMnA + HJ431	单根摆动		65～70	450～500	41～43	60～70	正火（950～980℃）×1 h 回火（680～700℃）×2.5 h 退火（660～680℃）×2.5 h
12Cr1MoV	40	30～32	H12Cr1MoV HJ431	单根摆动		65～70	550～550	38～40	60～70	正火（960～980℃）×1 h 回火（730～750℃）×2.5 h 退火（710～730℃）×2.5 h

3）晶间腐蚀倾向较高 奥氏体不锈钢电渣焊时，焊缝的冷却速度缓慢，焊缝金属在 870～450℃的温度范围内停留时间较长，因此容易在奥氏体晶粒边缘析出碳化铬，发生贫铬现象，降低了焊缝金属抗晶间腐蚀的能力。为了降低近缝区受热程度和焊缝金属在 870～450℃温度区间的停留时间，应增大水冷滑块尺寸。为提高抗晶间腐蚀能力，应采用超低碳（C≤0.04%）奥氏体不锈钢填充金属。为了防止铬、钛等合金元素烧损，可采用含铬、钛（或铌）较高的填充金属。为防止由贫铬现象引起的晶间腐蚀倾向，经电渣焊的接头，可以进行稳定化退火处理。将工件加热至 850～900℃，保温 2～3 h。

4）焊接材料 根据奥氏体不锈钢牌号、工件条件及产品设计要求，选择相应的焊接材料。奥氏体不锈钢电渣焊用焊剂为 HJ171 或 HJ172。

5）焊后热处理 根据奥氏体不锈钢焊件的工作条件、产品设计要求及电渣焊缝焊后状态的抗腐蚀能力，判断电渣焊接头焊后是否需要热处理。可以采用稳定化处理和固溶处理提高接头的耐蚀性。

① 稳定化处理 奥氏体不锈钢电渣焊焊缝焊后的稳定化处理：加热至 850℃±10℃均温后保温 2 h，空冷。

② 固溶处理 奥氏体不锈钢焊后固溶处理：加热至 1 000～1 150℃，保温 2 min/mm 后急冷（水冷）。

(2) 奥氏体不锈钢电渣焊的典型工艺参数举例

奥氏体不锈钢电渣焊的典型工艺参数见表 3.11-39。

表 3.11-39 低合金耐热钢电渣焊的典型工艺参数表

材料	厚度/mm	间隙/mm	焊材 ϕ3 mm①	丝数	丝距/mm	焊丝伸长/mm	焊接电流/A	焊接电压/V	渣池深度/mm	丝速/m·h⁻¹②	焊速/m·h⁻¹
1Cr18Ni9Ti	65	26～28	H0Cr18Ni9 + HJ171	1		40～45	550～600	40～43	50～55	250～325	1.5～2.0

① 焊接材料也可采用如下匹配：1）ϕ3 mm H0Cr18Ni9 焊丝 + HJ172 焊剂；
2）ϕ3 mm H0Cr19Ni11Mo3 焊丝 + HJ171 焊剂；
3）ϕ3 mm H0Cr19Ni11Mo3 焊丝 + HJ172 焊剂

② 焊丝摆动速度：57.6 m/h；焊丝摆至滑块侧的距离：10 mm；焊丝在滑块侧停留时间：5 s。

3.12.6 奥氏体不锈钢带极电渣堆焊

当压力容器的工作介质具有腐蚀性时，常常在接触介质的内壁堆焊奥氏体不锈钢覆层。通常，厚壁压力容器壳体为低合金高强度钢、低合金耐热钢。在堆焊覆层时，第一层为奥氏体钢与非奥氏体钢的异种钢过渡层，第二层以上的堆焊金属则为奥氏体不锈钢同种钢之间的堆焊层。

(1) 奥氏体不锈钢带极电渣堆焊的特点

在非奥氏体钢基层上堆焊奥氏体不锈钢具有如下特点。

1）在熔合线上出现马氏体硬化带 在碳素钢、低合金结构钢上堆焊奥氏体不锈钢时，在熔合线附近靠奥氏体不锈钢侧的熔合区内会出现 Cr、Ni 元素浓度降低，Fe、Mn 元素浓度增加现象，形成了硬而脆的马氏体带。

2）在熔合线附近出现脱碳层和渗碳层 碳素钢或低合金结构钢与奥氏体不锈钢的异种钢堆焊过渡层，在焊后热处理或长期高温工作过程中，低合金结构钢侧的碳元素将向奥氏体不锈钢焊缝金属侧迁移，在碳素钢、低合金结构钢侧出现了脱碳层，而在奥氏体不锈钢焊缝金属侧出现了渗碳层，其结果是脱碳层软化，渗碳层硬化。渗碳层的硬度（HV）

可达400以上，使熔合线附近区域内出现较大的硬度差，因而降低了焊接接头使用寿命。

3）线胀系数差异　奥氏体不锈钢的线胀系数（23.0×10^{-6}）是铁素体钢线胀系数（14.5×10^{-6}）的1.5倍左右，如果堆焊过渡层受到急剧的温度变化和反复的温度波动（热疲劳），这种线胀系数的差异引起的热应力可导致产生裂纹。

4）堆焊层熔合比的影响　在铁素体钢基体上堆焊奥氏体不锈钢过渡层时，基层熔深对过渡层的质量分数和耐蚀性有较大的影响，基层金属在过渡层中熔合比愈大，基层金属对过渡层的稀释愈严重，Cr、Ni等合金元素明显降低，结果马氏体带扩大，耐蚀性下降。

（2）奥氏体不锈钢带极电渣堆焊的工艺要点

1）带极电渣堆焊用焊剂　奥氏体不锈钢带极电渣焊所用的焊剂为氟化物基焊剂，它的氧化性很低，因此能防止合金元素的烧损。氟化物基焊剂多为烧结型焊剂，与熔炼焊剂相比，采用烧结焊剂堆焊时，覆层金属稀释率较小。

2）温度参数的控制　奥氏体不锈钢覆层堆焊应避免过热，故不需预热，并应控制焊道间温度在250℃以下。在低合金钢基层上堆焊奥氏体不锈钢过渡层时，为防止基层热影响区淬硬，堆焊前，应对基层作适当预热。预热温度不宜过高，否则会增加熔合比。按基层钢种推荐的预热温度列于表3.11-40。

表3.11-40　异种钢堆焊预热温度

基层 / 覆层	钢号						
	低碳钢	0.5Mo	0.5Cr－0.5Mo 12CrMo	1Cr－0.5Mo 15CrMo	1.25Cr－0.5Mo P11	2.25Cr－1Mo10Cr Mo910	1.25Mn－0.25Mo 20MnMo
奥氏体不锈钢	—	100～200℃					

3）焊接操作　为了便于引弧和建立渣池，一般应将焊带端部剪成45°～60°或90°～120°的角度，如图3.11-58所示。

依据带极宽度、焊接电流、焊接速度、焊剂类型选取焊剂堆散高度。带极越宽，焊接电流越大，则焊剂堆散高度越大。烧结型焊剂的堆散高度应大于熔炼型焊剂。在电渣堆焊过程中，不得在已熔化的液态熔渣上再撒上焊剂。

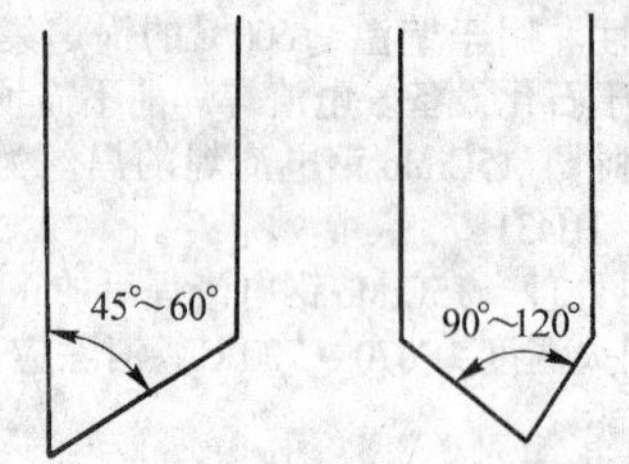

图3.11-58　焊带端部示意图

4）电渣堆焊的磁性控制　为获得外表美观、平整、高质量的奥氏体不锈钢带极电渣堆焊覆层，采取磁控方法可取得满意的效果。

5）带极电渣堆焊工艺参数　奥氏体不锈钢带极电渣堆焊工艺参数，应根据带极尺寸来选择，如表3.11-41所示。

表3.11-41　奥氏体不锈钢带极电渣堆焊工艺参数

焊带尺寸/mm	极性	焊接电流/A	焊接电压/V	带极伸出长度/mm	焊剂堆散高度/mm
0.4×37.5～40	直流反接	≈600	≈25	35～40	15～20
0.4×50		750～800	27～28		
0.4×75		≈1 200			15～25
0.4×150		≈2 400			

6）焊后热处理　奥氏体不锈钢覆层电渣堆焊后，按产品技术条件的要求，可采取消除应力热处理。消除应力热处理有利于提高奥氏体不锈钢覆层的抗应力腐蚀能力、释放氢、消除焊接应力、避免基层热影响区的延迟裂纹。但消除应力热处理会促使不锈钢覆层中碳化铬析出，降低抗晶间腐蚀能力，同时导致熔合区碳的迁移。另外，由于奥氏体钢与铁素体钢的线胀系数不同，消除应力处理后，在熔合线附近还会产生一定的收缩应力，因此，当必须进行消除应力热处理时，应尽量降低消除应力处理的温度，并缩短保温时间。在各种基层钢上堆焊不锈钢覆层时，消除应力热处理推荐规范列于表3.11-42。

表3.11-42　各种材料堆焊不锈钢覆层后，消除应力热处理温度

基层 / 复层	低碳钢	0.5Mo	0.5Cr－0.5Mo 12CrMo	1Cr－0.5Mo 15CrMo	1.25Cr－0.5Mo	2.25Cr－1Mo 10CrMo910	1.25Mn－0.5Mo 20MnMo
奥氏体不锈钢	550～600℃	590～650℃	620～670℃	630～680℃	650～700℃	680～730℃	600～650℃

3.12.7　钛及钛合金的电渣焊

由于钛材独特的化学及电特性，厚度在40 mm以下的钛及钛合金的焊接，通常采用钨极氩弧焊、等离子弧焊和电子束焊等焊接方法。厚度在40 mm以上的钛及钛合金，如采用上述方法不但劳动强度大，而且实际应用难度也很大。电渣焊是用于厚板钛及钛合金焊接的低成本的方法。

（1）钛及钛合金的电渣焊特点

钛的电阻率是低碳钢的5.5倍，热导率是低碳钢的1/4，化学性能比低碳钢活泼得多。采用电渣焊工艺焊接钛及钛合金主要所面临的是钛的化学性能活泼和高温时电阻率高的问题。电阻率高将会产生过高的电阻热，引起填充金属回熔。钛及钛合金的化学性能活泼，焊缝金属容易吸收氧、氮、氢等气体。这些气体作为杂质在钛及钛合金中存在，即使微量，也会使其延性、韧性降低，硬度值升高，并导致焊缝金属产生裂纹。

（2）焊接工艺

1）焊接材料　焊缝金属中的气体，主要来源于母材、填充金属和焊剂。所以，钛及钛合金的电渣焊时，母材的坡口表面应严格清理，填充金属中的氧、氮、氢含量应低于母材含量，焊剂应采用低氧化性，甚至无氧化性焊剂。在焊接过程中还必须采用氩气对电极末段和渣池进一步保护。有、无氩气保护，焊缝金属氧、氮、氢含量相差很大。表3.11-43为有、无氩气保护，焊缝金属氧、氮、氢含量对比表。

表3.11-43　有、无氩气保护电渣焊后，焊缝金属氧、氮、氢含量对比表

	氧、氮、氢含量（质量分数）/%		
	N_2	O_2	H_2
填充金属	0.005	0.09	0.01
无氩保护的焊缝金属	0.36	1.22	0.07
纯氩保护的焊缝金属	0.06	0.11	0.01

2）焊接坡口　钛及钛合金电渣焊对接接头坡口一般为I形，坡口间隙与碳钢和低合金钢相近。根据工件的厚度，坡口间隙可为30 mm左右。

3）焊接电流及电压　钛及钛合金电渣焊焊剂可采用高纯度 CaF_2 焊剂。由于熔化的 CaF_2 焊剂的离子导电性是通常电渣焊所用氧化性焊剂的二倍，为了保证熔渣的电阻热适当，同时在填充金属和渣池顶部间不产生电弧，电压和电流密度的匹配是至关重要的。电压过低，将会由于热输入量低而导致未熔透；电压过高，将会因在渣池上部出现不稳定的电弧而导致未熔透。采用直径为 2.4 mm 或 3.2 mm 的填充金属，单丝或双丝焊试验，表明最佳的电压范围为 25～30 V。在保证侧壁熔透的前提下，尽可能采用较低的电流密度。但当电流密度太低，可能会出现未熔透。为了保证熔合好，熔敷效率高，应采用较高的焊接电流，利用增加填充金属直径或增加填充金属数量的方式来使电流密度降至最小。对于给定的电压来说，可以利用增加渣池深度来减少产生电弧的可能性。

4）焊接电源　钛及钛合金电渣焊可选用交流电源或直流电源，交流电源是首选电源。采用直流电源时，电流，电压，极性，焊接速度和填充金属直径等参数很难调到最佳组合，使电渣焊产生足够的热量来保证焊接接头完全熔化。特别是，直流电源用高纯 CaF_2 焊剂时将导致大量的离子熔渣偏振。在大厚度钛及钛合金板采用大电流的电渣焊焊接时，在每个电极上电荷的累积，将在熔渣的上部产生无法控制的电弧。当出现上述情况时，渣池的温度较低，将导致侧壁产生未熔合。

5）熔嘴电渣焊　钛及钛合金焊接可采用交流电源熔嘴电渣焊工艺。利用交流恒压电源进行熔嘴电渣焊时，随着焊丝的送入，熔嘴以约为焊接速度的一半的速度送入渣池。例如：当采用熔嘴电渣焊以 50 mm/min 的焊接速度焊接 50 mm 厚的板时，为了减少电流密度和维持熔渣的电阻热，必须将熔嘴以 25 mm/min 的速度送入渣池。因此，在采用熔嘴电渣焊时，熔嘴的长度至少为焊缝长度的 1.5 倍。尽管采用熔嘴电渣焊能焊出理想的焊缝，但额外要增加熔嘴送进驱动装置系统。另外，在焊头上方必须有足够的空间来容纳较长的熔嘴。

6）焊缝性能　采用高纯 CaF_2 焊剂和纯氩保护的电渣焊焊接钛及钛合金板试验表明，熔敷金属的抗拉强度及屈服强度基本与母材一致。但是由于电渣焊焊缝金属晶粒粗大，导致焊缝金属的延伸率和断面收缩率低。尽管采用高纯焊剂时焊缝金属的含氧量低于母材，但是焊缝金属的冲击韧性还是略低于母材和熔合线处的冲击韧性。主要原因也是由于焊缝金属晶粒粗大。

7）成本　为简单的比较电渣焊和钨极氩弧焊焊接钛及钛合金的成本，以长度为 1 m，厚度为 50 mm 的钛及钛合金板电渣焊和钨极氩弧焊为例。电渣焊的焊接时间约为 39 min，而钨极氩弧焊的焊接时间约为 16 h。钨极氩弧焊劳动力的费用为电渣焊劳动力费用的 10 倍，电渣焊所花费的时间仅为钨极氩弧焊的 1/20。电渣焊和钨极氩弧焊都是高质量的焊接方法，但是统计结果表明钨极氩弧焊出现缺陷的概率更大，因为与电渣焊相比，钨极氩弧焊的焊道数量和焊接时间都要大得多。

（3）钛合金板极电渣焊焊接工艺举例

50 mm 厚度的 Ti－6Al－4V 钛合金板电渣焊焊接工艺如下。

引入、引出板的材质为 Ti－6Al－4V，长度约为 50 mm，分别装在焊缝的首尾处。渣池的建立时间（电弧开始熔化焊剂的时间）不超过 30 s 且维持渣池的深度在 25～38 mm。

Ti－6Al－4V 板材、填充金属及焊缝金属化学成分见表 3.11-44，50 mm 厚度的 Ti－6Al－4V 钛合金板电渣焊工艺参数见表 3.11-45。

3.12.8　铜及铜合金的电渣焊的特点

厚度较薄的铜件可以采用焊条电弧焊、气体保护金属电弧焊方法进行焊接。但是当工件的厚度超过 40 mm 时，如果采用电弧焊方法进行铜件对接接头的多层焊时，产生气孔、裂纹、夹渣等缺陷的概率将会大大增加。这时由于铜的热导率大、黏性小、空气中的气体容易进入到焊接熔池中。大厚度铜件采用电渣焊可以克服多层电弧焊的缺点。在适当的热输入条件下，可实现母材坡口侧壁的完全焊透，同时熔融的母材金属、填充金属与焊剂相互作用，焊缝金属在熔池中得到充分精炼。

表 3.11-44　Ti－6Al－4V 板材、填充金属及焊缝金属化学成分

	质量分数/%				
	Al	V	O	H	N
Ti－6Al－4V 钛合金	6.32	4.15	0.215	0.004	0.021
填充金属(直径 3.2 mm)	5.95	4.15	0.143	0.001	0.008
焊缝金属	6.18	4.08	0.173	0.005	0.009

表 3.11-45　Ti－6Al－4V 钛合金板电渣焊工艺参数

材料厚度	50 mm
电源	交流恒压电源
电压	28～30 V
电流	1 000～1 100 A
填充金属	双丝，焊丝直径为 3.2 mm
焊剂	高纯 CaF_2 焊剂
间隙	32 mm
熔敷速度	11.1 kg/h
保护气体	渣池上部采用氩气保护
焊接位置	立向上

采用合适的焊剂和专门设计的成形挡块可成功地进行厚板铜件的电渣焊。铜件的电渣焊不能使用钢或铝件电渣焊用的焊剂，应使用碱土金属氟化物焊剂，该类焊剂热输入高、能可靠地保护金属熔池与大气隔离，有一定的抗夹杂物侵入能力，使坡口侧壁完全焊透。并能做到脱渣容易、成形美观。同样，铜件电渣焊也不能采用钢件电渣焊用的成形挡块，应采用专门设计的石墨材料制造的特殊成形挡块。这样既可减少热量损失、又能使焊接热量集中。

铜板电渣焊要求焊接过程的单位长度热输入量较大，为此应采用板极电渣焊工艺。熔嘴电渣焊焊接厚铜件也具有广泛的应用前景。

铜件电渣焊要求采用功率大、空载电压高，并具有平外特性的焊接电源。由于铜件电渣焊焊接电压比通常电渣焊高，如果采用较小间隙坡口焊接，在板极（或熔嘴）与工件坡口侧壁之间会产生电弧、破坏焊接过程的稳定进行。所以应采用比钢件电渣焊大得多的坡口间隙。其坡口间隙一般是钢件电渣焊的 2 倍。但是增加坡口间隙不仅大大降低焊接速度，而且填充金属量大大增加，使焊接成本大幅度上升。

试验表明，采用合适的电渣焊工艺焊接厚板铜件不仅焊接缺陷大为减少（与多层电弧焊相比），而且焊缝性能也能达到原材料的性能指标。

厚度为 140～160 mm 铜板对接接头的板极电渣焊焊接参数如下：

板极厚度：18 mm

焊接电流：8 000～10 000 A

焊接电压：40~50 V

坡口间隙：56~60 mm

渣池深度：50~70 mm

3.13 检查与质量控制

电渣焊焊接接头质量检验是查明接头质量的主要手段，它包括结构尺寸检验、焊缝外观检查、接头无损探伤、接头力学性能检验、接头化学分析和接头金相检验等。

ESW（电渣焊）方法所用的无损探伤（NDE）技术通常包括：

1）VT-外观检查；

2）PT-液体渗透检查；

3）MT-磁粉检查；

4）RT-射线检查；

5）UT-超声波试验；

焊缝外观以肉眼检查为主，必要时借助低倍放大镜和着色检查。焊缝不得有可见的裂纹、未熔合和超过标准允许的气孔和夹渣等缺陷，如发现上述缺陷应清除并修复。

电渣焊接头的内部质量主要采用超声波探伤检查．有时也采用射线探伤检查和磁粉检验等。无损探伤应在工件热处理后进行，如发现超标缺陷应清除并修补。

产品焊接接头的力学性能一般通过产品试板进行检验。产品试板应与被焊工件同材质、同焊接工艺（焊接重要参数和补加重要参数不超过评定合格范围）、同热处理规范。接头的力学性能检验项目为拉伸试验、弯曲试验和缺口冲击韧度试验（当要求时）。考虑电渣焊工件厚度较大，为检查力学性能的均匀性，有时可在不同厚度层上取样。取样方法和试验程序按相关标准进行。

所使用的检查方法不仅根据法规或标准对焊件的相应要求还应按照物主或采购者的合同规定。典型材料电渣焊接头性能数据见表3.11-46。

表3.11-46 典型材料电渣焊接头性能数据

母材牌号及规格/mm	焊材牌号及规格/mm	热处理温度及冷却方式/℃·h^{-1}	抗拉强度[①] σ_b/MPa	常温V形缺口冲击功/J	
				焊缝	热影响区
A3 $\delta=50$	H10Mn2+HJ431 $\phi3.0$	900~960/3空冷 600~650/1.5炉冷	436，429 棒417，413	82，83，88	74，62，102
20 g $\delta=46$	H10Mn2Si+HJ431 $\phi3.0$	910~940/1空冷 620~650/3炉冷	426 452	132，128，144	140，110，112
20 g $\delta=56$	H08Mn2Si+HJ431 $\phi3.0$	910~940/1空冷 620~650/2.5炉冷	425 440	120，90，94	138，110，84
20 g $\delta=70$	H08Mn2Si+HJ431 $\phi3.0$	910~940/2空冷 620~640/4炉冷	425 430	120，130，125	110，120，127
20 $\delta=160$	H08Mn2Si+HJ431 $\phi3.0$	910~940/2空冷 620~640/5炉冷	470 472	150，153	127，128
W410g $\delta=56$	H10Mn2+HJ431 $\phi3.0$	910~940/1空冷 600~630/3炉冷	454 450	142，148，128	196，188，176
16MnR $\delta=30$	H10Mn2Mo+HJ431 $\phi3.0$	960~990/1空冷 590~610/2.5炉冷	523 529	56，32，38	62，58，68
16MnR $\delta=34$	H10MnMo+HJ431 $\phi3.0$	910~940/1空冷 600~630/2.5空冷 550~570/3.5炉冷	550 548	68，59，60	170，164，187
16MnR $\delta=48$	H10MnMo+HJ431 $\phi3.0$	910~940/1空冷 600~630/2.5空冷 550~570/3.5炉冷	545 545	66，64，58	174，154，196
16MnR $\delta=55$	H10MnMoA+HJ431 $\phi3.0$	910~940/1.5空冷 610~630/3炉冷	483 489	122，110，126	120，204，204
19Mn6 $\delta=54$	H10Mn2Mo+HJ431 $\phi3.0$	910~940/1.5空冷 550~570/3.5炉冷	570 564	102，68，74	106，76，106
19Mn6 $\delta=65$	H10Mn2Mo+HJ431 $\phi3.0$	910~940/1.5空冷 550~570/3.5炉冷	535 524	70，44，62	134，114，138
19Mn6 $\delta=100$	H10MnMoV+HJ431 $\phi3.0$	910~940/2.5空冷 550~570/5炉冷	568，566 棒551，554	84，84，94	54，72，98
19Mn6 $\delta=100$	W-49+HJ431 $\phi3.2$	920~940/2.5空冷 560~580/5炉冷	494 488	149，166，155	153，151，133

续表 3.11-46

母材牌号及规格/mm	焊材牌号及规格/mm	热处理温度及冷却方式/℃·h^{-1}	抗拉强度[①] δ_b/MPa	常温 V 形缺口冲击功/J	
				焊缝	热影响区
19Mn6 δ = 120	H10Mn2Mo + HJ431 ϕ3.0	910 ~ 930/3 空冷 560 ~ 580/6 炉冷	568 574	32，36，32	156，182，184
SM50B δ = 36	H08Mn2Si + HJ431 ϕ3.0	920/1 空冷 620/1.5 炉冷	665 617	87，83，75	255，242，125
SA662B δ = 32	H10MnMo + HJ431 ϕ3.0	910 ~ 940/1 空冷 600 ~ 630/1.5 炉冷	521，511 棒 504，511	74，52，86	134，152，116
SA299 δ = 86	S3NiMo1 + HJ431 ϕ3.0	870 ~ 900/2 空冷 600 ~ 640/2.5 炉冷	497，494 棒 493	137，124，130	222，259，224
SA299 δ = 110	H10Mn2Mo + HJ431 ϕ3.0	890 ~ 910/2.5 空冷 640 ~ 660/5 空冷 610 ~ 630/4 炉冷	624，617 棒 616，576	58，64，66	38，38，62
BHW35 δ = 65	H10Mn2Ni Mo + HJ431 ϕ3.0	920 ~ 940/2.5 空冷 620 ~ 640/5 空冷 590 ~ 610/5 炉冷	610，608 597，601	26，30，34	184，212，196
BHW35 δ = 80	S3NiMo + UX450E ϕ3.0	920 ~ 940/2.5 空冷 620 ~ 640/4 空冷 590 ~ 610/4 炉冷	599 585	172，160，174	214，208，198
BHW35 δ = 80	H10Mn2Ni Mo + HJ431 ϕ3.0	920 ~ 940/3 空冷 620 ~ 640/5.5 空冷 590 ~ 610/7 炉冷	631，617，625	90，104，90	210，184，90
BHW35 δ = 90	H10Mn2Ni Mo + HJ431 ϕ3.0	920 ~ 940/3 空冷 740 ~ 760/2 空冷 620 ~ 640/5 空冷 600 ~ 620/5 炉冷	649 622	130，24，30	92，160，46
BHW35 δ = 100	H10Mn2Ni MoA + HJ431 ϕ3.0	915 ~ 945/2 空冷 635 ~ 665/2.5 空冷 585 ~ 615/2.5 炉冷	640，630 645，650 655，645	32，64，58	170，166，180
15MnVN R δ = 46	H10Mn2Mo + HJ431 ϕ3.0	950 ~ 970/1.5 空冷 640 ~ 660/2.5 炉冷	556 578	48，51，75	48，51，75
13 CrMo44 δ = 40	H13CrMo + HJ431 ϕ3.0	930 ~ 950/1 空冷 640 ~ 660/2.5 空冷 640 ~ 660/2.5 炉冷	457 470	146，136，142	270，280，280
13CrMo44 δ = 80	H12CrMo + HJ431 ϕ3.0	930 ~ 950/1.5 空冷 660 ~ 680/4 空冷 640 ~ 660/4 炉冷	510 棒 434	102，144，88	170，174，190
15CrMo δ = 54	H13CrMo + HJ431 ϕ3.0	910 ~ 970/1 空冷 640 ~ 680/1 空冷 640 ~ 680/2 炉冷	475 475	32，24，30	46，50，42
19MnCr1MoV δ = 100	H10MnMo + HJ431 ϕ4.0	910 ~ 940/3 空冷 550 ~ 570/5 炉冷	551，547 552，557	42，44，32	64，140，160

① 抗拉强度中的数值无“棒”字样的数据为板状试样的数据。

3.14 电渣焊补焊

电渣焊方法可用于补焊已经断裂的部件（由于某种裂缝或自然磨损或撕裂），但不适用于已经疲劳损坏的零件。电渣焊方法在铸钢补焊中是一种最有前途的方法。裂纹、缩孔、气孔等缺陷经常发生在大型铸件上，因为它们通常体积很大（1 ~ 10 m^3），采用电弧焊进行补焊成本太高。采用 ESW 方法能使有缺陷的铸件恢复重用，焊接时按下面程序。

首先，机械加工缺陷区域。缺陷底部加工成 V 形，其角度 100 ~ 120°。由于产品的补焊具有较高的刚性，其焊前预热 300℃。焊接操作可采用如下两种方法。

1）在缺陷底部，用电弧焊熔敷数层（或数道）填充金属，与此同时放入足够形成正常渣池深度的焊剂量并使之熔化。一旦渣池建立后，即从电弧焊转变成熔嘴电渣焊。

2）采用非熔化电极（如水冷式、铜电极）使导电的焊剂熔化形成渣池，然后焊接操作者继续使用熔阻焊丝。当导电的焊剂熔化时，坡口边缘温度升高到800～1 000℃时，通过熔渣冲刷掉了氧化物和氧化皮。

可以借助复制齿形模具对大型齿轮上损坏的齿采用电渣堆焊方法进行补焊。通常用火焰切割去掉损坏的齿，在立焊位置使用熔嘴电渣焊，将齿恢复成原形。

3.15 电渣焊常见缺陷的预防

电渣焊焊接时，不采用规定的焊接参数、使用了非标准的焊接材料和母材、焊前准备不到位（例如焊接件表面不清洁等）、设备调整不合适或产生故障、焊接环境不合适（室温低、湿度大）等因素都会导致焊接缺陷的产生。按焊接缺陷的形成机理，电渣焊接头焊接缺陷分两类，一类是冶金过程和物理过程不合理产生的焊接缺陷，主要有热裂纹、冷裂纹、气孔。另一类是未熔合、未焊透、夹渣和咬边等缺陷。表面和近表面焊接缺陷可以打磨后，用半自动或手动电弧焊方法补焊。有一定深度和长度的内部焊接缺陷难以清除，必须用火焰气割或电弧气刨方法，将焊接缺陷清除后补焊。碳钢和低合金钢电渣焊常见缺陷产生原因及预防措施见表3.11-47。

另外，电渣焊焊缝在凝固过程中，由于收缩作用，在焊缝中心部位会产生缩孔。特别在焊接过程结束处，经常产生缩孔。因此，在进行电渣焊焊接时，停止焊接处要安装引出板。

3.16 电渣焊的安全技术与劳动保护

电渣焊是利用电流通过液体熔渣产生的电阻热为热源的焊接方法，除了在起焊时的造渣阶段采用引弧方法外，正常焊接过程不产生电弧，因此，电渣焊的光辐射的危害比电弧焊小。电渣焊在焊接过程中，电极、母材金属和焊剂发生的各种反应，会产生有害气体和有害物质危害人体。另外，电渣焊的渣池温度高达1 600～2 000℃，爆渣或漏渣会对人体造成危害。电渣焊经常进行登高作业，以及火、电事故也威胁人体安全。在电渣焊生产中，必须重视焊接安全和卫生防护。

表3.11-47 碳钢和低合金钢电渣焊，常见缺陷产生原因及预防措施

名称	描述	原因	预防措施
热裂纹	电渣焊接头中的热裂纹出现的概率比电弧焊接头大。多数热裂纹分布在焊缝中心的柱状晶尾部相接处，也有的分布在相邻柱状晶的交界处。形状呈直线、放射状或八字形。在电渣焊焊接过程的中断或停止的焊缝附近也容易产生热裂纹 电渣焊接头中的热裂纹可分为凝固裂纹和多边化裂纹	1）送丝速度过大造成熔池过深 2）母材中的S、P等杂质元素含量过高 3）焊丝选用不当 4）引出结束部分的裂纹是由于焊接结束时，送丝速度没有逐步降低	1）降低焊丝送进速度 2）降低母材中S、P等杂质元素含量 3）适当加大坡口间隙，降低熔合比 4）调整焊接参数，增大焊缝成形系数 5）选用抗热裂纹性能好的焊丝（增加Mn、Ti等合金） 6）在熔池中填加Ti、Al、Nb等元素，细化晶粒 7）焊接结束前应逐步降低焊丝送进速度
冷裂纹	电渣焊接头中冷裂纹出现的概率比电弧焊接头小。冷裂纹一般在热影响区和熔合区产生，焊缝金属中很少产生。但是冷裂纹会向焊缝金属中扩展。冷裂纹在珠光体和马氏体的中合金、高合金钢的电渣焊接头中常出现，而在铁素体-珠光体钢和高合金奥氏体钢电渣焊接头中极少出现	1）金属较脆，接头焊接应力过大 2）高碳钢，合金钢没有及时进行焊后热处理 3）焊缝有未焊透、未熔合没有进行及时清理 4）焊接过程中断，重新起焊处的缺陷没有及时补焊	1）改善焊接结构，降低焊接接头应力 2）高碳钢、合金钢焊后应及时进炉，有的要采取焊前预热，焊后保温措施 3）焊缝上缺陷要及时清理。停焊后，重新起焊处的缺陷要趁热挖补
未焊透	未焊透是指母材与焊缝间存在缺陷空间，母材局部表面温度没有达到其熔点，保持原状态 电渣焊接头的未焊透有：①焊缝表面未焊透；②焊缝中间位置未焊透；③焊缝单侧未焊透；④焊缝双侧未焊透 电渣焊起焊处易产生未焊透	1）焊接电压过低 2）焊丝送进速度太小或太快 3）渣池太深 4）电渣过程不稳定 5）焊丝距水冷成形滑块太远或在装配间隙中位置不正确 6）焊丝间距离太大 7）焊丝偏离焊缝中心位置	1）选择适当的焊接规范 2）保持稳定的电渣过程 3）调整焊丝使其距水冷成形滑块距离及在焊缝中位置符合工艺要求 4）多丝焊时，焊丝间距离合适 5）起焊处安装引焊板
未熔合	未熔合与未焊透缺陷很容易混淆。未熔合是指母材局部表面已熔化，但是未与焊缝熔合在一起	1）母材金属导热太快 2）渣池过深 3）电渣过程不稳定 4）焊剂熔点过高	1）选择适当规范 2）保持电渣过程稳定 3）选择适当焊剂
气孔	电渣焊焊缝中的气孔主要为氢气孔和一氧化碳气孔。氢气孔呈管状，多靠近焊缝中心部位，气孔长度方向与焊缝纵向中心线方向一致。一氧化碳气孔呈蛹状，多出现在焊缝两侧，分布密集。生成方向与焊缝结晶方向一致	产生气孔的主要原因是水气或大量氧化铁进入渣池的结果。 1）水冷成形滑块漏水 2）耐火泥进入渣池 3）焊剂潮湿 4）采用无硅焊丝焊接沸腾钢或含硅量低的钢 5）大量氧化铁进入渣池	1）焊前认真清理焊件表面、电极和填充材料表面的锈蚀、氧化皮和油污 2）仔细检查水冷成形块及垫板，不可漏水 3）焊剂按规定温度烘干 4）使用的耐火石棉泥等不宜太潮湿，并防止其落入渣池 5）焊接沸腾钢时采用含硅焊丝

续表 3.11-47

名称	描　述	原　因	预防措施
夹渣	电渣焊是一种单道焊方法，不必作焊道间清渣。焊缝金属凝固速度比较缓慢，焊渣有足够的时间浮到熔融焊缝金属的表面。但是，如果电渣焊工艺不当，也会产生夹渣。电渣焊焊缝中的夹渣多出现在焊缝内或熔合线附近，多数呈圆形，中间有熔渣	1）电渣过程不稳定或焊接规范参数波动过大，母材熔宽突变，熔渣来不及浮出 2）在焊接过程中工艺绝缘物熔入渣池过多，改变了渣池作黏度，也易产生夹渣 3）焊剂熔点过高 4）环缝电渣焊焊缝收尾封闭焊接不当或焊接过程中断后重新引弧造渣，熔渣清理不净	1）保持电渣过程稳定，保持焊接工艺参数在规定范围内，焊接电压一次调整量不可过大 2）选择适当焊剂 3）割除焊缝间隙垫铁及环缝电渣焊的引弧槽后以及焊接过程中断重新引弧造渣前，要求把表面清理干净
咬边	电渣焊应用初期，由于对其工艺掌握不够，会产生咬边，即在焊趾的母材部位（与焊缝金属之间）产生沟槽。电渣焊工艺不断完善后，基本不会产生咬边。然而，违背了焊接工艺，也会产生咬边缺陷	1）挡块的焊缝成形槽太窄 2）母材熔深不一 3）焊接电压太高 4）停留时间过长 5）焊接速度太慢	1）采用适当宽度的成形槽 2）保持焊接电压稳定 3）降低焊接电压 4）缩短停留时间 5）提高送丝速度

1）电渣焊的有害气体及其防护　在电渣焊过程中，从高温液态渣池中会析出有害气体。这些气体常常含有氮氧化物、氧化硅、氧化锰和氟化物等。其中氟化氢对人体危害最大。氟化氢是由焊剂中的氟化钙分解而产生。焊接烟尘中含有的氟化氢，以气体形式经呼吸道进入人体内。氟化氢对呼吸道和肺组织具有刺激作用，会引起粘膜溃疡等病症。长期过量接触氟化物，可引起关节疼痛、神经衰弱综合症和消化器官病症。为预防氟化氢气体中毒，除在电渣焊工作区采取有效的排除措施外，应选用氟化钙含量低的焊剂。

对有害气体的防护方法是增加通风设施，焊工操作时戴口罩，避免连续工作，适当轮换休息。

2）爆渣或漏渣的烧伤及预防　在电渣焊过程中的爆渣是由于气体或水分进入渣池以及熔渣泄漏而引起的。当焊接区附近有缩孔，焊接时熔穿，气体进入渣池，会引起严重的爆渣。当电极将水冷成形块击穿等原因，造成成形块漏水，或焊剂潮湿，水分进入渣池，也会引起爆渣。另外，在电渣焊过程中，由于工件错边等原因，使滑块贴紧度不足，或引入板、引出板与工件的距离太大，都会造成漏渣。在用石棉泥堵截高温流失液态熔渣时，可能引起手部烧伤。在电渣焊过程中，如操作不当，渣池失稳，可能引起熔渣飞溅，高温熔渣可能烧伤操作者人体外露部分。提高装配质量、焊前应检查水冷系统、按照要求，对焊剂进行烘干等措施，可防止或减少爆渣或漏渣发生。操作者必须戴完好的皮手套，防止烧伤。

3）防止触电　电渣焊设备空载电压可达 70 V 以上，超过 36 V 安全电压，就存在触电的危险。如果焊接电源一次线路绝缘损坏，可能引起触电事故。故要求焊接设备接地，焊工必须穿胶皮电工绝缘鞋。电渣焊两相电极之间的电压太高，在带电情况下，操作人员不戴干燥的绝缘手套不得用手接触电极。

4）电渣焊的光辐射及其防护　电渣焊采用电弧造渣方式时，有一段电弧过程，它存在着电弧的强光辐射。在渣池建立后正常电渣焊过程中，白炽状态下的高温渣池也会产生一定强度的光辐射。

光辐射是由紫外线辐射、可见光辐射和红外线辐射所组成。紫外线辐射对人体的眼睛角膜和结膜会产生电光性损害，而引起光电性眼炎。人体眼睛长期遭受小剂量的红外线辐射，可促使焊工引发早期老光眼等其他眼睛疾病。

人体皮肤在紫外线反复照射下，也会变黑变厚。

避免光辐射的有效措施，是在焊接操作中戴防护墨镜和穿工作服。这样便可免受紫外线对眼睛和皮肤损伤。

5）防止跌伤　电渣焊大多用于大型工件的焊接，在电渣焊过程中，常常出现登高作业（在离地面 2 m 以上的工位进行焊接与切割操作时），可能出现滑跌坠落事故。因此，焊前要检查焊接场地安全设施，防止出现跌伤事故。

6）防火　在电渣焊准备阶段的电弧造渣过程中，可能出现部分熔化的焊剂颗粒和熔渣的飞溅，若焊接现场周围有易燃物质，则容易出现火情，故要采取必要的防火措施。

综上所述，在焊接作业中，是存在着诸多有碍焊工健康的因素，但这些有害因素完全可以防范。焊工只要严格遵守安全操作规程，穿戴劳保用品，合理采用环保措施，可以将焊接作业的有害作用降至最低程度，预防职业病的发生。

3.17　电渣焊技术的发展

电渣焊技术的发展主要围绕着改进接头质量和进一步提高生产效率来进行。众所周知由于电渣焊焊缝及热影响区高温停留时间长，焊缝及热影响区晶粒粗大且热影响区宽，接头冲击低，因而一般电渣焊接头都要进行特殊的焊后热处理。控制接头性能主要要控制熔池的温度，目前可以通过加入填充金属（填充金属上不加焊接电流或焊接电流根据熔池的温度可调）或者加入金属粉末。这样不仅可以控制熔池温度还可以提高焊接速度，该方法尚处于发展阶段。

对于一些活性金属（例如钛），保护渣池不暴露于空气中尤为重要。可以采用惰性气体来保护焊缝、熔合区和热影响区。对于钢来说，熔渣保护就足够了，不需要采用惰性气体。

窄间隙电渣焊也是近年来开发的一种新工艺，窄间隙电渣焊的坡口间隙更小，普通电渣焊坡口的间隙约为 32 mm 而窄间隙电渣焊坡口的间隙约为 19 mm。根部开口减小，意味着填充金属减少，从而导致速度加快。焊接速度由普通电渣焊的 19 mm/min 增加到了 46 mm/min。窄间隙电渣焊为高电流（窄间隙：1 000 A，普通：600 A），低电压（窄间隙：37 V，普通：42 V）。窄间隙电渣焊使用方形电极。

4　气电立焊

20 世纪 60 年代初，国外的焊接工作者采用电渣焊设备，配合自动气体金属电弧焊（GMAW）工艺进行薄板立焊试验，在垂直位置成功地完成了厚度 13 mm 薄板的单道焊接。一种新的焊接方法出现了，这就是后来人们所称的气电立焊（Electrogas Welding，EGW）。1962 年比利时人 Arcos 获气电立焊专利权。

供保护气体，有些应用条件下，为加强保护效果，也可在挡块上安装气罩提供保护气体。这样焊丝四周、焊接电弧和焊接熔池可进一步得到气体保护。当采用自保护药芯焊丝时，不要求挡块提供附加保护气体。

5）行走装置 除机头固定的熔嘴气电立焊外，药芯焊丝和实芯焊丝气电立焊时，需要通过行走装置，实现机头和滑块的同步行走运动。常用的行走装置有轨道式和牵引式两种。轨道式行走装置通过行走小车在预设轨道上移动，实现机头和滑块的同步行走运动。轨道可由多组电磁铁吸附在被焊工件上，用齿条进行传动。轨道有刚性轨道和柔性轨道两种。柔性轨道既可用于直线形焊缝，又可用于有一定曲率的弧形焊缝的焊接。牵引式行走装置不用轨道，通过动力系统，采用链条提升机头，并在接触式或非接触式跟踪下实现机头沿焊缝的运动。牵引式行走装置可节省装配时间，成本低，不仅适于垂直位置的立焊，而且还可用于具有一定倾斜角的倾斜焊缝和有一定曲率的弧形焊缝的焊接。

6）控制系统 为了维持固定的弧长及平稳的电弧电压，就需要严格控制焊接机头和滑块，在垂直方向的移动。控制方法取决于所用焊接电源的类型。对于陡降特性的焊接电源，可通过电弧电压变化来控制机头的垂直移动。对于平特性的焊接电源，则可采用光电监控或电弧高度传感器的方式来控制机头的垂直移动。

① 光电监控 该方式是目前使用最广的一类方式。由于熔池液面位置的变化会反映到弧长的变化上，弧光强度随弧长的不同而不同，采用光电检测装置检测弧光强度，将所得信号进行比较、放大后，作为控制信号去驱动行走装置，通过改变焊速来调整熔池液面位置，维持原定弧长。此法优点在于反应速度快，线性度好。但不足之处是当焊接电流变化时，弧光强度也会随着变化，因而所检测到的信号受焊接规范参数的影响大。焊接烟尘也同样会影响弧光的强度。

② 弧压反馈 该系统原理是当液面高度变化时，弧长会相应变化。采用直流恒流型电源时，弧长变化反映电弧电压变化，通过检测弧压来检测弧长及液面位置的变化，把采到的信号比较、放大，进而作为控制信号对行走装置进行控制，实现对焊接速度的控制。采用弧压反馈方式应注意当网络电压波动时，要保证焊接电压稳定不变，否则会引起高速误动作。另外，弧压与弧长之间为非线性关系，必须通过大量的数据积累才能实现准确的控制。

③ 电弧高度传感器 采用直流恒压电源时，通过检测实际焊接电流，经滤波、放大后，将所得信号值与基准值比较，再将其输入控制系统，通过驱动行走装置，调整焊接速度，从而保证电弧的长度。但电流在焊接过程中是有波动的，且随着电流强度的不同波动的幅值也不同，这就会给所检测到的信号带来一定误差。不过该控制方法应用上较简单。

自保护焊丝气电立焊设备，为防止在起弧部位产生气孔，起弧程序设计时，一般采用高电弧电压，低送丝速度的起弧方式，并维持该规范，直到起弧部位得到了充分的预热和电弧稳定燃烧。在设定的起弧时间之后，设备自动将送丝速度和电弧电压转换到正常的工作速度和电压。自动起弧和手动起弧相比，能减少由于操作失误引起的起弧气孔。

7）操作盒 操作盒上安装焊接参数的设定、调节器和显示器，操作者用操作盒进行焊接参数的设定、调节。在焊接过程中，通过参数显示器，观察实际焊接参数的大小。

4.3 焊接材料－气电立焊用焊丝

气电立焊用实芯焊丝的化学成分一般和熔化极气体保护电弧焊用实芯焊丝相同。直径范围通常为0.8～3.2 mm。

药芯焊丝气电立焊必须选用专用的气电立焊药芯焊丝。气电立焊用药芯焊丝中的造渣剂含量比普通熔化极气体保护焊用药芯焊丝低。采用这种专用的药芯焊丝焊接时，能在挡块和焊缝表面之间形成一层薄薄的熔渣，使焊缝表面光滑。药芯焊丝直径范围通常为1.6～3.2 mm。

为了获得熔敷金属所要求的抗拉强度和冲击韧度或使抗拉强度和冲击韧度合理匹配，气电立焊焊丝的设计、制造时应添加必要的合金元素。普通钢的气电立焊，所添加的元素有锰、硅、镍。气电立焊焊丝专用标准中，焊丝的力学性能一般为焊态下性能。

我国没有气电立焊焊丝专用标准，国外仅有碳钢和低合金高强钢气电立焊用焊接材料标准，这里对美国、日本有关气电立焊用焊丝标准作了简单介绍。

4.3.1 美国ANS2/AWS.A5.26（M）规程

美国焊接学会颁布了ANS2/AWS.A5.26/A5.26M规程，即碳钢和低合金高强钢气电立焊用焊接材料规程。其中代号为A5.26的标准使用英制单位，代号为A5.26M的标准使用国际制（SI）单位。该规程规定了气电立焊用实芯焊丝和药芯焊丝的要求。实芯焊丝按照焊丝成品化学成分和焊态下焊缝金属的力学性能进行分类。药芯焊丝按照是否要外加保护气体，焊缝金属化学成分和焊态焊缝金属力学性能进行分类。

图3.11-63为气电立焊用焊丝分类方法。

每个类别号开始的字母“EG”表示气电立焊用焊丝。

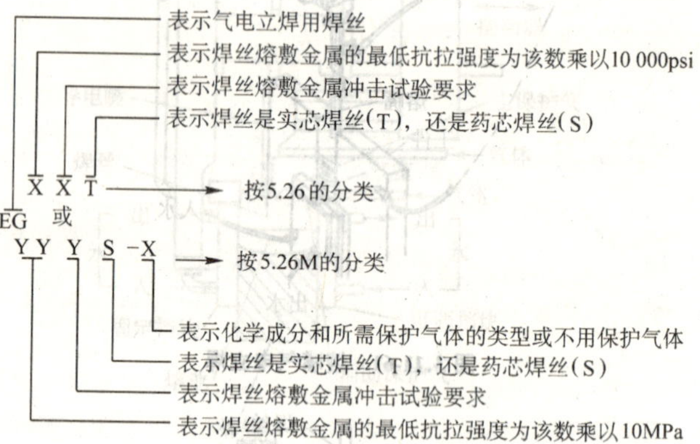

图3.11-63 ANS2/AWS.A5.26规程中气电立焊用焊丝分类方法

在A5.26标准中“EG”后面用一个数字（6、7或8）代表以10 000 psi为单位的焊缝金属的最低抗拉强度。对A5.26M代号“EG”后面用两位数字（43、48或55）代表以10 MPa为单位的焊缝金属的最低抗拉强度。数字后面跟的是数字或字母“Z”。字母“Z”表示对冲击韧性不作要求。数字表示冲击试验温度，A5.26代号中，0、2分别表示在0°F、－20°F温度下（和/或高于它时）焊缝金属满足或超过所要求的20 ft·lbf夏比V形缺口冲击韧性。A5.26M代号中，2、3分别表示在－20℃、－30℃温度下（和/或高于它时）焊缝金属满足或超过所要求的27 J夏比V形缺口冲击韧度。

下一个字母或是S或是T，表明焊丝是实芯的（S）或是组合药芯或金属芯的（T）。在类别短划符号后的代号（数字或字母）指出化学成分（对组合焊丝是焊缝金属的，对实芯焊丝是焊丝本身的）和所需保护气体的类型或不用保护气体。

表3.11-48为AWS.A5.26所规定的实芯焊丝的化学成分。

ANS2/AWS.A5.26/ A5.26M规程中，对药芯焊丝的焊缝金属化学成分分析所用母材牌号、规格、坡口形式、焊接条件及取样位置等都做了明确规定。AWS.A5.26/A5.26M中规定的药芯焊丝熔敷金属的化学成分见表3.11-49。

表 3.11-48　AWS.A5.26 所规定的实芯焊丝的化学成分　%

AWS类别	UNS号	化学成分（质量分数）											其他元素总量
		C	Mn	S	P	Si	Ni	Mo	Cu	Ti	Zr	Al	
EGXXS-1	K01313	0.07～0.19	0.90～1.40	0.035	0.025	0.30～0.50	—	—	0.35	—	—	—	0.50
EGXXS-2	K10726	0.07	0.90～1.40	0.035	0.025	0.40～0.70	—	—	0.35	0.05～0.15	0.02～0.12	0.05～0.15	0.50
EGXXS-3	K11022	0.06～0.15	0.90～1.40	0.035	0.025	0.45～0.75	—	—	0.35	—			0.50
EGXXS-5	K11357	0.07～0.19	0.90～1.40	0.035	0.025	0.30～0.60	—		0.35	—		0.50～0.90	0.50
EGXXS-6	K11140	0.07～0.15	1.40～1.85	0.035	0.025	0.80～1.15	—		0.35	—			0.50
EGXXS-D2	K10945	0.07～0.12	1.60～2.10	0.035	0.025	0.50～0.80	0.15	0.40～0.60	0.35	—			0.50

注：1. 单值为最大值；

2. AWS 类别一栏中的字母“XX”相应表示焊缝金属的抗拉强度代号和冲击试验要求代号；

3. 铜的含量包括焊丝镀层铜。

表 3.11-49　AWS.A5.26/A5.26M 中规定的药芯焊丝熔敷金属的化学成分　%

AWS类别		保护气体	化学成分（质量分数）①										其他元素总量
A5.26	A5.26M		C	Mn	P	S	Si	Ni	Cr	Mo	Cu	V	
EG6XT－1	EG43XT－1	不用	②	1.7	0.03	0.03	0.50	0.30	0.20	0.35	0.35	0.08	0.50
EG7XT－1	EG48XT－1	不用	②	1.7	0.03	0.03	0.50	0.30	0.20	0.35	0.35	0.08	0.50
EG8XT－1	EG55XT－1	不用	②	1.8	0.03	0.03	0.90	0.30	0.20	0.25～0.65	0.35	0.08	0.50
EG6XT－2	EG43XT－2	CO_2	②	2.0	0.03	0.03	0.90	0.30	0.20	0.35	0.35	0.08	0.50
EG7XT－2	EG48XT－2	CO_2	②	2.0	0.03	0.03	0.90	0.30	0.20	0.35	0.35	0.08	0.50
EGXXT－Ni1	EGXXXT－Ni1	CO_2	0.10	1.0～1.8	0.03	0.03	0.50	0.70～1.10	—	0.30	0.35	—	0.50
EGXXT－NM1	EGXXXT－NM1	Ar/CO_2 或 CO_2	0.12	1.0～2.0	0.02	0.03	0.15～0.50	1.5～2.0	0.20	0.40～0.65	0.35	0.05	0.50
EGXXT－NM2	EGXXXT－NM2	CO_2	0.12	1.1～2.1	0.03	0.03	0.20～0.60	1.1～2.0	0.20	0.10～0.35	0.35	0.05	0.50
EGXXT－W	EGXXXT－W	CO_2	0.12	0.5～1.3	0.03	0.03	0.30～0.80	0.40～0.80	0.45～0.70	—	0.30～0.75	—	0.50

①　单值为最大值。

②　对含碳量不作规定，但应测定其数量并报告。

气电立焊方法的母材熔合比较高，不同型号的母材，采用不同的热输入会使焊缝成分和力学性能产生较大范围的变化。力学性能也与焊接条件密切相关。在 ANS2/AWS.A5.26/A5.26M 中，规定了对各种气电立焊焊丝力学性能试验试板的材料、尺寸、坡口形式及焊接条件的要求。表 3.11-50 为 A5.26 拉伸试验和冲击试验要求，表 3.11-51 为 A5.26M 拉伸试验和冲击试验要求。

表 3.11-50　A5.26 拉伸试验和冲击试验要求（焊态下）

AWS类别	抗拉强度/6.895kPa	屈服强度/6.895kPa≥	伸长率/%≥	平均冲击吸收功/1.356J≥
EG6ZX－X EG60X－X EG62X－X	60 000～70 000	36 000	24	不作规定 0°F 时，20 －20°F 时，20
EG7ZX－X EG70X－X EG72X－X	70 000～95 000	50 000	22	不作规定 0°F 时，20 －20°F 时，20
EG8ZX－X EG80X－X EG82X－X	80 000～100 000	60 000	20	不作规定 0°F 时，20 －20°F 时，20

注：“X－X”中，第一个“X”代表“S”或“T”；第二个“X”代表“1、2、3、4、5、6、D2、Ni1、NM2 或 W”。

表 3.11-51　A5.26M 拉伸试验和冲击试验要求（焊态下）

AWS类别	抗拉强度/MPa	屈服强度/MPa≥	伸长率/%≥	平均冲击吸收性功/J≥
EG43ZX－X EG432X－X EG433X－X	430～550	250	24	不作规定 －20℃时，27 －30℃时，27
EG48ZX－X EG482X－X EG483X－X	480～650	350	22	不作规定 －20℃时，27 －30℃时，27
EG55ZX－X EG552X－X EG553X－X	550～700	410	20	不作规定 －20℃时，27 －30℃时，27

注：“X－X”中，第一个“X”代表“S”或“T”；第二个“X”代表“1、2、3、4、5、6、D2、Ni1、NM2 或 W”。

4.3.2　日本 JIS.Z3319 规程

由于气电立焊用实芯焊丝与普通的熔化极气体保护电弧焊用实芯焊丝，在化学成分和力学性能上基本相同，日本 JIS 标准没有专用的气电立焊用实芯焊丝规程，但有气电立焊用药芯焊丝专用规程，即 JISZ3319《气电立焊用药芯焊丝规程》。JIS Z3319仅适用于碳钢、490 MPa 及 590 MPa 高强钢和低温碳素钢。

图 3.11-64 为 JIS 标准 Z3319 规程对气电立焊用碳钢和低合金钢焊丝的表示方法。表 3.11-52 为 JISZ3319 中气电立焊用碳钢和低合金钢焊丝的适用范围。表 3.11-53 为 JISZ3319 中气电立焊用碳钢和低合金钢焊丝的熔敷金属的化学成分。

表3.11-54为JISZ3319中气电立焊用碳钢和低合金钢焊丝熔敷金属的力学性能。

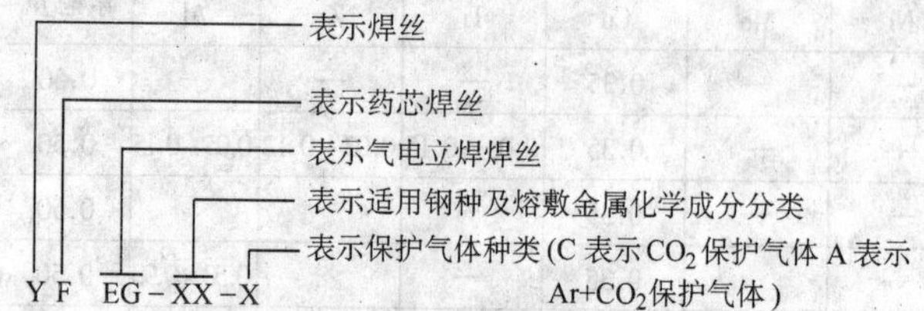

图3.11-64　JISZ3319中气电立焊用碳钢和低合金钢焊丝的表示方法

4.3.3　国产气电立焊药芯焊丝

我国没有气电立焊焊丝专用标准，但国内有些药芯焊丝制造商参照国外气电立焊焊丝专用标准已开发、生产气电立焊用药芯焊丝，并在气电立焊生产工艺中得到应用。表3.11-55a为国内制造的气电立焊用药芯焊丝的熔敷金属典型化学成分。表3.11-55b为国内制造的气电立焊用药芯焊丝的熔敷金属典型力学性能。

表3.11-52　JIS标准Z3319中气电立焊用碳钢和低合金钢焊丝适用范围

标准牌号	保护气体	适用钢种
YFEG－11C	CO_2	碳钢
YFEG－21C	CO_2	碳钢及490 MPa级高强钢
YFEG－22C		
YFEG－20G	不规定	
YFEG－31C	CO_2	碳钢及590 MPa级高强钢
YFEG－32C		
YFEG－30G	不规定	
YFEG－41C	CO_2	低温用碳素钢
YFEG－42C		
YFEG－41A	80% Ar＋20% CO_2	
YFEG－42A		

表3.11-53　JIS标准Z3319中气电立焊用碳钢和低合金钢焊丝的熔敷金属化学成分

标准牌号	化学成分（质量分数）/%								
	C	Si	Mn	P	S	Ni	Cr	Mo	Ti
YFEG－11C	≤0.15	≤0.60	≤2.00	≤0.030	≤0.030	—	—	≤0.40	≤0.05
YFEG－21C	≤0.18	≤0.70	≤2.00	≤0.030	≤0.030	—		≤0.40	≤0.05
YFEG－22C						≤0.80		≤0.50	
YFEG－20G	—	—	—	≤0.030	≤0.030	—	—	—	—
YFEG－31C	≤0.20	≤0.70	≤2.20	≤0.030	≤0.030	≤0.80	≤0.40	≤0.60	≤0.05
YFEG－32C								≤0.70	
YFEG－30G	—	—	—	≤0.030	≤0.030	—	—	—	—
YFEG－41C	≤0.18	≤0.70	≤2.00	≤0.030	≤0.030	≤0.80	—	≤0.60	≤0.05
YFEG－42C								≤0.70	
YFEG－41A	≤0.18	≤0.70	≤1.80	≤0.030	≤0.030	≤0.80		≤0.80	≤0.05
YFEG－42A			≤2.00					≤0.80	

表3.11-54　JIS标准Z3319中气电立焊用碳钢和低合金钢焊丝熔敷金属力学性能

标准牌号	拉伸试验			冲击试验（V形缺口）	
	抗拉强度/MPa	屈服强度/MPa	伸长率/%	试验温度/℃	冲击吸收功/J
YFEG－11C	≥420	≥345	≥22	0	40
YFEG－21C	≥520	≥390	≥20	0	40
YFEG－22C				－20	40
YFEG－20G				0	27
YFEG－31C	≥610	≥490	≥20	0	40
YFEG－32C				－20	40
YFEG－30G				0	27
YFEG－41C	≥490	≥365	≥20	－40	27
YFEG－42C				－60	27
YFEG－41A				－40	27
YFEG－42A				－60	27

表3.11-55a　国内制造的气电立焊用药芯焊丝的熔敷金属典型化学成分

产品牌号	相当标准型号			化学成分（质量分数）/%						
	GB	AWS	JIS	C	Si	Mn	Ni	Mo	S	P
SQL507	—	EG482T－2	Z3319 YFEG－22C	0.083	0.26	1.35	0.22	0.18	0.016	0.018
SQL607	—	EG552T－2	Z3319 YFEG－32C	0.071	0.39	1.48	0.51	0.30	0.009	0.013

表3.11-55b　国内制造的气电立焊用药芯焊丝的熔敷金属典型力学性能

产品牌号	熔敷金属典型力学性能				保护气体
	抗拉强度/MPa	屈服强度/MPa	伸长率/%	冲击吸收功（V形缺口）/J	
SQL507	580	440	24	85（－20℃）	CO_2
SQL607	648	529	24	61（－20℃）	CO_2

4.4　保护气体

自保护药芯焊丝气电立焊，不需要附加气体保护，而其他药芯焊丝气电立焊时需附加保护气体。常用保护气体有 CO_2 或 Ar + CO_2 混合气体。碳钢低合金钢实芯焊丝气电立焊常用的保护气体为 Ar + CO_2 混合气体，药芯焊丝气电立焊一般用 CO_2 作为保护气体，也可采用 Ar + CO_2 混合气体。在不锈钢材料接时，用 Ar（80%）+ CO_2（20%）混合气体。为了提高焊缝金属的抗拉强度，也可采用 He + Ar 混合气体。铝及铝合金的焊接，一般采用 He + Ar 混合气体。保护气体流量的推荐范围为 14 ~ 66 L/min，气体流量的大小取决于设备的设计特点和制造者的要求。

4.5 气电立焊的焊接工艺

4.5.1 焊前准备

（1）连接电缆

焊接电缆线一般接到引弧板上，焊接电缆线应劈成两半分别接到工件底部引弧板的两侧。虽然应用实践证明：焊接电缆的这种连接方式，在大多数情况下效果是满意的，但是起弧时严重的磁偏吹会产生起弧气孔。同时在母材坡口一侧表面或双侧表面产生未熔合缺陷。使用者应选择确定最好的焊接电缆连接方式，以适应每一个应用情况的特殊条件。

（2）母材和焊接坡口

气电立焊常用于普通碳钢、结构钢和压力容器用钢的焊接。气电立焊在铝和不锈钢的焊接中也得到应用。一些法规还不允许淬火、回火钢或正火钢采用气电立焊方法焊接。例如 ANSI/AWS D1.1 钢结构焊接法规中，就不允许淬火和回火钢采用气电立焊。

气电立焊常使用 I 形对接坡口，如图 3.11-65a。坡口间隙约 22 mm。Ⅰ形对接坡口一般采用两个滑动挡块。典型的单面 V 形坡口的根部间隙为 4 mm 左右。移动挡块使焊缝表面成形，固定挡块使焊缝根部成形。

图 3.11-66 为气电立焊坡口的其他形式举例。焊接工程师应根据试验确定坡口形式和坡口尺寸，使坡口尺寸最适用于工程应用。

为了使导电嘴能方便地伸到坡口内，要求坡口有合适的间隙。加大接头坡口间隙会使焊缝宽度增加。过大的坡口间隙会使焊接时间加长，填充材料和气体消耗量加大，从而增加焊接成本。在电弧电压不增加的情况下，过大的间隙还会使母材坡口壁产生未熔合缺陷。气电立焊Ⅰ形坡口间隙一般设计在 17 ~ 32 mm，单面 V 形坡口根部间隙一般为 4 ~ 10 mm，面部张开距离（间隙）为 17 ~ 32 mm。

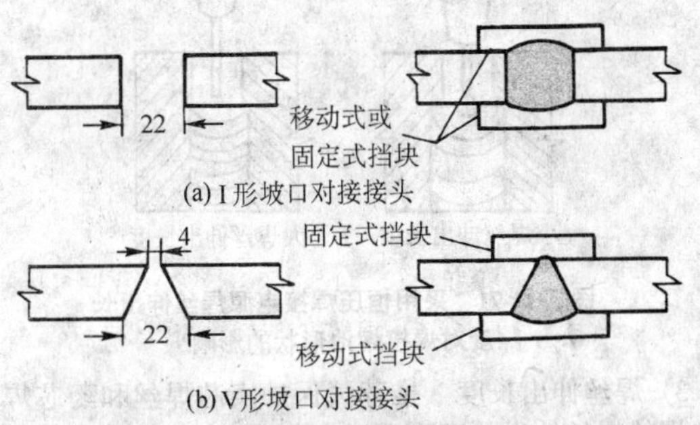

图 3.11-65 气电立焊 I、V 形坡口

（3）安装和装配

1）错边 气电立焊时，母材坡口表面错边量应符合有关产品制造标准。可用打磨方法使尺寸达到所要求的尺寸。错边量过大会引起焊缝金属溢出，焊道形状不规则，连接不良，咬边，保护不好及焊漏等。不等厚板焊接时，较厚板应削薄，挡块也应相应削薄。

2）固定加强筋板 在焊接生产中，采用合适的加强筋板固定夹具使母材按设计坡口对齐定位。图 3.11-67 为 U 形固定加强筋板。滑块和固定挡板可以从筋板 U 形槽中顺道穿过，使母材定位对齐。固定筋板刚性不能太大，以免使结构产生过大的刚性拘束。一般来说，固定挡块一侧的加强筋板要比滑动挡块一侧要小些。

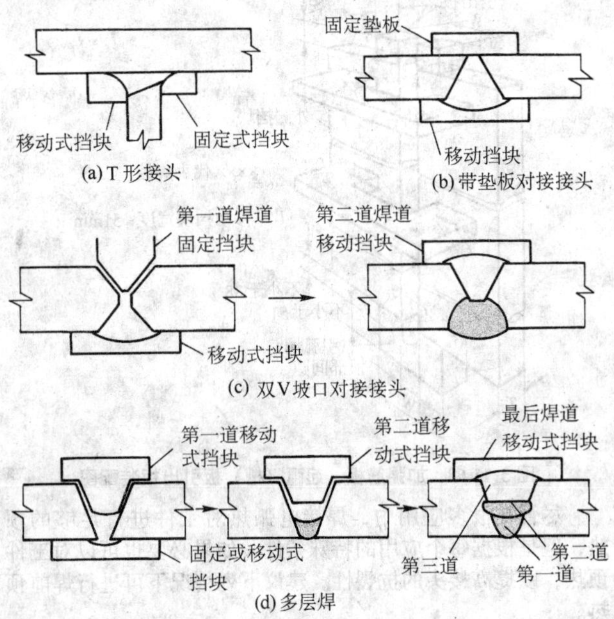

图 3.11-66 气电立焊其他坡口形式

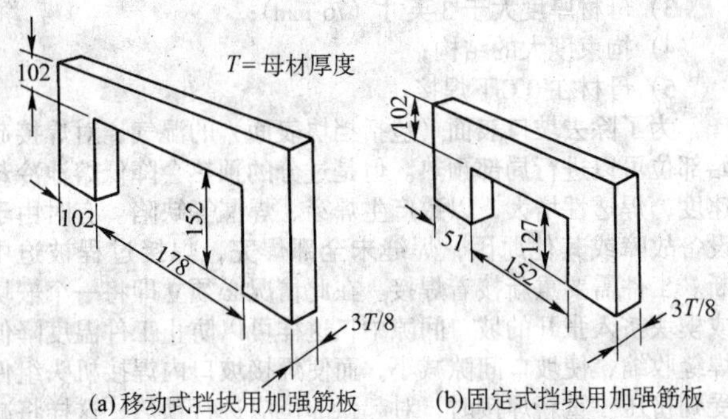

图 3.11-67 气电立焊典型 U 形固定加强筋板

3）起弧（槽）板 在实际接头底部下面装配起弧槽板，使起弧过程发生在接头以外的起弧板上。起弧板在焊接完成后要切除。起弧槽应有一定的深度。这样在焊接熔池上升到被焊接头之前，焊接程序从起弧工序转换到正常的焊接工序，使电弧燃烧和行走过程稳定进行。起弧板的厚度和槽的尺寸应与被焊母材的厚度和坡口尺寸相同。起弧板与母材的连接如图 3.11-68 所示。起弧板的顶部与母材底部连接。因此其顶部应清理干净。起弧板与母材之间应进行密封焊，但是并不要四周全部密封焊，应留一定间隙，以便起弧板与工件之间的残留气体在电弧热作用下膨胀后不进入熔敷金属中去。

4）引出板 气电立焊收弧时，熔池急剧冷却，在焊缝尾部收弧处会产生收缩弧坑。弧坑中常产生夹渣、气孔等缺陷。因此收弧处需装配引出板。典型的引出板如图 3.11-68 所示，固定挡块应伸到引出板的顶部。工件顶部表面 1 ~ 2 m范围应打磨干净，焊接完成后切除引出板。

焊前准备还应包括行走装置、挡块（滑动挡块和固定挡块）和焊接机头的安装与调试。焊枪位置的调整，焊枪摆动和送丝动作的调试。

4.5.2 预热

低碳钢和中碳钢的气电立焊一般不需要焊前预热。气电立焊产生的绝大部分电弧热会传到工件中，由于电弧移动相当缓慢，热传导对工件产生了预热作用。

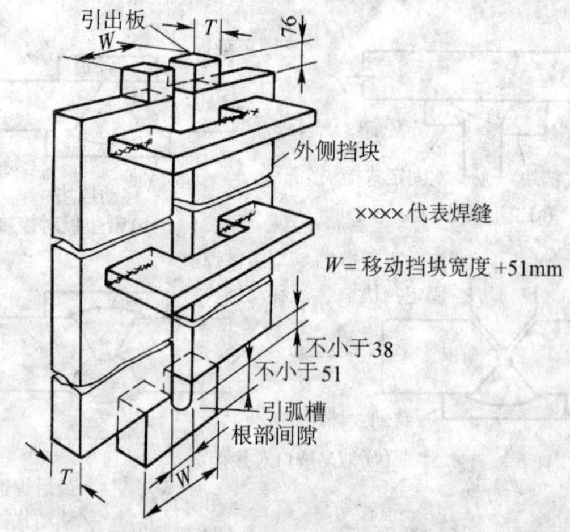

图 3.11-68 加强筋板、起弧（槽）板引出板装配图

尽管在很多应用中，焊接电弧热对工件进行足够的预热，但是根据每个应用的特殊条件，如果必要也可以对工件预热，以提高接头的抗裂性。建议下列情况下可进行焊前预热。

1）高强钢；
2）高碳或高合金钢；
3）母材厚度大于3英寸（76 mm）；
4）拘束度大的结构；
5）母材在0℃下焊接。

为了除去坡口表面（包括挡块表面）的湿气，对焊接起始部位可以进行局部预热。但是过分的预热会降低熔池冷却速度，焊透性增大，以致产生焊穿、焊漏等缺陷。有时由于设备故障或其他原因，焊缝未全部焊完，焊接过程被迫中断。工件需要重新接着焊接。在此情况必须立即将一个嵌块或楔块挤入张开的坡口间隙中，这样可以防止工件温度降低焊缝收缩，使坡口间隙减小，而使焊接坡口内焊接机头组件受到挤压。重新焊接时，对起弧部位应进行预热，这样将减小一部分收缩力，使焊接机头组件的上升运动不会受到阻碍。电弧重新起弧后，焊接坡口间隙将膨胀足以将楔块取出。应特别注意到重新起弧焊接可能带来一些问题，该部位的焊缝应认真进行检验。

4.5.3 工艺参数

气电立焊的工艺参数有：焊接电流、电弧电压、送丝速度、焊丝伸出长度、摆动和停留时间、接头坡口间隙等，这些参数的合理匹配将直接影响气电立焊的操作过程及其经济性和焊缝的最终质量。这些参数对焊接的影响与气体金属电弧焊和药芯焊丝电弧焊完全不同，所以有必要对每一个参数的影响进行研究。例如，常规电弧焊（GMAW、FCAW）方法中，熔透、焊深与焊丝轴心是一个方向，随着焊接电流增加和焊接电压降低，熔深则增加。而气电立焊时，母材的坡口面的焊丝轴心是平行的。增加焊接电流，降低电弧电压只会增加焊接熔池的深度，而坡口侧壁熔透程度及熔深反而减小。

1）电弧电压 电弧电压是影响气电立焊焊缝宽度和母材熔化程度的一个重要因素，气电立焊电弧电压通常为30～45 V。增加电弧电压会增加母材侧壁熔深和焊缝的宽度。如图3.11-69所示。壁厚较大、坡口间隙较大的工件或要求高熔合比的气电立焊应提高焊接电压。然而如果电弧电压过高会使焊丝与焊接熔池上部的坡口壁之间产生电弧，这样焊接过程就不稳定。

2）焊接电流和送丝速度 焊丝直径与焊丝伸出长度一定时，焊接电流和送丝速度成正比。增加送丝速度就增加了熔敷效率，焊接电流和焊接速度（填充效率）也相应提高。对于一组参数的焊接条件来说，增加焊接电流将减小侧壁母材的熔深和焊缝宽度，如图3.11-70所示。反之，焊接电流减小，焊接速度会降低，焊缝宽度会增加。焊接电流过大会引起因焊缝宽度过小侧壁熔透（合）情况不好。同时焊接电流过大，还会引起焊缝形状系数减小，而增加中心线处焊缝裂纹的敏感性。1.6 mm、2.4 mm和3.2 mm直径的焊丝，最常用焊接电流的范围分别为300～400 A、400～800 A和500～800 A。气电立焊用焊接电源和焊接电缆应与该方法大电流和长期工作的特点相适应。

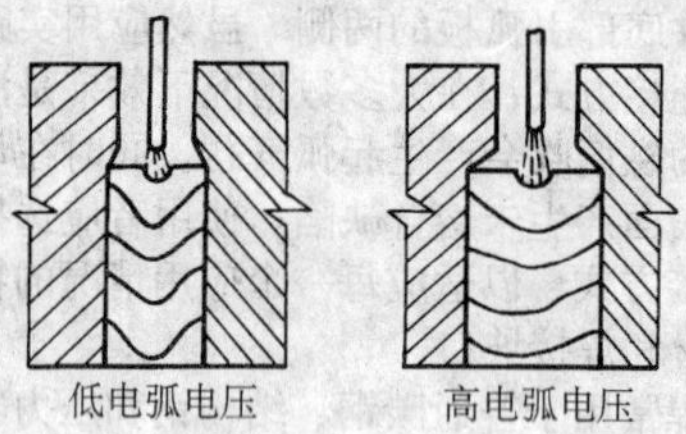

图 3.11-69 电弧电压对母材侧壁熔深和焊缝的宽度的影响

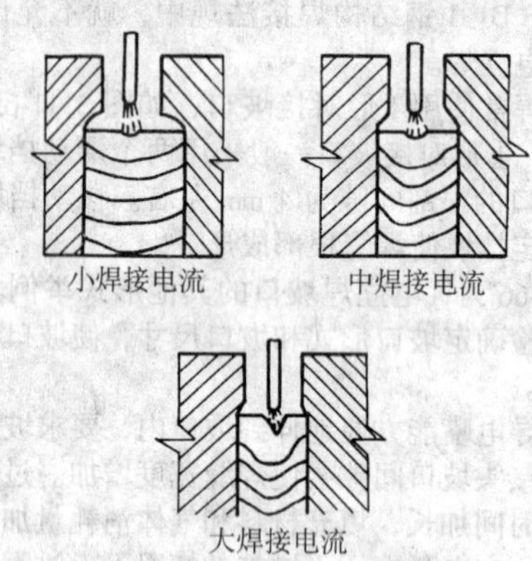

图 3.11-70 焊接电流对焊接熔池形状的影响

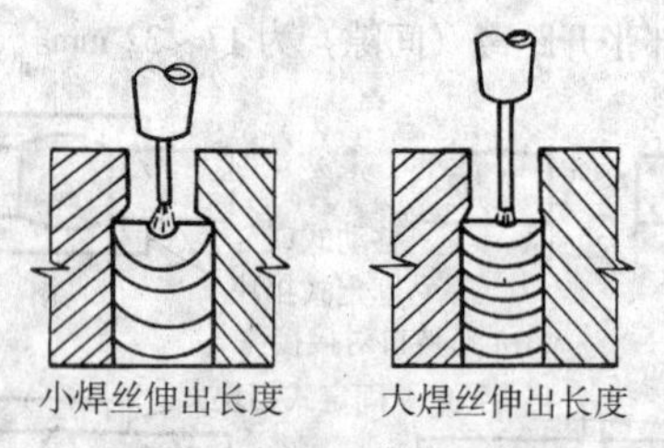

图 3.11-71 采用恒压焊接电源焊丝伸出长度对焊接熔池形状的影响

3）焊丝伸出长度 推荐气保护实芯焊丝和药芯焊丝气电立焊的焊丝伸出长度为30～70 mm。自保护药芯焊丝伸出长度的推荐值为50～80 mm。应根据不同类型的焊接电源对焊丝伸出长度进行调整。当采用恒压型焊接电源时，通过缓慢提升焊接机头方法。增加焊丝伸出长度将会使电弧电压降低，最终导致焊缝宽度减小，如图3.11-71所示。通过提高送丝速度方法增加焊丝伸出长度，将会使焊接熔敷率增加和使侧壁母材熔深减小，同时使焊缝宽度减小。当采用恒流焊接电源时，通过缓慢提升机头方法增加焊丝伸出长度，将会使电弧电压增加，而导致焊缝变宽，通过提高送丝速度方法增加焊丝伸出长度，将会使熔敷率增加和焊缝宽度减小。

4）焊丝摆动　由焊接参数如焊接电流、电弧电压、焊丝直径、工件厚度等来确定焊丝是否摆动。摆动参数应通过试验确定。

母材厚度不超过 19 mm，用固定焊丝焊接。母材厚度在 19～32 mm 之间，也可用固定焊丝焊接。但厚度超过 32 mm 的母材通常用摆动焊丝焊接。对于厚度在 32～38 mm 范围内的工件用固定焊丝焊接时，必须采用较高的电弧电压和其他特殊的焊接技术，以防止母材坡口边缘发生未熔合现象。

焊丝摆动的推荐参数如下，焊丝应摆到离挡块大约 10 mm处，摆速应 13～16 mm/s，在摆动行程的每一终端处要求停留一段时间，以保证接头的母材拐角处能充分熔合，停留时间多少根据接头厚度决定，一般为 0.5～3 s。

4.5.4　焊后热处理

在绝大多数应用中，特别是现场垂直结构的焊接应用中，气电立焊接头不需要焊后热处理。气电立焊工件接头的焊后消除应力热处理会使接头抗拉强度和屈服强度稍有降低，焊缝和热影响区缺口韧性略有改善。对缺口韧性有特殊要求的焊件，需进行类似正火的焊后热处理。淬火 + 回火（调质）钢气电立焊的焊缝和热影响区焊态下强度会较母材有所降低，应通过合适的热处理获得匹配的强度（奥氏体，淬火 + 回火处理），但是这种工艺往往是不现实的。

4.6.5　影响气电立焊焊接线能量的因素

气电立焊自动上升控制系统对焊接过程实行全自动控制，能够自动改变焊接速度，以适应坡口截面积的变化。其焊接速度为单位时间熔化金属的填充体积和坡口截面积之比，即：

$$v = V/S \qquad (3.11\text{-}17)$$

在不考虑飞溅损失时，可认为焊丝熔化速度和坡口截面积之比，

$$v = v_m/S \qquad (3.11\text{-}18)$$

而焊丝的熔化速度与焊接电流成正比：

$$v_m = k_i I \qquad (3.11\text{-}19)$$

焊接线能量为：

$$E = IU/v \qquad (3.11\text{-}20)$$

由式（3.11-18）、式（3.11-19）、式（3.11-20）得：

$$E = US/k_i \qquad (3.11\text{-}21)$$

式（3.11-17）～式（3.11-21）中，v 为焊接速度，cm/s；V 为单位时间焊丝熔化金属体积，cm^3/s；v_m 为焊丝的熔化速度，cm^3/s；S 为坡口截面积，cm^2；I 为焊接电流，A；U 为电弧电压，V；E 为焊接线能量，J/cm；k_i 为焊丝的熔化系数，$cm^3/(A\cdot s)$。

式（3.11-21）中，熔化系数 k_i 一定时，气电立焊的焊接线能量由电弧电压和坡口截面积决定，与焊接电流大小无关。k_i 的大小取决于焊丝的电阻率、熔化特性、直径、伸出长度等，当这些参数不变时，其值为常数。式（3.11-21）描述了影响气电立焊焊接线能量大小的因素，由于在焊接过程中，焊接速度、焊接电流、电弧电压已经被测定，所以工程上，气电立焊的焊接线能量仍用式（3.11-20）来计算。

表 3.11-56 为典型焊条电弧焊、埋弧焊、气电立焊和电渣焊焊接参数和焊接线能量的对比表。从表 3.11-56 的对比中，可知气电立焊的焊接线能量比电渣焊的焊接线能量有大幅度降低，但与焊条电弧焊、埋弧焊相比，还有较大差距。从式（3.11-21）可知，为进一步降低气电立焊的焊接线能量，有效途径之一是减小单道焊坡口截面积或采用多道焊（焊坡间隙减小了，电弧电压也会降低）；之二是使用高熔化系数的药芯焊丝。

表 3.11-56　有关焊接方法的焊接参数和焊接线能量的对比

焊接方法	焊丝直径 /mm	板厚 /mm	坡口形式及尺寸 /mm	焊接电流 /A	电弧电压 /V	焊接速度 $/cm\cdot min^{-1}$	焊接线能量 $/kJ\cdot cm^{-1}$
焊条电弧焊	3.2	—	—	120	23	20	8.2
焊条电弧焊	5.0	—	—	220	26	15	22.8
自动埋弧焊	3.0	—	—	400	28	50	13.4
自动埋弧焊	5.0	—	—	800	38	40	45.6
气电立焊	3.0	38	I形，$B = 19$	650	41	4.3	371
电渣焊	3.0	38	I形，$B = 30$	475	43	1.6	766

注：表中 B 为 I 形坡口的间隙。

4.6　气电立焊的焊缝组织和力学性能

1）气电立焊热循环　由于气电立焊焊接速度较低（0.2～3 mm/s），因此焊接热循环时间较长，晶粒粗大，具有明显的柱状生长倾向。与常规的电弧焊相比，其热影响区较宽，粗晶区也较宽。但是热影响区和粗晶区都比电渣焊窄。热循环时间长会导致冷却速度相对缓慢。冷却速度慢，不会像常用电弧焊方法那样产生不良的淬硬组织。

图 3.11-72 和图 3.11-73 分别为气电立焊和焊条电弧焊焊接接头的硬度分布。气电立焊接头硬度分布均匀，而气体保护金属电弧焊接头的近缝区（靠近焊缝界面的热影响区）硬度显著增大。这是由于普通气体金属电弧焊熔池从焊接温度迅速冷却时，导致热影响区硬度升高。在某些情况下，硬度能达到材料的最大淬火硬度值。

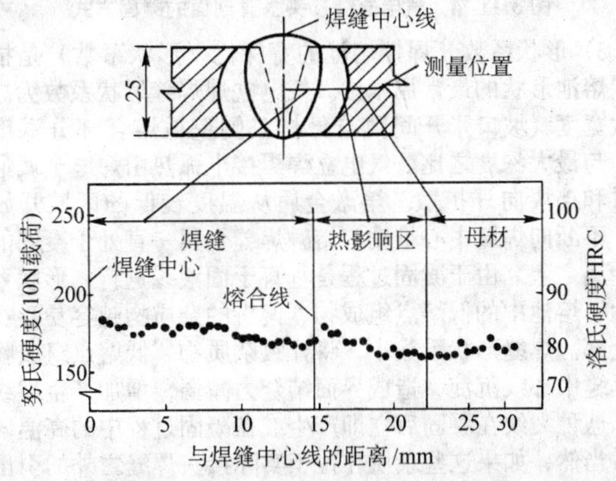

图 3.11-72　气电立焊接头的硬度分布

2）焊缝组织　气电立焊焊缝显微组织的显著特征为粗大柱状晶粒（由于特殊的凝固过程而形成）。从一个完整的焊缝垂直截面上可以看到固液相线的轮廓。柱状晶与固液相线垂直。经腐蚀处理的气电立焊垂直截面宏观图如图 3.11-74 所示。从图上可看到在焊接冷却过程中，固液相的分界线上产生与分界线垂直的柱状晶粒，这与电渣焊相似。气电立焊的焊缝组织为较粗大柱状晶粒。靠近熔合线的晶粒粗大的热影响区较宽。粗柱状晶粒焊缝的缺口冲击韧性比细等轴或树枝晶粒焊缝低，且脆性转变温度高。但是晶粒粗大状况比电渣焊有较大改善。气电立焊焊态下焊缝一般能满足热轧碳钢和普通低合金钢标准所规定的最低冲击性能要求。有时气电立焊焊缝和热影响区的冲击韧性也能满足正火钢的冲击性能要求。气电立焊接头经焊后热处理，可以改善冲击性能，这样气电立焊在低温工况运行的产品焊接中得到应用。

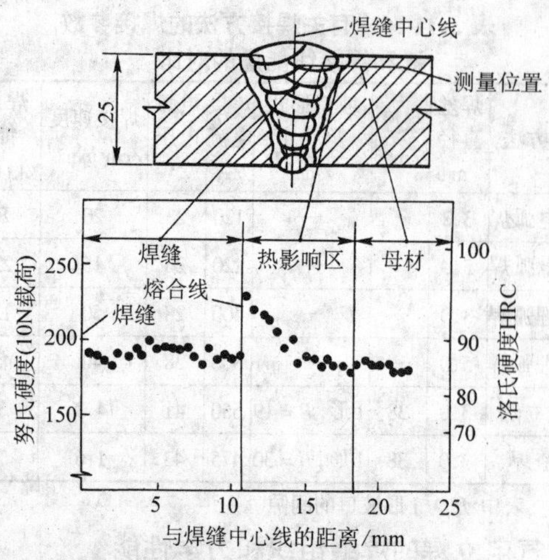

图 3.11-73　焊条电弧焊焊接线的硬度分布

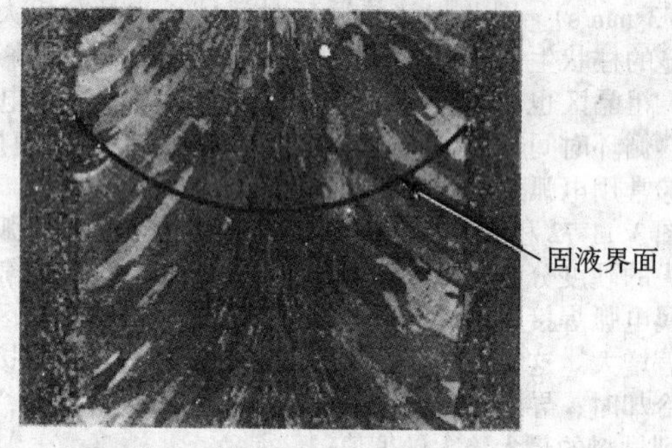

图 3.11-74　气电立焊接头垂直剖面的凝固方式

3）形状系数　焊接熔池的宽深比（形状系数）是描述焊接熔池形状的最常用术语。气电立焊焊缝形状系数为熔池最大宽度（坡口张开间隙与母材双侧壁被熔合部分深度之和）与最大深度之比。气电立焊焊接电弧热由焊缝金属通过母材和挡块向外扩散。熔融金属从温度较低的区域开始凝固，不断向焊缝中心推动。熔融焊缝金属一直处于凝固的焊缝金属之上。由于凝固过程是垂直于固液线进行，形状系数越大，熔池中的低熔点组成物、偏析的杂质物越容易浮在熔池上部。焊缝形状系数小，将导致杂质物、低熔点组成物沿着焊缝中心线沉淀，造成界面结合力减弱，增加产生裂纹倾向。这种裂纹在凝固后立即产生或在凝固过程中的高温段产生。当然，如果这些杂质在位于实际接头焊缝之外的引出板上沉淀凝固，则对实际焊缝无害。在经腐蚀的气电立焊接头垂直剖面上可以测量计算出焊缝形状系数的大小。形状系数较大（例1.5）的焊缝（焊宽大、熔深浅），其抗中心裂纹性能好。形状系数较小（例0.5）的焊缝（焊宽窄、熔透深），其抗中心裂纹性能差。焊缝形状系数是被用来估测焊缝抗中心裂纹倾向的经验数字。但是焊缝中心裂纹倾向大小不仅由形状系数决定，而且填充金属材料、母材的化学成分（特别是碳当量）和接头拘束度也对中心裂纹倾向产生影响。可以用焊接参数来控制焊缝熔池形状，即焊缝形状系数的大小。一般说来，增加电弧电压和坡口间隙会使形状系数增大，增加焊接电流和减小坡口间隙会使形状系数减小。气电立焊接头垂直剖面的凝固方式见图 3.11-75。

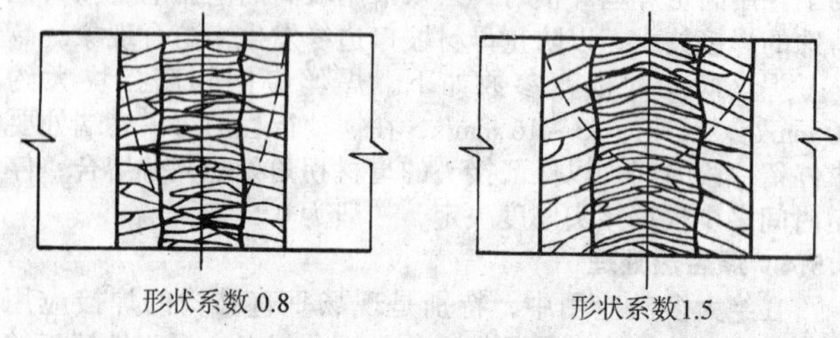

图 3.11-75　气电立焊接头垂直剖面的凝固形式简图

4）残余应力和变形　由于气电立焊先从挡块处开始凝固，因此焊缝表面残余应力为压应力，而焊缝中心为拉应力。这种残余应力反向分布的独特模型与多层电弧焊类似。（I形坡口）单道气电立焊接头实质上不存在横向角变形，这是由于中厚板气电立焊设计的I形坡口是对称的，导致厚度方向收缩均匀。由于焊缝收缩，工件接头受拉力作用，在焊接过程向上进行时，坡口间隙会逐渐变小（微量）。因此接头顶部坡口间隙的允许收缩量应比接头底部允许收缩量约大2.4～3.2 mm。影响收缩量的因素有材料类型、接头厚度、接头长度、焊接接头的拘束度等。

当然采用多层焊工艺的气电立焊接头也会产生角变形。可以通过预先一些措施，减小角度变形的影响，例如，根据每个应用条件，预先设置一定的反变形。

5）力学性能　气电立焊方法的母材熔合比较高，母材的熔化量最大可占焊缝总量的35%。不同类型的母材，即使相同母材采用不同的热输入会使焊缝成分和力学性能产生较大范围的变化。力学性能也与焊接条件密切相关。例如设定的电流、电压、衬垫类型、接头形式、冷却速度等。如焊接条件控制在制造标准规定的范围内，能够获得相应的力学性能。

目前国内还没有气电立焊方法的焊接工艺评定及焊工（焊接操作工）技能评定标准。美国 ASME－Ⅸ/AWS.B2.1 叙述了气电立焊及其他焊接方法，焊接工艺评定的变数及其限制。在其他一些法规中叙述了在特殊应用中类似工艺评定的要求。

美国 ANS2/AWSD.1.1 钢结构焊接法规中规定了钢结构焊接评定要求，焊接工艺评定要进行接头力学性能试验以期望接头性能满足产品要求。

几种级别碳钢药芯焊丝气电立焊焊缝金属典型力学性能典型值见表 3.11-57。

表 3.11-57　药芯焊丝气电立焊焊态下焊缝金属典型力学性能

母材（ASTM）	板厚/mm	焊　材	保护气体	拉伸试验			冲击试验（V形缺口）	
				抗拉强度/MPa	屈服强度/MPa	伸长率/%	温度/℃	冲击吸收功/J
1 020②	12	EG72T1	自保护	552	496	28	－29	43
	25			545	441	27	－29	33
A36	25			545	448	27	－29	41
	25	EG72T4	CO_2	634	483	26	－30	35
	75			614	462	26	－30	31
	75		$Ar+CO_2$①	600		23	－18	53

续表 3.11-57

母材（ASTM）	板厚/mm	焊 材	保护气体	拉伸试验			冲击试验（V 形缺口）	
				抗拉强度/MPa	屈服强度/MPa	伸长率/%	温度/℃	冲击吸收功/J
A131 – C	38	EG72T3	CO_2	490		30	– 34	45
A441	19	EG72T1	自保护	565	510	23	– 29	41
	25			558	455	23	– 29	36
	50			558	448	24	– 29	30
	50	EG72T4	CO_2	634	468	24	– 18	30
A572 – 50	38	EG72T1	自保护	531	393	23	– 18	14
A588	76	EG72T4	CO_2	655	—	23	– 18	56
A203 –	41		Ar + $CO_2$①	496	365	32	– 40	23
A516 – 60	25	EG72T1	自保护	510	400	26	– 29	28
	38	EG72T4	Ar + CO_2	621	538	29	– 29	41
A537 – 1	19	EG72T1	自保护	593	483	24	– 20	43
	25	EG72T4	CO_2	572	427	29	– 29	34
	28		Ar + $CO_2$①	689	510	26	– 30	46
A633 – E	25	GG72T1	自保护	614	510	25	– 18	62

① Ar80% + $CO_2$20%。

② 美国钢铁学会标准材料。

气电立焊焊缝和热影响区冲击韧性较低。采用合适合金化焊材和控制焊接条件可以使大多数结构钢和压力容器钢气电立焊接头焊态下缺口韧性达到和超过母材的规定指标。尽管焊接条件对热影响区缺口韧性性能有影响，但是热影响区缺口韧性性能主要取决于母材的性能。

4.7 气电立焊操作程序

气电立焊焊前必须编制气电立焊的焊接工艺规程，确定最基本的参数。应根据所应用法规的要求，对焊接规程进行校审，以确认其实用性。生效的焊接工艺规程要发到焊接领班或焊接操作工手中。焊接操作工应根据气电立焊操作程序和气电立焊的焊接工艺规程操作，以确保设备完好及所有的参数设定调整都满足工艺要求。典型的气电立焊操作程序如下。

1）装配加强筋板、起弧（槽）板和引出板，确保所要求的坡口间隙。

2）安装行走装置（轨道或牵引装置）。

3）安装焊接机头（包括送丝机构、焊枪、摆动机构和操作盒等部分）。

4）安装固定挡块和移动挡块（滑块）。

5）连接焊接电源、冷却系统、气体保护系统，检查冷却水、保护气体。

6）检查焊接机头、移动挡块的行走。

7）调整焊枪位置，通过操作盒，检查送丝机构，焊丝量等。

8）通过操作盒，检查摆动功能。

9）按照焊接工艺规程的要求，设置各种焊接工艺参数。

10）起弧过程，在起弧（槽）板上起弧焊接。

11）稳定焊接过程，观察焊接过程，必要时，在焊接过程中对有关工艺参数微调。

12）收弧过程，在引出板收弧并停止焊接。

13）卸下焊接装置。

14）割除起弧板和引出板。

15）打磨割口。

4.8 气电立焊典型的焊接工艺参数

母材：A516 – 60

焊丝：ASW EG72T1（$\phi 3.0$ mm）

保护气：无（自保护）

普通碳钢气电立焊典型工艺参数见表 3.11-58。

表 3.11-58 普通碳钢气电立焊典型工艺参数

板厚/mm	坡口形式及尺寸①/mm	焊接电流/A	电弧电压/V	送丝速度/$m \cdot min^{-1}$	焊接速度/$cm \cdot min^{-1}$	焊丝伸出长度/mm	摆幅/mm
12.7	I 形，$B = 12.7$	450 ~ 500	35 ~ 37	7.5	15	54	—
16	I 形，$B = 16$	475 ~ 525	36 ~ 38	8.6	11	54	—
19	I 形，$B = 19$	525 ~ 575	37 ~ 39	9.6	10	54	—
25.4	I 形，$B = 19$	625 ~ 675	40 ~ 42	8.9	8.6	79	—
32	I 形，$B = 19$	625 ~ 675	40 ~ 42	8.9	6.6	79	—
38	I 形，$B = 19$	625 ~ 675	40 ~ 42	8.9	4.3	79	19

① B 为 I 形坡口的间隙。

在有低温冲击性能要求和交变应力情况下，采用气电立焊方法时，要求对气电立焊接头进行全面的试验。由于气电立焊降低了接头热影响区的冲击韧度，因而必须根据产品的使用工况对接头进行必要的焊后热处理。

4.9 缺陷的预防和返修

4.9.1 气电立焊的缺陷

尽管气电立焊与熔化极气体保护焊类似，但是它具有强迫成形立向上焊接的特点，因而焊接缺欠的特点和形成原因与普通熔化极气体保护焊方法也不相同。气电立焊常见的缺陷如图3.11-76所示。

（1）气孔

焊缝金属内气孔主要由于不溶于凝固金属的气体聚集而产生。气孔形成原因主要有焊接参数、机械和保护等方面的因素。电弧电压过大或过小，送丝速度太慢，电弧与挡块距离太近，焊丝伸出长度过短，都可能产生气孔。在焊接区域有污物，挡块与母材没有贴紧，空气进入到焊缝中，保护气体不足或气体被污染，挡块中有水泄漏，都是产生气孔的因素。另外，起弧板凹槽太浅，电弧在起弧板中的停留时间短，也会使起弧气孔扩散而进入到焊缝中。

1）起弧气孔　起弧气孔主要产生原因如下。

① 送丝速度小，电弧电压高，焊丝伸出长度短，电弧在起弧板中的停留时间短。

② 起弧板中或起弧板与母材之间空隙内有污染。

③ 挡块上或挡块与母材之间有冷凝结水。

④ 厚板冷却速度太快，起弧板太大，室温太低。

⑤ 起弧板凹槽太浅。

⑥ 电弧与挡块距离太近。

⑦ 在起弧板上有泄漏水。

⑧ 挡块与起弧板不合适。

⑨ 保护气不足或气体不纯（被污染）。

⑩ 电弧不稳定。

2）焊缝内气孔　焊缝金属内气孔如图3.11-76（a）所示。主要由于不溶于凝固金属的气体聚集而产生，但有些类似于空洞的气孔是由于机械因素而产生。焊缝内气孔主要形成原因如下。

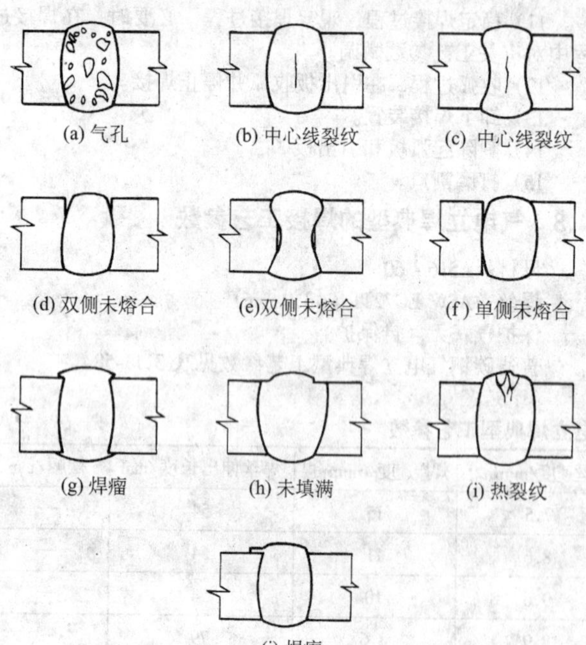

图3.11-76　气电立焊接头出常现焊接缺陷

① 由于起弧气孔扩散而进入到焊缝中。

② 电弧电压过大。

③ 送丝速度太慢。

④ 焊丝伸出长度过短。

⑤ "冷"焊缝（指送丝速度和电弧电压均低于规范的焊缝）。

⑥ 在焊接区域有污物。

⑦ 挡块与母材没有贴紧，空气进入到焊缝中。

⑧ 保护气体不足或气体被污染。

⑨ 在焊接区域有污物。

⑩ 电弧不稳定。

3）焊缝顶部气孔　焊缝顶部的气孔形成原因与焊缝中气孔相同，另外该类气孔也可能由下列原因形成。

① 引出板或固定挡块太短。

② 因引出板不合适引起渣泄漏。

③ 焊接电缆连接位置不当引起电弧偏吹。

（2）焊缝中心线裂纹

图3.11-76b、c所示，焊缝中心线裂纹的形成原因与工艺参数、焊缝形状系数、接头拘束度和钢种等因素有关。

1）送丝速度太快（电流过大）。

2）坡口间隙太窄。

3）摆动在两侧停留时间太长。

冷却速度太快也容易产生中心线裂纹。当挡块大且水流量大，厚板在室温下焊接前没有预热时，都会加快冷却速度。

（3）未熔合

1）双侧壁未熔合　如图3.11-76d、e所示的双侧壁未熔合是由于焊接热状态不合适妨碍侧壁熔化而引起的。热量不足，热分布不合适也会引起该缺陷。产生原因主要有如下几点。

① 冷焊缝（电弧电压低或电压、送丝速度均低）。

② 送丝速度太快（填充率太高）。

③ 间隙太小（填充快）。

④ 摆动速度太快。

⑤ 焊接熔池上部浮渣太多。

设计良好的挡块可以避免浮渣量过多，即在挡块上加工一个深而厚的凹槽，让过多的熔渣覆盖到焊缝的余高表面，以减小浮渣量。假如焊接熔池升到挡块较高的位置，过量的熔渣会成为飞溅而溢出也能减小浮渣量。

2）单侧壁未熔合　图3.11-76f所示单侧未熔合是由于热状态不对称而产生。

① 电弧位置偏离中心。

② 电极角度偏向一侧。

③ 由于焊接电缆连接位置不当，引起弧偏吹。

（4）焊瘤

焊瘤是由于焊缝金属流到接头外面且与母材间没有充分熔合而形成的。见图3.11-76g、j。其中图3.11-76g所示焊瘤通常是由于母材装配不合适而产生的。如果滑块沿母材上升，接触面有杂质，焊缝金属就会从空隙沿板而溢出并凝固，形成焊接表面缺陷焊瘤。

1）前侧焊瘤

① 电弧位置太偏后　焊丝校直不好，送丝角度、导电嘴位置不合适，导电嘴磨损；

② 坡口角度太大；

③ 冷焊缝（电弧电压或送丝速度与电弧电压都偏小）。

2）后侧焊瘤

① 电弧位置太偏前　焊丝校直不佳，送丝角度、导电嘴位置不合适，导电嘴磨损；

② 冷焊缝（电弧电压或送丝速度与电弧电压都偏小）。

3）双侧焊瘤

① 冷焊缝（电弧电压或送丝速度与电弧电压都偏小）；

② 在铜挡块上的凹槽太宽；

③ 挡板冷却太快——挡块设计不合理或水流太大；
④ 行走速度太快；
⑤ 接头间隙太窄；
⑥ 电弧偏吹；
⑦ 摆动周期不合适。

(5) 未填满

存在未填满说明操作者技能不佳。未填满能较容易防止。如图 3.11-76h 所示的未填满是由于挡块外的母材熔合过多或者挡块上的凹槽太窄而形成。

(6) 起弧焊穿

由于焊穿发生在有效焊缝之外的起弧板上，所以说焊穿不是焊接缺陷。但是出现焊穿现象会妨碍焊接过程正常进行。在起弧板底部贴一个适当厚度的材料或者加一个衬垫可防止引弧板焊穿。挡块装配不当也会引起焊穿。

(7) 热裂纹

挡板的局部熔合是热裂纹产生的主要原因。这种裂纹通常出现在焊缝表面或近表面。裂纹形式如图 3.11-76i 所示。由于挡块的冷却效果不好，作用在挡块上的电弧将挡块熔化，铜则浸入到焊缝中。保养好设备，按照工艺规程进行气电立焊，可以获得致密的焊缝。在每一条焊缝焊接前，操作者应对设备进行全面检查，核实导电嘴没有磨损，焊丝校直良好，送丝过程自如，冷却水畅通。操作者也应对工件进行检查，查看工件装配是否正确，机头是否能通行无阻地上升到工件顶部。最后，在起弧焊前，应调整丝伸出长度在坡口内的摆动情况，证明焊丝能按要求参数摆动，摆动速度和两侧停留时间准确无误。当焊接过程稳定时，还应查看电弧电压和焊接电流是否在焊接工艺规程规定的范围之内。

4.9.2 返修

通过培训并合格的焊工，执行完善的焊接规程以及预防措施，将带有缺陷气电立焊接头的返修量减到最小。未焊满之类的缺陷可不用打磨或气刨，清理干净后直接采用焊条电弧焊（SMAW）方法进行补焊。像未熔合（在接头表面）、焊瘤、表面渗铜、焊缝金属溢出等缺陷，先对表面打磨或气刨到露出致密的金属，然后用焊条电弧焊补焊。对于内部气孔、裂纹、未熔合等用 RT 或 UT 发现的焊接缺陷，先用气刨刨除缺陷并露出致密金属后，再用焊条电弧焊补焊。不论是气电立焊还是其他焊接方法焊接的接头，如果有缺陷，从经济角度考虑，一般不会报废，而是进行返修。焊接缺陷的返修原则上应选用与母材匹配的焊接材料按评定合格的补焊工艺进行。应尽量避免用气电立焊的方法重新起弧焊接。如果必须用气电立焊方法重新起弧焊接，应按图 3.11-77 的要求重新起弧焊接。起弧时将起弧缺陷限定在焊缝的近表面区域，以便于消除起弧缺陷，有利于补焊工作。重新起弧前，应用空气碳弧气刨刨出斜面弧形的起弧槽。起弧处至少要预热到 135℃，在靠近前挡块处起弧，当斜面底部填满后，电弧逐渐向坡口中心移动，直至达到正常的焊接送丝位置。在厚板焊接需要焊丝摆动的时候，补焊摆动距离应比相同板厚时加大。这种起弧技术，如在离挡块较近的地方产生新的起弧缺陷，该缺陷容易被清除。

4.10 应用

气电立焊在普通碳钢、低合金钢中得到广泛应用，在铝合金和不锈钢焊接中也有成功应用的事例。在我国大型储油罐、船体、结构件和压力容器的制造中，气电立焊得到大量应用，其中药芯焊丝气电立焊的应用更为广泛。大型储油罐制造中，对于垂直接头的现场焊接，气电立焊方法解决了手工焊操作生产周期长、劳动强度大、焊接质量不稳定和制造成本高等问题。20 世纪 80 年代后期，我国石油行业为满足大型储油罐建设的需要，从国外进口气电立焊设备，成功地建造了我国第一台十万立方米储油罐。气电立焊技术给我国石油行业建设带来了巨大的经济效益和社会效益。20 世纪 90 年代，我国开始设计和制造多种型号和功能的国产气电立焊设备，不断扩大气电立焊技术的应用范围。图 3.11-78 和图 3.11-79 为大型储油罐建造的施工中采用国产气电立焊设备进行储油罐垂直接头焊接的照片。

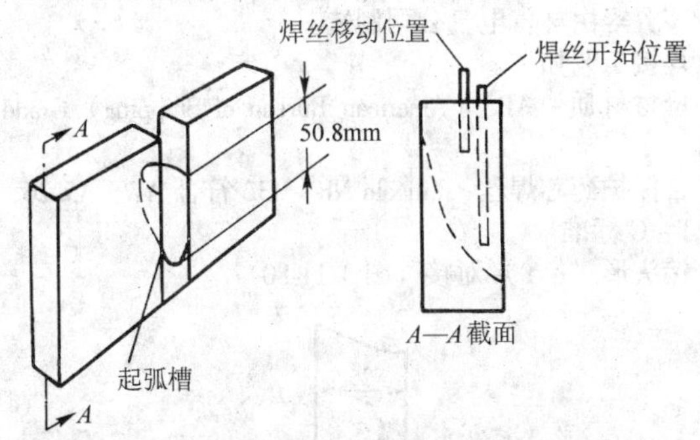

图 3.11-77　气电立焊再起弧方法

图 3.11-78　大型储罐纵缝气电立焊现场施工远景照片

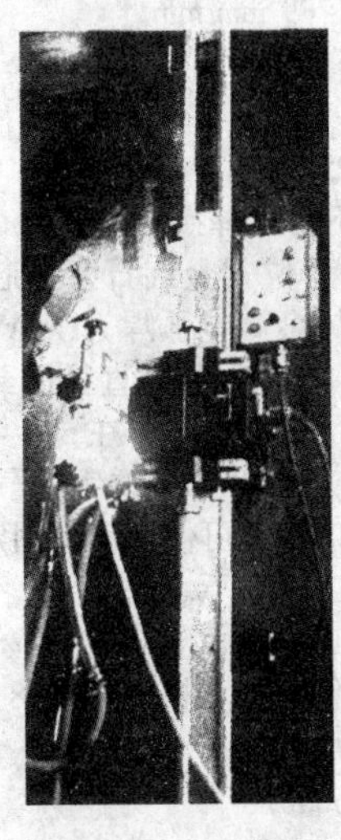
图 3.11-79　现场施工中气电立焊焊接的近距离照片

国内还开展了大直径厚壁管气电立焊焊接技术的研究，进行了低合金钢管气电立焊环缝焊接试验。成功地焊接了壁厚为 16～32 mm 的筒体环缝对接接头。

以下对气电立焊的特殊应用和快速摆动气电立焊方法作简单介绍。

4.10.1 气电立焊在塔体T形结构中的应用

美国Ransome公司开发了一种大型塔体T形对接接头气电立焊专用装置，采用单道焊缝，一次成形可焊垂直T形对接接头最大长度为15 m。该专用装置在美国Metro机器公司安装，并在塔体的新型双壳结构T形对接接头的焊接中得到应用。专用装置由气电立焊设备和多组夹紧、定位部件组成。气电立焊设备的焊接电源、机头、送丝机、摆动装置、弧控装置等由林肯电气公司制造。

焊接工艺如下。

母材材质：ABS（American Bureau of Shipping）Grade CS或A

自保护药芯焊丝：Lincoln NR－432符合AWS A5.26，EG－82T－G标准

接头形式：T形对接（图3.11-80）

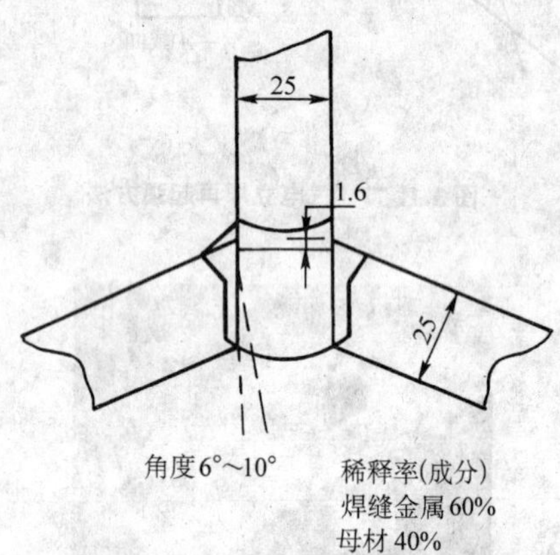

图3.11-80 T形对接坡口图（单位：mm）
（考虑焊接变形，焊前预留6-10度反变形

母材厚度：25.4 mm

焊接电流：680～700 A

电弧电压；44～46 V

焊丝直径：3.0 mm，筒装

焊丝伸出长度：45 mm

焊丝速度：8.6 m/min

焊接速度：76～89 mm/min

摆动幅值：9.5 mm

摆动频率：2/s

两侧停留：1.25 s

4.10.2 气电立焊不锈钢焊接中的应用

采用ϕ1.6 mm全位置金红石型药芯焊丝进行垂直位置的不锈钢接头的气体金属电弧焊（GMAW）焊接，其最大熔敷率仅为3.5 kg/h。而采用相同直径的药芯焊丝气电立焊方法，焊接垂直位置不锈钢接头，在5.0～7.0 m/h焊接速度情况下，熔敷率可达12 kg/h。不锈钢的气电立焊采用直流反接，恒压电源。坡口两侧可使用铜制固定挡块或滑动挡块。

其典型的焊接工艺如下。

母材材质：ASTM 321

接头形式：V形对接，根部间隙8～10 mm，坡口角度30°～40°

母材厚度：10 mm

焊接电流：320 A

电弧电压；32 V

焊丝直径：1.6 mm

药芯焊丝：高熔敷率改进型E347T不锈钢药芯焊丝

保护气体：30%He＋70%Ar，流量30～35 L/min

焊丝伸出长度：25～30 mm

焊丝速度：14.5 m/min

焊接速度：7.5 m/h

ASTM 321不锈钢的气电立焊焊缝金属的典型力学性能试验表明焊缝金属性能良好，其中抗拉强度580 MPa，屈服强度为310～350 MPa，－20℃温度下，V冲击韧性为100 J以上。

4.10.3 快速摆动气电立焊－VEGA焊

由于通常的气电立焊方法焊接线能量较大，焊缝组织相对比较粗大，接头的综合力学性能特别是冲击性能欠佳。如何降低气电立焊的焊接线能量，一直是焊接技术人员关注的问题。前面已对气电立焊的焊接线能量进行论述，即气电立焊的焊接线能量与焊丝的熔化系数、电弧电压和坡口大小有关。为了减少气电立焊的坡口尺寸，必须采用细丝焊接。为了使细丝焊接的坡口边缘充分熔合，必须采取摆动技术。为了提高焊丝的熔化系数，快速摆动气电立焊一般采用药芯焊丝，以便在药芯中添加必要的能提高焊丝熔化系数的药粉。基于上述思路，国外（日本）研制了一种快速摆动气电立焊技术——Vibratory Electrogas Arc Welding. 简称VEGA技术。VEGA焊是一种采用细直径药芯焊丝通过CO_2保护，在焊接过程中焊丝沿板厚方向快速摆动为特点的低能量、高效率、高质量的气电立焊技术。该方法所用焊丝为专用的高熔化系数的药芯焊丝，通过焊丝的快速摆动使焊丝不断移动，而实现低线能量、窄间隙焊接。采用该技术的焊接接头，不但焊缝金属力学性能大为改善，而且节约了焊丝的填充量和焊接工时，进一步降低了焊接成本。

快速摆动气电立焊的应用范围为板厚10～44 mm。V形坡口板厚应用范围，6～30 mm或X形坡口，板厚应用范围25～44 mm。焊丝规格为ϕ1.6 mm。保护气体为100% CO_2。

普通电渣焊ESW方法的焊接线能量较大，例如板厚为38 mm钢板焊接，焊接线能量达到350 kJ/cm以上。VESA方法的焊接线能量可以控制在90 kJ/cm以下。表3.11-59为普通EGW方法与VEGA方法的焊接速度、焊接线能量比较。由表3.11-59可知板厚为25.4 mm钢板，采用普通EGW方法焊接，焊接线能量为186 kJ/cm，而采用VESA方法焊接，焊接线能量仅为86 kJ/cm。同时焊接速度提高到1.6倍。

表3.11-59 普通气电立焊方法与VESA方法的焊接速度、焊接线能量比较表

EGW方法	板厚/mm	坡口形式及尺寸/mm		焊接电流/A	电弧电压/V	焊接速度/cm·min^{-1}	焊接线能量/kJ·cm^{-1}
普通气电立焊	12.7	I形，$B=12.7$		475	36	15	68
VESA方法	12.7	V形 $B_r=5, B_f=15$		450	42	19.5	58
普通气电立焊	25.4	I形，$B=19$		650	41	8.6	186
VESA方法	25.4	V形 $B_r=4, B_f=15$		450	43	13.5	86
普通气电立焊	38	I形，$B=19$		650	41	4.3	371
VESA方法	38	X形 $B_r=4$，$B_f=15$	1道	450	44	16	72～74
			2道	450	44	16.5	

注：表中B_r、B_f分别为V形坡口或X形坡口的根部间隙和面部间隙；B为I形坡口的间隙。

VEGA焊典型的焊接工艺见表3.11-60。

其中，母材、焊丝、保护气、坡口尺寸如下。

母材：SM490B。

焊丝；NITTETSU. EG－1（ϕ1.6 mm）

保护气体：CO_2，流量30～34 L/min

坡口形式：V、X形

坡口尺寸：B_r为根部间隙

B_f为面部间隙

表 3.11-60　VEGA 焊典型的焊接工艺

板厚/mm	坡口形式及尺寸/mm		送丝速度 /m·min^{-1}	焊接电流/A	电弧电压/V	焊接速度 /cm·min^{-1}	焊丝伸出长度 /mm	摆动	
								频率/次·min^{-1}	摆幅/mm
6	V 形 $B_r=7$，$B_f=15$，		8	300~320	31~33	12	30~35	—	—
9	V 形 $B_r=7$，$B_f=15$		10	360~380	34~36	13	30~35	200	3
12.7	V 形 $B_r=5$，$B_f=15$		18	440~460	41~43	19.5	45~50	200	4
14	V 形 $B_r=5$，$B_f=15$		18	440~460	41~43	18	45~50	200	4
16	V 形，$P=3$ $B_r=4$，$B_f=15$		18	440~460	41~44	16.5	45~50	200	7
20	V 形 $P=3$ $B_r=4$，$B_f=15$		18	440~460	42~44	15.5	45~50	200	10
25	V 形 $P=3$ $B_r=4$，$B_f=15$		18	440~460	42~44	13.5	45~50	200	13
	X 形 $B_r=4$，$B_f=15$	1P	12	370~390	40~42	16.5	45~50	—	—
		2P	12	370~390	40~42	18.5	45~50	—	—
30	X 形 $B_r=4$，$B_f=15$	1P	15	440~460	41~43	17.5	45~50	200	—
		2P	15	440~460	41~43	18	45~50	200	6
35	X 形 $B_r=4$，$B_f=15$	1P	18	440~460	42~44	17	45~50	200	3
		2P	18	440~460	42~44	18	45~50	200	8
40	X 形 $B_r=4$，$B_f=15$	1P	18	440~460	42~44	15	45~50	200	5
		2P	18	440~460	42~44	16.5	45~50	200	10
44	X 形 $B_r=4$，$B_f=15$	1P	18	440~460	42~44	14	45~50	200	6
		2P	18	440~460	42~44	14.5	45~50	200	12

注：表中 B_r、B_f 分别为 V 形坡口或 X 形坡口的根部间隙和面部间隙，P 为钝边。

5　高频焊

高频焊是利用高频电流通过工件电阻时产生的热量加热工件，在顶锻力作用下形成连接的焊接方法。

高频焊接是在 20 世纪初由低频和中频技术发展而来的。利用 60Hz 电流加热工件边缘，通过导轮实现焊接，这个过程，通常被叫作电阻焊（ERW）。该方法的焊接速度因导轮与工件接触而受到限制。

在第二次世界大战期间，高频震荡器在雷达方面的应用得到了进一步的发展，使得高频震荡器在焊接方面的优势也逐渐明显，从而在 20 世纪 50 年代出现了高频焊接。高频焊只加热金属表面较小的区域，容易获得较浅的熔深和较小的热影响区，也可允许更高的焊接速度。

根据高频电流导入方式的不同，高频焊接可分为接触高频焊和感应高频焊，见图 3.11-81。

接触高频焊是利用滑动触头将高频电流导入被焊工件，而感应高频焊则是利用感应线圈导入焊接电流，尽管二者都利用高频电流导入被焊工件边缘来获得一定的焊接温度，但工作方式还是有一定区别的。

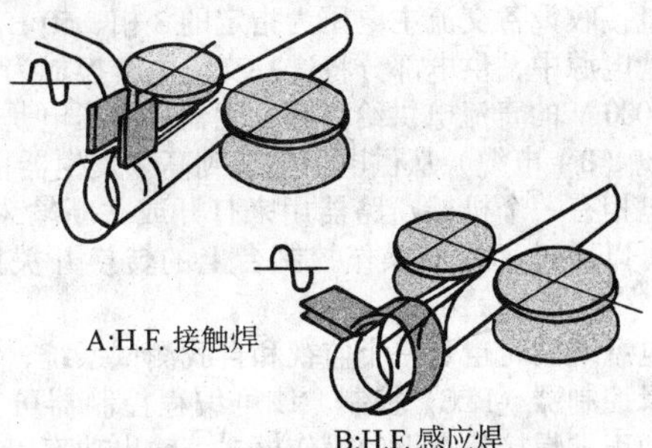

图 3.11-81　高频接触焊与感应焊

高频焊与其他焊接方法相比有下列特点。

1）焊接速度高　由于集肤效应和邻近效应的作用，高频电流高度集中于所焊接的部位，加热速度很快，一般的焊接速度可高达 200 m/min 以上。

2）热影响区窄、接头性能良好　因高频电流主要集中于所焊工件表面，加热快、焊接速度高，故热影响区小。同时，在焊接挤压力作用下，熔化金属及氧化物又可以从焊缝中被挤出，使得焊件直接接触形成固相连接。从而可获得具有良好组织与性能的焊接接头。

3）可焊的金属种类广、产品的形状规格多，不但可焊普通的碳钢、合金钢，而且还可焊通常难以焊接的不锈钢、铝及铝合金、铜及铜合金，以及镍、钛、锆等金属。用高频焊制作时，型材和管材的尺寸规格（径厚比从 10 可达 100）远比普通轧制或挤压法的多，且可制造出异种材料的结构件。

4）节能、环保　对于电子管高频电源，能效可达 60%。而对于 MOSFET 固态电源，能效可高达 95%。此外，在高频焊接过程中，除高频可能对广播产生干扰外，生产过程中不产生、也不使用对环境有害的物质。

5.1　高频焊原理

高频焊接的基础就在于利用高频电流的两大效应：集肤效应和邻近效应。

5.1.1　集肤效应

集肤效应是指高频电流集中于导体表面流动的物理现象，见图 3.11-82。该图显示了不同频率的高频电流在孤立导体中的流动形态。

集肤效应可近似地用高频电流的穿透深度来度量，见式（3.11-22）。

$$D = K\sqrt{\rho/\mu f} \tag{3.11-22}$$

式中，K 为材料常数（对低碳钢为 50 300）；ρ 为材料电阻率，与温度相关；μ为材料磁导率，与温度相关；f为高频电流频率。

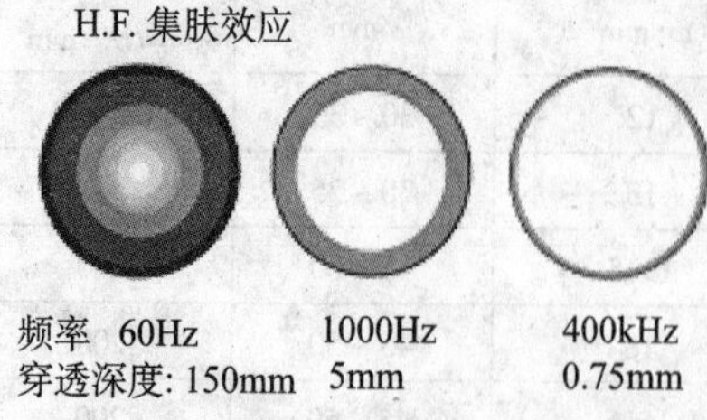

图 3.11-82 高频电流的集肤效应

从式（3.11-22）中可以看出：高频电流的穿透深度不仅与高频频率的平方根成反比，还与材料的磁导率、电阻率有关。由于电阻率及磁导率与温度相关，因此穿透深度也与温度有关。图 3.11-83 是不同温度、不同材料的穿透深度与频率的关系。

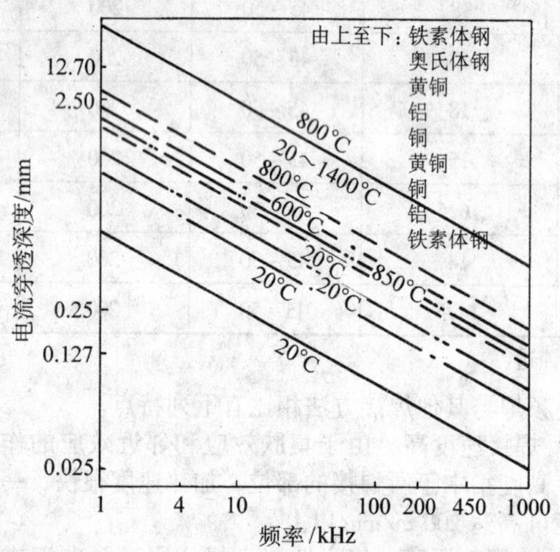

图 3.11-83 不同温度下频率与穿透深度的关系

5.1.2 邻近效应

高频焊中另一重要现象就是邻近效应。邻近效应就是当高频电流在两导体中彼此反向流动或在一个往复导体中流动时，电流集中流动于导体邻近一侧的一种物理现象，见图 3.11-84。

邻近效应的产生主要是由于往复导体中的磁场比其他导体更集中于狭窄的表面。导体间距越小，邻近效应越明显。导体表面越宽，邻近效应越明显。图 3.11-84 中 a、b 说明，无论圆形导体还是矩形导体，当导体间距离减小时，邻近效应明显增强。

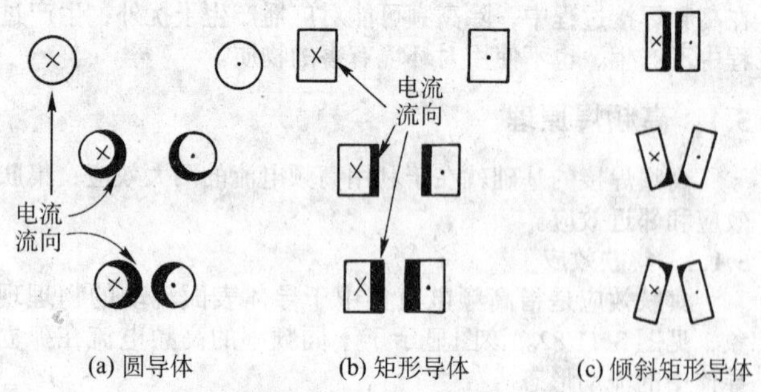

图 3.11-84 高频电流的邻近效应

特别要注意的是两个倾斜放置的小间隙矩形导体的邻近效应（见图 3.11-84c），高频电流集中在导体的最靠近的角上且随着两表面距离的增加而减少，这种现象对高频焊管质量影响很大。在焊管过程中，如果成形后带材边缘不平行，将使管连接面加热不均匀，从而可能产生很多缺陷。

5.1.3 高频焊过程及本质

利用高频电流的集肤效应及邻近效应，对被焊工件进行特殊设计，可使电流集中于工件表面及控制高频电流流动的方向及范围，使被焊工件连接处表面金属快速加热，从而可以实现焊接。

对于焊接长度较小的工件，可以将两工件被焊部位间预留一个小间隙，工件与高频电源相联，使之构成电的回路，在集肤效应及邻近效应的作用下，被焊部位金属被迅速加热至焊接温度，然后在外加压力的作用下，两工件就被牢固地焊成一体。

对于焊接长度较长的工件，被焊部位的设计与短工件略有不同。为有效地利用集肤效应及邻近效应，提高焊接效率，应将工件被焊部位设计成 V 形，即形成称之为“V 形角”的被焊面张开角（也称会合角），工件通过电极或感应圈与高频电源相联，在集肤效应及邻近效应的作用下，被焊部位金属被迅速加热至焊接温度，然后在外加压力的作用下，两工件就被牢固地焊成一体。这种方式最常见的应用是各种管、型材的高频焊接，见图 3.11-85。

在高频感应焊中，感应线圈相当于高频变压器的初级，开缝管相当于一个单匝线圈作为次级。与一般的感应加热应用一样，感应电流在工件上的流通路径有同感应线圈的形状一致的倾向，大部分感应电流环绕着已成形带料流动并流经管子边缘，汇集于 V 形角的会合面上，形成闭合回路。

高频电流的密度在管子的边缘会合点及其附近最大，从而使管坯边缘迅速加热并很快上升到焊接温度，挤压辊轮迫使加热的边缘连接，完成焊接过程。

高频焊接电流汇集在 V 形角会合面的边缘集中加热还有另一个优点，即只有一小部分电流流经成形管坯背面。除非管的直径同长度相比很小，否则电流将沿着管子边缘形成 V 形会合面，有利于焊接的顺利进行。

鉴于高频焊接的特点及本质，最适合于各种管材及型材的焊接，因而在管、型材制造业得到了广泛的应用，图 3.11-85 是高频焊接的应用例子。

5.2 高频焊管设备

典型的高频焊管设备由上、下料及成形定径等机械设备、焊接工装及辅具、高频电源三大部分组成，见图 3.11-86。有的生产线还装有焊接过程或质量控制系统。

5.2.1 高频电源

根据所用元器件不同，目前使用的高频电源主要有两类：电子管（真空电子管）、固态变频（MOSFET 管）电源。其基本组成是供电柜、高频发生器柜、热交换器和一个操作控制台。

（1）供电柜

供电接收设备交流主电压为指定的 3 相、50 Hz、380 V。在电子管电源中，供电部分将这一交流电转换成为一平滑的高达 16 000 V 的直流电供给高频发生器，高压电是通过高压同轴电缆（B+电缆）从供电柜输送到高频发生器柜的。

供电柜有一个机械断路器用来打开或关断输入线电压。操作工可以通过远处的操作控制台上的转换开关操作断路器。

供电系统同时也是一个监视和自我测试系统，它通过可编程逻辑控制器（PLC）控制。该可编程控制器可提示操作员启动和正常焊接状态下的操作模式、输出功率以及焊接温度或保护控制跳闸等信息。PLC 在操作控制台上的程序信息显示屏（PMD）上显示这些信息。

功率控制是通过 6 个晶闸管（SCR，可控硅，也称晶闸管）组成的一组整流器控制。该晶闸管组像节流阀一样调节送往升压变压器的交流电压。升压变压器的输出通过六个晶闸管组成的整流器组转换成直流。该直流又通过带铁心的滤波电感和滤波电容滤波后输送到高频发生器柜。通过所谓的触发电路调节晶闸管的导通角来控制直流电压的大小。触发电路具有过流、过压以及缺相保护的功能。同时控制电路也设置了浪涌抑制电路来保护由于偶然的瞬时尖峰电压对电路造成的破坏。

若是选择了手动模式，则输出直流电压的大小由操作控制台上的焊接功率控制按钮设定。若是选择了通常的自动模式，则输出直流电压的大小由速度功率系统决定。速度功率系统产生一个反映焊接速度的量，而焊接速度可以通过现场装配的转速表获得。

（2）真空管高频发生器系统

高频发生器通过 B + 电缆接收从供电柜传输来的直流电压。该电压通过一高电抗的电感线圈输送到真空管的阳极，这一电感线圈带来高阻抗的无线电频率信号，而低阻抗的直流信号给振荡管提供动力。这就使得高频电能从真空管输送到同振荡管的阳极相连的输出变压器的初级。能量从输出变压器到电感线圈或真空管的阳极，从变压器到电感线圈或触头，然后该热量即可用于加热工件进行焊接。

在振荡管的阳极有一谐振电路，该谐振电路由输出变压器初级作为电感和一组调谐电容组成。该谐振电路主要在电感和电容之间储存电压和电流。该谐振电路的固有频率是 400 kHz。真空管在此谐振频率下的振荡作用将直流能量转换到了谐振电路，交变的正弦电压通过输出变压器初级，每一周波的交流正弦电压都传输一定的能量到负载，正如以上所提到的，耦合到负载的输出功率（触头和感应圈）的大小由供电柜的直流电压控制，这也决定了高频发生器输出的交流电压的大小。

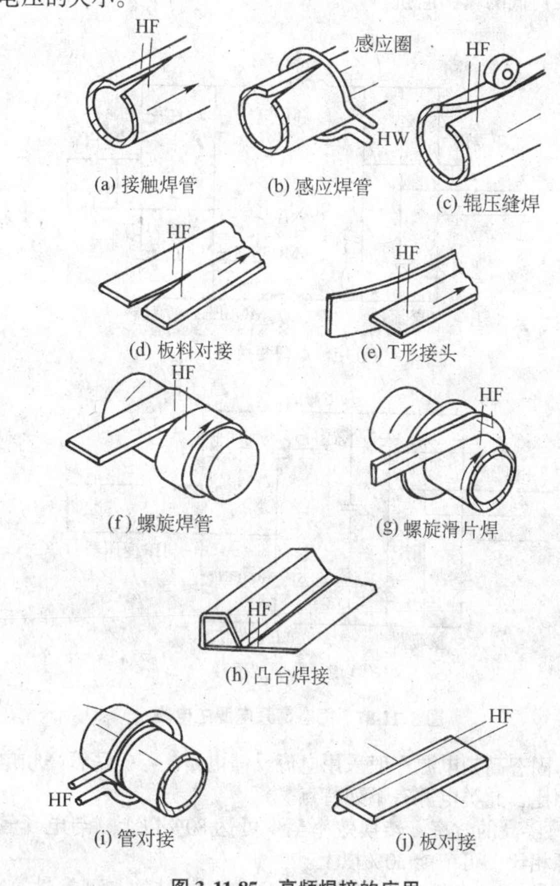

图 3.11-85 高频焊接的应用

图 3.11-86 高频焊管设备

（3）固态 RF 发生器

固态发生器电路（RF 发生器）将从供电柜来的较低电压（220 V 相对于 16 000 V）转换成正弦交流耦合到型材边缘。该 RF 固态发生器通过控制功率 MOSFET 管的直流电压的开关来控制。

正弦输出来自于谐振的 L－C 电路。电压随输出功率和运行频率的变化而变化。为了提高适合焊接的最低安全电压，在电压倍增系统中设置了回路电容。倍增器的级别由每一焊接设备的输出额定值决定。电容和电感线圈谐振构成一平行的谐振电路。它的优点是利用电感线圈的最低可能电压来减轻飞弧和提高可靠性。当运行频率在 100～300 kHz 时输出功率就能达到 100～1 000 kW/单元，这些单元适合于厚壁焊接。然而，由于低频率时具有较深的熔深，薄壁管焊接几乎不可能。随着固态发生器的出现，频率可以有很大的提高，但是只有较低的功率输出。

固态 RF 发生器的控制部分包括一适合于谐振电路的高频信号源。该信号源驱动 MOSFET 晶体管以达到最有效的 DC 到 RF 的转换。控制部分也包括必要的保护电路以保证当频率控制故障、检测到负载故障或检测到过电压时焊接电源可靠关断。

（4）热交换器

正如名称所指，热交换器能冷却供电柜和高频发生器柜。使供电柜和高频发生器柜内的电器功率元件被蒸馏水冷却。这些水能吸收流通的电流产生的热量，并将这些热量带到外部的水中。外部的水可以是河流中的生水，也可以是冷却塔或冷却系统中的水。

蒸馏水系统的流通路径同外部的冷却水是完全独立的；这两部分水不能混合。循环水由一泵抽吸，通过一回收箱可以检测水的状态。为保护焊接电源不受破坏，具有水的流通率和温度的安全保护。

（5）操作控制台

操作控制台一般是面板式安装，操作者可以通过操作控制台控制焊接状态。操作台上一般有上面所提到的信息显示板，也可以有一个计算机监视器用以显示焊接操作的图像，这个监视器也可以通过图形显示问题的形成帮助故障诊断。

（6）固态高频电源

与电子振荡管不同，固态高频电源不使用真空电子管，而是使用 MOSFET 管组成的变换器产生高频，一般使用的有两种基本电路：电流反馈和电压反馈，见图 3.11-87。

在电路结构上，二者有许多相同的地方，主要的区别有下列两点。

1）在整流器与电流变换器之间串联一个较大的电感，当感应圈打弧使输出短路，电感可以限制整流输出以保护变换器。而电压反馈系统则必须外接保护装置。

2）低的输出阻抗。

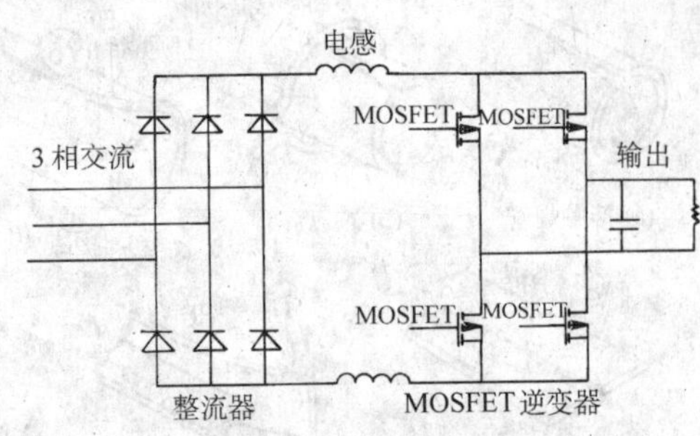

(a) 电流反馈变换器

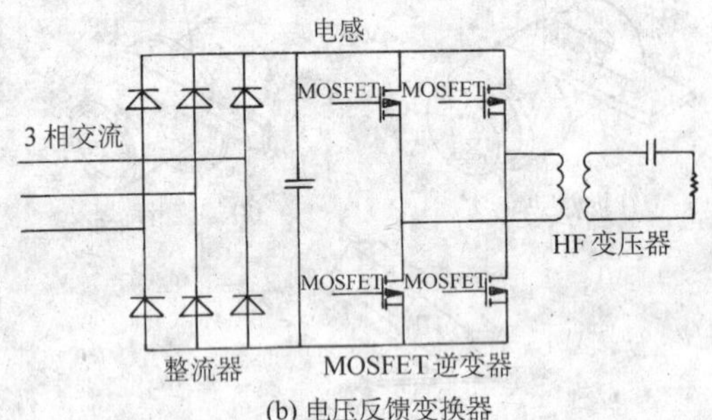

(b) 电压反馈变换器

图3.11-87　固态高频电源主电路

固态高频电源一般采用电流反馈电路。与振荡管高频电源相比，此类电源有下列特点。

① 高的效率　转换效率至少可达80%以上，与电子管电源相比，可节能30%以上。

② 高可靠性、长寿命　采用单元式结构，可靠性高、易于维护，使用寿命可达振荡管的10倍，达到10万小时以上。

③ 安全　输出电压低，不大于500 V。

④ 紧凑、占地少　采用MOSFET管，装置趋于小型化，安装空间仅是振荡管的1/2～1/3。

⑤ 输出频率高、脉动小　频率可达800 kHz，在附加滤波器时功率脉动可达到0.2%以下，对高导热性的有色金属焊接非常有利。图3.11-88为MOSFET管固态电源。

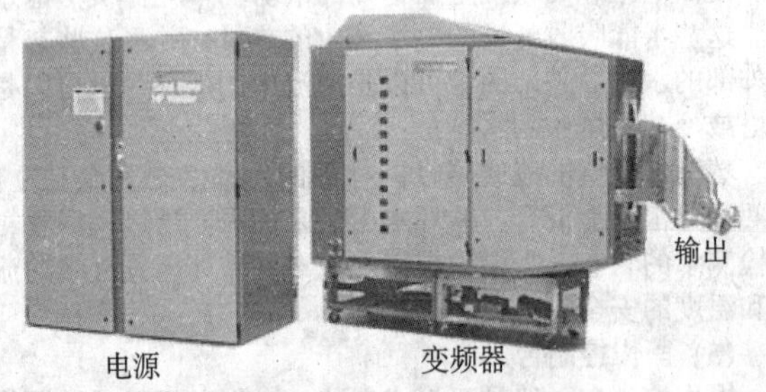

图3.11-88　MOSFET管固态电源

5.2.2　高频焊管的质量控制系统

高频焊管的质量控制系统是高质量、稳定、高速连续自动地生产焊管的关键组成部分之一，其响应速率应保证在各部分出现故障或波动而影响焊接质量时，尽可能地减少不合格产品。当出现上述问题，各系统主要是电源和机组可在很短时间内即可恢复正常状态，其响应速率可达到0.01 s的水平。

为保证设备运行稳定性，在生产线控制方面可使用图像诊断系统。这是一个以微处理机为基础的整套图像系统，它可以为制管机操作人员提供连续显示的焊接情况，还有利于使用消除故障的显示屏幕，会对那些还未矫正的、可能引起系统停机的情况作出早期的警告，同时加入了多种资料贮存。焊接参数例如日期、操作人员姓名、批量、产品等级和线图编号可被编入程序和调出使用以便快速和简化生产准备和最大限度的维持同一产品生产过程的一致性。使用者可选择多达24个额外的输入/输出功能来记录生产过程的具体参数。

为保持稳定、高质量的焊接，生产线可以装备一个遥测式焊接温度测量及控制系统，用来监视焊接温度的波动并作出反应，以保持一个不变的预先设定的焊接功率，利用一个双色辐射式光学高温计，能够在15个周波内对正常的制管机变化作出快速反应，其偏差不超过预先设置温度的±20℃。此系统还保持一个焊接温度的持久图像记录，包括在整个运转时间内，输送到线圈或触点的功率百分比。

5.2.3　上、下料及成形定径等机械设备

上料设备由开卷机及可使生产线连续工作的剪切对焊机、储料活套组成。

根据不同的带料，开卷机可采用主动或被动，实践中多数采用被动方式，即无电机驱动。

剪切对焊是用来连接带料的。对于黑色金属，根据带料的几何尺寸、材质、效率、表面质量等不同的要求，可以使用各种熔化或固相连接方式。对铝合金可采用氩弧焊或超声波焊接，而铜及铜合金可采用钎焊、氩弧焊、激光等焊接方式。

为保证在进行剪切对焊时生产线不停机，或停机后再次启动时，可以立刻投入生产，生产线上常设置储料活套，用于储存带料。根据不同的材料，可以采用跌落式、笼式、立式和卧式等方式。对于薄而软的材料（铝、铜合金），推荐采用笼式或卧式活套，并设置进出料夹送装置以保证带料在送料时不产生过度的拉延和折叠。

根据不同的管材，高频感应焊管成形设备一般来说由数组水平辊和立辊组成，成形时可直接将带料成形为所需要的管形后进行焊接（如各种管、型材），也可先将带料成形为圆形后进行焊接，然后在后续工序中整形至所需管形（如汽车散热器扁管）。

定径设备用来获得所焊管型材的最终尺寸，也是由数组水平辊和立辊组成。为了获得不同管径的管材，在此可设置减径设备。对于强度较低、表面质量要求较高的铝合金型材（如中空玻璃框架管、散热器管、乔治管）的高速焊接时应设置一组带槽的拖动平辊，以使全线速度平衡，保证管型材的表面质量。

5.2.4　焊接工装及辅具

高频感应焊管的焊接部分一般由感应圈、阻抗器、焊接挤压装置、缝导向装置组成。对于接触焊接，代替感应圈的是触头。

（1）焊接感应圈

在高频感应焊接中，感应圈是用来传递能量加热工件的，其应有最大的电－热转换效率。设计及选择上应考虑：高频电源的种类（电子管或MOSFET管）应与所焊材料的几何及形状尺寸相适应，制造、安装、调整方便，可实现良好的冷却。

电子管或MOSFET管高频电源有许多不同，前者输出为高电压、小电流，后者为低电压、相对高的电流，因此对感应圈的要求也不同，选择时应给予足够的注意。图3.11-89是常见的感应圈结构。表3.11-61可作为电子管高频感应圈选择时的参考，表3.11-62是固态高频电源感应圈选择时的参考。

（2）阻抗器

在高频感应焊中，感应线圈产生的高频磁场在开口焊管的外表面感应出交变电流，电流可以有两条回路：沿V形开口或沿着管的内壁，见图3.11-90。

表 3.11-61　电子管高频焊机感应圈推荐尺寸 mm

管外径	感应圈内径	管外径	感应圈内径	管外径	感应圈内径
12.700	15.875	38.100	50.800	88.900	101.6
15.875	22.225	44.450	57.150	95.250	114.3
19.050	25.400	50.800	63.500	101.600	114.3
23.825	28.575	57.150	69.850	114.300	127.0
25.400	31.750	63.500	76.200	127.000	152.4
28.575	38.100	71.450	88.900	139.700	177.8
31.750	44.450	76.200	88.900	152.400	177.8

在高频焊中应使尽可能多的电流沿着待焊的带材边缘流动，倾向于沿管内壁流动的电流，减少了焊接点的能量，使能耗增大。使用阻抗器就是为了增加内壁回路的阻抗，以逼迫电流沿着待焊边缘流动，从而增加对焊接有用的热量。阻抗越大，焊接效率越高。图 3.11-91 是一高效阻抗器的结构，其中主要的功能件是安装在中间的铁氧体，铁氧体是一种有高阻抗的铁磁材料，将其安装在管内可减小不必要的分流，从而可以提高焊接效率。

要充分发挥阻抗器中铁氧体的作用，阻抗器在管内的精确定位是一个关键因素。一般来说应使阻抗器中铁氧体达到并适当地伸入焊接区域。其端头应超越焊接挤压轮中心线一定长度，如图 3.11-92 所示。这个位置能提高阻抗器的能力以使电流集中于需要能量的焊接区域。它在另一端应伸出感应线圈或接触头相等长度。

表 3.11-62　CFI[2] 固态高频焊机标准感应圈（功率 50 ~ 350 kW）

管外径/mm	感应圈内径/mm	感应圈长度/mm	感应圈结构	感应圈圈数	铜管外径/mm
13	19	25	图 3.11-89a	2	6.35
16	24	25	图 3.11-89a	2	6.35
19	27	19	图 3.11-89a	2	6.35
22	32	19	图 3.11-89a	2	6.35
29	42	64	图 3.11-89b	2	9.50
32	46	64	图 3.11-89b	2	9.50
38	51	76	图 3.11-89b	2	9.50
44	58	90	图 3.11-89b	2	9.50
51	65	112	图 3.11-89b	2	9.50
57	72	112	图 3.11-89b	2	9.50
64	80	47	图 3.11-89c	1	9.50
76	90	47	图 3.11-89c	1	9.50
79	95	47	图 3.11-89c	1	9.50
89	105	47	图 3.11-89c	1	9.50
102	120	67	图 3.11-89c	1	9.50
114	140	76	图 3.11-89c	1	9.50

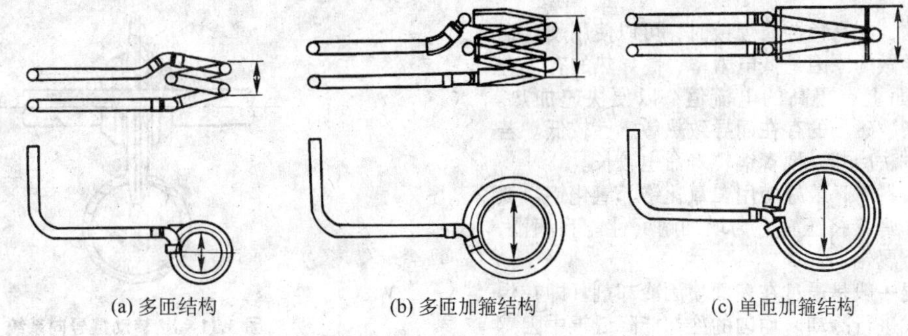

图 3.11-89　感应圈结构

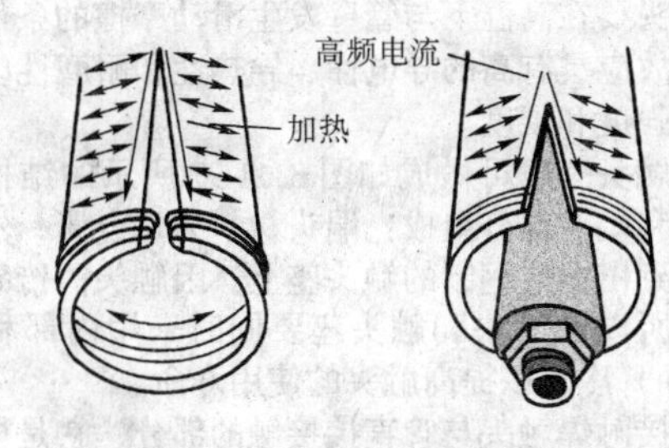

图 3.11-90　高频焊电流流动方式

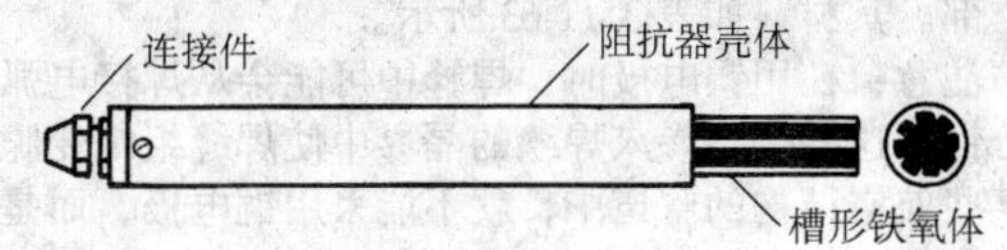

图 3.11-91　阻抗器结构

高频焊时所使用的铁氧体必须足够大并必须被正确放置，还应提供最好的冷却条件。为获得最佳效果，阻抗器长度应至少 3.5 倍于感应线圈的长度或 3.5 倍于线圈内径的长度，且阻抗器直径应尽可能地大。但实际上它的极限尺寸约为焊管直径的 75%。一般来讲，铁氧体直径越大，焊接速度越快。

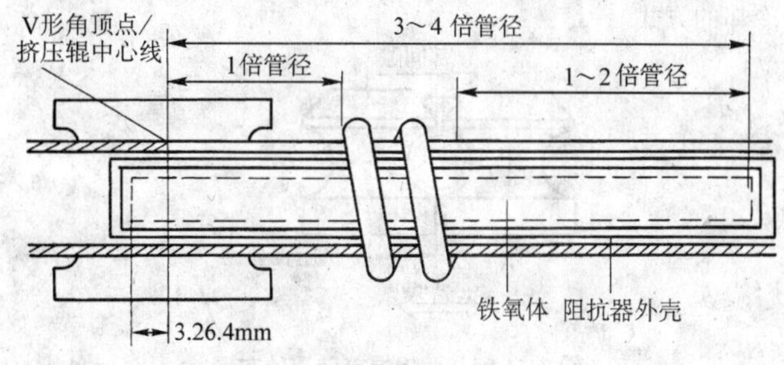

图 3.11-92　阻抗器安装位置

(3) 焊接挤压辊

高频焊中焊接挤压辊的功能是使受热边缘在足够的压力下挤压在一起以形成良好的固相连接。对于不同壁厚和管径的管材，挤压辊可采用不同的布置方式，见图 3.11-93。

一般的焊管设备，多采用两辊布置的方式，这种方式可以获得较大的水平压力，使得即使在焊接设备关断和边缘冷却的情况下也能使边缘发生镦锻。获得这种压力的简单而直接的方法是采用两个立辊，如图3.11-94所示。

两辊构造相对来说比较经济，只需一个调节螺钉即可进行调整，在小直径和薄壁管上得到了广泛的应用。

对于钢管焊接，推荐使用调质钢焊接挤压辊，通常使用工具钢。调质钢焊接辊也可以用于有色金属管，但易于产生过热，甚至可达到龟裂的程度，能耗较大。因此必须充分冷却。

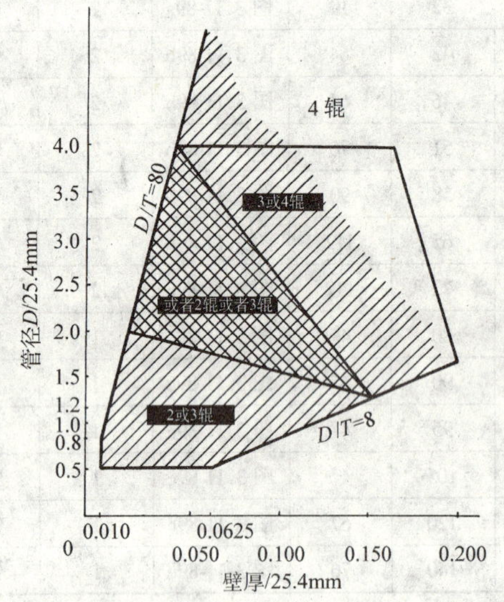

图3.11-93　挤压辊布置与管径和壁厚的关系

为避免上述问题，在有色金属焊接时，可以使用硬青铜（如铝铁青铜）。这样做的原因是低电阻率、高导热的有色金属材料需要在V形面上有更高的电流值，以便快速加热。而青铜由于较大的杂散磁场的存在而导致热敏感性较低。若采用适当和充足的方法冷却，硬青铜辊寿命也较长。

焊接有色金属材料时，最好使用二氧化锆、氧化铝、氮化硅等陶瓷材料制作焊接挤压辊，为增加耐磨性能和润滑，可以在辊表面喷涂金属铝。

金属焊接挤压辊一般是通过在表面喷洒冷却剂（即在焊接点的侧面）的方式进行冷却。均匀的冷却能降低辊中因感应而产生的热应力，避免产生裂纹和龟裂。

对于陶瓷挤压辊，多用于不锈钢和有色金属的管型材制造。因此，为获得良好表面质量的管材，充分的冷却也是必要的。冷却的方式可以采用在挤压辊侧面喷冷却液或通过挤压辊轴的中心通孔进行冷却，高速焊接时，可采用内外同时冷却的方式。

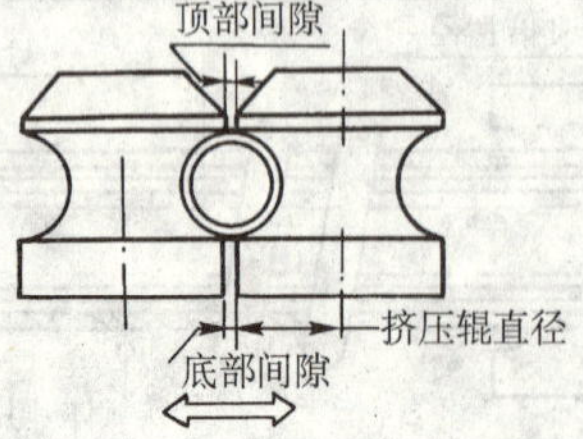

图3.11-94　两辊焊接装置的布置

(4) 缝导向系统

对于大多数管径和壁厚来说，一个简单的滑动缝导向片就可以满足要求。而对于大管径和厚管壁来说，则一般选择旋转缝导向辊。两种类型都可能增补立辊帮助克服回弹和提供额外的控制。

缝导向的最佳位置是在焊接触头或感应线圈的前面。缝导向必须绝缘以保证管子边缘不带电。否则，高频感应电流的一部分就会沿错误路线流动——向上沿着缝导向流动而不是向下沿着V形面流动。

图3.11-95是一个广泛使用的滑动缝导向机构。它由两个角形碳化物型材组成，该型材安装在有绝缘材料上的黄铜托架上。总厚度可以通过替换不同厚度的绝缘体而能在一定的范围内变化。绝缘架是有槽的以便调整碳化物型材。

滑动缝导向的另一设计方案是使用不导电的氧化铝陶瓷作为耐磨表面，因此可以是单一的T形或楔形件。这一方案简便、易行，在薄壁有色金属管材（如汽车散热器黄铜和铝合金扁管）的焊接中广泛使用。

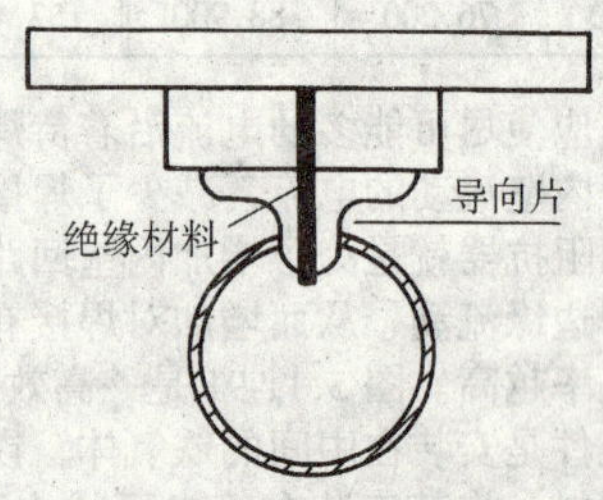

图3.11-95　滑动导向片

转动缝导向系统通常用于厚管壁和大管径的钢管，其直径应尽可能小。图3.11-96说明绝缘两部分的方法，它可由调质钢组成。转动缝导向容易破坏型材边缘，使用时应注意。转动缝导向系统也可用于小直径有色金属管（如空调用内螺纹焊接铜管）的生产，在这里导向轮采用二氧化锆制造，使用两个立辊封闭管形。

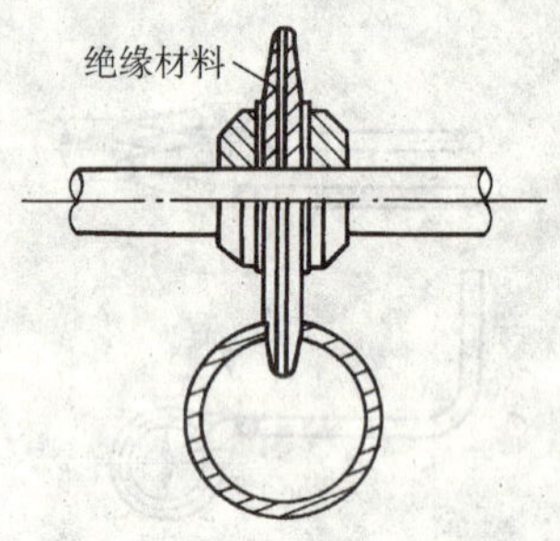

图3.11-96　转动缝导向系统

5.2.5　高频接触焊触头

电极触头要在高温下与管壁发生滑动摩擦的条件下传导高频电流，故应具有高的导电性、导热性和耐磨性，即应有足够的高温强度和硬度。

接触焊触头一般可做成如图3.11-97所示的结构。即触头由触头座和端头部分组成：端头材料为贵金属，然后用银钎焊将其焊到由铜或钢制的触头座上。因触头需传导的焊接电流较大，所以触头块和触头座要同时采用内部和外部水（或可溶性油）冷，以提高触头的使用寿命。

端头是接触焊触头与管直接接触的部分，它是根据焊接电流、焊接质量和被焊材料来选择的，位于焊缝的前面和电极的下部。其材料如表3.11-63所示。

请注意：在用铜电极时，焊缝中可能会从焊接电弧中沉积部分铜，这些铜会渗入焊缝的晶界中使焊缝组织变脆。因此在某些航空结构的管道中，就不能采用铜电极，而是采用钨电极和钨-银电极。

在决定电极寿命的因素中，电流的影响比机械磨损更重要。一般来说，电流通过两滑动的机械表面时，会有轻微的电弧产生，这种电弧磨损要减小电极的使用寿命。减小了电弧，就增加了电极的使用寿命，管与电极之间的电弧强度取决于以下因素。

液体表面。在通过 A 会合点而被挤出期间，它不可能完全通过过冷的外侧，而陷于焊接界面之中形成夹渣。

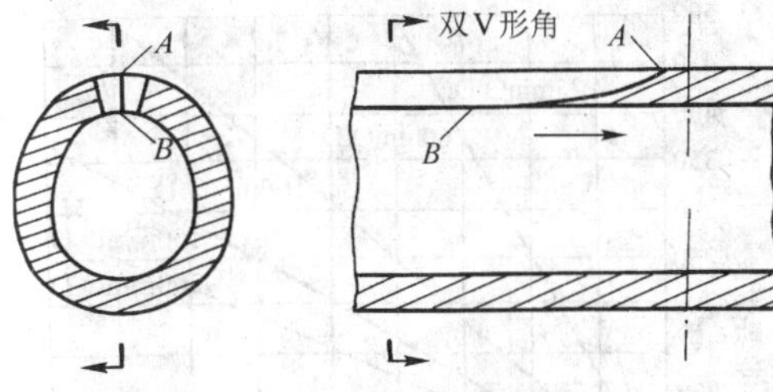

图 3.11-99 双 V 形角

对于线胀系数较大的有色金属（如铝合金），这种双 V 形现象不仅形成夹渣，还可能由于熔化金属凝固收缩时产生缩孔而导致针孔缺陷的形成。

5.3.3 带材宽度和焊接管坯及管坯坡口形状的选择

为保证管材的尺寸要求和挤压余量，以获得良好质量的管材，应对带料进行估算，在实际生产中可根据式（3.11-23）估算带料的宽度。

$$W_S = G_F - 2.1T_S \tag{3.11-23}$$

式中，W_S 为带材宽度；G_F 为最后一道成形轧制后的周长；T_S 为型材厚度。

这里要说明的是：带材宽度和管周长是两个不同的量。带材宽度是指带材在成形前的宽度，周长是指在管材圆截面上测量的外圆表面的长度。周长随着轧制设备而有所不同，例如，由于挤压余量，最后一道成形轧制后的管子的周长大于焊后的管子的周长。由于精加工余量，焊后的管子的周长大于精加工后的管子周长。

即使没有挤压或精加工，带材宽度也不等于周长。这是因为不管用何种方法，当金属带材被弯成管形时，外表面被拉长，内表面被压缩。相对于原来的带材宽度来说，外周长变大，内周长变小。

管坯坡口形状对坡口面加热的均匀程度及焊接质量影响很大，通常采用坡口面易于均匀加热、容易准备的 I 形坡口。但是，当管坯的厚度很大时，若用 I 形坡口则可能产生坡口横断面的中心部分加热不足、上下边缘加热过度的问题，此时应改用 X 形坡口。实践证明：用高频焊制造厚壁管时，采用 X 形坡口可使坡口横断面加热均匀，焊后接头硬度亦趋一致。

5.3.4 输入功率的选择

鉴于振荡器的输出功率正比于振荡器的输入功率，输入功率等于振荡管的屏压与屏流的乘积，而且屏压屏流的大小都可以通过晶闸管调压器和有关反馈元件与指示仪表调节和测量，所以国内一般都用振荡器的输入功率来度量输出给焊缝的加热功率。

输入功率小时，因管坯坡口面加热不足，达不到焊接温度，就会产生未焊合缺陷。输入功率过大，管坯坡口面加热温度就会高于焊接温度过多，引起过热或过烧，甚至使焊缝击伤，造成熔化金属严重喷溅而形成针孔或夹渣缺陷。

5.3.5 焊接速度的选择

焊接速度是焊接的主要工艺参数之一。焊接速度提高，管坯坡口面挤压速度会随着提高。这有利于将已被加热至熔化的两边液态金属层和氧化物挤出去，从而得到优质焊缝。同时，提高焊接速度还能缩减坡口面加热时间，从而可使形成氧化物的时间变短，并可使焊接热影响区变窄。反之，不但热影响区宽，而且坡口面形成的液态金属与氧化物薄层处会较厚，并会产生较大毛刺，使焊缝质量下降。然而，在输出功率一定情况下，焊接速度不可能无限制地提高，否则，管坯坡口两边的加热将达不到焊接温度，从而易于产生焊接缺陷或根本不能焊合。生产中可根据图 3.11-100 估算焊接速度。

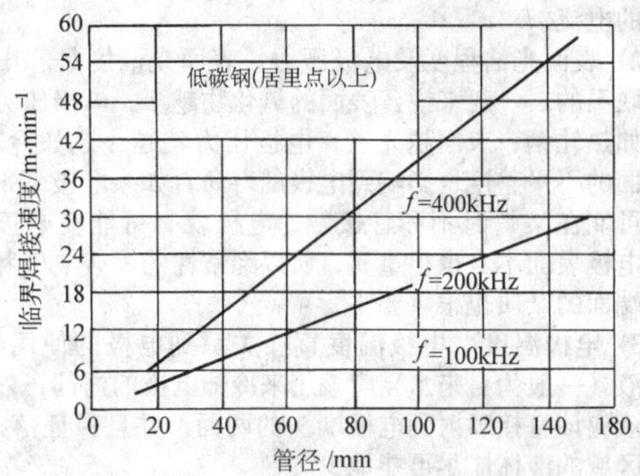

图 3.11-100 焊接速度与管径、频率的关系

5.3.6 焊接挤压力的选择

焊接挤压力是高频焊的主要参数之一，挤压力大小对焊缝质量有重要的影响。对于一些精密制管设备可采用直接测量挤压力的装置，数据可在生产线控制系统显示。也可用接头管坯被挤压的量来表示挤压力，挤压量可以通过改变挤压辊轮间距来调节和度量。挤压量也常用挤压辊轮前后管材的周长差来表示，其值随管壁厚度不同而异，可参照表 3.11-64 选取。

表 3.11-64 挤压量经验值

管壁厚 t/mm	≤1.0	1.0~4.0	4.0~6.0
挤压量 ΔL/mm	t	2 t/3	1 t/2

5.4 其他材料的高频感应焊接

5.4.1 不锈钢高频焊接

不锈钢的焊接与碳钢的焊接在许多方面存在本质的区别，一个主要区别在于碳钢与不锈钢所形成的氧化物熔点不同，对碳钢来说，连接表面上所形成的氧化物熔点低于母材。不锈钢含有大量的合金元素，这些合金元素在焊接过程中可能被氧化，从而在焊缝的连接面产生结构复杂的氧化物，这些氧化物熔点高，能妨碍高质量接头的形成。因此，需要采用特定工艺将它们从连接面上去除。另一个区别是：不锈钢获得优质焊缝的温度区间比碳钢小。

鉴于不锈钢与碳钢在冶金焊接性上的不同，在工艺上也是有差异的。

1）焊接 V 形角的几何尺寸　对于不锈钢，其 V 形角角度推荐为 5°~7°之间，可以通过测量焊接挤压辊中心线到未焊管材前端距离以及未焊管材侧边间的宽度来确定这个角度，见图 3.11-101。

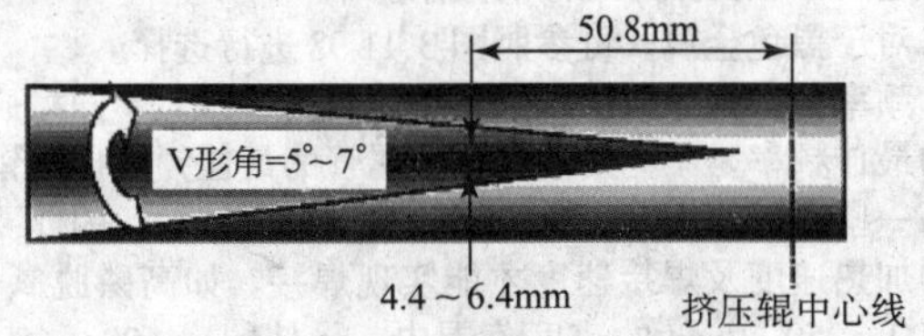

图 3.11-101 V 形角的测量

2）阻抗器　用于不锈钢焊接的阻抗器本质上与用于碳钢焊接的阻抗器一样，但必须确保阻抗器冷却液不被排至焊接 V 形口。

3）焊接功率、纹波系数、频率、挤压力　焊接功率的选择应是在能获得满意焊缝的条件下，功率越低越好。一般地，可以通过观察发生在焊缝会合点的泡沫来调整焊接功

1）电极电流　电流的大小，一般应和管的尺寸、材料、焊接速度相匹配，应该尽量减小分流，如流过“V形”坡口反面的电流。

2）表面光洁程度及电极压力　表面光洁度是和电极压力相联系的。一般来说：表面的氧化物越多，电极压力就越大，如热轧钢；表面越光滑，电极压力就越小，如冷轧钢。管表面的不平整度也影响到电极的寿命，如果电极不平，则电极可能在某瞬时不和管接触，电极就有可能在电极上飘移。电极表面本身也很重要，所以经常性的检查电极和清除电极端面的杂质也很重要。

3）电极温度　电极温度直接关系到电极的使用寿命。冷却液（一般为自来水）应该用来冷却电极的内部，外部的冷却液应该直接喷射到电极端头的两面，并且保证落入“V形”区域的液体应尽可能地少。

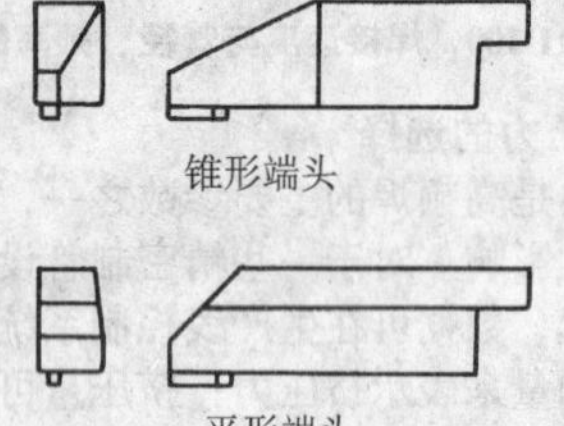

图 3.11-97　接触焊接头结构

表 3.11-63　电极端头材料

材　料	用　途
铜、镉	有色金属、镀锌钢板
铜、锆	铝（长期）
银、钨	冷轧钢（CRS）、热轧钢（HRS）、耐蚀钢（轻）
银、钼	通常用于冷轧钢
铜、钨、碳化物	热轧钢（HRS）
铜、钨	通常用于热轧钢

5.3　高频感应焊管工艺及参数的选择

除工装、设备等因素外，高频频率、V形角、输入功率、焊接速度、焊接挤压力、型材和焊接管坯及管坯坡口形状等对高频焊接过程及焊接质量也有很大影响。

5.3.1　高频频率

频率的选择与所焊管材的外径、焊接速度及生产效率有关。一般来说，提高频率有利于集肤效应和邻近效应的发挥，有利于电能高度集中于连接面的表层并快速地加热到焊接温度，从而可显著地提高焊接效率。图 3.11-98 是管径、制管速度、临界频率之间的关系。

对于黑色金属，可参照图 3.11-98 进行选择。

频率的选择还取决于管坯材质及其壁厚。不同材质所要求的最佳频率是不同的。有色金属管的最佳频率比碳钢管材要高一些，其原因是有色金属的热导率比钢大，因此要求较高的加热速度及焊接速度才能实现焊接。如高磷脱氧铜管，在 100～250 m/min 的速度范围内，最佳频率 600～650 kHz。管壁厚度不同，所要求的最佳频率也不同。实践证明：频率选择不当，不是使焊缝两边加热过窄或厚度方向加热不均匀，就是使它加热过宽或发生氧化，从而导致焊缝强度降低。所以只有选用既能保证焊缝两边加热宽度适中，又能保证厚度方向加热均匀的频率，才是最适宜的。一般来讲管壁薄的材料的高频焊，选用高一些的频率；反之，则选用低一些的频率。如壁厚为 0.25～0.30 mm 的汽车散热器管，最佳频率为 600 kHz。而厚度为 0.40～0.50 mm 的中冷器玻璃框架管，频率可选 400～500 kHz。

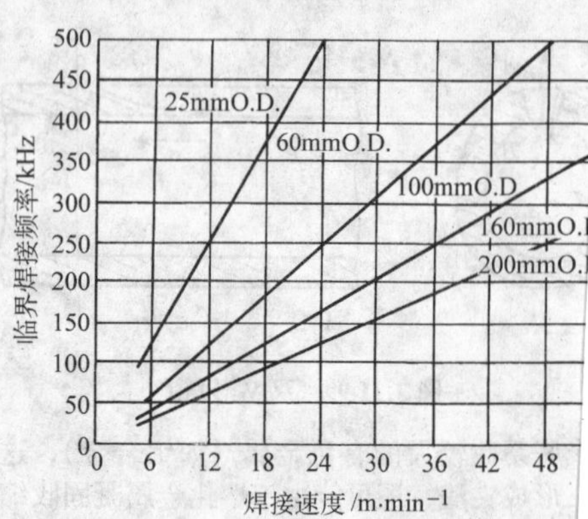

图 3.11-98　临界频率与焊接速度的关系

5.3.2　V形角的选择

鉴于高频焊接的本质，在高频焊管工艺中，形角是非常重要的。一般来说，应遵循 V 形角挤压辊中心线应尽可能地重合的原则：这样可以力时使焊接区保持足够高的温度以形成良好头。

由于在 V 形角顶点与挤压辊之间的区域没有因而无进一步的加热，又因为高温侧边与管坯的在较高的温度差，从而热量散失很快，两者共果，可能导致实际焊接点的温度下降而达不到最度，从而不能得到质量良好的焊接接头。对于固较大的材料来说（如低碳钢、黄铜），这种情况而对于固液相线间隔较小的材料（如铝合金）（如紫铜）来说，影响很大。因此，为保证这一过程的进行，除调整 V 形角顶点与焊接挤压辊在工艺上可采取高的焊接速度和大的输出功率。

除上述基本原则外，选择一个合适的 V 形常重要的。过大的 V 形角将使侧边发生扭曲或致邻近效应的下降。V 形角太小可能导致提前打口的提前粘合会产生焊接缺陷。对于碳钢，当逆中心线 50 mm 处的两开口边在空间的距离介于 2之间时，V 形角通常是满意的。但是，对于不锈属而言，宜采用更大的 V 形角角度。在满足上提下，保持 V 形角两边平行防止出现两个 V 形减少缺陷的形成。

图 3.11-99 说明，如果侧边的内侧比外侧先两个 V 形开口——一个在外侧，其会合于 A 点在内侧，其会合于 B 点。相比而言，外侧 V 形其会合点更接近于挤压轮中心线。在图 3.11-99形开口的内侧首先接触，因而高频电流选择内侧 B 点形成回路。介于 B 点和焊点之间，则没有侧边冷却迅速。因此，有必要增加电源功率或降热焊管，使焊点的温度足够高，以得到满意的焊将使内侧比外侧温度高而导致情况变得更糟。

在某些极端情况下，双 V 形开口将使内侧而外侧焊缝加热不足。

高频焊的一个重要优点在于只有侧边表面的熔化，这使得氧化物及杂质被挤出，从而得到一量的焊缝。保持侧边并行，氧化物能沿两出。

如果侧边的内侧首先接触，将氧化物挤出难。在图 3.11-99 中，介于 A、B 点之间有一个像容纳杂质的坩埚。靠近高温内侧处，氧化物